U0312232

澳洲葡萄酒宝典
2018 - 2019

[澳] 詹姆斯·哈理德　著
上海戈德芬文化传播有限公司　译

華中科技大學出版社
http://www.hustp.com
中国·武汉

图书在版编目(CIP)数据

澳洲葡萄酒宝典2018-2019 / (澳) 詹姆斯 · 哈理德(James Halliday) 著 ；上海戈德芬文化传播有限公司译.
-- 武汉 ：华中科技大学出版社，2018.11
ISBN 978-7-5680-4666-4

Ⅰ. ①澳… Ⅱ. ①詹… ②上… Ⅲ. ①葡萄酒-介绍-澳大利亚 Ⅳ. ①TS262.6

中国版本图书馆CIP数据核字(2018)第234757号

澳洲葡萄酒宝典2018-2019
AOZHOU PUTAOJIU BAODIAN 2018-2019

[澳] 詹姆斯 · 哈理德　著
上海戈德芬文化传播有限公司　译

出版发行：华中科技大学出版社（中国 · 武汉）　电话：(027) 81321913
北京有书至美文化传媒有限公司　(010) 67326910-6023
出 版 人：阮海洪

责任编辑：莽　昱　康　晨
责任监印：徐　露　郑红红
装帧设计：北京利维坦广告设计工作室

印　刷：广东省博罗县园洲勤达印务有限公司
开　本：889 mm×1194 mm　1/16
印　张：50
字　数：800千字
版　次：2018年11月第1版第1次印刷
定　价：498.00元

作者简介

澳大利亚员佐勋章得主詹姆斯·哈理德是一位备受尊敬的澳洲葡萄酒评论家和资深葡萄栽植专家，至今在业内辗转已有47年，他在葡萄酒写作上，以风趣独特又具丰富知识性的文字风格著称。

身为位于猎人谷的恋木传奇酒庄（Brokenwood）和位于雅拉谷的冷溪山酒庄（Coldstream Hills）的创始人之一，詹姆斯先生在葡萄酒相关领域——小自葡萄种植、园艺管理全线，大至最终产品的生产和营销——拥有至上的权威。在澳大利亚以及世界各地举办的多次重量级葡萄酒大赛中，他均担任资深评委，早年也曾以酿酒师的身份旅居法国的波尔多与勃艮第。1995年，詹姆斯获颁葡萄酒行业的最高荣誉——莫里斯·澳谢奖（Maurice O’Shea Award）。2010年，詹姆斯因其在葡萄酒行业的巨大贡献入选澳大利亚员佐勋章成员。

詹姆斯自1970年开始写作，至今已完成70多本关于葡萄酒的著作。他的著作被翻译成日文、法文、德文、丹麦文、冰岛文、波兰文，并在澳大利亚、英国和美国等各国出版发行。他的代表作包括：《Varietal Wines》（葡萄酒品种）、《James Halliday’s Wine Atlas of Australia》（詹姆斯·哈理德的澳洲葡萄酒地图）、《The Australian Wine Encyclopedia》（澳洲葡萄酒百科全书）和《A Life in Wine》（葡萄酒中的人生）。

目录

概要/引言

澳洲的葡萄酒产业发展至今已趋于稳定。几年前所培育的嫩芽如今已抽枝开花，并逐渐结果。世界各地每天要享用3000万杯的澳洲葡萄酒。2016年澳洲会计年度，葡萄酒本土销量增长6.9%，总额达到29.7亿澳元，外销出口销量增长11.4%，总额达到21.1亿澳元。

外销贸易主导了市场环境的快速更迭，这与2000—2007年间出现的暴涨颇为相似，井喷期葡萄酒销量达到29.9亿澳元。随后市场崩盘，2014年葡萄酒销量一度跌至18.08亿澳元。近年来，澳洲葡萄酒的销量回升几乎全靠中国内地（大陆）和香港地区市场的拉动。

澳洲葡萄酒出口数据

	总数		中国内地（大陆）		香港地区	
	销量/公升	金额/澳元	销量/公升	金额/澳元	销量/公升	金额/澳元
	百万	亿	百万	百万	百万	百万
2000年	284	$1.34	0.3	$1.2	2	$13
2005年	661	$2.75	4	$13	4	$23
2010年	777	$2.16	55	$164	6	$44
2015年	724	$1.89	68	$370	10	$132
MAT 2016.12[1]	750	$2.22	99	$520	8	$110
MAT 2017.3[2]	769	$2.29	108	$568	9	$119

1　2016年12月滚动年度数据，即2016年1月—2016年12月的总和。

2　2017年3月滚动年度数据，即2016年4月—2017年3月的总和。

另一方面，法国占中国市场销售总额的44%，澳洲占25%，智利占9.6%，西班牙占6.5%，意大利占5.3%，美国占2.3%。新西兰虽然成功地将美国发展为重点市场，但其在中国仅有不到1%的市场占有率。

最关键的问题是，如何在现有的销售渠道外，拓展出更多机会以提高对中国的销售？最明显的答案是增加白葡萄酒的销量，基于2017年3月的滚动年度数据，按瓶装葡萄酒销量进行统计，相较于同期红葡萄酒的5亿澳元，白葡萄酒仅为2000万澳元。

餐饮烹调类别与季节性变化会导向不同的需求结果，但是在未来的5年内，白葡萄酒和红葡萄酒之间需求的极大差距将会有显著的改变。葡萄酒的网络营销已经逐步成为中国市场最重要的销售媒介，它直接链接了酒厂与消费者的互动。此外，也更进一步突破了过去只能到一、二线城市等主流市场销售的瓶颈。中国急速成长的中产阶级手机用户将持续引领消费，并创造出世界上最大的单一市场。

部分买家在澳洲境内市场采购优质的葡萄酒再运送至中国转售。最终，相较其他的酒精类饮品，特别是烈酒，葡萄酒在社交与保健方面有明显的益处，因此定会随着市场的成熟，获得更为广泛的认知。

如何使用本书

酒庄

Mount Mary 玛丽山 

Coldstream West Road, Lilydale, Vic 3140 产区：雅拉谷
电话：(03) 9739 1761 网址：www.mountmary.com.au 开放时间：不开放
酿酒师：Sam Middleton 创立时间：1971年
产量（以12支箱数计）：4000 葡萄园面积：12 公顷

玛丽山酒庄是雅拉谷历经50多年没有葡萄栽培产业后重建的先驱者，并在初始就酿造着珍贵、优质而精纯的葡萄酒。至今，这个明星酒庄绽放的光芒更胜过雅拉谷174家酒庄中的任何一家。已故的创使人约翰·米德尔顿博士（John Middleton），早在“注重细节”一词被引入酿酒术语之前，就实践着对细节近乎偏执的研究。他坚持不懈地追求完美，从玛丽山酒庄的4款原创产品酒款可见一斑，每个年份葡萄酒款都能达到完美水平。他风度翩翩的孙辈山姆·米德尔顿（Sam Middleton）也同样投入。近期垂直品尝这4款葡萄酒的所有年份葡萄酒，更让我确信，自2011年6月担起葡萄酒酿酒师的重任以来，他已经酿出了更好的葡萄酒。此外，经过长期的实验，两款法国罗纳河谷风格的葡萄酒已经问市。这两款酒不但是他对未来的寄望，也表达了对约翰已故妻子玛丽·罗素（Marli Russell）的怀念。2018年度最佳酒庄得主。

酒庄名称 Mount Mary **玛丽山**

本书中将酒瓶正标上生产者的名字视为酒庄名称。

酒庄评分 ★★★★★

我以今年的评分为基础，同时参照前两年的评分，如果酒款今年品鉴的得分高于去年，便会以较高的分数给予记录。如果今年的质量较低，我会参考前两年或更多年份的记录来作最终评判，决定是否维持原有评级或降级。在我所秉持的怜悯评级原则下，降级通常不会超过半颗星。如果以往获得高评分的酒庄没有提交葡萄酒样品酒，我可以自行决定是否沿用去年的评分。

本书只收录了1233家酒庄的评级介绍，更多的酒庄评级资料可参阅www.winecompanion.com.au，有超过2800家酒庄收录其中。

第10页每个评级总结最后的百分比是截至本书付梓时，《澳洲葡萄酒宝典》数据库中达到该评分的酒庄数量在葡萄酒庄总数中所占的百分比。有两点提请读者注意：首先，我保留了偏离正常标准的自主评级权利；其次，登录网站将更容易理解评级的基础，并能查看所有的葡萄酒

评分。

有些人可能认为我的给分过于大方，实际上在本书中获得评级的酒庄均确知仍活跃在市场上，总数仅占数据资料库的不到一半（43.7%），分布在第10页所示的各级评分中。如果将每个级别的葡萄酒庄数量递减一半（50%），相对排名不变，如此一来除了NR级别的酒庄数会大幅增加外，并不能为读者提供更有价值的引导。

★★★★★ **红五星酒庄**	长期生产高优品质和典型的葡萄酒款的杰出酒庄，至少要有两款95分以上的葡萄酒，并且在过去的两年都获得了五星级的评价。此级别有239家酒庄，占比8.3%。如果酒庄名称是以红字印刷的，那么这个酒庄通常被识为在当地产区有着长久的卓越记录——是真正顶级中最好的。有101家酒庄，占比3.5%。
★★★★★ **黑五星酒庄**	能够生产高优品质的葡萄酒的杰出酒庄，今年酒款也达到高水平。通常至少会有两款95分以上的葡萄酒。此等级有229家酒庄，占比8%。
★★★★☆ **四星半酒庄**	能够生产出高品质到高优品质葡萄酒的优秀酒庄，接近五星酒庄。通常能有一款95分以上的葡萄酒，以及两款90分以上的酒款，其他酒款评分达到87—89分。此等级有239家酒庄，占比8.3%。
★★★★ **四星酒庄**	非常好的葡萄酒庄，生产经典和别具特色的葡萄酒。至少会有两款达90分以上的酒款，可能包括一款95分以上的葡萄酒。此等级有343家酒庄，占比11.9%。
★★★☆ **三星半酒庄**	稳定可靠的葡萄酒庄，酿造优质的葡萄酒，部分年份水平更佳。会有一款90分以上的葡萄酒，其他酒款评分达86—89分。此等级有82家酒庄，占比2.8%。
★★★ **三星酒庄**	典型的好酒庄，但往往有些较为简单的葡萄酒款，酒款评分达86—89分。此等级有26家酒庄，占比0.9%。
NR **不列级酒庄**	NR不列级酒庄主要出现在网站上www.winecompanion.com.au。该评级是在以下情况下给出的：在12个月内没有品尝评分；或有品尝但没有葡萄酒得分超过88分；或品尝结果由于某种因素被判定无法公平地展现出该酒庄既往成功的声誉。书中写到的NR不列级酒庄通常是刚成立而没有葡萄酒款送审的新酒庄。此等级有7个酒庄。

Coldstream West Road, Lilydale, Vic 3140 **电话** （03） 9739 1761

信息中包含酒庄和品酒窖的地址，少数情况下可能只是一个邮政地址[在文中以（邮）字标记]；此类情况下酒款通常由另一家酒庄或其他酿酒厂生产酿造，并且只能通过网站或零售店售卖。

产区 Yarra Valley **雅拉谷**

第50—53页有一份区域、产区和次产区的完整列表。有时您会看到产区标明为“多产区”，这意味着其葡萄酒款是从许多地区购买的葡萄酿制而成，往往是由没有专属葡萄园的酒庄酿制。

网址 www.mountmary.com.au

一个重要的参考链接，通常包含本书中限于篇幅没能写出的资讯。

开放时间　具体开放时间/不开放

尽管部分酒庄列为不开放或只在周末开放，但如果事先预约好，许多酒庄都十分乐意接待来访宾客。通常打通电话便能确定是否可行。限于篇幅，我们用简化的方式表明营业时间；若酒庄每日或节假日的开放时间有所不同，我们会建议读者到酒庄网站上查询。

酿酒师　山姆·米德尔顿（Sam Middleton）

除了最小型的酒庄，酿酒师通常只是一个团队的负责人。年产量达8万箱以上的中大型酒庄，会有多位执行酿酒师专职负责特定的葡萄酒款。本书限于篇幅，即便酒庄有更大的酿酒师团队，也只列出两位资深酿酒师的姓名。

创立时间　1971年

请注意，一些酒庄以他们购买葡萄园土地的年代当作成立年份，另一些酒庄则是以他们第一次种植葡萄的年份计算，还有一些是以他们第一次酿造葡萄酒的年份计算，等等诸多不同。此外，在所有产权变更或生产中断的情况下，也可能会出现其他少数的复杂情况。

产量（以12支箱数计）　4000

这个数字代表每年生产的箱数（每12瓶/箱=9升酒）。这仅仅是酒庄产量规模的一个指标。一些酒厂的数量并不是实际生产数据，这是因为酒厂（主要是大公司）认为这些信息属于商业机密，故不予公布。

葡萄园面积　12公顷

显示酒庄所拥有的葡萄园面积，以公顷为单位计算。

总体评价

极具精致、优雅和浓郁的赤霞珠，以及通常优秀和陈年期悠长的黑比诺，充分展现出玛丽山酒庄的崇高声誉。三重奏（Triolet）混酿酒款表现非常好，近几年的霞多丽酒款甚至更佳。

品酒词部分的作用不言自明，唯一不同的是我始终试图以不同主题或角度撰写此部分介绍。

新兴酒庄

 葡萄藤叶标志表示今年首次加入葡萄酒年鉴的77家新酒庄。

品酒笔记

近年来，葡萄酒大赛与多位葡萄酒评论家已逐渐开始采用100分的评分机制。以下所述的评分系统已得到广泛的采用，而我在2017年版本的葡萄酒年鉴中也确切地使用了相同的形式。受到版面限制，本书只能完整收录3859款酒的品酒笔记，其中包含了2979款葡萄酒的分数、试饮期和价格。登录www.winecompanion.com.au网站则可以找到所有84分以上的葡萄酒的品酒笔记。另阅本书第26页。

评分

97–99	金牌	Exceptional　顶级佳酿 曾获重要的葡萄酒大赛的大奖项及奖杯，或已达获奖水平的酒款。
95–96	金牌	Outstanding　优秀 具有金牌水平的葡萄酒，通常有很好的出处。
94	银牌	接近金牌水平的葡萄酒，许多与那些获得95分的葡萄酒难分伯仲。
90–93	银牌	Highly Recommended　强力推荐 具有银牌奖水平的葡萄酒，酒质优良，极具风格和特色，值得任何酒窖收藏。
89	铜牌	Recommended　推荐 接近银牌水平的葡萄酒，评判结果因人而异。
86–88	铜牌	铜牌水平的葡萄酒，制作精良、美味，通常不需要窖藏陈年。
✪		Special Value　物超所值 附加此标志说明葡萄酒在其所属级别中具有极高的性价比。
84–85		Acceptable　可接受的 商业量产品质良好，没有明显缺陷的葡萄酒。
80–83		Over to You　日常饮用 基本款每日佐餐酒，缺乏特色或略有瑕疵。
75–79		Not Recommended　不推荐 葡萄酒款有一个或多个明显的酿酒技术失误。

Yarra Valley Pinot Noir 2015

雅拉谷黑比诺2015

明亮、清澈的深紫红色，这款酒的一切都散发着高尚的风格：香气上有着玫瑰花园的香水与香料味，口感有如弦乐和单簧管的协奏曲，主调以红莓类水果滑过如大提琴柔顺的单宁。余韵长度和平衡都很棒，葡萄酒将似女高音般高歌20年。软木塞封瓶。酒精度13.5%。评分99分，适饮期至2028年，零售价95澳元。

品酒笔记以品尝葡萄酒的年份开始。这些品酒笔记一般是在本书出版前的12个月内所记录书写的。即使写作已经花费了很长时间，但当你使用这本书时，葡萄酒款一定会随着时间的推移发生变化。更重要的是，请记住，品酒是一个非常主观且不完美的艺术。只有确认信息可靠时，我才会列出酒的价格。品酒笔记中葡萄酒款的评分在95分以上时，会以红色字印制。

有时品酒笔记末尾出现缩写字母SC、JF、NG、CM、PR或TS，依次代表的是以下各位：史提芬多（Steven Creber）、珍妮·佛克娜（Jane Faulkner）、内德·古德温（Ned Goodwin）、坎贝尔马丁森（Campbell Mattinson）、菲利普·里奇（Philip Rich）和泰森·斯特尔泽（Tyson Stelzer），他们品尝并提供了这款酒的品酒笔记与评分。

封口：软木塞

说明这款葡萄酒特定的封瓶方式。在全部经过品尝的葡萄酒中，封瓶方式所占的比例由高到低依次为：螺旋盖90%（去年88.4%）、天然软木塞5.3%（去年5.8%）、合成软木塞3.1%（去年4.5%）。剩下的1.6%（按重要性排列）是普罗克塞（ProCork）、一加一橡木塞（Twin Top）、皇冠塞（Crown Seal）、佐克塞（Zork）和玻璃瓶塞（Vino-Lok）。我相信红葡萄酒使用螺旋盖封瓶的比例将继续上升；经过品尝的白葡萄酒中有98.3%已经使用螺旋盖封瓶，进一步增长的空间并不大。

酒精度：13.5%

与封瓶方式一样，我总是尽力将此类简单明了的讯息收入书中。澳大利亚许多酿酒师对酒精含量的升高越来越重视，许多研究和实验正在进行（提前采葡萄采收期，提高葡萄酒在开放式发酵罐中的发酵温度等）。反渗透过滤淡化和选择酵母是降低所需酒精浓度的两种方式。最新版的澳洲本土和出口酒标签规范规定，酒标上的酒精度与实际检测出的酒精浓度差异不得超过0.5%。

最佳饮用期：2028年

本书中注明的适饮期是对葡萄酒适合饮用年限的一种保守评判，而非对陈年潜力的说明。现代的葡萄酒酿造技术使如今的葡萄酒呈现如下特性：即使一款葡萄酒有10年或20年的陈年潜力，葡萄酒的复杂性也会随时间推移而增加，在这款酒逐渐成熟的过程中，葡萄酒随时都可以开启享用。

参考价格：95澳元

本书以酒庄提供的价格为准，该价格可以作为在零售店渠道选购葡萄酒时的参考。

年度最佳酒庄

玛丽山酒庄

20世纪60年代后半期，在猎人谷、雅拉谷和玛格利特河这些产区的医生们开始尝试跨行从事酿酒师的工作：小规模地酿造葡萄酒，尽管其营利的可能性微乎其微。他们熟知世界上著名的葡萄酒品种（尤其是来自法国的），故以此作为蓝本创建了自己的葡萄酒酿制规范：波尔多是常见的参考标准，其次为勃艮第。

1966年，猎人谷福林湖酒庄（Lake's Folly）的麦克斯·雷克（Max Lake）开创了以瓶装酒的销售方式，1967年，玛格利特河的汤姆克丽缇（Tom Cullity）也采取了相同的方式，1971年，凯文·卡伦（Kevin Cullen）紧随其后；雅拉谷也不甘落后，彼得·麦克马洪（Peter McMahon）和约翰·米德尔顿（John Middleton）分别于1970年和1971年开始瓶酒销售。

直到如今，在众多澳洲知名的酒庄中，人们依然津津乐道于他们的建树，但最具盛名的当属约翰·米德尔顿（John Middleton）的玛丽山酒庄（Mount Mary）。这家酒庄依然采用家族经营制，当前由约翰沉着的孙子山姆·米德尔顿（Sam Middleton）掌管，同时也有其父亲大卫（David）的扶持。

没有两个年份的葡萄酒是相同的，这一点毋庸置疑。一个好的酿酒师的目标便是，在给予特定的生长季节和酿酒条件下，酿造出比以往更好的葡萄酒。或者换一种说法，就是始终要有一种苏格拉底式追求完美的精神。山姆对于酿酒即持此态度。

2015年份雅拉谷的采收季非常完美，山姆充分利用了它的优点，酿出了精致出色的葡萄酒。2017年的采收季，整个谷地又是凉爽、干燥、如诗画般的完美气候，可以预期即将产出如同1988年和1992年份一样的顶级佳酿。

这个故事还有后续。这些年来一直有传言说，玛丽山实验性地种植了其他葡萄品种，并已酿制出葡萄酒。其中两款酒已经以约翰·米德尔顿（John Middleton）妻子的娘家名字‘Marli Russell by Mount Mary’的酒标发布上市，以表敬意。

这里以法国隆河产区为指标，白葡萄酒采用玛珊与瑚珊品种混酿，而红葡萄酒以歌海娜、幕尔维德、西拉品种混酿，后者包括了澳洲最重要的葡萄品种西拉，不过约翰在这一葡萄品种上投注的时间极少。如此评判只是源于苏格拉底式的工作态度，并非对其所酿造的杰出葡萄酒款有所偏见，也不否认其最初购买玛丽山并种植葡萄树的先见之明。

约翰·米德尔顿（John Middleton）的远见带来了四款大师级的葡萄酒款，其根基是在1971年打下的，并在10年内成为传奇。简单的言语无法形容玛丽山的五重奏（Quintet）、黑比诺、霞多丽和三重奏（Triolet）。但它们均以优雅风格著称，还有完美的平衡感、纯度和余韵长度，2016年，一场4款葡萄酒所有年份的垂直品鉴会验证了它们悠长的生命力。

历届“年度最佳酒庄”得主：

Paringa Estate, 2007

Balnaves of Coonawarra, 2008

Brookland Valley, 2009

Tyrrell's, 2010

Larry Cherubino Wines, 2011

Port Phillip Estate / Kooyong, 2012

Kilikanoon, 2013

Penfolds, 2014

Hentley Farm Wines, 2015

Tahbik, 2016

Mount Pleasant, 2017

年度最佳酿酒师

Paul Hotker（保罗·何德坷）

在2016年的葡萄酒大赛上，宝仕德酒庄（Bleasdale）的首席酿酒师保罗·何德坷（Paul Hotker）以他的2015年份宝仕德惠灵顿路歌海娜西拉混酿（Bleasdale Wellington Road Grenache Shiraz）葡萄酒款赢得了5项大奖。单款葡萄酒赢得几个奖杯并不罕见。获得1—2个或3个奖杯能带给获奖者极大的满足感，并且通常不会引来那些同时参赛但未获得奖项的葡萄酒商的不满和牢骚。一切就这样自然而然地发生了。

但因在一年中5个葡萄酒大赛上获得奖项而被质疑又是另一回事，尤其是当最后一个——第5个奖项是来自澳洲国家葡萄酒展的最佳混酿干红奖时。惠灵顿路（Wellington Road）这款酒并不是唯一获得如此多项荣誉的；2014年份第二局马尔贝克（2014 Second Innings Malbec）赢得了悉尼皇家葡萄酒大赛（Sydney Royal Wine Show）和葡萄酒锦标赛（Winewise Championship）的奖杯。接下来的2015年份第二局马尔贝克（Second Innings 2015）再次从珀斯皇家葡萄酒大赛（Perth Royal Wine Show）和皇家霍巴特葡萄酒大赛（Royal Hobart Wine Show）中获得奖杯。似乎为了使其结局更加圆满，在2016年、2014年份1960先锋马尔贝克（2014 Malbec 1960 The Pioneer）在皇家昆士兰葡萄酒大赛（Royal Queensland Wine Show）上再次荣获最佳其他单一品种干红奖。

这种现象绝非“昙花一现”；在2015年间的葡萄酒大赛中，宝仕德酒庄（Bleasdale）从5场葡萄酒大赛上荣获8个奖项，在悉尼皇家葡萄酒大赛（Sydney Royal Wine Show）上，更是获得了最佳赤霞珠主体混合和最佳西拉主体混合的双项大奖。

这些非凡成会使人产生这样的印象——保罗是个葡萄品种混酿酒大师，成就堪比42年前的沃尔夫冈·布莱斯（Wolfgang Blass，禾富酒庄创始人）。沃尔夫冈当年也是以他产自兰好乐溪的混酿干红，从阿德莱德到廷巴克图（Timbuktu）等世界各地的葡萄酒大赛获得无数奖项。

今年的澳洲葡萄酒宝典版本中列有宝仕德酒庄（Bleasdale）的16款葡萄酒：其中11款获得95分以上，明星酒款为西拉和马尔贝克。另一方面，保罗还每年连续酿造出一流的阿德莱德山区灰比诺葡萄酒。

那么保罗在酿制兰好乐溪干红时，究竟是如何以培养出如此不可思议的直觉呢？他在入行初期便表露出这方面的才能。1991—1992年，他在天鹅谷的橄榄农场葡萄酒庄（Olive Farm Wine）与葡萄育苗园（Vinitech Nurseries）担任园丁工作；1993—1997年是其特有的空档年，他先后做过跨国旅行者、农场工人、葡萄园管理员、邮递员、园艺匠和建筑工人。1998—2002年，他在阿德莱德山区、麦克拉仑谷、罗布、雅拉谷、玛格利特河、吉奥格拉菲以及天鹅谷的葡萄园和酿酒厂担任各种兼职工作。他还在玛格利特河的社区大学（TAFE）获得葡萄栽培证书，然后进入阿德莱德大学学习酿酒课程，于2002年毕业取得理科学士学位。

2003—2006年，他的职业生涯有了质的飞跃，进入新西兰马尔堡的鹦鹉螺庄园（Nautilus Estate）担任葡萄培育专家和助理酿酒师。2007—2013年，他成了一位葡萄培育顾问，主要客户有苏和史密斯酒庄（Shaw + Smith）。2007年至今，他一直都在宝仕德酒庄（Bleasdale Vineyards）担任资深酿酒师，这相对于他以往丰富的职业生涯，似乎是一个很反常的记录。

历届“年度最佳酿酒师”得主：

Robert Diletti, 2015

Peter Fraser, 2016

Sarah Crowe, 2017

年度最佳葡萄酒

2012年份翰斯科神恩山干红葡萄酒

2012年份神恩山干红上市时，我在为澳洲周末画报撰写的一篇文章中指出，勃艮第的罗曼尼康帝酒庄（Domaine de la Romanée-Conti）和澳大利亚的翰斯科酒庄（Henschke）之间有诸多相似之处。两者都是家族经营制，也都是以庄园为根据地，皆为无价之宝，并且都有一颗耀眼夺目的宝石。对于康帝酒庄来说，这颗宝石是1.8公顷的罗曼尼康帝（Romanée-Conti）葡萄园；对于翰斯科来说，这颗宝石是4公顷的神恩山葡萄园。两家酒庄皆为独资产权，品牌在业界上流社会有着良好的商誉。两家酒庄品牌旗下各有其他多款优质稳定的葡萄酒款；罗曼尼康帝酒庄有7个，翰斯科酒庄有30个。

生长季节天气对于小面积单一品种葡萄园的影响会更巨大。遇到气候不佳的年份时，除了不出产酒或仅以有限的收成显著地减少当年葡萄酒的产量之外，毫无其他路子。因此，神恩山干红葡萄酒在1960年、1974年、2000年和2011年并没有酿制生产。

另一个极端是极佳的采收季，如2012年份的神恩山干红。在我的记忆中，没有哪款葡萄酒比它的上市受到更多的热切期待了。

这是一款宏伟、完美的酒款。平衡、长度、线条和纯度各方面都得到恳切的赞赏。此外，它还充分、深刻地反映着产区自有的风格。无论在澳大利亚还是世界上其他地方，再没有另一个角落能找到一款体现着50—150年葡萄老藤的中等酒体西拉了。

珮缘翰斯科（Prue Henschke）研发了一种在葡萄园中种植本地植物作为草地的系统，并在葡萄园周围种植本地植物，以提升有益昆虫的生态系统服务。众所周知，有机堆肥和秸秆覆盖有助于保持土壤健康。生物动力学与这些策略相交实践。

葡萄串由全职的葡萄园工作人员手工挑选，到酿酒厂后会经过另一道筛选。葡萄园的工作人员负责葡萄的收成采摘、修剪和全年的培育工作，并且熟知每棵葡萄藤的小名。70%的葡萄破皮压碎和去梗，其中的30%去梗后以整粒葡萄发酵。主要使用225公升法国橡木桶陈酿18个月，其中65%的是新橡木桶，装瓶后酒窖陈年2—3年后上市。

这款葡萄酒在其酒窖门店、网站和所有出口市场以玻璃瓶塞（Vino-Lok）封瓶销售；在澳洲境内的零售商和餐馆则使用螺旋盖封瓶。

历届“年度最佳葡萄酒”得主:

Bass Phillip Reserve Pinot Noir 2010

Xanadu Stevens Road Cabernet Sauvignon 2011

Serrat Shiraz Viognier 2014

Best's Thomson Family Shiraz 2014

年度最具性价比酒庄

格罗塞特酒庄

我为这个奖项选择的名称可能并不恰当。有些人可能会将低价与廉价联系起来，其实这个奖项强调的是品质。因此，我不得不做一系列的资格认证工作以确保结果的公允性，或许需要一个智能算法切入其中，使如此复杂的程序简单化。不过我并不擅长于构建和运作这样的算法，所以在此便不做深入探讨了。

在价格未知的情况下，我品鉴每款葡萄酒并给出评分，之后录入计算机预置的程序中进行评估，看这些葡萄酒款的得分与预期的价位指标是否相匹配。如果是，它会被赋予一个高性价比的红色花环，表示其物超所值。

这种评判方式是否过于简单，有多大价值，是否会产生误导？多年来，我在品鉴酒时考量了每款葡萄酒的价值，并以我日渐易错的记忆评判是否给予性价比花环。

虽然这个奖项有诸多弊端，但就每款葡萄酒而言，无论是在酒款本身品质的把关方面，还是在酿酒过程中难易程度的控制方面，其意义都影响深远。其中有些因素尚在酿酒师的掌握之中，另一些则不然。从表面上看来，风格及风格偏好便介于边缘。

拿现实生活中的例子来说，比如一方面以不锈钢桶发酵的雷司令或赛美蓉与橡木桶发酵的霞多丽作比较，另一面以开放式发酵的黑比诺或西拉，或选择经典品种抑或是非主流品种。那么，答案明显是不同的。

首先是网格坐标系统上的评分和价格之间的数字关联系数。这是由计算机完成的，我不予干预。我只能在品酒笔记与评分和价格导入数据库后得知答案。

其次，我在决定评分时除了价格因素之外，潜意识地将所有变量因素列入考量范围。因此，只有一个或两个品种的酒庄是非常不可能赢得这个奖项的。

毋庸置疑，杰弗里·格罗塞特（Jeffrey Grosset）是澳大利亚雷司令最优秀的酿酒师，但他也在阿德莱德山区酿造了壮丽的霞多丽和黑比诺，阿德莱德山区和克莱尔谷的赛美蓉、长相思以及来自阿克莱尔谷高海拔葡萄园的波尔多品种混酿干红盖娅（Gaia）。他的宝贝酒款Nereus和Apiana是独特的混酿酒款，成为了崭新领域中的一匹黑马。

总体而言，格罗塞特酒庄（Grosset）是澳大利亚前十名的酒庄之一，并且完全不可能失去这个地位。在世界范围内，格罗塞特酒庄的葡萄酒价格明显偏低。

历届“年度最具性价比酒庄”得主:

Hoddles Creek Estate, 2015

West Cape Howe, 2016

Larry Cherubino Wines, 2017

年度最佳新兴酒庄

斑驳酒庄

品尝提交上来的近10000款葡萄酒样本，从中选取约6000款葡萄酒，研究并撰写今年澳洲葡萄酒宝典，这样做的好处之一是发掘那些名不见经传，却能令人大开眼界的酿酒师、酒庄或酒款。我从未有意识地限定这些新秀的来处，但根据定义，他们应选自最佳新兴酒庄。

这样做并不是对过去获选的酒庄不恭敬，也不愿将我的未来画地为牢。但像斑驳酒庄（Dappled Wines）的庄主兼酿酒师肖恩·科尼恩（Shaun Crinion）这样的人才，就跟传说中的蓝月般百年难得一遇。

一切始于1999年，当时他在加州中部海岸的霁霞酒庄（Laetitia Winery）与叔叔一起工作。作为美国公民的肖恩打算留在美国，但在全球经济危机的环境下，年仅19岁且没有技能的他要做到这一点太难了。

于是自2000年起，他从玛格利特河的魔鬼之穴（Davil’s Lair）开始了一场世界葡萄酒的魔毯之旅，2001年在美国加州的科比特峡谷葡萄园（Corbett Canyon Vineyard），2002年在天鹅谷的霍顿酒庄（Houghton），2003年在猎人谷的德保利酒庄（De Bortoli），2004年—2006年在塔斯马尼亚北部的笛手溪酒庄（Pipers Brook），2006年在塔斯马尼亚北部的火焰湾酒庄（Bay of Fires），2006 —2007年在美国加州的威廉斯乐姆酒庄（Williams Selyem），2008年在雅拉谷的香桐酒庄（Domaine Chandon），以及2010年在法国勃艮第的德蒙蒂酒庄（Domaine de Montille）。有了这样的酒业资历，他能在任何地方找到工作，更不用说他还是查尔斯特大学（Charles Sturt University）2005届的酿酒专科毕业生。

2009年，魔毯降落在雅拉谷。肖恩（Shaun）于2009—2016年间在罗伯多兰酒庄（Rob Dolan）兼职的同时，创立了斑驳葡萄酒公司。

他的长远目标是购买或建立自己的葡萄园。他说，当他还没有家庭牵绊时，还是比较容易办到的。现在36岁的他和伴侣凯瑟琳（Catherine）有了两个分别为两岁和四岁的女儿。肖恩作为一名兼职酿酒师与兼职家庭主夫，会比其他的父亲们有更多的时间陪伴家人。

当我指责他在雅拉谷差不多有10年之久却没有提交葡萄酒款参与评选时，他回答说："我是在葡萄酒庄喝着佳酿长大的，我酿造了我想喝的葡萄酒，但我不确定我的葡萄酒是否会吸引你。我并非自然葡萄酒的酿酒师，但我的2016年琼瑶浆（Straws Lane Gewurztraminer）就采用整串葡萄酿制而成。"没错，这一酒款特别令人惊赞。酒标也是由塔斯马尼亚的平面设计师与凯瑟琳共同设计，非常美丽。

一个重要的问题是，为斑驳酒庄（Dappled）采购葡萄并长期供给到底有多困难？2017年，肖恩从三个葡萄园购得10.4吨葡萄。他表示非常感谢斯蒂尔斯古酒庄（Steels Creek Estate）的西蒙·皮尔斯（Simon Peirce）。肖恩在斯蒂尔斯古酒庄酿造了前两个年份的葡萄酒，并每年从那里购得3吨葡萄。这3家酒庄每家都供应给他超过总购入量50%的霞多丽。他还特别强调对2014年最佳新兴酒庄得主罗伯·多兰（Rob Dolan）的感谢，感激在那里所学到的一切。

历届"年度最佳新兴酒庄"得主：

Rob Dolan Wines, 2014

Flowstone, 2015

Bicknell fc, 2016

Bondar Wines, 2017

年度十大最佳新兴酒庄

这些首次在《澳洲葡萄酒宝典》中亮相的酒庄全都获得了五星评级。他们因此也成了本届77家新酒庄中的佼佼者。当然还有其他几家评分紧随其后的酒庄也拿到了五颗星。最终的评选标准包括获得95分以上的葡萄酒款数量，以及其酒款是否具有高性价比。

最佳新兴酒庄

Dappled Wine **斑驳酒庄** Yarra Valley **雅拉谷/第218页**

请参阅第18页；更详尽的信息请参阅第212页的酒庄介绍。

Attwoods Wines **阿特伍德酒庄** Geelong **吉龙/第88页**

在澳大利亚出生并接受教育的酿酒师兼东家特洛伊·沃尔什（Troy Walsh）曾在伦敦担任过12年侍酒师，有了这份经历，特洛伊返回澳大利亚时已掌握了所需的人脉，并成为跨国酿酒师，在澳大利亚与法国之间频繁往来。他专注于勃艮第和吉龙的黑皮诺和霞多丽，熟稔运用整串葡萄进行发酵的技术。2010年，他在巴拉瑞特（Ballarat）以南20公里处购买了一片18公顷的地产，与家人一起搬到那里种植1.5公顷的黑比诺和0.5公顷的霞多丽。

Dr Edge **德里奇酒庄** Tasmania **塔斯马尼亚/第245页**

彼得·德里奇（Peter Dredge）早年担任过葡萄之路酒庄（Petaluma）的酿酒师，2009年搬到塔斯马尼亚后，在火湾酒庄（Bay of Fires）工作了7年并成为其首席酿酒师。2015年，他离开火湾酒庄成立酿酒顾问公司，创建德里奇酒庄，并出任自资酿酒师。其后一年内，他与艾利斯家族（Ellis family）成为合作伙伴，为其米多班克（Meadowbank）项目的启动贡献力量，他也藉此获得了1.5公顷南塔斯马尼亚产区黑比诺，以及塔斯马尼亚北部和东部海岸其他多个产区的购买权。

Elbourne Wines **埃尔伯尼酒庄** Hunter Valley **猎人谷/第255页**

亚当·埃尔伯尼和爱力克西·埃尔伯尼（Adam and Alexys Elbourne）2009年实现了他们从悉尼搬到猎人谷的梦想，在马洛博恩路（Marrowbone Road）购买了一套22公顷的房产，包括4公顷荒废的葡萄园，种植霞多丽和西拉，同时也足够饲养他们的精品赛马和各类动物，如威赛克斯白肩猪。葡萄园现今已经恢复生机，尼克·帕特森（Nick Paterson）为其约聘酿酒师。

Elderslie **埃尔德斯利酒庄** Adelaide Hills **阿德莱德山区/第255页**

这个酒庄结合了两个家庭：酿酒师和葡萄酒市场营销专家，彼此的技能密切相关且互补。酿酒师是亚当·德维茨（Adam Wadewitz），葡萄酒营销专家是妮可·罗伯茨（Nicole Roberts）。他们各自的另一伴尼基·德维茨（Nikki Wadewitz）和马克·罗伯茨（Mark Roberts）也参与其中，在工作和生活上相辅相成。对葡萄酒的挚爱，如同他们的贵族血统一样，在家族中世代传递。

"Heroes" Vineyard **英雄葡萄园** Geelong **吉龙/第351页**

1996年，詹姆斯·汤马斯（James Thomas）的父母在英国种植葡萄园时，他只有16岁。2004年，他来到澳大利亚，从乐卓博大学（La Trobe）葡萄酒酿造专业毕业。而后的4年，在班诺克本（Bannockburn）的葡萄园担任助理酿酒师，又赴英国任首席酿酒师3年，酿造起泡酒。2014年，詹姆斯回到澳大利亚，买下了一片3.4公顷的葡萄园。他的葡萄酒和酒标一样，精制而深奥。

One Block **一区酒庄** Yarra Valley **雅拉谷/第527页**

杰登·翁（Jayden Ong）是葡萄酒界和美食界的跨界明星。2000年—2006年在墨尔本葡萄酒吧（Melbourne Wine Room）任职，同时在克里弗莱酒庄（Curly Flat）、莫路德酒庄（Moorooduc Estate）和Allies/Garagiste参与采收季酿酒。随后，他获得美国加州州立大学（CSU）葡萄酒酿造学位，与明星厨师安德鲁·麦康奈尔（Andrew McConnell）合作开了库姆勒斯餐厅（Cumulus Inc.）。2006年—2014年，杰登在飞行酿酒室（Flying Winemaking）工作。多年来也陆续在雅拉谷酿造小批量的葡萄酒。2015年，他和妻子摩根·翁（Morgan Ong）在雅拉谷海拔700米的图尔贝翁山（Toolebewong）购买了一处小房产，现在种植了一片有机葡萄园。

Shining Rock Vineyard **闪岩葡萄园** Adelaide Hills **阿德莱德山区/第647页**

农艺学家达伦·阿尼（Darren Arney）和他的妻子，心理学家娜塔莉·沃斯（Natalie Worth）2012年从莱昂·内森（Lion Nathan）手中收购了闪岩葡萄园（Shining Rock Vineyard）。这个葡萄园最初由葡萄之路酒庄（Petaluma）自2000年开始栽种，同时也收购葡萄，直至2015年。酒庄的第一个年份由彼得·莱斯科（Peter Leske，Revenir酒庄）酿造。达伦与康·莫索斯（Con Moshos，塔娜酒庄）的合作始于2016年，同时布莱恩·科罗瑟（Brian Croser）的幕后指导使其如虎添翼，并延续至今。

Small Island Wines **小岛酒庄** Southern Tasmania **塔斯马尼亚南部/第659页**

出生于塔斯马尼亚的詹姆斯·布罗诺夫斯基（James Broinowski）2013年毕业于阿德莱德大学酿酒学院。与其他有抱负和野心的梦想家一样，詹姆斯也面临营运资金缺乏的难题。2016年他开始众筹寻求解决方案，凭借这笔资金，他从塔斯马尼亚北部的格兰加里葡萄园（Glengarry）购买到黑比诺葡萄；他酿出的黑比诺葡萄酒款在2016年霍巴特葡萄酒展（Hobart Wine Show）上获得了金牌，同年还出品了200瓶玫瑰桃红酒。2016年和2017年，詹姆斯继续采购黑比诺葡萄，为他的支持者提供持续的回报。

Woodvale **伍德维尔酒庄** Clare Valley **克莱尔谷/第778页**

该酒庄是凯文·米切尔（Kevin Mitchell）和妻子凯瑟琳·伯尔尼（Kathleen Bourne）的私人事业，并非凯里卡努酒庄（Kilikanoon）的分支。公司创立的目的是小批量酿造克莱尔谷最受推崇的葡萄品种——雷司令和西拉，同时适当使用歌海娜和赤霞珠，以丰富品种。2014年和2015年的4款雷司令和西拉确实很优秀。这些葡萄酒款仅在线销售。

年度十大最具性价比酒庄

今年获选的十家葡萄酒庄分别出自克莱尔谷、雅拉谷、玛格利特河、莫宁顿半岛和大南部地区，这些产区各有一家，另有两家在麦克拉仑谷，三家在巴罗萨谷。如果这些酒庄酿造的某一款，或所有的葡萄酒款，与美国、法国或欧洲其他地区同价位的葡萄酒一同参加盲品比赛，获胜者无疑会是澳大利亚葡萄酒。格罗塞特酒庄（Grosset）获选本年度最具性价比酒庄，因此特别放在首位作介绍；其余均按酒庄英文名称首字母顺序排列。

最具性价比酒庄

Grosset **格罗塞特酒庄** Clare Valley **克莱尔谷/第316页**

格罗塞特酒庄的故事请参阅本书第17页；更详尽的信息请参阅第304页的酒庄介绍。

Deep Woods Estate **深林酒庄** Margaret River **玛格利特河/第224页**

深林酒庄是全部送选葡萄酒（12款）均获得理想高分的酒庄之一。最高端的雅灵哥（Yallingup）赤霞珠98分，珍藏霞多丽97分。评分较低的4款葡萄酒得分也在90—94分之间，绝对是物超所值。首席酿酒师是技艺熟练的资深酿酒师朱丽安·兰沃西（Julian Langworthy），艾玛·吉莱斯皮（Emma Gillespie）是助理酿酒师。

Hardys **哈迪斯酒庄** McLaren Vale **麦克拉仑谷/第326页**

在这提醒各位，即使是来自大公司拥有各州葡萄园资源酿造的葡萄酒，也仍然必须完全仰赖于酿酒师的技能和承诺，在这里是由出色的首席酿酒师保罗·拉普斯雷（Paul Lapsley）领队。在今年的《澳洲葡萄酒宝典》中，哈迪酒庄有多款（9款）葡萄酒获评97分以上，占比远高于其他任何一家酒庄；只有一款非主流的密斯卡岱加强型甜葡萄酒未获得高性价比花环。

Landhaus Estate **兰德豪斯酒庄** Barossa Valley **巴罗萨谷/第416页**

近年来，因过往表现牢牢占据五星评级的兰德豪斯酒庄，在2014年和2016年备受质疑。不过该酒庄今年的表现堪称典范：10款葡萄酒中有9款获得了95分以上的成绩，获得了高性价比花环。珍妮·佛克娜（Jane Faulkner）提供了笔记和评分。

Montalto **蒙塔托酒庄** Mornington Peninsula **莫宁顿半岛/第480页**

依莫宁顿的标准来看，蒙塔托酒庄算是将一个部分历史可以追溯到1986年的大型葡萄园和魔法酿酒师西蒙·布莱克（Simon Black）做了完美结合。西蒙最擅长黑比诺和霞多丽葡萄酒款，当然私底下也会调制西拉、长相思和灰比诺。14款葡萄酒中有10款得到了94分以上的评分，得益于常规和非主流交叉的混酿酒法。

Oakridge Wines **橡木岭酒庄** Yarra Valley **雅拉谷/第521页**

酿酒师大卫·比克内尔 (David Bicknell) 是一位信奉单一葡萄园的狂热信徒，他的艰巨任务是运用不同的酿酒技术充分挖掘葡萄的内在属性，而不是将它们掩盖掉。因此，最顶级的酒款不仅来自单一葡萄园，更能够定位到葡萄园的某一区块。大卫情有独钟的是被冠以优雅的霞多丽和黑比诺。16款葡萄酒中有12款获得了94分以上的评分，并获得了高性价比花环。

Singlefile Wines **新格菲乐酒庄** Great Southern **大南部地区/第654页**

如果在这个类别中有亚军，那么新格菲乐酒庄必将获此殊荣。总部设在其在丹麦设立的极尽奢华的品鉴店及餐厅内，并在品鉴店内及周边种植有大面积的霞多丽，毗邻法兰克兰河、巴克山和潘伯顿。17款葡萄酒中的15款获得了94分及以上的成绩，并获得了高性价比花环。

Spinifex **思宾悦酒庄** Barossa Valley **巴罗萨谷/第666页**

产自巴罗萨葡萄园的葡萄酒通常都异常复杂，而由思宾悦酒庄酿造的酒款风格就相对柔和很多。所有葡萄酒款除其中一款之外，均获评94分以上，并获得了高性价比花环。2款葡萄酒以97分领衔，最低分的1款获得94分，其余的酒款均达到95分或96分。建议零售价24澳元。

Teusner **特斯纳酒庄** Barossa Valley **巴罗萨谷/第704页**

凯姆·托斯纳（Kym Teusner）的佐餐酒今年获得了完美的评分。3款顶级葡萄酒中的2款得到98分，第3款97分；4款葡萄酒得到95分和96分，尽管这些酒款价格都非常低廉，其酒品和口味却是极佳的；此外5款葡萄酒中，2款得到94分，3款得到95分，建议零售价24澳元或更便宜。

Yangarra Estate Vineyard **亚加拉酒庄葡萄园** McLaren Vale **麦克拉仑谷/第786页**

在2016年的《澳洲葡萄酒宝典》中，彼得·弗雷泽 (Peter Fraser) 被授予了业界梦寐以求的年度最佳酿酒师殊荣，所以今年他的11款葡萄酒无一例外均获得高性价比花环：2款顶级葡萄酒获得97分，其余酒款得到95分或96分。特此说明，所有的葡萄酒都是由珍妮·佛克娜 (Jane Faulkner) 品尝和评分的。

年度十大最具潜力酒庄

本奖项的获选资格是，每个酒庄必须为首次获得五星评级，且过去的评级都比较低。科拉吉奥船长号酒庄 (Boat O'Craigo) 获选本届年度最具潜力酒庄，因此被放在首位进行介绍；其余酒庄则按名称首字母顺序排列。

最具潜力酒庄

Boat O'Craigo **魅歌之周酒庄** Yarra Valley **雅拉谷/第126页**

当年玛格丽特（Margaret）和史蒂夫·格雷姆（Steve Graham）在坎加鲁镇（Kangaroo Ground）购置了一处房产，在这片地处温带的黑火山玄武岩土壤上，他们选择种植西拉和赤霞珠，这一决定非常正确。2003 年，他们的儿子特拉弗斯（Travers）接管这个家族企业，之后买下了在黑刺山脉（Black Spur Ranges）山脚下的一处葡萄园，这里种植有琼瑶浆、长相思、霞多丽和黑比诺葡萄树。第三个发展阶段是，在2011年收购了万瑞伍德（Warranwood）的一家大型酿酒厂，葡萄园之间距离相近。

Baillieu Vineyard　**柏烈酒庄**　Mornington Peninsula　**莫宁顿半岛/第95页**

在梅里克斯（Merricks）北部平缓的山坡上，查理（Charlie）和萨曼莎·柏烈（Samantha Baillieu）重建了前福克斯伍德（Foxwood）葡萄园，种植着霞多丽、维欧尼、灰比诺、黑比诺和西拉。面向北部的葡萄园是柏烈家族拥有的64公顷“牛头犬竞跑”（Bulldog Run）产业的一部分，保持良好的管理维护。酿酒师杰拉尔丁·麦克福尔（Geraldine McFaul）充分发挥了2015年的深厚底蕴。经过翻修，柏烈家族将梅里克斯葡萄酒专卖店改造成了一个兼具小餐馆、贩卖店和品酒窖功能的综合体。

Ballycroft Vineyard & Cellars　**百丽克罗夫特酒园**　Barossa Valley　**巴罗萨谷/第97页**

这家微型企业由乔（Joe）和苏·埃文思（Sue Evans）所有。获得园艺文凭的乔自1984年起在这片土地上生活，然后在1987年拿到了阿德莱德大学罗斯沃斯的葡萄栽培学位。1992—1999年，他在罗克福德（Rockford）酒庄担任过不同的职务。从那时起，他一直在绿萝河酒庄（Greenock Creek）。乔（Joe）和 苏·埃文思（Sue Evans）两人形影不离，想要拜访品酒窖的游客，最好提前与他们中的一人预约品酒。

Cupitt's Winery　**库比特酒庄**　Shoalhaven Coast　**肖海尔海岸/第210页**

库比特酒庄（Cupitt's）一直致力于打造五星评级，在此版本《澳洲葡萄酒宝典》中终于得偿所愿。对新南威尔士州的南部沿海城市——乌拉杜拉（Ulladulla）周边的旅游圣地而言，福祸相倚。这里不是天然的高品质葡萄产地，也不足以吸引众多的葡萄酒游客。库比特家族以酿酒师罗西（Rosie）为首，通过从远至雅拉谷等产区购买葡萄来解决问题。因此，其在葡萄酒的品质方面能取得如此骄人的成绩，价格又如此实惠，确实值得称赞。

Firetail　**火尾酒庄**　Margaret River　**玛格利特河/第273页**

杰西卡·沃拉尔（Jessica Worrall）和罗布·玻尔（Rob Glass）一直反对石油和天然气工业。2002年，他们在玛格丽特河购置了一处5.3公顷的葡萄园，1979—1981年，种植了长相思、赛美蓉和赤霞珠。这里的葡萄酒由布鲁斯·达克斯（Bruce Dukes）和Peter Stanlake（彼得·斯坦莱克）酿制。以约聘酿酒师的实力，再加上产自玛格丽特河葡萄园的葡萄品质两方面来看，火尾酒庄（Firetail）早前没能拿下五星评级确实有些意外。这里出产的葡萄酒品质堪称典范，同时价格还超级便宜。

Iron Cloud Wines　**铁云酒庄**　Geographe　**吉奥格拉菲/第373页**

沃里克·拉维斯（Warwick Lavis）和杰夫（Geoff）以及卡伦·克罗斯（Karyn Cross）于2003年合资购买了当时被称为佩普丽酒庄（Pepperilly Estate）的庄园，这块红砾石土壤的种植史要溯及1999年。整列西澳大利亚品种Henty Brook薄荷树供给了葡萄园的天然水源。洛克里夫（Rockcliffe）的首席酿酒师迈克尔·尼格（Michael Ng）在2017年前酿酒师科柏·拉德维希（Coby Ladwig）离职之后接手。科柏·拉德维希亲自酿造了2015和2016年份的葡萄酒，现在则专注于发展自己的品牌罗森塔尔酒（Rosenthal Wines），同时担任新格菲乐酒庄（Singlefile）的全职酿酒师。

La Curio **古玩酒庄** McLaren Vale **麦克拉仑谷/第409页**

酿酒师兼业主亚当·胡珀（Adam Hooper）17岁就进入罗斯沃斯（Roseworthy）学院研读酿酒学学士学位，毕业后随即开始在麦克拉仑谷的一些知名酒庄如佐夫马烈酒庄（Geoff Merrill）等作酿酒师，同时往来于意大利和法国作兼职酿酒师。20年过去了，在麦克拉仑谷作酿酒师的经验积累，尤其是他在10年前一手创立古玩酒庄的个中艰辛，都使亚当收益良多。他酿制的葡萄酒喝着让人心醉，这很大程度上归功于其独特的酿制手法，即在未发酵前将不破皮压碎的整颗葡萄做极致低温浸泡处理。

Schulz Vignerons **舒尔茨种植园** Barossa Valley **巴罗萨谷/第628页**

马库斯（Marcus）和罗斯林·舒尔茨（Roslyn Schulz）是巴罗萨谷最有名的葡萄酒家族中的第5代，但在2002年，他们开辟了一条崭新的道路，引入“生物农业法”来继续培植已有50多年历史的老葡萄树。不再灌 溉并施以大量的农药制剂，取而代之的是在经过活性土壤生物学改良释放的天然氮气的滋养下，让葡萄藤自然生长，并辅以极少量的化肥。在这个面积为58.5公顷的葡萄园内，总共种植了12个葡萄品种，可以想见，大部分的葡萄都被卖给了巴罗萨的其他酿酒商。

Talisman Wines **塔里斯曼酒庄** Geographe **吉奥格拉菲/第689页**

塔里斯曼酒庄（Talisman）发展背后有着不为人知的浪漫故事。被惠灵顿（Wellington）国家公园所环绕，位于弗格森（Ferguson）山谷高处的葡萄园所在地，最初因为这里风景如画而被金姆（Kim）和珍妮·罗宾逊（Jenny Robinson）夫妻买下来用作他们周末的休闲度假区。多年后的2000年，土生土长的葡萄园经理维克多·伯特拉（Victor Bertola）才鼓励他们种植葡萄藤。现在葡萄园的面积有9公顷，种植有赤霞珠、西 拉、马尔贝克、仙粉黛、霞多丽、雷司令和长相思，并在吉奥格拉菲葡萄酒比赛中取得了杰出的成绩。

Vinden Estate **威登酒庄** Hunter Valley **猎人谷/第746页**

威登酒庄（Vinden Estate）提供了一系列葡萄酒品供内德·古德温（Ned Goodwin）品尝，包括4款产自2014年、2015年和2016年三个年份的赛美蓉和2款产自2010年和2014年猎人谷伟大年份的西拉，为此给他留下了深刻的印象。桑德拉（Sandra）和盖伊·威登（Guy Vinden）有一栋美丽的住宅、品酒窖、景观花园，以及一片葡萄园，种植着2.5公顷的西拉子、2公顷的梅洛和2公顷的紫北塞，远处连着断背山脉。在酒庄内酿制的葡萄酒，使用的都是酒庄原产的红葡萄；至于白葡萄赛美蓉和霞多丽，则购自其他葡萄果农。

年度最佳葡萄酒
依葡萄品种分类

按照惯例，每组葡萄酒款的数量都是有限的。葡萄酒品种的分类与往年相同，每款葡萄酒与其产地相连，且只列出最好的酒款。也就是说，上榜分数确实反映了特定类别的优势。如果同分酒单过长，那些以黑色印刷的葡萄酒款就会按产区分列，并缩简酒款名称，这些酒款仍然可以在相关酒庄的品酒笔记中找到完整的葡萄酒名与评论。总之，请记住本版中所列的酒款是品尝过9769款葡萄酒后，所选出的最优秀的。

Riesling 雷司令

伊顿谷帝国以9款葡萄酒打败了西澳洲的6款。3款来自塔斯马尼亚的雷司令和一款来自亨提（维多利亚州）的雷司令名次有一点变动并不令人意外，因为两处产地的气候极为相似。

评分	酒款	产区
98	2016 Sons of Eden Cirrus Single Vineyard	伊顿谷
98	2016 Duke's Vineyard Magpie Hill Reserve	波罗古鲁普
97	2016 Grosset Polish Hill	克莱尔谷
97	2010 Jeanneret Doozie	克莱尔谷
97	2016 Pikes The Merle Clare Valley	克莱尔谷
97	2010 Twofold Aged Release	克莱尔谷
97	2016 Harewood Estate	丹麦
97	2016 Glen Eldon Reserve	伊顿谷
97	2016 Kellermeister The Wombat General	伊顿谷
97	2012 Peter Lehmann Wigan	伊顿谷
97	2016 Poonawatta The Eden	伊顿谷
97	2015 Robert Oatley	大南部地区
97	2016 Seppelt Drumborg Vineyard	亨提
97	2016 Forest Hill Vineyard Block 1	巴克山
97	2015 Singlefile Single Vineyard	巴克山
97	2008 Abbey Creek Vineyard Museum Release	波罗古鲁普
97	2016 Castle Rock Estate A&W Reserve	波罗古鲁普
97	2016 Devil's Corner	塔斯马尼亚
97	2016 Pooley	塔斯马尼亚
97	2016 Stargazer Coal River Valley	塔斯马尼亚

Chardonnay 霞多丽

霞多丽领域有44款酒，由玛格利特河的11款、雅拉谷的7款、阿德莱德山区的5款和莫宁顿半岛的4款领衔。其后就广泛分布在各产区，也反映出澳大利亚霞多丽的优质；比曲尔斯、吉龙、吉普史地和塔斯马尼亚都提供了3款葡萄酒，丹麦2款，潘伯顿1款。因版面限制，无法全部列出这些酒款的名称，但它们会按产区分列，可以在相关酒庄的品酒笔记中找到完整的葡萄酒名。这种模式会贯穿全书始终。

评分	酒款	产区
98	2015 Shaw + Smith Lenswood	阿德莱德山区
98	2015 Giaconda Estate Vineyard	比曲尔斯
98	2015 Hardys Eileen Hardy	多产区
98	2014 Singlefile The Vivienne	丹麦
98	2015 Flying Fish Cove Prize Catch	玛格利特河
98	2014 Leeuwin Estate Art Series	玛格利特河
98	2015 Pooley Cooinda Vale Single Vineyard	塔斯马尼亚
98	2015 Rochford Dans les Bois	雅拉谷
97	阿德莱德山区：2016 Grosset Piccadilly，2015 Ochota Barrels The Slint Vineyard，2015 Penfolds Reserve Bin A，2015 Shaw + Smith M3；比曲尔斯：2014 Giaconda Estate Vineyard，2015 Giaconda Nantua Les Deux；多产区：2014 Penfolds Bin 144 Yattarna；丹麦：2015 Singlefile Family Reserve；吉龙：2015 Austins & Co. Custom Collection Ellyse，2011 Bannockburn Extended Lees，2015 by Farr Three Oaks；吉普史地：2015 Lightfoot & Sons Home Block，2014 Narkoojee Reserve，2015 Tambo Reserve；玛格利特河：2015 Credaro 1000 Crowns，2015 Cullen Kevin John，2015 Deep Woods Reserve，2013 Devil's Lair 9th Chamber，2015 Flying Fish Cove Wildberry，2015 Mandoon Reserve，2012 Robert Oatley The Pennant，2015 Vasse Felix Heytesbury，2014 Windows Petit Lot；莫宁顿半岛：2015 Garagiste Merricks，2015 Main Ridge，2015 Ten Minutes by Tractor Judd，2015 Ten Minutes by Tractor Wallis；潘伯顿：2016 Larry Cherubino 'Cherubino' 塔斯马尼亚：2015 Dawson & James，2015 Sinapius Home Vineyard；雅拉谷：2015 Dappled Appellation，2015 Giant Steps Tarraford，2016 Little Yarra，2015 Mount Mary，2014 Oakridge 864 Funder & Diamond，2015 Oakridge 864 Funder & Diamond	

Semillon 赛美蓉

一如既往，多数顶级酒款均出自猎人谷，最高分组内除了2款酒之外，大多数酒款的酒龄都在5—8岁，96分组也有6款酒的酒龄相当。

评分	酒款	产区
97	2011 Brokenwood ILR Reserve	猎人谷
97	2012 David Hook Aged Release Old Vines Pothana Vineyard Belford	猎人谷
97	2011 Mount Pleasant Lovedale	猎人谷
97	2016 Silkman Reserve	猎人谷
97	2016 Tempus Two Uno	猎人谷
97	2005 Tyrrell's Museum Release Vat 1	猎人谷
97	2009 Coolangatta Aged Release Wollstonecraft	肖海尔海岸
96	阿德莱德山区：2016 Charlotte Dalton Love You Love Me；伊顿谷：2012 Henschke Hill of Peace，2015 Henschke Louis；猎人谷：2014 Chateau Francois，2012 Eagles Rest Dam Block，2016 First Creek Single Vineyard Murphys，2016 Gundog Hunter's，2014 Gundog Somerset，2016 Gundog The Chase，2010 Keith Tulloch，2009 McLeish，2006 Mistletoe Reserve，2013 Silkman，2015 Silkman，2013 Tamburlaine Reserve，2016 Thomas Braemore，2011 Thomas Cellar Reserve Braemore，2009 Two Rivers Stones Throw，2012 Tyrrell's Belford	

Sauvignon Blanc　长相思

最高分的5款酒竟来自不同的产区，这是一个很有趣的产区分布现象。阿德莱德山区以6款酒击溃了玛格利特河的自傲。在这些葡萄酒款中，有相当比例的酒款使用部份橡木桶发酵，以增进其结构和复杂性。

评分	酒款	产区
96	2016 Michael Hall Piccadilly	阿德莱德山区
96	2016 Oakdene Jessica Single Vineyard	吉龙
96	2016 Stella Bella	玛格利特河
96	2015 Moorilla Estate Muse St Matthias Vineyard	塔斯马尼亚
96	2016 Out of Step Willowlake Vineyard	雅拉谷
95	阿德莱德山区：2015 Geoff Weaver Ferus, 2015 Geoff Weaver, 2016 Karrawatta Anna's, 2016 Shaw + Smith，2016 Sidewood Estate；法兰克兰河：2016 Alkoomi Black Label；吉龙：2016 Bannockburn，2016 "Heroes" Vineyard Otway；吉奥格拉菲：2015 Whicher Ridge；吉普史地：2016 Tambo；马其顿山脉：2016 Hanging Rock Jim Jim；玛格利特河：2016 Deep Woods，2016 Firetail，2015 Flowstone，2016 Robert Oatley，2016 Watershed Senses；莫宁顿半岛：2016 Port Phillip Estate；奥兰治：2016 Logan；潘伯顿：2016 Castelli Empirica Fume，2016 Larry Cherubino 'Cherubino'；宝丽丝区：2016 Taltarni Fume；塔斯马尼亚：2013 Domaine A Lady A，2016 Stefano Lubiana；雅拉谷：2016 Medhurst Estate Vineyard，2016 Out of Step Lusatia Park D Block	

Semillon Sauvignon Blends
赛美蓉与长相思混酿

这一类别里居然还有除玛格利特河产区外的产区来搅局，真是有趣。这里的葡萄酒款不仅评分都很高，其价格也都相当实惠。

评分	酒款	产区
97	2016 Xanadu DJL River Sauvignon Blanc Semillon	玛格利特河
97	2016 Larry Cherubino Cherubino Beautiful South White Blend	波罗古鲁普
96	2015 Cape Mentelle Wallcliffe	玛格利特河
96	2015 Cullen Vineyard Sauvignon Blanc Semillon	玛格利特河
96	2015 Domaine Naturaliste Sauvage Sauvignon Blanc Semillon	玛格利特河
96	2014 Stella Bella Suckfizzle Sauvignon Blanc Semillon	玛格利特河

其他白葡萄以及品种间混酿

11款酒，来自往常的各产区。

评分	酒款	产区
97	2016 Hahndorf Hill GRU Gruner Veltliner	阿德莱德山区
97	2016 D'Sas Pinot Gris	亨提
97	2011 Tahbilk 1927 Vines Marsanne	纳甘比湖
97	2014 Mount Mary Triolet	雅拉谷
96	2016 Hahndorf Hill White Mischief Gruner Veltliner	阿德莱德山区
96	2015 Dappled Straws Lane Gewurztraminer	马斯顿山岭
96	2015 Yangarra Estate Vineyard Roux Beaute Roussanne	麦克拉仑谷
96	2010 Tahbilk 1927 Vines Marsanne	纳甘比湖
96	2015 Mount Mary Triolet	雅拉谷
96	2015 One Block Merricks Pinot Gris	雅拉谷

96	2015 Yarra Yering Carrodus Viognier	雅拉谷

Sparkling 气泡酒

所有这些酒款都是在这12个月内的某个时间点，由家泰森·斯特尔泽(Tyson Stelzer) 或我本人尝过的。我知道一些从业者和其他几位酒评家对于我给予阿拉斯酒庄 (Arras) 极高的评分肯定有所怀疑，但我坚持我的意见。

White and Rose 白气泡酒与桃红气泡酒

评分	酒款	产区
97	2007 House of Arras Grand Vintage	塔斯马尼亚
96	2015 Clover Hill Cuvee Prestige Late Disgorged TasmaniaBlanc de Blancs	塔斯马尼亚
96	2006 House of Arras Blanc de Blancs	塔斯马尼亚
96	2003 House of Arras EJ Carr Late Disgorged	塔斯马尼亚

Sparkling Red 红气泡酒

澳洲独有的极稀少的葡萄酒款，被那些了解这种独特风格的小众群体所热切追求，更棒的是，他们愿意窖藏这些红气泡酒，而且时间越长越好。

评分	酒款	产区
97	2007 Seppelt Show Sparkling Limited Release Shiraz	格兰皮恩斯
96	2009 Ashton Hills Sparkling Shiraz	克莱尔谷
96	NV Primo Estate Joseph Sparkling Red	麦克拉仑谷

Sweet 甜白酒

“一经出售，概不退换”足以说明一切，阅读雷司令的品酒笔记，从微甜到极度甜美，再到浓郁且风格多样，从中可以窥见其垄断本年度这个类别的缘由。

评分	酒款	产区
96	2016 Bellarmine Riesling Select	潘伯顿
96	2016 Pressing Matters R69 Riesling	塔斯马尼亚
95	2010 Petaluma Essence Botrytis	库纳瓦拉
95	2016 “Heroes” Vineyard Otway Hinterland Riesling	吉龙
95	2014 Brown Brothers Patricia Noble Riesling	国王谷
95	2015 Granite Hills Late Harvest	马斯顿山岭
95	2016 Mr Riggs Generation Series Sticky End Viognier	麦克拉仑谷
95	2014 De Bortoli Noble One Botrytis Semillon	滨海沿岸
95	2012 Nugan Cookoothama Darlington Point RiverinaBotrytis Semillon	滨海沿岸
95	2016 Gala Late Harvest Riesling	塔斯马尼亚
95	2014 Riversdale Botrytis Riesling	塔斯马尼亚
95	2016 Oakridge Hazeldene Vineyard Botrytis Gris	雅拉谷

Rose 桃红酒

玫瑰桃红酒是最适合各种场合的葡萄酒，当人们聚在一起喝东西聊天，搭配各式亚洲美食、海鲜，几乎所有类型的菜色时都非常恰当。这些酒款都达到了世界级水平，富含水果香味，以红色水果为主，但属干型不甜。

评分	酒款	产区
96	2016 Hahndorf Hill	阿德莱德山区
96	2016 Deep Woods Harmony	玛格利特河
96	2016 Deep Woods	玛格利特河
96	2016 Eddie McDougall McDougall & Langworthy	玛格利特河
96	2016 Victory Point	玛格利特河
96	2016 Montalto Pennon Hill	莫宁顿半岛
95	阿德莱德山区：2015 Adelina Nebbiolo Rosato，2016 Terre à Terre Piccadilly Valley Chardonnay；巴罗萨谷：2015 Landhaus Siren Grenache Mourvedre，2016 Teusner Salsa，2016 Turkey Flat；班迪戈：2016 Sutton Grange Fairbank；吉龙：2016 Farr Rising Saignee；麦克拉仑谷：2016 Ochota Surfer Rosa；国王谷：2016 D'Sas Rosato；玛格利特河：2016 Amelia Park，2016 Flametree Pinot，2016 Marq Serious，2016 Preveli Wild Thing，2016 Streicker Bridgeland Block，2014 tripe.Iscariot Aspic；玛格利特河：2016 Garagiste Le Stagiaire；满吉/奥兰治：2016 Simon Gilbert Saignee；维多利亚州东北：2016 Eldorado Road Luminoso；波罗古鲁普：2016 Duke's；宝丽丝区：2016 Mitchell Harris；塔斯马尼亚：2015 Delamere Hurlo's，2016 Small Island Patsie's Blush；雅拉谷：2016 Chandon，2016 Dominique Portet Fontaine，2016 Handpicked Regional Selections，2016 Medhurst Estate，2016 Oakridge Baton Rouge	

Pinot Noir 黑比诺

把它们和价格高出2倍的勃艮第葡萄酒放在一起评比，它们肯定会被不假思索地放弃。然而，将新的克隆品种和澳洲特有的老克隆品种MV6放在一起对比，还有很漫长的一段路需要走。葡萄树的平均年龄也在增加，目前最老的已有40多岁。塔斯马尼亚、雅拉河谷和莫宁顿半岛之间的竞争非常激烈，入选的酒款分别为10款、9款和8款。

评分	酒款	产区
99	2015 Mount Mary	雅拉谷
98	2015 Ashton Hills Reserve	阿德莱德山区
98	2014 Farrside by Farr	吉龙
98	2015 Dawson & James	塔斯马尼亚
98	2014 Delamere	塔斯马尼亚
98	2015 Home Hill Kelly's Reserve	塔斯马尼亚
98	2015 Toolangi Block E	雅拉谷
97	阿德莱德山区：2015 Ashton Hills，2015 Grosset，2016 Grosset；吉龙：2016 Clyde Park Single Block D，2015 Sangreal by Farr，2014 Tout Pres by Farr；马斯顿山岭：2014 Curly Flat；莫宁顿半岛：2016 Dexter Black Label，2015 Eldridge Clonal Blend，2015 Garagiste Terre de Feu，2015 Montalto Main Ridge Block，2015 Moorooduc Robinson，2015 Moorooduc The Moorooduc McIntyre，2015 Paradigm Hill Les Cinq，2015 Ten Minutes by Tractor McCutcheon；塔斯马尼亚 2016 Dr Edge，2015 Freycinet，2015 Gala Estate，2015 Home Hill，2015 Sailor Seeks Horse，2015 Sinapius The Enclave，2015 Tolpuddle；雅拉谷：2015 Hoddles Creek 1er，2014 Mac Forbes Black Label Woori Yallock，2015 Oakridge 864 A4 Block Willowlake，2015 Oakridge Lusatia Park，2015 Punch Lance's Vineyard，2015 Yarra Yering，2015 Yering Station Scarlett	

Shiraz　西拉

这些酒款都是澳洲西拉酒款中的极品，产自澳洲各地，充分反映出西拉葡萄品种对各种类型气候极佳的适应力，其种植面积和产量毫无疑问都位列第一。

评分	酒款	产区
99	2012 Penfolds Bin 95 Grange	多产区
99	2012 Henschke Hill Of Grace	伊顿谷
98	2014 Teusner Albert	巴罗萨谷
98	2014 Giaconda Estate Vineyard Shiraz	比曲尔斯
98	2015 Clonakilla Murrumbateman Syrah	堪培拉地区
98	2010 Henschke Hill of Roses	伊顿谷
98	2015 Best's Thomson Family Great Western Shiraz	格兰皮恩斯
98	2015 Mount Langi Ghiran Langi Shiraz	格兰皮恩斯
98	2013 Moppity Escalier Shiraz	希托扑斯
98	2014 De Iuliis Limited Release Shiraz	猎人谷
98	2015 Bekkers Syrah	麦克拉仑谷
98	2015 Hardys Eileen Hardy Shiraz	麦克拉仑谷
98	2013 Paxton Elizabeth Jean 100 Year Shiraz	麦克拉仑谷
98	2015 Yarra Yering Carrodus Shiraz	雅拉谷
97	阿德莱德山区：2015 Bird in Hand，2014 Shaw + Smith Balhannah，2015 Shaw + Smith，2015 Shaw + Smith Balhannah；巴罗萨谷：2015 Sons of Eden Zephyrus，2014 St Hallett Old Block，2014 Calabria Family Grand Reserve，2014 Charles Melton Grains of Paradise，2014 Charles Melton Voices of Angels，2014 Elderton Command，2015 Eperosa Magnolia 1896，2012 Hentley Farm The Beauty，2012 Hentley Farm The Creation，2015 Hentley Farm Clos Otto，2014 John Duval Wines Eligo，2014 Kaesler Wines Alte Reben，2014 Kalleske Johann Georg Old Vine，2015 Kellermeister Black Sash，2013 Landhaus Estate Rare, 2014 Maverick Ahrens' Creek, 2014 Penfolds Bin 798 RWT, 2013 Schubert Estate The Gander Reserve，2015 Spinifex Moppa，2015 Torzi Matthews 1903 Domenico Martino，2015 Two Hands Wazza's Block, 2012 Peter Lehmann Stonewell, 2015 Spinifex La Maline；堪培拉地区：2015 Gundog Estate Marksman's, 2015 McWilliam's 1877；克莱尔谷：2013 Kilikanoon Attunga 1865，2012 Kilikanoon Revelation，2014 Wendouree；库纳瓦拉：2014 Wynns Michael；伊顿谷：2014 Henschke Mount Edelstone，2014 Smidge Magic Dirt Shiraz，2014 Sons of Eden Remus，2015 Two Hands Yacca Block，2015 Woods Crampton Frances & Nicole；法兰克兰河 2014 Kerrigan + Berry；吉龙：2015 Paradise IV J.H. Dardel；吉奥格拉菲：2013 Della Fay Reserve；格兰皮恩斯：2014 A.T. Richardson Chockstone, 2014 Best's Sparky's Block, 2013 Best's Wines Bin No.0, 2015 Mount Langi Ghiran Mast Hilltops，2015 Moppity Reserve；猎人谷：2015 Brokenwood Tallawanta，2014 Gundog Estate The 48 Block，2007 Meerea Park Alexander Munro，2007 Mistletoe Grand Reserve，2014 Pepper Tree Reserve Tallawanta，2014 Scarborough The Obsessive；兰好乐 溪：2015 Bleasdale Powder Monkey；玛格利特河：2015 Domaine Naturaliste Rachis；麦克拉仑谷：2015 Brokenwood Rayner，2015 Chalk Hill Alpha Crucis，2013 Clarendon Hills Onkaparinga，2014 DOWIE DOOLE Reserve，2013 Hardys Upper Tintara，2015 Hardys Tintara Blewitt Springs，2014 Kay Brothers Block 6，2015 Patritti Wines JPB，2015 Reynella Basket Pressed，2015 Richard Hamilton Centurion，2014 Serafino Terremoto，2015 Two Hands Dave's Block，2014 Wines by Geoff Hardy The Yeoman，2014 Wirra Wirra Whaite，2015 Wirra Wirra Patritti，2014 Woodstock The Stocks，2014 Yangarra Ironheart；莫宁顿半岛：2015 Foxeys Hangout；纳甘比湖：2013 Tahbilk 1860 Vines；波罗古鲁普：2015 Duke's Magpie Hill Reserve；雅拉谷：2015 Boat O'Craigo Reserve，2015 Giant Steps Tarraford，2016 Pimba Wines，2015 Punt Road Napoleone，2014 Seville Estate Dr McMahon，2015 Toolangi Estate	

Shiraz Viognier 西拉维欧尼混酿

5款葡萄酒，其中2款消除了我对于凉爽地区是西拉维欧尼混酿酒款最佳产区的执着信念。

评分	酒款	产区
97	2014 Murray Street Vineyards Reserve	巴罗萨谷
97	2016 Serrat	雅拉谷
97	2015 Yering Station Reserve	雅拉谷
96	2013 Torbreck RunRig	巴罗萨谷
96	2015 McKellar Ridge	堪培拉地区

Cabernet Sauvignon 赤霞珠

赤霞珠与海洋气候极其亲厚，这在它的家乡波尔多酒区的梅多克分产区体现得淋漓尽致。因此，澳洲绝大多数的顶级赤霞珠都产自气候与波尔多相近的产区这一现象，也就不足为奇了。玛格利特河的主导地位基本会持续下去，因为这里的气候非常适于栽种赤霞珠，而且比澳洲其他任何产区的气候都要稳定。

评分	酒款	产区
98	2014 Deep Woods Yallingup	玛格利特河
98	2014 Domaine Naturaliste Morus	玛格利特河
98	2012 The Evans & Tate	玛格利特河
98	2010 Watershed Premium Awakening	玛格利特河
98	2011 West Cape Howe King Billy	巴克山
97	巴罗萨谷：2012 Hentley Farm von Kasper，2014 Two Hands Aphrodite；多产区：2015 Hardys HRB；克莱尔谷：2014 Wendouree；库纳瓦拉：2013 Leconfield The Sydney Reserve，2014 Wynns Johnsons；法兰克兰河：2015 Larry Cherubino 'Cherubino'，2014 Singlefile The Philip Adrian，2014 Singlefile，2015 Singlefile The Philip Adrian；玛格利特河：2014 Amelia Park Reserve，2014 Brokenwood Wildwood Road，2014 Howard Park Leston，2014 Moss Wood Wilyabrup，2014 Stella Bella Serie Luminosa，2014 Windows Basket Pressed；麦克拉仑谷：2013 Clarendon Hills Hickinbotham，2014 Hardys Thomas Hardy；天鹅谷：2014 Houghton Jack Mann；雅拉谷：2015 Coldstream Hills Reserve，2015 Yarra Yering Carrodus	

Cabernet and Family 赤霞珠混酿

玛格利特河善意地展示完全不同于波尔多混酿的葡萄酒款，而它的澳洲经典赤霞珠和西拉混酿酒款也丝毫不示弱。

评分	酒款	产区
99	2015 Yarra Yering Dry Red No. 1	雅拉谷
98	2012 Yalumba The Caley Cabernet Shiraz	库纳瓦拉/巴罗萨谷
98	2015 Cullen Diana Madeline	玛格利特河
98	2013 Vasse Felix Tom Cullity Cabernet Sauvignon Malbec	玛格利特河
98	2015 Yarra Yering Agincourt Cabernet Malbec	雅拉谷
97	玛格利特河：2013 Pierro Reserve Cabernet Sauvignon Merlot，2015 Woodlands Reserve de la Cave Cabernet Franc，2015 Woodlands Reserve de la Cave Malbec；麦克拉仑谷：2015 Hickinbotham Clarendon Vineyard The Peake Cabernet Shiraz；雅拉谷：2015 Mount Mary Quintet	

Shiraz and Family 西拉混酿

以南澳洲为中心，大部分采用西拉、歌海娜、幕尔维德三种葡萄，或其中两种做混酿酒款 。

评分	酒款	产区
98	2012 Hentley Farm Museum Release Barossa Valley H-Block Shiraz Cabernet	巴罗萨谷
98	2015 Head Ancestor Vine Springton Grenache	伊顿谷
98	2015 Bleasdale Wellington Road GSM	伊顿谷
98	2015 Bekkers Grenache	麦克拉仑谷
97	2015 Head Old Vine Greenock Grenache	巴罗萨谷
97	2015 Hentley Farm H Block Shiraz Cabernet	巴罗萨谷
97	2015 Hentley Farm The Quintessential Shiraz Cabernet	巴罗萨谷
97	2015 Massena The Moonlight Run	巴罗萨谷
97	2014 Murray Street Reserve Shiraz Cabernet	巴罗萨谷
97	2014 Murray Street Reserve Shiraz Mataro	巴罗萨谷
97	2015 Soul Growers 106 Vines Mourvedre	巴罗萨谷
97	2015 Woods Crampton Old Vine Mataro	巴罗萨谷
97	2014 Grosset Nereus	克莱尔谷
97	2014 Wendouree Shiraz Mataro	克莱尔谷
97	2013 Kellermeister Ancestor Vine Stonegarden Eden Valley Vineyard Grenache	伊顿谷
97	2015 BK Springs Hill Series Blewitt Springs Sparks McLaren Vale Grenache	麦克拉仑谷
97	2013 Clarendon Hills Romas Grenache	麦克拉仑谷
97	2013 The Old Faithful Northern Exposure Grenache	麦克拉仑谷
97	2014 Yangarra High Sands Grenache	麦克拉仑谷

The Italians and Friends 意大利品种

4款酒，4个品种，4个产区！极具意大利风格。

评分	酒款	产区
96	2015 Mount Langi Ghiran Spinoff Barbera	格兰皮恩斯
96	2015 Rochford Valle del Re Nebbiolo	国王谷
96	2013 Beach Road AglianicoLanghorne Creek/McLaren Vale	兰好乐溪/麦克拉仑谷
96	2015 Coriole Sangiovese	麦克拉仑谷

Fortified 加强型甜葡萄酒

不言而喻，从酒龄、复杂度、浓郁度和酿制的葡萄品种数多方面综合来看，这些加强型甜葡萄酒在澳洲都是独一无二的存在。光以生产成本论，数十年如一日投入高额运营资金，这些酒款绝对算是所有澳洲葡萄酒款中最物超所值的。

评分	酒款	产区
100	1917 Seppeltsfield 100 Year Old Para Liqueur	巴罗萨谷
99	NV All Saints Museum Muscadelle	路斯格兰
99	NV Chambers Rosewood Rare Muscadelle	路斯格兰
99	NV Chambers Rosewood Rare Muscat	路斯格兰
99	NV Morris Old Premium Rare Liqueur Topaque	路斯格兰

年度最佳酒庄

依产区分类

产区之最佳酒庄的提名已经演变为三级分类（本书第9页有详尽的解释）。评分最高的酒庄，名称及对应的五角星均以红色印刷；这些酒庄被公认长期保有卓越的评级记录，即极品中的极品。次一级的酒庄，五角星以红色印刷，而名称则呈黑色，这些酒庄至少在过去的3年内一直都保有卓越的评级记录。最后一级酒庄只附加黑色五角星，是指在今年取得优异成绩的酒庄，可能之前也有过卓越的评级记录。

ADELAIDE HILLS **阿德莱德山区**

Ashton Hills ★★★★★
Barratt ★★★★★
Bird in Hand ★★★★★
BK Wines ★★★★★
Casa Freschi ★★★★★
Chain of Ponds ★★★★★
Charlotte Dalton Wines ★★★★★
Coates Wines ★★★★★
Coulter Wines ★★★★★
CRFT Wines ★★★★★
Elderslie ★★★★★
Geoff Weaver ★★★★★
Hahndorf Hill Winery ★★★★★
Jericho Wines ★★★★★
Karrawatta ★★★★★
Mike Press Wines ★★★★★
Mt Lofty Ranges Vineyard ★★★★★
Murdoch Hill ★★★★★
Ochota Barrels ★★★★★
Petaluma ★★★★★
Pike & Joyce ★★★★★
Riposte ★★★★★
Romney Park Wines ★★★★★
Scott ★★★★★
Shaw + Smith ★★★★★
Shining Rock Vineyard ★★★★★
Sidewood Estate ★★★★★
Tapanappa ★★★★★
The Lane Vineyard ★★★★★
Tomich Wines ★★★★★
Wicks Estate Wines ★★★★★

ADELAIDE **阿德莱德**

Heirloom Vineyards ★★★★★
Hewitson ★★★★★
Patritti Wines ★★★★★
Penfolds Magill Estate ★★★★★

ALPINE VALLEYS **阿尔派谷**

Mayford Wines ★★★★★

Ballarat

Tomboy Hill ★★★★★

Barossa Valley

1847 | Yaldara Wines ★★★★★
Ballycroft Vineyard & Cellars ★★★★★
Bethany Wines ★★★★★
Brothers at War ★★★★★
Caillard Wine ★★★★★
Charles Melton ★★★★★
Chateau Tanunda ★★★★★
Dorrien Estate ★★★★★
Dutschke Wines ★★★★★
Elderton ★★★★★
Eperosa ★★★★★
First Drop Wines ★★★★★
Gibson ★★★★★
Glaetzer Wines ★★★★★
Glen Eldon Wines ★★★★★
Grant Burge ★★★★★
Hayes Family Wines ★★★★★
Head Wines ★★★★★
Hemera Estate ★★★★★
Hentley Farm Wines ★★★★★
Jacob's Creek ★★★★★
John Duval Wines ★★★★★

Kaesler Wines ★★★★★
Kalleske ★★★★★
Kellermeister ★★★★★
Landhaus Estate ★★★★★
Langmeil Winery ★★★★★
Lanz Vineyards ★★★★★
Laughing Jack ★★★★★
Massena Vineyards ★★★★★
Maverick Wines ★★★★★
Murray Street Vineyards ★★★★★
Penfolds ★★★★★
Peter Lehmann ★★★★★
Purple Hands Wines ★★★★★
Rockford ★★★★★
St Hallett ★★★★★
St John's Road ★★★★★
Saltram ★★★★★
Schubert Estate ★★★★★
Schulz Vignerons ★★★★★
Schwarz Wine Company ★★★★★
Seppeltsfield ★★★★★
Sons of Eden ★★★★★
Soul Growers ★★★★★
Spinifex ★★★★★
Teusner ★★★★★
Thorn-Clarke Wines ★★★★★
Tim Smith Wines ★★★★★
Torbreck Vintners ★★★★★
Turkey Flat ★★★★★
Two Hands Wines ★★★★★
Westlake Vineyards ★★★★★
Wolf Blass ★★★★★
Woods Crampton ★★★★★
Yelland & Papps ★★★★★
Z Wine ★★★★★

BEECHWORTH **比曲尔斯**

A. Rodda Wines ★★★★★
Fighting Gully Road ★★★★★
Giaconda ★★★★★
Golden Ball ★★★★★
Piano Piano ★★★★★

BENDIGO **班迪戈**

Balgownie Estate ★★★★★
Bress ★★★★★
Pondalowie Vineyards ★★★★★
Turner's Crossing Vineyard ★★★★★

BLACKWOOD VALLEY **黑林谷**

Dickinson Estate ★★★★★

CANBERRA DISTRICT **堪培拉地区**

Capital Wines ★★★★★
Clonakilla ★★★★★
Collector Wines ★★★★★
Eden Road Wines ★★★★★
Four Winds Vineyard ★★★★★
Helm ★★★★★
McKellar Ridge Wines ★★★★★
Mount Majura Vineyard ★★★★★
Nick O'Leary Wines ★★★★★
Ravensworth ★★★★★

CENTRAL VICTORIA **维多利亚州中部**

Mount Terrible ★★★★★

CLARE VALLEY **克莱尔谷**

Adelina Wines ★★★★★
Atlas Wines ★★★★★
Gaelic Cemetery Wines ★★★★★
Grosset ★★★★★
Jeanneret Wines ★★★★★
Jim Barry Wines ★★★★★
Kilikanoon Wines ★★★★★
Knappstein ★★★★★
Mitchell ★★★★★
Mount Horrocks ★★★★★
O'Leary Walker Wines ★★★★★
Paulett Wines ★★★★★
Pikes ★★★★★
Rhythm Stick Wines ★★★★★
Rieslingfreak ★★★★★
Sevenhill Cellars ★★★★★
Steve Wiblin's Erin Eyes ★★★★★
Taylors ★★★★★
Wendouree ★★★★★
Wilson Vineyard ★★★★★
Woodvale ★★★★★
Vickery Wines ★★★★★

COONAWARRA **库纳瓦拉**
Balnaves of Coonawarra ★★★★★
Brand's Laira Coonawarra ★★★★★
Katnook Coonawarra ★★★★★
Leconfield ★★★★★
Lindeman's (Coonawarra) ★★★★★
Majella ★★★★★
Parker Coonawarra Estate ★★★★★
Patrick of Coonawarra ★★★★★
Penley Estate ★★★★★
Redman ★★★★★
Wynns Coonawarra Estate ★★★★★
Zema Estate ★★★★★

CURRENCY CREEK **金钱溪**
Shaw Family Vintners ★★★★★

DENMARK **丹麦**
Harewood Estate ★★★★★
Moombaki Wines ★★★★★
Rockcliffe ★★★★★
The Lake House Denmark ★★★★★

EDEN VALLEY **伊顿谷**
Brockenchack ★★★★★
Flaxman Wines ★★★★★
Forbes & Forbes ★★★★★
Heathvale ★★★★★
Henschke ★★★★★
Leo Buring ★★★★★
Mountadam ★★★★★
Pewsey Vale ★★★★★
Poonawatta ★★★★★
Robert Johnson Vineyards ★★★★★
Stage Door Wine Co ★★★★★
Yalumba ★★★★★

FRANKLAND RIVER **法兰克兰河**
Alkoomi ★★★★★
Frankland Estate ★★★★★

GEELONG **吉龙**
Attwoods Wines ★★★★★
Austins & Co. ★★★★★
Banks Road ★★★★★
Bannockburn Vineyards ★★★★★
Brown Magpie Wines ★★★★★
Clyde Park Vineyard ★★★★★
Farr | Farr Rising ★★★★★
"Heroes" Vineyard ★★★★★
Lethbridge Wines ★★★★★
McGlashan's Wallington Estate ★★★★★
Oakdene ★★★★★
Paradise IV ★★★★★
Provenance Wines ★★★★★
Robin Brockett Wines ★★★★★
Scotchmans Hill ★★★★★
Shadowfax ★★★★★
Spence ★★★★★
Yes said the Seal ★★★★★

GEOGRAPHE **吉奥格拉菲**
Capel Vale ★★★★★
Iron Cloud Wines ★★★★★
Talisman Wines ★★★★★
Whicher Ridge ★★★★★
Willow Bridge Estate ★★★★★

GIPPSLAND **吉普史地**
Bass Phillip ★★★★★
Lightfoot & Sons ★★★★★
Narkoojee ★★★★★
Tambo Estate ★★★★★

GLENROWAN **格林罗旺**
Baileys of Glenrowan ★★★★★

GRAMPIANS **格兰皮恩斯**
Best's Wines ★★★★★
Grampians Estate ★★★★★
Halls Gap Estate ★★★★★
Montara ★★★★★
Mount Langi Ghiran Vineyards ★★★★★
Seppelt ★★★★★
The Story Wines ★★★★★

GRANITE BELT **格兰纳特贝尔**
Boireann ★★★★★
Golden Grove Estate ★★★★★
Heritage Estate ★★★★★

GREAT SOUTHERN **大南部地区**
Byron & Harold ★★★★★
Castelli Estate ★★★★★

Forest Hill Vineyard ★★★★★
Marchand & Burch ★★★★★
Paul Nelson Wines ★★★★★
Singlefile Wines ★★★★★
Staniford Wine Co ★★★★★
Trevelen Farm ★★★★★
Willoughby Park ★★★★★

GREAT WESTERN **大西部地区**
A.T. Richardson Wines ★★★★★

HEATHCOTE **西斯科特**
Flynns Wines ★★★★★
Heathcote Estate ★★★★★
Heathcote II ★★★★★
Jasper Hill ★★★★★
La Pleiade ★★★★★
Paul Osicka ★★★★★
Redesdale Estate Wines ★★★★★
Sanguine Estate ★★★★★
Vinea Marson ★★★★★

HENTY **亨提**
Crawford River Wines ★★★★★
Henty Estate ★★★★★
Hentyfarm Wines ★★★★★

HILLTOPS **希托扑斯**
Moppity Vineyards ★★★★★

HUNTER VALLEY **猎人谷**
Audrey Wilkinson ★★★★★
Bimbadgen ★★★★★
Briar Ridge Vineyard ★★★★★
Brokenwood ★★★★★
Chateau Francois ★★★★★
Chateau Pâto ★★★★★
De Iuliis ★★★★★
Drayton's Family Wines ★★★★★
Eagles Rest Wines ★★★★★
Elbourne Wines ★★★★★
First Creek Wines ★★★★★
Glenguin Estate ★★★★★
Gundog Estate ★★★★★
Hart & Hunter ★★★★★
Hungerford Hill ★★★★★
Keith Tulloch Wine ★★★★★
Lake's Folly ★★★★★
Leogate Estate Wines ★★★★★
McLeish Estate ★★★★★
Margan Family ★★★★★
Meerea Park ★★★★★
Mistletoe Wines ★★★★★
Mount Pleasant ★★★★★
Mount View Estate ★★★★★
Pepper Tree Wines ★★★★★
Pokolbin Estate ★★★★★
Silkman Wines ★★★★★
Sweetwater Wines ★★★★★
Tallavera Grove | Carillion ★★★★★
Tempus Two Wines ★★★★★
Thomas Wines ★★★★★
Tinklers Vineyard ★★★★★
Tulloch ★★★★★
Two Rivers ★★★★★
Tyrrell's Wines ★★★★★
Vinden Estate ★★★★★
Whispering Brook ★★★★★

KANGAROO ISLAND **袋鼠岛**
The Islander Estate Vineyards ★★★★★

KING VALLEY **国王谷**
Brown Brothers ★★★★★
Wood Park ★★★★★

LANGHORNE CREEK **兰好乐溪**
Angas Plains Estate ★★★★★
Bleasdale Vineyards ★★★★★
Bremerton Wines ★★★★★
John's Blend ★★★★★
Lake Breeze Wines ★★★★★

MACEDON RANGES **马斯顿山岭**
Bindi Wine Growers ★★★★★
Curly Flat ★★★★★
Granite Hills ★★★★★
Hanging Rock Winery ★★★★★
Lane's End Vineyard ★★★★★
Passing Clouds ★★★★★

MCLAREN VALE **麦克拉仑谷**
Aramis Vineyards ★★★★★
Beach Road ★★★★★

Bekkers ★★★★★
Beresford Wines ★★★★★
Bondar Wines ★★★★★
Chalk Hill ★★★★★
Chapel Hill ★★★★★
Clarendon Hills ★★★★★
Coriole ★★★★★
d'Arenberg ★★★★★
Dandelion Vineyards ★★★★★
Dodgy Brothers ★★★★★
DOWIE DOOLE ★★★★★
Ekhidna ★★★★★
Fox Creek Wines ★★★★★
Gemtree Wines ★★★★★
Geoff Merrill Wines ★★★★★
Hardys ★★★★★
Haselgrove Wines ★★★★★
Hickinbotham Clarendon Vineyard ★★★★★
Hugh Hamilton Wines ★★★★★
Kangarilla Road Vineyard ★★★★★
Kay Brothers Amery Vineyards ★★★★★
La Curio ★★★★★
Maxwell Wines ★★★★★
Mitolo Wines ★★★★★
Mr Riggs Wine Company ★★★★★
Olivers Taranga Vineyards ★★★★★
Paxton ★★★★★
Penny's Hill ★★★★★
Pirramimma ★★★★★
Primo Estate ★★★★★
Reynella ★★★★★
Richard Hamilton ★★★★★
Rosemount Estate ★★★★★
Rudderless ★★★★★
SC Pannell ★★★★★
Serafino Wines ★★★★★
Shingleback ★★★★★
The Old Faithful Estate ★★★★★
Ulithorne ★★★★★
WayWood Wines ★★★★★
Wirra Wirra ★★★★★
Yangarra Estate Vineyard ★★★★★
★★★★★
Zonte's Footstep ★★★★★

MANJIMUP **满吉姆**

Peos Estate ★★★★★

MARGARET RIVER **玛格利特河**

Amelia Park Wines ★★★★★
Aravina Estate ★★★★★
Arlewood Estate ★★★★★
Ashbrook Estate ★★★★★
Brookland Valley ★★★★★
Burch Family Wines ★★★★★
Cape Grace Wines ★★★★★
Cape Mentelle ★★★★★
Chapman Grove Wines ★★★★★
Clairault | Streicker Wines ★★★★★
Cloudburst ★★★★★
Credaro Family Estate ★★★★★
Cullen Wines ★★★★★
Deep Woods Estate ★★★★★
Della Fay Wines ★★★★★
Devil's Lair ★★★★★
Domaine Naturaliste ★★★★★
Driftwood Estate ★★★★★
Evans & Tate ★★★★★
Evoi Wines ★★★★★
Fermoy Estate ★★★★★
Firetail ★★★★★
Flametree ★★★★★
Flowstone Wines ★★★★★
Flying Fish Cove ★★★★★
Forester Estate ★★★★★
Fraser Gallop Estate ★★★★★
Grace Farm ★★★★★
Happs ★★★★★
Hay Shed Hill Wines ★★★★★
Heydon Estate ★★★★★
Higher Plane ★★★★★
House of Cards ★★★★★
Ibizan Wines ★★★★★
Juniper Estate ★★★★★
Knee Deep Wines ★★★★★
Leeuwin Estate ★★★★★
Lenton Brae Wines ★★★★★
Marq Wines ★★★★★

McHenry Hohnen Vintners ★★★★★
Moss Wood ★★★★★
Palmer Wines ★★★★★
Passel Estate ★★★★★
Peccavi Wines ★★★★★
Pierro ★★★★★
Redgate ★★★★★
Sandalford ★★★★★
Stella Bella Wines ★★★★★
Thompson Estate ★★★★★
tripe.Iscariot ★★★★★
Umamu Estate ★★★★★
Vasse Felix ★★★★★
Victory Point Wines ★★★★★
Voyager Estate ★★★★★
Watershed Premium Wines ★★★★★
Wills Domain ★★★★★
Windows Estate ★★★★★
Wise Wine ★★★★★
Woodlands ★★★★★
Woody Nook ★★★★★
Xanadu Wines ★★★★★

MORNINGTON PENINSULA **莫宁顿半岛**
Allies Wines ★★★★★
Baillieu Vineyard ★★★★★
Circe Wines ★★★★★
Crittenden Estate ★★★★★
Dexter Wines ★★★★★
Eldridge Estate of Red Hill ★★★★★
Elgee Park ★★★★★
Foxeys Hangout ★★★★★
Garagiste ★★★★★
Hurley Vineyard ★★★★★
Kooyong ★★★★★
Lindenderry at Red Hill ★★★★★
Main Ridge Estate ★★★★★
Montalto ★★★★★
Moorooduc Estate ★★★★★
Onannon ★★★★★
Paradigm Hill ★★★★★
Paringa Estate ★★★★★
Port Phillip Estate ★★★★★
Portsea Estate ★★★★★
Scorpo Wines ★★★★★
Stonier Wines ★★★★★
Ten Minutes by Tractor ★★★★★
Tuck's Ridge ★★★★★
Willow Creek Vineyard ★★★★★
Yabby Lake Vineyard ★★★★★

MOUNT BARKER **巴克山**
Plantagenet ★★★★★
Poacher's Ridge Vineyard ★★★★★
3 Drops ★★★★★
West Cape Howe Wines ★★★★★
Xabregas ★★★★★

MOUNT BENSON **本逊山**
Cape Jaffa Wines ★★★★★

MOUNT LOFTY RANGES **洛夫蒂山岭**
Michael Hall Wines ★★★★★

MUDGEE **满吉**
Logan Wines ★★★★★
Robert Oatley Vineyards ★★★★★
Robert Stein Vineyard ★★★★★

NAGAMBIE LAKES **纳甘比湖**
Tahbilk ★★★★★

NORTHEAST VICTORIA **维多利亚州东北部**
Eldorado Road ★★★★★

ORANGE **奥兰治**
Bloodwood ★★★★★
Colmar Estate ★★★★★
Cooks Lot ★★★★★
Philip Shaw Wines ★★★★★
Ross Hill Wines ★★★★★

PEMBERTON **潘伯顿**
Bellarmine Wines ★★★★★

PERTH HILLS **珀斯山区**
Millbrook Winery ★★★★★

PORONGURUP **波罗古鲁普**
Abbey Creek Vineyard ★★★★★
Castle Rock Estate ★★★★★
Duke's Vineyard ★★★★★

PYRENEES 宝丽丝区

Blue Pyrenees Estate ★★★★★

Dalwhinnie ★★★★★

DogRock Winery ★★★★★

Glenlofty Wines ★★★★★

Mitchell Harris Wines ★★★★★

Mount Avoca ★★★★★

Summerfield ★★★★★

Taltarni ★★★★★

QUEENSLAND 昆士兰州

Witches Falls Winery ★★★★★

RIVERINA 滨海沿岸

De Bortoli ★★★★★

McWilliam's ★★★★★

RUTHERGLEN 路斯格兰

All Saints Estate ★★★★★

Buller Wines ★★★★★

Campbells ★★★★★

Chambers Rosewood ★★★★★

Morris ★★★★★

Pfeiffer Wines ★★★★★

Stanton & Killeen Wines ★★★★★

SHOALHAVEN COAST 肖海尔海岸

Coolangatta Estate ★★★★★

Cupitt's Winery ★★★★★

SOUTH AUSTRALIA 南澳洲

Angove Family Winemakers ★★★★★

Wines by Geoff Hardy ★★★★★

SOUTH WEST AUSTRALIA 西南澳洲

Kerrigan + Berry ★★★★★

Snake + Herring ★★★★★

SOUTHERN FLEURIEU 南福雷里卢

Salomon Estate ★★★★★

SOUTHERN HIGHLANDS 南部高地

Centennial Vineyards ★★★★★

SOUTHERN NEW SOUTH WALES 新南威尔士州南部

Hatherleigh Vineyard ★★★★★

STRATHBOGIE RANGES 史庄伯吉山岭

Fowles Wine ★★★★★

Maygars Hill Winery ★★★★★

SUNBURY 山伯利

Craiglee ★★★★★

Galli Estate ★★★★★

SWAN DISTRICT 天鹅地区

Mandoon Estate ★★★★★

SWAN VALLEY 天鹅山

Houghton ★★★★★

John Kosovich Wines ★★★★★

Lamont's Winery ★★★★★

Sittella Wines ★★★★★

TASMANIA 塔斯马尼亚州

Bay of Fires ★★★★★

Clover Hill ★★★★★

Dalrymple ★★★★★

Dawson & James ★★★★★

Delamere Vineyard ★★★★★

Devil's Corner ★★★★★

Domaine A ★★★★★

Dr Edge ★★★★★

Freycinet ★★★★★

Frogmore Creek ★★★★★

Gala Estate ★★★★★

Ghost Rock Vineyard ★★★★★

Heemskerk ★★★★★

Holm Oak ★★★★★

Home Hill ★★★★★

House of Arras ★★★★★

Jansz Tasmania ★★★★★

Josef Chromy Wines ★★★★★

Meadowbank Wines ★★★★★

Milton Vineyard ★★★★★

Moorilla Estate ★★★★★

Pipers Brook Vineyard ★★★★★

Pooley Wines ★★★★★

Pressing Matters ★★★★★

Riversdale Estate ★★★★★

Sinapius Vineyard ★★★★★

Small Island Wines ★★★★★

Stargazer Wine ★★★★★

Stefano Lubiana ★★★★★

Stoney Rise ★★★★★
Tamar Ridge | Pirie ★★★★★
Tolpuddle Vineyard ★★★★★

TUMBARUMBA **唐巴兰姆巴**
Coppabella of Tumbarumba ★★★★★

UPPER GOULBURN **上高宝**
Delatite ★★★★★
Various
Ben Haines Wine ★★★★★
Handpicked Wines ★★★★★
Ministry of Clouds ★★★★★
Smidge Wines ★★★★★
Twofold ★★★★★
Vinaceous Wines ★★★★★

VICTORIA **维多利亚州**
Di Sciascio Family Wines ★★★★★
Sentio Wines ★★★★★

WESTERN AUSTRALIA **西澳洲**
Larry Cherubino Wines ★★★★★

WESTERN VICTORIA ZONE **维多利亚州西区**
Norton Estate ★★★★★

WRATTONBULLY **拉顿布里**
Ruckus Estate ★★★★★
Terre à Terre ★★★★★

YARRA VALLEY **雅拉谷**
Bicknell fc ★★★★★
Bird on a Wire Wines ★★★★★
Boat O'Craigo ★★★★★
Chandon Australia ★★★★★
Coldstream Hills ★★★★★
Dappled Wine ★★★★★
De Bortoli (Victoria) ★★★★★
Denton Viewhill Vineyard ★★★★★
Dominique Portet ★★★★★
Elmswood Estate ★★★★★
Gembrook Hill ★★★★★
Giant Steps ★★★★★
Helen's Hill Estate ★★★★★
Hillcrest Vineyard ★★★★★
Hoddles Creek Estate ★★★★★
Innocent Bystander ★★★★★
Journey Wines ★★★★★
Little Yarra Wines ★★★★★
Mac Forbes ★★★★★
Mandala ★★★★★
Mayer ★★★★★
Medhurst ★★★★★
Mount Mary ★★★★★
Nillumbik Estate ★★★★★
916 ★★★★★
Oakridge Wines ★★★★★
One Block ★★★★★
Out of Step ★★★★★
Pimba Wines ★★★★★
Pimpernel Vineyards ★★★★★
Punch ★★★★★
Punt Road ★★★★★
Rochford Wines ★★★★★
Rouleur ★★★★★
St Huberts ★★★★★
Santolin Wines ★★★★★
Serrat ★★★★★
Seville Estate ★★★★★
Soumah ★★★★★
Squitchy Lane Vineyard ★★★★★
Stefani Estate ★★★★★
Sutherland Estate ★★★★★
Tarrahill. ★★★★★
TarraWarra Estate ★★★★★
The Wanderer ★★★★★
Thick as Thieves Wines ★★★★★
Tokar Estate ★★★★★
Toolangi Vineyards ★★★★★
Trapeze ★★★★★
Wantirna Estate ★★★★★
Warramate ★★★★★
Warramunda Estate ★★★★★
Yarra Yering ★★★★★
Yering Station ★★★★★
Yeringberg ★★★★★

2015年—2016年产区产量报告

今年我不得不采取不同的方法来探讨葡萄酒行业的重要统计数据：首先，葡萄树都种植在哪些地区；其次，这些葡萄品种都有哪些，而它们的依重要性又是如何排列的。

下页的表格提供了各州产区的贡献概况，除了南澳大利亚细列出4个产区外，每个州列出3个最重要的产区。穆雷达令流域到天鹅山一带的葡萄园分布于穆雷河的两岸，标志着新南威尔士州和维多利亚州之间的边界，并涵盖了穆雷河两岸的产区。

基于调查的目的，这份数据表将穆雷达令流域单独视为一个地理标志区，新南威尔士州和维多利亚州的葡萄年产量并不包括这个混合产区。

在表格的末行，你会看到2016年的总产量将近181万公吨，远高于2011—2015年5年平均产值的170万公吨。回看2008年，你会发现产量最高点时，葡萄栽植面积共16.6万公顷，产出达184万公吨。2017年的产量前景堪忧，其中有2.5万公顷葡萄园被清除，11月份的一场冰雹又袭击了部分的河地和穆雷达令流域整个产区。

预期的产量应该和去年差不多，如果有任何小幅提升的话，应该归功于旱地整个年份的风调雨顺，而旱地所有价位的红葡萄价格也可能会有小幅上涨。

交货期必须按年计算。就算是依靠需求量极大的中国市场，想要短时间恢复自2008年逐年递减的，超过2.4公顷的总种植面积，也几乎没有可能。

此外，葡萄酒价格在1997—2007年大起大落，2012年12月滚动年度统计数据显示，当时的葡萄酒价格、出口量及出口价跌至历史最低点。尽管过去4年每升葡萄酒的价格一直在持续增长，2017年3月滚动年度统计数据也才达到每公升2.98澳元，而在2007年这一数据则为每公升4.8澳元。

冒着过分重视以中国为首的亚洲市场目前和未来需求的风险，南澳大利亚2016年的产量数字巨大。这除了仰赖生长季节绝佳的气候，澳大利亚最大生产商在中国市场获得的优势也难逃干系。中国消费者对红葡萄酒的需求由西拉领衔，赤霞珠随后。

除了南澳大利亚以及温暖的内陆地区，玛格利特河的产量是雅拉谷和塔斯马尼亚的2倍，因此对玛格利特河葡萄酒量小质高的印象可能需要更正。

统计数字在一定程度上存在虚报的情况，根据对过去和最新的2016年调查显示，受访者所提供的信息合计只占总产量的88%。所以我们将最终数字统一加大到了100%。

州/产区	2016/公吨	2015/公吨	2015—2016变化率	2016葡萄压榨量占比
南澳大利亚	926,430	798,097	16%	51%
兰好乐溪	68,090	43,348	57%	4%
巴罗萨谷	61,580	49,790	24%	3%
麦克拉仑谷	46,433	31,668	47%	3%
滨海沿岸	517,577	505,863	2%	29%
穆雷达令流域——天鹅山	416,966	425,150	−2%	23%
新南威尔士州	348,441	367,271	−5%	19%
猎人谷	3,034	5,593	−46%	0%
满吉	1,997	3,215	−38%	0%
滨海沿岸	311,639	324,550	−4%	17%
维多利亚州	63,933	70,011	−9%	4%
莫宁顿半岛	3,198	2,097	53%	0%
路斯格兰	1,907	2,357	−19%	0%
雅拉谷	9,378	11,652	−20%	1%
西澳大利亚	39,055	33,549	16%	2%
大南部地区	7,615	5,459	39%	0%
玛格利特河	20,639	18,925	9%	1%
潘伯顿	2,805	2,062	36%	0%
塔斯马尼亚州	10,214	8,016	27%	1%
昆士兰州	2,168	694	212%	0%
澳大利亚首都行政区	0	24	−100%	0%
内陆温带产区	1,259,180	1,266,499	−0.6%	70%
凉爽气候产区	548,027	436,312	26%	30%
总计（公吨）	1,807,207	1,702,812	6%	100%

2015年—2016年葡萄品种产量报告

下页的表格中的统计数据出现了一些意外。为了方便思考，我自行将这些品种分成了两组，以维尔德罗葡萄品种为界，产量达1.1万公吨以上视为主要葡萄品种，小于1.1万公吨的为次要品种。

卖得最火的是西拉，2016年的产量十分接近2008年创造的历史最高产量，441950公吨。虽然在美国市场遇到阻力，但在中国市场却有非常大的需求量。作为澳洲最知名的葡萄酒，奔富葛兰许（Penfolds Grange）有着不容忽视的特殊地位，其品质一直备受酿酒团队财务长的推崇，因而被强势推向市场——之所以说“一直”，是因为我认为2011年份本不应该上市出售。另外要提一句，在伟大的1996年份，澳洲葡萄酒年产量也仅为81674公吨。

黑比诺和西拉被澳洲葡萄酒局归结为国内市场红酒增长的主要驱动力，因为黑比诺在2015年和2016年均有着最高的加权平均价格。奇怪的是，自2008年以来，它的种植面积几乎没有变化，但其产量公吨数却增加了8%左右，最新栽种的葡萄树应该也成熟并进入销售系统有段时间了。

雷司令的复兴一直以来被人们津津乐道，其2016年的价格排名高居第三，2015年居第二位，但有些莫名其妙的是，雷司令2016年出现了有史以来最低产量，其种植面积自2012—2015年从3893公顷降到3157公顷。

有传言巴罗莎山谷外的酿酒师们要喝雷司令、黑比诺和歌海娜。此举对于前两者并没有太大的商业贡献，因为代理商们对它们太过熟悉了，而对于歌海娜，则是将其从被遗忘的边缘拉了回来。实际上，市场上已经不再需要歌海娜的加强型甜葡萄酒，而更青睐可爱的中等酒体的佐餐酒。就在最近的2002年，被压榨的葡萄有26260公吨，2010年下降到11335公吨。2015—2016年，歌海娜的价格每公吨上涨了23%，是主要葡萄品种中最值钱的。

因篇幅所限，表格下半部分的次要或非主流的葡萄品种就不再作详细介绍了。2007—2015年，丹魄的栽种面积翻了近1倍，不算入产量微小且价格反常的阿内斯、菲娅诺和令人惊讶的密斯卡岱，丹魄近几年每公吨价格都领先于其他品种。

桑乔维塞的价格在丹魄之后，位居第二，但2015年的种植面积是自2007年以来最小的。

表格上没有提到的一个品种是菲娅诺，这种葡萄本身非常独特，酒体似乎不受酿酒技术所影响。据杰弗里·格罗塞特（Jeffrey Grosset）所述，菲娅诺有两个姊妹品种。在我撰写的《葡萄酒品种》一书中，记录到澳洲种植了88公顷的菲娅诺，产量达到340公吨，其后产量大幅增长，2016年约达到2200公吨，远高于2015年的1360吨。

	2016 / 公吨	2016平均购买价值	2015平均购买价值	价格变化率
西拉	430,185	684	600	14%
霞多丽	406,028	382	316	21%
赤霞珠	255,074	652	559	17%
梅洛	111,959	433	415	4%
长相思	100,769	553	514	8%
灰比诺	73,372	619	597	4%
赛美蓉	64,066	345	310	11%
黑比诺	47,860	891	856	4%
雷司令	28,224	768	768	0%
小维多	20,299	350	344	2%
琼瑶浆	14,219	365	368	-1%
歌海娜	13,235	887	719	23%
维尔德罗	11,005	400	397	1%
丹魄	6,582	914	846	1%
杜瑞夫	5,758	478	469	2%
桑乔维塞	5,210	836	707	18%
玛珊	1,621	418	410	2%
黑珍珠	864	626	593	6%
密斯卡岱	382	1160	696	67%
紫北塞	141	1136	1247	-9%

葡萄酒品种风格与所属产区

产区或葡萄品种与葡萄酒最终形成的风格息息相关，从近20年向前回望，一直追溯到150年前，这些因素的存在都是毋庸置疑的。因此，我们用这一小节来总结澳洲各产区的主要特色（葡萄品种顺序与第26页的“葡萄酒品种之年度最佳葡萄酒”一节排名相对应）。

Riesling 雷司令

伊顿谷雷司令的出现，可以回溯到约瑟夫·吉尔伯特（Joseph Gilbert）在他的Pewsey Vale酒庄种植雷司令，其后这个葡萄品种很快就遍布邻近的克莱尔谷。这两个葡萄产区比其他地方发展早100多年，酿的酒款展现出丰富的风味与多样的层次特色：青柠檬（伊顿谷更为明显）、苹果、滑石粉矿物味、5—10年陈年的雷司令酒略带淡淡的烤吐司焦香。近20年来，西澳大南部地区的一些子产区也以其雷司令的细致口感与悠长美好的余韵树立美名。有些酒年轻时略显青涩，但过了5年后却又能如同名曲般大放异彩。这些子产区依英文字母排列如下：阿伯尼（Albany）、丹麦（Denmark）、法兰克兰河（Frankland River）、巴克山（Mount Barker）和波罗古鲁普（Porongurup Canberra）。堪培拉产区与塔斯马尼亚产区也以他们代表性的纯净浓郁口感，天然酸度高的高水平雷司令展露锋芒。最后还有一个曾经称为Drumborg的寒带小产区Henty，这里出产的杰出雷司令与塔斯马尼亚产区有很多相似的特色。

Semillon 赛美蓉

赛美蓉和猎人谷就如同连体双胞胎般密不可分，这里100多年来始终酿制着风格独一无二的赛美蓉。猎人谷湿暖的气候结合这产区少见的沙石地质成就了葡萄酒平均酒精度在10.5%度，不含残余糖份，采用不锈钢桶低温发酵的酿制方式，同年采收季后三个月内装瓶。装瓶时的酒为无色，酒酸中蕴藏着微乎其微的青草味、草本和矿物味。随着5—10年的酒瓶陈年，赛美蓉逐渐转变成黄金绿色，呈现出青草、柠檬果味、烤牛油吐司与蜂蜜香气。与雷司令一样，螺旋瓶盖的使用使窖藏陈年时间延长了数十年。阿德莱德山区与玛格利特河生产出完全不同风格的赛美蓉，酒体更具架构且更为厚实，酒精度介于13%—15%之间，单用赛美蓉葡萄品种纯酿不加入长相思混酿的酒款，多半会将全部或部分葡萄采用橡木桶发酵。值得一提的是，彼得利蒙酒庄（Peter Lehmann）在巴罗萨谷与伊顿谷的赛美蓉采用猎人谷的传统酿制法，采收期提早，不锈钢桶发酵，实时装瓶，顶级酒款还要经过5年酒窖陈年后才上市，效果显著。

Chardonnay　霞多丽

霞多丽这种灵活无比的葡萄品种在澳大利亚全部63个地区都有种植和酿造，它占澳大利亚白葡萄和白葡萄酒产量的一半。令人难以置信的是，在1970年之前，它根本不为人知，在一件隐形斗篷下隐藏着它巨大的潜力，满吉就是这样一个地方。在满吉（Mudgee）和猎人谷，第一批标有霞多丽的葡萄酒于1971年由Craigmoor和Tyrrell's酒庄酿制。它鲜明的黄色，以及蜜桃与奶油香和香草橡木味是前所未有的，很快就以同样的热度被国内和出口市场所接受。当1985年—1995年出口达到顶峰时，澳大利亚品牌有一半来自栽种于滨海沿岸（Riverina）与河地（Riverland）两个产区物美价廉，使用橡木碎片入味的霞多丽。巧合的是，在同一时期来自新兴的凉爽型气候地区的霞多丽开始小量出现，其风味和结构相较于温暖气候高产量的葡萄酒是截然不同的。其后的10年，即2005年—2006年间，葡萄酒供应过盛现象开始凸显，霞多丽酒的需求远远低于其产量。随着注意力从霞多丽转向长相思，情况变得更糟。在这场硬战中失去的是来自凉爽产区玛格利特河和雅拉谷的超优质葡萄酒。不断完善其风格以及螺丝盖的使用让这些葡萄酒再次逐步以世界一流的葡萄酒款重新赢得国内外消费者的喜爱。

Sauvignon Blanc　长相思

最近加入奥兰治的阿德莱德山区和玛格利特河产区，一直领先所有产地；这三个产区曾酿出澳大利亚最好的长相思葡萄酒，具有真正完美的结构和代表性。记录显示新西兰马尔堡长相思占澳大利亚白葡萄酒销售额的三分之一，这只能确切地说明马尔堡酒款的基本风格是非常不同的，与澳大利亚的霞多丽如出一辙。玛格利特河同时还提供复杂的长相思和赛美蓉各种不同比例的混酿酒款，并运用不同程度的橡木发酵。

Shiraz　西拉

西拉如同霞多丽，是迄今为止最重要的红葡萄品种，它与霞多丽类似，对所有的气候和土壤及风土条件的适应能力都非常强。与才崭露风采的霞多丽不同，西拉早在整个19世纪和20世纪就是最重要的红葡萄品种。它的祖籍是巴罗萨谷、克莱尔谷、麦克拉仑谷和猎人谷，并仍在这些地区占据领先地位。除了猎人谷之外，1850年—1950年在歌海娜和幕尔维德协助与调教下，加强型甜葡萄酒和佐餐葡萄酒有着同等的重要性。新南威尔士州、希托扑斯（Hilltops）和堪培拉地区（Canberra District）正在生产着凉爽产区优雅的葡萄酒款，他们通常隐藏着力量，特别是采用与维欧尼尔一起低温发酵的酿酒技术，展现丝柔般的长度。往更北方，在更高海拔的奥兰治（Orange）也生产精致、芳香和辛辣的葡萄酒。新南威尔士州所有其他产区也都能够酿出有特色又优质的西拉酒。

西拉葡萄成熟容易，但相对采收期较晚，也成就了其优美与极具深度葡萄酒款。维多利亚州是非常典型的凉爽型气候，雅拉河谷、莫宁顿半岛、山伯利和吉龙凉爽但并不使人感到寒冷，这些产区酿制出的酒款芬芳、辛辣，属中等酒体。班迪戈(Bendigo)、西斯科特(Heathcote)、格兰皮恩斯(Grampians)和宝丽丝区(Pyrenees)东西向贯穿维多利亚州中部，生产着一些澳大利亚最令人振奋的中等体型西拉，每个产区都有属于自己的风土印记，集结了大气与优雅。在西澳大利亚，大南部地区和它五个子产区中的三个产区法兰克兰河、巴克山和波罗古鲁普（Porongurup）酿造着有魔力的西拉，芳香、辛辣、口感厚重，结构扎实。玛格利特河是相对较晚才开始的西拉推动者，但它的酒款具有西拉的典范和细致。

Cabernet Sauvignon　赤霞珠

果皮厚实的赤霞珠可以在所有地区种植，但它在最冷的地方，像是塔斯马尼亚，就苦苦挣扎，又缺乏其品种在温暖的产区生长，特别是温暖的年份，所能展现出的赤霞珠理想风味。西拉可以应付超过14.5%以上的酒精含量，赤霞珠则不能。在南澳洲，库纳瓦拉是至尊的产地，它与波尔多的气候十分相似，主要的区别是降雨量较低，尽管土壤质也不同。这里的成果是完美细致的赤霞珠，完全不需要西拉或梅洛来填补葡萄酒体的中段口感，当然这里还是生产了一些非常棒的品种混酿酒款。有点暖和的兰好乐溪和仍然温暖的麦克拉仑谷有着相似的海洋型气候，无疑是麦克拉仑谷赤霞珠能够适应秋夏季节气温的原因。伊顿谷是内陆地区最可靠的地区，其他主要产地则要依赖有一个凉爽的夏季。从南澳洲到西澳洲，玛格利特河受到温暖印度洋形成的极端海洋气候，巍然屹立。它也是澳大利亚最出色的波尔多品种赤霞珠，梅洛混酿红葡萄酒生产酒庄。无论是单一品种或混酿酒款酒的口感质地和结构都很馥郁，通常酒款在年轻时有些简单， 厚实水果提供了葡萄酒的平衡，并保证了酒款在未来至少20年窖存陈年的发展潜力，特别若是用螺旋盖封瓶。大南部地区的子产区法兰克兰河和巴克山拥有比玛格利特河更为凉爽的大陆型气候，并且日夜温差更大。这里的赤霞珠有浓郁的深色浆果特色和显著中度以上但柔顺的单宁，虽然不是一定需要，但酿酒时加一点点的梅洛或马尔贝克是有益的。赤霞珠在维多利亚州的中部和南部种植非常成功，但往往被蒙上了西拉的阴影。在过去的20年里，它不再是一个问题小孩，转身变为最受欢迎的雅拉谷之子。将采收季提前的做法是改变成功的关键。

Pinot Noir　黑比诺

赤霞珠和西拉的混杂（混酿）与黑皮诺清教徒式的正直（单酿）形成鲜明对比。酿酒过程中一个遗漏或者命令的罪过，就大门紧闭，把迷惑的酿酒师关在外头。塔斯马尼亚州是黑比诺的黄金国，在有更好的克隆品种，更老的葡萄藤，和塔斯马尼亚所涵盖多种中气候（葡萄园气候）的更深入探索下，好戏还在后头 。

新西兰中奥塔哥北部全部的葡萄园都受到南大洋和塔斯曼海的冷空气笼罩，与中奥塔哥的酒款近距离对峙，都有能力酿制深色泽，人人追求的酒体余韵悠长黑比诺。一旦在澳洲大陆上，维多利亚州的菲利普港区，包括吉龙，马斯顿山岭，山伯利，莫宁顿半岛和雅拉谷是澳大利亚黑比诺的震央，亨提就是一个小前哨。

在这些产地有数十多家生产高品质优雅的葡萄酒，产量庞大到让就算也有能力生产优质黑比诺的阿德莱德山区和波罗古鲁普都能在树荫下乘凉 。

Other Red Varieties　其他红葡萄品种

《澳洲葡萄酒宝典》数据库中还有许多其他的红葡萄品种，但没有任何扩大种植的趋势。

Sparkling Wines　气泡酒

这里的台词与黑比诺相似得吓人，塔斯马尼亚是现在和未来的圣杯持有者，菲利普港区是澳洲大陆活动的中心。

Fortified Wines　加强型甜葡萄酒

路斯格兰和格林罗旺是唯一两个酿造出酒款极其复杂，又历经多年长期橡木桶陈年麝香和密斯卡岱的产区，密斯卡岱被误称为托卡伊（Tokay）超过一个世纪，现在已更名为托帕克（Topaque）。这样的葡萄酒款在世界上其他地方都找不到足以相比的，西班牙的马拉加在甜味上最为接近，但远不及其复杂。另一款无可比拟的酒款是在巴罗萨谷的Seppeltsfield酒庄，每年都会发布100%的100年以上浓稠富郁、具深黄褐色利口酒风格的加强型甜葡萄酒。

澳大利亚葡萄酒产区地理标志

澳大利亚葡萄酒产区地图近乎完善，但尽管基于气候变化的潜在因素，绘制工程永远不会彻底结束。

划分方法为州、大区、产区和子产区；地名末标有星号的产区或子产区是还没有在官方注册，可能也永远都不会登记，却是普遍被使用或提到的。《猎人谷GI地图》怪异地将猎人谷划成一个大区，猎人谷作为产区，而庞大的上猎人谷连同很小的波高尔宾（Pokolbin）被分入子产区，为此当地人小有争议。另一个近期官方更动是甘比亚山（Mount Gambier）注册为石灰岩海岸大区（Limestone Coast Zone）下的产区。我仍然走在塔斯马尼亚州官方之前，把它分为北塔斯马尼亚、南塔斯马尼亚和塔斯马尼亚东海岸。同样地，我还将有15家酒庄巴拉瑞特（Ballarat）和有3家酒庄的南艾尔半岛（Southern Eyre Peninsula）包含在内。

州／大区	产区	子产区
东南澳洲		
澳大利亚		
澳大利亚		
东南澳洲*	*东南澳洲合并了整个新南威尔士州、维多利亚州、塔斯马尼亚州，以及一小部分昆士兰州和南澳州	
新南威尔士州		
主要河流流域（Big Rivers）	穆雷达令流域（Murray Darling）	
	佩里库特（Perricoota）	
	滨海沿岸（Riverina）	
	天鹅山（Swan Hill）	
中部山脉（Central Ranges）	考兰（Cowra）	
	满吉（Mudgee）	
	奥兰治（Orange）	
猎人谷（Hunter Valley）	猎人谷（Hunter Valley）	布鲁克福德维治（Broke Fordwich）
		博高宾（Pokolbin）
		上猎人谷（Upper HunterValley）
北部河流流域（Northern Rivers）	哈斯汀河（Hastings River）	

州／大区	产区	子产区
北部山区（Northern Slopes）	新英格兰（New England Australia）	
南部海岸（South Coast）	肖海尔海岸（Shoalhaven Coast）	
	南部高地（Southern Highlands）	
新南威尔士南部（Southern New South Wales）	堪培拉地区（Canberra District）	
	刚达盖（Gundagai）	
	希托扑斯（Hilltops）	
	唐巴兰姆巴（Tumbarumba）	
西部平原		
南澳洲		
阿德莱德［Adelaide，明星产区，包含洛夫缔山脉（Mount Lofty Ranges）、福雷里卢（Fleurieu）和巴罗萨（Barossa）］		
巴罗萨（Barossa）	巴罗萨谷（Barossa Valley）	
	伊顿谷（Eden Valley）	伊顿高地（High Eden）
远北地区（Far North）	南福林德斯山岭（Southern Flinders Ranges）	
福雷里卢（Fleurieu）	金钱溪（Currency Creek）	
	袋鼠岛（Kangaroo Island）	
	兰好乐溪（Langhorne Creek）	
	麦克拉仑谷（McLaren Vale）	
	福雷里卢南部（Southern Fleurieu）	
石灰岩海岸（Limestone Coast）	库纳瓦拉（Coonawarra）	
	本逊山（Mount Benson）	
	甘比亚山（Mount Gambier）	
	帕史维（Padthaway）	
	罗布（Robe）	
	拉顿布里（Wrattonbully）	
穆雷低区（Lower Murray）	河地（Riverland）	

州／大区	产区	子产区
洛夫缔山脉（Mount Lofty Ranges）	阿德莱德山区（Adelaide Hills）	朗森（Lenswood） 皮卡迪利山谷（Piccadilly Valley）
	阿德莱德平原（Adelaide Plains）	
	克莱尔谷（Clare Valley）	波利山河*（Polish Hill River） 沃特韦尔*（Watervale）
半岛（The Peninsulas）	艾尔半岛南部*（Southern Eyre Peninsula）	
维多利亚州		
维多利亚中部（Central Victoria）	班迪戈（Bendigo）	
	高宝谷（Goulburn Valley）	纳甘比湖区（Nagambie Lakes）
	西斯科特（Heathcote）	
	史庄伯吉山岭（Strathbogie Ranges）	
	上高宝（Upper Goulburn）	
吉普史地（Gippsland）		
维多利亚东北部（Northeast Victoria）	阿尔派谷（Alpine Valleys）	
	比曲尔斯（Beechworth）	
	格林罗旺（Glenrowan）	
	国王谷（King Valley）	
	路斯格兰（Rutherglen）	
维多利亚西北部（North West Victoria）	穆雷达令流域（Murray Darling）	
	天鹅山（Swan Hill）	
菲利普港区（Port Phillip）	吉龙（Geelong）	
	马斯顿山岭（Macedon Ranges）	
	莫宁顿半岛（Mornington Peninsula）	
	山伯利（Sunbury）	
	雅拉谷（Yarra Valley）	
西维多利亚（Western Victoria）	巴拉腊特*（Ballarat）	
	格兰皮恩斯（Grampians）	大西部地区（Great Western）
	亨提（Henty）	
	宝丽丝区（Pyrenees）	

州／大区	产区	子产区
西澳洲		
西澳洲中部（Central Western Australia）		
西澳洲东部平原、内陆和北部（Eastern Plains, Inland and North of Western Australia）		
大珀斯（Greater Perth）	皮尔（Peel）	
	珀斯山区（Perth Hills）	
	天鹅地区（Swan District）	天鹅谷（Swan Valley）
澳大利亚西南部（South West Australia）	黑林谷（Blackwood Valley）	
	吉奥格拉菲（Geographe）	
	大南部地区（Great Southern）	奥尔巴尼（Albany）
		丹麦（Denmark）
		法兰克兰河（Frankland River）
		巴克山（Mount Barker）
		波罗古鲁普（Porongurup）
	满吉姆（Manjimup）	
	玛格利特河（Margaret River）	
	潘伯顿（Pemberton）	
西澳州东南海岸（West Australian South East Coastal）		
昆士兰州		
昆士兰州（Queensland）	格兰纳特贝尔（Granite Belt）	
	南伯奈特（South Burnett）	
塔斯马尼亚州		
塔斯马尼亚州（Tasmania）	塔斯马尼亚北部*（Northern Tasmania）	
	塔斯马尼亚南部*（Southern Tasmania）	
	塔斯马尼亚东海岸*（East Coast Tasmania）	
澳大利亚首都行政区		
澳大利亚北部行政区		

美食/美酒

这一切都取决于你个人的出发点：有传统的国际经典搭配常规，如鱼子酱搭配香槟，新鲜鹅肝搭配苏玳（Sauternes）、雷司令或玫瑰桃红酒，新季节性意大利白松露搭配任何酒体中等浓郁的红葡萄酒。食物的味道是核心，酒只是辅佐。

在另一个极端针对一些50年的经典红葡萄酒款：奔富葛兰许，或勃艮第特级园，或波尔多一级酒庄，或是欢喜山酒庄（Mount Pleasant）的Maurice O'Shea Shiraz。这里食物应该只是一个低调的衬托，但同时还是得要高挡食材。

在澳大利亚，我认为人们对时节并不够重视，特别是在南部各州，季节在挑选食材和葡萄酒时都应该是主要的决定因素。因此，我以四季来提出我的搭配建议，请铭记殊途同归。

春季

气泡酒
生蚝、凉鲜虾或龙虾、西班牙小菜、任何冷开胃菜

年轻的雷司令
冷色拉、生鱼片

琼瑶浆
亚洲菜

年轻的赛美蓉
意大利开胃菜、蔬菜冻派

灰比诺
蟹肉饼、银鱼

维尔德罗、白诗南
冷烟熏鸡、腌制鲑鱼

陈年霞多丽
烤鸡、鸡肉面、火鸡、放山鸡

玫瑰桃红酒
凯撒色拉、鳟鱼慕斯

年轻的黑比诺
香煎袋鼠肉、烤鹌鹑

梅洛
熏牛肉片、熏鸡

凉爽气候中体赤霞珠
小羊排

凉爽气候轻中体西拉
一分熟菲力牛排

年轻的贵腐酒
新鲜水果，蛋糕

夏季

冰凉干型雪利酒
冷法式清汤

2—3年的赛美蓉
西班牙冷汤

2—3年的雷司令
烤金枪鱼

赛美蓉长相思
海鲜或蔬菜天妇罗

年轻的微甜雷司令
蜜瓜意式熏火腿或梨

凉爽气候的霞多丽
鲍鱼、龙虾、中式大虾

10年的赛美蓉或雷司令
炖猪颈肉

陈年5年以上的霞多丽
炖兔肉

微甜玫瑰桃红酒
冰新鲜水果

年轻的轻酒体黑比诺
烤鲑鱼

陈年5年以上的黑比诺
红酒炖鸡、野鸭

年轻的歌海娜或桑乔维塞
红酒牛膝

5—10年的猎人谷西拉
牛小排

桑乔维塞
意式煎小牛肉火腿卷、烤春鸡
陈年5年的中酒体赤霞珠
烧烤羊腿
陈年霞多丽
熏鳗鱼、熏鱼子
所有葡萄酒
帕尔马干酪

秋季

半甜型雪利酒
热法式清汤
橡木桶发酵陈年白葡萄酒
熏鱼子、马赛鱼汤
陈年复杂的霞多丽
小牛胸腺、脑
陈年10年的玛珊或赛美蓉
意式海鲜饭、黎巴嫩菜
歌海娜
烤小牛的肝脏、烤羊羔、羊或猪腰花
陈年玛格利特河赤霞珠梅洛
羊排、蒜香烤羊腿
凉爽气候梅洛
羊里脊排
老年份雷司令
碳烤茄子、酿青甜椒
陈年歌海娜或隆河混酿
摩洛哥炖羊肉
馥郁重酒体西斯科特西拉
砂锅炖牛肉
维多利亚州南部黑比诺
北京烤鸭
年轻的麝香
圣诞布丁或葡萄干布丁

冬季

干型雪利酒
重口味开胃菜
勃艮第气泡酒
罗宋汤、野生蘑菇炖饭
维欧尼（Viognier）
豌豆火腿汤
陈年10年的赛美蓉
热土豆奶油浓汤
长相思
烤扇贝（煎干贝）
陈年10年的霞多丽
卡酥来豆子焖肉
2—4年的赛美蓉长相思
意式海鲜面
塔斯马尼亚州黑比诺
乳鸽、鸭胸
陈年的黑比诺
蘑菇炖肉、意大利饺
陈年凉爽气候种植西拉维欧尼
法式牛肉蔬菜锅
陈年10年的格兰皮恩斯西拉
碳烤后腿牛排
15—20年的重酒体巴罗萨谷西拉
鹿肉、袋鼠菲力肉排
库纳瓦拉赤霞珠
炖羊腿羊肩肉
麝香加强型甜葡萄酒
巧克力甜点
托帕克加强型甜葡萄酒
法式焦糖布丁
年份西拉加强型甜葡萄酒
水果干、咸奶酪

产区年份评分表

数字代表每个产区葡萄酒质量的得分，满分10分。

红葡萄酒

白葡萄酒

加强型甜葡萄酒

新南威尔士州

产区	2013	2014	2015	2016
猎人谷	**8**	**10**	**5**	**6**
	8	7	6	7
满吉	**7**	**7**	**9**	**8**
	8	9	8	9
奥兰治	**9**	**5**	**9**	**8**
	9	7	9	7
堪培拉地区	**9**	**7**	**10**	**9**
	9	8	10	9
希托扑斯	**9**	**9**	**8**	**9**
	9	9	8	8
南部高地	**7**	**7**	**6**	**8**
	8	7	8	8
唐巴兰姆巴	**8**	**9**	**7**	**8**
	9	8	9	9
滨海沿岸	**7**	**7**	**8**	**7**
	8	8	8	7
肖海尔海岸	**8**	**9**	**7**	**8**
	8	9	8	8

维多利亚州

产区	2013	2014	2015	2016
雅拉谷	**9**	**7**	**10**	**7**
	8	8	9	7
莫宁顿半岛	**9**	**9**	**10**	**8**
	8	9	9	7
吉龙	**9**	**8**	**10**	**7**
	8	7	9	8
马斯顿山岭	**9**	**8**	**9**	**8**
	9	8	8	9
山伯利	**9**	**9**	**8**	**7**
	9	8	7	7
吉普史地	**8**	**5**	**9**	**8**
	8	9	9	8
班迪戈	**8**	**9**	**8**	**8**
	7	7	8	8
西斯科特	**9**	**8**	**8**	**9**
	6	7	7	8
格兰皮恩斯	**9**	**9**	**8**	**6**
	8	9	8	7
宝丽丝区	**8**	**8**	**7**	**7**
	8	9	8	7
亨提	**10**	**9**	**10**	**10**
	8	10	9	10
比曲尔斯	**8**	**8**	**8**	**8**
	9	8	9	8
纳甘比湖	**9**	**8**	**8**	**8**
	7	8	9	9
上高宝	**9**	**9**	**9**	**8**
	9	9	7	9
史庄伯吉山岭	**9**	**6**	**8**	**7**
	7	7	8	7
国王谷	**8**	**7**	**9**	**7**
	8	9	8	8
阿尔派谷	**9**	**7**	**10**	**6**
	7	8	9	6
格林罗旺	**9**	**9**	**8**	**8**
	7	7	7	9
路斯格兰	**10**	**7**	**9**	**7**
	-	-	9	9
穆雷达令流域	**8**	**8**	**9**	**7**
	7	8	7	8

南澳州

产区	2013	2014	2015	2016
巴罗萨谷	**8**	**7**	**9**	**8**
	7	7	8	7
伊顿谷	**8**	**8**	**9**	**8**
	8	8	10	9
克莱尔谷	**7**	**8**	**9**	**8**
	8	8	9	9
阿德莱德山区	**9**	**8**	**9**	**8**
	8	8	10	7
麦克拉仑谷	**9**	**7**	**8**	**8**
	8	8	8	7
南福雷里卢	**6**	**8**	**7**	**8**
	5	8	6	8
兰好乐溪	**9**	**9**	**9**	**9**
	8	8	7	7
袋鼠岛	**8**	**8**	**8**	**9**
	8	9	8	9
阿德莱德平原	**7**	**7**	**8**	**9**
	6	7	8	8
库纳瓦拉	**9**	**8**	**9**	**9**
	8	8	8	8
拉顿布里	**9**	**9**	**9**	**10**
	8	8	9	10
帕史维	**8**	**8**	**9**	**x**
	8	9	9	x
本逊山&罗布	**7**	**9**	**10**	**8**
	8	9	9	9
河地	**8**	**8**	**9**	**8**
	8	8	8	7

西澳洲

产区	2013	2014	2015	2016
玛格利特河	**9**	**8**	**8**	**9**
	9	9	9	9
大南部地区	**7**	**8**	**8**	**8**
	8	8	8	9
满吉姆	**8**	**9**	**8**	**6**
	9	8	7	7
潘伯顿	**8**	**9**	**6**	**8**
	9	9	8	9
吉奥格拉菲	**6**	**9**	**7**	**8**
	7	8	7	8
皮尔	**9**	**8**	**x**	**8**
	9	8	x	7
珀斯山区	**8**	**8**	**9**	**9**
	10	10	9	8
天鹅谷	**9**	**8**	**7**	**6**
	8	8	8	7

昆士兰州

产区	2013	2014	2015	2016
格兰纳特贝尔	**8**	**9**	**8**	**8**
	8	8	8	7
南伯奈特	**8**	**8**	**8**	**x**
	9	7	8	x

塔斯马尼亚州

产区	2013	2014	2015	2016
塔斯马尼亚北部	**7**	**8**	**8**	**8**
	8	9	8	8
塔斯马尼亚南部	**8**	**9**	**9**	**8**
	7	9	9	8

2017年产区概况

接受例外能反证规律，2017年是一个很凉爽，收成晚但质量挺好的年份。冬季和春季的大量降雨充分补满了地下水与土壤的湿度。因此葡萄的休眠延长了，发芽期较2016年晚了2—6周，导致酿酒师们以2002年甚至20世纪90年代为测量的参照标准。虽然葡萄树的成串数很高，但春雨和强风打掉了一些产区的葡萄开花，导致葡萄的每串重量和总产量降低。虽然官方的总产量报告数据要到本书印刷之后才发表，但预测出的压榨产量将连续第三年达到180万公吨左右。

2016年份的特点是在疯狂混乱之后步伐悠闲。在教科书上早熟和晚熟的葡萄品种采收期之间有空挡期，但从2月底到3月和4月，温暖干燥天气的到来意味着健康的葡萄藤会持续生长至采收季后。

有没有例外呢？首先，要想有好的开花结果，许多产区都必需进行剪枝修叶和去串的树冠管理。接下来，格兰纳特贝尔产区有一个不值一提的年份。猎人谷的采收季热浪滚滚又极为干躁，但高品质的西拉却足以与辉煌的2014年的相提并论。最后，天鹅谷遭遇平原低洼地全面的洪水泛滥，造成葡萄收成的惨重损失。

南澳大利亚

巴罗萨区包括伊顿谷冬季和春季经历了毕生所需的降雨量，采收季比2016年晚了一个月（2002年份经常被引用为参考：2002年和2017年是非常凉爽和晚收成的年份，而2016年很热又早收成）。高产量是必须被控制的；奖励就是优秀的雷司令和高品质的西拉，其次极端相反的是赤霞珠和歌海娜。有人认为稀释风味可能会柔化某些或所有葡萄品种。克莱尔谷的采收季开始时间较2016年晚了两周，葡萄藤的状态比往年都好。雷司令和西拉最为出色，其次是优雅的赤霞珠。阿德莱德山区的冬季非常潮湿，整个生长季节降雨量平均加上低温（类似于2002年和2004年），导致采收季比2016年晚了4—6周。修枝去果控制产量尤其重要。今年有潜力成为真正伟大的葡萄酒年份之一，最为出众的将是霞多丽和西拉。阿德莱德平原同样经历了凉爽、潮湿（直到1月）和晚收成。产量比正常高出30%，其中西拉和赤霞珠品质最佳也在意料之中。在麦克拉仑谷较高的产地，赤霞珠和歌海娜酿制出2017年最高品质的葡萄酒。在松散土壤的葡萄园，警惕性对于防御真菌性病害至关重要。总体来说，2017年份葡萄酒的特色为优雅和平衡。兰好乐溪（Langhorne Creek）冬季、春季和夏季的降雨量高于平均值，采收期延迟了3周。泛洪区的洪水如同伊甸园里的毒蛇，导致西拉葡萄果实丧失或受到损害。南福雷里卢今年的漫长的春天温度比长期以往的平均温度低了4℃。

整个温和的夏天没有热浪来袭制造麻烦，意味好的年份即将到来。袋鼠岛经历了有史以来最湿的冬天，有1100毫米的降雨，紧接着是每隔10

天就会下雨的潮湿春天，花开得很少，产量非常低。然而，白葡萄品种却因迟了4周的采收期而受益。库纳瓦拉也以2002年和2004年作为2017年的特别参考。出色的赤霞珠有着完美的色泽、浓度和单宁。本逊山和罗布密不可分，尽管罗布今年的降雨量是自1861年以来所有纪录里最高的。非常暖和的3月和4月，确保了那些将产量控制得较低的酒庄能够收成高品质的西拉和赤霞珠。拉顿布里和帕史维一样跟随石灰岩海岸模式。河地的整个春天，甚至到节礼日（Boxing Day）的时候还经常下降水量达100毫米的大暴雨；加之气温偏低，采收季推迟4周是常态。产量仅略高于平均数，但温度和降雨量使情况变得难以预料，即使相邻的葡萄园情况也会有所不同。皮厚的赤霞珠较为出色。

维多利亚州

雅拉谷今年可以说是自1992年以来最好的年份，上一次出现好年份还是1988年。雨量充沛，温和至凉爽的气温持续到夏季。开花期下雨和强风意味着下雅拉谷的产量有点下降。上雅拉谷产量很好，但没有明显增长，温暖夏天的迟来也使该地区没有受到高温热浪的侵袭。所有的葡萄品种都比自2002年以来的任何年份收成都晚，还不慌不忙地慢慢进行。霞多丽和黑比诺几乎让每一个葡萄果农都欢欣鼓掌。莫宁顿半岛是雅拉谷的一个副本，葡萄的成串数很好，但是整串果实大小不均，成熟度不一降低了产量。开花期与最终的采收季比2016年晚2—3周。凉爽的天气意味着自然酸度能完好地保留，这使得有些人认为霞多丽和灰比诺是有史以来最好的。同时，黑皮诺显现出极好的平衡和优雅。吉龙今年冬季和春季降雨量很好，虽然导致生长季开始时间很晚，却很有活力。产量因营养状况而异。黑比诺和西拉需要额外的悉心管理才能够保持产量。山伯利和马斯顿山岭的酿酒师们开心到飘飘然。一位受访者认为今年葡萄成熟的状况是本世纪最好的，另一位甚至认为上一次出现同一状况还是20世纪90年代。总的来说，低到中等的产量将有级高的品质。班迪戈也有类似的故事，冬季末和春季的雨水都很充足，填满了水坝和下层土。温和凉爽的天气条件成就了极好的果实。可爱又坚强的品种有很多，但其中的明星是优雅的赤霞珠和梅洛。西拉和赤霞珠也很出众。西斯科特的冬季雨水比以往的春季更干燥，一月份才下的80毫米的雨水缓解了葡萄园的干涸。收获季比2016年晚2—3周才开始，产量普遍适中。西拉最为杰出。

格兰皮恩斯出现了十多年来最好的年份，从始至终都有完美的天气。夏天特别温和干燥，几乎没有热浪。雷司令很出色。西拉也是教科书的经典风味，优雅又不失情趣。亨提刚开始时一般都很潮湿，9月份145毫米的降雨量刷新了历史纪录。天气保持凉爽。11月的降水的停止保证了果实的好收成。收获季刚开始，有雨棚遮盖是最好不过了，雷司令最早受益。

宝丽丝区冬季的大量降雨令人欢欣鼓舞。整个生长季节的天气比正常情况下更为凉爽些，导致采收期相对于过往多年迟来了很久。高品质的西拉和赤霞珠几乎受到所有人的期待。比曲尔斯的降雨和温度模式与维多利亚州一样，唯一的例外是采收期并没有延后。吉宫酒庄（Giaconda）说，所有品种的品质都非常高，但霞多丽更为出色。值得关注霞多丽酒款的上市日期。纳甘比湖冬季的降雨量多年来第一次处于平均水平，反倒是春天阵雨连绵不断。夏季起温暖湿润，2011年的景象重现，但2月中旬降雨停止，3月份喜悦地享受了3周超过30℃的温暖天气，温暖的夜晚加速葡萄成熟。成果是白葡萄酒款的独特品种风味更为明显，红葡萄酒果味亮丽、优雅。史庄伯吉山岭的这一年可以用一个“怪”字总结：潮湿的冬天和春天；夏季一开始是凉爽的，到了2月气候逐渐温暖干燥；3月份有3周日间温度在30℃左右。这极不利于葡萄藤的管理。总的来说质量一般，除了气候因素，高采收量也有所影响。上高宝的冬季和春季比平常要干燥，但夏季中晚期的降雨是完美的。夏季和秋季带来凉爽温暖的条件，没有热峰的情况与2015年和2016年完全相反。对白葡萄酒而言是非常好的年份，对红葡萄酒款而言却只是一般。阿尔派谷和国王谷春季有充足的降雨量，开花期间天气良好，产量高于平均值，是多年来采收季开始最迟的一次。酸度保留极好，风味发展早过于波美（糖份转化）。这里的霞多丽、弗留拉诺、丹魄、西拉、普罗赛克和灰比诺都酿出了杰出的酒款。格林罗旺跟自己赛跑，整个产区的酿酒季都开始得很早，并压缩了采收期，情况类似2016年，但质量要更高。表现出色的品种有密斯卡岱、西拉和杜瑞夫。路斯格兰今年的产量介于适中到高产量之间，产出优质的西拉、赤霞珠和霞多丽。穆雷达令流域的冬季和葡萄生长季节气候几乎与维多利亚州其他产区一样，没有热峰，与2010—2015年相似。相较于2016年份生产出的口感浓郁而粗旷的葡萄酒，2017年酒款具有清晰的品种特色香气，口感细腻。

新南威尔士州

猎人谷有个传统，在历经一个潮湿的年份和干燥的冬季后，接下来的那一年便会是炎热干燥的年份。用“旱热”足以形容2017年份，有32天气温超过35℃，在12月至次年2月份期间最高温超过40℃，并于2月10—12日分别达到摄氏44℃、47℃和46℃。气候变化主义者得知这是一个伟大的年份时一定会感到震惊；在2月份的热潮爆发前就采收的葡萄，酿出的红酒质量近似2014年份。产量平均，有些赛美蓉葡萄园区块果实完全熟透，产量高于平均。猎人谷到12月份经常下雨，大大减少了灌溉的需求。随着圣诞节后的气温骤升，良好的葡萄藤管理承载着果实直到采收期结束。总的来说，这是一个没有麻烦的年份，赛美蓉、霞多丽和西拉主演。满吉非常炎热的季节造成酸度低和缓慢风味成熟的挑战，不过收成过后良好的葡萄藤管理预示着2018年的葡萄藤能够备好充足的碳水化合物。

奥兰治的这一年可谓是颠三倒四。7月—11月，冬季和春季有着历史性的充沛降雨。2月初，天气炭火般的炙热，3月份洪水泛滥，随后热气带来白粉病。尽管夏季异常炎热，但晚收成期带来的收成可谓高产。一概而论是危险的，但除了西拉和雷司令，所有品种在不同的海拔高度都能得到青睐。堪培拉地区创造降雨量纪录后，开始了土壤水分充沛的冬季。春天很凉爽，持续性的阵雨一直延续到圣诞节。1月份和2月份的气温都达到了创纪录的高温，接着是正常、干燥、凉爽的秋季。其成果是白葡萄酒，特别是雷司令，在适度的波美下有很棒的味道；红葡萄酒颜色深，整体完美平衡。希托扑斯的冬季和春季都同样潮湿，2016年11月下旬降雨减少。1月和2月干燥，阳光充足，气温温和。3月中旬，40毫米的降雨量造成的滋扰多于损害。最好的品种是霞多丽、雷司令、长相思和赤霞珠，以及波美介于12.5—13.5之间采收的红葡萄品种。唐巴兰姆巴的天气遵循一般模式，尽管这个年份比过去8—10年稍晚。所有品种表现良好。所有的白葡萄品种都有很大的活力和新鲜度，酸度平衡页堪称完美，而霞多丽尤其出色。黑比诺可能脱颖而出。南部高地的这一年份乏善可陈。湿冷的冬季和春季，1月份有热浪，2月份和3月份又有不断的降雨，3月降雨量还创下了历史纪录。产量非常低，在葡萄藤上留下了没摘采的果实。肖海尔海岸往往与其他新南威尔士州产区有不同的成熟模式：共同点是今年3月份降雨量非常大，迫使酒农采摘所有仍存葡萄藤上的果实。1月份气候不稳定且干燥，十分温暖，2月份温和且有零星降雨。最后，产量收益适中。对一些人来说长相思表现出色，赛美蓉也很优秀。滨海沿岸从来没有这么好过。2月份，漫长而潮湿的冬季结束，葡萄生长期才开始，红葡萄的收成期是近20年来最晚的，直到4月底才完成。长相思、灰比诺和霞多丽是最好的白葡萄酒；西拉一如既往在红葡萄酒中拔得头筹。

西澳大利亚

玛格丽特河冬季的降雨量高于平均水平，1月份间歇性降雨，接着是2月份干旱，3月份潮湿，以及4月份凉爽的夜晚和干燥的白天。这需要时刻警惕葡萄园发生大范围虫害侵袭。奖励是杰出的霞多丽和赤霞珠，这两个玛格丽特河的招牌葡萄品种比平常晚2周采收。虽然大南部地区是一个广阔的地区，但它经历了同样凉爽、晚收成的年份。一个子产区创下了比正常情况下发芽期晚6周的纪录。非常潮湿的冬季和春季，接着是凉爽而基本干燥的天气，结果赢得很大的收获量；这意味着疏果（果实稀疏）是提高质量必不可少的。相关报告显示，随着生长季节的变化，葡萄园会经历5次疏果（果实稀疏）。普遍来说，开始时气候凉爽、干燥，生长季节比2016年延迟了1个月。不过，所有的酒吧一致认为，雷司令和黑比诺表现最为优异，芳香的西拉紧跟其后。个别报告对此并不赞同，虽然认可整体质量高于平均水平，但并未表示特别出色。

满吉姆和潘伯顿在潮湿的冬季和春季后，降雨持续到12月份，生长期的气候表现得杂乱无章。1月份平淡无奇，2月份比平均水平冷。湿度高且降雨量高于平均水平，这样的状况一直持续到3月份，酿酒期比正常时间晚3—4周。在这种情形下，大量果实被放弃摘采也就在情理之中了。霞多丽和黑比诺是表现最好的。吉奥格拉菲基本上是相同的：春季丰富的降雨在花期来临前停止，使得花开条件完美；随后是一个凉爽的夏天，让葡萄能保持纯净的酸度；比平时收成期要晚了许多。整个4月份，完全干燥而漫长的秋老虎令每个人心情大好。天鹅谷两次登上全国性的新闻报道，原因是暴风雨带来的50—75毫米的雨水，天鹅河因此洪水泛滥。洪灾一带的葡萄园被淹没了好几天，导致所有作物全部损失，质量从差到高于平均水平参差不齐。清脆的维尔德罗，芬芳的歌海娜和西拉为精选品种。珀斯山区与同一州内其他产区一样，有冬季和春季的降雨，春季气候充满挑战，导致春季生长期延迟。结果导致产量很高，需要减产。梅洛是表现最好的品种。皮尔有至少10年来最热的开始，但随后的那段时期缓和下来，度过了一个最温和的季节。产量收成非常好。所有的红葡萄都成熟了，有一些贵腐白诗南葡萄需要人工采摘。

塔斯马尼亚州

塔斯马尼亚州的2017年份值得歌颂，这里的3个主要产区都有类似的故事可说。塔斯马尼亚北部的冬季和春季降雨量高于平均水平,葡萄的成长速度因此比平时要快，虽然气温一直略低于平均水平，但随着夏天来临，降雨消失，温度比平均水平更低。3月下旬的天气是今年最温暖的，提供了葡萄成熟所需要的理想环境。产量因开花期间天气不好而有所下降。出众的品种是黑比诺、霞多丽和雷司令。整体质量为优质到极佳。塔斯马尼亚东岸的天气几乎没有变化，气温在30℃以上的只有2天。凉爽的条件使得收获期推迟10—12天。然而，较凉爽的天气使得霞多丽、雷司令和长相思的风味变得非常强烈，而黑比诺葡萄酒的色彩强度明显高于2016年份的葡萄酒，风味非常出色。塔斯马尼亚南部报告的情况也是如此，从夏季到中秋一直都非常干燥，需要在灌溉管理方面保持警惕。产量总体上是适中的，而所有的迹象无不显示品质普遍都很高。

昆士兰州

格兰纳特贝尔的气候可以是完美的，却也可能非常令人沮丧。不幸的是，今年就属于后者。冬季和春季还算完美，为中高产量的一流上等好年份奠定了基础。但1月下旬到2月初热浪来袭，使得葡萄的酸度在短时间内急剧下降。高热消退后雨水接踵而至，伴随着霉菌和霜霉病的葡萄流行病。即使这种情况下，最好的酿酒厂依然酿出了波美度和酒精度均低于正常水平的葡萄酒款。

小结

正如我去年所说的，对于大多数人而言，一旦年纪大了都需要面对一个事实，那就是做起事来要花费更长的时间，包括我自己在内。那些毫不费力便可忆及诸多往事的岁月，已然远去，这其实并不稀奇，每个人都会经历。现在这种悄然的变化很可能就发生在记忆一个名字或一个词的时候。你可以学习一些技巧来提升记忆力，但不可避免地需要花费更多的时间。因此，我现在的工作量并没有以前多，却需要花费更长的工时来达到同样的效果。

这促使了招聘葡萄酒大师内德·古德温 (Ned Goodwin MW) 和珍妮·佛克娜 (Jane Faulkner)，他们彼此之间或跟我自己的写作论调都极为不同。史提芬·克里伯 (Steven Creber) 也贡献了力量，泰森·斯特尔泽 (Tyson Stelzer) 提供了起泡酒的品尝笔记。坎贝尔·马丁森 (Campbell Mattinson) 已经同意会在下一版本重新加入未来的团队，我真是太高兴了。

幸运的是，在我家楼下的办公室我有两名助手，另一名在楼上。他们是我忠心的左膀右臂，一位是宝拉·格雷 (Paula Gray)，在这里工作超过25年，还有一位是贝思·安东尼 (Beth Anthony)，跟随我工作长达17年。他们忍受着我不时在办公桌的百慕大三角丢失任何物体的技能，包括电子邮件、印出文件等，然后帮我重新打印另一份副本，一份又一份，无穷无尽。

贝思就像一个中控室，负责追踪今年被寄送到5个场所的全部9800瓶葡萄酒，并确认葡萄酒款都已正确地输入资料库。因为我每周有6天要品尝葡萄酒，她的妹妹杰克 (Jake) 也为我牺牲了她两个月的星期六来当我的管家。我的妻子苏珊娜 (Suzanne) 绝对不是我的女佣，但这并不妨碍她来关照我所可能需要的一切。Hardie Grant出版社的大团队对《澳洲葡萄酒宝典》出版前后的所有事务打理得巨细靡遗。大家都很重要，但有些人又更重要些。从我自私的角度来看，桑迪·格兰特 (Sandy Grant) 是不可缺少的，他非常有信心地筹组了我们的合资企业，这一切我都非常珍视。

茱莉·平克罕 (Julie Pinkham) 和西蒙·麦克本 (Simon McKeown) 是一线决策者，而我和他们合作可谓亲密无间，连为小事浪费时间的烦恼都不曾有。接着是独一无二的安妮·克莱门格尔 (Annie Clemenger)，是她异想天开的想法，才有了《2014年澳洲葡萄酒宝典》的新书发布会。至今我依然对《澳洲葡萄酒宝典》颁奖活动的盛况记忆犹新，当然还要衷心感谢酿酒师和葡萄酒酒庄的大力支持。

编辑罗兰·麦克杜格尔（Loran McDougall）是本书的关键之处，在书本付梓前的最后几周，他每天都忙得团团转。梅根·埃利斯（Megan Ellis）像魔术师般眨眼间便完成了《澳洲葡萄酒宝典》的排版，还有萨拉·舒鲁布伯格（Sarah Shrubb）如具鹰眼般校对完全书文字，这一切都令我惊叹不已。

最后，我要感谢冷溪镇 (Coldstream) 邮局的特雷西 (Tracy) 和艾伦 (Alan)，他们每年都会收到如海啸般汹涌而至的一箱箱葡萄酒。

澳大利亚的酒庄和葡萄酒

全部酒庄依酒庄原文名称的首字母顺序排列；
以英文The开头的酒庄，如The Lane Vineyard，排列在字母T下；
以数字开头的酒庄，依数字相对应的英文单词首字母顺序排列，如2 Mates，排列在字母T下；
所列价格均为澳洲酒庄零售价格，仅供参考。

A. Retief　A. 瑞提夫　★★★★

PO Box 2503, Strawberry Hills, 新南威尔士 2012（邮）　产区：新南威尔士州南部
电话：0400 650 530　网址：www.aretief.com.au　开放时间：不开放
酿酒师：Alex Retief　创立时间：2008年　产量（以12支箱数计）：5000
1997年，业主兼酿酒师亚历克斯·瑞提夫（Alex Retief）的父母在刚达盖（Gundagai）的莱迪史密斯（Ladysmith）附近种植了一个葡萄园，这可以说是亚历克斯的葡萄酒事业生涯的开端。他在加州州立大学（CSU）学习葡萄酒科学的专业课程，并于2001年成为大学酒厂的实习酿酒师。2002年，他先是在美国加州的索诺玛山谷的费特泽尔葡萄园（Fetzer Vineyards）工作，之后回到了猎人谷，与安德鲁·马根（Andrew Margan）一起酿制了2003年份的葡萄酒。他在猎人谷担任了两年半的酿酒师，于2004年的收获季时去了朗格多克产区（Languedoc）。2005年，亚历克斯回到了法国在波尔多的拉加德酒庄（Chateau de Lagarde），做了两年的酿酒师。A. 瑞提夫采用合约收购的葡萄原料，产区包括唐巴兰姆巴（Tumbarumba）、堪培拉地区（Canberra District）、希托扑斯（Hilltops）、刚达盖（Gundagai）。亚历克斯也有自己的精品葡萄酒销售公司。

🍷🍷🍷🍷🍷(4.5)
Tumbarumba Sauvignon Blanc 2014
唐巴兰姆巴长相思2014
葡萄来自建立于海拔730米的葡萄园，在法国桶装发酵和陈酿12个月。石英绿色泽,香气如预期般的复杂。没想到酒依然清新，不存在任何松散的迹象。
封口：螺旋盖　酒精度：13%　评分：91　最佳饮用期：2019年　参考价格：28澳元

🍷🍷🍷🍷
Winbirra Vineyard Gundagai Shiraz 2015
温比拉刚达盖西拉2015
评分：89　最佳饮用期：2020年　参考价格：28澳元

Field Blend 2015
田地混酿 2015
评分：89　最佳饮用期：2025年　参考价格：28澳元

A. Rodda Wines　★★★★★

PO Box 589, Beechworth, 维多利亚 3747（邮）　产区：比曲尔斯
电话：0400 350 135　网址：www.aroddawines.com.au　开放时间：不开放　酿酒师：Adrian Rodda　创立时间：2010年　产量（以12支箱数计）：800　葡萄园面积：2公顷
艾德里安·瑞达（Adrian Rodda）自1998年起一直从事葡萄酒酿造，一直都是与橡木岭酒庄（Oakridge）的大卫·比科尼尔（David Bicknell）合作。他参与并见证了奥克里奇864霞多丽的发展——直到2009年。2010年初，他和妻子医生克里斯蒂（Christie）决定搬到比曲尔斯（Beechworth）生活居住，他与葡萄栽培者马克·沃波尔（Mark Walpole）是老朋友，两人刚巧遇到是史密斯葡萄园（Smith Vineyard）和酒厂正在出租——他现在和马克共同租下了这个酒庄，马克在这里酿制它的比曲尔斯酒款。史密斯葡萄园的霞多丽种植于1974年，很有酿造好酒的潜质。

🍷🍷🍷🍷🍷
Smiths Vineyard Beechworth Chardonnay 2016
史密斯葡萄园比曲尔斯霞多丽 2016
葡萄经过压榨后，直接进入300升的法国大橡木桶进行自然发酵，带酒脚陈酿10个月。甫一入口，即会对这款酒的深度产生深刻的印象，同时它还非常复杂、浓郁——犹如一款比曲尔斯的变奏曲，优雅程度胜过这一产区的许多酒款。使用30%的新橡木，没有一点异常的气息。
封口：螺旋盖　酒精度：13%　评分：96　最佳饮用期：2026年
参考价格：42澳元 ✪

Willow Lake Vineyard Yarra Valley Chardonnay 2016
柳湖葡萄园雅拉谷霞多丽 2016
与史密斯葡萄园的酿造工艺完全一样，"每一款葡萄酒都该表现出他葡萄园与产地风味"。在精致度和长度上，雅拉谷地区比下雅拉谷更为讲究；果味的主调是葡萄柚，同时伴随着白桃的味道。浓郁的水果风味，充分掩盖了酿造中的30%的新橡木桶的味道。
封口：螺旋盖　酒精度：13%　评分：96　最佳饮用期：2026年
参考价格：42澳元 ✪

Aquila Audax Vineyard Beechworth Tempranillo 2015
天鹰座奥达比曲尔斯添帕尼罗2015
手工采收，去梗，3天冷浸渍，有15%的原料保留完整的果串，单独分离出来发酵，并经过14天的后浸渍，在法国225升橡木桶（33%新）中陈酿16个月。在发酵过程中，各种工艺流程的应用和时机的选择——打循环、淋皮，压帽和浸泡——是为了充分保留香味物质，这与后浸渍工艺的作用恰好相反，但艾德里安·瑞达的的添帕尼罗还是非常成功。色泽非常鲜艳，带有樱桃的味道，口感丰富，橡木桶的使用也恰如其分。
封口：螺旋盖　酒精度：13.5%　评分：95　最佳饮用期：2029年
参考价格：36澳元

Cuvee de Chez 2015
酒庄特酿 2015
这款酒所用的葡萄原料主要来自于史密斯葡萄园（Smiths Vineyard），其中赤霞珠的比例占优，口感突出，带来了有点薄荷味的黑醋栗酒的味道。总体来说，这款酒的口感略为辛辣；但不会令人感到不快，但也表示其中某些成分可能不是特别成熟。
封口: 螺旋盖　酒精度: 13.5%　评分: 94　最佳饮用期: 2030年　参考价格: 38澳元

🍷🍷🍷🍷🍷(4.5)
Aquila Audax Vineyard Tempranillo 2014

天鹰座奥达葡萄园添帕尼罗 2014
评分：93 最佳饮用期：2024年 参考价格：36澳元

A.T. Richardson Wines A.T. 理查德森葡萄酒 ★★★★★

103 Hard Hill Road, Armstrong, 维多利亚 3377 产区：大西部地区
电话：0438 066 477 网址：www.atrichardsonwines.com 开放时间：不开放
酿酒师：Adam Richardson 创立时间：2005年
产量（以12支箱数计）：2000 葡萄园面积：7公顷
亚当·理查森（Adam Richardson）出生于珀斯，于1995年开始了自己的葡萄酒酿造生涯，曾为诺曼斯（Normans），阿伦贝尔（d'Arenberg）和橡木岭酒庄（Oakridge Estate），以及富邑葡萄酒集团的美国分部（TWE America）担任酿酒师的工作。2015年末，亚当与妻子伊娃（Eva）和孩子们搬回澳大利亚。2005年，他在格兰皮恩斯产地驻扎下来，建立了自己的葡萄园，其中种植了雷司令和来自19世纪的老西拉克隆株系。2012年，他拓建了这个葡萄园，增种了丹那和内比奥罗。凭着他的经验和葡萄园的品质，生产出了许多非常出色的酒款。他还成立了一个葡萄酒咨询业务，与澳大利亚的几位资深顾问合作。出口到欧洲。

🍷🍷🍷🍷🍷 Chockstone Grampians Shiraz 2014
山岩格兰皮恩斯西拉 2014
这是格兰皮恩斯酿制出的最好的西拉，同时也有年轻而优质的赤霞珠的原始力量。颜色非常好，香气极为复杂，充满了澎湃的黑色水果的味道，还有着土壤和甘草的厚重口感，随着陈年，其成熟而持久的单宁将会更为其增添深度。
封口：螺旋盖 酒精度：14% 评分：99 最佳饮用期：2050年
参考价格：25澳元 ✪

🍷🍷🍷🍷🍷 Chockstone Grampians Shiraz 2015
山岩格兰皮恩斯西拉 2015
产自10年的葡萄藤，2–3天冷浸渍，小批量开放式发酵，后浸渍1–12天，使用10%的美国新橡木桶和法国旧桶陈酿9个月。深紫红色，自始自终都散发着黑樱桃/浆果、香料、胡椒和甘草的丰富味道。风味优雅，口感持久、余韵悠长。法国橡木桶和单宁与整体配合得极好。价格超值。
封口：螺旋盖 酒精度：14.5% 评分：96 最佳饮用期：2040年
参考价格：25澳元 ✪

Hard Hill Road Great Western Durif 2015
坚石山大西部地区杜瑞夫 2015
机械采收，4天冷浸渍，人工酵母，小批量开放式发酵，在50%的美国心橡木桶中陈酿12个月。呈现出浓郁的深红紫色；在这里见到杜瑞夫可能会让人觉得有些奇怪——这是因为亚当·理查森（Adam Richardson）在美国接触到了这个在当地称为小西拉的品种。这是精细控制下，杜瑞夫所能呈现出的最佳状态。带有丰富的黑色水果味道中，带点独特的咸辣味，单宁很好，橡木的味道也恰如其分。
封口：螺旋盖 酒精度：14.5% 评分：95 最佳饮用期：2025年
参考价格：50澳元

Chockstone Grampians Riesling 2016
山岩格兰皮恩斯长相思 2016
经典的格兰皮恩斯雷司令，起初的香气十分淡雅，但会逐渐在口感上展现出独特的浓郁度、深度与余韵。明显的青柠和迈耶柠檬的风味之外，复杂度也很好。再过几年你就会发现，这个价格实在是低得离谱。
封口：螺旋盖 酒精度：12% 评分：94 最佳饮用期：2031年
参考价格：18澳元 ✪

Chockstone Grampians Chardonnay 2016
山岩格兰皮恩斯霞多丽 2016
机械采收，采用完整果粒，人工酵母，法国橡木桶中发酵并陈酿8个月。他们明智的选择了采摘的时机，这款酒的风味介于白桃和粉红色西柚之间，好像是保留了全天然的酸度，同时回味非常长。橡木桶发酵，但新橡木桶的使用也没有喧宾夺主。
封口：螺旋盖 酒精度：12.5% 评分：94 最佳饮用期：2023年
参考价格：25澳元 ✪

Chockstone Grampians Rose 2016
山岩格兰皮恩斯桃红酒 2016
相同比例的内比奥罗、西拉、杜瑞夫和丹那混酿——其中丹那与内比奥罗采用了白葡萄酒的酿造工艺，用葡萄汁发酵，西拉和杜瑞夫均未经过去梗或破皮压碎。酒液呈现出明亮的浅粉红色；带有扑鼻的玫瑰花瓣和草莓香气，口感清新、活泼，余韵很干，非常清爽。
封口：螺旋盖 酒精度：13.5% 评分：94 最佳饮用期：2018年
参考价格：20澳元 ✪

Hard Hill Road Pyrenees Nebbiolo 2015
坚石山宝丽丝区内比奥罗 2015
原料产自12年树龄的葡萄藤，经过5天的冷浸渍，采用人工培养酵母，小批量开放式发酵，后浸渍30天，旧橡木桶陈酿12个月。呈现清透的深红紫色；带有玫瑰花瓣和樱花的香水般的气息，表现出纯正的内比奥罗的风味，在这个阶段，单宁要盖过了樱桃的果味。还需要耐心的等待。
封口：螺旋盖 酒精度：14.5% 评分：94 最佳饮用期：2030年

参考价格：50澳元 ✪

AAA Aaron Aardvark AAA 亚伦·阿德瓦克 NR

PO Box 626, North Melbourne, 维多利亚 3051（邮） 产区：维多利亚州多处
电话：0432 438 325 网址：www.theaardvark.com.au 开放时间：不开放
酿酒师：Vincubator 创立时间：2015年 产量（以12支箱数计）：1500
这个酒庄是由三方合资建立的——约翰·布罗洛（John Brollo）是雅拉河谷长相思的葡萄栽培者，戴夫（Dave）和简·罗森（Jane Lawson）在布里奇沃特（Bridgewater）附近的洛登河（Loddon River）种西拉，还有自称为“温床”（Vincubator）的合约酿酒师马克·马修斯（Mark Matthews）。

Abbey Creek Vineyard 亚比溪葡萄园 ★★★★★

2388 Porongurup Road, Porongurup，西澳大利亚 6324 产区：波罗古鲁普
电话：（08） 9853 1044 开放时间：仅限预约 酿酒师：岩堡酒庄（Castle Rock Estate）（Robert Diletti） 创立时间：1990年 产量（以12支箱数计）：800 葡萄园面积：1.6公顷
这是麦克（Mike）和玛丽·迪尔伍斯（Mary Dilworth）的家族生意，酒庄的名字来自于沿着葡萄园边上的冬天的小溪和葡萄园中斯特灵山脉（Stirling Range）的修道院。葡萄园中种植有黑比诺、雷司令和长相思——其中雷司令已经连续多年取得了显著的成绩。

🍷🍷🍷🍷🍷 Museum Release Porongurup Riesling 2008
馆藏波罗古鲁普雷司令 2008
这款酒堪称耀眼。早期蕴藏的潜力得到了充分的发挥。带有青柠檬、橙皮、金银花和蜂蜡的味道。风格强劲独特，结尾干脆利索。
封口：螺旋盖 酒精度：12.5% 评分：97 最佳饮用期：2023年
参考价格：30澳元 ✪

🍷🍷🍷🍷🍷 Porongurup Riesling 2016
波罗古鲁普雷司令 2016
酒液呈现石英白色；带有捣碎青柠檬叶子的香气，清晰的燧石和矿物的味道，口感丰富独特，具有陈年潜力，未来很可能会给你带来惊喜。
封口：螺旋盖 酒精度：11.8% 评分：94 最佳饮用期：2026年
参考价格：25澳元 ✪

Across the Lake 湖之彼端 ★★★★

White Dam Road, Lake Grace,西澳大利亚 6353 产区：大南部地区
电话：0409 685 373 开放时间：仅限预约 酿酒师：Rockcliffe，Coby Ladwig 创立时间：1999年 产量（以12支箱数计）：500 葡萄园面积：2公顷
泰勒（Taylor）家族在格雷斯湖（Lake Grace）畜牧绵羊和耕种小麦已经有40多年的历史了，为了增加生物多样性，他们最初只是因为兴趣爱好而开始了葡萄种植。今天，这里种植有超过2公顷的西拉。他们当时也是为了受到朋友比尔·沃克（Bill Walker）的启发——他比泰勒家族种植葡萄要早上三年的时间，他的西拉葡萄酿制出了一款金奖葡萄酒。德里克（Derek）和克琳丝蒂·史坦顿（Kristie Stanton）已经收购了这个企业。

🍷🍷🍷🍷 Shiraz 2014
西拉 2014
庄园种植，手工采收，浸渍20天，橡木桶陈酿12个月，30%新桶。这是澳洲葡萄酒宝典的一位老朋友了——这款葡萄酒由签约的柯比·雷威（Coby Ladwig）酿制。其香气浓郁，带有丰富的紫色和黑色水果的味道，中等酒体，余韵长而平衡。价格如此之低，让人有窃宝之感。
封口：螺旋盖 酒精度：14.5% 评分：90 最佳饮用期：2034年
参考价格：15澳元 ✪

Adelina Wines 阿德里纳葡萄酒 ★★★★★

PO Box 75, Sevenhill, 南澳大利亚 5453（邮） 产区：克莱尔谷
电话：（08） 8842 1549 网址：www.adelina.com.au 开放时间：不开放
酿酒师：Colin McBryde, Jennie Gardner 创立时间：2002年 产量（以12支箱数计）：400
这个酒庄由珍妮·加德纳（Jennie Gardner）和柯尔·麦布莱德（Col McBryde）建立，两人在澳大利亚和其他地区都有经营酒庄的经验。酒厂和葡萄园位于克莱尔镇南边的春农（Springfarm）山谷。这是一片很老的葡萄园，其中有些区块是在1910年开始种植的。园子被划分为三小块——其中西拉和歌海娜各1公顷，赤霞珠接近0.5公顷。酒厂只有简单的棚子，以及一些提供加工葡萄和酿酒的基本设备。大部分葡萄在庄园种植，还有一些来自阿德莱德山的几个地区。

🍷🍷🍷🍷🍷 Clare Valley Shiraz Mataro 2015
克莱尔谷西拉马塔罗 2015
这是一款50/50%的混酿葡萄酒，两个品种占比各半，其中的西拉葡萄产自酒庄自有葡萄园，有将近100年树龄，马塔罗则产自阿什顿葡萄园（Ashton Vineyard），有80年的树龄。所有原料浸皮30–60天，在旧橡木桶或水泥槽中陈酿12个月。其口感层次丰富，很有结构感——这是它最为突出的优点，但其中黑莓的味道也十分吸引人。堪称是一款迷人的高品质葡萄酒。
封口: 螺旋盖 酒精度: 14.5% 评分: 96 最佳饮用期: 2035年 参考价格: 29澳元 ✪

Adelaide Hills Nebbiolo Rosato 2015
阿德莱德山内比奥罗桃红酒 2015

犹如一朵美丽的玫瑰。成熟，果香浓郁。带有柑橘蜜饯、覆盆子、矿物和干草药的风味，还有玫瑰花瓣香。非常怡人，干爽可口。
封口：螺旋盖　酒精度：13.5%　评分：95　最佳饮用期：2017年
参考价格：29澳元 ✪

Polish Hill River Clare Valley Riesling 2016
克莱尔谷雷司令2016
波兰山河（Polish River Hill）生产的雷司令有其独特的印记——要比克莱尔谷出产的累死了更加精致、细腻，还有石板的风味。相较于更常见的青柠檬和柠檬味，这款酒中的柑橘风味延转成了西柚的味道。在未来5年，还会逐渐成熟变化，还将会有更深远的发展。封口：螺旋盖　酒精度：11.1%　评分：94　最佳饮用期：2036年
参考价格：25澳元 ✪

Clare Valley Mataro 2015
克莱尔谷马塔罗 2015
80年的老葡萄树，人工酵母发酵，后浸渍97天，旧橡木桶陈酿12个月。工艺流程中的长时浸渍对这款酒来说是非常重要的：使其不仅带有可爱的樱桃味，还有着完美的层次和口感；整体非常平衡，长度很好，不容错过。
封口：螺旋盖　酒精度：14.5%　评分：94　最佳饮用期：2030年
参考价格：40澳元 ✪

🍷🍷🍷🍷🍷(4.5) Eternal Return Adelaide Hills Arneis 2015
永恒轮回阿德莱德山阿内斯 2015
评分：93　最佳饮用期：2018年　参考价格：25澳元 ✪

Adelaide Hills Nebbiolo 2013
阿德莱德山内比奥罗 2013
评分：93　最佳饮用期：2026年　参考价格：45澳元　CM ✪

Eternal Return Adelaide Hills Nebbiolo 2014
永恒轮回阿德莱德山内比奥罗 2014
评分：90　最佳饮用期：2021年　参考价格：25澳元　CM ✪

After Hours Wine　业余时间葡萄酒 ★★★★☆

455 North Jindong Road, Carbunup，西澳大利亚 6285　产区：玛格利特河
电话: 0438 737 587　网址: www.afterhourswine.com.au　开放时间: 周四至周一, 10:00—16:00
酿酒师: Phil Potter　创立时间: 2006年　产量(以12支箱数计): 3000　葡萄园面积: 8.6公顷
2005年，沃里克（Warwick）和切瑞琳·马修斯（Cherylyn Mathews）收购了成立已久的霍普兰斯葡萄园（Hopelands Vineyard），种植了2.6公顷的赤霞珠，1.6公顷的西拉，以及美乐、赛美蓉、长相思和霞多丽各1.1公顷。2006年酿制了第一个年份的葡萄酒，之后他们决定彻底改造葡萄园——这需要花费大量时间与体力劳动。他们保留了之前的葡萄树，但控制了产量，自然而然的，这也就提升了葡萄酒品质和价值。

🍷🍷🍷🍷🍷 Oliver Margaret River Shiraz 2015
奥立佛玛格利特河西拉 2015
中等深红至紫的色泽；带有温暖的香料和细腻的土石与矿物的味道，中等酒体。在这里，所有的一切都自然而然的细微、精准，黑莓和李子的果味占据了主导，馥郁的果香与橡木构成的图画十分完整，又有柔和的成熟单宁完美的点缀其间, 2016年在珀斯荣获小型酿酒商（Small Winemakers）和小型葡萄园（Winewise Small Vignerons Awards）的金质奖章。
封口：螺旋盖　酒精度：14.5%　评分：95　最佳饮用期：2030年
参考价格：28澳元 ✪

Margaret River Chardonnay 2015
玛格利特河霞多丽 2015
机械采收，压榨前浸皮8小时，去梗后压汁，采用人工培养的酵母，在法国橡木桶（40%新）中发酵，陈酿11个月。酒液呈现明亮的稻草绿色，并没有过度快速的发展，在这个时代，在白葡萄酒中采用浸渍工艺，可以说是非常勇敢的。它成功地创造了口感上的强烈具深度的白桃果核水果味。这是一款甜美、富丽的葡萄酒。荣获2016年凉爽气候（Cool Climate）和小型酿酒商（Small Winemakers）金质奖章。
封口：螺旋盖　酒精度：13%　评分：94　最佳饮用期：2020年
参考价格：30澳元 ✪

🍷🍷🍷🍷🍷(4.5) Margaret River Sauvignon Blanc Semillon 2016
玛格利特河　相思赛美蓉 2016
评分：90　最佳饮用期：2020年　参考价格：19澳元 ✪

Alkimi Wines　阿尔基米葡萄酒 ★★★★☆

5/13A Elamo Road, Healesville, 维多利亚 3777（邮）　产区：雅拉谷
电话：0410 234 688　网址：www.alkimiwines.com　开放时间：不开放
酿酒师：史都华·杜丁（Stuart Dudine）　创立时间：2014年　产量（以12支箱数计）：450
酒庄名字取自“炼金术”一词的拼写。中世纪时，人们用炼金术一词来指代将普通金属转化为黄金的魔法。某种程度上说来，这个词也挺适用于业主/酿酒师史都华·杜丁（Stuart Dudine）的——因为他的葡萄酒职业生涯中，有许多无法解释的空白。我们知道他曾在欧洲与奥地利的艾默里奇·诺尔（Emmerich Knoll，一个特别有天赋的酿酒师）共事过，还在法国的蒙

特·雷东（Mont-Redon）酒庄与斯蒂芬·奥吉尔（Stegne Ogier）一起工作过。他在翰斯科酒庄（Henschke）的那段时间时曾用西拉、歌海娜和慕合怀特酿酒，他对罗纳河谷（Rhône Valley）的热爱也正是因此而来。自2012年起，他以雅拉谷为家，（尤其是）还为雅拉·优伶（Yarra Yering），橡木岭（Oakridge）和麦克·福布斯（Mac Forbes）工作。他的终极目标是要为自己的葡萄园找到一个无论年景与季节都能出产优质葡萄酒的地块。

🍷🍷🍷🍷🍷 Intrépide Yarra Valley Marsanne 2016

无畏雅拉谷玛珊 2016

葡萄来自于伊夫林山（Mt Evelyn）的沃特格伦葡萄园（Wattle Glen Vineyard），手工挑选，整串压榨后在法国橡木桶中发酵，不经乳酸发酵，带酒脚陈酿9个月。淡草绿色的酒已具有复杂的口感层次和结构，融合了充满活力的西柚香气，果酸味和烤杏仁果交织在一起。其血统保证了其未来10年的陈年和发展潜力。封口：螺旋盖　酒精度：13%　评分：95　最佳饮用期：2026年　参考价格：26澳元　✪

Yarra Valley Syrah 2015

雅拉谷西拉 2015

产自瓦拉蒙达（Warramunda）葡萄园，75%去梗后发酵18天，25%整串发酵，当年剩下的时间在橡木桶陈酿，使用17%的匈牙利新橡木桶，酒装瓶前混合调配。产量300箱。带有香料，胡椒，熏衣草和丁香的气息，黑色和蓝色的水果为前调，随后是柔美的单宁，中等酒体。酿酒工艺非常复杂。

封口：螺旋盖　酒精度：13.5%　评分：94　最佳饮用期：2030年

参考价格：30澳元　✪

🍷🍷🍷🍷 Heathcote Grenache Rose 2016

西斯科特歌海娜桃红酒 2016

评分：92　最佳饮用期：2018年　参考价格：25澳元　✪

Nagambie Roussanne 2015

纳甘比胡珊 2015

评分：90　最佳饮用期：2025年　参考价格：25澳元　✪

Alkoomi　亚库米　★★★★★

Wingebellup Road, Frankland River，西澳大利亚 6396　产区：法兰克兰河

电话：(08) 9855 2229　网址：www.alkoomiwines.com.au　开放时间：每日开放，10:00—17:00

酿酒师：Andrew Cherry　创立时间：1971年　产量（以12支箱数计）：52000　葡萄园面积：106.16公顷

亚库米于1971年由梅尔夫（Merv）和朱迪·兰格（Judy Lange）创立，从最初的一公顷占地面积发展至今日西澳大利亚最大的家族经营葡萄酒庄之一，葡萄园超过100公顷。现在为梅尔夫和朱迪的女儿桑迪·哈利特（Sandy Hallett）和她的丈夫罗德（Rod）所有，亚库米酒庄保留了自己的传统，仍然出产能够充分展现法兰克兰河产区风格的高品质葡萄酒。亚库米正在积极减少其环境足迹对生态的影响，未来计划中将看到新葡萄品种的引进。他们也在奥尔巴尼（Albany）和酒庄经营酒窖门店，酒庄还有多功能宴会厅。出口到所有主要市场。

🍷🍷🍷🍷🍷 Black Label Frankland River Sauvignon Blanc 2016

黑标法兰克兰河长相思 2016

香气和口感中都有热带水果的风味，丰富又复杂，橡木桶发酵的比例运用已臻完美，更增添了整体的层次。直追玛格丽特河水平。

封口：螺旋盖　酒精度：12.5%　评分：95　最佳饮用期：2018年

参考价格：24澳元　✪

Black Label Frankland River Riesling 2016

黑标法兰克兰河雷司令 2016

令人无法拒绝的风味。青柠檬叶，茴香，苹果和柠檬/青柠汁从入口的一刹那起，就直接冲击着你的口腔，一直保持到结尾。这是一款值得关注的葡萄酒，很有潜力。

封口：螺旋盖　酒精度：12.5%　评分：94　最佳饮用期：2030年

参考价格：24澳元　✪

Melaleuca Frankland River Riesling 2016

法兰克兰河雷司令 2016

葡萄树种植于1971年，1976年酿制了第一个年份。采用100%的自流汁，带酒脚陈酿以增强中段的层次感。它现在如同一个压紧的弹簧。带有青柠檬汁、柠檬皮、柑橘花和矿物质的香气。口感非常紧致，在这个阶段，酸度有些盖过了果味，但它的发展令人十分期待。

封口：螺旋盖　酒精度：12.5%　评分：94　最佳饮用期：2030年

参考价格：34澳元　SC

Black Label Frankland River Chardonnay 2016

黑标法兰克兰河霞多丽 2016

庄园种植，在1–2年的法国旧橡木桶和新橡木桶中发酵，8个月后进行木桶精选。带有经典的凉爽产区特质，充满西柚和白桃香气和口味，伴随着烤橡木的味道和清脆的酸度。

封口：螺旋盖　酒精度：12.9%　评分：94　最佳饮用期：2026年

参考价格：24澳元　✪

🍷🍷🍷🍷 White Label Frankland River SSB 2016

白标法兰克兰河赛美蓉长相思 2016

评分：91　最佳饮用期：2020年　参考价格：15澳元　CM　✪

White Label Frankland River Riesling 2016
白标法兰克兰河雷司令 2016
评分：90 最佳饮用期：2022年 参考价格：15澳元 ✪

All Saints Estate 傲胜酒庄 ★★★★★

All Saints Road, Wahgunyah, 维多利亚 3687 产区：路斯格兰
电话：1800 021 621 网址：www.allsaintswine.com.au 开放时间：周一至周六，9:00—17:30；周日，10:00—17:30 酿酒师：Nick Brown, Chloe Earl 创立时间：1864年 产量（以12支箱数计）：25000 葡萄园面积：33.46公顷
这个酒庄还出产加强型葡萄酒和佐餐酒。到维多利亚州东北部的游客都不应错过荣获“一顶厨师帽子”(注，one-hat是澳洲的餐厅评级，如米其林的星级）的露台餐厅。其高耸的城堡建筑已被纳入历史建筑委员会的名单之中。傲胜酒庄（All Saints）和圣伦纳兹（St Leonards）都由布朗家族（Brown family）的第四代成员伊丽莎（Eliza），安吉拉（Angela）和尼克（Nick）拥有管理。伊丽莎是一位充满活力，聪慧异常的领导者，有与她年纪不相称的睿智，葡萄酒行业内对她评价很高。2014年是布朗家族酒庄成立150周年。出口到英国、美国、加拿大、新加坡和中国。

🍷🍷🍷🍷🍷 Museum Rutherglen Muscadelle NV
博物馆藏路斯格兰密斯卡岱 无年份
犹如F1方程式赛车——眨眼之间，从零加速到100公里。酒体浓郁，口感丰富，很有层次感，让你有种想要真正的“咬”住酒体的冲动。这款酒的味道着实令人惊叹——仿如在烟火和灯光之下的沉静面容。这款酒的主体已有80年的酒龄［相对珍稀级别（rare），要求酒龄在20年以上］，并不属于路斯格兰法定分级之中。仅在有订单的情况下才会进行装瓶。375毫升瓶。
封口：玻璃瓶塞 酒精度：18% 评分：99 参考价格：1000澳元

Rare Rutherglen Muscadelle NV
珍稀路斯格兰密斯卡岱 无年份
酒液呈现琥珀色，至边缘渐呈橄榄色；带有浓郁的茶叶香，太妃糖和香料的味道，正好配合了强劲的口感，令人陶醉，麦芽和奶油饼干加入了香气的合唱团；余韵（几乎）永无止尽，神奇的是，干爽的余韵之外，无论是口中还是心中，仍能感受到它丰盛的风味。375毫升瓶。
封口：玻璃瓶塞 酒精度：18% 评分：98 参考价格：120澳元 ✪

Rutherglen Museum Muscat NV
路斯格兰博物馆藏麝香 无年份
极为复杂、浓郁、集中；采用1920年即开始使用的索雷拉（solera）系统进行陈酿，每年只有250公升上市分装——制成500瓶500毫升的酒，酒的表现非常好。呈现深橄榄褐色，酒液非常粘稠，好像很不情愿从瓶中流出来似的。浓郁、复杂，曲折迂回，同时又有着令人惊讶的轻盈之感，完全没有高酒精度带来的灼热之感。它的高品质和非凡的长度，让它非常与众不同。
封口：玻璃瓶塞 酒精度：18% 评分：98 参考价格：1000澳元

Rare Rutherglen Muscat NV
珍稀路斯格兰麝香 无年份
颜色比密斯卡岱更深；酒味的葡萄干带着圣诞布丁和浓郁芬芳的香料香气，无形中变成糖蜜，葡萄干和淋了糖霜的圣诞布丁。375毫升瓶。
封口：玻璃瓶塞 酒精度：18% 评分：97 参考价格：120澳元 ✪

🍷🍷🍷🍷🍷 Grand Rutherglen Muscadelle NV
大路斯格兰密斯卡岱 无年份
“经典“系列的中心处所呈现的淡红色彩已经消失，深核桃色渐层但浅棕橄榄色的酒缘。不那么甜稠，更强烈和浓郁，茶叶和炭烧太妃糖的气息非常突出；比大路斯格兰麝香更为复杂些。375毫升瓶。
封口：玻璃瓶塞 酒精度：18% 评分：96 参考价格：72澳元 ✪

Grand Rutherglen Muscat NV
大路斯格兰麝香 无年份
与大路斯格兰密斯卡岱非常相配；丰富浓郁的果味，中段葡萄干、焦姜糖和烤坚果的味道，在结尾转变成丰富的阿拉伯香料的优雅风味；总体来说，平衡感很好。375毫升瓶。
封口：玻璃瓶塞 酒精度：18% 评分：96 参考价格：72澳元 ✪

Classic Rutherglen Muscadelle NV
经典路斯格兰密斯卡岱 无年份
金棕色，清晰的酒缘显示出它的酒龄；在这个级别，其复杂性和深度都是极不寻常的，香气中展示了多种风味；甜稠度非常好，好像是圣诞蛋糕和传统英国太妃糖卷在一起，再在上面裹上葡萄干一样，风味持久。于基本入门款的路斯格兰葡萄酒相比是一个很大的提升。375毫升瓶。
封口：玻璃瓶塞 酒精度：18% 评分：95 参考价格：35澳元 ✪

Shiraz 2015
西拉2015
去梗后破皮压榨，开放式发酵，每天2—3次压帽，再用1883年制作的手动式木制篮子压榨机轻轻压榨，混用新的和旧的500公升或225公升的橡木桶陈酿16个月。单宁的结构比酿酒过程的暗示要多，但黑莓和五香梅子果实味坚定挺立着，保持了整体平衡，这是一款中等至浓郁酒体的西拉。
封口：螺旋盖 酒精度：14.4% 评分：94 最佳饮用期：2035年

参考价格：30澳元 ✪

Rutherglen Muscadelle NV

路斯格兰蜜斯卡岱 无年份

淡淡的金黄棕色；奶油糖果和蜂蜜的香味，引进一个美丽平衡充满风味丝绸般柔顺的口感清新亮丽的余韵。虽然有些原酒可能已经在橡木桶中长达5年，但这款酒展现的一切都是清新有活力，年轻的品种特色。375毫升瓶。

封口：玻璃瓶塞 酒精度：17% 评分：94 参考价格：25澳元 ✪

Classic Rutherglen Muscat NV

经典路斯格兰麝香 无年份

大量葡萄干精华的香气从酒杯中溢出来；这款酒一方面是美味浓郁多汁的麝香水果，另一方面是优雅的清爽余韵，令人情不自禁，想要再来一杯。375毫升瓶。

封口：玻璃瓶塞 酒精度：18% 评分：96 参考价格：35澳元

🍷🍷🍷🍷🍷 Family Cellar Marsanne 2015

家族窖藏玛珊 2015

评分：93 最佳饮用期：2025年 参考价格：35澳元

Durif 2015

杜瑞夫2015

评分：93 最佳饮用期：2025年 参考价格：30澳元

Rosa 2016

罗莎2016

评分：92 最佳饮用期：2019年 参考价格：32澳元

Alias II 2015

别名II 2015

评分：92 最佳饮用期：2030年 参考价格：38澳元

Sangiovese Cabernet 2016

桑乔维塞赤霞珠 2016

评分：92 最佳饮用期：2030年 参考价格：26澳元

Rutherglen Muscat NV

路斯格兰麝香 无年份

评分：92 参考价格：25澳元 ✪

Alias I 2015

别名I

评分：90 最佳饮用期：2023年 参考价格：38澳元

Cabernet Merlot 2015

赤霞珠梅洛 2015

评分：90 最佳饮用期：2023年 参考价格：40澳元

Family Cellar Durif 2013

家族窖藏杜瑞夫 2015

评分：90 最佳饮用期：2022年 参考价格：62澳元

Allegiance Wines 忠诚葡萄酒 ★★★★

Scenic Court, Alstonville, 新南威尔士 2477 产区：多产区

电话：0434 561 718 网址：www.allegiancewines.com.au 开放时间：不开放

酿酒师：合约制 创立时间：2009年 产量（以12支箱数计）：40000

提姆·柯斯（Tim Cox）在2009年创立忠诚葡萄酒时，已经有在澳大利亚葡萄酒行业多方面工作了近30年的决定性优势。他做过销售和市场营销方面工作，也在南方集团（Southcorp）这样的供应商公司工作过。他创办了柯斯葡萄酒商（Cox Wine Merchants）公司——也是莫皮蒂葡萄园（Moppity Vineyards）的经销商，并与莫皮蒂成功合作超过5年。这是一个虚拟的葡萄酒公司，既没有葡萄园也没有酿酒厂，也不为为自营品牌购买贴标葡萄酒或大量散装酒。

🍷🍷🍷🍷🍷 Alumni Aged Release Clare Valley Riesling 2012

校友陈酿克莱尔谷雷司令 2012

沿路顺畅，但抵达命运目的地还要继续旅行更远。柔软但不松弛，青柠檬和苹果汁的风味由柔和的酸度支撑，酒款的平衡良好。

封口：螺旋盖 酒精度：12% 评分：92 最佳饮用期：2022年 参考价格：30澳元

The Artisan McLaren Vale Grenache 2012

工匠麦克拉仑谷歌海娜 2012

酒体饱满，来自一个伟大的年份。像其”本地传奇”的兄弟姐妹一样，慷慨的果实，但更好的体态。橡木似乎也扮演了一个角色。

封口：螺旋盖 酒精度：15% 评分：90 最佳饮用期：2020年 参考价格：40澳元

The Artisan Grenache Shiraz Mataro 2015

工匠歌海娜西拉马塔罗 2015

明亮的色泽；这款中等至浓郁酒体的酒产区复杂，来自巴罗萨谷和麦克拉仑谷的歌海娜，兰好乐溪的西拉和克莱尔谷的马塔罗，品种混酿做得很成功，各种风味从樱桃，李子到黑莓。如果选用质量更好的橡木桶，这就会是一个令人惊艳的爆竹。

封口：螺旋盖 酒精度：14.5% 评分：90 最佳饮用期：2028年

参考价格：40澳元

🍷🍷🍷🍷 The Artisan McLaren Vale Shiraz 2015
工匠麦克拉仑谷西拉2015
评分：89 最佳饮用期：2028年 参考价格：40澳元
The Artisan Rutherglen Shiraz 2013
工匠路斯格兰西拉2013
评分：89 最佳饮用期：2028年 参考价格：40澳元
Local Legend McLaren Vale Grenache 2012
本地传奇麦克拉仑谷歌海娜 2012
评分：89 最佳饮用期：2020年 参考价格：25澳元

Allies Wines 同盟葡萄酒 ★★★★★

15 Hume Road, Somers, 维多利亚 3927 (邮政地址) 产区：莫宁顿半岛
电话: 0412 111 587 网址：www.allies.com.au 开放时间：不开放 酿酒师：David Chapman
创立时间：2003年 产量（以12支箱数计）：1000 葡萄园面积：3.1公顷

大卫·奇普曼（David Chapman）曾经是一位是厨师和侍酒师，他在2003年开创同盟酒庄的同时仍在莫路德酒庄（Moorooduc Estate）工作。他酿黑比诺的葡萄酒，为了强调莫宁顿半岛的多样性，用了不同区域的葡萄分别酿造了许多酒款。大部分时间，大卫在葡萄园里工作，以确保葡萄藤有良好的光照和定位，以实现果实的成熟度，纯正的风味和柔顺的单宁。他的酿酒专注于简单的技术，能保持葡萄的浓度和特性：不添加酵母，不用澄清或过滤，都是标准技术。同盟酒庄的产量很小，而且可能会一直保持这种状态，因为任何扩张都会限制大卫个人可以亲自照料的葡萄树数量。出口到中国香港地区。

🍷🍷🍷🍷🍷 Merricks Mornington Peninsula Pinot Noir
2016 **梅里克斯莫宁顿半岛黑比诺** 2016
梅里克斯(Merricks)葡萄园坐落在东西向的山脊上33年了，是半岛上最早开始的种植地之一 。今年是自2011年以来最大的收成，但仍然仅有1.6吨/公顷。比兄弟姐妹颜色稍浅；樱桃和大黄的香味被带入一个充满活力的新鲜和挥之不去的口感，细腻的单宁为水果味提供了内涵和结构。
封口：合成塞 酒精度：13.6% 评分：95 最佳饮用期：2027年
参考价格：45澳元 ✪

Balnarring Mornington Peninsula Pinot Noir 2016
巴尔纳林莫宁顿半岛黑比诺 2016
在巴尔纳林（Balnarring）一个面北的葡萄园里，比梅里克斯（Merricks）更暖和，更干燥的区域，葡萄果串更小。红樱桃和黑樱桃的芬芳香气流入非常有条理的口感，很乐意遵循旧的格言：如果你有问题，炫耀它。问题在于单宁结实，但是它也是这款相当有个性的葡萄酒中最强项之一。
封口：合成塞 酒精度：13.2% 评分：95 最佳饮用期：2028年
参考价格：45澳元 ✪

Tuerong Mornington Peninsula Pinot Noir 2016
莫宁顿半岛黑比诺 2016
位于最偏北方又最平缓的葡萄园。与兄弟姐妹有着非常不同的面貌和个性，李子味在香气上占据了领先地位，并通过口感和余韵保持了冠军地位。单宁为这款特别吸引人的黑比诺酒提供口感上的复杂度 。
封口：合成塞 酒精度：13.1% 评分：94 最佳饮用期：2026年
参考价格：45澳元 ✪

Assemblage Mornington Peninsula Pinot Noir 2016
莫宁顿半岛黑比诺 2016
50%图尔荣（Tuerong），40%巴尔纳林和10%梅里克斯，在一个非常厚实的3000公升橡木桶陈酿。梅子，红色和黑色樱桃，提供了一个慷慨口感的骨干，在一个非常暖和的年份其活力和新鲜值得加分 。采收日期是最恰当的。
封口：螺旋盖 酒精度：13.2% 评分：94 最佳饮用期：2026年
参考价格：30澳元 ✪

Alta Vineyards 阿尔塔酒庄 ★★★☆

99 Maud Street, Unley, 南澳大利亚 5061 产区：阿德莱德山
电话:（08） 8124 9020 网址：www.altavineyards.com.au 开放时间：每日开放，11:00—17:00
酿酒师: Sarah Fletcher 创立时间: 2003年 产量 (以12支箱数计)：4000 葡萄园面积: 23公顷

在奥兰多云咸酒庄（Wyndham）工作了七年之后，萨拉·弗莱切（Sarah Fletcher）来到了阿尔塔（Alta）。她在那里接触到了来自澳大利亚各地的葡萄，进而对来自阿德莱德山的葡萄给予了特别的关注。于是她加入了已经以长相思树立名声的阿尔塔酒庄。酒庄的酒款已经逐步扩展到其他适合阿德莱德山凉爽气候的品种。

🍷🍷🍷🍷🍷 Adelaide Hills Sauvignon Blanc 2016
阿德莱德山长相思 2016
选择从不同的产地区域以突显不同品种的特性。采用温和，凉爽，简单自然最少的酿酒技巧，目标是确保葡萄果味的完整性和新鲜度。百香果和柑橘是最先闻到的香味，柠檬草和悉尼随后。口感好，味道多汁，但又被紧绷，几乎白垩的酸度怀抱。做得很好。封口：螺旋盖 酒精度：12.5% 评分：91 最佳饮用期：2019年

参考价格：23澳元 SC ✪

🍷🍷🍷🍷 For Elsie Pinot Noir Rose 2016
赠予埃尔西黑比诺 2016
评分：89 最佳饮用期：2019年 参考价格：23澳元 SC ✪

Amato Vino 阿马托 ★★★★

PO Box 475, Margaret River，西澳大利亚 6285（邮） 产区：玛格利特河
电话：0409 572 957 网址：www.amatovino.com.au 开放时间：不开放
酿酒师：Brad Wehr, Contract 创立时间：2003年 产量（以12支箱数计）：5000
布莱德·韦尔（Brad Wehr）在葡萄酒和他的品牌一路走来，可以说是历经了沧海桑田。他旗下三个品牌的酒款是来自布拉德（Brad），曼特拉（Mantra）和在南澳河地产区的阿玛托酒庄（Amato Vino）的葡萄酒。他成为加州邦尼顿（Bonny Doon）葡萄园的澳大利亚进口代理商并不奇怪，邦尼顿的一些古怪式幽默就是布拉德（Brad）品牌酒的列证。出口到爱尔兰，加拿大，韩国和新加坡。

🍷🍷🍷🍷🍷 Teroldego 2015
特洛迪歌 2015
这个意大利北部的葡萄品种有着亮丽的紫黑色。非常好的深色水果和蓝莓的芳香核心，加上阿尔卑斯草药和香料更为丰富。一款活泼的葡萄酒，其单宁和酸度伴随光滑的中等酒体口感。
封口：螺旋盖 酒精度：14.2% 评分：93 最佳饮用期：2022年
参考价格：40澳元 JF

Mantra Barrel-Aged Margaret River Sauvignon Blanc 2016
曼特拉橡木桶陈年玛格利特河长相思 2016
用法国旧橡木桶自然发酵，带酒脚陈酿6个月，未经澄清/未过滤。青柠檬黛克瑞酒的香气，也带辛辣，但这一切都与口感质地有关，配合明显的高酸度。香香咸咸，令人欲罢不能，口感柔和。略带点洗甲水味。现在就要喝掉。
封口：螺旋盖 酒精度：12.5% 评分：92 最佳饮用期：2020年
参考价格：35澳元 JF

Bela 2016
贝拉2016
第二批用巴尔干半岛（Balkan）品种斯兰科梅克贝拉（Slankamenka Bela）葡萄酿的酒款。在不锈钢罐中自然发酵，带酒脚陈酿3个月，因此它有点沉淀（混浊）。带有咸味，腌柠檬味和萝卜。它有质地，纯酚醛（neat phenolics），清新的让人口水欲滴。
封口：螺旋盖 酒精度：12.8% 评分：92 最佳饮用期：2020年
参考价格：25澳元 JF ✪

Amato Vino Trousseau 2016
阿玛托特鲁索 2016
在粘土槽中自然发酵，部分以整串发酵，压榨后进入法国225–250公升橡木桶陈酿3个月，未经澄清/未过滤。淡宝石红带点橙色，美妙的香气，纯金巴利的香味，新鲜香草和甘草根。非常多汁，浓郁的酸度和带点水果甜味。超级清爽。哎呀，只酿产30箱。
封口：螺旋盖 酒精度：13.9% 评分：92 最佳饮用期：2020年
参考价格：40澳元 JF

Amato Vino Riverland Bianco 2016
阿玛托河地白葡萄酒 2016
酒标设计很酷，这款白葡萄酒实际上是两款白葡萄品种菲亚诺和斯兰科梅克混酿。这带出了两款葡萄最好的特色。有点还原法的踪迹，口感质地丰富，一些来自菲亚诺的核果水果和蜂蜜，和斯兰科梅克的饱满，锋利和咸味。
封口：螺旋盖 酒精度：13.6% 评分：91 最佳饮用期：2021年
参考价格：22澳元 JF

Montepulciano 2016
蒙塔尔奇诺 2016
这款粗犷的葡萄酒，以纯粹的香料与水果味完美融合，汇集了黑莓，樱桃和点心，甘草，双份特缩义式咖啡和黑莓精华。单宁有一些紧握；清脆的酸度在余韵。
封口：螺旋盖 酒精度：14.2% 评分：90 最佳饮用期：2022年
参考价格：25澳元 JF

🍷🍷🍷🍷 Wine by Brad Cabernet Merlot 2014
布莱德的酒赤霞珠梅洛 2014
评分：89 最佳饮用期：2023年 参考价格：19澳元 JF ✪

Amberley 安伯利酒庄 ★★★☆

10460 Vasse Highway, Nannup,西澳大利亚 6275 产区：西南澳洲
电话：1800 088 711 网址：www.amberleyestate.com.au 开放时间：不开放
酿酒师：Lance Parkin 创立时间：1985年 产量（以12支箱数计）：不详
最早期的增长是靠它一款超商业化又几乎是甜的白诗南葡萄酒。成为美誉（Accolade）酒业的一部分，但现在只是一个品牌，没有葡萄园或酒庄。出口到英国，加拿大和太平洋岛国。

🍷🍷🍷🍷🍷 Secret Lane Margaret River Semillon Sauvignon Blanc 2016
暗巷玛格利特河赛美蓉长相思 2016

使用70/30的天然酵母和培养酵母在罐中冷发酵的混酿，并即早装瓶。这是玛格丽特河，当然还包括安伯利（Amberley）的灌篮高手，无情地暴露出这种酒欠缺浓度与融合柑橘，醋栗和柠檬草的长度。封口：螺旋盖　酒精度：12.5%　评分：91
最佳饮用期：2021年　参考价格：20澳元 ✪

🍷🍷🍷🍷 Merlot 2015
梅洛 2015
评分：89　最佳饮用期：2018年　参考价格：15澳元 ✪

Amelia Park Wines　艾米莉亚·帕克酒庄　★★★★★

3857 Caves Road, Wilyabrup，西澳大利亚 6280　产区：玛格利特河
电话: (08) 9755 6747　网址: www.ameliaparkwines.com.au　开放时间: 每日开放，10:00—17:00
酿酒师: Jeremy Gordon　创立时间: 2009年　产量（以12支箱数计）: 20000　葡萄园面积: 9.6公顷
杰里米·高登（Jeremy Gordon）在艾文斯和泰特（Evans & Tate）开始了酿酒生涯其后到了霍顿（Houghton），然后前往东部各州拓宽经验。他回到玛格丽特河的几年后，他和妻子丹妮拉（Daniela）和商业伙伴彼得·沃尔什（Peter Walsh）一起创立了艾米莉亚公园葡萄酒公司（Amelia Park Wines）。艾米莉亚公园最初依靠采买合同种植的葡萄，但2013年购买下莫斯兄弟（Moss Brothers）在威亚布扎普（Wilyabrup）的地产得以建造一个新的酿酒厂和酒窖门店。出口到英国，美国，新加坡和中国。

🍷🍷🍷🍷🍷 Reserve Margaret River Cabernet Sauvignon 2014
玛格利特河珍藏赤霞珠 2014
出自威亚布扎普（Wilyabrup）的单一葡萄园，夜间采收，破皮压碎和去梗，用静置发酵桶冷却发酵与最低限度的泵送，泡皮1个月，在法国橡木桶中陈酿18个月33%新桶。入口立马确立其光荣的品质。它丝柔光滑，像白雪般纯净（我想你会懂我的意思），特别长，毫不费力地传达了黑醋栗水果加上石墨，橡木和完美单宁。
封口：螺旋盖　酒精度：14%　评分：97　最佳饮用期：2040年
参考价格：55澳元 ✪

🍷🍷🍷🍷🍷 Reserve Frankland River Shiraz 2014
法兰克兰河珍藏西拉 2014
法兰克兰河酒款的浓度和深度比优雅更为人知，但是杰米.高登（Jeremy Gordon）部分运用法国橡木桶陈酿18个月，和在掌控压榨的力度上来柔化这款酒。但是不要以为这种酒欠缺单宁，他们是存在的。一款惊人持久的酒。
封口：螺旋盖　酒精度：14.5%　评分：96　最佳饮用期：2040年
参考价格：55澳元 ✪

Margaret River Chardonnay 2016
玛格利特河霞多丽 2016
金叶（Gin Gin），戴维斯（Davis）和第戎（Dijon）克隆源于威亚布扎普（Wilyabrup）的家族葡萄园，整串压制，隔夜静置，未澄清过的葡萄原汁在法国橡木桶中自然发酵，在带酒脚陈酿9个月其间以最低限度的搅拌。充满活力，清新跳跃，白桃和西柚将整体风味的分占。它的价位吓人的好。封口：螺旋盖　酒精度：13%　评分：95　最佳饮用期：2025年　参考价格：29澳元 ✪

Reserve Margaret River Chardonnay 2015
玛格利特河珍藏霞多丽 2015
从香气上即刻就理解了这款酒为何被标列为珍藏：它比其同品种的兄弟更为复杂和更浓郁。有西柚和核果水果味，口感更长也更集中。它的基础是采用最好的地块里最好的果实，酿酒更着重在保护水果味的技巧，而不是试图增加其影响。
封口：螺旋盖　酒精度：13%　评分：95　最佳饮用期：2023年
参考价格：50澳元 ✪

Margaret River Rose 2016
玛格利特河桃红酒 2016
30年以上的庄园歌海娜，手工采摘，破皮压碎和去梗，6小时泡皮，自然发酵和在使用225—250升橡木桶带酒脚陈酿2个月。淡三文鱼粉红色；香气浓郁，口感与香气不仅是互相呼应，香气扑鼻充满红色浆果，清爽的酸度和鲜美余韵。美妙的桃红酒。
封口：螺旋盖　酒精度：13%　评分：95　最佳饮用期：2019年
参考价格：25澳元 ✪

Margaret River Cabernet Merlot 2015
玛格利特河赤霞珠梅洛 2015
明亮的深紫红色。在法国橡木桶中陈酿，有助于提升相当可观的结构和味道。有黑醋栗和月桂叶的风味，单宁精致而持久，余韵悠长，当然这一切都表现在了价格中。
封口：螺旋盖　酒精度：14.5%　评分：95　最佳饮用期：2030年
参考价格：29澳元 ✪

Margaret River Semillon Sauvignon Blanc 2016
玛格利特河赛美蓉长相思 2016
一小部分葡萄酒是用不锈钢桶进行自然发酵的，这种技术在玛格丽特河比其他大多数产区使用的更多，但即使在那里也不是那么普遍。这是一款美味多汁的葡萄酒，带有百香果、油桃和闪见的矿物味，最后可以见到从木桶发酵的味道。总而言之，这一切都做得很好。
封口：螺旋盖　酒精度：12.5%　评分：94　最佳饮用期：2020年

参考价格：22澳元 ✪

🍷🍷🍷🍷🍷 Margaret River Chardonnay 2015
玛格利特河霞多丽 2015
评分：93 最佳饮用期：2021年 参考价格：29澳元
Trellis Margaret River SBS 2015
翠丽斯玛格利特河长相思赛美蓉 2015
评分：90 最佳饮用期：2017年 参考价格：15澳元 ✪

Amherst Winery 阿姆斯特酒庄 ★★★★

285 Talbot-Avoca Road, Amherst, 维多利亚 3371 产区：宝丽丝区
电话：0400 380 382 网址：www.amherstwinery.com 开放时间：周末及法定假日，10:00—17:00 酿酒师：Luke Jones, Andrew Koerner 创立时间：1989年 产量（以12支箱数计）：1500 葡萄园面积：5 公顷
1989年，诺曼（Norman）和伊丽莎白·琼斯（Elizabeth Jones）夫妇在一个非常富有历史故事，以纪念杜恩的牧场（Dunn's Paddock）为名的土地上种植葡萄树。塞缪尔·诺尔斯（Samuel Knowles）是一名在1838年抵达范迪门土地（Van Diemen's Land）的囚犯。他忍受了连续的惩罚直到1846年他潜逃到南澳洲。他改名为杜恩，并在1851年与18岁的玛丽.塔菲（Mary Taaffe）结婚。他们推着携带自己所有财产的手推车走到阿姆斯特。原始的租赁权状文件上是以他的名字。阿姆斯特酒庄位于塞缪尔杜恩曾经拥有的土地上。在2013年的1月，儿子路克（Luke）和妻子瑞秋·琼斯（Rachel Jones）收购了阿姆斯特葡萄酒；路克拥有葡萄酒营销文凭和葡萄酒技术文凭。出口到中国。

🍷🍷🍷🍷🍷 Daisy Creek Pyrenees Shiraz 2015
黛西宝丽丝区西拉 2015
庄园生长，在法国橡木桶中陈酿15个月。香气富有表现力和吸引力，中等酒体的口感，跨越黑樱桃，香料，胡椒和土壤与森林的气息。整体平衡确实非常好。
封口：螺旋盖 酒精度：14% 评分：92 最佳饮用期：2024年 参考价格：20澳元 ✪
Pyrenees Pinot Noir 2015
宝丽丝区黑比诺 2015
手工采收，自然发酵，浸皮8天，篮压式压榨，法国橡木桶陈酿8个月。对于黑比诺的一个边缘风土，这款酒比预期的更具品种特色的表达。问题在于单宁的积累和后段口感上的萃取水果味。
封口：螺旋盖 酒精度：14% 评分：90 最佳饮用期：2023年 参考价格：25澳元

🍷🍷🍷🍷 Rachel's Pyrenees Rose 2016
瑞切尔宝丽丝区桃红酒 2016
评分：89 最佳饮用期：2018年 参考价格：20澳元

Ampel 安佩儿 ★★★★

PO Box 243, Leichhardt, 新南威尔士 2040（邮） 产区：塔斯马尼亚北部
电话：0418 544 001 网址：www.vinous.com.au 开放时间：不开放
酿酒师：Jeremy Dineen 创立时间：2010年 产量（以12支箱数计）：1000
提姆·史达克（Tim Stock）的公司Vinous直到2010年曾是约瑟夫·克罗米（Josef Chromy）的葡萄酒经销商，在合作友善的结束之前，提姆已经和克罗米公司的总经理与酿酒师杰诺米.迪宁（Jeremy Dineen）和成为了好朋友。杰诺米能够从几处不同的葡萄园采购提姆需所的葡萄以供应他在澳洲本土客户要的塔斯马尼亚葡萄酒。这些葡萄来源于海伦（Helen）和杰拉尔德.菲利普（Gerald Phillip）在塔玛谷西北角约克镇的葡萄园。葡萄园最初种植在被原始灌木覆盖的土地上，反映出贫瘠的石英碎石土壤。几乎没有任何有机生物存在，花了六年后才有了第一次的小收成是，不过葡萄树现在已经建立了深厚的根系。菲利普斯的培殖技术方法是可持久的，基于良好排水功能的土壤，好处是得以最小量化的管理。种植的是三分之二的黑比诺和三分之一的灰比诺，黑比诺近似勃艮第夏龙坡地（Côte Chalonaise）的清淡而清新的水果味，灰比诺像阿尔萨斯的结构宽广而芳香。

🍷🍷🍷🍷🍷 Pinot Gris 2016
灰比诺 2016
手工采收，整串压榨，用培养酵母发酵。塔斯马尼亚气候带来了更多层的浓度和抓地力；西洋梨、柑橘和矿物酸度主导香气和悠长的口感，使酒款轻盈并不觉得比一般酒精度高。
封口：螺旋盖 酒精度：14% 评分：91 最佳饮用期：2020年 参考价格：26澳元

Anderson 安德森 ★★★★☆

1619 Chiltern Road, Rutherglen, 维多利亚 3685 产区：路斯格兰
电话：(02) 6032 8111 网址：www.andersonwinery.com.au 开放时间：每日开放，10:00—17:00
酿酒师：Howard and Christobelle Anderson 创立时间：1992年 产量（以12支箱数计）：2000
葡萄园面积：8.8公顷
深陷葡萄酒酿造生涯28年，包括曾短暂的待过大西部地区的沙普（Seppelt）酒庄，霍华德·安德森（Howard Anderson）和家族创立了自己的酿酒厂，最初专注于起泡酒，但现在拓展到所有不同风格的佐餐葡萄酒款。女儿克丽斯托贝尔（Christobelle）在2003年以一等荣誉奖毕业于阿德莱德大学，在阿尔萨斯，香槟和勃艮第两边工作到2005年全职加入父亲。原本有6公顷种植西拉、杜瑞夫和小维多的葡萄园，现已拓展种植了添帕尼罗、晚红蜜、棕麝香、白诗南和维欧尼等多种葡萄品种。

🍷🍷🍷🍷🍷 Cellar Block Durif 2010
窖藏杜瑞夫 2010
颜色深暗，以至于难以看透，这是依靠自然养分成长的品种的第一特征。香气中有扑鼻的甘草、甜香料、鲜梅子的香气，裹覆在一层优质橡木风味中。口感质地柔和又具深度，黑色水果口味连绵的缠绕在持久的单宁骨干上。
封口：螺旋盖　酒精度：14.2%　评分：95　最佳饮用期：2035年
参考价格：40澳元　SC

Verrier Basket Press Durif Shiraz 2010
篮式压榨杜瑞夫西拉 2010
这款酒在2012年的路斯格兰葡萄酒展（Rutherglen Wine Show）获得多项大奖，法国橡木桶中陈酿12个月。甜美的香气，圣诞蛋糕香味，白兰地浸泡的水果和甜橡木。饱满丰富，味道鲜明，保持形态平衡，平实完整融入的单宁是一个重要的特色。
封口：螺旋盖　酒精度：14%　评分：94　最佳饮用期：2030年
参考价格：32澳元　SC

Storyteller Durif 2013
说书者 杜瑞夫 2013
2014年在维多利亚葡萄酒展上（Victorian Wines Show）最佳其他品种的奖项，其后在2014年—2016年间获得2枚金牌和11枚银牌。这是一个狂暴丰富的杜罗夫，用红色和黑色的水果干和新鲜水果蜜饯填满了整嘴。因为酒精和单宁控制良好，是与红肉类搭配非常好的酒款。
封口：螺旋盖　酒精度：14.1%　评分：94　最佳饮用期：2023年　参考价格：30澳元 ✪

🍷🍷🍷🍷 Tempranillo 2014
添帕尼罗 2014
评分：90　最佳饮用期：2021年　参考价格：21澳元 ✪

Methode Traditionnelle Sparkling Durif 2006
传统法杜瑞夫气泡酒 2006
评分：90　最佳饮用期：2017年　参考价格：39澳元　TS

Andrew Peace Wines　安德鲁皮斯酒庄　★★★★

Murray Valley Highway, Piangil, 维多利亚 3597　产区：天鹅山
电话：(03) 5030 5291　网址：www.apwines.com　开放时间：周一至周五，8:00—17:00；周六，12:00—16:00　酿酒师：Andrew Peace, David King　创立时间：1995年　产量（以12支箱数计）：180000　葡萄园面积：270公顷
皮斯家族（The Peace family）自1980年以来一直是天鹅山的种要葡萄种植者，在1996年以300万澳币距资建设的酿酒厂投入酿酒生产。种植的葡萄品种包括霞多丽、可伦巴、歌海娜、马尔贝克、马塔罗、美乐、灰比诺、雷司令、桑乔维塞、长相思、赛美蓉、添帕尼罗和维欧尼。萨格兰蒂诺的种植更是澳大利亚仅有少数种植这个葡萄品种中最大的。出口到所有主要国家市场。

🍷🍷🍷🍷🍷 Australia Felix Premium Barrel Reserve Langhorne Creek Wrattonbully Cabernet Shiraz 2014
澳洲菲利斯高级木桶珍藏兰好乐溪拉顿布里赤霞珠西拉 2014
最好的一批葡萄，在法国橡木12个月陈酿后选桶最好的。中等到重的酒体，带有黑醋栗，细致的单宁，雪松橡木味在香气和口感上。这两个产区都可以生产风味馥郁的葡萄酒款，这款就是。
封口：螺旋盖　酒精度：14.5%　评分：94　最佳饮用期：2024年　参考价格：28澳元 ✪

🍷🍷🍷🍷 Australia Felix Premium Barrel Reserve Wrattonbully Cabernet Shiraz 2015
澳洲菲利斯高级木桶珍藏拉顿布里赤霞珠西拉 2015
评分：92　最佳饮用期：2030年　参考价格：28澳元

Angas Plains Estate　安格斯平原酒庄　★★★★★

317 Angas Plains Road, Langhorne Creek, 南澳大利亚 5255　产区：兰好乐溪
电话：(08) 8537 3159　网址：www.angasplainswines.com.au　开放时间：每日开放，11:00—17:00
酿酒师：Peter Douglas　创立时间：1994年　产量（以12支箱数计）：3000　葡萄园面积：15.2公顷
菲利普（Phillip）和朱迪·克罗斯（Judy Cross）在1994年开始种植了安格斯平原的葡萄园，首先是赤霞珠，然后是西拉，最后是一小块田的霞多丽，主要为气泡酒的基酒。葡萄园位处古老的安加斯河冲积平原上，傍晚有来自当地亚历山大湖的清凉微风，非常适合红葡萄品种生长。技术成熟的合约酿酒师酿造了一些用庄园生长的西拉和赤霞珠的优质葡萄酒款。出口到新加坡等国家，以及中国内地（大陆）和香港地区。

🍷🍷🍷🍷🍷 Special Reserve Langhorne Creek Shiraz 2013
特酿珍藏兰好乐溪西拉 2013
单一批次9公吨，开放式发酵8天，每天两次泵送，在20%的新美国橡木桶中，80%的用法国225–250公升的橡木桶陈酿15个月，然后选桶。这款重酒体的酒就像酿酒师彼得·道格拉斯（Peter Douglas）这位温柔的巨人，十足符合他的形象。
封口：合成塞　酒精度：14%　评分：95　最佳饮用期：2038年
参考价格：40澳元

Special Reserve Langhorne Creek Cabernet Sauvignon 2014
特酿珍藏兰好乐溪赤霞珠 2013

在80%新的法国225–250公升橡木桶陈酿15个月。极好的深红紫色酒缘带引进入一款有纪律的赤霞珠，其品种特色明晰可见黑醋栗，月桂叶和些许的黑橄榄。没有烟花的惊艳，就是在一个完美的地方生长熟成的赤霞珠酒款。
封口：螺旋盖　酒精度：14%　评分：95　最佳饮用期：2039年　参考价格：40澳元

PJs Langhorne Creek Shiraz 2014
PJs兰好乐溪西拉 2014
16年的葡萄树，50/50%新旧各半的法国225–250公升橡木桶陈酿12个月。兰好乐溪水果的柔和并没有受到影响，而且这种葡萄酒具有优雅和强度，不是一个寻常的结果。一款可爱的酒。
封口: 螺旋盖　酒精度: 14.5%　评分: 94　最佳饮用期: 2030年　参考价格: 25澳元 ✪

🍷🍷🍷🍷🍷 PJs Langhorne Cabernet Sauvignon 2014
PJs兰好乐溪赤霞珠 2014
评分：93　最佳饮用期：2034年　参考价格：25澳元 ✪

Angelicus　安杰利卡斯　★★★★

Lot 9 Catalano Road, Burekup,西澳大利亚 6227　产区：吉奥格拉菲
电话：0429 481 425　网址：www.angelicus.com.au　开放时间：不开放　酿酒师：John Ward, Sue Ward　创立时间：1997年　产量（以12支箱数计）：800　葡萄园面积：1.65公顷
约翰博士（Dr. John）和苏沃德（Sue Ward）从悉尼搬到了西澳的目的是建立一个葡萄园和酿酒厂。他们搬到了吉奥格拉菲产区，在那里购买了一处51公顷面向西北方的花岗岩岩石山坡地，看向印度洋。他们于2009年开始种植葡萄，其中大部分是以灌木栽培型种植法的歌海娜，并采用生物动力学管理，另有5种添帕尼罗的柯隆品种，以及维尔德罗。

🍷🍷🍷🍷🍷 Geographe Garnacha 2016
吉奥格拉菲吉奥格拉菲 2016
产自灌木葡萄丛，浓郁的果实味和成熟度，这是令人信服的。甜的覆盆子和五香红李子味道浓郁，中等酒体口感，单宁稳固，酸度清爽；只是结束时有一点酒精热度。
封口：螺旋盖　酒精度：15%　评分：93　最佳饮用期：2022年
参考价格：25澳元　JF ✪

Tempranillo 2016
添帕尼罗 2016
它包含了很多的风味，有异国情调的香料，烟草，黑橄榄，碾碎的香菜种子和石榴等鲜咸味。然而口感是中等酒体，具有隐形般的白垩单宁和清爽的酸度。
封口：螺旋盖　酒精度：14.5%　评分：92　最佳饮用期：2023年
参考价格：25澳元　JF ✪

Tempranillo 2015
添帕尼罗 2015
表现迷人，鲜美的品种香气中并没有任何澳大利亚的添帕尼罗常见的“樱桃可乐”的味道。酒体中等，风味处于红色水果光谱中，具有橡木味，细腻尘土单宁延长至结束。随着葡萄树龄增长未来酒款也会更具深度和复杂性。
封口：螺旋盖　酒精度：14%　评分：91　最佳饮用期：2022年
参考价格：25澳元　SC

Verdejo 2016
维岱荷 2016
迷人的香气结合柑橘，绿色草药，梨和一些泡皮或带酒脚陈酿的良好效果。口感清新明亮，果味活泼，质感增强风味与口感。垩白的酸度沿着跑到奔向终点。好喝。
封口：螺旋盖　酒精度：12.5%　评分：90　最佳饮用期：2020年
参考价格：25澳元　SC

Angove Family Winemakers　安格夫家族葡萄酒　★★★★★

Bookmark Avenue, Renmark, 南澳大利亚 5341　产区：南澳洲
电话:（08） 8580 3100　网址：www.angove.com.au　开放时间：周一至周六，10:00—16:00；周日与法定假期，10:00—15:00　酿酒师：Tony Ingle, Paul Kernich, Ben Horley　创立时间：1886年　产量（以12支箱数计）：100万　葡萄园面积：480公顷
证明了在河地也能不影响质量下成功的实践规模经济。好的科技提供了葡萄酒质量永远不至于太差，有时甚至超过了他们理论的生活。广阔的南雅葡萄园已经重新发展改变葡萄品种选择，葡萄树种植的排列方向和部分转向有机种植。安格夫通过长期合同扩展在帕史维种霞多丽，沃特维尔种雷司令和库纳瓦拉种赤霞珠，并在2008年购买下麦克拉仑谷的沃博伊斯（Warboys）葡萄园，酿造了出众的优质葡萄酒。麦克拉伦谷在粉笔山路（Chalk Hill Rd）和奥利弗路（Olivers Rd）拐角处的沃博伊斯葡萄园（Warboys Vineyard）的大型酒窖门店和咖啡店每天10:00—17:00营业。出口到所有主要国家市场。

🍷🍷🍷🍷🍷 Single Vineyard Limited Release Sellicks Foothills McLaren Vale Shiraz 2015
单一葡萄园限量款塞利克斯山麓麦克拉仑谷西拉 2015
这是一款引人注目的葡萄酒，它提供了万花筒般整串石楠花，辛香气息和精心调制的法国橡木桶，柏木味，石板般的丹宁和核心清脆的矿物味。这是重口味的熟食熏肉，碘和铁类金属味，又轻而易举。它比其他单一葡萄园酒款有更多的嚼劲和内涵，但并没有变成果酱果汁。最完整的葡萄园区块风土特色。
封口：螺旋盖　酒精度：14%　评分：96　最佳饮用期：2035年
参考价格：44澳元　NG ✪

AMV-X McLaren Vale Shiraz 2016
AMV-X 麦克拉仑谷西拉 2016
这是将整串浸渍法表现的很优秀的西拉，40%选择呈现出通电铁丝板石和花岗岩风土的葡萄园。有丰富多汁的黑色和蓝色水果味，集中并挟带一阵茴香和豆蔻果实香料味，化入口感中出色的单宁。
封口：螺旋盖　酒精度：14.2%　评分：95　最佳饮用期：2024年
参考价格：30澳元　NG　✪

Warboys Vineyard McLaren Vale Shiraz 2015
沃博伊斯葡萄园麦克拉仑谷西拉 2015
浓郁的深红紫色酒缘；葡萄园种植了老藤西拉与歌海娜，以酒的优雅可推测加了少量的歌海娜或酒在进法国225–250公升橡木桶陈酿之前，部分是以整串葡萄发酵。红色和黑色水果味，甘草、黑巧克力和存在的单宁为短期3年左右或长期的窖藏提供了双向赌注。
封口：螺旋盖　酒精度：14.5%　评分：95　最佳饮用期：2035年　参考价格：42澳元

Alternatus McLaren Vale Rose 2016
阿尔特内斯麦克拉仑谷玫瑰桃花酒 2016
78%的歌海娜，18%的添帕尼罗，4.6%的格拉西亚诺和2.4%的卡丽浓；歌海娜，添帕尼罗和格拉西亚诺在8小时泡皮接触后压榨，添帕尼罗和格拉西亚诺一起发酵。很认真的一款桃红酒，余韵长而清脆，极度干型；骑在马鞍上跳跃的辛辣红色水果味。
封口：螺旋盖　酒精度：13%　评分：94　最佳饮用期：2017年
参考价格：23澳元　✪

Single Vineyard Limited Release Blewitt Springs McLaren Vale Shiraz 2015
单一葡萄园限量款布莱维特泉麦克拉仑谷西拉 2015
这款中等酒体的西拉豪华又优雅，花香与复杂。有着灿烂的色泽与朱红色酒缘；紫丁香花香，一层层蓝莓和波森野莓果味，胡椒辣劲的口感，通过蜿蜒曲折碘浸润感的单宁，更进一步增添了活力。这酒是丰富显摆的,嘎吱嘎吱高度芳香。
封口：螺旋盖　酒精度：14.5%　评分：94　最佳饮用期：2035年
参考价格：44澳元　NG

Alternatus McLaren Vale Grenache 2016
阿尔特内斯麦克拉仑谷歌海娜 2016
虽然这款酒已适合饮用，但不要低估这款葡萄纯品种表现潜力未来所能带来的享受，经典的覆盆子，蓝莓和红樱桃水果味。在夏季饮用时应稍微冰镇，让解放其新鲜的口感。物超所值。
封口：螺旋盖　酒精度：14%　评分：94　最佳饮用期：2021年
参考价格：23澳元　✪

Family Crest McLaren Vale Grenache Shiraz Mourvedre 2015
家族徽章麦克拉仑谷歌海娜西拉慕合怀特 2015
以60%的布莱维特泉（Blewitt Springs）歌海娜，21%的塞利克斯山麓设拉子和19%的慕合怀特混酿；手工采收，人工挑选，每区葡萄分批发酵，在法国橡木桶中陈酿9个月。这是一款暨2014年多奖杯得主之后值得的下一代，五香李子和红莓果味提供了一个完美均衡和结构化的口感，不带半点蜜饯或果酱味。高巧的葡萄酒酿造技术，无与伦比的价值。
封口：螺旋盖　酒精度：14.5%　评分：94　最佳饮用期：2020年
参考价格：22澳元　✪

🍷🍷🍷🍷🍷

Wild Olive Organic McLaren Vale Shiraz 2015
野生橄榄有机麦克拉仑谷西拉 2015
评分：93　最佳饮用期：2030年　参考价格：20澳元　✪

Single Vineyard Ltd Release Willunga Shiraz 2015
单一葡萄园限量款威伦加西拉 2015
评分：93　参考价格：44澳元

Warboys Vineyard Grenachc 2015
沃博伊斯葡萄园歌海娜 2015
评分：93　最佳饮用期：2023年　参考价格：44澳元

AMV-X Tempranillo Mataro Grenache Graciano 2016
AMV-X 添帕尼罗马塔罗歌海娜格拉西亚诺 2016
评分：93　最佳饮用期：2022年　参考价格：30澳元　NG

Alternatus Fiano 2016
阿尔特内斯菲亚诺 2016
评分：92　最佳饮用期：2021年　参考价格：23澳元　✪

Nine Vines Grenache Shiraz Rose 2016
9棵葡萄树歌海娜西拉桃红酒 2016
评分：92　最佳饮用期：2017年　参考价格：18澳元　✪

The Medhyk Shiraz 2015
梅迪亚西拉 2015
评分：92　最佳饮用期：2030年　参考价格：65澳元　NG

Warboys Vineyard Shiraz Grenache 2015

沃博伊斯葡萄园西拉歌海娜 2015
评分：92　最佳饮用期：2022年　参考价格：44澳元　NG
Family Crest Shiraz 2015
家族徽章西拉 2015
评分：91　最佳饮用期：2035年　参考价格：25澳元
Family Crest Cabernet Sauvignon 2015
家族徽章赤霞珠 2015
评分：91　最佳饮用期：2029年　参考价格：22澳元　✪
Organic Merlot 2016
有机梅洛 2016
评分：90　最佳饮用期：2021年　参考价格：16澳元　NG　✪
Alternatus McLaren Vale Tempranillo
2016 **阿尔特内斯麦克拉仑谷添帕尼罗** 2016
评分：90　最佳饮用期：2018年　参考价格：23澳元

Angullong Wines　安古龙酒庄　★★★★

Victoria Street, Millthorpe, NSW 2798　产区：奥兰治
电话：026366 4300　网址：www.angullong.com.au　开放时间：每日开放，11:00—17:00
酿酒师：乔恩·雷诺兹（Jon Reynolds）、丽兹·杰克逊（Liz Jackson）　创立时间：1998年　产量（以12支箱数计）：17000　葡萄园面积：216.7公顷
克洛斯家族（The Crossing）的比尔（Bill）和哈蒂（Hatty）与第三代的詹姆斯（James）和班（Ben）共同拥有一个2000公顷的牛羊畜牧场超过半个世纪。位于奥兰治以南40公里处，俯瞰着贝勒布拉（Belubula）山谷，种植了200多公顷的葡萄树。总共有15个品种，以西拉、赤霞珠和梅洛为主。大部分产品已售出。出口到德国和中国。

🍷🍷🍷🍷🍷
Orange Sauvignon Blanc 2016
奥兰治长相思 2016
芬芳的热带水果味的香气显示了何以安古龙酒庄是首批将奥兰治长相思放在封面的酒厂之一。口感达到了承诺，强烈的热带水果香，柑橘类酸度留在口中新鲜味道令人还要更多。物超所值。
封口：螺旋盖　酒精度：13.5%　评分：94　最佳饮用期：2018年
参考价格：20澳元　✪

Fossil Hill Orange Shiraz Viognier 2014
化石山奥兰治西拉维欧尼 2014
这是个具有挑战性的年份，但对安古龙和这款酒却不是。加了少量维欧尼一起发酵，有助于明亮的色彩，芬芳的香气和柔和的中等口感。余韵平衡和优长。
封口：螺旋盖　酒精度：14.5%　评分：94　最佳饮用期：2029年
参考价格：26澳元　✪

🍷🍷🍷🍷🍷（半）
Crossing Reserve Shiraz 2015
克洛斯珍藏西拉　2015
评分：91　最佳饮用期：2030年　参考价格：48澳元
Fossil Hill Central Ranges Tempranillo 2015
化石山中央山岭丹魄　2015
评分：91　最佳饮用期：2022年　参考价格：26澳元
Fossil Hill Orange Riesling 2016
化石山奥兰治雷司令 2016
评分：90　最佳饮用期：2026年　参考价格：24澳元
Orange Chardonnay 2016
奥兰治霞多丽 2016
评分：90　最佳饮用期：2020年　参考价格：20澳元　✪
Crossing Reserve Cabernet Sauvignon 2015
克洛斯珍藏赤霞珠　2015
评分：90　最佳饮用期：2030年　参考价格：48澳元

Angus the Bull　安格斯公牛　★★★☆

PO Box 611, Manly, NSW 1655（邮）　产区：维多利亚州中部
电话：028966 9020　网址：www.angusthebull.com　开放时间：不开放　酿酒师：哈米斯·麦高恩（Hamish MacGowan）　创立时间：2002年　产量（以12支箱数计）：20000
哈米斯·麦高恩（Harish MacGowan）将虚拟酿酒厂的想法变成了最终的结论，以一款针对搭配一块完美烹调的牛排时饮用而酿制的赤霞珠葡萄酒款。每年从维多利亚州和南澳州的各个产区精选择葡萄，多产区混酿方式旨在最低化葡萄酒年份上的差异。2012年添加了第二支酒款小安格斯赤霞珠梅洛。出口到英国、加拿大、爱尔兰、菲律宾、新加坡、泰国和新西兰等国家，以及中国香港地区。

🍷🍷🍷🍷🍷（半）
Wee Angus Cabernet Merlot 2014
小安格斯赤霞珠梅洛 2014
葡萄收购自维多利亚州中部。在这个品牌建立之处，牢牢地固定在模具中：多汁，鲜明，易饮。香气中有许多水果味，带有慷慨的成熟李子和黑醋栗。口感上能体会到梅

洛品种风味的影响，柔和与红莓果味。单宁掌控很好地达成任务。
封口：螺旋盖　酒精度：13.5%　评分：90　最佳饮用期：2019年
参考价格：18澳元　SC ✪

🍷🍷🍷🍷 Cabernet Sauvignon 2014
赤霞珠 2014
评分：89　最佳饮用期：2020年　参考价格：22澳元　SC

Annie's Lane　安妮道酒庄 ★★★★☆

Quelltaler Road, Watervale, SA 5452　产区：克莱尔谷
电话：088843 2320　网址：www.annieslane.com.au　开放时间：每日开放，10:00—16:00　酿酒师：阿列克斯·麦肯锡（Alex MacKenzie）　创立时间：1851年　产量（以12支箱数计）：不公开
富邑葡萄酒集团（TWE）的克莱尔谷品牌，取名自上世纪以来的地方传奇人物安妮·韦曼（Annie Wayman）的名字。品牌始终如一地提供相对于多过其价格的葡萄酒。卡本查奥（Copper Trail）是旗舰款，还有一些非常值得的酒窖门店和餐饮通路的葡萄酒款。

🍷🍷🍷🍷🍷 Quelltaler Clare Valley Riesling 2016
尤尔塔勒克莱尔谷雷司令 2016
按着极细致的酸度歌谱唱颂进入这款酒的核心，一路上伴随了明显的梅尔黄柠檬、柠檬皮、花香和生姜香料。
封口：螺旋盖　酒精度：11%　评分：95　最佳饮用期：2030年　参考价格：27澳元 ✪

Quelltaler Clare Valley Shiraz Cabernet 2014
尤尔塔勒克莱尔谷西拉赤霞珠 2014
诱人的深红紫色。这里有花香扑鼻、黑巧克力和尤加利树叶，这两个品种平衡，中等酒体的口感，以橡木味和柔顺成熟的单宁大步迈进。
封口：螺旋盖　酒精度：14.5%　评分：94　最佳饮用期：2024年
参考价格：27澳元　JF ✪

🍷🍷🍷🍷🍷 Copper Trail Clare Valley Shiraz 2014
卡本查奥克莱尔谷西拉 2014
评分：93　最佳饮用期：2028年　参考价格：80澳元　JF

The Locals Cabernet Sauvignon 2014
本地人的赤霞珠 2014
评分：92　最佳饮用期：2025年　参考价格：23澳元　JF ✪

The Locals Cabernet Sauvignon 2013
本地人的赤霞珠 2013
评分：90　最佳饮用期：2023年　参考价格：23澳元

Anvers　安弗斯酒庄 ★★★★☆

633 Razorback Road, Kangarilla, SA 5157　产区：阿德莱德山区
电话：088374 1787　网址：www.anvers.com.au　开放时间：不开放　酿酒师：凯姆·米尔恩（Kym Milne MW）　创立时间：1998年　产量（以12支箱数计）：10000　葡萄园面积：24.5公顷
米里亚姆（Myriam）和韦恩·科罕（Wayne Keoghan）的主要葡萄园位于阿德莱德山区肯歌利亚酒庄（Kangarilla），16公顷的赤霞珠、西拉、霞多丽、长相思和维欧尼，第二座有1997年的葡萄园位于麦克拉仑谷种植西拉、歌海娜和赤霞珠。酿酒师凯姆·米尔恩（Kym Milne）的经验来自北半球和南半球的许多葡萄酒生产国家。出口到英国和其他主要市场。

🍷🍷🍷🍷🍷 WMK Adelaide Hills Shiraz 2014
WMK阿德莱德山区西拉 2014
产自剃刀背路（Razorback Road）的酒庄葡萄园。绝对浓郁的重酒体酒款，但却不沉重，带着一大片黑李子、橡木味香料、八角茴香和香袋般的芳香。熟透、强大有力的单宁，但仍有活力、亮度，如果软木塞能长久存活，这款酒也会。
酒精度：14.5%　评分：95　最佳饮用期：2030年　参考价格：48澳元　JF

Aphelion Wine　远日点酒庄 ★★★★

18 St Andrews Terrace, Willunga, SA 5172　产区：麦克拉仑谷
电话：0404 390 840　网址：www.aphelionwine.com.au　开放时间：不开放
酿酒师：罗伯·麦克（Rob Mack）　创立时间：2014年　产量（以12支箱数计）：200
远日点（Aphelion）酒庄似乎想用单毛画笔制做迷你版油画。但是，当你想到酿酒师罗伯·麦克（Rob Mack）的资历，与大力支持的合伙创始人妻子路易丝·罗德·麦克（Louise Rhodes Mack）时，就有了万丈高楼平地起的信念。自2007年以来，罗伯已经获取了两个学位，2007年先拿到会计管理，然后是2016年在CSU的葡萄酒科学学士学位。在2010年6月至2013年1月担任莱斯维茨（Laithwaites）酒业的葡萄酒采购兼策划者的其间，他已经将直销的高度缩小了，并在接下来的18个月任职麦克拉仑谷直营葡萄酒业的生产经理。他在5个葡萄酒厂有过重要职务，其中4家位于麦克拉仑谷，显然他们的关系良好。我引述：“为了继续专业发展，罗布将在今年2017年的9月—11月到意大利皮埃蒙特的巴罗洛（Barolo，Piedmont）接下北半球酿酒季工作。”远日点（Aphelion）有两个葡萄酒项目：歌海娜项目有4个不同的葡萄酒款和一个萨格兰蒂诺（Sagrantino）的葡萄酒款项目。

🍷🍷🍷🍷 Grenache 2016
歌海娜2016

所有远日点酒庄的歌海娜品种来自一个贝莱维泉（Blewitt Springs）80年的葡萄园，所有葡萄人工采收，全部发酵至干型，所有篮式法压制，没有澄清或过滤。整颗葡萄和整串的与压榨过的同时混酿，没有特定比例。这并没有显著地使酒款更丰富或更复杂，但在余韵上有增加一些额外的力量。
封口：螺旋盖　酒精度：14.5%　评分：91　最佳饮用期：2020年　参考价格：29澳元

Grenache Berry 2016
歌海娜2016
将整颗葡萄，用旧的法国橡木桶（225公升）装陈酿9个月。明亮的深红紫色；所有红色莓果与樱桃水果味，直到鲜美的余韵结束。
封口：螺旋盖　酒精度：14.5%　评分：90　最佳饮用期：2020年　参考价格：29澳元

Grenache Bunch 2016
歌海娜2016
一半去梗，一半整串。有一些重量和多汁的复杂性，复合辛辣味，然后带点鲜味与梗的苦味结束。
封口：螺旋盖　酒精度：14.5%　评分：90　最佳饮用期：2020年　参考价格：29澳元

Grenache Pressings 2016
歌海娜2016
背景信息给得不清不楚，最有可能的情况是，这是由整串和去梗的葡萄发酵后压榨的混酿。有一个盐的特性，单宁更高，但后者因使用篮压技术受到的影响不大。
封口：螺旋盖　酒精度：14.5%　评分：90　最佳饮用期：2020年　参考价格：29澳元

Apricus Hill　阿普里卡莱山酒庄 ★★★★☆

550 McLeod Road, Denmark, WA 6333　产区：丹麦
电话：0427 409 078　网址：www.apricushill.com.au
开放时间：周一至周五，11:00—17:00，学校假期期间每日开放
酿酒师：詹姆斯·凯利（James Kellie）　创立时间：1995年
产量（以12支箱数计）：1000　葡萄园面积：8公顷
当萨默塞特山葡萄园（Somerset Hill）当时的老板格雷汉（Graham）和李·厄普森（Lee Upson）把葡萄园放在市场出售时，哈雷伍德庄园（Harewood Estate）的詹姆斯（James）和卡雷娜·凯利（Careena Kellie）购买这种葡萄园的目的有两个：第一，为哈雷伍德保障一个关键的葡萄来源；第二，通过壮观的酒窖门店，制作并独家专卖一系列单一葡萄园，单品种葡萄酒款，以及全面的远景。至此，萨默塞特山葡萄园现在是阿普里卡莱山酒庄。

🍷🍷🍷🍷🍷 Single Vineyard Denmark Sauvignon Blanc 2016
单一葡萄园丹麦长相思 2016
在法国500公升橡木桶发酵和陈酿6个月（一些固体）。香气上能感受到橡木桶发酵的成效，口感主要以柑橘和割草的味道为主，迅速加深浓度后劲和余韵，热带水果味四处扩散。
封口：螺旋盖　酒精度：13%　评分：94　最佳饮用期：2021年
参考价格：27澳元 ✪

🍷🍷🍷🍷 Single Vineyard Denmark Semillon 2016
单一葡萄园丹麦赛美蓉 2016
评分：92　最佳饮用期：2026年　参考价格：27澳元

Single Vineyard Denmark Chardonnay 2016
单一葡萄园丹麦霞多丽 2016
评分：92　最佳饮用期：2024年　参考价格：27澳元

Single Vineyard Denmark Pinot Noir 2016
单一葡萄园丹麦黑比诺 2016
评分：91　最佳饮用期：2019年　参考价格：27澳元

Arakoon　阿拉贡酒庄 ★★★★

7/229 Main Road, McLaren Vale, SA 5171　产区：麦克拉仑谷
电话：088323 7339　网址：www.arakoonwines.com.au　开放时间：仅限预约
酿酒师：雷蒙德·琼斯（Raymond Jones）　创立时间：1999年
产量（以12支箱数计）：3500　葡萄园面积：3.5公顷
雷（Ray）和帕屈克·琼斯（Patrik Jones）第一次跨入葡萄酒领域时是一无所获：在1990年以澳大利亚葡萄酒业与我本人为主题的一个电影提案。1999年，他们投入酿造自己的葡萄酒，并与其他品牌葡萄酒一起出口。随着葡萄酒质量的提高，最初滑稽的酒标也被简单而优雅的酒标取代。出口到瑞典、丹麦、德国、新加坡、马来西亚和中国。

🍷🍷🍷🍷 Doyen McLaren Vale Shiraz 2015
麦克拉仑谷西拉 2015
与其他红酒有相同的成熟阶段，但如同黑巧克力熔浆蛋糕般有更多的内馅，焦油，温热的砂锅，腌渍水果，雪松橡木和豪华的单宁。整体表现丰富，但口感柔顺中带着新鲜的覆盆子味道。
封口：螺旋盖　酒精度：15%　评分：91　最佳饮用期：2024年
参考价格：40澳元　JF

Clarendon Shiraz 2015
克拉伦登西拉 2015

大胆，厚颜，有点熟透，但这种风格的酒迷不会抱怨。口感质地平滑，深色水果加了巧克力薄荷，橡木味和成熟丰满的单宁。
封口：螺旋盖 酒精度：15% 评分：90 最佳饮用期：2024年
参考价格：32澳元 JF

Aramis Vineyards 阿拉米斯葡萄园 ★★★★★

411 Henley Beach Road, Brooklyn Park, SA 5032 产区：麦克拉仑谷
电话：088352 2900 网址：www.aramisvineyards.com 开放时间：仅限预约
酿酒师：雷纳·赫希（Renae Hirsch）、彼得·莱斯克（Peter Leske）
创立时间：1998年 产量（以12支箱数计）：12000 葡萄园面积：26公顷
阿拉米斯葡萄园（Aramis）由李·弗拉若奏（Lee Flourentzou）于1998年创立。距离圣文森特湾不到2公里，是麦克拉仑谷产区中最凉爽的区块之一，种植了两种最适合这个地方的品种，西拉有18公顷和赤霞珠8公顷。这样的理念导致阿拉米斯从其他产区采购最能代表各种品种的葡萄，包括来自阿德莱德山区的长相思和霞多丽，以及伊顿谷的雷司令。位于城区的酒窖门店也有来自其他精品酒庄的葡萄酒。出口到美国、加拿大、新加坡、马来西亚、泰国、越南、日本和新西兰等国家，以及中国香港地区。

🍷🍷🍷🍷🍷

Black Label Adelaide Hills Gruner Veltliner 2015
黑标阿德莱德山区绿斐特丽娜 2016
哇喔! 这酒也太有品种表达特色与强度。它的影响如闪电般的迅速，长度也是；柑橘和青苹果皮、柠檬皮连手达到最大的效果。已经太棒了，也不会很快倒下。
封口：螺旋盖 酒精度：12.5% 评分：95 最佳饮用期：2025年
参考价格：25澳元 ✪

Single Vineyard McLaren Vale Shiraz 2014
单一葡萄园麦克拉仑谷西拉 2014
有趣的是，阿拉米（Aramis）充份运用“西拉”和“设拉子”这两个名字来区别两桶分开酿制的酒款。两款酒都是良好的单宁管理和新鲜度的典型范例，没有任何过度因萃取、橡木桶或其他操作过度的结构覆盖。两款中较为柔和的如同他的名字“西拉”，通常指的是那种柔和带有阵阵黑色李子、樱桃、茴香和肉豆蔻香气、轻柔地按摩着脸颊和上颚。酒体足以支撑长久的酒窖陈年。
封口：螺旋盖 酒精度：14.5% 评分：95 最佳饮用期：2025年
参考价格：28澳元 ✪

The Heir McLaren Vale Syrah 2012
继承人麦克拉仑谷西拉 2012
保持极佳的深红紫色酒缘；复杂的香气呈现产区所有层次的果味、球门般宽裕的香料、黑巧克力和圣诞蛋糕，余韵显得清新有活力。
封口：合成软木塞 酒精度：14.5% 评分：95 最佳饮用期：2027年
参考价格：55澳元

White Label McLaren Vale Shiraz 2014
白标麦克拉仑谷西拉 2014
鲜美多汁又丰富的葡萄酒，矛盾的是毫不费力、优雅和要命的好喝。常有的紫罗兰和黑色的水果味浓郁，同时有着细腻可口的葡萄单宁、柔和的牛奶巧克力、橡木和鲜美多汁的果酸令人享受，特别是价格方面。此外，这款酒与一节节通过的货运火车般酸度过高、远而易见的单宁、形成了鲜明的对比。
封口：螺旋盖 酒精度：14.5% 评分：94 最佳饮用期：2022年
参考价格：20澳元 NG ✪

The Heir McLaren Vale Syrah 2013
继承人麦克拉仑谷西拉 2013
在法国橡木桶中陈酿24个月，40%的新桶，比西拉酒款用更大型的桶，在芬芳的花香、肉桂香料和烟熏肉香味中，有着更浓郁紧密包裹的肉欲气息，同时略带还原味，醒过后会较柔化。波森莓和其他蓝色水果在丰富的口感中飘荡。紧握着仍需要时间发展。
封口：合成软木塞 酒精度：14.5% 评分：94 最佳饮用期：2028年
参考价格：55澳元 NG

🍷🍷🍷🍷

Black Label Adelaide Hills Gruner Veltliner 2016
黑标阿德莱德山区绿斐特丽娜 2016
评分：92 最佳饮用期：2022年 参考价格：25澳元 ✪

Black Label Adelaide Hills Chardonnay 2016
黑标阿德莱德山区霞多丽 2016
评分：91 最佳饮用期：2019年 参考价格：25澳元

Single Vineyard Shiraz 2013
单一葡萄园西拉 2013
评分：91 最佳饮用期：2028年 参考价格：28澳元

Single Vineyard Cabernet Sauvignon 2015
单一葡萄园赤霞珠 2015
评分：90 最佳饮用期：2023年 参考价格：28澳元 NG

Single Vineyard Cabernet Sauvignon 2013
单一葡萄园赤霞珠 2013
评分：90 最佳饮用期：2033年 参考价格：28澳元

Aravina Estate 阿拉维纳酒庄 ★★★★★

61 Thornton Road, Yallingup, WA 6282 产区：玛格利特河
电话：089750 1111 网址：www.aravinaestate.com 开放时间：每日开放，10:30—16:00
酿酒师：瑞恩·阿吉斯（Ryan Aggiss） 创立时间：2010年 产量（以12支箱数计）：10000 葡萄园面积：28公顷

史蒂夫·托宾（Steve Tobin）和家人在2010年从阿克莱德（Accolade）手中收购了安伯利酒庄（Amberley Estate）的酿酒厂和葡萄园，但不包括安伯利（Amberley）品牌。史蒂夫已经把整个地方变成了一个多澳元化的业务与景点：餐厅、跑车收藏、婚宴场地等等。出口到印度尼西亚、马来西亚等国家，以及中国内地（大陆）和香港地区。

🍷🍷🍷🍷🍷

Wildwood Ridge Reserve Margaret River Chardonnay 2015
自然林里奇珍藏玛格利特河霞多丽 2015
手工采收，整串压榨，在法国橡木桶（225公升）自然发酵，35%是新桶，酒渣陈酿9个月。一款极具吸引力的高级霞多丽，在香气和口感上轻易地展现出水果味、橡木味，不单单是信息的传递者。粉红色西柚、白桃和一丝腰果味装点充满口腔；很棒的线条和长度。
封口：螺旋盖 酒精度：13% 评分：96 最佳饮用期：2026年
参考价格：60澳元 ✪

Wildwood Ridge Reserve Margaret River Cabernet Sauvignon 2014
自然林里奇珍藏玛格利特河赤霞珠2014
包括8%的梅洛，压榨后在直立式静置发酵桶中用培养酵母发酵，1/3在乳酸发酵后延长浸皮时间，在法国橡木桶中陈酿18个月，50%是新桶。浓郁的黑醋栗香气再度重现于口感上，法国橡木桶味增加了葡萄酒的复杂性和吸引力。高品质的赤霞珠单宁矗立于中心，从结束到余韵回味。
封口：螺旋盖 酒精度：14.5% 评分：95 最佳饮用期：2034年 参考价格：60澳元

Wildwood Ridge Reserve Margaret River Cabernet Sauvignon 2013
自然林里奇珍藏玛格利特河赤霞珠2013
玛格丽特河赤霞珠的美丽风味在这里起帆。黑醋栗、砾石、月桂叶和黑巧克力。中等至浓郁的酒体，但结束是强劲完美的，延续着稳固的美味。一个伟大的未来在等待着。一个强劲的品质竞争者。
封口：螺旋盖 酒精度：14% 评分：95 最佳饮用期：2035年
参考价格：50澳元 CM

Margaret River Shiraz 2014
玛格利特河西拉 2014
滑顺又辛辣并存的黑樱桃、沥青和丁香味道集聚而成的好戏。奶油橡木味为可口鲜美的风味更添加天鹅绒的柔顺。单宁美妙的揉入，长度绝佳。
封口：螺旋盖 酒精度：14% 评分：94 最佳饮用期：2030年
参考价格：36澳元 CM

🍷🍷🍷🍷🍷

Margaret River Vermentino 2015
玛格利特河维门提诺 2015
评分：93 最佳饮用期：2017年 参考价格：32澳元

Block 4 Margaret River Chenin Blanc 2015
玛格利特河白诗南 2015
评分：91 最佳饮用期：2022年 参考价格：34澳元 CM

Arlewood Estate 阿里伍德酒庄 ★★★★★

Cnr Bussell Highway/Calgardup Road, Forest Grove, WA 6286 产区：玛格利特河
电话：089757 6676 网址：www.arlewood.com.au 开放时间：周四至周一，11:00—17:00
酿酒师：斯图亚特·宾（Stuart Pym） 创立时间：1988年
产量（以12支箱数计）：3500 葡萄园面积：6.2公顷

今日的阿里伍德酒庄历经多次转手易主，他们可能会让博士研究学者感兴趣，但除了一个因素之外，过去与现在的业务毫不相关。那个唯一的牵绊就是，葡萄园是在1999年由仙纳杜（Xanadu）酿酒师于尔格·马格里（Jurg Muggli）所种植。加里·格斯提（Garry Gossatti）于2008年买下了年久失修关闭的葡萄园，在2008—2012年间他住在葡萄园上的房子，每周有一天驱车去珀斯处理他广泛的酒店生意业务，用以支付阿里伍德酒庄的账单。他亲自动手参与葡萄园的复苏、早已为这片位于玛格利特河南边凉爽的地方着迷。他现在每个周末都从珀斯开车下来与葡萄种植者拉塞尔·奥兹（Russell Oates）和酿酒师斯图亚特·宾（Stuart Pym）面谈，明确地相信业主的脚印是最好的肥料。出口到英国、瑞士、新加坡、马来西亚等国家，以及中国内地（大陆）和香港地区。

🍷🍷🍷🍷🍷

Margaret River Chardonnay 2015
玛格利特河霞多丽 2015
来自格若巴（Karrapale）的爱葡（Happs）葡萄园、混用新橡木桶和旧橡木桶陈酿10个月。浓郁的果味像谚语的闪电直击口腔，久久不散。它一方面带着介于柑橘与西柚子之间的甜味，另一方面是核果水果与白桃味。这一切都是关于玛格丽特河凉爽的南端。一款不需要更多言语形容的酒款。
封口：螺旋盖 酒精度：12.5% 评分：96 最佳饮用期：2030年
参考价格：30澳元 ✪

Margaret River Cabernet Sauvignon 2014

玛格利特河赤霞珠 2014
在50%的新法国橡木桶（225公升）中陈酿，漫长的停滞给葡萄酒留下了不可磨灭的印记，但最终酒的果味却是浓郁且优长的，长时间的橡木桶陈酿成就了柔和的单宁。
封口：螺旋盖　酒精度：14%　评分：95　最佳饮用期：2029年
参考价格：30澳元 ✪

La Bratta Bianco 2014
干白 2014
来自格若巴（Karrapale）的爱葡（Happs）葡萄园的长相思、赛美蓉和霞多丽。长相思和赛美蓉是部分在橡木桶中发酵，霞多丽全部在橡木桶发酵直到装瓶前的混调，原酒个别分开存放。明亮的、闪闪发光的青绿淡黄色；一种复杂的葡萄酒，具有良好的口感质地、结构和长度，混合了柑橘与核果水果味道。充分诠释出这款经典干白挑战性的价位。
封口：螺旋盖　酒精度：13.5%　评分：94　最佳饮用期：2023年　参考价格：40澳元

🍷🍷🍷🍷🍷 La Bratta Rosso 2014
干红 2014
评分：92　最佳饮用期：2024年　参考价格：50澳元

La Bratta Rosso 2009
干红 2009
评分：92　最佳饮用期：2024年　参考价格：50澳元

Margaret River Sauvignon Blanc Semillon 2016
玛格利特河长相思赛美蓉 2016
评分：91　最佳饮用期：2018年　参考价格：20澳元 ✪

Touriga 2014
杜丽佳 2014
评分：90　最佳饮用期：2021年　参考价格：20澳元 ✪

Artis Wines　阿提斯葡萄酒 ★★★★☆

7 Flora Street, Stepney, SA 5069　产区：克莱尔谷/ 阿德莱德山区
电话：0418 802 495　网址：www.artiswines.com.au　开放时间：不开放
酿酒师：安德鲁·米勒（Andrew Miller）　创立时间：2016年　产量（以12支箱数计）：450
待在澳大利亚最大的葡萄酒集团之一保乐力加旗下的奥兰多工作了几十年后，你要做些什么？你开建自己的小型葡萄酒企业，酿制450箱克莱尔谷雷司令和阿德莱德山区西拉葡萄酒。在此过程中，您可以运用曾在法国、西班牙、美国、新西兰、阿根廷和葡萄牙工作多年的经验，加上再前往更多葡萄酒产区旅行。

🍷🍷🍷🍷🍷 Single Vineyard Clare Valley Riesling 2016
单一葡萄园克莱尔谷雷司令 2016
葡萄果实在葡萄园内进行筛选。自然流出的葡萄果汁分成两批，第一批用不锈钢低温发酵，第二批在没有冷藏温控的状况下用法国橡木桶（225公升）发酵，两批酒混合后再用橡木桶与少量酒渣陈酿几周。这种复杂的酿酒技术工序增加了葡萄酒另一层次的口感质地，但却能在充满鲜美味道、口感细腻的雷司令中，保留了其品种略有石灰矿物味的特色，更增添了复杂度。
封口：螺旋盖　酒精度：11.9%　评分：96　最佳饮用期：2026年
参考价格：37澳元 ✪

Artwine　艺术酒庄 ★★★★

72 Bird in Hand Road, Woodside, SA 5244　产区：阿德莱德山区 / 克莱尔谷
电话：088389 9399　网址：www.artwine.com.au　开放时间：每日开放，11:00—17:00
酿酒师：乔安妮·欧文（Joanne Irvine），迈克·西克斯（Mike Sykes）
创立时间：1997年　产量（以12支箱数计）：6500　葡萄园面积：28公顷
艺术酒庄（Artwine）是朱迪（Judy）和格伦·凯利（Glen Kelly）的投资企业。它有三个葡萄园，两个位于克莱尔谷，一个在克莱尔的斯布瑞伐木（Springfarm）路上，另一个在七座山（Sevenhill）的伐木厂（Sawmill）路上，后者还有两间提供住宿和早餐的民宿小屋。第三个葡萄园位于阿德莱德山区的伍德赛德（Woodside），那里有他们的酒窖门店。艺术酒庄（Artwine）目前种植了15个葡萄品种。克莱尔谷的葡萄园有丹魄、西拉、雷司令、灰比诺、赤霞珠、菲娅诺、嘉西诺、歌海娜、蒙塔尔奇诺、维欧尼和品丽珠。阿德莱德山区的葡萄园有普罗赛克、黑比诺、梅洛和阿尔巴利诺。出口到新加坡。

🍷🍷🍷🍷🍷 Glass Half Full Riesling 2016
半杯满雷司令 2016
一个简单酿制令人印象深刻的克莱尔谷雷司令。泰国青柠檬和柠檬口味集中于清脆干爽的回味。封口：螺旋盖　酒精度：11.5%　评分：94
最佳饮用期：2026年　参考价格：22澳元 ✪

Wicked Stepmother Fiano 2016
邪恶继母菲娅诺 2016
庄园种植，机器收成，经过短暂的浸皮之后，压榨和自然流出的果汁在冷沉淀之前合并，然后在不锈钢桶中低温发酵。最终的菲娅诺有着矿物味的口感质地，加上清爽的柠檬皮味。
封口：螺旋盖　酒精度：12.5%　评分：92　最佳饮用期：2021年

参考价格：25澳元 ✪

Leave Your Hat On Montepulciano 2015

别摘你的帽子蒙塔尔奇诺 2015

庄园种植，在旧的法国橡木桶中陈酿14个月。深浓的色调，浓郁的口感。它与一般的蒙塔尔奇诺差距甚远，口感上充满黑色浆果和李子的摩卡混合风味。所有遇到它的人必会询问一番。

封口：螺旋盖 酒精度：14.5% 评分：91 最佳饮用期：2030年

参考价格：45澳元

In the Groove Gruner Veltliner 2016

绿斐特丽娜 2016

来自阿德莱德山区。不锈钢桶中低温发酵。香气上有白胡椒味，口味随后在鲜咸美味与新鲜柑橘皮和核果水果之间变换。这款绿斐特丽娜历久不衰。

封口: 螺旋盖 酒精度: 12.5% 评分: 90 最佳饮用期: 2022年 参考价格: 25澳元

Prosecco NV

普罗赛克 无年份

一种清脆多汁的普罗赛克、西洋梨和柠檬水果味中带有茴香味。凉爽的阿德莱德山区酸度给予一个清新的主要风格，充分融入的糖份与其良好的平衡比例使酒款达到完整。它的回味简短，但能轻易满足普罗赛克易饮的期望。

封口：皇冠软木塞 酒精度：11% 评分：90 最佳饮用期：2017年

参考价格：25澳元 TS

Arundel Farm Estate 阿伦德尔农庄 ★★★★

321 Arundel Road, Keilor, Vic 3036 产区：山伯利

电话：039338 9987 网址：www.arundelfarmestate.com.au 开放时间：周末，10:00—17:00

酿酒师：马克·马修斯（Mark Matthews）、克劳德·斯科莫斯尼（Claude Ceccomancini）

创立时间：1984年 产量（以12支箱数计）：2000 葡萄园面积：7公顷

葡萄园在1984年的第一阶段种植了0.8公顷的西拉和赤霞珠。吉宫酒庄（Giaconda）的瑞克·凯兹布鲁尼（Rick Kinzbrunner）在1988年酿了第一个年份与之后的几个年份，但后续企业没落一直到1996年和2000年才再重新种植。今天，它只种植西拉和维欧尼两个品种。在2011年10月，克劳德·斯科莫斯尼（Claude Ceccomancini）和桑德拉·斯科莫斯尼（Sandra Ceccomancini）收购了这家公司，并任命马克·马修斯（Mark Matthews）为酿酒师。

🍷🍷🍷🍷🍷 Sunbury Shiraz 2015

山伯利西拉 2015

手工采收，10%整串葡萄，包括1%维欧尼在内，开放式发酵，20%在旧法国橡木桶中完成发酵，40%在发酵结束时进行压榨，40%在发酵后浸皮2周，陈酿20个月。一个令人惊赞重酒体的西拉，载满黑色水果、甘草、香料和土矿味，成熟的单宁是一个主要贡献者。有足够的平衡以支撑这款酒所需要的长期窖藏陈年，以达到酒款的最佳状态。

封口：螺旋盖 酒精度：14.5% 评分：94 最佳饮用期：2040年

参考价格：25澳元 ✪

🍷🍷🍷🍷🍷 Sunbury Viognier 2015

山伯利维欧尼 2015

评分：91 最佳饮用期：2018年 参考价格：25澳元

Ashbrook Estate 阿什布鲁酒庄 ★★★★★

379 Tom Cullity Drive, Wilyabrup, WA 6280 产区：玛格利特河

电话: 089755 6262 网址: www.ashbrookwines.com.au 开放时间: 每日开放, 10:00—17:00 酿酒师: 凯瑟琳·爱德华兹 (Catherine Edwards)、布莱恩·德维特 (Brian Devitt) 创立时间: 1975年 产量 (以12支箱数计): 12500 葡萄园面积: 17.4公顷

这个一贯酿制杰出的庄园，种植葡萄酒款的严苛挑剔生产商向来回避公关宣传，以致大众对他的认识远远不及它该有的知名度，它葡萄酒的销售几乎全数经由酒窖门店或卖给了邮购名单上的忠实客户群。基本上这是一个家族事业：布瑞恩·德维特（Brian Devitt）掌舵，他的女儿凯瑟琳（Catherine）担任葡萄酒酿造，葡萄种植方面则由有合格酿酒师身份的儿子理查德（Richard）负责。出口到美国、加拿大、德国、印度尼西亚、日本、新加坡等国家，以及中国内地（大陆）和香港地区。

🍷🍷🍷🍷🍷 Reserve Margaret River Chardonnay 2014

珍藏玛格利特河霞多丽 2014

超过6天的手工采收。换桶倒入与碳烤程度不同级别的新法国橡木桶，静置不翻搅酒渣陈酿8个月，没有乳酸发酵。将标准的霞多丽澳元素带入下一个更具复杂度与力量的层级。不否认橡木桶的强力影响，但水果的深度和广度足以匹配。气势壮丽。需要时间。

封口：螺旋盖 酒精度：14% 评分：96 最佳饮用期：2025年

参考价格：65澳元 SC ✪

Margaret River Chardonnay 2015

玛格利特河霞多丽 2015

味道富郁的门多萨克隆和辛辣的橡木同样让人感受到它的存在，但它的核心仍是明确的品种特色。没有乳酸发酵或手工搅桶增加了这一特点。西柚、白果肉核果水果、青蜜瓜的香气和口味是主力，口感质地和延伸的酸度提供了理想的结构。

封口：螺旋盖 酒精度：13.6% 评分：95 最佳饮用期：2022年

参考价格：32澳元 SC ✪

Margaret River Cabernet Sauvignon Merlot 2013
玛格利特河赤霞珠梅洛 2015
在高级法国橡木桶（225公升）里陈酿2年。充满浓郁的香气、可能是7%的小味儿多和6%的品丽珠展现它们的方式。明显带着杉木、月桂叶味特色，77%的产区赤霞珠和成熟红莓味，10%的梅洛，都在一个优雅精美的橡木和葡萄单宁结构框架之中。
封口：螺旋盖　酒精度：14.5%　评分：94　最佳饮用期：2027年
参考价格：30澳元 ✪

🍷🍷🍷🍷🍷 Margaret River Shiraz 2013
玛格利特河西拉 2013
评分：93　最佳饮用期：2025年　参考价格：30澳元　SC
Reserve Cabernet Sauvignon 2013
珍藏玛格利特河赤霞珠 2013
评分：93　最佳饮用期：2029年　参考价格：65澳元　SC
Margaret River Semillon 2016
玛格利特河赛美蓉 2016
评分：92　最佳饮用期：2025年　参考价格：25澳元　SC ✪
Margaret River Sauvignon Blanc 2016
玛格利特河长相思 2016
评分：91　最佳饮用期：2017年　参考价格：25澳元　SC

Ashton Hills　阿什顿山酒庄 ★★★★★

Tregarthen Road, Ashton, SA 5137　产区：阿德莱德山区
电话：088390 1243　网址：www.ashtonhills.com.au　开放时间：周六至周一，11:00—17:00　酿酒师：史蒂芬·乔治（Stephen George）、保罗·史密斯（Paul Smith）　创立时间：1982年　产量（以12支箱数计）：1500　葡萄园面积：3公顷
史蒂芬·乔治（Stephen George）使阿什顿山酒庄成为澳大利亚黑比诺最伟大的生产者之一，并在阿德莱德山区更是遥遥领先，为最好的。在没有家族继承产业的情况下，他于2015年4月将业务转售给威拿庄 威拿庄（Wirra Wirra）。在此之前，已有一段时间传闻，史蒂芬正在考虑采取这样的动作，因此，当这件事定案宣布时，对于酒庄能传递给威拿庄 威拿庄（Wirra Wirra）这样毋庸置疑承诺要保持葡萄酒卓越品质的企业后，得到一种宽慰。史蒂芬将继续住在庄园的房子，并持续提供的顾问意见。出口到美国等国家，以及中国内地（大陆）和香港地区。

🍷🍷🍷🍷🍷 Reserve Pinot Noir 2015
珍藏黑比诺 2015
50%葡萄来自庄园内最老的33年老藤，5个克隆中首选3个品种D5V12、Martini和777，33%在新法国橡木桶中陈酿。色彩艳丽，轻轻一嗅就充满香气，香料味带头，然后气壮山河的口感上充满了土矿、森林、梅子、黑樱桃、橡木和细腻持久的单宁。
封口：螺旋盖　酒精度：14.5%　评分：98　最佳饮用期：2035年
参考价格：70澳元 ✪
Piccadilly Valley Pinot Noir 2015
皮卡迪利山谷黑比诺 2015
来自庄园和紧邻的公墓葡萄园，在旧法国橡木桶陈酿。良好的颜色、酒缘色调和深度都好；采收季可能是有史以来最早的，但它并没有减低这位杰出酿酒师的特色和品质。黑樱桃、李子、各种香料和清新鲜美的森林味，全部在彼此之间缠绕。这是阿什顿山的一个极佳的年份。
封口：螺旋盖　酒精度：14%　评分：97　最佳饮用期：2035年
参考价格：35澳元 ✪

🍷🍷🍷🍷🍷 Riesling 2016
雷司令 2016
在你品尝过每一款上市的雷司令时，便很容易理解史蒂芬·乔治不愿意铲除他的雷司令，用黑比诺来替代的原因。完全成熟的葡萄树和葡萄园，酿出符合其等级的葡萄酒款，拥有与其崇高的黑比诺酒款相同的复杂性、长度、平衡感和纯品种特性。这是一个极棒的葡萄酒款。
封口：螺旋盖　酒精度：13%　评分：96分 最佳饮用期：2036年
参考价格：30澳元 ✪
Clare Valley Sparkling Shiraz 2009
克莱尔谷西拉气泡酒 2009
芬德瑞（Wendouree）的老葡萄树，一半栽植于1919年，带来了一款完整的、细腻的矿物单宁结构和鲜美的果味，确实为澳大利亚最棒的红色气泡酒之一。黑李子、黑樱桃甚至草莓水果味的中等酒体，都以高调瑰丽而轻松和谐的结构来表达这些老藤的沉稳信心。气派绚丽。
封口：皇冠软木塞　酒精度：13.5%　评分：96　最佳饮用期：2024年
参考价格：45澳元　TS ✪
Estate Pinot Noir 2015
庄园黑比诺 2015
在法国橡木桶中陈酿。五个庄园克隆中的两个马蒂尼（Martini）克隆贡献了几乎50%的葡萄酒。石榴红色的酒缘引入了一种具有阿德莱德山区独特的复杂性酒款，带有咸味、土地味、辛辣味的李子果味。问题在于它是否已比原本应该的更加进化。

封口：螺旋盖　酒精度：14%　评分：94　最佳饮用期：2026年
参考价格：45澳元

Atlas Wines　阿特拉斯酒庄　★★★★★

PO Box 458, Clare, SA 5453（邮）　产区：克莱尔谷
电话：0419 847 491　网址：www.atlaswines.com.au　开放时间：不开放
酿酒师：亚当·巴顿（Adam Barton）　创立时间：2008年
产量（以12支箱数计）：3000　葡萄园面积：8公顷

业主兼酿酒师亚当·巴顿（Adam Barton）在创建阿特拉斯酒庄之前有过丰富的酿葡萄酒事业生涯：麦克拉仑谷、巴罗萨谷、库纳瓦拉、美国加州代表性的邦尼顿酒庄（Bonny Doon）以及最近期克莱尔谷的赖利斯（Reilys）酒庄。他在产区东坡岩石地质的山脊上种植了6公顷的西拉和2公顷的赤霞珠，并从克莱尔和巴罗萨谷的其他出色地块采购小批量葡萄。葡萄酒的品质非常好，非常一致。出口到加拿大、新加坡等国家，以及中国内地（大陆）和香港地区。

🍷🍷🍷🍷🍷

172° Watervale Riesling 2016
172°沃特维尔雷司令 2016
以柑橘花香、青柠檬、柠檬和格兰尼史密斯苹果精致紧密的结构，加上清脆的矿物酸度。精密工程。
封口：螺旋盖　酒精度：11.5%　评分：95　最佳饮用期：2029年
参考价格：30澳元 ✪

429° Clare Valley Shiraz 2015
429°克莱尔谷西拉2015
手工采收，单一葡萄园，整批来自白色小屋区域（White Hut district），然后进行选桶。无保留的浓郁重酒体，最深的黑水果味、甘草、焦油和土矿味，维护着对未来几年所有入侵者的保护力量。
封口：螺旋盖　酒精度：14.5%　评分：94　最佳饮用期：2035年　参考价格：43澳元

🍷🍷🍷🍷

Clare Valley Shiraz 2015
克莱尔谷西拉 2015
评分：92　最佳饮用期：2030年　参考价格：27澳元

The Spaniard 2015
西班牙裔 2015
评分：90　最佳饮用期：2023年　参考价格：27澳元

Attwoods Wines　阿特伍德酒庄　★★★★★

45 Attwoods Road, Scotsburn, Vic 3352　产区：吉龙
电话：0407 906 849　网址：www.attwoodswines.com.au　开放时间：不开放　酿酒师：特洛伊·沃尔什（Troy Walsh）　创立时间：2010年　产量（以12支箱数计）：650　葡萄园面积：2公顷

在澳大利亚出生并受过教育的酿酒师和庄主特洛伊·沃尔什（Troy Walsh）自从1990年到2002年间，在伦敦当侍酒师工作了12年，开始踏上了他的葡萄酒之旅，一路走来历经一些最高尚、备受追宠的餐馆。2010年起，他每年随着飞行酿酒师的酿酒季路线在澳大利亚和法国两地酿酒。他专注在勃艮第和吉龙的黑比诺和霞多丽，以此也很快地将自己的知名度提升。他在澳洲与法国工作的酿酒厂都以整串葡萄发酵作为酿造过程的重要步骤，他大多数的酒款也都或多或少地使用了这种技术。最初所有的葡萄都是合同种植的，特洛伊（Troy）继续从班诺克本（Bannockburn）附近的两个葡萄园购买葡萄。2010年，特洛伊（Troy）和妻子珍在巴拉瑞特以南20公里的地方购买了18公顷的房地产，从墨尔本搬家，建立了1.5公顷以1米×1.2米间距的超高密度种植了两个黑比诺克隆品种MV6、777和Pommard，与0.5公顷的霞多丽。阿特伍德酒庄还租了在加里波第（Garibaldi）的一座有20年的葡萄园，种植了各0.5公顷的黑比诺和霞多丽。

🍷🍷🍷🍷🍷

Old Hog Geelong Chardonnay 2015
老猪公吉龙霞多丽 2015
淡淡的亮绿金黄色；所有阿特伍德的葡萄酒都有一种慷慨大方和优美柔顺的口感：我不知道这酒怎么来得？以12.8%的酒精度为起跑枪，但我当然表扬它。在浓稠的白桃和油桃味中带有一道激光般的粉红西柚与橡木味围绕。软木塞封瓶。
酒精度：12.8%　评分：96　最佳饮用期：2025年　参考价格：45澳元 ✪

Le Sanglier Geelong Shiraz 2013
野猪吉龙西拉 2013
颜色略微浑浊，但酒缘色调是可以的；一个复杂、完整、中等酒体的西拉，在黑樱桃果味后面有辛辣胡椒味网住，最终以慷慨使用的高级橡木桶、关键的整体融合性为收口。你可能觉得这样有些太过了，但回味令人垂涎欲滴又清新。答案在13.2%的酒精度。合成软木塞封瓶。
评分：96　最佳饮用期：2030年　参考价格：54澳元 ✪

🍷🍷🍷🍷

Old Hog Geelong Pinot Noir 2015
老猪公吉龙黑比诺 2015
评分：93　最佳饮用期：2018年　参考价格：54澳元

Atze's Corner Wines　阿泽康纳酒庄　★★★★☆

Box 81, Nuriootpa, SA 5355　产区：巴罗萨谷　电话：0407 621 989
网址：www.atzescornerwines.com.au　开放时间：仅限预约　酿酒师：安德鲁·卡勒斯克（Andrew Kalleske，合约）　创立时间：2005年　产量（以12支箱数计）：2000　葡萄园面积：

30公顷
看似无数的克拉斯（Kalleske）家族成员广泛地参与了巴罗萨谷的葡萄种植与酿酒工作。这个项目是约翰（John）与芭贝拉·卡勒斯克（Barb Kalleske）的儿子安德鲁·卡勒斯克（Andrew Kalleske）。1975年，他们购买了阿茨（Atze）葡萄园，其中包括在2012年种植的一小块西拉，但一路以来陆续增加种植，包括更多1951年的西拉。安德鲁从家庭葡萄园购买一些葡萄。它有20公顷的西拉、少量的马塔罗、小味儿多、歌海娜、赤霞珠、丹魄、维欧尼、小西拉、嘉西诺、蒙塔尔奇诺、维门提诺和艾格尼科。这些葡萄酒款都是庄园种植并在酒庄的酿酒厂酿制的。出口到美国。

🍷🍷🍷🍷🍷 Eddies Old Vine Barossa Valley Shiraz 2015
爱迪斯老藤巴罗萨谷西拉 2015
产自于1912年、1951年与1975年的三个葡萄园，每批葡萄的25%进新法国和美国橡木桶，剩下的葡萄用250公升橡木桶陈酿21个月。融合了多种元素，但决不会无人问津。深不透光的黑红色；浓郁广泛的单宁，成熟甜美到几乎太甜的水果；薄荷糖、红甘草和巧克力。软木塞封瓶。
酒精度：15%　评分：94　最佳饮用期：2031年　参考价格：60澳元　JF

🍷🍷🍷🍷 The Mob Barossa Valley Montepulciano 2015
黑帮巴罗萨谷蒙塔尔奇诺 2015
评分：92　最佳饮用期：2021年　参考价格：30澳元　JF

The Bachelor Barossa Valley Shiraz 2015
单身巴罗萨谷西拉 2015
评分：91　最佳饮用期：2028年　参考价格：30澳元　JF

A Label Barossa Valley Vermentino 2016
A标巴罗萨谷维门提诺 2016
评分：90　最佳饮用期：2018年　参考价格：25澳元　JF

Audrey Wilkinson　奥德雷威尔金生酒庄 ★★★★★

750 De Beyers Road, Pokolbin, NSW 2320　产区：猎人谷
电话：024998 1866　网址：www.audreywilkinson.com.au　开放时间：每日开放，10:00—17:00
酿酒师：杰夫·伯恩（Jeff Byrne），希瑟·哈车（Xanthe Hatcher）　创立时间：1866年　产量（以12支箱数计）：30000　葡萄园面积：35.33公顷
猎人谷最具历史意义的产业之一，坐落于一个非常美丽的地方，并拥有一个非常有吸引力的酒窖门店，自2004年以来由布莱恩·阿格纽（Brian Agnew）的家族拥有。葡萄酒由庄园种植的葡萄酿制而成，最主要的为西拉，其他按降序排列有赛美蓉、马尔贝克、维尔德罗、丹魄、梅洛、赤霞珠、麝香和琼瑶浆；葡萄树种植于1970年代到1990年代。在麦克拉仑谷还有一个3.45公顷种植梅洛和西拉的葡萄园。出口到英国、加拿大和中国。

🍷🍷🍷🍷🍷 Winemakers Selection Hunter Valley Semillon 2016
酿酒师精选猎人谷赛美蓉 2016
最浅淡的麦黄色酒缘色调，带有淡淡的柑橘花香、柠檬与青柠皮味，新鲜收割的草药和草本植物，甚至是湿润的鹅卵石香气。白垩口感质地与超细酸度直接进入中段，如同最解渴的柠檬大麦水。
封口：螺旋盖　酒精度：11.5%　评分：95　最佳饮用期：2035年
参考价格：30澳元　JF　✪

The Ridge Hunter Valley Semillon 2016
里治猎人谷赛美蓉 2016
柠檬般的酸度，当然还有很多味道：酸橙、茴香、新鲜的山羊奶酪、浴盐和滑石粉。它有力量推助到激情的回味。现在看起来相当不错，还能再持续几年。
封口：螺旋盖　酒精度：12%　评分：95　最佳饮用期：2028年　参考价格：45澳元

🍷🍷🍷🍷 Winemakers Selection Orange Arneis 2016
酿酒师精选奥兰治阿内斯 2016
评分：93　最佳饮用期：2020年　参考价格：30澳元　JF

Winemakers Selection Canberra Shiraz 2015
酿酒师精选堪培拉西拉 2015
评分：92　最佳饮用期：2025年　参考价格：40澳元　JF

Hunter Valley Semillon 2016
猎人谷赛美蓉 2016
评分：91　最佳饮用期：2025年　参考价格：25澳元　JF

The Oakdale Hunter Chardonnay 2016
奥克代猎人谷霞多丽 2016
评分：91　最佳饮用期：2022年　参考价格：45澳元　JF

Winemakers Selection Orange Chardonnay 2016
酿酒师精选奥兰治霞多丽 2016
评分：90　最佳饮用期：2022年　参考价格：35澳元　JF

Winemakers Selection Hunter Chardonnay 2016
酿酒师精选猎人谷霞多丽 2016

评分：90　最佳饮用期：2022年　参考价格：40澳元　JF

Hunter Valley Shiraz 2015

猎人谷西拉 2016

评分：90　最佳饮用期：2025年　参考价格：25澳元　JF

Winemakers Selection Hunter Malbec 2016

酿酒师精选猎人谷马尔贝克 2016

评分：90　最佳饮用期：2025年　参考价格：65澳元　JF

Winemakers Selection Blanc de Blanc 2013

酿酒师精选白中白 2013

评分：90　最佳饮用期：2017年　参考价格：40澳元　TS

Austins & Co.　奥斯汀斯酒庄　★★★★★

870 Steiglitz Road, Sutherlands Creek, Vic 3331　产区：吉龙
电话：035281 1799　网址：www.austinsandco.com.au　开放时间：不开放
酿酒师：约翰·德拉姆（John Durham）　创立时间：1982年
产量（以12支箱数计）：20000　葡萄园面积：61.5公顷

帕梅拉(Pamela)和理查德·奥斯丁(Richard Austin)从一个小小的基地悄然建立了自己的事业，并且蓬勃发展。葡萄园已经逐渐拓展到60多公顷。儿子Scott有着非葡萄酒行业的多元化成功事业，在2008年接手管理和所有权。葡萄酒的质量令人钦佩。出口到英国、加拿大、日本等国家，以及中国内地（大陆）和香港地区。

🍷🍷🍷🍷🍷 Custom Collection Ellyse Chardonnay 2015

定制典藏艾丽莎霞多丽 2015

以帕梅拉和理查德·奥斯丁的第一个孙子命名，艾丽莎仅在最好的年份酿制。法国橡木桶发酵，9个月后进行选桶。这是一个非常出众的霞多丽，表达清晰，果香浓郁，带有众合白桃、油桃和粉红西柚。鉴于其平衡和丰富的水果，它并不需要积极的法国橡木桶支持，但它当然是在橡木桶发酵的。

封口：螺旋盖　酒精度：13%　评分：97　最佳饮用期：2029年
参考价格：60澳元 ✪

🍷🍷🍷🍷🍷 Greenbanks Geelong Pinot Noir 2015

格林班克吉龙黑比诺 2015

葡萄去梗后并没有被压碎，先以天然酵母在常温自然发酵，再用培养酵母完成发酵，在旧的法国500公升橡木桶中陈酿9个月。复杂又讨喜，比酿酒技术建议的整串葡萄发酵更为鲜美，各种特色让这款酒如此令人满意，特别是丰富多汁的红色水果一直持续到余韵回味。

封口：螺旋盖　酒精度：13.5%　评分：96　最佳饮用期：2028年
参考价格：35澳元 ✪

Custom Collection Spencer Geelong Shiraz 2015

定制典藏吉龙西拉 2015

选择最高品质的果实，手工收成并在酒厂进一步分拣，在3吨开放式发酵桶中进行自然发酵，在厚实的500公升橡木桶和800升混凝土蛋型槽中陈酿15个月。深红紫色到紫色的酒缘色调出众；一款复杂、强度浓郁和平衡的重酒体葡萄酒； 在香气与口感上，黑莓、现磨黑胡椒、香料和甘草味贯穿。500公升橡木桶增加了明显的雪松木味、蛋型槽在口感质地方面有起作用，但味道上并没有。

封口：螺旋盖　酒精度：14.5%　评分：96　最佳饮用期：2040年
参考价格：60澳元 ✪

Geelong Chardonnay 2015

吉龙霞多丽 2015

19年葡萄树，手工采收，整串压榨，在法国橡木桶自然发酵，30%是新桶，酒渣陈酿10个月。一个复杂、丰富、多层次的霞多丽，具有所有核果水果味，以柑橘味的酸度平衡于悠长而令人满意的口感。

封口：螺旋盖　酒精度：13%　评分：95　最佳饮用期：2028年　参考价格：35澳元 ✪

Geelong Pinot Noir 2015

吉龙黑比诺 2015

有掘地6尺深所欠缺的惊人效应。清澈明亮的色彩引入香料与森林的香气、活泼悠长的口感有李子、红樱桃和酸樱桃果香中带着浓郁的香料味。

封口：螺旋盖　酒精度：13.5%　评分：95　最佳饮用期：2025年
参考价格：35澳元 ✪

6Ft6 Geelong Shiraz 2014

6 英尺6吉龙西拉 2014

富郁而口感浓郁的重酒体葡萄酒，将凉爽气候产区的西拉带到了另一个层级。辛香，黑莓水果味结合甘草和新鲜胡椒粉，成就了意想不到的清新和优雅。温暖气候生长的西拉固然是美好的，但与凉爽气区生长的相比总会有所不同。

封口：螺旋盖　酒精度：14.5%。评分：95　最佳饮用期：2034年
参考价格：25澳元 ✪

🍷🍷🍷🍷 6Ft6 Geelong Pinot Noir Rose 2016

6英尺6英寸吉龙黑比诺桃红酒 2016

评分：92　最佳饮用期：2018年　参考价格：25澳元 ✪

6Ft6 Geelong Pinot Noir 2014
6英尺6英寸吉龙黑比诺 2014
评分：92　最佳饮用期：2022年　参考价格：25澳元SC　✪
6Ft6 Geelong Shiraz 2015
6英尺6英寸吉龙西拉 2015
评分：92　最佳饮用期：2030年　参考价格：25澳元　✪
6Ft6 Geelong Pinot Noir 2015
6英尺6英寸吉龙黑比诺 2015
评分：91　最佳饮用期：2023年　参考价格：25澳元
Greenbanks Geelong Pinot Noir 2014
格林班克吉龙黑比诺 2014
评分：91　最佳饮用期：2023年　参考价格：35澳元
Geelong Riesling 2016
吉龙雷司令 2016
评分：90　最佳饮用期：2021年　参考价格：25澳元
6Ft6 Geelong Sauvignon Blanc 2015
6英尺6英寸吉龙长相思 2015
评分：90　最佳饮用期：2018年　参考价格：25澳元
6Ft6 King Valley Geelong Pinot Gris 2016
6英尺6英寸吉龙灰比诺 2016
评分：90　最佳饮用期：2018年　参考价格：25澳元
Geelong Pinot Noir 2014
吉龙黑比诺 2014
评分：90　最佳饮用期：2022年　参考价格：35澳元
Custom Collection Geelong Pinot Noir 2014
定制典藏吉龙黑比诺 2014
评分：90　最佳饮用期：2023年　参考价格：60澳元

Auswan Creek　天鹅庄　★★★★

218 Murray Street, Tanunda, SA 5352　产区：巴罗萨谷
电话：(02) 8203 2239　网址：www.auswancreek.com.au　开放时间：周三至周日，10:00—17:00
酿酒师：本·里格斯（Ben Riggs）　创立时间：2008年　产量（以12支箱数计）：30000　葡萄园面积：12公顷

天鹅葡萄酒集团是由天马酒庄（Inspire Vintage）和澳大利亚天鹅酿造公司（Australia Swan Vintage）合并组成。这个集团的珍宝是位在安加斯顿一个10公顷的葡萄园，1.7公顷种植于1908年的西拉，0.86公顷种植于60年代，5.43公顷较年轻的西拉，加上1.76公顷的赤霞珠和1.26公顷的歌海娜。总部位在Tanunda占地2公顷的酒窖门店和酒庄酿酒厂与葡萄园 。大部份生产使用的葡萄购买自南澳洲的葡萄果农。重点在于出口到新加坡，泰国和中国。

🍷🍷🍷🍷🍷(半) Peacock Reserve McLaren Vale Shiraz 2014
孔雀珍藏麦克拉仑谷西拉 2014
如同任何一款佐餐葡萄酒款所具有的饱和度和深墨色-深不透光的颜色；酒的精华与颜色意味的一样强烈，把酒带到了未知的领域：克拉伦登山（Clarendon Hills），托尔布雷克（Torbreck），双手（Two Hands），瓦拉比拉（Warrabilla），一一跪拜。带有苦巧克力、甘草、棍棒和石头的风味。最佳饮用期要等30年以上。
封口：软木塞　评分：92　最佳饮用期：2044年　参考价格：80澳元

🍷🍷🍷🍷 Governor Selection Barossa Valley Cabernet Shiraz 2014
精选巴罗萨谷赤霞珠西拉 2014
评分：89　最佳饮用期：2024年　参考价格：69澳元

Avani　阿瓦尼　★★★★

98 Stanleys Road, Red Hill South, Vic 3937　产区：莫宁顿半岛
电话：(03) 5989 2646　网址：www.avanisyrah.com.au　开放时间：仅限预约　酿酒师：莎希·席恩（Shashi Singh）　创立时间：1987年　产量（以12支箱数计）：400　葡萄园面积：4公顷

阿瓦尼（Avani）是莎希·席恩与戴维卓·席恩（Shashi & Devendra Singh）的合资企业，他们在莫宁顿半岛拥有并经营餐厅超过25年，并因此对葡萄酒产生了兴趣。1998年，他们冒险买下荒野堡葡萄园（Wildcroft Estate）。莎希在CSU大学选读了葡萄栽培专科，但后来转科到葡萄酒科学课程。菲利普·乔恩斯（Phillip Jones）于2000年开始为阿瓦尼酒庄酿酒，莎希在2004年开始在巴斯·菲利普（Bass Phillip）酒庄工作，并逐渐在葡萄酒酿造厂担任重要职位。她将葡萄园的种植密度增加到每公顷4000株，并将种植产量降低至略高于每亩1吨。2005年开始施行有机种植，而后在葡萄园实践生物动力学培育。更为大胆的决定是将原有5个葡萄品种的种植改为100%的西拉品种。莎希全权负责了2009年在Phillip Leongatha酒厂生产阿瓦尼葡萄酒，而在12年他们在酒庄建立了自己的小型酿酒厂。

🍷🍷🍷🍷🍷 Amrit Pinot Gris 2016
阿姆里特灰比诺 2016
没有任何破坏了它的霞多丽兄弟姐妹的氧化迹象，并且确实是一个非常具有吸引力的

灰比诺，整串压榨，橡木桶发酵和酒渣陈酿7个月。它的芳香多汁，味道从梨子扩展到核果类水果味。即鉴于酒精含量低亦为出色。
封口：合成软木塞　酒精度：12.3%　评分：94　最佳饮用期：2020年
参考价格：35澳元

Aylesbury Estate　艾尔斯伯里　★★★☆

RMB 240, Ferguson, WA 6236　产区：吉奥格拉菲
电话: (08) 9728 3020　网址：www.aylesburyestate.com.au　开放时间：不开放
酿酒师：Luke Eckersley, Coby Ladwig　创立时间：2015年
产量（以12支箱数计）：3500　葡萄园面积：8.7公顷
瑞恩·吉布斯（Ryan Gibbs）和纳尔利·吉布斯（Narelle Gibbs）是弗格森山谷产区（Ferguson）中极具开拓性的吉布斯家族的第六代。吉布斯家族在1883年初到此地，他们把这里的农场以他们在英格兰的家乡小镇“艾尔斯伯里”命名。过去几代的家族几百年来在这200公顷的土地上一直从事畜牧养殖，直到1998年决定种植4.2公顷的赤霞珠作为生意的多样化转型。在2001年，接着加植2.5公顷的梅洛，2004年1.6公顷的长相思。在2008年，瑞恩和纳尔利从父亲手中接管了业务的所有权和管理权，贩卖葡萄直到2015年，正式生产第一批艾尔斯伯里庄园葡萄酒。

🍷🍷🍷🍷🍷　Waterfall Gully Ferguson Valley Sauvignon Blanc 2016
瀑布弗格斯山谷长相思　2016
不修边幅 - 机器收获，使用培养酵母冷发酵。所以这一切归功源自葡萄园，多样化的风味与口感上从热带水果到核果水果的不同领域 。酸度若略为提升可能将酒转化至另一层级。
封口：螺旋盖　酒精度：12.5%　评分：90　最佳饮用期：2018年
参考价格：25澳元

🍷🍷🍷🍷　Waterfall Gully Cabernet Merlot 2015
瀑布弗格斯赤霞珠梅洛2015
评分：89　最佳饮用期：2025年　参考价格：25澳元

BackVintage Wines　回归酒庄　★★★★

2/177 Sailors Bay Road, Northbridge, NSW 2063　产区：多产区
电话：(02) 9967 9880　网址：www.backvintage.com.au　开放时间：周一至周五，9:00—17:00
酿酒师：Julian Todd，Nick Bulleid MW，Mike Farmilo　创立时间：2003年　产量（以12支箱数计）：10000
BackVintage葡萄酒业为虚拟酒庄的醉全面代表。它不仅没有葡萄园，也不拥有酿酒厂，并且只通过网站或电话销售。葡萄酒酿造团队从各地采购优质并物有所值的大批散装酒或瓶装葡萄酒，然后负责葡萄酒装瓶前的最后混调步骤。这些葡萄酒所提供的高信价比是不言而喻并相当卓越。

🍷🍷🍷🍷🍷　Tumbarumba Chardonnay 2015
唐巴兰姆巴霞多丽 2015
以这个价位而论是一款精致丰富的霞多丽，甜瓜，果核水果风味与柑橘完美的果覆于在奶油腰果核心上。Tumbarumba高海拔的酸度使其酒体轻盈又有算长的余韵。
封口：螺旋盖　酒精度：12.7%　评分：91　最佳饮用期：2022年
参考价格：17澳元　NG　✪

Adelaide Hills Pinot Gris 2016
阿德莱德山灰比诺2016
灰比诺烤苹果，西洋梨和苦杏仁都因8%雷司令的加入所点燃，比想象的更容易凸显，还有青柠檬核心的支架着。风格成功的一酒款。
封口：螺旋盖　酒精度：12.5%　评分：90　最佳饮用期：2020年
参考价格：13澳元　NG　✪

Langhorne Creek Shiraz 2013
兰好乐溪西拉2013
直接明显的温暖气候西拉如同所有气瓶上燃烧着火苗。在加入6%赤霞珠与4%的歌海娜，可以品尝到预期中的黑色水果味，略有还原樟脑味与有点刺激的单宁。
封口：螺旋盖　酒精度：14.4%　评分：90　最佳饮用期：2028年
参考价格：13澳元　NG　✪

🍷🍷🍷🍷　Block 8 McLaren Vale Shiraz 2014
8号田麦克拉仑谷西拉2014
评分：89　最佳饮用期：2019年　参考价格：13澳元　NG　✪

Badger's Brook　百德泽布鲁克　★★★★

874 Maroondah Highway, Coldstream, Vic 3770　产区：雅拉谷
电话：(03) 5962 4130　网址：www.badgersbrook.com.au　开放时间：周三至周日，11:00—17:00
酿酒师：迈克尔·沃伦（Michael Warren）、加里·鲍德温（Gary Baldwin，顾问）　创立时间：1993年　产量（以12支箱数计）：2500　葡萄园面积：4.8公顷
葡萄园位于著名的罗克福德（Rochford）隔壁，种植着霞多丽、长相思、黑比诺、西拉（各1公顷），赤霞珠（0.35公顷），梅洛、维欧尼（各0.2公顷）），有几行瑚珊、玛珊和丹魄葡萄藤。自2012年以来，酒庄采摘酿造的百德泽布鲁克葡萄酒是100%的庄园自产，雅拉谷的葡萄只使用副标斯托姆桥（Storm Ridge）。还有特拉蒙托厨房和酒吧。出口到亚洲。

🍷🍷🍷🍷🍷 Bellarine Peninsula Shiraz 2015
贝拉林半岛西拉2015
在法国橡木桶中陈酿15个月，其中25%为新桶。喜欢这种酒的特性：血色梅子，甘草和木香，辛辣的香料（如果存在这样的东西），香气柔和多汁。黑色和红色水果口味，充满了能量和生命力，虽然它本质上是优雅的，中等重量，橡木和单宁平衡。
封口：螺旋盖　酒精度：13.5%　评分：92
最佳饮用期：2025年　参考价格：25澳元　SC

Yarra Valley Viognier Roussanne Marsanne 2015
雅拉谷维欧尼瑚珊玛珊2015
85 / 7.5 / 7.5%庄园混合。口味和结构与2016年的非常类似；维欧尼的品种特征再次突显，瑚珊和玛珊带来平衡和绵长的杏和热带水果的细微差别，后者可能是短暂忍冬香气的贡献者。发展缓慢稳定。
封口：螺旋盖　酒精度：13%　评分：91
最佳饮用期：2019年　参考价格：22澳元　✪

Yarra Valley Viognier Roussanne Marsanne 2016
雅拉谷维欧尼瑚珊玛珊2016
90/5/5%的混合。有趣的是，背标说酒体中等干燥，但是残糖非常不明显。显而易见的是，维欧尼的杏/石水果品种风味，瑚珊和玛珊提供清爽而不油腻的结尾。
封口：螺旋盖　酒精度：13%　评分：90
最佳饮用期：2018年　参考价格：22澳元

Yarra Valley Pinot Noir 2015
雅拉谷黑比诺 2015
手工采摘的庄园式混合克隆。展现了各式品种的香气，带有酸樱桃、蔓越莓和黑烟香料的混合香气；一点香草是橡木的影响。尽管风味上有足够的深度和风味，但在口感上却缺少一点光影。轻柔的单宁给予葡萄酒一个适当的、淡淡的涩味完成。
封口：螺旋盖　酒精度：13.5%　评分：90
最佳饮用期：2025年　参考价格：28澳元

Yarra Valley Tempranillo 2015
雅拉谷丹魄2015
庄园葡萄，手工采摘，大部分为整串葡萄在法国橡木桶中发酵并熟成的。一款制作精良的葡萄酒，没有使用这么多整串葡萄产生的问题。酒体中等，红色和黑色的樱桃香气在前面，并在收尾时喷出细腻单宁。
封口：螺旋盖　酒精度：13.5%　评分：90
最佳饮用期：2025年　参考价格：28澳元

🍷🍷🍷🍷 Yarra Valley Chardonnay 2016
雅拉谷霞多丽2016
评分：89　最佳饮用期：2020年　参考价格：25澳元　SC

Storm Ridge Yarra Valley Pinot Noir 2015
斯托姆桥雅拉谷黑比诺2015
评分：89　最佳饮用期：2022年　参考价格：20澳元

Yarra Valley Cabernet Sauvignon 2014
雅拉谷赤霞珠2014
评分：89　最佳饮用期：2029年　参考价格：25澳元

Baie Wines　拜厄酒庄 ★★★★☆

120 McDermott Road, Curlewis, Vic 3222　产区：吉龙
电话：0400 220 436　网址：www.baiewines.com.au　开放时间：仅限预约
酿酒师：罗宾•布罗凯特（Robin Brockett）　创立时间：2000年
产量（以12支箱数计）：2000　葡萄园面积：6公顷
以库克（Kuc）家族［由安妮（Anne）和皮特（Peter）为首］拥有的养殖场拜厄公园（Baie Park）的名字已有数十年之久。2000年，他们分别种植了长相思、灰比诺和西拉各2公顷，这是06年以后的第一个葡萄酒。葡萄园种植在北向的斜坡上，朝向菲利普港湾的岸边；海洋影响深远。帕特里克•彼得（Patriarch Peter）是一位全科医生，一直长时间工作，注重细节，他和农学家儿子西蒙（Si周一）负责葡萄栽培。安妮在海滨庄园迎接游客，西蒙的妻子纳丁（Nadine）是这个行业的营销力量。

🍷🍷🍷🍷🍷 Bellarine Peninsula Shiraz 2015
贝拉林半岛西拉2015
凉爽的气候让有紫罗兰花、蓝莓、橄榄油、胡椒粉、烟熏肉和亚铁碘酒的混合气味打造出闪亮光滑的光泽。酸度鲜明，从头到尾体现出；单宁紧致，轻柔触觉。整体印象是瓷器般顺滑。
封口：螺旋盖　酒精度：14%　评分：95　最佳饮用期：2022年
参考价格：30澳元　NG

🍷🍷🍷🍷🍷 Bellarine Peninsula Pinot Gris 2016
贝拉林半岛灰比诺2016

评分：92 最佳饮用期：2019年 参考价格：25澳元 NG ✪

Bellarine Peninsula Pinot Gris 2016

贝拉林半岛灰比诺2016

评分：92 最佳饮用期：2019年 参考价格：25澳元 NG ✪

Bailey Wine Co 艾蓓蕾酒庄 ★★★★

PO Box 368, Penola, SA 5277（邮） 产区：库纳瓦拉
电话：0417 818 539 网址：www.baileywineco.com 开放时间：不开放
酿酒师：蒂姆•贝利（Tim Bailey） 创立时间：2015年 产量（以12支箱数计）：400

在库纳瓦拉生活和工作了20年之后，蒂姆·贝利（Tim Bailey）和露西尔·贝利（Lucille Bailey）决定通过建立自己的小型葡萄酒业务来度假。蒂姆的日常工作是莱肯菲尔德酒庄（Leconfield）的酿酒师，但他也曾在加利福尼亚的索诺玛山谷工作过，并在法国和纳帕谷游历过。蒂姆和露西尔说他们有一个简单的理念：在我们喜欢的地区找到优秀的种植者，让葡萄园在瓶中闪耀。因此，他们于2016年找到了克莱尔谷雷司令和在格兰屏西拉，在2017年购买了阿德莱德山霞多丽和库纳瓦拉赤霞珠。

Bryksy Vineyard Watervale Riesling 2016

比斯克酒园雷司令2016

花香之后是柑橘和苹果花的香味，口感比花香更加紧密和清脆，它的高酸度加强了酸性。这是一项正在进行的工作，保证在21点之前爆发出歌曲，而且寿命比这更长。
封口：螺旋盖 酒精度：11% 评分：93
最佳饮用期：2031年 参考价格：25澳元 ✪

Baileys of Glenrowan 百利酒庄 ★★★★★

779 Taminick Gap Road, Glenrowan, Vic 3675 产区：格林罗旺（Glenrowan）
电话：(03)5766 1600 网址：www.baileysofglenrowan.com.au
开放时间：每日开放，10:00—17:00 酿酒师：保罗•达兰伯格（Paul Dahlenburg）
创立时间：1870年 产量（以12支箱数计）：15000 葡萄园面积：143公顷

就在看起来百利公司仍然是澳洲富邑集团被遗忘的前哨站之一时，事情就发生了逆转。自1998年以来，承诺保罗达伦堡一直负责百利，并监督葡萄园的扩建工程和建设一座2000吨的酿酒厂。酒窖有遗产博物馆、酒厂观景台、当代艺术画廊和园林场地，保留了大部分遗产价值。百利酒庄也加快了麝香和托卡伊的步伐，重新引入酿酒师精选系列作为顶端产品，同时继续大批量的创立者酒款系列。

Winemakers Selection Rare Old Muscat NV

酿酒师精选老藤麝香 无年份

黑桃花心木；葡萄的精髓和橙花的耳语；它的味道与质地的强度和复杂度甚至超过了窖藏稀有托帕石；所有阿拉伯香料、圣诞布丁和干邑浸泡的李子。尽管如此，仍然有着清新的光泽，长久的光洁度和震动回味。375毫升瓶。
封口：软木塞 酒精度：17.5% 评分：98 参考价格：75澳元 ✪

Winemakers Selection Rare Old Topaque NV

酿酒师精选老藤托帕克 无年份

橄榄色的边缘颜色明显地显示出这款酒的年龄；香气扑鼻，口感极为甜美而复杂，带有多种香料、柑橘皮、茶叶和奶油口味；口感犹如天鹅绒，陈年葡萄酒（Racio）和酒精就在那里但不过分。微小地饮一口，避免了做这个笔记时想吐出的感觉。375毫升瓶。
封口：软木塞 酒精度：17.5% 评分：97 参考价格：75澳元 ✪

Organic Shiraz 2015

有机西拉2015

难怪这种酒引起了我的味蕾注意，暗示它有一些特别的（和不寻常的）。答案是通过阅读后面的标签，其中指定了25%的整串，2%的密斯卡岱和法国大橡木桶的成熟。它优雅，明快，带有紫色和黑色水果的旋律，单宁极佳，回味悠长。
封口：螺旋盖 酒精度：14% 评分：96
最佳饮用期：2030年 参考价格：28澳元 ✪

Founder Series Classic Topaque NV

创始者系列经典无年份托帕克

琥珀色，轻微的渐变，在轮辋上点缀橄榄，彰显其年代；味道丰富，有圣诞蛋糕，太妃糖和丰富的香料；尽管甜味一直持续到中段，但直到陈年葡萄酒（Racio）有助于结尾回归于干型。百利公司非常注意保持这种葡萄酒的质量和风格，这与今天市场上的任何葡萄酒一样便宜。
封口：玻璃瓶塞 酒精度：17% 评分：95 参考价格：30澳元

Founder Series Classic Muscat NV

创始者系列经典无年份麝香

颜色已经发展到越过了任何红色（比托帕克更暗和更深）；这是保罗达伦博士想要制作的更具优雅风格的一个很好的例子，带有香味玫瑰花瓣和香料花束；口感非常优雅，不会牺牲果实的强度或甘美甜美的风味,葡萄干的味道：是答案的一部分，也融合了决策。价值巨大。荣获了三枚金牌和《酒州杂志》2015年年度最佳加强型葡萄酒奖杯。
封口：玻璃瓶塞 酒精度：17% 评分：95 参考价格：30澳元

Durif 2015

杜瑞夫2015
评分：92　最佳饮用期：2028年　参考价格：28澳元　SC
Shiraz 2015
西拉 2015
评分：91　最佳饮用期：2030年　参考价格：28澳元　SC
Petite Sirah
小西拉2015
评分：90　最佳饮用期：2030年　参考价格：28澳元　SC

Baillieu Vineyard　柏烈酒庄　★★★★★

32 Tubbarubba Road, Merricks North, Vic 3926　产区：莫宁顿半岛
电话：(03)5989 7622　网址：www.baillieuvineyard.com.au　开放时间：于美瑞克斯葡萄酒专卖店对外开放　酿酒师：杰拉尔·丁默克福尔（Geraldine McFaul）　创立时间：1999年
产量（以12支箱数计）：2500　葡萄园面积：9.2公顷
查理和萨曼莎·柏烈重新组建了前福克斯伍德葡萄园，种植了霞多丽、维欧尼、灰比诺、黑比诺和西拉。朝北的葡萄园是柏烈家族拥有的64公顷“斗牛犬赛场”物业的一部分，并且保持完好无损。经过翻新的美瑞克斯葡萄酒专卖店是一家兼有酒馆、餐馆和酒窖门店功能的综合型商店。

🍷🍷🍷🍷🍷 Mornington Peninsula Viognier 2016
莫宁顿半岛维欧尼2016
它充满杏/杏仁口味，但不会结块或很快结束。虽然出乎意料，但它的卓越品质毫无疑问。
封口：螺旋盖　酒精度：13.5%评分：95　最佳饮用期：2018年
参考价格：25澳元　✪

Mornington Peninsula Pinot Noir 2015
莫宁顿半岛黑比诺2015
淡红色；芬芳的花香环绕，并提供各种美味的红色水果香气。一个伟大的年份，酒体有不寻常的躯干和长度。总是非常漂亮，这将迈向顶级梯队，承诺为那些不急于消费所有瓶子的人提供进一步的奖励。
封口：螺旋盖　酒精度：13%　评分：95　最佳饮用期：2023年　参考价格：35澳元　✪

Mornington Peninsula Shiraz 2015
莫宁顿半岛西拉2015
它的深色鲜艳的色彩反映了西拉的品质：卓越的2015年份和熟练的葡萄酒酿造工艺。它有一点辛辣的黑樱桃和李子水果香味，所有的单宁有一个漫长而平衡的结束。当然，它仍然处于青春期，并拥有美好的未来。
封口：螺旋盖　酒精度：13%　评分：95　最佳饮用期：2035年
参考价格：35澳元　✪

Mornington Peninsula Rose 2016
莫宁顿半岛玫瑰桃红酒2016
庄园种植的黑比诺和莫尼耶皮诺。这款三文鱼粉玫瑰桃红酒是一种非常好的干型桃红酒，充满了草莓、香料和红樱桃果。香气持续到余味后，被光线和酸度提升。
封口：螺旋盖　酒精度：13.5%　评分：94　最佳饮用期：2018年
参考价格：25澳元　✪

🍷🍷🍷🍷 Mornington Peninsula Chardonnay 2015
莫宁顿半岛霞多丽2015
评分：93　最佳饮用期：2023年　参考价格：35澳元
Peninsula Pinot Gris 2016
莫宁顿半岛灰比诺2016
评分：92　最佳饮用期：2020年　参考价格：30澳元

Balgownie Estate　博尔基尼酒庄　★★★★★

Hermitage Road, Maiden Gully, Vic 3551　产区：班迪戈
电话：(03)5449 6222　网址：www.balgownieestatewines.com.au　开放时间：每日开放，11:00—17:00　酿酒师：托尼•文斯皮尔（Tony Winspear）　创立时间：1969年
产量（以12支箱数计）：15000　葡萄园面积：35.28公顷
博尔基尼酒庄是本迪戈地区的老者，2012年庆祝其第40届年份。一个300万价值的酒庄升级，葡萄园规模增加一倍。博尔基尼酒庄在雅拉谷也有一家酒窖门店。雅拉谷的工艺与本迪戈地葡萄酒巧妙搭配。博尔基尼酒庄拥有雅拉谷最大的葡萄园度假村，拥有超过65间客房和数量有限的温泉度假套房。2016年4月，中国的互动中国文化科技投资公司以2900万价格收购了博尔基尼酒庄本迪戈和雅拉谷业务。出口到英国、美国、加拿大、斐济、新加坡和新西兰等国家，以及中国内地（大陆）和香港地区。

🍷🍷🍷🍷🍷 Centre Block Bendigo Shiraz 2015
中心酒园本迪戈西拉2015
这是一个比它的弟兄更宽松的单一庄园班迪戈西拉。其结果是紫罗兰，碘和蓝色水果的合奏，由一串白胡椒融化成透明酸度和温和的单宁。稍微减少，在它的尖锐花香芳香中呼应罗纳河北部。陈年后会更优秀。
封口：螺旋盖　酒精度：14.5%　评分：96　最佳饮用期：2033年
参考价格：55澳元　NG　✪

Old Vine Bendigo Shiraz 2014
老藤本迪戈西拉2014
由1969年原始种植的最佳12排制成的酒，在橡木桶中陈酿时间较长。石墨土和板岩张力结合起来，让深色水果和茴香给予一击。咖啡磨碎的单宁被牢牢嵌入。只有时间才能证明，但这是一场满足地区风格的奢华展示，而不是对单一葡萄园的酒的结构和芳香着重研究。
封口：螺旋盖　酒精度：14.5%　评分：95　最佳饮用期：2038年
参考价格：120澳元　NG

Yarra Valley Chardonnay 2015
雅拉谷霞多丽2015
这里等来了清凉的雅拉谷女高音！紧绷和拉伸的硬核水果旋律更倾向于油桃，多汁和浓烈的气息，因为它穿过由高品质法国橡木和酵母装饰过的味觉。
封口：螺旋盖　酒精度：13.6%　评分：94　最佳饮用期：2025年
参考价格：45澳元　NG

Railway Block Bendigo Shiraz 2015
铁路酒园本迪戈西拉 2015
西拉最集中的单一酒园，这使得花香芳香物得到提升，在西拉的香料世界中脱颖而出：丁香、茴香、姜黄和黑胡椒。有从蓝色到黑色的丰富水果口味，但整体体验是能量，香草和力量之一。
封口：螺旋盖　酒精度：14.8%　评分：94　最佳饮用期：2033年
参考价格：55澳元　NG

Rock Block Bendigo Shiraz 2015
岩石酒园本迪戈西拉2015
这个酒园是葡萄藤努力嵌入根系的艰难位置。这款葡萄酒是黑橄榄和茴香的高度美味混合作品，无可挑剔的平衡和蜿蜒曲折的口感，因为它试图脱离上等的单宁、酸度更高的坚硬外壳。
封口：螺旋盖　酒精度：14.5%　评分：94　最佳饮用期：2035年
参考价格：55澳元　NG

🍷🍷🍷🍷🍷

Bendigo Shiraz 2014
本迪戈西拉 2014
评分：93　最佳饮用期：2034年　参考价格：45澳元　NG

Centre Block Bendigo Shiraz 2014
中心酒园本迪戈西拉2014年
评分：93　最佳饮用期：2032年　参考价格：55澳元　NG

Bendigo Chardonnay 2015
本迪戈霞多丽2015
评分：92　最佳饮用期：2022年　参考价格：45澳元　NG

Black Label Bendigo Cabernet Merlot 2014
黑牌本迪戈赤霞珠梅洛2014
评分：91　最佳饮用期：2025年　参考价格：25澳元　NG

Bendigo Cabernet Sauvignon 2014
本迪戈赤霞珠2014
评分：91　最佳饮用期：2028年　参考价格：45澳元　NG

Black Label Yarra Valley Chardonnay 2015
黑牌雅拉谷霞多丽2015
评分：90　最佳饮用期：2021年　参考价格：25澳元　NG

Black Label Bendigo Shiraz 2015
黑牌本迪戈西拉2015
评分：90　最佳饮用期：2023年　参考价格：25澳元

Ballandean Estate Wines　波兰甸酒庄　★★★★☆

Sundown Road, Ballandean, Qld 4382　产区：格兰纳特贝尔
电话：（07）4684 1226　网址：www.ballandeanestate.com　开放时间：每日开放，9:00—17:00
酿酒师：迪兰·瑞摩尔（Dylan Rhymer），安吉鲁·普利斯（Angelo Puglisi）
创立时间：1970年　产量（以12支箱数计）：12000　葡萄园面积：34.2公顷
格兰纳特贝尔的一个葡萄酒，由永远快乐迷人的安吉鲁·普利斯（Angelo Puglisi）和妻子玛丽（Mary）所拥有。玛丽在酒窖门店推出了一个美食食品店——贪婪的我，展示了当地食品工匠生产的食品以及玛丽自己制作的美食产品。2012年是一个充满活力的波兰甸庄园的辉煌年份，在优质葡萄酒中更换了新的标签。出口到新加坡等国家，以及中国内地（大陆）和台湾地区。

🍷🍷🍷🍷🍷

Limited Release Generation 3 2014
第三代2014 限量发售
2014年限量发布第三代，除了这是最重的瓶子，这是赤霞珠和西拉的混合，我对此知之甚少，但相信这是对普利西家族三代人的认可。这是一款非常好的葡萄酒，来自优质的格兰纳特贝尔年份，颜色深沉而清晰，黑醋栗/黑莓水果二者合作得宜，毫无嫉妒之象。
封口：软木塞　评分：95　最佳饮用期：2034年　参考价格：69澳元

🍷🍷🍷🍷🍷 Opera Block Granite Belt Chardonnay 2015
歌剧酒园格兰纳特贝尔霞多丽2015
评分：91 最佳饮用期：2021年 参考价格：30澳元

Messing About Granite Belt Fiano 2016
梅辛系列格兰纳特贝尔菲娅诺2016
评分：90 最佳饮用期：2023年 参考价格：30澳元

Ballycroft Vineyard & Cellars 百丽克罗夫特酒园 ★★★★★

1 Adelaide Road, Greenock, SA 5360 产区：巴罗萨谷
电话：0488 638 488 网址：www.ballycroft.com 开放时间：每日开放，11:00—17:00
酿酒师：约瑟夫·伊万斯（Joseph Evans） 创立时间：2005年 产量（以12支箱数计）：250
葡萄园面积：3.5公顷

这个微型企业由祖尔（Joe）和苏伊万斯（Sue Evans）所有。乔在这片土地的生活始于1984年，后来他从罗斯沃斯获得了葡萄栽培学位。在1992—1999年，他曾在罗克福德葡萄酒公司的不同部门工作过，并从此在格林诺克溪葡萄酒公司工作。祖尔和苏是一个两人乐队，因此，酒窖门店的访客最好与他俩其中一人预约个人品鉴。欢迎多达8人的团体。

小浆果巴罗萨谷西拉2014，这是一款避开现代巧克力牌的高贵酒，既不含果酱也不热。酒精度较高，美国橡木和葡萄单宁无缝融合在深色水果香味中。奇迹般地酿酒和葡萄酒，这使得格里诺克的草皮盖满了它。让人想起90年代末澳大利亚葡萄酒的帕克时期了吗？有些人会说是的，但更糟。我说是更好。

🍷🍷🍷🍷🍷 Small Berry Barossa Valley Shiraz 2014
小浆果巴罗萨谷西拉2014
这是一款避开现代巧克力牌的高贵酒，既不含果酱也不热。酒精度较高，美国橡木和葡萄单宁无缝融合在深色水果香味中。奇迹般地酿酒和葡萄酒，这使得格里诺克的草皮盖满了它。让人想起90年代末澳大利亚葡萄酒的帕克时期了吗？有些人会说是的，但更糟。我说是更好。
封口：螺旋盖 酒精度：14.7% 评分：96 最佳饮用期：2035年
参考价格：45澳元 NG ✪

Small Berry Langhorne Creek Cabernet Sauvignon 2014
小浆果兰霍恩河赤霞珠2014
尽管酒体肥壮，酒精含量高，但赤霞珠紧密的单宁、烟丝和烟叶的味道，以及浓烈的黑醋栗水果，却充满了豪华气息。并不带有进攻性，这款酒更是一种享乐主义的自由流动，从不会陷进果酱汁。整体印象是肆无忌惮的丰富。
封口：螺旋盖 酒精度：15.6% 评分：95 最佳饮用期：2038年
参考价格：33澳元 NG ✪

Small Berry New French Oak Langhorne Creek Cabernet Sauvignon 2014
小浆果兰霍恩河法国新橡木桶赤霞珠2014
这款葡萄酒充满了醋栗、留兰香以及高质量的雪松，香草和肉桂香料和法国新橡木的香气。毕竟，这种葡萄酒已经花费了整整28个月的时间待在橡木桶中，随后展开了一个一天内四次抽取的雄心勃勃的提取方案，为期10天。虽然直接印象是……呃……橡木，葡萄酒开瓶后，醒酒一天后感觉很好，这表明在酒窖里的时间会奖励喜欢丰富水果香气的人。勤勉忠厚，酒精水平非常平衡。
封口：软木塞 酒精度：15.6% 评分：94 最佳饮用期：2038年
参考价格：98澳元 NG

Balnaves of Coonawarra 巴内夫酒庄 ★★★★★

15517 Riddoch Highway, 库纳瓦拉, SA 5263 产区：库纳瓦拉
电话：（08）8737 2946 网址：www.balnaves.com.au 开放时间：周一至周五，9:00—17:00；周末，12:00—17:00 酿酒师：皮特·比塞尔（Pete Bissell） 创立时间：1975年
产量（以12支箱数计）：9000 葡萄园面积：74.33公顷

作为葡萄种植者、葡萄栽培顾问和酿酒师，杜克·巴内夫（Doug Balnaves）拥有超过70公顷的优质葡萄园。这些葡萄酒总是优秀的，通常很出色，因其柔软的口感、品种的完整性、平衡性和长度而闻名。单宁总是美好而成熟，橡木微妙并完美融合。让库纳瓦拉处于最佳状态。出口到英国、美国、加拿大、日本等国家，以及中国内地（大陆）和香港地区。

🍷🍷🍷🍷🍷 Chardonnay 2015
霞多丽2015
皮特·比塞尔（Pete Bissell）将霞多丽提升到该地区任何其他酿酒师无与伦比的水平。手工挑选，整串压制直接送到路易拉图大橡木桶（20%是新的），用45%野生和55%人工培育的酵母发酵，在酒泥上成熟11个月。比塞尔确定了2月20日的收获日期，将在收获一种有柑橘和硬核水果、牛轧糖、蜂蜜和奶油香料香气的果实。
封口：螺旋盖 酒精度：13% 评分：96 最佳饮用期：2025年
参考价格：30澳元 ✪

Cabernet Sauvignon 2015
赤霞珠2015
包括2.7%的小维多，在法国橡木桶中熟化18个月。这是经典的库纳瓦拉赤霞珠加上黑醋栗、桑葚、薄荷和干月桂叶，配以精致而坚实的单宁，呈现出一种浓郁而朴实的葡萄酒，甚至可陈放至不出死果和高酒精度。因此，它具有一定的紧缩性，这种类型的

葡萄酒可以从好年份的波尔多葡萄酒中发现，例如70年代的。
封口: 螺旋盖　酒精度: 14.5%　评分: 96　最佳饮用期: 2035年　参考价格: 40澳元

The Tally Reserve Cabernet Sauvignon 2015
泰利珍藏赤霞珠2015
手工采摘，长时间浸渍，在66%新的大橡木桶中成熟18个月。浓郁的黑醋栗、桑葚和香草与橡木结合的香气表现突出，成为一种强有力的味觉，其中单宁味道鲜美，无法争辩他们的生活目的。在回到巴内夫家族轨道之前，他们需要轻柔陈酿至少5年。
封口：软木塞　酒精度：14%　评分：96　最佳饮用期：2045年　参考价格：90澳元

Shiraz 2015
西拉2015
自41年树龄的葡萄园，在法国橡木桶中成熟18个月（35%是新桶），完美无瑕地由优质葡萄酿制而成。梅子、黑樱桃和黑莓的混合，中等酒体，但你吞咽时能感受到橡木的环绕。库纳瓦拉的风格代表之一。
封口: 螺旋盖　酒精度: 14%　评分: 95　最佳饮用期: 2035年　参考价格: 28澳元　✪

Cabernet Merlot 2015
加本力梅洛2015
90/10%的混酿，来自部分最古老的植株（1976年），在法国橡木桶中陈酿15个月。明亮的深红紫色；水果香气和单宁结构从一开始就各自发声，也不承认失败。黑醋栗、桑葚和黑橄榄香气在红色阵营，葡萄果肉中和橡木桶的成熟的单宁香气在蓝色阵营。这不是一次唯一的奖品争夺战；它会持续很多年。
封口: 螺旋盖　酒精度: 14%　评分: 95　最佳饮用期: 2035年　参考价格: 28澳元　✪

The Blend 2015
混酿2015
60%的梅洛，33%的赤霞珠，5%的赤霞珠，2%的小维多。赤霞珠组份来自新的Entav无性系338和412，它们与新的梅洛植系有相同的潜力。将这些品种分别进行酿造，并在14个月的法国橡木桶陈酿好之前混合。巴内夫将这款波尔多混酿风格葡萄酒挑战玛格丽特河产区。它的酒体中等偏轻，但整体是蓝色浆果和黑色浆果的香气，并且呈现柔顺的口感，带有单宁和橡木味。
封口: 螺旋盖　酒精度: 14%　评分: 94　最佳饮用期: 2027年　参考价格: 19澳元　✪

Entav* Clone Cabernet Petit Verdot 2016
Entav克隆加本力小维多2016
85/15%混合酿造，与人工培养酵母一起开放式发酵的，在法国橡木桶中熟化5个月。漂亮的深红色紫色；香气浓郁，带有明亮的紫色和蓝色水果香味以及法国橡木桶香气。中等到浓郁的口感，结构非常好，尤其是考虑到它在橡木桶中的短暂逗留。单宁粉末般细腻完全合适，价格诱人。未来发展会非常有趣。
封口: 螺旋盖　酒精度: 14%　评分: 94　最佳饮用期: 2026年　参考价格: 28澳元　✪
*ENTAV：Etablissement national technique pour l'amélioration de la viticulture的缩写，即法国国家促进葡萄种植技术研究所，译者注。

Bangor Estate　班戈庄园

20 Blackman Bay Road, Dunalley, Tas 7177　产区：塔斯马尼亚南部
电话：0418 594 362　网址：www.bangorshed.com.au　开放时间：每日开放，10:00—17:00　酿酒师：塔斯马尼亚酿造　创立时间：2010年　产量（以12支箱数计）：900　葡萄园面积：4公顷

班戈庄园的故事始于1830年，当时被判盗马罪的约翰·邓巴宾被运送到范迪门厂。通过辛勤工作，他获得了自由，并购买了自己的土地，为班戈的五代农业铺平了道路。今天，它位于塔斯马尼亚州最南端的佛瑞斯特（Forestier）半岛上，占地6200公顷，拥有5100公顷的原生森林、草原和湿地以及35公里长的海岸线。马特（Matt）和凡妮·莎丹巴斌（Vanessa Dunbabin）都拥有植物生态学和植物营养学博士学位，毫无疑问他们有能力保护这座美好的地产——直到2013年，这年的丛林大火中烧毁了他们当地杜娜磊（Dunalley）镇及周边地区。时间会治愈这些伤痛，但与此同时，他们决定与来自富勒姆水产养殖公司的同样受到火灾的严重影响的汤姆和艾丽丝·格雷合作建立一个酒窖门店。因此，班戈农场7号沉默之屋诞生了。葡萄园种植黑比诺和灰比诺各1.5公顷，霞多丽1公顷。

Jimmy's Hill Reserve Tasmania Pinot Gris 2016
吉米山精选塔斯马尼亚灰比诺2016
这将开启灰比诺的芳香，推向成熟的硬核水果、苹果、柑橘果酱、杏仁酱和金银花。这种酒是用天然酵母在大木桶中发酵的，展现了灰比诺的更成熟、更宽广，我刚说的是更有趣的风格。唯一的提醒是结束时的热度。
封口：螺旋盖　酒精度：14.5%　评分：95
最佳饮用期：2024年　参考价格：36澳元　NG

Tasmania Pinot Gris 2016
塔斯马尼亚灰比诺2016
评分：93　最佳饮用期：2025年　参考价格：35澳元　NG

Abel Tasman Pinot Noir 2014
亚伯塔斯曼黑比诺2014
评分：91　最佳饮用期：2023年　参考价格：43澳元

Tasmania Riesling 2016
塔斯马尼亚雷司令2016
评分：90　最佳饮用期：2025　参考价格：35澳元　NG

Methode Traditionelle Vintage 2011
传统陈年 2011
评分：90 最佳饮用期：2018年 参考价格：45澳元 TS

Banks Road 班克斯路酒庄 ★★★★★

600 Banks Road, Marcus Hill, Vic 3222 产区：吉龙
电话：(03)5258 3777 网址：www.banksroad.com.au 开放时间：周五至周日，11:00—17:00
酿酒师：威廉姆•德尔汉姆（William Derham） 创立时间：2001年 产量（以12支箱数计）：2000 葡萄园面积：6公顷

班克斯路酒庄是贝拉林半岛上一家小型家族经营的酒庄。酒庄的葡萄园采用生物动力学原理，取消了杀虫剂的使用，并开始消除陆地上所有化学物质的使用。该酒厂不仅酿造班克斯路葡萄，还为该地区的其他小型生产商酿造葡萄酒。

🍷🍷🍷🍷🍷 Soho Road Vineyard Bellarine Peninsula Chardonnay 2015
搜狐路葡萄园贝拉林半岛霞多丽2015
这是一个优雅浓郁的霞多丽，粉红西柚和白桃带动风味，具有特别好的延展性（酸度带动），可以延长和清新结尾和余味。
封口：螺旋盖 酒精度：12.2% 评分：95 最佳饮用期：2024年 参考价格：36澳元

Yarram Creek Bellarine Pinot Noir 2015
亚拉姆河贝拉林黑比诺2015
葡萄来自当地的葡萄园，进行部分小批量开放发酵。使用一些野生酵母发酵和进行延长的果皮浸渍时间，在法国大橡木桶成熟（20%是新的）。色调明亮清澈，葡萄酒具有很好的驱动力，延展性和重点。与搜狐路黑比诺强烈的深度和复杂性相比，这款酒强调线性驱动，水果和完整果束紧紧地集中在一起。价值非常高。
封口：螺旋盖 酒精度：13.2% 评分：95 最佳饮用期：2023年 参考价格：24澳元 ✪

Soho Road Vineyard Bellarine Peninsula Pinot Noir 2015
搜狐路葡萄园贝拉林半岛黑比诺2015
该葡萄园俯瞰着天鹅湾和菲利普港头，并被认为是半岛上最古老的葡萄园。低产量（每株葡萄不到1公斤）产生了一种复杂而浓郁的葡萄酒，具有深色樱桃和李子果实般诱人的森林/美味色彩。酸度在延长，刷新了黑比诺的高度大气。
封口：螺旋盖 酒精度：13.9% 评分：95 最佳饮用期：2025年 参考价格：36澳元

Bellarine Pinot Grigio 2016
贝拉林灰比诺2016
根据大多数记录，如果沙梨是关键香气，这就是该品种香气纯正而优异的表达。如果你愿意，你可以将香气和香味分成梨皮和梨子。充满兴趣。
封口：螺旋盖 酒精度：12% 评分：94 最佳饮用期：2020年 参考价格：24澳元 ✪

Geelong Pinot Noir 2014
吉龙黑比诺2014
强大而复杂，通常低产量，在春季会进一步减产。它层次分明，悠长，带有可口的黑樱桃和李子水果香气，但和一种朴实的单宁相得益彰。可能走得更远。
封口：螺旋盖 酒精度：12.8% 评分：94 最佳饮用期：2026年 参考价格：30澳元 ✪

Heathcote Sangiovese 2015
西斯科特桑乔维塞 2015
这款葡萄酒同样使用贝拉林葡萄园的背面标签词。外观不怎么样。然而，这款葡萄酒没有问题，清新的樱桃水果，淡淡的中等酒体的口感。我觉得丝毫不会比现在缎面般的口感更令人愉快。
封口：螺旋盖 酒精度：13% 评分：94 最佳饮用期：2023年 参考价格：30澳元 ✪

🍷🍷🍷🍷 Bellarine Pinot Gris 2015
贝拉林灰比诺2015
评分：92 最佳饮用期：2017年 参考价格：30澳元

Yarram Creek Bellarine Geelong Chardonnay 2015
亚拉姆河贝拉林吉龙霞多丽2015
评分：91 最佳饮用期：2021年 参考价格：24澳元

Geelong Sauvignon Blanc 2015
吉龙长相思2015
评分：90 最佳饮用期：2017年 参考价格：24澳元

Bannockburn Vineyards 班诺克本酒庄 ★★★★★

Midland Highway, Bannockburn, Vic 3331（邮） 产区：吉龙 电话：(03)5281 1363 网址：www.bannockburnvineyards.com 开放时间：仅限预约 酿酒师：马修·福尔摩斯（Matthew Holmes） 创立时间：1974年 产量（以12支箱数计）：7000 葡萄园面积：24公顷

已故的斯图尔特·胡珀（Stuart Hooper）对勃艮第的葡萄酒深深热爱，并且能够品尝最好的酒。当他建立班诺克本酒庄时，黑比诺和霞多丽是构成种植的主要部分，并有少量的雷司令、长相思、赤霞珠、西拉和梅洛。班诺克本酒庄仍然由胡珀家族的成员所有，他们继续尊重胡珀的酿造反映葡萄园口味的葡萄酒的信念。出口到加拿大、新加坡等国家，以及中国内地（大陆）和香港地区。

🍷🍷🍷🍷🍷 Extended Lees Geelong Chardonnay 2011
延长酒泥吉龙霞多丽2011

通过不锈钢桶、大桶和大橡木桶的混酿，花了4年时间在酒泥上浸渍。结果是迷人的。在另一个层面上的复杂性——虽然味道太多——五香柠檬，涂上黄油的奶油蛋卷，鸡肉，无花果和硬核水果——它还可以通过天然酸度的影响对这些味道进行微妙整合。
封口：螺旋盖 酒精度：12.5% 评分：97
最佳饮用期：2022年 参考价格：65澳元 JF ✪

🍷🍷🍷🍷🍷 S.R.H. 2013
S.R.H. 2013
从1976年种植的最古老的霞多丽藤的12排植株中采摘。用野生酵母在法国橡木桶中发酵并陈酿3年。色彩浓重，但葡萄酒仍然明亮，青春洋溢，口感丰富。橡木香料，奶油，酒泥的气息，味道绵长而精确。
封口：螺旋盖 酒精度：13.5% 评分：96
最佳饮用期：2022年 参考价格：75澳元 JF ✪

Geelong Sauvignon Blanc 2016
吉龙长相思2016
100%长相思品种，具有引人注目的香气：冷茶，白色花朵和洋槐花，复杂而朴实。口感光彩夺目——一度紧绷，酸度适中，感受到蜂蜜和松针的绵密、生动。
封口：螺旋盖 酒精度：13% 评分：95 最佳饮用期：2026年 参考价格：35澳元 JF

Geelong Chardonnay 2014
吉龙霞多丽 2014
整串压榨，野生酵母在法国橡木桶（20%是新的），在酒泥中进行苹果酸乳酸发酵。酒体饱满、复杂，保留了生姜、柠檬皮、豆腐和木头香料。结构感强。它深邃而有力，与强烈的酸度相合。它需要时间。
封口：螺旋盖 酒精度：12.5% 评分：95 最佳饮用期：2025年 参考价格：60澳元 JF

🍷🍷🍷🍷 Douglas 2013
道格拉斯2013
评分：91 最佳饮用期：2021年 参考价格：30澳元 JF

Geelong Pinot Noir 2015
吉龙黑比诺2015
评分：90 最佳饮用期：2023年 参考价格：60澳元 JF

Barfold Estate 巴福尔德酒庄 ★★★★

57 School Road, Barfold, Vic 3444 产区：西斯科特
电话：(03)5423 4225 网址：www.barfoldestate.com.au 开放时间：每日开放，10:00—17:00
酿酒师：克雷格•艾特肯（Craig Aitken）和桑德拉·艾特肯（Sandra Aitken）
创立时间：1998年 产量（以12支箱数计）：350 葡萄园面积：4.2公顷
克雷格和桑德拉•艾特肯（Craig 和 Sandra Aitken）的农场位于西斯科特葡萄酒产区西南角的巴福尔德，这个产区较凉爽位置，生产较为辛辣的西拉葡萄。到目前为止，他们种植了3.8公顷的西拉和0.4公顷的赤霞珠。

🍷🍷🍷🍷 Heathcote Sparkling Shiraz NV
西斯科特西拉无年份起泡酒
西斯科特的个性体现在中等酒体的黑梅、白胡椒和一片辣椒粉香料中。精心处理，结构细致的单宁确定了绵长无暇的结尾，精确而诱人。
封口：Diam软木塞 酒精度：13.4% 评分：93
最佳饮用期：2019年 参考价格：32澳元 TS

Barnyard1978 谷仓旁1978酒园 ★★★★

12 Canal Rocks Road, Yallingup, WA 6282 产区：玛格利特河
电话：(08) 9755 2548 网址：www.barnyard1978.com.au 开放时间：每日开放，10:30—17:00 酿酒师：Todd Payne 创立时间：1978年 产量（以12支箱数计）：1250 葡萄园面积：4公顷
1978年是当时西耶娜庄园种植的头一年，但新主人哈闵塔（Raminta）和埃迪狄久思•胡思拉斯（Edidijus Rusilas）对一个有点被忽视的葡萄园进行了5年恢复计划，并增加了新种植葡萄，已经初见成效。因此，也有一家餐厅开设了两个不同时段的单独品酒区；因其低影响环境因素获得WA建筑商协会奖。

🍷🍷🍷🍷🍷 Margaret River Chardonnay 2016
玛格利特河霞多丽2016
Gin Gin植系，手工采摘，去籽去径，用野生和人工培养酵母发酵，在法国橡木桶中熟成7个月（30%是新桶），酒泥浸渍3个月。白桃和梨子的香气由橡木碎片轻轻抚摸，长度和平衡均完美无暇。
封口：螺旋盖 酒精度：13% 评分：94 最佳饮用期：2026年 参考价格：30澳元 ✪

🍷🍷🍷🍷 Cabernet Sauvignon Cabernet Franc 2014
赤霞珠品丽珠2014
评分：92 最佳饮用期：2024 参考价格：30澳元

Barratt 巴拉特酒庄 ★★★★★

Uley Vineyard, Cornish Road, Summertown, SA 5141 产区：阿德莱德山 电话：(08) 8390 1788
网址：www.barrattwines.com.au 开放时间：周末，11:30—17:00 酿酒师：琳茜•巴拉特

(Lindsay Barratt) 创立时间：1993年 产量（以12支箱数计）：500 葡萄园面积：5.6公顷
这是前医师琳茜•巴拉特（Lindsay Barratt）的一次冒险。琳茜一直负责葡萄种植业，2001年退休后，他接手负责葡萄酒酿造（在2002年获得了阿德莱德大学酿酒文凭）。葡萄酒的质量非常好。出口到新加坡等国家，以及中国台湾地区。

🍷🍷🍷🍷🍷 Uley Vineyard Piccadilly Valley Pinot Noir 2015
皮卡迪利谷尤里葡萄园黑比诺2015
32年树龄的葡萄藤，除杆，35%的整串葡萄，开放式发酵，5天冷浸后放入人工培养酵母，12天果皮浸渍，法国橡木桶（22%是新的）装陈酿10个月。高香而华丽的花束是一种连体双胞胎，其活泼多汁的口感，复杂性和整个组成部分的长度。随着不断品尝而更加诱人。
封口: 螺旋盖 酒精度: 13.5% 评分: 96 最佳饮用期: 2027年 参考价格: 37澳元 ✪

Uley Vineyard Piccadilly Valley Chardonnay 2015
皮卡迪利谷尤里葡萄园黑比诺霞多丽2015
克隆株系10V1,手工采摘。使用野生酵母在法国橡木桶里发酵（33%是新桶），为期11个月。静静品味，平衡感和酒香长度让人印象深刻，无可挑剔，收尾新鲜。
封口: 螺旋盖 酒精度: 13.5% 评分: 95 最佳饮用期: 2024年 参考价格: 32澳元 ✪

Piccadilly Valley Sauvignon Blanc 2016
皮卡迪利谷长相思2016
手工采摘，然后压榨并用人工培育酵母发酵。豌豆和草本的香气扑面而来，随后长时间地被被热带水果和硬核水果的香气所淹没。
酒精度：13.5% 评分：94 最佳饮用期：2018年 参考价格：23澳元 ✪

Barrgowan Vineyard 巴格万酒庄 ★★★★★

30 Pax Parade, Curlewis, Vic 3222 产区：吉龙
电话：(03) 5250 3861 网址：www.barrgowanvineyard.com.au 开放时间：仅限预约
酿酒师：迪克•西蒙森（Dick Simonsen） 创立时间：1998年 产量（以12支箱数计）：150箱
迪克·西蒙森（Dick Simonsen）和迪比·西蒙森（Dib Simonsen）于1994年开始种植西拉（有5个克隆品种），他们打算自己酿酒。所有5个克隆株系产品全面投产后，西蒙森的最高产量达到200箱，并相应生产少量西拉葡萄酒，后者迅速售出。葡萄藤是经过人工修剪的，葡萄是人工采摘，必须用筐子压榨的，全部为靠重力发酵的。质量堪称典范。

Barringwood 巴灵酒庄 ★★★★

60 Gillams Road, Lower Barrington, Tas 7306 产区：塔斯马尼亚北部
电话：(03) 6287 6933 网址：www.barringwood.com.au 开放时间：周四至周一，10:00—17:00
酿酒师：赫罗米酒业（Josef Chromy Wines）、杰里米·帝林（Jeremy Dineen） 创立时间：1993年 产量（以12支箱数计）：3000箱 葡萄园面积：5公顷
朱迪（Judy）和伊恩·罗宾逊（Ian Robinson）在低巴灵顿摇篮山的主要旅游路线上的经营一家锯木厂，1993年他们种植了500株葡萄树，目的是做一些家庭酿酒。很快就打算扩大葡萄园和酿造规模，他们开始了一项六年计划，在前四年里每年种植1公顷葡萄，并在接下来的两年里建造地窖和品酒室。巴灵酒庄最近向内维尔（Neville）和万尼萨·巴高（Vanessa Bago）的销售没有看到任何重大的业务变化。

🍷🍷🍷🍷🍷 Classic Cuvee 2013
经典特酿 2013
优雅完整，无缝地将皮诺葡萄的草莓和红樱桃果香与霞多丽的柑橘果香和塔斯马尼亚酸度（三分之一为苹果酸乳酸发酵）的活力结合在一起。三年的酒泥浸渍建立了柔软的奶油和杏仁牛奶的质地，而不会打扰充满活力的塔斯马尼亚水果的流动和清新。旖旎诱人。
封口：Diam软木塞 酒精度：11.5% 评分：94 最佳饮用期：2021年
参考价格：45澳元 TS

🍷🍷🍷🍷 Pinot Gris 2016
灰比诺 2016
评分：90 最佳饮用期：2021年 参考价格：34澳元 JF

Tasmanian Methodc Traditionnelle Cuvee NV
塔斯马尼亚传统法精酿 无年份
评分：90 最佳饮用期：2017年 参考价格：32澳元 TS

Barristers Block 巴瑞斯特酒庄 ★★★★

141 Onkaparinga Valley Road, Woodside，南澳大利亚 5244 产区：阿德莱德山
电话：(08) 8389 7706 网址：www.barristersblock.com.au 开放时间：每日开放，10:30—17:00
酿酒师：安托尼皮尔斯（Anthony Pearce），皮特莱斯科（Peter Leske） 创立时间：2004年
产量（以12支箱数计）：7000箱 葡萄园面积：18.5公顷
业主伊恩斯梅林可艾伦（Jan Siemelink-Allen）在该行业有20多年的工作经验，先是作为拉顿布里赤霞珠和西拉10公顷的葡萄种植者，然后是该地区的葡萄酒生产商。2006年，她和她的家人在阿德莱德山的伍德赛德附近购买了种植的8公顷的长相思和黑比诺种植的葡萄园。出口到英国、德国、越南、马来西亚、韩国、新加坡等国家，以及中国内地（大陆）和香港地区。

🍷🍷🍷🍷 The JP Wrattonbully Cabernet Sauvignon 2012
JP拉顿布里赤霞珠2012

保留了良好的色彩和赤霞珠典型的单宁骨干，充足的黑醋栗水果香气。适饮时期接近高峰。
封口：螺旋盖　酒精度：14.5%　评分：91　最佳饮用期：2022年　参考价格：69澳元

Barton Estate　巴顿庄园　★★★★

2307 Barton Highway, Murrumbateman, 新南威尔士 2582　产区：堪培拉地区
电话：(02) 6230 9553　网址：www.bartonestate.com.au　开放时间：周末及公共假期，10:00—17:00　酿酒师：首要酒庄（Capital Wines），加拉格尔酒庄（Gallagher Wines）　创立时间：1997年　产量（以12支箱数计）：500箱　葡萄园面积：7.7公顷
鲍勃·佛班克（Bob Furbank）和妻子朱莉·克缇（Julie Chitty）都是澳大利亚联邦科学与工业研究组织（Commonwealth Scientific and Industrial Research Organization,缩写为CSIRO）植物生物学家：鲍勃是生物化学家（生理学家），朱莉是植物组织培养的专家。1997年，他们收购了历史悠久的杰尔站一部分，120公顷葡萄园，并从此种植了15个葡萄品种。除赤霞珠、西拉、梅洛、雷司令和霞多丽等主要品种，也包含少量的其他品种，共同制成了这件"约瑟夫的神奇彩衣"。

🍷🍷🍷🍷🍷　Riley's Canberra Riesling 2016
瑞雷堪培拉雷司令 2016
一束赏心悦目的花香，就像盛开的果园中芬芳的香气，结出果实的希望。口感柔和，很有质感，甜红苹果和奥兰治柑橘的轻盈口味被柔和的酸度融合，不会侵入，但为口感带来一些神韵，并延伸出完美。这是一种平静而不是力量的酒。
封口：螺旋盖　酒精度：11.9%　评分：94　最佳饮用期：2023年
参考价格：25澳元　SC　✪

🍷🍷🍷🍷　Canberra Blue Rose 2016
堪培拉蓝桃红 2016
评分：90　最佳饮用期：2019　参考价格：20澳元　SC　✪

Georgia Canberra Shiraz 2015
乔治亚堪培拉西拉 2015
评分：90　最佳饮用期：2025年　参考价格：30澳元　SC

Barton Jones Wines　巴顿琼斯酒庄　★★★★

39 Upper Capel Road, Donnybrook，西澳大利亚 6239　产区：吉奥格拉菲（Geographe）
电话：(08)　9731 2233　网址：www.bartonjoneswines.com.au　开放时间：周四至周一，10:30—16:30　酿酒师：合同制　创立时间：1978年　产量（以12支箱数计）：2000　葡萄园面积：3公顷
布莱克·波尔桥（Blackboy Ridge）庄园的22公顷地部分清理完毕后，于1978年种植2.5公顷的赛美蓉，白诗南，西拉和赤霞珠。当现在的业主艾德里安·琼斯和杰克·巴顿在2000年购买了此处，有一些葡萄藤就是这个地区最古老的。葡萄园和酒窖门店位于朝北的斜坡上，可欣赏到多尼溪（Donnybrook）地区的广阔景色。出口到英国。

🍷🍷🍷🍷🍷　The Box Seat Geogaphe Semillon 2015
方座吉奥格拉菲赛美蓉2015
在法国橡木桶里陈酿了18个月，酸度依然清脆，你可以听到紧缩的声音。微妙的酒泥浸渍加强了柠檬香茅和柠檬汁的口味，还有一小块干草药的气息。
封口：螺旋盖　酒精度：13.5%　评分：94　最佳饮用期：2021年
参考价格：25澳元　JF　✪

The Bigwig Margaret River Shiraz 2015
头面人物玛格利特河西拉 2015
产自玛格利特产区边境，依旧诱人。浓郁的深红色肉桂和八角茴香配以深红色水果，单宁柔顺。
封口：螺旋盖　酒精度：14%　评分：94　最佳饮用期：2024年
参考价格：29澳元　JF　✪

🍷🍷🍷🍷　The Top Drawer Cabernet Sauvignon 2015
高级赤霞珠 2015
评分：92　最佳饮用期：2021年　参考价格：29澳元　JF

Barwang　吧王酒庄　★★★★☆

Barwang Road, Young, 新南威尔士 2594（邮）　产区：希托扑斯（Hilltops）
电话：(02) 9722 1200　网址：www.mcwilliams.com.au　开放时间：不开放
酿酒师：胡塞尔·考迪（Russell Cody），安德鲁·希金斯（Andrew Higgins）
创立时间：1969年　产量（以12支箱数计）：未知　葡萄园面积：100公顷
彼得·罗伯森（Peter Robertson）在1969年率先在杨地区种植葡萄，作为他的400公顷放牧地的多样化计划的一部分。1989年麦威廉家族收购了吧王酒，葡萄园达13公顷；今天的种植面积是100公顷。该品牌还包括100%的唐巴兰姆巴葡萄酒，以及希托扑斯/唐巴兰姆巴混合酒。出口到亚洲。

🍷🍷🍷🍷　Hilltops Shiraz 2014
希托扑斯西拉2014
这是一款价格合理的凉爽气候的优质西拉葡萄酒。酒体中等，活力充沛，有红色和黑色浆果以及一些美味的音符。口感优雅，持久而均衡，单宁柔和的单宁提供了酒体主干，这表明从几年的酒窖陈酿中将获得收益。
封口：螺旋盖　酒精度：13.5%　评分：93　最佳饮用期：2025年
参考价格：23澳元　PR　✪

🍷🍷🍷🍷 Tumbarumba Pinot Gris 2016
唐巴兰姆巴灰比诺 2016
评分：89　最佳饮用期：2018年　参考价格：23澳元

Barwon Ridge Wines　巴旺山脊酒庄 ★★★☆

50 McMullans Road, Barrabool，维多利亚 3221　产区：吉龙
电话：0418 324 632　网址：www.barwonridge.com.au　开放时间：每月第一个周末及公共假期
酿酒师：萝拉园酒庄（Leura Park Estate）内尔·康顿（Nyall Condon）　创立时间：1999年　产量（以12支箱数计）：400　葡萄园面积：3.6公顷

1999年，杰夫·安森（Geoff Anson）、琼·安森（Joan Anson）和肯·金（Ken King，袋鼠地国王）种植了巴旺山脊葡萄园。葡萄园坐落在吉龙以西的巴拉布山（Barrabool Hills）。杰夫和琼现在经营葡萄园，他们专注于生产优质葡萄，现在在雷拉公园酿造葡萄酒。葡萄园是巴拉布山酿酒业重新复出的一部分，在该地区19世纪40年代至19世纪80年代的第一次热潮之后。巴旺山脊葡萄园种植黑比诺、西拉、赤霞珠、玛珊和霞多丽。

🍷🍷🍷🍷🍷 Geelong Cabernet Sauvignon 2015
吉龙赤霞珠2015
黑石榴紫色，迷人，迷人的迷迭香和黑橄榄，薰衣草和黑醋栗，雪松橡木和木香料的香气。口感有成熟水果的香味，也有咸味，单宁成熟，酸度中稍有涩味。
封口：螺旋盖　酒精度：13.4%　评分：92　最佳饮用期：2027年　参考价格：40澳元　JF

🍷🍷🍷🍷 Geelong Shiraz 2015
吉龙西拉 2015
评分：89　最佳饮用期：2025年　参考价格：40澳元　JF

Basalt Wines　巴萨尔特酒庄 ★★★☆

1131 Princes Highway, Killarney，维多利亚 3283　产区：亨提
电话：0429 682 251　网址：www.basaltwines.com　开放时间：每日开放，10:00—17:00　酿酒师：斯科特·爱尔兰（Scott Ireland，合约）　创立时间：2002年　产量（以12支箱数计）：800
葡萄园面积：2.8公顷

谢恩（Shane）和爱丽·克兰西（Ali Clancey）是大洋路社区在仙女港附近的爱尔兰后裔，他们将前土豆农场变成了一个非常成功的小型葡萄酒庄园。2002年，谢恩开始种植混合克隆株系黑比诺，加上少量添帕尼罗。巴萨尔特酒庄的葡萄由多姆伯格（Drumborg）葡萄园补充，其中包括0.4公顷的26年树龄的MV6黑比诺，更重要的是高质量的雷司令。谢恩是葡萄栽培者，助理酿酒师和批发商，经营酒窖门店，爱丽涉及商业的各个部分，包括在酒庄旁边吃草的小羊群。

🍷🍷🍷🍷🍷 Great Ocean Road Riesling 2016
大洋路雷司令 2016
酒标上的亨提产区，就表明了其矿物酸度，这在海洋气候下的雷司令通常缺乏。他有令人垂涎的酸橙味与酸度并存。现在很好，5年以上将会非常棒。
封口：螺旋盖　酒精度：11.8%　评分：94　最佳饮用期：2036年　参考价格：29澳元 ✪

🍷🍷🍷🍷 Great Ocean Road Pinot Noir 2015
大洋路黑比诺2015
评分：89　最佳饮用期：2022年　参考价格：35澳元

Basedow Wines　贝斯多酒庄 ★★★☆

161–165 Murray Street，塔南达，南澳大利亚 5352　产区：巴罗萨谷
电话：0418 847 400　网址：www.basedow.com.au　开放时间：每日开放，10:00—17:00
酿酒师：理查德·贝斯多（Richard Basedow）、罗布吉·布森（Rob Gibson）
创立时间：1896年　产量（以12支箱数计）：5000　葡萄园面积：214公顷

1896年贝斯多家族建立了贝斯多酒庄，而马丁贝斯多建立了罗斯沃斯（Roseworthy）农学院。除了聘请顾问酿酒师罗布吉布森外，兄弟俩还在2008年在旧藤谷小学建造了一座酿酒厂，并使用教室作为酒窖门店。14年酒庄从詹姆斯酒庄购买了贝斯多品牌，恢复了所有权的连续性，并且在15年11月，他们购买了以前的家庭酒庄，整个链条就完满了。出口到英国，加拿大，丹麦，韩国，泰国，新加坡和中国。

🍷🍷🍷🍷🍷 Eden Valley Riesling 2016
伊顿谷雷司令2016
柠檬带来伊顿谷特有的果香，使得酸度相对较弱但仍然保持葡萄酒平衡。可以当下饮用或存放的雷司令。
封口：螺旋盖　酒精度：11%　评分：91　最佳饮用期：2025年　参考价格：20澳元 ✪

Bass Phillip　贝思菲利普酒庄 ★★★★★

Tosch's Road, Leongatha South，维多利亚 3953　产区：吉普史地（Gippsland）
电话：(03)5664 3341　网址：www.bassphillip.com　开放时间：仅限预约
酿酒师：菲利普·琼斯（Phillip Jones）　创立时间：1979年　产量（以12支箱数计）：1500

菲利普·琼斯酿造了极少数最高级的黑比诺，在最优情况下，它在澳大利亚没有同级别的对手。精心选址，超接近葡萄间距和南吉普史地非常非常凉爽的气候是贝思菲利普及其不同于勃艮第黑比诺的魔力的关键。澳大利亚最伟大的小生产者之一。

🍷🍷🍷🍷🍷 Premium Chardonnay 2015
高级霞多丽2015
紧密盘绕，超级优雅，带有柑橘味，特别是葡萄柚和柠檬的清新，还有一些白色油桃；这还不是全部。刚刚好的的橡木香气，以及奶油蜂蜜，酸度如蛛丝般延展。这非常神奇。
封口：普罗克软木塞（ProCork） 酒精度：12.5% 评分：96
最佳饮用期：2025年 JF

Reserve Pinot Noir 2015
珍藏黑比诺2015
这就像是在起跑手枪没有脱落的时候，在短跑比赛的起跑线上等着。与高级系列一样，这需要时间来融合。口感更浓密，更丰富，单宁细致，雪松橡木，但开始融入酒体。有力量和复杂性，还有更多。
封口：普罗克软木塞 酒精度：13.3% 评分：96 最佳饮用期：2030年 JF

Estate Chardonnay 2015
庄园霞多丽2015
白色硬核水果，葡萄柚和风味鲜美的葡萄包裹着微妙的奶油酒香和橡木香料。具有深度和活力，以及悠长而令人满意的收尾。
酒精度：12.6% 评分：95 最佳饮用期：2025年 JF

佳美2015
一个对黑比诺如此狂热的人不会忽视佳美，它并不是可怜的表亲。引人注目的是它有强烈的甜菜根个性却充满了水果香气，即大黄和樱桃。单宁环绕，因为高酸度带来新鲜感和动力。
封口：普罗克软木塞 酒精度：12.7% 评分：95 最佳饮用期：2022年 JF

Issan Vineyard Pinot Noir 2015
依山庄园黑比诺2015
迷人，明亮的深红色；一些少量的触感和肉感，内在有非常好的水果香气，包括所有的黑色莓果和果仁。质感愉悦；柔顺的单宁来拉动收尾的。也可以更加持久。这是黑比诺最完整的年份。
封口：普罗克软木塞 酒精度：12.7% 评分：95 最佳饮用期：2025年 JF

Premium Pinot Noir 2015
优质黑比诺2015
这个年份还在沉睡，未曾开始释放。现在它有这些香气：五香樱桃，果仁，温暖的泥土，木香料，覆盆子的可爱芬芳；涩味略酸，单宁细腻，余味悠长。依旧凝聚在一起。需要耐心一点。
封口：普罗克软木塞 酒精度：13.2% 评分：95 最佳饮用期：2030年 JF

🍷🍷🍷🍷🍷(4) Pinot Rose 2016
黑比诺桃红葡萄酒 2016
评分：92 最佳饮用期：2020年 参考价格：23澳元 JF

Old Cellar Pinot 2015
老酒窖黑比诺2015
评分：92 最佳饮用期：2022年 参考价格：36澳元 JF

Estate Pinot Noir 2015
庄园黑比诺 2015
评分：92 最佳饮用期：2022年 JF

Crown Prince Pinot Noir 2015
皇太子黑比诺 2015
评分：91 最佳饮用期：2022年 JF

Bass River Winery 巴思河酒庄 ★★★★

1835 Dalyston Glen Forbes Road, Glen Forbes，维多利亚 3990 产区：吉普史地
电话：(03) 5678 8252 网址：www.bassriverwinery.com 开放时间：周四至周二，9:00—17:00
酿酒师：帕斯夸勒（Pasquale） 和弗兰克·布泰拉（Frank Butera） 创立时间：1999年 产量（以12支箱数计）：1500 葡萄园面积：4公顷
布泰拉（Butera）家族种植了各1公顷的黑比诺和霞多丽，并将2公顷平分给雷司令，长相思，灰比诺和梅洛，葡萄酒酿造和葡萄栽培均由帕斯夸勒（Pasquale）和弗兰克（Frank）的父子团队处理。产品主要通过酒窖门店，以及南吉普史地区的一些零售商和餐馆进行销售。出口到新加坡。

🍷🍷🍷🍷🍷(4) Single Vineyard Gippsland Riesling 2016
吉普史地单一葡萄园雷司令2016
这让人想起阿尔萨斯的雷司令，而不是更凉爽，更精确的日耳曼雷司令。柑橘，梨，生姜，青柠和斑驳的柑橘类水果伴随着一些涩感，酒体中等，酸度明朗。
封口：螺旋盖 酒精度：12% 评分：93 最佳饮用期：2024年
参考价格：25澳元 NG ✪

1835 Chardonnay 2015
1835霞多丽2015
通过阻断苹果酸转化尽量的保留了酸度，经过野生酵母在橡木桶中发酵，以及在30%延长了酒泥浸渍，这是一款芳香十足和质地可人的霞多丽，并延长了30%新橡

木桶的处理。
封口：螺旋盖 酒精度：13% 评分：91 最佳饮用期：2023年
参考价格：40澳元 NG

Single Vineyard Pinot Gris 2016
单一葡萄园灰比诺2016
整串压榨并部分橡木桶发酵，这款灰比诺新鲜且质地复杂。木瓜，绿色梨，杏仁蛋白和烤苹果的香气扑面而来，酵母气息来自于橡木桶的发酵，紧缩和动力来自于不锈钢桶。一杯好喝的即饮酒。
封口：螺旋盖 酒精度：12% 评分：91 最佳饮用期：2020年
参考价格：25澳元 NG

1835 Iced Riesling 2015
1835 雷司令冰甜白葡萄酒2015
松露柑橘，非常成熟的梨和烘烤的棕色苹果香气定义了它明显的欧洲风格，口感有质地，倾向于秋季水果。个性分明。
封口：螺旋盖 酒精度：10% 评分：91 最佳饮用期：2023年
参考价格：30澳元 NG

Vintage Brut Chardonnay Pinot Noir 2012
霞多丽黑比诺年份起泡酒2012
黑比诺的微妙红色苹果果实可以与霞多丽的柠檬相媲美，背后隐藏着微妙，轻盈，瓶内陈酿的复杂性。这是一个微量和颗粒感般酒泥的质地。这是一款顶级的特酿起泡酒，并不多见。
封口：Diam软木塞 酒精度：12.5% 评分：90 最佳饮用期：2022年
参考价格：40澳元 TS

🍷🍷🍷🍷 Single Vineyard Gippsland Sauvignon Blanc 2016
吉普史地单一葡萄园长相思2016
评分：89 最佳饮用期：2019年 参考价格：25澳元 NG

Battle of Bosworth 博斯庄园 ★★★★☆

92 Gaffney Road, Willunga，南澳大利亚 5172 产区：麦克拉仑谷
电话：（08） 8556 2441 网址：www.battleofbosworth.com.au 开放时间：每日开放，11:00—17:00 酿酒师：乔奇·博斯沃思（Joch Bosworth） 创立时间：1996年
产量（以12支箱数计）：15000 葡萄园面积：80公顷
这家酒庄是乔奇·博斯沃思（Joch Bosworth，葡萄种植和葡萄酒酿造）和合伙人路易斯·昂斯莱-史密斯（Louise Hemsley-Smith，销售和市场营销）拥有并经营，该酒庄的名字来自于1485年在博斯沃的玫瑰战役的最后一战。葡萄园成立于20世纪70年代初，在洛福迪山脉的山脚下。这些葡萄是ACO完全认证的A级有机葡萄。标签显示其中黄色的黄花酢浆草，它的生长特性使得它可以作为有机葡萄栽培的与杂草竞争利器。西拉，赤霞珠和霞多丽占了75%的播种面积。春天种子系列葡萄酒由庄园葡萄园酿制而成。出口到英国、美国、加拿大、瑞典、挪威、比利时、日本等国家，以及中国香港地区。

🍷🍷🍷🍷🍷 Best of Vintage 2014
年份最佳2014
赤霞珠西拉（或西拉赤霞珠）的持续缺乏令人困惑，如果仅仅是因为混酿中它们的协同作用。这种颜色鲜艳，中等浓郁的混酿既多汁又有质感，黑莓和黑樱桃果汁都有所贡献；悠长平衡的橡木和成熟的单宁。一款好酒。
封口：螺旋盖 酒精度：14.5% 评分：95 最佳饮用期：2034年 参考价格：50澳元

Chanticleer McLaren Vale Shiraz 2014
殿堂级麦克拉伦谷西拉2014
在旧的法国橡木桶中成熟，既突出了区域特色的黑巧克力，又给予口感复杂。令人满意和令人信服的是，梅子和甘草增添了兴致。有机认证。
封口：螺旋盖 酒精度：14% 评分：94 最佳饮用期：2025年 参考价格：45澳元

🍷🍷🍷🍷 McLaren Vale Cabernet Sauvignon 2015
麦克拉仑谷赤霞珠2015
评分：91 最佳饮用期：2030年 参考价格：28澳元

Puritan McLaren Vale Shiraz 2016
清教徒麦克拉伦谷西拉 2016
评分：90 最佳饮用期：2021年 参考价格：22澳元

Spring Seed Wine Co. Scarlet Runner Shiraz 2015
春天种子系列思加勒特跑者西拉2015
评分：90 最佳饮用期：2021年 参考价格：22澳元

Ding's McLaren Vale Shiraz 2014
丁之麦克拉仑谷西拉2014
评分：90 最佳饮用期：2022年 参考价格：45澳元

McLaren Vale Shiraz 2014
麦克拉仑谷西拉2014
评分：90 最佳饮用期：2034年 参考价格：28澳元

Bay of Fires 火焰湾酒庄 ★★★★★

40 Baxters Road, Pipers River, Tas 7252 产区：塔斯马尼亚北部
电话：(03) 6382 7622 网址：www.bayoffireswines.com.au 开放时间：周一至周五，11:00—16:00；周末，10:00—16:00 酿酒师：佩妮·琼斯（Penny Jones） 创立时间：2001年 产量（以12支箱数计）：未知

1994年，哈迪斯从塔斯马尼亚购买了第一批葡萄，目的是进一步发展和重新定义其起泡葡萄酒，这一过程很快诞生了阿拉斯之家（另见条目）。下一阶段是在1998年艾琳哈迪包括来自塔斯马尼亚的各种霞多丽葡萄园，然后是2001年开发的消防湾品牌。火焰湾酒庄的葡萄酒取得了显著的成功：黑比诺是显而易见的，其他葡萄酒也都是是金牌级别。出口到美国、亚洲和新西兰。

🍷🍷🍷🍷🍷

Eddystone Point Riesling 2015
埃迪斯通角雷司令2015
手工采摘，破碎，冷藏，压榨，在不锈钢里发酵，在酵母酒泥上陈酿4个月。盛开的花香宣布了一个美丽的雷司令，迈向成熟的第一步有时是一个艰难的过渡，但这里并不用。口感充溢着精妙的强度，柑橘和格兰尼史密斯苹果联合起来阻止来自塔斯马尼亚酸度的攻击——完美的平衡结果。17年在葡萄酒评选中获得顶级金塔斯马尼亚。
封口：螺旋盖 酒精度：12.5% 评分：96 最佳饮用期：2029年 参考价格：25澳元 ✪

Pinot Noir 2015
黑比诺2015
来自塔斯马尼亚南部的德文特河和煤河谷。栩栩如生的深紫色色调是火焰湾的典型特征，并狂热地挥舞着触角。从花香到口感的过渡是无缝和完全一致的，其中黑樱桃水果充满了辛辣的细微差别，法国橡木尽其责任。
封口：螺旋盖 酒精度：13.5% 评分：96 最佳饮用期：2026年 参考价格：48澳元 ✪

Pinot Gris 2016
灰比诺2016
手工采摘，整串压榨，20%使用过的法国橡木热发酵，其余部分采用不锈钢，全部在酒泥熟化4个月。采取与埃迪斯通更进一步的方法；水果气息强烈，特别是回味悠长。
封口：螺旋盖 酒精度：13.5% 评分：95 最佳饮用期：2021年 参考价格：35澳元 ✪

Riesling 2016
雷司令2016
手工采摘，破碎，冷藏，压榨，在不锈钢里发酵，在酵母酒泥上陈酿4个月。一款非常好的葡萄酒，带有纯正的品种水果表现，由青柠和迈耶柠檬口味提供，但在完成时没有预期的清脆的矿物酸度。饮用之前可以略放置一点时间。
封口：螺旋盖 酒精度：12.5% 评分：94 最佳饮用期：2026年 参考价格：35澳元

Chardonnay 2015
霞多丽2015
原料产自煤河谷，东海岸和德文特河谷等五个不同的葡萄园，采用整串压榨，法国橡木桶发酵。绿金色时候采摘，比预计之前要早。友好，高品质的霞多丽，现在已适宜饮用，有硬核坚果和奶油/坚果香调，可能是橡木和可能的苹果酸乳酸发酵所致。
封口：螺旋盖 酒精度：13.5% 评分：94 最佳饮用期：2022年 参考价格：45澳元

Eddystone Point Pinot Noir 2015
埃迪斯通黑比诺2015
采自德温特河谷，东海岸和煤河谷，采用温控开放式不锈钢发酵罐进行发酵，采用篮筐压制，在法国橡木桶中成熟（25%新桶）。一款优雅，完美平衡的黑比诺，纯正的红色浆果，柔滑的单宁和橡木浸染，长度无可挑剔。
封口：螺旋盖 酒精度：13.5% 评分：94 最佳饮用期：2025年 参考价格：30澳元 ✪

Tasmanian Cuvee Pinot Noir Chardonnay Brut NV
塔斯马尼亚黑比诺霞多丽窖藏起泡酒 无年份
九年来的不平凡，库克香槟的风格导向，让葡萄酒的深度和复杂程度称得上一流的起泡酒。一方面有面包/ 酵母 /坚果的香味和口味，另一方面，葡萄酒的柑橘和青苹果果香非常好。
封口：软木塞 酒精度：12.5% 评分：94 最佳饮用期：2018年 参考价格：35澳元

🍷🍷🍷🍷

Eddystone Point Pinot Gris 2016
埃迪斯通灰比诺2016
评分：92 最佳饮用期：2020年 参考价格：25澳元 ✪

Tasmanian Pinot Noir Chardonnay Rose NV
塔斯马尼亚黑比诺霞多丽桃红起泡酒无年份 NV
评分：91 最佳饮用期：2017年 参考价格：32澳元

TS Trial by Fires Piggy Skins Pinot Gris 2016
火焰湾TS试验版灰比诺2016
评分：90 最佳饮用期：2019年 参考价格：45澳元

Beach Road 海滨之路酒庄 ★★★★★

309 Seaview Road, 麦克拉仑谷, 南澳大利亚，5171 产区：兰好乐溪/麦克拉仑谷
电话：(08) 8323 7344 网址：www.beachroadwines.com.au 开放时间：周四至周一，11:00—16:00 酿酒师：布利奥尼·霍尔（Briony Hoare） 创立时间：2007年 产量（以12支箱数计）：3000 葡萄园面积：0.2公顷

布利奥尼·霍尔（Briony Hoare，酿酒师）和托尼·霍尔（Tony Hoare，葡萄栽培师）在阿德莱德大学罗斯沃斯（Roseworthy）学院学习葡萄酒后成为终身伴侣。他们在这个行业的参与可以追溯到20世纪90年代初，布利奥尼在澳大利亚与（当时）南方葡萄酒业公司酿造许多旗舰款葡萄酒，托尼在米尔杜拉，猎人谷和麦克拉伦谷（他在威拿酒庄做了5年葡萄栽培师）获取经验。2005年，两人决定单独设立一家葡萄酒顾问公司，并于2007年推出海滨之路。对意大利品种的关注源于布利奥尼在皮埃蒙特的复古风格，在那里她酿造芭贝拉，内比奥罗，柯蒂斯和莫斯卡托。然而，他们俩在酿造歌海娜，西拉和慕合怀特有很多的经验。

🍷🍷🍷🍷🍷 Aglianico 2013
阿高连尼科 2013
艾格连尼科的结构干燥，表现在单宁的强硬上，烘烤着烟叶，干地中海草药，黑李子和烟熏肉的温暖，美味的香气。单宁散发着悠长的余韵，来沉浸酒的暖度。强烈而诱人，预示可以陈酿未来很长一段时间。
封口：螺旋盖　酒精度：12.5%　评分：96　最佳饮用期：2025年
参考价格：45澳元　NG ✪

Fiano 2015
菲亚诺2015
菲亚诺有强大的粘性，质地胶着，同时有天然的酸度，在这款酒得到了充分的体现。白色的花朵和草药融合，加上一股刺鼻的茴香，来引导芳香。苦杏仁和杏随之而来。一股矿物融合成多汁酸味，保持葡萄酒有流动感。
封口：螺旋盖　酒精度：13.5%　评分：95　最佳饮用期：2018年
参考价格：25澳元　NG ✪

Nero d'Avola 2015
黑达沃拉2015
坚定，细致，尽职尽责的单宁定义和框架了这款果香浓厚的葡萄酒。它们像浮石和灰尘，驯服雪崩水果：黑樱桃，萨摩梅和奥兰治外皮风味让人想起阿马罗的开胃苦涩味。
封口：螺旋盖　酒精度：14.5%　评分：95　最佳饮用期：2021年
参考价格：45澳元　NG

🍷🍷🍷🍷 Shiraz NV
西拉 无年份
评分：92　最佳饮用期：2023年　参考价格：25澳元　NG ✪

Fiano 2014
菲亚诺2014
评分：91　最佳饮用期：2017年　参考价格：25澳元　NG

Beelgara | Cumulus　比尔加拉酒庄|积云酒庄　★★★★☆

892 Davys Plains Road, Cudal, 新南威尔士 2864　产区：滨海沿岸（Riverina）
电话：(02) 6966 0200　网址：www.beelgarawines.com.au　开放时间：不开放
酿酒师：罗德·胡波（Rod Hooper）　创立时间：1930年　产量（以12支箱数计）：600000
比尔加拉酒庄成立于2001年，由一群股东购买了拥有60年历史的洛赛托家族酒庄。变化非常明显，他们通力合作，努力为每个品种选择合适的地区，同时保持物有所值。15年比尔加拉酒庄［也拥有莫斯兄弟酒庄（Moss Bros）、瑞德多克·朗（Riddoch Run）和居住人（The Habitat）品牌］与积云酒庄合并。积云酒庄葡萄酒以三种品牌发布：中央山脉地带的摇滚系列；完全来自奥兰治的攀登系列；以及超级精选，来自最好的葡萄园的积云系列。出口到大多数主要市场。

🍷🍷🍷🍷🍷 Cumulus Orange Chardonnay 2015
积云系列奥兰治霞多丽2015
采用手工拣选，整串压榨，野生发酵于法国橡木桶（30%新桶），酒泥浸渍到11月，直到1月才装瓶。虽然这个系列与攀登系列很多方面一直，这个系列的口味和口感较成熟和圆润。他们不会太过分，轻肉的复杂性恰恰表明来欢迎你来品尝。
封口：螺旋盖　酒精度：12.5%　评分：95　最佳饮用期：2022年　参考价格：35澳元 ✪

Cumulus Orange Chardonnay 2016
积云系列奥兰治霞多丽2016
来自一片葡萄园块，手工采摘，整串压榨，在法国橡木桶中发酵，采用不同年龄和大小的橡木桶组合。无拘无束的感觉，这是一款和谐的葡萄酒。水果个性表现在从柑橘到刚熟的硬核水果，橡木提供坚果，奶油味而不会侵入。酸度完美地结合在一起。
封口：螺旋盖　酒精度：12%　评分：94　最佳饮用期：2020年
参考价格：35澳元　SC

🍷🍷🍷🍷 Cumulus Climbing Orange Chardonnay 2015
积云攀登奥兰治霞多丽2015
评分：90　最佳饮用期：2023年　参考价格：24澳元

Beelgara JT, The Patriarch Chardonnay 2015
比尔加拉帕垂克霞多丽2015
评分：90　最佳饮用期：2018年　参考价格：30澳元

Cumulus Climbing Orange Merlot 2014
积云攀登奥兰治梅洛2014
评分：90　最佳饮用期：2021年　参考价格：24澳元　SC

Bekkers 贝克尔斯酒庄

★★★★★

212 Seaview Road, 麦克拉仑谷，南澳大利亚 5171 产区：麦克拉仑谷
电话：0408 807 568 网址：www.bekkerswine.com 开放时间：周四至周六，10:00—16:00
酿酒师：艾曼纽（Emmanuelle）和托比贝克尔斯（Toby Bekkers）
创立时间：2010年 产量（以12支箱数计）：700 葡萄园面积：5.5公顷

这汇集了两位高绩效，经验丰富，高度被认可的商业和生活伙伴。丈夫托比贝克尔斯（Toby Bekkers）毕业于阿德莱德大学，获得农业应用科学荣誉学位，在随后的几年里，他担任了麦克拉伦谷的帕克斯顿葡萄酒公司总经理以及作为有机和生物动力葡萄栽培的代表性人物。妻子艾曼纽（Emmanuelle）出生在法国南部的邦多尔，在法国南部的哈迪斯工作之前，她获得了两个大学学位，生物化学和酿酒学，是她之后她获得澳大利亚和包括粉笔山酒庄在内的广泛的职业生涯。出口到英国，加拿大，法国和中国。

🍷🍷🍷🍷🍷 McLaren Vale Syrah 2015

麦克拉仑谷西拉2015

64%来自希金博特姆克莱尔顿（Hickinbotham Clarendon）葡萄园，36%来自盖特威（Gateway）葡萄园，手工采摘，18%整串，82%去梗和分选，5天冷浸，12天野生酵母发酵，20个月法国大橡木桶成熟（40%新）。这使得强度和优雅的结合看似简单，纯正和强大。它无论何时何地都闪烁着光辉的水果果香（没有巧克力），温和的咸味/辛辣的单宁和橡木藏在水果味中。

封口：螺旋盖 酒精度：14.5% 评分：98 最佳饮用期：2045年 参考价格：110澳元 ✪

McLaren Vale Grenache 2015

麦克拉仑谷歌海娜2015

2015年2月17日，6日和25日从三个葡萄园手工采摘，20%整串进行开放发酵，在野生酵母发酵前冷浸5—6天，在法国大橡木桶的良好酒泥中陈酿。正如麦克拉仑谷歌海娜一起来尽可能接近完美。充满香气的花香为丝绸般柔顺的红色果香，始终存在的超级细腻的单宁，却没有橡木味道奠。拥有优秀黑比诺的很多特性。

封口：螺旋盖 酒精度：15% 评分：98 最佳饮用期：2030年 参考价格：80澳元 ✪

🍷🍷🍷🍷🍷 McLaren Vale Syrah Grenache 2015

麦克拉仑谷西拉歌海娜2015

70/30%混酿；布莱维特泉（Blewitt Springs）歌海娜，开放式发酵和分开单独成熟，15–20%整串，其余的去梗，在法国旧橡木酒精陈年。复杂又耗时的酿造有其回报。花香浓郁，带有微妙的红色浆果和辛香料味，随着红色浆果静静地流过口中，迷人的口感，西拉之前李子和黑莓的深沉口感增加了复杂性，但不会影响主要的表达。

封口：螺旋盖 酒精度：14.5% 评分：95 最佳饮用期：2028年 参考价格：80澳元

Belford Block Eight 贝尔福德第八街区

★★★★

65 Squire Close, Belford, 新南威尔士 2335 产区：猎人谷
电话：0410 346 300 网址：www.blockeight.com.au 开放时间：不开放
酿酒师：丹尼尔·比内特（Daniel Binet） 创立时间：2012年
产量（以12支箱数计）：1000 葡萄园面积：6公顷

在2000年种植了现有的2公顷的赛美蓉，西拉和霞多丽。葡萄园在2012年杰夫罗斯和托德亚历山大购买葡萄园之前已经有了两年的时间。在当地顾问詹妮·布莱特（Jenny Bright）的帮助下，葡萄园正好赶上了著名的2014年份葡萄酒。丹尼尔·比内特（Daniel Binet）继续酿造葡萄酒，前途应该是光明的。葡萄、橄榄、鸭、鸡、鲈鱼、鲱鱼和蔬菜都是从40公顷的土地上种植和收获的。

🍷🍷🍷🍷 Reserve Hunter Valley Semillon 2016

猎人谷珍藏赛美蓉2016

这款葡萄酒的强度，紧缩度，汁液和味道都要比其较便宜的系列强烈得多。柠檬油和其他柑橘类水果的合奏被当作猎人谷的代表声。它还拥有柑橘和杏子的成熟香气。

封口：螺旋盖 酒精度：11% 评分：93 最佳饮用期：2030年
参考价格：39澳元 NG

Estate Hunter Valley Semillon 2016

庄园猎人谷赛美蓉2016

这款葡萄酒的特点是的味道丰富和口感悠长。柠檬和葡萄柚皮在口中跳动着，并且咸酸度将它们拉长，但没有任何橡木或人工干预。

封口：螺旋盖 酒精度：11% 评分：91 最佳饮用期：2027年
参考价格：29澳元 NG

Bellarine Estate 贝拉林酒庄

★★★★

2270 Portarlington Road, Bellarine，维多利亚 3222 产区：吉龙
电话：(03) 5259 3310 网址：www.bellarineestate.com.au 开放时间：每日开放，11:00—16:00
酿酒师：罗宾布·罗凯特（Robin Brockett） 创立时间：1995年 产量（以12支箱数计）：1050
葡萄园面积：10.5公顷

这项业务与位于酿酒厂的贝拉林酿造公司同时开始，以及里面的朱利安餐厅为其增分。这是一个受欢迎的聚会场所。葡萄园种植了霞多丽、黑比诺、西拉、梅洛、维欧尼和长相思。出口到美国。

🍷🍷🍷🍷 Two Wives Geelong Shiraz 2015

两个微福斯吉龙西拉2015

非常值得品味——有光泽的深紫色，虽然有很多甜辣橡木香气，但成熟，丰满而明亮的水果香气依然闪耀着。单宁顺滑，收尾有些紧张，但一切都处理得很好。

封口：螺旋盖 酒精度：14.5% 评分：93 最佳饮用期：2026年
参考价格：38澳元 JF

OMK Geelong Viognier 2015
OMK吉龙维欧尼2015
越来越难找到维欧尼，这个品种并没有很多。这里有一个：阿拉伯胶和柠檬花杏和杏仁相结合，但酸味十足，口感相当漂亮。
封口：螺旋盖 酒精度：13% 评分：92 最佳饮用期：2021年
参考价格：32澳元 JF

Phil's Fetish Geelong Pinot Noir 2015
菲尔之神吉龙黑比诺2015
芬芳的花香和森林灌木，加上木香料，所有的香味都可以闻到，但口感上还有一个甜美的成熟浆果，浸渍的樱桃和蜜饯。柔软且柔韧的单宁；一杯愉悦的葡萄酒。
封口：螺旋盖 酒精度：13.5% 评分：92 最佳饮用期：2021年
参考价格：38澳元 JF

Julian's Geelong Merlot 2015
朱利安吉龙梅洛2015
这款梅洛吸引人的地方在于它拥有恰到好处的水果平衡——红李子和黑莓来和香料，咖啡渣，木头和新鲜香草相结合。
封口：螺旋盖 酒精度：14% 评分：92 最佳饮用期：2021年
参考价格：38澳元 JF

Bellarmine Wines 贝拉明酒庄 ★★★★★

1 Balyan Retreat, Pemberton，西澳大利亚 6260 产区：Pemberton
电话：(08) 9842 8413 网址：www.bellarmine.com.au 开放时间：仅限预约
酿酒师：戴安·弥勒（Diane Miller）博士 创立时间：2000年
产量（以12支箱数计）：5000 葡萄园面积：20.2公顷
这个葡萄园由德国人威利（Willi）和古德伦·舒马赫（Gudrun Schumacher）拥有。身为长期的葡萄酒爱好者，舒马赫夫妇决定建立一个自己的葡萄园和酿酒厂，部分原因是澳大利亚其稳定的政治环境。葡萄园种植梅洛，黑比诺，霞多丽、西拉、雷司令，长相思和小维多。出口到英国、美国、德国和中国。

🍷🍷🍷🍷🍷 Pemberton Riesling Select 2016
潘伯顿精选雷司令2016
标签显示残糖约65克/升。再一次，糖被果实和酸度部分掩盖了。现在是诱人的，但有无限的发展潜力。石灰和苹果的水果都在钱上。
封口：螺旋盖 酒精度：7.5% 评分：96 最佳饮用期：2036年 参考价格：26澳元 ✪

Pemberton Riesling Dry 2016
贝拉明潘伯顿雷司令干型白葡萄酒2016
典型的贝拉明雷司令风格。柠檬，酸橙和苹果花的花香营造出新鲜清爽的口感，矿物酸度从水果香气中蔓延开来，并提供长度和驱动力。葡萄酒需要4–5年才能完全展现风采，但已经很有吸引力。
封口：螺旋盖 酒精度：12% 评分：95 最佳饮用期：2027年 参考价格：26澳元 ✪

Pemberton Riesling Half-dry 2016
潘伯顿雷司令半干白葡萄酒2016
风格非常吸引人，虽然似乎是干型而不是半干，但实际上约有30克/ 升的残糖，完美平衡了酸度。
封口：螺旋盖 酒精度：9.5% 评分：95 最佳饮用期：2031年 参考价格：26澳元 ✪

🍷🍷🍷🍷 Pemberton Sauvignon Blanc 2016
潘伯顿长相思2016
评分：90 最佳饮用期：2018年 参考价格：20澳元 NG ✪

Bellbrae Estate 贝尔布尔酒庄 ★★★★

520 Great Ocean Road, Bellbrae，维多利亚 3228 产区：吉龙
电话：(03) 5264 8480 网址：www.bellbraeestate.com.au 开放时间：每日开放，11:00—17:00
酿酒师：大卫·克洛弗德（David Crawford） 创立时间：1999年 产量（以12支箱数计）：4000 葡萄园面积：7公顷
吉龙冲浪海岸地区的气候总体上比吉龙葡萄种植区的其他地区要温和些。贝尔布尔酒庄与巴斯海峡如此接近，受海洋气候影响，可以降低春季霜冻的风险，并在夏季提供更均匀的温度范围，是生产保持其天然酸度的优雅葡萄酒的理想生长条件。2015年春季又种植了另外2公顷黑比诺和1公顷霞多丽，把庄园占地扩大到8公顷。发行贝尔布尔酒庄（Bellbrae Estate）和长板（Longboard）两个品牌。

🍷🍷🍷🍷 Longboard Geelong Sauvignon Blanc 2016
长板吉龙长相思2016
在不锈钢桶发酵并提早装瓶。有一个美丽的柑橘和热带水果香气，收尾干净新鲜。
封口：螺旋盖 酒精度：12.5% 评分：90 最佳饮用期：2018年
参考价格：22澳元

Bird Rock Geelong Pinot Noir 2015
鸟岩吉龙黑比诺2015

虽然具有深红色调，但颜色较浅；总体而言，酒体轻盈（甚 最佳饮用期：按照黑比诺的标准），带有温和的红色浆果香气和细腻的单宁。现在而言已经足够有人，但需要更多的水果香气的发展。
封口：螺旋盖 酒精度：13.5% 评分：90 最佳饮用期：2020年 参考价格：39澳元

🍷🍷🍷🍷 Longboard Geelong Rose 2016
长板吉龙桃红葡萄酒2016
评分：89 最佳饮用期：2017年 参考价格：25澳元

Longboard Geelong Pinot Noir 2015
长板吉龙黑比诺2015
评分：89 最佳饮用期：2018年 参考价格：24澳元

Longboard Geelong Shiraz 2015
吉龙西拉2015
评分：89 最佳饮用期：2022年 参考价格：24澳元

Heathcote Shiraz 2015
西斯科特西拉2015
评分：89 最佳饮用期：2025年 参考价格：36澳元

Bellvale Wine 贝韦尔酒庄 ★★★★

95 Forresters Lane, Berrys Creek，维多利亚 3953 产区：吉普史地
电话：0412 541 098 网址：www.bellvalewine.com.au 开放时间：仅限预约
酿酒师：约翰·埃利斯（John Ellis） 创立时间：1998年 产量（以12支箱数计）：3500
葡萄园面积：22公顷

约翰·埃利斯（John Ellis）是这个名字中第三位积极参与葡萄酒行业的人。他背景是747飞行员，在勃艮第多次探访中获得知识，使他脱颖而出。他在北坡的红土上建立了黑比诺（14公顷）、霞多丽（6公顷）和灰比诺（2公顷）。他选择每公顷7150株葡萄的密度，尽可能遵循勃艮第的戒律。出口到英国、美国、丹麦、德国、新加坡和日本。

🍷🍷🍷🍷🍷 Quercus Vineyard Gippsland Pinot Noir 2015
科而克斯葡萄园吉普史地黑比诺2015
从干型葡萄园中采摘，葡萄酒在法国橡木桶中发酵1年，15%新桶。色彩和口感鲜明，甜美的水果和异国情调的香料充满了中等酒体的口感。有大黄，酸甜樱桃，薄荷醇，柠檬涩味和强健的单宁。
封口：螺旋盖 酒精度：13.3% 评分：92 最佳饮用期：2020年
参考价格：35澳元 JF

Gippsland Pinot Grigio 2016
吉普史地灰比诺2016
三个克隆株系，发酵温度为18°C，在搅拌的酒泥上陈酿4个月，有一部分在大酒桶中陈酿。一款新鲜的葡萄酒，橡木是组成结构而没有参与味道。充盈着纳西梨和苹果香气，收尾酸度平衡。
封口：螺旋盖 酒精度：12.5% 评分：90 最佳饮用期：2018年 参考价格：25澳元

🍷🍷🍷🍷 Gippsland Pinot Noir 2016
吉普史地黑比诺2016
评分：89 最佳饮用期：2021年 参考价格：23澳元 JF

Belvoir Park Estate 拜瓦尔帕克酒庄 ★★★★

39 Belvoir Park Road, Big Hill，维多利亚 3453 产区：班迪戈
电话：(03) 5435 3075 网址：www.belvoirparkestate.com.au
开放时间：周末，12:30—17:00 酿酒师：格雷格·麦克雷卢尔（Greg McClure） 创立时间：1996年 产量（以12支箱数计）：1000 葡萄园面积：3公顷

当格雷格（Greg）和梅尔·麦克雷卢尔（Mell McClure）于2010年11月从创始人Ian和Julie Hall购买拜瓦尔帕克酒庄时，情况良好。这座由200年历史的红胶守卫的房子俯瞰着葡萄园（雷司令，梅洛，西拉和赤霞珠）。这是麦克卢尔夫妇的一次生活方式改变。格雷格参与了许多企业的营销方面，这在酒窖门店的翻新和扩建中显而易见，该酒店门店现在包括一个画廊。葡萄园大坝上新建了一座码头，每年11月份举办一次葡萄酒节。

🍷🍷🍷🍷🍷 Symphony Bendigo Shiraz Cabernet Merlot 2015
交响乐队班迪戈西拉加本力梅洛2015
自身特有的外观和品味：全绛紫色，中等酒体，充满多汁的黑莓和黑加仑子果香，具有该地区特有的薄荷味。一杯非常好的葡萄酒。
封口：螺旋盖 酒精度：13.9% 评分：94 最佳饮用期：2035年 参考价格：28澳元 ✪

Ben Haines Wine 本海因斯酒庄 ★★★★★

5 Parker Street, Lake Wendouree，维多利亚 3350（邮） 产区：各地
电话：0417 083 645 网址：www.benhaineswine.com 开放时间：不开放
酿酒师：本·海因斯（Ben Haines） 创立时间：2010年 产量（以12支箱数计）：1800

本·海因斯（Ben Haines）于1999年毕业于阿德莱德大学葡萄酒专业，待业几年（沉浸在音乐中），然后专注于他的葡萄酒生涯。他在早期以及在美国和法国的时候对风土的兴趣导致了他对雅拉谷，麦克拉仑谷，阿德莱德山，兰好乐溪，塔斯马尼亚和维多利亚州等多个地区的慎重选择。作为合同酿酒师，需求量很大，他的名气遍布各地。出口到美国。

🍷🍷🍷🍷🍷　B Minor Yarra Valley Chardonnay 2015

B 小调雅拉谷霞多丽2015

手工采摘，整串压榨，使用野生酵母在高密度大橡木桶中发酵熟化14个月。在最佳状态的本·海因斯，音乐从头到尾都是敏锐地跳动着。最显著的是他能够用只有12.1%的酒精变出这么多品种的水果。所以，忘记数字，这些混合腰果的白桃和柚子的味道，才是真正的指挥。

封口：螺旋盖　评分：96　最佳饮用期：2025年　参考价格：28澳元　✪

B Minor Yarra Valley Pinot Noir 2015

B 小调雅拉谷黑比诺2015

在冷溪地区的山坡上采摘，在优伶的一个谷底葡萄园采摘，其中一部分用整串发酵，其余部分用果实进行果皮浸渍，为期28天，成熟为18个月。对葡萄的细节极度关注使得收获很棒的葡萄，因此也酿造了很棒的葡萄酒。，香气谱写了诱人的歌曲，芳香开以香料和森林水果的贯穿，红色水果为主导。口感随即驶入旋律，没有漏掉一个节拍，立即柔滑而坚实，回味悠久。

封口：螺旋盖　酒精度：13.2%　评分：96　最佳饮用期：2029年

参考价格：28澳元　✪

Warramunda Volta Marsanne 2015

瑞木嗒玛沃尔塔玛珊2015

来自冷溪的瑞木嗒玛葡萄园。整串压榨，在大橡木桶中发酵6个月，部分进行苹果酸乳酸发酵，在酒泥上成熟9个月。特殊的口感和风味，是比金银花或梨有更多的柑橘香气，橡木更偏重于质地而没有参与味道。

封口：螺旋盖　酒精度：12.4%　评分：95　最佳饮用期：2025年

参考价格：35澳元　✪

B Minor Upper Goulburn Shiraz Marsanne 2015

B小调上高宝西拉玛珊2015

发酵分两批：100%整串（几个整串的玛珊）进行野生酵母开放发酵，其他整个果实含有少量的碎水果和一些果皮，这两批都是在14年在橡木桶里陈酿了14个月。这款酒充满活力，红色和黑色水果在中等酒体的口感中荡漾，单宁细腻，绝对合乎逻辑的产出。

封口：螺旋盖　酒精度：13.9%　评分：95　最佳饮用期：2030年

参考价格：28澳元　✪

Return to the Vale Syrah 2015

回归瓦乐谷西拉2015

手工采摘，进行两个分开独立开放式发酵：完整果粒的进行发酵后4浸渍100%，其他100%整串的在法国大橡木桶中成熟16个月，最终用90% 整串，10%整粒混酿。颜色和清晰度都很好；酒体饱满，口感浓郁；黑莓，李子和黑巧克力通过彼此融合在精致而持久的单宁中。

封口：Diam软木塞　酒精度：14.3%　评分：94　最佳饮用期：2035年

参考价格：55澳元

 Ben Murray Wines　本穆雷酒庄　★★★★

PO Box 781，塔南达，南澳大利亚 5352（邮）　产区：巴罗萨谷

电话：0438 824 493　开放时间：不开放　酿酒师：丹·埃格尔顿（Dan Eggleton）

创立时间：2016年　产量（以12支箱数计）：500　葡萄园面积：1公顷

本·穆雷（Ben Murray）不存在，但业主丹·埃格尔顿（Dan Eggleton）和克雷格·汤普森（Craig Thompson）在。他们在葡萄酒业务的各个方面都有多年的经验，丹从事大型企业和微型精品企业20多年。克雷格带来了一个在林德地区1公顷老藤歌海娜葡萄园，并有葡萄酒进口商的经验。他们特有的一个共同点就是爱喝葡萄酒。

🍷🍷🍷🍷🍷　Marananga Barossa Valley Grenache 2015

玛拉那咖巴罗萨谷歌海娜2015

60年树龄的植株，手工采摘，去梗，野生酵母开放发酵，人工浸渍，延长果皮浸渍接触，在法国橡木桶中成熟（30%新桶）。明亮，浅红色紫色；一款活泼、多汁、新鲜的葡萄酒，与阿尼玛精酿系列不同，看起来酒精度好像低于14.5%。红色浆果具有清脆的酸度，没有发甜的迹象。

封口：螺旋盖　评分：92　最佳饮用期：2021年　参考价格：19澳元　✪

Cellar Release High Eden Riesling 2011

酒窖系列高艾登雷司令2011

机器采摘，分拣，直接压窄进罐，用野生酵母发酵。具有在凉爽潮湿的生长季节的高酸度。它将到达什么高度我无从知晓。

封口：螺旋盖　酒精度：12%　评分：91　最佳饮用期：2020年

参考价格：20澳元　✪

Marananga Barossa Valley Shiraz 2015

玛拉那咖巴罗萨谷西拉2015

手工采摘，野生酵母开放式发酵，果皮浸渍10—16天，主要在法国橡木桶中成熟（40%新桶），历时16个月。西拉酒体饱满，色泽浓郁，黑色水果，单宁强劲，橡木味浓。目前仍然在单独在箱内存放，需要几年的时间才能温度和继续发展。

封口：螺旋盖　酒精度：14.5%　评分：90　最佳饮用期：2030年　参考价格：70澳元

🍷🍷🍷🍷　Anima Reserve Barossa Valley Grenache 2014

阿尼玛珍藏巴罗萨谷歌海娜2014
评分：89　最佳饮用期：2018年　参考价格：50澳元

Bent Creek　本特溪酒庄　★★★★

13 Blewitt Springs Road, McLaren Flat，南澳大利亚 5171　产区：麦克拉仑谷
电话：(08) 8383 0414　网址：www.bentcreekvineyards.com.au　开放时间：周末，12:00–16:00
酿酒师：蒂姆·盖德斯（Tim Geddes）、山姆·胡伽力（Sam Rugari）和大卫·伽力客（David Garrick）　创立时间：1999年　产量（以12支箱数计）：5000

成立于1999年，现在本特溪酒庄是山姆·胡伽力（Sam Rugari）和大卫·伽力客（David Garrick）的合伙公司，他们共同拥有超过40年的葡萄酒行业经验。他们从麦克拉伦谷（拥有70–100树龄的葡萄藤）到阿德莱德山的皮卡迪利山谷挑选并购买优质葡萄，与种植者密切合作。总体而言，这些小地块的高品质葡萄表现出各种葡萄酒的独特风味，每种葡萄酒都具有独特的风土。出口到印度尼西亚等国家，以及中国内地（大陆）和香港地区。

🍷🍷🍷🍷🍷(半)　Black Dog McLaren Vale Shiraz 2015
黑犬麦克拉仑谷西拉2015
在新和旧的美国和法国橡木桶中陈酿14个月。甜美而天鹅绒般的西拉地区渗透黑色水果，既新鲜又有果酱感（是好的方面），以及成熟的单宁和橡木。它不需要耐心，但在发酵罐中留下了太多的空间，以　最佳饮用期：于可以在未来10年里陈酿。
封口：螺旋盖　酒精度：14.5%　评分：92　最佳饮用期：2029年　参考价格：25澳元 ✪

McLaren Vale Gamay Rosina Rose 2016
麦克拉仑谷佳美罗思娜桃红葡萄酒 2016
玫瑰花瓣和草莓香气的芬芳，前面带有红色水果味的，随之是柑橘的酸味。
封口：螺旋盖　酒精度：12.5%　评分：91　最佳饮用期：2018年　参考价格：20澳元 ✪

🍷🍷🍷🍷　The Nude Old Vine Shiraz 2014
路德老藤西拉2014
评分：89　最佳饮用期：2030年　参考价格：90澳元

Beresford Wines　贝雷斯福德酒庄　★★★★★

252 Blewitt Springs Road, McLaren Flat，南澳大利亚 5171　产区：麦克拉仑谷
电话：(08) 8383 0362　网址：www.beresfordwines.com.au　开放时间：每日开放，10:00—17:00　酿酒师：克里斯·迪克斯（Chris Dix）　创立时间：1985年
产量（以12支箱数计）：25000　葡萄园面积：28公顷

这是兰好乐溪地区斯特普路酒庄（Step Rd Wines）的姐妹公司，由沃克饮料公司拥有和经营。酒庄种植了赤霞珠和西拉（各10公顷），霞多丽（5.5公顷）和歌海娜（2.5公顷），但它们只占产量的一部分。一些葡萄酒有极好的价值。出口到英国、美国、德国、丹麦、波兰、新加坡等国家，以及中国内地（大陆）和香港地区。

🍷🍷🍷🍷🍷　Classic McLaren Vale Shiraz 2015
经典麦克拉伦谷西拉2015
这款经典西拉有动人的美味来驱导。这并不是说它没有黑李子，黑莓和黑醋栗，巧克力，酱油和香料，加上丰富和甜美的单宁，就因为这些元素都在这里。包装精美，现在适宜饮用。
封口：螺旋盖　酒精度：14.5%　评分：95　最佳饮用期：2027年
参考价格：29澳元　JF ✪

Grand Reserve McLaren Vale Shiraz 2015
特级珍藏麦克拉伦谷西拉2015
浓郁的浸渍在白兰地的黑李子，提取出的层层香气与橡木相交融。克里斯迪克斯说，葡萄质量有惊人的持久性，很开心能培育成葡萄酒，创造了麦克拉伦谷西拉的最优秀表现。奢华的一杯。它有自己的粉丝，但是价格很高。
封口：螺旋盖　酒精度：14.1%　评分：95　最佳饮用期：2045年
参考价格：180澳元　JF

Limited Release McLaren Vale Shiraz 2015
限量发布麦克拉仑谷西拉2015
深紫色墨色；这是一款具有鲜明黑橄榄，黑巧克力，甘草，焦糖焦糖和橡木味的重磅炸弹，而且相互交融的。口感能感受到单宁的波涌和集中。
封口：软木塞　酒精度：14.1%　评分：94　最佳饮用期：2040年
参考价格：80澳元　JF

🍷🍷🍷🍷🍷(半)　Estate McLaren Vale Shiraz 2015
庄园麦克拉仑谷西拉2015
评分：93　最佳饮用期：2032年　参考价格：50澳元　JF

Classic McLaren Vale GSM 2015
经典麦克拉伦谷GSM 2015
评分：93　最佳饮用期：2024年　参考价格：29澳元　JF

Estate McLaren Vale Grenache 2015
庄园麦克拉仑谷歌海娜2015
评分：92　最佳饮用期：2023年　参考价格：50澳元　JF

McLaren Vale Sparkling Shiraz 2013

麦克拉仑谷闪亮的西拉起泡葡萄酒2013
评分：90 最佳饮用期：2017年 参考价格：30澳元 TS

Berton Vineyard 伯顿园酒庄 ★★★★

55 Mirrool Avenue, Yenda, 新南威尔士 2681 产区：滨海沿岸
电话：(02) 6968 1600 网址：www.bertonvineyards.com.au 开放时间：周一至周五，10:00—16:00；周六，11:00—16:00 酿酒师：姆斯·塞卡图（James Ceccato），比尔·刚布雷顿（Bill Gumbleton） 创立时间：2001年
产量（以12支箱数计）：1000000 葡萄园面积：32.14公顷
伯顿园酒庄的合伙人-鲍勃 （Bob）和切梨·伯顿（Cherie Berton），詹姆斯·塞卡图（James Ceccato）和杰米·本奈特（Jamie Bennett） 在葡萄酒酿造，葡萄栽培，财务，生产和营销方面加起来拥有近100年的丰富经验。1996年他们在伊顿谷收购了30公顷的土地，并种植了第一批葡萄树。葡萄酒在伯顿园（Berton Vineyard），杰克内陆（Outback Jack）和颠覆（Head Over Heels）商标下发行。出口到英国、美国、瑞典、挪威、俄罗斯、日本和中国。

🍷🍷🍷🍷🍷 High Eden The Bonsai 2013 Shiraz and cabernet
高伊甸园盆景2013西拉赤霞珠
西拉主导葡萄品种的表达，开始为胡椒，辛辣，柔和的香味后面是巧克力/摩卡咖啡，可能包括一些橡木味。酒香浓郁（酒精度：15%以上），保持了优雅和柔软的感觉，单宁坚挺但足够细腻保证不会侵扰。
封口：螺旋盖 酒精度：15% 评分：93 最佳饮用期：2030年
参考价格：40澳元 SC

Reserve Barossa Shiraz 2014
珍藏巴罗莎西拉2014
在法国橡木片上进行开放式发酵，并在法国（30%新）和美国（10%新）橡木桶中成熟14个月。难怪法国橡木香气如此明显；有足够的优质黑色浆果来吸引人和让你掏钱。
评分：95 最佳饮用期：2025年 参考价格：35澳元 ✪

Best's Wines 贝斯特酒庄 ★★★★★

111 Best's Road, Great Western, Vic 3377 产区：格兰皮恩斯（Grampians）
电话：(03) 5356 2250 网址：www.bestswines.com 开放时间：周一至周六，10:00—17:00；周日，11;00—16:00 酿酒师：贾斯丁·珀涩（Justin Purser） 创立时间：1866年
产量（以12支箱数计）：20000 葡萄园面积：34公顷
贝斯特酒庄和葡萄园是澳大利亚保存最完好的秘密之一。事实上，可追溯到1866年的葡萄园有着可能永远不会被知晓的秘密：例如，努斯园中种植的葡萄树无法识别，并被认为在世界其他地方无法存在。一部分酒窖是在同一个时代，由酿酒师亨利贝斯特（Henry Best）和他的家人建造。自1920年以来，汤姆森家族一直拥有该处财产，第五代接班人本，已经接管了父亲维维的管理。贝斯特一贯生产优雅，柔软的葡萄酒；Bin 0号是经典而伟大的汤姆森家族西拉（主要来自于1867年种植的葡萄树）。在2017年葡萄酒评选大会上，从近9000种葡萄酒脱颖而出获得了年度最佳葡萄酒。很罕见的会酿造个莫尼耶皮诺（含15%黑比诺），他仅由两个品种的1868个葡萄藤种植而成;世界上其他任何地方都没有这种葡萄藤的莫尼耶皮诺。贾斯丁珀涩（Justin Purser）有一份非凡的简历，他在澳大利亚，新西兰和勃艮第拥有丰富的经验。出口到英国、美国、加拿大、瑞典、瑞士、新加坡等国家，以及中国内地（大陆）和香港地区。

🍷🍷🍷🍷🍷 Old Vine Great Western Pinot Meunier 2016
老藤西部莫尼耶皮诺 2016
由1868年由亨利贝斯特（Henry Best）种植的葡萄树酿制而成。轻柔通透的深红色调；花香浓郁造就了澳大利亚红葡萄酒最具欺骗性的味道。当你多次品尝葡萄酒（并且偷偷地吞下一点）时，你会在红色水果，香料和泥土香气的彩虹前面揭开面纱，最重要的是水果香气。这里近几十年的葡萄酒历史证明了未来25年的发展。
封口：螺旋盖 酒精度：12% 评分：98 最佳饮用期：2046年 参考价格：85澳元

Thomson Family Great Western Shiraz 2015
汤姆森家族西部西拉2015
这款酒将强度提升到另一个高度。在整生长季节期间关注葡萄园的细节，以及从第一批果汁到浆果到灌装结束的全部细节都体现在这里。这里融合了复杂的水果，甘草，香料和胡椒的香气，来自非常古老的葡萄树和法国橡木的细腻而成熟的单宁，彼此纵横交错却不越界。
封口：螺旋盖 酒精度：14% 评分：98 最佳饮用期：2055年 参考价格：200澳元

Sparky's Block 1970 Vines Great Western Shiraz 2014
斯派克园1970**老藤西部西拉**2014
70年代推出的最佳产品，斯派克是马卡斯汤姆森（Marcus Thomson）的绰号，出生于70年代。一款伟大的西拉，可惜产量只有50箱。颜色深沉，花香浓郁，为复杂的中等酒体口感铺路，带有甜美的黑色水果和极好的单宁。
封口：软木塞 酒精度：13.5% 评分：97 最佳饮用期：2054年
参考价格：150澳元 ✪

Bin No. 0 Great Western Shiraz 2013
Bin 0**大西部西拉**2013
一款非常优美的葡萄酒，中等酒体，带有红色和黑色的樱桃香气，超细腻的丹宁和优雅的橡木，非常和谐 – 以至于你完全忘却目前是在哪一步。
封口：螺旋盖 酒精度：14% 评分：97 最佳饮用期：2043年 参考价格：85澳元

🍷🍷🍷🍷🍷 House Block Great Western Riesling 2016
豪斯园西部雷司令2016
葡萄酒 立刻捕捉到比克福德（Bickford）酸橙汁口味的强度和深度，酸度是香气持续的重要组成部分，虽然味道丰富，可以立即享受，但它的最佳岁月还未到来，其未来无可限量。
封口：螺旋盖　酒精度：10%　评分：96　最佳饮用期：2036年
参考价格：35澳元 ✪

Great Western Pinot Meunier Pinot Noir 2016
西部莫尼耶黑比诺2016
从老龄（1868年）和年轻（一个世纪后种植）的葡萄藤采摘，加上少量旧克隆株系黑比诺。一种充满活力的，强烈的和完美均衡的葡萄酒，可以去挑战起泡酒中的最精致的葡萄酒。颜色惊艳，红色水果口味充满活力和余韵。
封口：螺旋盖　酒精度：12.5%　评分：96　最佳饮用期：2036年
参考价格：45澳元 ✪

White Gravels Hill Great Western Shiraz 2015
白色碎石山西部西拉2015
是一个香料，东方和美味的盛宴，开启了这款葡萄酒的自由和活泼，在发酵过程中加入了一些不同于稳定元素的整串葡萄。红色水果在这里有更大的发言权，但也完全在酒庄本身风格内。
封口：螺旋盖　酒精度：13%　评分：96　最佳饮用期：2030年
参考价格：45澳元 ✪

Great Western Riesling 2016
西部雷司令2016
这款香气很吸引人，但不会让您想到会有浓郁多汁的柠檬和青柠在口中翻滚。历史证明了格兰皮恩斯雷司令可以持续和繁荣多久，今晚就可以饮用，藏起几瓶酒以后喝也很好。
封口：螺旋盖　酒精度：11.5%　评分：95　最佳饮用期：2029年
参考价格：25澳元 ✪

Foudre Ferment Concongell Vineyards Great Western Riesling 2016a
大木桶发酵公哥拉葡萄园西部雷司令2016年
酿酒师贾斯丁珀涩（Justin Purser）在世界各地的葡萄酒知识让他敢于给延长果皮浸渍，并用野生酵母在大橡木桶中发酵。香气的复杂性是惊人的，口感丰富。它发酵就停在11%的酒精度，然而却有强烈的迈耶柠檬和酸橙水果，以及凉爽的气候的酸度，赋予了清新的收尾和余味。
封口：螺旋盖　酒精度：11%　评分：95　最佳饮用期：2029年　参考价格：35澳元

Great Western Pinot Noir 2016
西部黑比诺2016
颜色浅淡和低酒精度可能让你认为这款酒是为了早日饮用而酿造的。也许确实是这样，但你忽视了它的未来潜力。李子和樱桃香气赋予更强的复杂性，加上完整而持久的单宁。
封口：螺旋盖　酒精度：12%　评分：95　最佳饮用期：2029年
参考价格：25澳元 ✪

Bin No. 1 Great Western Shiraz 2015
Bin1**西部西拉**2015
明亮的深红紫色；芬芳的香料，水果和橡木的细微差别都在首次的品味中感受到。优雅，中等酒体，樱桃，李子，甘草和橡木的复杂风味为口感增添光彩；柔软的质地和柔滑的单宁像是为可爱的西拉上系上一个蝴蝶结。
封口：螺旋盖　酒精度：14%　评分：95　2030年　参考价格：25澳元 ✪

Bin No. 0 Great Western Shiraz 2015
Bin0**大西部西拉**2015
深色；香气集中在浓郁的黑色浆果之后。它具有非凡的力量和强度，以黑橄榄，甘草，香料和胡椒风味为主，由法国橡木结合在一起。强度是关键。
封口：螺旋盖　酒精度：14%　评分：95　最佳饮用期：2035年　参考价格：85澳元

F.H.T. Great Western Shiraz 1999
F.H.T.**大西部西拉**1999
从1868年，1966年，70年代和92年的种植的葡萄藤挑选；包括3%赤霞珠；发酵7天，罐中进行苹果酸乳酸发酵，用美式大木桶熟成（22%新），为期16个月。F.H.T.代表维吾汤姆森（Vivr Thomson）的父亲弗雷德里克哈米尔汤姆森（Fredrick Hamill Thomson），他于98年去世。正常情况下，20%的总产量意味着99年贝斯特只有一款红酒。酒体仍然坚挺、向上；在香气和入口都可以感受到丰富的黑色水果，香料和甘草，再加上单宁，将会在未来几年保持完整的结构结构。我唯一的持保留意见的是美国橡木的选择。
封口：软木塞　酒精度：14.5%　评分：95　最佳饮用期：2029年　参考价格：150澳元

Great Western Cabernet Sauvignon 2015
西部赤霞珠2015
这款酒旨在证明优雅和强度可以被编织在一起，以创造完美的中等酒体。黑醋栗，一片叶子，一丝桉树和雪松橡木/单宁的这些细微差别，全部携起手来相互支持，使得口感悠长而清新。也不要被欺骗了，由于其完美无瑕的平衡，这支酒可以良好的存放30多年。
封口：螺旋盖 酒精度：14% 评分：95 最佳饮用期：2045年
参考价格：25澳元 ✪

Great Western Sparkling Shiraz 2013
西部西拉起泡葡萄酒2013
矿物质地，老藤葡萄的黑李子果皮和黑莓果实的深度表达来定义这座宏伟古老庄园声的名声。超级细腻的单宁，奶油般的颗粒感和完美测量过的元素，融合在黑巧克力和咖啡味的持久香气中。
封口：皇冠盖 酒精度：14% 评分：95 最佳饮用期：2025年
参考价格：35澳元 TS

Great Western Chardonnay 2016
西部霞多丽2016
浓重的现代风格的霞多丽，早期采摘，来保留新鲜水果口味和天然酸度，不需要调整，风险在几天内很快就结束了，留下葡萄酒的骨干。这（只是）避免了这一点，我喜欢口中持续的活力和柠檬酸度在嗡嗡跳动。
封口：螺旋盖 酒精度：12.5% 评分：94 最佳饮用期：2026年
参考价格：25澳元 ✪

LSV Great Western Shiraz Viognier 2015
LSV西部西拉维欧尼2015
来自该地区一些最高架的联营的葡萄园- 西拉与4%维欧共发酵。共发酵进行得非常好，提升了芬芳香气和柔软口感的水果比例，融合了由单宁和橡木支撑的多汁红色和黑色桨果。
封口：螺旋盖 酒精度：14% 评分：94 最佳饮用期：2030年 参考价格：35澳元

🍷🍷🍷🍷🍷 Great Western Shiraz Nouveau
西部西拉风格2016
评分：92 最佳饮用期：2021年 参考价格：25澳元 ✪

Bethany Wines 贝丝妮酒庄 ★★★★★

378 Bethany Road, Tanunda, 南澳大利亚 5352 产区：巴罗萨
电话：（08） 8563 2086网址：www.bethany.com.au 开放时间：周一至周六，10:00—17:00；周日，13:00—17:00 酿酒师：艾利克斯·麦克克雷兰德（Alex MacClelland） 创立时间：1981年
产量（以12支箱数计）：25000 葡萄园面积：38公顷
夏普尔（Schrapel）家族在巴罗萨谷已经种植了140年的葡萄，并且自1981年以来一直拥有该酒庄。在他们旧石灰采石场的山坡上的酒庄里，杰弗（Geoff）和罗伯特·夏普尔（Robert Schrapel）生产了一系列一贯工艺精良，包装精美的葡萄酒。贝丝妮酒庄在巴罗莎和伊顿谷都有葡萄园。出口到英国，欧洲和亚洲。

🍷🍷🍷🍷🍷 Reserve Eden Valley Riesling 2016
珍藏伊顿谷雷司令2016
超柔软的花香，柠檬沐浴盐和白垩——柑橘酸度；清爽的口感。紧密盘绕，躯干干燥。余味悠长。
封口：螺旋盖 酒精度：11.5% 评分：93 最佳饮用期：2027年
参考价格：32澳元 JF

Barossa Shiraz 2014
巴罗莎西拉2014年
使用巴罗萨山脉东端的80–100年树龄葡萄藤来酿造。在新旧法国橡木桶中开放发酵并熟化22个月。是一个不拘于形式的中等酒体巴罗莎西拉的很好范例。展示了成熟的红色和黑色水果；简单而优质的单宁与之相融合。
封口：螺旋盖 酒精度：13.9% 评分：91 最佳饮用期：2026年
参考价格：30澳元 SC

Between the Vines 葡萄藤间酒庄 ★★★★

52 Longwood Road, Longwood，南澳大利亚 5153 产区：阿德莱德山
电话：0403 933 767 网址：www.betweenthevines.com.au 开放时间：周末及公共假日，12:00—17:00 酿酒师：马特·杰克曼（Matt Jackman），西蒙·格兰丽芙（Simon Greenleaf）
创立时间：2013年 产量（以12支箱数计）：400 葡萄园面积：2.1公顷
庄园葡萄园（霞多丽的2.1公顷）于1995年种植，2006年由斯图尔特和劳拉穆迪购买。葡萄园由斯图尔特和劳拉完全管理，他们负责所有的布网，剪枝，疏果，劳拉进修了一年的葡萄栽培课程。他们在需要的地方雇用背包客当工人，采收季只用专业团队带。在13年，穆迪创造了葡萄藤间品牌，嫁接了0.2公顷添帕尼罗（在霞多丽砧木上）。产量增加了，黑比诺和添帕尼罗有少量的产出在这个标签下。马特·杰克曼（Matt Jackman）与穆迪进行联合后制作酒［西蒙·格兰丽芙（Simon Greenleaf）制作起泡葡萄酒］。

🍷🍷🍷🍷🍷 Single Vineyard Adelaide Hills Tempranillo 2013
单一葡萄园阿德莱德山添帕尼罗2013
毫无疑问，它充满了红色和黑色玫瑰气息，还有坚实的酸度和控制良好的单宁。重复品尝将它从最初威胁的姿势拉回来，窖藏陈酿将进一步会有所帮助。
封口：螺旋盖 酒精度：14.5% 评分：90 最佳饮用期：2023年 参考价格：22澳元

Bicknell fc 比克内尔酒庄 ★★★★★

41 St Margarets Road, Healesville，维多利亚 3777　产区：雅拉谷
电话：0488 678 427　网址：www.bicknellfc.com　开放时间：不开放　酿酒师：大卫·比克内尔（David Bicknell）　创立时间：2011年　产量（以12支箱数计）：300　葡萄园面积：2.5公顷
这是橡木岭酒庄首席酿酒师大卫·比克内尔（David Bicknell）和（前）葡萄栽培师（现任）合伙人尼基·哈里斯（Nicky Harris）的商务“度假”之地。它只关注霞多丽和黑比诺，目前无意扩大范围；事实上也不需要生产量。从14年起，所有葡萄都来自瓦尔·斯图尔特（Val Stewar）t在1988年种植的格拉迪斯代尔（Gladysdale）的密植葡萄园。合伙人租用了这个葡萄园，这将成为他们生意的重点。从2015年起，葡萄酒将被标记为阿普尔克罗斯（Applecross），这是苏格兰最高山口的名字，这是大卫·比克内尔（David Bicknell）的父亲非常喜欢的地方。

🍷🍷🍷🍷🍷

Applecross Yarra Valley Chardonnay 2015
阿普尔克罗斯雅拉谷霞多丽2015
整串压榨，使用法国大木桶发酵，没有苹果酸乳酸发酵，在酒泥上成熟10个月。小的葡萄地块长带来好东西，形式不定。它具有上雅拉的所有优雅，强度纯正，并且随着葡萄酒在口中的旅程结束时，口味也随之增加。白桃，油桃，柑橘 – 随你想象。
封口：螺旋盖　酒精度：13.3%　评分：96　最佳饮用期：2027年
参考价格：45澳元 ✪

Yarra Valley Chardonnay 2014
雅拉谷霞多丽2014
0.7吨/公顷，在开花期间之后，整串压榨，在一个使用过的大木桶中发酵，没有苹果酸乳酸发酵，在酒泥上熟化11个月，产量为45箱。14年可能是为了黑比诺相处复古，但它在雅拉谷创造了优秀的霞多丽。这个有深度和力量，并且强烈地让人联想到顶级白勃艮第。
封口：螺旋盖　酒精度：13.7%　评分：95　最佳饮用期：2027年　参考价格：39澳元

Applecross Yarra Valley Pinot Noir 2015
阿普尔克罗斯雅拉谷黑比诺2015
对一个葡萄种植者的一生来说，可以称得上是一个最不高兴的年份，因为在这一年，他们从目的为减产的剪枝开始，将果实网丝从800降到600mm，在采摘前3天减产4吨葡萄，这些葡萄让鸟吃了。最终的结果是产量为0.6吨/公顷，仅有75箱，最后削减了OTT SO2的添加量，这将延长葡萄酒的寿命，保证其未来的发展。
封口：螺旋盖　酒精度：12.7%　评分：94　最佳饮用期：2025年　参考价格：45澳元

Billy Button Wines　比利巴顿酒庄 ★★★★☆

11 Camp Street, Bright，维多利亚 3741　产区：阿尔派谷（Alpine Valleys）
电话：0418 559 344　网址：www.billybuttonwines.com.au　开放时间：周四至周日，12:00—6:00
酿酒师：祖·马尔诗（Jo Marsh）　创立时间：2014年　产量（以12支箱数计）：3500
祖·马尔诗（Jo Marsh）平静地说道，如果不出意外，她会在她在阿德莱德大学攻读农业科学学士学位的过程中获得无数奖项。当她在南方葡萄酒业（Southcorp，现在的富邑葡萄酒集团）研究生招聘计划中赢得有争议的职位时，她仍然保持这种节奏；她于2003年被任命为沙普酒庄（Seppelt Great Western）的助理酿酒师。到08年，她被晋升为高级代理酿酒师，负责现场酿造的所有葡萄酒。从沙普酒庄辞职后，她成为百通菲德酒庄（Feathertop）的酿酒师，度过了愉快的两年时光后，她决定在2014年独自出去创建比利巴顿酒庄。她在阿尔派谷网络了众多种植者，酿造了一系列优质葡萄酒。

🍷🍷🍷🍷🍷

The Versatile Alpine Valleys Vermentino 2016
多才多艺阿尔派谷维蒙蒂诺2016
手工采摘，整串压榨，野生酵母在不锈钢发酵，在酒泥中成熟3个月，偶尔搅拌。维蒙蒂诺绝对属于在这里的。它几乎在所有气候中都具有坚定的品质。余味将柑橘，香料和姜味的香气融合在一起，拥有强烈而清爽的酸度。
封口：螺旋盖　酒精度：12.5%　评分：95　最佳饮用期：2021年
参考价格：25澳元 ✪

The Affable Alpine Valleys Barbera 2015
可爱可亲阿尔派谷芭贝拉2015
它的感觉和口味像一个强大的年份产出的结果。它既健壮又活泼，红色和森林浆果在温声清谈。香草般的音符增添了一定的存在，但水果香气永远不会放弃舞台。很棒的一款酒。
封口：螺旋盖　酒精度：13.5%　评分：94　最佳饮用期：2021年
参考价格：30澳元　CM ✪

The Alluring Alpine Valleys Tempranillo 2015
迷人阿尔派谷添帕尼罗2015
一款非常华丽的葡萄酒。充满香气和水果味道，如此美丽，但却有一些令人难以接受的味道，泥土味，可乐般单宁，并且始终保持着一种小小的态度。莓果口感爆发，并延伸至结束。酸度得到良好的控制。最重要的是，它会在你的舌头上刻出'繁茂'这个词。
封口：螺旋盖　酒精度：13.5%　评分：94　最佳饮用期：2023年
参考价格：30澳元　CM ✪

The Squid Alpine Valleys Saperavi 2015
鱿鱼阿尔派谷萨佩拉维2015
分两块酿造：第一块除梗后使用野生酵母进行开放式发酵并开放，在旧桶中陈酿15个月；第二块使用野生酵母在陶罐中发酵并果皮浸渍上6个月，然后在混合之前转移到旧大木桶中陈酿9个月。深紫红色；非常集中和强大；复杂的葡萄酿酒工作确实非

常出色——和天然的酿制相反。很有意思，结尾的单宁和第一口的感觉恰恰相同。
封口: 螺旋盖 酒精度: 14.5% 评分: 94 最佳饮用期: 2025年 参考价格: 30澳元 ✪

🍷🍷🍷🍷🍷 The Classic Alpine Valleys Chardonnay 2015
经典阿尔派谷霞多丽2015评分：93
最佳饮用期：2020年 参考价格：30澳元

The Honest Alpine Valleys Fiano 2016
真诚阿尔派谷菲亚诺2016
评分：93 最佳饮用期：2021年 参考价格：25澳元 ✪

2 by 2 Shiraz Tempranillo
2乘2西拉添帕尼罗2015评分：93
最佳饮用期：2025年 参考价格：25澳元 ✪

The Torment King Valley Riesling
波折国王谷雷司令2016
评分：92 最佳饮用期：2023年 参考价格：25澳元 ✪

Happy Alpine Valleys Gewurztramine2016
快乐阿尔派谷琼瑶浆2016
评分：92 最佳饮用期：2022年 参考价格：25澳元 ✪

The Beloved Alpine Valleys Shiraz 2015
宠爱阿尔派谷西拉2015
评分：92 最佳饮用期：2029年 参考价格：30澳元

2 by 2 Sangiovese Cabernet 2015
2乘2桑乔维塞 Cabernet 2015
评分：92 最佳饮用期：2019年 参考价格：25澳元 ✪

The Rustic Alpine Valleys Sangiovese 2015
乡土阿尔派谷桑乔维塞2015
评分：92 最佳饮用期：2022年 参考价格：30澳元

2 by 2 Nebbiolo Barbera Rose
2乘2内比奥罗芭贝拉桃红葡萄酒2015
评分：91 最佳饮用期：2017年 参考价格：25澳元

Renegade Alpine Valleys Refosco 2015
逃离阿尔派谷莱弗斯科2015
评分：91 2020年 参考价格：30澳元

The Clandestine Schioppettino 2015
秘密司棋派蒂诺 2015
评分：90 最佳饮用期：2020年 参考价格：30澳元

Bimbadgen 毕巴乔酒庄 ★★★★★

790 McDonalds Road, Pokolbin, NSW 2320 产区：猎人谷
电话：(02) 4998 4600 网址：www.bimbadgen.com.au 开放时间：周五至周六 10:00—19:00；周日至周四，10:00—17:00 酿酒师：劳累·顿金（Rauri Donkin）、麦克·得咖瑞斯（Mike De Garis） 创立时间：1968年 产量（以12支箱数计）：35 000 葡萄园面积：23.12公顷

毕巴乔酒庄的帕尔马道（Palmers Lane）葡萄园于1968年种植，此后不久又种植了麦当劳路（McDonalds Road）葡萄园，这两个葡萄园都提供了老藤葡萄赛美蓉，西拉和霞多丽的来源。自97年获得所有权以来，李氏家族已经将他们在其他项目的投入的相同程度的关爱和注意力投入到毕巴乔酒庄。少而令人印象深刻的产量大部分由业主的豪华酒店所消化，进入悉尼市场的数量有限。出口到英国、瑞士、德国、荷兰、日本等国家，以及中国内地（大陆）和台湾地区。

🍷🍷🍷🍷🍷 Family Collection Little Maverick Hunter Valley Shiraz 2014
家庭系列小马维克猎人谷西拉2014
复杂的香气提供了五香李子，温暖的泥土和深色水果，薄荷脑和木炭，并和橡木融合到位。中等酒体，单宁成熟，酸度清爽、余味悠长。封口：螺旋盖 酒精度：14%
评分：95 最佳饮用期：2038年 参考价格：100澳元 JF

Estate Hunter Valley Semillon 2011
庄园猎人谷赛美蓉2011
非常淡的绿色；芬芳的花香，口感平衡，带有柠檬，柠檬草和草的多汁混合（三种不同口味）。
封口：螺旋盖 酒精度：10% 评分：94 最佳饮用期：2021年
参考价格：20澳元 ✪

Riverina Botrytis Semillon 2015
里弗赖纳贵腐赛美蓉2015
闪亮的金色；藏红花蜂蜜，杏子和柠檬柑橘果酱在鼻子上诱惑着，而柠檬酸度起到平衡甜度的作用。
封口：螺旋盖 酒精度：12% 评分：94 最佳饮用期：2019年
参考价格：25澳元 JF ✪

🍷🍷🍷🍷🍷 Signature Hunter Valley Semillon 2016

签名猎人谷赛美蓉 2016
评分：93　最佳饮用期：2026年　参考价格：50澳元　JF
MCA Range Orange Barbera MCA
系列猎人谷菲亚诺2016评分：92
最佳饮用期：2021年　参考价格：29澳元　JF
Reserve Hunter Valley Shiraz 2015
珍藏猎人谷西拉2015
评分：92　最佳饮用期：2032年　参考价格：65澳元　JF
Hunter Valley Fortified Verdelho NV
猎人谷加强型甜葡萄酒维尔德罗无年份
评分：92　参考价格：29澳元　JF
Signature Hunter Valley Semillon 2013
签名猎人谷赛美蓉 2013
评分：91　最佳饮用期：2025年　参考价格：50澳元　JF
Estate Hunter Valley Chardonnay 2013
庄园猎人谷霞多丽2013
评分：90　最佳饮用期：2019年　参考价格：50澳元　JF
Hunter Valley Vermentino 2016
猎人谷维蒙蒂诺 2016
评分：90　最佳饮用期：2019年　参考价格：29澳元　JF

Bindi Wine Growers　宾迪酒庄　★★★★★

343 Meln Road, Gisborne，维多利亚3437（邮）　产区：马斯顿山岭
电话：(03) 5428 2564　网址：www.bindiwines.com.au　开放时间：不开放
酿酒师：迈克尔·狄龙（Michael Dhillon）、斯图尔特·安德森（Stuart Anderson）
创立时间：1988年　产量（以12支箱数计）：2000　葡萄园面积：6公顷
马其顿地区的一个旗帜酒庄。霞多丽是顶级的，黑比诺（尽管酿造风格迥异）与贝思菲利普酒庄（Bass Phillip），吉亚康达酒庄（Giaconda）或其它澳大利亚最好的小产量佳酿一样出色。在普瑞特（Pyrett）品牌下加入西斯科特产地的西拉证实了宾迪是奠定了宾迪作为澳大利亚最优秀的低量名庄之一的荣誉地位。出口到英国和美国。

🍷🍷🍷🍷🍷　Original Vineyard Pinot Noir 2015
原始葡萄园黑比诺2015
27树龄MV6克隆株系，手工采摘，95%全果，5%整串，果皮浸渍16天，在法国酒桶中成熟15个月（30%新桶）。清澈透明的颜色标志着超级香醇的葡萄酒，辛辣/咸味的细微差别，证明了马其顿山区非常凉爽的气候，其平衡和长度无可挑剔。
封口：螺旋盖　酒精度：14%　评分：96　最佳饮用期：2030年　参考价格：85澳元

Bird in Hand　铂金瀚酒庄　★★★★★

Bird in Hand Road, Woodside，南澳大利亚 5244　产区：阿德莱德山电话：(08) 8389 9488　网址：www.birdinhand.com.au　开放时间：周一至周五 10:00—17:00, 周末11:00—17:00
酿酒师：凯姆·米尔恩（Kym Milne MW），彼得·卢克斯（Peter Ruchs）
创立时间：1997年　产量（以12支箱数计）：75 000葡萄园面积：29公顷
这个非常成功的企业以19世纪的金矿命名。这是纽金特（Nugent）家族的创业团队，由迈克尔·纽金特（Michael Nugent）博士领导；儿子安德鲁（Andrew）是罗斯沃斯（Roseworthy）的毕业生。这个家族在克莱尔谷还有一个葡萄园，后者种植了雷司令和西拉。庄园种植（梅洛，黑比诺，赤霞珠，长相思，雷司令，西拉）只提供部分产量，其余部分来自合同种植者。2010年，铂金瀚酒庄在中国东北部的辽宁省东北部的大连设立了酒窖门店，随后在营口开设了第二家。出口到所有主要市场。

🍷🍷🍷🍷🍷　Adelaide Hills Shiraz 2015
阿德莱德山西拉2015
法国橡木桶陈酿。颜色非常好；阿德莱德山不遗余力地贡献产出特别好的葡萄酒。水果，单宁和橡木味的交响乐在您驾驭复杂的味觉时不受干扰，甜美的红色和黑色莓果瞬间浸入黑巧克力中。这是在酿酒厂精美处理的高品质水果香气。
封口：螺旋盖　酒精度：14.5%　评分：97　最佳饮用期：2045年
参考价格：42澳元　✪

🍷🍷🍷🍷🍷　Nest Egg Mt Lofty Ranges Shiraz 2013
稀世之珍洛夫蒂岭西拉2013
这不是一个很凉爽的气候类型，但它确实显示出胡椒和干香料的痕迹。大部分它是结实的，丰富和坚固的，拥有厚重悠长的单宁，以及深色浆果，和雪松，烟熏，麦芽橡木。等待的时间是必需的，但它的未来是非常光明的。
封口：螺旋盖　酒精度：14.5%　评分：96　最佳饮用期：2035年
参考价格：99澳元　CM
M.A.C.Mt Lofty Ranges Shiraz 2013
N.M.A.C.**洛夫蒂岭西拉**2013
最好的桶内优选，在紧密的法国橡木桶中熟化24个月，发布2200个带编码的瓶子。非常年轻的颜色；一款非常优雅的葡萄酒，浓郁而悠长，多汁的红黑浆果和黑莓水果被

法国橡木雪松和牢固的尘土单宁支撑着（但没有受到挑战）。
封口：螺旋盖 酒精度：14.5% 评分：96 最佳饮用期：2043年 参考价格：350澳元

Marie Elizabeth Adelaide Hills Cabernet Sauvignon 2013
玛丽·伊丽莎白阿德莱德山赤霞珠2013
拥有顶级赤霞珠，黑加仑的所有特征，加上微妙的黑橄榄和鼠尾草香气；典型的赤霞珠单宁贯穿于上颚，它们的作用是支持果香而非挑战。24个月在法国橡木中成熟，与丰富的水果之间的平衡接近完美。
封口：螺旋盖 酒精度：14.5% 评分：96 最佳饮用期：2043年 参考价格：350澳元

Adelaide Hills Chardonnay 2016
阿德莱德山霞多丽2016
很难想象有一款霞多丽可以立即建立和谐，优雅和内心的平静。所有的柑橘和硬核水果香气都在那里，如被问及，法国橡木非常重要，有一定酸度。
封口：螺旋盖 酒精度：13.5% 评分：95 最佳饮用期：2024年 参考价格：42澳元

Nest Egg Adelaide Hills Chardonnay 2015
稀世之珍阿德莱德山霞多丽2015
酿造得很好，用无花果，油桃和桃子（部分白色，部分黄色）果实，并配以橡木处理。并没有任何犯错之处，但它缺少实成为最好的澳大利亚霞多丽的关键因素。
封口：螺旋盖 酒精度：13.5% 评分：95 最佳饮用期：2023年 参考价格：79澳元

Adelaide Hills Chardonnay 2015
阿德莱德山霞多丽2015
在新旧混合法国大橡木桶进行野生酵母发酵，苹果酸乳酸发酵和酒泥搅拌。这款酒的和谐与优雅毫无疑问。白桃，苹果和杏与微妙的橡木香气相得益彰，收尾柔顺。
封口：螺旋盖 酒精度：13.5% 评分：95 最佳饮用期：2022年
参考价格：35澳元 ✪

M.A.C. Mt Lofty Ranges Shiraz 2012
N.M.A.C.洛夫蒂岭西拉2012
在法国橡木桶中24个月成熟后进行优选。良好的深度和色调；是不是一款好酒唯一的疑问是法国橡木的数量。每个品尝者对于这个问题的答案可能从有很大的不同，但我对此（非常合格的）表示肯定，并且认为非常值得肯定。
封口：螺旋盖 酒精度：14.5% 评分：95 最佳饮用期：2032年
参考价格：35澳元 ✪

Nest Egg Adelaide Hills Merlot 2013
稀世之珍阿德莱德山梅洛2013
开放式发酵，21天果皮浸渍；法国橡木陈酿18个月。只要你满意，梅洛没有理由为什么不应该是浓郁的，毫无疑问。它有黑醋栗，黑橄榄和月桂叶的香气，单宁成熟，明显（但不是过度），法国橡木。
封口：螺旋盖 酒精度：14% 评分：95 最佳饮用期：2028年 参考价格：99澳元

Adelaide Hills Pinot Rose 2016
阿德莱德山皮诺桃红葡萄酒2016
评分：93 最佳饮用期：2017年 参考价格：20澳元 JF ✪

Nest Egg Cabernet Sauvignon 2013
稀世之珍赤霞珠2013
评分：93 最佳饮用期：2030年 参考价格：99澳元 CM

Adelaide Hills Montepulciano 2015
阿德莱德山蒙特布查诺2015
评分：93 最佳饮用期：2029年 参考价格：45澳元

Clare Valley Riesling 2016
克莱尔谷雷司令2016
评分：92 最佳饮用期：2030年 参考价格：25澳元 SC ✪

Honeysuckle Clare Valley Riesling2016
金银花克莱尔谷雷司令2016
评分：91 最佳饮用期：2020年 参考价格：25澳元 JF

Adelaide Hills Pinot Gris 2016
阿德莱德山灰比诺2016
评分：90 最佳饮用期：2019年 参考价格：25澳元 JF

Bird on a Wire Wines 博登万酒庄 ★★★★★

51 Symons Street, Healesville，维多利亚 3777（邮） 产区：雅拉谷
电话：0439 045 000 网址：www.birdonawirewines.com.au 开放时间：仅限预约
酿酒师：卡洛琳·穆尼（Caroline Mooney） 创立时间：2008年 产量（以12支箱数计）：500
这是现在酿酒师卡洛琳·穆尼（Caroline Mooney）的全职事业，她在雅拉谷长大，并且在山谷中从事过（其他全职）葡萄酒酿造工作超过10年。重点是种植者拥有的小型单一葡萄园，致力于生产出色的葡萄。出口到英国。

Yarra Valley Chardonnay 2014
雅拉谷霞多丽2014

一款结构精巧的葡萄酒，表达出雅拉谷特别好的霞多丽葡萄。没有任何东西被过度使用，这种葡萄酒会在未来5年内得到更多发展，但不会失去其酒形。
封口：螺旋盖　酒精度：13%　评分：95　最佳饮用期：2029年　参考价格：45澳元

Yarra Valley Syrah 2014
雅拉谷西拉2014
反映了低产量的年份，酒体更加饱满。香辛料，皮革，甘草和黑莓在第一次和随后的谢幕中都会鞠躬致谢——随后，随着葡萄酒逐渐的发挥，您将被带回到水果和单宁中来。
封口：螺旋盖　酒精度：14.5%　评分：95　最佳饮用期：2029年　参考价格：45澳元

🍷🍷🍷🍷🍷 Yarra Valley Nebbiolo 2015
雅拉谷内比奥罗2015
评分：90　最佳饮用期：2025年　参考价格：47澳元

Birthday Villa Vineyard　生日别墅酒庄　★★★★

101 Mollison Street, Malmsbury，维多利亚 3446　产区：马斯顿山岭
电话：(03) 5423 2789　网址：www.birthdayvilla.com.au　开放时间：周末，11:00—17:00
酿酒师：卡梅·隆莱斯（Cameron Leith，浮云酒庄Passing Clouds）
创立时间：1976年　产量（以12支箱数计）：300　葡萄园面积：2公顷
生日别墅的名字来自19世纪的德拉蒙德（Drummond）附近生日矿洞，并在维多利亚女王的生日时发现。琼瑶浆（1.5公顷）于1962年种植；赤霞珠（0.5公顷）随后种植。琼瑶浆的质量并不令人意外，因为非常凉爽的气候适合该品种。另一方面，赤霞珠成为主要的惊喜，虽然凉爽的年份是一个挑战。

🍷🍷🍷🍷🍷 Malmsbury Gewurztraminer 2016
马姆斯伯里琼瑶浆2016
手工采摘，整串压榨，用人工培养酵母在大罐内发酵。带有麝香的酒香香气非常丰富，有质感的口感更增添了吸引力。这完全是来自葡萄园的一流水果酿成的，适合非常凉爽的马姆斯伯里地区。
封口：螺旋盖　酒精度：12.8%　评分：91　最佳饮用期：2022年　参考价格：28澳元

Malmsbury Gewurztraminer 2015
马尔姆斯伯里琼瑶浆2015
总体来说不如16年的品种个性明显，但它有良好的长度，平衡性和坚固性，余韵悠长。
封口：螺旋盖　酒精度：12%　评分：90　最佳饮用期：2021年　参考价格：28澳元

Bittern Estate　比滕酒庄　★★★★

8 Bittern-Dromana Road, Bittern，维多利亚 3918　产区：莫宁顿半岛（Mornington Peninsula）
电话：0417 556 529　网址：www.bitternestate.com.au　开放时间：仅限预约
酿酒师：艾利克斯·怀特（Alex White），卡尔·提斯戴尔-史密斯（Carl Tiesdell-Smith）
创立时间：2013年　产量（以12支箱数计）：4500　葡萄园面积：7公顷
自从1854年从普鲁士抵达后，泽布（Zerbe）家族从事园艺工作已经很多代，在现在的墨尔本郊区种植了果树。后来的一代在1959年，种植了一个名为塔斯瓦尔（Tathravale）的苹果和梨园。在96年，加里（Gary）和凯伦泽布（Karen Zerbe）开始在这里种植比滕葡萄园，扩大家庭的第三代葡萄种植者。在那一年，这个家族在比滕酒庄的品牌下生产了第一批完整的葡萄酒。与骏马博士酒庄（Box Stallion）有牵连，但在第三方出售土地之后，该项投资已经终止。艾利克斯怀特（Alex White）和卡尔铁丝戴尔-史密斯（Carl Tiesdell-Smith）的酿酒团队提供了持续性。出口到中国。

🍷🍷🍷🍷🍷 Mornington Peninsula Chardonnay 2015
莫宁顿半岛霞多丽2015
在6小时的酒泥浸渍前除梗并压碎；清澈的果汁经木桶发酵　最佳饮用期：酒泥陈酿，然后转移　最佳饮用期：法国橡木桶完成苹果酸乳酸发酵。明亮的淡草绿色；中心是一个活泼的葡萄柚香气，橡木酚醛树脂在香气和口感构筑水果味道。
封口：螺旋盖　酒精度：13.4%　评分：90　最佳饮用期：2020年　参考价格：25澳元

Mornington Peninsula Arneis 2013
莫宁顿半岛阿内斯2013
除梗并破碎，然后酒泥浸渍8小时，再冷沉淀冷发酵获得清澈的葡萄汁。有复杂的柑橘木髓，热情和柠檬香草阿内斯可以提供到香气和口感。
封口：螺旋盖　酒精度：13.6%　评分：90　最佳饮用期：2020年　参考价格：20澳元 ✪

BK Wines　BK酒庄　★★★★★

Burdetts Road, Basket Range，南澳大利亚 5138　产区：阿德莱德山　电话：0410 124 674
网址：www.bkwines.com.au　开放时间：仅限预约　酿酒师：布伦登·凯斯（Brendon Keys）
创立时间：2007年　产量（以12支箱数计）：3500
BK酒庄由新西兰出生的布伦登凯斯（Brendon Keys）和妻子克里斯提（Kirsty）拥有。在过去的十年中，布伦登已经到处都去过了，在法国阿尔卑斯山管理一个小屋长达8个月。在加利福尼亚州与着名的保罗·霍布斯（Paul Hobbs）一起工作之前，他在澳大利亚和新西兰工作，然后他帮助保罗在阿根廷建立了一座酒庄。布伦登的标语是“葡萄酒是用爱酿造，而非金钱”，他毫不犹豫地战胜了葡萄酒酿造中的正常规则。如果他没有因为这一点被记住，他的葡萄酒就会获得成功。出口到英国、美国、加拿大、新加坡、日本等国家，以及中国香港地区。

🍷🍷🍷🍷🍷 Springs Hill Blewitt Springs Sparks McLaren Vale Grenache 2015
温泉山系列布卢伊特泉火花麦克拉仑谷歌海娜2015

100%整串，野生酵母发酵，酒泥浸渍1个月，使用法国大木桶成熟。布卢伊特泉一次，又一次，再一次……它为红葡萄酒带来了红樱桃，覆盆子和红醋栗香气的新鲜，纯净，专注和崇高的平衡。我品尝时很少吞下，但在这里就吞咽了。
封口：螺旋盖　酒精度：13.5%　评分：97　最佳饮用期：2025年
参考价格：44澳元 ✪

🍷🍷🍷🍷🍷

Springs Hill Series Blewitt Springs Red Blend 2015
温泉山系列布卢伊特泉混酿2015
来自布卢伊特泉的慕合怀特，西拉和歌海娜的100%（未指定百分比）混合，100%整串，野生酵母发酵，酒泥浸渍1个月，用法国大木桶成熟（10%新）。它具有卓越的色彩，深沉而明亮，为各种红，紫，蓝，黑色水果的完美平衡和口味提供场景。有这么多的香气发生，也许不可避免的是它在结束时应该微不足道地退后一步。
封口：螺旋盖　酒精度：13%　评分：96　最佳饮用期：2030年　参考价格：44澳元 ✪

Swaby Single Vineyard Piccadilly Valley Chardonnay 2015
斯娃币单一葡萄园皮卡迪利谷霞多丽2015
精选克隆I10V1，整串压制，用野生酵母在法国橡木发酵（30%新），成熟9个月。具有分层复杂性，矿物酸度和法国橡木和青苹果和白桃的香气融合在一起。仍处于发展的曲线上。
封口：螺旋盖　酒精度：12.5%　评分：95　最佳饮用期：2024年　参考价格：55澳元

One Ball Single Vineyard Kenton Valley Adelaide Hills Chardonnay 2015
一球单一葡萄园肯吨谷阿德莱德山霞多丽2015
葡萄酒的酿造非常好，所有的温和的触感都集中在优异的白桃/葡萄柚/无花果水果上。非常吸引人葡萄酒。
封口：螺旋盖　酒精度：12.8%　评分：95　最佳饮用期：2021年
参考价格：32澳元 ✪

Archer Beau Single Barrel Piccadilly Valley Adelaide Hills Chardonnay 2015
阿克博单一木桶皮卡迪利山谷阿德莱德山霞多丽2015
一款最好的（新款）大木桶精选，在桶内陈酿11个月，再过一年瓶装，产量为20箱。味道强烈的柑橘（葡萄柚），但有强烈的目光凝视崇拜长相思的建议。
封口：玻璃瓶塞　酒精度：12.5%　评分：95　最佳饮用期：2021年　参考价格：85澳元

Remy Single Barrel Lenswood Adelaide Hills Pinot Noir 2015
雷米单一木桶兰斯伍德阿德莱德山黑比诺2015
高尔黑比诺的最佳木桶精选，以凯斯最小的儿子命名，野生酵母发酵而成，在100%法国新橡木桶里成熟，历时9个月。星光绯红紫色；辛辣/泥土的香气，非常紧密，其中果干，果实和橡木单宁提供强大和野生莓果香气对立的味道，往往以其酸度而闻名。我不确定我是否真的喜欢这款酒，但我对它印象深刻。
封口：玻璃瓶塞　酒精度：12%　评分：95　最佳饮用期：2023年　参考价格：85澳元

Mazi Whole Bunch Blewitt Springs McLaren Vale Syrah 2014
马泽整串布卢伊特泉混麦克拉伦谷西拉2014
从干燥的温泉山葡萄园中采摘，100%整串，在一个新的法国大木桶熟成12个月，再加上18个月的瓶装，产量50箱。酿造好的单桶葡萄酒是非常困难，它的命运在它被泵入桶中的那一刻遍注定了。如果您接受这样的工艺，葡萄酒不会失败。
封口：螺旋盖　酒精度：13.5%　评分：95　最佳饮用期：2034年　参考价格：85澳元

Skin n' Bones Single Vineyard Lenswood Adelaide Hills Pinot Noir 2016
皮骨单一葡萄园兰斯伍德阿德莱德山黑比诺2016
颜色不分内外，或者就此而言，香气和口味也是如此；成熟深色的李子和香料香气，酒精度适中——这对于让光进入酒中起着重要的作用。
封口：螺旋盖　酒精度：12.8%　评分：94　最佳饮用期：2026年　参考价格：32澳元

Springs Hill Series Blewitt Springs Sparks McLaren Vale Grenache 2016
泉山系列布卢伊特泉火花麦克拉仑谷歌海娜2016
颜色漂亮；歌海娜正如歌海娜所做——在麦克拉仑谷。浓郁的樱桃和李子搭配一叠香料香气，没有甜点的香气；余味悠长，口感多汁。
封口：螺旋盖　酒精度：13.5%　评分：94　最佳饮用期：2028年　参考价格：44澳元

🍷🍷🍷🍷

Skin n'Bones Skin Contact White 2015
皮骨果皮浸渍白葡萄酒2015
评分：92　最佳饮用期：2020年　参考价格：32澳元

Saignee of Pinot Noir Lenswood Rose 2016
浸皮黑比诺兰斯伍德桃红葡萄酒2016
评分：92　最佳饮用期：2019年　参考价格：25澳元 ✪

One Ball Kenton Valley Chardonnay 2016
一球肯顿谷霞多丽2016
评分：91　最佳饮用期：2022年　参考价格：32澳元

Inox Lenswood Adelaide Hills Pinot Grigio 2016
兰斯伍德阿德莱德山灰比诺2016
评分：90　最佳饮用期：2017年　参考价格：25澳元

Skin n'Bones Lenswood Pinot Noir 2015

皮骨兰斯伍德黑比诺2015
评分：90　最佳饮用期：2022年　参考价格：32澳元

Black Bishop Wines 布莱克毕少普酒庄 ★★★★

1 Valdemar Court, Magill，南澳大利亚 5072（邮）　产区：阿德莱德山
电话：0422 791 775　网址：www.blackbishopwines.com.au　开放时间：不开放
酿酒师：达蒙·克尔纳（Damon Koerner）　创立时间：2012年　产量（以12支箱数计）：2000
布莱克毕少普酒庄由来自同一学校的三位同学杰克·霍斯内尔（Jack Horsnell），达蒙·克尔纳（Damon Koerner）和克里斯·毕少普（Chris Bishop）组成，每位都是27岁。克里斯对巴罗莎西拉拥有持续的热爱，认为酿造自己的葡萄酒而不是从别人那里购买葡萄酒是有道理的；达蒙在克莱尔谷的沃特维尔（Watervale）区长大，研究阿德莱德大学的酿酒学和葡萄栽培学，毕业后在澳大利亚及海外工作。杰克长大后在阿德莱德山的酒店生活和工作，经常品尝太多当地葡萄酒。

🍷🍷🍷🍷🍷 Single Vineyard Adelaide Hills Sauvignon Blanc 2015
单一葡萄园阿德莱德山长相思2015
一种温柔，精致的葡萄酒。香气显然是长相思特有，在柑橘，百香果，微弱的草地芳香上面，而不是热带水果的香气。香气和口感一层一层悄悄地构建，余味悠长，酸度收敛的恰到好处。配餐非常好。
封口：螺旋盖　酒精度：12.8%　评分：90　最佳饮用期：2018年
参考价格：20澳元　SC　✪

Black Range Estate 爱布莱克山酒庄 ★★★★

638 Limestone Road, Yea，维多利亚 3717　产区：上高宝
电话：(03) 5797 2882　开放时间：不开放　酿酒师：保罗·伊万斯（Paul Evans）　创立时间：2001年　产量（以12支箱数计）：400　葡萄园面积：24公顷
罗根·拉姆斯登（Rogan Lumsden）和杰西卡·吴（Jessica Ng）都在中国香港地区工作，他是港龙航空的飞行员，她是国泰航空公司的机上经理，但每个人都想到航空公司后的生活。2000年他们购买了他们现在居住的房产，并种植了第一批葡萄（西拉7公顷，梅洛2.4公顷），之后03年种植了黑比诺4.5公顷，灰比诺10.1公顷。梅洛和西拉的第一个年份是当年酿造的。A计划是出售葡萄，他们称之为“在我们退休后的几年内增加住宿和餐厅的狂想”。该行业的变幻莫测让他们在14年将4.5公顷的梅洛换成黑比诺，即使在13年（在跑了三次梅多克马拉松之后，认识到葡萄在葡萄园中的劳作才是酒桌上的品鉴完整），他们要求保罗埃文斯（Paul Evans）酿造梅洛葡萄酒——他们第一次采取了为他们酿造酒的最后一步。

🍷🍷🍷🍷🍷 Rogan Yea Valley Merlot 2014
罗根耶谷梅洛2014
是一个很大的挑战：以圣埃美隆的风格制作梅洛。这款葡萄酒确实有一些优雅，并且它的黑醋栗和李子果味略带咸味。优雅的单宁是另一个加分项。
封口：螺旋盖　酒精度：13%　评分：92　最佳饮用期：2023年
参考价格：22澳元　✪

Black Stump Wines 布莱克施通普夫酒庄 ★★★☆

Riverton Railway Station, Riverton，南澳大利亚 5412　产区：各地
电话：0415 971 113　网址：www.blackstumpwines.com　开放时间：仅限预约
酿酒师：蒂姆·莫蒂默（Tim Mortimer）　创立时间：1988年　产量（以12支箱数计）：400
蒂姆·莫蒂默（Tim Mortimer）经历了一些盲区，试图在葡萄酒行业找到获得经济立足点的最佳途径。经过七年的实验后，他决定专注于南大西洋和澳大利亚西南部其他地区的雷司令，并以内比奥罗和西拉为首的红酒酿造。他的虚拟酿酒厂（既没有葡萄园也没有酿酒厂）的独特葡萄酒是内比奥罗莫斯卡托——一个思虑周全的想法。

🍷🍷🍷🍷🍷 Frankland River Riesling 2016
法兰克兰河雷司令2016
雷司令，非常好的雷司令，忠于其品种特性和它的法兰克兰河发源地特性。石灰，柠檬和矿物酸度在悠长均匀的口感上结合在一起。
封口：螺旋盖　酒精度：12.5%　评分：90　最佳饮用期：2021年
参考价格：18澳元　✪

BlackJack Vineyards 黑杰克酒庄 ★★★★

Cnr Blackjack Road/Calder Highway, Harcourt，维多利亚 3453　产区：班迪戈
电话：(03) 5474 2355　网址：www.blackjackwines.com.au　开放时间：周末及大多数公共假日11:00—17:00　酿酒师：伊恩·麦肯齐（Ian McKenzie）和肯·波洛克（Ken Pollock）
创立时间：1987 年　产量（以12支箱数计）：4000　葡萄园面积：6公顷
由麦肯齐（McKenzie）和波洛克（Pollock）家族在哈考特谷（Harcourt Valley）的一个老苹果园和梨园建立，黑杰克酒庄以一些非常出色的西拉闻名于世。尽管有一些艰难的年份，黑杰克酒庄已经设法生产出极其真实，口感饱满和强劲的葡萄酒，非常优雅。出口到加拿大和中国。

🍷🍷🍷🍷🍷 Bendigo Shiraz 2014
班迪戈西拉2014
一种坚如磐石的红色，带有薰衣草，胡椒，薄荷脑，沥青和深色水果，像是黑李子和葡萄干。橡木气息仍然明显，但将融合进去；醇厚的肉质单宁和酸度令人耳目一新。
封口：螺旋盖　酒精度：13.5%　评分：93　最佳饮用期：2025年
参考价格：38澳元　JF

Block 6 Bendigo Shiraz 2014
布洛克第六区葡萄园2014
明亮的深红色；黑李子和樱桃，以及诱人的澳大利亚灌木香味和黑胡椒加上大量新橡木香料。质感顺滑、酸甜有序、酒体饱满、香气丰富。
封口：螺旋盖 酒精度：13.5% 评分：92 最佳饮用期：2024年
参考价格：38澳元 JF

Chortle's Edge Shiraz 2014
乔特边缘西拉2014
乔特边缘超出本打算仅仅酿造为一款不错的简单饮品的水平。浅到中等红宝石色，中等酒体，但有很多多汁的肉质水果，肉桂，木香料。柔和的酸度和单宁。
封口：螺旋盖 酒精度：13.5% 评分：90 最佳饮用期：2019年
参考价格：20澳元 JF ✪

The Major's Line Bendigo Shiraz 2014
少校队班迪戈西拉2014
散发着它的地域特性，黑李子，黑醋栗，树胶叶，薄荷脑和黑胡椒，口感浓郁饱满。橡木处理得很好，酸度鲜明，成熟的单宁随意流转。
封口：螺旋盖 酒精度：13.5% 评分：90 最佳饮用期：2022年
参考价格：28澳元 JF

Bleasdale Vineyards 宝仕德庄园 ★★★★★

1640 Langhorne Creek Road, Langhorne Creek, SA 5255 产区：兰好乐溪
电话：（08） 8537 4000 网址：www.bleasdale.com.au 开放时间：周一至周日 10:00—17:00
酿酒师：保罗·郝克尔（Paul Hotker），马特·劳伯（Matt Laube）
创立时间：1850年 产量（以12支箱数计）：100000 葡萄园面积：49公顷
这是澳大利亚历史最悠久的葡萄酒厂之一，2015年在创始人泊茨（Potts）家族的直系后裔中连续酿酒165年。在21世纪开始之前不久，每年冬天，它的葡萄园都被布雷默河改道灌溉，这条河在干燥，凉爽的生长季节提供了水分。在新的千年中，每一滴水都要被计算在内。葡萄园得到了显着升级和重新调整，西拉占种植面积的45%，并得到其他七个品种的支持。宝仕德庄园已经完全改变了它的标签和包装，并且在天才酿酒师（和葡萄栽培师）保罗·郝克尔（Paul Hotker）的指导下开始阿德莱德山长相思，灰比诺和霞多丽的酿造。出口到所有主要市场。

🍷🍷🍷🍷🍷 Wellington Road Langhorne Creek GSM 2015
惠灵顿路兰好乐溪GSM 2015
49%歌海娜，45%西拉，6%慕合怀特。歌海娜和西拉一起进行开放发酵，果皮浸渍12天，在法国大木桶中陈酿6个月。五座奖杯：考兰，昆士兰，墨尔本，悉尼和16年全国葡萄酒展览上。明亮的深红色；水果，单宁和橡木的神奇操作提供了一种超越最佳GSM的正常酒体的葡萄酒。这是一个可以和罗纳河谷最好的酒并列的葡萄酒。而且，它的平衡是如此优秀，以至于可以陈放至在未来20年将如现在一样好。
封口：螺旋盖 酒精度：14% 评分：98 最佳饮用期：2040年
参考价格：35澳元 ✪

The Powder Monkey Single Vineyard Langhorne Creek Shiraz 2015
火药少年单一葡萄园兰好乐溪西拉2015
除梗，15%全果，果皮浸渍9–12天，在法国橡木桶中成熟（27%新）12个月，获得16年墨尔本葡萄酒大奖金奖。非常集中和强大，但酒体中没有任何小腹隆起的迹象。这些水果都是黑色的，包括浆果和樱桃，橡木和单宁都融入了葡萄酒中。
封口：螺旋盖 酒精度：14% 评分：97 最佳饮用期：2035年
参考价格：65澳元 ✪

🍷🍷🍷🍷🍷 Generations Langhorne Creek Shiraz 2015
传承兰好乐溪西拉2015
除梗，开放式发酵，果皮浸渍9–12天，在法国橡木桶中陈酿12个月（22%新），获得16年阿德莱德葡萄酒大奖金奖。非常诱人的混合香料，紫色和黑色水果和雪松橡木香气融合；口感同样友好，如拉布拉多犬一般友好，充满李子和黑樱桃水果，但保持其酒体形状和重点。一款永远可靠的葡萄酒，物有所值。
封口：螺旋盖 酒精度：14% 评分：95 最佳饮用期：2030年
参考价格：35澳元 ✪

Bremerview Langhorne Creek Shiraz 2015
兰好乐溪西拉2015
除梗，15%全果，开放式发酵，果皮浸渍12天，在法国橡木桶中成熟（15%新）12个月。获得16年墨尔本和全国葡萄酒展览金奖。甜蜜浓溢的兰好乐溪果香和辛辣的咸味完成之间的巧妙结合。中等酒体的西拉，从第一口到最后一口酒到余味都保持一直。再去疑问是否物有所值就有点祥林嫂了。
封口：螺旋盖 酒精度：14% 评分：95 最佳饮用期：2030年
参考价格：20澳元 ✪

The Broad-Side Langhorne Creek Shiraz Cabernet Sauvignon Malbec 2015
路边兰好乐溪西拉赤霞珠马尔贝克2015
一款配比为63/26/13%的混酿，去梗和碾碎，开放式循环发酵，果皮浸渍7–11天，在美国和法国橡木桶（10%新）成熟9个月。获得16年阿德莱德顶级金奖和路斯格兰葡萄酒展览顶级金奖，价值无限。黑色浆果方兴未艾，以及令人印象深刻的单宁结构和风味的复杂性。甘草和甘蓝也出现在结束和余味。

封口：螺旋盖　酒精度：14%　评分：95　最佳饮用期：2030年
参考价格：16澳元 ✪

Wellington Road Langhorne Creek Shiraz Cabernet Sauvignon 2015
惠灵顿路兰好乐溪西拉赤霞珠2015
60%的西拉、26%的赤霞珠和9%的马尔贝克，西拉和马尔贝克进行除梗，赤霞珠进行除梗并破碎，开放式发酵，果皮浸渍11–15天，在法国橡木桶中成熟（25%新）12个月。两个重要的葡萄酒展览（墨尔本和澳大利亚国家）葡萄酒颁于金奖，这就对了。另外两个只给银奖的展览就错了。这是非常令人垂涎的一款酒，值得认真关注，但更可能会想贪心吞下。
封口：螺旋盖　酒精度：14%　评分：95　最佳饮用期：2030年
参考价格：29澳元 ✪

Mulberry Tree Langhorne Creek Cabernet Sauvignon 2015
桑树兰好乐溪赤霞珠2015
除梗并破碎，开放式发酵，果皮浸渍11–15天，在法国橡木桶中（15%新）成熟12个月，获得16年全国葡萄酒展览金奖。色彩鲜明，纯正的黑醋栗引领香气，中等酒体，但是当你透过数据背后看，从收获时候的波美（糖份）13.2到14.1以及在发酵罐中的酒帽管理，你会意识到保罗郝克尔（Paul Hotker）的神奇之处。
封口：螺旋盖　酒精度：14%　评分：95　最佳饮用期：2030年
参考价格：20澳元 ✪

Frank Potts 2015
弗兰克泊茨2015
64%的赤霞珠，14%的梅洛，13%的马尔贝克，9%的小维多，除梗并破碎，（只有马尔贝克进行除梗），开放式发酵，果皮浸渍9–14天，法国橡木桶（28%新）成熟12个月。明亮的深红色；兰好乐溪是一个很特别的地方，正如禾富酒庄（Wolf Blass）在其他人前几十年所认识的那样。这款葡萄酒充分体现了那里种植的所有红色浆果表现的清新和柔和。这太诱人了，它让我很难把它吐出来，但我必须这样做。
封口：螺旋盖　酒精度：14%　评分：95　最佳饮用期：2035年
参考价格：35澳元 ✪

Generations Langhorne Creek Malbec 2015
传承兰好乐溪马尔贝克2015
除梗，20%全果，开放式发酵，在法国大木桶中（12%新）成熟12个月。马尔贝克在兰好乐溪已经发展了100多年，并在悉尼国际葡萄酒大赛中将击败了阿根廷人引以为傲的马尔贝克。这是一款强有力的葡萄酒，配以梅子和黑莓，单宁比通常的兰好乐溪马尔贝克更为紧实。
封口：螺旋盖　酒精度：14%　评分：95　最佳饮用期：2035年
参考价格：35澳元 ✪

Second Innings Langhorne Creek Malbec 2015
第二回合兰好乐溪马尔贝克 2015
于2015年3月7日　最佳饮用期：4月15日采摘，15%全果，2–3天冷浸，开放式发酵，果皮浸渍上9–12天，在法国橡木桶中（10%新）陈酿12个月，获得霍巴特奖及国家葡萄酒展金奖，墨尔本金奖和16年路斯格兰金奖。深紫色；一种奢华，浓郁，黑暗的李子香气。兰好乐溪是马尔贝克的海外之家。
封口：螺旋盖　酒精度：14%　评分：95　最佳饮用期：2025年
参考价格：20澳元 ✪

Double Take Langhorne Creek Malbec 2014
德宝兰好乐溪马尔贝克2014
从当地种植者瑞克艾克特（Rick Eckert）的葡萄园中脱颖而出，开放式发酵，11天的果皮浸渍，在旧的法国大木桶里成熟11个月，或者澳大利亚国家单一葡萄园展奖，16年兰好乐溪葡萄酒展金奖。颜色深沉，数量有限，仅限于最好的年份。对于那些等待的人来说，这比第二回合马尔贝克有着更丰富的酒体。
封口：螺旋盖　酒精度：14.5%　评分：95　最佳饮用期：2034年　参考价格：65澳元

Adelaide Hills Pinot Gris 2016
阿德莱德山灰比诺2016
手工采摘，整串压榨，部分在法国橡木桶中发酵。与往年一样，优质的灰比诺具有从梨到柑橘的丰富口味，因此提供了高于平均水平的长度。
封口：螺旋盖　酒精度：13%　评分：94　最佳饮用期：2019年
参考价格：19澳元 ✪

16 Year Old Rare Langhorne Creek Verdelho NV
16年窖藏加强型华帝露葡萄酒无年份
比茶色波特酒更多橙色，这并不奇怪。兰好乐溪（和马德拉）的一种著名葡萄酒。有可爱的辣，Callard&Bowser奶油糖和复活节蛋糕口味。500毫升瓶。
封口：软木塞　酒精度：18.5%　评分：94　参考价格：69澳元

🍷🍷🍷🍷🍷

Adelaide Hills Chardonnay 2016
阿德莱德山霞多丽2016
评分：91　最佳饮用期：2021年　参考价格：25澳元

18 Year Old Rare Tawny NV
18年窖藏加强型葡萄酒 无年份

评分：91　参考价格：69澳元

Grand Langhorne Creek Tawny NV

大兰好乐溪加强型葡萄酒 无年份

评分：90　参考价格：39澳元

Bloodwood　红木酒庄 ★★★★★

231格里芬路（Griffin Road），奥兰治，新南威尔士 2800　产区：奥兰治
电话：(02) 6362 5631　网址：www.bloodwood.biz　开放时间：仅限预约
酿酒师：斯蒂芬·道尔（Stephen Doyle）　创立时间：1983年
产量（以12支箱数计）：4000　葡萄园面积：8.43公顷

朗达（Rhonda）和斯蒂芬·道尔（Stephen Doyle）是奥兰治地区的两位先驱，2013年是红木酒庄成立30周年。霞多丽，雷司令，梅洛，赤霞珠、西拉、赤霞珠，马尔贝克等庄园种植于海拔810–860米的高山地区，气候宜人。这些葡萄酒主要通过酒窖门店和充满活力，幽默和信息量大的邮件销售。在整个葡萄酒风格中都有令人印象深刻的酒款，尤其是雷司令；所有葡萄酒都特别高雅和优美。是奥兰治的高质量声誉的很重要一部分。出口到马来西亚。

🍷🍷🍷🍷🍷 Riesling 2016

雷司令2016

青柠，柠檬皮，成熟的木瓜以及甜美的佩斯般的品质是必不可少的，然而这雷司令的独特之处在于它像火山般，将味道，矿物质和多汁，自由流动的酸度融合成一个令人愉悦的整体。延长的酒泥处理证明是有帮助的。事实上，这没有什么困难。现在已经很美丽，或在未来十年也很好。

封口：螺旋盖 12.4%　酒精度：。评分：95　最佳饮用期：2028年
参考价格：25澳元　NG ✪

Schubert 2015

舒伯特2015

平静，舒缓的香气随后是白桃香气，顶上为香草橡木的凝乳香气精妙的飘逸着。水果成熟度刚刚好，酸度线性相关，且多汁，而酒泥是便于操作的，融入松软的矿物质和牛轧糖的香气。葡萄酒结尾有油桃酸度的一击。

封口：螺旋盖　酒精度：13%　评分：95　最佳饮用期：2028年
参考价格：30澳元　NG ✪

Shiraz 2014

西拉2014

这款西拉尽显其冷静的平静感，以及其紧实如皮革光滑般的单宁的香气，无可挑剔的橡木和尽职的酸度。这是典型的澳大利亚希腊。深色浆果味调以胡椒和熟肉酱味主旋律旋律向罗纳河（Rhône）表达温柔敬意，而酒体丰富的口感令人回味无穷，将这一切带回家。

封口：螺旋盖　酒精度：14%　评分：95　最佳饮用期：2025年
参考价格：28澳元　NG ✪

🍷🍷🍷🍷 Chardonnay 2016

霞多丽2016

评分：93　最佳饮用期：2023年　参考价格：28澳元

NG Silk Purse 2016

NG丝质银包2016

评分：93　最佳饮用期：2026年　参考价格：28澳元

NG Big Men in Tights

紧身衣大男人

2016评分：92　最佳饮用期：2020年　参考价格：18澳元　NG ✪

Blue Pyrenees Estate　蓝宝丽丝酒庄 ★★★★★

Vinoca Road, Avoca，维多利亚 3467　产区：Pyrenees
电话：(03) 5465 1111　网址：www.bluepyrenees.com.au　开放时间：周一至周五 10:00—16:30，周末10:00—17:00酿酒师：安德鲁·柯纳（Andrew Koerner），克里斯·斯梅尔（Chris Smales）
创立时间：1963年　产量（以12支箱数计）：60000　葡萄园面积：149公顷

雷米君度建立蓝宝丽丝酒庄（当时称为雷米酒堡）的四十年后，被卖给了一小群悉尼商人。前罗斯蒙特（Rosemount）高级酿酒师安德鲁·柯纳（Andrew Koerner）领导酿酒厂团队。该业务的核心是大面积的庄园种植，大多数已有几十年历史，但包括维欧尼在内的新品种。蓝色宝丽丝区有许多项目旨在保护环境并减少其碳排放。出口到亚洲，主要是中国。

🍷🍷🍷🍷🍷 Section One Shiraz 2014

精选一号西拉2014

包含1%维欧尼。从1970年代种植的最古老的西拉葡萄园采摘。在法国和美国的橡木桶里陈酿24个月。真正深入的香气和口感，浓郁的黑莓和蓝莓炭烤特性，巧克力和香料，以及独特的宝丽丝风味。未来还有潜力。

封口：螺旋盖　酒精度：14.5%　评分：95　最佳饮用期：2034年
参考价格：42澳元　SC

Estate Red 2013

庄园红葡萄酒2013

73%赤霞珠，19%梅洛，西拉和马尔贝克均为4%，和谐融合。深红李子，樱桃和木香

料香气饱满，也含有薄荷/薄荷醇香气，但不是太多。橡木融合并增添了光滑的浓郁口感；舒适宜人。
封口：螺旋盖 酒精度：14.5% 评分：95 最佳饮用期：2030年
参考价格：42澳元 JF

🍷🍷🍷🍷🍷
Cabernet Sauvignon 2014
赤霞珠2014
评分：93 最佳饮用期：2029年 参考价格：24澳元 SC ✪
Bone Dry Rose Pinot Noir 2016
干型黑比诺桃红葡萄酒2016
评分：92 最佳饮用期：2017年 参考价格：22澳元 ✪
Shiraz 2014
西拉2014
评分：92 最佳饮用期：2026年 参考价格：24澳元 SC ✪
Champ Blend Blanc 2015
混酿白葡萄酒 2015
评分：90 最佳饮用期：2020年 参考价格：32澳元 SC
Dry Grown Shiraz 2013
干型西拉2013
评分：90 最佳饮用期：2020年 参考价格：28澳元 SC
Midnight Cuvee 2011
午夜起泡葡萄酒2011
评分：90 最佳饮用期：2026年 参考价格：90澳元
TS Sparkling Shiraz NV
TS西拉起泡葡萄酒无年份
评分：90 最佳饮用期：2020年 参考价格：28澳元 TS

Blue Rock Wines 蓝岩酒庄 ★★★★☆

PO Box 692, Williamstown，南澳大利亚 5351（邮） 产区：伊顿谷
电话：0419 817 017 网址：www.bluerockwines.com.au 开放时间：不开放 酿酒师：兹西斯·扎克普洛斯（Zissis Zachopoulos） 创立时间：2005年 产量（以12支箱数计）：4000 葡萄园面积：15公顷
这是扎克普洛斯（Zachopoulos）兄弟共同建立的：尼古拉斯（Nicholas）、迈克尔（Michael）和兹西斯（Zissis），兹西斯获得澳大利亚查尔斯特大学的葡萄种植穴和葡萄酒学双学位。迈克尔和尼古拉斯管理着位于伊顿谷海拔475米的104公顷园子。大部分地块都朝北，斜坡通过其自然排水渠提供防冻保护，土壤丰饶且自由排水。迄今为止，葡萄园已经种植了主流品种，正在进行的种植计划延伸 最佳饮用期：8公顷的添帕尼罗，灰比诺，黑比诺，歌海娜和玛塔罗。450—500吨的大部分生产是供给与格兰特伯爵酒庄（Grant Burge）签订的销售协议。酒庄每年保留75吨的蓝岩葡萄酒。

🍷🍷🍷🍷🍷
Limited Release Family Reserve Series Pantelis Barossa Cabernet Sauvignon 2012
限量发售家族珍藏系列潘泰利斯巴罗萨赤霞珠2012
机器采收，破碎和去梗，用人工培养酵母进行开放式发酵，在法国和匈牙利橡木桶中熟化30个月。反映出特别优异的年份。这款葡萄酒具有意想不到的优雅，高度富有表现力的黑醋栗/黑加仑子水果，单宁非常细腻，橡木明显但融合。所有细节加之，是一款非常令人印象深刻的巴罗莎赤霞珠，拥有完美的平衡。
封口：螺旋盖 酒精度：14.5% 评分：96 最佳饮用期：2042
参考价格：30澳元 ✪
Limited Release Family Reserve Series Black Velvet Barossa Shiraz 2013
限量发行家族珍藏系列黑天鹅绒巴罗萨西拉2013
包括3%维欧尼，用人工培养酵母进在1500升开放式发酵罐中发酵，发酵后14天浸渍，50%新法国橡木桶中，50/50%新/旧的美国橡木桶成熟木2年。这款葡萄酒投入了大量的时间和金钱，这在价格上没有反映出来。简而言之，这是一个好价格。它只有中等酒体，单宁优雅，口味悠长，带有黑莓，黑莓和香料。
封口：螺旋盖 酒精度：14% 评分：94 最佳饮用期：2017年
参考价格：25澳元 ✪

🍷🍷🍷🍷🍷
Eden Valley Vineyard Series Riesling 2016
伊顿谷葡萄园系列雷司令2016
评分：93 最佳饮用期：2024年 参考价格：15澳元 ✪
Eden Valley Vineyard Series Cabernet 2014
伊顿谷葡萄园系列赤霞珠2014
评分：91 最佳饮用期：2029年 参考价格：18澳元 ✪

Boat O'Craigo 魁歌之舟酒庄 ★★★★★

458 Maroondah Highway, Healesville，维多利亚 3777 产区：雅拉谷
电话：(03) 5962 6899 网址：www.boatocraigo.com.au 开放时间：周五至周日 10:30—17:30
酿酒师：鲍勃·道兰（Rob Dolan，合约） 创立时间：1998年 产量（以12支箱数计）：3000
葡萄园面积：21.63公顷

当玛格丽特（Margaret）和史蒂夫·格雷姆（Steve Graham）在袋鼠地购买了一处物业，以苏格兰祖先的名字命名时，他们正确选择了在黑色火山玄武岩土壤的温暖之处种植西拉和赤霞珠。在03年，首个年份到来，儿子特拉弗斯一起加入这个行业，他们在黑刺山脉的山脚下购买了琼瑶浆，长相思，霞多丽和黑比诺葡萄园。第三个阶段是11年在收购了瓦仁伍德（Warranwood）的一家大型酿酒厂。

🍷🍷🍷🍷🍷 Reserve Yarra Valley Shiraz 2015

珍藏雅拉谷西拉2015

从袋鼠地葡萄园的一个区块，手工采摘和分选，全果进行开放式发酵，在法国橡木桶（50%新）中熟化18个月，然后进行木桶挑选。是的，还有更多的新橡木，但是中等浓郁的黑色水果的口感更加深入。甘草，荆棘和黑胡椒都住在水果香气的大厅里。

封口：Diam玻璃塞　酒精度：14%　评分：97　最佳饮用期：2040年

参考价格：55澳元 ✪

🍷🍷🍷🍷🍷 Braveheart Yarra Valley Cabernet Sauvignon 2015

勇敢之心雅拉谷赤霞珠2015

雅拉谷赤霞珠最优雅的体现。它毫不费力地用有成熟甜度的黑醋栗果香来展现其品种特性，及月桂叶和干草本香气，这也是水果香味的一部分。单宁精确平衡，橡木也是如此。

封口：螺旋盖　酒精度：13.8%　评分：96　最佳饮用期：2030年

参考价格：30澳元 ✪

Black Spur Yarra Valley Pinot Noir 2016

黑马刺雅拉谷黑比诺2016

MV6克隆株系来自庄园西尔维尔（Healesville）葡萄园，手工采摘，20%整串，80%全果，野生酵母发酵，每每天循环两次，在法国橡木桶（30%新）中成熟9个月。明亮的深红色；它的多种红色浆果具有重点，长度和平衡性，整串压榨对于增加风味有作用，使葡萄酒脱离密集而不损害整个浆果的纯度。

封口：螺旋盖　酒精度：13.5%　评分：95　最佳饮用期：2026年

参考价格：30澳元 ✪

Black Cameron Yarra Valley Shiraz 2015

黑卡梅隆雅拉谷西拉2015

从袋鼠地葡萄园采收。15年的西拉和黑比诺差不一样比例。红色，紫色和黑色浆果和细腻丹宁和法国橡木融合，口感复杂，但非常诱人。

封口：螺旋盖　酒精度：14%　评分：95　最佳饮用期：2030年

参考价格：30澳元 ✪

🍷🍷🍷🍷🍷 Braveheart Yarra Valley Cabernet Sauvignon 2014

勇敢之心雅拉谷赤霞珠2014

评分：93　最佳饮用期：2029年　参考价格：30澳元

Yarra Valley Methode Traditionnelle

雅拉谷传统工艺2012

评分：93　最佳饮用期：2022年　参考价格：36澳元

TS Black SpurTS

黑马刺长相思2015

评分：92　最佳饮用期：2017年　参考价格：22澳元　CM ✪

Black Spur Sauvignon Blanc 2016

黑马刺长相思2016

评分：91　最佳饮用期：2018年　参考价格：22澳元 ✪

Reserve Yarra Valley Chardonnay 2016

珍藏雅拉谷霞多丽2016

评分：91　最佳饮用期：2026年　参考价格：45澳元

Black Spur Yarra Valley Gewurztraminer 2016

黑马刺雅拉谷琼瑶浆2016

评分：90　最佳饮用期：2019年　参考价格：22澳元

Boireann　博伊安酒庄 ★★★★★

Donnellys Castle Road, The Summit, Qld 4377　产区：格兰纳特贝尔　电话：（07）4683 2194　网址：www.boireannwinery.com.au　开放时间：周五至周日，10:00—16:00　酿酒师：彼得·史塔克（Peter Stark）　创立时间：1998年　产量（以12支箱数计）：1200　葡萄园面积：1.6公顷

彼得（Peter）和特蕾莎·史塔克（Therese Stark）拥有10公顷的房产，位于格兰纳特贝尔（Granite Belt）产区大片花岗岩巨石和树木之中。他们已经种植了不少于11个品种，其中包括四种制作波尔多混酿的律尔尼（Lurnea）；西拉和维欧尼；歌海娜和慕合怀特，也提供罗纳谷混酿；和梅洛、丹娜、黑比诺（法国）和桑乔维塞，芭贝拉和意大利的内比奥罗组成葡萄种植联盟组合。彼得是一位具有杰出才能的酿酒师，生产的葡萄酒相当精美，质量堪与澳大利亚最好的葡萄酒相媲美。彼得说，他决定考虑退休，该资产于2017年5月售出。

🍷🍷🍷🍷🍷 Granite Belt Shiraz S2 2015

格兰纳特贝尔西拉S2 2015

S2第二个被采收的西拉，在4月6日采摘，开放式发酵，7天果皮浸渍，在法国大木桶成熟（25%新），历时11个月。深紫色；非常富有表现力的香气之后是更加激烈和强

大的味口感；香料，胡椒和甘草果酱和黑樱桃，中等　最佳饮用期：浓郁的口感。水果和橡木单宁赋予了S1西拉没有的地位。
封口：螺旋盖　酒精度：13.5%　评分：95　最佳饮用期：2035年
参考价格：35澳元 ✪

Granite Belt Shiraz Viognier 2015
格兰纳特贝尔西拉维欧尼2015
从最古老的西拉地块采收，与5%的维欧尼共同发酵，手动循环7天，在法国大木桶内（30%新）成熟。维欧尼的影响在明亮的色彩和香味的香气中显而易见。红色和黑色浆果都有自己的行动力，一直到的收尾和回味，中等酒体。
封口：螺旋盖　酒精度：13.5%　评分：95　最佳饮用期：2029年
参考价格：35澳元 ✪

La Cima Granite Belt Sangiovese 2015
拉西马格兰纳特贝尔桑乔维塞2015
除梗，开放式发酵6天，在法国大木桶内成熟11个月。可以想象彼得斯塔克斯出自本能地感受到要激发意大利品种的最佳魅力，这写品种给酿酒师和消费者带来过如此多的痛苦。在这里，它是轻轻压碎和桶内完成发酵，这使桑乔维塞保留品种特性，没有被过度提取。
封口：螺旋盖　酒精度：13%　评分：95　最佳饮用期：2025年
参考价格：30澳元 ✪

La Cima Granite Belt Barbera Superiore 2015
拉西马优选格兰纳特贝尔芭贝拉2015
从一个比拉西马系列其他葡萄酒海拔更低的种植区域采摘，”具有更加深度和成熟度'，去梗和破碎，开放式发酵，手工循环8天，在法国橡木桶里成熟11个月。比兄弟姐妹酒款有更深的颜色，以及更明显深入的口味，虽然味道相似。主要区别在于质地和结构；有陈年潜力。
封口：螺旋盖　酒精度：14%　评分：95　最佳饮用期：2030年
参考价格：35澳元 ✪

The Lurnea 2015
律尔尼2015
一款类似波尔多的混酿葡萄酒。42%赤霞珠，23%小维多，21%梅洛和14%品丽珠，在法国大木桶内（50%新）成熟。深红紫色是令人放心的开始；这款葡萄酒具有完整的黑醋栗和红醋栗果香，干草药香调，只是有一部分没有完全达到酚类成熟。
封口：螺旋盖　酒精度：13%　评分：94　最佳饮用期：2029年
参考价格：30澳元 ✪

La Cima Rosso 2015
拉西马红葡萄酒 2015
60%内比奥罗和40%芭芭拉，芭贝拉可以“软化内比奥罗的单宁，保留意大利香辣的香气”，在法国大木桶里成熟了11个月。一个可爱，芬芳，多汁的红色浆果香气，更重要的是，没有丹宁的硝烟，因为它们细腻柔软。无需等待。
封口：螺旋盖　酒精度：13.5%　评分：94　最佳饮用期：2021年
参考价格：28澳元 ✪

Granite Belt Mourvedre 2015
格兰纳特贝尔慕合怀特2015
仅用200株葡萄藤进行小规模生产，开放式发酵6天，匡式压榨，在法国旧项目桶熟成11个月。非常好的颜色，特别是考虑到是小规模酿造的；这种晚熟品种烟熏，闷热的黑色浆果香气和口感都以坚实、细腻的单宁为后盾，酒体饱满。这款酒拥有独一无二的魔力。
封口：螺旋盖　酒精度：13.5%　评分：94　最佳饮用期：2030年　参考价格：35澳元

🍷🍷🍷🍷🍷 La Cima Granite Belt Barbera 2015
La Cima拉西马格兰纳特贝尔芭贝拉2015
评分：92　最佳饮用期：2020年　参考价格：28澳元

Granite Belt Shiraz S1 2015
格兰纳特贝尔西拉S1 2015
评分：91　最佳饮用期：2025年　参考价格：20澳元 ✪

La Cima Granite Belt Nebbiolo 2015
拉西马格兰纳特贝尔内比奥罗2015
评分：91　最佳饮用期：2022年　参考价格：35澳元

Granite Belt Tannat 2015
格兰纳特贝尔丹娜2015
评分：91　最佳饮用期：2030年　参考价格：35澳元

Bondar Wines　邦达酒庄　★★★★★

Rayner Vineyard, 24 Twentyeight Road, 麦克拉仑谷，南澳大利亚 5171　产区：麦克拉仑谷
电话：0419 888 303　网址：www.bondarwines.com.au　开放时间：仅限预约　酿酒师：安德鲁·邦达（Andre Bondar）　创立时间：2013年　产量（以12支箱数计）：500葡萄园面积：11公顷
赛琳娜·凯利（Selina Kelly）和安德鲁·邦达（Andre Bondar）于2009年开始了从容的旅程，最终在13年购买了着名的雷纳葡萄园（Rayner Vineyard）。安德鲁曾在忘忧草酒庄（Nepenthe wines）担任酿酒师七年，而塞利纳最近完成了法律学位，但已经对法律有点心灰意冷。他们改变了重点，

开始寻找能够酿造西拉的葡萄园。雷纳葡萄园拥有所有的答案，一座山脊将这里一分为二，东边是卢伊特泉（Blewitt Springs）土地，西部的石灰石是更为厚重的粘土土质。他们陆续种植了古诺瓦兹、慕合怀特、佳丽酿和神索葡萄。一个阿德莱德山西拉正在他们的视线中。出口到英国。

🍷🍷🍷🍷🍷 Violet Hour McLaren Vale Shiraz 2015

麦克拉伦谷紫光西拉2015

邦达酒庄背后必定有一点魔力。所有的葡萄酒都有一定的空灵品质，没有比这个西拉更好的了。极好的深紫红色调，浓郁的黑色水果香味和浓厚的香料香其，中等酒体，深入丰富。多汁，天鹅绒般的单宁，余味悠长诱人，让你想要品尝更多。

封口：螺旋盖　酒精度：14%　评分：95　最佳饮用期：2028年

参考价格：28澳元　JF ✪

Rayner Vineyard Grenache 2016

雷纳葡萄园歌海娜2016

老藤葡萄树，手工采摘，75%进行35天的果皮浸渍，致使质地柔软，其余的进行9天的果皮浸渍，凉爽的发酵来提供芳香物质，在旧的大木桶里陈酿6个月。这具有所有这个品种可以调配的美味——花香，覆盆子和麝香，以及中东香料——但中等酒体的口感是真正的魅力。如沙般细腻的单宁，香味也很柔软，纯净。

封口：螺旋盖　酒精度：14%　评分：95　最佳饮用期：2028年

参考价格：38澳元　JF

Junto McLaren Vale GSM 2016

帮派麦克拉伦谷GSM 2016

歌海娜80%，西拉15%，慕合怀特5%。还有更多比看上去的细节：43年树龄的歌海娜，一半进行果皮浸渍为期35天；65年树龄的西拉；一部分使用整串（慕合怀特100%）；在旧橡木桶中8个月。香味芬芳，口感柔顺，单宁柔和多汁。

封口：螺旋盖　酒精度：13.5%　评分：95　最佳饮用期：2024年

参考价格：28澳元　JF ✪

Junto McLaren Vale GSM 2015

帮派麦克拉伦谷GSM 2015

75/21/4%混合。全部使用旧橡木桶发酵。产量为130箱。你不禁要赞赏中等口感的魅力和整体新鲜度/活力/生命力的结合。红醋栗和蔓越莓去融合皮革，木香和土壤香气。微妙的麝香般的甜味提供了额外的活力。一款可爱的酒。

封口：螺旋盖　酒精度：14%　评分：94　最佳饮用期：2024年

参考价格：25澳元　CM ✪

🍷🍷🍷🍷 Adelaide Hills Chardonnay 2016

阿德莱德山霞多丽2016

评分：93　最佳饮用期：2024年　参考价格：35澳元　JF

McLaren Vale Grenache Rose 2016

麦克拉仑谷歌海娜桃红酒2016

评分：93　最佳饮用期：2018年　参考价格：25澳元　CM ✪

Bonking Frog　奔琪蛙酒庄 ★★★★

7 Dardanup West Road, North Boyanup,西澳大利亚 6237　产区：吉奥格拉菲
电话：0408 930 332　网址：www.bonkingfrog.com.au　开放时间：周五至周日 12:00—17:00
酿酒师：自然主义者葡萄酒公司［Naturaliste Vintners，布鲁斯·杜克（Bruce Dukes）］
创立时间：1996年　产量（以12支箱数计）：1200　葡萄园面积：3公顷

朱莉（Julie）和菲尔·胡顿（Phil Hutton）把他们的投向了心之所向，在1996年种植了一个梅洛葡萄园。大概知道梅洛在自身根系生长的不确定性后，他们开始种植3500株施瓦茨曼（Swartzman）砧木葡萄，12个月后，将梅洛接进行接穗嫁接。幼芽如此幼小，难怪还是会有伤痛。我毫不怀疑他们对这个品种充满热情的诚意，因为他们认为这是“果香的，坚韧的，光滑的，天鹅绒般的”，同t时还有巧克力的基调。如果你是葡萄酒和梅洛的新手，这将是一次很好的探索。而这些青蛙呢？他们在大声发出“奔琪”（Bonk）的叫声。

🍷🍷🍷🍷🍷 Summer Geographe Merlot Rose 2016

夏日吉奥格拉菲梅洛桃红酒2016

明亮的浅红色；香气和口感中有许多小红色水果/浆果，在16年珀斯葡萄酒展上获得金奖。但不能确定它是干型还是微甜型——也许这是我的想法。

封口：螺旋盖　酒精度：12%　评分：94　最佳饮用期：2018年

参考价格：22澳元 ✪

Born & Raised　生养酒庄 ★★★☆

33 Bangaroo Street, North Balgowlah, 新南威尔士 2093（邮）　产区：各地 维多利亚
电话：0413 860 369　网址：www.bornandraisedwines.com.au　开放时间：不开放
酿酒师：大卫·梅斯姆（David Messum）　创立时间：2012年　产量（以12支箱数计）：1000

大卫（David）和海伦·梅斯姆（Helen Messum） 在自2009年创立专业葡萄酒营销商Just a Drop以来，在相对较快的时间内已经打下了了相当一部分的基础。和大卫的客户的互动使他得出结论，他应该酿造葡萄酒以及去帮助他人推销他们的葡萄酒。部分原因来自与时髦的金字塔谷酒庄（Pyramid Valley）以及新西兰主要的质量导向酿酒商克拉吉酒庄（Craggy Range）的合作。大卫喜欢使用野生酵母发酵，奇特的品种与之结合，有时会留在传统酿造的葡萄酒领域（现在来说使用野生酵母没什么大不了），有时候会也会不一样，就像他2014年的长相思，花了104天进行果皮浸渍。

🍷🍷🍷🍷 The Chance Field Blend 2016
机遇之旅混酿葡萄酒2016
不是真正的混酿酒——雷司令46%，黄莫斯卡托42%，琼瑶浆12%——闻到的香气有点俗气，但超级干燥的口感要好得多。麝香，生姜香料，柠檬和青柠的香气与垩白的酸度。封口：螺旋盖　酒精度：11.6%　评分：89　最佳饮用期：2019年
参考价格：24澳元　JF

Botobolar　波图波拉酒庄　★★★☆

89 Botobolar Road, Mudgee, 新南威尔士 2850　产区：满吉
电话：(02) 6373 3840　网址：www.botobolar.com　开放时间：周四至周二，11:00—16:00　酿酒师：凯文·卡斯特罗姆（Kevin Karstrom）　创立时间：1971年　产量（以12支箱数计）：4000
葡萄园面积：19.4公顷
澳大利亚最早的有机葡萄园之一，目前是拥有者凯文·卡斯特罗姆（Kevin Karstrom），坚持由创始人（已故）吉尔·沃斯特（Gil Wahlquist）的的种植和酿酒理念。不含防腐剂的红葡萄酒和低防腐剂干白葡萄酒将葡萄园的有机理念延伸到酿酒工艺中。西拉酿造最好的葡萄酒，可以使用波图波拉品牌，在马德几（Mudagee）萄酒展览会上获得金奖。太阳能发电机已经安装在酿酒厂后面的山丘上，以降低其碳排放。波图波拉酒庄在马德几中心还有一家酒窖门店：位于教堂路28号的波图波拉酒窖門店，营业时间为7天。

🍷🍷🍷🍷🍷 Preservative Free Mudgee Shiraz 2016
波图波拉西拉干红葡萄酒（不添加防腐剂）2016
可以肯定的是，这款葡萄酒从发酵罐到装瓶非常迅速，尽显深厚浓郁的深紫色和深红色的黑色浆果，有机葡萄酿制也许对此有所帮助。鉴于封口：螺旋盖和酒的密度，它可能与它的麦克拉伦谷对手博斯沃思酒庄（Battle of Bosworth）一样，能够窖藏。
封口：螺旋盖　酒精度：13%　评分：90　最佳饮用期：2021年　参考价格：20澳元

Bourke & Travers　伯克和特拉弗斯酒庄　★★★★

PO Box 457, Clare，南澳大利亚 5453（邮）　产区：克莱尔谷
电话：0400 745 057　网址：www.bourkeandtravers.com　开放时间：不开放　酿酒师：大卫·特拉弗斯（David Travers）、米歇尔·科百特（Michael Corbett）　创立时间：1998年
产量（以12支箱数计）：200　葡萄园面积：6公顷
大卫·特拉弗斯（David Travers）的家族一直在澳大利亚连续耕种了157年，主要饲养羊，种植谷类和蔬菜。19世纪70年代，大卫的曾祖父尼古拉·特拉弗斯（Nicholas Travers）在丽星酒庄（leasingham）以南建立了一个葡萄园，介于现在的凯利卡努酒庄（Kilikanoon）和奥利里沃克酒庄（O'Leary Walker）之间。然而，他的儿子保罗（Paul）离开了这里，在林肯港附近建立了一个大型的羊群放牧场，而杰拉德（Gerald，大卫的父亲）今天保留了这些房产，大卫继续参与了他们的行动。他1996年在阿马溪（Armagh Creek）创立了伯克和特拉弗斯酒庄，并于98年种下了第一批葡萄（西拉）。品牌中的伯克（Bourke）来自大卫的母亲凯瑟琳·伯克（Kathleen Bourke，她的娘家姓）。

🍷🍷🍷🍷🍷 Single Vineyard Clare Valley Shiraz 2010
单一葡萄园克莱尔谷西拉2010
在法国新橡木桶中陈酿20个月。如同口袋里的火箭，承载均匀的黑色浆果的泥土/果香的气息。成熟的单宁融入橡木可以酿造的真正有存在意义的葡萄酒。这款酒在哪里藏了7年?
封口: 螺旋盖　酒精度: 14.5%　评分: 93　最佳饮用期: 2030年　参考价格: 40澳元

Single Vineyard Clare Valley Shiraz 2012
单一葡萄园克莱尔谷西拉2012
在新（12%）和旧法国橡木桶内成熟14个月。5年过去了，这个年份依然保持着它的力量，长度和平衡的中心。它现在有一些军事色彩 – 虽然不是维多利亚十字勋章，但是相当严肃——因为一些年龄细微的复杂性开始成为焦点。
封口：螺旋盖　酒精度：14%　评分：92　最佳饮用期：2027年　参考价格：40澳元

Single Vineyard Clare Valley Shiraz 2013
单一葡萄园克莱尔谷西拉2013
从一个地块采摘，分别在新的和旧法国橡木桶中成熟14个月。一款酒体浓郁的西拉，酒精度高，可能超过14.5%。它具有漂亮的色彩，克莱尔谷风格的黑色浆果香气，单宁有力、不干。
封口：螺旋盖评分：90　最佳饮用期：2023年　参考价格：40澳元

Bowen Estate　宝云酒庄　★★★★

15459 Riddoch Highway, 库纳瓦拉，南澳大利亚 5263　产区：库纳瓦拉
电话：(08) 8737 2229　网址：www.bowenestate.com.au　开放时间：每日开放，10:00—17:00
产量（箱）：12000
这个地区老将杜克·宝云（Doug Bowen）主持者一个库纳瓦拉地标性酒庄，但他已将完整的酿酒责任移交给女儿艾玛（Emma），“退休”到葡萄栽培者的位置。2015年5月，宝云酒庄举办了从1975年　最佳饮用期：2014年24种葡萄酒（西拉和赤霞珠）的品鉴会，庆祝其第40个年份。出口到马尔代夫、新加坡、中国、日本和新西兰。

🍷🍷🍷🍷🍷 Coonawarra Cabernet Sauvignon 2015
库纳瓦拉赤霞珠2015

这已经成为一个非常成熟的香气结构，呈现出黑莓糖浆，薄荷，月桂叶和雪松橡木。口感丰满弄月，有很多水果/橡木的甜味。饱满的单宁提供了强劲和抓力。
封口：螺旋盖　酒精度：15.5%　评分：90　最佳饮用期：2023年
参考价格：34澳元　JF

🍷🍷🍷🍷 Coonawarra Shiraz 2015
库纳瓦拉西拉2015
评分：89　最佳饮用期：2021年　参考价格：34澳元　JF

Box Grove Vineyard　博克斯树林酒庄 ★★★★☆

955 Avenel-Nagambie Road, Tabilk，维多利亚 3607 地区纳甘比湖区（Nagambie Lakes）
电话：0409 210 015　网址：www.boxgrovevineyard.com.au　开放时间：仅限预约
酿酒师：萨拉·高夫（Sarah Gough）　创立时间：1995年
产量（以12支箱数计）：2500　葡萄园面积：27公顷
这是高夫（Gough）家族的一项风险投资，业内资深人士萨拉·高夫（Sarah Gough，和女儿）负责管理葡萄园，葡萄酒酿造和市场营销。将西拉和赤霞珠各自的10公顷开始与布琅兄弟酒庄（Brown Brothers）签订合同合作后，萨拉决定将业务重点转换为可以大致地称为“地中海品种”的业务。现在普罗赛克，维蒙蒂诺，普里米蒂沃和胡珊是主要品种，加上来自原来种植的西拉和赤霞珠。通过预约可以在Osteria（意大利语，意为供应葡萄酒和食物的地方）品尝墨尔本厨师准备的餐点。出口到新加坡和中国。

🍷🍷🍷🍷🍷 Primitivo 2014
普里米蒂沃 2014
制作这款酒的时间和精力并未体现在价格上。伊甸园里的蛇是酒精：它与意大利的阿玛罗尼风格相似，这里的水果香气正努力掩盖酒精的火热。食物是显而易见的解药。
封口：螺旋盖　酒精度：15.6%　评分：90　最佳饮用期：2018年　参考价格：28澳元

Brand's Laira Coonawarra　莱拉酒庄 ★★★★★

14860 Riddoch Highway, 库纳瓦拉，南澳大利亚 5263　产区：库纳瓦拉
电话：(08) 8736 3260　网址：www.brandslaira.com.au　开放时间：周一至周五 9–4.30, 周末 11:00—16:00　酿酒师：彼特·温伯格（Peter Weinberg）, 艾米·布莱克本（Amy Blackburn）
创立时间：1966年　产量：未知　葡萄园面积：278公顷
在2015年圣诞节的前三天，当麦克威廉酒庄（McWilliam's Wines）购买了莱拉酒庄，卡塞拉（Casella）系列提前收到了礼物。多年以来，麦克威廉已经将布兰德（Brand）的所有权从50%提高到100%，之后又购买了100公顷的葡萄园（将布兰德增加到现在的278公顷），并提高了酒庄的规模和质量。出口到精选的市场。

🍷🍷🍷🍷🍷 Blockers Cabernet Sauvignon 2014
布洛克斯赤霞珠2014
25年树龄的葡萄藤，机械采收，用人工培养酵母进行开放式和旋转式发酵罐，果皮浸渍7天，85%的进行发酵后浸渍5周，在85%法国橡木桶和15%美国橡木桶（35%新）成熟19个月。结构和质地反映了酿酒过程中的这些步骤，细腻的单宁对黑醋栗果香有支持作用，在适当的时时机体现出来。
封口：螺旋盖　酒精度：14%　评分：94　最佳饮用期：2030年
参考价格：24澳元 ✪

🍷🍷🍷🍷🍷 Foundation Shiraz 2013
基业系列西拉2013
评分：92　最佳饮用期：2028年　参考价格：23澳元 ✪

Old Station Cabernet Shiraz 2013
老车站系列赤霞珠西拉2013
评分：92　最佳饮用期：2025年　参考价格：25澳元　JF ✪

Old Station Rose 2016
老车站系列桃红葡萄酒2016
评分：90　最佳饮用期：2018年　参考价格：20澳元　JF ✪

Brangayne of Orange　布兰格尼酒庄 ★★★★☆

837 Pinnacle Road, 奥兰治, 新南威尔士 2800　产区：奥兰治
电话：(02) 6365 3229　网址：www.brangayne.com　开放时间：周一至周五 11:00—16:00, 周六，11:00—17:00；周日，11:00—16:00　酿酒师：西蒙·吉尔伯特（Simon Gilbert）
创立时间：1994　产量（以12支箱数计）：3000　葡萄园面积：25.7公顷
霍斯金斯（Hoskins）家族（前身为果园主）于1994年进入葡萄种植业，逐步建立了高品质的葡萄园。布兰格尼酒庄生产所有主流品种的优质葡萄酒，从黑比诺到赤霞珠都非常出色。它将一部分收成出售给其他酿酒厂。出口到中国。

🍷🍷🍷🍷🍷 Chardonnay 2016
霞多丽2016
清新，柑橘和硬核水果的香气以及处理完好的橡木（它只在旧法国橡木桶中度过了4个月），这个精心酿造的，在凉爽的气候采收和活泼的霞多丽，简单明了，但不孱弱，应该很好地在未来的2——3年得到发展。
封口：螺旋盖　酒精度：13.5%　评分：91　最佳饮用期：2022年
参考价格：20澳元　PR

Cabernet Sauvignon 2014
赤霞珠2014
这款优雅而精致的赤霞珠色泽明亮，中等深红色，有着柔和的叶茂盛气息，带有红色浆果和烟叶。口感中等，酒体平衡良好，细粒单宁的味道足以满足中年人的口味。
封口：螺旋盖　酒精度：13.5%　评分：90　最佳饮用期：2024年
参考价格：32澳元　PR

🍷🍷🍷🍷 Pinot Grigio 2016
灰比诺2106
评分：89　最佳饮用期：2021年　参考价格：20澳元　PR

Brash Higgins　希金斯酒庄　★★★★☆

California Road, 麦克拉仑谷，南澳大利亚 5171　产区：麦克拉仑谷
电话：(08) 8556 4237　网址：www.brashhiggins.com　开放时间：仅限预约
酿酒师：布拉德·希基（Brad Hickey）　创立时间：2010年　产量（以12支箱数计）：1000
葡萄园面积：7公顷
把澳洲富邑葡萄酒集团TWE的“葡萄酒企业家”的概念搬到了这里，因为布拉德·希基（Brad Hickey）提出'创造者'和'种植者'来囊括他在创建希金斯酒庄方面的角色（以及合作伙伴尼克·索普（Nicole Thorpe）的角色）。他具有丰富的背景，其中包括在纽约一些最好的餐厅当侍酒师10年，然后再进行10年的烘焙和啤酒酿造经验，以及去过很多世界上最知名的葡萄酒地区。更有意思的是，他种植了4公顷的西拉，2公顷的赤霞珠，最近在他的欧曼赛特葡萄园（Omensetter Vineyard）中把1公顷的西拉嫁接到黑达沃拉，这里可以俯瞰威朗加悬崖（Willunga Escarpment）。出口到美国和加拿大。

🍷🍷🍷🍷🍷 GR/M Co-Ferment McLaren Vale Grenache Mataro 2015
GR / M Co-Ferment GR / M**混酿麦克拉伦谷歌海娜慕合怀特** 2015
和出色14年极相似。它轻盈但坚韧，肉质感强而有层次。香料，花园草本，树莓泪水果，烤坚果。它是很多美好物体的集合体，但它始终保持稳定。
封口: 螺旋盖　酒精度: 14.5%　评分: 94　最佳饮用期: 2022年　参考价格: 37澳元

🍷🍷🍷🍷🍷(半) NDV Amphora Project Nero d'Avola 2015
NDV Amphora Project NDV**双耳瓶项目黑达沃拉**2015
评分：92　最佳饮用期：2025年　参考价格：42澳元　CM

Brash Vineyard　布拉斯酒庄　★★★★

PO Box 455, Yallingup，西澳大利亚 6282（邮）　产区：玛格利特河
电话：0427 042 767　网址：www.brashvineyard.com.au　开放时间：不开放
酿酒师：布鲁斯·杜克丝（Bruce Dukes，合约）　创立时间：2000年
产量（以12支箱数计）：1000　葡萄园面积：18.35公顷
布拉斯酒庄于1998年成立，和林边谷酒庄（Woodside Valley Estate）一样。虽然大部分葡萄都卖给了其他玛格利特河地区的葡萄酒生产者，但是赤霞珠、西拉、霞多丽和梅洛是在自身酒庄这样酿造的，09年的赤霞珠和西拉为酒庄赢得五星级酒庄评分。它现在由克里斯（Chris）和安妮·卡特（Anne Carter，在那里生活和工作的管理合伙人），布莱恩（Brian）和安妮·麦克金丝（Anne McGuinness）以及瑞克（Rik）和詹妮·尼特尔特（Jenny Nitert）拥有。葡萄园现在已经成熟，正在生产高品质的水果。

🍷🍷🍷🍷🍷(半) Single Vineyard Cabernet Sauvignon 2015
单一葡萄园赤霞珠2015
这款葡萄酒带有多汁的黑莓和桑森，巧克力薄荷和紫罗兰。强大的单宁和轻微的酸度正在发生争执，最终都导向顺滑的收尾。
封口：螺旋盖　酒精度：14.1%　评分：93　最佳饮用期：2028年
参考价格：40澳元　JF

Single Vineyard Sauvignon Blanc 2016
单一葡萄园长相思2016
这个年份更浓烈，果香浓郁，带有杨桃，百香果核和干梨，但同时也带有柠檬草，柠檬酸度和松针清新的香气。结束时，有一点成熟的果实/甜味使它圆润。
封口：螺旋盖　酒精度：13.5%　评分：92　最佳饮用期：2020年
参考价格：23澳元　JF　✪

Chardonnay 2015
霞多丽2015
是这个品种坚实的表现，特别是考虑到这个产区的环境，多汁的油桃穿过清脆的苹果和梨子梨。以及适度的坚果橡木香气。；你会期待花上一年左右的时间来看这瓶酒的变化。
封口：螺旋盖　酒精度：13.2%　评分：92　最佳饮用期：2022年
参考价格：35澳元　CM

Single Vineyard Shiraz 2015
单一葡萄园西拉2015
带有一点橡木，很多的雪松和炭的墙漆；希望它会随着瓶龄而消退。与此同时，浓郁的李子和胡椒浓郁的口感，优雅结构与单宁相得益彰。有吸引力。
封口：螺旋盖 14.3%　酒精度：。评分：91　最佳饮用期：2025年
参考价格：35澳元　JF

Brave Goose Vineyard 勇敢的鹅酒庄 ★★★★

PO Box 852, Seymour，维多利亚 3660（邮） 产区：维多利亚州中部
电话：0417 553 225 网址：www.bravegoosevineyard.com.au 开放时间：仅限预约
酿酒师：妮娜斯·多克（Nina Stocker） 创立时间：1988年
产量（以12支箱数计）：200葡萄园面积：6.5公顷

1988年，前葡萄与葡萄酒研究与发展公司（the Grape & Wine Research和Development Corporation）董事长约翰斯·多克（John Stocker）博士和妻子乔安妮（Joann）种植了勇敢的鹅酒庄的葡萄园。1987年，他们在泰拉卢克（Tallarook）附近的大分水岭内部发现了一处地层，有斜坡和浅风化的铁质土壤。他们分别建立了各2.5公顷的西拉和赤霞珠，各0.5公顷的梅洛，维欧尼和佳美，但在只有少量放在勇敢的鹅的品牌下。处于风雨飘摇的勇敢的鹅品牌是放入葡萄园的羊群中驱赶鹦鹉和狐狸的唯一幸存者。二十年后，乔和约翰将这一行动的指挥棒交给了他们的酿酒师女儿尼娜（Nina）和女婿约翰·戴尔（John Day）。

🍷🍷🍷🍷🍷

Central Victoria Cabernet Merlot 2015
中部维多利亚州赤霞珠梅洛2015
这是一款由85%赤霞珠，10%梅洛和5%马尔贝克混酿的浓郁的葡萄酒。成熟的醋栗，黑李子和红樱桃口味，全部由流线型成熟葡萄单宁和一抹奶油般法国香草橡木（10%新）在口中漫延。茴香，薄荷和苦涩的巧克力沿着终点回响，长时间的被一束多汁的酸度引导。强有力的结构和无可挑剔的果实成熟度预示着未来长久的发展。
封口：螺旋盖 酒精度：14% 评分：93 最佳饮用期：2035年
参考价格：25澳元 NG ✪

Central Victoria Shiraz 2015
中央维多利亚州西拉2015
香草豆荚橡木和温和略涩单宁的藏身之处，卷入浓密的红色和黑色浆果。橡木味仍然没有找到，但远没有过度。它只是需要时间来找到它的位置，在已崭露的荆棘，丁香，胡椒和烤肉中间。这款葡萄酒看起来比维多利亚州产区的同样品种更浅淡。
封口：螺旋盖 酒精度：13.5% 评分：91 最佳饮用期：2027年
参考价格：25澳元 NG

Bream Creek 布林溪酒庄 ★★★★☆

Marion Bay Road, Bream Creek, Tas 7175 产区：塔斯马尼亚南部
电话：(03) 6231 4646 网址：www.breamcreekvineyard.com.au 开放时间：位于杜娜磊海滨咖啡厅（Dunalley） 酿酒师：吉尔·卡纳尔（Greer Carnal），格林·詹姆斯（Glenn James） 创立时间：1974年 产量（以12支箱数计）：6000 葡萄园面积：7.6公顷

直到1990年，布林溪果园才被出售给摩利那庄园（Moorilla Estate），但自此之后，该酒厂已由弗雷德·皮考克（Fred Peacock）独立拥有和管理，他是葡萄栽培专家的传奇人物。弗雷德的才华已经见证了黑比诺为首的生产工艺和葡萄酒品质的提升。赢得很多奖项，包括金牌，银牌和铜牌。弗雷德也被其他酒庄聘请为专业顾问。出口到中国。

🍷🍷🍷🍷🍷

Vintage Cuvee Traditionnelle 2010
传统工艺起泡葡萄酒 2010
弗雷德·皮考克（Fred Peacock）称其为10年的天然的酸度，并将更多比例的霞多丽融合在一起，创造出更紧密的风格。在酒泥浸渍超过5年的时间里，它为其脆清脆的葡萄柚，草莓和白桃香气加上了了一道奶油炮和牛轧糖和酥皮风味。收尾平衡和谐。
封口：软木塞 酒精度：12.8% 评分：91 最佳饮用期：2018年
参考价格：42澳元 TS

Bremerton Wines 布雷默顿酒庄 ★★★★★

Strathalbyn Road, 兰好乐溪，南澳大利亚 5255 产区：兰好乐溪
电话:（08） 8537 3093 网址：www.bremerton.com.au 开放时间：每日开放，10:00—17:00
酿酒师：瑞贝卡·威尔逊（Rebecca Willson） 创立时间：1988年产量（箱）：30000 葡萄园面积：120公顷

布雷默顿酒庄自1988年以来一直生产葡萄酒。瑞贝卡·威尔逊（Rebecca Willson，总酿酒师）和露西·威尔逊（Lucy Willson，营销经理）是澳大利亚首批管理和经营酒厂的姐妹。拥有120公顷的优质葡萄园（其中80%会酿造在自己的品牌下），他们种植了赤霞珠、西拉、维尔德罗，霞多丽，长相思，马尔贝克，梅洛，菲亚诺，格兰西亚诺和小维多。出口到大多数主要市场。

🍷🍷🍷🍷🍷

Old Adam Langhorne Creek Shiraz 2014
传统亚当兰好乐溪西拉2014
经典兰好乐溪的香气，甜美的黑李子，巧克力和咖啡渣的味道外还有更多。它口感丰富，浓郁而不沉重，带有橡木和豪华的单宁。均衡。复杂。享乐主义。
封口：软木塞 酒精度：15% 评分：95 最佳饮用期：2028年
参考价格：56澳元 JF

Old Adam Langhorne Creek Shiraz 2013
传统兰好乐溪西拉2013
这款葡萄酒采用庄园葡萄园最优质的葡萄精选而成。它的深色浆果，巧克力，香料，甘草和成熟的单宁具有非凡的强度和力量。它的酒精度对这种强度负责，但收尾时候并没有感觉热度上升。
封口：软木塞 酒精度：15% 评分：95 最佳饮用期：2034年 参考价格：56澳元

Batonnage Langhorne Creek Shiraz Malbec 2015
搅桶兰好乐溪西拉马尔贝克2015

口感悠长而细致绵密，单宁柔顺而成熟。酒体复杂浓郁，也不失优雅。有质感，明亮的酸度保持这种活力。它需要更多的时间来进行瓶中陈年，并会奖励有耐心的人。
封口：螺旋盖 酒精度：14.5% 评分：95 最佳饮用期：2032年
参考价格：32澳元 JF ✪

Batonnage Langhorne Creek Shiraz Malbec 2014
搅桶兰好乐溪西拉马尔贝克2014
经常在布雷默顿酒庄的系列产品中脱颖而出，因为它的完美和完整。现在已经拥有丰富的中东香料，甘草，薰衣草、桑葚和李子香气；口感醇厚无缝，橡木融合无暇，单宁舒适、余味悠长。
封口：螺旋盖 酒精度：14.5% 评分：95 最佳饮用期：2031年
参考价格：32澳元 JF ✪

B.O.V. 2013 B.O.V. 2013
配比为50/50%的赤霞珠和西拉混酿，精准比例的非常好的混酿。有稠密度和柔软度，黑李子和黑莓香气。真的辛辣，黑色的可可粉；成熟的单宁和橡木恰如好处。现在就可以喝了。
封口：软木塞 酒精度：15% 评分：95 最佳饮用期：2025年
参考价格：85澳元 JF

🍷🍷🍷🍷🍷

Selkirk Shiraz 2015
塞尔柯克西拉2015
评分：93 最佳饮用期：2023年 参考价格：22澳元 JF ✪

Coulthard Cabernet Sauvignon 2015
库特哈德赤霞珠2015
评分：93 最佳饮用期：2022年 参考价格：22澳元 JF ✪

Walter's Reserve Cabernet 2013
沃尔塔珍藏赤霞珠2013
评分：93 最佳饮用期：2023年 参考价格：56澳元 JF

Special Release Graciano
特殊发行格拉西亚诺 2015
评分：93 最佳饮用期：2022年 参考价格：24澳元 JF ✪

CHW Traditional Method Sparkling 2014
CHW西拉起泡葡萄酒2014
评分：93 最佳饮用期：2019年 参考价格：25澳元 TS

Special Release Fiano2015
特殊发行菲亚诺2015
评分：92 最佳饮用期：2022年 参考价格：24澳元 ✪

Special Release Mourvedre2015
特殊发行慕合怀特2015
评分：92 最佳饮用期：2020年 参考价格：24澳元 JF ✪

Special Release Malbec 2015
特殊发行马尔贝克2015
评分：92 最佳饮用期：2025年 参考价格：24澳元 JF ✪

Special Release Vermentino 2015
特殊发行维蒙蒂诺2015
评分：91 最佳饮用期：2018年 参考价格：24澳元

Special Release Mourvedre 2014
特殊发行慕合怀特2014
评分：91 最佳饮用期：2021年 参考价格：24澳元 JF

Betty & Lu Langhorne Creek Sauvignon Blanc 2016
兰好乐溪长相思2016
评分：90 最佳饮用期：2017年 参考价格：17澳元 ✪

Special Release Langhorne Creek Vermentino 2016
特殊发行兰好乐溪维蒙蒂诺2016
评分：90 最佳饮用期：2018年 参考价格：24澳元 JF

Langhorne Creek Racy Rose 2016
兰好乐溪桃红葡萄酒 2016
评分：90 最佳饮用期：2018年 参考价格：17澳元 JF ✪

Coulthard Cabernet Sauvignon 2014
库特哈德赤霞珠2014
评分：90 最佳饮用期：2022年 参考价格：22澳元 JF

Walter's Reserve Cabernet 2012
沃尔塔珍藏赤霞珠 2012
评分：90 最佳饮用期：2022年 参考价格：56澳元

Tamblyn Cabernet Shiraz Malbec Merlot 2015
西拉马尔贝克梅洛2015

评分：90　最佳饮用期：2022年　参考价格：18澳元　JF　✪

Special Release Tempranillo Graciano 2015

特殊发行添帕尼罗格兰西亚诺2015

评分：90　最佳饮用期：2022年　参考价格：24澳元　JF

Wiggy Sparkling Chardonnay 2011

维基霞多丽起泡葡萄酒2011

评分：90　最佳饮用期：2017年　参考价格：32澳元　TS

Mistelle Barrel Aged Fortified Chardonnay NV

木桶陈年霞多丽加强型甜葡萄酒 无年份

评分：90　参考价格：20澳元　JF　✪

Bress　布雷斯酒庄　★★★★★

3894 Harmony Way, Harcourt，维多利亚 3453　产区：班迪戈
电话：(03) 5474 2262　网址：www.bress.com.au　开放时间：周末及公众假期，11:00—17:00或随机　酿酒师：亚当·马克思（Adam Marks）　创立时间：2001年
产量（以12支箱数计）：5000箱　葡萄园面积：17公顷

自1991年以来，亚当·马克思（Adam Marks）在世界各地酿造葡萄酒，并在2000年蜜月期间做出了一个勇敢的决定，去开创自己的事业。最初在澳大利亚的各个地区搜寻最适合这些地区的品种后，重点转向三个中央维多利亚州的葡萄园：班迪戈，马斯顿山岭和西斯科特。班迪戈的哈考特（harcourt）葡萄园种植雷司令（2公顷），西拉（1公顷），赤霞珠和品丽珠各3公顷，马其顿葡萄园种植霞多丽（6公顷）和黑比诺（3公顷）；和西斯科特葡萄园种植西拉（2公顷）。出口到菲律宾、新加坡等国家，以及中国香港地区。

🍷🍷🍷🍷🍷　Gold Macedon Pinot Noir 2015

黄金马其顿酒园黑比诺2015

在酒窖里，添加最少的添加剂和混其他袁旭：天然酵母和乳酸菌被鼓励自然生长，而不是被添加。除非绝对必要，否则过滤和澄清将被禁止。酸樱桃逐渐演变为深色水果香气，伴随着一股波动和明快凉爽气候下的酸度。每一瓶酒都会带来可喜的变化。

封口：螺旋盖　酒精度：13%　评分：96　最佳饮用期：2022年
参考价格：45澳元　NG　✪

Gold Chook Heathcote Shiraz 2015

金鸡系列西斯科特酒园西拉2015

这款就能够唤起优雅的西拉高度紧张和飙升的芳香。不过，它首先是一个西拉。这意味着更混重的质地，葡萄酒中充满蓝色和黑色水果香气，加之细腻的单宁。碘，焦油，茴香和酸度的涓滴让它继续前行。完美无瑕，舌尖带有可口的香料气息。

封口：螺旋盖　酒精度：14%　评分：95　最佳饮用期：2032
参考价格：45澳元　NG

🍷🍷🍷🍷　Silver Chook Harcourt Cabernet Franc 2016

银鸡系列哈考特酒庄品丽珠 2016

评分：91　最佳饮用期：2021年　参考价格：24澳元　NG

Briar Ridge Vineyard　雅岭酒庄　★★★★★

Mount View Road, Mount View, 新南威尔士 2325　产区：猎人谷
电话：(02) 4990 3670　网址：www.briarridge.com.au　开放时间：每日开放，10:00—17:00
酿酒师：格温妮丝·奥尔森（Gwyneth Olsen）　创立时间：1972年
产量（以12支箱数计）：9500箱　葡萄园面积：39公顷

赛美蓉和西拉一直是表现最稳定的表演者，这俩品种适合猎人谷。雅岭酒庄（Briar Ridge）一直是稳定的典范，并且拥有自己的丰富的庄园葡萄园，可以从中选择最好的葡萄。它也会毫不犹豫地冒险去其他的产区，比如像奥兰治。2013年，格温妮丝（Gwyneth，格妮Gwyn）·奥尔森（Olsen）在澳大利亚和新西兰的一段令人印象深刻的职业生涯结束后被任命为酿酒师。在12年，她完成了澳大利亚葡萄酒研究所（AWRI）高级葡萄酒品鉴课程的Dux，为她的履历又添了增彩的一笔。出口到英国，欧洲和加拿大。

🍷🍷🍷🍷🍷　Dairy Hill Single Vineyard Hunter Valley Semillon 2016

牛奶山单一葡萄园猎人谷赛美蓉2016

与其施托克豪森（Stockhausen）系列的兄弟酒款一样，它纯粹而精致，从头到尾口感优雅。所有的水果和酸性成分都已经在这里并且处于非常平衡的状态。蜂蜜将在未来几年加入青柠，酸度是这款酒发展的基础。

封口：螺旋盖　酒精度：11.5%　评分：94　最佳饮用期：2026年　参考价格：35澳元

Fume Semillon Sauvignon Blanc 2016

赛美蓉赛美蓉长相思2016

桶发酵的影响是显而易见的，但不是自信，但混酿的效果要大于各自分开——两个品种，两个地区和两个专业酿酒师。这是一种有态度的葡萄酒，香气浓烈，更适合配餐饮用，此刻打开或者之后打开均可。

封口：螺旋盖　酒精度：12%　评分：94　最佳饮用期：2020年
参考价格：23澳元　✪

Big Bully Limited Release Wrattonbully Cabernet Sauvignon 2014

大块头限量发行拉顿布里赤霞珠2014

机器采收，破碎和去梗，开放式发酵，在法国和美国橡木桶（35%新）中成熟18个

月。我非常喜欢这个名字，但这并不是这款热情洋溢的葡萄酒的全部，还有丰富的黑加仑果香。随心而饮。
封口: 螺旋盖 酒精度: 13.5% 评分: 94 最佳饮用期: 2034年 参考价格: 35澳元

🍷🍷🍷🍷🍷 Stockhausen Hunter Valley Semillon 2016
施托克豪森猎人谷赛美蓉 2016
评分：93 最佳饮用期：2023年 参考价格：28澳元
Tempranillo Shiraz 2016
添帕尼罗西拉2016
评分：93 最佳饮用期：2020年 参考价格：25澳元 ✪
Briar Hill Single Vineyard Chardonnay 2016
布里亚尔山单一葡萄园霞多丽2016
评分：90 最佳饮用期：2019年 参考价格：35澳元
Limited Release Tempranillo 2016
限量发行添帕尼罗2016
评分：90 最佳饮用期：2023年 参考价格：35澳元

Brick Kiln 奇林酒庄 ★★★★

21 Greer St, Hyde Park，南澳大利亚 5061 产区：麦克拉仑谷
电话:（08）8357 2561 网址：www.brickiln.com.au 开放时间：在红洞餐厅
酿酒师：琳达·杜马斯（Linda Domas），菲尔·克里斯琴森（Phil Christiansen）
创立时间：2001年 产量（以12支箱数计）：1500 葡萄园面积：8公顷
这是马尔科姆（Malcolm）和艾莉森·麦金农（Alison Mackinnon）夫妇的一次冒险。他们于2001年购买了奈岗葡萄园（Nine Gums Vineyard）。它于1995至1996年种植了西拉。大部分葡萄都是出售的，奇林酒庄品牌下的较少，该酒庄的名称来自葡萄园旁边的奇林桥（Brick Kiln Bridge）。出口到英国、加拿大、新加坡等国家，以及中国内地（大陆）和香港地区。

🍷🍷🍷🍷🍷 Single Vineyard McLaren Vale Shiraz 2015
单一葡萄园麦克拉伦谷西拉2015
深红色，这是一款华丽的葡萄酒，香草橡木香气和网布的单宁编织的缝隙中流动着能量。黑色浆果的香气都在蓝莓和樱桃白兰地中翻滚。这个味道在空气中变得越来越强烈，充满了浓烈的胡椒酸度。
封口：螺旋盖 酒精度：14.8% 评分：93 最佳饮用期：2033
参考价格：35澳元 NG

Brindabella Hills 布瑞德贝拉山酒庄 ★★★★☆

156 Woodgrove Close, Wallaroo, 首都行政区 2618 产区：堪培拉地区
电话：(02) 6230 2583 网址：www.brindabellahills.com.au 开放时间：周末及公众假期10:00—17:00 酿酒师：罗杰·哈里斯博士（Dr Roger Harris）、布莱恩·辛克莱（Brian Sinclair）
创立时间：1986年 产量（以12支箱数计）：500 葡萄园面积：5公顷
杰出的研究科学家罗杰·哈里斯博士（Dr Roger Harris）负责主持布瑞德贝拉山酒庄的大局，越来越依赖自身庄园里种植的葡萄，包括雷司令、西拉、霞多丽，长相思，梅洛，桑乔维塞，赤霞珠，品丽珠和维欧尼。葡萄酒质量一直很好。罗杰决定退休，家族中没有人准备继续这项事业，所以这将是在本书（Wine Companion）的最后一次入选。他希望有一位新主人能出现，但不能无限期地等待。

🍷🍷🍷🍷🍷 Canberra District Riesling 2016
堪培拉区雷司令2016
这款酒展示了堪培拉地区雷司的令人兴奋的品质，包括柑橘和果皮蜜饯相融合的全部面貌，从未倾向于伊顿谷和克莱尔谷产区雷司令的玫瑰青柠特质。硬核水果的音调也被精致而优雅的矿物质味掩埋，精准且浓郁。
封口：螺旋盖 酒精度：12% 评分：95 最佳饮用期：2029年
参考价格：25澳元 NG ✪

🍷🍷🍷🍷🍷 anberra District Shiraz 2015
堪培拉区西拉2015
评分：93 最佳饮用期：2023年 参考价格：28澳元 NG
Brio Canberra District Sangiovese 2013
堪培拉区桑乔维塞2013
评分：90 最佳饮用期：2020年 参考价格：20澳元 ✪

Brini Estate Wines 布里尼酒庄 ★★★★☆

698 Blewitt Springs Road, 麦克拉仑谷，南澳大利亚 5171 产区：麦克拉仑谷
电话:（08）8383 0080 网址：www.briniwines.com.au 开放时间：仅限预约
酿酒师：亚当·胡波（Adam Hooper，合约） 创立时间：2000年
产量（以12支箱数计）：4500 葡萄园面积：16.4公顷
自1953年以来，布里尼（Brini）家族一直在麦克拉伦谷的布卢伊特泉（Blewitt Springs）地区种植葡萄。2000年，约翰（John）和马切洛布里尼（Marcello Brini）建立了布里尼酒庄（Brini Estate），用来酿造一部分葡萄，直到它被已经卖给奔富酒庄（Penfolds），玫瑰山酒庄（Rosemount Estate）和黛伦堡酒庄d'Arenberg）。旗舰限量发行西拉产自1947年种植和天然灌溉的葡萄，其他葡萄酒则来自64年种植和天然灌溉的葡萄。出口到越南和中国。

🍷🍷🍷🍷🍷 Christian Single Vineyard McLaren Vale Shiraz 2012
克里斯汀单一葡萄园麦克拉伦谷西拉2012
在新的和旧的1年龄法式和美式橡木桶中陈酿18个月。5年的西拉的颜色非常好，而香气和口味反映出一个很好的葡萄酒慢慢走向成熟和随之而来的漫长的平稳状态。没有害羞腼腆的花香，但它确实有其他布里尼酒庄红葡萄酒缺少的的优雅。
封口：螺旋盖　酒精度：14.5%　评分：95　最佳饮用期：2032年　参考价格：45澳元

Limited Release Single Vineyard Sebastian Shiraz 2013
限量发行单一葡萄园塞巴斯蒂安西拉2013
由1947年种植中最好的葡萄制成，橡木的成熟度与大多数布里尼酒庄西拉相似。额外的品质十分明显，柔软的口感是一个特点，苦巧克力的特性也是如此。
封口：螺旋盖　酒精度：14.5%　评分：94　最佳饮用期：2033年　参考价格：60澳元

🍷🍷🍷🍷 Sebastian Single Vineyard2013
塞巴斯蒂安单一葡萄园西拉2013
评分：93　最佳饮用期：2029年　参考价格：34澳元

Blewitt Springs Single Vineyard Shiraz 2014
布卢伊特泉单一葡萄园西拉2014
评分：92　最佳饮用期：2029年　参考价格：24澳元 ✪

McLaren Vale Rose 2016
麦克拉仑谷桃红葡萄酒2016
评分：91　最佳饮用期：2018年　参考价格：22澳元 ✪

Single Vineyard McLaren Vale Merlot 2014
单一葡萄园麦克拉仑谷梅洛2014
评分：91　最佳饮用期：2021年　参考价格：22澳元 ✪

Brockenchack　布鲁肯夏克酒庄 ★★★★★

13/102 Burnett Street, Buderim, Qld 4556　产区：伊顿谷
电话：（07）5458 7700　网址：www.brockenchack.com.au　开放时间：仅限预约
酿酒师：肖恩·卡勒斯克（Shawn Kalleske），乔安娜·伊文恩（Joanne Irvine）
创立时间：2007年　产量（以12支箱数计）：4500　葡萄园面积：16公顷
特瑞福·哈克（Trevor harch）和妻子马琳·哈克（Marilyn harch）一直在昆士兰州参与酒类销售，是澳大利亚领先的独立酒类批发商之一。多年来，特瑞福（Trevor）成为巴罗萨/伊顿谷的常客，1999年购买了塔努达酒窖（Tanunda Cellars）。2007年，特瑞福和马琳在伊顿谷购买了一个葡萄园，并保留了酿酒师肖恩卡勒斯克（S公顷wn Kalleske）。葡萄园有8公顷西拉，雷司令和赤霞珠各2公顷，黑比诺，灰比诺和霞多丽各1.3公顷。所发布的大部分葡萄酒都是为了纪念哈克家族的一位或其他成员。布鲁肯夏克（BrockencHack）来自四个孙辈的名字：布鲁特（Bronte），麦肯锡（Mackenzie），夏利（Charli）和杰克（Jack）。出口到德国、日本、中国和新西兰。

🍷🍷🍷🍷 William Frederick Eden Valley Shiraz 2013
威廉姆弗雷德里克伊顿谷西拉2013
无与伦比的黑紫色，和栗子的颜色相同，- 没有过熟，但是有浓郁的樱桃白兰地，甘草和薄荷脑中香气。在100%新法国橡木桶中陈年2年，突显了单宁和雪松的特点。
封口：螺旋盖　酒精度：15.5%　评分：93　最佳饮用期：2030年
参考价格：150澳元　JF

Zip Line Eden Valley Shiraz 2015
飞索伊顿谷西拉2015
酒体饱满，口感浓郁，有李子，摩卡咖啡，薄荷脑和木香的香气，光泽透亮。质地柔滑，单宁成熟。很高兴能享受这款酒。
封口：螺旋盖　酒精度：14.5%　评分：92　最佳饮用期：2027年
参考价格：24澳元　JF ✪

Mackenzie William1896 Eden Valley Riesling 2016
麦肯锡威廉姆1896伊顿谷雷司令2016
淡淡的野花，胡椒和各种柑橘香气流淌在口腔中，柠檬的酸度遍布着，并角落里带和一点点甜味。
封口：螺旋盖　酒精度：12%　评分：91　最佳饮用期：2028年
参考价格：20澳元　JF ✪

Jack Harrison Eden Valley Shiraz 2013
杰克·哈里森伊顿谷西拉2013
非常繁琐，从深红色到暗色的色调，可以看出果香丰富浓厚。它还具有葡萄干，巧克力，甘草和甜美的雪松味，橡木味和丰富的单宁。
封口：螺旋盖 15.2%　酒精度：。评分：90　最佳饮用期：2032年
参考价格：58澳元　JF

Brokenwood　恋木传奇酒庄 ★★★★★

401–427 McDonalds Road, 波高尔宾, 新南威尔士 2321　产区：猎人谷
电话：(02) 4998 7559　网址：www.brokenwood.com.au　开放时间：周一至周六，9:30—17:00周日，10:00—17:00　酿酒师：伊恩瑞·格斯（Iain Riggs）、斯图尔特·霍顿（Stuart Hordern）　创立时间：1970年　产量（以12支箱数计）：100000　葡萄园面积：64公顷

一家当之无愧的时尚酒庄，生产的葡萄酒一贯出色。其畅销的亨特赛美蓉可以贡献产量，以平衡旗舰酒款永久珍藏赛美容和茔地庄园西拉的有限数量。接下来还有一系列来自这些地区的葡萄酒，包括比曲尔斯（主要资源是合作的靛蓝葡萄园），奥兰治，中央山脉，麦克拉伦谷，考兰和其他地方。2017年，伊恩瑞格斯（Iain Riggs）庆祝了他掌舵恋木传奇酒庄的第35年，提供独特的葡萄酒酿造技巧，管理多元化业务，以及保持恋木传奇酒庄高调新鲜和具有新闻价值的卓越能力。他也为各种葡萄酒行业组织贡献了很多。出口到所有主要市场。

🍷🍷🍷🍷🍷 ILR Reserve Hunter Valley Semillon 2011

永久珍藏猎人谷赛美容2011

2011年10月，我第一次品尝这款酒时，我这样记录到："它将香茅的新鲜度与甜美果香和蜂蜜的初始发展阶段完美的结合（需要数年才能充分发展）。与此同时，柑橘统治着栖息地，伴随着饱满的酸度，" 十五个月过去了，没有什么需要补充说明的了。

封口：螺旋盖　酒精度：11%　评分：97　最佳饮用期：2031年　参考价格：75澳元

Tallawanta Hunter Valley Shiraz 2015

塔拉望塔猎人谷西拉2015年

9公顷塔拉望塔葡萄园由艾略特（Elliott）家族于1920年种植。手工采摘，3天冷浸，用人工培养酵母发酵，在大型3年龄法国木桶中熟化15个月。不使用新橡木的决定同样有趣，因为它是成功的。这款葡萄酒并不是最好的，但是这种中等酒体的葡萄酒已经超越了本身的挑战，它的土味/咸味/皮革风味纯粹是猎人谷的风土产出。

封口：螺旋盖　酒精度：13%　评分：97　最佳饮用期：2045年

参考价格：140澳元 ✪

Rayner Vineyard McLaren Vale Shiraz 2015

雷纳庄园麦克拉伦谷西拉2015

破碎并降温，然后运送到猎人谷，开放式发酵，压帽循环，在100%法国橡木桶中熟化。和在二十世纪七十年代和八十年代初恋木传奇酒庄制作西拉的方式一样，在橡木桶内完成初级发酵，为这个可爱的西拉提供了最大的回报。加上14%的　酒精度：，就像给了这款酒一双拖鞋能抓住你并带给你惊喜。

封口：螺旋盖评分：97　最佳饮用期：2040年　参考价格：100澳元 ✪

Wildwood Road Margaret River Cabernet Sauvignon 2014

格利特河赤霞珠2014

在法国橡木桶（30%新）中成熟18个月。明亮的深红紫色；恋木传奇酒庄在酿造初级赤霞珠时并没有畏手畏脚：这是真正的好买卖，它以极佳的结构和平衡来展示黑醋栗，黑橄榄，香料和月桂叶的香气。丹宁是伟大赤霞珠的重要组成部分。

封口: 螺旋盖　酒精度: 14.5%　评分: 97　最佳饮用期: 2034年　参考价格: 80澳元 ✪

🍷🍷🍷🍷🍷 Supa Indigo Vineyard Chardonnay 2016

苏帕靛蓝葡萄园霞多丽2016

法国橡木发酵的野生酵母（30%新），成熟10个月。这是由伯纳德克隆76株系制成的，它的果实具有强度和清脆的酸度，之前老的克隆株系不具备这些特性。它创建了品种表达的纯度——或可以说株系，如果你喜欢迂回的逻辑。青苹果，葡萄柚和白桃在这里值勤，余味新鲜。

封口: 螺旋盖　酒精度: 12.5%　评分: 96　最佳饮用期: 2027年　参考价格: 75澳元 ✪

Indigo Vineyard Beechworth Chardonnay 2015

靛蓝葡萄园比曲尔斯霞多丽2015

拥有非常好的第戎克隆株系，手工采摘，整串压榨，法国橡木桶发酵并成熟（33%新）。虽然这与奥兰治系列相似，有白桃和柚子风味相得益彰，但增加了推动力和驱动力，回味悠长。

封口: 螺旋盖　酒精度: 12.5%　评分: 96　最佳饮用期: 2025年　参考价格: 55澳元 ✪

Four Winds Vineyard Canberra District Riesling 2016

堪培拉区四风葡萄园雷司令2016

整串压榨，在不锈钢桶内用野生酵母进行自由式发酵。堪培拉地区葡萄酒展上的雷司令品级很强大，非常具有竞争力，使其金奖闪耀，但并不是最令人惊讶的。充满酸橙汁口味，加上所有重要的酸度。在可饮用性方面，这种品质的雷司令的可以和1年的猎人谷赛美容相媲美。

封口: 螺旋盖　酒精度: 11.5%　评分: 95　最佳饮用期: 2031年　参考价格: 35澳元 ✪

Hunter Valley Semillon 2016

猎人谷赛美容2016

正处于恋木传奇酒庄风格的核心：拥有所有柑橘和柠檬香草口味，可以立即享受，酸度清新干净。它的平衡感和丰富口感确保了葡萄酒的未来潜力，在5年内，葡萄酒会更加添色。回避了'16年份的所有不良条件。

封口: 螺旋盖　酒精度: 10.5%　评分: 95　最佳饮用期: 2026年　参考价格: 25澳元 ✪

Indigo Vineyard Beechworth Chardonnay 2016

靛蓝葡萄园比曲尔斯霞多丽2016

整串压榨，在法国橡木桶内（30%新）用野生酵母进行发酵，成熟10个月。比曲尔斯地区生产霞多丽，其果实复杂性与发酵创造的复杂性无关。当葡萄酒沿着口感移动到长长的余韵时，还有一种驱动力加快。

封口: 螺旋盖　酒精度: 12.5%　评分: 95　最佳饮用期: 2027年　参考价格: 55澳元

Forest Edge Vineyard Orange Chardonnay 2015

森林庄园葡萄园奥兰治霞多丽2015

整串压榨，在法国橡木桶内用野生酵母进行发酵，作为酿造顶级霞多丽重要的一环。葡萄柚和白桃的香气和口感，加入了烤面包片和腰果，回味悠长。
封口：螺旋盖　酒精度：13%　评分：95　最佳饮用期：2022年　参考价格：55澳元

Forest Edge Vineyard Orange Pinot Noir 2016
森林庄园奥兰治黑比诺2016
MV6克隆株系，冷浸，10%整串，在大部分旧法国大木桶中陈酿10个月。非常好的颜色和澄清度；红樱桃和香料的香气在品尝葡萄酒时会立即重现，但由蔷薇般的，荆棘般和森林般的单宁给予了另外一个维度。一种非常好的中等酒体的黑比诺，具有良好的长度和平衡性——以及未来潜力。
封口：螺旋盖　酒精度：14%　评分：95　最佳饮用期：2030年　参考价格：55澳元

Indigo Vineyard Beechworth Shiraz 2015
靛蓝葡萄园比曲尔斯西拉2015
3–4天冷浸，4–5天发酵，并在一个新的2800升法国大木桶中成熟12个月。顶级酒款，闪亮的黑色水果和各种香料令人心动。口感柔顺，中等　最佳饮用期：浓郁酒体，法式橡木桶与其他元素搭配，发挥其作用。
封口：螺旋盖　酒精度：13.5%　评分：95　最佳饮用期：2035年　参考价格：65澳元

Quail McLaren Vale Hunter Valley Shiraz 2015
奇奎麦克拉仑谷猎人谷西拉2015
从墓地（Graveyard）葡萄园（4天冷浸渍，5天发酵，新法国橡木桶中进行苹果酸乳酸发酵）以及麦克拉伦谷的韦德2区Wade Block 2葡萄园（6天+ 在发酵罐进行苹果酸乳酸发酵），在新的美国橡木桶中熟化15个月。麦克拉伦谷韦德葡萄园富裕了细腻柔和的单宁。未来十年都不能完全展现其潜力。
封口：螺旋盖　酒精度：13%　评分：95　最佳饮用期：2045年　参考价格：18澳元　✪

Wade Block 2 Vineyard McLaren Vale Shiraz 2014
韦德二区麦克拉伦谷西拉2014
在冷冻大罐中被送往猎人谷，进行发酵，在新旧法国（80%）和美国（20%）橡木桶中成熟。明亮，清澈，深紫红色；来自这个非常特殊的葡萄园的浓郁葡萄酒，黑色浆果，橡木和单宁都挥舞着旗帜，吸引目光。5年后找到稳定，并从此起航。
封口：螺旋盖　酒精度：14%　评分：95　最佳饮用期：2039　参考价格：65澳元

Beechworth Sangiovese 2016
比曲尔斯桑乔维塞2016
3–4天冷浸，4–5天发酵，用法国大木桶成熟。明亮，清澈的紫红；恋木传奇酒庄跳过丹宁陷阱，从不在乎外界眼光。樱桃和野草莓的美味红色浆果气息，口感纯正绸滑，橡木和单宁甚　最佳饮用期：不在舞台上被发现。
封口：螺旋盖　酒精度：13.5%　评分：95　最佳饮用期：2030年　参考价格：35澳元　✪

Forest Edge Vineyard Orange Chardonnay 2016
森林庄园奥兰治霞多丽2016
整串压榨，在法国橡木桶（35%新）用野生酵母发酵，成熟10个月。数年的产量急剧减少（赢得了斯丁可先生“Mr Stinky”的称号）已经停止：酒体丰富且有一丝压抑，葡萄柚和白桃优雅的香气，法国橡木桶带来所有他的特性。
封口：螺旋盖　酒精度：12.5%　评分：94　最佳饮用期：2026年　参考价格：55澳元

Maxwell Vineyard Hunter Valley Chardonnay 2015
麦克斯韦葡萄园猎人谷霞多丽2015
手工采摘，整串压榨，在法国橡木桶内野生酵母近发酵，主要为旧桶，香气清新。这款酒像似有一个强大的V8发动机来带动，酒精适度。恋木传奇酒庄葡萄酒酿造团队比大多数更好的知道如何处理不可预知的猎人谷夏季气候。
封口：螺旋盖　酒精度：12.5%　评分：94　最佳饮用期：2021年　参考价格：55澳元

Four Winds Vineyard Canberra District Shiraz 2015
四风葡萄园堪培拉区西拉2015
葡萄被运送到恋木传奇酒庄，除梗，20%整串，3天冷浸，开放式发酵，在1年法国的2800升木桶桶中成熟。充分，明亮的深红紫；；一款浓郁的葡萄酒，随着单宁的软化，所有辛辣/胡椒味的红色和黑色樱桃浆果都摆脱了目前阻碍沟通的纽带，未来可期。
封口：螺旋盖　酒精度：13.5%　评分：94　最佳饮用期：2040　参考价格：75澳元

Shiraz 2014
西拉2014
人工采摘，开放式和旋转式发酵罐，使用80%法国橡木桶（30%新）成熟，20%美国旧橡木桶15个月。色彩漂亮，一个清新，优雅，酒体中等的西拉。它已经迎来了自己的游客，并将在未来几年继续这样做，水果香气以红色浆果为主，单宁成熟优雅，为法国橡木桶带来的。
封口：螺旋盖　酒精度：13.5%　评分：94　最佳饮用期：2030年　参考价格：35澳元

Beechworth Tempranillo 2016
比曲尔斯添帕尼罗2016
这款葡萄酒的第二个年份，手工采收，短时间冷浸渍，4天发酵，人工循环，在法国大木桶内（10%新）成熟6个月。比桑乔维塞颜色更深酒体更庞大。恋木传奇酒庄在酿酒的所有步骤中都扮演了世界冠军的角色。这是一个非常好的添帕尼罗，但没有桑乔维塞的美妙宁静，它的水果香气更偏于褐色浆果更丰富。
封口：螺旋盖　酒精度：13.5%　评分：94　最佳饮用期：2026年　参考价格：35澳元

🍷🍷🍷🍷🍷 Hunter Valley Shiraz 2015
猎人谷西拉2015
评分：92　最佳饮用期：2035年　参考价格：50澳元
Beechworth Sangiovese 2015
比曲尔斯桑乔维塞2015
评分：92　最佳饮用期：2020年　参考价格：35澳元　JF
Beechworth Tempranillo 2015
比曲尔斯添帕尼罗2015
评分：92　最佳饮用期：2023年　参考价格：35澳元
Poppy's Block Hunter Valley Semillon 2015
泡比园猎人谷赛美蓉2015
评分：91　最佳饮用期：2028年　参考价格：45澳元　JF
Indigo Vineyard Beechworth Pinot Noir
靛蓝比曲尔斯黑比诺2015
评分：90　最佳饮用期：2022年　参考价格：55澳元
Beechworth Pinot Noir
比曲尔斯黑比诺2015
评分：90　最佳饮用期：2025年　参考价格：35澳元

Bromley Wines　布罗姆利酒庄 ★★★★

PO Box 571, Drysdale，维多利亚 3222（邮）　产区：吉龙
电话：0487 505 367　网址：www.bromleywines.com.au　开放时间：不开放
酿酒师：达伦·波克（Darren Burke）　创立时间：2010年　产量（以12支箱数计）：300

在他以前的生活中，达伦·波克（Darren Burke）在澳大利亚和英国担任重症监护护士，但在30岁时，他陷入了葡萄酒的诱惑之中，并就读了阿德莱德大学应用科学学士学位（酿酒学）。此后，他在奥兰多成为毕业生酿酒师，然后在亚库米酒庄（Alkoomi Wines），再之后在在基安帝（Chianti）产区酿造一年葡萄酒。随着2005年成功的葡萄酒和06年完工，以及妻子塔米（Tammy）的即将诞生的第一个孩子，这对夫妻决定搬回东海岸。那里达伦在贝勒瑞恩半岛（Bellarine）半岛的几家酿酒厂工作，然后在萝拉园酒庄（Leura Park Estate）开始酿酒。达伦说："布罗姆利的本质就是家庭。我们所有的葡萄酒都有我们家族历史上的名字。家庭是关于血肉，流汗，流泪，爱和欢笑的。出口到新加坡。

🍷🍷🍷🍷🍷 Eclipse 2016
伊利普斯2016
这是一款超清爽的内比奥罗桃红葡萄酒，结尾是完美无比的干燥；酸度活泼，樱桃皮，西瓜皮，木质香料和坎帕里风味。
封口：螺旋盖　酒精度：13%　评分：93　最佳饮用期：2019年
参考价格：24澳元　JF　✪

Mosaic 2016
马赛克2016
对于一个灰比诺，浅淡的三文鱼红，12小时果皮浸渍之后有50%进入法国大通，其余的进入不锈钢罐。我喜欢这种葡萄酒，因为它具有质地，就像是从经过整齐处理的酚醛树脂，花香和五香梨中咀嚼，然后以清爽的酸度结束。
封口：螺旋盖　酒精度：12%　评分：92　最佳饮用期：2019年
参考价格：24澳元　JF　✪

Heathcote Shiraz 2015
西斯科特西拉2015
还原性和肉质感，有紧缩感，但非常吸引人，因为进入了成熟的黑李子，八角茴香，莫雷洛樱桃和烟熏薄荷醇橡木的核心。肉质单宁多汁，口感酸甜。
封口：螺旋盖　酒精度：13.8%　评分：92　最佳饮用期：2024年
参考价格：32澳元　JF

Brookland Valley　博克兰谷酒庄 ★★★★★

Caves Road, Wilyabrup，西澳大利亚 6280　产区：玛格利特河
电话:（08） 9755 6042　网址：www.brooklandvalley.com.au　开放时间：每日开放，11:00—17:00　酿酒师：康提·崔哲（Courtney Treacher）　创立时间：1984年　产量：未知

博克兰谷酒庄（Brookland Valley）拥有田园诗般的环境，还有咖啡馆和葡萄酒艺术画廊，其中收藏了各种葡萄酒，与食物有关的艺术品和葡萄酒配件。在1997年收购博克兰谷酒庄（50%的股权后，哈迪斯（Hardys）于2004年完全拥有所有权；它现在是美誉葡萄酒业（Accolade Wines）的一员。高品质，物有所值和一致性堪称典范。

🍷🍷🍷🍷🍷 Estate Margaret River Chardonnay 2015
庄园玛格利特河霞多丽2015
法国橡木桶发酵，在酒泥上熟成9个月。淡石英绿色；每个方面都高品质，浓烈，悠长，粉红葡萄柚和白桃开动议程，橡木仅仅是一个载体。
封口：螺旋盖　酒精度：13.5%　评分：96　最佳饮用期：2023年
参考价格：48澳元　✪

Estate Margaret River Chardonnay 2016

庄园玛格利特河霞多丽2016
整串压榨，野生酵母发酵在法国橡木桶里发酵，包括苹果酸乳酸发酵，在搅拌下在酒泥上熟化8个月。酿酒过程始终保持稳定。其结果是一种精致的葡萄酒，具有美味的硬核水果和梨香气，橡木起着支持的角色。
封口：螺旋盖　酒精度：13.5%　评分：95　最佳饮用期：2026年　参考价格：48澳元

Reserve Margaret River Chardonnay 2015
珍藏玛格利特河霞多丽2015
整串压榨，大木桶发酵，延长酒泥浸渍。一款丰富，复杂和甜美的霞多丽大声说出了它来自玛格利特河，但是也要回过头看看他的风格起源。16年悉尼葡萄酒展金奖。
封口：螺旋盖　酒精度：13.5%　评分：95　最佳饮用期：2025年　参考价格：75澳元

Estate Margaret River Cabernet Merlot 2014
庄园玛格丽特河赤霞珠梅洛2014
庄园玛格丽特河赤霞珠梅洛2014
手工采摘，开放式发酵，在法国橡木桶中陈酿14个月。橡木在香气上就有体现，但在口感上却占第二位。这里的黑醋栗/黑加仑水果，月桂叶和黑橄榄以细腻成熟的单宁融合。16年悉尼葡萄酒展金奖。
封口：螺旋盖　酒精度：13.5%　评分：95　最佳饮用期：2034年　参考价格：57澳元

🍷🍷🍷🍷

Verse 1 Margaret River Chardonnay 2016
诗歌1玛格利特河霞多丽2016
评分：90　最佳饮用期：2020年　参考价格：15澳元 ✪

Verse 1 Margaret River Shiraz 2014
诗歌1玛格利特河西拉2014
评分：90　最佳饮用期：2022年　参考价格：15澳元 ✪

Brothers at War　战争兄弟酒庄 ★★★★★

16 Gramp Avenue, Angaston，南澳大利亚 5353　产区：巴罗萨
电话：0405 631 889　网址：www.brothersatwar.com.au　开放时间：不开放
酿酒师：安德鲁·沃德劳（Angus Wardlaw）　创立时间：2014年　产量（以12支箱数计）：600
大卫·沃德劳（David Wardlaw）是二十世纪下半叶巴罗萨谷的重要人物之一，与彼得·莱曼（Peter Lehmann），约翰·维克里（John Vickery），吉姆·欧文（Jim Irvine）和沃尔夫·布拉斯（Wolf Blass）等伟大人物一起工作。对于他的儿子安德鲁·沃德劳（Angus Wardlaw）来说，葡萄酒的人生是不可避免的，2009年在多瑞庄园（Dorrien Estate）开始工作，四年后在克莱尔谷的凯瑞山酒庄（Kirrihill）工作。他爱伊顿谷的一切。他的兄弟山姆·沃德劳（Sam Wardlaw）对巴罗萨的所有事情充满热爱，他在高级葡萄酒装瓶商（Premium Wine Bottlers）工作时从事生产方面的工作直到09年，当时他在慕瑞斯酒庄（Murray Street Vineyards）的安德鲁·沙普（Andrew Seppelt）下面工作了六年。马特·卡特（Matt Carter）的角色很神秘，而他最初是在殖民地克隆尼酒窖（Colonial Wine）工作，然后他进入了建筑，目前正在进行大型基础设施项目，但时不时回来战争兄弟酒庄喝葡萄酒。

🍷🍷🍷🍷🍷

Fist Fight Barossa Shiraz 2015
拳头巴罗萨西拉2015
50%采用60＋年树龄伊顿谷葡萄藤，50%30＋年树龄巴罗萨谷葡萄藤，100%全果，破碎并除梗，5天冷浸，用人工培养酵母，开放式发酵，果皮浸渍15天，20%新和80%旧的法国大木桶陈酿2个月。这场战斗非常好，问题是产量只有990瓶。这款可爱的年轻葡萄酒从头到脚都有伊顿谷DNA的印记。
封口：螺旋盖　酒精度：14%　评分：95　最佳饮用期：2035年　参考价格：30澳元 ✪

I'm Always Right Eden Valley Cabernet Sauvignon 2015
“永远正确”伊顿谷赤霞珠2015
40年以上树龄的葡萄藤，20%全果，5天冷浸，开放酵母发酵，15天果皮浸渍，在法国大木桶（20%新）成熟12个月。这款葡萄酒含有浓烈的黑醋栗和黑橄榄，并带有薄荷味。酒体适中，酒体饱满，单宁柔顺，橡木保证其有支撑。物超所值。
封口：螺旋盖　酒精度：14.5%　评分：95　最佳饮用期：2030年　参考价格：30澳元 ✪

Nothing in Common Eden Valley Riesling 2016
“与众不同”伊顿谷雷司令2016
从70年树龄葡萄藤采摘。浓烈的酸橙和柠檬口味与清脆的酸度相结合，使得口感并不发威——只要它让我（手）写这篇品酒辞。好东西。
封口：螺旋盖　酒精度：11.8%　评分：94　最佳饮用期：2026年　参考价格：25澳元 ✪

🍷🍷🍷🍷

Mum's Love Eden Valley Rose 2016
“妈妈的爱”伊顿谷桃红酒2016
评分：90　最佳饮用期：2019年　参考价格：20澳元 ✪

Brothers in Arms　手足兄弟酒庄 ★★★★☆

Lake Plains Road, 兰好乐溪，南澳大利亚 5255　产区：兰好乐溪
电话：（08）8537 3182　网址：www.brothersinarms.com.au　开放时间：仅限预约　酿酒师：吉米·厄文（Jim Urlwin）　创立时间：1998年　产量（以12支箱数计）：25 000　葡萄园面积：85公顷
自1891年以来，亚当斯（Adams）家族一直在兰好乐溪种植葡萄，在当时着名的梅塔拉葡萄园种植了葡萄。盖伊·亚当斯（Guy Adams）是拥有和经营葡萄园的第五代传人，在过去的20年里，葡萄种植得到改善，面积也扩大了。1998年，他们决定将一小部分产量投于手足兄弟酒庄的品牌

下，现在他们将85公顷归于手足兄弟酒庄（西拉和赤霞珠各40公顷，马尔贝克和小维多各2.5公顷）。出口到英国、美国、加拿大、瑞典、丹麦、韩国、马来西亚、新加坡等国家，以及中国内地（大陆）和香港地区。

🍷🍷🍷🍷🍷 Langhorne Creek Cabernet Sauvignon 2014

兰好乐溪赤霞珠2014

比双边系列（Side by Side，4月1至4日）晚一些采收，在法国大木桶成熟了18个月，是一款中等酒体的兰好乐赤霞珠的典范，在黑醋栗香气中带有柔软的水果，加上所需的月桂叶/黑橄榄构成香气的丰富性。毋庸置疑，单宁很柔和。

封口: 螺旋盖　酒精度: 14.5%　评分: 95　最佳饮用期: 2029年　参考价格: 50澳元

No. 6 Langhorne Creek Shiraz Cabernet 2014

6号兰好乐溪西拉赤霞珠 2014

76%西拉，23%赤霞珠和1%的小维多，在法国大木桶（10%新）陈酿。非常活泼，中等酒体的混酿，带有典型的兰好乐溪赤霞珠的的柔和，其复杂的泥土/水果香气在口中翻滚，就像在天鹅绒手套内翻滚的小拳头。物超所值。

封口: 螺旋盖　酒精度: 14.5%　评分: 94　最佳饮用期: 2034年　参考价格: 22澳元 ✪

🍷🍷🍷🍷 Side by Side Cabernet Sauvignon 2014

双边系列赤霞珠2014

评分：89　最佳饮用期：2024年　参考价格：27澳元

Brown Brothers　布琅兄弟酒庄 ★★★★★

Milawa-Bobinawarrah Road, Milawa，维多利亚 3678　产区：国王谷

电话：(03) 5720 5500　网址：www.brownbrothers.com.au　开放时间：每日开放，9:00—17:00

酿酒师：祖尔·提布鲁克（Joel Tilbrook），凯特·鲁尼（Cate Looney）　创立时间：1885年

产量（以12支箱数计）：1百万以上　葡萄园面积：570公顷

拥有相当数量的葡萄园遍布在各种气候，从非常温暖到非常凉爽。对西斯科特的扩张大大增加了它的资源库。2010年，布琅兄弟酒庄迈出了重要的一步，以3250万的价格收购塔斯马尼亚的泰玛山酒庄（Tamar Ridge）。2016年5月又收购了无辜路人酒庄（Innocent Bystander）和巨人之足酒庄（Giant Steps）的库存，并在雅拉谷有实体库存。葡萄酒品质优秀，同时又发展出两个附属品牌：旁观者莫斯卡托起泡酒和旁观者普罗赛克起泡酒。以品种多样而闻名，性价比高。是当之无愧地最成功的家庭酿酒厂之一（其酒窖门店在澳大利亚的访客人数最多），也是“澳大利亚第一葡萄酒家族”（Australia's First Families of Wine）的创始成员。出口到所有主要市场。

🍷🍷🍷🍷🍷 Patricia Chardonnay 2014

帕秋莎夏霞多丽2014

随着布朗兄弟酒庄进军塔斯马尼亚，55%的帕秋莎夏霞多丽从凯恩纳葡萄园（Kayena Vineyard）中脱颖而出，其余来自白山（White Hills）。这是一种纯正的葡萄酒，简单明了，矿物感，酒体紧密。出色奶油蜂蜜和酒泥的香气，绵密悠长而纯净。

封口: 螺旋盖　酒精度: 12.5%　评分: 95　最佳饮用期: 2024年　参考价格: 45澳元　JF

Patricia Shiraz 2013

帕秋莎西拉2013

强壮的颜色和香气，黑色浆果，甘草，干香草和香料香味，以及令人惊讶的柔顺的单宁；略为害羞的浓郁。很好地感受到覆盆子雪糕的酸度。非常新鲜。

封口: 螺旋盖　酒精度: 14.5%　评分: 95　最佳饮用期: 2026年　参考价格: 65澳元　JF

Patricia Pinot Noir Chardonnay 2010

帕秋莎黑比诺霞多丽2010

来自布朗兄弟（Brown Brothers）的高海拔惠特兰葡萄园（Whitlands Vineyard，自卖给香桐酒庄（Domaine Chandon）以来）。它用了5年的时间发酵，发展了复杂的柠檬和奶油香，口感优雅长，带有牛轧糖，柠檬酱和杏仁味。一种非常平衡的葡萄酒。

封口: 软木塞　酒精度: 12.5%　评分: 95　最佳饮用期: 2018年　参考价格: 47澳元

Patricia Noble Riesling 2014

帕秋莎贵腐雷司令2014

现在是多么的美丽啊。中等琥珀色调，带有蜂蜜浸透的杏子，藏红花浸的橘子果酱和太妃糖香气。虽有这些丰盈的元素，这也闪耀着柑橘柠檬清新，优雅明亮的酸度完美的将甜味控制住。

封口：螺旋盖　酒精度：9.5%　评分：95　最佳饮用期：2022年

参考价格：35澳元　JF ✪

Ten Acres Heathcote Shiraz 2013

10英亩西斯科特西拉2013

庄园种植，在法国和美国橡木桶中陈酿12个月。一款优雅和强度相结合的优质葡萄酒；入口处闪闪发亮的红色浆果香气在结束时变得倾向于黑色浆果香气，单宁有弛有张，余味悠长。

封口: 螺旋盖　酒精度: 14.5%　评分: 94　最佳饮用期: 2028年　参考价格: 29澳元 ✪

🍷🍷🍷🍷🍷(半) Patricia Pinot Noir Chardonnay 2011

帕秋莎黑比诺霞多丽2011

评分：93　最佳饮用期：2018年　参考价格：48澳元　TS

Eighty Nine Dry Rose 2016

干型桃红酒2016

评分：92　最佳饮用期：2017年　参考价格：19澳元　✪
Vintage Release Heathcote Durif 2014
特定年份西斯科特杜瑞夫2014
评分：92　最佳饮用期：2024年　参考价格：21澳元　✪
Ten Acres Shiraz Cabernet 2014
10英亩西拉赤霞珠2014
评分：91　最佳饮用期：2029年　参考价格：29澳元
Tempranillo & Graciano 2015
特定年份添帕尼罗格拉西亚诺2015年
评分：91　最佳饮用期：2023年　参考价格：21澳元　✪
Vintage Release Heathcote Durif 2015
特定年份西斯科特杜瑞夫2015
评分：91　最佳饮用期：2024年　参考价格：21澳元　JF　✪
Pinot Chardonnay Meunier NV
黑比诺霞多丽莫尼耶皮诺无年份
评分：91　最佳饮用期：2018年　参考价格：27澳元　TS
18 Eighty Nine Pinot Grigio 2016
18 89灰比诺2016
评分：90　最佳饮用期：2018年　参考价格：19澳元　✪
Vintage Release Banksdale Gamay 2015
特定年份班克斯戴尔佳美 2015
评分：90　最佳饮用期：2020年　参考价格：21澳元　✪
Vintage Release Banksdale Gamay 2014
特定年份班克斯戴尔佳美 2014
评分：90　最佳饮用期：2019年　参考价格：21澳元　✪
Patricia Cabernet Sauvignon 2012
帕秋莎赤霞珠2012
评分：90　最佳饮用期：2022年　参考价格：65澳元　JF
Single Vineyard Prosecco 2016
单一葡萄园普罗赛克2016
评分：90　最佳饮用期：2017年　参考价格：21澳元　TS　✪
Cuvee Premium Sparkling Brut Chardonnay Pinot Noir NV
高级霞多丽黑比诺起泡葡萄酒 无年份
评分：90　最佳饮用期：2017年　参考价格：19澳元　TS　✪

Brown Hill Estate　棕山酒庄　★★★★☆

Cnr Rosa Brook Road/Barrett Road, Rosa Brook,西澳大利亚 6285　产区：玛格利特河
电话:（08） 9757 4003　网址：www.brownhillestate.com.au
开放时间：每日开放，10:00—17:00　酿酒师：内森（Nathan Bailey y），海蒂·米拉德（Haydn Millard）　创立时间：1995年　产量（以12支箱数计）：3000葡萄园面积：22公顷
百利家族（Bailey）涉足葡萄酒生产的各个阶段，并且最少的外部帮助。他们宣称的目标是通过坚持葡萄园的低产量，以合理的价格生产顶级葡萄酒。他们有西拉和赤霞珠（每个8公顷），赛美蓉，长相思和梅洛（各2公顷）。产品系列中最好的葡萄酒的品质非常好。

🍷🍷🍷🍷🍷 Perseverance Margaret River Cabernet Merlot 2014
恒心玛格丽特河赤霞珠梅洛2014
70/30%的混酿中含有丰富的黑醋栗，雪松，护根和烟叶，自始自终。它无可挑剔的精致牛奶巧克力般的单宁，充当这款葡萄酒的存在理由。果香柔美与结构感完美结合。
封口: 螺旋盖　酒精度: 14%　评分: 95　最佳饮用期: 2030年　参考价格: 50澳元　NG

🍷🍷🍷🍷🍷 Golden Horseshoe Margaret River Chardonnay 2016
金马蹄玛格利特河霞多丽2016
评分：93　最佳饮用期：2022年　参考价格：35澳元　NG
Fimiston Reserve Margaret River Shiraz 2015
菲米斯顿珍藏玛格利特河西拉2015
评分：93　最佳饮用期：2032　参考价格：35澳元　NG
Hannans Cabernet Sauvignon 2015
汉娜斯赤霞珠2015
评分：93　最佳饮用期：2025年　参考价格：22澳元　NG　✪
Charlotte Sauvignon Blanc 2016
夏洛特长相思2016
评分：92　最佳饮用期：2018年　参考价格：21澳元　NG　✪
vanhoe Cabernet Sauvignon 2015
艾芬豪赤霞珠2015
评分：92　最佳饮用期：2030年　参考价格：35澳元　NG

Bill Bailey Shiraz Cabernet Sauvignon 2014
R比尔百利西拉赤霞珠2014
评分：91 最佳饮用期：2030年 参考价格：60澳元 NG
Jubilee Margaret River Semillon 2016
千禧玛格利特河赛美蓉2016
评分：90 最佳饮用期：2022年 参考价格：25澳元 NG
Great Boulder Margaret River Cabernet Shiraz Merlot Malbec 2014
巨石玛格利特河赤霞珠西拉梅洛马尔贝克2014
评分：90 最佳饮用期：2028年 参考价格：40澳元 NG

Brown Magpie Wines 布朗喜鹊酒庄 ★★★★★

125 Larcombes Road, Modewarre，维多利亚 3240 产区：吉龙
电话：(03) 5266 2147 网址：www.brownmagpiewines.com 开放时间：一月每日开放，11:00—16:00 酿酒师：洛丽塔（Loretta）和谢恩·布瑞恒利（Shane ne Breheny）
创立时间：2000年 产量（以12支箱数计）：5000 葡萄园面积：9公顷
谢恩（Shane）和洛丽塔·布瑞恒利（Loretta Breheny）的20公顷房产主要位于一个温和的朝北的斜坡上，西部和南部的边界有柏树，可防风。葡萄种植于2001至2002年，黑比诺（4公顷）占据最大份额，其次是灰比诺和西拉（各2.4公顷）以及霞多丽和长相思各0.1公顷。葡萄栽培是洛丽塔的挚爱，酿酒（和喝葡萄酒）是谢恩的挚爱。

🍷🍷🍷🍷🍷 Single Vineyard Geelong Shiraz 2015
单一葡萄园吉龙西拉2015
开放式发酵，20%整串和大部分整果，每天循环3–4次，发酵后浸渍时间延长，桶装成熟15个月。整串有助于平衡发酵后浸渍的提取物，留下极好的风味，质地，强度和复杂性。它的长度和平衡性也具有高水平。红色和黑色樱桃，香料，甘草和浓咖啡与单宁和葡萄酒的橡木结合在一起。
封口：螺旋盖 酒精度：13.9% 评分：96 最佳饮用期：2040年 参考价格：38澳元 ✪
Modewarre Mud Reserve Single Vineyard Geelong Shiraz 2014
珍莫德维尔泥珍藏单一葡萄园吉龙西拉2014
开放式发酵用5%整串，其余除梗，加入四中酶，在橡木熟化12个月，进一步精选后进入两个大桶进成熟12个月。鉴于年份和它的酿造工艺，毫不意外葡萄酒就像现这么浓郁，长久和紧密，融合红色和黑色水果，香料和甘草的香气。令人垂涎欲滴。
封口：螺旋盖 酒精度：13.6% 评分：96 最佳饮用期：2039年 参考价格：60澳元 ✪

🍷🍷🍷🍷 Single Vineyard Geelong Pinot Noir 2015
单一葡萄园吉龙黑比诺2015
评分：92 最佳饮用期：2030年 参考价格：38澳元
Loretta Blanc de Noir 2013
洛丽塔黑中白起泡葡萄酒 2013
评分：90 最佳饮用期：2017年 参考价格：38澳元 TS

Brygon Reserve 布莱恩酒庄 ★★★★

529 Osmington Road, Margaret River，西澳大利亚 6280 产区：玛格利特河
电话：1800 754 517 网址：www.brygonreservewines.com.au
开放时间：每日开放，11:00—17:00
酿酒师：斯凯麦克·马努斯（Skigh McManus） 创立时间：2009年 产量：未知
自从2009年由罗伯特（Robert）和劳拉·法瑟-斯科特（Laurie Fraser-Scott）创立以来，酒庄成长非常迅速，尽管其生产的详细信息所知不多。它最开始依靠与别人签订酿酒合同，2015年2月，它开了一家酿酒厂和酒窖门店。该酒厂拥有自己的装瓶厂和散装葡萄酒储存设施，其中 最佳饮用期：少部分葡萄酒是和玛格丽特河其他地方的酒庄签订合同生产的。葡萄酒产品有六大品牌：蜂鸟，布鲁斯，布莱恩酒庄，飞天高地，第三轮和狮子巢穴。除非另有说明，否则均来自玛格丽特河。有一些子品牌用于出口或特殊市场，因此不通过澳大利亚零售店销售。出口到美国、越南、泰国、新加坡等国家，以及中国内地（大陆）和港澳台地区。

🍷🍷🍷🍷 Brygon Reserve Small Batch Oak Aged Chardonnay 2012
布莱恩酒庄小批量橡木陈年霞多丽2012
如同发现了年轻的泉水，白桃香气一直主导，非常享受。很难猜测它将会朝哪里发展，以及最顶峰是能到达什么程度。
封口：螺旋盖 酒精度：13% 评分：92 最佳饮用期：2021年 参考价格：75澳元
Brygon Reserve Flying High Semillon Sauvignon Blanc 2016
布莱恩酒庄飞行高空赛美蓉长相思2016
简单地在不锈钢罐冷却发酵，主要由赛美蓉驱动，具有相当的重点和强度，余味悠长，清脆，干净。将会平静地旅行数年。
封口：螺旋盖 酒精度：12.7% 评分：90 最佳饮用期：2020年 参考价格：25澳元
Brygon Reserve Humming Bird Series Semillon Sauvignon Blanc 2016
布莱恩酒庄蜂鸟系列赛美蓉长相思2016
仍然是赛美蓉占主导地位，这比它的飞行高空系列的兄弟姐妹更受热带水果影响，更柔顺。漂亮的葡萄酒，简单制作，无需进一步陈酿。
封口：螺旋盖 酒精度：12.7% 评分：90 最佳饮用期：2018年 参考价格：25澳元
Brygon Reserve Gold Label Vintage Reserve Chardonnay 2012

布莱恩酒庄金牌年份限定霞多丽2012
明亮的绿金色；现在处于高峰期，水果香气也很好，同样它的法国橡木桶和发酵大木桶之间取得平衡。不要拖到十年后再品尝。
封口：螺旋盖　酒精度：12.5%　评分：90　最佳饮用期：2019年　参考价格：50澳元

Brygon Reserve Small Batch Oak Aged Shiraz 2012
布莱恩酒庄小批量橡木陈年西拉2012
六种不同的字体，大部分含有无意义的信息，例如'被选中（通过潦草的名字）'。比它的兄弟姐妹酒款的颜色更轻，水果香气更新鲜，尽管它被橡木缠绕。
封口：螺旋盖　酒精度：13.5%　评分：90　最佳饮用期：2022年　参考价格：75澳元

Brygon Reserve Gold Label Vintage Reserve Cabernet Sauvignon 2012
布莱恩酒庄金牌年份限定赤霞珠2012
已经很好地保持了它的色调；；浓郁的中等酒体的赤霞珠，本身品种的干草和泥土、黑橄榄香气围绕着黑醋栗的中心，法国橡木也是一部分，单宁非常活跃。
封口：螺旋盖　酒精度：13.5%　评分：90　最佳饮用期：2022年　参考价格：50澳元

🍷🍷🍷🍷 Brygon Reserve Flying High Sauvignon Blanc 2016
布莱恩酒庄飞行高空长相思2016
评分：89　最佳饮用期：2017年　参考价格：25澳元

Brygon Reserve Private Bin Block 3 Chardonnay 2012
布莱恩酒庄私人3号霞多丽2012
评分：89　最佳饮用期：2017年　参考价格：60澳元

Brygon Reserve Flying High Shiraz 2015
布莱恩酒庄飞行高空西拉2015
评分：89　最佳饮用期：2023年　参考价格：25澳元

Brygon Reserve Small Batch Oak Aged Margaret River Cabernet Sauvignon 2012
布莱恩酒庄小批量橡木年龄玛格利特河赤霞珠2012
评分：89　最佳饮用期：2022年　参考价格：75澳元

Buckshot Vineyard　铅弹酒庄　★★★★☆

PO Box 119, Coldstream，维多利亚 3770（邮）　产区：西斯科特
电话：0417 349 785　网址：www.buckshotvineyard.com.au　开放时间：不开放
酿酒师：罗布·皮布尔斯（Rob Peebles）　创立时间：1999年
产量（以12支箱数计）：700　葡萄园面积：2公顷
这是米根（Meegan）和罗布·皮布尔斯（Rob Peebles）的共同建立的，它源于罗布在葡萄酒行业20多年的投入，包括1993年开始的路斯格兰的六个年份，随后在香桐酒庄（Domaine Chandon）工作了10年，并在 93年进入在冷溪山酒庄（Coldstream Hills）酒窖门店工作。这是西斯科特的土壤，并与约翰（John）和珍妮戴维斯（Jenny Davies）保持长期友谊，旗舰酒款西拉，和少量的增芳德（与西拉）来自同一个地块，属于科比纳宾（Colbinabbin）西南部戴维斯拥有的40公顷葡萄园的一部分。罗布也在香桐酒庄（Domaine Chandon）酿造葡萄酒。出口到美国。

🍷🍷🍷🍷🍷 Reserve de la Cave Margaret River Malbec 2015
玛格丽特河酒窖珍藏马尔贝克 2015
只生产了300瓶，无可非议地，这是世界上最伟大的品丽珠之一。华丽的深宝石红色，这款芳香的葡萄酒的核心在于深樱桃和桑椹，并谨慎地使用了100%的新橡木。果香醇厚，口感柔滑，单宁成熟、细腻而持久，毫无疑问，在未来的10至20年里，这款酒将会带来无限的愉悦之感。
封口：螺旋盖　酒精度：13.5%　评分：97　最佳饮用期：2030年
参考价格：90澳元　PR

🍷🍷🍷🍷 The Square Peg Zinfandel 2015
广场木钉增芳德2015
一款令人信服的在澳大利亚并不总能达到高峰的增芳德。这种成熟而不过熟的葡萄酒具有浓郁的黑樱桃和李子果香，还有一种小巧的甘草味，味道鲜美，口感平衡。　最佳饮用期：少在未来3至4年内，单宁柔和。
封口：螺旋盖　酒精度：14.5%　评分：89　最佳饮用期：2020年
参考价格：26澳元　PR

Bull Lane Wine Company　布尔巷葡萄酒公司　★★★★

PO Box 77, 西斯科特，维多利亚 3523（邮）　产区：西斯科特
电话：0427 970 041　网址：www.bulllane.com.au　开放时间：不开放
酿酒师：西蒙·奥斯卡（Simon Osicka）　创立时间：2013年　产量（以12支箱数计）：400
作为现在的TWE公司的酿酒师成功职业生涯后，西蒙·奥斯卡（Simon Osicka）与葡萄栽培合作伙伴艾莉森飞利浦（Alison Phillips）一起，于2010年返回西斯科特地区东边的同名酿酒厂。受到十年干旱影响了这个60年的自然灌溉葡萄园，并希望创造另一种西拉风格，西蒙和艾莉森花了相当多的时间在西斯科特的葡萄园里找到灌溉的水源直到有个10年这个年份的酒。天气之神放弃了对11年的折磨之后，布尔巷葡萄酒公司开始营业了。出口到丹麦。

🍷🍷🍷🍷🍷 Via del Toro Pyrenees Nebbiolo 2015
德尔托罗宝丽丝内比奥罗
来自马拉科夫葡萄园，手工挑选，全果在小罐中开放式发酵，然后在果皮浸渍3周，然后在旧法国橡木桶熟化16个月。颜色漂亮，不止是美味的单宁是任何一款优质内比

奥罗都不可或缺的部分，葡萄酒中心的红色浆果也是如此。是一件有成就感的作品。
封口：螺旋盖 酒精度：14.5% 评分：94 最佳饮用期：2025年 参考价格：32澳元

🍷🍷🍷🍷🍷 Heathcote Shiraz 2015
西斯科特西拉2015
评分：93 最佳饮用期：2029年 参考价格：28澳元

Buller Wines 布乐酒庄 ★★★★★

2804 Federation Way，路斯格兰，维多利亚 3685 产区：路斯格兰
电话：(02) 6032 9660 网址：www.bullerwines.com.au 开放时间：周一至周六 9:00—17:00，周日 10:00—17:00 酿酒师：戴夫怀特（Dave Whyte） 创立时间：1921年 产量（以12支箱数计）：10000 葡萄园面积：32公顷
2013年，经过布乐（Buller）家族92年的所有权和管理，该酒庄由杰拉尔德（Gerald）和玛丽贾德（Mary Judd）购买，杰拉尔德和玛丽贾德是东北部广为人知的夫妇庭。他们亲自管理酒庄，并负责对地窖，仓库，运营以及重要的葡萄园的投资。出口到所有主要市场。

🍷🍷🍷🍷🍷 Calliope Rare Tokay NV
卡铂珍藏托卡伊 无年份
一种奇妙复杂的冷红茶，蜂蜜和奶油糖果系列香气，达到了意想不到的，但珍贵的，近乎干爽的效果，一次又一次地吸引你。具有魔力。
封口：螺旋盖 酒精度：18% 评分：97 参考价格：120澳元 ✪

Calliope Rare Rutherglen Muscat NV
卡铂珍藏路斯格兰麝香无年份
深琥珀色，旋转时朝着玻璃两侧有橄榄色阴影。非常浓郁和激烈，所以毫无疑问，它的深厚年龄；70年前开始的干燥的葡萄给予了陈酿和香料香气的基础。鉴于其稀有性和年龄物超所值。
封口：螺旋盖 酒精度：18% 评分：97 参考价格：120澳元 ✪

🍷🍷🍷🍷🍷 Calliope Grand Rutherglen Tokay NV
卡铂首选路斯格兰托卡伊 无年份
琥珀色——桃花心木色，在边沿上有着淡淡的橄榄绿色，花香复杂，陈年氧化明显，再加上不确定的音符；一个肆意展示干燥/焦糖/结晶水果和茶叶的口感。
封口：螺旋盖 酒精度：18% 评分：95 参考价格：65澳元

Calliope Grand Rutherglen Muscat NV
卡铂首选路斯格兰麝香无年份
非常复杂；在葡萄/葡萄干的甜美海洋以及丰富的圣诞布丁和太妃糖中间，是令人惊讶的托帕克式水果味道。
封口：螺旋盖 酒精度：18% 评分：95 参考价格：65澳元

🍷🍷🍷🍷🍷 Balladeer Rutherglen Cabernet Sauvignon 2015
巴拉德尔路斯格兰赤霞珠2015
评分：90 最佳饮用期：2029年 参考价格：28澳元

Bundalong Coonawarra 邦达隆库纳瓦拉 ★★★★☆

109 Paul Road, Comaum，南澳大利亚 5277（邮） 产区：库纳瓦拉
电话：0419 815 925 网址：www.bundalongcoonawarra.com.au 开放时间：不开放
酿酒师：安德鲁哈迪（Andrew Hardy），彼得比塞尔（Peter Bissell）
创立时间：1990年 产量（以12支箱数计）：650 葡萄园面积：65公顷
詹姆斯波特（James Porter）多年来拥有的邦达隆酒庄。在二十世纪八十年代后半期，在该处有一个古老的浅灰色石灰岩岩层，他征求了土壤是否适合葡萄种植的意见。1989年，赤霞珠种植了第一批种子，之后是西拉。65公顷葡萄园的主要目的是为大公司供应葡萄。在94年和96年进行了试酿，随后在2008年推出了第一批年份葡萄酒。该战略仅用于酿造库纳瓦拉最好的葡萄酒，08、12，14和15年是迄今获得认可的年份。

🍷🍷🍷🍷🍷 Single Vineyard Cabernet Sauvignon 2015
单一葡萄园赤霞珠2015
在法国橡木桶中陈酿18个月。经典库纳瓦拉赤霞珠，一部分是之前种植的，另一部分是今天的种植。香气扑鼻而来，黑醋栗和库纳瓦拉薄荷，优雅的单宁首先从悠长的中等酒体中跳出。这是单宁，而不是橡木，塑造了一款非常好的葡萄酒。
封口：螺旋盖 酒精度：13.8% 评分：95 最佳饮用期：2035年 参考价格：27澳元 ✪

🍷🍷🍷🍷🍷 Single Vineyard Shiraz 2015
单一葡萄园西拉2015
评分：93 最佳饮用期：2035年 参考价格：27澳元 ✪

Burch Family Wines 布奇家族酒庄 ★★★★★

Miamup Road, Cowaramup，西澳大利亚 6284 产区：玛格利特河
电话：（08） 9756 5200 网址：www.burchfamilywines.com.au
开放时间：每日开放，10:00—17:00 酿酒师：詹尼斯·麦克唐纳（Janice McDonald）、马克·贝利（Mark Bailey） 创立时间：1986年 产量：未知 葡萄园面积：183公顷
布奇家族酒庄作为拥有豪园（Howard Park）和狂鱼（MadFish）品牌的公司。在过去的30年中，布奇家族已经慢慢收购了玛格利特河和大南部产区的葡萄园。玛格利特河的葡萄园范围从万里布拉

普河［威亚布扎普（Wilyabrup）］的诗园（Leston）到南卡里达莱（Southern Karridale）的阿林厄姆（Allingham）；大南部产区包括巴罗山葡萄园（Mount Barrow）和阿伯克龙比（Abercrombie，后者于2014年收购），1975年种植的霍顿（Houghton）赤霞珠克隆株系均在巴克山（Mount Barker）。在产品系列的顶端是阿伯克龙比（Abercrombie）赤霞珠和阿林厄姆（Allingham）霞多丽，其次是雷司令，霞多丽和长相思；接下来是诗园和豪园颂（Scotsdale）品牌下的西拉和赤霞珠。豪园漫（Miamup）和豪园赋（Flint Rock）系列建立于12年。狂鱼（MadFish）是第二个品种齐全的系列品牌，金龟（Gold Turtlet）是狂鱼的副牌。风水设计的酒窖门店是必看的。澳大利亚葡萄酒第一家族联盟（Australia's First Families of Wine）的创始成员。出口到所有主要市场。

🍷🍷🍷🍷🍷 Howard Park Leston Margaret River Cabernet Sauvignon 2014

豪园诗玛格利特河赤霞珠2014

在不锈钢罐内发酵，一部分进行果皮浸渍后发酵，其他在干燥状态下压榨，每批在法国大木桶（40%新）单独成熟18个月。充满活力和纯正的黑醋栗水果香气脱颖而出，法国橡木启动协同作用，单宁和月桂叶/橄榄的回声，简单地重申了近乎完美的品种表现。

封口：螺旋盖　酒精度：14.5%　评分：97　最佳饮用期：2039年　参考价格：46澳元 ✪

🍷🍷🍷🍷🍷 Howard Park Scotsdale Great Southern Cabernet Sauvignon 2014

豪园颂大南部赤霞珠2014

这是极好的赤霞珠，它的现有香气和泥土/烟草般的音符组合无情地拉动着一个紧张而漫长的结尾。这是中等酒体赤霞珠的冠军代表，有品质无压力，有长度无逾越，芳香无界。

封口：螺旋盖　酒精度：14.5%　评分：96　最佳饮用期：2040年

参考价格：46澳元　CM ✪

Howard Park Porongurup Riesling 2016

豪园波罗古鲁普雷司令2016

干枯，来自大南部偏远波罗古鲁普分区的这款极好的单一葡萄园葡萄酒受到内敛，有梨，葡萄柚和温和的花香。在非常持久的味觉中，有一道类似激光的酸度脉络，你知道这将　最佳饮用期：少可以持续5至10年的窖藏。

封口：螺旋盖　酒精度：11.5%　评分：95　最佳饮用期：2026年

参考价格：34澳元　PR ✪

Howard Park Porongurup Riesling 2015

豪园波罗古鲁普雷司令2015

来自前直布罗陀岩石葡萄园（Gibraltar Rock Vineryard），这是波罗谷兰普（Porongurup）中最古老的两个葡萄园之一，被布奇家族酒于10年收购。自从2015年9月份以来，这款酒已经有所改变（为了更好），它的华丽开花花香引入了一种在结束时雷鸣般回响的味觉，所有的都能很好地回味。

封口：螺旋盖　酒精度：12.4%　评分：95　最佳饮用期：2025年　参考价格：34澳元 ✪

Howard Park Museum Release Great Southern Riesling 2012

豪园博物馆发布大南区雷司令2012

这款酒仍然非常明亮的绿金色，带有青柠，柑橘和烤面包的香气，这是在封口：螺旋盖下漂亮的旅行。虽然它口感细腻感柔悠长，但是酒的酸度仍然保持良好，这意味着它在5年后仍将保持清新状态。

酒精度：12%　评分：95　最佳饮用期：2022年　参考价格：41澳元　PR

Howard Park Miamup Margaret River Sauvignon Blanc Semillon 2016

豪园漫玛格利特河长相思赛美蓉 2016

87%长相思和13%赛美蓉混酿，使用不锈钢罐和橡木桶发酵而成，酒中贯穿一些成熟新鲜的热带水果香调同时充满活力，清新，有质感和回味悠长。

封口：螺旋盖　酒精度：13%　评分：95　最佳饮用期：2021年　参考价格：28澳元　PR

Howard Park Allingham Margaret River Chardonnay 2015

豪园阿林厄姆玛格利特河霞多丽2015

从凉爽的卡里达莱（Karridale）地区。白桃，油桃和粉红葡萄柚是驱动力，而不是法国橡木。它有很好的长度和强烈的回味，垂涎欲滴。极其诱人。

封口：螺旋盖　酒精度：13%　评分：95　最佳饮用期：2023年　参考价格：89澳元

Howard Park Flint Rock Great Southern Shiraz 2014

豪园赋大南部西拉2014年

来自法兰克兰河和巴克山，在小酒桶中开放式发酵，在新和旧的法国橡木桶中陈酿15个月。一种严肃而强劲的浓郁葡萄酒，在盲品中可能会与赤霞珠混淆，这得益于可口的单宁，它为黑莓，黑樱桃和李子水果提供了一个平台，并带有香料和胡椒粉；橡木也有贡献。

封口：螺旋盖　酒精度：14.5%　评分：95　最佳饮用期：2034年　参考价格：28澳元 ✪

Howard Park Sauvignon Blanc 2016

豪园长相思2016

部分在不锈钢管用人工培养酵母进行发酵，部分在法国橡木用野生酵母发酵，致使这样的葡萄酒具有两种方式的有点，与马尔堡长相思均无相似之处。它的热带水果的平衡性，通过提供质地和柑橘香调一样美味的音符来达成，非常棒。

封口：螺旋盖　酒精度：13%　评分：94　最佳饮用期：2020年　参考价格：38澳元

Howard Park Miamup Margaret River Chardonnay 2016

豪园漫玛格利特河霞多丽2016

来自玛格丽特河南部，将葡萄区块分别酿制，每个都经过人工采摘，冷却过夜，分拣，整束压榨，在新旧法国橡木桶中发酵，熟化7个月，进行常规的酒泥搅拌和苹果酸乳酸发酵。香气清新的花香预示着一种清新而诱人的爽朗口感，各种柑橘和硬核水果类的香气，橡木都起着的支撑作用。有时间潜力的葡萄酒。
封口：螺旋盖　酒精度：13%　评分：94　最佳饮用期：2023年　参考价格：28澳元 ✪

🍷🍷🍷🍷🍷 MadFish Gold Turtle Chardonnay 2016
狂鱼金龟霞多丽2016
评分：92　最佳饮用期：2020年　参考价格：20澳元 ✪
Howard Park Flint Rock Pinot Noir 2016
豪园赋黑比诺2016
评分：92　最佳饮用期：2026年　参考价格：28澳元
Howard Park Leston Margaret River Shiraz 2015
豪园诗玛格利特河西拉2015
评分：91　最佳饮用期：2035年　参考价格：46澳元　PR
Howard Park Miamup Cabernet Sauvignon 2014
豪园漫赤霞珠 2014
评分：91　最佳饮用期：2029年　参考价格：28澳元
Howard Park Scotsdale Frankland Shiraz 2015
豪园颂西拉 2015
评分：90　最佳饮用期：2025年　参考价格：46澳元　PR

Burge Family Winemakers　伯格家族酒庄　★★★★☆

1312 Barossa Way, Lyndoch，南澳大利亚 5351　产区：巴罗萨谷　电话：(08) 8524 4644
网址：www.burgefamily.com.au　开放时间：周五、周六和周一，10:00—17:00　酿酒师：瑞克·伯奇（Rick Bruge）　创立时间：1928年　产量（以12支箱数计）：3500　葡萄园面积：10公顷
伯格家族酒庄，由瑞克·伯奇（Rick Bruge）掌舵（不要与格兰特·伯奇Grant Burge混淆，尽管两个家族有关联），已经确立了自己是巴罗萨浓郁的红葡萄酒的标志性地位。2013年是连续三代家族的第85年的连续酿酒。出口到加拿大、德国、比利时、荷兰、新加坡、日本等国家，以及中国香港地区。

🍷🍷🍷🍷🍷 Garnacha Dry Grown Barossa Valley Grenache 2014
巴罗萨谷歌海娜2014
红色浆果，丁香，什锦香料，甘草和新鲜花香的魅力。这不是一种浓重的酒，但口感平衡、有质地，美味。结束略温暖，但可能会有人认为它与风土有关。
封口：螺旋盖　酒精度：15.5%　评分：91　最佳饮用期：2024年　参考价格：25澳元
The Hipster Barossa Valley Garnacha Monastrell Tempranillo 2013
嬉皮士巴罗萨谷歌海娜莫纳斯特雷尔添帕尼罗2013
中等重量的红色浆果与和它一样多的泥土和香料香气。一种古老的“土酒”配以新鲜的橡木。饮用非常愉快。
封口：螺旋盖　酒精度：14.5%　评分：91　最佳饮用期：2021年　参考价格：25澳元　CM

Burke & Wills Winery　伯克威尔斯酒庄　★★★★

3155 Burke & Wills Track, Mia Mia，维多利亚 3444　产区：西斯科特
电话：(03) 5425 5400　网址：www.wineandmusic.net　开放时间：仅限预约
酿酒师：安德鲁·帕蒂森（Andrew Pattison），罗伯特·伊利斯（Robert Ellis）
创立时间：2003年　产量（以12支箱数计）：1500　葡萄园面积：3.4公顷
在马其顿山脉的兰斯菲尔德酒庄（Lancefield Winery）工作了18年之后，安德鲁·帕蒂森（Andrew Pattison）于2004年迁往北方几公里处，在西斯科特成立了伯克威尔斯酒庄，继续生产来自这两个地区的葡萄酒。在米亚米亚（Mia Mia）和雷德斯代尔（Redesdale）拥有葡萄园，他现在拥有2公顷西拉，1公顷赤霞珠和波尔多品种以及0.4公斤琼瑶浆。他仍然从他以前的马博瑞（Malmsbury）葡萄园购买少量马斯顿山岭的葡萄；额外的葡萄在西斯科特合同种植。出口到马来西亚。

🍷🍷🍷🍷🍷 Vat 1 French Oak Heathcote Shiraz 2015
1号桶法国橡木西斯科特西拉2015
令人印象深刻的深红色。在新的、1年和4年的法国大木桶中成熟，这款精美的西斯科特西拉配上了均衡的黑色水果香气，黑胡椒和其他香料香气。中等酒体，浓郁而有风格的口感。
封口：螺旋盖　酒精度：14%　评分：92　最佳饮用期：2025年　参考价格：36澳元　PR
Pattison Family Reserve Macedon Ranges Chardonnay 2015
帕蒂森家族珍藏马斯顿山岭霞多丽2015
这个令人印象深刻且价格合理的霞多丽拥有一些复杂而雅致的矿物质香气。好的香瓜和无花果水果香气。橡木处理得很好，并且已经非常舒适地融合在一起，口感平衡而且悠长。
封口：螺旋盖　酒精度：13%　评分：90　最佳饮用期：2020年　参考价格：25澳元　PR

Bush Track Wines　布什赛道酒庄　★★★★

219 Sutton Lane, Whorouly South，维多利亚 3735　产区：阿尔派谷
电话：0409 572 712　网址：www.bushtrackwines.com.au　开放时间：仅限预约
酿酒师：祖·玛氏（Jo Marsh）、依琳娜·安德森（Eleana Anderson）
创立时间：1987年　产量（以12支箱数计）：350　葡萄园面积：9.65公顷

鲍勃（Bob）和海伦·麦克纳马拉（Helen McNamara）于1987年创建了葡萄园，西拉5.53公顷，有11个不同的克隆株系 ，其有多霞丽2公顷，赤霞珠1.72公顷，桑乔维塞0.4公顷。自2006年以来，他们酿造小量的葡萄酒，并改进了葡萄酒的工作，祖·玛氏［Jo Marsh，比利巴顿酒庄（Billy Button Wines）］和依琳娜 安德森［Eleana Anderson，梅福德酒庄（Mayford Wines）］的技术能力应该能够保证布什赛道酒庄葡萄酒的未来。

🍷🍷🍷🍷🍷 Ovens Valley Alpine Valleys Shiraz 2015
欧文谷阿尔派谷西拉2015
从耀眼的暗紫色调到光滑的舌头感觉。酒体饱满，单宁柔顺，融合了橡木，还有桉树，胡椒和杜松浆果。内在充盈着多汁水果。
封口：螺旋盖 酒精度：14% 评分：95 最佳饮用期：2024年
参考价格：25澳元 JF ✪

🍷🍷🍷🍷 Alpine Valleys Cabernet Sauvignon 2015
阿尔派谷赤霞珠2015
评分：92 最佳饮用期：2021年 参考价格：25澳元 JF ✪

Buttermans Track 卜特曼道酒庄 ★★★★

PO Box 82, St Andrews，维多利亚 3761（邮） 产区：雅拉谷
电话：0425 737 839 网址：www.buttermanstrack.com.au 开放时间：不开放
酿酒师：詹姆斯·兰斯（James Lance），加里·特斯特（Gary Trist）
创立时间：1991年 产量（以12支箱数计）：600 葡萄园面积：2.13公顷
20世纪80年代后期，我开始熟悉卜特曼道酒庄，当时我的妻子苏珊娜（Suzanne）和我自己拥有的冷溪山酒庄（Coldstream Hills）从罗伯（Roberts）家族的瑞星园（Rising Vineyard）购买了葡萄。我不得不用一辆3吨的卡车，几乎没有刹车，而且几乎没有引擎可以开上的B卜特曼道酒庄的山丘和山谷。路易斯（Louise）和加里·特里斯（Gary Trist）在91年开始在特曼道酒庄旁边的一条小路上种植一个小葡萄园。从那时到2003年，他们共种植了0.86公顷的黑比诺，0.74公顷的西拉和0.53公顷的桑乔维塞。直到08年，特里斯家族（Trist family）才将葡萄出售给雅拉谷的葡萄酒厂。从那年起，一小篇桑乔维塞被留下来用于卜特曼道酒庄，现已扩展到其他两个品种。

🍷🍷🍷🍷 Yarra Valley Sangiovese Rose 2016
雅拉谷桑乔维塞桃红葡萄酒 2016
这款轻盈精致的铜色桃红酒，橘子，金橘草和酸草莓香调均沿着酸度的边沿延伸。果皮浸渍，用野生酵母发酵并在法国老的橡木桶中熟成，这款桃红葡萄酒的装瓶从头到尾未经过滤和澄清。
封口：螺旋盖 酒精度：13% 评分：93 最佳饮用期：2019年 参考价格：26澳元 NG

Yarra Valley Sangiovese 2015
雅拉谷桑乔维塞2015
这是一款深红色，酒体中等到饱满的桑乔维塞，具有明亮的酸度，以及品种标志性的前卫单宁。充满水果味道，散发着有质地的细节，充分表现出可持续葡萄栽培中的爱与关怀。这就是现在的模样，虽然它会陈酿的很好。
封口：螺旋盖 酒精度：13.7% 评分：93 最佳饮用期：2027年
参考价格：32澳元 NG

Yarra Valley Pinot Noir 2016
雅拉谷黑比诺2016
非常轻盈且前卫，发酵中带有早期收获的多汁水果；一小部分是整串（5%）发酵。酸樱桃，甜草莓，奥兰治果皮和浓郁的红色水果定义了香气，考虑到很好的应用了法国橡木（30%新）进一步控制了被浮石影响的果香。轻盈，芳香，易于饮用，不是非常复杂。
封口：螺旋盖 酒精度：13.2% 评分：92 最佳饮用期：2023年
参考价格：40澳元 NG

Byrne Vineyards 伯恩酒庄 ★★★★

PO Box 15, Kent Town BC，南澳大利亚 5071（邮） 产区：南澳州
电话：（08）8132 0022 网址：www.byrnevineyards.com.au 开放时间：不开放
酿酒师：彼得噶维斯基（Peter Gajewski）、菲尔利德曼（Phil Reedman）
创立时间：1963年 产量（以12支箱数计）：35000 葡萄园面积：384公顷
伯恩（Byrne）家族已经三代参与了南澳州葡萄酒行业，葡萄园遍布克莱尔谷，伊顿谷，阿德莱德平原和河地，葡萄藤从20岁到50年不等。出口到英国、加拿大、法国、德国、丹麦、瑞典、挪威、泰国、菲律宾、新加坡、日本和中国

🍷🍷🍷🍷 Flavabom Field White 2016
弗拉布姆白葡萄酒 2016
由密斯卡岱，白诗南，鸽笼白和赛美蓉共同发酵而成的一种混酿，成为一种有质地的，可口的饮品。辣味，麝香，辛辣和多汁，从整洁的酚类物质中产生，令人满意。
封口：螺旋盖 酒精度：14% 评分：92 最佳饮用期：2020年
参考价格：25澳元 JF ✪

Limited Release Clare Valley Grenache 2013
限量克莱尔谷歌海娜2013
8年树龄的葡萄藤产生这种致密，味道浓烈的红色，橡木提取的风格影响着鼻子和口感。炖李子，洋菝契，颗粒状成熟的单宁，酒体饱满，温暖。

封口：螺旋盖 酒精度：15.5% 评分：91 最佳饮用期：2023年
参考价格：59澳元 JF

🍷🍷🍷🍷 Antiquarian Clare Valley Sangiovese 2013
古物克莱尔谷桑乔维塞2013
评分：88 最佳饮用期：2022年 参考价格：59澳元 JF

Thomson Estate Clare Valley Sangiovese 2013
汤姆森庄园克莱尔谷桑乔维塞2013
评分：87 最佳饮用期：2021年 参考价格：28澳元 JF

Byron & Harold 拜伦哈罗德酒庄 ★★★★★

351 Herdigan Road, Wandering,西澳大利亚 6308 产区：Great Southern
电话：0402 010 352 网址：www.byronandharold.com.au 开放时间：不开放
酿酒师：卢克·埃克斯利（Luke Eckersley） 创立时间：2011年
产量（以12支箱数计）：35 000 葡萄园面积：18公顷

拜伦哈罗德酒庄的持有人建立了强大的合作伙伴关系，涵盖酿酒，销售和营销以及企业管理和行政的各个方面。保罗·拜伦（Paul Byron）和劳夫（哈罗德）·杜宁（Ralph （Harold） Dunning）一起在澳大利亚葡萄酒贸易领域拥有超过65年的经验，为一些最受赞赏的酿酒厂和葡萄酒分销公司工作。安德鲁雷恩（Andrew Lane）在旅游业工作了20年，其中包括在澳大利亚旅游局担任高级职位，组建葡萄酒旅游出口委员会。最近他发展了家族葡萄园（万德宁道酒庄Wandering Lane）。出口到英国，加拿大，中国和新西兰。

🍷🍷🍷🍷🍷 The Partners Great Southern Riesling 2016
伙伴大南区雷司令2016
柑橘，柑橘花，酸性硬核水果和青苹果都用生姜滑过，伴随着矿物气息出现在口感中。余味悠长，充满活力和力量。
封口：螺旋盖 酒精度：12.6% 评分：96 最佳饮用期：2036年
参考价格：28澳元 NG ✪

First Mark Mount Barker Riesling 2015
第一马克山雷司令2015
就像特别设计的快速列车，让您仿佛置身于柠檬花和柠檬皮之间，紧绷的柠檬酸和澳洲苹果味的世界中。现在就非常好，十年还会更好。
封口：螺旋盖 酒精度：12.5% 评分：95 最佳饮用期：2027年 参考价格：28澳元 ✪

The Partners Great Southern Cabernet Sauvignon 2014
伙伴大南区赤霞珠2014
黑加仑，月桂叶和雪松都是前面的香气，羊毛脂和摩卡式橡木是随后的香气。酒体饱满但优雅，深红色和黑色水果口味在整个口感上平稳流淌，丰富的单宁也进入，结尾收敛。
封口：螺旋盖 酒精度：14.5% 评分：95 最佳饮用期：2035年
参考价格：40澳元 SC

Wandering Lane Great Southern Riesling 2016
万德宁道南方雷司令2016
一款在硬核水果的矿物香气跳跃的雷司令，在透明的酸度流出闸门之前，在光滑，干燥的口腔中滑行，穿过滑石和柑橘。
封口：螺旋盖 酒精度：12% 评分：94 最佳饮用期：2028年
参考价格：22澳元 NG ✪

🍷🍷🍷🍷🍷(半) Chapter & Verse Riesling 2015
篇章与韵文雷司令2015
评分：92 最佳饮用期：2030年 参考价格：24澳元 NG ✪

Margaret's Muse Chardonnay 2015
玛格丽特的缪斯霞多丽2015
评分：91 最佳饮用期：2022年 参考价格：28澳元

Chapter和Verse Great Southern Shiraz 2013
篇章与韵文大南区西拉2013
评分：91 最佳饮用期：2028年 参考价格：35澳元

Rose & Thorns Mount Barker Riesling 2015
玫瑰与荆棘山巴克雷司令2015
评分：90 最佳饮用期：2023年 参考价格：24澳元 NG

Chapter & Verse Great Southern Cabernet Shiraz 2014
篇章与韵文南部赤霞珠西拉2014
评分：90 最佳饮用期：2022年 参考价格：24澳元 NG

Caillard Wine 凯拉德酒庄 ★★★★★

5 Annesley Street, Leichhardt, 新南威尔士 2040（邮） 产区：巴罗萨谷
电话：0433 272 912 网址：www.caillardwine.com 开放时间：不开放
酿酒师：克里斯·泰乐博士（Dr Chris Taylor）、葡萄酒大师安德鲁·凯拉德（Andrew Caillard MW） 创立时间：2008年 产量（以12支箱数计）：700

安德鲁·凯拉德（AndrewCaillard）MW大师在酿酒方面有着漫长而丰富的职业生涯，包括恋木传

奇酒庄（Brokenwood）和其他酒庄，但在妻子鲍比（Bobby）的支持下，他最终也开始酿造自己的葡萄酒。安德鲁说，酿造马塔罗（现在西拉）的灵感来自与写关于奔富耐心品尝品鉴会的时候。他了解到，马克斯·舒伯特（Max Schubert）和约翰达·沃伦（John Davoren）都对马塔罗进行过试验，而奔富圣亨利的原始版本有相当的比例在该品种中。安德鲁伟大的（四代之上）祖父约翰雷内尔（John Reynell），1838年左右在雷尼拉（Reynella）种植了澳大利亚最早的葡萄园之一。出口到中国内地（大陆）和香港地区。

Shiraz 2015

西拉2015

入口即开始起飞，因为喝起来酒精度更接近13.5%，而非14.2%（后者完全不可接受）。同样，在法国橡木桶（部分新的，部分就得）成熟，留下黑樱桃，李子和黑莓果实香气。它柔顺，中等酒体，完美平衡，单宁平稳。

封口：螺旋盖评分：96　最佳饮用期：2035年　参考价格：55澳元　✪

Shiraz 2014

西拉2014

用部分整串开放式发酵，在法国大木桶成熟（10%新）15个月。明亮的深红紫色；典型（最好的意义来说）的巴罗萨西拉，中等酒体，以黑色水果为主，由梅子，桑葚，甘草和坚果味单宁组成。可以陈酿20年以上的葡萄酒上。

封口：螺旋盖　酒精度：14.1%　评分：95　最佳饮用期：2034年　参考价格：55澳元

Mataro 2014

玛塔罗2014

在新旧法国橡木桶中发酵成熟。安德鲁凯拉德的团队已经酿造凯拉德品牌下的玛塔罗。它的口感与风味有关，每一种都以其他与野樱草和酸樱桃和香料搭配的协同支持。

封口：螺旋盖　酒精度：14.2%　评分：94　最佳饮用期：2029年　参考价格：55澳元

Calabria Family Wines　卡拉布里亚家族酒庄　★★★★☆

1283 Brayne Road，Griffith，新南威尔士州，邮编 2680　产区：滨海沿岸（Riverina）/巴罗萨谷　电话：(02)6969 0800　网址：www.calabriawines.com.au　开放时间：周一至周五，8:30—17:00；周末10:00—16:00　酿酒师：比尔·卡拉布里亚（Bill Calabria），艾玛·诺比阿图（Emma Norbiato）　创立时间：1945年　产量：不公开　葡萄园面积：55公顷

卡拉布里亚家族酒庄（2014年前被称为西陲酒庄 Westend Estate）和许多滨海沿岸的生产商一样，其葡萄酒的质量和包装都取得了进步。它旗下的“3 Bridges”系列是基于酒庄自有葡萄园的重要产品系列。卡拉布里亚家族酒庄迎合时代的要求，增加了杜瑞夫的种植面积，并引进了艾格尼科（Aglianico）、黑珍珠（Nero d'Avola）和圣马凯尔（St Macaire）这几个品种（圣马卡凯尔是一个濒临灭绝的品种，曾在波尔多种植，这里的2公顷是这个品种在世界上最大的种植地）。同样重要的是，卡拉布里亚酒庄在巴罗萨谷购置了一个12公顷的葡萄园，这意味着他们在巴罗萨谷（Barossa Valley）、堪培拉地区（Canberra District）、希托扑斯（Hilltops）和国王谷（King Valley）的优质产区内都布下了自己的棋子。其产品出口英国、美国、中国等主要市场。

The Iconic Grand Reserve Barossa Valley Shiraz 2014

旗舰顶级珍藏巴罗萨谷西拉2014

这个年份的葡萄酒是一个伟大的里程碑，有着百年老藤的心脏，强劲地搏动着。你很难不被它迷住：成熟的果香仿佛洪水般奔涌而来，流淌在坚实而厚重的“土地”上，携着厨房香料、雪松、薄荷与如长毛绒一般质感奢华的单宁。其质厚而不拙，沉静且有深度。其形虽伟却毫不突兀，骨骼均匀而外表谦柔，气质超凡而令人心折，实为佳酿。

封口：螺旋盖　酒精度：15%　评分：97　最佳饮用期：2045年　参考价格：175澳元

The Iconic Grand Reserve Barossa Valley Shiraz 2014

旗舰顶级珍藏巴罗萨谷西拉2014

这个年份的葡萄酒是一个伟大的里程碑，有着百年老藤的心脏，强劲地搏动着。你很难不被它迷住：成熟的果香仿佛洪水般奔涌而来，流淌在坚实而厚重的“土地”上，携着厨房香料、雪松、薄荷与如长毛绒一般质感奢华的单宁。其质厚而不拙，沉静且有深度。其形虽伟却毫不突兀，骨骼均匀而外表谦柔，气质超凡而令人心折，实为佳酿。

封口：螺旋盖　酒精度：15%　评分：97　最佳饮用期：2045年　参考价格：175澳元

3 Bridges Barossa Valley Shiraz 2015

三桥巴罗萨谷西拉2015

评分：93　最佳饮用期：2028年　参考价格：25 澳元　JF　✪

Golden Mist Botrytis Semillon 2008

金色迷雾贵腐赛美容2008

评分：93　最佳饮用期：2020年　参考价格：65 澳元　JF

Francesco Show Reserve Grand Liqueur Muscat NV

弗拉西斯科秀珍藏上佳无年份麝香加甜酒

评分：92　参考价格：45 澳元　JF

3 Bridges Tumbarumba Chardonnay 2016

三桥唐巴兰姆巴霞多丽2016

评分：91　最佳饮用期：2021年　参考价格：25 澳元　JF

3 Bridges Barossa Valley Cabernet 2015

三桥巴罗萨赤霞珠2015

评分：91　最佳饮用期：2025年　参考价格：25 澳元　JF

3 Bridges Riverina Durif 2015
三桥滨海沿岸杜瑞夫2015
评分：91　最佳饮用期：2027年　参考价格：25 澳元　JF

3 Bridges Riverina Botrytis Semillon 2015
三桥滨海沿岸贵腐赛美容2015
评分：91　最佳饮用期：2021年　参考价格：25 澳元　JF

Francesco Show Reserve Grand Tawny NV
弗兰塞斯克秀珍藏上佳无年份茶色波特
评分：91　参考价格：45 澳元　JF

Tumbarumba Pinot Noir 2016
唐巴兰姆巴黑比诺2016
评分：90　最佳饮用期：2020年　参考价格：15 澳元　JF ✪

Richland Anniversary Shiraz 2015
里士兰周年纪念西拉2015
评分：90　最佳饮用期：2027年　参考价格：16 澳元　JF ✪

Calabria Private Bin Nero d'Avola 2016
卡拉布里亚私窖黑珍珠2016
评分：90　最佳饮用期：2021年　参考价格：15 澳元　JF ✪

Caledonia Australis | Mount Macleod
苏格兰极光酒庄|麦克莱德山酒庄 ★★★★

PO Box 626，North Melbourne，Vic 3051（邮）　产区：吉普史地　电话：(03)9329 5372
网址：www.southgippslandwinecompany.com　开放时间：不开放　酿酒师：马克·马修斯（Mark Matthews）　创立时间：1995年　产量（以12支箱数计）：4500　葡萄园面积：16.18公顷

马克·马修斯（Mark Matthews）和玛利亚娜·马修斯（Marianna Matthews）夫妇于2009年收购了苏格兰极光公司。马克是一位酿酒师，有丰富的在世界各地的葡萄酒产区的酿酒经验。他是一位葡萄酒酿造教师，同时还经营葡萄酒酿造业务。玛利亚娜拥有打理国际知名快消品品牌的经验。马修斯夫妇使酒庄主要的霞多丽酒田通过了有机认证，并且正在与当地水务管理局一起合作，致力于保护与恢复一片约为8公顷的湿地。产品出口到加拿大和日本。

🍷🍷🍷🍷🍷 Caledonia Australis Pinot Noir 2015
苏格兰极光黑比诺2015
所有葡萄果实都经过了筛选，其中有5%—10%采用整串葡萄进行发酵，发酵时使用了1吨容量的发酵罐，并选用了野生酵母，之后在法国橡木桶（其中10%是新的）中陈放了18个月。有来自东吉普史地（Gippsland）的丰富的果香与独特的李子和草莓味道；余味悠长，口感平衡。酿酒技术值得肯定。
封口：螺旋盖　酒精度：14%　评分：94　最佳饮用期：2023年　参考价格：30澳元 ✪

🍷🍷🍷🍷½ Caledonia Australis Chardonnay 2014
苏格兰极光霞多丽2014
评分：91　最佳饮用期：2021年　参考价格：30澳元

Calneggia Family Vineyards Wines 卡尔奈吉亚葡萄园酒业 ★★★★

1142 Kaloorup Road, Kaloorup, WA 6280　产区：玛格丽特河
电话：(08) 9368 4555　网址：www.cfvwine.com.au　开放时间：不开放　酿酒师：布莱恩·弗莱切（Brian Fletcher）　创立时间：2010年　产量（以12支箱数计）：1500　葡萄园面积：34公顷

卡尔奈吉亚家族在玛格丽特河产区拥有葡萄园，并从事葡萄酒行业超过了25年。该家族在该产区拥有多个优质葡萄园，并长期与酿酒师布莱恩·弗莱切合作生产罗莎布鲁克（Rosabrook）、班克斯（Bunkers）、荆棘巷（Bramble Lane）、布莱恩·弗莱彻签名葡萄酒（Brian Fletcher Signature）这四个品牌，他们还生产目前是第一批的卡尔奈吉亚家族庄园葡萄酒（Calneggia Family Vineyards Estate）。

🍷🍷🍷🍷½ Margaret River Cabernet Merlot 2014
玛格丽特河赤霞珠梅洛 2014
这款酒喝起来就像一款酒体中等而偏轻的波尔多红，带着红黑二色加仑子的果香，还有各种药草香、甜椒香和些许的薄荷香。并行而来的是密实的单宁，伴着一抹橡木香和一股酸流。
封口：螺旋盖　酒精含量：14.3%　评分：91
最佳饮用期：2025年　参考价格：25澳元　NG

Margaret River Sauvignon Blanc Semillon 2016
玛格丽特河长相思赛美容 2016
用于酿酒的长相思葡萄是特意被提早采收起来的，早采的目的就是提升酸爽的滋味。不过，来自赛美容的肥美的绵羊油风味与粘腻的柠檬糖风味，让酒体重新变得丰满而富有层次感。
封口：螺旋盖　酒精含量：13.1%　评分：90
最佳饮用期：2017年　参考价格：25 澳元　NG

🍷🍷🍷🍷 Margaret River Rose 2016

玛格丽特河桃红 2016
评分：89　最佳饮用期：2017年　参考价格：25 澳元　NG

Camfield Family Wines　凯慕菲尔德家族酒庄 ★★★★

247 Moonambel Highway/Warrenmang Road, Moonambel, Vic 3478　产区：宝丽丝区
电话：(03) 9830 1414　网址：www.camfieldfamilywines.com　开放时间：不开放　酿酒师：多米尼克·博世（Dominic Bosch）　创立时间：2003年　产量（以12支箱数计）：2000　葡萄园面积：21公顷
凯慕菲尔德家族早先在1880年代中期，定居在了宝丽丝区地区，当时是淘金热的晚期。1910年，这个家族搬到了木那慕贝尔（Moonambel）地区，开始牧羊。从这时候开始，这个家族的很多分支成员开始搬到其他的地方，从事其他的职业。但罗斯·凯慕菲尔德（Ross Camfield）在1910年所购买的凯慕菲尔德家族葡萄园的土地，却是在其族屋的马路对面。2003年，他们种植了21公顷的葡萄（10公顷的西拉、6公顷的桑乔维塞和5公顷的灰比诺）。从第一次酿造葡萄酒开始，重点就是出口。为了协助他们在中国合作的分销商，这家公司有讲中文的客户经理。出口到美国、越南和中国。

🍷🍷🍷🍷🍷 Family Selection Pyrenees Pinot Gris 2015
家族精选宝丽丝区灰比诺2015
明亮的铜粉色；香气复杂，带着厨房香料、干果和杏仁糖的风味。口感确实很丰富，有草莓、金银花和更多的杏仁糖味道。这些味道本来会显得甜腻，但不寻常的鲜咸的酸味拯救了这款酒。
封口：螺旋盖　酒精含量：13.5%　评分：92　最佳饮用期：2018年　参考价格：25 澳元

Family Selection Pyrenees Shiraz 2013
家族精选宝丽丝区西拉2013
李子与黑莓的果香被明显的橡木香气围住了，但酒的质地还行，长度也不错。
封口：螺旋盖　酒精含量：14.5%　评分：90　最佳饮用期：2023年　参考价格：35澳元

🍷🍷🍷🍷 Family Selection Pyrenees Sangiovese 2013
家族精选宝丽丝区桑乔维塞2013
评分：89　最佳饮用期：2019年　参考价格：35澳元

Campbells　坎贝尔酒庄 ★★★★★

Murray Valley Highway, Rutherglen, Vic 3685　产区：路斯格兰
电话：(02) 6033 6000　网址：www.campbellswines.com.au　开放时间：周一至周六，9:00—17:00；周日，10:00—17:00　酿酒师：科林·坎贝尔（Colin Campbell），朱莉·坎贝尔（Julie Campbell）　创立时间：1870 年　产量（打数）36000　葡萄园面积：72公顷
坎贝尔酒庄有着悠久而丰富的历史，这个家族的五代人从事酿酒事业，超过了150年。他们先后经历了1898年鲍比·伯恩斯（Bobbie Burns）葡萄园的根瘤蚜灾难、20世纪30年代的经济大萧条以及旱天的折磨。但是创始人约翰·坎贝尔（John Campbell）的苏格兰血液，让这个企业不仅幸存下来，而且悄然振兴起来。事实上，他们出人意料地在白葡萄酒，特别是雷司令上取得了惊人的成功，而且，不出意料地，在麝香葡萄酒和托帕克葡萄酒上取得了成功。罗伯特帕克99分的评分和葡萄酒观察家的100分评分，让坎贝尔酒庄有了特殊的地位。可以说，家族的第四代传人——马尔科姆·坎贝尔（Malcolm Campbell）和科林·坎贝尔（Colin Campbell）近半个世纪以来的管理工作，起到了至关重要的作用。不过，5位参与家族生意的第五代传人也具备了足够的能力，在马尔科姆和科林退休之后，他们会使酒庄的事业更上一层楼。

🍷🍷🍷🍷🍷 Isabella Rare Topaque NV
伊莎贝拉无年份珍稀托派克
深邃的红木色，边缘泛着橄榄色辉光。这是一款令人大开眼界的，强劲、浓郁而又复杂的葡萄酒，她处在托派克葡萄酒等级之树的顶端。我能肯定，这款酒比我以前品尝她的时候更加浓郁，质感更强，而且一点都不显老相。我想，正是品尝这些葡萄酒给我带来的欢欣喜悦，让我这样写作，就好像我从来没有遇到过这些葡萄酒一样。
封口：螺旋盖　酒精度：18%　评分：97年　参考价格：120澳元　✪

🍷🍷🍷🍷🍷 Merchant Prince Rare Muscat NV
莫婵特王子无年份珍稀麝香
品尝这样一款浓郁的葡萄酒是如此美妙的体验，它可能会改变你的生活。如果它再厚一点，或者再稠一点，恐怕就无法被倾倒出来了。它有强大的力量，更有无上的荣耀。它好像口袋，装了一袋袋的焦化了、糖化了甚至烧过了的水果，还有蜜糖一般甜美的芬芳。可它仍然设法跃过了你的口腔，以很多年轻的葡萄酒都达不到的速度。这个世界上，几乎没有几款葡萄酒能像它这样，一定能镌刻在人的记忆里。
封口：螺旋盖　酒精度：18%　评分：96年　参考价格：120澳元　CM

Grand Rutherglen Topaque NV
上佳路斯格兰无年份托派克
深邃的橄榄褐色；这是一款密斯卡岱或是托派克葡萄酒的典范，凉茶、奶糖、圣诞节蛋糕和焦太妃糖，所有的这些香气都把这个品种应有的特点表达到了极致。我不得不承认自己对托派克葡萄酒特别的钟爱之情，同时，我意识到了路斯格兰的密斯卡岱有多么卓越。
封口：螺旋盖　酒精度：17.5%　评分：95年　参考价格：65澳元

Grand Rutherglen Muscat NV
上佳路斯格兰无年份高级麝香
比经典的、带着橄榄色边缘的红木色泽深了很多。这款酒适合有经验的品尝者——如果

您还拿着初学者驾照，就别坐在法拉利车的驾驶座上了。这款酒中，一股陈腐（Rancio）的味道如利剑般刺出，带着形形色色的焦香与甜味，好像圣诞节的布丁蛋糕。
封口：螺旋盖　酒精度：17.5%　评分：95年　参考价格：65澳元

Classic Rutherglen Topaque NV
经典路斯格兰无年份托派克
奶油糖、冷茶和蜂蜜萦绕口腔，光滑得几乎好像天鹅绒一样。它异常甜美，不过，其陈腐（Rancio）的风味让口腔中的后味和回味变得清爽。
封口：螺旋盖　酒精度：17.5%　评分：94年　参考价格：38澳元

Rutherglen Topaque NV
路斯格兰无年份托派克
有一种观点认为，托派克葡萄酒之中，最年轻的那个等级是最令人愉悦的，它是如此的引人注目（也是如此的危险）。饼干、多种香料和蜂蜜的芳香都在这款酒中。
封口：螺旋盖　酒精度：17.5%　评分：94　参考价格：19澳元 ✪

Classic Rutherglen Muscat NV
经典路斯格兰无年份麝香
这是路斯格兰麝香的魔法殿堂，千万种香气纷纷地不请自来，实在难以依序记录。烧焦的奶油硬糖，浸泡了、干燥了、结晶了的水果香气，随之而来的是爱酒的“自虐狂”们喜爱的“陈腐”风味。
封口：螺旋盖　酒精度：17.5%　评分：94　参考价格：38澳元

🍷🍷🍷🍷🍷 Rutherglen Sparkling Shiraz NV
路斯格兰无年份西拉起泡酒
评分：93　最佳饮用期：2020年　参考价格：30澳元　TS

Limited Release Rutherglen Roussanne 2016
路斯格兰胡珊限量珍藏酒
2016评分：92　最佳饮用期：2021年　参考价格：25澳元 ✪

Rutherglen Muscat NV
路斯格兰无年份麝香
评分：92年　参考价格：19澳元 ✪

Limited Release Rutherglen Marsanne Viognier 2016
路斯格兰玛珊维欧尼2016
评分：91　最佳饮用期：2021年　参考价格：28澳元

Cannibal Creek Vineyard　卡尼巴溪酒庄　★★★★

260 Tynong North Road, Tynong North, Vic 3813　产区：吉普史地
电话：(03) 5942 8380　网址：www.cannibalcreek.com.au
开放时间：每日开放，11:00—17:00　酿酒师：帕特里克·哈迪克（Patrick Hardiker）
创立时间：1997年　产量（以12支箱数计）：3000　葡萄园面积：5公顷

派特里克·哈迪克和科尔斯腾·哈迪克（Patrick & Kirsten Hardiker）于1988年搬到了台农（Tynong）北部。一开始他们从事肉牛放牧，不过，他们后来意识到了黑蛇山脉（Black Snake Ranges）中的花岗岩山麓上的白色表层壤土和砂质粘壤土在葡萄栽培用途上的潜力。1997年，他们开始种葡萄，并且采用了有机种植的方法。他们种的品种有黑比诺、霞多丽、长相思、梅洛和赤霞珠。随后，他们在一个于20世纪初由韦瑟赫德（Weatherhead）家族建造的旧农舍中建立了酿酒厂，用的就是不远处的韦瑟赫德山上的木材。2016年，由恩牌建筑事务所（Enarchitects）设计，派特里克亲手搭建的新的酒窖门店和餐厅开张了。

🍷🍷🍷🍷🍷 Reserve Sauvignon Blanc 2016
珍藏长相思2016
珍藏级别的葡萄酒相比一般葡萄酒的过人之处，是源于橡木桶发酵的工艺。橡木桶赋予了葡萄酒奶油般的质感、酒泥的熏香和宽阔的胸怀。草本植物、淡淡的百香果、高良姜和绿色树叶的香气都在其中荡漾着。虽然酒体是那么的空灵优雅，但其味道却极其浓郁，口感绵长悠远。
封口: 螺旋盖　酒精度: 12%　评分: 94　最佳饮用期: 2021年　参考价格: 35澳元　NG

Chardonnay 2015
霞多丽2015
短暂的寂静之后，甜瓜、青无花果和黄桃的香风跟上了脚步，穿过清新的矿物香“骨架”和源于冷凉气候的纯正酸流。橡木香与酒体结合得天衣无缝，带来了更多的结构支撑和肉桂的辛香余味。这款酒适合陈放，潜力适中。
封口: 螺旋盖　酒精度: 13%　评分: 94　最佳饮用期: 2023年　参考价格: 35澳元　NG

🍷🍷🍷🍷🍷 Cabernet Merlot 2015
赤霞珠梅洛2015
评分：93　最佳饮用期：2025年　参考价格：38澳元　NG

Vin de Liqueur 2015
葡萄汁加白兰地加度酒2015
评分：93年　参考价格：38澳元　NG

Sauvignon Blanc 2016
长相思2016
评分：92　最佳饮用期：2020年　参考价格：32澳元　NG

Pinot Noir 2015
黑比诺2015
评分：91　最佳饮用期：2023年　参考价格：38澳元　NG
Merlot 2015
梅洛2015
评分：91　最佳饮用期：2021年　参考价格：38澳元　NG
Blanc de Blancs
白中白起泡酒2013
评分：90　最佳饮用期：2018年　参考价格：32澳元　TS

 Cantina Abbatiello　阿巴迪耶罗酒庄　★★★★

邮寄90 Rundle Street, Kent Town, SA 5067　产区：阿德莱德山区
电话：0421 200 414　开放时间：不开放　酿酒师：合约制　创立时间：2015年　产量：不公开
卢卡·阿巴迪耶罗（Luca Abbatiello）出生并成长在意大利南部的一个小村庄里。“Vagabondo”是流浪的意思。当卢卡长大以后，他对仗剑走天涯的渴望越来越强了。可不论他走到哪里，美酒美食对他来说都还是那么重要。而当他在英国（他的第一个目的地）的米其林星级餐厅工作时，他却仍然思念意大利家乡的美食。因此，他和爱人于2014年迁往澳大利亚，并迷上了阿德莱德这个城市。在这里，他找到了他心心念念的家乡美食和充满机会的工作环境。而最近的一个机会则是阿巴迪耶罗这个虚拟酒厂的诞生。

🍷🍷🍷🍷🍷 Vagabondo McLaren Vale Shiraz 2012
流浪者麦克拉仑谷西拉2012
利用自带果实分拣平台的机械采收，破碎除梗后，利用野生酵母发酵，并在旧橡木桶中陈酿2年。酒体中厚，带着深色或黑色水果香气，长度很好，平衡优良。它保留了这个伟大年份的新鲜果味，其价值不言而喻。
封口：螺旋盖　酒精度：13%　评分：91　最佳饮用期：2027年　参考价格：20澳元　✪
Vagabondo Adelaide Hills Sauvignon Blanc 2016
流浪者阿德莱德山长相思2016
采用适合长相思的特别酵母菌株QL23发酵，在不锈钢罐内进行低温发酵，随后用轻酒泥法（light lees）陈放了5个月。口感和风味都还不错，柑橘类果香多于热带水果香气。总体来说，品种特性得到了不错的表达。正是阿德莱德山区的经典风格。
封口：螺旋盖　酒精度：12.5%　评分：90最佳饮用期：2017年　参考价格：18澳元　✪

Cape Barren Wines　巴伦角酒庄　★★★★

PO Box 738, North Adelaide, SA 5006（邮）　产区：麦克拉仑谷
电话：(08) 8267 3292　网址：www.capebarrenwines.com
开放时间：仅限预约　酿酒师：罗博·邓登（Rob Dundon）
创立时间：1999年　产量（以12支箱数计）：12100　葡萄园面积：16.5公顷
巴伦角酒庄由彼得·马修斯（Peter Matthews）于1999年创立，并于2009年末出售给了罗博·邓登和汤姆·亚当斯（Tom Adams），他们俩人在葡萄酒酿造、葡萄种植和国际销售方面拥有超过50年的丰富经验。他们做酒的原料取自70—125岁之间的干植葡萄藤。2015年份的红葡萄酒来自70岁的西拉老藤和79岁的歌海娜老藤，并且来源于不同的地块。霞多丽、长相思和绿斐特丽娜则来自于阿德莱德山区。出口到美国、加拿大、中国和亚洲其他市场。

🍷🍷🍷🍷🍷 Native Goose McLaren Vale Shiraz 2015
本地鹅麦克拉仑谷西拉2015
活泼深邃的紫色色调预示着酒的优良品质。碎蓝莓、茴香、丁香和黑橄榄的风味如瀑布一般倾泻出来，流淌过舌面，触感仿佛天鹅绒般，丝滑、厚重。橡木的风味更像是轻柔的爱抚而不是猛烈的敲打，与酒体的结构紧密地结合，让这款如此浓郁的葡萄酒得以驯服。
封口：螺旋盖　酒精度：14.7%　评分：93　最佳饮用期：2030年
参考价格：23澳元　NG　✪
Old Vine Reserve Release McLaren Vale Shiraz 2014
老藤珍藏麦克拉仑谷西拉2014
布莱维特泉（Blewitt Springs）这个优质葡萄园中的深厚沙土和石灰石为这款酒赋予了活力。这仙液琼浆源自55—125岁的老藤结出的果实。这支酒浓郁得几乎过分，不过，它成功地把自己鼓囊囊的、填充了黑色水果的结实肌肉挤进了一套有品味的礼服之中。
封口：橡木塞　酒精度：15%　评分：93
最佳饮用期：2034年　参考价格：40澳元　NG
Native Goose Chardonnay 2016
本地鹅霞多丽2016
桃、苹果和油桃的果香伴着新橡木桶的香气，都被冰镇起来了。冷凉的气候带来了酸爽多汁的一击，正好冲着那由花生奶糖香气筑起的防御中心。
封口：螺旋盖　酒精度：13%　评分：90
最佳饮用期：2020年　参考价格：23澳元　NG
McLaren Vale Cabernet Sauvignon Merlot Cabernet Franc 2015
麦克拉仑谷赤霞珠梅洛品丽珠2015
这款酒来自布莱维特泉的葡萄园，它具有所有3个品种的特性，却不是品种特性的简

单相加，而是有着更多的趣味和变化。带着黑色水果风味的强劲口感，搭配着细腻的单宁骨架和一股橡木味的冲击，实现了平衡。
封口：螺旋盖 酒精度：14.5% 评分：90
最佳饮用期：2024年 参考价格：18澳元 NG ✪

🍷🍷🍷🍷 Funky Goose Gruner Veltliner 2016
时髦鹅绿斐特丽娜 2016
评分：89 最佳饮用期：2021年 参考价格：21澳元 NG

Cape Bernier Vineyard 海角贝尼尔酒庄 ★★★★☆

230 Bream Creek Road, Bream Creek, Tas 7175 产区：塔斯马尼亚南部
电话：(03) 6253 5443 网址：www.capebernier.com.au 开放时间：仅限预约
酿酒师：弗罗格莫尔·克里克（Frogmore Creek），艾伦·卢梭（Alain Rousseau）
创立时间：1999年 产量（以12支箱数计）：1800 葡萄园面积：4公顷
海角贝尼尔酒庄是由安德鲁·辛克莱和珍妮·辛克莱（Andrew and Jenny Sinclair）于2014年从创始人阿拉斯泰尔·克里斯蒂（Alastair Christie）那里接手的。其葡萄园位于面北的山坡，正对着马里昂（Marion）海湾绝美的风景。这里种植着2公顷的黑比诺（包括3个第戎的克隆品种）、1.4公顷的霞多丽和0.6公顷的灰比诺。和当地的不少地产一样，这个酒庄的地产在用于葡萄酒生产和旅游之前，都曾经用作饲养奶牛和肉牛。出口到新加坡。

🍷🍷🍷🍷🍷 Pinot Noir 2015
2015黑比诺
这一年采收前的雨水让酒体比往年轻薄了一些。不过，酒体中所有的元素都是我们想要的：这款酒并不孱弱，它的复杂度很高，覆盆子和森林水果的芬芳绵延口腔，余韵悠长。这是一款集趣味与挑战性于一身的佳酿。
封口: 螺旋盖 酒精度: 13.3% 评分: 95 最佳饮用期: 2030年 参考价格: 42澳元

Unwooded Chardonnay 2016
无木霞多丽2016
这支霞多丽葡萄酒浓郁、纯美而有力量，是经过橡木桶处理的新鲜型霞多丽的榜样，其惊人的潜力，是亚拉河谷或玛格丽特河产区无法做到的。葡萄柚、桃子和甜瓜一起登上舞台，而与其一同演出的，是塔斯马尼亚特有的酸爽滋味。
封口: 螺旋盖 酒精度: 12.7% 评分: 94 最佳饮用期: 2026年 参考价格: 26澳元 ✪

🍷🍷🍷🍷🍷 Pinot Gris 2016
2016灰比诺
评分：91 最佳饮用期：2019年 参考价格：29澳元

Cape Grace Wines 格蕾丝角酒庄 ★★★★★

281 Fifty One Road, Cowaramup, WA 6284 产区：玛格丽特河
电话：(08) 9755 5669 网址：www.capegracewines.com.au 开放时间：每日开放，10:00—17:00
酿酒师：迪兰·阿尔维德森（Dylan Arvidson）,马克·迈森哲（Mark Messenger） 创立时间：1996年 产量（以12支箱数计）：2000 葡萄园面积：6公顷
格蕾丝角酒庄的历史可以追溯到1875年，当时的一位伐木业大亨麦克·戴维斯（MC Davies）定居在了佳丽戴尔（Karridale），修建了卢文（Leeuwin）灯塔并创建了玛格丽特河镇。120年后，罗伯特·卡里-戴维斯(Robert Karri-Davies)和凯伦·卡里-戴维斯(Karen Karri-Davies)夫妇在这里种植了霞多丽、西拉和赤霞珠，此外还有少量的品丽珠、马贝克和白诗南。罗伯特是一位自学成才的葡萄栽培师，而凯伦在酒店业拥有超过15年的国际销售与市场经验。酒庄除了种植葡萄之外，也有酿酒。他们的顾问马克·迈森哲对酿造玛格丽特河产区的葡萄酒有多年经验。出口到新加坡和中国。

🍷🍷🍷🍷🍷 Reserve Margaret River Cabernet Sauvignon 2013
玛格丽特河珍藏赤霞珠2013
这批珍藏葡萄酒来自两个法国小橡木桶。葡萄原酒在这两个橡木桶中经过16个月的陈酿，形成了这款酒体饱满、香气浓郁、长度极佳、果香甜美的赤霞珠佳酿。
封口: 螺旋盖 酒精度: 14.5% 评分: 96 最佳饮用期: 2032年 参考价格: 85澳元 JF

Margaret River Cabernet Sauvignon 2014
玛格丽特河赤霞珠2014
浓郁的果香与迷人的鲜香完美地交织在一起，黑莓、加仑子与橡木带来的雪松、泥土与新制皮革的风味实现了良好的平衡。这是一支酒体饱满，酸度新鲜，单宁、细致的好酒。
封口: 螺旋盖 酒精度: 13.9% 评分: 95 最佳饮用期: 2033年 参考价格: 55澳元 JF

🍷🍷🍷🍷🍷 Margaret River Shiraz 2014
玛格丽特河西拉2014年
评分：91 最佳饮用期：2023年 参考价格：35澳元 JF

Cape Jaffa Wines 凯家福酒庄 ★★★★★

459 Limestone Coast Road, Mount Benson via Robe, SA 5276 产区：本逊山
电话：(08) 8768 5053 网址：www.capejaffawines.com.au 开放时间：每日开放，10:00—17:00
酿酒师：安娜·胡泊（Anna Hooper），德里克·胡泊（Derek Hooper）
创立时间：1993年 产量（以12支箱数计）：10000 葡萄园面积：22.86公顷
凯家福酒庄是本逊山产区的第一家酒厂，这家酒厂以当地的岩石搭建（每年压榨葡萄的量介于

800至1000吨）。凯家福酒庄产量的50%来自酒庄自有的通过全部生物动力认证的葡萄园，其余的葡萄来自拉顿布里地区（Wrattonbully）的一家同样是通过生物动力法种植认证的种植商。由于酒庄对石灰岩海岸产区可持续发展农业的推动，凯家福酒庄于2009年、2010年和2011年连续获得了南澳地区发展促进奖(Advantage SA Regional Award)，进入了名人堂。出口到英国、加拿大、泰国、菲律宾、新加坡等国家，以及中国内地（大陆）和香港地区。

🍷🍷🍷🍷🍷

Epic Drop Limestone Coast Shiraz 2015
史诗系列石灰岩海岸西拉 2015
这款酒是由该年份最佳的葡萄果实酿制，并通过品尝和筛选橡木桶中的酒液获得。这款酒口感醇厚，带有黑色水果、黑巧克力、丰富的单宁和橡木的芬芳。要很多年才能完全展现出它的魅力。
封口：螺旋盖　酒精度：14.5%　评分：95　最佳饮用期：2035年　参考价格：29澳元 ✪

La Lune Mt Benson Shiraz 2014
月光女神本逊山西拉2014
葡萄采自凯家福庄园中最受欢迎的6号园地，经过开放式发酵和手工浸渍，并在纹理细致的法国橡木桶中陈酿。这款通过生物动力认证的葡萄酒色泽极佳，浓郁度无与伦比，是酿酒师匠心独运的作品，每次品尝都能更上一层楼。
封口：螺旋盖　酒精度：14.5%　评分：95　最佳饮用期：2034年　参考价格：60澳元

Limestone Coast Shiraz 2015
石灰岩海岸西拉2015
这款酒在2016年举办的竞争激烈的石灰岩海岸葡萄酒展上获得了金奖，其平衡度与可饮用性可见一斑。这二者正是凯家福酒庄想要实现的目标。同样令人印象深刻的是那漂亮的颜色，比史诗系列葡萄酒更加清新靓丽。不但如此，其极高的性价比更是令人惊喜。
封口：螺旋盖　酒精度：14.5%　评分：94最佳饮用期：2025年　参考价格：20澳元 ✪

Epic Drop Limestone Coast Shiraz 2014
史诗系列石灰岩海岸西拉2014
这是一款从石灰岩海岸产区当年最好的批次中经过桶选而得到的优质葡萄酒，在各方面都引人注目。丝滑柔顺的口感伴着红黑二色樱桃的果香，酒精度虽高，但酒体中等偏轻。一部分橡木味和单宁有些来来去去飘飘忽忽的感觉。
封口：螺旋盖　酒精度：15%　评分：94最佳饮用期：2024年　参考价格：29澳元 ✪

Upwelling Limestone Coast Cabernet Sauvignon 2015
上升海流石灰岩海岸赤霞珠2015
85%来自拉顿布里，15%来自本逊山，在法国橡木桶（15%是新的）中陈酿了12个月。深红近紫的色调和极深的色度，令人想到那浓郁而有控制的黑醋栗、黑莓和香叶的芬芳。酒体的质地和结构同样可圈可点。而唯一的问题，是那浓郁到令人惊讶的橡木风味。
封口：螺旋盖　酒精度：14%　评分：94　最佳饮用期：2029年　参考价格：29澳元 ✪

🍷🍷🍷🍷

La Lune Mount Benson Field Blend 2015
月光女神系列本森·菲尔德混酿 2015
评分：93　最佳饮用期：2022年　参考价格：42澳元　JF

En Soleil Wrattonbully Pinot Gris 2016
恩·索里尔拉顿布里灰比诺 2016
评分：91　最佳饮用期：2018年　参考价格：27澳元

Limestone Coast Sauvignon Blanc 2016
石灰岩海岸长相思 2016
评分：90　最佳饮用期：2018年　参考价格：20澳元　JF ✪

Cape Mentelle　曼达岬酒庄 ★★★★★

331 Wallcliffe Road, Margaret River, WA 6285　产区：玛格丽特河
电话：(08) 9757 0888　网址：www.capementelle.com.au　开放时间：每日开放，10:00—16:30
酿酒师：弗莱德里克·贝林·帕克（Frederique Perrin Parker）,安东尼·罗伯特（Antoine Robert），格拉里·李维斯（Coralie Lewis）
创立时间：1970年　产量（以12支箱数计）：80000　葡萄园面积：150公顷
曼达岬酒庄属于LVMH（路易·威登-酩悦·轩尼诗）集团的一部分，拥有完全成熟的葡萄酒酿造团队和大面积的葡萄园，并不需要购买葡萄。很难讲他们的哪种葡萄酒是最好的。如果要排个序的话，每年的排序都是不同的。可以说，长相思、霞多丽、西拉和赤霞珠是这个酒庄的主打产品。曼达岬酒庄是年度酒厂大奖的候选人之一。出口到所有的主要市场。

🍷🍷🍷🍷🍷

Wallcliffe 2015
沃克力夫2015
优质长相思和赛美容是沃克力夫葡萄酒的灵魂。这是玛格丽特河上最好的葡萄酒之一，味道复杂，美妙无比。其酒体极其收敛：在柑橘类水果香的乐谱里，它摘取了最高的音符，散发着柠檬皮和柠檬草的芬芳。随后，鲜美的风味将果香收束起来，更与优秀的长度相得益彰。
封口：螺旋盖　酒精度：13.5%　评分：96
最佳饮用期：2025年　参考价格：49澳元　JF ✪

Margaret River Cabernet Sauvignon 2014

玛格丽特河赤霞珠2014
这支酒中有15%的梅洛组份。这是一款出色的葡萄酒，风味干净集中，特点清晰。单宁结构漂亮，口感丝滑、精致。黑醋栗、橡木、香料等风味各司其职。
封口: 螺旋盖　酒精度: 14%　评分: 96　最佳饮用期: 2035年　参考价格: 98澳元　JF

Wallcliffe 2014
沃克力夫葡萄酒2014
强烈的新鲜药植、鲜割青草，青柠皮（或青柠油）与猕猴桃的香气和味道，伴着橡木桶发酵带来的复杂度。活泼的酸度是撑起这款酒的骨架结构和实现其长度的前提。
封口: 螺旋盖　酒精度: 13%　评分: 95　最佳饮用期: 2023年　参考价格: 49澳元　JF

Margaret River Chardonnay 2015
玛格丽特河霞多丽2015
小心哦，这款酒实在太妙了，能让人在不知不觉之间就喝空了酒杯。美味多汁的口感伴着核果、姜奶油与酵母的香气。与酒体融合紧密的橡木味丰富了酒的风味，提升了酒的深度，并带来了一抹擦燃的火柴气味。
封口: 螺旋盖　酒精度: 13.5%　评分: 95　最佳饮用期: 2027年　参考价格: 45澳元　JF

Wallcliffe Cabernet Sauvignon Cabernet Franc 2014
沃克力夫赤霞珠品丽珠2014
复杂的黑醋栗和蔓越莓果香，配以各种香料、苦味巧克力和红茶的芬芳。口感丝滑浓郁，酒体中等，单宁和橡木味平衡。
封口: 螺旋盖　酒精度: 14%　评分: 95　最佳饮用期: 2030年　参考价格: 49澳元　JF

🍷🍷🍷🍷🍷
Margaret River Shiraz 2014
玛格丽特河西拉2014
评分：93　最佳饮用期：2027年　参考价格：41澳元　JF

Margaret River Zinfandel 2015
玛格丽特河仙粉黛2015
评分：93　最佳饮用期：2025年　参考价格：65澳元　JF

Margaret River Zinfandel 2014
玛格丽特河仙粉黛2014
评分：93　最佳饮用期：2021年　参考价格：56澳元

Margaret River Sauvignon Blanc Semillon 2016
玛格丽特河长相思赛美容2016
评分：92　最佳饮用期：2020年　参考价格：26澳元　JF

Margaret River Shiraz 2015
玛格丽特河西拉2015
评分：92　最佳饮用期：2030年　参考价格：41澳元　JF

Cape Naturaliste Vineyard　拿图拉利斯特角酒园 ★★★★☆

1 Coley Road（off Caves Road），Yallingup，西澳大利亚 6282　产区：玛格丽特河
电话：(08) 9755 2538　网址：www.capenaturalistevineyard.com.au
开放时间：每日开放，10:30—17:00　酿酒师：布鲁斯·杜克斯（Bruce Dukes）　创立时间：1997年　产量（以12支箱数计）：5000　葡萄园面积：10.7公顷

拿图拉利斯特角酒园历史悠久，可追溯到150年前。那时候，它还是一家旅店，是为往来珀斯和玛格丽特河之间的旅客提供住宿的。后来，它变成了一家奶牛场。1970年，一个采矿公司购买了它，打算开采附近的矿砂。这时候，政府介入了，并宣布该地区被划为了国家公园。之后（80年代），克雷格布伦特-怀特（Craig Brent-White）购买了这个产业。该葡萄园种植了赤霞珠、西拉、梅乐、赛美容和长相思，并且实行着有机或生物动力种植的方法。

🍷🍷🍷🍷🍷
Torpedo Rocks Reserve Margaret River Shiraz Cabernet Merlot 2013
鱼雷岩珍藏玛格丽特河西拉赤霞珠梅洛2013
西拉子使用了10%的美国橡木桶进行陈酿，效果明显：单宁的收敛感和奶油香草摩卡咖啡的香气，让葡萄酒的果香"敛起了眉头"。蓝色和黑色水果香气突出，而背景中的八角辛香同样也是如此。单宁带来的本是铁锈一般的厚重收敛感得到了很好的平衡，而这厚重的口感正好驾驭了浓郁的果香，从而得到了一支富有力量的好酒。同样，那极高的酒精度也得到了足够的平衡。
封口：螺旋盖　酒精度：14.7%　评分：95　最佳饮用期：2026年
参考价格：60澳元　NG

Torpedo Rocks Reserve Margaret River Cabernet Sauvignon 2013
鱼雷岩珍藏玛格丽特河赤霞珠2013
这款葡萄酒和普通的鱼雷岩葡萄酒的区别是使用了更好的橡木。这款酒更加轻盈，薄荷的清香让倾泻而出的黑色水果香气得到了平衡。同时，橡木桶也更有效地让鲜美的风味传递出来，还增添了令人喜爱的橡木单宁。总之，这是一款更加平衡的好酒。
封口: 螺旋盖　酒精度: 14.6%　评分: 94　最佳饮用期: 2030年
参考价格: 60澳元　NG

🍷🍷🍷🍷🍷
Reserve Margaret River Merlot 2013
珍藏玛格丽特河梅洛2013
评分：93　最佳饮用期：2025年　参考价格：50澳元　NG

Margaret River Cabernet Sauvignon 2013

玛格丽特河赤霞珠2013
评分：93 最佳饮用期：2025年 参考价格：40澳元 NG
Torpedo Rocks Semillon 2015
鱼雷岩赛美容2015
评分：92 最佳饮用期：2022年 参考价格：27澳元 NG
Margaret River Sauvignon Blanc 2016
玛格丽特河长相思2016
评分：92 最佳饮用期：2019年 参考价格：20澳元 NG ✪
Margaret River Cabernet Sauvignon 2015
玛格丽特河赤霞珠2015
评分：92 最佳饮用期：2025年 参考价格：25澳元 NG ✪
Torpedo Rocks Margaret River Shiraz 2013
鱼雷岩玛格丽特河西拉2013
评分：91 最佳饮用期：2023年 参考价格：40澳元 NG
Margaret River SSB 2016
玛格丽特河赛美容长相思2016
评分：90 最佳饮用期：2019年 参考价格：20澳元 NG ✪

Capel Vale 卡佩尔谷酒庄 ★★★★★

118 Mallokup Road, Capel, WA 6271 产区：吉奥格拉菲（Geographe）
电话：(08) 9727 1986 网址：www.capelvale.com 开放时间：每日开放，10:00—16:00
酿酒师：丹尼尔·海瑟林顿（Daniel Hetherington） 创立时间：1974年
产量（以12支箱数计）：50000 葡萄园面积：90公顷

由珀斯的彼得·普拉顿（Peter Pratten）医生和妻子伊丽莎白于1974年创立。毗邻酒厂的第一个葡萄园位于安静的卡佩尔河畔（Capel River）。从那以后，他们葡萄园帝国不断扩张，在吉奥格拉菲（Geographe）种了15公顷，巴克山（Mount Barker）有15公顷，潘伯顿（Pemberton）有28公顷，而玛格丽特河则有32公顷。卡佩尔谷（Capel Vale）产品组合中有四个等级：德标（Debut）系列（有各个葡萄品种），区域系列（Regional Series），黑标（Black Label）玛格丽特河霞多丽和赤霞珠，以及最高级的单一园葡萄酒（Single Vineyard Wines）。出口到所有主要市场。

🍷🍷🍷🍷🍷 Regional Series Pemberton Semillon 2016
区域系列潘伯顿赛美容2016
100%法国橡木桶发酵，这款制作精美的葡萄酒带着鲜切青草、青李子和柠檬皮的芬芳。酒体轻柔微妙而收放自如，中味的浓郁度令人欣喜，正是此类风格葡萄酒的绝佳范例。
封口：螺旋盖 酒精度：11% 评分：92 最佳饮用期：2022年
参考价格：25澳元 PR ✪

Regional Series Margaret River Chardonnay 2015
区域系列玛格丽特河霞多丽2015
一部分葡萄酒在旧法国橡木桶成熟过程中经过了苹乳发酵和搅桶工艺，以赋予葡萄酒良好的质地和即时饮用性。其效果很棒，得到了一款美味、性价比高、持久且果香浓郁的新鲜型霞多丽。
封口：螺旋盖 酒精度：13.5% 评分：92 最佳饮用期：2020年
参考价格：25澳元 PR ✪

Regional Series Mount Barker Riesling 2016
区域系列巴克山雷司令2016
这款酒在各个方面都有慷慨大方的表达，它清晰地表现了品种的特性。散发着青柠汁与苹果的香气，酸度平衡，长度优秀。持久性有待提升。
封口：螺旋盖 酒精度：12% 评分：91 最佳饮用期：2023年 参考价格：25澳元

Black Label Margaret River Chardonnay 2015
黑标玛格丽特河霞多丽2015
橡木桶的影响在这款酒中有不容忽略的作用。坚果、饼干与厨房香料的香气首先扑面而来，而表现品种特点的柑橘和桃子果香虽然也能嗅到，但是相对不那么突出。酒的结构很丰满，可却被较强的酸度捆得紧紧的，让酒中的果香很难追寻。收尾时，橡木的香气又回来了。这款酒的风格是严肃认真的，但也许需要一些时间才能真正的融合。
封口：螺旋盖 酒精度：13% 评分：91 最佳饮用期：2025年 参考价格：35澳元 SC

🍷🍷🍷🍷 Debut Sauvignon Blanc Semillon 2016
德标赛美容长相思2016
评分：89 最佳饮用期：2018年 参考价格：18澳元 PR ✪

Capercaillie Wines 松鸡酒庄 ★★★★

4 Londons Road, Lovedale, NSW 2325 产区：猎人谷
电话：(02) 4990 2904 网址：www.capercailliewines.com.au 开放时间：每日开放，10:00—16:00 酿酒师：彼得·莱恩（Peter Lane） 创立时间：1995年 产量（以12支箱数计）：10000
葡萄园面积：8公顷

这是一个成功的酒厂，其葡萄酒的质量上乘，而且在猎人谷之外，他们也扩展到了很多其他的产区。松鸡酒庄的葡萄酒风味浓郁。尽管他们的产品组合中也包括100%猎人谷的葡萄酒，不过他们原料葡萄的来源遍布了东南澳。出口到迪拜和中国。

🍷🍷🍷🍷🍷 The Creel 2016

克雷尔葡萄酒2016

来自波高尔宾的70年树龄低产量手摘葡萄，其自流汁在冷浸渍一晚后，采用中性酵母低温发酵。柠檬汁、柠檬草和柠檬冰激凌的风味，好像一个杂技演员在令人垂涎的酸味拉成的钢丝上进行热闹的节日表演的同时，娴熟地保持着平衡。

封口：螺旋盖　酒精度：10.1%　评分：94　最佳饮用期：2036年　参考价格：35澳元

🍷🍷🍷🍷 Hunter Valley Chardonnay 2014

猎人谷霞多丽2014

评分：90　最佳饮用期：2017年　参考价格：32澳元

Capital Wines　首都酒庄　★★★★★

13 Gladstone Street, Hall, ACT 2618　产区：堪培拉地区

电话：(02) 6230 2022　网址：www.capitalwines.com.au

开放时间：周四至周日，10:00—17:00　酿酒师：安德鲁·麦克温（Andrew McEwin），菲尔·斯科特（Phil Scott）　创立时间：1986年　产量（以12支箱数计）：3500　葡萄园面积：5公顷

首都酒庄的前身是由安德鲁（Andrew）和马里恩·麦克温（Marion McEwin）于1986年创立的凯依玛酒庄（Kyeema Wines）。他们于2000年在穆任百特曼（Murrumbateman）以南4公里处购买了一个4公顷的葡萄园。这个葡萄园在1984年被种上了西拉、赤霞珠和霞多丽（凯伊玛酒庄一直在此该葡萄园采购葡萄原料）；在2002年，梅洛、西拉和丹魄（tempranillo）被加种到园中；在2007年，赤霞珠被从园中拔除。凯伊玛酒庄在08年改称为首都酒庄（Capital Wines），有了更多的葡萄酒系列。出口到泰国。

🍷🍷🍷🍷🍷 The Whip Canberra District Riesling 2016

“鞭子”堪培拉地区雷司令2016

这样一款华丽而又极其亲切的雷司令，让人很想安坐下来，放松而专心地去感受。精致的柠檬似的酸味增添了这款酒的长度。迈尔柠檬和青柠汁的新鲜风味与花香增加了它的吸引力。

封口：螺旋盖　酒精度：10.7%　评分：95　最佳饮用期：2028年

参考价格：21澳元　JF　✪

Gundaroo Vineyard Canberra District Riesling 2016

廿达露酒庄堪培拉产区雷司令

这是一款精工细作的酒。清澈如水晶的酸味直贯口腔，将所有的风味紧紧收束。一捧野花、一树繁花、一碟乳酪、一抹柠檬，是对其复杂风味的惊鸿一瞥。适合珍藏。

封口：螺旋盖　酒精度：10.7%　评分：95　最佳饮用期：2033年

参考价格：29澳元　JF　✪

Kyeema Vineyard Canberra District Shiraz 2015

凯伊玛葡萄园堪培拉地区西拉2015

色泽呈中度宝石红，近于黑色。一开始呈现还原的风味，有些狂野，带着肉类的香气。可接下来，啊！起初的风味消散了，取而代之的是带着辛香的红色水果香气与花香。酒体中厚，带着奶油的味道和美妙的单宁结构。总而言之，这是一款美味可口的好酒。

封口：螺旋盖　酒精度：13.8%　评分：95　最佳饮用期：2028年

参考价格：52澳元　JF

Kyeema Vineyard Canberra District Shiraz Viognier 2015

凯伊玛酒庄堪培拉地区西拉维欧尼2015

色彩呈深邃的石榴红。香气一开始有些收敛，不过展开以后，就呈现了鲜美的外表。口感柔和，单宁饱满，橡木桶的风味完全与酒体融合了，仅仅漏出了些许的焦糖与香料香（18个月法国橡木桶陈酿，93%为新橡木桶）。是的，那甜美可爱的、伴着些许杏仁味的李子果香是迷人的，而更迷人的却是那舌上的风情。

封口：螺旋盖　酒精度：13.8%　评分：95　最佳饮用期：2026年

参考价格：52澳元　JF

The Ambassador Tempranillo 2015

大使丹魄2015

（吸引我的）是那多汁、浓郁而鲜美的樱桃和山莓果香，还是那令人兴奋的清爽酸味呢？无论如何，这真是一支好酒。丝滑厚重的单宁与相当复杂的口感，让浓郁热情的品种香得到了平衡。

封口：螺旋盖　酒精度：14%　评分：94　最佳饮用期：2022年

参考价格：27澳元　JF　✪

🍷🍷🍷🍷 The Swinger Canberra Sauvignon Blanc 2016

时尚先生堪培拉长相思

评分：93　最佳饮用期：2021年 参考价格：21澳元　JF　✪

Kyeema Vineyard Canberra Merlot 2015

卡伊玛酒园堪培拉梅洛2015

评分：93　最佳饮用期：2026年　参考价格：46澳元　JF

Kyeema Vineyard Tempranillo Shiraz 2015

凯伊玛酒园丹魄西拉2015

评分：93　最佳饮用期：2021年　参考价格：36澳元　JF

The Frontbencher Shiraz 2015
"前座议员"西拉2015
评分：91 最佳饮用期：2020年 参考价格：27澳元 JF

Kyeema Vineyard Chardonnay Viognier 2016
凯伊玛酒园霞多丽维欧尼2016
评分：90 最佳饮用期：2020年 参考价格：36澳元 JF

The Backbencher Merlot 2015
"普通议员"梅洛2015
评分：90 最佳饮用期：2021年 参考价格：27澳元 JF

Cargo Road Wines 卡歌酒庄 ★★★★☆

Cargo Road, Orange, NSW 2800 产区：奥兰治 电话：(02) 6365 6100
网址：www.cargoroadwines.com.au 开放时间：周末及公众假期，11:00—17:00 酿酒师：詹姆士·斯维特阿普尔（James Sweetapple） 创立时间：1983年 产量（以12支箱数计）：3000
葡萄园面积：14.65公顷
该葡萄园最初名为迈达斯树（The Midas Tree），于1983年由罗斯沃斯学院（Roseworthy）毕业的约翰·斯万森（John Swanson）种植，面积有2.5公顷。种植的品种包括仙粉黛这种超前时代15年的品种。这片庄园于1997年被查尔斯·拉恩（Charles Lane）、詹姆士·斯维特阿普尔（James Sweetapple）和布莱恩·华特兹（Brian Walters）收购。他们让这个葡萄园重焕光采，种植了更多的仙粉黛、长相思、赤霞珠和雷司令。出口到英国和新加坡。

🍷🍷🍷🍷🍷 Orange Riesling 2016
奥兰治雷司令2016
柑橘和苹果花的芬芳在摇杯的一瞬升腾起来，预示着舌面上那奢华的青柠与柚子的果香。如果你能忍得住不去太早喝掉它的话，这支酒的纯度和长度保证了其未来的发展。
封口：螺旋盖 酒精度：10.5% 评分：95 最佳饮用期：2026年 参考价格：28澳元

Carlei Estate | Carlei Green Vineyards ★★★★☆
卡雷酒庄| 卡雷绿色酒园

1 Alber Road, Upper Beaconsfield, Vic 3808 产区：雅拉谷/西斯科特
电话：(03) 5944 4599 网址：www.carlei.com.au 开放时间：周末，11:00—18:00 酿酒师：塞尔吉奥·卡雷（Sergio Carlei） 创立时间：1994年 产量（以12支箱数计）：10000 葡萄园面积：2.25公顷
从在郊区的自家车库酿造葡萄酒到拥有一所位于上比肯斯菲尔德的商业化酒厂，塞尔吉奥·卡莱走过了漫长的创业道路。卡莱庄园正坐落于亚拉河谷的边界内。一路上，Carlei从查尔斯司杜特大学（CSU）获得了葡萄酒科学学士学位，并在上比肯斯菲尔德的酒厂附近和西斯科特产区（7公顷）建立了有机和生物动力学认证的葡萄园。为他人提供酿酒服务，目前是其生意的一个重要部分。出口到美国、新加坡和中国。

🍷🍷🍷🍷🍷(半) Estate Heathcote Viognier 2016
庄园西斯科特维欧尼2016
这是一款浓烈的维欧尼葡萄酒，香气极其丰满馥郁，带着杏、橙花和金银花的芬芳。口感中厚，流畅，意外的活泼，不像一般的同样品种的酒那样粘稠。巧妙的橡木桶陈酿过程就好像一个有效的限制令，卷起了所有的元素并融为一体，酸爽活泼。
封口：螺旋盖 酒精度：14.5% 评分：93 最佳饮用期：2020年
参考价格：49澳元 NG

Carlei Estate Botrytis Semillon 2010
卡雷庄园贵腐赛美容2010
酸爽干脆，浓郁扑鼻，盈满了热带水果、铁皮树蜂蜜，蜜饯柠檬皮，生姜香料与橙花的芬芳，喝起来令人愉悦无比。强烈的风味通过一道清爽而多汁的酸味为引线，穿过口腔。
封口：螺旋盖 酒精度：14% 评分：93 最佳饮用期：2020年
参考价格：49澳元 NG

Estate Director's Cut Central Victoria Shiraz 2009
庄园"总监之作"维多利亚州中部西拉2009
根据酒的背标信息，这款酒在"最让人快乐的"橡木桶中陈酿了24个月。这款亚麻色的、浓郁的葡萄酒散发着橡木的焦香。酒液流淌着穿过口腔，带着丰富的黑色水果、海鲜酱和烤鸭的风味。单宁也被涂上了咖啡和苦巧克力的味道。而它的余味，正如其酒精度所暗示的那样，令人喉咙发痒。
封口：橡木塞 酒精度：14.9% 评分：90 最佳饮用期：2025年
参考价格：99澳元 NG

🍷🍷🍷🍷 Green Vineyards Sauvignon Blanc 2015
绿色酒园长相思2015
评分：89 最佳饮用期：2020年 参考价格：29澳元 NG

Carpe Vinum 今朝醉酒庄 NR

PO Box 333, Penola, SA 5277（邮） 产区：石灰岩海岸 电话：0452 408 488 网址：www.carpevinum.com.au 开放时间：不开放 酿酒师：汤姆·卡森（Tom Carson）和苏·贝尔（Sue

Bell） 创立时间：2011年 产量（以12支箱数计）：750 葡萄园面积：4公顷
今朝醉酒庄是马尔科姆（Malcolm） 和亨利·斯科尼（Henry Skene）的合资企业。2011年，马尔科姆结束了多年在海外的研究生学习，开始在欧洲（和英国）工作。而亨利则一直在墨尔本开展他的法律业务。这两个人都对葡萄酒有着浓厚的兴趣。有一天，他们共进晚餐之后，决定抓住今朝，开始制作他们自己最爱的赤霞珠葡萄酒。并非全是偶然，斯科尼家族从1869年开始就拥有了在裴农拉（Penola）附近的科荣加特（Krongart）庄园，而在90年代中期，他们的父辈种植了4公顷的赤霞珠。由于种种原因，这个园子已经被荒废多年，直到他们说服了弗雷德·布特（Fred Boot）离开雅碧湖酒庄（Yabby Lake），并开始葡萄园的重整工作（此前弗雷德已经在史庄伯吉山岭的葡萄园度过了14.5个春秋）。这项工作目前仍在进行中：汤姆·卡森在雅碧湖制作了2014和2015年份的葡萄酒，而苏·贝尔制作了2016年的葡萄酒。2014年的葡萄酒更多地表现了葡萄园的状态，而不是汤姆·卡森的技术。

Casa Freschi 弗莱彻酒庄 ★★★★★

159 Ridge Road, Ashton, SA 5137 产区：阿德莱德山区/兰好乐溪
电话：0409 364 569 网址：www.casafreschi.com.au 开放时间：仅限预约 酿酒师：大卫·弗莱切（David Freschi） 创立时间：1998年 产量（以12支箱数计）：2000 葡萄园面积：7.55公顷
大卫·弗莱切（David Freschi）于1991年毕业于罗斯沃斯学院（Roseworthy），获得了学士学位，接下来的十年里，他大部分时间都在加利福尼亚州、意大利和新西兰工作。在1998年，他和妻子决定设立公司，开展小型家族酿酒生意，他的父母在1972年种下了2.4公顷的葡萄，现在另有1.85公顷的尼比奥罗（Nebbiolo）被种到了这个葡萄园附近。大卫说："葡萄酒的名字是为了最贴切地表达我们葡萄园种植的葡萄的个性，以及体现我们自己的传统。"第二个葡萄园在阿德莱德山区建立，占地3.2公顷，品种有霞多丽、灰比诺、雷司令和琼瑶浆。出口到英国、新加坡、菲律宾和日本。

🍷🍷🍷🍷🍷 Ragazzi Adelaide Hills Pinot Grigio 2016
小童阿德莱德山灰比诺2016
手工采摘于海拔580m的无灌溉葡萄园中，这8小批葡萄经过整串压榨后，在法国橡木桶中分别发酵，带酒泥陈酿了8个月，并有其中的10%经过了苹乳发酵处理。这样的葡萄酒是游戏规则的改变者：我必须承认，在被尊重之后，灰比诺能成为一个高品质的葡萄品种。它的力量是爆炸性的，口感悠久而强烈，柑橘和梨的果香与美妙的酸味交织在一起。
封口：螺旋盖 酒精度：13% 评分：95 最佳饮用期：2021年 参考价格：28澳元 ✪

La Signora 2014
"夫人"葡萄酒2014
内比奥罗（nebbiolo）70%，西拉和马尔贝克各15%，分成22小批独立发酵，采用野生酵母，浸渍3—4周，在法国旧橡木桶中陈酿18个月。香气浓郁，辛甜的樱桃或酸樱桃风味以最佳的方式呈现出来，铺展在悠长的中厚酒体之上。有趣的是，内比奥罗成为风味的主导，而其他两个品种的贡献则更多地体现在酒体和结构上。
封口：橡木塞 酒精度：13.5% 评分：95 最佳饮用期：2030年 参考价格：45澳元

Langhorne Creek Nebbiolo 2014
兰好乐溪内比奥罗2014
21片葡萄（10个克隆株系）分别进行除梗，分别用野生酵母进行开放式发酵，手工按压皮渣，浸渍2—3周，在法国橡木桶（puncheons）中陈酿18个月。这展现了卡沙·弗莱切（Casa Freschi）在内比奥罗上的丰富经验。酒体清澈，呈淡红色，超级精致，带有暗红色的樱桃或莓果的香气和结构精美的口感。平衡，线条和长度都很好。
封口：橡木塞 酒精度：13.5% 评分：94 最佳饮用期：2029年 参考价格：55澳元

🍷🍷🍷🍷 Adelaide Hills Chardonnay 2015
阿德莱德山霞多丽2015
评分：92 最佳饮用期：2021年 参考价格：50澳元

Ragazzi Langhorne Creek Nebbiolo 2015
拉加齐兰好乐溪内比奥罗2015
评分：91 最佳饮用期：2021年 参考价格：28澳元

Casella Family Brands 卡塞拉家族品牌酒业 ★★★★

Wakely Road, Yenda, NSW 2681 产区：滨海沿岸（Riverina）
电话：(02) 6961 3000 网址：www.casellafamilybrands.com 开放时间：不开放
酿酒师：阿兰·科耐特（Alan Kennett）和彼得·马拉梅斯（Peter Mallamace）
创立时间：1969年 产量（以12支箱数计）：125万 葡萄园面积：2891公顷
卡塞拉酒庄的成功故事是一个童话。他们遇到了天赐良机，让黄尾袋鼠（Yellow Tail）在一夜之间成为世界知名的品牌，让南方葡萄酒业（Southcorp）撤回了他们在美国最畅销的林德曼Bin 65号霞多丽。这些事情，现在几乎成了古老的历史。黄尾袋鼠这个品牌仍然是卡塞拉酒庄未来的销量引擎，但现在他们已经果断地要去打造高端和超高端的产品组合。2014年对彼得雷曼酒庄（Peter Lehmann）的收购和2015年对莱拉酒庄（Brand's Laira）的酒厂、酒窖门店和麦克威廉品牌（McWilliam）15年使用权的收购证明了这一点。麦克威廉无疑有其出售的理由，但它已投入大量时间和金钱来扩大葡萄园和酿酒厂；彼得雷曼和莱拉酒庄将改变卡塞拉酒业的未来。卡塞拉酒庄现在有遍布澳大利亚的2891公顷葡萄园，这确实是把钱花到了刀刃上。其出口金额仅次于富邑葡萄酒集团（Treasury Wine Estates），紧跟其后的是保乐力加（Pernod-Ricard）和美誉葡萄酒集团（Accolade）。出口到所有主要市场。

🍷🍷🍷🍷 Limited Release Cabernet Sauvignon 2013
限量赤霞珠2013

黑莓和李子伴着薰衣草和木本香料的芬芳。雪松似的橡木味让酒体更加饱满；丰富的巧克力口味带着一丝茴香风味，成熟的单宁厚重得就像夜总会保安的个头。产区为拉顿布里。
封口：螺旋盖　酒精度：14%　评分：93　最佳饮用期：2025年　参考价格：45澳元　JF

1919 Shiraz 2010
1919西拉葡萄酒2010
过重的焦橡木味窜上来，让收尾显得偏干。这很可惜，因为果香实际上很棒，还混着酱油和盐渍巧克力的风味。余味还算新鲜。产自麦克拉仑谷。
封口：橡木塞　酒精度：14.5%　评分：92　最佳饮用期：2022年
参考价格：100 澳元　JF

Limited Release Shiraz 2013
限量西拉2013
酒体饱满，单宁如波浪一般冲过来，让结尾发干。结构合理，口感顺滑，只是显得有些霸道。产自石灰岩海岸（Limestone Coast）。
封口：螺旋盖　酒精度：14%　评分：90　最佳饮用期：2025年　参考价格：45澳元　JF

1919 Shiraz 2012
1919 西拉葡萄酒2012
酒痕将橡木塞浸了一半。这令人担心，因为它应该更新鲜才对。现在，它呈现深色水果、巧克力和香料的核心风味，伴着甜椰子、雪松似的橡木风味，单宁偏干。产自麦克拉仑谷。
封口：橡木塞　酒精度：14.5%　评分：90　最佳饮用期：2021年　参考价格：100澳元　JF

Limited Release Shiraz 2012
限量西拉2012
成熟、甜美到仿佛要溢出来了，伴着雪松橡木味，各种各样的巧克力味和成熟的单宁。酒体几乎算是厚重了。产自麦克拉仑谷。
封口：橡木塞　酒精度：14%　评分：90分　最佳饮用期：2022年
参考价格：45澳元　JF

Winemaker's Series No: 1 Young Brute The Pride of Wrattonbully
酿酒师系列1号：拉顿布里之傲——青蛮葡萄酒
2015年西拉占80%，赤霞珠占20%。它的标签上是这么写的："一款强大、多汁的混酿红葡萄酒"。这个总结的确没错。来自拉顿布里的甜美果香满溢，够劲的单宁和香料味，并且价格合理。
封口：螺旋盖　酒精度：14%　评分：90　最佳饮用期：2024年　参考价格：25澳元　JF

1919 Cabernet Sauvignon 2010
2010年份1919赤霞珠葡萄酒
不可穿透的、近墨色的红。这是一款强劲、厚重的葡萄酒，带着黑莓与巧克力的风味。这支酒仍然有着生命力，但这生命力却几乎要被浓重的橡木单宁和橡木风味所扼杀了。
封口：橡木塞　酒精度：14.5%　评分：90　最佳饮用期：2022年
参考价格：100　JF

🍷🍷🍷🍷　Limited Release Cabernet Sauvignon 2012
限量赤霞珠2012
评分：89　最佳饮用期：2022年　参考价格：45澳元　JF

Cassegrain Wines　卡塞格伦酒业　★★★☆

764 Fernbank Creek Road, Port Macquarie, NSW 2444　产区：哈斯汀河（Hastings River）
电话：(02) 6582 8377　网址：www.cassegrainwines.com.au　开放时间：每日开放，10:00—17:00　酿酒师：约翰·卡塞格伦（John Cassegrain）和亚历克斯·卡塞格伦（Alex Cassegrain）
创立时间：1980年　产量（以12支箱数计）：50000　葡萄园面积：34.9公顷
卡塞格伦酒庄一直在不断发展和进步。它仍然依靠着最初的哈斯汀河产区的4.9公顷葡萄园。其中，最重要的品种是赛美容、维德罗和香贝丹（chambourcin），剩下的品种还有黑比诺和赤霞珠。然而，卡塞格伦酒庄也在新英格兰地区（New England）部分拥有并管理着力士菲酒园（Richfield Vineyard），这个酒园有30公顷的霞多丽、维德罗、赛美容、西拉、梅洛、赤霞珠和宝石解百纳。他们也从唐巴兰姆巴（Tumbarumba），奥兰治（Orange）和猎人谷购买葡萄。出口到日本、中国和其他主要市场。

🍷🍷🍷🍷🍷　Seasons Winter Cabernet Sauvignon 2015
四季系列之冬季赤霞珠2015
这支酒有如尘土般的触感和强劲的单宁。不过，加仑子的果香非常馥郁，足以将味蕾包裹。橡木的影响是微妙的，但增加了足够的质地和风味，让人欲罢不能。
封口：螺旋盖　酒精度：14%　评分：90　最佳饮用期：2024年
参考价格：22澳元　CM

🍷🍷🍷🍷　Edition Noir Semillon 2016
黑版赛美容2016
评分：89　最佳饮用期：2020年　参考价格：28澳元　CM

Edition Noir New England Durif 2015
黑版新英格兰杜瑞夫2015
评分：89　最佳饮用期：2021年　参考价格：28澳元　CM

Castelli Estate 卡斯泰利庄园 ★★★★★

380 Mount Shadforth Road, Denmark, WA 6333 产区：大南部地区
电话：(08) 9364 0400 网址：www.castelliestate.com.au 开放时间：每日开放，10:00—17:00
酿酒师：迈克·加尔兰（Mike Garland） 创立时间：2007年 产量（以12支箱数计）：10000
卡斯泰利庄园会让许多小酒庄的主人羡慕得眼睛都绿了。当山姆卡斯泰利（Sam Castelli）在2004年底购买这处产业时，他打算将它作为家庭度假目的地。但由于这里有一个建了一半的酒厂，他决定完成建筑工作，并简单地锁上门。然而，对葡萄酒的热爱是存在于他的血液中的，他的父亲在意大利南部就拥有一个小葡萄园。在这样的诱惑下，在2007年，他的酒厂开始工作了。他们的葡萄来自于西澳大利亚的一些最好的葡萄园和以下优质产区：弗朗克兰河（Frankland River）、巴克山（Mount Barker）、潘伯顿（Pemberton）和波罗古鲁普（Porongurup）。出口到新加坡和中国。

🍷🍷🍷🍷🍷

Il Liris Chardonnay 2015
丽瑞斯霞多丽干白葡萄酒2015
仿佛变魔法一般，从和2014年的酒一样苗条的、酒精度为13.1%的酒体之中，变出了和2014年一样的，拥有所有的力量和荣耀的葡萄酒。事实上，与玛格丽特河上的大多数顶级霞多丽相比，它几乎令人震惊——不一定更好，但更浓郁醇厚。
封口：玻璃瓶塞 评分：96 最佳饮用期：2023年 参考价格：70澳元 ✪

Great Southern Shiraz 2015
大南部产区西拉2015
一款可爱的凉爽产区西拉，跳跃着绽放出令人垂涎的红色水果香气，马上跟随着的是中厚的口感。在3月初的高温下手工采摘和分拣的辛劳在果实的质量上得到了回报。
封口：螺旋盖 酒精度：14.3% 评分：96 最佳饮用期：2030年 参考价格：36澳元 ✪

Great Southern Riesling 2016
大南部产区雷司令2016
其色泽如水晶一般近于透明，花香扑鼻而来，是野花的芬芳伴着柑橘花和苹果花的芳香。口感好像酸爽的青柠汁，而它的酸味却仍然在酒石酸的框架内。余味稍欠惊艳。
封口：螺旋盖 酒精度：12% 评分：95 最佳饮用期：2030年 参考价格：26澳元 ✪

Empirica Pemberton Fume Blanc 2016
安皮利卡潘伯顿长相思2016
通过破碎和冷浸渍，延长了长相思果汁接触果皮的时间，部分采用野生酵母在橡木桶中发酵。颇有特点的强烈气味出现得毫无意外，不过，它的口感那么浓厚，竟然没有令人厌恶的酚类物质的味道，这实在让人惊喜。它的长度也令人印象深刻。它走在狂野的路上，却不曾迷失方向。
封口：螺旋盖 酒精度：12.4% 评分：95 最佳饮用期：2026年 参考价格：28澳元 ✪

Empirica Pinot Gris 2016
安皮利卡灰比诺2016
这是一款优质的灰比诺，堆叠着成熟亚洲梨和水煮香梨的风味，而厨房香料的味道则潜伏在背景之中。有一些残糖，但它已经和酒体交织相融。
封口：螺旋盖 酒精度：13.5% 评分：95 最佳饮用期：2020年 参考价格：28澳元 ✪

Cabernet Merlot 2014
赤霞珠梅洛2014
这是一支浓郁的美酒，和谐的法国橡木风味和成熟的单宁，平衡了黑醋栗和红浆果的香气。每次重新品尝都能更上一层楼。
封口：螺旋盖 酒精度：14.2% 评分：95 最佳饮用期：2039年 参考价格：20澳元

Frankland River Cabernet Sauvignon 2014
弗兰克兰河赤霞珠2014
这款赤霞珠的优点在于优雅、精致和绵长。它会在半路上遇到你，但不会妥协成为第二位。这是黑醋栗，月桂叶和细腻、持久、略有些泥土味的单宁的狂欢。法国橡木风味则存在于其背景之中。
封口：螺旋盖 酒精度：14.8% 评分：95 最佳饮用期：2029年 参考价格：32澳元 ✪

Il Liris Rouge 2014
丽瑞斯干红2014
57%的赤霞珠，35%的西拉，8%的马尔贝克。香气和口感都表现了这三个品种的贡献，包括赤霞珠的黑醋栗，西拉的黑果辛香和马贝克的梅子风味。它具有很高的强度和长度，单宁坚实，需要软化，而这将在未来2—3年内发生改变。
封口：玻璃瓶塞 酒精度：14.7% 评分：95 最佳饮用期：2034年 参考价格：75澳元

Empirica Geographe Tempranillo 2015
安皮利卡吉奥格拉菲丹魄2015
来自"著名的葡萄园"（我并不知道有这样一个葡萄园），采用小批量生产、冷浸渍、手压皮渣和最小化的橡木处理。这是一支特别引人注目的丹魄葡萄酒，盈满了轻柔的樱桃果香，一直到漫长的结尾；回味非常不错。
封口：螺旋盖 酒精度：14.8% 评分：95 最佳饮用期：2025年 参考价格：32澳元 ✪

🍷🍷🍷🍷🍷(4.5)

Pemberton Sauvignon Blanc Semillon 2015
潘伯顿长相思赛美容2015
评分：93 最佳饮用期：2017年 参考价格：22澳元 ✪

Pemberton Chardonnay 2016

潘伯顿霞多丽2016
评分：93 最佳饮用期：2026年 参考价格：36澳元
Shiraz Malbec 2014
西拉马尔贝克2014
评分：93 最佳饮用期：2020年 参考价格：22澳元 ✪
Frankland River Cabernet Sauvignon 2015
弗兰克兰河赤霞珠2015
评分：93 最佳饮用期：2030年 参考价格：38澳元
The Sum Riesling 2016
萨姆雷司令2016
评分：90 最佳饮用期：2023年 参考价格：18澳元 ✪
Empirica Gewurztraminer 2016
安皮利卡琼瑶浆2016
评分：90 最佳饮用期：2021年 参考价格：28澳元

Castle Rock Estate 岩石城堡酒庄 ★★★★★

2660 Porongurup Road, Porongurup, WA 6324 产区：波罗古鲁普（Porongurup）
电话：(08) 9853 1035 网址：www.castlerockestate.com.au 开放时间：每日开放，10:00—17:00 酿酒师：罗伯特·狄乐提（Robert Diletti） 创立时间：1983年 产量（以12支箱数计）：4500 葡萄园面积：11.2公顷
在方圆55公顷的土地上，坐落着酿酒厂、酒窖门店和一个非常美丽的葡萄园（雷司令、黑比诺、霞多丽、长相思、赤霞珠和梅洛）。这个酒庄由狄乐提家族经营。从酒庄向外望去，波罗古鲁普山脉的风景尽收眼底。酒庄栽培葡萄的标准非常高，而且葡萄园本身的地理位置非常理想。两层高的酒厂设在了一个自然的坡地上，可以最大程度地利用重力。雷司令一如既往地优雅，让漫长的瓶储时间得到了丰厚的回报；黑比诺是这个产区表现最稳定的品种；而西拉则成为冷凉产区葡萄酒的极佳典范；霞多丽参与了一场令人印象深刻的四重奏，和往常一样优雅迷人。罗伯特·狄乐提出色的味觉和酿造手艺让岩石城堡葡萄酒成了西澳大利亚的超级明星之一。出口到中国。

🍷🍷🍷🍷🍷 A&W Reserve Porongurup Riesling 2016
A&W 珍藏波罗古鲁普雷司令2016
这支酒在各方面都如水晶般地清澈，将优雅与力量结合在一起。青柠和石板般厚重的酸味与极其绵长且纯净的口感融合在一起。澳大利亚任何地区的雷司令都很少能像这款葡萄酒那样，令人信服地展现出其未来的潜力。
封口：螺旋盖 酒精度：11.5% 评分：97 最佳饮用期：2036年 参考价格：35澳元 ✪

🍷🍷🍷🍷🍷 Diletti Chardonnay 2015
狄乐提霞多丽2015
25%新橡木桶中发酵，带酒泥陈酿10个月。相对大南部地区（Great Southern）的酒，这个系列的酒更加高级：它果香更浓（酒精度更高），新橡木桶比例更多，陈酿时间更长。而所有的这些变化，都没有影响这款酒的细腻和平衡。
封口：螺旋盖 酒精度：12.5% 评分：96 最佳饮用期：2030年 参考价格：30澳元 ✪
Porongurup Riesling 2016
波罗古鲁普雷司令2016
十年的优秀记录让这款酒长久的寿命不容置疑。而同样不容置疑的是，在瓶储5年之后，它即将化身为一首美丽的歌谣，并且在接下来的5年内会不停地唱下去。持久度和平衡度是这款酒的奠基石。
封口：螺旋盖 酒精度：11.5% 评分：95 最佳饮用期：2030年 参考价格：25澳元 ✪
Great Southern Chardonnay 2016
大南部地区霞多丽2016
在旧橡木桶中发酵，在法国小橡木桶中带酒泥陈酿2个月，并有搅拌酒泥。这款热情洋溢、活力四射、充满生机的葡萄酒让那些ABC（Anything But Chardonnay，意思是除了霞多丽都可以）俱乐部的那些人回归到这个品种上来。它并不是橡木味最少的酒，但是它能令人垂涎欲滴。
封口：螺旋盖 酒精度：12% 评分：94 最佳饮用期：2022年 参考价格：20澳元 ✪
Great Southern Pinot Noir 2015
大南部产区黑比诺2015
它的香气分为截然不同的两部分：一部分是樱桃和覆盆子的果香，而另一部分是鲜香或树莓香和一点点的辛香。由于对橡木桶使用的精巧控制，口感上也表现得和香气上差不多。随着陈年，香料香会越来越重。
封口：螺旋盖 酒精度：13.8% 评分：94 最佳饮用期：2023年 参考价格：38澳元
Great Southern Cabernet Sauvignon 2014
大南部地区赤霞珠2014
这是岩石城堡庄园酿造的第一款单一赤霞珠，它的历史可以追溯到1994年。它在法国橡木桶（25%是新的）中陈酿15个月，其采收时间极其精确。这款葡萄酒具有鲜美的干香草味（不是生青味），而这鲜美的风味给那带着黑醋栗的果香、赤霞珠的单宁与和谐的雪松橡木风味的完整酒体增添了一层复杂感。
封口：螺旋盖 酒精度：13.5% 评分：94 最佳饮用期：2029年 参考价格：24澳元 ✪

🍷🍷🍷🍷🍷 Skywalk Great Southern Riesling 2016
天际漫步大南部产区雷司令2016
评分：92 最佳饮用期：2026年 参考价格：20澳元 ✪
Porongurup Sauvignon Blanc 2016
波罗古鲁普长相思2016
评分：92 最佳饮用期：2018年 参考价格：20澳元 ✪

Centennial Vineyards 世纪庄园酒园 ★★★★★

'Woodside', 252 Centennial Road, Bowral, NSW 2576 产区：南部高地（Southern Highlands） 电话：(02) 4861 8722 网址：www.centennial.net.au 开放时间：每日开放，10:00—17:00 酿酒师：托尼·考斯格里夫（Tony Cosgriff） 创立时间：2002年 产量（以12支箱数计）：10000 葡萄园面积：28.65公顷

世纪庄园酒业是由葡萄酒专业人士约翰·拉吉（John Large）和投资者马克·道林（Mark Dowling）共有的一个大型开发项目，拥有133公顷风景优美的牧地。其中的葡萄园种植了黑比诺（6.21公顷）、霞多丽（7.14公顷）、长相思（4.05公顷）、丹魄（3.38公顷）、灰比诺（2.61公顷）和少量的萨瓦涅（savagnin）、雷司令、阿内斯（arneis）、琼瑶浆（gewurztraminer）和莫尼耶比诺（pinot meunier）。酒庄除了采用庄园自产的葡萄之外，还从奥兰治（Orange）采购葡萄作为补充，以应对南部高地反复无常的天气所带来的挑战。出口到美国、丹麦、新加坡、中国和韩国。

🍷🍷🍷🍷🍷 Reserve Single Vineyard Shiraz Viognier 2015
珍藏单一园西拉维欧尼2015
4%的维欧尼和6%的西拉以整串的形式处理，其余的葡萄经过除梗破碎和4周浸皮，在法国橡木桶中（19%是新桶）成熟。12个月后，选出合适木桶中的酒进行了混合调配。那芬芳的酒香是柔和的中等酒体的真实写照，呈现出辛香樱桃的风味。鲜咸而带着森林气息的细粒丹宁在最后展现了这支葡萄酒的优越。
封口：Diam软木塞 酒精度：14.8% 评分：95
最佳饮用期：2030年 参考价格：33澳元 ✪

Winery Block Tempranillo 2015
酒厂园地丹魄2015
葡萄采用手工采摘，经过除梗破碎、发酵、9个月的陈酿以及选桶过程。托尼·考斯格里夫欣喜地注意到丹魄早熟的特性非常适合冷凉产区。这支酒极其诱人多汁，带着红樱桃果香，酒体中轻。它的酿造手法是复杂的，更是小心的。
封口：螺旋盖 酒精度：12.9% 评分：95 最佳饮用期：2027年 参考价格：25澳元 ✪

Reserve Single Vineyard Riesling 925 2016
珍藏单一酒园925雷司令2016
在采收的一星期前，有5%的葡萄被单独采摘下来并整串压榨。发酵采用清汁和人工培养的酵母，在发干之前提前终止，得到了9%的酒精度和25克每升的残糖，这就是925这个名字的意思。经典熟练的（也是周到的）酿造方法得到了极其新鲜清爽的口感、完善的平衡和完美的长度。
封口：螺旋盖 酒精度9% 评分：95 最佳饮用期：2026年 参考价格：26澳元 ✪

Reserve Selection Riesling 115 2016
珍藏精选115雷司令2016
这支酒的原料产自奥兰治和南部高地。复杂多样的诱人柑橘果香穿过电力十足的酸味，形成爽脆劲爆的口感。115数字的意思代表11%的酒精度和5克/升的残糖。正是残糖和酸度之间紧张的关系，让这支酒变得如此有趣迷人。
封口：螺旋盖 酒精度：11.4% 评分：94 最佳饮用期：2026年 参考价格：26澳元 ✪

Reserve Selection Pinot Gris 2015
珍藏精选灰比诺2015
酿制这支酒的葡萄被手工采摘于奥兰治产区海拔850米的葡萄园，50%的葡萄采用野生酵母在橡木桶中发酵，另外50%的葡萄在不锈钢罐中采用人工酵母发酵，发酵完成后，在旧法国橡木桶中陈酿了9个月。如果你想要让灰比诺带有一些复杂度，采用这种办法是很不错的。如果单独来看，这支酒的香气有些过于复杂，但是，味觉上的长度和复杂度做出了相应的配合，带来了品种果香和爽脆的酸味。
封口：螺旋盖 酒精度：13.4% 评分：94 最佳饮用期：2018年 参考价格：26澳元 ✪

Road Block Savagnin 2015
道路园地萨瓦涅2015
手工采摘，整串压榨，法国橡木桶（5%是新的）发酵，60%苹乳发酵，9个月的陈酿时间，得到的酒既有趣又令人愉悦。这支我认为是来自年轻葡萄藤的萨瓦涅享受了橡木桶发酵和成熟的过程，带着美妙而诱人的迈耶柠檬与苹果香气。
封口：螺旋盖 酒精度：13% 评分：94 最佳饮用期：2020年 参考价格：20澳元 ✪

Reserve Single Vineyard Barbera 2015
珍藏单一葡萄园巴贝拉2015
10%的葡萄经过了干制，其余的葡萄经过了压榨和除梗，在发酵罐中接种人工酵母温热发酵并浸皮3周，在法国橡木桶（12%是新的）中陈酿，12个月后完成了桶选和调配。这种新奇的酿造方法被设计和执行得很好，让酒体增加了质感和重量。这支酒的风味鲜咸甜美（而并非酸甜），带着意大利香料的特点，单宁柔和但不失存在感。
封口：螺旋盖 酒精度：14.8% 评分：94 最佳饮用期：2027年 参考价格：30澳元 ✪

Finale Late Autumn Chardonnay 2013

终极晚秋霞多丽2013
这支酒平衡优秀，新鲜清爽，非常适合净饮，特别是在冰镇之后。
封口: 螺旋盖 酒精度: 10.2% 评分: 94 最佳饮用期: 2021年 参考价格: 23澳元 ✪

🍷🍷🍷🍷🍷 Reserve Rose 2016
珍藏桃红2016
评分：93 最佳饮用期：2018年 参考价格：26澳元 ✪

Reserve Pinot Noir 2015
珍藏黑比诺2015
评分：93 最佳饮用期：2025年 参考价格：33澳元

Road Block Riesling 2016
道路园地雷司令2016
评分：92 最佳饮用期：2026年 参考价格：22澳元 ✪

Reserve Chardonnay 2015
珍藏霞多丽2015
评分：92 最佳饮用期：2023年 参考价格：33澳元

Finale Autumn Sauvignon Blanc 2016
终极秋季长相思2016
评分：92 最佳饮用期：2020年 参考价格：23澳元 ✪

Winery Block Pinot Grigio 2016
酒厂园地灰比诺2016
评分：91 最佳饮用期：2017年 参考价格：24澳元

Reserve Merlot 2015
珍藏梅洛2015
评分：91 最佳饮用期：2030年 参考价格：28澳元

Orange Sauvignon Blanc 2016
奥兰治长相思2016
评分：90 最佳饮用期：2017年 参考价格：22澳元

Old Block Chardonnay 2014
老园地霞多丽2014
评分：90 最佳饮用期：2024年 参考价格：20澳元 ✪

Reserve Selection Arneis 2015
珍藏精选阿涅斯2015
评分：90 最佳饮用期：2018年 参考价格：26澳元

Orange Shiraz 2015
奥兰治西拉2015
评分：90 最佳饮用期：2025年 参考价格：25澳元

Reserve Shiraz 2015
珍藏西拉2015
评分：90 最佳饮用期：2030年 参考价格：30澳元

Reserve Cabernet Merlot 2015
珍藏赤霞珠梅洛2015
评分：90 最佳饮用期：2030年 参考价格：30澳元

Bong Bong Quattro Rosso 2015
砰砰红色四重奏2015
评分：90 最佳饮用期：2018年 参考价格：19澳元 ✪

Ceravolo Estate 塞拉沃诺庄园 ★★★★

Suite 5, 143 Glynburn Road, Firle, SA 5070（邮） 产区：阿德莱德平原/阿德莱德山区
电话：(08) 8336 4522 网址：www.ceravolo.com.au 开放时间：不开放
酿酒师：乔·塞拉沃罗（Joe Ceravolo），迈克尔·赛克斯（Michael Sykes）
创立时间：1985年 产量（以12支箱数计）：15000 葡萄园面积：23.5公顷
曾经的牙医，如今却成为栽培师和酿酒师的乔·塞拉沃罗，和妻子海泽（Heather）从1999年开始就在阿德莱德平原的16公顷葡萄园中种植葡萄，并酿造单一园葡萄酒。他们酿制的西拉、小味儿多、梅洛和桑乔维塞都在酒展上取得了成功。他们的下一代，儿子安东尼和妻子菲奥娜也加入了家族生意中。塞拉沃罗家族也在他们阿德莱德山的家旁建立了7.5公顷的葡萄园，专注于意大利品种，如普里米蒂沃（primitive）、皮克里特（picolit）、灰比诺、多赛托（dolcetto）、巴贝拉和柯蒂斯（cortese）。他们生产的葡萄酒有塞拉沃罗（Ceravolo）和圣安德鲁斯庄园（St Andrews）两个品牌。出口到丹麦、德国、迪拜、韩国、日本等国家，以及中国内地（大陆）和台湾地区。

🍷🍷🍷🍷🍷 Adelaide Hills Cortese 2016
阿德莱德山柯蒂斯2016
这支酒爽脆而清新，带着柠檬的风味和极佳的质地。这是来自意大利皮埃蒙特地区的品种。这支酒从来不是最复杂的，但它是不错的饮品，魅力十足，酸度突出。
封口：螺旋盖 酒精度：11.5% 评分：92 最佳饮用期：2019年
参考价格：25澳元 JF ✪

Adelaide Hills Dolcetto Rose 2016
阿德莱德山多赛托桃红2016
由于多赛托的高酸度和可爱的芳香，它非常适合酿制好的桃红葡萄酒。这支酒就是证明。鲜咸的风味伴着覆盆子和草莓的微妙香气，质感突出，干爽的余味带着一缕柠檬香。
封口：螺旋盖 酒精度：12.5% 评分：91 最佳饮用期：2018年
参考价格：20澳元 JF ✪

Adelaide Plains Petit Verdot 2014
阿德莱德平原小味儿多2014
这支酒的色泽呈无法穿透的黑红色，带着馥郁成熟的水果蜜饯香气、木质香料香与甜美的橡木香，口感饱满，单宁厚重，而所有的元素却都能融为一体。
封口：橡木塞 酒精度：15% 评分：91 最佳饮用期：2024年
参考价格：25澳元 JF

Adelaide Hills Pinot Grigio 2016
阿德莱德山灰比诺2016
这支酒的风格活泼，酒体偏瘦，令人耳目一新。白色的花香伴着梨和核果的风味。收尾干爽。
封口：螺旋盖 酒精度：13% 评分：90 最佳饮用期：2018年
参考价格：20澳元 JF ✪

🍷🍷🍷🍷 Adelaide Plains Petit Verdot 2013
阿德莱德平原小味儿多2013
评分：89 最佳饮用期：2021年 参考价格：25澳元 JF

Ceres Bridge Estate 谷神星桥庄园 ★★★★

84 Merrawarp Road, Stonehaven, Vic 3221 产区：吉龙
电话：(03)5271 1212 网址：www.ceresbridge.com.au 开放时间：仅限预约
酿酒师：沙隆·默多克（Challon Murdock） 创立时间：1996年
产量（以12支箱数计）：400 葡萄园面积：7.4公顷
沙隆·默多克和帕特丽霞·默多克（Patricia Murdock）自1996年起，开始了漫长而艰辛的建园过程。他们在当年种植了1.8公顷的霞多丽，但50%的葡萄树死掉了。不过，他们没有气馁，在2000年，他们又种下了1.1公顷的黑比诺，并在2001年进行了重栽。在2005年，他们又种下了西拉、内比奥罗、长相思、维欧尼、丹魄和灰比诺，这更展现了他们的决心。这些葡萄藤现在已经成熟，特别是内比奥罗，表现极佳。

🍷🍷🍷🍷🍷(半) Nebbiolo 2015
内比奥罗2015
这支内比奥罗有着浓郁的黑红莓果，黑樱桃，檀香、烟熏风味和紧致的酸味。内比奥罗细腻、紧实的单宁好像一个瘦高个头的人，很符合意大利干红的结构特点。
封口：螺旋盖 酒精度：12.5% 评分：92 最佳饮用期：2022年
参考价格：25澳元 NG ✪

Pinot Noir 2015
黑比诺2015
这是一支中等酒体的黑比诺，被清爽的酸味和精致细腻的法国橡木桶架构包裹着。黑樱桃、樟脑、西红柿果皮和野蔷薇的风味都在一股大胆的挥发性气味的协作下，显得更加强劲，而所有这一切都与这款酒活泼多变的风格保持一致。
封口：螺旋盖 酒精度：13.5% 评分：90 最佳饮用期：2021年
参考价格：22澳元 NG

Chaffey Bros Wine Co 查非兄弟酒业 ★★★★☆

26 Campbell Road, Parkside, SA 5063（邮） 产区：巴罗萨谷
电话：0417 565 511 网址：www.chaffeybros.com 开放时间：不开放
酿酒师：丹尼尔·查非·哈特维希（Daniel Chaffey Hartwig）、西奥·恩格拉（Theo Engela）
创立时间：2008年 产量（以12支箱数计）：7000
查非兄弟酒庄由丹尼尔·查非·哈特维希共同创立，丹尼尔·查非·哈特维希的叔祖父比尔·查非（Bill Chaffey）是麦克拉仑谷海景酒庄（Seaview Wines）的创始人，他本人也是查非兄弟的后代。查非兄弟是滨海沿岸（Riverina）和河地（Riverland）两个产区的创立者，他们之前来到澳大利亚，在这两个地区设计和实施了最初的灌溉计划。丹尼尔在巴罗萨谷出生并长大，在学校假期期间参与了葡萄采摘，后来在奔富的酒窖门店工作。带着8年的销售和品牌创建经验，他成了一个散装葡萄酒商，经营澳大利亚国内外的葡萄酒，并且开发了一系列的品牌。出口到加拿大、丹麦、荷兰、新加坡等国家，以及中国内地（大陆）和香港、澳门地区。

🍷🍷🍷🍷🍷 This Is Not Your Grandma's Eden Valley Riesling 2012
“这不是你祖母”的伊顿谷雷司令2012
3年前喝这支酒的时候，它确实是如酒的名字所承诺的那样。虽然我现在很想说，这就是你祖母的那种酒，它如此完美地表现了伊顿谷所有的特点，诱人的青柠果香伴着一抹青苹果皮的风味，且构建在爽脆的酸味基础之上。这支酒还在上升期，在不久之后会带来更多的惊喜。
封口：螺旋盖 酒精度：12.3% 评分：95 最佳饮用期：2026年 参考价格：22澳元 ✪

🍷🍷🍷🍷🍷(半) Synonymous Barossa = Shiraz 2015
同款巴罗萨=西拉2015

评分：93 最佳饮用期：2022年 参考价格：28澳元 SC

Pax Aeterna Old Vine Grenache 2016
和平永恒老藤歌海娜2016
评分：93 最佳饮用期：2021年 参考价格：30澳元 JF

Not Your Grandma's Rose 2016
“这不是你祖母”的桃红葡萄酒2016
评分：92 最佳饮用期：2018年 参考价格：22澳元 JF ✪

Tripelpunkt Eden Valley Riesling 2016
三原点伊顿谷雷司令2016
评分：91 最佳饮用期：2023年 参考价格：25澳元 JF

Not Your Grandma's Riesling 2016
“这不是你祖母”的雷司令2016
评分：91 最佳饮用期：2026年 参考价格：22澳元 JF ✪

Kontrapunkt Eden Valley Kerner 2016
对称点伊顿谷科纳2016
评分：91 最佳饮用期：2021年 参考价格：33澳元 JF

Dufte Punkt Eden Valley Gewurztraminer Riesling Weißer Herold 2016
芳香点伊顿谷琼瑶浆雷司令科纳2016
评分：91 最佳饮用期：2020年 参考价格：25澳元 JF

Battle for Barossa La Resistance Grenache Shiraz Mourvedre 2015
为巴罗萨而战·抵抗歌海娜西拉木和怀特2015
评分：90 最佳饮用期：2020年 参考价格：25澳元 CM

Chain of Ponds 庞德酒庄 ★★★★★

83 Pioneer Road, Angas Plains, SA 5255（邮） 产区：阿德莱德山区
电话：(08) 8389 1415 网址：www.chainofponds.com.au 开放时间：不开放
酿酒师：格莱格·克拉克（Greg Clack） 创立时间：1993年 产量（以12支箱数计）：25000

庞德酒庄的品牌与当时200公顷的葡萄园分离开已经有几年了，当时那个葡萄园可算是阿德莱德山区中最大的葡萄园之一了。然而，它与主要种植者签有长期合同，并且在2015的酿造季之前，格雷格·克拉克作为全职首席酿酒师加入了庞德酒庄。在2016年5月，庞德酒庄关闭了它的酒窖门店，并搬到了普罗杰克特酒庄（Project Wine）在兰好乐溪的小酒厂处，除保留葡萄采购合同外，正式撤离了阿德莱德山。出口到英国、美国、加拿大、新加坡、菲律宾等国家，以及中国内地（大陆）和香港地区。

🍷🍷🍷🍷🍷

Ledge Single Vineyard Adelaide Hills Shiraz 2015
乐基单一园阿德莱德山西拉2015
除梗破碎后，将葡萄醪放入小型开放式发酵罐，经过2天的冷浸渍和10天的浸皮，在法国橡木桶中陈酿20个月。这是一支高质量的葡萄酒，带着诱人的黑色水果芬芳和精致持久的单宁。
封口：螺旋盖 酒精度：14.5% 评分：95 最佳饮用期：2034年 参考价格：38澳元

Amadeus Single Vineyard Adelaide Hills Cabernet Sauvignon 2015
爱马蒂斯单一园阿德莱德山赤霞珠2015
葡萄原料经过了除梗和2天的冷浸渍，采用开放式发酵并在法国橡木桶（30%是新的）中陈酿了20个月。这是一支非常优雅纯净的赤霞珠，完全不像它的酒精度显示的那样，那饱满丰富的口感以纯粹的赤霞珠单宁结束。
封口：螺旋盖 酒精度：15% 评分：95 最佳饮用期：2040年 参考价格：38澳元

Stopover Single Vineyard Adelaide Hills Barbera 2015
中转站单一园阿德莱德山巴贝拉2015
葡萄原料经过手工采摘和3天冷浸渍，采用开放式发酵且发酵是在法国橡木桶（30%是新的）中结束的，陈酿时间为12个月。澳大利亚的巴贝拉很少有这样明净活泼而芬芳四溢的诱人果香，加入的5%的西拉让这支酒的结构变得完整了。
封口：螺旋盖 酒精度：14% 评分：95 最佳饮用期：2030年 参考价格：38澳元

Grave's Gate Adelaide Hills Shiraz 2015
格拉芙之门阿德莱德山西拉2015
这支酒包含了12%的赤霞珠，经过了8天浸皮，压榨到1—3年的法国与美国橡木桶中完成一次发酵，并陈酿了18个月。这支酒被设计成一款突出黑樱桃与黑莓果香的酒，其成品也成功地做到了这一点。唯一的不足是橡木的量，不过，多过几年，这个毛病也将不治而愈了。
封口：螺旋盖 酒精度：14.5% 评分：94 最佳饮用期：2029年
参考价格：20澳元 ✪

🍷🍷🍷🍷

Amelia's Letter Adelaide Hills Pinot Grigio 2016
艾美利亚的信阿德莱德山灰比诺2016
评分：92 最佳饮用期：2018年 参考价格：20澳元 ✪

Black Thursday Adelaide Hills Sauvignon Blanc 2016
黑色星期四阿德莱德山长相思2016
评分：90 最佳饮用期：2017年 参考价格：20澳元 ✪

Section 400 Adelaide Hills Pinot Noir 2016
400号土地阿德莱德山黑比诺2016
评分：90　最佳饮用期：2021年　参考价格：20澳元 ✪
Morning Star Adelaide Hills Pinot Noir 2015
晨星阿德莱德山黑比诺2015
评分：90　最佳饮用期：2022年　参考价格：38澳元

Chalice Bridge Estate　查理斯桥酒庄　★★★★☆

796 Rosa Glen Road, Margaret River, WA 6285　产区：玛格丽特河　电话：(08) 9319 8200
网址：www.chalicebridge.com.au　开放时间：仅限预约　酿酒师：杰森·布朗（Jason Brown）
创立时间：1998年　产量（以12支箱数计）：3000　葡萄园面积：122公顷
这片葡萄园始种于1998年，现有29公顷霞多丽、超过各28公顷的赤霞珠和西拉、12.5公顷赛美容、18公顷长相思、7.5公顷梅洛和较少的萨瓦涅（savagnin）。这片葡萄园是玛格丽特河产区第二大的葡萄园。合理的定价和每年对大部分葡萄的出售带来了不错的回报。出口到英国等国家，以及中国内地（大陆）和香港、澳门地区。

🍷🍷🍷🍷🍷

The Estate Margaret River Semillon Sauvignon Blanc 2015
庄园系列玛格丽特河赛美容长相思
明亮的禾杆绿色；尽管赛美容的比例占优，但是活泼的热带水果芬芳——那热情果、荔枝和番石榴的香气给人带来了深刻的第一印象，背景中带着淡淡的青草和雪花豌豆的清香。
封口: 螺旋盖　酒精度: 12.5%　评分: 91　最佳饮用期: 2017年　参考价格: 25澳元
The Estate Margaret River Sauvignon Blanc 2016
庄园系列玛格丽特河长相思2016
夜间采收，经过破碎、压榨后，在不锈钢罐中进行低温发酵。酒体清爽、干净、新鲜；柑橘果香、核果香和热带果香手拉着手，肩并着肩。简单明快的酿造风格带来了干净、漂亮的结果。
封口: 螺旋盖　酒精度: 12.5%　评分: 90　最佳饮用期: 2018年　参考价格: 25澳元
The Quest Margaret River Cabernet Sauvignon 2015
使命玛格丽特河赤霞珠2015
这支酒有足够的色泽，轻至中度的酒体配着足够的黑加仑果味，足以不被荆棘般的、鲜咸的单宁和淡淡的法国橡木风味盖住。
封口：螺旋塞　酒精度：14%　评分：90　最佳饮用期：2023年　参考价格：35澳元

🍷🍷🍷🍷

The Estate Margaret River Sauvignon Blanc 2015
庄园玛格丽特河长相思2015
评分：89　最佳饮用期：2017年　参考价格：25澳元
The Quest Margaret River Chardonnay 2016
使命玛格丽特河霞多丽2016
评分：89　最佳饮用期：2019年　参考价格：34澳元
The Estate Margaret River Chardonnay 2016
庄园玛格丽特河霞多丽2016
评分：89　最佳饮用期：2020年　参考价格：25澳元
The Estate Margaret River Cabernet Merlot 2014
庄园玛格丽特河赤霞珠美乐2014
评分：89　最佳饮用期：2024年　参考价格：25澳元
The Estate Margaret River Cabernet Merlot 2013
庄园玛格丽特河赤霞珠美乐2013
评分：89　最佳饮用期：2025年　参考价格：25澳元

Chalk Hill　白垩山酒庄　★★★★★

58 Field Street, McLaren Vale, SA 5171　产区：麦克拉仑谷　电话: (08) 8323 6400
网址: www.chalkhill.com.au　开放时间: 不开放　酿酒师: 艾曼纽·贝克斯 (Emmanuelle Bekkers)
创立时间: 1973年　产量 (以12支箱数计) : 20000　葡萄园面积: 89公顷
自从乔克（Jock）和汤姆（Tom）兄弟从父亲约翰·哈维（John Harvey）和母亲戴安娜·哈维（Diana Harvey）手中接过了白垩山酒庄的生意后，这个酒庄的发展速度加快了。这兄弟二人都深度地参与到了葡萄酒行业中，各具所长。酒庄的进一步扩张意味着他们的葡萄园现在遍布了麦克拉伦谷的每一个区域，种植了一些异域小品种（萨瓦涅、巴贝拉和桑娇维塞）和主流品种（西拉、赤霞珠、歌海娜、霞多丽、赤霞珠）。特别是他们的南十字星系列（Alpha Crucis）非常值得称赞。出口到多数市场，以南十字星系列出口到美国，以维兹·安德（Wits End）系列出口到加拿大。

🍷🍷🍷🍷🍷

Alpha Crucis McLaren Vale Shiraz 2015
南十字星麦克拉伦谷西拉2015
这支酒来自麦克拉伦谷，但却不像你所知道的麦克拉伦谷葡萄酒那样。它带着香水味，带着力量，还带着充满活力的果香，这种细节是这个系列之前的酒所没有的。而发生的一切都是有节奏有控制的。酒的色泽呈漂亮的深红色，带着一股股红色水果与黑色水果的芳香，还有红色甘草的风味，伴着淡淡的中东香料的味道，特别是漆树的风味。酒体饱满，单宁柔和，余味持久。

封口：螺旋塞　酒精度：14.5%　评分：97　最佳饮用期：2040年
参考价格：85澳元　JF　✪

🍷🍷🍷🍷🍷 ACWS Renae Hirsch McLaren Vale Shiraz 2015
南十字星酿酒师系列瑞娜·赫希麦克拉伦谷西拉2015
六位酿酒师分别从白垩山酒庄传承下来的老园地中选择果实，并在酿造过程中刻上自己的印记，这真是一个绝妙的主意。这支酒的亮点在于果香的纯净度，采用了25%整串发酵和法国橡木桶（puncheons）陈酿。它带着花香和红色果香，有着令人惊叹的精致悠长的单宁和覆盆子冰激凌似的酸味。
封口：螺旋塞　酒精度：14.5%　评分：96　最佳饮用期：2038年
参考价格：60澳元　JF　✪

ACWS Bec Willson McLaren Vale Shiraz 2015
南十字星酿酒师系列贝克·威尔逊麦克拉伦谷西拉2015
开放式发酵，浸皮10日，压榨到多数是旧的法国橡木桶中，带酒泥陈酿8个月后，除去酒泥，又在橡木桶中成熟了8个月的时间。这支酒的色泽是如此的光亮，它的口感也是同样的光滑，带着明媚、浓郁、甜美的黑色水果芳香，同时还有黑巧克力、薄荷和风干药植的风味。酒体饱满，结尾带着橡木的辛香和活泼的酸味。
封口：螺旋塞　酒精度：14.5%　评分：96　最佳饮用期：2038年
参考价格：60澳元　JF　✪

ACWS Corrina Wright McLaren Vale Shiraz 2015
南十字星酿酒师系列考瑞娜·怀特麦克拉伦谷西拉2015
果实经过破碎，自然开放式发酵，压榨到（20%新）法国橡木桶中。这支酒是这个系列中最奢华最浓郁的。深色李子和加仑子的核心，带着巧克力甘草糖和浓缩咖啡的美好味道。单宁丰满柔顺，酸味清新。
封口：螺旋塞　酒精度：15%　评分：96　最佳饮用期：2038年
参考价格：60澳元　JF　✪

ACWS Kerri Thompson McLaren Vale Shiraz 2015
南十字星酿酒师系列凯丽·汤姆逊麦克拉伦谷西拉2015
手工采摘，40%的葡萄采用整串处理，且加入了一些雷司令果皮，利用野生酵母发酵，压榨后在法国橡木桶中（30%新桶）陈酿。
封口：螺旋塞　酒精度：15%　评分：96　最佳饮用期：2038年
参考价格：60澳元　JF　✪

ACWS Peter Schell McLaren Vale Shiraz 2015
南十字星酿酒师系列彼得·司盖尔麦克拉伦谷西拉2015
25%整串发酵，其余进行了除梗但没有破碎，采用了开放式发酵和野生酵母，在法国橡木桶中陈酿（65%新桶）。橡木桶的作用非常明显，带来了焦炭味和辛香味。这支酒有些干，是所有的酒里最鲜咸的。它有足够份量的黑色水果、巧克力、甘草的风味，而泥土的风味则非常丰富，单宁坚实，口感醇厚。
封口：螺旋塞　酒精度：14.5%　评分：96　最佳饮用期：2039年
参考价格：60澳元　JF　✪

ACWS Tim Knappstein McLaren Vale Shiraz 2015
南十字星酿酒师系列彼得·司盖尔麦克拉伦谷西拉2015
这支酒接种了人工酵母，25%的原料做了整串处理，36%进行了整果处理，而剩下的39%的葡萄经过了除梗破碎。（35%新）法国橡木桶陈酿。这支酒带着奇妙的芬芳：是花香伴着地中海药草的清香，是迷迭香浸着黑色水果的果香。丰满成熟的单宁有很强的力量，不过，这种力量被驯服和控制的很好。
封口：螺旋塞　酒精度：14.5%　评分：96　最佳饮用期：2035年
参考价格：60澳元　JF　✪

Clarendon McLaren Vale Syrah 2015
克拉伦敦麦克拉伦谷西拉2015
这是白垩山酒庄旗下的新品，其背标上的文字将这支酒的优良品质归功于它的酿酒师瑞娜·赫希和葡萄园——希金博萨姆126号园地。酿造这支酒的果实来自这个园子的第8行至第16行，一共酿造了275箱酒（12支装）。这是一支格调优雅的酒。深色水果的果香令人垂涎欲滴，辛香与味道也恰到好处。它口味鲜美，酒体浓厚，单宁柔和。在法国橡木桶中经过了15个月的陈酿后，那高度整合的橡木味为这支已经非常复杂有趣的酒增添了新的维度。
封口：螺旋塞　酒精度：14.5%　评分：96　最佳饮用期：2035年
参考价格：50澳元　JF　✪

McLaren Vale Shiraz 2015
麦克拉伦谷西拉2015
这是白垩山酒庄的一个代表酒款，而且也再没有比15年份更好的年份了。这支酒以成熟度完美的果香为核心：深色李子和黑莓红莓的果香点缀着八角、地中海药草、牛奶巧克力和木质辛香料的风味。口感令人难以置信地清新，覆盆子的酸味诱人，单宁优雅精致。
封口：螺旋塞　酒精度：14.5%　评分：95　最佳饮用期：2026年
参考价格：25澳元　JF　✪

Luna McLaren Vale Shiraz 2015
月轮麦克拉伦谷西拉2015
这是一支具有极佳性价比而且质量优异的葡萄酒，且没有忽视那至关重要的适饮性，非常值得肯定。优秀的深紫黑色，充满明快的果香——是黑色李子和黑莓夹杂着甘草、黑巧克力、干香草和花香的风味。单宁柔顺，酸味清爽明快。这是一支很棒的酒，而且还很便宜。
封口：螺旋塞 酒精度：14.5% 评分：95 最佳饮用期：2026年
参考价格：19澳元 JF ✪

McLaren Vale Grenache Tempranillo 2016
麦克拉伦谷歌海娜丹魄2016
在最让人开心的酒中，它可算是一支，仿佛在随着西班牙乐曲的调子轻轻哼唱着——这是50%的歌海娜，36%的丹魄和极具伊比利亚风格的14%格拉齐阿诺（graciano）所带来的。花香、覆盆子和墨西哥菝葜的风味令人陶醉，酸味令人垂涎。这支酒有一定的深度，因为它的口味层次丰富，单宁柔顺而充满活力。
封口：螺旋塞 酒精度：14% 评分：95 最佳饮用期：2026年
参考价格：25澳元 JF ✪

Chalkers Crossing 卓克劳斯酒庄 ★★★★☆

285 Grenfell Road, Young, NSW 2594 产区：希托扑斯 电话：(02) 6382 6900
网址：www.chalkerscrossing.com.au 开放时间：周一至周五，9:00—17:00 酿酒师：席琳·卢梭（Celine·Rousseau） 创立时间：2000年 产量（以12支箱数计）：14000 葡萄园面积：27公顷
卓克劳斯酒庄的洛克莱（Rockleigh）葡萄园是于1996-1997年间建立的。葡萄不够的时候，酒庄会从坦巴伦巴（Tumbarumba）购买葡萄作为补充。酿酒师席琳·卢梭出生在法国卢瓦尔河谷，在波尔多接受培训，曾在波尔多、香槟、朗格多克、玛格丽特河和珀斯山工作。这位飞行酿酒师（现在是澳大利亚公民）才华出众而且极其敬业。2012年，她被任命为总经理兼酿酒师。在2016年，她的2014年份西拉在多个酒展中赢得了数个奖杯。出口到英国，加拿大，丹麦，瑞典，泰国等国家，以及中国内地（大陆）和香港地区。

🍷🍷🍷🍷🍷

Hilltops Riesling 2016
希托扑斯雷司令2016
这支雷司令强劲有力却脚步轻盈，白桃和杏子的芬芳架在有柠檬与青橙味的酒酸之上。收尾令人叹服的长度预示着这支酒漫长的将来。一种强有力的雷司令，它的脚轻盈，芳香的光谱透入白桃和杏，跨越柠檬和酸橙味的甲壳。完成长度令人信服，意味着漫长的未来。
封口：螺旋塞 酒精度：13% 评分：93 最佳饮用期：2031年
参考价格：18澳元 NG ✪

Hilltops Cabernet Sauvignon 2015
希托扑斯赤霞珠2015
醋栗，苦巧克力，荷兰薄荷，茶叶和雪松的香调被铰接在厚度中等的酒体上，酒体带着品种特有的严肃性格：那紧实、保守的单宁就好像一个表情严肃的人，酸度也很突出。
封口：螺旋塞 酒精度：13.5% 评分：92 最佳饮用期：2031年
参考价格：30澳元 NG

Tumbarumba Chardonnay 2015
坦巴伦巴霞多丽2015
这支酒可不像那种到处都是的柔软、稀薄的霞多丽，它充满了桃子和奶油的芬芳。即使这支酒的风味是那么浓郁，胸怀是那么宽广，刻意避免苹乳发酵的做法和葡萄园720m的高海拔还是为它带来了一丝矿物的味道和收敛的感觉。
封口：螺旋塞 酒精度：12.5% 评分：91 最佳饮用期：2025年
参考价格：25澳元 NG

Hilltops Semillon 2016
希托扑斯赛美容2016
这是一支橡木桶发酵得到的赛美容，它很有质感和重量。橡木桶目前还是主要的感官组分。而柠檬油、木瓜和梨子的风味则在一侧等待，等着它们绽放出光彩的一天。
封口：螺旋塞 酒精度：12.5% 评分：90 最佳饮用期：2022年
参考价格：18澳元 NG ✪

Hilltops Shiraz 2015
希托扑斯西拉2015
这支酒带着留兰香和鼠尾草的草本植物风味，仿佛金属乐中的反复乐节，而茴香和小豆蔻则增添了一缕辛香。蓝色水果的风味好像乐曲中的低音，而捣碎的白胡椒的风味是冷气候西拉子的特征，它带来了好像地震般的节奏。收尾是粗犷的，它有些太短了，所以没能得到更高的分数。
封口：螺旋塞 酒精度：14% 评分：90 最佳饮用期：2022年
参考价格：30澳元 NG

🍷🍷🍷🍷

CC2 Hilltops Chardonnay 2016
希托扑斯霞多丽2016
评分：89 最佳饮用期：2022年 参考价格：18澳元 NG ✪

Chalmers 查莫斯酒庄 ★★★★☆

11 Third Street, Merbein, Vic 3505 产区：西斯科特 电话：0400 261 932
网址：www.chalmerswine.com.au 开放时间：不开放 酿酒师：巴特·凡·欧尔芬（Bart van Olphen）、特尼尔·查莫斯（Tennille Chalmers） 创立时间：1989年
产量（以12支箱数计）：7000 葡萄园面积：27公顷

在2008年，查莫斯家族卖掉了他们庞大的葡萄园和苗圃生意，之后，他们就专注于葡萄酒生意。他们所有的葡萄原料都摘自西斯科特的骆驼山脉（Mt Camel Range）的80公顷葡萄园，园中的葡萄被酿造成了单一葡萄园，单一品种的查尔莫系列（Chalmers range），有维蒙蒂诺、费阿诺、格莱可、蓝布罗斯科、桃红、黑珍珠、萨格兰蒂诺和安格里阿尼克（Vermentino, Fiano, Greco, Lambrusco, Rosato, Nero d'Avola, Sagrantino and Aglianico）。入门级的蒙特威娇品牌则是不同品种的混酿，且风格更加平易近人。位于美尔贝恩（Merbein）的第二个葡萄园是一个合同种植商，他们有一个小的苗圃，里面容纳了查尔莫家族选育的葡萄克隆苗株。在2013年，他们开始了一个小型的酿酒项目，采用了苗圃地里那些稀少的，没被用过的品种。在2017年，新的酒厂开始了运营，并赶上了这一年大多数葡萄酒的酿造。而2018年以后，所有的葡萄酒都在美尔贝恩的酒厂酿造了。出口到英国。

🍷🍷🍷🍷🍷 Heathcote Nero d'Avola 2016

西斯科特黑珍珠2016

橡木桶的缺席并没有让这支酒缺少了什么本来没有的东西，这么说吧，那多种多样的樱桃果香是难以被轻易地蚀刻的。从莫雷洛樱桃到酸樱桃，到红樱桃……而且它的口感上，并没有任何还原的风味。

封口：螺旋塞　酒精度：13.5%　评分：91　最佳饮用期：2020年　参考价格：27澳元

Montevecchio Bianco 2016

蒙特威娇白葡萄酒2016

这支酒中有40%的维蒙蒂诺（vermentino）、32%的加加内加（garganega），26%的玛尔维萨（malvasia）和2%的黄莫斯卡托（moscato giallo）。它是多品种混酿协作的极佳例子，酒体的抓力和长度都很有趣，风味也很丰富。以尽早饮用为佳。

封口：螺旋塞　酒精度：12.5%　评分：90　最佳饮用期：2019年　参考价格：24澳元

Heathcote Rosato 2016

西斯科特桃红2016

这支酒中，萨格兰蒂诺和安格里阿尼克的比例是70%比30%。三文鱼的粉红色配着非常富有表现力的、强劲而鲜咸的香气。口中也充盈着同样的香气，不过，我只希望这支酒是全干的。

封口：螺旋塞　酒精度：13%　评分：90　最佳饮用期：2018年　参考价格：27澳元

Montevecchio Rosso 2015

蒙特威娇红葡萄酒2015

轻盈而新鲜的色泽非常适合这款轻盈而新鲜的混酿葡萄酒，它带着以辛香的红色水果为主的风味。这是一支寿命转瞬即逝的有趣葡萄酒，非常适合带去意大利餐厅。窖藏可是想都不要想了。

封口：螺旋塞　酒精度：13.5%　评分：90　最佳饮用期：2020年　参考价格：24澳元

Heathcote Aglianico 2013

西斯科特安格里阿尼克2013

我可以用这支酒做生意。你不用担心，它没有尖锐的棱角；它的酒体中轻，带着辛香诱人的红色水果和酸樱桃的香气，余味爽净。

封口：螺旋塞　酒精度：13%　评分：90　最佳饮用期：2021年　参考价格：42澳元

🍷🍷🍷🍷 Heathcote Vermentino 2016

西斯科特维蒙蒂诺2016

评分：89　最佳饮用期：2018年　参考价格：27澳元

Heathcote Sagrantino 2014

西斯科特萨格兰蒂诺2014

评分：89　最佳饮用期：2024年　参考价格：43澳元

Chambers Rosewood　钱伯斯酒庄　★★★★★

Barkly Street, Rutherglen, Vic 3685　产区：路斯格兰　电话：(02) 6032 8641　网址：www.chambersrosewood.com.au　开放时间：周一至周六，9:00—17:00；周日，10:00—17:00　酿酒师：史蒂芬·钱伯斯（Stephen Chambers）　创立时间：1858年　产量（以12支箱数计）：10000　葡萄园面积：50公顷

钱伯斯家族的珍稀麝香Rare Muscat和珍稀密斯卡岱Rare Muscadelle（或者说是托佩克Topaque或托卡伊Tokay，不过名字算什么呢？）是路斯格兰的天空之下最伟大的葡萄酒，而其他级别的酒也是同样地光芒万丈。史蒂芬·钱伯斯是酿酒师，也是家族的第六代传人。不过他父亲比尔（Bill）和他那漂亮的浅蓝色眼睛，其实从来没有远离过，一直还在盯着酒庄的事业。出口到英国、美国、加拿大、比利时、丹麦、韩国、新加坡、中国和新西兰。

🍷🍷🍷🍷🍷 Rare Rutherglen Muscadelle NV

珍稀路斯格兰无年份慕斯卡黛

酒体呈深邃的的紫红色。这支酒在口腔中的冲击力和珍稀麝香葡萄酒（Rare Muscat）非常相似；只是啜饮一小口，就带来洪水一般的冲击，让所有的感官高速地运转，以捕捉那数不清的交织起来的香气。隽永的收尾与回味是理解这支葡萄酒的关键：这不仅仅在于那5%的90年陈的老酒，更在于那5%的最年轻的组分（比如5—6年陈的组分），以媲美米开朗基罗的巧夺天工的技艺，赋予了葡萄酒鲜活的魅力，令人一次又一次地沉迷其中，可酒的复杂性却丝毫不减。375毫升瓶。

封口：螺旋盖　酒精度：18%　评分：99　最佳饮用期：2017年　参考价格：250澳元

Rare Rutherglen Muscat NV

珍稀路斯格兰无年份麝香

厚重的紫红色。入口时令人难以置信的浓郁、复杂，其粘稠度让人大吃一惊。可后

来，口中却有一瞬间如水略过般轻忽。风味的层次几乎无法计数，那是酸樱桃或莫雷洛樱桃的果香，土耳其咖啡香和最优质的、来自瑞士或比利时的黑巧克力的风味。这款酒是所有葡萄酒爱好者至少要尝试1次的酒，在写完这整段酒评之后，刚刚啜饮的一小口酒的余味还在酝酿中。375毫升瓶。
封口: 螺旋盖　酒精度: 18%　评分: 99　最佳饮用期: 2017年　参考价格: 250澳元

Grand Rutherglen Muscadelle NV
高级路斯格兰无年份慕斯卡黛
结束了一天的品尝工作，此时此刻，我绝不可能在品尝之后就将这款世界级的、甚至傲视天下的葡萄酒吐出来了。麦芽、摩卡、野蜂蜜、焦糖以及您能想到的每一种有异域风情的香料，所有这些美妙的风味和更多的其他风味，燃烧着你的味蕾，直到你把它完全吞咽下去。回味奇迹般的清新宜人。375毫升瓶。
封口: 螺旋盖　酒精度: 18%　评分: 98　最佳饮用期: 2017年　参考价格: 100澳元

Grand Rutherglen Muscat NV
高级路斯格兰无年份麝香
核桃色的酒身，橄榄色的裙，自是绝美的风景。热情的葡萄干风味让所有关于加强酒体的烈酒的议论不值一提。此时此刻，我仿佛进入了阿拉伯香料的集市；接着，又好像在对美味的土耳其蜜仁饼点头致敬；其后，那圣诞布丁的味道席卷而来，还装点着黑巧克力和糖炒坚果的香气。而钱博思（Chambers）葡萄酒的终极魔力，则在于收尾的清新宜人。375毫升瓶。
封口: 螺旋盖　酒精度: 18.5%　评分: 97　最佳饮用期: 2017年　参考价格: 55澳元

Chandon Australia　澳大利亚香桐酒庄　★★★★★

727 Maroondah Highway, Coldstream, Vic 3770　产区：雅拉谷
电话:（03）97389200　网址：www.chandon.com.au　开放时间：每日开放，10:30—16:30
酿酒师:丹·拜科尔（Dan Buckle）格兰·汤普森（Glenn Thompson）、亚当·柯亚思（Adam Keath）
创立时间：1986年　产量（以12支箱数计）：不公开　葡萄园面积：170公顷

由酩悦香桐集团（Möet&Chandon）建立，是雅拉河谷两个最重要的酒厂之一。它的品酒室享誉全国和全世界，近年来获得了多项重要的旅游业奖项。其起泡酒产品系列有了重要的改进和提升，而且越来越注重香桐（Chandon）品牌下发布的餐酒。丹·拜克尔领导下的充满活力的酿酒团队一直维持着极高的质量标准。出口到所有主要市场。

Pinot Noir Rose 2016
黑比诺桃红2016
淡淡的粉红色，美味的玫瑰芬芳伴着红色水果的气味——主要是草莓和红樱桃。悠长的余味令人迷醉，收尾偏干。
封口: 螺旋盖　酒精度: 12.5%　评分: 95　最佳饮用期: 2019年
参考价格: 32澳元 ✪

Barrel Selection Yarra Valley Shiraz 2015
橡木桶精选雅拉谷西拉2015
明亮的深紫红色。这是一款各方面都出色的雅拉谷西拉：香气芬芳扑鼻，酒体柔滑中厚，盈满黑色樱桃果香，并装点着胡椒和厨房香料的香气。收尾与余味清新宜人。
封口: 螺旋盖　酒精度: 13.5%　评分: 95　最佳饮用期: 2030年　参考价格: 46澳元

Barrel Selection Yarra Valley Shiraz 2015
橡木桶精选雅拉谷西拉2015
明亮的深紫红色。这是一款各方面都出色的雅拉谷西拉：香气芬芳扑鼻，酒体柔滑中厚，盈满黑色樱桃果香，并装点着胡椒和厨房香料的香气。收尾与余味清新宜人。
封口: 螺旋盖　酒精度: 13.5%　评分: 95　最佳饮用期: 2030年　参考价格: 46澳元

Methode Traditionelle Pinot Noir Shiraz NV
传统法酿造无年份黑比诺西拉起泡酒
评分：93　最佳饮用期：2017年　参考价格：32澳元　TS

Yarra Valley Chardonnay 2015
雅拉谷霞多丽2015
评分：92　最佳饮用期：2021年　参考价格：32澳元　JF

Altius Methode Traditionelle Upper Yarra 2012
阿尔提阿斯传统酿造法上雅拉谷起泡酒2012
评分：92　最佳饮用期：2018年　参考价格：59澳元　TS

Barrel Selection Pinot Meunier 2016
橡木桶精选皮诺莫妮耶起泡酒2016
评分：91　最佳饮用期：2023年　参考价格：46澳元　PR

Chapel Hill　教堂山酒庄　★★★★★

1 Chapel Hill Road, McLaren Vale, SA 5171　产区：麦克拉仑谷
电话:（08）8323 8429　网址：www.chapelhillwine.com.au　开放时间：每日开放，11:00—17:00
酿酒师：迈克尔·弗拉格斯（Michael Fragos）、布莱恩·理查（Bryn Richards）
创立时间：1973年　产量（以12支箱数计）：50000　葡萄园面积：44公顷

这是当地一个中等规模的酒庄。从2000年开始，由瑞士的托马斯斯密德海妮集团（Thomas Schmidheiny group）拥有。这个集团还拥有著名的加州库伟森酒庄（Cuvaison）和瑞士与阿根廷的葡萄园。其酒质卓越。他们的产品来自酒庄自种的西拉、赤霞珠、霞多丽、维德罗、桑乔

维塞和梅洛，以及一些合约内种植的葡萄。红葡萄酒没有经过过滤或澄清，也没有单宁或酶的添加，只有加过二氧化硫——是纯天然的红葡萄酒。出口到所有其他主要市场。

🍷🍷🍷🍷🍷 House Block McLaren Vale Shiraz 2015

豪斯布洛克麦克拉仑谷西拉2015

手工采摘下的葡萄经过破碎除梗后，放入小型2吨发酵罐，用中性酵母发酵。浸皮时间为10天，在法国橡木桶（16%是新的）中陈酿了20个月。呈浓郁的深紫红色。这是一款强劲的、酒体厚重的西拉，充盈着黑色水果、甘草和泥土的芬芳，与成熟的单宁贴面相遇。橡木桶是途径，而不是终点。这支酒是珍稀之土系列中的一员。

封口: 螺旋盖　酒精度: 14.5%　评分: 96　最佳饮用期: 2040年　参考价格: 65澳元 ✪

Road Block McLaren Vale Shiraz 2015

罗德布洛克麦克拉仑谷西拉2015

手工采摘，逐串选择，破碎并除梗。采用开放式发酵，在法国橡木桶（大桶，17%的是新桶）中陈酿20个月。这支酒带着深沉的黑色果香，叫嚣着它的浓度和力量。一股股的甘草和苦巧克力芳香，一波波的成熟单宁口味。谢绝刚上路的司机尝试，因为只有老司机才能品尽其中的妙处。这支酒也属于稀缺之土系列。

封口: 螺旋盖　酒精度: 14.5%　评分: 96　最佳饮用期: 2040年　参考价格: 65澳元 ✪

McLaren Vale Grenache Shiraz Mourvedre 2015

麦克拉仑谷歌海娜西拉慕合怀特2015

三个品种的比例分别为56%、33%和11%。它们被分开酿造，在旧法国橡木桶中陈酿了17个月。这支酒毫无疑问是浓郁和复杂的，它自带的一种新鲜的感觉和特殊的气味也是其他产区所没有的。其陈酿潜力不容置疑，不过，不妨在你买的几箱酒里面，至少拿出一些，提早饮用。

封口: 螺旋盖　酒精度: 14.5%　评分: 96　最佳饮用期: 2030年　参考价格: 25澳元 ✪

Gorge Block McLaren Vale Cabernet Sauvignon 2015

高治布洛克麦克拉仑谷赤霞珠2015

可筛选收割机采收，开放式发酵，20天带皮浸渍，20个月法国橡木桶陈酿（18%的是新橡木桶）。那令人动容的复杂香气和厚重的酒体，吟唱着黑色水果、泥土、甘草和黑巧克力的歌谣。单宁的重要性不言而喻，而橡木桶的影响相对来说偏少。

封口: 螺旋盖　酒精度: 14.5%　评分: 96　最佳饮用期: 2045年　参考价格: 65澳元 ✪

The Vicar McLaren Vale Shiraz 2015

维卡麦克拉仑谷西拉2015

破碎除梗后，进行开放式发酵，带皮浸渍12天，在法国橡木桶（大桶，22%的是新橡木桶）中陈酿了22个月。酒体饱满，富有黑色水果、沥青、土壤、黑巧克力和赤霞珠一样的单宁。它并非穿着天鹅绒裙的窈窕淑女，而是持鞭的狂人醉汉。停下来，停下来，我爱它。

封口: 螺旋盖　酒精度: 14.5%　评分: 95　最佳饮用期: 2040年　参考价格: 75澳元

McLaren Vale Shiraz 2014

麦克拉仑谷西拉2014

这款酒有着绝对的存在感。被黑巧克力香气紧紧包裹着的热情的黑色水果风味引导着迷人的酒香和中等偏厚的酒体，精确得不近人情，且还保持着平衡和长度。橡木桶和单宁藏于其中，你虽然知道它们的存在，却无法触摸。

封口: 螺旋盖　酒精度: 14.5%　评分: 95　最佳饮用期: 2034年　参考价格: 30澳元 ✪

McLaren Vale Cabernet Sauvignon 2015

麦克拉仑谷赤霞珠2015

开放式发酵，带皮浸渍12天，在法国橡木桶（大桶，20%的是新桶）中陈酿了21个月。它很好地展现了麦克拉仑谷本身的风味，一点也没有对优质橡木或者高酒精度的依赖。这是真正的贵族酒：黑加仑果香迈着自信的步伐引领于前，香叶与干草的风味则随于其后，它将沿着既定的路线，坚定地发展、前行。

封口: 螺旋盖　酒精度: 14.5%　评分: 95　最佳饮用期: 2030年　参考价格: 30澳元 ✪

Gorge Block McLaren Vale Chardonnay 2015

高治布洛克麦克拉仑谷霞多丽2015

手工采摘后，取自流汁在法国橡木桶中发酵，陈酿了11个月。酒体的复杂度很高，和多数麦克拉仑谷的酒比起来，质感更突出，品种香更浓郁。采摘的时机极佳，这是酿成这款风格极佳、平衡良好的好酒的关键。

封口: 螺旋盖　酒精度: 13%　评分: 94　最佳饮用期: 2023年　参考价格: 25澳元 ✪

McLaren Vale Shiraz 2015

麦克拉仑西拉2015

来自树龄14—35年的葡萄，手工采摘后，采用开放式发酵，并带皮浸渍了10天，还在法国橡木桶（21%的是新桶，大桶）中陈酿了21个月。其香气迷人，呈黑莓、甘草、苦巧克力和橡木香，它们悠悠地流淌在味蕾之上，直到厚重的单宁发起了攻击。这款酒有着良好的平衡度，并将在未来10年内绽放光华。

封口: 螺旋盖　酒精度: 14.5%　评分: 94　最佳饮用期: 2035年　参考价格: 30澳元 ✪

McLaren Vale Cabernet Sauvignon 2014

麦克拉仑谷赤霞珠2014

第一次轻嗅，就嗅出了这支酒强烈的存在感。迷人的雪茄盒与黑巧克力香气紧紧追逐着黑醋栗的果香；中等偏厚的酒体邀来了令人期待的单宁。橡木不仅仅带来了更佳的风味，也带来了良好的质地。所有的元素最终组成了一款平衡度极佳的葡萄酒。

封口: 螺旋盖 酒精度: 14.5 评分: 94 最佳饮用期: 2029年 参考价格: 30澳元 ✪

🍷🍷🍷🍷🍷 The Parson Cabernet Sauvignon 2015
帕尔森赤霞珠2015
评分：93 最佳饮用期：2030年 参考价格：18澳元

McLaren Vale Sangiovese Rose 2016
麦克拉仑谷桃红桑乔维塞2016
评分：92 最佳饮用期：2018年 参考价格：18澳元 JF ✪

The Parson McLaren Vale Shiraz 2015
帕尔森麦克拉仑谷西拉2015
评分：92 最佳饮用期：2022年 参考价格：18澳元 CM ✪

The Vinedresser McLaren Vale Shiraz 2015
威华仕系列麦克拉仑谷西拉2015
评分：92 最佳饮用期：2025年 参考价格：26澳元

McLaren Vale Shiraz Mourvedre 2015
麦克拉仑谷西拉慕合怀特2015
评分：92 最佳饮用期：2030年 参考价格：25澳元 ✪

The Parson McLaren Vale GSM 2015
帕尔森麦克拉仑谷歌海娜西拉慕合怀特2015
评分：91 最佳饮用期：2020年 参考价格：18澳元 ✪

McLaren Vale Sangiovese 2013
麦克拉仑谷桑乔维塞2013
评分：91 最佳饮用期：2021年 参考价格：25澳元 CM

Chapman Grove Wines 查普曼格罗夫葡萄酒 ★★★★★

37 Mount View Terrace, Mount Pleasant, WA 6153 产区：玛格丽特河 电话: (08) 9364 3885
网址: www.chapmangrove.com.au 开放时间: 不开放 酿酒师: 理查德·罗威 (Richard Rowe)
创立时间: 2005年 产量 (以12支箱数计) : 7000 葡萄园面积: 32公顷

在荣·法拉则的带领下，查普曼格罗夫（Chapman Grove）成为了一个非常成功的合资公司。他们的葡萄原料来自自有的葡萄庄园，包括霞多丽、赛美容、长相思、西拉、赤霞珠和梅洛。他们的葡萄酒有三个价格区间：最基本的查普曼格罗夫系列（Chapman Grove），然后是珍藏系列（Reserve），而在价格金字塔顶端的则是超优级葡萄酒系列——阿提库斯系列（Atticus）。出口到加拿大、新加坡、菲律宾等国家，以及中国内地（大陆）和香港、台湾地区。

🍷🍷🍷🍷🍷 Atticus Grand Reserve Chardonnay 2016
阿提库斯高级珍藏霞多丽2016
葡萄原料经过手工采摘，在法国橡木桶（50%的是新的）中陈酿了10个月。一如从前，这是一款杰出的葡萄酒，带有柠檬般的酸味带来的特殊质地。厚重的白桃与粉红葡萄柚的香气带来了浓郁而精致的口感，那种精致来自于葡萄酒流淌过口腔的感觉和悠长的回味。
封口: 橡木塞 酒精度: 12.8% 评分: 96 最佳饮用期: 2026年 参考价格: 90澳元

Reserve Margaret River Semillon 2016
珍藏玛格丽特河赛美容2016
85%的在不锈钢罐中低温发酵，15%的在法国橡木桶发酵。这是一款相对罕见的单一品种酒。在玛格丽特河，赛美容通常与长相思一同酿造。它带着荨麻、青草、雪花豌豆以及柑橘的香气和味道，并且将在陈放5年以后完全爆发，其味道和结构的维度都会有所提升。
封口: 螺旋盖 酒精度: 13% 评分: 94 最佳饮用期: 2026年 参考价格: 27澳元 ✪

Margaret River Sauvignon Blanc 2016
玛格丽特河长相思2016
香气复杂，而品种香的特性却丝毫不减，那特别的风味和卢瓦尔河谷的风味相近。新鲜的草药香与雪花豌豆的香气与柑橘类果香共舞，带着核果与热带水果的风味，其长度和平衡无可挑剔
封口: 螺旋盖 酒精度: 12.8% 评分: 94 最佳饮用期: 2017年 参考价格: 22澳元

🍷🍷🍷🍷🍷 Reserve Margaret River Semillon Sauvignon Blanc 2016
珍藏玛格丽特和赛美容长相思2016
评分：93 最佳饮用期：2021年 参考价格：27澳元 ✪

Reserve Margaret River Sauvignon Blanc 2016
珍藏玛格丽特河长相思2016
评分：92 最佳饮用期：2021年 参考价格：27澳元

Charles Cimicky 查尔斯席米科 ★★★★

Hermann Thumm Drive, Lyndoch, SA 5351 产区：巴罗萨谷 电话：(08) 8524 4025
网址：www.charlescimickywines.com.au 开放时间：周二至周五，10:30—15:30
酿酒师：查尔斯·席米科（Charles Cimicky） 创立时间：1972年
产量（以12支箱数计）：20000 葡萄园面积：25公顷

他们的葡萄酒品质非常优秀，这归功于酿酒师对橡木桶的娴熟运用和原料葡萄的上佳品质。席

米科（Cimicky）一贯都极其低调，不过他还是很照顾地给我送来了一些葡萄酒。出口到美国、加拿大、瑞士、德国、马来西亚等国家，以及中国香港地区。

🍷🍷🍷🍷🍷 Trumps Barossa Valley Shiraz 2015
王牌巴罗萨谷西拉2015
这是一支复杂的葡萄酒，有黑色水果的甜美果香，有些许干香草的芬芳，还有绵长、中等偏厚的酒体。单宁非常丰富，不过它被控制得很不错。
封口：螺旋盖　酒精度：14.5%　评分：92　最佳饮用期：2035年

Reserve Barossa Valley Shiraz 2014
珍藏巴罗萨谷西拉2014
席米科的风格在后味上表现得非常明显，（其后味）呈鲜咸的黑色橄榄和草药的芬芳，（特别是通过单宁）为葡萄酒增添了复杂度。品尝这款酒需要极度的耐心，并且它不会给你很长的时间和很多的机会。这是2014这个年份所带来的额外的负担。
封口：螺旋盖　酒精度：15%　评分：92　最佳饮用期：2029年

The Autograph Barossa Valley Shiraz 2015
"签名"系列巴罗萨谷西拉2015
这是一款强有力的酒体饱满的葡萄酒，载着满卡车的黑色水果芳香，可惜的是，它还载着更多的偏干的单宁。奇妙的是，这款酒是平衡的，而且也许在遥远的未来会有一天，它能够脱颖而出。
封口：螺旋盖　评分：90　最佳饮用期：2035年

Charles Melton　查尔斯弥尔顿　★★★★★

Krondorf Road, Tanunda, SA 5352　产区：巴罗萨谷　电话：（08）85633606
网址：www.charlesmeltonwines.com.au　开放时间：每日开放，11:00—17:00
酿酒师：查理·弥尔顿（Charlie Melton）、克莱斯·史密斯（Krys Smith）
创立时间：1984年　产量（以12支箱数计）：15000　葡萄园面积：32.6公顷
查理·弥尔顿在巴罗萨谷是个响当当的人物。他与妻子维吉尼亚一起酿造出了一些澳大利亚最时尚、最受追捧的葡萄酒。他在林铎（Lyndoch）有个7公顷的葡萄园，在克朗福（Krondorf）有个9公顷的葡萄园，而在莱特帕斯（Light Pass）有个1.6公顷的葡萄园。其中种植的最多的是西拉和歌海娜，此外还有小部分的赤霞珠。在上伊顿（High Eden），他新购置了30公顷的葡萄园，于2009年种植了10公顷的西拉，在2010年种植了5公顷的歌海娜、西拉、慕合怀特、佳丽酿、神索、皮克葡和布尔布兰科（bourboulenc）。产量的增加并没有影响其浓郁、精致和平衡的酒质。出口到所有主要市场。

🍷🍷🍷🍷🍷 Grains of Paradise Shiraz 2014
天堂之谷西拉2014
带酒泥陈酿24个月，采用60%的美国橡木桶，40%的法国橡木桶。香气极其复杂、令人愉悦，呈五香李子和橡木香。其酒体中厚，口感也是同样的复杂。绵长的口感和余味展现了这款酒优雅的气质。这是一款有无穷潜力的葡萄酒，让人有无数的机会去探寻。
封口: 螺旋盖　酒精度: 14.5%　评分: 97　最佳饮用期: 2044年　参考价格: 66澳元

Voices of Angels Shiraz 2014
天使之声西拉2014
有10%—15%的葡萄是整串进行发酵的，还加进了3%的雷司令，在新法国橡木桶中带酒泥陈酿了28个月。如果说天使之谷是优雅的令人舒适的葡萄酒，那这支酒则是充满挑战的，有更多的棱角和复杂度的葡萄酒。由于整串发酵的工艺和雷司令的加入，它具有凉爽气候葡萄酒的特点。和天堂之谷西拉葡萄酒不同的，是那粉笔与奶酪的风味。
封口: 螺旋盖　酒精度: 14.5%　评分: 97　最佳饮用期: 2044年　参考价格: 66澳元

🍷🍷🍷🍷🍷 Nine Popes 2014
九位教皇葡萄酒2014
采用歌海娜、西拉、慕合怀特葡萄，使用不同的野生酵母和人工培养的酵母发酵，一部分采用整串葡萄发酵，一部分采用共同发酵，在法国橡木桶中陈酿了24个月。查理弥尔顿是酿造这种混酿葡萄酒的一个先行者，他积累了大量的经验和知识，把这个年份的葡萄酒酿造得非常棒。红色、紫色和黑色水果香气纷纷地涌入口腔——这香气是如此的丰富，想要去分析它们，真的没什么太大的意义。这就是一支讨人喜欢的好酒。
封口: 螺旋盖　酒精度: 14.5%　评分: 96　最佳饮用期: 2034年　参考价格: 70澳元

Rose of Virginia 2016
维吉尼亚的玫瑰桃红葡萄酒2016
葡萄破碎后，是短暂的浸皮，然后是6周的低温发酵，这让这款酒比大多数澳洲的桃红色彩更丰富。鼻腔与味蕾之上都盈满红樱桃的风味，经久不散。回味悠长偏干。一如从前，这是一支高质量的好酒。
封口: 螺旋盖　酒精度: 12.5%　评分: 94　最佳饮用期: 2020年　参考价格: 25澳元　✪

The Kirche 2014
教堂葡萄酒2014
67%赤霞珠，33%西拉，分别发酵，在法国橡木桶（30%是新的）中陈酿26个月后，混合到一起。这是赤霞珠西拉混酿的一个令人印象深刻的例子。这个经典的混合可以追溯到20世纪60年代初，当赤霞珠的种植在南澳开始兴盛的时候。这是一支强劲的葡萄酒，需要时间来让它紧握的拳头慢慢地放松下来。
封口: 螺旋盖　酒精度: 14.5%　评分: 94　最佳饮用期: 2034年　参考价格: 37澳元

Richelieu 2014

黎塞留葡萄酒2014

只在歌海娜葡萄最佳的年份里采收，葡萄采摘自平均树龄115年的老藤，经过低温发酵，其中有10%的果实是整串发酵的，浸皮时间为7—10天，在橡木桶（大多数是旧的）中带酒泥发酵了24—30个月。浓郁的风味如同织锦一般展开，法国橡木桶和平衡的单宁则让这些风味得到了提升。这支酒非常适合陈年。

封口: 螺旋盖　酒精度: 14.5%　评分: 94　最佳饮用期: 2024年　参考价格: 66澳元

Charlotte Dalton Wines　夏洛特达尔顿葡萄酒　★★★★★

PO Box 125, Verdun, SA 5245（邮）　产区：阿德莱德山区

电话：0466 541 361　网址：www.charlottedaltonwines.com　开放时间：不开放

酿酒师: 夏洛特·哈迪 (Charlotte Hardy)　创立时间: 2015年　产量 (以12支箱数计) : 700

夏洛特·哈迪从事酿酒已经15年了。在她辉煌的职业生涯中，曾经有为多个明星酒庄服务的经历，这些酒庄包括新西兰的克莱格山脉酒庄 (Craggy Range)、波尔多的吉斯库尔堡酒庄 (Chateau Giscours) 和加利福尼亚州的大卫·阿夫雷乌酒庄 (David Abreu)。但是自从2007年起，她就把南澳洲当成了自己的家乡。她的酒厂是她在巴斯克特山 (Basket Range) 的住所的一部分。这个房子在1858年是个养猪场，从那时开始，它经历了很多的变革。它曾一度成为巴斯克特山杂货店 (Basket Range Store)，而在过去的20年间，曾经被巴斯克特山酒业 (Basket Range Wines)、德纳瑞酒业 (The Deanery Wines) 和现在的夏洛特达尔顿酒业用作了酒厂。

🍷🍷🍷🍷🍷 Love You Love Me Adelaide Hills Semillon 2016

爱你爱我阿德莱德山赛美容2016

采用橡木桶发酵并进行了酒泥搅拌。能感到很明显的旧橡木桶陈酿的特点，这让赛美容的风味能够轻轻松松地携着味蕾走上漫长的旅途。这是一款餐酒，就好像刚清晨时分刚刚从橡木桶中接出来的西班牙曼柴妮拉酒（manzanilla）。

封口: 螺旋盖　酒精度: 12.6%　评分: 96　最佳饮用期: 2031年　参考价格: 39 澳元　✪

Eliza The Broderick Vineyard Basket Range Pinot Noir 2016

伊利扎布罗德里克葡萄园巴斯克特山系列黑比诺葡萄酒

777克隆株和MV6克隆株各占一半，手工采摘，整串发酵，利用额外的重力破碎葡萄，没有使用手工压帽和循环淋帽。在传统篮式垂直压榨之前，夏洛特利用了干冰和柔和的脚踩破碎方法保护了葡萄醪的新鲜度。之后，选用新法国橡木桶陈酿。最终，她得到了非常不错的皮诺葡萄酒，带着特别的香料香和森林的芬芳，以及与之平衡的浓郁红色水果芳香。

封口: 螺旋盖　酒精度: 12.8%　评分: 95　最佳饮用期: 2026年　参考价格: 39 澳元

Love Me Love You Adelaide Hills Shiraz 2016

爱我爱你阿德莱德山西拉2016

来自阿德莱德山最古老的西拉葡萄藤，是来自文多酒庄（Wendouree）的克隆植株。手工采摘，其中30%采用整串发酵，以法国橡木桶（20%是新的）陈酿。在8月中旬的时候，（酿酒师）认为时机“差不多成熟了”，就将酒液引至罐中，静置了1月之久后（未经过滤）装瓶。这支酒带着优雅的气质和成熟自信的风姿，那迷人的李子与黑樱桃的果香被精致、持久的单宁与和谐的橡木风味装裱，实为佳作。

封口: 螺旋盖　酒精度: 13.5%　评分: 95　最佳饮用期: 2031年　参考价格: 42澳元

Beyond the Horizon Adelaide Hills Shiraz 2015

地平线上阿德莱德山西拉2015

和爱你爱我西拉来自同一个小葡萄园，在法国橡木桶（75%是新的）中陈酿了18个月。轻盈新鲜的酒体和诱人的煮过的黑加仑果实的优雅芳香是这款酒风格的关键。这是一支令人喜爱的葡萄酒，尽管它也许还是个半成品。

封口: 螺旋盖　酒精度: 12.6%　评分: 95　最佳饮用期: 2025年　参考价格: 47澳元

Chateau Francois　法朗索瓦酒堡　★★★★★

1744 Broke Road, Pokolbin, NSW 2321　产区：猎人谷

电话：(02)49987548　开放时间：周末，9:00—17:00　酿酒师：唐·法朗索瓦（Don Francois）

创立时间：1969年　产量（以12支箱数计）：200

几乎从我刚开始接触葡萄酒的时候，我就认识唐·法朗索瓦博士了。他之前是新南威尔士州的渔业部主任。我们确实认识很多很多年了。我还记得很早以前，他在一个古旧的铜制洗衣机桶里发酵的各种各样的物质（葡萄除外）。我得补充一点，他发酵的这些东西里面可没有任何一丁点是非法的。他在我建立恋木传奇酒庄（Brokenwood）的一年前，建立了法朗索瓦酒堡。从那时开始，我们的酿酒之路与钓鱼之路有了很多交集。几年前唐先生患上了轻度中风，不能再流畅地说话和写字，可这并没有妨碍他酿造出一系列的极其美妙的赛美容葡萄酒，它们将随着时间的推移大放异彩。值得一提的是，他更加引以为傲的是他女儿瑞秋·法朗索瓦（Rachel Francois）在新南威尔士的法律事业。这些赛美容葡萄已经48年了，它们酿造出的美酒畅销得就好像被人年复一年传唱的、脍炙人口的歌谣。这个酒庄的价值出众，不愧为五星酒庄。

🍷🍷🍷🍷🍷 Pokolbin Semillon 2014

波高尔宾赛美容2014

14年份以红葡萄酒闻名，不过赛美容也非常不错。采摘的时候果实非常完美，避免了在即将到来的雨季里见缝插针的尴尬。这支酒拥有着黄金一般的15年生命，但是那柠檬汁和柠檬奶冻的风味已经非常明显了。良好的酸度提供了平衡和长度。他现在的表现非常令人愉悦，不过在将来，这支酒会稳步地走向复杂和成熟。

封口: 螺旋盖　酒精度: 11%　评分: 96　最佳饮用期: 2029年　参考价格: 20澳元　✪

Pokolbin Semillon 2015
波高尔宾赛美容2015
这个年份可并不令人轻松。不过46年的老藤和山脚坡地的位置还是把这支酒拉到了起跑线的前面。它现在是一支精致、可口的葡萄酒，不过在10年后，它会大放光彩，且在之后也将有漫长的生命。
封口: 螺旋盖　酒精度: 11%　评分: 95　最佳饮用期: 2030年　参考价格: 20 澳元 ✪

Pokolbin Semillon 2016
波高尔宾赛美容2016
猎人谷时常狂暴的气候让人很难对一个葡萄园做出概括性的评价，不过这个树龄接近50年的小葡萄园却从未让人失望过。它表现了纯粹的猎人谷赛美容，带着柠檬皮、柠檬草和柠檬奶冻的风味和不加糖的汁液，而这些都被清爽的、带着矿物香的酸味牢牢圈住了。
封口: 螺旋盖　酒精度: 11%　评分: 94　最佳饮用期: 2029年　参考价格: 20 澳元 ✪

🍷🍷🍷🍷🍷 Pokolbin Shiraz 2015
波高尔宾西拉2015
评分：92　最佳饮用期：2025年　参考价格：18澳元 ✪

Chateau Pâto　帕多堡酒庄　★★★★★

67 Thompsons Road, Pokolbin, NSW 2321　产区：猎人谷
电话：(02)4998 7634　开放时间：仅限预约　酿酒师：尼古拉·派特森（Nicholas Paterson）　创立时间：1980年　产量（以12支箱数计）：500　葡萄园面积：2.5公顷
尼古拉派特森（Nicholas Paterson）每天工作在槲寄生酒庄（Mistletoe）和其他地方，不过他的心却是在这里。酒庄种的大部分葡萄品种是西拉（也是第一批种植的品种），小部分品种有霞多丽、玛姗、胡珊和慕合怀特。大部分的葡萄都用于出售了，只有少量的西拉被酿成了绝妙的美酒。大卫神父的遗产受到了精心的保护。

🍷🍷🍷🍷🍷 DJP Hunter Valley Shiraz 2014
DJP猎人谷西拉2014
一部分是单宁的质感，还有那鲜咸的风味，那新鲜皮革和冻干树莓粉的香气让人肯定这是猎人谷的西拉。它有一定的深度和鲜咸风味的浓郁度，在法国橡木桶（puncheons）中陈酿了16个月。收尾有一些过重，是它还没到享用的时候。几年后再来试一试吧。
封口：螺旋盖　酒精度：14.9%　评分：95　最佳饮用期：2032年
参考价格：50澳元　JF

Hunter Wine Country Old Pokolbin Vineyard Shiraz 2014
猎人谷葡萄酒王国老波高尔宾葡萄园西拉2014
来自3个葡萄园，园中的葡萄要追溯到20世纪60年代了。色泽呈深红色，带着花香和诱人的黑李子果香。味蕾之上堆砌着樱桃味巧克力棒、新制皮革和橡木桶的辛香。结构优雅，口味丰富，单宁有型——带着一些颗粒感和很多的内容。
封口：螺旋盖　酒精度：14.1%　评分：95　最佳饮用期：2038年
参考价格：40澳元　JF

Chateau Tanunda　塔奴丹酒庄　★★★★★

9 Basedow Road, Tanunda, SA 5352　地区：巴罗萨谷
电话：(08) 85633888　网址：www.chateautanunda.com
开放时间：每日开放，10:00—17:00　酿酒师：尼维尔·罗威（Neville Rowe）
创立时间：1890年　产量（以12支箱数计）：130000　葡萄园面积：100公顷
这是巴罗萨谷历史上最重要的酒庄建筑之一，建于1880年代晚期，所用的蓝色矿石是从附近的巴思妮（Bethany）开采的。它经由约翰·吉博（John Geber）及其家人修复，并且安装了一个新的小型篮式压榨机。塔奴丹酒庄拥有巴思妮（Bethany）、伊甸园谷（Eden Valley）、塔奴丹（Tanunda）和维恩谷（Vine Vale），几个产区一共几乎100公顷的葡萄园，他们还从全巴罗萨地区的30个葡萄种植者处收集葡萄。他们的葡萄酒用手工挑选的葡萄制成，篮式压榨，不经过澄清和过滤。其“巴罗萨风土（Terroirs of the Barossa）”系列酒标下的单一葡萄园和单区葡萄酒受到相当的重视。这座宏伟的建筑内设有酒窖门店和巴罗萨小型酿酒师中心，供应精品葡萄酒。对所有主要市场的出口，是其产量从5万打增加到13万打的主要原因，这种成功，应归功于约翰吉博（John Geber）对以市场为导向的战略的不懈坚持。

🍷🍷🍷🍷🍷 Terroirs of the Barossa Greenock Shiraz 2015
巴罗萨风土格林诺克西拉2015
饱满的、接近融化的黑色水果味与奢华的橡木质感和香料香交融在一起。酒精度虽然高到了极限，却并没有让人觉得太过分。单宁的管理是无可挑剔的，葡萄和橡木桶的协奏毫不费力地像笊篱一样将浓郁的果香沥过。
封口：橡木塞　酒精度：15%　评分：95　最佳饮用期：2038年
参考价格：49澳元　NG

50 Year Old Vines Barossa Shiraz 2014
50年老藤巴罗萨西拉2014
这是一款限量生产的葡萄酒，来自低产量的老葡萄藤。深色水果风味和圣诞蛋糕的香料味与慷慨的橡木味和有颗粒感的苦巧克力似的单宁相抗衡。强烈的红色水果香气撒下了一道辉光，在涌动的余味中摇曳着。

封口：橡木塞 酒精度：14.5% 评分：95 最佳饮用期：2035年
参考价格：75澳元 NG

The Chateau Bethanian Barossa Valley Shiraz 2015
百瑟尼堡巴罗萨谷西拉2015
这是一款风味与集中度都很强的葡萄酒，也是一款非常精致的葡萄酒。同时采用新旧橡木桶和法国、美国橡木桶的做法也是当地的典型做法。当酒体展开之时，波森莓的果香将味蕾紧紧裹住，仿佛在为漫长的将来争辩着。
封口：橡木塞 酒精度：14% 评分：94 最佳饮用期：2038年
参考价格：35 澳元 NG

Grand Barossa Shiraz 2015
高级巴罗萨西拉2015
拥有无可挑剔的丹宁和柔和的酸度，好像缎面的丝绒，好像奶油二重奏一样铺满口腔。在口腔中稍稍搅动一下，就能感受到浓郁的波森莓果香和淡淡的八角风味，还有胡椒和麦芽汁的余味在荡漾着。
封口：橡木塞 酒精度：14.5% 评分：94 最佳饮用期：2025年
参考价格：25 澳元 NG ✪

Grand Barossa Shiraz 2014
高级巴罗萨西拉2014
好像北罗纳河谷葡萄酒的香气：是碾过的胡椒，蓝色水果和熟食香。一帧“高保真”的酸味镶嵌在了适中的酒体之中。从某种程度上，这款酒就这个产区来讲还是典型的，虽然蓝色水果的果香随着葡萄酒的展开而在汹涌着。
封口：螺旋盖 酒精度：14.5% 评分：94 最佳饮用期：2024年
参考价格：25 澳元 NG ✪

🍷🍷🍷🍷🍷 The Chateau Single Vineyard Shiraz 2014
酒堡单一葡萄园西拉2014
评分：93 最佳饮用期：2028年 参考价格：35 澳元 NG

Newcastle Cinsault Carignan 2015
纽卡斯特神索佳丽酿2015
评分：93 最佳饮用期：2022年 参考价格：22 澳元 NG ✪

Chorus Barossa 2014
合唱巴罗萨2014
评分：93 最佳饮用期：2022年 参考价格：17 澳元 NG ✪

50 Year Old Vines Cabernet Sauvignon 2013
50年老藤赤霞珠2013
评分：93 最佳饮用期：2028年 参考价格：75 澳元 NG

Grand Barossa Cabernet Sauvignon 2015
高级巴罗萨赤霞珠2015
评分：92 最佳饮用期：2028年 参考价格：25 澳元 NG ✪

Chorus Tempranillo Garnacha Graciano 2014
合唱丹魄歌海娜格拉齐阿诺2014
评分：91 最佳饮用期：2022年 参考价格：17 澳元 NG ✪

Barossa Tower Shiraz
巴罗萨塔楼西拉2015
评分：90 最佳饮用期：2022年 参考价格：19 澳元 NG ✪

Dahlitz Single Vineyard Merlot 2014
达希尔兹单一葡萄园梅洛2014
评分：90 最佳饮用期：2025年 参考价格：20 澳元 NG ✪

Cherry Tree Hill 樱桃树山酒庄 ★★★★

Hume Highway, Sutton Forest, NSW 2577 产区：南部高地（Southern Highlands）
电话：(02)82171409 网址：www.cherrytreehill.com.au 开放时间：每日开放，9:00—17:00
酿酒师：安通·巴洛格（Anton Balog，合约酿酒师） 创立时间：2000年
产量（以12支箱数计）：4000 葡萄园面积：14公顷
洛朗兹家族在加比·洛伦兹（Gabi Lorentz）的领导下，于2000年开始创建了樱桃树山酒庄，并种植了赤霞珠和雷司令各3公顷；2001年之后，又种了3公顷的梅洛和长相思葡萄酒；最后在2002年又种了2公顷的霞多丽。创建这个葡萄园的初始想法来自童年时候的一次在祖父的匈牙利葡萄园中的马车之行，加比的儿子大卫（也是现任庄主）作为经理让家族的酿酒生意延续到了第三代。

🍷🍷🍷🍷🍷 Riesling 2016
雷司令2016
正如预期的那样，石板和青柠味首先登场。而随后味蕾之上就迸发出了柑橘果酱、大麦糖、生姜和蜜饯橘皮的味道，在甜蜜的琼浆中浸渍着，是对德国的卡比那（Kabinett）雷司令的致敬。酸度柔和、轻快而自然。
封口：螺旋盖 酒精度：13.2% 评分：94最佳饮用期：2025年

参考价格：35 澳元 NG

🍷🍷🍷🍷🍷 Chardonnay 2015 Rati
霞多丽2015
评分：93 最佳饮用期：2023年 参考价格：25 澳元 NG ✪

Diana Reserve Chardonnay 2015
戴安娜珍藏霞多丽2015
评分：93 最佳饮用期：2023年 参考价格：40 澳元 NG

Sauvignon Blanc 2016
长相思2016
评分：90 最佳饮用期：2019年 参考价格：20 澳元 NG ✪

Chrismont 克里斯梦酒庄 ★★★★

251 Upper King River Road, Cheshunt, Vic 3678 产区：国王谷 电话：(03)57298220
网址：www.chrismont.com.au 开放时间：每日开放，10:00—17:00 酿酒师：沃伦·普罗福特（Warren Proft） 创立时间：1980年 产量（以12支箱数计）：25000 葡萄园面积：100公顷

阿尔尼和乔·皮吉尼在国王谷的彻斯特纳特（Cheshunt）和怀特菲尔德（Whitfield）地区主要的葡萄园种植了雷司令、长相思、霞多丽、灰比诺、赤霞珠、梅洛、西拉、巴贝拉、萨格拉蒂诺（Sagratino）、马泽米诺（Marzemino）和阿尔尼斯（Arneis）。拉佐娜（La Zona）系列的产品是基于意大利皮吉尼（Pizzinis）的传统，和对意大利产品的浓厚兴趣。他们还生产了一款普洛赛克（Prosecco），是来自国王谷的合约种植葡萄。在2016年1月，克里斯蒙特（Chrismont）酒窖门店、餐厅和食物储藏室开张了。除了7天开发的酒窖门店外，新装修的场所可容纳300位宾客，适合举办婚礼、企业活动、商务会议和团体庆祝活动。新店的一个特色是葡萄园上方的浮台，可容纳多达150人，使用玻璃墙体和天花板，能俯瞰黑山脉（Black Ranges）和国王谷（King Valley）的景观。出口到菲律宾、马来西亚和新加坡。

🍷🍷🍷🍷🍷 La Zona King Valley Pinot Grigio 2016
拉佐娜国王谷灰比诺2016
酒的集中度和品种特性表现极佳。纳西梨、格兰尼史密斯苹果和迈耶柠檬的风味不但表现在香气中，也表现在长长的味觉之中。这支酒就像一辆载满苹果的板车，收尾和回味也没有丝毫减少这种风味。
封口：螺旋盖 酒精度：11.5% 评分：94 最佳饮用期：2020年 参考价格：22 澳元 ✪

La Zona King Valley Fiano 2016
拉佐娜国王谷费阿诺2016
费阿诺这个品种是不知道什么是放弃的。不论种植在哪里，不论如何酿造，它都会在味蕾之上表现出不断变化着的，反映当地风土的果味。在这里，则表现出柑橘、杏仁和核果的风味。
封口：螺旋盖 酒精度：13% 评分：94 最佳饮用期：2023年 参考价格：26 澳元 ✪

🍷🍷🍷🍷🍷 King Valley Pinot Gris 2015
国王谷灰比诺2015
评分：93 最佳饮用期：2020年 参考价格：26 澳元 ✪

La Zona King Valley Sangiovese 2015
拉佐娜国王谷桑乔维塞2015
评分：93 最佳饮用期：2025年 参考价格：26 澳元

La Zona King Valley Barbera 2015
拉佐娜国王谷巴贝拉2015
评分：93 最佳饮用期：2022年 参考价格：26 澳元 ✪

La Zona King Valley Sagrantino 2015
拉佐娜国王谷赛格兰提诺（Sagrantino）
评分：93 最佳饮用期：2027年 参考价格：30 澳元

La Zona King Valley Rosa 2016
拉佐娜国王谷桃红2016
评分：90 最佳饮用期：2018年 参考价格：18 澳元 ✪

Churchview Estate 车驰威尔酒庄 ★★★★☆

8 Gale Road, Metricup, WA 6280 产区：玛格丽特河
电话：(08) 97557200 网址：www.churchview.com.au 开放时间：周一到周六，10:00—17:00
酿酒师：格莱哥·噶尔尼史（Greg Garnish） 创立时间：1998年
产量（以12支箱数计）：45000 葡萄园面积：65公顷

付克马（Fokkema）家族是由斯派克·付克马（Spike Fokkema）带头，于20世纪50年代从荷兰移民（到澳洲）的。在接下来的几十年里，商业上的成功让这个家族得以在1997年收购了100公顷的车驰威尔（Churchview）酒庄的物业，且得以逐步加种了大片的葡萄园（65公顷，16个品种），并实行有机管理。其产品出口到所有主要市场。

🍷🍷🍷🍷🍷 The Bartondale Margaret River Chardonnay 2015
巴通戴尔玛格丽特河霞多丽2015

手工采摘，整串发酵，压榨到不同的橡木桶中，在橡木桶中利用环境中的酵母自然发酵。这支霞多丽的性格和风味都非常大气：带着腰果、肉桂、牛轧糖和馥郁的核果香气，还混着亚洲梨的果香。其酿造的风格是当代的澳洲极简风格，那火柴般的燧石气味被换成了浓郁的果香和强烈的风味。
封口：螺旋盖 酒精度：13.5% 评分：95
最佳饮用期：2023年 参考价格：55 澳元 NG

🍷🍷🍷🍷🍷 The Bartondale Cabernet Sauvignon 2015
巴通纳德赤霞珠2015
评分：93 最佳饮用期：2033年 参考价格：55 澳元 NG

St Johns Margaret River Marsanne 2016
圣约翰玛格丽特河玛姗2016
评分：92 最佳饮用期：2022年 参考价格：35澳元 NG

St Johns Margaret River Cabernet Sauvignon Malbec Merlot Petit Verdot 2015
圣约翰玛格丽特河赤霞珠马尔贝克梅洛小味而多2015
评分：92 最佳饮用期：2035年 参考价格：35 澳元 NG

The Bartondale Laine Brut Zero 2010
巴通纳德莱尔绝干起泡酒2010
评分：92 最佳饮用期：2022年 参考价格：55 澳元 TS

Estate Range SBS 2016
酒庄系列长相思赛美容2016
评分：91 最佳饮用期：2017年 参考价格：20 澳元 NG ✪

Estate Range Chardonnay 2015
酒庄系列霞多丽2015
评分：91 最佳饮用期：2020年 参考价格：20澳元 NG ✪

The Bartondale Margaret River Shiraz 2015
巴通纳德玛格丽特河西拉2015
评分：90 最佳饮用期：2025年 参考价格：55澳元 NG

St Johns Limited Release Vintage Brut 2013
圣约翰限量珍藏年份干起泡酒2013
评分：90 最佳饮用期：2017年 参考价格：35澳元 TS

Ciavarella Oxley Estate 琪雅瓦瑞拉·欧克西里酒庄 ★★★★

17 Evans Lane, Oxley, Vic 3678 产区：国王谷 电话：(03)5727 3384
网址：www.oxleyestate.com.au 开放时间：周一至周六，9:00—17:00；周日，10:00—17:00
酿酒师：托尼·琪雅瓦瑞拉（Tony Ciavarella） 创立时间：1978年
产量（以12支箱数计）：3000 葡萄园面积：1.6公顷
赛瑞尔（Cyril）和简·琪雅瓦瑞拉（Jan Ciavarella）的葡萄园建于1978年，并且多年来一直在扩大规模。第一个葡萄品种，奥赛罗（aucerot），最开始在1960年前，被毛里斯·欧世阿（Maurice O'Shea）在麦克威廉的欢乐山种下。琪雅瓦瑞拉酒庄（Ciavarella）的葡萄藤是在20世纪80年代中期，在母本的植株被拔除之前，由一个古老的格兰罗文（Glenrowan）葡萄园采集的插条种植的。托尼·琪雅瓦瑞拉（Tony Ciavarella）于2003年中从农业研究的工作离职，加入了琪雅瓦瑞拉（Ciavarella），并与父母一同工作。赛瑞尔（Cyril）和简（Jan）于2014年退休，托尼和妻子玛丽琳（Merryn）接管了酒庄。

🍷🍷🍷🍷🍷 Sangiovese 2015
桑乔维塞2015
多个方面都不错，特别是复杂度。琪雅瓦瑞拉说她品到了樱桃和石榴的香气，而我觉得是分毫不差的，但是，有西瓜的香味吗？单宁平衡且成熟。
封口：螺旋盖 酒精度：13.8% 评分：94 最佳饮用期：2023年

🍷🍷🍷🍷🍷 Zinfandel 2015
增芳德2015
评分：91 最佳饮用期：2020年

Cirami Estate 奇拉米酒庄 ★★★★

78 Nixon Road, Monash, SA 5342 产区：河地 电话：(08) 85835366
网址：www.rvic.org.au 开放时间：周一至周五，9:00—16:00 酿酒师：艾瑞克·赛美勒（Eric Semmler） 创立时间：2008 产量（以12支箱数计）：1000 葡萄园面积：46.4公顷
奇拉米酒庄（Cirami Estate）由河地葡萄种植进步协会组织（Riverland Vine Improvement Committee Inc，简称RVIC）拥有，这是一家规模很大的非营利组织。这个组织是以理查德·奇拉米（Richard Cirami）的名字命名的，理查德是克隆植株选择和品种评估的先驱，在RVIC的委员会工作了20多年。这个葡萄园有40个品种，面积在0.3公顷或更大，另有2公顷的园地种植了60多个品种，而后者是奇拉米酒庄从各个苗圃中收集的葡萄。

🍷🍷🍷🍷🍷 Montepulciano 2014
蒙特普齐亚诺诺2014

蒙特普齐亚诺将酸味和柔顺的单宁融成了一个光洁的球，但是酒体仍然适中。扑面而来的馥郁的红色果香芬芳而诱人，还带着橡木的辛香和丰富的个性。
封口：螺旋盖 酒精度：14.5% 评分：93
最佳饮用期：2020年 参考价格：18澳元 JF ✪

Verdejo 2016
维德罗
它非常的清新，又非常的酸爽。它迷人的个性包裹着诱人的味道，是柠檬酸橙汁的味道，带着纯净的酸度和绿色的、清凉的、大约是罗勒叶的香味，收尾很漂亮。
封口：螺旋盖 酒精度：12.5% 评分：91
最佳饮用期：2018年 参考价格：15澳元 ✪

Albarino 2016
阿尔巴力诺2016
这个品种带着诱人的香气，我觉得是白色的花和柠檬或青柠皮的香气。奶油的香调、爽脆的酸度和清新的余味完成了这支酒。
封口：螺旋盖 酒精度：12.5% 评分：90
最佳饮用期：2020年 参考价格：15澳元 JF ✪

Circe Wines 瑟茜酒庄 ★★★★★

PO Box 22, Red Hill, Vic 3937（邮） 产区：莫宁顿半岛 电话：0417 328 142
网址：www.circewines.com.au 开放时间：不开放 酿酒师：丹·巴克尔（Dan Buckle）
创立时间：2010年 产量（以12支箱数计）：800 葡萄园面积：2.9公顷
瑟茜（Circe）是荷马史诗奥德赛中的诱惑女神。瑟茜酒庄是酿酒师丹·巴克尔和市场专家艾伦·杜蒙德（Aaron Drummond）合伙建立的，可以说是他们二人的业余事业，这源于他们对黑比诺的共同爱好。他们长期租用希尔克赖斯特（Hillcrest）路上的葡萄园，距离帕灵加酒园（Paringa Estate）不远。"确实如此，"丹说，"它距离我父亲在20世纪80年代种植的"巴克尔"酒园不远。"瑟茜酒庄拥有1.2公顷的葡萄树，一半霞多丽和一半黑比诺（MV6克隆株）。他们还在红山（Red Hill）威廉大道（William Road）的一个葡萄园种植了1.7公顷的黑比诺（MV6，Abel，777，D2V5和贝斯特酒庄的老克隆株Bests's Old Clone）。丹·巴克尔（Dan Buckle）的真正工作是澳洲香桐酒庄（Chandon Australia）的首席酿酒师。出口到英国。

🍷🍷🍷🍷🍷 Utopies Grampians Shiraz 2015
乌托邦格兰皮恩斯西拉2015
正如它的香气所预示的那样，这是一款强劲的葡萄酒，但却能顺利流畅地表现出它的力量，黑樱桃和黑莓果香都登上了舞台，还有香料香和黑椒香。总体长度和平衡都非常不错。
封口：螺旋盖 酒精度：13.5% 评分：96 最佳饮用期：2035年 参考价格：50澳元 ✪

Clackers Wine Co. 卡拉克瑞斯葡萄酒公司 ★★★★☆

13 Wicks Road, Kuitpo, SA 5172 产区：阿德莱德山区
电话：0402 120 680 网址：www.clackerswineco.com.au 开放时间：不开放
酿酒师：格雷格·克拉克（Greg Clack） 创立时间：2015 产量（以12支箱数计）：299
格雷格·克拉克已经在葡萄酒行业14年了，第一个11年是在麦克拉仑谷的豪富酒庄（Haselgrove）。2014年他来到了阿德莱德山，成为庞德酒庄（Chain of Ponds）的首席酿酒师，这只是他白天的工作，而他的业余时间则投入到克拉克瑞斯酒业中了。这个公司的愿景就是发现小批的、高质量的来自单一葡萄园的麦克拉仑谷歌海娜。2015年份的第一批葡萄酒取得了绝对的成功。

🍷🍷🍷🍷🍷 McLaren Vale Grenache 2015
麦克拉仑谷歌海娜2015
这是一款接近完美的麦克拉仑古歌海娜，之所以说它"接近"完美，是因为我顽固的思想对15.3%这么高的酒精度是拒绝的。它非常漂亮地表现了品种的特性，带着所有的你可能曾经遇到过的红色水果的风味（但是没有甜腻的味道），毫不费力地流过口腔。
封口：螺旋盖 评分：96 最佳饮用期：2030年 参考价格：32澳元 ✪

Clairault | Streicker Wines 克莱洛 | 思杰克酒庄 ★★★★★

3277 Caves Road, Wilyabrup, WA 6280 产区：玛格丽特河
电话：（08）9755 6225 网址：www.clairaultstreicker.com.au
开放时间：每日开放，10:00—17:00 酿酒师：布鲁斯·杜克斯（Bruce Dukes）
创立时间：1976年 产量（以12支箱数计）：19000 葡萄园面积：113公顷
这个涉及多个方面的企业的拥有者是居住在纽约的约翰·思杰克（John Streicker）。这个企业被创立于2002年，从思杰克购买了雅林角普罗蒂亚园（Yallingup Protea Farm & Vineyards）的时候开始。接下来，他在2003年购买了铁石园（Ironstone Vineyard），最后是布里奇兰园（Bridgeland Vineyard），这个园子里有当地最大的水坝：有1公里长，占地面积18公顷。铁石园是威亚布莆谷（Wilyabrup）最古老的葡萄园之一。2012年4月思杰克收购了克莱洛酒庄，又得到了40公顷的园地，其中12公顷的葡萄树龄已逾40岁。这两个品牌目前已经高效地合为一体。生产的很大一部分葡萄被卖给了当地的酿酒师。产品出口到美国、加拿大、迪拜、马来西亚、新加坡等国家，以及中国内地（大陆）和香港地区。

🍷🍷🍷🍷🍷 Clairault Estate Margaret River Chardonnay 2015
克莱洛庄园玛格丽特河霞多丽2015
手工采摘，整串压榨，法国橡木桶（40%是新的）发酵，未经过苹乳发酵，陈酿时间

为9个月。没有什么比这更诱人的了。果香、橡木香和酸味实现了完美的结合，白桃与水蜜桃的果香和乳脂般美腻的橡木之吻被柑橘似的酸味牢牢地拴住了。
封口: 螺旋盖　酒精度: 13%　评分: 96　最佳饮用期: 2028年　参考价格: 38澳元 ✪

Streicker Ironstone Block Margaret River Cabernet Sauvignon 2013
思杰克铁石园玛格丽特河赤霞珠2013
手工采摘，除梗和稍稍破碎后，压榨入法国橡木桶（45%是新的），历经18个月。它比克莱洛赤霞珠的浓度更高，也更具质感。黑醋栗的果香与带着泥土味的，但是很成熟的单宁一起嬉戏着。尽管酒体非常饱满厚重，但是非常平衡，这保证了这支酒未来的发展。
封口: 螺旋盖　酒精度: 14.1%　评分: 96　最佳饮用期: 2038年　参考价格: 45澳元 ✪

Clairault Margaret River Sauvignon Blanc Semillon 2016
克莱洛玛格丽特河长相思赛美容2016
长相思和赛美容的配比为79/21%。80%在不锈钢罐中低温发酵，20%在法国橡木桶中发酵。这是一场激动人心的政治斗争，在长相思与赛美容之间，还有法国橡木桶与美国橡木桶之间展开。所有的这一切都让其风味与质地更加华美，那是白色核果的芬芳伴着横贯口腔、绵长的酸味。
封口: 螺旋盖　酒精度: 13%　评分: 95　最佳饮用期: 2021年　参考价格: 22澳元 ✪

Streicker Bridgeland Block Margaret River Sauvignon Semillon 2015
思杰克布里奇兰园玛格丽特河长相思赛美容2015
手工采摘，低温压榨，在法国橡木桶（33%是新的）中，带着少许固形物发酵；搅桶陈酿9个月。最终结果是一款带有独特的烟熏味的葡萄酒，口感特别的强烈。其风味大概在青草和青豌豆的范围内，且有足够的空间留给了热情果和猕猴桃，其收尾被坚实的酸味和柠檬皮的芳香紧紧地抓住了。
封口: 螺旋盖　酒精度: 12.5%　评分: 95　最佳饮用期: 2022年　参考价格: 30澳元 ✪

Clairault Margaret River Chardonnay 2015
克莱洛玛格丽特河霞多丽2015
经过了破碎，却没有全部除梗，而是带着一些整串的葡萄，在法国橡木桶（40%是新的）中发酵，其中的一部分进行了苹乳发酵，陈酿时间为9个月。苹乳发酵并没有剥夺葡萄酒清新的特点，它带着和克莱洛庄园（Estate）这个兄弟产品相近的力量。它的香气是复杂的，稍有一些（好闻的）还原味，以核果的果香为主，并伴着微妙的橡木香。
封口: 螺旋盖　酒精度: 13%　评分: 95　最佳饮用期: 2026年　参考价格: 27澳元 ✪

Streicker Ironstone Block Old Vine Margaret River Chardonnay 2014
思杰克铁石园老藤玛格丽特河霞多丽2014
颜色仍然是令人难以置信的鲜嫩的稻草绿色，酒香和口感同样年轻。源自庄园自有的葡萄，整串压榨，在法国橡木桶中发酵。这支酒有令人难忘的馥郁的柚子和苹果的香气，而其漫长的寿命则是金·金（Gin Gin）克隆株的特点。
封口：螺旋盖　酒精度：13.5%　评分：95　最佳饮用期：2029年　参考价格：41澳元

Streicker Bridgeland Block Margaret River Rose 2016
思杰克布里奇兰玛格丽特河桃红2016
鲜艳的粉红色；极具表现力，香气呈红莓和草莓果香，口感是充满活力而多汁的，酸度清爽，余味悠长。选用酒庄自产的葡萄酿制，展现了娴熟的酿造技术，品质卓越。
封口: 螺旋盖　酒精度: 13%　评分: 95　最佳饮用期: 2020年　参考价格: 28澳元 ✪

Streicker Bridgeland Block Margaret River Syrah 2014
思杰克布里奇兰玛格丽特河西拉2014
50%的葡萄是手工采摘的，进行了除梗而没有经过破碎，33%的果梗被加了回来。4天之后，采摘了其余的葡萄，完成了除梗，并压榨到法国橡木桶（33%是新的）中，进行了发酵和14个月的成熟过程。多汁的红樱桃和黑樱桃果香新鲜而充满活力。唯一可能存在的问题是单宁的薄弱，不过，我原谅它了。
封口：螺旋盖　酒精度：14%　评分：95　最佳饮用期：2030年　参考价格：43澳元

Clairault Estate Margaret River Cabernet Sauvignon 2013
克莱洛庄园玛格丽特河赤霞珠2013
采摘于1976年种植的葡萄园，在法国橡木桶中陈酿了18个月。其颜色极佳，平衡和果香也同样出色，而果香主要呈黑醋栗和黑加仑子的香气，也确实有少许不成熟的红色水果香气，不过很是鲜美，最后以单宁的进入而收尾。
封口：螺旋盖　酒精度：14%　评分：95　最佳饮用期：2033年　参考价格：43澳元

🍷🍷🍷🍷🍷 Clairault Cabernet Sauvignon 2015
克莱洛赤霞珠2015
评分：92　最佳饮用期：2029年　参考价格：27澳元

Clairault Cabernet Sauvignon Merlot 2015
克莱洛赤霞珠梅洛2015
评分：90　最佳饮用期：2023年　参考价格：22澳元

Streicker Blanc de Blancs 2013
思杰克白中白2013
评分：90　最佳饮用期：2021年　参考价格：45澳元　TS

Clare Wine Co　克莱尔葡萄酒公司 ★★★★

PO Box 852, Nuriootpa, SA 5355（邮）　产区：克莱尔谷

电话：(08) 8562 4488 网址：www.clarewineco.com.au 开放时间：不开放
酿酒师：里德·博斯沃德（Reid Bosward），斯蒂芬·德沃（Stephen Dew）
创立时间：2008年 产量（以12支箱数计）：5000 葡萄园面积：36公顷
这是凯斯勒（Kaesler）酒庄的子公司，主要针对出口市场。其葡萄园主要出产西拉和赤霞珠，也生产雷司令和赛美蓉，但没有霞多丽。我认为他们的霞多丽是跟克莱尔谷的其他种植者购买的。出口到马来西亚、新加坡等国家，以及中国内地（大陆）和香港地区。

🍷🍷🍷🍷🍷 Watervale Riesling 2016
沃特谷雷司令2016
这支酒带着极易辨认的、雷司令品种特有的果香，好像柠檬汁、碎柠檬叶和柠檬皮的芬芳，还有平衡的酸味。所有的这些，加上那复古的酒标，让这支酒很适合作为红酒吧和咖啡店的餐酒。
封口：螺旋盖 酒精度：11.5% 评分：94 最佳饮用期：2026年 参考价格：20澳元 ✪

🍷🍷🍷🍷 Cabernet Sauvignon 2013
赤霞珠2013
评分：90 最佳饮用期：2023年 参考价格：20澳元 ✪

Clarendon Hills 克拉伦敦山酒庄 ★★★★★

Brookmans Road, Blewitt Springs, SA 5171 产区：麦克拉仑谷
电话：(08) 8363 6111 网址：www.clarendonhills.com.au 开放时间：仅限预约
酿酒师：罗曼·不拉塔斯尔克（Roman Bratasiuk） 创立时间：1990年
产量（以12支箱数计）：15000 葡萄园面积：63公顷
在我看来，年龄和经验让罗曼·不拉塔斯尔克本人变得成熟了，也让他的葡萄酒变得更醇厚了。他酿造的酒曾经是强壮粗犷的，不过现在，他的酒变得精美多了，柔顺多了，有时优雅得近乎完美。罗曼还收购了克拉伦登（Clarendon）高山上的160公顷产业。这个葡萄园的海拔接近了阿德莱德山。在这里，他建立了一个葡萄园，采用了与德国和奥地利的陡峭山坡上相似的单桩葡萄架。这个葡萄园生产的葡萄被用于酿造克拉伦登庄西拉（Domaine Clarendon Syrah）。他每年酿造20种不同的葡萄酒，所有葡萄酒一直都非常不错，这也是那些老藤的功劳。出口到美国和其他主要市场。

🍷🍷🍷🍷🍷 Onkaparinga Syrah 2013
昂卡帕林嘎西拉2013
这支酒有着深邃的色泽。这是一款可以让我用来做生意的酒。是的，当然了，它绝对是浓郁的，但它的肌理是光滑的，且一层一层地释放出黑莓、甘草和黑巧克力的风味。单宁没有阻碍果实风味的表达，反而帮助了它，让它表现得更好，使得这支酒成为了“危险”的诱惑。
封口：橡木塞 酒精度：14.5% 评分：97 最佳饮用期：2043年 参考价格：100澳元 ✪

Romas Grenache 2013
罗马思歌海娜2013
让彩色的旗帜高高飘扬，而所有美妙的一切都从这里开始。这支歌海娜是专为陈年而酿造的，具有极佳的平衡度，这保证了它在未来的潜力。它柔顺得如丝绸一样，充满红色水果和香料的味道。
封口：橡木塞 酒精度：14.5% 评分：97 最佳饮用期：2035年 参考价格：100澳元 ✪

Hickinbotham Cabernet Sauvignon 2013
希金博特姆赤霞珠2013
这支酒让罗曼·不拉塔斯尔克回忆起了他第一次酿造属于自己的葡萄酒，并以之与波尔多一级名庄葡萄酒相比，却并没有讨到好处的事情。如果这支酒是当时用来比较的酒，结果肯定就不同了。对于任何一位赤霞珠爱好者来说，想要追求有30—40年寿命的的赤霞珠葡萄酒，这是澳大利亚葡萄酒中最好的选择之一。说了这么多还是要提醒您一句：请小心这款酒中蕴藏的不羁的力量。
封口：橡木塞 酒精度：14.5% 评分：97 最佳饮用期：2053年 参考价格：100澳元 ✪

🍷🍷🍷🍷🍷 Hickinbotham Syrah 2013
希金博特姆西拉2013
深邃的紫红色；香料、沥青、甘草和沉沉的黑色水果香气，引领着浓郁饱满的酒体，而它相对轻盈的脚步（lightness of foot）则让人有些惊奇。伴着鲜咸味道的单宁的量非常充足，而法国橡木桶的风味也同样如此。不过，在搭配有丰富蛋白质的时候，你一定会享受这样的一杯（甚至两杯）酒。
封口：橡木塞 酒精度：14.5% 评分：96 最佳饮用期：2048年 参考价格：100澳元

Clarendon Grenache 2013
克拉伦登歌海娜2013
那深邃、鲜艳的颜色，不管是什么年龄的歌海娜，除了在克拉伦登山，在哪里都是罕见的。酒的口感饱满、柔顺而圆润，红色水果芳香在前，而花香则随于其后。结构和成熟度都完全符合期待。
封口：橡木塞 酒精度：14.5% 评分：95 最佳饮用期：2028年 参考价格：55澳元

Onkaparinga Grenache 2013
安卡帕灵加歌海娜2013
这支酒的色泽十分鲜艳；它的酒精度没有让人感觉到发热，却让酒在被吐出（或吞咽）之后，让风味久久不散； 它的香气也是一样，并不让人觉得沉重。这是高品质的葡萄酒，即使并非所有人都喜欢它的风格。

封口：橡木塞 酒精度：15.2% 评分：95 最佳饮用期：2033年 参考价格：100澳元

Brookman Cabernet Sauvignon 2013

布鲁克曼赤霞珠2013

这支酒的酒体无疑是浓郁的，就好像一个单宁和橡木做成的果篮，装满了黑醋栗和黑莓果子一样；单宁现在还非常重，不过那充足的果香，给了它在未来的日子里成熟和柔化的时间。

封口：橡木塞 酒精度：14.5% 评分：95 最佳饮用期：2033年 参考价格：75澳元

Domaine Clarendon Syrah 2013

克拉伦登酒庄西拉2013

极其年轻的深红紫色；酒庄自产的葡萄带来了醇厚的酒体和黑色水果辛香与甘草香。单宁和木桶的风味都很柔和。很可能会在将来大放异彩。

封口：橡木塞 酒精度：14.7% 评分：94 最佳饮用期：2028年 参考价格：35澳元

🍷🍷🍷🍷🍷 Moritz Syrah 2013

莫里茨西拉2013

评分：93 最佳饮用期：2028年 参考价格：75澳元

Clarnette & Ludvigsen Wines 科拉奈特·路德维森酒庄 ★★★★

Westgate Road, Armstrong, Vic 3377 产区：格兰皮恩斯（Grampians）

电话：0409 083 833 网址：www.clarnette-ludvigsen.com.au 开放时间：仅限预约

酿酒师：雷·科拉奈特（Leigh Clarnette） 创立时间：2003年

产量（以12支箱数计）：400 葡萄园面积：15.5公顷

酿酒师雷·科拉奈特（Leigh Clarnette）和葡萄栽培师基姆·路德维森（Kym Ludvigsen）的职业道路于1993年末的时候相交到了一起。当时他们都在沙普酒庄（Seppelt）工作。基姆在格兰皮恩斯中有一个14公顷的葡萄园，除了1公顷的霞多丽、0.5公顷的维欧尼和0.25公顷的雷司令外，都种植了来自大西部地区的、古老而罕见的西拉克隆植株。他们在2005年又一次重聚了，当时他们都是塔尔塔尼酒庄（Taltarni）的雇员。基姆在13年早逝的消息被广泛报道，这在很大程度上是因为他在葡萄酒行业机构的无偿的志愿服务。现在双方的下一代都计划延续酒庄的生意。出口到中国。

🍷🍷🍷🍷🍷 Grampians Shiraz 2015

格兰皮恩斯西拉2015

这支酒在30%新橡木桶和1年旧的法国橡木桶中陈酿了15个月。举杯轻嗅之时，诱人凉爽的西拉香气从酒杯中升起：是胡椒、中东香料和深色李子的风味。橡木的香气也在一旁伴奏着。酒体不超过中等，它轻易地流过口腔，带着成熟的风味。其质地虽然轻柔，却有狡猾的酸味暗暗地支撑着它。

封口：螺旋盖 酒精度：14.8% 评分：94 最佳饮用期：2022年

参考价格：35澳元 SC

🍷🍷🍷🍷🍷 Reserve Grampians Shiraz 2014

珍藏格兰皮恩斯西拉2014

评分：93 最佳饮用期：2029年 参考价格：50澳元 SC

Claymore Wines 趣摩酒庄 ★★★★☆

7145 Horrocks Way, Leasingham, SA 5452 产区：克莱尔谷（Clare Valley）

电话：(08) 8843 0200 网址：www.claymorewines.com.au 开放时间：每日开放，10:00—17:00

酿酒师：马妮·罗伯茨（Marnie Roberts） 创立时间：1998年 产量（以12支箱数计）：25000 葡萄园面积：27公顷

趣摩酒庄是阿努拉·尼切宁汉姆（Anura Nitchingham）的资产，这个医疗专家认为开酒庄是他退休的第一步（这显然是不可能的）。这个酒庄是什么时间创立的，取决于哪个事件能被你算作是"创立"。1991年，阿努拉购买了位于丽星（Leasingham）的第一个4公顷的葡萄园（种了70岁的歌海娜、雷司令和西拉）。1996年，他购买了彭沃瑟姆（Penwortham）的16公顷葡萄园，种植了西拉、梅洛和歌海娜。1997年，他酿造了第一批葡萄酒。1998年，他的第一批葡萄酒进入了市场。趣摩酒庄酒标的灵感来自U2乐队、平克·弗洛依德、普林斯和娄·里德。产品出口到英国、加拿大、丹麦、马来西亚、新加坡等国家，以及中国内地（大陆）和香港、台湾地区。

🍷🍷🍷🍷🍷 Dark Side of the Moon Clare Valley Shiraz 2014

月之暗面克莱尔谷西拉2014

丰富、柔软和平衡通常是个好的组合。大量深色成熟水果的气味，加上甘草和经过巧妙处理的橡木香。口感丰厚、毫无缝隙的质地，让酒体沿着口腔轻松地滑过，令人心满意足。单宁的紧实恰到好处地调和了丰满的味道。

封口：螺旋盖 酒精度：14.5% 评分：94 最佳饮用期：2026年

参考价格：25澳元 SC ✪

Signature Series Ian Rush Shiraz 2013

签名系列之伊恩·拉什西拉2013

这支酒以20世纪80年代利物浦队功勋卓著的球员名字命名，一共只生产了3个橡木桶的酒（装了1000瓶）。它展现着令人陶醉的厚重的橡木香和馥郁的近于葡萄干的芳香。味道浓郁，有着深色水果的诱人芳香和甜美的香料香。单宁厚重得化不开，不过，它达成了极佳的平衡，为将来的陈年奠定了深厚的基础。

封口：螺旋盖 酒精度：16% 评分：94 最佳饮用期：2033年

参考价格：95澳元 SC

🍷🍷🍷🍷🍷 God is a DJ Clare Valley Riesling 2016

神级音乐家克莱尔谷雷司令2016
评分：93 最佳饮用期：2024年 参考价格：25澳元 JF ✪
Dark Side of the Moon Clare Shiraz 2015
月之暗面克莱尔谷西拉2015
评分：93 最佳饮用期：2028年 参考价格：25澳元 JF ✪
Black Magic Woman Reserve Cabernet Sauvignon 2013
黑巫女珍藏赤霞珠2013
评分：93 最佳饮用期：2025年 参考价格：45澳元 JF
Joshua Tree Watervale Riesling 2016
约书亚树沃特谷雷司令2016
评分：91 最佳饮用期：2022年 参考价格：20澳元 JF ✪
Voodoo Child Chardonnay 2015
伏都儿童霞多丽2015
评分：90 最佳饮用期：2020年 参考价格：22澳元 SC
Whole Lotta Love Clare Valley Rose 2015
"全部的爱"克莱尔谷桃红2015
评分：90 最佳饮用期：2018年 参考价格：20澳元 SC ✪

Clockwork Wines 克劳克沃克酒业 ★★★★

8990 West Swan Road, West Swan, WA 6056（邮） 产区：天鹅谷（Swan Valley）
电话：0401 033 840 开放时间：不开放 酿酒师：罗博·马歇尔（Rob Marshall） 创立时间：2008年 产量（以12支箱数计）：7000 葡萄园面积：5公顷

克劳克沃克酒业和奥克弗酒业（Oakover Wines）是两个不同的企业，尽管它们都属于尤基希（Yukich）家族。葡萄来源于西澳大利亚州，大部分来自玛格丽特河，也来自吉奥格拉菲（Geographe），弗兰克兰河（Frankland River）和天鹅谷（Swan Valley）的克劳克沃克葡萄园。2007年克劳克沃克赤霞珠梅洛幸运地在头一次参展之时就进入了吉米沃森奖杯（Jimmy Watson Trophy）的决赛，这和玛格丽特河的产区优势与年份的优秀是分不开的。

🍷🍷🍷🍷🍷 Shiraz 2015
西拉2015
这支西拉有些挑逗的意味，一开始的果香是那么突出，而之后就变化出了很多的细节。它带着李子、香料、雪松橡木的香气；它醇美多汁、骨架清晰、酸味清爽、单宁有颗粒感。这是一款超值的葡萄酒，会在将来变得更加复杂有趣。
封口：螺旋盖 酒精度：14.5% 评分：92 最佳饮用期：2025年
参考价格：20澳元 JF ✪

Clonakilla 五克拉酒庄 ★★★★★

Crisps Lane, Murrumbateman, NSW 2582 产区：堪培拉地区（Canberra District）
电话：（02）6227 5877 网址：www.clonakilla.com.au 开放时间：每日开放，10:00—17:00
酿酒师：蒂姆柯克（Tim Kirk），布莱恩马丁（Bryan Martin） 创立时间：1971年
产量（以12支箱数计）：17000 葡萄园面积：13.5公顷

对知识有无穷的渴望的，不知疲倦的蒂姆柯克是这个家族酒庄的酿酒师和管理者。这个酒庄是由他的父亲——科学家约翰柯克博士创立的。其酒质的卓越是毫不奇怪的，特别是西拉维欧尼，这个产品为许多其他的产品铺平了道路，但仍然是这个酒庄的标志性产品。这款酒总是供不应求，即使在1998年，蒂姆和妻子拉拉（Lara）收购了相邻的20公顷土地并都种上了西拉和维欧尼之后。第一支希尔拓普斯西拉葡萄酒（Hilltops Shiraz）是在2000年从最好的葡萄园制造的；柯克家族在2007年购买了另一家毗邻的物业，又种植了1.8公顷的西拉和0.4公顷的歌海娜、慕合怀特和神索；并在同一年，生产了第一个年份的欧力阿达西拉葡萄酒（O'Riada Shiraz）。出口到所有主要市场。

🍷🍷🍷🍷🍷 Murrumbateman Syrah 2015
穆任百特曼西拉2015
选用的葡萄来自T&L（蒂姆和拉拉）园地，百分之百整果处理，采用野生酵母，浸皮1个月，法国橡木桶陈酿22个月。在酿酒大师的指挥下，它有着在良好气候条件下生长出来的中等酒体西拉应有的全部特征。黑樱桃是主要的风味，而在其侧还伴着红樱桃和黑莓的果香。其口感从头至尾如丝般柔滑，高雅的单宁和法国橡木桶也贡献了它们的声音。
封口：螺旋盖 酒精度：14% 评分：98 最佳饮用期：2040年 参考价格：96澳元 ✪

🍷🍷🍷🍷🍷 Canberra District Riesling 2016
堪培拉地区雷司令2016
浅浅的稻草绿色；从第一次轻嗅闻到的花香开始，直到结尾的余味，这支酒一直在加速奔驰着。再次品尝之时，中味有条不紊地积累了成熟青柠的风味，和后味与回味中带着矿物香的酸味达成了平衡。出色的酸度为这支酒光明的前途打了保票。
封口：螺旋盖 酒精度：12% 评分：96 最佳饮用期：2031年 参考价格：36澳元 ✪

Ballinderry 2015
巴林德里2015
这支酒采用了于1971—1987年之间种植的葡萄，有38%的梅洛、35%的品丽珠和27%的赤霞珠，浸皮时间有3个星期，且在法国橡木桶（30%是新的）中陈酿了22个月。在悠长中厚的酒体之上，成熟甜美的红色与黑色水果芳香融成了一体。高品质的法国橡木

默默地完成了它的任务，除了带来优质的单宁之外，非常的低调。
封口：螺旋盖　酒精度：14.5%　评分：96　最佳饮用期：2035年　参考价格：45澳元 ✪

Canberra District Viognier 2016
堪培拉地区维欧尼2016
采用酒庄自产的17年树龄（1999年种植的雅拉优伶酒庄克隆植株）和30年树龄（也是最初种植的）的葡萄，其中2/3的葡萄直接整串压榨出汁，剩下的经过24个小时的浸皮，采用野生酵母在600升橡木桶（demimuids）中发酵，并陈酿了11个月。这种酿造方法非常成功。它不仅避免了油腻的酚类物质的产生，还赋予了葡萄酒真正的质感和结构，且保持了品种的特性。
封口：螺旋盖　酒精度：13.5%　评分：95　最佳饮用期：2021年　参考价格：45澳元

Ceoltoiri 2016
西奥尔托里2016
这是一支在教皇新堡葡萄酒（Chateau Neuf du Pape）启发下而酿造的葡萄酒。这个年份采用了46%的慕合怀特为主要成分（通常是歌海娜），并混合着歌海娜、西拉、神索（cinsaut）、古诺瓦姿（counoise）和胡珊（roussanne）。100%全果发酵，在法国橡木桶中陈酿11个月。其酒体轻盈，带着复杂的风味，主要是浓郁的红色与紫色水果的芳香。酒精度对口感的贡献是正面的，在口腔中能不断感受到新的节奏。无论如何，它的长度是真的不错
封口：螺旋盖　酒精度：14%　评分：95　最佳饮用期：2026年　参考价格：36澳元

Hilltops Shiraz 2016
希托扑斯西拉2016
来自5个葡萄园，冷浸渍2—3天，大部分葡萄采用开放式发酵和压帽的方法，少部分采用整串发酵，发酵结束后浸渍了8天，在法国橡木桶（17%是新的）中陈酿了11个月。这是五克拉酒庄的标志性葡萄酒，有着平衡完美的果香、单宁和橡木味，总是那么复杂而美味，以黑色水果的香气为主，还伴着轻柔的香料与胡椒味。
封口：螺旋盖　酒精度：14%　评分：94　最佳饮用期：2031年　参考价格：28澳元 ✪

🍷🍷🍷🍷🍷 Viognier Nouveau 2016
新维欧尼2016
评分：91　最佳饮用期：2018年　参考价格：25澳元　CM

Cloudbreak Wines　破云酒庄 ★★★★

5A/1 Adelaide Lobethal Road, Lobethal, SA 5241　产区：阿德莱德山区
电话：0431 245 668　网址：www.cloudbreakwines.com.au　开放时间：不开放　酿酒师：西门·格林利福（Simon Greenleaf），冉戴尔·托米克（Randal Tomich）　创立时间：1998年　产量（以12支箱数计）：22000　葡萄园面积：80公顷
破云酒庄是西门·格林利福和冉戴尔·托米克共同创办的合资企业，他们二人有着超过20年的友谊。破云酒庄的特色是产自托米克家族的伍德赛德（Woodside）葡萄园的凉爽气候葡萄酒。冉戴尔在葡萄酒酿造方面拥有丰富的经验，他也擅长葡萄园的开发。破云酒庄的葡萄园种有霞多丽（22公顷）、长相思（18公顷）、黑比诺（15公顷）、绿维特利纳（6公顷）以及雷司令，琼瑶浆和西拉（各5公顷）。出口到新加坡和中国。

🍷🍷🍷🍷🍷 Winemakers Reserve Adelaide Hills Sauvignon Blanc 2016
酿酒师珍藏版阿德莱德山长相思2016
这是纯天然无妆饰的酿造。这支酒其实应该被称作“葡萄栽培师珍藏”，因为这支酒就好像带着农民用的三角帽一样。它有出色的品种香，从青草香、柑橘香一直到热带水果的香气和风味，其收尾十分豪放。
封口：螺旋盖　酒精度：13%　评分：93　最佳饮用期：2019年　参考价格：30澳元

Single Vineyard Adelaide Hills Pinot Noir 2015
单一酒园阿德莱德山黑比诺2015
来自庄园自种的第戎（Dijon）克隆品种114、115和MV6，在黎明时采摘，经过冷浸渍后，进行发酵并在法国橡木桶中成熟。其颜色极佳，风格复杂。那鲜美、生青的单宁是整串压榨的标志。
封口：螺旋盖　酒精度：13.5%　评分：90　最佳饮用期：2020年　参考价格：30澳元

Cloudburst　豪雨酒庄 ★★★★★

PO Box 1294, Margaret River, WA 6285（邮）　产区：玛格丽特河
电话：(08) 6323 2333　网址：www.cloudburstwine.com　开放时间：不开放
酿酒师：威尔·柏林（Will Berliner）　创立时间：2005年　产量（以12支箱数计）：450
葡萄园面积：5公顷
一个非常有趣的年轻酒庄。威尔·柏林和妻子艾莉森·乔布森（Alison Jobson）花了多年时间，想要在澳大利亚找到一个与他们产生共鸣的地方。而他们头一次来到玛格丽特河时，就立即被那里的生物多样性、海滩、农场、葡萄园、社区和生活方式所吸引。2004年，在他们购买这片土地时，他们与葡萄酒没有丝毫联系，也没有涉足的意图。但是在一年之内，威尔的观点已经完全改变，并于2005年开始种植葡萄且为生物动力法的应用做了准备，他想要在土壤中培养微小的生命。他们把葡萄园种得好像花园一样，行距很短。一开始他们种植了0.2公顷的赤霞珠和霞多丽，还有0.1公顷的马尔贝克。到2018年，葡萄园的规模将翻番，但品种的比例将不变。他们的包装非常引人注目和富有想象力。这个酒庄背后看不见的手是沃森家族，这些在伍德兰兹（Woodlands）酿造的葡萄酒是威尔在斯图尔特·沃森（Stuart Watson）的监督下制作的。出口到美国。

🍷🍷🍷🍷🍷 Chardonnay 2015

霞多丽2015

这款酒的风味极具辨识度。优雅是这款酒的质量标志，但烟熏米糠、小麦、油桃和甜梨的风味带来了鲜咸和果香。所有的一切都让人觉得清新、爽净。

封口：螺旋盖　酒精度：13.3%　评分：95　最佳饮用期：2022年　CM

Cabernet Sauvignon 2014

赤霞珠2014

这是一款丝滑的、极其精致的赤霞珠，带着黑色橄榄、黑加仑和月桂叶的主要香调。雪松橡木的作用十分明显，并且与酒体结合得天衣无缝。

封口：螺旋盖　酒精度：13.4%　评分：95　最佳饮用期：2034年

参考价格：275澳元　CM

Malbec 2014

马尔贝克2014

纯净的蓝莓与黑莓果香轻轻地裹在烟熏的橡木香中。这支酒在原始而纯净的状态中展现出来；紫罗兰香调随着酒的呼吸而漂浮流动着，进一步地展现了酒的质量与摄人心魄的魅力。

封口：螺旋盖　酒精度：13.9%　评分：94　最佳饮用期：2028年

参考价格：225澳元　CM

Clover Hill　三叶草山酒庄　★★★★★

60 Clover Hill Road, Lebrina, Tas 7254　产区：塔斯马尼亚北部

电话：(03) 5459 7900　网址：www.cloverhillwines.com.au　开放时间：仅限预约

酿酒师：罗伯特·黑伍德（Robert Heywood），彼得·瓦尔（Peter Warr）　创立时间：1986年　产量（以12支箱数计）：12000　葡萄园面积：23.9公顷

三叶草山酒庄于1986年由塔尔塔尼（Taltarni）创立，其唯一目标就是制作优质的起泡酒。这个酒庄有23.9公顷的葡萄园（霞多丽、黑比诺和皮诺莫尼耶），其起泡酒质量非常出色，既精致细腻，又有着极佳的力量和长度。美国籍的庄主塔尔塔尼是纳帕谷的克罗·杜·瓦尔酒庄（Clos du Val）、塔尔塔尼酒庄和三叶草山酒庄的创始人。他已经将这些酒庄的业务和法国朗格多克的尼扎酒园（Domaine de Nizas）的业务统一管理起来，这个集团被称为顾伊乐酒业（Goelet Wine Estates）。出口到英国、美国和其他主要市场。

🍷🍷🍷🍷🍷 Cuvee Prestige Late Disgorged Blanc de Blancs 2015

珍藏佳酿晚除渣白中白起泡酒2015

那中度的稻草黄色是明亮的，品种香和酿造香结合得毫无缝隙。成熟多汁的果香（烤菠萝，白桃）被新鲜的柑橘果味和充满活力的苹果酸平衡了。与酒泥超过10年的接触赋予了这款酒华丽的层次，丝滑奶油般的质感与迷人的黄油、糖梨和牛轧糖的风味。它正处在辉煌的顶峰。

封口：合成起泡酒塞　酒精度：12.3%　评分：96　最佳饮用期：2019年

参考价格：150澳元　TS

Cuvee Exceptionnelle Blanc de Blancs 2010

特别珍藏白中白起泡酒2010

三叶草酒庄是从酿造霞多丽开始的，这些霞多丽葡萄有着特殊的意义，得到了很多的重视，它酿造的酒是这个酒庄迄今为止寿命最长的酒。在岁月所带来的烤面包和黄油的风味中，有浓郁的葡萄柚、柠檬黄油甚至是杨桃的味道。它有着奶油般的质感，充满口腔的浓郁度，还有着坚定不移的方向和长度。这是三叶草酒庄的一款伟大的佳作，蕴藏着无尽的能量。

封口：起泡酒塞　酒精度：12.6%　评分：95　最佳饮用期：2022年

参考价格：65澳元　TS

Tasmanian Cuvee Methode Traditionnelle Rose NV

塔斯马尼亚传统法无年份桃红珍藏起泡酒

54%的霞多丽，43%的黑比诺，3%的莫尼耶皮诺。美味的玫瑰香带着鲜艳的玫瑰花瓣、西瓜和香料的香气，二次发酵后在瓶内经过了两年时光，基酒经过了部分苹乳发酵。它的清新与活力，搭配着比较低的加糖量，展现出干而绵长的回味。

封口：橡木塞　酒精度：12.5%　评分：94　最佳饮用期：2018年　参考价格：35澳元

🍷🍷🍷🍷🍷 Brut Rose 2013

干桃红2013

评分：92　最佳饮用期：2017年　参考价格：65澳元　TS

Tasmania Cuvee Rose NV

塔斯马尼亚珍藏无年份桃红起泡酒

评分：91　最佳饮用期：2017年　参考价格：34澳元　TS

Clover Hill 2012

三叶草山2012

评分：90　最佳饮用期：2018年　参考价格：50澳元　TS

Tasmanian Cuvee NV

塔斯马尼亚珍藏无年份起泡酒

评分：90　最佳饮用期：2018年　参考价格：35澳元　TS

Clyde Park Vineyard 克莱德·帕克酒园 ★★★★★

2490 Midland Highway, Bannockburn, Vic 3331 产区：吉龙
电话：(03) 5281 7274 网址：www.clydepark.com.au 开放时间：每日开放，11:00—17:00
酿酒师：本·马伦（Ben Mullen），特里·荣治布勒伊德（Terry Jongebloed）
创立时间：1979年 产量（以12支箱数计）：6000 葡萄园面积：10.1公顷

克莱德·帕克酒庄是由嘉里·法尔（Gary Farr）创建的，但他多年前就把它卖掉了，其所有权经过了几次变更。现在的所有人是特里·荣治布勒伊德和苏·荣治布勒伊德·迪克森（Sue Jongebloed Dixon）。这个酒园有成熟的黑比诺（3.4公顷）、霞多丽（3.1公顷）、长相思（1.5公顷）、西拉（1.2公顷）和灰比诺（0.9公顷），其葡萄酒的质量一直是榜样和典范。出口到英国等国家以及中国香港地区。

🍷🍷🍷🍷🍷 Single Block D Bannockburn Pinot Noir 2016
单一D号园地班诺克本黑比诺2016
采用1988年种植的mv6克隆株，其中的60%是整串发酵的，采用野生酵母，经过35天浸皮，在法国橡木桶（33%是新的）中陈酿11个月，酿成了165打葡萄酒。它的香气复杂，香料香浓郁诱人；在口中，它的力量和动力可以媲美沃恩·罗曼尼（Vosne-Romanée）的顶尖一级庄，且陈年潜力更加优秀。它内在的品质在螺旋盖的保护下，可以维持几十年之久。
封口：螺旋盖 酒精度：12.8% 评分：97 最佳饮用期：2041年 参考价格：75澳元 ✪

🍷🍷🍷🍷🍷 Single Block B3 Bannockburn Chardonnay 2016
单一B3号园地班诺克本霞多丽2016
它来自32年前种下的P58克隆株，手工采摘，整串发酵，在法国橡木桶（33%是新的）中成熟，一共只酿制了120打。它比同一品种的兄弟产品更复杂，也更优雅，带着天衣无缝的核果香、橡木香和轻柔的柑橘似的酸味。

Single Block F College Bannockburn Pinot Noir 2016
单一F号园地考雷吉班诺克本黑比诺2016
来自1989年种植的mv6，手工采摘，60%整串发酵，使用野生酵母，经过了21天的浸皮，并在法国橡木桶（33%是新的）中成熟。它的香气和B2号园地的酒香有所不同，即使这两块园地是相互毗邻的。其口感圆润，甜美的红色水果芳香被铺在了香料香与森林泥土香的床上。
封口：螺旋盖 酒精度：13% 评分：96 最佳饮用期：2030年 参考价格：75澳元 ✪

Single Block B2 Bannockburn Pinot Noir 2016
单一B2号园地班诺克本黑比诺2016
采用mv6克隆株，其中60%的葡萄是整串发酵的，发酵时采用了野生酵母，浸皮21天，并在法国橡木桶（33%是新的）中陈酿了11个月。极富表现力的红色水果和紫色水果香气融进了精心筑就的味道之中。那强劲有力的口感是克莱德·帕克酒庄风格的标志。它的平衡是如此的优秀，这优秀的平衡度将伴其驶过悠久的生命航程。
封口：螺旋盖 酒精度：12.5% 评分：95 最佳饮用期：2031年 参考价格：75澳元

Geelong Shiraz 2016
吉龙西拉2016
色泽深厚浓郁，带着一抹深红色；这是一支非常强劲的西拉，虽然在橡木桶中陈酿了11个月，橡木的印记却不是很明显。黑色水果、胡椒、香料、甘草和沥青的香气，像橄榄球员争夺橄榄球一样争先恐后地出现，鲜咸味与果味旗鼓相当。令人吃惊的是，所有的这一切都来自酒精度只有13.5度的酒体，这令人再次确信了这款酒长之又长的寿命。
封口：螺旋盖 酒精度：13.5% 评分：95 最佳饮用期：2051年 参考价格：40澳元

Geelong Pinot Noir 2016
吉龙黑比诺2016
欣赏这支酒，要看到其压倒一切的力量，仿佛在要求人们不要去轻易打扰它，直到黑色的水果芳香变得柔和，直到那些隐藏的香气慢慢地露出头来。在墨尔本周边的产区欣赏黑比诺，就好像坐在剧院的二楼前排座位一样，欣赏这支酒的乐趣还在于去看到2015年和2016年两个年份之间的区别。
封口：螺旋盖 酒精度：13% 评分：94 最佳饮用期：2031年 参考价格：40澳元

Locale Geelong Pinot Noir 2016
罗卡乐吉龙黑比诺2016
制作这支酒的葡萄是从整个吉龙产区采购来的。这支酒具有极高的性价比——如果是在勃艮第，它的酒标上就会写上“Bourgogne”（勃艮第大区）。现在饮用它无疑是很适合的，不过也可以等到那深厚的樱桃果味、厨房香料和单宁的风味与结构完全绽放的时刻。
封口：螺旋盖 酒精度：13% 评分：94 最佳饮用期：2029年 参考价格：25澳元 ✪

Locale Geelong Shiraz 2015
罗卡乐吉龙西拉2015
这是2015年的西拉勾兑之后剩下的部分，一直到2017年1月才装瓶。这支酒充满活力，复杂度佳。它带着果梗的味道，还有香料、甘草和胡椒等融合起来的香气，令人无法抗拒。
封口：螺旋盖 酒精度：13.5% 评分：94 最佳饮用期：2029年 参考价格：25澳元 ✪

🍷🍷🍷🍷 Geelong Chardonnay 2016
吉龙霞多丽2016
评分：93 最佳饮用期：2023年 参考价格：40澳元

Coal Valley Vineyard 煤谷酒庄 ★★★★☆

257 Richmond Road, Cambridge, Tas 7170 产区：塔斯马尼亚南部 电话：(03) 6248 5367
网址：www.coalvalley.com.au 开放时间：每日开放，11:00—17:00（7月份关门）
酿酒师：阿兰·卢梭（Alain Rousseau）、托德·戈贝尔（Todd Goebel） 创立时间：1991年
产量（以12支箱数计）：1500 葡萄园面积：4.5公顷

自从1999年收购了煤谷葡萄园后，吉尔·克里斯蒂安（Gill Christian）和托德戈贝尔将葡萄园的面积从1公顷提高到了4.5公顷。其园中种植了黑比诺、雷司令、赤霞珠、梅洛、霞多丽和丹魄。更引人注目的是吉尔和托德的生活：一个人在印度，另一个人在塔斯马尼亚（每年飞行6次），并为种植新的葡萄挖出了4000个坑位。托德在酒庄中酿造的品种有黑比诺和丹魄，并希望（将来能）酿造所有的酒。出口到加拿大。

🍷🍷🍷🍷🍷 Riesling 2016
雷司令2016
这馥郁的花香容忍不了说假话的证人：它的味道充满青柠、柠檬和青苹果风味，那清爽的酸度更是增加了平衡度和长度。所有的这些都证明，它最好的年华就在眼前。
封口：螺旋盖 酒精度：12.9% 评分：95 最佳饮用期：2026年 参考价格：30澳元 ✪

Chardonnay 2015
霞多丽2015
手工采摘后，压榨到法国橡木桶（25%是新桶）中，采用人工酵母发酵，没有进行苹果酸乳酸发酵，陈酿8个月，且有进行搅桶。拥有理想的集中度、强度和驱动力；水果与橡木的平衡完美，品种特征和产区特征的表达也同样如此。
封口：螺旋盖 酒精度：12.5% 评分：94 最佳饮用期：2026年 参考价格：34澳元

Pinot Noir 2015
黑比诺2015
手工采摘，除梗破碎后，用人工酵母在不锈钢罐中发酵，在法国橡木桶（33%是新桶）中陈酿了10个月。其色彩极佳；极富表现力的香气充斥着香料和野果的风味，回味悠远、鲜美、充满潜力。它清爽的酸味将在未来的5年中，让更多的风味展现出来。
封口：螺旋盖 酒精度：13.5% 评分：94 最佳饮用期：2030年 参考价格：39澳元

Coates Wines 科茨酒庄 ★★★★★

185 Tynan Road, Kuitpo, SA 5172 产区：阿德莱德山区
电话：0417 882 557 网址：www.coates-wines.com 开放时间：周末和公众假期开放，11:00—17:00 酿酒师：杜安·科茨（Duane Coates） 创立时间：2003年 产量（以12支箱数计）：2500

杜安·科茨有科学学士，工商管理硕士和阿德莱德大学酿酒学硕士学位，并在2005年以高分完成了葡萄酒大师学位的理论考试。他在世界各地都有酿造经验，也在南澳酿过酒，这足以让他胜任科茨酒庄的酿造与推广工作。尽管如此，他的初衷只是想采用主流之外的酿造理念和方法去简单地制作一桶葡萄酒，并没有进行商业化生产的计划。这个酒庄的特色是用有机方法种植的葡萄。出口英国和美国。

🍷🍷🍷🍷🍷 McLaren Vale Grenache Shiraz Mourvedre 2015
麦克拉仑谷歌海娜西拉慕合怀特2015
这支葡萄酒带着黑色橄榄酱的香气和入口即化的黑色水果果香，仿佛在宣告它的可口易饮。它让人立即联想到南罗纳河谷的红葡萄酒：其个性是强而有力的，单宁和酸味很强，且没有一丁点果酱的感觉。这是我尝过的最精致、最柔顺和最可口的GSM（歌海娜、西拉、慕合怀特）葡萄酒之一。
封口：螺旋盖 酒精度：14% 评分：96 最佳饮用期：2023年
参考价格：30澳元 NG ✪

Adelaide Hills The Chardonnay 2016
阿德莱德山霞多丽2016
整串压榨到法国橡木桶（20%是新的）中，采用野生酵母发酵，搅桶2次，带着酒泥陈酿了接近1年的时间。甜瓜和核果的香气争着挤入了鼻腔，可这支酒的灵魂却是花生、腰果和烤榛子的风味，这些香气形成了这支酒的核心。这是一种比现在广为流行的风格更为馥郁的霞多丽，不过，它和肥腻二字可不沾边。
封口：螺旋盖 酒精度：13% 评分：95 最佳饮用期：2025年
参考价格：30澳元 NG ✪

The Garden of Perfume & Spice Syrah 2015
飘香之园西拉2015
其原料来自阿德莱德山、罗博（Robe）和兰好乐溪，每小批都经过了3周的野生酵母发酵和12个月法国橡木桶（30%是新的）陈酿；总共酿成了300打酒。这是一支优雅的葡萄酒，从第一次闻香直到终了都唱着同样的曲调。黑莓与蓝莓果香忠实而重复地在平衡的味蕾之上演奏着，橡木和柔顺鲜美的单宁也是一样的。
封口：螺旋盖 酒精度：14% 评分：95 最佳饮用期：2028年 参考价格：30澳元 ✪

McLaren Vale Langhorne Creek The GSM 2015
麦克拉仑谷兰好乐溪歌海娜西拉慕合怀特2015
三个品种按照48：33：19的比例混合，共同发酵22天以上，35%的葡萄是整串处理的，剩下的经过了破碎和除梗，在法国橡木桶中陈酿了11个月。为同时发酵而同时采摘三个组份的工作，对这个只有一个人的酒庄来说肯定是很不容易的，不过，其结果还是令人欣慰的。这支酒超级的香，红色水果的芬芳扑来的速度就好像归心似箭的航船。这真是一支可爱的，适合早早饮用的葡萄酒。
封口：螺旋盖 酒精度：14.5% 评分：95 最佳饮用期：2025年 参考价格：25澳元 ✪

McLaren Vale and Langhorne Creek The Cabernet Shiraz 2014
麦克拉仑谷和兰好乐溪赤霞珠西拉2014
它在法国橡木桶中吸收了32个月的精华，带着黑樱桃、萨摩梅子、香叶和干鼠尾草的香气。西拉的蓝色水果芳香与那更严肃的赤霞珠的草药香混合得非常完美。单宁精致、紧实而细致；酸味清爽明快，回味悠长。
封口：螺旋盖　酒精度：14.5%　评分：95　最佳饮用期：2035年
参考价格：30澳元　NG　✪

Adelaide Hills The Chardonnay 2015
阿德莱德山霞多丽2015
在法国橡木桶（30%是新的）中利用野生酵母发酵，之后经历了苹乳发酵和带酒泥陈酿。稻草绿的颜色展现了一些早期的发展和变化，早熟的香气也是一样，热带水果的香气与柚子果味和白桃味形成了平衡，属于经典的冷凉产区风格。
封口：螺旋盖　酒精度：13.5%　评分：94　最佳饮用期：2022年　参考价格：25澳元　✪

McLaren Vale Syrah 2015
麦克拉仑谷西拉2015
进行了20个月的橡木桶陈酿，其中一部分是在新法国橡木桶中。这支西拉充满了活力，这要归功于博陆维特温泉地区（Blewitt Springs）80年老藤生产的优质果实。这支酒有着烟熏肉、焦油和各种蓝色与黑色水果香气，而迷人的花香让这种香气得到了实质上的提升。口感上，丝滑的单宁、温柔的酸味和海水似的咸味，让所有的风味有了骨架。
封口：螺旋盖　酒精度：14.5%　评分：94　最佳饮用期：2030年
参考价格：25澳元　NG　✪

McLaren Vale The Mourvedre 2015
麦克拉仑谷慕合怀特2015
80%的葡萄经过破碎除梗，20%是整串发酵，浸皮22天，在两种大小的法国橡木桶（hogshead和barrique，70%是旧橡木桶）中陈酿了11个月。酿造100%单品种的慕合怀特并非易事，不过科茨成功了。奢华的紫色水果与香料香在酒体中等、平衡极佳的酒体上奔跑，实为佳酿。
封口：螺旋盖　酒精度：14.5%　评分：94　最佳饮用期：2023年
参考价格：30澳元　✪

🍷🍷🍷🍷🍷(4.5)
The Gimp McLaren Vale Shiraz 2015
基姆坡麦克拉仑西拉2015
评分：93　最佳饮用期：2035年　参考价格：30澳元　NG

Langhorne Creek The Cabernet Sauvignon 2015
兰好乐溪赤霞珠2015
评分：93　最佳饮用期：2038年　参考价格：30澳元　NG

Robe Vineyard The Malbec 2015
罗博酒园马尔贝克2015
评分：93　最佳饮用期：2027年　参考价格：25澳元　NG　✪

The Reserve Adelaide Hills Chardonnay 2015
珍藏版阿德莱德山霞多丽2015
评分：91　最佳饮用期：2022年　参考价格：40澳元

Langhorne Creek Adelaide Hills La Petite Rouge 2015
兰好乐溪阿德莱德山小胭脂红2015
评分：91　最佳饮用期：2023年　参考价格：18澳元　✪

Cockfighter's Ghost　斗鸡之魂酒庄　★★★★☆

576 De Beyers Road, Pokolbin, NSW 2320　产区：猎人谷
电话：(02) 4993 3688　网址：www.cockfightersghost.com.au　开放时间：每日开放，10:00—17:00　酿酒师：杰夫·拜恩（Jeff Byrne）、赞瑟·赫彻尔（Xanthe Hatcher）
创立时间：1988年　产量（以12支箱数计）：30000　葡萄园面积：38公顷
这家酒厂的名字来自于一个早期的探险者的传说：这个探险者的坐骑——一匹叫“斗鸡”的马，在趟过一条葡萄园附近的小溪的时候被淹死了，不过传说它的灵魂还活着。斗鸡之魂酒庄与普尔石酒庄在1988年由已故的大卫·克拉克勋爵（David Clarke OAM）创立。在大卫去世后，酒庄的品牌与在波高尔宾（Pokolbin）的葡萄园和酒厂都被阿格纽（Agnew）家族收购了，这个家族同时拥有着邻近的奥黛丽·威尔金森酒庄（Audrey Wilkinson）。阿格纽葡萄酒旗下的所有品牌都保持独立。他们还投资并对酒厂进行了升级。他们使用的葡萄来源于麦克拉仑谷、波高尔宾和上猎人谷的自有庄园，还有一些其他的重要地区，包括阿德莱德山、兰好乐溪、奥兰治和塔斯马尼亚。

🍷🍷🍷🍷🍷
Cockfighter's Ghost Reserve Hunter Valley Semillon 2016
斗鸡之魂珍藏猎人谷赛美蓉2016
随着那活泼的酸度，让我们回到热情奔放的疆域。酸爽的味道让味蕾收紧，还带着鲜榨青苹果汁和青柠汁的味道。现在就配上海鲜一起享用吧。
封口：螺旋盖　酒精度：11.5%　评分：95　最佳饮用期：2032年
参考价格：30澳元　JF　✪

🍷🍷🍷🍷🍷(4.5)
Poole's Rock McLaren Vale Shiraz 2016
普尔岩酒园麦克拉仑谷西拉2016

评分：93 最佳饮用期：2026年 参考价格：45澳元 JF

Cockfighter's Reserve Coonawarra Cabernet 2015
斗鸡之魂珍藏库纳瓦拉赤霞珠2015
评分：93 最佳饮用期：2030年 参考价格：40澳元 JF

Poole's Rock Tasmania Pinot Noir 2016
普尔岩酒园塔斯马尼亚黑比诺
评分：92 最佳饮用期：2024年 参考价格：65澳元 JF

Cockfighter's Ghost Hunter Semillon 2016
斗鸡之魂猎人谷赛美容2016
评分：91 最佳饮用期：2024年 参考价格：25澳元 JF

Cockfighter's Ghost McLaren Vale Shiraz 2015
斗鸡之魂麦克拉仑谷西拉2015
评分：90 最佳饮用期：2024年 参考价格：25澳元 JF

Cockfighter's Langhorne Creek Cabernet 2015
斗鸡之魂兰好乐溪赤霞珠2015
评分：90 最佳饮用期：2024年 参考价格：25澳元 JF

Cofield Wines 科菲尔德酒庄 ★★★★

Distillery Road, Wahgunyah, Vic 3687 产区：路斯格兰（Rutherglen）
电话：（02）6033 3798 网址：www.cofieldwines.com.au
开放时间：周一至周六，9:00—17:00；周日，10:00—17:00
酿酒师：达米安·科菲尔德（Damien Cofield），布莱登·西斯（Brendan Heath）
创立时间：1990年 产量（以12支箱数计）：13000 葡萄园面积：15.4公顷
达米尔（Damian）和安德鲁（Andrew）已经分别接下了他们的父母马克斯（Max）和凯伦（Karen）的职责。达米尔负责酒厂，安德鲁负责葡萄园。总的来说，他们开发了广泛的产品系列，并建立了强大的酒窖门店销售团队。他们的“咸菜姐妹咖啡馆”（The Pickled Sisters Café）发放午餐，从周三到周一都开放，联系电话是（02）6033 2377，酒庄位于路斯格兰，有20公顷，购于2007年，种了西拉、杜瑞夫（durif）和桑乔维塞。

🍷🍷🍷🍷🍷 Provincial Parcel Alpine Valleys Beechworth Chardonnay 2015
普罗旺斯尔园地阿尔派谷比曲尔斯霞多丽2015
手工采摘后，用野生酵母在法国橡木桶中发酵，并带酒泥陈酿了15个月。它表现出了不少当地（特别是比曲尔斯产区）的顶级霞多丽的特点。其芳香复杂，核果与柑橘果香伴着坚果、奶油似的橡木香。其重量极佳；芳香馥郁，却仍然优雅而有质感。
封口：螺旋盖 酒精度：13% 评分：94 最佳饮用期：2022年
参考价格：36澳元 SC

Reserve Release Pinot Noir Chardonnay 2006
珍藏黑比诺霞多丽2006
完整的稻草色在10多年后仍然保持着明亮的光泽，这为完整地欣赏这支酒开了个好头。新鲜的黄油，烤杏仁、生姜、野蜂蜜，焦糖奶油与各种香料的芬芳是近9年与酒泥接触的成果，支撑着桃子干似的果香。其长度极佳，天衣无缝，口感丝滑，质地精美而饱满。
酒精度：11.6% 评分：94 最佳饮用期：2018年 参考价格：45澳元 TS

🍷🍷🍷🍷 Minimal Footprint Quartz Vein Petit Verdot 2013
最小足迹石英矿脉小味尔多2013
评分：93 最佳饮用期：2025年 参考价格：澳元 SC

Rutherglen Muscat NV
路斯格兰无年份麝香
评分：93年 参考价格：25澳元 SC ✪

Rutherglen Shiraz 2014
路斯格兰西拉2014
评分：92 最佳饮用期：2024年 参考价格：26澳元 SC

Rutherglen Shiraz Durif 2015
路斯格兰西拉杜瑞夫2015
评分：92 最佳饮用期：2035年 参考价格：24澳元 SC ✪

Rutherglen Topaque NV
路斯格兰无年份托派克
评分：92年 参考价格：25澳元 ✪

Rutherglen Sangiovese 2015
路斯格兰桑乔维塞2015
评分：90 最佳饮用期：2023年 参考价格：22澳元 SC

Rutherglen Durif 2014
路斯格兰杜瑞夫2014
评分：90 最佳饮用期：2035年 参考价格：26澳元 SC

Minimal Footprint Quartz Vein Durif 2013
最小足迹石英矿脉杜瑞夫2013

评分：90 最佳饮用期：2021年 参考价格：35澳元 SC

Prosecco NV

无年份普洛赛克气泡酒

评分：90 最佳饮用期：2017年 参考价格：20澳元 TS ✪

Coldstream Hills 冷溪山酒庄 ★★★★★

31 Maddens Lane, Coldstream, Vic 3770 产区：雅拉谷
电话：(03) 5960 7000 网址：www.coldstreamhills.com.au
开放时间：每日开放，10:00—17:00 酿酒师：安德鲁·弗莱明（Andrew Fleming），格莱哥·加拉特（Greg Jarratt），詹姆士·哈立德（James Halliday，顾问） 创立时间：1985年 产量（以12支箱数计）：25000 葡萄园面积：100公顷

由本书的作者，詹姆士·哈立德建立的冷溪山酒庄目前是富邑集团（Treasury Wine Estates）的一部分，拥有100公顷的庄园自有葡萄园，3个葡萄园在下雅拉谷，2个葡萄园在上雅拉谷。霞多丽和黑比诺仍然是主要的产品，而梅洛和赤霞珠在1997年加入，长相思也差不多是同一时间，珍藏西拉则要晚一些。在年份条件允许的情况下，霞多丽和黑比诺将被以珍藏、单一园地和单一品种的形式来酿制。

在2006年和2013年，还生产了极少量的圆形剧场黑比诺（Amphitheatre Pinot Noir）。在2010年，一个价值几百万的酒厂在原始的酒厂周围被建立起来，这个厂具有1500吨的容量。在其发酵区内有一块牌匾，用于纪念2010年12月10日酒厂的开发，牌匾上还有这个场所的名称“詹姆斯·哈理德酒窖”。出口英国、美国和新加坡。

🍷🍷🍷🍷🍷 Reserve Yarra Valley Cabernet Sauvignon 2015

珍藏雅拉谷赤霞珠2015

这是一款很棒的雅拉谷赤霞珠，它和玛格丽特河产的赤霞珠不同，但却完全能媲美。其色泽呈深邃的紫红，带着深色樱桃和黑加仑的果香，还有15个月新旧法国橡木桶陈酿带来的少许雪茄盒与雪松的香气。它是那么有力，但却极其精致优雅，持久、细腻的单宁勾勒出了一支很多年都适合享用的葡萄酒。

封口：螺旋盖 酒精度：14% 评分：97 最佳饮用期：2022年
参考价格：60澳元 PR ✪

🍷🍷🍷🍷🍷 Reserve Yarra Valley Chardonnay 2016

珍藏雅拉谷霞多丽2016

这是雅拉谷最优秀的超级霞多丽的长长队伍中，最新的一支。其色泽鲜艳，有葡萄柚、核果和少许火柴的香气，口感强劲、天衣无缝、悠长持久。它仍然非常紧缩，其长久的寿命是有保证的。

封口：螺旋盖 酒精度：13% 评分：95 最佳饮用期：2022年
参考价格：60澳元 PR

Deer Farm Vineyard Pinot Noir 2016

鹿场酒园黑比诺

来自上亚拉河谷在1994年种植的葡萄，这支色泽明亮、细节精致的酒带着一种淡淡的香料香，与红樱桃水果的芳香作伴。其口感纯正、层次感强、味道悠远。单宁成熟持久，酒体深度极佳，而脚步却仍然轻盈。

封口：螺旋盖 酒精度：14% 评分：95 最佳饮用期：2024年
参考价格：50澳元 PR

Reserve Yarra Valley Shiraz 2015

珍藏雅拉谷西拉2015

从深红的色调、令人陶醉的芳香到精致的单宁，这支酒都是诱人的，它却期待着人们的注意。多汁的红莓与黑莓的果香，馥郁的花香，混着雪松橡木的辛香，追随着饱满、柔顺的酒体。橡木提供了支撑，而酸度则令人非常的清爽。其结尾的高音是凉爽气候西拉的缩影。

封口：螺旋盖 酒精度：14% 评分：95 最佳饮用期：2030年
参考价格：45澳元 JF

Yarra Valley Chardonnay 2016

雅拉谷霞多丽2016

葡萄来自于很多处上雅拉谷和下雅拉谷的坡地，这是一种很明智的做法，将压力融合到了无可挑剔的成熟瓜果与核果的风味之中，并用腰果的香气轻轻推送。这支葡萄酒的冷凉产区特征给人留下了不可磨灭的印象；它是如此的理性和低调，橡木味和矿物味被控制得很棒。没有任何事情是强迫的。它只是一种克制的表达，但也有着良好的风味和悠久不散的长度。我认为，这支酒非常可爱。

封口：螺旋盖 酒精度：13.5% 评分：94 最佳饮用期：2025年
参考价格：35澳元 NG

Blanc de Blancs 2011

白中白起泡酒2011

冷溪山的两款起泡酒都来自高高的上雅拉谷的鹿场葡萄园（Deer Farm Vineyard），凉爽潮湿的2011年非常适合明亮、色浅而持久的风格。品种香仍然以苹果和柠檬作为主题，而与酒泥一同陈酿带来了复杂的柠檬糖、牛轧糖和香草的风味，创造了细致的口感和精致的气泡珠。其余味悠长，充满信心和能量，却仍然保持着冷静和镇定的风范。

封口：橡木塞 酒精度：11.5% 评分：94 最佳饮用期：2021年
参考价格：45澳元 TS

🍷🍷🍷🍷🍷 Rising Vineyard Chardonnay 2016

新兴葡萄园霞多丽2016
评分：93 最佳饮用期：2025年 参考价格：45澳元 PR
Yarra Valley Merlot 2015
雅拉谷梅洛2015
评分：93 最佳饮用期：2023年 参考价格：35澳元 JF
Yarra Valley Pinot Noir 2016
雅拉谷黑比诺2016
评分：92 最佳饮用期：2023年 参考价格：35澳元 JF
Pinot Noir Chardonnay 2013
黑比诺霞多丽2013
评分：92 最佳饮用期：2017年 参考价格：35澳元 TS
The Dr's Block Pinot Noir 2016
博士之园黑比诺2016
评分：90 最佳饮用期：2026年 参考价格：50澳元 PR

Coliban Valley Wines 凯列班谷酒庄 ★★★☆

313 Metcalfe-Redesdale Road, Metcalfe, Vic 3448 产区：西斯科特
电话：0417 312 098 网址：www.colibanvalleywines.com.au 开放时间：周末，10:00—17:00
酿酒师：海伦·米尔斯（Helen Miles） 创立时间：1997年 产量（以12支箱数计）：300 葡萄园面积：4.4公顷

海伦·米尔斯有个理学学位，她和她的伴侣格莱哥·米尔斯在西斯科特西南角的麦特卡尔菲（Metcalfe）附近种了2.8公顷的西拉，1.2公顷的赤霞珠和0.4公顷的梅洛。花岗岩土壤和温暖的气候让有机种植的法则得以成功地被运用起来。西拉是没有灌溉的，而赤霞珠和梅洛则接受了极少的灌溉。

🍷🍷🍷🍷🍷(4.5) Heathcote Riesling 2016
西斯科特雷司令2016
经过质朴的发酵过程，一直到发干。这支葡萄酒对这个不以雷司令闻名的产区来讲，是个惊喜。它不仅有良好的柠檬和酸橙的果味，那优良而清爽的自然酸味让口感和余味富有能量。
封口：螺旋盖 酒精度：12.5% 评分：92 最佳饮用期：2026年 参考价格：20澳元 ✪

Collector Wines 收藏家酒业 ★★★★★

12 Bourke Street, Collector, NSW 2581 (postal) 产区：堪培拉地区
电话：（02) 6116 8722 网址：www.collectorwines.com.au 开放时间：不开放 酿酒师：艾利克斯·麦奎（Alex McKay） 创立时间：2007年 产量（以12支箱数计）：3000

庄主和酿酒师艾利克斯·麦奎擅长酿造细腻精致的葡萄酒。他家附近的天气非常恶劣，所以在必要的时候，就要跑到别处去了。他曾经是哈迪酒庄的坎伯里（Kamberra）酒厂的优秀酿造团队中的一员，当哈迪的新主人冠军（CHAMP）集团关闭这个酒厂的时候，他决定留了下来。他平时不爱说话，不过当他说话时，他的声音很小，所以你必须集中注意力才能够欣赏到他无与伦比的幽默感。他的葡萄酒却不需要这样的特殊注意，他们总是很棒，它们的优雅和它们的生产者是一样的。出口到荷兰和日本。

🍷🍷🍷🍷🍷 Lamp Lit Canberra District Marsanne 2016
明灯堪培拉产区玛姗2016
这个地中海品种的组合（玛姗与7%的胡珊和6%的维欧尼）尝起来很成熟。这是苦心栽培的成果。酒体浓郁而有质感，细节突出，这是通过巧妙的酿造技术得到的。每批酒都在不锈钢罐和橡木桶中经过了苹乳发酵。维欧尼的黄桃香气、异域水果的芬芳和金银花的花香非常突出，其余的组份带着燧石的味道，有着这种混酿天然的浓郁度。
封口：螺旋盖 酒精度：12.9% 评分：95 最佳饮用期：2024年
参考价格：33澳元 NG ✪

Reserve Canberra District Shiraz 2015
珍藏堪培拉地区西拉2015
这支酒的成熟度极佳，带着精美的胡椒和辛香料粉的风味，这是优质的澳大利亚冷气候西拉的特征。八角和丁香的气味与黑樱桃和蓝色水果芳香交织浮动着。在2%维欧尼的作用下，这支酒芳香四溢，酒体适中。随着时间的推移，它在杯中渐渐地变化出了许许多多的层次。其收尾带着花岗岩的味道，爽脆、坚实、悠长、令人舒怀。单宁和香辛料的味道就像剑鞘之于剑一样引领着果香，却不会将其抹杀，带来偏干的口感。
封口：螺旋盖 酒精度：13% 评分：95 最佳饮用期：2030年
参考价格：59澳元 NG

🍷🍷🍷🍷🍷(4.5) City West Riesling 2016
城市之西雷司令2016
评分：93 最佳饮用期：2028年 参考价格：36澳元 NG
Marked Tree Red Canberra Shiraz 2015
马克德特里红色堪培拉西拉2015
评分：92 最佳饮用期：2023年 参考价格：28澳元 NG
Shoreline Canberra Sangiovese 2016
海岸线堪培拉桑乔维塞2016

评分：92 最佳饮用期：2018年 参考价格：25澳元 NG ✪

Rose Red City Canberra Sangiovese 2015

玫瑰红城市堪培拉桑乔维塞2015

评分：92 最佳饮用期：2018年 参考价格：33澳元 NG

Colmar Estate 科尔马酒庄 ★★★★★

790 Pinnacle Road, Orange, NSW 2800 产区：奥兰治
电话：0419 977 270 网址：www.colmarestate.com.au 开放时间：周末和公众假期，10:30—17:00 酿酒师：克里斯·德瑞兹（Chris Derrez）、露西马多克斯（Lucy Maddox）
创立时间：2013年 产量（以12支箱数计）：2000 葡萄园面积：5.9公顷

当你发现庄主比尔·沙坡那（Bill Shrapnel）和他的妻子简一直喜欢阿尔萨斯的葡萄酒之时，你就能明白这个酒庄是如何命名的了。科尔马是阿尔萨斯的一个主要城镇。在2013年5月，当比尔买到了这个已经建立好的高海拔葡萄园（980m）的时候，他实现了他长久以来的梦想。他们对这个院子所做的一切都有了丰厚的回报，尤其是将赤霞珠换成黑比诺和霞多丽，将西拉换成灰比诺。现在园中有1.51公顷的黑比诺（克隆777, 115和mv6），1.25公顷的霞多丽（克隆95, 96和P58）、1.24公顷的雷司令和少量的长相思、灰比诺和琼瑶浆。

🍷🍷🍷🍷🍷 Block 1 Orange Chardonnay 2015

1号园地奥兰治霞多丽2015

从8行1991年种植的P58霞多丽克隆株上手工采摘，在法国大橡木桶（50%是新的）中陈酿，并搅拌酒泥。这是一支非常优雅的霞多丽，在合适的时机进行采摘，并且采用了理性的酿造方法，特别是在使用新橡木桶的比例上。所有的一切都结合得非常完美，白桃和水蜜桃的香气在前，而柑橘似的酸味让悠长的后味得以收束。

封口：螺旋盖 酒精度：13% 评分：96 最佳饮用期：2023年 参考价格：38澳元 ✪

Orange Riesling 2016

奥兰治雷司令2016

来自优秀的雷司令酒园，这支酒表现了酒精度：11.5%的酒能达成的最佳深度。它有着迷人的芳香，青苹果的果香、微妙的柑橘香和花的芬芳都在其中。口感坚实、骨架精致，悠久的长度是这支酒的特色。

封口：螺旋盖 酒精度：11.5% 评分：95 最佳饮用期：2024年
参考价格：28澳元 SC ✪

Orange Chardonnay 2015

奥兰治霞多丽2015

这支酒在16年的奥兰治葡萄酒展会（Orange Wine Show）上获得了3个奖杯，其中包括酒展最佳葡萄酒（Best Wine of Show）的荣誉。早采并没有让柚子的香气占了优势，其影响如果有，也是相反的。少量的新橡木桶（如果有的话）也没有减少这支酒的魅力。

封口：螺旋盖 酒精度：12.5% 评分：95 最佳饮用期：2023年 参考价格：32澳元 ✪

Block 6 Orange Riesling 2016

6号园地奥兰治雷司令2016

手工采摘葡萄后，经过除梗破碎，采用人工培养，酵母带少量固形物低温发酵，在不锈钢罐中陈放成熟。酿造这支酒所用的方法是非常聪明的，少量的固形物带来了几乎察觉不到的残糖，让酒体的质感更佳。青柠和青苹果的香气随着柑橘的花香一起，与平衡的酸味捆在了一起。

封口：螺旋盖 酒精度：12% 评分：94 最佳饮用期：2026年 参考价格：32澳元

Orange Gewurztraminer 2016

奥兰治琼瑶浆2016

在2016年的奥兰治葡萄酒展上得到了“最佳其他白葡萄酒”（Best Other White）奖杯。明确的品种香，荔枝、麝香和土耳其糖糕的风味都在向人招手。琼瑶浆的口感是很容易出问题的，但这支酒做得很好。其风味精致而持久，酸味精美细腻。没有过分的甜腻味道，也没有硬而不适的口感。

封口：螺旋盖 酒精度：13% 评分：94 最佳饮用期：2018年
参考价格：28澳元 SC ✪

Block 3 Orange Pinot Noir 2015

3号园地奥兰治黑比诺2015

来自克隆植株115、777和mv6，手工采摘，除梗，分成不同批次，整串或者破碎后发酵，冷浸渍3天，采用较高的发酵温度，浸皮9—14天，在法国橡木桶（33%是新的）中陈酿11个月。再经过3年，这支酒将迎来10年的适饮期。浓郁的红樱桃、黑樱桃和欧洲酸樱桃的果香与酸味和单宁相对抗。平衡在这里是至关重要的。

封口：螺旋盖 酒精度：13.5% 评分：94 最佳饮用期：2028年 参考价格：45澳元

🍷🍷🍷🍷🍷(4.5) Orange Pinot Rose 2016

奥兰治皮诺桃红2016

评分：92 最佳饮用期：2018年 参考价格：26澳元 SC

Colvin Wines 科尔文酒业 ★★★★

19 Boyle Street, Mosman, NSW 2088（邮） 产区：猎人谷
电话：（02）9908 7886 网址：www.colvinwines.com.au 开放时间：不开放
酿酒师：安德鲁·斯皮纳斯（Andrew Spinaze），马克·理查德森（Mark Richardson）
创立时间：1999年 产量（以12支箱数计）：500 葡萄园面积：5.2公顷

1990悉尼的律师约翰·科尔文（John Colvin）和妻子罗宾（Robyn）购买了德拜耳葡萄园（De Beyers Vineyard），它的历史可以追溯到19世纪的下半叶。1967年，当一个大财团收购了原来的35公顷葡萄园的时候，已经没有葡萄留下了。这个大财团在溪边平坦的冲积土壤上种植西拉，在红色粘土坡地上种植赛美蓉。1998年，所有的葡萄都被卖给了泰瑞尔酒庄（Tyrrell's）。但自从1999年起，大量的酒开始被贴上了科尔文葡萄酒的标签。其中包括桑乔维塞这个品种，它来自约翰在1996年种植的1公顷多点的葡萄园。

🍷🍷🍷🍷🍷 De Beyers Vineyard Hunter Valley Chardonnay 2016
德拜耳葡萄园猎人谷霞多丽2016
这支酒只做了25打，有明显的来自单一橡木桶的香气。尽管如此，品种香也丝毫不差，核果的香气比柑橘类水果更加突出，并没有被橡木桶的香气掩盖住。
封口：螺旋盖　酒精度：12%　评分：94　最佳饮用期：2023年　参考价格：65澳元

🍷🍷🍷🍷 De Beyers Vineyard Hunter Valley Semillon 2015
德拜耳葡萄园猎人谷赛美容2015
评分：93　最佳饮用期：2025年　参考价格：35澳元

Museum Release De Beyers Sangiovese 2007
博物馆德拜耳桑乔维塞2007
评分：90　最佳饮用期：2022年　参考价格：45澳元

Condie Estate　康迪酒庄　★★★★☆

480 Heathcote-Redesdale Road, Heathcote, Vic 3523　产区：西斯科特
电话：0404 480 422　网址：www.condie.com.au　开放时间：周末和公众假期，11:00—17:00
酿酒师：里奇·康迪（Richie Condie）　创立时间：2001年　产量（以12支箱数计）：1500　葡萄园面积：6.8公顷

里奇·康迪曾在一个跨国公司担任风控经理，这是基于他商业学士的教育背景。不过，当他建立了康迪酒庄之后，他又完成了几个栽培与酿酒的学位，包括多科庄园（Dookie）酿造学的学位。里奇和他太太罗珊妮（Rosanne）一起种了2.4公顷的西拉，随后又种了2公顷的桑乔维塞和0.8公顷的维欧尼。在2010年，他们购买了1.6公顷大小的、种植于1990年的葡萄园。在这里他们建造了一个酒厂和酒窖门店。里奇对所有想参与葡萄酒酿造的人这样说："在你自己开始创业之前，最好在一个小葡萄园或者小酒厂里至少干1年。你需要了解种植葡萄、照顾葡萄、酿酒和销售的工作需要多么繁重的体力劳动。"

🍷🍷🍷🍷🍷 The Max Shiraz 2015
麦克斯西拉2015
明亮的紫红色。这支极品葡萄酒是通过选桶得到的，所有的木桶都是法国小橡木桶（最多30%是新的）。那辛香料和煤炭的风味还需要与酒进一步融合。花香、胡椒香和黑色水果的芬芳争着冒头，却仍然团结一致。口中泛起美妙的滋味，是柔顺的果香、单宁和柑橘似的酸味。
封口：螺旋盖　酒精度：14.6%　评分：95　最佳饮用期：2032年
参考价格：50澳元　JF

🍷🍷🍷🍷 The Gwen Shiraz 2015
格温西拉2015
评分：93　最佳饮用期：2028年　参考价格：28澳元　JF

Giarracca Sangiovese 2016
吉雅拉恰桑乔维塞2016
评分：92　最佳饮用期：2027年　参考价格：30澳元　JF

Conte Estate Wines　康特庄园酒业　★★★★

270 Sand Road, McLaren Flat, SA 5171　产区：麦克拉仑谷
电话：(08) 8383 0183　网址：www.conteestatewines.com.au　开放时间：仅限预约
酿酒师：丹尼尔·康特（Danial Conte）　创立时间：2003年　产量（以12支箱数计）：5000
葡萄园面积：77公顷

康特家族有一个大葡萄园，其主要的部分是在1960年成立的，不过有2.5公顷的西拉是100年前种植的。葡萄园中有西拉、歌海娜、赤霞珠、长相思和霞多丽。在继续大量销售产品的同时，葡萄酒酿造已成为企业的一个重要部分。出口到美国、加拿大和中国。

🍷🍷🍷🍷 La Vita Nuda McLaren Vale Vermentino 2014
赤裸生命麦克拉仑谷维蒙蒂诺2014
除梗后，采用气囊压榨机压榨，果汁未经过澄清，直接在不锈钢罐中低温发酵，带酒泥陈酿9个月。香气异常地芬芳扑鼻，带着松树、松子和柑橘的味道，趣味十足。口中的风味和嗅觉上的芳香差不多，并且还有梨子和苹果的味道。
封口：螺旋盖　酒精度：12.5%　评分：90　最佳饮用期：2020年　参考价格：20澳元 ✪

Nuovo Cammino McLaren Vale Aglianico 2014
新道路麦克拉仑谷艾格尼科
我为这个意大利南部的品种停下来记笔记是有理由的，樱桃力娇酒/樱桃的果香在后味中为香料香/泥土/野生草本植物的香气所驯服。它就好像性感的意大利少女，那迷人的魅力让你无法挪开眼睛。
封口：螺旋盖　酒精度：13.5%　评分：90　最佳饮用期：2022年　参考价格：25澳元

Sticky Gecko Noble Rot McLaren Vale Gewurztraminer 2010
粘壁虎贵腐麦克拉仑谷琼瑶浆2010

这支酒的色泽呈铜金色，葡萄是在糖度达到23°博美时采收的。它挑战着黛伦堡的超粘葡萄酒（d'Arenberg super-stickies）。口感极其甜美，带着加香的桔子和金橘的味道。它拥有较高的酸度，这对酒体的平衡至关重要，但这支酒的确需要味道浓厚的甜品来搭配。500毫升瓶。
封口: 螺旋盖 酒精度: 10.5% 评分: 90 最佳饮用期: 2020年 参考价格: 25澳元

🍷🍷🍷🍷 Primrose Lane McLaren Vale Chardonnay 2016
樱草花巷麦克拉仑谷霞多丽2016
评分：89 最佳饮用期：2020年 参考价格：25澳元

Cooks Lot 库克斯酒园 ★★★★★

Ferment, 87 Hill Street, Orange, NSW 2800 产区：奥兰治（Orange）
电话：（02）9550 3228 网址：www.cookslot.com.au 开放时间：周二至周六，11:00—17:00
酿酒师：邓肯·库克（Duncan Cook） 创立时间：2002年 产量（以12支箱数计）：4000
邓肯·库克从2002年开始酿造自己的同名葡萄酒品牌，与之同时，他开始了自己在查尔斯·斯图亚特大学（CSU）的酿造学学习。他在2010年完成了学位，现在和一些来自奥兰治的小种植者合作，希望能成为具有独特地域特色的葡萄酒生产商。在2012年邓肯把他的生意从马琦（Mudgee）转到了奥兰治（Orange），目前的酒主要是奥兰治的葡萄做的。出口到中国。

🍷🍷🍷🍷🍷 Allotment No. 333 Orange Riesling 2016
333号阿洛特门奥兰治雷司令2016
这支雷司令做得非常漂亮，有极佳的集中度、长度和纯度。这支酒的关键是那带着白垩矿物味的酸味，这种酸味渗透了苦柠檬的果香，让人不禁想要马上再来一口。国家凉爽气候葡萄酒展（The National Cool Climate Wine Show）不是一个主要的酒展，而高地葡萄酒展（Highland Wine Show）的地位更低，但这支葡萄酒的成功是毫无疑问的（这支酒分别在两个展会上获得了3个奖杯和金牌）。
封口: 螺旋盖 酒精度: 11.5% 评分: 95 最佳饮用期: 2036年 参考价格: 22澳元 ✪

Allotment No. 1010 Orange Shiraz 2015
1010号阿洛特门奥兰治西拉2015
这是一支迷人的葡萄酒：色泽佳，香气引人入胜，带着香料浸渍的黑樱桃果香，酒体中等，但是提供了支撑。口中也是以黑樱桃的味道为主。
封口: 螺旋盖 酒精度: 13.5% 评分: 95 最佳饮用期: 2030年 参考价格: 22澳元 ✪

Allotment No. 8 Handpicked Orange Shiraz 2014
8号阿洛特门手工采摘奥兰治西拉2014
手工采摘，利用野生酵母开放式发酵，每日4次压帽，自流汁和压榨汁分别在法国橡木桶中成熟12个月。明亮、清晰的深红色；中等的酒体中，带着红色浆果和樱桃的香气，树莓和香辛料的风味让香气变得更加复杂，余味的长度也令人印象深刻。这支酒在奥兰治葡萄酒展（Orange Wine Show）获得了最佳西拉（Best Shiraz）奖杯。
封口: 螺旋盖 酒精度: 13.5% 评分: 95 最佳饮用期: 2029年 参考价格: 46澳元

Allotment No. 666 Orange Pinot Gris 2016
666号阿洛特门奥兰治灰比诺2016
大多数葡萄酒在不锈钢罐中低温发酵，而不锈钢罐中也放了一些未经焙烤的橡木，一小部分在橡木桶中单独发酵。这支酒绝对与“gris”的名称相称，那馥郁诱人的果香充盈口腔，梨与花生糖的的风味都被紧实的酸味圈住了。这支酒在奥兰治葡萄酒展（Orange Wine Show）上获得了最佳灰比诺（Best Pinot Gris）奖杯。
封口: 螺旋盖 酒精度: 13% 评分: 94 最佳饮用期: 2020年 参考价格: 22澳元 ✪

Allotment No. 9 Handpicked Orange Pinot Noir 2015
9号阿洛特门手采奥兰治黑比诺2015
野生酵母发酵，部分采用整串发酵，每日4次按压皮渣，自流汁和压榨汁分别在法国橡木桶（puncheons）中陈酿了12个月。这支酒表现了很多的态度，如果那不是彻头彻尾的侵略性的话（这是对于黑比诺这个品种而言的）；馥郁的黑樱桃或黑莓果香加上一些整串发酵形成的微妙的森林泥地的气息。丰富的味觉从泥土和林地的风味开始放飞，并在澳大利亚高地葡萄酒展（Australian Highland Wine Show）上赢得了3座奖杯（包括最佳葡萄酒的奖杯Best Wine of Show）。
封口: 螺旋盖 酒精度: 13.5% 评分: 94 最佳饮用期: 2027年 参考价格: 35澳元

🍷🍷🍷🍷🍷 Allotment No. 168 Chardonnay 2015
168号阿洛特门霞多丽2015
评分：92 最佳饮用期：2023年 参考价格：22澳元 ✪

Allotment No. 1111 Pinot Noir 2015
1111号阿洛特门黑比诺2015
评分：92 最佳饮用期：2023年 参考价格：22澳元 ✪

Allotment No. 8989 Cabernet Merlot 2015
8989号阿洛特门赤霞珠梅洛2015
评分：92 最佳饮用期：2025年 参考价格：22澳元 ✪

Allotment No. 689 Sauvignon Blanc 2016
689号阿洛特门长相思2016
评分：90 最佳饮用期：2017年 参考价格：22澳元

Allotment No. 365 Rose 2016

365号阿洛特门桃红2016
评分：90 最佳饮用期：2017年 参考价格：22澳元

Coolangatta Estate 库伦加塔酒庄 ★★★★★

1335 Bolong Road, Shoalhaven Heads, NSW 2535 产区：肖海尔海岸 电话：(02) 4448 7131
网址：www.coolangattaestate.com.au 开放时间：每日开放，10:00—17:00 酿酒师：泰瑞尔酒庄（Tyrrell's） 创立时间：1988年 产量（以12支箱数计）：5000 葡萄园面积：10.5公顷

库伦加塔酒庄是一处150公顷的度假村的一部分，这个度假村有住宿、餐厅、高尔夫球场等设施；一些最古老的建筑是在1822年由罪犯建成的。葡萄种植的标准是非常高的（完美的斯科特亨利/Scott Henry架势），他们的合约酿酒师也极其专业。库伦加塔酒庄会在悉尼和堪培拉的酒展上会经常性地取得一系列的奖牌，陈酿型赛美容更是金牌的大赢家。在其"自家的后院"，库伦加塔酒庄连续14年在南海岸酒展（South Coast Wine Show）上赢得了酒庄最佳葡萄酒（Best Wine of Show）奖杯。

🍷🍷🍷🍷🍷 Aged Release Individual Vineyard Wollstonecraft Semillon 2009

陈酿型单一园沃斯通卡拉夫特赛美容2009

鲜艳的石英绿色彩绝对是这样一款佳酿的标志，它赢得了7座奖杯和9块金牌。这支酒目前已经进入了漫长的最佳饮用期中；柠檬草、柠檬奶冻和迈耶柠檬汁的果香在平衡完美的酒体中奔流，味道绵长悠远。
封口：螺旋盖 酒精度：11% 评分：97 最佳饮用期：2029年
参考价格：40澳元 ✪

🍷🍷🍷🍷🍷 Individual Vineyard Wollstonecraft Semillon 2016

单一葡萄园沃斯通卡拉夫特赛美容2016

这支酒来自酒庄自有的植于1996年的一小块园地。采用整串压榨，在不锈钢罐中低温发酵。这支酒比庄园系列在中味上有更多的重量，但奇怪的是，天瑞酒庄用同一种酿制方法酿造了两种价位相当的庄园葡萄酒。
封口：螺旋盖 酒精度：12% 评分：95 最佳饮用期：2021年
参考价格：25澳元

Estate Grown Semillon 2016

庄园赛美容2016

这支酒来自2003年和2006年在酒庄种植的葡萄树，采下的果实整串地被进行了压榨，并在不锈钢罐中低温发酵。它和沃斯通卡拉夫特（Wollstonecraft）相近，但是口感略重一些。她明亮多汁，带有柑橘和迈耶柠檬的果香，有着清爽的酸味。在2016年的珀斯和考拉酒展（Perth and Cowra wine shows）上获得了金牌。
封口：螺旋盖 酒精度：11.6% 评分：95 最佳饮用期：2026年
参考价格：25澳元 ✪

🍷🍷🍷🍷 Alexander Berry Chardonnay 2016

亚历山大百丽霞多丽2016

评分：89 最佳饮用期：2021年 参考价格：25澳元

Coombe Farm 库比农场酒庄 ★★★★

673—675 Maroondah Highway, Coldstream, Vic 3770 产区：雅拉谷
电话：(03) 9739 0173 网址：www.coombeyarravalley.com.au 开放时间：每日开放，10:00—17:00（周三至周日，六月至八月） 酿酒师：妮可·艾斯黛乐（Nicole Esdaile）
创立时间：1999年 产量（以12支箱数计）：7000 葡萄园面积：60公顷

这个酒庄是曾经闻名世界的歌剧歌手梅尔巴女爵（Dame Nellie Melba）在澳大利亚的家，梅尔巴庄园（Melba Estate）现在也成了库比农场酒庄的所在。改造后的电机房与马房现在成了酒窖门店、画廊和临着花园的餐厅。对花园的参观，现在也对外开放着。庄园葡萄酒的质量一直很好。出口英国和日本。

🍷🍷🍷🍷🍷 Tribute Series Evelyn Yarra Valley Chardonnay 2015

贡品系列伊夫林雅拉河谷霞多丽2015

这支酒比其兄弟品种更强劲、更浓郁、更复杂、更绵长，却仍然优雅迷人。即使在这种酒中，新橡木桶的比例和在橡木桶中陈酿的时间也是有节制的，让人不禁问道：它是怎样取得成功的呢？而它经过更长的瓶储会表现得如何呢？
封口：螺旋盖 酒精度：13% 评分：94 最佳饮用期：2023年 参考价格：50澳元

🍷🍷🍷🍷🍷(4.5) Yarra Valley Pinot Gris 2016

雅拉谷灰比诺2016

评分：93 最佳饮用期：2018年 参考价格：25澳元 ✪

Yarra Valley Chardonnay 2015

雅拉谷霞多丽2015

评分：92 最佳饮用期：2022年 参考价格：37澳元

Yarra Valley Pinot Noir 2016

雅拉谷黑比诺2016

评分：90 最佳饮用期：2031年 参考价格：37澳元

Tribute Series Fullerton Pinot Noir 2014

贡品系列富乐顿黑比诺2014

评分：90 最佳饮用期：2019年 参考价格：50澳元

Cooper Burns 库珀·伯恩斯 ★★★★☆

494 Research Road, Nuriootpa, SA 5355 产区：巴罗萨谷
电话：(08) 7513 7606 网址：www.cooperburns.com.au 开放时间：仅限预约
酿酒师：罗塞尔·伯恩斯（Russell Burns） 创立时间：2004年 产量（以12支箱数计）：3000
库珀·伯恩斯酒庄是马克·库珀（Mark Cooper）和罗塞尔·伯恩斯合伙创立的酒庄。这是一个虚拟酒厂，专注于来自伊顿谷（Eden Valley）和巴罗萨山谷北端的小批量手工葡萄酒。其生产的酒在之前的一系列西拉葡萄酒基础上，增加了一款雷司令和一款歌海娜。出口到美国等国家以及中国香港地区。

🍷🍷🍷🍷🍷 The Bloody Valentine Barossa Valley Shiraz 2013
血色情人巴罗萨谷西拉2013
这支酒好像一位变装皇后，带着漆黑的睫毛膏起舞。那厚重的朱砂色几乎是不透明的；而香气则呈醉人的紫罗兰花香，波森莓、桑椹与黑樱桃果香。在滑过地板之前，高跟鞋被平台靴代替了。烟熏肉、焦油、八角、香草的香气与细腻的单宁交织在一起，仿佛奢华的绒缎，让酒体变得鲜咸而美味。这是一支完美的酒。光滑、天衣无缝而优雅大方。
封口：合成橡木塞 酒精度：14.5% 评分：95 最佳饮用期：2028年
参考价格：100澳元 NG

🍷🍷🍷🍷 Eden Valley Riesling 2015
伊顿谷雷司令2015
评分：93 最佳饮用期：2026年 参考价格：22澳元 NG ✪

Cooter & Cooter 考特酒庄 ★★★★

82 Almond Grove Road, Whites Valley, SA 5172 产区：麦克拉仑谷 电话：0438 766 178
网址：www.cooter.com.au 开放时间：不开放 酿酒师：詹姆士·库特（James Cooter）
创立时间：2012年 产量（以12支箱数计）：1800 葡萄园面积：23公顷
詹姆士和金伯利·库特（Kimberley Cooter）选择了一条稳健的道路来慢慢扩展、建立他们的业务，他们酒标上的潦草文字是考特家族的企业自1847年开始所用的。詹姆士来自一个有着20多年酿酒历史的家庭。金伯利也是一个实践派的酿酒师，早年与父亲沃尔特·克拉皮斯（Walter Clappis）这个老麦克拉仑谷的酿酒师在一起生活。现在，金伯利和詹姆士一起酿了20多年的酒，他们在白河谷（Whites Valley）南坡建立了自己的葡萄园。这个院子有在1996年种的3公顷的西拉和18公顷的赤霞珠，还有2公顷在20世纪50年代种植的老藤歌海娜。他们还买了克莱尔谷的葡萄，酿造雷司令葡萄酒。

🍷🍷🍷🍷 Watervale Riesling 2016
沃特维尔雷司令2016
来自两个小葡萄园，两拨葡萄被分开处理，直到最后再混合在一起。两者都是常规发酵（除了两者都带酒泥陈放）。这是一支纯粹的沃特韦尔雷司令，有着令人振奋的清爽的柠檬和青柠风味，柠檬皮的香调也在其中。长度也同样优秀
封口: 螺旋盖 酒精度: 12% 评分: 93 最佳饮用期: 2026年 参考价格: 22澳元 ✪

McLaren Vale Shiraz 2015
麦克拉仑谷西拉2015
这支酒掺入了5%的歌海娜，两个品种被分开进行酿造和发酵，开放式发酵进行了14天，在旧法国橡木桶中的陈酿进行了15个月。这支酒具有非常明显的产区特性，其开头和收尾都带着鲜美的黑巧克力香气，不过在中味上有浓郁的黑莓果味与来自歌海娜的红色水果风味。这支酒人见人爱，有广泛的吸引力。
封口: 螺旋盖 酒精度: 14% 评分: 91 最佳饮用期: 2030年 参考价格: 22澳元 ✪

Adelaide Hills Pinot Noir 2016
阿德莱德山黑比诺2016
这支酒来自两个葡萄园和两个克隆株：皮卡迪利（Piccadilly）的114克隆，和奎特坡（kuitpo）的mv6克隆。两种葡萄的采摘时间前后差了2周，采下来的葡萄被分开处理后，最终混合在一起。25%的葡萄是整串压榨的，且经过了7天的浸皮。这是一款相对清淡的黑比诺葡萄酒，这支酒的优秀之处在于其纯度，而不是力量或复杂度。它以红色的果香为主，让人的味蕾得到舒缓，并且很好地展现了它的品种特性。
封口：螺旋盖 酒精度：13% 评分：90 最佳饮用期：2021年 参考价格：30澳元

Coppabella of Tumbarumba 唐巴兰姆巴的卡帕贝拉酒庄 ★★★★★

424 Tumbarumba Road, Tumbarumba, NSW 2653（邮） 产区：唐巴兰姆巴
电话：(02) 6382 7997 开放时间：不开放 酿酒师：杰森·布朗（Jason Brown） 创立时间：2011年
产量（以12支箱数计）：4000 葡萄园面积：71.9公顷
库帕贝拉是由杰森和阿莱西亚·布朗（Alecia Brown）所拥有的，他们也是希托扑斯产区非常成功的莫皮迪（moppity）酒庄的主人。他们意识到了唐巴兰姆巴霞多丽和黑比诺葡萄酒的质量，特别是当他们购买莫皮迪酒庄的业务时，发现了库帕贝拉这71公顷的葡萄园中优秀的葡萄质量。库帕贝拉是这个产区建立的第二个葡萄园。这个产区的建立是在1993年，其创始人伊恩·科威尔（Ian Cowell）因为霜冻等问题让他们将园子租给了南方酒业（Southcorp），一直到2007年。葡萄园的管理层换血的时间正好赶上了一些失败的年份，这使得业主做出了关闭葡萄园与拔除葡萄藤的决定。11年10月，在最后的一刻，布朗家族购买了葡萄园，并投入了巨资，修复了藤蔓并嫁接了一些早熟的来自第戎的克隆植株，包括黑比诺和霞多丽。库帕贝拉目前是完全独立于莫皮迪的一个酒庄。

🍷🍷🍷🍷🍷 The Crest Single Vineyard Chardonnay 2016

顶峰单一园霞多丽2016
葡萄采用手工采摘，一部分经过整串压榨和野生酵母发酵，发酵在不同大小的橡木桶（30%是新的）中进行，另一部分在不锈钢罐中发酵，并带酒泥陈酿了6个月。这支酒的香气复杂而有吸引力，但是让人从第一口的品尝就能被它俘虏的原因，却是它口感上的力量、集中度、驱动力、长度和纯度。它带着白桃、青苹果和粉红葡萄柚的风味，而那30%的新橡木桶风味被这浓郁的果香完全吸收了，酸度的配合也是浑然天成。这支酒具有极高的性价比。
封口：螺旋盖　酒精度：13.5%　评分：96　最佳饮用期：2026年　参考价格：35澳元 ✪

Sirius Single Vineyard Chardonnay 2016
天狼星单一葡萄园霞多丽2016
这支酒来自20号园地，手工采摘，整串直接压榨到法国橡木桶中，进行发酵和9个月的陈酿过程。这支酒极具冷凉气候葡萄酒的风格，以柚子髓、柚子皮和柚子汁的风味为主，以白桃和梨子的风味为辅。橡木的风味也对这支好酒做出了重要贡献。
封口：螺旋盖　酒精度：12.5%　评分：95　最佳饮用期：2023年　参考价格：60澳元

Single Vineyard Chardonnay 2015
单一葡萄园霞多丽2015
跟踪莫皮迪（Moppity）、锁钥（Lock&Key）和卡帕贝拉（Coppabella）的霞多丽是一件非常非常艰巨的任务，他们都在以相近的价格和不同的方式抢掠着唐巴兰姆巴（Tumbarumba）或者希托扑斯（Hilltops）的葡萄。这支酒的成熟度比16年的锁钥霞多丽的成熟度还要好，而且口感如丝绸般顺滑。是的，这是一个不同年份的霞多丽，但价格差只有1澳元而已。
封口：螺旋盖　酒精度：13%　评分：95　最佳饮用期：2022年　参考价格：26澳元 ✪

Procella I Hilltops Shiraz 2015
风暴I希托扑斯西拉2015
酒体介于中等与饱满之间，不过它的风味很浓郁，结构也比较复杂。香辛料和雪松的风味与樱桃、黑莓的风味交织着，在香气与口感上都是如此。这支酒风味和谐，口感多汁而诱人，是一支非常好的葡萄酒，而平衡是它最关键的优点。
封口：螺旋盖　酒精度：14%　评分：95　最佳饮用期：2035年　参考价格：45澳元

Procella III Hilltops Cabernet Sauvignon 2015
风暴III希托扑斯赤霞珠2015
这支酒的色泽深邃而健康，是一支非常有力量的重酒体赤霞珠，它让庄主在葡萄园中和酒厂中的投资没有白费。其香气呈黑醋栗、香叶、干草药和雪松橡木的风味，充满活力，余味净爽。给它10年时间，你会得到一支伟大的葡萄酒，而再过10年，它会变得加倍出色。
封口：螺旋盖　酒精度：14%　评分：95　最佳饮用期：2040年　参考价格：45澳元

The Crest Single Vineyard Pinot Noir 2015
克莱斯特单一葡萄园黑比诺2015
酿造这支酒的原料来自于777、MV6和D5V12三种不同的黑比诺植株和葡萄园中不同海拔的地块，经过手工挑选，野生酵母发酵，30%的葡萄以整串压榨并在法国橡木桶中成熟了12个月。这支酒的色泽极佳。如果你还不知道的话，你会发现，贾森·布朗（Jason Brown）精确地定位着卡帕贝拉（和莫皮迪）的品牌，在提供质量过硬的产品的同时，还很好地控制了开支。这支酒带着丰美的深色樱桃果香，其质地和结构也非常协调。
封口：螺旋盖　酒精度：13.5%　评分：94　最佳饮用期：2029年　参考价格：35澳元

🍷🍷🍷🍷🍷 Single Vineyard Sauvignon Blanc 2016
单一园长相思2016
评分：92　最佳饮用期：2018年　参考价格：26澳元

Single Vineyard Pinot Noir 2016
单一园黑比诺2016
评分：91　最佳饮用期：2021年　参考价格：26澳元

Corduroy　科德罗伊酒庄 ★★★★

15 Bridge Terrace, Victor Harbor, SA 5211（邮寄）　产区：阿德莱德山区
电话：0405 123 272　网址：www.corduroywines.com.au　开放时间：不开放　酿酒师：菲利普·勒·梅热勒（Phillip Le Messurier）　创立时间：2009年　产量（以12支箱数计）：320
菲利普和艾丽莎·勒·梅热勒（Phillip and Eliza Le Messurier）都搬到了阿德莱德山，延续着他们一开始在托马斯·安德鲁（Andrew Thomas）指导下，在猎人谷创立的托马斯酒庄（Thomas Wines）的模式。在新的环境下，他们让产地和品种相配合，得到了很好的成效。

🍷🍷🍷🍷🍷 Pedro's Paddock Adelaide Hills Pinot Noir 2016
佩德罗围场阿德莱德山黑比诺2016
这支酒与他们单一葡萄园的兄弟产品区别很大，它在香气和口感上都更浓郁、更复杂。所有的黑比诺都是MV6，利用野生酵母发酵。有没有一些整串发酵呢？那辛香而鲜咸的湿草味成就了这支酒特有的风格，从第一次轻嗅开始，一直持续到令人满足的收尾和余味之中。
封口：螺旋盖　酒精度：12.2%　评分：95　最佳饮用期：2026年　参考价格：42澳元

🍷🍷🍷🍷🍷 Single Vineyard Adelaide Hills Shiraz 2015
单一园阿德莱德山西拉2015

评分：93　最佳饮用期：2035年　参考价格：34澳元
Single Vineyard Clare Valley Riesling 2016
单一园克莱尔谷雷司令2016
评分：91　最佳饮用期：2026年　参考价格：22澳元　✪
Mansfield Rathmine Vineyard Chardonnay 2016
曼斯菲尔德·拉瑟曼酒园霞多丽2016
评分：91　最佳饮用期：2026年　参考价格：42澳元
Single Vineyard Adelaide Hills Pinot Noir 2016
单一园阿德莱德山黑比诺2016
评分：91　最佳饮用期：2023年　参考价格：28澳元
Single Vineyard Adelaide Hills Chardonnay 2016
单一园阿德莱德山霞多丽2016
评分：90　最佳饮用期：2019年　参考价格：28澳元

Coriole　可利庄园　★★★★★

Chaffeys Road, McLaren Vale, SA 5171　产区：麦克拉仑谷
电话：(08) 8323 8305　网址：www.coriole.com　开放时间：周一至周五，10:00—17:00；周末及公共假期，11:00—17:00　酿酒师：亚历克斯·西拉（Alex Sherrah）　创立时间：1967年
产量（以12支箱数计）：32000　葡萄园面积：48.5公顷

虽然可利酒庄是在1967年建立的，可它的酒窖门店和花园却可以追溯到1860年。当时原有的农舍现在已经变成了酒窖门店。庄园中最古老的西拉是1917年种植的。从1985年开始，可利酒庄一直是澳大利亚种植桑乔维塞（sangiovese）和意大利白葡萄品种菲亚诺（Fiano）的先锋。西拉的种植面积占65%，也是可利酒庄最知名的品种。出口到所有的主要市场。

🍷🍷🍷🍷🍷

The Soloist McLaren Vale Shiraz 2014
独奏家麦克拉仑谷西拉2014
这支酒来自葡萄园中单一的一小块园地，其中的葡萄种植于1969年，采用法国橡木桶陈酿。这支酒和庄园系列的兄弟产品的区别在于这支酒有着更浓郁、更有力、长度更佳的复杂口感。这是麦克拉仑谷产区的最佳典范，驾驭极高的酒精度丝毫不费力气。
封口：螺旋盖　酒精度：14.7%　评分：96　最佳饮用期：2034年　参考价格：45澳元　✪

Lloyd McLaren Vale Shiraz 2014
劳埃德麦克拉仑谷西拉2014
人们很容易被这支酒美丽而深邃的紫色所诱惑，但真正重要的是它的风味和口感。这两者在这款酒中表现得都非常棒。这酒的风味趋于鲜咸，酒体饱满、成熟、集中，而酒体的轮廓和细节也被刻画得很好。法国橡木桶（30%是新的）与酒体结合得天衣无缝。
封口：螺旋盖　酒精度：14.5%　评分：96　最佳饮用期：2036年
参考价格：100澳元　JF

McLaren Vale Sangiovese 2015
麦克拉仑谷桑乔维塞2015
可利酒庄是澳大利亚第一个种植桑乔维塞的酒庄（从1985年开始），而这支酒已经发行了29年。其色泽明亮清澈，呈深红色。香气和口味都富有樱桃的风味，又有成熟的单宁与果香为伴。这是一支非常不错的桑乔维塞。
封口：螺旋盖　酒精度：14.5%　评分：96　最佳饮用期：2030年　参考价格：27澳元　✪

McLaren Vale Fiano 2016
麦克拉仑谷菲亚诺2016
这是一支顶呱呱的菲亚诺，带着令人迷醉的柑橘、柠檬皮和金银花的香气和富有质地、风味馥郁的口感——那是地中海草本植物和奶油蜂蜜的味道。有燧石和白垩味的酒酸则勾勒出最后的印象。嘭！
封口：螺旋盖　酒精度：13%　评分：95　最佳饮用期：2020年
参考价格：27澳元　JF　✪

The Soloist McLaren Vale Shiraz 2015
独奏家麦克拉仑谷西拉2015
它滑行着，它盘绕着；这支酒引领着你开始了一次旅行，一次如此顺畅的旅行。旅行的开始是一所单一的葡萄园，闪耀着光泽的果香与橡木桶（80%是新的）相得益彰（陈酿时间是2年）。这支酒充满力量和存在感，让你的口腔被成熟、华美的单宁紧紧裹住，余味悠长而持久。
封口：螺旋盖　酒精度：14.7%　评分：95　最佳饮用期：2030年
参考价格：45澳元　JF

McLaren Vale Nero 2016
麦克拉仑谷黑珍珠2016
可利酒庄种植的意大利葡萄品种一直非常出众，而黑珍珠是其中的一个明星品种。它好像一个美人，核心的香气是多汁的红色水果——特别是覆盆子的果香，此外，它还带着淡淡的地中海干草药的风味。那柔顺的单宁、偏轻的酒体和爽净的酸味，让这支酒显得如此的活泼动人。这支酒获得了3个奖杯，其中包括2016年在澳大利亚小品种酒展上取得的酒展最佳葡萄酒奖杯。
封口：螺旋盖　酒精度：14%　评分：95　最佳饮用期：2020年
参考价格：25澳元　JF　✪

Estate McLaren Vale Shiraz 2014
庄园麦克拉仑谷西拉2014
这支酒采用了庄园自产的葡萄，树龄约40年左右。酒体中等偏重，非常美味。它如天鹅绒般柔顺，黑色水果的香气被黑巧克力的风味包裹，单宁细腻柔和，长度完美无瑕。
封口：螺旋盖 酒精度：14.5% 评分：94 最佳饮用期：2029年 参考价格：30澳元 ✪

Estate McLaren Vale Cabernet Sauvignon 2014
庄园麦克拉仑谷赤霞珠2014
在法国橡木桶中成熟18个月。酒体复杂，黑色水果、迷迭香和百里香的香气与苦巧克力风味和精致的单宁结合在一起。单宁和橡木对提升酒体的质地和结构起着积极的作用。
封口：螺旋盖 酒精度：14.5% 评分：94 最佳饮用期：2034年 参考价格：30澳元 ✪

🍷🍷🍷🍷🍷 McLaren Vale Picpoul 2016
麦克拉仑谷皮克葡2016
评分：93 最佳饮用期：2020年 参考价格：25澳元 JF ✪

Estate McLaren Vale Shiraz 2015
庄园麦克拉仑谷西拉2015
评分：93 最佳饮用期：2026年 参考价格：30澳元 JF

Redstone McLaren Vale Shiraz 2015
红石麦克拉仑谷西拉2015
评分：93 最佳饮用期：2021年 参考价格：20澳元 JF ✪

Scarce Earth Galaxidia Shiraz 2015
稀缺地球加拉克西迪亚西拉2015
评分：93 最佳饮用期：2032年 参考价格：60澳元 JF

Dancing Fig Mourvedre Grenache Shiraz 2015
舞动的无花果慕合怀特歌海娜西拉2015
评分：93 最佳饮用期：2025年 参考价格：25澳元 JF ✪

Mary Kathleen Cabernet Merlot 2014
马丽·凯瑟琳赤霞珠梅洛2014
评分：90 最佳饮用期：2029年 参考价格：65澳元 JF

Estate McLaren Vale Cabernet Sauvignon 2015
庄园麦克拉仑谷赤霞珠2015
评分：90 最佳饮用期：2024年 参考价格：30澳元 JF

McLaren Vale Sangiovese Shiraz 2015
麦克拉仑谷桑乔维塞西拉2015
评分：90 最佳饮用期：2020年 参考价格：20澳元 JF ✪

Vita McLaren Vale Sangiovese 2014
维塔麦克拉仑谷桑乔维塞2014
评分：90 最佳饮用期：2019年 参考价格：65澳元 JF

Corymbia Wine 格林比亚酒庄 ★★★★

30 Nolan Avenue, Upper Swan, WA 6069 产区：天鹅谷 电话：0439 973 195
网址：www.corymbiawine.com.au 开放时间：不开放 酿酒师：吉纳维芙·曼恩（Genevieve Mann） 创立时间：2013年 产量（以12支箱数计）：200 葡萄园面积：0.72公顷
这个酒庄的酿酒师是飞行酿酒师，却和平常的飞行酿酒师的做法相反。罗博·曼恩（Rob Mann）曾是玛格丽特河的曼达岬酒庄（Cape Mentelle）的首席酿酒师。他和妻子吉纳维芙曾经都住在玛格丽特河。罗博的父亲于25年前在天鹅谷建立了家族葡萄园，罗博早年间是和他父亲一起工作的。曼恩家族拥有0.4公顷的丹魄、0.12公顷的马尔贝克和0.2公顷的赤霞珠。有趣的是，他们的酿酒师是吉纳维芙而非罗博。曼恩夫妇目前住在加利福尼亚的纳帕谷，罗博为著名的牛顿酒庄（Newton Winery）担任首席酿酒师，他们仅仅在酿造季节回来很短的时间。

🍷🍷🍷🍷🍷 Corymbia 2014
格林比亚2014
丹魄和赤霞珠的混酿。这支酒的色泽极佳。考虑到这个产区的炎热天气，这确实是一支令人印象深刻的酒了。它带着黑色樱桃果香，而辛香料和鲜咸的风味则带来了清新感和复杂度。
封口：螺旋盖 酒精度：13.5% 评分：94 最佳饮用期：2024年 参考价格：35澳元

🍷🍷🍷🍷🍷 Corymbia 2016
考林比亚2016
评分：92 最佳饮用期：2026年 参考价格：35澳元

Costanzo & Sons 科斯坦佐父子酒庄 ★★★★

602 Tames Road, Strathbogie, Vic 3666 产区：史庄伯吉山区（Strathbogie Ranges）
电话：0447 740 055 网址：www.costanzo.com.au 开放时间：仅限预约 酿酒师：雷·纳德森（Ray Nadeson） 创立时间：2011年 产量（以12支箱数计）：500 葡萄园面积：6公顷
这个酒庄是乔·科斯坦佐（Joe Costanzo）和辛迪·西斯（Cindy Heath）一同创办的。乔种植葡萄的天分是天生的，他从小就在父母位于新南威尔士州的墨累河的20公顷葡萄园里长大，这个家族企业向布朗兄弟酒庄（Brown Brothers）、沙普酒庄（Seppelt）、布勒酒庄（Bullers）和米兰达酒业（Miranda Wines）都有出售葡萄。在17岁的时候，他决定跟随父母的脚步，开始全职在葡萄园中工作，并进行了5年葡萄栽培学的学习。他和辛迪曾去寻找完美的葡萄园，并终于在2011年找到了一个在1993—1994年期间种植的园子，有1.5公顷的长相思、1.5公顷的霞多丽和3公顷的黑比诺。

🍷🍷🍷🍷🍷 Single Vineyard Reserve Strathbogie Ranges Sauvignon Blanc 2015
单一葡萄园珍藏史庄伯吉山脉长相思2015
这支酒是在法国橡木桶中采用野生酵母发酵而成的，它在桶中陈酿的时间达10个月。酿造这支酒的灵感来自于卢瓦尔河谷，而且它确实被酿得不错。经典的火药气味伴着品种香和橡木香，配上富于质感、几乎接近油腻的口感，更有微妙而鲜咸的长相思风味从头至尾贯穿口腔。这是一支很可爱的酒。
封口：螺旋盖　酒精度：14.5%　评分：94　最佳饮用期：2022年
参考价格：40澳元　SC

🍷🍷🍷🍷 Methode Traditionelle Blanc de Noir 2014
传统酿造法黑中白起泡酒2014
评分：90　最佳饮用期：2019年　参考价格：40澳元　TS

 Coulter Wines　库尔特葡萄酒　★★★★★

（邮寄）6 Third Avenue, Tanunda, SA 5352　产区：阿德莱德山区
电话：0448 741 773　网址：www.coulterwines.com　开放时间：不开放　酿酒师：克里斯·库尔特（Chris Coulter）　创立时间：2015年　产量（以12支箱数计）：250

克里斯库尔特曾当过22年的大厨，不过，他在20世纪90年代早期爱上了葡萄酒，并在冷溪山酒庄（Coldstream Hills）成了酿酒季的酒窖帮工。2007年，他开始了葡萄酒酿造学的学习，并在澳大利亚葡萄酒有限公司（Australian Vintage Limited）找到了工作。他先在米尔迪拉（Mildura）获得了大规模酿酒的经验，然后去了当时在巴罗萨谷的雅达拉酒庄（Chateau Yaldara）酿酒，一直干到2014年。之后，1847公司收购了雅达拉酒庄，克里斯就成了1847的团队成员之一。库特酒庄诞生于2015年，是克里斯的副业，致力于酿造"来自另一个世界的"葡萄酒——除了二氧化硫之外，别无其他添加剂，酒的运动也都靠重力的作用，而在可行的情况下，不对葡萄酒做过滤处理。他在阿德莱德山的优质葡萄园购买和采摘葡萄（有霞多丽、桑乔维塞和巴贝拉）。他还计划在2017年酿造一款马塔罗（Mataro）。

🍷🍷🍷🍷🍷 C1 Adelaide Hills Chardonnay 2016
C1阿德莱德山霞多丽2016
来自单一葡萄园，整串压榨，果汁未经过滤，采用野生酵母发酵，并利用刮过的旧匈牙利木桶，有进行酒泥搅拌，没有经过下胶或者过滤处理。这是一支美味的葡萄酒，葡萄得到了完美的成熟，如果橡木是一辆车，那么百色核果（桃、水蜜桃）的果香和柑橘类（柚子）的果香则带来了能量和速度。
封口：螺旋盖　酒精度：13%　评分：95　最佳饮用期：2026年　参考价格：30澳元 ✪

C2 Adelaide Hills Sangiovese 2016
C2 阿德莱德山桑乔维塞2016
这支酒的原料经由手工采摘自单一葡萄园，30%的果实以整串的形式处理，进行了2天的二氧化碳浸渍发酵后，进行篮式压榨，并在法国橡木桶中陈酿了5个月，且未经下胶处理。酒色呈明亮、清澈的深红色；它极其美味、丝滑而柔顺，单宁已经完全被驯化了（这对于未经下胶处理的酒液来说是不简单的），而平衡也无可挑剔。
封口：螺旋盖　酒精度：14%　评分：95　最佳饮用期：2022年　参考价格：28澳元 ✪

🍷🍷🍷🍷 C5 Adelaide Hills Barbera 2016
C5 阿德莱德山巴贝拉2016
评分：91　最佳饮用期：2021年　参考价格：28澳元

Cowaramup Wines　卡威温密酒庄　★★★★☆

19 Tassel Road, Cowaramup, WA 6284　产区：玛格丽特河
电话：(08) 9755 5195　网址：www.cowaramupwines.com.au　开放时间：仅限预约
酿酒师：博物酒业（Naturaliste Vintners）、布鲁斯·杜克斯（Bruce Dukes）
创立时间：1995年　产量（以12支箱数计）：4000　葡萄园面积：17公顷

罗塞尔和玛丽琳·雷诺兹（Russell and Marilyn Reynolds）在儿子卡梅隆（葡萄栽培师）和安东尼（助理酿酒师）的帮助下建立了一个生物动力葡萄园。他们从1996年开始种葡萄，种的品种包括梅洛、赤霞珠、西拉、赛美容、霞多丽和长相思。尽管产量低，而且生物动力葡萄园种植需要遵守很多的条条框框，但葡萄酒价格并不高。他们的酒有卡威温密（Cowaramup）、小丑鱼（Clown Fish）和新学校（New School）这几个品牌。

🍷🍷🍷🍷🍷 Reserve Limited Edition Ellensbrook Margaret River Chardonnay 2015
限量珍藏艾伦斯布鲁克玛格丽特河霞多丽2015
在新法国橡木桶中发酵并陈酿12个月。橡木桶给葡萄酒带来了一定的影响，但并没有减少那热情的果香：有白桃、苹果和柚子的风味，味道悠长。
封口：螺旋盖　酒精度：12.5%　评分：96　最佳饮用期：2025年　参考价格：30澳元 ✪

🍷🍷🍷🍷 Clown Fish Sauvignon Blanc Semillon 2016
小丑鱼长相思赛美容2016
评分：93　最佳饮用期：2020年　参考价格：20澳元 ✪

Clown Fish Cabernet Merlot 2015
小丑鱼赤霞珠梅洛2015

评分：92 最佳饮用期：2029年 参考价格：20澳元 ✪

Coward & Black Vineyards 考沃德·布莱克酒园 ★★★★

448 Tom Cullity Drive, Wilyabrup, WA 6280 产区：玛格丽特河
电话：(08) 9755 6355 网址：www.cowardandblack.com.au 开放时间：每日开放，9:00—17:00
酿酒师：克莱夫·奥托（Clive Otto，合约） 创立时间：1998年 产量（以12支箱数计）：1500
葡萄园面积：9.5公顷

帕特里克·考沃德（Patrick Coward）和马丁·布莱克（Martin Black）从5岁开始就是朋友。他们在阿什布鲁克酒庄（Ashbrook）对面，菲力士酒庄（Vasse Felix）的同一条路上购买了一处产业，并慢慢地开始建立了一处干植葡萄园；5年后，他们又开辟了第二块园地。他们现在总共有赤霞珠和西拉各2.5公顷，以及霞多丽、赛美容和长相思各1.5公顷。其酒窖门店与他们的另一单生意，玛格丽特河特产店（Margaret River Providore）相结合，这个店主要是出售来自他们的有机农场和橄榄林的产品。

🍷🍷🍷🍷🍷 Margaret River Semillon Sauvignon Blanc 2016
玛格丽特河赛美容长相思2016
长相思带来了浓烈热情而令人垂涎的热带水果风味，而赛美容则携着它特有的柠檬香脂和马鞭草的芳香和极其细腻的酸味。酒体平衡和谐。
封口：螺旋盖 酒精度：12.5% 评分：92 最佳饮用期：2019年
参考价格：21澳元 JF ✪

Margaret River Chardonnay 2016
玛格丽特河霞多丽2016
摇摆，晃荡，这就是这支酒所干的事情。起初，它看起来是坚实、苗条的，带有点生疏的果香和强劲的酒酸。然后它就开始摇晃了，晃出了一些姜黄香料味，那微妙而平衡的橡木味在柑橘果香中摇曳。在这支酒上下赌注的时候，可要小心了。
封口：螺旋盖 酒精度：12.3% 评分：92 最佳饮用期：2022年
参考价格：28 澳元 JF

Margaret River Show Shiraz 2015
玛格丽特河酒展西拉2015
在那中度的深红色泽和点缀着胡椒与杜松子香气的红色李子果香之外，最引人注目的是那精致柔和的单宁。酒体中等，鲜咸，带着少许呈雪松香气的橡木风味。
封口：螺旋盖 酒精度：13.6% 评分：92 最佳饮用期：2022年
参考价格：27 澳元 JF

Winston Margaret River Cabernet Shiraz 2015
温斯顿玛格丽特河赤霞珠西拉2015
酿造这支酒的两个品种各占50%，分别在法国橡木桶（1/3是新的）中陈酿了18个月。有力的赤霞珠表现出黑莓和桑葚的果香，伴着香叶和橡木桶的辛香；而来自西拉的坚韧的单宁则带来偏干和有力的收尾。
封口：螺旋盖 酒精度：13.6% 评分：91 最佳饮用期：2024年
参考价格：27 澳元 JF

🍷🍷🍷🍷 Margaret River Semillon Sauvignon Blanc 2015
玛格丽特河赛美容长相思2015
评分：89 最佳饮用期：2019年 参考价格：21澳元 JF

Crabtree Watervale Wines 卡拉布特酒庄 ★★★★

North Terrace, Watervale SA 5452 产区：克莱尔谷 电话：(08) 8843 0069
网址：www.crabtreewines.com.au 开放时间：每日开放，10:30—16:30 酿酒师：凯瑞·汤普森（Kerri Thompson） 创立时间：1979年 产量（以12支箱数计）：6000 葡萄园面积：13.2公顷

卡拉布特酒庄坐落于历史悠久的沃特维尔产区的中心地段，他们的品酒室和庭院（在19世纪50年代老宅的蔬果园中）俯瞰着他们的葡萄园。该酒庄由罗伯特克拉布特里于1984年创立，他因为酿造了许多获奖的雷司令、西拉和赤霞珠而享有盛誉。2007年，酒庄被一群独立的葡萄酒爱好者买下；不过卡拉布特酒庄酿造庄园自产优质葡萄酒的传统还是得到了很好的继承和延续（罗伯特仍然是股东）。

🍷🍷🍷🍷🍷 Riesling 2016
雷司令2016
100%来自酒庄的葡萄园，经过手工采摘和筛选。香气以花香为主，带着柑橘、苹果和少许的药植气息，口感（对于雷司令而言）比较丰满，带着成熟柑橘的果味，后味和余味中有令人舒适的酸味。
封口：螺旋盖 酒精度：12.5% 评分：94 最佳饮用期：2026年 参考价格：26 澳元 ✪

🍷🍷🍷🍷🍷 Bay of Biscay Grenache Rose 2016
比斯开湾歌海娜桃红2016
评分：90 最佳饮用期：2018年 参考价格：22澳元

Cradle of hills 山之涯酒庄 ★★★★☆

76 Rogers Road, Sellicks Hill, SA 5174 产区：麦克拉仑谷 电话：(08) 8557 4023
网址：www.cradle-of-hills.com.au 开放时间：仅限预约 酿酒师：保罗·史密斯（Paul Smith）
创立时间：2009年 产量（以12支箱数计）：800 葡萄园面积：6.88公顷

保罗·史密斯开始接触葡萄酒的经历是与众不同的，他是在澳大利亚皇家海军服役的时候走近葡

萄酒的。具体来讲，他是在19岁时，在军官起居室的酒窖里开始了对葡萄酒的认识。后来的职业变化使保罗走向了竞技体育的世界，随后他遇到了他的园艺师妻子特蕾西（Tracy）。从2005年开始，他们带着两个孩子走遍了世界，在欧洲度过了几年时间，在这里通过工作和学习，了解了那些伟大的葡萄酒产区和酿造出优质的葡萄酒的方法。保罗后来获得了葡萄酒文凭，他们现在拥有近7公顷的赤霞珠和西拉（各占50%），作为补充，他们还收购一些歌海娜和慕合怀特。

🍷🍷🍷🍷🍷 Darkside McLaren Vale Shiraz Mourvedre 2013
暗面麦克拉仑谷西拉慕合怀特2013
这支酒中含70%的西拉、25%的慕合怀特和5%的歌海娜，采用开放式发酵，并用手工浸压皮渣。发酵后浸渍的时间长达2周之久，压榨方式为桶式压榨，以30%的新法国橡木桶陈酿了2年。其酒香馥郁，有淡淡的辛香料气。酒体中厚，口感、长度和平衡都非常不错，并带着李子、红黑樱桃和黑巧克力的风味，单宁丝滑，结尾略带鲜咸。
封口：螺旋盖　酒精度：14.5%　评分：95　最佳饮用期：2028年　参考价格：29澳元 ✪

Maritime McLaren Vale Cabernet Shiraz 2013
海洋麦克拉仑赤霞珠西拉2013
这支酒中，赤霞珠占60%，西拉占40%，采用开放式发酵，发酵容器大小为1.5吨。手工压浸皮渣，发酵后浸渍了2周之久，采用桶式压榨，在法国橡木桶（30%是新的）中陈酿了2年。这支酒和“第五排”（Row 5）赤霞珠非常不一样，它以果香为主，带着黑加仑和黑莓的果香，表现产区特性的黑巧克力风味比来自橡木的雪松味更加突出。
封口：螺旋盖　酒精度：14.5%　评分：94　最佳饮用期：2028年　参考价格：29澳元 ✪

🍷🍷🍷🍷🍷(半) Old Rogue Sellicks Hill McLaren Vale Shiraz 2015
老罗格萧力山麦克拉仑谷西拉 2015
评分：91　最佳饮用期：2030年　参考价格：24澳元

Cragg Cru Wines　克拉格葡萄酒庄　★★★★

Unit 4, 2 Whinnerah Avenue, Aldinga Beach, SA，5173（邮）　产区：麦克拉仑谷
电话：0432 734 574　网址：www.craggcruwines.com.au　开放时间：不开放
酿酒师：罗伯特·克拉格（Robert Cragg）　创立时间：2015年　产量（以12支箱数计）：225
2005年，罗伯特·克拉格首次涉足葡萄酒行业，当时他的任务是在自己家的葡萄园中修剪和嫁接葡萄藤，并采摘葡萄酿出他的第一瓶葡萄酒。他在莫斯谷（Moss Vale）的南部高地葡萄酒公司（Southern Highlands Wines）工作，后来被任命为助理酿酒师，但几乎马上他就在2012年搬到了猎人谷，在那里他熟悉了有机酿酒的技术。两年后，他在麦克拉仑谷得到了一份工作，这是一份全职工作，不过在闲暇时间里，他与合作伙伴杰西卡·沃德（Jessica Ward）一起建立了自己的公司。出口到英国、美国、加拿大、比利时、荷兰等国家，以及中国内地（大陆）和香港地区。

🍷🍷🍷🍷🍷(半) Single Vineyard Fiano 2016
单一酒园菲亚诺2016
这支酒有菲亚诺的那种酷酷的精准细节，和它潜藏的质地，很可能就是它的酸味，但这是一种特殊的酸味。菲亚诺这种冷酷的性格只会让你想要喝得更多。
封口：螺旋盖　酒精度：12.5%　评分：91　最佳饮用期：2020年　参考价格：22澳元 ✪

Grenache Touriga 2016
歌海娜特瑞嘉2016
这支特瑞嘉给了葡萄酒更多的颜色和更多的味道，这并不是特瑞嘉通常所扮演的角色（我们不知道混合比例）。事实上，我喜欢这款葡萄酒的新鲜度和令人快乐的饮用性。
封口：螺旋盖　酒精度：14.5%　评分：90　最佳饮用期：2021年　参考价格：25澳元

🍷🍷🍷🍷 Single Vineyard Grenache 2016
单一酒园歌海娜2016
评分：89　最佳饮用期：2020年　参考价格：25澳元

Craiglee　克莱格李酒庄　★★★★★

Sunbury Road, Sunbury, Vic 3429　产区：山伯利　电话：(03) 9744 4489
网址：www.craiglee.com.au　开放时间：周日及公共假期，10:00—17:00　酿酒师：帕特里克·卡莫迪（Patrick Carmody）　创立时间：1976年　产量（以12支箱数计）：2500　葡萄园面积：9.5公顷
这是一家拥有骄傲的19世纪酿酒纪录的酿酒厂，在长时间的停业之后，克莱格·李在1976年重新开始了葡萄酒酿造。这是在澳大利亚生产出的最好的凉爽气候西拉之一，在更好（温暖）的年份中，它的酒有樱桃、甘草和香料的风味，而在凉爽的条件下酒体更轻。在过去的10年左右，成熟的葡萄藤和葡萄栽培技术的提高使葡萄酒的品质更加稳定（2011年除外）。出口到英国、美国、意大利等国家，以及中国内地（大陆）和香港地区。

Craigow　克莱高酒庄　★★★★☆

528 Richmond Road, Cambridge, Tas 7170　产区：塔斯马尼亚南部　电话：(03) 6248 5379
网址：www.craigow.com.au　开放时间：每日开放，圣诞节期间（Christmas to Easter）
酿酒师：弗洛格莫溪（Frogmore Creek）阿兰·卢梭(Alain Rousseau)　创立时间：1989年
产量（以12支箱数计）：800　葡萄园面积：8.75公顷
霍巴特的外科医生巴里·爱德华兹（Barry Edwards）和妻子凯蒂（Cathy）已经从仅酿造一种葡萄酒的葡萄种植者转变了，他们现在有一系列令人印象深刻的葡萄酒，其中雷司令的品质与陈年潜力极高，黑比诺也是一样，同时继续销售其大部分葡萄。

🍷🍷🍷🍷🍷 Pinot Noir 2015
黑比诺2015

除梗后，在一个开放的1吨发酵罐中，接种野生酵母发酵，压榨到法国橡木桶（20%是新桶）经过8个月的陈酿。塔斯马尼亚岛（Tasmania）与中奥塔哥（Central Otago）相遇，这支酒呈厚重的深红-深紫色，黑樱桃、香料和李子的风味表现出力量和浓度。正当你认为有太多好东西的时候，质感如尘的、鲜咸的单宁将船指向了长途航行的正确方向。
封口：螺旋盖　酒精度：14%　评分：95　最佳饮用期：2030年　参考价格：45澳元

Riesling 2016
雷司令2016
成熟的核果、橙花、温桲梨以及姜粉的香调，有爆炸性的浓郁香气的雷司令让人想起法尔茨（Pfalz）的雷司令，强劲的果香和新鲜矿物味拥挤在青柠的酸味之上。酚类物质带来收敛感和更多的质感，在后味之中做出圈点。
封口：螺旋盖　酒精度：13%　评分：94　最佳饮用期：2026年
参考价格：32澳元　NG

🍷🍷🍷🍷🍷(4.5)

Dessert Riesling 2008
雷司令甜酒2008
评分：93　最佳饮用期：2025年　参考价格：29澳元　NG

Unwooded Chardonnay 2016
无橡木桶霞多丽2016
评分：91　最佳饮用期：2022年　参考价格：34澳元　NG

Crawford River Wines　克劳馥河酒庄　★★★★★

741 Hotspur Upper Road, Condah, Vic 3303　产区：亨提（Henty）
电话：(03) 5578 2267　网址：www.crawfordriverwines.com　开放时间：仅限预约
酿酒师：约翰（John）和贝琳达·汤姆森（Belinda Thomson）　创立时间：1975年
产量（以12支箱数计）：3000　葡萄园面积：10.5公顷
时光飞逝，克劳福德河在2015年庆祝了40岁生日，这似乎令人难以置信。克劳福德河曾是一个鲜为人知的葡萄酒产区的小酒庄，因其对细节的不懈关注而成为雷司令（和其他优质葡萄酒）的最重要的生产者。这要感谢其创始人兼酿酒师约翰·汤姆森（John Thomson）对细节的注重和高超的技艺（以及来自他的妻子凯瑟琳的鼓励）。他的天才长女布林德（Blinder）在完成酿酒学位后在马尔堡（新西兰）、波尔多、里维拉德尔杜雷斯（Rivera del Duress，位于西班牙）、宝格丽（Bolgheri）与托斯卡纳（Tuscany）以及那赫（德国）工作过，而期间的空档她就在克劳福德河工作。她仍然在西班牙工作，每年都会完成两个酿酒季。年轻的女儿菲奥娜则取得了销售和市场营销的学位。出口到英国。

🍷🍷🍷🍷🍷

Riesling 2016
雷司令2016
这支葡萄酒会让你停下脚步，它具有浓郁的味道，但却让你觉得毫不费力。酸味的丝线保持口感的精致，直至有奢侈长度的后味。
封口：螺旋盖　酒精度：13.5%　评分：96　最佳饮用期：2030年
参考价格：45澳元　JF　✪

Young Vines Riesling 2016
年轻藤蔓雷司令2016
现在这支酒已经可以享用了，但是仍然具有陈年潜力，这种葡萄酒就是这样。它有很多新鲜柠檬和酸橙的风味，包括它们的外皮和糖霜的味道，还有一点橘子和核果的果味。酸度柔和，有粉笔味；质感丰富而纯粹。
封口：螺旋盖　酒精度：13.5%　评分：95　最佳饮用期：2024年
参考价格：32澳元　JF　✪

🍷🍷🍷🍷🍷(4.5)

Beta Sauvignon Blanc Semillon 2014
贝塔长相思赛美容2014
评分：93　最佳饮用期：2024年　参考价格：32澳元　JF

Cabernet Merlot 2014
赤霞珠梅洛2014
评分：92　最佳饮用期：2022年　参考价格：35澳元　JF

Semillon Sauvignon Blanc 2013
赛美容长相思2013
评分：91　最佳饮用期：2020年　参考价格：25澳元　JF

Rose 2016
桃红2016
评分：91　最佳饮用期：2019年　参考价格：27澳元　JF

Credaro Family Estate　克莱达罗家族酒庄　★★★★★

2175 Caves Road, Yallingup, WA 6282　产区：玛格丽特河
电话：(08) 9756 6520　网址：www.credarowines.com.au
开放时间：每日开放，9:00—21:00　酿酒师：戴夫·乔纳森（Dave Johnson）　创立时间：1993年　产量（以12支箱数计）：10000　葡萄园面积：150公顷
克莱达罗家族于1922年首次在玛格丽特河定居，他们是从意大利北部移民过来的。最初他们种植了小片的葡萄，为这个传统的欧洲家庭提供葡萄酒。然而，在20世纪80年代和90年代，事情开始有显著变化，直到2015年。最近一次是在维拉布鲁普（Wilyabrup）收购了一个40公顷的葡萄园

［现称为森姆斯葡萄园（Summus）］，将酿酒厂的产能扩大到1200吨，并增加了30万升的罐容量。克莱达罗现在有7个独立的葡萄园（有150公顷可以生产），蔓延整个玛格丽特河产区。克莱达罗拥有或租赁每个葡萄园，并与自己的葡萄栽培团队一起成长并管理这些葡萄园。出口到泰国、新加坡和中国。

🍷🍷🍷🍷🍷 1000 Crowns Margaret River Chardonnay 2015

1000皇冠玛格丽特河霞多丽2015

这和2015亲人霞多丽有相同的产地来源：部分来自克莱达罗酒庄在维奇克里夫(Witchcliffe)附近最靠南的葡萄园，部分来自美琪卡普（Metricup）葡萄园。它们都经过整串压榨，采用野生酵母发酵，并在法国橡木桶（30%是新的）中发酵和成熟。它有绝对惊人的纯度和长度，以及镀了黄金的未来。这支酒在2016年的玛格丽特河葡萄酒展和悉尼国际葡萄酒大赛中获得了金牌。

封口: 螺旋盖　酒精度: 12.5%　评分: 97　最佳饮用期: 2030年　参考价格: 65澳元 ✪

🍷🍷🍷🍷🍷 1000 Crowns Margaret River Shiraz 2015

1000皇冠玛格丽特河西拉2015

这支酒在著名的澳大利亚（4）和英国（1）葡萄酒展中获得了5枚金牌。部分庄园种植（维奇克里夫酒园），部分合约种植（维拉布鲁普），全果发酵，浸皮14天以上，在法国橡木桶（20%是新桶）中陈酿10个月。这是一款出众的西拉，它的中等酒体结合了优雅、浓郁与长度，带着深色樱桃、李子的果味和少许橡木味。

封口: 螺旋盖　酒精度: 14%　评分: 96　最佳饮用期: 2035年　参考价格: 85澳元

Kinship Margaret River Chardonnay 2015

亲人玛格丽特河霞多丽2015

这是一款非常不错的霞多丽，与1000皇冠系列葡萄酒享用了相同的资源。它也在玛格丽特河葡萄酒展上获得了金牌，并于2016年从珀斯获得了1枚金牌。它比1000皇冠葡萄酒更丰富、更饱满，它的发展速度会更快。我们可以假设这是从1000皇冠系列的所有橡木桶中选出最优秀的酒。

封口: 螺旋盖　酒精度: 12.5%　评分: 95　最佳饮用期: 2022年　参考价格: 32澳元 ✪

Kinship Margaret River Cabernet Sauvignon 2015

亲人玛格丽特河赤霞珠2015

这两个庄园自有葡萄园生产了两批非常不同的酒，阿尔特斯（Altus）经过了16天的浸皮，而森姆斯（Summus）则在发酵后经过了30天的带皮浸渍。品丽珠、马贝克和小味儿多都被加进这支混酿葡萄酒中，在法国橡木桶（30%是新桶）中陈酿了18个月。黑醋栗的果味浓郁，单宁坚实，酒体饱满，与其同侪非常不同。它需要时间，但是它有足够的平衡来保证最后的结果。在国家冷凉气候葡萄酒展中获得了金牌。

封口: 螺旋盖　酒精度: 14%　评分: 95　最佳饮用期: 2035年　参考价格: 32澳元 ✪

Kinship Margaret River Shiraz 2015

亲人玛格丽特河西拉2015

25年树龄的葡萄树；整个浆果在含有培养酵母的静态发酵罐中发酵，浸皮14天，在法国橡木桶（20%是新桶）中成熟10个月。具有令人敬畏的驱动力和强度，带有鲜咸而辛香的黑樱桃和李子果香，单宁增添了不小的重量；橡木与酒体的融合也是完美的。

封口: 螺旋盖　酒精度: 14%　评分: 94　最佳饮用期: 2035年　参考价格: 32澳元

🍷🍷🍷🍷🍷 Five Tales Shiraz 2015

五个传说西拉2015

评分：93　最佳饮用期：2026年　参考价格：21澳元 ✪

Five Tales Cabernet Merlot 2015

五个传说赤霞珠梅洛2015

评分：93　最佳饮用期：2024年　参考价格：21澳元 ✪

CRFT Wines　CRFT酒庄　★★★★★

PO Box 197, Aldgate, SA 5154（邮）　产区：阿德莱德山　电话：0413 475 485
网址：www.crftwines.com.au　开放时间：不开放　酿酒师：坎迪斯·赫尔并（Candice Helbig），富路因·瑞思（Frewin Ries）　创立时间：2012年　产量（以12支箱数计）：1200

新西兰出生的弗里温·里斯（Frewin Ries）和出生于巴罗萨的坎迪斯·赫尔比希（Candice Helbig）是生活和生意上的伙伴，他们在相对较短的时间内体验了多种葡萄酒人生，放弃了稳定的工作，并在2013年建立了CRFT酒庄。弗里温先在云湾酒庄（Cloudy Bay）工作了4年，然后去了圣爱美容产区（St Emilion），后来又到了索诺玛（Sonoma）著名的生产黑比诺的威廉斯莱酒庄（Williams Selyem），之后又在王都酒庄（Kingston Estate）工作了4年，后来他成为了一名合同酿酒师。坎迪斯是第六代的巴罗萨人，她接受了实验室技术人员培训。她在哈迪酒业（Hardys）工作了8年，并获得了查尔斯·斯图尔特大学（CSU）的酿酒学和葡萄栽培学位，然后在11年去了野猪岩酒庄（Boar's Rock）和左撇子酒庄（Mollydooker）。他们表示，未来酒庄的发展将来自额外的单一葡萄园，而不是增加任何特定葡萄酒的产量。他们与其他志同道合的伙伴共享兰斯伍德酒厂［Lenswood，前身为乃朋德酒厂（Nepenthe）］。棚屋兼酒窖门的建设还在计划阶段，同样，种植一些绿维特利那葡萄的可能性也在计划之中。出口到英国和新加坡。

🍷🍷🍷🍷🍷 Fechner Vineyard Moculta Eden Valley Shiraz 2015

费喜娜酒园莫库尔塔伊顿谷西拉2015

来自伊顿谷北端莫库塔（Moculta）附近的朝向东面的葡萄园。中等酒体，带着辛香的新鲜覆盆子果香和处理得很好的橡木味，这种矜持而持久的葡萄酒于现在到未来5年左右的时间内会给人带来极大的乐趣。

封口：螺旋盖 酒精度：14% 评分：93 最佳饮用期：2027年
参考价格：49澳元 PR

Crittenden Estate 克里滕登酒庄 ★★★★★

Harrisons Road, Dromana, Vic 3936 产区：莫宁顿半岛 电话：(03) 5981 8322
网址：www.crittendenwines.com.au 开放时间：每日开放，10:30—16:30 酿酒师：罗洛·克里滕登（Rollo Crittenden） 创立时间：1984年 产量（以12支箱数计）：8000 葡萄园面积：4.4公顷

嘉里·克莱滕登（Garry Crittenden）是莫宁顿半岛的先驱之一，在30多年前建立了家族葡萄园，并引入了一些先进的修剪和树冠管理技术。在凉爽的气候葡萄园管理上，许多事物已经发生了变化，并且还在不断地变化。虽然黑比诺和霞多丽仍然是主要焦点，但嘉里一直以来渴望而且不断努力推动的事情是栽培一系列的意大利品种（匹诺曹）和伊比利亚半岛的品种（洛斯·赫曼诺斯）。2015年，葡萄酒的酿造回归到了莫宁顿半岛的家族葡萄园处，他们新建了一座酒厂，并由儿子罗洛·克莱滕登主要负责。出口到英国和美国。

🍷🍷🍷🍷🍷

Kangerong Mornington Peninsula Chardonnay 2015
康格龙莫宁顿半岛霞多丽2015
在整串压榨至不同的法国橡木桶中后，采用野生酵母发酵，有30%的酒进行了苹乳发酵，并定期搅拌。这支酒带着一束矿物的爽脆质感、奶酪的细节、香草橡木的支撑以及烤榛子和松露的核心香调，让我想起了默尔索干白葡萄酒（Meursault）。这与令人印象深刻的“半岛”葡萄酒截然不同。
封口：螺旋盖 酒精度：13% 评分：96 最佳饮用期：2025年
参考价格：45澳元 NG ✪

Peninsula Chardonnay 2015
半岛霞多丽2015
这支酒的特色是那超级解渴的湿润岩石香调的推动力，而果香就像遥远的回声一样，这是冷凉海洋性气候产区葡萄酒的典范。白垩、轻石的矿物风味和爽脆的酸味在其后跟随。还有淡淡的黄桃、蜜饯柑橘皮和温桲梨的风味。风味的浓郁度十分惊人，即使并没有明显的果香。发酵采用了人工酵母和野生酵母，部分苹乳发酵（20%）、定时搅桶和法国橡木让这支“入门级”葡萄酒成了这个系列的基准和榜样。
封口：螺旋盖 酒精度：13.2% 评分：95 最佳饮用期：2025年
参考价格：34澳元 NG ✪

The Zumma Mornington Peninsula Pinot Noir 2015
祖玛莫宁顿半岛黑比诺2015
这是一支引人入胜的明媚香甜的黑比诺，带着纯净、清爽、几乎是厚脸皮的红樱桃味和活泼的来自冷凉气候的酸味。有一些轻度烘烤的雪松橡木作为支持，但仅仅是辅助而已，并没有发出太吵闹的声音。这是一支非常好的酒，每个新的一杯都带来了不同的质地和风味。
封口：螺旋盖 酒精度：13.4% 评分：95 最佳饮用期：2023年
参考价格：55澳元 NG

🍷🍷🍷🍷

The Zumma Chardonnay 2015
祖玛霞多丽2015
评分：93 最佳饮用期：2023年 参考价格：55澳元 NG

Peninsula Pinot Gris 2015
半岛灰比诺2015
评分：93 最佳饮用期：2020年 参考价格：34澳元 NG

Cri de Coeur Pinot Noir 2015
心声灰比诺2015
评分：93 最佳饮用期：2025年 参考价格：80澳元 NG

Kangerong Pinot Noir 2015
康格龙灰比诺2015
评分：93 最佳饮用期：2020年 参考价格：45澳元 NG

Peninsula Pinot Noir 2015
半岛黑比诺2015
评分：92 最佳饮用期：2021年 参考价格：34澳元 NG

Cullen Wines 卡伦葡萄酒 ★★★★★

4323 Caves Road, Wilyabrup, WA 6280 产区：玛格丽特河
电话：(08) 9755 5277 网址：www.cullenwines.com.au
开放时间：每日开放，10:00—16:30 酿酒师：万亚·卡伦（Vanya Cullen），特来福·肯特（Trevor Kent） 创立时间：1971年 产量（以12支箱数计）：20000 葡萄园面积：49公顷

这个酒庄是玛格丽特河的先驱之一，他们一直从成熟的庄园葡萄园中选取葡萄，酿造具有富有特色的适合陈年的葡萄酒。葡萄园已经超越了有机认证的范围，获得了生物动力法的认证，并随后成为澳大利亚首个获得碳平衡认证的葡萄园和酿酒厂。这需要计算酿酒厂中使用的所有碳元素和二氧化碳的排放量；然后通过种植新树木抵消碳排放。创始人的女儿万亚·卡伦负责葡萄酒酿造，她有非常棒的味觉，并且在造就好酒方面非常慷慨，要从顶级梯队中挑出任何特定的葡萄酒是不可能的。出口到所有的主要市场。

🍷🍷🍷🍷🍷

Diana Madeline 2015
戴安娜·马德里妮2015

来自卡伦葡萄园的87%的赤霞珠、11%的梅洛、1%的马尔贝克和品丽珠；在法国橡木桶中成熟了17个月（66%是新桶）。在描述葡萄酒时使用"优雅"这个词是不恰当的，因为这支酒在更高的层次上，它让这个词在这里显得俗气了。芬芳的香气，丝滑的口感和完美的单宁，是这款酒的独到之处。
封口：螺旋盖 酒精度：13% 评分：98 最佳饮用期：2040年 参考价格：12澳元 ✪

Kevin John 2015
凯文·约翰2015
这支酒在果日和花日采摘，使用野生酵母在法国橡木桶（75%是新的）中发酵，并陈放了5个月，也使用了苹乳发酵。尽管有苹乳发酵，但仍保留了重要的新鲜感和柑橘似的酸味，这是其贵族血统的证明。白色花朵、白色核果和葡萄柚的层次将变得越来越浓郁和复杂，但它非常平衡，充满生机，有充分的理由在年轻的时候享受这支霞多丽。
封口：螺旋盖 酒精度：13% 评分：97 最佳饮用期：2025年 参考价格：11澳元 ✪

🍷🍷🍷🍷🍷 Cullen Vineyard Margaret River Sauvignon Blanc Semillon 2015
卡伦酒园玛格丽特河长相思赛美容2015
两个品种的配比为74/26%，在法国新橡木桶中发酵并陈酿了5个月。复杂的香气中有烤橡木，鲜割青草与核果的香气，味觉中则是热带水果和柑橘酸味的混合，毫不停歇。
封口：螺旋盖 酒精度：13% 评分：96 最佳饮用期：2025年 参考价格：35澳元 ✪

Mangan Vineyard Margaret River Merlot Malbec Petit Verdot 2016
曼根酒园玛格丽特河梅洛马尔贝克小味儿多2016
三个品种的配比为78/15/7%，在法国橡木桶（34%是新桶）中陈酿了7个月。明亮的深红-紫红色；香气极其馥郁，紧随其后的是平衡完美、结构完整的味道，口中盈满了多汁的红色水果味。这支酒的性价比超高，可以在未来的20年里的任何时间饮用。
封口：螺旋盖 酒精度：13% 评分：96 最佳饮用期：2036年 参考价格：35澳元 ✪

Mangan East Block 2015
曼根东园地2015
有80%的马尔贝克和20%的小味儿多组成，采用野生酵母发酵和篮式压榨；在新旧法国橡木桶中陈酿了7个月。醒目的深红-紫红色；完全不同于黛安娜玛德琳（Diana Madeline）葡萄酒，具有浓郁的果味和单宁，这是小味儿多1.1吨每公顷的低产量所带来的。这支酒适合留给最喜欢的孙子/孙女享用。
封口：螺旋盖 酒精度：13.5% 评分：96 最佳饮用期：2040年 参考价格：45澳元 ✪

Mangan Vineyard Margaret River Sauvignon Blanc Semillon 2016
曼根酒园玛格丽特河长相思赛美容2016
由57%的长相思、38%的赛美容和5%的维德罗组成，12%的酒在橡木桶中发酵和成熟（45%是新桶）。与往常一样，酒体新鲜活泼而富有表现力，果香是它主要的代言人；有各种各样的醋栗以及柑橘的香气和味道，伴着柠檬草的风味和精准计量的酸味。
封口：螺旋盖 酒精度：13% 评分：95 最佳饮用期：2021年 参考价格：29澳元 ✪

Legacy Series Kevin John Flower Day Margaret River Chardonnay 2013
传承系列凯文·约翰花日玛格丽特河霞多丽2013
这支酒采用了野生酵母并在新的生物动力法国橡木桶中发酵并成熟了9个月。葡萄的质量毫无疑问，但100%新橡木桶发酵和陈酿的事实，不可避免地在葡萄酒上留下了痕迹。无视传统的判断，这几乎是万亚·卡伦使用生物动力法所能达到的极限。
封口：螺旋盖 酒精度：14% 评分：95 最佳饮用期：2023年 参考价格：25澳元

Cupitt's Winery 库比特酒庄 ★★★★★

58 Washburton Road, Ulladulla, NSW, 2539 产区：肖海尔海岸
电话：(02) 4455 7888 网址：www.cupittwines.com.au 开放时间：周三至周日，10:00—17:00
酿酒师：露西·库比特（Rosie Cupitt）、沃利·库比特（Wally Cupitt）、汤姆库比特（Rosie, Wally and Tom Cupitt） 创立时间：2007年 产量（以12支箱数计）：4000 葡萄园面积：3公顷
格里夫·库皮特和露西·库皮特经营着酒庄及餐厅的综合生意，并充分利用了新南威尔士州南海岸的位置。罗西在查尔斯·斯图尔特大学（CSU）学习了酿酒学，并在法国和意大利有超过10年的酿酒经验；她也是慢食国际（Slow Food International）在肖海岸地区（Shoalhaven）的代表。库皮特家族有3公顷的葡萄藤，以长相思和赛美容为主，还从唐巴兰姆巴（Tumbarumba）购买西拉和维欧尼，在南部高地购买霞多丽和长相思，从卡南德拉（Canowindra）购买维德罗。现在露西的两个儿子瓦力和汤姆也加入了酒庄。

🍷🍷🍷🍷🍷 Hilltops Riesling 2016
希托扑斯雷司令2016
该地区的大陆性气候显然适合于雷司令，但雷司令种植得相对较少。这支酒十分新鲜，富有驱动力，带着迈耶柠檬和格兰尼史密斯苹果的风味，酒酸中有柑橘和矿物的微妙香味。
封口：螺旋盖 酒精度：11.5% 评分：95 最佳饮用期：2026年 参考价格：28澳元 ✪

Alphonse Sauvignon 2016
阿芳思长相思2016
整串压榨，部分在法国橡木桶中发酵陈酿并延长了酒泥的接触时间。这是一款令人惊喜的葡萄酒，具有许多赛美容的口感和风味特征。二氧化碳带来了风味的提升，柠檬香草与矿物味在味蕾之上赛跑，在令人垂涎的后味之中达到高潮。这个分数和实现它的难度是相符的。
封口：螺旋盖 酒精度：12.5% 评分：95 最佳饮用期：2021年 参考价格：32澳元 ✪

Alphonse Sauvignon 2015
阿芳思长相思2015
手工挑选，整串压榨，部分发酵，并在法国橡木桶（barriques）中成熟。一款制作精良且精致的葡萄酒，质地是这支酒的根本，这一点它在向法国葡萄酒致敬。柑橘类果味和酒酸的角色至关重要。它与马尔堡的长相思没什么共同之处。
封口: 螺旋盖　酒精度: 12%　评分: 95　最佳饮用期: 2022年　参考价格: 32澳元　✪

Hilltops Shiraz 2015
希托扑斯系列2015
这款葡萄酒第一次进入口中的时候就瞬间触到了甜蜜点，在这以后也不会错过任何一个节拍。在中等酒体的酒中，它的酒体属于最轻的那种，但它的优点是红樱桃与黑樱桃果味的强度和纯度。单宁（特别是单宁）和橡木都对味觉的长度有所贡献。价格低廉。
封口: 螺旋盖　酒精度: 14%　评分: 95　最佳饮用期: 2030年　参考价格: 28澳元　✪

Hilltops Nebbiolo 2015
希托扑斯内比奥罗2015
采用野生酵母发酵，经过长时间的浸渍并在法国橡木桶（hogsheads）中成熟了18个月，效果很好。有所有种类的樱桃果味，伴着温暖的香料味和完全驯化的单宁。优雅的澳大利亚内比奥罗是很少见的。
封口: 螺旋盖　酒精度: 14%　评分: 95　最佳饮用期: 2025年　参考价格: 36澳元

Yarra Valley Chardonnay 2015
雅拉谷霞多丽2015
这支酒部分在法国橡木桶中发酵，部分在罐内发酵，带酒泥陈酿了12个月。长度是亚拉谷霞多丽公认的标志性特点。在正确的时间采摘葡萄，使得白桃和葡萄柚的风味得到最佳的发展，而橡木也不可能破坏这个“水果的”派对。
封口: 螺旋盖　酒精度: 12.8%　评分: 94　最佳饮用期: 2024年　参考价格: 32澳元

🍷🍷🍷🍷🍷(4½)

Hilltops Merlot 2015
希托扑斯梅洛2015
评分：93　最佳饮用期：2025年　参考价格：35澳元

Mia Bella Yarra Valley Arneis 2016
米娅·贝拉雅拉谷阿涅斯2016
评分：92　最佳饮用期：2020年　参考价格：28澳元

The Pointer Tumbarumba Pinot Noir 2016
标志唐巴兰姆巴黑比诺2016
评分：92　最佳饮用期：2025年　参考价格：30澳元

Hilltops Carolyn's Cabernet 2015
希托扑斯卡洛琳赤霞珠2015
评分：91　最佳饮用期：2025年　参考价格：40澳元

Hilltops Viognier 2016
希托扑斯维欧尼2016
评分：90　最佳饮用期：2020年　参考价格：28澳元

Dusty Dog Hilltops Shiraz 2014
“沾满灰尘的狗”希托扑斯西拉2014
评分：90　最佳饮用期：2020年　参考价格：52澳元

Curator Wine Company　馆长葡萄酒公司　★★★★☆

Jenke Road, Marananga, SA 5355　产区：巴罗萨谷　电话：0411 861 604
网址：www.curatorwineco.com.au　开放时间：仅限预约　酿酒师：汤姆·怀特（Tom White）
创立时间：2015年　产量（以12支箱数计）：600　葡萄园面积：8公顷
这个酒庄由汤姆·怀特（Tom White）和布里奇特·怀特（Tom and Bridget White）拥有，他们在过去几年中做出了很多方向的改变，现在已决定将重点放在巴罗萨谷的西拉和赤霞珠上，这一决定得到了很好的回报。马拉南加（Marananga）的葡萄园中有富含铁矿石和石英岩的古老红土，葡萄酒都采用了自然发酵。

🍷🍷🍷🍷🍷

Barossa Valley Shiraz 2014
巴罗萨谷西拉2014
直到品尝葡萄酒后，你做了几次呼吸，才感觉到酒精的存在，但是它有黑色水果味、甘草味和新法国橡木的力量与酒精作战。这是一种非常引人注目的葡萄酒——虽然我不想在吃饭的时候摄入这么多酒精，但这支酒的高品质是毋庸置疑的。
封口: Diam软木塞　酒精度: 15.5%　评分: 95　最佳饮用期: 2044年
参考价格: 55澳元

Barossa Valley Shiraz 2013
巴罗萨谷西拉2013
从15年份的葡萄酒中，有40%的葡萄酒使用了法国橡木桶陈酿，这很可能会让我们在苍穹中看到一颗新星，而这个系列2014年的葡萄酒也迈出了减少新橡木桶的步伐。在可以预见的将来，这支最高品质的西拉被缠绕在橡木的绷带之中，但其质量是不容否认的。
封口: Diam软木塞　酒精度: 15.5%　评分: 94　最佳饮用期: 2033年
参考价格: 55澳元

Curlewis Winery 柯刘易斯酒庄 ★★★★☆

55 Navarre Road, Curlewis, Vic 3222 产区：吉龙 电话：(03) 5250 4567
网址：www.curlewiswinery.com.au 开放时间：仅限预约
酿酒师：雷纳·布莱特（Rainer Breit），斯蒂法诺·马拉斯科（Stefano Marasco）
创立时间：1998年 产量（以12支箱数计）：1300 葡萄园面积：2.8公顷
雷纳·布莱特和合伙人温蒂·奥利弗于1996年购买了这个酒庄，当时的黑比诺有1.6公顷，树龄11岁。酿酒师雷纳自学成才，具备全套的黑比诺葡萄酒酿造技巧：包括冷浸、热发酵、发酵后浸渍、部分接种和部分野生酵母的使用，以及延长酒泥的接触时间，并掌握将葡萄酒装瓶前过滤或者不过滤的处理的方法。虽然自诩为皮诺爱好者，他们还是种植了一些霞多丽，并以少量的当地种植的西拉和霞多丽作为补充。雷纳和温蒂于2011年将这个酒庄出售给了李萨·弗雷尔（Leesa Freyer）和斯蒂芬诺·马拉斯科。李萨和斯蒂芬诺也拥有和经营这墨尔本雅拉威尔（Yarraville）的亚拉酒廊（Yarra Lounge）。出口到加拿大、瑞典、马尔代夫、马来西亚、新加坡等国家，以及中国香港地区。

🍷🍷🍷🍷🍷 Special Home Block Reserve Pinot Noir 2014
特别珍藏家庭园地黑比诺2014
极佳的石榴石色调；一系列樱桃、达姆森李子的果香带着雪松橡木香气和木质香料的香气，一直来到味觉之中，酒体中等，单宁有坚实的抓力。轻微的涩味让酸度更加活泼。建议多用一些时间陈放。
封口：螺旋盖 酒精度：13.5% 评分：94 最佳饮用期：2026年
参考价格：70澳元 JF

🍷🍷🍷🍷🍷(4.5) Bel Sel Chardonnay 2016
贝尔赛尔霞多丽2016
评分：93 最佳饮用期：2021年 参考价格：30澳元 JF

Reserve Pinot Noir 2014
珍藏黑比诺2014
评分：90 最佳饮用期：2022年 参考价格：65澳元 JF

Bel Sel Pinot Noir 2014
贝尔赛尔黑比诺2014
评分：90 最佳饮用期：2021年 参考价格：30澳元 JF

Curly Flat 柯莱酒庄 ★★★★★

263 Collivers Road, Lancefield, Vic 3435 产区：马斯顿山岭（Macedon Ranges）
电话：(03) 5429 1956 网址：www.curlyflat.com 开放时间：周末，12:00—17:00
酿酒师：菲利普·莫拉汉（Phillip Moraghan）、迈特·雷根（Matt Regan）
创立时间：1991年 产量（以12支箱数计）：6000 葡萄园面积：13公顷
菲利普·莫拉汉和珍妮弗·科尔卡（Jenifer Kolkka）于1991年开始建设柯莱酒庄，部分借鉴了菲利普于80年代后期在瑞士的工作经历，也向迈克尔·鲁尼（Michael Leunig）表示了敬意。在已故的劳里·威廉姆斯（和其他人）的不懈帮助和指导下，他们辛苦地种出了8.5公顷的黑比诺、3.5公顷的霞多丽和1公顷灰比诺，并建造了一座依靠重力运送葡萄酒的酒厂。出口到英国、日本等国家，以及中国香港地区。

🍷🍷🍷🍷🍷 Pinot Noir 2014
黑比诺2014
这支黑比诺葡萄酒被好像绸缎一样闪光的红色浆果风味点燃了，它通过多汁的酸度和无可挑剔的单宁在口中蔓延。当这支酒展开以后，水果风味越来越深，而中味也更加宽广。一缕野蔷薇、木烟和松露的风味为闪烁的柔美后味带来了一丝性感。它的美味已经超越极限。
封口：螺旋盖 酒精度：13.6% 评分：97 最佳饮用期：2026年
参考价格：58澳元 NG ✪

🍷🍷🍷🍷🍷 Chardonnay 2015
霞多丽2015
50%的苹乳发酵一方面带来了复杂性、稳定性和平衡性，另一方面保持了天然的酸味。这带着浓郁的奶油风味，它和酒中的浸出物、核果和香草荚的香调完美地融合在一起。后味是漫长而强劲的，它的音调偏向高处，带有清爽的矿物味和复杂的层次感。
封口：螺旋盖 酒精度：13.2% 评分：95 最佳饮用期：2028年
参考价格：54澳元 NG

🍷🍷🍷🍷🍷(4.5) Pinot Gris 2016
灰比诺2016
评分：93 最佳饮用期：2020年 参考价格：36澳元 NG

Williams Crossing Pinot Noir 2015
路过的威廉姆斯黑比诺2015
评分：92 最佳饮用期：2021年 参考价格：34澳元

NG Macedon NV
NG马其顿无年份起泡酒
评分：92 最佳饮用期：2017年 参考价格：45澳元

TS Williams Crossing Chardonnay 2015
TS路过的威廉姆斯霞多丽2015
评分：91 最佳饮用期：2021年 参考价格：28澳元 NG

Curtis Family Vineyards 柯蒂斯家族酒园 ★★★★☆

514 Victor Harbor Road, McLaren Vale, SA 5171 产区：麦克拉仑谷
电话：0439 800 484 网址：www.curtisfamilyvineyards.com 开放时间：不开放
酿酒师：马克·柯蒂斯（Mark Curtis）和克劳迪奥·柯蒂斯（Claudio Curtis）
创立时间：1973年 产量（以12支箱数计）：10000

柯蒂斯家族的历史可以追溯到1499年，那时候保罗·柯蒂斯（Paolo Curtis）被红衣主教德梅迪奇（Cardinal de Medici）任命在塞尔瓦罗（Cervaro）周围地区管理罗马教皇的土地。柯蒂斯（Curtis）这个名字被人们认为是来源于一个高贵而富有的罗马帝国家族（Curtius），自1973年以来，这个家族一直在麦克拉仑谷地种植葡萄和酿制葡萄酒，而他们是在这一年的数年之前来到澳大利亚的。出口到美国、加拿大、泰国和中国。

🍷🍷🍷🍷🍷 Limited Series McLaren Vale Grenache 2015
限量珍藏麦克拉仑谷歌海娜2015
从100年树龄的葡萄藤，经过了18个月的法国橡木桶熟成。它非常不错，有明亮、清晰的深红色泽；并成功地让橡木为李子和红色樱桃的果香服务，纹理细腻的单宁提供了质感和结构。这是令人印象深刻的好酒，现在可以喝，也可以等到很长时间以后。
封口：螺旋盖 酒精度：14% 评分：95 最佳饮用期：2030年 参考价格：100澳元

Cavaliere McLaren Vale Shiraz 2016
卡瓦列雷麦克拉仑谷西拉2016
葡萄来自手工采摘的60年老葡萄藤，经过破碎和除梗，用人工培养的酵母开放式发酵，浸皮14天，在新的法国橡木桶中陈酿了10个月。深厚而鲜艳的色泽预示着这是一支新生的厚酒体葡萄酒，需要多年才能敲开它的门。它是平衡的，浓郁得就像一片结满果子的黑森林，法国橡木和强劲而柔顺的单宁都做出了各自的贡献。
封口：Diam软木塞 酒精度：14% 评分：94 最佳饮用期：2041年 参考价格：70澳元

Limited Series McLaren Vale Shiraz 2015
限量珍藏麦克拉仑谷西拉2015
这支酒来自60年的老葡萄树，破碎除梗之后，经过14天浸皮，使用篮式压榨得到的酒液直接进入新法国橡木桶（hogsheads）中进行18个月的陈酿。有趣的是，这款葡萄酒使用了螺旋盖，而其兄弟酒款则选用了典木木塞（Diam）。酒庄自有的葡萄园，酒精度和酿造方法在3种葡萄酒中都是相同的，主要区别在于3种酒年份的不同和在新橡木桶中陈酿的时间长短。按正常的标准，它是浓郁的，但这支酒有足够好的平衡度来证明“优雅”这个词的使用是合理的。
酒精度：14% 评分：94 最佳饮用期：2040年 参考价格：100澳元 ✪

Pasha Limited Series McLaren Vale Shiraz 2014
帕莎限量珍藏麦克拉仑谷西拉2014
这支酒带着深厚的色泽，变化很少或者根本没有变化；它已经超出了“酒体饱满”一词的传统含义，它是如此的浓郁，好像厚油漆一样的果味充满了口腔，有甘草、巧克力、炖李子、黑莓果酱和野蔷薇的味道。希望它在慢慢衰老时，能够减减肥。
封口：Diam软木塞 酒精度：14% 评分：94 最佳饮用期：2044年
参考价格：150澳元

Cavaliere McLaren Vale Cabernet Sauvignon 2015
卡瓦列雷麦克拉仑谷赤霞珠2015
酒体丰满，有相当的复杂度和深度，果味和橡木被锁在一起赤手空拳地搏斗，黑莓果味脱颖而出，但橡木毫不屈服。它的单宁平衡而且整合得很好，那一抹黑巧克力的风味也是一样。包装优雅而经典。
封口：Diam软木塞 酒精度：14% 评分：94 最佳饮用期：2035年 参考价格：70澳元

🍷🍷🍷🍷 Cavaliere McLaren Vale Shiraz 2014
卡瓦列雷麦克拉仑谷西拉2014
评分：93 最佳饮用期：2034年 参考价格：70澳元

Gold Label McLaren Vale Shiraz 2014
金标麦克拉仑谷西拉2014
评分：92 最佳饮用期：2029年 参考价格：70澳元

Cavaliere McLaren Vale Shiraz 2015
卡瓦列雷麦克拉仑谷西拉2015
评分：91 最佳饮用期：2035年 参考价格：70澳元

Neverland Merlot 2015
梦幻岛梅洛2015
评分：90 最佳饮用期：2021年 参考价格：18澳元 ✪

The Nut House Wine Co Merlot 2015
坚果屋酒业梅洛2015
评分：90 最佳饮用期：2021年 参考价格：18澳元 ✪

d'Arenberg 黛伦堡 ★★★★★

Osborn Road, McLaren Vale, SA 5171 产区：麦克拉仑谷
电话：(08) 8329 4888 网址：www.darenberg.com.au 开放时间：每日开放，10:00—17:00 酿酒师：柴斯特·奥斯本（Chester Osborn），杰克·瓦尔顿（Jack Walton）
创立时间：1912年 产量（以12支箱数计）：270000 葡萄园面积：197.2公顷

常言道，一事成功百事顺。在澳大利亚，几乎没有任何一家公司的业务能比黛伦堡更符合这条格言。这个公司保留了100年的历史传统，同时带着天赋和热忱拥抱21世纪。根据最新统计，位于不同地点的黛伦堡葡萄园种植了24个葡萄品种，并在麦拉伦谷拥有120位种植者。毫无疑问，它的过去、现在和未来都围绕着其丰满浓郁的红色葡萄酒运转，西拉、赤霞珠和歌海娜则是它的基石。其葡萄酒的质量是无懈可击的，价格也非常合理和公平。它在英国和美国都有很大的销量，是很多规模比它大很多的公司都做不到的。黛伦堡于2012年在酒庄、酒窖门店和餐厅中庆祝了100年的家族葡萄种植历史。是澳大利亚葡萄酒第一家族的创始成员。出口到所有的主要市场。

🍷🍷🍷🍷🍷

The Fruit Bat Single Vineyard McLaren Vale Shiraz 2013
果蝠单一园麦克拉仑谷西拉2013
这更像一支中等酒体的葡萄酒，而且在年轻的时候比它的兄弟酒款更加平易近人。以成熟多汁的李子香气为主，但是也带着玫瑰香水和亚洲香料的气味。它的味道中呈现出一些区域性的泥土芳香，但是有一种轻盈的感觉能轻松地将它驾驭，一直到悠长甜美、果味十足的后味之中。
封口：螺旋盖　酒精度：14.8%　评分：96　最佳饮用期：2035年
参考价格：99澳元　SC

The Apotropaic Triskaidekaphobia Single Vineyard Shiraz 2013
辟邪的黑色星期五恐惧症单一园西拉2013
黛伦堡的葡萄酒名字一直都很奇特，但是这支酒的名字奇特得过分。葡萄酒酿造过程与往常一样，在旧的法国橡木桶中经过20个月的陈酿。酒体厚重，中味里有各种大小、各种描述的黑色水果风味；后味和余味增加了一种泥土的鲜咸味，是和单宁有关的特征。
封口：螺旋盖　酒精度：14.6%　评分：96　最佳饮用期：2043年　参考价格：99澳元

The Piceous Lodestar Single Vineyard McLaren Vale Shiraz 2013
北极星单一园麦克拉仑谷西拉2013
一如既往地有深厚的色泽以及成熟水果的香气和口味，但除此之外，优雅的单宁以一种意想不到的方式框住了果香。这支酒有闪光的细节，甚至是优雅，这是黛伦堡其他葡萄酒没有的。这可能是来自特定的葡萄园的表达。
封口：螺旋盖　酒精度：14.8%　评分：96　最佳饮用期：2043年　参考价格：99澳元

The Old Bloke & The Three Young Blondes Shiraz Roussanne Viognier Marsanne 2012
老伙计与三位金发女郎西拉胡珊维欧尼玛姗2012
采用黛伦堡葡萄酒通常的酿造法，在法国旧酒桶中经过了20个月的陈酿。它的品种组合（西拉、胡珊、维欧尼和玛姗）是不同以往的，2012这个年份在巴罗萨谷和麦克拉仑谷的红葡萄酒上被认为是2000年和2016年之间的最佳年份。这款葡萄酒具有陈年30年以上所需的结构（丰富的黑色水果和复杂的单宁的结合）。
封口：螺旋盖　酒精度：14.7%　评分：96　最佳饮用期：2052年　参考价格：200澳元

The Bamboo Scrub Single Vineyard McLaren Vale Shiraz 2014
竹篱园单一园麦克伦谷西拉2014
这支酒来自1984年种植的葡萄藤，机器采收，开放式发酵，脚踩压帽，14天浸皮，然后在橡木桶中成熟了16个月。布鲁维特泉（Blewitt Springs）凉爽的气候总会留下它的印记；精致的红色水果和黑色水果芳香是一支适合陈年的葡萄酒的核心，质地和结构强调了果味，主要是单宁起的作用。
封口：螺旋盖　酒精度：13.9%　评分：95　最佳饮用期：2039年　参考价格：99澳元

Shipsters'Rapture Single Vineyard McLaren Vale Shiraz 2014
船家之喜单一园麦克拉仑谷西拉2014
葡萄种植于1969年，采用开放式发酵和脚踏压帽，带皮浸渍14天，然后在橡木中陈年了16个月。一个典型的、酒体厚重的区域性西拉，大量的黑色水果风味如同缠绕的丝线，另有黑巧克力风味和细腻而持久的单宁。一支口感柔顺的高品质葡萄酒。
封口：螺旋盖　酒精度：14.6%　评分：95　最佳饮用期：2034年　参考价格：99澳元

The Dead Arm McLaren Vale Shiraz 2014
枯藤麦克拉仑谷西拉2014
部分手工采摘，部分机器采摘，经过破碎和除梗，在（头部带挡板的）开放式发酵罐中发酵，与皮渣接触时间为2—3周，在法国橡木桶（8%是新桶）以及少部分在美国橡木桶中陈酿20个月。厚重的深红-紫红色；酒体超级饱满，有浓郁的色泽、最深的黑色水果风味，以及甘草、有70%可可黑巧克力和成熟的单宁。这支酒会活到永远。
封口：螺旋盖　酒精度：14.4%　评分：95　最佳饮用期：2049年　参考价格：65澳元

Scarce Earth The Eight Iron Single Vineyard McLaren Vale Shiraz 2013
珍稀地球八杆园单一园麦克拉仑谷西拉2013
这支酒极具麦克拉仑谷的性格，当然，葡萄园也要加上自己的印记。第一印象是烘烤的泥土风味，让人想到“铁矿石”一词，虽然这可能是地质上的缺陷。茴香、香芹籽和薰衣草的香气通过成熟的红色果实散发出来，口感清爽，味道悠长。
封口：螺旋盖　酒精度：14.5%　评分：95　最佳饮用期：2038年
参考价格：99澳元　SC

The Swinging Malaysian Single Vineyard McLaren Vale Shiraz 2013
摇摆的马来西亚人单一园麦克拉仑谷西拉2013
这似乎是这个系列下面一个更加平易近人的例子。红色和黑色水果的芳香在香气中占据了主导地位，另有血色的李子以及多汁的几乎是糖果一般的覆盆子香味。所有这些元素都贯穿到了味觉之中，而后者带来了新的维度，丁香和其他甜美的辛香料的风味装点着这支酒。这是这个系列中很好的一个版本。

封口：螺旋盖 酒精度：14.6% 评分：95 最佳饮用期：2035年
参考价格：99澳元 SC

Tyche's Mustard Single Vineyard McLaren Vale Shiraz 2013
幸运女神单一园麦克拉仑谷西拉2013
极其强劲的、如熔岩般的黑色水果芳香，以及辛香料、巧克力和甘草的风味，横扫了一切，直到最后的喘息之时，成熟的单宁出现在营救队伍里。所有这些黛伦堡的葡萄酒都是英雄。
封口：螺旋盖 酒精度：14.8% 评分：95 最佳饮用期：2043年 参考价格：99澳元

The Amaranthine Single Vineyard McLaren Vale Shiraz 2013
紫红园单一园麦克拉仑谷西拉2013
标准的葡萄酒酿造方法，在法国橡木桶中成熟了20个月。浓郁、深邃的深红-紫红色泽，对于这支酒的年龄来讲是非常优秀的；这是一支酒体饱满而大胆的西拉，有浓郁的黑色水果、甘草和苦巧克力的风味；单宁仍然在解决自己的问题，但一切都处于平衡状态，并为葡萄酒的未来提供保证。
封口：螺旋盖 酒精度：14% 评分：95 最佳饮用期：2033年 参考价格：99澳元

The High Trellis McLaren Vale Cabernet Sauvignon 2014
高葡萄架麦克拉仑谷赤霞珠2014
破碎和去梗后，用（带压帽板的）开放式发酵罐发酵，浸皮2—3周，在法国橡木桶（10%是新桶）中熟成22个月。这是表现麦克拉仑谷与赤霞珠葡萄之间的亲和力的一个典型例子，即使风味略微偏左，在凉爽的葡萄酒中也是最好的。酒体介于中等与厚重之间，黑醋栗和黑橄榄的果味带着黑巧克力的味道，并有持久的单宁相伴。在2016年的阿德莱德葡萄酒展获得金牌。
封口：螺旋盖 酒精度：14.4% 评分：95 最佳饮用期：2034年 参考价格：18澳元 ✪

The Amaranthine Single Vineyard McLaren Vale Shiraz 2014
紫红园单一园麦克拉仑谷西拉2014
这支酒来自1968年种植的葡萄藤，使用机器采收，开放式发酵和脚踩压帽，12天浸皮，经橡木桶陈酿16个月。它和2014年单一园系列一样，有优秀的饱满深红-紫红色调；这是一支有辛香味和鲜咸风味的，酒体介于中等和厚重之间的葡萄酒，其多汁的核心被浓郁的森林巧克力味所包围，后味以单宁的味道收尾。
封口：螺旋盖 酒精度：14.6% 评分：94 最佳饮用期：2034年 参考价格：99澳元

The Pickwickian Brobdingnagian Single Vineyard Shiraz 2013
快乐巨人单一园西拉2013
浓郁度和温暖的感觉似乎是在这支酒上反复出现的主题。香气和味道让人联想到黑莓，但它更多的让人联想到一些煮过的，或者是能久藏的水果，而不是新鲜采摘的水果。香味中有沥青般的气味，而口感中增添了一种深邃得不透光的感觉。它需要在酒窖中念出冗长的咒语，来表现它的价值。
封口：螺旋盖 酒精度：14.4% 评分：94 最佳饮用期：2030年
参考价格：99澳元 SC

Shipsters' Rapture Single Vineyard McLaren Vale Shiraz 2013
船家之喜单一园麦克拉仑谷西拉2013
这款酒总是带有深邃、黑暗的特点，这个年份也没有什么两样。在香气和口感上，“焦油”是最重要的特征描述词，甘草也不甘落后，另有一抹温暖的酒精度慢慢走来。典型的有松针与薄荷的香气，黑色水果和苦巧克力味道也是这个酒园典型的特征。它需要很长时间才能完全发展。
封口：螺旋盖 酒精度：14.7% 评分：94 最佳饮用期：2040年
参考价格：99澳元 SC

The Bamboo Scrub Single Vineyard McLaren Vale Shiraz 2013
竹篱园单一园麦克拉仑谷西拉2013
你一定会在竹篱之中轻易地迷失方向，就好像在黛伦堡葡萄酒黑色水果和黑巧克力的果香的海洋中迷失一样。这支酒的问题不在质量上，而在于恐怖的对称性，而唯一的差别是余味的轻盈。这就好像在杯子里只倒了半杯酒，它在那里，但这是好呢还是不好呢？就这种差别本身而言，它并不值得称赞。
封口：螺旋盖 酒精度：15% 评分：94 最佳饮用期：2043年 参考价格：99澳元

The Derelict Vineyard McLaren Vale Grenache 2014
荒原麦克拉仑谷歌海娜2014
对于这款酒来说，这是它真实的表现形式，它是一支严肃的歌海娜葡萄酒。它有独特的品种香气，有突出的甜美水果风味，但也有黑暗的酒精度，需要陈年的影响才能完全展示自己。在味觉上也是如此，这里还有一层潜藏着的浓郁的味道，仍然轻轻地埋藏在干而持久的单宁中。对待这支酒需要耐心。
封口：螺旋盖 酒精度：14.3% 评分：94 最佳饮用期：2033年
参考价格：29澳元 SC ✪

The Bonsai Vine McLaren Vale Grenache Shiraz Mourvedre 2014
盆景园麦克拉仑谷歌海娜西拉慕合怀特2014
使用旧法国橡木桶和美国橡木桶各占一半，这支酒陈酿了12个月。这支酒色泽深邃，这是一支特别甜美浓郁、令人愉快的歌海娜西拉慕合怀特混酿。中等至饱满的酒体中堆满了红色和黑色水果的风味，有完美力量的单宁，并在后味中带着泥土和鲜美的转折。这支酒有极高的性价比。
封口：螺旋盖 酒精度：14.3% 评分：94 最佳饮用期：2034年 参考价格：29澳元 ✪

The Coppermine Road McLaren Vale Cabernet Sauvignon 2014
铜矿路麦克拉仑谷赤霞珠2014
这支酒经过破碎和除梗，采用带压帽板的开放式发酵罐，浸皮2—3周，并经过18个月的法国橡木桶（7%是新的）陈酿。这是一支强劲有力的赤霞珠，酒体饱满，极其厚重的单宁与黑色的果味交织。具有极佳的深度和长度，它的平衡为这支酒带来极好的窖藏潜力。
封口: 螺旋盖　酒精度: 14.1%　评分: 94　最佳饮用期: 2039年　参考价格: 65澳元

Dal Zotto Wines　达尔佐都酒庄 ★★★★☆

Main Road, Whitfield, Vic 3733　产区：国王谷（King Valley）
电话：(03) 5729 8321　网址：www.dalzotto.com.au　开放时间：每日开放，10:00—17:00　酿酒师：迈克尔·达尔佐都（Michael Dal Zotto）　创立时间：1987年
产量（以12支箱数计）：30000　葡萄园面积：48公顷
达尔·佐都家族位于国王谷，之前是烟草种植商，随后成了合约葡萄种植商。现在他们主要把精力集中在达尔佐都自有的葡萄酒系列之上。达尔·佐都（Dal Zotto）家族酒庄位于猎人谷。达尔·佐都家族曾经从事过烟草种植，之后成了合约葡萄种植商，而他们目前则主要专注于他们的达尔·佐都系列葡萄酒产品。酒庄以奥托（Otto）和埃琳娜(Elena)为领导，两个儿子迈克尔（Michael）和克里斯蒂安（Christian）分别负责葡萄酒酿造和销售市场工作，他们的家族葡萄园规模可观，产量不断增长，而且质量也保持了稳定。他们的酒窖门店位于惠特菲尔德（Whitfield）的镇中心，也是他们所开的小型意大利餐厅的所在地（餐厅周末开放）。对阿联酋、菲律宾和中国的出口似乎正在飞速增长，产量达到了15000打。

🍷🍷🍷🍷🍷 Museum Release King Valley Riesling 2006
博物馆珍藏国王谷雷司令2006
这支酒的质量非常优秀，它让那些想要珍藏达尔·佐都现在年份的酒的人看到了他们的耐心会得到的回报。当然，这和现在年份的酒的品质总是相关的。这支博物馆珍藏葡萄酒是超级棒的一支酒，为其他的达尔·佐都雷司令树立了一个标杆。
封口：螺旋盖　酒精度：13%　评分：95　最佳饮用期：2022年　参考价格：70澳元

🍷🍷🍷🍷 Museum Release King Valley Riesling 2005
博物馆珍藏国王谷雷司令2005
评分：93　最佳饮用期：2021年　参考价格：65澳元

King Valley Arneis 2016
国王谷阿内斯2016
评分：92　最佳饮用期：2019年　参考价格：27澳元　SC

Pucino King Valley Prosecco 2016
普奇诺国王谷普罗塞克起泡酒2016
评分：91　最佳饮用期：2017年　参考价格：23澳元　TS

King Valley Riesling 2015
国王谷雷司令2015
评分：90　最佳饮用期：2023年　参考价格：18澳元　✪

Pucino King Valley Prosecco NV。
普奇诺国王谷普罗塞克无年份起泡酒
评分：90　最佳饮用期：2017年　参考价格：20澳元　TS

Pucino Col Fondo 2014
普奇诺柯芳铎起泡酒
评分：90　最佳饮用期：2017年　参考价格：27澳元　TS

Dalfarras　戴尔法拉斯酒庄 ★★★★☆

PO Box 123, Nagambie, Vic 3608（邮）　产区：Nagambie Lakes
电话：(03) 5794 2637　网址：www.tahbilk.com.au　开放地点：在德宝酒庄（Tahbilk）
酿酒师：阿里斯特·普里布里克（Alister Purbrick）、艾伦·乔治（Alan George）
创立时间：1991年　产量（以12支箱数计）：8750　葡萄园面积：20.97公顷
这是阿里斯特·普尔布里克和他的艺术家妻子罗莎（原姓戴尔法拉斯）的项目，酒标上装饰的正是罗莎的画作。阿里斯特是以德宝酒庄（参见单独条目）的酿酒师而知名的，这个家族酒庄是他的酒厂也是他的家，但是这个系列的葡萄酒的目的是（以阿利斯特的话说）"让我拓宽视野，并酿造出与德宝酒庄不同风格的葡萄酒"。

🍷🍷🍷🍷🍷 Pinot Grigio 2016
灰比诺2016
这是一支引人注目的葡萄酒，草莓、李子和核果的芬芳全部展示出来，在有些方面更像是一支法式灰比诺（Pinot Gris）,这是对一支意式灰比诺（Pinot Grigio）的极致赞赏。这支酒荣获了2016年的墨尔本葡萄酒展顶级金奖（Top gold Melbourne Wine Awards '16）。
封口: 螺旋盖　酒精度: 13%　评分: 95　最佳饮用期: 2017年　参考价格: 18澳元　✪

🍷🍷🍷🍷 Sangiovese 2015
桑乔维塞2015
评分：91　最佳饮用期：2025年　参考价格：19澳元　✪

Dalrymple 达尔林普尔酒庄 ★★★★★

1337 Pipers Brook Road, Pipers Brook, Tas 7254 产区：塔斯马尼亚北部
电话：(03) 6382 7229 网址：www.dalrymplevineyards.com.au 开放时间：不开放
酿酒师：皮特·考德威尔（Peter Caldwell） 创立时间：1987年
产量（以12支箱数计）：4000 葡萄园面积：17公顷

达尔林普尔酒庄多年前由米歇尔（Mitchell）和松斯楚普（Sundstrup）家族创立；他们的葡萄园和品牌于2007年底被希尔史密斯家族酒园（Hill-Smith Family Vineyards）收购了。种植的品种有黑比诺和白苏维浓，并在塔斯马尼亚的简斯酒庄（Jansz Tasmania）酿制成酒。2010年，皮特·考德威尔被任命为葡萄园、葡萄栽培和葡萄酒酿造的负责人。带着新西兰蒂凯酒庄（Te Kairanga Wines）的10年经验和克罗米酒庄（Josef Chromy Wines）的2年经验，他对黑比诺和霞多丽的了解很全面。2012年12月，希尔史密斯家族葡萄园收购了原来蛙溪酒庄（Frogmore Creek Vineyard）的120公顷产业。其中有10公顷是专门为达尔林普尔酒庄生产黑比诺用的。

🍷🍷🍷🍷🍷 Pipers River Pinot Noir 2015

笛手河黑比诺2015

这支酒的色泽呈深邃的紫红色，带着浓郁的李子果香和黑樱桃花束的芬芳，随之而来的是饱满的酒体，伴着深色森林莓果的香气和复杂的带着辛香的或是鲜咸味的果味。它的质地和结构是极长寿命的保证。

封口：螺旋盖 酒精度：14% 评分：95 最佳饮用期：2030年 参考价格：34澳元 ✪

Single Site Ouse Pinot Noir 2014

单一园豪斯黑比诺2014

这支酒的果味非常馥郁，占到40%的整串发酵的果实增强了浓郁度，陈酿采用的是法国橡木桶（40%是新桶）。蔓越莓汁、炖煮食用大黄和西洋李子的风味混在一起，口感清新而多汁；木质香料、茴香和木质烟熏的风味为葡萄酒增加了复杂度，酸度自然细腻，单宁饱满。

封口：螺旋盖 酒精度：13% 评分：95 最佳饮用期：2027年
参考价格：61澳元 JF

Dalwhinnie 达尔维尼酒庄 ★★★★★

448 Taltarni Road, Moonambel, Vic 3478 产区：宝丽丝区（Pyrenees）
电话：(03) 5467 2388 网址：www.dalwhinnie.com.au 开放时间：每日开放，10:00—17:00 酿酒师：大卫·琼斯（David Jones） 创立时间：1976年
产量（以12支箱数计）：3500 葡萄园面积：25公顷

大卫·琼斯和珍妮·琼斯酿造的葡萄酒具有极其深邃的风味，这是他们那片相对低产但保养良好的葡萄园带来的。葡萄园是干植园，并且实行了有机管理，因此产量低，但它优秀的质量完全补偿了它较低的产量。酒庄内有一个50吨的高科技酿酒厂，这让他们的葡萄可以在酒庄里酿造。产品出口到英国、美国和中国。

🍷🍷🍷🍷🍷 Moonambel Shiraz 2015

幕纳贝尔西拉2015

达尔维尼酒庄酿造的酒很少会错过他们的目标，而在15年更是不错。甜美的果香会让你用尽所有描述黑色水果的词汇，非常诱人。其口感柔顺，长度的持久度得来毫不费力，而法国橡木味只是引擎中的一颗齿轮。

封口：螺旋盖 酒精度：14.5% 评分：96 最佳饮用期：2040年 参考价格：65澳元 ✪

Moonambel Cabernet 2015

幕纳贝尔赤霞珠2015

清澈的深绛紫色；完全符合你的期望：产区的特性、完全成熟的葡萄藤、酿酒师的风格和对法国橡木桶明智的运用。酒的风味深邃，酒体强劲，单宁丰富但被浸没在了果香之中，整体来看，平衡和长度都完美无瑕。

封口：螺旋盖 酒精度：14% 评分：96 最佳饮用期：2040年 参考价格：55澳元 ✪

🍷🍷🍷🍷 Moonambel Chardonnay 2016

幕纳贝尔霞多丽2016

评分：90 最佳饮用期：2022年 参考价格：45澳元

Dandelion Vineyards 蒲公英酒园 ★★★★★

PO Box 138, McLaren Vale, SA，5171（邮） 产区：麦克拉仑谷 电话：(08) 8556 6099
网址：www.dandelionvineyards.com.au 开放时间：不开放 酿酒师：埃琳娜·布鲁克斯（Elena Brooks） 创立时间：2007年 产量（以12支箱数计）：不公开 葡萄园面积：124.2公顷

这是佩吉·林德纳和卡尔林德纳夫妇（Peggy and Carl Lindner，40%）、埃琳娜·布鲁克斯与扎尔·布鲁克斯夫妇（Elena and Zar Brooks，40%）、菲奥娜·雷与布拉德·雷夫妇（Fiona and Brad Rey，20%）合伙成立的一个很棒的酒庄。它集合了阿德莱德山、伊顿谷、兰好乐溪、麦克拉仑谷、巴罗萨谷和弗勒里厄半岛的葡萄园。埃琳娜可不只是扎尔这个葡萄酒业余爱好者的妻子，她可是一位很有天赋的酿酒师。出口到所有主要市场。

🍷🍷🍷🍷🍷 Wonderland of the Eden Valley Riesling 2016

伊顿谷仙境雷司令2016

这支酒来自科林·克罗恒（Colin Kroehn）于1912年种植的葡萄园，经过手工采摘和小批量发酵。8.8克每升的高酸度和达到2.91的pH值让它稳稳当当地进入了（通常意义上的）德国酒的范畴，并且已经发酵至干。这种酒有数十年的寿命，和我平时的做法不同，这个评分是它在2020年以后的分数，而不是今天的。

封口：螺旋盖 酒精度：10.5% 评分：95 最佳饮用期：2046年 参考价格：60澳元

Menagerie of the Barossa Grenache Shiraz Mataro 2015
巴罗萨歌海娜设拉子马塔罗的动物展2015
3个品种按照80/15/5%的比例混合；用野生酵母开放发酵14天，在法国旧式酒桶中陈酿12个月。这款混合起来更加优秀的巴罗萨葡萄酒颜色极佳，柔和的红色和黑色果香演奏了一支美妙的协奏曲，口感细腻平衡，酒体中等。性价比极高。
封口：螺旋盖 酒精度：14.5% 评分：95 最佳饮用期：2030年 参考价格：27澳元 ✪

Fairytale of the Barossa Rose 2015
巴罗萨童话桃红2015
90年歌海娜老藤葡萄，取自流汁发酵，在法国旧橡木桶中发酵成熟，并带酒泥陈酿20周。这是一支制作精良且风味复杂的桃红；辛辣鲜咸的结构填满了漂亮的荆芥与樱桃核的风味，长度令人印象深刻。
封口：螺旋盖 酒精度：13% 评分：94 最佳饮用期：2017年 参考价格：27澳元 ✪

Lionheart of the Barossa Shiraz 2015
狮心巴罗萨西拉2015
手工采摘，开放式发酵，采用野生酵母，浸皮8天，篮式压榨，法国橡木桶（部分新桶）陈酿18个月。深邃的绯红至紫红的色泽；经典巴罗萨谷式的厚酒体西拉；黑莓，梅子，甘草，令人感到温暖的香料和柔软的梅子单宁凑在一起，组成了一出享乐主义的戏剧。
封口：螺旋盖 酒精度：14.5% 评分：94 最佳饮用期：2030年 参考价格：27澳元 ✪

Pride of the Fleurieu Cabernet Sauvignon 2015
弗勒里厄之傲赤霞珠2015
除梗破碎后，开放式发酵14天，用法国橡木桶陈酿了18个月。酒体饱满，品种表现受地中海气候的影响，酿成浓郁有活力的葡萄酒，带着黑加仑和淡淡的黑巧克力风味，平衡的达成毫不费力。
封口：螺旋盖 酒精度：14.5% 评分：94 最佳饮用期：2035年 参考价格：27澳元 ✪

🍷🍷🍷🍷🍷

Fairytale of the Barossa Rose 2016
巴罗萨童话桃红2016
评分：93 最佳饮用期：2019年 参考价格：27澳元 ✪

Pride of the Fleurieu Cabernet Sauvignon 2014
弗勒里厄之傲赤霞珠2014
评分：92 最佳饮用期：2024年 参考价格：27澳元

Lion's Tooth of McLaren Vale Shiraz Riesling 2014
狮齿麦克拉仑谷西拉雷司令2014
评分：90 最佳饮用期：2024年 参考价格：27澳元

Damsel of the Barossa Merlot 2015
巴罗萨少女梅洛2015
评分：90 最佳饮用期：2023年 参考价格：27澳元

Dappled Wine 斑驳酒庄 ★★★★★

1 Sewell Road, Steels Creek, Vic 3775 产区：雅拉谷
电话：0407 675 994 网址：www.dappledwines.com.au 开放时间：仅限预约
酿酒师：肖恩·克利宁（Shaun Crinion） 创立时间：2009年 产量（以12支箱数计）：800
老板和酿酒师肖恩·克利宁于1999年开始接触葡萄酒，并开始在加利福尼亚中部海岸的莱蒂亚酒庄（Laetitia Winery & Vineyards）为他的酿酒师叔叔工作。从那时起，他的职业生涯是如此的精彩，让我无法省略这段描述，所以我在这里（使用少量的缩写）给出完整的记录：2000年魔鬼巢穴（Devil's Lair），玛格丽特河；科贝特峡谷葡萄园（Corbett Canyon Vineyard），加利福尼亚；2002年，霍顿酒庄，天鹅谷产区；2003年，德保利酒庄（De Bortoli），猎人谷；2004–2006年，笛手溪酒庄（Pipers Brook），塔斯马尼亚；2006年，火焰湾酒庄（Bay of Fires），塔斯马尼亚；2006—2007年威廉斯莱酒庄（Williams Selyem），加利福尼亚；2008年香桐酒庄（Domaine Chandon），雅拉谷；2010年，德蒙蒂酒庄（Domaine de Montille），勃艮第产区；2009—2016年，斑驳酒庄（并在罗博·多兰Rob Dolan酒庄兼职）。他的远期目标是购买或建立自己的葡萄园。

🍷🍷🍷🍷🍷

Appellation Yarra Valley Chardonnay 2015
雅拉谷霞多丽2015
这是一支精雕细刻的葡萄酒，它的神奇之处在于它没有表达出来的部分和表达出来的部分一样精彩。这支酒完美地结合了核果和柑橘类水果风味，酸味和橡木味。
封口：螺旋盖 酒精度：13% 评分：97 最佳饮用期：2025年 参考价格：27澳元 ✪

🍷🍷🍷🍷🍷

Straws Lane Macedon Ranges Gewurztraminer 2015
稻草巷马斯顿山岭琼瑶浆2015
这支酒在香气和口感上有着更纯粹的品种特征，比我很长一段时间内遇到的酒都更加纯粹。麝香、荔枝和温暖的香料花束让口感更加明媚和浓郁，好像阿尔萨斯每一天喝到的酒那样，哦，在澳大利亚这可是很罕见的。
封口：螺旋盖 酒精度：13% 评分：96 最佳饮用期：2023年 参考价格：27澳元 ✪

Swallowfield Upper Yarra Valley Chardonnay 2015
斯沃洛菲尔德上雅拉谷霞多丽2015
这支酒的香气非常复杂，口感也是同样的复杂；新法国橡木桶和勇敢地提早采收的办法带来了好像全息影像一般的感觉，且一直围绕着粉红色的葡萄柚的香气核心变化。出乎意料的是，和雅拉谷霞多丽（Appellation Yarra Valley Chardonnay）比起来，这支酒居然排到了第二名。
封口：螺旋盖 酒精度：12.5% 评分：96 最佳饮用期：2023年 参考价格：38澳元 ✪

Appellation Upper Yarra Valley Pinot Noir 2015
上雅拉谷黑比诺2015
深邃的皮诺葡萄酒的色泽；它的香气极具异国风情且富有表现力，有辛香料、黑浆果和熟食店的香味；它的口感柔顺，伴着洋李和黑樱桃果味，非常美味。不仅如此，那漂亮的单宁就好像黎明时葡萄园的曙光中的蜘蛛网一样，在它的间隙中还闪耀着清亮的露珠。
封口：螺旋盖 酒精度：13% 评分：96 最佳饮用期：2028年 参考价格：27澳元 ✪

La Petanque Mornington Peninsula Chardonnay 2015
法式滚珠莫宁顿半岛霞多丽2015
如果我是一名莫宁顿半岛的霞多丽酿酒师，我会回避这么彻底的挑战。这种毫不妥协的纯粹（没经过苹乳发酵）是坚定不移的。
封口：螺旋盖 酒精度：13.5% 评分：95 最佳饮用期：2023年 参考价格：38澳元

Swallowfield Upper Yarra Valley Pinot Noir 2015
斯沃洛菲尔德上雅拉谷黑比诺2015
这支酒的色泽明亮清晰；使用了更多的新法国橡木，以便和更深邃的果香搭配；虽然酒精度与上雅拉谷黑比诺（Appellation Upper Yarra Valley Pinot）相同，但是这支酒的强劲力量需要人们有更多的耐心去等待。不出10年，它将比它的兄弟姐妹明显高出一截，就好像穿了双高跟鞋一样。它的酒标也非常美丽。
封口：螺旋盖 酒精度：13% 评分：95 最佳饮用期：2030年 参考价格：38澳元

Fin de la Terre Yarra Valley Syrah 2015
世界末日雅拉谷西拉2015
深邃的绯红至紫色色泽；黑樱桃、甘草和碎胡椒的香气昭示着它的存在感，单宁鲜咸，口感复杂平衡。这支酒还需要陈放，但经过一段中长的时间后，会有优秀的表现。
封口：螺旋盖 酒精度：14% 评分：94 最佳饮用期：2030年 参考价格：38澳元

David Hook Wines 大卫·胡克酒庄 ★★★★☆

Cnr Broke Road/Ekerts Road, Pokolbin, NSW 2320 产区：猎人谷
电话：（02）4998 7121 网址：www.davidhookwines.com.au 开放时间：每日开放，10:00—16:30
酿酒师：大卫·胡克（David Hook） 创立时间：1984年 产量（以12支箱数计）：10000
葡萄园面积：8公顷
大卫·胡克在泰瑞尔酒庄（Tyrrell's）和福林湖酒庄（Lake's Folly）拥有超过25年的酿酒师经验，并且作为飞行酿酒师在波尔多、罗纳河谷、西班牙、美国和格鲁吉亚等地工作过。波萨那酒园（Pothana Vineyard）已经产了30多年的葡萄，它出产的葡萄酒被加上了“老藤”的标签。这个葡萄园位于贝尔福德圆顶（Belford Dome）上，这是一种古老的地质构造，在斜坡处是红色黏土覆盖着石灰石的构造，而在溪边的平地处则是砂壤结构；斜坡上可栽种红葡萄，而平底则用来栽种白葡萄。

🍷🍷🍷🍷🍷 Aged Release Old Vines Pothana Vineyard Belford Semillon 2012
珍藏老藤波萨那酒园贝尔福德赛美容2012
当我在2013年第一次尝到这支酒的时候，我写下了“这支酒将以稳健的脚步发展”的评语，并给了它94分，参考价格25澳元。好吧，我当时也没错：现在它成了一支优雅迷人且纯粹的猎人谷赛美容，柠檬皮和带着矿物味的酒酸仍然充足，还加上了些许青柠的风味。它仍然只是一个婴儿，在它前面还有至少10年，才能成长到成熟。
封口：螺旋盖 酒精度：10.5% 评分：97 最佳饮用期：2027年 参考价格：50澳元 ✪

🍷🍷🍷🍷🍷 Hilltops Nebbiolo 2015
希托扑斯内比奥罗2015
在温暖的环境下开放式发酵，轻柔地压榨，在新的和用过的法国橡木桶中成熟了12个月。内比奥罗这个品种是完全无法预料的：它有时暴躁，有时风骚，幸福的是这支酒中它表现出的是后一种情绪。这支酒带着红玫瑰和樱花的香气，口感充满活力，红色的果香轻柔地抚过舌面，让单宁得到了缓和。
封口：螺旋盖 酒精度：13.5% 评分：94 最佳饮用期：2024年
参考价格：38澳元

🍷🍷🍷🍷 Orange Vermentino 2016
奥兰治维蒙蒂诺2016
评分：92 最佳饮用期：2019年 参考价格：35澳元

Orange Sangiovese 2015
奥兰治桑乔维塞2015
评分：92 最佳饮用期：2020年 参考价格：30澳元

Old Vines Pothana Vineyard Belford Semillon 2016
老藤波萨那酒园贝尔福德赛美容2016
评分：90 最佳饮用期：2019年 参考价格：25澳元

Orange Hilltops De Novo Rosso 2015
奥兰治希托扑斯新桃红2015
评分：90 最佳饮用期：2020年 参考价格：30澳元

Orange Riesling 2016
奥兰治雷司令2016
评分：90 最佳饮用期：2026年 参考价格：35澳元

Dawson & James 道森与詹姆士 ★★★★★

1240B Brookman Road, Dingabledinga, SA，5172 产区：塔斯马尼亚南部
电话：0419 816 335 网址：www.dawsonjames.com.au 开放时间：不开放
酿酒师：彼特·道森（Peter Dawson）、蒂姆·詹姆斯（Tim James）
创立时间：2010年 产量（以12支箱数计）：1200 葡萄园面积：3.3公顷

彼得·道森和蒂姆·詹姆斯作为夏迪/嘉誉葡萄酒集团（Hardys / Accolade）的高级酿酒师职业生涯是漫长的，也是非常成功的。是蒂姆率先跳的槽，成为威拿庄 威拿庄（Wirra Wirra）的执行总裁，直到2007年为止。而彼得则停留的时间更长。现在他们都有多个作为咨询顾问的职位。他们都渴望在塔斯马尼亚种植和酿造葡萄酒，这种愿望在2010年实现了。出口到英国和新加坡。

🍷🍷🍷🍷🍷 Pinot Noir 2015
黑比诺2015
这支黑比诺美轮美奂，优雅绝伦，令人想起香波·慕西尼（Chambolle Musigny）这样的极品葡萄酒。奢华的宝石红色调，加上烟熏果木、烘焙坊和林间灌木的风味。层层叠叠的味道在舌面上铺展着，嬉戏着，最后以一丝野蔷薇的味道收尾。
封口：螺旋盖 酒精度：12.9% 评分：98 最佳饮用期：2023年
参考价格：68澳元 NG ✪

Chardonnay 2015
霞多丽2015
这是一支精雕细琢的霞多丽，带核的水果香、烘烤过的坚果香和麦片的香气在口腔之中慢慢地划开矿物味的外壳，将肢体伸展开来。在理性而有控制的还原环境引导下，在那来自冷凉气候的、沁人心脾的酸味的作用下，所有的细节都镶嵌在酒体之中，并且久久不散。尽管酒精度不高，但这样的酒精度并不令人反感。
封口：螺旋盖 酒精度：12.2%. 评分：97 最佳饮用期：2026年
参考价格：58澳元 NG ✪

DCB Wine DCB酒庄 ★★★★

505 Gembrook Road, Hoddles Creek, Vic 3139 产区：雅拉谷 电话：0419 545 544
网址：www.dcbwine.com.au 开放时间：不开放 酿酒师：克里斯·本蒂尔（Chris Bendle） 创立时间：2013年 产量（以12支箱数计）：不公开。

DCB酒庄对于克里斯·本蒂尔来说，可以说是一种在工作中度假的方式。克里斯目前是候德乐溪酒庄（Hoddles Creek）的酿酒师，这份工作是他从2010年就开始了的。他曾经在塔斯马尼亚州、新西兰和俄勒冈州酿造过葡萄酒，擅长酿造优雅、经济实惠、令人能充分享受饮酒之乐的葡萄酒（这也是克里斯的目标）。应该说，他做的这些葡萄酒具有极好的性价比。

🍷🍷🍷🍷🍷 Yarra Valley Chardonnay 2016
雅拉谷霞多丽2016
考虑到这支酒的质量，这支酒价格还真是优惠。它不乏风味，汇集了白色的核果、新鲜的格兰尼史密斯苹果和生姜粉的风味。酸味偏软。这是一支温和的葡萄酒，有长长的余味，闪光之处不少。
封口：螺旋盖 酒精度：13.1% 评分：93 最佳饮用期：2023年
参考价格：20澳元 JF ✪

Yarra Valley Pinot Noir 2016
雅拉谷黑比诺2016
当你和朋友一起出去玩的时候，你想喝点好的却不想带着空空如也的钱包回家，那么这支酒在这个时候就很适合。这支酒的果香柔和多汁而诱人，呈酸爽的樱桃和樱桃核风味，另有少许橡木香和柔和的单宁。它的适饮性绝佳，能让人喝个痛快。
封口：螺旋盖 酒精度：13.4% 评分：92 最佳饮用期：2022年
参考价格：20澳元 JF ✪

De Beaurepaire Wines 波尔派酒庄 ★★★★

182 Cudgegong Road, Rylstone, NSW 2849 产区：满吉
电话：（02）6379 1473 网址：www.debeaurepairewines.com 开放时间：周末，仅限预约 酿酒师：雅各布·斯坦恩（Jacob Stein，合约） 创立时间：1998年
产量（以12支箱数计）：1000 葡萄园面积：52.3公顷

波尔派酒庄的大型葡萄园是于1998年由珍妮特（Janet）和理查德·德·波尔派（Richard de Beaurepaire）栽种的，它是蓝山以西最古老的产业之一，海拔570—600米。高的海拔，加上石灰石土壤和正对库德根河（Cudgegong）的位置，使得这里的葡萄（和酿出的葡萄酒）与一般的满吉产区葡萄酒有很大不同。葡萄园种植了梅洛、西拉、赤霞珠、黑比诺、小味儿多、维欧尼、霞多丽、赛美容、维德罗和灰比诺；大部分葡萄都被用于直接出售。

🍷🍷🍷🍷🍷 La Comtesse Rylstone Chardonnay 2015
利尔斯通伯爵夫人霞多丽2015
选用克隆植株I10V5，部分橡木桶发酵，部分不锈钢罐内发酵，法国橡木桶（20%是新的）内陈酿5个月。品种特性极其明显，属于柚子汁、柚子皮和柚子髓的范畴，余味持久，令人满意。
封口：螺旋盖 酒精度：14% 评分：92 最佳饮用期：2021年 参考价格：25澳元 ✪

De Bortoli 德保利酒庄 ★★★★★

De Bortoli Road, Bilbul, NSW 2680 产区：滨海沿岸（Riverina）
电话：（02）6966 0100 网址：www.debortoli.com.au 开放时间：周一至周六，9:00—17:00；周日，9:00—16:00 酿酒师：达伦·德·德保利(Darren De Bortoli)，朱莉·毛特洛克(Julie Mortlock)
创立时间：1928年 产量（以12支箱数计）：不公开 葡萄园面积：311.5公顷
这个酒庄酿造了著名的美酒——贵族一号（Noble One）葡萄酒，并以此在行业中享有盛誉。不过，其实这只是他们总产量的一小部分。这个酒庄生产低价位的有品种特性的酒和普通的酒，其质量稳定而有竞争力。这些酒部分来自酒庄自有的葡萄园，但也有一部分来自合约种植的葡萄园。2012年6月，德保利获得了联邦政府的清洁技术食品和铸造厂投资项目（Clean Technology Food and Foundries Investment Program）480万的补助金。这项拨款支持了德保利家族追加1100万澳元投资进行的“碳经济-再造未来”（Re-engineering Our Future for a Carbon Economy）项目。德保利也是澳大利亚第一葡萄酒家族的创始成员。他们出口到所有的主要市场。

🍷🍷🍷🍷🍷 Noble One Botrytis Semillon 2014
贵族一号贵腐赛美容2014
饱满浓郁的金铜色；长期的酿造经验让德保利酒庄学会了最大限度地提升甜味和浓郁度，而不令人觉得过于甜腻。事实上，它的蜂蜜、焦糖奶油和桔梗果酱的风味似乎让人感觉接近于不甜了，而事实上当然并非如此。375毫升瓶。
封口：螺旋盖 酒精度：10% 评分：95 最佳饮用期：2024年 参考价格：33澳元 ✪

De Bortoli (Victoria) 德保利酒庄（维多利亚州） ★★★★★

Pinnacle Lane, Dixons Creek, Vic 3775 产区：雅拉谷 电话：(03) 5965 2271
网址：www.debortoli.com.au 开放时间：每日开放，10:00—17:00 酿酒师：史蒂芬·韦伯（Stephen Webber）,沙拉·法根（Sarah Fagan） 创立时间：1987年 产量（以12支箱数计）：350000 葡萄园面积：430公顷
这个酒庄可以说是所有雅拉河谷酒厂中最成功的一家，不论是从产量上还是质量上讲。它由丽安娜·德保利（Leanne De Bortoli）和史蒂夫·韦伯（Steve Webber）的夫妻团队经营，但由德保利（De Bortoli）家族拥有。这些葡萄酒有3个质量价格等级：最高级的是单一园葡萄酒（Single Vineyard），然后是庄园自产葡萄酒（Estate Grown），第三个等级是村庄酒（Villages）。有少量更高级的葡萄酒，包括诺瑞特单一园黑比诺（Riorret Single Vineyard Pinot Noir)、美尔巴（Melba）、波西米亚（La Bohème）等一系列来自雅拉河谷（Yarra Valley）的芳香馥郁的葡萄酒，以及维诺克（Vinoque）这个在雅拉谷进行新品种和有趣混酿的试验酒款。贝拉丽娃（Bella Riva）系列包含意大利品种的葡萄酒，来自国王谷（King Valley），风顶系列（Windy Peak）则来自维多利亚州的产区，包括雅拉谷、国王谷和西斯科特（Heathcote）。最后，在2016年年中，德保利（De Bortoli）购买了最杰出的上雅拉谷葡萄园之一——露莎提亚公园酒庄（Lusatia Park）。出口到所有的主要市场。

🍷🍷🍷🍷🍷 Riorret Lusatia Park Yarra Valley Pinot Noir 2015
诺瑞特露莎提亚公园雅拉谷黑比诺2015
露莎提亚公园葡萄园将在未来的岁月里提供许多优秀的葡萄酒。这支酒纯净、细腻，采用全果发酵，并且严格地采用不干预的措施。它已经展现出些微森林、紫罗兰和野草莓的风味。
封口：Diam软木塞 酒精度：13.5% 评分：96 最佳饮用期：2023年
参考价格：45澳元 ✪

Melba Reserve Yarra Valley Cabernet Sauvignon 2014
美尔巴珍藏雅拉谷赤霞珠2014
来自A2、B3和D2园地，经过28天浸渍，在（35%是新的）法国橡木桶中陈酿了12个月，并经过4次换桶以透气。如果说庄园系列是温和不争的，那这支酒则是锐利而明亮的。黑醋栗的风味脱颖而出，高高地架在成熟而清晰的单宁（和法国橡木）的基础之上，一直绵延至后味和余味，没有片刻迟疑。
封口：螺旋盖 酒精度：13.5% 评分：96 最佳饮用期：2039年 参考价格：45澳元 ✪

Riorret Lusatia Park Yarra Valley Chardonnay 2016
诺瑞特露莎提亚公园雅拉谷霞多丽2016
来自露莎提亚公园葡萄园的A号园地，整串压榨，采用野生酵母，经过完整的苹乳发酵，在旧橡木桶中陈酿9个月。露莎提亚公园位于上亚拉谷，这个因素，加上适度的酒精，让酿酒师做出了苹乳发酵的决定。苹乳发酵并没有剥夺酒的优雅度和清新迷人的柠檬酸味。亚拉河谷产区的风味得到了完全的展现，而橡木（显然）只是一种达到目的的手段。
封口：Diam软木塞 酒精度：12.8% 评分：95 最佳饮用期：2026年
参考价格：45澳元

Riorret Balnarring Mornington Pinot Noir 2016
诺瑞特巴尔纳林莫宁顿黑比诺2016
手工采摘分选，25%整串处理，浸皮14天，橡木桶（30%是新的）成熟9个月。对全果发酵的最小干预是德保利酒庄酿造方法的关键，尤其是针对他们的风土系列。深绛紫色显示，这支酒肯定不存在浸渍不足的问题。对于黑比诺来讲，它的酒体是接近饱满厚重的，带着黑樱桃的风味，在3—4年后，会发展成一支一流的黑比诺。
封口：Diam软木塞 酒精度：13.2% 评分：95 最佳饮用期：2026年
参考价格：50澳元

Section A5 Yarra Valley Chardonnay 2016
A5园地雅拉谷霞多丽2016

这支酒采用野生酵母发酵并经过完整的苹乳发酵，在旧橡木桶中陈酿了9个月。平衡性和长度都很好的优雅酒款，但装瓶后不久的时候尝起来有点涩于表达，不过它的未来是不用担心的。
封口：螺旋盖 酒精度：12.8% 评分：94 最佳饮用期：2024年 参考价格：50澳元

La Bohème Act Two Yarra Valley Dry Pinot Noir Rose 2016
波西尼亚第二幕-雅拉谷干型黑比诺桃红2016
这支酒呈淡淡的鲑鱼色，它的外观和味觉上都像是有一部分果实经过了带皮发酵或是整果发酵，并不只是用浸渍完获得颜色后的流出的葡萄汁进行发酵。此外，还有一些橡木桶发酵的特点。
封口：螺旋盖 酒精度：12.7% 评分：94 最佳饮用期：2017年 参考价格：22澳元 ✪

Riorret Lusatia Park Yarra Valley Pinot Noir 2016
诺瑞特露莎提亚公园雅拉谷黑比诺2016
这支酒来自露莎提亚公园葡萄园的B号园地，经过了手工采摘分选，有15%整串发酵，15天浸皮，在橡木桶（30%是新的）中陈酿9个月。深红-紫红的色调非常漂亮，一股股的香料香在主导的樱桃与李子果香中穿插着、浮动着。和很多2016年的雅拉谷黑比诺一样，这支酒将从窖藏中受益，使得那些暗藏的生硬部分变得更加柔顺。
封口：Diam软木塞 酒精度：13.5% 评分：94 最佳饮用期：2021年
参考价格：50澳元

Estate Grown Yarra Valley Shiraz 2014
庄园自产雅拉谷西拉2014
开放式发酵，25%整串发酵，在23百升木桶和5百升木桶中陈酿了10个月。这是一款优雅的、中等酒体的葡萄酒，带着冷凉产区的风味，红色水果和香料香，单宁精致，木桶的风味也和酒体结合得很好。整串发酵的工艺增添了辛辣、鲜咸的味道。
封口：螺旋盖 酒精度：13.5% 评分：94 最佳饮用期：2024年 参考价格：30澳元 ✪

Estate Grown Yarra Valley Cabernet Sauvignon 2014
庄园自产雅拉谷赤霞珠2014
这支酒来自4个酒庄自有的葡萄园，和美尔巴珍藏的做法是一样的。从头到尾对细节的重视是德保利酒庄酿造精神的基石。赤霞珠的果实为黑醋栗果香增添了泥土/陈土的品种特色风味和精致柔顺的单宁。这支酒的平衡和长度都非常优秀。
封口：螺旋盖 酒精度：13.5% 评分：94 最佳饮用期：2029年 参考价格：30澳元 ✪

🍷🍷🍷🍷🍷 La Bohème Act Four Syrah Gamay 2016
波西米亚第四幕-西拉佳美2016
评分：93 最佳饮用期：2020年 参考价格：20澳元 ✪

Vinoque Yarra Valley Nebbiolo Rose 2016
维诺克雅拉谷内比奥罗桃红2016
评分：92 最佳饮用期：2018年 参考价格：25澳元 ✪

BellaRiva King Valley Pinot Grigio 2016
贝拉丽娃国王谷灰比诺2016
评分：90 最佳饮用期：2019年 参考价格：17澳元 ✪

Vinoque The Oval Vineyard Yarra Valley Pinot Blanc 2016
维诺克卵形酒园雅拉谷白比诺2016
评分：90 最佳饮用期：2018年 参考价格：25澳元

Vinoque Chalmers Vineyard Heathcote Greco 2016
维诺克查莫斯酒园西斯科特格莱克2016
评分：90 最佳饮用期：2023年 参考价格：25澳元

La Bohème Act Three Pinot Gris & Friends 2016
波西米亚第三幕-灰比诺与其友2016
评分：90 最佳饮用期：2021年 参考价格：22澳元

Villages Yarra Valley Pinot Noir 2016
村庄雅拉谷黑比诺2016
评分：90 最佳饮用期：2021年 参考价格：22澳元

La Bohème The Missing Act Cabernet and Friend 2015
波西米亚缺少的一幕-赤霞珠与其友2015
评分：90 最佳饮用期：2023年 参考价格：22澳元

Prosecco NV
无年份普罗塞克起泡酒
评分：90 最佳饮用期：2017年 参考价格：18澳元 TS

La Bohème Cuvee Blanc NV
波斯米亚珍藏无年份白起泡酒
评分：90 最佳饮用期：2017年 参考价格：24澳元 TS

De Iuliis 德伊利斯酒庄 ★★★★★

1616 Broke Road, Pokolbin, NSW 2320 产区：猎人谷
电话：（02）4993 8000 网址：www.dewine.com.au 开放时间：每日开放，10:00—17:00
酿酒师：迈克尔·德·伊利斯（Michael De Iuliis） 创立时间：1990年

产量（以12支箱数计）：10000　葡萄园面积：30公顷
德伊利斯家族有三代人参与了葡萄园的建立。该家族于1986在洛维代尔（Lovedale）购买了一处产业，并在1990年间种植了18公顷的葡萄藤。最初的几年间他们将葡萄卖给了特瑞尔酒庄（Tyrrell's），但是仍然保留了一部分的葡萄用于酿造特瑞尔品牌的葡萄酒，且这部分品牌酒的产量每年都在增加。1999年，他们在布鲁克路（Broke Road）上购买了一块土地，并在2000酿造季节之前建造了一个酒厂和酒窖门店。2011年，这家公司在科波尔宾（Pokolbin）购买了12公顷的史蒂芬酒园（Steven Vineyard）。迈克尔·德伊利斯（Michael De Iuliis）在阿德莱德大学罗塞沃斯校区完成了酿酒学专业的研究生学习，是乐恩·伊万斯酒学校（Len Evans）的授课学者。他让德伊利斯葡萄酒的质量提升到了最高等级。

🍷🍷🍷🍷🍷 Limited Release Hunter Valley Shiraz 2014
限量珍藏猎人谷西拉2014
这款杰作是通过混合来自不同地方的最好的橡木桶中的酒制作的。这支酒极其肥美，像油画颜料一样在口腔中涂出迷人的红色、紫色、蓝色和黑色水果的风味，经久不散，而酒体不过中等厚度。
封口：螺旋盖　酒精度：14.6%　评分：98　最佳饮用期：2054年　参考价格：80澳元 ✪

🍷🍷🍷🍷🍷 Hunter Valley Semillon 2016
猎人谷赛美容2016
这支酒在2016年的悉尼酒展中获得了赛美容品种的顶级金奖。1年陈的雷司令容易让人迷惑，不过它的酸度是更高，而柠檬草的风味是专属于赛美容的，并且，当赛美容陈年的时候，会得到不同的个性特点，蜂蜜的风味将在10年以后展现出来，而那劲爽的酸味却不会改变。
封口：螺旋盖　酒精度：10.9%　评分：95　最佳饮用期：2031年　参考价格：20澳元 ✪

Steven Vineyard Hunter Valley Shiraz 2015
斯蒂芬酒园猎人谷西拉2015
轻盈、明亮的深红-紫红色泽；著名的史蒂芬葡萄园即将迎来它的50岁生日，并且让迈克尔·德伊利斯能够做出这款优雅的中等酒体西拉来为这片土地庆祝。猎人谷特有的泥土与皮革风味在红色与紫色水果的风味中交织穿插着。
封口：螺旋盖　酒精度：13%　评分：94　最佳饮用期：2030年　参考价格：40澳元

🍷🍷🍷🍷 Aged Release Hunter Semillon 2011
陈年珍藏猎人谷赛美容2011
评分：93　最佳饮用期：2022年　参考价格：30澳元　JF

Limited Release Hunter Chardonnay 2014
限量珍藏猎人谷霞多丽2014
评分：93　最佳饮用期：2022年　参考价格：35澳元　JF

Single Vineyard Hunter Semillon 2016
单一园猎人谷赛美容2016
评分：92　最佳饮用期：2028年　参考价格：25澳元　JF ✪

LDR Vineyard Hunter Shiraz Touriga 2015
LDF酒园猎人谷西拉特锐嘉2015
评分：92　最佳饮用期：2025年　参考价格：40澳元　JF

Hunter Valley Chardonnay 2016
猎人谷霞多丽2016
评分：90　最佳饮用期：2021年　参考价格：20澳元　JF ✪

De Salis Wines　德萨利斯酒庄　★★★★

Lofty Vineyard, 125 Mount Lofty Road, Nashdale, NSW，2800　产区：奥兰治（Orange）
电话：0403 956 295　网址：www.desaliswines.com.au　开放时间：每日开放，11:00—17:00　酿酒师：查尔斯·斯文森（Charles Svenson）、米切尔·斯文森（Mitchell Svenson）　创立时间：1999年　产量（以12支箱数计）：4000　葡萄园面积：8.76公顷
这是研究型科学家查尔斯·斯文森（Charles Svenson）和妻子洛雷塔（Loretta）的合资企业。查理在32岁时开始对葡萄酒酿造感兴趣，于是他回到新南威尔士大学研究微生物学和生物化学。2009年，在长时间的查找研究之后，查理和洛雷塔购买了一个1993年开始种植的葡萄园，当时叫瓦特尔威尔酒园（Wattleview），而现在它被叫做巅峰酒园（Lofty Vineyard）。其海拔为1050米，是奥兰治产区内最高的葡萄园，有黑比诺（6个克隆品种）、霞多丽、梅洛、默尼耶比诺和长相思。2015年，他们购买林边葡萄园（Forest Edge Vineyard），其中有黑比诺（面积2公顷，包括3个克隆品种）、长相思（2.5公顷）和霞多丽（1.5公顷）。这个葡萄园的大部分葡萄都卖给了布肯木酒庄（Brokenwood）。

🍷🍷🍷🍷 Lofty Chardonnay 2015
巍峨霞多丽2015
到目前为止，这是德萨利斯的15款霞多丽中最平衡的一款，葡萄分为两次采收（分别在12.1°和12.3°博美），酸度在全苹乳发酵后降到了8.75g/L。问题在于葡萄成熟的均匀度，这个葡萄园一定非常冷。
封口：螺旋盖　酒精度：12.7%　评分：90　最佳饮用期：2022年　参考价格：85澳元

Dead Man Walking　死囚漫步酒庄　★★★★☆

11a Bizana Street, West Footscray, Vic 3012　产区：阿德莱德山、克莱尔谷

电话：0400 118 020 网址：www.deadmanwalkingwine.com 开放时间：不开放
酿酒师：托马斯·基斯（Thomas Kies） 创立时间：2015年 产量（以12支箱数计）：380
托马斯·基斯是这么解释他为什么为自己的生意选择这样一个略有些恐怖的名字的："不要拖延，不要拖延，不要等到太晚了才去做。这就是为什么我在葡萄酒行业工作了多年之后创造了这个标签，我把时间花在了塔斯马尼亚、维多利亚和海外的酿酒厂里，还有在墨尔本，作为葡萄酒经销商。"他与阿德莱德山和克莱尔谷的种植者合作，选择小批量的葡萄，采用小批制作的方法和技术，希望能展示其果实的品质和纯度。

🍷🍷🍷🍷🍷 Clare Valley Riesling 2016
克莱尔谷雷司令2016
较早的采收使得自然酸度保持在7.2g/L，pH值为2.87，最终得到了一款经典的克莱尔谷雷司令，它带着青柠、柠檬和格兰尼史密斯苹果的芬芳，具有令人兴奋的酸味，让口腔无比清爽，想要再来一口。
封口：螺旋盖 酒精度：11.5% 评分：95 最佳饮用期：2026年 参考价格：25澳元 ✪

🍷🍷🍷🍷 Adelaide Hills Pinot Gris 2016
阿德莱德山皮诺格里斯2016
评分：91 最佳饮用期：2022年 参考价格：25澳元

Deakin Estate 迪肯酒庄 ★★★☆

Kulkyne Way, via Red Cliffs, Vic 3496 产区：穆雷达令流域（Murray Darling）
电话：(03) 5018 5555 网址：www.deakinestate.com.au 开放时间：不开放
酿酒师：法兰克·纽曼（Frank Newman） 创立时间：1980年
产量（以12支箱数计）：205000 葡萄园面积：350公顷
迪肯酒庄和卡特诺克酒庄一样，由西班牙的菲斯奈特酒庄（Freixenet）所有。10多年来，菲尔·斯皮尔曼（Phil Spillma）博士领导着迪肯酒庄的发展，而法兰克·纽曼帮了他很多。法兰克的职业生涯漫长而充满了变化，最开始他在奔富酒庄（Penfolds）和麦克斯·舒伯特（Max Schubert）一起工作，然后在安格瓦酒庄（Angove）工作了近10年，接着是哈迪酒业集团（BRL Hardy）下的伦马诺酒庄（Renmano）。他们的产量很大，有非常多的品牌系列，不过他们的品牌酒只是其中的一部分：有很多其他品牌也在这个酒庄生产，酒庄每年为迪肯品牌压榨的2500吨翻了一倍，而其他品牌瓶装酒的产量也翻了一倍。出口到所有的主要市场。

🍷🍷🍷🍷 La La Land Tempranillo 2015
拉拉圆丹魄2015
这支酒保留了极佳的深红-紫红色调，风味的清新和多汁令人惊叹，在收尾的时候红色水果的余味有诱人的提升，是一支极其成功的好酒。
封口：螺旋盖 酒精度：13.5% 评分：92 最佳饮用期：2020年 参考价格：18澳元 ✪

🍷🍷🍷🍷 Shiraz 2016
西拉2016
评分：89 最佳饮用期：2019年 参考价格：10澳元 JF ✪

Deep Woods Estate 深林酒庄 ★★★★★

889 Commonage Road, Yallingup, WA 6282 产区：玛格丽特河
电话：(08) 9756 6066 网址：www.deepwoods.com.au
开放时间：周三至周日，11:00—17:00；节假日期间每日开放
酿酒师：朱利安·朗沃西（Julian Langworthy），艾玛吉莱斯皮（Emma Gillespie）
创立时间：1987年 产量（以12支箱数计）：30000 葡萄园面积：14公顷
这个酒庄由珀斯商人彼得·佛加尔蒂（Peter Fogarty）和家人拥有，佛加尔蒂同时也是猎人谷的福林湖酒庄与珀斯山的米尔布鲁克酒庄的拥有者。32公顷的产业有14公顷的葡萄园，种植了赤霞珠、西拉、梅洛、品丽珠、霞多丽、长相思、赛美容和维德罗。雷·乔丹（Ray Jordan）在他的《2017西澳大利亚葡萄酒指南》（The West Australian Wine Guide 2017）中将这个酒庄评为年度最佳酒厂。朱利安·朗沃西（Julian Langworthy）是澳大利亚最杰出的人才之一，他酿造的2014年份赤霞珠被乔丹评为年度最佳葡萄酒和年度最佳红葡萄酒。出口到德国、马来西亚、新加坡、日本和中国。

🍷🍷🍷🍷🍷 Yallingup 2014
亚林加普2014
果实来自31年树龄的葡萄藤，这款酒是从用来制作珍藏赤霞珠（Reserve Cabernet）的5个最好的木桶（其中有3个是新桶）中选择出来的。它的色泽仍然是光亮的深红-紫红色调，香气复杂，口感令人惊叹，黑加仑、悬钩子的果香有非凡的力量和复杂度，单宁的表现也极其精彩。它收尾的清新完全超出了我的想象和理解能力。
封口：螺旋盖 酒精度：14.5% 评分：98 最佳饮用期：2044年 参考价格：130澳元 ✪

Reserve Margaret River Chardonnay 2015
珍藏玛格丽特河霞多丽2015
手工采摘后凉快了一晚，进行了整串压榨，选用野生酵母在新的和旧的法国橡木桶中发酵，经过有限制的酒泥接触工艺。闪闪发亮的稻草绿色；它的浓郁度和长度几乎让口腔感到疼痛，带着桃子、油桃、柚子皮的风味和令人垂涎的酸味。后味和余味就好像之前所有过程的高保真回放。
封口：螺旋盖 酒精度：13% 评分：97 最佳饮用期：2035年 参考价格：45澳元 ✪

🍷🍷🍷🍷🍷 Harmony Margaret River Rose 2016
和声玛格丽特河桃红2016

70%的西拉、22%的丹魄、8%的歌海娜，分开破碎，迅速压榨，在不锈钢罐中利用芳香酵母发酵。它散发着超级馥郁的芬芳，带着精致的小红果的辛香，野草莓轻盈清新的味道伴着一系列精致诱人的风味和余味。这支酒在16年玛格丽特河酒展（Margaret River Wine Show）上荣获了最佳桃红葡萄酒的奖杯，并在墨尔本酒展（Melbourne Wine Awards）上获得了金牌。

封口: 螺旋盖　酒精度: 13%　评分: 96　最佳饮用期: 2018年　参考价格: 15澳元 ✪

Margaret River Rose 2016

玛格丽特河桃红2016

68%的丹魄、27%的西拉、5%的维蒙蒂诺，维蒙蒂诺采用橡木桶发酵，丹魄和西拉在发酵前采用了氧化的处理。芬芳溢出酒杯，带着滑石粉、酸樱桃和柑橘皮的风味。口感极干，味道鲜美，第一质地纯正，第二有香料和红色水果的迷人芳香。

封口: 螺旋盖　酒精度: 12.5%　评分: 96　最佳饮用期: 2018年　参考价格: 30澳元 ✪

Reserve Block 7 Margaret River Shiraz 2015

珍藏7号园地玛格丽特河西拉2015

一部分选自深林酒庄1987年最早种下的葡萄，一部分来自其附近的成熟葡萄园地。采用整串发酵，冷浸渍和部分橡木桶发酵的工艺，随后在最好的法国橡木桶中陈酿了14个月。色泽极深，酒体饱满，不过后味和余味的脚步却很轻快，果香、单宁和橡木的风味都很和谐地融在一起。

封口: 螺旋盖　酒精度: 14.5%　评分: 96　最佳饮用期: 2035年　参考价格: 45澳元 ✪

Reserve Margaret River Cabernet Sauvignon 2015

珍藏玛格丽特河赤霞珠2015

这支酒来自庄园自有的最古老的葡萄藤，再加上来自附近种植者的葡萄，经过破碎除梗，在新旧法国橡木桶中陈酿16个月。馥郁的覆盆子风味的芳香与中等的酒体为味蕾带来黑莓、红加仑和药植的抚慰。

封口: 螺旋盖　酒精度: 14%　评分: 96　最佳饮用期: 2030年　参考价格: 65澳元 ✪

Margaret River Sauvignon Blanc 2016

玛格丽特河长相思2016

酿造过程中，有一小部分葡萄经过了橡木桶发酵和酒泥搅拌。这是一支活力四射、风味复杂的葡萄酒，香气和口感都带着突出的百香果和柑橘的风味。极为馥郁的风味与极高的9克每升的自然酸度相伴。这支酒的诱惑是无法抗拒的。

封口: 螺旋盖　酒精度: 12.5%　评分: 95　最佳饮用期: 2018年　参考价格: 20澳元 ✪

Margaret River Cabernet Sauvignon Merlot 2015

玛格丽特河赤霞珠梅洛2015

78%的赤霞珠，18%的梅洛，4%的小味儿多；在法国橡木桶（30%是新的）中陈酿18个月。这是一款精心酿制的葡萄酒，黑醋栗和月桂叶的风味显而易见，优质法国橡木桶的风味和精致的单宁都在中等的酒体上展现出来。酒体平衡，现在就适合饮用。

封口: 螺旋盖　酒精度: 14%　评分: 95　最佳饮用期: 2025年　参考价格: 35澳元 ✪

Margaret River Shiraz et al 2015

玛格丽特河西拉混酿2015

85%的西拉、10%的马尔贝克、5%的歌海娜，部分在法国橡木桶中陈酿了12—15个月。饱满明亮的深红-紫色色调；充满了李子、黑莓和辛辣红果的香气和味道，柔顺得如天鹅绒般的单宁让这支酒既可以现在饮用，又可以晚些再饮用。

封口: 螺旋盖　酒精度: 14.5%　评分: 94　最佳饮用期: 2021年　参考价格: 20澳元 ✪

🍷🍷🍷🍷🍷 Ivory Semillon Sauvignon Blanc 2016

象牙白赛美容长相思2016

评分：92　最佳饮用期：2018年　参考价格：15澳元 ✪

Margaret River Chardonnay 2016

玛格丽特河霞多丽2016

评分：92　最佳饮用期：2019年　参考价格：20澳元 ✪

Ebony Cabernet Shiraz 2015

埃博内赤霞珠西拉2015

评分：90　最佳饮用期：2020年　参考价格：15澳元 ✪

DEGEN　德根酒庄 ★★★★☆

365 Deasys Road, Pokolbin, NSW，2320　产区：猎人谷

电话：0427 078 737　网址：www.degenwines.com.au　开放时间：周末，10:00—17:00

酿酒师：多位合约酿酒师　创立时间：2001年

产量（以12支箱数计）：1880　葡萄园面积：4.5公顷

1997年6月，海洋工程师汤姆·德根（Tom Degen）与IT项目经理妻子珍恩（Jean）一起周末驾车去了猎人谷，他们本没有什么特别的计划，但由于这次旅行，汤姆成了一片11公顷野地的拥有者。这片野地布满丛林灌木和砾石，没有篱笆也没有水源。周末的旅行变成了每周末的旅行。他开着拖拉机，慢慢地清除了成吨的树木，搬走了砾石，建造了水坝并在土壤上耕作。2001年9月，他们种植了1.8公顷的西拉、1.7公顷的霞多丽和1公顷的赛美容，并于13日开放了酒窖门店和可容纳4位客人的葡萄藤小旅馆（Vine Stay）。

🍷🍷🍷🍷🍷 Single Vineyard Hunter Valley Chardonnay 2014

单一园猎人谷霞多丽2014

酿造这支酒的人是有非凡才华的利兹·杰克森（Liz Jackson）。这支酒仍处于其生命

的开端，其平衡完美，白桃、甜瓜和葡萄柚风味极其新鲜，几乎隐藏了法国橡木的风味。真是令人喜爱。
封口：螺旋盖　酒精度：13.1%　评分：95　最佳饮用期：2023年　参考价格：30澳元 ✪

Single Vineyard Hunter Valley Shiraz 2014
单一园猎人谷西拉2014
由安德鲁·理慕布鲁根（Andrew Leembruggen）酿制。色泽呈中等至饱满的红紫色；14年份的威力和强度点燃了这支中等至厚重酒体的西拉，法国橡木桶和美国橡木桶风味与成熟的单宁则作为辅助。这是一款极其适合陈放的葡萄酒。
封口：螺旋盖　酒精度：13%　评分：94　最佳饮用期：2034年　参考价格：35澳元

Delamere Vineyard　德拉梅尔酒园　★★★★★

Bridport Road, Pipers Brook, Tas，7254　产区：塔斯马尼亚北部
电话：(03) 6382 7190　网址：www.delamerevineyards.com.au
开放时间：每日开放，10:00—17:00　酿酒师：肖恩·霍洛威（Shane Holloway），弗兰·奥斯汀（Fran Austin）　创立时间：1983年　产量（以12支箱数计）：5000　葡萄园面积：13.5公顷
德拉梅尔酒园是笛手溪（Pipers Brook）地区最早种植的葡萄园之一。2007年由肖恩·霍洛威和妻子弗兰·奥斯汀和他们的家人收购。肖恩和弗兰负责葡萄种植和葡萄酒酿造。葡萄园经过了扩张，并种植了4公顷的黑比诺和霞多丽。出口到中国。

🍷🍷🍷🍷🍷 Pinot Noir 2014
黑比诺2014
这支酒真是不错，将精致、优雅与复杂度和强度结合到了一起，它与沃恩·罗曼尼（Vosne-Romanée）的相似，可以在盲品中造成很严重的混淆。这里有森林风味的架构，但比画框更重要的，是画框中的画作，那轻柔的辛香李子和黑色樱桃果香与橡木桶和单宁形成了一幅完美、和谐的作品。
封口：螺旋盖　酒精度：13.8%　评分：98　最佳饮用期：2030年　参考价格：45澳元 ✪

🍷🍷🍷🍷🍷 Block 3 Chardonnay 2014
3号园地霞多丽2014
来自最古老的葡萄藤，整串压榨，野生酵母发酵（包括苹乳发酵），新橡木桶中成熟12个月，并进行了酒泥搅拌，此后又瓶储了1年之久。强劲、复杂而浓郁，一层叠着一层的风味以柚子果香为中心公转，丝毫没有受到新橡木桶的困扰，而橡木桶的风味与果香已经完全交织在了一起。
封口：Diam软木塞　酒精度：13.7%　评分：96　最佳饮用期：2029年
参考价格：110澳元

Pinot Noir 2015
黑比诺2015
30年以上的酒庄自有葡萄藤，采用野生酵母开放式发酵，20%整串处理，在法国橡木桶中陈酿。香气非常有表现力，鲜咸的泥土风味与红色樱桃果香和新法国橡木桶踊跃地争夺各自的领地。口感极其浓郁，这是德拉梅尔酒庄的标志，优秀的葡萄藤和细致入微的栽培为酿造真正有个性的黑比诺提供了跳板。
封口：螺旋盖　酒精度：13.9%　评分：96　最佳饮用期：2030年　参考价格：50澳元 ✪

Hurlo's Rose 2015
胡洛的桃红2015
这支酒是以家族的友人，葡萄酒鉴赏家约翰·胡尔斯通命名的。它来自最古老的庄园自有黑比诺葡萄藤，经过除梗压榨，并在法国橡木桶（50%是新的）中发酵，带酒泥陈酿10个月。除了压榨的顺序不同，其酿造法和一款黑比诺餐酒可能用到的方法一致，并且相应地做出了定价。那优雅、鲜咸的复杂香气按部就班地变化着，口中的野草莓风味浓郁悠长。
封口：螺旋盖　酒精度：13.6%　评分：95　最佳饮用期：2020年　参考价格：80澳元

Block 8 Pinot Noir 2014
8号园地黑比诺2014
来自最古老的庄园自产葡萄藤，经过除梗，有30%整串处理，并进行了5天冷浸渍，开放式发酵，手工压帽每天2次，在14天后，压榨到法国橡木桶（50%是新的）中，陈酿了10个月之久。这支酒具有极佳的复杂度，深色樱桃果香和鲜咸的林地风味如明星一样闪亮，此外还有一些其他的风味作为辅助，其中，整串处理带来的特色风味是最明显的。
封口：Diam软木塞　酒精度：13.9%　评分：95　最佳饮用期：2024年
参考价格：110澳元

Naissante Pinot Noir 2015
奈桑特黑比诺2015
来自塔玛山谷的葡萄园。手工采摘，野生酵母发酵，其中有30%—40%的葡萄是整串进行处理的，陈酿则是在法国橡木桶中进行。淡淡的颜色让人猜不到这支葡萄酒在口中的强度，这是整串发酵过程所带来的一个重要特征，它带来了森林/草本植物的风味，这些风味与红樱桃和草莓的果香搭配得很好。单宁也很不错。
封口：螺旋盖　酒精度：13.9%　评分：94　最佳饮用期：2027年　参考价格：27澳元 ✪

🍷🍷🍷🍷🍷 Chardonnay 2015
霞多丽2015
评分：93　最佳饮用期：2025年　参考价格：50澳元

Naissante Riesling 2014
那珊特雷司令2014
评分：92　最佳饮用期：2024年　参考价格：27澳元
Chardonnay 2014
霞多丽2014
评分：92　最佳饮用期：2024年　参考价格：45澳元
Rose NV
无年份桃红起泡酒
评分：92　最佳饮用期：2017年　参考价格：30澳元
TS Cuvee 2013
TS珍藏起泡酒2013
评分：91　最佳饮用期：2017年　参考价格：50澳元　TS
Naissante Fume Blanc 2015
那珊特长相思2015
评分：90　最佳饮用期：2020年　参考价格：27澳元
Blanc de Blanc 2011
白中白起泡酒2011
评分：90　最佳饮用期：2019年　参考价格：65澳元　TS
Blanc de Blanc 2010
白中白起泡酒2010
评分：90　最佳饮用期：2017年　参考价格：65澳元　TS

Delatite　德勒提酒庄 ★★★★★

26 High Street, Mansfield, Vic 3722　产区：上高宝（Upper Goulburn）
电话：(03) 5775 2922　网址：www.delatitewinery.com.au　开放时间：每日开放，11:00—17:00
酿酒师：安迪·布朗宁（Andy Browning）　创立时间：1982年
产量（以12支箱数计）：5000　葡萄园面积：26公顷

这个酒庄俯瞰着冰雪覆盖的阿尔卑斯山脉，产地的气候毫无疑问是冷凉的。不断增长的树龄（很多葡萄超过了30年树龄）和有机的栽培方式（部分还采用了生物动力方法栽培方式）使得红葡萄酒有了更多的深度和质地，而白葡萄酒也是一如既往的优秀。所有的葡萄酒都采用野生酵母发酵。2011年，跨国畜牧业巨头维斯第（VESTY）控股有限公司收购了德勒提酒庄大部分的股权，作为他们在澳大利亚投资的一处农业企业之一。出口到丹麦、中国、日本和马来西亚。

🍷🍷🍷🍷🍷 Vivienne's Block Reserve Riesling 2016
薇薇安妮园地珍藏雷司令2016
来自酒庄自有的48年老藤，整串压榨，野生酵母发酵，质量很高，酒体浓郁而持久，青柠汁和青柠皮的味道盈满口腔。
封口：螺旋盖　酒精度：13%　评分：95　最佳饮用期：2030年　参考价格：39澳元

Deadman's Hill Gewurztraminer 2016
僵尸山琼瑶浆2016
葡萄的平均树龄为25年，整串压榨，大部分在不锈钢罐中接种野生酵母发酵，小部分（9%）在旧橡木桶（puncheons）中发酵。德勒提酒庄的琼瑶浆一直都享有很高的声誉。它有香料/荔枝/玫瑰花瓣的香气和味道作为出发点，同时也拥有非常复杂的质地和结构来支撑着它的长度。
封口：螺旋盖　酒精度：14.5%　评分：95　最佳饮用期：2023年　参考价格：27澳元　✪

🍷🍷🍷🍷 Tempranillo 2015
丹魄2015
评分：93　最佳饮用期：2027年　参考价格：35澳元
Riesling 2016
雷司令2016
评分：91　最佳饮用期：2024年　参考价格：27澳元
Pinot Gris 2016
灰比诺2016
评分：91　最佳饮用期：2018年　参考价格：27澳元
High Ground Sauvignon Blanc 2016
高地长相思2016
评分：90　最佳饮用期：2017年　参考价格：20澳元　✪
High Ground Pinot Noir 2016
高地黑比诺2016
评分：90　最佳饮用期：2023年　参考价格：20澳元　✪
Devil's River Cabernet Merlot 2012
恶魔河赤霞珠梅洛2012
评分：90　最佳饮用期：2022年　参考价格：35澳元

Delinquente Wine Co 德林昆特酒业 ★★★★

36 Brooker Terrace, Richmond, SA 5033 产区：河地（Riverland）
电话：0437 876 407 网址：www.delinquentewineco.com 开放时间：不开放
酿酒师：多位 创立时间：2013年 产量（以12支箱数计）：3500

有一位好莱坞女演员曾经有一句名言："我不在乎别人说我什么，只要他们把我的名字拼对了就行了。"而孔·格莱格·格利高里奥也许会说，我不在乎那些坏人怎么去想我的酒标，只要我的酒标能被人记住就行了。孔·格莱格在河地的一个葡萄园中长大，并且跟着祖父和父亲在酒厂里呆了很长的时间。他决定把精力放在意大利品种上面。这是一个虚拟的酒庄，孔·格莱格从他认同的葡萄种植者那里购买葡萄，而只要他找到一个可以帮助他进行小规模酿造活动的酒厂，他就能把他的酒酿造出来。德林昆特的名声得到了不错的传播，其产量从600箱一下子提升到了3500箱也不足为怪。出口到英国、美国、新加坡和日本。

🍷🍷🍷🍷🍷 The Bullet Dodger Riverland Montepulciano 2016
闪开子弹的人河地蒙特普恰诺2016
深邃得接近不透明的朱红色。浓郁的深色水果芬芳是爆炸性的，但却并不让人觉得甜腻，沉重或者有任何形式的果酱的感觉，这是因为那发干的、结构强劲的、鲜美的单宁。这些单宁在口腔中散开，将果香控制起来，并将美好的味道逼入口腔的每一个角落，还带来了能量和活力。触感如尘，十分美味。
封口：螺旋盖 酒精度：14.5% 评分：92 最佳饮用期：2020年
参考价格：22澳元 NG ✪

Pretty Boy Riverland Nero d'Avola Rosato 2016
可爱男孩河地黑珍珠桃红2016
这支酒有麝香的味道，同时有柠檬皮的味道装点着成熟红色与黑色水果的风味，却并不过分。一串没有溶解的二氧化碳气泡珠子伴随着酸味与酚类物质柔和地消长，带来一丝鲜美的味道。
封口：螺旋盖 酒精度：12% 评分：90 最佳饮用期：2018年
参考价格：22澳元 NG

Roxanne the Razor Riverland Nero d'Avola Montepulciano 2016
罗克珊剃刀河地黑珍珠蒙特普恰诺2016
这是一款多汁的美酒，两种葡萄的比例分别为80%和20%，带着深色樱桃、紫罗兰和李子的芬芳。它的后味装点着亚洲五香粉的味道。令人垂涎的果味被精雕细刻的单宁劈开，其集中度和长度都很优秀。
封口：螺旋盖 酒精度：14% 评分：90 最佳饮用期：2020年
参考价格：22澳元 NG

🍷🍷🍷🍷 Screaming Betty Riverland Vermentino 2016
尖叫贝蒂河地维蒙蒂诺2016
评分：89 最佳饮用期：2019年 参考价格：22澳元 NG

Dell'uva Wines 德鲁瓦酒庄 ★★★★★

194 Richards Road, Freeling, SA 5372 产区：巴罗萨谷
电话：(08) 8525 2245 网址：www.delluvawines.com 开放时间：仅限预约
酿酒师：维恩·法夸尔（Wayne Farquhar） 创立时间：2014年 产量（以12支箱数计）：500

老板和酿酒师维恩·法夸尔之前是园艺师，后来成了栽培师。他在1979年收购了他的第一个葡萄园。他的葡萄栽培事业多年来一直是低调的，但经历了10年的商业旅行，尝遍了世界各地的葡萄酒之后，他决定在巴罗萨谷西部的山脊上，在他现有的（传统）葡萄园的后面建立起德鲁瓦酒庄。他在其中种植的葡萄品种有（按简单字母顺序）：阿格利尼科（aglianico）、阿尔巴尼诺（albarino）、安索尼卡（ansonica）、阿里托（arinto）、巴贝拉（barbera）、赤霞珠、黑卡内奥罗（canaiolo nero）、佳美娜（carmenere）、红玛瑙（carnelian）、霞多丽、多塞托（dolcetto）、杜瑞夫（durif）、菲亚诺（fiano）、弗雷斯卡（freisca）、歌海娜（garnacha）、格拉吉诺（graciano）、格里洛（grillo）、拉格瑞（lagrein）、梅洛、马珊（marsanne）、门西亚（mencia）、蒙特普齐亚诺（montepulciano）、白莫斯卡托（moscato bianco）、慕和怀特（mourvedre）、黑曼罗（negroamaro）、黑珍珠（nero d'Avola）、白皮诺、灰比诺、黑比诺、普里米蒂沃（primitivo）、胡珊（roussanne）、萨格兰蒂诺（sagrantino）、桑乔维塞（sangiovese）、晚红蜜（saperavi）、西拉、丹娜（tannat）、丹魄（tempranillo）、国家特瑞加（touriga nacional）、维德罗（verdelho）、维蒙蒂诺（vermentino）、维迪奇奥（verdicchio）、维欧尼（viognier）。在20公顷种植面积下，每种葡萄的产量有限，而酿造的方式也是非常规的。橡木桶、陶瓷坛、玻璃瓶和不锈钢罐都用上了。酿酒技术的选择力求最大限度地突出品种的内在质量和特点。这个酒庄的故事会很长很长。

Della Fay Wines 黛拉小仙女酒庄 ★★★★★

3276 Caves Road, Yallingup, WA 6284 产区：玛格丽特河
电话：(08) 9755 2747 网址：www.kellysvineyard.com.au 开放时间：仅限预约
酿酒师：迈克尔·凯利（Michael Kelly） 创立时间：1999年
产量（以12支箱数计）：3000 葡萄园面积：8公顷

这个酒庄属于凯利家族，由迈克尔·凯利领导，他在查尔斯·斯图尔特大学拿到葡萄酒科学学位后，在雅拉谷的塞维利亚酒庄（Seville Estate）和玛丽山酒庄（Mount Mary）工作过，后来又去了勃艮第的路易查韦斯酒庄（Domaine Louis Chapuis）。之后，他回到了西澳，为露纹酒庄（Leeuwin Estate）和山度富酒庄（Sandalford）工作。这以后，他成了福尔摩伊酒庄的长期酿酒师，但是他和家人为建立自己的品牌也做了铺垫，他们在亚林加普（Yallingup）的贾维斯路（Caves Road）上购买了一个优质的葡萄园。他们在这个园子里分别种植了2公顷的赤霞珠、内

比奥罗和长相思，以及分别是1公顷的霞多丽和维蒙蒂诺。此外，他们还在吉奥格拉菲有西拉。“德拉小仙女”这个名字是为了纪念一位同名的凯利家族的女性长辈。出口到荷兰、韩国、新加坡和中国。

🍷🍷🍷🍷🍷 Reserve Geographe Shiraz 2013
珍藏吉奥格拉菲西拉2013
来自吉奥格拉菲的巴来卡家族葡萄园，迈克尔·凯利认为这儿是西澳最好的产区。深邃的紫红-深红色调带来了很好的开始，而最初的印象让人觉得新橡木桶的味道过重，但是重新品尝时就会发现那浓郁而充满活力的果香远远走在了前面。
封口: 螺旋盖　酒精度: 14.5%　评分: 97　最佳饮用期: 2038年　参考价格: 25澳元 ✪

🍷🍷🍷🍷🍷 Margaret River Cabernet Sauvignon 2014
玛格丽特河赤霞珠2014
这是一支不折不扣的厚重酒体赤霞珠，尽管它穿着新法国橡木桶的大衣，但仍然有着波尔多式的俭朴。这支酒是为长时间保存而酿造的，有坚实的单宁作为基础。
封口: 螺旋盖　酒精度: 14%　评分: 95　最佳饮用期: 2044年　参考价格: 30澳元 ✪

Denton Viewhill Vineyard　登顿山景酒园 ★★★★★

160 Old Healesville Road, Yarra Glen, Vic 3775 RegionYarra Valley
电话：(03) 9012 3600　网址：www.dentonwine.com　开放时间：仅限预约
酿酒师：卢克·兰伯特（Luke Lambert）　创立时间：1996年
产量（以12支箱数计）：2000　葡萄园面积：31.3公顷
墨尔本建筑师的领军人物约翰·登顿（John Denton）和儿子西蒙从1997年开始了这个葡萄园的建设。第一期的葡萄种植在1997，到2004完成了所有葡萄的栽种。“山景”（Viewhill）的名字来源于一个事实，有一片塞状花岗岩是3亿7千万年前被创造的，它坐落于周围柔软的砂岩和山谷的淤泥之上。这片花岗岩地基在亚拉山谷是很不寻常的，它与其带来的自然圆形剧场形地貌，让这块土地能够持续地生产出品质优越的葡萄。这里种植的主要品种是黑比诺、霞多丽和西拉，数量较少的是内比奥罗、赤霞珠、梅洛、赤霞珠和小味儿多。

🍷🍷🍷🍷🍷 DM Chardonnay 2015
DM**霞多丽**2015
这支酒以原始的纯净果香为核心，再加上一层层的酿造香——合适的木桶所带来的辛香和酒泥带来的奶油坚果香，于是一幅复杂葡萄酒的画作就开始浮现出来了。这支酒也有不错的深度，那超强的酸度注入到各种各样的风味之中，就好像跳着回旋舞的修士，让人不禁目眩神迷。
封口：螺旋盖　酒精度：13.5%　评分：96　最佳饮用期：2025年
参考价格：43澳元　JF ✪

DM Pinot Noir 2015
DM**黑比诺**2015
虽然这支酒是那么平易近人适合饮用，它却是一支整合得非常漂亮的酒，带着扑鼻的樱桃与蔓越莓香气，有各种辛香，包括生姜、冻干树莓粉和木质香料的风味，还有一些树枝的清香。酒体中等，带着耐嚼的单宁和令人振奋的酸味，令人神清气爽。
封口：Diam软木塞　酒精度：13.5%　评分：95　最佳饮用期：2023年
参考价格：43澳元　JF

🍷🍷🍷🍷 Denton Shed Pinot Noir 2016
登顿厂房黑比诺2016
评分：93　最佳饮用期：2019年　参考价格：30澳元　JF

Denton Shed Chardonnay 2016
登顿厂房霞多丽2016
评分：91　最佳饮用期：2021年　参考价格：30澳元　JF

DM Nebbiolo 2014
DM**内比奥罗**2014
评分：91　最佳饮用期：2025年　参考价格：50澳元　JF

Deonte Wines　丹歌酒庄 ★★★☆

Lot 111 Research Road, Tanunda, SA 5352　产区：巴罗萨谷
电话：(03) 9819 4890　网址：www.deontewines.com.au　开放时间：仅限预约
酿酒师：本杰明·爱德华兹（Benjamin Edwards）
创立时间：2012年　产量（以12支箱数计）：15000　葡萄园面积：10.29公顷
这是胡志军先生（乔治）的酒庄，最开始是一个主要出口中国的虚拟酒庄。最初的焦点被放在雅拉谷、库纳瓦拉和巴罗萨谷，以生产西拉为主，有单一品种，也有与赤霞珠的混酿。没有葡萄园或者酒厂，却让乔治有收购葡萄和原酒的灵活度，而且他确实有巴罗萨谷10.29公顷土地的持续而专有的葡萄采购合同。出口到中国。

🍷🍷🍷🍷 Exceptional Barrels Seppeltsfield Barossa Valley Shiraz 2014
杰出木桶沙普巴罗萨谷西拉2014
厚重的深红-紫红色调；深邃的辛香李子和橡木风味好像能填满一口深井一样，预示着即将尝到的味道。酒体饱满的丹歌风格，后味比中味更加强劲。
封口: 螺旋盖　酒精度: 14.3%　评分: 90　最佳饮用期: 2025年　参考价格: 52澳元

🍷🍷🍷🍷 Exceptional Barrels Nuriootpa Barossa Valley Shiraz 2014

杰出木桶努里吴特帕巴罗萨谷西拉2014
评分：89　最佳饮用期：2024年　参考价格：59澳元

Deviation Road　歧路酒庄　★★★★☆

207 Scott Creek Road, Longwood, SA 5153　产区：阿德莱德山
电话：(08) 8339 2633　网址：www.deviationroad.com　开放时间：每日开放，10:00—17:00
酿酒师：凯特·劳瑞与哈米斯·劳瑞（Kate and Hamish Laurie）
创立时间：1999年　产量（以12支箱数计）：6000　葡萄园面积：11.05公顷
歧路酒庄是由南澳的第一位女性酿酒师，玛丽·劳瑞（Mary Laurie）的玄孙，哈米斯·劳瑞（Hamish Laurie）于1998年创建的。1992年的时候，哈米斯加入了他父亲克里斯·劳瑞博士（Dr Chris Laurie）的希尔斯堡酒庄（Hillstowe Wines）帮忙，这个酒庄目前为歧路酒庄供应葡萄。他的妻子凯特在2001年也加盟了酒庄，凯特曾经在香槟地区学习葡萄酒种植和酿造，并在她的家人于曼吉马普（Manjimup）创建的石桥酒庄（Stone Bridge winery）工作了4年时间。这个酒庄还在朗伍德（Longwood）有3公顷的黑比诺和西拉，还有一个酒窖门店。产品出口到英国、美国等国家，以及中国香港地区。

🍷🍷🍷🍷🍷

Pinot Gris 2016
灰比诺2016
这支灰比诺的优良品质是来自葡萄园的（这毫不令人奇怪），也是来自酿造过程的（20%的葡萄是在法国橡木桶中发酵的）。它一点时间也没有浪费地建立起酒的复杂度和浓郁度，并且在很大程度上，搭建起了通往未来的桥梁。这支酒香气很棒，但是口感更棒，带着鹅莓、核果和柑橘般的酸味，让这支酒具备了获奖的潜力。
封口：螺旋盖　酒精度：12.5%　评分：95　最佳饮用期：2020年　参考价格：30澳元 ✪

Chardonnay 2015
霞多丽2015
在法国橡木桶中发酵和陈酿。清爽多汁而充满活力，白色桃子和粉色葡萄柚的芬芳在劲爽的酸味作用下更加持久绵长。
封口：螺旋盖　酒精度：12%　评分：94　最佳饮用期：2023年　参考价格：45澳元

Altair Brut Rose NV
牵牛星无年份干桃红起泡酒
这是一支华丽优雅的起泡酒，充分表达了阿德莱德山黑比诺和霞多丽的优雅和精致。微妙的草莓皮、红樱桃、粉红葡萄柚和柠檬的清香奠定了这支酒原始、纯净的风格，而充满活力的阿德莱德山特有的酸味和几乎感受不到的加糖剂量则完美地支持了这种风格。
封口：橡木塞　酒精度：12%　评分：94　最佳饮用期：2017年
参考价格：30澳元　TS ✪

🍷🍷🍷🍷

Loftia Adelaide Hills Vintage Brut 2014
洛夫提亚阿德莱德山年份干气泡酒2014
评分：93　最佳饮用期：2024年　参考价格：45澳元　TS

Devil's Cave Vineyard　魔鬼洞窟酒庄　★★★★

250 Forest Drive, Heathcote, Vic 3523　产区：西斯科特
电话：0438 110 183　网址：www.devilscavevineyard.com　开放时间：仅限预约
酿酒师：卢克·罗麦（Luke Lomax），史蒂芬·乔纳森，(Steve Johnson)
创立时间：2012年　产量（以12支箱数计）：550　葡萄园面积：0.4公顷
这是一个关于橡果和橡木的故事。在结束了40多年在西斯科特的生意，退休以后，史蒂夫·约翰逊（Steve Johnson）和加义·约翰逊（Steve and Gay Johnson）购买了这个酒庄，想要享受他们的退休生活。在2010年他们种植了0.4公顷的西拉，这个名字来自一个附近的洞穴，这个洞穴被当地人叫做魔鬼洞穴（the Devil's Cave）。在2012年，史蒂夫请了他侄女的丈夫卢克·罗麦克斯（Luke Lomax）来帮忙酿造第1个年份的33箱葡萄酒。卢克是雅碧湖酒庄（Yabby Lake）的助理酿酒师，特别负责照管西斯科特庄园（Heathcote Estate）的酒。他们之间建立了深厚的情谊，于是两位庄主与卢克和杰德（Jade Lomax）夫妇成立了合伙公司。从此以后，酒庄一直在蓬勃发展着，并且他们的13年、14年和15年西拉都获得了很多金银奖牌。在持续种植葡萄之外，这个合伙公司还从克利班格兰酒园（Coliban Glen Vineyard）购买西拉和赤霞珠。

🍷🍷🍷🍷

Heathcote Shiraz 2015
西斯科特西拉2015
手工采摘，除梗，开放式发酵，手工压浸皮渣，在法国橡木桶中陈酿。这支酒并没有过分的浓郁。这是一支充满韵味的酒，在温和的鲜咸、泥土风味之上有着紫色和黑色水果的芬芳。
封口：螺旋盖　酒精度：14%　评分：91　最佳饮用期：2029年　参考价格：33澳元

Heathcote Grenache Rose 2016
西斯科特歌海娜桃红2016
这支酒呈非常浅的粉红色，不过是一抹红晕而已。芬芳扑鼻的玫瑰花瓣、玫瑰果的芳香在前引领，精致偏干的口感在后，有少许柑橘类水果的风味与红色水果的味道相伴。酒做得不错，较低的酒精度是一个特色。
封口：螺旋盖　酒精度：13%　评分：90　最佳饮用期：2017年　参考价格：25澳元

Devil's Corner　魔鬼角酒庄　★★★★★

The Hazards Vineyard, Sherbourne Road, Apslawn, Tas 7190

产区：塔斯马尼亚东岸（East Coast Tasmania） 电话：(03) 6257 8881
网址：www.devilscorner.com.au 开放时间：每日开放，10:00—17:00(11月至4月)
酿酒师：汤姆·华莱士（Tom Wallace） 创立时间：1999年
产量（以12支箱数计）：70000 葡萄园面积：175公顷
这是布朗兄弟在塔斯马尼亚的一个单独运营的酒庄，其主要的葡萄来源是东海岸的哈扎德思酒园，主要种植了黑比诺、霞多丽、长相思、灰比诺、雷司令、琼瑶浆和萨瓦涅。前卫的酒标是这个酒庄改变和创新的标志，也让魔鬼角酒庄和布朗兄弟在塔斯马尼亚州的其他生意区别开来。出口到所有的主要市场。

🍷🍷🍷🍷🍷 Riesling 2016
雷司令2016
这支酒在17年的塔斯马尼亚酒展上获得了3个奖杯，这要归功于这支酒极佳的纯度、强度和长度。它的平衡度和青柠、苹果、柠檬的余味是如此的浑然天成，就好像昼夜交替那样自然而然，理所应当。这支酒的寿命是无限长的，不过我会在30年后把它解决掉。
封口：螺旋盖 酒精度：12% 评分：97 最佳饮用期：2046年 参考价格：20澳元 ✪

🍷🍷🍷🍷🍷 Mt Amos Pinot Noir 2015
阿莫斯山黑比诺2015
部分整串处理，冷浸渍，开放式发酵，在法国橡木桶（35%是新的）中陈酿成熟。其香气中有樱桃和李子的果香，而味觉上则更多的偏向于鲜咸和辛香的风味，这带来了质感和结构。这支酒有良好的平衡，味道经典悠长，余味持久。
封口：螺旋盖 酒精度：13% 评分：95 最佳饮用期：2028年 参考价格：65澳元

Resolution Pinot Noir 2015
决心黑比诺2015
这支酒有冷产区种植的黑比诺所有的特点：风味浓郁，味道悠长。它的香气是十分诱人的，有樱桃、红莓和辛香料的香气交替翻滚着，而口中同样也有这些味道，酒体柔顺而持久，余味鲜咸。现在品尝是非常不错的，不过晚些品尝会更好。
封口：螺旋盖 酒精度：13% 评分：94 最佳饮用期：2025年 参考价格：30澳元 ✪

🍷🍷🍷🍷 Resolution Chardonnay 2013
决心霞多丽2013
评分：93 最佳饮用期：2021年 参考价格：30澳元

Pinot Noir 2016
黑比诺2016
评分：92 最佳饮用期：2025年 参考价格：23澳元 ✪

Pinot Noir 2015
黑比诺2016
评分：91 最佳饮用期：2023年 参考价格：20澳元 ✪

Sauvignon Blanc 2015
长相思2015
评分：90 最佳饮用期：2017年 参考价格：20澳元 ✪

Sparkling NV
无年份起泡酒
评分：90 最佳饮用期：2017年 参考价格：23澳元 TS

Devil's Lair 魔鬼之穴酒庄 ★★★★★

Rocky Road, Forest Grove via Margaret River, WA 6285 产区：玛格丽特河
T 1300 651 650 网址：www.devils-lair.com 开放时间：不开放
酿酒师：卢克·司吉尔（Luke Skeer） 创立时间：1981年 产量（以12支箱数计）：不公开
在通过巧妙的包装和优良的品质迅速树立起良好的声誉之后，魔鬼之穴酒庄在1996年被南方葡萄酒集团（Southcorp）收购了。从此，酒庄自有的葡萄园迅猛地扩大，现在已经有了长相思、赛美容、霞多丽、赤霞珠、梅洛、西拉和小味儿多这些品种，并且有合约种植的葡萄作为补充。其产量从4万打增加到了之前的几倍多，这主要是由于第五条腿（Fifth Leg）和与魔共舞（Dance with the Devil）两个系列的增长。出口到英国、美国和其他主要市场。

🍷🍷🍷🍷🍷 9th Chamber Margaret River Chardonnay 2013
第九洞穴玛格丽特河霞多丽2013
这是一支非常强劲的霞多丽，它的活力和风味能与之匹配，但仍然还是令人觉得有广阔的空间。这支酒的风味而其实很丰富，有奶油、坚果、燧石、火柴、很多让人喜欢的硫化物的风味和酒泥的特征，但是一点也不显得过多。它是平衡的、新鲜的，橡木味、辛香味和果味都表现得很漂亮，味道悠长、纯净并且带着自己的节奏。产量为250箱。
封口：螺旋盖 酒精度：13% 评分：97 最佳饮用期：2023年
参考价格：100澳元 JF ✪

🍷🍷🍷🍷🍷 Margaret River Chardonnay 2015
玛格丽特河霞多丽2015
这是一支非常纯净、原始的葡萄酒，长度优秀，细节突出。其果香一如既往地指向葡萄柚和白色核果，并有不少的生姜粉和茴香的风味为伴，口感细腻精致，酸度也配合得很好。

封口：螺旋盖 酒精度：12.5% 评分：95 最佳饮用期：2025年
参考价格：50澳元 JF

Margaret River Cabernet Sauvignon 2014
玛格丽特河赤霞珠2014
醉人的芬芳为这支酒奠定了基调：黑色与红色加仑子和木叶的香气以及来自橡木桶的雪松香料香在一起漂浮嬉戏，而精雕细刻的单宁也融入了这丝滑适中的酒体。
封口：螺旋盖 酒精度：14.5% 评分：95 最佳饮用期：2034年
参考价格：50澳元 JF

The Hidden Cave Margaret River Cabernet Shiraz 2014
隐藏洞穴玛格丽特河赤霞珠西拉2014
这个组合在玛格丽特河并不常见，但是效果极佳。赤霞珠带来了极富魅力的黑加仑风味，而在西拉的作用下，其果香变得更加柔和。单宁平衡而且和酒体结合得很好，橡木也是一样，所有的这些优点共同组成了这支非常聪明的酒。
封口: 螺旋盖 酒精度: 14.5% 评分: 94 最佳饮用期: 2029年 参考价格: 24澳元 ✪

🍷🍷🍷🍷🍷 Treasure Hunter Reserve Margaret River Sauvignon Blanc 2015
第五条腿寻宝人珍藏玛格丽特河长相思2015
评分：92 最佳饮用期：2017

Fifth Leg Treasure Hunter Reserve Margaret River Cabernet Merlot 2014
第五条腿寻宝人珍藏玛格丽特河赤霞珠梅洛2015
评分：92 最佳饮用期：2029

Dance with the Devil Chardonnay 2016
与魔共舞霞多丽2016
评分：91 最佳饮用期：2020年 参考价格：25澳元 JF

The Hidden Cave Sauvignon Blanc Semillon 2016
隐藏洞穴长相思赛美容2016
评分：90 最佳饮用期：2019年 参考价格：25澳元 JF

Fifth Leg Sauvignon Blanc Semillon 2015
第五条腿长相思赛美容2015
评分：90 最佳饮用期：2018年 参考价格：18澳元 SC ✪

The Hidden Cave Chardonnay 2016
隐藏洞穴霞多丽2016
评分：90 最佳饮用期：2020年 参考价格：24澳元

Fifth Leg Shiraz 2014
第五条腿西拉2014
评分：90 最佳饮用期：2021年 参考价格：18澳元 SC ✪

Dexter Wines 德克斯特酒庄 ★★★★★

210 Foxeys Road, Tuerong, Vic 3915（邮） 产区：莫宁顿半岛 电话：(03) 5989 7007
网址：www.dexterwines.com.au 开放时间：不开放 酿酒师：托德·德克斯特（Tod Dexter）
创立时间：2006年 产量（以12支箱数计）：2000 葡萄园面积：7.1公顷
陶德·德克斯特一开始去美国的时候，是为了享受滑雪运动的。不过滑完了雪以后，他就成了著名的纳帕谷酒厂卡布瑞酒窖（Cakebread Cellars）的学徒酿酒师。7年之后，他回到了澳大利亚，去了莫宁顿半岛，并且于1987年开始创建葡萄园，种植了4公顷的黑比诺和3.1公顷的霞多丽。为了解决温饱问题，他成了斯通尼（Stonier）酒庄的酿酒师，并且把葡萄园租给了斯通尼酒庄。离开斯通尼酒庄以后，他又成了雅碧湖的酿酒师，并且又在2006年，在朋友的催促下离开了。他和太太黛比（Debbie）创建了德克斯特酒标。出口到英国、美国、丹麦、挪威和阿联酋。

🍷🍷🍷🍷🍷 Black Label Mornington Peninsula Pinot Noir 2016
黑标莫宁顿半岛黑比诺2016
这支酒对这个酒庄来讲，珍稀的就好像母鸡的牙齿，只在最好的年份才会发布。这支黑比诺的香气会让人马上联想起种植地表覆盖物和烟熏木头的气味。这些风味回荡在饱满的酒体之上，涂画在整串发酵带来的特殊触感、冷凉气候带来的酸味和漂亮的、啮合的单宁之上。红樱桃与黑樱桃的果香也表现出来了。
封口：螺旋盖 酒精度：13.5% 评分：97 最佳饮用期：2028年
参考价格：75澳元 NG ✪

Di Sciascio Family Wines 迪萨西奥家族酒庄 ★★★★★

2 Pincott Street, Newtown, Vic 3220 产区：多产区
电话: 0417 384 272 网址: www.disciasciofamilywines.com.au 开放时间: 不开放
酿酒师: 马修·迪萨西奥 (Matthew Di Sciascio)、安德鲁·桑塔罗莎 (Andrew Santarossa) 创立时间: 2012年 产量 (以12支箱数计): 1000
马修·迪萨西奥的葡萄酒旅程就好像荷马史诗的奥德赛一样。他最开始工作是在父亲的厂里当学徒锅炉制造工。1991年，他和父亲一起去意大利旅行，在叔叔的厨房里分享了一瓶酒，也在心里种下了一颗种子，一颗后来在回到澳大利亚后开了花的种子。回去之后，马修开始帮助父亲和朋友开在车库里酿酒。1997年，他走向葡萄酒的脚步加快了，他开始在亚拉河谷的葡萄园工作，并且进入了杜基农学院（Dookie Agricultural College）学习葡萄栽培课程。随着吉龙产区（Geelong）的贝尔不拉酒庄（Bellbrae Estate）的成立，迪肯大学葡萄酒与科学学位课程（Deakin University Wine and Science degree）于2002年录取和2005年带着荣誉毕业，他的步伐

又变快了。在10月12日，照顾重病父母和年幼女儿的责任让他决定将贝尔不拉酒庄（Bellbrae）的股份出售给他财务上的合作伙伴，并在2012年创立了这个酒庄。

🍷🍷🍷🍷🍷 D'Sas Henty Pinot Gris 2016

迪萨亨提灰比诺2016

这是在这个国家灰比诺的巅峰之作。在任何评判标准下，都是一款伟大的葡萄酒，口中填满了像彩虹一样丰富的口味，但它携着这些风味仍然能轻轻松松地跳跃着。不得不说，亨提产区的寒冷气候是有帮助的。

封口: 螺旋盖　酒精度: 14%　评分: 97　最佳饮用期: 2023年　参考价格: 36澳元 ✪

🍷🍷🍷🍷🍷 D'Sas King Valley Rosato 2016

迪萨国王谷桃红2016

淡淡的、充满活力的的红棕色；玫瑰花瓣和野草莓的芳香由偏干而持久的口感追随着。劲爽的酸味和持久的果香相互作用，而后者在口感上的作用更强一些。非常漂亮的桑乔维塞桃红葡萄酒。

封口: 螺旋盖　酒精度: 12.5%　评分: 95　最佳饮用期: 2020年　参考价格: 32澳元 ✪

D'Sas Heathcote Sangiovese 2015

迪萨西斯科特桑乔维塞2015

复杂的金合欢子，土耳其软糖，红樱桃和西瓜的芳香天衣无缝地融合在味蕾之上。红色莓果的味道在桑乔维塞的单宁支持下，占了主导地位。没瑕疵、没错误——这是一支非常高明的酒。

封口: 螺旋盖　酒精度: 13.5%　评分: 95　最佳饮用期: 2028年　参考价格: 40澳元

D'Sas King Valley Pinot Grigio 2016

迪萨国王谷灰比诺2016

色泽呈晶莹的石英绿；这支美味的灰比诺，充满了纳西梨子、柑橘以及青苹果的果香和味道，这味道是如此的浓郁，虽然有重重叠叠的层次，但却并没有失去新鲜感和动力。后味如同春日一般清新动人。

封口：螺旋盖　酒精度：12%　评分：94　最佳饮用期：2020年　参考价格：32澳元

D'Sas Henty Field Blend 2015

迪萨亨提混酿2015

来自多文思夫妇的德拉慕伯格酒园（Jack and Lois Doevens' Drumborg vineyard），混合了维欧尼（Viognier）、萨瓦涅（Savagnin）、灰比诺、雷司令、菲亚诺（Fiano）和琼瑶浆。凉爽的气候好像钢制手铐一样把所有的果味铐在一起，考虑到其中一些品种的特点，其后味的长度是惊人的。

封口: 螺旋盖　酒精度: 13.5%　评分: 94　最佳饮用期: 2021年　参考价格: 32澳元

Reserve Heathcote Shiraz 2015

珍藏西斯科特西拉2015

明亮的深红色；这支酒是如此的新鲜清爽，让人觉得酒精度会比正常情况偏低，而不是（如实际情况那样）偏高。优雅、浓郁的中等厚度酒体充满了红色水果芬芳，只留下了极少的空间，让黑色水果感受到它们的存在；橡木桶的风味虽然很浓郁，但是非常和谐。

封口: 螺旋盖　酒精度: 14.5%　评分: 94　最佳饮用期: 2030年　参考价格: 60澳元

🍷🍷🍷🍷 Heathcote Shiraz 2015

西斯科特西拉2015

评分：90　最佳饮用期：2030年　参考价格：40澳元

 Dickinson Estate　狄金森酒庄 ★★★★★

2414 Cranbrook Road, Boyup Brook, WA 6244　产区：黑木谷（Blackwood Valley）
电话：(08) 9769 1080　网址：www.dickinsonestate.com.au　开放时间：不开放
酿酒师：考比·拉得维（Coby Ladwig），卢克·埃克斯雷（Luke Eckersley）
创立时间：1994年　产量（以12支箱数计）：6500　葡萄园面积：13.5公顷

特雷弗·狄金森和玛丽·迪金森夫妇 (Trevor and Mary Dickinson)在澳大利亚海军工作了20年，并于1987年到了博雅坡布鲁克（Boyup Brook）当了农民。他们在工作中学到了知识，最初是饲养绵羊收羊毛，然后又养了牛和小肥羊。1994年，他们进一步将农场变得多元化，并种植了13.5公顷的西拉、霞多丽、长相思和赤霞珠，并请了经验丰富的考比·拉得维和卢克·埃克斯雷来酿造葡萄酒。出口到中国。

🍷🍷🍷🍷🍷 Blackwood Valley Shiraz 2015

黑木谷西拉2015

这支酒香气复杂，以黑色水果、香料和法国橡木的香气为主，酒体中等，味道和香气一样，单宁柔顺、成熟。它有很棒的开始，未来也一定很不错。

封口: 螺旋盖　酒精度: 14.5%　评分: 95　最佳饮用期: 2030年　参考价格: 23澳元 ✪

Blackwood Valley Cabernet Sauvignon 2015

黑木谷赤霞珠2015

这支酒制作精良。狄金森庄园的红葡萄酒具有一贯的风格，其单宁柔和而有质感，有合理地使用法国橡木（木桶发酵和陈酿），并且葡萄是早采而非晚采。这款酒体中等的葡萄酒中的黑醋栗、月桂叶和黑橄榄的风味是恰如其分的。

封口: 螺旋盖　酒精度: 13.5%　评分: 95　最佳饮用期: 2030年　参考价格: 23澳元 ✪

🍷🍷🍷🍷 Blackwood Valley Sauvignon Blanc 2016

黑木谷长相思2016
评分：91 最佳饮用期：2018年 参考价格：23澳元 ✪
Blackwood Valley Chardonnay 2016
黑木谷霞多丽2016
评分：91 最佳饮用期：2023年 参考价格：23澳元 ✪

DiGiorgio Family Wines 迪格里奥家族酒庄 ★★★★

Riddoch Highway, Coonawarra, SA 5263 产区：库纳瓦拉（Coonawarra）
电话：(08) 8736 3222 网址：www.digiorgio.com.au 开放时间：每日开放，10:00—17:00
酿酒师：彼得·道格拉斯（Peter Douglas） 创立时间：1998年
产量（以12支箱数计）：25000 葡萄园面积：353.53公顷

斯特法诺·迪格里奥（Stefano DiGiorgio）是1952年来自意大利阿布鲁佐（Abruzzo）的移民。多年来，他与家人渐渐地把他们在卢新达尔（Lucindale）的产业扩大到了126公顷。在1989年他开始种植赤霞珠、霞多丽、梅洛、西拉和黑比诺。在2002年，其家族购买了富有历史的胭脂红酒厂（Rouge Homme）并从南方酒业集团（Southcorp）周围购买了13.5公顷的葡萄园。这时候他们葡萄园的总面积达到了230公顷，主要种植赤霞珠。这个酒庄为石灰石海岸地区的种植园主提供酿造服务。出口到所有的主要市场。

🍷🍷🍷🍷🍷 Coonawarra Cabernet Sauvignon 2014
库纳瓦拉赤霞珠2014
这支酒所表现的产区特性和品种特性一样突出，这二者在过去的50年中形成了一种特殊的联系。黑加仑、泥土、野蔷薇和黑橄榄的芳香在酒味绵延的漫长时间里编织成了一幅错综复杂而持续变化着的图案。
封口: 螺旋盖 酒精度: 13.5% 评分: 92 最佳饮用期: 2030年 参考价格: 23澳元 ✪

Emporio Coonawarra Merlot Cabernet Sauvignon Cabernet Franc 2014
安普里奥库纳瓦拉梅洛赤霞珠品丽珠2014
这是一支酒庄自种的混酿，三个品种的比例是60：36：4。他们在大部分是新的橡木桶中陈酿了很长的时间，并在2016年的1月份装瓶。这是一支重酒体的葡萄酒，带着复杂的红黑加仑子、李子和黑橄榄的果香，并有坚实的单宁和橡木的风味支撑着。
封口: 螺旋盖 酒精度: 13.9% 评分: 91 最佳饮用期: 2029年 参考价格: 23澳元 ✪

Dinny Goonan 蒂尼·谷南酒庄 ★★★★☆

880 Winchelsea-Deans Marsh Road, Bambra, Vic 3241 产区：吉龙
电话：0438 408 420 网址：www.dinnygoonan.com.au 开放时间：每日开放，1月份、周末与公共假期开放 酿酒师：蒂尼·谷南与安格斯·谷南（Dinny and Angus Goonan）
创立时间：1990年 产量（以12支箱数计）：1500 葡萄园面积：5.5公顷

蒂尼·谷南酒庄的建立可以追溯到1988年，当时蒂尼在奥特威海岸（Otway Coast）腹地的班布拉（Bambra）附近购买了20公顷的产业。迪尼那时候刚刚在查尔斯·斯图尔特大学(CSU)得到了葡萄栽培文凭，并在现在叫做育苗地（Nursery Block）的一块园地中种植了各种各样的品种，以确认最适合该地区种植的品种。当这些葡萄开始结果时，蒂尼又回到了大学校园，完成了葡萄酒学士学位。葡萄园生产的重点是西拉和雷司令，这两个品种的种植面积更多一些。

🍷🍷🍷🍷🍷 Single Vineyard Riesling 2016
单一园雷司令2016
这是一支特别浓郁的年轻雷司令，柠檬汁、柠檬皮和柠檬髓的风味一样不少，还有少许好闻的苹果皮的风味在里面。带着它去最近的或者最好的中餐厅去庆祝一下吧。
封口: 螺旋盖 酒精度: 12% 评分: 95 最佳饮用期: 2036年 参考价格: 25澳元 ✪

🍷🍷🍷🍷🍷 Cabernets 2015
赤霞珠2015
评分：93 最佳饮用期：2025年 参考价格：27澳元 ✪
Botrytis Semillon 2015
贵腐赛美容2015
评分：92 最佳饮用期：2021年 参考价格：30澳元
Single Vineyard Shiraz 2015
单一园西拉2015
评分：90 最佳饮用期：2023年 参考价格：30澳元

Dirty Three Wines 三人行酒业 ★★★★☆

64 Cashin Street, Inverloch, Vic 3996 产区：吉普史地（Gippsland）
电话：0413 547 932 网址：www.dirtythreewines.com.au 开放时间：周四至周日，11:00—17:30
酿酒师：马克思·萨切尔（Marcus Satchell） 创立时间：2012年 产量（以12支箱数计）：1500
葡萄园面积：4公顷

这个名字是根据三个合伙的好朋友（和他们的家庭）起的，这三个人决定把他们在酿造和营销葡萄酒上的才华集合起来，创立这个酒庄。马克思·萨切尔、卡梅隆·麦肯齐（Cameron McKenzie）和斯图尔特·格雷戈（Stuart Gregor）都是在小型高端葡萄酒行业里的名人，不过这个行业处在他们真正工作的边缘地带。斯图尔特和卡梅隆还分散了一部分精力到希勒斯维尔（Healesville）的四柱金酒蒸馏厂（Four Pillars Gin），它本身就是一个童话一样的成功故事。这个酒庄的名字有了一些小的改变（加了“酒业”字样），并且业主变成了马克思与他的爱人丽莎·萨托利（Lisa Sartori）。

🍷🍷🍷🍷🍷 South Gippsland Pinot Noir 2016
第三块地南吉普史地黑比诺2016
第三块地是位于霍尔格茨路上的酒庄自有葡萄园，有25%的葡萄是整串处理的。这支酒现在就适合饮用。单宁坚实而慷慨，带着清爽活泼的酸味和深色水果、杜松子、八角和木质香料的风味，还有一些潮湿灌木与橙皮的味道。
封口：螺旋盖　酒精度：13.4%　评分：94　最佳饮用期：2025年
参考价格：55澳元　JF

🍷🍷🍷🍷 South Gippsland Pinot Noir 2016
南吉普史地黑比诺2016
评分：93　最佳饮用期：2024年　参考价格：35澳元　JF
Dirt 2 South Gippsland Pinot Noir 2016
第二块地南吉普史地黑比诺2016
评分：93　最佳饮用期：2024年　参考价格：55澳元　JF
Holgates Road Pinot Noir 2015
霍尔加斯路黑比诺
评分：93　最佳饮用期：2025年　参考价格：48澳元　JF
South Gippsland Riesling 2016
南吉普史地雷司令2016
评分：92　最佳饮用期：2023年　参考价格：30澳元　JF
Dirt 1 South Gippsland Pinot Noir 2016
第一块地南吉普史地黑比诺2016
评分：92　最佳饮用期：2024年　参考价格：55澳元　JF
Three Gippsland Pinot Noir 2015
三人吉普史地黑比诺2015
评分：92　最佳饮用期：2023年　参考价格：33澳元　JF

Doc Adams　道克·亚当斯酒庄 ★★★★

2/41 High Street, Willunga, SA 5172　产区：麦克拉仑谷　电话：(08) 8556 2111
网址：www.docadamswines.com.au　开放时间：仅限预约　酿酒师：亚当·雅各布（Adam Jacobs）　创立时间：2005年　产量（以12支箱数计）：5000　葡萄园面积：27公顷
道克·亚当斯酒庄是栽培师亚当斯·雅各布和骨科大夫达伦·沃特斯医生（及其配偶们）合伙创立的酒庄。亚当毕业于查尔斯·斯图尔特大学的栽培学专业，有20年的栽培咨询经验，而达伦从1998年开始就在麦克拉仑谷地区种植低产量精品西拉了。出口到中国。

🍷🍷🍷🍷🍷 1838 First Vines McLaren Vale Shiraz 2015
1838第一老藤麦克拉仑谷西拉2015
酿造这支酒的原料有50%来自103年树龄的老藤（这并非是1838年种植的葡萄藤），还有50%来自75年树龄的老藤。这支酒呈厚重的深红-紫红色调；酒体饱满，带着黑色水果、沥青、甘草糖的芳香和麦克拉仑产区带来的巧克力风味。单宁和橡木桶的感觉应有尽有，不过那层层叠叠的、浓郁甜美的黑色果香让这些感觉变得朦胧起来。
封口：螺旋盖　酒精度：14.9%　评分：94　最佳饮用期：2045年　参考价格：48澳元

Dodgy Brothers　道奇酒庄 ★★★★★

PO Box 655, McLaren Vale, SA 5171（邮）　产区：麦克拉仑谷
电话：0450000 373　网址：www.dodgybrotherswines.com　开放时间：不开放
酿酒师：维斯·皮尔森（Wes Pearson）　创立时间：2010年　产量（以12支箱数计）：2000
这个酒庄是加拿大出生的飞行酿酒师维斯·皮尔森（Wes Pearson），葡萄栽培师彼得·博尔特（Peter Bolte）和葡萄种植者彼得萨默维尔（Peter Sommerville）三人合开的合伙企业。维斯于2008年毕业于不列颠哥伦比亚大学（University of British Columbia）的生物化学专业，他一直在不同的酒庄工作，其中包括波尔多的雄狮庄（Leoville Las Cases）。在2008年，他和家人搬到了麦克拉仑谷，在几家酒庄工作后，他加入了澳大利亚葡萄酒研究所（AWRI），成了感官分析师。彼得·博尔特有超过35年的在麦克拉仑谷酿酒的经验，是最早的带头大哥（Dodgy Brother）。彼得·萨默维尔的葡萄园为道奇酒庄提供赤霞珠、品丽珠和小味儿多等经典的波尔多混酿品种葡萄。出口到加拿大。

🍷🍷🍷🍷🍷 Archetype McLaren Vale Shiraz 2014
典范麦克拉仑谷西拉2014
这批酒有1.3吨，来自一个特殊的葡萄园，经过破碎除梗和开放式发酵，并在法国橡木桶（75%是新的）中陈酿10个月后，得到了90箱酒。复杂的香气包括黑色水果、擦过的皮革和甘草的风味；酒体中厚，诱人、多汁而柔顺，带有长而持久的水果后味和余味。这是一款经典的麦克拉仑谷西拉的范例，带着雪松味的法国橡木桶被使用得十分精准。
封口：螺旋盖　酒精度：14.6%　评分：96　最佳饮用期：2030年　参考价格：40澳元 ✪
Juxtaposed Push Old Vine McLaren Vale Grenache 2015
对位老藤麦克拉仑谷歌海娜2015
这是一支充满异域风情的歌海娜，那迷人的土耳其甜品、紫罗兰和樱桃酒的香气，是1990年的克拉仁登（Clarendon）的老藤在冲你招手示意。它馥郁、奢华。单宁的质地如沙，细节丰富而窈窕动人；酸度虽然轻柔，但确实存在。这酒飘逸出尘，不似人间物。

封口：螺旋盖 酒精度：14.4% 评分：96 最佳饮用期：2028年
参考价格：35澳元 NG ✪

Sellicks Foothills McLaren Vale Shiraz 2015
赛丽麓山麦克拉仑谷西拉2015
这支酒来自三个葡萄园，其中一个园地偏冷，且树龄都在70年以上。这是典型的冷暖产区葡萄酒相结合的表达。黑色果香和紫罗兰花香饱和了你的嗅觉，又像一张柔软光滑的地毯一样，铺满了口腔。不过，这个情形后来变了。酒酸流过，完美的单宁袭来，在那张光滑的毯子上制造了一些鲜美的褶皱。
封口：螺旋盖 酒精度：14.5% 评分：94 最佳饮用期：2033年
参考价格：26澳元 NG ✪

🍷🍷🍷🍷 Sellicks Foothills McLaren Vale Shiraz 2014
赛丽麓山麦克拉仑谷西拉2014
评分：91 最佳饮用期：2029年 参考价格：24澳元

Archetype McLaren Vale Grenache 2014
典范麦克拉仑谷歌海娜2014
评分：90 最佳饮用期：2022年 参考价格：35澳元

DogRidge Wine Company 道格利奇葡萄酒公司 ★★★★☆

129 Bagshaws Road, McLaren Flat, SA 5171 产区：麦克拉仑谷 电话：(08) 8383 0140
网址：www.dogridge.com.au 开放时间：每日开放，11:00—17:00 酿酒师：弗莱德·豪沃德（Fred Howard） 创立时间：1991年 产量（以12支箱数计）：10000 葡萄园面积：56公顷
戴夫·怀特和珍·怀特夫妇都有牙科和艺术的背景，以及查尔斯·斯图尔特大学的栽培学学位。他们从阿德莱德搬到了麦克拉仑平原，成了栽培师。他们继承了1940年初种下的葡萄，这些葡萄是雷诺拉酒堡（Chateau Reynella）加强酒的原料。他们的葡萄园现在包括了从2001年种植的葡萄一直到这个产区最古老的葡萄。在麦克拉仑平原上的葡萄园中，道格利奇酒庄拥有70多年树龄的老藤西拉和歌海娜。这个酒庄不但酒质优秀，价格也十分优惠。其产品出口到英美与其他主要市场。

🍷🍷🍷🍷🍷 Most Valuable Player McLaren Vale Cabernet Sauvignon 2012
最佳球员麦克拉仑谷赤霞珠2012
这是来自真正的好年份的一支真正的好酒。2014年1月的酒评记录完全能表现这支酒的今天。“色泽极佳，黑醋栗果香伴随着李子、雪松、橡木和泥土的芬芳，单宁的结构正是长期陈放的酒所需要的那样。”
封口：螺旋盖 酒精度：14.5% 评分：96 最佳饮用期：2032年 参考价格：65澳元 ✪

🍷🍷🍷🍷 Square Cut McLaren Vale Cabernet 2014
广场削球麦克拉仑谷赤霞珠2014
评分：93 最佳饮用期：2029年 参考价格：25澳元 ✪

Shirtfront McLaren Vale Shiraz 2015
抱摔麦克拉仑谷西拉2015
评分：92 最佳饮用期：2035年 参考价格：25澳元 ✪

Running Free Grenache Rose 2015
自由奔跑歌海娜桃红2015
评分：91 最佳饮用期：2017年 参考价格：22澳元 ✪

Noble Rot Sticky White Frontignac 2016
贵腐粘稠白芳蒂娜
评分：91 最佳饮用期：2019年 参考价格：25澳元

DogRock Winery 犬岩酒庄 ★★★★★

114 Degraves Road, Crowlands, Vic 3377 产区：宝丽丝区（Pyrenees） 电话：0409 280 317
网址：www.dogrock.com.au 开放时间：仅限预约 酿酒师：艾伦·哈特（Allen Hart） 创立时间：1999年 产量（以12支箱数计）：500 葡萄园面积：6.2公顷
这是艾伦·哈特（现任全职酿酒师）和安德烈·哈特（栽培师）共有的小型合资企业。他们在1998年购买了这个产业，在2000年种植了西拉、雷司令、丹魄、歌海娜、霞多丽和玛珊（marsanne）。考虑到艾伦之前的工作是福斯特集团（Foster's）的研究学者和酿酒师，他的酿造哲学是出乎意料的。庄园自产的葡萄酒是以低科技含量的方法酿造，没有用到天然气也没有用到过滤设备。哈特说：“我们所有的酒都用螺旋盖，而且犬岩酒庄所有的酒永远都不会用天然橡木塞。”犬岩酒庄安装了澳大利亚第一个太阳能灌溉系统，能够365天不断地供水，即使是在夜晚或者多云的天气下也能运行。

🍷🍷🍷🍷🍷 Degraves Road Pyrenees Shiraz 2015
的格拉芙路宝丽丝区西拉
破碎，野生酵母，开放式发酵，手工按压皮渣帽，浸皮9天后压榨，在法国橡木桶（60%是新的）中陈酿16个月。这支酒芬芳扑鼻，结构漂亮，平衡出色，酒体中等；以樱桃和李子果香为主，单宁丝滑，橡木风味明显与酒体融合得很好。这支酒在2016年的维多利亚酒展（Victorian Wine Show）上获得了金奖。
封口：螺旋盖 酒精度：14% 评分：96 最佳饮用期：2035年 参考价格：35澳元 ✪

Degraves Road Pyrenees Riesling 2016
格拉芙路宝丽丝区雷司令2016

然而物流的限制让这支酒用了霞多丽风格的瓶子，但它只是在顷刻之间分散了你的注意力，而那纯粹的力量，超强的浓郁度和冗长的味道，以及更长的回味，让你屏住了呼吸。柠檬皮、柠檬髓和那些毫不甜腻的味道，像一个举重运动员一样，撑起了这支动人的好酒。
封口：螺旋盖　酒精度：11.5%　评分：95　最佳饮用期：2026年　参考价格：25澳元 ✪

Pyrenees Shiraz 2015
宝丽丝区西拉2015
破碎后，接种野生酵母开放式发酵，在7天后压榨并在法国橡木桶（60%是新的）和美国橡木桶（10%是新的）中陈酿了14个月。这支酒结合了大量的紫色与黑色水果的果香，与鲜咸味和橡木的特征，包括橡木带来的质地和风味。酒体介于中等与厚重之间，有长远的未来在前面等待。
封口：螺旋盖　酒精度：14%　评分：94　最佳饮用期：2033年　参考价格：25澳元 ✪

Degraves Road Pyrenees Grenache 2015
德格拉芙路宝丽丝歌海娜2015
野生酵母发酵9天，在法国橡木桶中成熟了短暂的时间。这是一支纯粹的歌海娜，浓郁而有力量，它将和南罗纳河谷最好的酒一样，将在瓶储窖藏以后绽放光彩。
封口：螺旋盖　酒精度：14.5%　评分：94　最佳饮用期：2023年　参考价格：35澳元

Pyrenees Grenache 2015
宝丽丝歌海娜2015
这是德格拉芙路这款酒的小弟弟，简单地建到了一个轻一些的骨架之上，但是它拥有美味的红色果香和诱人的鲜美辛香后味。
封口：螺旋盖　酒精度：14.5%　评分：94　最佳饮用期：2023年　参考价格：25澳元 ✪

🍷🍷🍷🍷🍷(4.5) Grampians Tempranillo 2015
格兰比亚丹魄2015
评分：93　最佳饮用期：2023年　参考价格：25澳元 ✪

Grampians Cabernet Sauvignon 2015
格兰比亚赤霞珠2015
评分：92　最佳饮用期：2027年　参考价格：25澳元 ✪

Degraves Road Pyrenees Chardonnay 2016
格拉芙路宝丽丝霞多丽2016
评分：90　最佳饮用期：2021年　参考价格：25澳元

Dolan Family Wines　多兰家族酒庄 ★★★★

PO Box 500, Angaston, SA 5353（邮）　产区：巴罗萨谷
电话：0438 816 034　网址：www.dolanfamilywines.com.au　开放时间：不开放
酿酒师：倪吉尔·多兰（Nigel Dolan）和提摩西·多兰（Nigel and Timothy Dolan）
创立时间：2007年　产量（以12支箱数计）：1000
倪吉尔是多兰家族的第五代成员，他的儿子提姆（Tim）则是第六代了：确实，葡萄酒流淌在他们的血液里。倪吉尔的父亲布莱恩参加了由罗斯沃斯（Roseworthy）学院最早的酿酒学课程，并于1949毕业。1992年，当倪吉尔被任命为索莱酒庄（Saltram）的首席酿酒师的时候，他可并不是通过裙带关系，而在他担任这个职务的15年里，赢得了多项重大荣誉。他是一名顾问，并且对多兰家族的葡萄酒负责。倪吉尔的儿子提姆是阿德莱德大学酿酒专业的毕业生，在澳大利亚和国外都有工作经历。这是一个虚拟酿酒厂，既没有葡萄园，也没有酿酒厂——只是有很多经验。出口到中国香港地区。

🍷🍷🍷🍷🍷 x22 Langhorne Creek Shiraz 2014
x22 兰好乐溪西拉2014
倪吉尔·多兰从盖伊·亚当斯和利兹·亚当斯夫妇（Guy and Liz Adams)的梅塔拉葡萄园（Metala Vineyard）收取葡萄，酿造了22年的葡萄酒，这就是这支酒名字的来源。开放式发酵，12天浸皮，在（15%新）的法国橡木桶（hogsheads）中陈酿了18个月。这支酒的出身提供了奢华而柔顺的红色与黑色果香，好像瀑布一样，带来极佳的口感和悠长的后味。让人身不由己地想要再来一杯。
封口：螺旋盖　酒精度：14.5%　评分：94　最佳饮用期：2034年　参考价格：48澳元

🍷🍷🍷🍷🍷(4.5) Rifleman's Clare Valley Riesling 2016
来复枪兵克莱尔古雷司令2016
评分：93　最佳饮用期：2026年　参考价格：20澳元 ✪

Stonewell District Barossa Shiraz 2014
斯通威尔区巴罗萨下来2014
评分：92　最佳饮用期：2029年　参考价格：48澳元

Domain Barossa　巴罗萨领域酒庄 ★★★☆

25 Murray Street, Tanunda, SA 5352　产区：巴罗萨谷　电话：(08) 8304 8879
网址：www.domainbarossa.com　开放时间：仅限预约　酿酒师：克里斯·波利米雅迪斯（Chris Polymiadis）　创立时间：2002年　产量（以12支箱数计）：20000
巴罗萨领域酒庄现在由罗恩·柯林斯（Ron Collins）掌管，他家族的五代人都有从事葡萄栽培。他们的葡萄主要来自他们在安加斯顿（Angaston）郊区的30岁树龄的葡萄藤，酒庄主要生产传统的当地品种，如西拉和歌海娜西拉马塔罗混酿。

🍷🍷🍷🍷🍷(4.5) Toddler GSM 2015

蹒跚学步歌海娜西拉幕和怀特2015
这支酒简单地集合了3个在巴罗萨表现优异的品种，带着扑面而来的果香和一点点香料香与柔顺的单宁。
封口：螺旋盖 酒精度：14.5%，评分：90 最佳饮用期：2020年 参考价格：20澳元

Domaine A 古酒 ★★★★★

105 Tea Tree Road, Campania, Tas 7026 产区：塔斯马尼亚南部 电话：(03) 6260 4174
网址：www.domaine-a.com.au 开放时间：周一至周五，10:00—16:00 酿酒师：皮特·奥尔索斯（Peter Althaus） 创立时间：1973年 产量（以12支箱数计）：5000 葡萄园面积：11公顷
这支酒的黑色标签上面那醒目的A字样极其鲜艳，这标志了酒庄的所有权变动，酒庄从乔治·帕克手中转移到了皮特·奥尔索斯手中。他们的酒质一如既往地优秀，反映出了这个被完美照顾着的低产量葡萄园的风土。他们的酒同时代表了旧世界和新世界酿造哲学、技术和风格的一些方面。出口到英国、加拿大、丹麦、瑞士、新加坡、日本等国家，以及中国内地（大陆）和香港、台湾地区。

🍷🍷🍷🍷🍷 Lady A Sauvignon Blanc 2013
A夫人长相思2013
这支酒在100%新橡木桶中发酵、陈酿。仍然是明亮的禾感绿色，和它的历史一样复杂。果香漂浮在橡木香之上，并有很好的自然酸味作为支撑。把它和卢瓦尔河谷地区的迪迪埃·达吉诺（Didier Dageneau）葡萄酒相比是无法避免的，而A夫人葡萄酒在这种考验中并没有让人失望。
封口：橡木塞 酒精度：13.5% 评分：95 最佳饮用期：2022年 参考价格：60澳元

Pinot Noir 2011
黑比诺2011
20—25年树龄，7个克隆，手工采摘，分拣，破碎，用人工培养的酵母开放式发酵，浸皮12天，用法国橡木桶陈酿18个月。它有Domaine A典型的深厚色泽：塔斯马尼亚南部并没有受到把维多利亚州和南澳浸泡起来的那些雨水的影响。这支酒在6年后仍然保持着良好的健康状态，黑樱桃和李子风味被成熟的单宁和优质橡木支撑得很好。
封口：橡木塞 酒精度：12.5% 评分：95 最佳饮用期：2031年 参考价格：90澳元

Merlot 2011
梅洛2011
来自25岁树龄的葡萄藤，手工采摘，除梗破碎，用人工培养的酵母开放式发酵，12天浸皮，法国橡木桶（50%是新的）陈酿24个月。它有慷慨的月桂叶、草药、橄榄和树莓的风味，但并不显得生青，更不觉得苦。它就好像帕克时代之前的波尔多葡萄酒，其质地、结构和长度都令人钦佩。
封口：橡木塞 酒精度：14% 评分：95 最佳饮用期：2031年 参考价格：85澳元

Petit a 2011
小味儿多2011
66%的赤霞珠，32%的梅洛，2%的小味儿多，来自20—25年树龄的葡萄，经过除梗破碎，接种人工培养的酵母开放式发酵，浸皮12天，在法国橡木桶中陈酿24个月。亘古酒庄的这支红葡萄酒比肩以往最优秀的年份。一抹悬钩子和泥土的芬芳与深色李子和黑莓果香相伴，质地和结构也是这支酒的优点。
封口：Diam软木塞 酒精度：13% 评分：94 最佳饮用期：2031年 参考价格：45澳元

Domaine Asmara 阿斯马拉酒庄 ★★★★☆

Gibb Road, Toolleen, Vic 3551 产区：西斯科特 电话：(03) 5433 6133
网址：www.domaineasmara.com 开放时间：每日开放，9:00—18:30 酿酒师：红石酒庄 创立时间：2008年 产量（以12支箱数计）：2000 葡萄园面积：12公顷
化学工程师安德雷斯·格力维英（Andreas Greiving）有一个一生的梦想，这个梦想就是能拥有和经营一个葡萄园，而这个机会伴随着全球金融危机到来了。他终于能买下一块葡萄园，这个葡萄园里种植了西拉、赤霞珠、品丽珠、杜瑞夫和维欧尼。他的酒是通过合同酿制。他的牙医妻子亨倪佳迪（Hennijati）也与他共同管理这个酒庄。红葡萄酒的产量被控制在每英亩1—1.5吨。出口到英国、马来西亚、越南等国家，以及中国内地（大陆）和香港地区。

🍷🍷🍷🍷🍷 Infinity Heathcote Shiraz 2015
无极限西斯科特西拉2015
有67%的葡萄在法国橡木桶中完成了发酵过程，其余的在不锈钢罐中开放式发酵，这些酒在（67%是新的）法国橡木桶中陈酿了15个月。酒的颜色呈深邃浓郁的深红-紫红色；香气十分复杂，法国橡木桶的香气就像在敲鼓一样，如墨一般的饱满的味道也做出了应和，让人陷入黑色水果、甘草的海洋，而木桶的味道也在此处重现。这是一支表达了不同观点的葡萄酒，它并不是我喜欢的风格，但也同样值得尊重。
封口：橡木塞 酒精度：15% 评分：95 最佳饮用期：2035年 参考价格：75澳元

Reserve Heathcote Cabernet Sauvignon 2015
珍藏西斯科特赤霞珠2015
25%的橡木桶发酵，其余的在开放式不锈钢罐中发酵，酒液在法国橡木桶（30%是新的）中陈酿了10个月。这是一支浓郁多汁的赤霞珠，带着鲜咸的风味特征，这和它的酒精度并不一致（酒精度给人的感觉较低，加分）。
封口：橡木塞 酒精度：14.7% 评分：94 最佳饮用期：2030年 参考价格：45澳元

Private Reserve Heathcote Durif 2015
海盗珍藏西斯科特杜瑞夫2015
这支酒有25%在新法国橡木桶中陈酿了10个月，有25%在新美国橡木桶中陈酿了10个

月，另有50%在旧美国橡木桶中陈酿了10个月。其色泽浓厚，近于墨色，浓郁的酒体提取出了极多的果香味和单宁，轻易地冲淡了新橡木桶的味道。这支酒需要搭配经典的明火烤牛肉。
封口：橡木塞　酒精度：14.5%　评分：94　最佳饮用期：2045年　参考价格：45澳元

🍷🍷🍷🍷🍷 Private Collection Heathcote Shiraz 2015
私人珍藏西斯科特西拉2015
评分：91　最佳饮用期：2030年　参考价格：35澳元

Reserve Heathcote Shiraz 2014
珍藏西斯科特西拉2014
评分：90　最佳饮用期：2024年　参考价格：45澳元

Domaine Carlei G2　卡利酒庄 ★★★★

1 Alber Road, Upper Beaconsfield, Vic 3808　产区：多个维州产区　电话：(03) 5944 4599
开放时间：仅限预约　酿酒师：大卫·卡利（David Carlei）　创立时间：2010年
产量（以12支箱数计）：2000
这是塞尔吉奥·卡利的儿子大卫·卡利的酒庄，他们两人在一起工作了一些年头，大卫在查尔斯·斯图尔特大学（CSU）学习了葡萄酒营销课程。他注重使用有机或生物动力法生产葡萄；白葡萄酒浸皮时间长达90天，接着是长时间的带酒泥陈放和最少干预的澄清工艺。红葡萄酒的酿造过程也很相似：整串发酵，采用野生酵母，并经过长时间的浸渍，且带酒泥陈酿。简而言之，它们是天然的葡萄酒，红葡萄酒比其他大多数同类产品具有更高的内在质量。出口到美国、英国和中国。

🍷🍷🍷🍷🍷 Yarra Valley Syrah 2012
雅拉谷西拉2012
这支酒非常不错，它如果能更加年轻有活力的话，就能获得更高的分数。然而，这支酒充满了爽劲热情的能量。它就好像克罗兹-埃米塔日（Crozes-Hermitage）葡萄酒的澳大利亚版本：有紫罗兰、干紫菜、蓝莓、波森梅的风味，以及可口的烧烤味。带着胡椒味道的单宁和反复的辛香料味道在优雅而有韵律的后味中徜徉。哇哦！
封口：Diam软木塞　评分：94　最佳饮用期：2020年
参考价格：39澳元　NG

Domaine Dawnelle　道奈利酒庄 ★★★★

Box 89, Claremont, Tas 7011（邮）　产区：塔斯马尼亚南部　电话：0447 484 181
网址：www.domainedawnelle.com　开放时间：不开放　酿酒师：迈克尔·奥布里安（Michael O'Brien）　创立时间：2013年　产量（以12支箱数计）：430　葡萄园面积：1.2公顷
道奈利酒庄是迈克尔·奥布里安和开丽·哈里森（Kylie Harrison）合伙创办的。这家酒庄的名字是为了纪念迈克尔在新南威尔士州的曾祖母和她的农场。迈克尔曾经在查尔斯·斯图尔特大学（CSU）学习过，是一位有20年经验的优秀栽培师和酿酒师，在澳大利亚本土、海外以及塔斯马尼亚都工作过。除了照顾俯瞰德温特河（Derwent River）的1.2公顷葡萄园之外，他还管理着金德堡（Tinderbox）葡萄园，这个葡萄园为酒庄供应葡萄，直到酒庄自有的葡萄能全面结果为止。

🍷🍷🍷🍷🍷 Chardonnay 2016
霞多丽2016
酿造这支酒的葡萄来自两块园地，但是采收于同一天，这些原料被整串压榨到不锈钢罐中，带酒泥陈酿8个月，并且没经过苹乳发酵。毫不奇怪，这支酒的味道如剪子一般尖锐，然而它却非常吸引人。有柠檬与柚子的汁髓味道，淡淡的烤坚果风味和超级清爽新鲜的风格。
封口：螺旋盖　酒精度：13.2%　评分：93　最佳饮用期：2024年
参考价格：36澳元　JF

Tinderbox Vineyard Pinot Noir 2014
金德堡酒园黑比诺2014
甜樱桃和李子为主的芳香混合着泥土的清香，加上薰衣草和薄荷脑/松针的不寻常风味。酒体饱满，单宁丰富，带有些许将熟未熟的水果特征，但所有的元素得到了很好的融合，适合即时引用。
封口：橡木塞　酒精度：13.8%　评分：93　最佳饮用期：2021年
参考价格：56澳元　JF

🍷🍷🍷🍷 Riesling 2016
雷司令2016
评分：89　最佳饮用期：2027年　参考价格：36澳元　JF

Domaine Naturaliste　博物酒庄 ★★★★★

Cnr Hairpin Road/Bussell Highway, Carbunup, WA 6280　产区：玛格丽特河
电话：(08) 9755 1188　网址：www.domainenaturaliste.com.au　开放时间：不开放
酿酒师：布鲁斯·杜克斯（Bruce Dukes）　创立时间：2012年　产量（以12支箱数计）：4000
布鲁斯·杜克斯的职业生涯可以追溯到25年前，西澳大学的农学学位为他的事业奠定了基础，随后，他又在加州大学戴维斯分校获得了葡萄栽培与农学硕士学位，之后，他到了纳帕谷的弗朗西斯·福特·柯波拉所有的著名的柯波拉酒厂工作了4年。在2000年回到西澳之后，他加盟了一家咨询机构，开始从事合约酿酒。这个酒厂能处理大量的葡萄，但是一直到2012年，他才开始在博物酒庄的标签之下，制造自己的品牌。他酿造的所有的葡萄酒都有极佳的质量。出口到英国、美国、加拿大和中国。

🍷🍷🍷🍷🍷

Morus Margaret River Cabernet Sauvignon 2014

莫若思玛格丽特河赤霞珠2014

带皮浸渍3周，在法国特杭斯瓦（Troncais）橡木桶（52%是新的）中陈酿14个月。这是一支华丽馥郁的赤霞珠，当它完全填充了你的感官的同时，并没有失去它的形状和本质。20世纪80年代，当约翰·韦德（John Wade）还在酿酒的时候，他发现勃艮第的箍桶匠制作的特杭斯瓦橡木桶，虽然平时大多用于酿造黑比诺，但在它用于赤霞珠的时候，能产生神奇的效果，这也是这支酒这么浓郁丰富的原因。黑醋栗和桑葚果香（好像在库纳瓦拉的酒里那样）携手并进，在经过浸渍而变得柔软的单宁的协助下，表现极佳。

封口: 普罗克塞　酒精度: 14%　评分: 98　最佳饮用期: 2044年　参考价格: 85澳元 ✪

Rachis Margaret River Syrah 2015

瑞吉斯玛格丽特河西拉2015

这支酒的原料来自78年种植的葡萄，采用低温发酵，并且有1/3的葡萄是整串处理的，它们在法国橡木桶（33%是新的）中带酒泥陈酿了12个月。这是一支精心制作的西拉，它十分优雅，有完美的平衡，芳香扑鼻，价格便宜得荒谬，而且有很好的复杂度。辛香料和一些胡椒的香气伴着红黑樱桃的果香，单宁精致成熟，并带着优质法国橡木桶的特征。

封口: 螺旋盖　酒精度: 13.8%　评分: 97　最佳饮用期: 2035年　参考价格: 30澳元 ✪

🍷🍷🍷🍷🍷

Sauvage Margaret River Sauvignon Blanc Semillon 2015

索维奇玛格丽特河长相思赛美容2015

长相思和赛美容各占75%和25%，经过了10个月法国橡木桶 (33%是新的)中的带酒泥陈酿。复杂的香气令人难以忘记，有西番莲、柠檬草和法国橡木香，口感的深度非同寻常，长度也十分经典。这支酒是获得了多个奖杯的大赢家。

封口: 螺旋盖　酒精度: 13%　评分: 96　最佳饮用期: 2021年　参考价格: 30澳元 ✪

Artus Margaret River Chardonnay 2015

阿特斯玛格丽特河霞多丽2015

这是布鲁斯·杜克丝的最佳作品之一，自然的酸味带来了媲美法国顶级白葡萄酒的复杂度。橡木桶发酵带来了复杂的细节和一丝霉菌的风味，葡萄酒的质地有条不紊地铺开，后味和回味极其绵长。

封口: 螺旋盖　酒精度: 13%　评分: 96　最佳饮用期: 2025年　参考价格: 45澳元 ✪

Rebus Margaret River Cabernet Sauvignon 2015

瑞布斯玛格丽特河赤霞珠2015

分开的小批葡萄被分开发酵，并在法国橡木桶（40%是新的）中陈酿了12个月，并进行了选桶。布鲁斯·库克斯这个木偶大师把所有的部件穿在了一条线上，黑加仑的果香、法国橡木桶的风味和单宁的波浪都跟随着他的旋律舞蹈着。

封口: 螺旋盖　酒精度: 13.8%　评分: 96　最佳饮用期: 2030年　参考价格: 35澳元 ✪

Discovery Margaret River Sauvignon Blanc Semillon 2016

发现玛格丽特河长相思赛美容2016

这支酒带着布鲁斯·杜克斯的印记，既纯净又优雅，风味也十分复杂。我认为杜克斯所描述的关键词是值得信服的——醋栗和番石榴——但是在悠长的后味中，还有一发柑橘皮和柑橘髓味道的曳光子弹等待着你。

封口: 螺旋盖　酒精度: 13%　评分: 95　最佳饮用期: 2017年　参考价格: 24澳元 ✪

Floris Margaret River Chardonnay 2015

费拉里斯玛格丽特河霞多丽2015

木桶发酵的特点是显而易见的，不过，是在葡萄柚和白桃的香气的驱动下，才实现了这极长的味道和漫长的回味。这支酒会缓慢而坚定地发展进步。

封口: 螺旋盖　酒精度: 13%　评分: 95　最佳饮用期: 2023年　参考价格: 30澳元 ✪

Discovery Margaret River Syrah 2014

发现玛格丽特河西拉2014

95%的西拉、3%的维欧尼和2%的马尔贝克，全浆果低温发酵，以产生部分二氧化碳浸渍酿造法的效果。这支酒带着几乎感受不到的清新的鲜咸味，这种风味只有在13°博美左右采摘才能得到，15°博美左右的葡萄是没有的。辛香料的风味如同星光闪烁，点缀着果香味，既非以红色水果为主，也不以黑色水果为主。它的单宁也让这支酒变得更加出色。

封口: 螺旋盖　酒精度: 13.5%　评分: 95　最佳饮用期: 2039年　参考价格: 24澳元 ✪

Discovery Chardonnay 2015

发现霞多丽2015

这是低价霞多丽的典范，优雅流畅，带着平衡的核果与柑橘香，整体上看，清新典雅。

封口: 螺旋盖　酒精度: 13%　评分: 94　最佳饮用期: 2021年　参考价格: 24澳元 ✪

🍷🍷🍷🍷

Discovery Cabernet Sauvignon 2014

发现赤霞珠2014

评分：92　最佳饮用期：2024年　参考价格：24澳元 ✪

Margaret River Syrah 2013

玛格丽特河西拉

评分：91　最佳饮用期：2020年　参考价格：24澳元

Domaines & Vineyards 领域酒园

★★★★☆

PO Box 875, West Perth, WA 6872（邮） 产区：西澳（Western Australia）
电话：0400 880 935 网址：www.dandv.com.au 开放时间：不开放
酿酒师：罗伯特·博文（Robert Bowen） 创立时间：2009年 产量（以12支箱数计）：10000

罗伯特·博文是西澳最著名的酿酒师之一，他在西澳最好的几家酒庄（最近的是在霍顿酒庄）中，有超过35年的经验。2009年，他［在大卫·拉多米利亚克（David Radomilijac）的领导下］参与了一群葡萄栽培师的合作项目，他们共同为这个项目提供了广泛的知识和专业技能支持。这个项目的主题是生产能表现浓厚的风土特色的优质葡萄酒，而所有的葡萄都是从玛格丽特河和彭伯顿地区最好的葡萄园中手工采摘的。这些葡萄酒被归为两个系列：来自玛格丽特河和潘伯顿的罗伯特·博文（Robert Bowen）葡萄酒，和来自潘博丽农场（Pemberley Farms）葡萄园的潘博丽葡萄酒。出口到英国、新加坡和中国。

🍷🍷🍷🍷🍷

Robert Bowen Margaret River Chardonnay 2015
罗伯特·博文玛格丽特河霞多丽2015
这是一支制作得非常漂亮，且酒体平衡的葡萄酒：直率、收敛，味道深邃。它以一抹油桃的香气开始，还有其他白色核果的香气与来自酒泥的坚果香，橡木桶的风味与酒体融合得天衣无缝。
封口：螺旋盖 酒精度：13.2% 评分：95 最佳饮用期：2022年
参考价格：50澳元 JF

Robert Bowen Pemberton Chardonnay 2015
罗伯特·博文潘伯顿霞多丽2015
整串压榨，野生酵母发酵，法国橡木桶（50%是新的）陈酿11个月，并且大部分经过了苹乳发酵。其香气馥郁，核果、奶油甜瓜、黄油、坚果以及酒泥的风味环绕着饱满的酒体和爽劲的酸味。
封口：螺旋盖 酒精度：13.2% 评分：94 最佳饮用期：2021年
参考价格：50澳元 JF

🍷🍷🍷🍷🍷（第五只空杯）

Pemberley Pemberton Chardonnay 2015
潘博丽潘伯顿霞多丽2015
评分：93 最佳饮用期：2023年 参考价格：25澳元 JF ✪

Robert Bowen Pemberton Pinot Noir 2015
罗伯特·博文潘伯顿黑比诺2015
评分：92 最佳饮用期：2022年 参考价格：40澳元 JF

Robert Bowen Mount Barker Cabernet 2014
罗伯特·博文巴克山赤霞珠2014
评分：92 最佳饮用期：2028年 参考价格：40澳元 JF

Domaines Tatiarra 塔迪雅拉酒庄

★★★★

2 Corrong Court, Eltham, Vic 3095（邮） 产区：西斯科特 电话：0428 628 420
网址：www.tatiarra.com 开放时间：不开放 酿酒师：本·里格（Ben Riggs） 创立时间：1991年 产量（以12支箱数计）：5000 葡萄园面积：13.4公顷

这个只生产西拉的酒庄由一组投资者拥有，他们的核心资产是由比尔·赫本（Bill Hepburn）鉴定并开发的有寒武纪土壤的60公顷葡萄园。大部分葡萄酒来自他提阿拉（Tatiarra，土著词语，意思是“美丽的国家”）的葡萄园，在吉龙（Geelong）的苏格兰山（Scotchmans Hill）酒厂酿造，而本·里格（Ben Riggs）则往返于麦克拉仑谷和吉龙之间。出口到英国、美国、加拿大、丹麦、瑞士、新加坡和中国。

🍷🍷🍷🍷🍷（第五只空杯）

Culled Barrel Heathcote Shiraz 2014
库尔德木桶西斯科特西拉2014
这批酒是从常规西拉的木桶中筛选出来，清爽活泼，有收敛感，那些更昂贵的酒是没有的。尽管价格较低，其果香的浓度和苦巧克力的风味毫不逊色，正像这类酒的粉丝所期待的那样。
封口：螺旋盖 酒精度：15% 评分：92 最佳饮用期：2028年
参考价格：22澳元 NG ✪

Cambrian Heathcote Shiraz 2014
寒武纪西斯科特西拉2014
你会知道当这支酒落入杯中之时，应该期待什么。近于墨色的深红几乎是不透光的。饱和的深色水果风味有苦巧克力和咖啡粉的风味为伴，单宁和酒精贯穿后味之中。
封口：螺旋盖 酒精度：15% 评分：90 最佳饮用期：2030年
参考价格：30澳元 NG

🍷🍷🍷🍷

Caravan of Dreams Shiraz Pressings 2014
梦想篷车西拉压榨汁2014
评分：89 最佳饮用期：2030年 参考价格：60澳元 NG

Dominique Portet 布特酒庄

★★★★★

870-872 Maroondah Highway, Coldstream, Vic 3770 产区：雅拉谷
电话：(03) 5962 5760 网址：www.dominiqueportet.com 开放时间：每日开放，10:00—17:00
酿酒师：本·布特（Ben Portet） 创立时间：2000年
产量（以12支箱数计）：15000 葡萄园面积：4.3公顷

多米尼克·布特的童年是紫色的。他早年在拉菲酒庄工作（他的父亲在拉菲堡担任总经理），并

且是最早的飞行酿酒师之一，他飞往纳帕谷的克罗杜维尔（Clos du Val）酒庄通勤，他的兄弟也是这个酒庄的酿酒师。随后，他在塔尔塔尼（Taltarni）和克拉夫山（Clover Hill）担任董事总经理20多年。从塔尔塔尼退休后，他搬到了自1980年代中期以来一直密切关注的亚拉河谷地区。2001年，他终于找到了他一直在寻找的园址，并建造了他的酿酒厂和酒窖门店，它在酿酒厂旁边唐吉坷德式地种植了维欧尼、长相思和梅洛。他的儿子本现在成了执行酿酒师，让多米尼克成为事实上的顾问和品牌营销人员。本（35岁）拥有非常棒的酿酒经历，到过法国、南非、加利福尼亚的所有地区，并在葡萄之路酒庄（Petaluma）做过4个发酵季。出口到英国、加拿大、丹麦、印度、迪拜、新加坡、马来西亚、日本等国家，以及中国内地（大陆）和香港地区。

🍷🍷🍷🍷🍷 Origine Yarra Valley Chardonnay 2015

原始雅拉谷霞多丽2015

来自上亚拉河谷的成熟葡萄树。葡萄柚的风味就好像霰弹枪一样冲，与天然的酸味相匹配。虽然葡萄酒在法国橡木桶中发酵并成熟了9个月，但只有25%用的是新橡木桶，最大限度地减少了橡木的味道，但并没有减少橡木对葡萄酒质地的影响。

封口：螺旋盖 酒精度：13% 评分：96 最佳饮用期：2035年 参考价格：45澳元 ✪

Fontaine Yarra Valley Rose 2016

方丹雅拉谷桃红2016

50%的梅洛，40%的西拉，10%的赤霞珠，手工采摘，不锈钢罐发酵，并有酒泥搅拌过程。酒体呈极其浅淡的鲑鱼粉色；有超级浓郁的各种各样红色水果的香气。口感多汁而悠长，酸度完美，后味偏干。是一款靓丽的美酒。

封口：螺旋盖 酒精度：13.5% 评分：95 最佳饮用期：2017年 参考价格：22澳元 ✪

Heathcote Shiraz 2014

西斯科特西拉2014

经过除梗，有10%的整串葡萄，在法国橡木桶（20%是新的）中成熟了14个月。果香的力量和深度都非常精彩。它带着紫色和黑色水果的层次，加上馥郁的香料、胡椒和甘草味，与成熟的单宁和法国橡木桶一起完成了这幅画作。

封口：橡木塞 酒精度：14% 评分：95 最佳饮用期：2039年 参考价格：48澳元

Fontaine Yarra Valley Cabernet Sauvignon 2015

方丹雅拉谷赤霞珠2015

酒香纯净，从味道到回甘都非常纯正；味道、质地和结构是不可分割的，也是持久的。难怪它在2016年的亚拉河谷酒展上获得了金牌。性价比极高。

封口：螺旋盖 酒精度：14% 评分：95 最佳饮用期：2030年 参考价格：22澳元 ✪

Yarra Valley Cabernet Sauvignon 2014

雅拉谷赤霞珠2014

从冷溪山（Coldstream）和钢铁溪（Steels Creek）的20多年树龄的葡萄园中，手工采摘分选，压榨后，浸皮25天，在法国橡木桶（40%是新的）中陈酿了14个月。香气中有令人意想不到的难以安置的辛香味，它的大部分香气在复杂的中等偏厚的酒体中消融了。由黑醋栗为首的黑色水果定下了香气的基调，但也为黑橄榄、雪松和赤霞珠的单宁留出了空间。

封口：橡木塞 酒精度：14% 评分：95 最佳饮用期：2039年 参考价格：55澳元

🍷🍷🍷🍷 Yarra Valley Brut Rose LD NV

雅拉谷干桃红轻糖无年份起泡酒

评分：93 最佳饮用期：2020年 参考价格：30澳元

Dorrien Estate 多韵酒庄 ★★★★★

Cnr Barossa Valley Way/Siegersdorf Road, Tanunda, SA 5352 产区：巴罗萨谷

电话：(08) 8561 2200 网址：www.cellarmasters.com.au 开放时间：不开放

酿酒师：科瑞·莱安（Corey Ryan，总酿酒师） 创立时间：1982年 产量（以12支箱数计）：100万

多里安酒庄（Dorrien Estate）是澳大利亚的大酒类零售连锁店"酒窖专家"（Cellarmasters）的实体基地。它的现代化酒厂还为澳大利亚各地的许多生产商酿酒，其不锈钢罐和木桶的储量为1450万升；然而，每个品种的典型葡萄酒的产量只是稍稍多于1000箱。大部分为其他人酿造的葡萄酒都是由酒窖专家连锁店独家销售。这个酒庄于2011年5月被沃尔沃思集团（Woolworths）收购了。

🍷🍷🍷🍷🍷 Mockingbird Lane Single Vineyard Hayshed Block Clare Valley Riesling 2016

模仿鸟巷路单一园草棚园地克莱尔古雷司令2016

用于在全澳洲购买雷司令所支付的高价表明，人们讨论了很长时间的雷司令的复兴已成事实，而这款葡萄酒的价格更是明证。葡萄来自一片单一的小型园地，其卖点是浓郁的花香，精致悠长的口感和蕾丝一样的酸味。

封口：螺旋盖 酒精度：11.5% 评分：96 最佳饮用期：2031年 参考价格：50澳元 ✪

Mockingbird Hill Slate Lane Polish Hill River Riesling 2015

模仿鸟山斯莱特路波兰希尔河雷司令2015

这支酒来自波兰希尔河的板岩土壤，它让这片土地值得骄傲。鲜榨青柠汁的风味被矿物的酸味紧紧拥抱着，线条、长度和平衡都得到了准确的测量与管理。

封口：螺旋盖 酒精度：12.5% 评分：95 最佳饮用期：2030年 参考价格：32澳元 ✪

Dorrien Estate Bin 1A Chardonnay 2015

多瑞安酒庄

75%的葡萄来自本森山，25%来自亚拉河谷。这些葡萄分别进行酿造，并且（似乎）经过橡木桶发酵。白桃和油桃的开端是传统的，也是非常不错的，但有复杂坚果味和酸度的后味让这支酒成了一支能赢得金牌的酒。

封口: 螺旋盖 酒精度: 13.5% 评分: 95 最佳饮用期: 2022年 参考价格: 31澳元 ✪

Redemption Tumbarumba Chardonnay 2015
救赎唐巴兰姆巴霞多丽2015
整串压榨，在法国橡木桶中发酵，并陈酿了9个月。这是一款非常好的葡萄酒，带着驱动力、感染力和纯净度，还有精准的冷产区霞多丽特征。果香由粉红葡萄柚带头，核果的风味做后盾，而橡木则对质地和结构有着重要的影响。
封口：螺旋盖 酒精度：13% 评分：95 最佳饮用期：2027年 参考价格：42澳元

Black Wattle Vineyards Mount Benson Shiraz 2013
黑色篱笆酒园本森山西拉2013
黑色篱笆葡萄园已经成熟了，而本森山凉爽的气候和一个好年份的结合赋予了葡萄酒酿造团队一个梦寐以求的开始——他们感激地接受了这个天赐的礼物。黑莓、李子、茴香和辛香料的风味被镶嵌在柔顺单宁的框架之中，橡木的使用也是明智而有控制的。
封口: 螺旋盖 酒精度: 14% 评分: 95 最佳饮用期: 2025年 参考价格: 33澳元 ✪

Black Wattle Vineyards Mount Benson Cabernet Sauvignon 2013
黑色篱笆酒园本森山赤霞珠2013
这支酒有极好的深红-紫红色泽；是一款具有卓越血统的高品质葡萄酒的典范，直至今日，这款葡萄酒以其深邃浓郁的黑醋栗、黑橄榄果香与坚实而融合紧密的单宁，在本森山这个产区独树一帜。
封口: 螺旋盖 酒精度: 14% 评分: 95 最佳饮用期: 2035年 参考价格: 33澳元 ✪

Mockingbird Hill Slate Lane Polish Hill River Riesling 2016
模仿鸟山斯莱特路波兰希尔河雷司令2016
这酒采用了朴实无华的酿造方法：在不锈钢罐中低温长时间发酵。这支酒价格在上涨，但质量也在提高。波兰希尔河以其板岩土壤而闻名，其特点在这支酒中清晰可见，另有青柠（主要）和柠檬的果香为伴。
封口: 螺旋盖 酒精度: 11.5% 评分: 94 最佳饮用期: 2026年 参考价格: 30澳元 ✪

Avon Brae High Eden & Flaxman Valley Chardonnay 2015
雅芳·布雷高伊顿谷与弗拉克斯曼谷霞多丽2015
97%的葡萄来自伊顿谷（75%来自高伊顿谷，22%来自弗拉克斯曼谷），除梗破碎后，在新旧法国橡木桶中发酵。霞多丽、白桃、油桃和柚子的味道令人印象深刻，橡木的使用很有节制。
封口: 螺旋盖 酒精度: 13% 评分: 94 最佳饮用期: 2021年 参考价格: 30澳元 ✪

Tolley Elite Adelaide Hills Chardonnay 2015
托利精英阿德莱德山霞多丽2015
90%不锈钢罐发酵，10%橡木桶发酵。葡萄的质量是毋庸置疑的——非常优秀——并且橡木的画笔并没有在口感或味道上留下任何空隙，它把核果、葡萄柚和甜瓜的风味黏合在了一起。
封口: 螺旋盖 酒精度: 12.5% 评分: 94 最佳饮用期: 2020年 参考价格: 38澳元

🍷🍷🍷🍷🍷

Cormack & Co Margaret River SBS 2015
科马克公司玛格丽特河长相思赛美容2015
评分：92 最佳饮用期：2019年 参考价格：24澳元 ✪

Tolley Elite Adelaide Hills Chardonnay 2014
托利精英阿德莱德山霞多丽2014
评分：92 最佳饮用期：2021年 参考价格：38澳元

John Glaetzer Stonyfell Black Shiraz 2014
约翰·葛来策·思丹菲尔黑西拉2014
评分：92 最佳饮用期：2029年 参考价格：28澳元

Mockingbird Hill Slate Lane Shiraz 2014
模仿鸟山斯莱特路西拉2014
评分：92 最佳饮用期：2034年 参考价格：27澳元

Mockingbird Hill Clare Valley Shiraz 2014
模仿鸟山克莱尔谷西拉2014
评分：92 最佳饮用期：2029年 参考价格：23澳元

Krondorf Growers Bowen & Bowen Barossa Grenache Rose 2016
克朗福种植园博文与博文巴罗萨歌海娜桃红2016
评分：91 最佳饮用期：2017年 参考价格：24澳元

Krondorf The Growers Rohrlach & Bowen Barossa Grenache Rose 2015
克朗福种植园罗尔拉赫与博文巴罗萨歌海娜桃红2015
评分：91 最佳饮用期：2017年 参考价格：24澳元

Cormack & Co Margaret River Chardonnay 2016
科马克公司玛格丽特河霞多丽2016
评分：90 最佳饮用期：2021年 参考价格：24澳元

Krondorf Symmetry Chardonnay 2014
克朗福对称霞多丽2014
评分：90 最佳饮用期：2019年 参考价格：31澳元

Redemption Hilltops Shiraz 2015

救赎希托扑斯西拉2015
评分：90 最佳饮用期：2025年 参考价格：28澳元
Wordsmith Heathcote Shiraz 2014
沃兹史密斯西斯科特西拉2014
评分：90 最佳饮用期：2029年 参考价格：30澳元
Archway Fleurieu Peninsula Malbec 2014
拱门弗勒里厄半岛马尔贝克2014
评分：90 最佳饮用期：2021年 参考价格：25澳元
Dorrien Estate Light Pass Road Barossa Zinfandel 2015
多里安庄园光路道巴罗萨仙粉黛2015
评分：90 最佳饮用期：2022年 参考价格：26澳元

DOWIE DOOLE 都度酒庄 ★★★★★

598 Bayliss Road, McLaren Vale, SA 5171 产区：麦克拉仑谷 电话：(08) 7325 6280
网址：www.dowiedoole.com 开放时间：每日开放，10:00—17:00 酿酒师：克里斯·托马斯（Chris Thomas） 创立时间：1995年 产量（以12支箱数计）：25000 葡萄园面积：53公顷
都度酒庄是由都鲁·都依（Drew Dowie）和诺姆·度尔（Norm Doole）于1995年创立的。他们作为葡萄种植者，融入麦克拉仑谷地区很多年了。葡萄园的管理现在是由可持续葡萄栽培实践冠军大卫·加特曼（Dave Gartelmann）和都鲁·都依（Drew Dowie）领导的。在5月16日，都度酒庄的酿酒师兼总经理克里斯·托马斯带着一群志同道合的投资者，收购了53公顷的康特·踏踏基拉葡萄园（Conte Tatachilla Vineyard）中的35公顷葡萄。其中有50年老藤歌海娜和（12年）新种植的维蒙蒂诺（vermentino）、安格里阿尼克（aglianico）和拉格瑞（lagrein）。出口到所有的主要市场。

🍷🍷🍷🍷🍷 Reserve McLaren Vale Shiraz 2014
珍藏麦克拉仑谷西拉2014
这支酒来自1974年重新栽种的一块园地，其酿造方法与卡利路葡萄酒（Cali Road）基本相同，主要的不同是所用的橡木都是法国橡木。这是法国橡木优点的实物写照。这是一款标准而出色的葡萄酒，性格泼辣，果香突出，让口腔干涩，想要喝得更多。酒体优雅而有力量。
封口：Diam软木塞 酒精度：14.5% 评分：97 最佳饮用期：2044年
参考价格：80澳元 ✪

🍷🍷🍷🍷🍷 The Banker McLaren Vale Cabernet Sauvignon 2013
银行家麦克拉仑谷赤霞珠2013
颜色优秀，仍然年轻和充满活力；品种和产区特性的表现都很突出，都对酒体密度和赤霞珠浓密羽绒般的质地做出了贡献。黑醋栗的香气被包装在高品质黑巧克力的外壳之中，单宁成熟，橡木与酒体结合紧密。
封口：Diam软木塞 酒精度：14.5% 评分：96 最佳饮用期：2038年
参考价格：66澳元 ✪

The Fruit of the Vine The Sculptor McLaren Vale Cabernet Sauvignon 2012
雕刻家麦克拉仑谷赤霞珠2012
这特制的50箱酒来自酒庄在布莱维特泉（Blewitt Springs）的廷托机（Tintookie）葡萄园。这是一支各方面都很优秀的高品质赤霞珠。颜色仍然是深红-紫红色，嗅觉和味觉上都奔涌着黑醋栗的果香，单宁细腻而持久（就像应有的那样），后味悠长，它的未来想要多长远就有多长远。
封口: Diam软木塞 酒精度: 14.5% 评分: 96 最佳饮用期: 2042年 参考价格: 80澳元

Cali Road McLaren Vale Shiraz 2014
佳丽路麦克拉仑谷西拉2014
这支酒来自一个东向的斜坡，葡萄是2000年种植的，经过破碎和13天的浸皮，直接压榨到美国橡木桶中（Hogsheads,50%是新桶）进行2年的陈放。它特别强劲浓郁，酒体厚重但并不过重。黑浆果、黑巧克力、摩卡咖啡和鲜咸的单宁为这支酒贴上了一系列的标签，带来了无穷的能量。
封口: Diam软木塞 酒精度: 14.5% 评分: 95 最佳饮用期: 2034年 参考价格: 50澳元

Cali Road McLaren Vale Shiraz 2013
佳丽路麦克拉仑谷西拉2013
这支酒非常慷慨浓郁，是超级典型的麦克拉仑谷的风格，它根本不嫌浓。柔顺的黑色水果带着黑巧克力和香草的风味，所有一切结合得天衣无缝。
封口: Diam软木塞 酒精度: 14.5% 评分: 95 最佳饮用期: 2033年 参考价格: 50澳元

Mr G's C.S.M. 2013
G先生的赤霞珠西拉梅洛幕和怀特混酿
梅洛和赤霞珠、西拉、慕合怀特按照40/27/22/11%的比例混合，分开发酵，在旧橡木桶中陈酿2年。这支红色混酿葡萄酒比通常的麦克拉仑谷葡萄酒更优雅，结果也确实很棒。浓郁的香气有清新活泼的红色水果特点，而口感也是一样，只让人想要再来一杯。
封口: 螺旋盖 酒精度: 14.5% 评分: 95 最佳饮用期: 2028年 参考价格: 35澳元 ✪

Estate McLaren Vale Chenin Blanc 2016
庄园麦克拉仑谷白诗南2016
来自布鲁维特泉83年树龄的老藤，在低博美度、高酸度之时手工采摘，用不锈钢罐进行低温发酵2—3周，最后得到了新鲜酸爽，有活泼的柑橘和苹果风味的葡萄酒。都度酒庄认为这支葡萄酒有20年以上的陈酿潜力，我也同意。

封口: 螺旋盖 酒精度: 12.2% 评分: 94 最佳饮用期: 2035年 参考价格: 20澳元 ✪

Estate McLaren Vale Shiraz 2015
庄园麦克拉仑谷西拉2015
这支酒来自三片园地，每一批葡萄都是分开酿造的，直到最终的选桶和混合。这些酒在50%的美国橡木桶和50%的法国橡木桶（25%是新的）中陈酿。这支酒有完美的平衡和质地以及天鹅绒般的口感，带着甜美的黑色水果芬芳，并有来自单宁和橡木的鲜美风味小心支撑着。是好酒，也有个好价钱。
封口: 螺旋盖 酒精度: 14.5% 评分: 94 最佳饮用期: 2029年 参考价格: 25澳元 ✪

C.T. McLaren Vale Shiraz 2014
C.T.麦克拉仑谷西拉2014
这支酒来自布鲁维特泉和塔塔基拉葡萄园，分别经过开放式发酵10天，压榨到旧法国橡木桶（70%）和美国橡木桶陈酿了24个月。这是一支酒体浓郁而柔顺的西拉，它的酒精度并不是问题；李子和黑莓果香很好地融合在一起，果香平衡，橡木的风味也无可挑剔。它必然有着美好的未来在等待。
封口: 螺旋盖 酒精度: 14.2% 评分: 94 最佳饮用期: 2034年 参考价格: 35澳元

McLaren Vale Cabernet Sauvignon 2014
麦克拉仑谷赤霞珠2014
一个毫不夸张，但接近完美的麦克拉仑谷赤霞珠的典范，产区特征和品种特征都在这支中等酒体的葡萄酒中有均衡的表现。黑加仑、黑巧克力、黑橄榄、橡木和柔顺的单宁都做出了贡献。
封口: 螺旋盖 酒精度: 14% 评分: 94 最佳饮用期: 2029年 参考价格: 25澳元 ✪

🍷🍷🍷🍷 Estate McLaren Vale Chenin Blanc 2015
庄园麦克拉仑谷白诗南2015
评分：93 最佳饮用期：2020年 参考价格：25澳元

Adelaide Hills Sauvignon Blanc 2015
阿德莱德山长相思2015
评分：91 最佳饮用期：2017年 参考价格：25澳元

B.F.G. McLaren Vale Grenache 2015
B.F.G.麦克拉仑谷歌海娜2015
评分：91 最佳饮用期：2022年 参考价格：35澳元

Estate McLaren Vale Merlot 2013
庄园麦克拉仑谷梅洛2013
评分：91 最佳饮用期：2023年 参考价格：25澳元

Dr Edge 德里奇酒庄 ★★★★★

5 Cato Avenue, West Hobart, Tas 7000（邮） 产区：塔斯马尼亚南部
电话：0439 448 151 网址：www.dr-edge.com 开放时间：不开放
酿酒师：彼得·德里奇（Peter Dredge） 创立时间：2015年 产量（以12支箱数计）：500
在从佩特卢马酒庄（Petaluma）的酿酒师岗位离职后，彼得·德里奇（Peter Dredge）于2009移居塔斯马尼亚，在嘉誉葡萄酒集团（Accolade）度过了7年，成了火焰湾酒庄（Bay of Fires）的首席酿酒师。他后来主动离职，成了一名顾问和自营酿酒师，因为嘉誉集团当时的不稳定让他想要避开。在15年，他从乔·霍丽曼（Joe Holyman）的斯通尼酒业（Stoney Rise）与杰拉德·爱丽丝（Gerald Ellis）的米多班科酒庄（Meadowbank）那里采购了少量的黑比诺，开始制作自己的品牌。他是莫里拉酒厂（Moorilla）的客户，在那里，他可以完全控制酿酒过程。在2015年，爱丽丝家族，米多班科酒庄的所有者，找到了彼得，想要组建合伙公司，让米多班科酒庄重新开业。作为交易的一部分，彼得得到了1.5公顷黑比诺从2016年起的单独租赁合约。

🍷🍷🍷🍷🍷 Pinot Noir 2016
黑比诺2016
约50%的葡萄来自德温特谷（Derwent Valley），30%来自东海岸（East Coast），20%来自塔玛谷（Tamar Valley），选用了777号和115号克隆株，采用了多种酿造技术，包括整串处理、冷浸渍和二氧化碳浸渍，所有的酒在发酵结束时都被压榨到法国橡木桶（15%是新的）中。这在所有的皮诺葡萄酒中算是最香、最复杂的一类，有红樱桃、黑樱桃和洋李的风味。它具有勃艮第的单宁结构，余味和回味都有所延长。绝对是美艳动人一支好酒。
封口: 螺旋盖 酒精度: 12.5% 评分: 97 最佳饮用期: 2030年 参考价格: 50澳元 ✪

🍷🍷🍷🍷🍷 South Tasmania Pinot Noir 2016
塔斯马尼亚南部黑比诺2016
酿造这支酒的葡萄来自黑比诺的MV6号克隆株。其香气极富表现力，呈樱花和玫瑰花瓣香，而味蕾则被红色的果味涂满，让人无法停杯。红色和紫色水果的浓郁度令人迷醉，又不失优雅与纯净。它是一支真正美丽的黑比诺，仅有50箱被生产出来。
封口: 螺旋盖 酒精度: 12.5% 评分: 96 最佳饮用期: 2025年 参考价格: 50澳元 ✪

East Tasmania Pinot Noir 2016
东塔斯马尼亚黑比诺2016
这是德里奇酒庄的4款黑比诺葡萄酒中最香的；它的口感纯净，红色水果的香气浓郁，新鲜度与长度极佳。它抚过舌面，让所有的感官都填满了那魔幻一般的香气。仅制成50箱。

封口：螺旋盖 酒精度：12.5% 评分：96 最佳饮用期：2030年 参考价格：50澳元 ✪

North Tasmania Pinot Noir 2016

塔斯马尼亚北部黑比诺2016

颜色略微更深一些，色调稍微更偏紫一些；香气和味道都呈深色的果香，以各种李子的香气为主。这支酒的结构感是最强的，几乎是粗野的。这是塔玛谷的典型风格，也正是这支酒该有的样子。产量为50打。

封口：螺旋盖 酒精度：12.5% 评分：94 最佳饮用期：2026年 参考价格：50澳元

Drake 德拉科酒庄 ★★★★

PO Box 417, Hamilton, NSW 2303（邮） 产区：雅拉谷 电话：0417 670 655
网址：www.drakesamson.com.au 开放时间：不开放 酿酒师：麦克·福布斯（Mac Forbes）、迈特·敦恩（Matt Dunne） 创立时间：2012年。产量（12支装箱数）：2500

德拉科酒庄是尼古拉·克兰普顿（Nicholas Crampton）、酿酒师迈特·敦恩（Matt Dunne）和友人尼古拉斯与安德鲁·敦恩（Andrew Dunn）的合伙生意。麦克·福布斯是德拉科酒庄在亚拉河谷的执行酿酒师，他们打算把未来的活动集中在亚拉河谷地区。酒质普遍较高。出口到新西兰。

🍷🍷🍷🍷🍷

Heathcote Shiraz 2015

西斯科特西拉2015

来自30年树龄的葡萄藤，手工采摘，除梗，开放式发酵，在法国橡木桶中陈酿。慷慨浓郁是这支酒的符号，黑莓、李子和一抹甘草的风味充盈口腔。只要你的耐心有多少，它的潜力就能有多少。性价比非常棒。

封口：螺旋盖 酒精度：13.5% 评分：92 最佳饮用期：2030年 参考价格：20澳元 ✪

Off the Books Heathcote Shiraz 2015

书本之外西斯科特西拉2015

多汁的深色果香，加上香料香的陪衬，再加上光亮顺滑的味道、坚实的单宁和带着白垩与柠檬风味的酒酸。这支酒难以置信地明亮、活泼。

封口：螺旋盖 酒精度：13.5% 评分：91 最佳饮用期：2021年
参考价格：22澳元 JF ✪

Samson Yarra Valley Pinot Noir 2015

塞姆森雅拉谷黑比诺2015

这是酿酒师麦克福布斯和迈特·敦恩的最新作品，他们从霍德尔溪、冷溪山和亚拉章克申（Hoddles Creek, Coldstream and Yarra Junction）。酒香极浓，有野生草莓、樱桃和血橙的风味，还有一些草本植物的风味。口感精瘦，酸爽，动人的酒酸说明了一切，令人耳目一新，根据背部标签上的指示，这支酒适合搭配烧烤红肉。

封口：螺旋盖 酒精度：12% 评分：90 最佳饮用期：2021年
参考价格：35澳元 JF

🍷🍷🍷🍷

Yarra Valley Chardonnay 2016

雅拉谷霞多丽2016

评分：89 最佳饮用期：2020年 参考价格：20澳元 JF

Drayton's Family Wines 德雷顿家族酒庄 ★★★★★

555 Oakey Creek Road, Cessnock, NSW 2321 产区：猎人谷 电话：(02) 4998 7513
网址：www.draytonswines.com.au 开放时间：详见网站 酿酒师：埃德加·威尔士（Edgar Vales）、麦克斯·德雷顿（Max Drayton）与约翰·德雷顿（John Drayton）
创立时间：1853年 产量（以12支箱数计）：45000 葡萄园面积：72公顷

这个重要的猎人谷生产商在过去的几年中遭受了太多的不幸，但他们已经从这些打击和挑战中重整旗鼓了。埃德加·威尔士（Edgar Vales）之前是大卫·胡克（David Hook）酒庄和第一溪酒庄（First Creek Wines）的助理酿酒师，现在，他成了总酿酒师。而他到来的时间与一系列优质葡萄酒发布的时间重合了。出口到爱尔兰、保加利亚、土耳其、越南、马来西亚、印度尼西亚、新加坡等国家，以及中国内地（大陆）和台湾地区。

🍷🍷🍷🍷🍷

Heritage Vines Chardonnay 2013

遗产老藤霞多丽2013

这支酒来自最古老的莎当妮葡萄藤，由麦克斯·德雷顿（Max Drayton）在1964年栽种。手工采摘，取自流汁在法国橡木桶（30%是新的）中发酵，40%的酒采用野生酵母发酵，60%采用人工培养的酵母发酵，并经过了6个月的陈酿。它的力量和强度是对50年老藤和完美的酿造技术的致敬。白桃果香伴着柑橘的陪衬，橡木风味平衡且与酒体能很好地融合。

封口：螺旋盖 酒精度：13.5% 评分：95 最佳饮用期：2023年 参考价格：60澳元

Heritage Vines Shiraz 2013

遗产老藤西拉2013

这支酒来自过百年的老葡萄藤。猎人谷的2011年和2013年就好像是中了头奖一样，而紧随其后的是传奇一般的2014年。这支中等酒体的葡萄酒非常美味，其产区特征和品种特征非常和谐，平衡与贴合的法国橡木风味也提供了助力。这支酒带着红色与黑色樱桃和浆果的风味，单宁柔顺。

封口：螺旋盖 酒精度：14% 评分：95 最佳饮用期：2033年 参考价格：60澳元

Heritage Vines Semillon 2013

遗产老藤赛美容2013

这支酒来自120年的酒庄自种的葡萄，手工采摘，取自流汁以人工酵母发酵。仍然是水晶般的白色，没有任何陈年的老化迹象；香气和口感都表现出超出正常水平的果香，但是这支酒仍然年轻，它还至少需要5年的陈放。
封口: 螺旋盖　酒精度: 11.5%　评分: 94　最佳饮用期: 2028年　参考价格: 60澳元

Vineyard Reserve Pokolbin Semillon 2012
酒园珍藏波高尔宾赛美容2012
葡萄来自平坦园地（The Flat block）中最古老的藤蔓，手工采摘，在不锈钢罐中接种人工培养的酵母发酵，带酒泥陈放3个月。这支浓郁活泼的赛美容呈明亮的稻草绿色，有柠檬和青柠果香的嗅觉还在慢慢地向着风味和质地的巅峰前进，到那时，会有少许的青柠和吐司风味发展出来——将在2020年左右。
封口: 螺旋盖　酒精度: 11%　评分: 94　最佳饮用期: 2027年　参考价格: 30澳元 ✪

🍷🍷🍷🍷🍷 Bin 5555 Hunter Valley Shiraz 2014
5555号酒窖猎人谷西拉2014
评分：93　最佳饮用期：2044年　参考价格：20澳元 ✪

Vineyard Reserve Pokolbin Shiraz 2014
酒园珍藏波高尔宾西拉2014
评分：92　最佳饮用期：2029年　参考价格：30澳元

Hunter Valley Semillon 2016
猎人谷赛美容2016
评分：91　最佳饮用期：2026年　参考价格：20澳元 ✪

Driftwood Estate　浮木酒庄　★★★★★

3314 Caves Road, Wilyabrup, WA 6282　产区：玛格丽特河　电话：(08) 9755 6323
网址：www.driftwoodwines.com.au　开放时间：每日开放，10:00—17:00　酿酒师：爱乐维兹·贾维斯（Eloise Jarvis），保罗·加拉罕（Paul Callaghan）　创立时间：1989年　产量（以12支箱数计）：15000
浮木酒庄是玛格丽特河风景区里的一个公认的标志性建筑。除了有一个模拟希腊露天剧场的能容纳200人的餐厅（每日开放，提供午餐和晚餐），它的葡萄酒还具有醒目、时尚的包装和丰富的味道。这些酒分三个系列：珍藏系列（the Collection）、古董系列(Artefacts)和大洋洲系列（Oceania）。出口到英国、加拿大、新加坡和中国。

🍷🍷🍷🍷🍷 Artifacts Margaret River Sauvignon Blanc Semillon 2016
古董玛格丽特河长相思赛美容2016
长相思由野生酵母发酵，这增加了香气和口感的复杂度，赛美容提供了爽脆的、柠檬味的酒酸，让后味和余味更加平衡。虽然葡萄未经挑选，但总体印象是完全和谐的。
封口: 螺旋盖　酒精度: 13.1%　评分: 95　最佳饮用期: 2020年　参考价格: 25澳元 ✪

Single Site Margaret River Chardonnay 2016
单一地块玛格丽特霞多丽2016
整串压榨，在法国橡木桶（37%是新的）中采用野生酵母发酵并陈酿了10个月，陈酿过程中有搅拌酒泥，最终有4个木桶被选择出来，进行混合与调配。这支酒毫不羞涩，它的强度和驱动力是令人钦佩的，但是没有热量。多汁的感觉贯穿了整个味觉体验过程，固形物发酵的技艺完美，酸度的平衡也是一样。
封口: 螺旋盖　酒精度: 13.4%　评分: 95　最佳饮用期: 2024年　参考价格: 45澳元

Artifacts Margaret River Cabernet Sauvignon 2015
古董玛格丽特河赤霞珠2015
88.4%的赤霞珠、5.4%的小味儿多、3.1%的品丽珠、2.9%的西拉和0.2%的梅洛，所有的组分接种人工培养酵母共同发酵，经过35天浸皮，在旧法国橡木桶中陈酿了15—18个月。这支酒色泽鲜艳；有玛格丽特河的基础风格背景，且异常清新优雅。不俗的浓郁芳香呈黑醋栗和红醋栗风味，酒体中等，有完美的混合果味（蓝莓、黑莓）、和谐的法国橡木特点和细致、持久的单宁。
封口: 螺旋盖　酒精度: 14.5%　评分: 95　最佳饮用期: 2030年　参考价格: 30澳元 ✪

🍷🍷🍷🍷🍷 The Collection Classic White Margaret River 2016
珍藏经典白玛格丽特河2016
评分：93　最佳饮用期：2022年　参考价格：20澳元 ✪

Artifacts Margaret River Cabernet 2014
古董玛格丽特河赤霞珠2014
评分：93　最佳饮用期：2026年　参考价格：32澳元

SC Artifacts Margaret River Meritage 2015
SC古董玛格丽特河梅蒂里奇2015
评分：93　最佳饮用期：2028年　参考价格：30澳元

Artifacts Margaret River Meritage 2014
古董玛格丽特河梅蒂里奇2014
评分：92　最佳饮用期：2029年　参考价格：30澳元

Artifacts Margaret River Shiraz 2014
古董玛格丽特河西拉2014
评分：91　最佳饮用期：2022年　参考价格：26澳元　SC

Dromana Estate　杜玛纳酒庄　★★★★

555 Old Moorooduc Road, Tuerong, Vic 3933　产区：莫宁顿半岛　电话：(03) 5974 4400
网址：www.dromanaestate.com.au　开放时间：周三至周日，11:00—17:00　酿酒师：彼得·鲍乌尔（Peter Bauer）　创立时间：1982年　产量（以12支箱数计）：7000　葡萄园面积：53.9公顷
自从30多年前成立以来，杜玛纳酒庄经历了许多变化，最重要的是与克里滕登（Crittenden）家族关系的中断。在几次所有权变动之后，这个酒庄现在由垂枝榆酒业公司（Weeping Elm Wines Pty Ltd）拥有，其商业名为杜玛纳酒庄（Dromana Estate）。莫宁顿酒庄（Mornington Estate）则是酒庄的第二个酒标。

🍷🍷🍷🍷🍷

Mornington Peninsula Pinot Noir 2016
莫宁顿半岛黑比诺2016
这支酒中大胆的味道组成了一座堡垒：那些经典的，来自莫宁顿半岛海拔更低，更温暖的区域的黑比诺的风味，比如深色樱桃、黑樱桃酒和鲜美的意大利腊肠的风味。丰满成熟的单宁伴着一丝甜蜜的感觉。酒体饱满，魅力十足。
封口：螺旋盖　酒精度：13.5%　评分：93　最佳饮用期：2026年
参考价格：39澳元　JF

Mornington Estate Shiraz 2015
莫宁顿酒庄西拉2015
一支相当漂亮的西拉，有许多深色水果的风味，但仍保留着鲜咸的胡椒、甘草和丁香的风味。橡木的使用很有控制，加强了鲜咸的单宁，并有清爽的酸味为伴。酒体不超过中等，适合即时饮用。
封口：螺旋盖　酒精度：14.5%　评分：93　最佳饮用期：2024年
参考价格：25澳元　JF　✪

Mornington Peninsula White #1 2016
莫宁顿半岛白葡萄酒1号2016
这支酒明亮、轻盈而活泼，带着令人垂涎的柠檬酸味，带着馥郁的花香和浓郁的香料香。有67%用的是琼瑶浆葡萄，其余的是黑比诺。
封口：螺旋盖　酒精度：12.5%　评分：90　最佳饮用期：2019年
参考价格：25澳元　JF

🍷🍷🍷🍷

Mornington Estate Pinot Noir 2016
莫宁顿酒庄黑比诺2016
评分：89　最佳饮用期：2021年　参考价格：25澳元　JF

Dudley Wines　达德利酒庄　★★★★

1153 Willoughby Road, Penneshaw, Kangaroo Island 5222　产区：袋鼠岛（Kangaroo Island）
电话：(08) 8553 1333　网址：www.dudleywines.com.au　开放时间：每日开放，10:00—17:00
酿酒师：布罗迪·霍华德（Brodie Howard）　创立时间：1994年
产量（以12支箱数计）：3500　葡萄园面积：14公顷
这是袋鼠岛上最成功的酒厂之一，由杰夫·霍华德和瓦尔·霍华德（Jeff and Val Howard），其子布罗迪（Brodie）是酿酒师。他们在杜德利半岛（Dudley Peninsula）有3个葡萄园：波基福来葡萄园（Porky Flat Vineyard）、猪湾河葡萄园（Hog Bay River）和索耶葡萄园（Sawyers）。两个女儿和一个媳妇管理着酒窖门店的销售、市场营销和账目。大部分葡萄酒是在袋鼠岛内销售的。

🍷🍷🍷🍷🍷

Porky Flat Kangaroo Island Shiraz 2014
波基福来袋鼠岛西拉2014
色泽呈充满活力的深红色，带着浓郁的肉桂浸黑李子的醉人芳香和19世纪维多利亚式雪松桂子的香气。酒体柔顺丝滑，厚度中等，带着成熟的单宁和和谐的橡木味。
封口：螺旋盖　酒精度：14.5%　评分：91　最佳饮用期：2026年
参考价格：38澳元　JF

🍷🍷🍷🍷

Pink Bay Kangaroo Island Rose 2016
粉红之湾袋鼠岛桃红2016
评分：89　最佳饮用期：2019年　参考价格：20澳元　JF

Duke's Vineyard　杜克酒庄　★★★★★

Porongurup Road, Porongurup, WA 6324　产区：普隆格兰普（Porongurup）
电话：(08) 9853 1107　网址：www.dukesvineyard.com　开放时间：每日开放，10—16:30
酿酒师：罗伯特·狄乐提（Robert Diletti）　创立时间：1998年
产量（以12支箱数计）：3500　葡萄园面积：10公顷
希尔德·卢森和伊恩·（杜克）·卢森在1998年卖掉了他们的服装厂，并实现了他们长时间以来建立一个葡萄园的梦想，他们在大南部地区（Great Southern）的普隆格兰普产区的普隆格兰普山脉之下（Porongurup Range）收购了一个65公顷的农场。他们种植了西拉和赤霞珠（每种3公顷）以及雷司令（4公顷）。希尔德是一名成功的艺术家，她设计了这个漂亮的、扇形的、有玻璃幕墙和深蓝色外墙的酒窖门店。他们的葡萄酒非常棒，价格也非常好。

🍷🍷🍷🍷🍷

Magpie Hill Reserve Riesling 2016
喜鹊山珍藏雷司令2016
这支酒纯粹的力量和浓郁度是惊人的，特别是对于普隆格兰普这个产区来讲（这个产区的风格通常都是很保守的）。柑橘和少许格兰尼史密斯苹果的风味形成了富有层次的果香，它栖息在爽脆而有矿物质地的酸味骨架之上。尽管其风味有些早熟，这支酒的平衡完美，长度也是惊人的。
封口：螺旋盖　酒精度：12.5%　评分：98　最佳饮用期：2036年　参考价格：30澳元　✪

Magpie Hill Reserve Shiraz 2015
喜鹊山珍藏西拉2015
浸渍6日，在法国橡木桶（35%是新的）中陈酿18个月。厚重的深红色；比起单一园西拉（Single Vineyard Shiraz），这支酒有加倍的浓郁度和层次感，而其长度也是令人惊奇的。黑莓、黑樱桃、甘草和香料味争抢着要引人注意，单宁显著，但平衡。
封口：螺旋盖　酒精度：13.5%　评分：97　最佳饮用期：2040年　参考价格：35澳元 ✪

🍷🍷🍷🍷🍷 Invitation winemaker Tony Davis Riesling 2016
特聘酿酒师托尼·大卫雷司令2016
15天低温发酵，5周带酒泥陈酿。色调呈水晶白；青柠和柠檬花的馥郁香气为这支酒铺设了场景；而味觉则毫不犹豫地走上了同一个舞台。它既浓郁又持久，其未来是毫无疑问的。
封口：螺旋盖　酒精度：12%　评分：96　最佳饮用期：2030年　参考价格：30澳元 ✪

Magpie Hill Reserve Cabernet Sauvignon 2015
喜鹊山珍藏赤霞珠2015
这支酒比单一园赤霞珠更加专断独裁，这很适合它的地位。其色泽极佳，果香带着少许泥土的风味，而酒的味道则非常成熟，主要是黑加仑的果香。波尔多会对此感到高兴的。
封口：螺旋盖　酒精度：13.6%　评分：96　最佳饮用期：2035年　参考价格：35澳元 ✪

Single Vineyard Riesling 2016
单一园雷司令2016
这支酒呈柠檬、青柠和苹果花的芳香，虽然它有一支年轻的高级普隆格兰普雷司令的质地和结构，但它已经显示出青柠和（最终的）蜂蜜的特性，这些特性将在未来的5年内完成第一阶段的发展，并在下一个10年达到完全成熟。
封口：螺旋盖　酒精度：12.5%　评分：95　最佳饮用期：2031年　参考价格：25澳元 ✪

Single Vineyard Rose 2016
单一园桃红2016
85%的赤霞珠，15%的西拉，来自庄园红葡萄酒所放出的一部分酒汁（saignee，即放血法），并经过低温发酵。浅淡的鲑鱼粉色；香气馥郁；口感浓郁而悠长，有草莓的果味和多汁偏干的后味。
封口：螺旋盖　酒精度：12.5%　评分：95　最佳饮用期：2017年　参考价格：20澳元 ✪

Single Vineyard Shiraz 2015
单一园西拉2015
这支酒在的法国橡木桶（20%是新的）中成熟了15个月。它是一支永远可靠的、质优价廉的冷凉地区西拉。馥郁的黑樱桃果香，各种各样的辛香从果香中如穿针引线一样拂过。余味在口腔中徘徊良久。
封口：螺旋盖　酒精度：13.5%　评分：95　最佳饮用期：2030年　参考价格：26澳元 ✪

Single Vineyard Cabernet Sauvignon 2015
单一园赤霞珠2015
这支美味的葡萄酒把黑加仑的果香、优质的法国橡木桶风味和成熟的单宁都搬上了餐桌。足够的香叶、黑橄榄和泥土的风味则保证了这支酒的复杂度。
封口：螺旋盖　酒精度：13.6%　评分：95　最佳饮用期：2030年　参考价格：26澳元 ✪

Single Vineyard Off Dry Riesling 2016
单一园非干型雷司令2016
一个伟大的葡萄园，一个伟大的合同酿酒师，但目前它是在没有人的土地。那极其少的残糖量会在这支酒5岁的时候才能表现出来，并在接下来的10年中会有较好的表现。
封口：螺旋盖　酒精度：12.3%　评分：94　最佳饮用期：2031年　参考价格：25澳元 ✪

Dutschke Wines　达其克酒庄 ★★★★★

Lot 1 Gods Hill Road, Lyndoch, SA 5351　产区：巴罗萨谷
电话：(08) 8524 5485　网址：www.dutschkewines.com　开放时间：仅限预约
酿酒师：维恩·达其克（Wayne Dutschke）　创立时间：1998年
产量（以12支箱数计）：6000　葡萄园面积：15公顷

庄主和酿酒师维恩·达其克（Wayne Dutschke）与他的叔叔，葡萄农肯·赛穆勒（Ken Semmler）一起在1990年建立了这个酒庄，并生产了他们的第一支葡萄酒。之后，达其克酒庄在肯的葡萄园的旁边建立了自己的小酒厂，并且丰富了他们的产品组合。虽然韦恩做小产量葡萄酒已经超过了25年，他所采用的全果发酵、开放式发酵、篮式压榨和优质橡木的酿造方法始终都没变过。2010年，他荣获巴罗萨年度酿酒师的称号，并在2013年成为了巴罗萨男爵（Barons of Barossa）之一，他还创作了一本儿童读物，讲述一个在酒厂长大的小孩的故事，名为《爸爸有双紫色的手》（My Dad has Purple Hands），出口到美国、加拿大、丹麦、德国、荷兰等国家，以及中国台湾地区。

🍷🍷🍷🍷🍷 Oscar Semmler St Jakobi Vineyard Barossa Valley Shiraz 2014
奥斯卡·赛穆勒圣雅各比酒园巴罗萨谷西拉2014
开放发酵，12天浸皮，在法国橡木桶（75%是新的）中成熟19个月。深厚的深红-紫红色泽，酒体强劲大气又不失优雅，是葡萄酒中的劳斯莱斯。平衡完美无瑕，口感极其和谐，黑色水果、甘草和香料的风味以细颗粒的单宁为支撑，新橡木桶的风味和葡萄酒融为一体，但是完全能感觉到。
封口：螺旋盖　酒精度：14.5%　评分：96　最佳饮用期：2044年　参考价格：70澳元 ✪

St Jakobi Single Vineyard Lyndoch Barossa Valley Shiraz 2015

圣雅各比单一酒园林铎巴罗萨谷西拉2015
来自肯·赛穆勒的葡萄园，葡萄种植于1978年，在法国橡木桶（hogsheads，33%是新的）中陈酿了18个月。酒体呈厚重的深红-深紫色调；是一支酒体饱满的巴罗萨谷西拉，采用了传统的和更新的酿造方法（后者采用了法国橡木桶）。它的深度和平衡将使这支葡萄酒在未来10年中实现自我完善，并在此后的20年内绽放异彩。
封口: 螺旋盖　酒精度: 14.5%　评分: 95　最佳饮用期: 2045年　参考价格: 45澳元

SAMI St Jakobi Vineyard Lyndoch Barossa Valley Cabernet Sauvignon 2015
萨米圣雅各比酒园林铎巴罗萨谷赤霞珠2015
机器采收，开放式发酵，10天浸皮，在法国橡木桶（33%是新的）中成熟18个月。在巴罗萨产区，想要在赤霞珠上得到优异的"X因子"有些难度，不过这支酒，唔，它相当接近了。它的颜色和香气令人印象深刻，多汁的黑醋栗果味和精致的单宁也是同样如此，更有优质的法国橡木风味和极佳的长度。
封口: 螺旋盖　酒精度: 14.5%　评分: 95　最佳饮用期: 2030年　参考价格: 35澳元 ✪

GHR Neighbours Barossa Valley Shiraz 2015
神山路邻人巴罗萨谷西拉2015
开放式发酵，在经过7—24天的浸皮后压榨，在法国橡木桶（35%是新的）与美国橡木桶中陈酿了18个月。酒体饱满，复杂度极高，但是感觉却很柔顺。黑莓和血李的果香由橡木和良好的单宁支撑起来。它的未来会很美好。
封口: 螺旋盖　酒精度: 14.5%　评分: 94　最佳饮用期: 2039年　参考价格: 32澳元

🍷🍷🍷🍷🍷(4.5) Uncle St Jakobi Vineyard 2015
圣雅科比葡萄园2015
评分：91　最佳饮用期：2025年　参考价格：27澳元

Eagles Rest Wines　鹰憩酒庄　★★★★★

Lot 1, 534 Oakey Creek Road, Pokolbin, NSW 2320　产区：猎人谷
电话：(02) 4998 6714　网址：www.eaglesrestwines.com.au　开放时间：每日开放，10:00—17:00　酿酒师：杰夫·拜伦（Jeff Byrne）　创立时间：2007年
产量（以12支箱数计）：5000　葡萄园面积：20公顷
鹰憩酒庄自2007年成立以来，一直在静悄悄地发展着。这个酒庄栽种了11公顷的霞多丽、10公顷的西拉、6公顷的赛美容和2公顷的维德罗。

🍷🍷🍷🍷🍷 Dam Block Hunter Valley Semillon 2012
水坝园地猎人谷赛美容2012
这支酒还带着1年陈赛美容的色泽，看着一点也不像5年陈的，真是奇异。而且，它的味道也和颜色所表现的一样：精致、悠长而纯净，带着柠檬、青柠和柚子的风味，而这些风味被紧实的酸味牢牢锁在了一起。
封口: 螺旋盖　酒精度: 10.9%　评分: 96　最佳饮用期: 2026年　参考价格: 25澳元 ✪

Maluna Hunter Valley Chardonnay 2012
玛鲁娜猎人谷霞多丽2012
这是新一代猎人谷霞多丽中的一员，它成功地掩盖了气候的特点。这支酒风味浓郁，活泼动人，柠檬、柚子和柠檬草的风味骑着高大、宽阔而英俊的马向你走来，后味悠长而干净。是的，橡木的特点是存在的，这是橡木桶发酵的结果，但它影响更多的是酒的结构而非风味。
封口: 螺旋盖　酒精度: 12%　评分: 95　最佳饮用期: 2022年　参考价格: 45澳元 ✪

Maluna Hunter Valley Chardonnay 2014
玛鲁娜猎人谷霞多丽2014
这是一支活泼时髦的霞多丽，猎人谷可以把它做得这么好，让凉爽气候的特点表现得这么有个性。它以葡萄柚和白桃的味道为主，由明亮的酸味与和谐的法国橡木风味作为支撑。
封口：螺旋盖　评分：94　最佳饮用期：2022年

Maluna Hunter Valley Shiraz 2014
玛鲁娜猎人谷西拉2014
这支酒来自伟大的2014年份，仅仅制作了500箱。典型的中度酒体，泥土味和鲜咸味陪衬着李子与黑莓的果香，法国橡木的影响在这里得到了强调。单宁也是典型的，它提供了长期陈年的结构基础。
封口：螺旋盖　酒精度：14.2%　评分：94　最佳饮用期：2044年

🍷🍷🍷🍷🍷(4.5) Hunter Valley Chardonnay 2011
猎人谷霞多丽2011
评分：93　最佳饮用期：2020年　参考价格：29澳元

Echelon　爱基隆酒庄　★★★★☆

68 Anzac Street, Chullora, NSW 2190 产区：多产区
电话：(02) 9722 1200　网址：www.echelonwine.com.au　开放时间：不开放
酿酒师：多位　创立时间：2009年　产量（以12支箱数计）：不公开
爱基隆酒庄是尼古拉斯·克兰普顿（Nicholas Crampton）灵感的实体产物，他是一位懂葡萄酒的葡萄酒商（这可决不常见）。他说服了麦克威廉（McWilliam，爱基隆的主人）自由地表达自己的见解，并招募了酿酒师科瑞·莱恩（Corey Ryan）。爱基隆旗下的品牌包括：最后的地平线系列（Last Horizon，来自塔斯马尼亚的单一葡萄园葡萄酒，由阿德里安·斯巴克斯制造），帕蒂赞

系列（Partisan，来自麦克拉仑谷），闭门造车的评论家系列和不足与超越系列（Armchair Critic与Under & Over，来自最优秀产区的成熟葡萄园）和齐柏林系列（Zeppelin，由科瑞·莱恩与基姆·特纳酿造，来自特纳的葡萄园和伊甸之子在巴罗萨的葡萄园，经常有达80年树龄的老藤）。

Last Horizon Tamar Valley Riesling 2016
最后的地平线塔马谷雷司令2016
整串压榨，低温发酵。非常优秀的雷司令，有极佳的深度、结构和长度，带着一系列复杂的酸橙、柠檬和苹果芳香，而有矿物感的酸味提供了结构框架。长度无可挑剔。
封口: 螺旋盖　酒精度: 12%　评分: 95　最佳饮用期: 2026年　参考价格: 32澳元 ✪

Last Horizon Tamar Valley Pinot Noir 2016
最后的地平线塔马谷黑比诺2016
评分：93　最佳饮用期：2022年　参考价格：33澳元

Eclectic Wines　埃克莱科特酒庄　★★★★☆

687 Hermitage Road, Pokolbin, NSW 2320　产区：猎人谷
电话：0410 587 207　网址：www.eclecticwines.com.au　开放时间：周五至周一　酿酒师：第一溪酒庄（First Creek Wines）、大卫·胡克（David Hook）、保罗·斯图尔特（Paul Stuart）
创立时间：2001年　产量（以12支箱数计）：3000
这是保罗·斯图尔特和凯特·斯图尔特夫妇的酒庄，名义上是在猎人谷，也是他们居住的地方，那有一个葡萄园，种植了西拉和幕和怀特，之所以说“名义上”，是因为保罗在葡萄酒行业的30年间积累了很多市场的知识，这让他可以从包括堪培拉在内的许多地区购买葡萄。他不但在埃克莱科特标签下生产自己的葡萄酒，同时也充当了其他生产商的独立营销和销售顾问，在销售自己葡萄酒的市场上也销售他的客户的葡萄酒。出口到荷兰等国家，以及中国内地（大陆）和台湾地区。

Hunter Valley Semillon 2016
猎人谷赛美容2016
这支酒带着蜜瓜、柠檬汁、干草和绵羊油的特点，这些神秘的“X因子”让猎人谷赛美容如此的激动人心，其酸度如电，果香纯粹，还带着一点布鲁克力木牌发蜡似的皂味。长度优秀，肌理分明。
封口：螺旋盖　酒精度：12%　评分：95　最佳饮用期：2029年
参考价格：28澳元　NG ✪

Pewter Label Reserve Hunter Valley Shiraz 2014
锡牌珍藏猎人谷西拉2014
这是一支有现代风格的猎人谷西拉，没有鞋油一样的单宁，取而代之的是紫罗兰、睡莲和诱人的蓝色果香，而在那芳香馥郁的中等酒体的表象之下，我确实瞥见了罗纳河谷的味道。
封口：螺旋盖　酒精度：14%　评分：94　最佳饮用期：2026年
参考价格：38澳元　NG

Hunter Valley Chardonnay 2016
猎人谷霞多丽2016
评分：93　最佳饮用期：2023年　参考价格：28澳元　NG

Hunter Valley Semillon 2015
猎人谷赛美容2015
评分：91　最佳饮用期：2028年　参考价格：28澳元　NG

Hunter Central Ranges Pinot Grigio 2016
猎人谷中部山脉灰比诺2016
评分：91　最佳饮用期：2019年　参考价格：25澳元　NG

Hunter Valley Verdelho 2015
猎人谷维德罗2015
评分：90　最佳饮用期：2018年　参考价格：25澳元　NG

Eddie McDougall Wines　艾迪·麦克多高酒庄　★★★★☆

PO Box 2012, Hawthorn, Vic 3122（邮）　产区：国王谷（King Valley）
电话：0413 960 102　网址：www.eddiemcdougall.com　开放时间：不开放
酿酒师：埃迪·麦克道格尔（Eddie McDougall）
创立时间：2007年　产量（以12支箱数计）：5000
埃迪·麦克道格尔（Eddie McDougall）的葡萄酒教育始于在攻读国际商务学士学位期间，在餐馆和酒吧的兼职工作。接下来，他在暗影传真酒庄（Shadowfax）的葡萄园工作，后来又到了墨尔本大学完成了葡萄酒技术和葡萄栽培的研究生学位。接下来，他又去了巨人脚步酒庄（Giant Steps）、克莱德·帕克酒庄（Clyde Park）,、奥利里沃克酒庄（O'Leary Walker）和伍德·帕克酒庄（Wood Park）。顶级巴罗洛酒庄维埃迪（Vietti），朗多克地区（Languedoc）传奇般的玛德玛嘉萨高地峡谷酒庄（Mas de Daumas Gassac），更为他增添了国际化的酿造经历。他赋予了“飞行酿酒师”这个名词以全新的含义：在他在澳大利亚酿酒的同时，还在中国香港地区的第八庄园酒厂（Eighth Estate Winery）使用法国飞来的葡萄酿酒。在2013年，他成了莱恩·埃文斯辅导课程选出的12名葡萄酒精英之一，这个课程是世界上最受尊敬的葡萄酒评判家教育课程。出口到新加坡等国家，以及中国内地（大陆）和港澳台地区。

McDougall & Langworthy Margaret River Rose 2016
麦克道格尔与兰沃西玛格丽特河桃红2016

这是一支丹魄、西拉、歌海娜和维蒙蒂诺的混酿，仅仅制作了250箱。这支酒一定是见证了两位酿酒师的爱情和辛勤劳动。浅淡的粉红色；香气格外的芬芳，带着红色水果和大量有异域风情的香料香，就好像一支伟大的黑比诺葡萄酒一样，这样的芳香真是令人陶醉。它的味道也是一样，充满活力和能量，并有野草莓的味道充盈口腔。
封口：螺旋盖　酒精度：12.5%　评分：96　最佳饮用期：2018年
参考价格：38澳元 ✪

Eden Hall 伊甸园酒庄 ★★★★☆

6 Washington Street, Angaston, SA 5353　产区：伊顿谷　电话：0400 991 968
网址：www.edenhall.com.au　开放时间：每日开放，11:00—17:00
酿酒师：基姆·特纳（Kym Teusner）、克里斯塔·迪恩斯（Christa Deans）　创立时间：2002年
产量（以12支箱数计）：4000　葡萄园面积：32.3公顷
大卫（David）和马迪·霍尔（Mardi Hall）于1996年购买了历史悠久的雅芳布雷庄园（Avon Brae Estate）。庄园的面积有120公顷，种植了赤霞珠（13公顷）、雷司令（9.25公顷）、西拉（6公顷）和少量的梅洛、赤霞珠和维欧尼。大部分的葡萄都通过合约种植的方式供应给御兰堡、圣哈利特酒庄和麦格根酒庄（Yalumba, St Hallett and McGuigan Simeon），其中10%最好的葡萄被保留下来，贴上伊甸园酒庄（Eden Hall）的标签。出口到加拿大和中国。

🍷🍷🍷🍷🍷

Reserve Riesling 2016
珍藏雷司令2016
这支酒和一般的雷司令相比，弥补了它的不足。其果香更成熟，并且自流汁的使用让这支酒的品质有所提升，在迈耶柠檬和罗斯青柠汁味道的挂毯上，增添了更多的层次和风味。这支酒的特色是那偏柔和的酸味，这鼓励我们去尽早饮用它。
封口: 螺旋盖　酒精度: 12.3%　评分: 95　最佳饮用期: 2026年　参考价格: 35澳元 ✪

Block 4 Shiraz 2015
4号园地西拉2015
手工采摘自4号园地中特殊的几行，在法国橡木桶（40%是新的）中陈酿了18个月。酒体中等偏厚，有很好的集中度、长度和线条。黑莓、李子和黑樱桃果香作为驱动，鲜咸的单宁有助于分辨出这支酒的血统在伊顿谷。这酒相当棒。
封口: 螺旋盖　酒精度: 14.5%　评分: 94　最佳饮用期: 2035年　参考价格: 40澳元

Block 3 Cabernet Sauvignon 2015
3号园地赤霞珠2015
在法国橡木桶（40%是新的）中成熟了17个月。伊顿谷（比巴罗萨谷）更温和的气候更适合赤霞珠。这是一支厚重而醇美的赤霞珠，充满了相对的黑醋栗果香和黑橄榄、月桂香气，单宁是赤霞珠的单宁，并在法国橡木桶的作用下有所增强。
封口: 螺旋盖　酒精度: 14.5%　评分: 94　最佳饮用期: 2040年　参考价格: 40澳元

🍷🍷🍷🍷

Riesling 2016
雷司令2016
评分：93　最佳饮用期：2025年　参考价格：22澳元

Springton Barossa Shiraz 2015
斯布灵顿巴罗萨西拉2015
评分：92　最佳饮用期：2030年　参考价格：25澳元 ✪

Gruner Veltliner 2016
绿怀特丽娜2016
评分：91　最佳饮用期：2025年　参考价格：35澳元

Eden Road Wines 伊顿路酒庄 ★★★★★

3182 Barton Highway, Murrumbateman, NSW 2582　产区：堪培拉地区（Canberra District）
电话：(02) 6226 8800　网址：www.edenroadwines.com.au　开放时间：周三至周日，11:00—16:00　酿酒师：席琳·卢梭（Celine Rousseau）、布丽奇特·罗达（Brigitte Rodda）
创立时间：2006年　产量（以12支箱数计）：9500　葡萄园面积：3公顷
这个酒庄现在已经完全搬到堪培拉地区了，但是它的名字反映了其早期的发展，那时候它还在伊顿谷有一处产业。这个产业现在已经与酒庄分离，自从2008年起，伊顿路酒庄的运营就集中到了希托扑斯（Hilltops）、堪培拉地区和唐巴兰姆巴（Tumbarumba）。伊顿路酒庄收购了之前的顿库娜酒庄（Doonkuna winery）的酒厂和成熟的葡萄园，2009年获得的吉米·沃森奖杯（Jimmy Watson Trophy）对这个酒庄的市场推广有极大的助益。出口到英国、美国、马尔代夫等国家，以及中国香港地区。

🍷🍷🍷🍷🍷

Maragle Single Vineyard Chardonnay 2015
马拉戈尔单一园霞多丽2015
马拉戈尔的葡萄酒最令人惊叹的是它丰富的味道，这些味道被束缚在一个简单直接的框架中。达到平衡并不是那么容易，但是这里却完成得很好，就好像激光一样精准。燧石的风味带着酒泥、柑橘、核果、姜粉、烟熏味和木质香料的特点，酸味极其细腻，长度非同一般。
封口：螺旋盖　酒精度：12.6%　评分：96　最佳饮用期：2025年
参考价格：40澳元　JF

Tumbarumba Chardonnay 2014
唐巴兰姆巴霞多丽2014
葡萄来自马拉格尔（Maragle）和库拉比拉（Courabyra）两个葡萄园，选取了可能是

两个葡萄园中最好的葡萄。库拉比拉葡萄园带来了浓郁度和姜奶油蜂蜜的风味特征，与相对直爽的马拉戈尔的风格互补。酒体和谐悠长，鲜咸而富有细节，平衡极佳。完美。
封口：螺旋盖　酒精度：13.1%　评分：96　最佳饮用期：2025　JF

Courabyra Single Vineyard Chardonnay 2015
库拉贝拉单一园霞多丽2015
色泽浅淡而明亮，但从酒中跳跃出来的却是这种惊人的味道——可能是来自酒泥的，因为它就像凝结的奶油拌了姜汁和蜂蜜。也有核果、梅耶柠檬和更多的辛香味。口感则是另一回事：它极其紧实、直率和收敛。
封口：螺旋盖　酒精度：12%　评分：95　最佳饮用期：2025　JF

Gundagai Syrah 2015
冈德盖西拉2015
这支酒肯定需要更多的陈酿时间，才能展示它的潜力。它有深邃的紫色-深红色调，还有木质香料、蓝色水果、烤榛子和砾石的风味，整体看来，酒体充满活力。其单宁紧致，酒体中等，细节丰富。
封口：螺旋盖　酒精度：13.5%　评分：95　最佳饮用期：2030　JF

🍷🍷🍷🍷🍷(4.5)
The Long Road Chardonnay 2015
大道霞多丽2015
评分：92　最佳饮用期：2022年　参考价格：28澳元　JF

Skinny Flat White 2016
瘦扁白2016
评分：92　最佳饮用期：2020年　参考价格：30澳元　JF

Murrumbateman Canberra District Syrah 2015
穆罕默特曼堪培拉区沙拉2015
评分：92　最佳饮用期：2025　JF

Canberra Riesling 2016
堪培拉雷司令2016
评分：91　最佳饮用期：2022年　参考价格：28澳元　JF

The Long Road Pinot Gris 2016
大道灰比诺2016
评分：91　最佳饮用期：2020年　参考价格：28澳元　JF

Pinot Noir 2016
黑比诺2016
评分：90　最佳饮用期：2024　JF

Edenmae Estate Wines　埃登梅斯酒业　★★★★

7 Miller Street, Springton, SA 5235　产区：伊顿谷　电话：0409 493 407
网址：www.edenmae.com.au　开放时间：周五至周日，10:00—18:00　酿酒师：米歇尔·巴尔（Michelle Barr）　创立时间：2007年　产量（以12支箱数计）：1800　葡萄园面积：12公顷
庄主兼酿酒师米歇尔·巴尔在埃登梅斯酒庄施行的是最小干预的栽培方式及有机栽培法。这个葡萄园种植了雷司令和西拉各4公顷，黑比诺和赤霞珠各2公顷，多数葡萄达40年树龄，有一些葡萄较年轻。在酒窖门店中可以品尝到其所有的酒品和当地特色食物拼盘。

🍷🍷🍷🍷🍷
Maluka Single Vineyard Eden Valley Shiraz 2013
马路卡单一园伊顿谷西拉2013
来自43年树龄酒庄自有的干植葡萄藤，在法国橡木桶中陈酿了2年。非常好的深红-紫红色泽反映了酒体的浓郁和有控制的力量，法国橡木桶带来了丰富的层次；后味中带着黑色樱桃果香、甘草和黑胡椒的香味。
封口：螺旋盖　酒精度：14%　评分：94　最佳饮用期：2033年　参考价格：38澳元

🍷🍷🍷🍷🍷(4.5)
Belle Single Vineyard Cabernet Sauvignon 2013
百丽单一园赤霞珠2013
评分：93　最佳饮用期：2033年　参考价格：32澳元

Eight at the Gate　八子临门酒庄　★★★★

42A Grant Avenue, Rose Park, SA 5067（邮）　产区：拉顿布里（Wrattonbully）
电话：0400 873 126　网址：www.eightatthegate.com.au　开放时间：不开放
酿酒师：彼得·道格拉斯（Peter Douglas，合约制）　创立时间：2002年
产量（以12支箱数计）：800　葡萄园面积：60公顷
两个姐妹简·理查兹（Jane Richards）和克莱尔·戴维斯（Claire Davies）来自南澳东南部的农业家庭。每个姐妹都有4个孩子，而这（间接地）成了她们酒庄的名字。她们是从不同的道路上走到一起的：简先是离开了这片土地，成功地以自己的方式在企业中步步高升，走进了科技的世界，踏上了前往纽约和圣·弗兰西斯科的旅程。克莱尔则在这片土地上扎根，毕业于罗斯沃西葡萄酒学院（Roseworthy），担任了助理酿酒师，此后她成了澳大利亚最好的迪·戴维森咨询集团（Di Davidson）的葡萄园顾问。2002年，姐妹们聚在了一起，买下了兰卡诺酒庄（Lanacoona Estate），这个酒庄包括一个1995年种植的已建成的葡萄园，它现在克莱尔的专业眼光下，扩展到目前的60公顷面积。大部分葡萄用于出售，但自2005以来，他们生产了少量的葡萄酒，作为家庭消费使用。随着彼得·道格拉斯（Peter Douglas）作为合约酿酒师加入酒庄，他们的产量逐步上升，到2016年，他们终于发行了八子临门品牌的葡萄酒。

🍷🍷🍷🍷🍷 Single Vineyard Wrattonbully Chardonnay 2016
单一园拉顿布里霞多丽2016
这支酒好像没有经过橡木桶处理，或者橡木的影响很少，但是它确实在2016年的澳大利亚小型酿酒师展会（Australian Small Winemakers Show '16）上获得了一枚金牌。这支酒做得很好，从选择采收日期一直到装瓶的过程。它带着清新的主要是核果的风味，并有着恰到好处的酸味。性价比极高。
封口: 螺旋盖　酒精度: 12.7%　评分: 90　最佳饮用期: 2020年　参考价格: 20澳元

Cabernet Shiraz 2013
赤霞珠西拉2013
明亮的深红-紫红色，丰满的质地和厚实的结构支撑着黑醋栗、李子和黑莓的果香。单宁圆润，橡木特征柔和，但它还处在与果香融合的过程中。
封口：螺旋盖　酒精度：14%　评分：90　最佳饮用期：2025年　参考价格：26澳元

1847 | Yaldara Wines　1847|德雅拉酒庄 ★★★★★

Chateau Yaldara, Hermann Thumm Drive, Lyndoch, SA 5351　产区：巴罗萨谷
电话：(08) 8524 5328　网址：www.1847wines.com　开放时间：每日开放，9:30—17:00
酿酒师：艾利克斯·皮尔（Alex Peel）、克里斯·柯尔特（Chris Coulter）
创立时间：1996年　产量（以12支箱数计）：50000　葡萄园面积：53.9公顷
1847酒庄是由宝谷酒业有限公司全资所有的，这个公司由中国人所有。1847年，巴罗萨的开拓者约翰·格兰普（Johann Gramp）在这个产区种下了第一棵葡萄。事实上，格兰普和他创立的企业与1847酒庄之间没有任何联系。1847酒庄在格兰普最初种葡萄的临近区域有80公顷的葡萄园。一个1000吨的酿酒厂在2014年酿酒季前建成，既生产其核心产品，又酿造一些新品种和新的混酿。2014年对雅达拉酒堡（Chateau Yaldara）的收购，提供了一个主要的零售渠道和大规模的生产设施。出口到中国。

🍷🍷🍷🍷🍷 1847 Limited Release 40 Year Old Rare Tawny NV
1847限量珍藏40年陈珍稀无年份茶色波特
橄榄-红褐的色泽表明了它的年龄。这是一支很好的茶色波特酒，浓郁而复杂，带着香烤太妃糖、圣诞蛋糕、香料、金橘和更多的风味，用于加强的烈酒酒体纯净，而“陈腐”（rancio）的风味也处于合适的水平。最重要的是，它不显得不新鲜。当然，这支酒的价格是很有野心的。
封口：橡木塞　酒精度：20%　评分：96年　参考价格：420澳元

1847 Limited Release 30 Year Old Rare Tawny NV
1847限量珍藏30年陈珍稀无年份茶色波特
毫无疑问，这组10岁到40岁限量发行的四款酒都反映了其真实的平均年龄。不要认为更长的瓶储会让它有进一步的发展——它不会。价格似乎很高，但是并没有反映出生产成本有很大的提高。
封口：橡木塞　酒精度：20%　评分：96年　参考价格：230澳元

1847 20 Year Old Aged Tawny NV
1847酒庄20年陈无年份茶色波特
比10年陈的颜色更浅一些，在边缘上有黄褐色色调，带着辛香的圣诞蛋糕的复杂风味被“陈腐”的风味恰好平衡了。
封口：橡木塞　酒精度：20%　评分：95年　参考价格：100澳元

1847 10 Year Old Aged Tawny NV
1847酒庄10年陈无年份茶色波特
红棕色色调，多汁、浓郁，已经发展出了一些陈腐的风味；平衡良好。酒体复杂，清新，果香浓，收尾基本上是干的。
封口：橡木塞　酒精度：18%　评分：94年　参考价格：40澳元

🍷🍷🍷🍷🍷 1847 Old Vine Barossa Valley Grenache 2015
老藤巴罗萨谷歌海娜2015
评分：93　最佳饮用期：2029年　参考价格：120澳元

1847 Grand Pappy's Adelaide Hills Chardonnay 2015
1847酒庄“祖父”阿德莱德山霞多丽
评分：90　最佳饮用期：2019年　参考价格：50澳元

1847 Old Vine Barossa Valley Grenache 2014
1847酒庄老藤巴罗萨谷歌海娜2014
评分：90　最佳饮用期：2025年　参考价格：120澳元

1847 Barossa Valley Sparkling Petit Verdot 2013
1847酒庄巴罗萨谷气泡小味儿多2013
评分：90　最佳饮用期：2019年　参考价格：35澳元　TS

Ekhidna　艾奇娜酒庄 ★★★★★

67 Branson Road, McLaren Vale, SA 5171　产区：麦克拉仑谷
电话：(08) 8323 8496　网址：www.ekhidnawines.com.au　开放时间：每日开放，11:00—17:00
酿酒师：马修·雷西那（Matthew Rechner）　创立时间：2001年　产量（以12支箱数计）：8000
马修·雷西那于1988年进入葡萄酒行业，在麦克拉仑谷的塔塔切拉酒庄（Tatachilla）度过了大部分时光，从实验室技术员做起，一直做到运营经理。由于大型酒厂的各种限制让他很沮丧，2001

年的时候他决定自己动手做酒。葡萄酒的质量如此优秀，让他已经能够建立一个酒厂和酒窖门店，他的酒厂也在推进各种尖端技术的使用。出口到英国、新加坡和中国。

🍷🍷🍷🍷🍷 Matt's LP McLaren Vale Shiraz 2014

马特LP麦克拉仑谷西拉2014

这支酒来自20—100年树龄的葡萄，所有的葡萄都被分开处理，经过破碎和5—7天的冷浸渍，采用人工培养的酵母开放式发酵，在主要是法国橡木桶（2%是新桶）中陈酿。香气极其浓郁，柔顺多汁的黑色水果芳香伴着摩卡橡木香和诱人的辛香单宁。酒体饱满厚重，但是这支酒毫不费力地承载了这种厚度，让人不由得一口接一口地喝下去。

封口：螺旋盖 酒精度：14.5% 评分：95 最佳饮用期：2034年 参考价格：30澳元 ✪

McLaren Vale Cabernet Shiraz 2013

麦克拉仑谷赤霞珠西拉2013

从开始到结束一直是赤霞珠处在了主导的地位，这不一定是人们对麦克拉仑谷所期待的那样。更令人惊讶的是，这款葡萄酒的质量如此优秀而价格却低廉得荒唐。其酒体中等，有紧密的集中度，鲜咸味和深色莓果的果香有出色的单宁作为后盾。这支酒价廉物美得好像偷来的一样。

封口：螺旋盖 酒精度：14.5% 评分：94 最佳饮用期：2028年 参考价格：20澳元 ✪

🍷🍷🍷🍷 McLaren Vale GSM 2015

麦克拉仑谷歌海娜西拉幕和怀特

评分：91 最佳饮用期：2022年 参考价格：20澳元 ✪

McLaren Vale Mourvedre 2014

麦克拉仑谷幕和怀特

评分：90 最佳饮用期：2029年 参考价格：20澳元 ✪

Elbourne Wines 埃尔伯尼酒业 ★★★★★

236 Marrowbone Road, Pokolbin, NSW 2320 产区：猎人谷
电话：0416 190 878 网址：www.elbournewines.com.au 开放时间：仅限预约
酿酒师：（Nick Paterson） 创立时间：2009年
产量（以12支箱数计）：500 葡萄园面积：4公顷

亚当·埃尔伯尼和亚力克西斯·埃尔伯尼（Adam and Alexys Elbourne）做了这件千万个年轻家庭梦想的事情：卖掉了悉尼的房产，来到猎人谷没有污染的环境中建设他们的家庭。他们的房子在两周内就卖掉了，这使得寻找房产成为第一要务。不过幸运的是，他们之前已经多次前往猎人谷，那时候只是为了享受葡萄酒和美食，而亚力克西斯是在帕特森河畔的一家80公顷的产业里长大的。因此，他们能够发现并买下玛丽本路（Marrowbone Road）上22公顷的产业，似乎是必然能发生的事情。这个庄园种植了破败的霞多丽和西拉各2公顷，并有足够的土地来容纳一只精品赛马和诺亚方舟似的动物集合，包括罕见的维萨科斯白肩猪（Wessex Saddleback）。最后一块拼图则是在猎人谷的一位伟大的葡萄栽培师尼尔·史蒂文斯（Neil Stevens）的指导下进行的为期2年的葡萄园恢复工作（尼尔也继续管理着这片葡萄园），以及任命尼克·派特森（Nick Paterson）作为合同酿酒师。

🍷🍷🍷🍷🍷 Single Vineyard Hunter Valley Shiraz 2014

单一园猎人谷西拉2014

你不可能忘记这么醒目的酒标，在其中心有一个非常大的“E”字母。埃尔伯尼酒庄现在面临的一个问题是，很有可能在很长一段时间都不会遇到一个这么好的年份了。不过，埃尔伯尼酒庄已经做出了这样的好酒，这是一支酒体浓郁、长度极佳的西拉，法国橡木桶为红色与黑色水果的风味提供了框架。埃尔伯恩（Elbourne）巧妙利用了橡木桶，成就了一支强烈且极为悠长的西拉，品质高贵，单宁柔顺。

封口：螺旋盖 酒精度：14.5% 评分：96 最佳饮用期：2044年 参考价格：33澳元 ✪

Hunter Valley Shiraz 2011

猎人谷西拉2011

难怪这酒在2014年的猎人谷葡萄酒展上赢得了金牌。它充分利用了好年份的优势来酿造一支经典的猎人谷西拉，这支酒在瓶中大放光彩，并且会在未来的10—20年中继续发展。虽然酒精度较低，但是它比2014年的酒更加饱满和浓郁，两支葡萄酒中，橡木桶的使用都很老道。

封口：螺旋盖 酒精度：13% 评分：96 最佳饮用期：2041年 参考价格：38澳元 ✪

Hunter Valley Chardonnay 2012

猎人谷霞多丽2012

早采赋予了葡萄酒很好的新鲜度、优雅的气质和不错的长度，这也体现在了它获得的奖杯和金牌上面了。显然，评委们对这支酒的果香的深度没有任何疑问。

封口：螺旋盖 酒精度：12% 评分：95 最佳饮用期：2020年 参考价格：35澳元 ✪

🍷🍷🍷🍷 Hunter Valley Chardonnay 2013

猎人谷霞多丽2013

评分：93 最佳饮用期：2020年 参考价格：28澳元

Single Vineyard Hunter Valley Chardonnay 2014

单一园猎人谷霞多丽2014

评分：92 最佳饮用期：2021年 参考价格：28澳元

Single Vineyard Hunter Valley Chardonnay 2015

单一园猎人谷霞多丽2015

评分：90 最佳饮用期：2021年 参考价格：28澳元

Elderslie 埃尔德斯利酒庄 ★★★★★

PO Box 93, Charleston, SA 5244（邮） 产区：阿德莱德山 电话：0404 943 743
网址：www.eldersliewines.com.au 开放时间：不开放 酿酒师：亚当·瓦德威兹（Adam Wadewitz） 创立时间：2015年 产量（以12支箱数计）：600 葡萄园面积：8公顷

这个酒庄可能比较新，但它集合了两个资深葡萄酒家庭，葡萄酒已经流淌在他们的血液中。酿酒师亚当·瓦德威兹和葡萄酒营销专家妮可·罗伯茨（Nicole Roberts）都有丰富的葡萄酒行业从业经验。他们二人的配偶妮姬·瓦德威兹（Nikki Wadewitz）和马克·罗伯茨（Mark Roberts）也加入了这个酒庄。同时，他们也有他们在现实生活中的工作。2016年，妮可接受了阿德莱德山葡萄酒产区的执行官的职位，她曾在3个阿德莱德山最好的酒庄（肖+史密斯，格罗斯酒庄和兰恩酒庄，即Shaw + Smith, Grosset和The Lane Vineyard）中担任品牌发展的职务。在过去的20年中，亚当的事业发展达到了人们能想象到的最高水平，而在2009年莱恩·埃文斯课程中取得第一的成绩帮助了他。他曾经是贝思酒庄（Best's Wines）的高级酿酒师，并酿造出了赢得2012年吉米·沃森奖杯的葡萄酒。他还成了国家葡萄酒展上最年轻的评委，目前是肖+史密斯及其旗下的托尔帕德尔酒庄（Tolpuddle Vineyard）的高级酿酒师。

🍷🍷🍷🍷🍷 Hills Blend #1 Adelaide Hills Pinot Blanc 2016

阿德莱德山混酿1号白皮诺2016

一支葡萄酒，就好像春天的第一只燕子一样，没法让我改变对白比诺价值的观点。虽然果香和风味很寻常，但是这支酒的质地和结构都非常优秀。它的质地有颗粒感，带着矿物风味，长度非凡，复杂度突出，长长的回味在口腔中久久地停留，这种长度简直是不可能的。

封口：螺旋盖 酒精度：13% 评分：95 最佳饮用期：2026年

Hills Blend #2 Adelaide Hills Pinot Meunier Pinot Noir 2016

阿德莱德山混酿2号默尼耶皮诺混黑比诺2016

这支酒的香气极其浓郁，它带着一整套红色水果的果香，并且直接走到了味蕾之上，又在等式的另一端增加了精致而紧实的单宁。这支酒带着很好的态度，陈酿的潜力也同样优秀。

封口：螺旋盖 酒精度：13.5% 评分：95 最佳饮用期：2026年

Elderton 德顿酒庄 ★★★★★

3–5 Tanunda Road, Nuriootpa, SA 5355 产区：巴罗萨谷 电话：(08) 8568 7878
网址：www.eldertonwines.com.au 开放时间：周一至周五，10:00—17:00；周末与公共假期，11:00—16:00 酿酒师：理查德·朗福德（Richard Langford） 创立时间：1982年
产量（以12支箱数计）：45000 葡萄园面积：65公顷

这个酒庄的创始人是阿诗米德（Ashmead）家族，母亲罗琳（Lorraine）带着儿子阿利斯特（Allister）和卡梅伦（Cameron）的支持，继续通过他们的葡萄酒给人们留下深刻的印象。最初的葡萄来源是巴罗萨地区30公顷完全成熟的西拉、赤霞珠和梅洛；接下来，伊顿谷的16公顷葡萄园（种了西拉、赤霞珠、霞多丽、增芳德、梅洛和胡珊）也被并入这个酒庄。在澳大利亚和海外的大力推广营销很见成效。优雅和平衡是这些葡萄酒的关键。出口到所有的主要市场。

🍷🍷🍷🍷🍷 Command Barossa Shiraz 2014

统帅巴罗萨西拉2014

这支酒的力量为轻薄如蛛丝般的质地和纯粹尖锐的酒精度所修饰着。黑色水果、茴香、焦油、樟脑的风味和吉百利牛奶巧克力的奶油质感覆盖了口腔。此外它还带着橡木桶发酵产生的烟熏味道。浸渍提取的强度控制得很精准，对法国和美国橡木桶的运用也是聪明的。一切都很和谐，非常适合这种风格。

封口：螺旋盖 酒精度：14.5% 评分：97 最佳饮用期：2040年
参考价格：130澳元 NG ✪

🍷🍷🍷🍷🍷 Western Ridge Barossa Valley Grenache Carignan 2015

西岭巴罗萨谷歌海娜佳丽酿2015

在澳大利亚是很少见到这种搭配的，佳丽酿清爽泼辣的酸味和单宁的支撑缓和了歌海娜的红樱桃、樱桃酒和阿马罗利口酒（amaro）的风味。这款酒巧妙地展示了两个品种之间的协同作用。

封口：螺旋盖 酒精度：14.5% 评分：96 最佳饮用期：2028年
参考价格：60澳元 NG ✪

Ashmead Barossa Cabernet Sauvignon 2015

阿诗米德巴罗萨赤霞珠2015

这支酒展现了很多赤霞珠的品种特征：醋栗和深色李子果香，伴着干鼠尾草、香料包和淡淡的青草香味。它一开始很温柔，有浓郁的味道按摩着口腔，不过，当这支酒慢慢地展开之时，单宁感就逐渐增加了，而酸味就像回音壁一样，它让丰富的味道久久回荡而不散去。

封口：螺旋盖 酒精度：14.5% 评分：96 最佳饮用期：2035年
参考价格：120澳元 NG

Ode to Lorraine Barossa Cabernet Sauvignon Shiraz Merlot 2014

致罗琳巴罗萨赤霞珠西拉梅洛2014

这支酒有巴罗萨的浓郁度和来自老藤的顽强酒精度，很好地平衡了粉笔质地的单宁和浓浓的酸味。各种各样的李子果香，软糖、香草包和薄荷的风味都表现在酒里，它的优雅令人印象深刻。

封口：螺旋盖 酒精度：14% 评分：95 最佳饮用期：2032年
参考价格：60澳元 NG

Neil Ashmead Grand Tourer Barossa Valley Shiraz 2015
尼尔·阿诗米德豪华旅行者巴罗萨谷西拉2015
这支酒来自古老的庄园自有西拉葡萄，酿造的方法聪明而小心。魁伟的力量融在慈爱的芬芳之中，并由单宁和橡木修饰支撑着，橡木的风味完全埋在了深色水果的浓郁芳香里，并有鲜咸的味道与之相互作用着。后味中徜徉着无尽的令人沉醉的旋律，潜藏着充满个性的力量。
封口：螺旋盖 酒精度：14.6% 评分：94 最佳饮用期：2034年
参考价格：60澳元 NG

Barossa Valley Golden Semillon 2016
巴罗萨谷金色赛美容2016
通过葡萄藤主臂的修剪，在没有贵腐霉菌影响的情况下，将糖分集中在葡萄果实之中。这支酒带着漂亮的黄色调，边缘晕染了明亮的绿色辉光。芒果、木瓜、温柏果酱和一抹姜粉的风味在口中蔓延，活力四射的酸味如同线团一般将这些风味紧紧困住，久久不散。
封口：螺旋盖 酒精度：10.5% 评分：94 最佳饮用期：2026年
参考价格：30澳元 NG ✪

🍷🍷🍷🍷🍷 Eden Valley Riesling 2016
伊顿谷雷司令2016
评分：92 最佳饮用期：2030年 参考价格：30澳元 NG

Eden Valley Chardonnay 2016
伊顿谷霞多丽2016
评分：92 最佳饮用期：2030年 参考价格：30澳元 NG

E Series Shiraz Cabernet 2015
E系列西拉赤霞珠2015
评分：91 最佳饮用期：2022年 参考价格：19澳元 NG ✪

Barossa GSM 2014
巴罗萨歌海娜西拉幕和怀特2014
评分：91 最佳饮用期：2024年 参考价格：34澳元 NG

Eldorado Road 埃尔多拉多路酒庄 ★★★★★

46–48 Ford Street, Beechworth, Vic 3747 产区：维多利亚州东北部 电话：(03) 5725 1698
网址：www.eldoradoroad.com.au 开放时间：周五至周日，11:00—17:00 酿酒师：保罗·达伦伯格（Paul Dahlenburg）、本·达伦伯格（Ben Dahlenburg）、劳丽·舒尔茨（Laurie Schulz）
创立时间：2010年 产量（以12支箱数计）：1500 葡萄园面积：4公顷
保罗·达伦伯格（他的绰号叫熊）与劳丽·舒尔茨和他们的孩子们租了一片2公顷的种植于19世纪90年代的西拉园地，根瘤蚜在格兰罗旺（Glenrowan）和路斯格兰（Rutherglen）造成了毁灭性的灾害后，这里栽种的是由法国供应的（无疑是嫁接的）秧苗。熊和劳丽知道葡萄园的起源，这个园子在多年的疏于照管之后处于严重衰退的状态。葡萄园的所有者意识到它的历史重要性，并且很乐意将这个园子租出去。经过4年不懈的努力，他们得到了极少量的异常优秀西拉葡萄；他们还种植了一小片黑珍珠和杜瑞夫。

🍷🍷🍷🍷🍷 Luminoso Rose 2016
卢明诺索桃红2016
黑珍珠葡萄在旧法国橡木桶中带酒泥陈酿了6个月。酒色呈三文鱼粉；富有质感，味道鲜美，清爽的酸味在让回味变长的同时，使酒体显得更干。这支酒的风格很适合配餐。
封口：螺旋盖 酒精度：13.7% 评分：95 最佳饮用期：2020年 参考价格：23澳元 ✪

Onyx Durif 2015
黑玛瑙杜瑞夫2015
这支酒来自酒庄自有的葡萄，葡萄生长在风化的红色花岗岩土壤上，酿造时采用了开放式发酵，并延长了发酵和浸皮的时间，且在勃艮第橡木桶中进行了陈酿。酿造杜瑞夫可能是这本书里面记录的最最艰难的一项任务，如果你想要穿透那厚重的果香和单宁组分，捕捉到它香气中那闪着光芒的有生命的芬芳的话。而保罗·达伦伯格完成了这几乎不可能的任务。
封口：螺旋盖 酒精度：14.4% 评分：95 最佳饮用期：2040年 参考价格：35澳元 ✪

Quasimodo Shiraz Durif Nero d'Avola 2014
加西莫多西拉杜瑞夫黑珍珠2014
尽管产区和品种显示这支酒的酒体应该是厚重的，但它却是一支优雅的、中等酒体的葡萄酒。它带着复杂的、有辛香味的蓝色、紫色与黑色水果的果香，还有精致的单宁和微妙的橡木风味。对酒精的控制是成功的关键。
封口：螺旋盖 酒精度：13.3% 评分：94 最佳饮用期：2023年 参考价格：28澳元 ✪

🍷🍷🍷🍷🍷 Beechworth Chardonnay 2015
比曲尔斯霞多丽2014
评分：93 最佳饮用期：2020年 参考价格：35澳元

IV Nations Vintage Fortified 2015
国四年份加强酒2015

评分：93年 参考价格：25澳元 ✪

Comrade Nero d'Avola 2015

统帅黑珍珠2015

评分：90 最佳饮用期：2022年 参考价格：35澳元

Eldredge 埃尔德雷奇酒庄 ★★★★

659 Spring Gully Road, Clare, SA 5453 产区：克莱尔谷 电话：(08) 8842 3086
网址：www.eldredge.com.au 开放时间：每日开放，11:00—17:00 酿酒师：雷·埃尔德雷奇（Leigh Eldredge） 创立时间：1993年 产量（以12支箱数计）：8000 葡萄园面积：20.9公顷

雷·埃尔德雷奇和凯伦·埃尔德雷奇(Leigh and Karen Eldredge)在沃特韦尔(Watervale)海拔500米的七山山脉（Sevenhill Ranges）中建立了自己的酒窖门店。成熟的庄园自有葡萄园种植了西拉、赤霞珠、梅洛、雷司令、桑乔维塞和马尔贝克。出口到英国、美国、加拿大、新加坡和中国。

🍷🍷🍷🍷🍷

Blue Chip Clare Valley Shiraz 2015

蓝筹克莱尔谷西拉2015

在这个标签下的葡萄酒多年来保持着特定的风格，这支新发行的酒仍然是这种风格。它带着醉人的浓郁芳香，散发出极其成熟的黑莓为主的芳香，伴着香草橡木香和温暖甜美的白兰地李子布丁的香气。酒体饱满，风味浓厚，黑色水果的味道充盈口腔，并有强劲的单宁和甘油般的质地，如波浪一般推送着。

封口：螺旋盖 酒精度：14.8% 评分：94 最佳饮用期：2030年
参考价格：35澳元 SC

Reserve Clare Valley Malbec 2014

珍藏克莱尔谷马尔贝克2014

这支酒在新的法国橡木桶中陈酿了18个月，其影响是明显的，特别是对香气的影响。而橡木的影响是否太多了，可能不同人的观点并不相同。不过没有争议的是它浓郁丰满的果香，那成熟而柔软的红色浆果的芬芳——覆盆子、桑椹、波森莓——溢满了鼻腔后又洒满了口腔，好像洪水一样。可以现在享用，也可以晚一些。

封口：螺旋盖 酒精度：14.8% 评分：94 最佳饮用期：2030年
参考价格：38澳元 SC

🍷🍷🍷🍷

Clare Valley Riesling 2016

克莱尔谷雷司令2016

评分：93 最佳饮用期：2030年 参考价格：22澳元 SC ✪

RL Clare Valley Cabernet Malbec 2014

RL 克莱尔谷赤霞珠马尔贝克2014

评分：93 最佳饮用期：2035年 参考价格：30澳元 SC

JD Clare Valley Sangiovese 2015

JD 克莱尔谷桑乔维塞2015

评分：92 最佳饮用期：2027年 参考价格：20澳元 SC ✪

Mollie 2016

摩丽2016

评分：90 最佳饮用期：2020年 参考价格：20澳元 SC ✪

Eldridge Estate of Red Hill 埃尔德里奇红山酒庄 ★★★★★

120 Arthurs Seat Road, Red Hill, Vic 3937 产区：莫宁顿半岛 电话：0414 758 960
网址：www.eldridge-estate.com.au 开放时间：周一至周五，12:00—16:00；周末与公共假期，11:00—17:00 酿酒师：大卫·罗伊德（David Lloyd） 创立时间：1985年
产量（以12支箱数计）：1000 葡萄园面积：2.8公顷

埃尔德里奇葡萄园于1995年由大卫和（已故的）温蒂·罗伊德（Wendy Lloyd）收购。葡萄园中正在进行大面积架势重整的工作，架势将改为斯科特·亨利（Scott Henry）式，所有葡萄酒都是酒庄自己种植和酿造的。大卫还种植了几种从法国第戎选择的黑比诺克隆植株（114,115和777），这些葡萄自从2004年起就一直兢兢业业地结果；同样来自第戎的霞多丽96号克隆株也是一样。注重细节的习惯在他在葡萄园和酿酒厂所做的一切工作中都能表现出来。出口到美国。

🍷🍷🍷🍷🍷

Clonal Blend Pinot Noir 2015

多克隆混酿黑比诺2015

这支酒里有25%的777号克隆植株，剩下的部分是同等比例的MV6号、115号、玻玛（Pommard）号、G5V15号和1号克隆植株。这是一支美丽动人的黑比诺，它的美丽有一半来自葡萄园，还有一半来自酒厂。它的力量需要几秒钟才开始释放，但它一旦绽放，就有了秒杀一切的能量。这支酒有极好的红色水果芳香和优秀的年份带来的浓郁度。每一次再品的时候，它都表现得比之前更好一些。

封口：螺旋盖 酒精度：13.5% 评分：97 最佳饮用期：2030年 参考价格：75澳元 ✪

🍷🍷🍷🍷🍷

Single Clone Pinot Noir 2015

单克隆黑比诺2015

所有埃尔德里奇庄园的黑比诺都有如星光一样明亮的色泽，能在一瞬间吸引到你，而且香气也异常的芬芳。这是100%的MV6号克隆株，这支酒展示了为什么这个克隆株是澳大利亚最推崇的克隆株，它的果香和鲜咸风味渗透到了口腔中所有的角落，在吞咽之后仍然长时间地保持着抓力。香气中一丝烤肉的风味也对这支酒做出了贡献。

封口：螺旋盖 酒精度：13.5% 评分：96 最佳饮用期：2030年 参考价格：68澳元 ✪

Eldridge Clone 1 Pinot Noir 2015

埃尔德里奇1号克隆黑比诺2015
这个克隆株是在勃艮第专为大卫·罗伊德选育出来的，大卫把这个植株带回了澳大利亚后，它经过了漫长的检疫流程。这支酒的力量比除了MV6之外的克隆品种都更强，但是它会尽可能礼貌地去表现它的强大。果香更偏向于深色水果，有一些李子的风味，它的抓力一直在增强，直到后味结束。
封口: 螺旋盖 酒精度: 13.5% 评分: 96 最佳饮用期: 2029年 参考价格: 68澳元 ✪

Wendy Chardonnay 2015
温蒂霞多丽2015
这支酒是为了纪念大卫·罗伊德的妻子温蒂（1954-2014），由第戎克隆株95号和96号制成，整串压榨并在优质法国橡木中发酵。优雅和注重细节是这支酒最显著的特征，它比其侪辈有更好的浓郁度和长度，但仍会给人一种微型绘画的感觉。
封口：螺旋盖 酒精度：13% 评分：95 最佳饮用期：2025年 参考价格：55澳元

Pinot Noir 2015
黑比诺2015
这是埃尔德里奇庄园的旗舰产品，在其产品组合中的分量最重（酒庄总产量1000箱），与多克隆混酿黑比诺使用了同样的比例调配。其香气、平衡和长度完美地配合起来，几乎所有种类的红色水果的风味都混合在了一起，形成了仙一般的冰果露似的风味，还有少许辛香料和森林地面的味道在旁边陪衬着。
封口: 螺旋盖 酒精度: 13.5% 评分: 95 最佳饮用期: 2027年 参考价格: 60澳元

Fume Blanc 2016
长相思2016
明亮的稻草绿色；所有长相思葡萄酒能产生的问题都被从容地解决了；橡木桶发酵带来了烟熏的风味，而这种风味在柠檬草、成熟柑橘和热情果的浓郁味道之下，显得不足为道。后味明亮活泼。
封口: 螺旋盖 酒精度: 13.5% 评分: 94 最佳饮用期: 2020年 参考价格: 30澳元 ✪

Chardonnay 2015
霞多丽2015
这支酒用到了5个克隆植株，包括从第戎选择的几个克隆株，整串压榨并在法国橡木桶中发酵。酒体新鲜明亮，霞多丽的果香自始至终都很有控制。
封口：螺旋盖 酒精度：13% 评分：94 最佳饮用期：2025年 参考价格：45澳元

North Patch Chardonnay 2015
北方园地霞多丽2015
这支酒来自酒窖门店旁边的小块园地；这支5个克隆的混酿葡萄酒采用了埃尔德里奇标准的整串压榨办法。其采收的时机都非常的精准，葡萄酒带着葡萄柚、甜瓜和白色核果的风味。
封口：螺旋盖 酒精度：13% 评分：94 最佳饮用期：2022年 参考价格：40澳元

Gamay 2015
佳美2015
我本以为这支酒会和黑比诺有很大的差距，但是2015年这个好年份和大卫·罗伊德的巧手栽培缩小了这种差距。这支酒的质地和结构令人惊艳（佳美通常是简单的，一维的），其风味以黑樱桃果香为主。
封口：螺旋盖 酒精度：13% 评分：94 最佳饮用期：2025年 参考价格：40澳元

Elgee Park 埃尔盖公园酒庄 ★★★★★

24 Junction Road, Merricks North, Vic 3926 产区：莫宁顿半岛 电话：(03) 5989 7338
网址：www.elgeeparkwines.com.au 开放时间：在美利克斯葡萄酒商店（Merricks General Wine Store） 酿酒师：杰拉尔丁·麦克福尔（Geraldine McFaul，合约酿酒师）
创立时间：1972年 产量（以12支箱数计）：1600 葡萄园面积：4.4公顷
这个莫宁顿半岛（Mornington Peninsula）的先驱于20世纪重生了，它由贝利奥·迈耶（Baillieu Myer）及其家人所有。这个葡萄园种植了雷司令、霞多丽、维欧尼（澳大利亚最古老的葡萄树）、灰比诺、黑比诺、梅洛和赤霞珠。园子朝北，坐落在一个风景优美的天然圆形剧场形态的坡地之上，视线穿过菲利浦湾后，能望向墨尔本的天际线。

🍷🍷🍷🍷🍷 Family Reserve Mornington Peninsula Pinot Gris 2016
家族珍藏莫宁顿半岛灰比诺2016
显然这支灰比诺是在旧橡木桶中发酵的，酒泥搅拌的痕迹也很明显。其复杂性和重量比大多数酒都要强一些。梨和苹果的果香非常低调，让这支酒很适合配餐。
封口：螺旋盖 酒精度：13% 评分：94 最佳饮用期：2020年 参考价格：35澳元

🍷🍷🍷🍷 Family Reserve Viognier 2016
家族珍藏维欧尼2016
评分：92 最佳饮用期：2018年 参考价格：30澳元

Family Reserve Riesling 2016
家族珍藏雷司令2016
评分：90 最佳饮用期：2018年 参考价格：30澳元

Family Reserve Viognier 2015
家族珍藏维欧尼2015
评分：90 最佳饮用期：2018年 参考价格：30澳元

Ellis Wines 爱丽丝酒庄

★★★★☆

3025 Heathcote-Rochester Road, Colbinabbin, Vic 3559（邮） 产区：西斯科特
电话：0401 290 315 网址：www.elliswines.com.au 开放时间：不开放
酿酒师：盖伊·拉特詹（Guy Rathjen） 创立时间：1998年
产量（以12支箱数计）：700 葡萄园面积：54.6公顷

这个家族企业的拥有者是布莱恩·埃利斯和乔伊·埃利斯（Bryan and Joy Ellis），他们的女儿雷琳·弗拉纳根（Raylene Flanagan）是销售经理，有7片葡萄园地是以家庭成员的名字命名的。在最初的10年里，埃利斯很乐意把葡萄卖给一些知名的酿酒商。不过从那以后，有越来越多的葡萄被酿成了酒。

🍷🍷🍷🍷🍷 Premium Heathcote Shiraz 2014
优级西斯科特西拉2014
开放式发酵14天，经过按压皮渣，压榨入罐后，转移到法国橡木桶 (60%是新的) 中陈酿了14个月。酒色良好；酒香浓郁，甘草和辛香料的香气回旋着穿过黑樱桃和浆果的风味，法国橡木和单宁则增添了酒的复杂度。最令人惊讶的特点是它如此轻易地就让橡木的风味完全被酒体吸收了。
封口: 螺旋盖 酒精度: 14.7% 评分: 95 最佳饮用期: 2034年 参考价格: 42澳元

🍷🍷🍷🍷 Signature Label Heathcote Shiraz 2014
签名标签西斯科特西拉2014
评分：90 最佳饮用期：2024年 参考价格：34澳元

Elmswood Estate 榆林酒庄

★★★★★

75 Monbulk-Seville Road, Seville, Vic 3139 产区：雅拉谷 电话：(03) 5964 3015
网址：www.elmswoodestate.com.au 开放时间：周末，12:00—17:00 酿酒师：刘翰涛（音，Han Tao Lau） 创立时间：1981年 产量（以12支箱数计）：2000 葡萄园面积：6.9公顷

这个酒庄在雅拉谷南部远处的红色火山土壤上种植了赤霞珠、霞多丽、梅洛、长相思、黑比诺、西拉和雷司令等品种。酒窖门店被叫做“亭子（The Pavilion）”，是一个完全封闭的玻璃房，坐落于于葡萄园上方的山脊上，能够180度的观赏上雅拉谷的景色。它最多能容纳110位客人，是一个很受欢迎的婚礼场所。出口到中国内地（大陆）和香港地区。

🍷🍷🍷🍷🍷 Yarra Valley Chardonnay 2016
雅拉谷霞多丽2016
来自35年树龄的P58克隆植株，在超过3天的手工采摘后，让葡萄凉快了一夜，在振动台上经过了手工分选后，整串压榨，在法国橡木桶（19%是新的）中发酵，并带酒泥陈酿了9个月。它富有燧石的风味，并全力向夏布利靠拢，9.4克每升的可滴定酸度是有挑战性的。那令人频频咂舌的后味让我觉得不错。
封口: 螺旋盖 酒精度: 13.1% 评分: 95 最佳饮用期: 2026年 参考价格: 35澳元 ✪

arra Valley Merlot 2015
雅拉谷梅洛2015
手工采摘，冷处理一夜，经过除梗后，大部分整果发酵，小部分经过破碎，采用开放式发酵，2—4周的浸皮，在法国橡木桶（40%是新的）中陈酿15个月。酒体呈明亮、清澈的深紫红色；酒体中等，有清新优雅的红色水果风味和颗粒细致的单宁。
封口：Diam软木塞 酒精度：13.9% 评分：95 最佳饮用期：2030年
参考价格：35澳元 ✪

Yarra Valley Syrah 2015
雅拉谷西拉2015
冷处理过夜，小型开放式发酵罐中发酵，其中有10%的葡萄是整串发酵的，总共浸皮204周，在法国橡木桶（33%是新的）中陈酿了10个月，总共制作了200箱。颜色很好；多汁的深色樱桃和李子的果香伴着辛香料的香气进入，伴着雪松风味和精致的单宁逸出。总体而言，平衡非常不错。
封口：螺旋盖 酒精度：14% 评分：94 最佳饮用期：2029年 参考价格：35澳元

Yarra Valley Cabernet Sauvignon 2015
雅拉谷赤霞珠2015
这支酒来自上雅拉谷的深红色玄武岩粘质土壤，这个地区对赤霞珠的完全成熟是一种挑战。这里的答案是早期的修剪、增加架势高度和结果区附近的去叶。标准的榆林酒庄酿造办法生产出色泽深厚而有力的赤霞珠，具有强烈而鲜美的干香草风味和暗藏的香叶味。
封口：Diam软木塞 酒精度：14.3% 评分：94 最佳饮用期：2034年
参考价格：35澳元

🍷🍷🍷🍷 Yarra Valley Pinot Noir 2015
雅拉谷黑比诺2015
评分：90 最佳饮用期：2022年 参考价格：38澳元

Eperosa 易珀萨酒庄

★★★★★

24 Maria Street, Tanunda, SA 5352 产区：巴罗萨谷 电话：0428 111 121
网址：www.eperosa.com.au 开放时间：仅限预约 酿酒师：布莱特·格洛克（Brett Grocke）
创立时间：2005年 产量（以12支箱数计）：1600 葡萄园面积：7.83公顷

易珀萨酒庄的庄主布莱特·格洛克在2001年成了一名栽培师，通过格洛克葡萄栽培公司（Grocke Viticulture），为遍布巴罗萨谷、伊顿谷、阿德莱德山、河地、兰好乐溪和欣德马什谷（Hindmarsh

Valley）200公顷的葡萄园提供咨询和技术服务。他成功地保证了小批量有机葡萄的供应，这些葡萄经过手工采摘，整串发酵和脚踩破碎，既不过滤也不澄清。葡萄酒的质量是无可挑剔的——使用高质量、完美地塞入的橡木塞允许了葡萄酒在几十年后达到完全成熟。出口到英国。

🍷🍷🍷🍷🍷 Magnolia 1896 Barossa Valley Shiraz 2015
木兰花1896巴罗萨谷西拉2015
来自1896年种植的葡萄，采用野生酵母发酵，使用旧法国橡木桶陈酿。这支厚重酒体葡萄酒绝对的力量和强度中和了高酒精可能带来的任何负面影响，让其整体风味和口感都偏于鲜咸，而非是果酱的感觉。口中流连着些许甘草和深黑色水果的味道。
封口：橡木塞 酒精度：15.5% 评分：97 最佳饮用期：2045年 参考价格：100澳元 ✪

🍷🍷🍷🍷🍷 Elevation Barossa Valley Shiraz 2015
高海拔巴罗萨谷西拉2015
来自单一的、位于海拔325米高的干植葡萄园，有1965年和1996年栽种的葡萄。色泽呈厚重的深红色；它浓郁得奢侈，质地如天鹅绒般丝滑，其风味从辛香料和野玫瑰的风味一直到李子利口酒的味道都有，单宁成熟丰满。对它的品尝从开始到结束都是享受。
封口：橡木塞 酒精度：15.3% 评分：96 最佳饮用期：2035年 参考价格：45澳元 ✪

L.R.C. Greenock Barossa Valley Shiraz 2015
L.R.C.格林诺克巴罗萨谷西拉2015
这支酒来自1967年种植的一行葡萄。馥郁的芳香带着少许意想不到的肉类的风味，还有许许多多的其他风味。口感丰富，有辛香料的鲜咸味穿过多种黑色浆果的味道，单宁成熟而平衡。后味和回味都很优雅。
封口：橡木塞 酒精度：14.8% 评分：96 最佳饮用期：2040年 参考价格：50澳元 ✪

Stonegarden Eden Valley Shiraz 2015
石头花园伊顿谷西拉2015
来自1858年和20世纪50年代种植的葡萄。像所有的易珀萨西拉一样，其色泽极佳，酒腿慢慢地滑下杯壁；香气中有野味和泥土的芬芳，味道极其浓郁、丰富。在这里，酒精确实是有存在感的，尽管它的影响被果香的力量削弱了。
封口：橡木塞 酒精度：15.7% 评分：95 最佳饮用期：2045年 参考价格：100澳元

Stonegarden 1858 Eden Valley Grenache 2015
石头花园1858伊顿谷歌海娜2015
像这样的葡萄园是（或应该是）有生命的国宝了。酒色深邃，更有浓郁的果香与这酒色相呼应。举杯啜饮之时就好像点燃了火箭的燃料，那浓郁的风味在一瞬之间就贯穿了口腔。布莱特对葡萄栽培的了解比起我来有无限多，如果无限也能加倍的话，我会为这个葡萄园这样做。
封口：橡木塞 酒精度：15.8% 评分：94 最佳饮用期：2029年 参考价格：75澳元

🍷🍷🍷🍷 Synthesis Barossa Grenache Mataro 2015
辛塞西斯巴罗萨歌海娜马塔罗2015
评分：93 最佳饮用期：2029年 参考价格：32澳元

Blanc Barossa Semillon 2015
白色巴罗萨赛美容2015
评分：92 最佳饮用期：2025年 参考价格：36澳元

Totality Barossa Mataro Shiraz Grenache 2015
多塔利迪巴罗萨马塔罗西拉歌海娜2015
评分：92 最佳饮用期：2025年 参考价格：36澳元

Epsilon 爱普希龙酒庄 ★★★★☆

43 Hempel Road, Daveyston, SA 5355 产区：巴罗萨谷 电话：0417 871 951
网址：www.epsilonwines.com.au 开放时间：仅限预约 酿酒师：艾伦·萨泽仁（Aaron Southern） 创立时间：2004年 产量（以12支箱数计）：2500 葡萄园面积：7公顷
爱普希龙是南十字星座的第五颗星，是一个背景的星星走到前面引起关注的很好的例子。这个酒庄在1994年成立，他们收获的果实为制成一款产区内的混酿葡萄酒做出了贡献。于是第五代巴罗萨葡萄种植者艾伦·苏泽仁和朱莉·苏泽仁产生了这样的灵感，想要制作一支反映他们拥有的位于巴罗萨谷西面山坡的西拉葡萄园风土的葡萄酒。产品出口到英国、美国、加拿大和东南亚。

🍷🍷🍷🍷🍷 Barossa Valley Shiraz 2015
巴罗萨谷西拉2015
优雅的紫丁香、紫罗兰、碘液和诱人的蓝莓果香，还点缀着八角和丁香的风味，让想闻到的人踮起了脚尖。细颗粒的、丝滑的单宁和带着咸度的酸味让自由流动的果香和更加丰富、更偏鲜咸的烟熏肉、黑橄榄和甘草根的风味汇聚起来。北罗纳河谷？这支酒的背后有一只巧手，让新鲜的葡萄在最佳的时机被采摘下来。这是一支复杂的葡萄酒，具有极高的性价比。
封口：螺旋盖 酒精度：14.8% 评分：96 最佳饮用期：2025年
参考价格：20澳元 NG ✪

Nineteen Ninety Four Greenock Barossa Valley Shiraz 2013
1994 格林诺克巴罗萨谷西拉2013
蓝莓、碘和沙士（sarsaparilla）的风味缠绕在来自葡萄和橡木桶的单宁铸成的铁芯之上。较高的酒精度和集中度证明了其老藤的出身。这支西拉的动人之处不仅仅在于它的丰美，更在于它的姿态和适饮性，这二者都超越了并且掩盖了它的酒精度。和年轻的葡萄产出的酒相比，这支酒的香气没有那么强。
封口：螺旋盖 酒精度：15% 评分：94 最佳饮用期：2025年
参考价格：45澳元 NG

Ernest Hill Wines 欧内斯特山酒庄 ★★★★☆

307 Wine Country Drive, Nulkaba, NSW 2325 产区：猎人谷 电话：(02) 4991 4418
网址：www.ernesthillwines.com.au 开放时间：每日开放，10:00—17:00 酿酒师：马克·伍兹（Mark Woods） 创立时间：1999年 产量（以12支箱数计）：6000 葡萄园面积：12公顷

这部分葡萄园一开始是由哈利·塔洛克（Harry Tulloch）于1970年为沙普酒庄栽种的。它后来被重新命名为波高尔宾溪酒园，再后来（在1999年）威尔森（Wilson）家族购买了这个葡萄园在山上的那部分，将它重新命名为欧内斯特山酒园（Ernest Hill）。现在这块地种植了赛美容、西拉、霞多丽、维德罗、琼瑶浆、梅洛、丹魄和香宝馨。产品出口到美国和中国。

🍷🍷🍷🍷🍷 Cyril Premium Hunter Semillon 2015
西里尔优级猎人谷赛美容2015
香气和前味表现出这支酒正处在走向成熟的早期，因为它是封闭的，但是后味却用那矿物的风味给你讲了不同的故事。这可能是每次品尝这支酒的时候都能被它吸引的原因。
封口: 螺旋盖 酒精度: 11% 评分: 94 最佳饮用期: 2025年 参考价格: 25澳元 ✪

William Henry Premium Hunter Shiraz 2011
威廉·亨利优级猎人谷西拉2011
这支酒很出色地保留了深红的色泽；和4年前第一次品尝它的时候相比，发展得更加出色了，既有来自产区风土的，又有来自品种的果香。李子和黑莓的果香仍然是主导，而皮革和泥土的风味则融入了葡萄酒的结构之中，法国橡木桶的使用是完美的。
封口：Diam软木塞 酒精度：13.7% 评分：94 最佳饮用期：2026年
参考价格：70澳元

🍷🍷🍷🍷 Alexander Reserve Hunter Chardonnay 2015
亚历山大珍藏猎人谷霞多丽2015
评分：92 最佳饮用期：2021年 参考价格：35澳元

Ernest Schuetz Estate Wines 欧内斯特·舒尔茨庄园葡萄酒 ★★★★

778 Castlereagh Highway, Mudgee, NSW 2850 产区：满吉 电话：0402 326 612
网址：www.ernestschuetzestate.com.au 开放时间：周末，10:30—16:30 酿酒师：雅各布·斯特恩（Jacob Stein）、罗伯特·布莱克（Robert Black） 创立时间：2003年
产量（以12支箱数计）：7200 葡萄园面积：4.1公顷

欧内斯特·舒尔茨是1988年开始进入葡萄酒行业的，那一年他是21岁。他在不同的酒类零售店工作，并成了米兰达酒业（Miranda Wines）、麦格根酒业（McGuigan Simeon）和后来的分水岭酒业（Watershed Wines）的销售代表，而后者让他对葡萄酒市场的各个方面都有了深入的了解。2003年，他和妻子乔安娜买下了海拔530米的阿伦瓦尔葡萄园（Arronvale Vineyard，最早的葡萄是91年栽种的）。当舒尔茨买下这个葡萄园时，它栽种了梅洛、西拉和赤霞珠，舒尔茨后来又嫁接了1公顷的雷司令、白比诺、黑比诺、增芳德和内比奥罗。出口到越南和中国。

🍷🍷🍷🍷🍷 St Isabel Barrel Fermented Mudgee Pinot Blanc Pinot Gris Riesling 2015
圣伊莎贝尔发酵满吉白皮诺灰比诺雷司令2015
42%的白比诺，38%的灰比诺，20%的雷司令，20%提早采摘，并在架子上经过了19天的晾干，整串压榨，野生酵母发酵（包括苹乳发酵），在3个法国橡木桶（hogsheads）中，带酒泥陈酿了12个月，其中有两个木桶进行了搅桶。这支酒就像一张纹理丰富的挂毯一样，赋予了灰比诺和白皮诺平时没有的存在感。残糖虽然低，但是感觉不错。它确实是很有趣的一款酒。
封口: 螺旋盖 酒精度: 13.5% 评分: 94 最佳饮用期: 2030年 参考价格: 40澳元

Family Reserve Mudgee Black Syrah 2014
家族珍藏满吉黑西拉2014
采用野生酵母开放式发酵，其中有30%整串发酵，在66%的美国橡木桶和33%的匈牙利木桶中陈放了24个月，其中1/3是新桶。李子与黑莓的果香浓郁得奢侈，新橡木桶则是如同皇冠一样的装饰，这是因为发酵是在橡木桶中完成的。酒的单宁也很成熟。加速器从开始到结束就一直没有停过，让你不禁直喘粗气（这是个比喻）。
封口: 螺旋盖 酒精度: 14.5% 评分: 94 最佳饮用期: 2044年 参考价格: 30澳元 ✪

Epica Amarone Method Mudgee Cabernet Shiraz 2014
爱皮卡阿玛洛满吉赤霞珠西拉2014
50%的赤霞珠，40%的西拉，10%的梅洛，手工采摘，在架子上经过4周晾干后，50%的葡萄经过除梗，50%的葡萄不除梗整串处理，手压脚踩了10天，让酒液和葡萄皮充分接触，又在新的法国橡木桶（hogsheads）中陈酿了24个月。雅各布·斯特恩酒为了酿造这支酒，一定花了一辈子的时间，在我们对这支酒的各个方面都有了详细的了解后，你可以细细品味它和它的勇气，也可以匆匆走过。考虑到它的生产成本，其价格是非常便宜的。
封口：螺旋盖 酒精度：16% 评分：94 最佳饮用期：2044年 参考价格：70澳元

St Martin de Porres Unfiltered Mudgee Zinfandel Nebbiolo 2014
圣马丁大道未过滤满吉增芳德内比奥罗2014
这是一支“园地混合”的葡萄酒，以增芳德为主，另有20%的内比奥罗和10%的赤霞珠，所有组分经过了7天的晾干后，有60%的葡萄除了梗，另外的40%没除梗整串处

理，接种了野生酵母进行开放式发酵，并在两个法国橡木桶中成熟。和爱皮卡这个系列相比，这支酒几乎是温柔驯服的，并且很容易欣赏。增芳德携着它的品种特点而来，那色泽鲜艳得好像要飞起来，而红加仑的果香则起到了主导作用。
封口：螺旋盖 酒精度：14.5% 评分：94 最佳饮用期：2029年 参考价格：45澳元

🍷🍷🍷🍷🍷 Museum Release Family Reserve Mudgee Shiraz 2009
博物馆释放系列家庭珍藏马利基西拉2009
评分：93 最佳饮用期：2020年 参考价格：50澳元

Espier Estate 埃斯皮尔酒庄 ★★★★

Room 1208, 401 Docklands Drive, Docklands, Vic 3008 产区：澳洲东南部
电话：(03) 9670 4317 网址：www.jnrwine.com 开放时间：周一至周五，9:00—17:00
酿酒师：萨姆·布儒尔（Sam Brewer） 创立时间：2007年 产量（以12支箱数计）：25000
这个酒庄的拥有者是罗伯特·罗和杰克·林（Robert Luo and Jacky Lin）。萨姆·布儒尔（Sam Brewer）曾经工作于南方酒业集团（Southcorp）和德保利酒庄（De Bortoli），还有美国和中国，并且在这个酒庄创建之初就密切地参与进来。这个酒庄主要出口亚洲国家，而中国内地（大陆）和香港地区是主要的区域。有很大的产量都在埃斯皮尔的标签下，通过合约酿酒的方式制作，价格从入门级到高级不等。出口到亚洲。

🍷🍷🍷🍷🍷 Feel Reserve Heathcote Shiraz 2015
菲尔珍藏西斯科特西拉2015
酒体介于中等和厚重之间，平衡细腻的、牛奶巧克力般的单宁和令人愉悦的酸味欺骗了你，让你觉得它更加轻盈，好像要飞起来一样。李子、醋栗和黑樱桃的风味从嗅觉到味觉都有体现。这是一支非常平衡的葡萄酒，适饮性极佳。
封口：橡木塞 酒精度：14.5% 评分：92 最佳饮用期：2022年
参考价格：30澳元 NG

Estate Range 1916 Cabernet Sauvignon 2015
酒庄系列1916赤霞珠2015
薄荷脑和黑加仑的香气浓郁得令人窒息，这香气在丰满的酒体中回荡着，被橡木桶、干鼠尾草和赤霞珠的单宁挤压出了形状。极其明亮的酸味直冲口腔后部。而所有的一切都是产区特征的一部分。
封口：橡木塞 酒精度：14.5% 评分：90 最佳饮用期：2022年
参考价格：20澳元 NG ✪

🍷🍷🍷🍷 Dream Shiraz 2015
梦想西拉2015
评分：89 最佳饮用期：2022年 参考价格：20澳元 NG

Estate 807 807酒庄 ★★★★

807 Scotsdale Road, Denmark, WA 6333 产区：丹麦（Denmark） 电话：(08) 9840 9027
网址：www.estate807.com.au 开放时间：周四至周日，10:00—16:00
酿酒师：詹姆士·科里（James Kellie）、麦克·加兰德（Mike Garland） 创立时间：1998年
产量（以12支箱数计）：1500 葡萄园面积：4.2公顷
史蒂芬·姜克（Stephen Junk）博士和奥拉·特莱斯坦（Ola Tylestam）在2009年买下了807酒庄。史蒂芬是备受尊敬的胚胎学家，研究方向是试管受精，而奥拉则有财务背景。他们选择了这处产业是由于这里种植了多种黑比诺和霞多丽的克隆品种（此处也种了赤霞珠和长相思）。农场动物被引用到了这个葡萄园：鸡和鸭子能吃虫子，羊羔和羊驼能提供肥料，还能帮助维护葡萄园的干净整洁。

🍷🍷🍷🍷🍷 Great Southern Riesling 2014
大南部雷司令2014
来自普隆格兰普的单一葡萄园。开瓶的时候发出一声礼貌的啁啾，但它马上就加速穿过口腔，并有一股带着矿物特征的酸风从后方袭来，那潜藏的柑橘果香会随着时间的延长而增长。
封口：螺旋盖 酒精度：12% 评分：92 最佳饮用期：2029年 参考价格：23澳元 ✪

Reserve Chardonnay 2016
珍藏霞多丽2016
来自第戎的77号克隆，手工采摘自单一的庄园自有葡萄园。对它的形容只有“漂亮”一词，精致的品种香，闪烁的橡木桶发酵带来的风味和粉红葡萄柚悄悄地、有规律地跃动的心，它们的平衡是如此的完美。
封口：螺旋盖 酒精度：12% 评分：91 最佳饮用期：2021年 参考价格：29澳元

Esto Wines 埃斯托酒庄 ★★★☆

PO Box 1172, Balhannah, SA 5242（邮） 产区：阿德莱德山 电话：0409 869 320
网址：www.estowines.com.au 开放时间：不开放 酿酒师：夏洛特·哈迪（Charlotte Hardy）、菲尔·克里斯田森（Phil Christiansen） 创立时间：1994年 产量（以12支箱数计）：200
葡萄园面积：23.5公顷
迪安家族自1994年以来一直是阿德莱德山上的葡萄种植商，他们逐步建立了3个葡萄园：最大的是1994年种植的在巴尔哈纳（Balhannah）的13公顷葡萄园，其中有西拉、赛美容、霞多丽、长相思和黑比诺，而夏洛特·哈迪从中选取赛美容和长相思制作爱思图系列葡萄酒（Esto）。而菲尔·克里斯田森也是从这块地选取葡萄制作西拉葡萄酒。下一块园地（主要是黑比诺和霞多丽，还有像邮戳那么一丁点的地种了桑乔维塞）坐落于皮卡迪利谷（Piccadilly Valley），享受着洛

夫特山下午的阴凉。这个葡萄园里所有的葡萄都是被一群著名的阿德莱德山酿酒师买走了。第三块园地叫做远方酒园（The Farside），有6.5公顷，大部分种了长相思和灰比诺，其中大部分是由佩特卢马酒庄（Petaluma）购买的。

Semillon 2016
赛美容2016
机器采收，野生酵母发酵。后味的驱动力十足，只需要一秒钟就能留下深刻的印象，那是鲜割青草与柠檬汁的风味和一斗篷的酸味。
封口：螺旋盖　酒精度：12.5%　评分：90　最佳饮用期：2021年　参考价格：29澳元

Sauvignon Blanc 2016
长相思2016
评分：89　最佳饮用期：2018年　参考价格：22澳元

Evans & Tate 埃文斯酒庄 ★★★★★

Cnr Metricup Road/Caves Road, Wilyabrup, WA 6280　产区：玛格丽特河
电话：(08) 9755 6244　网址：www.evansandtate.com.au　开放时间：每日开放，10:30—17:00
酿酒师：马修·拜恩（Matthew Byrne），拉迟兰·马克唐纳（Lachlan McDonald）
创立时间：1970年　产量（以12支箱数计）：不公开　葡萄园面积：12.3公顷
埃文斯酒庄47年的历史是充满了变化的历史，几十年来它一直在扩张并收购南澳和新南威尔士的大酒厂。出于一系列的原因（这些原因和优质的玛格丽特河葡萄酒没有关系），这个帝国在2005年分崩瓦解了。麦克威廉集团（McWilliam's）于2007年12月收购了埃文斯酒庄的品牌、酒窖门店和葡萄园（以及酒厂的部分股份）。出口到各主要市场。

The Evans & Tate Margaret River Cabernet Sauvignon 2012
埃文斯玛格丽特河赤霞珠2012
令人惊艳的色泽，它仍然呈明亮的深红色；嗅觉和味觉上都充满多汁的黑醋栗果香，但是整体上它所提取出来的一切——特别是如蛛丝一般轻薄的单宁——是如此的精致。这是一支美不胜收的中度酒体赤霞珠，有绝佳的纯净度和长度。它获得的奖杯包括2015年玛格丽特河葡萄酒展上的“最佳红葡萄酒”和2016年“悉尼葡萄酒展”上的最佳赤霞珠。
封口：螺旋盖　酒精度：14%　评分：98　最佳饮用期：2032年　参考价格：100澳元　✪

Metricup Road Cabernet Merlot 2014
特里克普路赤霞珠梅洛2014
评分：93　最佳饮用期：2025年　参考价格：24澳元　JF　✪

Butterball Margaret River Chardonnay 2016
奶油球玛格丽特河霞多丽2016
评分：92　最佳饮用期：2021年　参考价格：20澳元　✪

Metricup Road Margaret River Shiraz 2014
特里克普路玛格丽特河西拉2014
评分：92　最佳饮用期：2024年　参考价格：24澳元　✪

Breathing Space Margaret River Rose 2016
呼吸空间玛格丽特河桃红2016
评分：90　最佳饮用期：2017年　参考价格：19澳元　CM　✪

Breathing Space Margaret River Cabernet Sauvignon 2014
呼吸空间玛格丽特河赤霞珠2014
评分：90　最佳饮用期：2024年　参考价格：14澳元　✪

Evoi Wines 伊沃酒庄 ★★★★★

92 Dunsborough Lakes Drive, Dunsborough, WA 6281　产区：玛格丽特河
电话：0407 131 080　网址：www.evoiwines.com　开放时间：仅限预约
酿酒师：倪吉尔·卢德罗（Nigel Ludlow）　创立时间：2006年　产量（以12支箱数计）：12000
出生于新西兰的倪吉尔·卢德罗拥有人类营养学学士学位，但在作为职业三项全能运动员的短暂职业生涯结束后，他把注意力转到了葡萄栽培和酿酒方向，并获得了新西兰林肯大学酿酒学和葡萄栽培学的研究生文凭。在塞拉克·德兰德（Selaks Drylands）酒厂的的工作是他飞行酿酒师事业的基石。他在结束了匈牙利、西班牙和南非的酿造旅程之后，回到了诺比罗（Nobilo）担任高级酿酒师。后来他搬到了维多利亚州，又搬到了玛格丽特河。伊沃酒庄经过很长时间才开始成型，第一个年份的霞多丽是在家里的休息室制成的。2010年，他的橡木桶被“放逐”到了“更传统的储存空间”之内，而自2014年以来，他们的酒都是在商业化的酒厂租用空间酿造的。酒质是卓越的。产品出口到英国、挪威等国家，以及中国香港地区。

The Satyr Reserve 2014
萨迪尔珍藏2014
这支酒如雕塑一般，有一层紧密的有冲击感的单宁在舌面上驰过；海洋性气候带来的明亮的酒酸和如同完美编织的挂毯似的橡木融合在一起。它带着各种加仑子、蓝色水果和黑色水果的果香。而千鼠尾草、八角和一连串的草本植物香气把所有的一切揉成了一颗紧凑而味道鲜美的球。这是一支极佳的赤霞珠，辅以18%的小味儿多和9%的马尔贝克。
封口：螺旋盖　酒精度：14.5%　评分：96　最佳饮用期：2039年
参考价格：55澳元　NG　✪

Reserve Margaret River Chardonnay 2015
珍藏玛格丽特河霞多丽2015
整串压榨到各种各样的法国橡木桶中，采用部分野生酵母发酵和苹乳发酵。它几乎骨瘦如柴，带着橡木的香草味以及酒泥的烟熏味和矿物味。酒酸有海洋性气候的特征和咸的感觉，它一直推动着酒体的发展。后味以油桃、燕麦和奶油果仁糖的香味结束。
封口：螺旋盖 酒精度：14% 评分：95 最佳饮用期：2025年
参考价格：55澳元 NG

Margaret River Cabernet Sauvignon 2015
玛格丽特河长相思2015
黑加仑、可可、香叶、香袋包和一系列的干香草表明，这支伊沃赤霞珠来自更加偏冷的气候。小味儿多和马尔贝克则起到了锦上添花的作用。该酒味道非常鲜美，酒体中等，草药的植物清香比果香更加浓郁。有颗粒感的单宁让人食欲大增，它和雪松橡木共同形成了支撑酒体的骨架。
封口：螺旋盖 酒精度：14.5% 评分：94 最佳饮用期：2035年
参考价格：32澳元 NG

🍷🍷🍷🍷🍷 Margaret River SBS 2016
玛格丽特河长相思赛美容2016
评分：93 最佳饮用期：2019年 参考价格：24澳元 NG ✪

Margaret River Chardonnay 2015
玛格丽特河霞多丽2015
评分：93 最佳饮用期：2025年 参考价格：28澳元 NG

art by Evoi Cabernet Sauvignon 2015
伊沃的艺术赤霞珠2015
评分：92 最佳饮用期：2030年 参考价格：20澳元 ✪

Bakenal SBS 2015
巴克纳尔长相思赛美容2015
评分：91 最佳饮用期：2018年 参考价格：15澳元 NG ✪

Faber Vineyard 费伯酒园 ★★★★☆

233 Haddrill Road, Baskerville, WA 6056 产区：天鹅谷（Swan Valley） 电话：(08) 9296 0209
网址：www.fabervineyard.com.au 开放时间：周五至周日，11:00—16:00 酿酒师：约翰·格里菲斯（John Griffiths） 创立时间：1997年 产量（以12支箱数计）：2500 葡萄园面积：4.5公顷
约翰·格里菲斯，之前是霍顿酒庄（Houghton）的酿酒师，与妻子简·米卡莱夫（Jane Micallef）合作创立了费伯酒园。他们已经种植了西拉、维德罗（每种1.5公顷）、棕色麝香、霞多丽和小味儿多（每种0.5公顷）。约翰说，“这可能有点异想天开，但我是温暖地区澳大利亚葡萄酒的忠实粉丝，喜欢让葡萄酒以相对简单的方式，去表现人们对其所在产区所期待的那种浓郁的成熟风味。当你去寻找的时候，你会发现一些遗落在天鹅谷的宝石。”出口到中国内地（大陆）和香港地区。

🍷🍷🍷🍷🍷 Reserve Swan Valley Shiraz 2014
珍藏天鹅谷西拉2014
这支酒采用开放式发酵的方式，经过2天冷浸渍和总共10天的浸皮，在法国橡木桶中陈酿了22个月。这支酒呈厚重的深红-紫红色；酒体饱满，有非常深邃的深黑水果的风味；单宁也非常突出，但它和果香形成了平衡，比较圆润，并不粗糙。这支酒完全忠实于其创造者的酿造哲学和当地的风土特征。
封口：橡木塞 评分：95 最佳饮用期：2030年 参考价格：71澳元

Millard Vineyard Swan Valley Shiraz 2013
米拉德酒园天鹅谷西拉2013
这支酒采用开放式发酵，在法国橡木中成熟了22个月。酒体极其饱满，中味非常强劲，到了后味才稍有放松，让红色的果香在黑色的背景中展开了一丝笑颜。
封口：橡木塞 评分：94 最佳饮用期：2030年 参考价格：48澳元

Frankland River Cabernet Sauvignon 2014
弗兰克兰河赤霞珠2014
这支酒保留了非常鲜艳的色泽；是一支美味的中等酒体赤霞珠，有多汁的黑醋栗、月桂叶与黑橄榄的风味，以及颗粒细致的单宁。良好的对橡木的把控让橡木的画框围起了一张美丽的画卷，这支酒会有很好的将来。
封口：橡木塞 评分：94 最佳饮用期：2030年 参考价格：55澳元

Swan Valley Liqueur Muscat NV
天鹅谷无年份麝香利口酒
当4年前第一次品尝时，我写下了“有太妃糖、烤坚果、葡萄干和烤面包的风味，是一支浓郁可爱而油滑肥美的葡萄酒，带着极具天鹅谷特色的烘焙果实香气。”现在它还是一样，甜腻肥美而浓郁，需要有更多的陈腐的风味来让它取得更高的评分。500毫升瓶。
封口：橡木塞 酒精度：18% 评分：94年 参考价格：60澳元

🍷🍷🍷🍷🍷 Ferguson Valley Malbec 2015
弗格森谷马尔贝克
评分：92年 参考价格：33澳元 PR

Riche Swan Valley Shiraz 2015

里奇天鹅谷西拉2015
评分：91　最佳饮用期：2030年　参考价格：27澳元
Millard Vineyard Swan Valley Shiraz 2014
米拉德酒园天鹅谷西拉2014
评分：91　最佳饮用期：2028年　参考价格：48澳元

Farmer and The Scientist　农人与科学家酒庄 ★★★★

Jeffreys Road, Corop, Vic 3559　产区：西斯科特　电话：0400 141 985
网址：www.farmerandthescientist.com　开放时间：不开放　酿酒师：布莱恩·威德尔（Brian Dwyer），杰斯·威德尔（Jess Dwyer），荣·斯耐普（Ron Snep）
创立时间：2013年　产量（以12支箱数计）：1200　葡萄园面积：8公顷
这里的农民指的是布莱恩·威德尔，而科学家指的是他的太太杰斯。布莱恩是一名葡萄栽培专家，他在南方酒业集团（Southcorp）学习了这门技艺，而杰斯有科学学位，授课经历增加了她科学上的造诣。实际上，她从年轻的时候就在酿酒厂和葡萄园里工作，这让她在目前的位置上加倍地称职。荣·斯耐普的地位非常重要，并且他也很成功，他的任务则是在酒厂里。

🍷🍷🍷🍷🍷 Heathcote Grenache Shiraz Mourvedre 2015
西斯科特歌海娜西拉幕和怀特2015
三个品种的配比为55/30/15%，采用了美国橡木桶和法国橡木桶进行陈酿。色泽略深，明亮的深红-紫红色泽诚不欺你：这是一支非常漂亮的混酿葡萄酒，红色水果在嗅觉和味觉上都占据了主导地位。单宁结构很好，并且也没有高酒精带来的灼热感。
封口: 螺旋盖　酒精度: 14.9%　评分: 93　最佳饮用期: 2030年　参考价格: 25澳元 ✪

Heathcote Rose 2016
西斯科特桃红2016
这支酒来自骆驼山上的一小块酒庄自种的园地。它有着奇特的棉花糖和覆盆子的芬芳，在清新而盈满果香的味蕾之上精准地重复着同样的调子。很少人会注意到背标上提到的那“少许残留的甜味”，这可能是因为那清爽的柠檬酸味。总体而言，这支酒制作精良，性价比高。
封口: 螺旋盖　酒精度: 12.4%　评分: 92　最佳饮用期: 2017年　参考价格: 18澳元 ✪

🍷🍷🍷🍷 Heathcote Shiraz 2015
西斯科特西拉2015
评分：89　最佳饮用期：2025年　参考价格：25澳元
Heathcote Tempranillo 2015
西斯科特丹魄2015
评分：89　最佳饮用期：2019年　参考价格：25澳元

Farmer's Leap Wines　乐富酒庄 ★★★☆

41 Hodgson Road, Padthaway, SA 5271　产区：帕史维（Padthaway）　电话：(08) 8765 5155
网址：www.farmersleap.com　开放时间：不开放　酿酒师：雷尼·希尔茨（Renae Hirsch）　创立时间：2004年　产量（以12支箱数计）：10000　葡萄园面积：295.4公顷
斯科特·郎博顿（Scott Longbottom）和谢丽尔·梅里特（Cheryl Merrett）是帕德萨韦（Padthaway）农民家庭的第三代。他们从1995年起开始在家族拥有的土地上种植葡萄，现在有西拉、赤霞珠、霞多丽和梅洛。最初，大部分葡萄都被用于出售，但农民的飞跃（Farmer's Leap）这个系列的产量不断增加，它见证了酒庄产量从2500打开始增长的过程。产品出口到加拿大、新加坡、韩国、日本等国家，以及中国内地（大陆）和香港、台湾地区。

🍷🍷🍷🍷🍷 The Brave Padthaway Shiraz 2012
勇气帕史维西拉2012
李子、樱桃和蓝莓果香将你的嗅觉包围了，而茴香的香气则为鲜咸的阵营扳回了局面。熏肉和五香粉的风味从鼻腔荡漾到口腔之中，香草味的橡木又慵懒又强劲，它将果香束了起来。这种束缚让所有的元素都能井然有序，避免了一场耍酒疯式的闹剧。
封口：橡木塞　酒精度：15%　评分：93　最佳饮用期：2023年
参考价格：42澳元　NG

🍷🍷🍷🍷 The Brave Padthaway Shiraz 2013
勇气帕史维西拉2013
评分：89　最佳饮用期：2029年　参考价格：42澳元　NG
Padthaway Cabernet Sauvignon 2014
帕史维赤霞珠2014
评分：89　最佳饮用期：2022年　参考价格：25澳元　NG

Farr | Farr Rising　法尔|法尔雷司令酒庄 ★★★★★

27 Maddens Road, Bannockburn, Vic 3331　产区：吉龙
电话：(03) 5281 1733　网址：www.byfarr.com.au　开放时间：不开放
酿酒师：尼克·法尔（Nick Farr）　创立时间：1994年
产量（以12支箱数计）：5500　葡萄园面积：13.8公顷
法尔和法尔雷司令仍然是分开的葡萄园和独立的品牌，一个主要的变动是尼克·法尔接下了这两个品牌的责任，让父亲加里（Gary）能不被打扰地、自由地追求生活中更美好的事情。不过，这绝不会导致黑比诺、霞多丽、西拉和维奥尼耶的质量下降。他们的葡萄园是以莫拉泊尔谷

（Moorabool Valley）的古河流沉积物为基础的。有6种不同的土壤分布在法尔酒庄之内，其中主要的两种类型是肥沃易碾碎的红黑色火山壤土和石灰岩，石灰岩在一些区域内会比壤土更多。其他土壤有穿过红色火山土的石英砾石，在灰色沙壤中带着厚重黏土、砂石和火山熔岩基质的铁矿石（它被叫做“铅弹”，即buckshot）。土壤的良好排水性和低肥力是确保小产量和浓郁果味的关键。产品出口到英国、加拿大、丹麦、瑞典、新加坡、马尔代夫和日本等国家，以及中国内地（大陆）和香港、台湾地区。

🍷🍷🍷🍷🍷 Farrside by Farr Geelong Pinot Noir 2014

法尔远方吉龙黑比诺2014

这支酒来自114号、115号、667号和MV6号黑比诺克隆株，其中有60%—70%的葡萄做了除梗处理（其余没有除梗），葡萄经过了4天的冷浸渍后，接种野生酵母进行发酵，其间每日按压皮渣2—3次，之后，使用法国橡木桶（50%—60%是新桶）进行了18个月的陈酿。复杂的香气仅仅是暴风雨之前的平静，真正的风暴是在口腔之中，它在葡萄酒流入口腔的那一秒袭来，直到杯中的酒喝光了很久以后才稍有退让。它极好地融和了李子、黑樱桃的果香与辛香料和泥土的鲜咸风味。

封口: 橡木塞　酒精度: 13.5%　评分: 98　最佳饮用期: 2029年　参考价格: 83澳元 ✪

Three Oaks Vineyard by Farr Chardonnay 2015

法尔三橡树酒园霞多丽2015

这支酒呈明亮而闪闪发光的稻草绿色；它打扮得无可挑剔，衬衫整整齐齐地掖在里面，头发也一丝不乱，浓郁度、平衡和长度都有很高的水平。想要准确地点出那些复杂的风味，就好像要去追逐一道彩虹。

封口：Diam软木塞　酒精度：13%　评分：97　最佳饮用期：2029年

参考价格：80澳元 ✪

Sangreal by Farr Geelong Pinot Noir 2015

法尔圣杯吉龙黑比诺2015

来自在1994年种植的114号和115号克隆植株，它们被认为是转化成了单一的“圣杯（Sangreal）”克隆植株，66%的葡萄是整串处理的，葡萄经过了4天冷浸渍后，接种了野生酵母开放式发酵8天，后在新法国橡木桶中成熟了18个月。色泽深厚，酒体深邃，鲜味复杂：这是伟大黑比诺的基石。来自阿拉伯集市的香料风味与充满活力的浆果味混和到了一起，清新的酸味为葡萄酒增添了新的维度，令人垂涎不断。

封口：橡木塞　评分：97　最佳饮用期：2035年　参考价格：80澳元 ✪

Tout Pres by Farr Pinot Noir 2014

法尔都普莱黑比诺2014

6个克隆植株转化为单一的都普莱（Tout Pres）克隆，每公顷种植了7300株，是酒庄内种植最密集的植株，所以都普来的意思是“非常舒适亲密”。所有的葡萄都采用整串开放式发酵的方式，并使用新法国橡木桶陈酿。这支酒有戏剧性的开幕，带着极其浓郁的芳香，是混在一起的有红有紫的香料香，口感顺滑，长度出奇。每一次再品都有新的发现，而所有的发现都令人惊艳。如果你将它和勃艮第的酒比较，那么它就是沃恩·罗曼尼（Vosne-Romanée）。

封口: 橡木塞　酒精度: 13%　评分: 97　最佳饮用期: 2029年　参考价格: 110澳元 ✪

🍷🍷🍷🍷🍷 By Farr Shiraz 2015

法尔西拉2015

含有2%—4%的维欧尼，使用开放式发酵，有20%的葡萄整串处理，并在法国橡木桶（20%是新桶）中成熟了18个月。香气特别复杂浓郁，熟食店和多香果的风味装饰着如候车大厅一般拥挤的黑樱桃与李子果香，还有介于中等和厚重之间的酒体。通过长期的实践，维欧尼的添加、单宁的处理和橡木的管理变得非常完美。

封口: 橡木塞　酒精度: 13.5%　评分: 96　最佳饮用期: 2035年　参考价格: 65澳元 ✪

Farr Rising Geelong Saignee 2016

法尔雷司令吉龙桑格雷2016

多个黑比诺克隆株，手工采摘，压榨，在旧法国橡木桶中采用野生酵母发酵，并经过了10个月的陈酿过程。这支酒呈鲑鱼粉色；有黑比诺餐酒的口感——它比玫瑰更香甜。玫瑰花瓣、樱花和辛香料的香气在前引领，柔美、悠长的味道则在其后带来更复杂的香料香。这里的魔法就是放血法（saignee）：这支酒的酒汁是从一支（未来的）高质量的黑比诺餐酒中分出来的。

封口：Diam软木塞　酒精度：13.5%　评分：95　最佳饮用期：2020年

参考价格：29澳元 ✪

Farr Rising Geelong Shiraz 2015

法尔雷司令吉龙西拉2015

对85%—95%的葡萄进行了除梗后，在不锈钢罐内经过19天的野生酵母发酵，又进入了法国橡木桶（10%是新的）成熟了18个月。在一刹那间，你认为这酒可能是法尔帝国中的一朵奇葩，不过优雅并不是它的使命——它只是在后味和余味之中，有着全套的浓郁而持久的黑色水果风味。优质的葡萄和尼克·法尔精湛的技艺演出了一场具有致命诱惑力的二重奏。

封口: Diam软木塞　酒精度: 14%　评分: 95　最佳饮用期: 2035年　参考价格: 48澳元

Feathertop Wines　羽毛冠酒庄　★★★★

Great Alpine Road, Porepunkah, Vic 3741　产区：阿尔派谷（Alpine Valleys）
电话：(03) 5756 2356　网址：www.feathertopwinery.com.au　开放时间：每日开放，10:00—17:00　酿酒师：凯尔·博因顿（Kel Boynton）、尼克·托依（Nick Toy）

创立时间：1987年 产量（以12支箱数计）：9000 葡萄园面积：16公顷
凯尔·博因顿有一个美丽的葡萄园，其上是高耸的菲亚托普山（Mt Feathertop）。在最近的几个年份中，美国橡木桶的使用相对减少了，这是为了让果味和橡木味达到更好的平衡。凯尔种植的葡萄品种之多令人眼前一亮，一共有22种，主要有萨瓦涅（savagnin）、灰比诺、维蒙蒂诺（vermentino）、长相思、费亚诺（fiano）、维德罗（verdelho）、雷司令、弗留利（friulano）、黑比诺、丹魄（tempranillo）、桑乔维塞、梅洛、西拉、蒙特普恰诺（montepulciano）和内比奥罗（nebbiolo），此外还有少量的普罗塞克（prosecco）、默尼耶皮诺（pinot meunier）、丹菲特（dornfelder）、杜瑞夫（durif）、马尔贝克（malbec）、赤霞珠和小味儿多（petit verdot）。产品出口到奥地利。

🍷🍷🍷🍷🍷 Fiano 2016
费亚诺2016
这是菲亚托普山头一次与菲亚诺一同飞起，这是一个很有希望的开始。浓郁的口感带着金银花、姜汁奶油和干香草的风味，辛香十足，还带着柠檬似的酸味。
封口：螺旋盖 酒精度：13% 评分：92 最佳饮用期：2020年
参考价格：25澳元 JF ✪

King Valley Riesling 2015
国王谷雷司令2015
这支酒的速度很快，以柠檬、酸橙、罗勒和薄荷的风味展开，随后，带有滑石般的矿物感的酸味和柠檬内皮的风味铺满了口腔，最后是清新的后味。
封口：螺旋盖 酒精度：11.5% 评分：91 最佳饮用期：2021年
参考价格：25澳元 JF

Blanc de Blanc 2012
白中白2012
阿尔卑斯山谷的凉爽气候将张力和耐力注入了霞多丽之中，配合较低的加糖量（low dosage），形成一种高酸度的风格。3.5年的带酒泥陈酿造就了精细的质地和微妙的杏仁粉风味，但这支酒的焦点仍然坚定地放在了那掩盖了酒龄的、明亮的柠檬和苹果风味之上。一定要有耐心。
封口：皇冠塞 酒精度：12% 评分：91 最佳饮用期：2027年
参考价格：40澳元 TS

Alpine Valleys Pinot Gris 2016
阿尔派谷灰比诺2016
层层叠叠的干梨与水煮梨的果香点缀着八角和姜粉的气味。酒体有不少重量，它的丰满浓郁属于典型的澳大利亚法式灰比诺风格（gris style in Australia）。
封口：螺旋盖 酒精度：13.5% 评分：90 最佳饮用期：2020年
参考价格：25澳元 JF

Limited Release Alpine Valleys Cabernet Sauvignon 2014
限量珍藏阿尔派谷赤霞珠2014
这支酒在法国橡木桶（25%是新的）中放了2年，闻起来好像黑胶甘草糖，还带着加仑子的果香，另有一层辛香料、雪松、胡椒和杜松子果的风味，而味觉的框架则更轻一些。
封口：螺旋盖 酒精度：13.5% 评分：90 最佳饮用期：2023年
参考价格：30澳元 JF

Alpine Valleys Tempranillo 2015
阿尔派谷丹魄2015
这是一支超级爽脆活泼的丹魄，带着一股树莓、樱桃可乐和烟草的香气，而酸味和单宁带来了很好的张力。
封口：螺旋盖 酒精度：14% 评分：90 最佳饮用期：2021年
参考价格：30澳元 JF

🍷🍷🍷🍷 Alpine Valleys Vermentino 2015
阿尔派谷维蒙蒂诺2015
评分：88 最佳饮用期：2020年 参考价格：25澳元 JF

Alpine Valleys Pinots 2015
阿尔派谷皮诺2015
评分：88 最佳饮用期：2020年 参考价格：30澳元 JF

Alpine Valleys Friulano 2015
阿尔派谷弗留利2015
评分：87 最佳饮用期：2018年 参考价格：25澳元 JF

Fergusson 弗格森酒庄 ★★★★

82 Wills Road, Yarra Glen, Vic 3775 产区：雅拉谷 电话：(03) 5965 2237
网址：www.fergussonwinery.com.au 开放时间：每日开放，11:00—17:00 酿酒师：罗博·多兰（Rob Dolan） 创立时间：1968年 产量（以12支箱数计）：2000 葡萄园面积：6公顷
这是亚拉河谷宣告重生之后最早的酒厂之一，现在成了导游们很喜欢去光顾的一个旅游景点，提供令人飨足的美食、舒适的环境和来自亚拉河谷内外的葡萄酒。由于这个原因，他们数量有限的酒庄自产葡萄酒往往被人忽视了，这可是不应该的。

🍷🍷🍷🍷🍷 Benjamyn Reserve Yarra Valley Cabernet Sauvignon 2015
本杰明珍藏雅拉谷赤霞珠2015

葡萄经过除梗破碎后，进行开放式发酵和2天冷浸渍，之后压榨到法国橡木桶（30%是新的）中陈酿16个月。这是一支经典的赤霞珠，从一开始就独裁到底，紧密坚实的单宁在饱满的酒体之上，穿过带着泥土芬芳的黑色水果与黑橄榄的风味，将它们缝了起来。
封口：螺旋盖　酒精度：13.7%　评分：94　最佳饮用期：2035年　参考价格：40澳元

🍷🍷🍷🍷 Jeremy Yarra Valley Shiraz 2015
杰拉米雅拉谷西拉2015
评分：90　最佳饮用期：2025年　参考价格：30澳元

Fermoy Estate　福尔摩伊酒庄 ★★★★★

838 Metricup Road, Wilyabrup, WA 6280　产区：玛格丽特河　电话：(08) 9755 6285
网址：www.fermoy.com.au　开放时间：每日开放，10:00—17:00　酿酒师：杰拉米·豪德格森（Jeremy Hodgson）　创立时间：1985年　产量（以12支箱数计）：16000　葡萄园面积：47公顷
这个历史悠久的酒庄有17公顷的赛美容、长相思、霞多丽、赤霞珠和美乐。这个年轻的家庭于2010年收购了福尔摩伊酒庄，并且建立了一个大型的酒窖门店，于2013年开张，这是想要提升境内销量的信号。这个酒庄很乐意保持低调，然而，优秀的酒质让这变得很难。杰拉米·豪德格森拥有酿酒学和葡萄栽培学的一等荣誉学位，他曾经在维斯酒庄（Wise Wines），凯鲁比诺咨询公司（Cherubino Consultancy）任职，更早的经历包括金雀花王朝酒庄（Plantagenet），霍顿酒庄（Houghton）和冈德雷酒庄（Goundrey Wines）。出口到欧洲、亚洲和中国。

🍷🍷🍷🍷🍷 Reserve Margaret River Cabernet Sauvignon 2014
珍藏玛格丽特河赤霞珠2014
这支酒来自30年树龄的葡萄藤，经过最终的桶选，有75%的酒液来自新橡木桶，另外25%的酒液来自1年桶。味觉的表现更加深邃，单宁更加坚实，包裹着多汁的黑醋栗果味。水果将新橡木桶的风味毫不眨眼的吸收了，这说明了这支酒的质量。
封口：螺旋盖　酒精度：14.5%　评分：95　最佳饮用期：2034年　参考价格：85澳元

Margaret River Cabernet Sauvignon 2014
玛格丽特河赤霞珠2014
这支酒包括8%的西拉，在新旧法国橡木桶中陈酿了18个月。色泽很好；浓郁的黑加仑、香叶和橄榄的风味在香气和口感上都体现出来，酒体中等；单宁丰富而相对柔和。
封口：螺旋盖　酒精度：14%　评分：94　最佳饮用期：2029年　参考价格：40澳元

🍷🍷🍷🍷 Reserve Margaret River Chardonnay 2016
珍藏玛格丽特河霞多丽2016
评分：93　最佳饮用期：2025年　参考价格：60澳元　JF

Margaret River Rose 2016
玛格丽特河桃红2016
评分：93　最佳饮用期：2019年　参考价格：30澳元　JF

Reserve Margaret River Shiraz 2015
珍藏玛格丽特河西拉2015
评分：93　最佳饮用期：2035年　参考价格：65澳元

Margaret River Merlot 2014
玛格丽特河梅洛2014
评分：93　最佳饮用期：2029年　参考价格：30澳元

Margaret River Sauvignon Blanc 2016
玛格丽特河长相思2016
评分：91　最佳饮用期：2022年　参考价格：25澳元　JF

Margaret River Semillon Sauvignon Blanc 2016
玛格丽特河赛美容长相思2016
评分：91　最佳饮用期：2019年　参考价格：22澳元　JF　✪

Margaret River Chardonnay 2016
玛格丽特河霞多丽2016
评分：91　最佳饮用期：2023年　参考价格：30澳元　JF

Margaret River Merlot 2015
玛格丽特河美乐2015
评分：90　最佳饮用期：2022年　参考价格：30澳元　JF

Fernfield Wines　芬费尔德酒庄 ★★★★

112 Rushlea Road, Eden Valley, SA 5235　产区：伊顿谷　电话：0402 788 526
网址：www.fernfieldwines.com.au　开放时间：周五至周一，11:00—16:00　酿酒师：丽贝卡·巴尔和斯科特·巴尔（Rebecca and Scott Barr）　创立时间：2002年　产量（以12支箱数计）：1500　葡萄园面积：0.7公顷
这个酒庄的成立日期是2002年，不过如果允许描述带一点诗意的话，可以说是1864年创立的。布赖斯·利勒克拉普（Bryce Lillecrapp）是利勒克拉普家族的第五代传人；他的曾曾祖父于1864年在伊顿谷买了土地，并在1866将其分区，建立了伊顿谷镇，并建造了第一座房子，叫做拉什莱宅地（Rushlea Homestead）。布赖斯复原了这个建筑，在1998年将其开放，并作为200周年纪念的项目。现在它成为芬费尔德酒庄的酒窖门店。所有权已经传到了女儿丽贝卡·巴尔和丈夫斯科特·巴尔身上。

🍷🍷🍷🍷 Gold Leaf Reserve Single Vineyard Eden Valley Shiraz Viognier 2013

金叶子珍藏单一园伊顿谷西拉维欧尼2013

50%的维欧尼是在法国橡木桶发酵，并带酒泥陈酿的，另外50%是在不锈钢罐中开放式发酵。西拉则是采用开放式发酵，并且在旧橡木桶中陈放了22个月。有一个木桶被选出来并且多陈放了12个月。一共制成了32箱酒。口感很好，味道也一样。唯一的问题是，这支酒需要驾驭太多美国橡木的风味。

封口：螺旋盖　酒精度：14.3%　评分：93　最佳饮用期：2028年　参考价格：47澳元

Old River Red Eden Valley Merlot 2014

古老河流红色伊顿谷梅洛2014

开放式发酵，5天浸皮，每天4次压帽（每6小时一次），在法国大橡木桶中成熟了24个月。玛格丽特河以外的梅洛融入得很好，而新的克隆为未来提供了希望。这种酒具有良好的质地、结构和红醋栗/李子的果味。

封口：螺旋盖　酒精度：14.5%　评分：90　最佳饮用期：2029年　参考价格：35澳元

Ferngrove　芬格罗夫酒庄　★★★★☆

276 Ferngrove Road, Frankland River, WA 6396　产区：弗朗科林河（Frankland River，位于西澳）
电话：(08) 9363 1300　网址：www.ferngrove.com.au　开放时间：周一至周六，10:00—16:00
酿酒师：马科·皮娜丽丝，马瑞利兹·鲁索（Marco Pinares, Marelize Russouw）
创立时间：1998年　产量（以12支箱数计）：不公开　葡萄园面积：340公顷

这个酒庄以生产质量稳定的、有多种价位的冷气候葡萄酒闻名。芬格罗夫酒庄旗下的品牌包括斯特林（Stirlings）、兰花（Orchid）、弗朗克兰（Frankland River）和符号（Symbols）这几个系列。芬格罗夫葡萄园（Ferngrove Vineyards Pty Ltd）有限公司享受着多数国际所有权（majority international ownership）的好处，但是这个公司仍然在澳大利亚运营。出口到所有主要市场。

🍷🍷🍷🍷🍷(4½)

Malbec Cabernet Rose 2016

马尔贝克赤霞珠桃红2016

两种葡萄的比例分别为70%和30%，带有卓尔不群的红色水果香气，味觉上也是一样，有红樱桃、树莓和少许辛香料的味道。让人不禁发问：拥有太多的美好是可能的吗？其答案在风中飘荡。

封口：螺旋盖　酒精度：14%　评分：93　最佳饮用期：2020年　参考价格：20澳元

Shiraz 2014

西拉2014

这支酒在新旧法国橡木桶中成熟了18个月。经典的弗朗克兰西拉，酒体中等，风格活泼，带着红色与黑色樱桃的果香，随意地点缀着辛香料和胡椒的风味，风味持久，回味悠长。具有超凡的性价比。

封口：螺旋盖　酒精度：13.5%　评分：93　最佳饮用期：2029年　参考价格：20澳元 ✪

Cossack Riesling 2016

哥萨克雷司令2016

这支酒选用了18年的老葡萄藤，在冷凉气候下发酵，带酒泥陈放，直至装瓶。口感浓郁、丰富而成熟，带着许多的风味，很适合早期饮用。这和去年的哥萨克葡萄酒很不相同，其价格也十分公道。

封口：螺旋盖　酒精度：13%　评分：90　最佳饮用期：2023年　参考价格：23澳元

Fetherston Vintners　费瑟斯顿酒业　★★★★☆

1/99a Maroondah Highway, Healesville, Vic 3777　产区：雅拉谷
电话：(03) 5962 6354　网址：www.fetherstonwine.com.au　开放时间：不开放
酿酒师：克里斯·劳伦斯（Chris Lawrence）　创立时间：2015年　产量（以12支箱数计）：750

克里斯·劳伦斯和卡米尔·科尔（Camille Koll）在2015年成立了费瑟斯顿酒业，事后看来，这是他们各自在葡萄酒、食物和服务方面的职业生涯的逻辑结果。克里斯的职业生涯是在澳大利亚各地的厨房里开始的。2009年，他到了南昆士兰大学（University of Southern Queensland）攻读酿造学学位，2014年毕业的时候他是致辞人，还荣获了科学学院的奖牌。在优伶酒庄（10月14日）期间，他从初级的酒窖帮工一路被提拔为助理酿酒师。2012年，他去了俄勒冈威拉米特谷（Willamette Valley）的赛琳妮酒庄（Domaine Serene）参与了一个发酵季的工作，使他进一步了解了伟大的霞多丽和黑比诺的生产过程。在2014年，他成为了雅拉谷的阳光酒庄（Sunshine Creek）的酿酒师。卡米尔则是雅拉谷土生土长的人，她成长于侯德乐溪酒庄（Hoddles Creek）。毕业后，她在香桐酒庄工作了7年，这赋予了她在品牌推广营销和客户服务方面的宝贵经验，她现在从事酒店管理工作。克里斯已故的祖父是托尼·费瑟斯顿（Tony Featherstone）。

🍷🍷🍷🍷🍷

Yarra Valley Chardonnay 2015

雅拉谷霞多丽2015

这支酒的原料葡萄来自门多萨克隆植株，整串进行压榨，并“创新地”接种野生酵母，在新的和旧的法国橡木桶中发酵。优质的果实、优秀的年份、优化的酿造方法和雅拉谷这个优良的产区，一起创造了这支可口的霞多丽。它长度极佳，酒体精致，有10年的光阴在未来等待着它。

封口：螺旋盖　酒精度：13.5%　评分：95　最佳饮用期：2026年　参考价格：25澳元 ✪

Yarra Valley Shiraz 2015

雅拉谷西拉2015

30%整串发酵，70%个整果发酵，14天的发酵后浸渍，在（30%新）法国橡木桶中陈酿了12个月，一共得到80箱葡萄酒。酒色是厚重的深紫红色；它是一支奢华的葡萄酒，所有的元素都如雕刻一般突出，有黑樱桃和黑李子的风味；它以香料、甘草和胡椒的后味收尾，单宁柔和。
封口：螺旋盖 酒精度：14% 评分：94 最佳饮用期：2030年 参考价格：25澳元 ✪

🍷🍷🍷🍷🍷 Yarra Valley Pinot Noir 2015
雅拉谷黑比诺2015
评分：90 最佳饮用期：2021年 参考价格：28澳元

Fighting Gully Road 战壕路酒庄 ★★★★★

Kurrajong Way, Mayday Hill, Beechworth, Vic 3747 产区：比曲尔斯
电话：(03) 5727 1434 网址：www.fightinggully.com.au 开放时间：仅限预约
酿酒师：马克·沃尔普（Mark Walpole）、阿德里安·罗达（Adrian Rodda）
创立时间：1997年 产量（以12支箱数计）：3000 葡萄园面积：8.3公顷
马克·沃尔普于1980年从布朗兄弟酒业开始了他从事葡萄种植的职业生涯，他的合作伙伴卡洛琳·德坡（Carolyn De Poi）在比奇沃思（Beechworth）南边找到了这片高处朝北的园地。他们从1997年开始建立天鹰奥达克斯酒园（Aquila Audax Vineyard），种植了赤霞珠和黑比诺，随后又扩建并栽种了大片的桑娇维塞、丹魄、西拉、小芒森（petit manseng）和霞多丽。2009年，他们幸运地租赁到了这个地区最古老的葡萄园，是1978年由史密斯家族种植的，园中有霞多丽和赤霞珠——实际上马克与他长期的好朋友阿德里安·罗达（Adrian Rodda，见独立条目）一起租用了史密斯家族葡萄园。马克说，"我们现在这个古老的富有历史的五月山疯人院（Mayday Hills Lunatic Asylum）的建筑里酿酒——这个地方应该全都是酿酒师！"

🍷🍷🍷🍷🍷 Beechworth Chardonnay 2015
比奇沃思霞多丽2015
明亮的稻草绿；香气中有非常时尚的燃烧火柴的复杂香气，不过，是那强劲有力而悠长的味道展示了比奇沃思和霞多丽之间奇妙的协同作用。葡萄柚和白桃的风味是故事的主人公，紧绷的酸味也参与进来。这是一支一流的葡萄酒。
封口：螺旋盖 酒精度：13% 评分：96 最佳饮用期：2027年 参考价格：38澳元 ✪

Beechworth Pinot Noir 2015
比奇沃思黑比诺2015
酿造这支酒的葡萄属于第戎的114号克隆品种，部分葡萄是整串发酵的。黑比诺在比奇沃思的气候中经常很难表现出清晰的品种特性，但是这支酒成功了——它又成为了一支顶级年份黑比诺。这支酒是复杂的，整串发酵为紫色的果味带来了辛香料和鲜咸的风味，后味悠长，平衡度佳。
封口：螺旋盖 酒精度：13.5% 评分：95 最佳饮用期：2023年 参考价格：28澳元 ✪

Moelleux Beechworth Petit Manseng 2016
半干型比奇沃思小芒森2016
这支酒散发着橘子、金橘、杏子、什锦蜜柑皮、茉莉花和蜂蜜花的芳香，而这些香气被一股奔涌而出的、令人垂涎的酸味绷紧。许多人都不知道，这些活泼的葡萄酒很少来自贵腐葡萄，而是采用发干的晚收葡萄慢慢发酵而成。这酒里含有70g/L的残糖，但它的酸度就如同旋风一样，它可以明显地卷走所有的甜腻之感。
375毫升瓶。封口：螺旋盖 酒精度：12% 评分：94 最佳饮用期：2022年
参考价格：28澳元 NG ✪

🍷🍷🍷🍷🍷 Beechworth Sangiovese Rose 2016
比奇沃思桑娇维塞桃红2016
评分：93 最佳饮用期：2019年 参考价格：25澳元 NG ✪

Aglianico 2014
艾格尼科2014
评分：93 最佳饮用期：2021年 参考价格：45澳元

Fikkers Wine 菲克斯酒庄 ★★★★☆

1 Grandview Crescent, Healesville, Vic 3777（邮） 产区：雅拉谷 电话：0437 142 078
网址：www.fikkerswine.com.au 开放时间：不开放 酿酒师：安东尼·菲克斯（Anthony Fikkers） 创立时间：2010年 产量（以12支箱数计）：1400
庄主兼酿酒师安东尼·菲克斯是在猎人谷开始了他的葡萄酒酿造生涯的，后来，他搬了家并永久定居到了雅拉谷。他的习惯做法是像麦克·福布斯（Mac Forbes）那样寻找小批量的葡萄酒（他曾经是麦克的助理酿酒师）。他坚定地相信多样化使生活更有情趣的道理，制作了两块砖头系列葡萄酒（Two Bricks range），这种葡萄酒的产量更大一些，不经过橡木桶处理或者橡木桶的影响很小。他还制作了一个单一酒园系列，其原料的源头每年都在变化。

🍷🍷🍷🍷🍷 Two Bricks Yarra Valley Sangiovese 2016
两块砖雅拉谷桑娇维塞2016
从这支酒来自吉拉拉酒庄（Killara Estate），采用全果和野生酵母发酵了25天后进行压榨，在（15%新）的法国橡木桶中成熟了8个月。其色泽极佳；这支一年陈的桑娇维塞，难道它的深度和姿态都是来自果味而非单宁吗？这很少见，但是它就是一个例子，确实如小罗伯特帕克（Robert Parker Jr）所说，有大量的红色水果风味。真是可爱的酒。
封口：螺旋盖 酒精度：14% 评分：95 最佳饮用期：2026年 参考价格：28澳元 ✪

Single Vineyard Yarra Valley Sauvignon Blanc 2016
单一酒园雅拉谷长相思2016
这支酒有非常复杂的香气和口感，这毫不令人惊奇；果香的浓郁度是典型的雅拉谷风格，味道极其悠长而且口感清新，有柑橘味的酒酸控制了一切，热带风味则在酸味的

作用下四散开来。
封口：螺旋盖 酒精度：13.5% 评分：94 最佳饮用期：2020年 参考价格：30澳元 ✪

Two Bricks Yarra Valley Pinot Noir 2016
两块砖雅拉谷黑比诺2016
这支酒有非常馥郁的芳香，是带着辛香的红色水果香；鲜咸的来自整串发酵（虽然只有30%）的风味非常明显，但是它有足够的果味来保持甜美的感觉和整体的平衡。
封口：螺旋盖 酒精度：13.5% 评分：94 最佳饮用期：2029年 参考价格：30澳元 ✪

🍷🍷🍷🍷🍷 Two Bricks Yarra Valley Pinot Gris 2016
两块砖雅拉谷灰比诺2016
评分：92 最佳饮用期：2022年 参考价格：28澳元

Two Bricks Yarra Valley Shiraz 2016
两块砖雅拉谷西拉2016
评分：91 最佳饮用期：2023年 参考价格：28澳元

Final Cut Wines 最后的剪接酒庄 ★★★★

1a Little Queen Street, Chippendale, NSW 2008（邮） 产区：巴罗萨谷 电话：(02) 9403 1524
网址：www.finalcutwines.com 开放时间：不开放 酿酒师：大卫·罗（David Roe）
创立时间：2004年 产量（以12支箱数计）：4000
这个酒庄的名字指向了从事电影业的庄主大卫·罗和莱·利思戈（Les Lithgow）。这是一个虚拟的酿酒厂，葡萄酒是由优质的合约种植的葡萄酿造而成的。大卫参与了发酵季的酿造，但其他时间他会悉尼的导演工作室里远程操控酿造过程。出口到美国、加拿大和远东地区。

🍷🍷🍷🍷🍷 Take Two Barossa Valley Shiraz 2015
"拿两瓶"巴罗萨谷西拉2015
用了小比例的维欧尼的果皮上，加上一些整串发酵的葡萄，在（50%新的）法国橡木桶（hogsheads）中成熟了12个月。这是一支完全不典型的巴罗萨谷西拉，有强烈的辛香料和鲜咸的香气和口感。除此之外，它的酒体不超过中等酒体。它至少是一支有趣的酒，是在24小时的时间中被品尝的。
封口：螺旋盖 酒精度：14.5% 评分：94 最佳饮用期：2025年 参考价格：49澳元

Finniss River Wines 芬尼斯河酒庄 ★★★☆

15 Beach Road, Christies Beach, SA 5165 产区：金钱溪（Currency Creek）
电话：(08) 8326 9894 网址：www.finnissvineyard.com.au 开放时间：每日开放，10:00—18:00
酿酒师：亚当·帕金森（Adam Parkinson） 创立时间：1999年
产量（以12支箱数计）：3000 葡萄园面积：146公顷
希金博特姆家族（Hickinbotham）建立了几个大葡萄园，其中最后一个就是1999年建立的芬尼斯河酒园。它所有的品种组合很不错，以31.3公顷的西拉和20.9公顷的赤霞珠为主。从那时开始到2015年2月之间，当亚当·帕金森和劳伦·帕金森（Lauren Parkinson）买下了这个葡萄园时，所有的葡萄都被卖掉了，这使亚当，当时是麦克拉伦谷的一家酿酒厂以及澳大利亚的一家最大的葡萄园管理公司的总经理，接触到了这个家族，了解了他们的葡萄。这个酒庄仍然销售葡萄，并且在可预见的将来也会这样做，不过他们的酒窖门店是推动本地销售的渠道，而且对中国、美国和新加坡的出口渠道也已经建成了。

🍷🍷🍷🍷🍷 Shiraz 2015
西拉2015
这支酒经过了除梗破碎和8天的浸皮，在新法国橡木桶中陈酿了8个月。色泽呈深邃的深紫红色；这是一支非常有趣的西拉，但是为什么要用100%的法国橡木桶呢？果实的质量是毋庸置疑的，不过你会好奇，如果采用一半新橡木桶一半旧橡木桶陈酿，这支酒会有多好呢？
封口：螺旋盖 酒精度：14.9% 评分：90 最佳饮用期：2030年 参考价格：22澳元

🍷🍷🍷🍷 Cabernet Sauvignon 2015
赤霞珠2015
评分：89 最佳饮用期：2030年 参考价格：22澳元

Fire Gully 火焰谷酒庄 ★★★★

Metricup Road, Wilyabrup, WA 6280 产区：玛格丽特河
电话：(08) 9755 6220 网址：www.firegully.com.au 开放时间：仅限预约。
酿酒师：迈克尔·皮特金博士（Dr Michael Peterkin） 创立时间：1988年
产量（以12支箱数计）：5000 葡萄园面积：13.4公顷
在一个被森林大火蹂躏的谷底中，形成了一片6公顷的湖泊，这就是酒庄名字的由来。1998年，皮埃罗酒庄（Pierro）的麦克·皮特金将这个酒庄收购了。他和前任庄主埃利斯·布彻和玛格丽特·布彻（Ellis and Margaret Butcher）一起管理着这片葡萄园。他把火焰谷酒庄与皮埃罗酒庄的管理完全分开了：种植的品种有赤霞珠、梅洛、西拉、赛美容、长相思、霞多丽、维欧尼和白诗南。出口到所有主要市场。

🍷🍷🍷🍷🍷 Margaret River Chardonnay 2015
玛格丽特河霞多丽2015
葡萄被整串地压榨到发酵罐中，采用部分野生酵母发酵，并有70%的酒经过了在橡木桶中经过了苹乳发酵，随后，又在（30%新的）法国橡木桶中成熟了9个月。桃子、杏子和甜瓜的味道被些许香草橡木的风味装点着，给人以精雕细刻的整体印象。

封口：螺旋盖 酒精度：14% 评分：94 最佳饮用期：2023年
参考价格：32澳元 NG

🍷🍷🍷🍷🍷 Margaret River Rose 2016
玛格丽特河桃红2016
评分：93 最佳饮用期：2018年 参考价格：32澳元 NG

Margaret River Shiraz 2014
玛格丽特河西拉2014
评分：90 最佳饮用期：2022年 参考价格：32澳元 NG

Fireblock 菲尔布勒酒庄 ★★★★☆

28 Kiewa Place, Coomba Park, NSW 2428（邮） 产区：克莱尔谷 电话：(02) 6554 2193
开放时间：不开放 酿酒师：奥利里·沃克（O'Leary Walker） 创立时间：1926年
产量（以12支箱数计）：3000 葡萄园面积：6公顷

菲尔布勒酒庄（前身是老车站酒园，即Old Station Vineyard）归比尔·爱尔兰和诺埃尔·爱尔兰（Bill and Noel Ireland）所有。爱尔兰夫妇还在1995年购买了有近70年历史的沃特韦尔（Watervale）葡萄园。栽种于1926年的葡萄（3公顷西拉和2公顷歌海娜）使用了干植的方法管理；雷司令则在2008年改种了盖森海姆（Geisenheim）克隆株，那时候镇上有水了。他们的葡萄被技艺熟练的合约酿酒师酿造，在首都葡萄酒展上获得了很多奖杯和奖牌。出口到瑞典和马来西亚。

🍷🍷🍷🍷🍷 Watervale Riesling 2015
沃特维尔雷司令2015
这支酒的色泽变化的很少甚至几乎没变；它现在是一支很可爱的雷司令了，开始发展处一些青柠和柠檬的果香，将酸味推到重要的辅助岗位之上，并留下了春日清新的余味。再经过3年的窖藏，你就能看见它的全貌。
封口：螺旋盖 酒精度：12% 评分：95 最佳饮用期：2025年 参考价格：17澳元 ✪

🍷🍷🍷🍷🍷 Watervale Riesling 2016
沃特维尔雷司令2016
评分：93 最佳饮用期：2026年 参考价格：17澳元 ✪

1926 Old Bush Vine GSM 2014
1926 **老灌木葡萄歌海娜西拉幕和怀特**2014
评分：93 最佳饮用期：2024年 参考价格：18澳元 ✪

Old Vine Clare Valley Shiraz 2013
老藤克莱尔谷西拉2013
评分：92 最佳饮用期：2033年 参考价格：20澳元 ✪

Old Vine Clare Valley Shiraz 2014
老藤克莱尔谷西拉2014
评分：91 最佳饮用期：2024年 参考价格：20澳元 ✪

Old Vine Clare Valley Grenache 2014
老藤克莱尔谷歌海娜2014
评分：90 最佳饮用期：2022年 参考价格：17澳元 ✪

Firetail 火尾酒庄 ★★★★★

21 Bessell Road, Rosa Glen, WA 6285 产区：玛格丽特河
电话：(08) 9757 5156 网址：www.firetail.com.au 开放时间：每日开放，11:00—17:00
酿酒师：布鲁斯·杜克斯，皮特·斯坦莱克（Bruce Dukes, Peter Stanlake）
创立时间：2002年 产量（以12支箱数计）：1200 葡萄园面积：5.3公顷

杰斯卡·沃勒尔（Jessica Worrall）和罗博·格拉斯（Rob Glass）是石油天然气工业中的"逃亡者"。在02年，他们在玛格丽特河购买了一个5.3公顷的葡萄园，其中的葡萄被栽种于1979年和1981年之间，有长相思、赛美容、和赤霞珠。酿造葡萄酒的人是布鲁斯·杜克斯和皮特·斯坦莱克。当你看到合同酿酒师的实力和葡萄园的成熟度的时候，你会很奇怪为什么火尾鸟酒庄之前没有被评为红五星酒庄。其葡萄酒质量堪称典范，而其价格几乎是落后于这个时代的。

🍷🍷🍷🍷🍷 Margaret River Sauvignon Blanc 2016
玛格丽特河长相思2016
这是一支复杂而有质感的长相思，带着全套的香气盒子：鲜切青草与青豌豆、柑橘与苹果、鹅莓与热带水果、最后是有柠檬香的酸味。它在16年的玛格丽特河酒展上获得了金奖。
封口：螺旋盖 酒精度：12.7% 评分：95 最佳饮用期：2022年 参考价格：19澳元 ✪

Margaret River Cabernet Sauvignon 2014
玛格丽特河赤霞珠2014
这支酒有鲜艳的深红-紫红色调，是一支优雅的中度酒体赤霞珠。它有着新鲜的黑加仑果味和来自偏低酒精度的活泼的口感。这支酒在15年的西澳葡萄酒展上获得了金牌，并在英国《醒酒器》（Decanter）杂志评选的80款最佳的玛格丽特河赤霞珠榜上排名并列第八。
封口：橡木塞 酒精度：13.7% 评分：95 最佳饮用期：2029年 参考价格：27澳元 ✪

🍷🍷🍷🍷🍷 Margaret River Cabernet Sauvignon 2012
玛格丽特河赤霞珠2012

评分：92年　参考价格：27澳元

First Creek Wines　福斯特溪酒庄　★★★★★

600 McDonalds Road, Pokolbin, NSW 2320　产区：猎人谷　电话：(02) 4998 7293
网址：www.firstcreekwines.com.au　开放时间：每日开放，10:00—17:00　酿酒师：利兹·希尔科曼与格莱格·希尔科曼（Liz and Greg Silkman）　创立时间：1984年　产量（以12支箱数计）：35000

第一溪酒庄是第一溪酿酒服务公司（First Creek Winemaking Services）旗下的品牌，这个公司是一个主要的合同酿酒服务提供者。2011年对利兹·希尔科曼（本姓杰克逊）来说，是精彩而有特殊意义的一年：她获得了*Gourmet Traveller*杂志评选的年度酿酒师大奖（Winemaker of the Year）和猎人谷年度酿酒师奖（Hunter Valley Winemaker of the Year），而且她所酿造的“2010年酿酒师珍藏西拉（Winemakers Reserve Shiraz 2010）”在新南威尔士州酿酒师大赛（NSW Wine Awards for the Winemakers）上也获得了酒展最佳红葡萄酒奖（Best Red Wine of Show）。

🍷🍷🍷🍷🍷　Single Vineyard Murphys Semillon 2016

单一园墨菲赛美容2016

这支酒的香气表明这里发生的事情很不简单，但味觉中的力量和浓郁的品种风味将这些想法统统扫去了。非常有趣的是，对于这种现在和未来都极具陈酿潜力的葡萄酒，猎人谷的赛美容生产商均收取了很高的价格 ($60–$100)。
封口：螺旋盖　评分：96　最佳饮用期：2030年　参考价格：60澳元　✪

Winemaker's Reserve Hunter Valley Chardonnay 2011

酿酒师珍藏猎人谷霞多丽2011

闪闪发光的绿色色调预示着这是一支发展良好，骨骼匀称的霞多丽。白桃、杏仁和葡萄柚在一起准确地唱着一首歌曲，后味中那柔和但足够的酸味则将这首歌自然而然地完成。无需匆忙，不过你很难想象这支酒还有很大的进步余地。
封口：螺旋盖　酒精度：13.5%　评分：96　最佳饮用期：2021年
参考价格：60澳元　✪

Winemaker's Reserve Hunter Valley Semillon 2016

酿酒师珍藏猎人谷赛美容2016

比起这个年份中猎人谷的许多酒，它的深度和初始的质地都更为丰富。奇怪的是，酸度比正常情况要低。这是一支高质量的葡萄酒，它在10年后还能像今天一样有很好的味道。
封口：螺旋盖　酒精度：11%　评分：95　最佳饮用期：2029年　参考价格：45澳元

Single Vineyard Black Cluster Semillon 2014

单一园黑色族群赛美容2014

展现了杰出的年轻猎人谷赛美容的所有特质。其香气充满活力，展现了人们所期待的柠檬草、鲜切干草和香皂的风味。这些风味特点在味蕾上重复着，展现着完美的姿态；清新、有质感、有长度。推荐窖藏，但现在饮用也是一种享受。
封口：螺旋盖　评分：95　最佳饮用期：2026年
参考价格：50澳元　SC

Winemaker's Reserve Hunter Valley Semillon 2011

酿酒师珍藏猎人谷赛美容2011

作为一支1年陈酿的葡萄酒，这支酒的慷慨大方已经完全地展现出来，它盈满花的芬芳，味觉上有一些年轻雷司令拥有的柑橘的特点，但是它还有金银花和少许干果的风味。酸味是这支酒的生命支柱，现在是，将来也是。
封口：螺旋盖　酒精度：10%　评分：95　最佳饮用期：2023年　参考价格：50澳元

Winemaker's Reserve Hunter Valley Semillon 2009

酿酒师珍藏猎人谷赛美容2009

这支酒就像一个野孩子：它的香气突然自己急转直下，但迷人的味觉让香气不足为道，其强度几乎是令人疼痛的。这是一支非凡的赛美容葡萄酒，复杂度就是它生存的意义。
封口：螺旋盖　酒精度：11%　评分：95　最佳饮用期：2021年　参考价格：50澳元

Winemaker's Reserve Hunter Valley Chardonnay 2016

酿酒师珍藏猎人谷霞多丽2016

这是一支典型的有现代猎人谷风格的高品质葡萄酒，果味平衡在核果和柑橘类水果之间，而蜜瓜就像连接着两头的桥梁，橡木平衡并很好地融入了酒体。
封口：螺旋盖　评分：95　最佳饮用期：2026年　参考价格：60澳元

Winemaker's Reserve Hunter Valley Shiraz 2011

酿酒师珍藏猎人谷西拉2011

这支酒仍然处在其发展的初级阶段，虽然你可以感受到那清晰而柔和的泥土芬芳和芬芳的果味，但等它们成熟至少还要5年的时间。目前来看，它的酒体浓郁悠长，香料、黑色水果和新橡木桶的风味都融入了它的味道之中。封口：螺旋盖　酒精度：13%　评分：95　最佳饮用期：2031年　参考价格：60澳元

Winemaker's Reserve Hunter Valley Chardonnay 2010

酿酒师珍藏猎人谷霞多丽2010

这支酒的发展已经接近尾声，但仍将在未来的几年保持现状。它非常复杂，多汁的白桃和葡萄柚风味在漫长、复杂而充满细节的酒体之上跳着宫廷舞蹈。
封口：螺旋盖　酒精度：12.5%　评分：94　最佳饮用期：2020年　参考价格：60澳元

🍷🍷🍷🍷🍷（四满一空）　Hunter Valley Shiraz 2014

猎人谷西拉2014
评分：92 最佳饮用期：2030年 参考价格：35澳元 SC

First Drop Wines 第一滴酒庄 ★★★★★

Beckwith Park, Barossa Valley Way, Nuriootpa, SA 5355 产区：巴罗萨谷 电话：(08) 8562 3324
网址：www.firstdropwines.com 开放时间：周三至周六，10:00—16:00
酿酒师：迈特·格兰特（Matt Gant） 创立时间：2005年 产量（12支装箱数）：10000
自2005成立以来，第一滴酒庄是经历了变革的。它现在有了一个真正的酒厂，是努里乌特帕镇（Nuriootpa）的奔富老酒厂的一部分，它与提姆史密斯酒庄（Tim Smith Wines）共同使用着这个酒厂。这些建筑现在被称为贝克威思公园（Beckwith Park），用于纪念为奔富做了许多开创性工作的人：雷·贝克威思勋爵（Ray Beckwith OAM），他于2012去世，不过他已经度过了他的一百岁生日；他还获得了毛里斯奥谢奖（Maurice O'Shea Award）。产品出口到英国、美国、加拿大、丹麦、日本、新西兰等国家，以及中国香港地区。

🍷🍷🍷🍷🍷

Does Your Dog Bite? Single Vineyard Wilton Eden Valley Syrah 2014
“你的狗咬人吗？”单一园威尔顿伊顿谷西拉2014
在“你的狗咬人吗？”系列的三款葡萄酒中，它很有特点，是唯一的一个有接近1/3的葡萄以整串形式发酵的葡萄酒，并且用的橡木桶比例少得多，33%法国橡木桶（hogsheads）是新的。酒体偏鲜咸，有一股辛香料和红色水果的风味，还伴着野蔷薇的味道，酒体（刚刚达到）饱满；有非常精致丝滑的单宁，口感极其平衡，余味悠长。皮特·塞勒斯的粉丝看到这个名字一定会笑起来；至于它的酒标，那就是另外的故事了。
封口：螺旋盖 酒精度：13% 评分：96 最佳饮用期：2033年
参考价格：50澳元 JF ✪

Two Percent Barossa Shiraz 2015
百分之二巴罗萨西拉2015
这支酒中有2%的麝香葡萄（moscatel），也许就是因此提升了酒的芳香，又或许并没有。无论如何，这支酒有强大的体魄，但也有完美的内涵。酒体饱满，质地顺滑，单宁与橡木的成分是甜美、柔顺而成熟的。
封口：螺旋盖 酒精度：15% 评分：95 最佳饮用期：2030年
参考价格：38澳元 JF

Does Your Dog Bite? Single Vineyard Moculta Eden Valley Syrah 2014
“你的狗咬人吗？”单一园莫库塔伊顿谷西拉2014
莫库塔（Moculta）和克兰福德（Craneford）两个酒园制成的“你的狗咬人吗”系列葡萄酒采用了相同的酿造方法：在100%的法国橡木桶中陈酿16个月。二者都很有吸引力，但原因不同：这支酒更加鲜美和辛辣，有深色李子和樱桃的核心，被甘草的风味覆盖着，果香浓郁但没有过于成熟。酒体丰满，单宁如同奢华的长毛绒，余味持久，橡木味圆融。
封口：螺旋盖 酒精度：14.5% 评分：95 最佳饮用期：2034年
参考价格：50澳元 JF

Minchia Adelaide Hills Montepulciano 2013
明西亚阿德莱德山蒙特普恰诺2013
它把这个葡萄品种演绎得强劲而坚实，法国橡木桶（puncheons，50%是新的）表现了它的存在感，而一切都是平衡的。这支酒充满了撒祖玛李子和黑李子的风味，此外还有甘草、酱油和生铁的味道，酒体饱满，单宁丰富，后味的抓劲儿很足。
封口：螺旋盖 酒精度：14% 评分：95 最佳饮用期：2024年
参考价格：38澳元 JF

Mother's Milk Barossa Shiraz 2015
母乳巴罗萨西拉2015
这是一支呈深色石榴红至黑色的巴罗萨葡萄酒，其风味丰富、浓郁而活泼。黑色李子伴着樱桃酒和甘草的风味，有点浑浊但是并非有很多果酱的感觉，后味柔和，单宁柔顺。
封口：螺旋盖 酒精度：14.5% 评分：94 最佳饮用期：2025年
参考价格：25澳元 JF ✪

McLaren Vale Touriga Nacional 2015
麦克拉仑谷国家特瑞加2015
这支酒的香气和味道都很丰富：有花、辛香料和浓浓的红色-黑色水果风味。柔顺的单宁带着奢华的长毛绒似的质地，酒体丰富浓厚。哦，它是如此的让人高兴。
封口：螺旋盖 酒精度：14% 评分：94 最佳饮用期：2023年
参考价格：25澳元 JF ✪

🍷🍷🍷🍷

Mere et Fils Adelaide Hills Chardonnay 2015
母与子阿德莱德山霞多丽2015
评分：93 最佳饮用期：2022年 参考价格：25澳元 JF ✪

Vivo Adelaide Hills Arneis 2016
维沃阿德莱德山阿尼斯2016
评分：93 最佳饮用期：2019年 参考价格：25澳元 JF ✪

Does Your Dog Bite Craneford Syrah 2014
“你的狗咬人吗？”科林福德2014
评分：93 最佳饮用期：2030年 参考价格：50澳元 JF

Mother's Ruin McLaren Vale Cabernet Sauvignon 2015
母亲的遗迹麦克拉仑谷赤霞珠2015
评分：93　最佳饮用期：2023年　参考价格：25澳元　JF ✪
The Matador Barossa Garnacha 2015
斗牛士巴罗萨歌海娜2015
评分：91　最佳饮用期：2021年　参考价格：25澳元　JF
Forza Adelaide Hills Nebbiolo 2011
力量阿德莱德山内比奥罗2011
评分：91　最佳饮用期：2020年　参考价格：50澳元　JF

First Foot Forward　第一步酒庄　★★★★☆

6 Maddens Lane, Coldstream, Vic 3770　产区：雅拉谷
电话：0402 575 818　网址：www.firstfootforward.com.au　开放时间：仅限预约
酿酒师：马丁·希伯特（Martin Siebert）　创立时间：2013年　产量(12支装箱数)：400

庄主兼酿酒师马丁·希伯特在托卡酒庄担任总酿酒师（Tokar Estate）已有数年时间，这也是他的主要工作。2013年，他得到了从一处成熟的葡萄园购买黑比诺和霞多丽的机会，这一葡萄园位于雅拉谷南边高高的单德农山（Dandenong Ranges）上的帕琪镇（The Patch）。这个地方比雅拉谷底部地区的温度更加湿冷，所以葡萄总是在托卡酒庄的赤霞珠采收后才能采收，这缓解了他很多压力。他说，只要这些葡萄还卖，他就会买，一款来自钢铁溪酒园（Steels Creek）的长相思丰富了他的产品系列，以供应给墨尔本周边追求质量的餐厅和葡萄酒商店。

🍷🍷🍷🍷🍷

Yarra Valley Pinot Noir 2015
雅拉谷黑比诺2015
这支酒显示了雅拉谷黑比诺葡萄酒在2015年份的最佳优势。虽然红色浆果仍然是酒的核心，但是鲜美的森林地面的微妙风味和经典的单宁提供了非凡的驱动力和浓郁度。
封口：螺旋盖　酒精度：13.5%　评分：95　最佳饮用期：2025年参考价格：25澳元 ✪
Gruyere Vineyard Yarra Valley Viognier 2016
格吕耶尔酒园雅拉谷维欧尼2016
通过第一步，酒庄完全掌握了平衡维欧尼棱角的办法，得到了全套的品种风味，并且避免了油腻的酚类物质。很俊的酒。
封口：螺旋盖　酒精度：13.5%　评分：94　最佳饮用期：2020年参考价格：25澳元 ✪

🍷🍷🍷🍷

The Patch Vineyard Chardonnay 2013
帕琪酒园霞多丽2013
评分：93　最佳饮用期：2022　参考价格：25澳元 ✪
The Patch Vineyard Pinot Noir 2016
帕琪酒园黑比诺2016
评分：92　最佳饮用期：2021年　参考价格：25澳元 ✪
The Patch Vineyard Chardonnay 2015
帕琪酒园霞多丽2015
评分：91　最佳饮用期：2021年　参考价格：25澳元
The Patch Vineyard Pinot Noir Rose 2016
帕琪酒园黑比诺桃红2016
评分：91　最佳饮用期：2019年　参考价格：25澳元

First Ridge　第一山岭酒庄　★★★★

Cnr Castlereagh Highway/Burrundulla Road, Mudgee, NSW　产区：满吉
电话：0407 701 014　网址：www.firstridge.com.au　开放时间：每日开放，10:00—16:00
酿酒师：詹姆士·曼尼斯（James Manners）　创立时间：1998年　产量(12支装箱数)：5000
葡萄园面积：20公顷

18年前，悉尼的建筑师约翰·尼古拉斯（John Nicholas）和妻子海伦在起伏不断的山坡和开阔的峡谷之上开始了这个现有20公顷的葡萄园的建设。这个园子的土壤多种多样，有最高的山脊上面的玄武岩和石英质浅层土壤，还有更深层的覆盖着壤土的中性黏土。在山脊上种了巴贝拉、桑乔维塞和维蒙蒂诺，在深层土壤之上种植了菲亚诺、灰比诺、丹魄、西拉和梅洛。酒庄经理科林·米尔乐（Colin Millot）在30年前就开始在麦克拉仑谷工作，并于1995年搬到了满吉（Mudgee）地区去管理金玫瑰山酒园（Rosemount Hill of Gold）和蓝山酒园（Mountain Blue Vineyards）。詹姆士·曼尼斯（著名主厨尼德·曼尼斯之子）帮助着尼古拉斯去实现他的梦想，“要去享受有丰富食物的餐桌，享受亲朋的陪伴和热情的聊天，和意大利人的那种有活泼气氛的餐桌没什么两样”。

🍷🍷🍷🍷

Mudgee Barbera 2015
满吉巴贝拉2015
这支酒呈淡淡的深红-紫红色调；这支酒非常诱人，有柔和的李子果香、精致的单宁和淡淡的橡木味。平衡是它最宝贵的财富。
封口：螺旋盖　酒精度：14.5%　评分：91　最佳饮用期：2028年　参考价格：30澳元
Mudgee Rose 2016
满吉桃红2016
这是一支桑乔维塞做的桃红葡萄酒，有淡淡的鲑鱼色调。有复杂的质地，暗示着（全部或者部分）橡木桶发酵的工艺。制作精良。
封口: 螺旋盖　酒精度: 12.8%　评分: 90　最佳饮用期: 2017年　参考价格: 20澳元

🍷🍷🍷🍷　Mudgee Vermentino 2016
满吉维蒙蒂诺2016
评分：89　最佳饮用期：2020年　参考价格：25澳元

Five Geese　五只鹅酒庄　★★★★☆

389 Chapel Hill Road, Blewitt Springs, SA 5171（邮）　产区：麦克拉仑谷　电话：(08) 8383 0576
网址：www.fivegeese.com.au　开放时间：不开放　酿酒师：麦克·法米洛（Mike Farmilo）
创立时间：1999年　产量（以12支箱数计）：5000　葡萄园面积：28公顷
苏·特洛特在它的五只鹅酒庄上投入了很多心血，葡萄来自1927年和1965年栽种的老藤（有西拉、赤霞珠、歌海娜和马塔罗），而黑珍珠则是后来新加入的品种。她多年以来都会将葡萄卖掉，但是在1999年，她决定打造自己的品牌，并从她的园子里精选出葡萄，酿造出了数量极其有限的有机葡萄酒。出口到英国、韩国和新加坡。

🍷🍷🍷🍷🍷　McLaren Vale Shiraz 2014
麦克拉仑谷西拉2014
布卢伊特泉（Blewitt Springs）这个产区在麦克拉仑谷是首屈一指的，在合适橡木桶中的陈酿在这支庄园自有葡萄酒上表现得很好，从酒的颜色就能看出它极佳的品质。只有纯正的澳大利亚人才会这么给酒定价，真是超值奉送，派头十足。
封口: 螺旋盖　酒精度: 14.5%　评分: 92　最佳饮用期: 2029　参考价格: 20澳元 ✪

The Pippali Old Vine McLaren Vale Shiraz 2014
匹帕里老藤麦克拉仑谷西拉2014
这支酒来自麦克拉仑平原（McLaren Flat）上的30年老藤，在新的和第二次使用的法国橡木桶中陈酿了18个月。色调极佳，虽然颜色不是特别深；果香和橡木味的抗衡真是了不起的，因为整体来讲，这支酒的酒体是中等偏轻的。它的适饮性极强。
封口: 橡木塞　酒精度: 14.5%　评分: 92　最佳饮用期: 2029年　参考价格: 28澳元

McLaren Vale Cabernet Sauvignon 2014
麦克拉仑谷赤霞珠2014
这支酒来自麦克拉仑平原深邃而富含铁元素的冲积土壤上种植的30年树龄的葡萄藤，在新的和旧的法国橡木桶中陈酿了18个月。香气和口感都富有李子和黑加仑的果味，而口感上还盖着一层黑巧克力的风味和成熟的单宁。这支酒会在将来慢慢地发展变化。
封口: 螺旋盖　酒精度: 14.5%　评分: 92　最佳饮用期: 2029年参考价格: 24澳元 ✪

🍷🍷🍷🍷　Volpacchiotto McLaren Vale Rose 2016
伏尔帕乔托麦克拉仑谷桃红2016
评分：89　最佳饮用期：2018年　参考价格：20澳元

Five Oaks Vineyard　五橡园酒庄　★★★★

60 Aitken Road, Seville, Vic 3139　产区：雅拉谷　电话：(03) 5964 3704
网址：www.fiveoaks.com.au　开放时间：周末与公共假期，11:00—17:00　酿酒师：沃力·祖克（Wally Zuk）　创立时间：1995年　产量（12支装箱数）：1000　葡萄园面积：3公顷
沃利·祖克和妻子朱蒂（Judy）管理这五橡园酒庄的所有事务——这个和瓦利的核物理背景相去甚远。然而，他已经在CSU大学完成了葡萄酒科学学位，完全有资格去酿造五橡树的葡萄酒。葡萄园中赤霞珠种得最多（2.6公顷），还有雷司令和梅洛各0.2公顷。出口到加拿大等国家，以及中国内地（大陆）和香港、澳门地区。

🍷🍷🍷🍷🍷　SGS Yarra Valley Cabernet Sauvignon 2015
SGS 雅拉谷赤霞珠2015
这支酒来自一个产量非常低的年份（1吨/公顷），经过破碎和36小时的冷浸渍，在不锈钢钢罐中接种人工培养的酵母发酵，又在法国橡木桶（55%是新的）中成熟了18个月。这支酒酒体中轻，但是这么多的法国橡木桶的风味居然被黑醋栗和薄荷巧克力的果香吸收了，这真是值得赞叹。总体来说这是一支优雅的葡萄酒，现在与将来饮用皆宜。
封口：螺旋盖　酒精度：14%　评分：91　最佳饮用期：2025年　参考价格：55澳元

Flametree　凤凰木酒庄　★★★★★

Cnr Caves Road/Chain Avenue, Dunsborough, WA 6281　产区：玛格丽特河
电话：(08) 9756 8577　网址：www.flametreewines.com　开放时间：每日开放，10:00—17:00
酿酒师：克里夫·罗伊（Cliff Royle）、于连·斯科特（Julian Scott）　创立时间：2007年
产量（12支装箱数）：20000
凤凰木酒庄的所有人是汤纳家族（包括约翰、利兹、罗博和安妮），自2007年的第一个酿造季，他们取得了巨大的成功。通常人们都是先有葡萄园，然后找人来帮助酿酒，但是他们的做法恰好相反：他们先建立了一个最先进的酿酒厂，然后才和当地的葡萄种植者签订了葡萄采购合同。他们在酒展上取得的最大的成功就是2007年赤霞珠梅洛葡萄酒所获得的吉米·沃森奖杯。此外，他们还得到了酿酒师克里夫·罗伊为之服务。产品出口到英国、加拿大、印度尼西亚、马来西亚、新加坡等国家，以及中国香港地区。

🍷🍷🍷🍷🍷　Margaret River Shiraz 2015
玛格丽特河西拉2015
采用野生酵母在开放式静态发酵罐中分批发酵，每天进行两次皮渣按压或者打循环的操作，选出了整串发酵的批次，进行了10个月的法国橡木桶陈酿。这是一支复杂的、

重酒体的西拉，带着真切的黑色樱桃、李子、甘草和辛香料的风味。酒的质地和结构围绕成熟精致的单宁搭建起来。这是一支有漫长生命的好酒。
封口：螺旋盖 酒精度：14% 评分：96 最佳饮用期：2035年
参考价格：27澳元 ✪

S.R.S. Wallcliffe Margaret River Chardonnay 2016
S.R.S.沃克力夫玛格丽特河霞多丽2016
这支白葡萄酒是凤凰木酒庄的旗舰产品，它来自沃克里夫（Wallcliffe），果香突出，制作精良。有燧石般的复杂、鲜美的风味。奶酪风味加上葡萄柚和柚子内皮的风味，再配上浓郁的酸味，令人欲罢不能。
封口：螺旋盖 酒精度：13% 评分：95 最佳饮用期：2024年
参考价格：65澳元 JF

Margaret River Pinot Rose 2016
玛格丽特河皮诺桃红2016
葡萄在8℃的环境下静置过夜，整串压榨，经过了几次翻转，在3小时后，以每吨出汁500升的强度压榨到不锈钢罐中，其余的120升被压榨到旧法国橡木桶（puncheons）中。市场上很少有人会对桃红葡萄酒投入这么多的努力。这支酒复杂而鲜美，有闪烁的香料风味，余味干而悠长。
封口：螺旋盖 酒精度：13% 评分：95 最佳饮用期：2017年 参考价格：25澳元 ✪

S.R.S. Wilyabrup Margaret River Cabernet Sauvignon 2014
S.R.S. 威利亚布鲁玛格丽特河赤霞珠2014
这支酒来自于威利亚布鲁（Wilyabrup），常年以来被视为当地赤霞珠的典范。黑加仑、黑色巧克力和多汁的红色莓果芳香和风味在雪松橡木的风味和极佳的单宁作用下，更加完整和平衡。浓郁度、优雅度和酒体结构都堪称典范。
封口：螺旋盖 酒精度：14% 评分：95 最佳饮用期：2034年
参考价格：65澳元 SC

Margaret River Cabernet Sauvignon Merlot 2014
玛格丽特河赤霞珠梅洛2014
这支酒有一种纯净之美，开始于品种特有的黑醋栗、红醋栗和花香，随后是产区影响带来的香叶、烟草和草本植物的芳香。质地顺滑，味觉上的风味和嗅觉上很像，而这些味道被极其细腻的、几乎要融化了的单宁的框架装饰着。十分美味。
封口：螺旋盖 酒精度：14% 评分：94 最佳饮用期：2028年
参考价格：30澳元 SC ✪

🍷🍷🍷🍷🍷

Embers Cabernet Sauvignon 2014
安博思赤霞珠2014
评分：93 最佳饮用期：2024年 参考价格：20澳元 CM ✪

Margaret River Chardonnay 2015
玛格丽特河霞多丽2015
评分：92 最佳饮用期：2022年 参考价格：27澳元 CM

Embers Cabernet Sauvignon 2015
安博思赤霞珠2015
评分：92 最佳饮用期：2023年 参考价格：22澳元 JF ✪

Embers Sauvignon Blanc 2015
安博思长相思2015
评分：91 最佳饮用期：2017年 参考价格：20澳元 CM ✪

Margaret River Chardonnay 2016
玛格丽特河霞多丽2016
评分：91 最佳饮用期：2022年 参考价格：27澳元 JF

Embers Sauvignon Blanc 2016
安博思长相思2016
评分：90 最佳饮用期：2018年 参考价格：22澳元 JF

Margaret River SBS 2016
玛格丽特河长相思赛美容2016
评分：90 最佳饮用期：2018年 参考价格：24澳元 JF

Flaxman Wines 弗拉克斯曼酒庄 ★★★★★

662 Flaxmans Valley Road, Flaxmans Valley, SA 5253 产区：伊顿谷
电话：0411 668 949 网址：www.flaxmanwines.com.au
开放时间：周四至周日，11:00—17:00 酿酒师：科林·谢泊德（Colin Sheppard）
创立时间：2005年 产量（12支装箱数）：1500 葡萄园面积：2公顷
在参观了巴罗萨山谷十年之后，墨尔本居民科林·谢泊德（Colin Sheppard）和妻子芬（Fi）决定搬到海边，他们在2004年发现了一个小而古老的葡萄园，俯瞰着弗拉克斯曼山谷（Flaxmans Valley）。它包括1公顷60多岁树龄和90多岁树龄的雷司令，1公顷65岁多树龄和90岁树龄的西拉，0.8公顷60岁树龄的赛美容。这些葡萄藤是干植葡萄藤，采用手工修剪和手工采摘，它们被谢泊德夫妇当成了家里的花园来照管年产量被限制在4吨每公顷，而且他们也购买了一些当地的质量优异的葡萄。科林在巴罗萨的很多酒厂工作了多年，并且他对细节的重视（和对酿造过程

的理解）也反映在了葡萄酒一贯的高质量上。

🍷🍷🍷🍷🍷 Eden Valley Riesling 2016

伊顿谷雷司令2016

从这支酒攻击你的味蕾开始，一直到结尾的脉动，这支酒一支带着不可磨灭的伊顿谷的印记：酸橙冰激凌的风味。最令人印象深刻的是酒腹的强度和浓郁度，还有，那电力十足的自然酸味就好像一把利剑一样，不过它很具有欺骗性，而且在这个产区中，这个酸度还算是柔和的。

封口：螺旋盖　酒精度：12%　评分：96　最佳饮用期：2032年

参考价格：27澳元　NG　✪

Shhh Eden Valley Cabernet 2014

嘘声伊顿谷赤霞珠2014

这支酒被处理得非常精美，有碾碎的丁香、烟草、黑醋栗、八角和干鼠尾草的风味，它们如乐曲一样流畅地穿过中等偏厚的酒体，与精雕细刻的单宁和令人垂涎的酸味一起铸就了完美的饮用性。橡木的风味完全融入了酒体，就好像被埋起来了一样。

封口：螺旋盖　酒精度：14%　评分：95　最佳饮用期：2028年

参考价格：45澳元　NG

🍷🍷🍷🍷🍷 Reserve Chardonnay 2015

珍藏霞多丽2015

评分：93　最佳饮用期：2022年　参考价格：50澳元　NG

Estate Eden Valley Shiraz 2014

庄园伊顿谷西拉2014

评分：93　最佳饮用期：2025年　参考价格：60澳元　NG

The Stranger Shiraz Cabernet 2014

陌生人西拉赤霞珠2014

评分：92　最佳饮用期：2029年　参考价格：37澳元　NG

Eden Valley Chardonnay 2015

伊顿谷霞多丽2015

评分：90　最佳饮用期：2022年　参考价格：27澳元　NG

Flowstone Wines　流石酒庄 ★★★★★

11298 Bussell Highway, Forest Grove, WA 6286　产区：玛格丽特河
电话：0487 010 275　网址：www.flowstonewines.com　开放时间：仅限预约
酿酒师：斯图亚特·皮姆（Stuart Pym）　创立时间：2013年　产量（12支装箱数）：1000
葡萄园面积：2.25公顷

流石酒庄是斯图亚特·皮姆（Stuart Pym）和菲尔·吉格利亚（Phil Giglia）组成的合资企业。斯图亚特是从1983年开始进入葡萄酒行业的，那时候他搬到了玛格丽特河，以帮助他的父母在威利亚布鲁（Wilyabrup）建立自己的葡萄园和酒厂。在航海家酒庄（1991—2000）、魔鬼巢穴酒庄（2000—2008）和史黛拉贝拉酒庄（Stella Bella，2008—2013）的漫长酿酒生涯中，他还在国外同时做了很多酿酒季的工作。菲尔是一个自认的葡萄酒悲剧，他对葡萄酒的痴迷始于西澳大学的葡萄酒俱乐部活动。这两人于90年代末在玛格丽特河伟大酒庄（Margaret River Great Estates）的午餐活动上相遇，并提出了创办一家小企业的想法，这个点子从2003年，也就是收购这个酒庄的时候开始实施。在接下来的一年中，他们种植了0.5公顷的霞多丽葡萄酒，并在2009年种植了其余的葡萄。此外，他们也购买合约种植的葡萄作为补充。这个酒庄对细节非常注重，他们酒标的设计就是一个典型的例子。标签本身由81%的石灰石和树脂制成（没有用到木纤维或者纸浆）。

🍷🍷🍷🍷🍷 Queen of the Earth Margaret River Chardonnay 2014

大地女王玛格丽特河霞多丽2014

如果在有诱人的复杂风味和有刺鼻气味这二者之间有一条细线的话，这支酒就走在这条线上。就个人而言，一开始它属于前者，因为它有很多的铺垫：18个月的法国橡木桶（50%是新的）的风味和果香吸收了它，带来了复杂的燃烧火柴和燧石的风味、熏肉和柠檬的风味、葡萄柚和柚子内皮的风味以及很好的质地。其关键是那新鲜的、带来紧致收敛感的酸味。

封口：螺旋盖　酒精度：13.3%　评分：96　最佳饮用期：2024年

参考价格：55澳元　JF　✪

Queen of the Earth Margaret River Cabernet Sauvignon 2013

“大地女王”玛格丽特河赤霞珠2013

这款葡萄酒的原料来自于维尔亚布拉普（Wilyabrup）的无灌溉葡萄园中，这个葡萄园是70年代末种植的。葡萄经由手工采摘后，在开放式发酵罐中发酵了，在法国橡木桶陈酿了3年，并且在装瓶后继续陈放了15个月。这是一款多么出色的酒啊！复杂却又精致，洋溢着花香、黑醋栗果香与温暖的泥土芬芳。酒体饱满却又悠长纯净，单宁丝滑柔美。产量仅92打。

封口：螺旋盖　酒精度：14.2%　评分：96　最佳饮用期：2030年

参考价格：74澳元　JF　✪

Margaret River Sauvignon Blanc 2015

玛格丽特河长相思2015

这支酒来自单一葡萄园，整果压榨，在600升的橡木桶（demi-muid）中陈放了11个月，伴有酒泥搅拌。酿酒师斯图尔特·皮姆（Stuart Pym）说，这支酒在味觉上集中，

并且没有紧迫感。这款葡萄酒风味浓郁、格调高雅、口味复杂：让人想象起破碎的砾石，中国茶烟以及柠檬马鞭草的风味，酸味劲爆，富有质感。
封口：螺旋盖 酒精度：13% 评分：95 最佳饮用期：2024年
参考价格：32澳元 JF ✪

Margaret River Chardonnay 2014
玛格丽特河霞多丽2014
这款酒有非常丰富的层次：结晶的蜂蜜、柠檬乳冻、生姜绒毛蛋糕、各种核果、果皮的风味纷至沓来，质地精致无比。味道太浓郁了，几乎超出了舌头的负荷，但紧跟着的令人振奋的酸度将所有的这些味道都收起来了，收得干干净净。
封口：螺旋盖 酒精度：12.5% 评分：95 最佳饮用期：2024年
参考价格：36澳元 JF

Margaret River Shiraz Grenache 2015
玛格丽特河西拉歌海娜2015
这款酒由50%的西拉、48%的歌海娜（grenache）和2%的慕合怀特（mourvedre）酿制而成。西拉在被破碎除梗后，经过了开放式发酵。歌海娜和慕合怀特则是用了100%的整串葡萄，经过了开放式发酵和脚踩破碎。西拉在6°博美（baume）残糖下，终止发酵，酒液被压榨到了旧橡木桶中。经过7个月的旧的大小橡木桶（barriques and puncheons）陈酿过程，得到了230打葡萄酒。这款酒呈鲜艳的深红紫色；舌面上，馥郁的红色水果芬芳极为迷人，余味悠长持久，单宁极为精致。
封口: 螺旋盖 酒精度: 14% 评分: 95 最佳饮用期: 2023年 参考价格: 25澳元 ✪

Margaret River Cabernet Sauvignon Touriga 2013
玛格丽特河赤霞珠特瑞嘉2013
这款酒里的赤霞珠葡萄来自维尔亚布拉普（Wilyabrup）的一个单一葡萄园，占70%。特瑞嘉（Touriga）葡萄则是来自雅林阿普（Yallingup）的葡萄园，这部分葡萄种植于70年代末。每个品种都以类似的方式酿造，不过经过了分开保存，在法国橡木桶（barriques）中陈放了2年（其中20%为新橡木桶）。这款酒的结构非常和谐，单宁轻柔精妙而不失力量，甜美的果香与鲜咸的风味完美地融合到了一起。
封口：螺旋盖 酒精度：14.1% 评分：95 最佳饮用期：2027年
参考价格：36澳元 JF

🍷🍷🍷🍷🍷(4.5) Margaret River Gewurztraminer 2015
玛格丽特河琼瑶浆2015
评分：93 最佳饮用期：2023年 参考价格：32澳元 JF

Moonmilk 2016
摩恩米尔克2016
评分：92 最佳饮用期：2020年 参考价格：19澳元 JF ✪

Flying Fish Cove 飞鱼湾酒庄 ★★★★★

Caves Road, Wilyabrup, WA 6284 产区：玛格丽特河 电话：(08) 9755 6600
网址：www.flyingfishcove.com 开放时间：每日开放，11:00—17:00 酿酒师：西蒙·丁（Simon Ding） 创立时间：2000年 产量（12支装箱数）：21000 葡萄园面积：25公顷
飞鱼湾酒庄有两方面主要的生意：一方面为其他酒庄提供酿造服务；另一方面，以25公顷葡萄园为部分基地，也开发自己的品牌。酒庄常驻的酿酒师西蒙丁（Simon Ding）在从事葡萄酒事业之前，有不少其他行业的经历。他于1993年完成了金工学徒的学习。1996年返回澳大利亚后，他又获得了理学学士学位。2000年，他终于加入了飞鱼湾酒庄的团队。酒庄的葡萄酒有出口到美国和马来西亚。

🍷🍷🍷🍷🍷 Prize Catch Margaret River Chardonnay 2015
“夺奖”玛格丽特河霞多丽2015
冷浸渍12小时后，以200升每吨的比例压榨至新法国橡木桶中，由野生酵母自然发酵后，陈酿8个月，其中2个月中有搅拌酒泥。令人惊叹的纯净度和浓郁度自是精湛酿酒工艺的结果；虽然橡木桶的作用显著，就像给一幅画加上了画框那样，可你却猜不到他们用了100%的新橡木桶。余味长度超卓，实为佳酿。
封口: 螺旋盖 酒精度: 13% 评分: 98 最佳饮用期: 2027年 参考价格: 95澳元 ✪

The Wildberry Reserve Margaret River Chardonnay 2015
“野莓”珍藏玛格丽特河霞多丽2015
手工采摘，整串压榨，先压榨出的每吨500升葡萄汁在法国橡木桶（50%的是新橡木桶）中经过野生酵母发酵，酒泥搅拌陈放10个月。白色的桃子、粉红的葡萄柚和些许由橡木桶带来的腰果香气在口腔中争先恐后地涌动，经久不散。
封口: 螺旋盖 酒精度: 13% 评分: 97 最佳饮用期: 2026年 参考价格: 45澳元 ✪

🍷🍷🍷🍷🍷 The Wildberry Reserve Margaret River Cabernet Sauvignon 2015
“野莓”珍藏玛格丽特河赤霞珠2015
葡萄经过破碎除梗后，接种人工酵母发酵，带皮发酵14天后，被置于法国橡木桶（50%的是新橡木桶）中陈酿，最终得到350打葡萄酒。这款酒呈明亮的深红色；她超级优雅，是一款酒体轻盈适中的赤霞珠。诱人的黑醋栗与红醋栗果香是这款酒的亮色。橡木桶的影响已经与葡萄酒本身轻松地融为一体；更值得注意的是，这款酒并非是主流的玛格丽特河风格。
封口: 螺旋盖 酒精度: 14.3% 评分: 95 最佳饮用期: 2030年 参考价格: 45澳元

🍷🍷🍷🍷🍷(4.5) Margaret River Chardonnay 2016

玛格丽特河霞多丽2016
评分：93 最佳饮用期：2026 参考价格：22澳元 ✪
The Italian Job Vermentino 2014
意大利杰作维蒙蒂诺2014
评分：93 最佳饮用期：2021年 参考价格：25澳元 ✪
Margaret River Cabernet Merlot 2014
玛格丽特河赤霞珠梅洛2014
评分：91 最佳饮用期：2023 参考价格：22澳元 CM ✪

Flynns Wines 福林酒庄 ★★★★★

29 Lewis Road, Heathcote, Vic 3523 产区：西斯科特
电话：(03) 5433 6297 网址：www.flynnswines.com
开放时间：周末，11:30—17:00 酿酒师：格雷格（Greg）与纳塔拉·福林（Natala Flynn）创立时间：1999年 产量（12支装箱数）：2000 葡萄园面积：4.12公顷
格雷格（Greg）和纳塔拉·福林（Natala Flynn）用了18个月的时间寻找理想的园地，终于在希斯科特（Heathcote）北边13公里处，红色的寒武纪土壤之上找到了合适的园地。他们种植了西拉、桑乔维塞、维德罗、赤霞珠和梅洛。格雷格毕业于阿德莱德大学罗斯沃西校区的市场营销专业，有25年以上从事零售与批发业务的直接工作经验，10年的葡萄园管理与酿造经验，还在班迪戈（Bendigo）的TAFE职业学校学习了两年的酿酒课程。此外，纳塔拉也参与了葡萄园和酒庄管理，同样地，也完成了TAFE课程。

🍷🍷🍷🍷🍷 MC Heathcote Shiraz 2014
MC希斯科特西拉2014
这款葡萄酒呈深紫色近黑的颜色，这是非常不错的颜色。这款酒体饱满、味道浓郁的葡萄酒有丰富的内涵，能令人享受到极多的乐趣。
黑色水果、蓝莓的果香带着薄荷、甘草和木质香料的香气，再加上柔美而充满力量的单宁。是的，有橡木香，但是这种香气已经和其他香气融为一体；然后，是悠长而令人振奋的的余味。
封口：螺旋盖 酒精度：14.8% 评分：95 最佳饮用期：2032年
参考价格：35澳元 JF ✪
James Flynn Heathcote Shiraz 2013
詹姆斯·弗林希思科特西拉2013
黑色李子、甘草和橡木香，混着浮动的椰子饼干与新皮革的气息。这款酒的风格是一种很多人都喜爱的风格：鲜亮，有结构感，如丝绒一般的单宁，且所有的一切都整合得非常完美。这支酒本身就是一句声明：请注意我。
封口：螺旋盖 酒精度：15% 评分：95 最佳饮用期：2033年
参考价格：70澳元 JF

Forbes & Forbes 福布斯酒庄 ★★★★★

30 Williamstown Road, Springton, SA 5235 产区：伊顿谷 电话：(08) 8568 2709
网址：www.forbeswine.com.au 开放时间：位于安格斯顿小镇（Angaston）的品尝伊顿谷（Taste Eden Valley） 酿酒师：科林福布斯 创立时间：2008年 产量（12支装箱数）：400
葡萄园面积：5公顷
这个合资企业由科林（Colin）和罗伯特·福布斯（Robert Forbes）以及他们各自的合伙人拥有。科林说，“从1974年进入托马斯·哈迪父子公司开始，我一直在这个行业工作，这段时间长得'可怕'。”科林对雷司令有特别的喜爱，而这个伊顿谷的合伙企业拥有雷司令和梅洛各2公顷，此外还有1公顷的赤霞珠。

🍷🍷🍷🍷🍷 Single Vineyard Eden Valley Riesling 2016
单一葡萄园伊顿谷雷司令2016
这是一款伊顿谷雷司令的典范之作，好像中国柠檬和玫瑰牌青柠汁掺到了一起，酸度极强，如同通了电一般。这款酒美味至极，和其2008年的酒一样，都有20年以上的生命力。然而，选择享用它还是拥有它，这是一个问题。
封口：螺旋盖 酒精度：11.4% 评分：95 最佳饮用期：2036年 参考价格：21澳元 ✪
Cellar Matured Eden Valley Riesling 2008
酒窖珍藏伊顿谷雷司令2008
这支酒，不出前两次品尝时的意料，正在慢慢地发展之中。第一次品尝它是在2008年，第二次在2014年，那时候的酒评现在看来，也无法更准确了：“颜色仍然极浅，口感上让人觉得这支酒还是那么年轻，酸橙、柠檬和苹果香气与有力的酸度结合着；这种酸度是支撑其陈年潜力的部分因素，且不会妨碍风味的持续发展并陈放超过2020年。
封口：螺旋盖 酒精度：12.6% 评分：95 最佳饮用期：2028年 参考价格：28澳元 ✪

🍷🍷🍷🍷🍷 Red Letter Day Sparkling Red NV
“红信封”无年份起泡红酒
评分：90 最佳饮用期：2020年 参考价格：30澳元 TS

Forest Hill Vineyard 森林山酒庄 ★★★★★

Cnr South Coast Highway/Myers Road, Denmark, WA 6333 产区：大南部地区（Great Southern）
电话：(08) 9848 2399 网址：www.foresthillwines.com.au
开放时间：周四至周日，10:30—16:30 酿酒师：利亚姆·卡莫迪（Liam Carmody），盖伊·里昂（Guy Lyons） 创立时间：1965年 产量（12支装箱数）：12000 葡萄园面积：65公顷

这个家族企业是西澳最早的"新型"酿酒企业之一，也是大南部首个葡萄种植园的所在地（1965年）。森林山酒庄品牌闻名于世，部分要归功于桑德福德酒庄（Sandalford）以森林山酒庄的葡萄酿造的1975年雷司令赢得的九座奖杯。由这个酒庄里最古老的（干植）葡萄制成的葡萄酒质量极佳（酒标中包含葡萄园区编号）。出口到新加坡等国家，以及中国内地（大陆）和香港、台湾地区。

🍷🍷🍷🍷🍷

Block 1 Mount Barker Riesling 2016

1号园区巴克山雷司令2016

整串压榨，分离了自流汁来酿造这支酒；接种了香槟酵母进行了低温、漫长的发酵。酒香柔和，让人对味觉上的爆炸性的浓郁度和长度以及细节的丰富毫无准备，所有它在将来可能会发展出来的风味，在背景中若隐若现地闪耀着。

封口：螺旋盖　酒精度：13%　评分：97　最佳饮用期：2036年参考价格：38澳元　✪

🍷🍷🍷🍷🍷

Block 8 Mount Barker Chardonnay 2014

8号园地巴克山霞多丽2014

整串的葡萄经过一夜的冷处理后，被筛选和压榨到新的和旧的法国橡木桶中，经过低温发酵。8.4克每升的酒酸让部分苹乳发酵的工艺在取得平衡上变得至关重要。这支酒的特点是纯净度、精致感和品种果香的表达，而酸味就像胶水一样，将所有的部分粘连在一起。

封口：螺旋盖　酒精度：13.5%　评分：96　最佳饮用期：2029年参考价格：45澳元　✪

Block 9 Mount Barker Shiraz 2014

9号园地巴克山西拉2014

除梗后，进入开放式发酵罐中，每天打两次循环，并在法国橡木桶中陈酿了18个月。鲜咸而发苦的巧克力与甘草的风味和黑色水果的风味交织，在嗅觉和味觉上都是如此。这支酒全在于微妙的复杂感，而单宁和橡木桶就好像一匹画布，涂满了所有的品种风味。

封口：螺旋盖　酒精度：14%　评分：96　最佳饮用期：2044年　参考价格：60澳元　✪

Block 5 Mount Barker Cabernet Sauvignon 2014

5号园地巴克山赤霞珠2014

来自最古老的75年的葡萄藤所结出来的最好的葡萄，除梗后，进入封闭式发酵罐中，每天打两遍循环，并在新的和旧的法国橡木桶中陈放了18个月。

每天两个通气泵轮流通气，然后用新的和用过的法国树干成熟18个月。正如预期的那样，它在各方面都具有高品质的赤霞珠的特征，酒体只是中等，但它的细节和姿态是那样的美好。

封口：螺旋盖　酒精度：14%　评分：96　最佳饮用期：2039年　参考价格：65澳元　✪

Estate Mount Barker Chardonnay 2016

巴克山庄园霞多丽2016

这支酒来自森林山（Forest Hill）和高地（Highfields）葡萄园中的4块园地，经过破碎，冷处理，并压榨到法国橡木桶（30%是新的）中，接种野生酵母发酵，也经过了陈酿和部分苹乳发酵。它的口感和长度都很不错，主要有粉红葡萄柚和腰果的风味。

封口：螺旋盖　酒精度：13.5%　评分：95　最佳饮用期：2020年　参考价格：30澳元　✪

Estate Mount Barker Shiraz 2015

巴克山庄园系列2015

破碎除梗后，置入法国橡木桶中，在法国橡木桶中陈酿了15个月，并经过了调配和并使用蛋清澄清酒液。虽然酒体只是中等酒体，这却是一支经典的巴克山冷产区西拉，酒体柔顺，平衡完美，黑樱桃核黑莓的果香被成熟而精致的单宁与圆融的橡木味修饰着。

封口：螺旋盖　酒精度：14.5%　评分：95　最佳饮用期：2030年　参考价格：30澳元　✪

Estate Mount Barker Cabernet Sauvignon 2015

巴克山庄园赤霞珠2015

这支酒和这个酒庄的赤霞珠梅洛葡萄酒一样，都采用了简单的酿造方法，即20天浸皮和16个月的法国橡木桶陈酿。2015年较低的坐果率和产量带来了浓郁而鲜咸的赤霞珠葡萄酒，干药草和泥土的芬芳贯穿了黑加仑果的风味。这支酒需要时间。

封口：螺旋盖　酒精度：14%　评分：94　最佳饮用期：2030年　参考价格：32澳元

🍷🍷🍷🍷🍷（四杯半）

Estate Mount Barker Riesling 2016

巴克山庄园雷司令2016

评分：93　最佳饮用期：2026年　参考价格：26澳元　SC　✪

Highbury Fields Cabernet Merlot 2014

高博雷赤霞珠梅洛2014

评分：93　最佳饮用期：2029年　参考价格：22澳元　✪

Estate Gewurztraminer 2016

庄园琼瑶浆2916

评分：92　最佳饮用期：2026年　参考价格：26澳元

Highbury Fields Chardonnay 2016

高博雷霞多丽2016

评分：91　最佳饮用期：2021年　参考价格：22澳元　✪

Highbury Fields Great Southern Shiraz 2015

高博雷大南部西拉2015

评分：90　最佳饮用期：2022年　参考价格：22澳元

Forester Estate 森木酒庄 ★★★★★

1064 Wildwood Road, Yallingup, WA 6282 产区：玛格丽特河
电话：(08) 9755 2788 网址：www.foresterestate.com.au
开放时间：仅限预约 酿酒师：凯文·麦凯，陶德·佩恩（Kevin McKay, Todd Payne）
创立时间：2001年 产量（12支装箱数）：25000 葡萄园面积：33.5公顷

福斯特庄园由凯文·麦凯和珍妮·麦凯（Kevin and Jenny McKay）所有，拥有一个500吨的酿酒厂，一半用于合同酿酒，另一半用于福斯特的品牌酒。酿酒师陶德·佩恩的酿酒事业是非常成功的，从大南部开始，到纳帕谷，再回到金雀花王朝酒庄（Plantagenet），再到霍克湾（Hawke's Bay）的埃斯克山谷（Esk Valley），再加上北罗纳河谷（Northern Rhône Valley）的两次酿造季工作，其中的一次是在2008年，在受人尊敬的伊夫斯·奎勒隆酒庄（Yves Cuilleron）。他回归西澳的时候，终于将这个大圆画完了。庄园自有的葡萄园种植了长相思、赛美容、霞多丽、赤霞珠、西拉、梅洛、小味儿多、马尔贝克和紫北塞（alicante bouschet）。出口到日本。

🍷🍷🍷🍷🍷

Margaret River Chardonnay 2015
玛格丽特河霞多丽2015
葡萄以手工采摘，经过了一夜的冷处理后，进行除梗并破碎，少部分置入橡木桶中发酵，大部分在发酵开始之时是在不锈钢罐中，之后又进入法国橡木桶（36%是新的）中完成其余的发酵和9个月的陈酿。经典的玛格丽特河霞多丽，白桃和葡萄柚的果香各占一半，深度极佳。
封口：螺旋盖 酒精度：13% 评分：95 最佳饮用期：2025年 参考价格：38澳元

Margaret River Cabernet Merlot 2014
玛格丽特河赤霞珠梅洛2014
43%的赤霞珠，42%的梅洛，各5%的小味儿多、马尔贝克和品丽珠，在法国橡木桶（15%新是的）中成熟。这支酒有玛格丽特河特有的活力，以黑醋栗果香为主，装点着香叶、黑橄榄和雪松橡木的风味。它说不上伟大，但是非常好，而且性价比极高。
封口：螺旋盖 酒精度：14% 评分：95 最佳饮用期：2029年 参考价格：24澳元 ✪

Margaret River Cabernet Sauvignon 2014
玛格丽特河赤霞珠2014
如果你想追求纯粹的品种特性表达，玛格丽特河赤霞珠是不需要大量的法国橡木桶或者其他的品种去修饰的，而这支酒就做出了漂亮的示范。黑醋栗是它的基石，而黑橄榄的风味和成熟的单宁则将剩下的部分完成。只要你有耐心，这支酒的陈年潜力要多长有多长。
封口：螺旋盖 酒精度：14% 评分：95 最佳饮用期：2029年 参考价格：38澳元

Yelverton Reserve Margaret River Cabernet 2011
耶尔弗顿珍藏玛格丽特河赤霞珠2011
93%的赤霞珠、4%的品丽珠、2%的小味儿多和1%的梅洛。开放式发酵，30天的带皮时间，在法国橡木桶（50%是新的）中陈酿了20个月，在16年玛格丽特河酒展上获得了金牌。这支酒的表演是在正确的道路上进行的，从开头到结尾都有美味的黑加仑果味。森木酒庄帮您完成了窖藏的工作，所以现在喝还是将来喝，全看个人选择。
封口：螺旋盖 酒精度：13.5% 评分：95 最佳饮用期：2026年 参考价格：62澳元

Margaret River Sauvignon Blanc 2016
玛格丽特河长相思2016
酒香充分反映了部分橡木桶发酵的工艺，复杂的香气完全处在热情果、鹅莓和鲜切青草的范畴之中。这里没有马尔堡（Marlborough）的特征。
封口：螺旋盖 酒精度：13% 评分：94 最佳饮用期：2019年 参考价格：27澳元 ✪

Margaret River Semillon Sauvignon Blanc 2016
玛格丽特河赛美容长相思2016
这支酒有着非常清晰的玛格丽特河长相思赛美容的品种特点，雪花豌豆和青草风味与热带的番石榴和热情果风味并存。足够的果香和复杂度使橡木桶发酵变得没有必要，它在将来会发展得更加有趣。
封口：螺旋盖 酒精度：13% 评分：94 最佳饮用期：2020年 参考价格：24澳元 ✪

Jack out the Box Margaret River Fer 2014
跳出盒子的杰克玛格丽特河费尔2014
这是我所知道的唯一一块种植费尔（来自法国西南的葡萄品种）的园地，采用嫁接的方式种植。这支酒在旧橡木桶中陈酿了20个月；有馥郁的辛香料和胡椒的香气；口感强劲有力，有黑色果味，饱满的酒体和坚实的单宁。
封口：螺旋盖 酒精度：13.5% 评分：94 最佳饮用期：2029年 参考价格：40澳元

🍷🍷🍷🍷🍷(4.5)

Margaret River Alicante 2011
玛格丽特河紫北塞2011
评分：90 最佳饮用期：2020年 参考价格：40澳元

Foster e Rocco 福斯特·洛可酒庄 ★★★★☆

PO Box 438, Heathcote, Vic 3523（邮） 产区：西斯科特 电话：0407 057 471
网址：www.fostererocco.com.au 开放时间：不开放 酿酒师：亚当·福斯特（Adam Foster），林肯·雷利（Lincoln Riley） 创立时间：2008年 产量（12支装箱数）：2500

作为老侍酒师和一对老朋友，亚当·福斯特和林肯·莱利创立了这样一个有非常清晰愿景的企业：基于桑乔维塞的多用性，打造适合配餐的葡萄酒。他们在西拉米酒庄（Syrahmi）酿造他们的葡萄酒，从头开始稳扎稳打，选用不锈钢罐和不同的旧橡木桶发酵。出口到美国、日本和中国。

🍷🍷🍷🍷🍷 Heathcote Sangiovese 2013
西斯科特桑乔维塞2013
在葡萄园中手工分拣，100%去梗，野生酵母开放式发酵，5天冷浸渍，21天发酵和浸皮，14个月旧橡木桶陈酿。非常好的颜色，和未经橡木桶陈酿的诺沃葡萄酒一样，其优点在于那美味的带着辛香的红色酸樱桃果味，驯顺的单宁以及极佳的后味。
封口：螺旋盖　酒精度：14%　评分：95　最佳饮用期：2023年　参考价格：34澳元

Nuovo Heathcote Sangiovese 2016
诺沃西斯科特桑乔维塞2016
机器采摘后，进行了除梗并采用野生酵母开放发酵，酒与皮渣接触了20天。你会发誓这里有甜美的、辛香味的橡木桶影响，所以，这桑乔维塞的单宁，它经常会有些粗野，但它能带来良好的质地和迷人的酒。
封口：螺旋盖　酒精度：13.5%　评分：94　最佳饮用期：2026年　参考价格：25澳元

🍷🍷🍷🍷 Heathcote Rose 2016
西斯科特桃红2016
评分：91　最佳饮用期：2020年　参考价格：25澳元

Four Sisters 四姐妹酒庄 ★★★★

199 O'Dwyers Road, Tahbilk, Vic 3608　产区：维多利亚州中部（Central Victoria）。
电话：(03) 5736 2400　网址：www.foursisters.com.au　开放时间：不开放
酿酒师：阿兰·乔治（Alan George），乔·纳什（Jo Nash），阿里斯特·皮尔布里克（Alister Purbrick）　创立时间：1995年　产量（12支装箱数）：45000
对这个酒庄的创立起到激励作用的四位姐妹是已故特雷弗·马斯特（Trevor Mast）的女儿，他是一位伟大的酿酒师，在他的时代到来之前就已经去世了。这个酒庄由皮尔布里克家族（德宝酒庄的所有者）所有。这个家族负责为品牌购买葡萄，并促进葡萄酒的酿造。其生产完全以出口为重点，在澳大利亚的销售有限。它出口到包括中国在内的15个国家，而如果中国的分销渠道的潜力被充分挖掘出来的话，这个数字可能还会减少。

🍷🍷🍷🍷 Pinot Grigio 2016
黑比诺2016
这支酒呈独特的浅粉色，淡淡的野草莓风味隐藏在以梨和柑橘风味为主的短裙之下。口感清新干爽，长度良好，性价比突出。
封口：螺旋盖　酒精度：14%　评分：90　最佳饮用期：2018年　参考价格：16澳元　✪

Central Victoria Shiraz 2015
维多利亚中部西拉2015
这款葡萄酒是在品尝了一系列价格高达70澳元的酒体饱满的葡萄酒之后品尝的，但我建议将这种酒和其他葡萄酒的价格调换一下。这是一支美味的新鲜即饮型葡萄酒，中等的酒体充满了红色和紫色水果风味，橡木味和单宁显得没那么重要。这支酒具有极高的性价比。
封口：螺旋盖　酒精度：14.5%　评分：90　最佳饮用期：2021年　参考价格：16澳元　✪

Central Victoria Merlot 2015
维多利亚中部梅洛2015
这支酒可以说是击中了人们对该价位的梅洛葡萄酒所期待的甜蜜点。成熟而馥郁的果香伴着一抹甜美的橡木香，口感柔美大方，红色莓果的味道清新爽口。
封口：螺旋盖　酒精度：14.5%　评分：90　最佳饮用期：2019年
参考价格：16澳元　SC　✪

🍷🍷🍷🍷 Central Victoria Cabernet Sauvignon 2015
维多利亚中部赤霞珠2015
评分：89　最佳饮用期：2020年　参考价格：16澳元　SC　✪

Four Winds Vineyard 四面风酒庄 ★★★★★

9 Patemans Lane, Murrumbateman, NSW 2582　产区：堪培拉地区
电话：(02) 6227 0189　网址：www.fourwindsvineyard.com.au
开放时间：星期三休息，10:00—16:00
酿酒师：杰米·克洛维与比尔·克洛维（Jaime and Bill Crowe）
创立时间：1998年　产量（12支装箱数）：2500　葡萄园面积：11.9公顷
格雷姆·伦尼和苏珊娜·伦尼（Graeme and Suzanne Lunney）在1997年有了创建四面风酒庄的想法，并于1998年种植了第一批葡萄，于1999年搬到酒庄开始全职工作，并在2000年制作了第一支葡萄酒。他们的女儿莎拉（Sarah）负责促销活动，而拥有法医生物学学位的小女儿杰米（Jaime），也与丈夫比尔一起加入了酿酒厂。她贡献了她在前堪培拉酒厂（Kamberra）和纳帕谷三个酿酒季的经验。

🍷🍷🍷🍷🍷 Canberra District Riesling 2016
堪培拉地区雷司令2016
在品种特征和结构方面几乎有德国葡萄酒的风格。迷人的酒香中展现出细腻的柠檬和酸橙香气，并有盛开的花香为伴。纯正的雷司令风味沿着舌面奔跑，果味的甜与细腻而带着轻微的蚀刻之感的酸相协调。长度是这支酒的一个特色，所有元素在整个后味和余味中都温柔地坚持着自我。
封口：螺旋盖　酒精度：11.5%　评分：95　最佳饮用期：2025年

参考价格：25澳元　SC　✪
Tom's Block Shiraz 2015
汤姆园地西拉2015
萨拉·克洛维（Sarah Crowe）表示，这家人对这款葡萄酒十分兴奋，他们在2014年的时候制作了20箱，2016年没有制作，所以这220箱酒就成了焦点。在法国橡木桶中陈酿12个月，发布前又瓶储了12个月。馥郁的芳香和鲜艳的深红-紫红色调延续到了轻盈至中等的酒体中，在口腔之中像火尾雀一样起舞，所有的味道全是红色的，而单宁就如同纯正的丝绸一般。
封口：螺旋盖　酒精度：14.2%　评分：95　最佳饮用期：2025年　参考价格：75澳元

🍷🍷🍷🍷🍷（四满一空）
Canberra District Shiraz 2015
堪培拉地区西拉2015
评分：92　最佳饮用期：2026年　参考价格：30澳元
CM Canberra District Sangiovese 2015
CM堪培拉地区桑乔维塞2015
评分：92　最佳饮用期：2021年　参考价格：30澳元
CM Canberra District Shiraz Rose 2016
CM堪培拉地区西拉桃红2016
评分：91　最佳饮用期：2018年　参考价格：22澳元　SC　✪

Fowles Wine　福尔斯酒庄　★★★★★

Cnr Hume Freeway/Lambing Gully Road, Avenel, Vic 3664　产区：史庄伯吉山岭
电话：(03) 5796 2150　网址：www.fowleswine.com　开放时间：每日开放，9:00—17:00
酿酒师：维克多·纳什（Victor Nash），林德赛·布朗（Lindsay Brown）　创立时间：1968年
产量（12支装箱数）：70000　葡萄园面积：120公顷
这个家族酒庄由马特·福尔斯（Matt Fowles）为领导，而首席酿酒师维克多·纳什（Victor Nash）则统率着葡萄酒酿造团队。这个大葡萄园主要种植雷司令、霞多丽、西拉和赤霞珠，也有一些阿涅斯（arneis）、维蒙蒂诺（vermentino）、灰比诺、长相思、黑比诺、慕和怀特、桑乔维塞和梅洛。该酒庄积极地进行市场推广，著名的猎取午餐的女士葡萄酒系列标签还出了大型海报，他们的葡萄酒也有6瓶装的纸箱包装。出口到英国
美国、加拿大和中国。

🍷🍷🍷🍷🍷
Ladies Who Shoot Their Lunch Riesling 2016
猎取午餐的女士雷司令2016
这支酒是该系列中的精品之一：它是一支馥郁饱满的雷司令，充满质感和复杂的风味，却不会显得过于沉重。部分不锈钢罐发酵，部分在大橡木桶中发酵，并加入了少许灰比诺，极强的酸度则维持了这支酒的活力，并保证了其陈年潜力。
封口：螺旋盖　酒精度：13%　评分：94　最佳饮用期：2027年
参考价格：35澳元　JF

🍷🍷🍷🍷🍷（四满一空）
Ladies Who Shoot Their Lunch Chardonnay 2015
猎取午餐的女士霞多丽2015
评分：93　最佳饮用期：2023年　参考价格：35澳元　JF
Stone Dwellers Rose 2016
石屋居民桃红2016
评分：93　最佳饮用期：2019年　参考价格：22澳元　JF　✪
Ladies Who Shoot Their Lunch Shiraz 2015
猎取午餐的女士西拉2015
评分：93　最佳饮用期：2025年　参考价格：35澳元　JF
Ladies Who Shoot Their Lunch Wild Ferment Chardonnay 2016
猎取午餐的女士野生酵母发酵霞多丽2016
评分：92　最佳饮用期：2024年　参考价格：35澳元　JF
Stone Dwellers Shiraz 2015
石屋居民西拉2015
评分：92　最佳饮用期：2025年　参考价格：25澳元　JF　✪
Stone Dwellers Riesling 2016
石屋居民雷司令2016
评分：91　最佳饮用期：2023年　参考价格：22澳元　JF　✪
Ladies Who Shoot Their Lunch Shiraz 2014
猎取午餐的女士西拉2014
评分：91　最佳饮用期：2022年　参考价格：35澳元　JF
The Rule Strathbogie Ranges Shiraz 2015
鲁尔史庄伯吉山脉西拉2015
评分：90　最佳饮用期：2025年　参考价格：50澳元　JF

Fox Creek Wines　狐溪酒庄　★★★★★

140 Malpas Road, McLaren Vale, SA 5171　产区：麦克拉仑谷
电话：(08) 85570000　网址：www.foxcreekwines.com　开放时间：每日开放，10:00—17:00

酿酒师：斯科特·泽尔纳（Scott Zrna），本·谭泽尔（Ben Tanzer） 创立时间：1995年
产量（12支装箱数）：35000 葡萄园面积：21公顷
狐溪酒庄是由吉姆（一位退休的外科医生）领导的瓦茨家族（Watts）的合资企业。虽然狐溪酒庄没有经过有机认证，但它采用可持续的葡萄园管理方法，避免所有能被植物吸收转移的化学品。在2015年6月，狐溪酒庄宣布，将与其葡萄酒酿造团队密切合作，出资50万美元扩建酒厂。出口到所有主要市场。

🍷🍷🍷🍷🍷

Three Blocks McLaren Vale Cabernet Sauvignon 2014
三园地麦克拉仑谷赤霞珠2014
麦克拉仑谷和赤霞珠之间的协同作用早已被人们注意到了，但这是一个特别好的例子。它既高雅又纯粹，黑醋栗的果香特征已经完美地熟化了，同样完美的是其酿造手法，引入了些许的法国橡木风味。这支酒绝对美味。
封口：螺旋盖 酒精度：14% 评分：96 最佳饮用期：2029年 参考价格：35澳元 ✪

Reserve McLaren Vale Shiraz 2015
珍藏麦克拉仑谷西拉2015
黑色水果和樱桃甜糕的部队摆起了阵势，全部浸在奶油色的香草巧克力之中，充当攻击的力量。柔顺的葡萄单宁和性感的法国橡木，则将这些甜美的果味框了起来。
封口：螺旋盖 酒精度：14.5% 评分：95 最佳饮用期：2035年
参考价格：80澳元 NG

Old Vine McLaren Vale Shiraz 2015
老藤麦克拉仑谷西拉2015
几乎不透明的深邃朱红色，渗出黑色水果与蓝色水果的芬芳和花香，淡淡的茴香味则让这支酒更有特色。被顺滑的牛奶巧克力橡木味包裹着，又被多汁的葡萄单宁按摩着，这支酒永远都不用担心它的平衡。
封口：螺旋盖 酒精度：14.5% 评分：94 最佳饮用期：2032年
参考价格：60澳元 NG

McLaren Vale Merlot 2015
麦克拉仑谷梅洛2015
深色的莓果风味畅通无阻地穿过明快的酸味、柔顺优雅的单宁和薄薄的、精心处理过的橡木味。樱桃酒的甜美核心展开化为洋李的果香收尾。总体而言，这是一支精致优雅的梅洛，充满活力，饮用性强。
封口：螺旋盖 酒精度：14.5% 评分：94 最佳饮用期：2024年
参考价格：20澳元 NG ✪

🍷🍷🍷🍷

McLaren Vale Vermentino 2016
麦克拉仑谷维蒙蒂诺2016
评分：93 最佳饮用期：2018年 参考价格：23澳元 NG ✪

Short Row McLaren Vale Shiraz 2015
短行麦克拉仑谷西拉2015
评分：93 最佳饮用期：2028年 参考价格：35澳元 NG

Jim's Script McLaren Vale Cabernet Sauvignon Merlot Cabernet Franc Petit Verdot 2014
吉姆的字迹麦克拉仑谷赤霞珠梅洛品丽珠小味儿多2014
评分：92 最佳饮用期：2026年 参考价格：27澳元

McLaren Vale Cabernet Sauvignon 2015
麦克拉仑谷赤霞珠2015
评分：91 最佳饮用期：2024年 参考价格：20澳元 NG ✪

Red Baron McLaren Vale Shiraz 2015
红色男爵麦克拉仑谷西拉2015
评分：90 最佳饮用期：2022年 参考价格：17澳元 NG ✪

JSM McLaren Vale Shiraz Cabernet Sauvignon Cabernet Franc 2014
赤霞珠品丽珠2014
评分：90 最佳饮用期：2029年 参考价格：27澳元

Limited Release McLaren Vale Nero d'Avola 2015
限量发行麦克拉仑谷黑珍珠2015
评分：90 最佳饮用期：2020年 参考价格：35澳元 NG

Vixen NV
雌狐无年份起泡酒
评分：90 最佳饮用期：2018年 参考价格：27澳元 TS

Fox Gordon 福克斯戈登酒庄 ★★★★

44 King William Road, Goodwood, SA 5034 产区：巴罗萨谷/阿德莱德山区
电话：(08) 8377 7707 网址：www.foxgordon.com.au 开放时间：不开放
酿酒师：娜塔莎·穆恩尼（Natasha Mooney） 创立时间：2000年 产量（12支装箱数）：10000
这是山姆·阿特金斯和瑞秋·阿特金斯（Sam and Rachel Atkins，瑞秋原姓福克斯）和酿酒师娜塔莎·穆尼（Natasha Mooney）的合资企业。塔诗在巴罗萨谷的经验是一流的，特别是在她担任巴罗萨谷酒庄（Barossa Valley Estate）的首席酿酒师期间的经验。合伙人最初只生产少量的优质葡萄酒，这让他们有时间照看自己的孩子；他们创业的计划就产生在塔诗家后花园的紫藤树荫下。葡萄来自干植葡萄园，这些葡萄园的管理都遵循了生物多样性原则。优雅的包装则在最后增加了酒的魅力。

出口到英国、加拿大、德国、印度、新加坡等国家，以及中国内地（大陆）和香港地区。

🍷🍷🍷🍷🍷 Abby Adelaide Hills Viognier 2015

艾比阿德莱德山维欧尼2015

福克斯·戈登酒庄令人愉快的维欧尼葡萄酒名声在外。而这个由黄桃、杏和柑橘风味的组合则告诉了我们原因。

封口：螺旋盖 酒精度：13% 评分：91 最佳饮用期：2018年 参考价格：23澳元 ✪

Princess Adelaide Hills Fiano 2016

公主阿德莱德山费亚诺2016

这支菲亚诺的质地和驱动力非常突出，鲜咸的风味也被加到了这个柠檬味和草药味的组合里。不过，在这个冷凉的环境中，鼠尾草风味从哪儿来，却是一个值得思考的问题。

评分：91 最佳饮用期：2020年 参考价格：23澳元 ✪

Eight Uncles Barossa Shiraz 2015

八个叔叔巴罗萨西拉2015

这支酒呈深红-紫红的色调，并且有很好的色度；它在法国橡木桶中成熟，是最正宗的巴罗萨西拉。酒体中等偏厚，黑色水果的风味举起了最多的重量，法国橡木本身并不明显——而且事实上，它为什么会影响葡萄酒的风味呢？不过，它的确提供了更好的质地。性价比极高。

封口：螺旋盖 酒精度：13.9% 评分：91 最佳饮用期：2030年 参考价格：20澳元 ✪

The Dark Prince Adelaide Hills Nero d'Avola 2015

黑马王子阿德莱德山黑珍珠2015

黑樱桃、黑莓等这些描述味道的词语——甚至是酒的名字——也暗示了这支酒深沉厚重的酒体，不过，它根本不是那样的。它的酒体介于轻和中等之间，有平易近人的果香和单宁，以及许多新鲜美味的果味。

封口：螺旋盖 酒精度：14.5% 评分：91 最佳饮用期：2023年 参考价格：25澳元

Sassy Adelaide Hills Sauvignon Blanc 2016

野蛮女友阿德莱德山长相思2016

虽然在葡萄酒酿造过程中没有使用任何花招，但是当它布满口腔的所有角落时，传递出真正的存在感和态度。爽脆的酸味和柑橘风味携起了荔枝和番石榴的微妙热带水果味。

封口：螺旋盖 酒精度：13.9% 评分：90 最佳饮用期：2018年 参考价格：19澳元 ✪

Charlotte's Web Adelaide Hills Pinot Grigio 2016

“夏洛特的网”阿德莱德山灰比诺2016

鲜亮的粉红色预示着这支灰比诺的动人表现力，它带着纳西梨和格兰尼史密斯苹果的风味。相同的味道如果能更加深邃一些，它就会成为一支非常好的葡萄酒。

封口：螺旋盖 酒精度：14% 评分：90 最佳饮用期：2018年 参考价格：20澳元 ✪

Foxeys Hangout 福克塞休闲酒庄 ★★★★★

795 White Hill Road, Red Hill, Vic 3937 产区：莫宁顿半岛

电话：(03) 5989 2022 网址：www.foxeys-hangout.com.au 开放时间：周末与公共假期，11:00—17:00 酿酒师：Tony and Michael Lee 创立时间：1998年 产量（12支装箱数）：5000 葡萄园面积：3.4公顷

这是托尼·李（Tony Lee）和他的记者妻子凯茜·高迪（Cathy Gowdie）的合资公司。凯茜解释了这一切的开始：“我们并不是那种很明显的适合去改变的人。当我们谈到搬去这个国家的时候，朋友们指出托尼和我几乎不是那种能回归自然的类型。'你有一双不带高跟的鞋子吗？'一位朋友这样问道。在一个寒冷的冬天结束时，我们在红山买了一座旧农舍，有10英亩有水仙花点缀的土地，在那里我们种下了一个葡萄园。”他们在老农场的北面斜坡上种了黑比诺、霞多丽、黑比诺和西拉。

🍷🍷🍷🍷🍷 Mornington Peninsula Shiraz 2015

莫宁顿半岛西拉2015

这支酒呈明亮、饱满的深红-紫红色；有浓郁而高度集中的黑胡椒、黑樱桃以及香料的香气和味道。果香、质地和结构在口腔中跳着不断变化的舞蹈。很棒的冷凉气候西拉。

封口：螺旋盖 酒精度：13.5% 评分：97 最佳饮用期：2035年 参考价格：45澳元 ✪

🍷🍷🍷🍷🍷 Red Fox Mornington Peninsula Pinot Noir 2015

红狐狸莫宁顿半岛黑比诺2015

色泽明亮鲜艳而饱满；其香气具有极佳的品种特征，以李子和黑樱桃的果香为主，而口感则增加了很多力量和准确度，这要归功于背景里的那些鲜咸的来自果梗的单宁。这是一支高品质的皮诺，它的价格令人心动不已。

封口：螺旋盖 酒精度：13.5% 评分：96 最佳饮用期：2027年 参考价格：28澳元 ✪

Mornington Peninsula Chardonnay 2015

莫宁顿半岛霞多丽2015

这支酒大多数是整串压榨的，这里进行了“一些更粗暴的处理来提取更多的固形物”，他们在两支橡木桶内整串发酵，以得到更多的质感，在法国橡木桶（25%是新的）中陈酿。白桃、腰果和葡萄柚的口感比起莫宁顿半岛的许多同行更加新鲜清爽。后味中的清爽酸味则是这支酒另外的一个优点。

封口：螺旋盖 酒精度：13% 评分：95 最佳饮用期：2023年 参考价格：38澳元

Mornington Peninsula Pinot Noir 2015

莫宁顿半岛黑比诺2015
这支酒采用部分整串发酵和野生酵母，在法国橡木桶（25%是新的）中陈酿。那淡而明亮清晰的色调完全没有体现出它在味觉上那鲜美而复杂的力量。所有关于这支酒的内容都沿着纸页一行行地显示出来，并且没有明显的用力。勃艮第人应该向这支酒脱帽致敬。
封口：螺旋盖　酒精度：13.5%　评分：95　最佳饮用期：2025年　参考价格：38澳元

Mornington Peninsula Rose 2016
莫宁顿半岛桃红2016
这支酒由西拉和黑比诺制成，经过了延长的发酵前浸渍。鲜艳、清晰的深红-红褐色；令人惊艳的浓郁芬芳；口中充满樱桃果味和各种鲜美的香料风味。这是一支有态度的酒，加分。
封口：螺旋盖　酒精度：13%　评分：94　最佳饮用期：2018年　参考价格：28澳元 ✪

Frankland Estate　弗朗克兰酒庄 ★★★★★

Frankland Road, Frankland, WA 6396　产区：弗朗克兰河（Frankland River，位于西澳）
电话：(08) 9855 1544　网址：www.franklandestate.com.au　开放时间：详见网页
酿酒师：亨特·史密斯（Hunter Smith）、布莱恩·肯特（Brian Kent）　创立时间：1988年
产量（12支装箱数）：15000　葡萄园面积：34.5公顷
这个酒庄很重要，它位于巴里·史密斯（Barrie·Smith）和朱迪·库拉姆（Judi Cullam）拥有的大型羊场中。葡萄园自1988年开始逐渐建立起来；对一系列的单一园雷司令的引进一直是一个亮点，这得益于朱迪的信念，即风土是最重要的，而土壤确实是不同的。爱索里逊山脊（Isolation Ridge）葡萄园现在是有机种植的。十多年来，弗朗科林酒庄常年会举办重要的国际雷司令品鉴和研讨会。出口到所有主要市场。

🍷🍷🍷🍷🍷 Poison Hill Vineyard Riesling 2016
毒药山酒园雷司令2016
从听到“出发”这个词起，这支酒就开始展现它迷人的魅力和强劲的力量，以青柠和葡萄柚的果味开始，接着是湿润岩石的风味，其后是矿物的感觉与带着白垩风味的酒酸。所有的一切都平衡得像激光一样精准；品鉴这样的酒令人欣喜。
封口：螺旋盖　酒精度：11.3%　评分：96　最佳饮用期：2029年
参考价格：40澳元　JF ✪

Isolation Ridge Vineyard Riesling 2016
爱索里逊山脊葡萄园雷司令2016
这个产地的所有标志性特征都在这里有所表现：洋甘菊和繁花的香气，口感的轻盈，柑橘的香味，钢铁似的清新味道和如此纯净的酸味，营造出超级精美和持久的后味。
封口：螺旋盖　酒精度：12.5%　评分：96　最佳饮用期：2029年
参考价格：40澳元　JF ✪

Cabernet Sauvignon 2014
赤霞珠2014
这支酒的色泽极佳；它与2014年的西拉手牵着手，品种的纯度和对细节的尊重在葡萄园和酒厂中都有体现。黑加仑果味带着干香草的风味与少许泥土的风味，而一流的赤霞珠单宁和适度的法国橡木桶味提供了支持。性价比超凡。
封口：螺旋盖　酒精度：13.5%　评分：96　最佳饮用期：2039年　参考价格：28澳元 ✪

Olmo's Reward 2014
欧莫的奖赏2014
迄今为止最精致、最完美的欧莫的奖赏葡萄酒，包括品丽珠（58%）、赤霞珠（26%）、马尔贝克（11%）、小维尔多（5%）。红色水果、泥土和香料的风味大摇大摆地穿过中等酒体的框架，并与精致的单宁会面。后味纯净而悠长，显得似乎毫不费力。当然，喝掉它也是毫不费力的。
封口：螺旋盖　酒精度：14.2%　评分：96　最佳饮用期：2030年
参考价格：85澳元　JF

Shiraz 2015
西拉2015
品种和产区的风土争着想要在对方的印记之上盖上自己的印记：但是他们都失败了，这是双赢的完美结果。酒香以黑莓果香、辛香料和胡椒的香气为主，而中等厚度的酒味也是如此，加上（微妙的）法国橡木与（成熟而精致）的单宁，完成了一幅冷气候西拉的肖像。
封口：螺旋盖　酒精度：14%　评分：95　最佳饮用期：2035年　参考价格：28澳元 ✪

Isolation Ridge Vineyard Shiraz 2015
爱索里逊山脊西拉2015
这支酒会在将来变得非常特别。它具有一支精心酿造的、表现力极强的弗朗克兰西拉的标志性特征，带着令人陶醉的花香、黑色水果香、甘草、胡椒和木质香料的风味，精雕细刻的单宁和清晰的橡木桶风味。口腔中奶油的风味更是提升了这支酒的复杂度。
封口：螺旋盖　酒精度：14%　评分：95　最佳饮用期：2030年
参考价格：40澳元　JF

Riesling 2016
雷司令2016
这支酒呈水晶似的白色；有花卉与浴盐的香气，口感强劲有力，带着岩石般的矿物味

和极其悠长的回味。它至少需要5年以上的时间来发展，而10年以上的窖藏会带来丰厚的回报。
封口：螺旋盖 酒精度：12.5% 评分：94 最佳饮用期：2026年
参考价格：28澳元 ✪

Chardonnay 2015
霞多丽2015
弗朗克兰酒庄一直在葡萄园中辛勤耕耘，其成果已经开始显示出来。柠檬薏仁水和柑橘皮的风味携着姜粉和日本萝卜脆的味道，酸味令人垂涎；这支酒有直率的性格，并且非常精致。
封口：螺旋盖 酒精度：13% 评分：94 最佳饮用期：2025年
参考价格：28澳元 JF ✪

Chardonnay 2014
霞多丽2014
这支霞多丽就好像一支毛皮光滑的猫，比起所有的弗兰克兰庄园自产葡萄酒，这支酒稍逊一筹。它有浓郁的柑橘果香，但这支酒是如此的平衡，没有任何一种香气或者味道能占据主导位置。它的发展悄然无声而又信心十足。
封口: 螺旋盖 酒精度: 13% 评分: 94 最佳饮用期: 2023年 参考价格: 28澳元 ✪

🍷🍷🍷🍷🍷 Rocky Gully Shiraz 2015
洛基·嘉利西拉2015
评分：93 最佳饮用期：2027年 参考价格：20澳元 JF ✪

Rocky Gully Riesling 2015
洛基·嘉利雷司令2015
评分：92 最佳饮用期：2030年 参考价格：20澳元 ✪

Isolation Ridge Vineyard Chardonnay 2014
爱索里逊山脊酒园霞多丽2014
评分：91 最佳饮用期：2021年 参考价格：28澳元

Rocky Gully Riesling 2016
洛基·嘉利雷司令2016
评分：90 最佳饮用期：2023年 参考价格：20澳元 ✪

Franklin Tate Estates 富兰克林·泰特酒庄 ★★★☆

Gale Road, Kaloorup, WA 6280 产区：玛格丽特河 电话：(08) 9267 8555
网址：www.franklintateestates.com.au 开放时间：不开放 酿酒师：罗里·克利夫顿·帕克斯（Rory Clifton-Parks）、加里·斯托克斯（Gary Stokes） 创立时间：2010年
产量（12支装箱数）：32000 葡萄园面积：101公顷
这是富兰克林·泰特和海泽·泰特（Franklin and Heather Tate）于2010年创立的第二家酒庄。2007年，他们创立了无途之旅酒庄（Miles from Nowhere，见独立条目），但这是一家完全独立的企业。富兰克林是玛格丽特河的第二代栽培师，他的父母约翰·泰特和托妮·泰特（John and Toni Tate）是于1974年创立埃文斯与泰特（Evans & Tate）酒庄的先驱。这个酒厂从20世纪90年代开始到2005年之间迅速地成长，富兰克林当然也在快速地成长着。这两个（多年前种植的）葡萄园所种植的大部分是长相思、赛美容、霞多丽、西拉和赤霞珠，此外还有少量的维德罗、小味儿多和维欧尼。他们的葡萄酒有两个等级：庄园系列和亚历山大葡萄园珍藏系列。出口到美国、加拿大、马来西亚、新加坡和泰国。

🍷🍷🍷🍷🍷 Tate Alexander's Vineyard Margaret River Cabernet Sauvignon 2014
泰特·亚历山大酒园玛格丽特河赤霞珠2014
这是一支鲜美的葡萄酒，由赤霞珠绿色的男中音唱出月桂叶、干鼠尾草、烟草和绿豆的调子。中味缺乏一定的浓郁度，因此，加仑子的果味会从酒的边缘溢出，而不是从中心流过。橡木被处理得很好，它修饰着果味，而不是将其盖住。
封口：螺旋盖 酒精度：14.4% 评分：90 最佳饮用期：2022年
参考价格：24澳元 NG

🍷🍷🍷🍷 Tate Margaret River SBS 2016
泰特玛格丽特河长相思赛美容2016
评分：89 最佳饮用期：2018年 参考价格：16澳元 NG ✪

Fraser Gallop Estate 弗拉莎加乐普 ★★★★★

493 Metricup Road, Wilyabrup, WA 6280 产区：玛格丽特河 电话：(08) 9755 7553
网址：www.frasergallopestate.com.au 开放时间：每日开放，11:00—16:00 酿酒师：克莱夫·奥托（Clive Otto）、凯特·摩根（Kate Morgan） 创立时间：1999年 产量（12支装箱数）：11000 葡萄园面积：20公顷
倪吉尔·加洛普于1999年开始开发这片葡萄园，种植了赤霞珠、赛美容、小味儿多、品丽珠、马尔贝克、梅洛、长相思和有多个克隆品种的霞多丽。干植的葡萄藤有较低的产量，随后在酿酒厂也经过非常小心的处理。随着克莱夫·奥托（他曾供职于菲历士酒庄）的加入，它们建起了一座300吨的酿酒厂，并且高素质的助理酿酒师凯特·摩根（Kate Morgan）也加入了这个团队。这些葡萄酒在酒展和报刊评论中取得了极大的成功。出口到英国、加拿大、瑞典、印度尼西亚和新加坡。

🍷🍷🍷🍷🍷 Margaret River Semillon Sauvignon Blanc 2016
玛格丽特河赛美容长相思2016

部分橡木桶发酵的工艺进一步修饰了本已经浓郁而深邃的风味，带来了额外的质感和复杂度；它的风味主要有绿豆、青草和雪花豌豆的特点，而盘旋的酒酸让这支酒更加美味。
封口：螺旋盖　酒精度：12.5%　评分：95　最佳饮用期：2023年　参考价格：24澳元 ✪

Parterre Margaret River Semillon Sauvignon Blanc 2015
花圃玛格丽特河赛美容长相思2015
两个品种的比例各占50%，在法国橡木和不锈钢罐中陈酿了10个月。它的复杂性从第一次轻嗅开始，一直延续到后味和回味之中，其中的一部分来源于水果风味（柑橘、热带水果和白桃），此外还有精心管理的橡木味。这支酒有点像波尔多白葡萄酒的感觉。
封口：螺旋盖　酒精度：12%　评分：95　最佳饮用期：2018年　参考价格：35澳元 ✪

Margaret River Chardonnay 2016
玛格丽特河霞多丽2016
这是一款更加优雅和矜持内敛的玛格丽特河霞多丽，它的声音来自完美的庄园自有葡萄园中种植的品质极高的葡萄，而不是酿酒师克莱夫·奥托的酿造手段。它的风味更接近于白桃和油桃的范畴，而非柑橘类的果味，一直到收尾时的柑橘味酒酸带来了临别的话语。
封口：螺旋盖　酒精度：13%　评分：95　最佳饮用期：2023年　参考价格：26澳元 ✪

Parterre Margaret River Chardonnay 2016
花圃玛格丽特河霞多丽2016
带着葡萄柚、油桃、坚果和温和的香草香味（来自为期10个月的在30%新的法国橡木桶中陈酿的过程），这支酒有很多让人喜欢的地方。它的口感也同样出色，除了一开始特别浓郁丰富，一直有一缕爽口的酸味贯穿了酒体，保持着完美的平衡。
封口：螺旋盖　酒精度：13.5%　评分：95　最佳饮用期：2022年
参考价格：39澳元　PR

Parterre Margaret River Semillon Sauvignon Blanc 2016
花圃玛格丽特河赛美容长相思2016
这是一款73%的赛美容和27%的长相思的混酿，在法国橡木桶和265升不锈钢桶中陈酿了10个月，这是该种风格的经典例子。它具有温柔的核果和鲜切青草的香气，同时富有质感，活泼，收敛而悠长。
封口：螺旋盖　酒精度：12.5%　评分：94　最佳饮用期：2022年
参考价格：35澳元　PR

🍷🍷🍷🍷🍷(4/5)

Misceo 2015
米西欧2015
评分：93　最佳饮用期：2025年　参考价格：30澳元

Palladian Cabernet Sauvignon 2015
帕拉迪奥赤霞珠2015
评分：91　最佳饮用期：2028年　参考价格：88澳元　PR

Freeman Vineyards　弗里曼酒园　★★★★☆

101 Prunevale Road, Prunevale, NSW 2587　产区：希托扑斯（Hilltops）
电话：(02) 6384 4299　网址：www.freemanvineyards.com.au　开放时间：仅限预约
酿酒师：布莱恩·弗里曼博士（Dr Brian Freeman），赞茜·弗里曼（Xanthe Freeman）
创立时间：2000年　产量（12支装箱数）：5000　葡萄园面积：173公顷
布莱恩·弗里曼博士的大部分人生都投入了研究和教育事业，对于后者来说，他曾经担任过查尔斯·斯图尔特大学（CSU）的葡萄栽培和酿酒学院院长。在2004年，他购买了有30年历史的妖怪葡萄园（Demondrille）。他还在隔壁建立了一个葡萄园，一共种植了22个品种，从西拉、赤霞珠、赛美容、雷司令等主流品种，到更有异域风情、更时尚的一些品种，比如丹魄（tempranillo），甚至有科维纳（corvina）、罗蒂内拉（rondinella）和哈斯莱鲁（harslevelu）等品种。

🍷🍷🍷🍷🍷

Robusta Corvina 2012
罗布斯塔科维纳2012
这是一款诱人的葡萄酒，在意大利威尼托地区强劲干葡萄酒阿玛洛的血液中有大量的干提取物。它带着无花果、橙皮和各种各样的黑色水果的风味，后味中的百里香味道如同响亮的回声，这些味道都被坚实而质感如尘的单宁和解渴的酸味雕琢着。这支酒持久而有形，陈年潜力佳。
封口：螺旋盖　酒精度：19.5%　评分：95分　参考价格：55澳元　NG

Secco Rondinella Corvina 2012
干罗蒂内拉科维纳2012
葡萄于4月下旬至5月上旬采收；部分葡萄经过了10天的干燥，干燥的葡萄被加入其余的手工精选的葡萄之中；在2014年装瓶之前，发酵之后，在旧橡木桶中成熟，并且在发布前瓶储了2年。它有芬芳的香气和充满活力的味道，它的酸度比酒精度更明显，味道更多的是黑樱桃，而不是（比如）李子的风味。
评分：94　最佳饮用期：2025年　参考价格：40澳元

🍷🍷🍷🍷🍷(4/5)

Rondo Rondinella Rose 2016
隆多罗蒂内拉桃红2016
评分：93　最佳饮用期：2018年　参考价格：20澳元 ✪

Sangiovese 2015

桑乔维塞2015
评分：93 最佳饮用期：2023年 参考价格：30澳元 NG

Tempranillo 2013
丹魄2013
评分：93 最佳饮用期：2021年 参考价格：25澳元 NG ✪

Corona Corvina Rondinella 2015
科罗娜科维纳罗蒂内拉2015
评分：91 最佳饮用期：2020年 参考价格：20澳元 ✪

Dolcino 2015
多西诺2015
评分：91 最佳饮用期：2019年 参考价格：25澳元 CM

Freycinet 弗雷西内酒庄 ★★★★★

15919 Tasman Highway via Bicheno, Tas 7215 产区：塔斯马尼亚东海岸 电话：(03) 6257 8574 网址：www.freycinetvineyard.com.au 开放时间：详见网址 酿酒师：克劳迪奥·拉迪蒂（Claudio Radenti），林迪·布尔（Lindy Bull） 创立时间：1969年 产量（以12支箱数计）：9000 葡萄园面积：15.9公顷

弗雷西内酒庄的葡萄园坐落在一个小山谷的斜坡上。棕色的表层土壤覆盖在侏罗纪白云岩上，朝向、坡度、土壤和热量的组合带来了色泽极其深邃、风味成熟的红葡萄。这个酒庄是黑比诺的最重要的生产者之一，在质量稳定性方面有着令人羡慕的记录——这对于黑比诺这种娇贵而敏感的葡萄来说是很不容易的。它生产的拉丹迪起泡酒、雷司令和霞多丽同样也属于最高品质的葡萄酒。2012年，弗雷西内收购了布朗兄弟的部分邻近库姆本德（Coombend）的产业。42公顷的土地一支延伸到塔斯曼公路上，包括一个5.75公顷的成熟葡萄园和一个4.2公顷的橄榄树林。出口到英国和新加坡。

🍷🍷🍷🍷🍷 Pinot Noir 2015
黑比诺2015
这支酒来自酒庄原始的葡萄园手工采摘的葡萄，5%的葡萄整串发酵，其余的葡萄都经过了破碎和除梗；旋转发酵8天后，在法国橡木桶（27%是新的）中陈酿了12个月。色彩和香气都很不错，而酒的味道则又是另一回事了，它的能量和驱动力一路飙升，长度十分惊人。复杂而带着泥土芬芳的黑色水果味道和最高品质的黑比诺鲜咸的单宁结合在一起。
封口：螺旋盖 酒精度：14.5% 评分：97 最佳饮用期：2026年 参考价格：70澳元 ✪

🍷🍷🍷🍷🍷 Riesling 2016
雷司令2016
这是塔斯马尼亚雷司令的一个很好的例子，这个品种有力地挑战了霞多丽作为塔斯马尼亚岛主要白色品种的领导地位。良好的酸度是给定的，但是这里还有丰富的、极其美味的酸橙汁风味，甚至有一丝西番莲果的味道。
封口：螺旋盖 评分：96 最佳饮用期：2031年 参考价格：30澳元 ✪

Louis Pinot Noir 2015
路易黑比诺2015
这支酒来自从1995年种植的原始葡萄园中，在法国橡木桶中发酵并成熟了10个月。酒色极其明晰；黑樱桃果味、鲜咸味、泥土味、野蔷薇味，都被法国橡木的画框圈起来了。这支酒仍然以第一类香气（来自葡萄果实本身的香气）为绝对的主导，虽然很长，但它将在未来5年内绽放，并在此后大放光彩。
封口：螺旋盖 酒精度：14.5% 评分：95 最佳饮用期：2030年 参考价格：37澳元

Chardonnay 2015
霞多丽2015
这支酒采用法国橡木桶发酵，并伴随着酒泥搅拌。它的香气和味道非常浓郁，以粉红葡萄柚的风味为主，并带有无花果、奶油和坚果的调子。很有趣的酒，可能在未来几年会有最好的表现。
封口：螺旋盖 酒精度：13.5% 评分：94 最佳饮用期：2021年 参考价格：42澳元

🍷🍷🍷🍷🍷 Wineglass Bay Sauvignon Blanc 2016
酒杯湾长相思2016
评分：93 最佳饮用期：2018年 参考价格：29澳元

Cabernet Merlot 2013
赤霞珠梅洛2013
评分：93 最佳饮用期：2028年 参考价格：36澳元

Radenti Chardonnay Pinot Noir 2011
拉丹迪霞多丽黑比诺2011
评分：92 最佳饮用期：2019年 参考价格：65澳元 TS

Frogmore Creek 蛙溪酒庄 ★★★★★

699 Richmond Road, Cambridge, Tas 7170 产区：塔斯马尼亚南部 电话：(03) 6248 4484 网址：www.frogmorecreek.com.au 开放时间：每日开放，10:00—17:00 酿酒师：艾伦·罗素（Alain Rousseau）、约翰·鲍恩（John Bown） 创立时间：1997年 产量（以12支箱数计）：40000 葡萄园面积：55公顷

蛙溪酒庄是一所环太平洋的合资企业，庄主是托尼·谢勒（Tony Scherer）和杰克·基德威乐（Jack Kidwiler）。这个企业的发展非常迅速，首先建立了自己的有机管理葡萄园，然后进行了一系列收购。先是购买了胡德惠灵顿酒庄（Hood/Wellington Wines）；然后又拿下了坎帕尼亚（Campania）地区的大型葡萄园——罗斯林葡萄园（Roslyn Vineyard）；最后在2010年10月并购了梅垛酒庄（Meadowbank Estate），酒庄的酒窖门店现在就位于此处。12月12日，原始的蛙溪酒庄被出售给了希尔-史密斯（Hill-Smith）家族葡萄园。出口到美国、新西兰、日本和中国。

🍷🍷🍷🍷🍷 Methode Traditionelle Cuvee 2010

传统酿造法珍藏起泡酒2010

黑比诺葡萄（所占比例为88%）用饱满的麦秆黄色调，以及深红色樱桃与布拉斯李子的果香气势磅礴的笔触，来昭示它强大的存在感。7年的岁月带来了层层叠叠的风味：有迷人的奶油糖果、奶油蛋卷、香草和糖渍无花果。然而，尽管它是这么复杂和浓郁，其收尾却天衣无缝地融入了塔斯马尼亚南部活力四射、精致无比的酸味，通过与酒体完美融合的加糖量，实现了完美的平衡。它的持久和耐力呼之欲出，让人想要为其欢呼。

封口：Diam软木塞　酒精度：12.2%　评分：95　最佳饮用期：2020年　TS

🍷🍷🍷🍷🍷 Winemaker's Reserve Late Disgorged Cuvee 2004

酿酒师珍藏久置去渣起泡酒2004

评分：93　最佳饮用期：2018年　TS

42°S Pinot Grigio 2016

南纬42度灰比诺2016

评分：91　最佳饮用期：2018年　参考价格：26澳元　PR

Meadowbank Blanc de Blancs 2011

芳草地白中白2011

评分：90　最佳饮用期：2018年　参考价格：45澳元　TS

Meadowbank Chardonnay Pinot Noir NV

无年份芳草地霞多丽灰比诺

评分：90　最佳饮用期：2017年　参考价格：32澳元　TS

Gaelic Cemetery Wines　盖尔墓地酒庄　★★★★★

PO Box 54, Sevenhill, SA 5453（邮）　产区：克莱尔谷　电话：(08) 8843 4370
网址：www.gaelic-cemeterywines.com　开放时间：不开放　酿酒师：尼尔·派克（Neil Pike），斯蒂夫·巴拉及利亚（Steve Baraglia）　创立时间：2005年　产量（以12支箱数计）：1500　葡萄园面积：6.5公顷

这是酿酒师尼尔·派克（Neil Pike），葡萄栽培家安德鲁·派克（Andrew Pike）和阿德莱德的零售商马里奥·巴莱塔和本·巴莱塔（Mario and Ben Barletta）组成的合资企业。它挂靠了格兰特·阿诺德（Grant Arnold）所有的一个葡萄园，该园种于1996年，毗邻当地苏格兰先人的有历史意义的墓园。坐落在克莱尔山（Clare hills）僻静的山谷中，这个低产量的葡萄园，几个合作伙伴们说，"始终是该地区最早成熟的西拉葡萄园之一，并且能神奇地生产出有极好的pH值和酸度的葡萄，那分析报告上的数字实在是太棒了"。所以，他们可以毫不操心地酿造出好酒。出口到所有主要市场。

🍷🍷🍷🍷🍷 Premium Clare Valley Riesling 2016

优级克莱尔谷雷司令2016

这支酒采用野生和培养的酵母发酵。它和凯尔特农场系列之间的差异是惊人的：虽然有浓郁的果香，这支酒却有更好的结构和质地，那有矿物感的酸味就更加大胆了。这支酒具备了所有的条件，让它在瓶储至少5年之后，能发展成一支伟大的雷司令。

封口：螺旋盖　酒精度：11%　评分：96　最佳饮用期：2036年　参考价格：36澳元　✪

Celtic Farm Clare Valley Riesling 2016

凯尔特农场克莱尔谷雷司令2016

这支酒是作为一款用于早期消费的、平易近人的葡萄酒而制作的，但是它在克莱尔谷葡萄酒展和堪培拉国际雷司令竞赛中获得了金牌。它的香气和味道散发着酸橙和迈耶柠檬的特点，但也有很好的酸度。

封口：螺旋盖　酒精度：11%　评分：95　最佳饮用期：2026年　参考价格：23澳元　✪

Premium Clare Valley Shiraz 2013

优级克莱尔谷西拉2013

这是一支强劲而丰富的葡萄酒，它就好像在泥土中发现了一些埋藏起来的巧克力一样，有复杂的风味和持久的长度。它制作精良，口感出乎意料的轻盈。

封口：橡木塞　酒精度：14.5%　评分：95　最佳饮用期：2038年　参考价格：45澳元

🍷🍷🍷🍷 Celtic Farm Clare Valley Shiraz Cabernet 2014

凯尔特农场克莱尔谷西拉赤霞珠2014

评分：89　最佳饮用期：2021年　参考价格：23澳元

Gala Estate　加拉酒庄　★★★★★

14891 Tasman Highway, Cranbrook, Tas 7190　产区：塔斯马尼亚东海岸　电话：0408 681 014
网址：www.galaestate.com.au　开放时间：每日开放，10:00—16:00（冬季关闭）
酿酒师：格利尔·加兰德（Greer Carland）、格兰·詹姆士（Glen James）
创立时间：2009年　产量（以12支箱数计）：3500　葡萄园面积：11公顷

这个葡萄园坐落在一个4000公顷的绵羊站上，已经有第六代、第七代和第八代传人，由罗伯特·格林希尔（Robert Greenhill）和帕特里夏·格林希尔（Patricia Greenhill，本姓Amos）领导，1821年，亚当·阿莫斯（Adam Amos）成了土地所有人；它被公认为塔斯马尼亚州第二古老的家族企业。这个11公顷的葡萄园主要种植黑比诺（7公顷），其余的土地种植的品种有（按面积递减顺序）霞多丽、灰比诺、雷司令、西拉和长相思。葡萄园中的主要风险是春季的霜冻，使用高架喷灌的方式有两个目的：为早期的生长提供足够的水分，并在生长季节结束时提供霜冻保护。

🍷🍷🍷🍷🍷 Estate Pinot Noir 2015

庄园黑比诺2015

色泽深厚；这支酒每一寸的果味都比其他任何的同类葡萄酒更多。黑樱桃和李子的香气被辛香料风味和细腻的、带着林地味道和鲜咸味的单宁神奇地点亮，有极其持久的味道和长长的回味。法国橡木桶？是的，它也在那里。

封口：螺旋盖 酒精度：13.4% 评分：97 最佳饮用期：2025年 参考价格：45澳元 ✪

🍷🍷🍷🍷🍷 Riesling 2016

雷司令2016

这是一支极其迷人的雷司令，它馥郁的香气充满柑橘花的芳香，在青柠果味驱动的味觉上完全绽开，后味表现出平衡完美但淋漓尽致的酸度。余味久久不散，使人一定要再来一口。

封口：螺旋盖 酒精度：11.5% 评分：96 最佳饮用期：2031年 参考价格：30澳元 ✪

Estate Pinot Noir 2014

庄园黑比诺2014

加拉酒庄典型的深厚色泽；它复杂、深沉、丰富而感性，明显是生长在一个特殊的葡萄园。萨摩李子，基尔希樱桃酒，辛香料和精致的单宁都在无拘无束地表现着自我。它的未来很漫长。

封口：螺旋盖 酒精度：14% 评分：95 最佳饮用期：2030年 参考价格：45澳元

Late Harvest Riesling 2016

晚收雷司令2016

塔斯马尼亚的自然酸味意味着这种风格几乎可以随意地生产，雷司令的基本风味在保持平衡和长度的同时，它的强度和持久度都上升了一个级别。它是放在有螺旋盖的瓶子中的玫瑰牌青柠汁，只是恰好有少量的酒精在里面而已。

酒精度：8.9% 评分：95 最佳饮用期：2026年 参考价格：35澳元 ✪

Pinot Gris 2016

灰比诺2016

塔斯马尼亚可能会对它的长相思葡萄酒保持沉默，但此地一直是灰比诺葡萄酒的最佳地区之一。这里的风味带着白色核果、柑橘和梨的特征，天然的酸度提供了所有必需的结构。

封口：螺旋盖 酒精度：13.2% 评分：94 最佳饮用期：2020年

参考价格：30澳元 ✪

🍷🍷🍷🍷 Sauvignon Blanc 2016

长相思2016

评分：89 最佳饮用期：2017年 参考价格：30澳元

Galafrey 佳芙瑞酒庄 ★★★★☆

Quangellup Road, Mount Barker, WA 6324 产区：巴克山（Mount Barker）

电话：(08) 9851 2022 网址：www.galafreywines.com.au

开放时间：每日开放，10:00—17:00 酿酒师：金·泰勒（Kim Tyrer）

创立时间：1977年 产量（以12支箱数计）：3500 葡萄园面积：13.1公顷

佳芙瑞酒庄故事的开始，起于伊恩·泰勒和琳达·泰勒（Ian and Linda Tyrer）夫妇放弃了新兴的计算机行业中的高薪工作，跑到了巴克山开始种植葡萄和酿造葡萄酒，这种生活的改变也让他们希望在乡村环境中培养他们的孩子。他们所种的干植葡萄园仍然是那个转折点，而他们的第一家酿酒厂之前是用于捕鲸的建筑（它早已被专门酿酒的厂房所取代了）。在行业不景气的时候，伊恩的过早死亡加剧了这个家庭本已经艰难的处境，但是他们却渡过了难关。女儿金·泰勒现在是该公司的首席执行官，而琳达也仍然积极地参与到酒庄的日常管理之中。出口到中国。

🍷🍷🍷🍷🍷 Dry Grown Vineyard Mount Barker Riesling 2016

干植葡萄园巴克山雷司令2016

这支酒超级地干，带着少许柠檬-青柠汁的味道，还有板岩和钢铁的风味，泼辣、瘦削，带着清爽的、有粉笔味道的酒酸，保证了这支酒极佳的长度。还有它的陈年潜力，啊，是如此的优秀呢。

封口：螺旋盖 酒精度：12% 评分：95 最佳饮用期：2027年

参考价格：25澳元 JF ✪

🍷🍷🍷🍷½ Dry Grown Vineyard Mount Barker Shiraz 2014

干植酒园巴克山西拉

评分：91 最佳饮用期：2022年 参考价格：30澳元 JF

Dry Grown Vineyard Mount Barker Cabernet Sauvignon 2014

干植葡萄园巴克山赤霞珠2014

评分：91 最佳饮用期：2021年 参考价格：30澳元 JF

Galli Estate 加利酒庄 ★★★★★

1507 Melton Highway, Plumpton, Vic 3335 产区：山伯利 电话：(03) 9747 1444
网址：www.galliestate.com.au 开放时间：每日开放，11:00—17:00 酿酒师：本·兰肯（Ben Ranken）
创立时间：1997年 产量（以12支箱数计）：10000 葡萄园面积：160公顷
加利酒庄有两个葡萄园：一个是生产红葡萄酒（西拉、桑乔维塞、内比奥罗、丹魄、歌海娜和蒙特普齐亚诺）的西斯科特酒园，另一个是生产白葡萄酒（霞多丽、灰比诺、苏维浓白朗和菲亚诺）的位于普兰顿（Plumpton）的气候凉爽的葡萄园。所有的葡萄酒都是以生物动力学的方式种植和酿造，并在新月之时进行葡萄酒的转移。出口到加拿大、新加坡等国家，以及中国内地（大陆）和香港地区。

🍷🍷🍷🍷🍷

Pamela 2016
帕梅拉2016
这支酒来自四个勃艮第霞多丽葡萄酒克隆：76号、95号、96号和227号，整串压榨到法国橡木桶（33%是新桶）中。这款葡萄酒的浓郁度、力量和长度是符合对它的克隆品种特性和冷产区的期待的。令人惊讶的是，它在酒精含量较低的情况下还能展现出这么多的特色。
封口：螺旋盖 酒精度：12% 评分：95 最佳饮用期：2023年 参考价格：55澳元

Nebbiolo 2013
内比奥罗2013
手工采摘，100%使用全果，5天冷浸渍，野生酵母发酵，浸皮70天，使用法国橡木成熟18个月。酒色浅而明亮；是一支了不起的内比奥罗，因为它具有很好的品种特征，并且由于10周的浸渍，单宁非常精致。当它完成了这一切后，其生命是长而又长的。
封口：螺旋盖 酒精度：14.8% 评分：95 最佳饮用期：2033年 参考价格：38澳元

🍷🍷🍷🍷

Adele Chardonnay 2015
阿黛勒霞多丽2015
评分：93 最佳饮用期：2022年 参考价格：38澳元

Adele Syrah 2015
阿黛勒西拉2015
评分：93 最佳饮用期：2030年 参考价格：38澳元

Camelback Heathcote Sangiovese 2015
骆驼背西斯科特桑乔维塞2015
评分：92 最佳饮用期：2025年 参考价格：20澳元 ✪

Artigiano Block Two Heathcote Shiraz 2015
阿提基诺2号园地西拉2015
评分：91 最佳饮用期：2025年 参考价格：30澳元

Camelback Sunbury Cabernet Sauvignon Merlot 2015
骆驼背山伯利赤霞珠梅洛2015
评分：91 最佳饮用期：2023年 参考价格：20澳元 ✪

Adele Sangiovese 2015
阿黛勒桑乔维塞2015
评分：91 最佳饮用期：2023年 参考价格：38澳元

Adele Fiano 2015
阿黛勒费亚诺2015
评分：90 最佳饮用期：2020年 参考价格：38澳元

Gallows Wine Co 加洛斯酒业公司 ★★★★

Lennox Road, Carbunup River, WA 6280 产区：玛格丽特河
电话：(08) 9755 1060 网址：www.gallows.com.au 开放时间：7 天开放，10:00—17:00
酿酒师：查理·麦欧罗，尼尔·道德里奇（Charlie Maiolo, Neil Doddridge） 创立时间：2008年
产量（以12支箱数计）：11000 葡萄园面积：27公顷
这是由酿酒师查理领导的麦欧罗家族的合资企业。这个可怕的名字（加洛斯的英文原文Gallows一词意为绞架）是玛格丽特河沿岸最著名的海浪之一。葡萄园种植了赛美容、长相思、霞多丽、黑比诺、西拉、梅洛和赤霞珠。该地区的气候受到北部5公里处的吉奥格拉菲湾（Geographe Bay）的强烈影响，并有助于生产具有多种风味和特征的葡萄酒。

🍷🍷🍷🍷

The Bommy Margaret River Shiraz 2014
博米玛格丽特河西拉2014
这支酒有清新而多汁的黑莓香气，与玛格丽特河西拉典型的野味和鲜咸味的和弦相配。口感充满活力，红色和黑色水果的风味浓郁，活力充沛，并有沥青味的单宁驾驭着果味。它有很多适合现在饮用的特征，所以窖藏是一种选择但不是必需的。
封口：螺旋盖 酒精度：13.5% 评分：93 最佳饮用期：2024年
参考价格：31澳元 SC

The Bommy Margaret River Shiraz 2013
博米玛格丽特河西拉2013
鲜艳的颜色为多汁而明亮的红樱桃和黑樱桃果香传递出消息，此外还有一缕黑莓汁的香气。这支酒只做了一个要求：在未来的3—4年内饮用，到那时，所有的这些新鲜的风味都会如繁花般盛开。
封口：螺旋盖 酒精度：13.5% 评分：93 最佳饮用期：2023年 参考价格：31澳元

The Bommy Margaret River Cabernet Sauvignon 2014
博米玛格丽特河赤霞珠2014
这支酒在法国和美国橡木桶中陈酿了18个月。馥郁的红色果香给予了完美的酒精度和中等酒体足够的尊重。这绝不会减少口中葡萄酒的质感，这个好处要归功于柔和的单宁和法国橡木的帮助。
封口：螺旋盖 酒精度：13.5% 评分：93 最佳饮用期：2030年 参考价格：31澳元

The Bommy Margaret River Chardonnay 2015
博米玛格丽特河霞多丽2015
这支酒在法国橡木桶（35%是新的）发酵并陈酿了9个月。油桃和桃子的风味在第一波里面袭来，而带着葡萄柚特点的酸味则进入了第二波（较大）。新橡木桶的特点并不明显，但这不是一件坏事。
封口：螺旋盖 酒精度：14% 评分：92 最佳饮用期：2023年 参考价格：28澳元

The Bommy Margaret River Semillon Sauvignon Blanc 2016
博米玛格丽特河赛美容长相思2016
两种葡萄的配比为55/45%，在罐中发酵。赛美容的影响力似乎高过了55%；鲜切青草、青豌豆和柠檬的酸味比长相思的荔枝和鹅莓味更明显。无论如何，这都是一支清新爽口的葡萄酒。
封口：螺旋盖 酒精度：12.5% 评分：91 最佳饮用期：2020年 参考价格：26澳元

The Gallows Margaret River Cabernet Sauvignon Merlot 2014
加洛斯玛格丽特河赤霞珠梅洛2014
酒的色调很好，虽然很浅；正如这可能表明的那样，它的酒体刚刚进入中等厚度的范畴，但那明亮的黑醋栗果香确实有很好的长度和强度，而少许的干香草风味则对它稍稍进行了修饰。
封口：螺旋盖 酒精度：14% 评分：90 最佳饮用期：2025年 参考价格：23澳元

🍷🍷🍷🍷 Carpark Margaret River Shiraz Merlot 2014
停车场玛格丽特河西拉梅洛2014
评分：89 最佳饮用期：2020年 参考价格：23澳元

Gapsted 盖普斯提酒庄 ★★★★

3897 Great Alpine Road, Gapsted, Vic 3737 产区：阿尔派谷（Alpine Valleys）
电话：(03) 5751 1383 网址：www.gapstedwines.com.au 开放时间：每日开放，10:00—19:00
酿酒师：迈克尔·科普-威廉姆斯（Michael Cope-Williams）、托尼·皮拉（Toni Pla Bou）、麦特·福赛特（Matt Fawcett） 创立时间：1997年
产量（以12支箱数计）：200000 葡萄园面积：256.1公顷
盖普斯提是维多利亚州阿尔卑斯葡萄酒厂（Victorian Alps Winery）的主要品牌，该酒厂是以一个大型合同酿酒厂开始运营的（并且仍然还是如此）。然而，其自有品牌葡萄酒的质量不仅导致了该品牌的产量增加，而且还带动了一系列更便宜的附属品牌。除了大量的酒庄自有的葡萄之外，盖普斯提酒庄还从国王谷和阿尔派谷采购一些主流葡萄品种和一些替代性品种。出口到英国、瑞典、挪威、阿联酋、泰国、新加坡和日本等国家，以及中国内地（大陆）和香港地区。

🍷🍷🍷🍷🍷 Valley Selection King Valley Pinot Gris 2016
谷地精选国王谷灰比诺2016
这支酒有10%采用橡木桶发酵。它的口感比平时更加浓郁，而这种浓郁度转化为长度，让这支酒的价格低得简直就像是偷来的一样。在适当的气候条件下生长的成熟的灰比诺葡萄藤也是成功的一个条件。
封口：螺旋盖 酒精度：13.5% 评分：92 最佳饮用期：2019年 参考价格：18澳元 ✪

Limited Release King Valley Fiano 2016
限量发行国王谷菲亚诺2016
菲亚诺再次袭来，10%的小芒森使这款酒成为一支独一无二的混酿，但在缺乏费亚诺的质感和动力的情况下，美味的泼辣、鲜咸和酸柠檬皮的味道同样知道该怎么唱这一曲。
封口：螺旋盖 酒精度：13.5% 评分：92 最佳饮用期：2021年 参考价格：25澳元 ✪

Limited Release Alpine Valleys Saperavi 2014
限量发行阿尔派谷萨别拉维2014
89%的萨别拉维，11%的西拉，与人工培养的酵母分开发酵，浸皮每日开放，在旧美国橡木桶中陈酿23个月。颜色不像预期的那样浓郁：可能是西拉子葡萄和橡木桶中的23个月导致的。葡萄酒本身很有吸引力，中等至饱满的酒体，黑色水果的味道具有毫不掩饰的魅力。是葡萄酒选择游戏中的杀手和大赢家。
封口：螺旋盖 酒精度：14.5% 评分：91 最佳饮用期：2029年 参考价格：31澳元

Ballerina Canopy Cabernet Sauvignon 2013
芭蕾舞者架势赤霞珠2013
来自巴罗萨谷、拉顿布里和国王谷，在法国和美国橡木桶中成熟17个月。这支中等酒体的葡萄酒具有清晰的品种特性，巧妙地使用橡木和柔和的单宁，形成一支平易近人、适饮性强的葡萄酒。
封口：螺旋盖 酒精度：14.5% 评分：90 最佳饮用期：2023年 参考价格：31澳元

Garagiste 加拉基斯迪酒庄 ★★★★★

4 Lawrey Street, Frankston, Vic 3199（邮） 产区：莫宁顿半岛
电话：0439 370 530 网址：www.garagiste.com.au 开放时间：不开放

酿酒师：巴纳比·弗兰德斯（Barnaby Flanders） 创立时间：2006年
产量（以12支箱数计）：2500 葡萄园面积：3公顷
2003年，巴纳比·弗兰德斯（Barnaby Flanders）成了同盟葡萄酒（Allies Wines，参见单独条目）的联合创始人，其中一些葡萄酒使用了加拉基斯迪的品牌。联盟酒业中的盟友们现在已经走自己的路了，而巴纳比拥有加拉基斯迪品牌的控股权。莫宁顿半岛产区是加拉基斯迪的重点。葡萄在葡萄园中手工采选，又在酒庄中进行分选。霞多丽采用整串压榨，在新旧法国橡木桶中用野生酵母发酵，并灵活地使用苹乳发酵，通常带酒泥陈酿8—9个月。很少进行澄清和过滤。出口到新加坡等国家，以及中国内地（大陆）和香港地区。

🍷🍷🍷🍷🍷 Merricks Mornington Peninsula Chardonnay 2015
梅里克斯莫宁顿半岛霞多丽2015
就像帕瓦罗蒂演唱的《今夜无人入睡》的高潮一样，这支酒的声音在空气中翱翔，余音绕梁，久久不散。为了实现这种效果，葡萄柚、柚子内皮和白色核果的果香与矿物、姜粉和胡椒的风味平衡着。橡木桶又增添了一层复杂性，酒泥的特点也是一样。你会沉迷其中，不舍得离开。
封口：螺旋盖 酒精度：13% 评分：97 最佳饮用期：2025年
参考价格：45澳元 JF ✪

Terre de Feu Mornington Peninsula Pinot Noir 2015
特雷德福莫宁顿半岛黑比诺2015
这是一款令人惊艳的葡萄酒。葡萄来自美利克斯林（Merricks Grove）酒园，100%整串处理，采用野生酵母发酵，在法国橡木桶（50%是新的）中成熟了10个月。它扣人心弦，美味无比。淳朴的大黄、甜菜根的风味和八角茴香、肉桂与托斯卡纳熏火腿的香味引领着黑樱桃和血橙核的味道。饱满的酒体之上有单宁当道，它成熟而强劲，带着烟熏的味道，而清爽的酸味在它的结尾画上了句号。
封口：螺旋盖 酒精度：13.5% 评分：97 最佳饮用期：2030年
参考价格：75澳元 JF ✪

🍷🍷🍷🍷🍷 Le Stagiaire Mornington Peninsula Chardonnay 2016
舞台艺人莫宁顿半岛霞多丽2016
直率而清爽的酸味和非凡的长度为这支酒奠定了基调。但是这支酒也有丰富的味道，包括白色核果、柑橘皮和柑橘果汁和有冲劲的辛香料的风味，而用量恰到好处的酒泥带来的奶油味增添了另一层复杂度，但并没有增加重量。哦，它的价格还很便宜。
封口：螺旋盖 酒精度：13% 评分：96 最佳饮用期：2026年
参考价格：30澳元 JF ✪

Merricks Mornington Peninsula Pinot Noir 2015
梅里克斯莫宁顿半岛黑比诺2015
采用小型开放式发酵罐和野生酵母，浸皮22天后，在法国橡木桶（25%新，hogsheads）中陈酿了10个月。它令人垂涎，喝起来好像有整串的葡萄在里面。这是一只鲜美的，有肉味的葡萄酒，带着泥土的风味，但是它有着一颗有着黑樱桃和李子味的水果之心，并有一定的力量和颗粒感。
封口：螺旋盖 酒精度：13.5% 评分：96 最佳饮用期：2026年
参考价格：45澳元 JF ✪

Le Stagiaire Mornington Peninsula Rose 2016
舞台艺人莫宁顿半岛桃红2016
来，看看这支酒。一支真正不错的桃红，有风味的深度和超级干的口感。淡淡的黑樱桃-鲑鱼粉色调，十分清爽，但也很有质感，有西瓜和西瓜皮的风味伴着令人垂涎欲滴的柠檬酸味。
封口：螺旋盖 酒精度：13% 评分：95 最佳饮用期：2020年
参考价格：29澳元 JF ✪

Le Stagiaire Mornington Peninsula Pinot Gris 2016
舞台艺人莫宁顿半岛灰比诺2016
浓淡适中的稻草色-铜粉色色调，酒体装满了它的风味——并没有过量。适量的五香梨配着蜂蜜、酒泥的奶油味和烤坚果的味道。一股清爽的酸味让这段长长的舞蹈持续到最后。
封口：螺旋盖 酒精度：13.5% 评分：94 最佳饮用期：2021年
参考价格：29澳元 JF ✪

Le Stagiaire Mornington Peninsula Pinot Noir 2016
舞台艺人莫宁顿半岛黑比诺2016
从某种意义上说，把这支酒叫做入门级葡萄酒是个错误，但是和其他的酒相比起来，也不得不这么做。葡萄被选自四个葡萄园，除梗后，有一小部分进行了整串处理，采用野生酵母并在法国橡木桶（10%是新的）中陈酿了10个月。它在各个方面都满足了要求——风味、平衡还有精雕细刻的单宁，让后味带着抓力。它有淡淡的五香味，酒体接近厚重，并且已经准备好上场摇滚了。
封口：螺旋盖 酒精度：13.5% 评分：94 最佳饮用期：2025年
参考价格：30澳元 JF ✪

Balnarring Mornington Peninsula Pinot Noir 2015
巴纳林莫宁顿半岛黑比诺2015
这支酒采用了与梅里克斯葡萄酒相同的酿造方法，所以两只酒的区别酒在于他们的葡萄园。这支酒的果实更加成熟，酸度和单宁结构的感觉也有所不同——它表现出收敛感和力量。黑色的果味上镶嵌着丁香和甘草的味道，还有腌肉和干草药的特点。

封口：螺旋盖 酒精度：13.5% 评分：94 最佳饮用期：2025年
参考价格：45澳元 JF

Garners Heritage Wines 加纳酒庄 ★★★★

54 Longwood/Mansfield Road, Longwood East, Vic 3666 产区：史庄伯吉山岭
电话：(03) 5798 5513 网址：www.garnerswine.com.au
开放时间：周末，11:00—16:00（电话：0410 649 030） 酿酒师：林德赛·布朗（Lindsay Brown）
创立时间：2005年 产量（以12支箱数计）：500 葡萄园面积：1.8公顷
里昂（Leon）和露西·加纳（Rosie Garner）于2005年创立了加纳酒庄，在2015年庆祝了他们的十周年。这个1.8公顷的精品葡萄园可能很小，并且在史庄伯吉山脉（Strathbogie Ranges）是最新的葡萄园，但它生产出了高档的西拉。虽然该地区属于凉爽气候产区，但这个酒庄位于山脉的底部，那里温暖的夏季非常适合种植西拉。少量出口到中国香港地区。

🍷🍷🍷🍷🍷(4.5) Leon's Strathbogie Ranges Shiraz 2015
里昂史庄伯吉山岭西拉2015
这支葡萄酒是由非常成熟的葡萄酿制而成的，这反映了已故的莱昂加纳希望酿造更“大”的葡萄酒的愿望，它在法国橡木桶（puncheons，40%是新桶）和旧的法国和美国橡木桶中陈酿了17个月。目前，这支葡萄酒还没有准备好“开门营业”，可能还需要几年的时间。
封口：螺旋盖 酒精度：15.5% 评分：90 最佳饮用期：2035年

Gartelmann Wines 加特曼酒庄 ★★★★☆

701 Lovedale Road, Lovedale, NSW 2321 产区：猎人谷 电话：(02) 4930 7113
网址：www.gartelmann.com.au 开放时间：周一至周六，10:00—17:00，周日10:00—16:00
酿酒师：乔吉·加特曼（Jorg Gartelmann）、利兹·希尔科曼（Liz Silkman）
创立时间：1970年 产量（以12支箱数计）：7000
1996年，简·加特曼和乔吉·加特曼（Jan and Jorg Gartelmann）购买了乔治亨特酒庄（George Hunter Estate）16公顷的成熟葡萄园，这些葡萄园大多是由奥利弗·肖尔（Oliver Shaul）于1970年种植的。由于生意重心的转移，葡萄园被卖掉了，而加特曼现在从猎人谷和其他新州地区［包括满吉气候凉爽的瑞尔斯通地区（Rylstone）］采购葡萄。出口到美国、德国、新加坡和中国。

🍷🍷🍷🍷🍷 Diedrich Orange Shiraz 2015
蒂德里克奥兰治西拉2015
这支酒散发出浓郁甜美的花香，红色水果果香和少许辛香，在味觉上也是同样的美妙。这是一支优雅的葡萄酒，酒体适中，有柔滑的单宁和清爽的柠檬酸味，让人愉悦无比。举起酒杯后真的很难再放下。
封口：螺旋盖 酒精度：14.6% 评分：95 最佳饮用期：2030年
参考价格：50澳元 JF

🍷🍷🍷🍷🍷(4.5) Phillip Alexander Mudgee Cabernet 2015
菲利普亚历山大满吉赤霞珠2015
评分：93 最佳饮用期：2022年 参考价格：28澳元 JF

Jonathan Mudgee Cabernet Sauvignon 2015
乔纳森满吉赤霞珠2015
评分：93 最佳饮用期：2028年 参考价格：35澳元 JF

Rylstone Petit Verdot 2015
瑞尔斯通小味而多2015
评分：93 最佳饮用期：2026年 参考价格：35澳元 JF

Benjamin Hunter Valley Semillon 2014
本杰明猎人谷赛美容2014
评分：91 最佳饮用期：2025年 参考价格：35澳元 JF

Stephanie Orange Pinot Gris 2016
斯蒂芬妮奥兰治灰比诺2016
评分：91 最佳饮用期：2017年 参考价格：25澳元 JF

Diedrich Hunter Clare Valley Shiraz 2011
蒂德里克克莱尔谷西拉2011
评分：90 最佳饮用期：2028年 参考价格：50澳元 JF

Gatt Wines 盖特酒庄 ★★★★☆

417 Boehms Springs Road, Flaxman Valley, SA 5235 产区：伊顿谷 电话：(08) 8564 1166
网址：www.gattwines.com 开放时间：不开放 酿酒师：大卫·诺曼（David Norman） 创立时间：1972年 产量（以12支箱数计）：8000 葡萄园面积：53.35公顷
当您在读到这样的夸张的语句，说是伴随着对现有的一些酒庄的业务收购，会使其转化为世界级的企业时，很容易会叹一口气然后继续看别的。但是当雷·盖特（Ray Gatt）收购伊甸泉酒庄（Eden Springs）之时，他将口号转化成了行动。除了19.82公顷的伊甸泉葡萄园之外，他还在巴罗萨的谷底购买了历史悠久的西格斯多夫葡萄园（Siegersdorf Vineyard，19.43公顷）和邻近的格劳厄酒庄（Graue Vineyard，11.4公顷）。2011年伊甸泉更名为加特酒庄的举动是明智的。出口到丹麦、德国、韩国、日本等国家，以及中国内地（大陆）和香港、澳门地区。

🍷🍷🍷🍷🍷 Eden Springs High Eden Shiraz 2010
伊甸泉高伊甸西拉2010

柔和的酒香和中等厚度的酒味中有红樱桃、覆盆子、香料和胡椒的风味，随着葡萄酒在口中变化的旅程，一直到后味与余味之间，这些风味变得更加浓郁了。“摩纳哥女子与世界葡萄酒大赛（Monaco Women and Wines of the World）”的金牌对这款可爱的葡萄酒来说是不必要的（可疑的）奖励。

封口：橡木塞　酒精度：13.5%　评分：95　最佳饮用期：2030年　参考价格：40澳元

Eden Springs High Eden Riesling 2015

伊甸泉高伊甸雷司令2015

来自酒庄自有的葡萄园，其海拔为46—513米。香味中带着超级慷慨的酸橙和柑橘类水果的风味，清爽的矿物酸度更是让这种风味增强了。

封口：螺旋盖　酒精度：12%　评分：94　最佳饮用期：2027年

参考价格：30澳元 ✪

Gembrook Hill　简布鲁克山酒庄　★★★★★

Launching Place Road, Gembrook, Vic 3783　产区：雅拉谷

电话：(03) 5968 1622　网址：www.gembrookhill.com.au　开放时间：仅限预约

酿酒师：提莫·梅耶（Timo Mayer），安德鲁·马克思（Andrew Marks）

创立时间：1983年　产量（以12支箱数计）：1500　葡萄园面积：5公顷

伊恩·马克斯和琼·马克斯（Ian and June Marks）共同建立了简布鲁克山酒庄，它是上亚拉河谷最冷凉的地区中的最古老的葡萄园之一。儿子安德鲁在酿造方面协助提莫·梅尔，他们每个人都有自己的品牌（参见The Wanderer和Mayer的单独条目）。面向东北的葡萄园位于一个天然圆形剧场内；其中种植的低产量长相思。霞多丽和黑比诺是没有经过灌溉的。最小干预的葡萄酒酿造方法带来了一贯的风格，它细腻而优雅。出口到英国、美国、丹麦、日本和马来西亚。

🍷🍷🍷🍷🍷

Yarra Valley Chardonnay 2016

雅拉谷霞多丽2016

来自庄园自有的葡萄，经过橡木桶发酵。表现出上雅拉谷葡萄的浓郁度和极端的长度，粉红葡萄柚和白桃的共同享受着咖位，和这种触电一般的酸味相比，橡木只是一种运输工具。

封口：Diam软木塞　酒精度：13.5%　评分：95

最佳饮用期：2025年　参考价格：40澳元

Yarra Valley Pinot Noir 2015

雅拉谷灰比诺2015

来自33年树龄的干植葡萄园。它需要花点时间才能迈开步伐，香气干净而沉静，呈现出温和的辛香和红色水果香，口感则更加浓郁，增加了萨摩李子和红樱桃的果味。即使在这里，它也好像穿了一件缠绕在了脚踝上的裙子，迈不开步，但它的未来是有保证的。

封口：Diam软木塞　酒精度：13.5%　评分：94

最佳饮用期：2030年　参考价格：55澳元

🍷🍷🍷🍷

Yarra Valley Sauvignon Blanc 2015

雅拉谷长相思2015

评分：92　最佳饮用期：2017年　参考价格：33澳元

Yarra Valley Pinot Noir 2014

雅拉谷灰比诺2014

评分：91　最佳饮用期：2020年　参考价格：55澳元

Blanc de Blancs 2011

白中白2011

评分：91　最佳饮用期：2026年　参考价格：55澳元　TS

Yarra Valley Sauvignon Blanc 2016

雅拉谷长相思2016

评分：90　最佳饮用期：2018年　参考价格：34澳元

Gemtree Wines　宝石树酒庄　★★★★★

167 Elliot Road, McLaren Flat, SA 5171　产区：麦克拉仑谷

电话：(08) 8323 8199　网址：www.gemtreewines.com　开放时间：每日开放，10:00—17:00

酿酒师：麦克·布朗（Mike Brown）、约书亚·维西特尔（Joshua Waechter）

创立时间：1998年　产量（以12支箱数计）：90000　葡萄园面积：138.47公顷

宝石树是一个家族酒庄，致力于以更自然的方式，种植更好的葡萄酒。保罗·巴特利和吉尔·巴特利（Paul and Jill Buttery）于1980年在麦克拉仑谷建立了这个葡萄园。现在由他们的儿子安德鲁运营这家公司，他们的女儿梅丽莎·布朗是葡萄栽培师，她的丈夫麦克是首席酿酒师。葡萄园经过有机认证和生物动力学认证，葡萄酒产品组合质量上乘。出口到英国、美国、加拿大、瑞典、丹麦、挪威、芬兰、新西兰等国家，以及中国内地（大陆）和香港地区。

🍷🍷🍷🍷🍷

McLaren Vale Grenache 2016

麦克拉仑谷歌海娜2016

它这个酒庄的很多葡萄酒的完美典范。它的味道诱人，风味多样，有红醋栗、石榴、草莓和樱桃酒的风味，这支酒体中等，质地细腻的歌海娜有少许野蔷薇的味道和一种还原的变化，以及后味中的一抹小豆蔻和有异国情调的丁香味。来自有机和完全成熟的生物动力法耕种的葡萄园，这是非常好的酒，适饮性极强。

封口：橡木塞　酒精度：14.5%　评分：95　最佳饮用期：2024年

参考价格：50澳元　NG

Amatrine McLaren Vale Savagnin Chardonnay 2015
紫黄晶麦克拉仑谷萨瓦涅霞多丽2015
这是一款古怪的混酿，它所有的酒评都满足良好试饮性的要求。咸咸的牡蛎壳风味提升了黄桃和洋甘菊的味道，让人联想到一种适合畅饮的夏布利葡萄酒（Chablis）。这支酒中，萨瓦涅的比例占60%，它的酒体被一束有白垩味的酒酸刺穿，留下有形、鲜咸而偏干的整体印象。一款餐桌上的多功能葡萄酒。
封口：螺旋盖 酒精度：13.2% 评分：95 最佳饮用期：2022年
参考价格：7澳元 NG ✪

🍷🍷🍷🍷🍷 The Phantom Red 2014
幽灵红葡萄酒2014
评分：93 最佳饮用期：2028年 参考价格：42澳元 SC

Cinnabar McLaren Vale GSM 2016
桂皮麦克拉仑歌海娜西拉慕合怀特2016
评分：92 最佳饮用期：2024年 参考价格：25澳元 NG ✪

Dragon's Blood Cabernet Sauvignon 2016
龙之血赤霞珠2016
评分：92 最佳饮用期：2029年 参考价格：16澳元 NG ✪

The Phantom Red 2015
幽灵红葡萄酒2015
评分：92 最佳饮用期：2025年 参考价格：45澳元 NG

Uncut McLaren Vale Shiraz 2015
未修剪麦克拉仑谷西拉2015
评分：91 最佳饮用期：2020年 参考价格：30澳元 NG

Dragon's Blood McLaren Vale Shiraz 2015
龙之血麦克拉仑谷西拉2015
评分：91 最佳饮用期：2023年 参考价格：16澳元 NG ✪

Moonstone McLaren Vale Savagnin 2016
月光石麦克拉仑谷萨瓦涅2016
评分：90 最佳饮用期：2020年 参考价格：20澳元 NG ✪

Luna de Fresa Tempranillo Rose 2016
莓色月光丹魄桃红2016
评分：90 最佳饮用期：2018年 参考价格：20澳元 NG ✪

Luna Roja McLaren Vale Tempranillo 2015
红色月亮麦克拉仑谷丹魄2015
评分：90 最佳饮用期：2022年 参考价格：28澳元 SC

Aprils Dance Sparkling NV
四月之舞无年份起泡酒
评分：90 最佳饮用期：2017年 参考价格：30澳元 TS

Geoff Merrill Wines 杰夫·梅丽尔酒庄 ★★★★★

291 Pimpala Road, Woodcroft, SA 5162 产区：麦克拉仑谷 电话：(08) 8381 6877
网址：www.geoffmerrillwines.com.au 开放时间：周一至周五，10:00—16:00；周六，12:00—16:30 酿酒师：杰夫·梅里尔（Geoff Merrill），斯科特·海德里奇（Scott Heidrich）
创立时间：1980年 产量（以12支箱数计）：55000 葡萄园面积：45公顷
如果杰夫·梅里尔失去了他淘气的幽默感或者对生活的热情，无论是拥有多高的地位，都将是件憾事。他的产品由三个级别组成：高级（Premium，品种葡萄酒）；珍藏（Reserve），年份更老的葡萄酒，这反映了酿酒师对优雅和精致的需求，因为若非如此，便不符合他过于张扬的个性；而在金字塔的顶端，是亨利西拉（Henley Shiraz）。出口到所有主要市场。

🍷🍷🍷🍷🍷 Henley McLaren Vale Shiraz 2008
亨利麦克拉仑谷西拉2008
这个酒庄是最早采用这种大而重的瓶子，并进行丝网印刷的酒庄之一。这支酒在法国橡木桶成熟了35个月，装瓶于2011年8月11日，并发布于2017年6月，产量为230箱。它所有的成分都融合在鲜咸美味的、有泥土风味的葡萄酒中，它已经进入了其发展的第二阶段，但具有无限优雅的陈年能力。
封口：橡木塞 酒精度：14.5% 评分：95 最佳饮用期：2033年 参考价格：170澳元

Jacko's McLaren Vale Shiraz 2012
杰克欧麦克拉仑谷西拉2012
这支酒在美国橡木桶（20%是新的）中成熟了24个月。这是一款美味新鲜且充满活力的葡萄酒，它显示出2012年份的葡萄酒有多么优秀。各种各样的红色与黑色浆果多汁诱人，但有充足的质地和结构。它至少会持续流行10年以上。
封口：螺旋盖 酒精度：14.5% 评分：95 最佳饮用期：2027年 参考价格：28澳元 ✪

Bush Vine McLaren Vale Grenache Rose 2016
灌木葡萄藤麦克拉仑谷歌海娜桃红2016
这支酒来自60年—90年树龄的葡萄树，使用手工采摘，经过了18小时的浸皮（比以前的桃红时间更短），用人工培养的酵母进行冷发酵。酒色呈浅洋红色；酒香以红樱桃、草莓和覆盆子的果香为主，酒味多汁诱人，口感柔顺，长度极佳，余味悠长。
封口: 螺旋盖 酒精度: 13.5% 评分: 94 最佳饮用期: 2017年 参考价格: 21澳元 ✪

🍷🍷🍷🍷🍷 Reserve Cabernet Sauvignon 2011
珍藏赤霞珠2011
评分：91 最佳饮用期：2027年 参考价格：45澳元

Reserve Chardonnay 2015
珍藏霞多丽2015
评分：90 最佳饮用期：2021年 参考价格：35澳元

Geoff Weaver 杰夫酒庄 ★★★★★

2 Gilpin Lane, Mitcham, SA 5062（邮） 产区：阿德莱德山 电话：(08) 8272 2105
网址：www.geoffweaver.com.au 开放时间：不开放 酿酒师：杰夫·韦尔夫（Geoff Weaver）
创立时间：1982年 产量（以12支箱数计）：3000 葡萄园面积：12.3公顷

这是哈迪酒庄（Hardys）首席酿酒师杰夫·韦尔夫（Geoff Weaver）的酒庄。兰斯伍德葡萄园始建于1982年到1988年之间，并始终生产着完美无瑕的雷司令和长相思，以及有卓越陈年潜力的霞多丽。那美丽的酒标真是棒极了。出口到英国、新加坡等国家，以及中国香港地区。

🍷🍷🍷🍷🍷 Lenswood Chardonnay 2013
兰斯伍德霞多丽2013
这支酒由手工采摘并经过冷藏，葡萄以整串形式压榨到法国酒桶（50%是新桶）中，进行野生酵母发酵和酒泥接触，部分进行了苹乳发酵，陈酿时间为12个月。这支酒是猫的睡衣，以葡萄柚为主的果味如同绚烂的烟花一般绽放，酸度明快，余味悠长。这支酒正缓慢而坚定地沿着既定的道路发展着。
封口: 螺旋盖 酒精度: 13% 评分: 96 最佳饮用期: 2023年 参考价格: 40澳元 ✪

Lenswood Sauvignon Blanc 2015
兰斯伍德长相思2015
这支酒使用了手工采摘，但选用了传统的不锈钢罐低温发酵。这是所有你尝过的热带水果（榴莲除外）的完美展示；即使是一位荷兰大画家，也无法把它们铺陈在一张画布上。尽管有这种浓郁度的尴尬，口感的后味仍然新鲜爽净。
封口: 螺旋盖 酒精度: 13.5% 评分: 95 最佳饮用期: 2017年 参考价格: 25澳元 ✪

Ferus Lenswood Sauvignon Blanc 2015
野生酵母兰斯伍德长相思2015
采用野生酵母在法国桶中发酵，随后在桶中带酒泥陈酿12个月。正如预期的那样，这种做法对口感的影响，正如想要的那样，是相当大的，它让口腔充满了复杂的烟熏味道，这来自甜美的长相思果实。它与云湾酒庄（Cloudy Bay）的长相思一定来自同一所学校。
封口: 螺旋盖 酒精度: 13.5% 评分: 95 最佳饮用期: 2018年 参考价格: 42澳元

Lenswood Riesling 2015
兰斯伍德雷司令2015
这支酒使用手工采摘，并在不锈钢罐中低温发酵。这是一位正在等待的女士：这个年份的酸度在成熟之时，将为它的骑士穿上闪亮的盔甲，而所有的香水味和高调的柑橘果味都将呈现。
封口: 螺旋盖 酒精度: 12.5% 评分: 94 最佳饮用期: 2030年 参考价格: 25澳元 ✪

Lenswood Pinot Noir 2012
兰斯伍德黑比诺2012
三年前第一次品尝时已经如期成熟。这支酒的颜色仍然健康，红色水果的风味与各种多汁鲜咸味道的混合，仍然为这支酒体轻盈的葡萄酒提供着动力。虽然它的最迟饮用期仍然是2019，不过最好能现在就去享受它。
封口：螺旋盖 酒精度：12% 评分：94 最佳饮用期：2019年 参考价格：40澳元

George Wyndham 乔治温德姆酒庄 ★★★☆

700 Dalwood Road, Dalwood, NSW 2335 产区：猎人谷 电话：(02) 4938 3444
网址：www.wyndhamestate.com 开放时间：不开放 酿酒师：斯蒂夫·梅耶（Steve Meyer）
创立时间：1828年 产量（以12支箱数计）：800000 葡萄园面积：87公顷

这个历史悠久的建筑现在仅仅是温德姆酒庄（Wyndham wines）的一个门店。它的宾恩（Bin）系列葡萄酒的质量往往令人惊喜，代表着卓越的性价比；同样，酒展珍藏（Show Reserve）的葡萄酒也可以非常不错。这些葡萄酒来自东南澳的不同地区，有时有更明确的产区标记，有时没有。出口到加拿大、欧洲和亚洲。

🍷🍷🍷🍷🍷 Black Cluster Single Vineyard Hunter Valley Shiraz 2013
黑色星团单一园猎人谷西拉2013
明艳的紫黑-深红色；浓郁的风味带着五香李子蜜饯、沥青、甘草和烤焦橡木的风味——有培根和木质香料等大量的新橡木桶特点。这支酒的酒体饱满，单宁是如此的深厚，你甚至可以雕刻它们，但是这恰到好处的酸味维持着酒的脉搏。
封口：螺旋盖 酒精度：13.6% 评分：93 最佳饮用期：2030年
参考价格：70澳元 JF

🍷🍷🍷🍷 Founder's Reserve Langhorne Creek Shiraz 2014
创始人珍藏兰好乐溪西拉2014
评分：89 最佳饮用期：2020年 参考价格：22澳元

Georges Wines 乔治酒庄 ★★★★

32 Halifax Street, Adelaide, SA 5000 产区：克莱尔谷 电话：(08) 8410 9111
网址：www.georges-exile.com 开放时间：不开放 酿酒师：奥利力·沃克（O'Leary Walker）
创立时间：2004年 产量（以12支箱数计）：3500 葡萄园面积：10公顷
这个合资企业始于尼克·乔治（Nick George）对克莱尔谷阿马谷（Armagh Valley）地区的斯普林伍德葡萄园（Springwood Vineyard）的收购。这个10公顷的葡萄园是在1996年到2000年间种植的，其中最重要的品种是系列。尼克理解这个葡萄园的悠久历史，多年以来，它所有的葡萄都供应给了莱辛汉姆葡萄园（Leasingham）。他任命奥利瑞·沃尔克（O'Leary Walker）为合同酿酒师，这是一个精明的举动。

🍷🍷🍷🍷🍷 The Exile Clare Valley Shiraz 2013
爱克希尔克莱尔谷西拉2013
这支酒在果香强度上有所提升，强烈反映了庄园内最优质的葡萄的特点。这支酒的亮点在于拥有比入门级酒款更加丝滑的如天鹅绒般的奢华口感，以及在新旧法国橡木混合使用24个月后得到的几乎可以触到的奶油色香草橡木作为支撑。它有很好的重量和流动性，点缀着甘草和薄荷的味道。成熟的单宁就好像浸泡在了咖啡利口酒中。
封口：螺旋盖 酒精度：14.5% 评分：93 最佳饮用期：2028年
参考价格：29澳元 NG

Georges Exile Clare Valley Shiraz 2013
乔治爱克希尔克莱尔谷西拉2013
这是一款酒体饱满、李子果香丰富的西拉。在法国橡木桶中陈酿18个月之后，这款葡萄酒的新鲜度令人钦佩，尤其是在它便宜的价格基础之上。餐后回荡的薄荷味道对品尝者来说常常是克莱尔谷令人不喜欢的地方，但是这里这种味道很少。这是一支响亮、奢华而令人愉悦的葡萄酒。
封口：螺旋盖 酒精度：15% 评分：92 最佳饮用期：2023年
参考价格：19澳元 NG

🍷🍷🍷🍷 Georges Exile Watervale Riesling 2015
乔治爱克希尔沃特维尔雷司令2015
评分：89 最佳饮用期：2023年 参考价格：19澳元 NG ✪

Ghost Rock Vineyard 鬼岩酒庄 ★★★★★

1055 Port Sorrell Road, Northdown, Tas 7307 产区：塔斯马尼亚北部 电话：(03) 6428 4005
网址：www.ghostrock.com.au 开放时间：每日开放，11:00—17:00 酿酒师：贾斯丁·阿诺德（Justin Arnold） 创立时间：2001年 产量（以12支箱数计）：10400 葡萄园面积：23公顷
2001年，凯特·阿诺德和科林·阿诺德（Cate and Colin Arnold）购买了前帕特里克溪葡萄园（Patrick Creek Vineyard，1989年种植了单一的黑比诺葡萄酒）。葡萄园的南部是小块小块的黄樟树园地，而北面是索雷尔半岛港口（Port Sorell Peninsula）的白色沙滩之间，目前总共有23公顷：黑比诺（14个克隆）仍然占主导地位，其他品种包括霞多丽、灰比诺、雷司令和长相思。桑·贾斯丁（Son Justin）在新的100吨葡萄酒厂中继续负责酿酒，此前他曾在亚拉河谷（冷溪山酒庄，即Coldstream Hills）、玛格丽特河（魔鬼巢穴酒庄，即Devil's Lair）和纳帕谷（爱居德酒庄Etude）工作，他的妻子艾丽西亚经营烹饪学校和酒窖门店。

🍷🍷🍷🍷🍷 Riesling 2016
雷司令2016
手工采摘，低温发酵，5个半月的酒泥搅拌，一小部分在两个“中性的”桶中陈酿了5周。在艰辛的葡萄酒酿造过程之外，7.8克/升的残糖与9.79克/升的可滴定酸之间的平衡使得这支雷司令具有德国雷司令的个性。这款葡萄酒具有悠长的燧石风味和矿物味，并结合了青柠和青苹果的风味。
封口：螺旋盖 酒精度：13% 评分：96 最佳饮用期：2029年 参考价格：29澳元 ✪

Two Blocks Pinot Noir 2015
两块园地黑比诺2015
有8%的葡萄进行整串发酵，10天冷浸渍，野生酵母和人工培养的酵母各用了一半，在糖度达到3°博美（baume）时压榨到橡木桶中，并成熟了11个月。这支酒的香气特别芬芳辛辣，长长的味道被带有森林清香味和鲜咸味道的单宁像哨兵一样保护着。我非常喜欢这种风格，但我怀疑并非所有人都会同意我的看法。
封口：螺旋盖 酒精度：13.5% 评分：95 最佳饮用期：2025年 参考价格：38澳元

Small Batch Chardonnay 2016
小批霞多丽2016
这支酒采用园中最好的葡萄，用特定的培养酵母进行橡木桶发酵。它比它的兄弟酒款在更成熟的时候采收，没有使用苹乳发酵，但它的酸度没有那么霸道；平衡自然地得到了实现。长度优秀，橡木与酒体也融合得很好。
封口：螺旋盖 酒精度：13.4% 评分：94 最佳饮用期：2023年 参考价格：44澳元

The Pinots 2016
皮诺兄弟2016
默尼耶皮诺和灰比诺各占50%，葡萄经过破碎和72小时冷浸渍，在发酵罐中采用野生酵母进行发酵。发酵后，将酒液放入了一个非常老的橡木桶中并且用这种酒液进行了调配。淡薄的深红色预示着这支酒浓郁得令人惊讶的红莓果味，而它奶油般的质地也同样的令人吃惊。尽管它的果香这么浓郁，这支酒却极其的干，毫无疑问，它需要更

长的瓶储时间。
封口: 螺旋盖 酒精度: 13.6% 评分: 94 最佳饮用期: 2020年 参考价格: 29澳元 ✪

🍷🍷🍷🍷🍷 Sauvignon Blanc 2016
长相思2016
评分：93 最佳饮用期：2021年 参考价格：29澳元

Chardonnay 2016
霞多丽2016
评分：93 最佳饮用期：2021年 参考价格：34澳元

Pinot Gris 2016
灰比诺2016
评分：93 最佳饮用期：2019年 参考价格：29澳元

Giaconda 吉宫酒庄 ★★★★★

30 McClay Road, Beechworth, Vic 3747 产区：比曲尔斯 电话：(03) 5727 0246
网址：www.giaconda.com.au 开放时间：仅限预约 酿酒师：里克·金茨布伦纳（Rick Kinzbrunner） 创立时间：1985年 产量（以12支箱数计）：3000 葡萄园面积：5.5公顷。
这些葡萄酒具有令人顶礼膜拜的地位，鉴于其产量极小，这些葡萄酒极难找到。他们主要通过餐馆和他们的网站来销售。所有的葡萄酒都具有与里克·金茨布伦纳的国际葡萄酒酿造经验相符的国际化特点。这个酒庄的霞多丽是澳大利亚最伟大的葡萄酒之一，在用花岗岩凿成的地下酒窖中制作成熟。这个酒窖可以让葡萄酒因为重力而流动，并且全年的温度都在14℃—15℃的范围之内，它在未来会更有希望。出口到英国和美国。

🍷🍷🍷🍷🍷 Estate Vineyard Chardonnay 2015
庄园霞多丽2015
手工采摘，整串破碎并压榨，在法国橡木桶（30%是新桶）中发酵，100%苹乳发酵，陈酿了22个月之久。这支酒的香气非常复杂，而且很微妙，这是由于那短暂的一抹谷壳味和奶油味。味觉上的绝对力量属于吉宫酒庄（也许还有露纹酒庄）特有的级别，因为在你意识到它之前它就来到了你的身边，酸味清新明净。
封口: 螺旋盖 酒精度: 14% 评分: 98 最佳饮用期: 2027年 参考价格: 129澳元 ✪

Estate Vineyard Shiraz 2014
庄园西拉2014
有一部分的葡萄采用整串发酵，经过除梗和破碎，采用野生酵母带皮发酵了一段加长的时间，采用篮式压榨后，将酒液转移到法国橡木桶（40%是新桶）中，使其成熟2年。这支酒挑战了吉宫酒庄霞多丽（不要怀疑，它不会成功）在酒庄麾下的排名；它的口感有十足的诱惑力，有两股风味融合在一起：第一种是黑樱桃和黑莓，第二种是胡椒味、鲜咸味和辛香味。这支酒站在了优雅的终极顶峰。
封口: 橡木塞 酒精度: 13.8% 评分: 98 最佳饮用期: 2039年 参考价格: 79澳元 ✪

Nantua Les Deux Chardonnay 2015
两个南瓜霞多丽2015
这支酒带着闪闪发光的浅绿色-金色光泽；所有金茨布伦纳制造的霞多丽都具有标志性的复杂度。这支酒的香气带着还原式的燃烧火柴的风味，它轻松地融入了深邃的核果、烤腰果和奶油的风味之中，并由柑橘的酸味帮忙来达到平衡。
封口: 螺旋盖 酒精度: 13.8% 评分: 97 最佳饮用期: 2025年 参考价格: 48澳元 ✪

Estate Vineyard Chardonnay 2014
庄园霞多丽2014
手工采摘，轻柔破碎后，通过篮式压榨到法国橡木桶（30%是新的）中发酵和陈酿了2年。它具有这种葡萄酒赖以闻名的复杂度，也有优秀的不锈钢一样的骨架，将确保其超过10年的发展。它的风味有葡萄柚、葡萄皮烤杏仁、坚果橡木味和矿物酸味。
封口: 螺旋盖 酒精度: 13.8% 评分: 97 最佳饮用期: 2025年 参考价格: 115澳元 ✪

🍷🍷🍷🍷🍷 Estate Vineyard Pinot Noir 2015
庄园灰比诺2015
一部分葡萄经过压榨，一部分葡萄整果处理，一部分葡萄整串处理，所有的葡萄使用开放式发酵，浸皮28天，并在法国橡木桶（30%是新桶）中陈酿了14个月。一方面在海棠和红樱桃果味之间有一场争斗，另一方面是坚实、鲜咸的单宁在和果味的争斗。瑞克是一位现实主义者，他知道他不能每年都做出这么好的皮诺。事实上，多一点水果甜味也不会让它误入歧途。
封口: 螺旋盖 酒精度: 13.5% 评分: 94 最佳饮用期: 2025年 参考价格: 89澳元

Giant Steps 巨人步伐酒庄 ★★★★★

336 Maroondah Highway, Healesville, Vic 3777 产区：雅拉谷 电话：(03) 5962 6111
网址：www.giantstepswine.com.au 开放时间：周一至周五，11:00至深夜；周末，9:00至深夜
酿酒师：菲尔·塞克斯顿（Phil Sexton）、史蒂夫·弗兰斯泰德（Steve Flamsteed）
创立时间：1997年 产量（以12支箱数计）：12500 葡萄园面积：45公顷
2016年5月，巨人步伐酒庄转让无辜旁观者（Innocent Bystander）的品牌和股票的销售已经完成。之前的无辜旁观者餐厅和商店已经大幅改造，而酒庄的重点放在了高品质的单一葡萄园和单一品种的葡萄酒，它显然形成了非常杰出的产品组合。它的葡萄园资源包括位于下雅拉谷的塞克斯顿葡萄园（Sexton Vineyard，32公顷），位于上雅拉谷的苹果白兰地葡萄园（Applejack Vineyard，13公顷），普里马韦拉葡萄园（Primavera Vineyard，上雅拉，8公顷，有长期合同并

有监督的条款）和塔拉福德葡萄园（Tarraford Vineyard，有长期租约，在下亚拉，8.5公顷）。出口到英国和美国。

🍷🍷🍷🍷🍷 Tarraford Vineyard Yarra Valley Chardonnay 2015
塔拉福德雅拉谷霞多丽2015
这款酒的芬芳具有勃艮第葡萄酒的迷人魅力，让你不愿意离开它并开始下一步的品尝。但是当你这样做时，你不会失望，因为丝滑的口感与甜美浓郁（所有的事情都是相对的）的芬芳如潮般涌来，多层面的核果和柑橘类果味等待着你的到来。
封口: 螺旋盖　酒精度: 13.5%　评分: 97　最佳饮用期: 2027年参考价格: 45澳元 ✪

Tarraford Vineyard Yarra Valley Syrah 2015
塔拉福德雅拉谷系列2015
在一个4000升的开放式法国橡木桶中，有95%的葡萄进行了整串发酵，并在新的和旧的法国橡木桶中成熟了18个月。它与70年代和80年代种植的最高品质的亚拉谷西拉走进了相同的队列。它的酒体是饱满到极致的，这要归功于黑色水果、香料、胡椒和甘草合奏的交响曲的浓郁度。在这款葡萄酒的时代到来之时，我恐怕已经走了很多年了。
封口: 螺旋盖　酒精度: 13.8%　评分: 97　最佳饮用期: 2055年　参考价格: 50澳元 ✪

🍷🍷🍷🍷🍷 Lusatia Park Vineyard Yarra Valley Chardonnay 2016
露莎提亚公园雅拉谷霞多丽2016
2016款每瓶巨人步伐酒庄出产的霞多丽都是以同样的方式进行酿造（用20%的新法国橡木桶发酵，采用野生酵母，不搅桶，陈酿10个月），每瓶都在2017年1月23日装瓶。上雅拉谷给予这款酒精心打磨的优雅，仿佛在口中施展了一个咒语。这支酒很长，很精致。我是在装瓶后一周品尝的：这对葡萄酒是残酷的，对品尝者来说也是为难的。
封口: 螺旋盖　酒精度: 13.5%　评分: 96　最佳饮用期: 2028年　参考价格: 45澳元 ✪

Applejack Vineyard Yarra Valley Pinot Noir 2016
苹果白兰地酒园雅拉谷黑比诺2016
这支酒采用黑比诺的MV6号和114号克隆，50%的葡萄整串处理，采用野生酵母在开放的不锈钢罐和大橡木桶中发酵，通过重力使用压榨回收法，在法国橡木桶（25%是新的）中成熟，历时11个月。芬芳馥郁的红色花香和果香引领着丝滑、优雅和相对轻盈的味觉，但是您不要被它欺骗了：这支酒是16年份巨人步伐酒庄的黑比诺之中平衡最佳、长度最长的。
封口: 螺旋盖　酒精度: 13.8%　评分: 96　最佳饮用期: 2030年　参考价格: 50澳元 ✪

Primavera Vineyard Yarra Valley Pinot Noir 2016
普里马韦拉酒园雅拉谷黑比诺2016
这支酒来自MV6克隆植株，采用野生酵母在不锈钢桶中开放式发酵，75%的葡萄采用整串发酵，在法国橡木桶（25%是新的）中陈酿了11个月。它的香气非常馥郁诱人，充满希望，而味觉上带有如缎面一样光滑的红色水果和香料味道。它是上雅拉谷的一对葡萄酒中最多汁诱人的一款（苹果白兰地葡萄园也是来自上雅拉谷）。
封口: 螺旋盖　酒精度: 13.5%　评分: 96　最佳饮用期: 2033年　参考价格: 50澳元 ✪

Tarraford Vineyard Yarra Valley Chardonnay 2016
塔拉甫酒园雅拉谷霞多丽2016
这支酒来自下雅拉谷，它的口感层次分明，反映了低产量葡萄藤的天生的力量。在目前的阶段，具有16年霞多丽的伟大推动力，但它是否能保留这个优势，那是上天所决定的。
封口: 螺旋盖　酒精度: 13.5%　评分: 95　最佳饮用期: 2030年　参考价格: 45澳元

Sexton Vineyard Yarra Valley Chardonnay 2016
塞克斯顿酒园雅拉谷霞多丽2016
这是下亚拉河谷的典型特征；它在后味和终味中有一种特别的味道和质感，带着微弱的金银花和腰果风味；在重新品尝（多次）时，还能发现葡萄柚的味道。
封口: 螺旋盖　酒精度: 13.5%　评分: 95　最佳饮用期: 2027年　参考价格: 45澳元

Sexton Vineyard Yarra Valley Pinot Noir 2016
塞克斯顿酒园雅拉谷黑比诺2016
来自海拔230m的葡萄园，黑比诺的MV6克隆植株，在4000升的橡木桶中采用野生酵母发酵，其中20%整串发酵，在法国橡木桶（25%是新桶）中成熟了11个月。其色泽深厚；香气中有黑樱桃和深色香料的芬芳，口感饱满到了极致，并且比普里马韦拉葡萄园或苹果白兰地葡萄园（在另一个极端）更加健壮。总体而言，他是这三兄弟中最强大但最封闭的，并且有还原特征。
封口: 螺旋盖　酒精度: 13.8%　评分: 95　最佳饮用期: 2035年　参考价格: 50澳元

Yarra Valley Syrah 2015
雅拉谷系列2015
这支酒极其复杂，从深厚的石榴色-紫色开始；诱人的黑李子、樱桃核，玫瑰果，花香，薄荷脑，土壤和茎干的香味。在结构完善且非常精细的口感上有着丰富的水果味——单宁有颗粒感、成熟并富有质感，酸度清新，后味悠长而精确。
封口：螺旋盖　酒精度：14%　评分：95　最佳饮用期：2030年
参考价格：35澳元　JF ✪

🍷🍷🍷🍷🍷 Yarra Valley Pinot Noir 2016
雅拉谷黑比诺2016
评分：93　最佳饮用期：2023年　参考价格：35澳元　NG

Yarra Valley Merlot 2015

雅拉谷梅洛2015
评分：92 最佳饮用期：2025年 参考价格：35澳元 NG

Yarra Valley Chardonnay 2016
雅拉谷霞多丽2016
评分：91 最佳饮用期：2024年 参考价格：35澳元 NG

Gibson 吉布森酒庄 ★★★★★

190 Willows Road, Light Pass, SA 5355 产区：巴罗萨谷 电话：(08) 8562 3193
网址：www.gibsonwines.com.au 开放时间：每日开放，11:00—17:00 酿酒师：罗博·吉布森（Rob Gibson） 创立时间：1996年 产量（以12支箱数计）：10000 葡萄园面积：14.2公顷

罗博·吉布森（Rob Gibson）的大部分职业生涯是作为奔富的一位高级葡萄栽培师，他参与研究特定的葡萄对葡萄酒的影响，这让他热衷于识别和保护澳大利利亚剩余的原始葡萄园。他在巴罗萨谷的莱特帕斯（Light Pass）有一个葡萄园（种植梅洛），还有一个在伊顿谷（种植西拉和雷司令），此外他还从麦克拉仑谷和阿德莱德山购买葡萄。出口到德国、泰国、中国及中国香港。

🍷🍷🍷🍷🍷 Eden Valley Riesling 2016
伊顿谷雷司令2016
伯克斯山葡萄园（ Burkes Hill Vineyard）有非常多的岩石，更重要的是朝向东方的雷司令。这支酒是经典和美丽的，卓越的平衡和长度驾着酸橙和柠檬果香的魔法地毯飞翔，而清爽的酸味也装点着这块地毯。
封口：螺旋盖 酒精度：10.5% 评分：96 最佳饮用期：2031年 参考价格：23澳元

The Dirtman Barossa Shiraz 2015
德特曼巴罗萨西拉2015
这支酒的背标表明它是巴罗萨谷和伊甸园谷葡萄共同酿成的。它有着深邃而活泼的色彩，并且酒体饱满，而它的中味如施了魔法一般优雅、精致，黑樱桃的果味之后，是后味中坚实、浓郁但并不发干的单宁。
封口：螺旋盖 酒精度：14.8% 评分：96 最佳饮用期：2040年 参考价格：33澳元

Reserve Shiraz 2014
珍藏西拉2014
这支酒含有10%的赤霞珠，经过开放式发酵，然后是18个月橡木桶陈酿，有67%的法国桶和33%的美国桶。香气中带有泥土的感觉，并有焦油和烘烤过的土壤的香味，让人想起它温暖的巴罗萨谷老家。处在下层的果味有浓郁深邃的质地，好像色泽最深的李子的风味。虽然酒体很柔软，但它具有经过控制的强度，证明它需要长时间的窖藏。
封口：螺旋盖 酒精度：14.5% 评分：94 最佳饮用期：2034年
参考价格：51澳元 SC

🍷🍷🍷🍷🍷（四满一空） Wilfreda Barossa Mataro Shiraz Grenache 2015
威尔福莱达巴罗萨马塔罗西拉歌海娜2015
评分：93 最佳饮用期：2027年 参考价格：29澳元 SC

Reserve Merlot 2013
珍藏梅洛2013
评分：93 最佳饮用期：2025年 参考价格：47澳元 SC

Discovery Road Fiano 2016
发现之路菲亚诺2016
评分：92 SC

Gilbert Family Wines 基尔伯特家族酒庄 ★★★★

PO Box 773, Mudgee, NSW 2850（邮） 产区：奥兰治/满吉
电话：(02) 6373 1454 网址：www.thegilbertsarecoming.com.au 开放时间：不开放
酿酒师：西蒙·基尔伯特（Simon）和威尔·基尔伯特（Will Gilbert） 创立时间：2010年
产量（以12支箱数计）：3500 葡萄园面积：25.81公顷

一段时间以来，西蒙·吉尔伯特一直致力于他的咨询和葡萄酒经纪业务，澳大利亚酿造公司（Wineworks of Australia）。随着公司业务的增长，西蒙已经回到酿酒厂，戴着他的澳大利亚酿造公司的帽子，监督酒庄自产葡萄的酿造，而所有的酒全部出口。除了他的咨询业务外，他还创建了基尔伯特（gilbert）品牌，由西蒙·基尔伯特（Simon Gilbert）酿造，并在同一家酒庄生产这个品牌的葡萄酒。分销仅限于专业葡萄酒零售商和餐馆。第五代和第六代的西蒙，威尔和马克·吉尔伯特传承了家族的历史（约瑟夫·吉尔伯特是1842年第一个在伊顿谷种植葡萄的人之一），从而产生了来自伊顿谷的吉尔伯特+吉尔伯特葡萄酒（Gilbert + Gilbert Wines，这个名字是酒庄的原名）。出口到中国及中国香港。

🍷🍷🍷🍷🍷 Mudgee Orange Saignee Rose 2016
满吉奥兰治放血法桃红2016
这支酒是在645米海拔中生长的桑乔维塞、西拉和巴贝拉葡萄的混酿。色泽呈极浅的粉红色；有馥郁的干玫瑰花瓣和新鲜玫瑰花瓣的香气和相似的口感。这是相当不错的酒，辛辣而多汁的水果味道像泉水在春天里流淌。
封口：螺旋盖 酒精度：12.5% 评分：95 最佳饮用期：2018年 参考价格：24澳元 ✪

🍷🍷🍷🍷🍷（四满一空） Orange Shiraz 2015
奥兰治西拉2015
评分：93 最佳饮用期：2029年 参考价格：36澳元

Orange Pinot Grigio 2016
奥兰治灰比诺2016
评分：90　最佳饮用期：2018年　参考价格：26澳元

Barrel Select Orange Pinot Noir 2015
桶选奥兰治黑比诺2015
评分：90　最佳饮用期：2022年　参考价格：42澳元

Orange Riesling RS28 2015
奥兰治雷司令残糖28克2015
评分：90　最佳饮用期：2020年　参考价格：36澳元

Gilberts　基尔伯特酒庄 ★★★★☆

30138 Albany Highway, Kendenup via Mount Barker, WA 6323　产区：巴克山（Mount Barker）
电话：(08) 9851 4028　网址：www.gilbertwines.com.au　开放时间：周五至周一，10:00—17:00
酿酒师：韦斯特·凯普·豪威（West Cape Howe）　创立时间：1985年　产量（以12支箱数计）：3000　葡萄园面积：9公顷

曾经是绵羊和肉牛农场主吉姆·基尔伯特与贝弗利·吉尔伯特（Jim and Beverly Gilbert）的副业，但现在成了他们的主业而且做得非常成功。成熟的葡萄园（西拉、霞多丽、雷司令和赤霞珠）以及与韦斯特·凯普·豪威的葡萄酒酿造合作，让这个酒庄一直能生产高级的雷司令。三魔鬼西拉（The 3 Devils Shiraz）是为了他们的儿子们而命名的。出口到新加坡。

🍷🍷🍷🍷🍷 Reserve Mount Barker Shiraz 2013
珍藏巴克山西拉2013
天哪，这支酒很好。它是新鲜的，没有过度的修饰，并展示了30年以上的葡萄藤带来的香气：有红色水果，中国线香，黑巧克力，厨房香料和一些焦烤橡木的香气。酒体的重量中等，单宁鲜美、精致。
封口：螺旋盖　酒精度：13%　评分：95　最佳饮用期：2024年
参考价格：30澳元　JF　✪

Mount Barker Riesling 2016
巴克山雷司令2016
这支酒精致而温和，有细腻的白花和野花混合的芳香，以及迈耶柠檬的皮和果汁的风味，还有带有粉笔味的酒酸。它质感丰富，魅力十足。你可以在现在接近它，但毫无疑问，它还有一段距离要走。
封口：螺旋盖　酒精度：12%　评分：94　最佳饮用期：2028年
参考价格：24澳元　JF

🍷🍷🍷🍷 3 Devils Shiraz 2014
三恶魔西拉2014
评分：93　最佳饮用期：2022年　参考价格：18澳元　JF　✪

Hand Picked Chardonnay 2015
手采霞多丽2015
评分：90　最佳饮用期：2022年　参考价格：25澳元　JF

3 Lads Cabernet Sauvignon 2014
三个小伙赤霞珠2014
评分：90　最佳饮用期：2023年　参考价格：25澳元　JF

Gioiello Estate　乔伊洛酒庄 ★★★★☆

350 Molesworth-Dropmore Road, Molesworth, Vic 3718　产区：上高宝（Upper Goulburn）
电话：0437 240 502　网址：www.gioiello.com.au　开放时间：不开放　酿酒师：斯科特·马凯西（Scott McCarthy，合约）　创立时间：1987年　产量（以12支箱数计）：3500　葡萄园面积：8.97公顷

乔伊洛酒庄由一家日本公司建立，原名戴娃·娜尔·达拉克（Daiwa Nar Darak）。在1987年到1996年期间种植了不到9公顷的葡萄园，而它所在的这片土地有400平方公里，包括连绵起伏的丘陵、草地、丛林、河流平地、天然泉水和沼泽等地貌。现在由齐亚维洛（Schiavello）家族拥有，持续生产高品质的葡萄酒。

🍷🍷🍷🍷🍷 Old House Upper Goulburn Merlot 2014
老房子上高宝梅洛2014
手工采摘，经过破碎，开放式发酵，在法国橡木桶陈酿18个月。芬芳的樱桃和李子香气在前引导，而在口感中，活泼辛辣而鲜咸的微妙风味贯穿了香气所承诺的果味。它很像波尔多的梅洛，长度和平衡都很好。
封口：螺旋盖　酒精度：13.5%　评分：95　最佳饮用期：2029年　参考价格：45澳元

Old Hill Upper Goulburn Chardonnay 2015
老山上高宝霞多丽2015
野生酵母在法国桶中发酵，并陈酿了12个月。这是一款制作精良、优雅平衡，而长度和品种表现都极佳的葡萄酒。它的发型一丝不乱，但是也没有令人惊喜的X因子。
封口：螺旋盖　酒精度：13.2%　评分：94　最佳饮用期：2023年　参考价格：40澳元

🍷🍷🍷🍷 Mt Concord Upper Goulburn Syrah 2014
康科山上高宝西拉2014
评分：93　最佳饮用期：2029年　参考价格：45澳元

Gipsie Jack Wine Co 吉普赛葡萄酒公司 ★★★★

1509 Langhorne Creek Road, Langhorne Creek, SA 5255
产区：兰好乐溪（Langhorne Creek） 电话：(08) 8537 3029
网址：www.gipsiejack.com.au 开放时间：每日开放，10:00—17:00
酿酒师：约翰·葛来策（John Glaetzer），本·波茨（Ben Potts） 创立时间：2004年
产量（以12支箱数计）：7000
吉普赛葡萄酒公司的合伙人是约翰·葛来策和本·波茨，他们在2004年的第一个酿酒季时，从两个种植商那里购买葡萄，酿造了500多箱葡萄酒。他们说："我们希望让酒标变得有趣，就像在'过去的日子里'。没有自命不凡，没有傲慢，甚至没有背标。这是一支有着好价钱的好酒，没有折扣。"出口到瑞士和新加坡。

🍷🍷🍷🍷🍷 Langhorne Creek Shiraz 2014
兰好乐溪西拉2014
这支酒酒体饱满，有许多风味，果味的范畴从李子和葡萄干到雪松橡木、甘草和薄荷巧克力。除了多汁的果味之外，还有成熟而强劲的单宁。
封口：螺旋盖 酒精度：14% 评分：90 最佳饮用期：2021年
参考价格：18澳元 JF ✪

Gisborne Peak 吉斯本峰酒庄 ★★★☆

69 Short Road, Gisborne South, Vic 3437 产区：马斯顿山岭 电话：(03) 5428 2228
网址：www.gisbornepeakwines.com.au 开放时间：每日开放，11:00—17:00 酿酒师：约翰·艾力斯（John Ellis） 创立时间：1978年 产量（以12支箱数计）：2000 葡萄园的面积：5.5公顷
鲍勃·尼克松（Bob Nixon）于1978年开始了吉斯本峰酒庄的建设，一行一行地种下了他的梦想葡萄园。品酒室里设有宽敞阴凉的阳台，有大量的窗户和一览无遗的景致。葡萄园种植了黑比诺、霞多丽、赛美容、雷司令和拉格瑞（lagrein）。

🍷🍷🍷🍷🍷 Macedon Ranges Pinot Rose 2015
马斯顿山岭皮诺桃红2015
这支酒在杯子里看起来很不错，呈鲑鱼粉红色，并有淡淡的橙色光晕。草莓的特征主要在香气上，而不太成熟的红色水果与之形成了对照。尽管水果的甜美使柔化并提升了味道，但它的口感基本上是偏干的。它的风味很微妙，但挥之不去，后味有轻轻的收敛感。
封口：螺旋盖 酒精度：12.5% 评分：90 最佳饮用期：2018年
参考价格：28澳元 SC

🍷🍷🍷🍷 Macedon Ranges Semillon 2014
马斯顿山岭赛美容2014
评分：89 最佳饮用期：2020年 参考价格：25澳元 SC

Glaetzer Wines 葛来策酒庄 ★★★★★

PO Box 824, Tanunda, SA 5352（邮） 产区：巴罗萨谷 电话：(08) 8563 0947
网址：www.glaetzer.com 开放时间：不开放 酿酒师：本·葛来策（Ben Glaetzer） 创立时间：1996年 产量（以12支箱数计）：15000 葡萄园面积：20公顷
这个家族在巴罗萨谷的历史追溯到了1888年，科林·葛来策在积累了30年的酿酒经验之后，建立了这个酒庄。他的儿子本曾在猎人谷工作，并作为飞行酿酒师在世界许多葡萄酒产区工作过，后来他回到了葛来策酒庄并继续担任酿酒师。他技术精湛，酿出的葡萄酒个性丰富。出口到所有主要市场。

🍷🍷🍷🍷🍷 Anaperenna 2015
安普瑞娜2015
82%的西拉，18%的赤霞珠，选用来自埃贝娜泽（Ebenezer）的30—100年的葡萄藤，开放式发酵，并进行了压帽，在新的法国橡木桶（92%）和美国橡木桶（8%）中成熟16个月。是一个非常好的酒体饱满的巴罗萨的西拉的例子，而赤霞珠简直就像是骑着霰弹枪一样；口感有着非凡的深度，有一层层的黑色水果、甘草、泥土、橡木和单宁，但却呈现出完美的平衡。
封口：橡木塞 酒精度：15% 评分：96 最佳饮用期：2035年 参考价格：52澳元 ✪

Bishop Barossa Valley Shiraz 2015
主教巴罗萨谷西拉2015
经典的葛来策葡萄酒，其酒体饱满，有抹杀一切的魅力。黑色水果、甘草、黑巧克力、成熟的单宁和橡木如此紧密地编织在一起，很难说出哪些开始了，哪些又结束了。这样的质量是无法否认的。
封口：螺旋盖 酒精度：15% 评分：95 最佳饮用期：2030年 参考价格：33澳元 ✪

Amon-Ra Unfiltered Barossa Valley Shiraz 2015
阿蒙-拉无过滤巴罗萨谷西拉2015
这支酒来自50—130年树龄的葡萄藤，采用开放式发酵并伴随压帽，在新法国橡木桶（95%）中成熟了16个月。很难说哪种果味、酒、单宁或橡木这支如同重磅炸弹的酒中影响最大，它所有的参数都超过了一支正常意义下的重酒体西拉。在这支酒的风格的背景下，很难去批评它。
封口：橡木塞 酒精度：15.5% 评分：95 最佳饮用期：2045年 参考价格：100澳元

🍷🍷🍷🍷🍷 Wallace Barossa Valley Shiraz Grenache 2015
华莱士巴罗萨谷西拉歌海娜2015

评分：90 最佳饮用期：2021年 参考价格：23澳元

Glen Eldon Wines 格兰埃尔顿酒庄 ★★★★★

143 Nitschke Road, Krondorf, SA 5352 产区：巴罗萨谷 电话：(08) 8568 2644 网址：www.gleneldonwines.com.au 开放时间：仅限预约 酿酒师：理查德·西蒂（Richard Sheedy） 创立时间：1997年 产量（以12支箱数计）：6000 葡萄园面积：50公顷

庄主理查德·西蒂和妻子玛丽（和他们的四个孩子）在伊顿谷建立了格兰埃尔顿酒庄。西拉和赤霞珠来自他们在巴罗萨谷的葡萄园；维欧尼和梅乐是合同种植的；雷司令来自伊甸园谷。出口到美国、加拿大和中国。

🍷🍷🍷🍷🍷 Reserve Eden Valley Riesling 2016

珍藏伊顿谷雷司令2016

采用纯粹的自流汁并早早装瓶；它提供了24克拉真金一般的水果质量，这千真万确。酸橙、柠檬和葡萄柚风味的强度让你满口盈香，后味的长度和余味非常特别。

封口：螺旋盖 酒精度：11.5% 评分：97 最佳饮用期：2036年 参考价格：50澳元

🍷🍷🍷🍷🍷 Eight Barrels Single Vineyard Eden Valley Shiraz 2013

八只木桶单一园伊顿谷西拉2013

这支酒来自格兰·埃尔顿宅地附近的一片园地，背标的描述说它有巧克力、李子、香料、白胡椒和丝绸般的单宁。我会补充说，它的新鲜和多汁使它的味道像是13.5%酒精的酒，而不是14.5%酒精的酒。

封口：普罗克塞 评分：96 最佳饮用期：2038年 参考价格：50澳元

Eden Valley Riesling 2016

伊顿谷雷司令2016

经典的柠檬和酸橙果味在第一次品鉴这支酒的时候就马上铺陈开来，而且久久不散，天然的酸度很好地把握着其应当有的尺度。

封口：螺旋盖 酒精度：11.5% 评分：95 最佳饮用期：2031年 参考价格：20澳元

Baby Black Barossa Heathcote Shiraz 2014

小黑子巴罗萨希斯科特西拉2014

我们可以认为，这款配比为50/50%的混酿，是理查德·希迪和阿德里安·穆纳里做成的最好的桶选结果。它经过了部分美国橡木桶和部分法国橡木桶中的2年陈酿，但以黑樱桃和黑莓果味为主，单宁也很成熟。

封口：螺旋盖 酒精度：14% 评分：95 最佳饮用期：2034年 参考价格：60澳元

Dry Bore Barossa Shiraz 2014

德意宝尔巴罗萨西拉2014

来自格兰埃尔顿葡萄园的单一地块。它在法国和美国的橡木桶中度过了18—24个月的时间，尽管其酒精度适中，但它仍然能打出致命的一击。我很高兴地发现，它具有足够的平衡度，可以随着时间的推移软化其酚类和单宁，这让窖藏变得值得。

封口：螺旋盖 酒精度：14% 评分：94 最佳饮用期：2034年 参考价格：30澳元

🍷🍷🍷🍷 Barossa Cabernet Sauvignon 2013

巴罗萨赤霞珠2013

评分：90 最佳饮用期：2028年 参考价格：30澳元

Glenguin Estate 格兰根酒庄 ★★★★★

Milbrodale Road, Broke, NSW 2330 产区：猎人谷 电话：(02) 6579 1009
网址：www.glenguinestate.com.au 开放时间：周四至周一，10:00—17:00
酿酒师：葡萄酒大师罗宾·泰德（Robin Tedder MW），里斯·伊瑟（Rhys Eather）
创立时间：1993年 产量（以12支箱数计）：2000 葡萄园面积：6公顷

格兰根酒庄由泰德家族建立，由葡萄酒大师罗宾·泰德领导，靠近布罗克（Broke），毗邻沃尔隆比·布鲁克（Wollombi Brook）。这个酒庄的生产主要依靠24年树龄的巴斯比（Busby）克隆的赛美容和西拉。丹娜（Tannat，1公顷）和新种的嫁接赛美容，使用的是来自布雷莫尔葡萄园或者HVD葡萄园的插条。葡萄园经理安德鲁·泰德拥有丰富的有机和生物动力栽培经验，负责监督格兰根持续发展的有机项目。

🍷🍷🍷🍷🍷 Aged Release Glenguin Vineyard Semillon 2013

陈年珍藏格兰根酒园赛美容2013

仅仅4年的瓶内发展，提升了所有成分的浓郁度，主要是柑橘的果味。这是一个鱼与熊掌兼得的例子，因为年轻和成熟的味道都快乐地生活在这瓶酒里。

封口：螺旋盖 酒精度：11% 评分：95 最佳饮用期：2028年 参考价格：35澳元 ✪

Aged Release The Old Broke Block Semillon 2003

陈年珍藏老伙计酒园赛美容2003

这支酒的发展已经带来了蜂蜜和烤面包的味道，但柑橘味的酒酸提供了平衡。在螺旋盖流行之前的日子里，这种葡萄酒（至少）会疲倦，更有可能被塞满。

封口：螺旋盖 酒精度：11% 评分：95 最佳饮用期：2023年 参考价格：40澳元

Aged Release Aristea Hunter Valley Shiraz 2009

陈年珍藏阿里斯提猎人谷西拉2009

这支酒来自“学校”园地，在大型法国橡木桶中陈酿了12个月（50%新桶）。酒色极佳；它舒适地坐在皮扶手椅上笑看时光的游行，但时光却没有让它泛起一丝涟漪。紫色和黑色水果、悬钩子、泥土，柔和的单宁和橡木都有所贡献。

封口：螺旋盖 酒精度：13.5% 评分：95 最佳饮用期：2039年 参考价格：80澳元

🍷🍷🍷🍷 Glenguin Vineyard Semillon 2015
格兰根酒园赛美容2015
评分：89 最佳饮用期：2021年 参考价格：27澳元

Glenlofty Wines 格兰洛夫第酒庄 ★★★★★

123 Warrenmang-Glenlofty Road, Glenlofty, Vic 3469（邮） 产区：宝丽丝区（Pyrenees）
电话: (03) 5354 8228 网址: www.glenloftywines.com.au 开放时间: 不开放 酿酒师: 蓝色宝丽丝酒庄 (Blue Pyrenees) 创立时间: 1995年 产量 (以12支箱数计) : 12000 葡萄园面积: 137公顷
这个酒园的建立经过详尽的土壤和气候研究，由南方酒业集团（Southcorp）建立。2010年8月，富邑集团将葡萄园出售给了加拿大的罗杰·里士满史密斯（Roger RichmondSmith），而葡萄酒酿造被转移给了蓝色宝丽丝酒庄（Blue Pyrenees Estate）完成。格兰洛夫第酒庄（Glenlofty）还购买了附近的30公顷的德卡梅龙站（Decameron Station），将葡萄园的总面积增加到了近140公顷。

🍷🍷🍷🍷🍷 The Sawmill Vineyard Pyrenees Shiraz 2015
伐木场酒庄宝丽丝区西拉2015
锯木厂葡萄园是格兰洛夫第酒庄32片园地之中的一个园地——这是它的第一款单一园葡萄酒。这支酒酒体饱满，有浓郁的黑色水果和浆果风味，充足的单宁提供了支撑，而丰盛的果味保持了平衡。
封口: 螺旋盖 酒精度: 14.5% 评分: 95 最佳饮用期: 2035年 参考价格: 45澳元

Pyrenees Shiraz 2014
宝丽丝西拉2014
这支酒包括了5%的赤霞珠和2%的维欧尼。它有充满活力的深红色-紫色光泽，浓郁而充满果香的嗅觉引领着浓郁的红色和黑色果味。每次重新品尝的时候，它的复杂性都会增加。
封口: 螺旋盖 酒精度: 14.7% 评分: 95 最佳饮用期: 2034年 参考价格: 28澳元 ✪

Single Vineyard Pyrenees Cabernet Sauvignon 2013
单一园宝丽丝赤霞珠2013
这支酒有丰富的品种香；黑醋栗在前面带头，引领着各种黑色水果的芬芳和背景中的凤尾草的香气。它的口感多汁诱人；红色和黑色水果风味以及甜美鲜咸的橡木味都被这支酒良好的质地吸收了，这都是持久细腻的单宁的功劳。这是宝丽丝区赤霞珠的优良范例。
封口：螺旋盖 酒精度：15% 评分：94 最佳饮用期：2035年
参考价格：24澳元 SC ✪

🍷🍷🍷🍷🍷 Single Vineyard Cabernet Sauvignon 2012
单一园赤霞珠2012
评分：93 最佳饮用期：2030年 参考价格：24澳元 SC ✪

Single Vineyard Pyrenees Chardonnay 2015
单一园宝丽丝区霞多丽2015
评分：92 最佳饮用期：2022年 参考价格：24澳元 SC ✪

Pyrenees Marsanne Roussanne 2014
宝丽丝区玛姗胡珊2014
评分：92 最佳饮用期：2022年 参考价格：22澳元 SC ✪

Pyrenees Marsanne Roussanne 2015
宝丽丝区玛姗胡珊2015
评分：91 最佳饮用期：2025年 参考价格：28澳元

Pyrenees Marsanne Roussanne 2013
宝丽丝区玛姗胡珊2013
评分：91 最佳饮用期：2021年 参考价格：22澳元 SC ✪

Single Vineyard Pyrenees Shiraz 2013
单一园宝丽丝区西拉2013
评分：90 最佳饮用期：2025年 参考价格：22澳元 SC

Single Vineyard Pyrenees Shiraz Viognier 2013
单一园宝丽丝区西拉维欧尼2013
评分：90 最佳饮用期：2022年 参考价格：24澳元 SC

Pyrenees Merlot 2015
宝丽丝梅洛2015
评分：90 最佳饮用期：2028年 参考价格：28澳元

Pyrenees Merlot 2012
宝丽丝梅洛2012
评分：90 最佳饮用期：2024年 参考价格：22澳元 SC

Glenwillow Wines 格兰维罗酒庄 ★★★★☆

Bendigo Pottery, 146 Midland Highway, Epsom, Vic 3551 产区：班迪戈 电话：0428 461 076
网址：www.glenwillow.com.au 开放时间：周末，11:00—17:00 酿酒师：格莱哥·戴德曼（Greg Dedman）、亚当·马克思（Adam Marks） 创立时间：1999年 产量（以12支箱数计）：750 葡萄园面积：2.8公顷

彼得·法伊夫和谢丽尔·法伊夫（Peter and Cherryl Fyffe）于1999年在纽斯特德（Newstead）以南10公里的扬多伊溪（Yandoit Creek）开始建设他们的葡萄园，种植了1.8公顷的西拉和0.3公顷的赤霞珠，后来又种植了0.6公顷的尼比奥罗和0.1公顷的巴贝拉。葡萄园种在了富含火山土和黏壤土的混合土壤上，并有石英和碎石分布在土壤之间，位于朝北的高处，可以最大限度地降低结霜的风险。

🍷🍷🍷🍷🍷 Reserve Bendigo Shiraz 2014

珍藏班迪戈西拉2014

这支酒由亚当·马克斯（The Wanderer）酿造，酒庄自有葡萄园最佳的6行葡萄；手工挑选，在开放的发酵罐中脚踩破碎，在发酵过程中保留一些整串葡萄，并采用法国橡木陈酿。颜色并不深厚，但是明亮，它铺开了中等酒体的场景，有复杂而富有表现力的香气和非常复杂的口感，充满了鲜咸和辛香的味道，余韵悠长。

封口: 螺旋盖　酒精度: 14.4%　评分: 95　最佳饮用期: 2029年　参考价格: 60澳元

🍷🍷🍷🍷 Sparkling Shiraz 2014

气泡西拉2014

评分：93　最佳饮用期：2024年　参考价格：35澳元　TS

Bendigo Nebbiolo d'Yandoit 2015

班迪戈内比奥罗颜杜伊特2015

评分：92　最佳饮用期：2023年　参考价格：32澳元

Goaty Hill Wines　山羊山酒庄 ★★★★

530 Auburn Road, Kayena, Tas 7270　产区：塔斯马尼亚北部　电话：1300 819 997

网址：www.goatyhill.com　开放时间：每日开放，11:00—17:00　酿酒师：杰拉米·蒂能（Jeremy Dineen，合约）　创立时间：1998年　产量（以12支箱数计）：5000　葡萄园面积：19.5公顷

克里斯汀·格兰特（Kristine Grant）、马克斯·迈斯林格（Markus Maislinger）以及娜塔莎·纽沃夫和托尼·纽沃夫（Natasha and Tony Nieuwhof），是来自维多利亚的两个家庭的亲密朋友，他们在塔马尔谷（Tamar Valley）的纯净的气候中酿造葡萄酒。虽然他们仍然向简斯塔斯马尼亚酒庄（Jansz Tasmania）出售一些优质水果，但现在大部分庄园种植的葡萄都被制成了山羊山的品牌酒。据庄主介绍，酒庄里没有山羊，但有一群友善的儿童和狗。

🍷🍷🍷🍷🍷 Sauvignon Blanc 2016

长相思2016

这支酒在2017年的塔斯马尼亚葡萄酒展获得了金奖，这要归功于那和谐的水果风味和新鲜度。葡萄酒酿造上没有使用什么特殊的花招，但它的平衡是个亮点。

封口: 螺旋盖　酒精度: 13%　评分: 94　最佳饮用期: 2019年　参考价格: 30澳元 ✪

🍷🍷🍷🍷 Pinot Noir 2013

黑比诺2013

评分：92　最佳饮用期：2023年　参考价格：38澳元

Maia 2012

玛雅2012

评分：91　最佳饮用期：2018年　参考价格：42澳元　TS

Botrytis Riesling 2016

贵腐雷司令2016

评分：91分年　参考价格：30澳元

Pinot Gris 2016

灰比诺2016

评分：90　最佳饮用期：2019年　参考价格：30澳元

Golden Ball　金球酒庄 ★★★★★

1175 Beechworth Wangaratta Road, Beechworth, Vic 3747　产区: 比曲尔斯

电话: (03) 5727 0284　网址: www.goldenball.com.au　开放时间: 仅限预约　酿酒师: 詹姆斯·麦克劳林（James McLaurin）　创立时间: 1996年　产量（以12支箱数计）: 850　葡萄园面积: 3.2公顷

现在这里有两个葡萄园，第一个被命名为奥里吉（Original）葡萄园，种植于1996年，有1.8公顷，第二个叫丽娜吉（Lineage）葡萄园，种植于2005年，种植面积为1.4公顷。奥里吉葡萄园种植了霞多丽、赤霞珠、梅洛和马尔贝克，而2006年丽娜吉葡萄园种植了西拉、萨瓦涅（savagnin）、赤霞珠、小味而多和撒格拉迪诺（sagrantino），只有西拉和赤霞珠投入了商业化生产，但到2018年或2019年，预计丽娜吉葡萄园也将能投入商业化生产了。出口到新加坡。

🍷🍷🍷🍷🍷 Saxon Beechworth Shiraz 2014

萨克森比曲尔斯西拉2014

这支酒来自丽娜吉葡萄园，使用手工采摘，利用野生酵母开放式发酵，浸皮时间为3—4周，在法国橡木桶（35%是新桶）中成熟了20个月。它结合了浓郁丰富与优雅平衡；入口时，味觉上重复出现了五香梅子蛋糕的味道，随后，清爽的酸味和更加明亮的红色果味抵达了终点并留下了余味。

封口：Diam软木塞　酒精度：14.2%　评分：95　最佳饮用期：2034年

参考价格：55澳元

Gallice Beechworth Cabernet Merlot Malbec 2013

佳丽斯比曲尔斯赤霞珠梅洛马尔贝克2013

这款酒的风格鲜明，果味鲜嫩，有红醋栗，黑加仑和各种香料的特点。结束时，质感

如尘的单宁成为聚光灯下的焦点，而橡木味则慢慢蚕食着它的领地。
封口：Diam软木塞 酒精度：13.8% 评分：95 最佳饮用期：2028年
参考价格：55澳元

là-bas Beechworth Chardonnay 2015
“在那里”比曲尔斯霞多丽2015
手工采摘的门多萨号和95号克隆（两种克隆品种各占50%），整串压榨，在法国橡木桶中采用低温和野生酵母发酵（35%是新桶），陈酿时间为18个月。这支酒制作精良，但它不再使用史密斯葡萄园（Smith Vineyard）的水果，所以很难挖掘到亮眼的X因素。它有一些故意的刺鼻味，且有良好的长度和平衡。
封口：螺旋盖 酒精度：13.5% 评分：94 最佳饮用期：2025年 参考价格：65澳元

🍷🍷🍷🍷🍷

bona fide Beechworth Savagnin 2016
真诚比曲尔斯萨瓦涅2016
评分：90 最佳饮用期：2024年 参考价格：30澳元

Golden Grove Estate 金色树林酒庄 ★★★★★

Sundown Road, Ballandean, Qld 4382 产区：格兰纳特贝尔（Granite Belt）
电话：（07）4684 1291 网址：www.goldengroveestate.com.au
开放时间：每日开放，9:00—16:00 酿酒师：雷蒙德·卡斯坦佐（Raymond Costanzo）
创立时间：1993年 产量（以12支箱数计）：4000 葡萄园面积：12.4公顷
金色树林酒庄于1946年由马里奥·康斯坦佐和塞巴斯蒂·康斯坦佐（Mario and Sebastian Costanzo）建立。种植有核水果和葡萄。第一批葡萄（西拉）是于1972年种植的，但直到1985年，当所有权转交给（查尔斯斯图尔特大学，即CSU的毕业生）儿子萨姆和他的妻子格雷斯时，这块地的用途才有所改变。在1993年，霞多丽和梅洛加入了这个葡萄园，随后是赤霞珠、长相思和赛美容。这支接力棒已经被传给了CSU的毕业生雷·康斯坦佐，他显著提升了葡萄酒的质量，并且还种下了丹魄、杜瑞夫、巴贝拉、马尔贝克、慕合怀特、维蒙蒂诺（vermentino）和黑珍珠。近年来，这个酒庄在各种酒展上一直很成功，特别是小品种的葡萄酒，令人印象深刻。

🍷🍷🍷🍷🍷

Granite Belt Vermentino 2016
格兰纳特贝尔维蒙蒂诺2016
20%的酒用在新橡木桶中发酵，并加入了少量的带固形物在橡木桶中发酵的赛美容。这种酿造工艺带来的烟熏气味几乎好像火药一般，随之而来的是青苹果和梨的香味。味觉上的表现极佳，讨人喜欢的口感和清新的酸味将新鲜活泼的风味一路抬起。
封口：螺旋盖 酒精度：12.5% 评分：95 最佳饮用期：2019年
参考价格：26澳元 SC ✪

Joven Granite Belt Tempranillo 2016
新鲜型格兰纳特贝尔丹魄2015
这正是年轻的丹魄应有的样子：多汁的水果核心配以木质香料、黑松沙士和红甘草的香气，引领着中等酒体的口感，齐整包裹的单宁和覆盆子冰糕般的酸味。森林果味和异国香料的风味比比皆是，此外还有一股暗暗流动的鲜咸风味。
封口：螺旋盖 酒精度：13.5% 评分：95 最佳饮用期：2021年
参考价格：26澳元 JF ✪

Granite Belt Semillon 2010
格兰纳特贝尔赛美容2010
这支酒有经典的赛美容香气，刚刚开始发展出来一些蜡香和烤面包香气，但仍然满是新鲜的柑橘和柠檬香草的特点。口感上也重复了类似的主题，酸度活泼而紧实有力，柠檬和金银花的味道仍然需要进一步去充分发展。这支酒需要更多的时间。
封口：螺旋盖 酒精度：11.5% 评分：94 最佳饮用期：2025年
参考价格：20澳元 SC ✪

Granite Belt Chardonnay 2016
格兰纳特贝尔霞多丽2016
这支酒经过破碎，经过一夜的带皮浸渍，利用野生酵母在不锈钢罐和新法国橡木中发酵。它一如既往的优秀；新橡木桶在香气上比预期的更明显一点，而活泼的葡萄柚、甜瓜和白桃的味道则没有那么明显。它的强度和长度都很不错。
封口：螺旋盖 酒精度：12.5% 评分：94 最佳饮用期：2024年
参考价格：26澳元 ✪

🍷🍷🍷🍷🍷

Granite Belt Semillon Sauvignon Blanc 2016
格兰纳特贝尔赛美容长相思2016
评分：93 最佳饮用期：2018年 参考价格：20澳元 SC ✪

Granite Belt Rose 2016
格兰纳特贝尔桃红2016
评分：92 最佳饮用期：2018年 参考价格：16澳元 SC ✪

Granite Belt Mourvedre 2014
格兰纳特贝尔慕合怀特2014
评分：92 最佳饮用期：2024年 参考价格：28澳元 SC

Granite Belt Malbec 2014
格兰纳特贝尔马尔贝克2014
评分：92 最佳饮用期：2023年 参考价格：28澳元 JF

Heathcote Nero d'Avola 2015
希斯科特黑珍珠2015
评分：92 最佳饮用期：2022年 参考价格：28澳元 SC

Members Only Granite Belt Sangiovese 2016
会员专享格兰纳特贝尔桑乔维塞2016
评分：90 最佳饮用期：2020年 参考价格：30澳元

Goldman Wines 高德曼酒庄 ★★★★☆

11 Ercildoune Street, Cessnock, NSW 2325 (postal) 产区：猎人谷
电话：0467 808 316 网址：www.goldmanwines.com.au 开放时间：不开放
酿酒师：乔·玛仕（Jo Marsh） 创立时间：2014年 产量（以12支箱数计）：1500

庄主卡兰·高德曼是在猎人谷长大的，他认识很多在这个地区种植葡萄或酿酒（或两者都做）的人。但他真正的、也是目前在做的工作是在西澳的西北部担任土木工程师，为他的各种葡萄酒生产计划提供资金。比利巴顿酒庄（Billy Button Wines）的乔·玛仕（Jo Marsh）在2015年、2016年和2017年酿造了其产品组合中的大部分葡萄酒。2017年的葡萄酒是由乔在她位于欧文斯谷（Ovens Valley）的新酿酒厂制作的。

🍷🍷🍷🍷🍷

Hunter Valley Semillon 2014
猎人谷赛美容2014
这支酒目前还在转向完全成熟的初级阶段，但它已经可以开门营业了（它并不像有些酒，有尴尬的过渡时期），柠檬皮、柠檬汁和青草味道弥漫在强劲有力而集中的酒体之上。这种质量的酒是如何用购买的葡萄和合同酿造制作出来，这让我无法理解——这是一个无可挑剔的礼物。
封口：螺旋盖 酒精度：11.2% 评分：94 最佳饮用期：2025年 参考价格：21澳元 ✪

Wrattonbully Cabernet Sauvignon 2012
拉顿布里赤霞珠2012
这支酒来自一个完美的年份和优质的葡萄园，在新的法国橡木成熟，制成了70箱。它属于比较丰满奢华的酒，特别是考虑到橡木对它的影响；果香和橡木的质量都很高，但是问题在于橡木味是否会在将来盖过水果的风味。
封口：螺旋盖 酒精度：14.5% 评分：94 最佳饮用期：2032年 参考价格：38澳元

🍷🍷🍷🍷

Beechworth Chardonnay 2013
比曲尔斯霞多丽2013
评分：93 最佳饮用期：2021年 参考价格：33澳元

Hunter Valley Shiraz 2014
猎人谷西拉2014
评分：92 最佳饮用期：2024年 参考价格：20澳元 ✪

Hunter Valley Shiraz Viognier 2014
猎人谷西拉维欧尼2014
评分：92 最佳饮用期：2024年 参考价格：20澳元 ✪

Hunter Valley Viognier 2014
猎人谷维欧尼2014
评分：90 最佳饮用期：2017年 参考价格：17澳元 ✪

Gomersal Wines 高莫索酒庄 ★★★★

203 Lyndoch Road, Gomersal, SA 5352 产区：巴罗萨谷 电话：(08) 8563 3611
网址：www.gomersalwines.com.au 开放时间：每日开放，10:00—17:00
酿酒师：巴里·怀特（Barry White）、彼得·波拉德（Peter Pollard） 创立时间：1887年
产量（以12支箱数计）：9250 葡萄园面积：20公顷

把1887年说成建园日期有一点破格。1887年，弗莱德里克·W·弗洛姆（Friedrich W Fromm）培植了王加尼拉（Wonganella）葡萄园，之后又在1991年在高莫索溪（Gomersal Creek）旁边酿造了一座酒厂；它持续经营了90年，最后于1983年关闭。2000年，一群“在葡萄酒产业的生产和消费方面资质优秀”的朋友们买下了这个酒厂，重新建立了葡萄园，并种植了17公顷的西拉，2公顷的慕合怀特和1公顷的歌海娜。出口到荷兰、韩国、新加坡和中国。

🍷🍷🍷🍷

Reserve Barossa Valley Shiraz 2013
珍藏巴罗萨西拉2013
它有深邃、浓郁但明亮的深红紫色；是一支个性突出，质量过硬、酒体饱满的西拉。让你不禁想知道，如果它有14%的酒精度和2年的法国橡木桶（不是美国木桶）陈酿，会有多好，但它无处可逃。在这个价格上你不应该去唠叨和批评它。
封口：螺旋盖 酒精度：15% 评分：93 最佳饮用期：2043年 参考价格：25澳元 ✪

Cellar Door Release Barossa Valley Mataro 2013
酒窖门店珍藏巴罗萨谷马塔罗2013
这支酒超级慷慨，超级饱满，又超级便宜。它在第二次使用的橡木桶（hogsheads）中陈酿了29个月；严格的通选导致了162箱的产量。它的橡木和单宁的状态鼓励着你尽可能多地购买，然后在（比如说）2023年前尽可能地少饮用。
封口：螺旋盖 酒精度：15.5% 评分：91 最佳饮用期：2043年 参考价格：17澳元 ✪

🍷🍷🍷🍷

Barossa Valley Shiraz 2014
巴罗萨谷西拉2014

评分：89　最佳饮用期：2029年　参考价格：17澳元 ✪

Goodman Wines 古德曼酒庄 ★★★★☆

15 Symons Street, Healesville, Vic 3777　产区：雅拉谷　电话：0447 030 011
网址：www.goodmanwines.com.au　开放时间：不开放　酿酒师：凯特·古德曼（Kate Goodman）　创立时间：2012年　产量（以12支箱数计）：500

凯特·古德曼是在麦克拉仑谷和克莱尔谷开始她的酿酒生涯的，之后她在格兰屏（the Grampians）的沙普酒庄（Seppelt）从事了七年的酿酒工作。2000年，她成了普特罗德酒庄（Punt Road Wines）的首席酿酒师，直到14年时，她才离职并成立了古德曼酒庄，与来自电线鸟酒庄（Bird on the Wire）的酿酒师卡洛琳·穆尼（Caroline Mooney），一起租赁了一个酒厂。利用提早的时间计划，并且在普特罗德酒庄的知会和认可下，她在2012和2013这两个年份也酿制了一些葡萄酒，而她用的所有葡萄都来自成熟的上雅拉谷葡萄园。从2017年起，她也担任了宾利酒庄（Penley Estate）和棕佐酒庄（Zonzo Estate）的酿酒师。

🍷🍷🍷🍷🍷　Yarra Valley Chardonnay 2015

雅拉谷霞多丽2015

这支酒来自柳湖葡萄园（Willowlake），手工采摘，整串压榨，在法国橡木桶（20%是新桶）中采用野生酵母发酵和陈酿，没有经过苹乳发酵。层次丰富，有成熟的柑橘与梅耶柠檬味，一抹葡萄柚与白桃的果味，以及奶油腰果的风味，所有的风味都在第一阶段的瓶储发展过程中加入了这个热闹的派对。
封口：螺旋盖　酒精度：12.5%　评分：95　最佳饮用期：2023年　参考价格：40澳元

Yarra Valley Pinot Noir 2015

雅拉谷黑比诺2015

手工采摘，25%的葡萄整串发酵，其余的葡萄经过了除梗，采用开放式发酵，带皮浸渍14天，在法国橡木桶（10%是新桶）中成熟。在上雅拉谷的背景下，这是一种非常强劲的葡萄酒，即使柳湖葡萄园是上雅拉谷最古老的葡萄园。这支酒高高地骑在了红色和黑色的水果堆上，胸怀宽阔，英气逼人。它对于所在的产区和年份来说是不一般的，但是有耐心的人会得到丰厚的奖赏。
封口：螺旋盖　酒精度：13%　评分：94　最佳饮用期：2030年　参考价格：40澳元

🍷🍷🍷🍷　Heathcote Vermentino 2016

希斯科特维蒙蒂诺2016

评分：91　最佳饮用期：2023年　参考价格：28澳元

Gooree Park Wines 古丽·帕克酒庄 ★★★★

Gulgong Road, Mudgee, NSW 2850　产区：满吉　电话：（02）6378 1800
网址：www.gooreepark.com.au　开放时间：周一至周五，10:00—17:00；周末11:00—16:00
酿酒师：鲁本·罗德里格兹（Rueben Rodriguez）　创立时间：2008年
产量（以12支箱数计）：3000　葡萄园面积：546公顷

古丽·帕克酒庄是爱德华多·许寰戈集团（Eduardo Cojuangco）旗下诸多公司的一员，其他公司包括一家纯种马场，一家牧场企业以及在满吉（Mudgee）和佳诺温达（Canowindra）的葡萄园。爱德华多对各种农业的兴趣使得他们种植了超过500公顷的葡萄，从1996年在满吉的图拉姆（Tullamour）葡萄园开始，到1997年在满吉的福德斯溪葡萄园（Fords Creek），以及1998年在佳诺温达的路易斯山酒庄（Mt Lewis Estate）。

🍷🍷🍷🍷　Don Eduardo Mudgee Shiraz Cabernet 2015

唐·爱德华多满吉西拉赤霞珠2015

分别采用了60/40%和50/50的新美国橡木和法国橡木，最后在橡木桶中陈酿一年。深紫红色，色泽明亮、酒体饱满、果味浓郁，黑巧克力和橡木香气相互交织，单宁丰富，余味悠长。
封口：螺旋盖　酒精度：14.5%　评分：91　最佳饮用期：2025年
参考价格：35澳元　JF

Crowned Glory Mudgee Cabernet Sauvignon 2015

冠荣满吉赤霞珠2015

西拉和赤霞珠的配比为60/40%，新美国橡木桶和法国橡木桶之间的比例为50：50，陈酿时间为1年，经过桶选后得到最后的成酒。这支酒呈明亮的深红色；酒体饱满，果味深厚，带有浓郁的黑巧克力味道，橡木的辛香和单宁比较丰富，后味偏干。
封口：螺旋盖　酒精度：14.6%　评分：91　最佳饮用期：2027年
参考价格：32澳元　JF

Gotham Wines 高森酒庄 ★★★☆

8 The Parade West, Kent Town, SA 5067　产区：南澳洲（South Australia）
电话：(08) 7324 3031　网址：www.gothamwines.com.au　开放时间：不开放
酿酒师：（Peter Pollard）　创立时间：2004年　产量（以12支箱数计）：65000

2014年，包括前哈迪集团（BRL Hardy）的首席执行官史蒂芬米拉尔（Stephen Millar）在内的一群葡萄酒爱好者共同买下了高森葡萄酒的品牌。他们的目的曾经是（现在也是）现有的国内和出口分销的基础上发展，包括高森绅士（Wine Men of Gotham）、高森（Gotham）、掩护（Stalking Horse）和一步又一步（Step X Step）这些品牌，它们来自兰好乐溪、克莱尔谷、巴罗萨谷和麦克拉仑谷。出口到大多数主要市场。

🍷🍷🍷🍷　Clare Valley Riesling 2016

克莱尔谷雷司令2016

这支酒有青柠与柠檬花、柠檬皮和柠檬汁混合的风味，以及柔美的蜜瓜风味，很耐人寻味。
封口：螺旋盖 酒精度：12% 评分：92 最佳饮用期：2023年
参考价格：15澳元 JF ✪

🍷🍷🍷🍷 Langhorne Creek Shiraz 2015
兰好乐溪西拉2015
评分：89 最佳饮用期：2023年 参考价格：20澳元 JF

Grace Farm 格蕾丝农场酒庄 ★★★★★

741 Cowaramup Bay Road, Gracetown, WA 6285 产区：玛格丽特河 电话：(08) 9384 4995
网址：www.gracefarm.com.au 开放时间：仅限预约 酿酒师：乔纳森·麦泰姆（Jonathan Mettam） 创立时间：2006年 产量（以12支箱数计）：3000 葡萄园面积：8.17公顷
格蕾丝农场酒庄位于威利亚布鲁（Wilyabrup）产区，是伊丽莎白·迈尔和约翰·迈尔所有的小型家族葡萄园，酒庄的名称来自格雷斯顿（Gracetown）附近的沿海小村庄。其葡萄园坐落在风景如画的天然森林旁边，种植着赤霞珠、霞多丽、长相思和赛美容。葡萄栽培师蒂姆·昆兰会主持品尝活动（需要预约），并解释格雷斯农场的可持续葡萄栽培法。

🍷🍷🍷🍷🍷 Margaret River Cabernet Sauvignon 2015
玛格丽特河赤霞珠2015
这支酒来自酒庄自种的葡萄，用法国橡木桶陈酿了12个月，从而“把重点放在水果风味上”。其色泽深厚；是一支玛格丽特河赤霞珠的绝佳典范，黑醋栗和黑橄榄的果味由成熟而有颗粒感的单宁支撑着。平衡是如此优秀，让这支酒可以在10年到20年后也可以像今天一样被享用。
封口：螺旋盖 酒精度：14.5% 评分：95 最佳饮用期：2035年 参考价格：30澳元 ✪

🍷🍷🍷🍷 Margaret River Sauvignon Blanc Semillon 2016
玛格丽特河长相思赛美容2016
评分：91 最佳饮用期：2020年 参考价格：21澳元 ✪

Margaret River Chardonnay 2015
玛格丽特河霞多丽2015
评分：90 最佳饮用期：2024年 参考价格：30澳元

Grampians Estate 格兰皮恩斯酒庄 ★★★★★

1477 Western Highway, Great Western, Vic 3377 产区：格兰皮恩斯（Grampians）
电话：(03) 5354 6245 网址：www.grampiansestate.com.au 开放时间：每日开放，10:00—17:00
酿酒师：安德鲁·大卫（Andrew Davey）、唐·罗威（Don Rowe）、汤姆·顾思礼（Tom Guthrie）
创立时间：1989年 产量（以12支箱数计）：2000 葡萄园面积：8公顷
格拉吉尔·莎拉（Graziers Sarah）和汤姆·顾思礼（Tom Guthrie）于1989年开始生产葡萄酒，但他们的核心业务仍然是肥羊肉和羊毛的生产。所有的经营活动都遭到了2006年的丛林大火的蹂躏，但两方面的生意都已经恢复了。他们收购了大西部地区（Great Western）的嘉顿佳丽酒庄（Garden Gully），这让他们拥有了一个酒窖门店和一个种植着138岁树龄的老藤西拉和80多年树龄的老藤雷司令的葡萄园。出口到新加坡和中国。

🍷🍷🍷🍷🍷 Mafeking Shiraz 2015
马福金西拉2015
这支酒有极佳的果味核心，但它绝对是有鲜咸味的。酒体中等，单宁精致，并带着柑橘味的酒酸。这真是令人愉快的一支酒。
封口：螺旋盖 酒精度：13.5% 评分：95 最佳饮用期：2028年
参考价格：25澳元 JF ✪

Streeton Reserve Shiraz 2014
斯特里敦珍藏西拉2014
中等厚度的红宝石-深紫色泽，带着令人难以置信的活泼的果香；鲜咸的风味富有层次感，香料味和花香味都融进了中等的酒体之中。这支酒不缺少复杂度，而所有的一切都被描绘得十分精致。
封口：螺旋盖 酒精度：13.5% 评分：95 最佳饮用期：2032年
参考价格：75澳元 JF

GST Grenache Shiraz Tempranillo 2015
GST歌海娜西拉丹魄2015
60/30/10%的混合比例创造了一款多汁诱人的葡萄酒，以歌海娜甜美的果香和香料味为主。它马上就可以享用，有一团团的红色水果、花香和甘草的味道，还有一丝鲜咸的风味。其口感轻盈，单宁富有颗粒感，酸度劲爽，后味清新。
封口：螺旋盖 酒精度：13.8% 评分：94 最佳饮用期：2020年
参考价格：28澳元 JF ✪

Granite Hills 花岗岩山酒庄 ★★★★★

1481 Burke and Wills Track, Baynton, Vic 3444 产区：马斯顿山岭（Macedon Ranges）
电话：(03) 5423 7273 网址：www.granitehills.com.au 开放时间：每日开放，11:00—18:00
酿酒师：路·奈特，伊恩·冈特（Llew Knight, Ian Gunter） 创立时间：1970年
产量（以12支箱数计）：5000 葡萄园面积：12.5公顷
花岗岩山是经久不衰的经典，在无与伦比的凉爽气候中开创了雷司令和西拉的成功。这个酒庄

酿造雷司令、霞多丽、西拉、赤霞珠、品丽珠、梅洛和黑比诺（最后一款也用于起泡酒）。雷司令陈酿潜力超卓，而西拉则是澳大利亚凉爽气候酿酒派别的开创者。出口到日本和中国。

🍷🍷🍷🍷🍷 Macedon Ranges Late Harvest 2015
马斯顿山岭晚收2015
来自一小部分手工采摘、手工挑选的，有部分侵染贵腐霉菌的雷司令，发酵在残糖含量为80克/升之时中止，得到了极其美味的酸橙，西番莲果和荔枝的风味，随之而来的是爽净的后味。
封口：螺旋盖 酒精度：8% 评分：95 最佳饮用期：2025年 参考价格：20澳元 ✪

🍷🍷🍷🍷 Macedon Ranges Riesling 2015
马斯顿山岭雷司令2015
评分：93 最佳饮用期：2025年 参考价格：30澳元 PR

Macedon Ranges Shiraz 2010
马斯顿山岭西拉2010
评分：90分年 参考价格：35澳元 PR

Grant Burge 格兰特·伯奇/格兰特伯爵酒庄 ★★★★★

279 Krondorf Road, 巴罗萨谷, 南澳 5352 产区：巴罗萨谷 电话：1800 088 711
网址：www.grantburgewines.com.au 开放时间：每日开放，10:00—17:00
酿酒师：Craig Stansborough 创立时间：1988年 产量（以12支箱数计）：400000
格兰特·伯奇（Grant Burge）是由格兰特与海伦·伯奇（Helen Burge）于1988年建立的同名酒庄，后逐渐发展为巴罗萨谷最大的经营葡萄酒的家族企业之一。2015年2月，美誉（Accolade）酒业宣布完成了收购格兰特·伯奇酒庄的商标所有权。但酒庄内356公顷的葡萄园仍属于格兰特家族——出产的优质葡萄仍向美誉（Accolade）酒业提供优质的葡萄原料。其出口产品遍布世界所有主要市场。

🍷🍷🍷🍷🍷 Filsell Old Vine Barrosa Shiraz 2015
菲丽塞尔老藤巴罗萨西拉 2015
同时采用开放式发酵与发酵罐发酵，在30%的新橡木桶（其中65%法国橡木桶，36%美国橡木桶）与70%的旧橡木桶中熟成21个月。这款酒所用的葡萄藤已近百岁之龄，因而产出的西拉葡萄酒酒体丰满，独特的品种优点在这款酒中得到了完美表达。单宁成熟且坚实，伴随以细微的黑莓、甘草以及焦油香气。这款酒的优点之一是酒精度适宜，不是15%，而是14%。
封口：螺旋盖 评分：95 最佳饮用期：2035年 参考价格：43澳元

Filsell Old Vine Barrosa Shiraz 2014
菲丽塞尔老藤巴罗萨西拉 2014
采收时期选择得很好，在葡萄成熟但尚未过熟之时。以黑莓和李子为核心口感，伴以巧克力及橡木的香气，并有成熟而结实的单宁作为骨架支撑。
封口：螺旋盖 酒精度：14.5% 评分：95分 最佳饮用期：2039年 参考价格：37澳元

Corryton Park Barrosa Shiraz 2013
克瑞顿·帕克巴罗萨赤霞珠2013
在法国橡木桶中熟成20个月。葡萄原料来自于格兰特·伯奇酒庄1999年购入的葡萄园。该园位于巴罗萨谷地势最高且气候最冷的一处地块。它的产地的风格特点鲜明，带有黑醋栗甜酒的味道，伴随着月桂叶和极淡的薄荷香气。
封口：螺旋盖 酒精度：14% 评分：95分 最佳饮用期：2033年 参考价格：37澳元

The Vigneron Centenarian Barrosa Shiraz 2015
百岁种植者巴罗萨赛美蓉 2015
原料来自泽克（Zerk）家族临近林多克（Lyndoch）的一块地，其中种植的老藤赛美蓉树龄达101年的。这款酒有着突出的香草和柠檬草气息，柑橘酸的味道清晰，回味悠长。瓶储一段时间后将有更好的表现。
封口：螺旋盖 酒精度：12% 评分：94 最佳饮用期：2025年 参考价格：30澳元 ✪

Balthasar Eden Shiraz 2014
巴尔瑟萨伊顿谷西拉2014
带有红色和黑色水果、香辛料、黑巧克力和香柏橡木的味道，酒体中度至饱满。
封口：Diam软木塞 酒精度：14% 评分：94 最佳饮用期：2034年 参考价格：37澳元

Abednego Barossa Valley Shiraz Mourvedre Grenache 2014
阿伯得内歌巴罗萨谷西拉幕尔维德歌海娜2014
配比为37.5%的西拉、35%的幕尔维德以及27.5%的歌海娜。混合使用不锈钢罐发酵与开放式发酵。发酵后65%的酒液在2500升的法国大桶中熟成，35%在法国橡木桶中熟成，陈酿时间为16个月。只要你耐心等待，就会品尝到这款杰出的巴罗萨混酿的优异之处。香辛料、红色和黑色水果的香味从杯中溢出，香气持久。整体呈宝石红色。
封口：Diam软木塞 酒精度：13.5% 评分：94分 最佳饮用期：2034年
参考价格：76澳元

Cameron Vale Barossa Cabernet Sauvignon 2014
卡梅隆谷巴罗萨赤霞珠2014
87.2%赤霞珠、10%梅乐、1.5%小味儿多和1.3%的西拉；由野生和人工培养酵母混合发酵，在法国橡木桶（34%是新的）中熟成20个月。就巴罗萨谷赤霞珠整体风格的范围来说，这是一款相对优雅的葡萄酒。黑醋栗中混合着干香草的味道，伴有月桂叶的香气，细致持久的单宁让结尾带有多汁的口感。

封口：螺旋盖 酒精度：13.5% 评分：94 最佳饮用期：2024年 参考价格：27澳元 ✪

🍷🍷🍷🍷🍷 Helene Tasmania Grande Cuvee 2006
海伦塔斯马尼亚特酿2006
评分：93 最佳饮用期：2018年 参考价格：50澳元 TS

Miamba Barossa Shiraz 2015
米阿姆巴巴罗萨西拉2015
评分：91 最佳饮用期：2025年 参考价格：27澳元

Daly Road Barossa Shiraz Mourvedre 2014
达里路巴罗萨西拉幕尔维德2014
评分：91 最佳饮用期：2029年 参考价格：27澳元

5th Generation Barossa Shiraz 2015
第五代巴罗萨西拉2015
评分：90 最佳饮用期：2025年 参考价格：18澳元 ✪

Virtuoso Barossa GSM 2015
大师巴罗萨GSM2015
评分：90 最佳饮用期：2019年 参考价格：19澳元 CM ✪

Virtuoso Barossa GSM 2015
大师巴罗萨GSM 2015
评分：90 最佳饮用期：2020年 参考价格：19澳元 ✪

Green Door Wines 绿门葡萄酒 ★★★★☆

1112 Henty Road, Henty,西澳大利亚 6236 产区：吉奥格拉菲 电话：0439 511 652
网址：www.greendoorwines.com.au 开放时间：周一至周日，11:00—16:30
酿酒师：Ashley Keeffe, Jane Dunkley 创立时间：2007年 产量（以12支箱数计）：1000 葡萄园面积：3.5公顷

阿什利（Ashley）和凯瑟琳·基夫（Kathryn Keeffe）在2006年买下了一个废置的葡萄园。现在，原有的葡萄藤加上新种植的葡萄藤，园中共有1公顷的菲亚诺和幕尔维德，0.75公顷的歌海娜，0.5公顷的维尔德罗和添帕尼罗，以及0.25公顷的西拉。园中的小酒厂（在酿酒师简·敦克利［Jane Dunkley］的帮助下）采用一系列酿酒方法在酒庄内酿造葡萄酒，其中一项特别的工艺是古罗马两耳细颈罐法。

🍷🍷🍷🍷🍷 Amphora Geographe Tempranillo 2015
双耳罐吉奥格拉菲添帕尼罗 2015
这款酒的花香、甘草糖、樱桃和木质香辛料的芳香十分引人入胜。酒体中等，口感柔顺而开放，矿物质酸度贯穿始终，单宁与整体非常协调。
封口：螺旋盖 酒精度：13.5% 评分：95 最佳饮用期：2022年
参考价格：35澳元 JF ✪

🍷🍷🍷🍷🍷 El Toro Geographe Tempranillo 2015
埃尔·特罗吉奥格拉菲添帕尼罗2015
评分：93 最佳饮用期：2022年 参考价格：25澳元 JF ✪

Spanish Steps Geographe GSM
西班牙步吉奥格拉菲GSM2015
评分：91 最佳饮用期：2021年 参考价格：20澳元 JF ✪

Flamenco Geographye Rose 2016
弗拉门科吉奥格拉菲桃红葡萄酒2016
评分：90 最佳饮用期：2018年 参考价格：19澳元 JF ✪

Greenway Wines 绿道葡萄酒 ★★★★☆

350 Wollombi Road, Broke, 新南威尔士州 2330 产区：猎人谷 电话：0418 164 382
网址：www.greenwaywines.com.au 产量（以12支箱数计）：280 葡萄园面积：2.4 公顷 开放时间：周末，10:00—15:00，或提前预约 酿酒师：Michael McManus

约翰·马林诺维奇（John Marinovich）和安·格兰威（Anne Greenway）于2009年购下产业，多年来两人一直梦想着有一天能成为葡萄园种植者。他们收购的这个葡萄园从1999年就开始种植葡萄，包括两公顷梅洛、西拉和少量琼瑶浆。他们说："我们完全没想到这片小葡萄园会这么美——它的一边是断臂山（Brokenback）山麓，另一边则是沃洛姆比溪（Wollombi Brook）。"

🍷🍷🍷🍷🍷 The Architect Hunter Valley Shiraz 2014
建筑师猎人谷西拉
这款酒的产量仅为165箱（12瓶/箱）。色泽清透鲜亮、多汁，整体而言，非常富有表现力。带有红色与紫色的果味干，单宁如丝绸一般，轻至中度酒体，回味悠长。适宜现在饮用，也可以保存一段时间后饮用。
封口：螺旋盖 酒精度：13% 评分：95分 最佳饮用期：2029年 参考价格：25澳元 ✪

🍷🍷🍷🍷🍷 Grace Hunter Valley Gewurz Traminer 2014
格蕾丝猎人谷琼瑶浆 2014
评分：92分 最佳饮用期：2020年 参考价格：16澳元

Red Shed Hunter Valley Rose 2014
小红房猎人谷玫瑰红2014

评分：90分　最佳饮用期：2018年　参考价格：18澳元

Grey Sands　灰沙酒庄　★★★★

6 Kerrisons Road, Glengarry，塔斯马尼亚 7275　产区：塔斯马尼亚北部　电话：(03)6396 1167　网址：www.greysands.com.au　开放时间：周六至周一，12:00—17:00（十一月中旬至四月中旬之间）　酿酒师：Peter Dredge, Bob Richter　创立时间：1989年　产量（以12支箱数计）：1000　葡萄园面积：3.5公顷

鲍勃（Bob）和丽塔·瑞彻（Rita Richter）于1989年建立了他们的灰沙葡萄酒庄园，并逐渐增加到现在的种植规模。葡萄园的种植密度为每公顷8900株，这应归功于鲍勃在罗斯沃斯（Roseworthy）获得的研究生学位，以及瑞彻夫妇在英国的三年间走访欧洲葡萄园而积累的经验；葡萄园种植品种有黑比诺、梅洛、灰比诺和马贝克。主要出口新加坡。

🍷🍷🍷🍷🍷(4.5)　Pinot Noir 2012

黑比诺 2012

颜色明亮，在5年的陈放后，现在酒色呈中度砖红，状态非常好。有诱人的秋天/森林落叶层的味道，充足的红色水果味与柔和而紧凑的单宁保证这款酒可以再陈放一段时间。

封口：Diam软木塞　酒精度：13.2%　评分：92

最佳饮用期：2022年　参考价格：50澳元　PR

Grey-Smith Wines　格雷-史密斯葡萄酒　NR

PO Box 288，Coonawarra，SA 5263（邮）　产区：库纳瓦拉

电话：0429 499 355　网址：www.grey-smith.com.au　开放时间：不开放

酿酒师：Ulrich Grey-Smith　创立时间：2012年　产量（以12支箱数计）：160

在奥瑞克·格雷-史密斯（Ulrich Grey-Smith）踏上葡萄酒之路数十年后，他才创立自己的同名品牌。他在罗斯沃斯（Roseworthy）农学院完成酿酒工程的学士学位（1987—1990），这也是他后来从事葡萄酒行业的基础。除销售自己生产的少量起泡酒外，他还酿造和销售很多其他的酒款。曾担任石灰岩海岸葡萄与葡萄酒咨询公司（Limestone Goast Grape & Wine Council）的（兼职）执行官和秘书，并曾参与举办每年公司举办的葡萄酒展，在裁判席担任副裁判。如今他既是顾问，也是自由职业酿酒师。

Groom　格鲁姆酒庄　★★★★☆

28 Langmeil Road, Tanunda, 南澳大利亚，5352（邮）　产区：巴罗萨谷　酿酒师：Daryl Groom　创立时间：1997年　产量（以12支箱数计）：1940年　葡萄园面积：27.8公顷

企业全名为马歇尔·格鲁姆酒窖（Marschall Groom Cellars），所有者为大卫（David）和珍内特·马歇尔（Jeanette Marschall）一家，以及达里尔（Daryl）和丽萨·格鲁姆（Lisa Groom）一家。达里尔在搬到加利福尼亚州的格瑟峰（Geyser Peak）前曾是奔富酒庄有口皆碑的酿酒师。两家人经多年协商，共同买下了位于奔富酒庄有130年历史的卡利姆那（Kalimna）葡萄园附近的一块35公顷的荒地，并于1997年种下西拉。1999年出产首个年份的葡萄酒。接下来他们又购入阿德莱德山地区兰斯伍德的8公顷葡萄园，用于栽种长相思。2000年，他们在卡利姆那树丛地块上的3.2公顷葡萄园增种了增芳德。出口到美国、加拿大等国家，以及中国内地（大陆）和香港、台湾地区。

🍷🍷🍷🍷🍷　Barossa Valley Shiraz 2014

巴罗萨谷西拉2014

轻度（仅6天带皮）浸渍，带有淡淡的橡木味道，口感中有丰富的果味：一系列红色和深色浆果、黑李子和樱桃等的味道在口中交织。单宁柔和而坚韧，支撑着酒体。相比于这个产区的其他酒款，这款酒的优势在于其葡萄生长地区的气候丰饶、温暖，这样的气候下生产的原料酿造的酒也自然有骄傲的资本。

封口：橡木塞　酒精度：14%　评分：95　最佳饮用期：2030年

参考价格：50澳元　NG

🍷🍷🍷🍷🍷(4.5)　Barossa Valley Shiraz 2015

巴罗萨谷西拉 2015

评分：92　最佳饮用期：2030年　参考价格：50澳元　NG

Adelaide Hills Sauvignon Blanc 2016

阿德莱德山长相思2016

评分：91　最佳饮用期：2023年　参考价格：30澳元　NG

Bush Block Barossa Valley Zinfandel

灌丛巴罗萨谷增芳德2015

评分：91　最佳饮用期：2023年　参考价格：30澳元　NG

Grosset　格罗塞特酒庄　★★★★★

King Street, Auburn, 南澳 5451　产区：克莱尔谷　电话：(08) 8849 2175　网址：www.grosset.com.au　开放时间：周三至周日（春季），10:00—17:00　酿酒师：Jeffrey Grosset, Brent Treloar　创立时间：1981年　产量（以12支箱数计）：11000　葡萄园面积：22.2公顷

澳大利亚最重要的雷司令酿酒师——要说这个头衔属于杰佛瑞·格罗塞特（Jeffrey Grosset），绝对无人质疑。作为一名酿酒师，格罗塞特可以说享誉全世界。但他认为除了雷司令，他所酿制的其他葡萄酒也同样优秀：克莱尔谷和阿德莱德山的赛美蓉与长相思，阿德莱德山和盖雅（Gaia）的霞多丽与黑比诺，克莱尔谷出产的波尔多混酿型葡萄酒。这些都是他的得意之作。如今园内试种的菲亚诺、阿里亚尼考、黑珍珠和小味儿多意味着未来可能还会有新的酒款。产品出口至世界所有主要市场。《2017澳洲葡萄酒宝典》最物超所值的酒厂。

🍷🍷🍷🍷🍷　Polish Hill Clare Valley Riesling 2016

波兰克莱尔谷雷司令2016

一如既往，这款酒采用了自流汁，并用中性培养的酵母发酵，以突出其对葡萄品种和产地的表达。极佳的花香伴随着甜柠檬花苞的香气，口感如钻石切割般纯净清晰。自然的酸度是写入这款经典葡萄酒基因之中的特色表达，强调出其春日的清新之感。

封口：螺旋盖　酒精度：12.7%　评分：95　最佳饮用期：2031年　参考价格：54澳元 ✪

Piccadilly Chardonnay 2016

皮卡迪利霞多丽2016

法国橡木桶（40%是新的）发酵，部分酒液经过苹乳发酵和10个月的熟成。这款酒从初闻到回味都明显带有产地特征。酒体极为优雅平衡，白桃的味道是风味的核心，自然的酸度则赋予其更加悠长的回味。5年瓶储后可能会有更加意想不到的风味。

封口：螺旋盖　酒精度：13.5%　评分：97　最佳饮用期：2029年　参考价格：65澳元 ✪

Adelaide Hills Pinot Noir 2016

阿德莱德山黑比诺2016

这款酒结尾和余味中的丰富和精彩令人赞叹。明亮的深红色预示着它丰富的口感，但香气则相对保守。整串发酵带来的各种风味物质，以及各种的红色水果的味道竞相绽放在口中，又在结尾和回味中协调的收尾。

封口：螺旋盖　酒精度：13.5 %　评分：97　最佳饮用期：2024年　参考价格：77澳元 ✪

Adelaide Hills Pinot Noir 2015

阿德莱德山黑比诺2015

来自有35年树龄的葡萄藤。原料一半经过破碎，一半则采用整串压榨法。开放式发酵，带皮浸渍8天，与法国橡木桶（60%是新的）带酒脚陈酿8个月。清澈的深红紫色；酒香中红色和紫色水果的气息预示着口感中浓郁的果味，风格有些类似于阿斯顿（Ashton）山产区的风格——在回味中口感逐渐增强，同时又分外和谐。

封口：螺旋盖　酒精度：13.5%　评分：97　最佳饮用期：2030年　参考价格：77澳元 ✪

Nereus 2014

柔涅斯 2014

格罗塞特的西拉混酿的最佳品种之选——就这一个年份来说，黑珍珠超越了马尔贝克和马塔罗而成为了西拉的最佳搭配品种，并可能在未来的年份中仍然保持这一状态。这款酒也同时很好地体现了格罗塞特一直追求的香气结构和易饮性。简言之，这款酒棒极了。

封口：螺旋盖　酒精度：13.7%　评分：97　最佳饮用期：2030年参考价格：49澳元 ✪

Springvale Clare Valley Riesling 2016

春之谷克莱尔谷雷司令2016

就像格罗塞特过去十年间的每款雷司令一样出色，有着优美的平衡感和生动的青柠汁水果味道，可以感受到水晶般的酸度在味蕾上缓缓地流过。如果你喜欢新鲜的葡萄酒，就立即或者尽早饮用。如果你更喜爱复杂的风味，则可以陈放上5—10年后饮用。

封口：螺旋盖　酒精度：12.7%　评分：96　最佳饮用期：2029年　参考价格：40澳元 ✪

Semillon Sauvignon Blanc 2016

赛美蓉长相思 2016

这款酒的原料为来自克莱尔谷的赛美蓉和阿德莱德山的长相思。带有矿物质味的柠檬草的味道，加上赛美蓉的酸度，给品尝者带来了最初的味感冲击，接下来的结尾和回味中则丰富柔和，以热带水果、醋栗的味道为主。

封口：螺旋盖　酒精度：13.5%　评分：95　最佳饮用期：2019年　参考价格：35澳元 ✪

Apiana 2016

阿皮阿尼那2016

这款酒的混酿比例是60%的赛美蓉和40%的菲亚诺。二者分别进行整串压榨，并分别在不锈钢罐中发酵，浓郁的酒香中有新鲜的野花带来的微妙的细节变化，舌中部可以感觉到单宁有力的收敛感，但又因菲亚诺的柔和而在味感上达到了平衡。

封口：螺旋盖　酒精度：13%　评分：95　最佳饮用期：2025年　参考价格：40澳元

Gaia 2014

盖雅 2014

这款波尔多风格的混酿是杰佛瑞·格罗塞特精心设计酿制的。有贵族世家的深沉风格。酒香和口感中有优雅的黑加伦和红醋栗的味道，野香草和细致的单宁交替出现，最后由橡木完成收尾。

封口：螺旋盖　酒精度：13.7%　评分：95　最佳饮用期：2029年　参考价格：82澳元

Piccadilly Chardonnay 2015

皮卡迪利霞多丽 2015

这是一款有着果汁般柔顺的葡萄酒，带有油桃、白桃和奶油的味道，柔和而且在口腔中十分饱满，梨和苹果的味道在收尾和结束时出现。法国橡木为酒体增加了质感，却并未影响到整体的风味。

封口：螺旋盖　酒精度：13.5%　评分：95　最佳饮用期：2023年　参考价格：65澳元

Alea Clare Valley Riesling 2016

阿利阿克莱尔谷雷司令 2016

只是有些微甜。美味是毫无疑问的——现在就如此，如果经过5—10年的瓶储，品质可能会超过许多比它更加昂贵的酒款。

封口：螺旋盖　酒精度：12%　评分：94　最佳饮用期：2031年　参考价格：36澳元

Grove Estate Wines 格鲁夫庄园葡萄酒 ★★★★☆

4100 Murringo Road,Young, 新南威尔士，2594 产区：希托扑斯 电话：(02)6382 6999
网址：www.groveestate.com.au 开放时间：每日开放，10:00—17:00 酿酒师：Brian Mullany
创立时间：1989年 产量（以12支箱数计）：4000 葡萄园面积：46公顷

格鲁夫庄园酒业的合伙人穆兰尼（Mullany）、柯克伍德（Kirkwood）和夫兰德斯（Flanders）三家共同买下了这块在海拔530米的火山红土上的地产。他们原本计划在这块未开垦的荒地上种植适宜在冷凉气候下生长的优质酿酒葡萄，再将葡萄卖给其他酒厂。于是在接下来的数年里他们种植了赤霞珠、西拉、梅洛、增芳德、芭贝拉、桑乔维塞、小味儿多、霞多丽、赛美蓉和内比奥罗。1997年，他们采用园中一小部分的赤霞珠为原料，生产了自己的格鲁夫庄园葡萄酒，并在此后逐渐发展自己的酿酒产业。他们的内比奥罗和西拉-维欧尼两款酒尤为成功。出口至中国。

🍷🍷🍷🍷🍷 Sommita Hilltops Nebbiolo
索米塔希托扑斯内比奥罗2015
手工采摘，选用野生酵母，开放式发酵，带皮浸渍50天，并于旧橡木桶中陈酿10个月。色泽极佳，内比奥罗品种的典型性在这款酒中表现得淋漓尽致，细腻美味的单宁和橡木味衬托出酒体的酸度和红色樱桃的味道。
封口：螺旋盖 酒精度：14% 评分：95 最佳饮用期：2025年 参考价格：45澳元

🍷🍷🍷🍷 The Cellar Block Hilltops Shiraz Viognier
窖块希托扑斯西拉维欧尼2015
评分：92 最佳饮用期：2029年 参考价格：35澳元

The Italian Hilltops Nebbiolo Sangiovese Barbera
意大利希托扑斯内比奥罗桑乔维塞芭贝拉2015
评分：90 最佳饮用期：2022年 参考价格：25澳元

Gundog Estate 刚多歌酒庄 ★★★★★

101 McDonalds Road, Pokolbin, 新南威尔士 2320 产区：猎人谷 电话：(02)4998 6873
网址：www.gundogestate.com.au 开放时间：每日开放，10:00—17:00 酿酒师：Matthew Burton 创立时间：2006年 产量（以12支箱数计）：8000 葡萄园面积：5公顷

马特·伯顿（Matt Burton）生产四款不同的猎人谷赛美蓉和西拉葡萄酒，分别来自于猎人谷产区的马鲁巴特曼（Murrumbateman）和希托扑斯。他和妻子瑞内（Renee）开设有自己的酒窖门店，位于临近麦当劳路（McDonald Road）上的玫瑰山和赫尔格福德（Hurgerfold）山旧址处，很有历史意义的波科尔宾（Pokolbin）学校的建筑。伯顿·麦克马洪（Burton McMahon）葡萄酒是马特·伯顿与赛威（Seville）酒庄的迪兰·麦克马洪（Dylan McMahon）合作的酒款。2016年刚多歌庄园在科克（Cork）街42号开设了第二家酒窖门店刚达鲁（Gundaroo，周四—周日，10:00—17:00）。出口到英国。

🍷🍷🍷🍷🍷 Marksman's Canberra District Shiraz 2015
马克斯曼斯堪培拉地区西拉2015
整串和破碎的浆果浸渍3日，开放式高温发酵，酒桶（30%是新的）中陈酿14个月，产量为240箱（12瓶／箱）。深紫红色；这是一款优雅、浓烈且回味长久的葡萄酒。单宁较软，微带橡木味的背景中是黑森林水果、黑莓、甘草和辛香料的味道，它们相互融合，在结尾和余味中达到顶点。
封口: 螺旋盖 酒精度: 14% 评分: 97 最佳饮用期: 2040年 参考价格: 60澳元 ✪

The 48 Block Hunter Valley Shiraz 2014
48号地块猎人谷西拉2014
虽然这款酒与另一款品质绝佳的2014年刚多歌西拉难分伯仲，但这款酒的丰富性与复杂程度使之略胜一筹，这也使得它可以更好地保持风味和状态。其中一部分原料来自林德曼斯·本·伊安（Lindemans Ben Ean）出售前的葡萄园。
封口: 螺旋盖 酒精度: 13.8% 评分: 97 最佳饮用期: 2054年 参考价格: 80澳元 ✪

🍷🍷🍷🍷🍷 Hunter Valley Semilon 2016
猎人谷赛美蓉2016
原料来自于刚多歌酒庄旗下最适宜种植赛美蓉的产区。这款酒的风格和质地完好地表现了产地的特点。带有柠檬草和柠檬乳酪的味道，酸度平滑。结尾处可以感觉到舌上的触感尤为强烈，余韵悠长不绝。
封口: 螺旋盖 酒精度: 11% 评分: 96 最佳饮用期: 2030年 参考价格: 25澳元 ✪

The Chase Hunter Valley Semilon 2016
切斯猎人谷赛美蓉 2016
这款酒与酒庄的野生赛美蓉相反，表现出绝对纯粹的品种特点。自流汁低温静置后用中性酵母发酵。柠檬草和干草的香气迅速的溢出酒杯，口中品尝到一系列相对应的味道，回味悠长不绝。在2016年的猎人谷葡萄酒展上荣获金牌。
封口: 螺旋盖 酒精度: 10.5% 评分: 96 最佳饮用期: 20231年 参考价格: 30澳元 ✪

Somerset Vineyard Hunter Valley Semillon 2014
索默尔塞特葡萄园猎人谷赛美蓉 2014
对我而言，这款酒有着明确而浓烈的风格，这种风格同时带来了极为丰厚的口感，因此相较其他同年的两款刚多歌2014年的赛美蓉中，它可以说是独树一帜。
封口: 螺旋盖 酒精度: 11% 评分: 96 最佳饮用期: 2029年 参考价格: 50澳元 ✪

Hilltops Shiraz 2015
希托普斯西拉2015

原料产自弗里曼（Freeman）葡萄园。于12个月的法国大橡木桶（25%是新桶）中熟成。可以品尝出冷凉地区生长的西拉浓烈和纯粹的特点，浓郁的黑色水果、甘草、香料和黑胡椒的味道充满你的味蕾。中等至饱满酒体，近乎完美。
封口：螺旋盖 酒精度：14.5% 评分：96 最佳饮用期：2035年 参考价格：35澳元 ✪

Somerset Vineyard Hunter Valley Shiraz 2014
索默尔塞特葡萄园猎人谷西拉2014
在新鲜和优雅的基础上，这款酒还有着不同寻常的长度。有着和谐的水果味道和明确的香气特点。我用了一个小时品尝（而且反复品尝）这款酒。
封口：螺旋盖 酒精度：13.8% 评分：96 最佳饮用期：2049年 参考价格：80澳元

Old Road Hunter Valley Shiraz
旧路猎人谷西拉2014
颜色很好。它的关键词是深度和厚度，黑色水果的持久度与单宁相配。这3款刚多歌西拉都非常协调，它们之间的区别非常微妙，不易分辨，但也并非完全做不到。从后向前，香气逐渐增加。
封口：螺旋盖 酒精度：13.8% 评分：96 最佳饮用期：2049年 参考价格：80澳元

Vernon Vineyard Hunter Valley Semillon
维尔浓葡萄园猎人谷赛美蓉2014
这款酒的复杂变化令它与众不同，层次明确，逐级递增。酒精度相对于猎人谷产区的其他优质赛美蓉而言较高，但这也让酒中的热带水果味道得到了充分的表现。
封口：螺旋盖 酒精度：12.5% 评分：95 最佳饮用期：2026年 参考价格：50澳元

Sunshine Vineyard Hunter Valley Semillon
葡萄园猎人谷赛美蓉2014
这片葡萄园在20世纪的五六十年代是著名的林得曼（Lindeman）赛美蓉的诞生地，整片葡萄园一度被毁并被用来做热气球起飞的场地。所幸后来得以重建。它的酒精度不高；味道平衡协调，标准的回味长度。
封口：螺旋盖 酒精度：12% 评分：95 最佳饮用期：2029年 参考价格：50澳元

Canberra District Shiraz
堪培拉区西拉2015
发酵后带皮浸渍10天，法国大橡木桶（30%是新的）中熟成12个月。香气复杂多变，酒体适中，有香料的味道，伴以红色、紫色水果的气息，单宁良好，其中一部分源于浆果，另一部分则来自于橡木——这使其回味更长久，值得玩味。
封口：螺旋盖 酒精度：14.5% 评分：95 最佳饮用期：2035年 参考价格：40澳元

Burton McMahon Gippsland
伯顿·麦克马洪黑比诺2016
初品只觉汁液饱满持久，然后是酸樱桃、野草莓、麝香、檀香和阴冷处湿树叶的味道交织在一起，充满口腔。其中20%的葡萄原料是采用整串发酵方法处理的。
封口：螺旋盖 酒精度：13.2% 评分：94 最佳饮用期：2025年
参考价格：38澳元 NG

Indomitus Rutilus
无序条纹堪培拉地区西拉2015
这款西拉葡萄酒在酿制时的干预处理非常少。其原料中30%的葡萄为完整果串，并与一定量的维欧尼（4%）混合，在风干的法国橡木桶中陈酿12个月。浓厚、香醇，并且活泼，果香集中，酒体中等。
封口：螺旋盖 酒精度：14.5% 评分：94 最佳饮用期：2025年
参考价格：50澳元 NG

🍷🍷🍷🍷🍷

Wild Hunter Valley Semillon
野生猎人谷赛美蓉2016年
评分：93 最佳饮用期：2023年 参考价格：30澳元

Burton McMahon D'Aloisio's Vineyard Yarra Valley Chardonnay 2016
阿罗伊斯欧伯顿·麦克马洪葡萄园雅拉谷霞多丽2016
评分：93 最佳饮用期：2025年 参考价格：34澳元 NG

Burton McMahon Syme Yarra Valley Chardonnay 2016
伯顿·麦克马洪赛姆雅拉葡萄园雅拉谷黑比诺2016
评分：92 最佳饮用期：2025年 参考价格：38澳元 NG

Burton McMahon George's
伯顿·麦克马洪乔治葡萄园雅拉谷霞多丽 2016
评分：91 最佳饮用期：2025年 参考价格：34澳元 NG

Haan Wines 哈那葡萄酒 ★★★★

148 Siegersdorf，Road,Tanunda, 南澳大利亚 5352 产区：巴罗萨谷 电话：（08）8562 4590 网址：www.haanwines.com.au 开放时间：不开放 酿酒师：Sarah Siddons（签约） 创立时间：1993年 产量（以12支箱数计）：3500 葡萄园面积：16.3公顷

汉斯•哈那（Hans Haan）和弗朗辛（Fransien）在1993年买下了塔南达附近的一块葡萄园，建立了自己的葡萄酒企业。园中种植的葡萄品种有：西拉（5.3公顷）、梅洛（3.4公顷）、赤霞珠（3公顷）、维欧尼（2.4公顷）、品丽珠（1公顷），以及马尔贝克、小味儿多和赛美蓉（各为0.4公顷）。橡木对Haan的葡萄酒的影响毋庸置疑，但同时橡木味道也完美融入酒中，浑然一体，浓郁的水果味与橡木味互相映衬。出口至瑞士、捷克共和国、中国以及其他市场。

🍷🍷🍷🍷🍷 Barossa Valley Merlot Prestige 2013

巴罗萨谷梅洛2013

这一年份的葡萄品质决定了这款酒更加新鲜、成熟的风格，同时一切又都被很好地编织在一起，从成熟有力的单宁到核心口感中的美味的黑李子、香料、黑橄榄和橡木的味道，都增加了这款酒的风味，也提升了整体框架感。结尾有温和的苛性感。

封口：Diam软木塞　酒精度：15%　评分：93　最佳饮用期：2020年

参考价格：65澳元　JF

Barossa Valley Viognier Ratafia NV

巴罗萨谷维欧尼拉塔菲亚无年份

略浅的琥珀-桔色；充满着黄油薄荷醇，焦糊太妃糖，金柑-青柠橘子酱和杏仁的味道，整体味感平滑，又有良好的酸度和中性的酒精与之相平衡，略带甜味。非常适合与奶酪搭配。

封口：螺旋盖　评分：92年　参考价格：20澳元　JF ✪

Hahndorf Hill Winery　汉道夫山酒庄 ★★★★★

38 Pain Road, Hahndorf, 南澳 5245　产区：阿德莱德山区　电话：(08) 8388 7512

网址：www.hahndorfhillwinery.com.au　开放时间：每日开放，10:00—17:00　酿酒师：Larry Jacobs　创立时间：2002年　产量（以12支箱数计）：6000　葡萄园面积：6.5公顷

赖瑞·雅各布（Larry Jacobs）和马可·多布森（Marc Dobson）都是南非人，2002年他们买下了汉道夫（Hahndorf）山酒庄。1988年，赖瑞放弃了他从事的医药行业重症监护的工作，买下了斯泰龙博什（Stellenbosch）废置的产业，创立了可以说是标志性的穆德博什（Mulderbosch）葡萄酒品牌。1996年底，两人将穆德博什酒庄出售，移居到澳大利亚，并建立了汉道夫山葡萄酒厂。2006年,他们在南澳建立的酒厂和酒窖门店入选南澳大利亚著名旅游景点，投资也得到了回报。2007年，葡萄园开始向生物动力型转化，同时他们也是减碳计划的推行者中第一批实施者。酒庄从奥地利进口了3个绿维特利纳克隆株系；2016年，增种了圣罗兰，进一步扩大葡萄园。2016年阿德莱德山葡萄酒展产量低于100吨的参展者中，汉道夫山酒庄荣获最佳生产商称号，其“白色精灵绿维特利纳”赢取了最佳绿维特利纳的奖杯；桃红酒又获得了Winewise小型种植者的最佳桃红葡萄酒奖项（以及墨尔本葡萄酒奖金奖）。出口至英国、新加坡和中国。

🍷🍷🍷🍷🍷 GRU Adelaide Hills Gruner Veltliner 2016

GRU阿德莱德山绿维特利纳2016

葡萄原料来自六个不同的克隆株系，分别分批次在不同的波美度（注：即baumes，糖度的一种计量方法）下采摘，每一批采用不同的处理方法，其中一些经过低温发酵，其余的在不锈钢罐中进行中温发酵。30%的酒采用了野生酵母，并在旧桶中带酒脚长时间发酵。酿造的工艺流程可以说极为复杂精细，足以让绝大多数霞多丽的酿酒师汗颜。热烈、明亮的劲道毫无预兆地充斥了你的感官。它精致，注重细节，而且浓烈——这样的组合实在令人惊叹。2016阿德莱德葡萄酒展金奖。

封口: 螺旋盖　酒精度: 12%　评分: 97　最佳饮用期: 2026年　参考价格: 28澳元 ✪

🍷🍷🍷🍷🍷 White Mischief Adelaide Hills Gruner Veltliner 2016

白色精灵阿德莱德山绿维特利纳 2016

酒香中可以明显分辨出淡淡的白胡椒和香料的味道，相比其他大多数的绿维特利纳来说，口感上，它的果香更加浓郁，更有质感。有一点白桃和番石榴的味道，酸度使结尾十分清新自然。

封口: 螺旋盖　酒精度: 13%　评分: 96　最佳饮用期: 2026年　参考价格: 23澳元 ✪

Adelaide Hills Rose 2016

阿德莱德山桃红葡萄酒2016

39%的托罗林格，36%黑比诺，和25%的梅洛。手工采摘，共同压榨。带有香水般的玫瑰花瓣香，然后是一系列独特红色水果味道，饮之令人满口生津。酒体呈干型，非常精细，同时耐人寻味，有完美的平衡感。荣获Winewise葡萄酒展2016年的金牌和奖杯，以及墨尔本葡萄酒奖2016年金牌。

封口: 螺旋盖　酒精度: 13%　评分: 96　最佳饮用期: 2020年　参考价格: 23澳元 ✪

Adelaide Hills Shiraz 2014

阿德莱德山西拉 2014

手工采摘，大部分葡萄经过去梗并压榨，剩下的一部分保持完整果串进行发酵，前发酵冷浸渍，在法国木桶成熟11个月。中等酒体，其中的每一个元素都自然地与整体相融合；完美地表现了产区和品种的风格特点，酒中的橡木味也与整体有机地融合在一起。葡萄原料的采摘日期选择得很好，这一点可以在酒中香料、樱桃和李子的味道之中得到印证。

封口: 螺旋盖　酒精度: 14%　评分: 95　最佳饮用期: 2034年　参考价格: 35澳元 ✪

Adelaide Hills Sauvignon Blanc 2016

阿德莱德山区长相思2016

低温下去梗压榨，采用人工培育酵母发酵。雅拉谷并非长相思的最佳产地，但阿德莱德山区却十分适合其生长。这款葡萄酒的亮点在其充满活力的热带水果和核果的味道，回味悠长，挥之不去。

封口: 螺旋盖　酒精度: 12.5%　评分: 94　最佳饮用期: 2018年　参考价格: 23澳元 ✪

Adelaide Hills Pinot Grigio 2016

阿德莱德山区灰比诺 2016

低温破碎，分别压榨后，在不锈钢罐中低温发酵。酒香浓郁，带有玫瑰花瓣和滑石粉

的气息，口感准确地体现了真正的意大利灰比诺的风格——这也是汉道夫酒庄灰比诺的标志风格。

封口：螺旋盖 酒精度：12% 评分：94 最佳饮用期：2020年 参考价格：25澳元 ✪

Zsa Zsa Zweigelt Nouveau 2016

莎莎茨威格新葡萄酒2016

澳大利亚目前唯一一款茨威格葡萄酒；手工采摘，于不锈钢罐中进行整串碳浸渍，再于法国橡木桶中成熟14周。这是一款引人注目的酒，黑樱桃果的味道充满口腔，绝对没有单宁，无残糖，只有平衡的酸度。此外，虽然仅仅在法国橡木桶中陈酿14个星期，这款酒仍然十分完整，没有缺陷。

封口：螺旋盖 酒精度：11.5% 评分：95 最佳饮用期：2026年 参考价格：33澳元

Haldon Estate Wines 哈尔顿庄园葡萄酒 ★★★★

59 Havelock Road，比曲尔斯，维多利亚 产区：比曲尔斯 电话：(03)5728 2858

网址：www.haldonestatewines.com.au 开放时间：周末及大部分节假日，11:00—17:00 酿酒师：特蕾西·理查德 创立时间：2010年 产量（以12支箱数计）：900 葡萄园面积：2.2公顷

特蕾西·理查德（Tracey Richards）和她的搭档拉纳德·加瑞（Ranald Currie，Ran）仍然保留了一份正式工作来赚钱养家，即便如此，他们葡萄酒的制作和销售已经十分成功了。特蕾西一直十分热爱葡萄酒，2000年至2005年之间，她在加州州立大学攻读，并以班级第一名的优异成绩毕业，并获得了酿酒工艺的学位。通过瑞奇·金茨布伦纳（Rick Kinzbrunner）的侄子彼得·格拉姆（Peter Graham）的介绍，从2003年的酿酒季开始，特蕾西就一直在吉亚康达（Giaconda）工作到2012年，坚持参与了每一年的酿酒工作。庄园内种植了2.2公顷的葡萄，其中包括霞多丽、雷司令、赛美蓉、内比奥罗和赤霞珠。在酒庄这块3.8公顷的土地上，有所建于1893年的老房子。特蕾西说，他们常年住在这套房子里，冬天经常气温低至零度以下。这其实是这块地产第三次被用作葡萄园——第一次可以追溯到19世纪50年代。哈尔顿的酒窖门店很小，就在农场的附属建筑中。大约是在1900—1930年建造的，（被毁坏后）现已得到重建。

🍷🍷🍷🍷🍷(半) The Clarence John Beechworth Nebbiolo Cabernet Sauvignon 2015

克拉伦斯·约翰比曲尔斯内比奥罗赤霞珠2015

内比奥罗和赤霞珠的搭配有些奇怪；后者在香气中占主导地位。这款酒的强劲而朴素的风格让人不由得对它产生兴趣，带有粗砺的单宁、新皮革、绿胡椒粒、黑胡椒的味道；内比奥罗的酸度更加提升了味感。

封口：螺旋盖 酒精度：13.9% 评分：91 最佳饮用期：2021年

参考价格：39澳元 JF

Beechworth Sauvignon Blanc Semillon 2016

比曲尔斯长相思赛美蓉 2016

金黄色酒体，有轻微的烟熏味道，青柠酥酪，一点点干香草的味道，橡木带来的香料，以及即使在高酸度下也能感觉得到的甜味，这是一款美味诱人的白葡萄酒。

封口：螺旋盖 酒精度：13.9% 评分：90 最佳饮用期：2020年

参考价格：29澳元 JF

Beechworth Shiraz 2015

比曲尔斯西拉 2015

有陈年意大利香醋，五香李子蜜饯，雪松-木料的味道。酒体中等，在成熟或过熟水果的衬托下，可以品尝到单宁在逐渐软化。

封口：螺旋盖 酒精度：13.9% 评分：90 最佳饮用期：2022年

参考价格：39澳元 JF

The Cutting Shiraz Merlot Cabernet 2015

卡廷西拉和梅洛赤霞珠

原料的西拉和梅洛均产自国王谷，赤霞珠则来自比曲尔斯，这三者的混酿比例大致相同，陈酿期为2年。中等酒体，其中有树莓浆果、黑醋栗和新鲜绿叶的味道，单宁细致，结尾有轻微的收敛感。简单易饮。

封口：螺旋盖 酒精度：13.3% 评分：90 最佳饮用期：2021年

参考价格：29澳元 JF

🍷🍷🍷🍷 The Piano Player Beechworth Rose 2015

钢琴师比曲尔斯桃红葡萄酒2015年

评分：89 最佳饮用期：2019年 参考价格：22澳元 JF

Beechworth Chardonnay 2015

比曲尔斯霞多丽2015

评分：88 最佳饮用期：2019年 参考价格：39澳元 JF

Edgar Wallace Beechworth Cabernet Sauvignon 2015

埃德加·华莱士比曲尔斯赤霞珠2015

评分：87 最佳饮用期：2019年 参考价格：39澳元 JF

Halls Gap Estate 豪斯峡谷庄园 ★★★★★

4113 Ararat-Halls Gap Rd, Halls Gap, 维多利亚 3381 产区：格兰皮恩斯 电话：0413 595 513

网址：www.hallsgapestate.com.au 开放时间：周一至周三，10:00—17:00 酿酒师：Duncan Buchanan 创立时间：1969年 产量（以12支箱数计）：2000 葡萄园面积：10.5公顷

我第一次到这里时，它还被称为博若卡（Boroka）葡萄园，当时我很吃惊——在豪斯峡谷这样荒芜的地方，竟然会有葡萄园。当时它并不是很成功：朗基兰山酒庄（Mount Langi Ghiran）于1998年收购了这片地产，用以作为与整体相接的附属结构，但到了2013年，酒庄就已经不再需要

它了。然而对于德拉蒙德（Drummond）家族来说，这却是一个机会，亚伦带领大家收购了这个有些破旧的葡萄园（亚伦•德拉蒙德／Aaron Drummond与丹•巴克尔／Dan Buckle合伙）。2014年初，丹和亚伦聘用了邓肯•布坎南（Duncan Buchannan，前德罗玛纳／Dromana庄园的葡萄种植者和酿酒师）——由他来管理他们在摩宁顿半岛的葡萄园，而且要求他必须在豪斯峡谷工作一定的时长。

🍷🍷🍷🍷🍷 Fallen Giants Vineyard Riesling 2016
堕落的巨人葡萄园雷司令 2016年
酒香浓郁。散发清新的花香，苹果（甚至于烤苹果）的味道，略微的带有热带水果和青柠叶片的淡香。最初在味蕾上有一点矿物和石英般的感觉，接着是梨和迈尔柠檬的味道。最后是结尾的酸度，挥之不去，回味无穷。
封口：螺旋盖　酒精度：11.5%　评分：95　最佳饮用期：2026年
参考价格：25澳元　SC　✪

Fallen Giants Vineyard Shiraz 2015
堕落巨人葡萄园西拉2015年
最初的酒香中有一些熟食和肉腥味，给人留下鲜美可口的印象。倒入杯中的酒液会散发出黑色水果的清香，伴随着白胡椒和中东香料的气息。口感柔顺、光滑，可以感觉到它蕴藏的能量，可以窖存很久。
封口：螺旋盖　酒精度：14%　评分：95　最佳饮用期：2035年
参考价格：30澳元　SC　✪

🍷🍷🍷🍷 Fallen Giants Vineyard Cabernet Sauvignon 2015
堕落巨人葡萄园赤霞珠2015
评分：93　最佳饮用期：2025年　参考价格：30澳元

Fallen Giants Vineyard Block 1 Riesling 2015
堕落巨人葡萄园号地块雷司令2015
评分：92　最佳饮用期：2023年　参考价格：30澳元　SC

Hamelin Bay　御龙湾 ★★★★☆

McDonald Road，Karridale，西澳大利 6288　产区：玛格利特河　电话:（08）9758 6779
网址：www.hbwines.com.au　开放时间：每日开放，10:00—17:00　酿酒师：Julian Scott
创立时间：1992年　产量（以12支箱数计）：10000　葡萄园面积：23.5 公顷

德雷克-布罗克曼（Drake-Bockman）家族建立了御龙湾葡萄园———他们也是这个产区最早种植葡萄的酒庄之一。理查德·德雷克-布罗克曼（Richard Drake-Bockman）的曾祖母，格蕾丝·布塞尔（Grace Bussell）曾经因她的英雄事迹而在当地知名：1876年，在她16岁时，她在玛格利特河口附近救下了当时的一次海难中的许多幸存者。理查德的曾祖父弗雷德里克是金伯利（Kimberley）有名的探险家，他在当时的珀斯本地新闻中读到了格蕾斯的这一壮举，骑马行进了300公里来见她——1882年两人举行了婚礼。御龙湾葡萄园和酒厂位于布罗克曼和布塞尔的高速公路的交叉口，离卡瑞代尔（Karridale）市只有几公里远。此地以布罗克曼和布塞尔家族名字命名，以示对其先锋精神的尊敬。

🍷🍷🍷🍷🍷 Five Ashes Reserve Margaret River Shiraz 2012
五尘灰珍藏玛格利特河西拉2012
手工采摘、去梗。采用人工酵母发酵，在法国橡木桶（50%是新的）中成熟16个月。酒中保留了葡萄优异的色泽，口感和香气十分和谐，口感丰富，带有黑色水果、甘草、酸豆橄榄酱、熏肉、雪松、橡木等诸多风味。风格有明确的产地特征——凉爽的卡瑞代尔地区。
封口：螺旋盖　酒精度：14%　评分：95　最佳饮用期：2037年　参考价格：49澳元

Five Ashes Reserve Margaret River Cabernet Sauvignon 2012
五尘灰玛格利特河赤霞珠2012
在法国橡木桶中陈酿16个月。有鲜味、辛香料和黑色水果的气息，酒体中度至饱满，可以品尝到雪松、橡木、单宁的味道，以及一点点薄荷的味道（这并非是缺点）。是一款非常优质的葡萄酒。
封口：螺旋盖　酒精度：14%　评分：95　最佳饮用期：2032年　参考价格：49澳元

Five Ashes Vineyard Margaret River Semillon Sauvignon Blanc 2016
五尘灰葡萄园玛格利特河赛美蓉长相思2016
一款配比为76/24%的混酿，在罐中带酒脚发酵8周。相比这个系列中它的兄弟酒款长相思，有更复杂的酒香——明显带有更多和更丰富的果香。迈耶柠檬与百香果相辅相成，融为一体。
封口：螺旋盖　酒精度：13%　评分：94　最佳饮用期：2022年　参考价格：25澳元　✪

Five Ashes Vineyard Margaret River Chardonnay 2015
五尘灰葡萄园玛格利特河霞多丽2015
散发出非常清新的柚子气息，橡木味道明显但细微；酸度相似，使收尾和余味都非常爽净。
封口：螺旋盖　酒精度：13%　评分：94　最佳饮用期：2026年　参考价格：30澳元　✪

🍷🍷🍷🍷 Five Ashes Vineyard Margaret River Shiraz 2013
五尘灰葡萄园玛格利特河西拉 2013
评分：93　最佳饮用期：2033年　参考价格：32澳元

Five Ashes Vineyard Cabernet Merlot 2014
五尘灰葡萄园赤霞珠梅洛2014

评分：93 最佳饮用期：2029年 参考价格：25澳元 ✪
Five Ashes Vineyard Merlot 2015
五尘灰葡萄园梅洛2015
评分：92 最佳饮用期：2030年 参考价格：25澳元 ✪
Five Ashes Vineyard Cabernet Sauvignon 2012
五尘灰葡萄园赤霞珠2012
评分：92 最佳饮用期：2022年 参考价格：32澳元
Five Ashes Vineyard Sauvignon Blanc 2016
五尘灰葡萄园长相思2016
评分：90 最佳饮用期：2018年 参考价格：25澳元

Hancock & Hancock 汉考克与汉考克 ★★★★

210 Chalk Hill Road, McLaren Vale, SA 5171 产区：麦克拉仑谷
电话：0417 291 708 开放时间：不开放 酿酒师：Larry Cherubino, Mike Brown
创立时间：2007年 产量（以12支箱数计）：不详 葡萄园面积：8.09 公顷
酒庄由业内先驱克里斯•汉考克（Chris Hancock）和他的兄弟约翰（John)创建。2007年，他们买下了麦克拉仑谷的科利纳葡萄园（La Colline），并重新回到家族的事业中。1963年克里斯从罗斯沃斯（Roseworthy）农业学院获得酿酒学的学位后立即被奔富家族聘用。1976年，他加入了玫瑰山庄园，后来酒庄虽然被南方酒业收购，仍旧保留了他在企业中的高层管理职位。当已故的鲍勃·奥特利（Bob Oatley）重新回到葡萄酒行业，并建立了今天的罗伯特·奥特利（Robert Oatley）葡萄园（ROV）后，克里斯（Chris）重新加入了这个家庭，如今他是ROV的副执行主席。公司所产的葡萄酒也理所应当地由奥特利家族葡萄酒商业公司负责分销。出口到英国、中国及中国香港。

🍷🍷🍷🍷🍷 Home Vineyard McLaren Vale Grenache Rose 2016
家族葡萄园麦克拉仑谷歌海娜桃红葡萄酒2016
这款葡萄酒呈淡粉色，典型的现代风格，香气浓郁，充满红色水果的味道；轻盈但持久。酿酒师很明智，整个酿酒的过程中，并没有太多不自然的处理工艺步骤。
封口: 螺旋盖 酒精度: 13% 评分: 92 最佳饮用期: 2018年 参考价格: 23澳元 ✪

Handpicked Wines 手工采摘葡萄酒 ★★★★★

50 Kensington Street，Chippendale，NSW 2008 产区：多产区 电话：(02)9475 7888
网址：www.handpickedwines.com.au 开放时间：周一至周五，11:00—22:00
酿酒师：加里·鲍德温、彼得·迪伦 创立时间：2001年
产量（以12支箱数计）：50000 葡萄园面积：63公顷
DMG精品葡萄酒总部在澳大利亚，是一个面对全球市场的国际葡萄酒公司，手工采摘酒庄是其业务的一部分。追根溯源，还是因为董明光先生在50多年前的中国的高瞻远瞩。董明光成功地建立了许多海外集团，而且业务范围十分广泛，他将自己的四个孩子送到英国、澳大利亚和新加坡求学，现在他的孩子们以董威廉（William Dong）为核心，全部都参与到公司的经营业务中。在手工采摘葡萄酒公司工作后，威廉收购了这家公司，意在将这一品牌打造成一款优秀产区的高档葡萄酒。今天，DMG公司在意大利、智利、法国和西班牙均有酒庄，但其主要业务区域仍然在澳大利亚：出产手工采摘葡萄的33公顷葡萄园位于雅拉谷产区，此外，酒庄在莫宁顿半岛和巴罗萨谷分别有18公顷和12公顷的葡萄园。公司聘请了加里·鲍德温（Gary Baldwin）为行政首席酿酒师，并在位于莫宁顿半岛产区比滕（Bittern）3的旗舰葡萄园卡佩拉（Capella）建立了酒厂，将之作为商业活动的主要招待场所。2014年11月，彼得·迪伦（Peter Dillon）加入了DMG来协助加里·鲍德温。在过去的13年里，迪伦酿制了很多款高品质的葡萄酒，确立了他作为酿酒师的名气和信誉度。产品出口到意大利、菲律宾、韩国、缅甸、柬埔寨、越南、日本、中国及中国香港。

🍷🍷🍷🍷🍷 Regional Selections Yarra Valley Rose 2016
产区精选雅拉谷桃红葡萄酒2016
黑比诺中混合了少量的玛珊，“以提升酒体和质地”。酒体呈淡淡的粉红色，除了红色浆果的味道是口感的核心之外，又出人意料地有一种独特的辛香料/薄荷香的味道。这款酒的两个突出的特点是酒香丰富并且口感清爽，是一款上好的葡萄酒。
封口: 螺旋盖 酒精度: 13.4% 评分: 95 最佳饮用期: 2018年 参考价格: 28澳元 ✪

Collection Tasmania Pinot Noir 2015
精选塔斯马尼亚黑比诺2015
产于塔玛尔谷和笛手河。有些令人意外的是，它没有常见的塔斯马尼亚风格的深度和明亮色调，相反，它十分复杂、可口，其长度与浓度，以及一种林间/未去梗的比诺带来的味道，可能使有些人不喜。但我喜欢。
封口: 螺旋盖 酒精度: 13.7% 评分: 95 最佳饮用期: 2025年 参考价格: 60澳元

Collection Mornington Peninsula Pinot Noir 2015
精选莫宁顿半岛黑比诺2015
与2015年的其他酒款相似，这款酒呈明亮、轻透的浅色；新鲜的酒香中有一种特殊的淡香，十分柔韧，这是一款优雅、和谐，带有红色水果味道的葡萄酒。所用原料为上好的黑比诺，但若要得到顶级评分，还需要加强酒体的力量感，或者是加入其他一些独特的元素。
封口：螺旋盖 酒精度：13% 评分：94 最佳饮用期：2023年 参考价格：60澳元

🍷🍷🍷🍷🍷 Capella Vineyard Mornington Peninsula Pinot Noir 2015
卡佩拉酒园莫宁顿半岛黑比诺2015
评分：93 最佳饮用期：2025年 参考价格：80澳元

Hanging Rock Winery 悬石酒厂 ★★★★★

88 Jim Road，Newham，维多利亚 3442 产区：马斯顿山岭 电话：(03)5427 0542
网址：www.hangingrock.com.au 开放时间：每日开放，10:00—17:00 酿酒师：罗伯特·伊利斯（Robert Ellis） 创立时间：1983年 产量（以12支箱数计）：20000 葡萄园面积：14.5公顷

马其顿的地理位置十分偏僻，悬石葡萄园尽管风景优美，也并不例外。因此，酒庄选择让约翰·伊利斯（John Ellis）负责从维多利亚州的其他各个产区收购葡萄，用以生产不同种类以及价位的葡萄酒。2011年，约翰的儿女露丝（Ruth）和罗伯特（Robert）回到了酒园：罗伯特持有阿德莱德大学的酿酒学学位，毕业后他从事了一段时间飞行酿酒师的工作，往来于香槟、勃艮第、俄勒冈和斯泰伦博斯。露丝在阿德莱德大学取得了葡萄酒营销的学位。出口到英国、加拿大、马来西亚、新加坡和中国。

🍷🍷🍷🍷🍷 Jim Jim Macedon Ranges Sauvignon Blanc 2016
吉姆吉姆马斯顿山岭长相思2016
手工采摘，收获日期为3个或更多不同的时间节点，以增添风味的复杂性。10%的原料在木桶中发酵，以此来更加充分地展示长相思的风格特点。酒在口中有很好的质感，口感和香气浓郁丰富，有刚刚割过的草地气息到百香果的味道，结尾略带一点柑橘核、橘皮和汁液等一系列风味物质。
封口: 螺旋盖 酒精度: 13.2% 评分: 95 最佳饮用期: 2019年
参考价格: 30澳元 ✪

Jim Jim Macedon Ranges Pinot Noir 2014
吉姆吉姆马斯顿山岭黑比诺2014
明亮的浅深红色，刚开瓶时酒可以清楚地闻见品种的特有香气，并持续到最后；后半部及余味中可以感觉到充满活力的红色和紫色水果的出现。这款可爱的黑比诺还可以再陈放许多年。
封口：螺旋盖 评分：95 最佳饮用期：2021年 参考价格：50澳元

Cambrain Rise Heathcote Shiraz 2014
上升寒武纪西斯科特西拉2014
原料混合了来自几个不同葡萄园的葡萄，有着充沛的红色和黑色浆果的甜美气息，这也是酿酒师三十年的丰富经验的充分体现。成熟的单宁和橡木为这款让人愉悦的葡萄酒提供了极好的平衡和质感。
封口: 螺旋盖 酒精度: 14.5% 评分: 94 最佳饮用期: 2034年 参考价格: 30澳元 ✪

Reserve Heathcote Shiraz 2006
珍藏西斯科特西拉 2006
复杂的陈酿香气带来了一系列黑色水果、泥土、香料和橡木的味道。口中可以感觉到更多甘草和一些提升酸度的相应风味物质的味道，除此之外的各个方面都与酒香十分和谐。
封口：Diam软木塞 评分：94 最佳饮用期：2026年 参考价格：105澳元

🍷🍷🍷🍷 Heathcote Shiraz 2013
西斯科特西拉2013
评分：93 最佳饮用期：2033年 参考价格：75澳元

Cuvee Eight Macedon Late Disgorged NV
8号马斯顿迟滞除渣葡萄酒 无年份
评分：93 最佳饮用期：2022年 参考价格：115澳元 TS

The Jim Jim Three Macedon Ranges Riesling Pinot Gris Gewurztraminer 2016
吉姆吉姆三世马斯顿山岭雷司令灰比诺琼瑶浆2016
评分：92 最佳饮用期：2026年 参考价格：30澳元

Macedon Ranges Pinot Noir 2015
马斯顿山岭黑比诺2015
评分：90 最佳饮用期：2021年 参考价格：35澳元

Macedon Rose Brut NV
马其顿桃红绝干 无年份
评分：90 最佳饮用期：2017年 参考价格：35澳元 TS

Hanging Tree Wines 许愿树葡萄酒 ★★★☆

294 O'Connors Road, Pokolbin, 新南威尔士州 2325 产区：猎人谷 电话：(02)4998 6601
网址：www.hangingtreewines.com.au 开放时间：每日开放，10:00—17:00 酿酒师：安德鲁·托马斯（合约） 创立时间：2003年 产量（以12支箱数计）：2500 葡萄园面积：2.8公顷

许愿树葡萄酒［最初名为范德谢尔（Van De Scheur）酒庄］已经发展成为一处豪华的度假胜地。宅基地有两个主套房和两个豪华客房；外廊设有为婚宴准备的宾客坐席，最多可以容纳102位客人。至于葡萄酒——酒庄最初在葡萄园中种植赛美蓉、霞多丽、西拉和赤霞珠时，酒庄就已经聘请了合约酿酒师安德鲁·托马斯（Andrew Thomas）。

🍷🍷🍷🍷 Limited Release Hunter Valley Semillon 2011
限量版猎人谷赛美蓉2011
这款酒的原料采摘得很晚，与2014年份的这款酒毫无相同之处。回味悠长，其中绿色香草和柠檬皮的味道在酸度带来的结构感的作用下显得更加浓烈。可以陈酿很长一段时间。
封口: 螺旋盖 酒精度: 12.5% 评分: 92 最佳饮用期: 2026年 参考价格: 27澳元

🍷🍷🍷🍷 Limited Release Hunter Valley Semillon 2014

限量版猎人谷赛美蓉2014
评分：89　最佳饮用期：2019年　参考价格：25澳元

Hanrahan Estate　汉拉汉庄园 ★★★★☆

3 Hexham，Gruyere，Vic 3770　产区：雅拉谷　电话：0421 340 810
网址：www.hanrahan.net.au　开放时间：周五到周一，11:00—17:00　酿酒师：维利·卢恩（Willy Lunn，优伶酒庄）　创立时间：1997年　产量（以12支箱数计）：1800　葡萄园面积：9.11 公顷

贝芙·考利（Bev Cowley，安捷机舱经理）和长期合伙人比尔·汉拉汉（Bill Hanrahan，安捷机长），在1997年开始在此地——当时还是牧场——建立这个葡萄园。开始时他们是想要追求一种更加轻松的生活方式：他们在亚洲航线工作了几年后，想要远离安捷国际航空公司紧张的生活节奏。他们种植了5公顷的黑比诺、3.3公顷的西拉和0.8公顷的霞多丽，合约聘请了酿酒公司优伶酒庄（Yering Station），2002年他们发行使用了自己的商标销售产品。2007年，在丈夫比尔不幸去世后，贝芙全身心地投入了酿酒事业，同时她的家人和朋友也帮了很多忙，其中她的葡萄园经理戴维·威利斯（Dave Willis）的帮助尤为重要。贝芙也与雅拉山谷旅游部门合作，并且引入了BYO®度假村这个概念——游客可以自己带餐和酒在这里享用，因此可以时常看到很多人在这附近野餐。

🍷🍷🍷🍷🍷 Single Vineyard Yarra Valley Chardonnay 2014
单一葡萄园亚拉谷霞多丽 2014
淡草秆绿色，这是一个非常好的开端。纯净、集中，回味悠长，是一款顶级霞多丽。香气和口感中有葡萄柚、白桃和果汁味的酸度，整体和余味都既饱满，又清爽。
封口：螺旋盖　酒精度：13%　评分：95　最佳饮用期：2024年　参考价格：38澳元

🍷🍷🍷🍷🍷(4.5) Lockie Single Vineyard Yarra Valley Pinot Noir 2015
洛基单一葡萄园雅拉谷黑比诺2015
评分：93　最佳饮用期：2022年　参考价格：42澳元

Single Vineyard Yarra Valley Shiraz 2014
单一葡萄园雅拉谷西拉2014
评分：92　最佳饮用期：2029年　参考价格：38澳元

Angus Single Vineyard Yarra Valley Shiraz 2015
单一葡萄园雅拉谷西拉2014
评分：92　最佳饮用期：2029年　参考价格：38澳元

Happs　哈普斯 ★★★★★

575 Commonage Road, Dunsborough，WA 6281　产区：玛格利特河
电话：(08) 9755 3300　网址：www.happs.com.au　开放时间：每日开放，11:00—17:00
酿酒师：Erl Happ, Mark Warren　创立时间：1978年　产量（以12支箱数计）：14000
葡萄园面积：35.2公顷

厄尔·哈普（Erl Happ）曾经是学校老师、陶工和酿酒师，同时也是家族三代人的族长。最重要的是，厄尔是一个创造者和实验家，这个酒庄从泥砖、混凝土和木架，甚至是第一台压榨机——都由他设计建造。1994年，他在卡瑞代尔建立了一个全新的葡萄园，种下了至少28个不同的种类，包括一些最早在澳大利亚种植的添帕尼罗。出产于这个葡萄园的品种采用“三座小山（The Three Hills）”的商标。厄尔的儿子迈尔斯（Myles）继承了他对陶艺的热爱，加上迈尔斯，现在哈普斯（Happs Pottery）陶艺有四名陶匠。出口到美国、丹麦、荷兰、马来西亚、中国、中国香港和日本。

🍷🍷🍷🍷🍷 The Three Hills Eva Marie 2015
三座小山伊娃玛丽 2015
这款白葡萄酒是波尔多风格的长相思（61.5%）、赛美蓉（31%）以及一些慕斯卡德。玛格利特河产区的许多葡萄酒——比如这款——的确体现出葡萄生长土壤中的海盐和其中蕴藉的能量。酒体重量中等，很有质感，带有雪松、橡木的润滑光泽，明快的酸度自然地与其他元素交融在一起。
封口：螺旋盖　酒精度：13%　评分：95　最佳饮用期：2023年
参考价格：30澳元　NG　✪

The Three Hills Charles Andreas 2015
三座小山查尔斯安德利亚斯
一款波尔多风格的混酿，50%的赤霞珠、17%的梅洛、17%的马尔贝克和16%的小味儿多。结构紧致，精细的单宁烘托了由李子、黑醋栗、口香糖、鼠尾草和月桂叶组成的坚实构架，这款酒的确能给人带来一种庄严的感觉。陈酿之后会更加出色。
封口：螺旋盖　酒精度：14%　评分：95
最佳饮用期：2030年　参考价格：45澳元　NG

🍷🍷🍷🍷🍷(4.5) The Three Hills Margaret River Chardonnay 2015
三座小山玛格利特河霞多丽2015
评分：93　最佳饮用期：2024年　参考价格：45澳元　NG

The Three Hills Margaret River Malbec 2015
玛格利特河马尔贝克2015
评分：93　最佳饮用期：2030年　参考价格：38澳元　NG

Margaret River SBS 2016
玛格利特河SBS 2016
评分：92　最佳饮用期：2024年　参考价格：24澳元　NG©

Margaret River Rose 2016
玛格利特河桃红葡萄酒2016
评分：92　最佳饮用期：2018年　参考价格：22澳元　NG©
Margaret River Cabernet Merlot
玛格利特河赤霞珠梅洛2015
评分：92　最佳饮用期：2025年　参考价格：24澳元　NG©
Margaret River Shiraz 2015
玛格利特河西拉2015
评分：91　最佳饮用期：2023年　参考价格：30澳元　NG
Margaret River Chardonnay 2015
玛格利特河霞多丽2015
评分：90　最佳饮用期：2024年　参考价格：24澳元　NG
Three Hills Margaret River Grenache Shiraz Mataro 2015
三座小山玛格利特河歌海娜西拉玛塔罗2015
评分：90　最佳饮用期：2023年　参考价格：30澳元　NG
Margaret River Merlot
玛格利特河梅洛2015
评分：90　最佳饮用期：2023年　参考价格：24澳元　NG

Harbord Wines　哈博德葡萄酒　★★★★

PO Box 41，Stockwell，SA 5355（邮）　产区：巴罗萨谷
电话：(08) 8562 2598　网址：www.harbordwines.com.au　开放时间：不开放
酿酒师：Roger Harbord　创立时间：2003年　产量（以12支箱数计）：500
罗杰·哈博德（Roger Harbord）是一位受人尊敬的知名酿酒师，他有20多年的酿酒经。最近的10年他曾担了酒窖大师（Cellarmaster）酒业，诺曼（Norman），和E-葡萄酒交易（Ewineexchange）的首席酿酒师。他建立了自己的虚拟酿酒厂以补充现有资源的不足，他所用的葡萄都是按照合约采购的［来自葡萄藤谷（Vine Vale）、墨帕（Moppa）、格林诺克（Greenock）和玛拉南戈（Marananga）］，他还会租赁酿酒设备和空间来酿造和熟成葡萄酒。出口到英国、美国、新加坡和中国。

🍷🍷🍷🍷🍷　Tendril Barossa Valley Shiraz 2015
藤蔓巴罗萨谷西拉2015
小批次生产的原料，在法国和美国大桶中陈放14个月。这款酒可能并不是那种会令人特别激动的风格，但所用的西拉葡萄原料质量均为上佳。中等酒体，天鹅绒般的口感中还能品尝到从李子、黑莓到一点点的香料等一系列的风味。
封口：螺旋盖　酒精度：14.5%　评分：94　最佳饮用期：2035年　参考价格：25澳元 ✪

Harcourt Valley Vineyards　哈考特谷葡萄园　★★★★☆

3339 Calder Highway，Harcourt Valley，Vic 3453　产区：班迪戈
电话：(03)5474 2223　网址：www.harcourtvalley.com.au
开放时间：每日开放，11:00—17:00　酿酒师：奎恩·利文斯敦（Quinn Livingstone）
创立时间：1975年　产量（以12支箱数计）：2500　葡萄园面积：4公顷
100%采用庄园内种植的葡萄果实，奎恩·利文斯敦（Quinn Livingstone，第二代酿酒师）用这些葡萄酿制了一系列小批次的葡萄酒。酿酒过程中尽量少地避免对浆果的处理。品酒区有一个很大的窗户，可以俯视酒园内的大片葡萄藤，也可以看到庄园内的各种活动。2012年，创始人芭芭拉·布劳顿（Barbara Broughton）在91岁时过世了，奎恩的母亲，芭芭拉·利文斯敦（Barbara Livingstone）现在已经退休。产品出口至中国。

🍷🍷🍷🍷🍷　Barbara Bendigo Shiraz 2015
芭芭拉班迪戈西拉2015
这款酒绝对一流，充分地发挥了班迪戈西拉的各种优点，辛香料和黑色水果的味道使它有一种天鹅绒般的口感，深沉浓厚，回味悠长。单宁和橡木的配合，更是为它锦上添花。
封口：螺旋盖　酒精度：14.5%　评分：95　最佳饮用期：2030年　参考价格：25澳元 ✪

🍷🍷🍷🍷🍷(4.5)　Mt Camel Range Heathcote
西斯科特骆驼山岭西拉2015
评分：93　最佳饮用期：2025年　参考价格：25澳元 ✪

Hardys　哈迪斯酒庄　★★★★★

202 Main Road，麦克拉仑谷，南澳大利亚 5171　产区：麦克拉仑谷　电话：(08) 8329 4124
网址：www.hardyswine.com.au　开放时间：周一至周五，11:00—16:00；周末，10:00—16:00　酿酒师：保罗·拉普斯雷（Paul Lapsley，首席）　创立时间：1853年　产量（以12支箱数计）：不详
1992年汤姆·哈迪斯（Toms Hardys）和贝里·雷曼诺（Berri Renmano）两个公司的合并可能有些“强制婚姻”的性质，但是在之后的10年里，集团的发展的确很好。企业的成功直接导致了2003年初的进一步合并，这一次美国的星座酒业是新郎，而BRL哈迪是新娘——他们组成了世界上最大的葡萄酒集团（澳大利亚的子公司被称澳大利亚星座酒业，或者CWA）；但现在是阿克莱德（Accolad）葡萄酒集团的一部分。哈迪斯葡萄酒品牌的构成包括托马斯·哈迪斯（Thomas Hardys）赤霞珠，艾琳·哈迪（Eileen Hardy）霞多丽和西拉，以及詹姆斯爵士（Sir James）系列起泡葡萄酒。接下来是威廉·哈迪（William Hardy）四重奏；还有扩增的产品系列奥莫

（Oomoo）和诺丁山（Nottage Hill）葡萄酒。这些葡萄酒并不应被当作“大公司葡萄酒”对待，它们在澳大利亚最好的葡萄酒之列。出口至世界所有主要市场。

🍷🍷🍷🍷🍷 Eileen Hardy Chardonnay 2015

艾琳·哈迪霞多丽2015

来自塔斯马尼亚、雅拉谷和唐巴兰姆巴。酒液呈闪光的草秆绿色，它似乎轻而易举地结合浓烈、优雅的特点和品种的果味特征。它的酿制者力求完美，白色核果处于味觉体验的核心。优质的法国橡木和矿物质酸也得到了表现，尽管被丰富的水果味道所盖过。

封口：螺旋盖　酒精度：13.5%　评分：98　最佳饮用期：2030年　参考价格：95澳元 ✪

Eileen Hardy Shiraz 2015

艾琳·哈迪西拉2015

出自麦克拉仑谷已有80岁树龄的葡萄藤，野生酵母开放式翻搅，篮中压榨，在法国橡木桶（70%是新的）中熟成。深沉、浓郁的紫红色；立即呈现出这个年份的高品质。它融合了黑莓、李子、黑巧克力以及橡木的味道的同时，又完美地保持了平衡。但没有必要将它的风味完全解构，至少是对它的亵渎。

封口：螺旋盖　酒精度：14.5%　评分：98　最佳饮用期：2045年　参考价格：125澳元 ✪

Barrel Selected Rare Liqueur Sauvignon Blanc NV

酒桶精选稀有利口酒长相思无年份

瓶编号为97。淡金琥珀色；原料来自于澳大利亚麦克拉仑谷最为古老的长相思葡萄藤，有着一种绝对独特的风格。不消说其极为浓烈而且复杂的整体风格，它的酒香中有着陈年氧化的特殊气息，伴随着香料、焦糖化的柑橘类水果和蜂巢的味道，结尾处的奶油糖味道中暗藏着新鲜的柑橘气息。非常平衡。500毫升瓶。

封口：玻璃瓶塞　酒精度：18%　评分：98年　参考价格：100澳元 ✪

Tintara Sub Blewitt Springs

麦克拉仑谷汀达拉布莱维特泉西拉 2015

这款酒很像罗纳河谷葡萄酒的风格，带有辛香料的底色，结构完好，充满质感，充满了丰富的香料、黑色和紫色的水果味道以及非常细腻的单宁。

封口：螺旋盖　酒精度：14.5%　评分：97　最佳饮用期：2040年　参考价格：80澳元 ✪

Upper Tinatar McLaren Vale Shiraz 2013

麦克拉仑谷上汀达拉西拉 2013

哈迪斯酒庄最初的酒厂处种植的葡萄藤已有一百多岁；开放式发酵，气囊压榨。这是一款有着极佳重量感、中等酒体的葡萄酒，带有一些红色和黑色水果的味道，单宁细腻，可以感受到一丝黑巧克力的味道。可以陈放50年，但即使是现在，它也已经十分优雅。

封口：螺旋盖　酒精度：14%　评分：97　最佳饮用期：2063年　参考价格：70澳元 ✪

HRB Cabernet Sauvignon 2015

赤霞珠 2015

D670号桶。哈迪斯从1865年就开始酿制产区混合品种的葡萄酒，因此这款酒只是照着他以前的配方酿制的。库纳瓦拉和弗兰克兰河的葡萄，与麦克拉仑谷150岁的葡萄混合。酒体饱满，带有黑色水果的味道，平衡状态有如行走在高空钢丝上的表演者。可以品尝到100多岁的葡萄。

封口：螺旋盖　酒精度：14%　评分：97　最佳饮用期：2055年　参考价格：40澳元 ✪

Thomas Hardys Cabernet Sauvignon

托马斯·哈迪斯赤霞珠2014

酒香已然预示了接下来将要品尝到的饱满酒体，带有月桂叶的气息，浓郁黑加仑，黑橄榄、泥土等味道从果味中逐渐渗出，还有完美的单宁和一点点法国橡木的味道。

封口：螺旋盖　酒精度：14%　评分：97　最佳饮用期：2049年　参考价格：130澳元 ✪

🍷🍷🍷🍷🍷 HRB Pinot Noir

HRB **黑比诺** 2015

D667号桶。原料来自雅拉谷/塔斯马尼亚州，这是一款多产区混合的现代版。它仍然在初生阶段，醇香还不明显，口感中充满了黑樱桃和李子的果味，有复杂的质感和很好的结构感，足以证明它的陈年潜力，余味现在就已经很复杂。

封口：螺旋盖　酒精度：13.5%　评分：95　最佳饮用期：2028年　参考价格：30澳元 ✪

Tintara Yeenunga Single Vineyard McLaren Vale Shiraz 2015

汀达拉耶农加单一葡萄园麦克拉仑谷西拉2015

原料来自昂卡帕林加（Onkaparinga）峡谷上方高处的葡萄园，这款丰厚饱满的西拉有着黑色水果和黑巧克力的味道，以及坚实的单宁。它的质量,、平衡和长度都很明显，但它还并未完全开放。是酒窖藏酒的最佳选择之一。

封口：螺旋盖　酒精度：14%　评分：95　最佳饮用期：2040年　参考价格：80澳元

HRB Shiraz 2015

HRB **西拉**2015

D671号桶。原料成分（源自麦克拉仑谷和克莱尔谷）分别在法国橡木桶（25%是新的）中熟成16个月。巧妙地混合使麦克拉仑谷独特的黑巧克力和李子的风味表现出来，并且有克莱尔谷的优秀质地。于是，这款酒最多只能算是中等酒体。

封口：螺旋盖　酒精度：14%　评分：95　最佳饮用期：2030年　参考价格：40澳元

HRB Shiraz 2014

HRB **西拉**2014

D662号酒桶。葡萄原料来自于麦克拉仑谷/弗兰克兰河/克莱尔谷，如此协调的混酿只有哈迪斯才有足够的葡萄资源酿造，协调的中等酒体有些出人意料地在结尾处变得轻巧，红色和黑色浆果的味道，和细致的单宁为整体增添了几分优雅。
封口：螺旋盖 酒精度：14.5% 评分：95 最佳饮用期：2040年
参考价格：30澳元 ✪

HRB Riesling 2016
雷司令 2016
D669号桶。哈迪斯为什么要混合克莱尔谷和塔斯马尼亚州的雷司令？因为这两款葡萄是可以混酿的，而且这是第一次有人这样做。有深度，有态度，但这款酒到底会有多成功，我们只有在5—10年后才能知道。但在这之前，塔斯马尼亚产区带来的酸度能够保持克莱尔谷的果香。
封口：螺旋盖 酒精度：12.5% 评分：94 最佳饮用期：2031年 参考价格：40澳元

HRB Chardonnay
HRB **霞多丽**2015
D664号桶。来自唐巴兰姆巴、雅拉谷、玛格利特河、阿德莱德山区和潘伯顿葡萄的混酿，这几个产区的葡萄，都是分别在酒桶中发酵成熟，直到保罗·拉普斯利（Paul Lapsley）通过品尝和实验并将它们神奇地融合在一起。浓烈有力，在冷凉地区生长的霞多丽成熟度很完美，几乎没有橡木味道。
封口：螺旋盖 酒精度：13.5% 评分：94 最佳饮用期：2028年
参考价格：30澳元 ✪

Tintara McLaren Vale Shiraz 2015
汀达拉麦克拉仑谷西拉2015
深紫红色，酒香诱人，中度至饱满的酒体，墨黑色的水果和黑巧克力的味道是这款酒的支撑架构，成熟的单宁则将整体从外部整合。不仅如此，甘草和黑色樱桃的味道在口感中也有表现。
封口：螺旋盖 酒精度：14.5% 评分：94 最佳饮用期：2028年 参考价格：28澳元 ✪

Barrel Selected Rare Tawny
酒桶精选珍稀茶色波特酒 无年份
歌海娜西拉，瓶号788。金棕色；这款酒混合了新旧不同的各式原料，酒精度高得惊人，还有丰富的坚果味道，复杂程度令人咋舌，酒精度极高。500毫升瓶。
封口：玻璃瓶塞 酒精度：20% 评分：94年 参考价格：100澳元

🍷🍷🍷🍷🍷 Tintara McLaren Vale Sangioveses 2015
汀达拉麦克拉仑谷桑乔维塞2015
评分：93 最佳饮用期：2021年 参考价格：28澳元

Tintara McLaren Vale Grenache Shiraz Mataro 2016
汀达拉麦克拉仑谷歌海娜西拉马塔洛2016
评分：92 最佳饮用期：2025年 参考价格：28澳元

Tintara McLaren Vale Fiano 2016
汀达拉麦克拉仑谷菲亚诺2016
评分：90 最佳饮用期：2021年 参考价格：28澳元

Brave New World McLaren Vale Greneche Shiraz Mourvedre 2016
美丽新世界麦克拉仑谷歌海娜西拉幕尔维德2016
评分：90 最佳饮用期：2021年 参考价格：20澳元 ✪

HRB Cabernet Sauvignon
赤霞珠 2014
评分：90 最佳饮用期：2024年 参考价格：30澳元

Hare's Chase 逐兔庄园 ★★★★☆

PO Box 46, Melrose, 南澳大利亚 5039（邮） 产区：巴罗萨谷 电话:（08）8277 3506 网址：www.hareschase.com 开放时间：不开放 酿酒师：彼得·泰勒（Peter Taylor） 创立时间：1998年 产量（以12支箱数计）：5000 葡萄园面积：16.8公顷

逐兔庄园是两个家族的共同作品，有30个年份酿酒经验的彼得·泰罗（Peter Taylor）是酿酒师，迈克·德·拉·海耶（Mike de la Haye）出任总经理；他们在巴罗萨谷的玛然南戈山谷地区的葡萄园已有100年的历史。酒厂简单但实用，位于葡萄园中心的一座石山上，此处的红土适合可以栽培在干型土质的葡萄品种。2016年彼得（Peter）和迈克（Mike）表示："在发展逐兔酒庄15年后，我们终于开始相信，有一天我们不用做全职的其他工作了。"产品出口到美国、加拿大、瑞士、新加坡、马来西亚、中国及中国香港。

🍷🍷🍷🍷🍷 Barossa Valley Shiraz 2013
巴罗萨谷西拉2013
高超的工艺酿制而成，着重体现了巴罗萨谷产区典型的酒精度、果味、深度、单宁和美国橡木等风格特点，此外没有冗余的部分，而有一种难得的开放和轻盈。价格超值。平衡感保证了它将来的品质。
封口：螺旋盖 酒精度：14.5% 评分：96 最佳饮用期：2033年 参考价格：38澳元 ✪

🍷🍷🍷🍷🍷 Ironscraper Barossa Shiraz 2015
铁铲巴罗萨谷西拉2015
评分：93 最佳饮用期：2029年 参考价格：35澳元 JF

Harewood Estate　哈尔伍德庄园　★★★★★

Scotsdale Road, 丹马克，WA 6333　产区：丹马克
电话：(08) 9840 9078　网址：www.harewood.com.au　开放时间：详情见网页
酿酒师：詹姆斯·凯利（James Kellie），保罗·尼尔森（Paul Nelson）
创立时间：1988年　产量（以12支箱数计）：15000　葡萄园面积：19.2公顷
从1998年起，詹姆斯·凯利（James Kellie）就一直负责采用聘请合约酿酒师的方法生产哈尔伍德葡萄酒。在2003年，他同父亲和姐姐三人共同买下了酒庄产业，建立了一个产量300吨的酒厂，既为大南部地区产区提供合约葡萄酒酿造，同时也有能力扩展哈尔伍德的产区覆盖范围，来生产一些其他小产区的葡萄酒。2010年1月，詹姆斯和他的妻子卡莱纳（Careena），买下了父亲和姐姐的股份而成为酒庄唯一的所有者。出口到英国、美国、丹麦、瑞士、印度尼西亚、马来西亚、新加坡、日本等国家，以及中国内地（大陆）和香港、澳门地区。

🍷🍷🍷🍷🍷 Denmark Riesling 2016
丹马克雷司令2016
非常优雅的一款酒，展示出白色花香、杏子和柠檬皮的风味。多汁而恰到好处的酸度，充满活力的气泡，持久，生津，让人喝了一杯，还想再来一杯——再配上一份东南亚的沙拉。一个美丽的、芭蕾般优雅平衡的雷司令。
封口：螺旋盖　酒精度：12%　评分：97　最佳饮用期：2028年
参考价格：24澳元　NG　✪

🍷🍷🍷🍷🍷 Mount Barker Riesling 2016
贝克山雷司令 2016
温和的杏、温桲和成熟苹果的气息，穿插着生姜的辛辣，除了美味之外，还有奇异的德国式的复杂风格。可以品尝到原料葡萄带来的天然的酸度，味道悠长委婉。
封口：螺旋盖　酒精度：12.5%　评分：96　最佳饮用期：2028年
参考价格：24澳元　✪

Porongurup Riesling 2016
波容古鲁普雷司令2016
与哈尔伍德其他所有的小产区的特别款雷司令一样，完全采用自流汁，葡萄柚皮和青柠檬的浓郁香味，干爽，带有明确和热情的酸度，还有一些未溶解的二氧化碳为舌尖上带来丝丝刺痛。稳定有力，在结尾处可以清晰地品尝到酚类的味道。
封口：螺旋盖　酒精度：12.5%　评分：95　最佳饮用期：2028年　参考价格：24澳元　✪

Reserve Denmark Semillon Sauvignon Blanc 2016
珍藏丹马克赛美蓉长相思2016
柠檬油、羊毛脂、成熟的杏子和榴莲的香气从杯中漫溢出来，高质量的新橡木带来了类似于薄薄的一层椰子粉的质感。酒脚带来的细节和部分在桶中发酵的工艺更增加了这款酒的宽度。酸度平衡，而且平滑。
封口：螺旋盖　酒精度：13%　评分：94　最佳饮用期：2022年　参考价格：27澳元　✪

🍷🍷🍷🍷🍷 Reserve Denmark Chardonnay 2015
珍藏丹马克霞多丽2015
评分：93　最佳饮用期：2023年　参考价格：34澳元　NG

Frankland River Riesling
弗兰克兰河雷司令 2016
评分：92　最佳饮用期：2026年　参考价格：24澳元　NG　✪

Great Southern SBS
大南部地区SBS 2016
评分：92　最佳饮用期：2020年　参考价格：21澳元　NG　✪

Denmark Pinot Noir
丹马克黑比诺2016
评分：92　最佳饮用期：2021年　参考价格：21澳元　NG　✪

F Block Great Southern Pinot Noir 2016
F区块大南部地区黑比诺2016
评分：92　最佳饮用期：2026年　参考价格：27澳元　NG

Denmark Chardonnay
丹马克霞多丽 2016
评分：91　最佳饮用期：2023年　参考价格：27澳元　NG

Great Southern Cabernet Merlot 2015
大南部地区赤霞珠梅洛2015
评分：91　最佳饮用期：2030年　参考价格：21澳元　NG　✪

Hart & Hunter　哈特&亨特　★★★★★

Gabriel's Paddock, 463 Deasys Road, Pokolbin, 新南威尔士州 2325　产区：猎人谷
电话：0401 605 219　网址：www.hartandhunter.com.au　开放时间：周四至周日，10:00—16:00
酿酒师：达米安·斯蒂文斯（Damien Stevens），朱迪·贝尔维尔（Jodie Belleville）
创立时间：2009年　产量（以12支箱数计）：2500
酒庄的所有者是酿酒师夫妇达米安·斯蒂文斯（Damien Stevens），朱迪·贝尔维尔（Jodie Belleville），以及他们的合伙人丹尼尔（Daniel）和艾莉·哈特（Elle Hart）。许多猎人谷有声誉的葡萄种植者都是他们的原料供应商，尤其是许多单一酒园葡萄酒和小批量生产的葡萄园。

酒庄的成功使他们在2015年下半年开设了酒窖门店，不仅提供酒庄的三款最知名的猎人谷品种系列，还有一些实验性的葡萄酒和其他备选品种。

🍷🍷🍷🍷🍷 Single Vineyard Series The Hill Shiraz 2011

单一葡萄园系列山丘西拉2011

完好地保存了红紫色调，4年前泰森·斯特尔泽（Tyson Stelzer，95分）第一次品尝时，评价它"浓郁和平衡"。自此，它已经从容地实现了大家的期待，充满了神秘的李子和泥土的风味，而且有一个平衡悠长的结尾。在未来的10年里，它一定会成为一款卓越经典的猎人谷西拉。

封口：螺旋盖　酒精度：13.5%　评分：96　最佳饮用期：2036年　参考价格：75澳元 ✪

Single Vineyard Series Oakey Creek Semillon 2016

单一葡萄园系列橡木溪赛美蓉 2016

猎人谷赛美蓉在这一现代版范例酒款中，成功地挑战了雷司令对柑橘风味的特权。柠檬汁、柠檬草和一丝青柠的味道被一层矿物质酸度包裹着，充满活力。平衡和长度都很好。

封口：螺旋盖　酒精度：11%　评分：95　最佳饮用期：2029年　参考价格：30澳元 ✪

Single Vineyard Series The Remparts Semillon 2016

单一葡萄园林帕茨系列赛美蓉2016

花香非常丰富，可以品尝到老藤赛美蓉带来的累积的醇厚之感。酸度并不尖锐，但会在口中逐渐加深。

封口：螺旋盖　酒精度：11%　评分：95　最佳饮用期：2029年　参考价格：30澳元 ✪

Single Vineyard Series Oakey Creek Semillon 2013

单一葡萄园系列橡木溪赛美蓉2013

明亮的石英绿色，我第一次品尝它是在3年前，当初对它的预期与现在它的状态完全一致，它还将在接下来的数十年中继续沿着这个轨迹发展。猎人谷赛美蓉的秘密是纯净和新鲜的，恒定的酸度好像在随着陈年而逐渐软化，但实际上，这是果味的发展变化给我们带来的一种错觉。

封口：螺旋盖　酒精度：10.5%　评分：95　最佳饮用期：2027年　参考价格：39澳元

Single Vineyard Series Syrah 2014

单一葡萄园系列西拉2014

一款2014年的酒仍然有这样轻透而明亮的色泽，令人很是意外，低度数的酒精度以及与之相配的纯粹而新鲜的红色浆果的口感，让酒体得以保持新鲜的色泽。倒是有一些黑比诺的风格，应在3—5年内享用。

封口：螺旋盖　酒精度：13%　评分：95　最佳饮用期：2024年　参考价格：40澳元

Dr. B's Fiano 2016

B博士菲亚诺罗 2016

天空中的猎人星座是又有了一颗新星吗？与前面提到的年轻而优质的赛美蓉一样，这款菲亚诺非常新鲜，纯净和浓郁。下一步这款酒的发展（同系列的以后的年份）十分令人期待。

封口：螺旋盖　酒精度：11.5%　评分：94　最佳饮用期：2023年　参考价格：28澳元 ✪

🍷🍷🍷🍷🍷 Twenty Six Rows Chardonnay 2015

二十六行霞多丽2015

评分：93　最佳饮用期：2022年　参考价格：40澳元

Fox Force Five Shiraz 2015

狐力五西拉2015

评分：90　最佳饮用期：2030年　参考价格：47澳元

Hart of the Barossa　巴罗萨雄鹿 ★★★★

Cnr Vine Vale Road/Light Pass Road，塔南达，南澳大利亚5352　产区：巴罗萨谷
电话：0412 586 006　网址：www.hartofthebarossa.com.au　开放时间：仅限预约
酿酒师：迈克尔·哈特（Michael Hart）和阿丽莎·哈特（Alisa Hart）　创立时间：2007年
产量（以12支箱数计）：2200　葡萄园面积：6.5公顷

迈克尔（Michael）和阿丽萨（Alisa）的祖先在1845年来到南澳大利亚，他们（还有7个孩子）最初的地址是在北帕拉河岸的一颗空心树那里。迈克尔和阿丽萨亲自照顾他们的葡萄园，这也是巴罗萨谷最早得到有机认证的葡萄园。院中还有一些110岁的老西拉葡萄树。这些树所出产的葡萄酒非同寻常；可惜每年的产量只够生产两大桶的（66瓶）。其他的葡萄酒也非常令人深刻，尤其是当你考虑到他们的定价后。出口到德国等国家，以及中国内地（大陆）和香港、台湾地区。

🍷🍷🍷🍷🍷 Faithful Limited Release Old Vine Shiraz 2014

虔诚限量款老藤西拉2014

上帝保佑这款葡萄酒，这是110年老藤可以生产卓越而独特的葡萄酒的有力证明。醇厚的酒体光洁平滑，有力的单宁如天鹅绒般，结尾很长。美好的水果味为核心，被甘草，甜橡木味道所包围。

封口：螺旋盖　酒精度：14.5%　评分：95　最佳饮用期：2034年
参考价格：79澳元　JF

🍷🍷🍷🍷🍷 The Blesing Limited Release Cabernet Sauvignon 2014

祝福限量款赤霞珠2014

评分：90　最佳饮用期：2025年　参考价格：32澳元　JF

Haselgrove Wines 豪富葡萄酒 ★★★★★

187 Sand Road，麦克拉仑谷，南澳大利亚 5171 产区：麦克拉仑谷
电话：(08) 8323 8706 网址：www.haselgrove.com.au 开放时间：仅限预约
酿酒师：安德烈·邦达（Andre Bondar） 创立时间：1981年
产量（以12支箱数计）：40000 葡萄园面积：9.7公顷
唐·托蒂诺（Don Totino）、唐·路卡（Don Luca）、托尼·卡罗奇（Tony Carrocci）和史蒂夫·马奎乐（Steve Maglieri）是意大利裔的澳大利亚人，也是葡萄酒资深从业人员。2008年的一天，在喝过几瓶上好的红葡萄酒后，他们在打牌时决定买下豪富。他们完全改变了产品的范围、价格和包装：传说系列（Legend Series）价格为75美元到150美元，起源系列（Origin Series）在35美元左右，首剪（First Cut）在18美元左右。他们还定制了特大型的葡萄破碎设备，这位他们提供了至关重要的现金流。出口加拿大、马来西亚、新西兰等国家，以及中国内地（大陆）和香港地区。

🍷🍷🍷🍷🍷 Col Cross Single Vineyard McLaren Vale Shiraz 2015
单一葡萄园麦克拉仑谷西拉2015
来自单一葡萄园的老藤，树龄不详。葡萄破碎后进行开放式发酵，带皮浸渍8天后于法国大桶中陈酿18个月。颜色很好，酒体饱满，结构感强，充满力量，深色的成熟水果味道十分浓郁，还有混合了酱油、甘草、黑巧克力、干香草和中东香料味道的鲜咸风味。
封口：Diam软木塞 酒精度：14.5% 评分：96
最佳饮用期：2029年 参考价格：90澳元 JF

Catkin McLaren Vale Shiraz 2015
柳絮麦克拉仑谷西拉2015
为保证不同的风味，他们将来自四个不同酒园的葡萄原料分别发酵，这才酿成这款平衡的葡萄酒。一切都很和谐：适量的果味和纤维，有质感的单宁，饱满但不过度的酒体，结尾很丰富。
封口：螺旋盖 酒精度：14.5% 评分：95 最佳饮用期：2025年
参考价格：40澳元 JF

The Lear McLaren Vale Shiraz 2015
利尔麦克拉仑谷西拉2015
真正经过打磨的天鹅绒般丰富的单宁，如骨架般支持着充满力量的黑色水果，薄荷和香料的味道。结构平衡，酒体饱满，而且十分自然。
封口：螺旋盖 酒精度：14.5% 评分：95 最佳饮用期：2029年
参考价格：90澳元 JF

Protector McLaren Vale Cabernet Sauvignon 2015
保护者麦克拉仑谷赤霞珠2015
新鲜的黑醋栗、黑莓的味道中很好地展示了葡萄品种的典型性。柔顺又有韧性的单宁，有些摩擦感，口感中有柠檬的酸度。这是一款活泼，且没有被橡木的味道压倒的葡萄酒。工艺高超。
酒精度：14.5% 评分：95 最佳饮用期：2025年 参考价格：40澳元 JF

🍷🍷🍷🍷 Scarce Earth The Ambassador Shiraz 2015
稀土大使西拉2015
评分：93 最佳饮用期：2024年 参考价格：85澳元 JF

witch Grenache Shiraz Mourvedre 2015
交换歌海娜幕尔维德2015
评分：93 最佳饮用期：2024年 参考价格：40澳元 JF

Staff Adelaide Hills Chardonnay 2016
阿德莱德山霞多丽2016
评分：91 最佳饮用期：2021年 参考价格：30澳元 JF

Hastwell & Lightfoot 哈斯塔威尔酒庄 ★★★★

301 Foggos Road，麦克拉仑谷，南澳大利亚 5171 产区：麦克拉仑谷
电话：(08) 8323 8692 网址：www.hastwellandlightfoot.com.au
开放时间：周五—周日，11:00—17:00 酿酒师：詹姆斯·哈斯维尔（James Hastwell）
创立时间：1988年 产量（以12支箱数计）：4500 葡萄园面积：16公顷
酒庄是1988年由马克（Mark）和温迪·哈斯维尔（Wendy Hastwell），以及马丁(Martin）和吉尔·莱特福特（Jill lightfoot）建立的。在销售了许多产品后，他们决定使用自己的哈斯维尔&莱特福特（Hastwell & Lightfoot）品牌，本着对品牌质量负责的原则，他们只销售酒庄内种植的品种。葡萄藤嫁接在能够抑制生长势的根砧木上，以限制温暖季节可能出现的死果。马克和温迪的儿子詹姆斯·哈斯维尔（James Hastwell）在距离葡萄园2公里的地方也建有自己的酒厂。出口到英国、美国、加拿大、马来西亚、新加坡等国家，以及中国内地（大陆）和台湾地区。

🍷🍷🍷🍷 McLaren Vale Vermentino 2016
麦克拉仑谷维蒙蒂诺 2016
维蒙蒂诺在麦克拉仑谷一向表现良好。诱人的柑橘以及柔和的热带水果的味道相混合，给这款酒带来了结构感和良好的长度，酸度清爽持久。
封口：螺旋盖 酒精度：13% 评分：90 最佳饮用期：2021年 参考价格：21澳元 ✪

🍷🍷🍷🍷 McLaren Vale Shiraz 2013
麦克拉仑谷西拉2013

评分：89　最佳饮用期：2028年　参考价格：25澳元

Hatherleigh Vineyard　哈瑟雷葡萄园 ★★★★★

35 Red Ground Heights Road，Laggan，新南威尔士州2583　产区：南部新南威尔士
电话：0418 688 794　网址：www.nickbulleid.com/hatherleigh　开放时间：不开放
酿酒师：尼克·布雷德（Nick Bulleid），斯图亚特·霍尔顿（Stuart Hordern）
创立时间：1996　产量（以12支箱数计）：250　葡萄园面积：1公顷

酒庄的所有者尼克·布雷德（Nick Bulleid）是恋木传奇（Brokenwood）的长期合伙人和葡萄酒顾问。这个企业的发展可以说是非常非常缓慢，其间他们克服了种种困难。1996年到1999年间，酒庄只有1公顷的黑比诺，这其中一部分后来被嫁接到更好的克隆株系上，形成了一个新的混合克隆株系MV6（先种植量占主导地位），园内还有两行777和一些115克隆株系。恋木传奇的葡萄酒是由斯图加特·霍尔顿（Stuart Hordern）和尼克·布雷德（Nick Bulleid）共同指导下酿制的，详情见网站。

🍷🍷🍷🍷🍷 Pinot Noir 2013
黑比诺 2013
酿酒师/所有者葡萄酒大师尼克·布雷德在拉根（Laggan，海拔910米）的小葡萄园是一个梦幻度假之地，还有一点堂吉柯德的精神。这个地区真的非常冷（这一年份葡萄出芽时有雪），尼克不断积累相关知识，也花费了一些时间才理顺了所有的事项——此时葡萄藤也成熟了。20%采用整串发酵法并在新的和旧的法国橡木桶熟成。酒体较轻，但有经典的第二类香气，温和的辛香料和森林的气息在口中十分饱满。最好及时饮用。
封口：螺旋盖　酒精度：13%　评分：95　最佳饮用期：2023年

Hay Shed Hill Wines　草棚山葡萄酒 ★★★★★

511 Harmans Mill Road, Wilyabrup, 西澳大利亚 6280　产区：玛格利特河
电话：（08）9755 6046　网址：www.hayshedhill.com.au　开放时间：每日开放，10:00—17:00
酿酒师：Michael Kerrigan　创立时间：1987年　产量（以12支箱数计）：24000
葡萄园面积：18.55公顷

迈克·克里根（Michael Kerrigan）是霍华德·帕克（Howard Park）酒庄前酿酒师，他在2006下半年购入这个企业［与西海角豪斯集团（West Cape Howe）共同所有］，现在是全职酿酒师。他从一开始就自信他能大幅度地提高葡萄酒的质量，并且也真的做到了。产品包括5款葡萄酒：葡萄园系列，白标（White Label）和地块（Block）系列都是采用酒庄内种植的葡萄酿制的。地块系列是采用葡萄园中不同地块的葡萄特别酿制而成的，也是整个产品线中的顶级系列。其中包括一区酒庄赛美蓉、6号霞多丽、8号品丽珠和2号赤霞珠。草叉（Pitchfork）系列则是由按合同采购的当地产区的葡萄酒酿制的。出口到英国、美国、丹麦、新加坡、马来西亚、日本等国家，以及中国内地（大陆）和香港地区。

🍷🍷🍷🍷🍷 Margaret River Sauvignon Blanc Semillon 2016
玛格利特河长相思赛美蓉2016
这是一款完美的玛格利特河SBS（长相思赛美蓉）。可以说几乎所有的工作都是在葡萄园进行的，酒庄尽量不用橡木来干涉品种特点的表达。最初是一些青草/豌豆荚的气息，紧接着口中可以品尝到流溢的的西番莲，以及菠萝和番石榴的柔顺味道。
封口：螺旋盖　酒精度：12.5%　评分：95　最佳饮用期：2018年　参考价格：22澳元 ✪

Block 1 Margaret River Semillon Sauvignon Blanc 2016
一号地块玛格利特河赛美蓉长相思2016
这是由于燥气候下生长的44岁酒龄的葡萄酿制成的，两个品种分别采摘、压榨，然后共同发酵，并在旧法国橡木桶中成熟。口感新鲜，果汁味丰富，带有核果和热带水果的味道。好喝。
封口：螺旋盖　酒精度：12%　评分：95　最佳饮用期：2021年　参考价格：30澳元 ✪

Margaret River Chardonnay 2015
玛格利特河霞多丽2015
在法国橡木桶（30%是新的）中发酵并熟成10个月。原料为低产量葡萄，且采用了自流汁，吸收的橡木味道加强了玛格利特河产区风格的复杂性和深度。葡萄柚的味道在中段表现得很自然，并一直保持到结尾。
封口：螺旋盖　酒精度：13%　评分：95　最佳饮用期：2025年　参考价格：28澳元 ✪

Block 2 Margaret River Cabernet Sauvignon 2013
2号地块玛格利特河赤霞珠2013
深红紫色，充满质感，有结构感，酒龄尚浅，现在主要风味是丰盛的黑醋栗味道。橡木的味道还没有完全融入整体，但时间可以解决这个问题。
封口：螺旋盖　酒精度：14%　评分：94　最佳饮用期：2030年　参考价格：55澳元

Morrison's Gift 2014
莫里森的礼物 2014
40%的赤霞珠，梅洛和小味儿多各20%，马尔贝克和品丽珠各占10%，所有葡萄均出自35—48岁老藤葡萄树。在法国橡木桶（20%是新的）中陈酿15个月。带有丰富的红色、蓝色和黑色水果及浆果的味道，橡木味略微过重。单宁柔顺，整体平衡。
封口：螺旋盖　酒精度：14%　评分：94　最佳饮用期：2029年　参考价格：25澳元 ✪

Margaret River Malbec 2015
玛格利特河马尔贝克2015
手工采摘，冷浸渍，采用人工培养酵母，开放式发酵，在法国橡木桶（20%是新的）中陈放12个月。深紫红色；这款马尔贝克有着优质的中度至饱满的酒体，充满李子和

黑色水果的味道，质地复杂，令人满意，单宁完整和谐，而且非常平衡。
封口：螺旋盖　酒精度：14%　评分：94　最佳饮用期：2029年　参考价格：30澳元

🍷🍷🍷🍷🍷 Margaret River Pinot Noir Rose 2016
玛格利特河黑比诺桃红2016
评分：92　最佳饮用期：2018　参考价格：22澳元 ✪

Margaret River Shiraz Tempranillo 2015
玛格利特河西拉添帕尼罗2015
评分：92　最佳饮用期：2029年　参考价格：22澳元

Margaret River Tempranillo 2015
玛格利特河添帕尼罗2015
评分：92　最佳饮用期：2030年　参考价格：30澳元

G40 Mount Barker Riesling 2016
G40 贝克山雷司令2016
评分：92　最佳饮用期：2026年　参考价格：25澳元

Margaret River Grenache 2015
玛格利特河歌海娜2015
评分：91　最佳饮用期：2030年　参考价格：30澳元

Pitchfork Cabernet Merlot 2014
草叉赤霞珠梅洛2014
评分：91　最佳饮用期：2022年　参考价格：17澳元　SC ✪

Pitchfork Semillon Sauvignon Blanc 2016
草叉赛美蓉长相思2016
评分：90　最佳饮用期：2018年　参考价格：17澳元 ✪

Pitchfork Margaret River Chardonnay 2016
草叉玛格利特河霞多丽2016
评分：90　最佳饮用期：2020年　参考价格：17澳元 ✪

Pitchfork Margaret River Shiraz 2014
草叉玛格利特河西拉2014
评分：90　最佳饮用期：2019年　参考价格：17澳元　SC ✪

Margaret River Cabernet Merlot 2015
玛格利特河赤霞珠梅洛2015
评分：90　最佳饮用期：2024年　参考价格：22澳元

Pitchfork Cabernet Merlot 2015
草叉赤霞珠梅洛2015
评分：90　最佳饮用期：2023年　参考价格：17澳元

Hayes Family Wines　海耶斯家族葡萄酒 ★★★★★

102 Mattiske, Stone Well，SA 5352　产区：巴罗萨谷　电话：0419 706 552
网址：www.hayesfamilywines.com　开放时间：仅限预约　酿酒师：安德鲁·塞普尔特（Andrew Seppelt）　创立时间：2014年　产量（以12支箱数计）：200　葡萄园面积：5公顷
海耶斯（Hayes）、塞普尔特（Seppelt）和施兹（Schulz）三个家族都是这个企业的合伙人。安德鲁·塞普尔特（Andrew Seppelt）20多年来一直在巴罗萨酿酒，马库斯·施兹（Marcus Schulz）则在巴罗萨有50多年的葡萄种植经验，布莱特·海耶斯（Brett Hayes）和其家族有25年以上的经营和农业管理的经验。2016下半年，他们又买入了西部山脊处石井（Stone Well）地区的5公顷老葡萄园。他们的业务从2015年的年份葡萄酒开始，进入了一个飞速发展的阶段。

🍷🍷🍷🍷🍷 Barrosa Valley Shiraz 2015
巴罗萨谷西拉2015
这是一款具有欺骗性的中等酒体的西拉，每一次重新品尝，都会给你带来不一样的感觉，尤其是包裹在新法国橡木味和柔顺单宁中的浓郁的果香——黑色水果的味道。这是故意卖弄吗？不是。那么是优雅吗?是的。
封口：螺旋盖　酒精度：14.3%　评分：95　最佳饮用期：2030年　参考价格：32澳元 ✪

Barrosa Valley Mataro Shiraz 2016
巴罗萨谷马塔洛西拉2015
来自艾伯内兹（Ebenezer）的80%与20%的混酿型葡萄酒。色泽明亮而清淡；精确选择的采摘时间保证了葡萄的质量，橡木的味道也恰到好处。具有紫色（李子）和蓝色水果的味道，单宁细腻，酒体适中。如果说主人像狗，那么这款酒则像它的优雅酒标（正标和背标）。
封口：螺旋盖　酒精度：14.1%　评分：95　最佳饮用期：2025年　参考价格：32澳元 ✪

Barrosa Valley Matoro 2015
巴罗萨谷马塔洛2015
瓶号18，共300瓶。海耶斯家族对采摘时机的选择非常值得称赞，保证原料具备新鲜的果香，同时也有足够的酸度。这款马塔洛芳香四溢，有美味的红色水果味道和超细的单宁。
封口：螺旋盖　酒精度：14%　评分：94　最佳饮用期：2023年　参考价格：26澳元 ✪

Head Wines 海德葡萄酒 ★★★★★

Lot 1 Stonewell, stonewell，SA 5352 产区：巴罗萨谷
电话：0413 114 233 网址：www.headwines.com.au
开放时间：二月至四月间开放，仅限预约 酿酒师：艾利克斯（Alex Head）
创立时间：2006年 产量（以12支箱数计）：5000 葡萄园面积：7.5公顷

海德葡萄酒是艾利克斯（Alex Head）的企业，他毕业于悉尼大学的生物化学专业，于1997年进入了葡萄酒产业。他有在精品葡萄酒专卖店工作的经验，也从事过进口和拍卖方面的工作，也曾经参与他喜爱的泰瑞尔（Tyrrell's）、托布雷克（Torbreck）、大笑杰克（Laughing Jack）和西瑞罗（Cirillo）酒庄的酿酒工作。从他给葡萄酒命名的方式也可见他对北罗纳河谷罗梯叶丘(Côte-Rôtie)的迷恋。罗梯叶丘是因布朗德丘(Côte Blonde)和布吕内特丘（Côte Blunette）两个山坡而闻名。金发海德（Head's Blond）出自石井（Stone Well）地区一个朝东的山坡，金发海德则出自低产量的墨帕（Moppa）地区的葡萄园。这两款酒都采用了开放式发酵（整串法），篮式压榨，以及采用法国橡木桶熟成的工艺。出口丹麦、荷兰和日本。

🍷🍷🍷🍷🍷

Ancestor Vine Springton Eden Valley Grenache 2015
祖先葡萄藤斯普瑞顿伊甸园谷歌海娜2015
这款歌海娜细节清晰，由20%整串发酵带来的好像浸在黑樱桃利口酒中覆盆子、醋栗和李子的味道，丝绒般的质地同时升华调和了整体的口感。原料葡萄的树龄为156岁——只有如此古老的藤蔓才能给人带来这种味觉体验。带有精细的沙质般的单宁，热情的酸度使水果香气十分丰盛。
封口：螺旋盖 酒精度：14.5% 评分：98 最佳饮用期：2035年
参考价格：100澳元 NG ✪

Rare Barossa Valley Tawny NV
珍稀巴罗萨谷茶色波特酒 无年份
老藤歌海娜在威士忌桶中发展出许多细节，并更加自然。带有烤核桃、糖蜜和姜粉的味道，丰盛而复杂的口感完美地融合了酒精度和有些苛性的结尾。
封口：螺旋盖 酒精度：20% 评分：98 参考价格：50澳元 NG ✪

Old Vine Greenock Barrosa Valley Grenache 2015
老藤格林诺克巴罗萨谷歌海娜2015
来自有101年历史的葡萄园。歌海娜的樱桃白兰地的味道尽显无遗，这些风味物质又与马塔洛的老葡萄藤带来的二价铁元素化合物的味道相平衡。原料在发酵过程中保存了10%的梗，柔和的浸提风味物质，整串发酵，采用野生酵母，并在橡木桶中进行17个月的陈酿。带给人一种纯粹的愉悦感。
封口：螺旋盖 酒精度：14.5% 评分：97 最佳饮用期：2026
参考价格：35澳元 NG ✪

🍷🍷🍷🍷🍷

The Brunette Moppa Barossa Valley Grenache 2015
布鲁奈特墨帕巴罗萨谷西拉 2015
巴罗萨的甜度和其特有的温暖感犹如前奏，接下来是柔滑的单宁、深色水果和橡木的味道完美地协奏。中等酒体，还有一些熏肉、橄榄酱、蚝油和胡椒类香料的味道，品种风格的表现非常清晰。
封口：螺旋盖 酒精度：14.2% 评分：96 最佳饮用期：2035年
参考价格：55澳元 NG ✪

Head Red Barossa Valley Shiraz 2015
海德罗萨谷西拉 2015
这款酒的背标非常简洁："这是我每年酿制的巴罗萨谷葡萄酒中，最优质的西拉混酿。"中等酒体，酒香芬芳，充满新鲜和活力，红色和黑色水果的味道在口中盘旋，带有多种香料和一点点黑色甘草的味道，单宁也很完美。
封口: 螺旋盖 酒精度: 14% 评分: 95 最佳饮用期: 2025年 参考价格: 25澳元 ✪

Blonde Stone Well Barossa Valley Shiraz 2015
金色石井巴罗萨谷西拉2015
这是一款带有香甜水果风味和各种香料味道的经典葡萄酒。33%的法国新橡木桶的味道被完美地融合在酒中，单宁细薄如纸，酸度明朗活泼，很好地体现了葡萄园的石灰岩层带来的风味。
封口：螺旋盖 酒精度：14.3% 评分：95 最佳饮用期：2035年
参考价格：45澳元 NG

Stonegarden Eden Valley Riesling 2016
石头花园伊顿谷雷司令2016
一款非常有德国风格的雷司令，大胆地将充满张力的酸度和酚类风味物质融合在一起。口感温暖，有各种秋季水果和温桲蜜饯的味道，充满明媚阳光的气息。
当伊顿谷与普法尔茨（Pfalz，译注：德国葡萄酒产区）相遇，它们的结晶就是这款酒。酒中带有柑橘和姜粉的味道，回味悠长。非常精致。
封口：螺旋盖 酒精度：12% 评分：94 最佳饮用期：2031年
参考价格：25澳元 NG ✪

Contrarian Krondorf Barossa Valley Shiraz 2015
异动者克隆多夫巴罗萨谷西拉2015
这款巴罗萨谷出产的西拉用一种特立独行的风格体现了种植者在这一年的辛勤劳动。保留了20%的葡萄梗，采用野生酵母发酵并浸渍，再进入法国橡木桶中陈酿。它给人的第一印象是熏肉、黑樱桃果、肉桂、橡木、荆棘、茴香和辛香料的味道，同时，它

们也很好地完全融合到有力和柔韧的单宁之中。
封口：螺旋盖 酒精度：14.2% 评分：94 最佳饮用期：2033年
参考价格：35澳元 NG

🍷🍷🍷🍷🍷 Barrosa Valley Grenache Rose 2016
巴罗萨谷歌海娜桃红葡萄酒2016
评分：93 最佳饮用期：2018元年 参考价格：25澳元 NG ✪

Nouveau Barrosa Valley Pinot Noir Touriga Nacional Montepulciano 2016
新巴罗萨谷黑比诺国家图瑞加蒙塔帕奇诺2016
评分：93 最佳饮用期：2019年 参考价格：20澳元 NG ✪

Head Barrosa Valley GSM 2015
海德巴罗萨谷GSM 2015
评分：92 最佳饮用期：2021年 参考价格：25澳元 ✪

Heafod Glen Winery 希夫·格伦酒庄 ★★★★

8691号, Henley Brook, 西澳大利亚 6055 产区：天鹅谷
电话:（08）9296 3444 网址：www.heafodglenwine.com.au
开放时间：周三至周日，10:00—17:00 酿酒师：利亚姆·克拉克（Liam Clarke）
创立时间：1999年 产量（以12支箱数计）：2500 葡萄园面积：3公顷
这个酒庄的葡萄园与餐馆建在一起，二者都想要超越对方的成就，但也都得到了很多赞誉。创始人尼尔·海德（Neil Head）自学了酿酒技术，在2007年聘请了利亚姆·克拉克（Liam Clarke，有葡萄与葡萄酒工程学位），他们的维德罗非常成功。维欧尼和珍藏霞多丽的步伐也紧随其后。切斯特（Chesters）餐厅这些年来收获了很多奖项。出口日本。

🍷🍷🍷🍷🍷 HB2 Vineyard Swan Valley Semillon 2016
HB2 葡萄园天鹅谷赛美蓉2016
整串压榨，采用多种酵母在法国橡木桶中进行发酵。浓郁、活泼、清爽，好像并没有在橡木桶中陈放太久。混合了柠檬草、柠檬果子露和迈耶柠檬汁的味道，结尾有清新的酸度。现在已经是一款很有吸引力的葡萄酒了，然而，如果耐心等待的话，它的风味会更加丰富。
封口：螺旋盖 酒精度：11.5% 评分：94 最佳饮用期：2023年 参考价格：27澳元

Heartland Wines 中心之地葡萄酒 ★★★★

The Winehouse，Wellington Road，兰好乐溪，SA 5255 产区：兰好乐溪
电话:（08）8333 1363 网址：www.heartlandwines.com.au
开放时间：每日开放，11:00—17:00 酿酒师：本·格拉特泽（Ben Glaetzer）
创立时间：2001年 产量（以12支箱数计）：50000 葡萄园面积：200公顷
这是酿酒师本·格拉特泽（Ben Glaetzer）和斯考特·克勒特（Scott Collett），以及葡萄酒产业管理专家格兰特·提尔布鲁克（Grant Tilbrook）三位业内人士的资产。中心之地酒庄的主要产品是兰好乐溪产区的赤霞珠和西拉，约翰·格拉特泽（John Glaetzer，曾在伍尔夫·布拉斯［Wolf Blass］酒庄担任了30多年的首席酿酒师，还有本的舅舅/叔叔）30年来和许多葡萄园种植者都有联系。本负责在巴罗萨谷处酿制葡萄酒产品。出口至世界所有主要市场。

🍷🍷🍷🍷🍷 Langhorne Creek One 2014
兰好乐溪一号2014
赤霞珠和西拉。酒香中有很重的橡木味道，但丰富的果香起到了平衡作用，这是一个非常有力量的组合，味道极为丰富，有着浓郁成熟的黑莓和甜橡木味，使人印象深刻。
封口：螺旋盖 评分：93 最佳饮用期：2028年 参考价格：79澳元 SC

First Release Langhorne Creek Malbec 2015
首次发行兰好乐溪马尔贝克2015
这款酒很容易入口。醇香中有丰富的果香；有覆盆子、波森梅、蓝莓等的味道。极为新鲜诱人。橡木味十分自然地融入在背景之中。口中品尝到的味道多汁且持久。是一款有趣的酒。
封口：螺旋盖 酒精度：14.5% 评分：92 最佳饮用期：2026年
参考价格：50澳元 SC

Director's Cut Langhorne Creek Shiraz 2014
导演剪辑版兰好乐溪西拉2014
这款兰好乐溪西拉先是散发出甘草的味道，接下来的顺序大致为焙烤橡木的味道，接亚洲香料和黑色水果的味道。有天鹅绒般的质感。还有甜美的水果和丰富的各种风味物质。整体都十分诱人。
封口：螺旋盖 评分：91 最佳饮用期：2032年 参考价格：32澳元 SC

Langhorne Creek Shiraz 2014
兰好乐溪西拉2014
不难想象，这一批葡萄酒一定能够取悦它的拥趸。丰富而成熟的黑莓果的味道，明显的橡木味，还有一些甜香料和巧克力的味道。单宁恰到好处的低调更是保证了这款酒的平衡。
封口：螺旋盖 酒精度：14.5% 评分：90 最佳饮用期：2021年
参考价格：18澳元 SC ✪

Spice Trader Langhorne Creek Shiraz Cabernet Sauvignon 2014
香料贸易商兰好乐溪西拉赤霞珠2014

易于入口，平实且使人愉悦。这款酒很不错。有成熟的浆果香气，酒香中有一点点香料，一丝巧克力和温暖泥土的味道。口感柔和，同时也非常饱满，还表达了产区特色的微甜的果味。精准。
封口：螺旋盖　酒精度：14.5%　评分：90　最佳饮用期：2020年
参考价格：15澳元　SC ✪

Director's Cut Langhorne Creek Cabernet Sauvignon 2014
导演剪辑版兰好溪赤霞珠2014
很显然橡木在这款酒中占据重要地位，摩卡和咖啡香气明显。在最开始可以感觉到赤霞珠带有黑醋栗、黑莓，然后是一些较为凉爽的地带的树叶的气息。
封口：螺旋盖　酒精度：14.5%　评分：90　最佳饮用期：2034年
参考价格：32澳元　SC

Sposa e Sposa 2014
斯波萨2014
勒格瑞（Lagrein）和多赛托的混酿最近几年在中心地带已经成了一个主要产品。酒香很有意大利风格，水果气息中有一种酒精带来的特殊风味，伴随着某种饼干和坚果的味道。口感柔顺，酒体中等，单宁较轻但有很强的附着力。稍微有些灼热感。封口：螺旋盖　酒精度：14.5%　评分：90　最佳饮用期：2021年
参考价格：18澳元　SC ✪

🍷🍷🍷🍷 Old Magnificent Shiraz 2015
旧日辉煌西拉 2015
最佳饮用期：2030年　参考价格：100澳元　SC

Heathcote Estate　西斯科特庄园 ★★★★★

98 High Street，Heathcote，Vic 3523　产区：西斯科特　电话：(03)5433 2488
网址：www.yabbylake.com　开放时间：每日开放，10:00—17:00
酿酒师：汤姆·卡森（Tom Carson）、克里斯·福格（Chris Forge）
创立时间：1998年　产量（以12支箱数计）：5000　葡萄园面积：34公顷
西斯科特庄园和亚比·雷特（Yabby Late）葡萄园均为威秀（Village Roadshow）有限公司的科比（Kirby）家族所有。他们在1999年买下了西斯科特的一个寒武纪土壤的优质地块，并且种植了西拉（30公顷）、歌海娜（4公顷）和维欧尼。他们的葡萄酒全部都只在法国橡木桶中发酵。共同酿酒师汤姆·卡森（Tom Carson）很有天赋，他的到来更是为这个酒庄和其葡萄酒增添了光彩。酒窖门店，坐落在西斯科特镇的一个老烘焙店里，可供人们舒适地用餐。出口到美国、英国、加拿大、瑞典、新加坡等国家，以及中国内地（大陆）和香港地区。

🍷🍷🍷🍷🍷 Single Vineyard Shiraz 2015
单一葡萄园西拉2015
色泽明亮鲜艳，层次复杂，有红色和黑色水果香气，还有一点新鲜土壤的味道，法国橡木（20%是新的）在这里处理得很好。有着良好的水果味的深度。只要6个月的时间，就可以品尝到这款酒逐渐绽放的风味，但若再陈放7—10年，它则会更加有魅力。
封口：螺旋盖　酒精度：14%　评分：93　最佳饮用期：2030年
参考价格：45澳元　PR

Heathcote II　西斯科特二世 ★★★★★

290 Cornella-Toolleen，Vic 3551　产区：西斯科特
电话：(03)5433 6292　网址：www.heathcote2.com　开放时间：周末，11:00—17:00
酿酒师：佩德尔·罗斯达尔（Peder Rosdal）　创立时间：1995年
产量（以12支箱数计）：500　葡萄园面积：6.5公顷
佩德尔·罗斯达尔（Peder Rosdal）出生于丹麦，在法国接受训练，是飞行酿酒师（加州、西班牙和夏布利），这个酒庄是他与专业葡萄栽培师莱昂纳尔·弗罗托（Lionel Flutto）共同投资的。这个葡萄园于1995年建成，经过增种后品种有西拉（占据最大份额，2.7公顷）、赤霞珠、品丽珠、梅洛、添帕尼罗和歌海娜。藤蔓生长在著名的红寒武纪土壤上，干燥环境下生长，全部葡萄酒都是在庄园内酿制的：经过手工压帽，篮式压榨，并且（自2004年起）在法国橡木中成熟。出口丹麦、日本和新加坡。

🍷🍷🍷🍷🍷 HD Shiraz 2012
西拉2012
手工分拣至顶端开放的新法国大桶中，3日冷浸渍，手工压帽，篮式压榨，在法国橡木桶（75%是新的）中陈酿22个月。深红紫色，这款饱满的葡萄酒的各个方面都几近极致：深黑色水果、单宁和法国橡木的味道。它还需要20年以上的时间来发展到最为完美的境界。现在它的表现是适度的酒精（没有灼热感）和平衡感。
封口: 橡木塞　酒精度: 13.5%　评分: 96　最佳饮用期: 2032年　参考价格: 89澳元

Myola 2012
麦欧拉 2012
品丽珠和梅洛各占35%，另有30%的赤霞珠，分别发酵，冷浸渍3日，然后使用波尔多酵母启动发酵，在法国橡木桶中陈酿12个月，经过混合，再次置于橡木（30%是新）中10个月。啊，这是多么有力的一拳！没有灼热感，只有深浓的水果风味和与之相配的单宁。最主要的是赤霞珠的醋栗风味，但也可以感觉到蓝莓和桑葚的味道。
封口: 橡木塞　酒精度: 14%　评分: 96　最佳饮用期: 2032年　参考价格: 55澳元 ✪

Shiraz 2012
西拉2012

冷浸渍3日，开放式发酵，压帽，带皮浸渍14日，在法国橡木桶（35%是新的）中成熟22个月。酒体饱满，来自法国橡木的雪松味道很好地融入了整体，精致持久的单宁为骨架，支撑着浓郁丰富的黑色水果的味道。还有平衡、适度的酒精以及高质量的橡木塞。

酒精度：13.5% 评分：95 最佳饮用期：2037年 参考价格：39澳元

Heathcote Winery 西斯科特酒厂 ★★★★

183-185 High Street，Heathcote, Vic 3523 产区：西斯科特

电话：(03)5433 2595 网址：www.heathcotewinery.com.au 开放时间：每日开放，10:00—17:00 酿酒师：布兰登·帕德尼（Brendan Pudney） 创立时间：1978年

产量（以12支箱数计）：8000 葡萄园面积：14公顷

西斯科特酒厂的酒窖门店坐落在西斯科特的中央大街上，酒庄建立在一个经过修复的矿山镇子里——是1854年托马斯·克拉文（Thomas Craven）为了满足大量涌入的淘金者而修建的。酒庄紧挨着后面的酒窖门店。1978年他们种下了第一批葡萄，1983年生产了第一个年份的葡萄酒。出产酒品中，西拉和西拉维欧尼占产品总数的90%。

🍷🍷🍷🍷🍷(半) Cravens Place Shiraz 2015

克拉文之地西拉2015

在法国和美国橡木桶中陈酿。带有充满活力和新鲜的红黑色的水果味道，单宁和橡木则作为背景陪衬。比其他同类型的酒有更多的水果/香料味道，酒精度适中。这款酒会给你带来惊喜。

封口：螺旋盖 酒精度：14% 评分：92 最佳饮用期：2025年 参考价格：22澳元 ✪

The Origin Single Vineyard Shiraz 2014

源起单一葡萄园西拉2014

原料来自新兰斯道（Newlans Lane）葡萄园中的单一地块。酒体丰满，法国橡木的气息包裹着黑色水果的味道。现在这款酒从头至尾非常流畅，没有任何缺陷，但还需要在酒窖中成熟一段时间。

封口：螺旋盖 酒精度：14.5% 评分：91 最佳饮用期：2037年 参考价格：55澳元

Mail Coach Viognier 2016

邮车维欧尼2016

60和70年代初，雅拉·优伶（Yarra Yering）和艾尔吉·帕克（Elgee Park）就已经开始酿制维欧尼了，这让人对这款酒背标中声称自己为维欧尼第一个生产者这件事情有些疑问。无论如何，这款酒的确非常有活力，鲜活地表达了品种特色，没有不适当的油腻多酚类物质。

封口：螺旋盖 酒精度：13% 评分：90 最佳饮用期：2020年 参考价格：28澳元

🍷🍷🍷🍷 Slaughterhouse Shiraz 2014

屠宰场葡萄园西拉2014

评分：89 最佳饮用期：2029年 参考价格：55澳元

Heathvale 赫斯维尔酒庄 ★★★★★

300 Saw Pit Gully Road, via Keyneton，SA 5353 产区：伊顿谷

电话：(08) 8564 8248 网址：www.heathvale.com 开放地点：在伊顿谷安格斯顿（Angaston）处开放品尝 酿酒师：特里沃·马奇（Trevor March）、克里斯·泰勒（Chris Taylor）

创立时间：1987年 产量（以12支箱数计）：1200 葡萄园面积：10公顷

赫斯维尔酒庄的建立可以追溯到1865年——当时威廉·西斯（William Heath）购置了这片产业，在此处建立了宅基地和葡萄园。这款酒最初是在房子的酒窖中酿造的，这个房子现在仍然在这片地产上（所有者特雷弗［Trever］和法耶·马奇［Faye March］现在住在里面）。葡萄园于1987年重建，并种植了西拉、赤霞珠、雷司令、萨格兰蒂诺和添帕尼罗。2012年的酒相比于2011年份，从根本上有了很大的提高。在现在的酿酒顾问克里斯·泰勒（Chris Taylor）的指导下，以及工艺流程中法国橡木的引入，酒的风格得到了显著的提升——标签更加时尚则仅仅是这个变化的一个外在表现。出口至中国。

🍷🍷🍷🍷🍷 The Reward Eden Valley Shiraz 2015

奖赏伊顿谷巴罗萨西拉2015

这款酒香气非常丰富，极具表现力，有红色和黑色樱桃的味道，同时有持久而精致的单宁支持，此外法国橡木（50%是新的）熟成带来了雪松橡木的味道。包装是额外加分项。

封口：螺旋盖 酒精度：14.5% 评分：95 最佳饮用期：2035年 参考价格：50澳元

The Belief Eden Valley Sagrantino 2015

信仰伊顿谷萨格兰蒂诺2015

这款酒的原料萨格兰蒂诺（Sagrantino）葡萄在澳洲的种植量很小，苦涩单宁的刺激性很强，这一点可以让内比奥罗自愧不如。这是一款极为独特、与众不同的酒，马奇一家应该很为这款带有辛香料黑樱桃果风味的美酒自豪。长度和平衡是这款酒成功的保证。特朗普总统也无法做到更好。

封口：螺旋盖 酒精度：14.5% 评分：95 最佳饮用期：2023年 参考价格：37澳元

The Encounter Barrosa Valley Cabernate Sauvignon 2015

相遇伊顿谷巴罗萨赤霞珠2015

伊顿谷可以产出有明确的凉爽气候特点和风味的赤霞珠，这款酒就是一个很好的例子。在法国橡木桶（30%是新的）中形成了果味的基础，给中等到饱满的酒体提供了结构感和质感。

封口：螺旋盖　酒精度：14.5%　评分：94　最佳饮用期：2030年　参考价格：42澳元

🍷🍷🍷🍷 The Witness Eden Valley Riesling 2016
目击者伊顿谷雷司令2016
评分：90　最佳饮用期：2024年　参考价格：27澳元　SC

Heemskerk　西姆斯柯克 ★★★★★

660 Blessington Road 塔斯马尼亚州 7258（邮）　产区：塔斯马尼亚南部
电话：1300 651 650　网址：www.heemskerk.com.au　开放时间：不开放
酿酒师：彼得·蒙罗（Peter Munro）　创立时间：1975年　产量（以12支箱数计）：不详
1965年，格拉姆·威尔特施尔（Graham Wiltshire）成立的西姆斯柯克品牌（在风笛河［Pipers River］区域）种下了第一棵葡萄藤时，它的业务结构与今天截然不同。现在，西姆斯柯克是TWE集团的一部分，使用的葡萄原料来自多个葡萄园，其中雷司令出自煤河谷（Coal River Valley）的瑞沃斯代尔（Riversdale）葡萄园；黑比诺出自德温特谷（Derwent Valley）的罗斯多福特（Lowestoft）葡萄园；霞多丽来自煤河谷的托尔普德尔（Tolpuddle）葡萄园。

🍷🍷🍷🍷🍷 Abel's Tempest Chardonnay 2015
亚贝尔的暴风雨霞多丽2015
这款诱人的霞多丽有着塔斯马尼亚产区的酸度框架。柚子、桃子和油桃构成了一曲平衡完美的三重奏，令人垂涎。有些人可能并不喜欢这款酒尖锐的酸度，然而酸度和盐一样——有的人不能吃太咸的，有些人则无盐不欢。
封口：螺旋盖　酒精度：13.5%　评分：95　最佳饮用期：2023年　参考价格：25澳元 ✪

Abel's Tempest Pinot Noir 2015
亚贝尔的暴风雨黑比诺2015
深浅适宜的棕红色调，酒香中带有樱桃和李子果和一点辛香料的细节，沁人心脾，中等酒体；果香有非常好的持久度，线条、长度和平衡都恰到好处。塔斯马尼亚就是塔斯马尼亚。
封口：螺旋盖　酒精度：13%　评分：95　最佳饮用期：2023年　参考价格：32澳元 ✪

Abel's Tempest Pinot Gris 2016
亚贝尔的暴风雨灰比诺2016
淡淡的草黄色，苹果和梨子的味道让这款酒显得非常优雅，酸度的平衡又加强了整体的纯粹果味。
封口：螺旋盖　酒精度：13.5%　评分：94　最佳饮用期：2030年　参考价格：42澳元

🍷🍷🍷🍷 South Tasmania Chardonnay Pinot Noir 2011
塔斯马尼亚南部霞多利黑比诺2011
评分：93　最佳饮用期：2021年　参考价格：60澳元　TS

George Jensen Hallmark Cuvee NV
乔治·杰森标志酒 无年份
评分：93　最佳饮用期：2020年　参考价格：40澳元　TS

Abel's Tempest Chardonnay Pinot Noir NV
亚贝尔的暴风雨霞多丽黑比诺 无年份
评分：91　最佳饮用期：2019年　参考价格：32澳元　TS

Heggies Vineyard　海基斯葡萄园 ★★★★

Heggies Range Road, 伊顿谷, 南澳大利亚，5235　产区：伊顿谷　电话：（08）8561 3200
网址：www.heggiesvineyard.com　开放时间：仅限预约　酿酒师：彼得·甘倍塔（Peter Gambetta）　创立时间：1971年　产量（以12支箱数计）：15000　葡萄园面积：62公顷
海基斯葡萄园是希尔-史密斯（Hill-Smith）家族建立的第二个高海拔（570米）葡萄园。1973年他们在原为牧场的120公顷土地上种植葡萄，主要品种包括雷司令、霞多丽、维欧尼和梅洛。此外，还有两个特殊的地块：一块1.1公顷的霞多丽保留种植区域和27公顷的各种克隆品种试验地。出口至世界所有的主要市场。

🍷🍷🍷🍷 Eden Valley Chardonnay 2015
伊顿谷霞多丽 2015
这款优秀而诱人的伊顿谷霞多丽有着明亮的颜色和哈密瓜、核果的香气，以及处理得很好的柔和的橡木气息（全部采用小型橡木桶，45%是新的）。现在品尝起来还很年轻，有结构感，回味很长。我认为至少还需要2年才能完全成熟。
封口：螺旋盖　评分：93　适饮期：2030年　参考价格：45澳元　PR

Heirloom Vineyards　传家宝葡萄园 ★★★★★

Salopian Inn, cnr Main Road/McMurtrie Road, 麦克拉仑谷，SA 5171　产区：阿德莱德
电话：（08）8556 6099　网址：www.heirloomvineyards.com.au　开放时间：每日开放，10:00—17:00
酿酒师：埃琳娜·布鲁克斯（Elena Brooks）　创立时间：2004年　产量（以12支箱数计）：不详
这是扎尔·布鲁克斯（Zar Brooks）和他的妻子伊莱娜（Elena）的（另一个）企业。他们在2000年相遇，然后，就像他们说的，接下来事情就顺理成章地、一个接一个地发生了。先是蒲公英（Dandelion）葡萄园，然后是曾特的足迹（Zonte's Footstep），也有其他合作伙伴参与到投资这些酒庄中（他们也同是萨洛普［Salopian］客栈的所有者，酒窖门店在餐厅之中）。他们的终极目标是“保存南澳大利亚古老葡萄园的优秀、独特的传统，并且得到每个品种的最佳无性繁殖株系，完全参与有机和生物动力农业。”我不怀疑他们的诚意和情怀，但这里面还是有一些布鲁克斯（Brook）式的营销倾向。出口至世界所有的主要市场。

🍷🍷🍷🍷🍷 A'Lambra Eden Valley Shiraz 2014
阿拉姆布拉伊顿谷西拉2014
采用"多就是好"的方式，大量使用高质量的伊顿谷西拉和高质量的橡木。这种类型的葡萄酒经常在第二次或者第三次品尝的时候会失去吸引力——这款复杂的西拉则是缓慢地"越过障碍"，接下来在品尝的后半部分和结尾爆发出如歌般的黑樱桃和甘草的味道。
封口：螺旋盖　酒精度：14.5%　评分：96　最佳饮用期：2040年　参考价格：80澳元

Eden Valley Riesling 2016
伊顿谷雷司令2016
有着柠檬、葡萄柚、金银花和蜂蜡的香味。在口感上，它有一些独特的力度。可以品尝出原产地的特点。柑橘的味道非常柔和，但背景中的深度非常明显，始终保持着合适的酸度。螺旋盖可以很好地保持这款酒的风味，它似乎可以在凉爽的酒窖中永久保存。
酒精度：10.5%　评分：95　最佳饮用期：2036年　参考价格：30澳元　SC　✪

Barrosa Valley Shiraz 2015
巴罗萨西拉2015
这款酒的酿制十分有技巧，果实的成熟度恰到好处，没有过度的表达，而是很好地展示了巴罗萨（和西拉）的丰厚质感。酒香中充满了黑莓、蓝莓、甜香料和（不完全）风干水果的香气，一波流动的多汁李子的味道中又带有一点法国橡木作为调料，以及柔顺、细致的单宁。
封口：螺旋盖　酒精度：14.5%　评分：95　最佳饮用期：2040年
参考价格：40澳元　SC

Adelaide Hills Sauvignon Blanc 2016
阿德莱德山区长相思2016
这款酒是常见的产区/品种的混酿，但它却能给人留下深刻的印象。香气和风味均处于味觉谱系香草/鲜味的一端；柑橘、鹅莓、荷兰豆的香气为主，与矿物质，甚至是有一点还原的味道相得益彰。悠长的回味中有精细的线性而持久的酸度。
封口：螺旋盖　酒精度：12.5%　评分：94　最佳饮用期：2021年
参考价格：30澳元　SC　✪

Adelaide Hills Chardonnay 2015
阿德莱德山区霞多丽2015
有机/生物动力葡萄，整串分拣，自流汁野生酵母发酵，15%在发酵罐中加压熟成，85%在法国橡木桶（20%是新的）陈酿15个月。单宁非常完美、柔顺，橡木味穿插在桃子和葡萄柚的味道中间。
封口：螺旋盖　酒精度：12.5%　评分：94　最佳饮用期：2025年　参考价格：30澳元　✪

McLarent Vale Shiraz 2014
麦克拉仑谷西拉2014
口感明确地表明了这款酒的产区，苦巧克力和黑色水果，单宁和橡木的味道都恰到好处。酒体丰满而且平衡，显然在未来可以陈酿很长一段时间。
封口：螺旋盖　酒精度：14.5%　评分：94　最佳饮用期：2034年　参考价格：40澳元

🍷🍷🍷🍷 Adelaide Hills Pinot 2016
阿德莱德山区灰比诺 2016
评分：92　最佳饮用期：2020年　参考价格：30澳元　SC

The Velvet Fog Adelaide Hills Pinot Noir 2015
丝雾阿德莱德山区黑比诺2015
评分：91　最佳饮用期：2020年　参考价格：40澳元

Adelaide Hills Pinot Grigio
阿德莱德山区灰比诺 2015
评分：90　最佳饮用期：2017年　参考价格：30澳元

Helen & Joey Estate　海伦和乔伊酒庄　★★★★☆

12014 SpringLane，Gruyere，Vic 3770　产区：雅拉谷　电话：(03)9728 1574
网址：www.hjestate.com.au　开放时间：周一和周五，11:00—17:00；周末，11:00—17:00
酿酒师：Stuart Dudine　创立时间：2011年　产量（以12支箱数计）：11000　葡萄园面积：35公顷
这个在春泉路［Spring Lane，优伶堡（Yeringberg）附近］的费尔南多（Fernando）葡萄园是海伦·许（Helen Xu）在2010年买下的。此处种有黑比诺、赤霞珠、梅洛、霞多丽、灰比诺、西拉和长相思。海伦的经历非常丰富：她有一个分析化学的硕士学位，曾经在雀巢做了几年的质量经理。现在她在上海有一家企业，和她丈夫乔伊一起从事纺织品印染的开发工作，他们经常往返于中国和澳大利亚之间。出口到新加坡、日本和中国。

🍷🍷🍷🍷 Alena Yarra Valley Chardonnay 2015
阿丽娜雅拉谷霞多丽2015
采用整串压榨后用天然酵母在新旧橡木桶中发酵，未经过苹乳发酵。这使得这款雅拉谷霞多丽有着很好的酒体、质地和长度。
封口：螺旋盖　酒精度：13.2%　评分：93　最佳饮用期：2030年
参考价格：45澳元　PR

Alena Yarra Valley Cabernate Sauvignon 2015
阿丽娜雅拉谷赤霞珠2015

深红紫色，中等酒体，这款雅拉谷霞多丽风格优雅，有成熟的黑醋栗果味，以及由225升的法国橡木桶（30%是新的）熟成带来的一点雪松的气息。结尾是深度正好的果味，伴随细致和持久的单宁。
封口：螺旋盖　酒精度：14.2%　评分：93　最佳饮用期：2030年
参考价格：45澳元　PR

Helen's Hill Estate　海伦山庄园　★★★★★

16 Ingram Road，Lilydale，Vic 3140　产区：雅拉谷　电话：(03)9739 1573
网址：www.helenshill.com.au　开放时间：每日开放，10:00—17:00　酿酒师：斯考特·马克卡西（Scott McCarthy）　创立时间：1984年　产量（以12支箱数计）：15000　葡萄园面积：53公顷
海伦山庄园是以上一任产业所有者海伦·弗拉泽（Helen Frazer）命名的。合作伙伴安德鲁（Andrew）和罗宾·麦金托什（Robyn McIntosh），以及罗玛（Roma）和亚伦·奈尔德（Allan Nalder）将他们童年在农场中的经历，与最近在医药和金融行业中所得经验相结合来进行庄园的建设和日常管理。产品有两种标签：海伦山庄园和英格拉姆路（Ingram Rd），均在庄园内生产。斯考特·马克卡西（Scott McCarthy）最初的职业生涯是在学校假期中为巴罗萨和雅拉谷、纳帕谷、朗格多克、卢瓦尔河谷和墨尔本的酒庄工作，这让他积累了各种各样的经验。酒厂、酒窖门店以及可容纳140人的高级餐厅是这片山谷中最优美的景色之一。出口到马尔代夫等国家，以及中国内地（大陆）和香港地区。

🍷🍷🍷🍷🍷

Range View Reserve Pinot Noir 2014
山景珍藏黑比诺2014
酒香丰富而具有表现力，红色和黑色樱桃果的味道，流畅多汁的口感，成熟精致的单宁和法国橡木的味道如舞台后的管弦乐队。
封口：螺旋盖　酒精度：12.8%　评分：94　最佳饮用期：2030年　参考价格：42澳元

Breachley Block Single Vineyard Yarra Valley Chardonnay 2016
布里奇雷地块单一葡萄园雅拉谷霞多丽2016
3个克隆株系，野生酵母在法国橡木桶（28%是新的）中发酵熟成10个月。有着芬芳的酒香和完美的口感，葡萄柚和矿物酸度确保了结尾悠长持久，回味新鲜。
封口：螺旋盖　酒精度：12.8%　评分：95　最佳饮用期：2028年　参考价格：35澳元

First Light Reserve Pinot Noir 2014
曦光珍藏黑比诺2014
单一葡萄园，单克隆株系，手工采摘，在法国橡木桶中陈酿14个月。克隆株系为MV6，于1831年从武乔园（Clos Vougeot）处选育。它后来成为，并且现在依然是在澳大利亚最广泛种植的红色葡萄，主要使用自己的根系。结尾与余味中有明显的紫色李子与黑色樱桃的融合味道。
封口：螺旋盖　酒精度：12.8%　评分：95　最佳饮用期：2029

Ingram Road Single Vineyard Yarra Valley Chardonnay 2016
英格拉姆路单一葡萄园雅拉谷霞多丽2016
多克隆株系，野生酵母发酵，在法国橡木桶（10%是新的）熟成10个月。散发出丰富的油桃和白桃的香气，结尾处葡萄柚/柑橘酸度又将口感收紧。即时饮用最佳。
封口：螺旋盖　酒精度：13.4%　评分：94　最佳饮用期：2022年　参考价格：20澳元

Helm　海尔姆　★★★★★

19 Butt's Road，Murrumbateman，新南威尔士州，2582　产区：堪培拉地区
电话：(02)6227 5953　网址：www.helmwines.com.au　开放时间：周四至周一，10:00—17:00
酿酒师：肯·海尔姆（Ken Helm）和斯蒂芬妮·赫尔姆（Stephanie Helm）
创立时间：1973年　产量（以12支箱数计）：5000　葡萄园面积：17公顷
2016年是肯·海尔姆（Ken Helm）的第40个酿酒季。多年来，他取得了许多成就——这一半是因为他有顽强的毅力，另一半是因为他的远见。他全部的兴趣就是雷司令，最终雷司令也以稳定的高质量回报了他。他也为葡萄酒界做出了贡献，将堪培拉地区葡萄酒通过雷司令的成功而推向了更加国际化的舞台：2000年他举办了堪培拉国际雷司令挑战赛。虽然他已经在2016年从主席的位置上退休了，仍然积极的关注着这项赛事。在2014年，他的小女儿斯蒂芬妮［Stephanie，和她的丈夫本·奥斯本恩（Ben Osborne），海尔姆葡萄园的经理］买下了雅斯谷（Yass Valley）葡萄酒，将品牌改为“葡萄酒商之女”（The Vintner's Daughter），他还成功地说服了斯蒂芬妮加入海尔姆作他的酿酒师。出口到中国香港、澳门地区。

🍷🍷🍷🍷🍷

Premium Canberra District Riesling 2016
优质堪培拉地区雷司令2016
这是酒庄第一次采用2008年种下的葡萄园中的葡萄。在2016年发行的四款雷司令中，这一款是最为强劲、最有穿透力的。酸度平静但非常有力量，很好地包围了青柠汁/木髓的味道。它的平衡度和浓郁度使它的回味很长。
封口：螺旋盖　酒精度：11.5%　评分：96　最佳饮用期：2036年　参考价格：52澳元　✪

Premium Canberra District Cabernate Sauvignon 2013
优质堪培拉地区赤霞珠2013
在法国橡木桶（50%是新的）中熟成2年。明亮的深红紫色；它的内核为黑醋栗和月桂叶的味道，外面则包裹着一层雪松的气息；单宁坚实，而且完全成熟，回味悠长而细致。
封口：螺旋盖　酒精度：13.5%　评分：95　最佳饮用期：2033年　参考价格：52澳元

Tumbarumba Riesling 2016
唐巴兰姆巴雷司令2016

这是处于630米处的花岗岩沙壤土葡萄园所生产的第四款葡萄酒。花香使得口感中柠檬/青柠檬的果味呈现得十分优雅，很有穿透力，同时余味在口中保持很久。
封口: 螺旋盖 酒精度: 11% 评分: 95 最佳饮用期: 2029年 参考价格: 30澳元 ✪

Classic Dry Canberra District Riesling 2016
堪培拉地区经典干雷司令2016
手工采摘，仅仅使用自流汁。这款酒优雅精致，有层次感，有深度的柑橘果香，还有一点点苹果花的味道——虽然次于柑橘香气的主要地位，但两种香气共同提升了整体的结构感，酸度的平衡感和完整度。
封口: 螺旋盖 酒精度: 11.8% 评分: 95 最佳饮用期: 2031年 参考价格: 38澳元

Canberra District Cabernate Sauvignon 2015
堪培拉地区赤霞珠2015
2015年是40年来最早的一个年份。原料来自卢斯坦伯格（Lustenberger）葡萄园, 在新旧法国橡木桶中陈酿到2017年的一月。中等酒体，多汁果味浓郁，单宁柔顺,橡木味融合在整体之中。没有一点生青味道。这款要比13年份的更好（一点）。
封口: 螺旋盖 酒精度: 13.5% 评分: 95 最佳饮用期: 2035年 参考价格: 35澳元 ✪

Central Ranges Riesling 2016
中部山岭雷司令2016
酒香中青柠汁、青柠皮和矿物质酸的组合十分引人注目；过一段时间这将是一款非常好的雷司令。
封口: 螺旋盖 酒精度: 11.5% 评分: 94 最佳饮用期: 2021年 参考价格: 30澳元 ✪

Hemera Estate 西莫拉庄园 ★★★★★

Barossa Valley Way，Lyndoch，SA 5351 产区：巴罗萨谷
电话:（08）8524 4033 网址：www.hemeraestate.com.au 开放时间：每日开放，10:00—17:00
酿酒师：杰森·巴雷特（Jason Barrette） 创立时间：1999年
产量（以12支箱数计）：15000 葡萄园面积：44公顷
西莫拉庄园最初由达瑞乌斯（Darius）和普兰妮·罗斯（Pauline Ross）在1999年建立，当时名为罗斯酒园（Ross Estate）。2012年酒庄被卖给了温斯顿（Winston）葡萄酒而改名——这次收购也为酒厂、葡萄园和品酒室注入了新的投资，并将重点改为生产稳定的高品质葡萄酒。整体的酿制流程和运营全部在庄园的地产上进行，酒厂和品酒室均在位于南部巴罗萨谷的44公顷葡萄园之上。园内种植有11个品种，其中有几个地块种有老藤歌海娜（105年）和雷司令（48年）。出口到英国、美国和中国。

🍷🍷🍷🍷🍷 Limited Release Home Block Barrosa Valley Shiraz 2015
限量家园地块巴罗萨谷西拉2015
原料主要来自于园中3A和6A地块，压榨后进入法国和美国橡木桶（75%为新橡木）中熟成18个月。整体浓郁，味道丰富，单宁有力。橡木的存在感很强，但也被吸收融入到酒中的黑樱桃、葡萄干和李子的味道之中。此外，风味物质还有香料, 椰子、酱油和甘草等。
封口：螺旋盖 酒精度：14.7% 评分：93 最佳饮用期：2024年
参考价格：85澳元 JF

JDR Barrosa Valley Shiraz 2013
JDR 巴罗萨谷西拉2013
黑红色调，果香已经减弱，余下橡木、冷切肉、荷兰甘草、桉树和皮革的气息占据主要地位。这是一款“加粗”的巴罗萨西拉，醇厚，且带有非常强劲的单宁结构，结尾有些发干。特为爱好这种风格的人而酿制。
封口：螺旋盖 酒精度：14.6% 评分：92 最佳饮用期：2025年
参考价格：110澳元 JF

Estate Barrosa Cabernate Sauvignon 2015
庄园巴罗萨赤霞珠2015
混合黑醋栗、葡萄干、鲜叶、雪松橡木、酱油、桉树和苦草药的味道。中等酒体的口感十分清新而具有活力，砂纸一样的单宁还需要更多的时间来柔化，酸度爽口。
封口：螺旋盖 酒精度：14.5% 评分：92 最佳饮用期：2025年
参考价格：40澳元 JF

Estate Barrosa Valley Shiraz 2015
庄园巴罗萨谷西拉2015
在法国和美国（30%是新的）橡木中陈年18个月，再从这些酒桶中精选最好的桶进行混酿。单宁和新鲜的成熟水果带来了令人难以置信的易饮口感。橡木香料融入了黑樱桃和李子果的特征风味。
封口：螺旋盖 酒精度：14.5% 评分：91 最佳饮用期：2028年
参考价格：40澳元 JF

Estate Barrosa Valley GSM Grenache Mataro 2015
庄园巴罗萨谷GSM歌海娜西拉马塔洛2015
配比为51/32/17%。干净利落的成熟水果和多汁口感；外形也很好。淡淡的香料味道，丰满的单宁, 使其非常适宜当下饮用。
封口：螺旋盖 酒精度：14.5% 评分：91 最佳饮用期：2021年
参考价格：35澳元 JF

🍷🍷🍷🍷 Barrosa Valley Riesling 2016
巴罗萨谷雷司令2016

评分：89 最佳饮用期：2023年 参考价格：25澳元 JF

Old Vine Barrosa Valley Grenache 2014

老藤巴罗萨谷歌海娜2014

评分：89 最佳饮用期：2020年 参考价格：35澳元 JF

Henry's Drive Vignerons 亨利大道葡萄酒 ★★★★

41 Hodgson Road，Padthaway 南澳大利亚，5271 产区：帕史维
电话：(08) 8132 1048 网址：www.henrysdrive.com 开放时间：每日开放，10:00—16:00
酿酒师：安德鲁•米勒（Andrew Miller） 创立时间：1998年
产量（以12支箱数计）：65000 葡萄园面积：94.9公顷

凯姆·朗伯特姆（Kim Longbottom）和已故的丈夫马克（Mark）建立了亨利大道葡萄酒（Henry's Drive Vignerons）庄园——这个名字来自19世纪此处邮政服务业主。凯姆继承了家族的酿酒传统，酒庄所产的品牌包括亨利大道（Henry's Drive），承重箱（Pillar Box），红字（The Scarlet Letter）和女邮递员（The Postmistress）。出口到英国、美国、加拿大、丹麦、新加坡、新西兰等国家，以及中国内地（大陆）和香港地区。

🍷🍷🍷🍷🍷 Magnus Padthaway Shiraz 2013

帕史维大西拉 2013

于三月下旬采摘收获，在木桶中发酵，后在新的法国大桶中成熟22至24个月。深紫红色；如HG·韦尔斯（HG Wells）的《世界大战》一般，不同层次的法国橡木和与之同样层次丰富的黑樱桃和黑莓水果相互“对峙”。这是经典的“越多越好”——照此推论，“最多的”就是“最好的”。品尝最后口感体验——好像是对峙战争结束后的回报。

封口：螺旋盖 酒精度：14.5% 评分：94 最佳饮用期：2033年 参考价格：65澳元

Padthaway Shiraz Cabernate Sauvignon 201$

帕史维西拉赤霞珠2013

来自庄园内25岁树龄的葡萄藤，配比为68/32%，小型开放式发酵，60%的发酵在法国橡木桶中完成，40%在（新的和用过的）美国橡木桶中发酵，最后进行选择和混酿。酒色很深；风格华丽而饱满，但在丰富如大海般的各种风味物质之下，是一个平静的内核，这也意味着耐心的等待会得到回报。

封口：螺旋盖 酒精度：14% 评分：94 最佳饮用期：2033年 参考价格：35澳元

🍷🍷🍷🍷 H Padthaway Shiraz 2015

H帕史维西拉2015

评分：92 最佳饮用期：2030年 参考价格：25澳元 ✪

Padthaway Shiraz 2013

帕史维西拉2013

评分：92 最佳饮用期：2038年 参考价格：35澳元

Henschke 翰斯科 ★★★★★

1428 Keyneton Road，Keyneton，SA 5353 产区：伊顿谷 电话：(08) 8564 8223
网址：www.henschke.com.au 开放时间：周一至周五，9:00—16:30；周六，9:00—12:00
酿酒师：斯蒂芬·亨施克（Stephen Henschke） 创立时间：1868年
产量（以12支箱数计）：30000 葡萄园面积：121.72公顷

人们认为该酒庄是澳大利亚最好的中型红葡萄酒生产商，过去的30年里，在酿酒师斯蒂芬（Stephen）和葡萄种植专家普鲁尔·亨施克（Prue Henschke）的带领下，亨施克酒庄越来越成功。可以说他们的红葡萄酒充分利用了低产的优质老藤葡萄树，还能高度敏锐地选择和使用合适的新小橡木桶：恩典之山（Hill of Grace）仅次于奔富格兰治，是澳洲红葡萄酒的另一个标杆。这个酒庄同时还是“澳大利亚第一葡萄酒家族”中的成员。2012年的恩典之山，是2018年《澳洲葡萄酒宝典》的年度葡萄酒。出口至世界所有的主要市场。

🍷🍷🍷🍷🍷 Hill of Grace 2012

恩典之山 2012

澳大利亚最好的西拉之一，出产葡萄藤的树龄最高达152年，手工采摘、分拣，70%去梗破碎，30%去梗后进行整串开放式发酵，然后主要在法国大桶（65%是新的）中发酵18个月。这是一款极为出色的葡萄酒，平衡感，长度，结构感和纯净度都无可挑剔。它有完美的色泽，芬芳的黑樱桃、浆果香气和味道，良好的单宁和法国橡木味提供了支撑的骨架。陈放45年后，它将有一种光彩照人的绸缎般的口感，风味和香料味道都在不停地变化和交织。

封口：螺旋盖 酒精度：14.5% 评分：99 最佳饮用期：2062年 参考价格：825澳元

Hill of Roses 2010

玫瑰之山2010

这款酒值这个价吗？是的，绝对值得。与恩典之山的原料出自同一葡萄园。你买的不仅仅是葡萄酒，还是历史——就如同勃艮第的罗曼尼-康帝，这是澳大利亚最珍贵的葡萄园的一部分，这些酒实际上的价值远远超过他们的价格——它们其实是无价的。采用了100%的法国橡木桶，这使得这款酒较恩典之山又有几分不同，后者的美国橡木味在酒中仍有一席之地。这款酒的颜色极佳，味感活跃，极为细腻，同时还有出色的长度和平衡感。

封口：玻璃瓶塞 酒精度：14.5% 评分：98 最佳饮用期：2040年 参考价格：380澳元

Mount Edelstone 2014

宝石山 2015

102岁的单一葡萄园，92%在法国，8%在美国大桶（28%是新的）中成熟18个月。像南澳与维多利亚许多地区一样，酒庄只用了正常葡萄园的产量的一小部分。颜色的确是陈酿18个月（不是36个月）后的西拉应有的，酒中散发出黑色水果、甘草以及黑胡椒的香气，单宁坚实持久，但同时也与浓郁的果味相平衡。我仍然确信当2013年的酒可以饮用的时候，也将是这款酒的最佳饮用期，最好的办法是将两者都存上5年左右。
封口：螺旋盖 酒精度：14.5% 评分：97 最佳饮用期：2044年 参考价格：225澳元

🍷🍷🍷🍷🍷

Louis 2015
路易斯2015
这是我记忆中最明快也是最新鲜的一款赛美蓉，非常鲜美多汁。在法国橡木桶中的那5%的发酵与熟成对味道的影响可以忽略不计，因为这款酒真正诱人的是柠檬注入的活力。完全有理由相信亨施克的建议——这款酒可以在酒窖中陈放20年左右。
封口：螺旋盖 酒精度：12% 评分：96 最佳饮用期：2035年 参考价格：33澳元 ✪

Hill of Peace 2012
宁静之山 2012
原料中的全部葡萄和恩典之山来自同一个葡萄园，40%的原料在旧法国橡木桶内发酵和熟成，余下的采用不锈钢罐。这款酒可以说十分优雅从容地度过了这5年的陈酿期。来自老藤的风味物质给这款酒带来了深度，同时完全没有多酚类物质带来的问题。
封口：螺旋盖 酒精度：12% 评分：96 最佳饮用期：2032年 参考价格：50澳元 ✪

Giles Adelaide Hills Pinot Noir 2015
吉尔斯阿德莱德山区黑比诺2015
来自兰斯伍德（Lenswood）葡萄园25年的葡萄藤，在2月19日和3月13日之间采收，对于单一葡萄园出产的酒品来说，这是相当长的采收时间。在用蜡封缝隙的大桶内进行开式发酵，在法国小型橡木桶（19%是新的）中熟成9个月。酒香十分丰富，花香给红樱桃和野草莓的味道提供了背景，精致的单宁加长了回味，橡木味则在这一群风味之中消失了。它的关键词是优雅和纯洁。
封口：螺旋盖 酒精度：13% 评分：96 最佳饮用期：2029年 参考价格：55澳元 ✪

The Alan Lanswood Pinot Noir 2013
亚伦兰斯伍德黑比诺2013
2月20日到3月1日之间手工采摘，原料来自兰斯伍德葡萄园，在蜡封缝隙的桶中发酵，法国小型橡木桶中熟成15个月。非常有力量，李子和红黑樱桃的果味融合交叠，这也说明酿造过程中应该包括了整串发酵。
封口：玻璃瓶塞 酒精度：13.5% 评分：96 最佳饮用期：2028年 参考价格：93澳元

Tappa Pass Vineyard Selection Barrosa Shiraz 2014
塔帕帕斯葡萄园精选西拉2014
这款复杂的酒有一种难以抗拒的魅力，带有肉桂、甘草、沥青和成熟红色水果的味道，再加上一些花香和雪松橡木的香气；酒体中等，天鹅绒般的单宁强劲而精确，令人惊艳——优雅且长度惊人。
封口：玻璃瓶塞 酒精度：14.5% 评分：96 最佳饮用期：2036年
参考价格：100澳元 JF

Cyril Henschke 2013
可瑞尔翰斯科2013
83%的赤霞珠，7%的品丽珠，5%的梅洛，在法国大桶（42%是新的）中熟成18个月。来自伊顿谷的赤霞珠自带炫酷个性——而且绝对权威。是黑醋栗而不是黑醋栗酒的味道，单宁坚实却并不过于干涩，还有一点若隐若现的薄荷味道。品丽珠和梅洛也很配合赤霞珠，法国橡木亦然。
封口：螺旋盖 酒精度：14% 评分：96 最佳饮用期：2038年 参考价格：165澳元

Julius Eden Valley Riesling 2016
尤里乌斯伊顿谷雷司令2016
这款酒从酒香到余味有着极端的一致性，青柠汁味道代表着雷司令的精华和根本，在品尝时贯穿始终。无论是现在还是将来，这都是一款令人愉悦的酒。它永远不会愧对自己的“血统”。
封口：螺旋盖 酒精度：11.5% 评分：95 最佳饮用期：2031年 参考价格：41澳元

Green's Hill Adelaide Hills Riesling 2016
格林山阿德莱德雷司令2016
纯正美好的香气中带有淡淡的柑橘花和白石果的气息。精致的口感中可以品尝到细腻的变化，各种元素交织浑然一体，酸度得到了很好的表现。现在仍然在发展阶段，预计它的窖藏时间会很长。
封口：螺旋盖 评分：95 最佳饮用期：2030年 参考价格：35澳元 SC ✪

Peggy's Hill Eden Valley Riesling
佩吉山伊顿谷雷司令2016
若要评价这款酒，必须从余味开始，因为90%的发展变化都在这里，回味中的浓度和长度将你带回到整体的味觉体验中去——丰富的花香中有些滑石粉气息的酒香，以及所有在中间的风味。亨施克认为这款酒有在酒窖中陈酿20年左右的潜力，我对此没有异议。
封口：螺旋盖 酒精度：12% 评分：95 最佳饮用期：2036年 参考价格：25澳元 ✪

Croft Adelaide Hills Chardonnay 2015
克罗夫特阿德莱德山区霞多丽2015

这是一个成熟的葡萄园，其葡萄收获时间是依照过去10多年来收获采摘的规律经验而选择出来的，这也使得这款酒与它的姊妹阿彻（Archer）的葡萄园一样，十分有深度，并有着丰富的口感。葡萄柚、白桃和苹果，再加上一点点烘焙腰果和轻度烘烤橡木的味道。

封口: 螺旋盖　酒精度: 13.5%　评分: 95　最佳饮用期: 2025年　参考价格: 47澳元

Johann's Garden 2015

约拿得花园2015

原料来自巴罗萨谷的诸多不同葡萄园，其中70%的歌海娜、25%的马塔洛和5%的西拉。酒香中有红色水果的香味和淡淡的香料，酒体较轻，但又会迸发出新鲜红色水果的味道。所有的果香都得到了充分的表现，并且十分活跃——很明显是即饮型的风格。

封口: 玻璃瓶塞　酒精度: 14.5%　评分: 95　最佳饮用期: 2022年　参考价格: 56澳元

Abbotts Prayer Vineyard 2013

阿伯特斯的祷告葡萄园2013

59%的赤霞珠，41%的梅洛，混酿前在法国大橡木桶（41%是新的）中熟成18个月。这款酒的关键是它适中的酒体和柔顺的口感，单宁并不突出。此外，这款酒从一开始即非常平衡，但因为其中的黑醋栗酒、李子和黑色橄榄的味道，它还可以再放上20年。

封口: 玻璃瓶塞　酒精度: 14%　评分: 95　最佳饮用期: 2033年　参考价格: 100澳元

Marble Angel Vineyard Cabernate Sauvignon 2013

大理石天使葡萄园赤霞珠2013

100%的赤霞珠，原料出自莱特·帕斯（Light Pass）40年以上的葡萄藤，于法国大桶（41%是新的）中陈酿18个月。在超一流的2012年份之后，大理石天使将不再落入下乘，而是会比大多数的巴罗萨赤霞珠更好。单宁的结构感是它的一个特点，这也为这款酒带来了长度和明确的口感——这也是优秀赤霞珠的核心品质。

封口: 玻璃瓶塞　酒精度: 14.5%　评分: 95　最佳饮用期: 2033年　参考价格: 97澳元

The Rose Grower Eden Valley Nebbiolo 2012

玫瑰种植者伊顿谷内比奥洛2012

罗瑟勒（Roseler）家族是这里长期的土地所有者，他们的姓氏在意大利语中意为“玫瑰种植者”，葡萄园常年白雾缭绕（“内比奥罗”在意大利语中是“雾”的意思）。这款酒有着玫瑰花瓣的气息，出色的尾韵，以及（值得称道的）丝绸般柔顺的单宁——它的浓度和力度都可与顶级黑比诺媲美。

封口: 玻璃瓶塞　酒精度: 13%　评分: 95　最佳饮用期: 2027年　参考价格: 60澳元

The Bootmaker Barrosa Valley Mataro 2015

靴匠巴罗萨谷马塔洛2015

96%的老藤马塔洛和4%的老藤歌海娜，这款葡萄酒是在向早期在巴罗萨谷定居的西西里路德宗人的各种技艺致敬。马塔洛很少能使酒像这一款般柔顺——我觉得这不像是4%歌海娜的功劳。出人意料的是，其单宁的特殊品质反而提升了红色水果的口感。这种平衡将保证至少20年的窖藏时间。

封口: 玻璃瓶塞　酒精度: 14.5%　评分: 95　最佳饮用期: 2035年　参考价格: 75澳元

Louis 2014

路易斯 2014

葡萄来自于伊顿谷等地所出产的赛美蓉。早期阶段的发展已经使酒有了些额外的深度和更加丰富的口感，接下来的5年之终，还会有其他的变化展开。

封口：螺旋盖　酒精度：12%　评分：94　最佳饮用期：2024年　参考价格：33澳元

Five Shillings 2016

五先令 2016

67%产自伊顿和巴罗萨谷，配比为67%的西拉和33%的马塔洛，72%在珍藏，28%在美国大桶（4%）中熟成8个月。不难看出酒庄推广这款首次酿制的限量版葡萄酒的原因：很简单，它符合各项标准——两个葡萄品种的典型性，长度、平衡以及整体的口感。它只需要再在瓶中储存（大概）5年。

封口: 螺旋盖　酒精度: 14.5%　评分: 94　最佳饮用期: 2036年　参考价格: 33澳元

Henry's Seven 2014

亨利之七2014

亨利之七是产区所处之地的名字，而不是园中的品种名称，亨利·埃文斯（Henry Evans）于1853年在凯奈顿（Keyneton）建立了这个葡萄园。这款酒的葡萄原料有四个品种（西拉、歌海娜、马塔洛和维欧尼），维欧尼显然对酒色有辅助作用，酒香也是如此。新鲜、有活力，同时也柔顺平衡，有一系列的黑色浆果、紫色和黑色水果的味道，单宁很好地融入了整体。

封口：螺旋盖　酒精度：14%　评分：94　最佳饮用期：2029年　参考价格：37澳元

Stone Jar Eden Valley Tempranillo 2015

石罐伊顿谷添帕尼罗2015

91%的添帕尼罗和7%的马塔洛共同发酵，再与2%的格拉西亚诺混酿，在法国大桶中陈酿10个月。多汁的樱桃果味很浓，另外有少量的李子气息。酒体适中，柔顺光滑，单宁和橡木并不突兀甚至是几乎感觉不到。获得2016年巴罗萨葡萄酒展最佳其他品种奖杯。

封口：螺旋盖　酒精度：14%　评分：94　最佳饮用期：2030年　参考价格：50澳元

Johanne Ida Selma Lenswood Blanc de Noir MD NV

乔安·艾达·萨尔玛兰斯伍德黑中白（成熟除渣）无年份

一款优美，有特点，充满表现力且有力量的黑中白，巧妙地捕捉到了兰斯伍德黑比诺的深度。黑比诺在这里深沉地表达出蜜橘、杏李、黑樱桃和混合香料的味道，酸度集中且适度。16个年份和20年的成熟度结合在一起，造就了酒中的不同层次——包括黑水果蛋糕、生姜坚果饼干和黑巧克力的味道，发展到极致便是悠长、饱满而且无可挑剔的浓郁结尾。
封口：皇冠盖　酒精度：12%　评分：94　最佳饮用期：2020年
参考价格：60澳元　TS

Eden Valley Noble Rot Semillon 2016
伊顿谷贵腐赛美蓉2016
18%在法国小橡木桶中带酒脚陈酿6个月，余下部分在罐中带酒脚陈酿。典型的翰斯科，基本上每款酒都有一个神秘元素。果香、酸度和高残糖之间达到了很好的平衡，质感也与口感相得益彰。可以和任意一款甜品搭配。
封口：螺旋盖　酒精度：10.5%　评分：94　最佳饮用期：2022年　参考价格：40澳元

🍷🍷🍷🍷🍷
Joseph Hill Gewurztraminer 2015
约瑟夫山琼瑶浆2015
评分：93　最佳饮用期：2025年　参考价格：36澳元

Tappa Pass Barrosa Valley Shiraz 2015
塔帕帕斯巴罗萨西拉2015
评分：93　最佳饮用期：2030年　参考价格：115澳元

Adelaide Hills Noble Gewurztraminer 2016
阿德莱德山区贵族琼瑶浆2016
评分：93　最佳饮用期：2026年　参考价格：33澳元

Joseph Hill Gewurztraminer 2016
约瑟夫山琼瑶浆2016
评分：92　最佳饮用期：2030年　参考价格：36澳元

Eleanor's Cottage SBS 2015
埃莉诺之村SBS 2015
评分：92　最佳饮用期：2020年　参考价格：25澳元　✪

Henry's Seven 2015
亨利之七2015
评分：92　最佳饮用期：2028年　参考价格：37澳元　JF

The Rose Grower Eden Valley Nebbiolo 2012
玫瑰种植者伊顿谷内比奥罗2012
评分：92　最佳饮用期：2030年　参考价格：60澳元

Coralinga Adelaide Hills Sauvignon Blanc 2016
克洛琳卡阿德莱德山长相思2016
评分：91　最佳饮用期：2018年　参考价格：27澳元

Archer's Vineyard Adelaide Hills Chardonnay 2015
阿彻的葡萄园阿德莱德山霞多丽2015
评分：91　最佳饮用期：2022年　参考价格：35澳元

Coralinga Adelaide Hills Sauvignon Blanc 2015
克洛琳卡阿德莱德山区长相思2015
评分：90　最佳饮用期：2018年　参考价格：27澳元

Innea Vineyard Littlehampton Adelaide Hills Pinot Gris 2016
英纳斯葡萄园利特尔汉普顿阿德莱德山灰比诺2016
评分：90　最佳饮用期：2018年　参考价格：37澳元

Tilly's Vineyard 2015
提利的葡萄园2015
评分：90　最佳饮用期：2017年　参考价格：20澳元　✪

Keyneton Euphonium
凯奈顿优风宁号2014
评分：90　最佳饮用期：2024年　参考价格：60澳元

Abbots Prayer Vineyard 2012
阿伯特斯的祷告葡萄园2012
评分：90　最佳饮用期：2027年　参考价格：97澳元

Muscat of Tappa Pass 2015
塔帕帕斯麝香2015
评分：90　最佳饮用期：2017年　参考价格：35澳元

Hentley Farm Wines　亨特利农场葡萄酒　★★★★★

Car Jenke Road/Gerald Roberts Road, Seppeltsfield, SA 5355　产区：巴罗萨谷
电话：(08) 8562 8427　网址：www.hentleyfarm.com.au　开放时间：每日开放，11:00—17:00
酿酒师：安德鲁·奎恩（Andrew Quin）　创立时间：1999年
产量（以12支箱数计）：20000　葡萄园面积：39.6公顷
1997年基斯（Keith）和艾莉森·亨施克（Alison Hentschke）买下了亨特利农场，当时亨特利是

一个旧葡萄园，也有田地。基斯曾经在罗斯沃斯（Roseworthy）学习农业科学，并以优秀成绩毕业，后来又获得了MBA学位，他完全具备建立管理葡萄园的能力。20世纪90年代他曾经在奥兰多有一个与生产相关的工作，后来他转到澳洲最大的葡萄园管理机构——法巴尔（Fabal）从事管理工作。对他来说建立亨特利农场并不是什么难事，但要使之成为一个伟大的葡萄园，则需要他全部的专业知识。1999到2005年间，园中一共种植了38.2公顷的葡萄。2004年又购入了毗邻亨特利农场的名为奥托园（Clos Otto）的葡萄园。其中西拉占地面积为32.5公顷，是主要种植品种。园子位于格林诺克（Greenock）的河岸边，园中有红粘土，其上覆有碎石灰石，还有一些有少量碎石斜坡以及表土。格雷格·马德（Greg Mader）入伙成为葡萄种植管理者，而安德鲁·奎恩（Andrew Quin）是酿酒师，两人都有不凡的工作经历，酒庄也是《2015年葡萄酒宝典》年度葡萄酒厂。出口到美国等主要市场。

🍷🍷🍷🍷🍷

Museum Release H-Block Shiraz Cabernate Sauvignon 2012

博物馆H-地块西拉赤霞珠2012

在这版年鉴中，所有的博物馆系列都经过了重新品尝，但也都没有实质上的变化。第一次品尝是在2014年三月：一款65：35混酿；浓郁的黑色水果香、天鹅绒般的单宁完全将橡木融入整体之中，回味悠长。

封口：软木塞　酒精度：14.8%　评分：98　最佳饮用期：2052年　参考价格：265澳元

Clos Otto Barrosa Valley Shiraz 2012

奥托园巴罗萨谷西拉2015

单一庄园葡萄园地块，去梗破碎，人工酵母开放式发酵，带皮浸渍8天，在法国橡木中陈酿22个月，橡木桶中陈放6个月。带有异国风情的酒香中新皮革和一点诱人的香料味道，饱满的口感中又有黑醋栗的果味，法国橡木的气息融入背景之中。整体质感十分精细，平衡感和风味都引人注目。

封口：软木塞　酒精度：14.8%　评分：97　最佳饮用期：2045年　参考价格：180澳元

Museum Release The Beauty Barrosa Valley Shiraz 2012

博物馆美人巴罗萨谷西拉 2012

所有博物馆系列的价格都较最初发售时的价格上涨了50%。2014年12月第一次品尝：深紫红色；虽然这款酒浓郁，集中且有力——这似乎意味着它应该并不精细——但在黑色水果、甘草以及一丝苦巧克力味道的作用下，这款西拉似乎毫不费力地做到了。这也同时使得整体非常和谐，回味悠长。

酒精度：15%　评分：97　最佳饮用期：2037年　参考价格：85澳元 ✪

Museum Release The Creation Barrosa Valley Shiraz 2012

博物馆创造巴罗萨谷西拉2012

第一次品尝于2014年三月：这是酿酒师安德鲁·奎恩在这一年份酿制的一款独特的葡萄酒。果香浓郁，酒体饱满，酒精味道并不突出；黑浆果、黑樱桃和甘草的香味极具穿透力，丰富且柔顺的口感可以很好地与水果味相配合，成熟的单宁和完美的平衡，使结尾很长。

封口：橡木塞　酒精度：15%　评分：97　最佳饮用期：2052年　参考价格：265澳元

The Quintessential Barrosa Valley Cabernate Sauvignon 2015

精粹巴罗萨谷西拉赤霞珠2015

一款60：40的混酿，去梗破碎后，70%的葡萄原料带皮浸渍35天，30%浸渍8天，在法国橡木桶（30%是新的）中成熟12个月。令人意外的是，赤霞珠带来的黑醋栗、黑醋栗酒、香草的气息更在西拉带来的黑色浆果和李子味道之上。此外，这款精心制作的中等酒体的葡萄酒还有绝对完美的平衡感。

封口：螺旋盖　酒精度：14.5%　评分：97　最佳饮用期：2035年　参考价格：62澳元 ✪

H Block Shiraz Cabernate Sauvignon 2015

H地块西拉赤霞珠2015

一款67：33的混酿，两款葡萄分别带皮浸渍发酵9天，再在法国橡木桶（50%是新的）中熟成22个月。在橡木桶中6个月后混合。这是一款非常复杂的葡萄酒，这主要是因为黑浆果和黑醋栗果之间以及它们与橡木之间的对峙。的确，橡木的味道很明显，但也同时很好地融入了整体，让你很难不喜欢它。单宁无懈可击，这也是亨特利农场的常见风格。

封口：橡木塞　酒精度：15%　评分：97　最佳饮用期：2040年　参考价格：165澳元

Museum Release von Kasper Barrosa Valley Cabernate Sauvignon

博物馆卡斯伯巴罗萨谷赤霞珠2012

2014年三月第一次品尝：1997年，奥托·卡斯伯（Otto Kasper）在选择了格林诺克河岸建立葡萄园，这的确是一个很有远见的决定。在法国橡木桶中陈酿的21个月完全没有对这款伟大的赤霞珠造成任何不好的影响，黑醋栗酒、黑橄榄、鼠尾草的味道交织在一起，如同一幅无法描述的镶嵌画。这款酒还需要再将酒瓶横放，在酒窖中储藏3年，5年更好，没人可以预测它那时的状态。

封口：橡木塞　酒精度：14.5%　最佳饮用期：2052年　参考价格：120澳元 ✪

🍷🍷🍷🍷🍷

The Beauty Barrosa Valley Shiraz 2015

美人巴罗萨谷西拉2015

包括3%的维欧尼，仅仅去梗，共同发酵，带皮浸渍9天，在法国橡木桶（35%是新的）中陈酿16个月，水果味、橡木味和单宁都恰到好处地得到了表达，带有多汁的黑莓和杏李的味道，维欧尼更是为其增添了几分新鲜度——这是一款可爱的巴罗萨谷西拉。

封口：螺旋盖　酒精度：14.5%　评分：96　最佳饮用期：2040年　参考价格：62澳元 ✪

The Beast Barrosa Valley Shiraz 2015

野兽巴罗萨谷西拉2015

这就是液态的「力量」。清透的饱满酒体，最少应该陈酿上5年，10年更佳。黑色水果、香料、甘草和略咸的单宁。
封口：橡木塞 酒精度：15.2% 评分：96 最佳饮用期：2045年 参考价格：89澳元

The Creation Barrosa Valley Shiraz 2015
创造巴罗萨谷西拉2015
与奥托园同样，在美国橡木桶（50%是新的）中熟成。美国橡木相较于法国橡木来说，给人更加坚定的感觉，可以在最初的闻香中感受到它的气息；在口中也是一样。这款酒中的橡木正是如此，这也很好，是在向格兰治致敬，它的味道可以覆盖口中每一个角落，而且不会因为过长而令人感到厌烦。
封口：橡木塞 酒精度：15% 评分：95 最佳饮用期：2040年 参考价格：165澳元

Museum Release The Beast Barrosa Valley Shiraz 2012
博物馆野兽巴罗萨谷西拉2012
我只能重复我在2014年三月写下的品酒笔记：来自山丘高处的一小块地，由于有着浅土并且可以均衡地暴露于日光之下，原料葡萄的果粒非常小。底色为深沉饱和的深红紫色，充满了无数层的黑色水果的味道，单宁成熟，橡木得到了很好的融合；还混有苦巧克力和水煮李子的味道。
封口：橡木塞 酒精度：15% 评分：96 最佳饮用期：2040年 参考价格：80澳元

The Marl Barrosa Valley Grenache 2016
马尔巴罗萨谷歌海娜2016
这款酒对细节非常重视：94%带皮浸渍6天，6%为52天。这是一款里程碑式的巴罗萨谷歌海娜，表明了酿造没有蜜饯、土耳其软糖味道，同时酒精度为13.5%的葡萄酒是可能的。它有着美味的红色水果的味道。物超所值。
封口：螺旋盖 评分：96 最佳饮用期：2023年 参考价格：21澳元 ✪

The Old Legend Barrosa Valley Grenache 2016
旧日传说巴罗萨谷歌海娜2016
提前采摘15%的葡萄，其中的大部分用于整串发酵以增加丰富的果味以及活跃程度；60%的葡萄带皮浸渍40天，以提取泥土、香料和单宁的味道；20%在采摘期较晚收获，用来提供厚度并增加色泽。结果就是这款丰厚而有力量的葡萄酒，它的质地和结构都非常好。相对来说更接近传统风格，但没有加糖。可以陈放很久。
封口：螺旋盖 酒精度：14% 评分：96 最佳饮用期：2031年 参考价格：62澳元 ✪

Barrosa Valley Viognier 2016
巴罗萨谷维欧尼2016
单一葡萄园，整串压榨后直接进入法国橡木桶（30%是新的），野生酵母，全部皮渣浸渍发酵，熟成7个月，6个月酒糟搅拌。明亮的草绿色；它的风格非常出色，既不过于平淡，也不过分油腻。核果（杏子）和柑橘味的酸度、能量、橡木只是融入背景的阴影之中。
封口：螺旋盖 酒精度：12.5% 评分：95 最佳饮用期：2022年 参考价格：42澳元

Poppy Barrosa Valley Field Blend 2016
罂粟巴罗萨谷田间混酿2016
霞多丽、雷司令、维欧尼、小味儿多、白芳提和灰比诺。这款酒如同towering红葡萄酒一样，体现了安德鲁·奎恩（Andrew Quin）的酿酒技术。他保留了新鲜度和活力，桶中发酵的复杂性又为这款酒增添了一个新的维度。我不记得还有哪款白葡萄酒使用了如此多不同的葡萄品种。
封口：螺旋盖 酒精度：12% 评分：95 最佳饮用期：2022年 参考价格：25澳元 ✪

Barrosa Valley Shiraz 2016
巴罗萨谷西拉2016
色泽是典型的奔富酒庄风格，深沉，却有着鲜艳的深紫红色边缘；充分表现了黑水果的醇香，中等到饱满的酒体，口感丰厚。黑莓的味道浓烈而甘美，明亮而且新鲜。
封口：螺旋盖 酒精度：14.5% 评分：95 最佳饮用期：2046年 参考价格：28澳元 ✪

The Stray Mongrel 2016
迷途之犬2016
59%的歌海娜、37%的西拉和4%的增芳德，采用开放和闭式两种发酵方式，一半人葡萄带皮浸渍每日开放，45%带皮浸渍40天，增芳德69天。它充满活力，酒体中等，是一款诱人的即饮型美酒。协调这些不同的发酵方式自然非常困难，但回报也是巨大的。
封口：螺旋盖 酒精度：14% 评分：95 最佳饮用期：2026年 参考价格：28澳元 ✪

von Kasper Barrosa Valley Cabernate Sauvignon 2015
卡斯伯巴罗萨谷赤霞珠 2015
分别发酵后转入橡木桶中进行苹乳发酵，在混酿前于法国橡木桶中熟成6个月，混酿后回到橡木桶（30%是新的）中再陈放18个月，深而明亮的色泽；这是一款充满力量、酒体饱满、风格粗犷的巴罗萨谷赤霞珠。这款酒需要再至少放上5年，亨特利农场酒庄有各种各样的新鲜易饮型葡萄酒，这5年的等待对热爱这个酒庄的酒的人士来说应该不算太难。
封口：橡木塞 酒精度：14.5% 评分：95 最佳饮用期：2045年 参考价格：89澳元

Eden Valley Riesling 2016
伊顿谷雷司令2016
出自3个葡萄种植者，低温静置后于不锈钢罐中发酵，采用人工培养酵母。轻盈、准确，风格优雅。轻快的酸度遍布口中，但柑橘味的水果仍然可以不费力地使整体口感趋于平衡。你当然可以现在喝掉它，但是5年之后，它可能会有新的发展变化。
封口: 螺旋盖 酒精度: 11.8% 评分: 94 最佳饮用期: 2031年 参考价格: 24澳元 ✪

Brass Monkey Vineyards Adelaide Hills Pinot Grigio
铜猴葡萄园阿德莱德山区灰比诺2016
这款灰比诺（grigio）确实不错——它有真正的特点和态度。其中有多种风味，充满活力，梨和苹果的味道与柑橘果香和酸度之间形成一种张力。酒名原文中的Grigio也可以被称作gris。
封口: 螺旋盖 酒精度: 12% 评分: 94 最佳饮用期: 2018年 参考价格: 21澳元 ✪

Barrosa Valley Rose 2016
巴罗萨谷桃红2016
85%的歌海娜和15%的西拉，20小时带皮浸渍，使用人工培养酵母在不锈钢罐中发酵，无苹乳发酵。呈现生动的深粉红色；芬芳的红色浆果的醇香之后，口中可以品尝到同样充满活力的果香，结尾很长，酸度平衡。这是一款可爱的桃红葡萄酒，价格也很有吸引力。
封口: 螺旋盖 酒精度: 12% 评分: 94 最佳饮用期: 2018年 参考价格: 21澳元 ✪

Museum Release Clos Otto Barrosa Valley Shiraz 2011
博物馆奥托园巴罗萨谷西拉
1/3地块的葡萄被置于架上干燥3周，并于法国橡木（70%是新的）中熟成22个月。我最初品尝这款酒是在2013年的三月，写品酒笔记的时候并不知道架上干燥的步骤，如今我当时的这一猜测得到了证实。这一次我的评分和适饮期判断并没有改变。这一年份中，这款酒难得呈现出饱满的深紫红色；2013年二月装瓶，此前先于橡木桶中陈酿了22个月。这款酒的酒精度使得其中丰厚、馥郁的李子和黑莓果的味道得到了充分的发展与表现，结尾又有一个略咸的转折。酒庄敢于追求这个高度的酒精度，勇气可嘉（还有坚持不懈的种植管理）。
封口: 橡木塞 酒精度: 14.8% 评分: 94 最佳饮用期: 2026年 参考价格: 265澳元

The Rogue Barrosa Field Blend 2016
红色巴罗萨多区域混酿2016
46%的歌海娜, 13%的马尔贝克，马塔洛和西拉各9%，7%的添帕尼罗, 3%的黑珍珠和2%的增芳德。这并不是一款单一葡萄园的混酿，但这其实无关紧要：各种葡萄一起在用过的橡木桶中，统一熟成了9个月。香气和口感都多汁而新鲜，十分诱人，这是一款为早期饮用而酿制的葡萄酒，同时可供亨利农场的爱好者们的讨论。
封口: 螺旋盖 酒精度: 14.5% 评分: 94 最佳饮用期: 2026年 参考价格: 24澳元 ✪

🍷🍷🍷🍷🍷 Black Beauty Shiraz Sparkling Shiraz
黑美人西拉起泡酒 无年份
评分：93 最佳饮用期：2024年 参考价格：62澳元 TS

The Marl Barrosa Shiraz 2016
马尔巴罗萨西拉2016
评分：90 最佳饮用期：2026年 参考价格：21澳元 ✪

The Marl Barrosa Cabernate Sauvignon 2016
马尔巴罗萨赤霞珠2016
评分：90 最佳饮用期：2021年 参考价格：21澳元 ✪

Barrosa Valley Cabernate Sauvignon 2016
巴罗萨谷赤霞珠2016
评分：90 最佳饮用期：2030年 参考价格：28澳元

Henty Estate 亨提庄园 ★★★★★

657 Hensley Park Road, Hamilton,Vic 3300（邮） 产区：亨提 电话：(03)5572 4446 网址：www.henty-estate.com.au 开放时间：不开放 酿酒师：1991年 产量（以12支箱数计）：1400 葡萄园面积：7公顷
彼得（Peter）和格勒尼·迪克逊（Glenys Dixon）已经开始逐步地提升亨提庄园的发展速度了。1991年他们开始了葡萄园的种植，包括4.5公顷的西拉，各占1公顷的赤霞珠和霞多丽，还有0.5公顷的雷司令。他们在2003年建立了这个葡萄园，用他们自己的话说，“在葡萄园成熟前，我们一直在尽量避免被酿酒的想法诱惑。”在邻居约翰·汤姆森（John Thomson）的鼓励下，他们决定采用垂直分布架式的栽培方法，让葡萄在干燥的气候环境下生长，并且限制每公顷的产量在3—4吨。

🍷🍷🍷🍷🍷 Chardonnay 2014
霞多丽2014
手工采摘，100%的法国新橡木桶中发酵，带酒脚陈酿16个月。独特的凉爽气候下生长的霞多丽从橡木中汲取了风味物质，这些物质同时也加强了质地和原始的葡萄柚风味。在未来的缓慢发展中，它的深度和复杂度都会增加。
封口：螺旋盖 酒精度：12.8% 评分：95 最佳饮用期：2023年

Shiraz 2015
西拉2015
75%的葡萄使用法国孚日山脉所产的橡木桶，其中30%为新橡木桶，余下的采用匈牙利的橡木桶——全部熟成12个月，这款西拉有着丰富的细节：最初扑面而来的是丁香花的味道，接下来是熏肉的气息、蓝色和黑色水果的淡香，接着渐变成一种胡椒气息，来自果肉的单宁好像被揉捏过一般，与酸度完好地融合在一起。这同样是一款能令人感到愉快的葡萄酒——它也十分易饮。这很危险。

封口：螺旋盖 酒精度：13.2% 评分：95 最佳饮用期：2025年
参考价格：26澳元 NG ✪

Wannon Run Shiraz 2014

万农河西拉 2014

这款凉爽气候下生长的西拉葡萄酒具有极强的表现力，中等酒体，价格不高。明亮、清澈的深红酒色为酒香和口中品尝到的红色（主要）与黑色水果、甘草、香料以及胡椒搭好了舞台。所有的风味缠绕在一起，互相呼应。饮下第一口，就想要第二口，第三口——转眼之间你就已经超过了国家健康医学研究基金会推荐饮用量了。别担心，它会滋润你的身心。

封口：螺旋盖 酒精度：13.2% 评分：95 最佳饮用期：2024年 参考价格：20澳元 ✪

Wannon Run Shiraz 2013

万农河西拉 2013

保留了鲜艳的深紫红色调；2013和2014如孪生兄弟一般相似，再没有比这两款酒更相似的不同年份的酒了：红色和黑色水果、香料、破碎胡椒和甘草的味道天衣无缝地结合在一起，使这款中等酒体的葡萄酒非常优雅。虽然现在也很诱人，但它其实还可以继续发展陈酿。

封口：螺旋盖 酒精度：13.2% 评分：95 最佳饮用期：2028年 参考价格：20澳元 ✪

🍷🍷🍷🍷🍷 Wannon Run Shiraz 2015

万农河西拉2015

评分：93 最佳饮用期：2023年 参考价格：20澳元 NG ✪

Cabernate Sauvignon 2015

赤霞珠2015

评分：93 最佳饮用期：2026年 参考价格：26澳元 NG ✪

Rose 2015

桃红 2015

评分：90 最佳饮用期：2017年 参考价格：20澳元 ✪

Hentyfarm Wines 亨提酒园 ★★★★★

250 Wattletree Rd, Holgate, 新南威尔士州 2250 产区：亨提 电话：(03)5572 4446 网址：www.henty-estate.com.au 开放时间：不开放 酿酒师：贾斯汀·普尔瑟（Justin Purser） 创立时间：2009年 产量（以12支箱数计）：1500

亨提地区有着澳大利亚最为凉爽的气候——比塔斯马尼亚州和马斯顿山岭还要凉爽——约翰·格莱德斯通斯（John Gladstones）博士认为这是这一产区的标志性特征，但这个特点有利有弊：当天气寒冷的时候，这里就比其他地方更加难以忍受；另一方面，此地十分遥远，刚好在南澳大利亚、维多利亚的界限之中。剩下的就是好的方面了，这个产区可以生产最高质量的雷司令、霞多丽和黑比诺。塞普尔特之庄姆伯格（Seppelt's Drumborg）葡萄园专注于生产雷司令、黑比诺和霞多丽，克劳福德河（Crawford River）地区种植雷司令，这些葡萄为这两个地区增加了许多光彩。2009年约纳森·莫哥（Jonathan [Jono] Mogg）和他的搭档贝林达·洛（Belinda Low）曾经与（当时）贝思（Best's）酒庄的酿酒师亚当·韦德维兹（Adam Wadewitz）和他的伴侣尼基（Nikki）在周末一起去了几次。2009年，他们从亨提种植者阿拉斯代尔·泰勒（Alastair Taylor）那里购买葡萄，生产了第一款霞多丽。2011年的产品目录中又增加了黑比诺，2015年雷司令和比诺莫尼耶。灰比诺是由“生物葡萄农场”所有者杰克（Jack）和路易斯·多温（Lois Doevan）种植的。贝思（Best's）酒业的贾斯汀·普尔瑟（Justin Purser）是他们当时的合约酿酒人。出口至中国。

🍷🍷🍷🍷🍷 Riesling 2016

雷司令 2016

凉爽的亨提地区的塞普尔特和克劳福德河种植的雷司令已经有50年的历史了；这款酒的风格极为经典，且比较常见，其中有柑橘和葡萄柚的味道，矿物质酸作为支撑。总的来说，非常特别。

封口：螺旋盖 酒精度：11.6% 评分：95 最佳饮用期：2036年 参考价格：25澳元 ✪

Chardonnay 2015

霞多丽2015

奔富P58克隆无性繁殖株系，手工采摘，部分浆果轻度破碎，部分为整串，80%添加混合型酵母在法国橡木桶中发酵，20%在不锈钢罐中，熟成6个月。低酒精度，低pH值，有白桃和葡萄柚的风味，它还会随着酒龄增长而继续发展。

封口：螺旋盖 酒精度：12.4% 评分：95 最佳饮用期：2027年

Pinot Gris 2016

灰比诺2016

很有力量和深度。这款灰比诺表明这个品种在最凉爽的气候中表现最佳。它的口感十分浓郁，在盲品中甚至可能被当成雷司令；与常见的一些平淡乏味的灰比诺完全不同。

封口：螺旋盖 酒精度：12.9% 评分：95 最佳饮用期：2019年 参考价格：25澳元 ✪

Pinot Mounier 2015

比诺莫尼耶2015

颜色（透澈）而有深度，有李子和黑樱桃果的味道。尾韵和悠长的回味增加了它略带咸味的复杂度。物有所值。

封口：螺旋盖 酒精度：13.6% 评分：95 最佳饮用期：2025年 参考价格：35澳元 ✪

Pinot Noir 2015

黑比诺2015

出产自28岁树龄的114号和115号无性繁殖株系，手工采摘，75%采用整串浆果，开放式发酵，前后带皮浸渍一共14天，法国橡木（5%是新的）中熟成9个月。颜色很淡，这也证明了“不能通过颜色来判断比诺”这句格言，因为它的香料、新鲜的酒香和（甚至更多的）精细但浓郁的红色水果的味道都令人吃惊。比诺爱好者绝对会喜欢这款酒，注意不要忽略了它的长度和平衡度。

封口：螺旋盖　酒精度：12.8%　评分：95　最佳饮用期：2023年

Gewurztraminer 2016

琼瑶浆2016

新鲜香料和荔枝的香气表现出了很强的品种特点，同时也带动了口感中的各种风味物质。朴实无华的酿造工艺（这是我的猜想，没有任何可参考的信息），这款通常味道很淡的葡萄与亨提极其凉爽的气候之间的相互作用使这款酒有了很高的品质。

封口: 螺旋盖　酒精度: 12.3%　评分: 94　最佳饮用期: 2026年　参考价格: 25澳元

Herbert Vineyard　赫伯特葡萄园　★★★★☆

Bishop Road，甘比亚山，南澳大利亚5290　产区：甘比亚山　电话：0408 849 080

网址：www.herbertvineyard.com.au　开放时间：仅限预约　酿酒师：大卫（David），赫伯特（Herbert）　创立时间：1996年　产量（以12支箱数计）：450　葡萄园面积：2.4公顷

大卫（David）和特鲁迪·赫伯特（Trudy Herbert）已经种植了1.9公顷的黑比诺，以及总量为0.5公顷的赤霞珠、梅洛和灰比诺（主要用来出售给起泡酒的制作）。他们建立了一个两层的（小型）酒厂，在那里可以俯视一个1300平方米的大迷宫——酒标的标志也反映了这一点。

🍷🍷🍷🍷🍷 Barrel Number 1 Mount Gambier Pinot Noir 2014

一号桶甘比亚山黑比诺2014

这是赫伯特过去几年为了证明甘比亚山适宜种植黑比诺而做的几款黑比诺之一。色调保持得很好；酒色确是镀金的品种特点，森林与红色水果的味道非常协调，结尾和余味都很不错。

封口：螺旋盖　酒精度：13%　评分：95　最佳饮用期：2022年　参考价格：37澳元

The Maze Mount Shiraz Cabernate Sauvignon Merlot 2015

迷宫甘比亚山西拉赤霞珠梅洛2015

50%的西拉、37%的赤霞珠、3%的品丽珠和来自于拉顿布里（Wrattonbully）的10%的梅洛，根据这些信息，这款酒正标上声明的产地并不正确——应该是石灰岩海岸。这款酒活泼多汁，所有的葡萄都是同时发酵的，其中波尔多品种是在酒庄内葡萄园生长的，成熟的西拉平衡了这部分葡萄的低酒精度。法国橡木中成熟，其中部分为新橡木。

封口: 螺旋盖　酒精度: 14.6%　评分: 94　最佳饮用期: 2030年参考价格: 25澳元 ✪

🍷🍷🍷🍷 Wrattonbully Shiraz 2015

拉顿布里西拉2015

评分：90　最佳饮用期：2030年　参考价格：22澳元

Heritage Estate　赫利塔吉酒庄　★★★★★

Granite Belt Drive, Cottonvale, Qld，4375　产区：格兰纳特贝尔　电话：（07）4685 2197

网址：www.heritagewines.com.au　开放时间：每日开放，9:00—17:00　酿酒师：约翰·汉迪（John Handy）　创立时间：1992年　产量（以12支箱数计）：5000　葡萄园面积：10公顷

赫利塔吉酒庄［所有者是布里斯（Bryce）和帕蒂·卡苏尔克（Paddy Kassulke）］在格兰纳特贝尔（Granite）有两个葡萄园，一个在960米海拔的棉谷（Cottonvale，北部），主要种植白色品种；另一个在较为温暖的巴兰迪安（Ballandean），种植红色品种和玛珊。赫利塔吉酒庄在昆士兰州的各种葡萄酒展上获得过许多奖项。现在酒庄已经又投资建设了一条新的装瓶线，这使得他们的产品可以使用螺旋盖。棉谷葡萄园2013年受到了冰雹的侵袭，赫利塔吉酒庄在经历了一系列艰难的年份后，终于反弹回到了应有的位置——这非常不容易。他们很好地利用了2014年这个好年份的优势。是一个值得关注的葡萄酒厂。

🍷🍷🍷🍷🍷 Granite Pinot Gris 2016

格兰纳特贝尔灰比诺2016

葡萄酒在低温下破碎并保持带皮浸渍16小时，接下来通过检测果汁中的酚类物质来精确的确定浸渍时间。除了一些未经过桶中发酵处理的灰比诺之外，这酒的质地和风味可能比其他任何一款灰比诺都要更为丰富——它可与最优秀的桶内发酵酒款相提并论。出色的结尾令人满口生津，草莓和柠檬皮的味道融合在一起，可以说是大师级的酿酒工艺。

封口: 螺旋盖　酒精度: 13%　评分: 95　最佳饮用期: 2022年　参考价格: 25澳元 ✪

老藤珍藏格兰纳特贝尔西拉2016

葡萄来自于酒庄在巴兰迪安（Ballandean）的60年以上的老藤，2周的前发酵和1周的后浸渍发酵，法国大橡木桶（20%是新的）熟成，2017年1月装瓶。一如预期之中那样，这一年份的色泽和品种特点都很不错，有着出色的平衡和长度，既有樱桃、李子和黑莓的互相作用，又有成熟单宁和足够的法国橡木的支撑。这款酒做得很好。

封口: 螺旋盖　酒精度: 13.8%　评分: 95　最佳饮用期: 2036年参考价格: 30澳元 ✪

Reserve Granite Chardonnay 2016

珍藏格兰纳特贝尔霞多丽2016

整串压榨，采用自流汁，野生酵母于法国大桶（25%是新的）中发酵，压榨汁（约占酒的25%）用人工培养酵母在旧大桶中发酵，无苹乳发酵过程，带酒脚熟成8个月，每个月搅拌酒脚。

封口：螺旋盖　酒精度：13%　评分：94　最佳饮用期：2025年参考价格：35澳元

Wild Ferment Granite Belt Marsanne 2016
野生发酵格兰纳特贝尔玛珊2016
“为避免生产出风味平淡的葡萄酒”，出产原料的葡萄藤均经过疏果；破碎压榨，过滤，野生酵母发酵。带部分皮渣和酒脚熟成7个月，期间搅拌。这是一个非常有意思种植和酿制玛珊的方法，与许多其他产品相比（显而易见的，德宝酒庄［Tahbilk］是一个伟大的意外），这款酒有相当丰富的口感。爽利/清脆的质地与微带刺激性的酸度都表现得非常好。
封口: 螺旋盖　酒精度: 13.2%　评分: 94　最佳饮用期: 2026年参考价格: 30澳元 ✪

Granite Belt Shiraz Mourvedre Grenache 2016
格兰纳特贝尔西拉幕尔维德歌海娜2016
这是一款配比为50/25/25%的混酿，在法国橡木桶中成熟，它反映了约翰·汉迪（John Handy）想要最大限度地表达水果特征的追求。出色的明亮深紫红色；极为美味的中等酒体和口感，这证明了格兰纳特贝尔地区可以在合适的年份酿出高质量葡萄酒。
封口: 螺旋盖　酒精度: 14%　评分: 94　最佳饮用期: 2029年参考价格: 25澳元 ✪

🍷🍷🍷🍷🍷

Granite Belt Verhelho 2015
格兰纳特贝尔维尔德罗2015
评分：93　最佳饮用期：2017年　参考价格：20澳元 ✪

Vintage Reserve Granite Belt Fino 2016
年份珍藏格兰纳特贝尔菲亚诺2016
评分：93　最佳饮用期：2022年　参考价格：28澳元

Granite Belt Verdelho 2016
格兰纳特贝尔维尔德罗2015
评分：92　最佳饮用期：2019年　参考价格：22澳元 ✪

Sauvignon Blanc 2015
长相思2015
评分：91　最佳饮用期：2017年　参考价格：20澳元 ✪

“Heroes” Vineyard　英雄葡萄园　★★★★★

14 Deal Avenue, Jan Juc, 维多利亚，3228（邮）　产区：吉龙　电话：0490 345 149
网址：www.heroesvineyard.com　开放时间：不开放　酿酒师：詹姆斯·托马斯（James Thomas）　创立时间：2016年　产量（以12支箱数计）：950　葡萄园面积：3.9公顷
1996年当詹姆斯·托马斯（James Thomas）的父母开始种植葡萄园时，詹姆斯16岁。2004年他来到了澳大利亚，在从拉筹伯（La Trobe）得到酿酒学的研究生学位后，他花了四年时间在班诺克本（Bannockburn）葡萄园做助理酿酒师，接下来的三年他在英国做起泡酒的首席酿酒师。2014年他回到了澳大利亚，他的“信鸽的本能”帮助他在克莱德·帕克（Clyde Park）处成了2014—2016年的首席酿酒师。他希望能建立一个自己的葡萄酒庄，为此他在吉龙（Geelong）参考察看了很多可能的地点，他没想到自己能够找到一个3.4公顷的葡萄园来种植黑比诺、西拉、雷司令和长相思。他坚定地采用了有机葡萄园的工艺方法，并积极地争取得到认证。他还增加了0.5公顷霞多丽的种植。我很喜欢这些酒的精致酒标，然而我更喜欢他的高品质葡萄酒。

🍷🍷🍷🍷🍷

Otway Hinterland Sauvignon Blanc 2016
奥塔维内陆长相思2016
整串压榨，采用野生酵母在不锈钢罐中发酵，并且用一个新的（稍稍多于25%的混酿）大木桶带酒脚陈酿5个月。完美的酿制工艺的完成带来了这款好酒——既有清晰的品种特点表达，也有良好的质地、结构感和平衡感。
封口: 螺旋盖　酒精度: 12.9%　评分: 95　最佳饮用期: 2022年　参考价格: 28澳元 ✪

Otway Hinterland Shiraz 2016
奥塔维内陆西拉2016
分两次发酵，一部分采用“碳-破碎”（10%的原料进行整串碳浸渍）,余下的除梗（完整果粒），带皮浸渍4周，混合后在法国橡木桶（20%是新的）中成熟10个月。呈现明亮、饱满的深紫红色；有力而复杂的西拉给葡萄园和酿酒厂投入的所有努力带来了应有的回报。黑色水果、甘草和香料的味道贯穿始终，酒体丰满，单宁和橡木的味道融入背景之中。
封口: 螺旋盖　酒精度: 13.7%　评分: 95　最佳饮用期: 2036年　参考价格: 35澳元 ✪

Otway Hinterland Riesling 2016
奥塔维内陆雷司令2016
整串压榨, 69克/升的残糖，8.4克/升的可滴定酸，pH值为2.9，野生酵母发酵。完美酿制的德国珍藏葡萄酒风格的雷司令，酸度恰好可以平衡残糖的甜味，使这款酒充满一系列青柠类水果的味道。可以随时随地享用。
封口: 螺旋盖　酒精度: 7.4%　评分: 95　最佳饮用期: 2031年　参考价格: 32澳元 ✪

Hersey Vineyard　赫西葡萄园　未评级

1003 Main Street, Hahndorf, 南澳大利亚，5245（邮）　产区：阿德莱德山区　电话：0401 321 770
开放时间：不开放　酿酒师：达蒙·科纳（Damon Koerner）　创立时间：2014年
产量（以12支箱数计）：2000　葡萄园面积：10公顷
乌苏拉·普利德姆（Ursula Pridham）是澳大利亚的第一位女性资深酿酒师，她建立了赫西葡萄园，并且在有机和生物动力的概念流行以前，就非常注重在自己葡萄园中实施这一理念。然而，很多年后，这片葡萄园基本上荒废了，直到赫西家族［由乔诺·赫西（Jono Hersey）带领］

将其购入——但他们花了一年的时间来修复园中的葡萄藤。即使如此，2015年和2016年的产量（箱）也还是少得可怜，3.5公顷霞多丽仅出产了1.2吨葡萄。这10公顷的葡萄园横跨52公顷的森林、灌木和各种围场，它被分割成五个部分，其中每个都有独特之处。灰比诺、西拉和梅洛是从阿德莱德山区的葡萄园处购买的，与此同时园中正在对土壤进行处理，为将来种植佳美和西拉做好准备。

Hesketh Wine Company 赫斯基斯葡萄酒公司 ★★★★

28 The Parade, Norwood, 南澳大利亚，5067 产区：多产地 电话：(08) 8362 8622
网址：www.heskethwinecompany.com.au 开放时间：不开放 酿酒师：菲尔·莱曼（Phil Lehmann），查理·奥姆斯比（Charlie Ormsby），詹姆斯·利纳特（James Lienert）
创立时间：2006年 产量（以12支箱数计）：40000
酒庄负责人是乔纳森·赫斯基斯（Jonathon Hesketh），与帕克库纳瓦拉庄园（Parker Coonawarra Estate）和巴罗萨谷的圣约翰路（St John's Road）酒庄一样，赫斯基斯也属于WD葡萄酒有限公司。乔纳森在维拉维拉（Wirra Wirra）做了7年的市场销售经理，在新西兰的杰出葡萄园（Distinguised Vineyard）做了两年半的总经理。他也刚好是罗伯特·赫斯基斯（Robert Hesketh）的儿子——在南澳大利亚葡萄酒产业发展的很多方面，罗伯特·赫斯基斯都起到了重要作用。乔纳森说："在意识到为别人［乔治·特罗特（Greg Trott）］工作将永远没法养活两只狗、四个孩子、两只猫、四只鸡和一个永远都很耐心的妻子时，我们在2006年回到了阿德莱德，建立路赫斯基斯葡萄酒公司。"出口至世界所有的主要市场。

🍷🍷🍷🍷🍷(半)

Regional Selection Adelaide Hills Sauvignon Blanc 2016
产区精选阿德莱德长相思2016
基本上一款酒中所有应有的特质都可以用来描述这款酒：充满活力，带有新鲜的油桃香气，还有荨麻和西番莲的味道。口感鲜美多汁，有一丝水果的甜味，还有清新自然、毫不突兀的酸度。符合各项标准。
封口：螺旋盖 酒精度：13% 评分：92 最佳饮用期：2018年
参考价格：18澳元 SC ✪

Small Parcels Barrosa Valley Bonvedro 2015
小地块巴罗萨谷博维德罗2015
澳大利亚的博维德罗品种——一个来自西班牙的品种——曾经被认为是佳丽酿，两者十分容易混淆。这是一款极品红葡萄酒，非常明快。花香、覆盆子和香料的气息，酒体中等，结尾是极为浓郁的清新酸度。喝吧。
封口：螺旋盖 酒精度：14% 评分：90 最佳饮用期：2019年
参考价格：25澳元 JF

Small Parcels Barrosa Valley Negroamaro 2015
巴罗萨谷尼格马罗2015
果实源自克拉斯（Kalleske）家族的蔻兰山（Koonunga Hill），赫斯基斯将它们酿制成了一款活泼多汁的葡萄酒。中等至轻度口感，其中有一定的果味，黑橄榄和沙士的味道被清脆的酸度调和；单宁并不明显。
封口：螺旋盖 酒精度：14.5% 评分：90 最佳饮用期：2019年
参考价格：25澳元 JF

🍷🍷🍷🍷

Bright Young Things Cabernate Sauvignon
韶华长相思2016
评分：89 最佳饮用期：2017年 参考价格：14澳元 SC ✪

Midday Somewhere Shiraz 2015
正午某处西拉2015
评分：89 参考价格：12澳元 PR ✪

Heslop Wines 赫斯洛普葡萄酒 ★★★★

PO Box 93, 满吉, 新南威尔士，2850（邮） 产区：满吉
电话（02）6372 3903 网址：www.heslopwines.com.au 开放时间：不开放
酿酒师：罗伯特·赫斯洛普（Robert Heslop） 创立时间：2011年
产量（以12支箱数计）：300 葡萄园面积：4公顷
这是鲍勃（Bob）和朱莉·赫斯洛普（Julie Heslop）的酒庄，他们在1984年回到满吉，买下了朱莉父亲的葡萄园路对面的产业；卖主是费迪·罗斯（Ferdie Roth），此人是一个著名的满吉葡萄酒家族的成员，他种下的汉堡麝香葡萄至今仍在园中。鲍勃在美国加州州立大学学习酿酒学的时候，在麦克拉仑谷的凯·布罗斯（Kay Bros）开始了他的酿酒生涯。他们采用可持续的葡萄种植技术，种下了4公顷的葡萄，共有11个品种。

🍷🍷🍷🍷🍷

Mudgee Touriga Nacional 2014
满吉国家图瑞加2014
30岁老藤，手工采摘，破碎，人工培养酵母开放式发酵，带皮浸渍5天，旧橡木桶中陈酿12个月，在2016年满吉葡萄酒展上获得金质奖章。酒香馥郁，带有一种鲜咸、带香料味的果香，伴随中等到丰满酒体的单宁。醇香不断发生着有趣的变化，单宁并没有带来阻滞感。
封口：橡木塞 酒精度：13.5% 评分：94 最佳饮用期：2029年 参考价格：35澳元

🍷🍷🍷🍷🍷(半)

Mudgee Shiraz 2014
满吉西拉混酿2014
评分：91 最佳饮用期：2024年 参考价格：30澳元

Late Harvest Sauvignon Blanc 2014

满吉迟采长相思2014
评分：91　最佳饮用期：2020年　参考价格：20澳元 ✪

Hewitson　紫蝴蝶酒庄 ★★★★★

66 Seppeltsfield Road, 努里乌特帕, 南澳大利亚，5355　产区：阿德莱德山区
电话:（08）8212 6233　网址：www.hewitson.com.au　开放时间：每日开放，9:00—17:00
酿酒师：迪恩·海维森（Dean Hewitson）　创立时间：1996年　产量（以12支箱数计）：35000
葡萄园面积：4.5公顷

迪恩·海维森（Dean Hewitson）在佩塔鲁马（Petaluma）作了10年的酿酒师，在这段时间里他在加州大学戴维斯分校就读研究生，还分别在法国和俄勒冈州工作了三个葡萄年份。从他的经历中，不难看出他所酿制的酒的工艺流程为什么如此非常干净利落。迪恩选用来自伊顿谷的30岁树龄的雷司令和麦克拉仑谷70岁树龄的西拉；他还用1853年在罗兰低地（Rowland Flat）种下的葡萄藤酿制一款巴罗萨谷幕尔维德，以及来自塔南达的60岁老藤酿制的巴罗萨谷西拉和歌海娜。出口到英国、美国和其他主要市场。

🍷🍷🍷🍷🍷 Private Cellar Falkenberg Vineyard Shiraz 2013
私人酒窖法尔肯伯格葡萄园巴罗萨谷西拉2013
产量为220箱，在法国橡木桶中陈酿30个月。充满令人愉悦的果汁感，口感介于红色和黑色水果之间，或者也可以说兼有两者的风味。此外，还有法国橡木的味道，单宁完美地融合于整体之中。
封口：橡木塞　酒精度：14%　评分：96　最佳饮用期：2043年　参考价格：88澳元

Miss Harry Barrosa Valley Harriet's Blend 2014
哈莉小姐巴罗萨谷哈瑞艾特混酿2014
歌海娜、西拉、幕尔维德、佳丽酿和神索。多汁的红色、蓝色和紫色水果的味道浓郁，精准。尽管有如此多的果味，却没有任何一个水果是过度成熟的。有一些罗纳河谷的代表性酒庄——西亚斯酒庄（Chateau Rayas）——的魔力，这可以说是对这款酒的最高赞誉。
封口: 螺旋盖　酒精度: 14%　评分: 96　最佳饮用期: 2024年　参考价格: 25澳元 ✪

Private Cellar Falkenberg Barrosa Valley Shiraz 2014
私人酒窖法尔肯伯格巴罗萨谷西拉2014
单一葡萄园，90岁树龄的葡萄藤，在法国橡木桶中陈酿2年：这是海维森顶级西拉的基础。这款酒中有不容置疑的巴罗萨烙印——丰富的薄荷醇的味道，还有黑色水果的气息，以及成熟单宁带来的天鹅绒般的口感，非常持久，充满细节，同时还有丰富的各种感官刺激。
封口：橡木塞　酒精度：14%　评分：95　最佳饮用期：2030年　参考价格：88澳元

JF Gun Metal Eden Valley Riesling 2016
JF钢枪伊顿谷雷司令 2016
干燥的生长季使得果粒很小，手工采摘，整串压榨，使用自流汁。生长季的气候条件保证了这款酒复杂而集中，因而1.5升的超大瓶也就成了一个很有诱惑力的选择。滑石粉般的酸度为柠檬汁和柠檬乳酪的味道提供了支撑。
封口: 螺旋盖　酒精度: 12.5%　评分: 94　最佳饮用期: 2031年　参考价格: 24澳元 ✪

LuLu Adelaide Hills Sauvignon Blanc 2016
露露阿德莱德山区长相思2016
尽管没有什么特殊的工艺，这款酒却有着格外浓烈的果味。柑橘味和热带水果味，两种风味互相支撑，又都被明快的酸度在结尾处收紧。如此美味应当尽快饮用。
封口: 螺旋盖　酒精度: 12%　评分: 94　最佳饮用期: 2017年　参考价格: 23澳元 ✪

Belle Ville Barrosa Valley Rose 2016
贝拉镇巴罗萨谷桃红2016
80%的歌海娜, 20%的神索。出自90岁的老藤，澄清过滤完成并静置后立即装瓶。酒体呈现很淡的粉红色，这款混酿中，歌海娜带来了带有香料味的红色和蓝色的果味；口感中似乎有着额外的维度。
封口: 螺旋盖　酒精度: 12.5%　评分: 94　最佳饮用期: 2019年　参考价格: 23澳元 ✪

Ned & Henry's Barrosa Valley Shiraz 2015
巴罗萨谷西拉2015
出色的深度和色调；迪恩·赫维森（Dean Hewitson）的这款葡萄酒为巴罗萨谷的西拉打上了自己独特的指纹印记，而且一如既往的物超所值。口感中的力度并非来自酒精，而是来自黑色水果和单宁的味道。然而，这款酒还需要1—2年的陈放。
封口: 螺旋盖　酒精度: 14%　评分: 94　最佳饮用期: 2030年　参考价格: 28澳元 ✪

Minimal Intervention Barrosa Valley
巴罗萨桑乔维塞2015
丰富的红色水果的味道，略带咸味的单宁从中纵切而过。在种植和酿制过程中绝无偷工减料，可以与任何一个意大利餐厅中的菜肴融合得很好。
封口: 螺旋盖　酒精度: 14%　评分: 94　最佳饮用期: 2028年　参考价格: 25澳元 ✪

Minimal Intervention Barrosa Sangiovese 2015
最少干预巴罗萨萨尔诺维塞2015
这款酒有着非常好的深紫红色调，酒香中的深色浆果转换成中等酒体和味蕾上的果味，整体单宁框架，强调出香料、鲜咸、甘草的混合风味，再辅以新鲜的黑樱桃味道。随着酒龄的增长，它会更加优雅。

封口：螺旋盖　酒精度：14%　评分：94　最佳饮用期：2030年　参考价格：25澳元　✪

Old Garden Vineyard Barrosa Valley Mouverder 2013

旧葡萄园巴罗萨谷幕尔维德2013

“旧园”是一个保守的说法，这个葡萄园最初种植于1853年。这款酒之所以与众不同，是因为它含有丰富而特别的元素：甘草、沥青、薄荷和香草味等。是一款完整、润滑、单宁饱满的酒，还有带有香料的水果蛋糕和香草奶油的橡木味道。的确是一款很不错的葡萄酒。只是100%的法国新橡木桶带来的碎橡木味道有些差强人意。

封口：橡木塞　酒精度：14%　评分：94　最佳饮用期：2029年

参考价格：88澳元　JF

🍷🍷🍷🍷🍷(4.5)

Ned & Henry's Barossa Valley Shiraz 2016

亨利纳德巴罗萨谷西拉2016

评分：93　最佳饮用期：2029年　参考价格：28澳元　JF

Baby Bush Barossa Valley Mourvedre 2014

小布什巴罗萨谷慕合怀特 产自2014

评分：92　最佳饮用期：2022年　参考价格：28澳元　JF

Heydon Estate　海顿酒庄　★★★★★

325 Tom Cullity Drive，Wilyabrup. WA 6280　产区：玛格利特河

电话：(08) 9755 6995　网址：www.heydonestate.com.au

开放时间：每日开放，10:00—17:00　酿酒师：马克·迈森哲（Mark Messenger）

创立时间：1988年　产量（以12支箱数计）：1800　葡萄园面积：10公顷

乔治·海顿（George Heydon）和他的妻子玛丽（Mary），从1995年起就一直在玛格利特河地区从事与葡萄酒行业相关的工作。他们一度是阿勒伍德（Arlewood）50%的合伙人，合作解散的时候，他们保留了这片地产，以及园中于1988年种植的珍贵的2公顷赤霞珠和2.5公顷霞多丽金琴（Gin Gin）克隆株系。1995年他们在园中增种了霞多丽克隆株系，长相思、赛美蓉、西拉和小味儿多。受邻居万亚·卡伦（Vanya Cullen）的影响，酒庄现在采用生物动力学管理。出口至英国、新加坡等国家，以及中国香港地区。

🍷🍷🍷🍷🍷

The Willow Single Vineyard Margaret River Chardonnay 2013

柳树单一葡萄园玛格利特河霞多丽2013

适度的常温橡木桶发酵——在法国新橡木桶（40%是新的）中，通过酿酒师巧妙的专业手法，将玛格利特河的风格融入了丰富的鲜桃核果的味道。完美的平衡中带有一些燕麦和矿物质的味道：口感丰富而且充满延展力。

封口：螺旋盖　酒精度：13.5%　评分：96　最佳饮用期：2023年

参考价格：60澳元　NG　✪

Grace Single Vineyard Margaret River Cabernate Sauvignon 2011

格雷丝单一葡萄园玛格利特河赤霞珠2011

香气是黑加仑和深色水果的混合味道，再加上一点烟草香、苔藓以及一点牛肉浓汤的味道。这款酒十分直接，而且相对柔和。果味在口中扩散的同时，单宁的强度也逐渐增加。现在它已经非常容易入口，浓郁的果味可能遮盖了酒体的结构感。

封口：螺旋盖　酒精度：14%　评分：95　最佳饮用期：2022年

参考价格：75澳元　NG

🍷🍷🍷🍷🍷(4.5)

W.G.Grace Cabernate Sauvignon 2012

W.G.格蕾丝赤霞珠2012

评分：93　最佳饮用期：2021年　参考价格：75澳元　NG

The Doc Petit Verdot 2014

博士小味儿多2014

评分：93　最佳饮用期：2030年　参考价格：45澳元　NG

The Urn Botrytis Semillon 2014

水壶贵腐赛美蓉2014

评分：93　最佳饮用期：2024年　参考价格：25澳元　NG　✪

The Sledge Shiraz 2014

雪橇西拉2014

评分：92　最佳饮用期：2035年　参考价格：40澳元　NG

Hickinbotham Clarendon Vineyard　希金波坦·克拉伦登葡萄园　★★★★★

92 Brooks Road，Clarendon，SA 5157　产区：麦克拉仑谷

电话：(08) 8383 7504　网址：www.hickinbothamwines.com.au　开放时间：仅限预约

酿酒师：查理·沙普（Charlie Seppelt），克里斯·卡本特（Chris Carpenter）

创立时间：2012年　产量（以12支箱数计）：3500　葡萄园面积：87公顷

亚伦·希金伯坦（Alan Hickinbotham）在1971年用自己的名字建立了这所葡萄园，而且在园内的斜坡处种植了适宜干燥气候的赤霞珠和西拉。虽然这个庄园是他第一次投资葡萄酒，但他的父亲亚纶·罗布·希金伯坦（Alan Robb Hickinbotham）则很早以前就在业内知名了，1936年在罗斯沃斯（Roseworthy）开始将酿酒专业引入时，他是创始人之一。杰克逊家族葡萄酒（Jackson Family Wines）于2012年买下了克拉伦登，以及据说园中砂岩建成的房子和亚加拉庄园（Yangarra Estate）葡萄园，建立了一套新的酿酒团队和产品线。

🍷🍷🍷🍷🍷 The Peake Cabernate Sauvignon Shiraz 2015

皮克赤霞珠西拉2015

楚曼（Trueman）是种植赤霞珠最好的葡萄园地，正如布鲁克斯路（Brookes Road）之于西拉。这是一款配比为56/44%的混酿，最后的装瓶环节再一次进行精选，以保证品质优中选优。整体十分和谐、复杂，在每个层面又都充满细节，粉质状的单宁，黑醋栗酒，黑李子，腌肉和香料，口感清新，酒体丰满、深沉，而且平衡感极好。

封口：螺旋盖 酒精度：14% 评分：97 最佳饮用期：2035年

参考价格：175澳元 JF

🍷🍷🍷🍷🍷 Brooks Road McLarent Vale Shiraz 2015

布鲁克斯路麦克拉仑谷西拉2015

如果用一个词来概括它的话，那就是“令人惊叹”。这是一款有力量的、风味丰富、酒体饱满的佳酿，而且，细节决定一切。深紫红色的水果味道，点缀着一点月桂叶、黑巧克力和香料的味道。橡木味被细细的藏好，单宁饱满且带有一点点颗粒感，回味悠长，挥之不去。

封口：螺旋盖 酒精度：14% 评分：96 最佳饮用期：2033年

参考价格：75澳元 JF ✪

The Revivalist Merlot 2015

复兴者梅洛2015

具有良好的结构感、深度和力量感，同时，这款精心酿制的葡萄酒也十分优雅。色泽优美，略有鲜味，同时带有花香和深色水果的味道，黑醋栗酒以及橡木、干香草与黑橄榄的味道。口中可以品尝到丰满的酒体和充满弹性的单宁，结尾有些类似阿玛洛葡萄酒。还需要一些时间来使这款酒陈化而变得更加柔和。

封口：橡木塞 酒精度：13.5% 评分：95 最佳饮用期：2030年

参考价格：75澳元 JF

Trueman Cabernate Sauvignon 2015

楚曼赤霞珠2015

香气活泼，口感却并未完全发展成熟，尽管如此，仍然可以看出这是一款极佳的葡萄酒。芬芳的黑醋栗、烟草、黑橄榄、桉树和黑色李子蘸巧克力酱的味道，通过坚实的酒体，仍然可以感觉到丝丝缕缕的水果的香甜，单宁浓郁，橡木（70%是新的）味道有些过于明显。应该在2025年后再来品尝这款酒。

封口：螺旋盖 酒精度：14% 评分：95 最佳饮用期：2035年

参考价格：75澳元 JF

Higher Plane 平地高原 ★★★★★

98 Tom Cullity Drive，Cowaramup.WA 6284 产区：玛格利特河

电话：（08）9755 9000 网址：www.higherplanewines.com.au 开放时间：在朱尼柏酒庄（Juniper Estate），每日开放，10:00—17:00 酿酒师：马克·迈森哲（Mark Messenger）

创立时间：1996年 产量（以12支箱数计）：2500 葡萄园面积：14.55公顷

2006年，已故的罗杰·希尔（Roger Hill）和［杜松子庄园（Juniper Estate）］基里安·安德森（Gillian Anderson）买下了平地高原酒庄，但将其仍作为一个独立的品牌，有一批不同的分销商。平地高原葡萄园种植有很多主要品种，其中霞多丽、长相思是最主要的，此外还有赤霞珠、梅洛、添帕尼罗、菲亚诺、赛美蓉、品丽珠、马尔贝克以及小味儿多。出口到中国香港地区。

🍷🍷🍷🍷🍷 Reserve Margaret River Cabernate Sauvignon 2013

珍藏玛格利特河赤霞珠2013

这是一款非常飘逸的葡萄酒：一切都很自然，只能明显地感受到高成熟度带来的水果味。它有着精美的香水味道，光滑而融入整体的橡木味道，精细如丝般的单宁，柔顺的口感，非常细致优雅。饮之令人心旷神怡。完全可以现在饮用。

封口：螺旋盖 酒精度：14% 评分：96 最佳饮用期：2025年

参考价格：45澳元 JF ✪

Margaret River The Messenger 2013

玛格利特河迈森哲2013

对赤霞珠应该如何与其他——如马尔贝克、品丽珠、梅洛、小味儿多登——的品种搭配，酿酒师马克·迈森哲（Mark Messenger）了如指掌。与他同名的这款酒来自精选的酒桶，它不仅有力量和深度，而且十分美味。多汁的水果和朴实的泥土味道，还有精细的单宁以及持久的回味。

封口：螺旋盖 酒精度：14% 评分：96 最佳饮用期：2027年

参考价格：50澳元 JF ✪

Reserve Margaret River Chardonnay 2015

玛格利特河珍藏霞多丽2015

整串压榨后进入酒桶，带酒脚在法国橡木桶（40%是新的）中陈放10个月。最好的桶被选作珍藏，再经过精心调配。它有着复杂交织着的酸度，也有混合着葡萄柚、橡木香料和酒脚风味的深度。

封口：螺旋盖 酒精度：13% 评分：95 最佳饮用期：2024年

参考价格：37澳元 JF

Margaret River Chardonnay 2014

玛格利特河霞多丽2014

手工采摘，在法国橡木桶中发酵，带酒脚陈酿10个月，再从各桶中精选。有着丰富而

浓郁的风味物质，结构紧致，果香突出。带有柠檬味道的酸度如骨架，支撑着葡萄柚、青苹果和白桃的味道，橡木的香气非常克制。可以陈放很久。
封口：螺旋盖 酒精度：13% 评分：95 最佳饮用期：2024年 参考价格：37澳元

Margaret River Cabernate Sauvignon Merlot 2014
玛格利特河赤霞珠梅洛2014
原料来自酒庄内种植的葡萄，小批量发酵，在法国橡木中成熟18个月。带有黑醋栗酒的丰富香气出现在前半段，雪松和橡木的味道是支撑的骨架，最后以成熟的单宁结尾。
封口：螺旋盖 酒精度：14% 评分：95 最佳饮用期：2029年 参考价格：25澳元 ✪

Margaret River Fiano 2016
玛格利特河菲亚诺2016
整串压榨后在旧橡木桶中发酵。野花的香气转化成明亮、活泼而有质感的味觉体验，是澳大利亚优质菲亚诺的典型风格特点，结尾的酸度十分爽脆，而且持久。
封口：螺旋盖 酒精度：12.5% 评分：94 最佳饮用期：2020年 参考价格：25澳元 ✪

Margaret River Tempranillo 2015
玛格利特河添帕尼罗2015
手工采摘，开放式发酵，在旧法国橡木桶中陈年。色泽极佳，这是一款真正的添帕尼罗，有着浓郁集中的黑樱桃味道，中等至饱满的酒体。力量感很好地融入整体，非常平衡，适宜搭配高蛋白食物。
封口：螺旋盖 酒精度：13.5% 评分：94 最佳饮用期：2030年 参考价格：25澳元 ✪

🍷🍷🍷🍷🍷 Margaret River SSB
玛格利特河SSB2016
评分：92 最佳饮用期：2019年 参考价格：22澳元 JF ✪

Forest Grove
玛格利特河霞多丽2015
评分：91 最佳饮用期：2022年 参考价格：25澳元

Highland Heritage Estate 高地遗迹酒庄 ★★★★

4698 Mitchell Highway，奥兰治，新南威尔士州，2800 产区：奥兰治
电话：(02)6363 5602 网址：www.daquinogroup.com.au 开放时间：每日开放，9:00—17:00
酿酒师：约翰·霍德恩（John Hordern），雷克斯·达奎诺（Rex D'Aquino）
创立时间：1984年 产量（以12支箱数计）：5000 葡萄园面积：15公顷
这是达奎诺（D'Aquino）家族的产业，葡萄园、餐厅和酒窖门店坐落于距离奥兰治市3000米外的125公顷田地上。葡萄园种有15公顷的霞多丽、长相思、雷司令、黑比诺、梅洛和西拉。葡萄园所处之地为河流冲击而成，海拔900米，有着深厚肥沃的玄武岩土壤，凉爽的气候和较长的生长季孕育了优雅的红葡萄酒以及清爽干净的白葡萄酒。出口至世界所有的主要市场。

🍷🍷🍷🍷🍷 Fume Blanc 2015
白福美 2015
这款酒经过了新法国橡木桶的陈酿，有一种奶油并略带辛辣味的底色，还有绿色草本植物的气息，可以分辨出长相思带来的鹅莓味道，核心是奶油羊毛脂、柠檬油、成熟的温桲以及核果的味道。层次丰富，成熟度高，但并未出现热带水果的甜腻感。
封口：螺旋盖 酒精度：13.5% 评分：93 最佳饮用期：2023年
参考价格：20澳元 NG ✪

Nikki D Riesling 2011
尼基D雷司令2011
奥兰治的高海拔玄武岩土质很适合雷司令的生长，这是一款精致的葡萄酒，其中融入了柑橘、温桲、金桔、芒果和菠萝的味道。酸度浓郁，生动多汁；品尝过程中风味一直在杯中发展变化。回味悠长深厚。
封口：螺旋盖 酒精度：8% 评分：93 最佳饮用期：2022年
参考价格：20澳元 NG ✪

Orange Riesling 2013
奥兰治雷司令2013
精致的木瓜，杏仁饼，蜂蜡，玫瑰青柠汁和橙花的香气，上面还飘着一丝煤油的气息。口感轻盈，娇小的芭蕾舞步般精确，同时又有着浓烈的风味；酸度自然，不过结尾消逝稍快。
封口：螺旋盖 酒精度：11.5% 评分：91 最佳饮用期：2020年
参考价格：20澳元 NG ✪

Orange Sauvignon Blanc 2015
奥兰治长相思2015
这是白福美的一个很好的对比酒款。这款长相思充满活力，带有辛辣的胡椒、西洋李、鹅莓和薄荷的味道，尽管酒精度稍低，但酸度浓郁，成熟度好。
封口：螺旋盖 酒精度：11.5% 评分：91 最佳饮用期：2019年
参考价格：20澳元 NG ✪

Orange Pinot Noir 2015
奥兰治黑比诺2015
淡樱桃红色，中等酒体，但仍然是一款坚实的比诺。黑樱桃的香气，草莓、一点烤甜菜根的味道，中段是沙士和护根土的味道。虽然酒精度高，但整体并不给人有苛性的感觉，反而有些咸味。这款酒并不精细，它的优点在于其略带进攻性的风格。

封口：螺旋盖　酒精度：14.5%　评分：90　最佳饮用期：2025年
参考价格：25澳元　NG

🍷🍷🍷🍷 Orange Chardonnay 2015
奥兰治霞多丽2015
评级：89　最佳饮用期：2023年　参考价格：20澳元

Hill-Smith Estate　希尔-斯密斯庄园　★★★★☆

Flaxmans Valley Road，伊顿谷，SA 5235　产区：伊顿谷　电话：(08) 8561 3200　网址：www.hillsmithestate.com　开放时间：仅限预约　酿酒师：Teresa Heuzenroeder　创立时间：1979年　产量（以12支箱数计）：5000　葡萄园面积：12公顷

伊顿谷葡萄园位于海拔510米处，气候凉爽，生长季较长，是以岩石为主的酸性土壤，再加上冬季降雨和干燥的夏季，都使得产量并不太高。2012年从弗洛格默尔溪（Frogmore Creek）购入了煤河谷（oal River Valley）的帕里斯（Parish）葡萄园，其他的白葡萄品种则全部出自希尔-史密斯门下。

🍷🍷🍷🍷🍷 Parish Vineyard Single Estate Coal River Valley Riesling 2016
葡萄园单一煤河谷庄园雷司令2016
这款酒的风格很雅致、平静。结束后可以在余味中感觉到矿物和酒的质感。再次品尝的时候（"后"见之明），可以感受到酒的风格，让人心仪。
封口：螺旋盖　酒精度：12.5%　评分：94　最佳饮用期：2026年

🍷🍷🍷🍷 Adelaide Hills Chardonnay 2015
阿德莱德山霞多丽2015
评分：93　最佳饮用期：2021年　参考价格：30澳元　JF

Eden Valley Chardonnay 2015
伊顿谷霞多丽2015
评分：91　最佳饮用期：2021年　参考价格：24澳元　JF

Hillbrook Wines　希尔布鲁克葡萄酒　★★★★

Cnr Hillbrook Road/Wheatley Coast Road，Quinninup，WA 6258　产区：潘伯顿
电话：(08) 9776 7202　网址：www.hillbrookwines.com.au　开放时间：周五—周日及公共假日，12:00—17:00　酿酒师：罗伯·狄尔提（Rob Diletti）［巨石城堡酒庄（Castle Rock Estate）］　创立时间：1996年　产量（以12支箱数计）：1000　葡萄园面积：8公顷

布莱恩·艾德（Brian Ede）与合伙人安·沃尔什（Anne Walsh）在1996年离开了爱丽丝泉（Alice Springs）并搬到了潘伯顿，（用他们的话来说）这完全改变了他们的生活方式。长相思（3.4公顷）、梅洛（2公顷）、赛美蓉（1.2公顷）、黑比诺（0.8公顷）和少量的霞多丽，此外他们还有600棵橄榄树。很大一部分酒庄内种植的葡萄都用于销售，只有一小部分用来酿酒并以希尔布鲁克的牌子发售。

🍷🍷🍷🍷 Pemberton Semillon Sauvignon Blanc 2016
潘伯顿赛美蓉长相思2016
一款配比为60/40%的混酿，带有柑橘、柠檬草气息的赛美蓉牢牢地占据着主导地位，酸度怡人，口感悠长。
封口：螺旋盖　酒精度：13%　评分：90　最佳饮用期：2018年　参考价格：18澳元　✪

Hillcrest Vineyard　山顶葡萄园　★★★★★

31 Phillip Road，Woori Yallock，Vic 3139　产区：雅拉谷
电话：(03)5964 6689　网址：www.hillcrestvineyard.com.au　开放时间：仅限预约
酿酒师：大卫（David）和坦尼娅·布莱恩特（Tanya Bryant）　创立时间：1970年
产量（以12支箱数计）：500　葡萄园面积：8.1公顷

格瑞姆（Graeme）和乔伊（Joy sweet）共同在这个气候干燥的区域建立了葡萄园，虽然园子不大，但各种设备一应俱全。他们后来将这个园子卖给了大卫（David）和坦尼娅·布莱恩特（Tanya Bryant）。园内种植有高质量的黑比诺、霞多丽、梅洛和赤霞珠，并且在冷溪山（Coldstream Hills）建立之初，是其原料的重要供应源之一。以前酒庄的酿酒业务主要由菲利普·琼斯（Phillip Jones）［巴斯·菲利普（Bass Phillip）］负责，而现在则由大卫和坦尼娅全权负责。出口到新加坡。

🍷🍷🍷🍷 Village Yarra Valley Chardonnay 2015
村庄雅拉谷霞多丽2015
受师父菲利普·琼斯的启发，这款酒在雅拉谷的霞多丽酒款偏重华丽风格。明亮的金色中略带绿色调，有成熟的核果的香气，以及无花果和牛轧糖的味道；中等酒体，酸度适中，平衡性好，有良好的口感和质地。
封口：Diam软木塞　酒精度：12.9%　评分：90
最佳饮用期：2020年　参考价格：30澳元　PR

Hither & Yon　此处与彼处　★★★★

17 High Street，Willunga，SA 5172　产区：麦克拉仑谷
电话：(08) 8556 2082　网址：www.hitherandyon.com.au　开放时间：每日开放，11:00—16:00
酿酒师：理查德（Richard），利斯克（Leask）　创立时间：2012年
产量（以12支箱数计）：5000　葡萄园面积：90公顷

1970年，当理查德（Richard）和马尔科姆·利斯克（Malcolm Leask）跟随家人从猎人谷搬到麦克拉仑谷时，兄弟两人还十分年幼。1980年，他们的父亲伊安·利斯克（Ian Leask）建立了家族

第一个葡萄园，后来又扩张到麦克拉仑谷的其他六个地点。现在，在占地90公顷的酒庄种植有13个葡萄品种，他们计划在未来继续增加种植品种。2011年理查德和马尔科姆·利斯克开始使用此处与彼处的标牌，主要产品集中在小型的单一葡萄园酒款上，在不同年份，他会根据状况来决定具体选用哪些位置的葡萄园。理查德主管葡萄园和酿酒，而马尔科姆则负责生产销售以及管理他们很有历史的酒窖门店。他们的酒标非常个性化——不同的酒款上是由不同艺术家创造的“&”符号。

🍷🍷🍷🍷🍷

McLarent Vale Cabernate Sauvignon 2015

麦克拉仑谷赤霞珠2015

这是一款极为诚实的麦克拉仑谷赤霞珠，温和（而不是热情）的黑醋栗果伴随着单宁的味道，还有一点黑巧克力的味道，随着陈年，它们将逐渐相互融合。

封口: 螺旋盖　酒精度: 14%　评分: 93　最佳饮用期: 2030年　参考价格: 25澳元　✪

McLarent Vale Tempranillo 2016

麦克拉仑谷添帕尼罗2016

原料来自于两次不同的收获采摘，之间相隔将近3周。原料采用整果和整串，开放式发酵，并于旧橡木桶中陈年6个月。从酒香中可以清晰地辨认出品种特点，新鲜的樱桃、蓝莓和可乐果提取物的味道。新鲜、多汁而且味道丰富，并且与优质的单宁相调和。好喝。

封口：螺旋盖　酒精度：14%　评分：93　最佳饮用期：2021年
参考价格：25澳元　SC　✪

Old Jarvie The Saviour McLarent Vale Tempranillo Monastrell 2015

救世主老贾维麦克拉仑谷添帕尼罗歌海娜莫纳斯特莱2015

这是西班牙的“有趣，同时也易于饮用“的混酿风格。三个品种的风格特点都在酒中游学体现，但同时很有整体感。灰尘、香料以及丰富的水果味道——并成功地避免了使用过熟的浆果。这是一款十分易于饮用的葡萄酒。

封口：螺旋盖　酒精度：14%　评分：92　最佳饮用期：2021年
参考价格：30澳元　SC

Old Jarvie The Charitable McLarent Vale Nero d‘Avola Rose 2016

慈善家老贾维麦克拉仑谷黑珍珠阿高连尼科桃红2016

50%的黑珍珠，50%的阿高连尼科。这是一款不太常见的澳大利亚桃红葡萄酒。不出所料，这的确是可以即饮配餐的美味。整体的印象包括红色水果如蔓越莓和酸樱桃，甜美的香料风味贯穿了酒香和口感体验。

封口：螺旋盖　酒精度：12.9%　评分：91　最佳饮用期：2019年
参考价格：30澳元　SC

McLarent Vale Grenache Mataro 2016

麦克拉仑谷歌海娜马塔洛2016

这款酒有着十分明确的麦克拉仑谷的特点，带有丰富的红樱桃、覆盆子和黑巧克力的味道。葡萄是在2016年这个炎热压抑的年份出产的，从这一点来看，这款酒的酒精度控制得很好。

封口: 螺旋盖　酒精度: 14.5%　评分: 91　最佳饮用期: 2023年　参考价格: 25澳元

Old Jarvie The Even Hand McLarent Vale Grenache Shiraz Mataro 2015

公正的老贾维麦克拉仑谷歌海娜西拉马塔洛2015

57%的歌海娜，22%的西拉，以及21%的马塔洛。最初的酒香中有蜜饯橙皮和其他圣诞节布丁原料的味道，背景中还有一些泥土及鲜咸的味道。在品尝过程中，成熟的水果的主题贯穿始终，但持久的单宁为这款酒建立了良好的骨架。

封口：螺旋盖　酒精度：14.5%　评分：90　最佳饮用期：2025年
参考价格：30澳元　SC

Old Jarvie Widowmaker McLarent Vale Tannat

麦克拉仑谷丹娜小味儿多赤霞珠2014

这是一个很不常见的品种组合。丰富的红色和黑色水果味道，中等酒体。

封口：螺旋盖　酒精度：14%　评分：90　最佳饮用期：2029年　参考价格：30澳元

🍷🍷🍷🍷

McLaren Vale Aglianico 2014

麦克拉仑谷阿高连尼科2014

评分：89　最佳饮用期：2020年　参考价格：30澳元

Hobbs of Barossa Ranges　霍布斯酒庄　★★★★☆

550 Flaxman's Valley Road, , Angaston, SA 5353　产区：巴罗萨谷
电话：0427 177 740　网址：www.hobbsvintners.com.au　开放时间：在巴罗萨的酒庄
酿酒师：彼得·谢尔（Peter Schell），克里斯·林兰（Chris Ringland）　创立时间：1998年
产量（以12支箱数计）：1500　葡萄园面积：6.22公顷

对霍布斯酒庄的所有者格雷格（Greg）和阿里森·霍布斯（Allison Hobbs）来说，因为酒庄备受关注，对他们来说经营这里很有一定的挑战性。酒庄中的葡萄园围绕着1908年种植的1公顷西拉而逐渐增加种植量，1988年增种了1公顷，1997年1公顷，以及2004年的1.82公顷。2009年，园内早期种下的0.4公顷白芳蒂娜被移除，用以种植少量的西拉。1960年种下0.6公顷的赛美蓉后，他们又种下了0.6公顷的维欧尼（1988年）。彼得·谢尔（Peter Schell）负责酿制这里所有的葡萄酒。他喜欢在酿酒技术工艺方面进行一些极限尝试，这里唯一一款用常规方法酿制的葡萄酒是西拉维欧尼，产量为130箱。格雷戈尔（Gregor），一款阿玛洛尼风格的酒体丰满的西拉葡萄酒，以及四款甜酒，均晾晒在切割后的甘蔗做成的架子上。酒庄所用的歌海娜葡萄原料来自其在巴罗萨的葡萄园，赛美蓉、维欧尼和白芳蒂娜均来自酒庄内的葡萄园。出口到美国、丹麦、

新加坡等国家，以及中国内地（大陆）和台湾地区。

🍷🍷🍷🍷🍷

1905 Shiraz 2014

1905西拉2014

出自110岁老藤，手工采摘后出更破碎，野生酵母开放式发酵，带皮浸渍10天，在新法国大橡木桶中成熟24个月。这个单一葡萄园建立于1905年，它出产最纯粹而且优质的巴罗萨西拉葡萄酒，唯一让人遗憾的是，这一年仅仅生产了130箱。其中的第一类香气是极深的黑色水果的气息，但在饮用的同时也可以品尝到一点红色浆果的味道。同样，法国香柏橡木提供了另一种（和谐的）类型的质地和风味。

封口：Diam软木塞　酒精度：14.1%　评分：96　最佳饮用期：2040年

参考价格：120澳元

Semillon 2011

赛美蓉2011

原料来自单一葡萄园，手工采摘，除梗破碎，采用野生酵母，带皮渣开放式发酵，50%采用旧法国橡木桶陈酿6—8个月，并进行苹乳发酵，瓶中陈酿5年后发售。在盲品中，你是绝对不可能猜到这款酒是如何酿制的，或者它的酒龄如何。这款酒仍然呈现浅绿色，核心风味为柠檬乳酪、柠檬草以及柠檬的味道。极为标新立异。

封口：螺旋盖　酒精度：13.4%　评分：94　最佳饮用期：2031年　参考价格：30澳元 ✪

Gregor Single Vineyard Shiraz 2014

格雷格单一葡萄园西拉2014

40岁的老藤葡萄，手工采摘和风干的阿玛洛尼（Amarone）风格，粉碎去梗，野生酵母开放发酵，在成熟的新法国橡木大罐和木桶带皮渣浸渍10天。某些年份的阿玛洛尼的风格并不是很明显；今年却几乎发挥到了极致，我很难喜欢这种风格（其他人则没有这个问题）。产量仅为200箱，很快就售完了。

封口：Diam软木塞　酒精度：13.5%　评分：94　最佳饮用期：2034年

参考价格：150澳元

Hoddles Creek Estate　霍德尔斯溪酒庄 ★★★★★

505 Gembrook Road，Hoddles Creek，Vic 3139　产区：雅拉谷

电话：(03)5967 4692　网址：www.hoddlescreekestate.com.au　开放时间：仅限预约

酿酒师：弗兰克·迪安那（Franco D'Anna），克里斯·班迪尔（Chris Bendle）

创立时间：1997年　产量（以12支箱数计）：20000　葡萄园面积：33.3公顷

1960年，迪安那（D'Anna）在他们的这片产业上建立了这个葡萄园。园中（霞多丽、黑比诺、长相思、赤霞珠、灰比诺、梅洛和白比诺）中采用手工和采摘的方式，2003年，他们建立了一个产能为300吨，有上下两层的酒窖。儿子弗兰克（Franco） 是葡萄种植者，也是一个充满激情的酿酒师；他13岁起在家族的酒水专卖店中工作，21岁时毕业成为有名的葡萄酒买手，他还获得了墨尔本大学的商业学士学位，接下来他在CSU学习葡萄栽培学。他在冷溪山（Coldstream Hills）工作了一个年份，然后在维奇山（Witchmount）与彼得·查吉（Peter Dredge）同时工作了两个年份。2003年，他师从马里奥·马森（Mario Marson）［前玛丽山（Mount Mary）的］，所以弗兰克虽然年轻，却有丰富酿酒的经验。维克汉姆斯路（Wickhams Rd）酒款原料选用了酒庄在吉普史地的葡萄园，以及从雅拉谷和莫宁顿半岛购买的葡萄原料。2015年《葡萄酒宝典》物价比最优酒厂。出口到荷兰、迪拜、新加坡、日本和中国。

🍷🍷🍷🍷🍷

1er Yarra Valley Chardonnay 2015

第一雅拉谷霞多丽2015

挑选浆果（手工采摘），在法国小橡木桶（30%是新的）中发酵并熟成12个月。明亮的草秆绿色；香气复杂持久，并且有着雅拉谷优质霞多丽的特殊长度。葡萄柚汁、皮和脉络的味道是整体风味的支点，同时也构成了通往结尾的线条。

封口：螺旋盖　酒精度：13.2%　评分：97　最佳饮用期：2025年　参考价格：45澳元 ✪

1er Yarra Valley Pinot Noir 2015

第一雅拉谷黑比诺 2015

来自酒庄葡萄园，20%的原料使用整串，法国橡木桶（35%是新的）中熟成12个月，接下来在罐中陈放6个月。香气丰富，花香浓郁，红色和蓝色水果的味道很快即俘获你的味蕾，来自整串葡萄原料充满活力的香料味道，为悠长的余韵更增加了层次感。种植和酿造过程都极为细致。

封口：螺旋盖　酒精度：13.2%　评分：97　最佳饮用期：2030年　参考价格：45澳元 ✪

Yarra Valley Pinot Noir 2015

雅拉谷黑比诺2015

选用6个克隆株系的葡萄原料分别发酵，其中25%的原料使用整串，带皮浸渍21天，在法国橡木桶（25%是新的）中熟成10个月。色泽极佳；散发出红色浆果和李子的浓郁香气，平衡完美，回味悠长，丰富的果汁感和极细的单宁形成对比。无论是现在还是十年后饮用，它都是一款超值的葡萄酒。

封口：螺旋盖　酒精度：13.2%　评分：96　最佳饮用期：2025年　参考价格：20澳元 ✪

Wickhams Road Yarra Valley Chardonnay 2016

威克汉姆斯路雅拉谷霞多丽2016

手工采摘，发酵并且在法国橡木桶（20%是新的）中熟成8个月。这一款酒和吉普史地的同款酒的区别很明显来自风土条件。这一款更轻盈，更优雅，回味更加隽永。这款酒的香气和吉普史地的那款，在香气轮盘上基本重合，只是更添了一些细微的李子和青苹果的味道。

封口：螺旋盖　酒精度：12.5%　评分：95　最佳饮用期：2030年　参考价格：18澳元 ✪

Yarra Valley Chardonnay 2015
雅拉谷霞多丽2015
原料来自酒庄葡萄园的8个克隆株系，80%的原料进行了除梗破碎，另20%的原料采用整串的形式，同时使用野生及人工培养酵母，100%法国橡木桶（25%是新的）内发酵，熟成10个月。这款酒和同款的黑比诺兄弟酒款很相似，同样重视细节，同样物超所值。白桃、哈密瓜、葡萄柚和法国橡木的味道紧紧地交织在一起，很难衡量每个元素具体的表现——也无需如此。
封口：螺旋盖　酒精度：13.2%　评分：95　最佳饮用期：2025年　参考价格：20澳元 ✪

Yarra Valley Pinot Gris 2016
雅拉谷灰比诺2016
70%的葡萄整串进行踩踏破碎，并等待3天以进行自然发酵，然后压榨进入旧橡木桶，余下的30%采用红葡萄酒常规方法处理：浆果发酵7天至全干，手工压帽，压榨进入旧橡木桶。酒体呈中等深浅的三文鱼粉色，这种标新立异的酿制方法使这款桃红葡萄酒具备了红葡萄酒的质地、长度、浓度和复杂。
封口：螺旋盖　酒精度：12.5%　评分：95　最佳饮用期：2019年　参考价格：22澳元 ✪

Wickhams Road Gippsland Chardonnay 2016
维克汉姆斯路吉普史地霞多丽2016
这款酒有点儿像隐形轰炸机——它的浓度、长度、品种特有的果味和悠长的余味都完全出乎意料。葡萄柚和白色核果的味道都很突出，也都并不过于浓郁，但的确压过了法国橡木的味道。神奇的价格，令人惊叹的力量感。
封口：螺旋盖　酒精度：12.5%　评分：94　最佳饮用期：2029年　参考价格：18澳元 ✪

Wickhams Road Yarra Valley Pinot Noir 2016
维克汉姆斯路雅拉谷黑比诺2016
清透的紫红色；酒香芬芳，香料和红色水果的味道；口感活泼，新鲜并且多汁。无论是现在饮用还是陈放后饮用都可以——这款酒的品质（和它带来的愉悦感）远远超过了它的定价。
封口：螺旋盖　酒精度：13.5%　评分：94　最佳饮用期：2023年　参考价格：18澳元 ✪

🍷🍷🍷🍷🍷 Wickhams Road Gippsland Pinot Noir 2016
维克汉姆斯路吉普史地黑比诺2016
评分：93　最佳饮用期：2026年　参考价格：18澳元 ✪

Yarra Valley Pinot Blanc 2016
雅拉谷白比诺 2016
评分：90　最佳饮用期：2017年　参考价格：22澳元

Hoggies Estate Wines　赫基斯庄园葡萄酒 ★★★☆

Riddoch Highway，库纳瓦拉，SA 5263　产区：库纳瓦拉　电话：（08）8736 3268
网址：www.hoggieswine.com　开放时间：仅限预约　酿酒师：Gavin Hogg　创立时间：1996年
产量（以12支箱数计）：16000　葡萄园面积：27.5公顷
这是一个复杂的故事。加文·霍格（Gavin Hogg）和迈克·普瑞斯（Mike Press）在1996年建立了这个酒庄，其中包括拉顿布里（Wrattonbully）产区的80公顷葡萄园。2000年他们推出了科帕罗萨（Kopparossa）品牌。2002年酒庄的葡萄园（并非其品牌所辖）被出售，迈克退休并在阿德莱德山区建立了自己的同名葡萄园。从那时起一直到2009年，这中间又有许多波折。加文在穆雷河买下了与他父母的葡萄园相邻的24公顷葡萄园；大部分赫基斯葡萄园出产的葡萄都用来酿制赫基斯庄园葡萄酒。还有其他各种私人品牌。科帕罗萨葡萄酒来自库纳瓦拉的3.5公顷酒庄葡萄园。出口英国、美国、加拿大、摩洛哥、越南、日本等国家，以及中国内地（大陆）和香港地区。

🍷🍷🍷🍷🍷 Olivia Coonawarra Cabernate Sauvignon 2013
库纳瓦拉赤霞珠2013
在特朗凯斯（Troncais，法国）新橡木中陈放2年，尽管橡木味道明显，却并不过浓，而是与黑醋栗酒/黑加仑交融在一起。单宁非常细致（持久而优质），这款酒勉强可以算中等酒体：随时随地可以饮用。石灰岩海岸葡萄酒展2016年金质奖章。
封口：螺旋盖　酒精度：14%　评分：94　最佳饮用期：2028年　参考价格：20澳元 ✪

🍷🍷🍷🍷 Coonawarra Riesling 2014
库纳瓦拉雷司令2014
评分：89　最佳饮用期：2021年　参考价格：15 ✪

Hollick　霍里克 ★★★★

Riddoch Highway，库纳瓦拉，SA 5263　产区：库纳瓦拉
电话：（08）8737 2318　网址：www.holhck.com
开放时间：周一至周五，9:00—17:00，周末以及公共节假日，10:00—17:00
酿酒师：乔·科里（Joe Cory）　创立时间：1983年　产量（以12支箱数计）：40000
葡萄园面积：87公顷
2014年4月，霍里克家族宣布香港英大投资有限公司为酒庄注入了大量投资资金。他们在中国的业务包括酒店和旅游行业，部分的业务涉及葡萄园和葡萄酒生产。霍里克家族仍然有部分企业的所有权，同时照常管理企业。提供这次投资，霍里克家族可以获得流动资金和进入中国市场的渠道，而香港英大投资有限公司则可以从霍里克家族处获得更多的相关经验。出口至世界所有的主要市场。

🍷🍷🍷🍷🍷 The Nectar 2016

花蜜2016
这款酒非常优秀，平衡的口感中带有精确的矿物质味道和灰霉带来的酸度。这款精致、甜美的雷司令结尾处几乎有了温桲橘子酱中的木瓜干的味道，其间还融入了青柠和黄姜的味道，完全没有油腻之感。
封口：螺旋盖 酒精度：10.3% 评分：94 最佳饮用期：2026年
参考价格：25澳元 NG ✪

🍷🍷🍷🍷🍷 Wilgha Shiraz 2014
维尔加西拉2014
评分：93 最佳饮用期：2034年 参考价格：54澳元 NG

Ravenswood Cabernate Sauvignon 2014
拉文斯伍德赤霞珠2014
评分：93 最佳饮用期：2030年 参考价格：77澳元 NG

Neilson's Block Merlot 2014
尼尔森地块梅洛2014
评分：91 最佳饮用期：2022年 参考价格：54澳元 NG

Bond Road Chardonnay 2015
邦德路霞多丽2015
评分：90 最佳饮用期：2021年 参考价格：25澳元 NG

Hollydene Estate 霍利定庄园 ★★★★

3483 Golden Highway, Jerrys Plains，新南威尔士州，2330 产区：猎人谷
电话：(02)6576 4021 网址：www.hollydeneestate.com 开放时间：每日开放，9:00—17:00
酿酒师：马特·波顿（Matt Burton） 创立时间：1965年 产量（以12支箱数计）：2000
葡萄园面积：40公顷

凯伦·威廉姆斯（Karen Williams）拥有建于20世纪60年代的3座葡萄园以及与之相关的产业。他们分别是霍利定庄园、怀邦庄园（Wybong Estate）和亚纶菲尔德（Arrowfield）。后者是上猎人谷地区的最早的酒业地标。3个葡萄园为朱尔（Juul）和霍利定庄园两个品牌提供葡萄原料。他们也生产来自莫宁顿半岛的起泡葡萄酒。出口到印度尼西亚和中国。

🍷🍷🍷🍷🍷 Blanc de Blancs 2008
白中白2008
这款精心酿制的莫宁顿起泡酒的确是一款佳酿，呈现出热情、能量和平静3种不同的品质。浓郁的柠檬香气，香脆的苹果和白桃，酸度带有刺激性却并不过分，长时间带酒脚陈酿带来的柔顺和黄油般的平静又与之相调和。十分奇妙。
封口：Diam软木塞 酒精度：12.5% 评分：94
最佳饮用期：2020年 参考价格：50澳元 TS

🍷🍷🍷🍷🍷 Blanc de Noirs 2008
黑中白2008
评分：93 最佳饮用期：2019年 参考价格：35澳元 TS

Show Reserve Chardonnay 2014
展览珍藏霞多丽2014
评分：90 最佳饮用期：2022年 参考价格：35澳元 SC

Holm Oak 圣栎树 ★★★★★

11 West Bay Road，Rowella.塔斯马尼亚，7270 产区：塔斯马尼亚北部
电话：(03)6394 7577 网址：www.holmoakvineyards.com.au 开放时间：每日开放，11:00—17:00 酿酒师：瑞贝卡·达菲（Rebecca Duffy） 创立时间：1983年
产量（以12支箱数计）：10000 葡萄园面积：11.62公顷

酒庄葡萄园周围有一片种植于20世纪初的橡树林，其最初是为了生产网球拍，而酒庄的得名也正是因为这段典故。伊安（Ian）和罗宾·威尔森（Robyn Wilson）的女儿瑞贝卡·达菲（Rebecca Duffy）是这里的酿酒师。她在澳大利亚和加利福尼亚有丰富的酿酒经验，她的丈夫提姆是一位葡萄栽培农学家，负责管理葡萄园（园中有黑比诺、赤霞珠、霞多丽、雷司令、长相思和灰比诺，以及少量梅洛、品丽珠和阿尼斯）。出口到美国、加拿大、挪威和日本。

🍷🍷🍷🍷🍷 The Wizard Chardonnay 2015
巫师霞多丽2015
整串压榨，采用野生酵母发酵（包括100%苹乳发酵）并且在法国橡木桶中熟成，2016年1月进行酒桶精选，并进一步在100%的霞多丽中陈酿。透亮的金色中略微有淡淡的绿色，圣栎树酒庄认为，与庄园酒相比，这款酒更“大”，更丰富而且更加复杂。我要在此基础上做出进一步的说明——它同时还非常精致和纯净，并且需要用苹乳发酵来确保酒体的平衡感。
封口：螺旋盖 酒精度：13% 评分：96 最佳饮用期：2025年 参考价格：60澳元 ✪

Pinot Noir 2015
黑比诺 2015
去梗，并在小发酵罐中采用野生酵母发酵，压帽，压入法国橡木桶（20%是新的）中熟成10个月。这款比诺十分华丽，洋溢着红色和紫色水果的味道，与之相对的，在口感和质地中还有一抹森林的气息。塔斯马尼亚可以用这类酒款挑战奥塔戈中部（Central Otago）。
封口：螺旋盖 酒精度：13% 评分：96 最佳饮用期：2028年 参考价格：32澳元 ✪

The Wizard Pinot Noir 2015
巫师黑比诺2015
来自旧黑比诺地块的6行葡萄树，主要是D5V12，其中包括一些较新的克隆株系，开放式发酵，30%原料使用整串，手工压帽，在法国橡木桶中陈酿，再选出其中的12个酒桶（60%是新的）继续陈酿6个月。酒色比我所预期的轻了很多，但有着明显的辛香料/鲜咸的味道，同时还有一股红色水果的味道。这款酒如同一本需要反复阅读的名著，需要不断地品尝才能真正理解它的未尽之言。
封口: 螺旋盖　酒精度: 13.5%　评分: 96　最佳饮用期: 2030年　参考价格: 60澳元 ✪

Riesling 2016
雷司令2016
酒香富于表现力，其中有青柠花、青柠叶子和辛香料的味道，可以同时在口腔中感受到与之相对应的味道，还有7.5克/升的可滴定酸和8克/升的残糖带来的影响。充满丰富的各种味道，回味隽永，干净而纯粹。
封口: 螺旋盖　酒精度: 12%　评分: 95　最佳饮用期: 2029年　参考价格: 25澳元 ✪

Chardonnay 2015
霞多丽2015
整串压榨，在法国橡木桶（30%是新的）中采用野生酵母发酵，其中30%经过苹乳发酵，在橡木桶中陈酿9个月。这是一款非常优雅，富于表现力的霞多丽。白桃和杏仁的味道与颗粒般的酸度更增加了这款酒的质感。准确的酿酒工艺。
封口: 螺旋盖　酒精度: 12.5%　评分: 95　最佳饮用期: 2027年　参考价格: 30澳元 ✪

Sauvignon Blanc 2016
长相思2016
在不锈钢罐中低温发酵，另外还有少量原料经过橡木桶，但在酒香中表现并不明显。结尾和回味处的口感发生了巨大变化，突然出现了香料、香草、橙皮、青柠的味道。
封口: 螺旋盖　酒精度: 12%　评分: 94　最佳饮用期: 2023年　参考价格: 25澳元 ✪

🍷🍷🍷🍷🍷 Pinot Gris 2016
灰比诺2016
评分：90　最佳饮用期：2020年　参考价格：25澳元

Arneis
阿尼斯2016
评分：90　最佳饮用期：2020年　参考价格：25澳元

Home Hill　家园山 ★★★★★

38 Nairn Street，Ranelagh，塔斯马尼亚，7109　产区：塔斯马尼亚南部　电话：(03)6264 1200
网址：www.homehillwines.com.au　开放时间：每日开放，10:00—17:00
酿酒师：吉利（Gilli）和保罗·利普斯科姆（Paul Lipscombe）
创立时间：1994年　产量（以12支箱数计）：2000　葡萄园面积：5公顷
特里（Terry）和伯内特（Bennett）于1994年在美丽的胡恩谷（Huon Valley）的一个平缓的山坡上，种下了0.5公顷的葡萄，这是他们的第一批葡萄藤。1994年—1999年之间，黑比诺种植量增加到3公顷，霞多丽1.5公顷，西万尼0.5公顷。家园山出产的黑比诺取得了非凡的成功，塔斯马尼亚州葡萄酒展的激烈竞争中，连续多次获得奖杯和金质奖章。而这个奖项与更为重要的2015年的墨尔本葡萄酒奖的吉米·沃森（Jimmy Watson）奖杯相比又不值一提了。

🍷🍷🍷🍷🍷 Kelly's Reserve Pinot Noir 2015
凯利珍藏黑比诺2015
精选最好的酒桶，出产自葡萄园中的一小块地的原料总是用来作葡萄酒的核心。这款伟大的黑比诺充满了活力和力量。一系列森林中的红色、紫色和蓝色水果的味道占据了你口腔中的每一个角落，充满力量的单宁让这款酒可以再陈放20年。陈放得越久越好，尽量不要提前饮用。
封口: 螺旋盖　酒精度: 13.9%　评分: 98　最佳饮用期: 2035年　参考价格: 75澳元 ✪

Estate Pinot Noir 2015
庄园黑比诺2015
生产一款优秀葡萄酒的基础包括酒庄的葡萄园修剪，在这款酒中，采用一部分的整串原料酿制也很重要。这款酒和凯利珍藏（Kelly's Reserve）在酒展上获得的荣誉绝对是实至名归。这款引人注目的葡萄酒不仅多汁，也有诱人的质感，红樱桃/浆果核心与单宁和橡木的味道很好地融合在一起。
封口: 螺旋盖　酒精度: 13.6%　评分: 97　最佳饮用期: 2028年　参考价格: 42澳元 ✪

Horner Wines　霍纳葡萄酒 ★★★★

12 Shedden Street，Cessnock，新南威尔士州，2325　产区：猎人谷　电话：0427 201 391
网址：www.nakedwines.com.au　开放时间：不开放　酿酒师：艾希莉·霍纳（Ashley Horner）
创立时间：2013年　产量（以12支箱数计）：6500　葡萄园面积：12公顷
霍纳葡萄酒是艾希莉（Ashley）和劳拉·霍纳（Lauren Horner）的家族企业。她们的葡萄园经过有机认证，其中种植了霞多丽、维欧尼和西拉。还有一些来自奥兰治和考兰的有机葡萄园的葡萄。艾希莉在玫瑰山酒庄（Rosemount Estate）、奔富（Penfolds）、坎贝拉庄园（Kamberra Estate）、圣克莱尔（Saint Clair，新西兰）和欢喜山（Mount Pleasant）几处地方工作了14年，最终在泰姆伯兰（Tamburlaine）做了酿酒师，而且在杜基学院（Dookie College)获得了葡萄酒工艺的文凭。劳拉有酒店/旅游业的学位，如今在霍纳酒庄负责整体运营。由于市场对葡萄的需求量下降，她们的重点从葡萄种植转移到了酿制葡萄酒上，并通过网站（www.nakedwines.com.

au）来销售她们的酒。

🍷🍷🍷🍷🍷 Little Jack Organic Riesling 2016

小杰克雷司令2016

原料出产于奥兰治。有着柑橘和破碎的青柠叶子的香气，结构感好，酸度清新，新鲜而且有一定的力度。在瓶中陈酿几年后，口感会更加饱满。

封口：螺旋盖 酒精度：11.8% 评分：90 最佳饮用期：2023年 参考价格：17澳元 ✪

Family Reserve Shiraz 2016

家族珍藏西拉2016

原料来自酒庄葡萄园，手工采摘，冷浸渍4天，低温发酵，在法国大橡木桶（25%是新的）熟成9个月。色泽美观，酒体中等，现在橡木的味道浓于黑莓和李子的味道，但在接下来的5年左右会慢慢减弱，口感也会提升。

封口：螺旋盖 酒精度：14% 评分：90 最佳饮用期：2026年 参考价格：25澳元

Houghton 霍顿 ★★★★★

148 Dale Road，Middle Swan.WA 6065 产区：天鹅谷

电话：(08) 9274 9540 网址：www.houghton-wines.com.au 开放时间：每日开放，10:00—17:00

酿酒师：罗斯·潘蒙特（Ross Pamment） 创立时间：1836年 产量（以12支箱数计）：不详

霍顿酒庄曾经有一款勃艮第白（White Burgundy）口碑很好，无论即时饮用还是陈放5年后都是一样美味。在过去的20年中，酒庄的产品种类已经全面改变，有着令人眼花缭乱的一系列优质葡萄酒，产地包括玛格利特河、法兰克兰河、大南部产区和潘伯顿产区。杰克·曼恩（Jack Mann）和格莱斯顿（Gladstones）红葡萄酒在产品系列已属顶级，不过借用已故杰克·曼恩的一句话说更贴切，即"我们不生产劣酒"。酒庄有着180年的历史，如今它的未来掌握在美誉（Accolade）葡萄酒手中。出口到英国和亚洲。

🍷🍷🍷🍷🍷 Jack Mann Cabernet Sauvignon 2014

杰克·曼恩赤霞珠2014

原料来自法兰克兰河的贾斯汀（Justin）葡萄园。其中还包括5%的梅洛，去梗，野生酵母—开放式发酵，在波尔多制成的法国橡木桶（50%是新的）中熟成16个月。这是一款陈酿型葡萄酒，黑醋栗酒的味道是其坚固的基石，优质橡木以及赤霞珠完全得以释放的单宁。

封口：螺旋盖 酒精度：14% 评分：97 最佳饮用期：2054年 参考价格：133澳元 ✪

🍷🍷🍷🍷🍷 The Bandit Frankland River Cabernate Sauvignon 2012

班迪特法兰克兰河赤霞珠2012

这款法兰克兰河赤霞珠反映了霍顿葡萄酒数十年来积累的大量经验。因此，可以感受到黑醋栗酒/黑加仑/黑莓于雪松橡木和成熟而持久的单宁交织在一起也就不足为奇了。令人惊奇的是它的酒龄和价格。

封口：螺旋盖 酒精度：13.5% 评分：94 最佳饮用期：2027年 参考价格：20澳元 ✪

🍷🍷🍷🍷🍷 Crofters Chardonnay

克罗夫特斯霞多丽2016

评分：93 最佳饮用期：2022年 参考价格：19澳元 ✪

House of Arras 阿拉斯之家 ★★★★★

Bay of Fires，40 Baxters Road，Pipers River，塔斯马尼亚，7252 产区：塔斯马尼亚北部

电话：(03)6362 7622 网址：www.houseofarras.com.au 开放时间：周一至周五，11:00—16:00；周末，10:00—16:00 酿酒师：艾德·卡尔（Ed Carr） 创立时间：1995年 产量（以12支箱数计）：不详

阿拉斯之家接连不断的成功可以归结为两点：首先，酿酒师艾德·卡尔（Ed Carr）高超的技术，其次是酒庄使用的塔斯马尼亚州出产的高质量的霞多丽和黑比诺。尽管许多年来塔斯马尼亚都出产优质的起泡酒，还没有人能像阿拉斯一样始终保持着高质量。这款酒的复杂度、质地和结构都与堡林爵RD（Bollinger RD）和克鲁格（Krug）很相似；这得益于除渣前7—15年以上的带酒脚陈酿。

🍷🍷🍷🍷🍷 Grand Vintage 2007

丰年 2007

原料100%来自塔斯马尼亚州，77%的霞多丽，23%的黑比诺，它有着透亮的草秆绿的色调，以及非同寻常的复杂度，带有法式面包、烘烤、燧石、白桃和苹果的味道，层次丰富。尽管装瓶进行二次发酵了8年多，整体口感还是清晰地表明它仍然可以继续在瓶中陈酿。

封口：橡木塞 酒精度：12.5% 评分：97 最佳饮用期：2018年 参考价格：77澳元 ✪

🍷🍷🍷🍷🍷 Blanc de Blancs 2006

白中白2006

这款有着10年酒龄的成熟的霞多丽，它带着清爽和令人愉悦的烤面包、坚果和蜂蜜的香气，持久和恰到好处的酸度起到了支撑作用，完美地平衡了6克/升的低糖度。这款酒非常和谐，充分体现了艾德·卡尔（Ed Carr）精湛的手艺，很有陈酿潜力。

封口：橡木塞 酒精度：12.5% 评分：96 最佳饮用期：2021年

参考价格：80澳元 TS

EJ Carr Late Disgorged 2003

EJ·卡尔出渣 2003

作为澳大利亚起泡酒中的翘楚，它已有14年（12年带酒脚）的酒龄，相比同年份的其他香槟酒，它仍然显得更有活力和陈年潜力。霞多丽为主导的风格（超过60%）带来

了丰富的葡萄柚、柠檬和苹果的味道，陈酿带来的丝绸般的结构，以及牛轧糖、柠檬乳酪、桃干、香草和混合香料带来的丰富的层次感。明亮持久的酸度保证这款酒至少可以陈年20年以上。简直太棒了。
封口：橡木塞 酒精度：12.5% 评分：96 最佳饮用期：2023年
参考价格：130澳元 TS

Grand Vintage 2008
丰年 2008
2008年是我最喜欢的塔斯马尼亚的年份之一，这款酒呈现明亮而浅淡的草秆色调，成功地捕捉到了集中的柠檬和苹果的味道。霞多丽中，几乎有2/3的风味表现为白色水果和多层的燧石的还原味。7年的带酒脚陈酿中，除了一些细微的杏仁粉和熟食的复杂味道外，更多的是带来了质感而不是风味物质。酸度紧致而持久，仍需要再陈放一段时间来让它松弛下来。要有耐心。
封口：橡木塞 酒精度：12.5% 评分：95 最佳饮用期：2023年
参考价格：70澳元 TS

Blanc de Blancs 2007
白中白2007
它的酒龄恰好10年（8年带酒脚），明亮的淡草秆的色调让人惊喜。陈年为它带来了新搅拌过的黄油、杏仁牛轧糖、烤面包和极其轻微的熏木头的味道，然而焦点仍然是非常活泼的柠檬、葡萄柚和香脆的苹果味道。结尾酸度悠长，融合了清爽的极低糖度3.5克/升以及酚类物质带来的恰到好处的苦味。
封口：橡木塞 酒精度：12.5% 评分：94 最佳饮用期：2022年
参考价格：80澳元 TS

A by Arras Premium Cuvee NV
阿拉斯精选年份A 无年份
59%的黑比诺，33%的霞多丽，8%的比诺莫尼耶，瓶内2次发酵3年以上，并且换橡木塞后瓶储陈放6个月。应有尽有：平衡感、生命力、长度和复杂度，介于柔和丰厚细腻和矿物质风味之间的完美风致。自然酸度带来了特别深刻的回味。
封口: 橡木塞 酒精度: 12.5% 评分: 94 最佳饮用期: 2018年 参考价格: 30澳元 ✪

Rose 2006
桃红 2006
呈现出漂亮的浅三文鱼-铜色调，然而这丝毫不能体现出这款优质塔斯马尼亚州桃红葡萄酒的复杂程度和风格。带酒脚陈酿的7年带来了烤面包、奶油和辛香料的味道，为塔斯马尼亚州黑比诺（混合配比为2/3）增添了个性和深度。明亮持久的酸度在结尾达到顶点，同时还有细致而恰到好处的多酚苦味。
封口：橡木塞 酒精度：12.5% 评分：94 最佳饮用期：2018年
参考价格：80澳元 TS

🍷🍷🍷🍷🍷 Brut Elite NV
黑莓精英 无年份
评分：91 最佳饮用期：2019年 参考价格：40澳元 TS

House of Cards 纸牌屋 ★★★★★

3220 Caves Road，Yallingup，WA 6282 产区：玛格利特河 电话:（08）9755 2583
网址：www.houseofcardswine.com.au 开放时间：每日开放，10:00—17:00 酿酒师：特拉维斯·雷（Travis Wray） 创立时间：2011年 产量（以12支箱数计）：5000 葡萄园面积：12公顷
纸牌屋的所有者和经营者是伊丽莎白斯（Elizabeth）和特拉维斯·雷（Travis Wray），特拉维斯负责管理葡萄园和酿制葡萄酒，伊丽莎白斯负责市场和销售。酒厂的名字表达了葡萄栽培者和酿酒师们每个年份都要面对的赌局："你必须用大自然发给你的牌面。"他们仅仅采用来自酒庄葡萄园的葡萄，顶端开放式发酵，手工压帽和手动篮式压榨。这些酿酒工艺绝对是迎难而上，但能够生产出这种品质的葡萄酒，这应该也是值得的。

🍷🍷🍷🍷🍷 The Royals Single Vineyard Margaret River Chardonnay 2016
玛格利特河单一葡萄园霞多丽 2016
金金（Gin Gin）克隆株系，整串压榨到法国大橡木桶（45%是新的），野生酵母发酵，10%苹乳发酵，熟成11个月。在第一缕香气中，就能感受到高品质的玛格利特河霞多丽的华丽气质；同样的，你很快就能感受到它丰厚的质地和复杂的口感。橡木的选择和处理是酒厂的一个特点，10%的苹乳发酵如同食物上的调料；长度和余味都很流畅。
封口：螺旋盖 酒精度：13% 评分：95 最佳饮用期：2026年 参考价格：36澳元

The Royals Single Vineyard Margaret River Cabernate Sauvignon 2015
玛格利特河单一葡萄园赤霞珠 2015
开放式发酵，35天长时带皮浸渍，篮式压榨，在法国橡木桶（30%是新的）中陈酿18个月。酿造过程中的每个步骤都得到了应有的回报，这款中等至饱满酒体的赤霞珠就是有力的证明。香气和口感中的黑醋栗酒，月桂叶和干香草精确的重合，绝对是一款经典的中等酒体的赤霞珠。
封口：螺旋盖 酒精度：14% 评分：95 最佳饮用期：2035年 参考价格：39澳元

Single Vineyard The Ace 2015
老A单一葡萄园
50%的赤霞珠，马尔贝克和小味儿多，20%压榨的赤霞珠，开放式发酵，35天长时带皮浸渍；50%的小味儿多保持整串进行发酵，50%的赤霞珠和马尔贝克在桶中完成发酵，全部在法国小橡木桶（50%是新的）中陈酿18个月。口感多汁、活泼、回味悠

长。2017年11月发售。但即使是在2017年2月，它就已经表现出了经典和细致持久的口感，结尾处有细致美味的单宁和法国橡木的味道。
封口：橡木塞 酒精度：14.2% 评分：95 最佳饮用期：2035年 参考价格：65澳元

The Joker Margaret River Sauvignon Blanc
大王玛格利特河长相思2016
机械采摘，仅用低压压榨并使用自流汁和人工培养酵母发酵。复杂的酿酒工艺带来了这款非常浓郁的葡萄酒，口感、质地和柠檬皮、矿物质酸度都非常有力量。
封口：螺旋盖 酒精度：12.5% 评分：94 最佳饮用期：2020年 参考价格：21澳元 ✪

The Joker Margaret River Shiraz
大王玛格利特河西拉2015
开放式发酵，20%的原料进行整串二氧化碳浸渍，手工压帽，篮式压榨，在旧法国橡木桶中陈酿12个月。非常新鲜，带有香料和甘草的气息。温和的玛格利特河气候下生长的葡萄通常不具备这款酒的类似冷凉气候的风格特点。这是一款物美价廉的葡萄酒。
封口：螺旋盖 酒精度：14% 评分：94 最佳饮用期：2030年 参考价格：24澳元 ✪

🍷🍷🍷🍷🍷

Lady Luck Single Vineyard Petit Verdot
好手气单一葡萄园小味儿多 2014
评分：93 最佳饮用期：2035年 参考价格：48澳元

Black Jack Single Vineyard Malbec 2015
黑杰克单一葡萄园马尔贝克 2015
评分：93 最佳饮用期：2040年 参考价格：48澳元

Howard Vineyard 霍华德葡萄园 ★★★★☆

53 Bald Hills Road，Nairne，SA 5252 产区：阿德莱德山区
电话：（08）8188 0203 网址：www.howardvineyard.com 开放时间：周二到周日，10:00—17:00 酿酒师：汤姆·诺斯科特（Tom Northcott） 创立时间：2005年
产量（以12支箱数计）：6000 葡萄园面积：60公顷
霍华德葡萄园是阿德莱德山的一个家族企业，位于高大的橡胶树林和梯田型草地之间。原料中的黑比诺、霞多丽、灰比诺和长相思均来自于临近洛贝塔尔（Lobethal）的舍恩塔尔（Schoenthal）的“美丽谷”葡萄园（'Beautiful Valley' Vineyard），此处海拔为470米。而贝克山地区的霍华德的奈恩（Howard's Nairne）葡萄园，则是西拉气候较为温暖，是赤霞珠和品丽珠的产地。所有酒款均出自酒庄葡萄园。出口到英国等国家，以及中国内地（大陆）和香港地区。

🍷🍷🍷🍷🍷

Amos Adelaide Hills Chardonnay 2016
阿莫斯阿德莱德山霞多丽 2016
伯纳德（Bernard）克隆株系76和95，手工分拣，整串压榨，20%的葡萄采用野生酵母，自流汁在法国橡木桶（33%是新的）中发酵并陈酿九个月。酒中有丰富的白色核果风味和大量的气泡，还有一些成熟的梨子香气，酸度自然。结尾较短但仍然很不错。
封口：螺旋盖 酒精度：13.4% 评分：93 最佳饮用期：2024年
参考价格：40澳元 JF

Clover Adelaide Hills Pinot Gris 2016
三叶草阿德莱德山和灰比诺 2016
意料之外但复杂而引人注目，酒香中充分展现了品种特的纳什梨，同时还有一丝橘皮的味道和酸度的架构感。这款酒并没有什么特殊的酿制工艺，这也使得它的这些风格特点更加有趣。
封口：螺旋盖 酒精度：12.8% 评分：94 最佳饮用期：2019年 参考价格：24澳元 ✪

Adelaide Hills Riesling 2016
阿德莱德山雷司令2016
作为一款雷司令，它的酒体非常饱满，也很有质感。带有柠檬皮和筋络味道的酸度非常丰富，口感活泼，惹人喜爱。
封口：螺旋盖 酒精度：12% 评分：92 最佳饮用期：2024年 JF

Clover Adelaide Hills Shiraz 2015
阿德莱德山西拉2015
在法国橡木桶中陈酿12个月以上。明亮的紫红色；有李子和红色/深色樱桃、甘草的味道。中等酒体，口感饱满，单宁细致，平衡性好。
封口：螺旋盖 酒精度：13% 评分：92 最佳饮用期：2029年 参考价格：24澳元 ✪

Adelaide Hills Sauvignon Blanc 2016
阿德莱德山长相思2016
香气十分克制，有柑橘、一点茴香、新割过的草地和松针的味道。有着橙皮味，甚至是有些粉笔味道的酸度，令人满口生津。结尾质地很好，有一微弱的甜味。
封口：螺旋盖 酒精度：13.2% 评分：91 最佳饮用期：2020年 JF

Clover Adelaide Hills Sauvignon Blanc 2016
三叶草阿德莱德山长相思2016
不锈钢罐发酵，带少量酒脚陈酿并搅拌。阿德莱德山的主流风格，带有核果和热带水果，以及荷兰豆与青苹果的味道，结尾处有干爽的酸度。
封口：螺旋盖 酒精度：13.2% 评分：90 最佳饮用期：2017年 参考价格：24澳元

Picnic Adelaide Hills Cabernet Franc Rose 2016
野餐阿德莱德山品丽珠桃红2016

低温压榨8小时。淡粉红色；红樱桃、草莓和麝香的香气与风味；残留的糖分（5克/升）和酸度之间的平衡很好。
封口: 螺旋盖　酒精度: 13%　评分: 90　最佳饮用期: 2017年　参考价格: 18澳元 ✪

Amos Adelaide Hills Shiraz 2015
阿莫斯阿德莱德山西拉2015
深紫色调，带有李子和樱桃、酸樱桃的味道，还有新鲜的香草、黑橄榄和大量的木质香辛料的味道，橡木味并不过分突出。口感更偏重轻盈柔顺型，而不是活泼型的。
封口：螺旋盖　酒精度：13%　评分：90　最佳饮用期：2024年
参考价格：45澳元　JF

Amos Adelaide Hills Cabernate Sauvignon 2015
阿莫斯阿德莱德山赤霞珠 2015
旗舰酒款，产量为120箱。树叶，黑醋栗酒，花香，新鲜卷制的烟叶和香柏气息在这款酒中得到了充分的体现，整体风格又十分克制。口感有些单薄，然而十分清爽，单宁还是有些生青的味道。
封口：螺旋盖　酒精度：13%　评分：90　最佳饮用期：2026年
参考价格：55澳元　JF

Amos Adelaide Hills Cabernate Sauvignon Cabernet Franc 2014
阿莫斯阿德莱德山赤霞珠品丽珠2014
这是一款配比为75/25%的混酿。对于一款已经在法国大橡木桶（75%是新的）中陈酿2年的红葡萄酒来说，你可能期待它更有深度一些。毫无疑问，它非常优雅，橡木也十分和谐地融入整体，雅致。归根到底，这是一款拒绝被分类的葡萄酒——全看你是否喜欢。产量为100箱。
封口: 螺旋盖　酒精度: 13.2%　评分: 90　最佳饮用期: 2024年　参考价格: 50澳元

Clover Adelaide Hills Cabernate Franc 2015
三叶草阿德莱德山品丽珠 2015
出了名难搞的品丽珠仅仅在旧法国小橡木桶中陈酿6个月，这使得这款酒有着浅而明亮的深红色，有着玫瑰花瓣和紫罗兰的香气，酒体轻盈，带有红樱桃和草莓的味道。产量为200箱。
封口：螺旋盖　酒精度：12%　评分：90　最佳饮用期：2021年　参考价格：24澳元

Clover Adelaide Hills Pinot Noir Chardonnay 2016
阿德莱德山黑比诺霞多丽 2016
漂亮的淡三文鱼色调，这款年轻的酒还非常新鲜，玫瑰花瓣，阿德莱德山黑比诺的草莓和黑醋栗酒的味道，同时有着霞多丽的柠檬味道，结尾微酸而新鲜，可以感觉到酚类物质在舌上的附着力。
封口：橡木塞　酒精度：12.5%　评分：90　最佳饮用期：2017年
参考价格：24澳元　TS

🍷🍷🍷🍷 Picnic Adelaide Hills Cabernate Sauvignon Cabernet Franc Shiraz 2015
野餐阿德莱德山赤霞珠品丽珠西拉2015
评分：89　最佳饮用期：2020年　参考价格：18澳元 ✪

Hugh Hamilton Wines　休·汉密尔顿葡萄酒 ★★★★★

94 McMurtrie Road，麦克拉仑谷，SA 5171　产区：麦克拉仑谷
电话:（08）8323 8689　网址：www.hughhamiltonwines.com.au　开放时间：每日开放，11:00—17:00　酿酒师：尼克·伯克（Nic Bourke）　创立时间：1991年
产量（以12支箱数计）：20000　葡萄园面积：21.4公顷

2014年，第5代家族传人休·汉密尔顿（Hugh Hamilton）将酒庄移交给了他的女儿玛丽（Mary）——至此，玛丽正式成了这个家族的第6代接班人。正是她设计了那款“不敬”的黑羊标签。但这也不仅是市场营销：公司的业务仍将继续生产主流和替代葡萄品种，他们采用自有葡萄园布莱维特泉（Blewitt Springs）种植的85岁的西拉和65岁的赤霞珠为原料，发展出了纯粹黑色（Pure Black）品牌——这些改变包括葡萄架式，采摘，在小型发酵罐中进行发酵，利用重力混合葡萄酒，以及在高品质的法国橡木桶中熟成。酒窖的门四周有加利木作为装饰，他们来自哈妮尔顿具有历史意义的厄危尔（Ewell）酒厂的发酵桶15（Vat 15）——也是南半球有史以来最大的木质发酵桶。出口到英国、美国、加拿大、瑞典、芬兰、马来西亚和中国。

🍷🍷🍷🍷🍷 Black Blood III Black Sheep Vineyard McLarent Vale Shiraz 2015
黑血三世黑羊葡萄园麦克拉仑谷西拉2015
出自布莱维特泉 (Blewitt Springs) 葡萄园的深层沙土。酒香已经预示着活泼明亮的中等酒体中带有红色和黑色樱桃、李子和香料水果的味道。单宁极为细腻，锦上添花。3款黑血 (Black Blood) 西拉三重奏将3个不同土质的葡萄园与杯中酒连接在一起。
封口: 螺旋盖　酒精度: 14.5%　评分: 96　最佳饮用期: 2030年　参考价格: 79澳元

Pure Black Shiraz 2013
纯粹黑色西拉2013
酒色诱人——深黑紫色之中带有一丝血红色，很有光泽，一如这款酒给人带来的整体感觉。丰富的黑色水果、甘草、黑巧克力、茴香、薄荷醇和橡木的味道，和谐地融合在一起。同时它也十分平衡：单宁丰满有力。
封口：橡木塞　酒精度：14.5%　评分：96　最佳饮用期：2038年
参考价格：180澳元　JF

Black Blood II Church Vineyard McLarent Vale Shiraz 2015
黑血二世教堂葡萄园麦克拉仑谷西拉2015

冲积土。与黑血一世（Black Blood I）截然不同：整体更加开放和馥郁，中等至饱满酒体中有一些红色和黑色水果的味道，单宁柔顺丰富，力度恰到好处。
封口：螺旋盖　酒精度：14.5%　评分：95　最佳饮用期：2035年　参考价格：79澳元

Jekyll & Hyde McLarent Vale Shiraz Viognier 2015
双面博士麦克拉仑谷西拉维欧尼2015
一款配比为93/7%的混酿，出产葡萄的西拉藤蔓的历史可以追溯到1947年，旁边的维欧尼则是最近种植的。两个品种同时采摘并且共同经过3日冷浸渍后发酵6天，后浸渍发酵5天，在法国橡木桶（23%是新的）中熟成17个月和美国橡木桶（2%是新的）。它酒体饱满，有丰富的黑色水果、黑巧克力和香柏木的味道，单宁成熟。
封口：螺旋盖　酒精度：15%　评分：95　最佳饮用期：2035年　参考价格：50澳元

The Villain McLarent Vale Cabernate Sauvignon 2015
恶徒麦克拉仑谷赤霞珠 2015
采用人工培养酵母进行开放式发酵，带皮浸渍14天，在法国橡木桶（20%是新的）中熟成20个月。充满浓郁的黑加仑和月桂叶的香气，酒体饱满，单宁似乎在提醒饮用者它的重要性——的确应该如此。超值。
封口：螺旋盖　酒精度：14.5%　评分：95　最佳饮用期：2040年　参考价格：29澳元 ✪

Black Blood I Cellar Vineyard McLaren Vale Shiraz 2015
黑血二世葡萄园麦克拉仑谷西拉2015
黑色粘土。酒体饱满，黑色水果和甘草的味道十分诱人。单宁强劲，基本上感觉不到橡木的存在。
封口：螺旋盖　酒精度：14.5%　评分：94　最佳饮用期：2040年　参考价格：79澳元

🍷🍷🍷🍷🍷(4.5)
Black Ops Shiraz Saperavi Nero D'Avola 2015
黑色行动西拉晚红蜜黑珍珠2015
评分：93　最佳饮用期：2035年　参考价格：32澳元

Shearer's Cut McLarent Vale Shiraz 2015
羊毛剪麦克拉仑谷西拉2015
评分：90　最佳饮用期：2029年　参考价格：24澳元

Hugo　雨果 ★★★★☆

246 Elliott Road，McLaren Flat，SA 5171　产区：麦克拉仑谷　电话：(08) 8383 0098
网址：www.hugowines.com.au　开放时间：周一至周五，10:00—17:00；周六，12:00—17:00；周日，10:30—17:00　酿酒师：约翰（John），雨果（Hugo）　创立时间：1982年
产量（以12支箱数计）：7200　葡萄园面积：25公顷
20世纪80年代晚期，雨果酒庄才以其出众的红葡萄酒逐步建立了知名度，这些红葡萄酒都带有浓郁的美国橡木风格，成熟而且甜美。在一段瓶颈期后，在20世纪90年代中期酒庄又加快了发展的步伐，并在最近酿制了一系列年份上好的葡萄酒。酒庄内种植有西拉、赤霞珠、霞多丽、歌海娜和长相思，其中一部分用于出售。出口到英国和加拿大。

🍷🍷🍷🍷🍷
McLarent Vale Shiraz 2014
麦克拉仑谷西拉2014
色泽保持得很好，香气带有明显的麦克拉仑谷产区特征，口感（有些奇怪的，但也令人愉悦）浓郁，有西拉的典型性：中等酒体，带有黑色水果特征，完美融合的橡木味道，还有极为精细的单宁。充分地表现出了凉爽地区出产的葡萄酒的风格。2016年荣获“阿德莱德和小型葡萄酒厂”金质奖章。
封口：螺旋盖　酒精度：14.5%　评分：95　最佳饮用期：2034年　参考价格：25澳元 ✪

Reserve McLarent Vale Shiraz 2014
麦克拉仑谷西拉2014
这一款酒的元素更加浓郁：色泽，果香，新橡木桶和成熟的单宁的味道。也都非常平衡。陈年后它会更加完美。在2017年的悉尼国际酿酒师展上获得金质奖牌——这也是对它的陈酿潜力的认可。
封口：螺旋盖　酒精度：14.5%　评分：94　最佳饮用期：2039年　参考价格：55澳元

McLarent Vale Grenache Shiraz 2015
麦克拉仑谷歌海娜西拉2015
80%的歌海娜种植于1951年，20%的酒庄的西拉种植于1988年，破碎并一同发酵带皮浸渍6天，在旧的法国和美国大桶中陈酿15个月。这款混酿葡萄酒非常协调——这一点对于共同发酵的葡萄酒来说非常难得。无论如何，它有着中等至饱满酒体，带有红色、紫色和黑色水果的味道。
封口：螺旋盖　酒精度：14.5%　评分：94　最佳饮用期：2025年　参考价格：25澳元 ✪

🍷🍷🍷🍷🍷(4.5)
McLarent Vale Grenache Shiraz Rose 2016
麦克拉仑谷歌海娜西拉桃红 2016
评分：93　最佳饮用期：2017年　参考价格：20澳元 ✪

Hungerford Hill　亨格福德山 ★★★★★

2450 Broke Road，Pokolbin，新南威尔士州，2320　产区：猎人谷　电话：(02)4998 0710
网址：www.hungerfordhill.com.au　开放时间：周日至周四，10:00—17:00；周五至周六，10:00—19:00　酿酒师：布莱恩·库里（Bryan Currie）　创立时间：1967年
产量（以12支箱数计）：17000　葡萄园面积：28公顷
2016年12月萨姆（Sam）和克里斯蒂·阿纳德（Christie Arnaout）购买下亨格福德山，将焦点

重新放在已有50年历史的猎人谷自产葡萄酒品牌上。还采用了大量来自下猎人谷甜水葡萄园（Sweetwater，另见“Sweetwater”条目），以及达尔伍德（Dalwood，澳大利亚还在营业的最老的葡萄园）的葡萄作为原料。亨格福德山用这些葡萄园出产的原料提升猎人谷葡萄酒的品质，同时，他们仍旧继续生产20多年来采用的冷凉气候的唐巴兰姆巴和希托扑斯产区的葡萄酒。

🍷🍷🍷🍷🍷

Epic McLarent Vale Shiraz 2014
史诗麦克拉仑谷西拉2014
这款酒很好地表现了麦克拉仑谷的风土条件以及其对西拉的影响。酒体中等至饱满，有着高品质的水果、橡木和单宁的味道。为什么要在创造“史诗”的时候拒绝复古呢？2014年是自1965年以来猎人谷西拉最伟大的年份之一。
封口：螺旋盖　酒精度：14.5%　评分：96　最佳饮用期：2044年　参考价格：120澳元

Single Vineyard Tumbarumba Pinot Gris 2016
单一葡萄园唐巴兰姆巴黑比诺2015
色泽清透明亮，口感丰满纯粹，充满了脆红樱桃和野草莓的味道。适宜大口饮用而不是小口浅酌，但也不要小看它。
封口：螺旋盖　酒精度：14%　评分：95　最佳饮用期：2030年　参考价格：65澳元

Liquid Metal 2016
液体金属 2016
赛美蓉、长相思和慕斯卡德。这是一款清新活泼的混酿葡萄酒，其中赛美蓉来自猎人谷，其他的两个品种来自唐巴兰姆巴。结尾和回味都十分隽永。
封口：螺旋盖　酒精度：12.5%　评分：94　最佳饮用期：2022年　参考价格：40澳元

🍷🍷🍷🍷🍷（四个半）

Cardinal Sparkling Shiraz NV
深红起泡西拉 无年份
评分：93　最佳饮用期：2020年　参考价格：36澳元　TS

Tumbarumba Pinot Gris 2016
唐巴兰姆巴灰比诺2016
评分：91　最佳饮用期：2020年　参考价格：27澳元

Hunter Valley Shiraz 2015
猎人谷西拉2015
评分：91　最佳饮用期：2023年　参考价格：45澳元

Heavy Metal 2014
重金属2014
评分：91　最佳饮用期：2034年　参考价格：55澳元

Hilltops Cabernate Sauvignon 2015
希托扑斯赤霞珠2015
评分：91　最佳饮用期：2025年　参考价格：45澳元

Hunter Valley Semillon 2016
猎人谷赛美蓉2016
评分：90　最佳饮用期：2026年　参考价格：27澳元

Tumbarumba Pinot Noir 2016
唐巴兰姆巴黑比诺2016
评分：90　最佳饮用期：2023年　参考价格：40澳元

Tumbarumba Tempranillo 2015
唐巴兰姆巴添帕尼罗2015
评分：90　最佳饮用期：2022年　参考价格：40澳元

Hunter-Gatherer Vintners　采集狩猎者葡萄酒商　★★★★

362 Pipers Creek-Pastoria Road，Pipers Creek，Vic 3444　产区：马斯顿山岭
电话：0407 821 049　网址：www.hgwines.com.au
开放时间：周末，12:00—17:00 酿酒师：布莱恩·马丁（Brian Martin）
创立时间：2015年　产量（以12支箱数计）：1000　葡萄园面积：5公顷
2015年底酿酒师布莱恩·马丁（Brian Martin）购买下一个建立于1999年的葡萄园，在这期间它曾被多次转手。最初名为洛士利（Loxley）葡萄园，后改为和谐行列（Harmony Row）。它很早就开设了酒窖门店，并用狩猎采集者的牌子销售西拉、黑比诺、雷司令和霞多丽（以及一些起泡酒），其他替代品种则采用马维奥（Marvio）商标。

🍷🍷🍷🍷🍷

Macedon Pinot Noir 2015
马斯顿黑比诺2015
来自酒庄自有葡萄园和一个位于罗姆西（Romsey）的葡萄园，在法国橡木桶中陈酿15个月。这是一款有个性的比诺，色泽明亮饱满，香气和口感中充满了红色和黑色樱桃的味道，成熟而精致的单宁提供了优良的质地和背景。
封口：螺旋盖　酒精度：13.5%　评分：94　最佳饮用期：2027年

Heathcote Shiraz 2010
西斯科特西拉2010
开放式发酵，手工压帽，在法国橡木桶中熟成20个月。过去的7年这款酒在哪里？休眠吗？酒体仍然是深紫红色，口感华丽丰盛，带有炖李子和黑莓的味道，完全与成熟的单宁相融合。

封口：螺旋盖 酒精度：15% 评分：94 最佳饮用期：2030年 参考价格：25澳元

Sparkling Shiraz 2013

西拉起泡酒2013

西斯科特西拉在这款酒中表现得十分诱人，带有深黑李子和黑樱桃，多汁的黑色含片的味道，胡椒和鼠尾草的味道，以及含有矿物质味道的精致单宁。黑巧克力和咖啡橡木的味道，使得结尾的奶油般的气泡与恰到好处的残糖量相得益彰，回味悠长。

酒精度：14% 评分：94 最佳饮用期：2021年 参考价格：35澳元 TS

Huntington Estate 亨廷顿庄园 ★★★★☆

Ulan Road，满吉，新南威尔士州,2850 产区：满吉 电话：1800 995 931
网址：www.huntingtonestate.com.au 开放时间：周一至周六，10:00—17:00；周日，10:00—16:00 酿酒师：蒂姆·斯蒂文斯（Tim Stevens） 创立时间：1969年
产量（以12支箱数计）：13000 葡萄园面积：43.8公顷

亨廷顿庄园由罗伯特（Roberts）家族建立，自从蒂姆·斯蒂文斯（Tim Stevens）收购酒庄之后，做出了很多有益的重大改变。他仍然保留了储存老年份葡萄酒的传统，同时成功地使他们的酒窖门店成为到满吉旅游的客人的第一站。然而不便之处是他们的音乐节太过成功，门票供不应求，看上去在未来的几年内，这个状态也还会持续下去。出口至中国。

🍷🍷🍷🍷🍷 Tim Stevens Signature Shiraz 2015

蒂姆·斯蒂文斯署名西拉2015

原料出自一区酒庄，在桶中陈酿18个月——60%采用新的美国橡木桶。这款酒还处在年轻而充满活力的阶段，橡木味道还很明显，但随着时间的发展会逐渐沉淀下来。洋溢着李子、覆盆子和黑色浆果的味道，以及更复杂的杏仁和巧克力的调子。结实的单宁和柠檬味酸使得口感十分新鲜。

封口：螺旋盖 酒精度：14.5% 评分：95 最佳饮用期：2026年
参考价格：70澳元 JF

🍷🍷🍷🍷🍷 Cabernate Sauvignon 2009

赤霞珠 2009

评分：93 最佳饮用期：2024年 参考价格：26澳元 ✪

Special Reserve Semillon 2015

特级珍藏赛美蓉2015

评分：92 最佳饮用期：2025年 参考价格：30澳元 JF

Shiraz 2014

西拉2014

评分：91 最佳饮用期：2025年 参考价格：28澳元 JF

Special Reserve Shiraz 2014

特级珍藏西拉2014

评分：91 最佳饮用期：2028年 参考价格：35澳元 JF

Gewurztraminer 2016

琼瑶浆2016

评分：90 最佳饮用期：2020年 参考价格：23澳元 JF

Special Reserve Cabernate Sauvignon 2011

特级陈酿赤霞珠2011

评分：90 最佳饮用期：2024年 JF

Late Harvest Semillon 2016

晚收赛美蓉2016

评分：90 最佳饮用期：2019年 参考价格：40澳元 JF

Hurley Vineyard 赫塞葡萄园 ★★★★★

101 Balnarring Road，Balnarring，Vic 3926 产区：莫宁顿半岛 电话：(03)5931 3000
网址：www.hurleyvineyard.com.au 开放时间：每个月的第一个周末，11:00—17:00 酿酒师：凯文·贝尔（Kevin Bell） 创立时间：1998年 产量（以12支箱数计）：1000 葡萄园面积：3.5公顷

事情从来都不像看上去的那么简单。凯文·贝尔（Kevin Bell）和妻子特蕾希（Tricia Byrnes）除了过着忙碌的城市生活之外，和他们的亲戚朋友一起，基本上亲自完成了建设赫塞（Hurley）葡萄园的工作。最引人注目的是，凯文在CSU完成了应用科学（葡萄酒科学）的学位，同时可以咨询奈特·怀特（Nat White），偶尔也包括巴斯·菲利普（Bass Phillip）的菲利普·琼斯（Phillip Jones）和哲维瑞·香贝丹（Gevrey Chambertin）的佛瑞庄园（Domaine Fourrier）。他和妻子——也是他的初恋，一直感情非常好。

🍷🍷🍷🍷🍷 Lodestone Mornington Peninsula Pinot Noir 2015

罗德斯通莫宁顿半岛黑比诺2015

原料种植株系包括第戎克隆株系114、115、111和MV6。充满了丰富的紫罗兰花香，奶油草莓以及带有肉豆蔻干皮味的深秋树叶的味道，单宁有着雪纺绸和丝绸般的质感。在法国橡木桶中熟成18个月，其中1/3为新橡木桶，正如所有好黑比诺那样，非常诱人。

封口：Diam软木塞 酒精度：13.5% 评分：96
最佳饮用期：2025年 参考价格：70澳元 NG

Garamond Mornington Peninsula Pinot Noir 2015

加拉蒙莫宁顿半岛黑比诺2015
风味精确，浓郁，集中，而且持久。黑醋栗味道的酸度和橡木味道之上洋溢着丰富的深色樱桃，樱桃酒和梅子的味道。充满热烈的力量。这款黑比诺远远称不上精细，但充满活力。
封口：Diam软木塞　酒精度：13.5%　评分：96
最佳饮用期：2030年　参考价格：80澳元　NG

Hommage Mornington Peninsula Pinot Noir 2015
致敬莫宁顿半岛黑比诺2015
这款酒最开始时有些封闭，可以感受到一点黑色和红色樱桃、李子和烘焙香料的味道，贯穿在逐渐展开的法国橡木、香柏和鬃毛刷一样的单宁之中。酒在杯中不断发展，逐渐展现出更加浓郁的红色水果的味道，又有一丝药味。现在它还是带有一层烘烤的橡木味道，而其中浓郁的果味也是它可以窖藏的一个良好征兆。
封口：Diam软木塞　酒精度：13.5%　评分：94
最佳饮用期：2028年　参考价格：70澳元　NG

🍷🍷🍷🍷🍷 Estate Mornington Peninsula Pinot Noir 2015
庄园莫宁顿半岛黑比诺2015
评分：93　最佳饮用期：2023年　参考价格：45澳元　NG

Ibizan Wines　依比赞　★★★★★

15 Bridgelands Road，Rosa Glen，WA 6285　产区：玛格利特河
电话:（08）9757 5021　网址：www.ibizanwines.com.au　开放时间：仅限预约
酿酒师：天然葡萄酒商（Naturaliste Vintners）［布鲁斯公爵（Bruce Dukes）］
创立时间：2000年　产量（以12支箱数计）：1000　葡萄园面积：7.7公顷
2000年时，布莱恩（Brian）和米歇尔·罗瑞（Michelle Lowrie）在玛格利特河地区的上查普曼谷（Upper Chapman Valley）发现了一个葡萄园，这里鲜少有人到访，但十分美丽。园内有的2.7公顷的赤霞珠据说是1976年种下的，以及20世纪80年代早期种下的5公顷的赛美蓉和长相思。他们开始只是出售生产的葡萄，一直到2010年，他们用出产的赛美蓉和长相思酿制了依比赞葡萄酒，很快就取得了不小的成功。名字刚好与这几年来一直与布莱恩和米歇尔在葡萄园工作的两个红云族的凯尔皮（Kelpie）人的名字相同。这与埃及依比莎猎犬保护法老的故事很像，酒标上醒目的埃及之眼也正是因为这个典故。

🍷🍷🍷🍷🍷 Margaret River Semillon Sauvignon Blanc 2016
玛格利特河赛美蓉长相思2016
这款酒带有混合热带水果的气息，又与柠檬和青柠汁的味道相调和，新鲜的松针味道；橙皮酸的味道让人觉得它可以解渴。极为迷人。
封口：螺旋盖　酒精度：12.4%　评分：95　最佳饮用期：2020年
参考价格：22澳元　JF　✪

Old Vine Margaret River Cabernate Sauvignon 2015
老藤玛格利特河赤霞珠2015
按玛格利特河的标准来讲，这些葡萄藤都已经很老了——它们是1978年被种植的。它有着非常明显的产区特征，黑莓、桑葚果和带有泥土气息的各种香料味道，单宁细腻。橡木味平衡。没有任何过于沉重之处。
封口：螺旋盖　酒精度：13.5%　评分：95　最佳饮用期：2026年
参考价格：27澳元　JF　✪

Old Vine Margaret River Cabernate Sauvignon 2014
老藤玛格利特河赤霞珠2014
来自玛格利特河南部的凉爽地区，并在法国橡木桶中熟成14个月。它有着优雅纯净的品种特点，赤霞珠的单宁隐匿在背景之中，凸显出黑醋栗酒和红色樱桃的味道。
封口：螺旋盖　酒精度：13.5%　评分：95　最佳饮用期：2029年　参考价格：29澳元

🍷🍷🍷🍷🍷 Margaret River Semillon Sauvignon Blanc 2015
玛格利特河赛美蓉长相思2015
评分：92　最佳饮用期：2020年　参考价格：22澳元

Idavue Estate　伊达维庄园　★★★★

470 Northern Highway，Heathcote，Vic 3523　产区：西斯科特
电话：0429 617 287　网址：www.idavueestate.com　开放时间：周末，10:30—17:00
酿酒师：安德鲁（Andrew）和桑德拉·怀特克罗斯（Sandra Whytcross）
创立时间：2000年　产量（以12支箱数计）：600　葡萄园面积：5.7公顷
安德鲁（Andrew）和桑德拉·怀特克罗斯（Sandra Whytcross）两人既是酒庄所有者，也是酿酒师，他们都在班迪戈TAFE（职业技术与继续教育）学习过2年的葡萄酿造课程；他们也在儿子马蒂（Marty）的帮助下共同管理葡萄园，种植了西拉（3公顷）、赤霞珠（1.9公顷）、赛美蓉和霞多丽（各0.4公顷）。手工采摘浆果，红葡萄酒采用典型的小批量酿造法，篮式压榨，在发酵罐中发酵，手工压帽。

🍷🍷🍷🍷🍷 Blue Note Heathcote Shiraz 2015
蓝调西斯科特西拉2015
带有明确的西斯科特的深色水果风味，浓郁紧凑的单宁，酸度柔和，橡木味道恰如其分。其中也有一点桂皮、胡椒和紫罗兰。
封口：螺旋盖　酒精度：14%　评分：93　最佳饮用期：2020年

参考价格：45澳元 NG

Heathcote Shiraz 2015

西斯科特西拉2015

西斯科特的所有特征风格都在这一杯酒中了：朱红色的酒体，果味深沉浓郁，集中紧凑。多汁、肉感的单宁将整体连结在一起，丰盛的水果味道与苦巧克力和咖啡橡木的味道相混合。

封口：螺旋盖 酒精度：14% 评分：91 最佳饮用期：2029年

参考价格：35澳元 NG

In Dreams 梦境 ★★★★☆

179 Glenview Road，Yarra Glen，Vic 3775 产区：雅拉谷 电话：(03)8413 8379

网址：www.indreams.com 开放时间：不开放 酿酒师：尼娜（Nina），斯托克（Stocker）

创立时间：2013年 产量（以12支箱数计）：3000

梦境酒庄生产两款酒：霞多丽和黑比诺，它们的原料主要出自上雅拉谷产区的葡萄园。这个地区凉爽的小气候很适合传统的葡萄酒酿造技术，比如小批量发酵和对法国橡木精准的使用。著名葡萄酒科学家约翰·斯托克博士（Dr John Stocker）的女儿尼娜·斯托克（Nina Stocker）曾经是卡塔利娜·桑自（Catalina Sounds）酿酒师，它生产的葡萄酒果香充分，富有表达力。

🍷🍷🍷🍷🍷 In Dreams Chardonnay 2015

梦境霞多丽 2015

这款酒令人印象深刻，焦点是粉红葡萄柚和白色核果，酸度非常新鲜，橡木作为补充元素处理得很好。

封口：螺旋盖 酒精度：13.3% 评分：95 参考价格：25澳元 ✪

In Dreams Pinot Noir 2015

梦境黑比诺2015

法国小橡木桶（20%是新的）中陈酿11个月后进行混酿。这是一款非常诱人的比诺，酿造的过程中充分地考虑到了细节。要是它的酒精度数能够达到13%的话，就可以成为世界顶级佳酿。

封口：螺旋盖 酒精度：12.7% 评分：94 最佳饮用期：2022年 参考价格：30澳元 ✪

Indigo Vineyard 靛蓝葡萄园 ★★★★☆

1221 Beechworth-Wangaratta Road，Everton Upper，Vic 3678 产区：比曲尔斯

电话：(03)5727 0233 网址：www.indigovineyard.com.au 开放时间：周三至周日，11:00—16:00 酿酒师：斯图亚特·霍尔登（Stuart Hordern），马克·斯卡佐（Marc Scalzo）

创立时间：1999年 产量（以12支箱数计）：3300 葡萄园面积：46.15公顷

靛蓝葡萄园共46公顷，种植有11个品种，包括法国和意大利的顶级葡萄品种。他们过去和现在的主要业务都是将种植的葡萄出售给恋木传奇（Brokenwood），但从2004年起扩大了种植面积，并将增产的部分酿成葡萄酒以靛蓝的牌子发行销售。靛蓝葡萄酒是在恋木传奇酿制的［马克·斯卡佐（Marc Scalzo）也制作灰比诺］。

🍷🍷🍷🍷🍷 Beechworth Pinot Noir 2016

比曲尔斯黑比诺 2016

这是一款美味的黑比诺，带有比曲尔斯精巧的深色水果西洋李子和宾车厘子的味道，这些风味与优雅的粉质单宁相对照，橡木和25%带茎干的葡萄原料带来了一丝秋天的护根材料的味道。口感鲜美，略带甜味。

封口：螺旋盖 酒精度：13.3% 评分：93 最佳饮用期：2023年

参考价格：36澳元 NG

Secret Village Beechworth Pinot Noir 2016

神秘村比曲尔斯黑比诺 2016

草莓、酸樱桃和香草奶油的味道，伴随豆蔻果和丁香的味道。这款黑比诺小巧玲珑，骨架精致，精细而且充满活力。

封口：螺旋盖酒精度：13.3% 评分：93 最佳饮用期：2022年

参考价格：65澳元 NG

Secret Village Beechworth Shiraz 2015

比曲尔斯西拉2015

明亮的的朱红色，有丰富的紫色、红色和蓝色水果的味道。口感浓郁，单宁结实。黑橄榄、、熏肉、肉豆蔻和茴香的味道使人忍不住想要再来一杯，回味悠长。

封口：螺旋盖 酒精度：13.5% 评分：93 最佳饮用期：2024年

参考价格：55澳元 NG

Alpine Valleys Beechworth Chardonnay 2016

阿尔派谷比曲尔斯霞多丽 2016

55%的浆果来自阿尔派谷，余下的产自比曲尔斯；口感紧致，带有盐土和矿物的味道。并未经过苹乳发酵，酒中保留了法国橡木的气息，淡淡的核果味道和酒脚带来的风味突出了这款酒的个性。

封口：螺旋盖 酒精度：13.1% 评分：92 最佳饮用期：2024年

参考价格：36澳元 NG

Secret Village Beechworth Chardonnay 2016

神秘村比曲尔斯霞多丽 2016

充满现代风格，带有核果、腰果、牛轧糖和柑橘的味道，点缀着矿物质、恰当的酸度

和香草橡木的味道。这款阿尔派小产区的霞多丽十分前卫，接近骨感。
封口：螺旋盖 酒精度：12.5% 评分：92 最佳饮用期：2024年
参考价格：50澳元 NG

Beechworth Shiraz 2015
比曲尔斯西拉2015
比曲尔斯的砂岩质土壤带来了一系列蓝莓、紫罗兰和茴香的味道，以及一丝活泼而带有胡椒味的酸度。也有新橡木桶的香草和香柏木的味道，接下来在法国橡木中熟成16个月——其中30%的是新桶。
封口：螺旋盖 酒精度：13.5% 评分：92 最佳饮用期：2023年
参考价格：36澳元 NG

Alpine Valleys Beechworth Pinot Grigio 2016
阿尔派谷比曲尔斯灰比诺2016
一款很好的灰比诺混合胡珊（3%）的例子，灰比诺罐内低温发酵后保留胡珊的皮渣进入旧橡木桶。这项工艺非常成功地增加了酒中质感和细节感，酚类物质恰到好处，非常引人入胜。封口：螺旋盖 酒精度：13.2% 评分：91
最佳饮用期：2021年 参考价格：25澳元 NG

McNamara Alpine Valleys Chardonnay 2016
麦克纳马拉阿尔派谷霞多丽 2016
这款霞多丽与它比曲尔斯的兄弟酒款形成了鲜明的对比，总的来说，它更加成熟和柔顺，并且充满了梨、苹果和温桲的味道。质地柔和，有酚类物质，酸度和矿物质的味道。
封口：螺旋盖 酒精度：13.3% 评分：90 最佳饮用期：2022年
参考价格：32澳元 NG

Beecworth Rose 2016
比曲尔斯桃红 2016
总体呈干型、生津止渴，带有明快的樱桃气息和一点酚类的味道，仅在回味中有一丝阿玛洛的苦味。
封口：螺旋盖 酒精度：13.5% 评分：90 最佳饮用期：2018年
参考价格：25澳元 NG

🍷🍷🍷🍷 Umpires Decision Cowra Chardonnay
仲裁考兰霞多丽 2016
评分：89 最佳饮用期：2021年 参考价格：25澳元 NG

Inkwell 墨水池 ★★★★

PO Box 33，Sellicks Beach，SA 5174（邮） 产区：麦克拉仑谷
电话：0430 050 115 网址：www.inkwellwines.com 开放时间：仅限预约
酿酒师：达德利·布朗（Dudley Brown） 创立时间：2003年
产量（以12支箱数计）：800 葡萄园面积：12公顷
墨水池葡萄园建立于2003年。达德利·布朗（Dudley Brown）从加利福尼亚回到澳大利亚后，买下了一个废弃的葡萄园。庄园的名字取为是“加州之路”。他继承了5公顷的缺乏修剪的西拉，并且额外种植了7公顷的葡萄：维欧尼（2.5公顷）、增芳德（2.5公顷）和传统（Heritage）西拉克隆（2公顷）。这5年的重建如一部教科书般——标准的“如何振兴一个葡萄园”的故事，尤其适合勤奋工作的葡萄种植者参考。天道酬勤。达德利坚持要将最高产量限制为1000箱；几乎所有的葡萄都直接出售了。出口到美国和加拿大。

🍷🍷🍷🍷🍷 Deeper Well McLarent Vale Shiraz 2011
深井麦克拉仑谷西拉2011
在法国橡木桶（50%是新的）中陈酿2年，并在发售前瓶储3年。仅生产744瓶。突出的果香、单宁很好地铺展开来，很有冲击力。在最艰难的年份居然酿造出了如此高质量的葡萄酒。沥青、黑莓糕点、酸度非常纯净，单宁好像干型的咖啡的味道。令人惊异的是它良好的成熟度，也正因如此，可以品尝到一些酒精带来的温和苛性。的确令人印象深刻。
封口：螺旋盖 酒精度：14.7% 评分：94 最佳饮用期：2034年
参考价格：70澳元 CM

🍷🍷🍷🍷🍷 Road to Joy Shiraz Primitivo 2014
欢乐之路西拉增芳德
评分：93 最佳饮用期：2026年 参考价格：26澳元 CM ✪

Inner City Winemakers 内城酿酒师 ★★★★

28 Church Street，Wickham，新南威尔士州，2293 产区：猎人谷
电话：(02)4962 3545 网址：www.innercity.com.au 开放时间：周二到周日，10:00—17:00
酿酒师：罗伯·华莱士（Rob Wilce） 创立时间：2010年 产量（以12支箱数计）：900
所有者/酿酒师罗伯·华莱士（Rob Wilce）有20多年与葡萄酒打交道的经验，其中大部分是在猎人谷工作。当他负责市场和销售时，他与谷中多位酿酒师有过合作，销售过很多不同年份的葡萄酒，学到了酿酒的基本技术。他意识到自己仅仅是没有足够的资本去建立一个葡萄园和酒厂，所以他想出了虚拟酒厂的点子，他在纽斯卡尔（Newcastle）的CBD边缘的威克汉姆（Wickham）买下了一个小型仓库。这个地方的面积本就不大，现在就更是“小得不可思议”了，他还用猎人谷、奥兰治、希托扑斯和新英格兰等各地出产的葡萄来酿造葡萄酒，因此他们的酿酒季从一月开始，在四月底结束。他采用西斯·罗宾逊（Heath Robinson）出品的酿酒设

备，他说自己的酿造过程非常平实，但足够生产之用。他在一个拥有200名成员以下的葡萄酒俱乐部——这些成员帮他销售酒，在酿酒季他还会雇上两个兼职人员与他一起工作。

🍷🍷🍷🍷🍷 Vintage Chardonnay 2015

年份霞多丽 2015

原料出产于奥兰治；破碎，篮式压榨，50%在不锈钢罐中发酵，50%于新的和旧的法国橡木桶中发酵，混合后再回到橡木桶中陈放6个月。发酵和熟成的工艺效果都很好，香气和口感富于表达力，而且十分复杂，口感中有一丝（好的）还原味，使得橡木带来的白色核果和坚果味道更加诱人。

封口：螺旋盖　酒精度：13.8%　评分：94　最佳饮用期：2025年　参考价格：28澳元 ✪

Hilltops Cabernate Sauvignon 2015

希托扑斯赤霞珠 2015

48小时冷浸渍，开放式发酵，每5天进行4个小时的压帽，篮式压榨到1000升的孚澳桶（flexcube）和旧橡木桶中，苹乳发酵后在孚澳桶中加入法国和美国橡木桶中熟成12个月。高品质的葡萄带来了层次丰富的香气，如黑醋栗酒、黑加仑、月桂叶和黑橄榄的味道。酒体丰满，由美国橡木带来的溶解的单宁的程度令人惊异。

封口：螺旋盖　酒精度：14.5%　评分：94　最佳饮用期：2035年　参考价格：50澳元

🍷🍷🍷🍷 Street Art Series Gewurztraminer 2015

街头艺术琼瑶浆2015

评分：90　最佳饮用期：2018年　参考价格：25澳元

Innocent Bystander　无辜路人　★★★★★

314 Maroondah Highway，Healesville，Vic 3777　产区：雅拉谷
电话：(03)5720 5500　网址：www.innocentbystander.com.au　开放时间：仅限预约
酿酒师：乔尔·蒂尔布朗克（Joel Tilbrook），凯特·鲁尼（Cate Looney）
创立时间：1997年　产量（以12支箱数计）：49000　葡萄园面积：45公顷

2016年4月5日布朗兄弟（Brown Brothers）和巨人足迹（Giant Steps）宣布收购了无辜路人酒庄［包括我之过（Mea Culpa）］，其股票也一并被布朗兄弟收购。作为收购的一部分，与巨人足迹相邻的白兔（White Rabbit）酒厂也被布朗兄弟同时买下，用作无辜路人的的酒窖门店。它的业务包括两个完全不同种类但又完全相宜的葡萄酒系列，其中一个是原料来自国王谷的大容量（具体保密）年份莫斯卡多葡萄，以及来自同一产区的无年份普罗塞克。另一系列则是高品质的雅拉谷单品种酒，品牌价值极高。出口到英国、美国和其他主要市场。

🍷🍷🍷🍷🍷 Yarra Valley Syrah 20115

雅拉谷西拉2015

每个年份的这款酒都在展会上有所斩获，这一年份的这款酒在2016年的雅拉谷的葡萄酒展上获得金牌；在法国橡木桶中陈酿。第一次闻到它的香气或是第一次品尝到它的味道，都会立即给你留下深刻的印象。特殊的质地和结构以及黑色水果的味道，让你还没有饮下第一口的时候就想喝第二口；单宁也为之添加了风味（辛香料）和质感（精致、持久）。超值。

封口：螺旋盖　酒精度：13.8%　评分：95　最佳饮用期：2030年　参考价格：25澳元 ✪

🍷🍷🍷🍷 Yarra Valley Pinot Noir 2016

雅拉谷黑比诺2016

评分：93　最佳饮用期：2023年　参考价格：25澳元 ✪

Yarra Valley Chardonnay 2016

雅拉谷霞多丽 2016

评分：90　最佳饮用期：2020年　参考价格：25澳元

Ipso Facto Wines　事实本身葡萄酒　★★★★

PO Box 1886，玛格利特河，WA 6285（邮）　产区：玛格利特河
电话：0402 321 572　开放时间：不开放　酿酒师：凯特·摩根（Kate Morgan）　创立时间：2010年　产量（以12支箱数计）：300

对所有者兼酿酒师凯特·摩根（Kate Morgan）来说，能够酿制自己的葡萄酒并生产自己的品牌的确是梦想成真。从科廷大学（Curtin University）毕业并获得葡萄与葡萄酒工程学位后，她在澳大利亚本土和其他国家工作了一段时间，最后又回到了西澳大利亚。她曾经与霍顿（Houghton）、斯黛拉·贝拉（Stella Bella）共事，最后的3年里她在芙蕾丝酒庄（Fraser Gallop Estate）担任助理酿酒师。她的葡萄酒中添加成分极少（仅仅加入了二氧化硫），均为野生酵母发酵。

🍷🍷🍷🍷 Margaret River Cabernate Sauvignon 2015

玛格利特河赤霞珠 2015

原料产自于沃克利夫（Wallcliffe）小产区的一个气候凉爽的葡萄园。这是一款优雅的玛格利特河赤霞珠。它以樱桃果实为主，带有淡淡的甜椒味道，中等酒体，口感持久，结构优美，回味长。

封口：螺旋盖　酒精度：13%　评分：93　最佳饮用期：2025年
参考价格：35澳元　PR

Margaret River Chenin 2012

玛格利特河诗南2012

整串压榨至桶中，以野生酵母自然发酵，这款酒非常年轻。酒香芬芳复杂，来自处理得当的法国橡木和柑橘的气息。这款酒有着出色的纯度和长度，中等酒体，口感较

干，很有质感。
封口：螺旋盖　酒精度：12.5%　评分：92　最佳饮用期：2020年
参考价格：32澳元　PR

Margaret River Cabernate Sauvignon 2014
玛格利特河赤霞珠 2014
采用顶端开口的发酵罐，自然酵母发酵。装瓶前在桶中陈酿10个月，这一款轻柔的玛格利特河赤霞珠带有红色水果、紫罗兰和一点甜椒的味道；中等酒体，回味悠长，以成熟而极细的单宁结尾。
封口：螺旋盖　酒精度：14%　评分：91　最佳饮用期：2022年
参考价格：35澳元　PR

Iron Cloud Wines　铁云酒庄　★★★★★

Suite 16，18 Stirling Highway，Nedlands.WA 6009（邮）产区：吉奥格拉菲
电话：0401 860 891　网址：www.pepperilly.com　开放时间：不开放
酿酒师：科比·拉德维希（Coby Ladwig）　创立时间：1999年
产量（以12支箱数计）：2500　葡萄园面积：11公顷
2003年沃里克·拉维斯（Warwick Lavis）、杰夫（Geoff）和卡伦·克罗斯（Karyn Cross）买下了当时名为佩普丽（Pepperilly Estate）的酒庄，该酒庄建于1999年，园中为红色砾石壤土。酒庄附近的亨提河给葡萄园提供了自然水源。2017年迈克 Ng（Michael Ng），洛克克里夫（Rockcliffe）的首席酿酒师接替了科比·拉德维奇（Coby Ladwig，他酿制了2015和2016年份的葡萄酒）。

🍷🍷🍷🍷🍷

The Alliance Ferguson Valley Chardonnay
弗格森联盟霞多丽 2015
它有着另一款孤独之岩（Rock of Solitude）的果味，葡萄柚和苹果一类的味道与爽脆的酸度交织在一起。回味清透、新鲜而且悠长。
封口: 螺旋盖　酒精度: 13.5%　评分: 95　最佳饮用期: 2027年　参考价格: 45澳元

Rock of Solitude Purple Patch Single Vineyard Ferguson Valley GSM 2015
孤独之岩紫地单一葡萄园弗格森谷 GSM 2015
凉爽气候下生长的GSM带来了丰富的红色水果的气息，与南澳大利亚出产的GSM完全不同。酒精的味道并不突出，14.5仅仅是个数字。它充满活力，可以迅速俘获你的味蕾。
封口: 螺旋盖　酒精度: 14.5%　评分: 95　最佳饮用期: 2029年　参考价格: 32澳元 ✪

Rock of Solitude Single Vineyard Ferguson Valley Chardonnay 2015
孤独之岩单一葡萄园弗格森谷霞多丽2015
自然的丰富果香，这说明优质勃艮第克隆株系76、95、96和277无论在何处生长都始终带有魔力：这也是21世纪的葡萄和葡萄酒质量的一大进步。有芬芳的柑橘花、白桃和葡萄柚的香气。橡木呢？也在酒中，但不要在意吧。
封口: 螺旋盖　酒精度: 13.5%　评分: 94　最佳饮用期: 2023年　参考价格: 32澳元

🍷🍷🍷🍷

Pepperilly Single Vineyard Ferguson Valley SBS 2016
佩普丽单一葡萄园弗格森SBS 2016
评分：90　最佳饮用期：2020年　参考价格：25澳元

Ironwood Estate　铁木酒庄　★★★★☆

2191 Porongurup Road，Porongurup，WA 6234　产区：波容古鲁普（Porongurup）
电话：（08）9853 1126　网址：www.ironwoodestatewines.com.au　开放时间：周三至周一，11:00—17:00　酿酒师：魏纳格尔酒庄（Wignalls Wines）的迈克尔·珀金斯（Michael Perkins）
创立时间：1996年　产量（以12支箱数计）：2500　葡萄园面积：5公顷
酒庄主人玛丽（Mary）和尤金·哈尔玛（Eugene Harma）于1996年建立了铁木（Ironwood）酒庄。葡萄园位于波容古鲁普山岭（Porongurup Range）北部的一个山坡上，其中种植有雷司令、长相思、霞多丽、西拉、梅洛和赤霞珠（数量大致相同）。出口到日本和新加坡。

🍷🍷🍷🍷🍷

Porongurup Shiraz 2014
波容古鲁普西拉2014
物超所值的优质之选。这款中等酒体的西拉非常平衡，有着诱人的复杂黑色果香、甘草和黑胡椒。每次重新品尝，都可以感觉到它的发展。
封口: 螺旋盖　酒精度: 13.8%　评分: 95　最佳饮用期: 2034年　参考价格: 20澳元 ✪

🍷🍷🍷🍷

Porongurup Rocky Rose
波容古鲁普洛基桃红 2016
评分：90　最佳饮用期：2029年　参考价格：18澳元 ✪

Irvine　尔文　★★★★

PO Box 308，Angaston，SA 5353（邮）　产区：伊顿谷
电话：（08）8564 1046　网址：www.irvinewines.com.au　开放时间：位于阿加斯顿（Angaston）的品尝伊顿谷（Taste Eden Valley）　酿酒师：利百家·理查德森（Rebekah Richardson）　创立时间：1983年　产量（以12支箱数计）：10000　葡萄园面积：80公顷
但詹姆斯·尔文 [James（Jim）Irvine] 建立这个同名酒庄的时候，他为业务选择了一个非常艰难的方向：生产伊顿谷最好的梅洛。酒庄建立后的这些年来，他成了很受欢迎的顾问，出现在各种地方。2014年他决定卖掉企业时，韦德（Wade）和迈尔斯（Miles）家族带来的资本大大地提升了酒庄的潜力。1867年亨利·温特·迈尔斯（Henry Winter Miles）种下了0.8公顷的西拉。1967

年起，迈尔斯家族的几代人为这个葡萄园带来了生机，不仅买下了现存的葡萄园，而且开辟种植了新的葡萄园［在彭利斯（Penrice）的本的地块（Ben's Block）葡萄园中有120年的葡萄藤］。彼得·迈尔斯（Peter Miles）的曾孙及其伙伴约翰·韦德（John Wade）共同拥有160公顷的葡萄园横跨巴罗萨和伊顿谷，其中的80公顷与新加入的合作方尔文（Irvine）共同拥有。出口到英国、瑞士、阿联酋、新加坡、马来西亚、日本等国家，以及中国内地（大陆）和香港、台湾地区。

🍷🍷🍷🍷🍷 James Irvine Eden Valley Grand Merlot 2012
詹姆斯·尔文伊顿谷梅洛
华丽的酒香中带有松露、覆盆子利口酒，以及优质橡木的气息。柔顺如绸缎，单宁坚实，毫无疑问这是一款严肃的酒。但按照酒的价格，它缺乏相应的复杂度。
封口：橡木塞　酒精度：14.5%　评分：94　最佳饮用期：2025年
参考价格：130澳元　SC

🍷🍷🍷🍷🍷 Springhill Riesling 2016
斯普林山伊顿谷雷司令2016
评分：93　最佳饮用期：2029年　参考价格：22澳元　✪

Single Vineyard Eden Valley Zinfandel 2013
单一葡萄园伊顿谷增芳德2013
评分：93　最佳饮用期：2020年　参考价格：50澳元　SC

The Estate Eden Valley Merlot 2014
庄园伊顿谷梅洛2014
评分：92　最佳饮用期：2022年　参考价格：25澳元　SC　✪

The Estate Eden Valley Shiraz 2015
庄园伊顿谷西拉2015
评分：91　最佳饮用期：2023年　参考价格：25澳元　SC

The Estate Eden Valley Cabernate Merlot Cabernet Franc 2015
庄园伊顿谷赤霞珠梅洛品丽珠 2015
评分：91　最佳饮用期：2023年　参考价格：25澳元　SC

Ius Wines　尤斯酒庄　★★★★

Mary Street，库纳瓦拉，SA 5263　产区：南澳大利亚
电话：0488 771 046　网址：www.iuswines.com.au　开放时间：不开放
酿酒师：萨姆·布兰德（Sam Brand）　创立时间：2012年　产量（以12支箱数计）：10000
尤斯（Ius）为萨姆·布兰德（Sam Brand）和汤姆·考斯格罗夫（Tom Cosgrove）共同所有。布兰德家族和当地的种植者签有长期收购葡萄原料的合约，库纳瓦拉的几个酒厂酿制生产它们的葡萄酒。汤姆·考斯格罗夫是家族在澳大利亚的第七代后裔，他有25年销售新鲜食品和葡萄酒的经验。将来他计划开设酒窖门店/和其他的功能设施。

🍷🍷🍷🍷🍷 Hinterland Coonawarra Cabernate Sauvignon 2013
内陆库纳瓦拉赤霞珠2013
带有光泽的深红色，非常诱人。黑醋栗酒、薄荷、干鼠尾草以及一点澳大利亚灌木的味道，单宁在品尝过程中逐渐淡出，酸度清晰，还有大量的来自中度焙烤的法国橡木的味道。产区特征清晰有力。
封口：螺旋盖　酒精度：14%　评分：93　最佳饮用期：2028年
参考价格：30澳元　NG

J&J Wines　J&J 葡萄酒　★★★★☆

Lot 115 Rivers Lane，麦克拉仑谷，SA 5172　产区：麦克拉仑谷
电话：（08）8339 9330　网址：www.jjvineyards.com.au
开放时间：每月的第三个星期四，10:30—17:30
酿酒师：Winescope的史葛·罗林森（Scott Rawlinson）
创立时间：1998年　产量（以12支箱数计）：5000　葡萄园面积：5.5公顷
J&J为马森（Mason）家族所有，已经经营了3代。酒庄自有葡萄园采用有机园的管理方法，同时也大量采用按合约收购的葡萄作为原料。自2004年酿制酒庄第一个年份的葡萄酒以来，酒庄得到了长足的发展。出口到中国香港地区。

🍷🍷🍷🍷🍷 Eminence McLarent Vale Shiraz 2014
卓越麦克拉仑谷西拉2014
开放式发酵并且在法国橡木桶中熟成。对J&J的红葡萄酒来说，风味从来不是问题，它的与众不同之处在于其精致程度——口感在味蕾上不断变化，但始终精细。李子和熏橡木；结尾紧致，回味悠长。
封口：橡木塞　酒精度：14%　评分：95　最佳饮用期：2032年
参考价格：55澳元　CM

Rivers Lane Reserve McLarent Vale Shiraz 2014
河道麦克拉仑谷西拉2014
因为单宁在口中的分布非常均衡，品尝这款西拉需要有些耐心。最初它的单宁似乎很强劲，实际上却并非如此。中等酒体，其中黑色水果的味道要比红色水果更丰富，口感流畅，并一直保持将这种流畅的感觉保持到结尾和余味之中。
封口：螺旋盖　酒精度：14%　评分：94　最佳饮用期：2034年　参考价格：32澳元

🍷🍷🍷🍷🍷 McLarent Vale Shiraz 2013

麦克拉仑谷西拉2013
评分：93　最佳饮用期：2026年　参考价格：25澳元　CM　✪
Rivers Lane Reserve McLarent Vale Shiraz 2013
河道麦克拉仑谷西拉2013
评分：92　最佳饮用期：2025年　参考价格：32澳元　CM
Rivers Lane Organic McLarent Vale Shiraz 2014
河道麦克拉仑谷西拉2014
评分：91　最佳饮用期：2023年　参考价格：25澳元　CM
Boots Hill McLarent Vale Shiraz 2014
靴山麦克拉仑谷西拉2014
评分：91　最佳饮用期：2021年　参考价格：22澳元　CM　✪
Adelaide Hills Sauvignon Blanc 2015
阿德莱德山长相思2015
评分：90　最佳饮用期：2017年　参考价格：19澳元　CM　✪

Jack Estate　杰克酒庄　★★★★

15025 Riddoch Highway，库纳瓦拉，SA 5263　产区：库纳瓦拉
电话：(08) 8736 3130　网址：www.jackestate.com　开放时间：仅限预约
酿酒师：香农·萨瑟兰（Shannon Sutherland），康拉德·斯拉波（Conrad Slabber）
创立时间：2011年　产量（以12支箱数计）：9000　葡萄园面积：221公顷
里斯（Lees）家族从事农业相关的产业已经有100多年的历史了，但到了阿德里亚（Adrian）和德尼斯·里斯（Dennise Lees）［和他们的儿子马修（Matthew］）才从广泛意义的农业转到葡萄栽培上。2011年家族买下了米尔达拉·布拉斯（Mildara Blass）酒厂和木桶存储仓库，以满足产自石灰岩海岸的葡萄酿制的酒款。但更多的情况下，他们的原料来自家族在穆雷达令流域（Murray Darling）产区自有的220公顷的葡萄园（以及库纳瓦拉的1公顷赤霞珠）。蕾切尔·里斯（Rachel Lees）负责酿酒，马修是酒庄经理。出口到马来西亚、菲律宾、泰国、新加坡和中国。

🍷🍷🍷🍷🍷

Coonawarra Wrattonbully Shiraz 2014
库纳瓦拉拉顿布里西拉2014
这是一款中规中矩的“今晚带我回家吧”——类型的葡萄酒，价格也相当合理。多汁而且活泼，核心是成熟的甜红色水果，和一点木质香料的味道，粉质单宁的口感十分细腻。它的特点不在复杂度，而在于它非常易于饮用。
封口：螺旋盖　酒精度：14.5%　评分：94　最佳饮用期：2021年
参考价格：22澳元　JF　✪

Mythology Coonawarra Cabernate Sauvignon 2013
神话库纳瓦拉赤霞珠2013
加在一起，在法国橡木桶中熟成40个月，所有的元素在这个陈放的过程中融为和谐的一体。优雅。完全成熟的果味，以及一丝黑醋栗酒的味道，薄荷和黑巧克力香气，酒体饱满、光滑，单宁的口感十分精细。
封口：螺旋盖　酒精度：14.5%　评分：94　最佳饮用期：2030年
参考价格：55澳元　JF

🍷🍷🍷🍷

Mythology Coonawarra Chardonnay 2015
神话库纳瓦拉霞多丽2015
评分：93　最佳饮用期：2022年　参考价格：39澳元　JF
Coonawarra Cabernate Sauvignon 2014
库纳瓦拉赤霞珠2014
评分：93　最佳饮用期：2023年　参考价格：25澳元　JF　✪
Mythology Coonawarra Shiraz 2013
神话库纳瓦拉西拉2013
评分：90　最佳饮用期：2028年　参考价格：55澳元　JF

Jack Rabbit Vineyard　兔子杰克葡萄园　★★★★

85 McAdams Lane，Bellarine，Vic 3221　产区：吉龙　电话：(03)5251 2223
网址：www.jackrabbitvineyard.com.au　开放时间：每日开放，10:00—17:00
酿酒师：尼亚尔·康登（Nyall Condon）　创立时间：1989年
产量（以12支箱数计）：8000　葡萄园面积：2公顷
兔子杰克葡萄园是卢拉·帕克（Leura Park）酒庄的大卫（David）和琳赛·夏普（Lyndsay Sharp）所有。相比于他们2公顷的葡萄园（种植有等量的黑比诺和赤霞珠），他们的兔子杰克餐厅（详情见网站），杰克兔子之家品尝间，酒窖门店和咖啡厅更为重要。除酒庄自有葡萄园所产原料之外，还有其他合约种植的葡萄作为补充。

🍷🍷🍷🍷

Geelong Pinot Gris 2016
吉龙灰比诺2016
淡草秆色调，有梨干，酸甜的柠檬硬糖，生姜香料明快的柑橘酸的味道。简单、清爽，很能说明它的品质。
封口：螺旋盖　酒精度：12.8%　评分：89　最佳饮用期：2019年
参考价格：30澳元　JF

Bellarine Peninsula Pinot Noir 2015

贝拉林半岛黑比诺2015
初入口即可尝到明确的酸度；紧凑的架构，接下来是带有阿玛洛基调的酸樱桃、熟食、茎干以及不同寻常的香草气息。这款酒与油封鸭相配相当好。
封口：螺旋盖　酒精度：12.5%　评分：89　最佳饮用期：2022年
参考价格：35澳元　JF

Jackson Brooke　杰克森·布鲁克　★★★★

126 Beaconsfield Parade，Northcote.维多利亚，3070（邮）产区：亨提
电话：0466 652 485　网址：www.jacksonbrookewine.com.au　开放时间：不开放
酿酒师：杰克逊·布鲁克（Jackson Brooke）　创立时间：2013年　产量（以12支箱数计）：120
杰克森·布鲁克2004年毕业于墨尔本大学，获得科学学位，在塔灵顿（Tarrington）葡萄园度过了一个夏天后，到新西兰的林肯大学（Lincoln University）学习酿造学。接下来，在雅拉谷的楔尾酒庄（Wedgetail Estate）的一个葡萄年份后，又在日本和南加利福尼亚州工作了一段时间，并且做了3年本·波泰（Ben Portet）的助理酿酒师。在创建了自己的葡萄酒品牌后，他做了全职教师。杰克森现在已婚，第一个女儿奥莉维亚（Olivia）在2014年3月出生。根据他长期积累的酿制精品葡萄酒的知识，他放弃了短期内建造酿酒厂的想法，而是在塔灵顿葡萄园的小酒厂租用了一块地方。产量从2013年的1吨增加到2015年的3吨，2016年达到6吨（最终目标是15—20吨）。

🍷🍷🍷🍷🍷　Henty Chardonnay 2015
亨提霞多丽2015
1/3在法国新橡木桶中发酵，2/3在不锈钢桶中，全部进行苹乳发酵，熟成7个月。不难看出他们全部进行苹乳发酵的原因，应该是为了清脆和新鲜的口感，比如葡萄柚（不是核果）和苹果的风味。是典型的极度凉爽的亨提风格，还可以陈酿很长一段时间。
封口：橡木塞　酒精度：13.5%　评分：94　最佳饮用期：2025年　参考价格：25澳元　✪

🍷🍷🍷🍷　Henty Syrah 2015
亨提西拉2015
评分：91　最佳饮用期：2022年　参考价格：25澳元

Jacob's Creek　杰卡斯　★★★★★

2129巴罗萨谷Way，Rowl和Flat，南澳大利亚,5352　产区：巴罗萨谷
电话：（08）8521 3000　网址：www.jacobscreek.com　开放时间：每日开放，10:00—17:00
酿酒师：本·布莱恩特（Ben Bryant）　创立时间：1973年
产量（以12支箱数计）：不详　葡萄园面积：1000公顷
杰卡斯（保乐力加）是世界上最畅销的品牌之一，并成功逆转了诸多葡萄酒评论家和著书人对它的偏见——他们无法不受品牌效应的影响，客观地对杯中之酒做出评价，在全球范围内取得了成功。系列品牌不断变化，如限量版（Limited Edition）、私人精选（Private Collection）、珍藏（Reserve）、签名（Signature）系列等，每个系列都有自己不同的专用酒标——但这并不应分散人们对酒本身的注意力。出口到英国、美国、加拿大和中国，和其他主要市场。

🍷🍷🍷🍷🍷　Limited Edition Shiraz Cabernate Sauvignon 2010
限量版西拉赤霞珠2010
这款酒是由伯纳德·希金（Bernard Hickin）在退休前的倒数第4年酿制的，以庆祝他在这里多年来的辛勤工作。原料配比为63%的巴罗萨西拉和33%的库纳瓦拉赤霞珠（额外还有4%的西拉），采用人工培养酵母分别发酵，带皮浸渍2—3周，在新橡木桶（88%来自法国，12%来自美国）中陈酿24个月。优质的年份和原料带来的浓郁黑莓、黑加仑和李子味，完全吸收了100%新橡木桶的味道，单宁恰如其分。是杰卡斯最好的酒款之一。
封口：橡木塞　酒精度：14.5%　评分：96　最佳饮用期：2035年　参考价格：180澳元

Lyndale Barrosa Valley Chardonnay 2016
林代尔巴罗萨霞多丽 2016
在法国橡木桶（60%是新的）中陈酿9个月.橡木的味道得以被充分吸收，带有白桃、果香和葡萄柚的味道。平衡性极佳，这说明随着发展，它会逐渐变得更有深度，以与现在的长度相配。
封口：螺旋盖　酒精度：12.7%　评分：95　最佳饮用期：2024年　参考价格：50澳元

Biodynamic McLarent Vale Shiraz 2014
生物动力麦克拉仑谷西拉2014
全部产品都仅在杰卡斯的游客中心出售。墨水状的颜色非常浓厚；有突出的麦克拉仑谷的独特风格——酒体饱满，口感柔顺。品尝起来有在巧克力中浸过的黑色水果的味道，可以很明显地判断出，这款酒出自一个得到生物动力认证的生产者。在24个月的培养过程中，每逢满月和新月时换桶。
封口：橡木塞　酒精度：14.5%　评分：95　最佳饮用期：2034年　参考价格：65澳元

🍷🍷🍷🍷　Barrosa Valley Signature Chardonnay 2016
巴罗萨谷署名霞多丽2016
评分：92　最佳饮用期：2020年　参考价格：20澳元　✪

Reserve Margaret River Chardonnay 2016
玛格利特河霞多丽2016
评分：92　最佳饮用期：2021年　参考价格：18澳元　✪

Reserve Adelaide Hills Chardonnay 2016
阿德莱德山霞多丽2016

评分：91　最佳饮用期：2021年　参考价格：18澳元 ✪
Centenary Hill Barrosa Valley Shiraz 2012
世纪山巴罗萨谷西拉2012
评分：91　最佳饮用期：2024年　参考价格：82澳元　PR
Le Petit Rose 2016
小桃红2016
评分：90　最佳饮用期：2017年　参考价格：17澳元 ✪
Organic McLarent Vale Shiraz 2014
有机麦克拉仑谷西拉2014
评分：90　参考价格：65澳元　PR

James & Co Wines　詹姆斯公司葡萄酒 ★★★★

359 Cornishtown Road，路斯格兰，Vic 3685　产区：比曲尔斯
电话：(02)6032 7556　网址：www.jamesandcowines.com.au　开放时间：不开放
酿酒师：瑞奇·詹姆斯（Ricky James）　创立时间：2011年　产量（以12支箱数计）：450
瑞奇（Ricky）和乔治·詹姆斯（Georgie James）原本计划在比曲尔斯购买一块地并建立一个以桑乔维塞品种为主的葡萄园。他们说，“命运将我们带到了马克·瓦波乐（Mark Walpole），给我们机会得以从它的战壕路（Fighting Gully Road）葡萄园处买到葡萄原料。”与此同时他们在路斯格兰安置了家业，并打算经常往返于两个产区之间——用他们的话说，“詹姆斯公司是一个没有固定葡萄园地址的酒厂。”

🍷🍷🍷🍷🍷　Beechworth Sangiovese Rose 2016
比曲尔斯桑乔维塞桃红2016
50%采用放血法，余下的原料为早采浆果压榨而成。酒液呈淡粉红色，极富表达力的酒香带有辛香料的味道，以及浓郁的红樱桃/浆果香料的味道（对于桃红葡萄酒来说）。
封口：螺旋盖　酒精度：14%　评分：94　最佳饮用期：2021年　参考价格：24澳元 ✪
Beechworth Cabernate Sauvignon 2015
比曲尔斯赤霞珠2015
冷浸渍，低温（20℃）发酵并且在法国橡木桶（新旧交替）中熟成。通常与桑乔维塞混合酿制，但这一年份的赤霞珠品质很好，故而其中一些被单独装瓶。非常可口，带有干香草，月桂叶、黑巧克力与黑加仑的味道相互交织。
封口：螺旋盖　酒精度：14%　评分：94　最佳饮用期：2035年　参考价格：40澳元

🍷🍷🍷🍷　Beechworth Sangiovese 2014
比曲尔斯桑乔维塞2014
评分：93　最佳饮用期：2024年　参考价格：35澳元
Beechworth Sangiovese Cabernate Sauvignon 2014
比曲尔斯桑乔维塞赤霞珠2014
评分：92　最佳饮用期：2022年　参考价格：24澳元 ✪
Beechworth Sangiovese 2015
比曲尔斯桑乔维塞2015
评分：92　最佳饮用期：2023年　参考价格：35澳元
Beechworth Sangiovese 2015
比曲尔斯桑乔维塞赤霞珠2015
评分：90　最佳饮用期：2033年　参考价格：24澳元

Jamieson Estate　贾米森庄园 ★★★★

PO Box 6598，Silverwater，新南威尔士州，2128（邮）　产区：满吉
电话：(02)9737 8377　网址：www.jamiesonestate.com.au　开放时间：不开放
酿酒师：James Manners　创立时间：1998年　产量（以12支箱数计）：1000　葡萄园面积：10公顷
贾米森家族在这150年来一直在此畜牧，并在此挑选了100公顷最适宜的土地建立了这个葡萄园。自1998年起，他们种植了89公顷的葡萄藤，将葡萄卖给这一产区内的各主要酒厂。买家停止续约之后，他们移除了79公顷的葡萄藤（留下10公顷的西拉），现在还生产少量的赛美蓉、长相思、霞多丽、西拉和赤霞珠。出口到中国内地（大陆）和台湾地区。

🍷🍷🍷🍷　Guntawang Mudgee Shiraz 2015
冈塔旺满吉西拉2015
这款西拉色泽浓郁，带有丰富的黑色和红色水果，胡椒和香料的味道，口感润滑多汁，单宁成熟。结尾处可以感觉到酒在舌上的附着力。
封口：螺旋盖　酒精度：14.5%　评分：92　最佳饮用期：2023年
参考价格：22澳元　JF ✪

Jane Brook Estate Wines　简·布鲁克庄园葡萄酒 ★★★★☆

229 Toodyay Road，Middle Swan，WA 6056　产区：天鹅谷　电话：(08) 9274 1432　网址：www.janebrook.com.au　开放时间：每日开放，10:00—17:00　酿酒师：马克·贝尔德（Mark Baird）　创立时间：1972年　产量（以12支箱数计）：20000　葡萄园面积：18.2公顷
贝弗利（Beverley）和大卫·阿金森（David Atkinson）在过去的45年里仿佛不知疲倦一样地工作，建立了简·布鲁克酒庄的葡萄酒业务。所有出产的葡萄酒都来自酒庄在天鹅谷（6.5公顷）和玛格利特河［铲门葡萄园（Shovelgate）］（11.7公顷）的葡萄园。出口至中国。

🍷🍷🍷🍷🍷 Shovelgate Vineyard Margaret River Sauvignon Blanc Semillon 2015
铲门葡萄园玛格利特河长相思赛美蓉2016
它有着迷人的浓度，热带水果的气息，草地、绿豆和柑橘。至于橡木吗？没有引起我特别的注意，但如果你问我的话，没有。
封口：螺旋盖　酒精度：12.2%　评分：95　最佳饮用期：2021年　参考价格：23澳元 ✪

🍷🍷🍷🍷 Shovelgate Vineyard Cabernate Sauvignon 2013
铲门葡萄园赤霞珠2013
评分：92　最佳饮用期：2027年　参考价格：35澳元

Back Block Shiraz 2014
后地西拉2014
评分：91　最佳饮用期：2024年　参考价格：28澳元

Jansz Tasmania　塔斯马尼亚詹茨 ★★★★★

1216b Pipers Brook Road，Pipers Brook，塔斯马尼亚，7254　产区：塔斯马尼亚北部
电话：(03)6382 7066　网址：www.jansztas.com　开放时间：每日开放，10:00—16:30
酿酒师：路易莎·罗斯（Louisa Rose）　创立时间：1985年　产量（以12支箱数计）：38000
葡萄园面积：30公顷

詹茨是希尔-史密斯（Hill-Smith）家族的一个葡萄园，也是塔斯马尼亚自造生产起泡酒的品牌之一，是起源于海姆斯克（Heemskerk）与路易斯·洛厄德尔（Louis Roederer）的一段短暂的交往。园中有15公顷的霞多丽、12公顷的黑比诺和3公顷的比诺莫尼耶。这与詹茨葡萄酒的混酿比例几乎完全一致。这是塔斯马尼亚州唯一完全致力于生产起泡酒的酒厂［尽管这里也酿制少量的达尔林普尔庄园（Dalrymple Estate）葡萄酒］，而且品质很高。2012年12月，希尔-史密斯家族葡萄园买下的原弗洛格莫尔溪（Frogmore Creek）的葡萄园中，也有一部分是用来供应塔斯马尼亚詹茨的。出口至世界所有的主要市场。

🍷🍷🍷🍷 Vintage Cuvee 2011
复古年份2011
詹茨年份酒全部来自于詹茨葡萄园东塔斯马尼亚北部的风笛河（Pipers River），2011是一个凉爽的年份，而这款年份酒有着令人惊喜的表现。带有大量的烤面包和饼干的味道，桶内发酵（50%）以及夸张的4.5年的陈酿时间给酒带来了许多层次——生姜饼、饼干，甚至是水果碎香料、咖啡和巧克力的味道。结尾主要是塔斯马尼亚州的冷凉气候带来的果味。
封口：橡木塞　酒精度：12%　评分：93　最佳饮用期：2018年
参考价格：56澳元　TS

Vintage Rose 2013
年份桃红2013
这是他们第一次采用Diam软木塞——太好了！用詹茨的标准来看，这个年份的酒非常浓烈，呈现出美丽的淡三文鱼色调——这与深浓的果味和橡木带来的复杂味道形成鲜明的对比。采用100%的黑比诺，出产于詹茨葡萄园，带有活泼的野草莓和红色樱桃的味道，口感丰满、集中而且紧致。桶内发酵熟成带来了奶油和黑巧克力的味道，复杂的咖啡和黄姜干果饼干的味道，在回味中久久不散。
酒精度：13%　评分：93　最佳饮用期：2018年　参考价格：53澳元　TS

Premium Cuvee NV
优选葡萄酒 无年份
这个年份的酒充满了对比，将柑橘外皮与丰富的桃子和黄香李，成熟水果的新鲜味道和烤面包、坚果、饼干等陈酿带来的复杂风味，以及塔斯马尼亚州的冷凉酸度和残糖的甜度相并列。结尾处酚类带来的附着力恰到好处。
封口：橡木塞　酒精度：12%　评分：91　最佳饮用期：2017年
参考价格：31澳元　TS

Premium Rose NV
优选桃红 无年份
第一次使用迪阿姆塞（Diam软木塞，耶！），詹茨桃红保存了美丽的淡三文鱼色调。更加丰富的烤面包和饼干的味道，比常见的香水味则更淡一些，西瓜以及一点西红柿，结尾是塔斯马尼亚州冷凉气候带来的酸度与温和酚类的附着力。物有所值，尽管不像那特·弗里亚（Nat Fryar）酿制时那样精致。
酒精度：12%　评分：91　最佳饮用期：2017年　参考价格：31澳元　TS

Jasper Hill　爵士山庄 ★★★★★

Drummonds Lane，Heathcote. 维多利亚，3523　产区：西斯科特
电话：(03)5433 2528　网址：www.jasperhill.com.au　开放时间：仅限预约
酿酒师：罗恩·劳顿（Ron Laughton），艾米莉·麦克纳利（Emily McNally）
创立时间：1979年　产量（以12支箱数计）：2000　葡萄园面积：26.5公顷

爵士山庄的红葡萄酒有着很好的口碑，也十分抢手。只要当年的条件允许，所产的葡萄酒就有极佳的丰富风味，口感十分浓郁。葡萄园气候干燥，采用有机管理。出口到英国、美国、加拿大、法国、丹麦、新加坡等国家，以及中国香港地区。

🍷🍷🍷🍷🍷 Emily's Paddock Shiraz Cabernet Franc 2015
艾米莉的牧场西拉品丽珠 2015
品丽珠只有3%，严格来讲不应出现在前酒标上（至少应为5%）。酒香芬芳、带有香

辛料的味道，口感中有强烈的特征风味。单宁并不突出，有来自水果的苦巧克力的味道。
封口：橡木塞 酒精度：15% 评分：96 最佳饮用期：2035年

Georgia's Paddock Heathcote Shiraz 2015
乔治娅的牧场西斯科特西拉2015
在法国小橡木桶（20%是新的）中陈酿12个月。中等至饱满酒体，带有红色和黑色水果以及香料的味道，单宁坚实平衡，衬托着酒精的味道，回味悠长。
封口：橡木塞 酒精度：15% 评分：95 最佳饮用期：2035年
参考价格：78澳元

Georgia's Paddock Heathcote Nebbiolo 2015
乔治娅的牧场西斯科特内比奥罗2015
明亮的浅樱桃红色预示着这是一款庄重的内比奥罗；酒香芬芳，美味的红色水果味道为主导——而不是单宁，酒体的干度，或其他任何因素。对于想知道如何酿造内比奥罗的人来说，这是一个很好的范例。
封口：橡木塞 酒精度：14% 评分：95 最佳饮用期：2030年
参考价格：66澳元

🍷🍷🍷🍷🍷 Georgia's Paddock Heathcote Riesling 2016
乔治娅的牧场西斯科特雷司令2016
评分：90 最佳饮用期：2021年 参考价格：41澳元

jb Wines jb葡萄酒 ★★★☆

PO Box 530，Tanunda，SA 5352（邮） 产区：巴罗萨谷
电话：0408 794 389 网址：www.jbwines.com 开放时间：仅限预约 酿酒师：乔·巴里特（Joe Barritt） 创立时间：2005年 产量（以12支箱数计）：700 葡萄园面积：18公顷
从19世纪50年代起，巴里特（Barritt）家族就在巴罗萨种植葡萄，但这个企业由勒诺（Lenore）、乔（Joe）和格雷格·巴里特（Greg Barritt）建立。园内于1972—2003年期间种植西拉、赤霞珠和霞多丽（以及极少量的增芳德、白比诺和克莱雷特）。格雷格负责管理葡萄园；乔获得了阿德莱德大学的农业科学学士学位后，在澳大利亚、法国和美国等地积累了10年的酿酒经验，现在是酒庄酿酒师。出口到中国香港地区。

🍷🍷🍷🍷🍷 Oohlala Barrosa Valley Pinot Meunier Rose 2014
哎呀呀巴罗萨谷比诺莫尼耶桃红2014
我还是第一次知道巴罗萨谷种植比诺莫尼耶。淡三文鱼粉色；一款很有意思的酒，背标表明酒略带甜味，与酸度相平衡。但品尝出甜味却并不容易，这对于一款轻酒体、新鲜清爽但桃红葡萄酒来说是件好事。超值，500毫升瓶。
封口：螺旋盖 酒精度：12.4% 评分：90 最佳饮用期：2018年
参考价格：15澳元 JH ✪

Jeanneret Wines 让纳雷葡萄酒 ★★★★★

Jeanneret Road，Sevenhill，SA 5453 产区：克莱尔谷
电话：（08）8843 4308 网址：www.jeanneretwines.com 开放时间：周一至周五，9:00—17:00；周末，10:00—17:00 酿酒师：本·让纳雷（Ben Jeanneret），哈里·狄金森（Harry Dickinson） 创立时间：1992年 产量（以12支箱数计）：18000 葡萄园面积：6公顷
本·让纳雷（Ben Jeanneret）逐步增加了酒庄内酿酒厂的产品范围和数量。除了酒庄自有葡萄园之外，让纳雷的原料购自横跨克莱尔谷的另外20公顷其他合约种植者的葡萄，所有藤蔓均采用手工修剪、手工采摘，生长气候干燥。他们的雷司令的确很好。出口到瑞典、马来西亚和日本。

🍷🍷🍷🍷🍷 Doozie 2010
多西2010
这款雷司令的颜色在过去的7年似乎有些改变，明亮的淡草杆绿色，但它已经进入了一段比较长的成熟阶段，发展速度已经放慢了。青柠和柠檬让人觉得他们在酒中加糖了（其实没有），酸度减弱了整体的攻击感。这是一款真正可爱的酒，即时饮用或是再等上7年都可以。
封口: 螺旋盖 酒精度: 12.9% 评分: 97 最佳饮用期: 2029年 参考价格: 40澳元 ✪

🍷🍷🍷🍷🍷 Single Vineyard Sevenhill Riesling 2016
单一葡萄园七山雷司令2016
一款活泼、纯粹的雷司令，散发着柑橘汁和橘络的味道。从2010年的博物馆系列（Museum release）可以看出它6—7年后的状态——应该窖藏。
封口: 螺旋盖 酒精度: 12.5% 评分: 95 最佳饮用期: 2029年 参考价格: 25澳元 ✪

Single Vineyard Watervale Riesling 2016
单一葡萄园水谷雷司令2016
与它的上一酒款七山相比更加深沉多汁，带有丰富的迈耶柠檬和比克福德（Bickford）青柠汁的味道。适宜现在饮用，但若你只对成熟雷司令感兴趣的话，它未来的发展也会让你满意的。
封口: 螺旋盖 酒精度: 12% 评分: 95 最佳饮用期: 2026年 参考价格: 25澳元 ✪

🍷🍷🍷🍷🍷 25 Year Old Rabelos Clare Valley Tawny NV
25年拉贝洛斯克莱尔谷茶色波特酒 无年份
评分：90 参考价格：50澳元

Jericho Wines　杰里科葡萄酒

★★★★★

13 Seacombe Crescent，Seacombe Heights，SA 5047（邮）
产区：阿德莱德山区/麦克拉仑谷
电话：0499 013 554　网址：www.jerichowines.com.au　开放时间：不开放
酿酒师：尼尔·杰里科（Neil Jericho）和安德鲁·杰里科（Andrew Jericho）
创立时间：2012年　产量（以12支箱数计）：3000

尼尔·杰里科（Neil Jericho）已经在维多利亚地区酿了35年的葡萄酒了，具体一点说，主要在路斯格兰和国王地区。整个家族都参与到企业的经营之中，妻子凯耶（Kaye）是萨莉（Sally）的大女儿，在澳大利亚葡萄酒局（Wine Australia）工作了10年，后于阿德莱德大学获得市场营销和会计学位；儿子安德鲁（Andrew），获得了阿德莱德大学葡萄酒酿造学士学位（2003年），并在麦克拉仑谷工作了10年，之后跳出了这个圈子，在中国受到高度评价的陕西怡园葡萄园工作。儿子基姆（Kim）在酿酒学、旅游业和平面设计之间选择了平面设计，帮助设计标签。

🍷🍷🍷🍷🍷

Selected Vineyard McLarent Vale GSM 2015
精选葡萄园麦克拉仑谷GSM 2015
这是一款配比为87/10/3%的混酿，这些歌海娜葡萄藤有40年的历史，并且此处无灌溉系统。相对低的酒精度数带来了华丽的口感，充盈的红色水果以及少量紫色和黑色水果的味道，这些都为这款出色的歌海娜增加了几分独特之处。
封口：螺旋盖　酒精度：14.2%　评分：96　最佳饮用期：2030年　参考价格：25澳元 ✪

Single Vineyard Adelaide Hills Shiraz 2015
单一葡萄园阿德莱德山西拉2015
保留10%的茎梗，带皮浸渍35天，在旧的法国小橡木桶中熟成12个月，再经过12个月的瓶储后发售。酒香中充满红色水果和香料的味道，结尾平衡，回味悠长。
封口：Diam软木塞　酒精度：12.9%　评分：95　最佳饮用期：2035年
参考价格：35澳元 ✪

Single Vineyard McLarent Vale Shiraz 2014
单一葡萄园麦克拉仑谷西拉2014
这是一款优雅的西拉，有新鲜、活泼的水果气息和充满活力的酸度。有一些通常会出现在冷凉气候西拉中的胡椒、香料和甘草的味道，却没有任何不成熟的果味——我想应该是来自布莱维特泉（Blewitt Springs）地区吧？无论如何，这都是一款值得称赞的高分葡萄酒。
封口：Diam软木塞　酒精度：13.8%　评分：95　最佳饮用期：2029年
参考价格：35澳元 ✪

Selected Vineyard Adelaide Hills Fume Blanc 2016
精选葡萄园阿德莱德山白福美2016
在旧法国木桶中发酵，带酒脚并搅拌熟成7个月。这些方法收效很好，陈酒带有令人愉悦的柑橘味，同时为酒体带来了质地和结构感，核果和热带水果的味道也清晰可辨。
封口：螺旋盖　酒精度：13.3%　评分：94　最佳饮用期：2019年　参考价格：25澳元 ✪

Selected Vineyard Adelaide Hills Fiano 2016
精选葡萄园阿德莱德山菲亚诺2016
完全按照了KISS工艺原则酿制：破碎、压榨、在不锈钢罐中低温发酵，装瓶。酒香中有丰富的花朵和香料的味道，口中可以感觉到柠檬/柠檬皮，以及菲亚诺特有的梨和苹果的味道，很有质感。
封口：螺旋盖　酒精度：13.5%　评分：94　最佳饮用期：2020年　参考价格：25澳元 ✪

Jim Barry Wines　基姆·巴里葡萄酒

★★★★★

33 Craigs Hill Road，Clare，SA 5453　产区：克莱尔谷
电话：（08）8842 2261　网址：www.jimbarry.com　开放时间：周一至周五，9:00—17:00；周末及假日，9:00—16:00　酿酒师：彼得·巴里（Peter Barry），汤姆·巴里（Tom Barry）　创立时间：1959年　产量（以12支箱数计）：80000　葡萄园面积：300公顷

基姆·巴里的这个葡萄酒公司非常成功，2004年基姆去世后，公司由他在管理层积极工作的子女们接手，他们之中以信心十足的彼得·巴里（Peter Barry）为领导。他们的阿尔玛（Armagh）西拉品质极佳，迈克雷·伍德（McRae Wood）红葡萄酒也很优秀。基姆·巴里（Jim Barry）葡萄酒在克莱尔谷有一个成熟的葡萄园，在库纳瓦拉还有一些小型产业。现任酿酒师汤姆（Tom）家中世代从事酿酒工作，他是第三代，他从学校毕业并周游世界后加入了这个企业。汤姆同商业经理萨姆·巴里（Sam Barry）共同建立了巴里兄弟（Barry Bros）这个商标。2016年11月，基姆·巴里酒业发行了他们的阿斯提可（Assyrtiko）——这是他们第一款在澳大利亚商业种植和酿制的葡萄酒。这个酒庄同时还是“澳大利亚第一葡萄酒家族”中的成员。出口至世界所有的主要市场。

🍷🍷🍷🍷🍷

The Armagh Shiraz 2014
阿尔玛西拉2014
整体非常和谐，充满深度和力量感，酒体饱满，细节精良。色泽优美，深宝石红色中带有紫色色调，单宁的口感如天鹅绒一般美味，回味很长。注重细节，结果完整。非常易于入口，同时也很有陈酿潜力。
封口：螺旋盖　酒精度：14%　评分：96　最佳饮用期：2044年
参考价格：295澳元　JF

The Florita Clare Valley Riesling 2016
弗洛里塔克莱尔谷雷司令2016
除了丰富的橘皮香气之外，这款雷司令还十分纯粹、经典、复杂。前香为白色花朵，茴香和葫芦、柠檬大麦水的味道；有着橘络般的质地和极为细致的酸度，活泼、悠

长、纯粹。
封口：螺旋盖 酒精度：11.3% 评分：95 最佳饮用期：2038年
参考价格：50澳元 JF

The Lodge Hill Riesling 2016
洛奇山雷司令2016
散发出大量的青柠和花香气息，结尾处的矿物质、酸奶果冻的味道是锦上添花。
封口：螺旋盖 酒精度：12% 评分：94 最佳饮用期：2028年
参考价格：22澳元 CM ✪

Watervale Riesling 2016
水谷雷司令2016
基姆·巴里的雷司令的pH值很低（最低为2.86），酸度高达7.3克/升。这款酒充满活力，有生动的青柠和矿物质风味，回味悠长。所以无论是现在喝还是10年以后都可以。非常价值。
封口：螺旋盖 酒精度：12% 评分：94 最佳饮用期：2029年 参考价格：19澳元 ✪

The Forger Shiraz 2015
铁匠西拉2015
带有明亮的覆盆子色调，释放出大枣、李子、木质香料，泥土和新橡木桶的味道。所有的风味完美地整合在一起。带有一丝紫罗兰的气息，单宁粗糙，结构感好，酸度新鲜。
封口：螺旋盖 酒精度：14.2% 评分：94 最佳饮用期：2030年
参考价格：35澳元 JF

The McRae Wood Clare Valley Shiraz 2014
麦克雷·伍德克莱尔谷西拉2014
产自酒庄自有葡萄园，种植于1964年，最早于1992年作为阿尔玛（Armagh）的兄弟酒款酿制。口感丰富，但在结尾和回味中才能分辨出具体的风味。其中有深色浆果、香料、甘草和皮革都交织在一起。它会发展成一款伟大的酒。
封口：螺旋盖 酒精度：14% 评分：94 最佳饮用期：2034年 参考价格：55澳元

🍷🍷🍷🍷🍷 Cellar Release The Florita Riesling 2011
酒窖系列弗洛里塔雷司令2011
评分：93 最佳饮用期：2021年 参考价格：55澳元 JF

Clare Valley Assyrtiko 2016
克莱尔谷阿斯提可2016
评分：93 最佳饮用期：2021年 参考价格：35澳元

Single Vineyard Shiraz 2015
单一葡萄园西拉2015
评分：93 最佳饮用期：2028年 参考价格：35澳元 JF

PB Shiraz Cabernate Sauvignon 2014
PB西拉赤霞珠2014
评分：93 最佳饮用期：2029年 参考价格：60澳元 JF

Single Vineyard Riesling 2016
单一葡萄园雷司令2016
评分：92 最佳饮用期：2026年 参考价格：35澳元 JF

Clare Valley Assyrtiko 2015
克莱尔谷阿斯提可2015
评分：92 最佳饮用期：2020年 参考价格：35澳元

The Benbournie Cabernate Sauvignon 2013
本波尼赤霞珠2013
评分：92 最佳饮用期：2031年 参考价格：70澳元 JF

Barry and Son's Shiraz 2015
巴里与儿子的西拉2015
评分：90 最佳饮用期：2021年 参考价格：25澳元 JF

The Barry Brothers Shiraz Cabernate Sauvignon 2015
巴里兄弟西拉赤霞珠2015
评分：90 最佳饮用期：2020年 参考价格：20澳元 JF ✪

Single Vineyard Cabernate Sauvignon 2015
单一葡萄园赤霞珠2015
评分：90 最佳饮用期：2027年 参考价格：35澳元 JF

Jim Brand Wines 基姆·布兰德 ★★★☆

PO Box 18，库纳瓦拉，SA 5263（邮） 产区：库纳瓦拉
电话:（08）8736 3252 网址：www.jimbrandwines.com.au 开放时间：不开放
酿酒师：布兰德（Brand）家族，布鲁斯·格雷戈里（Bruce Gregory，顾问）
创立时间：2000年 产量（以12支箱数计）：3000 葡萄园面积：9.5公顷
1950年艾里克·布兰德（Eric Brand）来到库纳瓦拉，布兰德家族的故事就从这里开始。艾里克与南希·里德曼（Nancy Redman）结婚并且从里德曼家族购买了一块4公顷的地块，放弃了

他作为糕点师傅的工作，成为一名葡萄种植者。1966年，他们酿制了自己的第一款葡萄酒布兰德莱拉（Brand's Laira）；1994年，家族将50%的布兰德莱拉葡萄酒厂出售给麦克威廉姆斯（McWilliams），基姆·布兰德（Jim Brand）此后继续担任首席酿酒师，直到他在2005去世。萨姆·布兰德（Sam Brand）是家族的第四代接班人。布兰德家族也在库纳瓦拉的葡萄酒行业扮演了很重要的角色。出口到斐济、中国及中国香港。

🍷🍷🍷🍷🍷 Silent Partner Coonawarra Cabernate Sauvignon 2014

匿名合伙人库纳瓦拉赤霞珠2014

中等红宝石色；带有雪茄盒、香柏木以及一系列干香草的味道，主要风味则是澳大利亚灌木西红柿和一点“薄荷醇加桉叶油“的味道。还有黑巧克力和李子的味道。有强烈的明显的产区特点。

封口：螺旋盖　酒精度：14.5%　评分：91　最佳饮用期：2025年

参考价格：36澳元　NG

🍷🍷🍷🍷 Jim's Vineyard Coonawarra Shiraz 2014

基姆的葡萄园库纳瓦拉西拉2014

评分：89　最佳饮用期：2023年　参考价格：36澳元　NG

Jinks Creek Winery　金克斯溪葡萄酒厂 ★★★☆

Tonimbuk Road，Tonimbuk，Vic 3815　产区：吉普史地

电话：(03)5629 8502　网址：www.jinkscreekwinery.com.au　开放时间：周日，12:00—17:00

酿酒师：安德鲁·克拉克（Andrew Clarke）　创立时间：1981年

产量（以12支箱数计）：2000　葡萄园面积：3.52公顷

11年前金克斯溪建立了酒厂和葡萄园，所有酒款均采用自己庄园内的葡萄为原料酿制。在葡萄园里可以完整地看到布尼普州立森林（Bunyip State Forest）和黑蛇（Black Snake）山脉，他们将一个已有100年历史的产羊毛的棚屋翻新用作餐厅、画廊和酒窖门店——所用建材全部为回收再生材料。出口到美国。

🍷🍷🍷🍷 Pinot Gris 2014

灰比诺2014

我只能一字不差地引用这款酒背标上的描述：“花香、蜂蜜和香料的味道，口感润滑，悠长、平衡的回味中带有淡淡的酸度。”这一描述十分准确，这是一款非常难得的灰比诺。

封口: 螺旋盖　酒精度: 12.5%　评分: 89　最佳饮用期: 2017年　参考价格: 25澳元

Yarra Valley Cabernet Franc 2013

雅拉谷品丽珠2013

对品丽珠的甜/酸果味和烟叶的味道的处理，对每一个酿酒师来说都有一定的挑战性。能够完全了解它的特性就很不容易，能够知道如何妥善的处理就更是困难。我打的分数上下加减5分我都不会有什么意见。

封口：螺旋盖　酒精度：13%　评分：89　最佳饮用期：2017年　参考价格：30澳元

John Duval Wines　约翰·杜瓦尔葡萄酒 ★★★★★

PO Box 622，Tanunda，SA 5352（邮）　产区：巴罗萨谷

电话:（08）8562 2266　网址：www.johnduvalwines.com　开放时间：由巴罗萨的工匠决定　酿酒师：约翰·杜瓦尔（John Duval）　创立时间：2003年　产量（以12支箱数计）：7000

约翰·杜瓦尔是一个国际知名的酿酒师，在奔富格兰治从事红葡萄酒的首席酿酒师将近30年。2003年，他建立了自己的同名品牌；同时他也继续向世界各地的客户提供咨询服务。他的主要精力在老藤西拉上，同时，他也开始将产品线扩展到其他的罗纳河谷葡萄品种上。出口至世界所有的主要市场。

🍷🍷🍷🍷🍷 Eligo The Barrosa Shiraz 2014

艾利戈巴罗萨西拉2014

在法国橡木桶（75%是新的）中熟成20个月。今天的巴罗萨谷西拉与20年前相比，最大的区别就是在酿制中采用了法国橡木。橡木使得西拉葡萄酒的味道更加清新，充分表现出品种特有的果味。那么这种酒还需要几个十年——至少是一个，才能达到顶峰。

封口: 橡木塞　酒精度: 14.5%　评分: 97　最佳饮用期: 2040年　参考价格: 120澳元 ✪

🍷🍷🍷🍷🍷 Entity Barrosa Shiraz 2015

实体巴罗萨西拉2015

在法国橡木桶（35%是新的）中熟成17个月，这也是约翰·杜瓦尔在格兰治长年作首席酿酒师的风格。它有深度、质感和复杂度，好像一个有着黑色水果、成熟的单宁和橡木的“调色盘”（原文如此）。品尝它需要你有十分、百分甚至万分的耐心。等待得越久，回报越大。

封口: 螺旋盖　酒精度: 14.5%　评分: 96　最佳饮用期: 2045年　参考价格: 50澳元 ✪

Plexus Barrosa Valley Marsanne Roussanne Viognier 2016

普莱克斯巴罗萨玛珊胡珊维欧尼2016

在法国橡木桶中熟成6个月。我非常希望能在3—5年后品尝这款酒。现在就很令人愉快，平衡度和新鲜度都很好，但它最引人注目——或者说令人垂涎的——是它的未来可能发展的复杂度。这是一款普通的混酿，通常也十分平庸，所以这款酒的复杂度非常难得。

封口: 螺旋盖　酒精度: 12.5%　评分: 94　最佳饮用期: 2025年　参考价格: 30澳元 ✪

Plexus Barrosa Valley Shiraz Grenache Mourvedre 2015

普莱克斯巴罗萨谷西拉歌海娜幕尔维 2015
在法国橡木桶（10%是新的）中熟成15个月。带有丰富而甘美的水果味道，柔和的单宁以及一点橡木的气息。精心酿制（这是当然的）和带有强烈的巴罗萨谷的气质。而是否喜欢这款酒将取决于你的个人爱好。
封口：螺旋盖 酒精度：14.5% 评分：94 最佳饮用期：2029年 参考价格：40澳元

🍷🍷🍷🍷🍷

Plexus Marsanne Roussanne Viognier 2015
普莱克斯玛珊胡珊维欧尼2015
评分：93 最佳饮用期：2021年 参考价格：30澳元 CM

Plexus Marsanne Roussanne Viognier 2014
普莱克斯玛珊胡珊维欧尼2014
评分：92 最佳饮用期：2017年 参考价格：30澳元 CM

Annexus Grenache 2015
安纳克斯歌海娜 2015
评分：92 最佳饮用期：2025年 参考价格：70澳元

John Gehrig Wines 约翰·格里格葡萄酒 ★★★★☆

Oxley-Milawa Road，Oxley，Vic 3678 产区：国王谷
电话：(03)5727 3395 网址：www.johngehrigwines.com.au 开放时间：每日开放，10:00—17:00
酿酒师：罗斯·格里格（Ross Gehrig） 创立时间：1976年 产量（以12支箱数计）：5600
葡萄园面积：85公顷

格里格家族在路斯格兰从事葡萄酒酿造业已经有5个代际了，但在2011年8月，他们的业务规模有了大幅度的增长。他们从路斯格兰酿酒厂（Rutherglen Winemakers）处买下了80公顷的葡萄园，从而使总面积从原来的6公顷增加到85公顷；格里格买下的葡萄园很有历史，包括建于1870年并营业至20世纪40年代的斯纳尔特斯（Snarts）酒厂。这栋建筑被列入遗产保护项目，现在已经用作酒窖门店。重建葡萄园还在继续，其中一部分生产的原料用于适应约翰·格里格显著增长所需，余下的葡萄全部用于销售。

🍷🍷🍷🍷🍷

King Valley Riesling 2013
国王谷雷司令2013
这款酒的确发展得很不错，优美的长度和平衡。比克福德青柠汁和迈耶柠檬的味道交织在一起。坎贝尔·马丁森（Campbell Mattinson）3年前给这款酒打了94分，我相信他如果再次品尝这款酒，会和我现在的打分一致。
封口：螺旋盖 评分：95 最佳饮用期：2028年 RG

RG King Valley Riesling 2009
RG国王谷雷司令2009
透亮的草秆绿色；一直在缓慢地发展；上一次的品尝是在2013年的4月，矿物质带来的框架感在逐渐加强，酸度非常可口。我想现在是它发展到顶峰的阶段，充足的果味和酸度完美地融合在一起。
封口：螺旋盖 酒精度：12% 评分：94 最佳饮用期：2022年 参考价格：32澳元

🍷🍷🍷🍷🍷

Rutherglen Durif 2013
路斯格兰杜瑞夫2013
评分：92 最佳饮用期：2028年 参考价格：35澳元

King Valley Riesling 2015
国王谷雷司令2015
评分：90 最佳饮用期：2025年

King Valley Riesling 2014
国王谷雷司令2014
评分：90 最佳饮用期：2020年 参考价格：22澳元

King Valley Chenin Blanc 2013
国王谷白诗南2013
评分：90 最佳饮用期：2023年 参考价格：22澳元

Grand Tawny NV
优质茶色波特酒 无年份
评分：90 参考价格：32澳元

John Kosovich Wines 约翰·科索维奇酒庄 ★★★★★

Cnr Memorial Ave/Great Northern Hwy，Baskerville，WA 6056
产区：天鹅谷 电话：(08) 9296 4356 网址：www.johnkosoVichwines.com.au
开放时间：每日开放，10:00—17:30 酿酒师：Anthony KosoVich
创立时间：1922年 产量（以12支箱数计）：3000 葡萄园面积：10.9公顷

酒庄原名为西田（Westfield）葡萄酒。2003年，为纪念约翰（John）酿造葡萄酒50周年，酒庄更名为约翰·科索维奇（John Kosovich）葡萄酒。更名并不意味着理念和方针的改变。酒庄仍然出产备受赞誉的精品麝香葡萄酒。酒庄拥有两个建立于1989年的葡萄园，天鹅谷的老藤葡萄园面积为7.4公顷，潘伯顿的葡萄园为3.5公顷。1994年，约翰的儿子安东尼（Anthony）加入了他的事业，并从此成为酒庄的主要负责人。

🍷🍷🍷🍷🍷

Muscat 1974
麝香1974

长时在温暖环境的贮存，使酒体得到了充分的浓缩（马德拉法），这使得酒液的粘度和浓度都很高——会像沙普的百年的帕拉（Seppelt 100 Year Old Para）加强酒一样将杯子染色。酒液极为浓郁，有烤太妃糖的味道，带有酸度的结尾平衡了前面华丽的口感。这是如此特殊而珍贵的一款酒，我很难给它打分。
封口：Diam软木塞 酒精度：19% 评分：98 参考价格：155澳元 ✪

Rare Muscat NV
精选麝香 无年份
1950的为基础与1974—1996期间的年份混合。浓郁醇厚，炭烧咖啡、甜葡萄干，以及一丝新鲜的黑甜咖啡的味道从杯中缓缓渗出。真的，非常惊人。好像你打开了新世界的大门。375毫升瓶。
封口：Diam软木塞 酒精度：19% 评分：97 参考价格：95澳元 CM ✪

🍷🍷🍷🍷🍷 Reserve Chenin Blanc 2011
珍藏白诗南2011
现在它处于巅峰状态。口感极佳。带有丰富的苹果、柑橘、香料以及其他各种异国风味。很有质感，同时没有橡木的气息。现在喝最好。
封口：螺旋盖 酒精度：12.5% 评分：95 最佳饮用期：2020年
参考价格：35澳元 CM ✪

🍷🍷🍷🍷🍷 Reserve Pemberton Cabernet Malbec 2014
珍藏潘伯顿赤霞珠马尔贝克2014
评分：93 最佳饮用期：2025年 参考价格：40澳元 CM

John's Blend 约翰混酿 ★★★★★

18 Neil Avenue，Nuriootpa，SA 5355（邮） 产区：兰好乐溪
电话：(08) 8562 1820 网址：www.johnsblend.com.au 开放地：在兰好乐溪的酒屋
酿酒师：约翰·格来佐（John Glaetzer） 创立时间：1974年
产量（以12支箱数计）：2000 葡萄园面积：23公顷
约翰·格来佐（John Glaetzer）从创业初期起就是沃尔夫·布拉斯（Wolf Blass）的得力助手，他负责酿造的葡萄酒为沃尔夫·布拉斯获得了3次吉米·沃森（Jimmy Watson）奖杯（1974，1975，1976），还有2011阿德莱德葡萄酒展最佳红葡萄酒的蒙哥马利（Montgomery）奖杯。约翰和妻子玛格丽特（Margarete）的名下一直都有自己的品牌，而且并不需要太多的市场推广。出口加拿大、瑞士、印度尼西亚、新加坡和日本。

🍷🍷🍷🍷🍷 Margarete's Langhorne Creek Shiraz 2014
玛格丽特兰好乐溪西拉2014
原料来自4个葡萄园，分别发酵酿制，在新法国大橡木桶中发酵并熟成26个月。熟能生巧，约翰·格来佐在过去的42年中一直在不停地练习酿造工艺，橡木的应用以及如何利用兰好乐溪可靠的气候条件让酿酒师可以充分预测成品的风味质量。
酒精度：14.5% 评分：95 最佳饮用期：2035年 参考价格：35澳元

Individual Selection Langhorne Creek Cabernet Sauvignon 2013
单体选择兰好乐溪赤霞珠2013
这是第39次发售。据我所知，这是澳大利亚红葡萄酒中陈酿最久的，即便如此，在2016年冬天装瓶前的算法追踪表明，它的结构仍然十分紧密。这些都只是学术上的数据罢了，真实的结果就是口感极好，只要你的的健康食谱中没有限制你在用葡萄酒的同时摄入的橡木含量就好。
封口: 橡木塞 酒精度: 14.5% 评分: 95 最佳饮用期: 2033年 参考价格: 35澳元 ✪

Jones Winery & Vineyard 琼斯庄园酿酒厂 ★★★★☆

Jones Road，路斯格兰，Vic 3685 产区：路斯格兰
电话：(02)6032 8496 网址：www.joneswinery.com 开放时间：周一、周四、周五，10:00—16:00；周末 10:00—17:00 酿酒师：曼迪·琼斯（Mandy Jones） 创立时间：1860年 产量（以12支箱数计）：2000 葡萄园面积：9.8公顷
琼斯庄园酿酒厂建立于1860年，历史悠久，一直是各种传统酿酒工艺的代表。从1927开始，酒庄就一直为约翰斯家族所有，并且持续经营至今。收购时保留了两个地块的旧葡萄藤（包括1.69公顷的西拉），后来在1975年和2008年又继续逐步扩大了种植面积。今天，酒庄在酿酒师曼迪·琼斯（Mandy Jones）的管理下继续经营，她将自己这些年来佐波尔多的工作经验带进这个酒庄，还有她的兄弟亚瑟·琼斯（Arthur Jones）。他们的产品并不多，但都是精品酒，由两人共同生产。

🍷🍷🍷🍷🍷 Rare Rutherglen Muscat NV
精选路斯格兰麝香 无年份
酒呈中等红木色，有一系列八角、肉桂、生姜粉，以及深色水果蛋糕，焦糖和葡萄干的味道。口感丰富，华丽而沉重，还有一点白兰地的酒精味道，甜度不低，但可以与其他的风味物质和酸度形成平衡。值得珍藏。
封口：玻璃瓶塞 酒精度：18.5% 评分：95 参考价格：160澳元 JF

LJ 2015
LJ 2015
这款酒体饱满的西拉，丰富而深沉，出产这款酒的葡萄糖树龄为110岁，果香突出，略带泥土的咸味，还有甘草、八角的味道，结尾处单宁成熟。很让人喜欢。
封口：螺旋盖 酒精度：14.9% 评分：94 最佳饮用期：2038年
参考价格：65澳元 JF

Classic Rutherglen Muscat NV

经典路斯格兰麝香 无年份
中等琥珀色带淡橙色；口感华丽，各种水果蛋糕，香料、橘子酱、白兰地浸葡萄干，以及奶油糖果和焦糖的味道。干净的酒精味道，口感温和，平衡。500毫升瓶。
封口：玻璃瓶塞　酒精度：18.5%　评分：94　参考价格：35澳元　JF

🍷🍷🍷🍷🍷 Rutherglen Melbec 2015
路斯格兰马尔贝克2015
评分：93　最佳饮用期：2029年　参考价格：38澳元　JF

Rutherglen Shiraz 2015
路斯格兰西拉2015
评分：92　最佳饮用期：2028年　参考价格：35澳元　JF

Rutherglen Durif 2015
路斯格兰杜瑞夫2015
评分：92　最佳饮用期：2029年　参考价格：38澳元　JF

MO Rutherglen Marsanne 2016
MO **路斯格兰玛珊2016**
评分：91　最佳饮用期：2020年　参考价格：24澳元　JF

CORRELL Blanc Aperitif NV
科雷尔白开胃酒 无年份
评分：90　参考价格：38澳元　JF

Josef Chromy Wines　约瑟夫·克罗米葡萄酒　★★★★★

370 Relbia Road，Relbia.塔斯马尼亚，7258　产区：塔斯马尼亚北部
电话：(03)6335 8700　网址：www.josefchromy.com.au
开放时间：每日开放，10:00—17:00
酿酒师：杰瑞米·迪宁（Jeremy Dineen）　创立时间：2004年
产量（以12支箱数计）：30000　葡萄园面积：60公顷

1950年逃出捷克斯洛伐克后，乔（Joe）建立了蓝丝带肉（Blue Ribbon Meats），用销售所得购买了罗切科姆（Rochecombe）和海姆斯克（Heemskerk）两所葡萄园，后来又将这两处产业卖掉购买并建立了塔玛岭（Tamar Ridge），接下来又将其售出。现在乔仍在继续：他投了400万给一个从事葡萄酒相关业务的企业。更令人感叹的是，80岁的乔才刚刚从严重的中风中恢复过来。新葡萄酒业务的基础是老斯托诺韦（Old Stornoway）葡萄园，包括60公顷的成熟葡萄藤，主要品种是黑比诺和霞多丽。乔的孙子，迪恩·科克（Dean Cocker），是餐厅、功能部门和葡萄酒中心的经理。宅基地现在主要用来作葡萄酒中心和酒窖门店，也提供 WSET（Wine & Spirit Education Trust）课程。出口到世界所有的主要市场。

🍷🍷🍷🍷🍷 ZDAR Chardonnay 2013
ZDAR **霞多丽 2013**
这是一款酒体饱满的霞多丽，在新的（1/3）和旧的小橡木桶中发酵后，再经过相当长时间的木桶陈酿（12个月）和瓶中陈放（3年），每周搅拌酒脚，这些操作为这款霞多丽带来了奶油的味道，同时质地非常细致。还有丰富的核果、腰果、牛轧糖、松露和香草橡木的味道。很有重量感，丰富饱满。
封口：螺旋盖　酒精度：13.5%　评分：95　最佳饮用期：2025年
参考价格：75澳元　NG

Pinot Noir 2015
黑比诺2015
这款酒平静而自然，充分体现了塔斯马尼亚的气候和黑比诺之前的协同增益作用。所有你能想象到会出现在比诺中的樱桃/浆果在这里均有体现，带有均衡和放松的口感和平衡感，在接下来的几年里，会出现香料的味道。
封口: 螺旋盖　酒精度: 14.5%　评分: 95　最佳饮用期: 2025年　参考价格: 38澳元

Riesling 2016
雷司令2016
塔斯马尼亚州高质量的雷司令，酸度是这款酒的基石，与酒中的残糖相平衡。这款带有浓郁的橙皮、青柠蚀刻味道的葡萄酒带来了矿物质/石板酸度，生津，尤其适合与新鲜的塔斯马尼亚出产的海产品搭配。
封口: 螺旋盖　酒精度: 12.5%　评分: 94　最佳饮用期: 2026年　参考价格: 28澳元　✪

Chardonnay 2015
霞多丽 2015
明亮的草秆绿色；品种特点表达不是问题——葡萄柚皮、白桃——坚果橡木的微妙差别也没什么不对的。遗憾的只是缺乏了一点塔斯马尼亚州霞多丽应有的“特殊因子”，但对这款酒的背景环境来说，这个要求也有些不公平。
封口: 螺旋盖　酒精度: 13.5%　评分: 94　最佳饮用期: 2023年　参考价格: 38澳元

Vintage 2011
年份 2011
5年的带酒脚陈酿给雷比亚庄园（Relbia）黑比诺带来了丰富的深度和力度，带来了特别浓郁的和有特色的克罗米年份（Chromy Vintage）。带有白桃、无花果和李子的味道，鲜美多汁，酸度成熟饱满，充分体现了2011年的凉爽气候。质地有如奶油一般，有层叠的姜汁干果饼干，以及由熟成酒脚带来的巧克力和咖啡的味道。一款优秀的克罗米葡萄酒。

封口：Diam软木塞 酒精度：12.5% 评分：94 最佳饮用期：2018年
参考价格：45澳元 TS

Botrytis Riesling 2016
灰霉菌雷司令2016
残糖和酸度优雅地交织在一起，形成了很好的平衡。有金色树脂的色调，带有琥珀、梨子、温桲、杏子还有些蜜饯，以及生姜的味道。挥发性的气味很适合这款酒，一股强烈的酸度和甜度相结合，像电动牙刷一样冲刷掉甜味，只留下味蕾上的干爽之感。如羽毛一样轻。
封口：螺旋盖 酒精度：9.5% 评分：94 最佳饮用期：2030年
参考价格：28澳元 NG ✪

🍷🍷🍷🍷🍷 Sauvignon Blanc 2016
长相思2016
评分：93 最佳饮用期：2020年 参考价格：28澳元 NG

Pinot Gris 2016
灰比诺2016
评分：93 最佳饮用期：2020年 参考价格：28澳元

DELIKAT SGR Riesling 2016
德利卡SFR雷司令2016
评分：93 最佳饮用期：2025年 参考价格：28澳元 NG

RS6 Tasmania Riesling 2016
RS6塔斯马尼亚雷司令2016
评分：93 最佳饮用期：2025年 NG

ZDAR Pinot Noir 2013
ZDAR黑比诺2013
评分：91 最佳饮用期：2024年 参考价格：75澳元 NG

PEPIK Sparkling Rose NV
PEPIK桃红起泡酒 无年份
评分：91 最佳饮用期：2017年 参考价格：32澳元 TS

PEPIK Chardonnay 2016
PEPIK霞多丽 2016
评分：90 最佳饮用期：2021年 参考价格：25澳元 NG

Tasmania Cuvee Methode Traditionelle NV
塔斯马尼亚州传统法 无年份
评分：90 最佳饮用期：2017年 参考价格：32澳元 TS

Journey Wines 旅途葡萄酒 ★★★★★

la/29猎人谷 Road，Healesville，Vic 3777（邮）产区：雅拉谷
电话：0427 298 098 网址：www.journeywines.com.au 开放时间：不开放
酿酒师：达米安·诺斯（Damian North） 创立时间：2011年 产量（以12支箱数计）：2500

达米安·诺斯（Damian North）为他的品牌选择的这个名字很适合形容他（和妻子以及3个较小的孩子）在建立这个品牌之前的曲折道路。达米安原为哲也餐厅（Tetsuya）的侍酒师，后来去加州州立大学（CSU）注册学习了酿酒方面的课程，他第一次进行酿酒实践是在塔拉瓦拉庄园（Tarrawarra Estate）作助理酿酒师。后来他带着全家搬到了俄勒冈州的本顿-兰恩酒厂（Benton-Lane Winery）酿制黑比诺，然后到列文酒庄（Leeuwin Estate）担任了5年的酿酒师。家族终于再次回到雅拉谷的时候，他们签约每年收购2公顷的霞多丽，2.5公顷的黑比诺和2公顷的西拉，并在梅德赫斯特（Medhurst）酿制葡萄酒。出口到英国、新加坡和泰国。

🍷🍷🍷🍷🍷 Yarra Valley Chardonnay 2015
雅拉谷霞多丽 2015
80%的原料来自下雅拉谷的格里尔（Gruyere）地区，20%的葡萄要晚两周采收，产自上雅拉谷的格拉迪斯代尔（Gladysdale），整串压榨，野生酵母发酵，在法国大桶（25%是新的）熟成10个月。香气馥郁，口感浓厚深长。带有经典的雅拉谷风格：白桃和葡萄柚/柑橘，结尾处有一丝略刺激的新鲜酸度。
封口：螺旋盖 酒精度：13.5% 评分：96 最佳饮用期：2028年 参考价格：34澳元 ✪

Yarra Valley Pinot Noir 2015
雅拉谷黑比诺2015
来自上雅拉谷孤星溪（Lone Star Creek）和柳湖（Willowlake）葡萄园，80%去梗，20% 整串小批量，野生酵母一开放式发酵，手工压帽，带皮浸渍15天，在法国橡木桶（25%是新的）中陈酿9个月。带有良好的咸鲜/森林，红樱桃和李子的味道；单宁柔顺，增加了口感和尾韵。
封口：螺旋盖 酒精度：13% 评分：95 最佳饮用期：2027年 参考价格：38澳元

Journeys End Vineyards 旅途终点葡萄园 ★★★★

Level 7，420 King William Street，阿德莱德，SA 5000（邮）产区：东南澳大利亚
电话：0431 709 305 网址：www.journeysendvineyards.com.au 开放时间：不开放
酿酒师：本·瑞格斯（Ben Riggs，合约）创立时间：2001年 产量（以12支箱数计）：10000

这是一个很有意思的虚拟酒厂，主要出产麦克拉仑谷西拉，还有一些来自阿德莱德山区，库纳瓦拉

和兰好乐溪的品种。西拉使用了5个不同的克隆株系以强调来自麦克拉仑谷不同地区的葡萄种植者的复杂特点。出口到世界所有的主要市场。

🍷🍷🍷🍷🍷 Coonawarra Station Cabernate Sauvignon 2012
库纳瓦拉站赤霞珠 2012
从酒标看来，这应该是一款经典的葡萄酒，不像是21澳元的葡萄酒，这似乎是受到了伍德利宝箱（Woodley Treasure Chest）系列的启发。2012是非常好的年份，可为什么是这个价格？重复品尝每次都会得到同样的答案：这款酒带有典型的凉爽气候下生长的赤霞珠的风格，就不要再挑三拣四，怀疑它的价值了。
封口：螺旋盖 酒精度：14.5% 评分：92 最佳饮用期：2027年 参考价格：21澳元 ✪

Three Brothers Reunited Shiraz 2014
三兄弟重聚西拉2014
产地主要是麦克拉仑谷，是一款超值的西拉。由本·瑞格斯（Ben Riggs）酿造，轻浅的中等酒体，有樱桃、淡淡的香料和巧克力的味道。绝对应当现在喝掉。
封口：螺旋盖 酒精度：14.5% 评分：90 最佳饮用期：2020年 参考价格：13澳元 ✪

Juniper Estate 杜松酒庄 ★★★★★

98 Tom Cullity Drive，Cowaramup，WA 6284 产区：玛格利特河
电话：(08) 9755 9000 网址：www.juniperestate.com.au 开放时间：每日开放，10:00—17:00
酿酒师：马克·满塞格（Mark Messenger） 创立时间：1973年
产量（以12支箱数计）：12000 葡萄园面积：19.5公顷

1998年当罗杰·希尔（Roger Hill）和吉莉安·安德森（Gillian Anderson）买下了怀特（Wrights）葡萄园时，这片10公顷的葡萄园就已经有25年的历史了，但需要重新修整葡萄架势，修剪护理，才能重新恢复到健康状态。他们也这样做了，还种了更多的西拉和赤霞珠。杜松十字路口（Juniper Crossing）系列混合了一些来自酒庄自有葡萄园和玛格利特河地区其他园子的葡萄，而杜松庄园（Juniper Estate）系列则仅仅使用酒庄自有葡萄园的原料。自从2013年罗杰（Roger）去世后，吉莉安（Gillian）接管了杜松酒庄和平原高低（Higher Plane）两处产业。出口到英国、美国、爱尔兰、加拿大、菲律宾、新加坡和新西兰等国家，以及中国香港地区。

🍷🍷🍷🍷🍷 Small Batch Margaret River Tempranillo 2015
小批量玛格利特河添帕尼罗 2015
明亮的深紫红色；品尝时可能会很容易忽视这款酒的优点，在制作工艺上酿酒师的确很用心（我并不经常用这个词）。诱人的酒香带有芬芳的樱花味道，中等酒体，柔顺、紧致，口感多汁，有黑樱桃的味道，各种风味与精细持久，鲜美的单宁交织在一起。是优雅的化身。
封口：螺旋盖 酒精度：13.5% 评分：95 最佳饮用期：2028年 参考价格：25澳元 ✪

Single Vineyard Margaret River Melbec 2014
单一葡萄园玛格利特河马尔贝克 2014
开放式发酵，在法国橡木桶中陈酿16个月。这是一款常见的混酿，但这个年份极为出色，所以一些小批量的葡萄酒被单独装瓶。色泽优美；让口中充满李子、李子皮、香料和肉桂的味道，以柔软的单宁结尾——而这恰好是很多马尔贝克葡萄酒经常缺乏的。
封口：螺旋盖 酒精度：14% 评分：95 最佳饮用期：2029年 参考价格：37.5澳元

Juniper Crossing Margaret River Semillon Sauvignon Blanc 2016
杜松十字路口玛格利特河赛美蓉长相思2016
非常活泼，多汁而且浓郁，迈耶柠檬，香茅草和一点西番莲的味道在香气和口感中占主导地位，爽脆的酸度使得结尾显得更加悠长。超值。
封口：螺旋盖 酒精度：13% 评分：94 最佳饮用期：2019年 参考价格：22澳元 ✪

Juniper Crossing Margaret River Cabernate Sauvignon Merlot 2014
杜松十字路口玛格利特河赤霞珠梅洛2014
它的价格和口感都在强调"经典"，这并不常见。中等重量，口感正宗，色泽明亮而深浓，带有一抹烟熏/巧克力橡木的味道。酒中的单宁无可挑剔。这是酒厂发挥最好的一款作品。
封口：螺旋盖 酒精度：14% 评分：94 最佳饮用期：2030年
参考价格：22澳元 CM ✪

🍷🍷🍷🍷🍷 Small Batch Margaret River Fiano 2016
小批量玛格利特河菲亚诺 2016
评分：93 最佳饮用期：2020年 参考价格：25澳元 ✪

Juniper Crossing Chardonnay 2016
杜松十字路口霞多丽 2016
评分：92 最佳饮用期：2023年 参考价格：23澳元 ✪

Juniper Crossing Shiraz 2015
杜松十字路口西拉2015
评分：92 最佳饮用期：2025年 参考价格：23澳元 ✪

Just Red Wines 就是红葡萄酒 ★★★★

2370 Eukey Road，Ballandean，昆士兰，4382 产区：格兰纳特贝尔
电话：（07）4684 1322 网址：www.justred.com.au
开放时间：周五至周一，10:00—17:00
酿酒师：迈克·哈萨尔（Michael Hassall） 创立时间：1998年

产量（以12支箱数计）：1500 葡萄园面积：2.8公顷
托尼（Tony）、朱莉亚（Julia）和迈克·哈萨尔（Michael Hassall）在海拔900米左右的一处地方种植了西拉和梅洛（还有赤霞珠、丹娜和维欧尼尚未出产）。他们尽可能地减少化学品的使用，但如果天气条件致使出现霉菌或者是灰霉病的爆发，也还是会使用农药来保护葡萄。

🍷🍷🍷🍷🍷 Granite Belt Shiraz 2015
格兰纳特贝尔西拉维欧尼2015
8%的维欧尼与西拉共同发酵。维欧尼带来了诱人、活泼的红樱桃/浆果香气和口感，使之变得更加新鲜，回味悠长。唯一的缺点是结尾有些尖锐。
封口：螺旋盖 酒精度：13.5% 评分：90 最佳饮用期：2021年 参考价格：19澳元 ✪

Kaesler Wines 凯斯勒葡萄酒 ★★★★★

Barossa Valley Way，Nuriootpa，SA 5355 产区：巴罗萨谷
电话：(08) 8562 4488 网址：www.kaesler.com.au 开放时间：每日开放，11:00—17:00
酿酒师：里德·波斯瓦德（Reid Bosward） 创立时间：1990年
产量（以12支箱数计）：20000 葡萄园面积：36公顷
1845年，凯斯勒家族第一位成员落户巴罗萨谷。他们的葡萄园建于1893年，在1968年前一直为凯斯勒家族所有。几经变迁，如今的（大幅度扩建的）凯斯勒葡萄酒已经被一群投资银行家［他们后来也收购了雅拉优伶（Yarra Yering）酒庄］与前飞行酿酒师里德·波斯瓦德（Reid Bosward）和妻子宾迪（Bindy）共同收购。里德酿造的葡萄酒充分地体现了他丰富的经验，原料来自酒厂旁边酒庄自有的葡萄园，以及玛然南哥地区的10公顷园地。这两个园子都种植于20世纪30年代，后来在60年代，以及直至今天的每个10年都有继续种植。其中后者还包括1899年种植的西拉。出口到世界所有的主要市场。

🍷🍷🍷🍷🍷 Alte Reben Barrosa Valley Shiraz 2014
阿尔特·里本巴罗萨谷西拉2014
来自玛然南哥酒庄自有葡萄园，该园种植于1899年，在法国橡木桶（30%是新的）中陈酿18个月，并未过滤或澄清。酒体饱满，平衡性好，带有黑色/森林浆果的味道；法国橡木对整体的口感也起了积极的作用。是这种风格的一个极好的例子。
封口：橡木塞 酒精度：14% 评分：97 最佳饮用期：2044年 参考价格：150澳元 ✪

🍷🍷🍷🍷🍷 The Bogan 2014
博根 2014
来自种植于1899和1965年间的酒庄葡萄园，在法国橡木桶（25%是新的）中陈酿13个月。这是一款有力量的、带有明显咸味的西拉，也有丰富的泥土和黑色水果的口感。几十年的瓶储后会有非常好的表现。
封口：橡木塞 酒精度：15% 评分：96 最佳饮用期：2034年 参考价格：50澳元 ✪

Old Bastard 2014
老混蛋 2014
原料来自种植于1893的葡萄藤。非常浓烈，色泽深沉，至少在一开始的时候，酒的香气有所保留。但很快酒中就慢慢出现了各种深色水果和肉豆蔻、烤肉串的味道。酒中的橡木味是它能够长久陈酿的保证。香料犹如标点符号。适合在董事会议室内饮用。
封口：橡木塞 酒精度：14.5% 评分：95 最佳饮用期：2032年
参考价格：220澳元 NG

Old Vine Barrosa Valley Semillon 2016
巴罗萨谷老藤赛美蓉2016
种植于1960的庄园树藤出产的质量极佳的葡萄。决定提前采摘是他们在酿酒工艺上做出的一个重要决策，这使得酒十分新鲜，平衡性好，口感中有充分的柑橘味道。
封口：螺旋盖 酒精度：11.5% 评分：94 最佳饮用期：2029年 参考价格：20澳元 ✪

🍷🍷🍷🍷🍷 Avignon Barrosa Valley Grenache Mourvdre 2014
阿维农巴罗萨谷歌海娜幕尔维 2014
评分：92 最佳饮用期：2021年 参考价格：35澳元

Stonehorse Grenache Mourvedre 2014
石马歌海娜西拉幕尔维 2014
评分：92 最佳饮用期：2023年 参考价格：25澳元 ✪

Small Valley Vineyard Adelaide Hills Sauvignon Blanc 2016
小谷葡萄园阿德莱德山长相思2016
评分：90 最佳饮用期：2019年 参考价格：28澳元

Small Valley Vineyard Adelaide Hills Chardonnay 2016
小谷葡萄园阿德莱德山霞多丽 2016
评分：90 最佳饮用期：2022年 参考价格：32澳元

Stonehorse Shiraz 2014
石马西拉2014
评分：90 最佳饮用期：2029年 参考价格：25澳元

Uvaggio 2015
乌瓦焦
评分：90 最佳饮用期：2020年 参考价格：35澳元 NG

Rizza Barrosa Valley Riesling 2016
里兹巴罗萨谷雷司令2016

评分：90 最佳饮用期：2026年 参考价格：20澳元 NG ✪

Kakaba Wines 卡卡巴葡萄酒 ★★★★

PO Box 348，Hahndorf，SA 5245（邮） 产区：阿德莱德山区
电话：0438 987 010 网址：www.kakaba.com.au 开放时间：不开放
酿酒师：格雷格·克拉克（Greg Clack） 创立时间：2006年 产量（以12支箱数计）：5000

当我为了写这个年鉴而给新葡萄酒厂写电邮的时候，我询问到底他们为什么会犯傻，建立了一个新酒厂。克里斯·米尔纳（Chris Milner）和他的妻子吉尔（Jill）回答说，“其实我们很享受这个过程，而且尽管大家可能不相信，我们确实有一些的利润，我认为这是因为我们没有日常开支（没有葡萄园也没有酒庄），无雇员（我们俩都没有工资）也没有银行贷款的原因。（过多债务可以置人于死地!）”。因为他在20世纪90年代在葡萄酒行业工作，主要是在资金和在各种企业的商业操作方面，因此他有很大的优势。2005年，他们曾经从阿德莱德山区获取优质葡萄酒并以散装的形式在收获季节或者是其他时候再卖给其他酒厂。在2006年和2007年这样做效果很好，一直到2008年葡萄酒产能过剩，供大于求。他的智慧使得企业得以幸存，继续经营，并最终生产了自己的品牌瓶装酒。

🍷🍷🍷🍷🍷 Reserve Adelaide Hills Shiraz 2014
珍藏阿德莱德山西拉2014
在旧法国橡木中完成发酵，再熟成20个月。这是一款能够充分反映产地和酿造年份的佳酿，中等至饱满酒体，带有过饱和的李子、黑莓、深色香料和圆润的单宁。
封口：螺旋盖 酒精度：14.5% 评分：94 最佳饮用期：2030年 参考价格：39澳元

🍷🍷🍷🍷 Reserve Adelaide Hills Pinot Noir 2014
珍藏阿德莱德山黑比诺 2014
评分：93 最佳饮用期：2021年 参考价格：39澳元

Reserve Adelaide Hills Pinot Noir 2014
珍藏阿德莱德山赤霞珠 2014
评分：93 最佳饮用期：2025年 参考价格：39澳元

Reserve Adelaide Hills Sauvignon Blanc 2016
阿德莱德山长相思2016
评分：91 最佳饮用期：2019年 参考价格：24澳元 PR

Kalleske 克拉斯 ★★★★★

6 Murray Street，Greenock，SA 5360 产区：巴罗萨谷
电话：（08）8563 4000 网址：www.kalleske.com 开放时间：每日开放，10:00—17:00
酿酒师：特洛伊·克拉斯（Troy Kalleske） 创立时间：1999年
产量（以12支箱数计）：15000 葡萄园面积：48公顷

克拉斯家族在格林诺克的一个混合生产的田地上种植和销售葡萄已经有140年的历史了。第六代传人特洛伊·克拉斯（Troy Kalleske），和他的兄弟托尼（Tony）在1999建立了酒厂和克拉斯的品牌。葡萄园种植有西拉（27公顷）、歌海娜（6公顷）、马塔洛（2公顷）、白诗南、杜瑞夫、维欧尼、增芳德、小味儿多、赛美蓉和添帕尼罗（各1公顷）。最老葡萄藤的树龄可以追溯到1875年，平均为50年。采用生物动力学的管理系统。出口到世界所有的主要市场。

🍷🍷🍷🍷🍷 Johann Georg Old Vine Single Vineyard Barrosa Valley Shiraz 2014
约纳·乔治老藤单一葡萄园巴罗萨谷西拉2014
来自酒庄1875年种植的葡萄园，也是他们最老的葡萄园。它有一种突如其来的吸引力和轻柔如天鹅绒般的口感，完美、成熟的黑色浆果，李子和甘草，橡木和单宁提供了丰富的风味物质和整体框架。它成功地克服了2014年份带来的种种挑战，这是一款可爱的老藤葡萄酒。
封口：螺旋盖 酒精度：14.5% 评分：97 最佳饮用期：2044年
参考价格：120澳元 ✪

🍷🍷🍷🍷🍷 Greenock Single Vineyard Barrosa Valley 2015
格林诺克单一葡萄园巴罗萨谷西拉2015
在新的和旧的美国和法国橡木中成熟.香气和口感中的黑莓，李子以及一点带有辛香料味的橡木味道相得益彰，结合得很好。单宁的味道并不强烈，仅仅是中等酒体。一款诱人的葡萄酒。
封口：螺旋盖 酒精度：14.5% 评分：95 最佳饮用期：2035年 参考价格：40澳元

Eduard Old Vine Barrosa Valley Shiraz 2014
爱德华老藤巴罗萨谷西拉2014
来自于3个干燥气候下生长的酒庄自有园地，建立时间均在1905年和1960年之间；去梗，开放式发酵，带皮浸渍8—10天，期间每天打两次循环，压榨到新的和旧的法国和美国大桶中进行发酵，并熟成2年。这款葡萄酒充满力量，口感集中，层次丰富，带有一些烟熏/冷切肉和黑色水果的香气和风味，单宁柔顺，十分平衡。
封口：螺旋盖 酒精度：14.5% 评分：94 最佳饮用期：2034年 参考价格：85澳元

🍷🍷🍷🍷 Moppa Barrosa Valley Shiraz 2015
墨帕巴罗萨谷西拉2015
评分：93 最佳饮用期：2025年 参考价格：28澳元

Pirathon by Kalleske Shiraz 2015
克拉斯的皮拉松西拉2015

评分：93 最佳饮用期：2025年 参考价格：23澳元 JF ✪

Old Vine Grenache 2015

老藤歌海娜 2015

评分：93 最佳饮用期：2023年 参考价格：45澳元 JF

Merchant Cabernate Sauvignon 2015

商人赤霞珠 2015

评分：93 最佳饮用期：2025年 参考价格：28澳元 JF

Dodger Single Vineyard Tempranillo 2015

欺骗者单一葡萄园添帕尼罗 2015

评分：93 最佳饮用期：2022年 参考价格：25澳元 JF ✪

Barrosa Valley Rosina Rose 2015

巴罗萨谷罗斯纳桃红 2015

评分：91 最佳饮用期：2020年 参考价格：20澳元 ✪

Clarry's Barrosa Valley GSM 2016

克拉瑞的巴罗萨谷GSM 2016

评分：91 最佳饮用期：2021年 参考价格：21澳元 ✪

Buckboard Barrosa Valley Durif 2015

巴克伯德巴罗萨谷杜瑞夫2015

评分：91 最佳饮用期：2025年 参考价格：25澳元 JF

Barrosa Valley Rosina Rose 2016

巴罗萨谷罗斯纳桃红 2016

评分：90 最佳饮用期：2017年 参考价格：20澳元 CM ✪

Zeitgeist Barrosa Valley Shiraz 2016

时代精神巴罗萨谷西拉2016

评分：90 最佳饮用期：2018年 参考价格：26澳元 CM

Fordson Zinfandel 2015

弗特森增芳德 2015

评分：90 最佳饮用期：2022年 参考价格：25澳元 JF

Fordson Zinfandel 2015

弗特森增芳德 2014

评分：90 最佳饮用期：2021年 参考价格：24澳元

Kangarilla Road Vineyard 康格利亚路葡萄园 ★★★★★

Kangarilla Road，麦克拉仑谷，SA 5171 产区：麦克拉仑谷 电话：(08) 8383 0533
网址：www.kangarillaroad.com.au 开放时间：周一至周五，9:00—17:00；周末，11:00—17:00
酿酒师：凯文·奥布莱恩（Kevin O'Brien） 创立时间：1997年 产量（以12支箱数计）：65000 葡萄园面积：14公顷

2013年1月，康格利亚路酒庄的创始人凯文·奥布莱恩（Kevin O'Brien）和妻子海伦（Helen）成功地打破了酒庄销售的僵局，取得了双赢的局面。两人将酒厂和其周围的葡萄园卖给了宝石树（Gemtree）葡萄园——他们从2001年起就在凯文的管理下在康格利亚路酿制葡萄酒。奥布莱恩家族还是保留了他们相邻的JOBS葡萄园，康格利亚路葡萄酒现在还是继续在凯文的管理下在酒厂酿制。可能是爱尔兰人的运气吧。出口到英国、美国和其他主要市场。

🍷🍷🍷🍷🍷 McLarent Vale Shiraz 2015

麦克拉仑谷西拉2015

原料来自麦克拉仑谷的几个葡萄园，开放式发酵，在法国和美国（25%是新的）大桶中熟成16个月。这款西拉色泽浓郁，是麦克拉仑谷西拉的经典酒款，可以品尝到深黑色水果，甘草、香料和黑巧克力的味道，以及来自水果和橡木的粉质单宁。

封口：螺旋盖 酒精度：14.5% 评分：95 最佳饮用期：2030年 参考价格：25澳元 ✪

The Devil's Whiskers McLarent Vale Shiraz 2014

魔鬼的胡须麦克拉仑谷西拉2014

浓郁的紫红色；这是一款酒体饱满的西拉，非常诱人。有各种黑色水果，甘草和黑巧克力的味道，单宁成熟，橡木的气息融入整体，结尾鲜美多汁，使其更加可口。

封口：螺旋盖 酒精度：14.5% 评分：95 最佳饮用期：2034年 参考价格：40澳元

The Devil's Whiskers McLarent Vale Shiraz 2014

魔鬼的胡须麦克拉仑谷西拉2013

从开瓶最初的香气直到回味，具备明显的麦克拉仑谷的特征，比利时巧克力包裹着黑色水果，还充满了优质橡木和柔顺的单宁——它们也为整体带来了支撑感和结构，回味中并无水果的甜度，而是十分鲜香。

封口：螺旋盖 酒精度：14.5% 评分：95 最佳饮用期：2033年 参考价格：40澳元

🍷🍷🍷🍷 The Monty Rose 2016

蒙蒂桃红 2016

评分：91 最佳饮用期：2018年 参考价格：20澳元 ✪

Brierly Vineyard Montepulciano 2014

布莱利葡萄园蒙帕赛诺2014

评分：91 最佳饮用期：2020年 参考价格：30澳元
Duetto 2015
二重奏 2015
评分：90 最佳饮用期：2019年 参考价格：25澳元
Brierly Vineyard McLarent Vale Montepulciano 2015
布莱利葡萄园麦克拉仑谷蒙帕赛诺 2015
评分：90 参考价格：30澳元 PR

Karatta Wines 卡拉塔葡萄酒 ★★★★

232 Clay Wells Road，Robe，SA 5276 产区：罗布 电话：(08) 8735 7255
网址：www.karattawines.com.au 开放时间：详见网站 酿酒师：克里斯·格雷（Chris Gray）
创立时间：1994年 产量（以12支箱数计）：4000 葡萄园面积：39.6公顷
大卫（David）和佩格·伍兹（Peg Woods）是酒庄的所有人。卡拉塔葡萄酒是以卡拉塔之家（Karatta House）——罗布（Robe）遗产名名录上标志之一——的名字命名的，酒庄建立于1858年，并由大卫和佩格修复。19世纪80年代开始，佩格家族也参与了从阿德莱德到袋鼠岛到林肯港卡拉塔蒸汽货轮的运输。罗布产区的12英里（12 Mile）葡萄园和特尼森（Tenison）葡萄园也都为卡塔拉酒庄所有。2017年，卡拉塔在罗布的中心开设了一个品尝室/酒窖门店。

🍷🍷🍷🍷🍷(4.5)

Brush Heath 12 Mile Vineyard Robe Cabernate Sauvignon 2015
石楠丛12英里葡萄园罗布赤霞珠2015
香气带有黑加仑和草地、香草的味道，充分表现出新鲜、冷凉气候下的产区品种特征。酒体中等重量，口感纯净，带有红色和黑色浆果的味道，（可能是由橡木带来的）雪松元素更为酒增加了一定的复杂性和层次感。单宁较轻但很平衡，整体而言，易于入口，十分协调。
封口：螺旋盖 酒精度：14.2% 评分：92 最佳饮用期：2025年
参考价格：25澳元 SC ✪

Dune Thistle 12 Mile Vineyard Robe Shiraz 2015
蓟丘12英里葡萄园罗布西拉2015
刚刚成熟的黑莓和血丝李在酒香中十分清晰，带有甜香料和甘草的味道。口感均匀，充满果香，尽管重量中等，深度和长度都很好，可以贯穿品尝的始终。酒的质量似乎本可以更上一层楼，但现在的状态也不会让任何人对它失望。
封口：螺旋盖 酒精度：14.2% 评分：91 最佳饮用期：2022年
参考价格：25澳元 SC

Pincushion 12 Mile Vineyard Robe Melbec 2015
针垫12英里葡萄园马尔贝克 2015
能在这个产区看到一款单品种的马尔贝克是一件很有趣的事情。酒色深浓如墨。最初的酒香比较内敛，但打开后会出现品种特有的果味，以及碘和矿物质的味道。多汁成熟的风味物质可能有一些流于表面，但非常新鲜，充满活力，十分诱人。
封口：螺旋盖 酒精度：14.5% 评分：90 最佳饮用期：2021年
参考价格：35澳元 SC

Karrawatta 卡拉瓦塔 ★★★★★

818 Greenhills Road，Meadows，SA 5201 产区：阿德莱德山区/兰好乐溪
电话：(08) 8537 0511 网址：www.karrawatta.com.au 开放时间：仅限预约
酿酒师：马克·吉尔伯特（Mark Gilbert） 创立时间：1996年
产量（以12支箱数计）：990 葡萄园面积：46.6公顷
约瑟夫·吉尔伯特（Joseph Gilbert）在1847年建立了佩西谷（Pewsey Vale）葡萄园（和酒厂），马克·吉尔伯特（Mark Gilbert）是他的曾曾曾孙。大家不知道的是，约瑟夫·吉尔伯特想给酒庄命名为卡拉瓦塔时，另外一处产业已经在使用这个名字了。为了能使用这个名字，约瑟夫在南澳当地的一家酒吧里投掷硬币决定，结果吉尔伯特（输了）不得不放弃这个名字而选择了佩西谷这个名字。今天的卡拉瓦塔并不在巴罗萨山脉，而是阿德莱德山区；有趣的是，1847年时 佩西是南澳大利亚最高的葡萄园，现在马克·吉尔伯特的卡拉瓦塔是阿德莱德山区最高的葡萄园之一。他在此仅有13.8公顷的葡萄藤，兰好乐溪则有32.8公顷。

🍷🍷🍷🍷🍷

Anna's Adelaide Hills Sauvignon Blanc 2016
安娜阿德莱德山长相思2016
手工采摘，整串压榨，在旧法国小橡木桶野生酵母发酵，部分景观苹乳发酵。酿造过程中采用的工艺效果很好，使得这款浓郁的长相思十分有质感，结构感好，十分复杂。香气和风味主要集中在香气轮盘上新割过的草地/荷兰豆的那一端，也有甜柑橘与热带水果的味道与之形成对比。
封口：螺旋盖 酒精度：12.7% 评分：95 最佳饮用期：2018年
参考价格：26澳元 ✪

Sophie's Hill Adelaide Hills Pinot Gris 2016
索菲之山阿德莱德山灰比诺2016
手工采摘，整串压榨，在旧的法国小橡木桶中发酵，一部分进行苹乳发酵。卡拉瓦塔将这款酒的风格描述为比意大利灰比诺还要更加简洁，这一点我并不同意。这确是一款高品质灰比诺，有浓郁的青柠和沙梨的味道和干净的结尾。
封口：螺旋盖 酒精度：13.4% 评分：95 最佳饮用期：2019年 参考价格：26澳元

Spartacus Langhorne Creek Cabernate Malbec Shiraz 2014
斯巴达克斯兰好乐溪赤霞珠马尔贝克西拉2014

如同斯巴达克斯一样，这款酒大胆、无畏——甚至有些夸张。水果味道大量集中，令人愉悦。有巧克力、铁离子和滨藜的特点，质地光滑。饱满而且成熟的单宁让你不由得正襟危坐，细细品尝。这一杯应当敬你生命中的角斗士。
封口：Diam软木塞　酒精度：14.6%　评分：95　最佳饮用期：2038年
参考价格：92澳元　JF

Dairy Block Adelaide Hills Shiraz 2015
日记地块阿德莱德山西拉2015
我相信背标上所说，葡萄原料来自酒庄的一个小地块，手工采摘。但我不相信采用了如他们所说的整串压榨工艺，因为这不是一款桃红酒，但酒体呈深紫红色。在法国小橡木桶中陈酿18个月，这是一款凉爽气候下生长的西拉，令人印象深刻，深色水果与百花香料的味道交织在一起，有着天鹅绒一般的口感，丰满华丽。
封口：螺旋盖　酒精度：15%　评分：94　最佳饮用期：2035年　参考价格：38澳元

🍷🍷🍷🍷🍷 Anth's Garden Adelaide Hills Chardonnay 2016
安思阿德莱德山霞多丽 2016
评分：93　最佳饮用期：2025年　参考价格：52　JF

KarriBindi　卡里宾迪　★★★★

111 Scott Road，Karridale.WA 6288（邮）产区：玛格利特河
电话：(08) 9758 5570　网址：www.karribindi.com.au　开放时间：不开放
酿酒师：凯文·韦兰德（Kris Wealand）　创立时间：1997年
产量（以12支箱数计）：2000　葡萄园面积：32.05公顷
卡里宾迪的所有者是凯文（Kevin）、伊芳（Yvonne）和克里斯·韦兰德（Kris Wealand）。酒庄名字源于卡里代尔和周围的卡里森林，以及韦兰德家族成员其中一位成员的家乡的名字宾迪（Bindi）。在尼昂加尔（Nyoongar）语中，“卡里”（“karri”）的意味着强壮，特别，充满灵性，高大的树木；“宾迪”（“bindi”）则是蝴蝶的意思。韦兰德家族现在共有长相思（15公顷）、霞多丽（6.25公顷）、赤霞珠（4公顷）以及少量的赛美蓉、西拉和梅洛。卡里宾迪为一系列玛格利特河的知名酒厂提供原料，保留大约20%的产量为原料酿制的自己品牌的葡萄酒。出口到新加坡和中国。

🍷🍷🍷🍷🍷 Margaret River Semillon Sauvignon Blanc 2016
玛格利特河赛美蓉长相思2016
配比为55%的赛美蓉和45%的长相思。其中10%在法国新橡木桶中发酵，再转移到发酵罐中静置陈放。这种工艺使得这款白葡萄酒中略带刺激性的味道，清脆、馥郁，并带有一点青梅和荨麻枝的味道。酸度和橡木的味道融合得很好，使得整体活泼而能量充沛。
封口：螺旋盖　酒精度：12.8%　评分：92　最佳饮用期：2019年
参考价格：20澳元　NG　✪

Margaret River Shiraz 2012
玛格利特河西拉2012
中等酒体中带有砾石般的单宁，酸度轻快，略带大豆的咸味，以及五香粉和肉豆蔻干皮的味道。摩卡气息与桶中发酵带来的培根味道融合得很好，酒中充满了丰富的蓝色和深色水果的味道。这款优雅的西拉展示出许多第三类香气，十分美味。
封口：螺旋盖　酒精度：13.7%　评分：91　最佳饮用期：2020年
参考价格：25澳元　NG

Margaret River Sauvignon Blanc 2016
玛格利特河长相思2016
一部分在新法国橡木桶中发酵，以带来鲜香的味道并减弱过度的留兰香、荨麻、鹅莓和温桲的味道。这里的平衡犹如走钢丝般精确，充满活力。
封口：螺旋盖　酒精度：13%　评分：90　最佳饮用期：2018年
参考价格：20澳元　NG　✪

Kate Hill Wines　凯特山酒庄　★★★★☆

101 Glen Road，Huonville，塔斯马尼亚 7109（邮）　产区：Southern 塔斯马尼亚
电话：(03)6223 5641 www.katehillwines.com.au
开放时间：不开放 酿酒师：Kate Hill　创立时间：2008年
产量（以12支箱数计）：1000　葡萄园面积：3公顷
当凯特·希尔（Kate Hill）［和丈夫查尔斯（［Charles）］在2006年来到塔斯马尼亚时，凯特当时已经有了在澳大利亚和海外的10年酿酒经验。凯特采用的葡萄原料来自南部塔斯马尼亚一系列葡萄园，以生产易于饮用的、精致的葡萄酒。出口到新加坡。

🍷🍷🍷🍷🍷 Riesling 2015
雷司令2015
德尔温特河和煤河谷，3周低温发酵。在发酵罐中带酒脚陈酿的6个月增加了口感的复杂程度，带有纯粹的比克福德（Bickford）青柠汁和矿物质的酸度。正在平稳地向成熟转变。
封口：螺旋盖　酒精度：12%　评分：95　最佳饮用期：2025年　参考价格：28澳元　✪

🍷🍷🍷🍷🍷 Pinot Noir 2013
黑比诺2013
评分：90　最佳饮用期：2021年　参考价格：36澳元

Katnook Coonawarra 佳诺库纳瓦拉 ★★★★★

Riddoch Highway，库纳瓦拉，SA 5263 产区：库纳瓦拉
电话：(08) 8737 0300 网址：www.katnookestate.com.au
开放时间：周一至周六，10:00—17:00；周日，11:00—17:00
酿酒师：沃恩·史蒂芬森（Wayne Stehbens） 创立时间：1979年
产量（以12支箱数计）：90000 葡萄园面积：198公顷

佳诺库纳瓦拉是（这一产区内）面积第二大的葡萄园，仅次于酝思库纳瓦拉（Wynns Coonawarra）酒庄，在收购西班牙起泡酒（Spanish Cava）的生产商菲斯奈特（Freixenet）后，佳诺得以进一步发展壮大，酒庄一度曾将大部分生产的葡萄出售，如今只出售10%。库纳瓦拉（1896）的第二个年份是在颇有历史意义的石制羊毛场中酿制的。此屋从1980年起一直在使用之中，现已修复。同样的约翰·里多克（John Riddoch）之前的办公室也已翻新并用作酒窖门店，旧马厩现已用作功能区。半数以上的地种植了赤霞珠和西拉，奥德赛（Odyssey）赤霞珠和奇才（Prodigy）西拉是多层产品组合中的顶级的两款。出口到所有的主要市场。

🍷🍷🍷🍷🍷

Odyssey Cabernate Sauvignon 2013
奥德赛赤霞珠2013
除梗破碎，部分开放发酵，部分采用封闭发酵罐，带皮浸渍5—10天，在法国（56%是新的）和旧的美国橡木桶中熟成36个月。橡木显然在酒中留下了痕迹，但酒中丰富的黑加仑/黑醋栗酒，月桂叶和香料的味道给这款温和而丰富的葡萄酒更增加了几分平衡感，可以现在饮用，也可以陈放20年以上。
封口: 橡木塞 酒精度: 14.5% 评分: 96 最佳饮用期: 2037年 参考价格: 100澳元

Amara Vineyard Cabernate Sauvignon 2015
阿马拉葡萄园赤霞珠 2015
在封闭和开放式的罐中发酵5—10天，在小橡木桶中熟成11个月，93%为法国桶（45%是新的），7%为美国桶。这是一款杰出的库纳瓦拉赤霞珠，酒中丰富的果味充分吸收了法国橡木的气息，散发出桑葚和黑醋栗酒的味道。单宁结实，可以长期储存。
封口：螺旋盖 酒精度：14% 评分：95 最佳饮用期：2035年 参考价格：50澳元

The Caledonian Cabernate Sauvignon 2015
加里东尼亚赤霞珠西拉2015
55%的赤霞珠，35%的西拉，余下为10%的丹娜和小味儿多；在法国橡木桶（40%是新的）中熟成14个月。酒香中有明显的橡木气息，但在复杂饱满的口感中则很少，带有一系列黑莓、黑加仑、李子和辛香料味的橡木味道，单宁适当。
封口：螺旋盖 酒精度：14% 评分：95 最佳饮用期：2030年 参考价格：50澳元

🍷🍷🍷🍷🍷(半)

Estate Cabernate Sauvignon 2014
庄园赤霞珠 2014
评分：93 最佳饮用期：2029年 参考价格：40澳元

Squire's Blend Cabernate Merlot 2014
斯夸尔混酿赤霞珠梅洛2014
评分：90 最佳饮用期：2024年 参考价格：22澳元

Kay Brothers Amery Vineyards 凯氏兄弟埃默里葡萄园 ★★★★★

57 Kays Road，麦克拉仑谷，SA 5171 产区：麦克拉仑谷 电话：(08) 8323 8211
网址：www.kaybrothersamerywines.com 开放时间：详情见网站 酿酒师：科恩·凯（Cohn Kay），邓肯·肯尼迪（Duncan Kennedy），科林·凯（Colin Kay）［顾问（Consultant）］
创立时间：1890年 产量（以12支箱数计）：10500 葡萄园面积：22公顷

这是一个很有历史的传统葡萄园，其中种植有20公顷左右珍稀的老葡萄藤，尽管白葡萄酒的质量不一，红葡萄酒和加强型葡萄酒则质量很好。比较特殊的是产自120多岁树龄的葡萄藤的六号地块（Block 6）西拉。现在酒庄内的葡萄藤和出产的酒的质量都在日益增长。2015年是酒庄建立的125周年。出口到美国、加拿大、瑞士、德国、马来西亚、新加坡、韩国、泰国等国家，以及中国内地（大陆）和香港地区。

🍷🍷🍷🍷🍷

Block 6 McLarent Vale Shiraz 2014
6号地块麦克拉仑谷西拉2014
华丽而集中的果味非常浓郁。结合使用新的和旧的美国和法国橡木桶，产生的风味都精确地融合了成熟的葡萄单宁，是长期陈酿的保证。来自树龄为122年的葡萄酒，酒质无与伦比，质地华丽而有层次感，结尾有充满异国风情的鱼露和五香粉的丰富味道。
封口：螺旋盖 酒精度：14.5% 评分：97 最佳饮用期：2036年
参考价格：85澳元 NG ✪

🍷🍷🍷🍷🍷

Hillside McLarent Vale Shiraz 2014
山边麦克拉仑谷西拉2014
有活泼的深色水果味道，来自美国和法国橡木的奶油味道，以及无懈可击的葡萄单宁和恰到好处的酸度。风味十分开放，有着别处难得的成熟度——只有麦克拉仑谷才能做到！橡木味道虽然浓，但会随着酒龄增长逐渐被吸收。
封口：螺旋盖 酒精度：14% 评分：95 最佳饮用期：2034年
参考价格：45澳元 NG

Griffon's Key Reserve McLarent Vale Grenache 2015
格里芬之钥麦克拉仑谷歌海娜 2015

宝石红色，个性鲜明：有覆盆子利口酒、樱桃、茴香，还有一些石楠的味道，口感丰富多汁，酒体有纤维质感，橡木味道适度。它热情、丰满而有肉感，融合了歌海娜的光滑度和麦克拉仑谷泥炭味道的特点。
封口：螺旋盖 酒精度：14.5% 评分：95 最佳饮用期：2028年
参考价格：45澳元 NG

Ironmonger 2014
铁器商 2014
这是一款老藤西拉和赤霞珠的混酿。西洋李子、深色水果，烟草，鼠尾草和薄荷增加了复杂性。还有熏肉的味道。实至名归，单宁使结尾非常清爽，悠长，有质感和多汁。
封口：螺旋盖 酒精度：14.5% 评分：94 最佳饮用期：2035年
参考价格：35澳元 NG

🍷🍷🍷🍷🍷 Basket Pressed Grenache 2015
篮式压榨歌海娜 2015
评分：93 最佳饮用期：2023年 参考价格：25澳元 NG ✪

Basket Pressed McLarent Vale Merlot 2015
篮式压榨麦克拉仑谷梅洛2015
评分：93 最佳饮用期：2023年 参考价格：25澳元 NG ✪

McLarent Vale Grenache Rose 2016
麦克拉仑谷歌海娜桃红 2016
评分：91 最佳饮用期：2019年 参考价格：22澳元 NG ✪

Basket Pressed McLarent Vale Shiraz 2015
篮式压榨麦克拉仑谷西拉2015
评分：91 最佳饮用期：2025年 参考价格：28澳元 NG

Basket Pressed McLarent Vale Mataro 2015
篮式压榨麦克拉仑谷马塔洛 2015
评分：91 最佳饮用期：2028年 参考价格：28澳元 NG

Keith Tulloch Wine 基斯·塔洛克葡萄酒 ★★★★★

Hermitage Road，Pokolbin，新南威尔士州，2320 产区：猎人谷
电话：(02)4998 7500 网址：www.keithtullochwine.com.au 开放时间：每日开放，10:00—17:00 酿酒师：基斯·塔洛克（Keith Tulloch），布伦登·卡克罗夫茨基（Brendon Kaczorowski）
创立时间：1997年 产量（以12支箱数计）：12000 葡萄园面积：9.1公顷
基斯·塔洛克是猎人谷著名的葡萄酒世家塔洛克家族的成员。他曾在林德曼斯（Lindemans）和罗斯百瑞庄园（Rothbury Estate）做酿酒师，1997年他创立了自己的品牌。他和杰弗里·格罗塞特（Jeffrey Grosset）一样，都对细节十分执着，追求完美和专业。出口到英国、阿联酋、印度尼西亚和日本。

🍷🍷🍷🍷🍷 Museum Release Hunter Valley Semillon
博物馆发行猎人谷赛美蓉2010
这是2010的基础款，如今有7年的酒龄，却一点也不普通。和其他的基斯·塔洛克的酒款一样优雅，有丰富的柑橘味道，但还并未达到最浓郁复杂的程度。如果我今天晚上喝下这款酒的最后一瓶，合适吗？当然。
封口：螺旋盖 酒精度：11.5% 评分：96 最佳饮用期：2025年 参考价格：65澳元 ✪

The Doctor Hunter Valley Shiraz 2014
博士猎人谷西拉2014
这款酒的命名是为了纪念基斯·塔洛克的父亲哈利·塔洛克博士（Dr Harry Tulloch）在猎人谷从事葡萄栽培50周年酿制的。六号地块（Six blocks）来自由父子俩建立的马尔斯（Mars）和凯斯特（Kester）葡萄园。很好地表达了这个年份的葡萄特征，带有深色浆果的味道、香料/泥土单宁和橡木的味道作为支撑。
封口：螺旋盖 酒精度：13.5% 评分：96 最佳饮用期：2044年 参考价格：150澳元

Field of Mars Block 1 Hunter Valley Shiraz 2013
马尔斯一区酒庄猎人谷西拉2013
这款酒再次提醒我们，这是猎人谷四个最佳的红葡萄年份之一（2007，2011，2013和2014）。完好地表达了产地的风土特征，来自鲜香/泥土/皮革的背景下是丰富的黑莓味道。总体说来，这是一款回味悠长的佳酿。
封口：螺旋盖 酒精度：13.5% 评分：96 最佳饮用期：2048年 参考价格：100澳元

Winemakers Selection Marsanne 2016
酿酒师之选玛珊2016
来自酒庄葡萄园中树龄为50的老藤，产量为33箱，在桶中进行初次和苹乳发酵。口感丰富，可以即饮（热情活泼），或者在10年后饮用（金银花，蜂蜜），酸度良好。
封口：螺旋盖 酒精度：11.8% 评分：95 最佳饮用期：2027年 参考价格：75澳元

Epogee Winemakers Selection Marsanne Viognier Roussanne 2016
艾珀吉酿酒师之选玛珊维欧尼胡珊2016
酿造前将复杂的地块分成6份，按比例采用发酵罐、橡木桶和带皮浸渍发酵。复杂的工艺流程的确得到了回报，浓郁复杂，完全有理由相信在接下来的5年里，它会有更好的表现。
封口：螺旋盖 酒精度：13% 评分：95 最佳饮用期：2022年 参考价格：40澳元

Field of Mars Block 2A
马尔斯2A地块猎人谷赛美蓉2015
手工采摘，仅生产120箱。现在就很美味，果味丰富，结尾浓郁。对猎人谷来说这是一个艰难的年份。
封口：螺旋盖　酒精度：11%　评分：94　最佳饮用期：2035年　参考价格：50澳元

Field of Mars Block 6 Hunter Valley Chardonnay 2015
马尔斯6号地块猎人谷霞多丽 2015
发酵时橡木使用得恰如其分，这给酒体带来了核果和柑橘的味道，直到下一次品尝释放出更加浓郁的结尾。唯一不能确定的是它会往哪个方向发展。
封口：螺旋盖　酒精度：13.5%　评分：94　最佳饮用期：2022年　参考价格：60澳元

Tawarri Vineyard Hunter Valley Shiraz 2015
塔瓦里葡萄园猎人谷西拉2015
葡萄园坐落在海拔为460米的大分水岭的坡上，在法国橡木桶中陈酿15个月。色泽浓郁，与其他猎人谷西拉非常不同，带有黑色水果和胡椒的味道。需陈酿10年以上才能完全释放出它的潜力。
封口：螺旋盖　酒精度：14.4%　评分：94　最佳饮用期：2035年　参考价格：48澳元

Museum Release The Kester Hunter Valley Shiraz 2009
博物馆发型凯斯勒猎人谷西拉2009
猎人谷西拉坚韧特性的一个好例子——他的色泽仍然是明亮的深红色，口感活泼新鲜，酒香芬芳。总的来说，多汁新鲜，还需陈酿。
封口：螺旋盖　酒精度：13.8%　评分：94　最佳饮用期：2029年　参考价格：90澳元

🍷🍷🍷🍷🍷 Hunter Valley Semillon 2016
猎人谷赛美蓉2016
评分：93　最佳饮用期：2029年　参考价格：30澳元

Field of Mars Block 1 Hunter Valley Shiraz 2014
马尔斯一区酒庄猎人谷西拉2014
评分：92　最佳饮用期：2034年　参考价格：100澳元

Hunter Valley Botrytis Semillon 2015
猎人谷灰霉赛美蓉2015
评分：92　最佳饮用期：2019年　参考价格：38澳元

Kellermeister　凯乐美　★★★★★

Barrosa Valley Highway，Lyndoch，SA 5351　产区：巴罗萨谷
电话：(08) 8524 4303　网址：www.kellermeister.com.au　开放时间：每日开放，9:30—17:30
酿酒师：马克·皮尔斯（Mark Pearce）　创立时间：1976年
产量（以12支箱数计）：30000　葡萄园面积：20公顷

2009年，马克·皮尔斯（Mark Pearce）离开瓦拉瓦拉（Wirra Wirra）酒庄而加入凯乐美之后，成功地带领酒庄及其旗下品牌度过了许多艰难的年份。2012年创始人拉尔夫（Ralph）和瓦尔·琼斯（Val Jones）退休后，皮尔斯家族收购了酒庄。马克和他年轻的团队继续致力于建设这个已有40年历史的酒庄。他酿酒的重点在于继续保持凯乐美葡萄酒的优秀品质，同时引入新款葡萄酒，目的是表达出巴罗萨的产地风格。出口到美国、加拿大、瑞士、丹麦、以色列、日本等国家，以及中国内地（大陆）和台湾地区。

🍷🍷🍷🍷🍷 The Wombat General HandPicked Riesling 2016
袋熊将军伊顿谷雷司令2016
费克纳（Fechner）葡萄园最好的雷司令地块，手工采摘，整串压榨，采用自流汁（450升/吨）。口感浓郁/纯净，爽脆的酸度之上，柠檬/青柠的味道更是锦上添花。在口中停留的时间越长，越是让人印象深刻。异常低廉的价格。
封口：螺旋盖　酒精度：12.5%　评分：97　最佳饮用期：2036年　参考价格：22澳元

Black Sash Barrosa Valley Shiraz 2015
黑腰带巴罗萨谷西拉2015
出自埃比尼泽（Ebenezer）产区树龄为100岁的老藤，在法国大橡木桶（75%是新的）中熟成。紫红色，酒体异常饱满，深沉的黑色水果味道中带有一点苦味，但也并不过分。明显的法国橡木味，但这款酒很有发展的潜力，还可以陈酿几十年。
封口：螺旋盖　酒精度：14.5%　评分：97　最佳饮用期：2045年　参考价格：65澳元 ✪

Ancestor Vine Stonegarden Vineyard Eden Valley Grenache 2013
先祖葡萄藤葡萄园伊顿谷歌海娜2013
葡萄园种植于1868年，用以生产歌海娜地块混酿。在大橡木桶中陈酿时间较长，最近才装瓶，选用高品质的阿莫里姆（Amorim）酒塞和颇有重量的瓶子，这款酒的灵感源自马克·皮尔斯在新堡（Chateauneuf）时的工作经历。高品质的歌海娜带来的良好的结构感和质感，除了单宁，并不逊色于老藤西拉，风味完全是歌海娜的红色水果。
封口：橡木塞　酒精度：14%　评分：97　最佳饮用期：2043年　参考价格：175澳元

🍷🍷🍷🍷🍷 The Meister Eden Valley Shiraz 2015
梅斯特伊顿谷西拉2015
出产自种植于1906年的葡萄园，在新法国橡木桶中熟成。产量有限，它还是非常年轻，在未来的10—20年中会吸收掉现在酒中的法国橡木的味道。
封口：螺旋盖　酒精度：14%　评分：96　最佳饮用期：2050年　参考价格：250澳元

The Firstborn Single Vineyard Threefold Farm Barrosa Valley Shiraz 2014
长子单一葡萄园三叠农场巴罗萨谷西拉2014
来自皮尔斯家族自有葡萄园——三叠农场（Threefold Farm）。现在评价和描述这款酒还太早——此时酒中的橡木和大量的成熟的单宁尚未得到充分的发展，未来凯乐美风格的葡萄酒将更上一层楼，带有鲜美的黑色水果，李子、甘草和单宁的味道。
封口: 螺旋盖 酒精度: 14% 评分: 96 最佳饮用期: 2039年 参考价格: 45澳元 ✪

The Pious Pioneer Dry Grown Barrosa Valley Shiraz 2014
虔诚的拓荒者巴罗萨西拉2014
在新的和旧的橡木桶中熟成。丰富的味道在口中徐徐展开，单宁和橡木与黑色水果的味道相交织。中等酒体，平衡极好。
封口: 螺旋盖 酒精度: 14.5% 评分: 95 最佳饮用期: 2034年 参考价格: 27澳元 ✪

Barrosa Valley Vineyard Shiraz 2014
巴罗萨葡萄园西拉2014
来自横跨巴罗萨和伊顿谷的一系列葡萄园，在法国大橡木桶中熟成。保留了非同寻常的色泽，带有凯乐美特有的黑色水果/鲜美，非常诱人。是年度优选酒款。
封口: 螺旋盖 酒精度: 14.5% 评分: 94 最佳饮用期: 2034年 参考价格: 20澳元 ✪

🍷🍷🍷🍷🍷 Ralph's Ensemble Barrosa Valley Shiraz Cabernate Sauvignon 2013
拉尔夫合奏巴罗萨西拉赤霞珠2013
评分：92 最佳饮用期：2028年 参考价格：27澳元

The Funk Wagon GSM Barrosa 2014
风车GSM巴罗萨2014
评分：92 最佳饮用期：2029年 参考价格：27澳元

Barrosa Vineyard Shiraz 2013
巴罗萨葡萄园西拉2013
评分：91 最佳饮用期：2028年 参考价格：20澳元 ✪

Kennedy 肯尼迪 ★★★★☆

Maple Park，224 Wallenjoe Road，Corop，Vic 3559（邮） 产区：西斯科特
电话：(03)5484 8293 网址：www.kennedyvintners.com.au 开放时间：不开放
酿酒师：桑德罗·莫塞尔（Sandro Mosele，合约）创立时间：2002年
产量（以12支箱数计）：1000 葡萄园面积：29.2公顷

约翰（John）和帕特里夏·肯尼迪（Patricia Kennedy）在西斯科特的考宾纳宾（Colbinabbin）区域作了27年的农民，他们刚好有机会买下骆驼山脉（Mt Camel Range）朝东的斜坡上的一处寒武纪土地地块。他们在2002年种植了20公顷的西拉。随着他们对此地不同地块之间复杂度和差异化的了解逐渐加深，以及合约酿酒师桑德罗·莫塞尔（Sandro Mosele）的加入，2007年，他们继续种植了西拉、添帕尼罗和幕尔维德。采用小批量开放式发酵方法酿造西拉，使用原生酵母，温和踩皮，然后法国橡木桶（20%是新的）陈酿12个月后装瓶。

🍷🍷🍷🍷🍷 Cambria Heathcote Shiraz 2014
坎布里亚西斯科特西拉2014
手工采摘，去梗，野生酵母一开放式发酵，并用一小部分（小于15%）整串发酵；在法国小橡木桶中苹乳发酵之后（15%是新的），选择最佳的酒桶熟成18个月。酒体饱满，质感丰富的西拉，在口中有着层层叠叠的天鹅绒一般的复杂风味，配合着酒香中红色和黑色的新鲜水果香气与香料。温和的酒精度使得酒体圆润，没有过熟的味道。
封口：Diam软木塞 酒精度：13.5% 评分：95 最佳饮用期：2044年
参考价格：32澳元 ✪

Pink Hills Heathcote Rose 2016
粉红山西斯科特桃红 2016
幕尔维德，手工采摘，短时间带皮浸渍，在旧橡木桶中发酵。淡三文鱼色调；酒的复杂的风味，是繁复的工艺步骤（和葡萄品种）的充分体现。干型，非常辛辣，也带有果味。非常合算。
封口: 螺旋盖 酒精度: 13.5% 评分: 94 最佳饮用期: 2020年 参考价格: 20澳元 ✪

Heathcote Shiraz 2014
西斯科特西拉2014
它与兄弟酒款坎布里亚的不同之处在于用了整串浆果，并在橡木桶中陈酿12个月，而不是18个月。色泽极佳，非常活泼，一系列红色和黑色樱桃的味道，单宁略甜和香料浓郁。
封口: 螺旋盖 酒精度: 13.5% 评分: 94 最佳饮用期: 2030年 参考价格: 25澳元 ✪

🍷🍷🍷🍷🍷 Henrietta Shiraz 2015
西斯科特西拉2015
评分：90 最佳饮用期：2025年 参考价格：20澳元 ✪

Kensington Wines 肯辛顿葡萄酒 ★★★★

1590 Highlands Road，Whiteheads Creek，Vic 3660 产区：上高宝（Upper Goulburn）
电话：(03)5796 9155 网址：www.kensingtonwines.com.au 开放时间：周日，11:00—17:00
酿酒师：尼娜·斯托克尔（Nina Stocker），弗兰克·伯尼克（Frank Bonic）
创立时间：2010年 产量（以12支箱数计）：20000 葡萄园面积：4公顷

酒庄的所有者斯安迪（Anddy）和康迪·徐（Kandy Xu）夫妻二人，他们在中国生长，现居澳

大利亚。他们花了6年时间建立了肯辛顿酒庄。他们通过采购葡萄与葡萄酒而确立了丰富的产品组合，葡萄产区主要是维多利亚，但也有部分来自南澳大利亚.尽管他们的主要市场在中国（以及其他亚洲国家），但他们出产的仍然是无甜味无残糖的葡萄酒，同时也在澳大利亚本地市场销售。康迪和安迪现致力于生产精品澳大利亚葡萄，他们在2015年买下了上高宝（Upper Goulburn）产区的洛基·帕斯（Rocky Passes）葡萄园（和酒窖门店），并且聘请了酿酒师尼娜·斯托克尔（Nina Stocker）——葡萄与葡萄酒研究发展公司的前主席约翰·斯托克尔博士（Dr John Stocker）之女。康迪还取得了WSET证书并在布朗兄弟（Brown Brothers）工作了一个年份，以增加自己在葡萄酒行业和酿酒方面的经验和资历。她也是澳大利亚中国葡萄酒协会的共同创始人，目前继续担任主席的职位。她将葡萄酒的书籍翻译成中文，这其中包括我的《澳大利亚前100葡萄酒厂》。

🍷🍷🍷🍷🍷 Benalla Single Vineyard Shiraz 2015

贝纳拉单一葡萄园西拉2015

采用人工培养和野生酵母，开放式发酵，再在旧的法国橡木桶中熟成12—16个月。带有紫罗兰和玫瑰的香调。口感温和，酒精度恰到好处。梅子和樱桃酒的风味，紧致网状的单宁全部交织在一起。质量上乘。

封口：螺旋盖 酒精度：15.5% 评分：92 最佳饮用期：2032年

参考价格：65澳元 NG

Barrosa Valley Shiraz 2015

巴罗萨谷西拉2015

巴罗萨德圣诞蛋糕香料，黑李子和樱桃的味道，口感浓郁，单宁柔顺。在新的和旧的美国橡木桶中熟成12—16个月，带有产区特有的干鼠尾草和桉树的味道。

封口：橡木塞 酒精度：15.5% 评分：92 最佳饮用期：2032年

参考价格：45澳元 NG

Goulburn Valley Shiraz 2014

高宝谷西拉2014

保持了良好的温和气候下生长的李子的风味，充满了紧致的葡萄单宁和香柏木的气息。在20%的法国新橡木桶中陈酿18—20个月。明亮的深红色充满了能量，可以长时间陈酿。

封口：螺旋盖 酒精度：14.7% 评分：92 最佳饮用期：2032年

参考价格：32澳元 NG

Heathcote Shiraz 2015

西斯科特西拉2015

有着西斯科特产区风格带来的浓郁巧克力味。丰富的深色水果和碳烤肉的味道，以及泥土，咖啡粉般的紧致单宁，合适的酸度，丰富的橡木气息。唯一需要注意的是酒精度。

封口：螺旋盖 酒精度：15.5% 评分：91 最佳饮用期：2025年

参考价格：35澳元 NG

Mundarlo Vineyard Gundagai Shiraz 2014

满达罗葡萄园刚达盖 西拉 2014

丰富的蓝莓、紫罗兰、肉桂香料和黑色胡椒末，再以单宁和明亮的酸度作装饰。在法国橡木桶中熟成2年，增加了质地，略有一丝苦巧克力的味道，是一套优美的组合。

封口：螺旋盖 酒精度：14.5% 评分：91 最佳饮用期：2026年

参考价格：28澳元 NG

Moppity Vineyard Hilltops Cabernate Sauvignon 2014

莫皮蒂葡萄园希托扑斯赤霞珠2014

甜椒、黑加仑和雪茄盒的气息，伴随着经典的中等酒体。深红色调中带着一丝砖红。非常开胃，分别在旧的和新的法国橡木桶中各陈放9个月，单宁收敛感强。

封口：螺旋盖 酒精度：13% 评分：91 最佳饮用期：2026年

参考价格：28澳元 NG

Kerrigan + Berry 克里根+贝里 ★★★★★

PO Box 221，Cowaramup，WA 6284（邮） 产区：西南澳大利亚

电话:（08）9755 6046 网址：www.kerriganandberry.com.au 开放时间：在草棚山（Hay Shed Hill） 酿酒师：迈克·克里根（Michael Kerrigan），加文·贝里（Gavin Berry）

创立时间：2007年 产量（以12支箱数计）：1200

所有者迈克·克里根（Michael Kerrigan）和加文·贝里（Gavin Berry）两人在西澳大利亚从事酿酒一行的时间加在一起超过了40年，他们两人认为西澳的代表性品种是雷司令和赤霞珠——这也是与他们两人联系最紧密的两个品种。他们在酒庄的工作时间全部在周末和下班之后，与他们在草棚山（Hay Shed Hill）和西开普豪（West Cape Howe）担任的受人尊重的首席酿酒师的工作完全分开。他们把精力集中在重要的事情上，“我们没有在市场调查上花一点儿时间，也不会因为商业顾问的意见而把他们打上一顿。”出口到英国、美国、丹麦、新加坡和中国。

🍷🍷🍷🍷🍷 Frankland River Shiraz 2014

法兰克兰河西拉2014

来自一个单一葡萄园。馥郁的黑色水果，各种香料，甘草和一点沥青的味道，带有凉爽气候下生长并在完美的成熟度下采收带来的浓郁风味。

封口: 螺旋盖 酒精度: 14% 评分: 97 最佳饮用期: 2044年 参考价格: 35澳元 ✪

🍷🍷🍷🍷🍷 Mt Barker Great Southern Riesling 2016

贝克山大南部产区雷司令2016

葡萄来自种植于70年代初期的大朗顿（Langton）葡萄园，此处以葡萄品质出名。这款葡萄酒既精致又浓烈，轻快而集中，带有柑橘和矿物质的味道。在接下来的5—10年里，这些相互矛盾之处会慢慢溶解掉，品质更好。
封口：螺旋盖 酒精度：12% 评分：95 最佳饮用期：2029年 参考价格：28澳元 ✪

Kidman Wines 基德曼葡萄酒 ★★★☆

13713 Riddoch Highway，库纳瓦拉，SA 5263 产区：库纳瓦拉
电话：（08）8736 5071 网址：www.kidmanwines.com.au 开放时间：每日开放，10:00—17:00
酿酒师：西德·基德曼（Sid Kidman） 创立时间：1984年 产量（以12支箱数计）：6000
葡萄园面积：17.2公顷
西德·基德曼（Sid Kidman）在这片产业上的第一棵葡萄藤种植于1971，并从此负责管理葡萄园。这些年来，逐渐增加了赤霞珠、西拉、雷司令和长相思等品种。酒窖门店设在1859年建造的旧马厩里，与这个地区的历史有极大的关联。苏西（Susie）和西德（Sid）的儿子乔治（George）最近加入了企业，成了基德曼家族的第四代接班人。出口到马来西亚和中国。

🍷🍷🍷🍷 Coonawarra Shiraz 2014
库纳瓦拉西拉2014
产区特有的薄荷醇/树胶、树叶、美国橡木，和15%的酒精度带来的温暖气息，但味蕾上辛香、胡椒的香气（和味道）以及深色浆果的味道却将品种特点真实地表达了出来。结尾有些粗糙，但也自有它质朴的魅力。
封口：螺旋盖 评分：89 最佳饮用期：2021年 参考价格：20澳元 SC

Coonawarra Cabernate Sauvignon 2014
库纳瓦拉赤霞珠 2014
酒香充分地体现了这款酒的产地特征：有着纯正的库纳瓦拉赤霞珠特有的丰富的黑加仑和桑葚，石灰石和巧克力薄荷。巧妙地融入了一点法国橡木的味道。在品尝的时候，所有这些特点都有体现，热情，但结构感还需要一定的加强。单宁适度。但总体的品质还可以再提高一点点。
封口：螺旋盖 酒精度：14% 评分：89 最佳饮用期：2023年
参考价格：22澳元 SC

Kilikanoon Wines 凯利卡农葡萄酒 ★★★★★

Penna Lane，Penwortham，SA 5453 产区：克莱尔谷
电话：（08）8843 4206 网址：www.kilikanoon.com.au 开放时间：每日开放，11:00—17:00
酿酒师：凯文·米歇尔（Kevin Mitchell），巴里·科伊（Barry Kooij）
创立时间：1997年 产量（以12支箱数计）：90000 葡萄园面积：117.14公顷
1997年，凯文·米歇尔（Kevin Mitchell）在他与父亲莫特（Mort）共同拥有的6公顷园地的基础上，建立了这个酒庄，并担任酿酒师。此后，酒庄的业务发展就进入了快车道。在投资人的资助下，酒庄的产量为80000箱——全部来自300公顷的酒庄自有葡萄园，以及南澳大利亚的2266公顷优质葡萄园。2013与2014年上半年凯利卡农（Kilikanoon）与沙普酒庄（Seppeltsfield）切断了所有联系；沙普酒庄出售了持有的凯利卡农的股票，以及巴罗萨谷克劳赫斯特（Crowhurst）葡萄园，这也让凯利卡农收购了他们原来租赁的葡萄酒厂，并购买了苏尔蒙山（Mount Surmon）葡萄园。出口到世界所有的主要市场。

🍷🍷🍷🍷🍷 Attunga 1865 Clare Valley Shiraz 2013
阿通加克莱尔谷西拉2013
所用的藤蔓已有150岁的树龄，是世界上最老的葡萄藤之一；去梗，采用人工培养酵母进行开放式发酵，在法国橡木桶（30%是新的）中陈酿18个月。口感异常的年轻；有黑莓和橡木香料的味道，甘草和泥土交织在口中的感觉如同斯特拉迪瓦里小提琴的协奏曲。单宁一如既往地带来了质感和结构感。法国橡木的味道明显，但非常平衡。
封口：螺旋盖 酒精度：14.5% 评分：97 最佳饮用期：2053年 参考价格：250澳元

Revelation Shiraz 2012
启示录西拉2012
启示录系列是凯利卡农每个年份的顶级酒款，有可能产自克莱尔谷或巴罗萨产区的任一酒庄自有葡萄园。这款佳酿产自恰好处于克莱尔谷地理标记的边界之内的苏尔蒙山。采用人工酵母发酵，在法国橡木桶（50%是新的）中熟成20个月，色泽深浓，但还是表现出了明显的变化，有着令人惊叹的力度和集中度。漆黑的水果、鲜肉、林地、甘草的味道，可以感知到在法国橡木桶中陈酿了18个月而带来的味道。线条优美，平衡感极佳。
封口：螺旋盖 酒精度：14.5% 评分：97 最佳饮用期：2052年 参考价格：550澳元

🍷🍷🍷🍷🍷 Crowhurst Reserve Barrosa Valley Shiraz 2013
克劳赫斯特珍藏巴罗萨谷西拉2013
去梗，开放式发酵，在新法国橡木桶中熟成20个月。这是凯利卡农的巴罗萨谷旗舰酒款。它酒体醇厚，并且是唯一一款在100%新法国橡木桶中陈酿的酒款。质地和口感均非常复杂，等到所有的元素，尤其是橡木的味道达到完全和谐的状态，还需要至少10年的时间。
封口：螺旋盖 酒精度：14.5% 评分：96 最佳饮用期：2043年 参考价格：120澳元

Miracle Hill McLarent Vale Shiraz 2013
奇迹山麦克拉仑谷西拉2013
去梗，采用人工培养酵母进行开放式发酵，在法国橡木桶（50%是新的）中熟成20个月。同时品尝启示录、阿通加、克劳赫斯特陈酿、神谕和这一款酒的话，可以清晰地

分辨出了他们的不同结构——如果分别品尝的话，它们异常饱满的酒体可能会掩盖这些差异。这款酒确实有着极其丰富的果味，带有黑巧克力的味道和光滑的质地，清晰地展示了麦克拉仑谷的产地风格。相对来说，现在是享受它的最佳时机，它的变化将是这些酒款中速度最快的。

封口: 螺旋盖　酒精度: 14.5%　评分: 96　最佳饮用期: 2038年　参考价格: 80澳元

Oracle Clare Valley Shiraz

神谕克莱尔谷西拉2013

来自酒庄自有的金色山坡（Golden Hillside）和苏尔曼山（Mt Surmon）葡萄园。凯文·米歇尔（Kevin Mitchell）的窖藏建议很短：它可以陈酿很久——至少12年。它是2013顶级西拉系列中最鲜美可口的，从某些方面来讲，也是最精致的一款酒。带有红色、紫色和黑色水果的味道，单宁光滑，法国橡木的味道与整体平衡而协调。

封口: 螺旋盖　酒精度: 14.5%　评分: 96　最佳饮用期: 2033年　参考价格: 80澳元

Baudinet Blend Grenache Shiraz Mataro 2014

博迪内混酿克莱尔谷歌海娜西拉马塔洛 2014

一款配比为50/40/10%的混酿，在法国橡木桶（15%是新的）中陈酿18个月。有着这类混酿酒款不常见的明亮的深紫红色。毫无疑问，这是克莱尔谷最好的GSM，这三个品种的结合带来了极好的红色和黑色水果味道，中等至饱满的酒体，并有着恰到好处的高品质单宁和完美的平衡感。未来几十年还应当可以继续发展。

封口：螺旋盖　酒精度：14.5%　评分：96　最佳饮用期：2039年

参考价格：55澳元 ✪

Tregea Reserve Barrosa Valley Cabernate Sauvignon 2013

特雷格珍藏克莱尔谷赤霞珠 2013

在这个圈子里，很多酒庄所谓的“坏年份不产酒”都是明显的睁眼说瞎话（是的，这是真的！）。但在这里，这是真的。原料产于酒庄在彭沃森（Penwortham）的葡萄园，产量不到300箱——甚至少于凯利卡农的顶级赤霞珠。酒色看上去就像是昨天刚刚装瓶，流畅的黑醋栗酒风味和背景中的单宁也同样非常年轻。

封口：螺旋盖　酒精度：14%　评分：96　最佳饮用期：2030年　参考价格：80澳元

Mort's Block Watervale Riesling

莫特地块雷司令2016

和他们所有的凯利卡农雷司令一样，没有复杂的酿造工艺，所有的精力都集中在细节上。这是一款3个葡萄园的混酿。酒香中有丰富的矿物质味道和柑橘果香，口中可以感觉到充分的柠檬/青柠的味道和坚实的结尾。

封口: 螺旋盖　酒精度: 12.5%　评分: 95　最佳饮用期: 2031年　参考价格: 25澳元 ✪

Testament Barrosa Valley Shiraz 2015

圣约巴罗萨谷西拉2015

发酵采用人工培养酵母，熟成20个月，30%在带橡木片的罐中发酵，55%在法国橡木桶（15%是新的）中发酵。充足却并不过分的橡木味，同时酒中有多层次的黑莓味道，酒体饱满平衡。

封口: 螺旋盖　酒精度: 14.5%　评分: 95　最佳饮用期: 2035年　参考价格: 44澳元

Parable McLarent Vale Shiraz 2014

寓言麦克拉仑谷西拉2014

去梗，采用人工培养酵母进行开放式发酵，在法国橡木桶中熟成18个月（15%是新的）。可以清晰地感觉到麦克拉仑谷的风格烙印，黑巧克力的味道包裹着丰富的水果味道。让人不得不爱它，酒体中等到饱满，非常好喝。

封口: 螺旋盖　酒精度: 14.5%　评分: 95　最佳饮用期: 2030年　参考价格: 44澳元

Kelly 1932 Clare Valley Grenache 2013

凯利1932克莱尔谷歌海娜 2013

机械采摘，开放式发酵，人工培养酵母，在旧的法国橡木桶熟成15个月。像这样一个小葡萄园，为什么需要机械采摘呢？它的水平远超其他克莱尔谷歌海娜葡萄酒，丝绸般柔滑，但重点明确，丰富的红色樱桃十分可口。虽然有些贵，但贵得有道理。

封口: 螺旋盖　酒精度: 14.5%　评分: 95　最佳饮用期: 2025年　参考价格: 120澳元

Mr Hyde Bliss Clare Valley Riesling 2016

海德·布里斯先生克莱尔谷雷司令2016

来自特里亚山（Trillians Hill）葡萄园，采用野生酵母发酵自流汁。有浓郁多汁的果味，光滑的酸度有着完美的平衡，回味悠长，新鲜清爽。（我猜）很多人会喜欢它连环漫画的酒标，但不会是所有人——我这种老古董就不喜欢。

封口: 螺旋盖　酒精度: 12.5%　评分: 94　最佳饮用期: 2026年　参考价格: 23澳元 ✪

Killerman's Run

杀手克莱尔谷雷司令2016

酒精度与金色山坡（Golden Hillside）相同，带有丰富的花香和一丝香料的气息，柠檬雪酪风味的口感非常新鲜，活泼而且优雅。

封口: 螺旋盖　酒精度: 12.5%　评分: 94　最佳饮用期: 2029年　参考价格: 20澳元 ✪

Exodus Barrosa Valley Shiraz 2015

出埃及记巴罗萨谷西拉2015

人工培养酵母，在法国橡木桶（30%是新的）中陈酿20个月。色泽优美；丰富的红色和黑色水果的香气和口感很好地融合了橡木的味道，单宁很细——这也使得这款酒可以保存很久。

封口：螺旋盖　酒精度：14.5%　评分：94　最佳饮用期：2035年　参考价格：40澳元

Covenant Clare Valley Shiraz 2014

契约克莱尔谷西拉2014

机械采摘，去梗，采用人工培养酵母开放式发酵，在法国橡木桶（30%是新的）中熟成18个月。香气复杂，略带辛辣的冷切肉的气息，同样复杂的口感中有黑色水果和甘草的味道，并且逐渐演变出丰富的、新鲜的深色水果味，这也意味着未来它一定会发展得更加出色。

封口：螺旋盖　酒精度：14.5%　评分：94　最佳饮用期：2034年　参考价格：44澳元

🍷🍷🍷🍷🍷 Second Fiddle Clare Valley Grenache Rose 2016

第二小提琴克莱尔谷歌海娜 桃红 2016

评分：93　最佳饮用期：2018年　参考价格：22澳元 ✪

Mr Hyde Le Petit Lapin Shiraz 2015

海德先生小拉平西拉2015

评分：93　最佳饮用期：2025年　参考价格：25澳元 ✪

Blocks Road Clare Valley Cabernate Sauvignon 2013

街区路克莱尔谷赤霞珠 2013

评分：93　最佳饮用期：2028年　参考价格：33澳元

Skilly Valley Clare Valley Pinot Gris 2016

斯基里克莱尔谷灰比诺 2016

评分：91　最佳饮用期：2017年　参考价格：25澳元

Golden Hillside Watervale Riesling 2016

金色山坡水谷雷司令2016

评分：90　最佳饮用期：2026年　参考价格：20澳元 ✪

Mr Hyde High & Dry Mourvedre 2015

海德先生困境幕尔维　2015

评分：90　最佳饮用期：2023年　参考价格：25澳元

Killara Estate　基拉腊庄园 ★★★★☆

773 Warburton Highway，Seville East，维多利亚,3139　产区：雅拉谷

电话：(03)5961 5877　网址：www.killaraestate.com.au　开放时间：周三至周日

酿酒师：特拉维斯·布什（Travis Bush），麦克·福布斯（Mac Forbes）

创立时间：1997年　产量（以12支箱数计）：7000　葡萄园面积：29.5公顷

基拉腊庄园的新地址在日边（Sunnyside）葡萄园，里奥（Leo）和吉娜·帕拉佐（Gina Palazzo）是酒庄的所有人。在酒庄的赛车手（Racers）和叛逆者（Rascals）咖啡馆，以及酒窖门店都可以看到附近的山脉和谷地。葡萄园种植有黑比诺（10公顷）、霞多丽（6.5公顷）、灰比诺（3.8公顷）、内比奥罗（3公顷）、西拉（2.3公顷）和桑乔维塞（1.2公顷）。出口到中国。

🍷🍷🍷🍷🍷 Palazzo Yarra Valley Nebbiolo 2013

帕拉佐雅拉谷内比奥罗2013

产自酒庄葡萄园，踩踏破碎后转移到一个旧的大橡木桶中进行发酵，在桶中陈酿20个月（细节不详，但很可能是这样的）。有着对内比奥罗来说非常特殊的色泽，明亮的石榴石色调；酒香中有玫瑰花瓣、香料和一丝堪培利开胃酒的味道。细致的单宁上有红色水果的味道。出人意料。

封口：橡木塞　酒精度：13.5%　评分：95　最佳饮用期：2028年　参考价格：50澳元

🍷🍷🍷🍷🍷 Yarra Valley Chardonnay 2015

雅拉谷霞多丽 2015

评分：91　最佳饮用期：2020年　参考价格：35澳元

Killiecrankie Wines　吉列克兰基葡萄酒 ★★★★

103 Soldier Road，Ravenswood.维多利亚，3453　产区：班迪戈

电话：(03)5435 3155　网址：www.killiecrankiewines.com　开放时间：周末，11:00—18:00

酿酒师：约翰·蒙提斯（John Monteath）　创立时间：2000年

产量（以12支箱数计）：400　葡萄园面积：1公顷

1999年，约翰·蒙提斯（John Monteath）搬到了班迪戈以从事自己感兴趣的工作——关于葡萄栽培和酿造方面，在帮助建立葡萄园的过程中，他从水轮（Water Wheel）、西斯科特庄园（Heathcote Estate）、巴尔格尼（Balgownie）和二十一点（Blackjack）等地积累了许多经验。如今的葡萄来源就是这些产区。葡萄园种植有4个西拉克隆株系——它们也是班迪戈葡萄酒的中坚力量。手工采摘，并用这些葡萄来生产真正的车库葡萄酒。同时酒庄也采用其他一些班迪戈和西斯科特的精心管理的葡萄园的精品地块的优质浆果。

🍷🍷🍷🍷🍷 Crankie Pearl 2016

克兰基珍珠 2016

这是一款很有质感、香气馥郁的葡萄酒，带有桃子、杏子、杏仁饼和干草香气。口中可以感觉到酚类在味蕾上的质感，桶内发酵带来的乳酪、香草和松露的味道。酒体中等，容易入口，光滑、酒中的风味持久而有力度。配比为60%的维欧尼、20%的玛珊和20%的胡珊，这也是向罗纳河谷的风格致敬。

封口：螺旋盖　酒精度：13.5%　评分：92　参考价格：23澳元

最佳饮用期：2019年　NG ✪

Kimbarra Wines 金巴拉葡萄酒 ★★★★☆

422 Barkly Street，Ararat，Vic 3377 产区：格兰皮恩斯
电话：(03)5352 2238 网址：www.kimbarrawines.com.au 开放时间：仅限预约
酿酒师：彼得·列克（Peter Leeke），伊恩·麦肯齐（Ian MacKenzie）
创立时间：1990年 产量（以12支箱数计）：200 葡萄园面积：11公顷
彼得·列克（Peter Leeke）种植了格兰皮恩斯产区最适宜的品种——西拉（9公顷）和雷司令（2公顷）。该酒庄庄园自产的葡萄酒均为佳酿，应该让更多的人知道。

🍷🍷🍷🍷🍷 Great Western Riesling 2016
大西部地区雷司令2016
背标描述它是“饱满的中等口感”（原文如此），但它的长度、回味和生津的特征却让我十分吃惊。自然酸度非常尖锐，带有无糖青柠汁的味道。很棒。
封口: 螺旋盖 酒精度: 12% 评分: 95 最佳饮用期: 2031年 参考价格: 28澳元 ✪

🍷🍷🍷🍷 Great Western Shiraz 2010
大西部地区西拉2010
评分：93 最佳饮用期：2025年 参考价格：30澳元

Eric Great Western Shiraz Sparkling 2008
艾里克大西部地区西拉起泡酒 2008
评分：90 最佳饮用期：2017年 参考价格：32澳元 TS

Kimbolton Wines 金伯尔顿 ★★★★☆

The Winehouse Cellar Door，1509 Langhorne Creek Road，兰好乐溪，SA 5255
产区：兰好乐溪 电话：(08) 8537 3002 网址：www.kimboltonwines.com.au
开放时间：每日开放，10:00—17:00 酿酒师：合同制（Contract） 创立时间：1998年
产量（以12支箱数计）：1200 葡萄园面积：54.8公顷
金伯尔顿（Kimbolton）原来是波特斯·布里斯代尔（Potts Bleasdale）酒庄的产业；1946被亨利（Henry）和塞尔玛·凯斯（Thelma Case）收购，现在酒庄由他们的儿子伦恩·凯斯（Len Case）接手。葡萄园内种植的葡萄（赤霞珠、西拉、霞多丽、佳丽酿和蒙帕赛诺）被卖给各大酒厂，仅有少量保留用作金伯尔顿品牌的葡萄酒。这个名字源于伦恩妻子朱迪（Judy）移民前的故乡——英国贝德福德郡（Bedfordshire）一个中世纪小镇。

🍷🍷🍷🍷🍷 The Rifleman Langhorne Creek Shiraz 2013
步兵兰好乐溪西拉2013
来自酒庄葡萄园，去梗破碎，小批量开放式发酵，带皮浸渍7—8天，一天3次手工压帽，苹乳发酵在桶内完成，选出精品在新美国橡木桶中熟成14个月，然后在法国橡木桶中熟成6个月，产量为45箱。这一年份具备2014年没有的优雅和“特别因子”。它的色泽仍然呈现饱满的紫红色，高质量的单宁带有苦巧克力的味道。这样不凡的葡萄酒，生产的成本一定非常高昂。
封口: 螺旋盖 酒精度: 14.5% 评分: 95 最佳饮用期: 2044年 参考价格: 50澳元

The Rifleman Langhorne Creek 2014
步兵兰好乐溪西拉2014
产量为46箱。口感从一开始就极其丰盛，但也并不过分，能给人带来享乐的快感，特别是与牛肉等食物搭配的时候。尽管美国橡木的味道还是存在，但他们的努力值得分数鼓励。果味保证它的长期陈酿潜力。
封口: 螺旋盖 酒精度: 14.3% 评分: 94 最佳饮用期: 2044年 参考价格: 50澳元

Special Release The L.G. Cabernate Sauvignon 2010
特别发行L.G.兰好乐溪赤霞珠 2010
来自种植于1988年的无花果树地块（Fig Tree Block），葡萄园四周种着100多岁的无花果树，仅经过压榨，在新法国橡木桶中熟成了32个月。这个酿酒基地应该很特殊，才能保证32个月的新橡木桶陈酿，而且桶的容量一定是微型的——小型桶一个可以生产22箱，而他们只出产13箱（加4瓶）。是顶级酒吗？差一点点吧。
封口: 橡木塞 酒精度: 14.5% 评分: 94 最佳饮用期: 2040年 参考价格: 100澳元

🍷🍷🍷🍷 The Rifleman Cabernate Sauvignon 2012
步兵赤霞珠 2012
评分：93 最佳饮用期：2027年 参考价格：50澳元

The Rifleman Cabernate Sauvignon 2014
步兵赤霞珠 2014
评分：92 最佳饮用期：2034年 参考价格：50澳元

Cabernate Sauvignon Shiraz 2014
赤霞珠西拉2014
评分：92 最佳饮用期：2029年 参考价格：25澳元 ✪

Fig Tree Cabernate Sauvignon 2014
无花果树赤霞珠 2014
评分：91 最佳饮用期：2029年 参考价格：25澳元

Block 9 Langhorne Creek Chardonnay 2016
9号地块兰好乐溪霞多丽 2016
评分：90 最佳饮用期：2022年 参考价格：25澳元

K Block Langhorne Creek Pinot Gris 2015
K地块兰好乐溪灰比诺 2015
评分：90　最佳饮用期：2017年　参考价格：18澳元 ✪

House Block Langhorne Creek Shiraz 2015
豪斯地块兰好乐溪西拉2015
评分：90　最佳饮用期：2025年　参考价格：25澳元

 Kings Landing　国王着陆 ★★★★

9 Collins Place，Denmark，WA 6333（邮）　产区：大南部产区
电话：0432 312 918　网址：www.kingslandingwines.com.au　开放时间：不开放
酿酒师：科比·拉德维格（Coby Ladwig），卢克·艾克斯雷（Luke Eckersley）
创立时间：2015年　产量（以12支箱数计）：2500　葡萄园面积：9公顷

酿酒师科比·拉德维格（Coby Ladwig）和卢克·艾克斯雷（Luke Eckersley）已经为其他人酿了很多年的酒了，所以某种程度上自己酒庄的工作就是他们的假期了。但这同时也是一项严肃的业务，种植有9公顷的葡萄园（3公顷的霞多丽和西拉，雷司令和赤霞珠各2公顷），已经不能仅仅算是虚拟酒厂。我觉得可以多关注他们一下。

🍷🍷🍷🍷🍷(4.5)　Mount Barker Riesling 2016
贝克山雷司令2016
与其他克莱尔谷葡萄酒相比，这款雷司令有着高于平均水平的深度、香气和风味。除了青柠的味道外，带有一点菠萝的味道，丰富的酸度保证了平衡和长度。
封口：螺旋盖　酒精度：12%　评分：92　最佳饮用期：2026年　参考价格：32澳元

Kirrihill Wines　凯瑞山葡萄酒 ★★★★

12 Main North Road，Clare，SA 5453　产区：克莱尔谷　电话：（08）8842 4087
网址：www.kirrihillwines.com.au　开放时间：每日开放，10:00—16:00
酿酒师：威尔·希尔兹（Will Shields）　创立时间：1998年　产量（以12支箱数计）：35000

1998年，凯瑞山酒庄在风景优美的克莱尔谷落成了。葡萄原料来自凯瑞山管理的600公顷的精选葡萄园，以及艾德华斯（Edwards）和斯坦威（Stanway）家族在这一产区内的一些园地。产区系列（Regional Range）的葡萄酒主要是这个产区内的混酿，葡萄园精选（Vineyard Selection）系列则是要表达葡萄园的风土特征。替代系列（Alternative range）主要出产菲亚诺、维蒙蒂诺、蒙帕赛诺、内比奥罗、添帕尼罗和桑乔维塞。出口到世界所有的主要市场。

🍷🍷🍷🍷🍷　E.B.'s The Squire Clare Valley Shiraz 2014
E.B.的侍卫克莱尔谷西拉2014
这款酒非常饱满，散发出丰富的、复杂的森林浆果和辛香料的味道。
封口：螺旋盖　酒精度：14.9%　评分：94　最佳饮用期：2034年　参考价格：45澳元

🍷🍷🍷🍷🍷(4.5)　E.B.'s The Settler Clare Valley Riesling 2016
E.B.的移居者克莱尔谷雷司令2016
评分：93　最佳饮用期：2021年　参考价格：35澳元

Regional Selection Clare Valley Riesling 2016
产区精选克莱尔谷雷司令2016
评分：92　最佳饮用期：2031年　参考价格：16澳元✪

E.B.'s The Peacemaker Clare Valley Shiraz 2013
E.B.的调停人克莱尔谷西拉2013
评分：90　最佳饮用期：2028年　参考价格：65澳元

Regional Selection Clare Valley Cabernate Sauvignon 2016
产区精选克莱尔谷赤霞珠 2015
评分：90　最佳饮用期：2025年　参考价格：18澳元 ✪

KJB Wine Group　KJB 葡萄酒集团 ★★★☆

2 Acri Street，Prestons，新南威尔士州，2170（邮）产区：麦克拉仑谷　电话：0409 570 694
开放时间：不开放　酿酒师：科特·布瑞尔（Kurt Brill）　创立时间：2008年
产量（以12支箱数计）：550

KJB葡萄酒集团［原欧伊诺特里亚酒商（Oenotria Vintners）］是科特·布瑞尔（Kurt Brill）的酒庄。在妻子吉莉安（Gillian）的鼓励下，他在2003年进入了葡萄酒行业。他参加了阿德莱德大学葡萄酒市场营销的课程，但最终在加州州立大学修习了酿酒工程的学位。他的主要业务在格莱斯·詹姆斯精品葡萄酒（Grace James Fine Wines）经销公司，但他也从麦克拉仑谷收购西拉和赤霞珠，经营自己的虚拟酒厂。出口到英国和荷兰。

🍷🍷🍷🍷🍷　Land of the Vines McLarent Vale Shiraz 2015
葡萄藤之地麦克拉仑谷西拉2015
这款酒的特点是非常复杂。原料来自单一葡萄园。酿造过程中在旧的法国和美国橡木桶熟成22个月。带有森林、黑莓、黑巧克力和细腻的单宁，平衡很好。
封口：螺旋盖　酒精度：14.5%　评分：94　最佳饮用期：2030年　参考价格：25澳元 ✪

Knappstein　纳普斯坦 ★★★★★

2 Pioneer Avenue，Clare，SA 5453　产区：克莱尔谷　电话：（08）8841 2100
网址：www.knappstein.com.au　开放时间：周一至周五，9:00—17:00；周末，11:00—16:00

酿酒师：格伦·巴里（Glenn Barry） 创立时间：1969年 产量（以12支箱数计）：40000
葡萄园面积：114公顷
纳普斯坦的全名为纳普斯坦葡萄酒与啤酒酿酒厂（Knappstein Enterprise Winery & Brewery），这是被帕塔鲁马（Petaluma）收购前的名字，后来为莱恩·南森（Lion Nathan）所有，现在是美誉（Accolade）。尽管所有权再三变动，酒的质量始终非常优秀。纳普斯坦酒庄的自有葡萄园非常成熟，同时也供应给帕塔鲁马。出口到世界所有的主要市场。

🍷🍷🍷🍷🍷 Bryksy's Hill Vineyard Watervale Riesling 2016
布瑞克斯山葡萄园水谷雷司令2016
和阿克兰葡萄园（Ackland Vineyard）一样，园子种植于1969年。结构感好，充满能量、浓烈，酒香中有香水气息，口感活泼悠长。完美的酸度使口感十分清爽，并可以确保这款经典的克莱尔雷司令未来可以长时陈酿。
封口：螺旋盖 酒精度：11.5% 评分：96 最佳饮用期：2036年 参考价格：30澳元

Slate Creek Vineyard Watervale Riesling 2016
石板溪葡萄园水谷雷司令2016
种植于1974年。与其他的兄弟酒款一样，现阶段呈水晶般的白色。在结尾和回味中可以感觉到这款酒内在的力量——酸度适宜，带有大量柑橘类的水果味道。
封口：螺旋盖 酒精度：12% 评分：95 最佳饮用期：2036年 参考价格：30澳元

Clare Valley Shiraz 2015
克莱尔谷西拉2015
香气和谐，口感带来的体验与之完全相符。深色樱桃为主的水果味道浓郁而诱人，带有辛香料单宁质地和结构。
封口：螺旋盖 酒精度：13.5% 评分：95 最佳饮用期：2030年 参考价格：22澳元 ✪

The Mayor's Clare Valley Shiraz 2014
市长的葡萄园克莱尔谷西拉2014
芬芳的酒香与口感相协调：新鲜、活泼，中等酒体中带有红色水果和极为细致的单宁，橡木味道并不明显。能在克莱尔谷产区酿出这样一款葡萄酒，简直是神乎其技。
封口：螺旋盖 酒精度：13.5% 评分：95 最佳饮用期：2034年 参考价格：46澳元

Enterprise Vineyard Cabernate Sauvignon 2014
企业葡萄园克莱尔谷赤霞珠 2014
绝佳的紫红色，明显的赤霞珠香气，口感复杂。完全成熟的（融入整体的）单宁，高质量的法国橡木，酒精度不高。
封口：螺旋盖 酒精度：13.5% 评分：95 最佳饮用期：2035年 参考价格：40澳元

Ackland Vineyard Watervale Riesling 2016
奥克兰葡萄园水谷雷司令2016
来自酒庄种植于1969年的自有葡萄园。平衡性好，带有青柠、柠檬和青苹果的味道，以及清脆、矿物质酸度。只是缺乏了一点出其不意的元素。
封口：螺旋盖 酒精度：12.5% 评分：94 最佳饮用期：2031年 参考价格：30澳元

The Insider Limited Release Clare Valley Riesling 2016
当局者限量发行克莱尔谷雷司令2016
采收比正常情况下稍晚，破碎，带皮浸渍48小时，野生酵母发酵。一款非常复杂的葡萄酒，残糖5.5克/升，被带有亚热带水果风味的质感吸收。很有意趣。
封口：螺旋盖 酒精度：12.5% 评分：94 最佳饮用期：2023年 参考价格：28澳元

🍷🍷🍷🍷 Clare Valley Cabernate Sauvignon 2015
克莱尔谷赤霞珠 2015
评分：93 最佳饮用期：2030年 参考价格：22澳元

Clare Valley Riesling 2015
克莱尔谷雷司令2016
评分：92 最佳饮用期：2023年 参考价格：20澳元 ✪

The Insider Limited Release Clare Valley Shiraz Melbec 2016
当局者限量发行克莱尔谷西拉马尔贝克2016
评分：90 最佳饮用期：2020年 参考价格：28澳元

Knee Deep Wines 没膝葡萄酒 ★★★★★

160 Johnson Road，Wilyabrup，WA 6280 产区：玛格利特河 电话：(08) 9755 6776
网址：www.kneedeepwines.com.au 开放时间：每日开放，10:00—17:00
酿酒师：布鲁斯·杜克斯（Bruce Dukes） 创立时间：2000年
产量（以12支箱数计）：7500 葡萄园面积：20公顷
珀斯外科医生兼游艇爱好者菲尔·柴尔德斯（Phil Childs）和妻子苏（Sue）在威亚布扎普（Wilyabrup）种下了霞多丽（3.2公顷）、长相思（4公顷）、赛美蓉（1.48公顷）、白诗南（4公顷）、赤霞珠（6.34公顷）和西拉（1.24公顷）。他们相信酿造顶级葡萄酒需要激情和承诺，“没膝葡萄酒”这个名字的灵感正是来自这一理念，同时也是半开玩笑地描述两人自入行以来全力以赴的精神。出口到德国。

🍷🍷🍷🍷🍷 Kim's Limited Release Margaret River Chardonnay 2014
金氏限量发行玛格利特河霞多丽 2014
这款酒充满了力量和风味物质，会让你不由自主地停下来静静欣赏它。同时它又举重若轻地完全融合了恰到好处的酸度，橡木发酵带来的坚果味道，酒脚的醇味和鲜味。

经典。
封口：螺旋盖 酒精度：13.5% 评分：96 最佳饮用期：2024年
参考价格：45澳元 JF ✪

Kelsea's Limited Release Margaret River 2013
凯尔西限量发行玛格利特河赤霞珠 2013
可以保存很久。现在饮用可以感受到桑葚、黑色浆果、桉树和泥土气息等反映品种特点和产区风土的风味物质。同时也很好地融入了香料，胡椒、咖喱叶和花香，和带来结构感的单宁。
封口：螺旋盖 酒精度：14.5% 评分：95 最佳饮用期：2036年
参考价格：65澳元 JF

🍷🍷🍷🍷🍷 Premium Margaret River 2015
优选玛格利特河西拉2015
评分：93 最佳饮用期：2025年 参考价格：28澳元 JF

Margaret River Sauvignon Blanc 2016
玛格利特河长相思2016
评分：92 最佳饮用期：2020年 参考价格：22澳元 JF ✪

Premium Cabernate Sauvignon 2015
优选赤霞珠 2015
评分：92 最佳饮用期：2026年 参考价格：28澳元 JF

Koerner Wine 科尔纳葡萄酒 ★★★★☆

935 Mintaro Road，Leasingham，SA 5452 产区：克莱尔谷 电话：0408 895 341
网址：www.koernerwine.com.au 开放时间：仅限预约 酿酒师：达蒙·科尔纳（Damon Koerner） 创立时间：2014年 产量（以12支箱数计）：2000 葡萄园面积：60公顷
达蒙（Damon）和乔纳森·科尔纳［Jonathan（Jono）Koerner］兄弟两人在克莱尔谷长大，后来在澳洲其他产区和国外学习和工作。35年来，酒庄主要的葡萄园为他们的父母安东尼（Anthony）和克里斯蒂·科尔纳（Christine Koerner）所有，也一直是他们在管理。但如今所有权和管理权已经传到了兄弟两人手中。尽管出产的葡萄大部分都出售给了其他葡萄酒厂，2016年，达蒙还是生产了11款葡萄酒。与克莱尔谷其他葡萄酒厂所不同的是，他们选用葡萄品种在不同语言中的名字，还用澳大利亚地名来命名酒款。他们反传统的新颖酿造工艺也很出名，尤其是2016年的瓦特沃尔雷司令（Watervale Riesling）和2016年的罗尔维蒙蒂诺（Rolle Vermentino）这两款酒，它们都采用了陶瓷材料的蛋型发酵器。

🍷🍷🍷🍷🍷 Watervale Riesling 2016
瓦特沃尔雷司令2016
经过12小时带皮浸渍，采用天然存在的酵母在罐中和陶瓷蛋形器中发酵，然后是一段较长时间对酒脚的处理来增加酒的质感。带有温桲、橘子糖和奎宁的味道，酸度很高，并带有葡萄皮带来的酚类物质的刺激感。回味中可以感受到酒的质地和复杂的苦味。
封口：螺旋盖 酒精度：12% 评分：94 最佳饮用期：2024年
参考价格：27澳元 NG ✪

Rolle Vermentino 2016
罗尔维蒙蒂诺2016
维蒙蒂诺是撒丁岛的叫法，在利古里亚（Liguria）被称为皮加图，普罗旺斯则称之为罗尔。质地丰厚、粘稠，带有更多的核果的香气，这款罗尔是一个杰作。在陶瓷蛋形发酵器和中性橡木桶中发酵，带酒脚。12小时的带皮浸渍更增加了香气和收敛感。
封口：螺旋盖 酒精度：12.3% 评分：94 最佳饮用期：2020年
参考价格：35澳元 NG

Rose 2016
桃红 2016
呈铜杏色调，口感以熟化的柔和单宁为主导，而不是酸度和二氧化碳。带有干而清爽的红色水果，红粉佳人苹果，橘子酱和苦杏仁的味道。配比应为50%的桑乔维塞、35%的夏卡雷罗（sciaccarello）和15%的维蒙蒂诺。非常好。
封口：螺旋盖 酒精度：11.4% 评分：94 最佳饮用期：2018年
参考价格：27澳元 NG ✪

🍷🍷🍷🍷🍷 Pigato Vermentino 2016
皮加图维蒙蒂诺2016
评分：92 最佳饮用期：2018年 参考价格：30澳元 NG

Cannanou Grenache 2016
卡纳努歌海娜 2016
评分：91 最佳饮用期：2019年 参考价格：35澳元 NG

Cabernate Sauvignon Melbec 2016
赤霞珠马尔贝克 2016
评分：91 最佳饮用期：2021年 参考价格：50澳元 NG

Nielluccio Sangiovese 2016
涅露秋桑乔维塞 2016
评分：91 最佳饮用期：2019年 参考价格：35澳元 NG

Mammolo Sciaccarello 2016

玛莫露卡雷罗 2016
评分：91　最佳饮用期：2019年　参考价格：40澳元　NG
The Clare 2016
克莱尔 2016
评分：90　最佳饮用期：2019年　参考价格：27澳元　NG

Koonara　库纳拉　★★★★☆

44 Main Street，Penola，SA 5277　产区：库纳瓦拉　电话：(08) 8737 3222
网址：www.koonara.com　开放时间：周一至周四，10:00—17:00；周五至周六，10:00—18:00；周日，10:00—16:00　酿酒师：彼得·道格拉斯（Peter Douglas）　创立时间：1988年
产量（以12支箱数计）：10000　葡萄园面积：9公顷
库纳拉是雷施克酒业（Reschke Wines）的兄弟公司。后者由伯克·雷施克（Burke Reschke）经营，库纳拉酒庄则由他的兄弟德鲁（Dru）经营。1988年，兄弟二人的父亲特雷弗·雷施克（Trevor Reschke）在库纳拉的地产上种下了第一棵葡萄藤。彼得·道格拉斯（Peter Douglas），在出国前曾是酝思（Wynns）的首席酿酒师，他回到这个地区后，就被聘请为酒庄的顾问酿酒师。从2013年起，库纳拉酒庄就已经租下了甘比亚山的康格荣合作葡萄园（Kongorong Partnership）——该园曾为库纳拉供应葡萄，现为库纳拉经营管理。出口到美国、加拿大、欧洲、新加坡和中国。

🍷🍷🍷🍷🍷　Family Reserve Ambriel's Gift Coonawarra Cabernate Sauvignon 2014
家族珍藏安比尔的礼物库纳瓦拉赤霞珠 2014
原料来自酒庄葡萄园，在法国橡木桶（显然有一些新的）中陈酿26个月，采用带有深刻印迹的定制酒瓶。色泽浓郁，带有黑醋栗酒、巧克力薄荷以及强烈的铅笔芯橡木的味道。此外，还有小粒浆果和果串带来的坚实的单宁。
封口：螺旋盖　酒精度：14%　评分：94　最佳饮用期：2034年　参考价格：40澳元

🍷🍷🍷🍷🍷(半)　Sofiel's Gift Mount Gambier Riesling 2013
索菲尔的礼物甘比亚山雷司令2013
评分：91　最佳饮用期：2028年　参考价格：20澳元　✪
Angel's Peak Coonawarra Shiraz 2014
库纳瓦拉西拉2014
评分：91　最佳饮用期：2027年　参考价格：25澳元

Koonowla Wines　库诺拉葡萄酒　★★★★☆

18 Koonowla Road，Auburn，SA 5451　产区：克莱尔谷
电话：(08) 8849 2270　网址：www.koonowla.com　开放时间：详情见网站
酿酒师：奥利里（O'Leary），沃克（Walker）　创立时间：1997年
产量（以12支箱数计）：7000　葡萄园面积：48.77公顷
库诺拉是克莱尔谷的一个有历史意义的建筑；坐落在奥伯恩（Auburn）的东部，19世纪90年代园内种下了第一批葡萄藤，20世纪初时年产量已经达到了6万升。1926年的火灾烧毁了酒厂和当时库存的葡萄酒，此后葡萄园就转而生产粮食作物和羊毛。酒庄于1985年重新种下了葡萄藤，1991年安德鲁（Andrew）和布伊·迈克（Booie Michael）买下了酒庄后生产才开始进入了快车道；现在一共约有50公顷的赤霞珠、雷司令、西拉、梅洛和赛美蓉。接下来的故事我们就很熟悉了，他们先是出售葡萄，直到价格严重下跌而不得不改变策略，现在大部分的葡萄都由经验丰富的大卫·奥利里（David O'Leary）和尼克·沃克（Nick Walker）酿成葡萄酒。出口到英国、美国、斯堪的纳维亚、马来西亚、中国和新西兰。

🍷🍷🍷🍷🍷　The AJM Reserve Clare Valley Shiraz 2014
AJM珍藏克莱尔谷西拉2014
去梗，破碎，开放式发酵，手工压帽14天，篮式压榨，在法国大橡木桶中陈酿14个月。酒体将新橡木桶的味道吸收的同时，也保持了平衡。酒中有多汁黑色水果，雪松橡木的味道，以及精致、成熟的单宁。酒体中等至饱满。
封口：螺旋盖　酒精度：14.8%　评分：95　最佳饮用期：2034年　参考价格：45澳元

🍷🍷🍷🍷🍷(半)　Clare Valley Riesling 2016
克莱尔谷雷司令2016
评分：92　最佳饮用期：2025年　参考价格：20澳元　CM　✪
Clare Valley Fortified Riesling NV
克莱尔谷加强型雷司令 无年份
评分：90　参考价格：20澳元　✪

Kooyong　古融　★★★★★

PO Box 153，Red Hill South，Vic 3937（邮）　产区：莫宁顿半岛
电话：(03)5989 4444　网址：www.kooyongwines.com.au
开放地：在菲利普港酒庄（Port Phillip Estate）
酿酒师：格伦·海雷（Glen Hayley）　创立时间：1996年
产量（以12支箱数计）：13000　葡萄园面积：40公顷
古融所有者为希奥尔希奥（Giorgio）和戴安娜·吉尔吉亚（Dianne Gjergja），他们的第一款酒发售于2001年。葡萄园种植有黑比诺（20公顷）、霞多丽（10.4公顷），并且最近新增了灰比诺（3公顷）。2015年7月，桑德罗·莫塞尔（Sandro Mosele）在担任6年助理后离开了，格伦·海雷（Glen Hayley）被指派来接替他的职务。古融在希奥尔希奥名下的另一个设备超前的菲利普港

（Port Phillip Estate）酒庄酿制。出口到英国、美国、加拿大、瑞典、挪威、新加坡、日本等国家，以及中国内地（大陆）和香港地区。

🍷🍷🍷🍷🍷 Ferrous Single Vineyard Mornington Peninsula Pinot Noir 2015
亚铁单一葡萄园莫宁顿半岛黑比诺2015
古融的这一款酒展示了黑比诺的一种较为浓郁的风格。它充满能量，轻盈，丰富。果香浓郁，带有一点点荆棘、甜菜根、茴香和小豆蔻的味道。果味平衡、浓郁，有良好的结构感，陈年后会更加出色。
封口：螺旋盖　酒精度：13.5%　评分：96　最佳饮用期：2030年
参考价格：76澳元　NG

Meres Single Vineyard Mornington Peninsula Pinot Noir 2015
梅尔斯单一葡萄园莫宁顿半岛黑比诺2015
这是古融三款黑比诺中香气最馥郁的一款，红色水果气息非常浓郁。带有草莓、红樱桃和覆盆子，肉桂橡木，橘子糖，以及一丝奶油香草的味道。阿门!
封口：螺旋盖　酒精度：13%　评分：96　最佳饮用期：2025年
参考价格：76澳元　NG

Estate Mornington Peninsula Chardonnay 2015
庄园莫宁顿半岛霞多丽 2015
核果（油桃，白桃）和无花果，带有来自橡木和苹乳发酵的奶油风味。结尾则是另一种风格，带有柑橘的味道，酸度紧致、清新。尽管味道有些变化，这款酒还是十分精致、集中。
封口：螺旋盖　酒精度：13%　评分：95　最佳饮用期：2025年　参考价格：44澳元

Farrago Single Vineyard Mornington Peninsula Chardonnay 2015
法拉格单一葡萄园莫宁顿半岛霞多丽 2015
第一印象是强烈的核果的味道。酒中也有优质橡木的味道，但仅仅是为了辅助其他味道的展开，而并非孤立在整体风味之外。浓郁的味道逐渐在口中展开的过程给人留下深刻的印象。回味尤为悠长。很适合悠闲时刻慢慢品尝。
封口：螺旋盖　酒精度：13%　评分：95　最佳饮用期：2025年
参考价格：61澳元　NG

Faultline Single Vineyard Mornington Peninsula Chardonnay 2015
断层线单一葡萄园莫宁顿半岛霞多丽 2015
一开始浓郁的味道就让人想到白桃、桔子和油桃。接下来是矿物质包裹的紧致口感，加上高品质的法国橡木带来的燕麦味道，以及因之而形成的框架感，还有松露凝乳以及由陈酿酒脚处理带来的还原张力。随着酒龄的增加，这款酒的结构会随着陈酿变得更加光滑。
封口：螺旋盖　酒精度：13%　评分：94　最佳饮用期：2023年
参考价格：61澳元　NG

Massale Mornington Peninsula Pinot Noir 2015
马萨勒莫宁顿半岛黑比诺2015
明亮的、清透的深红色调；这是一款层次丰富复杂的比诺，酒香中辛香料/木质的气息，伴随李子和鲜香的味道。已经很好了，但还可以陈放而更加完美。
封口：螺旋盖　酒精度：13%　评分：94　最佳饮用期：2027年　参考价格：32澳元

Haven Single Vineyard Mornington Peninsula Pinot Noir 2015
黑文单一葡萄园莫宁顿半岛黑比诺2015
带有古融的特有风格，充分的黑色水果、蓝莓，黑李子和肉桂的味道，带来了充满活力的、明亮的酸度和丝绸般的单宁，这一款比诺显得更加成熟。香草和香柏木的橡木框架使酒带有奶油风味，随着陈酿变化会变得更加丰富和圆润。
封口：螺旋盖　酒精度：13.5%　评分：94　最佳饮用期：2025年
参考价格：76澳元　NG

🍷🍷🍷🍷🍷 Beurrot Pinot Gris 2016
贝罗特灰比诺2016
评分：93　最佳饮用期：2021年　参考价格：30澳元　NG

Estate Pinot Noir 2015
庄园黑比诺2015
评分：93　最佳饮用期：2023年　参考价格：54澳元　NG

Clonale Chardonnay 2016
克罗纳尔霞多丽 2016
评分：90　最佳饮用期：2021年　参考价格：32澳元　NG

Krinklewood Biodynamic Vineyard
克林克伍德生物动力葡萄园 ★★★★☆

712 Wollombi Road，Broke，新南威尔士州，2330　产区：猎人谷
电话：(02)6579 1322　网址：www.krinklewood.com　开放时间：周五至周日，10:00—17:00
酿酒师：罗德·温德瑞姆（Rod Windrim）和彼得·温德瑞姆（Peter Windrim）
创立时间：1981年　产量（以12支箱数计）：10000　葡萄园面积：19.9公顷
克林克伍德是一家得到生物动力有机认证的葡萄园。这个酒庄的方方面面都采用可持续的整体管理方法，罗德·温德瑞姆（Rod Windrim）种植有大量的香草，田中的牧草和养殖的动物都有助于生物动力的环境的形成和保持健康的生物学土壤。这个小酒厂采用一个瓦斯林（Vaslin Bucher）

篮式压榨器和两个诺姆布洛特（Nomblot）法国蛋形罐发酵，非常推崇采用自然的方法酿酒。

🍷🍷🍷🍷🍷 Spider Run Red 2014

蜘蛛罗恩红 2014

仅仅最好的年份才会生产这款珍藏版的西拉，而且原料都来自最好的地块。酒香浓郁，带有挥发性的酸度，同时带有泥土味的大黄和黑李子的丰富口感，十分特殊。中等酒体，单宁和酸度之间很有张力。丰满浓郁，非常诱人。

封口：螺旋盖　酒精度：14.5%　评分：95　最佳饮用期：2028年

参考价格：50澳元　JF

🍷🍷🍷🍷🍷 Basket Press Shiraz 2015

篮式压榨西拉2015

评分：93　最佳饮用期：2025年　参考价格：45澳元　JF

The Gypsy Sparkling Shiraz 2014

吉普赛西拉起泡酒2014

评分：90　最佳饮用期：2021年　参考价格：50澳元　TS

Kurtz Family Vineyards　库尔茨家族葡萄园 ★★★★

731 Light Pass Road，Angaston，SA 5353　产区：巴罗萨谷　电话：0418 810 982

网址：www.kurtzfamilyvineyards.com.au　开放时间：仅限预约　酿酒师：斯蒂文·库尔茨（Steve Kurtz）　创立时间：1996年　产量（以12支箱数计）：2500　葡萄园面积：15.04公顷

库尔茨家族葡萄园位于莱特·帕斯（Light Pass），种有9公顷的西拉，余下的是霞多丽、赤霞珠、赛美蓉、长相思、小味儿多、歌海娜、马塔洛和马尔贝克。20世纪30年代，本·库尔茨（Ben Kurtz）是第一个在莱特·帕斯种葡萄的人，斯蒂文·库尔茨（Steve Kurtz）追随曾祖父的步伐，先在索莱（Saltram），又在福斯特（Foster）的酒庄工作到2006年。他从奈杰尔·多兰（Nigel Dolan）、卡罗林·多恩（Caroline Dunn）和约翰·格拉佐（John Glaetzer）等人那里学到了很多宝贵的经验。出口到美国、加拿大和中国。

🍷🍷🍷🍷🍷 Boundary Row Barrosa Valley Shiraz 2014

边界线巴罗萨谷西拉2014

埃佩罗萨（Eperosa）有一款确实是用边界线上的葡萄酿制的酒，但这款只是用巴罗萨谷的浆果酿制的。它给人的感觉像一个强壮和好斗的孩子，下巴上有黑色和红色樱桃与巧克力的汁液掉下来——陈酿会用“纸巾”把“他的脸”擦干净。

封口：螺旋盖　酒精度：14.5%　评分：92　最佳饮用期：2022年　参考价格：26澳元

Seven Sleepers Shiraz 2015

七睡仙巴罗萨谷西拉2015

作为一款18澳元的葡萄酒，它的包装非常雅致。酒体中等至饱满，有丰富的李子和黑莓的味道。有足够的美味单宁为整体提供平衡。即饮型，价格合理。

封口：螺旋盖　酒精度：14.5%　评分：90　最佳饮用期：2020年　参考价格：18澳元

Lunar Block Individual Vineyard Barrosa Valley Shiraz 2013

月之地块独立葡萄园巴罗萨谷西拉2013

极为饱满的酒体，种植和酿造都秉承“多就是好，越多越好”的理念。在口中可以感觉到它强烈的进攻性。在澳大利亚和海外的消费者之中，有很多人喜欢这款酒的浓烈，及其震撼的巴罗萨谷风格。这些人没必要人云亦云，来改变自己对何种葡萄酒“好喝”的判断，相反，他们完全有权利继续保持这种观点。按照这个标准，这是一款很好的葡萄酒。

封口：螺旋盖　酒精度：15%　评分：90　最佳饮用期：2043年　参考价格：60澳元

Boundary Row Barrosa Valley Cabernate Sauvignon 2014

边界线巴罗萨谷赤霞珠 2014

赤霞珠的品种特点在这款酒中的表达令人惊喜，酒体饱满中有坚实的骨架，但黑加仑/黑醋栗酒果味已经显露，还需要时间来与橡木继续融合。还可以陈放很多年。

封口：螺旋盖　酒精度：14.5%　评分：90　最佳饮用期：2029年　参考价格：26澳元

Kyneton Ridge Estate　基尼顿岭庄园 ★★★★

90 Blackhill School Road，Kyneton，Vic 3444　产区：马斯顿山岭

电话：(03)5422 7377　网址：www.kynetonridge.com.au

开放时间：周末以及公共节假日，10:30—17:30

酿酒师：约翰·布切尔（John Boucher）和卢克·布切尔（Luke Boucher）

创立时间：1997年　产量（以12支箱数计）：1200　葡萄园面积：4公顷

约翰·布切尔（John Boucher）和保琳娜·罗素（Pauline Russell）在黑山（Black Mountain）脚下建立了这片葡萄园，这里是种植黑比诺和霞多丽葡萄藤非常理想的区域。他们仍然使用传统工艺，但最近也引入了新设备，以提高起泡酒的生产工艺。因此而增加的产能使得酒庄有机会收购马其顿和西斯科特地区品质相宜的葡萄，酿制西拉和赤霞珠葡萄酒。少量出口到中国台湾地区。

🍷🍷🍷🍷🍷 Macedon Pinot Noir Chardonnay 2012

马斯顿黑比诺霞多丽 2012

马斯顿产区特有的凉爽质地和全程使用法国橡木发酵的复杂香气之外，还有纯净美味的水果风味，穿插着熟食和煮香肠的味道。带酒脚陈酿提升了它的整体口感，增强了陈酿潜力。

封口：Diam软木塞　酒精度：13.2%　评分：90

最佳饮用期：2020年　参考价格：32澳元　TS

L.A.S. Vino 乐斯酒庄 ★★★★☆

PO Box 361 Cowaramup. WA 6284（邮） 产区：玛格利特河 网址：www.lasvino.com 开放时间：不开放 酿酒师：尼克·彼得金（Nic Peterkin） 创立时间：2013年
产量（以12支箱数计）：800
这是一个新成立的酒庄，庄主尼克·彼得金（Nic Peterkin），是已故的戴安娜·卡伦（Diana Cullen）［卡伦葡萄酒（Cullen Wines）］的孙子，也是迈克·彼得金（Mike Peterkin）［皮耶罗（Pierro）］的儿子。在阿德莱德大学取得酿酒工程的硕士学位后，他做了环游世界的飞行酿酒师，后来回到了玛格利特河继续他的葡萄酒事业，致力于用传统的酿酒科技，酿制一些“不太一样”的葡萄酒。因为要确保酒庄不扩大生产，尼克仅生产霞多丽、白诗南、黑比诺（Albino Pinot）和国家图瑞加（Pirate Blend），每款只有200箱。出口到英国、新加坡和中国。

🍷🍷🍷🍷🍷 Margaret River Nebbiolo 2015
玛格利特河内比奥罗2015
充满了芬芳的花香，结实，纤细，光滑，有着令人难以抗拒的魅力。酿制过程中显然经过了柔和的提取过程。使用整串浆果，开放式发酵，用适当的力度压帽，发酵后，1/2的酒液带皮浸渍400天。因而这款酒有着顶级博若莱新酒的风味，丰富的红樱桃、草莓、玫瑰水以及花香调香水的味道，并没有粗糙的结构感。中段还有檀香的气息，同时内比奥罗特有的高酸度和纤维般的单宁——此处已经柔化成蛛网一般——使得酒的甜味逐渐增加，非常新鲜。
封口：橡木塞 酒精度：14% 评分：96 最佳饮用期：2020年
参考价格：60澳元 NG

🍷🍷🍷🍷🍷(半) Barrosa Valley Syrah 2015
巴罗萨谷西拉2015
评分：93 最佳饮用期：2030年 参考价格：60澳元 NG

Portuguese Pirate Blend NV
葡萄牙海盗混酿 无年份
评分：93 最佳饮用期：2021年 参考价格：65澳元

The Pirate Blend NV
海盗混酿无年份
评分：93 最佳饮用期：2020年 参考价格：55澳元 NG

St Mary's Jerusalem Margaret River Chardonnay 2015
圣玛丽耶路撒冷玛格利特河霞多丽 2015
评分：90 最佳饮用期：2021年 参考价格：65澳元

La Bise 拉贝斯 ★★★★

PO Box 918，Williamstown，SA 5351（邮）
产区：阿德莱德山区/南弗林德斯（Southern Flinders） 电话：0439 823 251 网址：www.labisewines.com.au 开放时间：不开放 酿酒师：娜塔莎·穆尼（Natasha Mooney） 创立时间：2006年 产量（以12支箱数计）：1500
这个酒庄是由知名酿酒师娜塔莎·穆尼（Natasha Mooney）在她正式工作之余建立的——她的“日间工作”（她的用词）是为南澳的一些大型酒庄提供酿酒咨询服务。这也使得她有机会遇到更适合单独使用的一些小而独特的葡萄品种——如果不是被她发现的话，这些葡萄可能只会与其他品种一起与主流品种混酿。她能够使得这两种工艺所出产的酒款都能完整表达品种和葡萄园特点，两者之间没有利益冲突。她致力于生产酒精度不高，但口感丰富、易饮的葡萄酒，这种精神值得我们赞叹。

🍷🍷🍷🍷🍷(半) Adelaide Hills Arneis 2016
阿德莱德山阿尼斯 2016
原料来自克尔斯布鲁克（Kersbrook）的阿马迪欧（Amadio）葡萄园，树龄为10—12岁。原料中的一小部分在旧橡木桶中发酵，带酒脚陈酿。新鲜和多汁柑橘味道反映出了原料葡萄是经过精心护理而未被晒伤（阿尼斯的常见问题）的。
封口：螺旋盖 酒精度：13.2% 评分：90 最佳饮用期：2018年 参考价格：22澳元

Le Petite Frais Adelaide Hills Rose 2016
小额费用阿德莱德山桃红 2016
以桑乔维塞为主，混有添帕尼罗和极少的灰比诺，全部来自卡吉·阿马迪欧的克尔斯布鲁克（Caj Amadio's Kersbrook）葡萄园。辛香料，新鲜的红色水果贴切地表达了桑乔维塞/添帕尼罗的品种特点——酒质不错。
封口：螺旋盖 酒精度：13.2% 评分：90 最佳饮用期：2018年 参考价格：22澳元

Adelaide Hills Sangiovese
阿德莱德山桑乔维塞 2015
同样来自阿马迪欧葡萄园，每年采用不同的酿造方法，而不是仅仅使用旧的大橡木桶。酒香中有丰富的红色水果和香料的气息。酒体清淡，整体和谐，余味悠长。
封口：螺旋盖 酒精度：14% 评分：90 最佳饮用期：2023年 参考价格：25澳元

🍷🍷🍷🍷 Adelaide Hills Pinot Gris 2016
阿德莱德山灰比诺 2016
评分：89 最佳饮用期：2018年 参考价格：22澳元

Adelaide Hills Tempranillo 2015
阿德莱德山添帕尼罗 2015

评分：89 最佳饮用期：2021年 参考价格：25澳元

La Curio 古玩酒庄 ★★★★★

Cnr Foggo Road/Kangarilla Road，麦克拉仑谷，SA 5171 产区：麦克拉仑谷
电话：（08）8323 7999 网址：www.lacuriowines.com 开放时间：仅限预约
酿酒师：亚当·胡珀（Adam Hooper） 创立时间：2003年 产量（以12支箱数计）：1500
酒庄庄主与酿酒师亚当·胡珀（Adam Hooper）曾在罗斯沃斯（Roseworthy）学院注册过酿酒工程学士学位的课程，这为他从事葡萄酒行业开了个好头。他曾经在麦克拉仑谷为一些最为知名的酒庄担任了20年的酿酒师，期间偶尔他还是飞行酿酒师，到意大利和法国酿酒。未经破碎，整果冷浸渍后发酵。

🍷🍷🍷🍷🍷 Reserve McLarent Vale Shiraz 2014
珍藏麦克拉仑谷西拉2014
葡萄藤树龄100年，小批量发酵，篮式压榨，美国橡木桶（50%是新的）中熟成30个月。明亮的深紫红色；充满了丰富而迷人的黑色水果，沥青、泥土和苦巧克力的味道。单宁和橡木恰到好处地为果味提供了结构感。需要至少10年。
封口：螺旋盖 酒精度：14.5% 评分：95 最佳饮用期：2039年 参考价格：38澳元

Reserve Bush Vine McLarent Vale Grenache 2014
珍藏灌木藤麦克拉仑谷歌海娜 2014
来自树龄为100岁的干燥气候下生长的灌木葡萄藤，30%的原料使用整串，30%带皮浸渍后发酵额外延长至10周，在法国大橡木桶（33%是新的）中熟成30个月。带有麦克拉仑谷特有的质地和结构，以及丰富的果香。同时复杂的酿造工艺也有体现。单宁细腻，樱桃和香料，李子的味道。
封口：螺旋盖 酒精度：14.5% 评分：95 最佳饮用期：2029年 参考价格：31澳元 ✪

The Nubile McLarent Vale Grenache Shiraz Mataro 2015
努比莱麦克拉仑谷歌海娜西拉马塔洛 2015
一款配比为65/25/10%的混酿，小批量发酵，篮式压榨，在旧的法国大橡木桶中陈酿20个月。即使在不同年份或者使用不同的品种，它的口感始终保持着拉古里奥红葡萄酒的风格。新鲜的红色、紫色和黑色水果的味道浓郁而丰富，少量的橡木香气与细腻而略带咸味的单宁得到了很好的平衡。
封口：螺旋盖 酒精度：14.5% 评分：95 最佳饮用期：2030年 参考价格：25澳元 ✪

The Dandy McLarent Vale Shiraz 2015
丹迪麦克拉仑谷西拉2015
平均树龄为45年，篮式压榨，在3年的美国橡木桶（采用法式箍桶方法）中熟成20个月。与很多其他麦克拉仑谷的西拉相比，它更加优雅，这可能是因为酿造过程中对橡木的特殊处理；其中辛香料的味道也与众不同。这一切都增加了这款葡萄酒的魅力。
封口：螺旋盖 酒精度：14.5% 评分：94 最佳饮用期：2028年 参考价格：25澳元 ✪

🍷🍷🍷🍷 The Original Zin McLaren Vale Primitivo 2015
禅源麦克拉仑谷增芳德2015
评分：93 最佳饮用期：2025年 参考价格：25澳元 ✪

The Selfie McLarent Vale Aglianico Rose 2016
自拍麦克拉仑谷阿高连尼科桃红 2016
评分：90 最佳饮用期：2018年 参考价格：19澳元 ✪

La Linea 线条 ★★★★☆

36 Shipsters Road，Kensington Park，SA 5068（邮）产区：阿德莱德山区
电话：（08）8431 3556 网址：www.lalinea.com.au 开放时间：不开放
酿酒师：彼得·莱斯克（Peter Leske） 创立时间：2007年
产量（以12支箱数计）：3500 葡萄园面积：9.5公顷
线条酒庄，是有着丰富酿酒经验的彼得·莱斯克（Peter Leske）和大卫·勒迈尔（David LeMire，葡萄酒大师）的合资企业。彼得是第一个意识到添帕尼罗在澳大利亚的潜力的人，他的远见卓识也反映在由这个品种酿制的3款葡萄酒上：添帕尼罗桃红、多个阿德莱德山葡萄园的添帕尼罗混酿和诺特诺（Norteno）——原料来自山区最北端的单一葡萄园。炫目（Vertigo）品牌下有两款雷司令：TRKN（德语“干”的缩写），和微干25GR（25克/升 残糖）。出口到英国。

🍷🍷🍷🍷🍷 Cellar Release Vertigo TRKN Adelaide Hills Riesling 2011
酒窖发行阿德莱德山雷司令2011
瓶中陈酿6年，并未损失它经典优雅的风采。色泽仍然呈现淡绿色，最初有一点烤面包的香气，然后是精确的柠檬/青柠，还有清爽且有矿物质感的酸度（这是因为它的最低pH值达到了2.88），结尾很干，也非常新鲜。酒厂的酒窖中仅存了50箱。
封口：螺旋盖 酒精度：11.5% 评分：95 最佳饮用期：2021年 参考价格：26澳元 ✪

Adelaide Hills Mencia Rose 2016
阿德莱德山门西亚桃红 2016
门西亚是澳大利亚引入的新品种，原产自北部西班牙的多石的山坡；在旧橡木桶中发酵。酒香富于表现力，有着香料和红色浆果的混合香气，入口极干，有质感的酒体，带来以及苹果等一系列的水果味道。多汁鲜美，十分诱人。
封口：螺旋盖 酒精度：12.5% 评分：94 最佳饮用期：2019年 参考价格：25澳元 ✪

Adelaide Hills Tempranillo Rose 2015
阿德莱德山添帕尼罗桃红 2015

酿造工艺并不复杂，冷浸渍几个小时后，不锈钢罐低温发酵。酒香颇为复杂，带有香料和麝香的气息，以及浓郁的果汁般的口感。有清晰的“X因子”。
封口：螺旋盖　酒精度：12.5%　评分：94　最佳饮用期：2017年　参考价格：22澳元 ✪

🍷🍷🍷🍷🍷 Adelaide Hills Tempranillo Rose 2016
阿德莱德山添帕尼罗桃红 2016
评分：93　最佳饮用期：2020年　参考价格：22澳元 ✪
Adelaide Hills Tempranillo 2014
阿德莱德山添帕尼罗 2014
评分：93　最佳饮用期：2024年　参考价格：26澳元 ✪
Adelaide Hills Tempranillo 2015
阿德莱德山添帕尼罗 2015
评分：92　最佳饮用期：2025年　参考价格：27澳元
Adelaide Hills Mencia
阿德莱德山门西亚 2016
评分：92　最佳饮用期：2021年　参考价格：29澳元
Vertigo 25GR Adelaide Hills Riesling 2016
炫目25GR阿德莱德山雷司令2016
评分：92　最佳饮用期：2029年　参考价格：24澳元 ✪

La Pleiade　七星诗社 ★★★★★

c/- Jasper Hill，Drummonds Lane，Heathcote，Vic 3523　产区：西斯科特
电话：(03)5433 2528　网址：www.jasperhill.com.au　开放时间：仅限预约
酿酒师：罗恩·劳顿（Ron Laughton），米歇尔·夏布提（Michel Chapoutier）
创立时间：1998年　产量（以12支箱数计）：1000　葡萄园面积：9公顷
米歇尔（Michel）和柯琳·夏布提（Corinne Chapoutier）以及罗恩（Ron）和埃尔瓦·劳顿（Elva Laughton）的合资企业。1998年春，葡萄园落成，并种下了澳大利亚和法国进口的西拉克隆株系。葡萄园采用生物动力系统，并且使用了能够尽可能强调水果品质的工艺。出口到英国、美国、法国、新加坡等国家，以及中国香港地区。

🍷🍷🍷🍷🍷 Heathcote Shiraz 2013
西斯科特西拉2013
酒园自产；在开放式的蜡制内衬的罐中发酵，在新的和使用过一次的法国小橡木桶中熟成12个月。这款西拉酒体异常饱满，单宁和酒精度并不突出，充满了浓郁而丰富的黑色水果、甘草和香料的味道。现在就喝掉它未免有些暴殄天物，但有些人可能无法抗拒它的魅力。
封口：橡木塞　酒精度：14%　评分：96　最佳饮用期：2053年　参考价格：68澳元

Lake Breeze Wines　湖面微风葡萄酒 ★★★★★

Step Road，兰好乐溪，SA 5255　产区：兰好乐溪
电话：(08) 8537 3017　网址：www.lakebreeze.com.au　开放时间：每日开放，10:00—17:00
酿酒师：格雷格·福莱特（Greg Follett）　创立时间：1987年
产量（以12支箱数计）：20000　葡萄园面积：90公顷
福莱特（Follett）家族从1880年起就在兰好乐溪务农，20世纪30年代起，他们转型为葡萄种植者。部分葡萄用于销售，但湖面微风自己出产的葡萄酒也非常优秀，尤其是红葡萄酒。酒庄还拥有袋鼠岛的法尔斯海角葡萄酒（False Cape）。出口到英国、瑞士，丹麦、秘鲁、越南、新加坡、日本等国家，以及中国内地（大陆）和香港地区。

🍷🍷🍷🍷🍷 Arthur's Reserve Langhorne Creek Cabernate Sauvignon Petit Verdot Melbec 2014
亚瑟珍藏兰好乐溪赤霞珠小味儿多马尔贝克 2014
精选10桶最佳的赤霞珠，混酿中加入的小味儿多（9%）和马尔贝克（5%）带来了独特的花香/香料的风味特征。口感细腻、深沉：酒体饱满但不沉重，口感纯正，细节丰富，回味悠长。
封口：螺旋盖　酒精度：14%　评分：96　最佳饮用期：2032年
参考价格：44澳元　JF

Section 54 Langhorne Creek Shiraz 2015
54区兰好乐溪西拉2015
明亮的深紫色，充满活力；李子、蓝莓的香气为主，带有覆盆子般的酸度。在法国橡木桶（35%是新的）中熟成15个月，令丰富的香料、巧克力和花香的味道完美地融合在酒体之中，口感令人愉悦。
封口：螺旋盖　酒精度：14.5%　评分：95　最佳饮用期：2029年
参考价格：26澳元　JF ✪

Old Vine Langhorne Creek Shiraz 2015
老藤兰好乐溪歌海娜 2015
原料产自种植于1932年的1公顷葡萄园，香气浓郁，果香丰富，并无突出的新橡木桶味道（仅仅于2年的法国小橡木桶陈酿10个月）。精致、纯粹，酒体适中，细腻的粒状单宁，悠长的回味中带有甘醇的果味。
封口：螺旋盖　酒精度：14.8%　评分：95　最佳饮用期：2023年
参考价格：26澳元　JF ✪

Langhorne Creek Cabernate Sauvignon 2015

兰好乐溪赤霞珠 2015
只有兰好乐溪地区，或者说湖面微风才能酿出这样的酒款，产自50岁左右树龄的葡萄藤。带有活泼而浓郁的黑莓、桑葚的味道。有绝对的陈酿潜力。
封口：螺旋盖　酒精度：14%　评分：95　最佳饮用期：2030年
参考价格：26澳元　JF　✪

False Cape The Captain Kangaroo Island Cabernate Sauvignon 2014
袋鼠岛法尔斯海角船长赤霞珠 2014
在法国橡木桶（70%是新的）中陈酿20个月，使得坚实的口感中带有奶油香草的特点，同时不失丰富的果香。浓郁的薄荷醇和香料，单宁成熟、细致，而且可口。
封口：螺旋盖　酒精度：14%　评分：95　最佳饮用期：2029年
参考价格：32澳元　JF　✪

🍷🍷🍷🍷🍷

Reserve Langhorne Creek Chardonnay 2015
兰好乐溪珍藏霞多丽 2015
评分：93　最佳饮用期：2020年　参考价格：24澳元　SC　✪

Bernoota Shiraz Cabernate Sauvignon 2015
贝诺塔西拉赤霞珠2015
评分：92　最佳饮用期：2028年　参考价格：23澳元　JF　✪

Bernoota Shiraz Cabernate Sauvignon 2014
贝诺塔西拉赤霞珠2014
评分：92　最佳饮用期：2022年　参考价格：22澳元　SC　✪

Montebello Kangaroo Island Pinot Gris 2015
袋鼠岛蒙特贝罗灰比诺2015
评分：91　最佳饮用期：2017年　参考价格：18澳元　✪

Ship's Graveyard Kangaroo Island Shiraz 2015
袋鼠岛船之坟墓西拉2015
评分：91　最佳饮用期：2024年　参考价格：20澳元　JF　✪

The Captain Kangaroo Island Chardonnay 2015
袋鼠岛船长霞多丽 2015
评分：90　最佳饮用期：2022年　参考价格：28澳元　JF

False Cape Unknown Sailor Kangaroo Island Cabernate Sauvignon Merlot 2015
袋鼠岛法尔斯海角无名船员赤霞珠梅洛2015
评分：90　最佳饮用期：2025年　参考价格：20澳元　JF　✪

Bullant Cabernate Sauvignon Merlot 2014
布兰特赤霞珠梅洛2014
评分：90　最佳饮用期：2021年　参考价格：17澳元　SC　✪

Lake Cooper Estate　库珀湖庄园　★★★★

1608 MidlandHighway，Corop，Vic 3559　产区：西斯科特　电话：(03)9387 7657
网址：www.lakecooper.com.au　开放时间：周末以及公共节假日，11:00—17:00
酿酒师：唐纳德·里斯顿（Donald Risstrom），山姆·布鲁尔（Sam Brewer）
创立时间：1998年　产量（以12支箱数计）：7800　葡萄园面积：29.8公顷
库珀湖庄园是西斯科特产区的一个重要酒庄，地处骆驼山脉边缘，在酒庄可以俯瞰库珀湖、绿湖和科罗普（Corop）城市的全景。1998年第一次种植的葡萄是12公顷的西拉，后来扩大到18公顷，并又增加了9.5公顷的赤霞珠。也种植有少量的梅洛、霞多丽、长相思和维尔德罗。出口到中国。

🍷🍷🍷🍷🍷

Reserve Heathcote Shiraz 2015
珍藏西斯科特西拉2015
骨架精致，橡木的处理恰到好处。散发出新鲜研磨的白胡椒细粉的气息，酒体适中，轻盈而结实。带有冷凉地区出产的西拉特有的紫罗兰、碘、熏肉和蓝莓的味道。精致丰满的单宁尤其令人印象深刻。
封口：橡木塞　酒精度：14.5%　评分：93　最佳饮用期：2030年
参考价格：49澳元　NG

Well Bin 1962 Heathcote Shiraz 2015
井罐1962**西斯科特西拉**2015
具有红樱桃、碘和紫色水果的香气。这款酒的层次感很好。橡木得到了特别完美的处理。精细的单宁十分坚实，混有一丝石楠的味道，喝起来很有意思。
封口：橡木塞　酒精度：14%　评分：93　最佳饮用期：2030年
参考价格：29澳元　NG

Rhapsody Heathcote Shiraz 2015
狂想曲西斯科特西拉2015
这款酒充满活力，层次分明，浓郁有力，回味悠长。蓝色和黑色水果的味道十分饱满，同时带有丁香花和一点淡淡的薄荷味道。橡木味丰富，但与甘油的味道相平衡，来自葡萄的单宁柔和、可口。
封口：橡木塞　酒精度：14.5%　评分：92　最佳饮用期：2035年
参考价格：38澳元　NG

Lake's Folly 湖之愚 ★★★★★

2416 Broke Road，Pokolbin，新南威尔士州，2320 产区：猎人谷 电话：(02) 4998 7507
网址：www.lakesfolly.com.au 开放时间：每日开放，10:00—16:00，有库存时
酿酒师：罗德尼·凯普（Rodney Kempe） 创立时间：1963年
产量（以12支箱数计）：4000 葡萄园面积：12.2公顷

这是第一个将产品用于商业销售的“周末葡萄酒厂”，他们的赤霞珠长期以来备受赞誉，现在又加上了他们的霞多丽。产区的风土和气候给所产的葡萄酒带来独特的风格特征。多年前湖之愚酒庄就被珀斯商人彼得·福格蒂（Peter Fogarty）收购了，现在已与雷克（Lake）家族没有关联。彼得的家族公司以前在珀斯山建立了美露可酒厂（Millbrook Winery），此后收购了玛格利特河的深林酒庄（Deep Woods Estate）和潘伯顿的史密斯溪葡萄酒（Smithbrook Wines），因而他们对经营小酒厂的酸甜苦辣深有体会。彼得对这些品牌的管理非常智慧：在必要时提供支持，但在其他情况下不进行干预。

🍷🍷🍷🍷🍷 Hunter Valley Chardonnay 2016
猎人谷霞多丽 2016
来自酒庄葡萄园，手工采摘，在1—2年之久的法国橡木桶中陈酿。优雅平衡，完美地表达了品种特点，细节丰富。这代表猎人谷的气候特点并不一定只对霞多丽有坏的影响。
封口：螺旋盖 酒精度：13% 评分：95 最佳饮用期：2023年 参考价格：75澳元

🍷🍷🍷🍷 Hunter Valley Cabernate Sauvignon 2015
猎人谷赤霞珠2015
评分：89 最佳饮用期：2021年 参考价格：75澳元

Lambloch Estate 兰布湖酒庄 ★★★★

2342 Broke Road，Pokolbin，新南威尔士州，2320 产区：猎人谷
电话：(02)4998 6722 网址：www.lambloch.com 开放时间：每日开放，10:00—17:00
酿酒师：斯科特·斯蒂芬（Scott Stephens） 创立时间：2008年
产量（以12支箱数计）：4000 葡萄园面积：8公顷

无论是高档住宅还是矿业物业，选址都至关重要。贾斯·卡拉（Jas Khara）收购了8公顷今天被称作兰布洛克的葡萄园，与湖之愚相邻，正对麦克威廉姆斯·罗斯希尔（McWilliams Rosehill）葡萄园。这3个葡萄园的土质都是猎人谷并不常见的红色火山。凭借强大的市场营销和品牌创建背景，他在布洛克路（Broke Road，为重要的主干道路）投资建立了新的酒窖，此处可俯瞰葡萄园和不远处断背山岭（Brokenback Range）。目前酒庄几乎所有的产品都在比利时、新加坡、泰国，马来西亚等国家，以及中国内地（大陆）和港澳台地区销售。

🍷🍷🍷🍷🍷 The Loch Hunter Valley Shiraz 2014
洛赫猎人谷西拉2014
产自单一葡萄园饱满的深红棕色，散发出浓郁的红色水果，甘草和泥土的香气，酒体年轻，口感集中，精致。只需要5年左右的时间，以将100%的新橡木桶带来的元素完全融入酒中，这也会让她变得更加复杂。
封口：螺旋盖 酒精度：13.8% 评分：93 最佳饮用期：2030年
参考价格：95澳元 PR

The Loch Hunter Valley Shiraz 2013
罗赫猎人谷西拉2013
相比可以陈酿很久的2014年份的佳酿，这款酒更适合现在饮用。中等酒体，香气四溢，主要为黑莓，优雅持久。单宁细腻平衡，口感圆润，可以即饮或是再等上5—10年。
封口：螺旋盖 酒精度：13.5% 评分：92 最佳饮用期：2023年
参考价格：95澳元 PR

Aged Release The Loch Hunter Valley Shiraz 2011
陈酿发行罗赫猎人谷西拉2011
深砖红色。产自已有50岁树龄的葡萄藤，集中的红色水果香气伴随泥土和雪松木的味道，随着时间会逐渐变得更加柔和。口感浓郁深沉，细致的单宁，这是一款经典的猎人谷西拉，酒体经典饱满，窖藏5—10年后会有更好的表现。
封口：螺旋盖 酒精度：12.7% 评分：92 最佳饮用期：2030年
参考价格：125澳元 PR

Classic Hunter Valley Merlot 2014
经典猎人谷梅洛2014
这是一款单一酒园出产的葡萄酒，酒体呈淡樱桃红色，散发出红色水果，干香草的味道，以及因为在法国橡木桶中熟成12个月而带来的一点香柏木的气息，中等酒体，果香充盈。轻柔、紧致的单宁提供了良好的结构感。这是一款具备良好的品种特点和意趣的葡萄酒。
封口：螺旋盖 酒精度：12.7% 评分：90 最佳饮用期：2024年
参考价格：29澳元 PR

🍷🍷🍷🍷 Classic Hunter Valley Shiraz 2014
经典猎人谷西拉2014
评分：89 最佳饮用期：2021年 参考价格：29澳元 PR

Lambrook Wines 兰布洛克葡萄酒 ★★★★

PO Box 3640，Norwood，SA 5067（邮） 产区：阿德莱德山区
电话：0437 672 651 网址：www.lambrook.com.au 开放时间：仅限预约

酿酒师：亚当·兰皮特（Adam Lampit） 创立时间：2008年 产量（以12支箱数计）：5000
这是亚当（Adam）和布洛克·兰皮特（Brooke Lampit）夫妻两人共同创建的虚拟酒厂。凭借两人在业内加在一起20年的工作经验，他们于2008年开始收购长相思、西拉和黑比诺（起泡酒）。亚当曾经在石港（Stonehaven）、诺福克高地（Norfolk Rise）和一鸟在手（Bird in Hand）工作。

🍷🍷🍷🍷🍷 Adelaide Hills Rose 2016
阿德莱德山桃红 2016
亮丽的粉丝红色，酒香馥郁。可以品尝到红色浆果，西瓜，覆盆子-柠檬般的酸度。结尾处有一丝甘甜使其更加柔和。
封口：螺旋盖 酒精度：12% 评分：92 最佳饮用期：2018年
参考价格：20澳元 JF

Amelia Adelaide Hills Shiraz 2013
阿米莉亚阿德莱德山西拉2013
所有的产品信息全部来自酒标，阿米莉亚属于兰布洛克珍藏系列，在法国橡木桶中陈酿18个月，并且在瓶中陈酿1年。有着深沉的石榴色调；异常饱满的口感中充满了丰富的黑色水果，丝绒般的单宁、沥青、香草和橡木的味道。这是浓烈但平衡的一款酒。
封口：螺旋盖 酒精度：14.5% 评分：92 最佳饮用期：2025年
参考价格：45澳元 JF

Emerson 2012
爱默生 2012
阿德莱德山黑比诺的深度体现在它丰富的红苹果和微妙的草莓味道上，更因4年的酒脚陈酿而有了丰富的层次感——烤面包、烤坚果等的味道。作为首次发行的酒款，可以说它颇有诚意。可以感受到冷凉气候下生长的浆果克制而集中的酸度，含蓄而悠长的结尾与低糖度相得益彰。此外，其中酚类的收敛感也是阿德莱德山起泡酒的特征之一。
封口：Diam软木塞 酒精度：12% 评分：92
最佳饮用期：2019年 参考价格：50澳元 TS

Adelaide Hills Shiraz 2015
阿德莱德山西拉2015
漂亮的深紫红色-黑色，散发出黑色甜李子、醋栗、甘草和薄荷，以及由橡木带来的香草和木质香料的味道。酒体饱满，单宁丰厚，酸度精致，与各种风味物质配合得很好。
封口：螺旋盖 酒精度：14.5% 评分：91 最佳饮用期：2025年
参考价格：25澳元 JF

Family Reserve Clare Valley Riesling
家族陈酿克莱尔谷雷司令2016
这是柔和版本的沃特维尔雷司令，同样有着滑石般的酸度和酵母-酯类，甚至是类似于香茅草的风味。还有柠檬-青柠硬糖和果汁、薰衣草、咖喱叶和胡椒等各种风味物质混合交织，蓄势待发。
封口：螺旋盖 酒精度：12.5% 评分：90 最佳饮用期：2024年
参考价格：20澳元 JF ✪

Adelaide Hills Chardonnay 2015
阿德莱德山霞多丽 2015
这款酒用丰厚而华丽的风格诠释了霞多丽——成熟的黄色核果，芒果干，烤坚果、奶油蜂蜜和黄油硬糖的味道交织在一起。同时，良好的酸度也使得它的香浓不会特别过分。
封口：螺旋盖 酒精度：13% 评分：90 最佳饮用期：2020年
参考价格：30澳元 JF

Family Reserve Adelaide Hills Shiraz 2014
家族陈酿阿德莱德山西拉2014
带有成熟甜李子、黑色浆果和橡木带来的木质香料的味道。中等酒体，单宁柔顺，有一丝黑色胡椒、甘草和糖渍血橘皮的味道。
封口：螺旋盖 酒精度：14.5% 评分：90 最佳饮用期：2021年
参考价格：25澳元 JF

Spark 2016
气泡2016
一款罐式发酵的新鲜黑比诺起泡酒，极致的淡三文鱼色调，配合草莓和优雅的红苹果的水果味道。活跃的酸度很好地融入了整体，结尾处有酚类的收敛感。干净、清爽而且充满活力。
封口：橡木塞 酒精度：12% 评分：90 最佳饮用期：2017年
参考价格：25澳元 TS

🍷🍷🍷🍷 Adelaide Hills Sauvignon Blanc 2016
阿德莱德山长相思2016
评分：89 最佳饮用期：2018年 参考价格：20澳元 JF

Lamont's Winery 拉蒙葡萄酒厂 ★★★★★

85 Bisdee Road，Millendon.WA 6056 产区：天鹅谷
电话：（08）9296 4485 网址：www.lamonts.com.au 开放时间：周四至周日，10:00—17:00
酿酒师：迪格比·勒丁（Digby Leddin） 创立时间：1978年
产量（以12支箱数计）：7000 葡萄园面积：2公顷
已故的杰克·曼恩（Jack Mann）的女儿柯琳·拉蒙（Corin Lamont）采用父亲选择的方法监控出

产葡萄酒的风格。拉蒙的孙女凯特·拉蒙（Kate Lamont）经营一家很好的餐厅，其所用葡萄酒均来自酒庄自有葡萄园和（南方产区）合约生产的葡萄。珀斯还有另外一家拉蒙的高档餐厅，周一至周五提供高质量的午餐和晚餐，玛格利特河的酒窖门店每天的11:00—17:00营业，可以在那里品酒、用餐以及购买葡萄酒。

🍷🍷🍷🍷🍷 Swan Valley Muscat NV
天鹅谷麝香无年份
这款葡萄酒边缘呈绿色至褐色，说明它已经陈酿了一段不短的时间了。很像土耳其软糖——有荔枝，糖蜜和忽必烈汗的味道，还有令人愉悦的柑橘类的酸度，清爽而充满活力。375毫升瓶。
封口：螺旋盖 酒精度：19% 评分：96 参考价格：35澳元 NG ✪

MR Cab!Margaret River Cabernate Sauvignon 2014
出租车司机先生！玛格利特河赤霞珠 2014
经过精选的玛格利特河最老的几个地块之一，杯中散发出含片、茴香和薄荷的味道。骨架精致、单宁适中，橡木的味道恰到好处，略带矿物质感，充分的酸度预示着它的陈酿潜力。
封口：螺旋盖 评分：95 最佳饮用期：2033年 参考价格：45澳元 NG

Great Southern Riesling 2016
大南部产区雷司令2016
这款拉蒙的雷司令证明了大南部地区生产这一品种的潜力。带有青柠、葡萄柚皮和白色花朵的气息，滑石类的矿物质更为之添加了活力。酒精度适中，然而口感极干，富有生命力，结尾有些许沥青和清灰味的酸度，生津开胃，令人忍不住想要再饮一杯。
封口：螺旋盖 酒精度：12% 评分：94 最佳饮用期：2025年
参考价格：25澳元 NG ✪

Black Monster Donnybrook Melbec 2014
黑山多尼溪马尔贝克 2014
具有典型的蓝色和黑色水果，熏肉、薄荷和苦巧克力以及新橡木桶的味道与石墨矿物十分协调。总的来说，这款酒有着良好的单宁和足够的力度。
封口：螺旋盖 酒精度：13% 评分：94 最佳饮用期：2039年
参考价格：55澳元 NG

🍷🍷🍷🍷 White Monster Chardonnay 2015
白色怪兽霞多丽 2015
评分：93 最佳饮用期：2022年 参考价格：45澳元 NG

Margaret River Cabernate Sauvignon 2014
玛格利特河赤霞珠 2014
评分：92 最佳饮用期：2027年 参考价格：35澳元 NG

Frankland Iced Riesling 2012
冰冻法兰克兰雷司令2012
评分：92 最佳饮用期：2025年 参考价格：30澳元 NG

Pemberton Pinot Gris 2016
潘伯顿灰比诺2016
评分：91 最佳饮用期：2019年 参考价格：25澳元 NG

Frankland Shiraz 2014
法兰克兰西拉2014
评分：91 最佳饮用期：2030年 参考价格：35澳元 NG

Swan Valley Pedro X 2005
天鹅谷佩德罗X 2005
评分：91 参考价格：50澳元 NG

Margaret River SBS 2016
玛格利特河 SBS 2016
评分：90 最佳饮用期：2018年 参考价格：25澳元 NG

Lana 拉那 ★★★★

2 King Valley Road，Whitfield，Vic 3678 产区：国王谷
电话：(03)5729 9278 网址：www.lanawines.com.au 开放时间：每日开放，11:00—17:00
酿酒师：乔尔·皮兹尼（Joel Pizzini） 创立时间：2011年 产量（以12支箱数计）：2000
这是卡洛（Carlo）、乔尔（Joel）和娜塔莉·皮兹尼（Natalie Pizzini）兄妹三人的新产业，他们的祖父母早年从意大利的特伦托（Trentino-Alto Adige）地区阿尔卑斯山脚下的拉那（Lana）镇移居至澳大利亚。乔尔（Joel）设计的酒标非常出色，他们从国王谷的生产者处收购葡萄，可以说是一个很好的开始。

🍷🍷🍷🍷 King Valley Nebbiolo Barbera 2015
国王谷内比奥罗芭贝拉 2015
色泽较浅，但这并不代表酒的品质就一定不高。这是一款美丽、流畅的葡萄酒，新鲜的樱桃-浆果的味道包裹着单宁，并带有烟草、茴香和泥土以及大量的新鲜水果的味道。
封口：螺旋盖 酒精度：13.8% 评分：93 最佳饮用期：2021年
参考价格：28澳元 CM

Landaire 兰戴尔 ★★★★☆

PO Box 14，Padthaway，SA 5271（邮） 产区：帕史维
电话：0417 408 147 网址：www.landaire.com.au 开放时间：不开放
酿酒师：皮特·比斯尔（Pete Bissell） 创立时间：2012年
产量（以12支箱数计）：2000 葡萄园面积：200公顷

过去的18年里，大卫（David）和卡罗林·布朗（Carolyn Brown）在帕史维（Padthaway）从事葡萄的种植工作，大卫有葡萄园和农场工作的背景，卡罗林则有科学背景。在格兰登（Glendon）葡萄园种植葡萄许多年后，他们得以聘请巴尔纳夫斯（Balnaves）的首席酿酒师皮特·比斯尔（Pete Bissell），将少量精选的优质葡萄酿制成美酒——这是一条必然成功的秘诀。出口到英国。

🍷🍷🍷🍷🍷 Single Vineyard Chardonnay 2015
单一葡萄园霞多丽 2015
伯纳德（Bernard）克隆株系95和277，整串压榨，在法国橡木桶中发酵，熟成11个月。酿制的工艺非常精湛，成功地保存了葡萄本身的品质（从独特的克隆株系处继承得来），优质的橡木香气中有白桃的味道。
封口：螺旋盖 酒精度：12% 评分：95 最佳饮用期：2024年
参考价格：35澳元 ✪

Single Vineyard Graciano 2016
单一葡萄园格拉西亚诺2016
容量为2吨的发酵罐中整串发酵，带皮浸渍8天，旧橡木桶中熟成5个月。格拉西亚诺的葡萄酒可口，但有时会略带苦味，但这款酒没有这个问题。酒香中有独特的淡薰衣草搭配香料的味道；口感丰富，丰厚华丽，出乎意料的鲜美。
封口：螺旋盖 酒精度：13.5% 评分：95 最佳饮用期：2026年
参考价格：28澳元 ✪

🍷🍷🍷🍷 Single Vineyard Tempranillo 2016
单一葡萄园添帕尼罗 2016
评分：92 最佳饮用期：2023年 参考价格：26澳元

Single Vineyard Vermentino 2016
单一葡萄园维蒙蒂诺2016
评分：90 最佳饮用期：2021年 参考价格：26澳元

Single Vineyard Shiraz 2014
单一葡萄园西拉2014
评分：90 最佳饮用期：2039年 参考价格：40澳元

Single Vineyard Cabernet Graciano 2016
单一葡萄园赤霞珠格拉西亚诺2016
评分：90 最佳饮用期：2023年 参考价格：32澳元

Landhaus Estate 兰德豪斯酒庄 ★★★★★

PO Box 2135，Bethany 南澳大利亚，5352（邮） 产区：巴罗萨谷
电话：（08）8353 8442 网址：www.landhauswines.com.au 开放时间：不开放
酿酒师：卡尼·贾努蒂（Kane Jaunutis） 创立时间：2002年
产量（以12支箱数计）：10000 葡萄园面积：1公顷

约翰（John）和芭芭拉（Barbara）夫妇二人和儿子卡尼·贾努蒂（Kane Jaunutis）于2002年买下兰德豪斯，后来又买了贝瑟尼（Bethany）的兰德公（“The Landhaus”）别墅和1公顷葡萄园。贝瑟尼是巴罗萨（1842）地区最古老的德国小镇，酒庄也是此地最早建造的建筑之一。凯恩（Kane）曾经在米托洛（Mitolo）和凯乐美（Kellermeister）工作过几个年份，并管理过东端酒窖（East End Cellars）——澳大利亚知名葡萄酒零售商之一，约翰有作为业主/管理经验，芭芭拉则从事销售和市场行业工作20年。重建酒庄种植的葡萄并建立种植者的关系网给他们带来了客观的利润。出口到加拿大、新加坡和中国。

🍷🍷🍷🍷🍷 Rare Barrosa Valley Shiraz 2013
稀有巴罗萨谷西拉2013
“稀有”代表着来自最好地块和最佳年份的葡萄原料，这款酒的原料来自 埃比尼泽（Ebenezer）的霍夫曼（Hoffman）葡萄园，生产量仅仅为一个大木桶——法国新橡木，带酒脚陈酿三年。它非常新鲜，呈漂亮的深石榴紫色，酒体饱满，天鹅绒般但仍然十分强烈的单宁。丰富集中的果味，多层次的香料。适合瓶中陈放一段时间。
封口：螺旋盖 酒精度：14.3% 评分：97 最佳饮用期：2045年
参考价格：140澳元 JF ✪

🍷🍷🍷🍷🍷 The Saint 2015
圣人 2015
西拉来自5个低产量树龄为65—75岁的葡萄园，在老法国橡木桶中陈酿15个月。它现在正当鼎盛时期，充满力量感。有着柔顺，完全成熟的水果味道，单宁丰富、细致而光滑，新鲜的酸度，而且十分优雅。
封口：螺旋盖 酒精度：14% 评分：96 最佳饮用期：2030年
参考价格：20澳元 JF ✪

The Saint 2013
圣人 2013

即使售价为30澳元，它也是超值的一款葡萄酒，就更不用说它只售20澳元了。色泽仍然呈现深紫红色，丰富的酒香中带有充满诱惑力的李子，巧克力和黑樱桃的口感与酒香带给人的预期完全重合。单宁圆润柔顺，完美的平衡感，有着绸缎和天鹅绒般的口感。
封口：螺旋盖 酒精度：14.1% 评分：96 最佳饮用期：2028年
参考价格：20澳元 ✪

Classics Barrosa Valley Shiraz Mourvedre 2015
经典巴罗萨谷西拉幕尔维 2015
一款配比为50/50%的混酿，在法国橡木桶中熟成20个月（50%是新的）。橡木和单宁结构得到了很好的融合，西拉和幕尔维德的风味充分地相融成整体。口感中有充满活力的红李子，点缀了巧克力碎末的樱桃和蓝莓，肉桂和破碎的杜松子果的味道。
封口：螺旋盖 酒精度：14% 评分：96 最佳饮用期：2030年
参考价格：30澳元 JF ✪

Classic Barrosa Valley Mourvedre Grenache Shiraz 2015
经典巴罗萨谷幕尔维德歌海娜西拉 2015
2015年兰德斯系列有着卓越的品质。这是一款配比为44/42/14%的混酿，原料来自低产量的树龄为70—100岁的葡萄藤，在法国橡木桶（20%是新的）中熟成16个月。有泥土、香料和浓郁的水果味道，轻盈的单宁使得这款酒口感清新，回味悠长。
封口：螺旋盖 酒精度：14% 评分：96 最佳饮用期：2027年
参考价格：30澳元 JF ✪

Siren Grenache Mourvedre Rose 2015
塞壬歌海娜幕尔维德桃红 2015
采用了49%歌海娜和51%幕尔维德。明亮的中等三文鱼粉；酒香丰富，很有表现力，散发出花香和红色水果的香气，伴随着麝香和香料的味道，入口便可感觉到浓郁的水果味道，与干爽的回味相得益彰。价值超凡。
封口：螺旋盖 酒精度：13% 评分：95 最佳饮用期：2017年
参考价格：20澳元 ✪

Classic Barrosa Valley Shiraz 2015
经典巴罗萨谷西拉2015
深紫黑色；在100%的新法国橡木桶中陈酿18个月——将生青味道转化为木质辛香料和丰沛的香草味道。丰富的深色水果味道，肉桂、丁香和甘草。酒体饱满，丰满圆润的单宁和带有白垩味的酸度；整体的平衡性极佳。
封口：螺旋盖 酒精度：14.1% 评分：95 最佳饮用期：2040年
参考价格：50澳元 JF

The Hero 2015
英雄2015
凯恩（Kane Jaunutis）说，人们通常认为澳大利亚最具代表性的葡萄品种是西拉，但他却认为应该是有着独特风格的幕尔维德。这是一款配比为50/50%的混酿.在旧的法国橡木桶中陈酿10个月，出入口时的还原味道立即被花香、胡椒、萨拉米肠的丰富口感所取代。中等酒体，非常新鲜，柔顺细致的单宁。
封口：螺旋盖 酒精度：13.8% 评分：95 最佳饮用期：2023年
参考价格：20澳元 JF ✪

The Sinner 2015
罪人2015
60%的歌海娜、30%的幕尔维德和10%的西拉在不锈钢罐中发酵并混合。由此带来的丰富的果味和葡萄单宁结构表明无需任何橡木，非常美味。浓郁的覆盆子，樱桃和果核，带有辛香料味，充满果汁的味道，此外，还有网状的单宁与滑石般的酸度。
封口：螺旋盖 酒精度：13.8% 评分：95 最佳饮用期：2022年
参考价格：20澳元 JF ✪

Barrosa Valley Tempranillo Grenache 2016
巴罗萨谷添帕尼罗歌海娜2016
这是一款专为易饮性而制的葡萄酒，活泼多汁，有樱桃的味道。添帕尼罗为主，占70%。无橡木气息，重点在于其柔顺而精致的水果和单宁结构。充满活力，芳香馥郁，酸度清爽。美味。
封口：螺旋盖 酒精度：13.7% 评分：95 最佳饮用期：2020年
参考价格：15澳元 JF ✪

Classic Barrosa Valley Shiraz Cabernate Sauvignon 2015
经典巴罗萨谷西拉赤霞珠2015
一款配比为60/40%的混酿。并在法国橡木桶（70%是新的）中陈酿18个月。深沉的紫红色，带有烤西红柿，鲜叶和适当的来自赤霞珠的新鲜味道，但并不过分。丰富的雪松香料气息，这种充满活力的口感似乎是兰德豪斯的一个主题。单宁即使不算活泼、也是十分成熟的。
封口：螺旋盖 酒精度：14% 评分：94 最佳饮用期：2029年
参考价格：40澳元 JF

Classics Barrosa Valley Grenache
经典巴罗萨谷歌海娜 2015
原料来自50—70岁的葡萄藤，经过了精心酿制。充满了美味的水果气息，各种野生浆果，地中海干香草；仅仅是中等酒体，但酸度清新，单宁有颗粒感。
封口：螺旋盖 酒精度：14% 评分：94 最佳饮用期：2022年

参考价格：27澳元 JF ✪
Classic Barrosa Valley Cabernate Sauvignon 2015
经典巴罗萨谷赤霞珠 2015
原料来自贝瑟尼（Bethany）的一个低产量的老葡萄园，园中味比斯开湾黑粘土；在100%新法国橡木中陈酿22个月。深石榴紫色；带有蓝莓、黑色浆果和醋栗的味道，有绿叶的清新之感，自然易饮，酒体中等-饱满。单宁收敛感强，酸度活泼，也使结尾充满活力。还需陈放一段时间。
封口：螺旋盖 酒精度：14% 评分：94 最佳饮用期：2029年
参考价格：50澳元 JF

🍷🍷🍷🍷🍷
Adelaide Hills Sauvignon Blanc 2016
阿德莱德山长相思2016
评分：93 最佳饮用期：2019年 参考价格：20澳元 JF ✪
Adelaide Hills Arneis 2015
阿德莱德山阿尼斯 2015
评分：92 最佳饮用期：2021年 参考价格：20澳元 ✪
The Sinner 2013
罪人2013
评分：91 最佳饮用期：2020年 参考价格：20澳元 ✪
Adelaide Hills Veltliner 2016
阿德莱德山绿维特利纳 2016
评分：90 最佳饮用期：2019年 参考价格：22澳元 JF
Barrosa Valley Mourvedre Grenache 2015
巴罗萨谷幕尔维 歌海娜 2015
评分：90 最佳饮用期：2019年 参考价格：15澳元 JF ✪

Lane's End Vineyard 路之尽头葡萄园 ★★★★★

885 Mount William Road，Lancefield.维多利亚，3435 产区：马斯顿山岭
电话：(03)5429 1760 网址：www.lanesend.com.au 开放时间：仅限预约
酿酒师：霍华德·马修斯（Howard Matthews），基尔亨·威尼斯（Kilchurn Wines）
创立时间：1985年 产量（以12支箱数计）：500 葡萄园面积：2公顷
2000年，药剂师霍华德·马修斯（Howard Matthews）和他的家人买下了前伍登葡萄酒厂（Woodend Winery），其中包括1.8公顷的霞多丽和黑比诺（以及少量的品丽珠），它们的种植可以追溯到20世纪80年代中期。品丽珠嫁接到黑比诺植株上，葡萄园种植霞多丽和黑比诺各1公顷（5克隆）。霍华德本人有10多年的酿酒经验。

🍷🍷🍷🍷🍷
Macedon Ranges Pinot Noir 2015
马斯顿山岭黑比诺2015
克隆株系70%的MV6，30%的115和115，20%的原料使用整串葡萄，80%去梗，冷浸渍4—5天，野生酵母启动6天的发酵，6日后浸渍发酵，在法国橡木桶（33%是新的）中陈酿。色泽很好，充满力量而且出色地表达了品种特征，各种樱桃和血丝李子的味道非常突出。
封口：螺旋盖 酒精度：13.3% 评分：96 最佳饮用期：2029年
参考价格：40澳元 ✪
Macedon Ranges Chardonnay 2015
马斯顿山岭霞多丽 2015
带酒脚熟成十一个月并搅拌，30%经过苹乳发酵。苹乳发酵后酸度为7.2克/升，这也说明了苹乳发酵以保持酒体平衡的必要。带有葡萄柚、梨和白桃的味道，整体优雅，余味悠长。
封口：螺旋盖 酒精度：12.8% 评分：95 最佳饮用期：2027年
参考价格：38澳元
Cottage Macedon Ranges Chardonnay
村庄马斯顿山岭霞多丽 2016
整串压榨，发酵采用人工培养酵母，无苹乳发酵，每2—3周进行1次搅桶，错流过滤。这是一款优雅的霞多丽，充满了白桃的气息和活泼的酸度。采用了带酒脚陈酿，但难以看出容器是木桶或还是发酵罐——看上去更像后者。
封口：螺旋盖 酒精度：13% 评分：94 最佳饮用期：2023年
参考价格：25澳元 ✪

Lange's Frankland Wines 法兰克兰朗格葡萄酒 ★★★★

633 Frankland-Cranbrook Road，法兰克兰河，WA 6396 产区：法兰克兰河
电话：0438 511 828 网址：www.langesfranklandwines.com.au 开放时间：不开放
酿酒师：杰姆·斯凯利（James Kellie） 创立时间：1997年 产量（以12支箱数计）：200
葡萄园面积：13.5公顷
兰格家族这一直系的三代人一直都在经营这一产业：第一代为祖父母当（Don）和玛克辛（Maxine）；儿子金（Kim）和他的妻子切尔西（Chelsea）是第二代；第三代是他们的孩子杰克（Jack）、艾拉（Ella）和迪拉（Dyla）。葡萄园最初种植于1997年，现在种植有8公顷的西拉、3公顷的长相思和2.5公顷的赛美蓉。

🍷🍷🍷🍷🍷
Frankland River Shiraz 2012

法兰克兰河西拉2012
酒庄自有的20年老藤，在法国橡木桶中陈酿24个月。丰盛浓郁的黑樱桃和黑莓的味道扑鼻而来，接下来是甘草和黑巧克力的味道，自然地引入了结尾处的精细而持久的单宁。
封口：螺旋盖 酒精度：14.5% 评分：94 最佳饮用期：2037年
参考价格：35澳元

🍷🍷🍷🍷🍷 Frankland River Semillon Sauvignon Blanc 2016
法兰克兰河赛美蓉长相思2016
评分：91 最佳饮用期：2020年 参考价格：17澳元 ✪

Langmeil Winery 朗梅尔葡萄酒厂 ★★★★★

Cnr Para Road/Langmeil Road. Tanunda，SA 5352 产区：巴罗萨谷
电话：（08）8563 2595 网址：www.langmeilwinery.com.au
开放时间：每日开放，10:30—16:30
酿酒师：保罗·林德纳（Paul Lindner），泰森·比特（Tyson Bitter）
创立时间：1996年 产量（以12支箱数计）：35000 葡萄园面积：31.4公顷
1840年，最初葡萄藤被种植在了朗梅尔（此处有澳大利亚最古老的西拉地块）。19世纪40年代，当时的第一家酒厂，帕拉代尔葡萄酒（Paradale Wines），于1932年开始营业。1996年，表兄弟卡尔（Carl）和理查德·林德纳（Richard Lindner）以及姐夫克里斯·比特（Chris Bitter）合伙买下并翻修了酒庄和5公顷葡萄园（种植有西拉，其中包括种植于1843年的2公顷）。另外一个葡萄园收购于1998年，包括赤霞珠和歌海娜。2012下半年，林德纳家族执行了继承权的分配计划：理查德（Richard）和谢莉·林德纳（Shirley Lindner），和他们的儿子保罗（Paul）和詹姆斯（James），得到了企业100%的所有权。在管理方面，变化不大：自从1996年酒厂开业，保罗就一直是首席酿酒师，詹姆斯则是销售和营销经理。出口到世界所有的主要市场。

🍷🍷🍷🍷🍷 The Freedom 1843 Barrosa Valley Shiraz 2014
1843**自由巴罗萨西拉**2014
有些奇怪的是，这款酒比奥普拉·班克的那款更轻盈。它有红色和深色水果的味道，口中可以品尝到苦巧克力般的单宁，炭火烤肉，以及具备高度挥发性的酸度，在古藤带来的感官愉悦刺激下，酿造者又注入了专注和沉着的精神。要注意的是，饮下后咽喉处有一定的灼烧感。我这样说吧：这款酒在别处是无法复制的。
封口：螺旋盖 酒精度：14.5% 评分：94 最佳饮用期：2034年
参考价格：125澳元 NG

Orphan Bank Barrosa Valley Shiraz 2014
奥普拉·班克巴罗萨西拉2014
巴罗萨地区几个主要品种的混酿，再加上一定比例的伊顿谷葡萄。法国大橡木桶中陈酿24个月后，酒香中散发着深色水果干、烤面包、香豆荚和椰子的味道。焦油、苦巧克力、茴香和肉豆蔻的味道也都有体现。总体来说，有着传统和独特的巴罗萨风格，很有陈酿潜力。
封口：螺旋盖 酒精度：14.5% 评分：94 最佳饮用期：2039年
参考价格：50澳元 NG

🍷🍷🍷🍷🍷 Jackaman's Barrosa Cabernate Sauvignon
杰卡曼巴罗萨赤霞珠 2014
评分：93 最佳饮用期：2029年 参考价格：50澳元 NG

Resurrection Barrosa Mataro
复活巴罗萨马塔洛 2014
评分：93 最佳饮用期：2022年 参考价格：20澳元 NG

Blockbuster Barrosa Shiraz 2015
轰动大片巴罗萨西拉2015
评分：92 最佳饮用期：2023年 参考价格：25澳元 NG ✪

The Long Mile Barrosa Shiraz
长路漫漫巴罗萨西拉2015
评分：92 最佳饮用期：2023年 参考价格：25澳元 NG ✪

The Fifth Wave Barrosa Grenache
第五波巴罗萨歌海娜 2015
评分：92 最佳饮用期：2020年 参考价格：40澳元 NG

Barrosa Valley Viognier 2016
巴罗萨谷维欧尼2016
评分：91 最佳饮用期：2018年 参考价格：20澳元 NG ✪

Blacksmith Barrosa Cabernate Sauvignon 2014
铁匠巴罗萨赤霞珠 2014
评分：91 最佳饮用期：2025年 参考价格：30澳元 NG

Valley Floor Barrosa Shiraz 2014
谷地巴罗萨西拉2014
评分：90 最佳饮用期：2029年 参考价格：30澳元 NG

Lanz Vineyards 兰茨葡萄园 ★★★★★

220 Scenic Road，Lyndoch，SA 5351 产区：巴罗萨谷

电话：0417 858 967　网址：www.lanzvineyards.com　开放时间：仅限预约
酿酒师：Michael Paxton，Richard Freebairn　创立时间：1998年
产量（以12支箱数计）：800　葡萄园面积：16公顷
大部分的葡萄都销售给了巴罗萨谷的优质生产商。同时玛丽安娜（Marianne）和托马斯·兰茨（Thomas Lanz）也将一部分的葡萄原料用来生产自己的西拉和歌海娜西拉幕尔维德。酿酒师为麦克·帕克斯顿（Michael Paxton），他非常支持采用生物动力的种植者（与他父亲大卫一样）。兰茨的目标是生产“3低”风格的葡萄酒：低酒精度，生长酿造的过程中干预量最低，尽可能采用低碳排放的处理方式。出口到瑞士，德国和新加坡。

🍷🍷🍷🍷🍷　Limited Edition The Grand Reserve Barrosa Valley Shiraz 2014
限量版珍藏巴罗萨谷西拉2014
这一款酒以往的年份都表现上佳，这一款也不例外，非常符合预期。中等酒体、质地和结构都很独特，同时带有辛香料味道的果味和香柏木的味道也是它的一大特点。如果说有什么问题的话，可能与新橡木的使用比例有关，但随着陈酿，橡木会融入到整个酒体中。
封口：螺旋盖　酒精度：14%　评分：95　最佳饮用期：2034年
参考价格：39澳元 ✪

Lark Hill　云雀山　★★★★☆

521 Bungendore Road，Bungendore，新南威尔士州，2621　产区：堪培拉地区
电话：(02)6238 1393　网址：www.larkhillwine.com.au
开放时间：周三到周一，10:00—17:00
酿酒师：戴维博士（Dr David），苏（Sue）和克里斯·卡彭特（Chris Carpenter）
创立时间：1978年　产量（以12支箱数计）：4000　葡萄园面积：10.5公顷
云雀山葡萄园坐落在海拔860米处，乔治湖（Lake George）的壮丽景色在此处可以尽收眼底。卡朋特家族（Carpenters）一直以来都生产高品质、风格和优雅的葡萄酒，但他们最佳年份的黑比诺则超出（传统思维中的）想象。儿子克里斯托弗（Christopher）有加州州立大学的葡萄酒科学和葡萄栽培学两个学位，在他加入后酒庄有了很大变化，葡萄园取得了生物动力学的认证。2011年云雀山从布赖恩·马丁（Bryan Martin）处购买下两个拉文斯沃思（Ravensworth）葡萄园之一，其中种有桑乔维塞、西拉、维欧尼、胡珊和玛珊；他们也会将它［重命名为黑马（Dark Horse）］转变为生物动力学的葡萄园。出口到英国。

🍷🍷🍷🍷　Canberra District Gruner Veltliner 2016
堪培拉地区绿维特利纳 2016
品种香气丰富，带有一丝白胡椒、柑橘，新鲜香草，烤温桲和柠檬的气息。浓郁的酸度之外，质地光滑柔润。
封口：螺旋盖　酒精度：12.5%　评分：93　最佳饮用期：2026年
参考价格：45澳元　JF

Canberra District Riesling 2016
堪培拉地区雷司令2016
坚实的酸度与柑橘风味相配，酸甜柠檬糖，新鲜香草以及花香的气息。
封口：螺旋盖　酒精度：11.5%　评分：91　最佳饮用期：2026年
参考价格：35澳元　JF

Canberra District Shiraz Viognier 2015
堪培拉地区西拉维欧尼2015
维欧尼占4%，与西拉共同发酵后在法国大橡木桶（25%是新的）中陈酿8个月。最初时口感有些粗粝，橡木的味道明显，但逐渐演变为黑巧克力、新皮革和干香草的味道。
封口：螺旋盖　酒精度：14%

Scuro Canberra District 2015
斯库洛堪培拉地区桑乔维塞西拉2015
香气浓郁，与酒体相辅相成，带有迷迭香、樱桃核、李子、苦巧克力和荷兰甘草的味道。口感紧致，干型单宁，收敛感强。
封口：螺旋盖　酒精度：14%　评分：90　最佳饮用期：2021年
参考价格：65澳元　JF

Larry Cherubino Wines　拉里切诺比诺葡萄酒　★★★★★

15 York Street，Subiaco. WA 6008　产区：西澳大利亚
电话：(08) 9382 2379　网址：www.larrycherubino.com　开放时间：不开放
酿酒师：莱瑞·凯鲁比诺（Larry Cherubino），安德鲁·斯戴尔（Andrew Siddell），马特·布赤姆（Matt Bucham）　创立时间：2005年　产量（以12支箱数计）：8000　葡萄园面积：120公顷
莱瑞·凯鲁比诺（Larry Cherubino）的酿酒生涯开始于哈迪斯·汀达拉（Hardys Tintara），然后是霍顿（Houghton），接下来又在澳大利亚、新西兰、南非、美国和意大利担任顾问/飞行酿酒师。他的产品有3个系列：顶级的为凯鲁比诺（Cherubino，雷司令、长相思、西拉和赤霞珠）；下一个级别是庭院（The Yard），原料来自西澳的单一葡萄园；最底层的是临时（Ad Hoc）品牌，全部为单一产区葡萄酒。他的葡萄酒价格公道，品质非凡。随着事业的发展，现在酒庄已经有120公顷的葡萄园，聘请了新的酿酒师，莱瑞也受聘为罗伯特·奥特利（Robert Oatley）葡萄园的酿酒总监。出口到世界所有的主要市场。

🍷🍷🍷🍷🍷　Cherubino Beautiful South White Blend 2016
凯鲁比诺美丽南方混酿白葡萄酒 2016
来自波容古鲁普（Porongurup）产区，85%的长相思，15%的赛美蓉；野生酵母发

酵，桶中熟成4个月。的确是一款好酒，各种水果的味道完美地融合在一起，带有橡木桶带来的质感。整个品尝的过程中都充满热带风情，柑橘味的酸度在结尾处带来清爽的回味。
封口：螺旋盖 酒精度：11.5% 评分：97 最佳饮用期：2021年
参考价格：35澳元 ✪

Cherubino Pemberton Chardonnay 2016
波容古鲁普潘伯顿霞多丽 2016
冷凉、干燥的气候使得出产的果串小，产量低，轻柔去梗后，使用野生酵母，在低温下发酵。几乎如果子露一样的浓郁多汁，清爽新鲜；有惊人的长度和精确度，风味以水果为主。
封口：螺旋盖 酒精度：12.5% 评分：97 最佳饮用期：2030年
参考价格：49澳元 ✪

Cherubino Frankland River Cabernate Sauvignon 2015
法兰克兰河赤霞珠 2015
手工采摘，低温隔夜后手工分拣，发酵6周后浸渍，静置7天后在橡木桶中熟成。色泽深沉，异常浓郁而集中，黑醋栗酒，高质量的单宁与果味相辅相成。长时间的浸渍是这款酒体饱满的赤霞珠带有果味的关键之处。
封口：螺旋盖 酒精度：14.5% 评分：97 最佳饮用期：2045年
参考价格：110澳元 ✪

🍷🍷🍷🍷🍷 Cherubino Porongurup Riesling
凯鲁比诺波容古鲁普雷司令2016
原料产自波容古鲁普（Porongurup）地区凯鲁比诺（Cherubino） 葡萄园的最佳地块，这是一款精致的雷司令，纯粹，而且有明确的波容古鲁普产区风格。香气中有一丝碎贝壳，一系列柠檬皮和青苹果的味道。与所有顶级的雷司令一样，酸度将整体融合在一起。
封口：螺旋盖 酒精度：11.2% 评分：96 最佳饮用期：2031年
参考价格：40澳元 ✪

Cherubino Great Southern Riesling 2016
凯鲁比诺大南部产区雷司令2016
柔和的花香之下，口感却十分浓郁纯净，高品质的黑比诺，带来了丰富的层次感与质地。
封口：螺旋盖 酒精度：12% 评分：96 最佳饮用期：2036年
参考价格：35澳元 ✪

Cherubino Margaret River Chardonnay 2016
凯鲁比诺玛格利特河霞多丽 2016
这是一款复杂、浓郁的葡萄酒，在你接触它的一瞬就会被它奇特的风格所吸引，带有葡萄柚皮和筋络的味道，口感层次丰富。保守的酿造工艺所产生的还原性元素，使得这款酒可以在未来的陈酿中发生平稳、缓慢的变化。
封口：螺旋盖 酒精度：12.6% 评分：96 最佳饮用期：2036年
参考价格：49澳元 ✪

Cherubino Frankland River Shiraz 2015
凯鲁比诺法兰克兰河西拉2015
原料产自凯鲁比诺的里弗斯代尔（Riversdale）葡萄园最好的克隆株系。紫红色的明亮酒体，带有黑色水果、甘草和胡椒的味道，坚实、成熟的单宁和高质量的法国橡木天衣无缝地整合在一起，在未来的长期瓶储熟成过程中，还将继续保持这种状态。
封口：螺旋盖 酒精度：14% 评分：96 最佳饮用期：2040年
参考价格：55澳元 ✪

Cherubino Margaret River Cabernate Sauvignon 2015
凯鲁比诺玛格利特河赤霞珠 2015
尽管和法兰克兰河的兄弟酒款一样经过前后浸渍和带皮渣发酵，口感却更为圆润新鲜。单宁柔和，中等至饱满酒体。
封口：螺旋盖 酒精度：13.9% 评分：96 最佳饮用期：2035年
参考价格：75澳元 ✪

Cherubino River's End Cabernate Sauvignon 2014
凯鲁比诺河尾赤霞珠 2014
玛格利特河和法兰克兰河地块是凯鲁比诺酒窖出产的精品葡萄酒。出众的深紫红色准确地体现了酒中黑醋栗酒的味道，来自玛格利特河的丰满口感，以及法兰克兰河的质地和结构。平衡感好，可长期陈酿。
封口：螺旋盖 酒精度：13.2% 评分：96 最佳饮用期：2036年
参考价格：40澳元 ✪

Ad Hoc Wallflower Great Southern Riesling 2016
专设壁花大南部产区雷司令2016
酒色呈石英白；酒香中带有丰富的花香和滑石粉的味道，口感活泼，充满柑橘，青苹果，酸度爽脆。超值，随时可以饮用。
封口：螺旋盖 酒精度：12% 评分：95 最佳饮用期：2029年
参考价格：21澳元 ✪

The Yard Riversdale Frankland River Riesling 2016

庭院里弗斯代尔法兰克兰河雷司令2016
兰克兰河岸边的里弗斯代尔葡萄园种植于1997年。淡石英绿色，酒香和口感都十分复杂，带有一系列柑橘、苹果和沙梨的水果味道，酸度恰到好处。
封口：螺旋盖　酒精度：11.8%　评分：95　最佳饮用期：2033年
参考价格：25澳元 ✪

Cherubino Pemberton Sauvignon Blanc 2016
凯鲁比诺潘伯顿长相思2016
切尼贝勒普（Channybearup）葡萄园现在为莱瑞·凯鲁比诺葡萄酒所有；野生酵母发酵并在法国橡木桶中熟成4个月。浓郁复杂，带有豌豆，新鲜，刚割下的青草味道，和清脆的、带有柑橘味的酸度。这是一款诱人的长相思。
封口：螺旋盖　酒精度：12.1%　评分：95　最佳饮用期：2018年
参考价格：35澳元 ✪

Cherubino Laissez Faire Chardonnay 2016
凯鲁比诺放任自由主义霞多丽 2016
来自波容古鲁普小产区，精确、优雅，有的放矢。对这款酒进行分析，结构是多余的：长度、纯度、核果和柑橘都非常完美。
封口：螺旋盖　酒精度：12.5%　评分：95　最佳饮用期：2026年
参考价格：39澳元

Ad Hoc Middle of Everywhere Frankland River Shiraz
特设处所法兰克兰河西拉2015
活泼、新鲜，带有香料味的黑色胡椒，多汁黑色和紫色的水果味道，单宁辛香，鲜咸。
封口：螺旋盖　酒精度：13.7%　评分：95　最佳饮用期：2025年
参考价格：21澳元 ✪

The Yard Acacia Frankland Shiraz 2015
庭院刺槐法兰克兰河西拉2015
中等至饱满酒体，口感格外浓烈，鲜香/泥土，带有黑色水果的味道。结尾结实，还需要陈酿一段时间。
封口：螺旋盖　酒精度：13.9%　评分：95　最佳饮用期：2035年
参考价格：35澳元 ✪

The Yard Riversdale Frankland River Shiraz 2015
庭院法兰克兰河西拉2015
手工采摘并分拣，野生酵母发酵。中等至饱满酒体，来自橡木和单宁的雪松木味道提供了整体构架感，带有黑莓、甘草和熏李子的味道。
封口：螺旋盖　酒精度：14.2%　评分：95　最佳饮用期：2035年
参考价格：35澳元 ✪

The Yard Riversdale Frankland River Cabernate Sauvignon 2015
庭院里弗斯代尔法兰克兰河赤霞珠 2015
酒色饱满；口感新鲜，酒体中等。良好的单宁使酒体平衡，有一定的陈年潜力。如同大部分的凯鲁比诺赤霞珠，橡木味纯净，单宁良好。
封口：螺旋盖　酒精度：14.3%　评分：95　最佳饮用期：2030年
参考价格：35澳元 ✪

Cherubino River's End Cabernate Sauvignon 2015
凯鲁比诺河尾赤霞珠 2015
一款酒体饱满的赤霞珠，有来自法兰克兰河和玛格利特河的混酿的水果风味，长时浸渍，聚合并软化了单宁。
封口：螺旋盖　酒精度：14%　评分：95　最佳饮用期：2035年
参考价格：40澳元

Pedestal Vineyard Elevation 2015
基架葡萄园高地
来自威亚布扎普（Wilyabrup）产区最高的葡萄园，有55%的赤霞珠、40%的梅洛和5%的马尔贝克。一款美味的葡萄酒，黑醋栗酒的果味与持久、精致、美味的单宁相平衡；有良好的长度和平衡感。
封口：螺旋盖　酒精度：14%　评分：95　最佳饮用期：2030年
参考价格：32澳元 ✪

Ad Hoc Avant Gardening Frankland Cabernate Sauvignon Malbec 2015
专设先锋园艺赤霞珠马尔贝克 2015
手工采摘和分拣是这款21澳元的葡萄酒最主要的成本开销，余下的成本在酿造流程上（在20%的法国橡木桶中熟成9个月）。马尔贝克为酒带来了李子的味道，赤霞珠带来了丰富的单宁。现在就很好，但10年左右之后的品质会有大幅度的提高。
封口：螺旋盖　酒精度：14.2%　评分：95　最佳饮用期：2030年
参考价格：21澳元 ✪

Ad Hoc Straw Man Margaret River Sauvignon Blanc Semillon 2016
临时稻草人玛格利特河长相思赛美蓉 2016
自流汁，10%的果汁在2年的橡木桶中发酵2个月后进行混酿。在一系列东部各州葡萄酒的品尝中有幸品到这样一款风味、酒体和长度都非常完美的酒，让我松了口气。带有柠檬、香茅草和荷兰豆的味道，接下来是来自木桶发酵的果酸和矿物质味道的酸度，余味绵长。

封口：螺旋盖 酒精度：12.5% 评分：94 最佳饮用期：2022年
参考价格：21澳元 ✪

Ad Hoc Cruel Mistress Great Southern Pinot Noir 2015
临时的残忍情人大南部产区黑比诺 2015
背标（永远非常简略）只写着，「微带口红和皮革的味道」，给人留下了很大的想象空间。大南部产区皮诺的品质在一点一滴地提高。这是超级实惠的一款酒，清晰的品种表现力体现在香气和口感上，深色樱桃、结尾有精细的单宁和适量的橡木味。
封口：螺旋盖 酒精度：13.5% 评分：94 最佳饮用期：2025年
参考价格：25澳元 ✪

The Yard Justin Frankland River Shiraz 2015
庭院贾斯汀法兰克兰河西拉2015
贾斯汀葡萄园种植于1973年，手工采摘并分拣，在小发酵罐中带皮浸渍4周，接下来在新旧（已使用1年）混合的橡木桶中陈放6个月。这是一款优雅而平衡的葡萄酒，有红色、黑色樱桃的味道，搭配带有辛香料味道的可口单宁，相得益彰。
封口：螺旋盖 酒精度：13.7% 评分：94 最佳饮用期：2030年
参考价格：35澳元

Cherubino Laissez Faire Shiraz 2015
凯鲁比诺放任自由主义西拉2015
来自干燥气候下生长的灌木葡萄藤，葡萄经过手工采摘并分拣后使用野生酵母发酵。冷凉气候以及适度的酒精是这款酒的特色，此外还可以品尝到丰富的黑色水果味道，平衡性好，回味悠长。同所有来自这个葡萄园的凯鲁比诺西拉一样，色泽非常浓郁而且明亮。
封口：螺旋盖 酒精度：13.6% 评分：94 最佳饮用期：2035年
参考价格：39澳元

Cherubino Beautiful South Red Wine 2015
凯鲁比诺美丽南方红葡萄酒2015
选用品种为赤霞珠、马尔贝克和梅洛。优雅的紫红色；奇特的酒标，正面酒标上无产区标注，背标上写有大南部产区的字样，但实际上原料来自于酒庄自有的法兰克兰河产区的里弗斯代尔葡萄园，选用了3个葡萄品种中最优秀的克隆株系。所有的成分（水果、橡木和单宁）都和谐平衡，但仍然需要几年的时间来完全整合。
封口：螺旋盖 酒精度：13.5% 评分：94 最佳饮用期：2030年
参考价格：40澳元

Cherubino Beautiful South Red Wine 2014
凯鲁比诺美丽南方红葡萄酒2014
赤霞珠、梅洛和马尔贝克来自法兰克兰河的里弗斯代尔葡萄园。明亮的深紫红色，酒香中带有丰富的黑莓和雪松橡木的味道；现在它仍然很年轻，可以充分品尝到浓郁的橡木和单宁的味道。窖藏几年会使得酒体更趋平稳，到时它会有很好的表现。
封口：螺旋盖 酒精度：13.7% 评分：94 最佳饮用期：2034年
参考价格：40澳元

🍷🍷🍷🍷🍷

Pedestal Margaret River SSB 2016
基架玛格利特河SSB 2016
评分：93 最佳饮用期：2021年 参考价格：22澳元 ✪

The Yard Channybearup Sauvignon Blanc 2016
庭院切尼贝勒普长相思2016
评分：92 最佳饮用期：2018年 参考价格：25澳元

Ad Hoc Nitty Gritty Pinot Gris 2016
临时细节灰比诺2016
评分：92 最佳饮用期：2017年 参考价格：21澳元 ✪

Cherubino Laissez Faire Fiano 2016
凯鲁比诺放任自由主义菲亚诺 2016
评分：92 最佳饮用期：2020年 参考价格：29澳元

Cherubino Laissez Faire Pinot Blanc 2016
凯鲁比诺放任自由主义白比诺 2016
评分：92 最佳饮用期：2018年 参考价格：29澳元

Pedestal Margaret River Chardonnay 2016
基架玛格利特河霞多丽 2016
评分：91 最佳饮用期：2023年 参考价格：25澳元

Cherubino Laissez Faire Field Blend 2016
凯鲁比诺放任自由主义田地混酿 2016
评分：91 最佳饮用期：2018年 参考价格：29澳元

Apostrophe Possessive Reds' Great Southern Shiraz Grenache Mourvedre 2015
单引号所有格大南部产区西拉歌海娜幕尔维 2015
评分：91 最佳饮用期：2022年 参考价格：16澳元 ✪

Apostrophe Possessive Reds' Great Southern Shiraz Grenache Mourvedre 2014
单引号所有格大南部产区西拉歌海娜幕尔维 2014

评分：91 最佳饮用期：2024年 参考价格：16澳元 ✪
Ad Hoc Hen & Chicken Chardonnay 2016
临时鸡群霞多丽 2016
评分：90 最佳饮用期：2020年 参考价格：21澳元 ✪
Pedestal Margaret River Pinot Noir 2016
基架玛格利特河灰比诺2016
评分：90 最佳饮用期：2018年 参考价格：22澳元

Latitude 34 Wine Co 南纬34度葡萄酒公司 ★★★★☆

St Johns Brook，283 Yelverton North Road，Yelverton，WA 6281
产区：玛格利特河 电话：(08) 9417 5633 网址：www.barwickwines.com
开放时间：仅限预约 酿酒师：马克·汤普森（Mark Thompson），朱里奥·葛伯牙（Giulio Corbellani） 创立时间：1997年 产量（以12支箱数计）：70000 葡萄园面积：120公顷
南纬34度是擎天柱（Optimus），圣约翰斯布鲁克（St Johns Brook）、黑木（The Blackwood）和巴维克庄园（Barwick Estates）几个葡萄酒品牌的母公司（www.barwickwines.com）。玛格利特河是公司所在地，酒厂则在圣约翰斯布鲁克。120公顷的葡萄园包括玛格利特河的37公顷土地和黑木谷（Blackwood Valley）地区的83公顷，潘伯顿葡萄园（68公顷）已于2015年售出。出口到英国、美国和其他主要市场。

🍷🍷🍷🍷🍷 St Johns Brook Reserve Margaret River Chardonnay 2014
圣约翰斯布鲁克玛格利特河霞多丽 2014
手工采摘，整串桶内发酵，采用野生和人工培养酵母，在法国橡木桶（40%是新的）中陈酿10个月。香气复杂诱人，可以品尝到葡萄柚和白桃的味道，以及极少量的法国橡木的气息。
封口：螺旋盖 酒精度：12.5% 评分：95 最佳饮用期：2024年
参考价格：50澳元

🍷🍷🍷🍷🍷 St Johns Brook Single Vineyard Shiraz 2014
圣约翰斯布鲁克单一葡萄园西拉2014
评分：93 最佳饮用期：2029年 参考价格：24澳元 ✪
Barwick Estates Cabernate Sauvignon 2014
巴维克庄园赤霞珠 2014
评分：92 最佳饮用期：2025年 参考价格：18澳元 SC ✪
Optimus The Terraces Blackwood Valley Shiraz 2015
擎天柱梯田黑木谷西拉2015
评分：91 最佳饮用期：2026年 参考价格：100澳元 JF
Barwick Estates Black Label Margaret River Shiraz 2014
巴维克庄园玛格利特河西拉2014
评分：91 最佳饮用期：2024年 参考价格：32澳元 SC
Barwick Estates White Label Margaret River SBS
巴维克庄园玛格利特河 SBS 2015
评分：90 最佳饮用期：2023年 参考价格：18澳元 SC ✪
St Johns Brook Reserve Chardonnay 2016
圣约翰斯布鲁克陈酿霞多丽 2016
评分：90 最佳饮用期：2023年 参考价格：50澳元 JF
The Blackwood Sir Henry Blackwood Valley Shiraz 2015
黑木爵士亨利黑木谷西拉2015
评分：90 最佳饮用期：2029年 参考价格：50澳元 JF
Barwick Estates White Label Margaret River Shiraz 2014
巴维克庄园白标玛格利特河西拉2014
评分：90 最佳饮用期：2022年 参考价格：18澳元 SC ✪
Barwick Estates White Label Margaret River Cabernate Sauvignon Merlot 2014
巴维克白标玛格利特河赤霞珠梅洛2014
评分：90 最佳饮用期：2021年 参考价格：18澳元 SC ✪

Laughing Jack 大笑杰克 ★★★★★

194 Stonewell Road，玛然南哥，SA 5355 产区：巴罗萨谷
电话：(08) 8562 3878 网址：www.laughingjackwines.com.au 开放时间：仅限预约
酿酒师：肖恩·克拉斯（Shawn Kalleske） 创立时间：1999年
产量（以12支箱数计）：3000 葡萄园面积：38.88公顷
克拉斯（Kalleske）家族在巴罗萨谷有很多酒庄。大笑杰克西拉是肖恩（Shawn）、内森（Nathan）、伊安（Ian）和卡罗尔·克拉斯（Carol Kalleske），以及琳达·施罗特（Linda Schroeter）所有。葡萄园主要种植品种为西拉，还有少量的赛美蓉和歌海娜。不同葡萄藤的树龄差别很大，干燥气候下生长的西拉是酒庄的掌上明珠。其中出产的少量葡萄被用来酿造大笑杰克西拉。在澳大利亚人人皆知，笑翠鸟（kookaburra）也被称为“大笑的蠢蛋”（laughing jackass），在葡萄园周围的蓝色和红色的橡胶树上生活着一群笑翠鸟。出口到马来西亚等国家，以及中国内地（大陆）和香港地区。

🍷🍷🍷🍷🍷 Moppa Block Barrosa Valley Shiraz 2014
墨帕地块巴罗萨谷西拉2014
去梗、破碎，开放式发酵，带皮浸渍14天，在法国橡木桶中熟成20个月。呈现深浓的紫红色；紫色和黑色水果的口感被精品的法国橡木味所包裹，单宁成熟。可以现在饮用，但还可以陈放几十年。
封口：橡木塞　酒精度：14.5%　评分：96　最佳饮用期：2044年
参考价格：85澳元

Greenock Barrosa Valley Shiraz 2014
格林诺克巴罗萨谷西拉2014
去梗和破碎后浸渍发酵，在法国和美国大桶中熟成24个月。这是一款酒体饱满，异常有力的西拉，与之前的一些年份非常相似。口感中有柏油和黑色水果的味道，单宁可口。尽管现在品尝起来有些淡泊，仍然可以感觉到它陈酿的潜质。
封口：螺旋盖　酒精度：14.5%　评分：95　最佳饮用期：2044年
参考价格：45澳元

Jack's Barrosa Valley Shiraz 2015
杰克巴罗萨谷西拉2015
来自于格林诺克和墨帕两个知名产地，开放式发酵，篮式压榨，在美国和法国大橡木桶中熟成19个月。酒体浓郁有力，带有大量可口的黑色水果的味道，以及适量的优质单宁和橡木味道。
封口：螺旋盖　酒精度：14.8%　评分：94　最佳饮用期：2030年
参考价格：23澳元 ✪

🍷🍷🍷🍷 Jack's Barrosa Valley GSM
杰克巴罗萨谷GSM 2015
评分：89　最佳饮用期：2020年　参考价格：23澳元

Laurel Bank　劳瑞尔·班克　★★★★

130黑色 Snake Lane，Granton，塔斯马尼亚，7030　产区：塔斯马尼亚南部
电话：(03)6263 5977　网址：www.laurelbankwines.com.au　开放时间：仅限预约
酿酒师：格里尔·卡兰德（Greer Carland）　创立时间：1987年
产量（以12支箱数计）：1500　葡萄园面积：3.5公顷
葡萄园为劳瑞尔·班克（Laurel Bank）和凯瑞·卡兰（Kerry Carland）所有，朝向北方，俯瞰德尔温特河，种植有长相思、雷司令、黑比诺、赤霞珠和梅洛。他们将葡萄酒的首次发售推迟了若干年，并在1995年霍巴特（Hobart）葡萄酒展上获得了最佳参展商的奖杯（根据他们的参赛作品数量）。此后，酒庄的生产环境得到了稳定，产品质量也非常可靠。

🍷🍷🍷🍷½ Riesling 2015
雷司令2015
东边的葡萄藤摘叶，这在塔斯马尼亚很常见，无特殊酿造流程，尽早装瓶。透亮的草秆绿色；充满了美味的青柠/柑橘的味道，酸度适宜并非常平衡。2016年金质奖章优胜者（塔斯马尼亚州葡萄酒展）。
封口：螺旋盖　酒精度：13%　评分：93　最佳饮用期：2025年
参考价格：22澳元 ✪

Pinot Noir 2014
黑比诺2014
多个克隆株系，全部采用野生酵母发酵，并在法国橡木桶（20%是新的）中熟成10个月。色泽为塔斯马尼亚或中部奥塔戈（Central Otago）特有的深沉，口感丰厚，富有层次感，带有李子和黑樱桃的味道，以及塔斯马尼亚独特的可口单宁。
封口：螺旋盖　酒精度：13.7%　评分：92　最佳饮用期：2024年
参考价格：33澳元

Sauvignon Blanc 2016
长相思2016
葡萄藤生长在多石沙土地，产量很低。主要采用发酵罐，采用一种特殊的长相思酵母发酵，极少量采用木桶发酵，带酒泥搅拌。他们达成了自己的目标——表现葡萄藤所产的浆果风味的深度。并不是特别芳香，而是更像欧洲葡萄酒的风格。
封口：螺旋盖　酒精度：13%　评分：91　最佳饮用期：2017年
参考价格：22澳元 ✪

Leconfield　莱肯菲尔德　★★★★★

Riddoch Highway，库纳瓦拉，SA 5263　产区：库纳瓦拉
电话：(08) 8737 2326　网址：www.leconfieldwines.com　开放时间：详情见网站
酿酒师：保罗·戈登（Paul Gordon），提姆·贝利（Tim Bailey）
创立时间：1974年　产量（以12支箱数计）：25000　葡萄园面积：43.7公顷
1974年，悉尼·汉密尔顿（Sydney Hamilton）买下了后来成了莱肯菲尔德的地产——当时它还是一块未规划的地产。直到50年代中期退休时，他在家族的葡萄酒企业已经工作了30多年。收购地产的时候他已经76岁了，后来勉强屈从于家庭的压力，在1981年把莱肯菲尔德卖给了他的侄子理查德（Richard）。理查德逐步将葡萄园的产量提高到现在的水平，超过75%的葡萄园都用于种植赤霞珠——这也是酒庄的一大特色。出口到世界所有的主要市场。

🍷🍷🍷🍷🍷 The Sydney Reserve Coonawarra Cabernate Sauvignon 2013

悉尼珍藏库纳瓦拉赤霞珠 2013
精选30年前种植的优质葡萄，3月20号采收，再在单一的发酵罐中进行发酵，在糖分发干前中止发酵并压榨，在法国大橡木桶中熟成29个月。这的确是一款美丽的赤霞珠，达高德和杰格（Dargaud & Jaegle）出产的橡木桶使得浸出的橡木味道相对来说较少，也完全融入了丰盛的黑醋栗果味之中。
封口：螺旋盖 酒精度：14% 评分：97 最佳饮用期：2043年
参考价格：80澳元 ✪

🍷🍷🍷🍷🍷 Old Vines Coonawarra 2016
老藤库纳瓦拉雷司令2016
来自种植于1974年的自有葡萄园，生长季气候干燥，人工培养酵母低温发酵。酒体强劲、浓烈，这体现在它低至2.69的pH值，可滴定酸度超过8克/升，残糖低于阈值的3.18克/升——这也不奇怪，毕竟葡萄藤已有42岁树龄了。专为长期窖藏酿制，绝对不会失去它的能量和力度。
封口：螺旋盖 酒精度：12% 评分：95 最佳饮用期：2031年
参考价格：26澳元 ✪

Coonawarra Merlot 2015
库纳瓦拉梅洛2015
不难理解它为什么可以在2016年的石灰岩海岸（Limestone Coast）葡萄酒展获得金质奖章。部分的桶内发酵带来了香料水果的味道和单宁提取物的风味，也增加了多汁的黑醋栗酒的味道。这体现了1982—1999年之间的传统澳大利亚克隆的特点。
封口：螺旋盖 酒精度：14% 评分：95 最佳饮用期：2030年
参考价格：26澳元 ✪

Coonawarra Cabernate Sauvignon Merlot 2015
库纳瓦拉赤霞珠梅洛2015
一款配比为76/24%的混酿，在法国橡木桶（18%是新的）中陈酿15个月。呈现深沉明亮的紫红色，酒香馥郁，充满了黑醋栗酒和橡叶花环的气息。有着丰富优美的水果味道，平衡感保持得很好。
封口：螺旋盖 酒精度：14.5% 评分：95 最佳饮用期：2035年
参考价格：26澳元 ✪

Coonawarra Cabernate Sauvignon 2015
库纳瓦拉赤霞珠 2015
色泽优美；酿酒师保罗·高登（Paul Gordon）成功地为我们带来了一个卓越的年份，有着饱满的黑醋栗酒和桑葚的味道。这款酒体丰满的赤霞珠单看整体就已经很诱人了，不仅如此，它还是一款陈酿型佳酿，最好不要提前饮用。
封口：螺旋盖 酒精度：14.5% 评分：95 最佳饮用期：2035年
参考价格：35澳元

McLarent Vale Shiraz 2015
麦克拉仑谷西拉2015
夜间采摘来自酒庄的农场地块（Farm Block），发酵后带皮渣浸渍7天，一部分桶内发酵，在法国橡木桶（21%是新的）中陈酿16个月。酒色深沉美丽；中等至饱满酒体，它的风土条件由柔软的黑色水果味道很好地表达了出来，还有一丝巧克力的味道，长度很好，单宁成熟圆润，橡木完全融入整体。
封口：螺旋盖 酒精度：14.5% 评分：94 最佳饮用期：2035年
参考价格：26澳元 ✪

🍷🍷🍷🍷 Coonawarra Chardonnay 2015
库纳瓦拉霞多丽 2015
评分：93 最佳饮用期：2021年 参考价格：26澳元 ✪

Hamilton Block Coonawarra Cabernate Sauvignon 2015
汉密尔顿地块库纳瓦拉赤霞珠2015
评分：93 最佳饮用期：2029年 参考价格：25澳元 ✪

Coonawarra Petit Verdot 2015
库纳瓦拉小味儿多 2015
评分：90 最佳饮用期：2025年 参考价格：29澳元

Leeuwin Estate 露纹酒庄 ★★★★★

Stevens Road，玛格利特河，WA 6285 产区：玛格利特河
电话:（08）9759 0000 网址：www.leeuwinestate.com.au
开放时间：每日开放，10:00—17:00 酿酒师：保罗·艾特伍德（Paul Atwood），蒂姆·拉维特（Tim Lovett），菲尔·哈奇森（Phil Hutchison）
创立时间：1974年 产量（以12支箱数计）：50000 葡萄园面积：121公顷
这个杰出的酿酒厂和葡萄园属于霍根（Horgan）家族所有，由丹尼斯（Denis）和特里西亚（Tricia）创立，他们现在仍参与到酒庄的经营之中，首席执行官由儿子贾斯汀·霍根（Justin Horgan）和女儿西蒙内·弗朗（Simone Furlong）共同担任。艺术系列（The Art Series）霞多丽，在我看来，是澳大利亚近30年来最好的葡萄酒。他们正在开始更多地使用螺旋盖，对那些了解这款酒非凡的陈酿潜力的人来说，这真是一个好消息。大规模的庄园种植，加上策略性地从其他种植者处购买葡萄，为酒庄葡萄酒的生产奠定了很好的基础，种植的品种包括赤霞珠和西拉葡萄酒，高度成功的快速消费品级艺术系列（Art Series）雷司令和长相思，以及低价的普瑞尔（Preal）和西北尔（Siber）葡萄酒。出口到世界所有的主要市场。

🍷🍷🍷🍷🍷 Art Series Margaret River Chardonnay 2014
艺术系列玛格利特河霞多丽 2014
部分手工，部分机械采摘；部分采用野生，部分为人工培养酵母，在新法国橡木桶中熟成11个月。非常年轻的石英绿色；这款优质霞多丽的浓度和长度可与之前最好年份的葡萄酒相提并论；最先出现白桃和油桃的香气，粉红葡萄柚的味道随后迅速出现，橡木了带来极淡的奶油/坚果味道。如果这还不够的话，回味本身就是一件完整的艺术品。
封口：螺旋盖　酒精度：13.5%　评分：98　最佳饮用期：2029年
参考价格：95澳元 ✪

🍷🍷🍷🍷🍷 Art Series Margaret River Shiraz 2014
艺术系列玛格利特河西拉2014
部分手工采摘以保留完整的果串，部分采用西莱克蒂弗（Selectiv）机械采摘整果，在法国橡木桶（50%是新的）中陈酿18个月。这是一款结合了优雅与力量的葡萄酒：果味的复杂性与品种特性都有很好的表现，还有美味的单宁。口感层次丰富，以黑莓和李子为主的深色水果味道非常浓郁，无愧于其北罗纳河谷的正统出身。
封口：螺旋盖　酒精度：13.5%　评分：96　最佳饮用期：2044年
参考价格：36澳元 ✪

Art Series Margaret River Cabernate Sauvignon 2013
艺术系列玛格利特河赤霞珠 2013
去梗，破碎，在法国橡木桶（40%是新的）中熟成12个月。与它的前辈一样，这仍然是一款朴实无华的赤霞珠。与其他玛格利特河赤霞珠不同，而更接近艺术系列霞多丽的风格——虽然不完全像那款酒一样奇妙。这个产区的2013年份在当时就得到了很高的评价，如今看来，这并不是虚言。
封口：螺旋盖　酒精度：13.5%　评分：96　最佳饮用期：2038年
参考价格：67澳元 ✪

Prelude Vineyard Margaret River Cabernate Sauvignon 2015
前奏葡萄园玛格利特河霞多丽 2015
如果你没有品尝过艺术系列，你会以为它是露纹酒庄产品组合中的高端系列（某种意义上也确实如此）。这是一款非常平衡的葡萄酒，有核果、柑橘和梨子的味道，以及橡木桶发酵带来的微妙的影响。它的长度也同样令人印象深刻。
封口：螺旋盖　酒精度：14%　评分：95　最佳饮用期：2025年
参考价格：34澳元

Siblings Margaret River Sauvignon Blanc Semillon 2016
同胞手足玛格利特河长相思赛美蓉 2016
一款配比为60/40%的混酿，它具备所有期望中的香气和味道。包括荷兰豆和青草等植物类香气，热带番石榴和格兰纳特贝尔以青柠和柠檬为主的柑橘类香气占据了中心地位，也有青苹果的味道。这是只有玛格利特河才能酿出的精品。
封口：螺旋盖　酒精度：13%　评分：94　最佳饮用期：2020年
参考价格：22澳元 ✪

🍷🍷🍷🍷 Art Series Margaret River Sauvignon Blanc 2015
艺术系列玛格利特河长相思2015
评分：93　最佳饮用期：2019年　参考价格：30澳元

Siblings Margaret River Shiraz 2015
同胞手足玛格利特河西拉2015
评分：92　最佳饮用期：2029年　参考价格：22澳元 ✪

Prelude Vineyard Margaret River Cabernate Sauvignon 2013
前奏葡萄园玛格利特河赤霞珠 2013
评分：92　最佳饮用期：2030年　参考价格：27澳元

Art Series Margaret River Riesling 2016
艺术系列玛格利特河雷司令2016
评分：91　最佳饮用期：2021年　参考价格：22澳元 ✪

Pinot Noir Chardonnay Brut 2013
黑比诺霞多丽极干 2013
评分：90　最佳饮用期：2019年　参考价格：35澳元　TS

Lenton Brae Wines　伦顿坡葡萄酒 ★★★★★

3887 Caves Road，玛格利特河，WA 6285　产区：玛格利特河
电话：（08）9755 6255 www.lentonbrae.com　开放时间：每日开放，10:00—18:00
酿酒师：爱德华·汤姆林森（Edward Tomlinson）　创立时间：1982年
产量（以12支箱数计）：不详　葡萄园面积：9公顷
已故的建筑师布鲁斯·汤姆林森（Bruce Tomlinson）建成了一个极为美丽的酒厂［已加入巴瑟尔顿（Busselton）郡的遗产名录］，现在由酿酒师儿子爱德华［Edward（Ed）］管理，他致力于酿造玛格利特河产区的经典葡萄酒，风格优雅，质量稳定。他曾有一次在（法国的）隆冬时节到波尔多的波美侯产区去考察梅洛，从这件事情上可以略见他对葡萄酒品质的重视和坚持。出口到印度尼西亚、新加坡和中国。

🍷🍷🍷🍷🍷 Wilyabrup Margaret River Chardonnay 2014

威亚布扎普玛格利特河霞多丽 2014
这是一款带有产区特有的“蜜桃和奶油”香气的诱人霞多丽，又以燕麦、牛轧糖、松露和凝乳的味道作为平衡，使得酸度完美地融合到各种风味之中而不显得突兀。丰富而具有层次感的味道之外，它的回味也十分隽永。
封口：螺旋盖　酒精度：13.5%　评分：95　最佳饮用期：2026年
参考价格：70澳元　NG

Margaret River Semillon Sauvignon Blanc 2016
玛格利特河赛美蓉长相思2016
这是一款有着玛格利特河独有风格的年份葡萄酒。充满柚子、成熟的蜜瓜、青柠檬油、青草、生姜香料的味道，以及更加复杂的燧石气息，又有精致的酸度，平衡了甜度和厚重感。
封口：螺旋盖　酒精度：13%　评分：94　最佳饮用期：2019年
参考价格：22澳元　JF　✪

🍷🍷🍷🍷🍷 Southside Margaret River Chardonnay 2016
南边玛格利特河霞多丽 2016
评分：93　最佳饮用期：2024年　参考价格：26澳元　NG　✪

Margaret River No Way Rose 2016
玛格利特河无路桃红2016
评分：93　最佳饮用期：2018年　参考价格：18澳元　NG　✪

Lady Douglas Margaret River Cabernate Sauvignon 2015
道格拉斯夫人玛格利特河赤霞珠 2015
评分：93　最佳饮用期：2031年　参考价格：30澳元　JF

Margaret River Shiraz 2015
玛格利特河西拉2015
评分：92　最佳饮用期：2027年　参考价格：30澳元　NG

Margaret River Cabernate Sauvignon Merlot 2015
玛格利特河赤霞珠梅洛2015
评分：90　最佳饮用期：2025年　参考价格：26澳元　JF

Leo Buring　利奥·博林　★★★★★

Sturt Highway，Nuriootpa，SA 5355　产区：伊顿谷/克莱尔谷
电话：1300 651 650　开放时间：不开放
酿酒师：彼得·蒙罗（Peter Munro）　创立时间：1934年　产量（以12支箱数计）：不详

1965年—2000年间，利奥·博林是澳大利亚最重要的雷司令生产商，前酿酒师约翰·韦克瑞（John Vickery）也为他留下了丰厚的遗产。在将核心业务转向其他品种的葡萄酒之后，该公司现在重新将重心放在雷司令。顶级酒品为采用不同DW酒桶编号的（DWS为2015，DWT为2016等）利奥波德德尔温特河谷（Leopold Derwent Valley）和里奥内（Leonay）伊顿谷雷司令，最基础的系列是价格低得多的克莱尔谷和伊顿谷雷司令，现在他们正在扩张企业规模至塔斯马尼亚和西澳。

🍷🍷🍷🍷🍷 Leopold Tasmania Riesling 2016
利奥波德塔斯马尼亚雷司令 2016
DWT20。原料产自TWE从布朗兄弟（Brown Brothers）处收购的白山（White Hill）葡萄园，该园位于塔斯马尼亚东北部。入口即可以同时品尝到浓郁的青柠汁的味道和爽脆的酸度，令人满口生津。它的产区和品种特性也显露无疑。
封口：螺旋盖　酒精度：13%　评分：96　最佳饮用期：2031年
参考价格：40澳元　✪

Leonay Riesling 2016
里奥内雷司令2016
DWT18 沃特瓦尔。这款酒的质量从一入口就令人印象深刻。美味的柑橘风味与酸度相平衡——两者共同构成了这款酒的骨架，最后是清爽悠长的回味。一款高质量的澳大利亚传统风格的雷司令。
封口：螺旋盖　酒精度：11.5%　评分：95　最佳饮用期：2031年
参考价格：40澳元

Eden Valley Riesling Dry 2016
伊顿谷干雷司令 2016
伊顿谷产区的这款葡萄酒所用的雷司令，在本国没有血统比它更纯正的了。酒香中散发出经典的柑橘气息，更像柠檬而不是青柠——这完全合适。还有一些金银花和岩层的气息。味蕾上可以感觉到一定的收敛感，酸度非常自然。还需要时间发展。
封口：螺旋盖　酒精度：12%　评分：94　最佳饮用期：2035年
参考价格：20澳元　SC　✪

🍷🍷🍷🍷🍷 Eden Valley Riesling Dry 2015
伊顿谷干雷司令 2015
评分：91　最佳饮用期：2024年　参考价格：20澳元　✪

Clair Valley Riesling Dry 2016
克莱尔谷干型雷司令 2016
评分：90　最佳饮用期：2023年　参考价格：20澳元　✪

Leogate Estate Wines 雄狮酒庄 ★★★★★

1693 Broke Road，Pokolbin，新南威尔士州，2320 产区：猎人谷
电话：(02)4998 7499 网址：www.leogate.com.au 开放时间：每日开放，10:00—17:00
酿酒师：马克·伍兹（Mark Woods） 创立时间：2009年
产量（以12支箱数计）：30000 葡萄园面积：127.5公顷

2009年比尔（Bill）和维奇·维丁（Vicki Widin）收购了断背（Brokenback）葡萄园的一大部分［也原罗斯伯里（Rothbury Estate）］酒庄的一部分，种植有40多年的老藤）。起初，维丁夫妇（Widins）租下了坦帕斯二号（Tempus Two）葡萄酒厂，但他们在酿制2013年份前就已经完成了自己的酒厂和酒窖门店的建设。接下来他们扩大了种植品种的范围，在最初的30公顷的西拉的基础上，增加了25公顷的霞多丽、3公顷的赛美蓉以及分别种植了面积为0.5—2公顷之间不等的维德罗、维欧尼、琼瑶浆、灰比诺和添帕尼罗。他们出品的一系列葡萄酒都令人印象深刻，并在葡萄酒展上取得了成功。2016年，雄狮酒庄在古尔贡（Gulgong，满吉）买下一个经过有机认证的葡萄园，其面积为61公顷，种植有西拉、赤霞珠和梅洛。出口到马来西亚等国家，以及中国内地（大陆）和香港地区。

🍷🍷🍷🍷🍷 Museum Release Brokenback Hunter Valley Shiraz 2011
博物馆发行断背猎人谷西拉2011
第一次品尝是在2013年上半年，现在是第3次。它将比大多数葡萄酒爱好者更长寿——它现在还是和以前一样，有着华丽饱满的红色和黑色水果的味道，单宁柔顺，橡木恰到好处。根据我所知道的猎人谷顶老西拉，这款酒几近完美，我坚持它的适饮期为2041年。酒龄达到30岁的时候，它会给你带来无与伦比的享受。
封口：螺旋盖 酒精度：14% 评分：96 最佳饮用期：2041年
参考价格：70澳元 ✪

Museum Release Western Slopes Reserve Hunter Valley Shiraz 2011
博物馆发行西坡珍藏猎人谷西拉2011
这款酒在年轻时即赢得了三项奖杯和五枚金牌（包括国家葡萄酒展），我被它的丰富性和复杂性所征服，而且单宁现在看起来比以前更加明显，这让我相信它可以陈放50年。
封口：螺旋盖 酒精度：14% 评分：96 最佳饮用期：2061年
参考价格：150澳元

Brokenback Vineyard Hunter Valley Semillon 2014
断背葡萄园猎人谷赛美蓉2014
在未来几年中，它的口感将开始逐渐变得更加丰富，更加复杂，它的长度和回味是陈酿的保证。这样说可能有些奇怪，但11%的酒精度可能已经是它的上限了，不过这也说明与其他的年轻同系列酒款相比有多么不同——而且显然这并没有降低它的品质。
封口：螺旋盖 酒精度：11% 评分：95 最佳饮用期：2024年
参考价格：22澳元 ✪

Brokenback Vineyard Hunter Valley Semillon 2015
断背葡萄园猎人谷赛美蓉2015
维丁收购并重建葡萄园后，得到了这些45岁树龄的葡萄藤给他们带来的回报——高品质的葡萄原料。在2015这样一个有挑战性的年份，虽然最终产出的葡萄皮较薄，浆果也比较大，却还是酿出了这款成功的赛美蓉。它有着多种柑橘混合的香气，爽脆的酸度保证它在5年后会仍旧和今天一样好。
封口：螺旋盖 酒精度：10.5% 评分：94 最佳饮用期：2025年
参考价格：22澳元 ✪

Creek Bed Reserve Hunter Valley Semillon 2013
溪床珍藏猎人谷赛美蓉2013
2014年3月第1次品尝，这之后它有所变化，保持了各种柠檬、青草和香草的气息。它还将继续发展。
封口：螺旋盖 酒精度：11.5% 评分：94 最佳饮用期：2028年
参考价格：30澳元 ✪

Vicki's Choice Reserve Hunter Valley Chardonnay 2015
维奇之选猎人谷霞多丽2015
手工采摘，法国大橡木桶中发酵，带酒脚熟成并搅拌。除了来自于橡木的味道，相较于系列中的其他酒款，这款霞多丽水果的味道更加浓郁，整串葡萄的加入增加了柑橘和核果的味道，回味悠长。
封口：螺旋盖 酒精度：13.5% 评分：94 最佳饮用期：2024年
参考价格：70澳元

Brokenback Vineyard Hunter Valley Shiraz 2014
断背葡萄园猎人谷西拉2014
约在1970年，罗斯伯里酒庄建立了这片葡萄园，最后被分为两部分出售，直到雄狮酒庄又将它们重新组合在一起。酒香中带有比猎人谷西拉更多的辛香料的味道，尤其是这一年份，伴随着在法国橡木桶中熟成的各种红色、紫色和黑色水果的味道。需要等待一段时间——它会成为经典。
封口：螺旋盖 酒精度：14% 评分：94 最佳饮用期：2034年 参考价格：40澳元

🍷🍷🍷🍷🍷 Museum Release Reserve Shiraz 2010
博物馆发行珍藏西拉2010
评分：93 最佳饮用期：2030年 参考价格：70澳元

H10 Block Reserve Chardonnay 2015

地块珍藏霞多丽 2015
评分：92 最佳饮用期：2022年 参考价格：38澳元

Creek Bed Reserve Chardonnay 2014
溪床珍藏霞多丽 2014
评分：92 最佳饮用期：2022年 参考价格：38澳元

Brokenback Vineyard Viognier 2014
断背葡萄园西拉维欧尼2014
评分：92 最佳饮用期：2029年 参考价格：40澳元

Brokenback Vineyard Chardonnay 2014
断背葡萄园霞多丽 2014
评分：91 最佳饮用期：2020年 参考价格：26澳元

Creek Bed Reserve Chardonnay 2015
溪床珍藏霞多丽 2015
评分：90 最佳饮用期：2021年 参考价格：38澳元

Lerida Estate 莱里达庄园 ★★★★☆

葡萄园，Old Federal Highway，Lake George，新南威尔士州，2581 产区：堪培拉地区
电话：(02)6295 6640 网址：www.leridaestate.com.au 开放时间：每日开放，10:00—17:00
酿酒师：马尔科姆·伯德特（Malcolm Burdett） 创立时间：1997年
产量（以12支箱数计）：6000 葡萄园面积：7.93公顷

莱里达庄园是吉姆·伦伯斯（Jim Lumbers）和安·凯恩（Anne Caine）所有，酒园位于紧邻埃德加·里克博士（Dr Edgar Riek）之前的乔治湖（Lake George）葡萄园南部的地方，两人从他那里得到了很多有益的启发，他们也将黑比诺作为主要品种种植（另有少量灰比诺、霞多丽、西拉、梅洛、品丽珠和维欧尼）。格伦·穆卡特（Glenn Murcutt）为他们设计了各种建筑，包括酒厂、陈放橡木桶的酒窖、酒窖门店和可以看到乔治湖的壮观景色的咖啡厅。2017年5月，吉姆和安决定退休，迈克·迈克罗伯斯（Michael McRoberts）买下了莱里达酒庄。出口到中国。

🍷🍷🍷🍷🍷

Canberra District Shiraz Viognier 2015
堪培拉地区西拉维欧尼2015
一款配比为95/5%的混酿，共同发酵，在法国橡木桶（20%是新的）中熟成10个月。就复杂度来说，这款酒远超其他莱里达红葡萄酒，酒体饱满。紫色和黑色水果的味道中带有明显的香料黑色胡椒粒的味道，伴随着成熟而持久的单宁和香柏木的味道。
封口：螺旋盖 酒精度：14.2% 评分：95 最佳饮用期：2039年
参考价格：75澳元

Canberra District Pinot Gris 2016
堪培拉地区灰比诺2016
手工采摘，在不锈钢罐中发酵，熟成3个月。莱里达最令人印象深刻的白葡萄酒之一，比其他的灰比诺有更加丰富的风味物质，带有浓郁的苹果、核果、梨和成熟的柑橘，回味悠长。
封口：螺旋盖 酒精度：13.5% 评分：94 最佳饮用期：2020年
参考价格：24澳元 ✪

🍷🍷🍷🍷

Josephine Lake George Canberra District Pinot Noir 2014
约瑟芬乔治湖堪培拉地区黑比诺2014
评分：92 最佳饮用期：2023年 参考价格：65澳元

Canberra District Pinot Noir Rose
堪培拉地区黑比诺桃红 2016
评分：90 最佳饮用期：2018年 参考价格：19澳元 ✪

Cullerin Canberra District Pinot Noir 2015
卡勒林堪培拉地区黑比诺2015
评分：90 最佳饮用期：2021年 参考价格：35澳元

Lethbridge Wines 莱斯布里奇葡萄酒 ★★★★★

74 Burrows Road，Lethbridge，Vic 3222 产区：吉龙
电话：(03)5281 7279 网址：www.lethbridgewines.com
开放时间：周一至周五，11:00—15:00；周末，11:00—17:00
酿酒师：雷·纳德森（Ray Nadeson），玛丽·科利斯（Maree Collis）
创立时间：1996年 产量（以12支箱数计）：6000 葡萄园面积：10公顷

莱斯布里奇的建立者是科学家雷·纳德森（Ray Nadeson）、玛丽·科利斯（Maree Collis）和艾德里安·托马斯（Adrian Thomas）。按雷的话来说，"我们相信：最好的葡萄酒要能体现产地的独特品质。"因为了解风土的重要性，他们建造了一个独特的稻草酒厂，为了能够在此地重现欧洲藏酒的地窖和洞穴的可控环境。酿酒的过程也同样注重生态环境：手工采摘，原生酵母发酵，小型的开放式发酵，（用脚）踩皮，并且在整个熟成过程中保持最低程度的人为干预——这些都是莱斯布里奇采用的非常成功的方法。雷还有一种能使霞多丽和黑比诺成熟的独特方法。他们也承接对外合约酿酒业务。出口至英国、新加坡和中国。

🍷🍷🍷🍷🍷

Allegra Geelong Chardonnay 2013
爱兰歌娜吉龙霞多丽 2013
产自邓德山（Mt Duneed）的雷本伯格（Rebenberg）葡萄园，树龄35岁，产量很低。

整串压榨到新法国橡木桶中，使用野生酵母发酵，苹乳发酵，带酒脚熟成15个月。哇——多棒的酒啊！酒体饱满，丰富复杂，同时也充满活力，新鲜清新。口感令人惊艳——带有柠檬姜味的奶油风味和超长的回味。
封口：螺旋盖　酒精度：13.5%　评分：96　最佳饮用期：2025年
参考价格：85澳元　JF

Mietta Geelong Pinot Noir 2013
米耶塔吉龙黑比诺2013
既强劲又精致细腻。带有浸渍樱桃、核仁和香料、果酱和干香草的味道，令人满口生津。一切都恰到好处——橡木和80%整串带来的风味完好的融合在一起，酒体醇厚。单宁细如丝绒，回味持久绵长。
封口：螺旋盖　酒精度：13%　评分：96　最佳饮用期：2024年
参考价格：85澳元　JF

The Bartl Geelong Chardonnay 2015
巴尔特吉龙霞多丽 2015
这款霞多丽来自庄园种植的葡萄园，以斯蒂芬·巴尔特（Stefan Bard）的名字命名——每个年份他都会帮助管理葡萄藤。酒中带有莱斯布里奇特有的丰厚，来自橡木的细节和酒脚的奶油风味，还有烤坚果、丰富的香料成熟核果与新鲜柑橘的味道。口感惊艳，充满力量和精致的细节。
封口：螺旋盖　酒精度：13.5%　评分：95　最佳饮用期：2025年
参考价格：45澳元　JF

Pinot Gris 2016
灰比诺2016
这是一款超棒的灰比诺，酒液呈淡铜色调，散发出撒着姜粉、香草和小豆蔻粉的水煮梨的味道，新鲜爽脆。丰富的奶油般的质地，酸度中带有柠檬乳酪的味道，但又因复杂度和深度而充满了活力。
封口：螺旋盖　酒精度：12.5%　评分：95　最佳饮用期：2021年
参考价格：30澳元　JF　✪

Geelong Pinot Noir 2015
吉龙黑比诺2015
其中的酸度和来自整串发酵的多汁浓郁的樱桃果香，使得它的口感清新浓郁。这绝不简单。单宁柔顺，酒体紧密，橡木的味道有所体现，但并不占主导地位。
封口：螺旋盖　酒精度：12.8%　评分：95　最佳饮用期：2026年
参考价格：45澳元　JF

Hillside Haven Single Vineyard Geelong Pinot Noir 2015
山坡港单一葡萄园吉龙黑比诺2015
在莱斯布里奇的所有比诺之中，这一款色泽最深，果味最丰富、最甘醇；原料来自阿纳吉（Anakie）的一个葡萄园。充满花香，带有深色樱桃和覆盆子，以及一丝香脂和木质香料的味道，单宁平衡。酸度清新。只是中间部分魅力稍欠。但仍不失为一款可爱的酒。
封口：螺旋盖　酒精度：13.2%　评分：94　最佳饮用期：2024年
参考价格：45澳元　JF

Que Syrah Syrah Pyrenees Shiraz 2016
队列西拉西拉宝丽丝西拉2016
浆果来自宝丽丝的马拉科夫（Malakoff）葡萄园。集中而且浓郁，紫色深沉得惊人，酒香馥郁——这是一款极好的葡萄酒。酒体饱满，柔顺，单宁丰富，酸甜可口，果香浓郁。
封口：螺旋盖　酒精度：14.5%　评分：94　最佳饮用期：2025年
参考价格：30澳元　JF　✪

🍷🍷🍷🍷🍷 Hat Rock Single Vineyard Geelong Pinot Noir 2015
帽岩单一葡萄园吉龙黑比诺2015
评分：91　最佳饮用期：2022年　参考价格：45澳元　JF

Leura Park Estate　卢拉·帕克庄园　★★★★☆

1400 Portarlington Road，Curlewis，Vic 3222　产区：吉龙
电话：(03)5253 3180　网址：www.leuraparkestate.com.au
开放时间：周末，10:30—17:00；1月：每日开放
酿酒师：达伦·伯克（Darren Burke—）　创立时间：1995年
产量（以12支箱数计）：5000　葡萄园面积：15.94公顷
卢拉·帕克庄园的葡萄园种植了霞多丽（50%）、黑比诺、灰比诺、长相思、雷司令和西拉等多个品种。庄主大卫（David）和琳赛·夏普（Lyndsay Sharp）在葡萄园的管理上，追求尽可能将人工干预保持在最低程度，他们扩大了酒庄自有葡萄园出产的葡萄酒系列（长相思、灰比诺、霞多丽、黑比诺和西拉），加入了优质年份系列（Vintage Grande Cuvee）。接下来为2010年份建立了酒厂，因而得以提高产量，在葡萄酒展上保持成功。出口到韩国和新加坡。

🍷🍷🍷🍷🍷 Block 1 Reserve Geelong Chardonnay 2015
一区酒庄珍藏吉龙霞多丽 2015
精湛的技艺展示了丰富的细节。酒体饱满，口感丰富，有核果、西柚皮、烤腰果、来自酒脚的奶油和柠檬凝乳的味道。35%新的法国橡木对整体风味和结构起到了积极的作用。

封口：螺旋盖　酒精度：13%　评分：95　最佳饮用期：2024年
参考价格：45澳元　JF

🍷🍷🍷🍷🍷 Geelong Riesling 2016
吉龙雷司令2016
评分：93　最佳饮用期：2024年　参考价格：25澳元　JF　✪

Geelong Riesling 2015
吉龙黑比诺2015
评分：92　最佳饮用期：2022年　参考价格：33澳元　JF

Geelong Chardonnay 2015
吉龙霞多丽 2015
评分：90　最佳饮用期：2022年　参考价格：25澳元　JF

Geelong Shiraz 2015
吉龙西拉2015
评分：90　最佳饮用期：2025年　参考价格：35澳元　JF

Lightfoot & Sons　赖特福特与儿子们　★★★★★

Myrtle Point Vineyard，717 Calulu Road，Bairnsdale，Vic 3875　产区：吉普史地
电话：(03)5156 9205　网址：www.lightfootwines.com　开放时间：不开放
酿酒师：阿拉斯泰尔·巴特（Alastair Butt），汤姆·赖特福特（Tom Lightfoot）
创立时间：1995年　产量（以12支箱数计）：10000　葡萄园面积：29.3公顷

布莱恩（Brian）和海伦·赖特福特（Helen Lightfoot）种下了主要品种黑比诺、西拉，以及一些霞多丽、赤霞珠和梅洛。此地与库纳瓦拉的土壤非常相似，石灰岩上覆盖有红土。大部分的葡萄出售（原计划）给其他维多利亚的酿酒厂，阿拉斯泰尔·巴特（Alastair Butt）［此前在恋木传奇（Brokenwood）和赛威庄园（Seville Estate）工作）］的加入和儿子汤姆（Tom）的支持下，酒庄的产量有所增加，而且很有可能继续增长。有着10年的销售和市场营销经验的二儿子罗布（Rob），现在也加入了公司。

🍷🍷🍷🍷🍷 Home Block Gippsland Chardonnay 2015
家园地块吉普史地霞多丽 2015
手工采摘，压榨后直接进入法国橡木桶（30%是新的）进行发酵，带酒脚熟成10个月，产量为146箱。它有着无与伦比的浓度、深度和长度，可以与顶级的雅拉霞多丽相媲美。美味的葡萄柚让人满口生津，酸度爽脆，可以保存很久。
封口：螺旋盖　酒精度：13.2%　评分：97　最佳饮用期：2030年
参考价格：50澳元　✪

🍷🍷🍷🍷🍷 River Block Gippsland Shiraz 2015
河岸地块吉普史地西拉2015
手工采摘，后浸渍发酵100天，在法国橡木桶（50%是新的）中陈酿。他们克服了许多酿造工艺上的困难，达成了目标：果味浓烈而悠长，但又不失典雅，并且带有红色和黑色樱桃的凉爽气候下生长的西拉的表现力。新橡木桶的味道已经完全融入酒中，口感柔顺。
封口：螺旋盖　酒精度：13.8%　评分：96　最佳饮用期：2035年
参考价格：50澳元　✪

Myrtle Point Vineyard Gippsland Chardonnay 2016
桃金娘葡萄园吉普史地霞多丽 2016
采摘的时间超过2周，不同的克隆株系/葡萄园地块，采用自流汁和轻柔压榨，在法国橡木桶（15%是新的）中加入酵母发酵。酒中充分地体现了优雅与浓度、平衡与长度的结合。结尾处白桃和柑橘味的酸度陡升，回味深长。
封口：螺旋盖　酒精度：13.2%　评分：95　最佳饮用期：2028年
参考价格：28澳元　✪

Cliff Block Gippsland Pinot Noir 2015
崖地吉普史地黑比诺 2015
来自酒庄自有的一个石灰岩断崖上的葡萄园，手工采摘，30%原料使用整串，70%去梗；开放式发酵，法国大橡木桶（30%是新的）中熟成10个月。它可能会在未来的几年里变得非常复杂。与此同时，还有浓郁的黑樱桃的美味，十分诱人，让人肃然起敬。
封口：螺旋盖　酒精度：13%　评分：95　最佳饮用期：2030年
参考价格：50澳元

Myrtle Point Single Vineyard Gippsland Lakes Shiraz 2015
桃金娘单一葡萄园吉普史地湖西拉2015
来自酒庄自有葡萄园，开放式发酵，在新旧混合的法国大橡木桶中熟成11个月。此酒散发出浓郁的红色水果和香料的芳香，优雅的格调与中度酒体的口感结合了红色和紫色水果味道，单宁细致，精致而持久，与法国橡木的味道完美平衡。黑比诺的爱好者也可偶尔尝尝这款可爱的西拉。
封口：螺旋盖　酒精度：13.8%　评分：95　最佳饮用期：2027年
参考价格：28澳元　✪

Myrtle Point Single Vineyard Gippsland Lakes Shiraz 2014
桃金娘单一葡萄园吉普史地湖西拉2014
去梗后，开放式发酵，冷浸渍3天，后发酵浸渍4天，压榨到法国橡木桶（15%是新的）熟成。明亮、饱满的颜色；这款凉爽气候下生长的西拉令人印象深刻，带有丰富

的黑色和红色水果，以及一系列香料、胡椒和甘草的味道，酒体中等，有着成熟而精致的单宁和丝丝缕缕的法国橡木味道。可现在饮用，也可陈年后饮用。
封口：螺旋盖　酒精度：14%　评分：95　最佳饮用期：2030年
参考价格：26澳元 ✪

Myrtle Point Vineyard Gippsland Lakes Pinot Noir 2016
桃金娘葡萄园吉普史地黑比诺 2016
来自酒庄葡萄园中1997年种植的MV6株系，3月4日—3月25日中的8日采摘，去梗，采用人工培养酵母进行开放式发酵，15%的发酵液中加入完整果串（占原料的30%）进行二氧化碳浸渍，在新的和旧的法国橡木桶中成熟。这是一种非常复杂的黑比诺，有红色和紫色的水果以及丰富的香料味道，细腻的单宁有着泥土般的质感。这进而导致良好的长度和纹理。复杂的工艺酿造出了这款同样非常复杂的比诺，带有红色和紫色水果的气息、丰富的香料和鲜香以及泥土般细腻的单宁。这又更使得它的长度和质感极佳。
封口：螺旋盖　酒精度：13.4%　评分：94　最佳饮用期：2023年
参考价格：28澳元 ✪

🍷🍷🍷🍷🍷 Myrtle Point Vineyard Gippsland Pinot Noir 2014
桃金娘葡萄园吉普史地黑比诺 2014
评分：92　最佳饮用期：2025年　参考价格：28澳元

Myrtle Point Single Vineyard Gippsland Lakes Rose 2016
桃金娘单一葡萄园吉普史地湖桃红2016
评分：91　最佳饮用期：2018年　参考价格：22澳元 ✪

Lillian　莉莉安 ★★★★

174，Pemberton，WA 6260（邮）　产区：潘伯顿　电话:（08）9776 0193　开放时间：不开放
酿酒师：约翰·布洛克索普（John Brocksopp）　创立时间：1993年
产量（以12支箱数计）：280　葡萄园面积：3.2公顷
约翰·布洛克索普（John Brocksopp）曾长期在露纹酒庄（Leeuwin Estate）担任葡萄栽培师的职务（现在仍是那里的顾问），他种植了2.8公顷的罗纳河谷“三杰”：玛珊、胡珊和维欧尼，以及0.4公顷的西拉。他也从其他和潘伯顿的葡萄酒种植者处收购葡萄。出口到日本。

🍷🍷🍷🍷🍷 Pemberton Marsanne Roussanne 2015
潘伯顿玛珊胡珊2015
配比为83/17%，采用篮式压榨，野生酵母发酵，旧橡木桶中带酒脚熟成14个月。如此酿出了一款复杂、完美的葡萄酒。明亮的淡草秆色；有奶油白桃撒上生姜香料的深刻口感，润滑丰富。平衡感极好。
封口：螺旋盖　酒精度：14%　评分：95　最佳饮用期：2021年
参考价格：21澳元　JF ✪

🍷🍷🍷🍷🍷 Lefroy Brook Pemberton Pinot Noir 2015
勒弗罗伊溪潘伯顿黑比诺2015
评分：93　最佳饮用期：2023年　参考价格：32澳元　JF

Lillypilly Estate　黎蓓莉庄园 ★★★★☆

47 Lillypilly Road，Leeton，新南威尔士州，2705　产区：滨海沿岸　电话: (02) 6953 4069
网址：www.fillypilly.com　开放时间：周一至周六，10:00—17:30；周日，随机约定时间
酿酒师: Robert Fiumara　创立时间: 1982年　产量 (以12支箱数计)：8000　葡萄园面积: 27.9公顷
灰霉菌（Botrytised）白葡萄酒是黎蓓莉目前最好的酒款，亚历山大贵腐麝香（Noble Muscat of Alexandria）则是酒厂的一个独特系列；这些酒风格各异，口感多样，可以长期陈酿。他们的餐酒的品质也十分稳定——这是一个“如无必要不做多余调整”的好例子。出口到英国、美国、加拿大和中国。

🍷🍷🍷🍷🍷 Noble Blend 2015
贵腐混酿 2015
长相思和赛美蓉。黎蓓莉是极少数的几个酿造苏玳风格混酿葡萄酒（另有少量无关紧要的慕斯卡德）的酒庄之一。这款酒口感丰厚，华丽，几乎有点（但不特别浓重）鲜咸的味道。需要与甜品搭配。375毫升瓶。
封口：螺旋盖　酒精度：12%　评分：91　最佳饮用期：2020年
参考价格：34澳元

Noble Harvest NV
丰收贵腐 无年份
长相思、赛美蓉琼瑶浆。品尝无年份的葡萄酒的一个问题是，没有办法把这款酒的品尝笔记与其他任何一款特定的酒联系到一起。这款酒的平衡性很好，带有丰富的核果的味道，酸度平衡。
封口：螺旋盖　酒精度：10%　评分：90　最佳饮用期：2018年
参考价格：24澳元

Lindeman's (Coonawarra)　林德曼（库纳瓦拉） ★★★★★

58 Queensbridge Street，Southbank，Vic 3006（邮）　产区：库纳瓦拉
电话：1300 651 650　网址：www.lindemans.com　开放时间：不开放
酿酒师：布雷特·夏普（Brett Sharpe）　创立时间：1965年　产量（以12支箱数计）：不详

自从林德曼酒庄开始更为注重生产单一品种葡萄酒后，他们在库纳瓦拉的葡萄园就变得尤为重要了。库纳瓦拉三重奏石灰岩岭葡萄园西拉赤霞珠（Coonawarra Trio of Limestone Ridge Vineyard Shiraz Cabernate）、圣乔治葡萄园葡萄园赤霞珠（St George Vineyard Cabernate Sauvignon）和派尔斯赤霞珠梅洛马尔贝克（Pyrus Cabernate Sauvignon Merlot Melbec）都是高品质的佳酿。

🍷🍷🍷🍷🍷

Coonawarra Trio limestone Ridge Vineyard Shiraz Cabernate 2015

库纳瓦拉三重奏石灰岩岭葡萄园西拉赤霞珠2015

这是一款配比为75/25%的混酿，“三重奏”（Trio）是指这次发售中的另外两款酒。尽管可以说林德曼的库纳瓦拉葡萄酒并没有得到营销部门足够的支持，但在酿酒团队的努力下，它的质量非常好，其本身的口感已经足够有力地说明了这一点。中等酒体，黑莓、黑加仑和桑葚等丰富的果味，丝绸般柔滑的单宁和高质量的橡木。

封口：螺旋盖 酒精度：13.5% 评分：96 最佳饮用期：2035年

参考价格：70澳元 ✪

Coonawarra Trio St George Vineyard Cabernate Sauvignon 2015

库纳瓦拉三重奏圣乔治葡萄园赤霞珠 2015

人们在讨论赤霞珠的时候总是忘记库纳瓦拉，反之亦然——想到库纳瓦拉著名的品种时总是想不起来赤霞珠，这太令人遗憾了。这款高品质的葡萄酒，可以说是品种和产地协同增效的一个经典例子。

封口：螺旋盖 酒精度：14.5% 评分：95 最佳饮用期：2030年 参考价格：70澳元

Coonawarra Trio Pyrus Cabernate Sauvignon Merlot Melbec 2015

库纳瓦拉三重奏派尔斯赤霞珠梅洛马尔贝克 2015

配比为81/13/6%的混酿。深紫红色是三重奏三款酒中酒体最为饱满的一款，单宁更加明显，带有李子和黑醋栗，以及其他丰富的水果味道。它还需要窖藏——这一定是会得到回报的。

封口：螺旋盖 酒精度：14.5% 评分：94 最佳饮用期：2030年 参考价格：70澳元

Lindenderry at Red Hill 红山林登德里 ★★★★★

142 Arthurs Seat Road，Red Hill，Vic 3937 产区：莫宁顿半岛
电话：(03)5989 2933 网址：www.lindenderry.com.au 开放时间：周末，11:00—17:00
酿酒师：巴尼·弗兰德斯（Barnaby Flanders） 创立时间：1999年
产量（以12支箱数计）：1000 葡萄园面积：3.35公顷

红山的林登德里酒庄与马斯顿山岭的兰斯莫尔山（Lancemore Hill）酒庄以及米拉瓦（Milawa）的林登瓦拉（Lindenwarrah）酒庄是姊妹公司。这里有一个五星级的乡村别墅酒店，其中有会议设施、功能区、日间水疗中心和餐厅，以及16公顷的花园，还有5年前种下的3公顷左右的葡萄园，其中包括同等面积的黑比诺和霞多丽。尽管林登德里以前的酿酒师们都颇为有名，但现在由巴尼·弗兰德斯（Barney Flanders）酿造的葡萄酒是迄今为止最棒的。将庄园种植的葡萄的优势发挥到极致，他采购的上好的格兰皮恩斯西拉更为这款酒增添了许多色彩。

🍷🍷🍷🍷🍷

Grampians Shiraz 2015

格兰皮恩斯西拉2015

重点步骤包括：在葡萄园内分捡葡萄，到酒厂后在此进行分拣，重力去梗，在小型的开放式发酵罐中发酵，野生酵母，带皮浸渍40天，法国大橡木桶（10%是新的）中熟成14个月。多好的酒啊。口感光滑柔顺，单宁极为细腻精致，带有更加成熟的黑色水果，黑色胡椒、甘草、八角和破碎杜松浆果的味道。

封口：螺旋盖 酒精度：13.5% 评分：96 最佳饮用期：2035年

参考价格：35澳元 JF ✪

Mornington Peninsula Chardonnay 2015

莫宁顿半岛霞多丽 2015

酒桶发酵为它带来了新鲜的柠檬汁，丰富的核果和柑橘的香气，还有一些橡木带来的香料气味，回味持久，让人一杯下肚，还想再喝一杯。

封口：螺旋盖 酒精度：13% 评分：95 最佳饮用期：2025年

参考价格：40澳元 JF

🍷🍷🍷🍷

Mornington Peninsula Pinot Noir 2015

莫宁顿半岛黑比诺2015

评分：93 最佳饮用期：2023年 参考价格：45澳元 JF

Macedon Ranges Pinot Noir 2015

马斯顿山岭黑比诺2015

评分：93 最佳饮用期：2023年 参考价格：40澳元 JF

Macedon Ranges Pinot Gris 2016

马斯顿山岭灰比诺2016

评分：90 最佳饮用期：2021年 参考价格：35澳元 JF

Linfield Road Wines 林菲尔德路葡萄酒 ★★★☆

65 Victoria Terrace，Williamstown，SA 5351 产区：巴罗萨谷
电话：(08) 8524 7355 网址：www.hnfieldroadwines.com.au
开放时间：周四至周日，10:00—17:00
酿酒师：丹尼尔·威尔森（Daniel Wilson），史蒂夫·威尔逊（Steve Wilson）
创立时间：2002年 产量（以12支箱数计）：2500 葡萄园面积：19公顷

林菲尔德路用威廉姆斯镇（Williamstown）的威尔森（Wilson）家族葡萄园所产的葡萄酿造小批量单一葡萄酒款。1860年，埃德曼德·威尔森（Edmund Wilson）少校在威廉姆斯镇的郊区种植了第一批葡萄。此后至今，威尔森一家种植葡萄的传统已经传承了5代；目前，家族的三代人工作并居住在巴罗萨最南端的地产上。此地位于谷底高处，夜晚凉爽，果实的成熟期较长。出口到加拿大、马来西亚、新加坡和中国。

🍷🍷🍷🍷🍷 Whole Bunch Grenache 2016
整串歌海娜 2016
原料为干燥气候下生长的46岁的葡萄藤，手工采摘，100%的原料使用整串，篮式压榨到不锈钢罐中发酵，未经过橡木。地处巴罗萨山谷的最高和最凉爽的地方之一。整串发酵带来了强烈咸鲜味的单宁，极为浓郁的红色和紫色水果味道。要享用它还需要有适度的耐心。
封口：橡木塞　酒精度：15%　评分：90　最佳饮用期：2026年
参考价格：25澳元

🍷🍷🍷🍷 The Steam Maker Barrosa Riesling 2016
蒸汽机巴罗萨雷司令2016
评分：89　最佳饮用期：2023年　参考价格：20澳元

Lino Ramble　里诺·兰博　★★★★☆

2 Hall St，麦克拉仑谷，SA 5171（邮）　产区：麦克拉仑谷
电话：0409 553 448　网址：www.linoramble.com.au　开放时间：不开放
酿酒师：安迪·科帕德（Andy Coppard）　创立时间：2012年　产量（以12支箱数计）：700
安迪·科帕德（Andy Coppard）和安吉拉·汤森（Angela Townsend）在世界各地的各种大大小小葡萄酒公司工作了20年。他们说："我们爬到了狗窝的顶端，把斗篷系在脖子上，屏住呼吸，然后纵身跃下。"如果你对酒庄的名字感到好奇（就像我一样）的话，从这个故事至少可以看出他们很有詹姆斯·乔伊斯（James Joyce，著有《追忆似水年华》）的意识流风格。

🍷🍷🍷🍷🍷 Gomas McLarent Vale Grenache 2015
戈玛斯麦克拉仑谷歌海娜 2015
野生酵母，25%保持完整果串，带皮浸渍21天，篮式压榨到旧的法国橡木桶中。酒色较浅，但很有特点。有坚果、烤咖啡、樱桃、皮革和香料的味道，以及甜味和酸味。变化非常丰富，起伏不断。它值得你拿出最好的葡萄酒杯，认真品尝。
封口：螺旋盖　酒精度：14.4%　评分：95　最佳饮用期：2026年
参考价格：30澳元　CM　✪

🍷🍷🍷🍷🍷 Ludo McLarent Vale Fiano 2016
卢多麦克拉仑谷菲亚诺 2016
评分：93　最佳饮用期：2020年　参考价格：30澳元　JF

Blind Man's Bluff McLarent Vale Bastardo 2016
摸瞎子麦克拉仑谷巴斯塔多
评分：92　最佳饮用期：2020年　参考价格：30澳元　JF

Vinyl McLarent Vale Shiraz 2016
黑胶唱片麦克拉仑谷西拉2016
评分：91　最佳饮用期：2022年　参考价格：20澳元　JF　✪

Pee Wee McLarent Vale Nero d'Avola 2016
皮威麦克拉仑谷黑珍珠2016
评分：91　最佳饮用期：2019年　参考价格：25澳元　JF

Tom Bowler McLarent Vale Nero d'Avola 2015
汤姆鲍勒麦克拉仑谷黑珍珠2015
评分：90　最佳饮用期：2020年　参考价格：30澳元　CM

Little Brampton Wines　小布兰普顿葡萄酒　★★★★

PO Box 61，Clare，SA 5453（邮）　产区：克莱尔谷　电话：(08) 8843 4201
网址：www.httlebramptonwines.com.au　开放时间：在克莱尔谷旅游中心
酿酒师：佩利特·威尼斯（Parlette Wines）　创立时间：2001年　产量（以12支箱数计）：650
小布兰普顿葡萄酒是一家由帕梅拉·施瓦兹（Pamela Schwarz）经营的小型精品酒庄，他的下一代，爱德华（Edward）和维多利亚（Victoria）也协助经营和管理。葡萄园已经售出了，但小布兰普顿的浆果原料仍然来自此处，尤其是他们的旗杆（Flagpole）雷司令。出口到英国。

🍷🍷🍷🍷🍷 Flagpole Clare Valley Riesling 2016
旗杆克莱尔谷雷司令2016
这款酒有很好的活力。具备所有预期的、令人向往的香气和味道，以及与其风格相配的酸度，还比其他一些同类酒款更多了一点活力。酒香丰富，口感强劲，回味悠长。还需要陈酿。封口：螺旋盖　酒精度：12%　评分：94
最佳饮用期：2031年　参考价格：24澳元　SC

Little Creek Wines　小溪葡萄酒　★★★★☆

15 Grantley Avenue，Victor Harbor，SA 5211（邮）　产区：麦克拉仑谷
电话：0415 047 719 www.littlecreekwines.com　开放时间：不开放
酿酒师：杜安·科茨（Duane Coates）　创立时间：2014年　产量（以12支箱数计）：60

这是萨姆·吉布森（Sam Gibson）和姐夫帕特里克·科格伦（Patrick Coghlan）的酒庄。他们真正的工作是在位于福雷里卢半岛的一家箭术产品批发公司［帕特箭类产品公司（Pats Archery）］。帕特（Pat）是澳大利亚领先的复合弓箭手，萨姆是公司的经理，负责进口和分发各种射箭设备。萨姆一家都是爱酒之人，他的父亲罗伯·吉布森（Rob Gibson）拥有红五星吉布森葡萄酒（5 red star Gibson Wines），山姆的弟弟亚伯·吉布森（Abel Gibson）也有自己的品牌——卢加贝卢斯（Ruggabellus）。多年来，萨姆和帕特与杜安·科茨（Duane Coates）成了朋友，这最终促成了与酿酒师杜安合作的微型企业的诞生。他们用的葡萄来自优质种植者，目前没有建立/购买葡萄园或增加葡萄酒的数量的计划。

🍷🍷🍷🍷🍷　Cabernate Shiraz 2015

赤霞珠西拉2015

55%的赤霞珠来自兰好乐溪，45%的西拉来自布莱维特泉（Blewitt Springs）。在法国大橡木桶中陈酿18个月。这款酒的果味充满活力，带有多汁的红色和黑色浆果，雪松橡木、香料和樱桃能量棒的味道，口感柔顺，浓郁的果味和单宁、酸度都完美地融合在一起。

封口：螺旋盖　酒精度：14.5%　评分：95　最佳饮用期：2028年

参考价格：30澳元　JF　✪

Little Yarra Wines　小雅拉葡萄酒　★★★★★

PO Box 2311，Richmond South，Vic 3121（邮）　产区：雅拉谷

电话：0401 228 196　网址：www.littleyarra.com.au　开放时间：不开放

酿酒师：迪伦·马克马洪（Dylan McMahon），马特·帕蒂森（Matt Pattison）

创立时间：2013年　产量（以12支箱数计）：500　葡萄园面积：1.2公顷

小雅拉葡萄酒由伊安（Ian）、皮普（Pip）和马特·帕蒂森（Matt Pattison）以及皮普的妹妹玛丽·帕德伯瑞（Mary Padbury）在家族内合伙建立的。帕蒂森家族曾经在马斯顿山岭经营一个葡萄园和酒厂［梅特卡夫谷葡萄酒（Metcalfe Valley Wines）］，但他们无法拒绝收购小雅拉庄园的机会——包括酒庄内种植的黑比诺和霞多丽（各0.6公顷）。这里的葡萄质量很高，他们得以聘请了迪伦·马克马洪（Dylan McMahon）担任酿酒师，马特·帕蒂森也参与了酿酒的过程。

🍷🍷🍷🍷🍷　Chardonnay 2016

霞多丽 2016

这是一款充满活力的霞多丽，香气与口感十分和谐。带有浓郁和纯净的果味，其中以白桃和葡萄柚的味道为主，橡木为辅。口感的长度和回味都令人惊艳。

封口：螺旋盖　酒精度：13.2%　评分：97　最佳饮用期：2030年

🍷🍷🍷🍷🍷　Pinot Noir 2016

黑比诺2016

透亮的深紫红色；比诺的特点在这里得到了清晰有力的表达，层次丰富，带有李子和樱桃的味道；没有灼热感，平衡感很好。2016年份中酿制得极好的一款，非常具有吸引力。

封口：螺旋盖　酒精度：13.3%　评分：95　最佳饮用期：2023年

Livewire Wines　火线葡萄酒　★★★★☆

PO Box 369，Portarlington.维多利亚，3223（邮）　产区：吉龙

电话：0439 024 007　网址：www.livewirewines.com.au　开放时间：不开放

酿酒师：安东尼·布莱恩（Anthony Brain）　创立时间：2011年　产量（以12支箱数计）：1000

安东尼·布莱恩（Anthony Brain）最初是厨师，但在20世纪90年代晚期“小小的转了一下行，进入了葡萄酒业”。他最初在雅拉谷积累了一些工作经验，同时也在美国加州州立大学学习酿酒学。接下来是玛格利特河和南澳大利亚，然后他又回到了雅拉谷，2003年到2007年之间，他一直在德·博尔托利（De Bortoli）处（包括猎人谷、国王谷和雅拉谷）工作。接下来他在贝拉林庄园（Bellarine Estate）作了5个年份的酿酒师，这一经历让他更加理解吉龙产区，以及更好地学习如何做出关于产区、葡萄种植和酿造等方面的决定。这没有影响他在各处寻找更多的机会。

🍷🍷🍷🍷🍷　Swanno Heathcote Tempranillo 2016

斯旺诺西斯科特添帕尼罗 2016

这个美味的添帕尼罗源自西斯科特岭（Heathcote Ridge）葡萄园，在80%的法国橡木桶和10%的美国橡木桶中陈放16个月。未经过滤，有极少量的沉淀。香气和口感中都带有黑樱桃、覆盆子、苦可乐和茴香的味道，爽脆的酸度与各种风味平衡得很好。良好地融入果香中的橡木味道，更是画龙点睛。有电！危险！

封口：螺旋盖　酒精度：14.2%　评分：95　最佳饮用期：2021年

参考价格：28澳元　NG　✪

🍷🍷🍷🍷🍷(半)　Geelong Orange Viognier 2016

吉龙奥兰治维欧尼2016

评分：93　最佳饮用期：2019年 NG

Grampians Shiraz 2016

格兰皮恩斯西拉2016

评分：93　最佳饮用期：2022年　参考价格：32澳元　NG

Whole Bunch Love Grampians Shiraz 2016

整串之爱格兰皮恩斯西拉2016

评分：93　最佳饮用期：2022年 NG

Riverland Montepulciano 2016

河地蒙帕赛诺 2016
评分：93　最佳饮用期：2019年　参考价格：24澳元　NG ✪
The Blood of Hipsters 2016
嬉皮士之血2016
评分：92　最佳饮用期：2021年　参考价格：26澳元　NG
Bellarine Peninsula Pinot Noir 2016
贝拉林半岛黑比诺2016
评分：90　最佳饮用期：2021年　参考价格：32澳元　NG

Lloyd Brothers　劳埃德兄弟 ★★★☆

34 Warners Road，麦克拉仑谷，SA 5171　产区：麦克拉仑谷
电话：(08) 8323 8792　网址：www.lloydbrothers.com.au
开放时间：每日开放，11:00—17:00　酿酒师：罗斯·伯比格（Ross Durbidge）
创立时间：2002年
产量（以12支箱数计）：5000　葡萄园面积：38公顷

大卫（David）和马修·劳埃德（Matthew Lloyd）是劳埃德兄弟葡萄酒和橄榄公司的所有人和经营者，他们也是麦克拉仑谷葡萄酒商的第三代。25公顷的酒庄之上可以俯瞰城镇，其中种植有12公顷的西拉、0.8公顷的歌海娜灌木葡萄藤和0.4公顷的马塔洛灌木葡萄藤（还有阿德莱德山区的长相思、霞多丽、灰比诺和西拉）。园中种植的西拉用来酿制一系列不同风格的葡萄酒：包括桃红、西拉起泡酒，强化型西拉和庄园西拉，以及白粉笔（White Chalk）西拉——因在分类时用白色粉笔在酒桶上做标记而得名。出口到英国。

🍷🍷🍷🍷🍷(4.5)　Adelaide Hills Sauvignon Blanc 2016
阿德莱德山长相思2016
酿造工艺没有特殊之处：机械采摘，破碎，压榨，在不锈钢罐中用人工培养的酵母菌低温发酵（酵母可能提高了品种特性的表现力）。它的风味介于热带和柑橘之间，有着令人深度意想不到的深度和浓度。
封口：螺旋盖　酒精度：13.5%　评分：90　最佳饮用期：2017年
参考价格：20澳元 ✪

🍷🍷🍷🍷　McLarent Vale Grenache Rose 2016
麦克拉仑谷歌海娜桃红2016
评分：89　最佳饮用期：2018年　参考价格：20澳元

Lobethal Road Wines　洛贝塔尔路葡萄酒 ★★★★

2254 Onkaparinga Valley Road，Mount Torrens，SA 5244　产区：阿德莱德山区
电话：(08) 8389 4595　网址：www.lobethalroad.com
开放时间：周末以及公共节假日，11:00—17:00
酿酒师：戴维·内尔（David Neyle），米迦勒·赛克斯（Michael Sykes）
创立时间：1998年　产量（以12支箱数计）：6500　葡萄园面积：10.5公顷

戴维·内尔（Dave Neyle）和因加·利迪姆（Inga Lidums）两人为洛贝塔尔葡萄园带来了各种相关的经验和技能。园内主要种植有西拉，以及少量的霞多丽、添帕尼罗、长相思和格拉西亚诺。1990年起，戴维在南澳和塔斯马尼亚从事葡萄园管理和发展的工作。因加在澳大利亚和海外各地有市场营销和平面设计行业25年的经验，她的工作重点就是葡萄酒和食品工业。他们在酒园管理中尽量使用最低限度的化学物质。出口到英国。

🍷🍷🍷🍷🍷(4.5)　Bacchant Adelaide Hills Chardonnay 2015
狂欢阿德莱德山霞多丽 2015
诱人的柠檬味道的酸度，带有油桃、葡萄柚和酒脚带来的淡淡的奶油风味。柔顺可口，让人欲罢不能。
封口：螺旋盖　酒精度：12.6%　评分：92　最佳饮用期：2020年
参考价格：45澳元　JF

Adelaide Hills Pinot Gris 2015
阿德莱德山和灰比诺 2015
葡萄园地处兰斯伍德的高海拔地区，手工采摘，整串压榨至不锈钢罐（80%）中和旧的法国小橡木桶（20%）中进行发酵，后者带酒脚并搅拌，且部分经过苹乳发酵。这是一款不错的灰比诺，品种特有的青苹果/沙梨类的果味中有不同层次的质地和结构感。
封口：螺旋盖　酒精度：13%　评分：92　最佳饮用期：2017年
参考价格：25澳元 ✪

Adelaide Hills Roussanne 2015
阿德莱德山胡珊2015
来自酒庄的托伦斯山（Mt Torrens）葡萄园（海拔475米），于4月5日进行手工采摘，整串压榨到旧的法国小橡木桶中进行发酵和熟成。虽然现在饮用为时尚早，但酒中已经具备了柑橘和青苹果的味道，以及复杂性和深度。它的果味的长度和深度使它既可以继续窖藏，增加复杂度，或现在就喝——新鲜度很好。
封口：螺旋盖　酒精度：13.4%　评分：92　最佳饮用期：2020年
参考价格：31澳元

Adelaide Hills Tempranillo Graciano 2015
阿德莱德山添帕尼罗格拉西亚诺2015

最先看到的是酒液诱人的颜色——鲜亮的紫黑色——接下来扑鼻的香气中可以闻到丰富的覆盆子、樱桃可乐、胶冻还有大量的香料、荷兰甘草和泥土的味道。口感柔顺，新鲜多汁，极易入口。
封口：螺旋盖 酒精度：13.3% 评分：92 最佳饮用期：2023年
参考价格：25澳元 JF ✪

Adelaide Hills Sauvignon Blanc 2016
阿德莱德山长相思2016
活泼多汁，带有成熟的沙梨、酸梨、肉桂香料和一些加入碎香草的热带水果的味道。略微甘甜，同时也十分清新。
封口：螺旋盖 酒精度：12.5% 评分：91 最佳饮用期：2018年
参考价格：22澳元 JF ✪

Bacchant Adelaide Hills Chardonnay 2014
狂欢阿德莱德山霞多丽 2014
口感丰饶，有黄色核果、水煮温桲、烤榛子和奶油蜂蜜的味道。由橡木/酒脚带来的风味使得酒体更加饱满，酸度平衡。
封口：螺旋盖 酒精度：13.1% 评分：90 最佳饮用期：2019年
参考价格：45澳元 JF

Adelaide Hills Pinot Gris 2016
阿德莱德山和灰比诺 2016
很有质感，口感丰富，带有恰到好处的撒了香料的成熟梨子的味道，奶油蜂蜜的味道则带来了一点甜味。令人十分感兴趣。
封口：螺旋盖 酒精度：13.1% 评分：90 最佳饮用期：2019年
参考价格：25澳元 JF

🍷🍷🍷🍷 Adelaide Hills Pinot Noir 2015
阿德莱德山黑比诺 2015
评分：89 最佳饮用期：2020年 参考价格：25澳元 JF

Logan Wines 罗根葡萄酒 ★★★★★

Castlereagh Highway，Apple Tree Flat，满吉，新南威尔士州，2850 产区：满吉
电话：(02)6373 1333 网址：www.loganwines.com.au
开放时间：每日开放，10:00—17:00 酿酒师：彼得·潘（Peter Logan）
创立时间：1997年 产量（以12支箱数计）：45000
罗根是一个家族酒庄，尤为强调奥兰治和满吉出产的冷凉气候下的葡萄酒。该企业由彼得（Peter，酿酒师）和汉娜（Hannah，销售和市场营销）夫妻两人共同经营。彼得在麦考瑞大学（Macquarie University）主修生物学和化学，后来进入制药业作工艺研究员。与通常情况相反，他的父亲十分鼓励他转行，彼得在1996年获得了阿德莱德大学的酿酒学研究生文凭。酒庄和品尝室都坐落在满吉葡萄园，但他们最好的酒还是由奥兰治产区的葡萄酿制的。出口到美国等主要市场。

🍷🍷🍷🍷🍷 Orange Sauvignon Blanc 2016
奥兰治长相思2016
破碎，并保持带皮浸渍10小时后压榨，20%的原料带皮渣发酵，且在压榨前带皮浸渍2周，15%在500升的匈牙利橡木和法国桶进行桶内发酵，部分经过苹乳发酵，余下的进入不锈钢罐发酵。他们采用的大胆的酿造工艺酿造出了不同寻常、风味独特的葡萄酒，既有常见的柑橘、葡萄柚和热带番石榴这类的味道，也有生姜的气息。
封口：螺旋盖 酒精度：13% 评分：95 最佳饮用期：2017年
参考价格：23澳元 ✪

Ridge of Tears Mudgee Shiraz 2014
泪岭满吉西拉2014
出产的这款酒的葡萄园距奥兰治西拉葡萄园只有70公里，然而风格截然不同。单宁十分结实，带有黑莓，木质香草，巧克力、咖啡粉的味道。口感丰富浓郁，表现出其长期陈酿的潜力。
封口：螺旋盖 酒精度：14% 评分：95 最佳饮用期：2034年
参考价格：45澳元 CM

Hannah Orange Rose 2016
汉娜奥兰治桃红 2016
35%的比诺莫尼耶、30%的西拉、20%的品丽珠和15%的灰比诺。其中西拉和品丽珠既在不锈钢罐中，也在法国和匈牙利橡木桶中发酵，余下的在不锈钢罐中发酵。酒体呈粉红色，略带三文鱼的色调；格外复杂的酿造工艺为这款酒带来了红色水果、香料和红花/玫瑰花瓣的味道，口感与酒香配合得非常完美。味道鲜美干爽，果味丰盛。
封口：螺旋盖 酒精度：13% 评分：94 最佳饮用期：2018年
参考价格：23澳元 ✪

Ridge of Tears Orange Rose 2016
泪岭奥兰治西拉2014
带有黑色樱桃、烤坚果和黑色胡椒的气息。它有着经典的丰富口感，是一个绝对不会出错的选择。单宁精细、复杂，很好地融入整体之中，酸度清新，夹杂着丰富的味道，真是一款好酒。
封口：螺旋盖 酒精度：13% 评分：94 最佳饮用期：2030年
参考价格：45澳元 CM

🍷🍷🍷🍷🍷 Weemala Orange Shiraz 2016
维玛拉奥兰治琼瑶浆2016
评分：92　最佳饮用期：2022年　参考价格：20澳元　✪

Weemala Orange Riesling 2016
维玛拉奥兰治雷司令2016
评分：91　最佳饮用期：2023年　参考价格：20澳元　✪

Weemala Orange Pinot Gris 2016
维玛拉奥兰治灰比诺2016
评分：91　最佳饮用期：2020年　参考价格：20澳元　✪

Weemala Mudgee Tempranillo 2015
维玛拉满吉添帕尼罗 2015
评分：91　最佳饮用期：2025年　参考价格：20澳元　✪

Orange Shiraz 2014
奥兰治西拉2014
评分：90　最佳饮用期：2029年　参考价格：28澳元

Central Ranges Shiraz Viognier 2014
中央山脉西拉维欧尼2014
评分：90　最佳饮用期：2020年　参考价格：20澳元　CM　✪

Weemala Mudgee Tempranillo 2014
维玛拉满吉添帕尼罗 2014
评分：90　最佳饮用期：2019年　参考价格：20澳元　CM　✪

Lome　洛美 ★★★★☆

83 Franklings Road，Harcourt North，Vic 3453　产区：班迪戈
电话：0438 544 317　开放时间：不开放
酿酒师：托尼·温斯皮尔（Tony Winspear）　创立时间：2004年
产量（以12支箱数计）：800　葡萄园面积：5公顷

迪姆（Tim）和戴安·罗伯森（Diane Robertson）在班迪戈地区工作和生活了23年，2008年，他们刚好在正确的时间和正确的地点出现，因而有机会在哈考特北部（Harcourt North）买下了一个新建立的葡萄园。他们将这个企业称为“洛美”，将葡萄园内的种植量扩大到5公顷，品种包括西拉、玛珊、维欧尼和胡珊。他们在家乡勃艮第时在后院栽培葡萄，在车库酿酒，节假日到法国各地旅游——这些都为他们对葡萄酒的兴趣打下了基础。

🍷🍷🍷🍷🍷 Bendigo Shiraz 2013
班迪戈西拉2013
形容这款酒最恰当的一个词就是优雅（或者纯洁、集中和平衡）。毫无疑问，它平静而优美，慢慢地散发出黑樱桃和黑莓的香气。
封口：螺旋盖　酒精度：14.5%　评分：95　最佳饮用期：2028年
参考价格：45澳元

🍷🍷🍷🍷🍷 Bendigo Shiraz 2014
班迪戈西拉2014
评分：93　最佳饮用期：2029年　参考价格：45澳元

Bendigo Marsanne Viognier Roussanne 2015
班迪戈玛珊维欧尼胡珊2015
评分：91　最佳饮用期：2022年　参考价格：25澳元

Lonely Vineyard　孤独葡萄园 ★★★★☆

61 Emmett Road，Crafers West，SA 5152（邮）　产区：伊顿谷
电话：0413 481 163　网址：www.lonelyvineyard.com.au　开放时间：不开放
酿酒师：迈克·施罗伊斯（Michael Schreurs）　创立时间：2008年
产量（以12支箱数计）：400　葡萄园面积：1.5公顷

这是酿酒师迈克·施罗伊斯（Michael Schreurs）和阿德莱德商业律师卡丽娜·奥文斯（Karina Ouwens）的企业。合伙人中的一位（或者也可能是两人）很有幽默感。女儿阿米莉亚·施罗伊斯（Amalia Schreurs）“吃一盒葡萄干的速度可以创世界纪录”；家里的猫，米什（Meesh）“对卡丽娜和阿米莉亚很好，但蔑视迈克——这也是他应得的。”迈克的酿酒事业从沙普大西部（Seppelt Great Western）酒厂开始，他在那里工作了3年，然后在亨施克（Henschke）工作了6年，最近，他又在阿德莱德山区的大道（The Lane）葡萄园工作，此外他也短期地在勃艮第、罗纳河谷，美国和西班牙工作过。出口到英国。

🍷🍷🍷🍷🍷 Eden Valley Montepulciano 2015
伊顿谷蒙帕赛诺2015
我喜欢这款酒！如墨般的紫黑色近乎不透明，杯中漫溢着马蹄（Horseshoe）葡萄园的花岗岩和果肉的味道，碘和黑色水果的味道充满口腔。带有意大利风格的干爽口感，结构感强，结尾的单宁给人带来愉悦的回味。
封口：螺旋盖　酒精度：13.5%　评分：95　最佳饮用期：2025年
参考价格：36澳元　NG

Eden Valley Riesling 2016

伊顿谷雷司令2016
来自于海拔460米处的卡克斯（Cactus）葡萄园，葡萄树龄79岁。这款酒精致、活泼而且纯净。这款酒一定可以陈酿到下一个10年，甚至是更久，充满活力，有着融入矿物质味道的青柠的味道，以及葡萄柚和极其细微的生姜的味道。
封口：螺旋盖　酒精度：12.5%　评分：95　最佳饮用期：2030年
参考价格：26澳元　NG　✪

Eden Valley Shiraz 2015　　**伊顿谷西拉**2015
经典的伊顿谷老藤，这款精心打造的洋红色调的西拉，表现出品种特有的黑樱桃、李子、萨拉米肠和碘的味道。一切都很完美，包括恰到好处的橡木味道。口感丰富，回味悠长。
封口：螺旋盖　酒精度：13.5%　评分：94　最佳饮用期：2032年
参考价格：36澳元　NG

Long Rail Gully Wines　长轨葡萄酒　★★★★☆

161 Long Rail Gully Road，Murrumbateman，新南威尔士州，2582　产区：堪培拉地区
电话：0419 257 574　网址：www.longrailgully.com.au
开放时间：周末和节假日，11:00—16:00　酿酒师：理查德·帕克（Richard Parker）
创立时间：1998年　产量（以12支箱数计）：12000　葡萄园面积：24公顷
长轨由帕克（Parker）家族经营，1998年，芭芭拉（Barbara）和盖瑞·帕克（Garry Parker），建立了这个24公顷的葡萄园。种植的品种包括西拉（8公顷）、赤霞珠（4公顷）、梅洛、雷司令、灰比诺（各3.5公顷）和黑比诺（1.5公顷）。酿酒师的儿子理查德（Richard）曾在加州州立大学学习酿酒，他负责选择建设葡萄园的天然地形，设计布局，并监督种植工作的进行。同时他的合约酿酒业务也非常成功，为奥兰治、希托扑斯、考兰以及本地的许多酒庄提供服务。出口到中国。

🍷🍷🍷🍷🍷

Murrumbateman Riesling 2016
马鲁巴特曼雷司令2016
又一个堪培拉的顶级雷司令。完美的纯度，酒香中充满柑橘的味道，口感中带有青柠汁的味道和明亮的酸度，酒体平衡。现在饮用就很好。很值。
封口：螺旋盖　酒精度：11.9%　评分：95　最佳饮用期：2026年
参考价格：22澳元　✪

Murrumbateman Shiraz 2015
马鲁巴特曼西拉2015
明亮饱满的紫红色；酒香富于表现力，中等酒体，带有辛香料和樱桃的果味，口感新鲜柔顺。胡椒混合了香料的味道更增加了它的复杂性，极细的单宁和橡木的味道都完美地融入整体。
封口：螺旋盖　酒精度：13.8%　评分：94　最佳饮用期：2029年　参考价格：25澳元　✪

Four Barrels 2013
四个桶2013
一款特别的混酿，用四个最好年份的酒桶调配而成，可能不全是同一品种。效果很好：有非常诱人的黑樱桃、黑莓和黑醋栗的味道，单宁平衡。
封口：螺旋盖　酒精度：14%　评分：94　最佳饮用期：2028年　参考价格：60澳元

🍷🍷🍷🍷🍷（四满一空）

Murrumbateman Rose 2016
马鲁巴特曼桃红2016
评分：92　最佳饮用期：2018年　参考价格：22澳元　✪

Murrumbateman Pinot Gris 2016
马鲁巴特曼灰比诺2016
评分：91　最佳饮用期：2018年　参考价格：22澳元　✪

Longline Wines　延绳钓葡萄酒　★★★★

PO Box 28，Old Noarlunga，SA 5168（邮）　产区：麦克拉仑谷/阿德莱德山
电话：0415 244 124　网址：www.longlinewines.com.au　开放时间：不开放
酿酒师：保罗·卡彭特（Paul Carpenter）　创立时间：2013年　产量（以12支箱数计）：1000
酒庄名体现出了卡彭特（Carpenter）家族的变迁历史。40多年前，鲍勃·卡彭特（Bob Carpenter）放弃了银行经理的工作，在古尔瓦（Goolwa）作了一名延绳钓捕的渔民；后来才到麦克拉仑谷务农。儿子保罗（Paul）毕业于阿德莱德大学（Adelaide University）后，在这所大学里从事谷类食品研究员的工作，但在完成研究后，他在杰夫·美林（Geoff Merrill）葡萄酒工作了一个年份后，最终决定转行从事酿酒业。在接下来的20年中，他的工作地点包括澳洲和海外各地，在罗纳河谷和博若莱，以及在俄勒冈州的艾翠斯（Archery Summit）酒庄处工作。回到澳大利亚后，他为哈迪斯（Hardys）和维拉维拉（Wirra Wirra）工作，目前是哈迪斯公司的高级酿酒师。他和他的搭档马丁一起，从4个葡萄种植者处收购了小型地块上的歌海娜和西拉（麦克拉仑谷地区的3个葡萄园，阿德莱德山的第4个葡萄园）。

🍷🍷🍷🍷🍷

Blood Knot McLarent Vale Shiraz 2015
血结麦克拉仑谷西拉2015
这个年份100%采用了麦克拉仑谷布莱维特泉（Blewitt Springs）的德玛斯葡萄园（Demasi Vineyard）的干燥环境下生长的葡萄，开放发酵10天，在法国半米伊德（demi-muids）桶（600升）和大橡木桶（400—500升）中熟成。典型的麦克拉仑谷西拉风格，带有葡萄园风土特征的，浓郁的黑色水果、黑巧克力、甘草和泥土的味道。酒体饱满，令人愉悦，值得回味。

封口：螺旋盖　酒精度：14.5%　评分：95　最佳饮用期：2036年
参考价格：26澳元 ✪

Albright McLarent Vale Grenache 2015
奥尔布赖特麦克拉仑谷歌海娜 2015
来自翁卡帕林加（Onkaparinga）和布莱维特泉（Blewitt Springs）两处的老藤葡萄，手工采摘，其中15%的原料使用整串；额外延长带皮浸渍3周，在旧的法国大橡木桶中熟成9个月。色泽明亮、鲜艳；这是麦克拉仑谷大师级别的歌海娜，带有各种红色和黑色水果、香料的味道，细致的单宁，是可以陈酿的保证。可以让你一饱口福。
封口：螺旋盖　酒精度：14.5%　评分：94　最佳饮用期：2029年
参考价格：26澳元　GSM

GSM McLarent Vale Grenache Shiraz Mourvedre 2015
GSM 麦克拉仑谷歌海娜西拉幕尔维　2015
来自3个干燥气候下生长的葡萄园，采用20岁的西拉和幕尔维德，55岁的歌海娜，少量的整串葡萄，进行开放式发酵，后浸渍发酵，旧的法国橡木桶中熟成。布莱维特泉出产的所有葡萄酒都有一些朴素的特点，这既提升了质量，也增加了酒体的复杂度，这款也不例外，来自西拉的黑色水果或者幕尔维德的单宁并没有掩盖歌海娜香水般的风味特点。
封口：螺旋盖　酒精度：14.5%　评分：94　最佳饮用期：2025年
参考价格：22澳元 ✪

🍷🍷🍷🍷🍷 Bimini Twist McLarent Vale Rose 2016
比米尼·特威斯特麦克拉仑谷桃红 2016
评分：93　最佳饮用期：2018年　参考价格：20澳元 ✪

Longview Vineyard　朗维尤葡萄园 ★★★★☆

Pound Road，Macclesfield，SA 5153　产区：阿德莱德山区
电话：（08）8388 9694　网址：www.longviewvineyard.com.au
开放时间：每日开放，11:00—17:00
酿酒师：本·格莱佐（Ben Glaetzer）　创立时间：1995年
产量（以12支箱数计）：20000　葡萄园面积：63公顷
这已经是致力投身于葡萄酒和旅游业的萨图尔诺（Saturno）家族接掌朗维尤酒庄之后的第10个年头了。其中包括63公顷的葡萄园，原有的20公顷的西拉、赤霞珠、内比奥罗和长相思。新近种植的品种有芭贝拉、绿维特利纳、霞多丽和灰比诺的新克隆株系。本·格莱佐（Ben Glaetzer）负责酿酒的监管，而彼得（Peter）和马克·萨图尔诺（Mark Saturno）是酿酒顾问。他们的新酒窖门店和餐厅于2017开业，葡萄园中也增加了12间套房、一个多功能厅以及一些独特的美食和葡萄酒活动项目。10年间，这个100%的家族所有，使用自家葡萄的酒庄的市场已经从两个国家增长到17个国家。

🍷🍷🍷🍷🍷 Macclesfield Chardonnay 2016
麦克莱斯菲尔德霞多丽 2016
恩塔夫（Entav）克隆株系76，95，589和I10V1。手工采摘，整串压榨，采用野生酵母在法国橡木桶（70%是新的）中发酵，50%经过苹乳发酵，熟成9个月（3个月带酒脚）。选用的特殊克隆株系显然给这款酒的质地和口感带来了令人赞叹的复杂性。酒中带有多层次的水果味道，一些来自苹乳发酵的奶油风味，以及高质量的橡木增加的另一层复杂风味。
封口：螺旋盖　酒精度：12.5%　评分：95　最佳饮用期：2026年
参考价格：40澳元

Yakka Adelaide Hills Shiraz 2015
亚卡阿德莱德山西拉2015
除梗破碎，开放式发酵，采用人工培养酵母，带皮浸渍14天，每日打循环，在法国大橡木桶（20%是新的）中熟成15个月。朗维尤葡萄园很多年前就已经证明了他们可以出产完美成熟的西拉葡萄酒。这款酒色泽优美，以红色和黑色樱桃，黑色胡椒和甘草为主的香气和口感之外，还有一丝香柏木和橡木的气息。粉末状的单宁是它的一大特点。
封口：螺旋盖　酒精度：14.5%　评分：94　最佳饮用期：2029年
参考价格：29澳元 ✪

The Piece Shiraz 2013
皮斯西拉2013
手工采摘，去梗并分拣，分5个不同批次，野生酵母—开放式发酵，熟成18—20个月后挑选最佳的酒桶。这款酒复杂、浓郁、集中，虽然它并没有2013年的红葡萄酒中常见的明快风格，但果梗中国呢簦元素仍然让它非常突出。
封口：Diam软木塞　酒精度：14.5%　评分：94　最佳饮用期：2033年
参考价格：70澳元

Adelaide Hills Nebbiolo Riserva 2014
阿德莱德山内比奥罗珍藏2014
手工采摘，5日冷浸渍，野生酵母带皮渣浸开放式发酵30天，在旧的法国大橡木桶（18%是新的）中熟成，12个月瓶储后发售。瓶子很美，品种特性表现得很好。单宁恰到好处，带有紫罗兰和玫瑰花瓣的香气，是一款适合搭配各种意大利美食的佳酿。
封口：Diam软木塞　酒精度：14%　评分：94　最佳饮用期：2029年
参考价格：45澳元

🍷🍷🍷🍷🍷 Nebbiolo Rosato 2016
内比奥罗玫瑰红2016
评分：92 最佳饮用期：2020年 参考价格：25澳元 ✪

Devil's Elbow Cabernate Sauvignon 2014
魔鬼之肘赤霞珠 2014
评分：92 最佳饮用期：2029年 参考价格：29澳元

Lost Buoy Wines 丢失的浮标葡萄酒 ★★★★

c/- Evans & Ayers，PO Box 460，阿德莱德，SA 5001（邮） 产区：麦克拉仑谷
电话：0400 505 043 网址：www.lostbuoywines.com.au 开放时间：不开放
酿酒师：菲尔·克里斯提安森（Phil Christiansen） 创立时间：2010年
产量（以12支箱数计）：8000 葡萄园面积：18.5公顷

丢失的浮标葡萄园和酒庄在麦克拉仑谷的威伦加港（Port Willunga）的悬崖上，从那里可以看到圣文森特（St Vincent）的港口。酒庄自有的6公顷土地上种植歌海娜和西拉——这个产区的基本品种。合约酿酒师菲尔·克里斯提安森（Phil Christiansen）负责生产红葡萄酒。当地有经验的酿酒师负责用酒庄葡萄园生产的歌海娜酿制桃红葡萄酒，麦克拉仑谷和阿德莱德山的葡萄酿制白葡萄酒。出口到英国、新加坡等国家，以及中国香港地区。

🍷🍷🍷🍷🍷 Gulf View Adelaide Hills Sauvignon Blanc 2016
湾景阿德莱德山长相思2016
这样一款活泼的葡萄酒一定可以唤醒你的味蕾，带有柠檬和酸橙一类的热带水果味道。酸度令人倾心，会给你带来很多乐趣。
封口：螺旋盖 酒精度：12% 评分：91 最佳饮用期：2018年
参考价格：18澳元 JF ✪

The Edge McLarent Vale Shiraz 2016
边缘麦克拉仑谷西拉2016
明亮多汁，非常易饮，新鲜的水果和酸度非常直接，带有少量的香料味道，单宁柔顺。
封口：螺旋盖 酒精度：14.5% 评分：90 最佳饮用期：2021年
参考价格：18澳元 JF ✪

Lou Miranda Estate 露·米兰达酒庄 ★★★★☆

1876 Barossa Valley Way，Rowland Fla 南澳大利亚，5352 产区：巴罗萨谷
电话：(08) 8524 4537 网址：www.loumirandaestate.com.au
开放时间：周一至周五，10:00—16:30；周末，11:00—16:00
酿酒师：露·米兰达（Lou Miranda），詹尼尔·杰克（Janelle Zerk）
创立时间：2005年 产量（以12支箱数计）：20000 葡萄园面积：23.29公顷

尽管露·米兰达仍然会参与到酒庄工作之中，她的女儿丽萨（Lisa）和维多利亚（Victoria）现在是酒庄的经营者。酒庄的明星品种是种植于1897年的0.5公顷幕尔维德和种植于1907年的1.5公顷的西拉。1995年后陆续种植了赤霞珠、梅洛、霞多丽和灰比诺，扩大了品种规模。出口到英国、美国和其他主要市场。

🍷🍷🍷🍷🍷 Old Vine Barrosa Valley Shiraz Grenache 2014
老藤巴罗萨谷西拉歌海娜 2014
产自100多岁多的老藤葡萄，手工采摘，开放式发酵，在美国橡木桶（50%是新的）中熟成。生动的深紫红色；这款混酿甘美大方，西拉带来了黑色水果的味道，歌海娜则又增加了一层红色水果的味道，西拉提供了构架感，这些风味融合后协同增效，中等至饱满酒体。
封口：螺旋盖 评分：95 最佳饮用期：2030年 参考价格：60澳元

🍷🍷🍷🍷🍷 Golden Lion Barrosa Valley Shiraz 2015
金狮巴罗萨谷西拉2015
评分：90 最佳饮用期：2025年 参考价格：46澳元

Lowe Wines 罗威葡萄酒 ★★★★☆

Tinja Lane，满吉，新南威尔士州，2850 产区：满吉
电话：(02)6372 0800 网址：www.lowewine.com.au 开放时间：每日开放，10:00—17:00
酿酒师：大卫·洛维（David Lowe），利亚姆·赫斯洛姆（Liam Heslop） 创立时间：1987年
产量（以12支箱数计）：116000 葡萄园面积：41.3公顷

罗威葡萄酒近些年来发生了很多变化，最近的一个是收购了路易（Louee）和它的两个葡萄园。第一个葡萄园在瑞尔斯通（Rylstone），主要品种为西拉、赤霞珠、小味儿多和梅洛，霞多丽、品丽珠、维尔德罗和维欧尼作为补充品种。第二个在努洛山（Nullo Mountain）的海拔1100米处，与沃勒米（Wollemi）国家公园相邻。这里海拔极高，也经常是澳大利亚最冷的地方。酒庄采用有机管理。罗威家族对汀加（Tinja）地产的所有权已经传递5代了。

🍷🍷🍷🍷🍷 Nullo Mountain Mudgee Riesling 2016
努洛山满吉雷司令2016
此处得到了完整的有机认证，海拔约1100米。（除了阿根廷）即使按国际标准，这个海拔也是相当高了。扑面而来的酸橙花、温桲和柠檬皮对味道，口中可以品尝到凉爽的高纬度气候带来的酸度，充满张力，回味悠长。
封口：螺旋盖 酒精度：11% 评分：95 最佳饮用期：2026年
参考价格：50澳元 NG

Nullo Mountain Sauvignon Blanc 2015
努洛山长相思2015
出产于满吉葡萄园中单独分离出来的一处，这些长相思种在1100米高悬崖的陡坡上，受到海洋和亚高山气候的影响。这是一款有着独特的质感的长相思。野生酵母桶内发酵，接下来带酒脚的处理为酒体带来了张力和细节，构成了它的质感。结尾带有温桲、各种涂了蜂蜜的核果和草本的气息，使得整体口感更加完整。
封口：螺旋盖 酒精度：13.1% 评分：94 最佳饮用期：2020年
参考价格：30澳元 NG ✪

🍷🍷🍷🍷🍷 Museum Release Louee Nullo Mountain Riesling 2010
博物馆发行路易努洛山雷司令2010
评分：93 最佳饮用期：2026年 参考价格：50澳元 NG

Block 5 Mudgee Shiraz 2013
五号地块满吉西拉2013
评分：93 最佳饮用期：2030年 参考价格：50澳元 NG

Headstone Mudgee Rose 2016
海德斯通满吉桃红2016
评分：92 参考价格：28澳元 NG

Mudgee Zinfandel 2013
满吉增芳德 2013
评分：91 最佳饮用期：2025年 参考价格：75澳元 NG

Lyons Will Estate 里昂斯·威尔庄园 ★★★★☆

60 Whalans Track，Lancefield，Vic 3435 产区：马斯顿山岭
电话：0412 681 940 网址：www.lyonswillestate.com.au 开放时间：仅限预约
酿酒师：路·奈特（Llew Knigh）电话：（合约） 创立时间：1996年
产量（以12支箱数计）：600 葡萄园面积：4.2公顷
奥利弗·拉普森（Oliver Rapson，有数字广告业的工作背景）和勒纳塔·莫雷罗（Renata Morello，理疗师，公共卫生博士）认为，马斯顿山岭是一个理想的种植地：离墨尔本不到一个小时的车程，是种植黑比诺和霞多丽的理想之选，而且居住人口很少。1996年，酒庄种植了2公顷葡萄糖（黑比诺D5V12、D4V2和115和霞多丽），后来扩大了黑比诺115的种植量并引入MV6，雷司令和佳美各种植了1公顷。2016年份酿制时，酒庄新酒厂落成，并又种植了0.8公顷的霞多丽。路·奈特（Llew Knight）对当地的情况熟悉，而且有丰富的酿酒经验。

🍷🍷🍷🍷🍷 Macedon Ranges Pinot Noir 2015
马斯顿山岭黑比诺2015
来自酒庄葡萄园的克隆株系D5V12，D4V2和115，开放式发酵，带皮浸渍14天，在法国橡木桶（33%是新的）中陈酿16个月。清透明亮的紫红色；整体和谐，令人印象深刻，红色水果的酒香，可以品尝到红樱桃、西洋李子和香料等的味道。果味浓郁，口感顺滑，结尾和回味中带有一点雪松橡木的气息，与超细的单宁相平衡。
封口：Diam软木塞 酒精度：13.5% 评分：95
最佳饮用期：2025年 参考价格：33澳元 ✪

🍷🍷🍷🍷🍷 Macedon Ranges Chardonnay 2015
马斯顿山岭霞多丽 2015
评分：91 最佳饮用期：2022年 参考价格：35澳元

Mac Forbes 马克福布斯 ★★★★★

Graceburn Wine Room，11a Green Street，Healesville，Vic 3777 产区：雅拉谷
电话：(03)9005 5822 网址：www.macforbes.com
开放时间：周四至周六，11:00—21:00；周日至周二，11:00—17:00
酿酒师：麦克·福布斯（Mac Forbes），奥斯丁·黑（Austin Black）
创立时间：2004年 产量（以12支箱数计）：6000
马克·福布斯在葡萄酒行业的职业生涯开始于梦·玛丽（Mount Mary），他在那里做了几年酿酒师后，于2002年前往海外；他还曾经在伦敦为南方集团（Southcorp）公司担任营销联络员，然后在葡萄牙和奥地利继续积累酿酒经验。他在2005年份前回到了雅拉谷，收购葡萄，酿制两个不同级别的产品：第一级是维多利亚系列（采用特殊品种或者特殊的酿酒技术）；第二级是雅拉谷系列——不同风土条件下出产的霞多丽和黑比诺产品。出口到英国、美国、加拿大、西班牙、瑞典、挪威、泰国等国家，以及中国香港地区。

🍷🍷🍷🍷🍷 Black Label Woori Yallock Pinot Noir 2014
黑标乌里雅洛克黑比诺2014
种植于1995年的园地中，精选1.36公顷的田地上的MV6株系。色调深沉美丽，相比于2015年的标准产品，2014年的这款酒更加有力量、更复杂、持久，同时十分优雅。带有黑樱桃和李子，以及香料和单宁的味道。这是一款精心酿制的比诺，可以长期陈酿，产量为26箱。
封口：橡木塞 酒精度：12.5% 评分：97 最佳饮用期：2030年
参考价格：140澳元 ✪

🍷🍷🍷🍷🍷 Hoddles Creek Chardonnay 2015
侯德乐溪霞多丽 2015
种植于1997年的I10V1克隆株系；手工采摘、破碎，采用野生酵母在新的和旧的法国

橡木桶中发酵，陈酿9个月，无菌过滤。自然的矿物质酸贯穿整个味觉体验，酒体、力度和细致程度都无可挑剔。低pH值（无苹乳发酵）带来的矿物质的味道。再次品尝时有明显的果汁和葡萄柚的味道。
封口：橡木塞　酒精度：13%　评分：96　最佳饮用期：2027年
参考价格：50澳元 ✪

Yarra Valley Chardonnay 2015
雅拉谷霞多丽 2015
优雅地融合了各种各样的味道。带有葡萄柚、核果和柑橘的味道，火柴和麦子的味道。完美地结合。在回味中久久不散。
封口：螺旋盖　酒精度：13%　评分：95　最佳饮用期：2023年
参考价格：30澳元　CM ✪

Coldstream Pinot Noir 2015
冷溪黑比诺2015
一款很有内涵的比诺，带有一点香草，带有香料味的樱桃的风味，单宁结实。丰富而有张力。轻盈而余味悠长，令人印象十分深刻。
封口：合成塞　酒精度：12.5%　评分：95　最佳饮用期：2025年
参考价格：50澳元　CM

Woori Yallock
乌里雅洛克黑比诺2015
原料葡萄为种植于1995的MV6，标准的马克福布斯酿造/熟成工艺，年产300箱。良好的色调和清澈度；红樱桃的味道中仅有一丝大黄的气息，轻盈多汁，口感平衡，回味绵长。
封口：橡木塞　酒精度：12.5%　评分：95　最佳饮用期：2026年
参考价格：75澳元

Wesburn Pinot Noir 2015
威斯本黑比诺2015
种植于1981年的MV6，手工采摘，原料中的10%为完整果串，部分采用踩踏破碎的方法；在旧橡木桶中陈酿12个月。明亮的紫红色；酒香芬芳，散发出红色和黑色樱桃的味道，有来自整串带梗葡萄原料的美味的酸樱桃的味道。效果很好。
封口：橡木塞　酒精度：12.5%　评分：95　最佳饮用期：2025年
参考价格：75澳元

Woori Yallock Chardonnay 2015
乌里雅洛克霞多丽 2015
原料来自种植于1997年的克隆株系；手工采摘，破碎，采用野生酵母在新的和旧的法国橡木桶中发酵，熟成10个月，无菌过滤。优雅而稳重，口感自然，但没有侯德乐溪那么浓郁。
封口：橡木塞　酒精度：13%　评分：94　最佳饮用期：2022年
参考价格：50澳元

Yarra Valley Pinot Noir 2015
雅拉谷黑比诺 2015
品尝这款酒的时候很难不注意到这款酒的价格：真的是物超所值。这是一款复杂、美味，充满香料味的干型黑比诺，它有风格，稳重，而且长度很好。这是给成年人喝的黑比诺，而且价格极为诱人。
封口：螺旋盖　酒精度：12.5%　评分：94　最佳饮用期：2023年
参考价格：30澳元　CM ✪

Yarra Junction Pinot Noir 2015
雅拉结合黑比诺2015
与其他的阿尔代亚封口（ArdeaSealed）的葡萄酒［侯德乐溪（Hoddles Creek）］相似但略深的色调，在新的和旧的橡木桶中陈酿，年产量为150箱。与直觉相反，不是樱桃，而是栗子在口感中作为主导，酒体清淡、柔顺，平衡感极好。
封口：阿尔德瓶塞（ArdeaSeal）　酒精度：12%　评分：94
最佳饮用期：2023年　参考价格：50澳元

Hugh 2013
休 2013
口感丰富。带有蜂蜜、大豆、黑加仑、薄荷、红醋栗和紫罗兰的味道。一丝松露的味道。美丽、结实而且活泼，如同在暴风雨中穿过葡萄园。各种味道混在一起，引人入胜。来自雅拉谷格律耶尔（Gruyere）一个葡萄园的赤霞珠、梅洛、品丽珠、小味儿多和马尔贝克。酒精度较低，但尝起来并没有不成熟的味道。
封口：合成塞　酒精度：12.8%　评分：94　最佳饮用期：2028年
参考价格：70澳元　CM

🍷🍷🍷🍷🍷 Hoddles Creek Pinot Noir 2015
侯德乐溪黑比诺2015
评分：92　最佳饮用期：2022年　参考价格：50澳元

Macaw Creek Wines　摩克庄园 ★★★★

Macaw Creek Road，Riverton，SA 5412　产区：洛夫蒂山岭
电话:（08）8847 2657　网址：www.macawcreekwines.com.au　开放时间：仅限预约
酿酒师：罗德尼·胡珀（Rodney Hooper）　创立时间：1992年

产量（以12支箱数计）：10000 葡萄园面积：10公顷
19世纪50年代起，摩克庄园所在的地产就归胡珀（Hooper）家族所有，但直到1995年他们才开始建立自有葡萄园。1992年起，他们就使用从别的产区收购来的葡萄酿制摩克庄园品牌。罗德尼·胡珀（Rodney Hooper）是一个技艺超高的酿酒师，他曾经在澳大利亚，以及德国、法国和美国的许多地方工作过，积累了丰富的经验。

🍷🍷🍷🍷🍷 Reserve Mt Lofty Ranges Shiraz Cabernate Sauvignon 2012
珍藏洛夫特山岭西拉赤霞珠2012
来自酒庄葡萄园的一款配比为60/40%的混酿，主要在新的法国大桶和已经用过一年的美国大桶中陈酿18个月。最初是丰富的黑莓、黑加仑的味道，紧接着是来自美国橡木桶的香草味道，单宁成熟。是一款佳酿。
封口：螺旋盖 酒精度：14.5% 评分：93 最佳饮用期：2030年
参考价格：28澳元

Em's Table Premium Organic Clare Valley Riesling 2015
艾姆餐桌特级有机克莱尔谷雷司令2015
出自七山（Sevenhill）区，经过NASAA有机认证。主流的克莱尔谷风格，但品质极好。口感以柠檬、青柠的味道和酸度为核心，酒体平衡，回味悠长。酒中二氧化硫添加量略大于平均值，可以陈酿多年，继续发展。
封口：螺旋盖 酒精度：12.5% 评分：92 最佳饮用期：2025年
参考价格：19澳元

Organic Preservative Free Mt Lofty Ranges Shiraz 2016
有机无添加洛夫特山岭西拉2016
深浓的紫红色；酒体饱满的西拉，散发着丰富的黑色水果、香料、黑巧克力的味道，单宁可口。葡萄栽培和酿酒的过程中全部采用有机管理，以至于酒中无添加成分，包括单宁、橡木甚至是二氧化硫。再加上螺旋盖的使用，可以保证这款酒“自然”的长寿。
酒精度：14.5% 评分：95 最佳饮用期：2026年 参考价格：28澳元 ✪

🍷🍷🍷🍷 Em's Table Premium Organic Preservative Free Clare Valley Shiraz 2015
艾姆餐桌特级有机无添加克莱尔谷西拉2015
评分：89 最佳饮用期：2018年 参考价格：21澳元

McGlashan's Wallington Estate
麦克拉沙恩都威灵顿庄园 ★★★★★

225 Swan Bay Road，Wallington，Vic 3221 产区：吉龙
电话：(03)5250 5760 网址：www.mcglashans.com.au 开放时间：详情见网站
酿酒师：罗宾·布洛克特（Robin Brocket）电话：（合约） 创立时间：1996年
产量（以12支箱数计）：2000 葡萄园面积：12公顷
罗素（Russell）和简·麦克拉沙恩（Jan McGlashan）在1996建立了这个葡萄园。主要的种植品种是霞多丽（6公顷）和黑比诺（4公顷），余下的为西拉和和灰比诺（各1公顷）；负责酿酒的罗宾·布洛克特（Robin Brockett）技术稳定，注重细节。酒窖门店不仅提供美食，还有音乐，并由此提升了直接销售量。

🍷🍷🍷🍷🍷 Townsend Reserve Bellarine Peninsula Shiraz 2015
汤森珍藏贝拉瑞尼半岛西拉2015
在法国和美国橡木桶中熟成8个月。散发出品种特有果味，相比于同系列较低价格的酒款，酒精度相同，但它的果味更加丰富有深度；所以说，不是所有的葡萄都是平等的。色泽更加深沉，梅子、黑莓再加上黑樱桃的味道，还有甘草，更增加了复杂度。平衡感和回味都很好。封口：螺旋盖 酒精度：14%
评分：96 最佳饮用期：2035年 参考价格：45澳元 ✪

Bellarine Peninsula Chardonnay 2015
贝拉瑞尼半岛霞多丽 2015
在法国橡木桶中陈酿12个月.呈明亮的草秆绿色；与前几个年份的酒一样，平衡感很好；有着丰满的白桃和葡萄柚的味道。严格的酿酒过程的确得到了回报。
封口：螺旋盖 酒精度：13.5% 评分：95 最佳饮用期：2027年
参考价格：32澳元 ✪

Bellarine Peninsula Pinot Gris 2016
贝拉瑞尼半岛灰比诺2016
手工采摘，破碎，采用自流汁，在罐中低温发酵。非常淡的粉红色；有着各种各样丰富的水果味道：草莓、梨、核果、青苹果和柑橘依次出现。高品质原料，酿得也极好。
封口：螺旋盖 酒精度：12.5% 评分：95 最佳饮用期：2019年
参考价格：28澳元 ✪

Bellarine Peninsula Shiraz 2015
贝拉瑞尼半岛西拉2015
最好的克隆株系，手工采摘，在法国和美国橡木桶熟成18个月。这是一款凉爽气候下生长的西拉，中等酒体，极具表现力，酒香芬芳，与口感精确对应，带有黑樱桃、温带香料和黑色胡椒、单宁惊喜可口。
封口：螺旋盖 酒精度：14% 评分：95 最佳饮用期：2030年
参考价格：35澳元 ✪

🍷🍷🍷🍷🍷 Single Stave Bellarine Peninsula

贝拉瑞尼半岛单一霞多丽 2016
评分：90 最佳饮用期：2023年 参考价格：25澳元
Bellarine Peninsula Pinot Noir 2015
贝拉瑞尼半岛黑比诺2015
评分：90 最佳饮用期：2029年 参考价格：32澳元

McGuigan Wines 麦吉根葡萄酒 ★★★★☆

Cnr Broke Road/McDonalds Road，Pokolbin，新南威尔士州，2321 产区：猎人谷
电话：(02)4998 7400 网址：www.mcguiganwines.com.au
开放时间：每日开放，9:30—17:00
酿酒师：彼得·霍尔（Peter Hall），杰姆斯·埃弗斯（James Evers）
创立时间：1992年 产量（以12支箱数计）：1.500000
麦吉根葡萄酒是母公司澳大利亚佳酿（Australian Vintage）有限公司旗下的澳大利亚葡萄酒品牌。麦吉根代表了澳大利亚葡萄酒酿造的4个代际，虽然葡萄主要种植在猎人谷，但在南澳大利亚，从巴罗萨谷到阿德莱德山、伊顿和克莱尔谷，到维多利亚和新南威尔士州都有葡萄园。麦吉根葡萄酒在3个核心地区建有自己的处理基地：猎人谷、桑雷西亚（Sunraysia）和巴罗萨谷。出口到所有的主要市场。

🍷🍷🍷🍷🍷 The Shortlist Hunter Valley Semillon 2013
终选名单猎人谷赛美蓉2013
正在逐渐发展到成熟的第一阶段，柑橘的味道有了显著的增加。它的酸度表明这款酒将在2020年左右完全成熟。
封口：螺旋盖 酒精度：10.5% 评分：95 最佳饮用期：2028年
参考价格：35澳元 ✪

The Shortlist Adelaide Hills Chardonnay 2015
终选名单阿德莱德山霞多丽 2015
采用野生酵母在法国大橡木桶中发酵。相对于它的品质，价格定得偏低。复杂、有层次感，有雅拉谷特有的长度，同时也非常平衡。丰富的核果和柑橘的味道，以及来自桶内发酵的一点烟熏的味道。
封口：螺旋盖 酒精度：13.5% 评分：94 最佳饮用期：2022年
参考价格：29澳元 ✪

🍷🍷🍷🍷 The Shortlist Eden Valley Riesling 2016
终选名单伊顿谷雷司令2016
评分：93 最佳饮用期：2029年 参考价格：29澳元
Museum Release Bin 9000 Hunter Valley Semillon 2007
博物馆发行9000号罐猎人谷赛美蓉2007
评分：92 最佳饮用期：2020年 参考价格：50澳元
Farms Barrosa Valley Shiraz 2014
农场巴罗萨谷西拉2014
评分：92 最佳饮用期：2034年 参考价格：75澳元
Hand Made Langhorne Creek Shiraz 2015
手工兰好乐溪西拉2015
评分：91 最佳饮用期：2025年 参考价格：48澳元
The Shortlist Barrosa Valley Shiraz 2015
终选名单巴罗萨谷西拉2015
评分：90 最佳饮用期：2035年 参考价格：29澳元

McHenry Hohnen Vintners 麦克亨利·霍南葡萄酒商 ★★★★★

5962 Caves Road，玛格利特河，WA 6285 产区：玛格利特河
电话：(08) 9757 7600 网址：www.mchenryhohnen.com.au
开放时间：每日开放，10:30—16:30 酿酒师：朱利安·葛柔兹（Julian Grounds）
创立时间：2004年 产量（以12支箱数计）：10000 葡萄园面积：56公顷
麦克亨利和霍南家族是麦克亨利·霍南酒庄的所有者，他们所用的葡萄来自各个家庭成员自己的葡萄园。麦克亨利、卡拉加德溪（Calgardup Brook）和岩石路（Rocky Road）3处种植有葡萄藤，全部采用生物动力法。直接负责执行的家族成员是珀斯知名零售商穆里·麦克亨利（Murray McHenry）和曼达岬（Cape Mentelle）的创始人同时也是前任长期酿酒师大卫·霍南（David Hohnen）。出口到英国、爱尔兰、瑞典、印度尼西亚、日本、新加坡、新西兰等国家，以及中国香港地区。

🍷🍷🍷🍷🍷 Calgardup Brook Vineyard Margaret River Chardonnay 2015
卡拉加德溪葡萄园玛格利特河霞多丽 2015
野生酵母发酵，显然经过酒脚处理，在顶级的法国橡木桶中熟成。来自南部区域的香气更加馥郁，核果的味道之下，还带有一些矿物质的味道。
封口：螺旋盖 酒精度：12.9% 评分：96 最佳饮用期：2024年
参考价格：55澳元 NG ✪

Burnside Vineyard Margaret River Chardonnay 2015
伯恩赛德葡萄园玛格利特河霞多丽 2015
坐落在玛格利特河产区中间的弯道处，伯恩赛德是一种独特的含有云母的黑色土质。

这种土质的保温能力据说有助于果实的成熟，表现为酒中丰富的蜜桃和杏子的香气。口感极为华丽丰盛，清脆的酸度，精致的橡木和粉状酒脚带来新鲜和细节仍然保留在酒中。饱满、悠长并且非常精致。
封口：螺旋盖 酒精度：13.1% 评分：95 最佳饮用期：2023年
参考价格：55澳元 NG

Rocky Road Margaret River Cabernate Sauvignon Merlot 2014
岩石路玛格利特河赤霞珠梅洛2014
65%的赤霞珠，25%的梅洛，马尔贝克和西拉各5%；酿造工艺流程是参照麦克亨利·霍南常用的模式，整串果粒，部分在石罐中用野生酵母，篮式压榨，除了加入最低程度的二氧化硫之外没有其他任何添加剂。色泽浓郁，中等至饱满酒体中充满了黑加仑、红醋栗、黑橄榄和月桂叶的味道，单宁极为细腻。
封口：螺旋盖 酒精度：14.5% 评分：95 最佳饮用期：2029年
参考价格：25澳元 ✪

Rolling Stone 2014
滚石 2014
38%的赤霞珠，38%的梅洛，余下是小味儿多，这是一款精心制作的、成熟的、结构完整的混酿葡萄酒。扑面而来的深色水果的香气，一股香柏木和一点高品质的法国橡木（在已用过2年和3年的旧橡木桶中熟成18个月）的味道，酸度与葡萄单宁精细地交织在一起。需要耐心等待，窖藏后饮用。
封口：螺旋盖 酒精度：13.8% 评分：95 最佳饮用期：2035年
参考价格：95澳元 NG

Hazel's Vineyard Margaret River Chardonnay 2015
黑泽尔葡萄园玛格利特河霞多丽 2015
这款酒浓郁持久，开瓶后香气和风味逐渐打开。整体来说，很有张力，有一点点烟熏的味道，和酚类物质，酸度在口感中占据主导地位。这是一款有个性、有野心的葡萄酒。
封口：螺旋盖 酒精度：13.2% 评分：94 最佳饮用期：2023年
参考价格：55澳元 NG

Rocky Road Margaret River Shiraz 2014
岩石路玛格利特河西拉2014
采用90%的整果和10%的整串浆果，野生酵母，石质发酵罐，手工压帽，篮式压榨，除了最低程度的二氧化硫之外没有添加任何其他添加剂。酒香中的甘草和黑色水果是产区特色，仍有一丝麦克拉仑谷西拉的黑巧克力，酒体丰满，结构感好，带有果汁的味道。并不是必须窖藏。
封口：螺旋盖 酒精度：14.5% 评分：94 最佳饮用期：2029年
参考价格：25澳元 ✪

Amigos Margaret River Shiraz Mataro Grenache 2014
阿米戈斯玛格利特河西拉马塔洛歌海娜2014
一款来自玛格利特河的罗纳河谷风格的混酿。色泽仍然非常活泼，红色和黑色水果，美味辛香料的味道间保持着长期持续的相互作用，使得整体风味十分和谐，令人愉悦。随时可以饮用。
封口：螺旋盖 酒精度：14.5% 评分：94 最佳饮用期：2022年
参考价格：28澳元 ✪

Hazel's Vineyard Margaret River Cabernate Sauvignon 2014
黑泽尔葡萄园玛格利特河赤霞珠 2014
这是一款华丽的玛格利特河赤霞珠，表现出了这个产区的所有特点：黑醋栗酒，黑李子，含片，干鼠尾草的味道，结实的茶单宁作为骨架。丰富的水果味道如同它的血肉。在法国橡木桶（20%是新的）中熟成14个月。这款葡萄酒保持着十分年轻的状态，这也预示着它在成熟的过程中会逐渐释放出更多风味，更有层次感。
封口：螺旋盖 酒精度：14.7% 评分：94 最佳饮用期：2034年
参考价格：60澳元 NG

Tiger Country 2014
虎之国 2014
这是一款配比为61/24/15%的添帕尼罗混酿，原料来自3个不同葡萄园的添帕尼罗、小味儿多和格拉西亚诺分别酿制。明亮的深紫红色；酒香非常馥郁，主要是红樱桃和蓝莓的味道，口中可以品尝到更多的紫色水果（李子）、甘草和有质感的单宁。很不寻常。
封口：螺旋盖 酒精度：14.8% 评分：94 最佳饮用期：2029年
参考价格：30澳元 ✪

🍷🍷🍷🍷🍷 Rocky Road SSB 2016
岩石路 SSB 2016
评分：93 最佳饮用期：2020年 参考价格：20澳元 NG ✪

Rocky Road Chardonnay 2015
岩石路霞多丽 2015
评分：93 最佳饮用期：2022年 参考价格：25澳元 ✪

Amigos Marsanne Chardonnay Roussanne 2013
阿米戈斯玛珊霞多丽胡珊2013
评分：93 最佳饮用期：2023年 参考价格：28澳元 NG

Tiger Country Tempranillo 2015

虎之国添帕尼罗 2015
评分：93 最佳饮用期：2027年 参考价格：35澳元 NG
Rocky Road Cabernate Sauvignon Merlot 2015
岩石路赤霞珠梅洛2015
评分：91 最佳饮用期：2023年 参考价格：25澳元 NG
Amigos Shiraz Grenache Mataro 2015
阿米戈斯西拉歌海娜马塔洛 2015
评分：90 最佳饮用期：2023年 参考价格：28澳元 NG
Hazel's Vineyard Zinfandel 2014
葡萄园增芳德 2014
评分：90 最佳饮用期：2019年 参考价格：40澳元

McKellar Ridge Wines 麦克凯勒岭葡萄酒 ★★★★★

Point of View Vineyard，2 Euroka Avenue，Murrumbateman，NSW 2582 产区：堪培拉地区
电话：0409 789 861 网址：www.mckellarridgewines.com.au
开放时间：周日，12:00—17:00，9月至6月 酿酒师：布莱恩·约翰斯通博士（Dr Brian Johnston） 创立时间：2000年 产量（以12支箱数计）：600 葡萄园面积：5.5公顷
布莱恩·约翰斯通（Brian Johnston）博士在美国加州州立大学的研究生院完成了专攻葡萄酒科学和生产工艺的科学学位。葡萄产自低产量的葡萄藤（西拉、赤霞珠、霞多丽、梅洛和维欧尼），白葡萄酒在不锈钢罐中低温发酵，红葡萄酒开放式发酵，使用温和的手工压帽和篮式压榨的方法。

🍷🍷🍷🍷🍷 Canberra District Shiraz Viognier 2015
堪培拉地区西拉维欧尼2015
与4%的维欧尼共同发酵，在法国橡木桶（主要为新的）中熟成9个月。复杂的深色水果味道中带有优雅但浓郁的口感，酒体中等。口感醇厚、非常平衡。布莱恩·约翰斯通说它现在简直是一个小奇迹。
封口：螺旋盖 酒精度：13.8% 评分：96 最佳饮用期：2035年
参考价格：34澳元 ✪
Canberra District Shiraz Viognier 2016
堪培拉地区西拉维欧尼2016
明亮的紫红色；15%的整串葡萄给香气和口感带来了活力生命，与4%的维欧尼共同发酵。充满了李子和樱桃的味道，多汁诱人，橡木和单宁的处理带来了一定的质感。好年份的佳酿。
封口：螺旋盖 酒精度：13.6% 评分：95 最佳饮用期：2026年
参考价格：34澳元

🍷🍷🍷🍷 Canberra District Pinot Noir 2015
堪培拉地区黑比诺2015
评分：90 最佳饮用期：2022年 参考价格：30澳元
Canberra District Merlot Cabernet Franc 2015
堪培拉地区梅洛品丽珠2015
评分：90 最佳饮用期：2025年 参考价格：30澳元

McLaren Vale III Associates 麦克拉仑谷III联合 ★★★★☆

309 Foggo Road，麦克拉仑谷，SA 5171 产区：麦克拉仑谷
电话：1800 501 513 网址：www.mclarenvaleiiiassociates.com.au 开放时间：详情见网站
酿酒师：坎贝尔·格里尔（Campbell Greer） 创立时间：1999年
产量（以12支箱数计）：12000 葡萄园面积：34公顷
麦克拉仑谷III联合为玛丽（Mary）和约翰·格里尔（John Greer）以及瑞格威蒙德（RegWymond）所有的一个非常成功的精品葡萄酒庄。酒庄自有的葡萄园出产的产品系列给人留下深刻的印象，质量稳定，在澳大利亚和国际葡萄酒展上非常成功。招聘葡萄酒是他们的乌贼墨（Squid Ink）西拉。出口到美国、加拿大、印度尼西亚、新加坡、韩国、日本等国家，以及中国内地（大陆）和香港地区。

🍷🍷🍷🍷🍷 Squid Ink Reserve Shiraz 2014
乌贼墨珍藏西拉2014
采用人工培养酵母进行开放式发酵，带皮浸渍8天，在新美国橡木桶中陈酿18个月。名副其实，色泽浓郁，有美丽的色调；如果你认为美国橡木的味道会在香气和口感中占据主导地位，那就错了，因为你可以在酒中品尝到丰富、浓郁的黑色水果味道，以及大量饱满成熟的单宁。需要在酒窖中陈酿至少10年。
封口：螺旋盖 酒精度：14.5% 评分：95 最佳饮用期：2034年
参考价格：55澳元
Legacy McLarent Vale Shiraz 2013
遗迹麦克拉仑谷西拉2013
法国橡木桶（50%是新的）陈酿8个月。这款酒有着各种丰富的风味，而且都非常饱满——浓郁的李子、黑色浆果、甘草、薄荷巧克力和雪松橡木的味道充满了所有可用的空间。丰满的、成熟的单宁和天鹅绒一般的质地通过饱满的酒体得到了充分的表达。
封口：螺旋盖 酒精度：14.5% 评分：94 最佳饮用期：2033年

参考价格：120澳元　JF

Squid Ink Reserve Shiraz 2015
乌贼墨珍藏西拉2015
评分：93　最佳饮用期：2030年　参考价格：55澳元　JF

The Descendant of Squid Ink Shiraz 2016
乌贼墨之后西拉2016
评分：91　最佳饮用期：2024年　参考价格：35澳元　JF

McLean's Farm　麦克林农场　★★★★

Barr-Eden Vineyard，Menglers Hill Road，Tanunda，SA 5352　产区：伊顿谷
电话：(08) 8564 3340　开放时间：周末，10:00—17:00
酿酒师：鲍勃·麦克林（Bob McLean）和 威尔玛·麦克林（Wilma McLean）
创立时间：2001年　产量（以12支箱数计）：6000　葡萄园面积：5.3公顷

鲍勃·麦克林（Bob McLean）于2015年4月去世，在他死前曾是业内举足轻重的人物。包括我自己在内的很多人，都是鲍勃的好朋友。对他的死我们都感到非常悲痛。出口到英国。

Eden Valley Riesling 2016
伊顿谷雷司令2016
状态很好，带有乡间花园常有的花香和一丝生姜的气息，带有白胡椒和生姜的味道。酸度柔和，并且圆润。
封口：螺旋盖　酒精度：12.5%　评分：93　最佳饮用期：2025年
参考价格：20澳元　JF　✪

Master Barrosa Valley Shiraz 2013
大师巴罗萨西拉2013
完美的深紫红色，带有甜美的水果气息（雪松和香草），伴随着巧克力包裹的咖啡豆和黑莓-太妃糖的味道。酒体成熟、饱满，同时也充满活力，可以品尝到丰富的单宁。
封口：螺旋盖　酒精度：14.5%　评分：93　最佳饮用期：2028年
参考价格：52澳元　JF

Reserve Eden Valley Riesling 2015
珍藏伊顿谷雷司令2015
明亮的淡草秆色，口感和香气中都透出烤面包的气息。烤柠檬乳酪，青柠橘子酱和成熟的水果的味道，活泼的酸度保证了它的新鲜度。陈酿时间不能太长，最好是现在就把它喝掉。
封口：螺旋盖　酒精度：12%　评分：92　最佳饮用期：2023年
参考价格：24澳元　JF　✪

McLeish Estate　麦克利什庄园　★★★★★

462 De Beyers Road，Pokolbin，新南威尔士州，2320　产区：猎人谷
电话：(02)4998 7754　网址：www.mcleishwines.com.au
开放时间：每日开放，10:00—17:00 酿酒师：安德鲁·托马斯［Andrew Thomas（合约）］
创立时间：1985年　产量（以12支箱数计）：8000　葡萄园面积：17.3公顷

鲍勃（Bob）和玛丽安娜·麦克利什（Maryanne McLeish）的酒庄出产的葡萄酒非常成功，他们出产高档葡萄酒，品质非常稳定。就如很多酒款的标签上的金牌标签所述，曾经获得了无数荣誉。这得益于高质量的葡萄，以及其经验丰富的酿酒师安德鲁·托马斯（Andrew Thomas）。2015年是麦克利什（McLeish Estate）的第30个年份。这些年的酒展上，尤其在猎人谷的葡萄酒展和悉尼葡萄酒展上，酒庄一共获得了30个奖杯、76枚金牌、66枚银牌和80枚银牌。出口到英国、美国、丹麦。

Hunter Valley Semillon 2009
猎人谷赛美蓉2009
陈酿酒款。色泽仍然呈现明亮浅草秆绿色，口感新鲜如雏菊，并有柠檬沙冰和迈耶柠檬汁的味道，酸度适宜。它的口感即将到达高峰，但这一状态可以保持很多年。
封口：螺旋盖　酒精度：11%　评分：96　最佳饮用期：2024年　✪
参考价格：70澳元

Hunter Valley Semillon 2016
猎人谷赛美蓉2016
毫无保留地迅速释放出香茅草、柠檬皮、迈耶柠檬和稳定、持续的酸度。
封口：螺旋盖　酒精度：10.5%　评分：95　最佳饮用期：2029年
参考价格：25澳元　✪

Hunter Valley Semillon 2011
猎人谷赛美蓉2011
评分：92　最佳饮用期：2023年　参考价格：50澳元　PR

Reserve Hunter Valley Chardonnay 2015
珍藏猎人谷霞多丽 2015
评分：91　最佳饮用期：2022年　参考价格：45澳元

Dwyer Hunter Valley Rose 2016
德维尔猎人谷桃红2016

评分：91 最佳饮用期：2019年 参考价格：18澳元 ✪

McPherson Wines 麦克菲森 ★★★★

6 Expo Court，Mount Waverley，Vic 3149 产区：纳甘比湖
电话：(03)9263 0200 网址：www.mcphersonwines.com.au 开放时间：不开放
酿酒师：乔·纳什（Jo Nash） 创立时间：1993年
产量（以12支箱数计）：450000 葡萄园面积：262公顷

无论按何种标准，麦克菲森葡萄酒都是一个重要的企业。它除了满足国内的需求，建立一定的知名度之外，生产的葡萄酒主要用于出口。原料来自酒庄在不同地点自有的一些葡萄园，此外还有一些按合同收购的葡萄。酒庄是安德鲁·麦克菲森（Andrew McPherson）和阿里斯特·珀尔布瑞克（Alister Purbrick）［德宝庄（Tahbilk）］两人的合资企业，两人都有着丰富的从业经验。产品质量始终很好。出口到世界所有的主要市场。

🍷🍷🍷🍷🍷 Don't tell Gary. 2015
别告诉加里2015
原料来自格兰皮恩斯（Grampians），在新的和旧的法国橡木桶中成熟。酒香中散发着烘烤橡木桶，伴随着黑色水果的味道，中等至饱满酒体；果味非常活泼，充满果汁感，单宁非常可口，一部分来自浆果，一部分来自橡木。2014年的这款酒曾获金牌奖章，这个年份也相当不错——再过几年更将是可以带给人震撼的一款重磅西拉。（加里是会计。）
封口：螺旋盖 酒精度：14.5% 评分：94 最佳饮用期：2030年
参考价格：24澳元 ✪

🍷🍷🍷🍷 MWC Pinot Noir 2015
MWC**黑比诺**2015
评分：92 最佳饮用期：2023年 参考价格：22澳元 ✪

MWC Shiraz Mourvedre 2015
MWC**西拉幕尔维** 2015
评分：92 最佳饮用期：2025年 参考价格：22澳元 ✪

La Vue Grenache ROse
拉乌歌海娜桃红2016
评分：91 最佳饮用期：2017年 参考价格：19澳元 ✪

McWilliam's 麦克威廉姆斯 ★★★★★

Jack McWilliam Road，Hanwood，新南威尔士州，2680 产区：滨海沿岸
电话：(02)6963 3400 网址：www.mcwilliams.com.au
开放时间：周三至周六，10:00—16:00 酿酒师：布莱恩·科里（Bryan Currie），罗素·克罗（Russell Cody），安德鲁·辛杰斯（Andrew Higgins） 创立时间：1916年
产量（以12支箱数计）：不详 葡萄园面积：455.7公顷

汉伍德（Hanwood）酒庄的最好的酒款所用的葡萄部分或整体来自其他产区，主要是希托扑斯、库纳瓦拉、雅拉谷、唐巴兰姆巴、玛格利特河和伊顿谷。随着麦克威廉姆斯（McWilliams）葡萄栽培的扩大，他们开始出产来自澳大利亚各个产区的混酿，这些酒款均品质上佳。这个酒庄的评分与他们从汉伍德庄园（Hanwood Estate）继承的品牌知名度和其酒款的质优价廉不无关系。芒特普莱森特（Mount Pleasant，猎人谷）、巴尔旺（Barwang，希托扑斯）和埃文斯&塔特（Evans &Tate，玛格利特河）这些酒款品质上乘，价格合理，而吉姆·查托（Jim Chatto）为首席的酿酒团队的加入，将使这些酒款更有价值。麦克威廉姆斯（McWilliam）家族持有酒庄100%的所有权，同时也是澳大利亚第一葡萄酒家族（First Families of Wine）创始人之一。出口到世界所有的主要市场。

🍷🍷🍷🍷🍷 1877 Canberra Shiraz 2015
1877**堪培拉西拉**2015
手工采摘，冷浸渍5天，开放式发酵，至多50%的原料使用完整果串，带皮浸渍14天，法国大桶（35%是新的）中熟成9个月。香气馥郁，风格优雅。带有多汁的樱桃味道，诱人的酸度，悠长的回味中可以品尝到极细的单宁。阿门！
封口：螺旋盖 酒精度：13.5% 评分：97 最佳饮用期：2035年
参考价格：80澳元 ✪

🍷🍷🍷🍷🍷 Single Vineyard Glenburnie Tumbarumba Chardonnay 2014
单一葡萄园格兰伯尔尼唐巴兰姆巴霞多丽 2014
总体呈粉红葡萄柚，带有新鲜的迈耶柠檬和白桃的味道。这款酒的特点是其突出的自然酸度，也就是低pH值——这也是它的色泽和果香味保持得如此之好的原因。要达到现在的平衡，它至少要经历3年的陈酿。
封口：螺旋盖 酒精度：13% 评分：95 最佳饮用期：2024年
参考价格：40澳元

Single Vineyard Block 19 & 20 Hilltops Cabernate Sauvignon 2014
单一葡萄园19&20**地块希托扑斯赤霞珠** 2014
葡萄去梗，开放式发酵，带皮浸渍14天，气囊压榨，在法国橡木桶35%是新的）中陈酿（16个月。完美的紫红色；它有着在饱满赤霞珠中罕见的平静的力量，其中黑加仑和月桂叶与成熟的单宁和香柏木相辅相成，关键在于它的平衡。
封口：螺旋盖 酒精度：13.5% 评分：95 最佳饮用期：2044年
参考价格：40澳元

Appellation Series Orange Sauvignon Blanc 2015

命名系列奥兰治长相思2015
奥兰治的长相思已经有了一定的名声，但有一些酒还是过于轻浮和浅薄。然而这款酒绝非如此。主导的风味是西番莲，有宝石红色葡萄柚的味道，和精致而有弹性的酸度。尽管现在已经可以说是它最好的状态了，明年再喝也没有问题。
封口：螺旋盖　酒精度：13%　评分：94　最佳饮用期：2029年
参考价格：25澳元 ✪

Tightrope Walker Yarra Valley Pinot Noir 2016
钢丝绳雅拉谷黑比诺2016
评分：93　最佳饮用期：2026年　参考价格：25澳元 ✪

Tightrope Walker Yarra Valley Pinot Noir 2015
钢丝绳雅拉谷霞多丽 2015
评分：91　最佳饮用期：2023年　参考价格：25澳元

High Altitude Hilltops Shiraz 2014
高海拔希托扑斯西拉2014
评分：91　最佳饮用期：2029年　参考价格：19澳元 ✪

Hanwood Estate 1913 Riverina Touriga 2016
汉伍德庄园1913瑞沃瑞纳图瑞加 2016
评分：91　最佳饮用期：2021年　参考价格：25澳元

Maddens Rise　马登斯·瑞斯 ★★★★

Cnr Maroondah Highway/Maddens Lane，Coldstream，Vic 3770　产区：雅拉谷
电话：(03)9739 1977　网址：www.maddensrise.com
开放时间：周五至周一，11:00—17:00
酿酒师：安东尼·克德鲁姆（Anthony Fikkers）　创立时间：1996年
产量（以12支箱数计）：2000　葡萄园面积：22.5公顷
贾斯汀·法希（Justin Fahey）建立了一个葡萄园，其中种黑比诺（3个克隆株系）、霞多丽（2个克隆株系）、赤霞珠、梅洛、西拉和维欧尼。葡萄的种植始于1996年，但直到2004年才出产第一批葡萄酒。葡萄藤的生长管理全部采用有机/生物动力法，关注土壤和植株的健康程度，为保证最优质量，他们采用了低产和手工采摘的方法。部分葡萄也销售给其他雅拉谷酒厂。

Yarra Valley Viognier 2013
雅拉谷维欧尼2013
来自酒庄葡萄园，野生酵母发酵。这款维欧尼令人印象深刻，酿酒师安东尼·菲克斯（Anthony Fikkers）用自创的方法成功地避免了其他酿制者在生产维欧尼时遇到的问题。可以明显地品尝到酒中的品种的果香与回味中柑橘味的酸度。
封口：螺旋盖　酒精度：13.6%　评分：93　最佳饮用期：2020年
参考价格：30澳元

Yarra Valley Pinot Noir 2013
雅拉谷黑比诺2013
原料中的90%为来自4个地块的MV6，手工采摘并分拣，野生酵母发酵，在法国橡木桶中陈酿9个月。颜色明亮清透，并没有褐变的迹象。丰富的酒香中有红樱桃和李子的味道，口感柔顺，有林地的味道，回味很长，充满果味。
封口：螺旋盖　酒精度：13.2%　评分：93　最佳饮用期：2023年
参考价格：30澳元

Yarra Valley Shiraz 2013
雅拉谷西拉2013
包括2%的采用野生酵母共同发酵的维欧尼。酒龄已经4年，但很好地保留了明亮的紫红色调；香气和口感中都带有红色水果、香料和荆棘的混合味道。很有意思。
封口：螺旋盖　酒精度：13.8%　评分：91　最佳饮用期：2023年
参考价格：30澳元

Yarra Valley Cinq Amis 2013
雅拉谷五个朋友2013
73%的赤霞珠，22%的梅洛，马尔贝克和品丽珠各占2%，1%的小味儿多。丰富和成熟的水果味道，适度的酒精度。它的结构要等到回味中才会出现，但确实存在。
封口：螺旋盖　酒精度：12.9%　评分：95　最佳饮用期：2025年
参考价格：47澳元

Yarra Valley Chardonnay 2013
雅拉谷霞多丽 2013
评分：89　最佳饮用期：2020年　参考价格：30澳元

Yarra Valley Nebbiolo 2013
雅拉谷内比奥罗2013
评分：89　最佳饮用期：2020年　参考价格：40澳元

Magpie Estate　喜鹊庄园 ★★★★

PO Box 126，Tanunda，SA 5352（邮）　产区：巴罗萨谷
电话：(08) 8562 3300　网址：www.magpieestate.com
开放时间：由罗尔夫·宾德（Rolf Binder）决定

酿酒师：罗尔夫·宾德（Rolf Binder），尼尔·杨（Noel Young）
创立时间：1993年 产量（以12支箱数计）：10000 葡萄园面积：16公顷
这是罗尔夫·宾德（Rolf Binder）和剑桥（Cambridge，英国）葡萄酒商尼尔·杨（Noel Young）的合资企业。20世纪90年代早期，歌海娜和幕尔维德在澳大利亚并不是很受欢迎，然而这两个崇尚罗纳河谷葡萄酒的人，还是出人意料地建立了这个以喜鹊为吉祥物的品牌。浆果主要来源于一些精选的种植者，他们最近买下了在埃比尼泽的小镇（Smalltown）葡萄园，其面积为16公顷（14公顷的西拉，2公顷的赤霞珠），为酒庄自产的2017年份的葡萄酒提供原料。罗尔夫（Rolf）和尼尔（Noel）两人说他们在酿酒过程中得到了许多快乐的同时，他们对待定价和品质的态度也很认真。出口到英国、加拿大、丹麦、波兰、芬兰和新加坡。

🍷🍷🍷🍷🍷 The Sack Barrosa Valley Shiraz 2015
塞克巴罗萨谷西拉2015
工艺传统，充满了巴罗萨特有的水果蛋糕、各种香料、水果干和糖渍橘皮的味道。法国和美国（30%是新的）橡木的味道在这里转化成了椰子和类似于波本的甘甜。熟悉的感觉总是很惬意，这款酒让很多人都非常满意。
封口：螺旋盖 酒精度：14% 评分：94 最佳饮用期：2027年
参考价格：30澳元 NG ✪

🍷🍷🍷🍷 Rag & Bones Eden Valley Riesling 2016
布与骨伊顿谷雷司令2016
评分：93 最佳饮用期：2026年 参考价格：25澳元 NG ✪

The Fixed Gear Grenache 2016
定滑轮歌海娜 2016
评分：93 最佳饮用期：2021年 参考价格：22澳元 NG ✪

Natural Mourvedre Grenache 2016
自然幕尔维 歌海娜 2016
评分：93 最佳饮用期：2020年 参考价格：25澳元 NG ✪

The Call Bag Mourvedre Grenache 2013
呼叫袋幕尔维 歌海娜 2013
评分：93 最佳饮用期：2023年 参考价格：25澳元 CM ✪

Black Craft Barrosa Valley Shiraz 2015
黑色工艺品巴罗萨谷西拉2015
评分：92 最佳饮用期：2025年 参考价格：25澳元 NG ✪

The Scoundrel Barrosa Valley Shiraz 2015
无赖巴罗萨谷西拉2015
评分：92 最佳饮用期：2023年 参考价格：20澳元 NG ✪

The Mixed Thing 2016
结合物 2016
评分：92 最佳饮用期：2019年 参考价格：20澳元 NG ✪

The Scoundrel Grenache 2015
无赖歌海娜 2015
评分：91 最佳饮用期：2020年 参考价格：20澳元 NG ✪

The Scoundrel Grenache 2015
无赖歌海娜马塔洛西拉2015
评分：91 最佳饮用期：2021年 参考价格：20澳元 NG ✪

Clovella Mourvedre Grenache 2015
克洛维拉幕尔维 歌海娜 2015
评分：90 最佳饮用期：2021年 参考价格：25澳元 NG

The Tight Cluster Sparkling Shiraz 2012
紧簇西拉起泡 2012
评分：90 最佳饮用期：2017年 参考价格：48澳元 TS

Main & Cherry 麦恩&彻丽 ★★★★☆

Main Road，Cherry Gardens，SA 5157 产区：阿德莱德山区
电话：0431 692 791 网址：www.mainandcherry.com.au 开放时间：仅限预约
酿酒师：麦克·塞克斯顿（Michael Sexton） 创立时间：2010年
产量（以12支箱数计）：2500 葡萄园面积：4.5公顷
麦克·塞克斯顿（Michael Sexton）在这片产业上长大，在2003年毕业于阿德莱德大学的酿酒工程专业。酒庄内原先种植的西拉主要出售给其他酒厂，但2010年他们用麦恩&彻丽（Main&Cherry）的品牌名，酿造了第一款单一葡萄园西拉。此后又增加种植了歌海娜和马塔洛。随着业务的扩张，他们还收购了克拉伦登（Clarendon）的葡萄园，其中种植有2.4公顷的西拉和0.9公顷的歌海娜［樱桃花园（Cherry Gardens）葡萄园种植有0.8公顷的西拉，以及马塔洛和歌海娜各0.2公顷］。出口到越南和中国。

🍷🍷🍷🍷🍷 Gruner Veltliner
绿维特利纳 2016
杯中充满了清晰的白胡椒的味道，接着是引人入胜的柑橘、葡萄柚和柚子的味道。

封口：螺旋盖 酒精度：12.5% 评分：95 最佳饮用期：2026年
参考价格：25澳元 ✪

Sangiovese
桑乔维塞 2015
一部分在蛋形的双耳罐中发酵，带皮浸渍150天，余下的采用篮式压榨到旧橡木桶中开放式发酵。色泽清淡；香气和口感中都带有浓郁纯净的红色和黑色樱桃的气息，有典型的品种特征，以及地毯一般的细致单宁。这使得人们好奇，到底是什么神秘元素，使得他们能酿出来这款特殊的葡萄酒。
封口：螺旋盖 酒精度：14% 评分：94 最佳饮用期：2030年
参考价格：25澳元 ✪

🍷🍷🍷🍷 Sauvignon Blanc 2016
长相思2016
评分：93 最佳饮用期：2021年 参考价格：25澳元 ✪

Shiraz 2015
西拉2015
评分：91 最佳饮用期：2030年 参考价格：25澳元

Tempranillo 2015
添帕尼罗 2015
评分：90 最佳饮用期：2025年 参考价格：25澳元

Main Ridge Estate 中央山岭酒庄 ★★★★★

80 William Road，Red Hill，Vic 3937 产区：莫宁顿半岛
电话：(03)5989 2686 网址：www.mre.com.au
开放时间：周一至周五，12:00—16:00；周末，12:00—17:00
酿酒师：詹姆斯·塞克斯顿（James Sexton），琳达·霍奇斯（Linda Hodges），娜特·怀特［Nat White（顾问）］ 创立时间：1975年 产量（以12支箱数计）：1200 葡萄园面积：2.8公顷
文静迷人的娜特（Nat）和罗莎莉·怀特（Rosalie White）在莫宁顿半岛建立了第一个商业酒厂，还有一个葡萄园。2015年12月，娜特和罗莎莉在酒庄工作了40年后，将中央山岭酒庄的所有权转让给了塞克斯顿（Sexton）家族。迪姆（Tim）和利比·塞克斯顿（Libby Sexton）在大型旅游酒店业方面有着丰富的经验，先是在英国，接下来是联邦广场（Federation Square）的金克（Zinc），墨尔本和MCG等地工作。儿子詹姆斯·塞克斯顿（James Sexton）2015年在美国加州州立大学完成了葡萄酒科学的学士学位。娜特将继续担任中央山岭酒庄的顾问。

🍷🍷🍷🍷🍷 Mornington Peninsula Chardonnay 2015
莫宁顿半岛霞多丽 2015
手工采摘，破碎，带皮浸渍12小时，采用野生酵母发酵在已经用了1年的法国小橡木桶中发酵，100%苹乳发酵，带酒脚熟成11个月。非常复杂有力，回味很长，可以陈酿很久。
封口：螺旋盖 酒精度：13.5% 评分：97 最佳饮用期：2028年
参考价格：65澳元 ✪

🍷🍷🍷🍷🍷 Half Acre Mornington Peninsula Pinot Noir 2015
半英亩莫宁顿半岛黑比诺2015
野生酵母—开放式发酵，没有采用完整果串，带皮浸渍18天，在新的和旧的法国小橡木桶中熟成17个月。色泽优美；复杂但是纯净，层次丰富，带有红色和黑色樱桃的味道，单宁精细，橡木处理得十分完美。可以陈酿许多年。
封口：螺旋盖 酒精度：13.5% 评分：96 最佳饮用期：2030年
参考价格：90澳元

The Acre Mornington Peninsula Pinot Noir
英亩莫宁顿半岛黑比诺2015
与半英亩完全相同的酿造工艺。酒色清浅，完全成熟，馥郁新鲜的红色水果味道伴随着刚刚发展出的香料气息。仅次于半英亩（这其实并不常见）。
封口：螺旋盖 酒精度：13.5% 评分：95 最佳饮用期：2025年
参考价格：75澳元

Majella 玛杰拉 ★★★★★

Lynn Road，库纳瓦拉，SA 5263 产区：库纳瓦拉
电话：(08) 8736 3055 网址：www.majellawines.com.au 开放时间：每日开放，10:00—16:30
酿酒师：布鲁斯·格雷戈里（Bruce Gregory），迈克尔·马库斯（Michael Marcus）
创立时间：1969年 产量（以12支箱数计）：25000 葡萄园面积：55公顷
林恩家族在库纳瓦拉已经有4代人居住。最初经营商店，后来从事放牧业。这片产业最初为弗兰克·林恩（Frank Lynn）所有，1960年侄子乔治（George）收购了此地，主要用来生产羊毛和羔羊肉。1968年安东尼（Anthony）和布莱恩·林恩（Brian Lynn，教授）建立了葡萄园，此后彼得（Peter）、斯蒂芬（Stephen），内瑞斯（Nerys）和杰拉尔德（Gerard）陆续加入进来。布鲁斯·格雷戈里（Bruce Gregory）一直以来都在负责管理玛杰拉酒庄出品的酒款。玛莱雅（Malleea）是库纳瓦拉的经典之一，音乐家（The Musician）是澳大利亚售价低于20澳元最出色的红葡萄酒之一（已经赢得了许多奖杯和奖牌）。酒庄葡萄园已经完全成熟，主要种植西拉和赤霞珠，以及少量的雷司令和梅洛。出口到英国、加拿大和亚洲各国。

🍷🍷🍷🍷🍷 Coonawarra Shiraz 2014

库纳瓦拉西拉2014
（压榨后）在大橡木桶中发酵，在法国和美国橡木桶中熟成18个月。橡木的味道与丰富饱满的水果味道完全平衡，回味很好。1969年种下的老藤葡萄，精致的酿酒工艺——这些都使得酒的整体感觉得到了提升。
封口：螺旋盖　酒精度：14.5%　评分：95　最佳饮用期：2034年
参考价格：37澳元

Coonawarra Cabernate Sauvignon 2014
库纳瓦拉赤霞珠 2014
尽管不是非常深浓，但色调仍然很好，橡木桶中的发酵，很好地整合了橡木的味道。带有甜美（而不是甜腻）的水果和充满黑醋栗味道，多汁新鲜，这样一款赤霞珠，可以痛快地即饮，或者在酒窖里再存上20年。
封口：螺旋盖　酒精度：14.5%　评分：95　最佳饮用期：2034年
参考价格：37澳元

The Malleea 2013
玛莱雅 2013
这是一个制造经典的酒庄，玛莱雅的配比为55%的赤霞珠和45%的西拉。他们从最古老的藤蔓中挑选出一些葡萄藤，用来生产这款葡萄酒。酿制过程中对风味物质的提取非常成功，香气和口感使人联想到黑加仑和苦巧克力，结尾处仅有一丝辣椒的味道，单宁细致可口，让人喝得“停不下来”。
封口：橡木塞　酒精度：14.5%　评分：95　最佳饮用期：2035年
参考价格：80澳元　NG

🍷🍷🍷🍷🍷
Coonawarra Merlot 2015
库纳瓦拉梅洛2015
评分：93　最佳饮用期：2030年　参考价格：30澳元　NG

Coonawarra Sparkling Shiraz 2009
库纳瓦拉西拉起泡酒2009
评分：92　最佳饮用期：2019年　参考价格：30澳元　TS

The Musician Cabernate Sauvignon Shiraz 2015
音乐家赤霞珠西拉2015
评分：90　最佳饮用期：2023年　参考价格：18澳元　NG　✪

Minuet NV
小步舞曲无年份
评分：90　最佳饮用期：2019年　参考价格：30澳元　TS

Malcolm Creek Vineyard　马尔科姆溪葡萄园　★★★★☆

33 Bonython Road，Kersbrook，SA 5231　产区：阿德莱德山区
电话：(08) 8389 3619　网址：www.malcolmcreekwines.com.au　开放时间：仅限预约
酿酒师：彼得·莱斯克（Peter Leske，Michael Sykes）　创立时间：1982年
产量（以12支箱数计）：800　葡萄园面积：2公顷
马尔科姆溪是瑞格·托利（Reg Tolley）退休后建立的酒庄，2007年他将酒庄出售给了比特（Bitten）和卡斯滕·彼得森（Karsten Pedersen），以更好地享受他退休后的生活。他们的酒的质量很好，在陈酿过程中通常发展得更优雅；通常价格不高，但相比其他的酒款可以瓶储更久，很值得购入。然而近年来一系列的自然灾害严重影响了马尔科姆溪酒庄的葡萄酒生产：因为连续的降雨，2011年赤霞珠的收获无法进行；2014年花期的大风和接下来的过量雨水，使得霞多丽大规模减产；2015年份的山火和烟雾更是中断了当年的生产。出口到英国、美国、丹麦、马来西亚和中国。

🍷🍷🍷🍷🍷
Ashwood Estate Adelaide Hills Cabernate Sauvignon 2012
灰木庄阿德莱德山赤霞珠 2012
来自酒庄自有葡萄园，手工采摘，在法国橡木桶中熟成20个月，再瓶储30个月后发售。色泽仍然非常浓郁；可以清晰地分辨出黑醋栗和黑橄榄的味道，以及细致、成熟的单宁。收获的日期挑选得十分精确，因此这款葡萄酒可以永久保持新鲜。
封口：橡木塞　酒精度：13.5%　评分：95　最佳饮用期：2037年
参考价格：30澳元　✪

🍷🍷🍷🍷🍷
Adelaide Hills 2016
阿德莱德山霞多丽 2016
评分：92　最佳饮用期：2020年　参考价格：25澳元　✪

The Reginald Blanc de Blanc 2011
雷金纳德白中白 2011
评分：90　最佳饮用期：2019年　参考价格：40澳元　TS

Mandala　曼达拉　★★★★★

1568 Melba Highway，Dixons Creek，Vic 3775　产区：雅拉谷
电话：(03)5965 2016　网址：www.mandalawines.com.au
开放时间：周一至周五，10:00—16:00；周末，10:00—17:00
酿酒师：史葛·麦克锡（Scott McCarthy），安德鲁·圣塔罗莎（Andrew Santarossa），查尔斯·斯麦德雷（Charles Smedley）　创立时间：2007年　产量（以12支箱数计）：8000　葡萄园面积：29公顷

查尔斯·斯麦德雷（Charles Smedley）在2007年收购了这个已经建立了的葡萄园。葡萄园的藤蔓中，最老的25岁，但酒庄内漂亮的餐厅和酒窖门店等区域则是最近增加的。主要的葡萄园都在酒庄附近，迪克森斯溪（Dixons Creek）产区，其中霞多丽（8公顷）、赤霞珠（6公顷）、长相思和黑比诺（各4公顷）、西拉（2公顷）和梅洛（1公顷）。此外，他们在雅拉结合部（Yarra Junction）还有4公顷的园地仅仅用来种植黑比诺——采用的克隆株系混合让人印象深刻。出口到中国。

🍷🍷🍷🍷🍷 The Mandala Matriarch Yarra Valley Pinot Noir 2015
曼达拉雅拉谷女族长黑比诺2015
来自酒庄在迪克森溪（Dixon's Creek）葡萄园，在法国橡木桶（50%是新的）中陈酿1年。色泽浓郁，香水般的馥郁香气，伴随着诱人的樱桃、李子、胡椒和中东香料的味道。酒体丰满，同时口感甜美，单宁成熟、饱满。
封口：螺旋盖　酒精度：13.7%　评分：96　最佳饮用期：2025年
参考价格：50澳元　JF　✪

Yarra Valley Pinot Noir 2015
雅拉谷黑比诺2015
115, 114和MV6克隆株系。手工采摘，去梗，不同品种分别进行开放式发酵，在法国橡木桶（25%是新的）中陈酿12个月。香气和口感都非常复杂。整体上来讲，它带有大量黑色樱桃和酸樱桃的味道，略带香料味的单宁。雅拉谷比诺的顶级年份，价格很低。
封口：螺旋盖　酒精度：12.9%　评分：95　最佳饮用期：2025年
参考价格：30澳元　✪

The Mandala Butterfly Yarra Valley Cabernate Sauvignon
曼达拉蝴蝶雅拉谷赤霞珠 2014
黑莓，多汁的覆盆子和雪松橡木（融入整体）的味道，非常新鲜美味。中等酒体，单宁精致。
封口：螺旋盖　酒精度：13%　评分：95　最佳饮用期：2026年
参考价格：50澳元　JF

Yarra Valley Chardonnay 2015
雅拉谷霞多丽 2015
采用野生酵母在法国小橡木桶（25%是新的）中发酵，20%经过苹乳发酵，熟成9个月。明亮的金色中略微有丝绿色；丰富的葡萄柚的味道主导了香气和口感，同时也带有明显的矿物味道。它是雅拉谷霞多丽现代风格的一个范例，浓度和深度在结尾和回味中继续加强。
封口：螺旋盖　酒精度：13.2%　评分：94　最佳饮用期：2023年
参考价格：30澳元　✪

🍷🍷🍷🍷🍷 Yarra Valley Shiraz 2015
雅拉谷西拉2015
评分：92　最佳饮用期：2023年　参考价格：30澳元　JF

The Mandala Rock Yarra Valley Shiraz 2014
雅拉谷西拉2014
评分：92　最佳饮用期：2026年　参考价格：50澳元　JF

Late Disgorged Blanc de Blancs
晚排渣白中白2010
评分：91　最佳饮用期：2022年　参考价格：70澳元　TS

Yarra Valley Cabernate Sauvignon 2015
雅拉谷赤霞珠 2015
评分：90　最佳饮用期：2025年　参考价格：30澳元　JF

Mandalay Estate　曼德雷庄园　★★★☆

Mandalay Road，Glen Mervyn via Donnybrook.WA 6239　产区：吉奥格拉菲
电话：（08）9732 2006　网址：www.mandalayroad.com.au
开放时间：每日开放，11:00—17:00
酿酒师：彼得·斯坦雷克（Peter Stanlake），约翰·格里菲斯（John Griffiths）
创立时间：1997年　产量（以12支箱数计）：600　葡萄园面积：4.2公顷
1997年托尼（Tony）和波尼斯·奥康奈尔（Bernice O'Connell）离开了他们在科学和教育领域的职业，建立了这个葡萄园并种植了西拉、霞多丽、增芳德和赤霞珠（后来又种植了杜瑞夫）。他们亲自到园中实践管理，保持低产量，因而他们很好地突出了葡萄品种和产区特征。出口到中国台湾地区。

🍷🍷🍷🍷🍷 Mandalay Road Geographe
曼德雷路吉奥格拉菲杜瑞夫2015
在葡萄酒年鉴写作期间，这是曼德雷酒庄出产的唯一一款葡萄酒。具备所有的典型的品种特征：颜色深沉，成熟而精细的单宁，充满了一系列黑色水果的味道。橡木的味道并不突出。
封口：螺旋盖　酒精度：13.5%　评分：90　最佳饮用期：2025年　参考价格：35澳元

Mandoon Estate　曼杜庄园　★★★★★

10 Harris Road，Caversham，WA 6055　产区：天鹅区（Swan District）
电话：（08）6279 0500　网址：www.mandoonestate.com.au　开放时间：详见官网介绍

酿酒师：瑞恩·苏达诺（Ryan Sudano） 创立时间：2009年
产量（以12支箱数计）：10000 葡萄园面积：10公顷
亚伦·埃尔塞格（Allan Erceg）领导的曼杜庄园，虽然建成的时间不长，却成功地给人留下了深刻的印象。2008年，这个家族在天鹅谷的卡弗舍姆希思（Caversham）购买下了一块13.2公顷的土地，从19世纪40年代罗伊（Roe）家族，在此定居之后，此处就一直为他们所有。2010年，他们的酒厂建成，并生产了他们第一个年份的葡萄酒。酿酒师瑞恩·苏达诺（Ryan Sudano）生产的酒使得澳大利亚葡萄酒展上的其他酒黯然失色。从2011年起，曼杜酒庄已经获得了123枚金质奖章和60个奖杯。

🍷🍷🍷🍷🍷 Reserve Margaret River Chardonnay 2015
珍藏玛格利特河霞多丽 2015
这是一款美丽而优雅的霞多丽，收获时间把握得极好，从葡萄园到成品酒的工艺流程都尽可能减少人工干预。典雅，充满美丽，带有纯粹的白桃/粉红葡萄柚的气息，口感与香气完美地搭配在一起，橡木恰到好处。
封口：螺旋盖 酒精度：12.5% 评分：97 最佳饮用期：2027年
参考价格：39澳元 ✪

🍷🍷🍷🍷🍷 Reserve Frankland River Shiraz 2013
珍藏法兰克兰河西拉2013
开放式发酵14天，在法国橡木桶中熟成18个月。充满活力、饱满的紫红色，接下来是鲜美的果汁和浓烈的黑莓、黑樱桃、甘草和香料的味道，单宁成熟，口感精致。需长期陈酿，耐心等待。
封口：螺旋盖 酒精度：14.5% 评分：96 最佳饮用期：2038年
参考价格：49澳元 ✪

Reserve Research Station Margaret River Cabernate Sauvignon 2013
珍藏研究站玛格利特河赤霞珠 2013
原料来自1976年的农业部建立的研究站。明亮的深紫红色；无懈可击的酿造工艺给它带来了黑醋栗的香气，法国橡木和单宁起到了很好的支持作用。充分地突出了产区和品种之间的协调增益作用。
封口：螺旋盖 酒精度：14% 评分：96 最佳饮用期：2038年
参考价格：79澳元

Margaret River Cabernate Sauvignon Merlot 2015
玛格利特河赤霞珠梅洛2015
一款配比为80/20%的混酿，原料来自布拉姆利（Bramley）研究站葡萄园，手工采摘，开放式发酵带皮浸渍14天，在法国大橡木桶（40%是新的）中熟成14个月。这款酒的血统如此，还有4个显赫的金质奖章，最重要的是——质量很好，因而虽然价格略高，但也不是没有理由。充满了黑醋栗酒的果味，超细的单宁，橡木被良好地整合，回味悠长。非常划算。
封口：螺旋盖 酒精度：14% 评分：96 最佳饮用期：2035年
参考价格：29澳元 ✪

Reserve Frankland River Riesling 2016
珍藏法兰克兰河雷司令2016
浅草秆绿色；香气复杂：柑橘（青柠和葡萄），一丝橙花的味道，各种典型的风味很快渗入你的味蕾，更增加了几分香料，和矿物质酸度的味道。
封口：螺旋盖 酒精度：12% 评分：94 最佳饮用期：2036年
参考价格：29澳元 ✪

🍷🍷🍷🍷 Surveyors Red 2015
调查者红 2015
评分：93 最佳饮用期：2022年 参考价格：24澳元 ✪

The Pact Swan Valley Shiraz 2014
协议天鹅谷西拉2014
评分：92 最佳饮用期：2044年 参考价格：110澳元

Old Vine Shiraz 2015
老藤西拉2015
评分：90 最佳饮用期：2035年 参考价格：29澳元

Marchand & Burch 马钱德&伯奇 ★★★★★

PO Box 180，North Fremantle，WA 5159（邮） 产区：大南部产区
电话：（08）9336 9600 网址：www.burchfamilywines.com.au 开放时间：不开放
酿酒师：贾尼斯·麦克唐纳（Janice McDonald），帕斯卡尔·马钱德（Pascal Marchand）
创立时间：2007年 产量（以12支箱数计）：1100 葡萄园面积：8.46公顷
这个酒庄是帕斯卡尔·马钱德（Pascal Marchand）和伯奇家族葡萄酒（Burch Family Wines）合资经营的。帕斯卡尔出生于加拿大，在勃艮第接受的专业训练。葡萄原料来自单一葡萄园，是园中的单一地块（4.51公顷的霞多丽，3.95公顷的黑比诺，主要在巴克山和波罗古鲁普产区）。澳大利亚和法国的一些葡萄园因为采用生物动力管理方法而得到了巩固。澳大利亚葡萄园采用了勃艮第的葡萄种植栽培技术（例如高密度种植和减少植株行距，居约式修剪，垂直枝条固定架势，去除叶片和侧枝）。出口到英国、美国和其他主要市场。

🍷🍷🍷🍷🍷 Porongurup Mount Barker Chardonnay 2016
波容古鲁普贝克山霞多丽 2016

手工采摘并将每个葡萄园的果实成批分拣，低温冷却，整串压榨，采用野生酵母发酵在不同大小的法国橡木桶（40%是新的）中发酵，每批之中的一部分经过苹乳发酵，带酒脚熟成9个月，期间搅拌直至糖分发酵完毕。酒体的重量和平衡非常和谐，带有花香和一系列柑橘（葡萄柚）、核果（油桃）和哈密瓜的味道，以及由橡木带来的一系列烤坚果的味道。
封口：螺旋盖 酒精度：13% 评分：96 最佳饮用期：2029年
参考价格：73澳元

Villages Chardonnay 2016
村庄霞多丽 2016
来自伯奇家族在巴克山的巴罗山（Mount Barrow）葡萄园，主要种植第戎（Dijon）克隆株系76、95、96和277，分别酿制。手工采摘并分拣，低温冷却，整串压榨，采用野生酵母发酵，以新旧比例为50：50的法国橡木桶和发酵罐中发酵，熟成9个月，每个批次中各有一部分经过苹乳发酵。这款酒需要慢慢品尝，逐渐可以感受到矿物质和葡萄柚汁和皮的味道，回味悠长。
封口：螺旋盖 酒精度：13% 评分：94 最佳饮用期：2026年
参考价格：22澳元

🍷🍷🍷🍷🍷 Villages Rose 2016
村庄桃红2016
评分：93 最佳饮用期：2018年 参考价格：26澳元

Mount Barrow Mount Barker 2016
巴罗山贝克山黑比诺2016
评分：92 最佳饮用期：2023年 参考价格：60澳元

Marcus Hill Vineyard 马可斯山酒庄 ★★★★☆

560 Banks Road，Marcus Hill，Vic 3222（邮） 产区：吉龙
电话：(03)5251 3797 网址：www.marcushillvineyard.com.au 开放时间：不开放
酿酒师：戴伦·伯克（Darren Burke，合约），理查德·哈里森（Richard Harrison）
创立时间：2000年 产量（以12支箱数计）：1000 葡萄园面积：3公顷
2000年，理查德（Richard）、玛戈特·哈里森（Margot Harrison）和其他一些朋友在种下了2公顷的黑比诺，此地可以俯瞰伦斯达港（Port Lonsdale）、皇后崖（Queenscliff）和格罗夫海（Ocean Grove），距离巴斯海峡（Bass Strait）和菲利普港湾（Port Phillip Bay）仅有几公里的距离。此后他们又种植了霞多丽、西拉，加种了黑比诺和三行比诺莫尼耶。葡萄园的农药喷洒保持在最低限度，以保证能够生产出真正可以反映这一海边地块风韵的优雅的葡萄酒。

🍷🍷🍷🍷🍷 Bellarine Peninsula Chardonnay 2014
贝拉林半岛霞多丽 2014
在法国小橡木桶（40%是新的）中采用野生酵母发酵，带酒脚并搅拌，50%的苹乳发酵，熟成12个月。这是一款非常诱人的霞多丽，口感丰富，充分利用了2014这个年份的优势（低产也不见得总是坏事）。充满复杂、可口的果香。橡木的味道也恰到好处。
封口：螺旋盖 酒精度：12.5% 评分：95 最佳饮用期：2024年
参考价格：27澳元 ✪

🍷🍷🍷🍷🍷 Bellarine Peninsula Rose 2016
贝拉林半岛桃红2016
评分：93 最佳饮用期：2018年 参考价格：19澳元 ✪

Bellarine Peninsula Shiraz 2014
贝拉林半岛西拉2014
评分：92 最佳饮用期：2023年 参考价格：22澳元 ✪

People Madly Stomping Bellarine Peninsula
众人踩皮贝拉林半岛黑比诺2015
评分：91 最佳饮用期：2022年 参考价格：19澳元 ✪

Bellarine Peninsula Pinot Gris 2016
贝拉林半岛灰比诺2016
评分：90 最佳饮用期：2018年 参考价格：22澳元

Margan Family 玛尔肯家族酒庄 ★★★★★

1238 Milbrodale Road，Broke，新南威尔士州，2330 产区：猎人谷
电话：(02)6579 1317 网址：www.margan.com.au 开放时间：每日开放，10:00—17:00
酿酒师：安德鲁·玛尔肯（Andrew Margan） 创立时间：1997年
产量（以12支箱数计）：30000 葡萄园面积：98公顷
20年前，安德鲁·玛尔肯（Andrew Margan），追随父亲的脚步加入了葡萄酒行业。他曾经在欧洲作飞行酿酒师，后来为泰瑞尔（Tyrell）酿酒。由于非常了解这个澳大利亚最受游客喜欢的产区提供的机遇，加上他们的不懈努力，玛尔肯家族的业务发展得很好。在澳大利亚各地，包括猎人谷和新南威尔士的旅游部门得到了无数的奖项。这一代人退休后，他们的子女也有足够的能力继续经营这个酒庄。长子奥利（Ollie）正在阿德莱德大学完成酿酒工程和葡萄栽培技术的双重学位；女儿阿莱莎（Alessa）在悉尼科技大学（UTS）学习传媒，同时也参与到葡萄酒与食品公关方面的工作中去，小儿子詹姆斯（James）在悉尼大学学习经济学。安德鲁始终在试图扩大他的产品范围，同时也不忘继续将重点放在猎人谷的明星品种之上。1998年他开始种植芭贝

拉，后来逐渐又种植了幕尔维德、阿尔巴尼罗、添帕尼罗和格拉西亚诺。出口到英国、德国、挪威、印度尼西亚、马来西亚、越南等国家，以及中国内地（大陆）和香港地区。

🍷🍷🍷🍷🍷 White Label Hunter Valley Shiraz 2014
白标猎人谷西拉2014
采用干燥气候下生长的葡萄原料，产量为1吨/英亩，其中20%为完整果串。产区特色与品种特征在这款酒中相辅相成。猎人谷的风土特征非常明显，由整串果穗带来的红色水果和西拉特有的胡椒味又为它带来了额外的层次感与复杂性。中等酒体，但风味非常浓郁，口感柔顺，但其中的单宁和酸度给它带来了足够的结构感。可以窖藏很久。
封口：螺旋盖　酒精度：13.5%　评分：95　最佳饮用期：2030年
参考价格：40澳元　SC

🍷🍷🍷🍷🍷 Hunter Valley Tempranillo Graciano Shiraz 2015
猎人谷添帕尼罗格拉西亚诺西拉2015
评分：92　最佳饮用期：2022年　参考价格：40澳元　JF

White Label Hunter Valley Semillon 2016
白标猎人谷赛美蓉2016
评分：90　最佳饮用期：2025年　参考价格：30澳元　JF

猎人谷阿尔巴瑞诺 2016
Hunter Valley Albarino 2016
评分：90　最佳饮用期：2018年　参考价格：30澳元　CM

Hunter Valley Shiraz 2015
猎人谷西拉2015
评分：90　最佳饮用期：2020年　参考价格：20澳元　✪

Breaking Ground Hunter Valley Mourvedre 2015
突破猎人谷西拉幕尔维　2015
评分：90　最佳饮用期：2023年　JF

Hunter Valley Merlot 2015
猎人谷梅洛2015
评分：90　最佳饮用期：2022年　参考价格：20澳元　SC　✪

Marko's Vineyard　马尔克斯葡萄园　★★★☆

PO Box 7518，Brisbane，昆士兰，4169（邮）　产区：阿德莱德山区
电话：0418 783 456　网址：www.markosvineyard.com.au
开放地点：在艾奇纳（Ekhidna）酒庄开放
酿酒师：达里尔·卡特林（Darryl Catlin），马修·雷斯纳（Matt Rechner）
创立时间：2014年　产量（以12支箱数计）：21000　葡萄园面积：41.5公顷
这个酒庄可以说是前肖+史密斯（Shaw + Smith）M3葡萄园的重生。马克（Mark）、玛吉（Margie）、马修（Matthew）和麦克·希尔·史密斯（Michael Hill Smith）于1994年建立了这个葡萄园，他们共占70%的股份，肖+史密斯为30%。因为某些原因，合伙人和股权发生了变化，在2014年九月，麦克·希尔·史密斯和他的女儿买下了此前为马克、玛吉和肖+史密斯所有的股份。同时马修·希尔·史密将他在肖+史密斯和托尔帕德尔葡萄酒（Tolpuddle Wines）的股份出售。M3葡萄园（M3 Vineyard）是肖+史密斯的注册商标，因此改名为马尔克斯葡萄园。但酒庄内种植的27公顷的长相思、霞多丽和西拉并没有发生改变。

🍷🍷🍷🍷🍷 C3 Adelaide Hills Chardonnay 2016
C3阿德莱德山霞多丽 2016
C3意为3个克隆株系：门多萨（Mendoza），伯纳德（Bernard）95和76；在法国橡木桶中陈酿11个月。浅草秆色调中带有一丝橄榄绿的光泽，带有核果，由酒脚带来的生姜和奶油的味道——香气怡人。很有质感，但并不过分，结尾轻柔。
封口：螺旋盖　酒精度：12.9%　评分：93　最佳饮用期：2025年
参考价格：37澳元　JF

Marq Wines　马可葡萄酒　★★★★★

860 Commonage Road，Dunsborough，WA 6281　产区：玛格利特河
电话：（08）9756 6227　网址：www.marqwines.com.au　开放时间：周五至周日以及公共节假日，10:00—17:00
酿酒师：马克·沃伦（Mark Warren）　创立时间：2011年　产量（以12支箱数计）：2500　葡萄园面积：1.5公顷
马克·沃伦（Mark Warren）有美国加州州立大学的葡萄酒科学和西澳大利亚大学的科学学位；他如今在科廷大学（Curtin University）的玛格利特河分校，讲授葡萄酒科学和葡萄酒感官评价的课程。他在天鹅谷和玛格利特河两地工作了27年，在商业方面，他现在主要负责生产哈普斯（Happs）系列中的产品，此外他还与玛格利特河其他的几个品牌的葡萄酒有合约。把这些加到一起，他一年要负责60—70款不同的葡萄酒，现在这其中还包括他自己的品牌马可葡萄酒。让我们来快速浏览一下这个清单——维蒙蒂诺、菲亚诺。野生（Wild & Worked）长相思赛美蓉，野生发酵霞多丽、桃红、佳美、添帕尼罗、马尔贝克以及干切（Cut & Dry）西拉（阿玛洛尼风格）——这些都说明了他的酿酒理念：探索不同品种的潜力，在了解工艺流程的基础上，应用不常见的酿酒工艺方法。

🍷🍷🍷🍷🍷 Serious Margaret River Rose 2016

严肃玛格利特河桃红2016
歌海娜，野生酵母-桶内发酵，质地良好，味道丰富。极淡的中等三文鱼粉，带有西瓜和浓郁的红色水果的味道，以及适当的香料和柠檬的酸度。这是一款精心制作的桃红，同时也可以令人非常愉悦。
封口：螺旋盖　酒精度：12.8%　评分：95　最佳饮用期：2019年
参考价格：25澳元　JF ✪

🍷🍷🍷🍷🍷 Wild Ferment Margaret River Chardonnay 2015
野生发酵玛格利特河霞多丽 2015
评分：93　最佳饮用期：2024年　参考价格：30澳元　JF

Margaret River Vermentino 2016
玛格利特河维蒙蒂诺2016
评分：93　最佳饮用期：2020年　参考价格：25澳元　JF ✪

DNA Margaret River Cabernet 2015
DNA **玛格利特河赤霞珠**2015
评分：93　最佳饮用期：2027年　参考价格：35澳元　JF

Margaret River Gamay 2015
玛格利特河佳美 2015
评分：91　最佳饮用期：2021年　参考价格：25澳元　JF

Margaret River Fiano 2016
玛格利特河菲亚诺 2016
评分：90　最佳饮用期：2020年　参考价格：25澳元　JF

Massena Vineyards　马塞纳葡萄园　★★★★★

PO Box 643，Angaston，SA 5353（邮）　产区：巴罗萨谷
电话:（08）8564 3037　网址：www.massena.com.au 开放地点：在巴罗萨的酒庄
酿酒师：杰森·柯林斯（Jaysen Collins）　创立时间：2000年
产量（以12支箱数计）：3000　葡萄园面积：4公顷

马塞纳葡萄园在努里特帕种植有马塔洛、晚红蜜、小西拉和丹娜各1公顷，同时也从其他葡萄园收购原料。他们的业务以出口为导向，但他们的产品也可以邮购——考虑到他们产品的新颖度和质量，这其实也很划得来。出口到美国、瑞士、丹麦、韩国等国家，以及中国内地（大陆）和香港地区。

🍷🍷🍷🍷🍷 The Moonlight Run 2015
月光跑道 2015
马塔洛（来自墨帕）和整串神索共同发酵，老藤歌海娜［藤蔓谷（Vine Vale）］和西拉均采用野生酵母发酵，装瓶前不进行过滤或澄清。美丽的深紫红色，酒香中充满了紫色和黑色水果的味道，口感着实无与伦比。真是一款杰作！
封口：螺旋盖　酒精度：14%　评分：97　最佳饮用期：2035年
参考价格：32澳元 ✪

🍷🍷🍷🍷🍷 The Eleventh Hour 2015
最后时刻 2015
去梗，野生酵母开放式发酵，篮式压榨，在旧的法国橡木桶中熟成。这是一款非常丰富、酒体饱满的西拉，可以分辨出酒香中的香料和甘草的味道，美味的口感中带有大量黑色水果的味道。同时，也带有神秘独特的新鲜感。
封口：螺旋盖　酒精度：14.5%　评分：95　最佳饮用期：2030年　参考价格：40澳元

The Twilight Path 2015
暮光之路 2015
一款来自酒庄葡萄园的增芳德、马塔洛和格拉西亚诺的混酿，比例为66：27：7野生酵母发酵，其中30%的增芳德原料使用整串，经过橡木。色泽明亮；新鲜诱人的红色和紫色水果的味道，口感柔顺润滑。尽快饮用，不过即使放上几年，它也不会出现什么问题。
封口：螺旋盖　酒精度：13.5%　评分：95　最佳饮用期：2025年
参考价格：28澳元 ✪

The Howling Dog 2015
咆哮大狗 2015
来自酒庄葡萄园的晚红蜜，没有喷洒过农药，去梗，野生酵母发酵，未经过过滤和澄清。可能来自斯提克斯河（River Styx）的黑色水果的味道，香气极其复杂，质地不仅复杂而且轻快。
封口：螺旋盖　酒精度：13.5%　评分：94　最佳饮用期：2030年
参考价格：40澳元

🍷🍷🍷🍷🍷 The Surly Muse 2016
阴沉缪斯 2016
评分：92　最佳饮用期：2021年　参考价格：26澳元

Maverick Wines　马华克葡萄酒　★★★★★

981 Light Pass Road，Vine Vale，Moorooroo，SA 5352　产区：巴罗萨谷
电话:（08）8563 3551　网址：www.maverickwines.com.au

开放时间：周一至周二，13:30：16:30或仅限预约
酿酒师：罗纳德·布朗（Ronald Brown），列昂院长（Leon Deans）
创立时间：2004年　产量（以12支箱数计）：10000　葡萄园面积：61.7公顷
种植经验丰富的罗纳德·布朗（Ronald Brown）建立了这个酒庄。现在，酒庄在巴罗萨和伊顿谷的7个葡萄园都在过渡到生物动力型。其中葡萄的树龄在40—150岁之间，这也使得马华克这个品牌出产的优质葡萄园能够很好地保持一致性。出口到英国、法国、俄罗斯、泰国、日本和中国。

🍷🍷🍷🍷🍷

Ahrens' Creek Barrosa Valley Shiraz 2014
阿伦斯溪巴罗萨谷西拉2014
列蒙家族在19世纪70年代最先种下了8公顷的阿伦斯溪葡萄园，这是第一次生产50箱单一葡萄园酒款。在旧橡木桶中成熟，口感柔顺，多汁的李子和黑莓的味道与丝绸般的单宁平衡得很好。超值。
封口：橡木塞　酒精度：14.7%　评分：97　最佳饮用期：2039年
参考价格：60澳元 ✪

🍷🍷🍷🍷🍷

Trial Hill Eden Valley Shiraz 2014
审判山伊顿谷西拉2014
来自位于佩西谷（Pewsey Vale）的1.6公顷的审判山（Trial Hill）葡萄园。年产量为200箱。这是一款优雅的中等至饱满酒体的葡萄酒，很好地避免了许多东南澳大利亚产区的其他葡萄酒因低产而造成的粗糙的口感。较低的酒精度和伊顿谷的产区特征使得这款酒低调但完美。单宁极细，上好的酸度带来了诱人的结尾。
封口：橡木塞　酒精度：13.4%　评分：96　最佳饮用期：2040年
参考价格：80澳元

Twins Barrosa Valley Cabernate Sauvignon 2015
双胞巴罗萨赤霞珠 2015
法国小橡木桶中陈酿18个月。中等酒体，新鲜活泼，明显的黑醋栗香气，橡木和单宁恰到好处地起到了支撑的作用。超值。
封口：螺旋盖　酒精度：14.7%　评分：94　最佳饮用期：2030年
参考价格：27澳元 ✪

Twins Barrosa Valley Cabernate Sauvignon Merlot Petit Verdot Cabernet Franc 2014
双胞巴罗萨谷赤霞珠梅洛小味儿多品丽珠2016
所有的品种都来自酒庄自有的巴罗萨山岭的葡萄园，酒在法国小橡木桶中陈放18个月。轻度至中等酒体，带有新鲜、多汁的黑醋栗和水果的味道为主导，其他为辅。
封口：螺旋盖　酒精度：13.5%　评分：94　最佳饮用期：2030年
参考价格：27澳元 ✪

Twins Barrosa Valley Cabernate Sauvignon Petit Verdot Cabernet Franc 2014
双胞巴罗萨谷赤霞珠梅洛小味儿多品丽珠2014
面对这一充满挑战性的年份，酿酒师选择降低酒精度，法国小橡木桶中陈酿18个月。它因此而带有微量但很明确的薄荷味，轻度到中等酒体。
封口：螺旋盖　酒精度：12%　评分：94　最佳饮用期：2028年
参考价格：27澳元 ✪

🍷🍷🍷🍷

Trial Hill Eden Valley Shiraz 2013
审判山伊顿谷西拉2013
评分：92　最佳饮用期：2029年　参考价格：80澳元

Twins Barrosa Valley Shiraz 2016
双胞巴罗萨西拉2016
评分：90　最佳饮用期：2031年　参考价格：27澳元

Twins Barrosa Valley Shiraz 2015
双胞巴罗萨西拉2015
评分：90　最佳饮用期：2030年　参考价格：27澳元

Maxwell Wines　麦克斯韦酒庄 ★★★★★

Olivers Road，麦克拉仑谷，SA 5171　产区：麦克拉仑谷
电话:（08）8323 8200　网址：www.maxwellwines.com.au
开放时间：每日开放，10:00—17:00
酿酒师：安德鲁·杰里科（Andrew Jericho），马克·麦克斯韦（Mark Maxwell）
创立时间：1979年　产量（以12支箱数计）：30000　葡萄园面积：40公顷
作为麦克拉仑谷的生产商，麦克斯韦酒庄的优质葡萄酒声名在外。近年来他们生产了一些优秀的红葡萄酒。园内主要是1972年种植的葡萄藤，其中包括19行人们推崇备至的赤霞珠雷内拉（Reynella）克隆株系。酒庄前方的艾伦街（Ellen Street）西拉地块种植于1953年。酒庄的所有人和经营者是马克·麦克斯韦（Mark Maxwell）。出口到世界所有的主要市场。

🍷🍷🍷🍷🍷

Eocene Ancient Earth McLarent Vale Shiraz 2014
始新世古地球麦克拉仑谷西拉2014
还需要时间。酒体饱满，底气十足，带有大量的深色水果，一些甘草，以及来自橡木的雪松和香草的味道，单宁浓郁、紧致。丰满华丽，给人带来丰富的感官享受。这种绝对适合热爱浓郁型红葡萄酒的人们。
封口：螺旋盖　酒精度：14.5%　评分：95　最佳饮用期：2034年
参考价格：55澳元　JF

🍷🍷🍷🍷🍷

Minotaur Reserve Shiraz 2013
弥诺陶洛斯珍藏西拉2013
评分：93 最佳饮用期：2032年 参考价格：75澳元 JF

Lime Cave Cabernate Sauvignon 2014
石灰岩洞赤霞珠 2014
评分：92 最佳饮用期：2029年 参考价格：40澳元 JF

Four Roads Old Vine Grenache 2015
四路老藤歌海娜 2015
评分：91 最佳饮用期：2021年 参考价格：28澳元 JF

Silver Hammer Shiraz 2015
银锤西拉2015
评分：90 最佳饮用期：2025年 参考价格：20澳元 JF ✪

Ellen Street Shiraz 2014
艾伦街西拉2014
评分：90 最佳饮用期：2024年 参考价格：40澳元 JF

Little Demon Cabernate Sauvignon Melbec
小恶魔赤霞珠马尔贝克 2015
评分：90 最佳饮用期：2020年 参考价格：18澳元 JF ✪

Mayer 梅尔 ★★★★★

66 Miller Road，Healesville，Vic 3777 产区：雅拉谷
电话：(03)5967 3779 网址：www.timomayer.com.au 开放时间：仅限预约
酿酒师：提莫·梅尔（Timo Mayer） 创立时间：1999年
产量（以12支箱数计）：1000 葡萄园面积：2.4公顷

钻石溪山（Gembrook Hill）葡萄园的酿酒师提莫·梅尔（Timo Mayer）与朗达·弗格森（Rhonda Ferguson）在科特伯恩山（Mt Toolebewong）坡上合伙建立了梅尔（Mayer）酒庄，在希尔斯维尔（Healesville）南部8公里之外。另外，好像他们单品酒的名字也与这个斜坡有关。黑比诺在葡萄园中的种植比例最大，密度最高，此外还种有少量的西拉和霞多丽。梅尔在酿酒工艺上坚持保持最低程度的人工干预、处理，不进行过滤。出口到英国、德国、丹麦、新加坡和日本。

🍷🍷🍷🍷🍷

Yarra Valley Pinot Noir 2015
雅拉谷黑比诺2015
酒香中的深色水果的香气，在口感上相应地可以品尝出黑樱桃和蓝莓的味道。柔顺，但单宁带来了金丝网状的质感。
封口：Diam软木塞 酒精度：13.5% 评分：96
最佳饮用期：2030年 参考价格：55澳元 ✪

Granite Upper Yarra Valley Pinot Noir 2015
格拉奈特上雅拉谷黑比诺2015
它的酒标设计极为与众不同——一种虚无主义的营销策略。酒香中带有香水般的玫瑰花瓣的气息，口感中具备不同的红色和深色樱桃、水果的味道。紧致、诱人，回味悠长。
封口：Diam软木塞 酒精度：13.5% 评分：96
最佳饮用期：2029年 参考价格：55澳元 ✪

Dr Mayer Yarra Valley Pinot Noir 2015
梅尔博士雅拉谷黑比诺2015
清透明亮的深紫红色；芬芳的酒香中充满了樱桃和蓝莓水果的味道，伴随来自100%整串发酵带来的果梗的诱人风味——这种方法看上去简单，实际上很难。提莫·梅尔将这个顶级年份完成得很好。
封口：Diam软木塞 酒精度：13% 评分：95
最佳饮用期：2027年 参考价格：55澳元

Yarra Valley Syrah 2015
雅拉谷西拉2015
色泽明亮饱满，酒香中有香水气息，并伴随有异国情调的香料味道。多汁而饱满的口感中可以品尝到美好的红樱桃和蓝莓的果味；回味悠长。带有凉爽的气候下成熟的葡萄的特点，但毫无生青感。
封口：Diam软木塞 酒精度：13.5% 评分：95
最佳饮用期：2030年 参考价格：55澳元

Bloody Hill Yarra Valley Pinot Noir 2015
血山雅拉谷黑比诺2015
酒香芬芳，大比例的整串发酵带来了辛香料、咸鲜的味道的细微差别。丰富的红色水果的相互作用也为酒体带来了一定的强度和质感。
封口：Diam软木塞 酒精度：13.5% 评分：94 最佳饮用期：2025年 参考价格：30澳元 ✪

🍷🍷🍷🍷🍷

Yarra Valley Cabernet 2015
雅拉谷赤霞珠2015
评分：92 最佳饮用期：2029年 参考价格：55澳元

Mayford Wines 梅福德 ★★★★★

6815 Great Alpine Road，Porepunkah，Vic 3740 产区：阿尔派谷
电话：(03)5756 2528 网址：www.mayfordwines.com 开放时间：仅限预约
酿酒师：埃莉娜·安德森（Eleana Anderson） 创立时间：1995年
产量（以12支箱数计）：800 葡萄园面积：3公顷

梅福德的建立可以追溯到1995年——当时，护林员布莱恩·尼科尔森（Brian Nicholson）在这里种下了少量的西拉。此后西拉种植面积扩增到0.8公顷，并加入了霞多丽（1.6公顷）和添帕尼罗（0.6公顷）。用他们的话说，“在2002年，布莱恩选择了经验丰富的酿酒师作他的新娘后不久，他就开始在家里酿酒了”。妻子埃莉娜·安德森（Eleana Anderson）也是酒庄的共同所有者，她成为飞行酿酒师后，在德国工作了4个年份，同时在加州州立大学（美国加州州立大学）完成了葡萄酒科学学位（更早之前获得了艺术学位）。她在澳大利亚的年份，工作的酒庄之中包括百通菲德酒庄（Boyntons Feathertop）［也在波伦古卡（Porepunkah）］，在那里她遇见了自己未来的丈夫。布莱恩同马克·瓦尔普尔（Mark Walpole）咨询后种植了添帕尼罗。起初，她并不看好添帕尼罗的潜力。但自从2006年酿出了第一款添帕尼罗年份酒后，她就开始对这个品种情有独钟。埃莉娜奉行极简主义的酿酒风格，拒绝使用酶，人工酵母、单宁和（或）铜。出口到新加坡。

🍷🍷🍷🍷🍷 Porepunkah Chardonnay 2015

波伦古卡霞多丽 2015
这些葡萄采摘的时间恰到好处，最大限度地突出了它们的新鲜度和活力，以及它们的品种特性。鉴于产区、实际采用的高超的酿酒工艺，它可以说是一个杰出的成就。
封口：螺旋盖 酒精度：13% 评分：95 最佳饮用期：2023年
参考价格：36澳元

Porepunkah Shiraz 2014
波伦古卡西拉2014
包装精美，中等酒体，口感醇厚，轻易地表现出了西拉品种特有的果味。红色和黑色的多汁的梅子在口中流动，与成熟的单宁相得益彰。
封口：螺旋盖 酒精度：13.9% 评分：95 最佳饮用期：2030年
参考价格：40澳元

Porepunkah Tempranillo 2015
波伦古卡添帕尼罗 2015
添帕尼罗为梅福德赢得了很好的名声，也是随后年份的名酒之一。明亮的，新鲜多汁，带有红樱桃的味道，回味悠长。
封口：螺旋盖 酒精度：13.9% 评分：95 最佳饮用期：2025年
参考价格：36澳元

Maygars Hill Winery 梅格尔斯山酒厂 ★★★★★

53 Longwood-Mansfield Road，Longwood，Vic 3665 产区：史庄伯吉山岭
电话：0402 136 448 网址：www.maygarshill.com.au 开放时间：仅限预约
酿酒师：按照合约（Contract） 创立时间：1997年
产量（以12支箱数计）：900 葡萄园面积：3.2公顷

1994年，珍妮·霍顿（Jenny Houghton）购买下这片8公顷的低产，其中包括西拉（1.9公顷）和赤霞珠（1.3公顷）。酒庄得名于陆军中校梅格尔（Maygar），他参加了在1901年的南非的波耳战役，并被授予了维多利亚十字勋章。第一次世界大战期间，他被提拔为轻骑兵团的指挥官，因为他的英勇表现而赢得了更多的功勋奖章。出口到斐济和中国。

🍷🍷🍷🍷🍷 Reserve Shiraz 2015

珍藏西拉 2015
酒庄自有葡萄园的面积很小，也正是因此这款酒与其他类似酒款的差别不大。似乎应用了新橡木桶，但并不强烈，占主导地位的还是浓郁的水果味道。酒精度较高。
封口：螺旋盖 酒精度：15.3% 评分：95 最佳饮用期：2030年
参考价格：42澳元

Cabernate Sauvignon 2015
赤霞珠 2015
相比于西拉，这款酒有更多的陈酿型特征。中等酒体，酒香和口感中都带有新鲜的黑醋栗的味道，又因法国橡木带来的些微干香草的味道而更加复杂。
封口：螺旋盖 酒精度：14.5% 评分：95 最佳饮用期：2030年
参考价格：28澳元

Shiraz 2015
西拉2015
这款西拉色泽深浓，酒体饱满，在不同层次上有一系列黑色水果、甘草和黑巧克力的味道。它会给许多品尝者留下深刻的印象，其中的一些人会很喜欢。
封口：螺旋盖 酒精度：15% 评分：94 最佳饮用期：2028年 参考价格：30澳元

🍷🍷🍷🍷 Reserve Cabernate Sauvignon 2015

珍藏赤霞珠 2015
评分：93 最佳饮用期：2030年 参考价格：42澳元

Mayhem & Co 梅赫姆公司 ★★★★☆

49 Collingrove Avenue，Broadview，SA 5083 产区：阿德莱德山区

电话：0468 384 817　网址：www.mayhemandcowine.com.au　开放时间：不开放
酿酒师：安德鲁·希尔（Andrew Hill）　创立时间：2009年　产量（以12支箱数计）：1400
梅赫姆公司为安德鲁·希尔（Andrew Hill）所有。安德鲁曾经在威拿（Wirra Wirra）参与过一些年份的酿制，也是查普尔山（Chapel Hill）销售和市场部门的高级经理，主要负责库纳拉（Koonara）、托米奇山（Tomich Hill）区域以及雷施克葡萄酒（Reschke Wines）。葡萄原料来自阿德莱德山区、伊顿谷和麦克拉仑谷三个产区的不同葡萄园。出口到英国等国家，以及中国内地（大陆）和香港地区。

🍷🍷🍷🍷🍷 Small Berry Blewitt Springs Shiraz 2015
小浆果布莱特泉西拉2015
这款酒所用的原料来自一个已经建立40年的葡萄园，整果置于法国大橡木桶中14个月。带有活泼、甜美而且浓郁的果香，丝丝缕缕的干香草，花香和香料的味道，有着天鹅绒般的成熟单宁，口感华丽，又以明亮的酸度结尾——简直是神话级别的佳酿！好得不能变得更好了。
封口：螺旋盖　酒精度：14.3%　评分：95　最佳饮用期：2026年
参考价格：36澳元　JF

🍷🍷🍷🍷🍷 Hipster Eden Valley Riesling 2016
嬉皮士伊顿谷雷司令2016
评分：93　最佳饮用期：2026年　参考价格：30澳元　JF
Small Berry Blewitt Springs Shiraz 2014
小浆果布莱特泉西拉2014
评分：93　最佳饮用期：2029年　参考价格：36澳元

Mazza Wines　马扎葡萄酒　★★★★

PO Box 480，Donnybrook，WA 6239（邮）　产区：吉奥格拉菲　电话：(08) 9201 1114
网址：www.mazza.com.au　开放时间：不开放　酿酒师：按照合约（Contract）
创立时间：2002年　产量（以12支箱数计）：1000　葡萄园面积：4公顷
大卫（David）和安·马扎（Anne Mazza）建立这个酒庄的动力和灵感来自里奥哈和杜罗河谷的优质葡萄酒的启发，和家族长期以来酿酒的传统品种。他们种植了这两个产区的主要品种：添帕尼罗、格拉西亚诺、巴斯塔都、维毫、罗奥红和国家图瑞加。在澳大利亚的各个葡萄园中，他们相信自己是第一个在某个区域单独种植这一系列的葡萄品种的人，我有理由相信这一论断。无论这个猜想正确与否——如今的澳大利亚葡萄酒产业飞速发展的事实是毋庸置疑的。出口到英国。

🍷🍷🍷🍷🍷 Geographe Bastardo Rose 2016
吉奥格拉菲桃红2016
带有铜-粉红色调，清透诱人。明亮的酸度为主导，伴随以红色水果和一丝麝香、樱花、玫瑰水和浓郁的橘皮的味道。中等的酒体，非常干涩，但因为它的丰富、活泼的风味，同时也非常容易入口。
封口：螺旋盖　酒精度：14%　评分：93　最佳饮用期：2019年
参考价格：19澳元　NG　✪

Cinque 2014
五点 2014
中等酒体，采用的品种与比例相当复杂：35%的添帕尼罗、35%的国家图瑞加、20%的维毫、5%的罗奥红和5%的格拉西亚诺的混酿充分地表现了伊比利亚突出的特征。单宁细致，极为可口，酸度明亮且多汁。口感中带有活泼的果香、花香和诱人的黑巧克力的苦涩的味道。
封口：螺旋盖　酒精度：14%　评分：93　最佳饮用期：2022年
参考价格：32澳元　NG

Geographe Tinta Cao 2014
吉奥格拉夫罗奥红 2014
罗奥红很少用来做单品种酒，但它整体清透的草药香气十分诱人。在覆盆子和桑果的香气和味道中点缀这胡椒、丁香和八角的味道。尽管果香浓郁，这款酒却完全并没有过分的甜味。口中可以品尝到丰富明亮的酸度和突出的葡萄单宁的味道。在结尾处，又出现了水果的味道，为你的下一杯酒作准备。
封口：螺旋盖　酒精度：14%　评分：93　最佳饮用期：2022年
参考价格：35澳元　NG

Geographe Graciano 2014
格拉西亚诺2014
带有里奥哈的花香，酸红色水果到血丝李的一系列味道，以及坚实、美味的单宁。尽管骨架并不十分精致，极端精细，仍然可以说是一款活泼、美味的饮料。中等酒体，好喝，适合搭配任意餐品。
封口：螺旋盖　酒精度：14.5%　评分：93　最佳饮用期：2022年
参考价格：30澳元　NG

Geographe Touriga Nacional 2014
吉奥格拉菲国家图瑞加 2014
相比于其他的伊比利亚葡萄品种，这可以算是入门品种。容易入口，回味悠长。
封口：螺旋盖　酒精度：14%　评分：92　最佳饮用期：2020年
参考价格：35澳元　NG

Geographe Tempranillo 2014
吉奥格拉菲添帕尼罗 2014
诱人的深色水果和红色樱桃，近似于阿玛洛的风格。橡木处理带来了苦巧克力般的单宁，甜美的摩卡香草气味带有一点茴香味的酸度使得口感更加完整。这是一款很有个性的酒。
封口：螺旋盖 酒精度：14.5% 评分：90 最佳饮用期：2022年
参考价格：25澳元 NG

Meadowbank Wines 梅多班克葡萄酒 ★★★★★

652 Meadowbank Road，Meadowbank，塔斯马尼亚，7140 产区：塔斯马尼亚南部
电话：0439 448 151 开放时间：不开放
酿酒师：彼得·泽（Peter Dredge） 创立时间：1976 葡萄园面积：52公顷
园中的葡萄种于1974年，位于德尔温特河上游，建立日期是杰拉尔德（Gerald）和苏·埃利斯（Sue Ellis）从他们的大片地产中选中这里并收获葡萄的日期。此后有4次扩建，最近的一次扩张新种植了10公顷的黑比诺、霞多丽、西拉和佳美，总数达到52公顷，其中大部分都是已经完全成熟的葡萄藤。梅多班克葡萄酒在剑桥（Cambridge）的酒庄酒窖门店和餐厅于2000年7月开业。酒厂紧邻弗罗格莫尔溪（Frogmore Creek）酒庄——他们有酒厂，但没有酒窖门店和餐厅。当时机成熟后，弗罗格莫尔溪买下了梅多班克的餐厅和酒窖门店，梅多班克将重心进一步转移到葡萄园管理上。梅多班克还向6—7个小酒庄供应葡萄，而且将32公顷的葡萄园租赁给了美誉（Accolade）。彼得·泽（Peter Dredge）有6年管理葡萄园的经验，他同埃利斯家族合伙［杰拉尔德，苏，女儿玛尔迪（Mardi）和她的丈夫阿历克斯·迪恩（Alex Dean）］重建了梅多班克酒庄。2016年的葡萄酒是彼得在摩利那庄园（Moorilla Estate）酿制的，原料来自园中的专门用于生产梅多班克葡萄酒的2公顷地。

🍷🍷🍷🍷🍷 Riesling 2016Tasmania
雷司令2016塔斯马尼亚州
新鲜的青苹果和柑橘主导着香气和口感。这款葡萄酒的风格是清爽的干型，将酒中8克/升的残糖自然地融入了塔斯马尼亚州活泼自然的酸度构成的骨架之中，新鲜美味，回味绵长。现在饮用，也可以再等上几十年。
封口：螺旋盖 酒精度：11.5% 评分：95 最佳饮用期：2030年
参考价格：32澳元

Chardonnay 2016
霞多丽 2016
典型的含蓄的塔斯马尼亚州霞多丽，带有新鲜油桃、柠檬凝乳和一点坚果糖的味道。塔斯马尼亚州酸度为主导，伴随着柑橘和自然的橡木味道。充分展示了从高质量的葡萄果实中提取出来的风味物质，尾韵很长。
封口：螺旋盖 酒精度：12.5% 评分：95 最佳饮用期：2027年
参考价格：50澳元

Pinot Noir 2016
黑比诺2016
草莓和鲜果盘的味道为主导，部分桶内发酵和与酒脚的长时间接触带来的些微香气是很好的补充。口感较为柔顺，单宁细如绸缎，伴随着恰到好处的法国橡木的味道。
封口：螺旋盖 酒精度：13% 评分：95 最佳饮用期：2029年
参考价格：55澳元

🍷🍷🍷🍷🍷 Gamay 2016
佳美 2016
酒色非常明亮，活泼的蓝莓味道是口感中的核，充分支持了佳美品种天然带来的细微差别。因为背景中的芳香药草、辛香的味道，我推测他们可能进行了提前采摘。即饮型，但也可以再放上几年。
封口：螺旋盖 酒精度：12% 评分：94 最佳饮用期：2021年 参考价格：32澳元

🍷🍷🍷🍷 Blanc de Blancs 2011
白中白2011
评分：90 最佳饮用期：2018年 参考价格：45澳元 TS

Chardonnay Pinot Noir NV
霞多丽黑比诺 无年份
评分：90 最佳饮用期：2017年 参考价格：32澳元 TS

Medhurst 梅德赫斯特 ★★★★★

24-26 Medhurst Road，Gruyere，Vic 3770 产区：雅拉谷
电话：(03)5964 9022 网址：www.medhurstwines.com.au
开放时间：周四至周一以及公共节假日，11:00—17:00
酿酒师：西蒙·斯蒂尔（Simon Steele） 创立时间：2000年
产量（以12支箱数计）：4500 葡萄园面积：12.21公顷
在南方集团（Southcorp）将奔富、林德曼斯（Lindemans）和韦恩斯（Wynns）的业务收入自己旗下时，罗斯·威尔森（Ross Willson）曾在那里担任CEO。罗宾（Robyn）童年时与父母居住在雅拉谷，距离梅德赫斯特（Medhurst）不到1公里处。葡萄园种植有长相思、霞多丽、黑比诺、赤霞珠和西拉，均限制产量。酒庄专注于小批量生产，同时也提供合约酿酒的业务。他们的酒厂建在斜坡上，并采用地下酒窖。酒厂的建筑获得了维多利亚建筑（Victorian Architecture）奖项。曾在恋木传奇（Brokenwood）工作过的西蒙·斯蒂尔（Simon Steele，恋木传奇很不情愿让

他离开）将原本已经声名在外的梅德赫斯特的口碑又提升了一个层次。

🍷🍷🍷🍷🍷 Estate Vineyard Yarra Valley Pinot Noir 2015
庄园葡萄园雅拉谷黑比诺2015
精心混合了8次不同的发酵，均采用野生酵母，其中30%为整串果穗。充满活力，优雅高贵。丰富的红色水果和烘焙香料的味道，充满细节和质感的单宁带来了些微的收敛感。堪称一个漂浮在杯中的世界。
封口：螺旋盖　酒精度：13.5%　评分：96　最佳饮用期：2022年
参考价格：38澳元　NG ✪

Estate Vineyard Yarra Valley Sauvignon Blanc 2016
庄园葡萄园雅拉谷长相思2016
紧致、尖锐，带有辛香料的同时也很有弹性，挑战了“长相思很单调”的传统观点。混酿使用的酒液中，有一部分经过了橡木，并采用野生酵母带酒脚发酵。此后进一步的酒脚处理更增加了酒体的质感。非常复杂，结尾带有一点薄荷醇的味道。
封口：螺旋盖　酒精度：13%　评分：95　最佳饮用期：2020年
参考价格：25澳元　NG ✪

Estate Vineyard Yarra Valley Chardonnay 2015
庄园葡萄园雅拉谷霞多丽 2015
带有核果、沙梨、腌制柠檬和矿物质的味道。使用野生酵母，在各种新的和旧的法国橡木桶中带酒脚发酵并陈放10个月，这一工艺使得它具有一点燧石、牛轧糖和燕麦的奶油味道。诱人的浓郁风味。
封口：螺旋盖　酒精度：13.5%　评分：95　最佳饮用期：2022年
参考价格：35澳元　NG ✪

Estate Vineyard Rose 2016
庄园葡萄园桃红2016
所用的赤霞珠和西拉是专为这款酒种植的，经过整串压榨，带有浓郁的红色水果风味，长度、平衡感和多汁的口感都使得这款酒非常复杂。曾荣获雅拉谷葡萄酒展2016金质奖章。
封口：螺旋盖　酒精度：13%　评分：95　最佳饮用期：2017年
参考价格：25澳元 ✪

Estate Vineyard Yarra Valley YRB 2016
庄园葡萄园雅拉谷 YRB 2016
这是一款配比为50/50%的黑比诺和西拉混酿，非常活泼、令人愉悦，也是向莫里斯·奥谢伊（Maurice O'Shea）的一个严肃的致敬。丰富的梅子、甘草和一点花香的味道，酸度和单宁都非常轻巧。充分表现了澳大利亚冷凉气候带来的独特圆润风味。
封口：螺旋盖　酒精度：12.5%　评分：94　最佳饮用期：2022年
参考价格：33澳元　NG

Estate Vineyard Cabernate Sauvignon 2015
庄园葡萄园雅拉谷赤霞珠 2015
庄园系列选用的是葡萄园中最好的地块。所处之地气候温和，葡萄面向北方。出产柔顺成熟的赤霞珠。经过一组新旧混合的橡木桶，陈酿18个月。口感中带有强烈的黑醋栗、百里香和一点来自橡木桶的香柏木的味道。
封口：螺旋盖　酒精度：14%　评分：94　最佳饮用期：2035年
参考价格：38澳元　NG

🍷🍷🍷🍷 Estate Vineyard Yarra Valley Shiraz 2015
庄园葡萄园雅拉谷西拉2015
评分：93　最佳饮用期：2023年　参考价格：38澳元　NG

Meehan Vineyard　米汉葡萄园 ★★★★

4536 Mclvor Highway，Heathcote.维多利亚，3523　产区：西斯科特
电话：0407 058 432　网址：www.meehanvineyard.com
开放时间：周末以及公共节假日，10:00—17:00
酿酒师：菲尔·米汗（Phil Meehan）　创立时间：2003年
产量（以12支箱数计）：1200　葡萄园面积：2公顷

1999年，菲尔·米汗（Phil Meehan）和朱迪·米汗（Judy Meehan）的孩子们都已经离开家，各自建立了自己的家庭，菲尔和朱迪决定回到乡村种植葡萄，并出售给酒厂。那一年，他们迈出了事业的第一步，在班诺克本（Bannockburn）建立了一个小型的黑比诺葡萄种植园。但直到2003年4月，他们才在西斯科特市边界线处找到了一个近乎完美的地点。此地位于东北向的一个斜坡上，覆有寒武纪土壤。而后菲尔又获得了葡萄酒酿造和葡萄栽培的学位，他却认为“在这6年的学习中，我唯一学到的就是，在酿酒方面我还有很多要学习的”。出口到马来西亚等国家，以及中国香港地区。

🍷🍷🍷🍷 William Heathcote Shiraz 2015
西斯科特西拉2015
酒色呈极佳的深红色；这款酒比它的兄弟酒款要贵是有原因的：它的紫色和黑色水果的味道很有深度，柔和的结尾处仅仅有一点柠檬的气息。
封口：螺旋盖　酒精度：14.5%　评分：93　最佳饮用期：2029年
参考价格：55澳元

Meerea Park 梦圆酒庄 ★★★★★

Pavilion B，2144 Broke Road，Pokolbin，新南威尔士州，2320 产区：猎人谷
电话：(02)4998 7474 网址：www.meereapark.com.au
开放时间：每日开放，10:00—17:00 酿酒师：里斯·伊瑟（Rhys Eather）
创立时间：1991年 产量（以12支箱数计）：11000
这是里斯（Rhys）和加思·伊瑟（Garth Eather）的项目。他们的曾曾祖父，亚历克山大·蒙罗（Alexander Munro），19世纪时建立了一个名为贝比亚（Bebeah）的葡萄园。尽管产品系列偏重赛美蓉和西拉这两个品种，他们也出产其他品种（包括霞多丽），或者是来自其他地区的葡萄酒。梦圆酒庄（Meerea Park）将酒窖门店搬到了罗彻（Roche）家族的藤柏思庄园（Tempus Two）酒厂处，位于断路（Broke Road）和麦当劳路（McDonald Road）的街角。至于他们出产葡萄酒的品质，想必不需要我再多说了，尤其是那些5年陈酿的酒款，简直太出色了。出口到美国、加拿大、新加坡和中国。

🍷🍷🍷🍷🍷 Aged Release Alexander Munro Individual Vineyard Hunter Valley Shiraz 2007
陈酿发售亚历山大蒙罗单一葡萄园猎人谷西拉2007
来自波高尔宾（Pokolbin）干燥气候下生长的艾凡赫（Ivanhoe）葡萄园，树龄平均在50岁以上，35%的原料使用整串，开放式发酵，法国小橡木桶（40%是新的）陈酿20个月。“才”10岁，而不是已经10岁了。充满了黑色水果、甘草、泥土，皮革、李子，黑莓和香草的味道。最多算中等的酒体之上，这些风味的相互作用成就了它的美味。
封口：螺旋盖 酒精度：13.5% 评分：97 最佳饮用期：2037年
参考价格：120澳元 ✪

🍷🍷🍷🍷🍷 Alexander Munro Individual Vineyard Hunter Valley Semillon 2012
亚历山大蒙罗单一葡萄园猎人谷赛美蓉2012
这个多雨的年份几乎没有收获任何西拉，然而赛美蓉却好像并没有受到影响。手工采摘并且（很重要）分拣，接下来进入不锈钢罐——发酵——这些都没有什么特别的。酒香中带有烤面包的味道，口感浓郁，结尾清爽。
封口：螺旋盖 酒精度：10.5% 评分：95 最佳饮用期：2032年
参考价格：45澳元

Old Vine Hunter Valley Shiraz 2013
老藤猎人谷西拉2013
在法国大橡木桶中熟成18个月。虽有2014年份的珠玉在前，按照正常的猎人谷的标准，它仍然非常出色。中等酒体，典型的猎人谷风格的酒精，为它注入了新鲜感。单宁极细，伴随着紫色和黑色水果，橡木恰到好处。
封口：螺旋盖 酒精度：13.5% 评分：95 最佳饮用期：2038年
参考价格：60澳元

🍷🍷🍷🍷🍷 Indie Individual Vineyard Hunter Valley Shiraz Marsanne 2014
独立单一葡萄园猎人谷西拉玛珊2014
评分：92 最佳饮用期：2024年 参考价格：40澳元 SC

Indie Individual Vineyard Hunter Valley Marsanne Roussanne 2015
独立单一葡萄园猎人谷玛珊胡珊2015
评分：91 最佳饮用期：2020年 参考价格：30澳元 SC

The Aunts Individual Vineyard Hunter Valley Shiraz 2015
阿姨单一葡萄园猎人谷西拉2015
评分：91 最佳饮用期：2025年 参考价格：30澳元

Orange Hunter Valley Sauvignon Blanc Semillon 2015
奥兰治猎人谷长相思赛美蓉 2015
评分：90 最佳饮用期：2017年 参考价格：17澳元

Indie Hunter Valley Semillon Chardonnay 2015
独立猎人谷赛美蓉霞多丽 2015
评分：90 最佳饮用期：2020年 参考价格：30澳元 SC

Merindoc Vintners 墨林多克葡萄酒商 ★★★★

Merindoc Vineyard，2905 Lancefield-Tooborac Road，Tooborac，Vic 3522 产区：西斯科特
电话：(03)5433 5188 网址：www.merindoc.com.au 开放时间：周末，10:00—16:00
酿酒师：史蒂夫·韦伯（Steve Webber），赛尔吉·卡里路（Sergio Carlei），布雷恩·马丁（Bryan Martin） 创立时间：1994年 产量（以12支箱数计）：2500 葡萄园面积：60公顷
25年来，斯蒂芬·谢尔默丁（Stephen Shelmerdine）和他的先前的家人一样［建立了米切尔顿酒厂（Mitchelton Winery）］一直是葡萄酒行业重要人物，这也为他赢得了业内人士的尊敬。大量的葡萄用于出售，只有少量的高质量葡萄酒通过合约的方式酿制。墨林多克和威洛比·布瑞吉（Willoughby Bridge）的前身是西斯科特两个同名的葡萄园。出口到中国。

🍷🍷🍷🍷🍷 Willoughby Bridge Heathcote Shiraz 2014
威洛比·布瑞吉西斯科特西拉2014
色泽优美；酒香中带有红色和黑色水果，伴随着香料和香柏木的味道。中等至饱满酒体，有着浓郁的李子和黑莓的味道，单宁和橡木都起到了一定的作用。
封口：螺旋盖 酒精度：14.3% 评分：94 最佳饮用期：2034年
参考价格：29澳元 ✪

🍷🍷🍷🍷🍷 Willoughby Bridge Heathcote Cabernate Sauvignon 2014
威洛比·布瑞吉西斯科特赤霞珠 2014
评分：92 最佳饮用期：2031年 参考价格：29澳元 NG

Merindoc Vineyard Heathcote Shiraz 2014
墨林多克葡萄园西斯科特西拉2014
评分：90 最佳饮用期：2027年 参考价格：49澳元 NG

Mermerus Vineyard 默默鲁斯葡萄园 ★★★★

60 Soho Road，Drysdale，Vic 3222 产区：吉龙
电话：(03)5253 2718 网址：www.mermerus.com.au 开放时间：周日，11:00—16:00
酿酒师：保罗·钱皮恩（Paul Champion） 创立时间：2000年
产量（以12支箱数计）：600 葡萄园面积：2.5公顷

保罗·钱皮恩（Paul Champion）在默默鲁斯建立了一个种植黑比诺、霞多丽和雷司令的葡萄园。酒庄自有的酒厂很小但也很整洁，小批量处理为主，使用野生酵母，橡木应用不多。保罗也是这一产区其他小型种植者的合约酿酒师。

🍷🍷🍷🍷🍷 Bellarine Peninsula Pinot Noir 2015
贝拉林半岛黑比诺2015
手工采摘，开放式发酵，在法国小橡木桶中熟成12个月。丰满而有表现力，带有香气和口感中都有丰富的李子味道。5年窖藏后会有更好的表现。
封口：螺旋盖 酒精度：13.5% 评分：92 最佳饮用期：2026年
参考价格：32澳元

Bellarine Peninsula Chardonnay 2016
贝拉林半岛霞多丽 2016
野生酵母—桶内发酵，部分苹乳发酵和保持长时间的酒脚接触使得品种的果香得到了很好的保存；带有油桃、无花果和苹乳发酵带来的奶油味的细微差别，酒中的柑橘酸度使得口感非常饱满。
封口：螺旋盖 酒精度：13.5% 评分：90 最佳饮用期：2023年
参考价格：26澳元

🍷🍷🍷🍷 Bellarine Peninsula Shiraz 2015
贝拉林半岛西拉2015
评分：89 最佳饮用期：2021年 参考价格：30澳元

Merricks Estate 梅里克斯酒庄 ★★★★

Thompsons Lane，Merricks，Vic 3916 产区：莫宁顿半岛
电话：(03)5989 8416 网址：www.merricksestate.com.au
开放时间：1月底 酿酒师：保罗·埃文斯（Paul Evans），亚历克斯·怀特（Alex White）
创立时间：1977年 产量（以12支箱数计）：2500 葡萄园面积：4公顷

梅里克斯酒庄的所有人是在墨尔本任律师的乔治·科佛尔德（George Kefford）及其妻子杰基（Jacky），他们二人主要是利用周末和节假日的时间经营酒庄业务。他们生产独特，略带辛辣感的冷凉气候下的西拉——现在已经积累了一系列令人印象深刻的酒展奖杯和金牌。根据现有的品酒笔记来看，这个完全成熟的葡萄园和技术过硬的合约酿酒生产出了一流的葡萄酒。出口到中国香港地区。

🍷🍷🍷🍷🍷 Mornington Peninsula Chardonnay 2015
莫宁顿半岛霞多丽 2015
酒色呈现明亮而略带绿色的黄色，表现了莫宁霞多丽丰富的风格。核心的风味是腰果和矿物质的味道，与多汁和自然的酸度完好地融合在一起，还伴随着杏、白桃和温桲的风味。它既饱满又克制，既温暖又圆滑。橡木仅仅起到支持的作用。
封口：螺旋盖 酒精度：13.5% 评分：94 最佳饮用期：2023年
参考价格：35澳元 NG

Mornington Peninsula Cabernate Sauvignon 2009
莫宁顿半岛赤霞珠 2009
鉴于这个产区的冷凉气候带来的品种特征表达的倾向性，它非常精致，而且令人惊喜。单宁紧致，酸度自然——一款几乎与波尔多一样的葡萄酒。可以品尝到醋栗、干鼠尾草、雪松和烟叶的味道融合在一起，整体十分优雅，会随着时间的推移而变得更好。
封口：Diam软木塞 酒精度：13.5% 评分：94 最佳饮用期：2025年
参考价格：35澳元 NG

🍷🍷🍷🍷🍷 Mornington Peninsula Pinot Noir 2014
莫宁顿半岛黑比诺2014
评分：93 最佳饮用期：2023年 参考价格：40澳元 NG

Thompson's Lane Shiraz 2013
汤普森大道西拉2013
评分：93 最佳饮用期：2025年 参考价格：25澳元 NG ✪

Thompson's Lane Rose 2016
汤普森大道桃红2016
评分：91 最佳饮用期：2018年 参考价格：25澳元 NG

Merum Estate 梅若姆庄园 ★★★★

PO Box 840，Denmark，WA 6333（邮） 产区：和潘伯顿 电话：(08) 9848 3443
网址：www.merumestate.com.au 开放时间：不开放 酿酒师：海伍德庄园［Harewood Estate，杰姆斯·凯利（James Kellie）］ 创立时间：1996年 产量（以12支箱数计）：4000
梅若姆庄园在2006年份后从种植和酿酒转而成为纯粹的葡萄种植。葡萄种植者麦克·梅尔森姆（Mike Melsom）是过去与现在的见证人，他与另一个合伙人朱莉·罗伯斯（Julie Roberts）一起酿造了2005和2006两个极其优秀的年份的葡萄酒。产品分为3等，其中最好的是特级珍藏（Premium Reserve）系列。

🍷🍷🍷🍷🍷 Premium Reserve Single Vineyard Pemberton Chardonnay 2015
特级珍藏单一葡萄园潘伯顿霞多丽 2015
明亮的草秆绿色；明显的优于它低价的兄弟酒款，尤其是长度，与质地和其他成份很好地融合在一起。
封口：螺旋盖 评分：94 最佳饮用期：2023年 参考价格：29澳元 ✪

🍷🍷🍷🍷 Pemberton Semillon Sauvignon Blanc 2016
潘伯顿赛美蓉长相思2016
评分：93 最佳饮用期：2020年 参考价格：20澳元 ✪

Premium Reserve Pemberton Shiraz 2014
特级珍藏潘伯顿西拉2014
评分：91 最佳饮用期：2029年 参考价格：29澳元

Mia Valley Estate 米亚山谷庄园 ★★★★

203 Daniels Lane，Mia Mia，Vic 3444 产区：西斯科特 电话：(03)5425 5515
网址：www.miavalleyestate.com.au 开放时间：每日开放，10:00—17:00
酿酒师：诺伯特（Norbert） & 帕梅拉·费利克斯（Pamela Baumgartner）
创立时间：1999年 产量（以12支箱数计）：1000 葡萄园面积：3.2公顷
20世纪80年代早期，以墨尔本为基础，他们开始寻找适合建造葡萄园的地点。然而这并不容易，这个计划就此搁置。直到1998年他们才找到了此处。40公顷和微有起伏的土地上，米亚米亚（Mia Mia）小河潺潺流过。他们种下了1.6公顷的西拉，酿制了第一个年份的葡萄酒。后来又加种了1.6公顷。期间诺伯特（Norbert）完成了酿酒工程和葡萄栽培学的课程，并与野鸭溪（Wild Duck Creek）的大卫·安德森（David Anderson）和彼得·贝金汉（Peter Beckingham）共事了一段时间。他们2002—2005年份的葡萄酒，是他们在墨尔本的空调的车库里酿造的。2005年他们将葡萄园的小屋改建成了迷你酒厂，2006年继续将之扩建成为酒厂和今天的酒店。一直到2009年，他们都往返与墨尔本和酒庄之间。接下来他们遇到了2009年的山火，2011年的雨水，2012年则是令他们措手不及的洪水和病害，2014年的霜冻摧毁了大部分的葡萄，2015年下半年期间则是严重的洪水。他们会放弃吗？目前看来不会。出口到英国、美国和中国。

🍷🍷🍷🍷 Heathcote Cabernate Malbec 2016
西斯科特赤霞珠马尔贝克 2016
一款波尔多混酿。充满了红梅到黑莓的果香，一丝紫罗兰、茴香和薄荷的味道，伴随极少的美国橡木的味道。单宁尝起来如咖啡粉般。这款酒不是饱满浓郁的风格，而是长于细节。封口：橡木塞 酒精度：14% 评分：93
最佳饮用期：2028年 参考价格：28澳元 NG

MAP XLVII Heathcote Viognier 2016
MAP47西斯科特维欧尼2016
酒香中有着令人应接不暇的各种蜜桃、杏子，和金银花轻盈的气息。中等酒体，十分活泼。
封口：橡木塞 酒精度：13.3% 评分：91 最佳饮用期：2020年
参考价格：24澳元 NG

Ode to Maestro Sparkling Riesling 2016
大师颂雷司令起泡2016
一款雷司令的起泡酒，它并不十分像澳大利亚酒，而是更贴近德国风格。杏、香料、黄姜和来自灰霉菌的味道更增加了酒体的复杂度和意趣。此外结尾处还可以品尝到柑橘和烤苹果的味道，回味悠长。
封口：皇冠盖 酒精度：11.5% 评分：90 最佳饮用期：2018年
参考价格：30澳元 TS

Miceli 米凯利 ★★★★

60 Main Creek Road，Arthurs Seat，Vic 3936 产区：莫宁顿半岛
电话：(03)5989 2755 网址：www.miceli.com.au
开放时间：周末，12:00—17:00；公共节假日，根据指定时间
酿酒师：安东尼·米凯利（Anthony Miceli） 创立时间：1991年
产量（以12支箱数计）：4000 葡萄园面积：5.5公顷
安东尼·米凯利（Anthony Miceli）是一位医生，这个酒庄可以算是他的一项业余爱好，但这并不是说他对待这些酒的态度不认真。1989年，他买下了这片地产，专门为了建造葡萄园。他在1991年种下了1.8公顷的葡萄藤。后来多次的种植使得种植量达到了现在的规模，包括灰比诺、霞多丽和黑比诺。在1991年和1997年米凯利医生在美国加州州立大学完成了葡萄酒科学的课程，他现在管理着葡萄园和酒厂。他也是这片半岛上起泡葡萄酒的顶级生产商之一。

🍷🍷🍷🍷 Michael Brut 2007

麦克极干 2007
莫宁顿半岛黑比诺（主要的），霞多丽和灰比诺在过去的10年里逐渐积累了相当丰富的烤面包和泡泡糖的味道。它的浓度和高酸度在结尾更加明显。
酒精度：11.5% 评分：90 最佳饮用期：2019年 参考价格：35澳元 TS

Michael Hall Wines 麦克·霍尔葡萄酒 ★★★★★

10 George Street，Tanunda，SA 5352（邮）产区：洛夫蒂山岭
电话：0419 126 290 网址：www.michaelhallwines.com 开放时间：不开放
酿酒师：麦克·霍尔（Michael Hall） 创立时间：2008年 产量（以12支箱数计）：1800
麦克·霍尔曾经是瑞士苏富比的珠宝鉴定师。他在2001年来到澳大利亚来从事葡萄酒酿造行业——这是他终身的兴趣，他在美国加州州立大学获得了葡萄酒科学的学位，在2005年以优秀的成绩毕业。他在澳大利亚和法国酿造年份葡萄酒时所在的酒庄可以说是一份名庄录：澳大利亚的酒庄游库伦（Cullen），吉宫酒庄（Giaconda），亨施克（Henschke），肖+史密斯（Shaw + Smith），冷溪山（Coldstream Hills）和真理（Veritas）；在法国时则是勒弗莱酒庄（Domaine Leflaive），凯慕思酒庄（Meo-Camuzet），老电报（Vieux Telegraphe）和特瓦龙（Trevallon）酒庄。他现在全职经营自己的同名品牌，也在努里乌特帕职业技术与继续教育（Nuriootpa TAFE）授课。他生产的葡萄酒就像他的简历所表现出来的那样令人深刻。出口到英国。

🍷🍷🍷🍷🍷 Piccadilly Adelaide Hills Sauvignon Blanc 2016
皮卡迪利阿德莱德山长相思2016
这款一反常规的葡萄酒取得了非凡的成功。90%的原料压榨到法国橡木桶（33%是新的）中，10%在发酵罐中带皮渣发酵后压榨进入橡木桶，这两部分都在桶中带酒脚陈酿9个月。非常复杂，带有水果味道占据主导地位，浓郁丰富，同时很有质感。结尾处是这款酒整体的关键——清爽的酸度。
封口：螺旋盖 酒精度：13.3% 评分：96 最佳饮用期：2021年
参考价格：35澳元 ✪

Triangle Block Stone Well Barrosa Valley Shiraz 2015
三角地石井巴罗萨谷西拉2015
手工采摘，100%去梗，部分在开放式的大发酵罐，部分在大桶中发酵，后在法国橡木桶（12%是新的）中陈酿21个月。如同这一年份的其他西拉葡萄酒一样，它色泽优美，充满丰富的黑樱桃和黑莓等黑色水果的味道，结构饱满，令人满意。
封口：螺旋盖 酒精度：14.4% 评分：96 最佳饮用期：2035年
参考价格：50澳元 ✪

Stone Well Barrosa Valley Shiraz 2014
石井巴罗萨谷西拉2014
去梗，部分在大桶中发酵，部分开放式发酵，在法国橡木桶（22%是新的）中熟成21个月。中等酒体，经过这几年的瓶储，各个组分都已经开始相融成一个整体平衡，带有樱桃/浆果味道，以及美味的香料和细致的单宁。
封口：螺旋盖 酒精度：14.4% 评分：96 最佳饮用期：2034年
参考价格：47澳元 ✪

Piccadilly and Lenswood Adelaide Hills Chardonnay 2015
皮卡迪利阿德莱德山霞多丽 2015
桶内发酵，75%的苹乳发酵，在法国橡木桶中带酒脚陈酿11个月，年产量为140箱。柑橘味的酸度表达得很纯粹，整体上复杂、优雅，而且精致。还需要陈酿一段时间才能达到巅峰状态。
封口：螺旋盖 酒精度：13.4% 评分：95 最佳饮用期：2025年
参考价格：50澳元

Mount Torrens Adelaide Hills Shiraz 2015
特伦斯山阿德莱德山西拉2015
手工采摘，采用野生酵母发酵，15%的原料使用整串，压榨到木桶中，在法国橡木桶中陈酿14个月。颜色有了一点变化，酒香中仅有一丝冷切肉和煮李子的味道。轻度至中等酒体，带有凉爽气候下生长的特有的红色和黑色樱桃的味道，细致的单宁和橡木使得平衡的尾韵得到了延伸。
封口：螺旋盖 酒精度：14% 评分：95 最佳饮用期：2025年 参考价格：50澳元

Sang de Pigeon Barrosa Valley Shiraz 2015
桑德鸽巴罗萨谷西拉2015
2月27日采收，破碎，在一个去顶的大橡木桶和一个发酵罐中进行开放式发酵，在法国橡木桶中陈酿20个月，与15%的伊顿谷西拉混合而成。酒体中等至饱满，有着优雅复杂的质地和结构，以及所有迈克尔·霍尔葡萄酒中都有的典雅韵致。
封口：螺旋盖 酒精度：14.4% 评分：95 最佳饮用期：2030年
参考价格：30澳元 ✪

Flaxman's Valley Eden Valley Syrah 2015
弗拉斯克曼谷伊顿谷西拉2015
评分：94 最佳饮用期：2029年 参考价格：50澳元

🍷🍷🍷🍷 Sang de Pigeon Blanc de Pigeon 2016
桑德鸽白的鸽
评分：93 最佳饮用期：2028年 参考价格：28澳元

Greenock Barrosa Valley Roussanne 2016

格林诺克巴罗萨谷胡珊2016
评分：90　最佳饮用期：2019年　参考价格：38澳元

Sang de Pigeon Adelaide Hills Pinot Noir 2015
桑德鸽阿德莱德山黑比诺 2015
评分：90　最佳饮用期：2025年　参考价格：30澳元

Michelini Wines　米切里尼酒庄　★★★☆

Great Alpine Road，Myrtleford，Vic 3737　产区：阿尔派谷
电话：(03)5751 1990　网址：www.micheliniwines.com.au
开放时间：每日开放，10:00—17:00
酿酒师：费德里克·扎加米（Federico Zagami）　创立时间：1982年
产量（以12支箱数计）：10000　葡萄园面积：60公顷

米切里尼家族是维多利亚的东北部巴克兰（Buckland）谷地区知名的葡萄种植者。1949年从意大利移居到此后，他们最初种植烟草，1982开始种植葡萄。主葡萄园在海拔300米处，红土，大部分正对巴克兰河。魔鬼溪（The Devils Creek）葡萄园种植于1991年，砧木嫁接，主要是梅洛和霞多丽。在一次扩张后，葡萄园的面积达到了60公顷。出口到中国。

🍷🍷🍷🍷🍷 Italian Selection Pinot Gris 2016
意大利精选灰比诺2016
非常清爽可口，一点柠檬盐，青柠汁和青苹果的味道。回味无穷。
封口：螺旋盖　酒精度：12.5%　评分：90　最佳饮用期：2018年
参考价格：20澳元　JF　✪

Mike Press Wines　麦克·普瑞斯葡萄酒　★★★★★

PO Box 224，Lobethal，SA 5241（邮）　产区：阿德莱德山区
电话：(08) 8389 5546　网址：www.mikepresswines.com.au　开放时间：不开放
酿酒师：迈克·普锐斯（Mike Press）　创立时间：1998年
产量（以12支箱数计）：12000　葡萄园面积：22.7公顷

1998年，麦克和朱迪·普瑞斯（Judy Press）买下了阿德莱德山区海拔500米处的34公顷的土地，建立了他们的肯顿谷（Kenton Valle）葡萄园。他们种植了主流的适合冷凉气候的品种（梅洛、西拉，赤霞珠、长相思、霞多丽和黑比诺），打算将这些葡萄出售给其他葡萄酒生产商。即使是有43年葡萄酒行业工作经验的麦克也没有料到后来的下跌的葡萄酒价格，因此他们建立了麦克·普瑞斯品牌的葡萄酒。他们生产高品质的长相思、霞多丽、黑比诺、梅洛、西拉、赤霞珠梅洛和赤霞珠等酒款，定价都相当低。因为其他的生产商和酒庄能够在同等价位自产的葡萄酒无法与这些葡萄酒竞争，我决定给它5颗星。

🍷🍷🍷🍷🍷 Single Vineyard Adelaide Hills Cabernate Sauvignon 2015
单一葡萄园阿德莱德山赤霞珠 2015
我总是惊讶于麦克·普瑞斯能够轻松自如地处理他的小葡萄园中的所有主要品种如同它们完全是单一品种一样。在这个价格，这是一款极好的赤霞珠，有着清晰的黑加仑、温带香草和黑橄榄的味道，单宁顺滑。
封口：螺旋盖　酒精度：14.5%　评分：92　最佳饮用期：2025年
参考价格：14澳元　✪

Adelaide Hills Sauvignon Blanc 2016
阿德莱德山长相思2016
原料来自种植在麦克·普瑞斯家附近的一个葡萄园，他将这些葡萄酿制成了有着无可比拟的价值的酒款。不到20澳元的长相思通常带有含糊不清的热带水果的味道，但这款酒中则有荷兰豆、鹅莓和百香果的味道，酸度良好，整体结合得也很好。
封口：螺旋盖　酒精度：13.9%　评分：91　最佳饮用期：2017年
参考价格：12澳元　✪

MP One Single Vineyard Adelaide Hills Shiraz 2014
MP一号单一葡萄园阿德莱德山西拉2014
只有在不同寻常的年份才会使用这个品名和这款酒标。尽管仅仅是清淡酒体，仍然有着无懈可击的平衡和超级柔滑的口感，它具有带香料味的水果味道，单宁和橡木无形地融为一体。而且，现在就可以饮用。
封口：螺旋盖　酒精度：14.4%　评分：91　最佳饮用期：2024年
参考价格：20澳元　✪

Single Vineyard Adelaide Hills Pinot Noir Rose 2016
单一葡萄园阿德莱德山黑比诺桃红2016
鲜艳的深紫红色，非常与众不同——这款酒一定是在生产流程的每一个步骤都严格无氧。红色樱桃和草莓的味道与略咸的酸度形成了很好的平衡。
封口：螺旋盖　酒精度：13.9%　评分：90　最佳饮用期：2017年
参考价格：12澳元　✪

Single Vineyard Adelaide Hills Pinot Noir 2015
单一葡萄园阿德莱德山黑比诺 2015
仍旧很好地保留了深红的主色调；口感中占据主导地位的是红色和黑色樱桃的味道，略带泥土/森林的品种特性，回味绵长。还有什么是麦克·普瑞斯做不到的吗？
封口：螺旋盖　酒精度：13.8%　评分：90　最佳饮用期：2017年
参考价格：16澳元　✪

Single Vineyard Adelaide Hills Shiraz 2015

单一葡萄园阿德莱德山西拉2015
凉爽气候下生长的西拉。它有着经典的轻度至中等酒体，黑色水果为主导，略带辛香/胡椒粒的味道。非常浓郁，富于变化，回味绵长。
封口：螺旋盖 酒精度：14.4% 评分：90 最佳饮用期：2022年
参考价格：14澳元 ✪

Single Vineyard Adelaide Hills Merlot 2015
单一葡萄园阿德莱德山梅洛2015
麦克·普瑞斯比很多人都更加懂得梅罗葡萄酒的内核（应该）是什么样的。中等酒体，浓郁的果香中有着黑醋栗的味道，单宁并不过重，口噶顺滑。清透纯净。
封口：螺旋盖 酒精度：14.5% 评分：90 最佳饮用期：2021年
参考价格：14澳元 ✪

🍷🍷🍷🍷 Single Vineyard Adelaide Hills Chardonnay 2016
单一葡萄园阿德莱德山霞多丽 2016
评分：89 最佳饮用期：2021年 参考价格：12澳元 ✪

Miles from Nowhere 千里之外 ★★★★

PO Box 197，Belmont，WA 6984（邮） 产区：玛格利特河
电话：(08) 9267 8555 网址：www.milesfromnowhere.com.au 开放时间：不开放
酿酒师：罗伊·克利夫顿-帕克斯（Rory Clifton-Parks），加里斯·托克斯（Gary Stokes）
创立时间：2007年 产量（以12支箱数计）：16000 葡萄园面积：46.9公顷
千里之外是弗兰克林（Franklin）和希瑟·塔特（Heather Tate）所有的两个酒厂之一。1987—2005年之间，弗兰克林一直在他父母建立的艾夫斯&塔特（Evans&Tate）酒厂工作，他于2007年回到了玛格利特河。千里之外这个名字是源于弗兰克林祖先一百年前从东欧到澳大利亚的一段经历：到达目的地时，他们觉得好像走了几千里才到达这里。酒厂生产一系列葡萄酒，其中最佳地块（Best Blocks'）系列是最好的。20年前建立的两个葡萄园中，种植的品种包括：小味儿多、霞多丽、西拉、长相思、赛美蓉、维欧尼、赤霞珠和梅洛。出口到英国、加拿大、亚洲和新西兰。

🍷🍷🍷🍷🍷 Best Blocks Margaret River Chardonnay 2015
最佳地块玛格利特河霞多丽 2015
这款霞多丽非常浓烈大胆，浓郁的口感中可以品尝到核果和一丝松露及牛轧糖的味道，这款酒同时采用了人工和野生酵母，桶内发酵后陈酿。橡木桶的组合比例是80%的新，20%的旧——全部来自法国。橡木带来的一丝香柏木的味道还需要一定时间来与果味融合。
封口：螺旋盖 酒精度：12.9% 评分：92 最佳饮用期：2020年
参考价格：32澳元 NG

Best Blocks Margaret River Semillon Sauvignon Blanc 2016
玛格利特河赛美蓉长相思2016
顾名思义，它的原料是当年最好的葡萄浆果。极少的部分在桶内发酵，这为香气和口感都注入了一丝奶油的味道，同时可以品尝到活泼的草药、荷兰豆的植物性味道，荨麻，灌木和青梅的味道，这两部分达成了极好的平衡。
封口：螺旋盖 酒精度：12.3% 评分：91 最佳饮用期：2019年
参考价格：32澳元 NG

Best Blocks Margaret River Shiraz 2015
玛格利特河西拉2015
基调是蓝色和黑色的水果味道，其中波森莓和桑葚的味道尤为突出。橡木香草和单宁将最终与丰富的果味融合。
封口：螺旋盖 酒精度：14.8% 评分：91 最佳饮用期：2025年
参考价格：32澳元 NG

Margaret River Cabernate Sauvignon Merlot 2015
玛格利特河赤霞珠梅洛2015
带有红色和深色水果、口香糖和一些千鼠尾草为主的香草味道。可以感觉到橡木的存在，与单宁共同作用、相互影响的同时，并没有过于突出而掩盖主要的风味。
封口：螺旋盖 酒精度：14.5% 评分：91 最佳饮用期：2023年
参考价格：18澳元 NG ✪

🍷🍷🍷🍷 Margaret River Sauvignon Blanc 2016
玛格利特河长相思2016
评分：89 最佳饮用期：2018年 参考价格：18澳元 NG ✪

Millbrook Winery 美露可酒厂 ★★★★★

Old Chestnut Lane，Jarrahdale，WA 6124 产区：珀斯山
电话：(08) 9525 5796 网址：www.millbrookwinery.com.au
开放时间：周三到周一，10:00—17:00
酿酒师：达米安·霍顿（Damian Hutton），阿代尔·戴维斯（Adair Davies）
创立时间：1996年 产量（以12支箱数计）：15000 葡萄园面积：7.8公顷
美露可酒厂为珀斯极为成功的企业家企业家彼得·福格蒂（Peter Fogarty）和妻子李（Lee）所有。猎人谷的湖之愚酒庄（Lake's Folly），潘伯顿的史密斯溪（Smithbrook）和玛格利特河的深林酒庄（Deep Woods Estate）也都为两人所有。美露可（Millbrook）采用珀斯山上种植有长相思、赛美蓉、霞多丽、维欧尼、赤霞珠、梅洛、西拉和小味儿多的一些葡萄园。他们的葡萄

萄酒品质优秀，质量稳定。出口到德国、马来西亚、新加坡、日本等国家，以及中国内地（大陆）和香港地区。

🍷🍷🍷🍷🍷 LR Chardonnay 2015

LR霞多丽 2015

直接将整串葡萄压榨到法国橡木桶（75%是新的）中，野生酵母发酵并熟成。略带绿色调，但也过早地表现出一些的变化，橡木味有点过于明显。有着华丽的白桃、油桃和葡萄柚的混合味道。

封口：螺旋盖　酒精度：13.5%　评分：95　最佳饮用期：2023年

参考价格：45澳元

Estate Shiraz Viognier 2014

庄园西拉维欧尼2014

4%的维欧尼与西拉共同发酵，在法国橡木桶（30%是新的）中陈酿20个月。充满了丰富的红色和黑色水果，中等酒体，口感结实，单宁适中，回味绵长。可以说是珀斯山区出产葡萄酒中最好的一款。

封口：螺旋盖　酒精度：14.5%　评分：95　最佳饮用期：2034年

参考价格：35澳元 ✪

Geographe Tempranillo 2015

吉奥格拉菲添帕尼罗 2015

在旧的法国大桶中陈酿12个月。绝对的成功。充满了甘美的红色水果，以及多汁而柔顺的单宁。现在即可饮用。让人非常享受。

封口：螺旋盖　酒精度：14.5%　评分：94　最佳饮用期：2020年

参考价格：22澳元 ✪

🍷🍷🍷🍷🍷 Barking Owl Shiraz 2014

巴金猫头鹰西拉2014

评分：93　最佳饮用期：2029年　参考价格：18澳元 ✪

Geographe Grenache Shiraz Mourvedre 2016

吉奥格拉菲歌海娜西拉幕尔维　2016

评分：93　最佳饮用期：2026年　参考价格：22澳元 ✪

Margaret River Sauvignon Blanc 2016

玛格利特河长相思2016

评分：92　最佳饮用期：2017年　参考价格：22澳元 ✪

Margaret River Vermentino 2016

玛格利特河维蒙蒂诺2016

评分：92　最佳饮用期：2020年　参考价格：22澳元 ✪

Estate Viognier 2016

庄园维欧尼2016

评分：91　最佳饮用期：2018年　参考价格：35澳元

Geographe Sangiovese 2015

吉奥格拉菲桑乔维塞 2015

评分：91　最佳饮用期：2023年　参考价格：22澳元 ✪

PX Pedro Ximenes NV

PX 彼得罗希梅内斯无年份

评分：91　参考价格：60澳元　CM

Barking Owl Margaret River SSB 2016

巴金猫头鹰玛格利特河 SSB 2016

评分：90　最佳饮用期：2018年　参考价格：18澳元 ✪

Perth Hills Viognier 2015

珀斯山维欧尼2015

评分：90　最佳饮用期：2018年　参考价格：22澳元

Milton Vineyard　米尔顿葡萄园　★★★★★

14635 Tasman Highway，Swansea，塔斯马尼亚，7190　产区：塔斯马尼亚东南岸
电话：(03)6257 8298　网址：www.miltonvineyard.com.au　开放时间：每日开放，10:00—17:00
酿酒师：塔斯马尼亚，葡萄酒酿造　创立时间：1992年
产量（以12支箱数计）：6000　葡萄园面积：19公顷

麦克（Michael）和凯利·邓巴宾（Kerry Dunbabin）拥有塔斯马尼亚最具历史意义的一片地产，它的建立可以追溯到1826年。一共1800公顷，这就意味着葡萄园（9公顷的黑比诺，6公顷的灰比诺，1.5公顷的霞多丽，琼瑶浆和雷司令各1公顷，另外还有10行的西拉）还有很大的可利用空间。

🍷🍷🍷🍷🍷 Pinot Noir 2015

黑比诺2015

酒体呈现鲜艳而透彻的紫红色；香气和口感非常协调，鲜美的红樱桃、法国橡木和极细的单宁带来了一丝林地的味道线条、长度和平衡感都无懈可击。

封口：螺旋盖　酒精度：13.4%　评分：96　最佳饮用期：2027年

参考价格：37澳元 ✪

Dunbabin Family Reserve Pinot Noir 2012
邓巴宾家族珍藏黑比诺2012
只有塔斯马尼亚州的比诺葡萄酒的颜色会像它一样有深度，大陆上则不可能（如果有的话，也将失去品种特征）。陈酿型，带有浸李子和黑樱桃的味道，酸度新鲜。不同凡响。
封口：螺旋盖　酒精度：13.7%　评分：96　最佳饮用期：2032年
参考价格：65澳元 ✪

Riesling 2016
雷司令2016
生动、新鲜而且活泼，有着比克福德青柠汁，透明的酸度，和意料之外的一丝热带水果（这并不影响整体的纯度、口感和陈年潜力）的味道。
封口：螺旋盖　酒精度：12.5%　评分：95　最佳饮用期：2036年
参考价格：27澳元 ✪

Pinot Gris 2016
灰比诺2016
这是一款很有意思的酒，异常丰富的果味，加上一系列梨和苹果之类的核果的味道使得酒体非常饱满。它的确带有阿尔萨斯的一些元素。
封口：螺旋盖　酒精度：13.5%　评分：94　最佳饮用期：2021年
参考价格：27澳元 ✪

Iced Gewurztraminer 2015
冰琼瑶浆2015
简而言之，好喝。安德鲁·胡德（Andrew Hood）在他的早期工作中，充分探索如何将破碎的葡萄脱水，以增加残糖和可滴定酸，以及这些操作可能带来的结果和风味。此外，与灰霉菌和晚采不同的是，这可以保持品种特性不受影响。
封口：螺旋盖　酒精度：8.2%　评分：94　最佳饮用期：2020年
参考价格：32澳元

🍷🍷🍷🍷🍷(4.5)

Gewurztraminer 2016
琼瑶浆2016
评分：91　最佳饮用期：2022年　参考价格：27澳元

Shiraz 2014
西拉2014
评分：91　最佳饮用期：2029年　参考价格：55澳元

Freycinet Coast Pinot Noir Rose 2016
弗雷西内海岸黑比诺桃红 2016
评分：90　最佳饮用期：2017年　参考价格：27澳元

Ministry of Clouds　云端 ★★★★★

39a Wakefield Street，Kent Town，SA 5067　产区：多地
电话：0417 864 615　网址：www.ministryofclouds.com.au　开放时间：仅限预约
酿酒师：朱利安·弗伍德（Julian Forwood），Bernice Ong.Tim Geddes
创立时间：2012年　产量（以12支箱数计）：3500　葡萄园面积：9公顷

波尼斯·翁（Bernice Ong）和朱利安·弗伍德（Julian Forwood）说，“云端这个名字的象征是：为了继承我们自己的事业，以及随之而来的令人陶醉的自由、独立和冒险，我们放弃了曾经拥有的安全感和生活方式。“我很怀疑还有像他们这样，有超过20年的葡萄酒市场销售经验，然而才刚刚建立自己葡萄酒业务的合伙人。他们绕过拥有和建立葡萄园这个步骤，而通过猎头在克莱尔谷和塔斯马尼亚州找两个酿酒师，分别来酿造雷司令和霞多丽，还要蒂姆·戈德斯（Tim Geddes）在麦克拉仑谷的酒庄——他们的红葡萄酒在此酿制——协助工作。2016年，他们买下了临近教堂山（Chapel Hill）、塞缪尔·戈赫（Samuels Gorge）、科里奥尔（Coriole）和哈迪的耶农加（Hardys' Yeenunga）葡萄园的一处海景高地，种植了7公顷的西拉和2公顷的赤霞珠，并聘请经验丰富的理查德·利斯克（Richard Leaske）来帮助管理葡萄园。出口到英国、新加坡等国家，以及中国香港地区。

🍷🍷🍷🍷🍷

Clare Valley Riesling 2015
克莱尔谷雷司令2015
浅草秆绿色；散发着滑石和橙花的香气，口中可以品尝到多汁的柠檬/青柠，以及清脆、余韵袅袅的酸度。经典的双向葡萄酒，现在或者以后喝都可以。
封口：螺旋盖　酒精度：12.3%　评分：95　最佳饮用期：2028年
参考价格：30澳元 ✪

🍷🍷🍷🍷🍷(4.5)

McLarent Vale Tempranillo Grenache 2015
麦克拉仑谷添帕尼罗歌海娜 2015
评分：93　最佳饮用期：2019年　参考价格：30澳元

McLarent Vale Tempranillo Grenache 2015
麦克拉仑谷添帕尼罗歌海娜 2014
评分：93　最佳饮用期：2020年　参考价格：30澳元

McLarent Vale Grenache 2014
麦克拉仑谷歌海娜 2014
评分：92　最佳饮用期：2021年　参考价格：38澳元

McLarent Vale Tempranillo Grenache 2016
麦克拉仑谷添帕尼罗歌海娜 2016
评分：92 最佳饮用期：2023年 参考价格：30澳元 NG
Clare Valley Riesling 2016
克莱尔谷雷司令2016
评分：91 最佳饮用期：2030年 参考价格：30澳元 NG
McLarent Vale Shiraz 2015
麦克拉仑谷西拉2015
评分：90 最佳饮用期：2023年 参考价格：30澳元 NG

Minko Wines 明科葡萄酒 ★★★☆

13 High Street，Willunga，SA 5172 产区：南福雷里卢（Southern Fleurieu）
电话：(08) 8556 4987 网址：www.minkowines.com
开放时间：周三到周五，周日，11:00—17:00；周六，9:30—17:00
酿酒师：詹姆斯·豪斯维尔（James Hastwell） 创立时间：1997年
产量（以12支箱数计）：1800 葡萄园面积：15.8公顷
麦克·博埃马（Mike Boerema，兽医）和马尔格·凯莱特（Margo Kellet，陶艺家）在他们位于指南山（Mt Compass）的牧场建立明科葡萄园。葡萄园采用生物动力法，种植有黑比诺、梅洛、赤霞珠、霞多丽、灰比诺和萨瓦涅；这片160公顷的地产中有60公顷列入了遗产名录。出口到英国。

🍷🍷🍷🍷

Half Tonne Reserve Pinot Noir 2014
半吨珍藏黑比诺2014
基本上克服了弗勒里厄半岛（Fleurieu Peninsula）常见的"干红"味和在聚乙烯的柔性罐（flextank）陈酿而带来的限制。但我必须要说，它的定价过高。
封口：螺旋盖 酒精度：13.4% 评分：89 最佳饮用期：2021年
参考价格：50澳元
Reserve Cabernate Sauvignon 2014
珍藏赤霞珠 2014
品种特有的果味（黑加仑和月桂叶）得到了很好的表达，有明显的橡木和丰富的单宁。这种缺乏质感的问题可能是由中桶内陈酿时轻度氧化造成的。
封口：螺旋盖 酒精度：13.3% 评分：89 最佳饮用期：2029年
参考价格：35澳元

Mino & Co 米诺公司 ★★★★

Hanwood Avenue，Hanwood，新南威尔士州，2680 产区：瑞福利纳（Riverina）
电话：(02)6963 0200 网址：www.minoandco.com.au
开放时间：周一至周五，8:00—17:00
酿酒师：格雷格·伯内特（Greg Bennett） 创立时间：1997年 产量（以12支箱数计）：不详
古列尔米诺（Guglielmino）家族，更具体的说，是父亲多米尼克（Domenic）以及儿子尼克（Nick）和阿兰（Alain）于1997年建立了米诺公司从最开始的时候，他们就意识到自己的姓可能带来的发音问题，于是他们只选用了姓氏中的最后四个字母用作企业的名字。他们创建了两个品牌，一个是维诺先生（Signor Vino），另一个是种植者之触（A Growers Touch）。维诺先生包括来自阿德莱德山区、滨海沿岸和河地的意大利品种。种植者之触包括传统品种——通常是来自家族合作了20年的当地种植者。他们在汉伍德酒厂（Hanwood Winery，前身是一个汽车影院）酿制自己的葡萄酒。格雷格·伯内特（Greg Bennett）以前曾在莫宁顿半岛、维多利亚中部和滨海沿岸工作，因而他对葡萄酒销售中的市场细分和价格范围有大概的了解。很大一部分业务是对中国的出口。

🍷🍷🍷🍷🍷(半)

Signor Vino Fiano 2014
维诺先生菲亚诺 2014
色泽与酒的发展有着紧密的联系，放大了年轻的菲亚诺中优秀的品种特色。联系它的整体轻快来说，是令人满意的，回味很长。我所提供的适饮期可能是保守的。
封口：螺旋盖 酒精度：11.5% 评分：90 最佳饮用期：2020年
参考价格：18澳元 ✪
Signor Vino Adelaide Hills Sangiovese 2015
维诺先生阿德莱德山桑乔维塞 2015
它并不是特别复杂，但有着良好和清晰的品种颜色。它很平衡，单宁细腻，长度极佳。与种植者之触系列的酒大相径庭（杜瑞夫除外）。
封口：螺旋盖 酒精度：14% 评分：90 最佳饮用期：2020年
参考价格：19澳元

🍷🍷🍷🍷

A Growers Touch Durif 2015
种植者之触杜瑞夫2015
评分：89 最佳饮用期：2025年 参考价格：15澳元 ✪

Mistletoe Wines 弥溯葡萄酒 ★★★★★

771 Hermitage Road，Pokolbin，新南威尔士州，2320 产区：猎人谷
电话：(02)4998 7770 网址：www.mistletoewines.com.au 开放时间：每日开放，10:00—18:00

酿酒师：斯科特·斯蒂芬斯（Scott Stephens） 创立时间：1989年
产量（以12支箱数计）：5000 葡萄园面积：5.5公顷
弥溯酒庄为肯（Ken）和格温·斯罗恩（Gwen Sloan）所有，它的历史可以追溯到1909年，当时在名为弥溯（Mistletoe）的农场上建立了一个葡萄园。在70年代末，弥溯农场这个品牌，曾经短暂被使用过。这些葡萄酒的质量、稳定性和它们的价格一样，都无懈可击。

🍷🍷🍷🍷🍷 Museum Release Grand Reserve Hunter Valley Shiraz 2007
博物馆发售珍藏猎人谷西拉2007
在2010年2月第一次品尝时，它得到了97分。价格从40澳元涨到了90澳元。呈紫红色，并没有向砖红色转变的迹象，第一次的品酒笔记如下：色泽深浓，呈美丽的紫红色；非常出色，将丰盛、典雅和优雅结合在一起，带有不同层次的李子和黑莓的味道，有着成熟而平衡的单宁，橡木的味道很轻。产自干燥气候下生长的低产量葡萄藤，它们有40年的树龄。在接下来的几十年里，它会成为一款伟大的猎人谷西拉。
封口：螺旋盖 酒精度：14% 评分：97 最佳饮用期：2040年
参考价格：90澳元 ✪

🍷🍷🍷🍷🍷 Museum Release Reserve Hunter Valley Semillon 2006
博物馆发售猎人谷赛美蓉2006
长生不老的万灵药，仍然新鲜、充满活力。最初的背标建议窖藏到2014年，然而我觉得现在来看，这个期限完全可以上升到2024年。作为一款已经有11年酒龄的葡萄酒，它具有极高的价值。
封口：螺旋盖 酒精度：10% 评分：96 最佳饮用期：2024年
参考价格：32澳元 ✪

Reserve Hunter Valley Semillon 2016
珍藏猎人谷赛美蓉2016
充满活力，带有迈耶柠檬、柠檬皮和香茅草的味道，透明的酸度。现在它的味道已经十分丰富，现在饮用也不无道理，但若在瓶中陈酿5年以上，它将完全不同。无论怎么选，你都不会输。
封口：螺旋盖 酒精度：10.6% 评分：95 最佳饮用期：2029年
参考价格：26澳元 ✪

Reserve Hilltops Cabernet 2015
珍藏希托扑斯赤霞珠2015
紫红色，带有黑醋栗酒和黑橄榄的果味，高质量的橡木提供了支撑。没有还原的问题。
封口：螺旋盖 酒精度：14.2% 评分：95 最佳饮用期：2035年
参考价格：32澳元 ✪

🍷🍷🍷🍷🍷 Hilltops Shiraz Viognier 2015
希托扑斯西拉维欧尼2015
评分：93 最佳饮用期：2030年 参考价格：25澳元 ✪

Home Vineyard Hunter Valley Semillon 2016
家园葡萄园猎人谷赛美蓉2016
评分：93 最佳饮用期：2025年 参考价格：23澳元 ✪

Hilltops Noble Viognier 2016
希托扑斯贵腐维欧尼2016
评分：93 参考价格：23澳元 ✪

Wild Hunter Valley Semillon 2016
野生猎人谷赛美蓉2016
评分：90 最佳饮用期：2021年 参考价格：25澳元

Barrel Fermented Hunter Valley Rose 2016
木桶发酵猎人谷桃红2016
评分：90 最佳饮用期：2018年 参考价格：23澳元

Home Vineyard Hunter Valley Shiraz 2015
家园葡萄园猎人谷西拉2015
评分：90 最佳饮用期：2025年 参考价格：40澳元

Mitchell 蜜西尔 ★★★★★

Hughes Park Road，Sevenhill via Clare，SA 5453 产区：克莱尔谷
电话：（08）8843 4258 网址：www.mitchellwines.com
开放时间：每日开放，10:00—16:00
酿酒师：安德鲁·米歇尔（Andrew Mitchell） 创立时间：1975年
产量（以12支箱数计）：30000 葡萄园面积：75公顷
克莱尔谷的一个坚定分子，由简（Jane）和安德鲁·米歇尔（Andrew Mitchell）建立，生产可以长期陈酿的产区经典风格的雷司令和赤霞珠。系列包括饱受赞誉的赛美蓉、歌海娜和西拉。酒窖门店是由一个旧苹果石棚子改造的，和升级后酒厂的上面的部分。他们的孩子安格斯（Angus）和艾德维纳（Edwina）现在也在酒庄工作，这也预示着下一代的酒庄管理人员。多年来，米歇尔已经在四个极好的地段建成和收购了的75公顷的葡萄园，其中一些有50年的树龄；全部采用有机方式管理，10多年来一直采用生物动力堆肥。出口到英国、美国、加拿大、丹麦、新加坡、新西兰等国家，以及中国香港地区。

🍷🍷🍷🍷🍷 McNicol Clare Valley Riesling 2009

麦克尼科尔克莱尔谷雷司令2009
从杯中散发出温桲、橘子酱，青柠、生姜、金桔和柑橘糖的气息，口感也相应地充满层次感，酸度充满活力。与克莱尔谷常见的葡萄酒相比，它有着德国式的辛香味，复杂，浓郁，但也有明确的克莱尔谷青柠的味道。
封口：螺旋盖　酒精度：13.5%　评分：96　最佳饮用期：2022年　参考价格：35澳元　NG ✪

Watervale Riesling 2016
雷司令2016
蜜西尔最近几年来十分追求现代口感，相比前几年的产品来说，现在的雷司令酸度更加优雅，但也仍然有着产区特有的青柠味道和灼热感。轻至中度酒体，带有柑橘皮，温桲，青苹果，干酪和一点略带刺激性的矿物质的爽脆酸度。
封口：螺旋盖　酒精度：13%　评分：94　最佳饮用期：2028年
参考价格：24澳元　NG ✪

Sevenhill Clare Valley Cabernate Sauvignon 2013
七山克莱尔谷赤霞珠 2013
香气中有黑加仑、月桂叶、樱桃和李子的气息，配以一抹克莱尔谷薄荷和苦巧克力的味道，中等酒体，充满细节、活力，回味悠长。6周的带皮浸渍和之后的2年橡木桶陈酿提取出的风味物质与整体风格非常协调。
封口：螺旋盖　酒精度：13%　评分：94　最佳饮用期：2028年
参考价格：28澳元　NG ✪

🍷🍷🍷🍷🍷(4.5)
Clare Valley Semillon 2015
克莱尔谷赛美蓉 2015
评分：92　最佳饮用期：2021年　参考价格：24澳元　NG ✪

McNicol Clare Valley Shiraz 2009
克莱尔谷西拉2009
评分：91　最佳饮用期：2022年　参考价格：45澳元　NG

Mitchell Harris Wines　米歇尔·哈里斯葡萄酒　★★★★★

38 Doveton Street North，巴拉瑞特，Vic 3350　产区：宝丽丝
电话：0417 566 025　网址：www.mitchellharris.com.au
开放时间：周日至周二，11:00—18:00；周三，11:00—21:00；周四至周六，11:00—23:00
酿酒师：约翰·哈里斯（John Harris）　创立时间：2008年　产量（以12支箱数计）：1700
米歇尔·哈里斯是阿利西亚（Alicia）和克雷格·米歇尔（Craig Mitchell）以及莎妮（Shannyn）和约翰·哈里斯（John Harris）合伙建立的，后者也是酿酒师。约翰的职业生涯开始于阿沃卡山（Mount Avoca），接下来的8年他在雅拉谷的夏桐酒庄（Domaine Chandon）工作，同时还有北半球的加利福尼亚和俄勒冈州。米歇尔一家在巴拉瑞特地区长大，对马其顿和宝丽丝区也很有亲近感。尽管总产量不大，每一款酒的创作都经过了深思熟虑。2012年，他们将19世纪80年代的一个砖砌的工作间改建成具有多种用途的空间，翻新后有了酒窖门店和教育设施。出口到中国。

🍷🍷🍷🍷🍷
Pyrenees Rose 2016
宝丽丝桃红2016
这是一款红酒爱好者的桃红葡萄酒，也是精心设计出的佳酿。带有新鲜活泼的野蔷薇果和樱桃的味道。
封口：螺旋盖　酒精度：12.6%　评分：95　最佳饮用期：2018年
参考价格：25澳元 ✪

Pyrenees Rose 2015
宝丽丝西拉2015
其中2%是维欧尼，共同发酵。明亮的深紫红色；与其他宝丽丝区的酿酒师不同，约翰·哈里斯致力于酿出带有明快的红色水果而不是深色水果的味道。酒精度（我以前没有注意到的）也是这种风格的一个重要因素。
封口：螺旋盖　酒精度：13.5%　评分：95　最佳饮用期：2030年
参考价格：35澳元 ✪

Pyrenees Rose 2015
宝丽丝赤霞珠 2015
来自皮尔瑞克（Peerick）葡萄园，在法国大橡木桶（15%是新的）成18个月。呈现出明亮清透的紫红色，冷凉环境下生长的赤霞珠充满了新鲜和活力，也是米歇尔·哈里斯最佳的风格。永远细腻的单宁意味着现在就可以享用它了。
封口：螺旋盖　酒精度：13.5%　评分：95　最佳饮用期：2030年
参考价格：30澳元 ✪

Curious Winemaker Pyrenees Grenache 2016
好奇酿酒师宝丽丝歌海娜 2016
来自狗岩（DogRock）葡萄园，在旧法国大橡木桶中熟成6个月。带有罗纳河谷特色的歌海娜充满活力，带有柔顺的红色水果的味道。与麦克拉仑谷风格中间有一个光年的距离，“真我风格”。
封口：螺旋盖　评分：94　最佳饮用期：2030年　参考价格：27澳元 ✪

🍷🍷🍷🍷🍷(4.5)
Pyrenees Sauvignon Blanc Fume 2016
宝丽丝苏维翁白富美 2016

评分：93 最佳饮用期：2021年 参考价格：27澳元 ✪

Blanc #1 by The Maker，the Muse and Alchemist NV

造物主、缪斯和炼金术士1号白 无年份

评分：92 参考价格：35澳元

Sabre 2012

长剑 2012

评分：90 最佳饮用期：2018年 参考价格：42澳元 TS

Mitchelton 米切尔顿 ★★★★☆

Mitchellstown via 纳甘比，Vic 3608 产区：纳甘比湖
电话：(03)5736 2222 网址：www.mitchelton.com.au
开放时间：每日开放，10:00—17:00
酿酒师：特拉维斯·克莱代斯代尔（Travis Clydesdale）
创立时间：1969年 产量（以12支箱数计）：12000 葡萄园面积：148公顷

米切尔顿是由罗斯·谢尔默丁（Ross Shelmerdine）建立的，他当时对于酒厂和餐厅，以及观景塔和周围的葡萄园有着极好的设想。后来游客并没有达到预期数量，这个企业也卷入了一场旷日持久的纠纷之中。1994年佩塔卢马（Petaluma）将其收购，但是，尽管有首席酿酒师对方·路易斯（Don Lewis）忠实的长期服务和优质的葡萄酒，酒庄又一次没有得到预期中的财务回报，2012年8月，随着加里·利安（Gerry Ryan）及其儿子安德鲁（Andrew）对收购的完成，米切尔顿酒庄开启了一个新的章节。加里在1975年成立了杰科（Jayco）汽车公司，它的成功意味着米切尔顿进入下一阶段的预算实质上可以接近无限。酿酒师特拉维斯·克莱代斯代尔（Travis Clydesdale）与米切尔顿的关系可以追溯到童年时期，当时他的父亲是酒窖经理。出口到世界所有的主要市场。

🍷🍷🍷🍷🍷

Chardonnay 2016

霞多丽 2016

来自酒庄葡萄园，不同地块分批次单独分别发酵，并且在新的和旧的法国橡木桶中熟成。复杂的口感出色地表达了品种特征，新鲜度保持得很好。

封口：螺旋盖 酒精度：13.5% 评分：94 最佳饮用期：2023年
参考价格：22澳元 ✪

Airstrip Marsanne Roussanne Viognier 2016

机道玛珊胡珊维欧尼2016

每个品种以及每个品种的不同批次，都分别在桶内发酵，这就给风味和质感的混酿调整带来了很大的挑战，相对而言需要大量复杂的实践。带有核果、苹果、柑橘和梨的味道，关键还是在于酒的新鲜度和回味中的收敛感。

封口：螺旋盖 酒精度：13.5% 评分：94 最佳饮用期：2022年
参考价格：28澳元 ✪

🍷🍷🍷🍷

Marsanne 2015

玛珊2015

评分：93 最佳饮用期：2030年 参考价格：22澳元 ✪

Airstrip Marsanne Roussanne Viognier 2015

玛珊胡珊维欧尼2015

评分：92 最佳饮用期：2023年 参考价格：28澳元

Crescent Shiraz Mourvedre Grenache 2014

西拉幕尔维 歌海娜 2014

评分：92 最佳饮用期：2021年 参考价格：28澳元

Blackwood Park Riesling 2016

黑木园雷司令2016

评分：91 最佳饮用期：2026年 参考价格：19澳元 ✪

Chardonnay 2015

霞多丽 2015

评分：90 最佳饮用期：2021年 参考价格：22澳元

Shiraz 2014

西拉2014

评分：90 最佳饮用期：2023年 参考价格：22澳元

Cabernate Sauvignon 2014

赤霞珠 2014

评分：90 最佳饮用期：2024年 参考价格：22澳元

Mitolo Wines 米托洛葡萄酒 ★★★★★

141 McMurtrie Road，麦克拉仑谷，SA 5171 产区：麦克拉仑谷
电话：（1300 571 233 网址：www.mitolowines.com.au
开放时间：每日开放，11:00—17:00
酿酒师：本·格莱佐（Ben Glaetzer） 创立时间：1999年 产量（以12支箱数计）：40000

当弗兰克·米托洛（Frank Mitolo）决定将酿酒作为一项事业而不是爱好时，米托洛酒庄的业务进入了快速上升期。2000年，他投身商业，邀请本·格莱佐（Ben Glaetzer）来为酒庄酿酒。将杰斯特（Jester）系列和单一葡萄园酒款分开后，米托洛开始成为一个以红葡萄酒生产为主的酒庄，

但也生产桃红和维蒙蒂诺。出口到世界所有的主要市场。

🍷🍷🍷🍷🍷 Marsican McLarent Vale Shiraz 2014
马尔西肯麦克拉仑谷西拉2014
选择2014年份作为新的旗舰产品似乎有些奇怪，但也可能是因为受到中国方面因素的影响。它是目前米托洛最为浓郁的西拉，但酒体的饱满与萨维塔（Savitar）不相上下。新橡木桶起到了重要作用，但更加丰满、多汁，水果味道也同样重要。
封口：橡木塞　酒精度：14%　评分：96　最佳饮用期：2039年
参考价格：200澳元

Cantiniere McLarent Vale Shiraz 2014
坎廷尼尔麦克拉仑谷西拉2014
来自精选的最佳酒桶，它涂有巧克力的利口酒李子的味道同时充满口腔中的每个角落，而且并不甜腻，回味也十分清爽。单宁和橡木也都处理得非常好。
封口：螺旋盖　酒精度：14.5%　评分：95　最佳饮用期：2034年
参考价格：68澳元

Savitar McLarent Vale Shiraz 2014
萨维塔麦克拉仑谷西拉2014
米托洛西拉的第3个级别，与其他级别的酒款有着相同的深度。但酒香完全不同，它带有辛香料和木质的味道。酒体饱满，酒香中的元素配合深色水果和泥土交织的味道，口感复杂。封口：螺旋盖　酒精度：14.5%　评分：95
最佳饮用期：2034年　参考价格：80澳元

Jester McLarent Vale Vermentino 2016
杰斯特麦克拉仑谷维蒙蒂诺 2016
一款有独特性格的葡萄酒。尽管它与灰比诺相似的明快果味占据主导地位，仍然可以感觉到柑橘碎叶味道的质感。有趣。
封口：螺旋盖　酒精度：11.5%　评分：94　最佳饮用期：2021年
参考价格：22澳元 ✪

Small Batch Series McLaren Vale Vermentino 2016
小批量系列麦克拉仑谷维蒙蒂诺 2016
复杂的酒香中带有独特的异国情调香料，花香和粉扑的气息。野生酵母和桶内发酵都为口感增加了复杂性和长度。随时随地可以饮用，只要确保它得到了完全冷却。
封口：玻璃瓶塞　酒精度：12.5%　评分：94
最佳饮用期：2019年　参考价格：28澳元 ✪

G.A.M. McLarent Vale Shiraz 2014
G.A.M.麦克拉仑谷西拉2014
它属于第2梯队，有着所有本·格莱佐红葡萄酒都有的复杂和力度：浓郁的成熟果味，柔和的单宁，以及整体的口感，深巧克力的味道则是额外的奖励。
封口：螺旋盖　酒精度：14.5%　评分：94　最佳饮用期：2034年
参考价格：58澳元

🍷🍷🍷🍷🍷 Jester McLarent Vale Shiraz 2015
杰斯特麦克拉仑谷西拉2015
评分：92　最佳饮用期：2030年　参考价格：25澳元 ✪

The Furies McLarent Vale Shiraz 2013
复仇女神麦克拉仑谷西拉2013
评分：92　最佳饮用期：2027年　参考价格：58澳元　CM

Small Batch Series McLaren Vale Rose 2016
小批量系列麦克拉仑谷桃红 2016
评分：91　最佳饮用期：2018年　参考价格：28澳元

Reiver Barrosa Valley Shiraz 2013
掠夺者巴罗萨谷西拉2013
评分：91　最佳饮用期：2024年　参考价格：58澳元　CM

Ourea McLarent Vale Sagrantino 2014
乌瑞亚麦克拉仑谷萨格兰蒂诺 2014
评分：91　最佳饮用期：2024年　参考价格：35澳元

The Nessus McLarent Vale Malbec 2016
内萨斯麦克拉仑谷马尔贝克 2016
评分：90　最佳饮用期：2022年　参考价格：15澳元 ✪

Molly Morgan Vineyard　莫利·摩根葡萄园　★★★☆

496 Taiga Road，Rothbury，新南威尔士州，2320　产区：猎人谷
电话：(02)4930 7695　网址：www.mollymorgan.com　开放时间：不开放
酿酒师：瑞思·伊瑟（Rhys Eather）　创立时间：1963年
产量（以12支箱数计）：2000　葡萄园面积：7.65公顷
1963年，罗伯特（Robert）家族建立了这个酒庄，后来被一个以坎珀当酒窖（Camperdown Cellar）的安德鲁·西蒙（Andrew Simon）为首的财团收购。酒庄专注于生产以酒庄葡萄园浆果为原料的酒款，庄园的葡萄藤最老的树龄已经有50多岁了（1963年种下的赛美蓉，接下来到1997

年增种了西拉和霞多丽）。葡萄园得名于一位特别足智多谋的女人，她曾2次被定罪而发送到新南威尔士，结过3次婚（最后一次婚姻中，她60岁，丈夫31岁）。尽管背景如此离奇，她还是成了老弱病残者的重要赞助人，也赢得了“猎人谷女王”的绰号。

🍷🍷🍷🍷🍷 Semillon 2016

赛美蓉2016

手工采摘，整串压榨，罐中熟成5个月。那些克服了2016年各种困难而生产的赛美蓉与这一款都很相似。尽管酒精度数不高，还是有着丰富的柠檬/香茅草水果味道，口感很好，也很有深度。

封口：螺旋盖　酒精度：10%　评分：92　最佳饮用期：2026年

参考价格：25澳元 ✪

Molly's Cradle　莫利的摇篮 ★★★☆

17/1 Jubilee Avenue，Warriewood，新南威尔士州，2102　产区：猎人谷

电话：(02)9979 1212　网址：www.mollyscradle.com.au　开放时间：仅限预约

酿酒师：合约聘请　创立时间：2002年　产量（以12支箱数计）：20000　葡萄园面积：9公顷

斯蒂文·希德莫尔（Steve Skidmore）和黛德丽·布罗德（Deidre Broad）于1997年提出了莫利的摇篮的概念。酒庄的第一批葡萄藤种植于2000年，2002年是他们酿制的第一个年份。园内种植有维德罗、霞多丽、梅洛和西拉各2公顷，再加上1公顷的小味儿多，他们也会收购其他产区的葡萄以作为补充。出口到中国。

🍷🍷🍷🍷🍷 Cradle Vignerons Selection McLaren Vale Shiraz 2014

摇篮酒庄精选麦克拉仑谷西拉2014

冷浸渍2天，7天带皮浸渍，在旧法国和美国大桶中陈酿14个月。这是一款坚实的麦克拉仑谷西拉，带有不同层次的黑莓，橡木和黑巧克力的味道，单宁也得到了充分的表现。需要耐心等待它的成熟。

封口：螺旋盖　酒精度：14.6%　评分：90　最佳饮用期：2034年

参考价格：40澳元

Mon Tout　蒙涛 ★★★★☆

PO Box 283，Cowaramup，WA 6284（邮）　产区：玛格利特河

电话：(08) 9336 9600　网址：www.montout.com.au　开放时间：不开放

酿酒师：詹尼斯·麦当劳（Janice McDonald），马克·贝利（Mark Bailey）

创立时间：2014年　产量（以12支箱数计）：不详　葡萄园面积：28公顷

蒙涛是第2代葡萄种植者理查德·伯奇（Richard Burch）的企业，他也是杰夫（Jeff）和艾米·伯奇（Amy Burch）的儿子。在2003年和2012年之间，他设法在科廷大学（Curtin University）学习了2年葡萄与葡萄酒工程，而后做出决定——他并不喜欢这一行。接下来是他的一个间隔年，他与朋友旅行穿过欧洲和亚洲，回到珀斯的家后，注册了伊迪斯科文大学（Edith Cowan University）的葡萄酒营销课程。他是澳大利亚东海岸伯奇家族酒业的品牌经理，蒙涛酒庄是完全独立在这一职位之外的。这些葡萄酒反映出了詹尼斯·麦当劳（Janice McDonald）出类拔萃的经验和技巧。

🍷🍷🍷🍷🍷 Biodynamic Shiraz 2015

生物动力西拉2015

不锈钢罐中野生酵母发酵后，转到新旧混合的法国橡木桶中。未使用整串果穗，但仍然有大量类似果梗的辛辣和咸味。重点是新鲜。樱桃-李子和花生壳，伴随着树叶和花园中香草的味道。气味，个性，生命。与其说它在挑战你，倒不如说是带你一同加入挑战。

封口：螺旋盖　酒精度：14%　评分：94　最佳饮用期：2027年

参考价格：30澳元　CM ✪

Monkey Business　猴门企业 ★★★★

2 Headingly Street，Hope Valley，SA 5090（邮）产区：阿德莱德山区/克莱尔谷

电话：0400 406 290　网址：www.monkeybiz.net.au　开放时间：不开放

酿酒师：乔·欧文（Jo Irvine）　创立时间：2012年　产量（以12支箱数计）：2000

汤姆·麦克斯韦（Tom Maxwell）有30多年的管理和销售经验，他最初计划做种植者、生产商和零售市场之间的渠道。除了外部客户，猴门企业同时发展了自己的品牌，最终简化了业务结构，建立了特立独行葡萄酒（Eccentric Wines），收购了阿德莱德山区的里溪庄园（Leabrook Estate）。

🍷🍷🍷🍷🍷 Eccentric Wines Great Little Grooner Adelaide Hills Gruner Veltliner 2016

特立独行葡萄酒格鲁纳阿德莱德山绿维特利纳 2016

手工采摘，破碎，在不锈钢罐中低温发酵，采摘6周后装瓶。它有相当大的能力，带有柑橘和青苹果的味道，回味很长。有不容置疑的发展潜力。

封口：螺旋盖　酒精度：12%　评分：92　最佳饮用期：2026年

Leabrook Estate Adelaide Hills Sauvignon Blanc 2016

里溪酒庄阿德莱德山长相思2016

背标上对于法国橡木的影响表达得很模糊——酒中的体现的确不太明显。它实际上非常浓郁，带有柑橘、苹果以及核果而不是热带水果的味道，这可能会让一些人非常满意，回味悠长而优美。

封口：螺旋盖　酒精度：13%　评分：90　最佳饮用期：2017年

Eccentric Wines Great Little Feeano Clare Valley Fiano 2016

特立独行葡萄酒菲诺克莱尔谷菲亚诺2016
带有诱人的柑橘和核果融合的味道，但并没有很多菲亚诺酒中表现出的质地。人们担心的是，如果不澄清，葡萄酒可能会发展得太快——主流选择有时也可能是前进的更好的途径。
封口：螺旋盖 酒精度：12.5% 评分：90 最佳饮用期：2017年

🍷🍷🍷🍷

Leabrook Estate Adelaide Hills Pinot Noir 2015
里溪庄园阿德莱德山黑比诺 2015
评分：89 最佳饮用期：2023年

Eccentric Wines Great Little Neeyo Clare Valley Tempranillo 2014
特立独行葡萄酒内尤克莱尔谷添帕尼罗 2014
评分：89 最佳饮用期：2020年

Mons Rubra 蒙斯·鲁布拉 ★★★★☆

Cheveley Road.Woodend North，Vic 3442 产区：马斯顿山岭
电话：0457 777 202 网址：www.monsrubra.com 开放时间：不开放 酿酒师：浮云酒庄［Passing Clouds］的卡梅伦·里斯（Cameron Leith） 创立时间：2004年 产量（以12支箱数计）：400 葡萄园面积：1公顷
蒙斯鲁布拉由麦克斯（Max）和苏珊·哈沃尔费尔德（Susan Haverfield）建立。带着对葡萄酒的广泛的兴趣，在做了一些调查研究后，他们买下了马斯顿山岭的地产；它位于600—700米的海拔范围内，覆有易碎的火山土。他们主要种植了澳大利亚广为传播的黑比诺MV6克隆系——它似乎在任何地方都有很好的表现。最初的葡萄酒是由约翰·埃利斯（John Ellis）在悬石（Hanging Rock，2004年—2010年间）酿造的，现在负责酿造的是利思（Leith）家族，地点在他们位于马斯克（Musk）的浮云酒庄（Passing Clouds）。

🍷🍷🍷🍷🍷

Macedon Ranges Pinot Noir 2015
马斯顿山岭黑比诺2015
颜色极浅但色调鲜亮；酒香中的香料和森林的细微差别强调了红色水果的气息，接下来又在丝绸般诱人的口感中重播。单宁较少。按理说，它不会比今天更好，但它也完全可能随着酒龄增加而改变。
封口：螺旋盖 酒精度：12.9% 评分：95 最佳饮用期：2027年
参考价格：42澳元

Mont Rouge Estate 红山庄园 ★★★★☆

232 Red Hill Road，Red Hill，Vic 3937 产区：莫宁顿半岛
电话：(03)5931 0234 网址：www.montrougeestate.com.au 开放时间：周五至周一，11:00—17:00 酿酒师：麦克·凯伯德（Michael Kyberd） 创立时间：1989年 产量（以12支箱数计）：400 葡萄园面积：3.23公顷
2016年下半年，詹妮佛·史密斯（Jennifer Smith）、西娅·索尔特（Thea Salter）和杰佛瑞·斯密丝（Jeffrey Smith）买下了红山庄园（Mont Rouge Estate），整个团队中还有麦克·凯伯德（Michael Kyberd，酿酒师）和杰夫·克拉克（Geoff Clarke，葡萄园经理）。两人都曾在莫宁顿半岛工作，有能力驾驭红山（Red Hill）和中央山岭（Main Ridge）的两个葡萄园（各1.6公顷）。合伙人的目标非常简单：生产美食与美酒。

🍷🍷🍷🍷🍷

Single Vineyard Red Hill Vineyard Mornington Peninsula Chardonnay 2015
单一葡萄园红山葡萄园莫宁顿半岛霞多丽 2015
选用克隆株系P58和96。比上半坡的果香略微丰富一些，并且在两款酒都品尝完毕后，以很小的差别占据了上风。
封口：螺旋盖 酒精度：13.5% 评分：95 最佳饮用期：2026年
参考价格：45澳元

Single Vineyard Main Ridge Mornington Peninsula Chardonnay 2015
单一葡萄园中央山岭莫宁顿半岛霞多丽 2015
P58克隆。线形，新鲜清爽的葡萄酒，长度很好，非常平衡。有自己的风格。
封口：螺旋盖 酒精度：13.5% 评分：94 最佳饮用期：2025年
参考价格：40澳元

🍷🍷🍷🍷

Family Reserve Single Vineyard Main Ridge Mornington Peninsula Pinot Noir 2015
单一葡萄园中央山岭莫宁顿半岛黑比诺2015
评分：90 最佳饮用期：2023年 参考价格：55澳元

Montalto 蒙塔托 ★★★★★

33 Shoreham Road，Red Hill South，Vic 3937 产区：莫宁顿半岛
电话：(03)5989 8412 网址：www.montalto.com.au 开放时间：每日开放，11:00—17:00 酿酒师：西蒙·黑（Simon Black） 创立时间：1998年 产量（以12支箱数计）：10000 葡萄园面积：57.7公顷
1998年，约翰·米歇尔（John Mitchell）和家人建立了蒙塔托酒庄，其葡萄园的核心可以追溯到1986年。园内种植有黑比诺、霞多丽、灰比诺、雷司令、西拉、添帕尼罗和长相思。园中的树冠经过了集中的修剪，单产介于每公顷3.7吨和6.1吨之间。有3个系列：旗舰系列是单一葡萄园，接下来是蒙塔托和派依山（Pennon Hill）系列。蒙塔托租下了横跨半岛的几家葡萄园，这使得他们的黑比诺葡萄来源非常多样，极端天气出现时也更加保险。同时还有不同的克隆株系也增加了多样性。蒙塔托采用这些地块的葡萄酿制的酒款又达到了一个新的高度。出口到菲律

宾和中国。

🍷🍷🍷🍷🍷 Single Vineyard Main Ridge Block Mornington Peninsula Pinot Noir 2015

单一葡萄园中央山岭地块莫宁顿半岛黑比诺2015
明亮的淡紫红色；这款黑比诺非常复杂，带有各种花香和香料香——两者同样浓郁，一边是林木/枝条的气息，另一边则是小红果的味道。它的魔力在于这两者之间自然地相互呼应，余味优美，久久不散。
封口：螺旋盖　酒精度：13.7%　评分：97　最佳饮用期：2029年
参考价格：70澳元 ✪

🍷🍷🍷🍷🍷 Estate Mornington Peninsula Chardonnay 2015
庄园莫宁顿半岛霞多丽 2015
香气和口感都非常复杂，但结尾非常纯粹。果味中的关键是葡萄柚的味道，它也是品饮后半部分和结束的中心。
封口：螺旋盖　酒精度：13.3%　评分：96　最佳饮用期：2025年
参考价格：42澳元 ✪

Single Vineyard The Eleven Mornington Peninsula Chardonnay 2015
单一葡萄园十一莫宁顿半岛霞多丽 2015
它具备很多莫宁顿霞多丽所缺乏的浓度和侧重。在一定程度上，复杂的酒香得益于设计加入的异香。在未来5—10年内可以窖藏。
封口：螺旋盖　酒精度：12.9%　评分：96　最佳饮用期：2027年
参考价格：60澳元 ✪

Pennon Hill Mornington Peninsula Rose 2016
派依山莫宁顿半岛桃红2016
酒香中散发出红樱桃和李子的味道，口感非常干涩——但这并不影响整体口感的柔滑的特点。太棒了。
封口：螺旋盖　酒精度：13.4%　评分：96　最佳饮用期：2020年
参考价格：25澳元 ✪

Single Vineyard Merricks Block Mornington Peninsula Pinot Noir 2015
单一葡萄园莫瑞克斯地块莫宁顿半岛黑比诺2015
极其丰富的芬芳酒香中有很多水果和森林的气息。非常自在，带有红色水果和李子的味道，酸度和橡木引出这款优美的黑比诺的结尾。2016年获得了2枚金牌。
封口：螺旋盖　酒精度：13.5%　评分：96　最佳饮用期：2029年
参考价格：70澳元 ✪

Single Vineyard Tuerong Block Mornington Peninsula Pinot Noir 2015
单一葡萄园图尔荣地块莫宁顿半岛黑比诺2015
充满了香料和水果的味道。这款黑比诺同样反映了来自4个单一葡萄园的复杂性。整体都十分优雅。
封口：螺旋盖　酒精度：13.4%　评分：96　最佳饮用期：2027年
参考价格：70澳元 ✪

Pennon Hill Mornington Peninsula Pinot Noir 2014
派依山莫宁顿半岛黑比诺2014
深色水果，果梗、香料的味道与细致的单宁相互交织。在2015年墨尔本葡萄酒展上获得金质奖牌，2015年葡萄酒维斯小酒商（Winewise Small Vignerons）奖章，并且也获得了最佳黑比诺的奖杯。
封口：螺旋盖　酒精度：13.1%　评分：96　最佳饮用期：2026年
参考价格：32澳元 ✪

Pennon Hill Mornington Peninsula Chardonnay 2015
派依山莫宁顿半岛霞多丽 2015
酿酒师西蒙·布莱克（Simon Blackwalks）一如既往地选择了与众不同的风格，但酒中充裕的复杂度有高度的一致性，葡萄柚而且酸度相互交织，带来了颗粒般的质感，结尾和谐，回味悠长。
封口：螺旋盖　酒精度：13.3%　评分：95　最佳饮用期：2023年
参考价格：28澳元 ✪

Estate Mornington Peninsula Pinot Noir 2015
庄园莫宁顿半岛黑比诺2015
优美的明亮清透的深红色调；复杂的酒香为后面的口感打下了基础：香料、李子和黑樱桃的味道，中等至饱满酒体，口感丰富。长时间的窖藏会带来回报。
封口：螺旋盖　酒精度：13.6%　评分：95　最佳饮用期：2030年
参考价格：50澳元

Single Vineyard Red Hill Block Mornington Peninsula Pinot Noir 2015
单一葡萄园红山地块莫宁顿半岛黑比诺2015
西蒙·布莱克显然认为不拘一格的酿造工艺会生产出更好的葡萄酒，但的确有些葡萄酒还是需要采用主流的方法。这款酒中李子科的气味在酒香和口感上都占据了主要地位。结果是这款冷凉、平静而集中的比诺只是说，“把我喝掉”。
封口：螺旋盖　酒精度：13.6%　评分：95　最佳饮用期：2025年
参考价格：70澳元

Pennon Hill Mornington Peninsula Shiraz 2015

派依山莫宁顿半岛西拉2015
传统的酿酒工艺似乎达不到蒙塔托酒庄的标准，的确是别出心裁的工艺更好（获得了1个奖杯和3枚金牌）。这是典型的冷凉气候下的西拉的风格，红色水果，伴随着香料和碎胡椒的味道，单宁细腻润滑，新橡木桶的味道带来一种收敛感。
封口：螺旋盖 酒精度：13.6% 评分：95 最佳饮用期：2030年
参考价格：32澳元 ✪

Estate Mornington Peninsula Shiraz 2015
庄园莫宁顿半岛西拉2015
一入口就可以感觉到单宁的咸味，带有丰富的红色、紫色和黑色水果的味道。莫宁顿半岛的葡萄酒展上荣获金牌。在国家冷凉气候的葡萄酒展上，裁判们并不认为这款酒本身具有的很大的挑战性。
封口：螺旋盖 酒精度：13.7% 评分：95 最佳饮用期：2029年
参考价格：50澳元

Pennon Hill Sauvignon Blanc 2016
派依山长相思2016
评分：94 最佳饮用期：2020年 参考价格：25澳元 ✪

Pennon Hill Pinot Noir 2015
派依山黑比诺2015
评分：94 最佳饮用期：2023年 参考价格：32澳元

🍷🍷🍷🍷🍷 Pennon Hill Pinot Gris 2016
派依山灰比诺2016
评分：93 最佳饮用期：2020年 参考价格：25澳元 ✪

Pennon Hill Tempranillo 2015
派依山添帕尼罗 2015
评分：92 最佳饮用期：2027年 参考价格：32澳元

Estate Mornington Peninsula Riesling 2016
庄园莫宁顿半岛雷司令2016
评分：90 最佳饮用期：2023年 参考价格：25澳元

Estate Mornington Peninsula Pinot Gris 2016
莫宁顿半岛灰比诺2016
评分：90 最佳饮用期：2021年 参考价格：36澳元

Montara 蒙塔拉 ★★★★★

76 Chalambar Road，Ararat，Vic 3377 产区：格兰皮恩斯
电话：(03)5352 3868 网址：www.montarawines.com.au 开放时间：周五至周日，11:00—16:00
酿酒师：列·克拉内特（Leigh Clarnette） 创立时间：1970年
产量（以12支箱数计）：3000 葡萄园面积：19.2公顷
在20世纪80年代得到了大量关注，斯泰普尔顿（Stapleton）家族的6个兄弟姐妹共同持有酒庄的所有权。酒庄仍在继续生产风格独特的葡萄酒。正如我这几年的多次到访所证明的那样，他们的酒窖门店的风景是格兰皮恩斯产区最好的之一。1984和2006之间，列·克拉内特（Leigh Clarnette）被任命为蒙塔拉的首席酿酒师，他有着极为多样和紧张激烈的职业生涯。他曾在亚里尼亚城堡（Chateau Yarrinya，现在的德保利酒庄［De Bortoli］）和塔拉沃拉庄园（Tarrawarra Estate）工作，并且帮助香东酒庄（Domaine Chandon）在雅拉谷的第1个酒庄生产基础酒款。他在1990年搬到了帕史维庄园（Padthaway Estate），安装了澳大利亚第一个传统的木质香槟，回到维多利亚的沙普（Seppelt）大西部地区生产起泡酒和顶级的西拉葡萄酒，在1999年加入麦克菲森葡萄酒（McPherson Wines）作首席酿酒师，此后在2003年到宝丽丝区的塔坦尼酒庄（Taltarni）作首席酿酒师。出口到美国、加拿大、印度尼西亚等国家，以及中国内地（大陆）和香港地区。

格兰皮恩斯雷司令2016
微干型，有着丰富的口感和质感，带有柑橘和葡萄柚穗，家庭自制柠檬-青柠的味道，以及清爽的酸度。现在就很惊人，当然，它也可以陈酿。
封口：螺旋盖 酒精度：12% 评分：95 最佳饮用期：2025年
参考价格：23澳元 JF

Chalambar Road Grampians Shiraz 2014
查兰伯路格兰皮恩斯西拉2014
这是一款酒体饱满，丰富的辛辣味的西拉，带有深紫黑的色调。带有浓缩的深色水果、胡椒、泥土、沥青等各种味道，此外还有粒状，有质感和略甜的单宁。味道就是好！现在看上去很好，也可以继续窖藏。
封口：橡木塞。酒精度：14% 评分：95 最佳饮用期：2034年
参考价格：70澳元 JF

Grampians Shiraz 2015
格兰皮恩斯西拉2015
美妙的暗深红色，还原性，释放出大量成熟的、华丽的深色水果和木质香料、胡椒和杜松子。饱满而柔和的单宁，充分展示了格兰皮恩斯西拉带来的令人愉悦的味道。
封口：螺旋盖 酒精度：14% 评分：94 最佳饮用期：2025年
参考价格：25澳元 JF

🍷🍷🍷🍷🍷 Grampians Cabernate Sauvignon 2015
格兰皮恩斯赤霞珠 2015
评分：93　最佳饮用期：2024年　参考价格：25澳元　JF　✪
Chalambar Road Grampians Pinot Noir 2015
查兰伯路格兰皮恩斯黑比诺2015
评分：92　最佳饮用期：2023年　参考价格：70澳元　JF
Gold Rush Grampians Chardonnay 2015
淘金热格兰皮恩斯霞多丽 2015
评分：90　最佳饮用期：2023年　参考价格：23澳元　JF
Gold Rush Pinot Noir 2015
淘金热黑比诺2015
评分：90　最佳饮用期：2020年　参考价格：25澳元　JF

Moody's Wines　穆迪葡萄酒　★★★☆

'Fontenay'，Stagecoach Road，奥兰治，新南威尔士州，2800　产区：奥兰治
电话：(02)6365 9117　网址：www.moodyswines.com　开放时间：周末，10:00—17:00
酿酒师：马仕葡萄酒酒服务（Madrez Wine SerVices）［克里斯·德瑞茨（Chris Derrez）］
创立时间：2000年　产量（以12支箱数计）：200　葡萄园面积：1公顷
托尼·穆迪（Tony Moody）的曾祖父一度在英国的默西塞德郡（Merseyside）建立了名为穆迪（Moody's）葡萄酒的连锁零售商店。1965年企业被卖给了一家追求将竞争降到最低的酒厂。2000年，托尼在一处看上去适合的牧羊场种植了1公顷的西拉，后来又增加种植了1公顷的长相思。穆迪位于奥兰治产区，相对于西部而言降雨较少，粘土而不是红土。

🍷🍷🍷🍷🍷 Orange Sauvignon Blanc 2015
奥兰治长相思2015
轮廓分明，芳香四溢，口中可以品尝到热带水果和生荷兰豆的味道，酸度分明，十分诱人。
封口：螺旋盖　酒精度：13%　评分：90　最佳饮用期：2017年
参考价格：20澳元　✪

🍷🍷🍷🍷 Orange Paquita Rose 2016
奥兰治帕奎塔桃红2016
评分：89　最佳饮用期：2017年　参考价格：20澳元

Moombaki Wines　穆姆巴克奇葡萄酒　★★★★★

341 Parker Road，Kentdale via Denmark，WA 6333　产区：丹麦（Denmark）
电话：(08) 9840 8006　网址：www.moombaki.com　开放时间：每日开放，11:00—17:00
酿酒师：海伍德庄园（Harewood Estate）［杰姆斯·凯利（James Kellie）］
创立时间：1997年　产量（以12支箱数计）：600　葡萄园面积：2.4公顷
大卫·布里顿（David Britten）和梅利萨·博伊（Melissa Boughey）在肯特河（Kent River）前方的一个砾石山上朝北的山坡种下了葡萄。除了葡萄园（赤霞珠、西拉、品丽珠、马尔贝克和霞多丽）之外，他们还种植了大量的各种树木，以吸引更多野生动物在此栖居。葡萄园的名字穆姆巴克（Moombak），在当地原住民语言中，是"天河相接之处"的意思。

🍷🍷🍷🍷🍷 Reserve 2013
珍藏 2013
36%的赤霞珠，31%的西拉，20%的马尔贝克，13%的品丽珠，精选最好的酒桶再在橡木桶中进一步的熟成。酒色保持得很好，带有一系列美味黑加仑、黑莓、李子和香料水果的味道。它的特色是单宁柔顺，带有高级橡木的气息。可以陈放很久的一款佳酿。
封口：螺旋盖　酒精度：14%　评分：96　最佳饮用期：2033年
参考价格：55澳元　✪
Shiraz 2014
西拉2014
67%来自丹马克，33%来自法兰克兰河。明亮清透的紫红色；中等至饱满酒体，黑色水果和与之结合的橡木及单宁的味道使得它的口感非常复杂。还需有一段时间来成熟的一款佳酿。
封口：螺旋盖　酒精度：14%　评分：94　最佳饮用期：2029年　参考价格：39澳元
Cabernate Sauvignon Cabernet Franc Malbec 2014
赤霞珠品丽珠马尔贝克 2014
74%的赤霞珠，14%的品丽珠，12%的马尔贝克。紫红色；新鲜的中等酒体，芳香四溢，丰富的红醋栗，以及更加常见的黑醋栗等汁水饱满的果味，回味中带有精研般的单宁和法国香柏木的味道，久久不散。
封口：螺旋盖　酒精度：14%　评分：94　最佳饮用期：2034年　参考价格：39澳元

Moondarra　蒙达拉　★★★★

Browns Road，Moondarra via Erica，Vic 3825（邮）产区：吉普史地
电话：0408 666 348　网址：www.moondarra.com.au　开放时间：不开放
酿酒师：内尔·普伦蒂斯（Neil Prentice）　创立时间：1991年

产量（以12支箱数计）：3000 葡萄园面积：10公顷
内尔·普伦蒂斯（Neil Prentice）和家人在吉普史地建立了蒙达拉葡萄园，专注于园内种植的2公顷低产量黑比诺。后来，他们在惠特兰（Whitland）又建立了霍利花园（Holly's Garden）葡萄园，种植了8公顷的灰比诺和黑比诺。他们的酒主要来自这个葡萄园。出口到美国、新加坡、菲律宾、韩国和日本等国家，以及中国香港地区。

🍷🍷🍷🍷🍷 Conception Gippsland Pinot Noir 2015
概念吉普史地黑比诺 2015
法国橡木桶中陈放2年，在香气和口感中都非常明显。如果不在意这一点的话，你就可以尽情享受它在吉普史地表达出的品种特性——温带李子/草莓的味道。
封口：螺旋盖 酒精度：13% 评分：94 最佳饮用期：2025年
参考价格：60澳元

🍷🍷🍷🍷 Studebaker Pinot Noir 2015
史蒂倍克黑比诺2015
评分：92 最佳饮用期：2023年 参考价格：35澳元

Holly's Garden Pinot Gris 2015
霍利花园灰比诺2015
评分：90 最佳饮用期：2018年 参考价格：28澳元

Moores Hill Estate 摩尔希尔庄园 ★★★★

3343 West Tamar Highway，Sidmouth，塔斯马尼亚，7270 产区：塔斯马尼亚北部
电话：(03)6394 7649 网址：www.mooreshill.com.au 开放时间：每日开放，10:00—17:00
酿酒师：朱利安·阿尔伯特（Julian Allport） 创立时间：1997年
产量（以12支箱数计）：5000 葡萄园面积：7公顷
摩尔希尔庄园葡萄园（酿酒师朱利安·阿尔伯特［Julian Allport］和菲奥娜·维尔勒［Fiona Weller］与蒂姆［Tim］和谢娜·海伊［Sheena High］共同所有）种植有黑比诺、雷司令、灰比诺和霞多丽，以及少量的赤霞珠和梅洛。葡萄园位于山坡的东北面，距离塔马尔河（Tamar River）5公里，巴斯海峡（Bass Strait）30公里。

🍷🍷🍷🍷🍷 Riesling 2016
雷司令2016
轻快、新鲜，散发着丰富的花香，以及潮湿的石头、留兰香、青柠/柠檬汁和皮的味道，口感极其细腻。自然的酸度中有一点不可或缺、恰到好处的甜味。
封口：螺旋盖 酒精度：12.2% 评分：94 最佳饮用期：2027年
参考价格：30澳元 JF ✪

Pinot Noir 2015
黑比诺2015
带有林间红色和黑色浆果，丰富的香料的气息。这是一款令人无法忽视的黑比诺；无法忽视在这里是印象深刻的意思。多汁、馥郁，酒体适中，极其出色。
封口：螺旋盖 酒精度：13.5% 评分：94 最佳饮用期：2025年
参考价格：40澳元 CM

🍷🍷🍷🍷 Chardonnay 2015
霞多丽 2015
评分：90 最佳饮用期：2022年 参考价格：35澳元 JF

Moorilla Estate 摩利那庄园 ★★★★★

655 Main Road，Berriedale，塔斯马尼亚，7011 产区：塔斯马尼亚南部
电话：(03)6277 9900 网址：www.moorilla.com.au 开放时间：周三至周一，9:30—17:00
酿酒师：Conor van der Reest 创立时间：1958年
产量（以12支箱数计）：10500 葡萄园面积：15.36公顷
摩利那庄园是20世纪塔斯马尼亚第二个酒庄，吉恩·米盖特（Jean Miguet）的普罗旺斯（La Provence）以两年之差位居第一。然而，在摩利那庄园（Moorilla Estate）的历史中，在很长的时间里，它本州都是最重要的酒厂，可能不是最大的，但一定是标志性的。它坐落在通往德温特佩弗（Derwent Paver）的一个小峡谷上，十分宏伟，一直是葡萄酒爱好者和游客们的必游之地。年产量约90吨，全部来自摩利那庄园周围的和他在圣马蒂亚斯（St Matthias）的葡萄园（Tamar Valley）。观察员（不是摩利那庄园）曾说这个酒厂是整体发展的一部分，成本高达1.5亿美元。它建有一个艺术画廊（MONA），据说是南半球最有神秘气质的画廊，其中的藏品都是摩利那的所有者大卫·瓦尔施（David Walsh）收集的，以及世界各地主要艺术博物馆的巡回展览，同时展示着极为古老的和现代的艺术品。出口到英国等国家，以及中国香港地区。

🍷🍷🍷🍷🍷 Muse St Matthias Vineyard Sauvignon 2015
缪斯圣马蒂亚斯葡萄园赤霞珠2015
经过桶内发酵。散发出强烈的黑加仑、柠檬油、茴香和榴莲蜡的味道，木桶赋予了它质感和细节（1500升的法式方德累斯［foudres］桶），同时也没有影响到品种特有的草本植物的味道。塔斯马尼亚葡萄酒展2017顶级金奖。
封口：螺旋盖 酒精度：12.7% 评分：96 最佳饮用期：2023年
参考价格：30澳元 NC ✪

Muse Riesling 2015
缪斯雷司令2015
一款出色的雷司令，不仅仅满足于呈现常见的青柠、柠檬酸，滑石和电瓶水的综合味

道，而是德国式的复杂：成熟的苹果、杏子、生姜和桃子的味道。太棒了！酸度多汁，甜美而且饱满自然。
封口：螺旋盖 酒精度：13.1% 评分：95 最佳饮用期：2025年
参考价格：39澳元 NG

Praxis St Matthias Vineyard Pinot Noir 2015
普瑞克斯圣马蒂亚斯葡萄园黑比诺2015
酒液呈浅樱桃色调，精准地预示着接下来将品尝到的红色水果的味道。完美地融入一丝法国橡木，多汁冷凉气候酸度，和一点胡椒、石楠和森林地表的味道，并没有过多的甜味。这是一款轻快、易入口的，同时也非常复杂的黑比诺。
封口：螺旋盖 酒精度：13.3% 评分：95 最佳饮用期：2021年
参考价格：32澳元 NG ✪

Muse Cabernate Sauvignon Cabernet Franc 2014
缪斯赤霞珠品丽珠2014
这款酒很好地证明了在塔斯马尼亚种植晚熟的波尔多品种的优点。极其细微的薄荷、红和黑醋栗的味道，辅以干鼠尾草、烟草和可可豆的味道。紧致、细腻的单宁使得和多汁的酸度使得它非常易于入口。
封口：螺旋盖 酒精度：14.2% 评分：95 最佳饮用期：2026年
参考价格：40澳元 NG

克罗斯系列圣马蒂亚斯葡萄园 2013
Cloth Series St Matthias Vineyard 2013
让我联想到潮湿的灌木丛和林地上，散落着浓烈的红色夹杂着蓝色和黑色水果，混合八角，沙士、一丝薄荷和干鼠尾草的感觉。让人杯不离手，成功地超过大部分的赤霞珠和西拉混酿，还有一部分的黑比诺和雷司令混酿葡萄酒。
酒精度：13.3% 评分：95 最佳饮用期：2021年 NG

St Matthias Vineyard Chardonnay 2015
圣马蒂亚斯葡萄园霞多丽 2015
一款精致的现代澳大利亚霞多丽。复杂的混合微发酵，一些接种酵母，还有一些是自然带有的酵母。柠檬酸占据核心地位逐渐淡出，淡入的是油桃、成熟的果味、燧石、矿物质和酒脚带来的干草的味道。性感的新橡木桶又将它进一步抛光。现在略带金属味道，但会随着时间逐渐消融。
评分：94 最佳饮用期：2024年 NG

🍷🍷🍷🍷🍷 Muse Pinot Noir 2014
缪斯黑比诺2014
评分：93 最佳饮用期：2024年 参考价格：60澳元 NG

Moorilla Vineyard Pinot Noir 2014
摩利那葡萄园黑比诺2014
评分：93 最佳饮用期：2030年 NG

Muse St Matthias Vineyard Chardonnay 2015
缪斯圣马蒂亚斯葡萄园霞多丽 2015
评分：92 最佳饮用期：2023年 参考价格：41澳元 NG

Praxis St Matthias Vineyard Sauvignon 2016
普瑞克斯圣马蒂亚斯葡萄园
评分：91 最佳饮用期：2019年 参考价格：26澳元 NG

Muse St Matthias Vineyard Shiraz 2014
缪斯圣马蒂亚斯葡萄园西拉2014
评分：91 最佳饮用期：2020年 参考价格：65澳元 NG

Extra Brut Rose Methode Traditionelle 2011
绝干传统方法桃红 2011
评分：91 最佳饮用期：2031年 参考价格：49澳元 TS

Praxis Sparkling Riesling 2016
普瑞克斯雷司令2016
评分：90 最佳饮用期：2021年 参考价格：29澳元 TS

Moorooduc Estate 莫路德酒庄 ★★★★★

501 Derril Road，Moorooduc，Vic 3936 产区：莫宁顿半岛
电话：(03)5971 8506 网址：www.mooroducestate.com.au
开放时间：每日开放，11:00—17:00
酿酒师：理查德·麦金太尔博士（Dr Richard McIntyre）
创立时间：1983年 产量（以12支箱数计）：5000 葡萄园面积：6.5公顷
理查德·麦金太尔（Richard McIntyre）完全掌握了用野生酵母发酵酿制美酒的复杂工艺，这也将莫路德酒庄带入了一个新的高度。从2010年份起，他们完全调整了葡萄的来源，这也使得产品的等级结构发生了改变。原因很简单：酒庄的自有葡萄园不可能为每年售出的5000—6000箱葡萄酒提供足够的葡萄原料。入门级别的魔鬼弯溪（Devil Bend Creek）品牌仍然保留，它的主要来源依旧是奥斯本葡萄园（Osborn Vineyard）。中档价位的霞多丽和黑比诺不再是酒庄单一葡萄园，现在只是用年份和葡萄品种作为品牌区分。接下来是罗宾逊（Robinson）葡萄园黑比诺和霞多丽，被提升到珍藏级别，比最高等级的“杜克斯（Ducs）”（莫路德麦金太尔）系列的价格略低。出口到英国、美国、新加坡等国家，以及中国香港地区。

🍷🍷🍷🍷🍷 Robinson Vineyard Pinot Noir 2015
罗宾逊葡萄园黑比诺2015
复杂的酒香中带有李子和辛香料的味道，接下来同样复杂的口感中相应地带有这些元素。占据中心地位的仍旧是品种特有的果味，咸味/辛香/森林的味道也反复出现，这也更增加了这款酒的复杂程度。
封口：螺旋盖　酒精度：13.5%　评分：97　最佳饮用期：2030年
参考价格：55澳元 ✪

The Moorooduc McIntyre Pinot Noir 2015
莫路德黑比诺2015
酒香纯正馥郁，丝绸般的复杂口感中带有浓烈野草莓和红色樱桃的味道。平衡和长度都很好，会让你以为它已经进入适饮期，但还需要许多年它才能真正表现全部的第二类香气中的果香。
封口：螺旋盖　酒精度：13.5%　评分：97　最佳饮用期：2030年
参考价格：65澳元 ✪

🍷🍷🍷🍷🍷 Robinson Vineyard Chardonnay 2015
罗宾逊葡萄园霞多丽 2015
酒香中带有葡萄柚和白桃的味道，口感新鲜、充满活力。第戎克隆株系95和96是黑比诺MV6的白葡萄版本，好像无论在哪里，它们都可以很好地表达轻快的品种果香。我真的很喜欢这酒。
封口：螺旋盖　酒精度：12.5%　评分：96　最佳饮用期：2025年
参考价格：55澳元 ✪

Shiraz 2014
西拉2014
深沉明亮的紫色-深红色调，酒香中带有烟熏肉、香料，皮革和李子香气，口感又增强了黑樱桃/黑莓的味道，以及一个胡椒/香料/茴香的三连。一款神奇的莫宁顿半岛西拉。
封口：螺旋盖　酒精度：14%　评分：96　最佳饮用期：2029年
参考价格：38澳元 ✪

The Moorooduc McIntyre Chardonnay 2015
莫路德麦金太尔霞多丽 2015
莫路德霞多丽2015系列中最丰富复杂一款，色泽深沉，满载着丰盛的水果，奶油、烤坚果和橡木——让人惊叹仅仅12.5%的酒精度却能有如此丰富的口感。可以陈年很久，但我怀疑它还能否比现在更好。
封口：螺旋盖　评分：95　最佳饮用期：2025年　参考价格：65澳元

Pinot Gris 2015
灰比诺 2015
来自桶内发酵和瓶储的色泽十分明亮，配合着整体阿尔萨斯风格和成熟水果的口感.莫宁顿半岛可以说是灰比诺在澳大利亚的优质产区。
封口：螺旋盖　酒精度：13.5%　评分：95　最佳饮用期：2023年
参考价格：38澳元

Garden Vineyard Pinot Noir 2015
花园葡萄园黑比诺2015
明亮的、清透的紫红色；高比例的整串果穗使用带来了些许香草/松针/香料的细微差别，同时也可以品尝到红色水果的味道和细致的单宁。个性万岁。
封口：螺旋盖　酒精度：14%　评分：95　最佳饮用期：2027年　参考价格：55澳元

Shiraz 2015
西拉2015
手工采摘，100%的原料使用整串，野生酵母—开放式发酵，浸渍18天，在法国橡木桶（25%是新的）中陈酿17个月。　色泽优美；完整的结构感，丰富的水果味带来了深度，也增加了酒体的质感。
封口：螺旋盖　酒精度：14%　评分：95　最佳饮用期：2030年　参考价格：55澳元

Chardonnay 2015
霞多丽 2015
评分：94　最佳饮用期：2022年　参考价格：38澳元

Pinot Gris 2014
灰比诺2014
评分：94　最佳饮用期：2018年　参考价格：38澳元

Pinot Noir 2015
黑比诺2015
评分：94　最佳饮用期：2025年　参考价格：38澳元

Garden Vineyard Pinot Noir 2014
花园葡萄园黑比诺2014
评分：94　最佳饮用期：2029年　参考价格：55澳元

🍷🍷🍷🍷🍷 Chardonnay 2014
霞多丽 2014
评分：93　最佳饮用期：2021年　参考价格：38澳元

Pinot Noir 2014
黑比诺2014
评分：92　最佳饮用期：2024年　参考价格：38澳元

Moppity Vineyards　莫皮缇酒庄 ★★★★★

Moppity Road，Young，新南威尔士州，2594（邮）产区：希托扑斯
电话：(02)6382 6222 www.moppity.com.au　开放时间：不开放
酿酒师：杰森·布朗（Jason Brown）　创立时间：1973年
产量（以12支箱数计）：30000　葡萄园面积：73公顷

杰森·布朗（Jason Brown）和妻子艾丽莎（Alecia）两人都有着精品葡萄酒零售和会计的工作经验，2004年买下了已经有31年历史的莫皮缇葡萄园。最初他们满足于将葡萄卖给其他酒厂，但从2006西拉上市并在伦敦国际葡萄酒和烈酒比赛中在同类酒款中得到了金牌后，情况就发生了改变。2009年11月，莫皮缇葡萄园葡萄酿制的伊顿路长路（Eden Road Long Road）希托扑斯西拉2008，荣获了极密·沃森（Jimmy Watson）奖杯。除此之外，他们的西拉、雷司令、唐巴兰姆巴霞多丽和赤霞珠都获得了许多金奖。他们的生产量（和销售量）猛增，而且所有的葡萄来自酒庄现在使用的莫皮缇（Moppity）葡萄园品牌。锁钥（Lock & Key）系列物超所值，莫皮缇也在唐巴兰姆巴建立了一个单独的企业科帕贝拉（Coppabella）。出口到英国和中国。

🍷🍷🍷🍷🍷 Escalier Shiraz 2013
扶梯西拉2013
莫皮缇最新的旗舰款，葡萄来自于一个极小的种植于1973年的最初的土地，因为质量极高而没有在混酿中使用。这款西拉有着特殊的极致长度和平衡。色泽佳，带有多汁和浓郁的李子和黑莓的味道，单宁与优质橡木完美地完成了它的任务。
封口：螺旋盖　酒精度：14%　评分：98　最佳饮用期：2043年
参考价格：120澳元 ✪

Reserve Hilltops Shiraz 2015
珍藏希托扑斯西拉2015
极佳的原果和极佳的葡萄酒酿造工艺，使得这款实际上酒体饱满的葡萄酒初看时为中等酒体。通过极好地融合黑色水果和共同发酵维欧尼以及完美的平衡，劳斯莱斯级别的单宁和他们优质的橡木表现得非常好。
封口：螺旋盖　酒精度：13.9%　评分：97　最佳饮用期：2045年
参考价格：80澳元 ✪

🍷🍷🍷🍷🍷 Estate Hilltops Cabernate Sauvignon 2015
庄园希托扑斯赤霞珠 2015
我完全不认为它比14年的更加沉郁，它高调、丰富的黑醋栗、月桂叶和黑橄榄味道。来自橡木的（新的和旧的法国大橡木桶中12个月）和果实单宁的影响可以在酒中清晰地感觉到，但这仅仅是它的一个方面。
封口：螺旋盖　酒精度：14%　评分：96　最佳饮用期：2035年
参考价格：35澳元 ✪

Estate Hilltops Shiraz 2015
庄园希托扑斯西拉2015
酒香很有表现力，带有花香、檀香和新鲜皮革的细微差别；精致、新鲜的口感中带有樱桃和李子的味道，背景是森林。有着出色的长度，同时也非常轻盈。
封口：螺旋盖　酒精度：14%　评分：95　最佳饮用期：2035年
参考价格：35澳元 ✪

Lock & Key Reserve Hilltops Cabernate Sauvignon 2015
锁钥珍藏希托扑斯赤霞珠 2015
这是传统的赤霞珠，带有紧致的黑加仑和单宁的味道，非常适合那些喜欢罗伯特·J·帕克（Robert J Parker）前时代赤霞珠的葡萄酒爱好者。带上小羊肉。
封口：螺旋盖　酒精度：14%　评分：95　最佳饮用期：2030年
参考价格：30澳元 ✪

Lock & Key Hilltops Cabernate Sauvignon 2014
锁钥希托扑斯赤霞珠 2014
美好的深紫红色-紫色；浓郁的黑加仑和黑橄榄的味道给成熟、平衡的网状单宁带来了更多的质感。顶级原料，顶级的葡萄酒酿造。
封口：螺旋盖　酒精度：13.9%　评分：95　最佳饮用期：2034年
参考价格：22澳元

Lock & Key Single Vineyard Reserve Hilltops Tempranillo 2015
锁钥单一葡萄园希托扑斯添帕尼罗2015
这款葡萄酒的一切都非常合适：明亮的紫红色调，非常直接的酒香，红色（樱桃）至黑色（黑加仑）浆果的味道都更增加了多汁、诱人的特点，中等酒体，回味中带有香料和甘草的味道，十分悠长。
封口：螺旋盖　酒精度：14%　评分：95　最佳饮用期：2025年
参考价格：30澳元 ✪

Estate Tumbarumba Chardonnay 2016
庄园唐巴兰姆巴霞多丽 2016
评分：94　最佳饮用期：2024年　参考价格：35澳元

Lock & Key Tumbarumba Chardonnay 2016

锁钥唐巴兰姆巴霞多丽 2016
评分：94　最佳饮用期：2023年　参考价格：25澳元 ✪
Lock & Key Single Vineyard Reserve Hilltops Shiraz
锁钥单一葡萄园珍藏希托扑斯西拉2015
评分：94　最佳饮用期：2030年　参考价格：30澳元 ✪
Cato La Promessa Hilltops Nebbiolo 2015
卡托·拉·普洛密斯希托扑斯内比奥罗2015
评分：94　最佳饮用期：2029年　参考价格：35澳元

🍷🍷🍷🍷🍷 Cato La Pendenza Hilltops Sangiovese 2016
卡托·拉·彭登扎希托扑斯桑乔维塞 2016
评分：93　最佳饮用期：2023年　参考价格：35澳元
Cato La Lucha Hilltops Tempranillo 2015
卡托·拉·卢恰希托扑斯添帕尼罗 2015
评分：93　最佳饮用期：2029年　参考价格：35澳元

Morambro Creek Wines　莫兰布罗溪葡萄酒 ★★★★☆

PMB 98，Naracoorte，SA 5271　产区：帕史维
电话：(08) 8765 6043　网址：www.morambrocreek.com.au　开放时间：不开放
酿酒师：本·里格斯（Ben Riggs）　创立时间：1994年
产量（以12支箱数计）：30000　葡萄园面积：178.5公顷
布赖森（Bryson）家族从事农业已经有一个多世纪了，1955年，他们搬到帕史维（Padthaway）经营农场和放牧。从20世纪90年代开始他们逐步建立了一个葡萄园，主要种植西拉（88.5公顷）、赤霞珠（47.5公顷）、霞多丽（34.5公顷）和长相思（8公顷）。莫兰布罗溪和巨型山（Mt Monster）葡萄酒都是葡萄酒展长期的金牌优胜者，它们当前的产品又将整体带到了以前从未达到过的水平。出口到英国、美国和其他主要市场。

🍷🍷🍷🍷🍷 The Bryson Barrel Select 2014
布赖森木桶精选2014
一款配比为60/40%的西拉和赤霞珠混酿，在新的和旧的混合组成的法国和美国橡木桶中陈酿18个月。酒体饱满，同时也平衡，有结构感，带有黑色水果和一定的橡木气息，单宁精致持久。
封口：螺旋盖　酒精度：14.5%　评分：95　最佳饮用期：2034年
参考价格：55澳元

Padthaway Chardonnay 2015
帕史维霞多丽 2015
各个地块分别发酵，野生酵母，苹乳发酵并带酒脚在法国橡木中熟成12个月。香气和口感中，葡萄柚为核心，还有梨和青苹果味道的细微差别。很好的长度和平衡。
封口：螺旋盖　酒精度：13.5%　评分：94　最佳饮用期：2023年
参考价格：35澳元

Padthaway Cabernate Sauvignon 2014
帕史维赤霞珠 2014
明亮的深紫红色；一款血统纯正的赤霞珠，带有浓郁的品种特有的果味，单宁结实，但在接下来的5年左右会逐渐软化，其中的果香将继续保持良好的深度。法国橡木也有所表现。
封口：螺旋盖　酒精度：14.5%　评分：94　最佳饮用期：2032年
参考价格：35澳元

🍷🍷🍷🍷🍷 Jip Jip Rocks Shiraz 2015
吉吉岩石西拉2015
评分：92　最佳饮用期：2030年　参考价格：21澳元 ✪
Padthaway Shiraz 2014
帕史维西拉2014
评分：91　最佳饮用期：2030年　参考价格：35澳元
Jip Jip Rocks Cabernate Sauvignon 2014
吉吉岩石赤霞珠 2014
评分：91　最佳饮用期：2029年　参考价格：21澳元 ✪
Jip Jip Rocks Sauvignon Blanc 2016
吉吉岩石长相思2016
评分：90　最佳饮用期：2017年　参考价格：21澳元 ✪
Jip Jip Rocks Shiraz 2015
吉吉岩石西拉赤霞珠2015
评分：90　最佳饮用期：2030年　参考价格：21澳元 ✪

Morgan Simpson　摩根辛普森 ★★★☆

PO Box 39，Kensington Park，SA 5068（邮）　产区：麦克拉仑谷
电话：0417 843 118　网址：www.morgansimpson.com.au　开放时间：不开放
酿酒师：理查德·辛普森（Richard Simpson）

创立时间：1998年　产量（以12支箱数计）：1200　葡萄园面积：17.1公顷
摩根辛普森的创始人是南澳大利亚商人乔治·摩根（George Morgan，从他退休后）和毕业于美国加州州立大学的酿酒师理查德·辛普森（Richard Simpson）。葡萄原料来自克罗罗伯特（Clos Robert）葡萄园，其中种植有西拉（9公顷）、赤霞珠（3.5公顷）、幕尔维德（2.5公顷）和霞多丽（2.1公顷），由罗伯特·亚伦·辛普森（Robert Allen Simpson）建立于1972年。大部分葡萄出售，其余的用来酿制那些使得摩根·辛普森出名的价格合理、易饮的葡萄酒——这些酒也都可以在他们的网站上找到。

🍷🍷🍷🍷🍷（4.5）42 McLarent Vale Cabernate Sauvignon 2015
42行麦克拉仑谷赤霞珠 2015
保留了麦克拉仑谷海洋气候和赤霞珠之间的协同作用。有着轻柔可口的黑加仑的味道，结尾很长，有着对赤霞珠来说最为细致的单宁，法国橡木的存在十分微妙。
封口：螺旋盖　酒精度：15%　评分：91　最佳饮用期：2029年
参考价格：20澳元 ✪

🍷🍷🍷🍷 Two Clowns McLarent Vale Chardonnay 2015
两个小丑麦克拉仑谷霞多丽 2015
评分：89　最佳饮用期：2017年　参考价格：20澳元

Morningside Vineyard　晨兴酒庄　★★★★

711 Middle Tea Tree Road，Tea Tree，塔斯马尼亚，7017　产区：塔斯马尼亚南部
电话：(03)6268 1748　开放时间：仅限预约
酿酒师：彼得·博斯沃思（Peter Bosworth）
创立时间：1980年　产量（以12支箱数计）：600　葡萄园面积：2.8公顷
晨兴酒庄通常选用完全成熟的葡萄，生产色泽优美并具备品种风味的葡萄酒。随着葡萄园的成熟，他们的产量也会增加。最近增加的精选黑比诺克隆（包括8104、115和777）正在结果。博斯沃思（Bosworth）家族在彼得和妻子布兰达（Brenda）的带领下，特别关注细节完成着葡萄园酒厂的全部工作。

🍷🍷🍷🍷🍷 Riesling 2016
雷司令2016
口感多汁，冷凉气候带来的酸度有一点滑石粉的味道，占据主导地位的是青柠和迈耶柠檬，蜜饯柚子皮和橙花的味道。十分干爽，虽然它也可以保存上许多年，但也可以现在喝掉。
封口：螺旋盖　酒精度：11.5%　评分：94　最佳饮用期：2025年
参考价格：25澳元　NG G

Pinot Noir 2014
黑比诺2014
樱桃红和黑色，甜度与鲜艳的酸度，和处理得很好的葡萄与橡木的单宁相平衡、相契合。精细、雅致。
封口：螺旋盖　酒精度：13.5%　评分：94　最佳饮用期：2022年
参考价格：37澳元　NG

🍷🍷🍷🍷🍷（4.5）Six Long Rows Pinot Noir 2014
六长行黑比诺2014
评分：93　最佳饮用期：2024年　参考价格：27澳元　NG ✪

Morris　莫里斯　★★★★★

Mia Mia Road，路斯格兰，Vic 3685　产区：路斯格兰
电话：(02)6026 7303　网址：www.morriswines.com.au
开放时间：周一至周六，9:00—17:00；周日，10:00—17:00
酿酒师：大卫·莫里斯（David Morris）　创立时间：1859年
产量（以12支箱数计）：100000　葡萄园面积：96公顷
最好的加强型葡萄酒酿造师之一，与钱伯斯酒庄（Chambers Rosewood）并列。莫里斯将他的极好的加强型葡萄酒的品牌系统全部更换了，他们的初级（经典的）麝香葡萄利口酒（Liqueur）比通常酒庄的要更好；托卡伊和顶级葡萄酒属于优级珍稀利口酒（Old Premium Liqueur）的标签。他们的独特艺术是完美地将非常古老和极其年轻的材料混合在一起。这些路斯格兰加强型葡萄酒，在世界上的任何一个角落都是独一无二［除了巴罗萨谷的沙普酒庄（Seppeltsfield）］。2016年7月，卡塞拉（Casella）家族品牌从所有者——几十年来并无意此业的保乐力加（Pernod-Ricard）——处收购了莫里斯。

🍷🍷🍷🍷🍷 Old Premium Rare Liqueur Rutherglen Topaque NV
优级珍稀路斯格兰托佩克利口酒 无年份
具备相当的复杂性的同时，也非常润滑、新鲜。味道很有深度，无可挑剔的甜度与细腻的平衡和酸度。不要着急。500毫升瓶。
封口：螺旋盖　酒精度：18%　评分：99　参考价格：70澳元　JF ✪

Old Premium Rare Liqueur Muscat NV
优级珍稀麝香利口酒无年份
想象丁香和橘子糖，最好的黑巧克力和太妃糖、白兰地浸渍的葡萄干：这款稀有，比这个还多几百倍的风味，口感复杂：光滑，温和。500毫升瓶。
封口：螺旋盖　酒精度：13.5%　评分：98　参考价格：75澳元　JF

Cellar Reserve Grand Liqueur Rutherglen Topaque NV

酒窖珍藏特级路斯格兰托佩克利口酒 无年份
托佩克利酒成熟后会达到另一个层级，甚至是好几个曾经的复杂性。色泽如雪松，淡橄榄色的边缘，丰富的层次和风味，十分轻盈，带有水果蛋糕、肉豆蔻和胡椒的味道。丝滑，甘美而且非常特别。500毫升瓶。
封口：螺旋盖 酒精度：13.5% 评分：97 参考价格：50澳元 JF ✪

🍷🍷🍷🍷🍷 Cellar Reserve Grand Tawny NV
酒窖珍藏特级茶色波特酒 无年份
香料和橘子蛋糕，丁香和香柏木，太妃糖、咖啡和巧克力和甘草的味道。口感光滑，一切都很妥帖。精致的工艺。
封口：螺旋盖 酒精度：19% 评分：96 参考价格：50澳元 JF ✪

Cellar Reserve Grand Liqueur Rutherglen Muscat NV
酒窖珍藏特级路斯格兰麝香利口酒无年份
威利旺卡巧克力工厂一定就是这个味道 ——混合了大量的奥兰治巧克力、甘草、脆太妃糖、以及许多更加复杂的味道。口感紧致、光滑，带有柠檬皮的新鲜味道，有着微妙的平衡感。500毫升瓶。
封口：螺旋盖 酒精度：13.5% 评分：96 参考价格：50澳元 JF ✪

Cellar One Classic Liqueur Rutherglen Topaque
酒窖一号经典路斯格兰托佩克利口酒 无年份
中等核桃-橄榄，带有宝石红色色调；平静，整合得很好的酒精非常平衡。带有丰厚的柠檬马德拉和水果蛋糕、冷红茶，饱满的葡萄干和干玫瑰花瓣的味道。结尾长而轻盈。500毫升瓶。
封口：螺旋盖 酒精度：13.5% 评分：95 参考价格：35澳元 JF ✪

Cellar One Classic Liqueur Rutherglen Muscat NV
酒窖一号经典路斯格兰麝香无年份
中等香柏木，带有丰富的水果干——无核葡萄干和葡萄干、巧克力外皮的太妃糖和咖啡豆的味道。现在就已经是一款复杂的葡萄酒，其中的酸度与甜度平衡得很好。正点。500毫升瓶。
封口：螺旋盖 酒精度：17.5% 评分：95 参考价格：35澳元 JF ✪

Classic Liqueur Rutherglen Topaque NV
经典路斯格兰托佩克 无年份
评分：94 参考价格：22澳元 JF ✪

Classic Liqueur Muscat NV
经典麝香利口酒 无年份
评分：94 参考价格：22澳元 JF ✪

🍷🍷🍷🍷🍷(半) Black Label Liqueur Rutherglen Muscat NV
黑标路斯格兰麝香利口酒 无年份
评分：93 参考价格：20澳元 JF ✪

Rutherglen VP 2006
路斯格兰VP 2006
评分：93 参考价格：25澳元 JF ✪

Blue Imperial Bin No. 80 Cinsault 2013
蓝色帝国80号罐神索 2013
评分：90 最佳饮用期：2025年 参考价格：25澳元 JF

Aged Amber Rutherglen Apera NV
琥珀陈酿路斯格兰阿倍拉 无年份
评分：90 参考价格：50澳元 JF

Classic Rutherglen Tawny NV
经典的路斯格兰茶色波特 无年份
评分：90 参考价格：22澳元 JF

Mosquito Hill Wines 蚊山酒庄 ★★★☆

18 Trinity Street，College Park，SA 5069（邮）
产区：南福雷里卢（Southern Fleurieu）
电话：0411 661 149 网址：www.mosquitohillwines.com.au 开放时间：不开放
酿酒师：格林·杰米逊（Glyn Jamieson） 创立时间：2004年
产量（以12支箱数计）：1700 葡萄园面积：4.2公顷
这是格林·杰米逊（Glyn Jamieson）的企业，他是著名的阿德莱德大学外科系多罗西·莫特洛克（Dorothy Mortlock）教授和主席。他对葡萄酒的兴趣可以追溯到几十年前。1994年他开始了（远程）美国加州州立大学的函授课程：他说，尽管他没有挂过科，的确花了他11年的时间来完成这个课程。在法国的1年将他引向了勃艮第，而不是波尔多，因此他种植了霞多丽、白比诺和长相思在杰格山（Mt Jagged）的斜坡上的喜鹊歌（Magpies Song）葡萄园，山楂（Hawthorns）葡萄园种植了黑比诺（克隆株系114和MV6）。第1个年份，2011年，他在酒庄内建立了一个葡萄酒厂。出口到中国香港地区。

🍷🍷🍷🍷🍷(半) Savagnin Blanc 2015
白萨瓦涅 2015

诱人柠檬色，迈耶柠檬的香气，干草和凝块奶油般的质地，松露一般的口感。长时间的酒脚处带来的理粉状的质地和张力，与桶内发酵带来的丰富度完好地平衡。
封口：螺旋盖 酒精度：13% 评分：92 最佳饮用期：2020年
参考价格：28澳元 NG

Moss Wood 慕丝森林 ★★★★★

926 Metricup Road，Wilyabrup，WA 6284 产区：玛格利特河
电话：(08) 9755 6266 网址：www.mosswood.com.au 开放时间：仅限预约
酿酒师：克莱尔（Clare）和凯斯·穆格福（Keith Mugford）
创立时间：1969年 产量（以12支箱数计）：12000 葡萄园面积：18.14公顷
公认是这一产区内最好的葡萄酒厂之一，生产极好的霞多丽、充满力量的赛美蓉和优雅的赤霞珠——可以陈放上几十年。慕丝森林旗下还有丝带谷庄园（Ribbon Vale Estate）葡萄园。出口到世界所有的主要市场。

🍷🍷🍷🍷🍷 Wilyabrup Margaret River Cabernate Sauvignon 2014
威亚布扎普玛格利特河赤霞珠 2014
慕丝森林旗舰葡萄酒是一款结构完美，精巧的葡萄酒：酒色很有光泽，花香、黑色浆果和桑葚与黑橄榄、干香草和桉树的味道相融合。适度的法国橡木的味道和极细的单宁。非常平衡，会在陈酿中得到更好的发展。
封口：螺旋盖 评分：97 最佳饮用期：2044年 参考价格：125澳元 JF ✪

🍷🍷🍷🍷🍷 Wilyabrup Margaret River Semillon 2016
威亚布扎普玛格利特河赛美蓉2016
活泼、持久、纯净的酸度保证了它陈酿的潜力。带有浓郁的柑橘、香茅草、迈耶柠檬、干香草和甘菊的味道。复杂饱满。
封口：螺旋盖 评分：95 最佳饮用期：2024年 参考价格：38澳元 JF

Wilyabrup Margaret River Chardonnay 2015
威亚布扎普玛格利特河霞多丽 2015
慕丝森林的霞多丽味道丰富，有着新橡木桶和酒脚带来的复杂的奶油香气和口感。充分的酸度带来了良好的结构感。让人欲罢不能。
封口：螺旋盖 评分：95 最佳饮用期：2024年 参考价格：65澳元 JF

Ribbon Vale Vineyard Wilyabrup Margaret River Merlot 2014
丝带谷葡萄园威亚布扎普玛格利特河梅洛2014
要耐心。还需要等上几年才可饮用。它还在不断积累着变化，但现在已经有了诱人的红、黑醋栗，黑橄榄和迷迭香的味道。现在的主要口感是橡木和明显的单宁，所以还需要陈酿。11%的品丽珠为它增加了一些未知因素。
封口：螺旋盖 评分：95 最佳饮用期：2030年 参考价格：65澳元 JF

Ribbon Vale Vineyard Wilyabrup Margaret River Sauvignon Blanc Semillon 2016
丝带谷葡萄园威亚布扎普玛格利特河长相思赛美蓉 2016
酒庄没有提供品种混酿比例，但很可能是75：25。热带水果的味道为主导，还有浓郁的柠檬酸度作为支撑，口感平衡，无明显的橡木味道，回味悠长。
封口：螺旋盖 酒精度：12.5% 评分：94 最佳饮用期：2020年
参考价格：32澳元

🍷🍷🍷🍷🍷 Ribbon Vale Vineyard Wilyabrup Margaret River Cabernate Sauvignon 2014
丝带谷葡萄园玛格利特河赤霞珠 2014
评分：93 最佳饮用期：2034年 参考价格：65澳元 JF

Amy's 2015
艾米斯 2015
评分：92 最佳饮用期：2026年 参考价格：38澳元 JF

Mount Avoca 阿沃卡山 ★★★★★

Moates Lane，Avoca，Vic 3467 产区：宝丽丝
电话：(03)5465 3282 网址：www.mountavoca.com 开放时间：每日开放，10:00—17:00
酿酒师：多米尼克·博士（Dominic Bosch） 创立时间：1970年
产量（以12支箱数计）：10000 葡萄园面积：23.46公顷
该酒庄一直是宝丽丝产区的中坚力量，所有者是马修（Matthew）和丽萨·巴瑞（Lisa Barry）。酒庄自有葡萄园（西拉、长相思、赤霞珠、霞多丽，梅洛、品丽珠、添帕尼罗、勒格瑞、维欧尼、桑乔维塞、内比奥罗和赛美蓉）采用了有机管理法。护城河巷（Moates Lane）、后地块（Back Block）和一些限量发行（Limited Release）酒款的原料是从合约种植者处收购的，但其他的酒款均来自酒庄葡萄园。酿酒师多米尼克·博士（Dominic Bosch）和葡萄种植人卢克·波伊松（Luke Poison）在2015年份开始酿造前加入了阿沃卡山。两人均在阿德莱德大学取得了学位，他们继续实行有机管理法，并为酒庄自有葡萄园的一些葡萄酒取得了全部的有机认证；酒厂在2016年得到了有机认证。出口到中国。

🍷🍷🍷🍷🍷 Estate Range Pyrenees Cabernate Sauvignon 2015
庄园岭宝丽丝赤霞珠 2015
这是一个非常不错的系列。带有令人愉悦的品种香气；黑加仑，树叶，尘土和雪松的味道。与之相配的法国橡木的味道恰如其分。完美的中等至饱满的赤霞珠酒体，口感深沉，余味悠长，整体十分典雅。
封口：螺旋盖 酒精度：14% 评分：95 最佳饮用期：2030年

参考价格：38澳元 SC

Old Vine Pyrenees Shiraz 2015

老藤宝丽丝西拉2015

酒香丰富，带有成熟的深色水果，巧克力、泥土，胡椒和甘草，适当的法国橡木味提供了框架感。酒体更偏中等，口感中的风味物质静静地在口中展示出深度。结尾处的收敛感有些过强，但应随着陈酿逐渐变得柔和。

封口：螺旋盖 酒精度：14% 评分：94 最佳饮用期：2030年

参考价格：46澳元 SC

🍷🍷🍷🍷🍷 Estate Range Pyrenees Shiraz 2015

庄园岭宝丽丝西拉2015

评分：93 最佳饮用期：2030年 参考价格：38澳元 SC

Malakoff Pyrenees Shiraz 2015

马拉科夫宝丽丝西拉2015

评分：93 最佳饮用期：2030年 参考价格：46澳元 SC

Limited Release Pyrenees Sangiovese 2016

限量发行宝丽丝桑乔维塞 2016

评分：93 最佳饮用期：2025年 参考价格：46澳元 SC

Limited Release Tempranillo 2015

限量发行添帕尼罗 2015

评分：92 最佳饮用期：2025年 参考价格：46澳元 SC

Jack Barry Pyrenees Sparkling Shiraz NV

杰克·巴瑞宝丽丝起泡酒西拉 无年份

评分：92 最佳饮用期：2021年 TS

Estate Range Pyrenees Viognier 2015

庄园岭宝丽丝维欧尼2015

评分：91 最佳饮用期：2020年 参考价格：38澳元 SC

Limited Release Tempranillo 2016

限量发行添帕尼罗 2016

评分：91 最佳饮用期：2025年 参考价格：46澳元 SC

Mount Beckworth 贝沃山酒庄 ★★★☆

Fraser Street，Clunes，Vic 3370 产区：巴拉瑞特

电话：(03)5343 4207 网址：www.mountbeckworthwines.com.au

开放时间：周末，11:00—17:00

酿酒师：保罗·勒索克（Paul Lesock） 创立时间：1984年

产量（以12支箱数计）：800 葡萄园面积：4公顷

贝沃山酒庄葡萄园种植于1984—1985年，但直到1995年贝沃山才有了自己的品牌系列酒款。此前大部分出产的葡萄都销往沙普（Seppelt，大西部地区）用于生产起泡酒。所有者为保罗·勒索克（Paul Lesock）和妻子简（Jane），保罗同时也是管理者，他曾在美国加州州立大学学习葡萄种植。

🍷🍷🍷🍷🍷 Chardonnay 2015

霞多丽 2015

这是一款很有现代风格的圆滑、紧致的霞多丽，带有还原酒脚的张力，一抹奶油法国橡木的味道，并很好地融合到丰富的核果味之中。

封口：螺旋盖 酒精度：13% 评分：92 最佳饮用期：2023年

参考价格：18澳元 NG ✪

Mount Cathedral Vineyards 教堂山葡萄园 ★★★★

125 Knafl Road，Taggerty，Vic 3714 产区：上高宝（Upper Goulburn）

电话：0409 354 069 网址：www.mtcathedralvineyards.com 开放时间：仅限预约

酿酒师：奥斯卡·罗萨（Oscar Rosa），Nick Arena 创立时间：1995年

产量（以12支箱数计）：950 葡萄园面积：5公顷

罗萨（Rosa）和阿勒纳（Arena）家族在1995年建立了教堂山葡萄园。该园地处教堂山北坡，海拔300米。最初种植的品种是1.2公顷的梅洛和0.8公顷的霞多丽，接下来，在1996年他们又种植了2.5公顷的赤霞珠和0.5公顷的品丽珠。园内不使用任何杀虫剂或系统的化学物质。首席酿酒师奥斯卡·罗萨（Oscar Rosa）有美国加州州立大学的葡萄酒科学学士学位，20世纪90年代后期他在优伶酒庄工作，因而也有着丰富的实践经验。品尝他们2014年的红葡萄酒时已经来不及写入2018年的葡萄酒年鉴了，但已在www.winecompanion.com.au网站上发布。出口到新加坡。

🍷🍷🍷🍷🍷 Oh Oh Merlot Merlot 2013

哦哦梅洛梅洛2013

色泽深沉，水果味道浓郁。这款酒与标准酒款非常相似，毫无疑问，这个葡萄园出产低波美度，色泽鲜美，果味浓郁的浆果。这款酒可以陈酿的时间应该用“十年”而不是“年”为单位。罕见的品质和低价。

封口：螺旋盖 酒精度：13% 评分：93 最佳饮用期：2033年

参考价格：19澳元 ✪

Chardonnay 2016

霞多丽 2016

手工采摘，整串压榨，在法国橡木桶中陈酿，9个月。带有鲜明的品种特点，苹果、核果和哈密瓜与柑橘味的酸度交织在一起。
封口：螺旋盖 酒精度：13% 评分：91 最佳饮用期：2022年

Rose 2016
桃红 2016
粉红中带有三文鱼的色调；酒色以及它复杂而有质感的口感意味着可能经过了（旧橡木）桶内发酵。结尾令人愉悦，较干——适合搭配肉类饮用。
封口：螺旋盖 酒精度：13% 评分：90 最佳饮用期：2018年

Cabernate Sauvignon 2013
赤霞珠 2013
如同其他教堂山葡萄酒一样，酒庄自有葡萄园所产的葡萄酒有着令人惊叹的深沉色泽和饱满的口感。这是一款与众不同的、充满力量的酒，还需要陈酿一段时间才能充分表现它的特点。
封口：螺旋盖 酒精度：13% 评分：90 最佳饮用期：2028年 参考价格：26澳元

🍷🍷🍷🍷 Cabernet Merlot 2014
赤霞珠梅洛2014
评分：89 最佳饮用期：2029年

Mount Coghill Vineyard 科吉尔山葡萄园 ★★★★

Cnr Pickfords Road/Coghills Creek Road，Coghills Creek，维多利亚,3364 产区：巴拉瑞特
电话：(03)5343 4329 www.ballaratwineries.com/mtcoghill.htm 开放时间：周末,10:00—17:00
酿酒师：欧文·拉塔（Owen Latta） 创立时间：1993年
产量（以12支箱数计）：400 葡萄园面积：0.7公顷
1995年，伊安（Ian）和玛格丽特·皮姆（Margaret Pym）建立了他们的微型葡萄园，种植有1280株黑比诺，第2年增种了450株霞多丽。从2001年起，他们酿制的葡萄酒就以科吉尔山葡萄园的品名下销售。伊安是一个摄影师，他的作品曾经获过奖，现在这些照片就展示在酒窖门店中。

🍷🍷🍷🍷 Ballarat Pinot Noir 2015
巴拉瑞特黑比诺2015
欧文·拉塔（Owen Latta）在附近的东峰（Eastern Peak）酿制的，淡樱桃红-砖红的酒色很具有欺骗性。可以品尝到带有辛香料的樱桃和灌木的味道，良好的深度和细致的单宁都表明在接下来的4—6年里，它只会变得更好。
封口：螺旋盖 酒精度：13% 评分：89 参考价格：25澳元 PR

Mount Eyre Vineyards 艾儿山葡萄园 ★★★★

173 Gillards Road，Pokolbin，NSW 2320 产区：猎人谷
电话：0438 683 973 网址：www.mounteyre.com 开放地点：在猎人谷花园中
酿酒师：安德鲁·斯宾纳茨（Andrew Spinaze），马克·理查森（Mark Richardson）
创立时间：1970年 产量（以12支箱数计）：1000 葡萄园面积：45.5公顷
这个酒庄是由希腊伯罗奔尼撒（Peleponnese）的特西龙尼斯（Tsironis）家族和意大利瓦洛-德拉卢卡尼亚（Vallo della Lucania）的伊努齐（Iannuzzi）两个家族合资建立的，他们两家和葡萄酒的渊源都可以上溯几个世纪。他们最大的葡萄园在布洛克（Broke），还有波高尔宾（Pokolbin）的一个小一些的葡萄园。三个主要种植品种为霞多丽、西拉和赛美蓉，以及少量梅洛、维欧尼、香贝丹、维德罗、黑阿玛洛、菲亚诺和黑珍珠。出口到加拿大、瓦努阿图等国家，以及中国内地（大陆）和香港地区。

🍷🍷🍷🍷🍷(半) Three Ponds Hunter Valley Fiano
三池塘猎人谷菲亚诺 2016
淡草秆；柑橘、柠檬浴盐，青柠皮，结尾带有一点奶油蜂蜜和清爽的柠檬-冰糕的酸度。
封口：螺旋盖 酒精度：12.8% 评分：90 参考价格：25澳元
最佳饮用期：2019年 JF

Mount Horrocks 霍克山酒庄 ★★★★★

The Old Railway Station，Curling Street，Auburn，SA 5451 产区：克莱尔谷
电话：(08) 8849 2243 www.mounthorrocks.com 开放时间：周末以及公共节假日，10:00—17:00
酿酒师：斯蒂芬妮·途尔（Stephanie Toole） 创立时间：1982年
产量（以12支箱数计）：3500 葡萄园面积：9.4公顷
所有者/酿酒师斯蒂芬妮·途尔（Stephanie Toole）始终致力于建设一个卓越的葡萄园和酒厂。她在克莱尔谷有3个葡萄园，均采用自然和有机方法的管理。从她的酒中可以明显看出她绝不对偷工减料，十分重视细节。酒窖门店建在奥本（Auburn）火车站，有些陈旧，但已经翻新了。出口到英国、美国和其他主要市场。

🍷🍷🍷🍷🍷 Clare Valley Shiraz 2015
克莱尔谷西拉2015
酒体饱满、复杂、平衡感好。适宜的酒精度也体现在它新鲜多汁的口感上。在悠长缠绵的回味中，有各式各样水果的味道。
封口：螺旋盖 酒精度：13.8% 评分：96 最佳饮用期：2035年
参考价格：43澳元 ✪

Watervale Riesling 2016
沃特瓦尔雷司令2016

这些精心管理修剪的葡萄园都正在全盛时期，自然有它们出产的果实精心酿制而成的霍克山雷司令也同样出色。这绝对是一款佳酿，在长期陈酿发展中，一些柑橘的味道将发展出些微的蜂蜜的味道，酸度也同样会配合这些改变，它的平衡和深度将是关键。
封口：螺旋盖 酒精度：12.7% 评分：95 最佳饮用期：2029年
参考价格：34澳元 ✪

Clare Valley Semillon 2016
克莱尔谷赛美蓉 2016
桶内发酵，但并没有过多的橡木味道，果香占据中心地位，热情浓郁，带有柠檬凝乳、柠檬柑橘的味道，回味很长。
封口：螺旋盖 酒精度：13.5% 评分：95 最佳饮用期：2026年
参考价格：33澳元 ✪

Clare Valley Cabernate Sauvignon 2015
克莱尔谷赤霞珠 2015
透亮的紫红色；中等酒体，带有美味的黑醋栗和一丝月桂叶的香气，单宁极其细腻但持久，与法国橡木的味道一起融入整体。
封口：螺旋盖 酒精度：13.8% 评分：95 最佳饮用期：2035年
参考价格：45澳元

Clare Valley Nero d'Avola 2015
克莱尔谷黑珍珠2015
明亮的紫红色；明快的红色水果的味道在香气和口感中占据主要地位，丰满多汁，单宁恰到好处。
封口：螺旋盖 酒精度：13.7% 评分：94 最佳饮用期：2025年
参考价格：38澳元

Clare Valley Nero d'Avola 2014
克莱尔谷黑珍珠2014
在法国橡木桶中熟成18个月，酒体深紫红色，酒香芬芳，带有辛香料和红色水果的味道，中等酒体，口感与香气对应，充满活力。
封口：螺旋盖 酒精度：13.5% 评分：94 最佳饮用期：2024年
参考价格：37澳元

🍷🍷🍷🍷🍷 Cordon Cut Clare Valley Riesling 2016
克莱尔谷雷司令2016
评分：92 最佳饮用期：2026年 参考价格：40澳元

Mount Langi Ghiran Vineyards 朗基兰酒庄 ★★★★★

80 Vine Road，Buangor.维多利亚，3375 产区：格兰皮恩斯
电话：(03)5354 3207 网址：www.langi.com.au 开放时间：每日开放，10:00—17:00
酿酒师：本·海恩斯（Ben Haines），杰西卡·罗宾逊（Jessica Robinson）
创立时间：1963年 产量（以12支箱数计）：60000 葡萄园面积：86公顷
它的酿酒师擅长酿制赤霞珠和冷凉气候西拉，口感饱满，带有胡椒的味道。这款西拉为冷凉气候下的西拉单品种酒指明了方向。拉布恩（Ratbone）家族集团于2002年收购这个酒庄，并与优伶酒庄和仙乐都揪着（Xanadu Estate）的业务协同整合，没有重叠。这款葡萄酒的品质堪称典范。出口到世界所有的主要市场。

🍷🍷🍷🍷🍷 Langi Grampians Shiraz 2015
朗基兰格兰皮恩斯西拉2015
酒香芬芳，充满了黑色水果、冷切肉，甘草、香料和黑色胡椒的味道，中等酒体，平衡感极好，余味很长。天鹅绒和丝绸般的口感中释放出红色和黑色樱桃以及与酒香相对应的各种风味。
封口：螺旋盖 酒精度：13.8% 评分：98 最佳饮用期：2045年
参考价格：120澳元 ✪

Mast Grampians Shiraz 2015
马斯特格兰皮恩斯西拉2015
酒香充满表达力，胡椒和法国橡木相融合，辅以明快的黑樱桃和黑胡椒的气息。相比这个系列中的其他酒款，法国橡木对这款酒更为重要。多么壮观的葡萄酒三重奏！
封口：螺旋盖 酒精度：13.7% 评分：97 最佳饮用期：2040年
参考价格：70澳元 ✪

🍷🍷🍷🍷🍷 Spinoff Chardonnay 2015
续集霞多丽 2015
霞多丽种植于1985年，通常情况下用来酿制白中白，2015年，酒庄将几行种植的霞多丽留作餐酒。它原始的能量非常惊人。白色和粉红葡萄柚皮，髓和果汁的味道。常规挑战者万岁。
封口：螺旋盖 酒精度：12.8% 评分：96 最佳饮用期：2023年
参考价格：40澳元 ✪

Cliff Edge Grampians Shiraz 2015
悬崖边缘格兰皮恩斯西拉2015
中等酒体，香气和口感中都带有黑色水果，香料和黑色胡椒的味道，单宁与丰满多汁的黑色水果的味道交织，同时十分持久，些微橡木的味道。

封口：螺旋盖 酒精度：13.8% 评分：96 最佳饮用期：2035年
参考价格：30澳元 ✪

Spinoff Barbera 2015
续集芭贝拉 2015
迄今为止，这是我尝过的最好的澳大利亚芭贝拉，40箱的年产量简直是一个悲剧。它的香气非常丰富，红色和蓝色水果的味道充满口腔，配合适度的单宁，轻度至中等酒体，酒质出众。酿酒师本·海恩斯（Ben Haines）下一步的打算是什么呢？
封口：螺旋盖 酒精度：13% 评分：96 最佳饮用期：2025年
参考价格：45澳元 ✪

Cliff Edge Grampians Riesling 2015
格兰皮恩斯雷司令2015
特维斯·马斯特（Trevor Mast）在德国生产了多年雷司令后爱上了这个品种。它已经开始逐渐成熟，最好是再窖藏4年。
封口：螺旋盖 酒精度：13.2% 评分：94 最佳饮用期：2030年
参考价格：20澳元

🍷🍷🍷🍷🍷（四满一空）
Cliff Edge Grampians Pinot Gris 2015
悬崖边缘格兰皮恩斯灰比诺2015
评分：93 最佳饮用期：2019年 参考价格：20澳元 ✪

Cliff Edge Grampians Cabernate Sauvignon 2015
悬崖边缘格兰皮恩斯赤霞珠 2015
评分：92 最佳饮用期：2025年 参考价格：30澳元

Cliff Edge Grampians Riesling
悬崖边缘格兰皮恩斯雷司令2014
评分：91 最佳饮用期：2026年 参考价格：20澳元 ✪

Cliff Edge Grampians Viognier 2015
悬崖边缘格兰皮恩斯维欧尼2015
评分：91 最佳饮用期：2020年 参考价格：20澳元 SC ✪

Mt Lofty Ranges Vineyard 洛夫蒂山岭葡萄园 ★★★★★

Harris Road，Lenswood，SA 5240 产区：阿德莱德山区
电话：（08）8389 8339 网址：www.mtloftyrangesvineyard.com.au
开放时间：周五至周日，11:00—17:00
酿酒师：彼得·莱斯克（Peter Leske），塔拉斯·科塔（Taras Ochota）
创立时间：1992年 产量（以12支箱数计）：3000 葡萄园面积：4.6公顷
沙伦·皮尔森（Sharon Pearson）和加里·斯威尼（Garry Sweeney）是酒庄的所有人和经营者。葡萄园位于阿德莱德山区的兰斯伍德（Lenswood）小产区海拔500米处，一个陡峭的朝北的山坡上（种有黑比诺、长相思、霞多丽和雷司令）。园中管理采用手工修剪和手工采摘。白色石英和铁矿石的基岩之上是砂质粘土，保持最低限度的灌溉，以使葡萄酒可以表现出年份特征。

🍷🍷🍷🍷🍷
HandPicked Lenswood Riesling 2016
手工采摘兰斯伍德雷司令2016
这是一款让人渴望的葡萄酒——既可以现在饮用得到快感，也可以久藏而无虞。口感柔和圆润，略带白垩味的酸度，质地独特——并不是全干，这也增加了口感。让人喝了还想再喝。
封口：螺旋盖 酒精度：12.5% 评分：95 最佳饮用期：2024年
参考价格：29澳元 JF ✪

S&G Lenswood Chardonnay 2015
兰斯伍德霞多丽 2015
整串压榨，野生酵母，旧的法国橡木中发酵，并陈放10个月。非常工整。柔顺、有质感、带有奶油和柑橘味道，有点辛香，十分精美。
封口：螺旋盖 酒精度：12.4% 评分：95 最佳饮用期：2023年
参考价格：85澳元 JF

S&G Adelaide Hills Shiraz 2015
S&G阿德莱德山西拉2015
优美的紫红色，接下来是扑鼻的香料味：胡椒、五香粉，干香草和一些肉类的还原味。口感更增强了这些味道，又增添了多汁的黑李子和成熟而有质感的单宁。酒质出众——仅生产600瓶。
封口：螺旋盖 酒精度：13.2% 评分：95 最佳饮用期：2025年
参考价格：85澳元 JF

🍷🍷🍷🍷🍷（四满一空）
S&G Lenswood Pinot Noir 2015
S&G兰斯伍德黑比诺2015
评分：93 最佳饮用期：2022年 参考价格：85澳元 JF

Old Cherry Block Lenswood Sauvignon Blanc 2016
老樱桃地块兰斯伍德长相思2016
评分：92 最佳饮用期：2019年 参考价格：22澳元 JF ✪

Pinot Noir Chardonnay 2013
黑比诺霞多丽 2013

评分：92　最佳饮用期：2018年　参考价格：40澳元　TS
Old Apple Block Lenswood Chardonnay 2015
老苹果地块兰斯伍德霞多丽 2015
评分：91　最佳饮用期：2021年　参考价格：30澳元　JF
Old Pump Shed Lenswood Pinot Noir 2015
老泵棚兰斯伍德黑比诺2015
评分：91　最佳饮用期：2025年　参考价格：34澳元　JF
Adelaide Hills Shiraz 2015
阿德莱德山西拉2015
评分：91　最佳饮用期：2024年　参考价格：32澳元　JF
Not Shy Lenswood Pinot Noir Rose 2016
不羞兰斯伍德黑比诺桃红 2016
评分：90　最佳饮用期：2019年　参考价格：22澳元　JF

Mount Majura Vineyard　马德拉山葡萄园　★★★★★

88 青柠 Kiln Road，Majura，ACT，2609　产区：堪培拉地区
电话：(02)6262 3070　网址：www.mountmajura.com.au
开放时间：周四至周一，10:00—17:00
酿酒师：范德洛博士（Dr Frank van de Loo）　创立时间：1988年
产量（以12支箱数计）：4000　葡萄园面积：9.3公顷
1988年迪尼·基兰（Dinny Killen）在她家族地产的一处种下了葡萄藤，埃德加·瑞克博士（Dr Edgar Riek）曾经特别向她推荐过这一处的土地，它有着独特的微型风土。此处是石灰石之上火山活动带来的红土，此外东部和东北部适度倾斜的陡坡也可以预防霜冻。从1999年购入后，这个小葡萄园已经得到了极大的扩张。原有的黑比诺和霞多丽的地块之外，又加入了灰比诺、西拉、添帕尼罗、雷司令、格拉西亚诺，梦杜、品丽珠和国家图瑞加。此外，他们还积极地选育黑比诺，引进了第戎的克隆株系114、155和111。所有葡萄都来自这些酒庄自有的葡萄园。它也是堪培拉地区的明星酒庄之一。

🍷🍷🍷🍷🍷
Canberra District Riesling 2016
堪培拉地区雷司令2016
淡石英色，酒香散发出香水般的柑橘花和滑石的气息，口感纯正、浓郁、集中，带有成熟的青柠、柠檬和苹果的味道，回味足足可以达到1分钟。
封口：螺旋盖　酒精度：12.5%　评分：96　最佳饮用期：2036年
参考价格：29澳元　✪
Canberra District Shiraz 2015
堪培拉地区西拉2015
这是一款与赤霞珠难分伯仲的贵族西拉（但也不至于将两者搞混）。中等至饱满酒体，饱满的黑莓和李子的味道，单宁细腻持久，微量橡木。它有着无懈可击的平衡感和长度，还可以陈放许多年。
封口：螺旋盖　酒精度：14%　评分：96　最佳饮用期：2045年
参考价格：34澳元　✪

🍷🍷🍷🍷
Canberra District Tempranillo 2016
堪培拉地区添帕尼罗 2016
评分：93　最佳饮用期：2025年　参考价格：45澳元　JF
Canberra District Chardonnay 2016
堪培拉地区霞多丽 2016
评分：92　最佳饮用期：2022年　参考价格：29澳元　JF
Canberra District Touriga 2016
堪培拉地区图瑞加2016
评分：91　最佳饮用期：2020年　参考价格：29澳元　JF
Canberra District Mondeuse 2016
堪培拉地区蒙德斯2016
评分：90　最佳饮用期：2020年　参考价格：29澳元　JF

Mount Mary　玛丽山　★★★★★

Coldstream West Road，Lilydale，Vic 3140　产区：雅拉谷
电话：(03)9739 1761　网址：www.mountmary.com.au　开放时间：不开放
酿酒师：山姆·米德尔顿（Sam Middleton）　创立时间：1971年
产量（以12支箱数计）：4000　葡萄园面积：12公顷
在50年没有任何与葡萄栽培相关的活动之后，玛丽山是第一个在雅拉谷重建的酒庄，并从一开始就生产精致稀有而且纯净的葡萄酒。今天，它的光芒比雅拉谷的其他174个酒庄中的任何一个都更耀眼。已故的创始人约翰·米多顿博士（Dr John Middleton），在葡萄酒酿造业界主流发现细节的重要性之前，他就已经近乎痴迷地关注酿制葡萄酒中的细节了。他坚持不懈地追求完美，而玛丽山最早的产品组合中的全部4款葡萄酒（考虑到各个年份的情况下）也确实达成了这一目标，几近完美。他可爱的孙子山姆·米德尔顿（Sam Middleton）和他一样全情投入。最近的一次全面的品尝中，如果他是从2011年6月开始负责酿酒的话，这4款酒的每个年份的品尝让我确信他酿制的酒更加出色。此外,经过长期的试验,他们已经发售了2款罗纳河谷风格的葡萄酒。既是新品，也是为了纪念约翰已故的妻子，玛丽·罗素（Marli Russell）。2018年度最佳酒庄。

🍷🍷🍷🍷🍷 Yarra Valley Pinot Noir 2015

雅拉谷黑比诺2015

明亮的、清透的紫红色；它的一切都表明了它至高无上的地位：酒香中带有玫瑰园香水和香料的气息，口感协调，以红色水果味道为主，单宁细腻持久。它还需要再陈放20年。

封口：橡木塞　酒精度：13.5%　评分：99　最佳饮用期：2028年

Yarra Valley Chardonnay 2015

雅拉谷霞多丽 2015

大部分采用螺旋盖，一小部分采用了迪阿姆塞系列密封性最好的迪阿姆塞。透亮的浅绿-金色，这绝不是一款苍白浅淡的葡萄酒：扑鼻的浓郁白桃之后是葡萄柚的味道。正如人们对玛丽山的期待，橡木的使用对于塑造质地口感和注入风味都同样重要。总之，是一款标志性的雅拉谷霞多丽。

酒精度：13.4%　评分：97　最佳饮用期：2025年

Yarra Valley Triolet 2014

雅拉谷八行两韵诗 2014

一款配比为65/25/10%的长相思、赛美蓉和慕斯卡德混酿；手工采摘，去梗，轻度破碎，每个地块选择不同的人工培养酵母株系，100%桶内发酵，橡木桶中熟成11个月，部分带皮渣并搅拌。毫无疑问，这是澳大利亚最好的波尔多风格的混酿，结合了丰满和精致——最重要的是——令人应接不暇的复杂性。

封口：螺旋盖　酒精度：12.8%　评分：97　最佳饮用期：2022年

参考价格：90澳元 ✪

Yarra Valley Quintet 2015

雅拉谷五重奏 2015

玛丽山酒庄（Mount Mary）的产品以纯净、优雅和平衡闻名，但这并不代表它们就没有力度和复杂性。五重奏（Quintet，4个波尔多品种）是产品系列中的王牌，也是最接近创始人约翰·米德尔顿博士（Dr John Middleton）易怒的心灵的葡萄酒。斑斓的黑醋栗酒，红醋栗，干香草和荆棘的味道绝对堪称典范。

封口：橡木塞　酒精度：13.3%　评分：97　最佳饮用期：2035年

🍷🍷🍷🍷🍷 Yarra Valley Triolet 2015

雅拉谷八行两韵诗 2015

65%的长相思、21%的赛美蓉、14%的慕斯卡德分别在旧橡木桶中发酵，熟成11个月。对于正处在酒龄早期的这款酒来说，它异常饱满，但这带来的只有好处，因为正如之前的所有年份一样，它会很好地成熟。

封口：Diam软木塞　酒精度：13%　评分：96　最佳饮用期：2025年

参考价格：95澳元

Marli Russell Marsanne Roussanne 2015

玛丽罗素玛珊胡珊2015

一款配比为60/40%的混酿。最初玛丽把她的裙子紧紧地裹在脚踝上，然后当你觉得还是迟些再饮比较好的时候，酒液突然向上冲到你舌头后部的味蕾上和回味之中。这是典型的含蓄的品种——它们并不芳香四溢，更让你对它的一切都充满期待。

封口：螺旋盖　酒精度：13%　评分：95　最佳饮用期：2025年　参考价格：55澳元

Marli Russell Marsanne Roussanne 2014

玛丽罗素玛珊胡珊2014

这是一款配比为70/30%的混酿。这是雅拉谷霞多丽的一个顶级年份，这似乎也在酒中得到了印证：始终诱人多汁。仍是一类香气为主，蜂蜜的味道还没有出现，但以后会的。

封口：螺旋盖　酒精度：12.5%　评分：95　最佳饮用期：2039年

参考价格：55澳元

Marli Russell Grenache Mourvedre Shiraz 2015

玛丽罗素歌海娜幕尔维　西拉2015

一款配比为 65/20/15%的混酿。酒色相比于2014年，更加清浅，也更加明亮；这个伟大的年份和幕尔维德的混入，反映在饮酒体验上，就如同突如其来有爆发力的歌声。酒香芬芳,带有红色水果的味道,单宁超细, 余味悠长, 回味清新。

封口：螺旋盖　酒精度：13.2%　评分：95　最佳饮用期：2030年

参考价格：70澳元

Marli Russell Grenache Shiraz 2014

玛丽罗素歌海娜西拉2014

评分：94　最佳饮用期：2024年　参考价格：70澳元

Mt Pilot Estate　皮洛山庄园　★★★☆

208 Shannons Road，Byawatha.维多利亚，3678　产区：维多利亚东北部

电话：0419 243 225　网址：www.mtpilotestatewines.com.au　开放时间：仅限预约

酿酒师：马克·斯拉佐（Marc Scalzo）　创立时间：1996年

产量（以12支箱数计）：550　葡萄园面积：11公顷

拉克兰（Lachlan）和潘妮·卡贝尔（Penny Campbell）在此种植了西拉（6公顷）、赤霞珠（2.5公顷）和维欧尼（2.5公顷）。葡萄园位于埃尔多拉多（Eldorado）附近海拔250米处，建立在排水性良好、深入地下的花岗岩之上，距离旺加拉塔（Wangaratta）20公里，比曲尔斯35公里。

🍷🍷🍷🍷 Reserve Viognier 2016

珍藏维欧尼2016
仅仅在最好的年份才会小批量地生产，机械采摘，采用野生酵母，在法国橡木桶（50%是新的）中发酵，带酒脚陈酿9个月。考虑到气候，这是一个非凡的成果。丰富的柑橘类与核果/杏子类的风味，对新橡木桶的吸收效果显著，平衡感好。确实做得很好。
封口：螺旋盖　酒精度：13.8%　评分：92　最佳饮用期：2021年
参考价格：35澳元

Mount Pleasant　欢喜山 ★★★★★

401 Marrowbone Road，Pokolbin，新南威尔士州，2320　产区：猎人谷
电话：(02)4998 7505　网址：www.mountpleasantwines.com.au
开放时间：每日开放，10:00—16:00
酿酒师：吉姆·查托（Jim Chatto），阿德瑞·斯巴克斯（Adrian Sparks）
创立时间：1921年　产量（以12支箱数计）：不详　葡萄园面积：88.2公顷
麦克威廉姆斯的伊丽莎白（McWilliam's Elizabeth）和卓尔不群的勒弗戴尔（Lovedale）赛美蓉一般来说在4—5年的瓶储后上市，它们的品质一贯上乘，极为珍贵。各个葡萄园分别酿制的葡萄酒，和毛里斯·奥谢（Maurice O'Shea）的纪念款葡萄酒，也为酒庄之名增光添彩。然而，在2013年聘请吉姆·查托（Jim Chatto）作首席酿酒师之后的2014年——1965年后最好的年份——的葡萄酒，让酒庄的红酒的质量和范围重新回到20世纪30—40年代的辉煌时期。从今往后，酒庄的名字将是欢喜山（Mount Pleasant），切断（名字上）与麦克威廉斯姆斯（McWilliams）的关联。2017年葡萄酒宝典年度最佳酒庄。出口到世界所有的主要市场。

🍷🍷🍷🍷🍷 Lovedale Hunter Valley Semillon 2011
勒弗戴尔猎人谷赛美蓉2011
透亮的、几乎闪光的草秆绿色；它的奖杯和8枚金牌的酒展记录中（在2016年悉尼的酒展上达到高峰）包含了所有相关的酒展。此外，它还有发展空间来提高自己的丰富性，些微的二氧化碳，气泡更加彰显了柠檬/香茅草的果味，酸度精确适宜。
封口：螺旋盖　酒精度：10%　评分：97　最佳饮用期：2031年
参考价格：70澳元 ✪

🍷🍷🍷🍷🍷 Mountain D Full Bodied Dry Red 2014
山脉饱满酒体干红 2014
按猎人谷的标准，酒体饱满，但若按照南澳大利亚其他几乎所有地区的标准，酒体在中等至饱满之间。品尝之初可以感觉到带有泥土的黑莓的味道同时出现在香气和口感之中，将近结尾时可以品尝到法国橡木与坚实但成熟的单宁相结合。它也是复兴毛里斯·奥谢的辉煌年代的那些品质卓绝的西拉其中之一。
封口：螺旋盖　酒精度：14%　评分：96　最佳饮用期：2044年
参考价格：75澳元 ✪

Mount Henry Hunter Valley Shiraz Pinot Noir 2014
亨利山猎人谷西拉黑比诺 2014
正面的怀旧酒标和承载诸多信息的背标下意识地反映了这款混酿的阴和阳：活泼多汁的红色水果与产区的泥土/皮革细微差别。所有这一切都为这款中等酒体的葡萄酒增加了口感。
封口：螺旋盖　酒精度：13.5%　评分：96　最佳饮用期：2039年
参考价格：48澳元 ✪

Eight Acres Hunter Valley Semillon 2016
8英亩猎人谷赛美蓉2016
清晨手工采摘，自流汁，在不锈钢罐中低温发酵14天，尽早装瓶。石英绿色；在经历了1972后最潮湿的1月后，这一年的收获日期比平常年份更晚，这严重地影响了葡萄品质。因而他们选择了一个昂贵的方法酿制了这款赛美容，极有延展性的酸度，浓郁的柠檬和青苹果的味道一直持续到结尾和回味。需要5年以上才能成熟。
封口：螺旋盖　酒精度：10%　评分：95　最佳饮用期：2030年
参考价格：35澳元 ✪

High Paddock Hunter Valley Shiraz 2014
高围场猎人谷西拉2014
原料来自种植于2002年的3个地块——在欢喜山它们相对来说还很年轻。在法国大桶（30%是新的）中熟成15个月。色泽清透，酒香极具表现力，充满了紫色和黑色水果、以及潜藏的甘味皮革、泥土和野蔷薇丛的味道。这一切加在一起，最后的整体明确地表现出了猎人谷的风格。一个伟大年份，中等酒体的美丽的西拉。
封口：螺旋盖　酒精度：14%　评分：95　最佳饮用期：2039年 ✪
参考价格：35澳元

Leontine Hunter Valley Chardonnay 2015
莱昂廷猎人谷霞多丽 2015
I10V5克隆株系，手工采摘，直接整串压榨入法国大桶，野生酵母发酵，并熟成9个月。这是一款非常复杂的猎人谷霞多丽，无比注重细节的，带有核果、哈密瓜、无花果和奶油糖的味道。
封口：螺旋盖　酒精度：13%　评分：94　最佳饮用期：2024年
参考价格：48澳元

🍷🍷🍷🍷 Philip Hunter Valley Shiraz 2015
菲利普猎人谷西拉2015

评分：93 最佳饮用期：2030年 参考价格：27澳元 ✪
Philip Hunter Valley Shiraz 2014
菲利普猎人谷西拉2014
评分：92 最佳饮用期：2030年 参考价格：27澳元
Elizabeth Hunter Valley Semillon 2016
伊丽莎白猎人谷赛美蓉2016
评分：90 最佳饮用期：2028年 参考价格：27澳元 JF
Mothervine Hunter Valley Pinot Noir 2015
母藤猎人谷黑比诺2015
评分：90 最佳饮用期：2035年 参考价格：48澳元

Mount Stapylton Wines 斯塔皮尔顿山葡萄酒 ★★★★☆

14 Cleeve Court，Toorak，Vic 3142（邮）产区：格兰皮恩斯
电话：0425 713 044 网址：www.mts-wines.com 开放时间：不开放
酿酒师：唐·麦克雷（Don McRae） 创立时间：2002年
产量（以12支箱数计）：250 葡萄园面积：1公顷
斯塔皮尔顿山葡萄园位于拉哈姆（Laharum）的古翁维诺（Goonwinnow）宅基地农业地产之上，在格兰皮恩斯西北方向，斯塔皮尔顿山前方。2010创始人霍华德（Howard）和萨曼莎·施特尔（Samantha Staehr）出售了宅基地产权，但又重新将葡萄园租了回来。即雅拉谷的小雅拉站（Little Yarra Station）葡萄园（1.2公顷，种植于2009），用以生产帕梅拉（Pamela）霞多丽和维多利亚（Victoria）黑比诺。他们出产的葡萄酒出现在悉尼和墨尔本的几家标志性餐厅的酒单上。出口到英国。

🍷🍷🍷🍷🍷 Robert Grampians Shiraz 2015
罗伯特格兰皮恩斯西拉2015
斯塔皮尔顿山目前最好的一款葡萄酒；深度极好，酒香中主要的香气是黑色水果（樱桃/浆果），伴随着丰盛的香料和黑色胡椒的气息，口感丰富多汁，新鲜和活力也反映出了它适度酒精的含量。还需要陈酿一段时间才能达到巅峰状态。
封口：螺旋盖 酒精度：13.5% 评分：95 最佳饮用期：2035年
参考价格：45澳元

Mount Terrible 恐怖山 ★★★★★

289 Licola Road，Jamieson，维多利亚 3723 产区：中央维多利亚（CentralVictoria）
电话：(03)5777 0703 网址：www.mountterriblewines.com.au 开放时间：仅限预约
酿酒师：约翰·伊森（John Eason） 创立时间：2001年 产量（以12支箱数计）：350 葡萄园面积：2公顷
1992年，在恐怖山北部的一处土地上，约翰·伊森（John Eason）和妻子詹妮·里德利（Janene Ridley）开始了他们漫长（有时还很痛苦）的葡萄园建设工作——酒庄也因此得名。2001年，在贾米森河（Jamieson River）旁的向北的河流阶地的缓坡上，他们种下了2公顷的黑比诺（MV6、115、114和111克隆株系）。DIY的实验说服了约翰在2006年通过合约酿制了第一个商业年份葡萄酒，但此后他自己在一个地下酒窖的上方建了一个防火的酒厂。约翰有着一流的幽默感，但他一定也想知道，到底什么事情激怒了主管天气的神祇，而让他们轮流降下山火、暴风和暴风雨。随后的几个年份给他们带来了一些应得的安慰。出口到英国。

🍷🍷🍷🍷🍷 Jamieson Pinot Noir 2014
杰米森黑比诺2014
这是一款个性强烈、桀骜不驯的黑比诺，这应该是归因于它的低产量，酿造过程中的前后浸渍，带果梗在法国橡木桶中熟成18个月。丰盛饱满，其中的李子、覆土和香柏木的味道结合带来了整体的质感。它浓郁的风味、丰富的层次令人叹服，而这些特点也是它陈酿潜力的明证。需要时间。
封口：螺旋盖 酒精度：13.5% 评分：95 最佳饮用期：2025年
参考价格：42澳元 NG

Mount Trio Vineyard 三山葡萄园 ★★★★☆

2534 Porongurup Road，Mount Barker，WA 6324 产区：波容古鲁普（Porongurup）
电话：(08) 9853 1136 网址：www.mounttriowines.com.au 开放时间：仅限预约
酿酒师：加文·巴瑞（Gavin Berry），安德鲁·维西（Andrew Vesey）
创立时间：1989年 产量（以12支箱数计）：4000 葡萄园面积：8.8公顷
三山的建造者是加文·巴瑞（Gavin Berry）和妻子吉尔·格拉姆（Gill Graham，以及合伙人），当时正是1988年年底，他们刚到贝克山（Mount Barker）地区不久。加文在金雀花（Plantagenet）担任首席酿酒师一直到2004年他和合伙人收购了现在非常成功、也大得多的豪西角（West Cape Howe）。他们已经慢慢建立起了业务，增加了酒庄自有的种植量，其中雷司令2.7公顷，西拉2.4公顷，长相思2公顷和黑比诺1.7公顷。出口到英国、丹麦和中国。

🍷🍷🍷🍷🍷 Home Block Porongurup Pinot Noir 2015
家园地块波容古鲁普黑比诺2015
波容古鲁普的黑比诺葡萄酒已经在西澳大利亚建立了自己的重要地位，三山酒庄2014年正是如此，现在是接班2015年份的高品质黑比诺。品种质量无懈可击，红色和黑色樱桃的味道配合着令人垂涎的悠长回味。唯一的问题是仅生产99箱。
封口：螺旋盖 酒精度：13.2% 评分：96 最佳饮用期：2025年
参考价格：35澳元 ✪

Geographe Sangiovese Rose 2016
吉奥格拉菲桑乔维塞 桃红 2016
辛香、鲜咸的味道作为骨干，迅速地建立了香气和口感的印记。红色浆果的味道如同骨骼上的肉，使酒体平衡饱满，回味悠长。物超所值。
封口：螺旋盖 酒精度：13.5% 评分：94 最佳饮用期：2020年
参考价格：17澳元 ✪

Porongurup Shiraz 2015
波容古鲁普西拉2015
黑莓和黑樱桃，香料，可口的单宁和香柏木交织在一起。现在饮用或是窖藏——无论怎样，它都很特殊。价格合理。
封口：螺旋盖 酒精度：14% 评分：94 最佳饮用期：2025年
参考价格：22澳元 ✪

🍷🍷🍷🍷🍷 Porongurup Riesling 2016
波容古鲁普雷司令2016
评分：92 最佳饮用期：2021年 参考价格：22澳元 ✪

Porongurup Pinot Noir 2015
波容古鲁普黑比诺2015
评分：92 最佳饮用期：2021年 参考价格：22澳元 ✪

Great Southern Chardonnay 2015
大南部产区霞多丽 2015
评分：91 最佳饮用期：2022年 参考价格：17澳元 ✪

Mount View Estate 山景庄园 ★★★★★

Mount View Road，Mount View，新南威尔士州，2325 产区：猎人谷
电话：(02)4990 3307 网址：www.mtviewestate.com.au
开放时间：周一至周六，10:00—17:00；周日，10:00—16:00
酿酒师：斯科特·斯蒂芬（Scott Stephens） 创立时间：1971年
产量（以12支箱数计）：4000 葡萄园面积：16公顷
山景庄园的葡萄园是由博学的哈利·塔洛克（Harry Tulloch）在45年前建立的；他认识到了此地玄武岩火山红土的品质，而建立了这个漂亮的山脚下的葡萄园。2004年，山景庄园的前任业主约翰和波莉·布加斯（Polly Burgess）买下了相邻的石灰溪（Limestone Creek）葡萄园（种植于1982），这也被纳入了山景庄园的生产体系之中。葡萄酒的质量非常出色。企业在2016年易手，现在属于一位中国籍人士，但没有更多的细节。出口到中国。

🍷🍷🍷🍷🍷 Reserve Hunter Valley Chardonnay 2016
珍藏猎人谷霞多丽 2016
色泽很好，酒香和口感有些偏酸，尖锐、新鲜。活泼的柠檬酸度，一些核果和一点点酸甜味。尽管在法国橡木大桶（40%是新的）中陈酿了9个月，它还是没有丝毫橡木味道。平衡略微有失，但时间会改善这一点。
封口：螺旋盖 酒精度：13% 评分：93 最佳饮用期：2023年
参考价格：40澳元 JF

Flagship Liqueur Shiraz NV
旗舰西拉利口酒 无年份
呈现美丽活泼的紫石榴石色，这是因为这套索雷拉陈酿系统可以追溯到1983年。非常新鲜并且强劲，带有水果蛋糕香料，深色水果，颗粒状的单宁和酒精平衡。
封口：螺旋盖 酒精度：19% 评分：92 参考价格：55澳元 JF

Reserve Hunter Valley Semillon 2016
猎人谷赛美蓉2016
明亮的淡草秆色，一丝柠檬-青柠花和香茅草，以及一点品种典型的柑橘味道。酸度较为柔和。可以现在饮用。
封口：螺旋盖 酒精度：11% 评分：91 最佳饮用期：2023年
参考价格：40澳元 JF

Reserve Hilltops Shiraz Viognier 2015
珍藏希托扑斯西拉维欧尼2015
在经历了猎人谷的一个艰难的年份后，希托扑斯的表现拯救了许多酒庄。完美的深紫红色，考虑到添加的2%的维欧尼也就不稀奇了；丰富、可口，充满了黑色水果，甘草和沥青的味道。
封口：螺旋盖 酒精度：14.5% 评分：90 最佳饮用期：2025年
参考价格：40澳元 JF

Reserve Hunter Valley Merlot 2015
珍藏猎人谷梅洛2015
明亮的宝石红色，带有活泼的红色水果，一些利宾纳浓缩汁和黑加仑的甜美味道，中等酒体。单宁重量始终，有足够的收敛感。是一款令人信服的猎人谷葡萄酒。
封口：螺旋盖 酒精度：13.5% 评分：90 最佳饮用期：2023年
参考价格：40澳元 JF

🍷🍷🍷🍷 Hunter Valley Verdelho 2016
V猎人谷维尔德罗2016

评分：89 最佳饮用期：2019年 参考价格：25澳元 JF

Reserve Hunter Valley Pinot Noir 2015

珍藏猎人谷黑比诺2015

评分：89 最佳饮用期：2022年 参考价格：40澳元 JF

Flagship Liqueur Verdelho NV

旗舰维尔德罗利口酒 无年份

评分：89 参考价格：55澳元 JF

Mountadam 蒙特达姆 ★★★★★

High Eden Road，伊顿谷，SA 5235 产区：伊顿谷
电话：(08) 8564 1900 网址：www.mountadam.com.au 开放时间：仅限预约
酿酒师：海伦·麦卡锡（Helen McCarthy） 创立时间：1972年
产量（以12支箱数计）：15000 葡萄园面积：80公顷

蒙特达姆是已故的戴维·韦恩（David Wynn）为他的酿酒师儿子亚当（Adam）建立的。2000年，曼达岬酒庄（Cape Mentelle，有些令人吃惊的）购买下了这个酒庄（无疑是在酩悦轩尼诗葡萄酒酒庄［Moet Hennessy Wine Estates］的指引下）。2005年，阿德莱德商人大卫·布朗（David Brown）又将其买下，这倒不那么令人吃惊——他一直对帕史维产区很感兴趣。这次收购的是高伊顿路（High Eden Road）西边的葡萄园部分。2007年，大卫购买下道路另一边（东边）的没有种植葡萄的一块地，2015年，他从TWE处收购了路东边的大葡萄园，至此他购买下了戴维·韦恩最初在20世纪60年代晚期建园时的全部土地。布朗家族决定最初的葡萄园的名字为蒙特达姆西（Mountadam West），新近收购的葡萄园则是蒙特达姆东（Mountadam East）。出口到英国、法国、瑞士、波兰等国家，以及中国香港地区。

🍷🍷🍷🍷🍷

Eden Valley Riesling 2016

伊顿谷雷司令2016

产自种植于1968年低产量的葡萄藤。这款酒有一种赤裸的力量。柠檬和迈耶柠檬中又有一丝青柠汁的味道，但肯定是伊顿谷。
封口：螺旋盖 酒精度：13% 评分：95 最佳饮用期：2036年
参考价格：27澳元

Eden Valley Gewurztraminer 2016

伊顿谷琼瑶浆2016

尽管没有阿尔萨斯那么活泼的香气和风味，仍是一款美味的葡萄酒。香料、荔枝和或多或少但玫瑰花瓣的味道，但它的浓度、长度、收敛感和平衡感都极具魅力。
封口：螺旋盖 酒精度：13.5% 评分：95 最佳饮用期：2026年
参考价格：27澳元 ✪

Eden Valley Shiraz 2015

伊顿谷西拉2015

这是一款非常优秀的伊顿谷西拉。色泽明亮的，酒香中带有香料、胡椒和水果的味道；中等酒体，黑樱桃样的美味。口感质地，和它的长度和平衡感都非常好。
封口：螺旋盖 酒精度：14.5% 评分：95 最佳饮用期：2030年
参考价格：27澳元

Eden Valley Cabernate Sauvignon 2015

伊顿谷赤霞珠 2015

酿酒师海伦·麦克凯西（Helen McCarthy）的又一个作品，完全准确地按照赤霞珠的品种特征塑造的，又不仅仅是来自品种和地块的单宁，还有复杂的质感。这一切构成了这款已经可以给人带来愉悦之情的赤霞珠，但也可以陈放很久。
封口：螺旋盖 酒精度：14.6% 评分：95 最佳饮用期：2035年
参考价格：27澳元

Eden Valley Pinot Gris 2016

伊顿谷灰比诺2016

气候赋予了这款酒力量、浓度，结构感。占据主导地位的是梨、苹果和柑橘的味道，无残糖。
封口：螺旋盖 酒精度：13% 评分：94 最佳饮用期：2020年
参考价格：27澳元

🍷🍷🍷🍷

Pinot Chardonnay NV

比诺霞多丽 无年份

评分：92 最佳饮用期：2018年 参考价格：27澳元 TS

Marble Hill High Eden Chardonnay 2015

大理石山伊顿霞多丽 2015

评分：91 最佳饮用期：2022年 参考价格：100澳元 PR

Mr Barval Fine Wines 巴瓦尔先生精品葡萄酒 ★★★★☆

7087 Caves Road，玛格利特河，WA 6285 产区：玛格利特河
电话：0481 453 038 网址：www.mrbarval.com 开放时间：仅限预约
酿酒师：罗伯特·盖拉尔迪（Robert Gherardi）
创立时间：2015年 产量（以12支箱数计）：900

罗伯特·盖拉尔迪（Robert Gherardi）出生在一个葡萄酒世家，很小的时候他就会到玛格利特河，与他的意大利大家庭3代人一起采收葡萄。这些葡萄然后会被送到他祖母在市郊的后院以进行发

酵，接下来是一顿大餐，以庆祝即将酿出的年份葡萄酒。尽管有这些经历，他的第一个学位是海洋科学与生物技术；读书期间，他在珀斯的一家独立的葡萄酒门店工作。在品尝过世界各地的葡萄酒之后，他注册了全日制的葡萄与葡萄酒工程学位课程。接下来他慕斯森林工作了4年，继而又在布朗山庄园（Brown Hill Estate）担任助理酿酒师，最后在库伦（Cullen）工作了3年。在万尼亚·库伦（Vanya Cullen）的鼓励下，他花了5年的时间，去巴罗洛旅行并和伊林·奥特（Elio Altare）一起工作了3个采收季。期间他同妻儿一起搬到巴罗洛，经历了4个完整季节的葡萄栽培和葡萄酒酿造。他每年都会回到意大利，以经营他的精品旅游业务——业务包括巴罗洛、瓦特利纳（Valtellina）和更北方地区的旅游定制服务。他的酒庄也因此得名：玛格利特河、巴罗洛和瓦特利纳。

🍷🍷🍷🍷🍷

McLarent Vale Cabernate Sauvignon Merlot 2015

玛格利特河赤霞珠梅洛2015

它的重点在于质地：细腻的橡木和活泼而细节丰富的葡萄单宁令人垂涎欲滴，喝完一杯还想喝下一杯。酸度自然地流过口腔，可以品尝到深色樱桃、黑醋栗酒和鼠尾草的味道，和赤霞珠特有的收敛感。

封口：螺旋盖　酒精度：13.7%　评分：96　最佳饮用期：2033年

参考价格：38澳元　NG　✪

Margaret River Chardonnay 2016

玛格利特河霞多丽 2016

成熟的温桲，蜜桃、杏仁饼和乳酪酱的香气和口感中带有一丝橡木的味道。酒色较深，但轻盈。味道丰富浓郁，回味较长。

封口：螺旋盖　酒精度：12.8%　评分：94　最佳饮用期：2025年

参考价格：38澳元　NG

Mistral 2016

米斯特拉尔 2016

这是一款罗纳谷风格的混酿，配比为67%的维欧尼和33%的玛珊。大量的酒脚带来了矿物质的味道，与橡木带来的充满活力的香豆荚味道相融合。美味的杏子之上有矿物质的覆盖，杏仁饼和南非茶的味道，由葡萄酒本身的粘性缓冲。这是一款令人激动的葡萄酒。

封口：螺旋盖　酒精度：13.3%　评分：94　最佳饮用期：2023年

参考价格：27澳元　NG　✪

🍷🍷🍷🍷

Rosso 2015

罗索 2015

评分：93　最佳饮用期：2023年　参考价格：29澳元　NG

Nebbia 2016

内比亚 2016

评分：91　最佳饮用期：2021年　参考价格：29澳元　NG

Mr Mick　米克先生 ★★★★

7 Dominic Street，Clare，SA 5453　产区：克莱尔谷

电话：(08) 8842 2555　网址：www.mrmick.com.au　开放时间：每日开放，10:00—17:00

酿酒师：提姆·亚当斯（Tim Adams），布雷特·舒茨（Brett Schutz）

创立时间：2011年　产量（以12支箱数计）：30000

这是提姆·亚当斯（Tim Adams）和妻子帕姆·格德萨克（Pam Goldsack）的酒庄，酒庄的名字是为了纪念米克·卡纳斯坦［KH（Mike）Knappstein）］——一个克莱尔谷甚至是澳大利亚葡萄酒行业的传奇人物。1975和1986年间，提姆曾与米克共同在莱辛汉姆（Leasingham Wines）工作，因而与米克相熟。2011年1月，当提姆和帕姆收购了莱辛汉姆（Leasingham）葡萄酒厂和具有历史意义的建筑，一切又回到了原点。许多评论人（包括我自己）使用过米克的金句，“世界上有两种人：出生在克莱尔的，和希望自己出生在克莱尔的”。出口到中国和新西兰。

🍷🍷🍷🍷

Clare Valley Tempranillo 2014

克莱尔谷添帕尼罗 2014

绝对对得起你花费的钱，混合着樱桃，覆盆子和草莓的味道，再加上一点点法国橡木的味道。现在就很好，但还可以再保存5年。

封口：螺旋盖　酒精度：13.5%　评分：91　最佳饮用期：2022年

参考价格：17澳元　✪

Clare Valley Riesling 2016

克莱尔谷雷司令2016

淡草秆绿色；它具备很多易饮的多汁雷司令优秀风味，线条极好的，长度和平衡。现在就很好，或者是中短期窖藏——而且价格合理。

封口：螺旋盖　酒精度：11%　评分：90　最佳饮用期：2022年

参考价格：17澳元　✪

🍷🍷🍷🍷

Limestone Coast Pinot Gris 2016

石灰岩海岸灰比诺2016

评分：89　最佳饮用期：2018年　参考价格：17澳元　✪

Clare Valley Vermentino 2016

克莱尔谷维蒙蒂诺 2016

评分：89　最佳饮用期：2020年　参考价格：17澳元　✪

Mr Riggs Wine Company 里格斯先生葡萄酒公司 ★★★★★

55a Main Road，McLaren Flat，SA 5171 产区：麦克拉仑谷 电话：(08) 8383 2055
网址：www.mrriggs.com.au 开放时间：周六至周四，10:00—17:00；周五，10:00以后
酿酒师：本·里格斯（Ben Riggs） 创立时间：2001年 产量（以12支箱数计）：20000
葡萄园面积：7.5公顷
在本·里格斯（Ben Riggs）从事葡萄酒行业25年后，他建立了自己的品牌。本从麦克拉仑谷、克莱尔谷、阿德莱德山区、兰好乐溪、库纳瓦拉等产区选择出产优质的葡萄园来采购原料，同时他自有的花斑沟（Piebald Gully）葡萄园（西拉和维欧尼）也提供一部分原料。每一款酒不仅表达了葡萄园的特点，更带有明确的产区风土特征。里格斯先生的品牌对他有着重要的意义，他的理念是酒要质朴："生产我喜欢喝的酒。"他很会喝酒。出口到美国、加拿大、丹麦、新加坡、日本和新西兰等国家，以及中国内地（大陆）和香港地区。

🍷🍷🍷🍷🍷 McLarent Vale Shiraz 2014
麦克拉仑谷西拉2014
这是一款酒体饱满的西拉，具备各种优点。美味，没有生青或过多的酸度，充满力度，单宁非常成熟。并不是每个人都会喜欢它，但很多人会因为能够找到并买到这样一款酒而感到高兴。
封口：Diam软木塞 酒精度：14.5% 评分：95 最佳饮用期：2039年
参考价格：50澳元

Generation Series Sticky End McLarent Vale Viognier 2016
世代系列棘手结局麦克拉仑谷维欧尼2016
意大利的帕赛托（Passito）风格，将葡萄置于带孔的板条箱中3周，然后发酵并在法国小橡木桶熟成6个月。明亮的金色；带有一系列橘子酱和杏子果酱的味道，并有爽脆的酸度。
封口：螺旋盖 酒精度：13% 评分：95 最佳饮用期：2020年
参考价格：25澳元

Watervale Riesling 2016
瓦特沃尔雷司令2016
经典的克莱尔谷瓦特沃尔风格，带有大量的品种特有的果味，有着一系列柑橘类的气息，并由矿物质和石板味道的酸度保持风味。现在就很好，在5年后会更好。
封口：螺旋盖 酒精度：12.5% 评分：94 最佳饮用期：2026年
参考价格：24澳元 ✪

Generation Series The Elder McLarent Vale Fortified Shiraz 2014
世代系列老者麦克拉仑谷加强型西拉 2014
来自酒庄在克拉伦多自有的葡萄园，破碎后进入开放式发酵罐，增加酒精度并带皮浸渍——这是一种昂贵的中止发酵的方法，但能够更大程度地提取颜色和单宁。这就是我们说的年份波特酒，并且是一款佳酿。你可以现在就喝掉它，但我至少会将它陈放20年。
封口：螺旋盖 酒精度：18% 评分：94 最佳饮用期：2034年
参考价格：30澳元 ✪

🍷🍷🍷🍷 Piebald Adelaide Hills Shiraz 2014
花斑阿德莱德西拉2014
评分：93 最佳饮用期：2028年 参考价格：27澳元 CM ✪

Scarce Earth McLarent Vale Shiraz 2014
稀土麦克拉仑谷西拉2014
评分：93 最佳饮用期：2029年 参考价格：50澳元

The Magnet McLarent Vale Grenache 2015
磁铁麦克拉仑谷歌海娜 2015
评分：93 最佳饮用期：2025年 参考价格：30澳元

Outpost Coonawarra Cabernate Sauvignon 2015
前哨库纳瓦拉赤霞珠2015
评分：93 最佳饮用期：2030年 参考价格：25澳元 ✪

Montepulciano d'Adelaide 2015
蒙帕赛诺阿德莱德 2015
评分：93 最佳饮用期：2025年 参考价格：30澳元

Yacca Paddock Adelaide Hills Tempranillo 2015
雅卡围场阿德莱德山添帕尼罗 2015
评分：92 最佳饮用期：2025年 参考价格：30澳元

Ein Riese Adelaide Hills Riesling 2016
伊恩里斯阿德莱德山雷司令2016
评分：92 最佳饮用期：2023年 参考价格：24澳元 ✪

Munari Wines 穆纳里葡萄酒 ★★★★☆

Ladys Creek Vineyard，1129 Northern Highway，Heathcote.维多利亚，3523
产区：西斯科特 电话：(03)5433 3366 网址：www.munariwines.com
开放时间：周二到周日，11:00—17:00 酿酒师：阿德里亚·穆纳里（Adrian Munari）
创立时间：1993年

产量（以12支箱数计）：3000　葡萄园面积：6.9公顷
建立在最初的西斯科特农业地产上，女士溪（Ladys Creek）葡萄园坐落在城北的11公里长的寒武纪土壤带上。阿德里亚·穆纳里（Adrian Munari）融合了传统酿制工艺和新世界的创新方法，生产出了果香为主的复杂、集中并且优雅的葡萄酒。酒庄自有葡萄园种植有西拉、赤霞珠、梅洛、品丽珠和马尔贝克。出口到法国、丹麦等国家，以及中国内地（大陆）和台湾地区。

🍷🍷🍷🍷🍷 Baby Black Barrosa Valley Heathcote Shiraz 2014
小黑巴罗萨西斯科特西拉2014
我们认为这款混酿葡萄酒的配比应是50：50，并且是来自由格伦·埃尔登（Glen Eldon）的理查德·希迪（Richard Sheedy）和阿德里亚·穆纳里（Adrian Munari）精心挑选出来的最佳酒桶。橡木桶（包括美国和法国的）中陈酿2年，最上层的味道是黑樱桃和黑莓，单宁成熟，恰到好处。
封口：螺旋盖　酒精度：14%　评分：95　最佳饮用期：2034年
参考价格：60澳元　TS

Municipal Wines　市政葡萄酒　★★★★

320 Morel和Road，Brunswick，Vic 3055（邮）产区：史庄伯吉山岭
电话：0401 354 611　网址：www.municipalwines.com.au　开放时间：不开放
酿酒师：麦特·弗鲁德（Matt Froude）　创立时间：2014年
产量（以12支箱数计）：600　葡萄园面积：1.8公顷
庄主兼酿酒师麦特·弗鲁德（Matt Froude）的工作经历非常特殊，在2009年回到澳大利亚学习酿酒前的10年中，他曾是环境工程师、导游和亚洲的英文学校管理者。2010年以后，他成功地在雅拉谷雅拉优伶（Yarra Yering，两个年份）和德保利（De Bortoli），俄勒冈的阿盖尔（Argyle），霍克湾（Hawke's Bay）的克拉吉庄园（Craggy Range），北罗纳河谷的皮尔加雅（Pierre Gaillard）、西班牙里奥哈和日本山梨（Yamanashi）等多个酒庄实践了葡萄酒酿造。最后的是他现在担任酿酒师的葡萄酒x萨姆（Wine x Sam）。他解释是市政葡萄酒的逻辑依据：冷凉气候葡萄酒酿造低酒精度，适宜配餐的葡萄酒。5个品种来自他租下的1.8公顷的小葡萄园，购买另外3个。他的葡萄栽培管理非常独特：他的葡萄园完全不使用任何化学药品（甚至不用硫和铜），并且仅仅在隔年修剪树形。相反的，葡萄酒酿造传统复杂，唯一可能不太传统的一处是他有3款酒不经过澄清和过滤。既然全部酒品在史庄伯吉山岭生长酿制，有必要解释一下这个名字：他计划在墨尔本北部的市郊开设一个酒厂和酒窖门店。

🍷🍷🍷🍷🍷 Whitegate Vineyard Double Gate Block Shiraz 2015
白门葡萄园双门地块西拉2015
深紫红色调；虽然苹乳发酵在发酵罐中进行，而且没有使用橡木，但它的质地、结构和风味都仍然很复杂。与家园葡萄园（Home Vineyard）那款酒有着根本上的不同（更加成熟饱满）。
封口：Diam软木塞　酒精度：14.4%　评分：92　最佳饮用期：2027年
参考价格：29澳元

Home Vineyard Shiraz 2015
家园葡萄园西拉2015
3个地块，分别采收于3月2日、3月14日和4月12日，分别发酵和熟成，第1块地中，15%的原料保留整串浆果，第2款去梗并加入4%的维欧尼，第3块地则100%原料均使用整串浆果。如此细化的原料处理方法是为了保证酒中充分保留凉爽气候下生长的品种带有的特殊的果味。并且要在葡萄刚开始成熟时采收——波美度很低。
封口：Diam软木塞　酒精度：12.7%　评分：91　最佳饮用期：2022年
参考价格：45澳元

Whitegate Vineyard Old Block Riesling 2016
白门葡萄园老地块雷司令 2016
一定时长的带皮浸渍带给了这款酒一点绿色调，长时间的低温发酵则抵消了带皮浸渍提取的风味物质。高酸度（8.9克/升）和低pH值（2.99）在口感和结尾中占了主要地位。即使酒中还有残糖，也并不明显。需要耐心等待它的成熟。
封口：螺旋盖　酒精度：12.3%　评分：90　最佳饮用期：2026年
参考价格：29澳元

Reserve Whitegate Vineyard Stretcher Block Tempranillo
白门葡萄园斯特雷奇地块添帕尼罗 2014
在法国、美国和匈牙利橡木桶（50%是新的）中熟成24个月。尽管色调很好，15.5吨/公顷的高产量使得葡萄的颜色还是很浅。成熟度的问题是因为低产量刚好在转折点，而且似乎市政葡萄园在各处都有这个问题。
封口：Diam软木塞　酒精度：13.1%　评分：90　最佳饮用期：2020年
参考价格：45澳元

🍷🍷🍷🍷 Home Vineyard Cabernate Sauvignon 2015
家园葡萄园赤霞珠2015
评分：89　最佳饮用期：2021年　参考价格：45澳元

Murdoch Hill　默多克山　★★★★★

260 Mappinga Road.Woodside，SA 5244　产区：阿德莱德山区
电话：（08）8389 7081　网址：www.murdochhill.com.au　开放时间：仅限预约
酿酒师：迈克尔·唐纳（Michael Downer）　创立时间：1998年
产量（以12支箱数计）：4000　葡萄园面积：20.48公顷

略大于20公顷的葡萄藤建立在查理（Charlie）和朱莉·唐纳（Julie Downer）的已经有60年的艾瑞卡（Erika）的连绵起伏的产业上，在橡岸（Oakbank）东部4公里之外。种植品种包括（重要性递减）长相思、西拉、赤霞珠和霞多丽。儿子麦克是酿酒师，他持有阿德莱德大学酿酒工程学士学位。出口到英国和中国。

🍷🍷🍷🍷🍷 The Landau Single Vineyard Oakbank Adelaide Hills Shiraz 2016
兰度单一葡萄园橡岸阿德莱德山西拉2016
32%的原料使用整串，与其他默多克山红葡萄酒一样，采用野生酵母发酵，在法国橡木桶（5%是新的）中陈酿。如此一来，通过精炼，而不是丰富口感，使得蔓越莓地块（Cranberry Block）的酒质得到了提升。第一口起就能感受到复杂而略扎口的单宁，但同时也有非常丰富的果味，酒体中等。
封口：Diam软木塞 酒精度：13.5% 评分：96
最佳饮用期：2041年 参考价格：50澳元 ✪

The Tilbury Adelaide Hills Chardonnay 2016
阿德莱德山霞多丽 2016
第戎克隆株系76、95、110V1和G9V7，采用野生酵母在法国橡木桶（20%是新的）中发酵。这款酒很有个性，优雅而有张力，果味丰富，带有葡萄柚，青苹果和白桃的味道。
封口：螺旋盖 酒精度：13% 评分：95 最佳饮用期：2026年
参考价格：50澳元

The Phaeton Piccadilly Valley Adelaide Hills Pinot Noir 2016
马车皮卡迪利谷阿德莱德山黑比诺 2016
克隆株系114、115和MV6，野生酵母发酵，40%的原料使用整串，在法国橡木桶（13%是新的）中陈酿。酒色极其明亮清澈，是个良好的开端。酒香中略带辛香料的味道，口感集中、完整，带有一点荆棘味儿的结尾，回味悠长。
封口：Diam软木塞 酒精度：13.5% 评分：95
最佳饮用期：2027年 参考价格：50澳元

Cranberry Block Oakbank Adelaide Hills Shiraz 2016
蔓越莓地块橡岸阿德莱德山西拉2016
30%的原料使用整串，在法国橡木桶（15%是新的）中陈酿。浓郁、有力的西拉，带有黑色水果、黑胡椒、香料和甘草的味道。除了带来丰富而集中的感官刺激之外，这款酒的状态很好，整体平衡。冷凉气候风格中的顶级佳酿。
封口：螺旋盖 酒精度：13.5% 评分：95 最佳饮用期：2036年
参考价格：30澳元 ✪

Halfway Block Adelaide Hills Sauvignon Blanc 2016
半路地块阿德莱德山长相思2016
分3批发酵——分别为带皮浸渍，在旧的法国橡木桶以及在不锈钢罐中发酵——以取得所需的质地和结构，酚类风味物质等。水果的味道也十分明显。
封口：螺旋盖 酒精度：12.5% 评分：94 最佳饮用期：2020年
参考价格：30澳元 ✪

Adelaide Hills Chardonnay 2016
阿德莱德山霞多丽 2016
酒瓶上的标签因为背景而无法辨认上面的字迹，但酒本身足以告诉我它的酿制过程，一定量的新橡木桶内发酵让这款酒得以保持新鲜和浓郁的柑橘/核果的味道。
封口：螺旋盖 酒精度：13% 评分：94 最佳饮用期：2023年
参考价格：30澳元 ✪

🍷🍷🍷🍷🍷 Adelaide Hills Sauvignon Blanc 2016
阿德莱德山长相思2016
评分：93 最佳饮用期：2018年 参考价格：22澳元 ✪

The Surrey Adelaide Hills Pinot Meunier 2016
轻马车阿德莱德山比诺莫尼耶2016
评分：93 最佳饮用期：2024年 参考价格：40澳元

Ridley Adelaide Hills Pinot X Two 2016
瑞德利阿德莱德山比诺X2 2016
评分：92 最佳饮用期：2026年 参考价格：34澳元

Sulky Blanc 2016
愠怒白 2016
评分：90 最佳饮用期：2020年 参考价格：34澳元

Adelaide Hills Pinot Noir 2016
阿德莱德山黑比诺 2016
评分：90 最佳饮用期：2021年 参考价格：30澳元

Murray Street Vineyards 穆雷街葡萄园 ★★★★★

Murray Street，Greenock，SA 5360 产区：巴罗萨谷
电话：（08）8562 8373 网址：www.murraystreet.com.au 开放时间：每日开放，
酿酒师：克雷格·韦内（CraigViney） 创立时间：2001年
产量（以12支箱数计）：20000 葡萄园面积：50公顷

2001年，安德鲁·沙普（Andrew Seppelt）和合伙人比尔·杨克（Bill Jahnke，后者是一个成功的投资银行家）建立了穆雷街葡萄园。酒庄很快就建立了自己作为极其优秀的葡萄酒生产商的地位。2014年，在比尔的知情并认可的情况下，安德鲁开始筹建一个独立的企业，2015年比尔成为了唯一的所有人，任命克雷格·韦内（Craig Viney，之前的八年，他一直在安德鲁身边工作）为酿酒师。比尔打算扩大生产能力和分销网络。下一步，穆雷街和MSV两个品牌将成为旗舰产品。出口丹麦、老挝、新加坡和新西兰等国家，以及中国澳门地区。

🍷🍷🍷🍷🍷 Reserve Barrosa Valley Shiraz Viognier 2014
珍藏巴罗萨谷西拉维欧尼2014
色泽优美；富有表现力，酒香馥郁，中等至饱满酒体，口感中带有深色浆果的味道，并因为维欧尼而更加柔和，成熟而温和的单宁与橡木的味道融合在一起，格外平衡，非常诱人。
封口：Diam软木塞　酒精度：14.5%　评分：97　最佳饮用期：2039年
参考价格：80澳元 ✪

Reserve Barrosa Valley Shiraz Mataro 2014
巴罗萨谷西拉马塔洛 2014
中等酒体，紫色和黑色水果使得口感轻快、多汁。这并没有影响到整体的萍儿，只是增加了新鲜度和质感。
封口：Diam软木塞　酒精度：13.5%　评分：97　最佳饮用期：2034年　参考价格：80澳元

Reserve Barrosa Valley Shiraz Cabernate Sauvignon 2014
巴罗萨谷西拉赤霞珠2014
与其它两个2014珍藏款的兄弟酒款不同，口感更坚实，带有黑加仑和其他黑色水果的味道。酒精度似乎低于14.5%（当然了，这也没什么不好）。中等酒体，带有西拉马塔洛的新鲜感。
封口：Diam软木塞　评分：97　最佳饮用期：2034年
参考价格：80澳元 ✪

🍷🍷🍷🍷🍷 The Barrossa 2014
巴罗萨2014
47%的歌海娜，30%的西拉，23%的马塔洛。受到歌海娜强烈的影响，如你所料，但其他品种也都表现得很好。酒香中甜果和咸味两者都有，伴随着成熟浆果、香水和香料的味道。这些风味略带温暖泥土的气息、浓郁深厚，与收敛感完美地融合在一起。
封口：螺旋盖　酒精度：13.6%　评分：95　最佳饮用期：2024年
参考价格：35澳元　SC ✪

🍷🍷🍷🍷 White Label Barrosa Valley Semillon 2016
白标巴罗萨赛美蓉 2016
评分：93　最佳饮用期：2023年　参考价格：23澳元　SC ✪

Black Label Barrosa Valley Mataro 2015
黑标巴罗萨马塔洛 2015
评分：93　最佳饮用期：2026年　参考价格：25澳元　SC ✪

Gomersal Barrosa Valley Shiraz 2014
高莫萨尔巴罗萨谷西拉2014
评分：91　最佳饮用期：2030年　参考价格：60澳元　PR

Murrindindi Vineyards　默林丁迪葡萄园　★★★★☆

1018 Murrindindi Road，Murrindindi，Vic 3717　产区：上高宝（Upper Goulburn）
电话：0438 305 314　网址：www.murrindindivineyards.com　开放时间：不开放
酿酒师：休·卡斯伯森（Hugh Cuthbertson）　创立时间：1979年
产量（以12支箱数计）：30000　葡萄园面积：70公顷
这个小酒厂的所有者和经营者是休·卡斯伯森（Hugh Cuthbertson），是他的父母亚伦（Alan）和简（Jan，现已退休）为增加牧场的多样化而建立的。休长期以来高调地从事葡萄酒职业生涯，负责监督葡萄酒市场，包括家族的珍藏和别告诉爸爸（Don't Tell Dad）品牌。出口到英国和中国。

🍷🍷🍷🍷🍷 Yarradindi Family Reserve Cabernate Sauvignon 2015
亚伦丁迪家族珍藏赤霞珠 2015
精致、饱满的赤霞珠，它的中文背标很有意思。黑醋栗酒/黑加仑是酒的香气和口感的核心，赤霞珠带来了非常坚实的单宁，我猜，这正是有经验的中国消费者们所追求的味道。高质量的法国橡木也是这款酒的加分项。
封口：螺旋盖　酒精度：14%　评分：95　最佳饮用期：2030年
参考价格：38澳元

Family Reserve Yea Valley Shiraz 2015
家族珍藏叶谷西拉2015
原料产自一个2公顷的自有小葡萄园，在法国橡木桶（33%是新的）中陈酿18个月。这是一款酒体饱满的西拉，果味丰富，单宁成熟，带有香柏木和法国橡木的味道。突出的单宁衬托了酒中的黑樱桃、黑莓和甘草的味道，还需要再陈放许多年。
封口：螺旋盖　酒精度：14%　评分：94　最佳饮用期：2035年　参考价格：38澳元

🍷🍷🍷🍷 Mr Hugh Chardonnay 2016

休先生霞多丽 2016
评分：91　最佳饮用期：2021年　参考价格：48澳元
Mr Hugh Pinot Noir 2016
休先生黑比诺2016
评分：91　最佳饮用期：2026年　参考价格：48澳元
Mr Hugh Pinot Noir 2015
休先生黑比诺2015
评分：90　最佳饮用期：2023年　参考价格：55澳元　JF

Murrora Wines　默罗拉葡萄酒　NR

124 Gooromon Ponds Road，Wallaroo，新南威尔士州，2618　产区：堪培拉地区
电话：0414 230 677 网址：www.wine.murrora.com.au　开放时间：不开放
酿酒师：乔安娜·穆瑞（Joshua Murray）　创立时间：2013年
产量（以12支箱数计）：500　葡萄园面积：1公顷
默罗拉是沃拉鲁（Wallaroo）的一个小葡萄园和酒厂，由约书亚（Joshua）和乔安娜·穆瑞（Joanna Murray）建立于2013年。企业名的来历就不必多说了。前任业主在20世纪90年代后期种植了园中的葡萄藤，2009年穆瑞一家收购了葡萄园。在葡萄园进行管理和产量/质量恢复工作的同时，葡萄也出售给堪培拉地区的其他酒厂。2013，约书亚接任酿酒师后情况有所改变，他们停止了葡萄出售。

Murrumbateman Winery　马鲁巴特曼酒厂　★★★★

Cnr Barton Highway/McIntosh Circuit，Murrumbateman，新南威尔士州，2582
产区：堪培拉地区　电话：(02)6227 5584　网址：www.murrumbatemanwinery.com.au
开放时间：周五至周日，10:00—17:00　酿酒师：鲍比·马金（Bobbie Makin）
创立时间：1972年　产量（以12支箱数计）：1000　葡萄园面积：4公顷
酒庄葡萄园种植有4公顷的长相思和西拉。园内也包括餐厅和多功能厅，以及野餐和烧烤区。

🍷🍷🍷🍷🍷 Sangiovese 2016
桑乔维塞 2016
纯粹的红樱桃的酒香，接下来是同样纯净的以红樱桃为主的口感。今天晚上就喝掉它，不要等到明天。
封口：螺旋盖　酒精度：14%　评分：93　最佳饮用期：2020年
参考价格：25澳元 ✪

Malbec 2015
马尔贝克 2015
色泽优美，深度和色调都很好；它将马尔贝克这样一个难以驾驭的品种酿造得非常诱人。带有非同寻常的鲜煮咖啡、李子和黑樱桃的香气，中等酒体。
封口：螺旋盖　酒精度：13%　评分：92　最佳饮用期：2029年
参考价格：30澳元

Riesling 2016
雷司令2016
酒标上说这款酒很干、清爽，大量的甜青柠汁的味道，使酒非常地容易入口，很好喝。在这里有无残糖并不重要。
封口：螺旋盖　酒精度：11.5%　评分：90　最佳饮用期：2023年
参考价格：30澳元

🍷🍷🍷🍷 Mollie's Block Sauvignon Blanc 2016
莫利地块长相思2016
评分：89　最佳饮用期：2017年　参考价格：25澳元

Muster Wine Co　马斯特葡萄酒公司　★★★★☆

c/- 60 Sheffield Street，Malvern，SA 5061　产区：巴罗萨谷
电话：0430 360 350　网址：www.musterwineco.com.au　开放时间：仅限预约
酿酒师：大卫·马斯特（David Muster）　创立时间：2007年　产量（以12支箱数计）：2500
哥特弗瑞德·马斯特（Gottfried Muster）和他家人在1859从欧洲移居到此，并定居在巴罗萨谷。因此，他们的直系后裔大卫·马斯特（David Muster）简直就是在葡萄酒中出生长大的。这是一个虚拟酒厂；大卫·马斯特从2007年起就开始进行葡萄酒贸易。他在巴罗萨和克莱尔谷搜寻小批量的葡萄酒，发展了一些重要的联系人，得以销售一些相对来说数量很小的产品品牌，有时价格超值。出口到美国。

🍷🍷🍷🍷🍷 Polish Hill River Riesling 2016
波兰山河雷司令2016
没有什么能像新鲜年轻的克莱尔谷雷司令中活泼的橙皮那样能够调动味蕾。不可或缺的白花和湿润鹅卵石的气息，可以品尝到柠檬-青柠汁，一点点酸甜味。还有爽脆的酸度和神韵。
封口：螺旋盖　酒精度：11.5%　评分：93　最佳饮用期：2027年
参考价格：22澳元　JF ✪

Greenock Barrosa Valley Shiraz 2015
格林诺克巴罗萨谷西拉2015
还需要时间，最初它是封闭的，有些橡木味，有时有出乎意料的味道。但它会慢慢展

开，表现出浓缩的核心中充满的黑甜水果、糖蜜、甘草和成熟的丰满的单宁，结构感好。
封口：螺旋盖　酒精度：13.7%　评分：92　最佳饮用期：2028年
参考价格：30澳元　JF

Le Vaillant Rose 2016
英勇桃红 2016
漂亮的中等三文鱼粉色调，接下来是淡淡的混合香料和红色水果的味道，以及柠檬味的酸度——结尾清脆、干爽和新鲜。
封口：螺旋盖　酒精度：12%　评分：91　最佳饮用期：2018年
参考价格：24澳元　JF

MyattsField Vineyards　米亚茨菲尔德　★★★★☆

Union Road，Carmel Valley，WA 6076　产区：珀斯山
电话:（08）9293 5567　网址：www.myattsfield.com.au
开放时间：周五至周日和公共节假日，11:00—17:00
酿酒师：乔什（Josh）和瑞秋·达文波特（Rachael Davenport）、乔什·尤龙（Josh Uren）
创立时间：2006年　产量（以12支箱数计）：不详
米亚茨菲尔德葡萄园的所有人是乔什（Josh）和瑞秋·达文波特（Rachael Davenport），两人都有丰富的酿酒经验。两人都有酿酒工程学位，并且两人都有在国内和飞行酿酒师的经验，尤其是瑞秋。2006年，他们决定还是更愿意为自己工作。离职后，他们共同建立了一个酒厂，刚好来得及酿造2007年份的葡萄酒。他们的葡萄园包括赤霞珠、梅洛、小味儿多、西拉和霞多丽，他们也收购远至满吉姆产区的小型地块的葡萄。

🍷🍷🍷🍷🍷　Kenneth Green Vintage Fortified 2014
肯尼斯绿色年份加强型 2014
国家图瑞加、西拉和杜瑞夫的混酿。这是一款卓越的加强型葡萄酒。除了浓烈、醉人的力量，干香草、烟草和饱和的深色水果带来的更加诱人的香气，紧凑，略带咸味，并没有过多的甜味。
封口：橡木塞　酒精度：13.5%　评分：95　参考价格：35澳元　NG　✪

🍷🍷🍷🍷　Cabernate Sauvignon Merlot Franc 2015
赤霞珠梅洛弗朗克 2015
评分：92　最佳饮用期：2023年　参考价格：26澳元　NG

Joseph Myatt Reserve 2014
约瑟夫米亚特珍藏
评分：90　最佳饮用期：2024年　参考价格：45澳元　NG

Myrtaceae　桃金娘　★★★★

Main Creek Road，Main Ridge，Vic 3928　产区：莫宁顿半岛
电话：(03)5989 2045　网址：www.myrtaceae.com.au
开放时间：周末以及公共节假日，12:00—17:00
酿酒师：朱莉·图曼（Julie Trueman）　创立时间：1985年
产量（以12支箱数计）：300　葡萄园面积：1公顷
1984年，约翰·图曼（John Trueman，葡萄栽种专家）和妻子朱莉（Julie，酿酒师）购买下了莫宁顿半岛偏僻亚瑟之座（Arthurs Seat）附近的一处产业。于1998种植了霞多丽（0.6公顷），最初种植的赤霞珠在1999年被替换为黑比诺（0.4公顷）。每年只有1款霞多丽和1款黑比诺是用来自酒庄自产的葡萄酿制的，最近增加了1款黑比诺的桃红葡萄酒。采用斯考特·亨利（Scott Henry）的架式精心修剪整形以使葡萄能在这个凉爽、高处的地方得到尽可能多的阳光和流动的空气。酒厂周围有很多花园。

🍷🍷🍷🍷　Selwyns Fault Mornington Peninsula Rose 2016
塞尔温之过莫宁顿半岛桃红 2016
由黑比诺酿制而成。非常淡的粉红色；它的优点是它在味蕾上传递信息的方式，细腻而丰盈，轻柔的草莓味道覆盖口腔，回味干爽。
封口：螺旋盖　酒精度：13.5%　评分：93　最佳饮用期：2017年
参考价格：25澳元　✪

Mornington Peninsula Pinot Noir 2014
莫宁顿半岛黑比诺2014
色泽优美；充分表现出了2014年份带来的力量和集中性，又比其他半岛出产的酒品处理得更好。口感中占据主导地位的是红色和黑色樱桃，还有一些李子的味道，平衡和长度很好，这说明它的确会成熟得很好。
封口：螺旋盖　酒精度：13.5%　评分：92　最佳饮用期：2029年
参考价格：40澳元

Naked Run Wines　裸奔葡萄酒　★★★★☆

36 Parawae Road，Salisbury Plain，SA 5109（邮）产区：克莱尔谷/巴罗萨谷
电话：0408 807 655 www.nakedrunwines.com.au　开放时间：不开放
酿酒师：斯蒂文·布拉格利亚（Steven Baraglia）　创立时间：2005年
产量（以12支箱数计）：1200
裸奔是杰米·伍德（Jayme Wood）、布莱德利·居里（Bradley Currie）和斯蒂文·布拉格利亚（Steven Baraglia）的虚拟酒厂，他们的技能范围涵盖从葡萄栽培到生产的一系列环节，市场营

销［不要与裸露葡萄酒（Naked Wines）弄混］。使用的雷司令原料来自克莱尔谷，歌海娜来自巴罗萨谷的威廉姆斯镇（Williamstown）区域，以及西拉来自格林诺克（Greenock）。

🍷🍷🍷🍷🍷　The First Clare Valley Riesling 2016

第一克莱尔谷雷司令2016

紧随2015年份，这款葡萄酒也是多枚金质奖章的优胜者。从始至终都非常精致和准确。滑石，纯粹的柠檬髓和青柠叶的香气，口感与之相呼应的同时，还有略带清灰，矿物质味道的酸度作为骨架。现在就已经华丽动人，可以饮用，但也可以长期陈放。

封口：螺旋盖　酒精度：12%　评分：95　最佳饮用期：2035年　SC

Place in Time Sevenhill Clare Valley Riesling 2011

此时此地七山克莱尔谷雷司令2011

这一款雷司令来自著名的充满挑战性的冷凉的年份，而且经过瓶储一段时间。香气表现了它在瓶储中发生的经典的发展变化：蜂蜜，烤面包，新割下的干草——然后是一些充满活力的青柠汁。口感活泼，尽管并没有惊人的深度，也会给饮者带来大量的愉悦感。

封口：螺旋盖　酒精度：12%　评分：94　最佳饮用期：2021年　SC

Nannup Ridge Estate　楠娜岭庄园　★★★★☆

PO Box 2，Nannup，WA 6275（邮）　产区：布莱克伍德谷（Blackwood Valey）

电话：(08) 9286 2202　网址：www.nannupridge.com.au　开放时间：不开放

酿酒师：布鲁斯公爵（Bruce Dukes）　创立时间：1998年

产量（以12支箱数计）：4000　葡萄园面积:30公顷

20世纪初，这片地原来的所有者就在此经营农场，布利泽德（Blizard）和菲兹杰尔德（Fitzgerald）两个家族从他们手中买下了这片当时还未种植任何葡萄的产业，实际上，马克（Mark）和阿丽森·布利泽德（Alison Blizard）在20世纪90年代早期就已经移居此地，并在美丽的当纳利（Donelly）河边建立了一个小葡萄园。合伙人因为（当时）与星座（Constellation）酒业的葡萄销售合约而种植了12公顷的主流葡萄品种（和1公顷的添帕尼罗），他们至今仍然认为自己是葡萄种植者，但（现已扩建的）酒庄葡萄已经很有技巧的采用合约酿酒生产了多款非常成功的葡萄酒。物超所值。出口到中国。

🍷🍷🍷🍷🍷　Rolling Hills Chardonnay 2015

群山起伏霞多丽 2015

透亮的草秆绿色；可能因为复杂的酿造工艺，比许多黑木谷（Blackwood Valley）的葡萄酒都要更有深度和复杂度。质地饱满的核果和无花果的味道充满口腔，法国橡木的味道明显但非常平衡。

封口：螺旋盖　酒精度：13.2%　评分：95　最佳饮用期：2025年

参考价格：28澳元　✪

Reserve Chardonnay 2015

珍藏霞多丽 2015

这是一款流水线美酒，充盈这白桃和油桃的味道，橡木作为支撑，还有一点奶油燕麦粥的味道作为核心。也略有火柴和矿物质的味道，水果的纯度和风味物质的浓度丰厚，令人印象深刻。

封口：螺旋盖　酒精度：13.1%　评分：94　最佳饮用期：2025年

参考价格：40澳元　NG

🍷🍷🍷🍷🍷　Firetower Sauvignon Blanc 2016

防火塔长相思2016

评分：93　最佳饮用期：2019年　参考价格：21澳元　NG　✪

Rolling Hills Merlot 2015

群山起伏梅洛2015

评分：93　最佳饮用期：2025年　参考价格：30澳元　NG

Rolling Hills Shiraz 2015

群山起伏西拉2015

评分：91　最佳饮用期：2025年　参考价格：30澳元　NG

Narkoojee　纳库吉　★★★★★

170 Francis Road，Glengarry，Vic 3854　产区：吉普史地

电话：(03)5192 4257　网址：www.narkoojee.com　开放时间：每日开放，10:30—16:30

酿酒师：阿历克斯·弗兰德（Axel Friend）　创立时间：1981年

产量（以12支箱数计）：5000　葡萄园面积：10.3公顷

纳库吉（最初是弗兰德［Friend］家族的一个奶牛场），靠近瓦尔哈拉（Walhalla）的旧金矿镇，面朝斯切莱茨基（Strzelecki）山脉。所有的葡萄酒均出自酒庄葡萄园（10公顷），其中霞多丽占总量的一半。1994年，哈利·弗兰德（Harry Friend）和儿子阿历克斯（Axel）接掌了管理权，哈利曾经是土木工程专业的讲师，也是一位极其成功的业余酿酒师。自从接手家族葡萄园和酒厂后，他们将酒庄管理得井井有条，出产的葡萄酒，尤其是霞多丽，充分体现了他们的酿酒水平。出口到加拿大、日本和中国。

🍷🍷🍷🍷🍷　Reserve Gippsland Chardonnay 2014

珍藏吉普史地霞多丽 2014

这是一个霞多丽非凡的年份，这款葡萄酒完整地反映了这一年份。浓郁程度几乎超乎想象，却又并不过分，极好的平衡和长度；葡萄柚、白桃、奶油腰果和持久的酸度完

美地融合在一起。
封口：螺旋盖 酒精度：13.5% 评分：97 参考价格：48澳元 ✪

🍷🍷🍷🍷🍷 Lily Grace Gippsland Chardonnay 2015
莉莉格雷斯吉普史地霞多丽 2015
透亮的草秆绿色；水果的味道在口中不断地变换，从白桃、油桃和葡萄柚自然地汇合成一体，纯粹的酸度是这里的特殊元素。这是一款真正可爱的霞多丽。
封口：螺旋盖 酒精度：13.5% 评分：96 参考价格：26澳元 ✪

Valerie Gippsland Chardonnay 2015
瓦莱丽吉普史地霞多丽 2015
不仅仅是霞多丽的高百分比将它与2015珍藏区分开来；还有力量、复杂性和品种特有的果味——白桃、葡萄柚和奶油、坚果的细微差别和长度。
封口：螺旋盖 酒精度：14% 评分：96 参考价格：60澳元 ✪

Four Generations Gippsland Merlot 2015
四代际吉普史地梅洛2015
仅仅在不同寻常的年份才会在最后进行酒桶选择。相比于阿特尔斯坦（The Athelstan），它注定会带来更好的深度和风味，相当的长度。
封口：螺旋盖 酒精度：14% 评分：95 最佳饮用期：2030年 参考价格：43澳元

Reserve Gippsland Chardonnay 2015
珍藏吉普史地霞多丽 2015
我不打算争论50%的苹乳发酵的使用，但这的确增加了复杂度，降低了自然酸度。我对这款酒并不失望，它平衡柔顺，口感中有坚果对味道，尾韵悠长均衡。
封口：螺旋盖 酒精度：14% 评分：94 参考价格：48澳元

Gippsland Pinot Noir 2015
吉普史地黑比诺 2015
色泽优美；酒香中有着深色樱桃李子和可口的香料的味道，也在口感中得到了呼应。唯独瓶储时间尚缺。等到2019年之后再饮用，你会感谢自己的。
封口：螺旋盖 酒精度：14% 评分：94 最佳饮用期：2023年
参考价格：28澳元 ✪

Reserve Gippsland Pinot Noir 2014
珍藏吉普史地黑比诺 2014
深沉、明亮的紫红色调；口感饱满，层次丰富，最先出现的是有光泽的黑樱桃，接着是淡淡的李子的味道。的确优美诱人，可以给人带来很多欢乐——现在或者随时都可以饮用。
封口：螺旋盖 酒精度：14% 评分：94 最佳饮用期：2030年
参考价格：38澳元

Reserve Isaac Gippsland Shiraz 2013
珍藏艾萨克吉普史地西拉2013
这是一款充满力量的中等至饱满酒体的西拉，大量的黑色水果，以及相对少量的红色和紫色水果的味道；香料和荆棘，以及香柏木和法国橡木的味道，与良好的单宁一起构成了体感与层次。它还很年轻，肯定会优雅、缓慢地成长。
封口：螺旋盖 酒精度：14% 评分：94 最佳饮用期：2033年
参考价格：38澳元

The Athelstan Gippsland Merlot 2015
阿特尔斯兰吉普史地梅洛2015
中等酒体，有黑醋栗、淡淡的李子和香料的味道，单宁可口——这些特点将它与赤霞珠区分开来，但并没有过多的李子味道。
封口：螺旋盖 酒精度：13.5% 评分：94 最佳饮用期：2025年
参考价格：29澳元 ✪

🍷🍷🍷🍷 Valerie Gippsland Pinot Noir 2015
瓦莱丽吉普史地黑比诺 2015
评分：93 最佳饮用期：2027年 参考价格：43澳元

Gippsland Viognier 2015
吉普史地维欧尼2015
评分：90 参考价格：26澳元

Nashwauk 纳什沃克 ★★★★

PO Box 852，Nuriootpa，SA 5355（邮） 产区：麦克拉仑谷
电话：(08) 8562 4488 网址：www.nashwaukvineyards.com.au 开放时间：不开放
酿酒师：雷德·博斯霍德（Reid Bosward），斯蒂芬·露（Stephen Dew）
创立时间：2005年 产量（以12支箱数计）：5000 葡萄园面积：20公顷
这是一个以酒庄为主的企业，种有17公顷的西拉、2公顷的赤霞珠和1公顷的添帕尼罗。除了添帕尼罗之外的树龄都在15—40年之间。是凯斯勒（Kaesler）家族的一个独立企业，并且是第一次扩展到巴罗萨谷之外。他们的标签上有醒目的葡萄园的卫星照片，展示出园子的轮廓；名字纳什沃克来自加拿大的阿尔冈昆人（Algonquin）语，意思是“之间的土地”。这片产业坐落在（非正式的）海景（Seaview）小产区，与凯斯（Kays），教堂山（Chapel Hill）和可利（Coriole）等地相邻；这些地方都有着海风和凉爽的夜晚，对葡萄种植十分有益。出口到美国、新加坡、马来西亚等国家，以及中国内地（大陆）和香港地区。

🍷🍷🍷🍷🍷 Beacon McLarent Vale Shiraz 2013
灯塔麦克拉仑谷西拉2013
酒色相对来说较浅而且有些发散，绝对不能算是深色或黑色；水果味道忠实地表现了麦克拉仑谷的风格。带有成熟的樱桃的味道，比较新鲜。
封口：橡木塞　酒精度：15.5%　评分：92　最佳饮用期：2028年
参考价格：120澳元

McLarent Vale Cabernate Sauvignon 2014
麦克拉仑谷赤霞珠 2014
出色的深石榴石色；非常结实有力，带有丰富的单宁，同时也有大量的黑莓、精油和香柏木 香料的味道。
封口：螺旋盖　酒精度：14.5%　评分：90　最佳饮用期：2024年
参考价格：25澳元　JF

🍷🍷🍷🍷 Wrecked McLarent Vale Shiraz 2013
沉船麦克拉仑谷西拉2013
评分：89　最佳饮用期：2023年　参考价格：70澳元

Nazaaray　那扎雷 ★★★★

266 Meakins Road，Flinders，Vic 3929　产区：莫宁顿半岛
电话：(03)5989 0126　网址：www.nazaaray.com.au　开放时间：每月第一个周末
酿酒师：帕拉姆迪普·高曼（Paramdeep Ghumman）
创立时间：1996年　产量（以12支箱数计）：800　葡萄园面积：2.28公顷
据我所知，帕拉姆迪普·高曼（Paramdeep Ghumman）是澳大利亚唯一在印度出生的酒厂业主。他和他的妻子在1991年买下了纳泽阿雷葡萄园的地产。1996年最初试验种植时只有400株葡萄藤，后来逐渐扩增到现在的水平：1.6公顷的黑比诺、0.44公顷的灰比诺以及长相思和西拉各0.12公顷。虽然酒庄很小，但所有的葡萄酒都在酒庄内酿制和装瓶。

🍷🍷🍷🍷🍷 Single Vineyard Mornington Peninsula Sauvignon Blanc 2016
单一葡萄园莫宁顿半岛长相思2016
发酵并且在橡木桶中熟成8个月。完成得很好，橡木带来了更多的质地而不是味道。口感中带有更多的柑橘味的味道，而不是热带水果的味道，这是一个陈述，不是批评——我喜欢这款酒。
封口：螺旋盖　酒精度：13.5%　评分：92　最佳饮用期：2018年
参考价格：30澳元

Single Vineyard Mornington Peninsula Pinot Rose 2015
单一葡萄园莫宁顿半岛比诺桃红 2015
纳泽阿雷黑比诺是这款酒的基础，将果汁带皮浸渍12—14小时，熟成9个月。来自桶内发酵的中等三文鱼粉色调，同样，辛辣/鲜咸/荆棘淡化了红色水果的味道。结尾很好，非常干爽。一款值得细品的葡萄酒。
封口：螺旋盖　酒精度：14%　评分：91　最佳饮用期：2017年
参考价格：30澳元

Single Vineyard Mornington Peninsula Pinot Gris 2016
单一葡萄园莫宁顿半岛灰比诺2016
野生酵母-桶内发酵，大量的沙梨和柑橘的味道，线条和长度都很好。质量上乘。
封口：螺旋盖　酒精度：14%　评分：90　最佳饮用期：2019年
参考价格：30澳元

Nepenthe　那裴斯 ★★★★☆

Jones Road，Balhannah，SA 5242　产区：阿德莱德山区
电话：(08) 8398 8888　网址：www.nepenthe.com.au　开放时间：每日开放，10:00—16:00
酿酒师：亚历克斯·瑞斯科塞克（Alex Trescowthick）
创立时间：1994年　产量（以12支箱数计）：40000　葡萄园面积：108.68公顷
那裴斯很快就建立了其作为高品质葡萄酒生产商的名声。但创始人艾德·特威德尔（Ed Tweddell）在2006年意外身亡，澳大利亚佳酿有限公司（Australian Vintage Limited）在第2年将酒庄买下。2009年葡萄酒厂关闭，葡萄酒酿造的部分被转移到麦格根酒庄（McGuigan Wines，巴罗萨谷）。彼得·莱斯克（Peter Leske）和马克·科兹（Mark Kozned）购买下了那裴斯葡萄酒厂，并通过他们的归来（Revenir）公司提供合约葡萄酒酿造服务。那裴斯在阿德莱德山区有4个葡萄园，一共有100公顷的密集种植的葡萄藤，包括一系列带有异国情调的品种。出口到英国、美国和其他主要市场。

🍷🍷🍷🍷🍷 Pinnacle Ithaca Adelaide Hills Chardonnay 2015
伊萨卡峰阿德莱德山霞多丽 2015
这是一款有着悠久历史和高贵血统的葡萄酒。白桃为主的果味和轻柔的坚果/奶油法国橡木的味道和谐地交织在一起；平衡和长度都无可挑剔。
封口：螺旋盖　酒精度：13.5%　评分：95　最佳饮用期：2025年
参考价格：32澳元　✪

Pinnacle The Good Doctor Adelaide Hills Pinot Noir 2015
好医生峰阿德莱德山黑比诺 2015
酒香芬芳，轻度至中等酒体，非常诱人的绸缎般柔顺的口感中带有大量的红色水果、森林地表的味道。略咸/果梗般的野草莓的复杂水果味道。差不多可以喝了。

封口：螺旋盖　酒精度：13%　评分：94　最佳饮用期：2022年
参考价格：32澳元

Pinnacle Gate Block Adelaide Hills Shiraz 2015
大门地块峰阿德莱德山西拉2015
明亮的紫红色；酒香中最主要的占据主导地位的是黑色水果，伴随着香料和胡椒的气息，优雅的口感中带有红色和黑色樱桃的和谐味道。
封口：螺旋盖　酒精度：14.5%　评分：94　最佳饮用期：2030年
参考价格：32澳元

🍷🍷🍷🍷🍷 Winemaker's Selection Arneis 2016
酿酒师精选阿尼斯 2016
评分：90　最佳饮用期：2018年　参考价格：25澳元

Winemaker's Selection Gruner Veltliner 2016
酿酒师精选绿维特利纳 2016
评分：90　最佳饮用期：2018年　参考价格：25澳元

Tempranillo 2015
添帕尼罗 2015
评分：90　最佳饮用期：2021年　参考价格：20澳元 ✪

New Era Vineyards　新纪元葡萄园 ★★★★

PO Box 391，Woodside，SA 5244（邮）　产区：阿德莱德山区
电话：0413 544 246　网址：www.neweravineyards.com.au　开放时间：不开放
酿酒师：罗伯特（Robert）和伊恩·巴克斯特（Iain Baxter）
创立时间：1988年　产量（以12支箱数计）：500　葡萄园面积：13公顷

新纪元葡萄园坐落在一个金矿矿脉上——直到可开采的金矿全部被开发完毕，一共活跃了60年（开采在1940年终止）。葡萄园最初种植了霞多丽、西拉、赤霞珠、梅洛和长相思，他们最近与福斯特（Foster's）签订了酿酒合同，并将2公顷的赤霞珠和1.1公顷的梅洛与长相思嫁接。大部分产品出售给这一产区内其他酿酒师们。他们自己酿造一小部分的葡萄酒赢得了很好的评价。

🍷🍷🍷🍷🍷 Adelaide Hills Rose 2016
阿德莱德山比诺桃红 2016
灯笼海棠红色，带有覆盆子，草莓和奶油的香气；一些质感，一点甜度，回味新鲜清爽。
封口：螺旋盖　酒精度：13%　评分：91　最佳饮用期：2019年
参考价格：20澳元　JF ✪

Langhorne Creek Touriga Nacional 2015
兰好乐溪国家图瑞加 2015
酒呈中等紫色，带有麝香，红甘草、玫瑰、紫罗兰和甜美多汁覆盆子的香气。中等酒体，酸度明快，单宁成熟，现在就可以享用了。
封口：螺旋盖　酒精度：13.5%　评分：90　最佳饮用期：2019年
参考价格：25澳元　JF

🍷🍷🍷🍷 Adelaide Hills Sauvignon Blanc 2016
阿德莱德山长相思2016
评分：89　最佳饮用期：2018年　参考价格：20澳元　JF

Newbridge Wines　新桥葡萄酒 ★★★☆

18 Chelsea Street，明亮的on，Vic 3186（邮）产区：班迪戈
电话：0417 996 840　网址：www.newbridgewines.com.au
开放时间：在新桥酒店，纽布里奇（Newbridge Hotel，Newbridge）
酿酒师：马克·马修（Mark Matthews），安德鲁·辛普森（Andrew Simpson）
创立时间：1996年　产量（以12支箱数计）：300　葡萄园面积：1公顷

新桥地产于1979年被伊安·辛普森（Ian Simpson）购下，部分是因为情感上和家族历史的原因，一部分是因为这片产业本身——坐落在洛登（Loddon）河岸，风景优美。直到1996年伊安才决定种植西拉，一直到2002年（包括当年），酒庄生产的葡萄都被出售给了几个本地葡萄酒厂。伊安在2003年，留下了葡萄并酿造了葡萄酒，在去世前还见证了两个年份的葡萄酒。现在酒庄由他的儿子安德鲁经营，葡萄酒全部由合约酿酒师马克·马修（Mark Matthews）酿制，同时安德鲁也会热情地参与到其中。

🍷🍷🍷🍷🍷 Bendigo Shiraz 2013
班迪戈西拉2013
包括大概（但少于）15%的葡萄酒来自被霜冻侵袭的2014年份。色泽仍然呈现得很好，饱满的紫色-深红色调；这是一款优雅的葡萄酒，带有辛辣、鲜咸的黑色水果和相当数量的橡木（依然很平衡）味道。按新桥的说法，饮用时它需要一定程度氧化。
封口：螺旋盖　酒精度：14.5%　评分：90　最佳饮用期：2028年
参考价格：25澳元

Newtons Ridge Estate　牛顿岭庄园 ★★★★

1170 Cooriemungle Road，Timboon，Vic 3268　产区：吉龙
电话：(03)5598 7394　网址：www.newtonsridgeestate.com.au
开放时间：周四至周一，11:00—16:00；10月至复活节
酿酒师：大卫·福尔科（David Falk）　创立时间：1998年

产量（以12支箱数计）：850 葡萄园面积：5公顷
从1989年起，大卫（David）和卡拉·福尔科（Carla Falk）在房地产和畜牧中介公司工作——就在牛顿岭庄园的“几个山岭外”。2012年，当他们听说创始人大卫·牛顿（David Newton）在考虑拔掉葡萄藤时，他们买下了葡萄园。回到了19世纪80年代时卡拉家族的事业——他们吉龙是最早的葡萄种植者——直到今天还在瑞士生产葡萄酒。

🍷🍷🍷🍷🍷 Port Campbell Pinot Noir 2015
坎贝尔港黑比诺2015
很有意思的颜色，紫色为主；一款非常诱人的比诺，非常完整地反映了2015年份。李子和樱桃的味道很丰满，也很轻盈。我倾向于认为这款葡萄酒现在是最好的时候，但如果我错了的话，这就是一款伟大的比诺。
封口：螺旋盖 酒精度：12.8% 评分：94 最佳饮用期：2023年
参考价格：50澳元

🍷🍷🍷🍷 Sauvignon Blanc 2016
长相思2016
评分：93 最佳饮用期：2017年 参考价格：25澳元 ✪
Shiraz 2015
西拉2015
评分：92 最佳饮用期：2030年 参考价格：35澳元
Chardonnay 2015
霞多丽 2015
评分：91 最佳饮用期：2023年 参考价格：30澳元

Ngeringa 格里娜酒庄 ★★★★☆

119 Williams Road，Mount Barker，SA 5251 产区：阿德莱德山区
电话：(08) 8398 2867 网址：www.ngeringa.com
开放时间：每月的周日，11:00—17:00或预约
酿酒师：艾林·克莱因（Erinn Klein） 创立时间：2001年
产量（以12支箱数计）：2000 葡萄园面积：5公顷
艾林（Erinn）和珍妮特·克莱因（Janet Klein）说：“作为生物动力葡萄种植和葡萄酒酿造业的发烧友，我们认为生物动力对自然的节律。土壤的健康和植物、动物和宇宙之间的关联都非常敏感。认识到农场是一个整体，不使用化学物质，这是一个非常务实简单的解决办法。”但不是一个简单的解决方法，克莱因将葡萄藤间距减少到了1.5米×1米，这使得他们必须使用大量的手工修剪和微型拖拉机，更加增大了种植管理的难度。他们并非不懂葡萄酒科学，只是偶然发现的生物动力法——2000年，他们在阿德莱德大学学习时两人就已经结伴学习（艾林——酿酒工程，珍妮特——葡萄栽培/葡萄酒营销），并在葡萄栽培旧世界产区上花了很多时间研究，尤其是生物动力学相关的科目。基础的葡萄酒采用JE标签，格里娜则是只用于最好的葡萄酒（NASAA认证生物动力证书编号5184）。出口到美国、加拿大、奥地利、比利时、挪威、日本等国家，以及中国内地（大陆）和香港、台湾地区。

🍷🍷🍷🍷🍷 Single Vineyard Adelaide Hills Sangiovese 2015
单一葡萄园阿德莱德山桑乔维塞 2015
极好的品种香气；酸樱桃，鲜咸、泥土味的香料和极其细微的还原味，使其意大利风格更加彰显。平衡优雅，浆果多汁而不甜腻，精致的丝网般的单宁穿过味蕾，并在结尾又集中到一起，展示了高质量桑乔维塞的持久度和长度。
封口：螺旋盖 酒精度：12.5% 评分：94 最佳饮用期：2021年
参考价格：35澳元 SC

🍷🍷🍷🍷 Adelaide Hills Rose 2015
阿德莱德山桃红 2015
评分：93 最佳饮用期：2018年 参考价格：28澳元 SC
Single Vineyard Adelaide Hills Shiraz 2013
单一葡萄园阿德莱德山西拉2013
评分：93 最佳饮用期：2025年 参考价格：50澳元 SC
Adelaide Hills Chardonnay 2014
阿德莱德山霞多丽 2014
评分：91 最佳饮用期：2020年 参考价格：40澳元 SC

Nicholson River 尼科尔森河酒庄 ★★★☆

Liddells Road，Nicholson，Vic 3882 产区：吉普史地
电话：(03)5156 8241 网址：www.nicholsonriverwinery.com.au
开放时间：公共假日每日开放，10:00—17:00
酿酒师：肯·埃克斯利（Ken Eckersley） 创立时间：1978年
产量（以12支箱数计）：1000 葡萄园面积：8公顷
面对无常的吉普史地气候和令人沮丧的小产量，尼科尔森河酒庄坚持了他们对质量的追求，在他们令人印象深刻的红葡萄酒和霞多丽中，这种坚持得到了丰厚的回报。正如他的新闻简报上所写的那样，肯·埃克斯利（Ken Eckersley）认为他的霞多丽不是白葡萄酒，而是金葡萄酒。

🍷🍷🍷🍷 Unwooded Chardonnay 2016
未过桶霞多丽 2016

一款年轻，未经过橡木桶的白葡萄酒——它的色泽呈现中等明亮的金色；带有干草香、核果和黄姜香料的味道，以及酒脚带来的坚果的细微差别。非常轻快的酸度，结尾有些淡弱。
封口：螺旋盖 酒精度：11.8% 评分：89 最佳饮用期：2021年
参考价格：24澳元 JF

Nick Haselgrove Wines 尼克·哈塞尔格罗夫葡萄酒 ★★★★☆

281 Tatachilla Road，麦克拉仑谷，南澳大利亚 5171 产区：阿德莱德山区
电话：(08) 8383 0886 网址：www.nhwines.com.au 开放时间：仅限预约
酿酒师：尼克·哈塞尔格罗夫（Nick Haselgrove），马库斯·霍费尔（Marcus Hofer）
创立时间：1981年 产量（以12支箱数计）：10000
经过各种出售，并购和放弃某些品牌，尼克·哈塞尔格罗夫现在持有老忠实（Old Faithful，旗舰品牌，另见独立的条目）、布莱克利（Blackbilly）、科莱斯山（Clarence Hill）、詹姆斯·哈塞尔格罗夫（James Haselgrove）、提尔纳诺（Tir na N'Og，源于古爱尔兰语Tír inna n-Óc，意为“青春之地”）和许愿树（Wishing Tree）品牌。出口到美国等主要市场。

🍷🍷🍷🍷🍷

James Haselgrove Futures McLarent Vale Shiraz 2014
詹姆斯·哈塞尔格罗夫麦克拉仑谷西拉2014
一百多岁的葡萄藤给这款紫红色的葡萄酒带来了一个好的开始。经过精妙的酿制，它非常优雅，中等酒体，单宁细致。
封口：Diam软木塞 酒精度：14.5% 评分：95 最佳饮用期：2034年 参考价格：40澳元

Clarence Hill Reserve McLarent Vale Shiraz 2013
克莱斯山珍藏麦克拉仑谷西拉2013
酒体饱满有力，大量的美国橡木的味道，同时也有很多黑色水果的味道与之相平衡。尽管如此，还是要再等上5年来让它稳定下来。
封口：Diam软木塞 酒精度：14.5% 评分：94
最佳饮用期：2030年 参考价格：32澳元

Blackbilly McLarent Vale Grenache Shiraz Mourvedre 2014
布莱克利麦克拉仑谷歌海娜西拉幕尔维 2014
一款配比为60/32/8%的混酿。诱人的中等酒体，很好地融合了美国橡木的味道。多汁的红色水果在舌尖上舞蹈，更妙的是，可以让口腔保持清新，为下一杯做好准备。绝对物超所值。
封口：螺旋盖 酒精度：14.5% 评分：94 最佳饮用期：2029年 参考价格：23澳元 ✪

🍷🍷🍷🍷

Blackbilly McLarent Vale Shiraz 2013
布莱克利麦克拉仑谷西拉2013
评分：93 最佳饮用期：2038年 参考价格：23澳元 ✪

Blackbilly Langhorne Creek Sangiovese 2015
布莱克利兰好乐溪桑乔维塞 2015
评分：92 最佳饮用期：2023年 参考价格：23澳元 ✪

Adelaide Winemakers The Peer Shiraz 2014
阿德莱德酿酒师同辈西拉2014
评分：91 最佳饮用期：2029年 参考价格：24澳元

Nick O'Leary Wines 尼克·奥利里葡萄酒 ★★★★★

149 Brooklands Road，Wallaroo，新南威尔士州，2618 产区：堪培拉地区
电话：(02)6230 2745 网址：www.nickolearywines.com.au 开放时间：仅限预约
酿酒师：尼克·奥利里（Nick O'Leary） 创立时间：2007年 产量（以12支箱数计）：7500
尼克·奥利里28岁时，已经在葡萄酒业有10年的工作经验了——他在各种零售、批发，葡萄栽培和葡萄酒厂酿造等方面都工作过。两年前他为尼克·奥利里葡萄酒打下了基础，从本地葡萄种植者处（2006开始）购买了西拉；接下来是2008年的雷司令。从第一个年份起，他的葡萄酒在本地的葡萄酒展和比赛中始终成就非凡，并不断增加新的成就。在新南威尔士州2015年葡萄奖项中，2014年西拉获得了新南威尔士州年度葡萄酒的奖杯——和2013年的西拉完全一样——这也是第一次有葡萄酒厂连续几年都能获得这个奖项。

🍷🍷🍷🍷

Bolaro Shiraz 2015
伯拉罗西拉2015
这个来自单一葡萄园，冷凉气候下生长的西拉。呈现中等酒体，有一种混合了辛香料和红色及黑色水果的复杂香气。可以在口中感到酒体紧实，细密地缠绕在一起，这保证了它还可以窖藏很多年。
封口：螺旋盖 酒精度：13.5% 评分：92 最佳饮用期：2025年
参考价格：55澳元 PR

Shiraz 2015
西拉2015
明亮的酒色，这款轻度至中等酒体的葡萄酒带有红色水果，白胡椒的香气，和足够的收敛感，在酒窖中陈放3—5年会得到很好的回报。现在还有些封闭，如果现在喝的话，可以快速醒酒来促使它的成熟。
封口：螺旋盖 酒精度：13.5% 评分：90 最佳饮用期：2023年 参考价格：30澳元 PR

Night Harvest 夜丰收 ★★★★☆

PO Box 921，Busselton.WA 6280（邮） 产区：玛格利特河
电话:（08）9755 1521 网址：www.nightharvest.com.au 开放时间：不开放
酿酒师：布鲁斯公爵（Bruce Dukes） 创立时间：2005年
产量（以12支箱数计）：40000 葡萄园面积:300公顷

1986年，新婚的安迪（Andy）和曼迪·费雷拉（Mandy Ferreira）抵达玛格利特河，成为年轻的移民。他们很快建成了新葡萄园，同时也为本地和出口市场种植蔬菜。20世纪90年代后期是产区快速发展时期，他们的合约葡萄园业务增长得很快，因此他们放弃了蔬菜种植，将全部经历集中到了葡萄酒上。他们参与了建立约300公顷的玛格利特河葡萄园，其中大部分他们今天仍在继续管理（这包括林边谷庄园［Woodside Valley Estate］和［Chapman Grove］等16个酒庄）。随着他们财富的增长，他们也买了自己的酒庄，在2005年生产了他们的第一批葡萄酒。收获采摘是他们的一项重要业务，目前他们从一百多个地点收购原果。夜丰收（Night Harvest）品牌就这样诞生了，布德尔克雷（Buder Crest）是高档系列的品牌。出口到英国、美国、泰国等国家，以及中国内地（大陆）和香港地区。

🍷🍷🍷🍷🍷 John George Chardonnay 2014
约翰·乔治霞多丽 2014
2015年3月第一次品尝，与坎贝尔·马丁森（Campbell Mattinson）的预测一样，在瓶储2年后，现在它的品质得到了极大的提升。葡萄柚和白桃的味道很好地吸收了橡木的味道，酸度似乎更加新鲜。仍在慢慢地发展中。
封口: 螺旋盖 酒精度: 12.5% 评分: 95 最佳饮用期: 2024年 参考价格: 35澳元 ✪

🍷🍷🍷🍷 John George Cabernate Sauvignon 2015
约翰乔治赤霞珠 2015
评分：90 最佳饮用期：2022年 参考价格：40澳元

Nillumbik Estate 尼林比克庄园 ★★★★★

195 Clintons Road，Smiths Gully，Vic 3760 产区：雅拉谷 电话：0408 337 326
网址：www.nillumbikestate.com.au 开放时间：不开放 酿酒师：约翰·特雷格贝（John Tregambe） 创立时间：2001年 产量（以12支箱数计）：1250 葡萄园面积：2公顷

为了建立尼林比克庄园，约翰和尚马利·特雷甘贝（Chanmali Tregambe）分享了约翰父母和几代人以来的酿酒经验——他们是20世纪50年代抵达澳大利亚的意大利移民。酒庄种植了黑比诺，作为补充，他们还从山伯利（Sunbury）、西斯科特和国王谷收购赤霞珠、霞多丽、西拉和内比奥罗。

🍷🍷🍷🍷🍷 Old Earth Barrel Reserve Heathcote Shiraz 2013
旧土木桶珍藏西斯科特西拉2013
这款西拉有着各种浮华的特征：原生酵母发酵，丰富浓郁的口感中渗透出奢华的摩卡橡木和浓缩的深色和红色水果的味道。这是西斯科特所有奢侈华丽的液体之声。
封口：螺旋盖 酒精度：14% 评分：95 最佳饮用期：2028年
参考价格：48澳元 NG

Pinnacle Yarra Valley Cabernate Sauvignon 2015
顶峰雅拉谷赤霞珠 2015
两款尼林比克赤霞珠都很好，但这一款更加依赖葡萄单宁和自然酸度来提供支撑。单宁中带有香柏木的味道，细致地包围着丰盛的醋栗和雅拉谷的绿豆的味道。中等酒体，极其鲜美。尽管现在结构明显，它还很年轻，风味会非常持久，而且绝对美味。
封口：螺旋盖 酒精度：13% 评分：95 最佳饮用期：2025年
参考价格：36澳元 NG

Pinnacle Barrel Reserve Yarra Valley Cabernate Sauvignon 2015
顶峰木桶珍藏雅拉谷赤霞珠 2015
它的果香充分，是一种蜿蜒而非常易饮的风格。品种的特征在黑加仑、口香糖、茴香牛油豆的味道中充分得到了展现。重量中等，赤霞珠的张力通过轻柔的水果浸提得到了释放，部分的桶内发酵和20个月的橡木，给它的结尾带来了微弱的一丝摩卡咖啡和香草豆荚的味道。圆滑。
封口：螺旋盖 酒精度：13% 评分：94 最佳饮用期：2025年
参考价格：90澳元 NG

🍷🍷🍷🍷 Old Earth Heathcote Shiraz 2014
旧土西斯科特西拉2014
评分：91 最佳饮用期：2026年 参考价格：36澳元 NG

The Back Block King Valley Petit Verdot 2014
后地块国王谷小味儿多 2014
评分：91 最佳饮用期：2028年 参考价格：28澳元 NG

Domenic's Paddock Pinot Noir 2015
多梅尼克围场黑比诺2015
评分：90 最佳饮用期：2022年 参考价格：36澳元 NG

Nine Fingers 九指 ★★★☆

PO Box 212，Lobethal，SA 5241（邮） 产区：阿德莱德山区 电话:（08）8389 6049
开放时间：仅限预约 酿酒师：迈克尔·格罗斯（Michael Sykes，合约）
创立时间：1999年 产量（以12支箱数计）：250 葡萄园面积：1公顷

在本地的利兰酒庄（Leland Estate）酿酒师罗布·科托斯（Robb Cootes）的鼓励下，西蒙

（Simon）和潘妮·考克斯（Penny Cox）建立了他们的长相思葡萄园。这个小葡萄园意味着他们要自己完成全部的葡萄栽培工作，照料所有的葡萄树。他们显然很有幽默感，但他们的女儿奥莉维亚（Olivia）则不然。2002年，在2岁的奥莉维亚指着一处需要修剪的葡萄枝时，潘妮的整枝剪不小心切掉了她的手指尖。由于及时赶到了医院，微型手术成功地修复了她的手指。奇怪的是，奥莉维亚此后对葡萄栽培没有什么兴趣。出口到新加坡。

🍷🍷🍷🍷🍷 Adelaide Hills Sauvignon Blanc 2016
阿德莱德山长相思2016
一款纯净、质朴的阿德莱德山长相思，带有刚割过的草地、鹅莓、西番莲和荔枝的味道，还有柑橘味的酸度完美地融合在一起。
封口：螺旋盖　酒精度：12.7%　评分：95　最佳饮用期：2028年
参考价格：20澳元 ✪

916 ★★★★★

916 Steels Creek Road，Steels Creek，Vic 3775（邮）产区：雅拉谷
电话：(03)5965 2124　网址：www.916.com.au　开放时间：不开放
酿酒师：本·海恩斯（Ben Haines）　创立时间：2008年
产量（以12支箱数计）：260　葡萄园面积：2公顷

916，由约翰·布兰德（John Brand）和艾琳-玛丽·奥尼尔（Erin-Marie O'Neill）建立。葡萄酒宝典中只有3个酒厂用3位数字为名，它们是其中之一，其他两个是919和201。他们收购了8公顷的地产1年后，山火摧毁了家园和他们所有的财产，但他们重建了生活和家园，重新投资建立了酒厂和葡萄园。葡萄种植者约翰·埃文斯（John Evans），在1996年加入这个葡萄园，他曾在优伶酒庄工作，现在在罗富酒园（Rochford Wines）。他们精心地选择合适的葡萄种植者，非常有天赋的本·海恩斯（Ben Haines）是他们的酿酒师。出口到美国、中国和新加坡。

🍷🍷🍷🍷🍷 Yarra Valley Pinot Noir 2015
雅拉谷黑比诺2015
来自酒庄葡萄园的MV6株系，手工采摘，整串和整果冷浸渍和开放式发酵，完整浆果后浸渍发酵3周，在旧的法国橡木桶中熟成16个月，没有过滤或澄清。清晰明亮的紫红色；尽管陈酿了相当长的一段时间，如同春日一样新鲜清脆；带有樱桃、浆果的风味的酒体在口中翻涌。非常自然，现在是最好的状态。
封口：Diam软木塞　酒精度：13%　评分：95　最佳饮用期：2030年
参考价格：90澳元

919 Wines　919葡萄酒 ★★★★☆

39 Hodges Road，Berri，SA 5343　产区：河地
电话：0408 855 272　网址：www.919wines.com.au
开放时间：周三至周日以及公共节假日，10:00—17:00
酿酒师：埃里克（Eric）和珍妮·赛姆勒（Jenny Semmler）
创立时间：2002年　产量（以12支箱数计）：2000　葡萄园面积：17公顷

艾瑞克（Eric）和詹妮·塞姆莱尔（Jenny Semmler）从1986年起一直从事葡萄酒业，对加强型葡萄酒有特殊兴趣。艾瑞克（Eric）以前为哈迪斯酒庄酿制加强型葡萄酒，也曾经在布朗兄弟（Brown Brothers）那里工作过。詹妮曾经为史庄伯吉（Strathbogie）葡萄园，本尼威特葡萄酒（Pennyweight Wines）和圣休伯特酒庄（St Huberts）工作过。他们为酿制加强型葡萄酒种植了少量的葡萄品种：巴罗密诺、杜瑞夫、添帕尼罗、小粒麝香葡萄、罗奥红、西拉、托卡伊和国家图瑞加。他们尽量减少灌溉，降低产量，采用有机和生物动力工艺。2011年，他们买下了洛克斯顿（Loxton）的12.3公顷地产并称之为艾拉·塞姆莱尔（Ella Semmler）葡萄园。

🍷🍷🍷🍷🍷 Pale Dry Apera NV
淡干阿披拉 无年份
这是真正的淡干阿披拉——满是夏日海风/盐水的气息，腌柠檬，苹果片，烤杏仁完美地融合在一起。结尾干得如同撒哈拉沙漠。
封口：螺旋盖　酒精度：15.5%　评分：95　参考价格：32澳元　JF ✪

🍷🍷🍷🍷🍷 Tempranillo 2015
添帕尼罗 2015
评分：93　最佳饮用期：2024年　参考价格：45澳元　JF

Classic Muscat NV
经典的麝香 无年份
评分：91　参考价格：42澳元　JF

Shiraz 2016
西拉2016
评分：90　最佳饮用期：2028年　参考价格：42澳元　JF

Touriga Nacional 2016
国家图瑞加 2016
评分：90　最佳饮用期：2025年　参考价格：45澳元　JF

Nintingbool　宁汀堡 ★★★★

56 Wongerer Lane，Smythes Creek，Vic 3351（邮）产区：巴拉瑞特
电话：(03)5342 4393　网址：www.nintingbool.com　开放时间：不开放
酿酒师：彼得·博特（Peter Bothe）　创立时间：1998年

产量（以12支箱数计）：480 葡萄园面积：2公顷
1982年彼得和吉尔·博特（Jill Bothe）买下了宁汀堡地产并在此定居，1984年，他们用淘金潮时的青石建造了他们的花园和果园。他们建立了一个很大的澳大利亚本地花园和住宅果园，1998年，种植了黑比诺以增加多样性，第2年又扩种到了2公顷。这是大陆最凉爽的一个产区，需要对细节的极度关注（和生长季的一定温度）才能生产出成功的葡萄酒。

🍷🍷🍷🍷🍷 Smythes Creek Pinot Noir 2014
斯迈思溪黑比诺2014
来自酒庄葡萄园MV6株系，极低的产量，使用那种不同的酵母发酵在法国橡木桶中陈酿。对于在凉爽气候下生长的比诺来说，这是一个极好的范例，饱满多汁的红色和黑色成熟浆果的味道，单宁极细。
封口：螺旋盖 酒精度：13% 评分：94 最佳饮用期：2022年 参考价格：35澳元

🍷🍷🍷🍷🍷 Smythes Creek Rose 2016
斯迈思溪桃红 2016
评分：90 最佳饮用期：2018年 参考价格：23澳元

Noble Red 贵红 ★★★★

18 Brennan Avenue，Upper Beaconsfield.维多利亚，3808（邮）产区：西斯科特
电话：0400 594 440 www.nobleredwines.com 开放时间：不开放
酿酒师：罗曼·索比塞克（Roman Sobiesiak），奥塞卡·威尼斯（OsickaWines）
创立时间：2002年 产量（以12支箱数计）：700 葡萄园面积：6公顷
2002年，罗曼（Roman）和玛格丽特·索比塞克（Margaret Sobiesiak）收购了这块地产。20世纪70年代，他们种植了0.25公顷的西拉，并逐渐增加到6公顷，西拉（3.6公顷）占据了主要的份额，余下部分是等量的添帕尼罗、幕尔维德、梅洛和赤霞珠。采用了一种干燥气候下生长的方法，也就是在干旱的环境下缓慢地生长，但他们并没有因此而放弃追求——走访世界各地的葡萄酒产区以及多年来积累的从业经验，都更增添了他们的信心。出口到中国。

🍷🍷🍷🍷🍷 Special Release Arek Heathcote Shiraz 2014
特别发售西斯科特西拉2014
一款饱满、有力、集中的葡萄酒，聚合了大量的深色水果的气息，清晰的胡椒的味道与结实、处理得极好的单宁完美地结合，口感较干。有质感覆盖口腔，这款酒将可以窖藏很久。
封口：螺旋盖 酒精度：14.4% 评分：93 最佳饮用期：2028年
参考价格：45澳元 NG

Heathcote Cabernate Sauvignon 2015
西斯科特赤霞珠 2015
贵红生产的干燥气候下生长的葡萄，在这款赤霞珠中充分地表现出了力量感。土壤的古老的声音与清晰的品种特性形成回响，带有醋栗、干鼠尾草等一系列香草、香柏木和橡木，以及一个带有铁元素味道的核心，非常完美地整合在一起。
封口：螺旋盖 酒精度：14.5% 评分：93 最佳饮用期：2030年
参考价格：30澳元 NG

Heathcote Shiraz 2015
西斯科特西拉2015
几乎不透明的酒体，边缘带有石榴石色，带有高辛烷值的一款西拉葡萄酒，带有充分的挥发性气息和不可或缺的丰富的香气。结尾浓郁得似乎坚不可摧。令人想起沥青、黑色水果蜜饯的味道，与单宁配合得很好。
封口：螺旋盖 酒精度：14.7% 评分：90 最佳饮用期：2023年
参考价格：25澳元 NG

Noble Road 贵族路 ★★★

206A Hutt Street，阿德莱德，SA 5000 产区：克莱尔谷
电话：0400 742 603 网址：www.nobleroad.com.au 开放时间：每日开放，11:00—16:00
酿酒师：斯考特·柯蒂斯（Scott Curtis） 创立时间：2007年
产量（以12支箱数计）：5000 葡萄园面积：80公顷
斯考特·柯蒂斯（Scott Curtis）是酒庄所有人和酿酒师，他有4个职业：第一，他负责管理/指导3个以上的产区中总年产量为9000吨的葡萄种植者；第二，与CSIRO［（澳大利亚）联邦科学与工业研究组织（Commonwealth Scientific and Industrial Research Organization）］继续进行葡萄品种培育的工作；第三，酿造并销售少量克莱尔谷西拉和赤霞珠；最后一项是生产维蒙蒂诺、蒙帕赛诺、菲亚诺、勒格瑞和晚红蜜（Saperavi）。出口到英国等国家，以及中国内地（大陆）和香港地区。

Nocton Vineyard 诺克顿葡萄园 ★★★★

373 Colebrook Road，Richmond，塔斯马尼亚，7025 产区：塔斯马尼亚南部
电话：(03)6260 2688 网址：www.noctonwine.com.au
开放时间：周三至周六，10:00—16:00
酿酒师：弗洛·莫尔溪（Frogmore Creek） 创立时间：1998年
产量（以12支箱数计）：8000 葡萄园面积：34公顷
诺克顿葡萄园的前身是诺克顿·帕克（Nocton Park）。在多年的沉寂后（除了一直出售其顶级葡萄园出产的葡萄），已经基本从人们的视线中消失了。他们现在的产品线包括诺克葡萄园和柳树（Willow，珍藏）两个品牌——质量都很好。出口到中国。

🍷🍷🍷🍷🍷 Estate Pinot Noir 2015

庄园黑比诺2015
一款冷凉气候下的比诺，最先出现的是黑樱桃的气息，接下来是强烈的整串葡萄带来的香气，并以淡淡的熏橡木味道作结。丰满多汁，口中可以感受到略酸的蔓越莓似的风味，结尾略带咸味和紧致的收敛感。
封口：螺旋盖　酒精度：13.8%　评分：93　最佳饮用期：2023年
参考价格：29澳元　SC

Willow Pinot Noir 2015
柳树黑比诺2015
作为一款黑比诺，它的质地、结构和风味都很复杂；深色浆果（樱桃，蓝莓）水果的味道重叠在荆棘/森林底色之上，回味很长。在2017塔斯马尼亚州葡萄酒展上获得银牌。
封口：螺旋盖　酒精度：13.5%　评分：93　最佳饮用期：2023年
参考价格：40澳元

Tasmania Sparkling NV
塔斯马尼亚起泡酒 无年份
并没有具体注明混合品种，但草莓、红苹果和红色樱桃的味道是黑比诺的指纹无误，霞多丽带来的尖锐酸度、柑橘底色很好地修饰了结尾。它很年轻，果香为主，质地精细，酸度持久，结尾有一点甜度。
封口：Diam软木塞　酒精度：12%　评分：93
最佳饮用期：2017年 TS

Estate Chardonnay 2015
庄园霞多丽 2015
带有刚刚成熟的核果和绿哈密瓜香气，以及一丝酒脚处理带来的奶油的气息。味道丰富，带有塔斯马尼亚州的特色。酿制过程中采用的工艺流程使得它更加复杂，但更重要的还是容易饮用。很适合与牡蛎搭配。
封口：螺旋盖　酒精度：14.1%　评分：92　最佳饮用期：2020年
参考价格：27澳元　SC

🍷🍷🍷🍷　Sauvignon Blanc 2015
长相思2015
评分：89　最佳饮用期：2017年　参考价格：27澳元

Norton Estate　诺顿庄园　★★★★★

758 Plush Hannans Road，Lower Norton，Vic 3401　产区：西维多利亚
电话：(03)5384 8235　开放时间：周五至周日以及公共节假日，11:00—16:00
酿酒师：贝斯·威尼斯（Best's Wines）　创立时间：1997年
产量（以12支箱数计）：1300　葡萄园面积：4.66公顷
1996年斯宾塞（Spence）家族购买下下诺顿（Lower Norton）的一个破旧的农场后，并没有尝试建立传统的羊毛、肉类和小麦市场，而是相信了他们的直觉——在无霜的高地上种植了葡萄藤。最初种植的西拉有着令人惊异的长势，这鼓励了他们继续种植西拉、赤霞珠和长相思，和一小部分美国品种“诺顿”。葡萄园位于格兰皮恩斯和阿拉匹特山（Mt Arapiles）之间，格兰皮恩斯产区西北方向6公里处，包括部分西维多利亚地区，但他们的酒表现的是格兰皮恩斯产区的风格和特征。

🍷🍷🍷🍷🍷　Arapiles Run Shiraz 2015
阿拉匹特跑道西拉2015
酒香富于表现力，带来黑樱桃、淡淡的李子和甘草/香料的双重香调；中等酒体，口感新鲜，丰满柔顺，法国橡木更是恰到好处地增加了这款葡萄酒的复杂性。
封口：螺旋盖　酒精度：13.5%　评分：95　最佳饮用期：2030年
参考价格：38澳元

Wendy's Block Shiraz
西拉2015
来自一块极小的土地，仅有600株葡萄。它是诺顿庄园2015年最浓郁、有力的西拉，充分成熟的葡萄带来了浓郁的黑莓、梅子和甘草的味道，口感饱满。同时，单宁丝滑精炼，橡木点到为止。
封口：螺旋盖　酒精度：14%　评分：95　最佳饮用期：2035年　参考价格：65澳元

Rockface Shiraz 2015
岩面西拉2015
中等到饱满酒体，光滑的单宁和有光泽的黑色水果带来了紧致、浓郁的口感，结尾和回味有特殊的可口风味。
封口：螺旋盖　酒精度：13.8%　评分：94　最佳饮用期：2030年
参考价格：25澳元　✪

🍷🍷🍷🍷🍷(半)　Sauvignon Blanc 2016
长相思2016
评分：92　参考价格：22澳元　✪

Cabernate Sauvignon 2015
赤霞珠 2015
评分：91　最佳饮用期：2030年　参考价格：25澳元

Nugan Estate 柳甘庄园 ★★★★☆

Kidman Way，Wilbriggie，新南威尔士州，2680 产区：里弗里纳（Riverina）
电话：(02)9362 9993 网址：www.nuganestate.com.au
开放时间：周一至周五，9:00—17:00
酿酒师：达伦·豪斯（Daren Owers） 创立时间：1999年
产量（以12支箱数计）：500000 葡萄园面积：491公顷

柳甘庄园的出现非常突然。它是米歇尔·柳甘（Michelle Nugan，直到她在2013年2月退休）领导下的柳甘集团（Nugan Group）的一个分支，2000年获得出口英雄（Export Hero）奖。在20世纪90年代中期，公司开始发展葡萄园，现在是一家有5个葡萄园的名副其实的业内巨擘：里弗里纳（Riverina）的库古塔马（Cookoothama，335公顷）和马努卡林（Manuka Grove，46公顷），国王谷的弗拉斯卡大道（Frasca's Lane，100公顷）和麦克拉仑谷的麦克拉仑区（McLaren Parish，10公顷）。葡萄酒业务现在由米歇尔的子女马修（Matthew）和蒂凡尼·柳甘（Tiffany Nugan）接手。出口到英国、美国和其他主要市场。

🍷🍷🍷🍷🍷 Cookoothama Limited Release Darlington Point Botrytis Semillon 2012
库古塔马限量发行达灵顿灰霉赛美蓉2012
一切都看上去很容易：高水平的灰霉菌，破碎、低温下即时压榨，果汁静置18小时，在不锈钢发酵罐中开始发酵，然后转移到法国和美国橡木桶中18个月，再回到发酵罐中直到2016年10月装瓶。甘甜的残糖和新鲜酸度（9.8克/升）完美的平衡，适宜的酒精度。但不要以为它会永远如此——要尽快喝掉。375毫升瓶。
封口：螺旋盖 酒精度：11% 评分：95 最佳饮用期：2020年
参考价格：21澳元 ✪

🍷🍷🍷🍷 Frasca's Lane King Valley Sauvignon Blanc 2015
弗拉斯卡大道国王谷长相思2015
评分：93 最佳饮用期：2017年 参考价格：20澳元 ✪

Alcira Coonawarra Cabernate Sauvignon 2015
阿尔西拉库纳瓦拉赤霞珠2015
评分：93 最佳饮用期：2020年 参考价格：23澳元 ✪

Yarra Valley Chardonnay 2014
雅拉谷霞多丽 2014
评分：91 最佳饮用期：2021年 参考价格：20澳元 ✪

Manuka Grove Riverina Durif 2012
马努卡林杜瑞夫2012
评分：91 最佳饮用期：2022年 参考价格：23澳元 ✪

Cookoothama King Valley SBS 2016
库古塔马国王谷 SBS 2016
评分：90 最佳饮用期：2017年 参考价格：15澳元 ✪

Frasca's Lane King Valley Pinot Gris 2015
弗拉斯卡大道国王谷灰比诺2015
评分：90 最佳饮用期：2017年 参考价格：20澳元 ✪

Alfredo Dried Grape Shiraz 2014
阿尔弗雷多西拉干葡萄 2014
评分：90 最佳饮用期：2023年 参考价格：23澳元

Alfredo Frasca's Lane Sangiovese 2014
阿尔弗雷多弗拉斯卡大道桑乔维塞 2014
评分：90 最佳饮用期：2024年 参考价格：23澳元

O'Leary Walker Wines 奥利里·沃克葡萄酒 ★★★★★

Horrocks Highway，Leasingham，SA 5452 产区：克莱尔谷
电话：(08) 8843 0022 网址：www.olearywalkerwines.com
开放时间：周一至周六，10:00—16:00；周日，11:00—16:00
酿酒师：大卫·奥利里（David O'Leary），尼克·沃克（Nick Walker）
创立时间：2001年 产量（以12支箱数计）：20000 葡萄园面积：35公顷

2001年，大卫·奥利里（David O'Leary）和尼克·沃克（Nick Walker）决定经营他们自己的葡萄酒庄园和品牌时，两人加在一起有30多年为澳大利亚最大的葡萄酒集团作酿酒师的经验。最初他们的重点在克莱尔谷，主要品种为10公顷的雷司令、西拉、赤霞珠和赛美蓉；后来转移到阿德莱德山区，他们现在在那里有25公顷的霞多丽、赤霞珠、黑比诺、西拉、长相思和梅洛。出口到英国、爱尔兰、阿拉伯联合酋长国和亚洲。

🍷🍷🍷🍷🍷 Claire Reserve Shiraz 2013
克莱尔珍藏西拉2013
来自波兰 山河（Polish Hill River）的马丁（Martin）和琼·史密斯（Joan Smith）的123岁的葡萄园。此地干燥气候，在2012年通过了NNASAA有机认证。在法国橡木桶中陈酿30个月。这是一款非常华丽、柔顺的葡萄酒，香气和口感中带有黑莓，红色和黑色樱桃，香料，雪松和巧克力的味道；极细的单宁与法国橡木提供了良好的支撑。一旦你拿起了酒杯，就很难再放下它了。
封口：螺旋盖 酒精度：14.5% 评分：96 最佳饮用期：2038年
参考价格：90澳元

Polish Hill River Riesling 2016
波兰山河雷司令2016
明亮的浅草秆绿色；强烈的花香（柑橘花）中仅带有一丝香料的气息，浓郁、集中的口感中带有柠檬、青柠和爽脆的酸度——经典的波兰山河风格。
封口：螺旋盖 酒精度：11.5% 评分：95 最佳饮用期：2029年
参考价格：25澳元 ✪

Clare Valley Gruner Veltliner 2016
克莱尔谷绿维特利纳 2016
梨和柑橘的品种香气（好的开始），但却是预料之外的令人印象深刻的活泼和浓烈。酸度爽脆，带来了一定的质感，口感平衡，回味悠长。难得的价格。
封口：螺旋盖 酒精度：11.5% 评分：94 最佳饮用期：2023年
参考价格：18澳元 ✪

Final Instructions Adelaide Hills 2015
最终指示阿德莱德山西拉2015
产自大卫·奥利里的祖父1904年在橡岸（Oakbank）购买下的葡萄园——现仍为家族所有。有丰富的紫色、红色和黑色水果河香料的味道，轻盈的结尾和回味。橡木和单宁的经典平衡也为之加分，极好的陈酿潜力。
封口：螺旋盖 酒精度：14% 评分：94 最佳饮用期：2035年
参考价格：35澳元

Clare Valley Shiraz 2014
克莱尔谷西拉2014
一款诱人、制作精美的西拉。它的产地和品种特点都得到了很好的表现。梅子、黑莓和恰到好处的橡木光滑无缝地结合在一起，极细的单宁更加强了各个元素之间的链接。
封口：螺旋盖 酒精度：14.5% 评分：94 最佳饮用期：2030年
参考价格：25澳元 ✪

Wyatt Earp Vintage Shiraz 2015
怀亚特·厄普年份西拉2015
大家都只能猜测它是如何赢得在酿成5年前就获得2010年金质奖章和奖杯（如背标所注）。这是一款极好的加强型西拉，比一般原料的波美度更低，突出的西拉品种特点，平衡感极好。500毫升瓶。
封口：螺旋盖 酒精度：18.5% 评分：94 最佳饮用期：2040年
参考价格：35澳元

🍷🍷🍷🍷🍷 Clare Valley Cabernate Sauvignon 2014
克莱尔谷赤霞珠 2014
评分：93 最佳饮用期：2029年 参考价格：25澳元 ✪

First Past The Post Chardonnay 2016
多票获胜霞多丽 2016
评分：92 最佳饮用期：2020年 参考价格：22澳元 ✪

First Past The Post Chardonnay 2015
多票获胜霞多丽 2015
评分：92 最佳饮用期：2020年 参考价格：22澳元 CM ✪

Hurtle Adelaide Hills Pinot Noir Chardonnay 2011
赫特尔阿德莱德山黑比诺霞多丽 2011
评分：92 最佳饮用期：2020年 参考价格：28澳元

Watervale Riesling 2016
瓦特沃尔雷司令2016
评分：90 最佳饮用期：2021年 参考价格：20澳元 ✪

Clare Valley Poppy Rouge 2016
克莱尔谷罂粟红 2016
评分：90 最佳饮用期：2018年 参考价格：18澳元 ✪

The Bookies' Bag Adelaide Hills Pinot Noir 2016
赌徒之囊阿德莱德山黑比诺 2016
评分：90 最佳饮用期：2026年 参考价格：25澳元

The Great Eastern Sparkling Shiraz NV
大东方起泡酒西拉 无年份
评分：90 最佳饮用期：2021年 参考价格：28澳元 TS

Oakdene 奥克丁 ★★★★★

255 Grubb Road，Wallington，Vic 3221 产区：吉龙
电话：(03)5256 3886 www.oakdene.com.au 开放时间：每日开放，10:00—16:00
酿酒师：罗宾·布洛克特（Robin Brockett），马库斯·霍尔特（Marcus Holt）
创立时间：2001年 产量（以12支箱数计）：7500 葡萄园面积：12公顷
2001年，伯纳德（Bernard）和伊丽莎白·胡利（Elizabeth Hooley）买下了奥克丁。伯纳德专注于葡萄园种植（西拉、灰比诺、长相思、黑比诺、霞多丽、梅洛、品丽珠和赤霞珠），伊丽莎白则致力于修复20年代的宅基地。大部分的酒都通过奥克丁餐厅和酒窖门店售出。品质堪称典范

而且十分稳定。罗宾·布洛克特（Robin Brockett）的技艺得到了充分的表现。

🍷🍷🍷🍷🍷 Jessica Single Vineyard Bellarine Peninsula Sauvignon 2016
杰西卡单一葡萄园贝拉林半岛苏维翁 2016
在法国橡木桶（15%是新的）中发酵，熟成8个月。酒香浓郁——对长相思来说这很罕见，整体非常复杂、诱人。桶内发酵带来了极好的效果，让我不太愿意吐掉这款酒——这种情况几乎从未出现过。如果参加葡萄酒展的话，他一定会大获全胜；长度令人吃惊。
封口：螺旋盖 酒精度：13% 评分：96 最佳饮用期：2020年
参考价格：28澳元 ✪

William Single Vineyard Bellarine Peninsula Shiraz 2015
威廉姆单一葡萄园贝拉林半岛西拉2015
法国小橡木桶（30%是新的）中陈酿16个月。色泽优美；凉爽气候下生长的一款有力的西拉，带有黑色水果（樱桃和浆果），中等至饱满酒体。单宁结实但又成熟、平衡，橡木恰到好处；回味长。
封口：螺旋盖 酒精度：14.3% 评分：96 最佳饮用期：2035年
参考价格：43澳元

Liz's Single Vineyard Bellarine Peninsula Chardonnay 2015
利兹单一葡萄园贝拉林半岛霞多丽 2015
明亮的浅草秆绿色；这款酒复杂、优雅，有潜藏的力量感。水果的味道有些与众不同，白桃、苹果和梨的味道，以及浓郁的柑橘味的酸度。
封口：螺旋盖 酒精度：13.2% 评分：95 最佳饮用期：2023年
参考价格：35澳元 ✪

Peta's Single Vineyard Bellarine Peninsula Pinot Noir 2015
单一葡萄园贝拉林半岛黑比诺2015
极好的深而明亮的色泽；是黑比诺中相对饱满的，红色和黑色樱桃之外，还带有一系列香料的味道，在浓郁的口感中得到呼应。咸味/泥土的细微差别更增加了它的丰富性。2016维多利亚葡萄酒展和全国葡萄酒展金质奖牌。
封口：螺旋盖 酒精度：13.6% 评分：95 最佳饮用期：2025年
参考价格：43澳元

Bellarine Peninsula Shiraz
贝拉林半岛西拉2015
在法国橡木桶（10%是新的）中熟成11个月。深紫红色；它的一系列红色、紫色和黑色水果的味道吸引着你的注意力，同样的，口中也有着多汁新鲜和结实的单宁，回味干爽。
封口：螺旋盖 酒精度：14.5% 评分：95 最佳饮用期：2030年
参考价格：24澳元

Bernard's Single Vineyard Bellarine Peninsula Cabernate Sauvignon 2015
单一葡萄园贝拉林半岛赤霞珠2015
47%的梅洛、40%的品丽珠和13%赤霞珠。味道甘美，充满口腔，同时新鲜、集中，采用了并不常见的3个品种共同发酵的方法——当年份缩短了品种正常的成熟期间隔——所有品种同时成熟，因此共同发酵为整体带来了提升。气候改变——放马过来！
封口：螺旋盖 酒精度：13.4% 评分：95 最佳饮用期：2030年
参考价格：30澳元 ✪

Bellarine Peninsula Chardonnay 2015
贝拉林半岛霞多丽 2015
评分：94 最佳饮用期：2023年 参考价格：24澳元 ✪

Ly Ly Bellarine Peninsula Pinot Gris 2016
丽丽贝拉林半岛灰比诺2016
评分：94 参考价格：28澳元 ✪

🍷🍷🍷🍷🍷(4.5) Bellarine Peninsula Pinot Gris 2016
贝拉林半岛灰比诺2016
评分：91 最佳饮用期：2018年 参考价格：23澳元 ✪

Bellarine Peninsula Pinot Noir 2015
贝拉林半岛黑比诺2015
评分：90 最佳饮用期：2021年 参考价格：24澳元

Oakridge Wines 橡木岭酒庄 ★★★★★

864 Maroondah Highway，Coldstream，Vic 3770 产区：雅拉谷
电话：(03)9738 9900 网址：www.oakridgewines.com.au
开放时间：每日开放，10:00—17:00
酿酒师：大卫·比克内尔（David Bicknell） 创立时间：1978年
产量（以12支箱数计）：35000 葡萄园面积：22公顷

酿酒师和CEO大卫·比克内尔（David Bicknell）是一个非常有天分的酿酒师。顶级的品牌系列是864，全部为雅拉谷葡萄园，仅仅在最好的年份才生产（霞多丽、黑比诺、西拉、赤霞珠、雷司令）；接下来是橡木岭本地葡萄园（Oakridge Local Vineyard系列，来自更为凉爽的上雅拉谷霞多丽、黑比诺和长相思；西拉、赤霞珠和维欧尼来自下雅拉谷）；以及过肩式（Over the Shoulder）系列，原料来自于各个不同地区（长相思、灰比诺、黑比诺、西拉维欧尼、赤霞珠）。酒庄自有橡木岭葡萄园（10公顷）、黑泽尔登（Hazeldene）葡萄园（10公顷）和亨克（Henk）葡萄园（12公顷）。出口到英国、美国、加拿大、瑞典、荷兰、挪威、斐济、巴布亚新几内亚、新加坡等国家，以及中国内地（大陆）和香港地区。

🍷🍷🍷🍷🍷 864 Single Block Release Drive Block Funder & Diamond Vineyard Yarra Valley Chardonnay 2015

864单一地块发行丰德勒&戴蒙德葡萄园雅拉谷霞多丽 2015

简单的由整串原果压榨入20%的新橡木桶之中，以环境酵母为主发酵。所产出的葡萄酒有着惊人的神韵，带有核果、燕麦和松露的味道，明亮的酸度和烟熏矿物质的味道交织在一起。橡木带来了一些肉桂奶油的味道。结尾中的结构感很好，带有浓郁的水果味道。

封口：螺旋盖　酒精度：13.5%　评分：97　最佳饮用期：2027年

参考价格：78澳元　NG

864 Single Block Release Drive Block Funder & Diamond Vineyard Yarra Valley Chardonnay 2014

单一地块发售葡萄园雅拉谷霞多丽 2014

克隆编号P58，在法国橡木桶中带酒脚熟成16个月。1年前，它被认为是需要时间成熟，现在就是非常好。最好的上雅拉谷霞多丽，和相当好的复杂度、深度和长度，无与伦比的精致。

封口：螺旋盖　酒精度：13.5%　评分：97　参考价格：77澳元　✪

Local Vineyard Series Lusatia Park Vineyard Yarra Valley Pinot Noir 2015

本地葡萄园系列葡萄园卢萨蒂亚园雅拉谷黑比诺2015

在法国橡木桶中熟成10个月。明亮的深紫红色，典型的上雅拉卢萨蒂亚园（Lusatia Park）的风格，带有红色水果的风味和力量，以及精细研磨般的鲜美/森林味道的单宁。长度和深度都非同一般。

封口：螺旋盖　酒精度：13.5%　评分：97　最佳饮用期：2030年

参考价格：38澳元　✪

864 Single Block Release A4 Block Willowlake Vineyard Yarra Valley Pinot Noir 2015

单一地块发售A4地块柳湖葡萄园雅拉谷黑比诺2015

在法国橡木桶中陈酿11个月。略带辛香的酒香中有香水气息和完美、丰富的红色浆果味道。这款上雅拉谷比诺只是简单的需要时间，来展现潜藏的辛香料和森林的味道。

封口：螺旋盖　酒精度：13.5%　评分：97　最佳饮用期：2030年

参考价格：78澳元　✪

🍷🍷🍷🍷🍷 Local Vineyard Series Willowlake Vineyard Yarra Valley Chardonnay 2015

本地葡萄园系列柳湖葡萄园雅拉谷霞多丽 2015

手工采摘，整串压榨到法国大桶中，野生酵母发酵，10个月熟成。有着极致的长度和平衡感，深度稍逊一筹。仅仅有少量的新橡木桶的气息，使得在中心的浓郁、成熟的葡萄柚和哈密瓜的味道更加彰显。

封口：螺旋盖　酒精度：13%　评分：96　最佳饮用期：2025年

参考价格：38澳元　✪

Local Vineyard Series Lusatia Park Vineyard Yarra Valley Chardonnay 2015

本地葡萄园系列卢萨蒂亚园葡萄园雅拉谷霞多丽 2015

有着上雅拉产区带来的紧致和浓度，酒香中带有一丝怡人的还原味，口感中可以品尝到极长的柑橘，矿物质般的味道，橡木恰到好处。

封口：螺旋盖　酒精度：13%　评分：96　最佳饮用期：2025年

参考价格：38澳元　✪

Local Vineyard Series Willowlake Vineyard Yarra Valley Pinot Noir 2015

本地葡萄园系列柳湖葡萄园雅拉谷黑比诺2015

一款完美打造的比诺，它的芬芳的、红色水果的酒香为后面完美平衡的口感打下伏笔。完整浆果发酵带来的异常多汁的口感中有完全成熟的水果味道，在结尾中再度得到强调，余韵极长。

封口：螺旋盖　酒精度：13.5%　评分：96　最佳饮用期：2028年

参考价格：38澳元　✪

864 Single Block Release Winery Block Oakridge Vineyard Yarra Valley Cabernate Sauvignon 2014

单一地块发售酒厂地块橡木岭葡萄园雅拉谷赤霞珠 2014

前发酵浸渍4天，4周后发酵浸渍，接下来在法国橡木桶中熟成15个月。鲜艳的深紫红色；如同所有橡木岭葡萄酒一样，优雅大方，集中。也是雅拉谷最好的新风格赤霞珠之一。浓郁的黑醋栗风味足以诱惑最坚定的黑比诺拥护者。

封口：螺旋盖　酒精度：13.7%　评分：96　最佳饮用期：2039年

参考价格：78澳元

Local Vineyard Series Yarra Valley Cabernate Sauvignon 2014

本地葡萄园系列雅拉谷赤霞珠 2014

传统的薄多莱方法酿制，发酵延时带皮浸渍，接下来在橡木桶中的17个月——其中大部分都是新的。仅仅靠高质量的单宁完美打造的中等酒体，是没有侵入性的橡木味的克莱尔淡红葡萄酒新时代的表达。醋栗，烟草，雅拉标志性的绿豆和一些绿篱的风味，伴随着多汁的酸度。鲜美，精致和尖锐。

封口：螺旋盖　酒精度：13.7%　评分：96　最佳饮用期：2035年
参考价格：38澳元　NG　✪

Rose of Baton Rouge Rose 2016
巴吞鲁日桃红 2016
封口：螺旋盖　酒精度：14%　评分：95　参考价格：22澳元　NG

Local Vineyard Series Willowlake Vineyard Yarra Valley Pinot Noir 2016
本地葡萄园系列柳湖葡萄园雅拉谷黑比诺2016
封口：螺旋盖酒精度：14.5%　评分：95　最佳饮用期：2025年
参考价格：38澳元　NG

Local Vineyard Series Hazeldene Vineyard Yarra Valley Vineyard Yarra Valley Botrytis Gris
本地葡萄园系列黑兹尔登葡萄园雅拉谷灰霉菌2016
封口：螺旋盖　酒精度：10%　评分：95　最佳饮用期：2030年
参考价格：40澳元

Over the Shoulder Yarra Valley Chardonnay 2015
过肩雅拉谷霞多丽 2015
评分：94　最佳饮用期：2021年　参考价格：23澳元　✪

Over the Shoulder Yarra Valley Rose 2016
过肩雅拉谷桃红 2016
评分：94　最佳饮用期：2019年　参考价格：23澳元　✪

Over the Shoulder Yarra Valley Pinot Noir 2015
过肩雅拉谷黑比诺2015
评分：94　最佳饮用期：2025年　参考价格：23澳元

Local Vineyard Series Oakridge Vineyard Yarra Valley Shiraz 2015
本地葡萄园系列橡木岭葡萄园雅拉谷西拉2015
评分：94　最佳饮用期：2035年　参考价格：38澳元

🍷🍷🍷🍷🍷 Meunier 2016
莫尼耶 2016
评分：93　最佳饮用期：2023年　参考价格：28澳元

Over the Shoulder Pinot Grigio
过肩灰比诺2016
评分：92　最佳饮用期：2020年　参考价格：23澳元　NG　✪

Local Vineyard Series Willowlake Vineyard Yarra Valley Sauvignon 2015
本地葡萄园系列柳湖葡萄园雅拉谷萨瓦涅 2015
评分：91　最佳饮用期：2017年　参考价格：33澳元

Local Vineyard Series Murrummong Vineyard Yarra Valley Arneis 2016
本地葡萄园系列穆鲁蒙葡萄园雅拉谷阿尼斯 2016
评分：91　最佳饮用期：2020年　参考价格：28澳元　NG

Over the Shoulder Pinot Noir 2016
过肩黑比诺2016
评分：91　最佳饮用期：2020年　参考价格：23澳元　NG　✪

Local Vineyard Series Hazeldene Vineyard Yarra Valley Pinot Gris 2016
本地葡萄园系列黑兹尔登葡萄园雅拉谷灰比诺2016
评分：90　最佳饮用期：2027年　参考价格：32澳元

Local Vineyard Series Blanc de Blancs 2012
本地葡萄园系列白中白2012
评分：90　最佳饮用期：2018年　参考价格：42澳元　TS

Occam's Razor | Lo Stesso　奥卡姆剃刀 | 罗斯特索　★★★★

c/-Jasper Hill，Drummonds Lane，Heathcote.维多利亚，3523　产区：西斯科特
电话：(03)5433 2528　网址：www.jasperhill.com.au　开放时间：仅限预约
酿酒师：艾米丽·麦克纳利（Emily McNally）　创立时间：2001年
产量（以12支箱数计）：300　葡萄园面积：2.5公顷

在艾米丽·麦克纳利（Emily McNally，父姓拉佛顿［Laughton］）周游了世界，随性工作了一段时间后，决定追随她父母的脚步。对于在爵士山庄（Jasper Hill）长大的艾米丽来说，葡萄酒酿造绝不能是模式化的，她决定找到她自己的方法，她从爵士山庄的一个员工安德鲁·孔福尔蒂（Andrew Conforti）和他的妻子梅丽莎（Melissa）的小葡萄园买葡萄。她在父亲的指导和激励下酿制了这款酒。用奥卡姆的威廉命名（1285—1349），也作奥卡姆，一个有许多传世名句的神学家和哲学家——背标的这句话就是出自此人："切勿浪费较多东西去做用较少的东西同样可以做好的事情"。艾米丽和朋友乔治娅·罗伯茨（Georgia Roberts）酿制了罗斯特索（Lo Stesso），他们从西斯科特的一个葡萄园买了2.5吨的菲亚诺，在爵士山庄酿制了这款酒。出口到英国、美国，加拿大和新加坡。

🍷🍷🍷🍷🍷 Lo Stesso Heathcote Fiano 2015
罗斯特索西斯科特菲亚诺2015

明亮的草秆绿色；独特的、新鲜的味道只是生长季节和年份条件的结果。风格的核心保持不变——四个年份中的产地和酿制流程是完全相同的。
封口：螺旋盖　酒精度：13%　评分：93　最佳饮用期：2025年
参考价格：30澳元

Lo Stesso Heathcote Fiano 2013
罗斯特索西斯科特菲亚诺 2013
与2015年相比，色泽发生了一定的变化；在口中这款酒有非常出色的力度，柑橘和梨的风味带来了品种的特征。从中也可以看出它陈年的潜力。
封口：橡木塞　酒精度：13%　评分：93　最佳饮用期：2023年
参考价格：30澳元

Lo Stesso Heathcote Fiano 2016
罗斯特索西斯科特菲亚诺 2016
淡草秆绿色；菲亚诺似乎在澳大利亚开始更好地立足了，洛斯特索的4个年份都很有意思，用白葡萄酒的标准来看，酒体饱满，十分平衡，带有蜂蜜般的细微差别到核果和梨的风格。
封口：螺旋盖　酒精度：13.5%　评分：92　最佳饮用期：2026年
参考价格：30澳元

Lo Stesso Heathcote Fiano 2014
罗斯特索西斯科特菲亚诺 2014
它似乎得到了橡木塞之神的青睐。比2013年份，这款酒的颜色得到了更多的发展，更加扁平的水果味道——通常被称为塑造，酸度更加明显。还仍然带有自己出生时的印记，但应尽快饮用。
酒精度：12.5%　评分：90　最佳饮用期：2018年　参考价格：30澳元

Occam's Razor Heathcote Shiraz 2015
奥卡姆剃刀西斯科特西拉2015
原料来自西斯科特南部的花岗岩土质的单一葡萄园。鲜美、有力，它的干型单宁更增加了它的魅力。我们无法理解，如此成熟的西拉是怎样产生这些风格特征的。
封口：橡木塞　酒精度：15%　评分：90　最佳饮用期：2025年
参考价格：46澳元

Oceans Estate　海洋酒庄　★★★★

290 Courtney Road，Karridalc.WA 6288（邮）产区：玛格利特河
电话：0419 916 359　网址：www.tomasiwines.com.au　开放时间：不开放
酿酒师：斯凯哥·麦克马纳斯（Skigh McManus）　创立时间：1999年
产量（以12支箱数计）：1500　葡萄园面积：6.4公顷

🍷🍷🍷🍷🍷 Tomasi Margaret River Merlot 2015
托马西玛格利特河梅洛2015
鲜艳的紫红色调，又是一款玛格利特河。对我来说，梅洛应该是红和黑醋栗水果味道与鲜美温暖的单宁的混合。它不应该由李子（我认为应在西拉和比诺中）的味道为主导，但应该是中等酒体。
封口：螺旋盖　酒精度：13.5%　评分：94　最佳饮用期：2025年
参考价格：30澳元 ✪

Ochota Barrels　奥科塔酒庄　★★★★★

Merchants Road，Basket Range，南澳大利亚,5138　产区：阿德莱德山区
电话：0400 798 818　网址：www.ochotabarrels.com　开放时间：不开放
酿酒师：塔拉斯·奥科塔（Taras Ochota）　创立时间：2008年
产量（以12支箱数计）：900　葡萄园面积：0.5公顷
在阿德莱德大学完成他的葡萄酒工程学位后，塔拉斯·奥科塔（Taras Ochota）积累了丰富的酿酒师履历。他不仅为澳大利亚顶级生产商酿酒，同时也在世界的许多地方作飞行酿酒师，最近他还为瑞典最大的葡萄酒进口公司作酿酒师顾问，主要是专为欧诺佛罗斯（Oenoforos）酿制的意大利普利亚区（Puglia）和西西里（Sicil）葡萄酒。妻子安珀（Amber）陪着他到过许多地方，负责销售和技术的许多方面的工作。出口到英国、美国、加拿大、丹麦、挪威和日本。

🍷🍷🍷🍷🍷 The Slint Vineyard Chardonnay 2015
斯林特葡萄园霞多丽 2015
一款卓越的霞多丽，纯粹而诱人的口感，带有葡萄柚和白桃的味道，良好的结构感和质感；橡木提供了很好的支撑作用。
封口：螺旋盖　酒精度：12.4%　评分：97　最佳饮用期：2025年
参考价格：40澳元 ✪

🍷🍷🍷🍷🍷 The Fugazi Vineyard Grenache 2016
弗格齐葡萄园歌海娜 2016
纯粹。极酸的红色水果的风味非常集中，而不是萃取物质，地中海香草和一点可口的腌肉味道打底。充满了能量。光滑细腻的单宁和酸度轻盈地流过中等酒体的口感。
封口：橡木塞　酒精度：12.8%　评分：96　最佳饮用期：2026年
参考价格：40澳元　JF ✪

Weird Berries in the Woods Gewurztraminer 2016
林中奇果琼瑶浆2016

琼瑶浆这种美丽的品种在不那么凉爽的地带，很难找到优秀的例子。令人痴迷的、丰富的品种香气——荔枝、麝香、玫瑰、腌渍生姜和土耳其软糖——都与明亮的酸度一起构成了动人的口感。非常华丽动人。
封口：螺旋盖　酒精度：12.2%　评分：95　最佳饮用期：2025年
参考价格：35澳元　JF　✪

5VOV Chardonnay 2016
5VOV 霞多丽 2016
一款优雅的、让人欲罢不能的葡萄酒，充满了令人眼花缭乱的丰富味道。自然酸度与柠檬凝乳、烤坚果和黄姜香料混合在一起，复杂、浓烈，令人着迷。
封口：橡木塞　酒精度：12.3%　评分：95　最佳饮用期：2022年
参考价格：60澳元　JF

I am the Owl Syrah 2016
我是猫头鹰西拉2016
哇啊。这是怎样的一款葡萄酒啊——精炼、充满能量，浓烈、馥郁的香气中弥漫着花香和水果的气息，以及一间满是熏肉的意大利熟食店的味道。中等酒体，味道鲜美，令人愉悦，有着蕾丝般的单宁和覆盆子冰糕酸度。
封口：橡木塞　酒精度：12.7%　评分：95　最佳饮用期：2028年
参考价格：40澳元　JF

Surfer Rosa McLarent Vale Garnacha 2016
冲浪者罗莎麦克拉仑谷歌海娜2016
名字听起来很炫酷。冲浪者罗莎——是一个人吗，还是说像“小妖精乐队（The Pixies）”那样？那就算它是一款粉色或玫瑰色的“摇滚”吧：极干、很有质感、鲜美，带有红色水果、火腿和香料的味道，酸度清爽。
酒精度：12%　评分：95　最佳饮用期：2020年　参考价格：25澳元　JF　✪

The Fugazi Vineyard Grenache 2015
弗格齐葡萄园歌海娜 2015
很高兴地说，这款酒的各个方面都很好：颜色很浅但很明亮，红色浆果和梅子的味道与蜘蛛网般的单宁相得益彰。
封口：螺旋盖　酒精度：13.8%　评分：95　最佳饮用期：2024年
参考价格：40澳元

The Green Room Grenache Syrah 2016
绿室歌海娜西拉2016
92%与8%的配比。在辛苦一天后，这瓶精细的葡萄酒可以让你放慢节奏——或者随便哪一天。散发出浓烈、馥郁的香气，口感柔顺、可口。
封口：螺旋盖　酒精度：12.2%　评分：95　最佳饮用期：2021年
参考价格：35澳元　JF　✪

A Forest Pinot Noir 2016
森林黑比诺2016
评分：94　最佳饮用期：2023年　参考价格：40澳元　JF

The Price of Silence Gamay 2016
沉默的代价佳美 2016
评分：94　最佳饮用期：2021年　参考价格：40澳元　JF

Texture Like Sun Sector Red 2016
日光下的质地红葡萄酒 2016
评分：94　最佳饮用期：2022年　参考价格：35澳元　JF

🍷🍷🍷🍷🍷 Impeccable Disorder Pinot Noir 2016
完美的无序黑比诺2016
评分：93　最佳饮用期：2021年　参考价格：80澳元　JF

Go with the Flow Mataro 2016
随波逐流马塔洛 2016
评分：93　最佳饮用期：2026年　参考价格：80澳元　JF

Kids of the Black Hole Riesling 2016
黑洞之子雷司令2016
评分：92　最佳饮用期：2026年　参考价格：35澳元　JF

A Sense of Compression Grenache 2015
压缩之感歌海娜 2015
评分：92　最佳饮用期：2023年　参考价格：80澳元

A Forest Pinot Noir 2015
森林黑比诺2015
评分：91　最佳饮用期：2022年　参考价格：40澳元

Old Oval Estate　旧椭圆庄园　★★★★

18 Sand Road，麦克拉仑谷，SA 5171　产区：麦克拉仑谷
电话:（08）8323 9100　网址：www.oldovalestate.com.au
开放时间：周五至周日，11:00—17:00
酿酒师：菲尔·克里斯琴森（Phil Christiansen），马特·温克（Matt Wenk）

创立时间：1998年 产量（以12支箱数计）：1000 葡萄园面积：6公顷
琼·罗利（Joan Rowley）在麦克拉仑谷中心购买下一块8公顷的地块，她为自己和她的三个子女建立了一个新的家。本·派克斯顿［Ben Paxton，派克斯顿葡萄酒（Paxton Wines）］当时在哈迪斯（Hardys）工作，并与琼签订了一个10年的收购合约——如果她要在此处种植葡萄的话。当2007年合约结束后，聘请了当地酿酒师菲尔·克里斯琴森（Phil Christiensen）来酿酒。除了葡萄酒销售，琼还已经在旧椭圆酒庄为婚礼/功能业务的开展建立了花园和场地。女儿帕特里斯·卡迪（Patrisse Caddie，在麦克拉仑谷有一个床位加早餐的民宿）也协助酒庄处理市场营销事务。儿子卡梅伦（Cameron）在怀丁路（Whiting's Road）也购买了一个葡萄园，为酒庄提供葡萄；另一个女儿阿曼达（Amanda），周末在酒窖门店工作，也负责账目。孙子们在大学学习期间，琼也已经为他们计划好了在酒窖门店的工作。

🍷🍷🍷🍷🍷

Fork in the Road Adelaide Hills Sauvignon Blanc 2015
岔路阿德莱德山长相思2015
香气和口感并不复杂，但非常诱人，衬托出了荔枝、鹅莓、热带水果的气息，刚割下的青草味道和荷兰豆也有体现。
封口：螺旋盖 酒精度：12.5% 评分：91 最佳饮用期：2018年
参考价格：20澳元 ✪

Fork in the Road McLarent Vale Shiraz 2014
岔路麦克拉仑谷西拉2014
与菲尔·克里斯琴森［Phil Christiansen，葡萄酒年鉴2017中出现的2014是与马特·温克（Matt Wenk）］合作酿制的。这样一款丰富、酒体饱满、大胆的西拉只能出自麦克拉仑谷。
封口：螺旋盖 酒精度：14.6% 评分：91 最佳饮用期：2029年
参考价格：20澳元 ✪

Old Plains 旧平原 ★★★☆

71 High Street，Grange，SA 5023（邮）产区：阿德莱德平原
电话：0407 605 601 网址：www.oldplains.com 开放时间：不开放
酿酒师：多米尼克·托尔兹（Domenic Torzi），汤姆·弗里兰德（Tim Freeland）
创立时间：2003年 产量（以12支箱数计）：4000 葡萄园面积：14公顷
旧平原是汤姆·弗里兰德（Tim Freeland）和多米尼克·托尔兹（Domenic Torzi）合伙建立的，他们收购了阿德莱德平原产区的一个小地块，其中种有老藤西拉（3公顷）、歌海娜（1公顷）和赤霞珠（4公顷）。他们出产的一部分葡萄酒，以旧平原（Old Plains）和朗霍普（Longhop）的牌子销售，出口到美国、丹麦、新加坡等国家，以及中国内地（大陆）和香港地区。

🍷🍷🍷🍷🍷

Power of One Old Vine Adelaide Hills Shiraz 2014
老藤之力阿德莱德平原西拉2014
来自这一产区内最古老的50年的老藤，手工采摘，去梗，采用整果、人工培养酵母进行开放式发酵，带皮浸渍，在法国橡木桶（25%是新的）中陈酿22个月。酒体异常饱满——绝对不是普通意义上的那种饱满，但酿造工艺上并没有什么特别的，让你想知道是不是比标出来的14.5%的酒精度高了太多（可允许的误差是1.5%，所以一款葡萄酒的酒精度可以实际为16%而仍然合法）。对于追求极致味觉体验的人来说，这是一款难得的好酒。
封口：螺旋盖 评分：91 最佳饮用期：2034年 参考价格：35澳元

🍷🍷🍷🍷

Longhop Adelaide Hills Pinot Gris 2016
朗霍普阿德莱德山灰比诺 2016
评分：89 最佳饮用期：2017年 参考价格：18澳元 ✪

Olivers Taranga Vineyards 澳丽华堂葡萄园 ★★★★★

246 Seaview Road，麦克拉仑谷，SA 5171 产区：麦克拉仑谷
电话：(08) 8323 8498 网址：www.oliverstaranga.com 开放时间：每日开放，10:00—16:00
酿酒师：科里纳·莱特（Corrina Wright） 创立时间：1841年
产量（以12支箱数计）：8000 葡萄园面积：85.42公顷
威廉姆（William）和伊丽莎白·奥利弗（Elizabeth Oliver）在1839年从苏格兰搬到麦克拉仑谷定居。6代后，家族的成员仍然住在白山（Whitehill）和塔兰加（Taranga）的农场。塔兰加的土地上种植了15个品种的葡萄（主要是西拉和赤霞珠、少量的霞多丽、白诗南、杜瑞夫、菲亚诺、歌海娜、马塔洛、梅洛、小味儿多、萨格兰蒂诺、赛美蓉、添帕尼罗、维欧尼和白芳提）。科里纳·莱特（Corrina Wright，奥利弗［Oliver］家族的第一位酿酒师）负责酿酒，2011年是家族葡萄种植的第170年头。出口到英国等国家，以及中国内地（大陆）和香港地区。

🍷🍷🍷🍷🍷

Corrina's McLarent Vale Shiraz Cabernate Sauvignon 2014
科里纳麦克拉仑谷西拉赤霞珠 2014
共同发酵（通常来说西拉比赤霞珠早熟）不经常见，有时候一些灵活的采收方式往往会生产出诱人的葡萄酒——同时具备两个品种的优点，和一点产区的风韵。色泽极佳，混合了红色、紫色和黑色水果的味道，可以给人带来很好的享受。
封口：螺旋盖 酒精度：14% 评分：95 最佳饮用期：2034年
参考价格：32澳元 ✪

McLarent Vale Shiraz 2014
麦克拉仑谷西拉2014
来自7—70岁的葡萄藤。麦克拉仑谷的黑色水果和黑色巧克力特点十分明显，中等到饱满酒体，单宁和一点橡木的味道。独特的产区风格。还需要陈酿几年。

封口：螺旋盖　酒精度：14.5%　评分：94　最佳饮用期：2034年
参考价格：30澳元 ✪

🍷🍷🍷🍷🍷 McLarent Vale Fiano 2016
麦克拉仑谷菲亚诺 2016
评分：93　最佳饮用期：2020年　参考价格：25澳元 ✪

Corrina's Shiraz Cabernate Sauvignon 2016
科里纳西拉赤霞珠 2015
评分：93　参考价格：32澳元　PR

McLarent Vale Shiraz 2015
麦克拉仑谷西拉2015
评分：92　参考价格：30澳元　PR

McLarent Vale Grenache 2015
麦克拉仑谷歌海娜 2015
评分：91　参考价格：30澳元　PR

DJ Reserve McLarent Vale Cabernate Sauvignon 2013
DJ珍藏麦克拉仑谷赤霞珠 2013
评分：91　参考价格：55澳元　PR

Small Batch McLarent Vale Vermentino 2016
小批量麦克拉仑谷维蒙蒂诺 2016
评分：90　最佳饮用期：2017年　参考价格：25澳元

Chica McLarent Vale Mencia Rose 2016
契卡麦克拉仑谷门西亚桃红 2016
评分：90　最佳饮用期：2019年　参考价格：25澳元　PR

Onannon　奥那农　★★★★★

PO Box 190，Flinders，Vic 3929（邮）　产区：莫宁顿半岛
电话：0409 698 111　网址：www.onannon.com.au　开放时间：不开放
酿酒师：萨姆·米德尔顿（Sam Middleton），Kaspar Hermann，Will Byron
创立时间：2008年　产量（以12支箱数计）：1450　葡萄园面积：3公顷

萨姆·米德尔顿（Sam Middleton）、加斯珀·赫曼（Kaspar Hermann）和威尔·拜伦（Will Byron）各自拿出了他们姓氏的2—3个字母组成了奥那农这个名字。三人之间有很多共同点，都在冷溪山（Coldstream Hills）的酿酒季工作过——威尔6个年份，萨姆2个（最后回到了家族酒厂玛丽山），加斯珀1个。此后他们在不同的年份在勃艮第和澳大利亚之间切换。严格来说，我不应该评价他们的酒，但再找3个像他们这样观念开放并且完全投入的酿酒师是很不容易的；他们的野心无限，前途一片光明。他们租赁并管理一个有3公顷的黑比诺的红色山丘（Red Hill）葡萄园。出口到英国。

🍷🍷🍷🍷🍷 Single Vineyard Mornington Peninsula Pinot Noir 2016
单一葡萄园莫宁顿半岛黑比诺2016
经过精细的调配的酸樱桃，适量的整串和橡木带来的，泥土、潮湿的秋叶和木质香料的味道。还有尖锐、生丝般的单宁和比吉普史地单一葡萄园葡萄酒更浓郁的结构。
封口：螺旋盖　酒精度：14%　评分：96　最佳饮用期：2028年
参考价格：75澳元　JF ✪

Single Vineyard Gippsland Pinot Noir 2016
单一葡萄园吉普史地黑比诺 2016
年产量为50箱。这是一颗闪闪发光的、明亮的石榴石。中心是美好成熟的果味，带有微妙、细腻的单宁，清爽的酸度。
封口：螺旋盖　酒精度：13.8%　评分：96　最佳饮用期：2028年
参考价格：75澳元　JF

Mornington Peninsula Chardonnay 2016
莫宁顿半岛霞多丽 2016
风味、质地和长度都很好。橡木为它增加了香料、深度和一些结构感，并没有过分；核果与柑橘和香料味结合得很好。没有其他什么可说的了。喝吧。
封口：螺旋盖　酒精度：13.5%　评分：95　最佳饮用期：2025年
参考价格：41澳元　JF

Mornington Peninsula Pinot Noir 2016
莫宁顿半岛黑比诺2016
馥郁的野草莓、黑色樱桃、香料、温暖泥土的香气，可以让你有些晕眩。丰满、成熟的单宁，表现出产区典型的结构，非常饱满，同时轻盈，优雅。
封口：螺旋盖　酒精度：13.8%　评分：95　最佳饮用期：2026年
参考价格：41澳元　JF

Gippsland Pinot Noir 2016
吉普史地黑比诺 2016
浅石榴石色，带有轻盈的轮廓和克制的风格；中等酒体，单宁很细。酸度清脆，甜-辛香樱桃和李子的味道伴随着一点桉树叶的气息。
封口：螺旋盖　酒精度：13.6%　评分：94　最佳饮用期：2024年
参考价格：41澳元　JF

Yarra Valley Rose 2016
雅拉谷桃红 2016
评分：93 最佳饮用期：2020年 参考价格：27澳元 JF ✪

One Block 一区酒庄 ★★★★★

Nyora Road，MtToolebewong，Vic 3777 产区：雅拉谷
电话：0419 186 888 网址：www.oneblock.com.au 开放时间：仅限预约
酿酒师：杰登·翁（Jayden Ong） 创立时间：2010年 产量（以12支箱数计）：1200 葡萄园面积：5公顷

第一代欧亚裔澳大利亚人杰登·翁（Jayden Ong），2000—2006年之间在墨尔本葡萄酒室（Wine Room）工作的时候爱上了葡萄酒，接下来开始对葡萄酒行业的更多方面感兴趣。在完成美国加州州立大学酿酒课程学位的同时，还在柯莱酒庄（Curly Flat，2006），莫路德酒庄（Moorooduc Estate，2007）和加盟/车库酒庄（Allies/Garagiste，2008—2009）参加了酿酒工作，（并即兴地）在墨尔本同明星厨师安德鲁·麦克康奈尔（Andrew McConnell）和商业伙伴一起建立了名为积云（Cumulus）的餐厅和酒吧；他现在仍继续指导两处的酿酒团队。每年他都会去法国继续深入学习葡萄种植和增加酿酒经验，2006年和2012年他去了意大利，2010年去了德国，2011年和2013年去了西班牙，2014年去了加利福尼亚。根据他酿制单一葡萄园葡萄酒的哲学——"适宜风土的品种出产于相宜地点的优质个体葡萄园"，2010年，他创立了一区酒庄（One Block），酿制了100箱他的初恋——2010年份霞多丽。2015年他和合伙人摩根·翁（Morgan Ong）在图尔伯旺山（Mt Toolebewong）购买下一小块地，在雅拉谷海拔700米之上的一处地方。他们立即开始为在这个葡萄园密集种植3个新的霞多丽克隆株系而进行生物准备。他还租下了伯内特山（Mt Burnett）上气候干燥的栗子山（Chestnut Hill）葡萄园，并开始将葡萄园管理方法向有机和生物的方法转换。在各种对下一年度的计划中，他没有放慢速度的打算。这是一颗冉冉升起的明星。出口到美国。

Merricks Mornington Peninsula Pinot Gris 2015
莫瑞克斯莫宁顿半岛灰比诺2015
手工采摘并分拣，整串压榨，野生酵母在旧的法国小橡木桶中发酵，带酒脚熟成7个月（不搅拌）。有些奇怪的酒香，层次丰富。带有沙梨、苹果以及核果的味道，伴随着柠檬味的酸度。令人惊讶的是，21个月的酒龄上仍然毫无色彩的变化。这是一款非常杰出的灰比诺。
封口：螺旋盖 酒精度：3% 评分：96 最佳饮用期：2025年
参考价格：28澳元 ✪

La Maison de Ong The Hermit Yarra Valley Shiraz 2013
隐士翁氏之家雅拉谷西拉2013
手工采摘并分拣2次，40%的原料使用整串，余下的整果，野生酵母开放式发酵，带皮浸渍31天，在法国大桶熟成14个月（30%是新的），2015雅拉谷葡萄酒展金质奖章。很好的深度，黑樱桃、黑莓和香料水果的味道配合，精致、成熟的单宁。
封口：螺旋盖 酒精度：13% 评分：95 最佳饮用期：2028年
参考价格：48澳元

The Quarry Yarra Valley Chardonnay 2014
矿场雅拉谷霞多丽 2014
这是一款雅拉谷在很好的霞多丽年份出产的优质霞多丽，在2016雅拉谷葡萄酒展的银牌的获得完全名副其实。坚果味的复杂酒香之后充满了白桃和葡萄柚的丰富口感，非常浓郁。
封口：螺旋盖 酒精度：13% 评分：94 最佳饮用期：2024年
参考价格：33澳元

Glory Yarra Valley Shiraz 2014
荣耀雅拉谷西拉2014
评分：93 最佳饮用期：2025年 参考价格：38澳元

Yellingbo Yarra Valley Shiraz 2014
耶凌波雅拉谷西拉2014
评分：92 最佳饮用期：2024年 参考价格：38澳元

La Maison de Ong Dark Moon Shiraz 2015
暗月翁氏之家西拉2015
评分：90 最佳饮用期：2035年 参考价格：48澳元

Oparina Wines 奥帕林葡萄酒 ★★★★

126 Cameron Road，Padthaway，SA 5271 产区：帕史维
电话：0448 966 553 网址：www.oparinawines.com.au 开放时间：不开放
酿酒师：菲尔·布朗（Phil Brown），苏·贝尔（Sue Bell）
创立时间：1997年 产量（以12支箱数计）：500 葡萄园面积：32公顷

奥帕林是菲尔（Phil）和戴比·布朗［Debbie Brown，以及父亲特立（Terry）和3个第三代的布朗（Brown）后人］的产业。菲尔在帕史维产区的家族农场长大，搬到巴罗萨谷后，学习农业，后来成为教师。1998年，他回到家族农场（有新近种植的葡萄园）同时注册和完成一个酿酒学位。大部分葡萄售出，西拉和赤霞珠销售到比如奔富389、707和圣亨利（St Henri）等顶级葡萄酒庄。对家族和社区的责任感限制了他们能在葡萄酒酿造上投入的时间和精力，2014年，他们与领头羊葡萄酒（Bellwether Wines）签订了酿酒合同，在菲尔的建议下，苏·贝尔（Sue Bell）

将负责酿酒。产品系列中已经增加了一款桃红和香槟发酵法的起泡酒，2016年进一步在小地块上增加种植了一些不太传统的品种。

🍷🍷🍷🍷🍷 Padthaway Cabernate Sauvignon/Shiraz 2014

帕史维赤霞珠/西拉2014

配比为60/40%的混酿，野生酵母发酵，篮式压榨，在法国新橡木桶中熟成18个月。色泽优美；丰富水果味的，伴随黑莓、黑加仑和一丝黑巧克力的味道，单宁柔和但持久。

封口：螺旋盖　酒精度：14%　评分：93　最佳饮用期：2029年　参考价格：35澳元

Padthaway Chardonnay 2015

帕史维霞多丽 2015

手工采摘，篮式压榨，采用野生酵母法国橡木中发酵.浅草秆绿色；新鲜活泼，带有葡萄柚、哈密瓜类的水果味道，橡木精细，很好地融入了整体；回味很好。

封口：螺旋盖　酒精度：12.8%　评分：91　最佳饮用期：2022年　参考价格：28澳元

Padthaway Shiraz 2006

帕萨维西拉2006

在这个酒龄非常难得新鲜的李子和黑莓的味道为主导，烤面包和橡木香草的味道很淡的与之配合——更重要的是它的酒精度。这并没有让2015海岸葡萄酒展上的裁判们感到担忧，它在酒展上的博物馆系列中获得银奖。

封口：螺旋盖　酒精度：13.5%　评分：91　最佳饮用期：2026年　参考价格：30澳元

Orange Mountain Wines　橙山葡萄酒 ★★★★☆

10 Radnedge Lane，奥兰治，新南威尔士州，2800　产区：奥兰治
电话：(02)6365 2626　网址：www.OrangeMountain.com.au
开放时间：周三至周五，9:00—15:00；周末，9:00—17:00
酿酒师：特立·多尔（Terry Dolle）　创立时间：1997年　产量（以12支箱数计）：2000
葡萄园面积：1公顷

1997年建立了公司后，特立·多尔（Terry Dolle）决定在2009年卖掉马尼尔德拉（Manildra）葡萄园。他现在使用手工采摘的小型地块产出的浆果酿制葡萄酒，旧篮式压榨和桶内熟成。主要都是可以反映奥兰治风土的单一葡萄园的葡萄酒。出口到中国。

🍷🍷🍷🍷🍷 Viognier 2015

维欧尼2015

优质成熟的杏子、橙花和香草豆荚橡木配合生姜香料的味道。口感粘稠适度，带有一丝精细的收敛感。口感丰富，酸度足够新鲜，持久。

封口：螺旋盖　酒精度：14%　评分：95　参考价格：35澳元
最佳饮用期：2018年 NG ✪

🍷🍷🍷🍷🍷 Mountain Ice Viognier 2016

冰山维欧尼2016

评分：93　最佳饮用期：2023年　参考价格：25澳元　NG ✪

1397 Shiraz Viognier 2014

西拉维欧尼2014

评分：92　最佳饮用期：2023年　参考价格：42澳元　NG

Sauvignon Blanc 2016

长相思2016

评分：90　参考价格：22澳元　最佳饮用期：2018年 NG

Oranje Tractor　橘色拖拉机 ★★★★☆

198 Link Road，Albany，WA 6330　产区：奥尔巴尼（Albany）
电话：(08) 9842 5175　网址：www.oranjetractor.com　开放时间：周日，11:00—17:00或预约
酿酒师：罗伯·狄乐提（Rob Diletti）　创立时间：1998年
产量（以12支箱数计）：1000　葡萄园面积：2.9公顷

几年前，穆里·戈姆（Murray Gomm）和帕梅拉·林肯（Pamela Lincoln）最初建立葡萄园时购买了一款1964橘色菲亚特拖拉机，酒庄名正是为了纪念这款拖拉机。穆里出生在隔壁，搬到珀斯后从事体育教学和健康教育。他在那里遇见了营养师帕梅拉（Pamela）——她于2000年在美国加州州立大学获得了葡萄酒科学的学位，之后获得丘吉尔奖学金得以在美国和欧洲研究有机葡萄与葡萄酒生产。最初合伙建立葡萄园时，他们便已经决定采用有机的管理方式。

🍷🍷🍷🍷🍷 Aged Release Albany Riesling 2015

陈酿发售阿尔巴尼雷司令2005

透亮的草秆绿色；第一次品尝是2007年1月，2008年12月，这一次是2017年2月——每次它都会带来更多的体验。现在正是它的巅峰，带有活泼的柑橘和青菠萝的味道，爽脆的酸度支持着整体，在接下来的10年了里，它会优雅地熟成。

封口：螺旋盖　酒精度：12.5%　评分：95　最佳饮用期：2027年
参考价格：45澳元

Orlando　奥兰多 ★★★★☆

巴罗萨谷Way，Rowl和Flat，SA 5352　产区：巴罗萨谷
电话：(08) 8521 3111　网址：www.pernod-ricard-winemakers.com　开放时间：不开放
酿酒师：本·布莱恩特（Ben Bryant）　创立时间：1847年
产量（以12支箱数计）：不详　葡萄园面积：1000公顷

杰卡斯是从奥兰多（Orlando）母公司单独分离出去的酒庄（见单独的条目）。杰卡斯40岁时，奥兰多已经有170年的历史了。奥兰多支持杰卡斯的独立无疑是处于营销方面的考虑。普通消费者不太可能理解这个逻辑——即使人们知道真相——也不会在意。南澳大利亚、维多利亚和新南威尔士等产区的各个葡萄园则是各个品牌（尤其是杰卡斯）都可以共用的。未来这种情况可能会减少。

Jacaranda Ridge Coonawarra Cabernate Sauvignon 2012
蓝花楹岭库纳瓦拉赤霞珠 2012
它绝不是花瓶：层次丰富，风味集中，引人注意。带有新鲜黑色浆果、黑醋栗与红醋栗混合了甘草、丁香和巧克力-薄荷的味道。结构感好，饱满，单宁成熟，包装很好。
封口：螺旋盖　酒精度：13.5%　评分：95　最佳饮用期：2032年
参考价格：110澳元　JF

Helga Eden Valley Riesling 2016
圣黑尔加伊顿谷雷司令2016
评分：93　最佳饮用期：2027年　参考价格：20澳元　JF　✪

Lawson's Padthaway Shiraz 2012
罗森帕史维西拉2012
评分：93　最佳饮用期：2032年　参考价格：65澳元　JF

St Hilary Adelaide Hills Chardonnay 2016
圣希拉里阿德莱德山霞多丽 2016
评分：91　最佳饮用期：2021年　参考价格：22澳元　JF　✪

Ottelia　水车前酒庄　★★★★

2280 V&A Lane，库纳瓦拉，SA 5263　产区：库纳瓦拉
电话：0409 836 298　网址：www.ottelia.com.au　开放时间：周四至周一，10:00—16:00
酿酒师：约翰·多恩（John Innes）　创立时间：2001年
产量（以12支箱数计）：5000　葡萄园面积：9公顷
约翰和梅利萨·伊恩斯（Melissa Innes）原本搬到库纳瓦拉——用约翰的话说——来“呆上一阵子”。他们改变心意的最初的迹象是买下了一块在赤桉树围绕之中带有卵叶水车前草——本地的睡莲——的自然湿地的地产 。他们现在仍然住在当时建成的房子里，约翰在库纳瓦拉的里米尔（Rymill）作酿酒师时，梅利萨开了一个餐厅。在里米尔工作20年后，约翰去了石灰岩海岸（Limestone Coast）作顾问，并建立和经营水车前酒庄。

Wrattonbully Merlot 2014
拉顿布里梅洛2014
这款葡萄酒的关键是新上市的Q47克隆。尽管葡萄藤还很年轻，这款酒已经出色地表达了品种特征，深色浆果的味道与适当的单宁配合得很好。在下一年份，我希望这款酒可以在法国橡木桶中陈酿。
封口：螺旋盖　酒精度：13.6%　评分：92　最佳饮用期：2024年
参考价格：27澳元

Coonawarra Cabernate Sauvignon 2013
库纳瓦拉赤霞珠 2013
一款优雅、轻度至中等酒体的库纳瓦拉赤霞珠，有着芬芳和富于表现力的酒香，其中主导的是红色水果（樱桃为主）和一缕意外的黑巧克力的气息。樱桃、黑醋栗酒和一小束干香草和法国橡木的味道很好地整合在口感之中，单宁细致。
封口：螺旋盖　酒精度：13.6%　评分：92　最佳饮用期：2028年
参考价格：32澳元

Mount Gambier Riesling 2016
甘比亚山雷司令2016
考虑到甘比亚山地区的土质和多石的地质轻快，酒中燧石矿物质的味道也就不那么奇怪了。　一句提醒：这款葡萄酒的酸度是9.7克/升，残糖的4.8克/相对而言并不明显。我很能耐受酸度，所以这款酒对我来说没有任何问题。
封口：螺旋盖　酒精度：14.5%　评分：91　最佳饮用期：2031年
参考价格：22澳元　✪

Limestone Coast Pinot Gris 2016
石灰岩海岸灰比诺2016
评分：89　最佳饮用期：2018年　参考价格：22澳元

Mount Gambier Pinot Noir 2015
甘比亚山黑比诺2015
评分：89　最佳饮用期：2018年　参考价格：38澳元

Out of Step　不合拍　★★★★★

McKenzie Avenue，Healesville，Vic 3777（邮）产区：雅拉谷
电话：0419 681 577　网址：www.outofitepwineco.com　开放时间：不开放
酿酒师：大卫·查特菲尔德（David Chatfield），内森·里弗斯（Nathan Reeves）
创立时间：2012年　产量（以12支箱数计）：1000
不合拍是大卫·查特菲尔德（David Chatfield）和内森·里弗斯（Nathan Reeves）的微型虚拟酒厂。出版本书时内森正在塔斯马尼亚休假，而大卫继续进行品牌相关的工作，照看橡木岭的葡

萄园。他们在斯黛拉·贝拉（Stella Bella，玛格利特河），卢斯蒂亚园（Lusatia Park）葡萄园，斯蒂克丝（Sticks，雅拉谷）和维尼菲（Vinify，加利福尼亚）等地积累了工作经验。他们的卢斯蒂亚园（Lusatia Park）长相思非常令人惊叹。他们酿制的柳湖（Willowlake）葡萄园（雅拉谷）长相思也非常有名，此外还有登顿景山（Denton View Hill）葡萄园（雅拉谷）霞多丽和宝丽丝的马拉科夫葡萄园（Malakoff Vineyard）的内比奥罗。

🍷🍷🍷🍷🍷 Willowlake Vineyard Yarra Valley Sauvignon Blanc 2016

柳湖葡萄园葡萄园雅拉谷长相思2016

与卢瓦尔河谷的达高诺（Didier Dageneau）酒庄很像：丰盛复杂，带有一系列水果的风味，以及明亮的柑橘味的酸度和复杂性。与玛格利特河或马尔伯勒（Marlborough）的长相思有天壤之别。

封口：螺旋盖　酒精度：13.5%　评分：96　最佳饮用期：2018年

参考价格：28澳元 ✪

Lusatia Park D Block Yarra Valley Sauvignon Blanc 2016

卢斯蒂亚园D地块雅拉谷长相思2016

100%野生酵母发酵，整串，70%旧橡木桶，30%在发酵罐。颜色发生了明显的发展变化，但这并不是问题，只是一个事实。香气复杂，略带烟熏味道，但这款酒浓烈，层次丰富的口感中带有新割过的草地的味道，持久，不断变化的酸度。

封口：螺旋盖　酒精度：13%　评分：95　最佳饮用期：2018年

参考价格：28澳元

Denton View Hill Yarra Valley Chardonnay 2016

登顿景山雅拉谷霞多丽 2016

登顿是雅拉谷罕见的地面有少量花岗岩砾石的葡萄园，适宜种植各种霞多丽的不同克隆株系。这款酒经过了完全的苹果酸转化。长时间的酒脚处理加入了一点凝乳，柔软，并没有常用的"黄油"味道。而是有一种平衡的张力，清灰和石质的许多的细微差别。

封口：螺旋盖　酒精度：13.5%　评分：95　最佳饮用期：2026年

参考价格：33澳元　NG ✪

Lusatia Park Vineyard Margin Walker 2015

卢萨蒂亚园葡萄园

"这不是一款专注于表达品种特征的葡萄酒。而是注重产地……和表达一个酿酒师的价值观"。用单一小型橡木桶酿制。酿酒师大卫·查特费尔德（David Chatfield）毫不费力地生产出如此华丽、丰富而又复杂的葡萄酒；在提升葡萄酒的整体风格的同时，酒中也并无过度的橡木提取物等迹象。

封口：螺旋盖　酒精度：13%　评分：95　最佳饮用期：2018年　参考价格：50澳元

🍷🍷🍷🍷 Malakoff Estate Vineyard Pyrenees Nebbiolo 2015

马拉科夫葡萄园宝丽丝内比奥罗2015

评分：91　最佳饮用期：2029年　参考价格：33澳元

Daytime Red 2015

日间红 2015

评分：90　最佳饮用期：2017年　参考价格：26澳元

Palmer Wines　帕尔默葡萄酒 ★★★★★

1271 Caves Road，Dunsborough.WA 6281　产区：玛格利特河

电话：（08）9756 7024　网址：www.palmerwines.com.au　开放时间：每日开放，10:00—17:00

酿酒师：马克·沃伦（Mark Warren），布鲁斯·朱克斯（Bruce Jukes）

创立时间：1977年　产量（以12支箱数计）：6000　葡萄园面积：51.39公顷

斯蒂夫（Steve）和海伦·帕尔默（Helen Palmer）种植有成熟的赤霞珠、长相思、西拉、梅洛、霞多丽和赛美蓉，以及同等种植量的马尔贝克和品丽珠。最近的几个年份在西澳大利亚和国际酒展上都取得了重大成功。出口到印度尼西亚等国家，以及中国内地（大陆）和香港地区。

🍷🍷🍷🍷🍷 Purebred by Clive Otto Chardonnay 2015

科里弗·奥托纯种霞多丽 2015

这款酒比它在2016年的同款要丰富许多，也许是它在拒绝别人对它进行预先的定义和归类。带有矿物质的味道，口感中细节丰富，额外的酒精浓度带来了更复杂的表达。

封口：螺旋盖　酒精度：13.3%　评分：96　最佳饮用期：2025年

Purebred by Bruce Dukes Cabernate Sauvignon Merlot 2014

布鲁斯·杜克斯纯种赤霞珠梅洛2014

这款酒的质量和复杂度无懈可击，中等至饱满酒体，成熟的单宁和法国橡木与丰富水果交织在一起，带有黑醋栗和柑橘的味道以及一点月桂叶的气息。

封口：螺旋盖　酒精度：14%　评分：96　最佳饮用期：2039年

Purebred by Clive Otto Sauvignon Blanc Semillon 2016

科里弗·奥托纯种长相思赛美蓉 2016

一款配比为50/50的混酿。在法国橡木桶（30%是新的）中发酵，熟成10个月。绝对美味的可口的葡萄酒，品种水果味道融合在一起，带有柑橘和荷兰豆的味道，回味很长。

封口：螺旋盖　酒精度：13%　评分：95　最佳饮用期：2021年

Reserve Sauvignon Blanc Semillon 2015

珍藏长相思赛美蓉 2015

背标很长，分为3个部分，但除了"仅有一丝法国橡木"之外信息不多，我想你也许

可以解释为这款酒本身就足够了，水果味道非常的浓郁，带有西番莲、粉红葡萄柚以及背景中带有一点绿豆和橡木的味道。
封口：螺旋盖酒精度：12.9%　评分：95　最佳饮用期：2020年
参考价格：25澳元 ✪

Purebred by Clive Otto Chardonnay 2016
科里弗·奥托纯种霞多丽 2016
用最克制而且准确的科里弗·奥托（Clive Otto）风格，尤其是对新橡木桶的谨慎，以及使用适度的酒精。结果就是这样一款纯粹的葡萄酒，与来自出色的风土的完全成熟的葡萄藤帕尔默葡萄园不同。
封口：螺旋盖　酒精度：12.6%　评分：95　最佳饮用期：2026年

Purebred by Bruce Dukes Chardonnay 2015
布鲁斯·杜克斯纯种霞多丽 2015
背标上说“出色”，但除此之外和马克·沃伦（Mark Warren）没什么区别，均来自威亚布扎普（Wilyabrup），同样优秀。它精致、口感纯正，葡萄柚与核果的味道相平衡。发酵用的橡木桶带来的影响控制得很好。
封口：螺旋盖　酒精度：12.8%　评分：95　最佳饮用期：2025年
参考价格：30澳元 ✪

Reserve Margaret River Shiraz 2015
玛格利特河西拉2015
色泽更深并且更明亮，酒香更加富有表达力，口感更多汁、柔顺，优质橡木的味道也更加明显。酒体饱满，现在就可以喝，或者是很久很久以后再喝。
封口：螺旋盖　酒精度：14.8%　评分：95　最佳饮用期：2035年

Margaret River Cabernate Sauvignon 2015
玛格利特河赤霞珠 2015
色泽优美；这款酒仅仅是中等酒体，但同样有着贵族赤霞珠的全部气质。黑加仑（而不是黑醋栗酒）、干香草和月桂叶、黑橄榄而且仅有一丝泥土的气息。法国橡木在此是纯净辅助，单宁充盈。
封口：螺旋盖　酒精度：14.3%　评分：95　最佳饮用期：2033年

Margaret River Reserve Cabernets The Grandee 2015
玛格利特珍藏赤霞珠贵族 2015
混合赤霞珠、梅洛、马尔贝克和品丽珠。名字起得很好，这一款波尔多风格的混酿有玛格利特河的各种特点，顶级工艺。酒体饱满，带有一些甘美黑醋栗果酒的味道，单宁和法国橡木带来了框架感。它有着各种适宜陈酿的元素，可以保存很久。
封口：螺旋盖　酒精度：14.6%　评分：95　最佳饮用期：2040年

Margaret River Cabernet Franc Merlot 2015
玛格利特河品丽珠梅洛2015
即使是在玛格利特河（是它表现最好的地方），品丽珠也是一个难搞的品种，与梅洛混合是一种合理的处理方法。带有粉尘、辛香料、荆果和烟草类的味道，全部都呈现在它轻度至中等酒体的框架中。我非常喜欢这款酒。
封口：螺旋盖　酒精度：14.8%　评分：95　最佳饮用期：2023年

Purebred by Mark Warren Chardonnay 2015
马克·沃伦纯种霞多丽 2015
评分：94　最佳饮用期：2023年　参考价格：30澳元 ✪

Purebred by Bruce Dukes Shiraz 2015
纯种布鲁斯·杜克斯西拉2015
评分：94　最佳饮用期：2029年　参考价格：30澳元 ✪

Margaret River Merlot 2015
玛格利特河梅洛2015
评分：94　最佳饮用期：2035年

🍷🍷🍷🍷🍷

Margaret River Malbec 2015
玛格利特河马尔贝克 2015
评分：93　最佳饮用期：2035年

Krackerjack Bin 4 2014
克拉克杰克4号罐 2014
评分：91　最佳饮用期：2024年　参考价格：25澳元

Purebred by Clive Otto Shiraz 2015
科里弗·奥托纯种西拉2015
评分：91　最佳饮用期：2030年

Margaret River Shiraz 2015
玛格利特河西拉2015
评分：91　最佳饮用期：2035年

Panther's Patch Wines　黑豹之斑葡萄酒　★★★★

1827 The Escort Way，Borenore，新南威尔士州，2800　产区：奥兰治
电话：(02)6360 1639　网址：www.pantherspatch.com.au　开放时间：仅限预约
酿酒师：克里斯·德雷（Chris Derrez），露西·马多克斯（Lucy Maddox）

创立时间：2015年 产量（以12支箱数计）：350 葡萄园面积：2.2公顷
哈卡（Hakan）和弗吉尼亚·霍尔默（Virginia Holm）在2009年收购了10公顷产业及其废置的葡萄园作为他们退休后的去处。他们承认，当时他们并不知道重建葡萄园和维护地产的辛苦。2012年是酒庄酿制的第一个年份，他们决定参加奥兰治葡萄酒展，并获得了银奖，此后的每个年份都有得奖。他们收购了葡萄园后不久，在门口捡到了一只5周大的黑色巴布卡比尔小狗——他们用小狗的名字给酒庄命名。黑豹（Panther）确保园中没有兔子、狐狸、鹦鹉等等。大部分葡萄园的工作由哈卡和弗吉尼亚完成［（酿酒季除外，他们会雇佣一个承包商将葡萄送到很有经验的马德里兹葡萄酒服务（Madrez Wine Services）处］。

🍷🍷🍷🍷🍷 Panther's Vineyard Sauvignon Blanc 2016
黑豹葡萄园奥兰治长相思2016
20年前，奥兰治用了很短的时间建立了生产优质长相思的声誉，直到今天仍然如此，味道和口感却与其他长相思略有不同。一般的长相思棱角分明，但奥兰治长相思有着丰富的水果味道，更加柔顺，带有热带水果的气息，轮廓清晰的同时非常柔和。
封口：螺旋盖 酒精度：12.5% 评分：94 最佳饮用期：2020年
参考价格：22澳元 ✪

🍷🍷🍷🍷🍷 Orange Cabernet Sauvignon 2014
奥兰治赤霞珠 2014
评分：93 最佳饮用期：2029年 参考价格：22澳元 ✪

Paracombe Wines 帕洛岗葡萄酒 ★★★★☆

294b Paracombe Road，Paracombe，SA 5132 产区：阿德莱德山区
电话：(08) 8380 5058 网址：www.paracombewines.com 开放时间：仅限预约
酿酒师：保罗·德罗格米勒（Paul Drogemuller），詹姆斯·巴里（James Barry）
创立时间：1983年 产量（以12支箱数计）：13000 葡萄园面积：22.1公顷
保罗和凯西·德罗格米勒（Kathy Drogemuller）在1983年，圣灰星期三山火发生之时，建立了帕洛岗酒庄。这个酒厂位于帕洛岗（Paracombe）高原上，俯瞰洛夫蒂山岭，葡萄园的经营采用最小化灌溉和手工修剪保持低产量。葡萄酒全部是在酒庄酿制的，生产过程中的每一个环节一直到分销都如此。出口到加拿大、丹麦、瑞典、印度尼西亚、新加坡、马来西亚、日本等国家，以及中国内地（大陆）和香港、台湾地区。

🍷🍷🍷🍷🍷 The Reuben 2013
鲁宾 2013
一款传统的波尔多风格的混酿。效果很好，让人想起格拉夫：成熟，温暖，可以闻到陶瓦、黑加仑、李子和烟草，尽管是一种更加成熟的澳大利亚风格。帕洛岗的典型单宁非常细致，准确紧致，保持水果的味道丰富但不过量。美味，克制而直率的风格。价格实在太便宜了。
封口：螺旋盖 酒精度：14.5% 评分：95 最佳饮用期：2024年
参考价格：23澳元 NG ✪

Adelaide Hills Cabernate Sauvignon 2012
阿德莱德山赤霞珠 2012
前罗兰时代的波尔多风格，柏木和有砾石感觉的单宁，在口腔中的感觉有些像滚珠，带有醋栗、雪松和烟草叶子的味道。非常优雅。现在就喝掉吧，但也可以保存，很便宜。
封口：螺旋盖 酒精度：14.5% 评分：94 最佳饮用期：2022年
参考价格：23澳元 NG ✪

Adelaide Hills Cabernet Franc 2012
阿德莱德山品丽珠 2012
许多年前，远远早于在卢瓦尔河谷的品丽珠多样的表达被品酒师钟爱的时候，帕洛岗是业内标杆，多汁，极其易于饮用的本土品丽珠。品质非常纯正，一丝香草的味道夹杂在黑色、红色和蓝色水果之间，大方典雅，成熟美丽。
封口：螺旋盖 酒精度：14.5% 评分：94 最佳饮用期：2020年
参考价格：27澳元 NG ✪

🍷🍷🍷🍷🍷 Adelaide Hills Tempranillo 2014
阿德莱德山添帕尼罗 2014
评分：93 最佳饮用期：2022年 参考价格：22澳元 NG ✪

Adelaide Hills Shiraz 2013
阿德莱德山西拉2013
评分：92 最佳饮用期：2023年 参考价格：23澳元 NG ✪

Adelaide Hills Shiraz Nebbiolo 2013
阿德莱德山西拉内比奥罗2013
评分：92 最佳饮用期：2022年 参考价格：27澳元 NG

Holland Creek Adelaide Hills Riesling 2016
霍兰德溪阿德莱德山雷司令2016
评分：91 最佳饮用期：2022年 参考价格：20澳元 NG ✪

Adelaide Hills Sauvignon Blanc 2016
阿德莱德山长相思2016
评分：90 最佳饮用期：2019年 参考价格：21澳元 NG ✪

Adelaide Hills Red Ruby 2016

阿德莱德山红宝石2016
评分：90　最佳饮用期：2020年　参考价格：21澳元　SC　✪
Adelaide Hills Pinot Noir 2014
阿德莱德山黑比诺 2014
评分：90　最佳饮用期：2020年　参考价格：21澳元　SC　✪
Adelaide Hills Shiraz 2012
阿德莱德山西拉2012
评分：90　最佳饮用期：2022年　参考价格：23澳元　SC

Paradigm Hill　帕丁山　★★★★★

26 Merricks Road，Merricks，Vic 3916　产区：莫宁顿半岛
电话：(03)5989 9000　网址：www.paradigmhill.com.au　开放时间：周末，12:00—17:00
酿酒师：乔治·米哈历博士（Dr George Mihaly）　创立时间：1999年
产量（以12支箱数计）：1200　葡萄园面积：4.2公顷

乔治·米哈历博士（Dr George Mihaly，背景为医学研究、生物技术和制药产业）和妻子露丝（Ruth，曾是厨师和酒席承办商），实现了他们30年来的梦想——放弃以前的职业生涯，建立自己的葡萄园和酒厂。乔治具备所有的科学资质，以此为基础酿制了2001年的莫里克溪（Merricks Creek）葡萄酒，并于2002年搬到帕丁山（Paradigm Hill）。中央山岭庄园（Main Ridge Estate）的纳特·怀特（Nat White）葡萄园，在肖恩·斯兰奇（Shane Strange）的建议下，露丝监督种植了2.1公顷的黑比诺、0.9公顷的西拉、0.82公顷的雷司令和0.38公顷的灰比诺。出口到美国、德国和中国。

🍷🍷🍷🍷🍷　Les Cinq Mornington Peninsula Pinot Noir 2015
五个莫宁顿半岛黑比诺2015
克隆株系115，野生酵母发酵，4天后浸渍发酵，在法国橡木桶（33%是新的）中陈酿18个月。清亮的紫红色；酒香中有玫瑰花瓣香水，香料和红色水果的气息，口感纯正，带有令人愉悦的果味，质地丝滑，结构堪称典范。非常注重细节。
封口：螺旋盖　酒精度：12.1%　评分：97　最佳饮用期：2027年
参考价格：85澳元　✪

🍷🍷🍷🍷🍷　L'ami Sage Mornington Peninsula Pinot Noir 2015
朋友鼠尾草莫宁顿半岛黑比诺2015
克隆株系MV6和115，3天后浸渍发酵，在法国橡木桶（24%是新的）中陈酿18个月。鲜艳的紫色-紫红色，产量极低；非常好的比诺，丰满、华丽动人。红色水果，没有过多的提取物质。有一些精致橡木和单宁的味道，衬托出果味，使得口感更加悠长。
封口：螺旋盖　酒精度：12.8%　评分：96　最佳饮用期：2028年
参考价格：72澳元　✪

Mornington Peninsula Pinot Gris 2016
莫宁顿半岛灰比诺2016
帕丁山是第一个使用大量新法国橡木酿制灰比诺的酒庄，因此价格比其他任何澳大利亚生产商都要高。它们值这个价吗？考虑到他们的成本很高，这个价格也很合理。带有丰富的草莓水果味道，没有残糖，但会给人留下一些甜的印象。我觉得酸度可以调整一下，但我不是酿酒师。
封口：螺旋盖　酒精度：13.7%　评分：94　最佳饮用期：2023年
参考价格：59澳元

Transition Mornington Peninsula Rose 2016
过渡莫宁顿半岛桃红 2016
淡淡的暗红色，桶内发酵；香气馥郁，口感令人十分愉悦。带有丰富的果味，爽脆的酸度与之相得益彰。
封口：螺旋盖　酒精度：12.5%　评分：94　最佳饮用期：2021年
参考价格：39澳元

Col's Block Mornington Peninsula Shiraz 2015
科尔地块莫宁顿半岛西拉2015
充满辛香料，多汁红色水果和可口的冷切肉的气息，中等酒体。经典的冷凉气候风格。
封口：螺旋盖　酒精度：13.3%　评分：94　最佳饮用期：2030年
参考价格：49澳元

🍷🍷🍷🍷🍷　Mornington Peninsula Riesling 2016
莫宁顿半岛雷司令2016
评分：92　最佳饮用期：2026年　参考价格：39澳元

Arrive Mornington Peninsula Riesling 2016
抵达莫宁顿半岛雷司令2016
评分：91　最佳饮用期：2026年　参考价格：39澳元

Paradise IV　天堂　★★★★★

45 Dog Rocks Road，Batesford，Vic 3213（邮）产区：吉龙
电话：(03)5276 1536　网址：www.paradiseivwines.com.au　开放时间：不开放
酿酒师：道格拉斯·尼尔（Douglas Neal）　创立时间：1988年
产量（以12支箱数计）：800　葡萄园面积：3.1公顷

此地最初就是由瑞士葡萄酒种植者让-亨利·达德尔（Jean-Henri Dardel）于1848年建立的天堂IV

葡萄园，而此前也曾一度名为莫拉泊尔庄园（Moorabool Estate），现已改回天堂IV。所有人是露丝（Ruth）和格雷姆·邦尼（Graham Bonney）。葡萄酒厂有一个地下的酒桶陈酿酒窖，他们的酒采用野生酵母发酵，自然苹乳发酵，重力牵引等方法生产酿制。出口到中国。

🍷🍷🍷🍷🍷 J.H.Dardel 2015

J.H.达德尔 2015

道格·尼尔（Doug Neal）充分利用了2015年份的自然条件，酿制出了他认为前无古人，后无来者的一款葡萄酒。明亮的紫红色调，极为多汁的各种风味集中在舌尖附近的味蕾上（这种情况并不常见），结尾很有质感。凉爽气候下生长的西拉，很难说还会有比这一款更好的了。

封口：螺旋盖　酒精度：13.5%　评分：97　最佳饮用期：2035年

参考价格：70澳元 ✪

🍷🍷🍷🍷🍷 Chaumont 2015

肖蒙 2015

赤霞珠、西拉和品丽珠。颜色深沉；酒香新鲜活泼，中等酒体，以多汁黑醋栗酒的风味为主，单宁隐藏在果味之后。就在你以为你已经完全了解了这款酒的时候，一个新的层次又铺展开来：淡淡的香柏木、烟草和黑巧克力，来了又去。

封口：螺旋盖　酒精度：13.5%　评分：95　最佳饮用期：2035年

参考价格：60澳元

Paringa Estate　帕琳佳酒庄 ★★★★★

44 Paringa Road，Red Hill South，Vic 3937　产区：莫宁顿半岛

电话：(03)5989 2669　网址：www.paringaestate.com.au　开放时间：每日开放，11:00—17:00

酿酒师：琳赛·麦克卡尔（Lindsay McCall）　创立时间：1985年

产量（以12支箱数计）：15000　葡萄园面积：24.7公顷

酿酒师琳赛·麦克卡尔（Lindsay McCall）曾经是一位教师，但转行之后，她展现出了卓越的葡萄酒酿造天赋，这也在她酿制的复杂的黑比诺西拉上得到体现。这款酒在帕琳佳出席的各个葡萄酒展和比赛中都取得了不俗的成绩。但相对来说，他们的产品线上顶级葡萄酒的产量太小了。作为合约酿酒师，他为其他酒庄酿制的葡萄酒也同样非常出色。出口到英国、加拿大、丹麦、乌克兰、新加坡、日本等国家，以及中国内地（大陆）和香港地区。

🍷🍷🍷🍷🍷 Estate Pinot Noir 2015

庄园黑比诺2015

如此浓烈的异国香料风情令我激动得难以自持，石榴汁、黑樱桃、果籽和菊苣的苦味。口感优美，带有丰富的水果味道——中等酒体，单宁精确细腻，结尾酸度很好。

封口：螺旋盖　酒精度：14%　评分：96　最佳饮用期：2028年

参考价格：60澳元　JF ✪

The Paringa Single Vineyard Chardonnay 2015

帕琳佳单一葡萄园霞多丽 2015

这款酒是丰厚饱满的风格，带有成熟核果，奶油蜂蜜和鸡汤的味道，口感中有生姜和柠檬味的酸度。酒体丰满，丰富的层次感，带有不同的风味物质，但与直觉相反的是，口感同时也非常紧致。

封口：螺旋盖　酒精度：13.5%　评分：95　最佳饮用期：2025年

参考价格：55澳元　JF

Robinson Vineyard Pinot Noir 2015

罗宾逊葡萄园黑比诺2015

许多年来，帕琳佳一直选用图隆（Tuerong）葡萄园出产的葡萄，该园由休·罗宾逊（Hugh Robinson）管理得一丝不苟。2014年酒庄生产了第一款单一葡萄园的酒款。酒体呈现中等石榴石色，带有樱桃、潮湿泥土、麝香和木质香料的味道，可以感觉到生丝般的单宁和口感的丰厚。

封口：螺旋盖　酒精度：13.5%　评分：95　最佳饮用期：2026年

参考价格：60澳元　JF

The Paringa Pinot Noir 2014

帕琳佳黑比诺2014

酒色很浅——这很具有欺骗性，因为它充满了各种芳香物质：红樱桃、梅子、香灰、肉桂和薄荷醇的味道。口感纤细，有着天鹅绒一般的单宁，结尾有着古斯图腊树皮的枯萎。非常空灵。

封口：螺旋盖　酒精度：13.5%　评分：95　最佳饮用期：2026年

参考价格：90澳元　JF

The Paringa Shiraz 2014

帕琳佳西拉2014

深紫红色；并不像庄园那款那么充满胡椒的味道。但在各种香料的香气之中略带铁味，还有着更丰富的水果——甜美浓郁的李子的味道，以及炖大黄的味道。法国小橡木桶中40%为新的，为酒体带来了木质香料和木炭的味道，两者在这款酒中配合得非常好。酒体饱满，单宁坚实，很惹人喜爱。

封口：螺旋盖　酒精度：13.5%　评分：95　最佳饮用期：2028年

参考价格：80澳元　JF

Peninsula Pinot Noir 2015

半岛黑比诺2015

100%去梗后，在2.5吨的容器内发酵，带皮浸渍21天，在法国小橡木桶带酒脚熟成11个月。酒体呈现明亮、清透的紫红色，酒香丰富多面，还有饱满的樱桃和李子的水果味道，轻柔但带刺的单宁包裹在外层，两者融合得非常好。在2020年，它的表现会非常惊人。
封口：螺旋盖　酒精度：13.5%　评分：94　最佳饮用期：2025年
参考价格：29澳元 ✪

Peninsula Shiraz 2015
半岛西拉2015
合约种植，与5%的维欧尼共同发酵；在旧的法国小橡木桶中熟成11个月。酒香芬芳，并有着维欧尼带来的轻盈质感，口感多汁，带有香料、胡椒、黑色水果和李子的味道优美自然地融入坚实而细腻的单宁之中。
封口：螺旋盖酒精度：14%　评分：94　最佳饮用期：2030年
参考价格：27澳元 ✪

🍷🍷🍷🍷

Estate Chardonnay 2015
庄园霞多丽 2015
评分：93　最佳饮用期：2025年　参考价格：40澳元　JF

Estate Shiraz 2014
庄园西拉2014
评分：93　最佳饮用期：2026年　参考价格：50澳元　JF

Estate Pinot Gris 2016
庄园灰比诺2016
评分：92　最佳饮用期：2021年　参考价格：22澳元　JF ✪

Peninsula Chardonnay 2016
半岛霞多丽 2016
评分：91　最佳饮用期：2022年　参考价格：27澳元　JF

Parker Coonawarra Estate　帕克库纳瓦拉庄园　★★★★★

15688 Riddoch Highway，Penola，SA 5263　产区：库纳瓦拉
电话:（08）8737 3525　网址：www.parkercoonawarraestate.com.au
开放时间：每日开放，10:00—16:00
酿酒师：菲尔·莱曼（Phil Lehmann），查理·奥姆斯比（Charlie Ormsby）
创立时间：1985年　产量（以12支箱数计）：30000　葡萄园面积：20公顷
帕克库纳瓦拉庄园在库纳瓦拉最南端，土质分两层，上层是红土，下层是石灰石。赤霞珠是主要品种（17.45公顷），还种植有梅洛和小味儿多。现在酒庄和亨施克葡萄酒公司（Hesketh Wine Company）以及巴罗萨谷的圣约翰路（St John's Road）一样，归属于WD葡萄酒有限公司。所有权变更后，酒庄的产量有了显著的增长。出口到世界所有主要市场。

🍷🍷🍷🍷🍷

First Growth 2013
第一增长 2013
来自酒庄的阿比（Abbey）葡萄园中最好的赤霞珠和特里地块（Terry）的8%梅洛，在100%新的法国小橡木桶内陈酿2年。它带有惊人的一系列复杂的味道——桑葚、黑醋栗酒、深色巧克力-薄荷，碘和含铁泥土的味道。然而，它的口感才是重点，有深度、细节、充满力量感的单宁，非常适合长期陈酿。
封口：螺旋盖　酒精度：14%　评分：96　最佳饮用期：2038年
参考价格：110澳元　JF 95

Block 2014
地块2014
种植于1995年。其中包括27行赤霞珠和4行小味儿多，后者在这款混酿中的比例是7%。呈现完美的深紫红色，有一丝薄荷醇和黑巧克力碎末、黑莓和李子蜜饯的味道，深沉，带有泥土气息。复杂，口感完整，带有大量的成熟单宁。
封口：螺旋盖　酒精度：14.5%　评分：96　最佳饮用期：2034年
参考价格：65澳元　JF ✪

Terra Rossa Shiraz 2015
特拉红西拉 2015
非常光滑，核心风味是深色水果的味道，伴随有甘草、桉树叶、巧克力-薄荷和墨水的味道；橡木味道融入整体，结构感好，回味很长。
封口：螺旋盖　酒精度：14.5%评分：95　最佳饮用期：2030年
参考价格：34澳元　JF ✪

Terra Rossa Cabernate Sauvignon 2015
特拉红赤霞珠 2015
最近帕克的葡萄酒更加精细了。带有非典型的黑莓和波森梅的香气，一点香料，刚卷好的烟叶、干薄荷和泥土的味道。口感非常克制，单宁很有质感，非常平衡；结尾很长。
封口：螺旋盖　酒精度：14.5%　评分：95　最佳饮用期：2035年
参考价格：34澳元　JF ✪

🍷🍷🍷🍷

Cabernate Sauvignon 2015
赤霞珠 2015
评分：93　最佳饮用期：2027年　参考价格：24澳元　JF ✪

Shiraz 2015
西拉2015
评分：92 最佳饮用期：2023年 参考价格：24澳元 JF ✪

Terra Rossa Merlot 2015
特拉红梅洛2015
评分：92 最佳饮用期：2023年 参考价格：34澳元 JF

Chardonnay 2016
霞多丽 2016
评分：90 最佳饮用期：2020年 参考价格：24澳元 JF

Pasadera Wines 帕萨德拉葡萄酒 ★★★★

3880 Frankston-Flinders Road，Shoreham. 维多利亚，3916 产区：莫宁顿半岛
电话：0413 602 023 网址：www.pasadera.com.au 开放时间：不开放
酿酒师：麦克·凯贝尔德（Michael Kyberd） 创立时间：2014年
产量（以12支箱数计）：600 葡萄园面积：5.2公顷

葡萄园种植于1990年，许多年来（还有许多业主）因为酒标上有松果都称之为松树（The Pines）。他们的葡萄很长时间来都用于出售，有的时候葡萄园也会出租。在2014上半年，所有人卢斯提（Rusty）和南希·法兰奇（Nancy French）决定停止销售葡萄，而自己来用这些成熟的葡萄藤出产的果实酿酒。他们聘请了合约酿酒师麦克·凯贝尔德（Michael Kyberd）。另外，帕萨德拉也是一类纯种的阿拉伯种马的名字。

🍷🍷🍷🍷🍷 Mornington Peninsula Chardonnay 2014
莫宁顿半岛霞多丽 2014
烟熏味是整个酒体的核心风味，同时略带辛辣和矿物质口感，这款大方的霞多丽的香气和口感相互呼应，都有着丰富的白桃和榛子的味道，酒脚带来的橘子味道还有橡木的味道都很好地融入了整体。品尝的过程中逐渐有松露的味道散发出来。它的风格绝对是更像默尔索而不是夏布利，这也没有什么不好的。
封口：螺旋盖 酒精度：13.5% 评分：95 最佳饮用期：2022年
参考价格：65澳元 NG

🍷🍷🍷🍷 Mornington Peninsula Pinot Noir 2014
莫宁顿半岛黑比诺2014
评分：91 最佳饮用期：2022年 参考价格：65澳元 NG

Passel Estate 帕塞尔庄园 ★★★★★

655 Ellen Brook Road，Cowaramup，WA 6284 产区：玛格利特河
电话：(08) 9717 6241 网址：www.passelestate.com
开放时间：周五至周日，10:30—17:00或预约
酿酒师：布鲁斯·杜克斯（Bruce Dukes） 创立时间：1994年
产量（以12支箱数计）：1500 葡萄园面积：6.7公顷

温迪（Wendy）和巴瑞·斯蒂普斯（Barry Stimpson）分别出生在英国和南非。多年间，他们多次造访玛格利特河，并逐渐爱上了产区的环境。在2005年，他们移居到玛格利特河，并在2011年买下了种植于1994年的葡萄园，其中包括2.6公顷的西拉和1.5公顷的赤霞珠，后来他们又种了2.6公顷的霞多丽。葡萄种植者安迪全年负责葡萄园的管理。他们对全部的6.7公顷土地采用可持续的管理方式，将产量限制在6.5—7吨/公顷。他们聘请了非常有才华，同时经验非常丰富的合约酿酒师布鲁斯·杜克斯（Bruce Dukes）负责葡萄酒的酿造。出口到新加坡。

🍷🍷🍷🍷🍷 Margaret River Shiraz 2015
玛格利特河西拉2015
在法国橡木桶（1/3为新的）中陈酿16个月。酒香中可以明显感觉到丰富的高品质法国橡木的味道，中等酒体，带来了李子和可口的黑樱桃的风味与质感。回味很长。
封口：螺旋盖 酒精度：14.5% 评分：95 最佳饮用期：2030年
参考价格：35澳元 ✪

Margaret River Cabernate Sauvignon 2015
玛格利特河赤霞珠 2015
包括12.5%的梅洛，分别发酵后混合，帕塞尔很快建立了自己独特的风格，中等酒体，由新橡木桶和浆果带来的单宁非常细腻，与口感交相呼应。香气完全复刻了口感中的风味，是黑加仑/黑醋栗酒的味道为主。合理的采摘时间使得它非常优雅，同时有着完美的平衡感。
封口：螺旋盖 酒精度：14% 评分：95 最佳饮用期：2030年
参考价格：42澳元

🍷🍷🍷🍷 Margaret River Chardonnay 2015
玛格利特河霞多丽 2015
评分：92 最佳饮用期：2021年 参考价格：30澳元

Passing Clouds 浮云酒庄 ★★★★★

30 Roddas Lane，Musk，Vic 3461 产区：马斯顿山岭
电话：(03)5348 5550 www.passingclouds.com.au 开放时间：每日开放，10:00—17:00
酿酒师：格雷姆·利思（Cameron Leith） 创立时间：1974年

产量（以12支箱数计）：4600 葡萄园面积：9.8公顷
格雷姆·利思（Graeme Leith）和儿子卡梅伦（Cameron）将1974年班迪戈建立的酒庄的全部经营业务搬到新的地址——戴尔斯福德（Daylesford）附近的马斯克（Musk），这可以说是一个很有纪念意义的改变。因为长期的干旱和各种瘟疫病害，他们无法继续在上一个葡萄园经营下去。现在重点转移到了优雅的黑比诺和霞多丽上，但因为里奥拉（Riola）酒庄的亚当是他们的朋友，所以他们仍然还有班迪戈的一定资源，格雷姆·利思现在将酿制葡萄酒的工作交给了卡梅伦，而开始继续他的写作事业。出口到世界所有主要市场。

🍷🍷🍷🍷🍷 The Angel Bendigo Cabernate 2015
天使班迪戈赤霞珠2015
这款赤霞珠在25%的法国新橡木桶中陈放了1年的时间，接下来从全部的酒桶中精选并混合，再用4个月的时间完成融合。结果就是这款非常精致的葡萄酒，明亮清透的酒体，带有浓烈的辛香料的气息，中等酒体，口感丰富，单宁优美，结构感好。
封口：螺旋盖 酒精度：14% 评分：96 最佳饮用期：2033年
参考价格：53澳元 JF

Graeme's Shiraz Cabernate 2015
格雷姆西拉赤霞珠2015
使用法国橡木桶（25%是新的），两个品种分别陈酿1年的时间；混合时，西拉的比例为55%，略大于赤霞珠。带有典型的班迪戈风格，带有馥郁的李子、煮黑色浆果以及似乎来自澳洲灌木和沙士汽水中的泥土/桉树叶的香气。丰厚、饱满的口感中有着各种各样的风味，非常协调。非常令人愉悦，可以窖藏。
封口：螺旋盖 酒精度：14.7% 评分：95 最佳饮用期：2030年
参考价格：34澳元 JF ✪

🍷🍷🍷🍷 SSSS2 The Fools on the Hill Pinot Noir 2015
山上愚人黑比诺2015
评分：93 最佳饮用期：2026年 参考价格：47澳元 JF

The Fools on the Hill Chardonnay 2015
山上愚人霞多丽 2015
评分：92 最佳饮用期：2022年 参考价格：47澳元 JF

Macedon Ranges Chardonnay 2016
马斯顿山岭霞多丽 2016
评分：90 最佳饮用期：2021年 参考价格：29澳元 JF

Bendigo Shiraz 2015
班迪戈西拉2015
评分：90 最佳饮用期：2025年 参考价格：31澳元 JF

Patrick of Coonawarra 库纳瓦拉派特里克 ★★★★★

Cnr Ravenswood Lane/Riddoch Highway，库纳瓦拉，南澳大利亚，5263 产区：库纳瓦拉
电话:（08）8737 3687 网址：www.patrickofcoonawarra.com.au
开放时间：每日开放，，10:00—17:00
酿酒师：卢克·托卡丘（Luke Tocaciu） 创立时间：2004年
产量（以12支箱数计）：5000 葡萄园面积：79.5公顷
派特里克·托卡丘（Patrick Tocaciu，2013年去世）原来也是葡萄酒行业的从业者，曾在希思菲尔德岭（Heathfield Ridge）葡萄酒厂和郝力克酒庄（Hollick Wines）工作。他在拉顿布里（Wrattonbully，41公顷）的葡萄园种植所有的主要品种，而库纳瓦拉（38.5公顷）种植用于生产家园地块（Home Block）的赤霞珠。库纳瓦拉的派特里克也为其他人合约酿制葡萄酒。儿子路克有阿德莱德大学的酿酒工程学位和在澳大利亚和美国酿酒季工作的经验，现已经接手酒厂。

🍷🍷🍷🍷🍷 Aged Coonawarra Riesling 2012
陈酿库纳瓦拉雷司令2012
不要窖藏，尽快喝掉。它现在的状态非常好，华丽动人。带有从黄油烤面包上青柠橘子酱到柠檬粗麦蛋糕的陈酿香气。酸度精细，回味悠长。
封口：螺旋盖 酒精度：10.5% 评分：95 最佳饮用期：2019年
参考价格：39澳元 JF

Estate Grown Mount Gambier Pinot Noir 2015
庄园甘比亚山黑比诺2015
酒色较浅，但很明亮；在咸味、果梗味的背景下，是丰富的小红色水果的味道；南澳大利亚最凉爽的甘比亚山产区，是一个值得人们注意的黑比诺的优质产区——这应该是毫无疑问的了。长度和回味都很好。
封口：螺旋盖 酒精度：12.8% 评分：95 最佳饮用期：2023年
参考价格：29澳元 ✪

Estate Wrattonbully Shiraz 2012
庄园拉顿布里西拉2012
在美国和法国橡木桶（均为40%是新的）中陈酿20个月。深石榴紫色，迸发出丰富的黑色和红色水果，一些胡椒和木质香料的味道。酒体饱满，带有大量的单宁和适度的橡木味道，同时也非常新鲜醇厚。
封口：螺旋盖 酒精度：14% 评分：95 最佳饮用期：2022年
参考价格：29澳元 JF ✪

Joanna Wrattonbully Shiraz 2012
乔安娜拉顿布里西拉2012
在80%的美国新橡木桶和20%的法国新橡木桶中陈酿20个月，即使是在丰富的奶油咖啡和香草橡木的味道中，拉顿布里的丰富的果味仍然占据着主导地位，充满能量。色泽优美，混合了大量深色水果和香料的味道。酒体饱满，单宁精准，回味绵长。
封口：螺旋盖 酒精度：14% 评分：95 最佳饮用期：2025年
参考价格：45澳元 JF

Home Block Cabernate Sauvignon 2012
家园地块赤霞珠 2012
在新的法国和美国橡木桶中熟成28个月。不出所料，酒色发生了一定的变化；这款酒的特点是奢侈地使用橡木，犹如奥德赛之旅，没有对错之分，而是一个风格的问题，这是很多澳大利亚消费者的喜好。我的分数是一个妥协后的结果。
封口：螺旋盖 酒精度：13.8% 评分：95 最佳饮用期：2027年
参考价格：45澳元

Estate Grown Fume Blanc 2015
庄园白富美2015
长相思发酵并且在法国大桶中熟成。酒香中有着桶内发酵带来的烟熏气息（这是应该的），口感丰富多汁，充满了柑橘和鹅莓的味道。这是一款极好的长相思，尤其是在这一产区，它的品种表现并不总是这样好。
封口：螺旋盖 酒精度：11.5% 评分：94 最佳饮用期：2019年
参考价格：25澳元 ✪

🍷🍷🍷🍷🍷 Estate Riesling 2016
庄园雷司令2016
评分：92 最佳饮用期：2020年 参考价格：25澳元 JF ✪

Patritti Wines 芭翠提葡萄酒 ★★★★★

13—23 Clacton Road，Dover 花园，SA 5048 产区：阿德莱德
电话：(08) 8296 8261 网址：www.patritti.com.au
开放时间：周一至周六，9:00—17:00（12月七天）
酿酒师：詹姆斯·蒙高尔（James Mungall），本·海德（Ben Heide）
创立时间：1926年 产量（以12支箱数计）：190000 葡萄园面积：16公顷
一个酒价合理的家族企业，他们在布莱维特泉（Blewitt Springs）有一个优秀的葡萄园，其中种植有10公顷的西拉，奥丁格·诺斯（Aldinga North）有6公顷的歌海娜。生产量的快速增长是因为产品在出口市场非常成功，以及同时采用合同收购与酒庄自产的葡萄做原料酿酒。帕特里蒂现在生产的葡萄酒质优价廉，他们的产品系列中，质量没有那么好的产品的价格则低得令人无法想象。JPB单一葡萄园是为了纪念吉奥瓦尼·芭翠提（Giovanni Patritti）在1925年抵达澳大利亚；他销售的葡萄酒品牌是“约翰·芭翠提·布莱顿（John Patritti Brighton）”。出口到美国和其他主要市场。

🍷🍷🍷🍷🍷 JPB Single Vineyard Shiraz 2015
单一葡萄园西拉2015
来自布莱维特泉的低产量（1.4吨/公顷）酒庄葡萄园，在新的大桶中熟成17个月，其中60%的木桶来自美国，40%源自法国。软木塞非常完美。完美地融入整体的新项目的味道可以体现出原果的出色的品质；黑莓和梅子的味道为主导，但同时也有产区特色的黑巧克力的味道。是南澳大利亚不为人所知的优秀西拉之一。
封口：橡木塞 酒精度：14.5% 评分：97 最佳饮用期：2055年
参考价格：60澳元

🍷🍷🍷🍷🍷 Lot Three Single Vineyard McLarent Vale Shiraz 2015
三号单一葡萄园麦克拉仑谷西拉2015
来自酒庄布莱维特泉（Blewitt Springs）葡萄园，手工采摘，在法国橡木桶（33%是新的）中熟成18个月。明亮的紫红色；酒体饱满，与JPB系列的酒款带有相似的印记；口感中带有来自整串发酵的黑色水果，可口的黑巧克力的味道，再加上深刻的单宁和橡木带来的影响——这是一款真正的好葡萄酒。
封口：橡木塞 酒精度：14% 评分：96 最佳饮用期：2050年
参考价格：35澳元 ✪

Section 181 Single Vineyard McLarent Vale Grenache 2015
181区单一葡萄园麦克拉仑谷歌海娜 2015
来自芭翠提家族1960年买下的葡萄园［181区域，布兰森路（Branson Rd）］——当时已经种有6公顷的歌海娜（气候干燥）。这款麦克拉仑谷歌海娜，带有丰富的水果味道，精致但持久的单宁带来了出色的质地和结构，橡木恰到好处。窖藏一瓶酒龄为20岁的歌海娜？当然！还可以再多放几年。
封口：橡木塞 酒精度：14.5% 评分：96 最佳饮用期：2035年
参考价格：35澳元 ✪

Marion Vineyard Adelaide Grenache Shiraz 2015
马里恩葡萄园阿德莱德歌海娜西拉2015
来自属于马里恩城市的110岁的葡萄园，芭翠提认识到此地长时间来一直种植葡萄，自2006年起就将它租下来。带有丰满、鲜美多汁的红色和紫色水果的味道，细致而坚实的单宁是它的骨架，罗纳河谷应当为它而骄傲。

封口：橡木塞 酒精度：14.5% 评分：96 最佳饮用期：2040年
参考价格：30澳元 ✪

Old Gate McLarent Vale Shire Shiraz 2015
旧门麦克拉仑谷郡西拉2015
87.5%的原料来自酒庄布莱维特泉葡萄园，12.5%来自巴罗萨谷，在60%的美国大桶和40%的法国大桶中熟成4—18个月。这款酒超值，绝对可以再放上几十年。如果它经过了澄清，可能会更简单一些，但问题是，这样一来，它还会不会像现在这样华丽饱满？
封口：橡木塞 酒精度：14.5% 评分：95 最佳饮用期：2045年
参考价格：20澳元 ✪

Merchant McLarent Vale Shiraz 2015
商人麦克拉仑谷西拉2015
螺旋盖表明这是一款仅仅在国内销售的葡萄酒。来自酒庄的布莱维特泉葡萄园，这一个“方形地块”出产的葡萄曾经卖给本地酒厂。大部分经过除梗破碎，一些采用了整串发酵，在美国大桶（56%是新的）中熟成18个月。酒体紫红色；香草、摩卡橡木是酒的一个重要的有机组成部分，与新鲜红色和黑色的水果味道形成对照。先品尝了芭翠提的其他两款标志性的酒对这款酒的评分恐怕没有什么积极的影响。
封口：螺旋盖 酒精度：13.5%.评分：94 最佳饮用期：2035年
参考价格：30澳元 ✪

Merchant McLarent Vale Shiraz Mourvedre 2015
商人麦克拉仑谷歌海娜西拉幕尔维 2015
芭翠提（Patritti）在麦克拉仑谷葡萄园手工采摘的歌海娜（60%）和西拉（10%），10%的马塔洛产自阿德莱德山区，机械采摘，各地块分别发酵和陈酿，70%在发酵罐，30%在法国木桶（20%是新的）中陈酿15个月后混合。这样做的目的是在适度的酒精度下，尽可能地追求浓郁的水果香气和结构感。除了酒精度可能有一些小问题，它成功地完成了这一目标。
封口：螺旋盖 酒精度：15% 评分：94 最佳饮用期：2030年
参考价格：30澳元 ✪

🍷🍷🍷🍷🍷 Limited Release Fortified Viognier 2006
限量发行加强型维欧尼2006
评分：92 参考价格：20澳元 ✪

Paul Conti Wines 保罗·康迪葡萄酒 ★★★★

529 Wanneroo Road，Woodvale，WA 6026 产区：市郊区的（Greater）珀斯
电话:（08）9409 9160 网址：www.paulcontiwines.com.au
开放时间：周一至周六，10:00—17:00，周日提前预约
酿酒师：保罗·康迪（Paul Conti）和杰森·康迪（Jason Conti）
创立时间：1948年 产量（以12支箱数计）：4000 葡萄园面积：14公顷
尽管父亲保罗（1968年，从他的父亲处继承了这个酒庄）仍然在酒庄工作，葡萄酒酿造的部分应该是由第三代酿酒师杰森·康迪（Jason Conti）负责的。保罗在过去的许多年里曾经挑战过并试图重新整顿业内的观点和标准。对杰森来说，他的挑战是要在这个竞争日渐激烈的市场环境中不懈地努力以取得同样的成功——这也是他正在做的。卡拉博达（Carabooda）葡萄园后来增加种植了添帕尼罗、小味儿多和维欧尼。而黑比诺和霞多丽则是从潘伯顿收购的。他们继续在玛格利特河的卡威温密（Cowaramup）收购了一块土地，其中种植有长相思、西拉、赤霞珠、赛美蓉、麝香葡萄和马尔贝克。最初的马里金尼尔普（Mariginiup）2公顷葡萄园（西拉）仍然是酒庄生产的一个重要部分。出口到日本。

🍷🍷🍷🍷🍷 Pemberton Pinot Noir 2015
潘伯顿黑比诺2015
MV6，手工采摘，30%的原料使用整串，野生酵母发酵。9天的发酵中包括2天的冷浸渍，在法国橡木桶（10%是新的）中陈酿16个月。色泽浓郁，（对比诺来说）非常饱满，可以长期陈酿，并会有非常好的发展。
封口：螺旋盖 酒精度：14% 评分：93 最佳饮用期：2028年
参考价格：25澳元 ✪

Margaret River Chardonnay 2016
玛格利特河霞多丽 2016
手工采摘，整串压榨，25%发酵并且在新法国橡木桶熟成4个月。品种特性在这里不是问题；橡木、质地和风味都提供了重要的支持，余下的是白桃、油桃和香瓜带来的轻盈的口感和香气。清脆且带有柑橘味的酸度使得酒更加新鲜、回味更加悠长。非常合算。
封口：螺旋盖 酒精度：13% 评分：92 最佳饮用期：2024年
参考价格：20澳元 ✪

Tuart Block Chenin Blanc 2016
图阿特地块白诗南 2016
珀斯附近的地区生产很多澳大利亚最好的白诗南（有人说这是个悖论），而且其中又以科里奥尔（Coriole）最为出色。它有着浓郁和新鲜的果味；核果和热带水果带着橙皮和柑橘味的酸度，使得回味和余味更加生动。
封口：螺旋盖 酒精度：12.5% 评分：92 最佳饮用期：2021年
参考价格：18澳元 ✪

Tempranillo 2015

添帕尼罗 2015
来自黑林谷，在美国橡木桶中进行短时间的熟成，其中还包括少量的马尔贝克。多汁的黑樱桃和香料的味道十分浓郁。这款酒的价值完全超过了它的价格。
封口：螺旋盖 酒精度：14.5% 评分：91 最佳饮用期：2023年
参考价格：18澳元 ✪

Mariginiup Shiraz 2014
马里金尼尔普西拉2014
天鹅海岸马里金尼尔普（Swan Coastal Mariginiup）和玛格利特河的迈阿普路（Miamup Road）葡萄园（均属于酒庄）采用了非常不同的酿造工艺，这使得陈酿时采用了30%的美国新橡木桶和10%的法国新橡木桶，天鹅的葡萄酒直接压榨入美国橡木桶，而玛格利特河则是法国橡木桶，两者的剩余部分都采用旧法国橡木桶。带有丰富的红樱桃和李子的味道，单宁细腻、持久。
封口：螺旋盖 酒精度：15% 评分：90 最佳饮用期：2029年
参考价格：28澳元

Margaret River Cabernate Sauvignon Malbec 2015
玛格利特河赤霞珠马尔贝克 2015
这是一款70%:30%的混酿，开放式发酵，在法国橡木桶（25%是新的）中熟成12个月。明亮、清透的紫红色；丰富的黑加仑和李子充满口腔，结尾出现了来自果实的单宁和橡木的味道。它的定价应该使窖藏更加容易——这也会让单宁更加柔顺。
封口：螺旋盖 酒精度：14% 评分：90 最佳饮用期：2029年
参考价格：18澳元 ✪

Paul Morris 保罗·莫里斯 ★★★★☆

3 Main Street，Minlaton，SA 5575（邮）产区：克莱尔谷
电话：0427 885 321 www.paulmorriswines.com.au 开放时间：不开放
酿酒师：保罗·莫里斯（Paul Morris） 创立时间：2014年 产量（箱）:300
保罗·莫里斯从2002年起就在葡萄酒行业工作了。先是在麦克拉仑和林多克（Lyndoch）的葡萄园工作，接下来在巴罗萨谷、玛吉尔（Magill）和新西兰的马尔伯勒（Marlborough）参与酿酒季的工作。这些在葡萄酒厂的实践工作之中还穿插着一些市场营销的工作，可以说他有着各种广泛的工作经验。现在他的主要工作是在克莱尔谷酿造葡萄酒，但他计划买下/建立他自己的精品葡萄酒厂（如果经济条件允许的话）。保罗将继续增加新产品。

🍷🍷🍷🍷🍷 Single Vineyard Adelaide Hills Pinot Noir 2015
单一葡萄园阿德莱德山黑比诺 2015
非常优美，不仅仅有纱质的口感，还有活泼的红色水果和红色花朵（玫瑰花瓣）的馥郁香气和草莓的味道。长度很好。非常出色。
封口：螺旋盖 酒精度：14.3% 评分：95 最佳饮用期：2027年
参考价格：24澳元 ✪

Paul Nelson Wines 保罗·尼尔森 ★★★★★

14 Roberts Road，Denmark，WA 6333（邮） 产区：大南部产区
电话：0406 495 066 网址：www.paulnelsonwines.com.au 开放时间：学校假期（School hols），11:00—17:00 酿酒师：保罗·纳尔逊（Paul Nelson） 创立时间：2009年 产量（以12支箱数计）：1500 葡萄园面积：2公顷
保罗·尼尔森在科廷大学（Curtin University）学习葡萄栽培和酿酒工程时，开始涉足天鹅谷和大南部产区的葡萄酒酿造工作。他接下来在天鹅谷的霍顿（Houghton）、巴克山的冈德雷（Goundrey）、加利福尼亚的圣塔内兹（Santa Ynez）、南非（四个年份）、另一半球的莱茵黑森和塞浦路斯（Cyprus，三个年份）接连工作了一段时间。又搬到孟买的一个大型印度酿酒厂后回到霍顿（Houghton）。此后他在霍顿开始［与妻子比安卡（Bianca）合伙］生产少量餐酒。

🍷🍷🍷🍷🍷 Karriview Denmark Chardonnay 2015
卡里维尤丹马克霞多丽 2015
有趣的酒香；燕麦粥，干冰糕，带有辛香料味道的橡木和一点羊毛脂的味道。有着微妙的品种特征，但整体给人留下了一个复杂的、冷凉气候下的霞多丽的印象。口感也与这一印象相呼应，有着紧致的口感，酸度和风味的长度完美地融合在一起。葡萄柚和刚刚成熟的白桃的味道在果香中占据主导地位。顶级质量。
封口：螺旋盖 酒精度：13.4% 评分：96 最佳饮用期：2027年
参考价格：70澳元 SC ✪

Heathbank 2013
希斯班克 2013
来自法兰克兰河、丹马克和贝克山（Mount Barker）的一款复杂70/20/10%赤霞珠、品丽珠和马尔贝克混酿。期待中的明亮的紫红色，为雨下的葡萄酒带来了很好的助力作用，各个方面都很优秀，结构完美，带有黑醋栗酒、月桂叶，香柏木的风味，单宁细致。
封口：螺旋盖 酒精度：14% 评分：96 最佳饮用期：2028年
参考价格：48澳元 ✪

Karriview Pinot Noir 2015
卡里维尤黑比诺2015
清透的紫红色紫色；极好的黑比诺，有着明确而浓郁的品种表达特点，优质的单宁和爽脆的酸度；芬芳红樱桃味道在口感中占据了主导地位，整体平衡，昂贵的橡木的使用也的确非常值得。现在就极好，在5—10年后会更好。

封口：螺旋盖　酒精度：14%　评分：95　最佳饮用期：2026年
参考价格：28澳元 ✪

P.N. Geographe G.M.T Grenache Mourvedre Tempranillo 2014
P.N.吉奥格拉菲G.M.T歌海娜幕尔维　添帕尼罗 2014
这款葡萄酒非常和谐。带有活泼水果和香料的味道，覆盆子、红色浆果和麝香的味道非常明显。有着中东香水和索普莱萨（sopressa）萨拉米肠的味道。成熟的单宁非常可口，酸度精细，一切都恰到好处。
封口：螺旋盖　酒精度：14%　评分：95　最佳饮用期：2021年
参考价格：23澳元　JF ✪

P.N. The Little Rascal Geographe Arneis 2016
小叛逆吉奥格拉菲阿尼斯 2016
来自意大利的皮埃蒙特（Piedmont），阿尼斯在方言中的意思是小淘气。这款酒有一些特别，柠檬味的橙皮酸度在白垩土般质地的口感上浮现出来，适宜的香气中有淡淡的花香和香料的味道。快乐的日子。
封口：螺旋盖　酒精度：13%　评分：94　最佳饮用期：2019年
参考价格：28澳元　JF ✪

Maison Madeleine Geographe Rose 2016
大厦玛德琳吉奥格拉菲桃红 2016
淡粉红色樱桃色调；带有西瓜和瓜皮、冻干的草莓和辛香料的味道，伴随着橙皮酸度——非常清爽。也非常有质感。这是一款出色的桃红葡萄酒。味道丰富，干爽和美味。
封口：螺旋盖　酒精度：13.2%　评分：94　最佳饮用期：2019年
参考价格：30澳元　JF ✪

🍷🍷🍷🍷🍷(4.5)

Heathbank 2014
希斯班克 2014
评分：93　最佳饮用期：2028年　参考价格：48澳元　JF

Great Southern Riesling 2016
大南部产区雷司令2016
评分：92　最佳饮用期：2028年　参考价格：28澳元　JF

Karriview Denmark Pinot Noir 2016
卡里维尤黑比诺2016　**评分：**91
最佳饮用期：2021年　参考价格：55澳元　JF

Paul Osicka　保罗·欧斯卡　★★★★★

西斯科特（Heathcote）
电话：(03)5794 9235　开放时间：提前预约
酿酒师：保罗·欧斯卡（Paul Osicka）和西蒙·欧斯卡（Simon Osicka）
创立时间：1955年　产量（以12支箱数计）：不详　葡萄园面积：13公顷
欧斯卡家族在20世纪50年代早期离开捷克斯洛伐克到了澳大利亚，在原国家的时候他们就种植葡萄，有半个多世纪，他们的葡萄园中部和南维多利亚第一个新企业。西蒙·欧斯卡（Simon Osicka）回到家族企业后，就发生了重要的变化。西蒙曾在霍顿（Houghton）和莱辛汉姆（Leasingham）担任高级酿酒师的职位，负责复杂葡萄酒的酿造，也曾经是星座酒业澳大利亚红葡萄酒酿酒师团队中的一员，这期间还穿插着他在意大利、加拿大、德国和法国酿酒季的工作，其中，他在艾米塔日（Hermitage）著名的路易•沙夫酒庄（Domaine J.L.Chave）参与过2010年份的酿制工作。红葡萄酒一成不变的发酵方法现在转变为开放式发酵，法国橡木取代了美国橡木。2015年是酒庄建立葡萄园的60周年纪念。出口到丹麦。

🍷🍷🍷🍷🍷

Moormbool Reserve Heathcote Shiraz 2015
莫伦伯尔珍藏西斯科特西拉2015
这款西拉的表达很独特，清晰地带有西斯科特的“基因足迹”——含铁味的单宁，深色水果，一点桉树叶和咖啡豆的浓厚单宁的味道。富于表达力，充满力量，风味浓烈持久，陈放后将会更加独特。
封口：螺旋盖　酒精度：14.5%　评分：95　最佳饮用期：2035年
参考价格：48澳元　NG

Heathcote Cabernate Sauvignon 2015
西斯科特赤霞珠 2015
深色水果石墨的香气非常浓郁，与饱满丰盛的口感相互呼应。渐次出现柔和的黑醋栗和一点香草、鼠尾草和甘草的味道。这是一块堪称典范的西斯科特赤霞珠，口感丰富，葡萄和橡木带来的单宁都同样完美而富有质感，非常美味。
封口：螺旋盖　酒精度：14.5%　评分：95　最佳饮用期：2035年
参考价格：35澳元　NG ✪

Old Vines Heathcote Cabernate Sauvignon 2015
老藤西斯科特赤霞珠 2015
品丽珠（10%）带来了的紫罗兰风味有似女高音，醋栗和黑色水果的味道则如同与之相配合的男低音；干鼠尾草、澳大利亚灌木和茴香是贝斯。除了橡木的气息，它还带给我们引人入胜的风味、长度、和坚韧的力量感。结尾非常简洁，略带甜味，与苦巧克力和咖啡粉的口感相平衡。
封口：螺旋盖　酒精度：14.5%　评分：94　最佳饮用期：2035年

参考价格：48澳元　NG

🍷🍷🍷🍷🍷 Heathcote Shiraz 2015
西斯科特西拉2015
评分：92　最佳饮用期：2035年　参考价格：35澳元　NG

Bull Lane Heathcote Shiraz 2015
公牛大道西斯科特西拉2015
评分：91　最佳饮用期：2022年　参考价格：28澳元　NG

Via del Toro Pyrenees Nebbiolo 2015
德尔托罗宝丽丝内比奥罗2015
评分：91　最佳饮用期：2023年　参考价格：32澳元　NG

Paulett Wines　宝莱特葡萄酒　★★★★★

752 Jolly Way，Polish Hill River，SA 5453　产区：克莱尔谷
电话：(08) 8843 4328　网址：www.paulettwines.com.au　开放时间：每日开放，10:00-17:00
酿酒师：尼尔·宝莱特（Neil Paulett），科克·麦克唐纳（Kirk McDonald）
创立时间：1983年　产量（以12支箱数计）：15000　葡萄园面积：61公顷

宝莱特可以说是澳大利亚人坚韧不拔的毅力创造的一个传奇，故事开始于1982，当他们买下这块地产的时候，当时建有一座房子和1公顷的葡萄藤。第2年，这一切就被迅速地被圣灰星期三山火吞噬了。儿子马修（Matthew）与尼尔（Neil）和阿里森·宝莱特（Alison Paulett）在多年前都加入企业成为合伙人；他负责酒庄的葡萄栽培，后来在瓦特沃尔（Watervale）葡萄园的面积得到了极大的扩张。葡萄酒厂和酒窖门店都可以看到波兰山河（Polish Hill River）产区的美丽风景，记忆中的山火已经是很久远的事情了。出口到英国、新加坡、马来西亚、中国和新西兰。

🍷🍷🍷🍷🍷 Antonina Polish Hill River Riesling 2016
安东尼娜波兰山河雷司令2016
分析后我们得出了一个惊人的结论：在品尝这款酒前要喝一点碳酸饮料或者是气泡水。这款酒的pH值为2.83，可滴定酸度为9.6克/升，残糖是几乎无法感知到的1.5克/升。这一切使得这款酒非常精致、优雅，口感中充满了柑橘水果和青苹果的果香和风味，结尾的酸度非常坚实，清爽，而且新鲜。
封口：螺旋盖　酒精度：12.5%　评分：96　最佳饮用期：2035年
参考价格：50澳元 ✪

🍷🍷🍷🍷🍷 Polish Hill River Riesling 2016
波兰山河雷司令2016
评分：92　最佳饮用期：2030年　参考价格：23澳元　SC ✪

Paxton　帕克斯顿　★★★★★

68 Wheaton Road，麦克拉仑谷，SA 5171　产区：麦克拉仑谷
电话：(08) 8323 9131　网址：www.paxtonvineyards.com　开放时间：每日开放，10:00—17:00
酿酒师：理查德·弗里拜恩（Richard Freebairn）　创立时间：1979年
产量（以12支箱数计）：25000　葡萄园面积：82.7公顷

大卫·帕克斯顿（David Paxton）是澳大利亚最受人尊敬和最成功的葡萄栽种专家之一，他已经从事了30年的工作了。他在1979年建立了一个优质种植公司，并且非常成功，为了一些国际知名的葡萄酒厂的业务，他参与到了许多优质和著名的本地葡萄酒和葡萄园的工作之中，它们的产区包括麦克拉仑谷、巴罗萨谷、雅拉谷、玛格利特河和阿德莱德山。在麦克拉仑谷有6个家族自有的葡萄园：托马斯地块（Thomas Block，25公顷）、约翰（Jones Block，22公顷）、框东（Quandong）农场（18公顷）、兰克罗斯（Landcross）农场（2公顷）、马斯林（Maslin，3公顷）和第十九19（12.5公顷）。它们都经过有机和生物动力体系的认证，这也让帕克斯顿成为澳大利亚最大的生物动力生产商之一。这些葡萄园有一些这个产区内最老的葡萄藤，其中包括125岁的EJ西拉。他最主要的事业还是自己的麦克拉仑谷的帕克斯顿葡萄酒的业务——酒庄建立于1998年，致力于生产优质的西拉、歌海娜和赤霞珠。酿酒师理查德·弗里拜恩（Richard Freebairn）作为首席酿酒师在2014年加入了帕克斯顿，他酿制的第一个年份是2015年的葡萄酒。酒窖门店位于兰克罗斯农场——这里建立于一19世纪60年代，是一所具有历史意义的牧羊农场，当时它所在的小镇还是由石灰石的房子和剪羊毛的棚屋组成的。出口到英国、美国、加拿大、丹麦、芬兰、日本、马来西亚、新加坡等国家，以及中国内地（大陆）和香港、台湾地区。

🍷🍷🍷🍷🍷 Elizabeth Jean 100 Year McLarent Vale Shiraz 2013
伊丽莎白简100年麦克拉仑谷西拉2013
这款葡萄酒（出自125岁树龄的葡萄藤）采用了开放式发酵。这是天神之酒，色泽仍然非常明亮，中等酒体，口中可以品尝到恰到好处的法国橡木和一点单宁的星尘。非常出色，它终生都将保持新鲜。
封口：螺旋盖　酒精度：14%　评分：98　最佳饮用期：2043年
参考价格：100澳元 ✪

🍷🍷🍷🍷🍷 Jones Block McLarent Vale Shiraz 2014
麦克拉仑谷西拉2014
生物动力管理下生长的葡萄，采用开放式发酵，在法国和美国小橡木桶中陈酿18个月。一款著名的麦克拉仑谷单一葡萄园的葡萄酒，带有丰盛的黑色水果味道和极细的单宁，橡木带来了积极的影响。
封口：螺旋盖　酒精度：14%　评分：96　最佳饮用期：2034年
参考价格：40澳元

Cracker Barrels McLarent Vale Shiraz 2014
饼干桶麦克拉仑谷西拉赤霞珠2014
饼干桶系列是在每个年份的最后出产，特别选出的（一个或多个）酒桶将被单独装瓶。可能是单一品种，但2014年是一款混酿——当时选中了4个酒桶。帕克斯顿的做法非常与众不同——在最低的酒精度下，生产出最为浓郁的风味。非常美味，口感多汁，新鲜犹如春日，同时也非常复杂。
封口：螺旋盖　酒精度：13.5%　评分：96　最佳饮用期：2034年
参考价格：55澳元

AAA McLarent Vale Shiraz Grenache
AAA麦克拉仑谷西拉歌海娜 2015
一款配比为65/35%的混酿，在法国小橡木桶中熟成。这是只有麦克拉仑谷才能生产出来的西拉歌海娜：复杂，丰盛，层次丰富，中度酒体上的黑色和红色水果的味道非常浓郁饱满。单宁和橡木管理也无可挑剔——价格虽然低廉，却是一款可爱的美酒。
封口：螺旋盖　酒精度：14%　评分：96　最佳饮用期：2030年
参考价格：25澳元 ✪

Quandong Farm Single Vineyard McLarent Vale 2015
框东农场单一葡萄园麦克拉仑谷西拉2015
手工采摘，20%的原料使用整串，在法国小橡木桶中熟成。中等至饱满酒体，带有天鹅绒一般的口感。现在就很美味——这要归因于其中的红色浆果和李子在酒中的新鲜持久的味道，回味很长。
封口：螺旋盖　酒精度：14%　评分：95　最佳饮用期：2030年
参考价格：30澳元 ✪

MV Organic McLarent Vale Cabernate Sauvignon 2015
MV有机麦克拉仑谷赤霞珠 2015
来自各个帕克斯顿葡萄园的不同地块，分别采用开放或封闭式发酵14天，每天打2次循环，在新的和旧的法国大桶16个月，最后进行混合调配。紧密、集中，适度的、坚实的口感中有丰盛的黑加仑的味道和可口的单宁，非常平衡。异常出色的一款赤霞珠。
封口：螺旋盖　酒精度：14%　评分：94　最佳饮用期：2035年
参考价格：20澳元 ✪

🍷🍷🍷🍷🍷 Organic McLarent Vale Tempranillo 2016
有机麦克拉仑谷添帕尼罗 2016
评分：93　最佳饮用期：2022年　参考价格：25澳元　SC ✪

MV McLarent Vale Shiraz 2015
MV麦克拉仑谷西拉2015
评分：92　最佳饮用期：2025年　参考价格：20澳元　SC ✪

McLarent Vale Grenache 2016
麦克拉仑谷歌海娜 2016
评分：91　最佳饮用期：2022年　参考价格：35澳元　SC

Organic McLarent Vale Pinot Gris 2016
有机麦克拉仑谷和灰比诺 2016
评分：90　最佳饮用期：2017年　参考价格：20澳元 ✪

The Vale Biodynamic Cabernate Sauvignon
深谷生物动力赤霞珠 2014
评分：90　最佳饮用期：2024年　参考价格：20澳元

Payne's Rise　派恩的崛起　★★★★☆

10 Paynes Road，Seville，Vic 3139　产区：雅拉谷
电话：(03)5964 2504　网址：www.paynesrise.com.au　开放时间：周四至周日，11:00—17:00
酿酒师：弗朗哥D圣（Franco D'Anna，合约）　创立时间：1998年
产量（以12支箱数计）：1500　葡萄园面积：5公顷
从1998年起，提姆和那瑞尔·库伦（Narelle Cullen）逐步种下了5公顷的赤霞珠、西拉、黑比诺、霞多丽和长相思，现在仍在继续小规模的增加种植量，包括2014年种植的几个霞多丽的克隆株系。他们自己完成葡萄园内的所有工作；提姆也是本地一家农业企业的葡萄种植者，那瑞尔负责市场和销售。他们的葡萄酒是合约酿制的，从10年起，在雅拉谷葡萄酒展上赢得了很多金质奖章和奖杯，在维多利亚葡萄酒展上也是如此。

🍷🍷🍷🍷🍷 Redlands Yarra Valley Shiraz 2015
红地雅拉谷西拉2015
发酵中使用的30%整串增加了额外的活力，为芬芳的香气中增添了更多的气魄。核心的口感是多汁的李子味道，还有胡椒和辛香料的味道，非常可口，还有细节丰富的单宁和超细的自然酸度。
封口：螺旋盖　酒精度：13.2%　评分：95　最佳饮用期：2025年
参考价格：30澳元　JF ✪

🍷🍷🍷🍷🍷 Yarra Valley Chardonnay 2016
雅拉谷霞多丽 2016

评分：93 最佳饮用期：2025年 参考价格：25澳元 JF ✪

Mr Jed Yarra Valley Pinot Noir 2016

杰德先生雅拉谷黑比诺2016

评分：93 最佳饮用期：2026年 参考价格：30澳元 JF

Yarra Valley Cabernate Sauvignon 2015

雅拉谷赤霞珠 2015

评分：93 最佳饮用期：2026年 参考价格：30澳元 JF

Peccavi Wines 追忆葡萄酒 ★★★★★

1121 Wildwood Road，Yallingup Siding，WA 6282 产区：玛格利特河
电话：0423 958 255 网址：www.peccavi-wines.com 开放时间：提前预约
酿酒师：布莱恩·弗莱切（Brian Fletcher） 创立时间：1996年
产量（以12支箱数计）：2500 葡萄园面积：16公顷

在杰瑞米·穆勒（Jeremy Muller）小的时候，他的父亲就将伟大的葡萄酒世界介绍给他了。他说多年来，他一直在新旧世界的各地寻找合适的葡萄酒产区（甚至包括古罗马和英国的葡萄园）搜索，但都没有找到，直到他找到了玛格利特河。当他发现亚林加普（Yallingup）有一个待售的葡萄园时，毫不犹豫地买了下来。很快他就建立起了一个令人印象深刻的合约葡萄酒酿造团队，并任命科林·贝尔（Colin Bell）为葡萄栽种专家。这些葡萄酒的一共有两个品牌：佩卡维（Peccavi）——100%采用酒庄葡萄园的葡萄（全部手工采摘），以及无悔（No Regrets）系列，同时使用合约种植和酒庄自产的葡萄。酒的质量很好，反映了布莱恩·弗莱切（Brian Fletcher）的技术和经验。出口到英国等国家，以及中国内地（大陆）和香港地区。

🍷🍷🍷🍷🍷

Margaret River Shiraz 2014

玛格利特河西拉2014

酒香芬芳，颜色深沉，非常复杂，带有一系列香料、甘草和深色森林水果的味道。单宁和橡木为整体带来了积极的元素，这是一款可以长期陈酿的葡萄酒。

封口：螺旋盖 酒精度：14% 评分：96 最佳饮用期：2034年
参考价格：52澳元 ✪

Margaret River Sauvignon Blanc Semillon 2014

玛格利特河长相思赛美蓉 2014

与无悔系列非常不同的风格，充满了精细但持久热带水果的味道，口感清爽。它的关键是产地葡萄园的风土和精心选择的原料果实。

封口：螺旋盖 酒精度：13% 评分：95 最佳饮用期：2018年
参考价格：46澳元

Margaret River Shiraz 2013

玛格利特河西拉2013

酒体饱满，充满活力，深沉而穿透力——橡木增加了酒的质感的同时，也添了几分香料的味道。核心的果味极好，杜松子和胡椒的味道集中而可口的；单宁带有颗粒感，而且非常热情。现在它还有点冷淡——需要一点时间。

封口：螺旋盖 酒精度：14% 评分： 95 最佳饮用期：2024年
参考价格：52澳元 JF

Margaret River Sauvignon Blanc Semillon 2013

玛格利特河长相思赛美蓉 2013

我不知道为什么这款带有明亮的草秆绿色的葡萄酒要故意等到现在才上市，难道说这是同一款酒的又一次发售？无论如何，由于清灰味的酸度（来自赛美蓉）的作用，它尖锐的味道还没有衰退的迹象。带有迈耶柠檬和荷兰豆的味道，长度很好。

封口：螺旋盖 酒精度：12.5% 评分：94 最佳饮用期：2018年
参考价格：46澳元

Margaret River Cabernate Sauvignon 2013

玛格利特河赤霞珠 2013

按照它的酒龄来说，这款酒的色泽非常优美，有力，浓郁，直接的风格，带有黑加仑、干月桂叶和黑橄榄/鲜咸的味道。水果的深度很好，回味中的橡木味道也就不必多说了。

封口：螺旋盖 酒精度：13.5% 评分：94 最佳饮用期：2033年
参考价格：68澳元

🍷🍷🍷🍷

Margaret River Sauvignon Blanc Semillon 2015

玛格利特河长相思赛美蓉 2015

评分：92 最佳饮用期：2018年 参考价格：42澳元

Margaret River Chardonnay 2014

玛格利特河霞多丽 2014

评分：92 最佳饮用期：2020年 参考价格：58澳元 JF

No Regrets Cabernate Sauvignon Merlot 2014

无悔赤霞珠梅洛2014

评分：92 最佳饮用期：2022年 参考价格：26澳元 JF

No Regrets Sauvignon Blanc Semillon 2015

无悔长相思赛美蓉 2015

评分：90 最佳饮用期：2018年 参考价格：28澳元

Peel Estate 皮尔庄园 ★★★★☆

290 Fletcher Road，Karnup，WA 6176 产区：皮尔
电话：(08) 9524 1221 网址：www.peelwine.com.au 开放时间：每日开放，10:00—17:00
酿酒师：威尔·奈恩（Will Nairn），马克·莫顿（Mark Morton）
创立时间：1974年 产量（以12支箱数计）：4000 葡萄园面积：16公顷
皮尔的标志性酒款是西拉，一款相当精细，保持了惊人的记录的葡萄酒。每年威尔·奈恩（Will Nairn）会为6岁酒龄的澳大利亚西拉举行一个超级西拉品鉴会，皮尔（在一个有100人左右参加的盲品中）的对手是澳大利亚最好的葡萄酒；但它从无败绩。白诗南是酒庄的另一个特色。出口到英国、爱尔兰、中国和日本。

🍷🍷🍷🍷🍷 Cabernate Sauvignon 2011
赤霞珠 2011
这款酒很好地应用了皮尔大胆、浓郁的倾向性——丰盛的水果味道，浓郁和丰富的橡木味道——搭配克制的赤霞珠醋栗，干烟草，紧致的单宁和明亮的酸度。有些"波尔多温暖年份"的感觉，砾石般的单宁在酒逐渐发展的过程中慢慢加强自己的主导地位。非常适合陈放。
封口：螺旋盖 酒精度：14% 评分：95 最佳饮用期：2036年
参考价格：34澳元 NG ✪

🍷🍷🍷🍷 Margaret River Peel Chardonnay 2014
玛格利特河皮尔霞多丽 2014
评分：90 最佳饮用期：2022年 参考价格：25澳元 NG

Penfolds 奔富酒园 ★★★★★

30Tanunda Road，Nuriootpa，南澳大利亚,5355 产区：巴罗萨谷
电话：(08) 8568 8408 网址：www.penfolds.com 开放时间：每日开放，10:00—17:00
酿酒师：彼得·加戈（Peter Gago） 创立时间：1844年 产量（以12支箱数计）：不详
奔富是富邑葡萄酒（Treasury Wine Estates，TWE）王冠之上的明星，但它的历史比TWE早了将近170年。从葡萄园、管理、酿酒师到葡萄酒产品，它在这些年中经历了很多变化。无论新世界还是旧世界，没有任何一个单一酒厂的品牌有奔富的深度和广度。它的零售价至少低于$20，高至格兰治的$850。格兰治可以说是奔富的当家产品，每年生产，但产量由每一年份的质量——而不是现金流——来决定。酒庄现在包括一系列单一品种的产区葡萄酒，以及Bin系列中的产区混酿和（一些情况下）品种混酿的葡萄酒。尽管它出产的雅塔那（Yattarna）、珍藏Bin A霞多丽和一些令人印象深刻的雷司令也很成功，本质上它仍然是一家红葡萄酒生产商。出口到世界所有的主要市场。

🍷🍷🍷🍷🍷 Bin 95 Grange 2012
Bin 95 **格兰治** 2012
酒瓶编号AV 697.
这注定是格兰治最伟大的年份之一。酒体极为复杂，非常集中、浓郁，平衡非常完美带有人类所知的所有的黑色水果的味道，每过一个10年它就会变得更加神奇。
封口：橡木塞 酒精度：14.5% 评分：99 最佳饮用期：2062年
参考价格：850澳元

Reserve Bin A Adelaide Hills Chardonnay 2015
珍藏Bin A**阿德莱德山霞多丽** 2015
Bin 15 酒瓶编号AF 308.
在过去的10年里这款葡萄酒（我猜想）得过的金质奖章比其他任何澳大利亚霞多丽（雅塔娜没有参加葡萄酒展）都要多。除了在不高于10℃的法国橡木桶中熟成，它的魔力还在于浆果，（最后的）酒桶选择。有着钻石般的浓郁和纯净的果味，自然的酸度和恰到好处的新法国橡木的味道。
封口：螺旋盖 酒精度：13% 评分：97 最佳饮用期：2025年
参考价格：100澳元

Bin 144 Yattarna Chardonnay 2014
Bin144**雅塔娜霞多丽** 2014
酒瓶编号AE 904.
这是"奔富酒王"格兰治之侧的"奔富酒后"的第20个年份。酒王以它的复杂度、力量感和陈酿潜力著称，那这位酒后则是以极致的优雅、精致、纯度以及完美的平衡而征服世人。雅塔娜向螺旋盖的转变使得它更加完美，（作为霞多丽而言）向格兰治的陈酿潜力发起了挑战。
封口：螺旋盖 酒精度：13% 评分：97 最佳饮用期：2022年
参考价格：150澳元

Bin 798 RWT Barrosa Valley Shiraz 2014
Bin 798 RWT**巴罗萨谷西拉**2014
酒瓶编号BX 084.
堂吉柯德式的名字RWT（Red Wine Trial 红葡萄酒试验）从1987年起就在使用了，现在加入了Bin（罐）编号和酒瓶编号，后者是防伪之用。在法国大橡木桶中完成发酵，接下来熟成17个月。这款酒的力量长度都非常惊人，价格也是——但全球市场都已经接受了这个价格。
封口：螺旋盖 酒精度：14.5% 评分：97 最佳饮用期：2049年
参考价格：200澳元

🍷🍷🍷🍷🍷 Bin 707 Cabernate Sauvignon 2014

Bin 707 **赤霞珠** 2014
酒瓶编号AT 665.
在美国小橡木桶中熟成17个月，高质量的橡木带来的味道并不与果味发生冲突——或者说只是被果味吸收了?这其实也无关紧要了，如此饱满的果味，橡木和单宁，无论是两者中的哪种情况，都会有人买（和喝）这款葡萄酒的。
封口：橡木塞　酒精度：14.5%　评分：96　最佳饮用期：2040年
参考价格：500澳元

Bin 407 Cabernate Sauvignon 2014
Bin407**赤霞珠** 2014
1990年开始生产的一款多产区混酿。石灰岩海岸产区在这里很重要，混合了新的和旧的橡木也同样来自法国和美国。最为重要的是，这是奔富葡萄酒，重要性仅次于此的是它赤霞珠。所以这个价格也就没什么可抱怨的了，这也使得Bin 707显得更加实惠。整体看来，因为水果、橡木和单宁的平衡感，它还是比较容易入口的。
封口：螺旋盖　酒精度：14.5%　评分：96　最佳饮用期：2039年
参考价格：90澳元

Bin 389 Cabernate Shiraz 2014
Bin389**赤霞珠西拉**2014
最早于1960年酿制，很长时间内都称它为“穷人的格兰治”，这样说一款$90的葡萄酒似乎有些奇怪。每年大家都会猜测唐·培里依香槟王每年的产量是多少，这款葡萄酒的情况也是这样。如果将瓶号写上去的话，就有些尴尬了。的确很好，带有黑色水果、甘草、橡木和泥土的味道，由奔富特有的紧致单宁将一切风味聚集在一起。
封口：螺旋盖　酒精度：14.5%　评分：96　最佳饮用期：2044年
参考价格：90澳元

Bin 51 Eden Valley Riesling 2016
Bin 51**伊顿谷雷司令**2016
玫瑰花瓣喷雾香和青柠的香气，口感多汁，富于表达力，带有各种柑橘的风味，自然酸度犹如清晨的露珠般清新。
封口：螺旋盖　酒精度：12%　评分：95　最佳饮用期：2026年
参考价格：30澳元　✪

Max's Chardonnay 2015
麦克斯霞多丽 2015
酒中有着饱满的梨、苹果、葡萄柚和白桃的味道，香料味道更增添了这款酒的整体风格。
封口：螺旋盖　酒精度：13%　评分：95　最佳饮用期：2022年
参考价格：35澳元　CM　✪

Bin 311 Tumbarumba Chardonnay 2015
Bin 311**唐巴兰姆巴霞多丽** 2015
浓郁的葡萄柚、白桃、哈密瓜香气和风味，配合自然酸度，一点法国橡木的味道。唐巴兰姆巴的好（即是干燥）年份，一切都刚刚好。
封口：螺旋盖　酒精度：13.5%　评分：95　最佳饮用期：2025年
参考价格：45澳元

Bin 150 Marananga Shiraz 2014
Bin 150**玛然南哥西拉**2014
最近的一款奔富Bin系列，从一打开就让人心动。浓郁、深厚，酒体饱满，有着各种紫色和黑色水果的味道，在法国和美国橡木中熟成14个月更为之带来了框架感。成熟的单宁也预示着它的陈酿潜力。
封口：螺旋盖　酒精度：14.5%　评分：95　最佳饮用期：2039年
参考价格：90澳元

Bin 28 Kalimna Shiraz 2014
Bin 28 **卡琳娜西拉**2014
这是Bin系列的上一辈，在1959年使用奔富卡琳娜葡萄园的西拉酿制而成。卡琳娜现在是一个注册商标，现在的这款酒来自南澳大利亚的各个产区。在美国橡木桶中陈放12个月，但中心的风味仍然是饱和的黑色水果和黑色甘草的味道，层次丰富，可以长期保存。
封口：螺旋盖　酒精度：14.5%　评分：95　最佳饮用期：2039年
参考价格：45澳元

Bin 138 Barrosa Valley Grenache Mataro 2014
Bin 138**巴罗萨谷西拉歌海娜马塔洛** 2014
来自在干燥环境下生长的老葡萄藤，这是一个低产的年份。我喜欢这款酒，甜点和煮水果的味道要比一般的酒少很多，相对而言更多的单宁。西拉的味道占据主导地位，但歌海娜和马塔洛提供了独特的辛香料的风味。
封口：螺旋盖　酒精度：14.5%　评分：95　最佳饮用期：2029年　参考价格：45澳元

Bin 128 Coonawarra Shiraz 2014
Bin128**库纳瓦拉西拉**2014
评分：94　最佳饮用期：2034年　参考价格：45澳元

🍷🍷🍷🍷🍷 St Henri Shiraz 2013
圣亨利西拉2013

评分：90　最佳饮用期：2028年　参考价格：100澳元

Koonunga Hill Shiraz Cabernate Sauvignon 2014

蔻兰山西拉赤霞珠2014

评分：90　最佳饮用期：2025年　参考价格：18澳元　CM ✪

Bin 8 Cabernate Sauvignon Shiraz 2014

Bin 8赤霞珠西拉2014

评分：90　最佳饮用期：2029年　参考价格：45澳元

Penfolds Magill Estate　奔富玛吉尔酒庄　★★★★★

78 Penfold Road，Magill，SA 5072　产区：阿德莱德
电话：(08) 8301 5569　网址：www.penfolds.com　开放时间：每日开放，9:00—18:00
酿酒师：彼得·加戈（Peter Gago）　创立时间：1844年
产量（以12支箱数计）：不详　葡萄园面积：5.2公顷

这是奔富酒园的出生地——1844年克里斯托弗·劳森（Christopher Rawson）医生在此建立了奔富酒园。他的房子现在仍然是这片地产上精心维护的一部分。园中除了种有用于生产玛吉尔庄园西拉的5.2公顷的西拉葡萄，此外，原有的葡萄酒厂的建筑也保留下来，大部分用作博物馆。从新开张的酒窖门店（可以用酒杯品尝格兰治）和玛吉尔庄园餐厅（Magill Estate Kitchen）可以看出奔富对玛吉尔庄园（Magill Estate）的重新设计的规划策略。餐厅的环境较为随意，提供当地的新鲜原料制成的可多人分享的小吃。玛吉尔庄园餐厅曾经获得诸多奖项，可以看到城市的全景，是品尝美食美酒搭配的一处圣地。出口到世界所有的主要市场。

🍷🍷🍷🍷🍷

Magill Estate Shiraz 2014

玛吉尔庄园西拉2014

出产自一个5公顷的葡萄园，和最早用于酿制格兰治的玛吉尔葡萄酒厂——今天同样采用蜡封方形池进行开放式发酵。比很多其他的酒款都要更有力量，而且——同格兰治一样——需要10年来等待水果、橡木和单宁来柔化并融合在一起。

封口：橡木塞　酒精度：14.5%　评分：96　最佳饮用期：2039年
参考价格：130澳元

Penley Estate　宾利庄园　★★★★★

McLeans Road，库纳瓦拉，SA 5263　产区：库纳瓦拉
电话：(08) 8736 3211　网址：www.penley.com.au　开放时间：每日开放，10:00—16:00
酿酒师：凯特·古德曼（Kate Goodman），迈特·迪尔彼（Matt Tilby）
创立时间：1988年　产量（以12支箱数计）：35 000　葡萄园面积：111公顷

1988年，凯姆（Kym）、昂（Ang）和比伊·托雷（Bee Tolley）合资在库纳瓦拉购买了一片土地，这就是后来的宾利庄园（Penley Estate）。昂和比伊保持了对酒庄的全部所有权。他们做了许多改变，包括聘请麦克·阿姆斯特朗（Michael Armstrong）作总经理，更重要的是酿酒师凯特·古德曼（Kate Goodman）。昂的丈夫大卫·帕克斯顿（David Paxton）是澳大利亚最重要的葡萄栽种专家之一，一直是酒庄的顾问，已经显著地提升了葡萄园的表现。出口到世界所有的主要市场。

🍷🍷🍷🍷🍷(4.5)

Helios Coonawarra Cabernate Sauvignon 2013

赫利欧斯库纳瓦拉赤霞珠 2013

一款极其浓郁的葡萄酒，结实、有野心的葡萄和橡木单宁，带有香草豆荚和香柏木的气息。果香从酒液中不断地散发出来，如黑加仑、樱桃和波森莓，伴随着药草、香料、茴香、肉豆蔻、丁香和留兰香的味道。还需要时间。

封口：橡木塞　酒精度：14.5%　评分：93　最佳饮用期：2033年
参考价格：100澳元　NG

Atlas Coonawarra Shiraz 2015

地图库纳瓦拉西拉2015

中等酒体，带有丰富的蓝色和黑色水果以及冷切熏肉的味道，略带胡椒味的酸度，中等单宁，比这个系列的赤霞珠要柔顺一些。带有很有特点的香草味道。

封口：螺旋盖　酒精度：14.5%　评分：92　最佳饮用期：2029年
参考价格：20澳元　NG ✪

Gryphon Cabernate Sauvignon Merlot Cabernet Franc 2014

格里芬赤霞珠梅洛品丽珠 2014

所有这个级别的葡萄酒中，这一款是最优美动人的。它的整体远比各部分的总和要更好，气质芳香，带有红色水果、浸渍鼠尾草的单宁的味道。

封口：螺旋盖　酒精度：14.6%　评分：92　最佳饮用期：2029年
参考价格：20澳元　NG ✪

Chertsey 2013

切特西 2013

52%的赤霞珠，36%的西拉和12%的梅洛。带有多汁的红色水果花的香调，自然地融合了红和黑醋栗、茴香的味道。充满果味，橡木、单宁和干爽程度都很好地融入了整体，回味很长。

封口：螺旋盖　酒精度：14.5%　评分：92　最佳饮用期：2030年
参考价格：45澳元　NG

Argus Coonawarra Cabernate Sauvignon Merlot Cabernet Franc 2014

阿尔戈斯库纳瓦拉西拉赤霞珠梅洛品丽珠 2014

中等酒体，充满柔滑的水果味道，赤霞珠的风味为主。混有柔和的大豆、五香粉、鞋

油、薄荷醇，以及深色和红色水果的味道。
封口：螺旋盖 酒精度：14.5% 评分：91 最佳饮用期：2021年
参考价格：20澳元 NG ✪

Tolmer Coonawarra Cabernate Sauvignon 2014
托莫尔库纳瓦拉赤霞珠 2014
在新旧混合的法国橡木桶中陈酿21个月。酒中散发出诱人的香草豆荚、香柏木、咖啡豆和摩卡咖啡的味道。香气中没有橡木味，然而口感中的橡木味弥补了这一点。香气在曲折、饱满的口感中回荡，有些薄荷醇、香草、百花香和黑加仑的味道，配合着葡萄和橡木、单宁的味道，结尾干爽，略带苛性。
封口：螺旋盖 评分：91 最佳饮用期：2028年 参考价格：30澳元 NG

Steyning Coonawarra Cabernate Sauvignon 2013
斯黛宁库纳瓦拉赤霞珠 2013
这款稳健有力的产区赤霞珠在橡木桶中陈酿24个月，其中5%为新橡木桶。酒中散发的黑加仑香气，浓郁和活泼度都很接近利宾纳浓缩汁。新鲜的口感中，带有留兰香、薄荷和苦巧克力的味道。此外，还有橡木赋予的摩卡风味和坚实的单宁，使得整体在口腔中丰盛饱满。
封口：螺旋盖 酒精度：15% 评分：90 最佳饮用期：2027年
参考价格：45澳元 NG

🍷🍷🍷🍷 Phoenix Cabernate Sauvignon 2015
凤凰赤霞珠 2015
评分：89 最佳饮用期：2025年 参考价格：20澳元 NG

Penna Lane Wines 佩纳巷酒庄 ★★★★☆

Lot 51 Penna Lane，Penwortham via Clare，SA 5453 产区：克莱尔谷
电话：0403 462 431 网址：www.pennalanewines.com.au 开放时间：周五至周日，11:00—17:00
酿酒师：彼得·特雷罗（Peter Treloar），克里斯·普瑞德（Chris Proud）
创立时间：1998年 产量（以12支箱数计）：4500 葡萄园面积：4.37公顷
佩纳巷酒庄坐落在美丽的斯奇利山谷（Skilly Valley），在克莱尔南部10公里处。酒庄自有葡萄园（西拉、赤霞珠和赛美蓉）种植在450米高处，这也带来了缓慢的成熟期——通常意味着葡萄品种中特有的果味可以发挥得更加全面。出口到韩国、斐济、越南、泰国、日本等国家，以及中国内地（大陆）和香港地区。

🍷🍷🍷🍷🍷 Skilly Valley Riesling 2016
斯奇利谷雷司令2016
在夜晚机械采摘，低温发酵。酒香中充满花香和柑橘香气，口感活泼、新鲜而且多汁，带有青柠和爽脆的酸度，回味很长。这是一款可爱的酒。
封口：螺旋盖 酒精度：12% 评分：95 最佳饮用期：2029年
参考价格：25澳元 ✪

🍷🍷🍷🍷🍷 Watervale Riesling 2016
瓦特沃尔雷司令2016
评分：91 最佳饮用期：2031年 参考价格：22澳元 ✪

Penny's Hill 潘尼斯山庄/彭妮山酒庄 ★★★★★

281 Main Road，麦克拉仑谷，SA 5171 产区：麦克拉仑谷
电话：(08) 8557 0800 网址：www.pennyshill.com.au 开放时间：每日开放，10:00—17:00
酿酒师：阿列克希亚·罗伯茨（Alexia Roberts） 创立时间：1988年
产量（以12支箱数计）：85000 葡萄园面积：44公顷
彭妮山酒庄由托尼和苏西·帕金森（Susie Parkinson）于1988年建立，酒庄在麦克拉仑谷的葡萄园的植株种植得很密集，出产高质量的西拉［脚印（Footprint）和万能钥匙（The Skeleton Key）系列］，以及爱德华路（Edwards Road）赤霞珠和实验（The Experiment）系列的歌海娜。此外，酒庄旗下还有玛帕斯路（Malpas Road）和高斯角（Goss Corner）两个葡萄园，出产的葡萄用于酿制奎金布拉克（Cracking Black）西拉和玛帕斯路（Malpas Road）梅洛。阿德莱德山区的“酒庄之友（estates of mates）”出产白葡萄酒［约定（The Agreement）长相思和极简主义（The Minimalist）长相思］。此外还有黑鸡（Black Chook）和托马斯·戈斯（Thomas Goss）系列。酒庄位于历史悠久的英格布恩（Ingleburne）农场，除酒窖外，还有红点画廊和酒庄屡次获奖的“厨房门（Kitchen Door）”餐厅。出产葡萄酒的包装也因其独特的“红点”而著名。出口到世界所有的主要市场。

🍷🍷🍷🍷🍷 Footprint McLarent Vale Shiraz 2015
脚印麦克拉仑谷西拉2015
彭妮山最早的葡萄园的精选的12行葡萄藤，在法国小橡木桶（50%是新的，50%是1年期）中陈酿18个月。初看似很浓郁的橡木味道被深色水果的味道和风土特色的矿物质味道很好地吸收了，潜藏着深度和力量。需要时间。
封口：螺旋盖 酒精度：14.5% 评分：95 最佳饮用期：2035年
参考价格：65澳元 SC

Skeleton Key McLarent Vale Shiraz 2015
万能钥匙麦克拉仑谷西拉2015
这可能是2015年份彭妮山最典型的西拉。酒香中充满了丰富的黑莓、李子、巧克力和甘甜/辛香料类味道的橡木，接下来是同样丰盛浓厚的口感，与轻柔而明确的单宁一起在口中潺潺流通。

封口：螺旋盖　酒精度：14.5%　评分：94　最佳饮用期：2030年
参考价格：35澳元　SC

The Experiment Single Vineyard McLarent Vale Grenache 2015
实验系列单一葡萄园麦克拉仑谷歌海娜 2015
一块1.9英亩的土地，种植着采用“实验”架式的老藤葡萄——抑制生长势，增加风味。樱桃和覆盆子香气中带有淡淡的甜香料味道。口感可爱而新鲜，有着活泼的水果的味道和柔顺单宁。现在喝或是酒窖陈放，都很不错。
封口：螺旋盖　酒精度：14.5%　评分：94　最佳饮用期：2025年
参考价格：35澳元　SC

🍷🍷🍷🍷🍷 Cracking Black McLarent Vale Shiraz 2015
奎金布拉克麦克拉仑谷西拉2015
评分：93　最佳饮用期：2030年　参考价格：25澳元　SC ✪

Edwards Road Cabernate Sauvignon 2015
爱德华路赤霞珠 2015
评分：93　最佳饮用期：2025年　参考价格：25澳元　SC

The Veteran Fortified NV
老兵系列加强型无年份
评分：92　参考价格：35澳元　SC

The Specialized McLarent Vale Shiraz Cabernate Sauvignon Merlot
麦克拉仑谷西拉赤霞珠梅洛2015
评分：91　最佳饮用期：2025年　参考价格：25澳元　SC

The Black Chook Shiraz 2015
奎金布拉克西拉2015
评分：90　最佳饮用期：2030年　参考价格：18澳元 ✪

Thomas Goss McLarent Vale Shiraz 2015
托马斯·戈斯麦克拉仑谷西拉2015
评分：90　最佳饮用期：2022年　参考价格：15澳元 ✪

Peos Estate　皮尔斯庄园　★★★★★

Graphite Road，和满吉姆，WA 6258　产区：满吉姆
电话：(08) 9772 1378　网址：www.peosestate.com.au　开放时间：不开放
酿酒师：科伯·拉德维希（Coby Ladwig），吴迈克（Michael Ng）
创立时间：1996年　产量（以12支箱数计）：12000　葡萄园面积：36.8公顷
皮尔斯家族在满吉姆西部地区有50多年的历史。1996年，家族第3代的4个兄弟建立了这个葡萄园。院内种植有34公顷的葡萄藤，包括西拉（10公顷）、梅洛（6.8公顷）、霞多丽（6.7公顷）、赤霞珠（4公顷）、长相思（3公顷）以及黑比诺和维尔德罗（各2公顷）。出口到中国。

🍷🍷🍷🍷🍷 Four Aces Single Vineyard
四张A单一葡萄园满吉姆西拉2014
深紫红色；带有层次丰富的荆棘/森林水果、胡椒、甘草的味道，持久的单宁非常细腻，优雅、平衡、浓郁。橡木的味道恰到好处。
封口：螺旋盖　酒精度：14.5%　评分：95　最佳饮用期：2029年
参考价格：35澳元 ✪

Four Aces Single Vineyard Manjimup Shiraz 2014
四张A单一葡萄园满吉姆赤霞珠 2014
这款酒证明了相对于黑比诺，满吉姆更适合赤霞珠的种植。深紫红色，质地复杂，丰富的口感与细致的单宁相互交织，并带有适度的法国橡木气息。
封口：螺旋盖　酒精度：14.5%　评分：95　最佳饮用期：2034年
参考价格：35澳元 ✪

🍷🍷🍷🍷🍷 Four Aces Single Vineyard Manjimup Chardonnay 2015
四张A单一葡萄满吉姆霞多丽 2015
评分：92　最佳饮用期：2023年　参考价格：35澳元

Pepper Tree Wines　胡椒树葡萄酒　★★★★★

86 Halls Road，Pokolbin，新南威尔士州，2320　产区：猎人谷　电话：(02)4909 7100
网址：www.peppertreewines.com.au　开放时间：周五至周日，9:00—17:00；周末，9:30—17:00
酿酒师：格温·奥尔森（Gwyn Olsen）　创立时间：1991年
产量（以12支箱数计）：50000　葡萄园面积：172.1公顷
胡椒树酒庄包括客房“圣约（The Convent）”和餐厅“约在（Cira）1876”，二者均为约翰·戴维斯（John Davis）博士旗下公司所有。猎人谷产区的原果出自景山（Mt View）的塔拉沃拉林（Tallavera Grove）葡萄园，同时在奥兰治、库纳瓦拉和拉顿布里（Wrattonbully）也有葡萄园。出产物超所值的葡萄酒。2015年聘请了酿酒师格温·奥尔森［Gwyn Olsen，澳大利亚葡萄酒研究院高级葡萄酒品评课程2012年优秀学生，2014年度青年酿酒师，*WINE*旅行美食家；2015年度新星，猎人谷传奇奖；以及2015年兰埃文斯教程学者（Len Evans Tutorial Scholar）］。出口到英国、新加坡和中国。

🍷🍷🍷🍷🍷 Single Vineyard Reserve Tallawanta Hunter Valley Shiraz 2014
单一葡萄园珍藏塔拉万塔猎人谷西拉2014
中等酒体，带有泥土、辛香料，以及大量的樱桃、李子，和适度的雪松、橡木的味

道。单宁坚实。酒体饱满，可以长期保存。
封口：螺旋盖 酒精度：14.2% 评分：97 最佳饮用期：2036年
参考价格：145澳元 CM ✪

🍷🍷🍷🍷🍷 Premium Reserve Single Vineyard 8R Wrattonbully Merlot 2015
优级珍藏单一葡萄园8R拉顿布里梅洛2015
新近从波尔多引入的8R克隆株系，的确给酒庄的葡萄藤带来了活力。色调很好；其中的赤霞珠给这款酒提供了坚实的质地，和深红色水果的柔顺的风味。
封口：螺旋盖 酒精度：14.1% 评分：96 最佳饮用期：2035年
参考价格：60澳元 ✪

Premium Reserve Single Vineyard Block 21A Wrattonbully Cabernate Sauvignon 2015
优级珍藏单一葡萄园地块21A拉顿布里赤霞珠 2015
风味的最佳时节采摘的高品质的葡萄，酿制出了这款优美的葡萄酒。它的酒体呈现出鲜艳的紫红色；可以感受到原料中特有的新鲜浓郁的黑醋栗风味。天然的法国橡木和单宁增加了酒的质地，浓郁的果味仍然占据中心地位。
封口：螺旋盖 酒精度：13.9% 评分：96 最佳饮用期：2035年
参考价格：60澳元 ✪

Single Vineyard Premium Reserve Alluvius Hunter Valley Semillon 2016
拉顿布里优级珍藏猎人谷阿卢维斯赛美蓉2016
淡草秆绿色；浓郁的青柠、柠檬和柑橘皮的味道，口感新鲜有如春日。是一款酸度优异，风味卓越的年轻的赛美蓉，可以长期保存。
封口：螺旋盖 酒精度：10.5% 评分：95 最佳饮用期：2030年
参考价格：35澳元 ✪

Limited Release Wrattonbully Tempranillo 2015
限量发行拉顿布里添帕尼罗 2015
这是一款生长于凉爽地区的添帕尼罗。口感新鲜清脆、酒体中等（对于添帕尼罗这个品种来说），带有深色樱桃和香料的味道，单宁轻柔可口。长度和平衡都非常诱人。
封口：螺旋盖 酒精度：14% 评分：95 最佳饮用期：2025年
参考价格：25澳元 ✪

Premium Reserve Single Vineyard Venus Block Orange Chardonnay 2016
优级珍藏单一葡萄园维纳斯地块奥兰治霞多丽 2016
手工采摘，整串压榨，野生酵母发酵，在法国橡木桶（30%是新的）中陈酿12个月。有着特殊而精细的核果风味；口感优雅，酸度和长度都非常适宜。
封口：螺旋盖 酒精度：13.2% 评分：94 最佳饮用期：2023年
参考价格：35澳元

Limited Release Orange Shiraz 2015
限量发行奥兰治西拉2015
机械采收去梗，在法国橡木桶中熟成18个月（25%是新的）。酒香浓郁芬芳，红色和黑色樱桃的香气明快活泼，中等酒体，略带香料和胡椒的味道，以及细腻的单宁和适量的法国橡木的味道；长度极好。
封口：螺旋盖 酒精度：14.2% 评分：94 最佳饮用期：2030年
参考价格：30澳元 ✪

Premium Reserve Single Vineyard The Gravels Wrattonbully Shiraz 2015
优级珍藏单一葡萄园砾石地拉顿布里西拉2015
这款酒与限量发行奥兰治西拉采用了同样的酿造工艺。李子和黑莓，鲜咸/泥土的味道，酒体饱满，口感丰厚。需要时间发展，会逐渐变得更加平衡。
封口：螺旋盖 酒精度：14.1% 评分：94 最佳饮用期：2035年
参考价格：42澳元

Wrattonbully Merlot 2014
拉顿布里梅洛2014
这款酒最多是中等酒体，但充满了生命力，清新诱人，带有红黑醋栗果味、橡木 香料和干月桂叶的风味。其中的单宁温和而有魅力，结尾令人印象深刻。确实带来了出人意料的惊喜。
封口：螺旋盖 酒精度：14% 评分：94 最佳饮用期：2024年
参考价格：19澳元 ✪

🍷🍷🍷🍷 Limited Release Orange Chardonnay 2015
限量发行奥兰治霞多丽 2015
评分：93 最佳饮用期：2024年 参考价格：22澳元 ✪

Limited Release Wrattonbully Pinot Gris 2016
限量发行拉顿布里灰比诺2016
评分：93 最佳饮用期：2019年 参考价格：22澳元 ✪

Limited Release Hunter Valley Semillon
限量发行猎人谷赛美蓉2016
评分：91 最佳饮用期：2022年 参考价格：22澳元 ✪

Hunter Valley Orange SSB 2016
猎人谷奥兰治SSB 2016
评分：91 最佳饮用期：2020年 参考价格：19澳元 ✪

Premium Reserve Single Vineyard Elderslee Road Wrattonbully Cabernate Sauvignon
优级珍藏单一葡萄园艾尔德西路拉顿布里赤霞珠 2015
评分：91　最佳饮用期：2030年　参考价格：42澳元

Limited Release Classic Wrattonbully Cabernate Sauvignon Merlot Petit Verdot 2014
限量发行经典拉顿布里赤霞珠梅洛小味儿多 2014
评分：91　最佳饮用期：2029年　参考价格：25澳元

Limited Release Wrattonbully Tempranillo 2016
限量发行拉顿布里添帕尼罗 2016
评分：91　最佳饮用期：2022年　参考价格：25澳元

Petaluma　佩塔卢马　★★★★★

254 Pfeiffer Road，Woodside，SA 5244　产区：阿德莱德山
电话：(08) 8339 9300　网址：www.petaluma.com.au　开放时间：周五至周一，10:00—16:00
酿酒师：安德鲁·哈迪（Andrew Hardy），迈克·马吉（Mike Mudge）
创立时间：1976年　产量（以12支箱数计）：100000　葡萄园面积：240公顷
佩塔卢马的系列酒款包括克罗瑟尔（Croser）起泡酒、克莱尔谷雷司令、皮卡迪利霞多丽和库纳瓦拉（赤霞珠梅洛）。新产品包括阿德莱德山维欧尼和阿德莱德山西拉。酒庄自有的葡萄园产区包括南澳大利亚的克莱尔谷、库纳瓦拉和阿德莱德山。2015年建立了新的葡萄酒厂，并在未开发的洛夫蒂山的美景之上开设了酒窖门店。2017年，酒庄［和狮王旗下（Lion Nathan）所有的全部葡萄酒品牌］均被美誉（Accolade）集团收购。出口到世界所有的主要市场。

🍷🍷🍷🍷🍷

Tiers Piccadilly Valley Chardonnay 2015
层叠皮卡迪利谷霞多丽 2015
来自30年葡萄园中的一小部分葡萄。这款酒的浓郁度、饱满度和在口中的流动性都是产地特征的充分体现。有着良好的复杂性、长度和回味。核果、橡木和酸度有机而紧密地结合在一起，螺旋盖保证了它的陈酿潜力。
封口：螺旋盖　酒精度：14.5%　评分：96　最佳饮用期：2029年
参考价格：115澳元

Piccadilly Valley Chardonnay 2015
皮卡迪利谷霞多丽 2015
这款葡萄酒是一款高品质且富有冲击力的佳酿，有着令人印象深刻的核果（白桃、油桃）和橙皮的味道，而柑橘味的酸度又恰到好处地融合了法国橡木的气息。
封口：螺旋盖　酒精度：14%　评分：95　最佳饮用期：2024年　参考价格：40澳元

Coonawarra Merlot 2014
库纳瓦拉梅洛2014
法国新橡木桶中陈酿18个月。令人惊讶的是，橡木配合着丰富的果香，但并未喧宾夺主，而是增加了酒的口感和质地。口感中的柔软的黑加仑和一缕黑橄榄更增加了它的复杂度。单宁极细。
封口：螺旋盖　酒精度：14%　评分：95　最佳饮用期：2030年　参考价格：50澳元

Coonawarra Merlot 2013
库纳瓦拉梅洛2013
最初的酒香中有橡木的气息和一点明确的香草。此外，还有桑葚、绿叶、圣诞蛋糕和石灰质的泥土的气息。口感柔和易饮，饱满的单宁的质地有如天鹅绒一般。
封口：螺旋盖　酒精度：14.5%　评分：95　最佳饮用期：2034年
参考价格：50澳元　SC

Evans Vineyard Coonawarra 2013
埃文斯葡萄园库纳瓦拉 2013
73%的赤霞珠、19%的梅洛和8%的西拉，在新法国橡木桶中熟成22个月。色调很好，新鲜、明亮；这是一款优雅的葡萄酒，带有活泼的黑醋栗酒的味道，但你也不禁会想少一点橡木的使用会不会让它更好。
封口：螺旋盖　酒精度：14.5%　评分：95　最佳饮用期：2033年
参考价格：60澳元

Essence Botryis 2010
精华灰霉菌2010
来自库纳瓦拉的55%的长相思和45%的赛美蓉混酿。酒色深沉，如同一款老阿蒙帝来多酒。浓烈、集中的杏花蜜和橘子酱的酒香，典型的挥发性的气息。口感浓郁、甘美、丰厚的水果干的味道，蜂蜜和甜焙烤饼干都浸泡在粘稠，浓郁的酒体之中，回味近乎无限。不仅令人愉悦，而且十分新鲜。375毫升瓶。
封口：螺旋盖　酒精度：13%　评分：95　最佳饮用期：2025年
参考价格：45澳元　SC

Hanlin Hill Clare Valley Riesling 2016
翰林山克莱尔谷雷司令2016
封口：螺旋盖　酒精度：12.5%　评分：94　最佳饮用期：2031年
参考价格：28澳元　✪

White Label Adelaide Hills Pinot Gris 2016
白标阿德莱德山和灰比诺 2016
封口：螺旋盖　酒精度：13.5%　评分：94　最佳饮用期：2019年
参考价格：22澳元　✪

🍷🍷🍷🍷🍷 White Label Coonawarra Nebbiolo Dry Rose 2016
白标库纳瓦拉内比奥罗干型桃红 2016
评分：93 最佳饮用期：2018年 参考价格：22澳元

Croser Pinot Noir Chardonnay 2012
克罗瑟尔黑比诺霞多丽 2012
评分：93 最佳饮用期：2020年 参考价格：38澳元 TS

White Label Adelaide Hills Sauvignon Blanc 2016
白标阿德莱德山长相思2016
评分：92 最佳饮用期：2017年 参考价格：22澳元 ✪

B&V Vineyard Adelaide Hills Shiraz 2014
B&V葡萄园阿德莱德山西拉2014
评分：92 最佳饮用期：2029年 参考价格：45澳元

Project Co. Coonawarra Malbec 2014
公司项目库纳瓦拉马尔贝克 2014
评分：92 最佳饮用期：2029年 参考价格：40澳元 SC

Croser Late Disgorged 2004
克罗瑟尔晚除渣 2004
评分：92 最佳饮用期：2017年 参考价格：55澳元 TS

Hanlin Hill Vineyard Cane Cut Riesling 2012
翰林山葡萄园砍枝雷司令2012
评分：91 最佳饮用期：2025年 参考价格：32澳元 SC

White Label Adelaide Hills Chardonnay 2016
白标阿德莱德山霞多丽 2016
评分：90 最佳饮用期：2019年 参考价格：22澳元

Croser NV
克罗瑟尔 无年份
评分：90 最佳饮用期：2017年 参考价格：25澳元 TS

Croser Rose NV
克罗瑟尔桃红 无年份
评分：90 最佳饮用期：2017年 参考价格：25澳元 TS

Peter Lehmann 彼得·列蒙 ★★★★★

Para Road，Tanunda，SA 5352 产区：巴罗萨谷
电话:（08）8565 9555 网址：www.peterlehmannwines.com
开放时间：周一至周五，9:30—17:00；周末以及公共节假日，10:30—16:30
酿酒师：奈吉尔·韦斯莱德（Nigel Westblade） 创立时间：1979年 产量（以12支箱数计）：750000

看上去坚不可摧的彼得·列蒙于2013年6月过世，这使得出售列曼家族对公司的所有权成了最后的选择。2003年，加州赫斯集团（Hess Group California，保留了一部分列曼家族的资本）控制了酒庄；10年后，赫斯显然想退出股份。许多人提供了收购方案，但玛格丽特·列曼（Margaret Lehmann，彼得的遗孀）想保持家族的延续而不是公司的所有权。卡塞拉（Casella）因此而在2014年11月成功中标，随后在2015年的12月，收购品牌莱拉（Laira）。出口到英国、美国、丹麦。

🍷🍷🍷🍷🍷 Wigan Eden Valley Riesling 2012
威根伊顿谷雷司令2012
新鲜的烤面包的味道。复杂但易饮。集中了各种柠檬和青柠的味道，多汁、超细的酸度确保今后都将同样美味。
封口：螺旋盖 酒精度：11.5% 评分：97 最佳饮用期：2027年
参考价格：35澳元 JF ✪

Stonewell Barrosa Valley Shiraz 2012
石井巴罗萨西拉2012
尽管时间流逝，它保持了卓越的深紫红色和2012年份的状态。丰富的滋味和饱满的酒体中带有大量黑色水果的味道，单宁和优质橡木更增添了口中的华丽质感。
封口：螺旋盖 酒精度：14.5% 评分：97 最佳饮用期：2042年
参考价格：100澳元 ✪

🍷🍷🍷🍷🍷 Portrait Eden Valley Riesling 2016
肖像伊顿谷雷司令2016
这的确是一款很好的伊顿谷雷司令。淡而明亮的石英绿色；芬芳的中带有柑橘花的味道，可以品尝到青柠汁带来的精致、平衡而且持久的酸度。超值，5年后还会有更好的表现。
封口：螺旋盖 酒精度：11% 评分：95 最佳饮用期：2029年
参考价格：18澳元 ✪

Margaret Barrosa Semillon 2011
玛格丽特巴罗萨赛美蓉 2011
完美的一系列味道，从柠檬皮和香茅草到仅有一丝奶油蜂蜜和核果的味道；略带香料

和自然流动的酸度。
封口：螺旋盖 酒精度：10.5% 评分：95 最佳饮用期：2024年
参考价格：26澳元 JF ✪

VSV 1885 Barrosa Valley Shiraz 2015
VSV 1885 巴罗萨谷西拉2015
埃比尼泽·施拉普尔（Ebenezer Schrapel）家族是1885西拉葡萄藤的第6代监护人，他们也生产出了一款无与伦比的葡萄酒。中等重量的酒体——深色水果，单宁——一切都恰到好处。产量为320箱。
封口：螺旋盖 酒精度：14.5% 评分：95 最佳饮用期：2042年
参考价格：60澳元 JF

VSV Hongell Barrosa Valley Shiraz 2015
VSV洪格尔巴罗萨谷西拉2015
巴罗萨西部山岭的洪格尔葡萄园出产的这款葡萄酒，有着特别的平衡感。酒体饱满，深沉、有着可口的各色风味，同时也很新鲜，尽管有着充满力量的单宁，整体仍然十分轻盈。产量为511箱。
封口：螺旋盖 酒精度：14.5% 评分：95 最佳饮用期：2035年
参考价格：60澳元 JF

Moppa Barrosa Valley Shiraz 2014
墨帕巴罗萨谷西拉2014
原料来自哈莱恩（Hallion）和穆拉尼（Mulraney）家族。酒中充满了丰富可口的黑色甘草、丁香、苦巧克力和温暖泥土的味道，接下来是饱满的口感，大量的成熟单宁和充盈的深色水果的味道，使得一切都更加丰富。
封口：螺旋盖 酒精度：14.5% 评分：95 最佳饮用期：2030年
参考价格：30澳元 JF ✪

H&V Eden Valley Riesling 2015
H&V伊顿谷雷司令2015
封口：螺旋盖酒精度：11% 评分：94 最佳饮用期：2025年
参考价格：22澳元 ✪

🍷🍷🍷🍷🍷

Futures Barrosa Valley Shiraz 2014
未来巴罗萨西拉2014
评分：93 最佳饮用期：2030年 参考价格：26澳元 JF ✪

Portrait Eden Valley Riesling 2015
肖像伊顿谷雷司令2015
评分：92 最佳饮用期：2023年 参考价格：19澳元 ✪

Stonewell Barrosa Valley Shiraz 2013
石井巴罗萨西拉2013
评分：92 最佳饮用期：2045年 参考价格：100澳元 JF

Mentor Barrosa Valley Cabernate Sauvignon 2013
导师巴罗萨赤霞珠2013
评分：92 最佳饮用期：2028年 参考价格：45澳元 JF

Portrait Barrosa Valley Shiraz 2014
肖像巴罗萨西拉2014
评分：91 最佳饮用期：2024年 参考价格：18澳元

Light Pass Barrosa Valley Shiraz 2014
莱特·帕斯巴罗萨谷西拉2014
评分：91 最佳饮用期：2030年 参考价格：30澳元 JF

8 Songs Barrosa Valley Shiraz 2013
8首歌巴罗萨西拉2013
评分：91 最佳饮用期：2040年 参考价格：45澳元 JF

Futures Barrosa Valley Shiraz Cabernate Sauvignon 2014
未来巴罗萨西拉赤霞珠2014
评分：91 最佳饮用期：2024年 参考价格：26澳元

H&V Eden Valley Pinot Gris 2015
伊顿谷灰比诺2015
评分：90 最佳饮用期：2017年 参考价格：22澳元

Pewsey Vale 佩西谷 ★★★★★

伊顿谷Road，伊顿谷，南澳大利亚,5353 产区：伊顿谷
电话:（08）8561 3200 www.pewseyvalc.com 开放时间：提前预约
酿酒师：路易莎·罗斯（Louisa Rose） 创立时间：1847年
产量（以12支箱数计）：20000 葡萄园面积：65公顷
佩西谷是由约瑟夫·吉尔伯特（Joseph Gilbert）建立于1847年的一个著名的葡萄园。希尔-史密斯（Hill-Smith）家族在1961年买下佩西谷50公顷的雷司令，致力于复兴伊顿谷的葡萄种植。1977年，这款雷司令也终于成为第一款得益于斯蒂文（Stelvin）螺旋盖的葡萄酒。虽然公众对使用螺旋盖的反应使得酒庄不得不在近20年的时间里放弃使用，佩西谷却从来没有对这项先进的技术失去信心。只要品尝一下（或者幸运的话，喝上一瓶）5—7岁的雷司令你就会明白了。出口

到所有的主要市场。

🍷🍷🍷🍷🍷 Prima Single Vineyard EstateEden Valley Riesling 2016
第一单一葡萄园庄园伊顿谷雷司令2016
这是一款微干的德国珍藏型风格的葡萄酒。残糖量为24克/升，口感丰富而鲜明，带有纯粹的柠檬味道和优雅的长度。不适宜搭配甜点——应单独饮用或搭配中国菜。
封口：螺旋盖　酒精度：9.5%　评分：96　最佳饮用期：2031年
参考价格：26澳元 ✪

The Contours Museum Reserve Single Vineyard Eden Valley Riesling
轮廓博物馆珍藏单一酒庄葡萄园伊顿谷 雷司令2012
仍然呈现淡草秆绿色；这款酒的酒龄并非是"已有"5年，而是"才刚"5年。现在这款酒的青柠橘子酱的味道才刚刚开始出现，在5—10年的时间里会出现完全成熟的黄油烤面包的味道。但口感始终精细。
封口：螺旋盖　评分：95　最佳饮用期：2032年　参考价格：36澳元

10 Years Cellar Aged The Contours Museum Reserve Single Vineyard Estate Eden Valley Riesling 2006
10年酒窖陈年轮廓博物馆珍藏单一酒庄葡萄园伊顿谷雷司令 2006
一款成熟的雷司令，还需要陈放一段时间。酒香中有烤面包和辛香料的味道，口感纯正，回味极干，没有煤油的味道，但深刻悠长。非常适合搭配粤菜。
封口：螺旋盖　酒精度：12.5%　评分：94　最佳饮用期：2021年

🍷🍷🍷🍷 Single Vineyard Estate Eden Valley Riesling 2016
单一葡萄园庄园伊顿谷雷司令2016
评分：90　最佳饮用期：2026年　参考价格：25澳元

Pfeiffer Wines　菲弗葡萄酒 ★★★★★

167 Distillery Road，Wahgunyah，Vic 3687　产区：路斯格兰
电话：(02)6033 2805　网址：www.pfeifferwines.com.au
开放时间：周一至周六，9:00—17:00；周日，10:00—17:00
酿酒师：克里斯·菲佛（Chris Pfeiffer）和珍·菲佛（Jen Pfeiffer）
创立时间：1984年　产量（以12支箱数计）：20000　葡萄园面积：32公顷
作为维多利亚的东北部最具历史意义的本地葡萄酒厂之一，菲弗酒庄（建于1880）很值得一游。2012年克里斯·菲佛（Chris Pfeiffer）因其所产葡萄酒对产业的突出贡献而荣获澳大利亚勋章（OAM）。迄今为止，菲佛的麝香、托帕克斯（Topaques）和其他加强型葡萄酒都将是酒庄的主打产品，以后也将继续这一策略。在女儿珍（Jen）出人意料地回归酒庄工作后，酒庄生产的餐酒，尤其是红葡萄酒的质量有了很大的提升。2013年是克里斯·菲佛生产的第40个年份葡萄酒——他着实为自己有天赋的女儿珍将来成为酿酒师中的领军人物打下了极好的基础。出口到英国、美国、加拿大、马来西亚、新加坡等国家，以及中国内地（大陆）和台湾地区。

🍷🍷🍷🍷🍷 Rare Rutherglen Muscat NV
珍稀级路斯格兰麝香无年份
平均年龄为25岁。与高级（Grand）系列的色泽相似，但又多了几分橄榄/红木的色调；就像富裕，带有葡萄干和香料的气息，口感纯正甘美（与"甜味"不同，更为复杂），有着圣诞节布丁、葡萄干、烧焦太妃糖和独特的氧化味道。500毫升瓶。
封口：螺旋盖　酒精度：17.5%　评分：98　参考价格：123澳元 ✪

Rare Rutherglen Topaque NV
珍稀路斯格兰托帕克斯无年份
慕斯卡德为原料，平均树龄为25年。呈现深厚但清透的焦糖琥珀色泽，边缘处渐变为橄榄色。整体非常有力、复杂，引人注意。口感浓郁，收敛感强，但并没有传统意义上的甜味。同时还有着卓越的长度，伴有茶树叶、蜂蜜、蛋糕和异域香料的味道。500毫升瓶。
封口：螺旋盖　酒精度：17.5%　评分：97　参考价格：123澳元 ✪

🍷🍷🍷🍷🍷 Rare Rutherglen Tawny NV
珍稀级路斯格兰茶色波特酒 无年份
这款酒的产量少到不可思议——每年只有24升，酒窖内陈放的总量也只有15万升。与其他普通的珍稀级茶色波特酒（Rare Tawny）非常不同的是，它同时有着十分诱人的新鲜口感。500毫升瓶。
封口：螺旋盖　酒精度：14.5%　评分：96　参考价格：95澳元

Grand Rutherglen Topaque NV
高级路斯格兰托帕克斯无年份
慕斯卡德，平均树龄为18年。中等红木色；酒香丰厚馥郁，略带氧化的味道增加了整体的复杂性，其中的太妃糖、圣诞蛋糕和麦芽的风味使得回味甘美、复杂、轻盈。绝对是菲佛的典型风格。500毫升瓶。
封口：螺旋盖　酒精度：13.5%　评分：96　参考价格：83澳元

Grand Rutherglen Muscat NV
高级路斯格兰麝香无年份
平均23岁的树龄。颜色深沉；有着典型的麝香葡萄的风味，丰富的阿拉伯香料和葡萄干的味道与丝丝缕缕的太妃糖和苦巧克力的味道交织在一起；氧化程度、长度和平衡都很完美。菲佛风格，优雅的浓郁。500毫升瓶。
封口：螺旋盖　酒精度：17.5%　评分：96　参考价格：83澳元

Shiraz 2015
西拉2015
与卡莱尔（Carlyle）有很多共同之处，但它更加浓郁，味道集中。一些地块的葡萄进行桶内发酵，并独特地采用了白葡萄酒的处理方法（后发酵，搅拌酒脚）。到底这种处理对这款酒的口感和质量的影响是好是坏，就见仁见智了。
封口：螺旋盖 酒精度：14.8% 评分：95 最佳饮用期：2035年
参考价格：25澳元 ✪

Classic Rutherglen Topaque NV
经典路斯格兰托帕克 无年份
明亮的金色-琥珀色；与同系列的其他酒款截然不同，有着甜美的蜂蜜、麦芽和蛋糕的味道，氧化味道与这些风味物质构成了优雅的平衡，同时也延长了回味。500毫升瓶。
封口：螺旋盖 酒精度：17.5% 评分：95 参考价格：29澳元 ✪

Seriously Nutty NV
浓郁坚果 无年份
封口：螺旋盖 酒精度：13.5% 评分：94 参考价格：50澳元

Rutherglen Topaque NV
路斯格兰托帕克 无年份
封口：螺旋盖酒精度：18% 评分：94 参考价格：20澳元 ✪

Classic Rutherglen Muscat NV
经典路斯格兰麝香 无年份
封口：螺旋盖酒精度：13.5% 评分：94 参考价格：29澳元 ✪

🍷🍷🍷🍷🍷 Riesling 2016
雷司令2016
评分：93 最佳饮用期：2025年 参考价格：20澳元 ✪

Carlyle Shiraz 2015
卡莱尔西拉2015
评分：93 最佳饮用期：2025年 参考价格：18澳元 ✪

Seriously Fine NV
确实无事 无年份
评分：93 参考价格：29澳元

Classic Rutherglen Tawny NV
经典路斯格兰茶色波特酒 无年份
评分：93 参考价格：20澳元 ✪

Rutherglen Muscat NV
路斯格兰麝香 无年份
评分：93 参考价格：20澳元 ✪

Gamay 2016
佳美 2016
评分：91 最佳饮用期：2018年 参考价格：18澳元 ✪

Tempranillo 2015
添帕尼罗 2015
评分：91 最佳饮用期：2030年 参考价格：25澳元

Christopher's Rutherglen VP 2015
克里斯托弗路斯格兰VP 2015
评分：91 参考价格：30澳元

Carlyle Cabernate Merlot 2015
卡莱尔赤霞珠梅洛2015
评分：90 最佳饮用期：2035年 参考价格：18澳元 ✪

Phaedrus Estate 菲德洛斯酒庄 ★★★★☆

220 莫宁顿-Tyabb Road，Moorooduc，Vic 3933 产区：莫宁顿半岛
电话：(03)5978 8134 网址：www.phaedrus.com.au
开放时间：周末以及公共节假日，11:00—17:00
酿酒师：伊万·坎贝尔（Ewan Campbell），迈泰纳·赞特沃尔特（Maitena Zantvoort）
创立时间：1997年 产量（箱）:3000 葡萄园面积：2.5公顷
自从迈泰纳·赞特沃尔特（Maitena Zantvoort）和伊万·坎贝尔（Ewan Campbell）建立了菲德洛斯酒庄后，作为生产冷凉气候葡萄酒的生产商，已经积累了一定的名气。他们的葡萄酒酿造哲学将艺术与科学相结合，以尽可能减少酿造过程中的人工干预，同时生产出能够表现产区特点和品种典型性的葡萄酒。葡萄园包括1公顷的黑比诺以及灰比诺，霞多丽和西拉各0.5公顷。出口中国香港地区。

🍷🍷🍷🍷🍷 Single Vineyard Reserve Mornington Peninsula Pinot Noir 2015
单一葡萄园珍藏莫宁顿半岛黑比诺2015
华丽而成熟，可以久藏。深色樱桃，果籽和李子伴随一点香料的味道，以及一点血橙皮和天鹅绒一般的单宁，全部都和谐地交织在一起。

封口：螺旋盖 酒精度：13.5% 评分：96 最佳饮用期：2025年
参考价格：45澳元 JF ✪

🍷🍷🍷🍷🍷 Mornington Peninsula Pinot Noir 2015
莫宁顿半岛黑比诺2015
评分：93 最佳饮用期：2023年 参考价格：26澳元 JF ✪

Mornington Peninsula Chardonnay 2016
莫宁顿半岛霞多丽 2016
评分：91 最佳饮用期：2022年 参考价格：26澳元 JF

Reserve Mornington Peninsula Shiraz 2014
珍藏莫宁顿半岛西拉2014
评分：90 最佳饮用期：2022年 参考价格：45澳元 JF

PHI ★★★★☆

Lusatia ParkVineyard，Owens Road，Woori Yallock，Vic 3139 产区：雅拉谷/西斯科特
电话：(03)5964 6070 网址：www.phiwines.com 开放时间：提前预约
酿酒师：斯蒂夫·韦伯（Steve Webber） 创立时间：2005年
产量（以12支箱数计）：1700 葡萄园面积：15公顷

这是两个非常有影响力的葡萄酒家族——德保利（De Bortoli）和谢尔曼丹（Shelmerdine）——的合资企业。主要的管理决策由斯蒂芬·谢尔曼丹［Stephen Shelmerdine）和斯蒂夫·韦伯（Steve Webber，以及他们的妻子凯特（Kate）和琳恩（Leanne）］。在每一个地块上的葡萄藤的管理和选择上，他们不考虑价格和成本的问题。这些葡萄原料产自雅拉谷的7.5公顷的卢萨蒂亚园（Lusatia Park）和酒庄在西斯科特自有的7.5公顷葡萄园。葡萄园于2015年11月被德保利收购，并在2016年份收获和生效，此外，没有更多的细节信息。出口到英国和中国。

🍷🍷🍷🍷🍷 Lusatia Park Vineyard Yarra Valley Pinot Noir 2014
卢萨蒂亚园葡萄园雅拉谷黑比诺2014
MV6，手工采摘并分拣，开放式发酵，20%的原料使用整串，法国小橡木桶（35%是新的）中陈酿8个月。芬芳的红色浆果，优雅、可口的口感中带有辛香料，红色和紫色浆果水果的味道，细腻的单宁和整合的法国橡木保证它的陈酿潜力。
封口：螺旋盖 酒精度：13.5% 评分：95 最佳饮用期：2024年
参考价格：55澳元

🍷🍷🍷🍷🍷 Lusatia Park Vineyard Yarra Valley Chardonnay 2014
卢萨蒂亚园葡萄园雅拉谷霞多丽 2014
评分：91 最佳饮用期：2022年 参考价格：45澳元

Philip Shaw Wines 菲利普肖酒庄 ★★★★★

Koomooloo Vineyard，Caldwell Lane，奥兰治，新南威尔士州，2800 产区：奥兰治
电话：(02)6365 2334 网址：www.philipshaw.com.au 开放时间：每日开放，11:00—17:00
酿酒师：丹尼尔·肖（Daniel Shaw） 创立时间：1989年
产量（以12支箱数计）：25 000 葡萄园面积：47公顷

菲利普·肖，曾是玫瑰山庄（Rosemount Estate）和南方集团（Southcorp）的前首席酿酒师，在1985年，他开始对奥兰治产区感兴趣。1988年他买下了库莫卢（Koomooloo）葡萄园，并开始大量种植葡萄，品种包括西拉、梅洛、黑比诺、长相思、品丽珠、赤霞珠和维欧尼。儿子丹尼尔也加入了菲利普的酒厂，酒庄的产品组合的质量在不断的提升。出口到英国、挪威、毛里求斯、菲律宾、印度尼西亚、新西兰等国家，以及中国内地（大陆）和香港地区。

🍷🍷🍷🍷🍷 No. 11 Orange Chardonnay 2015
11号奥兰治霞多丽 2015
来自3个葡萄园地块，分别发酵酿制，这法国橡木桶中熟成10个月定期搅拌酒脚。菲利普·肖从很小的时候就开始酿制霞多丽了，他丰富的经验很好地体现在了这款极其优雅的葡萄酒。它结合了多汁白桃、一点葡萄柚，橡木完全是功能性的，而非装饰性的。
封口：螺旋盖 酒精度：12.5% 评分：95 最佳饮用期：2025年
参考价格：35澳元 ✪

No. 89 Orange Shiraz 2015
89号奥兰治西拉2015
极好的紫红色；一款优雅而且充满活力的西拉，中等酒体，带有大量的红色和蓝色水果的风味，轻微的新橡木桶的气息，配合精致、持久单宁。喜爱勃艮第/黑比诺会喜欢这款西拉的轻盈。
封口：螺旋盖 酒精度：13.8% 评分：95 最佳饮用期：2030年
参考价格：50澳元

The Dreamer Orange Viognier 2016
梦者奥兰治维欧尼2016
如果你想找到理想的带杏子味的维欧尼（并不是很常见），那就不要错过这款葡萄酒：它带有大量有穿透力的杏子味道，回味悠长。我不确定是否还有残糖，也就是说这无所谓/不重要。
封口：螺旋盖 酒精度：11.5% 评分：94 最佳饮用期：2021年
参考价格：22澳元 ✪

No. 8 Orange Pinot Noir 2015

8号奥兰治黑比诺 2015
分批次发酵，每个地块的15%采用整串，余下的去梗，橡木桶中熟成16个月。复杂丰富，酒香芬芳诱人，红色和黑色樱桃与香料交织，精细研磨般的可口的单宁，细腻的橡木味道与整体完全融合在一起。
封口：螺旋盖 酒精度：12.5% 评分：94 最佳饮用期：2025年
参考价格：40澳元

No. 17 Orange Cabernet Franc 2015
17号奥兰治梅洛品丽珠 2015
橡木桶中陈酿16个月。明显比指挥家（The Conductor）系列中橡木的影响更大。黑色和红色醋栗与单宁构成了良好的结构，意味着最终会比橡木更加浓郁，而不是相反。
封口：螺旋盖 酒精度：13.8% 评分：94 最佳饮用期：2030年
参考价格：28澳元 ✪

🍷🍷🍷🍷🍷 No. 5 Orange Cabernate Sauvignon 2013
5号奥兰治赤霞珠 2013
评分：93 最佳饮用期：2030年 参考价格：75澳元

The Wire Walker Orange Pinot Noir 2016
走钢丝的人奥兰治黑比诺 2016
评分：90 最佳饮用期：2023年 参考价格：22澳元

The Idiot Orange Shiraz 2013
愚公奥兰治西拉2013
评分：90 最佳饮用期：2023年 参考价格：22澳元

The Conductor Orange Merlot 2015
指挥家奥兰治梅洛2015
评分：90 最佳饮用期：2023年 参考价格：22澳元

Piano Piano 慢慢酒庄 ★★★★★

852 Beechworth-Wangaratta Road，Everton Upper，Vic 3678 产区：比曲尔斯
电话：(03)5727 0382 网址：www.pianopiano.com.au 开放时间：提前预约
酿酒师：马克思·拉佐（Marc Scalzo） 创立时间：2001年
产量（以12支箱数计）：1500 葡萄园面积：4.6公顷

意大利语中的“Piano piano”意为“慢慢的”，这就是马克·斯卡佐（Marc Scalzo）和妻子丽萨·赫南（Lisa Hernan）这些年发展葡萄酒事业的理念。马克有一个美国加州州立大学的酿酒学位，多年来在布朗兄弟（Brown Brothers）作酿酒师，积累了许多实践经验，以及在吉宫酒庄（Giaconda）、新西兰的席尔森酒庄（Seresin Estate）和戴利盖兹（Delegat's）参与酿造年份葡萄酒的经验。1997年，他们在国王谷的布兰吉（Brangie）葡萄园种植了2.6公顷的梅洛、赤霞珠、添帕尼罗和国家图瑞加；接下来在他们比曲尔斯的产地继续种植了1.2公顷的霞多丽（2006年）和0.8公顷的西拉（2008年）。

🍷🍷🍷🍷🍷 Sophie's Block Beechworth Chardonnay 2015
苏菲的地块比曲尔斯霞多丽 2015
完全没有水果味的味道，但为了那些一定要看到描述的人们，它有一点核果和大理石与矿物质的刺激味道；当它在酒杯中慢慢展开的时候，可以感受到酒窖带来的奶油味道与其他的风味相结合。让人想起马孔内白葡萄酒。
封口：螺旋盖 酒精度：13.2% 评分：96 最佳饮用期：2027年
参考价格：38澳元 NG

Sophie's Block Beechworth Chardonnay 2014
苏菲的地块比曲尔斯霞多丽 2014
种植于比曲尔斯的亚高山带，花岗岩土质。在澳大利亚并不常见——但对于许多勃艮第的生产商是必经之路——果实被轻柔的破碎以最大程度地保留香气和复杂度。一小部分整果/整簇被保留。因此，尽管没有苹乳发酵，它仍然有如此丰富的风味和特征。松露和燕麦的味道是它的延展，白垩土的味道为骨架。法国橡木的味道正好。
封口：螺旋盖 酒精度：13% 评分：95 最佳饮用期：2025年
参考价格：38澳元 NG

Henry's Block Beechworth Shiraz 2014
哈利的地块比曲尔斯西拉2014
美丽的冷凉气候下的西拉。波森莓、碘、紫罗兰和蓝莓的味道奠定了基调。多汁饱满的酸度；温和的单宁和肉感的蓝色和红色的水果味道。结尾是橙皮、罗望子和香料的味道。没有任何多余的部分。如同仙乐。
封口：螺旋盖 酒精度：14% 评分：95 最佳饮用期：2023年
参考价格：38澳元 NG

Pierrepoint Wines 皮埃尔伯恩特葡萄酒 ★★★★

271 Pierrepoint Road，Tarrington，Vic 3300 产区：亨提
电话：(03)5572 5553 网址：www.pierrepointwines.com.au
开放时间：大多数时间，11:00—18:00
酿酒师：斯科特`爱兰德（Scott Ireland—，合约）创立时间：1998年
产量（以12支箱数计）：250 葡萄园面积：5公顷

皮埃尔伯恩特建立在汉密尔顿（Hamilton）和塔灵顿（Tarrington）之间的皮埃尔伯恩特山（Mt

Pierrepoint）脚下海拔200米处。它的建造者是安德鲁和珍妮佛·莱西（Jennifer Lacey）。葡萄园的红土主要来自古火山玄武岩，有丰富的矿物质和良好的排水能力。黑比诺和灰比诺各为2公顷，还有1公顷的霞多丽种植在一个理想的朝北斜坡上。

🍷🍷🍷🍷🍷 Pinot Noir 2015
黑比诺2015
略带尘土味道，慢慢展开后则是更类似泥土的味道，背景中有樱桃和果籽的味道。口感中混合了一些奇异的风味：亚铁离子、水萝卜和新皮革的味道；橡木带来的香料的味道，中等酒体。具有成熟、强劲的单宁，以及略带酸甜清爽的结尾。
封口：螺旋盖　酒精度：13%　评分：92　最佳饮用期：2021年
参考价格：39澳元　JF

Pierro　皮耶罗　★★★★★

Caves Road，Wilyabrup via Cowaramup.WA 6284　产区：玛格利特河
电话:（08）9755 6220　网址：www.pierro.com.au　开放时间：每日开放，10:00—17:00
酿酒师：麦克·彼得金博士（Dr Michael Peterkin）　创立时间：1979年
产量（以12支箱数计）：10000　葡萄园面积：7.85公顷
麦克·彼得金博士（Dr Michael Peterkin）也是玛格利特河的一位博士——葡萄种植者；另外，他的妻子是库伦家族的一员。皮耶罗因时尚的白葡萄酒而著名；他们的霞多丽非常复杂，充满了力量和质感。他们的好年份的红葡萄酒也同样很好。出口到英国、丹麦、比利时、俄罗斯、马来西亚、印度尼西亚、新加坡和日本等国家，以及中国香港地区。

🍷🍷🍷🍷🍷 Reserve Margaret River Cabernate Sauvignon Merlot 2013
玛格利特河赤霞珠梅洛2013
71%的赤霞珠、22%的梅洛和一些其他的波尔多葡萄品种。非常优雅地融合了红黑醋栗的果味，带有干鼠尾草和其他香草的味道。水果和结构间的平衡和结合都非常完美，现在就很好，但过一段时间会更好。
封口：螺旋盖　酒精度：13.5%　评分：97　最佳饮用期：2036年
参考价格：77澳元　NG　✪

🍷🍷🍷🍷🍷 Margaret River Cabernate Sauvignon Merlot L.T.Cf.2014
玛格利特河赤霞珠梅洛L.T.Cf.2014
与珍藏系列非常不同。红醋栗、鼠尾草、甘草和香柏木的味道被精细的粉笔般的单宁和相宜的酸度延长，因而更值得玩味。舌苔上温和的收敛感恰到好处，让人不忍释杯。
封口：螺旋盖　酒精度：14%　评分：95　最佳饮用期：2034年
参考价格：40澳元　NG

L.T.C.2016
L.T.C.2016
赛美蓉、长相思中加入了一点霞多丽，正是混酿，而不是桶内发酵带来了口感的复杂度。质量稳定，在未来5年的陈酿中，它将可以保持现在的新鲜，并逐渐变得更加复杂。
封口：螺旋盖　酒精度：13.5%　评分：94　最佳饮用期：2021年
参考价格：33.50澳元

Pig in the House　野猪园酒庄　★★★☆

Balcombe Road，Billimari，新南威尔士州，2804　产区：考兰
电话：0427 443 598　网址：www.piginthehouse.com.au
开放时间：周五至周日，11:00—17:00，提前预约
酿酒师：安东尼·D·奥尼斯（Antonio D'Onise）　创立时间：2002年
产量（以12支箱数计）：1500　葡萄园面积：25公顷
杰森（Jason）和瑞贝卡·欧迪亚（Rebecca O'Dea）的葡萄园（7公顷西拉、6公顷赤霞珠、5公顷梅洛、4.5公顷霞多丽和2.5公顷长相思）建立在一块曾经放养20头猪的土地上——酒庄的名字也是因此而来。这不免让人联想到这可能对葡萄藤的长势有好处，他们能够得到澳大利亚的生物农场有机认证也就不足为奇了。不仅如此，欧迪亚更是采用了生物动力法，大量地降低了农药的使用。他们出产的葡萄酒也是有机/生物动力农业的最佳代言。出口到日本和中国。

🍷🍷🍷🍷🍷 Organic Shiraz 2016
有机西拉2016
碳浸渍法为这款酒带来了浓郁甜美的水果味道，而且活泼多汁。伴随一点黑色胡椒、干香草、皮质单宁都预示着它可以长期陈酿。就是名字稍欠意韵。
封口：螺旋盖　酒精度：14.6%　评分：91　最佳饮用期：2021年
参考价格：30澳元　JF

Pike & Joyce　派克与乔斯　★★★★★

730 Mawson Road，Lenswood，SA 5240　产区：阿德莱德山
电话:（08）8389 8102　网址：www.pikeandjoyce.com.au　开放时间：不开放
酿酒师：奈尔·派克（Neil Pike），史蒂夫·巴瑞拉（Steve Baraglia）
创立时间：1998年　产量（以12支箱数计）：5000　葡萄园面积：18.5公顷
安德鲁·派克（Andrew Pike）的妻子凯西（Cathy）与乔斯（Joyce）家族是亲属关系，这一酒庄为派克和乔斯家族共同所有。乔斯家族在兰斯伍德经营果园已经有100多年的历史了，在河地也有丰富的经营史。他们同安德鲁一起建立了这个葡萄园，其中种植有长相思（5.9公顷）、黑比诺（5.73公顷）、灰比诺（3.22公顷）、霞多丽（3.18公顷）和赛美蓉（0.47公顷）。他们的葡萄

酒都是在派克（Pikes）克莱尔谷的葡萄酒厂生产的。出口到英国、美国和其他主要市场。

🍷🍷🍷🍷🍷 The Kay Reserve Adelaide Hills Chardonnay 2015
凯珍藏阿德莱德山霞多丽 2015
酒香中略带氧化的味道，同时丰富馥郁，口感浓郁精致，有明显的葡萄柚和白桃的味道。少量的法国橡木并未喧宾夺主，而是恰到好处。
封口：螺旋盖　酒精度：13.5%　评分：95　最佳饮用期：2025年
参考价格：55澳元

Separe Adelaide Hills Gruner Veltliner 2016
塞巴雷阿德莱德山绿维特利纳 2016
采用不锈钢罐低温发酵。这款灰比诺与众不同，值得玩味。淡草秆绿色；正如派克&乔斯的背标上所说，这款酒以梨的味道作为开端，以柠檬的味道结尾，中间则有罕见的芝麻叶和植物根茎的味道。没有白胡椒的味道，但却有诸多其他诱人之处。我认为这是一款迷人的葡萄酒。
封口：螺旋盖　酒精度：13%　评分：95　最佳饮用期：2024年
参考价格：26澳元 ✪

Beurre Bosc Adelaide Hills Pinot Gris
奶油波斯克阿德莱德山和灰比诺 2016
比同类的其他酒款有更多的风味和个性，有着名副其实的彩虹般的热带水果的风味，以及粉红葡萄柚的味道。
封口：螺旋盖　酒精度：13%　评分：94　最佳饮用期：2020年
参考价格：26澳元 ✪

W.J.J.Reserve Adelaide Hills Pinot Noir 2015
W.J.J.珍藏阿德莱德山黑比诺 2015
MV6、115、115和777克隆株系在发酵后混合，在法国橡木桶（30%—50%是新的）中陈酿陈酿10—12个月。极为诱人，带有纯净的红樱桃和森林草莓的味道，又因光滑的质地和平衡感而更加得到强调；极好的长度。
封口：螺旋盖　酒精度：13.5%　评分：94　最佳饮用期：2025年
参考价格：55澳元

🍷🍷🍷🍷🍷 Les Saignees Pinot Noir Rose 2016
塞格涅黑比诺桃红 2016
评分：93　最佳饮用期：2020年　参考价格：22澳元 ✪

Descente Adelaide Hills Sauvignon Blanc 2016
后裔阿德莱德山长相思2016
评分：90　最佳饮用期：2017年　参考价格：25澳元

Pikes 派客酒庄 ★★★★★

Polish Hill River Road，Sevenhill，SA 5453　产区：克莱尔谷
电话：(08) 8843 4370　网址：www.pikeswines.com.au　开放时间：每日开放，10:00—16:00
酿酒师：尼尔·派克（Neil Pike），史蒂夫·巴瑞拉（Steve Baraglia）
创立时间：1984年　产量（以12支箱数计）：35000　葡萄园面积：73公顷
酒庄的所有者是派客兄弟：安德鲁曾在南方集团（Southcorp）担任多年高级葡萄栽培师的职位，尼尔（Neil）则曾在米歇尔（Mitchell）作酿酒师。派客兄弟现在有了自己的葡萄酒厂，由尼尔主持。大多数年份中，他们的白葡萄酒，尤其是雷司令，令人印象非常深刻。他们的葡萄园也一直在扩张，种植了各种经典和新兴品种。派客的限量版旗舰产品是山鸟（Merle）雷司令。出口到英国、美国、中国和其他主要市场。

🍷🍷🍷🍷🍷 The Merle Clare Valley Riesling 2016
山鸟克莱尔谷雷司令2016
这款葡萄酒有着层次丰富的果味，结构感强。明亮的淡草秆绿色；尼尔·派克对他的评价十分准确："它充满了柑橘的味道，精干结实，纯粹，伴随一点青灰的味道"。但他没有提及它卓越的劲道和长度。这是一款极好的雷司令，现在很好，陈酿一段时间会更好。曾在2016年的克莱尔谷葡萄酒展荣获奖杯。
封口：螺旋盖　酒精度：12%　评分：97　最佳饮用期：2036年　参考价格：45澳元 ✪

🍷🍷🍷🍷🍷 Traditionale Clare Valley Riesling 2016
传统法克莱尔谷雷司令2016
传统方法？的确，这里是克莱尔谷最好的地区，同时这是一个非常非常好的年份。带有丰富的花香，口感诱人。青柠和柠檬的味道十分浓郁，回味悠长。适宜陈酿5—10年。
封口：螺旋盖　酒精度：11.5%　评分：95　最佳饮用期：2031年
参考价格：25澳元 ✪

The E.W.R Clare Valley Shiraz 2014
E.W.R克莱尔谷西拉2014
色泽不算深沉，轻至中等酒体。口感中带有辛香料，黑色和红色樱桃的味道，如同冷凉气候下常见的葡萄的精致和绵长的回味。酒精度为13.5%。
封口：螺旋盖　评分：95　最佳饮用期：2029年　参考价格：70澳元

Premio Clare Valley Sangiovese 2015
普瑞米欧克莱尔谷桑乔维塞 2015

尼尔·派克认为这是这个葡萄园20年来最好的年份之一，或者说，是发售的9款普瑞米欧中最好的。持久而精致的单宁包裹着活泼的红色水果内核。
封口：螺旋盖 酒精度：14% 评分：95 最佳饮用期：2025年
参考价格：40澳元

The Assemblage Clare Valley Shiraz Mourvedre Grenache 2014
集合之地克莱尔谷西拉慕合怀特歌海娜 2014
我们并不知道混酿的品种比例，但可以看出西拉在风味和结构中占据主导地位，将有些散漫的克莱尔谷幕尔维德和歌海娜集中起来。有着诱人的黑色和红色水果的味道，其中的单宁和橡木也很好地融合于整体之中。
封口：螺旋盖 酒精度：14% 评分：94 最佳饮用期：2024年
参考价格：23澳元 ✪

🍷🍷🍷🍷🍷 Clare Hills Riesling 2016
克莱尔山雷司令2016
评分：93 最佳饮用期：2031年 参考价格：15澳元 ✪

Eastside Clare Valley Shiraz 2014
东边克莱尔谷西拉2014
评分：92 最佳饮用期：2029年 参考价格：28澳元

Impostores Clare Valley Savignan 2016
冒名顶替克莱尔谷萨瓦涅2016
评分：91 最佳饮用期：2020年 参考价格：22澳元 JF ✪

Pimba Wines 皮姆巴葡萄酒 ★★★★★

495 Parkinsons Road，Gladysdale，Vic 3797 产区：雅拉谷
电话：0401 228 196 网址：www.pimbawines.com.au 开放时间：不开放
酿酒师：迪伦·麦克马洪（Dylan McMahon），麦特·帕提森（Matt Pattison）
创立时间：2015年 产量（以12支箱数计）：220
酒庄所有人包括伊安（Ian）、麦特（Matt）和阿莱克斯·帕提森（Alex Pattison）、皮埃尔·范德海德（Pierre Van Der Heyde）、本·霍布森（Ben Hobson）以及与麦特·帕提森（Matt Pattison）共事的迪伦·麦克马洪（Dylan McMahon）。他们每个人都有擅长的技术以及企业经营的相关经验。此外，他们的塞姆雅拉葡萄园也极好，园子朝向东方，已经有30年的历史了，所出产的葡萄长期供应给冷溪山酒庄。皮姆巴的合伙人们相信这是雅拉谷最好的西拉种植地之一，由澳大利亚最好的葡萄栽培专家斯图尔特普劳德（Stuart Proud）照顾。皮姆巴只种一个品种，只有一个目的——证明这里出产的西拉有着很好的平衡、纯度和品种典型性——就像世界上其他地方一样。雅拉谷的2016年并不是特别好，但的确为西拉提供了更多的温暖天气。皮姆巴葡萄酒的潜力如何，只有等待时间的证明了。

🍷🍷🍷🍷🍷 Yarra Valley Syrah 2016
雅拉谷西拉2016
明亮的紫红色调；口感多汁，美味纯净，丝绸般的质地之中绽放出红色和黑色水果的味道。虽然不是最伟大的葡萄酒，却是最有魔力的葡萄酒之一。爱它吧。
封口：螺旋盖 酒精度：13.7% 评分：97 最佳饮用期：2031年

Pimpernel Vineyards 海绿酒庄 ★★★★★

6 Hill Road，Coldstream，Vic 3770 产区：雅拉谷
电话：0457 326 436 网址：www.pimpernelvineyards.com.au
开放时间：周五至周六以及公共节假日，11:00—17:00
酿酒师：达米安·阿奇博尔德（Damien Archibald），马克·霍里根（Mark Horrigan）
创立时间：2001年 产量（箱）:3000 葡萄园面积：6公顷
利里代尔（Lilydale）的心血管病医师马克·霍里根（Mark Horrigan），早就已经爱上了法国孔德里约（Condrieu）的葡萄酒；而关于他的家族历史与葡萄酒的牵绊，则是之后很久才知道的。他是沙皮伊（Chapuis）家族的直系后裔之一——这个家族的历史可以追溯到1377年，他的一位先祖就葬在圣埃蒂安（St Etienne）教堂。他的父亲来自威尔逊的一个产矿的小镇，上了大学，爱上了美食与美酒。当全家人在1959年搬到澳大利亚时，葡萄酒仍然是他们的生活的一部分。马克成长于70年代，继承了父亲对葡萄酒的痴迷。2001年，他和妻子菲奥娜（Fiona）买下了雅拉谷的一块地，他们在这片产业上建了一座（他们的第二所）房子，建立了葡萄园，聘请西澳的建筑师彼得·莫兰（Peter Moran），建立了一个华丽的酒厂。在这个过程中，他们与邻居——已故的贝利·卡罗杜斯（Bailey Carrodus）博士成为了很好的朋友；酒庄的一些神秘隐晦的酒标设计就来自卡杜罗斯。出口到新加坡等国家，以及中国香港地区。

🍷🍷🍷🍷🍷 Grouch 2015
情绪 2015
95%的西拉，5%的玛珊，“适度的”发酵后浸渍，在旧的法国橡木桶中熟成15个月。明亮浓郁的颜色意味着和玛珊的共同发酵，与使用维欧尼一样好，但因为后发酵浸渍，相对于其他与维欧尼共同发酵的酒来说，这款酒更加粗糙一些，橡木的味道若隐若现。
封口：Diam软木塞 酒精度：14.8% 评分：96 最佳饮用期：2040年
参考价格：80澳元

Yarra Valley GSM2 2015
雅拉谷 GSM2 2015

50%的歌海娜，26%的西拉，23%的幕尔维德，1%的白玫瑰香。其中歌海娜和麝香葡萄共同发酵，在旧橡木桶中熟成12个月。酒香芬芳，富于表现力，这是一款可爱的罗纳河谷风格的红葡萄酒［由塞拉特（Serrat）、玛丽山（Mount Mary），和其他两个技术人员制成］，带有雅拉谷冷凉气候的优秀品质，十分难得。还可以保存更久，但现在就是它的最佳饮用期。
封口：Diam软木塞　酒精度：14.5%　评分：96　最佳饮用期：2021年
参考价格：50澳元

Yarra Valley Shiraz 2015
雅拉谷西拉2015
在法国橡木桶（50%是新的）中陈酿12个月。芬芳的酒香中有香料和深色浆果的香气，中等酒体柔顺而复杂，有淡淡的新鲜泥土和黑樱桃的味道，回味绵长。
封口：Diam软木塞　酒精度：14.7%　评分：95　最佳饮用期：2030年
参考价格：45澳元

Shiraz Viognier 2014
西拉维欧尼2014
其中包括2%的维欧尼，共同发酵，在新的（30%）和旧的橡木桶中陈酿。色泽不算浓郁但非常明亮。尽管只有2%的维欧尼，它仍然提升了整体的色泽和风味；可以品尝到丰富而多汁的红色和黑色樱桃的味道，单宁细腻，回味精致、绵长。
封口：Diam软木塞　酒精度：14.8%　评分：95　最佳饮用期：2029年
参考价格：50澳元

🍷🍷🍷🍷🍷 Yarra Valley Chardonnay 2015
雅拉谷霞多丽 2015
评分：91　最佳饮用期：2022年　参考价格：50澳元

Pindarie　宾达里酒庄　★★★★

946 Rosedale Road，Gomersal，SA 5352　产区：巴罗萨谷
电话:（08）8524 9019　网址：www.pindarie.com.au
开放时间：周一至周五，11:00—16:00；周末，11:00—17:00
酿酒师：彼得·莱斯克（Peter Leske）　创立时间：2005年
产量（以12支箱数计）：8000　葡萄园面积：32.4公顷
现任酒庄庄主是托尼·布鲁克斯（Tony Brooks）和温迪·艾伦（Wendy Allan）：托尼是南澳和西澳的第6代农民，他的专业是农业；温迪出生在新西兰，专业是葡萄栽培。1985年，两人在罗斯沃斯大学（Roseworthy College）相遇了。毕业后，托尼在沙特阿拉伯、土耳其和约旦负责管理绵羊饲养场，温迪则在奔富酒园工作了12年——一开始她负责与种植人联络，后来成了酒庄的高级葡萄栽种专家。同时，她还在加利福尼亚、以色列、意大利、德国、法国、葡萄牙、西班牙和智利等地研究学习葡萄栽培，参与酿制葡萄酒，为葡萄酒相关项目的葡萄园做出评估。2001年，她完成了葡萄酒商学的学位。酒庄的酒窖门店和餐厅（曾在2012年荣获旅游业的一个重要奖项）都有非常优美的全景视野。出口日本和中国。

🍷🍷🍷🍷🍷 T.S.S. Barrosa Valley Tempranillo Sangiovese Shiraz 2016
巴罗萨谷添帕尼罗桑乔维塞西拉2016
一款配比为70/24/6%的混酿。分别发酵，在旧的法国橡木桶中熟成。中等酒体，有着活泼的红色浆果、樱桃和完美的重量感，单宁可口。
封口：螺旋盖　酒精度：13.5%　评分：94　最佳饮用期：2026年
参考价格：24澳元 ✪

🍷🍷🍷🍷🍷 Black Hinge Reserve Shiraz Cabernate Sauvignon 2015
黑色枢纽西拉赤霞珠2015
评分：93　最佳饮用期：2035年　参考价格：60澳元

The Risk Taker Tempranillo 2016
冒险者添帕尼罗 2016
评分：91　最佳饮用期：2023年　参考价格：26澳元

Pinelli Wines　皮内利葡萄酒　★★★★

30 Bennett Street，Caversham.WA 6055　产区：天鹅地区（Swan District）
电话:（08）9279 6818　网址：www.pinelliwines.com.au
开放时间：周一至周六，9:00—17:00；周日，10:00—17:00
酿酒师：罗伯特·皮内利（Robert· Pinelli）和丹尼尔·皮内利（Daniel Pinelli）
创立时间：1980年　产量（以12支箱数计）：17000　葡萄园面积：9.78公顷
20世纪50年代中期，多米尼克（Domenic）和约兰达·皮内利（Iolanda Pinelli）从意大利移民到此后不久，多米尼克就开始在当时天鹅谷的一个重要酒庄瓦尔德克葡萄酒（Waldeck Wines）工作。在瓦尔德克积累了20年的工作经验后，在1980年，他买下了2.8公顷的一片建成多年的葡萄园。在这里建立了皮内利家族葡萄酒厂、酒窖门店和酒庄葡萄园，并很快扩大了种植面积，其中包括赤霞珠、鸽笼白、梅洛和西拉。儿子罗伯特（Robert）于1987年毕业于罗斯沃斯（Roseworthy），获得了酿酒工程学位，在皮内利担任了20年的酿酒师。他的弟弟丹尼尔（Daniel）在1994年毕业于西澳大利亚大学，获得土木工程学位。但最终还是禁不住家族葡萄酒厂的诱惑，于2002年加入了他哥哥的团队。并在2007年从美国加州州立大学获得了酿酒工程学位，以优异的成绩毕业，并荣获了香东酒庄（Domaine Chandon）的最佳起泡酒酿造练习生的奖项。

🍷🍷🍷🍷🍷 Aged Release Family Reserve Chenin Blanc 2007
陈酿发售家族珍藏白诗南2007

色泽优美；白诗南很少能从陈酿中获益，但这款白诗南则不同，有着赛美蓉和玛珊般流畅而自然的酸度，10年后会有一定的提升。所以就不要犹豫了吧。
封口：螺旋盖　酒精度：13%　评分：95　最佳饮用期：2027年
参考价格：35澳元 ✪

🍷🍷🍷🍷🍷 Reserve Vermentino 2016
珍藏维蒙蒂诺2016
评分：90　最佳饮用期：2018年　参考价格：18澳元 ✪

Pinemount　皮尼蒙特 ★★★★

PO Box 290，Somers，Vic 3927（邮）　产区：维多利亚多处（VariousVictoria）
电话：0431 057 574　网址：www.pinemount.com.au　开放时间：不开放
酿酒师：伊莫·金迪伦（Imogen Dillon）　创立时间：2016年　产量（以12支箱数计）：250
伊莫·金迪伦（Imogen Dillon）毕业于科廷大学的酿酒工程专业，并到霍顿（Houghton）和金雀花（Plantagenet）各工作了2个年份，之后在谷瑞酒庄（Goundrey）和麦克拉仑谷的汀塔那（Tintara）也工作了若干个年份，同时也以飞行酿酒师的身份在纳帕谷和波尔多参与酿造。2007年，她在西开普豪酒庄（West Cape Howe）担任酿酒师一职，2009年搬到玛格利特河与拉里·乔鲁比诺（Larry Cherubino）共同负责酿酒和很多其他方面的工作。拉里曾经在美国华盛顿州担任咨询工作，因而她也在那里参加过年份葡萄酒酿造的工作。2013年的酿造季她生了一对双胞胎。2014年她在弗莫伊酒庄（Fermoy Estate）工作时，因为她的丈夫彼得开始在莫宁顿半岛的手工采摘酒庄（Handpicked Wines）的酿酒工作而提前退出。2015年的采收季起，她在雅碧湖（Yabby Lake）工作至今。这期间她还利用工作之余的时间建立了皮内利酒庄，生产了她的第一批葡萄酒——2016年份的雅拉谷灰比诺和西拉。2017年，她还生产了西斯科特的查尔莫斯·菲亚诺（Chalmers fiano）和一款上雅拉谷的比诺。

🍷🍷🍷🍷🍷 Yarra Valley Syrah 2016
雅拉谷西拉2016
在法国大桶（40%是新的）中熟成8个月。浓郁的深紫红色；酒香（和色泽）预示着其后饱满的口感；带有梅子，深色樱桃，香草、森林地表的气息，以及法国橡木的味道。需要一段时间让紧凑的单宁舒展开来。酒标设计得很好。
封口：螺旋盖　酒精度：14.2%　评分：94　最佳饮用期：2030年
参考价格：32澳元

🍷🍷🍷🍷🍷 Yarra Valley Pinot Gris 2016
雅拉谷灰比诺2016
评分：93　最佳饮用期：2020年　参考价格：25澳元 ✪

Pipers Brook Vineyard　笛手溪葡萄园 ★★★★★

1216 Pipers Brook Road，Pipers Brook，塔斯马尼亚，7254　产区：塔斯马尼亚北部
电话：(03)6382 7527 www.pipersbrook.com.au　开放时间：每日开放，10:00—17:00
酿酒师：布瑞恩·威斯特兰（Brian Widstrand）　创立时间：1974年
产量（以12支箱数计）：70000　葡萄园面积：194公顷
笛手溪帝国有200公顷的葡萄园可以供应给庄园葡萄酒和第九岛（Ninth Island）系列，而重点当然是笛手溪酒庄。酒庄在葡萄栽培和葡萄酒酿造的过程中都非常追求完美，包装设计也无可挑剔，出产的混酿十分浓郁。笛手溪还有两个酒窖门店，其中一个在总部，另一个在斯特拉斯林（Strathlyn）。笛手溪（Pipers Brook）为一家比利时人经营的羊皮纸公司克雷格林格（Kreglinger）所有，他们还在南澳大利亚的本森山（Mount Benson）建立了诺富（Norfolk）大型葡萄酒厂和葡萄园（另见单独的条目）。出口到英国、美国和其他主要市场。

🍷🍷🍷🍷🍷 Gewurztraminer 2016
琼瑶浆2016
有着一系列诱人的风味，整体简洁有力，但余韵很长。从杯中散发出荔枝、生姜、香料、金桔和玫瑰水的气息。口感集中，有着精校般的收敛感，温和的酸度，略带一点甜味。
封口：螺旋盖　酒精度：13%　评分：94　最佳饮用期：2020年
参考价格：34澳元　NG

Pinot Noir 2016
黑比诺2016
笛手溪生产了很多引人注目、单宁丰富的黑比诺葡萄酒。幸运的是这个系列现在处于最佳状态。极其精细的同时又充满力量，粉状单宁像浮雕一样给这款比诺带来了诱人的质感，伴随着一系列相互交织的红樱桃，草莓、香草和梅子的味道——都会在品尝过程中缓慢地铺展开来。在陈酿中它将逐渐发展成熟。
封口：螺旋盖　酒精度：13%　评分：94　最佳饮用期：2028年
参考价格：45澳元　NG

Kreglinger Brut 2006
克莱格林干型 桃红 2006
中等至饱满三文鱼色调。整体非常优雅，华丽动人。有着玫瑰花瓣般馥郁的香气土耳其软糖和樱桃利口酒的味道。9年的带酒脚陈酿带来了淡淡的奶糖般的复杂风味和丝滑的奶油质地，单宁带来了精致收敛感和结构感。口感纯正，酸度细腻而有张力。
封口：橡木塞　评分：94　最佳饮用期：2018年　参考价格：65澳元　TS

🍷🍷🍷🍷🍷 Pinot Gris 2016

灰比诺2016
评分：93　最佳饮用期：2021年　参考价格：34澳元　NG
Ninth Island Rose 2016
第九岛桃红 2016
评分：93　最佳饮用期：2018年　参考价格：24澳元　NG　✪
Kreglinger Vintage Brut 2007
克莱格林 2007
评分：93　最佳饮用期：2018年　参考价格：55澳元　TS
Late Disgorged Vintage Cuvee 2007
晚排渣2007年份
评分：93　最佳饮用期：2017年　参考价格：42.5澳元　TS
Chardonnay 2016
霞多丽 2016
评分：92　最佳饮用期：2026年　参考价格：34澳元　NG
Pinot Gris 2016
灰比诺2015
评分：92　最佳饮用期：2017年　参考价格：34澳元　CM
Reserve Pinot Noir 2015
黑比诺2015
评分：92　最佳饮用期：2025年　参考价格：95澳元　NG
Kreglinger Vintage Brut de Blancs 2004
克莱格林干中白 2004
评分：92　最佳饮用期：2017年　参考价格：65澳元　TS
Tasmania NV
塔斯马尼亚 无年份
评分：92　最佳饮用期：2018年 TS

Pirramimma　皮拉米玛酒庄　★★★★★

Johnston Road，麦克拉仑谷，SA 5171　产区：麦克拉仑谷
电话：(08) 8323 8205　网址：www.pirramimma.com.au
开放时间：周一至周五，10:00—13:30；周末，10:30—17:00
酿酒师：杰夫·约翰斯顿（Geoff Johnston）　创立时间：1892年
产量（以12支箱数计）：50000　葡萄园面积：91.5公顷
这是一家有着优秀的葡萄园资源的老牌家族企业。园中有一系列优秀的老藤葡萄，包括赛美蓉、长相思、霞多丽、西拉、歌海娜、赤霞珠和小味儿多，酒庄充分利用了这些资源。出产酒款包括几个系列：皮拉米玛（Pirramimma）、斯塔克山（Stock's Hill）、皮拉（Pirra）、吉尔顿莉莉（Gilden Lily）、八克拉（Eight Carat）、瓦托园（Wattle Park）、葡萄园精选（Vineyard Select）、卡迪佳（Katunga）和狮门（Lion's Gate）。出口到世界所有的主要市场。

🍷🍷🍷🍷🍷　Ironstone Low Trellis McLarent Vale Shiraz 2013
铁矿石矮篱架麦克拉仑谷西拉2013
40%的原料在新的法国橡木桶和美国橡木熟成28个月，余下的则在旧的小橡木桶中陈酿。呈深紫红色；这是一款华丽丰厚的葡萄酒，其中的果味、单宁和橡木的味道保持着良好的比例和平衡感。可以陈放很久。
封口：橡木塞　酒精度：14.8%　评分：95　最佳饮用期：2043年
参考价格：50澳元

Ironstone Old Bush Vine McLarent Vale Grenache 2014
铁矿石老灌木麦克拉仑谷歌海娜 2014
50%在新的法国大桶中熟成，50%在旧的法国和美国橡木中熟成18个月。作为麦克拉仑谷歌海娜，这种处理使得它的美味绵软中几乎带有高贵感——其中的一个原因是他们大胆地使用了大量法国橡木。这也将其与其他南澳大利亚的同类葡萄酒区分开来。
封口：橡木塞　酒精度：14.6%　评分：95　最佳饮用期：2029年
参考价格：50澳元

McLarent Vale Shiraz 2014
麦克拉仑谷西拉2014
仅有30%在法国和美国小橡木桶中熟成，其余的在发酵罐中。这种方法效果很好，带来了新鲜和复杂的水果和橡木的味道，精致而持久的单宁延长了整体的口感。在这个过程中黑樱桃、黑莓和（你猜？）黑巧克力都增加了整体的体验。
封口：螺旋盖　酒精度：14.7%　评分：94　最佳饮用期：2034年
参考价格：30澳元　✪

McLaren Vale Cabernet Sauvignon 2013
麦克拉仑谷赤霞珠 2013
在适宜的条件下，麦克拉仑谷可以生产出具有丰富品种特征的赤霞珠，并不需要大量的新法国橡木来带给它们结构和质感。这是一款巧妙多汁的葡萄酒，结尾有黑醋栗的味道。
封口：螺旋盖　酒精度：14.6%　评分：94　最佳饮用期：2033年
参考价格：30澳元　✪

McLarent Vale Petit Verdot 2014
麦克拉仑谷小味儿多 2014
浓郁的紫红色；皮拉米玛有澳大利亚种植的最老的小味儿多——如果不是澳大利亚最老的酿酒葡萄的话。它有着层次丰富的深色浆果的味道与成熟的单宁。橡木并不占据主要地位。可以继续陈放很久，但现在饮用也并没有什么问题。
封口：螺旋盖　酒精度：14.5%　评分：94　最佳饮用期：2030年
参考价格：30澳元 ✪

Ironstone McLarent Vale Cabernate Sauvignon 2015
铁矿石麦克拉仑谷马尔贝克 2015
20%在新的法国小橡木桶中发酵，80%在法国和美国橡木混合的小桶中发酵，均熟成9个月。酒体非常饱满，同时有浓郁的血丝李、黑莓和甘草的味道，以及单宁带来的质感。
封口：橡木塞　酒精度：14.5%　评分：94　最佳饮用期：2030年
参考价格：50澳元

🍷🍷🍷🍷 Old Bush Vine McLarent Vale Grenache 2014
老灌木麦克拉仑谷歌海娜 2014
评分：89　最佳饮用期：2029年　参考价格：30澳元

Vineyard Select McLarent Vale GSM
葡萄园麦克拉仑谷GSM 2013
评分：89　最佳饮用期：2023年　参考价格：35澳元

Pizzini　皮兹尼酒庄 ★★★★☆

175 国王谷 Road，Whitfield，Vic 3768　产区：国王谷
电话：(03)5729 8278　网址：www.pizzini.com.au　开放时间：每日开放，10：0—17:00
酿酒师：乔尔·皮兹尼（Joel Pizzini）　创立时间：1980年
产量（以12支箱数计）：40000　葡萄园面积：48.7公顷
弗莱德（Fred）和卡特里娜·皮兹尼（Katrina Pizzini）已经在国王谷种植了30多年葡萄，他们有一个优秀的葡萄园。最初他们出售大部分生产的葡萄，现在则专注于葡萄酒酿造而且非常成功，将生产的80%被留作皮兹尼品牌。他们的葡萄酒在诸多国王谷生产商中排名很靠前。产品包括果汁意大利和传统品种，而且我个人可以为他们做的意大利菜担保。卡特里娜的"A塔沃拉"（A tavola!）烹饪学校教授意大利餐前小吃，团子，意大利饭，蛋糕和甜品——当然还有面点。出口到英国和日本。

🍷🍷🍷🍷🍷 White Fields King Valley Pinot Grigo 2016
怀特菲兹国王谷灰比诺2016
葡萄原料部分来自酒庄自有最好的地块，部分来自惠特斯（Whidands），手工整串采摘，在6℃的低温下保存2天，压榨后仅仅使用自流汁发酵，50%使用人工培养酵母在发酵罐中发酵，50%采用野生酵母在旧的法国橡木中发酵，熟成5个月并搅拌。这样酿出的这款高品质的葡萄酒有着良好的质地、结构和紧凑的梨/苹果的味道，以及出色的酸度，因而可以在陈酿中愈加优雅。
封口：螺旋盖　酒精度：13.5%　评分：95　最佳饮用期：2021年
参考价格：28澳元 ✪

🍷🍷🍷🍷🍷 King Valley Shiraz 2015
国王谷西拉2015
评分：92　最佳饮用期：2025年　参考价格：25澳元 ✪

King Valley Barbera 2015
国王谷芭贝拉 2015
评分：92　最佳饮用期：2025年　参考价格：35澳元

King Valley Arneis 2016
国王谷阿尼斯 2016
评分：91　最佳饮用期：2020年　参考价格：24澳元

King Valley Nebbiolo 2012
国王谷内比奥罗2012
评分：91　最佳饮用期：2022年　参考价格：55澳元　CM

King Valley Riesling 2016
国王谷雷司令2016
评分：90　最佳饮用期：2021年　参考价格：18澳元 ✪

King Valley Rosetta 2016
国王谷罗赛塔 2016
评分：90　最佳饮用期：2017年　参考价格：19澳元 ✪

Lana King Valley Nebbiolo Barbera 2015
大道国王谷内比奥罗芭贝拉 2015
评分：90　最佳饮用期：2021年　参考价格：25澳元

Nonna Gisella Sangiovese 2015
诺娜·吉塞拉桑乔维塞 2015
评分：90　最佳饮用期：2019年　参考价格：21.5澳元　CM

Lana II Nostro Gallo Sangiovese Canaiolo Colorino 2014
大道II圣加洛国王谷桑乔维塞卡内奥洛科罗里诺
评分：90 最佳饮用期：2020年 参考价格：24澳元 CM
La Volpe King Valley Nebbiolo 2014
狐狸国王谷内比奥罗2014
评分：90 最佳饮用期：2021年 参考价格：28澳元 CM

Plan B Wines B计划葡萄酒 ★★★★

Freshwater Drive，玛格利特河，WA 6285 产区：大西部 / 玛格利特河
电话：0413 759 030 网址：www.planbwines.com 开放时间：不开放
酿酒师：比尔·卡拉加德（Bill Crappsley），凡妮莎·卡森（Vanessa Carson）
创立时间：2005年 产量（以12支箱数计）：40000 葡萄园面积：20公顷
B计划是由葡萄酒顾问特里·切拉帕（Terry Chellappah），前酿酒师/顾问比尔·克拉普斯利（Bill Crappsley）和安德鲁·Andrew Blythe建立的合资企业。他们使用的西拉源自比尔·卡拉加德（Bill's Calgardup）葡萄园，其他品种则由阿勒伍德（Arlewood）生产，均以单一葡萄园的形式出售。特里对酒庄的管理方式成功地增加了酒庄的产量。比尔·克拉普斯利50年来一直在西澳大利亚酿造葡萄酒，2014年，因其西澳葡萄酒业的巨大贡献而荣获了杰克·曼（Jack Mann）纪念奖牌。他也获得了迪卡伦（Di Cullen）奖（2007年）和乔治·穆格鲁（George Mulgrue）奖（1999年）——两者都是对他为行业做出的巨大贡献的认可。出口到世界所有的主要市场。

🍷🍷🍷🍷🍷 GT Cabernate Sauvignon Sangiovese 2015
GT赤霞珠桑乔维塞 2015
桑乔维塞浓郁的风味为这款中等酒体的混酿增加了一个新的维度。酒中带有磁铁、泥土和浓郁的醋栗的味道，酸度明快，单宁结实而充满活力。
封口：螺旋盖 酒精度：14.2% 评分：92 最佳饮用期：2025年
参考价格：22澳元 JF ✪

Geographe Tempranillo Viognier 2015
吉奥格拉菲添帕尼罗维欧尼2015
仅仅混有2%的维欧尼，并不过分；而是增加了整体的色泽和香气。带有明快的红色水果的味道，添帕尼罗带来了关键的活泼而有质感的干型单宁。
封口：螺旋盖 酒精度：14.5% 评分：92 最佳饮用期：2022年
参考价格：30澳元 JF

Margaret River Chardonnay Viognier 2016
玛格利特河霞多丽维欧尼2016
9%的维欧尼产自吉奥格拉菲，带来了饱满的杏仁-柑橘-无花果的气息。霞多丽则带来了活跃的酸度，使得口感保持清新。
封口：螺旋盖 酒精度：13% 评分：90 最佳饮用期：2020年
参考价格：22澳元 JF

🍷🍷🍷🍷 OD Frankland River Riesling 2016
法兰克兰河雷司令2016
评分：89 最佳饮用期：2025年 参考价格：22澳元 JF

Plantagenet 金雀花 ★★★★★

Albany Highway，Mount Barker，WA 6324 产区：巴克山（Mount Barker）
电话：（08）9851 3111 网址：www.plantagenetwines.com
开放时间：每日开放，10:00—16:30
酿酒师：卢克·埃克斯利（Luke Eckerseley），克里斯·莫萨（Chris Murtha）
创立时间：1974年 产量（以12支箱数计）：25 000 葡萄园面积：130公顷
莱昂内尔·萨姆森（Lionel Samson）和他的儿子已经在多年前收购了史密斯（Smith）建立了金雀花酒庄，尽管如此，酒庄的建立者托尼·史密斯（Tony Smith）仍在继续管理和经营酒庄，至今已有40年了。托尼建立了4个葡萄园：：1968年的布弗里（Bouverie）、1971年的韦朱普（Wyjup）、1988年的洛基恐怖秀一（Rocky Horror I）、1997年洛基恐怖秀二（Rocky Horror 2）和1999年的罗塞塔（Rosetta）。这些葡萄园保证了金雀花酒庄可以稳定持续地生产高品质葡萄酒：香气浓郁的雷司令、柑橘风味突出的霞多丽以及著名的罗纳河谷风格的西拉和时尚的赤霞珠等。出口到英国、美国、加拿大、中国和日本。

🍷🍷🍷🍷🍷 The House of Plantagenet 'York' Mount Barker Chardonnay 201万
金雀花之家“约克”贝克山霞多丽 2015
这是一款令人印象深刻的金雀花霞多丽，完美地融合了柑橘，核果和奶油的味道，漫长的回味中可以品尝到略带辛香料味道的橡木。平衡感极好，现在就可以开始饮用了，可以保存很久。
封口：螺旋盖 酒精度：14% 评分：95 最佳饮用期：2025年
参考价格：35澳元 ✪

The House of Plantagenet 'Lancaster' Mount Barker Shiraz 2014
金雀花之家“兰开斯特”贝克山西拉 2014
酒体呈现清透的紫红色；酒香中充满了芬芳的红色水果和香料，配合着口中新鲜、活泼的中等酒体，丝滑的质地，美味的红色和黑色樱桃，伴随着辛香料和单宁的咸味味道。每次重新品尝都能感觉到它的长度和强度又得到了积累和发展。
封口：螺旋盖 酒精度：14% 评分：95 最佳饮用期：2029年
参考价格：35澳元 ✪

The House of Plantagenet 'Aquitaine' Mount Barker Cabernate Sauvignon 2014
金雀花之家“阿基坦“贝克山赤霞珠 2014
金雀花王朝（Plantagenet）现在发展得的确很好。这款赤霞珠美味而且多汁，有独特的黑醋栗酒风味，让最挑剔的黑比诺爱好者也不免心折，极尽优雅，在回味中仍然可以感受到极细的单宁在口中停留。
封口：螺旋盖 酒精度：14% 评分：95 最佳饮用期：2034年
参考价格：35澳元 ✪

🍷🍷🍷🍷½ The House of Plantagenet 'Angevin' Riesling 2016
金雀花之家“安茹”雷司令2016
评分：92 最佳饮用期：2026年 参考价格：28澳元 NG

Three Lions Cabernate Sauvignon Merlot 2014
三狮赤霞珠梅洛2014
评分：92 最佳饮用期：2024年 参考价格：24澳元 SC ✪

Three Lions Mount Barker Chardonnay 2016
三狮贝克山霞多丽 2016
评分：91 最佳饮用期：2022年 参考价格：23澳元 NG ✪

Three Lions Great Southern 2014
三狮大南部产区西拉2014
评分：91 最佳饮用期：2024年 参考价格：24澳元 SC

The House of Plantagenet 'Angevin' Mount Barker Riesling 2015
金雀花之家”安茹“贝克山雷司令2015
评分：90 最佳饮用期：2023年 参考价格：30澳元

Poacher's Ridge Vineyard 波切尔岭葡萄园 ★★★★★

1630 Spencer Road，Narrikup，WA 6326 产区：巴克山（Mount Barker）
电话:（08）9857 6066 网址：www.poachersridge.com.au
开放时间：周五至周日，10:00—16:00
酿酒师：罗伯特·迪乐提（Robert Diletti，合约） 创立时间：2000年
产量（以12支箱数计）：900 葡萄园面积：6.9公顷

1999年，阿历克斯（Alex）和珍妮特·泰勒（Janet Taylor）买下了波切尔岭（Poacher‘s Ridge）这片地产——此处曾经是牧牛的农场。葡萄园中种植着西拉、赤霞珠、梅洛、雷司令、玛珊和维欧尼。2005年份的路易斯地块大南部（Louis' Block Great Southern）梅洛在2007年的澳大利亚、新西兰和南非的三国大赛上梦想成真，击败了诸多对手。这也绝非一次偶然的成功：波切尔岭梅洛始终都是一流的佳酿。

🍷🍷🍷🍷🍷 Great Southern Cabernate Sauvignon 2015
大南部产区赤霞珠 2015
在波美度达到14°的时候采收以避免死果，保持赤霞珠原果饱满的品质，接下来在法国橡木桶（35%是新的）中陈酿17个月。浓郁的黑加仑、月桂叶和干香草是这款坚实的赤霞珠的单宁的独特风味，整体平衡，可以陈放很久。
封口：螺旋盖 酒精度：13.5% 评分：95 最佳饮用期：2040年
参考价格：30澳元 ✪

Great Southern Merlot 2015
大南部产区梅洛2015
深紫红色；大南部产区的梅洛可以与玛格利特河梅洛相媲美：带有蓝色和红色浆果、水果的味道，细腻的单宁和适度的法国橡木完美地配合着这款中等酒体的葡萄酒的平衡和长度、橡木，被良好地整合入整体。
封口：螺旋盖 酒精度：13.5% 评分：94 最佳饮用期：2030年
参考价格：30澳元 ✪

🍷🍷🍷🍷 Great Southern Riesling 2016
大南部产区雷司令2016
评分：89 最佳饮用期：2021年 参考价格：26澳元

Pokolbin Estate 波高尔宾庄园 ★★★★★

McDonalds Road，Pokolbin，新南威尔士州，2321 产区：猎人谷
电话：(02)4998 7524 网址：www.pokolbinestate.com.au
开放时间：每日开放，9:00—17:00
酿酒师：安德鲁·托马斯（Andrew Thomas，合约）创立时间：1980年
产量（以12支箱数计）：4000 葡萄园面积：15.7公顷

波高尔宾的产品线非常丰富——多品种多年份的各种系列随时都可以在市场上买到。现在可以买到他们的传统雷司令（“The Riesling”），赛美蓉——他们最好的葡萄酒之一，过去6—7个年份的螺旋盖葡萄酒，甚至是单一葡萄园酒款。

🍷🍷🍷🍷½ Phoenix Hunter Valley Shiraz Tempranillo 2014
猎人谷西拉添帕尼罗 2014
一款配比为50/50%的混酿，在法国橡木桶中陈酿15个月。尽管从理论上讲，添帕尼罗需要较为冷凉的气候条件，这款混酿仍然十分成功，色调浅淡但明亮；充满了多汁的红色浆果、水果的味道，让人想赶快再来一杯（感觉不到单宁）。

封口：螺旋盖 酒精度：13.5% 评分：92 最佳饮用期：2021年
参考价格：28澳元

Polperro | Even Keel 普尔佩罗 | 平衡系列 ★★★★☆

150 Red Hill Road，Red Hill，Vic 3937 产区：莫宁顿半岛
电话：0405 155 882 网址：www.polperrowines.com.au
开放时间：周四至周一，11:00—14:00
酿酒师：塞姆·科弗代尔（Samuel Coverdale） 创立时间：2006年
产量（以12支箱数计）：3000 葡萄园面积：13公顷
塞姆·科弗代尔（Sam Coverdale）住在莫宁顿半岛，全职酿酒，兼职冲浪。在他搬到半岛（Peninsula）上居住之前，在美国加州州立大学获得了酿酒学位，并在澳大利亚、法国、西班牙和意大利积累了10年的酿酒经验。普尔佩罗是他的莫宁顿半岛单一葡萄园酒款，包括黑比诺、霞多丽和灰比诺。第二品牌平衡（Even Keel）采用能够最好地表现产区特点的葡萄品种。出口到中国香港地区。

🍷🍷🍷🍷🍷

Even Keel Canberra District Syrah 2015
平衡堪培拉地区西拉2015
酒体呈现清晰、饱满的紫红色；作为充满活力的冷凉气候下的西拉，这款酒制作精美，堪称典范；香料、黑胡椒充分包裹着多汁、明亮的红色浆果和水果的味道，超细的单宁和优质橡木的味道使其口感纯正，回味悠长。
封口：螺旋盖 酒精度：13.5% 评分：95 最佳饮用期：2030年
参考价格：35澳元 ✪

Even Keel Tumbarumba Chardonnay 2016
平衡唐巴兰姆巴霞多丽 2016
这是一种让人欲罢不能的风格。口感非常均衡，有丰富浓烈的柑橘汁、核果、酒脚陈酿带来的复杂风味和橡木的味道——都很好地得到了平衡。
封口：螺旋盖 酒精度：12.8% 评分：94 最佳饮用期：2023年
参考价格：35澳元 JF

🍷🍷🍷🍷

Polperro Mill Hill Chardonnay 2015
普尔佩罗米勒山霞多丽 2015
评分：93 最佳饮用期：2022年 参考价格：60澳元 JF

Even Keel Mornington Peninsula Pinot Gris 2016
平衡莫宁顿半岛灰比诺2016
评分：92 最佳饮用期：2020年 参考价格：29澳元 JF

Polperro Mornington Peninsula Pinot Noir 2015
普尔佩罗莫宁顿半岛黑比诺2015
评分：92 最佳饮用期：2020年 参考价格：55澳元

Polperro Landaviddy Lane Mornington Peninsula Pinot Noir 2015
普尔佩罗兰德维迪莫宁顿半岛黑比诺2015
评分：92 最佳饮用期：2022年 参考价格：65澳元 JF

Polperro Mill Hill Pinot Noir 2015
普尔佩罗米勒山黑比诺2015
评分：91 最佳饮用期：2021年 参考价格：65澳元 JF

Polperro Talland Hill Pinot Noir 2015
普尔佩罗塔兰德山黑比诺2015
评分：91 最佳饮用期：2021年 参考价格：65澳元 JF

Pondalowie Vineyards 庞多威葡萄园 ★★★★★

55 Bambra School Road，Bambra，Vic 3241 产区：班迪戈
电话：0439 373 366 网址：www.pondalowie.com.au 开放时间：周末，提前预约
酿酒师：多米尼克·莫瑞斯（Dominic Morris），克里斯蒂娜·莫瑞斯（Krystina Morris）
创立时间：1997年 产量（以12支箱数计）：3000 葡萄园面积：10公顷
多米尼克（Dominic）和克里斯蒂娜·莫瑞斯（Krystina Morris）两人都曾在澳大利亚、法国和葡萄牙积累了丰富的葡萄酒酿造经验——1995—2012年间，多米尼克每隔一年都会参与采收和酿酒。他们建立了5.5公顷的西拉，添帕尼罗和赤霞珠各2公顷，以及在维多利亚中部洛登（Loddon）的布里奇沃特（Bridgewater）处的一些马尔贝克。
他们还在墨尔本西南部的奥特维斯（Otways）的班布拉（Bambra）的冷凉气候下建立了葡萄园。顺便提一句，庞多威（Pondalowie）酒标上并不是一团带刺儿的线条，而是酒厂卡尔比狗的一种极其抽象的表现形式。出口到日本等国家，以及中国香港地区。

🍷🍷🍷🍷🍷

Reserve Heathcote Shiraz 2015
珍藏西斯科特西拉2015
色泽浓郁；卓越的浓郁黑色水果的味道，口感丰盛，预示着现在就可以享用它了，尽管可能还要再过10年它才会达到巅峰状态。
封口：螺旋盖 酒精度：14% 评分：96 最佳饮用期：2035年
参考价格：50澳元 ✪

Old Clones Shiraz 2015
老克隆株系西拉2015

首先是映入眼帘的深浓的紫红色，接着是浆果、李子香气的气息；然后是有着浓郁李子和黑莓味道的丰厚口感；再然后是甘草和成熟的单宁的味道；最后是班迪戈的百年葡萄藤条的味道。这是一杯液态的故事。
封口：螺旋盖 酒精度：14% 评分：95 最佳饮用期：2035年 参考价格：40澳元

Pooley Wines 普利葡萄酒 ★★★★★

Butcher's Hill葡萄园，1431 Richmond Road，Richmond，塔斯马尼亚，7025
产区：塔斯马尼亚南部 电话：(03)6260 2895 网址：www.pooleywines.com.au
开放时间：每日开放，10:00-17:00 酿酒师：安娜·普利（Anna Pooley）
创立时间：1985年 产量（以12支箱数计）：5000 葡萄园面积：16公顷
普利家族三代以来一直从事普利——葡萄酒厂原名为库英达谷（Cooinda Vale）——这项事业。葡萄园所在的产区的气候比大多数人意识中都要更干、更热——他们在这里有12公顷的地产。2003年，他们在贝尔蒙（Belmont）葡萄园种植了黑比诺和灰比诺（新近又种植了黑比诺和霞多丽），并在原来砂石建筑的马厩中建造了一个19世纪30年代的格鲁吉亚风格的住宅和（第二个）酒窖门店。

🍷🍷🍷🍷🍷

Cooinda Vale Single Vineyard Chardonnay 2015
库英达谷单一葡萄园霞多丽 2015
这款酒一入口就激烈地将我从舒适区拽了出来。在2005—2014年间，酒庄一直将出产的葡萄卖给奔富旗下的雅塔娜酒庄，因而它惊人的长度和浓度不能不说是一个小小的奇迹了。柑橘、葡萄柚、白桃和清新的酸度，结尾平衡。
封口：螺旋盖 酒精度：13% 评分：98 最佳饮用期：2030年
参考价格：58澳元 ✪

Riesling 2016
雷司令2016
仅仅用数据或是评分来酿制葡萄酒是不现实的。这款酒在2016墨尔本葡萄酒展上获得最佳雷司令奖。它有着9.5克/升可滴定酸度，酸碱度（pH值）为2.9，残糖3.5克/升。乍看这些数据，这款酒会很难喝，实则不然——它就是非常美味，酒香中充满白色花朵芬芳，口感中有粉红葡萄柚和青苹果的。它可能真的会永葆青春。
封口：螺旋盖 酒精度：12.3% 评分：97 最佳饮用期：2041年
参考价格：36澳元 ✪

🍷🍷🍷🍷🍷

Butcher's Hill Single Vineyard Pinot Noir
屠夫山单一葡萄园黑比诺2015
克隆株系114、115、MV6和777，15%的原料使用整串，余下的去梗，保留整果，开放式发酵，法国小橡木桶（35%是新的）中陈酿13个月。生动活泼，浓郁的红色浆果 香气和口感；是4款可以即时饮用的普利（Pooley）比诺之一，回味悠长而轻快。
封口：螺旋盖 酒精度：13.5% 评分：96 最佳饮用期：2030年
参考价格：58澳元 ✪

Family Reserve Single Vineyard Pinot Noir
单一葡萄园黑比诺2015
来自祖父母丹尼斯（Dennis）和玛格丽特·普利（Margaret Pooley）在1983年最初种植的库英达谷（Cooinda Vale）葡萄园。比它的兄弟酒款更加强劲，有浓郁的果味和森林地表的气息。与此同时，它还像一个芭蕾舞演员一样轻盈地保持着平衡。
封口：螺旋盖 酒精度：13.1% 评分：96 最佳饮用期：2031年
参考价格：85澳元

Pinot Noir 2015
黑比诺 2015
采用库英达谷和屠夫山（Butchers Hill）的葡萄混酿而成，但大部分来自煤河谷的克莱伦斯豪斯（Clarence House）葡萄园（克隆株系111和2051）。香气丰富，果汁般的口感，细节处有着可口的森林般的风味，伴随着红色和深色浆果的味道。
封口：螺旋盖 酒精度：13.5% 评分：95 最佳饮用期：2028年
参考价格：46澳元

Cooinda Vale Single Vineyard Pinot Noir 2015
库英达谷单一葡萄园黑比诺2015
克隆株系114和115，葡萄藤的平均年龄为15年，10%的原料使用整串，法国小橡木桶（35%是新的）中陈酿13个月。香气和口感中丰富的红色水果的味道覆盖在淡淡的香草和薄荷的风味之上。
封口：螺旋盖 酒精度：13.3% 评分：95 最佳饮用期：2029年
参考价格：58澳元

Gewurztraminer 2016
琼瑶浆 2016
评分：94 参考价格：36澳元

Poonawatta 普那塔 ★★★★★

1227 Eden Valley Road，Flaxman Valley，南澳大利亚,5235 产区：伊顿谷
电话：(08) 8565 3248 网址：www.poonawatta.com 开放时间：提前预约
酿酒师：雷德·博斯霍德（Reid Bosward），安德鲁·霍尔特（Andrew Holt）
创立时间：1880年 产量（以12支箱数计）：1800 葡萄园面积：3.6公顷
普那塔酒庄的故事很复杂，1880年酒庄第一次种植了0.8公顷的西拉。安德鲁·霍尔特（Andrew

Holts）的父母买下普那塔产业时，这个葡萄园几十年来都无人管理。他们开始了漫长的翻修过程。1880年的冬季修剪留下的强壮的根系开始缓慢地向石质粘土深处生长。他们花了7年时间建立了这0.8公顷的扦插地块（Cutting Block）葡萄园，其产量甚至比1880地块葡萄园还低。出产系列中1880为顶级，接下来是“扦插”（Cuttings，来自“新”葡萄藤）系列，最后是蒙蒂地块（Monties Block）系列。他们的雷司令来自20世纪70年代由霍尔特家族种植的2公顷单一葡萄园。出口到加拿大、法国、丹麦等国家，以及中国内地（大陆）和香港、台湾地区。

🍷🍷🍷🍷🍷 The Eden Riesling 2016

伊顿雷司令2016

产自45岁树龄的低产量葡萄藤，采用可持续的农业管理方法，自流汁慢速发酵（18—22天）。这是一款令人惊奇的雷司令，香气馥郁，有浓重的青柠汁风味，余韵极长。品尝过程中我抵挡不住诱惑，喝下了口中一半的酒液。年产量不到400箱。

封口：螺旋盖　酒精度：12%　评分：97　最佳饮用期：2036年

参考价格：26澳元 ✪

🍷🍷🍷🍷🍷 Valley of Eden Off Dry Riesling 2016

伊顿谷微干雷司令2016

残糖和可滴定酸度之间有着非常好的平衡，与青柠汁和迈耶柠檬的风味配合得十分完美。现在就完全可以喝了，但若是再等上5年，则将是仙露琼浆。

封口：螺旋盖　酒精度：10.8%　评分：94　最佳饮用期：2030年

参考价格：26澳元 ✪

🍷🍷🍷🍷🍷 The 1880 Eden Valley Shiraz 2014

伊顿谷西拉 2014

评分：90　最佳饮用期：2029年　参考价格：90澳元

Port Phillip Estate　菲利普港庄园　★★★★★

263 Red Hill Road，Red Hill，维多利亚,3937　产区：莫宁顿半岛

电话：(03)5989 4444　网址：www.portphillipestate.com.au　开放时间：每日开放，11:00—17:00

酿酒师：格伦·海利（Glen Hayley）　创立时间：1987年　产量（以12支箱数计）：7000

葡萄园面积：9.3公顷

2000年起希奥尔希奥（Giorgio）和戴安娜·吉尔贾（Dianne Gjergja）成了菲利普港的所有者。酒庄出产极为优异的西拉、黑比诺和霞多丽，他们的长相思非常独特。2015年7月，桑德罗·莫塞尔（Sandro Mosele）担任助理职位6年后离开了，格伦·海利（Glen Hayley）被指派来担任他的职务。金牌伍德、马什（Wood/Marsh）建筑公司为他们设计了造价上百万美元的未来风格餐厅、酒窖门店和葡萄酒厂建筑群。出口到英国、新加坡和中国。

🍷🍷🍷🍷🍷 Mornington Peninsula Sauvignon 2016

莫宁顿半岛萨瓦涅 2016

在澳大利亚葡萄酒中，这是相对来说不那么常见的一款清爽诱人的长相思——它令人想起卢瓦尔河谷的长相思、羊毛脂、温桲、糖果、葡萄柚以及核果的味道；极长的余韵中有绿茴香的刺激感。整体来说，这款酒含蓄而鲜美，没有热带水果或青柠冰糕的味道。

封口：螺旋盖　酒精度：13.8%　评分：95　最佳饮用期：2019年

参考价格：27澳元　NG ✪

Single Site Red Hill Chardonnay 2015

单址红山霞多丽 2015

淡淡的时髦感，相比2015年的酷雍（Kooyong）霞多丽，它的口感更加浓郁、强劲。非要提出点儿意见的话，它的丰厚和劲道使得它显得不那么精致，但在如今这个执着于追求优雅的霞多丽的时代，这也没什么不好。

封口：螺旋盖　酒精度：13%　评分：95　最佳饮用期：2024年

参考价格：35澳元 ✪

Serenne Mornington Peninsula Shiraz 2015

宁静莫宁顿半岛西拉2015

这款酒使用的原料西拉有着低调的纯正血统，完全生长在冷凉气候下。绿橄榄，黑色和红色樱桃，冷切肉，茴香和肉豆蔻，伴随着带有白胡椒味的酸度和纤维般的单宁。结尾中有紫罗兰的味道。

封口：螺旋盖　酒精度：13%　评分：95　最佳饮用期：2023年

参考价格：51澳元　NG

Salasso Mornington Peninsula Rose 2016

萨拉索莫宁顿半岛桃红 2016

混合了69%的黑比诺和31%的西拉。在你的口中迸发出酸甜的红色水果，酸度爽脆，伴随着矿物质的气息，回味中有浓郁的橘子皮味道。

封口：螺旋盖　酒精度：13%　评分：94　最佳饮用期：2018年

参考价格：26澳元　NG ✪

Red Hill Mornington Peninsula Pinot Noir 2015

红山莫宁顿半岛黑比诺2015

香气中传来红黑樱桃、大黄、橘子皮、湿叶子和丁香的味道。中等酒体，多汁可口，有着沙质但坚实的单宁和使用得当的法国橡木的味道。

封口：螺旋盖　酒精度：13.5%　评分：94　最佳饮用期：2025年

参考价格：39澳元　NG

🍷🍷🍷🍷🍷 Balnarring Pinot Noir 2015
巴纳林黑比诺2015
评分：93　最佳饮用期：2023年　参考价格：39澳元　NG

Portsea Estate 波特西庄园 ★★★★★

Pembroke Place，Portsea，Vic 3944　产区：莫宁顿半岛　电话：(03)5984 3774
网址：www.portseaestate.com　开放时间：提前预约　酿酒师：提姆·埃尔菲克（Tim Elphick）
创立时间：2000年　产量（以12支箱数计）：3000　葡萄园面积：3.5公顷

🍷🍷🍷🍷🍷 Estate Chardonnay 2015
庄园霞多丽 2015
口感丰富而均衡的一款当代澳大利亚霞多丽，酒精度相对较高。成熟的白色核果味道之后是结尾处的葡萄柚风味，自然流畅。
封口：螺旋盖　酒精度：13.9%　评分：95　最佳饮用期：2028年
参考价格：36澳元

Stonecutters Block Single Vineyard Chardonnay 2015
碎石地块单一葡萄园霞多丽 2015
开始是丰盛的核果，焦糖蛋奶冻，还有橡木味如影随行，然而结尾时也是如此。非常适合搭配赫斯顿　布鲁门索（Heston Blumenthal）的龙虾。
封口：螺旋盖　酒精度：13.8%　评分：95　最佳饮用期：2025年
参考价格：55澳元

Estate Pinot Gris 2016
庄园灰比诺2016
一半为法国品种，一半为意大利品种系，这是为了使它的浓度和集中度达到最佳水平。丰富多汁，略带柑橘类和水梨类的味道。
封口：螺旋盖　酒精度：13.2%　评分：95　最佳饮用期：2019年
参考价格：27澳元 ✪

Estate Pinot Gris 2015
庄园灰比诺2015
法国品种在这款酒风味中占据了主导地位，尽管很难说这到底是由额外1年的瓶储时间还是当年年份带来的效果。对凉爽气候下生长的灰比诺进行研究的专业人士认为它还能在瓶中陈放5年以上。
封口：螺旋盖　酒精度：13.8%　评分：95　最佳饮用期：2018年
参考价格：27澳元 ✪

Birthday Hill Single Vineyard Pinot Noir 2015
生日山单一葡萄园黑比诺2015
甫一出场，就已经展露出了它一丝不苟的风格，色泽浓郁；整串葡萄的使用为这款酒带来了森林表土、各种樱桃和李子的味道，新橡木桶为口感和结构都增添了风味，与单宁紧密地结合在一起。只是还需要几年的时间来熟成。
封口：螺旋盖　酒精度：13.4%　评分：95　最佳饮用期：2030年
参考价格：55澳元

Estate Pinot Noir 2015
庄园黑比诺2015
与生日山（Birthday Hill）非常相似；这款酒的力度、浓郁和深度都非常出色。但这款酒更需要瓶储，因而等待将得到回报。
封口：螺旋盖　酒精度：13.2%　评分：94　最佳饮用期：2030年　参考价格：42澳元

🍷🍷🍷🍷🍷 Estate Pinot Noir Rose 2016
庄园黑比诺桃红 2016
评分：93　最佳饮用期：2018年　参考价格：27澳元 ✪

Possums Vineyard　负鼠葡萄园 ★★★★☆

88 Adams Road，Blewitt Springs，SA 5171　产区：麦克拉仑谷
电话:（08）8272 3406　网址：www.possumswines.com.au　开放时间：提前预约
酿酒师：彼得·布鲁休（Pieter Breugem）　创立时间：2000年
产量（以12支箱数计）：8000　葡萄园面积：44.8公顷

负鼠葡萄园的所有人是约翰·波辛哈姆博士（Dr John Possingham）和卡罗尔·萨默（Carol Summers）。他们在麦克拉仑谷有两个葡萄园——一个位于布莱维特泉（Blewitt Springs），另一个在威伦加（Willunga）——种植的品种包括西拉（20公顷）、赤霞珠（16公顷）和霞多丽（14公顷），还有少量的灰比诺、维欧尼和马尔贝克。酿酒师彼得·布鲁休（Pieter Breugem）通过星座酒业（Constellation Wines）从南非经美国来到这里。2016年底，这片地产连带上面所有物品一同出售。除非在本书的出版期间突然谈成了一场交易，他们的打算应该是卖掉2017年出产的葡萄。无论如何，评分不变。出口到英国、丹麦、德国等国家，以及中国内地（大陆）和香港地区。

🍷🍷🍷🍷🍷 Possingham & Summers McLarent Vale Malbec 2015
波辛哈姆麦克拉仑谷马尔贝克 2015
颜色深沉；复杂的酒香中充满了香水般的香料气息，甚至是紫罗兰的味道，口感饱满，与香气配合得很好，这也是对马尔贝克只能用于混酿而不是单品种葡萄酒的一个有力反驳。充满了饱和的李子，黑巧克力和深色樱桃，单宁细腻、持久。价格实在是

太低了。
封口：螺旋盖　酒精度：14.5%　评分：92　最佳饮用期：2025年
参考价格：18澳元 ✪

Prancing Horse Estate 跃马庄园 ★★★★☆

39 Paringa Road，Red Hill South，Vic 3937　产区：莫宁顿半岛
电话：(03)5989 2602　网址：www.prancinghorseestate.com　开放时间：周末，12:00—17:00
酿酒师：塞尔吉奥·卡雷（Sergio Carlei），帕斯卡尔·马钱德（Pascal Marchand），帕特里克·皮兹（Patrick Piuze）　创立时间：1990年　产量（以12支箱数计）：2000　葡萄园面积：6.5公顷
安东尼（Anthony）和凯瑟琳·哈尼（Catherine Haney）在2002年上半年收购了薰衣草湾（Lavender Bay）葡萄园，将其改名为跃马庄园，并开始生产酒庄自有葡萄园的葡萄酒，园中种植有霞多丽和黑比诺各2公顷，以及0.5公顷的灰比诺。葡萄园在2003年开始了有机农业管理，逐渐发展到2007年的生物动力系统。他们聘请了塞尔吉奥·卡雷（Sergio Carlei）作酿酒师，第2年同塞尔吉奥合作建立了卡雷葡萄酒（Carlei Wines）的合伙人之一。他们还收购了现有葡萄园西边150米处的另一片土地，并在那里种植了2公顷的葡萄藤。在勃艮第酿制葡萄酒的澳大利亚酒厂为数不多，而跃马是其中一员。帕斯卡尔·马钱德（Pascal Marchand）每年都发售一级庄莫雷-圣丹尼奥美园（Morey-St-Denis Clos des Ormes）和默尔索（Meursault）一级庄布拉尼（Blagny），帕特里克·皮兹（Patrick Piuze）生产4款夏布利产区的葡萄酒。出口到英国、美国和法国。

🍷🍷🍷🍷🍷 Reserve Mornington Peninsula Pinot Noir 2015
珍藏莫宁顿半岛黑比诺2015
颜色深沉；这不仅是一匹奔腾的马，而是一匹奔腾的种马。血统纯正，口感强劲、平衡，带有深色樱桃和李子的味道。第戎777克隆在莫宁顿半岛的凉爽气候下表现非常好。
封口：螺旋盖　酒精度：12.5%　评分：95　最佳饮用期：2030年

🍷🍷🍷🍷 Reserve Pinot Noir Chardonnay 2015
珍藏莫宁顿半岛霞多丽 2015
评分：92

Mornington Peninsula Pinot Noir 2015
莫宁顿半岛黑比诺2015
评分：92　最佳饮用期：2025年 SC

Mornington Peninsula Pinot Gris 2016
莫宁顿半岛灰比诺2016
评分：91　参考价格：44澳元　SC

The Pony Mornington Peninsula Chardonnay 2016
小马莫宁顿半岛霞多丽 2016
评分：90　参考价格：35澳元　SC

Precipice Wines 悬崖葡萄酒 ★★★★

25 Maddens Lane，Gruyere，维多利亚,3770（邮）产区：雅拉谷
电话：0403 665 980　开放时间：不开放
酿酒师：马蒂·辛格(Marty Singh)　创立时间：2011年　产量（以12支箱数计）：500
马蒂·辛格（Marty Singh）说，在销售、品尝、酿造和饮用葡萄酒20年后，他无法抵制创立自己品牌的诱惑，尽管从产量上看这仍然算是他的兼职。他的酿酒技术在同戴维-比克内尔（David Bicknell）和阿德里安·罗达（Adrian Rodda）这样的酿酒师工作的过程中得到了实践。他酿制的第一个年份是2012，是一款产自冷溪（Coldstream）地区海德·帕克（Hyde Park）葡萄园的西拉；2013年除了这款葡萄酒之外，还生产了上雅拉谷地区的柳湖（Willow Lake）葡萄园的霞多丽。

🍷🍷🍷🍷 Willow Lake Vineyard Yarra Valley Chardonnay 2016
柳湖葡萄园雅拉谷霞多丽 2016
格拉迪斯代尔（Gladysdale）的柳湖葡萄园为很多不错的葡萄酒厂供应原料，品尝这些酒之间的区别也很有意思：悬崖的风格较为柔和，酸度精致，带有由酒脚陈酿带来的细微差别和一点无花果和核果混合的味道，口感十分完整。
封口：螺旋盖　酒精度：13.5%　评分：93　最佳饮用期：2024年
参考价格：38澳元　JF

Hyde Park Vineyard Yarra Valley Shiraz 2014
海德·帕克葡萄园雅拉谷西拉2014
带有还原味，以及木质香料、李子和醋栗风味的浓郁而丰富的层次感。略带酸甜口感的单宁呈现颗粒状的质感，酒体饱满，柑橘味的酸度做结。有温暖的泥土、腐殖质气息——我喜欢。
封口：螺旋盖　酒精度：13%　评分：91　最佳饮用期：2024年
参考价格：38澳元　JF

Stewart's Vineyard Yarra Valley Pinot Noir 2016
斯图尔特葡萄园雅拉谷黑比诺2016
淡石榴石色，带有覆盆子的香气、香料、樱桃、地中海香草，以及水果的味道；水果味的单宁和清爽的酸度。酒体较为清淡，可以现在饮用。
封口：螺旋盖　酒精度：13.5%　评分：90　最佳饮用期：2020年
参考价格：38澳元　JF

Pressing Matters 紧急事项 ★★★★★

665 Middle Tea Tree Road，Tea Tree，塔斯马尼亚，7017 产区：塔斯马尼亚南部
电话：(03)6268 1947 网址：www.pressingmatters.com.au
开放时间：提前预约 ，0408 126 668
酿酒师：葡萄酒酿造 塔斯马尼亚，保罗·史密斯（Paul Smart）
创立时间：2002年 产量（以12支箱数计）：2300 葡萄园面积：7.2公顷

格雷格·梅利克（Greg Melick）同时身兼的工作比很多人一生一共做过的工作都要多。他是顶级律师（高级法律顾问），少将（最高级别的澳大利亚储备军）并且主持过许多重要的特别委员会调查过包括所谓的板球造假事件和灯塔（Beaconsfield）矿井坍塌时间的诸多问题。最近他成了行政上诉仲裁庭副主席和塔斯马尼亚州廉政委员会首席专员。但如果你问他的话，他很可能会说他生活的重心是葡萄酒。在欧洲建立了一个酒窖后，他又开始将注意力集中在葡萄种植和葡萄酒酿造方面，在他的葡萄园种植了2.9公顷的雷司令。葡萄园位于煤河谷（Coal River Valley）地区的一个朝北斜坡上，这款莫塞尔风格的雷司令有大批的拥趸。他还有4.2公顷的一个地块，用来种植多克隆株系的黑比诺。出口到美国和波兰。

🍷🍷🍷🍷🍷

R69 Riesling 2016
R69雷司令2016
充满诱惑的异域风情，酒体清淡，很有质感：极高的酸度与温桲、橘子酱、生姜和金银花等风味形成了犹如高空走钢索般精致的平衡，余韵悠长。
封口：螺旋盖 酒精度：11.5% 评分：96 最佳饮用期：2030年
参考价格：36澳元 NG ✪

Coal River Valley Pinot Noir 2013
煤河谷黑比诺2013
酒中有相当一部分硫的气味，尤其是刚开瓶时，但这款酒的酸度和单宁很好地与结尾的樱桃和李子的味道相融在一起，回味悠长。森林的气息为酒体更增添了一个维度。还可以窖藏很久。
封口：螺旋盖 酒精度：13.7% 评分：94 最佳饮用期：2026年
参考价格：56澳元 CM

R139 Riesling 2016
R139 雷司令2016
139克/升的残糖在各种葡萄品种中可以说是很高的了，同时雷司令的高酸像旋风一样与之构成了甜度和干度完美
的平衡。梨酒、生姜、温桲和柑橘酸辣酱的味道从舌苔上流过，留下精细、绵长的回味。封口：螺旋盖 酒精度：12.5% 评分：94
最佳饮用期：2030年 参考价格：33澳元 NG

🍷🍷🍷🍷

R9 Riesling 2016
雷司令2016
评分：92 最佳饮用期：2028年 参考价格：36澳元 NG

Coal River Pinot Noir 2014
煤河谷黑比诺2014
评分：91 最佳饮用期：2022年 参考价格：56澳元 NG

Preveli Wines 普里威利葡萄酒 ★★★★☆

Prevelly Liquor Store，99 Mitchell Drive，Prevelly.WA 6285 产区：玛格利特河
电话:（08）9757 2374 网址：www.preveliwines.com.au
开放时间：周一至周五，8:30-7:00；周末，10:00—19:00
酿酒师：菲舍尔加洛酒庄（Fraser Gallop Estate） 创立时间：1995年
产量（以12支箱数计）：4500 葡萄园面积：5.5公顷

虽然普里威利相对来说是个业内新手，但它的主人，即霍姆（Home）家族，已经在这片地产上生活了3代。文森（Vince）和格雷格·霍姆（Greg Home）还经营着普里威利公园海滩度假村和普里威利烈酒门店——那里可以品尝到酒庄各款葡萄酒。除了来自罗萨溪（Rosa Brook）葡萄园（赛美蓉、长相思、赤霞珠、黑比诺和梅洛）的原果外，还收购当地种植者合约种植的葡萄。

🍷🍷🍷🍷🍷

Wild Thing Margaret River Pinot Rose 2016
野生玛格利特河比诺桃红 2016
99%的黑比诺，1%的霞多丽。酒体呈现淡粉红色；这是一款完全干型的桃红葡萄酒，但它的香气和口感中都有着丰富的野草莓的味道；还有良好的长度和平衡感。荣获2016年玛格利特河葡萄酒展金质奖章可以说是实至名归。
封口：螺旋盖 酒精度：13.5% 评分：95 最佳饮用期：2018年
参考价格：24澳元 ✪

Wild Thing Margaret River Sauvignon Blanc 2016
野生玛格利特河长相思2016
明亮的草秆绿色；复杂酿造工艺有时会影响品种特征的表现，但在这款酒中，品种的特征得到了全面而立体的表现：西番莲果味占据主导地位，伴随柠檬凝乳和柑橘酸的味道。
封口：螺旋盖 酒精度：13% 评分：94 最佳饮用期：2019年
参考价格：24澳元 ✪

🍷🍷🍷🍷

Wallcliffe Cabernate Sauvignon 2013
沃克利夫赤霞珠 2013

评分：93　最佳饮用期：2028年　参考价格：35澳元
Margaret River Cabernate Sauvignon 2014
玛格利特河赤霞珠 2014
评分：92　最佳饮用期：2029年　参考价格：35澳元
Mornington River Semillon Sauvignon Blanc 2016
玛格利特河赛美蓉长相思2016
评分：90　最佳饮用期：2019年　参考价格：20澳元 ✪
Margaret River Cabernate Merlot 2014
玛格利特河赤霞珠梅洛2014
评分：90　最佳饮用期：2021年　参考价格：26澳元
Bombora Red 2014
红竹 2014
评分：90　最佳饮用期：2019年　参考价格：19澳元 ✪
Blanc de Noir Methode Traditionelle 2010
传统方法黑中白2010
评分：90　最佳饮用期：2018年　参考价格：35澳元　TS

Primo Estate　派拉蒙酒庄　★★★★★

McMurtrie Road，麦克拉仑谷，南澳大利亚,5171　产区：麦克拉仑谷
电话：(08) 8323 6800　网址：www.primoestate.com.au　开放时间：每日开放，11:00-16:00
酿酒师：乔·格雷利（Joseph Grilli），丹尼尔·祖佐洛（Daniel Zuzolo）
创立时间：1979年　产量（箱）:30000　葡萄园面积：34公顷
乔·格雷利（Joe Grilli）一直在生产创新的优质葡萄酒。爱好者们都热切期待他们每2年发行1次的约瑟夫（Joseph）红色起泡酒（在其高大的意大利玻璃瓶），发售后立即销售一空。此外，他们的陈年的特级初榨橄榄油同样备受推崇。核心是拉博得娜（La Biondina）、游侠（Il Briccone）西拉桑乔维塞和蒙达（Joseph Moda）赤霞珠梅洛。业务范围已扩大到迈凯轮谷和克莱尔顿（Clarendon），种植了鸽笼白、西拉子、赤霞珠、雷司令、梅洛、长相思、霞多丽、灰比诺、桑乔维塞、内比奥罗和梅洛。出口到所有的主要市场。

🍷🍷🍷🍷🍷　Joseph Sparkling Red NV
约瑟夫红起泡酒 无年份
紫色调昭示着它的热情和丰富。散发出黑李子和黑樱桃等一类香气，烤坚果、黑巧克力和咖啡等二类香气，以及三类香气中的黑橄榄的味道。约瑟夫葡萄酒大家族中的另一个优秀成员。
封口：橡木塞　酒精度：13.5%　评分：96　最佳饮用期：2020年
参考价格：90澳元　TS

Joseph Angel Gully Clarendon Shiraz 2014
约瑟夫天使峡谷克莱尔顿西拉2014
手工采摘，如阿玛洛尼风格般风干其中的一部分。诱人的香气很有层次感，蓝莓、胡椒、以及带有辛香料味道的橡木和阿玛洛尼风格的影响因素。口感浓郁，新鲜、优雅、复杂，很适合现在饮用，但也无须着急。
封口：螺旋盖　酒精度：14.5%　评分：95　最佳饮用期：2026年
参考价格：90澳元　SC

Joseph Moda McLarent Vale Cabernate Sauvignon Merlot 2014
约瑟夫摩达麦克拉仑谷赤霞珠梅洛2014
一款配比为80/20%的混酿，意大利的“摩达”风格（带有部分风干的葡萄）——这种处理增加了酒液的质地和结构。黑加仑、李子和黑巧克力完美地融合在一起——这样的酒只有在麦克拉仑谷才能找到，独一无二。
封口：螺旋盖　酒精度：14.5%　评分：95　最佳饮用期：2034年
参考价格：90澳元

Joseph The Fronti NV
约瑟夫富朗帝 无年份
散发出浓郁而含蓄的水果蛋糕和干麝香葡萄的香气。口感甘美，与其他同类酒品相比，同时也有克制的优雅。相比于窖藏，它更适宜在用餐时饮用。
封口：螺旋盖　酒精度：14.5%　评分：95　参考价格：50澳元　SC

Joseph d'Elena Clarendon Pinot Gris 2016
约瑟夫艾琳娜灰比诺2016
产自相对来说较为凉爽的地区，酿造者对品种深度的了解，都体现在这款葡萄酒本身上，颗粒状的、柠檬味的酸度支持着浓郁的沙梨和青苹果的味道。
封口：螺旋盖　酒精度：12%　评分：94　最佳饮用期：2020年
参考价格：30澳元 ✪

Primo & Co The Tuscan Shiraz Sangiovese Toscana 2015
派拉蒙及其他托斯卡纳西拉桑乔维塞 2015
配比为85/15%的混酿。在小橡木桶陈酿7个月，与意大利酿酒师吉安保罗·基耶蒂尼（Gianpaolo Chiettini）合作酿制。带有一点樱桃、香料、荆棘和新鲜泥土的味道，还有精致而结实的单宁。很有价值和意趣。
封口：螺旋盖　酒精度：14%　评分：94　最佳饮用期：2029年
参考价格：28澳元 ✪

II Briccone McLarent Vale Shiraz Sangiovese 2015
游侠麦克拉仑谷西拉桑乔维塞 2015
带有黑李子、苦巧克力和覆盆子利口酒的味道融入了咖啡粉、橡木和桑乔维塞活泼的单宁之中，雕塑出它的酒体。总之，它成功地融合了活力、爽脆和粗粝的质感。
封口：螺旋盖 酒精度：14.5% 评分：94 最佳饮用期：2023年
参考价格：25澳元 NG ✪

🍷🍷🍷🍷🍷 Shale Stone McLarent Vale Shiraz 2015
页岩石麦克拉仑谷西拉2015
评分：93 最佳饮用期：2028年 参考价格：35澳元 JF

Joseph La Magia Botrytis 2016
约瑟夫魔力贵腐甜酒2016
评分：91 最佳饮用期：2023年 参考价格：35澳元 JF

La Biondina Colombard 2016
拉博得娜鸽笼白 2016
评分：90 最佳饮用期：2017年 参考价格：17澳元 JF ✪

Zamberlan Cabernate Sauvignon Sangiovese 2015
赞伯兰赤霞珠桑乔维塞 2015
评分：90 最佳饮用期：2030年 参考价格：40澳元 JF

Principia 普林斯皮亚 ★★★★☆

139 Main Creek Road，Red Hill，Vic 3937（邮）产区：莫宁顿半岛
电话：(03)5931 0010 网址：www.principiawines.com.au 开放时间：提前预约
酿酒师：达伦·加菲（Darrin Gaffy） 创立时间：1995年
产量（以12支箱数计）：600 葡萄园面积：3.5公顷
达伦·加菲（Darrin Gaffy）的普林斯皮亚酒庄坚持将干扰降低到最低程度的原则，因而这些葡萄藤（2.7公顷的黑比诺和0.8公顷的霞多丽）都没有灌溉，产量严格限制在3.75吨每公顷以下，酿造过程中酒液转移全部采用重力或气体压榨法，这也意味着没有过滤，初次和二次发酵均采用野生酵母。“普林斯皮亚（Principia）”是拉丁语中“开始”的意思。

🍷🍷🍷🍷🍷 Mornington Peninsula Chardonnay 2015
莫宁顿半岛霞多丽 2015
手工采摘，整串压榨，采用野生酵母发酵并且在法国橡木桶（25%是新的）中熟成18个月。浓郁中带有粉红葡萄柚的味道，结尾清爽，余韵悠长。
封口：螺旋盖 酒精度：13.3% 评分：95 最佳饮用期：2023年
参考价格：40澳元

🍷🍷🍷🍷🍷 Altior Mornington Peninsula Pinot Noir 2015
阿尔蒂莫宁顿半岛黑比诺2015
评分：93 最佳饮用期：2022年 参考价格：50澳元

Mornington Peninsula Pinot Noir 2015
莫宁顿半岛黑比诺2015
评分：91 最佳饮用期：2020年 参考价格：40澳元

Printhie Wines 普林瑟葡萄酒 ★★★★☆

489 Yuranigh Road，Molong，新南威尔士州，2866 产区：奥兰治
电话：(02)6366 8422 网址：www.printhiewines.com.au
开放时间：周一至周六，10:00—16:00
酿酒师：德鲁·塔克维尔（Drew Tuckwell） 创立时间：1996年
产量（以12支箱数计）：20000 葡萄园面积:30公顷
酒庄为斯威夫特（Swift）家族所有，新一代的爱德华（Edward）和大卫（David）已经在2016年接管（从艾德·斯威夫特手中）了企业，他们将带领酒庄进入一个新时代。2016年，普林瑟将葡萄酒商业生产向前推进了10年，现在，有20年历史的酒庄葡萄园正是成熟的好时候。酒庄葡萄园所处地区海拔较低，面积为30公顷，用来供应所有的红色品种和灰比诺；从当地其他葡萄园处收购其余的品种。酿酒师德鲁·塔克威尔（Drew Tuckwell）在普林瑟工作已经将近10年，他有20年在澳大利亚和欧洲的酿酒经验。出口到加拿大和中国。

🍷🍷🍷🍷🍷 Super Duper Orange Chardonnay 2014
超级奥兰治霞多丽 2014
原料来自纳什代尔（Nashdale）海拔为1050米的一个单一葡萄园，手工采摘，未澄清的果汁采用野生酵母发酵，并在两个新的大桶中熟成，一定量的苹乳发酵，搅桶，产量仅为50箱。它达成了超级西拉没有实现的目标；有着猫科动物般的优雅，柳条般的柔韧，而且十分精准。还有必要的柑橘、柑橘皮的味道。
封口：螺旋盖 酒精度：12.4% 评分：96 最佳饮用期：2024年
参考价格：85澳元

🍷🍷🍷🍷🍷 Swift Blancs Brut No. 1 2010
1号斯威夫特白干型 2010
评分：93 最佳饮用期：2020年 参考价格：85澳元 TS

Swift Rose Brut 2011 No. 1 NV
1号斯威夫特白干型 无年份

评分：93　最佳饮用期：2018年　参考价格：40澳元　TS
MCC Orange Riesling 2016
MCC 奥兰治雷司令2016
评分：92　最佳饮用期：2026年　参考价格：25澳元　✪
Swift Cuvee Brut NV
斯威夫特干 无年份
评分：92　最佳饮用期：2020年　参考价格：40澳元　TS
MCC Orange Chardonnay 2015
MCC奥兰治霞多丽 2015
评分：91　最佳饮用期：2022年　参考价格：35澳元
Swift Vintage Brut 2011
斯威夫特年份干 2011
评分：91　最佳饮用期：2021年　参考价格：50澳元　TS
Super Duper Orange Shiraz 2014
超级奥兰治西拉2014
评分：90　最佳饮用期：2020年　参考价格：85澳元
Super Duper Orange Cabernate Sauvignon 2015
超级奥兰治赤霞珠
2015　评分：90　最佳饮用期：2025年　参考价格：85澳元

Project Wine　项目葡萄酒 ★★★★

83 Pioneer Road，Angas平原，SA 5255　产区：南澳大利亚
电话:（08）73424 3031　网址：www.projectwine.com.au　开放时间：不开放
酿酒师：彼得·波拉德（Peter Pollard）　创立时间：2001年　产量（以12支箱数计）：150000
项目葡萄酒最初设计时是一个合同酿酒厂，现已扩增了销售和分销部门，酒庄在海内外的市场都得到了迅速的发展。酒庄地处兰好溪产区，从南澳各个重要葡萄酒产区收购葡萄——包谷、巴罗萨谷和阿德莱德丘陵水果。最初是作为一个合同制酒厂设计的，现已发展成为一个销售和分销部门，在国内和海外都得到了迅速的发展和市场。它的原料来自南澳大利亚最为重要的葡萄酒产区，包括麦克拉仑谷、巴罗萨谷和阿德莱德山。葡萄来源的多样化让酒厂得以建立丰富的产品组合，这些品牌包括旋尾（Tail Spin）、先锋路（Pioneer Road）、派森（Parson's Paddock）、鸟瞰（Bird's Eye View）和安格斯&布列默斯（Angas & Bremers）。出口到英国、加拿大、日本和中国。

🍷🍷🍷🍷🍷(4.5)
Pioneer Road Langhorne Creek Cabernate Sauvignon 2015
先锋路兰好乐溪赤霞珠 2015
2015年度最佳红葡萄就出自这个酒庄。这款酒是有典型的兰好乐溪风格的品种特征，清爽多汁，单宁细腻，唯一可能引起质询的一处是旧橡木桶的质量。
封口：螺旋盖　酒精度：14.5%　评分：90　最佳饮用期：2025年
参考价格：18澳元　✪

Pioneer Road Langhorne Creek Sangiovese 2015
先锋路兰好乐溪桑乔维塞 2015
在旧的法国大橡木桶陈酿12个月。混酿中10%的西拉的确表现得很好，伴随红色和紫色水果的味道，中等酒体，口感平衡。超值。
封口：螺旋盖　酒精度：14.5%　评分：90　最佳饮用期：2022年
参考价格：18澳元

🍷🍷🍷🍷
Angas & Bremer Shiraz Cabernate Sauvignon 2015
安格斯&布列默斯西拉赤霞珠2015
评分：89　最佳饮用期：2025年　参考价格：15澳元　✪

Provenance Wines　起源葡萄酒 ★★★★★

100 Lower Paper Mills Road，Fyansford，Vic 3221　产区：吉龙
电话：(03)5222 3422　网址：www.provenancewines.com.au　开放时间：提前预约
酿酒师：斯考特·爱尔兰（Scott Ireland），山姆·沃格尔（Sam Vogel）
创立时间：1997年　产量（以12支箱数计）：2500　葡萄园面积：5公顷
斯考特·爱尔兰（Scott Ireland）有多年的在海内外各地酿酒的经验，1997年，他与珍·利尔本（Jen Lilburn）合伙建立了起源葡萄酒——这也可以说斯考特事业发展中顺理成章的一步。酒庄位于莫拉泊尔（Moorabool）谷，葡萄酿造团队将重点放在生产冷凉气候下经典风格的酒款——尤其是灰比诺、霞多丽和黑比诺。葡萄原料部分来自吉龙产区，另外一部分则出自较远的（高品质葡萄）产地。起源酒庄在2012年收购的一块面积为30公顷的地产将影响到酒庄未来的发展方向，这款地为红火山土壤，上面还有一个温泉坝，酒庄于2012年在此地种植了1.5公顷的黑比。他们也是吉龙地区合同酿酒的主要企业。

🍷🍷🍷🍷🍷
Geelong Shiraz 2015
吉龙西拉2015
20%的原料使用整串，野生酵母发酵，带皮浸渍20天，75%转移到法国橡木桶中，25%到混凝土蛋形罐中，熟成12个月。原料所用的梅洛颜色深沉，层次丰富，有中等至饱满的体感，酒庄富有冒险精神的酿造工艺，使它的口感和质地都变得更加复杂。带有红色和黑色的樱桃果、香料、胡椒的味道。

封口：螺旋盖　酒精度：13.8%　评分：96　最佳饮用期：2040年
参考价格：32澳元 ✪

Golden Plains Chardonnay 2015
金色平原霞多丽 2015
45%的原来产自吉龙，40%的巴拉瑞特，15%的亨提。这是一款经典的冷凉气候下的霞多丽，有葡萄柚和矿物质的味道，桶内发酵和苹乳发酵带来了复杂而新鲜的口感，回味很长。可以陈放很久。很值。2016年巴拉瑞特葡萄酒展金质奖章。
封口：螺旋盖　酒精度：13.5%　评分：95　最佳饮用期：2025年
参考价格：29澳元 ✪

Golden Plain Pinot Noir 2015
金色平原黑比诺2015
76%来自吉龙，24%的巴拉瑞特。还需要5年的发展来让单宁柔化，浓郁而辛辣的次级香气与占据主导地位黑樱桃的果味很好地融合在一起。
封口：螺旋盖　酒精度：13.2%　评分：94　最佳饮用期：2020年
参考价格：30澳元 ✪

🍷🍷🍷🍷🍷 Tarrington Pinot Gris 2015
塔林顿灰比诺2015
评分：91　最佳饮用期：2017年　参考价格：26澳元

Punch　潘趣酒庄　★★★★★

2130 Kinglake Road，St Andrews，Vic 3761　产区：雅拉谷
电话：(03)9710 1155　网址：www.punched.com.au
开放时间：大部分的星期天，12:00—17:00
酿酒师：詹姆斯·兰斯（James Lance）　创立时间：2004年
产量（以12支箱数计）：1800　葡萄园面积：3.45公顷
格雷姆·拉斯伯恩（Graeme Rathbone）接管钻石谷（Diamond Valley）品牌（而不是酒庄）后，兰斯（Lances）的儿子詹姆斯（James）和他的妻子克莱尔（Claire）从大卫（David）和凯瑟琳·兰斯（Catherine Lance）那里租下了葡萄园和酒厂——其中包括0.25公顷间距紧密的黑比诺，0.8公顷的霞多丽和0.4公顷的赤霞珠。2009年黑色星期六的山火摧毁了作物后，许多各地的葡萄种植者都写信表示愿意帮助他们，他们用这些收购的葡萄酿制了这一受灾年份的葡萄酒，“友拳”（Friends of Punch）这款酒就这么诞生了。

🍷🍷🍷🍷🍷 Lance's Vineyard Yarra Valley Pinot Noir 2015
兰斯葡萄园雅拉谷黑比诺2015
5%的原料使用整串，野生酵母发酵，在法国橡木桶中陈酿（40%是新的）16个月。色泽明亮饱满，香气和口感非常协调、复杂。这款酒整体给人留下的印象似乎使用了超过5%的原料，无论如何，它有着卓越的长度和力度。
封口：螺旋盖　酒精度：13.5%　评分：97　最佳饮用期：2030年
参考价格：55澳元 ✪

🍷🍷🍷🍷🍷 Lance's Vineyard Yarra Valley Chardonnay 2015
兰斯葡萄园雅拉谷霞多丽 2015
透亮的淡草秆绿色；温和气候对葡萄酒的表现力有一定的限制，但这款酒的长度、完整性和复杂度都非常出色。质地复杂，酸度略带柑橘味，上等的勃艮第橡木更增添了积极的风味，结构平衡，同时白桃/油桃风味占据主导地位。
封口：螺旋盖　酒精度：13.5%　评分：96　最佳饮用期：2025年　参考价格：45澳元 ✪

Lance's Vineyard Close Planted Pinot Noir 2015
兰斯密植葡萄园雅拉谷黑比诺2015
酒色清透深沉；犹如袖珍火箭一般，虽然小巧，但却动力十足，专为进行漫长的旅途而设计。瓶储陈酿后，更会增强黑樱桃、李子和香料的味道。可惜产量极少（138箱，6瓶1箱）。还可以陈放多年。
封口：螺旋盖　酒精度：13.5%　评分：96　最佳饮用期：2035年
参考价格：90澳元

Lance's Vineyard Yarra Valley Cabernate Sauvignon 2015
兰斯葡萄园雅拉谷赤霞珠 2015
在法国橡木桶中陈酿18个月，年产量为65箱。产量如此之低也并非易事——只不过詹姆斯·兰斯（James Lance）让它看上去很容易而已。丰富的黑醋栗和月桂叶的味道，优质橡木与细腻的单宁构成的平衡。
封口：螺旋盖　酒精度：13.5%　评分：95　最佳饮用期：2035年
参考价格：45澳元

Punt Road　普特罗德　★★★★★

10 St Huberts Road，Coldstream，Vic 3770　产区：雅拉谷
电话：(03)9739 0666　网址：www.puntroadwines.com.au
开放时间：每日开放，10:00-17:00
酿酒师：提姆·山德（Tim Shand）　创立时间：2000年
产量（以12支箱数计）：20000　葡萄园面积：65.61公顷
普特罗德的所有人是拿破仑（Napoleone）家族。所有的葡萄酒和葡萄园都为家族所有。酒庄生产的雅拉谷系列下的艾尔利（Airlie Bank）系列中，大部分产品低于20澳币，这一系列以果味为主，橡木味道较淡，与顶级产品中成功的普特罗德系列的相互补充。酒庄十分注重普特罗德系

列小产量单一葡萄园的酿制生产。出口到美国、加拿大、新加坡、日本等国家、中国内地（大陆）和香港地区，以及其他主要市场。

🍷🍷🍷🍷🍷 Napoleone Vineyard Yarra Valley Shiraz 2015
拿破仑葡萄园雅拉谷西拉2015
荣获2016年墨尔本葡萄酒奖最佳单一葡萄园西拉葡萄酒奖杯。这并不是一款为竞赛而做的葡萄酒，它应该属于卧室，而不是竞赛场——这是因为它的确充满了诱惑的力量，充满了浓郁的黑色樱桃和黑莓的味道，单宁恰到好处。它也是本年鉴31年来所列葡萄酒中性价比最为超值的酒款之一。
封口：螺旋盖　酒精度：13.5%　评分：97　最佳饮用期：2035年
参考价格：27澳元 ✪

🍷🍷🍷🍷🍷 Napoleone Vineyard Yarra Valley Chardonnay 2016
拿破仑葡萄园雅拉谷霞多丽 2016
酒香最初是一丝（故意为之）的类似划火柴时的特殊气息，苹乳发酵更增加了口感中的复杂性，同时也保留了整体的新鲜性和长度。
封口：螺旋盖　酒精度：12.5%　评分：94　最佳饮用期：2023年
参考价格：23澳元 ✪

Napoleone Vineyard Yarra Valley Pinot Gris 2016
拿破仑葡萄园雅拉谷灰比诺2016
酒色呈现明亮的草秆绿色，尽管有5小时的带皮浸渍，酒液并没有染上粉红色。活泼、强劲，带有浓郁的梨和柑橘的味道。平衡很好，回味长。
封口：螺旋盖　酒精度：12%　评分：94　最佳饮用期：2020年
参考价格：23澳元 ✪

🍷🍷🍷🍷 Napoleone Vineyard Block 12 Yarra Valley Gamay
拿破仑葡萄园雅拉谷佳美 2016
评分：92　参考价格：23澳元 ✪

Airlie Bank Yarra Valley Pinot Noir 2015
艾尔利雅拉谷黑比诺2015
评分：91　最佳饮用期：2023年　参考价格：22澳元 ✪

Airlie Bank Gris Fermented on Skins 2016
艾尔利发酵带皮浸渍 2016
评分：90　最佳饮用期：2017年　参考价格：22澳元

Airlie Bank Franc 2016
艾尔利弗兰克 2016
评分：90　最佳饮用期：2021年　参考价格：22澳元

Airlie Bank Chardonnay Pinot Noir NV
艾尔利霞多丽黑比诺 无年份
评分：90　最佳饮用期：2017年　参考价格：22澳元　TS

Purple Hands Wines　神来之手酒庄　★★★★★

32 Brandreth Street，Tusmore，南澳大利亚,5065（邮）产区：巴罗萨谷
电话：0401 988 185　网址：www.purplehandswines.com.au　开放时间：不开放
酿酒师：克雷格·斯坦斯伯勒（Craig Stansborough）
创立时间：2006年　产量（以12支箱数计）：2500　葡萄园面积：14公顷
这是克雷格·斯坦斯伯勒（Craig Stansborough）和马克·斯莱德（Mark Slade）合资建立的酒庄，克雷格提供葡萄酒酿造方面的知识和8公顷种植西拉的葡萄园——该园位于南巴罗萨较为凉爽的威廉斯敦（Williamstown）；马克则负责保持激情。别问我他们为什么是这种组合——我不知道，但我知道他们生产非常优雅的单一葡萄园葡萄酒（歌海娜是合约种植的）。这些葡萄酒是在格兰特·伯奇（Grant Burge）酿造的，克雷格是该酒庄的主要酿酒师。出口到菲律宾和新加坡。

🍷🍷🍷🍷🍷 Barrosa Valley Mataro Grenache Shiraz 2016
巴罗萨谷马塔洛歌海娜西拉 2016
配比为52/26/22%的混酿。酒体呈鲜艳的深紫红色，散发出明快的红色水果、中东香料和泥土的味道，口感饱满，细腻、和谐，单宁自然而细腻。
封口：螺旋盖　酒精度：14%　评分：95　最佳饮用期：2025年
参考价格：30澳元　JF ✪

Old Vine Barrosa Valley Grenache 2016
老藤巴罗萨谷歌海娜 2016
灌木老藤葡萄（50年以上），30%采用整串发酵，在旧的大橡木桶中陈酿9个月。带有浓郁的红色水果、甘草、百花香和桂皮的味道，口感飘逸、优雅，单宁如丝绸般柔滑，回味悠长。
封口：螺旋盖　酒精度：13.8%　评分：95　最佳饮用期：2021年
参考价格：30澳元　JF ✪

Barrosa Valley Montepulciano 2015
巴罗萨谷蒙帕赛诺2015
酿造工艺十分简单，他们说——野生酵母发酵，10天带皮浸渍，篮式压榨后进入橡木，18个月后——完成！带有红色水果、黑樱桃和铁离子的味道，意大利风格的单宁顺滑如丝，非常诱人。很赞。

封口：螺旋盖 酒精度：13.5% 评分：95 最佳饮用期：2021年
参考价格：30澳元 JF ✪

🍷🍷🍷🍷🍷 Barrosa Valley Shiraz 2015
巴罗萨谷西拉2015 评分：93
最佳饮用期：2028年 参考价格：30澳元 JF

Barrosa Valley Mataro 2015
巴罗萨谷马塔洛 2015
评分：92 最佳饮用期：2022年 参考价格：30澳元 JF

Barrosa Valley Aglianico 2015
巴罗萨谷阿高连尼科2015
评分：92 最佳饮用期：2023年 参考价格：30澳元 JF

Pyren Vineyard 派里恩葡萄园 ★★★★

Glenlofty-Warrenmang Road，Warrenmang，Vic 3478 产区：宝丽丝
电话：(03)5467 2352 网址：www.pyrenvineyard.com 开放时间：提前预约
酿酒师：莱顿·乔伊（Leighton Joy） 创立时间：1999年
产量（以12支箱数计）：5000 葡萄园面积：29公顷

布赖恩（Brian）和莱顿·乔伊（Leighton Joy）在甘贝尔（Moonambel）附近的沃伦芒谷（Warrenmang）山坡上种植有23公顷的西拉、5公顷的赤霞珠以及1公顷的马尔贝克、品丽珠和小味儿多。产量限制在每公顷3.7—6.1吨。出口到美国。

🍷🍷🍷🍷🍷 Block E Pyrenees Shiraz 2015
E地块宝丽丝西拉2015
酒香中充满了紫罗兰、碘、蓝莓和甘草的芬芳香气。单宁光滑柔顺，结构紧凑，同时也活泼，有张力，回味长。
封口：螺旋盖 评分：94 最佳饮用期：2025年 参考价格：55澳元 NG

🍷🍷🍷🍷🍷 Little Ra Ra Pyrenees Rose 2015
小拉拉宝丽丝桃红 2015
评分：92 最佳饮用期：2017年 参考价格：28澳元

Yardbird Pyrenees Shiraz 2015
新兵宝丽丝西拉2015
评分：92 最佳饮用期：2020年 参考价格：35澳元 NG

Yardbird Union 2015
新兵联盟 2015
评分：91 最佳饮用期：2023年 参考价格：35澳元 NG

Little Ra Ra Franc Pyrenees Cabernet Franc 2015
小拉拉弗朗克宝丽丝品丽珠 2015
评分：90 最佳饮用期：2017年 参考价格：28澳元

Quarisa Wines 夸利斯葡萄酒 ★★★★

743 Slopes Road，Tharbogang，新南威尔士州，2680（邮）产区：南澳大利亚
电话：(02)6963 6222 网址：www.quarisa.com.au 开放时间：不开放
酿酒师：约翰·夸里萨（John Quarisa） 创立时间：2005年 产量（以12支箱数计）：不详

作为酿酒师，20年来，约翰·夸里萨（John Quarisa）的职业生涯非常辉煌：他曾在澳大利亚最大的本地葡萄酒厂——包括麦克威廉姆斯（McWilliams）、卡塞拉（Casella）和柳甘庄园（Nugan Estate）等——工作。他也是2004酒庄能够赢得吉米·沃森奖（Jimmy Watson）奖杯（墨尔本）和斯托达特奖（Stodart）奖杯（阿德莱德）的主要负责人。用新南威尔士州和南澳各地的葡萄，在租来的地方酿酒——约翰和约瑟芬·夸里萨（Josephine Quarisa）已经建立了一个成功的家族企业。酒庄的产量突飞猛进，他们出产的高性价比酒款无疑是这背后的一个重要原因。出口英国、加拿大、丹麦、瑞典、马来西亚、印度尼西亚、日本和新西兰等国家，以及中国香港地区。

🍷🍷🍷🍷🍷 Johnny Q Adelaide Hills Sauvignon Blanc 2015
强尼Q阿德莱德山长相思2015
散发出浓郁品种特有的果味香气，柑橘，新割过的青草和鹅莓的味道使人心旷神怡。它的价值是售价的2倍。
封口：螺旋盖 酒精度：13% 评分：92 最佳饮用期：2017年 参考价格：12澳元 ✪

Treasures McLarent Vale Shiraz 2014
珍宝麦克拉仑谷西拉2014
色泽优美；中等至饱满酒体。它的风味和结构都很有深度，橡木和单宁的味道包裹着核心的水果味道，非常适合搭配浓厚的焰烤、烧烤牛肉。它的好处三言两语说不清楚，但无论从哪个放慢看，它都价值超凡。
封口：螺旋盖 酒精度：14.5% 评分：90 最佳饮用期：2024年
参考价格：15澳元 ✪

🍷🍷🍷🍷 Enchanted Tree Cabernate Sauvignon 2014
魔法树赤霞珠 2014
评分：89 最佳饮用期：2019年 参考价格：14澳元 ✪

Quarry Hill Wines 采石山葡萄酒 ★★★★

Maxwell Street，Yarralumla，ACT,2600（邮）产区：堪培拉地区
电话：(02)6223 7112 网址：www.quarryhill.com.au 开放时间：不开放
酿酒师：收藏夹葡萄酒［Collector Wines，Alex McKay（亚历克斯·麦凯）］
创立时间：1999年 产量（以12支箱数计）：600 葡萄园面积：4.5公顷
庄主迪安·特雷尔（Dean Terrell）是澳大利亚国立大学（Australia National University）的前任校长，也是一位经济学教授。这片地产最初的购置是为了用作建造巴顿公路（Barton Highway）的采石场，后来成为牧场；为了使他保持活跃的退休生活，家人为他提出了建设酒庄的创意。葡萄园建于1999年、2001年和2006年进一步扩大了种植。2公顷的西拉，1公顷的长相思，以及萨瓦涅、桑乔维塞、添帕尼罗、歌海娜、黑比诺和萨格兰蒂诺各0.25公顷。因为酒庄将葡萄销售给本地葡萄酒厂，仅有一部分产品使用采石山（Quarry Hill）的品牌，其中包括5克拉（Clonakilla）和收藏夹葡萄酒（Collector Wines）。

🍷🍷🍷🍷🍷 Canberra District Shiraz 2015
堪培拉地区西拉2015
深紫红色调；丰厚、浓郁、集中，带有黑樱桃和茴香的香气和风味，橡木和单宁处于相对次要的位置。
封口：螺旋盖 酒精度：13.2% 评分：94 最佳饮用期：2035年
参考价格：25澳元 ✪

🍷🍷🍷🍷 Two Places Pinot Gris 2016
两地灰比诺2016
评分：90 最佳饮用期：2018年 参考价格：24澳元
Canberra District Shiraz 2013
堪培拉地区西拉2013
评分：90 最佳饮用期：2020年 参考价格：22澳元

Quattro Mano 卡特罗马诺 ★★★☆

PO Box 189，Hahndorf，SA 5245（邮） 产区：巴罗萨谷
电话：0430 647 470 网址：www.quattromano.com.au 开放时间：提前预约
酿酒师：安东尼·卡佩蒂斯（Anthony Carapetis），克里斯·泰勒（Christopher Taylor），菲利普·莫兰（Philippe Morin） 创立时间：2006年 产量（以12支箱数计）：2500 葡萄园面积：3.8公顷
安东尼·卡佩蒂斯（Anthony Carapetis）、菲利普·莫兰（Philippe Morin）和克里斯·泰勒（Chris Taylor）3人，加在一起积累了50多年在葡萄酒行业的各个方面的工作经验。菲利普作了25年的首席品酒师，现在担任法国橡树库珀（French Oak Cooperage）、安东尼和克里斯是酿酒师。建立酒庄卡特罗马诺的梦想始于20世纪90年代中期，在2006年得以成为现实（我仍然不清楚他们是怎么让3等于4的）。他们生产各种各样的葡萄酒系列，其中最为重要的是添帕尼罗。尽管酒庄不大，却令人印象深刻的。出口到美国和波兰。

🍷🍷🍷🍷 Duende Pinta 2015
杜恩德品塔混酿 2015
添帕尼罗、幕尔维德和歌海娜。酒体清淡，口感丰富，带有辛香料的味道，可以现在饮用。
封口：螺旋盖 酒精度：13.5% 评分：89 最佳饮用期：2018年
参考价格：19澳元 ✪

Quealy Winemakers 奎利酒庄 ★★★★

62 Bittern-Dromana Road，Balnarring，Vic 3926 产区：莫宁顿半岛
电话：(03)5983 2483 网址：www.quealy.com.au 开放时间：每日开放，11:00—17:00
酿酒师：凯思琳·奎利（Kathleen Quealy），凯文·麦卡锡（Kevin McCarthy）
创立时间：1982年 产量（以12支箱数计）：8000 葡萄园面积：8公顷
凯思琳·奎利（Kathleen Quealy）和凯文·麦卡锡（Kevin McCarthy）是莫宁顿半岛的第一批酿酒师。他们敢于挑战常规——将莫宁顿半岛意/法灰比诺（非常成功的）介绍给了公众。他们的选址、葡萄栽培和葡萄酒酿造工艺不断地得到提升和多样化，这使得他们的业务增长显著。酒庄内种植有黑比诺、灰比诺和弗留利各2公顷，以及少量的雷司令，霞多丽和黄莫斯卡托。
凯瑟琳和凯文租下了一个葡萄园——他们认为那里是灰比诺和黑比诺生长的优质场地。此外他们还得到了酿酒师丹·卡尔弗特（Dan Calvert）的帮助——3人共事已有7年了。他们的儿子汤姆（Tom）已经加入了这个行业，他对天然葡萄酒尤为关注，这类中他酿制的第一款酒就是特布尔·弗尔兰（Turbul Friulan）。出口到英国和法国。

🍷🍷🍷🍷 Campbell & Christine Pinot Noir 2015
坎贝尔&克里斯汀黑比诺2015
结实、干爽、略带还原味，还有红色浆果和一丝木质香料的味道。应该具备陈酿发展的潜力。可以尝试一下。
封口：螺旋盖 酒精度：13.5% 评分：90 最佳饮用期：2021年
参考价格：45澳元 CM

R. Paulazzo R. 保拉佐 ★★★★☆

852 Oakes Road，Yoogali，新南威尔士州，2680 产区：瑞福利纳（Riverina）
电话：0412 969 002 www.rpaulazzo.com.au 开放时间：提前预约
酿酒师：罗布·保拉佐（Rob Paulazzo） 创立时间：2013年
产量（以12支箱数计）：不详 葡萄园面积：12公顷

罗布·保拉佐（Rob Paulazzo）1997年开始酿制葡萄酒，他的工作经历非常丰富——他曾经在澳大利亚的麦克威廉斯（McWilliams）和奥兰多（Orlando）、新西兰的吉森（Giesen）工作。此外，他在勃艮第工作了4个年份，也在托斯卡纳、纳帕谷和尼亚加拉半岛（加拿大）处参与了年份葡萄酒的生产。除了已经建立了80多年的家族葡萄园之外，罗布也从希托扑斯、唐巴兰姆巴、奥兰治和堪培拉地区收购葡萄。这一版发行前没有机会品尝他们的顶级葡萄酒款，让我非常遗憾。

🍷🍷🍷🍷🍷 Nero d'Avola 2015

黑珍珠2015

里弗赖纳（86%）、希托扑斯（10%）和西斯科特（4%）。色泽较淡，十分清透；带有香料和红色水果包括红樱桃的味道，非常活泼，酸度新鲜。

封口：螺旋盖 酒精度：13.5% 评分：90 最佳饮用期：2018年

参考价格：17澳元 ✪

Raidis Estate 雷蒂斯庄园 ★★★★

147 Church Street，Penola，SA 5277 产区：库纳瓦拉

电话：(08) 8737 2966 网址：www.raidis.com.au 开放时间：周四至周日，12:00-18:00

酿酒师：斯蒂文·拉迪斯（Steven Raidis） 创立时间：2006年

产量（以12支箱数计）：5000 葡萄园面积：24.29公顷

拉迪斯（Raidis）家族在库纳瓦拉生活和工作了40多年。克里斯·拉迪斯（Chris Raidis）的父母经营一个西拉种植园，他3岁时就和父母来到了澳大利亚。1994年，他种植了不到5公顷的赤霞珠；儿子斯蒂文（Steven）在2003年种植了长相思、雷司令、灰比诺、梅洛和西拉，明显地扩展葡萄园的面积。2009年11月，酒窖门店开业时，当时的副总理朱莉娅·吉拉德（Julia Gillard）亲临现场——他们的政治能量十分惊人。出口到英国和美国。

🍷🍷🍷🍷🍷 PG Project Oak Coonawarra Pinot Gris 2015

PG 专项橡木库纳瓦拉灰比诺 2015

这款酒和PG专项带皮（PG Project Skins）的区别在于带皮浸渍——它用的时间相对较短（4天），然后进入法国大橡木桶中陈放1年。淡琥珀色调，丰富浓郁的水果味道，有着梨皮般的质地，和蜜桃绒毛一般的气泡。

封口：螺旋盖 酒精度：14% 评分：94 最佳饮用期：2021年

参考价格：35澳元 JF

🍷🍷🍷🍷🍷 Cheeky Goat Coonawarra Pinot Gris 2016

顽皮的山羊库纳瓦拉灰比诺2016

评分：93 最佳饮用期：2020年 参考价格：24澳元 JF ✪

The Kid Coonawarra Riesling 2016

孩子库纳瓦拉雷司令2016

评分：91 最佳饮用期：2023年 参考价格：20澳元 JF ✪

PG Project Skins Coonawarra Pinot Gris 2015

PG 专项带皮库纳瓦拉灰比诺2015

评分：91 最佳饮用期：2021年 参考价格：35澳元 JF

Wild Goat Coonawarra Shiraz 2014

库纳瓦拉西拉2014

评分：91 最佳饮用期：2022年 参考价格：28澳元 JF

The Trip 2013

旅行 2013

评分：90 最佳饮用期：2026年 参考价格：80澳元 JF

Rambouillet 兰布莱 ★★★☆

403 Stirling Road，和潘伯顿，WA 6260 产区：和潘伯顿

电话：(08) 9776 0114 网址：www.rambouillet.com.au 开放时间：每日开放，11:00—17:00

酿酒师：迈克·加兰德（Mike Garland） 创立时间：2005年

产量（以12支箱数计）：不详 葡萄园面积：4.5公顷

艾伦（Alan）和莱恩在2003年收购了40公顷的地产，并在2005年种下了第一批葡萄藤。像很多业主一样，他们没有足够的资金，于是艾伦决定，亲自完成建立葡萄园的所有工作，包括建立棚架和滴灌设施。虽然4.5公顷看上去不算很大，而且莱恩总在帮着做一些她力所能及的事情，但对艾伦一个劳动力来说是一项重大的任务。在合约酿酒师迈克·加兰德（Mike Garland）的支持下，他们选择采用不使用橡木桶、轻度使用橡木桶和桶内发酵3种方式酿制葡萄酒；葡萄品种包括长相思、霞多丽和西拉。虽然葡萄园位置偏僻，他们还是选择在酒庄居住和工作；他们的酒窖门店“大部分时候都开放”。

🍷🍷🍷🍷🍷 Aever Series Pemberton Shiraz Excellence 2014

艾维潘伯顿西拉维系列2014

酒色较浅，诱人的酒香中带有辛香料的味道，会让你慢慢地喜欢上它：开始的橡木味似乎较重，但再饮1次，就会品尝到水果的香气。

封口：螺旋盖 酒精度：14.5% 评分：91 最佳饮用期：2024年

参考价格：28澳元

Ravens Croft Wines 瑞文斯克罗夫特葡萄酒 ★★★★

274 Spring Creek Road，Stanthorpe，昆士兰，4380 产区：格兰纳特贝尔

电话：（07）4683 3252　网址：www.ravenscroftwines.com.au
开放时间：周五至周日，10:30—16:30
酿酒师：马克·瑞文斯克罗夫特（Mark Ravenscroft）
创立时间：2002年　产量（以12支箱数计）：800　葡萄园面积：1.2公顷
马克·瑞文斯克罗夫特（Mark Ravenscroft）出生于南非，在那里学习了酿酒学。他在20世纪90年代初移居澳大利亚，1994年成为澳大利亚公民。他出产的葡萄酒使用庄园种植的维德罗和皮诺塔吉，也有按合同购入的本地其他葡萄园的葡萄。酿造都是在酒庄内进行的。

🍷🍷🍷🍷🍷 Granite Belt Pinotage 2015
格兰纳特贝尔皮诺塔吉 2015
难得遇到澳大利亚的皮诺塔吉，这也并不奇怪——作为神索和黑比诺的杂交品种，皮诺塔吉经常用来入药，没有什么诱人的。这款酒瘦削，性感，富有弹性，浓烈的红色浆果，伴随着香草和一点胡椒的味道，表现出了品种特性中最好的一面。
封口：螺旋盖　酒精度：13.5%　评分：94　最佳饮用期：2022年
参考价格：40澳元　NG

🍷🍷🍷🍷🍷 Granite Belt Petit Verdot 2015
格兰纳特贝尔小味儿多 2015
评分：93　最佳饮用期：2028年　参考价格：35澳元　NG

Granite Belt Tempranillo 2016
格兰纳特贝尔添帕尼罗 2016
评分：90　最佳饮用期：2022年　参考价格：28澳元　NG

Ravensworth　雷文沃斯　★★★★★

312 Patemans Lane，Murrumbateman，ACT，2582　产区：堪培拉地区
电话：(02)6226 8368　网址：www.ravensworthwines.com.au　开放时间：不开放
酿酒师：布赖恩·马丁（Bryan Martin）　创立时间：2000年　产量（以12支箱数计）：2000
酿酒师葡萄园和合伙人布赖恩·马丁（Bryan Martin，有CSU的葡萄酒科学以及葡萄酒种植与酿造双学位）有在葡萄酒零售行业和餐饮服务行业的工作经验，也兼职授课；他曾经在杰尔溪（Jeir Creek）工作7年，也在五克拉（Clonakilla）做过提姆·科克（Tim Kirk）的助理酿酒师；也在酒展中做评委。雷文沃斯有2个葡萄园：玫瑰山（赤霞珠、梅洛和长相思）和马丁·布洛克（Martin Block，西拉、维欧尼、玛珊和桑乔维塞）。

🍷🍷🍷🍷🍷 Riesling 2016
雷司令2016
这款雷司令的风格非常直接：在杯中很快就散发出丰富浓郁的花香，接下来是诱人的柠檬、青柠和青苹果的味道，伴随着火石/矿物质般的酸度。此外，它还具备相当的陈年潜力。
封口：螺旋盖　酒精度：12%　评分：95　最佳饮用期：2026年
参考价格：25澳元　✪

Pinot Gris 2016
灰比诺2016
来自堪培拉的唐巴兰姆巴，在蛋形陶瓷发酵器中发酵。完全呈现粉红色；活泼、轻快，有着魅惑人心的无形力量。作为一款真正的自然葡萄酒，它可以得110分。
封口：螺旋盖　酒精度：12.5%　评分：95　最佳饮用期：2023年
参考价格：28澳元　✪

Sangiovese 2016
桑乔维塞 2016
这是一款朴实无华的澳大利亚桑乔维塞。酒液呈浅红至淡红色，充满水果香气，单宁细腻，酒体平衡。不需要长时间的窖藏。
封口：螺旋盖　酒精度：13%　评分：95　最佳饮用期：2021年
参考价格：25澳元　✪

The Grainery 2016
葛雷丽2016
来自酒庄葡萄园出产的玛珊、胡珊、维欧尼、霞多丽和5%合约种植的琼瑶浆，整串压榨，直接进入橡木，在大型橡木和蛋形陶瓷发酵罐中成熟。饱满的金色-黄色，整串压榨和熟成为这款酒带来了极为丰富的风味和质感。
封口：螺旋盖　酒精度：13%　评分：94　最佳饮用期：2026年　参考价格：36澳元

Charlie-Foxtrot Gamay Noir 2016
查理·福克斯多特黑佳美 2016
色泽较深，如果与完美的2015年份相比略逊一筹，但若是与其他澳大利亚佳美相比则不然。香气和口感中充满了李子和覆盆子的味道，舌尖的刺痛感毫无疑问地加强了它的存在感。
封口：螺旋盖　酒精度：13%　评分：94　最佳饮用期：2023年　参考价格：36澳元

The Tinderry 2016
汀得瑞 2016
采用酒庄葡萄园出产的品丽珠和长相思，在旧的小橡木桶中熟成5个月。有着诱人的红醋栗和香料的味道，中等酒体，口感柔顺、易饮。我可能会现在喝，也可能陈放一段后再喝——忽略它难看的酒标，而是将注意力集中在它的新鲜和饱满的优点上。
封口：螺旋盖　酒精度：13.5%　评分：94　最佳饮用期：2021年　参考价格：36澳元

Barbera 2016
芭贝拉 2016
这是我在澳大利亚遇到的最好的芭贝拉。芭贝拉通常平淡无奇，这款酒则不然，有着新鲜多汁的红色和黑色水果的味道，让你想要放弃一口一口的品尝而是大口痛饮。轻度至中等酒体，很有质感。
封口：螺旋盖　酒精度：14%　评分：94　最佳饮用期：2022年
参考价格：30澳元 ✪

🍷🍷🍷🍷🍷 Seven Months 2016
七个月 2016
评分：91　最佳饮用期：2020年　参考价格：36澳元

Red Art | Rojomoma　红艺术酒庄 ★★★★

Sturt Road，Nuriootpa，SA 5355　产区：巴罗萨谷
电话：0421 272 336　网址：www.rojomoma.com.au　开放时间：提前预约
酿酒师：贝纳黛特·卡丁（Bernadette Kaeding），萨姆·库尔茨（Sam Kurtz）
创立时间：2004年　产量（以12支箱数计）：400　葡萄园面积：5.4公顷
对红艺术酒庄来说，2015是一个有纪念意义的年份：当时，贝纳黛特·卡丁（Bernadette Kaeding）的丈夫，也是酿酒师萨姆·库尔茨（Sam Kurtz），从工作了20多年的奥兰多集团辞去了首席酿酒师职位。事实上，自1996年伯纳黛特买下葡萄园以来，他就一直在帮助伯纳黛特照顾酒庄。院内有1.49公顷的干燥气候下生长的80岁的歌海娜；其后的几年内种植了其余的3.95公顷——品种包括西拉、赤霞珠、小维多和添帕尼罗。2004年前，新老藤木出产的葡萄都卖给了洛克福德（Rockford）、坦纳达庄园（Chateau Tanunda）、思宾悦（Spinifex）和大卫弗兰兹（David Franz）。2004年，（在山姆的建议下）她决定做一小批葡萄酒，此后，她一直继续酿制并积累葡萄酒，直到2011年，她开始以红艺术的品牌出售产品。现在山姆已经全职参与酒庄业务，我想他们以后应该把所有葡萄都用来酿制红艺术葡萄酒吧。

🍷🍷🍷🍷🍷 Red Art Barrosa Cabernate Sauvignon 2015
红艺术巴罗萨赤霞珠 2015
丰富的品种特性黑醋栗酒，黑李子、破碎香草和淡淡的薄荷味道。单宁饱满，很有质感，橡木和酒精的味道很好地融入了整体。
封口：螺旋盖　酒精度：14.6%　评分：93　最佳饮用期：2030年
参考价格：30澳元　NG

Red Art Chiaro Barossa Tempranillo Grenache 2016
红色艺术奇里奥巴罗萨添帕尼罗歌海娜 2016
这是一款配比为86%的添帕尼罗与14%的歌海娜的混酿。20%的原料经过整串发酵。添帕尼罗葡萄经过架上风干2周——这是为了将糖分浓缩并增加可溶性固形物的比例。酒液呈深朱红色，有丰满肉感的深色水果、紫罗兰和玫瑰花瓣花香的味道，单宁活泼。
封口：螺旋盖　酒精度：12.8%　评分：93　最佳饮用期：2019年
参考价格：25澳元　NG ✪

Red Art Barrosa Valley Shiraz 2013
红色艺术巴罗萨西拉2013
酒液色调如墨一般，散发出深色水果、烤肉、大豆和八角的味道。可以品尝到酒庄特色的肉感，咖啡粉般的单宁，略带淡淡的橡木味道，整体绵软，非常诱人。
封口：螺旋盖　酒精度：14.5%　评分：92　最佳饮用期：2025年
参考价格：30澳元　NG

🍷🍷🍷🍷 Red Art Barrosa Valley Grenache 2015
红艺术巴罗萨歌海娜 2015
评分：89　最佳饮用期：2025年　参考价格：30澳元

Red Edge　红边 ★★★★☆

Golden Gully Road，Heathcote.维多利亚，3523　产区：西斯科特
电话：0407 422 067　网址：www.rededgewine.com.au　开放时间：提前预约
酿酒师：彼得·德里奇（Peter Dredge）　创立时间：1971年
产量（以12支箱数计）：1500　葡萄园面积：14公顷
红边的葡萄园可以追溯到1971年和维多利亚风格在葡萄酒行业的复兴之时。20世纪80年代早期，酒庄生产了弗林&威廉斯（Flynn & Williams），彼得（Peter）和朱迪·德里奇（Judy Dredge）恢复并生产了2款美味的葡萄酒。出口到美国、加拿大和中国。

🍷🍷🍷🍷🍷 71 Block Heathcote Shiraz 2014
71地块西斯科特西拉2014
这款酒体现了他们的挣扎，充满了浓郁的肉豆蔻、茴香和姜黄的味道。大量的法国橡木限制了这款酒的力量感。可以品尝到甘甜的浆果的味道，红边特有的咖啡粉-苦巧克力般的单宁十分柔顺，值得陈放。
封口：螺旋盖　酒精度：14.5%　评分：95　最佳饮用期：2028年
参考价格：60澳元　NG

🍷🍷🍷🍷🍷 Degree Heathcote Shiraz 2014
角度西斯科特西拉 2014
评分：93　最佳饮用期：2022年　参考价格：20澳元　NG

Heathcote Cabernate Sauvignon 2014
西斯科特赤霞珠 2014
评分：93　最佳饮用期：2022年　参考价格：30澳元　NG
Heathcote Shiraz 2014
西斯科特西拉2014
评分：91　最佳饮用期：2025年　参考价格：40澳元　NG

Red Hill Estate 红山酒庄 ★★★★☆

53 Shoreham Road，Red Hill South，Vic 3937　产区：莫宁顿半岛
电话：(03)5989 2838　网址：www.redhillestate.com.au　开放时间：每日开放，11:00—17:00
酿酒师：唐纳·斯蒂芬斯（Donna Stephens）　创立时间：1989年
产量（以12支箱数计）：25000　葡萄园面积：9.7公顷
庄园是由德汉（Derham）家族于1989年建立的。现在它的所有人和经营者是法布里齐奥（Fabrizio）家族。原料来自酒庄葡萄园和梅里克斯格罗夫（Merricks Grove）葡萄园2处。从酒窖门店和马克斯餐厅可以看到红山葡萄园和西港湾的壮观景色。

🍷🍷🍷🍷🍷 Single Vineyard Mornington Peninsula Pinot Noir 2015
单一葡萄园莫宁顿半岛黑比诺2015
饱满的深紫红色-紫色；这与那款名字奇怪的“冷凉气候黑比诺”形成了鲜明的对比，酒体饱满，有森林深色李子和黑樱桃的鲜美。需要陈放10年以上。
封口：螺旋盖　酒精度：14%　评分：95　最佳饮用期：2027年
参考价格：70澳元

Single Vineyard Mornington Peninsula Chardonnay 2014
单一葡萄园莫宁顿半岛霞多丽 2014
明亮的草秆绿色；这是一款值得红山骄傲的酒：浓郁、复杂、平衡，带有核果、苹乳发酵生成的奶油和轻柔的坚果橡木的味道。仅仅得到比国家冷凉气候葡萄酒展铜牌有些委屈。
封口：螺旋盖　酒精度：13.5%　评分：94　最佳饮用期：2024年　参考价格：60澳元

Cordon Cut Pinot Gris 2016
灰比诺 2016
一款不经常见的甜高登风格的葡萄酒，带有清透的茉莉花香气，口感中有水晶梨和蜜桃的味道，酸度与平衡果味形成了良好的平衡，结尾清新。
封口：螺旋盖　酒精度：11%　评分：94　最佳饮用期：2022年
参考价格：30澳元 ✪

🍷🍷🍷🍷 Cellar Door Release Chardonnay 2015
霞多丽 2015
评分：93　最佳饮用期：2021年　参考价格：28澳元
Single Vineyard Shiraz 2014
单一葡萄园西拉2014
评分：93　最佳饮用期：2030年　参考价格：70澳元
Cellar Door Release Pinot Noir 2015
酒窖门店发行黑比诺2015
评分：91　最佳饮用期：2022年　参考价格：28澳元
Merricks Grove Pinot Noir 2014
米瑞克林黑比诺2014
评分：90　最佳饮用期：2023年　参考价格：37澳元

Redbank 红河岸 ★★★☆

Whitfield Road，国王谷，Vic 3678　产区：国王谷
电话：0411 404 296　网址：www.redbankwines.com　开放时间：不开放
酿酒师：尼克·德瑞（Nick Dry）　创立时间：2005年
产量（以12支箱数计）：33000　葡萄园面积：15公顷
尼尔（Neill）和萨利·罗伯（Sally Robb）的莎莉围场（Sally's Paddock）的保护伞几十年来一直隶属红岸（Redbank）品牌之下。2005年，希尔-史密斯（Hill-Smith）家族葡萄园从罗布公司手中收购了红岸的品牌，而酒厂、酒庄葡萄园和莎莉围场的品牌仍然保留了下来。红岸从国王谷、惠特兰（Whitlands）、比奇沃斯和欧文斯谷（Ovens Valley，和其他葡萄园）等处购买葡萄。出口到世界所有的主要市场。

🍷🍷🍷🍷 King Valley Fiano 2015
国王谷菲亚诺 2015
尽管产自年轻的葡萄藤，而且产量较高，菲亚诺仍然可以保持一定的质感，这一点应该得到认可。这些都在这款酒中有所体现。
封口：螺旋盖　酒精度：13.5%　评分：90　最佳饮用期：2018年　参考价格：22澳元

Redesdale Estate Wines 雷德斯代尔 ★★★★★

c/o Post Office，Redesdale，Vic 3444　产区：西斯科特
电话：0408 407 108　网址：www.redesdalc.com　开放时间：提前预约
酿酒师：阿兰·库柏（Alan Cooper）　创立时间：1982年
产量（以12支箱数计）：800　葡萄园面积：4公顷

雷德斯代尔酒庄建于1982年，位于坎帕斯河（Campaspe River）边一个25公顷的牧场的东北坡地上。岩石石英和花岗岩的土壤意味着葡萄藤必须挣扎才能生存，年产量只有1.2吨/英亩多一点。葡萄园的地产已经被售出，这样彼得（Peter）和苏珊娜·威廉姆斯（Suzanne Wilianms）可以有更多的时间推广他们的葡萄酒。

🍷🍷🍷🍷🍷 Heathcote Shiraz 2014
西斯科特西拉2014
饱满明亮的红色水果、蓝莓、月桂和咖喱叶的味道最先在口中出现，成熟的单宁带来的收敛感制衡了饱满的酒体。异常轻快，适宜大口饮用。
封口：螺旋盖　酒精度：14.2%　评分：95　最佳饮用期：2025年
参考价格：37澳元　JF

Heathcote Cabernate Sauvignon 2013
西斯科特赤霞珠品丽珠 2013
这真是一个惊喜！饱满诱人，十分柔顺。并无锋利的棱角，只有网状的单宁，香料，橙皮，浓郁的红黑色水果，黑橄榄，地中海香草的味道，中等酒体。
封口：螺旋盖　酒精度：13.1%　评分：95　最佳饮用期：2022年
参考价格：37澳元　JF

Redgate　红门酒庄　★★★★★

659 Boodjidup Road，玛格利特河，WA 6285　产区：玛格利特河
电话：(08) 9757 6488　网址：www.redgatewines.com.au
开放时间：每日开放，10:00—16:30
酿酒师：乔尔·帕戈（Joel Page）　创立时间：1977年
产量（以12支箱数计）：6000　葡萄园面积：18公顷
红门与附近的一片海滩同名，但创始人和所有者比尔·乌林格（Bill Ullinger）选择这个名字，也是因为当地的一个传说。据说在100年前，有个当地的农民（在他的地产上有一个醒目的红色大门）非法售卖烈酒，买主会到这里来询问是否有"红门"。无论真假，红门酒庄很早就移居到玛格利特河地区了，它现有近20公顷的成熟葡萄藤（主要品种是长相思、赛美蓉、赤霞珠、品丽珠、西拉和霞多丽，以及少量的白诗南和梅洛）。出口到丹麦、瑞士、新加坡、日本和中国。

🍷🍷🍷🍷🍷 Margaret River Cabernate Sauvignon 2015
玛格利特河赤霞珠 2015
这是一款精细、准确，而且非常易饮的葡萄酒。同珍藏系列一样，都经过8—10天的带皮浸渍，所以新橡木桶的影响应该很弱。带有含片、月桂叶、薄荷以及黑红醋栗等华丽的风味。
封口：螺旋盖　酒精度：14.2%　评分：95　最佳饮用期：2035年
参考价格：38澳元　NG

Reserve Margaret River Chardonnay 2015
珍藏玛格利特河霞多丽 2015
这款酒比前面的一款更加紧凑，也更有活力。口感丰富，带有浓郁的李子、香草荚，蜜桃和奶油的香气。中段的油桃味道占据主导地位。仅有一丝橡木，增加了平衡和结构感。
封口：螺旋盖　酒精度：13.1%　评分：94　最佳饮用期：2025年
参考价格：60澳元　NG

Reserve Margaret River Cabernate Sauvignon 2015
珍藏玛格利特河赤霞珠 2015
华丽的黑加仑、苦巧克力、留兰香，雪松和烟草叶子的香气。意式浓缩咖啡般的颗粒状的单宁，爽脆的酸度和一些肉豆蔻橡木的味道，将酒体的表现力发挥到极致。同时也表现出玛格利特河的香调和风格。
封口：螺旋盖酒精度：14.3%　评分：94　最佳饮用期：2035年
参考价格：65澳元　NG

🍷🍷🍷🍷 Reserve Margaret River Sauvignon Blanc 2016
玛格利特河长相思2016
评分：92　最佳饮用期：2017年　参考价格：29澳元

Reserve Margaret River Sauvignon Blanc 2015
珍藏玛格利特河长相思2015
评分：92　最佳饮用期：2021年　参考价格：29澳元　NG

Margaret River Shiraz 2015
玛格利特河西拉2015
评分：92　最佳饮用期：2035年　参考价格：33澳元

Margaret River Cabernet Franc 2015
玛格利特河品丽珠 2015
评分：92　最佳饮用期：2035年　参考价格：40澳元

RedHeads Studios　红头葡萄酒　★★★★

733b Light Pass Road，Angaston，SA 5353　产区：南澳大利亚
电话：0457 073 347　网址：www.redheadswine.com　开放时间：提前预约
酿酒师：丹·格雷厄姆（Dan Graham）　创立时间：2003年　产量（以12支箱数计）：10000
麦克拉仑谷的红头酒庄是由托尼·拉斯维特（Tony Laithwaite）建造的，此后他就搬到了巴罗萨

谷。他的目的是让酿酒师们可以联合起来，生产小批量的葡萄酒——将小而优质的地块从大公司手中“解放”出来，给予它们应得的关注，以生产出真正有个性、风格独特的佳酿。

🍷🍷🍷🍷🍷 Vin'Atus Tempranillo Graciano Grenache 2015
添帕尼罗格拉西亚诺歌海娜2015
优雅，新鲜，并且具备（一定的）复杂型，有厨用香料的气息和极为细致的单宁。
封口：螺旋盖　酒精度：14%　评分：92　最佳饮用期：2029年　参考价格：28澳元

Dogs of the Barrosa Shiraz 2014
巴罗萨之狗西拉2014
有些人可能会觉得它的酒标很有魅力，其他人却觉得完全不知所云。它色泽优美，果味浓郁，橡木味道突出——要是少一点会好很多。
封口: 橡木塞　酒精度: 14.5%　评分: 90　最佳饮用期: 2029年　参考价格: 60澳元

🍷🍷🍷🍷 The Corroboree Barrosa Shiraz 2015
狂欢巴罗萨西拉2015
评分：89　最佳饮用期：2022年　参考价格：30澳元

Redman　莱德曼 ★★★★★

Main Road，库纳瓦拉，SA 5263　产区：库纳瓦拉
电话:（08）8736 3331　开放时间：周五至周日，9:00—17:00；周末,10:00—16:00
酿酒师：布鲁斯（Bruce）、马尔科姆（Malcolm）和丹尼尔·瑞德曼（Daniel Redman）
创立时间：1966年　产量（以12支箱数计）：18000　葡萄园面积：34公顷

2008年3月，莱德曼家族在库纳瓦拉酿造葡萄酒已经有100年的历史了。同年，莱德曼第四代酿酒师丹尼尔（Daniel）也开始参与到酒庄的工作之中。在这之前，丹尼尔已经在维多利亚中部、巴罗萨谷和美国从事过酿酒工作。2004年的赤霞珠和2004年的赤霞珠梅洛都在2007年的国际葡萄酒巡回展上获得了金质奖章——这是长久以来首次设置这一奖项。葡萄园即将进行大规模的翻新，但产品组合将不会有什么变动。成熟葡萄园，有历史的酒厂——它们出产的葡萄酒质量一直很稳定。

🍷🍷🍷🍷🍷 Coonawarra Shiraz 2012
库纳瓦拉西拉2012
这款葡萄酒充分地证明了这是一个非常优秀的年份。它经过了在美国和法国大橡木桶中陈酿12个月。色泽明亮，酒香中充满黑樱桃、黑莓的味道，口感丰富，果味、橡木和单宁得到了极好的平衡，回味长。物超所值。
封口: 橡木塞　酒精度: 14.1%　评分: 95　最佳饮用期: 2037年　参考价格: 19澳元

The Last Row Limited Release Coonawarra Shiraz 2014
最后一行限量发行库纳瓦拉西拉2014
单一葡萄园——其中的葡萄藤是亚瑟·霍夫曼（Arthur Hoffman）在19世纪30年代种植的，迄今已有80年的历史了。野生酵母-开放式发酵，带皮浸渍13天，在法国橡木桶（66%是新的）中熟成18个月。酒中有老藤的结构和深度，带有黑莓、黑樱桃、李子的味道，单宁细腻。可以保存几十年。
封口：螺旋盖　酒精度：14%　评分：95　最佳饮用期：2039年　参考价格：30澳元

Coonawarra Cabernate Sauvignon Merlot 2013
库纳瓦拉赤霞珠梅洛2013
混酿比例为52/48%，机械采摘，当场破碎，在法国橡木桶（35%是新的）中熟成24个月。呈现诱人的紫红色调；多汁的红黑醋栗的风味，单宁结实而且平衡，回味悠长。
封口：橡木塞　酒精度：13.6%　评分：94　最佳饮用期：2033年

Coonawarra Cabernate Sauvignon 2014
库纳瓦拉赤霞珠 2014
一款纯净，略为朴素的赤霞珠。花香较弱。它包括过去、现在和将来。带有浓郁的小浆果和活泼的单宁的味道——这也说明它可以陈酿很久。
封口：橡木塞　酒精度：13.4%　评分：94　最佳饮用期：2034年
参考价格：28澳元

Reillys Wines　瑞利酒庄 ★★★★☆

Cnr Leasingham Road/Hill Street，Mintaro，SA 5415　产区：克莱尔谷
电话:（08）8843 9013　网址：www.reillyswines.com.au　开放时间：每日开放，10:00—13:00
酿酒师：贾斯汀·阿迪尔（Justin Ardill）　创立时间：1994年
产量（以12支箱数计）：25 000　葡萄园面积：115公顷

对于成功的阿德莱德心脏病科医师贾斯汀·阿迪尔（Justin Ardill）和妻子朱莉（Julie）来说，经营酒庄是他们的一个爱好，始于1994年。数年来，他们的业务已经得到了极大的的扩展。他们在瓦特沃尔（Watervale）、莱辛厄姆（Leasingham）和曼塔罗（Mantaro）的葡萄园种有雷司令、赤霞珠、西拉、歌海娜、添帕尼罗和梅洛。他们的酒窖门店和餐厅是爱尔兰移民休·赖利（Hugh Reilly）在1856年和1866年间建造的；140年后，赖利的一个远亲——在克莱尔谷酿制了20年的葡萄酒——修整了此处。出口到美国、加拿大、爱尔兰、马来西亚、中国和新加坡。

🍷🍷🍷🍷🍷 Dry Land Clare Valley Cabernate Sauvignon 2014
干地克莱尔谷赤霞珠 2014
这是一款非常实用的克莱尔谷赤霞珠，一开瓶，就可以闻到浓郁而纯粹的黑加仑果味占据主导地位，桉树叶和精准的单宁与赤霞珠的风格也配合得极妙。可以陈放很多年。

封口：螺旋盖 酒精度：15% 评分：95 最佳饮用期：2029年
参考价格：38澳元

🍷🍷🍷🍷🍷 Aged Release Watervale Riesling 2010
陈酿发行瓦特沃尔雷司令2010
评分：93 最佳饮用期：2022年 参考价格：38澳元

Watervale Riesling 2016
雷司令2016
评分：92 最佳饮用期：2029年 参考价格：25澳元 ✪

Clare Valley Shiraz 2014
克莱尔谷西拉2014
评分：91 最佳饮用期：2029年 参考价格：25澳元

Barking Mad Watervale Riesling 2016
狂呼瓦特沃尔雷司令2016
评分：90 最佳饮用期：2026年 参考价格：20澳元 ✪

Relbia Estate 雷比亚庄园 ★★★☆

1 Bridge Road，Launceston，塔斯马尼亚，7250 产区：塔斯马尼亚北部
电话：(03)6332 1000 网址：www.relbiaestate.com.au
开放时间：周一至周四，10:00—17:00；周五至周六，10:00—11:00
酿酒师：奥奇·麦博（Ockie Myburgh） 创立时间：2011年 产量（以12支箱数计）：2350
迪恩·科克（Dean Cocker）是约瑟夫·奇洛姆（Josef Chromy）的孙子，也是约瑟夫·奇洛姆葡萄酒（Josef Chromy Wines）的经理。他有2份工作：在墨尔本和悉尼，他是一位商业律师，另一份工作是他从1994年起，在中塔斯马尼亚州经营的酒庄。他雇用了奥奇·麦博（Ockie Myburgh）为酿酒师——奥克斯在南非获得了葡萄酒酿造的学位，2005年还获得了西悉尼大学的葡萄酒酿造学学士学位。奥奇在澳大利亚的许多地方都酿制过葡萄酒，最近的同时也是最重要的，是在塔斯马尼亚的火焰滩（Bay of Fires）作助理酿酒师。出口到英国。

🍷🍷🍷🍷🍷 Methode Traditionelle NV
传统方法 无年份
酒色很浅，浓郁的黑比诺的味道伴随着草莓、红樱桃和粉红葡萄柚等特征性风味物质。回味中凉爽的塔斯马尼亚北部州酸度有些过浓，还需要更长时间的带酒脚陈酿来柔化、整合各种风味，增加复杂度。
酒精度：12.3% 评分：92 最佳饮用期：2019年 参考价格：29澳元 TS

Renards Folly 蠢狐 ★★★☆

PO Box 499，麦克拉仑谷，SA 5171（邮） 产区：麦克拉仑谷
电话：（08）8556 2404 网址：www.renardsfolly.com 开放时间：不开放
酿酒师：托尼·沃克（Tony Walker） 创立时间：2005年 产量（以12支箱数计）：3000
从酒标上这只正在跳舞的红尾巴狐狸，你大概可以想到，这是一款虚拟酒厂生产的葡萄酒。庄主是琳达·坎普（Linda Kemp）：在酿酒师托尼·沃克（Tony Walker）和朋友们的帮助下，他们从麦克拉仑谷购买葡萄，他们的宗旨是尽可能地去除雕饰之感，从而突出产区的风味特征。出口到英国和德国。

🍷🍷🍷🍷🍷 Fighting Fox McLaren Vale Shiraz 2015
战斗的狐狸麦克拉仑谷西拉2015
饱满的红色和深色水果的味道，伴随着一些橡木香草单宁的风味。非常自然，柔和。这是一只全副武装的狐狸！
封口：螺旋盖 酒精度：14.5% 评分：90 最佳饮用期：2022年
参考价格：28澳元 NG

Renzaglia Wines 任扎格利亚葡萄酒 ★★★★

38 Bosworth Falls Road，O'Connell，新南威尔士州,2795 产区：中部山脉（Central Ranges）
电话：(02)6337 5756 网址：www.renzagliawines.com.au 开放时间：提前预约
酿酒师：马克·任扎格利亚（Mark Renzaglia） 创立时间：2011年
产量（以12支箱数计）：2000 葡萄园面积：5公顷
马克·任扎格利亚（Mark Renzaglia）的父亲最初在美国的男伊利诺伊州种植葡萄，他是第2代的葡萄种植者。马克和妻子桑迪（Sandy）在1997年建立了他们的第1个葡萄园（1公顷的霞多丽、赤霞珠和梅洛），马克在温伯代尔葡萄酒（Winburndale Wines）担任了11年的葡萄种植者兼酿酒师的工作，这期间他也酿造少量的葡萄酒。2011年他离开了温伯代尔，同桑迪一起建立了自己的酒庄。他还在著名的全景山（Mount Panorama）赛道上经营着一个葡萄园，并收购附近的4公顷的全景山酒庄（Mount Panorama Estate）出产的葡萄［恋木传奇（Brokenwood）数年来一直在此处购买霞多丽］。他们出产的品种包括西拉、赛美蓉、赤霞珠和霞多丽。他也从其他本地种植者那里收购葡萄。出口到美国。

🍷🍷🍷🍷🍷 Mount Panorama Estate Chardonnay 2016
全景山庄园霞多丽 2016
部分在桶内采用野生酵母发酵，带酒脚陈酿6个月。这使得酒的颜色很深，有白桃、油桃和香瓜的风味，在结尾处可以品尝到浸出的多酚类物质——这也说明应当尽早饮用。
封口：螺旋盖 酒精度：13% 评分：93 最佳饮用期：2024年 参考价格：30澳元

Mount Panorama Estate Shiraz 2015

全景山庄园西拉2015
在一系列不同年份和来源的桶中陈酿，效果非常明显。中等酒体，充满了浓郁的红色（樱桃）、紫色（李子）和黑色（浆果）水果的味道，活泼热情。
封口：螺旋盖　酒精度：14%　评分：93　最佳饮用期：2029年　参考价格：30澳元

Cabernate Sauvignon 2015
赤霞珠 2015
来自酒庄在巴瑟斯特（Bathurst）自有的全景山（Mount Panorama）葡萄园。非常美味，易饮的轻度至中等酒体，有黑醋栗酒的味道，浓郁多汁，完全没有来自茎杆的单宁或者是其他不成熟的味道。
封口：螺旋盖　酒精度：14.1%　评分：91　最佳饮用期：2020年
参考价格：22澳元 ✪

🍷🍷🍷🍷 Shiraz 2015
西拉2015
评分：89　最佳饮用期：2021年　参考价格：22澳元

Reschke Wines 雷斯克葡萄酒 ★★★★

Level 1，183 墨尔本 Street，North 阿德莱德，南澳大利亚,5006（邮）产区：库纳瓦拉
电话：(08) 8239 0500　网址：www.reschke.com.au　开放时间：不开放
酿酒师：彼得·道格拉斯（Peter Douglas，合约）创立时间：1998年
产量（以12支箱数计）：25000　葡萄园面积：155公顷
库纳瓦拉，雷斯克家族100年来一直都持有土地，其中一部分是林地，一部分是红色石灰土，其中赤霞珠（120公顷）占绝大部分，余下的是梅洛、西拉和小味儿多。出口到英国、加拿大、德国、马来西亚、日本等国家，以及中国内地（大陆）和香港地区。

🍷🍷🍷🍷🍷 Vitulus Cabernate Sauvignon 2011
维图卢斯库纳瓦拉赤霞珠 2011
这个年份没有生产天空（Empyrean）或博斯（Bos）赤霞珠是一个正确的决定，这不是最好的库纳瓦拉赤霞珠，但也是这一年份中最好的，带有平实的黑醋栗酒的味道，非常易饮。
封口：橡木塞　酒精度：14%　评分：90　最佳饮用期：2021年　参考价格：28澳元

Rufus The Bull Coonawarra Cabernate Sauvignon 2010
公牛鲁弗斯库纳瓦拉赤霞珠 2010
从始至终是一款独特的库纳瓦拉赤霞珠。带有淡淡的黑加仑和一点绿叶的品种香气；中等酒体，非常平衡。成熟的水果中带有一丝香草和薄荷的味道。
封口：螺旋盖　酒精度：13.8%　评分：90　最佳饮用期：2025年
参考价格：22澳元　SC

Reynella 雷内拉 ★★★★★

Reynell Road，Reynella，SA 5161
产区：麦克拉仑谷、菲尔半岛（Fleurieu Peninsula）
电话：1800 088 711 www.reynellawines.ocm.au　开放时间：周五，11:00—16:00
酿酒师：保罗·卡彭特（Paul Carpenter）　创立时间：1838年　产量（以12支箱数计）：不详
1838年，约翰·雷诺尔（John Reynel）为雷内拉城堡奠基后，接下来的100年里，迷人的石头建筑、酿酒厂和地下酒窖逐一落成。托马斯·哈代（Thomas Hardy）在南澳大利亚的第一份工作是与雷内拉（Reynella）合作；他在日记中写到，他很快就能改善自己——他也做到了这一点，在19世纪末成为南卡罗来纳州最大的生产商；在雷诺拉酒庄落成后的150年左右，CWA（现在的美誉（Accolade）Wines）使其成了公司总部，同时也以一种明确的方式维护了雷诺拉品牌的完整性。出口到世界所有的主要市场。

🍷🍷🍷🍷🍷 Basket Pressed McLarent Vale Shiraz 2015
篮式压榨麦克拉仑谷西拉2015
浓郁而明亮的深紫红色-紫色；丰富的黑色水果和深色泥土，70%可可含量的巧克力、黑色胡椒和香柏木与成熟持久的单宁精细地交织在一起，平衡完整。
封口：螺旋盖　酒精度：评分：97　最佳饮用期：2063年
参考价格：70澳元 ✪

🍷🍷🍷🍷🍷 Basket Pressed McLarent Vale Cabernate Sauvignon 2015
篮式压榨麦克拉仑谷赤霞珠2015
色泽饱满而深邃，醇香中带有活泼的黑色水果、辛香料、以及独特的檀香韵味。入口时可以感觉到黑加仑、李子和桑椹的果味中有一丝泥土的气息，略咸的单宁则提供了很好的结构感。可以陈放。
封口：螺旋盖　酒精度：14.5%　评分：96　最佳饮用期：2040年
参考价格：70澳元 ✪

Rhythm Stick Wines 节奏棒葡萄酒 ★★★★★

89 Campbell Road，Penwortham，SA 5453　产区：克莱尔谷
电话：(08) 8843 4325　网址：www.rhythmstickwines.com.au　开放时间：提前预约
酿酒师：蒂姆·亚当斯（Tim Adams）　创立时间：2007年
产量（以12支箱数计）：1060　葡萄园面积：1.62公顷
节奏棒葡萄园最初是小园种植，一路发展得很快。罗恩（Ron）和妻子珍妮特·伊利（Jeanette Ely），1997年购买了潘渥萨穆（Penwortham）3.2公顷的土地。两人按照计划，将这块土地开发

为葡萄园。他们用万宁格（Waninga）葡萄园的截枝，在地里扦插了4行很短的赤霞珠，积累了种植葡萄的经验。当时每年的赤霞珠产量只有几十瓶，也都用来和朋友们分享品尝。他们从2002年开始种植雷司令，2006年这批葡萄第1次收获采摘，并和接下来的两个年份一同销售给克莱尔谷的酿酒师们。2009年的收获季前，有人曾提示他们——全球金融危机会严重影响这一年的葡萄销售。40年来，罗恩一直从事电气工程咨询和管理的工作，这次金融危机也使得罗恩提前实行了他的退休计划。

🍷🍷🍷🍷🍷 Aged Release Red Robin Reserve Clare Valley Riesling 2010
陈酿发行红色知更鸟克莱尔谷珍藏雷司令 2010
明亮的草秆绿色，酒色看上去并不像已经瓶储了7年，更像是只有2年的酒龄——口感也一如色泽般清新。余味悠长，有脆柑和青苹果的味道——这不是由残糖带来的，而是因为这款酒的pH值为2.91，且滴定酸为7.18克/升。再放10年它的风味也不会有所减损。
封口：螺旋盖　酒精度：11.4%

Red Robin Reserve Single Vineyard Clare Valley 2009
红知更鸟珍藏单一葡萄园克莱尔谷雷司令2009
它已经完全表现出了自己非同寻常的潜力，在2011年1月的评分中，得到了94分。它芬芳的醇香，带有青柠果的味道，酸度恰到好处，口感纯正。
封口：螺旋盖　酒精度：11%

🍷🍷🍷🍷 Red Robin Vineyard Clare Valley Riesling 2015
红知更鸟克莱尔谷雷司令2015
评分：93　最佳饮用期：2031年　参考价格：19澳元

Red Robin Vineyard Clare Valley Riesling 2016
红知更鸟克莱尔谷雷司令2016
评分：90　最佳饮用期：2023年　参考价格：19澳元 ✪

Richard Hamilton　理查德·汉密尔顿　★★★★★

Cnr Main Road/Johnston Road，麦克拉仑谷，SA 5171　产区：麦克拉仑谷
电话:（08）8323 8830　网址：www.leconfieldwines.com
开放时间：周一至周五，10:00—17:00；周末，11:00—17:00
酿酒师：保罗·戈登（Paul Gordon），蒂姆·贝利（Tim Bailey）
创立时间：1972年　产量（以12支箱数计）：25000　葡萄园面积：71.6公顷
理查德·汉密尔顿（Richard Hamilton）有许多非常优秀的葡萄园，所有的葡萄园中都种植有完全成熟的葡萄，其中一些已经有些年岁了。酒庄的酿酒团队经验丰富、技术精湛，充分发挥了葡萄园的全部潜力。红、白葡萄酒的品质、风格和整体一致性都已上升了一个层次；对于现在的汉密尔顿这个品牌来说，稳定的质量水平是它的一个巨大的优势。在各种不可控因素的影响下，2018年的葡萄酒年鉴出版发行之际，并没有机会品尝到所有已经发售的酒款。出口到英国、美国、加拿大、丹麦、瑞典、德国、比利时、马来西亚、越南、新加坡、日本、新西兰等国家，以及中国内地（大陆）和香港地区。

🍷🍷🍷🍷🍷 Centurion McLarent Vale Shiraz 2015
百夫长麦克拉仑谷西拉2015
这些葡萄产自130的老藤，从手工采摘到装瓶，它们享受的待遇，都可以说是劳斯莱斯级别的——如此生产的酒自然品质极佳。丰富的果味、柔滑的单宁和法国橡木之间的平衡感也保证了它的陈酿潜力。值得注意的是：现在的橡木味道十分明显，但在瓶中存储5—10年后，会沉降下来，融入整体（想象一下格兰治）。
封口: 螺旋盖　酒精度: 14.5%　评分: 97　最佳饮用期: 2043年　参考价格: 80澳元 ✪

🍷🍷🍷🍷🍷 Centurion McLarent Vale Shiraz 2014
百夫长麦克拉仑谷西拉2014
葡萄藤种植于1892年，生长气候干燥，手工修剪。不同寻常。酿酒师充分表现了葡萄原料中丰富的果味。它的表达从始至终都非常自然，深蓝色和黑色的水果特质充分地配合了优质橡木的味道，富有产区的特殊风味；牛奶巧克力的味道中的些许甜腻，更增加了这款酒复杂性。口感深沉、悠长，单宁极其细腻，既无攻击性，又有结构感。这是葡萄酒酿造工艺制作出来的一件艺术品。
封口：螺旋盖　酒精度：14.5%　评分：95　最佳饮用期：2040年
参考价格：80澳元　SC

Burton's Vineyard Old Bush Vine McLarent Vale Grenache 2015
伯顿葡萄园老灌木藤麦克拉仑谷歌海娜 2015
这款麦克拉仑谷歌海娜品质上乘，酒体饱满，而且不失结构感。用丰富而多汁的红色水果的味道充满你的口腔。这款酒很有陈酿潜质，但我会现在就喝掉它。
封口: 螺旋盖　酒精度: 14.5%　评分: 95　最佳饮用期: 2025年　参考价格: 30澳元

Burton's Vineyard Old Bush Vine 2014
伯顿葡萄园老灌木藤麦克拉仑谷歌海娜2014
葡萄出自庄园中67年树龄的藤蔓，在旧法国橡木桶中陈酿18个月，酒体比麦克拉仑谷的许多歌海娜都要饱满。饮用时需要配餐——如果配餐得当，它会大放异彩。当酒精感消退后，品种有的樱桃味道就会更加突出。
封口：螺旋盖　酒精度：15%　评分：94　最佳饮用期：2029年
参考价格：30澳元 ✪

🍷🍷🍷🍷 Watervale Riesling 2016

瓦特沃尔雷司令2016
评分：93 最佳饮用期：2025年 参考价格：20澳元 SC ✪
The Smuggler McLarent Vale Shiraz 2015
走私者麦克拉仑谷西拉2015
评分：93 最佳饮用期：2025年 参考价格：21澳元 ✪
Hut Block Cabernate Sauvignon 2014
小屋赤霞珠 2014
评分：92 最佳饮用期：2024年 参考价格：20澳元 CM ✪
Hut Block Cabernate Sauvignon 2015
小屋赤霞珠 2015
评分：90 最佳饮用期：2024年 参考价格：21澳元 SC ✪

Ridgemill Estate 里奇米尔酒庄 ★★★★☆

218 Donges Road，Severnlea，昆士兰，4352 产区：格兰纳特贝尔
电话：（07）4683 5211 网址：www.ridgemillestate.com
开放时间：周五至周一，10:00—17:00；周日，10:00—15:00
酿酒师：马丁·库珀（Martin Cooper），彼得·麦克拉山（Peter McGlashan）
创立时间：1998年 产量（以12支箱数计）：900 葡萄园面积：2.1公顷
马丁·库珀（Martin Cooper）和黛安·麦迪森（Dianne Maddison）在2004年收购了当时名为翡翠山的葡萄酒厂。2005年，他们重建了这个葡萄园。现在，这里的种植品种有霞多丽、添帕尼罗、西拉、梅洛、赤霞珠、晚红蜜、蓝湾和维欧尼，这些品种意味着葡萄园会更加注重品种的多样化。葡萄园中有一个颇为壮观的酒厂和酒窖门店，还有一栋独立的小屋。

🍷🍷🍷🍷🍷 Granite Belt Chardonnay 2014
格兰纳特贝尔霞多丽 2014
一半在不锈钢罐，另一半在法国橡木桶中发酵。未经过苹乳发酵，在新的法国橡木桶中熟成。可以想见这款酒能够荣获3座2015年"澳大利亚小酿酒师展"奖杯的原因——虽然我们并不知道是哪3个奖杯：这个展会多年来使用的贴纸的墨迹一直都很容易磨损，以至于难以辨认。这款酒的发酵非常成功，有轻微的核果与葡萄柚的味道。
封口：螺旋盖 酒精度：12.8% 评分：95 最佳饮用期：2019年
参考价格：40澳元

🍷🍷🍷🍷 Granite Belt Mourvedre 2014
格兰纳特贝尔幕尔维 2014
评分：91 最佳饮用期：2029年 参考价格：45澳元
WYP WYPGranite Belt Chardonnay 2015
WYP格兰纳特贝尔霞多丽 2015
评分：90 最佳饮用期：2019年 参考价格：35澳元 SC

RidgeView Wines 山景葡萄酒 ★★★★

273 Sweetwater Road，Pokolbin，新南威尔士州，2320 产区：猎人谷
电话：(02)6574 7332 网址：www.ridgeview.com.au 开放时间：周三至周日，10:00—17:00
酿酒师：达伦·斯考特（Darren Scott），加里·麦克莱恩（Gary MacLean）
创立时间：2500年 产量（以12支箱数计）：5000 葡萄园面积：9公顷
达伦（Darren）和翠西·斯科特（Tracey Scott）将一个40公顷的木材场改造成了葡萄园，加上独立的住宿和酒窖门店。园中主要种植的是西拉——4.5公顷，此外还有一些其他品种，如赤霞珠、梅洛、香贝丹、黑比诺、灰比诺、维欧尼和琼瑶浆。

🍷🍷🍷🍷 Aged Release Generations Reserve Hunter Valley Semillon 2009
陈酿代际珍藏猎人谷赛美蓉2009
如预想中的一样，带有烘烤的法式圆蛋糕的奶油香气，柠檬油、糖渍橙皮，以及香菜碎末和白胡椒的味道。酸度丰富活跃，很适合即饮。
封口：螺旋盖 评分：93 最佳饮用期：2025年 参考价格：37澳元 JF
Generations Single Vineyard Reserve Hunter Valley Semillon 2016
代际单一葡萄园珍藏猎人谷赛美蓉2016
明亮的中等稻草黄色；香气中精致地混合了柑橘花，迈耶柠檬汁*（译注，原产中国，也称作中国柠檬）*和香茅草的味道。酸度清新柔和，最适宜当下饮用。
封口：螺旋盖 酒精度：11% 评分：91 最佳饮用期：2020年
参考价格：25澳元 JF
Impressions Single Vineyard Hunter Valley Shiraz 2014
印象单一葡萄园猎人谷西拉2014
带有浓郁的李子和木质辛香料的味道，酸度丰富，单宁柔顺，口感舒缓。虽然其中新鲜的风味物质似乎正在消解成第3类香气，酒色仍然呈明亮的中等红宝石色。
酒精度：13.5% 评分：91 最佳饮用期：2023年 参考价格：35澳元 JF

Rieslingfreak 雷司令狂人 ★★★★★

8 Roenfeldt Drive，Tanunda，SA 5352 产区：克莱尔谷
电话：(08) 8563 3963 网址：www.rieslingfreak.com 开放时间：提前预约
酿酒师：约翰·休斯（John Hughes） 创立时间：2009年
产量（以12支箱数计）：5000 葡萄园面积：35公顷

约翰·休斯（John Hughes）酒厂的名字也向人们重申了他长期以来的追求：探索所有类型的雷司令——无论是绝对干型还是甜型，来自世界上的哪一个产区。当然，他还是对澳大利亚格外关注。他的克莱尔谷葡萄园的葡萄酒有干型（2号、3号和4号）和微干（5号和8号）两种类型。出口到加拿大、挪威、新西兰等国家，以及中国香港地区。

🍷🍷🍷🍷🍷 No. 4 Riesling 2016
4号雷司令2016
这款酒非常优雅、纯粹，酸度柔滑，带有柠檬及青苹果的味道。可以现在饮用或者是留待以后。完全无愧于2016年在阿德莱德和墨尔本葡萄酒展上的金质奖章。
封口：螺旋盖　酒精度：11%

No. 3 Riesling 2016
3号雷司令2016
丰富浓烈，有着柠檬的味道，以及充满生命力的矿物质酸度——并在回味中保持很久。2016年阿德莱德葡萄酒展金牌，2016年克莱尔谷酒展银奖。
封口：螺旋盖　酒精度：11.5%　评分：95　最佳饮用期：2026年
参考价格：24澳元 ✪

🍷🍷🍷🍷 No. 5 Riesling 2016
5号雷司令2016
评分：93　最佳饮用期：2031年　参考价格：24澳元 ✪

No. 8 Riesling 2016
8号雷司令2016
评分：91　最佳饮用期：2036年　参考价格：35澳元

Rileys of Eden Valley　伊顿谷莱利家族　★★★★

PO Box 71，伊顿谷，SA 5235（邮）　产区：伊顿谷
电话：(08) 8564 1029　网址：www.rileysofedenvalley.com.au　开放时间：不开放
酿酒师：彼得·莱利（Peter Riley），乔·欧文（Jo Irvine，顾问）创立时间：2006年
产量（以12支箱数计）：2000　葡萄园面积：11.24公顷
伊顿谷莱利葡萄酒庄的主人是特里（Terry）和简·莱利（Jan Riley）以及儿子彼得（Peter）。他们在1982年买下了32公顷用于放牧的产业，他们相信这块地有生产高品质葡萄的潜力。他们在那一年种下了第一批葡萄藤——现在的种植面积已经超过了12公顷。1998年，特里从他在南澳大利亚大学的教职（机械工程教授）退休，他开始把精力集中在这片葡萄园上，最近他还开始参与酿造葡萄酒的工作。整个家族［包括孙女麦蒂（Maddy）］都有参与产业的发展。他们原本一直计划销售葡萄，但是2006年生产的葡萄超过了合同订购的数量，莱利家族就生产了一些自己葡萄酒（虽然最后有买家收购他们整年的葡萄）。

🍷🍷🍷🍷🍷 Jump Ship Shiraz 2014
跳槽西拉2014
中等至饱满酒体，质地和结构都很好，带有丰富的西拉品种特性。这种口感是伊顿谷西拉的主流风格——柔和，且比其他巴罗萨山谷的西拉颜色要更深一些。
封口：螺旋盖　酒精度：14.5%　评分：94　最佳饮用期：2029年
参考价格：25澳元 ✪

Cabernate Sauvignon 2015
赤霞珠2015
感谢上帝（和乔·欧文）——这款酒有年轻的赤霞珠所应有的新鲜和活力。它有着丰富的黑醋栗果实的品种香，柔软的单宁（这也是欧文用桶发酵的特点之一）。
封口：螺旋盖　酒精度：13.5%　评分：94　最佳饮用期：2030年
参考价格：25澳元 ✪

🍷🍷🍷🍷 Aged Release The Family Riesling 2009
陈酿发行家族雷司令2009
评分：90　最佳饮用期：2020年　参考价格：35澳元

The Engineer Merlot 2014
工程师梅洛2014
评分：90　最佳饮用期：2024年　参考价格：28澳元

Rill House Vineyard　小溪房葡萄园　★★★★☆

O'Leary's Lane，Spring Hill，Vic 3444　产区：马斯顿山岭
电话：0408 388 156　网址：www.rillhouse.com.au　开放时间：不开放
酿酒师：马特·哈洛普（Matt Harrop）　创立时间：1986年
产量（以12支箱数计）：100　葡萄园面积：1.8公顷
30年前这片葡萄园建立时，种有1.2公顷的霞多丽和0.6公顷的长相思；葡萄销售给产区内的其他酒厂，直到2013年卡罗琳·阿珀索德（Caroline Aebersold）和理查德·普锐斯（Richard Price）将其收购。他们决定将所产的葡萄原料一部分用于销售，剩下的由马特·哈洛普（Matt Harrop）酿制成他们自己的葡萄酒。到目前为止，他们发售的葡萄酒都使用小溪房的品牌。他们完全应该继续酿酒事业，希望这不是他们的最后一款酒。

🍷🍷🍷🍷🍷 My Deer Bride Chardonnay 2015
我亲爱的鹿新娘霞多丽2015
来自石英块（Quartz Block）庄园中30岁树龄的葡萄藤，在新旧法国大酒桶中成熟了

12月。鉴于葡萄藤的树龄和产区特质，这款酒的浓厚有力也在意料之中。白桃、葡萄柚等水果味充分融合了橡木的味道，酸度爽脆。很有陈酿潜力。我尽量克制住自己，不将它和蒙塔谢的霞多丽进行比较。
封口：螺旋盖 酒精度：12.5% 评分：96 最佳饮用期：2025年
参考价格：48澳元 ✪

Riposte 剑牌 ★★★★★

PO Box 256，Lobethal，SA 5241（邮） 产区：阿德莱德山
电话：(08) 8389 8149 网址：www.timknappstein.com.au 开放时间：不开放
酿酒师：蒂姆·纳普斯坦（Tim Knappstein） 创立时间：2006年
产量（以12支箱数计）：11 000

蒂姆·纳普斯坦（Tim Knappstein）不是一个固步自封的人，他有很强的学习能力。在他50多年的酿酒事业里，一共得过500多个葡萄酒展的奖项。2006年起，蒂姆又在剑牌酒庄开启了他酿酒生涯的新篇章，这也是他对这些年人生起落的一个特殊形式的回复。虽然已成立多年的兰斯伍德（Lenswood）葡萄园与并蒂姆无经济关系，但他还是能够从那里和其他周围的一些优质葡萄园处收购葡萄原料。几乎所有的葡萄酒价格都出奇得低。出口到英国、美国、加拿大、印度尼西亚和中国。

🍷🍷🍷🍷🍷

The Sabre Adelaide Hills Pinot Noir 2015
军刀阿德莱德山区黑比诺2015
这款酒如同一把军刀——劈开馥郁的酒香中红玫瑰香水般的芳香，口感多汁，带有辛香料的味道，十分诱人。舒缓、丝绸般的单宁与腮边轻吻一样的橡木很好地融合在一起，使得这款葡萄酒口感完整，即时可饮。
封口：螺旋盖 酒精度：13.5% 评分：95 最佳饮用期：2027年 参考价格：35澳元

The Cutlass Adelaide Hills Shiraz 2015
短弯刀阿德莱德山区西拉2015
蒂姆·克纳普斯坦有着丰富的实践经验。他的工艺技术，以及他对风土特性表达的哲学，继续体现在他现在酿制的多品种葡萄酒系列上。这款酒以黑樱桃开场，接着是黑李子的果味和成熟单宁的味道。
封口：螺旋盖 酒精度：14% 评分：95 最佳饮用期：2030年 参考价格：40澳元

The Scimitar Clare Valley Riesling 2016
弯刀克莱尔山谷雷司令2016
石灰和苹果花的丰富香气，口感纯净清脆，精细的酸度带来了悠长、清新的回味。瓶储10年可能还遥远，它都是任何允许自带酒水的亚洲餐馆的缺省选项。
封口：螺旋盖 酒精度：11.5% 评分：94 最佳饮用期：2026年
参考价格：20澳元

The Katana Adelaide Hills Chardonnay 2015
武士刀阿德莱德山区霞多丽2015
酒体呈现明亮的稻草绿色。水果、橡木和酸度（并未因部分苹乳发酵而软化）相互交融，彼此呼应，达成了一种协同效应。从核果到柑橘的一系列风味物质自然舒缓，很好地反映了生长地的气候。可以陈放。
封口：螺旋盖 酒精度：13.2% 评分：94 最佳饮用期：2026年 参考价格：25澳元

The Dagger Adelaide Hills Pinot Noir 2016
匕首阿德莱德山区黑比诺2016
轻浅而明亮的深红色调；酒中包裹着属于上一个年份的记忆，给人带来满满的惊喜。水果的味道非常丰富——樱桃和李子尤为突出，辛香鲜咸的单宁赋予了酒体良好的质感。
封口：螺旋盖 酒精度：13.5% 评分：94 最佳饮用期：2025年
参考价格：20澳元 ✪

🍷🍷🍷🍷

The Foil Adelaide Hills Sauvignon Blanc 2016
箔片阿德莱德山长相思2016
评分：93 最佳饮用期：2018年 参考价格：20澳元 ✪

The Stiletto Adelaide Hills Pinot Gris 2015
小剑阿德莱德山和灰比诺 2015
评分：93 最佳饮用期：2017年 参考价格：20澳元 ✪

The Cutlass Adelaide Hills Shiraz 2014
短弯刀阿德莱德山西拉2014
评分：91 最佳饮用期：2021年 参考价格：27澳元

Aged Release The Rapier ‘Traminer 2010
陈酿发行剑杆琼瑶浆 2010

Rise Vineyards 上升葡萄园 ★★★☆

PO Box 7336，阿德莱德，SA 5000（邮） 产区：克莱尔谷
电话：0419 844 238 网址：www.risevineyards.com.au 开放时间：不开放 酿酒师：马修·麦卡洛克（Matthew McCulloch） 创立时间：2009年 产量（以12支箱数计）：1200

对格兰特·诺曼（Grant Norman）和马修·麦卡洛克（Matthew McCulloch），上升酒庄就是他们假日时的日常工作。格兰特负责生意，马特负责葡萄酒。马修曾在英国从事10多年的葡萄酒贸易。2006年，马修和妻子吉娜（GIna）搬到克莱尔谷，他在奇瑞山葡萄酒（Kirrihill Wines）公

司负责经营市场和销售，格兰特当时是公司的总经理——他有着丰富的业内经验。搬到克莱尔谷让马修和吉娜得以实现他们长期以来的梦想——拥有自己的葡萄园，在格兰特和他的妻子爱丽丝（Alice）的帮助下，他们种下了葡萄，并酿制了自己的葡萄酒。马修曾经在11年中，旅行了13个国家，同70位不同的酿酒师一起工作，他相信上升酒庄应该生产小规模的、有风土特点的雷司令、赤霞珠、歌海娜和西拉——充分体现出产它们的葡萄园得天独厚的条件。出口到中国。

🍷🍷🍷🍷🍷 Watervale Riesling 2016

水城雷司令2016

毫无疑问，这款酒产自水城（Watervale）。柠檬花、新鲜柠檬-酸柠汁和柠檬皮的香气中，有一点轻微的酵母-酒脚的风味——这也并非是令人不愉快的味道，只是足以让人感知到。收尾硬朗清新。

封口：螺旋盖　酒精度：11.5%　评分：93　最佳饮用期：2025年

参考价格：23澳元　JF ✪

🍷🍷🍷🍷 Clare Valley Mourvedre 2015

克莱尔谷幕尔维　2015

评分：89　最佳饮用期：2022年　参考价格：22澳元　JF

Risky Business Wines　高风险企业葡萄酒　★★★★

PO Box 6015，East Perth，WA 6892　产区：多产区　电话：0457 482 957

网址：www.riskybusinesswines.com.au　开放时间：不开放

酿酒师：迈克尔·凯利根（Michael Kerrigan），安德鲁·魏西（Andrew Vesey），加文·贝瑞（Gavin Berry）　创立时间：2013年　产量（以12支箱数计）：3500

名字中的“风险”显然是个玩笑，在罗布·昆比（Rob Quenby）旗下的合作资本，总是能够巧妙地绕开风险。葡萄来自大南部地区和玛格利特河的葡萄园，由昆比负责葡萄种植方面的业务。由于葡萄酒每个批次的产量很小（150—800箱/12瓶），酒庄会根据情况选择相应的风险系数和价格的特定葡萄。因此，葡萄园和酿酒厂都没有被资本和酒厂牵制，而是按合同制造的。对日本和中国出口。

🍷🍷🍷🍷🍷 White Knuckle Chardonnay 2015

白指节霞多丽2015

水果和橡木结合得很好，非常令人愉悦。带有白桃，奶油、烤面包、雪松橡木，一点点粉笔以及突然迸发的柑橘味道。很好。

封口：螺旋盖　酒精度：13%

Malbec 2015

马尔贝克 2015

5天的带皮浸渍发酵。这款酒充分体现了玛格利特河马尔贝克的单宁和颜色的迅速累积。在新旧橡木桶中陈放14个月。色泽深浓，单宁包裹着深色的李子果的味道，结构感好。

封口：螺旋盖　酒精度：14.5%

评分：90　最佳饮用期：2023年　参考价格：25澳元

🍷🍷🍷🍷 King Valley Pinot Gris 2016

国王谷灰比诺2016

评分：89　最佳饮用期：2017年　参考价格：25澳元　CM

Riversdale Estate　河谷酒庄　★★★★★

222 Denholms Road，Cambridge，塔斯马尼亚，7170　产区：塔斯马尼亚南部

电话：(03)6248 5555　网址：www.riversdaleestate.com.au

开放时间：每日开放，10:00—17:00

酿酒师：尼克·班德瑞斯（Nick Badrice）　创立时间：1991年

产量（以12支箱数计）：9000　葡萄园面积：37公顷

1980年伊恩·罗伯茨（Ian Roberts）读大学的时候买下了河谷的产业，他说当时的价格在当地已经是创下了记录。这片产业的特点在于它的位置——在皮特沃特（Pittwater）的堤岸上。这使得这里的葡萄可以抵御霜冻，成熟阶段也有独特的小气候作为调节。它的面积很大，包括37公顷的葡萄藤，以及塔斯马尼亚州最大的橄榄园——出产50种不同的橄榄产品。庄园内还有5户人家在此长居，他们负责酒庄内的各项事务，其中也包括在葡萄园上方的4间法国省级五星别墅。2016年1月，一个新的酒庄门店和法国小酒馆也在此开业。出产葡萄酒质量始终很好，甚至可以说出类拔萃。

🍷🍷🍷🍷🍷 Crater Chardonnay 2015

云坑霞多丽 2015

一款精心打造的霞多丽，各项指标均很优秀。在连续品评了一系列有各种缺陷的霞多丽后，这款酒是一个巨大的安慰。可以品尝到精心设计的优质橡木味道，以及热情的白桃和葡萄柚。

封口：螺旋盖　酒精度：13.5%

Botrytis Riesling 2014

雷司令贵腐甜白 2014

优质的灰霉为这款酒带来了复杂鲜美的比克福德果汁和莱姆果汁的味道，然后是清新的酸度。这种风格很适合塔斯马尼亚。375毫升瓶。

封口：螺旋盖　酒精度：6.1%

Pinot Gris 2016

灰比诺2016
它有着良好的质地和优秀的浆果风味。纳什梨在整体口感中占据主导地位，香料和核果的味道紧随其后。
封口：螺旋盖　酒精度：12.5%　评分：94　最佳饮用期：2021年
参考价格：26澳元 ✪

Pinot Noir 2015
黑比诺2015
贵族比诺，无需多说，它本身已经是品质的证明。野生的森林水果，香料，柔滑的单宁和法国橡木自然地交织在一起。一日一杯比诺。
封口：螺旋盖　酒精度：14.5%　评分：94　最佳饮用期：2025年
参考价格：26澳元 ✪

🍷🍷🍷🍷🍷 Pinot Noir 2014
黑比诺2014
评分：93　最佳饮用期：2029年　参考价格：36澳元

Musca Syrah 2014
西拉2014
评分：92　最佳饮用期：2022年　参考价格：57澳元 SC

Crux NV
克鲁克斯 无年份
评分：92　最佳饮用期：2017年　参考价格：38澳元　TS

Sauvignon Blanc 2015
长相思2015
评分：90　最佳饮用期：2017年　参考价格：23澳元

Rob Dolan Wines　罗伯多兰葡萄酒　★★★★☆

21—23 Delaneys Road，South Warrandyte，Vic 3134　产区：雅拉谷
电话：(03)9876 5885　网址：www.robdolanwines.com.au　开放时间：每日开放，10:00—17:00
酿酒师：罗伯·多兰（Rob Dolan），马克·尼科利奇（Mark Nikolich）
创立时间：2010年　产量（以12支箱数计）：20000　葡萄园面积：20公顷
罗伯·多兰（Rob Dolan）已经在雅拉谷酿了20多年的葡萄酒了，对这里的每一寸角落都了如指掌。2011年，他收购了哈迪斯雅拉酒庄（Hardys Yarra Burn）。酒庄有极好的装备设施，罗伯除了在这里生产葡萄酒之外，也经营一份合约葡萄酒酿造生意。覆盖面很广，生意非常兴隆。现在酒庄的产量已经翻倍，其中出口产品占增幅的很大一部分。出口到英国、美国、加拿大、马来西亚、新加坡等国家，以及中国内地（大陆）和香港地区。

🍷🍷🍷🍷🍷 White Label Yarra Valley Pinot Gris 2016
白标雅拉谷灰比诺2016
与其他经过碳过滤器的灰比诺不同，这款酒保留了更多的颜色和风味物质，令人耳目一新。酒液明亮的黄铜色调逐渐变成苹果的红色，纳什梨的香气中缭绕着柑橘和生姜的气息。恰到好处的浓度和丰富程度，凸显出这款酒的风格和质地。酸度柔和，有酚类物质的味感，非常直白紧致。是一款佳酿。
封口：螺旋盖　酒精度：14.2%　评分：93　最佳饮用期：2019年
参考价格：30澳元　NG

White Label Yarra Valley Chardonnay 2016
白标雅拉谷霞多丽2016
带有核果的香气，雪松和香草的味道为框架，口感中有丰富的香料和橡木的味道——这应该是为了平衡这一年份过于温暖的气候带来的高成熟度和低酸度。富有蜜桃、柑橘和烤坚果以及橡木的味道。结尾悠长，略带苛性，或者可以说是很有穿透力。
封口: 螺旋盖　酒精度: 14%　评分: 92　最佳饮用期: 2022年　参考价格: 30澳元　NG

True Colours Yarra Valley Chardonnay 2015
本色雅拉谷霞多丽2015
这款霞多丽绝对物超所值，带有矿物粘土的复杂味道，还有一点核果、燕麦和由酒脚处理而带来的牛轧糖的味道，结尾处有香草划过的气息——这是橡木的作用。酒体适中，充满能量，十分易饮。
封口：螺旋盖　酒精度：13.5%　评分：92　最佳饮用期：2020年
参考价格：24澳元　NG ✪

White Label Bon Blanc Yarra Valley Savagnin 2016
白色标本白雅拉谷萨瓦涅2016
香气很有意趣——具有秋天水果、柑橘和咖喱粉的气息。中等重量的酒体，口感浓烈，矿物味道，葡萄果皮带来的柔和单宁与清新的酸度交织在一起。回味悠长深厚。
封口：螺旋盖　酒精度：13.5%　评分：91 饮用期限：2021年
参考价格：30澳元　NG

White Label Yarra Valley Pinot Noir 2016
白色标签雅拉谷黑比诺2016
浅淡空灵的品种特点在这款酒中得到了很好的表现。品尝酒液在口中的流动时可以感觉到上涌的甜意。
封口: 螺旋盖　酒精度: 14%　评分: 91　最佳饮用期: 2022年　参考价格: 35澳元　NG

White Label Yarra Valley Cabernet Sauvignon 2015

白标签雅拉谷赤霞珠2015
坚实紧致，这批赤霞珠生长的年份天气极端干燥，厚厚的葡萄皮带来了丰富的单宁——这也是它的独特之处。单宁中带有巧克力的味道，又中和了黑醋栗、摩卡和鼠尾草的气息。此外还有香子兰豆荚和橡木的味道。
封口：螺旋盖　酒精度：14.5%　评分：91　最佳饮用期：2029年
参考价格：35澳元　NG

True Colours Dry Rose 2016
本色干桃红 2016
评分：90　最佳饮用期：2018年　参考价格：24澳元　NG

True Colours Pinot Noir 2015
本色黑比诺2015
评分：90　最佳饮用期：2023年　参考价格：24澳元　NG

True Colours Cabernate Sauvignon Merlot 2015
本色赤霞珠西拉梅洛2015
评分：90　参考价格：24澳元　NG

🍷🍷🍷🍷 True Colours Sauvignon Blanc 2016
本色长相思2016
评分：89　最佳饮用期：2018年　参考价格：24澳元　NG

Robert Channon Wines　罗伯特夏农葡萄酒　★★★★

32 Bradley Lane，Amiens，昆士兰，4352　产区：格兰纳特贝尔
电话：（07）4683 3260　网址：www.robertchannonwines.com
开放时间：周一、周二和周五，11:00—16:00；周末，10:00—17:00
酿酒师：保拉·卡贝泽斯（Paola Cabezas）　创立时间：1998年
产量（以12支箱数计）：2500　葡萄园面积：8公顷
佩吉（Peggy）和罗伯特·夏农（Robert Channon）在院中种下的维德罗、霞多丽、灰比诺、西拉、赤霞珠和黑比诺上均设有永久的防鸟网。安装永久型防护网初始成本很高，但从长远来看却非常值得——可以有效防止鸟类和保护冰雹对葡萄造成的危害，也避免了在葡萄完全成熟前被鸟儿吃掉，因而不必应付因此而导致的提前采收的压力。出口到新西兰。

🍷🍷🍷🍷🍷 Granite Belt Shiraz 2016
格兰纳特贝尔西拉2016
延长浸渍使这款西拉色泽浓郁，酒体饱满，带有香料气息的黑色水果（樱桃、浆果）的味道。还需要1—2年的陈放后方可饮用。现在的口感尚显粗糙。
封口：螺旋盖　酒精度：评分：94　最佳饮用期：2029年
参考价格：25澳元　✪

Granite Belt Cabernate Sauvignon 2016
格兰纳特贝尔赤霞珠2016
自有葡萄园种植，手工采摘，开放式发酵，带皮浸渍10天，没有使用橡木。中等到饱满的酒体，品种表现力很好，充满果味的黑醋栗和黑橄榄的味道浓郁。令人印象深刻。
封口：螺旋盖　酒精度：14%　评分：94　最佳饮用期：2031年
参考价格：25澳元　✪

🍷🍷🍷🍷🍷 Granite Belt Cabernate Sauvignon 2015
格兰纳特贝尔赤霞珠西拉2015
评分：90　最佳饮用期：2023年　参考价格：25澳元

Robert Johnson Vineyards　罗伯特·约翰逊葡萄园　★★★★★

Old Woollen Mill，Lobethal，SA 5241　产区：伊顿谷
电话：(08）8359 2600　网址：www.robertjohnsonvineyards.com.au
开放时间：周末，11:00—17:00
酿酒师：罗伯特·约翰逊（Robert Johnson）　创立时间：1997年
产量（箱）:3000　葡萄园面积：3.86公顷
罗伯特·约翰逊（Robert Johnson）的大本营是1996年购买的12公顷的葡萄园和橄榄树林,——其中有0.4公顷的梅洛和5公顷橄榄树。他们修复了橄榄树林，种下了2.1公顷的西拉、1.2公顷的梅洛和一小片维欧尼。由庄园种植的葡萄制成的葡萄酒使用罗伯特·约翰逊的标签；同时，酒庄也用阿德莱德山上的山姆·维尔哥勒（Sam Virgara）葡萄园的葡萄——以罗伯特·约翰逊的父母亚伦和维奇（Alan & Veitch）的名字命名。出口到美国和波兰。

🍷🍷🍷🍷🍷 Eden Valley Viognier 2015
伊顿谷维欧尼2015
同前一年份一样，使用葡萄上的野生酵母，并陈放在1年的旧橡木桶中。很难说橡木味道是否过于浓重，但毫无疑问的是，这是一款大胆的葡萄酒。杏子味道的品种特性在醇香中表露无疑，口感浓郁，层次丰富。
封口：螺旋盖　酒精度：13.5%　评分：94　最佳饮用期：2019年
参考价格：32澳元　SC

🍷🍷🍷🍷🍷 Adelaide Hills Pinot Noir 2016
阿德莱德山黑比诺 2016
评分：93　最佳饮用期：2025年　参考价格：30澳元　SC

Alan & Veitch Adelaide Hills Sauvignon Blanc 2016
亚伦和维奇阿德莱德山长相思2016
评分：91　最佳饮用期：2019年　参考价格：20澳元　SC ✪

Eden Valley Merlot 2015
伊顿谷梅洛2015
评分：91　最佳饮用期：2021年　参考价格：48澳元　SC

Alan & Veitch Adelaide Hills Merlot 2014
亚伦和维奇阿德莱德山梅洛2014
评分：90　最佳饮用期：2020年　参考价格：26澳元　SC

Robert Oatley Vineyards　罗伯特·奥特雷葡萄园　★★★★★

Craigmoor Road，满吉，新南威尔士州，2850　产区：满吉
电话：(02)6372 2208　网址：www.robertoatley.com.au　开放时间：每日开放，10:00—16:00
酿酒师：赖瑞·切鲁比诺（Larry Cherubino），罗伯·梅里克（Rob Merrick）
创立时间：2006年　产量（以12支箱数计）：不详　葡萄园面积：440公顷

罗伯特·奥特雷（Robert Oatley）葡萄园是奥特雷家族的产业，酒庄一度属于著名的玫瑰山庄园（Rosemount Estate），后来被南方集团（Southcorp）收购。2016年父亲去世后，桑迪·奥特雷（Sandy Oatley）接替了他的主席职位。罗伯特的赛艇名字是野燕麦（Wild Oats）——了解游艇和悉尼-霍巴尔特游艇比赛的人们都知道。家族一直都在满吉有许多葡萄园，但近来生意开始快速扩张，收购了蒙特罗斯（Montrose）葡萄酒厂，以及科瑞莫尔（Craigmoor）的酒庄门店和餐厅。酿酒师赖瑞·切鲁比诺（Larry Cherubino），是酒庄能够成功地完成大规模转型的一个重要因素。他们最好的酒出自西澳大利亚。虽然葡萄酒的产品类别很多，但产品组合系列却不难理解：入门级别的是怀表系列，接下来是野燕麦系列，罗伯特·奥特利的招牌系列（Robert Oatley Signature Series）；罗伯特·奥特雷·菲尼斯特尔（Robert Oatley Finisterre）；最顶级的是罗伯特·奥特雷·彭南特（Robert Oatley The Pennant）。聚宝盆（Cornucopia）系列是与赖瑞·切鲁比诺（Larry Cherubino）合作的一个项目。出口到英国、美国和其他主要市场（包括中国）。

🍷🍷🍷🍷🍷

Robert Oatley Great Southern Riesling 2015
罗伯特·奥特利大南部地区雷司令2015
浓郁的玫瑰花瓣的香气和柑橘花的醇香，有青柠檬/柠檬的味道，酸度在味蕾上似乎“神出鬼没”一般地舞蹈。这是一款美丽的雷司令，10年后会完全展露它的精华，甚至可以存放20年。
封口：螺旋盖　酒精度：12.5%

Robert Oatley The Pennant Margaret River Chardonnay 2012
罗伯特·奥特利三角旗玛格利特河霞多丽 2012
闪光的稻草绿色；在窖藏过程中，这款霞多丽将非常优雅地熟成，它还需要很多年才能达到顶峰，它还会保持雏菊般的新鲜度和复杂的醇香；热情的葡萄柚和精确的酸度勾勒出了这款酒浓郁悠长的口感和余韵。
封口：螺旋盖 ✪

🍷🍷🍷🍷🍷

Robert Oatley Margaret River Sauvignon Blanc 2016
罗伯特·奥特利玛格利特河长相思2016
就像罗伯特·奥特利的某款（前）赛艇一样活跃。有如激光般的精确酸度和风味——丰富的柑橘，新鲜罗勒和新剪过的草坪的味道，让人十分愉快。2016年在悉尼皇家葡萄酒展获得的奖杯和金牌——实至名归。
封口：螺旋盖

Robert Oatley Margaret River Chardonnay 2015
罗伯特·奥特利玛格利特河霞多丽2015
颜色还没有完全的发展（这很好），白桃和油桃的果味占据主导地位，决定了今后的发展方向，瓶储将不会带来根本性的变化，只有酒体会缓慢地从中等发展到饱满。
封口：螺旋盖　酒精度：12.5%

Robert Oatley Finisterre Great Southern Syrah 2014
罗伯特·奥特雷·菲尼斯特尔大南部地区西拉2014
色泽优异，良好的风味和形状。有丰富的黑樱桃、李子、八角和肉桂的味道。口感均匀、单宁柔顺而且有棱角，雪松和橡木的味道很好地融入到整体结构之中。
封口：螺旋盖

Robert Oatley Finisterre Great Southern Chardonnay 2015
罗伯特·奥特雷·菲尼斯特尔满吉霞多丽2015
猎人谷近年来突然出现了大量高质量的霞多丽——满吉产区也应是如此，这款酒就是这种进步的证明：其中的腰果味道使得粉红西柚和香瓜的味道更加突出。
封口：螺旋盖　酒精度：12.5%　评分：94　最佳饮用期：2025年
参考价格：33澳元

🍷🍷🍷🍷🍷

Robert Oatley Finisterre Margaret River Chardonnay 2016
罗伯特·奥特雷·菲尼斯特尔玛格利特河霞多丽 2016
评分：93　最佳饮用期：2023年　参考价格：37澳元　JF

Robert Oatley Heathcote Shiraz 2015
罗伯特·奥特雷西斯科特西拉2015
评分：93　最佳饮用期：2024年　参考价格：23澳元　JF ✪

Wild Oats Mudgee Pinot Gris 2016
野燕麦满吉灰比诺2016
评分：92 最佳饮用期：2019年 参考价格：18澳元 JF ✪

Robert Oatley McLarent Vale GSM 2016
罗伯特·奥特雷麦克拉仑谷GSM 2016
评分：92 最佳饮用期：2024年 参考价格：23澳元 JF ✪

Robert Oatley Margaret River Cabernate Sauvignon 2015
罗伯特·奥特雷玛格利特河赤霞珠 2015
评分：92 最佳饮用期：2026年 参考价格：23澳元 JF

Robert Oatley The Pennant Mudgee Chardonnay 2015
罗伯特·奥特雷三角旗满吉霞多丽 2015
评分：91 最佳饮用期：2022年 参考价格：70澳元 JF

Robert Oatley Finisterre Margaret River Cabernate Sauvignon 2014
罗伯特·奥特雷菲尼斯特尔玛格利特河赤霞珠 2014
评分：91 最佳饮用期：2024年 参考价格：40澳元 JF

Wild Oats Sauvignon Blanc 2016
野燕麦长相思2016
评分：90 最佳饮用期：2019年 参考价格：18澳元 JF ✪

Montrose Stony Creek Mudgee Chardonnay 2015
蒙特罗斯石溪满吉霞多丽 2015
评分：90 最佳饮用期：2021年 参考价格：23澳元 JF

Wild Oats Mudgee Rose 2016
野燕麦满吉桃红 2016
评分：90 最佳饮用期：2017年 参考价格：18澳元

Robert Oatley Yarra Valley Pinot Noir 2015
罗伯特·奥特雷雅拉谷黑比诺2015
评分：90 最佳饮用期：2025年 参考价格：23澳元

Robert Oatley The Pennant Margaret River Cabernate Sauvignon 2013
罗伯特·奥特雷三角旗玛格利特河赤霞珠 2013
评分：90 最佳饮用期：2030年 参考价格：80澳元 JF

Robert Stein Vineyard 罗伯特斯坦恩葡萄园 ★★★★★

Pipeclay Lane, Mudgee, 新南威尔士，2850 产区：满吉
电话：(02)6373 3991 网址：www.robertstein.com.au 开放时间：每日开放，10:00—16:30
酿酒师：约翰·斯坦（Jacob Stein） 建立日期：1976 产量：20000 葡萄园面积：18.67公顷

从罗伯特·斯坦（Robert Stein，鲍伯）建立这片葡萄园起，已经有三代人参与到这项事业中来。再往前追溯的话，鲍勃的曾曾祖父，约翰·斯坦（Johann Stein）也与这里有关联——他在1838年即被玛卡瑟家族派来管理卡登·帕克葡萄园。鲍伯的儿子德鲁（Drew）和孙子雅各布（Jacob）现在已经接管了酿酒方面的事务。雅各布曾经在意大利、加拿大、玛格利特河，尤其是德国的葡萄酒产区莱茵高和莱茵黑森等地的酒庄参与不同年份葡萄酒的酿造。从他回来后，就接连获得了一个又一个的成功。出口到德国、新加坡等国家，以及中国内地（大陆）和香港地区。

🍷🍷🍷🍷🍷 Mudgee Riesling 2016
满吉雷司令2016
酸度一如既往，如剑一样，但核果、温桲和一系列柑橘的味道如同从潮湿的岩石上涌出来的凉溪水一样流淌着，自然而然的同时又十分有力量，最后是满口的白胡椒和多酚味道。这款酒很像德国酒，而不是那群不太正常的澳大利亚人的风格。
封口：螺旋盖 酒精度：12% 评分：96 最佳饮用期：2030年
参考价格：30澳元 NG ✪

Reserve Mudgee Riesling 2016
珍藏满吉雷司令2016
比2015年的要朴素一些，状如满弓，带有柑橘的浓香和矿物质的味道。烟熏味。也有温桲的气息。酸度贯穿始终，结尾处有一丝白胡椒的味道，让人想起优质的澳大利亚和德国酒。酒龄尚浅，还需要时间发展。
封口：螺旋盖 酒精度：11.5% 评分：96 最佳饮用期：2032年
参考价格：50澳元 NG ✪

Reserve Mudgee Riesling 2015
珍藏满吉雷司令2015
味道更加集中，但并不像2016年一样紧密地交织在一起，颚中可以感觉到有核果、生姜和温桲，同时也有青柠檬的味道贯穿始终。在现在，酒龄尚轻时，丰富的干萃取物略超过雷司令的酸度。但它很有潜力，经过时光打磨会更有活力和质感。
封口：螺旋盖 酒精度：13% 评分：95 最佳饮用期：2031年
参考价格：50澳元 NG

Half Dry Mudgee Riesling 2016 RS10
半干满吉雷司令2016 RS10
正如酒名所述,这款雷司令含10克/升的残糖。实际上，品种特有的高酸度抵消了甜感

与可能出现的过度的腻感。带皮浸渍，加上野生酵母发酵和部分的橡木处理更增强了这种效果，青柠檬和柑橘皮也增添了酒的活力。结尾很干。
封口：螺旋盖 评分：96 最佳饮用期：2032年 参考价格：50澳元 NG ✪

Museum Release Mudgee Riesling 2009
博物馆发行满吉雷司令2009
带有异域风情的生姜，蜂花和藏红花，浓郁的青柠、温桲果酱的味道，伴随果汁的酸度。如珠的气泡在杯中溶解，很有结构感和质感。
封口: 螺旋盖 酒精度: 11% 评分: 94 最佳饮用期: 2023年 参考价格: 80澳元 NG

Third Generation Mudgee Chardonnay 2016
第3代满吉霞多丽2016
在旧法国大橡木桶中部分发酵，野生酵母和人工酵母混合使用，一部分经过苹乳发酵，余下的在不锈钢桶中同皮渣一起熟成。一般来说，如果想在酿造技术上更进一步，很难保证品种的果味特点不受影响，也容易使酒中充满多酚的味道，但这款酒成功地避免了这两种结果。
封口：螺旋盖 酒精度：12.5% 评分：94 最佳饮用期：2026年
参考价格：25澳元 ✪

The Kinnear Mudgee Shiraz Cabernet 2014
金尼尔满吉西拉赤霞珠 2014
这款酒与这一产区中的其他款相比显得更轻快。充满了红黑醋栗、梅子、五香粉、甘草和肉桂的味道。口感饱满，在当前的阶段仍然十分紧密，飘散出单宁的力度和香草气息。具备陈酿潜力。
封口: 螺旋盖 酒精度: 14% 评分: 94 最佳饮用期: 2034年 参考价格: 80澳元 NG

🍷🍷🍷🍷🍷 Mudgee Rose 2016
满吉桃红 2016
评分：93 最佳饮用期：2018年 参考价格：25澳元 ✪

Reserve Mudgee Shiraz 2014
珍藏满吉西拉2014
评分：92 最佳饮用期：2031年 参考价格：50澳元 NG

Mudgee Gewurztraminer 2016
满吉琼瑶浆2016
评分：91 参考价格：20澳元 ✪

Gewurztraminer 2016
琼瑶浆2016
评分：91 最佳饮用期：2019年 参考价格：20澳元 NG ✪

Reserve Mudgee Chardonnay 2015
满吉霞多丽 2015
评分：91 最佳饮用期：2021年 参考价格：40澳元 NG

Mudgee Shiraz 2014
满吉西拉2014
评分：90 最佳饮用期：2022年 参考价格：25澳元

Reserve Mudgee Merlot 2014
满吉梅洛2014
评分：90 最佳饮用期：2032年 参考价格：40澳元 NG

Robertson of Clare 克莱尔罗伯逊 ★★★☆

PO Box 149，Killara，新南威尔士州，2071（邮） 产区：克莱尔谷
电话：(02)9499 6002 网址：www.rocwines.com.au 开放时间：不开放
酿酒师：李·埃尔德（Leigh Eldredge），比亚吉奥·范姆拉罗（Biagio Famularo）
创立时间：2004年 产量（以12支箱数计）：不详

这是莱恩·罗伯逊（Rryan Robertson）非常不同寻常的一项投资，最初只有一款葡萄酒：MAX V。用来生产它的波尔多品种葡萄原料全部来自克莱尔谷产区，每个品种分别在100%的法国新橡木桶中熟成——所用的木桶共有19种类型。最初的发酵是采用“整体酿造”的方法在桶中进行。除了MAX V外，他们还增加了6号地块（Block 6）西拉系列。出口到英国等国家，以及中国内地（大陆）和香港地区。

🍷🍷🍷🍷 MAX V 2014

赤霞珠占整体比例的80%，马尔贝克和梅洛分别为9%，品丽珠和小维多各占1%。必须真心喜欢橡木味才能享受这款酒，橡木，橡木，橡木，重要的事情说三遍——酒中有19种橡木味道。100%来自克莱尔谷不同的种植者。
封口：橡木塞 酒精度：14.7% 评分：89 最佳饮用期：2034年
参考价格：75澳元

Robin Brockett Wines 罗宾·布洛基葡萄酒 ★★★★★

43 Woodville St，Drysdale，Vic 3222（邮） 产区：吉龙 电话：0418 112 223 开放时间：不开放
酿酒师：罗宾·布罗基（Robin Brockett） 创立时间：2013年 产量（以12支箱数计）：400

过去30年里，罗宾·布罗基（Robin Brockett）是斯科赤曼山（Scotchmans Hill）的首席酿酒师。30年间，无论气候如何，他所产的葡萄酒质量一直都非常稳定。2013年，他踏上了实现自己35年

来的梦想的第一步，开始以自己的名字为商标生产和销售葡萄酒。他收购了芬维克（Fenwick，2公顷）和斯文布尔（Swinburne，1公顷）园的葡萄，2013年生产了自己的第一批葡萄酒。从这款安珀拉西拉开始，他踏上了未知的冒险。2016年，他用两个园子的葡萄酿制了比诺和芬维克西拉，但直到2016年酿造完成后，才对外宣布这款酒上市销售。

🍷🍷🍷🍷🍷 Swinburne Vineyard Bellarine Peninsula Pinot Noir 2014
斯文布尔葡萄园贝拉瑞那半岛黑比诺2014
从1992年起罗宾·布罗基就用这个葡萄园的原料酿制比诺，但这是第一次尝试酿制单品种葡萄酒。酿造过程与芬维克园葡萄的酿制过程很相似，但这款浆果颜色更深，味道更加复杂多样，有更多黑樱桃及香料的味道。
封口：螺旋盖　酒精度：13.5%　评分：95 To 2026年
参考价格：35澳元 ✪

Fenwick Vineyard Bellarine Peninsula Shiraz 2014
芬维克葡萄园贝拉瑞那半岛西拉2014
这是一款凉爽气候下种植的西拉，十分诱人。除了常见的黑水果和甘草味道，还带有各种咸/泥土/肉的味道，这款酒就是一个很好的例子。单宁坚实。
封口：螺旋盖　酒精度：14.5%　评分：95　最佳饮用期：2029年
参考价格：35澳元 ✪

🍷🍷🍷🍷 Fenwick Vineyard Pinot Noir 2014
芬维克葡萄园黑比诺2014
评分：93　最佳饮用期：2024年　参考价格：35澳元

Rochford Wines　罗奇福德葡萄酒 ★★★★★

878—880 Maroondah Highway，Coldstream，Vic 3770　产区：雅拉谷
电话：(03)5957 3333　网址：www.rochfordwines.com.au
开放时间：每日开放，9:00—17:00
酿酒师：马克·伦特（Marc Lunt）　创立时间：1988年
产量（以12支箱数计）：16000　葡萄园面积：23.2公顷
这片雅拉山谷的产业是由赫尔姆·克尼斯纳（Helmut Konescny）在2002年买下的。在此之前，他已经在因马斯顿山岭为罗姆西·帕克（Romsey Park）家族葡萄园酿制出的黑比诺和霞多丽而闻名了。从2010年起，赫尔姆专注于他在雅拉谷的葡萄园和酒厂。酿酒师马克·伦特（Marc Lunt）曾经是一名优秀的飞行酿酒师，他曾在波尔多和勃艮第地区工作过6年。其中，他在勃艮第产区的阿曼·卢梭（Armand Rousseau）和罗曼尼·康帝（Domaine de la Romanée-Conti）酒园工作。酒庄还有大型的餐厅和咖啡厅，酒窖门店，零售店，露天大剧场和观景塔。这个酒庄是当地产区的一大旅游特色，经常在夏季举办各种流行音乐会。出口到中国。

🍷🍷🍷🍷🍷 Dans les Bois Chardonnay 2015
丹莱布瓦霞多丽2015
这是一款美丽的葡萄酒。十分精致，有凉爽的果味。不同层次的白桃、黄李子和柠檬乳酪的味道，盘绕在活泼的酸度和矿物味道的核心周围。朴实无华但又十分美好。来自钻石溪（Gembrook）上游一个风景优美之处，它继承了（法国的）特一级园和特级酒庄的血统。在勃艮第最好的酒园中“破碎”是个秘密吗?
封口：螺旋盖　评分：90　最佳饮用期：2018年　参考价格：20澳元　NG ✪

🍷🍷🍷🍷🍷 Isabella's Vineyard Yarra Valley Chardonnay 2015
伊莎贝拉的葡萄园雅拉谷霞多丽2015
优美的多酚风味，轻至中度烘烤的法国橡木，带有清脆黄李子、杏子、干草、烤胡桃和一点点酒泥松露的味道，矿物的巧妙变化奠定了整体的基调——明快、紧张，充满弹性和能量，口感激烈、结实。
封口：螺旋盖　酒精度：13.2%　评分：96　最佳饮用期：2025年
参考价格：54澳元　NG ✪

Premier Pinot Noir 2016
一级黑比诺2016
酒香中充满了摩洛哥异国风情的小豆蔻、黄姜和藏红花的气息。清新的樱桃的味道覆盖在味蕾上。香料的味道渐渐增强又逐渐消退。在法国橡木桶中陈酿10个月，仅有15%为新桶——几乎无法察觉到。口感浓烈，新鲜，非常有魅力。适合陈放。
封口：螺旋盖　酒精度：13.5%　评分：96　最佳饮用期：2028年
参考价格：105　NG

Isabella's Vineyard Yarra Valley Cabernate Sauvignon 2015
伊莎贝拉的葡萄园雅拉谷赤霞珠 2015
完美的成熟度，精致的单宁与饱满丰富的黑-蓝色水果交织在一起，浓郁的风味与坚实的结构感得到了极好的平衡。橡木起到了很好的辅助和缓冲作用。
封口：螺旋盖　酒精度：14.5%　评分：96　最佳饮用期：2035年
参考价格：54澳元　NG ✪

Valle del Re King Valley Nebbiolo 2015
瓦莱德尔国王谷内比奥罗2015
充满了红色和黑色浆果的味道，伴随着木烟、檀香和野蔷薇丛的味道；单宁细致、结实，略带白垩土的味道，刺激唾液的粉末。这是澳洲最好的葡萄酒之一。
封口：螺旋盖　酒精度：14.8%　评分：96　最佳饮用期：2028年
参考价格：36澳元　NG ✪

Dans les Bois Pinot Noir 2016
丹莱布瓦黑比诺2016
轻盈、精细、平衡，而且充满了浓郁的红色水果的味道。50%的原料经过整串发酵，带来了辛香料的味道。15%的新橡木桶带来了一丝橡木的味道，整体优雅、空灵而充满活力，酸度与单宁配合得很好。回味很长。
封口：螺旋盖　酒精度：13%　评分：95　最佳饮用期：2025年
参考价格：54澳元　NG

Yarra Valley Shiraz 2015
雅拉谷西拉2015
这是一款华丽的西拉。表现出更为凉爽的气候下的紫罗兰花的香气，碘酒、各种紫色、红色和蓝色水果的味道，具备精致而带有胡椒味的酸度以及坚实的单宁。有熏肉、印度香料、肉豆蔻和丁香的味道，略带橡木的味道。
封口：螺旋盖　酒精度：13.9%　评分：95　最佳饮用期：2025年
参考价格：33澳元　NG　✪

L'Enfant Unique Pinot Noir 2016
独子黑比诺2016
评分：94　最佳饮用期：2025年　参考价格：68　NG

la Gauche Cabernate Sauvignon 2015
左边赤霞珠 2015
评分：94　最佳饮用期：2030年　参考价格：30澳元　NG　✪

🍷🍷🍷🍷🍷 Yarra Valley Chardonnay 2016
雅拉谷霞多丽 2016
评分：93　最佳饮用期：2022年　参考价格：36澳元　NG

Yarra Valley Savagnin 2016
雅拉谷萨瓦涅2016
评分：93　最佳饮用期：2021年　参考价格：30澳元　NG

Yarra Valley Pinot Noir 2016
雅拉谷黑比诺2016
评分：93　最佳饮用期：2024年　参考价格：38澳元　NG

Terre Pinot Noir 2016
土地黑比诺2016
评分：93　最佳饮用期：2028年　参考价格：68　NG

la Droite Merlot 2015
右边梅洛2015
评分：93　最佳饮用期：2023年　参考价格：30澳元　NG

Latitude Cabernate Sauvignon Merlot 2015
纬度赤霞珠梅洛2015
评分：92　最佳饮用期：2022年　参考价格：20澳元　NG　✪

King Valley Riesling 2016
国王谷雷司令2016
评分：91　最佳饮用期：2023年　参考价格：30澳元　NG

Dans les Bois Chardonnay 2016
丹莱布瓦霞多丽 2016
评分：91　最佳饮用期：2022年　参考价格：49澳元　NG

Terre Chardonnay 2016
土地霞多丽 2016
评分：91　最佳饮用期：2023年　参考价格：54澳元　NG

Premier Chardonnay 2016
一级霞多丽 2016
评分：91　最佳饮用期：2023年　参考价格：68　NG

Yarra Valley Pinot Gris 2016
雅拉谷灰比诺2016
评分：91　最佳饮用期：2020年　参考价格：30澳元　NG

RockBare　乐宝庄　★★★★☆

62 Brooks Road，Clarendon，SA 5157　产区：南澳大利亚
电话:（08）8388 7155　网址：www.rockbare.com.au　开放时间：每日开放，11:00—17:00
酿酒师：雪莱·托莱森（Shelley Torresan）　创立时间：2000年
产量（以12支箱数计）：10000　葡萄园面积：29公顷
乐宝庄专注于酿造南澳大利亚知名的特有品种的葡萄酒。在最近聘请的酿酒师谢莉·托瑞桑的指导下，乐宝庄从许多已经建立良好关系的长期种植者那里收购葡萄。出口到各主要市场。

🍷🍷🍷🍷🍷 McLarent Vale Shiraz 2015
麦克拉仑谷西拉2015
品质和价格都很诱人的一款葡萄酒。色泽出众，酒香芬芳，柔顺的中等酒体，风格优

雅——在麦克拉仑谷并不常见。黑巧克力的香气消失得很迅速，接着是李子和黑樱桃/浆果的味道，单宁顺滑，可以给饮用者带来愉悦的感官享受。
封口：螺旋盖 酒精度：14.5% 评分：95 最佳饮用期：2030
参考价格：26澳元

Clare Valley Riesling 2016
克莱尔谷雷司令2016
这是一款十分自然而诱人的雷司令，在品尝的后段，结束和余味中，都充满了成熟的柑橘水果和美味的酸度。
封口：螺旋盖 酒精度：评分：94 最佳饮用期：2018年
参考价格：21澳元 ✪

Barossa Babe Shiraz 2014
巴罗萨宝贝西拉2014
这是一款结构很好的葡萄酒，具备足够的深度和浓度，但并不突兀。成熟而略带甜味的黑莓浆果和新橡木的味道十分明显，口感非常集中，结构平衡。会逐渐成熟。
封口：螺旋盖 酒精度：评分：90 饮用期限：2034年
参考价格：32澳元 SC

Coonawarra Cutie Cabernate Sauvignon 2014
库纳瓦拉小可爱赤霞珠2014
经过24个月的法国新橡木桶陈酿。尽管如此，这款酒中仍然可以感受到浓郁的库纳瓦拉黑醋栗、桑葚和薄荷的风味。我觉得，这款酒的将来，不是完全展露出潜藏的美丽，就是一场轰轰烈烈的失败。
封口：螺旋盖 酒精度：评分：94 最佳饮用期：2030年 参考价格：46澳元

🍷🍷🍷🍷🍷 McLarent Vale Tempranillo 2014
麦克拉仑谷添帕尼罗 2014
评分：93 最佳饮用期：2026年 参考价格：25澳元 SC ✪

Coonawarra Cabernate Sauvignon 2015
库纳瓦拉赤霞珠 2015
评分：92 最佳饮用期：2025年 参考价格：26澳元

McLarent Vale Chardonnay 2016
麦克拉仑谷霞多丽 2016
评分：91 最佳饮用期：2020年 参考价格：21澳元 ✪

Wild Vine McLarent Vale Grenache Rose 2016
野藤麦克拉仑谷歌海娜桃红 2016
评分：91 最佳饮用期：2017年 参考价格：25澳元

Tideway McLarent Vale Grenache 2016
麦克拉仑谷歌海娜 2016
评分：91 最佳饮用期：2021年 参考价格：35澳元

Rockcliffe 罗克岩酒庄 ★★★★★

18 Hamilton Road，Denmark，WA 6333 产区：丹麦（Denmark）
电话:（08）9848 2622 网址：www.rockcliffe.com.au 开放时间：每日开放，11:00—17:00
酿酒师：吴迈克（Michael Ng） 创立时间：1990年
产量（以12支箱数计）：10000 葡萄园面积：10公顷
罗克岩葡萄酒厂和葡萄园原名为玛蒂尔达庄园（Matilda Estate）——它的所有人是世界公民斯蒂芬·豪尔（Steve Hall）。酒庄的葡萄酒产品的名字与当地的冲浪地点名字相呼应，先是罗克岩，然后是第3礁石（Third Reef），40英尺台（Forty Foot Drop），以及克拉姆岩（Quarram Rocks）。这些年来，罗克岩酒庄葡萄酒在各个酒展上赢得了许多金银奖牌和奖杯。出口加拿大、马来西亚、新加坡和中国。

🍷🍷🍷🍷🍷 Single Site Mount Barker Riesling 2016
单址山贝克雷司令 2016
青柠檬、柠檬皮和甜青柠果层次逐渐自然地展开。果味丰富浓郁，如果你喜欢多汁的水果，很快你就可以品尝到它的美味。若是瓶储陈放，也会有更好的发展。
封口: 螺旋盖 酒精度: 12.5% 评分: 96 最佳饮用期: 2029年 参考价格: 35澳元 ✪

Single Site Mount Barker Shiraz 2015
单址贝克山西拉2015
醇香和口感十分和谐，芬芳的酒香串联起轻柔而温暖的香料，和各种森林水果的味道，酒体中等，但口感浓烈，平衡性好。易饮。
封口: 螺旋盖 酒精度: 14% 评分: 96 最佳饮用期: 2035年 参考价格: 45澳元 ✪

Single Site Mount Barker Cabernate Sauvignon 2015
单址贝克山赤霞珠 2015
年轻的赤霞珠并不容易处理——但这只是它的一个侧面；这款葡萄酒酒香丰富，没有缺陷。口感柔顺丰满，黑加仑、蓝莓、月桂叶、香料和泥土的味道。单宁结实，更加凸显了品种的风味特性。
封口：螺旋盖 酒精度：14% 评分：95 最佳饮用期：2040年 参考价格：45澳元

Single Site Mount Barker Cabernate Sauvignon 2014
单址贝克山赤霞珠 2014

这款赤霞珠从始至终都充满了魅力，有完全成熟的黑醋栗酒的味道，酒香芬芳，中等酒体，口感平衡——可以保存一段时间，但也非常适宜现在饮用。
封口：螺旋盖 酒精度：14.5% 评分：95 最佳饮用期：2029年 参考价格：45澳元

Single Site Denmark Chardonnay 2016
单址丹马克霞多丽 2016
香气略有减弱，但会很快恢复，充满能量，精准、纯净，回味很长。值得等待。
封口：螺旋盖 酒精度：13.5% 评分：94 最佳饮用期：2029年 参考价格：45澳元

Third Reef Great Southern Shiraz 2015
三礁大南部产区西拉2015
辛辣/鲜咸，果味非常丰富，中等酒体，明显带有凉爽气候下生长的西拉的特征。红色和黑色黑莓更增添了它的复杂性。
封口：螺旋盖 酒精度：14% 评分：94 最佳饮用期：2030年 参考价格：30澳元 ✪

Single Site Frankland Shiraz 2014
单址法兰克兰西拉2014
深紫红色；一款优雅，中等酒体，凉爽气候下生长的西拉带有辛香、荆棘、可口的水果的香气和口感。细致的单宁和橡木的味道很好地融入了整体。最好继续瓶储陈放。
封口：螺旋盖 酒精度：14.5% 评分：94 最佳饮用期：2029年 参考价格：45澳元

🍷🍷🍷🍷🍷 Third Reef Riesling 2016
三礁雷司令2016
评分：93 最佳饮用期：2026年 参考价格：28澳元

Third Reef Cabernate Sauvignon 2015
三礁赤霞珠 2015
评分：93 最佳饮用期：2029年 参考价格：30澳元

Rockford 洛克福 ★★★★★

131 Krondorf Road，Tanunda，SA 5352 产区：巴罗萨谷
电话：(08) 8563 2720 网址：www.rockfordwines.com.au
开放时间：每日开放，11:00—17:00
酿酒师：罗伯特·奥卡拉汉（Robert O'Callaghan），本·拉德福德（Ben Radford）
创立时间：1984年 产量（以12支箱数计）：不详

洛克福酒庄极具标志意义。酒庄大部分的酒都被忠实的拥趸通过酒窖门店或邮购的方式购买一空。还有一些葡萄酒是通过餐馆出售的，此外，酒庄在悉尼有两家零售商，墨尔本、布里斯班和珀斯各有一家。但能否买到他们的篮式压榨的西拉（Basket Press Shiraz）则是另一回事了——它同亨施克（Henschke）酒庄的恩典山（Hill of Grace）一样稀少（但价格低一些）。几年前，我第一次在南非见到本·拉德福德（Ben Radford），他因是洛基（Rocky）的得力助手而著名，在洛基从酒庄酿酒师这个位置上退下来之后，他一定会成为下一位酿酒师。出口到英国、加拿大、瑞士、俄罗斯、越南、新加坡、日本、斐济和新西兰等国家，以及中国香港地区。

🍷🍷🍷🍷🍷 Basket Press Shiraz 2013
篮式压榨西拉2013
漂亮的标签，传统的棕色瓶 ——总之外观非常诱人。（天鹅绒般的成熟）单宁很有结构感，丰厚而有深度，口感柔顺，带有咖啡粉、胡椒、沥青和橡木（都刚刚好）的味道，以及浓烈的香水般花香和红色李子般的口感。
封口：橡木塞 酒精度：14.1% 评分：95 最佳饮用期：2036年
参考价格：63澳元 JF

Black Shiraz NV
黑色西拉 无年份
洛克福经典的黑色西拉——具备老藤果实带来的复杂和深度，带有充满弹性的黑李子、黑樱桃、甘草，甚至是有一点沙士和无处不在的高可可脂含量的黑巧克力的味道。陈酿为酒体增添了香柏木、皮革、混合香料和柑橘利口酒的特征。结尾的单宁坚实、精致，还有一点奶油风味的味道。余韵很长。
酒精度：13.5% 评分：94 最佳饮用期：2026年 参考价格：64澳元 TS

🍷🍷🍷🍷🍷 Rifle Range Cabernate Sauvignon 2014
步枪山赤霞珠 2014
评分：92 最佳饮用期：2028年 参考价格：45澳元 JF

White Frontignac 2016
白芳提 2016
评分：91 最佳饮用期：2018年 参考价格：19澳元 JF ✪

Frugal Farmer 2015
简朴农夫 2015
评分：90 最佳饮用期：2019年 参考价格：22澳元 JF

Rolf Binder 罗夫·宾德 ★★★★☆

Cnr Seppeltsfield Road/Stelzer Road，Tanunda，SA 5352 产区：巴罗萨谷
电话：(08) 8562 3300 网址：www.rolfbinder.com
开放时间：周一至周六，10:00—16:30；长假周末的周日
酿酒师：罗夫·宾德（Rolf Binder），克里斯塔·迪恩斯（Christa Deans）

创立时间：1955年 产量（以12支箱数计）：28000 葡萄园面积：90公顷
罗夫·宾德和姐姐克里斯塔·迪恩斯（Christa Deans）认同他们父亲的葡萄酒酿造哲学——主要使用酒庄在巴罗萨不同地区和伊顿谷最近收购的葡萄园所产的葡萄。克里罗（Chri-Ro）葡萄园的亲本葡萄藤就来自这个建立于19世纪90年代的藤曼谷（Vine Vale）葡萄园。20世纪70年代早期，罗夫和父亲罗夫·亨瑞克·宾德（Rolf Heinrich Binder）建立了克里罗葡萄园。他们生产巴罗萨葡萄酒非常经典，充分展示他们多年来积累的经验。汉恩酒庄(JJ Hahn)品牌创立于1997年，是第6代巴罗萨人詹姆斯（James）和杰奎·汉恩（Jacqui Hahn）与罗夫·宾德的合资企业。2010年，汉恩退休后，罗夫继续经营这个品牌。出口到世界所有的主要市场。

🍷🍷🍷🍷🍷 Eden Valley Riesling 2016
伊顿谷雷司令2016
带有精细的青柠汁、温泉水、蜂蜜和温桲的味道。这款酒带有板岩般的质地，干爽平衡；多汁的酸度自然地在口中流动，各种风味浓郁丰富。
封口：螺旋盖 酒精度：12.5% 评分：95 最佳饮用期：2031年
参考价格：25澳元 NG ✪

JJ Hahn 1890s Vineyard Barrosa Valley Shiraz 2015
汉恩1890年代葡萄园巴罗萨谷西拉2015
麦芽、巧克力、单宁与深色水果和香料的味道很好地融合在一起，此外，还有李子、深色樱桃、肉豆蔻干皮和五香粉的气息。果味和美国橡木以及葡萄单宁配合得天衣无缝。
封口：螺旋盖 酒精度：14.5% 评分：94 最佳饮用期：2032年
参考价格：65澳元 NG

Bull's Blood Barrosa Valley Shiraz Mataro Pressings 2014
公牛血巴罗萨谷西拉马塔洛 2014
熏肉、木炭和一点铁元素的味道，饱满的酒体中的葡萄单宁与烟草叶和干鼠尾草的味道紧密地结合在一起。充满质感，回味无穷。
封口：螺旋盖 酒精度：14% 评分：94 最佳饮用期：2034年
参考价格：50澳元 NG

🍷🍷🍷🍷🍷(4.5) JJ Hahn Homestead Cabernate Sauvignon 2015
汉恩宅基地赤霞珠2015
评分：93 最佳饮用期：2028年 参考价格：25澳元 NG ✪

Barrosa Valley Mai bee 2015
巴罗萨谷麦蜂2015
评分：93 最佳饮用期：2032年 参考价格：30澳元 NG

Silvern Barrosa Valley Shiraz 2015
银色巴罗萨谷西拉2015
评分：92 最佳饮用期：2023年 参考价格：20澳元 NG ✪

Hales Barrosa Valley Shiraz 2015
黑尔斯巴罗萨谷西拉2015
评分：92 最佳饮用期：2023年 参考价格：25澳元 NG ✪

Planting Barrosa Valley Shiraz 2014
汉恩西方岭1975巴罗萨谷西拉2014
评分：92 最佳饮用期：2023年 参考价格：35澳元 NG

Halliwell Shiraz Grenache 2014
哈利威尔西拉歌海娜 2014
评分：92 最佳饮用期：2024年 参考价格：25澳元 NG

JJ Hahn Stockwell Barrosa Valley Cabernate Sauvignon Shiraz 2015
汉恩石井巴罗萨谷赤霞珠西拉2015
评分：92 最佳饮用期：2032年 参考价格：35澳元 NG

Barrosa Valley Shiraz Malbec 2014
巴罗萨谷西拉马尔贝克2014
评分：91 最佳饮用期：2038年 参考价格：30澳元 NG

JJ Hahn Reginald Shiraz Cabernate Sauvignon 2014
汉恩雷金纳德西拉赤霞珠2014
评分：91 最佳饮用期：2020年 参考价格：25澳元 NG

JJ Hahn Stelzer Road Merlot 2015
汉恩施特尔策路梅洛2015
评分：91 最佳饮用期：2023年 参考价格：25澳元 NG

Barrosa Valley Shiraz 2015
巴罗萨谷西拉2015
评分：90 最佳饮用期：2024年 参考价格：25澳元 NG

Eden Valley Shiraz 2014
伊顿谷西拉2014
评分：90 最佳饮用期：2028年 参考价格：30澳元 NG

Romney Park Wines 罗姆尼公园葡萄酒 ★★★★★

116 Johnsons Road，Balhannah，SA 5242 产区：阿德莱德山
电话：(08) 8398 0698 网址：www.romneyparkwines.com.au 开放时间：提前预约
酿酒师：罗德（Rod）和蕾切尔·肖特（Rachel Short）
创立时间：1997年 产量（以12支箱数计）：500 葡萄园面积：2.8公顷

1997年，罗德（Rod）和蕾切尔·肖特（Rachel Short）种植了霞多丽、西拉和黑比诺。红葡萄酒的产量为3.7—5吨每公顷，霞多丽为2—3吨。葡萄园全部采用有机方法管理，珍珠鸡用来作为处理虫害的主要手段，所有的藤蔓采用手工采摘和人工修剪。从很多地方都可以看出罗姆尼酒庄十分注重精湛的手工技艺。出口到中国。

🍷🍷🍷🍷🍷 Gloria Adelaide Hills Chardonnay 2015
格洛丽亚阿德莱德山霞多丽2015
它的关键词是优雅和平衡，带有白桃、油桃和一丝腰果的味道，酸度略带柑橘味。当你遇到一款葡萄酒如此完美、平衡的葡萄酒时，任何语言相比之下都有些多余。
封口：Diam软木塞 酒精度：13.5% 评分：95 最佳饮用期：2025年
参考价格：50澳元

Adelaide Hills Shiraz 2013
阿德莱德山西拉2013
带有鲜咸、辛香料的特质，酒香中充满了活泼而多汁的红色和黑色水果的气息，中等酒体。精细、成熟的单宁带来了完整的结构和长度。这款凉爽气候下生长的西拉，非常诱人。
封口：Diam软木塞 酒精度：14% 评分：95 最佳饮用期：2033年
参考价格：45澳元

Adelaide Hills Blanc de Blancs 2012
阿德莱德山白中白2012
4年的带酒脚处理，为这款酒带来了饼干类的香气和复杂浓郁的口感。没有完全苹乳发酵的迹象，充满水果味道。并且带有葡萄柚的味道。长度很好，相对来说残糖很低。这是一款非常有趣的葡萄酒。
封口：皇冠盖 酒精度：12.5% 评分：94 最佳饮用期：2020年
参考价格：45澳元

Ros Ritchie Wines 罗斯·里奇葡萄酒 ★★★★

1974 Long Lane，Barwite，Vic 3722 产区：上高宝 电话：0448 900 541
网址：www.rosritchiewines.com 开放时间：提前预约 酿酒师：罗斯·里奇（Ros Ritchie）
创立时间：2008年 产量（以12支箱数计）：2000 葡萄园面积：5公顷

在1981—2006年间，罗斯·里奇（Ros Ritchie）在里奇（Ritchie）家族的德拉特（Delatite）酿酒厂做酿酒师。2008年，她和丈夫约翰（John）建立了自己的酿酒厂。他们租了曼斯菲尔德（Mansfield）附近的葡萄园（梅洛和赤霞珠），从种植者那里购买高质量的葡萄。主要包括古布列顿（Gumbleton）、雷蒂夫（Retief）和巴克辛德尔（Baxendale）葡萄园。其中，巴克辛德尔庄园位于国王河谷（King River Valley）高海拔处，它的葡萄种植者吉姆·巴克辛德尔（Jim Baxendale，和妻子罗丝）是非常有经验的栽培师。所有的葡萄园的农药喷洒都保持最低量。出口到英国等国家，以及中国内地（大陆）和香港地区。

🍷🍷🍷🍷🍷 Dead Man's Hill Vineyard Gewurztraminer 2016
死人之山葡萄园琼瑶浆2016
有了琼瑶浆的生活会更加美好，因为它带给人幸福的感觉。的确，萜烯带来的芳香性和风味物质的化合物，让这款葡萄酒充满了麝香、生姜、香料、玫瑰花瓣、香菜、荔枝和桔子的味道。口感润滑，丰厚，略带一点甘油的滑腻之感。
封口：螺旋盖 酒精度：14% 评分：94 最佳饮用期：2024年
参考价格：25澳元 JF ✪

🍷🍷🍷🍷 Barwite Vineyard Riesling 2016
巴威特葡萄园雷司令2016
评分：93 最佳饮用期：2025年 参考价格：25澳元 JF ✪

Baxendale's Vineyard Cabernate Sauvignon 2015
巴克辛德尔葡萄园赤霞珠2015
评分：92 最佳饮用期：2021年 参考价格：28澳元 JF

Aromatyk 2016
阿罗马泰克 2016
评分：91 最佳饮用期：2019年 参考价格：25澳元 JF

Rosabrook Margaret River Wine 玛格利特河罗莎布鲁克葡萄酒 ★★★★☆

1390 Rosa Brook Road，Rosabrook，WA 6285 产区：玛格利特河
电话：(08) 9368 4555 网址：www.rosabrook.com.au 开放时间：不开放
酿酒师：布莱恩·弗莱切（Brian Fletcher） 创立时间：1980年
产量（以12支箱数计）：12000 葡萄园面积：25公顷

罗莎布鲁克葡萄园最早建于1984—1996年期间。2007年，罗萨布鲁克（Rosabrook）将葡萄园迁移到玛格利特河葡萄酒产区的西北端，俯瞰地理湾和印度洋。受到海洋的影响，这里白天温暖，夜晚凉爽，为葡萄创造了缓慢而温和的成熟条件。出口到英国、瑞典、迪拜等国家，以及

中国内地（大陆）和香港地区。

🍷🍷🍷🍷🍷 Single Vineyard Estate Cabernate Sauvignon 2014
单一葡萄园庄园赤霞珠 2014
这是一款结实的赤霞珠葡萄酒，带有玛格利特河标志性的香片味，带有醋栗和薄荷的气息，回味细节丰富，绵长。口感丰厚、浓郁，丰富的橡木味道自然地融入主题。
封口：螺旋盖　酒精度：14.5%　评分：96　最佳饮用期：2032年
参考价格：45澳元　NG

Single Vineyard Estate Chardonnay 2015
单一葡萄园庄园霞多丽 2015
现代霞多丽的风格，有玛格利特河蜜桃、蜂花和大量的高质量的法国橡木的味道。橡木融合了水果的味道，结尾有硬实的矿物质味道。
封口：螺旋盖　酒精度：12.4%　评分：94　最佳饮用期：2026年
参考价格：45澳元　NG

🍷🍷🍷🍷 Cabernate Sauvignon Merlot 2015
赤霞珠梅洛2015
评分：93　最佳饮用期：2025年　参考价格：17澳元　NG

Single Vineyard Tempranillo 2013
单一葡萄园庄园添帕尼罗 2013
评分：91　最佳饮用期：2030年　参考价格：65澳元　NG

Rosby　罗斯比　★★★★

122 Strikes Lane，满吉，新南威尔士州，2850　产区：满吉
电话：(02)6373 3856　网址：www.rosby.com.au　开放时间：提前预约
酿酒师：提姆·斯蒂文斯（Tim Stevens）　创立时间：1996年
产量（以12支箱数计）：2000　葡萄园面积：9公顷

在满吉的一块儿得天独厚的地方，杰拉尔德（Gerald）和凯·诺顿-奈特（Kay Norton-Knight）建立了他们的葡萄园，其中有4公顷的西拉和2公顷的赤霞珠，很多葡萄种植者都觉得他们的葡萄园有特殊品质——这个酒园却着实如此。它坐落在一个小山谷中，土壤是石英砾石上覆红色玄武岩的结构，这种罕见的结构能够让葡萄的根系扎得更深。亨廷顿庄园（Huntington Estate）的提姆·斯蒂文斯（Tim Stevens）大量的购买这里的葡萄，并用它们来酿制罗斯比葡萄酒。

🍷🍷🍷🍷 Mudgee Shiraz 2014
满吉西拉2014
饱满的紫色；浓厚饱满，带有李子、黑莓和黑樱桃的味道，单宁和橡木的使用恰如其分。对于猎人谷来说，这个年份不算太好，这已经是这一年份很好的葡萄酒了。
封口：螺旋盖　酒精度：13.3%　评分：91　最佳饮用期：2034年
参考价格：25澳元

Mudgee Cabernate Sauvignon 2014
满吉赤霞珠 2014
手工采摘，除梗破碎，开放式发酵，带皮浸渍8天，在法国橡木桶（30%是新的）中熟成18个月。如果你喜欢满吉的葡萄酒，这里就是你的不二选择——很难找到比这款酒性价比更高的酒款了。并不张扬，但各项指标都非常优秀。
封口：螺旋盖　酒精度：13.5%　评分：90　最佳饮用期：2029年
参考价格：20澳元

Rosemount Estate　玫瑰山庄园　★★★★★

The Atrium，58 Queensbridge Street，Southbank，Vic 3006　产区：麦克拉仑谷
电话：1300 651 650　网址：www.rosemountestate.com　开放时间：不开放
酿酒师：兰德尔·康明斯（Randall Cummins）　创立时间：1888年　产量（以12支箱数计）：不详

玫瑰山庄园（Rosemount Estate）在麦克拉仑谷、菲尔半岛（Fleurieu）、库纳瓦拉和罗贝（Robe）都有葡萄园——这也是酒庄得以出产顶级葡萄酒的重要基础。此外，酒庄也能够收购TWE的酒庄自有葡萄园出产的葡萄，但钻石（Diamond）系列的葡萄酒的原料主要来自南澳大利亚、新南威尔士、维多利亚和西澳的合约种植者。新千年前后，玫瑰山庄园致力于修复品牌的声誉，在过去的几年里，该酒庄葡萄酒的质量得到了很大的提高。有些讽刺的是，2014年11月，麦克拉仑谷葡萄酒厂关闭了，酿酒的工作转移到了TWE旗下的其他本地大型葡萄酒厂。出口到世界所有的主要市场。

🍷🍷🍷🍷 G.S.M. McLaren Vale Grenache Syrah Mourvedre 2015
G.S.M.麦克拉仑谷歌海娜西拉幕尔维　2015
酒香非常馥郁，由歌海娜带来的覆盆子和土耳其软糖的味道占据主导地位。中等酒体，单宁美味可口。结尾有一点甜水果的味道，非常易饮。
封口：螺旋盖　酒精度：14%　评分：90　最佳饮用期：2022年　SC

🍷🍷🍷🍷 Little Berry Adelaide Hills Sauvignon Blanc 2015
小浆果阿德莱德山长相思2015
评分：89　最佳饮用期：2017年　参考价格：20澳元

Rosenthal Wines　罗森塔尔葡萄酒　★★★★

24 Rockford Street，Denmark，WA 6333　产区：大南部产区
电话：0417 940 851　网址：www.rosenthalwines.com.au　开放时间：不开放

酿酒师：卢克·埃克斯利（Luke Eckersley），科比·拉德维格（Coby Ladwig）
创立时间：2001年 产量（以12支箱数计）：5000 葡萄园面积：17公顷
罗森塔尔葡萄酒庄（Rosenthal Wines）是位于布里奇顿（Bridgetown）和满吉姆（Manjimup）之间的180公顷斯普林菲尔德公园（Springfield Park）牧牛场中的一小部分。马乔里·里钦斯（Marjorie Richings）在1997年种植了一小块葡萄园以增加一些多样性——这块地产由约翰·罗森塔尔博士（Dr John Rosenthal）从杰拉尔德（Gerald）和马乔里处购得。罗森塔尔家族扩大了葡萄园，其中的主要品种为西拉和赤霞珠。这些葡萄酒在西澳主题的酒展上获得了极大的成功。罗森塔尔葡萄酒现在由卢克·埃克斯利（Luke Eckersley，威洛比公园的酿酒师）和科比·拉德维格（Coby Ladwig）所有。出口到中国。

🍷🍷🍷🍷🍷

Garten Series Great Southern Chardonnay 2015
加藤系列大南部产区霞多丽 2015
物超所值；这是一款优雅融合了白桃、油桃、烤腰果和葡萄柚酸度的霞多丽；回味新鲜。
封口：螺旋盖 酒精度：13% 评分：94 最佳饮用期：2023年
参考价格：25澳元 ✪

The Marker Pemberton Pinot Noir 2016
创造者潘伯顿黑比诺2016
一款令人印象深刻的葡萄酒，有着极好的深度、结构感和品种特性的表达。带有辛香料、深色樱桃和李子的味道，回味悠长，口感平衡，让人情不自禁地想要再饮一杯。
酒精度：14.5% 评分：94 最佳饮用期：2023年 参考价格：32澳元

Garten Series Shiraz 2014
加藤系列西拉2014
色泽优美；带有李子、辛香料、石楠，黑莓和甘草的味道，结构平衡，口感精致，单宁具备典型的大南部产区好年份的风格，可以存放很久，价格合理。
封口：螺旋盖 酒精度：14.5% 评分：94 最佳饮用期：2034年
参考价格：25澳元 ✪

Richings Great Southern Shiraz 2014
里金斯大南部产区西拉2014
深紫红色调；口感浓郁，犹如天鹅绒一般绵软的单宁，伴随着丰富紫色和黑色水果的味道，值得长期保存。
封口：螺旋盖 酒精度：14.5% 评分：94 最佳饮用期：2039年
参考价格：42澳元

The Marker Blackwood Valey Shiraz Cabernate Sauvignon 2015
创造者黑木谷西拉赤霞珠2015
酒体饱满：带有黑色水果、霞多丽、黑巧克力，甘草、李子、黑莓，香柏木的味道，单宁成熟，回味中可以品尝到非常精致的细节。
封口：螺旋盖 酒精度：14.5% 评分：94 最佳饮用期：2035年
参考价格：32澳元

Garten Series Cabernate Sauvignon 2015
加藤系列赤霞珠 2015
明亮的紫红色；非常诱人，带有黑醋栗酒的果味，精致、可口的单宁，橡木配合得很好。
封口：螺旋盖 酒精度：14% 评分：94 最佳饮用期：2023年
参考价格：25澳元 ✪

🍷🍷🍷🍷

Richings Great Southern Chardonnay 2016
里金斯大南部产区霞多丽 2016
评分：93 最佳饮用期：2025年 参考价格：42澳元

The Marker Great Southern Riesling 2016
创造者大南部产区雷司令2016
评分：92 最佳饮用期：2026年 参考价格：32澳元

The Marker Great Southern Chardonnay 2016
大南部产区霞多丽 2016
评分：92 最佳饮用期：2024年 参考价格：32澳元

The Marker Southern Forest Shiraz 2015
创造者南部森林西拉2015
评分：92 最佳饮用期：2035年 参考价格：32澳元

Garten Series Great Southern Chardonnay 2016
加藤系列大南部产区霞多丽 2016
评分：90 最佳饮用期：2022年 参考价格：25澳元

Garten Series Shiraz 2015
加藤系列西拉2015
评分：90 最佳饮用期：2029年 参考价格：25澳元

Rosily Vineyard 罗斯里葡萄园 ★★★★☆

871 Yelverton Road，Wilyabrup，WA 6284 产区：玛格利特河
电话：（08）9755 6336 网址：www.rosily.com.au
开放时间：每日开放，12月至1月，11:00—17:00

酿酒师：米克·斯科特（Mick Scott） 创立时间：1994年
产量（以12支箱数计）：5500 葡萄园面积：12.28公顷
肯·艾伦（Ken Allan）和米克·斯科特（Mack Scott）于1994年收购了罗斯里葡萄园，园中种植有3年的长相思、赛美蓉、霞多丽、赤霞珠、梅洛、西拉、歌海娜和品丽珠。第一批出产的葡萄销售给了该地区的其他生产商。1999年，罗斯里建成了一个产量为120吨的酿酒厂。酒庄的发展蒸蒸日上，所有庄园自有的葡萄都被酿制成酒并在罗西利葡萄园品牌下出售，价格非常合理。

🍷🍷🍷🍷🍷 Margaret River Cabernate Sauvignon 2015
玛格利特河赤霞珠 2015
产区特有的黑色浆果、波森梅、巧克力-薄荷，温暖泥土和月桂叶的味道，伴随着雪松橡木的气息。中等酒体，细节丰富，生丝一般的单宁更增加了层次感和复杂性。现在饮用就很好，但陈放一段时间会更好。
封口：螺旋盖 酒精度：14% 评分：95 最佳饮用期：2030年
参考价格：27澳元 JF ✪

Margaret River Merlot 2014
玛格利特河梅洛2014
很难说产区风土和克隆株系各自在最终的产品中所占的比例，但这款葡萄酒的确出色地表达了品种特征。带有黑醋栗酒、李子和荷兰豆味道的细微差别，单宁细腻，橡木平衡。非常合算。
封口：螺旋盖 酒精度：14% 评分：94 最佳饮用期：2024年
参考价格：20澳元 ✪

🍷🍷🍷🍷 Margaret River Sauvignon Blanc 2016
玛格利特河长相思2016
评分：91 最佳饮用期：2019年 参考价格：20澳元 JF ✪

Cellar Release Margaret River SSB 2011
酒窖发行玛格利特河 SSB 2011
评分：90 最佳饮用期：2018年 参考价格：23澳元 JF

Margaret River Shiraz 2011
玛格利特河西拉2011
评分：90 最佳饮用期：2021年 参考价格：23澳元

Ross Hill Wines 罗斯山葡萄酒 ★★★★★

134 Wallace Lane，奥兰治，新南威尔士州，2800 产区：奥兰治
电话：(02)6365 3223 网址：www.rosshillwines.com.au 开放时间：每日开放，10:30—17:00
酿酒师：菲尔·克尼（Phil Kerney） 创立时间：1994年
产量（以12支箱数计）：25000 葡萄园面积：18.2公顷
1984年，彼得（Peter）和特瑞·罗宾逊（Terri Robson）在格里芬路（Griffin Road）朝北的斜坡上建立了一个葡萄园，其中种植了霞多丽、梅洛、长相思、品丽珠、西拉和黑比诺。2007年，他们的儿子詹姆斯（James）和妻子克瑞茜（Chrissy）加入了企业，并在产品包装棚屋旁建立了华莱士大道（Wallace Lane）葡萄园（黑比诺，长相思和灰比诺）——这就是现在的酒厂。不使用杀虫剂，葡萄全部采用手工采摘和修剪。出口到德国、新加坡、巴厘岛等国家，以及中国内地（大陆）和香港地区。

🍷🍷🍷🍷🍷 The Griffin 2013
格里芬2013
赤霞珠、梅洛和品丽珠。口感的核心是熏橡木和桉树的味道，与此同时，这款酒也有着丰富的果味、出色的长度。完全可以陈酿。单宁粗壮，口感结实。
封口：螺旋盖 酒精度：14.5% 评分：96 最佳饮用期：2033年
参考价格：95澳元 CM

Pinnacle Series Griffin Road Vineyard Orange Cabernate Sauvignon 2015
巅峰系列格里芬路葡萄园奥兰治赤霞珠 2015
在法国橡木桶（30%是新的）中熟成22个月。酒液呈现良好的色调与深度；这是一款很好的赤霞珠，带有黑醋栗酒、黑橄榄和月桂叶的味道，周围是石片般的单宁和橡木构成的精巧的框架。
封口：螺旋盖 酒精度：14.9% 评分：95 最佳饮用期：2030年
参考价格：45澳元

Pinnacle Series Griffin Road Vineyard Orange Cabernet Franc 2015
巅峰系列格里芬路葡萄园奥兰治品丽珠 2015
色泽优美；令人印象深刻，带有多汁红色水果的味道，单宁和法国橡木增加了酒的质地和结构感。
封口：螺旋盖 酒精度：14.5% 评分：95 最佳饮用期：2030年
参考价格：45澳元

Pinnacle Series Orange Chardonnay 2015
巅峰系列奥兰治霞多丽 2015
口感浓烈纯正。带有葡萄柚，白桃和石英般的矿物质风味赋予了这款酒独特的性格和态度，回味很好。
封口：螺旋盖 酒精度：12.5% 评分：94 最佳饮用期：2022年
参考价格：35澳元 CM

Jack's Lot Orange Shiraz 2015

杰克之地奥兰治西拉2015
这款酒从开始的酒香，到口感，再到回味之中都有着丰富的细节。品种特有的果味非常浓郁，这在一定程度上可能是因为它虽然没有过分的成熟，但酒精度很高。这也使得黑莓、黑樱桃、胡椒和香料的味道都有所表现。法国橡木和丰满的单宁也为整体的口感增色不少。
封口：螺旋盖 酒精度：14.8% 评分：94 最佳饮用期：2029年
参考价格：25澳元 ✪

🍷🍷🍷🍷🍷
Jack's Lot Orange Shiraz 2014
杰克之地奥兰治西拉2014
评分：93 最佳饮用期：2025年 参考价格：25澳元 CM ✪
Pinnacle Series Wallace Lane Pinot Gris 2016
巅峰系列灰比诺2016
评分：92 最佳饮用期：2018年 参考价格：30澳元
Isabelle Orange Cabernet Franc Merlot 2015
伊莎贝尔奥兰治品丽珠梅洛2015
评分：92 最佳饮用期：2025年 参考价格：25澳元 ✪
Pinnacle Series Griffin Road Sauvignon Blanc 2016
顶峰系列格里芬路长相思2016
评分：91 最佳饮用期：2018年 参考价格：30澳元
Pinnacle Series Griffin Road Shiraz 2015
顶峰系列格里芬路西拉2015
评分：91 最佳饮用期：2029年 参考价格：45澳元
Tom & Harry Orange Cabernate Sauvignon 2015
汤姆和哈利奥兰治赤霞珠 2015
评分：90 最佳饮用期：2023年 参考价格：25澳元
Blanc de Blancs 2013
白中白2013
评分：90 最佳饮用期：2017年 参考价格：35澳元 TS
Blanc de Blancs 2011
白中白2011
评分：90 最佳饮用期：2026年 参考价格：30澳元 TS

Rouleur 惠勒 ★★★★★

150 Bank Street，South 墨尔本，Vic 3205（邮）产区：雅拉谷/麦克拉仑谷
电话：0419 100 929 网址：www.rouleurwine.com 开放时间：不开放
酿酒师：罗布·霍尔（Rob Hall），马特·伊斯特（Matthew East）
创立时间：2015年 产量（以12支箱数计）：700
庄主马特·伊斯特（Matt East）在雅拉谷长大，目睹了父亲在冷溪（Coldstream）建立葡萄园的过程，从小就对葡萄酒很有兴趣。从1999年2月到2015年12月，他的日常工作是市场营销，并在2011年被任命为威拿庄（Wirra Wirra，2008年加入公司）的全国销售经理。从这一职位上退休后，他组建了伊斯特葡萄酒工业咨询公司（Mr East Wine Industry Consulting），并着手建设惠勒酒庄。他住在墨尔本，与雅拉谷距离很近，并与罗布·霍尔（Rob Hall）一起收购葡萄并酿酒。他在麦克拉仑的威拿庄的经历最终促使他建立了惠勒（Rouleur）酒庄，在必要时，他的朋友们会用酿酒专业技术来帮助他酿制葡萄酒，使用的酿酒设备属于丹尼斯酒厂（Dennis Winery）。在墨尔本，他将墨尔本北部一个破旧的冷饮铺改造成了罗勒尔酒庄在市中心的地下室大门。

🍷🍷🍷🍷🍷
Yarra Valley Chardonnay 2016
雅拉谷霞多丽 2016
34岁酒龄的I10V1克隆株系，70%经过整串压榨，并同皮渣一起进入木桶中，30%经过去梗和轻柔的破碎后进入开放式发酵罐，10%带皮浸渍24小时，20%发酵带皮浸渍5天，野生酵母，无苹乳发酵，在法国橡木桶（15%是新的）中陈酿16个月。酒的品质的确与复杂的酿造工艺相称。将非同寻常的诱惑之感与矿物质的酸度结合起来，其回味可以说是雅拉谷最好的风格之一，葡萄柚和油桃的味道十分突出。
封口：螺旋盖 酒精度：12.8% 评分：95 最佳饮用期：2024年
参考价格：29澳元
McLarent Vale Grenache 2016
麦克拉仑谷歌海娜 2016
52岁树龄的灌木葡萄藤，轻柔除梗破碎，20%的整串葡萄在发酵罐的最上部，冷浸渍3天，采用人工培养酵母，开放式发酵，两个发酵罐，发酵分两部分，其中一部分按传统经过10天的发酵，另一部分经过7天的后浸渍发酵，在旧的大桶中陈酿11个月。麦克拉仑谷的歌海娜有着独特的表达方式，尤其是当酒精度保持在或是低于14.5%的情况下。酿造工艺复杂，但也极为成功，充满了红色和紫色水果的味道，单宁可口轻柔。充满口腔，但并不令人腻烦。
封口：螺旋盖 酒精度：14.4% 评分：95 最佳饮用期：2026年
参考价格：29澳元

🍷🍷🍷🍷🍷
Yarra Valley Pinot Noir 2016

雅拉谷黑比诺2016
评分：91　最佳饮用期：2023年　参考价格：29澳元

Route du Van　小车之路 ★★★☆

PO Box 1465，Warrnambool，Vic 3280（邮）　产区：维多利亚多地
电话：(03)5561 7422　网址：www.routeduvan.com　开放时间：不开放
酿酒师：托德·德克斯特（Tod Dexter）　创立时间：2010年　产量（以12支箱数计）：8000
德克斯特家族［Dexter，托德（Todd）和黛比（Debbie）］和伯德家族［Bird，伊恩（Ian）和露丝（Ruth），大卫（David）和玛丽（Marie）］家族生产和销售葡萄酒已经超过30年了。一次，他们正在法国西南部风景如画的葡萄园和古老的巴士赛村庄（Bastide）度假，他们决定做点新的有意思的事儿：能为他们带来乐趣，也能让那些购买葡萄酒的消费者感到快乐——他们的葡萄酒会有一种法国南部的独特的感觉。酒的价格不贵，小餐馆也是目标市场之一。该企业显然取得了巨大的成功，出口市场的扩展使产量从3500箱增加到现在的水平。出口到英国、美国、挪威、瑞典和波兰。

🍷🍷🍷🍷☆ Yarra Valley Pinot Noir 2016
雅拉谷黑比诺2016
色泽浓郁；质地和结构都很好，还有层次饱满的深色樱桃和李子的味道。对于这样一个有挑战性的年份来说，这是很好的结果了。可以窖藏。
封口：螺旋盖　酒精度：13%　评分：92　最佳饮用期：2026年

🍷🍷🍷🍷 Yarra Valley Chardonnay 2016
雅拉谷霞多丽 2016
评分：89　最佳饮用期：2019年

Rowlee　罗利 ★★★★☆

19 Lake Canobolas Road，奥兰治，新南威尔士州,2800　产区：奥兰治
电话：(02)6365 3047　网址：www.rowleewines.com.au
开放时间：每日开放，11:00—17:00
酿酒师：PJ·查特里斯（PJ Charteris，顾问）创立时间：2000年
产量（箱）:3000　葡萄园面积：7.71公顷
最初，19世纪50年代时，这片土地是2000英亩的放牧牧场。罗利（Rowlee）将它改造为80英亩，但仍然保留着约在1880年建成的原宅。该房产已经不再用于放牧，现在是20英亩葡萄园——最初是由萨莫多尔（Samodol）家族于2000年种植的。品种包括黑比诺、灰比诺、内比奥罗、阿尼斯、霞多丽、雷司令和长相思。罗利葡萄园坐落在死火山卡诺波尔（Mt Canobolas）北向的一处坡地上，这里的海拔为920米，有丰富的玄武岩突然。2013年，酒庄开始与葡萄种植者蒂姆·埃森（Tim Esson）和家人合作，共同酿制葡萄酒。

🍷🍷🍷🍷🍷 Orange Chardonnay 2015
奥兰治霞多丽 2015
冷凉气候的品种香气，白桃的味道，自然地融入了淡淡的法国橡木味。其果香浓郁、纯正，口感复杂。
封口：螺旋盖　酒精度：13.5%　评分：95　最佳饮用期：2022年
参考价格：35澳元　SC

Orange Pinot Noir 2014
奥兰治黑比诺 2014
烤面包味道巧妙地衬托出它的品种香气——多汁的覆盆子和酸樱桃香，酒香中还有橡木的味道；非常新鲜、复杂。口感也同样明亮活泼、多汁，口感丰富，深度和长度都很好，具备高质量黑比诺特有的精细酸度。
封口：螺旋盖　酒精度：13%13%　评分：94　最佳饮用期：2027年
参考价格：35澳元　SC

🍷🍷🍷🍷☆ Orange Riesling 2016
奥兰治雷司令2016
评分：93　最佳饮用期：2023年　参考价格：28澳元　JF

R-Series Orange Pinot Noir 2016
R系列奥兰治黑比诺 2016
评分：93　最佳饮用期：2025年　参考价格：45澳元　JF

Orange Pinot Noir 2015
奥兰治黑比诺 2015
评分：93　最佳饮用期：2024年　参考价格：30澳元　JF

Orange Chardonnay 2016
奥兰治霞多丽 2016
评分：92　最佳饮用期：2021年　参考价格：28澳元　JF

Friends Blend 2016
友人混酿2016
评分：92　最佳饮用期：2020年　参考价格：25澳元　JF　✪

Orange Pinot Noir 2016
奥兰治黑比诺 2016
评分：91　最佳饮用期：2022年　参考价格：30澳元　JF

Orange Pinot Gris 2015
奥兰治灰比诺2015
评分：90　最佳饮用期：2017年　参考价格：25澳元
Orange Arneis 2016
奥兰治阿尼斯 2016
评分：90　最佳饮用期：2020年　参考价格：25澳元　JF
Single Vineyard Orange Nebbiolo 2015
单一葡萄园奥兰治内比奥罗2015
评分：90　最佳饮用期：2023年　参考价格：38澳元　JF

Ruckus Estate　喧哗庄园　★★★★★

PO Box 167，Penola，SA 5277（邮）　产区：拉顿布里（Wrattonbully）
电话：0437 190 244　网址：www.ruckusestate.com　开放时间：不开放
酿酒师：迈克·克洛克（Mike Kloak）　创立时间：2000年
产量（以12支箱数计）：1000　葡萄园面积：40公顷
在对优质葡萄种植地进行了长期探索之后，喧哗庄园于2000年建成，酒庄特别注重利用最新发售的梅洛克隆株系——这些株系有望酿制出前所未有的优质葡萄酒。然而，他们并没有把所有的鸡蛋都放在一个篮子里，也种植了马尔贝克、赤霞珠和西拉。2013年，他们酿造除了第一批少量的葡萄酒（大部分的葡萄都被卖给其他酿酒商了）。鉴于梅洛的质量，将产量提高到2000箱的计划应该可以很容易实现，2016年5月，酒庄发售了西拉马尔贝克，并计划发售赤霞珠。

🍷🍷🍷🍷🍷 Merite Single Vineyard Wrattonbully Merlot 2015
勋章单一葡萄园拉顿布里梅洛2015
葡萄园种植了5个梅洛的克隆株系（包括8R和Q45），完全具备生产高品质的葡萄酒的能力。吹毛求疵的话，法国橡木桶（40%是新的）的痕迹可能过于明显了，但这也会随着陈年而逐渐减弱。不过这也产生了争议——如果使用30%的新橡木桶会不会更好？2014年的比例是50%。香气和口感中都能感受到黑醋栗酒，李子和草药的味道，单宁十分精细。
封口：螺旋盖　酒精度：14%　评分：96　最佳饮用期：2035年
参考价格：60澳元　✪
Merite Single Vineyard Wrattonbully Cabernate Sauvignon 2015
勋章单一葡萄园拉顿布里赤霞珠2015
这款酒口感醇厚，成熟度高（但并不过分），占据主导地位的是甘美的果味和橡木味——现在二者不相上下。再过5年左右，果味将成为主导。葡萄讲过和橡木中的单宁提供了良好的口感和质地。这是一款各方面都很好的葡萄酒。
封口：橡木塞　酒精度：14.2%　评分：96　最佳饮用期：2035年
参考价格：60澳元　✪
The Q Merlot 2015
Q梅洛2015
非常集中、纯粹。红色水果，后是泥土的味道，单宁如丝网一般。中等酒体，但平衡感强，新橡木的使用非常精确。随着葡萄藤的成熟，这款酒还会更好。
封口：螺旋盖　酒精度：14%　评分：95　最佳饮用期：2030年
参考价格：32澳元　✪

Rudderless　无舵　★★★★★

Victory Hotel，Main South Road，Sellicks Beach，SA 5174　产区：麦克拉仑谷
电话：(08) 8556 3083　网址：www.Victoryhotel.com.au　开放时间：每日开放，
酿酒师：皮特·弗莱泽（Pete Fraser，合约）创立时间：2004年
产量（以12支箱数计）：450　葡萄园面积：2公顷
胜利饭店（约1858年）的所有者道格·戈文（Doug Govan）为什么会为他的葡萄园选择"无舵"这个名字？这就说来话长了。酒店坐落于威伦加（Willunga）南陡坡的山脚下，也是一个入海处，葡萄园就是围绕着这个酒店建造的——种植有西拉、格拉西亚诺、歌海娜、马尔贝克、马塔洛和维欧尼。这些葡萄酒大部分都是通过胜利饭店销售的，道格·戈文本人则一直十分低调。

🍷🍷🍷🍷🍷 Sellicks Hill McLarent Vale Grenache 2014
萧力山麦克拉仑谷歌海娜 2014
这款酒有些与众不同。带有樱桃、李子、可乐和茴香的味道，结尾则有泥土和香料的味道，单宁使得口感十分平衡、完整。一款美酒。
封口：螺旋盖　酒精度：14.5%　评分：95　最佳饮用期：2027年
参考价格：35澳元　CM　✪
Sellicks Hill McLarent Vale Grenache Graciano 2014
萧力山麦克拉仑谷歌海娜马塔洛格拉西亚诺2014
1500株西拉、864株格拉西亚诺、538株歌海娜、487株马尔贝克和294株马塔洛。麦克拉仑谷的这款复杂的混酿，酒香和口感都非常独特。带有甘美李子果、红樱桃、各种香料的味道，非常新鲜，结尾轻盈。
封口：螺旋盖　酒精度：14%　评分：95　最佳饮用期：2034年
参考价格：35澳元　✪
Sellicks Hill McLarent Vale Malbec 2014
萧力山麦克拉仑谷马尔贝克 2014

有着简洁的深墨色水果的味道。它的整体并不笨重，但也不会让人将它忽略掉。满是紫罗兰、玫瑰、沥青和李子的味道，熏橡木的味道如同丝带一般，将各种风味连接在一起。后半部分的单宁十分突出，令人印象深刻。年产量仅仅为95箱，值得入手。
封口：螺旋盖　酒精度：14%　评分：95　最佳饮用期：2030年
参考价格：35澳元　CM ✪

🍷🍷🍷🍷🍷 Sellicks Hill McLarent Vale Shiraz 2014
萧力山麦克拉仑谷西拉2014
评分：92　最佳饮用期：2028年　参考价格：35澳元　CM
Sellicks Hill McLarent Vale Shiraz GSM
萧力山麦克拉仑谷GSM 2014
评分：92　最佳饮用期：2024年　参考价格：35澳元　CM

Rusty Mutt　锈狗　★★★★

26 Columbia Avenue，Clapham，SA 5062（邮）产区：麦克拉仑谷
电话：0402 050 820　网址：www.rustymutt.com.au　开放时间：不开放
酿酒师：斯科特·海德里希（Scott Heidrich）　创立时间：2009年　产量（以12支箱数计）：1000
斯科特·海德里希（Scott Heidrich）已经在杰夫·梅里尔（Geoff Merrill）的阴影下生活了20年，但他的虚拟微酒厂已经部分地出现在阳光下。早在2006年，在斯科特的亲友［尼科尔（Nicole）和阿兰·弗朗西斯（Alan Francis），斯图尔特·埃文斯（Stuart Evans），大卫·李普曼（David Lipman）和菲尔·科尔（Phil Cole）］的劝说下，他用当年的高品质的葡萄，制作了一小批西拉——酿造过程是在麦克拉仑谷一家朋友的微型酒厂完成的。斯科特对中国星相学和风水学很有兴趣：他出生在狗年，五行属金，因此为酒庄取名锈狗。庄主饮用之外，它们所产的葡萄酒都通过精品店和精选的餐馆销售。少量出口到英国和中国。

🍷🍷🍷🍷🍷 Vermilion Bird McLaren Vale Shiraz 2013
朱鸟麦克拉仑谷西拉2013
浓郁丰厚，雪松、椰子、香草和焦油的味道包裹着成熟的深色水果味，略带酸甜味，单宁有力，结尾很干。带有典型的麦克拉仑谷西拉的风格特征，口感饱满、明亮，引人深思。在杯中会逐渐变化，进一步得到提升。
封口：橡木塞　酒精度：14.5%　评分：92　最佳饮用期：2023年
参考价格：75澳元　JF
Original McLaren Vale Shiraz 2014
起源麦克拉仑谷西拉2014
酒液呈现鲜红的石榴石色。充满香料、巧克力和成熟李子的水果味道，伴随适度的橡木味。酒体丰满但不过重，单宁成熟、有力，平衡感好。
封口：螺旋盖　酒精度：14.5%　评分：91　最佳饮用期：2023年
参考价格：27澳元　JF

Rutherglen Estates　路斯格兰庄园　★★★★☆

Tuileries，13 Drummond Street，路斯格兰，Vic 3685　产区：路斯格兰
电话：(02)6032 7999　网址：www.rutherglenestates.com.au
开放时间：每日开放，10:00—17:00.30
酿酒师：马克·思拉佐（Marc Scalzo）　创立时间：1997年
产量（以12支箱数计）：70000　葡萄园面积：184公顷
路斯格兰酒庄是这一产区最大的种植者之一。酒庄的重心已经改变：它减少了自己种植的葡萄的使用，而保持合同加工。生产已转向餐酒——原料均为手工采摘，由路斯格兰的5个葡萄园出产。酒庄偏重非传统品种，包括罗纳河谷和地中海品种如杜瑞夫，维欧尼、西拉和桑乔维塞，以及替代性品种、增芳德、萨瓦涅和菲亚诺，出口到新加坡、泰国和中国。

🍷🍷🍷🍷🍷 Renaissance Zinfandel 2014
文艺复兴增芳德 2014
令人想起索诺玛（Sonoma，相同的价位的）的优质葡萄酒，带有丰富的蓝色和红色水果的味道，伴随增芳德结实的单宁，复杂的橡木味酸度，以及由于增芳德不均匀成熟的特性带来的酸度。
封口：螺旋盖　酒精度：14.5%　评分：95　最佳饮用期：2022年
参考价格：35澳元　NG ✪

🍷🍷🍷🍷🍷 Classic Muscat NV
经典的麝香无年份
评分：93　参考价格：28澳元　NG
Renaissance Viognier Marsanne Roussanne 2015
维欧尼胡珊玛珊2015
评分：92　最佳饮用期：2020年　参考价格：32澳元　NG
Arneis 2016
阿尼斯 2016
评分：91　最佳饮用期：2019年　参考价格：24澳元　NG
Tempranillo 2015
添帕尼罗 2015
评分：91　最佳饮用期：2023年　参考价格：24澳元　NG

Muscat NV
麝香 无年份
评分：91 参考价格：20澳元 NG ✪
Shelley's Block Marsanne Viognier Roussanne 2015
雪莱地块玛珊维欧尼胡珊2015
评分：90 最佳饮用期：2020年 参考价格：19澳元 NG ✪
Durif 2014
杜瑞夫2014
评分：90 最佳饮用期：2038年 参考价格：24澳元 NG
Renaissance Durif 2014
文艺复兴杜瑞夫2014
评分：90 最佳饮用期：2040年 参考价格：50澳元 NG

Rymill Coonawarra 库纳瓦拉瑞米尔 ★★★★☆

Riddoch Highway，库纳瓦拉，SA 5263 产区：库纳瓦拉
电话:（08）8736 5001 网址：www.rymill.com.au 开放时间：每日开放，10:00—17:00
酿酒师：桑德琳·吉蒙（Sandrine Gimon），弗雷德里克·扎纳（Federico Zaina），乔什·克莱蒙森（Joshua Clementson） 创立时间：1974年
产量（以12支箱数计）：40000 葡萄园面积：137公顷
瑞米尔家族是约翰·里多克（John Riddoch）的后代，他们从1970年起就开始种植葡萄，他们拥有的葡萄园中，有一些是库纳瓦拉最优质的园子。桑德琳·吉蒙（Sandrine Gimon）在香槟接受专业培训，是欧洲版的飞行酿酒师，她在波尔多经营一家葡萄酒厂，在香槟、朗格多克、罗马尼亚和西澳大利亚州都参与过葡萄酒的酿制；她于2011年成为澳大利亚公民。2016年，瑞米尔一家把酒厂、葡萄园和品牌卖给了一位中国投资者。酒庄保留了原来的管理、葡萄园和酿酒团队，新的资金投入改善了葡萄园和酿酒厂。具体来说，包括过去9年中一直在瑞米尔工作的桑德琳，澳大利亚出生的乔什·克莱蒙森（Josh Clementson，酿酒师和葡萄园经理），以及阿根廷出生的弗雷德里克·扎纳（Frederico Zaina）。酒厂大楼还设有酒窖门和艺术展览，和酒厂之上的观景台——这使得此处也成为一处必到的旅游胜地。向世界所有的主要市场出口。

🍷🍷🍷🍷🍷 Sandstone Single Vineyard Cabernet Sauvignon 2015
沙岩单一葡萄园赤霞珠 2015
这是一匹纯种的种马——肌肉起伏，皮毛光滑，目光傲慢。温和的酒精度也是它的一大优点，保证了口感中其他元素和味道的平衡。库那瓦拉的一流葡萄酒。
封口：Diam软木塞 酒精度：13.5% 评分：96 最佳饮用期：2040年
参考价格：60澳元 ✪

🍷🍷🍷🍷 June Traminer Botrytis Gewurztraminer 2016
6月特明纳灰霉菌琼瑶浆2016
评分：92 最佳饮用期：2020年 参考价格：20澳元 ✪
The Dark Horse Cabernate Sauvignon 2015
黑马赤霞珠 2015
评分：91 最佳饮用期：2030年 参考价格：23澳元 ✪
The Yearling Cabernate Sauvignon 2015
一周岁赤霞珠 2015
评分：90 最佳饮用期：2025年 参考价格：15澳元 ✪

Saddler's Creek 赛德乐溪 ★★★★☆

Marrowbone Road，Pokolbin，新南威尔士州，2320 产区：猎人谷
电话：(02)4991 1770 网址：www.saddlerscreek.com 开放时间：每日开放，10:00—17:00
酿酒师：布莱特·伍德沃德（Brett Woodward） 创立时间：1989年
产量（以12支箱数计）：6000 葡萄园面积：10公顷
除了在猎人谷，赛德乐溪并没有什么名气，但却有一群忠实的拥趸。25年前，酒庄第1次生产的葡萄酒就非常浓郁饱满——他们的产品至今也仍然是这种风格。葡萄原料来自猎人谷和兰好乐溪，偶尔会有一些其他的优质产区。

🍷🍷🍷🍷🍷 Ryan's Reserve Hunter Valley Semillon 2016
瑞安珍藏猎人谷赛美蓉2016
因为一不太理想的年份，这款酒的棱角非常分明。线性的口感中，酸度占据主导地位，同时也有大量丰富的其他风味物质，包括香茅草、苹果汁、葡萄柚、淡花香、咖喱叶和湿石头的味道。
封口：螺旋盖 酒精度：11% 评分：94 最佳饮用期：2027年
参考价格：36澳元 JF

🍷🍷🍷🍷 Hunter Valley Semillon 2016
猎人谷赛美蓉2016
评分：92 最佳饮用期：2025年 参考价格：26澳元 JF
Ryan's Reserve Tumbarumba Chardonnay 2016
瑞安珍藏唐巴兰姆巴霞多丽 2016
评分：90 最佳饮用期：2022年 参考价格：36澳元 JF

Sailor Seeks Horse 水手寻马

★★★★☆

102 Armstrongs Road，Cradoc，塔斯马尼亚，7109 产区：塔斯马尼亚南部
电话：0418 471120 网址：www.sailorseekshorse.com.au 开放时间：不开放
酿酒师：保罗（Paul）和吉尔利普斯克布（Gilli Lipscombe）
创立时间：2010年 产量（以12支箱数计）：400 葡萄园面积：6.5公顷

保罗（Paul）和吉尔利普斯克布（Gilli Lipscombe）有着非常有趣的职业生涯，我第1次听说他们和他们的葡萄园时，还不太理解酒庄这个非同寻常的，但也朗朗上口的名字。故事开始于2005年，当他们辞掉（具体信息不详）在伦敦的工作时，他们在朗格多克酿制了一个年份的葡萄酒，然后去了玛格利特河学习葡萄与葡萄酒工程。在学习和工作的同时，他们尽可能多地学习和了解黑比诺。他们工作的葡萄园和酒厂有大有小，既有生物动力的也有传统的，还有最多和最少人工干涉的葡萄园——伍德兰斯（Woodlands）、仙乐都（Xanadu）、连襟酒庄（Beaux Freres）、切哈姆酒庄（Chehalem）和困难山酒庄（Mt Difficulty）。2010年，他们在塔斯马尼亚的朱利安·阿隆索（Julian Alcorso）酿酒公司工作时，发现了一个破败的葡萄园。这个园子建立于2005年，但很快就被废弃了，也从来没有经过采收。该园地处胡恩谷（Huon Valley），正巧是他们理想中的建园之地——塔斯马尼亚最凉爽的地区之一。他们现在为知名的家园山（Home Hill）酒业作酿酒师，也管理吉姆·查托（Jim Chatto）在玻璃湾（Glaziers Bays）的葡萄园。出口到新加坡。

🍷🍷🍷🍷🍷 Pinot Noir 2015
黑比诺2015
这款酒有着丰盛的红色和蓝色水果的味道，以及由5%的整簇发酵带来的一丝五香粉和丁香。完美整合的橡木略带奶油的味道，与水果味自然地融合在一起。绝对没有过度的甜味。
封口：螺旋盖 酒精度：12.7% 评分：97 最佳饮用期：2026年
参考价格：50澳元 NG ✪

🍷🍷🍷🍷🍷(半) Tasmania Chardonnay 2015
塔斯马尼亚霞多丽 2015
评分：93 最佳饮用期：2026年 参考价格：45澳元 NG

St Hallett 圣哈利特

★★★★★

St Hallett Road，Tanunda，SA 5352 产区：巴罗萨
电话：（08）8563 7000 网址：www.sthallett.com.au 开放时间：每日开放，10:00-17:00
酿酒师：托比·巴罗（Toby Barlow），雪莱·考克斯（Shelley Cox），达林·坎齐（Darin Kinzie）
创立时间：1944年 产量（以12支箱数计）：210000

圣哈利特从巴罗萨的地理保护标志区域购入葡萄原料产区标志性的葡萄品种，西拉。老地块（Old Block）是品牌中最顶级的系列，［选用林多克（Lyndoch）和伊顿谷出产的老藤葡萄］，另外还有黑井（Blackwell）系列［格林诺克（Greenock），艾布尼泽（Ebenezer）和赛珀斯菲尔德（Seppeltsfield）］。葡萄酒酿造团队由托比·巴罗（Toby Barlow）领导，还在继续探索巴罗萨地区地质、地理以及气候上的多样性——这也体现在他们分别酿制的全部葡萄园和单一葡萄园的系列产品中。2017年，酒庄被美誉（Accolade）收购。出口到世界所有的主要市场。

🍷🍷🍷🍷🍷 Old Block Barrosa Valley Shiraz 2014
老地块巴罗萨西拉2014
葡萄藤的平均树龄为88年，手工采摘，采用开放式与不锈钢罐混合发酵的方法，使用一些整串葡萄，经过法国橡木桶中陈酿。
圣哈利特经验丰富的葡萄酒酿造团队打造的精品老藤葡萄酒。极度优雅，中等酒体，柔顺的红色和黑色水果的味道，伴随着纯正浓郁的口感和回味，法国橡木桶的使用十分关键。
封口：螺旋盖 酒精度：14.5% 评分：97 最佳饮用期：2039年
参考价格：110澳元 ✪

🍷🍷🍷🍷🍷 Single Vineyard Release Dawkins Eden Valley Shiraz 2016
单一葡萄园发行道金斯伊顿谷西拉2016
明亮的深紫红色；从短促的轻嗅中，你就能判断出，这款酒体饱满的西拉出自伊顿谷。它充满活力，轻快自在，丰富的蓝色和黑色水果令人印象深刻。一款可爱的葡萄酒。
封口：螺旋盖 酒精度：14.5% 评分：96 最佳饮用期：2041年
参考价格：55澳元 ✪

Single Vineyard Release Scholz Estate Barrosa Valley Shiraz 2016
单一葡萄园发行肖尔茨庄园巴罗萨谷西拉2016
这款葡萄酒是个“怪物”——整个酿造过程中没有任何妥协之处。它的酒龄尚浅，好像马力十足的顶级宝马或是奔驰。带有血丝李、黑莓、黑樱桃、泥土和甘草的味道，还有很多风味物质需要经过陈酿才能得到释放。至于单宁，也自然是无可挑剔的了。
封口：螺旋盖 酒精度：14.5% 评分：96 最佳饮用期：2046年
参考价格：55澳元 ✪

Single Vineyard Release Mattschoss Eden Valley Shiraz 2015
单一葡萄园发行马特斯克斯伊顿谷西拉2015
先锋的葡萄酒酿造工艺：采用3吨的大型发酵罐，部分经过不同方式的整串碳浸渍处理。酒体非常优雅，带有比诺般的红色水果和香料的味道，口感丝滑，新鲜和平衡。法国新橡木（小于20%）的味道与温和的酒精度相得益彰。
封口：螺旋盖 酒精度：13.5% 评分：96 最佳饮用期：2030年
参考价格：50澳元 ✪

Single Vineyard Release Mattschoss Eden Valley Shiraz 2016
单一葡萄园发行马特斯克斯伊顿谷西拉2016
这款西拉有着很强的表现力，与它的兄弟酒款非常不同。中等至饱满酒体，水果、橡木和单宁非常协调，伴随适当的香料和橡木的味道。还需要时间发展。
封口：螺旋盖 酒精度：14.5% 评分：95 最佳饮用期：2041年
参考价格：55澳元

Single Vineyard Release Materne Barrosa Valley Shiraz 2016
单一葡萄园发行蒙特尼巴罗萨谷西拉2016
酒香尚处于发展初期，中等至饱满酒体，但它的口感确实令人吃惊的丰盛，出色的平衡感，丰盛的红色和黑色水果的味道。丰富的单宁十分柔顺，橡木的使用也绝无画蛇添足之感。
封口：螺旋盖 酒精度：14% 评分：95 最佳饮用期：2036年
参考价格：55澳元

Single Vineyard Release Scholz Estate Barrosa Valley Shiraz 2015
单一葡萄园发行肖尔茨巴罗萨谷西拉2015
丰盛的酒香中带有黑莓、黑巧克力而且仅有一丝桉树叶的味道。回味很长。这是一款为更广泛的消费者群体精心设计的葡萄酒。
封口：螺旋盖 酒精度：14.5% 评分：95 最佳饮用期：2040年
参考价格：50澳元

Single Vineyard Release Materne Barrosa Valley Shiraz 2015
单一葡萄园发行蒙特尼巴罗萨谷西拉2015
极其馥郁的芳香，略带泥土中的铁矿石的味道。结构和平衡都非常好，说明它绝对具备优雅陈年的潜力。
封口：螺旋盖 酒精度：14.5% 评分：95 最佳饮用期：2040年
参考价格：50澳元

Blackwell Barossa Shiraz 2015
黑色巴罗萨西拉2015
我想斯图尔特（Stuart）在采摘、精选和酿制这款黑井（Blackwell）葡萄酒时一定是寸步不离的，它的成功也应该归功于他。丰富的黑色水果充分地融入了成熟的单宁和美国橡木的味道。
封口：螺旋盖 酒精度：14.5% 评分：95 最佳饮用期：2035年
参考价格：40澳元

Garden of Eden Barrosa Valley Shiraz 2016
伊甸园巴罗萨西拉2016
评分：94 最佳饮用期：2030年 参考价格：25澳元 ✪

The Reward Barrosa Valley Cabernate Sauvignon 2015
奖赏巴罗萨赤霞珠 2015
评分：94 最佳饮用期：2030年 参考价格：30澳元 ✪

🍷🍷🍷🍷🍷 Butcher's Cart Barrosa Valley Shiraz 2015
屠夫推车巴罗萨西拉2015
评分：93 最佳饮用期：2035年 参考价格：30澳元

Barossa Touriga Nacional 2015
巴罗萨国家图瑞加 2015
评分：93 参考价格：30澳元

Eden Valley Riesling 2016
伊顿谷雷司令2016
评分：92 最佳饮用期：2028年 参考价格：19澳元 ✪

Black Clay Barrosa Valley Shiraz 2016
巴罗萨谷西拉2016
评分：90 最佳饮用期：2036年 参考价格：18澳元 ✪

Faith Barrosa Valley Shiraz 2016
信仰巴罗萨西拉2016
评分：90 最佳饮用期：2026年 参考价格：20澳元 ✪

Old Vine Barrosa Valley Grenache 2016
老藤巴罗萨歌海娜 2016
评分：90 最佳饮用期：2021年 参考价格：30澳元

St Huberts 圣休伯特酒庄 ★★★★★

Cnr Maroondah Highway/St Huberts Road，Coldstream，Vic 3770 产区：雅拉谷
电话：(03)5960 7096 网址：www.sthuberts.com.au 开放时间：每日开放，10:00—17:00
酿酒师：格雷格·加拉特（Greg Jarratt） 创立时间：1966年
产量（以12支箱数计）：不详 葡萄园面积：20.49公顷

圣休伯特（St Huberts）在19世纪的历史可以说非常的丰富多彩，这其中就包括它在墨尔本国际展览会上的成功。展会上各个种类的工农业产品都得到了展示，仅葡萄酒展就吸引了711个参赛作品。德国皇帝为展览中最具价值的展品颁发了一个镀银的装饰餐盘。圣休伯特的一款酒从葡萄酒展的部分脱颖而出，接下来与毡帽和蒸汽机等各式各样的物品竞争。皇帝的奖品，此后数

十年一直在其标签上出现。同其他雅拉谷酒厂一样，圣休伯特酒庄在20世纪初从人们的视线中消失了，又在1966年重生。它的所有权经过数次变更，成为今天的TWE的一部分。这些葡萄酒是在冷溪山庄（Coldstrem Hills）生产的，但它们的重点非常不同。圣休伯特的葡萄产自较温暖的地区，尤其是谷底地区——其中一部分为自有葡萄园，一部分为合约收购的葡萄。主要生产赤霞珠和单一葡萄园的胡珊。它们是部分拥有并根据合同进行销售的。

🍷🍷🍷🍷🍷

Yarra Valley Chardonnay 2015

雅拉谷霞多丽 2015

明亮的草秆绿色；有淡淡的、奇异的、复杂的风味，大大地增加了它的魅力，但仍然是纯正的（雅拉谷）霞多丽。经过几年瓶储后，将大放异彩。

封口：螺旋盖　酒精度：13%　评分：95　参考价格：27澳元　✪

Yarra Valley Cabernate Sauvignon Merlot 2015

雅拉谷赤霞珠梅洛2015

山谷的赤霞珠和它的朋友们在这里非常精致，有深度——独有柔顺而细腻的单宁，饱满的果香，带有淡黑醋栗酒、李子和树番茄的味道，口感优雅，绵长。既微妙，又诱人。

封口：螺旋盖　酒精度：13.5%　评分：95　最佳饮用期：2033年

参考价格：27澳元　JF　✪

Yarra Valley Cabernate Sauvignon 2015

雅拉谷赤霞珠 2015

精炼而优雅。中等酒体，单宁柔顺、细节丰富，很好地与精细的橡木味互相配合。大量可口的黑醋栗酒、巧克力和香料末的味道。还有很多等待你来发掘。

封口：螺旋盖　酒精度：13.5%

Yarra Valley Pinot Noir 2015

雅拉谷黑比诺2015

充满力量，带有黑樱桃、李子和香料的味道，香气和口感均以水果味道为主，伴随这雪松和橡木的味道，当然了，后面还有单宁的味道。还需要1—2年的时间，但一定会非常优雅地成熟。

封口：螺旋盖　酒精度：13.5%　评分：94　最佳饮用期：2027年

参考价格：33澳元

🍷🍷🍷🍷

Yarra Valley Roussanne 2016

雅拉谷胡珊2016

评分：93　参考价格：30澳元

The Stag Yarra Valley Pinot Noir 2016

雄鹿雅拉谷黑比诺2016

评分：91　最佳饮用期：2021年　参考价格：24澳元　JF

Yarra Valley Late Harvest Viognier 2016

雅拉谷晚收维欧尼2016

评分：91　最佳饮用期：2019年　参考价格：30澳元　JF

The Stag Cool Climate Chardonnay 2016

冷凉气候霞多丽 2016

评分：90　参考价格：20澳元

The Stag Cool Climate Shiraz 2015

雄鹿冷凉气候西拉2015

评分：90　最佳饮用期：2020年　参考价格：20澳元　✪

St Hugo　圣雨果 ★★★★☆

2141巴罗萨谷Way，Rowl和Flat，SA 5352　产区：巴罗萨谷

电话:（08）8115 9200　网址：www.sthugo.com　开放时间：每日开放，10:30—16:30

酿酒师：丹·斯温瑟（Daniel Swincer）　创立时间：1983年　产量（以12支箱数计）：不详

这是保乐力加（Pernod-Ricard）旗下的一个独立企业，专注于高端和极高端市场份额——这也是它与杰卡斯不同之处。尽管没有关于其规模和操作形式的信息，但它应该是一个相当大的企业。

🍷🍷🍷🍷🍷

Barrosa Valley Grenache Shiraz Mataro 2015

巴罗萨歌海娜西拉马塔洛 2015

配比为54/29/17%的混酿。20%—50%的老藤歌海娜原料使用整串，西拉和马塔洛去梗，主要采用开放式发酵的方法，在法国橡木桶中陈酿。这是一款制作精美的GSM，忠实地反映了所用葡萄的品质，以及最大化的歌海娜的风味物质。旧橡木桶是一个100%正确的决定。

封口：螺旋盖　酒精度：14.3%　评分：95　最佳饮用期：2030年

参考价格：58澳元

Barrosa Valley Shiraz 2014

巴罗萨西拉2014

一款丰厚、复杂和有层次感的西拉，带有品种特有的血丝李和黑莓的味道，一个比较明显的问题是，少一点新橡木桶会不会更好？是的，那样更好。

封口：螺旋盖　酒精度：14.7%　评分：94　最佳饮用期：2034年

参考价格：58澳元

Coonawarra Cabernate Sauvignon 2014

库纳瓦拉赤霞珠 2014

在60%的新法国和匈牙利大橡木桶中陈酿19个月，以及10%的新美国橡木桶，剩余的使用旧橡木桶。我觉得橡木味有点太多了，但也可能明年就会融入果味之中。也许我不该说，但我完全不能理解为什么要使用10%的新美国橡木——他们就是用了。
封口：螺旋盖　酒精度：14.1%　评分：94　最佳饮用期：2039年
参考价格：58澳元

Private Collection Barrosa Valley Coonawarra Shiraz Cabernate Sauvignon 2012
私人收藏巴罗萨谷库纳瓦拉西拉赤霞珠2012
不出所料，这款酒已经开始出现了成熟的风格特点。库纳瓦拉赤霞珠成分带来的小薄荷和树叶的味道与浆果和香料的风味很好地融合在一起。它高贵的血统得到了充分的表现，既丰富又优雅。应该会继续优雅地成熟。
封口：螺旋盖　酒精度：14.8%　评分：94　最佳饮用期：2024年
参考价格：65澳元　SC

Coonawarra Cabernate Sauvignon 2013
库纳瓦拉赤霞珠 2013
在55%的新法国橡木桶和7%的新美国橡木桶中陈酿22个月，剩余的采用旧法国和美国橡木桶。尽管橡木的味道仍然比较突出，还是可以分辨出其中的赤霞珠，他们还算成功地让单宁在整体之中显得不是那么突出。虽然现在做出判断为时尚早，但陈酿也许会带来精细。
封口：螺旋盖　酒精度：14.3%　评分：94　最佳饮用期：2033年
参考价格：58澳元

🍷🍷🍷🍷🍷(半)
Vetus Purum Barrosa Valley 2013
臻域巴罗萨西拉2013
评分：93　最佳饮用期：2053年　参考价格：240澳元

Coonawarra Cabernate Sauvignon 2012
库纳瓦拉赤霞珠 2012
评分：93　最佳饮用期：2032年　参考价格：75澳元　JF

Coonawarra Cabernate Sauvignon Shiraz 2014
库纳瓦拉巴罗萨赤霞珠西拉2014
评分：90　最佳饮用期：2039年　参考价格：58澳元

St Ignatius Vineyard　圣伊格内修斯葡萄园　★★★☆

5434 Sunraysia Highway，Lamplough.维多利亚，3352　产区：宝丽丝
电话：(03)5465 3542　网址：www.stignatiusvineyard.com.au
开放时间：每日开放，，10:00—17:00
酿酒师：恩里克·迪亚兹（Enrique Diaz）　创立时间：1992年
产量（以12支箱数计）：2000　葡萄园面积：9公顷
西尔维娅·迪亚兹（Silvia Diaz）和她的丈夫恩里克（Enrique）于1992年开始建立他们的葡萄园（西拉、赤霞珠、马尔贝克和霞多丽）、酿酒厂和餐厅区域。葡萄园获得了3项主要生产奖。葡萄酒以刽子手岭（Hangmans Gully）的标签发售。出口到英国。

🍷🍷🍷🍷
Contemplation Pyrenees Chardonnay 2016
沉思宝丽丝霞多丽 2016
没有经过橡木桶，深稻草金色，带有成熟的黄桃、芒果和炭烤菠萝片的味道。简单，微甜，略带淡淡的奶油味，酸度新鲜。
封口：螺旋盖　酒精度：13%　评分：89　最佳饮用期：2019年
参考价格：25澳元　JF

Contemplation Reserve Pyrenees Malbec 2014
沉思珍藏宝丽丝马尔贝克 2014
漂亮的深宝石红色；酒体饱满得如同阿诺德·施瓦辛格（Arnold Schwarzenegger）的肌肉，大量的橡木和大块的单宁。具有巧克力、浸渍樱桃，樱桃成熟的和卷烟的味道。
封口：橡木塞　酒精度：15.5%　评分：89　最佳饮用期：2023年
参考价格：28澳元　JF

St John's Road　圣约翰之路　★★★★★

1468 Research Road，St Kitts，SA 5356　产区：巴罗萨谷
电话：(08) 8362 8622　网址：www.stjohnsroad.com　开放时间：不开放
酿酒师：菲尔·莱曼（Phil Lehmann），查理·奥姆斯比（Charlie Ormsby）
创立时间：2002年　产量（以12支箱数计）：20000　葡萄园面积：20公顷
圣约翰之路现在属于WD葡萄酒有限公司（WD Wines Pty）该公司旗下还有亨施克葡萄酒公司（Hesketh Wine Company）和帕克库纳瓦拉酒庄（Parker Conowarra Estate）。酒庄的酿酒师们对巴罗萨谷了如指掌，并且对他们的技艺充满信心。奇怪的是，他们的第一学位都不是葡萄酒，菲尔·莱曼（Phil Lehmann）电气工程师，查理·奥姆斯比（Charlie Ormsby）是一位有文学学士学位的图书管理员，詹姆斯·利纳特（James Lienert）有阿德莱德大学的科学学士（有机和无机化学）学位。酒庄的所有人则有丰富的市场营销专业知识。出口到世界所有的主要市场。

🍷🍷🍷🍷🍷
Block 8 Maywald Clone Resurrection Vineyard Barrosa Valley 2015
8号地块梅瓦尔德克隆复活葡萄园巴罗萨谷西拉2015
酒体呈现饱满的紫红色；要是巴罗萨谷西拉的味道都这么棒就好了。矿物质的味道——很有活力，回味悠长，可以保存很久。理由呢？其酒精度高于巴罗萨谷的平均

水平，14.5%。
封口：螺旋盖 酒精度：13.4% 评分：96 最佳饮用期：2035年
参考价格：38澳元 ✪

The Evangelist Barrosa Valley Shiraz 2014
福音巴罗萨谷西拉2014
色泽深浓；带有丰富的深黑色水果和茴香的味道，单宁带来了极好的口感；来自伊顿和巴罗萨谷3个优质老藤葡萄园；单宁极好。
封口：螺旋盖 酒精度：14.5% 评分：96 最佳饮用期：2039年
参考价格：50澳元 ✪

Block 3 Old Vine 1935 Plantings Resurrection Vineyard Barrosa Valley Shiraz 2015
3号地块老藤葡萄园巴罗萨谷西拉2015
优美的西拉。肉类、胡椒，泥土，以及非常成熟的黑莓，甚至是黑加仑的味道。非常新鲜，带有适量的熏橡木的味道。毫无疑问，它可以继续陈酿。
封口：螺旋盖 酒精度：14.5% 评分：95 最佳饮用期：2030年
参考价格：35澳元 CM ✪

Prayer Garden Selection Resurrection Vineyard Barrosa Valley Grenache 2015
祈祷花园精选葡萄园巴罗萨谷歌海娜 2015
活泼馥郁的红色水果味道，略带枣的味道。歌海娜本色出演：没有难闻的工业糖果的味道；深沉得如同红色的水果，它的长度和平衡都很好，就像已经陈酿了5年以上一样。
封口：螺旋盖 酒精度：14.5% 评分：94 最佳饮用期：2023年
参考价格：28澳元 ✪

🍷🍷🍷🍷🍷 Peace of Eden Riesling 2016
伊顿和平伊顿雷司令2016
评分：92 最佳饮用期：2022年 参考价格：22澳元 CM ✪

PL Eden Valley Chardonnay 2015
PL伊顿谷霞多丽 2015
评分：92 最佳饮用期：2022年 参考价格：30澳元 SC

LSD Barrosa Valley Lagrein Shiraz Durif 2015
LSD勒格瑞巴罗萨谷西拉杜瑞夫2015
评分：91 最佳饮用期：2029年 参考价格：26澳元

St Leonards Vineyard 圣伦纳兹葡萄园 ★★★★☆

St Leonards Road，Wahgunyah，Vic 3687 产区：路斯格兰
电话：1800 021 621 网址：www.stleonardswine.com.au
开放时间：周四至周日，10:00—17:00
酿酒师：尼克·布朗（Nick Brown），克洛伊伯爵（Chloe Earl）
创立时间：1860年 产量（以12支箱数计）：5000 葡萄园面积：12公顷
1997年底，默里河（Murray）畔的一家历史悠久的酒庄，巧妙地通过一家引人注目的酒窖门店和小酒馆推出了一系列优质葡萄酒，酒庄也因此大受欢迎。酒庄的经营者是伊莱扎·布朗（CEO）、姐姐安吉拉·布朗（Angela Brown，线上推广经理）和弟弟尼克（葡萄园和酒厂经理）。更广为人知的可能是他们在诸圣酒庄（All Saints Estate）的任职——3人也是同样的职位。出口到英国和美国。

🍷🍷🍷🍷🍷 Wahgunyah Shiraz 2015
瓦甘亚西拉2015
得益于法国小橡木桶的使用，这款中等酒体西拉非常诱人。我品尝过这款酒（包括酿造工艺中的细节），但没有注意价格。它充分表现出了路斯格兰西拉应有的优秀之处，非常和谐。
封口：螺旋盖 酒精度：14% 评分：95 最佳饮用期：2030年
参考价格：62澳元

Shiraz 2015
西拉2015
可能是由于采摘的时机，酒精度并不是太高——这款酒简直出乎意料的优雅，丰盛的红色和黑色水果，细腻的单宁使得整体口感非常完整，橡木仅仅是辅助的工具。
封口：螺旋盖 酒精度：14.4% 评分：94 最佳饮用期：2030年
参考价格：30澳元 ✪

🍷🍷🍷🍷🍷 Durif 2015
杜瑞夫2015
评分：92 最佳饮用期：2030年 参考价格：30澳元 SC

Classic Rutherglen Muscat NV
经典的路斯格兰麝香 无年份
评分：90 参考价格：35澳元 CM

St Michael's Vineyard 圣米歇尔葡萄园 ★★★★

503 Pook Road，Toolleen，Vic 3521 产区：西斯科特
电话：0427 558 786 开放时间：提前预约
酿酒师：米克·坎恩（Mick Cann） 创立时间：1994年

产量（以12支箱数计）：300 葡萄园面积：4.5公顷
1994—1995年间，所有者酿酒师米克·坎恩（Mick Cann）在卡迈勒（Camel）山岭面北处种植了葡萄藤——此处有著名的深红玄武岩黏土壤土。2000年，葡萄园得到了进一步的扩建，现有西拉（3公顷）、梅洛（1公顷）和小维尔多（0.3公顷）和赤霞珠（0.2公顷）。所产葡萄部分售予野鸭溪酒庄（Wild Duck Creek Estate）的大卫·安德森（David Anderson），米克将剩余的葡萄酿制成酒。采用开放式发酵，手工压帽，篮式压榨，工艺并不算先进，但出产的红葡萄酒品质上乘。可惜旧式海报的酒标不那么好看。

🍷🍷🍷🍷🍷 Personal Reserve Heathcote Petit Verdot 2015
私人珍藏西斯科特小味儿多 2015
48小时冷浸渍，先用野生酵母至发酵结束，再用人工培养酵母确保发酵得完全，在新法国橡木桶中熟成。果味浓郁，有李子、黑加仑和红醋栗，与单宁相平衡。
封口：螺旋盖 酒精度：13.5% 评分：90 最佳饮用期：2025年

Personal Reserve Heathcote Durif 2015
私人珍藏西斯科特杜瑞夫2015
在美国橡木桶中陈酿13个月。酒色深沉如墨，摇杯后甚至会留下深色渍痕，这在餐酒中并不常见——这也表明，这款酒需要很长时间的陈酿。酒精度极好。
封口：螺旋盖 酒精度：13.5% 评分：90 最佳饮用期：2040年

Saint Regis 圣雷赫斯 ★★★★

35 Waurn Ponds Drive，Waurn Ponds，Vic 3216 产区：吉龙
电话：0432 085 404 网址：www.saintregis.com.au 开放时间：周四至周日，11:00—17:00
酿酒师：彼得·尼克尔（Peter Nicol） 创立时间：1997年
产量（以12支箱数计）：500 葡萄园面积：1公顷
圣雷赫斯是家族经营的精品小酒庄主要使用来自酒庄葡萄园的西拉和本地葡萄园的霞多丽与黑比诺。每年的收获都是由家族的成员和朋友手工采摘，彼得·尼克尔［妻子维薇（Viv）协助）］为现场执行酿酒师。彼得有园艺的技术背景，是一个自学成才的酿酒师，也为其他人酿酒。2015年，他的儿子杰克（Jack）成为酒庄所有人和新建的餐厅和葡萄酒吧的管理者。彼得仍然是酿酒师。

🍷🍷🍷🍷🍷 The Reg Geelong Shiraz 2015
瑞吉吉龙西拉2015
在法国橡木桶（30%是新的）中熟成12个月。有着黑樱桃和黑莓，淡香料和甘草的味道，单宁轻柔可口。具备吉龙产区特有的深度和风味 。
封口：螺旋盖 酒精度：15% 评分：91 最佳饮用期：2025年 参考价格：30澳元

Geelong Pinot Noir 2015
吉龙黑比诺2015
在法国橡木桶（25%是新的）中熟成12个月。色泽浓郁，酒体强劲，馥郁的酒香中有烘焙香料的气息，口中可以品尝到甘美的、李子的味道。
封口：螺旋盖 酒精度：13.3% 评分：90 最佳饮用期：2025年
参考价格：30澳元

Salomon Estate 所罗门酒庄 ★★★★★

High Street，Willunga，SA 5171 产区：南福雷里卢（Southern Fleurieu）
电话：0412 412 228 网址：www.salomonwines.com 开放时间：不开放
酿酒师：伯特·所罗门（Bert Salomon），迈克·法米卢（Mike Farmilo）
创立时间：1997年 产量（以12支箱数计）：6500 葡萄园面积：12.1公顷
伯特·所罗门（Bert Salomon）是奥地利克雷姆斯（Kremstal）产区——距离维也纳不远——一家老牌家族葡萄酒厂。他在维也纳进口公司斯伦贝谢（Schlumberger）工作期间了解了澳大利亚葡萄酒。20世纪80年代中期，他第一个将澳洲葡萄酒（奔富）进口到奥地利，后来成为奥地利葡萄酒局的主管。他非常喜爱阿德莱德，每年年初他都会带全家人去住上几个月，让他的孩子在那里上学，并准备建立一个澳大利亚红葡萄酒酿酒厂。他现已从葡萄酒局退休，是全职旅行酿酒师，经营着在北半球的家族葡萄酒厂，同时也监督教堂山（Chapel Hill）的所罗门酒庄的酿酒工作。所罗门酒庄现在同喜洋酒庄（Hither & Yon）共用一个酒窖门店，与瓦甘亚（Willunga）周六的农贸集市。出口到世界所有的主要市场。

🍷🍷🍷🍷🍷 Finniss River Braeside Vineyard Cabernate Sauvignon 2014
菲尼斯河布雷塞德葡萄园赤霞珠 2014
充满了深色水果—李子、樱桃和黑醋栗酒，以及香草和薄荷的味道。还有结实的葡萄单宁与法国橡木的味道结合得很好。浸渍过程，很好地萃取了原果中的单宁，绵软而且有质感，很好地突出了浓郁的风味。
封口：橡木塞 酒精度：14.5% 评分：95 最佳饮用期：2045年
参考价格：37澳元 NG

Finniss River Sea Eagle Vineyard Southern Fleurieu Shiraz 2014
菲尼斯海鹰葡萄园南福雷里卢河西拉2014
这是一款标准的由多汁的蓝色和黑色水果主导的葡萄酒，单宁清晰美味，与果汁的味道相辅相成。略有胡椒味的酸度，增添了一种神韵和一种难以形容的能量，在回味中有些摩卡的味道。
封口：橡木塞 酒精度：14.5% 评分：94 最佳饮用期：2040年
参考价格：42澳元 NG

🍷🍷🍷🍷🍷 Alttus Southern Fleurieu Shiraz 2012

阿尔特斯南福雷里卢西拉2012
评分：93 最佳饮用期：2025年 参考价格：110澳元 NG
Norwood Shiraz Cabernate Sauvignon 2015
诺木西拉赤霞珠2015
评分：93 最佳饮用期：2025年 参考价格：25澳元 NG ✪
Finniss River Cabernate Sauvignon 2009
菲尼斯河赤霞珠 2009
评分：92 最佳饮用期：2022年 参考价格：48澳元 NG

Saltram 索莱酒庄 ★★★★★

Murray Street，Angaston，SA 5353 产区：巴罗萨谷
电话：(08) 8561 0200 网址：www.saltramwines.com.au
开放时间：每日开放，10:00—17:00
酿酒师：莎娃·威尔斯（Shavaughn Wells），理查德·马特纳（Richard Mattner）
创立时间：1859年 产量（以12支箱数计）：150000
毫无疑问索莱成功地重建了30年前的好名声。继续了以前使用巴罗萨谷葡萄原料酿制旗舰酒款的原则。尤其是以1号西拉和玛丽小溪（Mamre Brook）为首的红葡萄酒，在过去10年的酒展上取得了很大的成功。出口到世界所有的主要市场。

🍷🍷🍷🍷🍷 Single Vineyard Moculta Rd Vineyard Barrosa Valley Shiraz 2010
单一葡萄园蒙克塔路园巴罗萨西拉2010
第一次品尝是在4年前，我能做的就是简要地提及它仍然保持很好的紫红色，以及新鲜和优雅，沿用最初的品尝笔记和评分，适饮期不变。这款酒在旧的大桶中陈酿24个月（大部分直立放置），这使得这款酒具备出色的黑色水果，香料和甘草风味，精致而持久的口感，单宁更是为之增添了诱人的魅力。
封口：螺旋盖 酒精度：14.5% 评分：96 最佳饮用期：2035年
参考价格：95澳元
Mr Pickwick's Limited Release Particular Tawny NV
皮克威克先生限量发行特别茶色波特酒 无年份
酒体浓郁，带有坚果，光滑而甜美的鲜太妃糖，水果干、醴酒和咖啡的香气。回味无穷。
封口：橡木塞 酒精度：13.5% 评分：95 参考价格：60澳元 CM
Single Vineyard Basedow Road Barrosa Valley Shiraz
单一葡萄园巴西多路巴罗萨西拉2014
一款浓郁的巴罗萨谷西拉，将2014这个并不理想的年份的限制因素，成功地转化成了它的优点。有辛香料带来的细微的差别，还有单宁和橡木支持，丰富的黑色水果味道。回味悠长。
封口：螺旋盖评分：95 最佳饮用期：2034年 参考价格：95澳元
No. 1 Barrosa Valley 2014
1号巴罗萨西拉2014
带有辛香料味道的橡木为骨架，可以感觉到丰富的黑色水果气息从杯中溢出。丰富的层次感与单宁的收敛感相匹配。现在还有些封闭，但这款酒很明显是陈酿型的。
封口：螺旋盖 酒精度：14.5% 评分：95 最佳饮用期：2034年
参考价格：100澳元 SC
No. 1 Barrosa Valley Shiraz 2013
1号巴罗萨西拉2013
色泽深邃，可以感受到品种带来的黑莓和李子的味道，结尾单宁柔和。中等酒体，新鲜的口感使酒精度数尝起来像是13.5%，而不是实际上的14.5%（通常酒精度数要高于标签上所标示的）。
封口：螺旋盖 评分：95 最佳饮用期：2033年 参考价格：100澳元
Pepperjack Cabernate Sauvignon 2014
杰克芝士赤霞珠 2014
评分：94 最佳饮用期：2034年 参考价格：30澳元 ✪

🍷🍷🍷🍷 Mamre Brook Eden Valley Riesling 2016
玛丽小溪伊顿谷雷司令2016
评分：92 最佳饮用期：2026年 参考价格：23澳元 ✪
Pepperjack Barrosa Valley Shiraz 2015
杰克芝士巴罗萨西拉2015
评分：92 最佳饮用期：2025年 参考价格：30澳元
Metala Shiraz Cabernate Sauvignon 2014
1859玛塔拉西拉赤霞珠2014
评分：92 最佳饮用期：2024年 参考价格：20澳元 SC ✪
Winemaker's Selection Grenache 2014
酿酒师之选歌海娜 2014
评分：92 最佳饮用期：2025年 参考价格：50澳元 SC
1859 Eden Valley Shiraz 2015
1859伊顿谷霞多丽 2015

评分：91 最佳饮用期：2020年 参考价格：21澳元 SC

WInemaker's Selection Fiano 2015
酿酒师之选菲亚诺 2015
评分：90 最佳饮用期：2020年 参考价格：25澳元 SC

Pepperjack Scotch Fillet Graded Shiraz 2014
杰克芝士苏格兰优质菲力西拉2014
评分：90 最佳饮用期：2034年 参考价格：50澳元

Pepperjack Shiraz Sparkling NV
杰克芝士西拉起泡酒 无年份
评分：90 最佳饮用期：2019年 参考价格：39澳元 TS

Sam Miranda of King Valley 国王谷山姆·米兰达 ★★★★☆

1019 Snow Road，Oxley，Vic 3678 产区：国王谷
电话：(03)5727 3888 网址：www.sanuniranda.com.au 开放时间：每日开放，10:00—17:00
酿酒师：山姆·米兰达（Sam Miranda） 创立时间：2004年
产量（以12支箱数计）：25000 葡萄园面积：55公顷

山姆·米兰达（Sam Miranda）是弗朗西斯科·米兰达（Francesco Miranda）的孙子，他于1991年加入家族企业，2004年，麦圭尔·西蒙（McGuigan Simeon）买下米兰达酒业，开设了自己的酒庄。墨禾酒庄葡萄园（Myrrhee Estate Vineyard）坐落于海拔450米的国王谷的高地之处。山姆·米兰达的签名系列（Sam Miranda's Signature）的酒款均出自这里，它们的名字来自附近的城镇和地区的名字。2016年，山姆·米兰达（Sam Miranda）买下了斯诺路（Snow Road）的奥克斯勒酒庄葡萄园（Oxley Estate Vineyard），园中40公顷的葡萄藤还需要明年重新修整。出口到英国、斐济和中国。

🍷🍷🍷🍷🍷 Estate Sangiovese 2015
Estate桑乔维塞 2015
这款葡萄酒很像变色龙——一开始所有的香料樱桃和李子的香气就扑面而来，然后是可口的烘焙咖啡豆，温暖泥土和木质香料的味道。酒体饱满、多汁，带有桑乔维塞的酸度，与单宁和橡木的味道很好地交织在一起。
封口：螺旋盖 酒精度：13.5% 评分：95 最佳饮用期：2027年
参考价格：50澳元 JF

🍷🍷🍷🍷🍷 Super King Sangiovese Cabernate Sauvignon 2015
超级过往桑乔维塞赤霞珠2015
评分：93 最佳饮用期：2021年 参考价格：25澳元 JF ✪

Durif 2015
杜瑞夫2015
评分：93 最佳饮用期：2026年 参考价格：30澳元 JF

Dry Bianco 2016
干比安科 2016
评分：91 最佳饮用期：2018年 参考价格：20澳元 JF ✪

Estate Nebbiolo 2014
庄园内比奥罗2014
评分：91 最佳饮用期：2025年 参考价格：75澳元 JF

Chardonnay 2016
霞多丽 2016
评分：90 最佳饮用期：2021年 参考价格：30澳元 JF

Rosato 2016
罗萨托 2016
评分：90 最佳饮用期：2018年 参考价格：20澳元 JF ✪

Super King Sangiovese Cabernate Sauvignon 2014
超级国王桑乔维塞赤霞珠2014
评分：90 最佳饮用期：2021年 参考价格：25澳元 JF

Sandalford 山度富 ★★★★★

3210 West Swan Road，Caversham.WA 6055 产区：玛格利特河
电话:（08）9374 9374 网址：www.sandalford.com 开放时间：每日开放，9:00—17:00
酿酒师：沪泊·麦特卡尔弗（Hope Metcalf） 创立时间：1840年
产量（以12支箱数计）：60000 葡萄园面积：105公顷

山度富是澳大利亚最古老也是最大的私人本地葡萄酒厂之一。1970年，酒庄从最初的天鹅谷产区扩张，购买了玛格利特河产区的一处出产高质量葡萄酒的土地。出产的葡萄酒系列包括元素（Element）、酿酒师（Winemakers）、玛格利特河（McLarent Vale）以及庄园珍藏（Estate Reserve）系列，普伦迪维尔珍藏（Prendiville Reserve）系列为顶级。出口到世界所有的主要市场。

🍷🍷🍷🍷🍷 Prendiville Reserve Margaret River Chardonnay 2016
普伦迪维尔玛格利特河霞多丽 2016
这款酒显然非常细腻，5%的部分苹乳发酵带来了奶油般的口感。再过5—50年，可能会破茧成蝶，带来惊喜。

封口：螺旋盖　酒精度：12%　评分：96　最佳饮用期：2026年
参考价格：75澳元 ✪

Prendiville Reserve Margaret River Shiraz 2015
普伦迪维尔珍藏玛格利特河西拉2015
在法国小橡木桶（70%是新的）中陈酿13个月，然后在桶中精选。酒体饱满，充满了蓝色和黑色水果，还有雪松和橡木的味道，单宁紧致。
封口：螺旋盖　酒精度：14.5%　评分：95　最佳饮用期：2040年
参考价格：120澳元

Prendiville Reserve Margaret River Cabernate Sauvignon 2015
普伦迪维尔珍藏玛格利特河赤霞珠 2015
陈酿12个月，从所有桶中精选6桶来酿制这款葡萄酒。各项指标都很好，非常精致，同时又十分易饮。
封口：螺旋盖　酒精度：13.5%　评分：95　最佳饮用期：2035年
参考价格：120澳元

Estate Reserve Margaret River Sauvignon Blanc Semillon 2016
庄园珍藏玛格利特河长相思赛美蓉 2016
比入门系列的兄弟酒款浓郁很多——这是因为葡萄园，而不是酒厂的原因。热带水果和核果的味道与浓烈的酸度形成了精致的平衡。
封口：螺旋盖　酒精度：12%　评分：94　最佳饮用期：2019年
参考价格：25澳元 ✪

Estate Reserve Margaret River Chardonnay 2016
庄园珍藏玛格利特河霞多丽 2016
葡萄柚和其他柑橘类水果的味道非常丰富，我通常很能容忍高酸度，但它考验了我的耐受力。
封口：螺旋盖　酒精度：12%　评分：94　最佳饮用期：2026年　参考价格：35澳元

Estate Reserve Margaret River Shiraz 2014
庄园珍藏玛格利特河西拉2014
优雅、柔顺，新鲜活泼。最初是红色和黑色樱桃的味道，单宁细腻，橡木也刚刚好。
封口：螺旋盖　酒精度：14.5%　评分：94　最佳饮用期：2025年
参考价格：35澳元

Estate Reserve Margaret River Cabernate Sauvignon 2015
庄园珍藏玛格利特河赤霞珠 2015
色调轻盈明亮；确实是一款漂亮的玛格利特河赤霞珠，带有品种特有的果味，非常新鲜、活泼。
封口：螺旋盖　酒精度：14%　评分：94　最佳饮用期：2030年　参考价格：45澳元

🍷🍷🍷🍷🍷(4.5)

Margaret River Shiraz 2016
玛格利特河西拉2016
评分：90　最佳饮用期：2026年　参考价格：20澳元 ✪

Margaret River Cabernate Sauvignon Merlot 2015
玛格利特河赤霞珠梅洛2015
评分：90　最佳饮用期：2025年　参考价格：20澳元 ✪

Sandhurst Ridge　萨德赫斯特岭酒庄　★★★★☆

156 森林Drive，Marong，Vic 3515　产区：班迪戈
电话：(03)5435 2534　网址：www.sandhurstridge.com.au
开放时间：每日开放，11:00—17:00
酿酒师：保罗·格雷布洛（Paul Greblo）　创立时间：1990年
产量（以12支箱数计）：3000　葡萄园面积：7.3公顷

格雷布洛（Greblo）兄弟［（保罗（Paul）是酿酒师，乔治（George）是葡萄栽种专家］都有经商、务农、科学和建筑的经验背景，1990年，两人开始建立萨德赫斯特岭酒庄，种下了2公顷的西拉和赤霞珠，后来增加到7公顷——主要品种仍然是赤霞珠和西拉，但也有一些梅洛、内比奥罗和长相思。随着业务的发展格雷布洛兄弟也从产区中的其他人处购买葡萄作为补充。出口到挪威、马来西亚、日本等国家，以及中国内地（大陆）和香港、台湾地区。

🍷🍷🍷🍷🍷

Reserve Bendigo Shiraz 2014
珍藏班迪戈西拉2014
丰富的红色水果的味道好像突发的雪崩一样，在杯中融合了蓝色和黑色水果的味道。在法国小橡木桶中陈酿19个月，为其增加了一些香草的味道。此外，还有波森莓、深色李子和热樱桃酒的味道，伴随着良好的酸度，回味很长。
封口：橡木塞　酒精度：15%　评分：95　最佳饮用期：2035年
参考价格：45澳元　NG

🍷🍷🍷🍷🍷(4.5)

Fringe Bendigo Cabernate Sauvignon 2015
边缘班迪戈赤霞珠 2015
评分：92　最佳饮用期：2025年　参考价格：22澳元　NG ✪

Bendigo Cabernate Sauvignon 2015
班迪戈赤霞珠 2015
评分：90　最佳饮用期：2027年　参考价格：30澳元　NG

Sanguine Estate 桑吉尼酒庄 ★★★★★

77 Shurans Lane，Heathcote，Vic 3523 产区：西斯科特
电话：(03)5433 3111 网址：www.sanguinewines.com.au
开放时间：周末以及公共节假日，10:00—17:00
酿酒师：马克·亨特（Mark Hunter） 创立时间：1997年
产量（以12支箱数计）：10000 葡萄园面积：21.57公顷

亨特家族——家长是琳达（Linda）和托尼（Tony），他们的孩子马克（Mark）和朱迪（Jodi）以及他们各自的伴侣玛丽萨（Melissa）和布莱特（Brett）——有20公顷的西拉，以及一块“水果沙拉”地块——种有霞多丽、维欧尼、梅洛、添帕尼罗、小维尔多、赤霞珠和品丽珠。西斯科特神奇的风土加上低产的葡萄藤，酿成了这款极其浓郁的西拉。这款酒在美国得到了极好的评价，以至于每次发售之后很快就销售一空。他们的葡萄园一直在扩张，马克现在是全职的种植者和酿酒师，而朱迪则接管了她父亲的CEO和总经理职位。出口到新加坡和中国。

🍷🍷🍷🍷🍷

Robo's Mob Heathcote Shiraz 2015
罗伯暴徒西斯科特西拉2015
较高比例的整串发酵带来了丰盛、甘美的黑色水果味道，又与成熟的单宁交织在一起，十分诱人。
封口：螺旋盖 酒精度：14.8% 评分：95 最佳饮用期：2035年
参考价格：30澳元 ✪

Inception Heathcote Shiraz 2015
西斯科特西拉2015
这款桑吉斯2015是同年份中最好的。黑色水果、香料和甘草保持了它的独特风格。它的高酒精度让我有些意外——因为酒中并没有过度成熟或腐烂浆果的味道。
封口：螺旋盖 酒精度：15.5% 评分：95 最佳饮用期：2035年
参考价格：40澳元

Wine Club Heathcote Shiraz 2015
葡萄酒俱乐部西斯科特西拉2015
这款酒是由葡萄酒俱乐部成员混合了4个不同批次的西拉酿制而成。其中黑色水果占据核心地位，略带红色、紫色 水果（李子）的味道。长度很好，回味十分新鲜。
封口：螺旋盖 酒精度：14.8% 评分：94 最佳饮用期：2030年
参考价格：30澳元 ✪

🍷🍷🍷🍷

Progeny Heathcote Shiraz 2015
西斯科特西拉2015
评分：93 最佳饮用期：2030年 参考价格：25澳元 ✪

Heathcote Cabernate Sauvignon Petit Verdot 2013
西斯科特赤霞珠小味儿多品丽珠梅洛2013
评分：92 最佳饮用期：2033年 参考价格：25澳元 ✪

Music Festival Heathcote Shiraz 2015
音乐节西斯科特西拉2015
评分：91 最佳饮用期：2025年 参考价格：30澳元

Heathcote Cabernate Sauvignon 2015
西斯科特赤霞珠2015
评分：90 最佳饮用期：2025年 参考价格：25澳元

Santa & D'Sas 圣塔&萨撒 ★★★★

2 Pincott Street，Newtown，Vic 3220 产区：多处
电话：0417 384272 网址：www.santandsas.com.au 开放时间：不开放
酿酒师：安德鲁·圣罗萨（Andrew Santarossa），马修·迪·西亚西奥（Matthew Di Sciascio）
创立时间：2014年 产量（以12支箱数计）：5000

是圣罗萨（Santarossa）和迪·西亚西奥（Di Sciascio）家族之间的合作酒庄。安德鲁·圣罗萨（Andrew Santarossa）和马修·迪·西亚西奥（Matthew Di Sciascio）在修读应用科学学士学位（葡萄酒科学）时相遇。他们的酒有4个系列，其中的瓦伦蒂诺（Valentino，菲亚诺、桑乔维塞和西拉）系列意在纪念马修的爸爸，余下的系列品牌则只是作为产区和品种的区分。

🍷🍷🍷🍷🍷

Henty Pinot Gris 2016
亨提灰比诺2016
产自一处冷凉气候的葡萄园——此园的建成也约有20年了。采用野生酵母发酵在旧的法国大橡木桶和225升小橡木桶中发酵，带酒脚陈酿5个月。因而这款灰比诺十分活泼，魅力非凡，带有柠檬汁、柠檬乳酪派、梨子和一抹奶油的味道，酸度极其精致，在悠长、纯正的回味中久久不散。
封口：螺旋盖 酒精度：13.5% 评分：94 最佳饮用期：2022年
参考价格：33澳元 JF

🍷🍷🍷🍷

Henty Riesling 2016
亨提雷司令2016
评分：93 最佳饮用期：2025年 参考价格：33澳元 JF

Valentino King Valley Fiano 2016
瓦伦蒂诺国王谷菲亚诺 2016
评分：93 最佳饮用期：2020年 参考价格：40澳元 JF

Valentino Heathcote Shiraz 2015
瓦伦蒂诺西斯科特西拉2015
评分：93　最佳饮用期：2025年　参考价格：40澳元　JF

Valentino Heathcote Sangiovese 2015
瓦伦蒂诺西斯科特桑乔维塞 2015
评分：93　最佳饮用期：2023年　参考价格：40澳元　JF

King Valley Pinot Gris 2016
国王谷灰比诺2016
评分：92　最佳饮用期：2020年　参考价格：24澳元　JF　✪

King Valley Rosa 2016
国王谷红色2016
评分：92　最佳饮用期：2019年　参考价格：24澳元　JF　✪

Yarra Valley Pinot Noir 2015
雅拉谷黑比诺2015
评分：92　最佳饮用期：2021年　参考价格：33澳元　JF

Heathcote Shiraz 2015
西斯科特西拉2015
评分：90　最佳饮用期：2024年　参考价格：33澳元　JF

D'Sas King Valley Prosecco 2016
德萨斯国王谷普罗塞柯 2016
评分：90　最佳饮用期：2017年　参考价格：32澳元TS

Santarossa Vineyards　桑塔罗萨葡萄园　★★★★

2 The Crescent，Yea，Vic 3717（邮）产区：雅拉谷/西斯科特
电话：0419 117 858　网址：www.betterhalfwines.com.au　开放时间：不开放
酿酒师：安德鲁·圣塔罗莎（Andrew Santarossa）　创立时间：2007年
产量（以12支箱数计）：不详　葡萄园面积：16公顷

桑塔罗萨葡萄园，原名弗拉泰利（Fratelli），最初是意大利裔的三兄弟经营的一间虚拟酒厂。现在的所有者只有酿酒师安德鲁（Andrew）和妻子梅根·圣塔罗莎（Megan Santarossa）。酒庄专注于酿制雅拉谷和西斯科特产区的葡萄酒。

🍷🍷🍷🍷🍷 Better Half Chardonnay 2016
另一半霞多丽 2016
爆米花，香草橡木和一点还原味道的矿物质烟熏味道占据主导地位。良好的结构感中有温和的核果味道，结尾处有浓郁的柠檬酸和油桃的味道。
封口：螺旋盖　酒精度：13%　评分：92　最佳饮用期：2021年
参考价格：35澳元　NG

🍷🍷🍷🍷 Better Half Pinot Noir 2016
另一半黑比诺2016
评分：89　最佳饮用期：2019年　参考价格：35澳元　NG

Santolin Wines　桑托林葡萄酒　★★★★★

c/- 21—23 Delaneys Road，South Warrandyte，Vic 3136　产区：雅拉谷
电话：0402 278 464　网址：www.santolinwines.com.au　开放时间：不开放
酿酒师：阿德里纳·桑托林（Adrian Santolin）　创立时间：2012年　产量（以12支箱数计）：500

在格里芬（Griffith）和新南威尔士长大的阿德里纳·桑托林（Adrian Santolin）从15岁起就在葡萄酒行业工作。妻子丽贝卡（Rebecca）曾在本地的许多葡萄酒厂从事营销方面的工作。2007年，他和丽贝卡一起搬到雅拉谷。阿德里安十分热爱黑比诺，因而在诸如楔尾酒庄 (Wedgetail Estate)、罗富酒庄（Rochford）、德宝利（De Bortoli）、司迪克斯酒庄(Sticks)和罗伯多兰（Rob Dolan）等许多本地葡萄酒厂都工作过。2012年，他终于实现了自己的梦想，从雅拉谷塞姆（Syme-on-Yarra）葡萄园买下了2吨黑比诺；2013年，购入霞多丽和黑比诺一共4吨。男孩见女孩（The Boy Meets Girl）系列在网站 www.nakedwines.com.au 有售。出口到英国和美国。

🍷🍷🍷🍷🍷 Willowlake Yarra Valley Pinot Noir 2015
柳湖葡萄园雅拉谷黑比诺2015
这款葡萄酒使用的整串葡萄比例为50%，略低于塞姆（Syme）酒款，并且采用了冷浸渍工艺。酒香扑鼻，几乎让人觉得额外加入了香味物质，略带红色水果，腐殖质和香料的味道。口感润滑，结尾清新。
封口：螺旋盖　酒精度：13%　评分：96　最佳饮用期：2030年
参考价格：45澳元　✪

Syme on Yarra Vineyard Yarra Valley Pinot Noir 2015
塞姆雅拉葡萄园雅拉谷黑比诺2015
整串葡萄在原料中的比例为30%。在法国橡木桶（30%是新的）中陈酿16个月。丰富的红樱桃、李子、蕨类植物和香料的味道扑面而来，接下来是复杂、轻盈的口感，酸度新鲜，结尾清爽。2015年，对于南维多利亚的比诺来说，是一个很好的年份。
封口：螺旋盖　酒精度：13%　评分：95　最佳饮用期：2026年
参考价格：45澳元

Saracen Estates 撒拉森园酒庄 ★★★★

Level 10，225 St Georges Terrace，珀斯，WA 6000 产区：玛格利特河
电话:（08）9486 9410 网址：www.saracenestates.com.au
开放时间：周一至周五，9:00—17:00
酿酒师：保罗·迪克逊（Paul Dixon），鲍勃·卡特赖特（Bob Cartwright）
电话：（顾问） 创立时间：1998年 产量（以12支箱数计）：5000

卖掉撒拉森园酒庄的土地使得下一步企业的经营发展陷入迷雾之中。现在，玛丽·萨拉切尼（Maree Saraceni）和她的哥哥丹尼斯·帕克（Dennis Parker）用他们在珀斯的办公室经营虚拟酒厂。他们聘请了鲍勃·卡特赖特（Bob Cartwright）作酿酒师——他从玛格利特河收获葡萄并在汤普森庄园（Thompson's Estate）酿制葡萄酒。

🍷🍷🍷🍷🍷 Margaret River Chardonnay 2016
玛格利特河霞多丽 2016
合约种植，由克莱夫·奥托（Clive Otto）酿制——他倾向于限制新橡木桶的使用。因此，这款霞多丽非常新鲜，优雅。充满了丰富的白桃和浓郁的柑橘味道，酸度自然——口感新鲜，有如夏日雏菊。
封口：螺旋盖 酒精度：13% 评分：94 最佳饮用期：2023年
参考价格：35澳元

🍷🍷🍷🍷 Cabernate Sauvignon Merlot 2015
赤霞珠梅洛2015
评分：93 最佳饮用期：2025年 参考价格：26澳元 ✪

Reserve Cabernate Sauvignon 2012
珍藏赤霞珠 2012
评分：93 最佳饮用期：2027年 参考价格：56澳元

Sauvignon Blanc Semillon 2016
长相思赛美蓉 2016
评分：92 最佳饮用期：2019年 参考价格：22澳元 ✪

Sassafras Wines 檫木葡萄酒 ★★★☆

20 Grylls Crescent，Cook，ACT,2614（邮）产区：堪培拉地区
电话：0476 413 974 网址：www.sassafraswines.com.au 开放时间：不开放
酿酒师：保罗·史塔（Paul Starr），哈米什·亚（Hamish Young）
创立时间：2015年 产量（箱）:300

保罗·史塔（Paul Starr）和泰米·布雷布鲁克（Tammy Braybrook）两人建立了檫木葡萄酒——同时也带来了难得一见的学术知识。泰米有一个科学学位，曾经是经济学家，现在是专业的IT技术人员和兼职花匠。保罗是文化研究的博士，原本打算成为一个人文学者，后来进入了政府的环境部门工作。泰米认识矿石山（Quarry Hill）的马克·特勒尔（Mark Terrell）——两人先是在特勒尔葡萄园从事修剪和酿酒工作，后来在本地大学学习了葡萄酒酿造的课程。有4年时间，保罗每周末都在伊顿路的酒窖门店工作。保罗和泰米两人都对历史很感兴趣，一次，他们在一起计划将来在葡萄酒事业的发展方向，结果在书中找到了一种他们叫做“祖传”的酿造起泡酒方法——即直接绕过除渣的部分，使用最原始的酵母和可发酵的糖来生产慕斯酒。

🍷🍷🍷🍷 Salita Sagrantino Nebbiolo 2015
萨利塔萨格兰蒂诺内比奥罗2015
堪培拉萨格兰蒂诺与刚达盖(Gundagai)的内比奥罗（8%）的完美融合，这款酒可以说是一个惊喜：带有浓郁的甘草、烟草、樱桃和阿玛洛的味道。单宁柔和，酸度适宜。
封口：螺旋盖 酒精度：14% 评分：90 最佳饮用期：2022年
参考价格：25澳元 JF

🍷🍷🍷🍷 Riverland Fiano 2016
河地菲亚诺 2016
评分：89 最佳饮用期：2018年 参考价格：25澳元 JF

Savaterre 萨瓦迪拉 ★★★★☆

PO Box 337，Beechworth，Vic 3747（邮） 产区：比曲尔斯
电话：(03)5727 0551 网址：www.savaterre.com 开放时间：不开放
酿酒师：凯普尔·史密斯（Keppell Smith） 创立时间：1996年 产量（以12支箱数计）：1500

凯普尔·史密斯（Keppell Smith）的葡萄酒职业生涯始于1996年，当时他在CSU学习葡萄酒酿造，并且在巴斯·菲利普（Bass Phillip）的菲利普·琼斯（Phillip Jones）处（学习）参与实践。他买下了40公顷地产，在海拔440米处建立了萨瓦迪拉酒庄，密集种植了（7500棵藤每公顷）霞多丽和黑比诺各1公顷。葡萄园采用有机的方法和原则进行栽培管理，酿酒方面，采用旧世界，而不是新世界的酿造工艺。史密斯的目标是，生产主流葡萄酒之外，有独特、个性的出色葡萄酒。

🍷🍷🍷🍷🍷 Chardonnay 2015
霞多丽 2015
这是另一位充分利用比曲尔斯气候和霞多丽之间协同作用的酒商。口感丰富复杂，有丰盛的白色核果的味道，酸度十分活泼。
封口：螺旋盖 酒精度：13.4% 评分：96 最佳饮用期：2025年
参考价格：70澳元 ✪

SC Pannell 潘奈尔 ★★★★★

60 Olivers Road，麦克拉仑谷，SA 5171 产区：麦克拉仑谷
电话：(08) 8323 8000 网址：www.scpannell.com.au
开放时间：每日开放，11:00—17:00
酿酒师：斯蒂芬·潘奈尔（Stephen Pannell）
创立时间：2004年 产量（以12支箱数计）：20000 葡萄园面积：22公顷

在他们的背景故事中，唯一令人吃惊的就是（仍然年轻的）斯蒂芬［Stephen，斯蒂夫（Steve）］潘奈尔［Pannell，和妻子菲欧娜（Fiona）］居然用了这么久才从星座（Constellation）、哈迪斯（Hardys）中独立出来，建立自己的葡萄酒酿造和咨询的企业。斯蒂夫有着丰富的经验和高超的技艺，因而他们出产的葡萄酒从第一个年份起就非常优秀。潘奈尔在麦克拉仑谷有两个葡萄园：第一个种植于1891年，种有3.6公顷的西拉；第二块园地购于2014年，这也将酒庄自有葡萄园的面积总量扩大到22公顷。潘奈尔酒庄已经建立了自己的品牌形象，前途无量。出口到英国。

🍷🍷🍷🍷🍷 McLarent Vale Grenache 2015
麦克拉仑谷歌海娜 2015
杯中散发出各种各样的红色水果和黑樱桃的味道。这款酒重量中等，酒液从口中滑入咽喉的过程中，可以品尝到活泼酸度与渐强的甜度，以及精致、细沙般的单宁。核心的樱桃酒、石榴和一点整簇香料的味道简直令人着迷。
封口：螺旋盖 酒精度：14.5% 评分：96 最佳饮用期：2038年
参考价格：55澳元 NG ✪

McLaren Vale Touriga Cabernet Mataro 2015
麦克拉仑谷图尔加赤霞珠马塔洛 2015
McLarent Vale Touriga Cabernate Sauvignon Mataro 2015

这款酒也许产自一种喜干旱、长势好的地中海葡萄藤。这一富含单宁的葡萄品种有较长的成熟期，这也让水果的甘甜与整体的酸度得到了极好的平衡，形成了这款酒特殊的质感。酒香芬芳，充满紫罗兰花香，略带铁元素和肉类味道的马塔洛与口感深厚的赤霞珠交相呼应。
封口：螺旋盖 酒精度：13.9% 评分：96 最佳饮用期：2032年
参考价格：40澳元 NG ✪

Aromatico 2016
芳香 2016
琼瑶浆为主，加上29%的雷司令和4%的灰比诺。酒香如同花香味的香水，伴随着玫瑰果混合香、荔枝和土耳其软糖的气息。酚类物质控制得很好——精致、细节丰富。绝对是一款美味的葡萄酒。
封口：螺旋盖 酒精度：13.5% 评分：95 最佳饮用期：2021年
参考价格：25澳元 NG ✪

Adelaide Hills Pinot Noir 2015
阿德莱德山黑比诺 2015
杯中飘散出红色水果，石楠和樱桃的味道，没有过多的甜味，优质的成熟的浆果为酒体带来了完整的张力，部分由果梗浸渍出的单宁和橡木的味道都处理得恰到好处。
封口：螺旋盖 酒精度：13% 评分：95 最佳饮用期：2024年
参考价格：35澳元 NG ✪

Adelaide Hills Shiraz 2015
阿德莱德山西拉2015
这款葡萄酒略带还原味，蓝色、黑色水果，以及萜烯类物质的味道，20%保留果梗的发酵，发展出胡椒味的单宁，又与活泼的石楠味道融合在一起。果味充分吸收了橡木的味道，结尾充满张力，持久、清爽。
封口：螺旋盖 酒精度：13.5% 评分：95 最佳饮用期：2035年
参考价格：35澳元 NG ✪

The Vale McLaren Vale Shiraz Grenache 2015
麦克拉仑谷西拉歌海娜2015
香气中有明显的海盐味道，伴随着蓝色和黑色水果，生肉，和一丝肉豆蔻的味道。口感集中，单宁有甘草的味道，酸度十分活泼。
封口：螺旋盖 酒精度：14.5% 评分：95 最佳饮用期：2035年
参考价格：40澳元 NG

Adelaide Hills Sauvignon Blanc 2016
阿德莱德山长相思2016
评分：94 最佳饮用期：2018年 参考价格：25澳元 NG ✪

McLarent Vale Grenache Shiraz Touriga 2015
麦克拉仑谷歌海娜西拉图瑞加 2015
评分：94 最佳饮用期：2025年 参考价格：30澳元 NG ✪

McLarent Vale Barrosa Valley Tempranillo Touriga 2015
麦克拉仑谷巴罗萨谷添帕尼罗图瑞加 2015
评分：94 最佳饮用期：2030年 参考价格：30澳元 NG ✪

🍷🍷🍷🍷🍷 Adelaide Hills Nebbiolo Rose 2016
阿德莱德山内比奥罗桃红 2016

评分：93 最佳饮用期：2018年 参考价格：35澳元 NG
Adelaide Hills Pinot Gris 2016
阿德莱德山灰比诺2016
评分：92 最佳饮用期：2018年 参考价格：25澳元 NG
Field Street McLarent Vale Shiraz 2015
地街麦克拉仑谷西拉2015
评分：92 最佳饮用期：2030年 参考价格：30澳元 NG
Langhorne Creek Montepulciano 2015
兰好乐溪蒙帕赛诺 2015
评分：92 最佳饮用期：2028年 参考价格：30澳元 NG
Dead End McLarent Vale Tempranillo 2015
死路麦克拉仑谷添帕尼罗 2015
评分：91 最佳饮用期：2022年 参考价格：30澳元 NG

Scarborough Wine Co 斯卡博罗酒庄 ★★★★☆

179 Gillards Road，Pokolbin，新南威尔士州，2320 产区：猎人谷
电话：(02)4998 7563 网址：www.scarboroughwine.com.au
开放时间：每日开放，9:00—17:00
酿酒师：伊安·斯卡博罗（Ian Scarborough）和杰罗姆·斯卡博罗（Jerome Scarborough）
创立时间：1985年 产量（以12支箱数计）：25000 葡萄园面积：14公顷

伊安·斯卡博罗（Ian Scarborough）在做顾问的许多年里磨练了他的白葡萄酒酿造技艺，并把所学全部用在了他的产品上。他生产3款霞多丽：蓝标是一款轻盈、优雅的莎布利风格，主要为出口市场设计；另外一款桶内发酵（黄标）则主要针对澳洲本土市场；第三款是白标，只在最好的年份酿制，并仅在酒窖门店出售。斯卡博罗也收购了一部分林德曼之光（Lindemans Sunshine）的老葡萄园（荒废30年），并且种植了赛美蓉和（异想天开的）黑比诺。出口到英国和美国。

🍷🍷🍷🍷🍷 The Obsessive Vanessa Vale Vineyard Hunter Valley Shiraz 2014
迷恋瓦内萨谷葡萄园猎人谷西拉2014
斯卡博罗家族精心酿制的这款西拉，有着完美的果味单宁和橡木的平衡感——这也是好年份的标志。未来的40年间，这款酒还将继续发展。
封口：螺旋盖 酒精度：13.7% 评分：97 最佳饮用期：2054年
参考价格：60澳元 ✪

🍷🍷🍷🍷 The Obsessive Gillards Road Vineyard Chardonnay 2015
迷恋加里亚路葡萄园霞多丽 2015
评分：93 最佳饮用期：2022年 参考价格：40澳元
Yellow Label Chardonnay 2014
黄标霞多丽 2014
评分：90 最佳饮用期：2021年 参考价格：28澳元

Scarpantoni Estate 史卡潘汤尼酒庄 ★★★★

Scarpantoni Drive，McLaren Flat，SA 5171 产区：麦克拉仑谷
电话：(08) 8383 0186 网址：www.scarpantoniwines.com
开放时间：周一至周五，9:00—17:00；周末，11:30—16:30
酿酒师：麦克（Michael）和菲利普·史卡潘汤尼（Filippo Scarpantoni）
创立时间：1979年 产量（以12支箱数计）：37000 葡萄园面积：40公顷

从1958年多米尼科·史卡潘汤尼（Domenico Scarpantoni）买下他的第1个葡萄园到今天的史卡潘汤尼酒庄，这期间他们经历了诸多考验。多米尼科曾经在汀达拉（Tintara）的酒厂为托马斯·哈迪（Thomas Hardy）工作，后来又做过海景葡萄酒（Seaview Wines）的葡萄园经理，很快他就成了这一产区内最大的葡萄种植者之一。1979年，在儿子麦克（Michael）和菲利普（Filippo）的帮助下，多米尼克（Domenico）建立了酿酒厂，现在，两个儿子继续在酒庄从事管理工作。麦克和菲利普是在建立于1840年的牛莓（Oxenberry）农场长大的。牛莓葡萄酒与史卡潘汤尼的风格不同，并且仅仅在麦克拉仑平原康加里拉路（McLaren Flat Kangarilla Road）的24—26号处的酒窖门店出售。出口到美国等主要市场。

🍷🍷🍷🍷 Block 3 McLarent Vale Shiraz 2014
3号地块麦克拉仑谷西拉2014
来自酒庄最老的葡萄藤，这是另一种风格的麦克拉仑谷西拉：黑樱桃、薄荷醇和茴香调料配合着高调的美国橡木味道——这个产区的一种温和而亲切的表达，轻柔地抚慰了我们的心灵。
封口：螺旋盖 评分：91 最佳饮用期：2030年 参考价格：30澳元 NG
Brothers' Block McLarent Vale Cabernate Sauvignon 2014
兄弟地块麦克拉仑谷赤霞珠2014
带有典型的赤霞珠风格——薄荷、烟草和香柏木，以及饱和的深色水果的味道，橡木和香片的味道也很丰富。酒体饱满，口感浓厚，充满力量感。
封口：螺旋盖 评分：91 最佳饮用期：2026年 NG

🍷🍷🍷🍷 Gamay 2015
佳美 2015

评分：89 最佳饮用期：2023年 参考价格：25澳元 NG

Schild Estate Wines 席尔德庄园葡萄酒 ★★★★☆

Cnr Barossa Valley Way/Lyndoch Valley Road，Lyndoch，SA 5351 产区：巴罗萨谷
电话：(08) 8524 5560 网址：www.schildestate.com.au 开放时间：每日开放，10:00—17:00
酿酒师：斯考特·赫塞尔达因（Scott Hazeldine） 创立时间：1998年
产量（以12支箱数计）：40000 葡萄园面积：163公顷

1952年，艾德·席尔德（Ed Schild）第一个在巴罗萨谷的罗兰平原（Rowland Flat）建立了一个小葡萄园，并且在接下来的50年里逐步扩展，达到了现在的水平。这款旗舰葡萄酒是由170岁的西拉葡萄藤在莫洛洛（Moorooroo）葡萄园酿制的。酒窖门店设在林多奇（Lyndoch）的ANZ银行旧址——它能给人带来独一无二的巴罗萨谷风情。出口到世界所有的主要市场。

🍷🍷🍷🍷🍷 Moorooroo Barrosa Valley Shiraz 2013
莫洛洛巴罗萨谷西拉2013
产自4行165岁的葡萄藤，采用顶端开口的发酵罐，再于法国小橡木桶中陈酿。酒香中散发出丰富的深色水果、巧克力和皮革气息，老藤为口感增添了奶油的味道，单宁非常成熟——这款经典的旧式巴罗萨西拉20年后将依然美味。
封口：橡木塞 酒精度：14.5% 评分：95 最佳饮用期：2035年
参考价格：100澳元 PR

Edgar Schild Reserve Barrosa Valley Grenache 2014
埃德加席尔德珍藏巴罗萨谷歌海娜 2014
可以清晰地感觉到法国橡木的存在，但又并不喧宾夺主。带有覆盆子和泥土的味道。这款酒还需要一段时间的陈化才能达到最佳状态。随着酒液在杯中的呼吸，果香逐渐增强，回味中的单宁很有质感——这些都是它的优点。
封口：螺旋盖 酒精度：14.9% 评分：94 最佳饮用期：2027年
参考价格：40澳元 CM

🍷🍷🍷🍷 Barrosa Valley GSM 2014
巴罗萨谷GSM 2014
评分：93 最佳饮用期：2022年 参考价格：18澳元 CM ✪

Pramie Barrosa Valley Shiraz 2014
普拉米巴罗萨谷西拉2014
评分：92 参考价格：70澳元 PR

Ben Schild Reserve Barrosa Valley Shiraz 2013
本·席尔德巴罗萨谷西拉2013
评分：91 参考价格：40澳元 PR

Museum Release Moorooroo Shiraz 2008
博物馆发行莫洛洛西拉2008
评分：90 参考价格：165澳元 PR

Schubert Estate 舒伯特庄园 ★★★★★

26 Kensington Road，Rose Park，SA 5067 产区：巴罗萨谷
电话：(08) 8562 3375 网址：www.schubertestate.com 开放时间：周一至周五，11:00—17:00
酿酒师：斯蒂夫·舒伯特（Steve Schubert） 创立时间：2000年
产量（以12支箱数计）：4200 葡萄园面积：14公顷

斯蒂夫（Steve）和西西莉亚·舒伯特（Cecilia Schubert）是酒庄主要的葡萄种植者，园内有12.8公顷的西拉和1.2公顷的维欧尼。他们在1986年买下了这片面积为25公顷的产业——当时的园子非常破败，完全没有必要留下旧时种植的葡萄藤。因为两人都有其他的工作，过了几年他们才开始种植新的葡萄藤，每年的种植量不到2公顷。绝大部分产出都卖给了托布雷克（Torbreck）。2000年，他们决定留下一部分葡萄，给自己（和朋友们）酿制一桶葡萄酒——结果就是，他们受到了鼓励，决定每年生产两个大桶（后来又增加到4个）。使用野生酵母，开放式发酵，篮式压榨，不经过过滤装瓶。2016年，舒伯特庄园在阿德莱德的一个重新修整过的石制别墅中开设了自己的酒窖门店。出口到德国、马来西亚等国家，以及中国内地（大陆）和香港地区。

🍷🍷🍷🍷🍷 The Gander Reserve Shiraz 2013
歌德珍藏西拉2013
现在歌德珍藏只生产了4个年份（2004年、2007年、2008年和2013年）。酒体呈现深浓的紫红色；因为优质的原料（和15%的酒精度），它在橡木桶中多陈放了1年。很难找到比这更好的奔放型巴罗萨谷西拉了。
封口：橡木塞 评分：97 最佳饮用期：2053年 参考价格：90澳元 ✪

🍷🍷🍷🍷🍷 Goose-yard Block Barrosa Valley Shiraz 2014
歌亚克巴罗萨谷西拉2014
饱满的紫红色；虽然葡萄园相对来说比较年轻（20年），出产的葡萄质量却非常出色。有着浓郁的深色樱桃和李子的味道，单宁饱满，法国橡木完好地融入整体，非常精致。
封口：橡木塞 酒精度：14.5% 评分：96 最佳饮用期：2044年
参考价格：69澳元 ✪

The Gosling Single Vineyard Barrosa Valley Shiraz 2015
歌诗灵单一葡萄园巴罗萨谷西拉2015

酒体饱满得犹如传统风格的巴罗萨谷西拉，法国橡木的使用却非常具有现代感。单宁精巧，口感复杂，回味很长。
封口：橡木塞　酒精度：14.5%　评分：95　最佳饮用期：2035年
参考价格：28澳元 ✪

The Lone Goose Barrosa Valley Shiraz 2015
珑歌巴罗萨谷西拉2015
有5%的维欧尼，共同发酵。比歌诗灵（The Gosling）酒款更加浓郁和强劲，维欧尼和酒精度在饱满的口感上增加了一些张力。丰富的黑色水果之上有甘草、黑巧克力和野蔷薇丛的味道。你可能会想知道维欧尼的去向。
封口：Diam软木塞　酒精度：15%　评分：95
最佳饮用期：2045年　参考价格：42澳元

🍷🍷🍷🍷🍷

Le Jars Blanc Dry Viognier 2016
乐嘉维欧尼干白2016
评分：92　最佳饮用期：2020年　参考价格：36澳元

The Golden Goose Sweet Viognier 2016
谷丝甜维欧尼2016
评分：90　最佳饮用期：2020年　参考价格：26澳元

Schulz Vignerons　舒尔茨种植园　★★★★★

PO Box 121，Nuriootpa，SA 5355（邮）　产区：巴罗萨谷
电话：(08) 8565 6257　网址：www.schulzwines.com.au　开放时间：提前预约
酿酒师：马库斯·舒尔茨（Marcus Schulz），内维尔·法尔肯贝（Neville Falkenberg）
创立时间：2003年　产量（以12支箱数计）：500　葡萄园面积：58.5公顷
马库斯（Marcus）和罗斯林·舒尔茨（Roslyn Schulz）是巴罗萨谷知名的葡萄酒（大）家族的第5代传人。在他们之前，已经有4代人从事葡萄种植者酿造了，但在2002年，他们开辟了一条新的道路——50年老藤葡萄酒的“生物农业”。现在，他们不使用人工灌溉或是喷洒农药，尽可能少地使用化学物质，应用活跃的土壤生物学自然产生的氮元素做肥料，这些干燥气候下生长的葡萄藤生产出质量极高的葡萄。葡萄园种植有12个品种：西拉、幕尔维德、歌海娜和赤霞珠为主。你可能会想到，他们大部分的葡萄都卖给了巴罗萨谷的其他酿酒商。

🍷🍷🍷🍷🍷

Grandies Barrosa Valley Shiraz 2014
葛兰蒂丝巴罗萨谷西拉2014
充满了蓝色水果的味道，深色李子和樱桃被肉豆蔻、香草、茴香、利口酒和印度咖喱粉的味道包裹起来，口腔和鼻腔都有清新之感。口感如丝般柔滑，又有地毯般的质地。丰满的单宁提供了构架感，精致的水果是独奏的旋律。充满活力，堪称典范。
封口：螺旋盖　酒精度：14%　评分：96　最佳饮用期：2034年
参考价格：50澳元　NG ✪

Benjamin Barrosa Valley Shiraz 2014
本杰明巴罗萨谷西拉2014
带有深色水果和炭烤橡木的味道，单宁有如熔化的咖啡粉般，虽然它可能会让你脑中嗡嗡作响，在味蕾上的刺激却让你想再饮一杯。很有质感，单宁充满弹性，口感丰厚浓郁。
封口：螺旋盖　酒精度：14%　评分：95　最佳饮用期：2033年
参考价格：30澳元　NG ✪

🍷🍷🍷🍷🍷

Marcus Old Vine Barrosa Valley Shiraz 2013
马库斯老藤巴罗萨谷西拉2013
评分：93　最佳饮用期：2030年　参考价格：60澳元　NG

Maria Barrosa Valley Mataro 2015
玛丽亚巴罗萨谷马塔洛 2015
评分：93　最佳饮用期：2023年　参考价格：25澳元　NG ✪

Clara Reserve Barrosa Valley Semillon 2016
克莱尔珍藏巴罗萨谷赛美蓉2016
评分：90　最佳饮用期：2023年　参考价格：25澳元　NG

Schwarz Wine Company　施瓦兹葡萄酒公司　★★★★★

PO Box 779，Tanunda，SA 5352（邮）　产区：巴罗萨谷
电话：0417 881 923　网址：www.schwarzwineco.com.au　开放时间：巴罗萨艺术圣地
酿酒师：杰森·施瓦兹（Jason Schwarz）　创立时间：2001年　产量（以12支箱数计）：4500
这个简洁的名字很适合这家酒庄。2001年建立之初，就生产了1吨的葡萄，酿制了两个大桶的葡萄酒。他从杰森·施瓦兹（Jason Schwarz）父母在伯大尼（Bethany）的葡萄园中购买西拉——这些葡萄藤种植于1968；第2年，他又从父母的葡萄园中收购葡萄，并且增加了0.5吨的歌海娜。2005年，与另一家（大型）酒厂的销售葡萄的合约终结了，于是酒庄又增加了1.8公顷可用的西拉和0.8公顷的歌海娜。接下来的发展更加迅速：2016年，杰森与思宾悦（Spinifex）的彼得·谢尔（Peter Schell）合伙［（比斯开路葡萄酒（Biscay Road Vintners）］，并将产品控制完全交给了他们。出口到美国、法国、新加坡和中国。

🍷🍷🍷🍷🍷

The Schiller Single Vineyard Barrosa Valley Shiraz 2014
席勒单一葡萄园巴罗萨谷西拉2014
种植于1881的葡萄园仍然为席勒家族的第6代所有。这款酒色泽明亮的，通过桶内发酵

带来的法国橡木气息得到了很好的整合。有辛香料的的味道、中等酒体，新鲜、活泼。
封口：螺旋盖　酒精度：14.5%　评分：96　最佳饮用期：2040年
参考价格：70澳元 ✪

Meta Barrosa Valley Shiraz 2015
元初巴罗萨西拉2015
中等至饱满酒体，带有黑樱桃、李子和橡木的味道，整串葡萄的使用也让它的口感十分多汁，酒精适度。
封口：螺旋盖　酒精度：14%　评分：95　最佳饮用期：2035年
参考价格：35澳元 ✪

Nitschke Block Single Vineyard Barrosa Valley Shiraz 2015
尼奇克地块单一葡萄园巴罗萨谷西拉2015
分2次采收，20%—25%原料使用整串，野生酵母—开放式发酵，20—25天带皮浸渍，在法国橡木桶（25%是新的）中陈酿。酿造工艺十分复杂，唯一的问题就是现在它法国橡木的味道还很明显，但随着瓶内陈酿，应该会逐渐减弱。
封口：螺旋盖　酒精度：14.2%　评分：95　最佳饮用期：2035年
参考价格：40澳元

Nitschke BlockSingle VineyardBarrosa Valley Shiraz 2014
尼奇克地块单一葡萄园巴罗萨谷西拉2014
酒体饱满，充满了黑色水果的味道，黑巧克力般的单宁精致而结实，可以陈放上数十年。没有死果或是过分成熟的果味。非常复杂，诱人。
封口：螺旋盖　酒精度：14.5%　评分：95　最佳饮用期：2034年
参考价格：40澳元

Meta Barrosa Valley Mataro 2016
元初巴罗萨谷马塔洛2016
酒香芬芳的，充满了复杂香料的细微差别，中等酒体，口感非常（令人愉快的）独特。混有覆盆子和肉桂的味道，单宁非常细致。
封口：螺旋盖　酒精度：14.1%　评分：95　最佳饮用期：2023年
参考价格：35澳元 ✪

🍷🍷🍷🍷🍷 Thiele Road Barrosa Valley Grenache 2015
蒂勒巴罗萨谷歌海娜 2015
评分：92　最佳饮用期：2020年　参考价格：38澳元

Barrosa Valley GSM 2015
巴罗萨谷 GSM 2015
评分：92　最佳饮用期：2023年　参考价格：28澳元

Barrosa Valley Shiraz 2015
巴罗萨谷西拉2015
评分：91　最佳饮用期：2025年　参考价格：30澳元

Barrosa Valley Rose 2016
巴罗萨谷桃红2016
评分：90　最佳饮用期：2018年　参考价格：22澳元　CM

Meta Barrosa Valley Grenache 2016
元初巴罗萨谷歌海娜 2016
评分：90　最佳饮用期：2020年　参考价格：35澳元

Scion Vineyard & Winery　继任者葡萄园&葡萄酒厂 ★★★★

74 Slaughterhouse Road，路斯格兰.维多利亚，3685　产区：路斯格兰
电话：(02)6032 8844　网址：www.scionvineyard.com　开放时间：每日开放，10:00—17:00
酿酒师：罗利·米林奇（Rowly Milhinch）　创立时间：2002年
产量（以12支箱数计）：1650　葡萄园面积：3.2公顷
继任者葡萄园的建立者是退休的听力学家珍·米林奇（Jan Milhinch）——她是著名的路斯格兰葡萄酒家族创始人GF·莫里斯（GF Morris）的曾曾孙女。珍现在已经将接力棒传给了儿子罗兰德（Rowland，Rowly）——他现在继续负责管理酒庄葡萄园和酿酒。园子建立在富含石英的红粘土斜坡上，种植有杜瑞夫、维欧尼，棕麝香葡萄、奥兰治以及麝香葡萄。

🍷🍷🍷🍷🍷 Rutherglen Durif Viognier 2014
路斯格兰杜瑞夫维欧尼2014
与3%的维欧尼共同发酵，使用15%的整串杜瑞夫，20%的新法国橡木桶，罗利·米林奇（Rowly Milhinch）酿制的这款酒与传统的杜瑞夫风格完全不同。非常活泼，新鲜多汁，在深色浆果的基调之上又有红色水果的细微差别。平衡感很好——可以今晚就喝，也可以10年后再喝。
封口：螺旋盖　酒精度：13.2%　评分：94　最佳饮用期：2026年　参考价格：42澳元

Scorpo Wines　斯格波酒庄 ★★★★★

23 Old Bittern-Dromana Road，Merricks North，Vic 3926　产区：莫宁顿半岛
电话：(03)5989 7697　网址：www.scorpowines.com.au　开放时间：提前预约
酿酒师：保罗·斯格波（Paul Scorpo）　创立时间：1997年
产量（以12支箱数计）：3500　葡萄园面积：9.64公顷
保罗·斯格波（Paul Scorpo）曾经是一位园艺/景观设计师，曾经参与过从私人花园到高尔夫球场等

各种项目，足迹遍及澳大利亚、欧洲和亚洲各地。他的家人热爱食物、葡萄酒和花园——他们就在菲利浦港（Port Phillip）和西港湾之间起伏的山坡上买下了一个废弃的种植苹果和樱桃的院子。他们种植了灰比诺（4.8公顷）、黑比诺（2.8公顷）、霞多丽（1公顷）和西拉（1公顷）。出口到英国、新加坡等国家，以及中国香港地区。

🍷🍷🍷🍷🍷 Eocene Single Vineyard Chardonnay 2013

始新世单一葡萄园霞多丽2013

产自一个0.3公顷的地块——种植有第戎（Dijon）克隆株系和少量的P58——仅在不同寻常的年份才生产酿制。苹乳发酵，带酒脚陈酿并搅拌（搅桶），保罗·斯格波选择的道路与莫宁顿半岛几乎所有其他的同行都不一样。你有可能会把这款酒当成酒龄为1年的霞多丽；它有着良好的结构、质地和极其精致的风味。

封口：螺旋盖　酒精度：13.5%　评分：96　最佳饮用期：2028年

参考价格：62澳元 ✪

Mornington Peninsula Chardonnay 2014

莫宁顿半岛霞多丽 2014

3年的酒龄，却让人觉得像只有1年。颜色很淡，浓郁，非常年轻。酸度是它的一个（优秀）特征——并没有经过无苹乳发酵，浓度仍然很高。酒中白桃和青苹果的味道充满力量。

封口：螺旋盖　酒精度：13%　评分：95　最佳饮用期：2025年　参考价格：49澳元

Mornington Peninsula Pinot Noir 2015

莫宁顿半岛黑比诺2015

这款酒的口感呈线性，很有深度，长度、馥郁的香气随着品尝而逐渐增强。作为一款2015年份的葡萄酒，它有点特殊（一些深色樱桃的味道），但良好的结构充分体现出原料的低产量带来的高质量。

封口：螺旋盖　酒精度：13.5%　评分：95　最佳饮用期：2030年　参考价格：55澳元

Aubaine Mornington Peninsula Chardonnay 2016

奥班莫宁顿半岛霞多丽2016

这款莫宁顿半岛霞多丽可能不如玛格利特河霞多丽那样有深度，长度也不如雅拉谷，但它非常优雅，有着极好的平衡感，这款葡萄酒即是个中翘楚。精致的法国橡木的味道中带有白桃、青苹果和梨的味道。

封口：螺旋盖　酒精度：13.5%　评分：94　最佳饮用期：2023年　参考价格：31澳元

🍷🍷🍷🍷🍷 Mornington Peninsula Pinot Gris 2016

莫宁顿半岛灰比诺2016

评分：92　最佳饮用期：2020年　参考价格：35澳元

Noirien Mornington Peninsula Pinot Noir 2016

诺里安莫宁顿半岛黑比诺2016

评分：91　最佳饮用期：2031年　参考价格：31澳元

Scotchmans Hill　史哥玛山　★★★★★

190 Scotchmans Road，Drysdale，Vic 3222　产区：吉龙

电话：(03)5251 3176　网址：www.scotchmans.com.au　开放时间：每日开放，10:30—16:30

酿酒师：罗宾·布洛凯特（Robin Brockett），马库斯·霍尔特（Marcus Holt）

创立时间：1982年　产量（以12支箱数计）：50000　葡萄园面积：40公顷

史哥玛山酒庄建立于1982年，在长期酿酒师罗宾·布洛凯特（Robin Brocket）和助理马库斯·霍尔特（Marcus Holt）的管理下，酒庄一直出产优质葡萄酒。产品的品牌包括史哥玛山（Scotchmans Hill）、科尼利厄斯（Cornelius）、杰克&吉尔（Jack & Jill）和天鹅湾（Swan Bay）。2014年所有权更替后，在葡萄园上的投入明显增加了。

🍷🍷🍷🍷🍷 Cornelius Single Vineyard Bellarine Peninsula

科尼利厄斯单一葡萄园贝拉林半岛黑比诺2013

对于一款3年以上的比诺来说，它新鲜明亮的深紫红色尤其难得；前香中是李子的气息，接下来是混合的红色和黑色樱桃的香气；果香浓郁，口感甘美而不甜腻，高品质的法国橡木和出色的单宁提供了很好的结构感。可以陈年很久，对于一款陈酿型葡萄酒来说，它的价格也相当合理。

封口：螺旋盖　酒精度：13%　评分：96　最佳饮用期：2028年

参考价格：55澳元 ✪

Bellarine Peninsula Chardonnay 2014

贝拉林半岛霞多丽 2014

明亮的草秆绿色；充分地表现了这一年份的特点；香气和口感都非常复杂，带有经典的核果和葡萄柚的味道，酸度和橡木的味道都处理得十分精确。

封口：螺旋盖　酒精度：13%　评分：95　最佳饮用期：2022年

参考价格：28澳元 ✪

Cornelius Sutton Vineyard Bellarine Peninsula

科斯利厄斯萨顿葡萄园贝拉林半岛霞多丽 2014

非常引人入胜的一款酒，尽管与其他单一产区的酒款相爱，它的酒精度较低，但却让人觉得它的成熟度更高。带有成熟的杏子、白桃和油桃的味道，酸度充满弹性，略带坚果和矿物质盐的味道。回味很长。

封口：螺旋盖　酒精度：12.5%　评分：95　最佳饮用期：2024年

参考价格：50澳元　NG

Cornelius Single Vineyard Bellarine Peninsula Chardonnay 2013

科尼利厄斯单一葡萄园贝拉林半岛霞多丽 2013

这是一款香气复杂的高品质霞多丽，带有海贝和葡萄柚髓的气息。口感中充满了丰富的层次感——白桃、油桃、葡萄酒柚和微妙的橡木味道，结构感很好。

封口：螺旋盖 酒精度：13% 评分：95 最佳饮用期：2023年

参考价格：55澳元

Cornelius Bellarine Peninsula Pinot Gris 2014

科尼利厄斯贝拉林半岛灰比诺2014

没有葡萄酒酿造的相关信息，但从香气和口感上判断，这款葡萄酒应该是在高质量的法国橡木桶中发酵并且熟成的。有着丰富的水果味道，占据主导地位的是柑橘、梨和苹果的味道，橡木味恰到好处，回味很长。

封口：螺旋盖 酒精度：13.5% 评分：95 最佳饮用期：2019年

参考价格：46澳元

Jack & Jill Bellarine Peninsula Pinot Noir 2015

杰克和吉尔贝拉林半岛黑比诺2015

色调很好，酒液浓郁、清透，带有李子和黑樱桃的味道，现在就很好，但5年之后会更好，10年之后还会再变得更加美妙。非常符合酒庄长期合作的酿酒师罗宾·布洛凯特（Robin Brockett）的史哥玛风格。

封口：螺旋盖 酒精度：13.5% 评分：95 最佳饮用期：2027年

参考价格：40澳元

Cornelius Armitage Vineyard Bellarine Peninsula Pinot Noir

科尼利厄斯阿米蒂奇葡萄园贝拉林半岛黑比诺2014

自然清透，带有樱桃、李子、红醋栗以及非常成熟的草莓，与秋天护根土和石楠的味道。橡木的味道被很好地整合到酒体中，回味很长，非常轻盈，甚至可以说有些"飘渺"，具有抚慰人心的力量。

评分：95 最佳饮用期：2023年 参考价格：50澳元 NG

Jack & Jill Bellarine Peninsula Shiraz 2014

杰克和吉尔贝拉林半岛西拉2014

去梗，冷浸渍5天，野生酵母，开放式发酵，在新的和旧的法国橡木桶中陈酿16个月。如同酒庄介绍中所说，"这就是一个酿造黑比诺的人酿造的西拉"。芬芳的酒香中带有辛香料的味道，口感复杂，一边是交织在一起的红色、紫色和黑色水果的味道，另一方面，酒中的单宁也非常美味。

封口：螺旋盖 酒精度：14.5% 评分：95 最佳饮用期：2039年

参考价格：40澳元

Geelong Cabernate Sauvignon 2013

吉龙赤霞珠 2013

产量为1吨/英亩，开放式发酵，冷浸渍5天，6天的野生酵母发酵，7天后浸渍发酵，在新的和旧的法国橡木桶中成熟16个月。这是一款非常高雅的葡萄酒，富含多汁的黑加仑的味道，单宁极细，结尾很长。超值。

封口：螺旋盖 酒精度：13.5% 评分：95 最佳饮用期：2028年

参考价格：30澳元 ✪

Bellarine Peninsula Sauvignon Blanc 2015

贝拉林半岛长相思2015

评分：94 最佳饮用期：2017年 参考价格：21澳元 ✪

Jack & Jill Sauvignon Blanc 2015

杰克和吉尔长相思2015

评分：94 最佳饮用期：2018年 参考价格：40澳元

Jack & Jill Chardonnay 2015

杰克和吉尔霞多丽 2015

评分：94 最佳饮用期：2023年 参考价格：40澳元

Cornelius Chardonnay 2014

科尼利厄斯霞多丽 2014

评分：94 最佳饮用期：2024年 参考价格：50澳元 NG

🍷🍷🍷🍷🍷 Bellarine Peninsula Chardonnay 2015

贝拉林半岛霞多丽 2015

评分：93 最佳饮用期：2023年 参考价格：30澳元 NG

Cornelius Armitage Vineyard Chardonnay 2014

科尼利厄斯阿米蒂奇葡萄园霞多丽 2014

评分：93 最佳饮用期：2024年 参考价格：50澳元 NG

Cornelius Single Vineyard Pinot Noir 2015

科尼利厄斯单一葡萄园灰比诺2015

评分：93 最佳饮用期：2021年 参考价格：40澳元 NG

Bellarine Peninsula Pinot Noir 2015

贝拉林半岛黑比诺2015

评分：93 最佳饮用期：2023年 参考价格：33澳元 NG

Cornelius Pinot Noir 2014
科尼利厄斯黑比诺2014
评分：93 最佳饮用期：2023年 参考价格：50澳元 NG
Jack & Jill Bellarine Peninsula Shiraz 2015
杰克和吉尔贝拉林半岛西拉2015
评分：93 最佳饮用期：2022年 NG
Cornelius Single Vineyard Shiraz 2014
科尼利厄斯单一葡萄园西拉2014
评分：93 最佳饮用期：2022年 参考价格：60澳元 NG
Bellarine Peninsula Riesling 2016
贝拉林半岛雷司令2016
评分：92 最佳饮用期：2026年 参考价格：27澳元 NG
Jack & Jill Pinot Gris 2016
杰克和吉尔灰比诺2016
评分：92 最佳饮用期：2019年 参考价格：40澳元
Cornelius Norfolk Vineyard Bellarine Peninsula Pinot Noir 2014
科尼利厄斯诺福克葡萄园贝拉林半岛黑比诺2014
评分：92 最佳饮用期：2022年 参考价格：50澳元 NG
Swan Bay Shiraz 2014
天鹅湾西拉2014
评分：92 最佳饮用期：2021年 参考价格：20澳元 NG ✪
Swan Bay Pinot Noir 2015
天鹅湾黑比诺2015
评分：91 最佳饮用期：2021年 参考价格：20澳元 NG ✪
Ferryman Mornington Peninsula Pinot Noir 2013
摆渡莫宁顿半岛黑比诺2013
评分：91 最佳饮用期：2023年 参考价格：26澳元
Late Harvest Riesling 2016
晚收雷司令2016
评分：91 最佳饮用期：2025年 参考价格：22澳元 NG ✪
Late Harvest Riesling 2015
晚收雷司令2015
评分：91 最佳饮用期：2025年 参考价格：21澳元 ✪
Sauvignon Blanc 2016
长相思2016
评分：90 最佳饮用期：2019年 参考价格：22澳元 NG
Cornelius Sauvignon 2015
科尼利厄斯赤霞珠 2015
评分：90 最佳饮用期：2023年 参考价格：40澳元 NG
Swan Bay Chardonnay 2015
天鹅湾霞多丽 2015
评分：90 最佳饮用期：2021年 参考价格：20澳元 NG ✪
Ferryman Mornington Peninsula Chardonnay 2013
摆渡莫宁顿半岛霞多丽 2013
评分：90 最佳饮用期：2019年 参考价格：26澳元
Swan Bay Bellarine Peninsula Shiraz
天鹅湾贝拉林半岛西拉2013
评分：90 最佳饮用期：2021年 参考价格：18澳元 SC ✪
Adelaide Hills Cabernate Sauvignon Shiraz 2013
阿德莱德山赤霞珠西拉2013
评分：90 最佳饮用期：2021年 参考价格：15澳元 NG ✪

Scott 斯科特 ★★★★★

102 Main Street，Hahndorf，SA 5245 产区：阿德莱德山
电话:（08）8388 7330 网址：www.scottwines.com.au
开放时间：每月第一个周末，11:00—17:00
酿酒师：山姆·斯科特（Sam Scott） 创立时间：2009年 产量（以12支箱数计）：4000

山姆·斯科特（Sam Scott）的曾祖父曾经在麦克斯·舒伯特（Max Schubert）的酒窖中工作过，并把他的知识传授给了山姆的祖父。祖父是山姆的启蒙老师，山姆在校期间有时会为布兹兄弟（Booze Brothers）零售葡萄酒，并在进入大学学习商业时继续为百利（Baily & Baily）做零售。接下来他又同大卫·里奇（David Ridge）一起批发销售标志性的澳大利亚葡萄酒和意大利葡萄酒。2000年，他又开始在塔塔奇拉（Tatachilla）的麦克·弗拉格（Michael Fragos）工作。那之后，他又在澳大利亚的各处和加利福尼亚州工作了一段时间，“我已经去过天涯海角了”。2006年年底，他搬到“鸟在手（Bird in Hand）”葡萄酒厂，就是在那儿，安德鲁·纽金特（Andrew

Nugent）告诉他说，他已经具备足够的能力，可以开设自己的酒厂了。他也这么做了，斯科特是一颗冉冉升起的明星。出口到英国和新加坡。

🍷🍷🍷🍷🍷 Piccadilly Valley Chardonnay 2014

皮卡迪利谷霞多丽 2014

这是一款复杂、精致的霞多丽——然而这一点，在极简主义的酒标上没有任何线索。酒中有着丰富的水果味道的层次，其中可以品尝到柑橘皮和葡萄柚的酸度，带来精准的骨架，精致，橡木味道与整体十分和谐。

封口：螺旋盖　酒精度：13%　评分：95　最佳饮用期：2024年

参考价格：40澳元

Hope Forest Adelaide Hills Shiraz 2015

希望森林阿德莱德山西拉2015

明亮的浅紫红色；酒香芬芳、整体细致、优雅，同时有着精细研磨般的可口的单宁。没有经过澄清及过滤，仅仅加入了二氧化硫，并没有影响到红色水果的味道。与巴罗萨谷西拉是如此的截然不同——很少有人能够两者都喜欢。

封口：螺旋盖　酒精度：13.8%　评分：95　最佳饮用期：2035年

参考价格：40澳元

The Denizen Adelaide Hills Chardonnay 2015

居民阿德莱德山霞多丽 2015

葡萄藤生长在南部的斜坡上。它的口感非常丰富，以至于让人难以相信是出自这个产区，同时仍然有柑橘和葡萄柚味的酸度，保持了明快的整体。酒香中也有一点还原味道，价格也非常诱人。

封口：螺旋盖　酒精度：13%　评分：94　最佳饮用期：2025年

参考价格：26澳元 ✪

La Prova Adelaide Hills Fiano 2016

拉普罗瓦阿德莱德山菲亚诺 2016

来自科斯溪（Kersbrook）的阿马迪奥（Amadio）葡萄园，浆果极小，破碎（通常是整串压榨）并在桶和罐中发酵。桶内发酵带来了良好的结构感和复杂的口感，而小浆果带来了芬芳的花香。难怪斯科特为这个葡萄园的潜力而那么激动。

封口：螺旋盖　酒精度：13.5%　评分：94　最佳饮用期：2021年

参考价格：26澳元 ✪

🍷🍷🍷🍷 La Prova Adelaide Hills Pinot Gris 2016

拉普罗瓦阿德莱德山灰比诺2016

评分：93　最佳饮用期：2019年　参考价格：25澳元 ✪

La Prova Adelaide Hills Aglianico Rosato 2016

拉普罗瓦阿德莱德山阿高连尼科罗萨托 2016

评分：92　最佳饮用期：2018年　参考价格：25澳元 ✪

La Prova Rosso 2015

拉普罗瓦红

评分：92　最佳饮用期：2020年　参考价格：20澳元 ✪

La Prova Bianco 2016

拉普罗瓦白2016

评分：90　最佳饮用期：2017年　参考价格：20澳元 ✪

Seabrook Wines　西布鲁克葡萄酒 ★★★★

1122 Light Pass Road，Tanunda，SA 5352　产区：巴罗萨谷

电话：0427 224 353　网址：www.seabrookwines.com.au　开放时间：仅限预约

酿酒师：哈米什·西布鲁克（Hamish Seabrook）　创立时间：2004年

产量（以12支箱数计）：1200　葡萄园面积：10公顷

哈米什·西布鲁克（Hamish Seabrook）是墨尔本葡萄酒家族最年轻的一代，家族的每一代人从事葡萄酒的不同行业，如批发、零售、分销以及酒展评委。哈米什是葡萄酒展的评委，也是家族中第一个参与到葡萄酒酿造行业的人，在他和妻子乔安娜（Joanne）搬到南澳前，他在维多利亚的百思特（Best）酒庄和布朗兄弟（Brown Brothers）酒庄工作。2008年，有了在道伦（Dorrien）酒庄和其他地方工作的经验，在家族在藤曼谷（Vine Vale）的地产上，哈米什建立了自己的葡萄酒厂。他在这里种植了西拉（4.4公顷）、赤霞珠（3.9公顷）和塔洛（1.8公顷），并继续从巴罗萨谷、兰好乐溪和宝丽丝收购少量的西拉。出口到英国等国家，以及中国内地（大陆）和香港地区。

🍷🍷🍷🍷 The Judge Eden Valley Riesling 2015

法官伊顿谷雷司令2015

淡草秆绿色；相对来说，香气并不是特别明显，异国风情的口感中有迈耶柠檬和粉红葡萄柚的味道。

封口：螺旋盖　酒精度：12.5%　评分：93　最佳饮用期：2027年

参考价格：23澳元 ✪

Lineage Langhorne Creek Shiraz 2014

血统兰好乐溪西拉2014

这是一款令人印象深刻的葡萄酒，色泽优美，酒香诱人，带有李子、黑莓、摩卡和橡木的味道，单宁柔和。价格合理，非常适合现在饮用。

封口：螺旋盖　酒精度：14.5%　评分：93　最佳饮用期：2018年

参考价格：20澳元 ✪

The Chairman Great Western Shiraz 2013
主席大西部地区西拉2013
包括5%的2014年的巴罗萨谷西拉。清晰地表达出产地特征，充满了黑莓、香料、雪松、甘草和泥土的味道。中等酒体，口感协调、完整，极好的长度和平衡感。
封口：螺旋盖　酒精度：14.5%　评分：93　最佳饮用期：2028年
参考价格：33澳元

See Saw Wines　跷跷板葡萄酒　★★★★

Annangrove Park，4 Nanami Lane，Cargo，新南威尔士州，2800　产区：奥兰治
电话：(02)6364 3118　网址：www.seesawwine.com　开放时间：仅限预约
酿酒师：合约制　创立时间：1995年　产量（以12支箱数计）：4000　葡萄园面积：170公顷
贾斯汀（Justin）和皮普·贾瑞特（Pip Jarrett）建立的葡萄园是奥兰治产区最大的葡萄园之一。种植的品种包括霞多丽（51公顷）、长相思（28公顷）、西拉和梅洛（各22公顷）、灰比诺（15公顷）、赤霞珠（14公顷）、黑比诺（11公顷）、琼瑶浆和普罗塞柯（各3公顷）、玛珊（2公顷）。他们也为这一产区内其他的120公顷的葡萄园提供发展和管理服务。他们也将相当一部分产品出售给其他人。跷跷板酒庄为哈米什·麦高恩［Hamish MacGowan，安格斯公牛（Angus the Bull）］和安德鲁·玛根（Andrew Margan）所有的，他们的葡萄就是从贾瑞特那里收购的。2014年，哈米什和安德鲁决定专注于其他方面的葡萄酒业务，从贾瑞特的葡萄园采购原料就是顺理成章的事情了。出口到英国。

🍷🍷🍷🍷🍷　Orange Sauvignon Blanc 2015
奥兰治长相思2015
跷跷板酒庄在海拔700米、800米和900米处分布有葡萄园，葡萄采收于2月12日和3月2日；5小时带皮浸渍，在不锈钢罐中进行低温发酵。带有极其浓郁的柑橘和热带水果的味道，回味很长。是酒庄各种酒中迄今为止最好的一款，已经到适饮期了。
封口：螺旋盖　酒精度：12.6%　评分：94　最佳饮用期：2018年
参考价格：20澳元　✪

🍷🍷🍷🍷　Orange Sauvignon Blanc 2016
奥兰治长相思2016
评分：90　最佳饮用期：2018年　参考价格：25澳元

Orange Pinot Gris 2016
奥兰治灰比诺2016
评分：90　最佳饮用期：2018年　参考价格：25澳元

Sentio Wines　森提欧　★★★★★

23 Priory Lane，比曲尔斯，Vic 3437（邮）产区：维多利亚多处区域
电话：0433 773 229　网址：www.sentiowines.com.au　开放时间：不开放
酿酒师：克里斯·卡特洛（Chris Catlow）　创立时间：2013年　产量（以12支箱数计）：800
这是一款值得留意的葡萄酒。所有者/酿酒师克里斯·卡特洛（Chris Catlow）是在比曲尔斯（1982）出生和长大的，他说"对葡萄酒产生热情是不可避免的。"他十几岁的时候在索伦伯格（Sorrenberg）的巴里·莫雷（Barry Morey）那里工作，他从这份工作中汲取了许多灵感，他在拉筹伯大学（La Trobe University）完成了葡萄栽培学和葡萄酒厂酒科学的双学位，在2006—2013年之间，他在帕林加（Paringa Estate）、酷雍（Kooyong）和波特西（Portsea Estate）等酒庄处工作。桑德罗·莫塞尔（Sandro Mosele）让他发现了自己对产区与霞多丽之间的联系的兴趣，接下来，在2013年、2014年和2016年三个年份，他在勃艮第的本杰明·勒鲁克斯（Benjamin Leroux）处工作。

🍷🍷🍷🍷🍷　Yarra Valley Chardonnay 2015
雅拉谷霞多丽 2015
非常诱人的一款酒，充满细节，非常精准：矿物质和柠檬冰糕般的酸度主导着口感，燧石、一点白胡椒，紧致的口感中，酒脚的痕迹增加了酒的层次感。葡萄原料来自德宝利（De Bortoli）所有的卢斯蒂亚葡萄园（Lusatia Park）。
封口：螺旋盖　酒精度：12.6%　评分：95　最佳饮用期：2026年
参考价格：43澳元　JF

Beechworth Blanc 2015
比曲尔斯白 2015
90%的萨瓦涅与10%的阿尼斯混酿。酒香非常微妙，生姜和柑橘的味道——很有质感，多酚类物质、柠檬大麦水和柠檬糖的味道精致地交融在一起。奶油和橙皮味的酸度增加了口感中的复杂性。
封口：螺旋盖　酒精度：12.8%　评分：95　最佳饮用期：2020年
参考价格：30澳元　JF　✪

Beechworth Shiraz 2015
比曲尔斯西拉2015
在一片凉爽、多石的地区，克里斯·卡特洛的父亲种植葡萄——仅仅种植450株葡萄，只生产两个桶的葡萄酒。优质的、成熟的水果味道，香料、橡木的味道很好地与整体融合之一起。酒体饱满，单宁柔滑，回味很长。
封口：螺旋盖　酒精度：13.5%　评分：95　最佳饮用期：2027年
参考价格：43澳元　JF

Macedon Chardonnay 2015
马斯顿霞多丽2015

口感纯正，有柑橘类、葡萄柚、髓质和火石的味道，让人欲罢不能。然而它又十分克制，甚至可以说是轻柔：还没有完全表现出来。但随着时间流逝，它将逐渐变得更加饱满，完全释放出它的魅力——那将是怎样的一款酒啊！
封口：螺旋盖　酒精度：12.5%　评分：94　最佳饮用期：2025年
参考价格：43澳元　JF

Beechworth Pinot Noir 2015
比曲尔斯黑比诺 2015
飘渺的香气，结构感好，单宁充满细节，带有饱满的水果味道，酒体饱满，有着浓郁的甜樱桃、香料和大黄的味道，略带雪松橡木的香料味道。非常易饮。
封口：螺旋盖　酒精度：13%　评分：94　最佳饮用期：2024年
参考价格：38澳元　JF

🍷🍷🍷🍷🍷 Beechworth Chardonnay 2015
比曲尔斯霞多丽 2015
评分：93　最佳饮用期：2023年　参考价格：43澳元　JF

Seppelt　沙普 ★★★★★

36 Cemetery Road，大西部地区，Vic 3377　产区：格兰皮恩斯
电话：(03)5361 2239　网址：www.seppelt.com.au　开放时间：每日开放，10:00—17:00
酿酒师：亚当·卡纳比（Adam Carnaby）　创立时间：1851年
产量（以12支箱数计）：不详　葡萄园面积：500公顷

沙普曾经有两个最为知名的成就，但两者非常不同。第一，沙普是澳大利亚最知名的红色和白色葡萄酒的生产商——其中顶级的红色葡萄酒是塞林杰（Salinger），后者则是闪光起泡酒（Show Sparkling）和原始西拉起泡（Original Sparkling）。第二成就则与今天的沙普更加相关，是关于科林·普里斯（Colin Preece）在20世纪30年代至20世纪60年代之间酿制的少量红葡萄酒。表面上看，葡萄是来自大西部地区——但实际上——就像当时法律允许的那样——通常都是不同品种、年代和产区的混酿。他所产的葡萄酒酒款中的（高质量的）两款，默斯顿（Moyston）和查拉巴尔（Chalambar），后者又在今天得到了复兴。如果普里斯能够看到他在今天使用的葡萄栽培资源的话，他会非常激动，并迅速意识到他作为一个酿酒师的责任，充分利用这些资源生产出顶级品质的现代产品。出口到英国、欧洲和新西兰。

🍷🍷🍷🍷🍷 Drumborg Vineyard Riesling 2016
庄姆伯格葡萄园雷司令2016
从这款酒倒入杯中的那一刻，就充分展示出它各种各样的品种特征，精致而丰富。它真的如同一款精美、干型的莱茵高（Rheingau）雷司令，充满了力量。现在酒已经让人难以抗拒，长时间的窖藏会让它更加诱人。
封口：螺旋盖　酒精度：11%　评分：97　最佳饮用期：2036年
参考价格：40澳元　✪

Show Sparkling Limited Release Shiraz 2007
闪光起泡酒限量珍藏版西拉2007
宏大和长寿是这种风格的关键之处，在（带酒脚陈酿8年）10年陈酿后，这款酒才终于上市发售，然而仅仅因为原料出自沙普大西部地区葡萄园这一点，就使得这款酒需要一段较长的时间，才能真正绽放。光滑、自然，中等酒体，带有黑樱桃利口酒、丰富的黑李子和黑莓的味道，包裹在高可可脂含量的黑巧克力框架之中，然而这一年份真正与众不同的还是它完美的矿物质，单宁如粉末般细腻。
封口：皇冠式瓶盖　酒精度：13%　评分：97　最佳饮用期：2047年
参考价格：100澳元　TS　✪

🍷🍷🍷🍷🍷 Drumborg Vineyard Henty Pinot Noir 2015
庄姆伯格葡萄园亨提黑比诺2015
明亮活泼的深紫红色-紫色，香气活泼、馥郁；丰富的红色水果和香料的味道交汇在一起。各项指标均很优秀。非常平衡，完全可以在今晚就把它喝掉——只要你还有1瓶在酒窖之中，留待10年之后再喝就好。
封口：螺旋盖　酒精度：12.5%　评分：96　最佳饮用期：2027年
参考价格：45澳元　✪

Great Western Riesling 2016
大西部地区雷司令2016
来自酒庄种植于1976年的自有葡萄园，为了保持自然的平衡和酸度，原料的采收日期较早，与40澳元的利奥博林（Leo Buring）雷司令相比，它的价格让我非常困惑。活泼多汁，可以陈酿很久——历史也证明，它将在这个过程中发展得更好。
封口：螺旋盖　酒精度：10.5%　评分：95　最佳饮用期：2031年
参考价格：27澳元　✪

Jaluka Henty Chardonnay 2016
亚卢卡亨提霞多丽 2016
即使无法避免而要在较高的温度下品尝，它也仍然是一款出色的佳酿。它带有一种振奋人心的活力，浓烈丰富，但很快你也会感觉到平稳的、典型的白桃和粉红葡萄柚类的味道。
封口：螺旋盖　酒精度：12.5%　评分：95　最佳饮用期：2031年
参考价格：27澳元

Drumborg Vineyard Henry Chardonnay 2015
庄姆伯格葡萄园亨提霞多丽 2015

在大法国橡木桶中发酵——这对这款酒的影响很小，这对于它不带甜味的柠檬味的酸度和紧致生津的口感来说非常有利。爱好严谨、燧石味道霞多丽的饮者会喜欢这款很有陈年潜力的葡萄酒。
封口：螺旋盖　酒精度：12.5%　评分：95　最佳饮用期：2039年
参考价格：40澳元

Mount Ida Heathcote Shiraz 2015
伊达山西斯科特西拉2015
在法国小橡木桶中熟成，其中新旧都有，前者更明显。长时间的带皮浸渍给这款酒带来了充满力度的单宁结构，与橡木和黑莓完好地融合在这样一款纯系血统的葡萄酒中。
封口：螺旋盖　酒精度：14.5%　评分：95　最佳饮用期：2040年
参考价格：55澳元

Chalambar Grampians Heathcote Shiraz 2015
查拉巴尔格兰皮恩斯西斯科特西拉2015
辛香料，胡椒味的香气扑面而来，这很可能是因为其中格兰皮恩斯的成分。这些水果都很成熟，带有深色的浆果和李子的味道，但总体上仍有可口而克制的味道。质地很好，柔顺和精致、基础结实。可以在酒窖中陈酿一段时间。
封口：螺旋盖　酒精度：14%　评分：95　最佳饮用期：2035年
参考价格：27澳元　SC　✪

Drumborg Vineyard Pinot eunier 2015
庄姆伯格葡萄园比诺莫尼耶2015
评分：94　最佳饮用期：2025年　参考价格：36澳元

Salinger Henty Methode Traditionelle Vintage Cuvee 2013
塞林格亨提传统方法佳酿
评分：94　最佳饮用期：2018年　参考价格：30澳元　TS　✪

🍷🍷🍷🍷🍷 Original Sparkling Shiraz 2014
原始起泡西拉2014
评分：92　最佳饮用期：2022年　参考价格：27澳元　TS

The Victorians Heathcote Shiraz 2014
西斯科特西拉2014
评分：91　最佳饮用期：2029年　参考价格：15澳元　✪

NV Salinger Premium Cuvee
无年份塞林格特级
评分：91　最佳饮用期：2017年　参考价格：25澳元　TS

Seppeltsfield　赛珀斯菲尔德　★★★★★

Seppeltsfield Road，Seppeltsfield via Nuriootpa，SA 5355　产区：巴罗萨谷
电话:（08）8568 6200　网址：www.seppeltsfield.com.au
开放时间：每日开放，10:30—17:00　酿酒师：菲奥娜·唐纳德（Fiona Donald）
创立时间：1851年　产量（以12支箱数计）：10000　葡萄园面积：100公顷

这片具有历史意义的赛珀斯（Seppelt）地产，及其加强型葡萄酒宝库可以追溯到1878年——2007年，珍妮特·霍姆斯·考特（Janet Holmes à Court）、格雷格·帕拉莫（Greg Paramor）和基利卡农酒庄（Kilikanoon wines）从福斯特葡萄酒庄园［（Foster's Wine Estates，现为富邑酒庄（Treasury Wine Estates）］处将其买下。福斯特保留了赛珀斯菲尔德旗下的餐酒和起泡酒，其中大部分产自大西部和维多利亚（见单独条目）。2009年，沃伦·兰德尔［Warren Randall，20世纪80年代沙普（Seppelt）在大西部地区的前起泡酒酿酒师］收购了赛珀斯菲尔德50%的股份，成为总经理。2013年2月，兰德尔增持赛珀斯菲尔德股份至90%以上——这也意味着他将继续酿制餐酒系列，并将更加专注于加强型葡萄酒的市场营销。3月31日，赛珀斯菲尔德从富邑集团（TWE）处收购了克罗夫特（Ryecroft）酒厂（生产能力约为3万吨），这也包括相邻的40公顷的葡萄园和用水许可证。根据温特提斯葡萄酒日报的报道，这次收购将使赛珀斯菲尔德在整个南澳的所有的葡萄园面积增加到2300公顷以上。出口到英国等国家，以及中国内地（大陆）和香港地区。

🍷🍷🍷🍷🍷 100 Year Old Para Liqueur 1917
百年老帕拉利口酒1917
酒液如糖蜜般浓稠，流动得很慢，似乎很不情愿流入杯中，酒香浓郁复杂，层层叠叠。香气仿佛是你所遇见过的各种香料——无论是单一型、复合型、蜜饯型，还是用在圣诞节蛋糕和布丁中的——综合后的精华。酒液入口的同时，仿佛有一股电流从舌尖流向全身，让你的感官颤栗。100毫升瓶。
封口：橡木塞　酒精度：13.5%　评分：100　参考价格：700澳元

Vintage Tawny Para Liqueur 1987
年份茶色帕拉利口酒1987
可以陈放100年的老帕拉（Old Para）酒龄30岁时候，就是这款酒现在的状态。酒体呈现出饱满的棕红褐-砖色，散发出橄榄一类的浓郁复杂的香气——若是你从未感受过这一类型桶内陈酿的葡萄酒，它可能会让你措手不及。最初是温暖的香料和太妃糖的味道，但接下来很快就变得极为丰富，充满各种各样的质地、风味，甚至是更多的香料味道，让你叹为观止。
封口：橡木塞　酒精度：20%　评分：97　参考价格：120澳元　✪

🍷🍷🍷🍷🍷 Barrosa Valley Grenache 2016
巴罗萨歌海娜 2016

有着特别丰富的深色水果的味道，异常多汁，单宁十分美味。酒庄自有葡萄园非常与众不同。这款酒是为了纪念已故的葡萄酒作家马克·希尔德（Mark Shield）而酿制的。同这位作家一样，这款酒有着独特而令人赞叹的风格。
封口：螺旋盖 酒精度：14.8% 评分：96 最佳饮用期：2031年
参考价格：30澳元 ✪

Para Tawny 1996
茶色帕拉 1996
棕褐色中略微有一丝红色，浓郁且充满力量——酒标上注明，这反映了它在这一年份的生长条件。已经是一款完整的葡萄酒，口感丰富浓厚，略带氧化的味道，这些赛珀斯菲尔德的茶色波尔图都可以说是珍稀动物。
封口：螺旋盖 酒精度：13.5% 评分：96 参考价格：88澳元

Barrosa Valley Shiraz 2015
巴罗萨西拉2015
产自建于1888年的酒厂，这座120年前的酒厂建在长山的一个斜坡上——避免了在大部分酿造过程中泵的使用。这是一款高品质的葡萄酒，在法国橡木桶中陈酿，带有巴罗萨谷的深刻烙印。
封口：螺旋盖 酒精度：14.8% 评分：95 最佳饮用期：2035年
参考价格：38澳元

🍷🍷🍷🍷🍷 Barrosa Valley Vermentino 2016
巴罗萨维蒙蒂诺 2016
评分：91 最佳饮用期：2020年 参考价格：22澳元 ✪

Serafino Wines 六翼天使葡萄酒 ★★★★★

Kangarilla Road，麦克拉仑谷，SA 5171 产区：麦克拉仑谷
电话：（08）8323 0157 网址：www.serafinowines.com.au
开放时间：周一至周五，10:00—16:30；周末，10:00—16:30
酿酒师：查尔斯·威士（Charles Whish） 创立时间：2000年
产量（以12支箱数计）：30000 葡萄园面积：100公顷
1998年，在马格里利葡萄酒（Maglieri Wines）公司出售给了贝林格·布拉斯（Beringer Blass）后，马格里利的创始人萨拉菲诺（Serafino，史蒂夫）收购了最初由安德鲁·加勒特（Andrew Garrett）建立的迈凯轮斯（McLarens）。其中西拉和赤霞珠各40公顷，霞多丽7公顷，梅洛、赛美蓉、芭芭拉、内比奥洛、桑乔维塞各2公顷，以及歌海娜1公顷。部分葡萄用于出售。六翼天使酒庄在澳大利亚和英国赢得了许多重要的奖杯。出口到英国、美国、加拿大、马来西亚和新西兰等国家，以及中国香港地区。

🍷🍷🍷🍷🍷 Terremoto Single Vineyard McLarent Vale Syrah 2014
特瑞莫单一葡萄园麦克拉仑谷西拉2014
夜间采摘，去梗，冷浸渍3天，采用人工培养酵母进行开放式发酵，每天打2次循环，在旧的法国橡木桶中陈酿8个月。充满了浓郁的水果味道，口感纯净，很有活力，与预期中的麦克拉仑谷（和这一年份）完全不同。
封口：螺旋盖 酒精度：14.5% 评分：97 最佳饮用期：2039年
参考价格：120澳元 ✪

🍷🍷🍷🍷🍷 McLaren Vale Shiraz 2015
麦克拉仑谷西拉2015
明亮深沉的紫色；中等至饱满酒体，香气和口感中均带有黑莓和李子的味道，单宁成熟，略带橡木的味道。和谐、完整，没有特别的适饮期限。随时可以饮用。
封口：螺旋盖 酒精度：14% 评分：96 最佳饮用期：2040年
参考价格：28澳元 ✪

Malpas Vineyard McLarent Vale Shiraz 2015
马尔帕斯葡萄园麦克拉仑谷西拉2015
深紫红色；很能代表这一产区的风土，甚至是精确到产区内的微型风土条件，以果味为主，新鲜，优雅，带有辛香料的味道。
封口：螺旋盖 酒精度：14.5% 评分：95 最佳饮用期：2035年
参考价格：45澳元

Malpas Vineyard McLarent Vale Shiraz 2014
马尔帕斯葡萄园麦克拉仑谷西拉2014
深紫红色；典型的中等至饱满酒体麦克拉仑谷西拉，苦巧克力和黑色水果的味道从初始一直持续到结尾和回味，和谐完整，没有缺陷。
封口：螺旋盖 酒精度：14.5% 评分：95 最佳饮用期：2034年
参考价格：45澳元

Sharktooth McLarent Vale Shiraz 2014
鲨鱼牙麦克拉仑谷西拉2014
机械采摘，采用野生酵母发酵，开放和封闭式的发酵，7天带皮浸渍，30%经过了14天后发酵浸渍，发酵在桶和罐内完成，在新的和旧的橡木桶（50%法国和10%美国）中熟成24个月。不仅能够充分反映出品种和产地的特征，这款酒还非常的优雅；充满了黑樱和李子的水果味道，接下来则是香料和黑巧克力，香柏木和法国橡木的味道。这是一款需要大口饮用而不是轻呷的葡萄酒。
封口：螺旋盖 酒精度：14.5% 评分：95 最佳饮用期：2034年

参考价格：70澳元

Reserve McLarent Vale Grenache 2015

珍藏麦克拉仑谷歌海娜 2015

即使在歌海娜之中，它的颜色也是相对较浅的，然而它的香气和口感却并非如此。带有红色水果的味道，口感纯净，平衡精致，纯度，在相对短暂的浸渍过程中，它的新鲜感被小心地保留了下来。

封口：螺旋盖 酒精度：14.5% 评分：95 最佳饮用期：2029年

参考价格：40澳元

🍷🍷🍷🍷🍷 Sharktooth Wild Ferment McLaren Vale Chardonnay 2015

鲨鱼牙野生发酵麦克拉仑谷霞多丽 2015

评分：93 最佳饮用期：2022年 参考价格：40澳元

Sorrento McLarent Vale Shiraz 2015

索伦托麦克拉仑谷西拉2015

评分：91 最佳饮用期：2021年 参考价格：20澳元 ✪

Magnitude McLarent Vale Shiraz 2013

量级麦克拉仑谷西拉2013

评分：91 最佳饮用期：2029年 参考价格：40澳元

BDX McLarent Vale Cabernate Sauvignon Cabernet Franc Carmenere Merlot 2015

BDX麦克拉仑谷赤霞珠品丽珠卡蒙内梅洛2015

评分：91 最佳饮用期：2025年 参考价格：28澳元

Bellissimo Pinot Gris 2016

贝利西莫灰比诺2016

评分：90 最佳饮用期：2017年 参考价格：20澳元 ✪

Bellissimo Fiano 2016

贝利西莫菲亚诺 2016

评分：90 最佳饮用期：2020年 参考价格：20澳元 ✪

GSM McLarent Vale Grenache Shiraz Mataro 2015

GSM麦克拉仑谷歌海娜西拉马塔洛 2015

评分：90 最佳饮用期：2023年 参考价格：28澳元

Seraph's Crossing 六翼天使十字 ★★★★

PO Box 5753，Clare，SA 5453（邮） 产区：克莱尔谷
电话：0412 132 549 开放时间：不开放
酿酒师：哈利·狄金森（Harry Dickinson） 创立时间：2006年
产量（以12支箱数计）：450 葡萄园面积：5公顷

哈利·狄金森（Harry Dickinson）某天突发奇想，大胆地放弃了他在伦敦一家大型律师事务所的职业生涯，转行从事葡萄酒业。他有3年的时间在协助筹备国际葡萄酒挑战赛，接下来与各个葡萄酒零售商打交道，并为德国葡萄酒信息服务中心做一些公关工作。1997年，他在澳大利亚工作的第一个年份，是在哈迪斯汀达拉（Hardys Tintara）与斯蒂芬·潘奈尔（Stephen Pannell）和拉里·凯鲁比诺Larry Cherubino完成的；他们采用的开放式发酵、篮式压榨以及葡萄酒酿造哲学，都给大家留下了深刻的印象。在阿德莱德北部从事了一段时间的葡萄酒零售工作后，1999年，他回到了克莱尔谷，在当地的一些葡萄酒厂工作。后来他和妻子尚（Chan）买下了一处5公顷的产业。他们重建了19世纪80年代时这块土地上的房屋建筑，并将葡萄园从原来的1公顷扩张到现在的规模——西拉（2公顷）、歌海娜、幕尔维德和增芳德（各1公顷）。出口到英国、美国和爱尔兰。

🍷🍷🍷🍷🍷 Seraph's Clare Valley Shiraz 2012

六翼天使克莱尔谷西拉2012

浓郁集中的酒香，令人想起浓郁的压榨水果干和牛轧糖的味道，但非常惊人的是，非常新鲜。口感犹如仙露琼浆，水果和单宁的味道配合得很好。

封口：螺旋盖 酒精度：13.5% 评分：93 最佳饮用期：2025年

参考价格：40澳元 SC

Venus and Mars Clare Valley Shiraz 2012

维纳斯与马尔斯克莱尔谷西拉2012

非传统酿造，很难按照传统的标准来描述。40%的新橡木桶，带酒脚陈酿52个月。未经过换桶，无澄清，无过滤。甚至有一些通常在葡萄酒酿造中被称为缺陷的元素，但从整体上来看，它仍然有很强的个性，这个评分是带有随机性的。

封口：螺旋盖 酒精度：13.5% 评分：90 最佳饮用期：2022年

参考价格：34澳元 SC

Serrat 塞拉特酒庄 ★★★★★

PO Box 478，Yarra Glen，Vic 3775（邮） 产区：雅拉谷
电话：(03)9730 1439 网址：www.serrat.com.au 开放时间：不开放
酿酒师：汤姆·卡森（Tom Carson） 创立时间：2001年
产量（以12支箱数计）：1000 葡萄园面积：2.95公顷

塞拉特酒庄（Serrat）是汤姆·卡森（Tom Carson，在优伶酒庄工作12年后，现在他在经营卡比（Kirby）家族的雅碧湖酒庄（Yabby Lake）和西斯科特酒庄 以及妻子娜德基·苏内（Nadege

Suné）的家族企业。他们紧密种植了（8800棵/公顷）黑比诺和霞多丽各0.8公顷，0.4公顷的西拉，以及少量维欧尼。最近又种植了马尔贝克、内比奥罗、芭贝拉和歌海娜各0.1公顷。除了是酿酒大师之外，汤姆也是澳大利亚最好的品酒师之一，对世界上的精品葡萄酒也有非常深入的了解——他和娜德基利用一切机会品尝各种葡萄酒（当他们不喝塞拉特的时候）。2014年的葡萄栽培和酿造又登上了新高峰——他们的雅拉谷西拉维欧尼被选为2016年葡萄酒年鉴的年度葡萄酒（全部8863款葡萄酒）。出口到英国、新加坡等国家，以及中国香港地区。

🍷🍷🍷🍷🍷 Yarra Valley Shiraz Viognier 2016

雅拉谷西拉维欧尼2016

色泽明亮，酒香和口感极具表达力；红色浆果和香料与柔顺的单宁紧密地交织中一起，线条流畅，极好的长度和平衡感——成功地克服了这一年份的挑战。和平时一样，这款酒的价值应该是这个价格的3倍。

封口：螺旋盖　酒精度：13.5%　评分：97　最佳饮用期：2031年

参考价格：42澳元 ✪

🍷🍷🍷🍷🍷 Yarra Valley Chardonnay 2016

雅拉谷霞多丽 2016

酿造非常精准的；经典的雅拉谷霞多丽风格，白桃的味道为主，20%的新橡木桶带来了些微橡木的味道，与果味相平衡，背景和回味中一点葡萄柚的味道。

封口：螺旋盖　酒精度：12.5%　评分：96　最佳饮用期：2028年

参考价格：42澳元 ✪

Yarra Valley Pinot Noir 2016

雅拉谷黑比诺2016

颜色深沉；这款2016雅拉谷比诺有着很好的力量感和深度：带有紫色和黑色水果的味道——没有红色水果，现在它还没有完全绽放，但会随着瓶储时间（3年以上）而逐渐发展出最佳的状态。

封口：螺旋盖　酒精度：13.5%　评分：95　最佳饮用期：2029年

参考价格：42澳元

Yarra Valley Grenache Noir 2016

雅拉谷黑歌海娜2016

干净、清透的紫红色，酒香和口中都有着清透的玫瑰花瓣，香料和红色浆果的味道。

封口：螺旋盖　酒精度：13.5%　评分：95　最佳饮用期：2021年

参考价格：42澳元

Sevenhill Cellars　七山酒窖 ★★★★★

111c College Road，Sevenhill，SA 5453　产区：克莱尔谷

电话：(08) 8843 5900　网址：www.sevenhill.com.au　开放时间：每日开放，10:00—17:00

酿酒师：利兹·海登赖希（Liz Heidenreich），哥哥约翰·梅（Brother John May）

创立时间：1851年　产量（以12支箱数计）：25000　葡萄园面积：95.8公顷

这里也是一处澳大利亚的经典名胜，风景照片上经常出现的石质酒窖是克莱尔谷最古老的建筑之一，葡萄酒厂现在也是澳大利亚耶许（Jesuit）省的企业。所有的葡萄酒都来自酒庄葡萄园的老藤葡萄。尽管经济并不景气，七山酒庄仍然将葡萄园的面积从74公顷增加到95公顷，产量自然也增加了。出口到英国、瑞士、印度尼西亚、马来西亚、越南、日本等国家，以及中国香港、台湾地区。

🍷🍷🍷🍷🍷 Inigo Clare Valley Riesling

2016**埃尼戈克莱尔谷雷司令**2016

颜色略深，但仍然十分明亮，无须担心。初香主调为花香、柑橘的味道。酒体微干，但有丰富的青柠汁，髓质、橙皮的味道，爽脆的酸度。价值极高。

封口：螺旋盖　酒精度：10.5%　评分：95　最佳饮用期：2030年

参考价格：22澳元 ✪

St Francis Xavier Single Vineyard Riesling 2016

圣弗朗西斯哈维单一葡萄园雷司令2016

比埃尼戈更为优雅、精炼，还需要很长一段时间来达到完美的境界。柔和的青柠和青苹果的味道与尖锐的酸度交织在一起，回味很长——也是这款酒的独特之处。

封口：螺旋盖　酒精度：11%　评分：95　最佳饮用期：2031年

参考价格：35澳元 ✪

St Ignatius 2014

圣伊格内修斯 2014

52%的赤霞珠、25%的梅洛、14%的马尔贝克和9%的品丽珠.比七山的大多数强劲饱满的红葡萄酒都更优雅，带有丰富的紫色和黑色水果、香柏木的味道，单宁略呈沙质，具有极好的平衡感，还可以陈放很多年。

封口：螺旋盖　酒精度：14.5%　评分：94　最佳饮用期：2029年

参考价格：45澳元

Inigo Clare Valley Barbera 2014

埃尼戈克莱尔谷芭贝拉 2014

这款葡萄酒的一切都恰到好处，微弱的辛香料和黑樱桃的味道与适度的单宁和新鲜酸度有机地结合在一起。有着极好的芭贝拉的风格——优雅、高贵。

封口：螺旋盖　酒精度：14%　评分：94　最佳饮用期：2034年

参考价格：28澳元 ✪

🍷🍷🍷🍷🍷 Inigo Clare Valley Cabernate Sauvignon 2014

埃尼戈克莱尔谷赤霞珠 2014
评分：90　最佳饮用期：2029年　参考价格：28澳元

Seville Estate　赛威庄园　★★★★★

65 Linwood Road，Seville，Vic 3139　产区：雅拉谷
电话：(03)5964 2622　网址：www.sevilleestate.com.au　开放时间：每日开放，10:00—17:00
酿酒师：迪伦·麦克马洪（Dylan McMahon）　创立时间：1972年
产量（以12支箱数计）：700　葡萄园面积：8.08公顷

1997年，恋木传奇（Brokenwood）从塞维利亚庄园创始人彼得博士（Dr Peter）和玛格丽特·麦克马洪（Margaret McMahon）处收购了庄园。2005年，所有权被移交给了格雷姆（Graeme）和玛格丽特·范·德·穆伦（Margaret Van Der Meulen），他们保留了酿酒师迪伦·麦克马洪（Dylan McMahon）的职位。格雷姆和玛格丽特离婚后，2016年，一个富有的中国投资者（他们在中国经营连锁葡萄酒店）买下了这家酒庄。尽管酒庄所有权一直在变化，葡萄酒的质量却达到了前所未有的高度。迪伦·麦克马洪的专业知识和酿造技能，以及仍旧担任总经理的格雷姆·范·德·穆伦，都使得酒庄得以保持产品的稳定性。

🍷🍷🍷🍷🍷 Dr McMahon Yarra Valley Shiraz
马洪博士雅拉谷西拉2014
这款葡萄酒的状态很好。酒体饱满，充满力量，浓郁的深色水果、香料和胡椒等风味与单宁交织在一起，具备极好的结构感。现在就很好，但窖藏后会更加出色。
封口：螺旋盖　酒精度：13%　评分：96　最佳饮用期：2033年
参考价格：75澳元　JF　✪

🍷🍷🍷🍷🍷 Yarra Valley Chardonnay 2016
雅拉谷霞多丽 2016
一款精确的葡萄酒，一切都恰到好处，带有柑橘、白色核果、生姜和木质香料的味道，又与橡木及其带来的奶油口感完好地整合在一起。长度卓越。
封口：螺旋盖　酒精度：13%　评分：96　最佳饮用期：2028年
参考价格：36澳元　JF　✪

Reserve Yarra Valley Chardonnay 2016
珍藏雅拉谷霞多丽 2016
充满了层次感、复杂性和各种各样的风味物质。前香中带有核果和香料的味道，长度很好，酒体精致，略带燧石味的酸度非常细腻。非常出色。
封口：螺旋盖　酒精度：13.5%　评分：96　最佳饮用期：2028年
参考价格：70澳元　JF　✪

Old Vine Reserve Yarra Valley Shiraz 2015
老藤珍藏雅拉谷西拉2015
深紫色的酒液非常诱人，接下来是黑色樱桃、李子、甘草、黑色胡椒和烤阵子香气和味道在味蕾上慢慢展开。单宁成熟，酸度活泼，余味绵长——几乎令你有种窒息的感觉。
封口：螺旋盖　酒精度：13%　评分：96　最佳饮用期：2030年
参考价格：70澳元　JF　✪

Old Vine Reserve Yarra Valley Cabernate Sauvignon 2015
老藤珍藏雅拉谷赤霞珠 2015
美丽的紫红色调，浓烈的紫罗兰、玫瑰、黑色浆果和醋栗的味道，与橡木香料形成极好的平衡。中等酒体，极致的口感让你有心漏跳一拍的感觉——丝绸般柔滑而有光泽的单宁与力量感交织在一起。活泼的酸度标志着它可以陈酿上相当长的一段时间。多么好的一款葡萄酒啊！
封口：螺旋盖　酒精度：13%　评分：96　最佳饮用期：2040年
参考价格：70澳元　JF　✪

Yarra Valley Riesling 2016
雅拉谷雷司令2016
野生酵母，在旧的法国大橡木桶中发酵——对于雅拉谷的雷司令来说，这种处理并不常见。迪伦·麦克马洪的这款酒做得很好。带有香料、柠檬和黄姜的味道，酸度精致，又如同柠檬大麦水般新鲜。
封口：螺旋盖　酒精度：13%　评分：95　最佳饮用期：2026年
参考价格：36澳元　JF

Old Vine Reserve Yarra Valley Pinot Noir 2016
老藤珍藏雅拉谷黑比诺2016
这一年份的特征使得这款酒格外优雅，老藤则为之带来了馥郁的香气，克制的红樱桃和淡淡的木质香料的味道。口感精致，单宁细腻，回味悠长。
封口：螺旋盖　酒精度：13.5%　评分：95　最佳饮用期：2028年
参考价格：70澳元　JF

Yarra Valley Shiraz 2015
雅拉谷西拉2015
明快的深红色水果十分活泼诱人，20%的整串发酵带来了轻盈而馥郁的胡椒和口香糖的气息。中等酒体，单宁细腻成熟，覆盆子味的酸度非常新鲜。现在它还很年轻，但过上几年后，将会非常复杂。很有生命力。
封口：螺旋盖　酒精度：13%　评分：95　最佳饮用期：2026年
参考价格：36澳元　JF

Yarra Valley Pinot Noir 2016
雅拉谷黑比诺2016
微妙的香料伴随着樱桃和野草莓的味道，口感轻盈，单宁细致，酸度新鲜，非常优雅。
封口：螺旋盖 酒精度：13% 评分：95 最佳饮用期：2025年
参考价格：40澳元 JF

🍷🍷🍷🍷🍷 The Barber Yarra Valley Chardonnay 2016
理发师雅拉谷霞多丽 2016
评分：92 最佳饮用期：2021年 参考价格：24澳元 JF ✪
The Barber Yarra Valley Shiraz 2015
理发师雅拉谷西拉2015
评分：91 最佳饮用期：2021年 参考价格：24澳元 JF
The Barber Yarra Valley Rose 2016
理发师雅拉谷桃红 2016
评分：90 最佳饮用期：2019年 参考价格：24澳元 JF
The Barber Yarra Valley Pinot Noir 2016
理发师雅拉谷黑比诺2016
评分：90 最佳饮用期：2020年 参考价格：24澳元 JF

Seville Hill 塞维尔山 ★★★☆

8 Paynes Road，Seville，Vic 3139 产区：雅拉谷
电话：(03)5964 3284 网址：www.sevillehill.com.au 开放时间：每日开放，10:00—17:00
酿酒师：多米尼克·布奇（Dominic Bucci），约翰·达罗意索（John D'Aloisio）
创立时间：1991年 产量（以12支箱数计）：4000 葡萄园面积：6公顷
约翰（John）和娇西（Josie D'Aloisio）务农多年，后来在1991年建立了塞维尔山酒庄。用赤霞珠取代了原来的苹果和樱桃果园，他们建立了一个小酒厂，他们的朋友多米尼克·布奇（Dominic Bucci）和约翰·达罗意索（John D'Aloisio）为酿酒师。2011年，在最初的6公顷葡萄上又嫁接了1公顷的内比奥罗、芭贝拉、桑乔维塞和添帕尼罗。约翰和娇西的儿子（克里斯托弗Christopher，杰森Jason和查尔斯Charles）也参与到酒庄各方面的业务之中。

🍷🍷🍷🍷🍷 Yarra Valley Cabernate Sauvignon 2012
雅拉谷赤霞珠 2012
雅拉谷特有的绿豆和各种绿植的味道，干鼠尾草、腐植质和烟叶的味道，各种幸药的味道。单宁平衡，橡木味明显。应尽快喝掉。
封口：橡木塞 酒精度：14% 评分：91 最佳饮用期：2020年
参考价格：30澳元 NG

🍷🍷🍷🍷 Reserve Yarra Valley Chardonnay 2015
珍藏雅拉谷霞多丽 2015
评分：89 最佳饮用期：2021年 参考价格：30澳元 NG

Sew & Sew Wines 缝缝葡萄酒 ★★★★☆

PO Box 1924，McLaren Flat，SA 5171（邮） 产区：阿德莱德山
电话：0419 804 345 网址：www.sewandsewwines.com.au 开放时间：不开放
酿酒师：朱迪·阿姆斯特朗（Jodie Armstrong） 创立时间：2004年 产量（以12支箱数计）：630
朱迪·阿姆斯特朗（Jodie Armstrong）是酒庄所有人之一和酿酒师，日间是葡萄栽培师，为麦克拉仑谷和阿德莱德山的葡萄园，晚上生产少量的葡萄酒。原料来自朱迪管理的葡萄园，在本地专业酿酒师和她在悉尼的合伙人安德鲁·马森（Andrew Mason）的帮助下，她在麦克拉仑谷和阿德莱德山的机械设备厂中酿酒。出口到丹麦。

🍷🍷🍷🍷🍷 Contour Series Adelaide Hills Shiraz 2015
康图系列阿德莱德山西拉2015
酒香十分馥郁，带有冷凉气候下特有的黑色水果、辛香料、甘草、白胡椒和一丝摩卡橡木的味道。单宁柔顺光滑，口感浓郁，各种风味都完美地融合在一起。
封口：螺旋盖 酒精度：13.7% 评分：94 最佳饮用期：2027年
参考价格：39澳元 SC

🍷🍷🍷🍷🍷 Contour Series Adelaide Hills Chardonnay 2016
康图阿德莱德山霞多丽 2016
评分：93 最佳饮用期：2022年 参考价格：35澳元 SC
Sashiko Series Adelaide Hills
刺子绣阿德莱德山菲亚诺 2016
评分：92 最佳饮用期：2019年 参考价格：25澳元 SC ✪
Sashiko Series McLarent Vale Shiraz2015
刺子绣麦克拉仑谷西拉2015
评分：92 最佳饮用期：2025年 参考价格：25澳元 SC ✪
Contour Series Adelaide Hills Pinot Noir 2015
康图系列阿德莱德山黑比诺 2015
评分：91 最佳饮用期：2023年 参考价格：35澳元 SC

Shadowfax 传奇酒庄 ★★★★★

K Road，Werribee，Vic 3030 产区：吉龙
电话：(03)9731 4420 网址：www.shadowfax.com.au 开放时间：每日开放，11:00—17:00
酿酒师：马特·哈罗普Matt Harrop 创立时间：2000年 产量（以12支箱数计）：15000
华勒比园（Werribee Park）旗下的传奇酒庄很是令人印象深刻，此处距离墨尔本只有20分钟。其酒厂是由木泽建筑（Wood Marsh Architects）设计的，落成于2000年，紧挨着切恩塞德区（Chirnside）家族在19世纪80年代建成的豪华的私人住宅。这处豪宅被人称为大别墅（The Mansion），也是当年40000公顷大牧场的中心。大别墅现已用作酒店，共有92间房。此外，酒庄还有一个精美的花园——这也是20世纪70年代早期帕克斯·维多利亚（Parks Victoria）收购这块地产的原因之一。出口到英国、日本、新西兰和新加坡。

🍷🍷🍷🍷🍷

Glenfern Chardonnay 2015
格伦弗恩霞多丽 2015
带酒脚陈酿16个月。葡萄生长过程中的气候决定了这款酒的风格——超级浓郁。除了常见的白桃和葡萄柚味道之外，它还带有丰富的核果和柑橘的味道。并有着无可挑剔的长度和平衡。封口：螺旋盖 酒精度：13% 评分：96
最佳饮用期：2030年 参考价格：50澳元 ✪

Geelong Chardonnay 2016
吉龙霞多丽 2016
在法国大橡木桶（30%是新的）中带酒脚陈酿8个月。这款酒集合了优雅、平衡、浓郁与轻度橡木的味道，有极好的复杂度，同时它的质地也与整体完美地融合在一起。
封口：螺旋盖 酒精度：13% 评分：95 最佳饮用期：2026年
参考价格：32澳元 ✪

Macedon Ranges Chardonnay 2015
马斯顿山岭霞多丽 2015
在新的和旧的大桶中带酒脚陈酿12个月。呈现透亮的草秆绿色；矿物质酸度为酒体中的白桃、青苹果和葡萄柚的味道提供了框架感。酿造过程中所使用的新橡木桶的气息，被很好地吸收并融入整体之中。
封口：螺旋盖 酒精度：13% 评分：95 最佳饮用期：2027年
参考价格：35澳元 ✪

Little Hampton Pinot Noir 2015
小汉普顿黑比诺2015
来自酒庄葡萄园的高品质比诺，有明确的品种特点。开放式发酵，原料中的50%为整串浆果开放式发酵，带皮浸渍27天。酒中充满了梅子的味道，深度和复杂度都很好。
封口：螺旋盖 酒精度：13% 评分：95 最佳饮用期：2028年
参考价格：60澳元

Macedon Ranges Pinot Gris 2015
马斯顿山岭灰比诺2015
采用野生酵母发酵，在旧的法国大橡木桶中熟成——这为酒体带来了一系列的特点：香料香气、梨和烤苹果的引入使得味感层次丰富。并不一定要窖藏，但陈酿也有可能会让它更加丰富。
封口：螺旋盖 酒精度：13% 评分：94 最佳饮用期：2022年
参考价格：24澳元 ✪

Port Phillip Heathcote Shiraz 2015
西斯科特西拉2015
酒体中等，黑莓和李子的果味与香料交织在一起，单宁醇厚，回味悠长。
封口：螺旋盖 酒精度：13.5% 评分：94 最佳饮用期：2029年
参考价格：25澳元 ✪

🍷🍷🍷🍷

Macedoni Ranges Pinot Gris 2016
马斯顿山岭灰比诺2016
评分：93 最佳饮用期：2020年 参考价格：30澳元

Macedon Ranges Pinot Noir 2015
马斯顿山岭黑比诺2015
评分：93 最佳饮用期：2025年 参考价格：35澳元

Minnow Rose 2016
米诺桃红 2016
评分：92 最佳饮用期：2018年 参考价格：25澳元 ✪

Geelong Pinot Noir 2016
吉龙黑比诺2016
评分：90 最佳饮用期：2023年 参考价格：32澳元

Sharmans 沙尔曼斯 ★★★★☆

175 Glenwood Road，Relbia.塔斯马尼亚，7258 产区：塔斯马尼亚北部
电话：(03)6343 0773 网址：www.sharmanswines.com.au
开放时间：周末，11:00—17:00，3—5月和9月
酿酒师：杰瑞米·迪宁9Jeremy Dineen0，奥奇·迈伯勒（Ockie Myburgh）
创立时间：1986年 产量（以12支箱数计）：2200 葡萄园面积：7公顷

1986年，麦克·沙曼（Mike Sharman）在雷比亚（Relbia）种植下了第一批葡萄树，成了当地葡萄种植的先驱——人们普遍认为此处过于深入内陆，容易结霜，不适合种植葡萄。他证明了这些消极的理论是错误的，他将葡萄园建在斜坡上，这使得藤蔓上的冷空气易于排出。2012年，伊恩博士（Dr Ian）和梅利萨·穆瑞尔（Melissa Murrell），以及迈特（Matt）和米兰达·科瑞克（Maranda Creak）收购了这一产业。但麦克和酒庄的葡萄栽培师比尔·瑞那尔（Bill Rayner）则继续协助迈特管理葡萄园。他们额外种植了3.5公顷的葡萄藤，其中较多的是2.3公顷的黑比诺，以及各为1公顷的霞多丽和灰比诺；余下是少量的雷司令、长相思、赤霞珠、梅洛、西拉，麝香葡萄、晚红蜜和丹非德。

🍷🍷🍷🍷🍷 Pinot Noir 2014

黑比诺2014

酒色浓郁，色调很好；酒香中饱满的樱桃、李子的味道同样出现在饱满的口感之中。典型的比诺风味，加上持久细腻的单宁和高质量的法国橡木——这是中部奥塔戈（Central Otago）最为出色的一款葡萄酒。

封口：螺旋盖 酒精度：14% 评分：95 最佳饮用期：2030年

参考价格：35澳元 ✪

🍷🍷🍷🍷 Chardonnay 2014

霞多丽 2014

评分：93 最佳饮用期：2021年 参考价格：35澳元

Merlot 2014

梅洛2014

评分：92 最佳饮用期：2029年 参考价格：35澳元

Shaw + Smith 肖+史密斯 ★★★★★

136 Jones Road，Balhannah，SA 5242 产区：阿德莱德山

电话：(08) 8398 0500 网址：www.shawandsmith.com 开放时间：每日开放，11:00—17:00

酿酒师：马丁·肖（Martin Shaw），亚当·德维茨（Adam Wadewitz）

创立时间：1989年 产量（以12支箱数计）：不详 葡萄园面积：80.9公顷

1989年，表兄弟马丁·肖（Martin Shaw）和葡萄酒大师麦克·希尔·史密斯建立肖·史密斯（Shaw + Smith）虚拟酒厂时，2人的专业背景已经非常深厚了。1999年，马丁和麦克买下了巴尔哈纳（Balhannah）的36公顷的土地，并于2000年建造了设计精良的葡萄酒厂，增加种植了长相思、西拉、黑比诺和雷司令。在这里，游客们才能感受到一款酒的口感与环境的完美结合。出口到世界所有的主要市场。

🍷🍷🍷🍷🍷 Lenswood Adelaide Hills Chardonnay 2015

兰斯伍德阿德莱德山霞多丽 2015

整串压榨到新的和旧的法国大桶中进行发酵，并熟成10个月。酒液呈现明亮的石英绿色，格外浓郁和纯净，白桃、粉红葡萄柚和适量的橡木的味道。真正优秀的一款霞多丽。

封口：螺旋盖 酒精度：13% 评分：98 最佳饮用期：2028年

参考价格：85澳元 ✪

M3 Adelaide HillsChardonnay 2015

M3阿德莱德山霞多丽 2015

现在来自阿德莱德山区精选的一些地块，而不是原来的M3葡萄园。淡草秆绿色，非常新鲜，精致，充满活力，白桃和核果，伴随着葡萄柚和柑橘的味道。显然是在法国橡木桶中发酵的，但橡木味道却不过分。

封口：螺旋盖 酒精度：13% 评分：97 最佳饮用期：2023年

参考价格：46澳元 ✪

Adelaide Hills Shiraz 2015

阿德莱德山西拉2015

色泽明亮，酒香中有饱满的红色和深色水果，美味的胡椒和香料的细微差别。中等酒体，很有特点——肖+史密斯是一款非常稳定出色的葡萄酒。这一年份让一切都显得轻而易举。

封口：螺旋盖 酒精度：14.5% 评分：97 最佳饮用期：2030年

参考价格：46澳元 ✪

Balhannah Vineyard Adelaide Hills Shiraz 2015

巴尔哈纳葡萄园阿德莱德山西拉2015

法国大桶中熟成16个月，瓶中陈酿14个月后发售。带有月桂叶和红色水果的味道，单宁和橡木的味道恰如其分，各种元素之间有很好的协同作用。

封口：螺旋盖 酒精度：14% 评分：97 最佳饮用期：2035年

参考价格：85澳元 ✪

Balhannah Vineyard Adelaide Hills Shiraz 2014

巴尔哈纳葡萄园阿德莱德山西拉2014

这是一款凉爽气候下生长的西拉，活泼生动。酒香极为芬芳，果香占据主导地位，中等酒体，口感中充满了黑樱桃、香料、甘草和胡椒的味道。回味非同寻常，更加凸显了这款酒的品质和长度。

封口：螺旋盖 酒精度：14.5% 评分：97 最佳饮用期：2039年

参考价格：85澳元 ✪

🍷🍷🍷🍷🍷 Adelaide Hills Sauvignon Blanc 2016

阿德莱德山长相思2016

一直以来，人们都以这款酒为阿德莱德山长相思的标杆，而只要你闻到它的酒香，就一定会明白这背后的原因：这里有各种热带水果——释迦果、猕猴桃，甚至是青菠萝的香气。可以及时享用，很快就该喝下一个年份了。

封口：螺旋盖 酒精度：12% 评分：95 最佳饮用期：2017年

参考价格：26澳元 ✪

Adelaide Hills Pinot Noir 2015

阿德莱德山黑比诺 2015

较淡的紫红色；馥郁的花香伴随着红色的水果、香料和森林的味道，口感又恰是以酒香为基础，樱桃的味道更加强调出它出色的质地和长度，紧致，美味。

封口：螺旋盖 酒精度：12.5% 评分：95 最佳饮用期：2020年

参考价格：46澳元

Adelaide Hills Riesling 2016

阿德莱德山雷司令2016

封口：螺旋盖 酒精度：12% 评分：94 最佳饮用期：2030年

参考价格：30澳元 ✪

Shaw Family Vintners 肖氏家族 ★★★★★

Myrtle Grove Road，Currency Creek，SA 5214 产区：金钱溪（Currency Creek）、麦克拉仑谷
电话:（08）8555 4215 网址：www.shawfamilyvintners.com
开放时间：每日开放，10:00—17:00 酿酒师：约翰·洛克斯顿（John Loxton）
创立时间：2001年 产量（以12支箱数计）：100000 葡萄园面积：461公顷

早在20世纪70年代早期，理查德（Richard）和玛丽·肖（Marie Shaw）就在麦克拉仑谷平原上建立了他们最早的一个葡萄园。且这个最初的葡萄园至今仍保留着。在20世纪80年代的“拔除葡萄藤计划”中，他们还救下了邻居的几株珍贵的老藤西拉和歌海娜。他们的3个儿子也参与到现在的家族企业之中。他们在金钱溪产区（350公顷）和麦克拉仑谷（64公顷）的葡萄园面积很大，现代型的葡萄酒厂也建立在金钱溪产区。RMS是他们的旗舰产品，其命名是为了纪念创始人理查德·莫顿·肖（Richard Morton Shaw）。2017年4月，卡塞拉（Casella）家族品牌收购了肖氏家族的葡萄酒厂、葡萄园、股份和品牌。出口到英国、美国、加拿大、斐济、新西兰和中国。

🍷🍷🍷🍷🍷

RMS Limited Release McLarent Vale Cabernate Sauvignon 2013

限量发行麦克拉仑谷赤霞珠 2013

来自65岁的老藤赤霞珠，明亮的色泽证明了原料十分新鲜，初香中是饱满的黑醋栗酒的味道，单宁柔顺，精心处理过的法国橡木与其他风味物质相得益彰。

封口：橡木塞 酒精度：14.5% 评分：95 最佳饮用期：2033年

参考价格：60澳元

Ballast Stone RMS McLarent Vale Cabernate Sauvignon 2004

巴顿恩满德麦克拉仑谷赤霞珠2004

保持了极好的酒色，完全不像是过去了12年。口中充满了黑色水果、香柏木和黑巧克力的味道，天鹅绒一般单宁完美的平衡了整体。在2008年的各类酒展上得了一系列的银质奖牌，但此后便没有再出现了。

封口：橡木塞。酒精度：14.5% 评分：95 最佳饮用期：2029年

参考价格：60澳元

The Figurehead Shiraz 2012

领袖西拉2012

是的，这款酒的酒体极其醇厚；但同时，它浓郁丰富的果香、单宁和橡木的味道形成了出色的平衡。有些人可能会爱它甚至到顶礼膜拜的地步，有些人则可能非常讨厌它。

封口：橡木塞。酒精度：15.5% 评分：94 最佳饮用期：2042年

参考价格：100澳元

Ballast Stone Emetior McLarent Vale Shiraz 2009

巴顿恩满德麦克拉仑谷西拉2009

酒色仍然浓郁，并没有向砖红色转变，看不出来它的年龄。酒体饱满醇厚，带有泥土，石楠，辛香料和胡椒的味道——并没有酒精带来的苛性感。此外，还有麦克拉仑谷特别的巧克力。

封口：橡木塞 酒精度：15% 评分：94 最佳饮用期：2029年 参考价格：60澳元

🍷🍷🍷🍷

Moonraker McLarent Vale Merlot 2016

蒙莱克尔麦克拉仑谷梅洛2016

评分：89 最佳饮用期：2023年 参考价格：29澳元

Monster Pitch Cabernate Sauvignon 2016

金帆赤霞珠 2016

评分：89 最佳饮用期：2026年 参考价格：29澳元

The Back-up Plan Petit Verdot 2014

后备计划小味儿多 2014

评分：89 最佳饮用期：2029年 参考价格：50澳元

Shaw Vineyard Estate 苏氏酒庄 ★★★★

34 Isabel Drive，马拉贝特曼 Murrumbateman，新南威尔士州，2582 产区：堪培拉地区
电话：(02)6227 5827 网址：www.shawvineyards.com.au
开放时间：周三至周日以及公共节假日，10:00—17:00
酿酒师：格雷姆·肖（Graeme Shaw），托尼·斯托凡诺（Tony Steffania）
创立时间：1999年 产量（以12支箱数计）：12000 葡萄园面积：33公顷
1998年，格雷姆（Graeme）和安·肖（Ann Shawn）收购了欧莱纬莱（Olleyville）的羊毛生产厂，建立了他们的葡萄园（赤霞珠、梅洛、西拉，赛美蓉和雷司令）。这片280公顷的土地可以追溯到19世纪中叶280公顷。苏式酒庄也是堪培拉地区最大的私人葡萄园之一。他们的子女也都在家族酒庄内工作，迈克尔（Michael）负责葡萄种植栽培，塔尼娅（Tanya）是酒窖门店的经理。酒庄与中国海南岛的新泰葡萄酒公司合作，开设"葡萄酒商店"的酒窖门店，并计划在石家庄和长治进一步开设酒窖门店。出口到荷兰、越南、新加坡、泰国、菲律宾、韩国等国家，以及中国内地（大陆）和香港地区。

🍷🍷🍷🍷🍷 Estate Riesling 2016
庄园雷司令2016
有着青柠汁和红苹果的新鲜多汁的味道。滑石一般的酸度非常精准，提供了整体的框架，以便在日后能够慢慢展露出它的复杂性。
封口：螺旋盖 酒精度：12.5% 评分：93 最佳饮用期：2027年
参考价格：30澳元 JF

Reserve Merriman Cabernate Sauvignon 2015
珍藏梅利曼赤霞珠 2015
散发出一系列浓郁的浓缩黑莓和醋栗，雪松橡木，甘草、黑巧克力薄荷和咖啡粉的味道。它并不算含蓄——带有复杂的层次感，还需要一段瓶储时间。
封口：螺旋盖 酒精度：14.5% 评分：93 最佳饮用期：2030年
参考价格：65澳元 JF

Estate Cabernate Sauvignon 2015
庄园赤霞珠 2015
深黑色石榴石色；口感丰富，有深度。丰富多汁的黑莓，黑色森林蛋糕，薄荷和香柏木的味道，特征鲜明，很有活力，还需要陈酿。
封口：螺旋盖 酒精度：14.5% 评分：92 最佳饮用期：2027年
参考价格：30澳元 JF

Winemakers Selection Riesling 2016
酿酒师精选雷司令2016
纯粹的柑橘，开菲尔青柠叶子的气息，热情多汁，带有丰富的柠檬味道。酸度清晰，口感清爽。
封口：螺旋盖 酒精度：12.5% 评分：90 最佳饮用期：2026年
参考价格：18澳元 JF ✪

Winemakers Selection Semillon Sauvignon Blanc 2016
酿酒师精选赛美蓉长相思2016
中等稻草金色，赛美蓉带来的轻盈的酸度占据主导地位，有柠檬、干草的香气，以及极淡的热带水果的味道。简单、轻松、明快。
封口：螺旋盖 酒精度：13% 评分：90 最佳饮用期：2019年
参考价格：18澳元 JF ✪

Estate Canberra District Merlot 2014
庄园堪培拉梅洛2014
出色的紫红色色调，明亮多汁的红色覆盆子和鞋油的味道。单宁很有气魄——其中一部分是来自橡木的。轻至中等酒体。
封口：螺旋盖 酒精度：14% 评分：90 最佳饮用期：2023年
参考价格：26澳元 JF

Winemakers Selection Cabernate Sauvignon 2015
酿酒师精选赤霞珠2015
带有鲜艳的紫罗兰和黑醋栗酒的味道，中等酒体，单宁柔顺，略带收敛感，可以感觉到胡椒和香料的气息。口感并不十分复杂，价格合理。
封口：螺旋盖 酒精度：14.5% 评分：90 最佳饮用期：2021年
参考价格：18澳元 JF ✪

🍷🍷🍷🍷 Reserve Merriman Shiraz 2014
珍藏梅利曼西拉2014
评分：89 最佳饮用期：2027年 参考价格：65澳元 JF

Estate Shiraz 2014
庄园西拉2014
评分：89 最佳饮用期：2024年 参考价格：34澳元 JF

Winemakers Selection Shiraz 2014
酿酒师精选西拉2014
评分：89 最佳饮用期：2029年 参考价格：18澳元 JF ✪

She-Oak Hill Vineyard 麻黄山葡萄园 ★★★★

82 Hope Street，South Yarra，Vic 3141（邮） 产区：西斯科特 电话：(03)9866 7890
网址：www.sheoakhill.com.au 开放时间：不开放 酿酒师：桑吉尼酒庄［Sanguine Estate，马克·亨特（Mark Hunter）］ 创立时间：1995年 产量（以12支箱数计）：400 葡萄园面积：5公顷
朱利安·莱基（Julian Leckie，1975和1995）种下了西拉（4.5公顷）和霞多丽（0.5公顷）。朱迪思·费尔金（Judith Firkin）和戈登（Gordon）和朱利安3人是这个酒庄的合伙人。葡萄园位于西斯科特北6公里外的麻黄（She-Oak）山的南边和东边的斜坡上，加斯珀山（Jasper Hill）的艾米丽围场（Emily's Paddock）和艾达山（Mt Ida）葡萄园之间，因此有着和这两处相同类型的渗透性好的深红色寒武纪土壤。干燥气候也意味着低产量。

🍷🍷🍷🍷🍷(4/5)

Estate Heathcote Shiraz 2014
庄园西斯科特西拉2014
属于西斯科特西拉中较大且密度较高的类型，酒液散发出深色水果——黑莓，黑李子、甘草和黑巧克力的味道；尽管酒精度较高，整体非常平衡。单宁结实，还可以至少窖藏6—10年。
封口：螺旋盖 酒精度：14.8% 评分：92 参考价格：25澳元 PR ✪

Shingleback 圣勒酒庄 ★★★★★

3 Stump Hill Road，麦克拉仑谷，SA 5171 产区：麦克拉仑谷
电话：(08) 8323 7388 网址：www.shingleback.com.au 开放时间：每日开放，10:00—17:00
酿酒师：约翰·戴维（John Davey），丹山（Dan Hills）
创立时间：1995年 产量（以12支箱数计）：160000 葡萄园面积：120公顷
20世纪50年代，基姆（Kym）和约翰·戴维（John Davey）的祖父买下了一块地，兄弟两人在这块地上建立并培育了它们的家族葡萄园。自建成之日起，圣勒酒庄就是一个成功的典范。他们成功的关键条件之一，就是110公顷的酒庄葡萄园。2005D地块的赤霞珠在2006年获得了吉米·沃森（Jimmy Watson）奖杯。他们出产的葡萄酒制作精美，醇厚浓郁，但并不过分成熟（因此酒精度也并不会过高）。出口到英国、美国、加拿大、柬埔寨、越南、中国和新西兰。

🍷🍷🍷🍷🍷(5/5)

Unedited McLarent Vale Shiraz 2015
未剪辑麦克拉仑谷西拉2015
这是一个十分迷人的黑美人，值得你坐下来，放松，慢慢品尝，沉迷其中。平衡感极佳。酒体饱满，果味浓郁，单宁极细，天鹅绒一般光滑，一直保持到结尾。上市时间为2018年3月。
封口：螺旋盖 酒精度：14.5% 评分：96 最佳饮用期：2040年 参考价格：80澳元 JF

The Gate McLarent Vale Shiraz 2015
大门麦克拉仑谷西拉2015
大门的原料来自酒庄葡萄园，精选酒桶，意在强调麦克拉仑谷西拉的优秀之处：它成功了。出色的墨红色，一系列的深色水果，甘草、沙士，薄荷巧克力和香柏木香料的味道。酒体饱满，单宁非常完美。一款非常完整的葡萄酒。
封口：螺旋盖 酒精度：14.5% 评分：95 最佳饮用期：2035年
参考价格：35澳元 JF ✪

Red Knot Classified McLarent Vale Shiraz 2015
红结经典麦克拉仑谷西拉2015
在这个价位，你可能很难找到一款比它更好的酒了。丰富的深色水果的味道，搭配质地饱满，醇厚的单宁和活泼的酸度——华丽、复杂、令人愉悦。
封口：螺旋盖 酒精度：14% 评分：94 最佳饮用期：2023年
参考价格：19澳元 JF ✪

🍷🍷🍷🍷🍷(4/5)

Davey Estate Reserve Shiraz 2015
戴维庄园珍藏西拉2015
评分：93 最佳饮用期：2030年 参考价格：25澳元 JF ✪

Davey Brothers Shiraz 2015
戴维兄弟西拉2015
评分：93 最佳饮用期：2023年 参考价格：18澳元 JF ✪

Local Heroes Shiraz Grenache 2015
本地英雄西拉歌海娜 2015
评分：93 最佳饮用期：2021年 参考价格：25澳元 JF ✪

Davey Estate Reserve Cabernate Sauvignon 2015
戴维庄园珍藏赤霞珠2015
评分：93 最佳饮用期：2029年 参考价格：25澳元 JF ✪

Kitchen Garden Mataro 2016
厨房花园马塔洛 2016
评分：93 最佳饮用期：2023年 参考价格：25澳元 JF ✪

Red Knot Classified McLarent Vale Shiraz 2014
红结经典麦克拉仑谷西拉2014
评分：92 最佳饮用期：2022年 参考价格：20澳元 CM ✪

Haycutters Shiraz 2015
盛典西拉2015
评分：91 最佳饮用期：2022年 参考价格：17澳元 JF ✪

Black Bubbles NV
黑色起泡 无年份
评分：91 最佳饮用期：2019年 参考价格：23澳元 50 TS

Vin Vale Shiraz 2015
藤曼谷西拉2015
评分：90 最佳饮用期：2021年 参考价格：15澳元 JF ✪

Aficionado Red Blend 2015
迷情红色混酿
评分：90 最佳饮用期：2020年 参考价格：18澳元 JF ✪

Aficionado Cabernate Sauvignon 2015
迷情赤霞珠 2015
评分：90 最佳饮用期：2022年 JF

Los Trios Bravos Tempranillo Monastrell Grenache 2016
布拉沃三重奏添帕尼罗慕合怀特歌海娜 2016
评分：90 最佳饮用期：2021年 参考价格：25澳元 JF

El Capitan Tempranillo 2016
伊尔酋长岩添帕尼罗 2016
评分：90 最佳饮用期：2021年 参考价格：25澳元 JF

Shining Rock Vineyard 闪岩葡萄园 ★★★★★

165 Jeffrey Street，Nairne，SA 5252 产区：阿德莱德山
电话：0448 186 707 网址：www.shiningrock.com.au 开放时间：仅限预约
酿酒师：科·莫索斯（Con Moshos），达伦·阿尼（Darren Arney）
创立时间：2000年 产量（以12支箱数计）：1200 葡萄园面积：14.4公顷

2012年，农学家达伦·阿尼（Darren Arney）和心理学家妻子娜塔莉·沃思（Natalie Worth）从莱恩·内森（Lion Nathan）手中买下闪岩葡萄园。葡萄园于2000年由帕塔鲁马（Petaluma）建立。一直到2015年，出产的葡萄都出售给阿德莱德山的几个本地葡萄酒厂。达伦于20世纪80年代末从罗斯沃斯农学院（Roseworthy Agricultural College）毕业，他把在这个葡萄园的种植工作，当成是一个千载难逢的生产优质葡萄的机会。彼得·莱斯克（Peter Leske，Revenir 归来）为他们酿制2015年的第一个年份的葡萄酒。2016年后，这项工作则是由科·莫索斯（Con Moshos）与达伦共同完成的。幕后英雄布莱恩·克罗斯（Brian Croser）和所有参与到其中的专业人士的技艺水平，在这款酒中得到了充分的体现。

🍷🍷🍷🍷🍷

Adelaide Hills Shiraz 2015
阿德莱德山西拉2015
与6%的维欧尼共同发酵，原料中20%使用整串，在法国橡木桶（25%是新的）中陈酿。一如它的酿造工艺所示，这是一款非常复杂的葡萄酒：酒香中的辛香料的气息格外浓郁，中等酒体，口感独特，带有甘美的深色水果和甘草的味道，优雅、新鲜，单宁出色。这个酒庄值得我们继续关注。
封口：螺旋盖 酒精度：14.5% 评分：96 最佳饮用期：2035年
参考价格：35澳元

Adelaide Hills Sangiovese 2015
阿德莱德山桑乔维塞 2015
手工采摘，在法国橡木桶（10%是新的）中陈酿，2016年1月装瓶。饱满的红樱桃水果的味道，配合着桑乔维塞典型的细腻而结实的单宁，口感复杂，品质一流。
封口：螺旋盖 酒精度：14% 评分：95 最佳饮用期：2023年 参考价格：30澳元

🍷🍷🍷🍷🍷(4.5)

Adelaide Hills Viognier 2016
阿德莱德山维欧尼2016
评分：93 最佳饮用期：2020年 参考价格：28澳元

Monsoon Adelaide Hills Viognier 2015
季风阿德莱德山维欧尼2015
评分：91 最佳饮用期：2018年 参考价格：28澳元

Shirvington 史芬顿 ★★★★☆

PO Box 220，麦克拉仑谷，SA 5171（邮） 产区：麦克拉仑谷
电话：（08）8323 7649 网址：www.shirvington.com 开放时间：不开放
酿酒师：金·杰克逊（Kim Jackson） 创立时间：1996年
产量（以12支箱数计）：950 葡萄园面积：23.8公顷

1996年，史芬顿家族在葡萄种植者彼得·博尔特（Peter Bolte）的建议下，建立了在麦克拉仑谷的葡萄园，现在葡萄园的面积为24公顷，大部分是西拉和赤霞珠，少量的马塔洛和歌海娜。相当一部分产出的葡萄都用于销售，而最优质的葡萄则留下来酿制史芬顿的葡萄酒。出口到英国和美国。

🍷🍷🍷🍷🍷(4.5)

The Redwind McLarent Vale Shiraz 2014
赤风麦克拉仑谷西拉2014
色泽浓郁，是一款令人印象深刻的麦克拉仑谷单一葡萄园西拉，带有红色和黑色水果的味道，黑巧克力和一点来自橡木的香草味道——一切都完美地整合在一起，酒体饱满而克制，口感复杂的同时，十分平衡。

封口：螺旋盖　酒精度：14%　评分：92　最佳饮用期：2029年
参考价格：65澳元　PR

🍷🍷🍷🍷 McLarent Vale Shiraz 2014
麦克拉仑谷西拉2014
评分：89　参考价格：37澳元　PR

Shottesbrooke　修特溪　★★★★

Bagshaws Road，McLaren Flat，SA 5171　产区：麦克拉仑谷
电话：（08）8383 0002　网址：www.shottesbrooke.com.au
开放时间：周一至周五，10:00—16:30；周末，11:00—17:00
酿酒师：哈米什·奎尔（Hamish Maguire）　创立时间：1984年
产量（以12支箱数计）：12000　葡萄园面积：30.64公顷

建造者尼克·霍姆斯（Nick Holmes），已经将他葡萄酒酿造的指挥棒传给继子哈米什·奎尔（Hamish Maguire）了。哈米什是一位飞行酿酒师，他曾经在法国工作1年，在西班牙1年，最后回到修特溪酒庄。现在，酒庄酿酒厂的生产能力已经增加到每年1200吨，存储容量达到100万升。这已经远远超过在修特溪品牌下的葡萄酒数量：合约酿造而作为其他独立的品牌出售。哈米什不仅在全国各地周游，还环游世界，推广修特溪的品牌葡萄酒。出口到世界所有的主要市场。

🍷🍷🍷🍷🍷 Eliza Reserve McLarent Vale Shiraz 2013
伊丽萨珍藏麦克拉仑谷西拉2013
完全是旧式的"珍藏西拉"风格；成熟饱满，橡木味道浓郁——因之带来的木头与水果的味道有机地结合在一起，又有烟熏摩卡的气息搭配整体光滑的口感，与西拉的风味紧密地结合在一起。
封口：螺旋盖　酒精度：14.5%　评分：94　最佳饮用期：2030年
参考价格：60澳元　SC

Bush Vine McLarent Vale Grenache 2015
灌木藤蔓麦克拉仑谷歌海娜 2015
馥郁甜美，带有成熟的樱桃、麝香香料和一点温暖的泥土的味道。典型的低产量老藤葡萄，风味集中，口感很好。果味丰富，同时结构解释。真是一款可爱的酒。
封口：螺旋盖　酒精度：14.5%　评分：94　最佳饮用期：2025年
参考价格：30澳元　SC　✪

🍷🍷🍷🍷🍷(半) Tom's Block McLarent Vale Shiraz 2014
汤姆地块麦克拉仑谷西拉2014
评分：93　最佳饮用期：2044年　参考价格：50澳元

Limited Release Icon Series McLarent Vale Shiraz Cabernate Sauvignon 2010
限量发行偶像系列麦克拉仑谷西拉赤霞珠 2010
评分：93　最佳饮用期：2035年　参考价格：85澳元

McLarent Vale Shiraz 2014
麦克拉仑谷西拉2014
评分：91　最佳饮用期：2022年　参考价格：20澳元　SC　✪

Estate Series McLarent Vale GSM
2015**麦克拉仑谷**GSM 2015
评分：91　最佳饮用期：2025年　参考价格：20澳元　✪

McLarent Vale Merlot 2014
麦克拉仑谷梅洛2014
评分：90　最佳饮用期：2021年　参考价格：20澳元　SC　✪

Shut the Gate Wines　关上大门葡萄酒　★★★★

2 Main North Road，Watervale，SA 5452　产区：克莱尔谷
电话：0488 243 200　开放时间：每日开放，10:00—16:30
酿酒师：合约酿酒　创立时间：2013年　产量（以12支箱数计）：6000

关上大门葡萄酒是所有人理查德·伍兹（Richard Woods）和拉沙·费边（Rasa Fabian）的企业。有5年的时间，他们致力于重塑克拉布特里·沃特瓦尔葡萄酒（Crabtree Watervale Wines）的品牌形象，接下来又做了18个月的咨询工作。在此期间，理查德和拉沙为关上大门酒庄设计了独特而充满想象力的酒标（和故事），为酒庄的建立奠定了基础。克莱尔谷是酒庄的一个重要基地，他们的酒就是在这里合约酿制的，许多酒款的原料都来自这里——而酒庄在选择供应葡萄园和酿酒师上，也相当谨慎。

🍷🍷🍷🍷🍷 For Love Watervale Riesling
热爱瓦特沃尔雷司令2016
这款雷司令精细地表达了这个小产区的风土，小巧玲珑，非常平衡，散发出轻盈的柑橘、温椁和茉莉花的味道。水晶般的酸度，砾石，矿物质的味道，以及滑石浮雕般的质感赋予了这款酒独特而出色的风格
封口：螺旋盖　酒精度：11%　评分：94　最佳饮用期：2031年　参考价格：25澳元　NG　✪

🍷🍷🍷🍷🍷(半) For Freedom Polish Hill River Riesling
自由波兰山河雷司令2016
评分：92　最佳饮用期：2031年　参考价格：25澳元　NG　✪

Fur Elise Clare Valley Grenache Rose 2016
致艾丽斯克莱尔谷歌海娜桃红 2016
评分：92 参考价格：20澳元 NG ✪
Rosie's Patch Watervale Riesling 2016
罗茜斑点瓦特沃尔雷司令2016
评分：91 最佳饮用期：2028年 参考价格：25澳元 NG
The Rose Thief Hilltops Shiraz 2015
玫瑰窃贼希托扑斯西拉2015
评分：90 最佳饮用期：2022年 参考价格：22澳元 NG
Blossom 26G RS Riesling 2016
26G花朵雷司令2016
评分：90 最佳饮用期：2022年 参考价格：20澳元 NG ✪

Side Gate Wines 边门葡萄酒 ★★★☆

57 Rokeby Street，Collingwood.维多利亚，3066 产区：澳大利亚东南部
电话：(03)9417 5757 网址：www.sidegate.com.au 开放时间：周一至周五，8:00—17:00
酿酒师：约瑟夫·奥巴奇（Josef Orbach） 创立时间：2001年 产量（以12支箱数计）：50000
边门酒庄的总部设在墨尔本，生产冷凉气候下不同产区的红色和白色葡萄酒。1994—1998年间，创始人约瑟夫·奥巴奇（Josef Orbach）在克莱尔谷的莱辛厄姆（Leasingham）工作；2010年在墨尔本大学（University of Melbourne）完成了酿酒学位。约瑟夫是典型的（法式）葡萄酒批发商，从不同产区购买大量葡萄，在欧贝奇（Orbach）混酿装瓶后售出，有时瓶上无标签。出口加拿大、马来西亚、新加坡和中国。

🍷🍷🍷🍷🍷 Organic Clare Valley Riesling 2016
有机克莱尔谷雷司令2016
价格低廉的、经典的克莱尔谷雷司令。有机管理下生长的葡萄，经过简单的酿制过程，带来了集中浓郁的、成熟的青柠和迈耶柠檬味道，很好地平衡了酸度。很适合现在，而不是5年后饮用，但如果愿意的话，也可以在酒窖里存上一段时间。
封口：螺旋盖 评分：90 最佳饮用期：2023年 参考价格：15澳元 ✪

Sidewood Estate 赛德庄园 ★★★★★

Maximillian's Restaurant，15 Onkaparinga Road，Oakbank，SA 5245
产区：阿德莱德山 电话：(08) 8389 9234 网址：www.sidewood.com.au
开放时间：周三至周日，11:00—17:00 酿酒师：达里尔·卡特琳（Darryl Catlin）
创立时间：2004年 产量（以12支箱数计）：不详 葡萄园面积：93公顷
赛德庄园半是葡萄园，半是马场。自2004年起，就由欧文（Owen）和卡桑德拉·英格里斯（Cassandra Inglis）所有。这里葡萄酒和马场两方面的业务发展得都很好。酒庄坐落在昂卡帕林加（Onkaparinga）谷，这里也是阿德莱德山附近最凉爽的地区。酒庄即将投入大量资金翻修葡萄园，加上南澳大利亚州政府补贴的85.6万澳币的政府基金，边木将投入350万澳币扩增葡萄酒厂的产量的项目之中——产量将从每个年份500吨增加到2000吨。这些投资还将用来购置新的装瓶和装罐设备，实现后产量将达到每年40万瓶葡萄酒和苹果酒。酒庄的系列品牌包括赛德庄园（Sidewood Estate）\马厩山（Stable Hill）和蔓萍（Mappinga）系列，以及珍藏系列。出口到英国、美国和其他主要市场。

🍷🍷🍷🍷🍷 Adelaide Hills Pinot Noir 2015
阿德莱德山黑比诺2015
酒香带有辛香料的味道，这也是典型的整串发酵带来的香气，口感精致。
封口：螺旋盖 酒精度：12.5% 评分：96 最佳饮用期：2025年
参考价格：35澳元 ✪
Adelaide Hills Sauvignon Blanc 2016
阿德莱德山长相思2016
采用低温下的自流汁，野生酵母，在发酵罐中低温发酵，带酒脚陈酿4个月，品尝中端可以感觉到它的强劲风格和优秀的质地，2016年国家葡萄酒展上唯一荣获金奖的葡萄酒。
封口：螺旋盖 酒精度：12.5% 评分：95 最佳饮用期：2017年
参考价格：20澳元 ✪
777 Adelaide Hills Pinot Noir 2015
阿德莱德山黑比诺2015
来自酒庄葡萄园勃艮第的新克隆株系。酒色浅淡而清透，极其芬芳，带有红樱桃和野草莓的香气，与优雅的口感相得益彰。2016阿德莱德山葡萄酒展金质奖章。
封口：螺旋盖 酒精度：12.5% 评分：95 最佳饮用期：2023年
参考价格：35澳元 ✪

🍷🍷🍷🍷🍷 Adelaide Hills Chardonnay 2015
阿德莱德山霞多丽 2015
评分：92 最佳饮用期：2023年 参考价格：20澳元 ✪
Late Disgorged Isabella Rose 2011
晚除渣伊莎贝尔桃红 2011
评分：92 最佳饮用期：2017年 参考价格：60澳元 TS
Stable Hill Hill Adelaide Hills Palomino Pinot Grigio 2016

马厩山阿德莱德山巴罗密诺雪莉灰比诺2016
评分：90 最佳饮用期：2018年 参考价格：15澳元 ✪
Chloe Methode Traditionelle Cuvee 2013
克洛伊传统方法年份 2013
评分：90 最佳饮用期：2017年 参考价格：28澳元 TS

Sieber Road Wines 丝帛路葡萄酒 ★★★★

Sieber Road，Tanunda，SA 5352 产区：巴罗萨谷
电话:（08）8562 8038 网址：www.sieberwines.com 开放时间：每日开放，11:00—16:00
酿酒师：托尼·卡热皮提斯（Tony Carapetis） 创立时间：1999年
产量（以12支箱数计）：4500 葡萄园面积：18公顷
理查德（Richard）和瓦尔·锡伯（Val Sieber）是家族产业的第3代经营者——雷德兰兹（Redlands）过去是一个种植/放牧农场。他们则为农场增加了葡萄种植，其中主要栽培品种为西拉（14公顷），余下是维欧尼、歌海娜和幕尔维德。儿子本·锡伯（Ben Sieber）是葡萄栽培师。出口到加拿大和中国。

🍷🍷🍷🍷🍷 Reserve Barrosa Valley Shiraz 2014
珍藏巴罗萨谷西拉2014
这是庄园内一块3公顷的多岩石的土地，手工采摘，产量很低，破碎后进入小型发酵罐，60%采用新法国大橡木桶中熟成，余下的则使用旧的法国和美国大桶。这款酒犹如巨大的石雕——不是为凡人，而是为巨人而酿制，很难正常地为它打分，我的分数还是低了。
封口：橡木塞 酒精度：15.5% 评分：94 最佳饮用期：2054年
参考价格：100澳元

🍷🍷🍷🍷 Barrosa Valley Viognier 2015
巴罗萨谷维欧尼2015
评分：90 最佳饮用期：2019年 参考价格：18澳元 ✪
Barrosa Valley GSM 2014
巴罗萨谷 GSM 2014
评分：90 最佳饮用期：2024年 参考价格：20澳元 ✪

Signature Wines 签名葡萄酒 ★★★★

31 King Street，Norwood，SA 5067 产区：阿德莱德山区/巴罗萨谷
电话:（08）8568 1757 网址：www.signaturewines.com.au
开放时间：周一至周五，9:00—17:00；周末，提前预约
酿酒师：沃里克·比林斯（Warwick Billings，合约） 创立时间：2011年
产量（以12支箱数计）：15000 葡萄园面积：16公顷
丹尼尔·库扎姆（Daniel Khouzam）和他的家人所有的签名葡萄酒酒庄，与阿德莱德山和大巴罗萨产区的核心种植者建立了特殊的关系。丹尼尔从事这个行业已经20年了，这期间他逐渐建立起了海外市场。酒庄在伊顿谷奔富的旧葡萄酒厂中酿酒。出口到英国、马来西亚、新加坡、新西兰等国家，以及中国内地（大陆）和香港地区。

🍷🍷🍷🍷 Reserve Barrosa Valley Shiraz 2014
珍藏巴罗萨谷西拉2014
明亮的深紫红色；各种各样的红色和黑李子的味道，丰富的香料，带有木炭、雪松、橡木以及香草的气息和风味占据主导地位，单宁略显深色，但明亮的酸度则平衡了这种感觉。
封口：螺旋盖 酒精度：14.5% 评分：90 最佳饮用期：2025年
参考价格：35澳元 JF
The Summons McLarent Vale Shiraz 2013
召唤麦克拉仑谷西拉2013
从各个角度来说，这款葡萄酒都很“大”。带有饱满的香草味的雪松和橡木的味道，浓郁的单宁和成熟的果味结构。梅子和黑巧克力的味道则是额外的惊喜了。
封口：螺旋盖 酒精度：15% 评分：90 最佳饮用期：2026年
参考价格：68澳元 JF

🍷🍷🍷🍷 Reserve Adelaide Hills Sauvignon Blanc 2016
珍藏阿德莱德山长相思2016
评分：89 最佳饮用期：2019年 参考价格：27澳元 JF

Silent Way 静默法 ★★★★

PO Box 630，Lancefield.维多利亚，3435（邮） 产区：马斯顿山岭
电话：0409 159 577 网址：www.silentway.com.au 开放时间：不开放
酿酒师：马特·哈罗普（Matt Harrop） 创立时间：2009年
产量（以12支箱数计）：1000 葡萄园面积：1.2公顷
2007年，马特·哈罗普（Matt Harrop）和塔玛拉·格莉丝基（Tamara Grischy）结婚10年后，购买下了一小块地，成了他们工作之余的另一项事业。他们在院内种植了1.2公顷的霞多丽，从奇摩镇（Kilmore）的采石岭（Quarry Ridge）葡萄园收购赛美蓉和黑比诺。酒庄的名字取自1969年2月迈尔斯·戴维斯（Miles Davis）的唱片，这张唱片是一个伟大的作品，被誉为有史以来最有创意的唱片。酒标上的图案最初是他们的朋友丹尼尔·华莱士（Daniel Wallace）为两人结婚设计

的，另一位朋友梅尔·南丁格尔（Mel Nightingale）将之改为酒标。酒庄的这一标志就是蚯蚓、鸟、蛇、友谊和爱。

🍷🍷🍷🍷🍷 Macedon Ranges Chardonnay 2015
马斯顿山岭霞多丽 2015
澳大利亚最凉爽的并受到地理保护的产区之一，很好地保留了自然的原始风味，让人想起法国马孔内（Maconnais）的上等霞多丽。带有蜜桃、苹果和其他丰富多汁的果味，以及牡蛎壳和恰如其分的橡木的味道完美地混合在一起。口感甜美、丰富，忠实地传递出了产区的风格特征。
封口：螺旋盖　酒精度：13%　评分：93　最佳饮用期：2023年
参考价格：35澳元　NG

Pinot Noir 2016
黑比诺2016
这是一款醇厚丰富而且柔韧的黑比诺，充满了深色和红色樱桃、大黄和根类香料物质的味道。（12%是新的，全部为法国）橡木带来了一缕肉桂的香气，完整果串带来了柔和而有棱角的口感，为别致可口的果味提供了一个整体的框架。
封口：螺旋盖　酒精度：13.5%　评分：93　最佳饮用期：2024年
参考价格：25澳元　NG　✪

🍷🍷🍷🍷 Serpens Semillon Viognier 2015
毒蛇赛美蓉维欧尼2015
评分：89　最佳饮用期：2020年　参考价格：22澳元　NG

Silkman Wines　希尔克曼葡萄酒　★★★★★

c/- The Small Winemakers Centre，McDonalds Road，Pokolbin，新南威尔士州，2320
产区：猎人谷　电话：0414 800 256　网址：www.silkmanwines.com.au
开放时间：每日开放，10:00—17:00　酿酒师：肖恩（Shaun）和莉斯·希尔克曼（Liz Silkman）
创立时间：2013年　产量（以12支箱数计）：3500
肖恩（Shaun）和莉斯·希尔克曼（Liz Silkman，曾是伦恩·埃文斯（Len Evans）教出的优秀学生）都是在猎人谷出生和长大的。莉斯曾是第一溪酒庄（First Creek Wines）的高级酿酒师，在两人到第一溪酒庄工作之前，他们（在澳大利亚和国外）酿制了很多酒。这也让他们有机会酿造少量猎人谷的经典品种：赛美蓉、霞多丽和西拉。不出所料，已经发售的酒款都非常出色。出口到美国。

🍷🍷🍷🍷🍷 Reserve Hunter Valley Semillon 2016
珍藏猎人谷赛美蓉2016
明亮的草秆绿色；有浓郁的破碎柠檬、柠檬汁、青柠汁和香茅草的香气，口感也是如此。这是一款充满活力和现代风格的赛美蓉，据说是使用了精细选择的酵母。
封口：螺旋盖　评分：97　最佳饮用期：2030年　参考价格：35澳元　✪

🍷🍷🍷🍷🍷 Hunter Valley Semillon 2015
猎人谷赛美蓉2015
原料使用的赛美蓉来自波高尔宾（Pokolbin）地区的极小的一块地。入口之后，很快你就能理解为什么斯曼夫妇对原料的水果如此在意了：一系列柑橘的味道在味蕾上绽放，酸度更是强调了这些风味物质的浓度。现在或10年以后再喝都可以。
封口：螺旋盖　酒精度：10.5%　评分：96　最佳饮用期：2030年
参考价格：25澳元　✪

Hunter Valley Semillon 2013
猎人谷赛美蓉2013
这是白色品种（赛美蓉）的一个极好的年份，酿就了这样一款浓郁而充满活力的葡萄酒——各种香茅草、柑橘衬皮和水果的味道。猎人谷独特的酸度为它提供了整体的构架，这款酒仍然在发展之中。
封口：螺旋盖　酒精度：10.5%　评分：96　最佳饮用期：2025年
参考价格：25澳元　✪

Hunter Valley Semillon 2016
猎人谷赛美蓉2016
明亮的草秆绿色；纯度，精细和直白的酸度，这一切都说明了一点——这款酒可以保存到2030年——但从2020年起就可以喝了。
封口：螺旋盖　评分：95　最佳饮用期：2029年　参考价格：25澳元　✪

🍷🍷🍷🍷🍷 Reserve Shiraz Pinot Noir 2016
珍藏西拉黑比诺 2016
评分：93　最佳饮用期：2030年　参考价格：40澳元

Reserve Shiraz Pinot Noir 2014
西拉黑比诺 2014
评分：92　最佳饮用期：2024年　参考价格：40澳元

Silkwood Estate　丝木葡萄酒　★★★★

5204/9649 Channybearup Road，潘伯顿，西澳大利亚 6260
产区：潘伯顿 电话：（08）9776 1584　网址：www.silkwoodwines.com.au
开放时间：周五至周一及公共节假日，10:00—16:00

酿酒师：科柏·拉德维希（Coby Ladwig），提姆·雷德利希（Tim Redlich）
创立时间：1998年 产量（以12支箱数计）：10000 葡萄园面积：23.5公顷
自2004年起，丝木葡萄酒公司一直由鲍曼（Bowman）家族所有。葡萄园中有一大群珍珠鸡巡逻，它们消灭了大多数的害虫，从而大大减少了农药的使用。2005年，酒庄购买了毗邻的葡萄园，将庄园种植面积提高到23.5公顷，园内种植有西拉、赤霞珠、梅洛、长相思、霞多丽、黑比诺、雷司令和增芳德。酒窖门店，餐厅和4个豪华度假小屋俯瞰整个园子和一个不小的湖泊。出口到马来西亚、新加坡和中国。

🍷🍷🍷🍷🍷 The Walcott Pemberton Sauvignon Blanc 2016
沃尔科特潘伯顿长相思2016
酒香中最先就可以闻到法国橡木的气息，接下来就是浓郁的、热带水果的味道。番石榴、西番莲和新割过青草的味道与极好的酸度结合，整体的长度也非常好。
封口：螺旋盖 酒精度：13% 评分：92 最佳饮用期：2018年
参考价格：28澳元

Pemberton Malbec 2014
潘伯顿马尔贝克 2014
散发出各种红色水果的经典品种香气，也有芬芳的橡木的气息。口感细致、柔顺，略带泥土和一点煮李子的味道。复杂性上略有不足，这也是马尔贝克单品种的一个特点，但很好喝。
封口：螺旋盖 酒精度：13.2% 评分：92 最佳饮用期：2022年
参考价格：30澳元 SC

The Walcott Pemberton Riesling 2016
沃尔科特潘伯顿雷司令2016
核心是柠檬/青柠的味道，还有淡淡的西番莲的味道，酸度把整体的风味精准地联系在一起。
封口：螺旋盖 酒精度：12.5% 评分：91 最佳饮用期：2031年 参考价格：28澳元

The Walcott Pemberton Shiraz 2014
沃尔科特潘伯顿西拉2014
葡萄藤树龄为20岁，机械采摘，整果开放式发酵，冷浸渍4天，在法国橡木桶（35%是新的）成15个月。香气和口感中都带有红色和黑色樱桃、水果的味道，伴随少量的香料和胡椒的风味。充满生命力，橡木香气更是锦上添花。
封口：螺旋盖 酒精度：14% 评分：91 最佳饮用期：2029年 参考价格：30澳元

The Walcott Pemberton Malbec 2015
沃尔科特潘伯顿马尔贝克 2015
在气候温和的地区，马尔贝克是最可靠的品种——会带来深色浆果和梅子水果味道，以及与之相配的质地和结构感。新法国橡木的气息也为这款酒增色不少，中等酒体，令人愉悦，结尾处有很淡淡的鲜香的味道。
封口：螺旋盖 酒精度：14% 评分：91 最佳饮用期：2024年 参考价格：30澳元

Silverstream Wines 银溪葡萄酒 ★★★★☆

2365 Scotsdale Road，Denmark，WA 6333 产区：丹马克（Denmark）
电话：(08) 9840 9119 网址：www.silverstreamwines.com 开放时间：仅限预约
酿酒师：詹姆斯·凯莉（James Kellie），迈克尔·加兰（Michael Garland）
创立时间：1997年 产量（以12支箱数计）：2500 葡萄园面积：9公顷
托尼（Tony）和菲丽希缇·鲁斯（Felicity Ruse）在丹马克23公里之外有一个9公顷的葡萄园，其中种植了霞多丽、梅洛、品丽珠、黑比诺、雷司令和维欧尼。这些葡萄酒都是合约酿制的。犹豫一段时间之后，鲁斯家族决定将他们的花园和果园改造成酒窖门店，销售价格合理的优质葡萄酒。

🍷🍷🍷🍷🍷 Single Vineyard Demark Riesling 2012
单一葡萄园丹马克雷司令2012
大约4年前，第一次品尝到它——含蓄、新鲜，酸度适宜，当时预测的适饮期是2017年。但现在它仍然具备上述特点（颜色仍很浅淡），我很想知道它的这种状态还能保持多久。2016巴尔克山（Mount Barker）葡萄酒展金质奖章，和2016西澳大利亚葡萄酒的两个奖杯和一个金质奖章。
封口：螺旋盖 酒精度：12.2% 评分：96 最佳饮用期：2032年
参考价格：30澳元

Denmark Chardonnay 2010
丹马克霞多丽 2010
透亮的草秆绿色；大约5年前，我第一次品尝这款酒给出的适饮期是2015年。它的哈密瓜和油桃的味道仍然非常浓郁，部分的桶内发酵仍和当初一样恰如其分。
封口：螺旋盖 酒精度：13.5% 评分：94 最佳饮用期：2020年 参考价格：22澳元

🍷🍷🍷🍷🍷 Single Vineyard Denmark Pinot Noir
单一葡萄园丹马克黑比诺2012
评分：90 最佳饮用期：2021年 参考价格：29澳元

Simon Whitlam & Co 西蒙·惠特拉姆 ★★★★

PO Box 1108，Woollahra，新南威尔士州，1350（邮） 产区：猎人谷
电话：(02)9007 5331 开放时间：不开放

酿酒师：埃德·瓦莱兹（Edgar Vales，合约）创立时间：1979年 产量（以12支箱数计）：2000
我与西蒙惠特拉姆酒庄庄主——安德鲁（Andrew）和哈代·西蒙（Hady Simon），尼古拉斯（Nicholas）和朱迪·惠特拉姆（Judy Whitlam），以及格兰特·布林（Grant Breen）——可以追溯到20世纪70年代末，那时我在悉尼的西蒙葡萄酒零售店坎珀当（Camperdown）酒窖做顾问；1983年我搬到墨尔本后，我们仍然保持了联系，但在1987年坎珀当酒窖出售后，就失去了联系，商店后来并入了阿罗菲尔德（Arrowfield）酒业。出售的品牌还包括西蒙惠特拉姆，20年间酒庄经历了多次转手，最后才重新回到最初合伙人的手中。

🍷🍷🍷🍷🍷 Hunter Valley Semillon Sauvignon Blanc 2012
猎人谷赛美蓉长相思2012
94%的赛美蓉和6%的长相思。色泽明亮，带有一些烤面包上的柠檬黄油，柑橘和淡雅的热带水果香气，口感活泼，回味绵长。现在就很好，但再过3—5年后仍将是一款好酒。
封口：螺旋盖 酒精度：11.3% 评分：93 最佳饮用期：2020年
参考价格：24澳元 PR ✪

Hunter Valley Traminer 2014
猎人谷琼瑶浆 2014
酒色明亮，看上去很年轻，带有极为典型的品种特点，以及大量玫瑰水，土耳其软糖和温桲的气息；尽管有明显的甜度，仍然口感平衡，绵长。
封口：螺旋盖 酒精度：12.7% 评分：92 最佳饮用期：2018年
参考价格：24澳元 PR ✪

Hunter Valley Verdelho 2011
猎人谷维尔德罗2011
酒液呈绿金色，看上去仍然年轻活泼，从上次为2014年的年鉴品尝后，这款酒一直在发展。现在已经完全可以饮用了，略带烤面包，伴随柠檬味的水果和番荔枝的味道，略带奶油味的口感之中，微带甜度，平衡感好。
封口：螺旋盖 酒精度：13.9% 评分：90 最佳饮用期：2020年
参考价格：24澳元 PR

Sinapius Vineyard 史纳普斯葡萄园 ★★★★★

4232 Bridport Road，Pipers Brook，塔斯马尼亚，7254 产区：塔斯马尼亚北部
电话：0417 341 764 网址：www.sinapius.com.au
开放时间：周四至周一，12:00—17:00，8月至次年6月 酿酒师：沃恩（Vaughn Dell）
创立时间：2005年 产量（以12支箱数计）：1200 葡萄园面积：4.07公顷
沃恩·戴尔（Vaughn Dell）和琳达·莫利斯（Linda Morice）2005年买下了（种植于1994年）之前为戈德斯（Golders）所有的葡萄园。最近种植的有13个黑比诺的克隆和8个霞多丽的克隆，以及少量的绿特维纳。葡萄园的种植非常紧密，黑比诺和莎当妮从每公顷5100株扩张到每公顷10250株葡萄藤。这些葡萄酒采用了极简主义的制作方法：自然发酵、篮式压榨、较长时间的带酒脚陈酿，最低程度的澄清和过滤。

🍷🍷🍷🍷🍷 Home Vineyard Chardonnay
庄园葡萄园霞多丽 2015
葡萄品种、区域和精心的酿造工艺自然而然地融合在一起，酿造了这款结尾和回味都极好的葡萄酒，长度极好，充满了奶油腰果、松露、蜜桃、杏子和一点点油桃的味道。
封口：螺旋盖 酒精度：13.5% 评分：97 最佳饮用期：2023年
参考价格：50澳元 NG ✪

The Enclave Pinot Noir 2015
飞地黑比诺2015
一款简洁、紧凑的葡萄酒，带有西洋李子、酸樱桃，棒棒糖、森林地表的气息。有着婀娜的单宁，酸度活泼，以及矿物质的味道。橡木味道处理得很好，还有一些整簇石楠的味道。
封口：螺旋盖 酒精度：13.5% 评分：97 最佳饮用期：2024年
参考价格：80澳元 NG ✪

🍷🍷🍷🍷🍷 Home Vineyard Pinot Noir 2015
庄园葡萄园黑比诺2015
酒体澄清、透明，带有破碎草莓、白胡椒、整簇树枝和草药的味道。口感丝滑又略带鲜咸，非常优雅，充满活力。
封口：螺旋盖 酒精度：13.5% 评分：94 最佳饮用期：2022年
参考价格：55澳元 NG

🍷🍷🍷🍷🍷 Clem Blanc 2016
克莱蒙白 2016
评分：93 最佳饮用期：2021年 参考价格：38澳元 NG

Sinclair of Scotsburn 斯科茨本 ★★★★

256 Wiggins Road，Scotsburn，Vic 3352 产区：巴拉瑞特
电话：(03)5341 3936 网址：www.sinclairofrcotsburn.com.au 开放时间：周末，提前预约
酿酒师：斯考特·爱尔兰 创立时间：1997年 产量（以12支箱数计）：135 葡萄园面积：2公顷
大卫（David）和（已故的）芭芭拉·辛克莱（Barbara Sinclair）于2001年购买下他们的地产。当时园中种有1.2公顷的霞多丽和0.8公顷的黑比诺，但状态并不是很好，2002年黑比诺的产量小于0.25吨。在园中建的鸟网，限制性的滴灌、长枝修剪等措施的辅助下，生产少量高品质的霞多

丽和比诺。每年产量的2/3的产品出售给汤姆伯伊山（Tomboy Hill）和起源葡萄酒（Provenance Wines），余下的1/3为辛克莱（Sinclair）的斯科茨本（Scotsburn）品牌系列。

🍷🍷🍷🍷🍷 Wallijak Chardonnay 2015

瓦利贾克霞多丽 2015

这款酒的完成度很好。带有一系列复杂的葡萄柚、青苹果和梨的风味，回味中带有柑橘和矿物质酸度的味道，十分清爽。

封口：螺旋盖　酒精度：13%　评分：91　最佳饮用期：2025年

Manor House Pinot Noir 2015

庄园别墅黑比诺2015

原料葡萄的出产是典型的冷凉的大陆性地气候，夜晚凉爽，保证果实的缓慢成熟。酒香芬芳，带有诱人水果，口感复杂/带有辛香料的味道。长度很好。

封口：螺旋盖　酒精度：13%　评分：90　最佳饮用期：2021年

Sinclair's Gully　辛克来谷 ★★★★

288 Colonial Drive，Norton Summit，SA 5136　产区：阿德莱德山

电话:（08）8390 1995　网址：www.sinclairsgully.com

开放时间：周日以及公共节假日，12:00—16:00（8月至6月）

酿酒师：合约制　创立时间：1998年　产量（以12支箱数计）：900　葡萄园面积：1公顷

1997年，苏（Sue）和肖恩·德莱尼（Sean Delaney）买下了诺顿峰（Norton Summit）地区的一块园地。此处保留了很多国家保护级别的原始植被，其中有8公顷的原始森林，是130种本土植物和66种本地鸟类——其中还有受威胁物种或罕见物种。获得了许多自然环境保护奖的同时，酒庄采用了生物动力葡萄栽培系统奖，最近还采用了生态旅游系统；也有阿德莱德山区唯一经过生态认证的酒窖门店，并且获得了许多生态旅游和旅游奖项。起泡酒的除渣表演是这里的一处独特景致。

🍷🍷🍷🍷🍷 Susanne joy 2014

苏珊·乔伊2014

这款阿德莱德黑中白非常柔和，略带古铜的中等三文鱼色调。新法国橡木熟成带来了奶油般的质地，没有明显的橡木味道。虽然没有这中年轻酒龄状态下常见的一类水果和香水般的香气，但可以品尝到温和的红苹果和可口的香料的味道，结尾的平衡性非常好，略有水果的甘甜。

酒精度：12.5%　评分：90　最佳饮用期：2017年　参考价格：40澳元　TS

Sparkling Grenache 2014

起泡酒歌海娜 2014

这款红色起泡酒非常轻盈，很符合歌海娜的风格。略带温和的红色浆果、水果和西红柿的味道。单宁结实，回味干爽，收敛感相对于含蓄的果味来说略强。

封口：橡木塞　酒精度：13%　评分：90　最佳饮用期：2017年

参考价格：40澳元　TS

Singlefile Wines　新格菲乐酒庄 ★★★★★

90 Walter Road，Denmark，WA 6333　产区：大南部地区

电话:（08）9840 9749 www.singlefilewines.com　开放时间：每日开放，11:00—17:00

酿酒师：迈克·加兰（Mike Garland），科比·拉德维格（Coby Ladwig）

创立时间：2007年　产量（以12支箱数计）：6000　葡萄园面积：3.75公顷

1968年，地质学家菲尔·斯诺登（Phil Snowden）和妻子薇薇（Viv）从南非搬到了珀斯，在那里他们成功地建立了一间国际矿产资源服务公司——斯诺登资源（Snowden Resources）。2004年，他们将公司出售后，开始追求长期以来向往的生活——生产并享受精良的葡萄酒。2007年，他们在美丽的丹马克（Denmark）小产区买下了一个已经建立的葡萄园（种植于1989）。他们拔除了原来种植的西拉和梅洛葡萄藤，保留并且种植了更多的霞多丽，留下了拉里·奇鲁比诺（Larry Cherubino），与法兰克兰河、波容古鲁普（Porongurup）、丹马克、潘伯顿和玛格利特河已有的葡萄园建立了合作关系。强烈推荐他们的酒窖门店、品酒室和餐厅。新格菲乐酒庄的葡萄酒质量稳定，出色，物有所值。出口到美国、日本和中国。

🍷🍷🍷🍷🍷 The Vivienne Denmark Chardonnay 2014

薇薇安丹马克霞多丽 2014

整串压榨到法国小橡木桶中，野生酵母带皮渣发酵，熟成6个月。新格菲乐表示这款酒远超他们的预期：这款酒非常复杂，醇厚，同时12.6%的酒精度又让酒体非常轻盈。各项条件都很好。

封口：螺旋盖　评分：98　最佳饮用期：2026年　参考价格：80澳元 ✪

Single Vineyard Mount Barker Riesling 2015

单一葡萄园贝克山雷司令2015

明亮淡草秆绿色；这款酒的pH值为2.95，酸度为7.47克/升，残糖（1.47克/升）口感不明显，平衡很好。德国风格，口感浓郁，带有丰富的柑橘的味道，与爽脆的矿物质酸度形成极好的平衡。是一款优质的葡萄酒。

封口：螺旋盖　酒精度：11.2%　评分：97　最佳饮用期：2030年

参考价格：30澳元 ✪

Single Vineyard Family Reserve Denmark Chardonna 2015

单一葡萄园家族珍藏丹马克霞多丽 2015

这款酒与其大南部产区的兄弟酒款，非常不同的葡萄酒，浓郁的葡萄柚、白桃的酒香，口感丰富、复杂。这款酒非常难得，很好地结合了优雅、浓郁和复杂性，同时隐

约带有腰果和奶油的味道。
封口：螺旋盖 酒精度：13.6% 评分：97 最佳饮用期：2030年
参考价格：50澳元 ✪

The Philip Adrian Frankland River Cabernate Sauvignon 2015
菲利普阿德里安法兰克兰河赤霞珠 2015
极好的深紫红色；酒体饱满的赤霞珠，充满了赤霞珠的品种风味——黑加仑、黑橄榄、泥土、沥青和单宁，在法国橡木桶（60%是新的）陈酿18个月。一款令人赞叹的葡萄酒。
封口：螺旋盖 酒精度：14.5% 评分：97 最佳饮用期：2049年
参考价格：80澳元 ✪

Single Vineyard Frankland River Cabernate Sauvignon 2014
单一葡萄园法兰克兰河赤霞珠 2014
紧致、有力、高级和精致。没有缺陷，而且（合适的存放条件）再放上10年也是如此。这款葡萄酒值得窖藏。口感中带有月桂叶、黑加仑，可可豆和（淡）烟草的味道，**结实强劲。是那种可以丰富你的酒窖藏品的酒款。**
封口：螺旋盖 酒精度：13.8% 评分：97 最佳饮用期：2040年
参考价格：37澳元 CM ✪

The Philip Adrian Frankland River Cabernate Sauvignon 2014
菲利普阿德里安法兰克兰河赤霞珠 2014
冷浸渍6周，后浸渍，然后在法国小橡木桶（65%是新的）中熟成18个月，瓶储陈酿12个月后上市。这是一款酒体饱满的赤霞珠，丰富，具备典型的品种特征，没有过度浸渍的缺陷味道。可以陈放很多年。
封口：螺旋盖 酒精度：13.6% 评分：97 最佳饮用期：2044年
参考价格：80澳元 ✪

🍷🍷🍷🍷🍷 Single Vineyard Mount Barker Riesling 2016
单一葡萄园贝克山雷司令2016
酒香中带有香水般的柑橘和苹果花的味道，口感优雅、新鲜、平衡；柑橘果味占据主导地位，结尾至回味中则是酸度为主。总之，相对于其大南部产区的兄弟酒款，更加优雅一点。
封口：螺旋盖 酒精度：11.9% 评分：96 最佳饮用期：2029年
参考价格：30澳元 ✪

Clement V 2015
克莱蒙特五世 2015
66%的西拉、27%的歌海娜和7%的马塔洛。西拉带来的一系列黑色水果的味道，与歌海娜和马塔洛则带来了红色水果的味道，起到了协同增效的作用。酒质柔顺，结构精巧，平衡非常完美，现在或是10年后饮用都可以。
封口：螺旋盖 酒精度：14.2% 评分：96 最佳饮用期：2027年
参考价格：30澳元 ✪

Single Vineyard Frankland River 2015
单一葡萄园法兰克兰河赤霞珠 2015
一款精准的葡萄酒。酒体饱满，有丝般柔滑的单宁，散发出浓郁的石墨、薄荷和木香，混合黑莓和黑李子的味道。柔顺光滑，一切都恰到好处。
封口：螺旋盖 酒精度：14.3% 评分：96 最佳饮用期：2033年
参考价格：37澳元 JF ✪

Great Southern Riesling 2016
大南部产区雷司令2016
评分：95 最佳饮用期：2030年 参考价格：25澳元 ✪

Single Vineyard Family Reserve Denmark Chardonnay 2016
单一葡萄园家族珍藏丹马克霞多丽 2016
评分：95 最佳饮用期：2025年 参考价格：50澳元 JF

Single Vineyard Frankland River Shiraz 2015
单一葡萄园法兰克兰河西拉2015
评分：95 最佳饮用期：2030年 参考价格：37澳元

Great Southern Cabernate Sauvignon Merlot 2015
大南部产区赤霞珠梅洛2015
评分：95 最佳饮用期：2028年 参考价格：25澳元 JF ✪

Frankland River Cabernate Sauvignon Merlot 2014
法兰克兰河赤霞珠梅洛2014
评分：95 最佳饮用期：2034年 参考价格：25澳元 ✪

Single Vineyard Pemberton Fume Blanc 2016
单一葡萄园潘伯顿白福美2016
评分：94 最佳饮用期：2021年 参考价格：30澳元 JF ✪

Great Southern Chardonnay 2015
大南部产区霞多丽 2015
评分：94 最佳饮用期：2028年 参考价格：30澳元 ✪

Pemberton Pinot Gris 2015

潘伯顿灰比诺2015
评分：94　最佳饮用期：2019年　参考价格：30澳元　✪

🍷🍷🍷🍷🍷 Great Southern Chardonnay 2016
大南部产区霞多丽 2016
评分：93　最佳饮用期：2024年　参考价格：30澳元　JF

Great Southern Semillon Sauvignon Blanc 2016
大南部产区赛美蓉长相思2016
评分：92　最佳饮用期：2019年　参考价格：25澳元　JF　✪

Run Free Great Southern Chardonnay 2016
自留汁大南部产区霞多丽 2016
评分：91　最佳饮用期：2023年　参考价格：25澳元　JF

Single Vineyard Denmark Pinot Noir 2015
单一葡萄园丹马克黑比诺2015
评分：91　最佳饮用期：2020年　参考价格：33澳元

Run Free Great Southern Shiraz 2015
自留汁大南部产区西拉2015
评分：91　最佳饮用期：2022年　参考价格：25澳元　JF

Sirromet Wines　斯洛美葡萄酒　★★★★☆

850–938 Mount Cotton Road，Mount Cotton，昆士兰，4165　产区：格兰纳特贝尔
电话：（07）3206 2999　网址：www.sirromet.com　开放时间：每日开放，9:00—16:30
酿酒师：亚当·查普曼（Adam Chapman），杰西卡·弗格森（Jessica Ferguson）
创立时间：1998年　产量（以12支箱数计）：40000　葡萄园面积：98.7公顷

这个有野心的酒庄志在成为昆士兰一流的葡萄酒厂。创始人莫里斯（Morris）家族聘请了一位杰出的建筑师，为他们设计了一座非常先进的葡萄酒厂，为（在格兰纳特贝尔）3个主要葡萄园聘请了国内一流葡萄栽培顾问，以及昆士兰技艺最为精通的酿酒师亚当·查普曼（Adam Chapman）来酿制。酒庄有一间有200个座位的餐厅，一个葡萄酒俱乐部——充分利用其在布里斯班和黄金海岸中间的优势，专注于旅游业市场。出口到瑞典、韩国、巴布亚新几内亚、日本等国家，以及中国内地（大陆）和香港地区。

🍷🍷🍷🍷🍷 Private Collection LM Assemblage Reserve 2014
私人藏品LM集合珍藏 2014
47%的赤霞珠，34%的梅洛，19%的小味儿多。主要原料在旧的法国小橡木桶中熟成16个月，但与我们的直觉相反，赤霞珠采用的10%的新橡木桶并不是来自法国，而是美国。不管怎么说，这是一款平衡性极好的葡萄酒，回味很长，而且新鲜，单宁适度。我很喜欢它的酒精度：13.8%。
封口：螺旋盖　评分：96　最佳饮用期：2034年　参考价格：128澳元

🍷🍷🍷🍷🍷 Severn River Granite Belt Shiraz Viognier 2014
塞汶河格兰纳特贝尔西拉维欧尼2014
评分：93　最佳饮用期：2029年　参考价格：45澳元

Signature Collection Terry Morris Granite Belt Chardonnay 2014
签名藏品格兰纳特贝尔霞多丽 2014
评分：92　最佳饮用期：2021年　参考价格：35澳元

Wild Granite Belt Shiraz Viognier 2014
格兰纳特贝尔西拉维欧尼2014
评分：92　最佳饮用期：2034年　参考价格：65澳元

Vineyard Selection Granite Belt Pinot Gris 2016
葡萄园精选格兰纳特贝尔灰比诺 2016
评分：91　最佳饮用期：2018年　参考价格：21澳元　✪

Vineyard Selection Granite Belt Verdelho 2016
葡萄园精选格兰纳特贝尔维尔德罗2016
评分：91　最佳饮用期：2018年　参考价格：21澳元　✪

Club Member Release Bald Rock Creek Granite Belt Merlot Cabernet 2014
俱乐部会员发行秃岩格兰纳特贝尔梅洛赤霞珠2014
评分：91　最佳饮用期：2020年　参考价格：35澳元

Signature Collection Terry Morris Granite Belt Merlot 2014
签名藏品特里莫里斯格兰纳特贝尔梅洛2014
评分：90　最佳饮用期：2022年　参考价格：35澳元

Sister's Run　姐妹合营　★★★★

PO Box 382，Tanunda，SA 5352（邮）　产区：巴罗萨
电话：（08）8563 1400　网址：www.sistersrun.com.au　开放时间：不开放
酿酒师：伊莱娜·布鲁克斯（Elena Brooks）　创立时间：2001年　产量（以12支箱数计）：不详

姐妹合营酒庄的所有人是著名的巴罗萨谷葡萄种植者卡尔（Carl）和佩吉·林德［（Peggy Lindner，朗梅尔酒庄（Langmeil）庄主］，酿酒师是伊莱娜·布鲁克斯（Elena Brooks），她的丈夫扎尔·布鲁克斯（Zar Brooks）则负责市场营销。扎尔的座右铭是："真相在葡萄园里，但

证据则在杯中。”出口到世界所有的主要市场。

🍷🍷🍷🍷🍷 Epiphany McLarent Vale Shiraz 2015
显现麦克拉仑谷西拉2015
酒色浓郁，色调饱满；这是麦克拉仑谷西拉的一个好年份，中等至饱满酒体，酿造流程只是简单的发挥出了原料的优秀特质。口感复杂，充满了黑莓、李子、苦巧克力和野蔷薇丛的味道。
封口：螺旋盖 酒精度：14.5% 评分：91 最佳饮用期：2025年
参考价格：22澳元 ✪

Calvary Hill Lyndoch Shiraz 2015
加略山林多奇西拉2015
这款葡萄酒非常自然：巴罗萨谷中心地带的西拉无拘无束的天然风格，带有饱满的紫色和黑色水果的味道，单宁成熟并且有适当的橡木味道。
封口：螺旋盖 酒精度：14.5% 评分：90 最佳饮用期：2025年
参考价格：22澳元

🍷🍷🍷🍷 St Petri's Eden Valley Riesling 2016
圣佩特里伊顿谷雷司令2016
评分：89 最佳饮用期：2021年 参考价格：18澳元 ✪

Sunday Slippers Lyndoch
假日凉拖林多克巴罗萨霞多丽 2016
评分：89 最佳饮用期：2018年 参考价格：18澳元 ✪

Sittella Wines 斯特雅葡萄酒 ★★★★★

100 Barrett Street，Herne Hill.WA 6056 产区：天鹅谷
电话：(08) 9296 2600 网址：www.sittella.com.au
开放时间：周二到周日以及公共节假日，11:00—17:00
酿酒师：科比·奎克（Colby Quirk），尤里·伯恩斯（Yuri Berns）
创立时间：1998年 产量（以12支箱数计）：8000 葡萄园面积：10公顷
西蒙（Simon）和麦凯·伯恩斯（Maaike Berns）在赫恩山（Herne Hill—）收购了一块7公顷的土地（包括5公顷的葡萄藤），他们的第一款酒酿制于1998年，并开设了酒窖门店。玛格利特河的野莓庄园（Wildberry Estate）也为他们所有。在诸多重要葡萄酒展的成功也使得他们的葡萄酒得到了应有的认可。出口到美国、日本和中国。

🍷🍷🍷🍷🍷 Reserve Wilyabrup Margaret River Chardonnay 2016
珍藏威亚布扎普玛格利特河霞多丽 2016
来自酒庄葡萄园，第戎（Dijon）克隆株系95和96，手工采摘，整串压榨，采用野生酵母法国橡木桶（20%是新的）中发酵，熟成10个月，无苹乳发酵。精准的酿造工艺保证杯中葡萄酒的质量充分反映了葡萄园的风土条件（很难拒绝第2杯），口感很好，非常平衡。很有历史意义，非常成功。
封口：螺旋盖 酒精度：13% 评分：95 最佳饮用期：2024年
参考价格：32澳元 ✪

Coffee Rock Swan Valley Shiraz 2015
咖啡岩天鹅谷西拉2015
手工采摘自66岁的葡萄藤，100%采用整果，发酵工艺复杂，部分在法国大橡木桶（30%是新的）中熟成18个月。结果很好：酒体饱满、浓郁，带有樱桃和李子的新鲜口感，回味干净活泼。
封口：螺旋盖 酒精度：14.5% 评分：95 最佳饮用期：2030年 参考价格：55澳元

The Wild One Margaret River Sauvignon Blanc 2016
狂野玛格利特河长相思2016
手工采摘，低温过夜，75%采用野生酵母在罐中发酵，25%在法国橡木桶中带酒脚陈酿14周。酒香略带异味，非常活泼，果香丰富一如预期。融入了浓郁的草药、柑橘和矿物质的味道，略带热带水果的味道。
封口：螺旋盖 酒精度：12.5% 评分：94 最佳饮用期：2021年
参考价格：21澳元 ✪

Tinta Rouge Swan Valley Shiraz Grenache Tempranillo 2016
罗丽红天鹅谷西拉歌海娜添帕尼罗 2016
明亮清透的紫红色；整串葡萄为这款酒带来了丰富的色泽，复杂的口感和单宁的味道。长度很好。价值超凡。
封口：螺旋盖 酒精度：14.5% 评分：94 最佳饮用期：2021年
参考价格：19澳元 ✪

Swan Valley Grenache Tempranillo 2016
天鹅谷歌海娜添帕尼罗 2016
淡而清透的紫红色；带有覆盆子蜜饯，樱桃和李子，还有一点香料的味道；单宁柔顺轻盈，回味新鲜、多汁。很适合即时饮用。聪明的酿造工艺选择。
封口：螺旋盖 酒精度：14% 评分：94 最佳饮用期：2020年
参考价格：30澳元 ✪

Berns Reserve 2015
伯恩斯珍藏2015
94%的赤霞珠、4%的马尔贝克和1.5%的小味儿多。尽管浸渍时间较长，这款酒仍然

是中等酒体。酒香中有黑加仑的香气，短暂地出现了一点不和谐的香调，但强劲的口感和紧致的单宁结构盖过了这种缺陷。
封口：螺旋盖　酒精度：14%　评分：94　最佳饮用期：2030年　参考价格：55澳元

Avant-Garde Series Margaret River Malbec 2015
先锋系列玛格利特河马尔贝克 2015
在法国大橡木桶（35%是新的）和小橡木桶中熟成16个月，酒桶经过精选。深浓的紫红色；甘美紫色和黑色水果的味道非常有层次感，仍有一些法国橡木的味道，结尾单宁柔软。
封口：螺旋盖　酒精度：14%　评分：94　最佳饮用期：2025年　参考价格：38澳元

🍷🍷🍷🍷🍷 Single Vineyard Cabernate Sauvignon Malbec 2015
单一葡萄园赤霞珠马尔贝克 2015
评分：93　最佳饮用期：2030年　参考价格：27澳元 ✪

Marie Christien Lugten Grand Vintage Methode Traditionelle 2012
玛丽克里斯蒂安卢格滕好年份传统法 2012
评分：93　最佳饮用期：2019年　参考价格：35澳元　TS

Late Disgorged Methode Traditionelle Pinot Noir Chardonnay 2008
晚除渣传统法黑比诺霞多丽 2008
评分：92　最佳饮用期：2017年　参考价格：40澳元　TS

The Calling Swan Valley Verdelho 2016
召唤天鹅谷维尔德罗2016
评分：91　最佳饮用期：2022年　参考价格：19澳元 ✪

Berns and Walsh Pemberton Pinot Noir 2014
伯恩斯和沃尔什潘伯顿黑比诺2014
评分：91　最佳饮用期：2020年　参考价格：31澳元

Swan Valley Shiraz 2015
天鹅谷西拉2015
评分：91　最佳饮用期：2025年　参考价格：26澳元

Swan Valley Petit Verdot 2014
天鹅谷小味儿多 2014
评分：91　最佳饮用期：2024年　参考价格：27澳元

Methode Traditionnelle Chenin Blanc NV
白诗南无年份
评分：91　最佳饮用期：2017年　参考价格：22澳元　TS ✪

Avant-Garde Series Swan Valley Tempranillo 2016
天鹅谷添帕尼罗 2016
评分：90　最佳饮用期：2020年　参考价格：38澳元

Blanc de Blancs NV
白中白无年份
评分：90　最佳饮用期：2018年　参考价格：32澳元　TS

Six Acres　六英亩　★★★★☆

20 Ferndale Road，Silvan，Vic 3795　产区：雅拉谷
电话：0408 991 741　网址：www.sixacres.com.au　开放时间：周末，10:00—16:00
酿酒师：亚伦（Aaron）和拉尔夫·祖卡里（Ralph Zuccaro）
创立时间：1999年　产量（以12支箱数计）：470　葡萄园面积：1.64公顷
拉尔夫（Ralph）和莱斯利·祖卡里（Lesley Zuccaro）有一个成功的光学配件公司。1999年，他们决定建立一个葡萄园，包括黑比诺（0.82公顷）、赤霞珠（0.62公顷）和梅洛（0.2公顷）。儿子亚伦（Aaron），一个生物化学家，不安于整日的实验室工作，于2007年开始了自己的葡萄酒酿造职业生涯，2012年毕业于CSU。在CSU的时间他在澳大利亚香东（Chandon）酒庄工作。小酒庄意味着一切的工作都由自家人完成。

🍷🍷🍷🍷🍷 Black Label Yarra Valley Pinot Noir 2015
黑标雅拉谷黑比诺2015
部分来自酒庄在西尔文（Silvan）的葡萄园，部分来自雅拉谷对面的距约（Gruyere）和圣安德鲁斯（St Andrews）葡萄园。相对来说酒体清淡，带有混合的甜浆果，泥土和森林的味道。与2014年的比诺非常不同。
封口：螺旋盖　酒精度：13.5%　评分：90　最佳饮用期：2021年　参考价格：32澳元

Skew Wines　倾斜葡萄酒　★★★★

17a Edward Street，Norwood，SA 5067　产区：多地
电话：0407 972 064　网址：www.skew.com.au　开放时间：仅限预约
酿酒师：安德鲁·尤尔特（Andrew Ewart）　创立时间：2014年　产量（以12支箱数计）：300
安德鲁·尤尔特（Andrew Ewarts）从事葡萄酒相关的事业已经有40年了，曾在南非、美国和新西兰等地工作，但始终将澳大利亚作为基地。几十年的研究/学术界涵盖了葡萄酒厂和葡萄园的科学成就，使得他完全可以胜任这个小型家族葡萄酒公司的领导者的位置，而他们最开始时甚至更小——为了家庭自用生产葡萄酒。儿子西蒙（Simon）将自己形容为酿酒培训生，他的妻子

凯莉（Kylie，一位律师）说自己家中的经济来源和品酒师。产品组合现在包括一款伊顿谷雷司令、一款原料来自弗勒里厄半岛（Fleurieu Peninsula）单一葡萄园的波尔多风格的混酿和一款麦克拉仑谷的歌海娜。

🍷🍷🍷🍷🍷 Eden Valley Riesling 2015
伊顿谷雷司令2015
单纯的“KISS”葡萄酒酿造。美味的迈耶柠檬和青柠的味道覆盖了口中的每一个味蕾。丰富的酸度意味着这款酒可以在中长期的陈酿中得到很好的发展，但最好不要现在就饮用。
封口：螺旋盖　酒精度：11.3%　评分：94　最佳饮用期：2029年
参考价格：24澳元　✪

🍷🍷🍷🍷 Fleurieu BDX 2015
弗勒里厄 BDX 2015
评分：90　最佳饮用期：2025年　参考价格：24澳元

Skillogalee　斯基罗加里　★★★★☆

Trevarrick Road，Sevenhill via Clare，SA 5453　产区：克莱尔谷
电话：(08) 8843 4311　网址：www.skillogalee.com.au　开放时间：每日开放，7:30—17:00
酿酒师：大卫·帕尔马（Dave Palmer），艾玛·沃克（Emma Walker）
创立时间：1970年　产量（以12支箱数计）：15000　葡萄园面积：50.3公顷
大卫（David）和黛安娜·帕尔马（Diana Palmer）充分利用了斯基罗加里葡萄园卓越的浆果品质。所有的葡萄酒都风味饱满丰富，特别是红葡萄酒。2002年，帕尔马一家购买下了隔壁的万宁格（Waninga）葡萄园——种植有30公顷的30年的老藤，使得他们可以在保持质量的基础上增加产量。出口到英国、丹麦、瑞士、马来西亚、泰国和新加坡。

🍷🍷🍷🍷 Clare Valley Riesling 2016
克莱尔谷雷司令2016
色泽明亮的葡萄酒有着白花和卡菲尔青柠的味道、多汁饱满，丰富而有质感，平衡的口感，回味长。现在就很美味，在接下来的5—10年的窖藏中会得到更好的发展。
封口：螺旋盖　酒精度：12.5%　评分：92　最佳饮用期：2025年
参考价格：25澳元　PR　✪

Clare Valley Chardonnay 2016
克莱尔谷霞多丽 2016
这是一款高品质的葡萄酒——而这一产区通常并不以这个品种闻名。诱人的核果和轻柔的坚果香气之后是克制，平衡和悠长的口感。
封口：螺旋盖　酒精度：13%　评分：91　最佳饮用期：2020年
参考价格：27澳元　PR

Slain Giant Wines　斩巨葡萄酒　★★★★

PO Box 551，Tanunda，SA 5352（邮）　产区：巴罗萨谷
电话：0427 524 161　网址：www.slaingiant.com　开放时间：不开放
酿酒师：泰森·比特（Tyson Bitter）　创立时间：2016年　产量（以12支箱数计）：3500
创始人兼酿酒师泰森·比特（Tyson Bitter）在葡萄酒行业有将近20年的工作经验，从葡萄园到酒窖再到酿酒和酒窖管理，现在——他已经完成了在CSU的葡萄酒科学的学位——他决定要创办自己的企业。斩巨的名字来源于卡乌纳（Kaurna）人梦幻时代的巨人祖先（译者注：澳大利亚原住民的一个民族。澳洲原住民指在欧洲殖民之前居住在澳洲大陆的族群及其后代，每个民族有自己的语言风俗。“梦幻时代”原文为“Dreamtime”，是原住民相信人类最初的起源时代的故事，传说一位巨人祖先宇瑞比拉（Yurrebilla）从大山中来到了东部与平原上的部落搏斗被杀，南澳的洛夫蒂山岭宇瑞比拉正是由此得名。今天，泰森是那个和各种酿造葡萄酒的想法搏斗的人。也正因此，他的许多酒款都是混酿——包括不同年份、品种和（或）产区。更复杂的是，“中等酒体干型白葡萄酒”却是有年份的。

🍷🍷🍷🍷 Full Bodied Dry Red NV
饱满酒体干红 无年份
赤霞珠、小维儿多和丹娜来自克莱尔谷、兰好乐溪和巴罗萨谷的2015—2016年份。这款酒的确是饱满丰厚，味道和单宁都很成熟。（需要）混酿两个不同年份但原因却不甚清楚（以及每个年份和品种在混酿中所占的比例）。
封口：螺旋盖　酒精度：14.5%　评分：91　最佳饮用期：2026年　参考价格：28澳元

Medium Bodied Dry Red NV
中等酒体干红 无年份
西拉、芭贝拉和马尔贝克来自巴罗萨谷、麦克拉仑谷和阿德莱德山的2015和2016两个年份。的确是中等酒体，新鲜多汁，有一定的复杂度。
封口：螺旋盖　酒精度：14.5%　评分：91　最佳饮用期：2022年　参考价格：28澳元

Small Island Wines　小岛酒庄　★★★★★

Drink Co，Shop 10，33 Salamanca Place，荷伯特，7004　产区：塔斯马尼亚南部
电话：0414 896 930　网址：www.smallislandwines.com
开放时间：周一至周六，10:00—20:00
酿酒师：詹姆斯·布罗伊诺夫斯（James Broinowski）
创立时间：2015年　产量（以12支箱数计）：3500　葡萄园面积：3公顷

出生于塔斯马尼亚州的詹姆斯·布罗伊诺夫斯（James Broinowski）在2013年于阿德莱德大学获得了葡萄与葡萄酒工程的学士学位。和许多其他年轻的毕业生一样，想要靠自己创业，最大的问题是现金。虽然其他人也可能在同样的情况下找到同样的解决方法，但他是成功地在葡萄酒企业进行众筹的第一人。这使得他成功地建立了小岛葡萄酒厂，并酿造了自己的葡萄酒。他在第1年（2015）从岛北的格伦加里Glengarry处收购了黑比诺，生产了2100瓶黑比诺，并在2016年皇家国际荷伯特葡萄酒展上荣获金质奖章。在塔斯马尼亚之味酒节（Taste of Tasmania Festival）的4天里，酒庄的200瓶桃红葡萄酒销售一空。2016年，他从东海岸评价很高的加拉庄园（Gala Estate）处收购比诺，用格伦加里葡萄园2016年的葡萄酒补足了2015年份的葡萄酒。酒质很是不错，这是一个很有潜力的酒庄。

🍷🍷🍷🍷🍷

Pinot Noir 2015

黑比诺2015

哇，小岛酒庄生产的一款“大大的”黑比诺，塔斯马尼亚对中部奥塔戈（Central Otago）的回应。色泽深沉，质地和单宁结构都很有力。口感丰富的同时，结尾和回味中还浮现出纯净而含蓄的樱桃味。2016年荷伯特葡萄酒展获金质奖章，实至名归。

封口：螺旋盖　酒精度：13.5%　评分：96　最佳饮用期：2029年

参考价格：45澳元

Patsie's Blush Rose 2016

帕斯提粉红桃红 2016

浅中等三文鱼粉色调；酒香丰富，略带辛香料的气息，酒体质感醇厚，小红果和森林浆果为核心风味；极佳的口感和长度，非常诱人而且庄重的一款黑比诺桃红葡萄酒。的确非常难得。

封口：螺旋盖　酒精度：13.5%　评分：95　参考价格：30澳元

Smallfry Wines　斯莫弗雷葡萄酒　★★★★☆

13 Murray Street，Angaston，SA 5353　产区：巴罗萨谷
电话：(08) 8564 2182　网址：www.smallfrywines.com.au　开放时间：仅限预约
电话：0412 153 243 酿酒师：韦恩·阿伦斯（Wayne Ahrens）
创立时间：2005年　产量（以12支箱数计）：1500　葡萄园面积：27公顷

斯莫弗雷酒庄的庄主是韦恩·阿伦斯（Wayne Ahrens）和合伙人苏西·希尔德（Suzi Hilder）。韦恩是巴罗萨谷一个家族的第5代后裔；苏西是上猎人谷著名葡萄栽培师理查德·希尔德（Richard Hilder）和妻子德尔（Del）的女儿——他们曾是金字塔山葡萄酒庄（Pyramid Hill Wines）的合伙人。两人都有加州州立大学的学位，并且两人都有着丰富的行业经验——苏西是葡萄栽培顾问，韦恩则在奥兰多·温德姆（Orlando Wyndham）其他巴罗萨小酒庄的酒窖工作了7个年份。他们在伊顿谷（主要是赤霞珠和雷司令）和藤曼谷（Vine Vale）及巴罗萨谷（西拉、歌海娜、赛美蓉、幕尔维德、赤霞珠和雷司令）的葡萄园都是经过生物动力和有机认证。出口到英国、美国、菲律宾、新加坡、日本等国家，以及中国内地（大陆）和香港地区。

🍷🍷🍷🍷🍷

Barrosa Valley Riesling 2016

巴罗萨雷司令2016

完成得很好；雷司令的残糖很容易过低。这款酒则完成得很好，纯粹的青柠汁的酸度与甜度相平衡，在接下来的5年里会继续成熟，此后还可以继续保存。

封口：螺旋盖　酒精度：11%　评分：95　最佳饮用期：2031年　参考价格：25澳元 ✪

Eden Valley Riesling 2016

伊顿谷雷司令2016

实际的葡萄种植很残酷，但当成功地酿制出质量如同这款一样优异的葡萄酒时更是令人兴奋。酒中（故意保留了）6克残糖，带有清脆、爽脆的酸度和丰富的青柠汁风味。

封口：螺旋盖　酒精度：11.8%　评分：94　最佳饮用期：2026年

参考价格：25澳元 ✪

🍷🍷🍷🍷

Stella Luna Barrosa Valley Cinsault Shiraz 2016

斯特拉卢娜巴罗萨神索西拉2016

评分：93　最佳饮用期：2018年　参考价格：28澳元

Barrosa Joven 2016

巴罗萨新酒 2016

评分：92　最佳饮用期：2019年　参考价格：28澳元

Barrosa Rose 2016

巴罗萨桃红 2016

评分：90　最佳饮用期：2017年　参考价格：28澳元

Smidge Wines　斯密治酒业　★★★★★

62 Austral Terrace，Malvern，SA 5061（邮）产区：澳大利亚东南部
电话：(08) 8272 0369　网址：www.smidgewines.com　开放时间：不开放
酿酒师：马特·温克（Matt Wenk）　创立时间：2004年　产量（以12支箱数计）：1000

酒庄为马特·温克（Matt Wenk）和妻子特里什·卡拉汉（Trish Callaghan）所有，多年来马特一直在业余时间经营酒庄；他的正式工作是为双掌葡萄酒庄（Two Hands Wines）和萨多之端酒庄（Sandow's End）做酿酒师。2013年，他从双掌酒庄退休，并计划在未来几年将斯密治的产量提高到8000箱（12瓶/箱）。退休后，马特不能继续在双掌酒庄酿酒，就将酿酒工作转移到了麦克拉仑谷租的一个小酒厂。酒庄赤霞珠和部分麦克拉仑谷西拉所需的原料均由其在威伦加（Willunga）的葡萄园提供。其愿景是在不远的将来在威伦加地产上建立现代化的定制设备。出口到英国和美国。

🍷🍷🍷🍷🍷 Magic Dirt Mengler's Hill Shiraz 2014
神土文娜斯山伊顿谷西拉2014
酒香富于表现力，有红色和黑色水果，香料和胡椒的味道。中等至饱满酒体，回味多汁，有辛香料和红甘草的味道，单宁完美。
封口：螺旋盖　酒精度：14.2%　评分：97　最佳饮用期：2039年
参考价格：100澳元 ✪

🍷🍷🍷🍷🍷 Barrosa Valley Shiraz 2014
巴罗萨谷西拉2014
酒体较轻，这款酒有更大的空间可以充分地表达其果味和复杂性。这完全是一个人口味的问题，除了文娜斯山，（在打分上）我很难将这款酒与其他的几款酒完全区分开来。
封口：螺旋盖　酒精度：14.6%　评分：96　最佳饮用期：2039年
参考价格：65澳元 ✪

Magic Dirt Stonewell Barrosa Valley Shiraz 2014
神土石井巴罗萨谷西拉2014
像其他相似系列的酒款一样，极为复杂，有力；带有一些深色水果和苦巧克力的味道，回味很长。与另外几款酒一样，来自低产量的葡萄园（一般小于0.5吨/英亩）。它们（除了文娜斯山之外）的酒体都非常饱满。
封口：螺旋盖　酒精度：14.6%　评分：96　最佳饮用期：2039年
参考价格：100澳元

Magic Dirt Greenock Barrosa Valley Shiraz 2014
神土格林诺克巴罗萨谷西拉2014
这些产区都只有1桶（22箱）葡萄酒，仅使用旧橡木桶。还需要一段时间的耐心等待（和摇杯），才能完全绽放开来。深色浆果的香气，细腻的单宁，酒体饱满。
封口：螺旋盖　酒精度：14.8%　评分：96　最佳饮用期：2039年
参考价格：100澳元

Magic Dirt Moppa Barrosa Valley Shiraz 2014
墨帕巴罗萨谷西拉2014
黑色水果的香气，酒体饱满、结实。果香和单宁并重，非常可口。
封口：螺旋盖　酒精度：14.6%　评分：96　最佳饮用期：2039年
参考价格：100澳元

🍷🍷🍷🍷 The GruVe Adelaide Hills Gruner Veltliner 2016
绿维阿德莱德山绿维特利纳 2016
评分：93　最佳饮用期：2023年　参考价格：30澳元

The Ging McLarent Vale Shiraz 2014
精致麦克拉仑谷西拉2014
评分：90　最佳饮用期：2026年　参考价格：30澳元　JF

Smithbrook　斯密斯溪　★★★☆

Smithbrook Road，潘伯顿，WA 6260　产区：潘伯顿
电话:（08）9750 2150　网址：www.smithbrookwines.com.au　开放时间：仅限预约
酿酒师：本·里克（Ben Rector）　创立时间：1988年
产量（以12支箱数计）：10000　葡萄园面积：57公顷
风景如画的史密斯布鲁克（Smithbrook）产业的所有人是珀斯彼得·福格蒂（Peter Fogarty）和他的家人，此外，他们还是猎人谷的福林湖（Lake's Folly）酒庄，玛格利特河深林庄园（Deep Woods Estate）和珀斯山（Perth Hills）的米尔布鲁克（Mallbrook）庄园的所有人。葡萄园最初种植于20世纪80年代，是潘伯顿产区最早种植的葡萄园之一。产业总面积110公顷，葡萄园占地面积为57公顷，主要种植长相思、霞多丽和梅洛。

🍷🍷🍷🍷 Pemberton Chardonnay 2016
潘伯顿霞多丽 2016
冷凉气候为这款酒带来了浓郁的白桃和柑橘花香气，与口感中的葡萄柚以及核果的味道交织在一起。长度很好，橡木的味道融合得很好。
封口：螺旋盖　酒精度：13.5%　评分：90　最佳饮用期：2019年
参考价格：17澳元 ✪

Snake + Herring　蛇与鲱鱼　★★★★★

PO Box 918，Dunsboroughk，WA 6281（邮）　产区：澳大利亚西南部
电话：0419 487 427 网址：www.snakeandHerring.com.au　开放时间：不开放
酿酒师：托尼·戴维森（Tony Davis）　创立时间：2010年　产量（以12支箱数计）：7000
托尼·戴维森（Tony Davis）和雷德蒙（鲱鱼）斯威尼（Redmond Sweeny）两人都开始了大学学位的课程，但发现他们并不适合各自的课程。在偶然遇到玛格利特河后，托尼的生活完全改变了。他在阿德莱德大学（Adelaide University）注册后，又在伊顿谷、俄勒冈、博若莱（Beaujolais）和塔斯马尼亚等地从事葡萄酒酿造工作，接下来又在金雀花（Plantagenet）工作了3年，御兰堡（Yalumba）做了4年高级酿酒师，在珀斯山的米尔溪（Millbrook）酒厂6年，玛格利特河的霍华德帕克（Howard Park）4年。雷蒙德则先取得了一个会计学位，受雇于巴瑟尔顿（Busselton）的一家国际会计公司；2001年，与凯文·麦凯（Kevin McKay）合伙建立了森林酒庄（Forester Estate）。在蛇+鲱鱼酒庄，他是市场营销和财务总监。出口到中国。

🍷🍷🍷🍷🍷 Corduroy Karridale Margaret River Chardonnay 2014
灯芯绒卡瑞代尔玛格利特河霞多丽 2014
卡瑞代尔是玛格利特河最南端也是最凉爽的地区，这款酒通过其浓烈、热情的果味清晰地表现出了产区的风土特征，回味很长，口感纯正。
封口：螺旋盖　酒精度：13.5%　评分：96　最佳饮用期：2024年
参考价格：38澳元 ✪

Cannonball Margaret River Cabernate Sauvignon Merlot Petit Verdot 2013
加农炮玛格利特河赤霞珠梅洛小味儿多 2013
64%的赤霞珠、21%的梅洛、12%的小味儿多和4%的马尔贝克分别经过开放式发酵，在法国小型和中型橡木桶（50%是新的）中陈酿。酒中的香气和风味非常丰富，既各有千秋，又相得益彰，最终交汇在其带有红色水果、多汁的口感中，酒体中等，单宁复杂而略带香草气息，为整体构建了很好的结构感。
封口：螺旋盖　酒精度：13.5%　评分：96　最佳饮用期：2033年
参考价格：38澳元 ✪

Perfect Day Margaret River Sauvignon Blanc Semillon 2016
完美之日玛格利特河长相思赛美蓉 2016
橡木的味道，带皮浸渍和酒脚陈酿带来了丰富的香气和口感。各种元素都处在动态的平衡状态，口感的长度和深度都非常好——一定要用一个词来形容的话，那就是复杂。
封口：螺旋盖　酒精度：13%　评分：95　最佳饮用期：2018年
参考价格：24澳元 ✪

Dirty Boots Margaret River Cabernate Sauvignon 2014
脏靴子玛格利特河赤霞珠 2014
这款酒以优雅渐长，而不是力度；纯净，而不是复杂性。赤霞珠带来了丰富的黑醋栗的味道，没有需要柔化的过量单宁，橡木的味道并不过于突出。这是一款即饮型的葡萄酒。
封口：螺旋盖　酒精度：14%　评分：94　最佳饮用期：2024年
参考价格：24澳元 ✪

🍷🍷🍷🍷🍷 Redemption Great Southern Shiraz 2013
救赎大南部产区西拉2013
评分：90　最佳饮用期：2023年　参考价格：24澳元

Snobs Creek Wines　斯诺溪葡萄酒　★★★★

486 Goulburn Valley Highway，via Alexandra，Vic 3714
产区：上高宝（Upper Goulburn）　电话：(03)9596 3043
网址：www.snobscreekvineyard.com.au　开放时间：周末，11:00—17:00
酿酒师：马库斯·吉伦（Marcus Gillon）　创立时间：1996年
产量（以12支箱数计）：1500　葡萄园面积：5公顷
19世纪60年代，西印度受人尊重的鞋匠"布莱克"布鲁克斯（"Black" Brookes）住在瀑布溪（Cataract Creek）桥上的一间小屋中。19世纪80年代后期，在他去世后，这条溪流改名为斯诺溪（Snobs Creek），"斯诺"在这里是古英文中鞋匠的意思，也有鞋楦的意思。葡萄园坐落在斯诺溪流入古尔本河（Goulburn River）的艾尔登湖（Lake Eildon）墙下5公里处。种植品种有西拉（2.5公顷）、长相思（1.5公顷）和霞多丽（1公顷）；产量全部控制在7.4吨每公顷及以下。被描述为"凉爽气候下风景优美的葡萄园"。

🍷🍷🍷🍷🍷 Brookes Shiraz Cabernate Sauvignon Merlot 2015
溪水西拉赤霞珠梅洛2015
65%的西拉，28%的赤霞珠，7%的梅洛，手工采摘，人工培养酵母，在美国橡木中熟成。酒厂的经营和管理都非常成功；这款酒的混酿充分利用了各个品种的优点，而不是仅仅因为惯例。平衡的橡木和成熟的单宁支撑着黑莓、李子、香料和甘草的味道。
封口：螺旋盖　酒精度：14.3%　评分：94　最佳饮用期：2029年
参考价格：25澳元

🍷🍷🍷🍷🍷 The Artisan Heathcote Shiraz 2015
艺术家西斯科特西拉2015
评分：93　最佳饮用期：2028年　参考价格：23澳元　SC

VSP Shiraz 2015
VSP 西拉2015
评分：91　最佳饮用期：2030年　参考价格：23澳元

Sons & Brothers Vineyard　儿子和兄弟葡萄园　★★★★

Spring Terrace Road，Millthorpe，新南威尔士州，2798　产区：奥兰治
电话：(02)6366 5117　网址：www.sonsandbrothers.com.au　开放时间：不开放
酿酒师：克里斯·伯克博士（Dr Chris Bourke）　创立时间：1978年
产量（以12支箱数计）：300　葡萄园面积：2公顷
克里斯（Chris）和凯瑟琳·伯克（Kathryn Bourke）对酒庄的描述并不是开玩笑："我们的葡萄园有着一段曲折的历史，1978年，我们试图在一个并不存在的葡萄酒产区建立酒庄，我们对当地的情况并不了解，并且当时我们在葡萄种植和酿酒方面的知识也很有限。""我们花了大约15年的时间，才弄清楚如何出产足够成熟的葡萄品种，这些葡萄出售给新南威尔士州的其他葡萄酒厂。"克里斯发表了2篇有关萨瓦涅在欧洲起源的精彩论文；他还追溯了澳大利亚关于萨瓦涅

的运动：在詹姆斯·巴斯比（James Busby）收集了这个品种后，一度几近消失，这项运动及时地挽救了巴斯比为新南威尔士州带来的最后的葡萄藤。

🍷🍷🍷🍷🍷 Cabernate of Millthorpe 2015

米尔索普赤霞珠 2015

与5%的萨瓦涅共同发酵，带来了清透明亮的酒色，葡萄园在奥兰治一处海拔为935米的土地上。克里斯·伯克描述这款酒中有萨瓦涅带来的淡麝香味道，我同意。赤霞珠带来的明亮的黑醋栗酒的味道说明原料中没有任何成熟度不足的葡萄，单宁柔和，十分难得，而且非常美味。

封口：皇冠式瓶盖　酒精度：13.5%　评分：94　最佳饮用期：2029年

参考价格：30澳元 ✪

Sons of Eden　伊甸之子　★★★★★

Penrice Road，Angaston，SA 5353　产区：巴罗萨

电话：(08) 8564 2363　网址：www.sonsofeden.com　开放时间：每日开放，11:00—18:00

酿酒师：科里·瑞安（Corey Ryan），西蒙·考厄姆（Simon Cowham）

创立时间：2000年　产量（以12支箱数计）：9000　葡萄园面积：60公顷

科里·瑞安（Corey Ryan）和西蒙·考厄姆（Simon Cowham）两人在伊顿谷的葡萄园和酒窖中学习和提高了他们的技艺。自从在亨施克（Henschke）酒庄成为酿酒师后，科里如今已经是有20个年份酿造经验的专业酿酒师。后来他还在库纳瓦拉的胭脂红（Rouge Homme）和奔富、罗纳河谷葡萄酒酿造等处工作过。2002年，他得到了在新西兰新玛利庄园（Villa Maria Estates）工作的机会。2007年，他获得了葡萄酒大师学院提供的奖学金（Institute of Masters Wine）。西蒙（Simon）的国际职业生涯也与科里很像，他在奥德宾斯（Oddbins）和英国的许多机构，以及澳大利亚酿酒商联合会（Winesmakers' Federation of Australia）等许多地方工作过。当他取得葡萄栽培师的资格后，他开始从企业运营方面转到葡萄种植方面，他在御兰堡（Yalumba）担任希格斯（Heggies）和皮威赛谷（Pewsey Vale）葡萄园的技术经理。知道了这些背景后，就不难理解为什么酒庄出产的这些葡萄酒的质量如此卓越；2013年，他们还被巴罗萨男爵授予了“巴罗萨年度酿酒师”的荣誉称号。出口到英国、美国、德国，瑞士、菲律宾等国家，以及中国内地（大陆）和香港、台湾地区。

🍷🍷🍷🍷🍷 Cirrus Single Vineyard HighEden Valley Riesling 2016

藤蔓单一葡萄园高伊顿谷雷司令2016

这款华丽的雷司令同弗雷娅 (Freya) 雷司令之间的差别令人吃惊。酒香中散发出青柠、柠檬冰糕和刺激的酸度——只有雷司令才能将浓郁的口感表达得如此雅致，清新的感觉一如春日微风。绝对值得你为它的每一分钱——能够品尝到它的人是非常幸运的。

封口：螺旋盖　酒精度：12%　评分：98　最佳饮用期：2036年

参考价格：42澳元 ✪

Zephyrus Barrosa Valley Shiraz 2015

西风之神巴罗萨西拉2015

极其复杂、浓郁的一款酒，既有原始的力度，也有精细的口感。黑莓的味道如低音贝斯，甘草、黑胡椒、酸樱桃和干香草的味道则是钢琴主旋律——犹如乐曲般动人的口感极其丰富，回味绵长。这是一款敢于与众不同，光彩照人的西拉。

封口：螺旋盖　酒精度：14.5%　评分：97　最佳饮用期：2040年

参考价格：48澳元 ✪

Remus Old Vine Eden Valley Shiraz 2014

雷穆斯伊顿谷西拉2014

酒香中带有和谐的红色和黑色水果的味道，中等酒体，伴随着不露声色的橡木气息和二类香气，焦点全部集中在完全成熟的西拉带来的红色和黑色樱桃的味道，以及其柔顺，细节丰富的口感之上。非常优雅。

封口：螺旋盖　酒精度：14.5%　评分：97　最佳饮用期：2040年

参考价格：75澳元 ✪

🍷🍷🍷🍷🍷 Freya Eden Valley Riesling 2016

弗雷娅伊顿谷雷司令2016

口感丰富，带有迈耶柠檬、柠檬的味道，原果的高品质在这里得到了完美的表现。它风味饱满，充满魅力。

封口：螺旋盖　酒精度：12.5%　评分：95　最佳饮用期：2031年

参考价格：27澳元 ✪

Marschall Barrosa Valley Shiraz 2015

元帅巴罗萨西拉2015

酒香中等，口感精致，浓郁而复杂的深色水果、香料、干香草很快就将味觉体验带入了高潮，单宁部分来自浆果，部分来自橡木。令人印象十分深刻。

封口：螺旋盖　酒精度：14.5%　评分：95　最佳饮用期：2035年

参考价格：31澳元 ✪

Romulus Old Vine Barrosa Valley Shiraz

罗穆卢斯老藤巴罗萨谷西拉2014

在新的和旧的法国和美国大桶中熟成20个月。酒体饱满，但不过分。口感中黑色水果的味道占据主导地位，又与来自美国橡木的成熟的单宁和摩卡风味相融合。它还需要10年才能达到最佳状态，但这之后也可以继续陈放上许多年。

封口：螺旋盖　酒精度：14.5%　评分：95　最佳饮用期：2030年

参考价格：75澳元

Kennedy Barrosa Valley Grenache Shiraz Mourvedre 2015
肯尼迪巴罗萨谷歌海娜西拉幕尔维 2015
混酿比例：40/34/26%。在旧的法国橡木桶中熟成16个月后进行混酿。没有过于甜腻的水果味道，中等至饱满酒体中融入了自然饱满的红色、紫色和黑色浆果，樱桃、李子和黑莓的味道，背景略带辛香料气息。
封口：螺旋盖　酒精度：14.5%　评分：95　最佳饮用期：2025年
参考价格：31澳元 ✪

Selene Barrosa Valley Tempranillo 2014
月之女神巴罗萨谷添帕尼罗 2014
评分：94　最佳饮用期：2034年　参考价格：48澳元

🍷🍷🍷🍷🍷 (4 filled, 1 outline)
Pumpa Eden Valley Cabernate Sauvignon Shiraz 2014
帮浦伊顿谷赤霞珠西拉2014
评分：92　最佳饮用期：2034年　参考价格：31澳元

Soul Growers 灵魂种植者 ★★★★★

218—230 Murray Street，Tanunda，SA 5352　产区：巴罗萨谷
电话：0410 505 590　网址：www.soulgrowers.com
开放时间：周四至周六，11:00—16:00，或提前预约
酿酒师：保罗·海尼克（Paul Heinicke），斯图尔特·伯恩（Stuart Bourne）
创立时间：1998年　产量（以12支箱数计）：5000　葡萄园面积：4.85公顷
2014年1月，保罗·海尼克（Paul Heinicke，酒庄四个创始人之一）买下了大卫·克鲁尚克（David Cruickshank）、詹姆斯（James）和保罗·林德（Paul Lindner）之前所持的股份。葡萄园主要分布在赛珀斯菲尔德（Seppeltsfield）地区的山坡地带，其中，重要品种包括西拉、赤霞珠、歌海娜和霞多丽，其次是马塔洛和黑麝香；再其次是塔南达（Tanunda）的西拉、努里奥特帕（Nuriootpa）的马塔罗以及克龙多夫（Krondorf）的种植面积为1.2公顷的歌海娜。出口到美国、加拿大、新加坡等国家，以及中国内地（大陆）和香港地区。

🍷🍷🍷🍷🍷
106 Vines Barrosa Valley Mourvedre 2015
106株藤巴罗萨谷幕尔维 2015
这是由106株不同的葡萄藤酿制而成，它们的树龄都超过了130岁，而且成功地在努里奥特帕（Nuriootpa）的自然条件下存活了下来，出产的葡萄足够酿制一个大桶的葡萄酒。每瓶酒都是手工灌装的。这款酒非常明快，自然的酸度刺激着你的味蕾——好像一位既具备中等量级的技艺，又具备重量级力量的拳手。此外，还带有熏肉、血丝李、碘酒、干烟草、胡椒、鼠尾草和一点泥炭的味道。从一开始就引人入胜，层次丰富，确实是一款可口的精心之作。我一次都没有把它吐出来过。
封口：Diam软木塞　酒精度：14.3%　评分：97　最佳饮用期：2035年
参考价格：110澳元　NG ✪

🍷🍷🍷🍷🍷
Single Vineyard Hampel Barrosa Valley Shiraz
单一葡萄园汉帕尔巴罗萨谷西拉2015
这款饱满，精致的葡萄酒，来自汉佩尔（Hampel）家族葡萄园。蓝莓、波森莓和桑葚的味道在舌尖上翻涌，光滑的单宁犹如绸缎内衬，轻柔地按摩着你的味蕾。还有一点茴香、一丝温和的胡椒气息。
封口：Diam软木塞　酒精度：14.5%　评分：95　最佳饮用期：2035年
参考价格：150澳元　NG

Slow Grown Barrosa Valley Shiraz 2015
慢生长巴罗萨西拉2015
这款酒毫无缺陷，带有饱满的蓝色和黑色水果，丁香，与丝丝缕缕茴香和香料的味道，橡木很好地嵌入整体。原料混合了巴罗萨和伊顿谷的葡萄，口感丰厚，结构精巧，橡木和单宁的味道都恰到好处。
封口：Diam软木塞　酒精度：14.5%　评分：94　最佳饮用期：2035年
参考价格：55澳元　NG

Single Vineyard Kroehn Eden Valley Shiraz 2015
单一葡萄园克罗恩伊顿谷西拉2015
一款优雅、有肉感、香气浓郁的巴罗萨西拉，有着馥郁的紫色花香，单宁紧致，充满了蓝色和深色水果的味道，略带茴香，口感浓郁丰富。既反映了西拉本身的风味，也表现了伊顿谷凉爽气候带来的风土条件。
封口：Diam软木塞　酒精度：14.5%　评分：94　最佳饮用期：2035年
参考价格：150澳元　NG

Defiant Barrosa Valley Mataro 2013
挑战巴罗萨谷马塔洛 2013
酒体饱满，同时也惊人的优雅，水果和单宁之间非常平衡。中等酒体，带有香料、李子和桑葚的味道，橡木味极淡。
封口：Diam软木塞　酒精度：15%　评分：94　最佳饮用期：2028年
参考价格：50澳元

🍷🍷🍷🍷🍷 (4 filled, 1 outline)
Cellar Dweller Cabernate Sauvignon
酒窖深藏赤霞珠 2015
评分：93　最佳饮用期：2035年　参考价格：55澳元　NG

Defiant Barrosa Valley Mataro 2015

挑战巴罗萨谷马塔洛 2015
评分：93 最佳饮用期：2027年 参考价格：55澳元 NG
Slow Grown Barrosa Valley Shiraz 2014
慢生长巴罗萨西拉2014
评分：92 最佳饮用期：2026年 参考价格：55澳元 NG
Cellar Dweller Cabernate Sauvignon 2014
酒窖深藏赤霞珠 2014
评分：92 最佳饮用期：2029年 参考价格：55澳元 NG
El Mejor Barrosa Valley Cabernate Sauvignon Mourvedre 2015
埃尔梅乔巴罗萨谷赤霞珠西拉幕尔维 2015
评分：91 最佳饮用期：2030年 参考价格：110澳元 NG
Wild Iris Eden Valley Chardonnay 2014
原野彩虹女神伊顿谷霞多丽 2014
评分：90 最佳饮用期：2019年 参考价格：25澳元 SC
Provident Barrosa Valley Shiraz 2015
远见巴罗萨谷西拉2015
评分：90 最佳饮用期：2023年 参考价格：28澳元 NG

Soumah 索玛 ★★★★★

18 Hexham Road，Gruyere.维多利亚，3770 产区：雅拉谷
电话：(03)5962 4716 网址：www.soumah.com.au 开放时间：每日开放，10:00—17:00
酿酒师：斯考特·麦卡锡（Scott McCarthy） 创立时间：1997年
产量（以12支箱数计）：15000 葡萄园面积：19.57公顷
带有异域风情的酒庄名索玛和奇特的萨瓦洛Savarro品牌名（令人想起19世纪巴洛克式的设计）的背后还有一段故事。索玛实际上是马龙达南（South of Maroondah，高速公路）的缩写，萨瓦洛是萨瓦涅的一个别名。这是布莱特·布彻（Brett Butcher）的企业，他曾经在国际旅游业公司朗汉集团（Langham Group）担任CEO的职位，并有很长一段时间负责向各国餐厅销售葡萄酒。提姆·布朗（Tim Brown）是葡萄栽培总监。考虑到未来的发展，他们选择许多品种的克隆株系并将其嫁接到合适的砧木根系上——其中一些长相思已经嫁接到布拉凯多上了。出口到英国、加拿大、丹麦、韩国、新加坡、日本等国家，以及中国内地（大陆）和香港地区。

🍷🍷🍷🍷🍷 Hexham Single Vineyard Yarra Valley Chardonnay 2015
赫克瑟姆单一葡萄园雅拉谷霞多丽 2015
来自酒庄葡萄园，手工采摘，野生酵母-桶内发酵，在新的和旧的混合的法国橡木桶中熟成8个月，在新橡木桶中经过了苹乳发酵。这些复杂的酿造工艺没有白费，苹乳发酵带来了一点无花果和奶油的味道，平衡了主导的白桃和葡萄柚的味道。整体的长度和平衡感无懈可击。
封口：螺旋盖 酒精度：13% 评分：95 最佳饮用期：2023年 参考价格：39澳元
Equilibrio Single Vineyard Yarra Valley Pinot Noir 2015
平衡单一葡萄园雅拉谷黑比诺2015
克隆株系D4V2、777和MV6，酒桶精选，实际上也是索玛酒庄的珍藏款比诺。这是雅拉谷好年份的一个经典范例——酒体中酸度和红色樱桃的味道格外浓郁，同时配合以适量的法国橡木，结尾是风味复杂的单宁。
封口：螺旋盖 酒精度：13% 评分：95 最佳饮用期：2024年 参考价格：68澳元
Hexham Single Vineyard Yarra Valley Viognier 2016
赫克瑟姆单一葡萄园雅拉谷维欧尼2016
选择维欧尼的最佳采摘日期是一个公认的难题，但索玛酒庄在这一点上却非常成功。丰富的杏子和黄桃的味道平衡了结尾处的酚类物质的味道——搭配柑橘味的酸度。
封口：螺旋盖 酒精度：13% 评分：94 最佳饮用期：2021年 参考价格：35澳元
Hexham Single Vineyard Yarra Valley Shiraz 2015
赫克瑟姆单一葡萄园雅拉谷西拉2015
有着良好的色调与深度；芬芳的酒香中带有香料和胡椒的味道，略带香柏木的气息，非常平衡。中等酒体。
封口：螺旋盖 酒精度：13.8% 评分：94 最佳饮用期：2035年 参考价格：35澳元

🍷🍷🍷🍷 Hexham Yarra Valley Savarro 2016
赫克瑟姆雅拉谷萨瓦洛
评分：92 最佳饮用期：2021年 参考价格：28澳元
U. Nygumby Yarra Valley Pinot Noir 2016
奈刚比雅拉谷黑比诺2016
评分：92 最佳饮用期：2023年 参考价格：35澳元
Equilibrio Yarra Valley Shiraz 2014
平衡雅拉谷西拉2014
评分：91 最佳饮用期：2029年 参考价格：68澳元
632 Hexham Yarra Valley Chardonnay 2016
赫克瑟姆雅拉谷霞多丽 2016
评分：90 最佳饮用期：2023年 参考价格：39澳元

Hexham Yarra Valley Pinot Noir 2016
赫克瑟姆雅拉谷黑比诺2016
评分：90　最佳饮用期：2025年　参考价格：35澳元

Hexham Yarra Valley Nebbiolo 2015
赫克瑟姆雅拉谷内比奥罗2015
评分：90　最佳饮用期：2030年　参考价格：49澳元

Spence　斯宾塞　★★★★★

760 Burnside Road，Murgheboluc.维多利亚，3221　产区：吉龙
电话：(03)5265 1181　网址：www.spencewines.com.au　开放时间：每月的第一个周日
酿酒师：彼得·斯宾瑟（Peter Spence），斯考特·爱尔兰（Scott Ireland）
创立时间：1997年　产量（以12支箱数计）：1300　葡萄园面积：3.2公顷

彼得（Peter）和安·斯宾瑟（Anne Spence）在欧洲的假期时间很长，再加上他们曾经住在普罗旺斯的家族葡萄园——这都激发并实现了他们建立自己酒庄和葡萄园的愿望。他们买下了一小块地，在班诺克本Bannockburn南部7公里的一处山谷的北向斜坡上种植了3.2公顷的葡萄藤，其中主要品种是3个西拉克隆株系（1.83公顷），余下的是霞多丽、黑比诺和赤霞珠——赤霞珠的种植量很快就减少了（被嫁接到维欧尼用于酿制西拉）。2008年葡萄园全部获得了有机认证，此后，酒庄仅采用生物动力法管理。

🍷🍷🍷🍷🍷

Geelong Shiraz 2015
吉龙西拉2015
包括3%的维欧尼。60%的原料使用整串；在开放式的大发酵罐中共同发酵，采用野生酵母，在小橡木桶（20%是新的）中熟成12个月。在2016年吉龙葡萄酒展上荣获金质奖章。酒色呈现明亮的紫红色；味道浓郁，结构感很强，单宁紧致，可以陈酿很久。这样的葡萄酒真的快要绝种了。
封口：螺旋盖　酒精度：13.7%　评分：96　最佳饮用期：2035年
参考价格：30澳元 ✪

Geelong Chardonnay 2015
吉龙霞多丽 2015
2016年吉龙葡萄酒展金质奖章。这款霞多丽非常简洁，酿造工艺犹如切割水晶，橙皮、葡萄柚（皮、筋络和汁）的味道占据主导地位，直至结尾，没有其他冗余的成分。金质奖章中的最高级。还需要时间继续发展。
封口：螺旋盖　酒精度：12.6%　评分：95　最佳饮用期：2023年
参考价格：30澳元 ✪

Geelong Pinot Noir 2015
吉龙黑比诺2015
酒色明亮、清透；酒体清淡，风格优雅，带有红樱桃和浆果、水果的味道，橡木和水果单宁更增加了它的复杂性。2016吉龙葡萄酒展金质奖章。
封口：螺旋盖　酒精度：13.6%　评分：94　最佳饮用期：2025年
参考价格：30澳元 ✪

Spinifex　思宾悦　★★★★★

PO Box 511，Nuriootpa，SA 5355（邮）　产区：巴罗萨谷
电话：(08) 8564 2059　网址：www.spinifexwines.com.au 开放地：巴罗萨的艺术圣地
酿酒师：彼得·谢尔（Peter Schell）　创立时间：2001年　产量（以12支箱数计）：6000

20世纪90年代早期，彼得·谢尔（Peter Schell）和马加利·盖利（Magali Gely）夫妻两人从新西兰到澳大利亚罗斯沃斯大学（Roseworthy College）学习酿酒工程和市场营销。马加利（Magali）家族世代在法国南部的蒙彼利埃（Montpellier）种植葡萄，两人就在法国酿制了4个年份的葡萄酒。思宾悦（Spinifex）的重点是法国南部的主要品种：马塔洛（更准确地说是幕尔维德）、歌海娜、西拉和神索。这款酒采用了开放式发酵，篮式压榨，部分采用野生（本地）发酵，并经过了相对较长时间的后浸渍发酵。这种酿造方式其实非常古老，但现在又重新流行了起来。出口到英国、加拿大、比利时、新加坡、新西兰等国家，以及中国内地（大陆）和香港地区。

🍷🍷🍷🍷🍷

La Maline Barrosa Valley Shiraz 2015
梅丽琳巴罗萨西拉2015
这款酒好像是一个电子，内核是优质的深色水果，伴随着胡椒、薄荷醇、八角和藿香油的味道；核外则充满了激动人心的能量。酒体饱满，并带有丰富的花束和奶油的味道，单宁如天鹅绒一般，雪松橡木的味道完好地融入了整体。有力量感、结构感，同时也有很好的纯度和长度。把复杂性提高到一个新的层次。
封口：螺旋盖　酒精度：14.5%　评分：97　最佳饮用期：2045年
参考价格：70澳元　JF ✪

Moppa Shiraz 2015
墨帕西拉2015
酒庄的首款单一葡萄园酒。散发着能量的同时也非常优雅。典型的紫色-深色深红色调；最初是肉和还原味，但很快就出现了新鲜黑色水果和大豆的鲜味，以及温暖的泥土的味道。酒体饱满，单宁柔顺。
封口：螺旋盖　酒精度：14.5%　评分：97　最佳饮用期：2045年
参考价格：60澳元　JF ✪

🍷🍷🍷🍷🍷

Single Vineyard Barrosa Valley Old Vine Shiraz 2012
单一葡萄园巴罗萨谷老藤西拉2012

这款酒龄为4年的西拉呈现出令人赞叹的深紫红色和纯粹而浓郁的风味——这的确是一个好年份。此外，我推测这款葡萄酒在橡木桶中陈放了一段时间，而且很可能来自法国，因而带有相当比例的新橡木的味道。
封口：螺旋盖 酒精度：14.5% 评分：96 最佳饮用期：2042年
参考价格：70澳元 ✪

Single Vineyard Barrosa Valley Old Vine Mataro 2012
单一葡萄园巴罗萨谷老藤马塔洛 2012
并没有标明葡萄园的信息，但毫无疑问，这是一款极好的马塔洛——众所周知，这个品种很难做成单品种葡萄酒。色泽极佳，有各种——先是红色，然后是紫色——水果的复杂风味，接下来又加入了泥土的味道，和灰尘般的单宁。
封口：螺旋盖 酒精度：14.5% 评分：96 最佳饮用期：2032年
参考价格：50澳元 ✪

Barrosa Valley Shiraz 2016
巴罗萨西拉2016
这款葡萄酒非常容易令人为它着迷。它会逐渐变得更加复杂，但现在饮用也很好。这要归因于它出色的水果味道和完美、光滑的单宁。一系列红色水果的味道中，略带八角和桂皮的香料味道，还有一点薄荷醇的气息，酒体饱满，细节丰富。
封口：螺旋盖 酒精度：13.5% 评分：95 最佳饮用期：2027年
参考价格：28澳元 JF ✪

Barrosa Valley Shiraz 2015
巴罗萨西拉2015
只能用一个词来描述这款葡萄酒：美味——也许可以再加上1—2个特殊的语气词表示强调。酒香芬芳，带有馥郁的花香，口中可以品尝到多汁饱满的红色浆果的味道，回味非常新鲜。如果愿意，你可以把它窖藏上10年，但我无法想象它比现在更好。
封口：螺旋盖 酒精度：13% 评分：95 最佳饮用期：2025年
参考价格：30澳元 ✪

Bete Noir 2014
黑贝塔 2014
酒的背标上用小的手写体提到了西拉，我们只能猜测这是为什么，但肯定与这款葡萄酒无关。辛香可口，多汁的深色水果味道让你不由得想一杯接一杯地喝下去。
封口：螺旋盖 酒精度：14.5% 评分：95 最佳饮用期：2034年 参考价格：40澳元

Miette 2015
梅雅特 2015
最终的混酿比例是58%的歌海娜、32%的马塔洛、10%的神索。啊，这是多美的一款葡萄酒啊。并不能说是最复杂的，但绝对可以带来纯粹的愉悦之感，富有轻盈的红色甘草、麝香、薄荷醇和香料的味道。单宁丝滑，酸度活泼。
封口：螺旋盖 酒精度：14.5% 评分：95 最佳饮用期：2022年
参考价格：23澳元 JF ✪

Miette Barrosa Valley Shiraz 2015
梅雅特巴罗萨谷西拉2015
评分：94 最佳饮用期：2030年 参考价格：24澳元 ✪

🍷🍷🍷🍷🍷

Barrosa Valley Rose 2016
巴罗萨谷桃红 2016
评分：93 最佳饮用期：2019年 参考价格：28澳元 JF

Esprit 2014
埃斯普利特 2014
评分：93 最佳饮用期：2029年 参考价格：35澳元

Adelaide Hills Aglianico 2015
阿德莱德山阿高连尼科2015
评分：93 最佳饮用期：2020年 参考价格：30澳元

Miette 2013
梅雅特 2013
评分：92 最佳饮用期：2020年 参考价格：22澳元 ✪

Miette Barrosa Valley Shiraz 2014
梅雅特巴罗萨谷西拉2014
评分：91 最佳饮用期：2024年 参考价格：22澳元 ✪

Miette Barrosa Valley Vermentino 2015
巴罗萨谷维蒙蒂诺2015
评分：90 最佳饮用期：2018年 参考价格：19澳元 ✪

Single Vineyard Barrosa Valley Clairette 2015
单一葡萄园巴罗萨谷克莱雷特 2015
评分：90 最佳饮用期：2019年 参考价格：26澳元

Louis Sparkling Shiraz NV
路易斯起泡酒西拉 无年份
评分：90 最佳饮用期：2017年 参考价格：60澳元 TS

Spring Vale Vineyards 春之谷葡萄园 ★★★★

130 Spring Vale Road，Cranbrook，塔斯马尼亚，7190 产区：塔斯马尼亚东海岸
电话：(03)6257 8208 网址：www.springvalewines.com
开放时间：每日开放，11:00—16:00 酿酒师：马特·伍德（Matt Wood）
创立时间：1986年 产量（以12支箱数计）：8000 葡萄园面积：17.6公顷
罗德尼·利恩（Rodney Lyne）逐步种植了黑比诺（6.5公顷）、霞多丽（2公顷）、琼瑶浆（1.6公顷），灰比诺和长相思（各1公顷）。春之谷还有梅尔玫瑰（Melrose）葡萄园，其中种植了黑比诺（3公顷）、长相思和雷司令（各1公顷），以及霞多丽（0.5公顷）。出口到新加坡等国家，以及中国香港地区。

🍷🍷🍷🍷🍷(4.5) Pinot Noir2015
黑比诺2015
馥郁的花香，深色李子和樱桃的味道，在法国橡木桶（25%是新的）中熟成9个月带来了仅有的一丝香草的味道，香气多种多样，非常丰富。口感中有李子和甜美的水果味道，单宁柔顺，这意味着可以在接下来的5—7年内饮用。
封口：螺旋盖 酒精度：13.7% 评分：92 最佳饮用期：2023年
参考价格：45澳元 PR

Family Selection Repose Extra Brut 2009
家族精选精致超干型 2009
比诺带来的草莓与霞多丽带来的柑橘味道相结合，发酵带来了口香糖和杏仁糖的层次感，而5年的酒脚陈酿增加了复杂度。酸度持久紧致，与结尾的甜度形成对比，回味持久。
封口：Diam软木塞 酒精度：12% 评分：91 最佳饮用期：2019年 TS

Springton Hills Wines 春顿山葡萄酒 ★★★★☆

41 Burnbank Grove，Athelstone，SA 5076（邮）产区：伊顿谷
电话：(08) 8337 7905 网址：www.springtonhillswines.com.au 开放时间：不开放
酿酒师：约翰·奇科乔波（John Ciccocioppo） 创立时间：2001年
产量（以12支箱数计）：2000 葡萄园面积：12公顷
20世纪50年代，奇科·乔波（Ciccocioppo）家族从中部意大利移民到此，如同很多与他们类似的家族一样，他们的血液中流淌着葡萄酒。2001年，第2代的约翰（John）和妻子康妮（Connie）购买下春顿山的一块牧场，并开始种植西拉和雷司令。每年他们都增加西拉和雷司令的面积，也增加了少量的赤霞珠、歌海娜和更少量的蒙帕赛诺。这些葡萄酒在阿加斯顿（Angaston）的品尝伊顿谷（Taste Eden Valley）上有售。包装和标签都很有设计感。

🍷🍷🍷🍷🍷 Eliza's Eden Valley Riesling 2016
伊莉萨伊顿谷雷司令2016
这是一款高品质的伊顿谷雷司令，开始表现出产地特征与柠檬和青柠的味道，风味与柔和但持久的酸度之间有很好的相互作用。现在可以打开其中的1瓶饮用，但至少需要10年的时间，它才能完全表达自己。
封口：螺旋盖 酒精度：11.5% 评分：95 最佳饮用期：2029年
参考价格：22澳元

🍷🍷🍷🍷🍷(4.5) Harvey's Eden Valley Cabernate Sauvignon Montepulciano Blend 2012
哈维伊顿谷赤霞珠歌海娜蒙帕赛诺混酿 2012
评分：90 最佳饮用期：2027年 参考价格：30澳元

Squitchy Lane Vineyard 车道葡萄园 ★★★★★

Medhurst Road，Coldstream，Vic 3770 产区：雅拉谷
电话：(03)5964 9114 网址：www.squitchylane.com.au 开放时间：周末，11:00—17:00
酿酒师：罗伯特·保罗（Robert Paul） 创立时间：1982年
产量（以12支箱数计）：2000 葡萄园面积：5.75公顷
20世纪70年代，麦克·菲茨帕里克（Mike Fitzpatrick）在牛津大学作罗兹（Rhodes）学者的时候开始品尝葡萄酒。回到澳大利亚后，作为队长，他带领了卡尔顿橄榄球俱乐部（Carlton Football Club）两个赛季，然后建立了墨尔本为基地的财务公司——车道控股公司（Squitchy Lane Holdings）。玛丽山的葡萄酒启发了他去寻找他自己的葡萄园。1996年，他找到了一个地处冷溪山（Coldstream Hills）和雅拉优伶（Yarra Yering）之间的葡萄园，其中有种植于1982年的长相思、霞多丽、黑比诺、梅洛、品丽珠和赤霞珠。

🍷🍷🍷🍷🍷 The Key Single Vineyard Yarra Valley Chardonnay 2016
关键单一葡萄园雅拉谷霞多丽 2016
产量约100箱左右。这款霞多丽浓郁、有力，非常精确。原果的质量是这款高品质葡萄酒的成功的关键，但精妙的酿造工艺也增强了葡萄原料的表现力。可以品尝到白桃、油桃和葡萄柚等各种味道。
封口：螺旋盖 酒精度：13% 评分：96 最佳饮用期：2025年
参考价格：40澳元 ✪

Yarra Valley Cabernate Sauvignon 2015
雅拉谷赤霞珠 2015
30年以上的老藤，在法国橡木桶中陈酿15个月。呈现明亮的紫红色，中等酒体，新鲜活泼，采摘的时机选择得刚好，保证了酒的质量。典型的雅拉谷特有的极细的单宁更是锦上添花。
封口：螺旋盖 酒精度：13.5% 评分：95 最佳饮用期：2035年 参考价格：45澳元

Yarra Valley Pinot Noir 2015
雅拉谷黑比诺2015
MV6和114克隆株系，在法国橡木桶中陈酿11个月。酒香中充满浓郁的红色水果和香料的味道，口感浓郁，酒体平衡，长度适中。还需要更多的时间来充分表现它的品质，但具备陈酿潜力。来自于伟大的2015年份。
封口：螺旋盖 酒精度：14% 评分：94 最佳饮用期：2029年 参考价格：35澳元

🍷🍷🍷🍷 Yarra Valley Rose 2016
雅拉谷桃红 2016
评分：90 最佳饮用期：2020年 参考价格：25澳元

Stage Door Wine Co 诗嘉铎葡萄酒公司 ★★★★★

22 Whibley Street，Henley Beach，SA 5022 产区：伊顿谷
电话：0400 991 968 网址：www.stagedoorwineco.com.au 开放时间：不开放
酿酒师：格雷姆·思睿德（Graeme Thredgold） 创立时间：2013年 产量（以12支箱数计）：2500
格雷姆·西瑞德戈德（Graeme Thredgold）花了很长时间才终于开始了他的葡萄酒事业，他建立的这个酒庄仍然是个新生儿。在上个世纪的八九十年代的15年里，格雷姆是一个成功的专业音乐家，但他在90年代早期得了声带息肉，终结了他的音乐生涯。他又在酒店和夜店工作了很长一段时间，遇到了一个新的机会：烈酒行业。1992年他开始为莱恩·内森（Lion Nathan）作销售代表，又在SA布鲁（SA Brewing）工作了5年，并在1998年成为安德鲁·加勒特（Andrew Garrett）全国销售经理，开始了他在葡萄酒世界的冒险。2000年左右，他跳槽去了塔克·海溪（Tucker Seabrook），担任南澳大利亚州的经理。后来他在庞德葡萄酒（Chain of Ponds Wines）的巴罗萨庄园（Barossa Valley Estate）担任总经理一职，这也为他的市场和销售的履历表增色不少，最后他才成了伊顿·霍尔葡萄酒（Eden Hall Wines）的总经理——这也恰好是他姐姐（Mardi）和姐夫（David Hall）的公司，出口到加拿大。

🍷🍷🍷🍷🍷 The Green Room Eden Valley Riesling 2016
绿室伊顿谷雷司令2016
伊顿谷雷司令与克莱尔谷的品种的不同之处在于青柠和柠檬汁香气是如何从酒液中散发出来的。对我来说，它的魅力不见得是有多好的质量，而是在于它的独特之处。这款酒绝对有它的特点，结尾和回味新鲜而活泼。好葡萄酿出的好酒。
封口：螺旋盖 酒精度：12% 评分：95 最佳饮用期：2029年
参考价格：25澳元 ✪

Eden Valley Shiraz 2015
伊顿谷西拉2015
这款酒的质感极好，香柏木和法国橡木与整体的融合和平衡都达到了极致。我觉得它的酒精度比标注的要更低，而不是更高。你当然可以将它窖藏，但并不是一定要如此。
封口：螺旋盖 酒精度：14.5% 评分：95 最佳饮用期：2030年 参考价格：50澳元

Eden Valley Cabernate Sauvignon 2015
伊顿谷赤霞珠 2015
虽然是一款赤霞珠，但酒中橡木的处理和上一条中的西拉一样恰如其分。注意，这是一款非常强劲的赤霞珠，带有一系列黑醋栗酒、黑加仑和桑葚的味道，配合着基石一般的单宁，的确需要耐心。
封口：螺旋盖 酒精度：14.5% 评分：95 最佳饮用期：2035年
参考价格：50澳元

Front and Middle Barrosa Valley Shiraz 2015
中部及前巴罗萨西拉2015
87%来自伊顿谷，13%来自巴罗萨谷。这是一款漂亮优质的葡萄酒，比上面讲到的伊顿谷那一款西拉的水果味更加突出，非常甘美。略甜的李子和黑莓的味道与成熟的单宁形成了良好的平衡，中等酒体。
封口：螺旋盖 酒精度：14.5% 评分：94 最佳饮用期：2030年
参考价格：25澳元 ✪

🍷🍷🍷🍷 Full House Barrosa Valley Cabernate Sauvignon 2015
满座巴罗萨赤霞珠 2015
评分：93 最佳饮用期：2029年 参考价格：25澳元 ✪

Staindl Wines 斯坦丁葡萄酒 ★★★☆

63 Shoreham Road，Red Hill South，Vic 3937（邮）产区：莫宁顿半岛
电话：0419 553 299 www.staindlwines.com.au 开放时间：仅限预约
酿酒师：罗洛·克里特登（Rollo Crittenden，合约）创立时间：1982年
产量（以12支箱数计）：400 葡萄园面积：3.1公顷
通常，葡萄酒生产商建立的日期可以有很多意义。对这个酒庄来说，它让人想起爱顿（Ayton）家族建立后被称作圣尼欧特（St Neots）并种植葡萄的情景。2002年，朱丽叶（Juliet）和保罗·丹德尔（Paul Staindl）收购了这片地产，增加种植了2.6公顷的黑比诺、0.4公顷的霞多丽和0.1公顷的雷司令，葡萄园采用生物动力管理系统。讽刺的是，园中30岁的霞多丽葡萄老藤因为顶枯病——一种导致葡萄顶梢枯萎而大批死亡的病害——而被拔除（并重新种植）。现在，南澳大利亚和维多利亚的许多地区，这种病害造成的问题日益严重。

🍷🍷🍷🍷 Mornington Peninsula Riesling 2016
莫宁顿半岛雷司令2016

明亮的草秆绿色；酸度很好，给这款酒带来了特别的质地，带有青苹果和柑橘的风味，很不错的一款葡萄酒。不要在意它的勃艮第瓶型。
封口：螺旋盖　酒精度：12.5%　评分：93　最佳饮用期：2024年
参考价格：25澳元 ✪

🍷🍷🍷🍷 Mornington Peninsula Pinot Noir 2015
莫宁顿半岛黑比诺2015
评分：89　最佳饮用期：2020年　参考价格：55澳元

Staniford Wine Co 斯坦福葡萄酒公司 ★★★★★

20 Jackson Street，Mount Barker，WA 6324　产区：大南部产区
电话：0405 157 687　网址：www.stanifordwineco.com.au　开放时间：仅限预约
酿酒师：迈克·斯坦尼福特（Michael Staniford）　创立时间：2010年　产量（以12支箱数计）：500
迈克·斯坦尼福特（Michael Staniford）从1995年起就在大南部产区念书，主要是在法兰克兰河的亚库米酒庄（Alkoomi）作高级酿酒师，另外还为其他一些酒厂作合约酿酒师。酒庄主要生产单一葡萄园的葡萄酒；来自阿尔巴尼（Albany）的20多年历史的园子的1款霞多丽和1款来自贝克山15年以上的葡萄园的赤霞珠。这两款酒的品质非常优秀。迈克计划引入雷司令和西拉，出产类似的单一葡萄园酒款的风格。

🍷🍷🍷🍷🍷 Reserve Great Southern Chardonnay 2015
珍藏大南部产区霞多丽 2015
风味物质异常丰富，集中在细腻的酸度周围。白色核果，干无花果、葡萄柚和木质香料非常明显。酒体饱满，使得酒中烤坚果、奶油蜂蜜和酒脚的奶油味道带来的感官冲击更加强烈。质量卓越。
封口：螺旋盖　酒精度：13.5%　评分：95　最佳饮用期：2023年
参考价格：38澳元　JF

🍷🍷🍷🍷🍷 Reserve Great Southern Cabernet Franc 2015
珍藏大南部产区品丽珠 2015
评分：93　最佳饮用期：2021年　参考价格：31澳元　JF

Stanton & Killeen Wines 诗凯酒庄 ★★★★★

440 Jacks Road，Murray Valley Highway，路斯格兰，Vic 3685　产区：路斯格兰
电话：(02)6032 9457　网址：www.stantonandkilleen.com.au
开放时间：周一至周六，9:00—17:00；周日，10:00—17:00
酿酒师：安德鲁·德拉姆（Andrew Drumm），乔·沃伦（Joe Warren）
创立时间：1875年　产量（以12支箱数计）：12000　葡萄园面积：34公顷
2015年是诗凯酒庄的140周年，他们的业务做出了许多改变。安德鲁·德拉姆（Andrew Drumm）是前CSU酿酒师，这也是他在诗凯酒庄的第一个年份。酒庄的经理是2013年12月任命的拉斯顿·普利斯卡特（Ruston Prescott）；的所有人是温迪·吉莉恩（Wendy Killeen）和她的两个孩子，西蒙（Simon）和娜塔莎（Natasha）。2011年7月，温迪正式成为CEO，得以运用她在维多利亚东北部的商业经验。娜塔莎负责管理网站、简讯以及全部的与客户相关的沟通和交流。西蒙决定到其他公司去工作，来增加葡萄酒酿造方面的知识，同时磨练自己的技艺。出口到英国、瑞士等国家，以及中国内地（大陆）和香港地区。

🍷🍷🍷🍷🍷 The Prince Reserva 2015
王子珍藏 2015
这是一款引人入胜的伊比利亚混酿。也是向克里斯·吉莉恩（Chris Killeen）对这种风格的热情致敬。这是一款结实的干型餐酒。大部分的不同品种经过了共同发酵，酿成的酒带有一丝柏油、黑李子、红樱桃利口酒以及一点香料和香草的气息。单宁丰满，易于入口。
封口：螺旋盖　酒精度：13.8%　评分：94　最佳饮用期：2023年
参考价格：45澳元　NG

Classic Rutherglen Muscat NV
路斯格兰麝香 无年份
甜美、浓郁。带有皮革、太妃糖、略带氧化和香料的味道。清新的酸度完美地融入酒的整体。一个词，浑然天成。500毫升瓶。
封口：螺旋盖　酒精度：18%　评分：94　参考价格：35澳元　CM

🍷🍷🍷🍷🍷 Reserve Rutherglen Durif 2015
路斯格兰杜瑞夫2015
评分：91　最佳饮用期：2030年　参考价格：35澳元　NG

Rutherglen Shiraz Durif 2015
路斯格兰西拉杜瑞夫2015
评分：90　最佳饮用期：2025年　参考价格：22澳元　NG

Stargazer Wine 占星师 ★★★★★

37 Rosewood Lane，Tea Tree，塔斯马尼亚，7017　产区：塔斯马尼亚
电话：0408 173 335　网址：www.stargazerwine.com.au　开放时间：仅限预约
酿酒师：萨曼萨·康纽（Samantha Connew）　创立时间：2012年
产量（以12支箱数计）：1200　葡萄园面积：1公顷
萨曼萨（萨姆）·康纽（Samantha Connew）已经积累了一系列伟大的成就，毕业于新西兰基督

城（Christchurch）的坎特伯雷大学（University of Canterbury）的政治学和英国文学专业，取得了法学和文学的学士学位。但真正决定她未来发展方向的是在新西兰坎特伯雷（Canterbury）的林肯大学（Lincoln University）获得的葡萄与葡萄酒工程的研究生学位。萨姆2000年搬到澳大利亚，参加了澳大利亚葡萄酒研究所高级葡萄酒品评课程；2002年被选中成为莱恩·埃文斯教程（Len Evans Tutorial）的学者，曾获2004年澳大利亚最佳出口葡萄酒的乔治·麦奇（George Mackey）奖，并在2007年伦敦的国际葡萄酒挑战赛中赢得年度红葡萄酒酿酒师的称号。萨姆曾经在威拿庄（Wirra Wirra）作首席酿酒师，非常成功，很长一段时间后，她搬到了塔斯马尼亚（取道猎人谷）为她自己的酒庄酿造第一批葡萄酒——虽然她曾经说她绝对不会这样做。充满感情的酒名（和酒标）一定意义上是向阿贝尔塔斯曼（Abel Tasman）——第1个在去往新西兰南岛（South Island）的途中，使用星辰确定航向而看到塔斯马尼亚的欧洲人——的致意。出口到英国和美国。

🍷🍷🍷🍷🍷 Coal River Valley Riesling 2016

煤河谷雷司令2016

整串压榨，在不锈钢罐、旧橡木桶和陶瓷蛋型发酵罐中，带酒脚陈酿2个月并搅拌。这些复杂的酿造工艺效果很好：它带有浓郁的青柠汁和青柠皮的味道，更令人吃惊的是酸度丰盛的果汁感和口感，以及结尾的清新干爽的酸度。

封口：螺旋盖　酒精度：12%　评分：97　最佳饮用期：2031年

参考价格：35澳元 ✪

🍷🍷🍷🍷🍷 Coal River Valley Chardonnay 2015

煤河谷霞多丽 2015

明亮的浅草秆绿色，一切都很理想。超级浓郁的口感中主导的是葡萄柚的味道，回味亦然，新橡木桶的气息完全被水果味道吸收。

封口：螺旋盖　酒精度：12.5%　评分：96　最佳饮用期：2023年

参考价格：45澳元 ✪

🍷🍷🍷🍷 Tupelo 2016

茱萸 2016

评分：91　最佳饮用期：2018年　参考价格：30澳元

Steels Creek Estate　斯蒂尔斯谷酒庄　★★★★

1 Sewell Road，Steels Creek，Vic 3775　产区：雅拉谷

电话：(03)5965 2448　网址：www.steelsckestate.com.au

开放时间：周末以及公共节假日，10:00—18:00

酿酒师：西蒙·皮尔斯（Simon Peirce）　创立时间：1981年

产量（以12支箱数计）：400　葡萄园面积：1.7公顷

斯蒂尔斯谷葡萄园（霞多丽、西拉、赤霞珠、品丽珠和鸽笼白）从1981年起就一直是家族企业。它坐落在风景如画的斯蒂尔斯谷，可以看到瀑布国家公园（Kinglake National Park）。重新修建了葡萄酒厂后，所有的葡萄酒都在酒庄由酿酒师和业主西蒙·皮尔斯（Simon Peirce）酿制。

🍷🍷🍷🍷 Single Vineyard Yarra Valley Cabernate Sauvignon 2015

单一葡萄园雅拉谷赤霞珠 2015

结构感很好，颗粒般的单宁非常结实，雪松橡木的味道被很好地整合到整体，酸度适宜，更突出了黑加仑的风味，苦可乐果、薄荷和李子的味道。结尾带有轻柔的收敛感，还有一点香草和桉树的味道。

封口：Diam软木塞　酒精度：13.5%　评分：93　最佳饮用期：2030年

参考价格：35澳元　NG

Single Vineyard Yarra Valley Shiraz 2015

单一葡萄园雅拉谷西拉2015

充满了温和浸渍出来的活泼的紫色、红色和蓝色水果的味道。略带橡木和带有胡椒味道的酸度，为肉感的果味提供了骨架——口感有点像咬了一口成熟的葡萄，中等酒体，喝起来很有趣。

封口：Diam软木塞　酒精度：14%　评分：91　最佳饮用期：2030年

参考价格：35澳元　NG

Single Vineyard Yarra Valley Colombard 2015

单一葡萄园雅拉谷鸽笼白 2015

简洁、浓烈，这款葡萄酒制作得非常精美，可以让一系列长相思葡萄酒黯然失色。橘子、金桔、芒果干和丰富的香草药气息。浓郁的香气中带有必要的橙皮，轻盈、爽脆的口感与板岩状的质地和活泼的酸度相呼应。

封口：螺旋盖　酒精度：13%　评分：90　最佳饮用期：2018年

参考价格：22澳元　NG

Steels Gate　斯蒂尔斯之门　★★★☆

227 Greenwoods Lane，Steels Creek，Vic 3775　产区：雅拉谷 电话：0419 628 393

网址：www.steelsgate.com.au　开放时间：不开放 酿酒师：亚伦·祝卡洛（Aaron Zuccaro）

创立时间：2010年　产量（以12支箱数计）：500　葡萄园面积：2公顷

2009年，布拉德·阿特金斯（Brad Atkins）和马修·戴维斯（Matthew Davis）收购了一个2公顷的葡萄园。这个葡萄园有25—30年历史，种植了干燥气候下生长的霞多丽和黑比诺。由于某些原因，主人非常喜欢大门。由于产业在斯蒂尔斯溪（Steels Creek）尽头，斯蒂尔斯之门也就顺理成章地成了酒庄的名字。下一步是法国请法国设计师塞西尔达西（Cecile Darcy）为他们设计了现在斯蒂尔斯之门的品牌标志。

🍷🍷🍷🍷🍷 Yarra Valley Chardonnay 2012
雅拉谷霞多丽 2012
发展如同预期中一样（第1次品尝2013年10月）：非常划算的一款雅拉谷霞多丽，现在已经到了饮用的时候了。
封口：螺旋盖 酒精度：12% 评分：92 最佳饮用期：2019年
参考价格：25澳元 ✪

Stefani Estate 史特芬尼酒庄 ★★★★★

122 Long Gully Road，Healesville，Vic 3777 产区：雅拉谷/西斯科特
电话：(03)9570 8750 网址：www.stefaniestatewines.com.au 开放时间：仅限预约
酿酒师：彼得·麦基（Peter Mackey） 创立时间：1998年
产量（以12支箱数计）：6800 葡萄园面积：30公顷
1985年商业上的成功使得斯特凡诺和他的妻子莉娜继承了史蒂芬诺祖父的衣钵，他有一个葡萄园，也是一个热情的葡萄酒收藏家。他们得到的第一个地产是在耶那山谷的，种植了灰比诺、赤霞珠、霞多丽和黑比诺。第2座在西思科特，他们在那里获得了马里奥·马森（前玛丽山）的地产，建造了一座酿酒厂，并建立了14.4公顷的西拉、卡本内苏维翁、梅洛、卡本内法郎、马尔贝克和小味儿多。2003年，第2个名为亚拉河谷景区的房产被收购，并种植了夏敦埃和黑比诺的第戎克隆。此外，还建立了1.6公顷的桑乔维塞，使用了来自托斯卡纳原斯特凡尼葡萄园的接穗材料。斯特法诺·斯蒂芬尼（Stefano Stefani）1985年来到澳大利亚。在商业上的成功让斯特法诺和妻子瑞纳得以继承斯特法诺祖父的衣钵。祖父有一个葡萄园，而且酷爱收藏葡萄酒。他们收购的第1块地产是在雅拉谷的长沟路（Long Gully Road），种植有灰比诺、赤霞珠、霞多丽和黑比诺。接下来是在西斯科特，他们收购了与马里奥·马森（Mario Marson，前玛丽山）相邻的一块地，建立了酒厂，并种植了14.4公顷的西拉、赤霞珠、梅洛、品丽珠、马尔贝克和小味儿多。在2003年，他们收购了第2个位于雅拉谷的产业，景观酒园（The View），名字即暗示了它所处之地海拔较高。他们在那里种植了霞多丽和黑比诺的第戎（Dijon）克隆株系。此外，又种下了1.6公顷的桑乔维塞，他们用托斯卡纳（Tuscany）原斯特法诺的葡萄园。出口到中国。

🍷🍷🍷🍷🍷 **酒桶精选西斯科特葡萄园西拉**2015
Barrel Selection Heathcote Vineyard Shiraz 2015
在新的和旧的法国橡木桶中陈酿12个月，所用的酒桶经过精心选择。这款酒非常复杂，核心风味是甘美的黑色水果味道，混合了香料、胡椒和甘草的味道，余味悠长。
封口：Diam软木塞 酒精度：14.5% 评分：95 最佳饮用期：2040年
参考价格：65澳元

Boccallupo Mauro Nostrum
雅拉谷桑乔维塞 2015
在法国橡木桶中熟成12个月。色泽明亮；有着2016年份所不具备的轻快的红色浆果的味道，但也仍然非常复杂，色泽优美。带有酸樱桃、红樱桃和美味辛香料。
封口：Diam软木塞 酒精度：14% 评分：95 最佳饮用期：2029年
参考价格：65澳元

🍷🍷🍷🍷🍷 The Gate Yarra Valley Cabernate Sauvignon
大门雅拉谷赤霞珠 2014
评分：93 最佳饮用期：2028年 参考价格：65澳元

The View Yarra Valley Pinot Gris 2016
风景雅拉谷葡萄园灰比诺2016
评分：91 最佳饮用期：2019年 参考价格：30澳元

The View Yarra Valley Vineyard Pinot Noir 2015
风景雅拉谷葡萄园黑比诺2015
评分：91 最佳饮用期：2025年 参考价格：65澳元

Heathcote Vineyard Shiraz 2015
西斯科特葡萄园西拉2015
评分：91 最佳饮用期：2030年 参考价格：40澳元

Vigna Stefani Heathcote Malbec 2016
西斯科特马尔贝克 2016
评分：90 最佳饮用期：2021年 参考价格：30澳元

Stefano de Pieri 斯特法诺·德·皮艾里 ★★★★

27 Deakin Avenue，Mildura，Vic 3502 产区：穆雷达令流域（Murray Darling）
电话：(03)5021 3627 网址：www.stefano.com.au
开放时间：周一至周五，8:00—16:00；周末，8:00—14:00
酿酒师：莎莉·布莱克威尔（Sally Blackwell），斯蒂法诺·德·皮耶里（Stefano de Pieri）
创立时间：2005年 产量（以12支箱数计）：25000
斯特法诺·德·皮耶里决定，他生产的葡萄酒要既能够反映他所住产区的风土特征，也要带有意大利的精神。大部分为手工采摘，米尔度拉（Mildura）葡萄园，包括查默斯苗圃（Chalmers Nursery）葡萄园。他的酒非常新鲜，通常保持较低的酒精度，尽可能地保留自然酸度，适宜配餐，即使是没有经验的饮酒者也能喜欢它的口感。酒款多是意大利品种，阿尼斯、阿高连尼科，还包括1款灰比诺微气泡和1款新奇的黄莫斯卡托、加格奈拉和格雷科混酿，此外，也还有一些当地常见的赤霞珠和霞多丽。

🍷🍷🍷🍷🍷 Pinot Gris 2016

灰比诺2016
与斯特法诺的个性很搭：明快而直率。带有沙梨和青苹果的味道，结尾柠檬味的酸度非常精准。超值。
封口：螺旋盖　酒精度：12%　评分：90　最佳饮用期：2018年
参考价格：17澳元　✪

L'Unico 2013
卢努科2013
这款赤霞珠和桑乔维塞混酿就是为配餐而酿制的，轻度至中等酒体，非常可口，并且很有韧性。
封口：螺旋盖　酒精度：13.5%　评分：90　最佳饮用期：2019年
参考价格：24澳元

Stefano Lubiana　思露庄园　★★★★★

60 Rowbottoms Road，Granton，塔斯马尼亚，7030　产区：塔斯马尼亚南部
电话：(03)6263 7457　网址：www.slw.com.au　开放时间：周四至周一，11:00—16:00（7月不开放）　酿酒师：史蒂夫·卢比阿那（Steve Lubiana）　创立时间：1990年
产量（以12支箱数计）：不详　葡萄园面积：25公顷
莫妮卡（Monique）和史蒂夫·卢比阿那（Steve Lubiana）从澳大利亚炎热的内陆地区搬到了美丽的德尔温特河岸，追求史蒂夫的梦想——酿造高品质的起泡酒。他们在斜坡上建造了一个使用重力传输的酿酒厂。酒厂落成后，酿酒工艺的重点就是关注生物动力学环境中的细节。第1款起泡酒是用最先种植的霞多丽和黑比诺酿制的，产于1993年。这些年来，他们扩大种植了雷司令、长相思、灰比诺和梅洛。这家意大利风格的奥斯特瑞亚（Osteria）餐厅采用的蔬菜和香草都是来自他们用自己的生物动力生产，肉类（自由放养）都来自当地农民，海鲜也全部是野生的。2016年，卢比阿那收购了位于湖恩谷（Huon Valley）建立的全景（Panorama）葡萄园，该葡萄园建立于1974年。出口到英国、新加坡、印度尼西亚、日本等国家，以及中国内地（大陆）和香港地区。

🍷🍷🍷🍷🍷　Sasso Pinot Noir 2013
萨索黑比诺2013
色泽明亮、深沉，香气馥郁，味感非常复杂，很有深度。它的口感好像起伏的波浪：最先出现的是浓郁、甘甜而辛香的水果味道，接下来是精致自然的酸度，伴随着香料、泥土和叶子的味道。口感如天鹅绒一般柔软，单宁强劲。
封口：橡木塞　酒精度：13.5%　评分：96　最佳饮用期：2025年
参考价格：125澳元　JF

R139 Riesling 2016
R139 **雷司令**2016
一款有深度和质感的葡萄酒，酸度自然、持久。复杂的花香、香料、迈耶柠檬凝乳和橘子味道像丝绒一样慢慢展开。意味深长。
封口：螺旋盖　酒精度：13.5%　评分：95　最佳饮用期：2030年
参考价格：35澳元　JF　✪

Sauvignon Blanc 2016
长相思2016
复杂、有质感，酸度明快。带有百香果、新鲜松针、柠檬膏以及葡萄柚和衬皮的味道，伴随着奶油的风味，十分和谐。
封口：螺旋盖　酒精度：13.5%　评分：95　最佳饮用期：2020年
参考价格：35澳元　JF　✪

Primavera Chardonnay 2015
普里马韦拉霞多丽 2015
饮用前，最好打开酒瓶并让它呼吸——以使更加饱满的水果和橡木的味道同时散发出来。接下来，它们会再回到酒的整体之中，精细的口感还会出现柠檬花、姜味香料和酒脚带来的奶油的味道，以及完美的质地和酸度。
封口：螺旋盖　酒精度：13%　评分：95　最佳饮用期：2020年
参考价格：35澳元　JF　✪

Estate Pinot Noir 2015
庄园黑比诺2015
非常复杂，带有浸渍樱桃、五香粉、梅子，大黄，潮湿泥土的味道。口感如同天鹅绒一般——但又更加浓郁、多汁可口——单宁很有弹性，包裹着各种风味物质，整体十分和谐。
封口：螺旋盖　酒精度：13%　评分：95　最佳饮用期：2025年
参考价格：53澳元　JF

Grande Vintage 2008
优质年份 2008
2008年的塔斯马尼亚，是我最喜欢的年份之一，它有着在香槟地区之外非常罕见的高贵、优雅和持久。斯蒂夫·卢比阿那很好地把握住了这个年份的精髓：这款酒色泽浅淡明亮，奶油般的质地完美地与轻快凉爽的塔斯马尼亚州酸度优美地融合在一起，糖分也完全地融合到复杂的酒体之中。
封口：橡木塞　酒精度：12.5%　评分：95　最佳饮用期：2020年
参考价格：60澳元　TS

🍷🍷🍷🍷　Pinot Gris 2015

灰比诺2015
评分：91　最佳饮用期：2020年　参考价格：35澳元
JF Brut
桃红 2011
评分：90　最佳饮用期：2017年　参考价格：45澳元　TS

Stella Bella Wines　斯黛拉贝尔葡萄酒　★★★★★

205 Rosabrook Road，玛格利特河，WA 6285　产区：玛格利特河
电话：（08）9758 8611　网址：www.stellabella.com.au　开放时间：每日开放，10:00—17:00
酿酒师：卢克·乔利夫（Luke Jolliffe），迈克尔·凯恩（Michael Kane）
创立时间：1997年　产量（以12支箱数计）：50000　葡萄园面积：87.9公顷
这个酒庄酿造的葡萄酒极为成功地表现出了产区的真正特质，原料均来自玛格利特河的中部和南部。公司持有并经营6个葡萄园，也从小型合约种植者处收购葡萄。各种风格和价位的大量的葡萄酒使得他们成为玛格利特河一个重要的生产商。斯黛拉·贝拉（Stella Bella），夏克菲兹（Suckfizzle）和斯库特勒巴特（Skuttlebutt）系列出口到所有主要市场。

🍷🍷🍷🍷🍷　Serie Luminosa Margaret River Cabernate Sauvignon 2014
光之翼系列玛格利特河赤霞珠 2014
明亮的、清透的紫红色——这很不同寻常；选用了最佳的原料和最优的酿造工艺，保持了上一个年份的优秀品质。酒香浓郁，中等酒体，带有各种黑醋栗酒、红醋栗、蓝莓和月桂叶的味道，单宁极为细致、持久。啊，不错，这里面的确也有法国橡木的功劳。
封口：螺旋盖　酒精度：14.3%　评分：97　最佳饮用期：2034年
参考价格：75澳元 ✪

🍷🍷🍷🍷🍷　Margaret River Sauvignon Blanc 2016
玛格利特河长相思2016
这是斯黛拉·贝拉的独特风格，仿佛一场阿拉伯的盛宴，充满了各种热带水果的风味——先是西番莲和鹅莓的味道，然后是绿菠萝，结尾是柑橘味的酸度，简洁的同时也带来强烈和持久的冲击力。
封口：螺旋盖　酒精度：13.2%　评分：96　最佳饮用期：2018年
参考价格：24澳元 ✪

Suckfizzle Margaret River Sauvignon Blanc Semillon 2014
夏克菲兹玛格利特河长相思赛美蓉 2014
如果你对葡萄的质量和品种间的协同增效作用都有绝对的信心的话，可以采用桶内发酵和法国橡木中长时浸渍。这是一款复杂而适合陈酿的长相思——这在玛格利特河产区并不常见。每个人都应该品尝一下这款葡萄酒，见识一下它的风采。
封口：螺旋盖　酒精度：13%　评分：96　最佳饮用期：2024年
参考价格：45澳元 ✪

Margaret River Chardonnay 2016
玛格利特河霞多丽 2016
充满活力，酒香芬芳，散发出柑橘和白花的香气，口感浓郁以及，长度很好；在白桃和葡萄柚味道的背景上，各种风味竞相绽放，桶内发酵为它带来了很好的复杂性。
封口：螺旋盖　酒精度：12.5%　评分：95　最佳饮用期：2026年
参考价格：35澳元 ✪

Margaret River Chardonnay 2015
玛格利特河霞多丽 2015
在法国橡木桶中陈酿12个月。斯黛拉·贝拉的葡萄酒非常自然，散发出蜜桃和油桃的味道，同时也很有质感，非常温和、复杂。
封口：螺旋盖　酒精度：13%　评分：95　最佳饮用期：2023年
参考价格：32澳元 ✪

Suckfizzle Margaret River Cabernate Sauvignon 2014
夏克菲兹玛格利特河赤霞珠 2014
是2014年份的赤霞珠中最丰盛的，饱满的黑加仑的味道，单宁从始至终都非常结实。品种特点明显，十分平衡，只是还需要时间。
封口：螺旋盖　酒精度：13.8%　评分：95　最佳饮用期：2039年
参考价格：55澳元

Skuttlebutt Sauvignon Blanc Semillon 2016
斯库特勒巴特长相思赛美蓉 2016
评分：94　最佳饮用期：2017年　参考价格：18澳元 ✪

Margaret River Cabernate Sauvignon Merlot 2015
玛格利特河赤霞珠梅洛2015
评分：94　最佳饮用期：2028年　参考价格：24澳元 ✪

🍷🍷🍷🍷　Skuttlebutt Margaret River Rose 2016
斯库特勒巴特玛格利特河桃红 2016
评分：93　最佳饮用期：2019年　参考价格：18澳元 ✪

Margaret River Shiraz 2015
玛格利特河西拉2015

评分：93 最佳饮用期：2030年 参考价格：30澳元
Margaret River Cabernate Sauvignon 2014
玛格利特河赤霞珠 2014
评分：93 最佳饮用期：2029年 参考价格：35澳元
Semillon Sauvignon Blanc 2016
玛格利特河赛美蓉长相思2016
评分：92 最佳饮用期：2022年 参考价格：24澳元 ✪
Margaret River Sangiovese Cabernet 2015
玛格利特河桑乔维塞赤霞珠2015
评分：91 最佳饮用期：2023年 参考价格：30澳元

Steve Wiblin's Erin Eyes 斯蒂夫·韦伯林的艾林之眼 ★★★★★

58 Old Road，Leasingham，SA 5452 产区：克莱尔谷
电话：(08) 8843 0023 网址：www.erineyes.com.au 开放时间：不开放
酿酒师：Steve Wiblin 创立时间：2009年 产量（以12支箱数计）：2500
38年前，斯蒂夫·韦伯林（Steve Wiblin）在图海斯啤酒厂（Tooheys Brewery）的师傅非常热爱艺术和精品葡萄酒，在他的鼓励下，史蒂夫成了酿酒师。因为酝思（Wynns）酒庄和海景（Seaview）酒庄为图海斯酒厂所有，因而从啤酒转行到葡萄酒业对斯蒂夫来说并不难。在他搬到奥兰多之前，先后经历了奔富酒庄和沙普酒庄对酝思和海景酒庄对收购。1997年，他离开了葡萄酒巨头公司，而是与人共同创立了尼高乐（Neagles Rock），开始了他在小酒庄的工作生涯。2009年，他离开了尼高乐酒庄，建立了艾林之眼，解释说，"1842年，我的一个英国囚犯前辈，约翰·维布林，一直盯着一双艾林之眼。这永远改变了我们的家庭结构和历史。在受爱尔兰影响的克莱尔山谷里，除了'艾林之眼'，我还能把我的葡萄酒叫做什么呢？"

🍷🍷🍷🍷🍷 Pride of Erin Single Vineyard Reserve Clare Valley Riesling 2016
艾琳之傲单一葡萄园珍藏克莱尔谷雷司令2016
这个单一葡萄园位于潘伯顿（Penwortham）。因而，它虽然与宝石岛（Emerald Isle）的口感大体相同，却也有另一个层级的风味。的确是一款美味的雷司令，但不知道是不是很稳定。
封口：螺旋盖 酒精度：12% 评分：95 最佳饮用期：2026年
参考价格：35澳元 ✪
Emerald Isle Watervale Riesling 2016
翡翠岛瓦特沃尔雷司令2016
明亮的草秆绿色；异常新鲜、纯净，带有青柠、柠檬、一点青苹果的味道，最重要的是，清爽、悠长的回味中仍然保留着爽脆酸度，平衡非常完美。
封口：螺旋盖 酒精度：11.5% 评分：95 最佳饮用期：2031年
参考价格：25澳元 ✪
Clare Valley Sangiovese 2014
克莱尔谷桑乔维塞 2014
明亮、清透的紫红色-石榴石色，充满了美味的樱桃香气和花香，口感和柔顺，非常活泼。桑乔维塞的单宁处理得很完美。让人非常愉悦。
封口：螺旋盖 酒精度：13.5% 评分：95 最佳饮用期：2020年
参考价格：30澳元 ✪

🍷🍷🍷🍷 Celtic Heritage Cabernate Sauvignon Shiraz 2015
传承凯尔特赤霞珠西拉2015
评分：92 最佳饮用期：2025年 参考价格：30澳元 NG
Ballycapple Cabernate Sauvignon 2015
巴利卡贝尔赤霞珠 2015
评分：91 参考价格：30澳元 NG
Gallic Connection Cabernate Sauvignon Malbec 2014
加利克收藏赤霞珠马尔贝克梅洛2014
评分：90 最佳饮用期：2024年 参考价格：30澳元
Gallic Connection Cabernate Sauvignon Malbec 2015
加利克收藏赤霞珠马尔贝克 2015
评分：90 最佳饮用期：2028年 参考价格：30澳元 NG

Sticks Yarra Valley 斯蒂克丝雅拉谷酒庄 ★★★★☆

206 Yarraview Road，Yarra Glen，Vic 3775 产区：雅拉谷 电话：(03)9925 1911
网址：www.sticks.com.au 开放时间：不开放 酿酒师：特拉维斯·布什（Travis Bush，Tom Belford） 创立时间：2000年 产量（以12支箱数计）：25000
2005年，斯蒂克丝收购了前雅拉岭（Yarra Ridge），一个产量为3000吨的葡萄酒厂，以及一个24公顷的酒庄葡萄园——其中大部分植株种植于1983年。此外，他们还从雅拉谷的其他地方和附近产区收购了大量的合约种植葡萄作为补充。出口到英国、美国等国家，以及中国内地（大陆）和香港地区。

🍷🍷🍷🍷🍷 Cabernate Sauvignon 2014
赤霞珠2014
色泽明亮；酒香芬芳，口感和香气中都充满了黑醋栗酒和干香草的味道，中等酒体，

浓郁的黑醋栗酒和绿辣椒的味道非常突出。单宁的表现尤其令人惊艳。它的优雅值得被认可。
封口：螺旋盖　酒精度：12.5%　评分：95　最佳饮用期：2029年

🍷🍷🍷🍷🍷 sauvignon blanc 2015
长相思2015
评分：90　最佳饮用期：2017年　参考价格：19澳元 ✪

Pinot Gris 2016
灰比诺2016
评分：90　最佳饮用期：2017年

Stockman's Ridge Wines　斯托克斯曼岭葡萄酒 ★★★★

21 Boree Lane，Lidster，新南威尔士州，2800　产区：奥兰治
电话：(02)6365 6512　网址：www.stockmansridge.com.au
开放时间：周四至周一，11:00—17:00　酿酒师：约翰逊·汉布鲁克（Jonathan Hambrook）
创立时间：2002年　产量（以12支箱数计）：1500　葡萄园面积：3公顷

约翰逊·汉布鲁克（Jonathan Hambrook）在巴瑟斯（Bathurs）建立了斯托克斯曼岭葡萄酒，然后又在西拉斯山（Mt Canobolas）海拔800米处的斜坡上重建了葡萄园，就这样开始了他在葡萄酒行业的职业生涯。约翰逊种植了1.2公顷的黑比诺和1公顷的绿维特利纳。他的隔壁是鲍勃·克拉克的布里大街（Booree Lane）葡萄园，其中有21.6公顷的西拉，梅洛、品丽珠、霞多丽和琼瑶浆——这其中很大的一部分都供给了斯托克斯曼岭酒庄。出口到美国和中国。

🍷🍷🍷🍷🍷 Handcrafted Central Ranges Savagn 2014
中央山岭手工萨瓦涅 2014
手工采摘，整串压榨。表现出了萨瓦涅的可口味道，略带一点梨和青苹果的味道，以及柑橘味的酸度。一个极好的范例。
封口：螺旋盖　酒精度：11.5%　评分：94　最佳饮用期：2020年
参考价格：30澳元

🍷🍷🍷🍷🍷 Handcrafted Orange Zinfandel 2015
手工奥兰治增芳德 2015
评分：91　最佳饮用期：2023年　参考价格：30澳元

Rider Orange Merlot Cabernet Franc 2015
骑手奥兰治梅洛品丽珠 2015
评分：90　最佳饮用期：2029年　参考价格：25澳元

Stomp Wine　顿足葡萄酒 ★★★★

1273 Milbrodale Road，Broke，新南威尔士州，2330　产区：猎人谷
电话：0409 774 280　网址：www.stompwine.com.au　开放时间：周五至周日，10:30—16:30
酿酒师：麦克·麦克玛纳斯（Michael McManus）　创立时间：2004年
产量（以12支箱数计）：1000

麦克·麦克玛纳斯（Michael McManus）和米瑞迪丝·麦克玛纳斯（Meredith McManus）在饮食行业工作了很多年后，转行成为全职的葡萄酒酿造商。他们建立了葡萄酒酿造公司，为猎人谷的精品葡萄酒生产商提供合约酿酒服务，其独特之处在于，在发酵和熟成过程中，他们的设施可以完全隔离不同地块的葡萄种植。他们的品牌葡萄酒，虽然产量不高，但仍然是他们企业经营的重要一部分。

🍷🍷🍷🍷🍷 Limited Release Fiano
限量发行菲亚诺 2016
我不是很清楚为什么这是一款限量珍藏葡萄酒——或者说我不知道这里的“限量珍藏”是什么意思，但这款酒非常活泼，质地精细，带有柠檬衬皮，一点金银花和黄姜的味道。
封口：螺旋盖　酒精度：12.5%　评分：90　最佳饮用期：2020年
参考价格：28澳元　JF

Stonefish　石鱼 ★★★★☆

24 Kangarilla Road，麦克拉仑谷，SA 5171　产区：多产地
电话：(02)9668 9930　网址：www.stonefishwines.com.au　开放时间：不开放
酿酒师：合约制（Contract），彼得·帕潘尼基塔斯（Peter Papanikitas）
创立时间：2000年　产量（以12支箱数计）：10000

彼得·帕潘尼基塔斯（Peter Papanikitas）从事葡萄酒行业已经有30多年了。最开始他为奔富酒园、林德曼斯（Lindemans）和利奥博林（Leo Buring）等酒庄工作。后来，在沁扎诺（Cinzano）工作5年后，彼得又在世界各地从事市场营销和销售方面的工作。2000年，他建立了石鱼酒庄。这是一个虚拟酒厂，并且与各地的许多葡萄种植者和酿酒师都有合作，尤其是巴罗萨谷和玛格利特河产区。石鱼出产的葡萄酒总是质优价廉，但他们的酒标和珍藏巴罗萨葡萄酒则将产品水平又提高了一个层次。出口到泰国、越南、印度尼西亚、菲律宾、马尔代夫、新加坡和斐济等国家，以及中国内地（大陆）和香港地区。

🍷🍷🍷🍷🍷 Nero Margaret River Cabernate Sauvignon 2014
尼洛玛格利特河赤霞珠 2014
充满活力，带有浓郁的黑醋栗酒、醋栗、波森梅、中东香料和香柏木的味道。酒体饱满，结构感好，单宁丰富，同时始终保持着新鲜和活泼的风味。

封口：螺旋盖　酒精度：14%　评分：95　最佳饮用期：2029年
参考价格：40澳元　JF

🍷🍷🍷🍷 Reserve Barrosa Valley Shiraz 2015
珍藏巴罗萨谷西拉2015
评分：92　最佳饮用期：2028年　参考价格：36澳元　JF

Reserve Margaret River Cabernate Sauvignon 2015
珍藏玛格利特河赤霞珠2015
评分：92　最佳饮用期：2027年　参考价格：36澳元　JF

Nero Barrosa Valley Shiraz 2013
尼洛巴罗萨谷西拉2013
评分：91　最佳饮用期：2024年　参考价格：60澳元　JF

Stonehurst Cedar Creek　石松溪酒庄　★★★★

1840 Wollombi Road，香柏木Creek，新南威尔士州，2325　产区：猎人谷
电话：(02)4998 1576　网址：www.stonehurst.com.au　开放时间：每日开放，10:00—17:00
酿酒师：帖木耳大帝（Tamburlaine）　创立时间：1995年
产量（以12支箱数计）：4000　葡萄园面积：6.5公顷

达里（Daryl）和菲利帕·海斯洛普（Phillipa Heslop）在波高尔宾（Pokolbin）山脉下的卧龙比（Wollombi）山谷中建立了石松溪酒庄，酒庄有220公顷地产——此处也有些历史意义。葡萄园（香贝丹、赛美蓉、霞多丽和西拉）采用有机方法管理。酒庄中的6间独立别墅占了这片地产上的大部分面积。出口到世界所有的主要市场。

🍷🍷🍷🍷 Hunter Valley Semillon 2014
猎人谷赛美蓉2014
这款猎人谷赛美蓉已经表现出了诱人的烤面包和柠檬黄油的香气和风味，口感充实，结构感好，在接下来的5年——还可能更久——时间里，它还将继续成熟。
封口：螺旋盖　酒精度：10.5%　评分：91　最佳饮用期：2025年
参考价格：25澳元　PR

Methode Champenoise 2010
香槟发酵法 2010
霞多丽和赛美蓉清脆的柠檬、苹果、梨、刚刚割过的青草，以及一丝燧石和还原的味道；同时，带酒脚陈酿带来的奶油、饼干、烤面包的味道，更增添了其引人入胜的复杂性和质感，结尾处的酸度和残糖也结合得非常好。
酒精度：11.5%　评分：90　最佳饮用期：2020年　参考价格：35澳元　TS

Stoney Rise　斯托尼瑞斯　★★★★★

96 Hendersons Lane，Gravelly Beach，塔斯马尼亚，7276　产区：塔斯马尼亚北部
电话：(03)6394 3678　网址：www.stoneyrise.com　开放时间：周四至周一，11:00—17:00
酿酒师：乔·霍里曼（Joe Holyman）　创立时间：2000年
产量（以12支箱数计）：2000　葡萄园面积：7.2公顷

霍里曼（Holyman）家族已经在塔斯马尼亚经营了20年的葡萄园了。但在乔·霍里曼（Joe Holyman）的葡萄酒事业的初期工作却不是做买手，而是销售代表；近年来，他在新西兰、葡萄牙、法国、本森山（Mount Benson）和库纳瓦拉等地酒厂的工作极大地丰富了他对葡萄酒的了解。2004年，乔和妻子露（Lou）买下了建立于1986年的前罗泽海斯（Rotherhythe）葡萄园，并着手复兴这个园子。他们的酒品有两个系列：果香丰富，适宜尽早饮用的斯托尼瑞斯系列，和霍里曼（Holyman）系列——使用最为优质的葡萄，更多的新橡木桶，结构感更强，陈酿性的葡萄酒。出口到英国、荷兰、新加坡和日本。

🍷🍷🍷🍷🍷 Holyman Chardonnay 2015
霍里曼黑比诺2015
清晰、鲜艳的紫红色，丰盛的红色和蓝色水果的味道从杯中溢出，口感丰富，一方面是丰富的水果味道，另一方面是整串发酵带来的辛香、可口的单宁。这又是一款可以为塔斯马尼亚州的好年份背书的比诺葡萄酒。
封口：螺旋盖　酒精度：13%　评分：96　最佳饮用期：2027年
参考价格：50澳元　✪

Holyman Project X Pinot Noir 2014
霍里曼项目黑比诺2014
出色的塔斯马尼亚州特有的紫红色调；12%的酒精度为整体提供了框架，整串带来的香气和口感中渗出红樱桃、蓝莓、李子，以及吸收的100%的新橡木桶的味道。唯一的问题是，结尾的酸度是否过高；但其pH值意味着它应该可以窖藏保存。
封口：螺旋盖　评分：95　最佳饮用期：2030年　参考价格：90澳元

Holyman Chardonnay 2015
霍里曼霞多丽 2015
淡石英绿色；这款酒仍然处在生命的第一阶段，香气尚未得到释放，口感仍然过于紧致，但长度和平衡性都很好，可以保证陈酿后的品质。粉红葡萄柚和青苹果搭配着塔斯马尼亚州酸度，和微量的橡木味道。瓶储一段时间后应该会表现得很好。
封口：螺旋盖　酒精度：13.5%　评分：94　最佳饮用期：2024年
参考价格：50澳元

🍷🍷🍷🍷 Gruner Veltliner 2016

绿维特利纳 2016
评分：92　最佳饮用期：2026年　参考价格：32澳元

No Clothes No S02 2016
无衣无硫黑比诺2016
评分：90　最佳饮用期：2017年　参考价格：32澳元

Stonier Wines　斯托尼尔葡萄酒 ★★★★★

Cnr Thompson's Lane/Frankston-Flinders Road，Merricks，Vic 3916
产区：莫宁顿半岛　电话：(03)5989 8300　网址：www.stonier.com.au
开放时间：每日开放，11:00—17:00
酿酒师：迈克尔·西蒙斯（Michael Symons），威尔·拜伦（Will Byron），卢克·伯克利（Luke Burkley）　创立时间：1978年　产量（以12支箱数计）：35000　葡萄园面积：17.6公顷
这可能是莫宁顿半岛上历史最悠久的本地葡萄酒厂了，但这并不妨碍它与时俱进。酒庄已经开始实行可持续发展计划，涉及其运作的所有方面。它也是澳大利亚为数不多的使用官方认可的WFA系统来详细测量其碳足迹的酒厂之一。酒庄正在逐步地减少电力消耗；酒厂屋顶收集的雨水被用来冲洗和洗涤酒厂，甚至是供应整个酒厂的用水；通过合理规划的种植覆盖作物并减少喷洒农药的方法，他们在葡萄园中创造了一个平衡的生态系统；并且减少了对灌溉的需要。所有的斯托尼尔葡萄酒都是庄园种植的，混合了野生酵母（从发酵最开始）和培养酵母（在发酵末期添加以确保无残留糖分），而且几乎所有的葡萄都被去梗后加入开放式的发酵罐之中；所有的葡萄酒都有两个阶段的成熟期，在第1阶段，通常使用法国橡木的大桶或者是225升的小桶。出口到世界所有的主要市场。

🍷🍷🍷🍷🍷 W-WB Mornington Peninsula Pinot Noir 2015 W WB
莫宁顿半岛黑比诺2015
这款酒造型优美，质地柔顺，果香有力，回味简洁而令人印象深刻。与其他不那么好的年份相比，这款酒果梗带来的尖锐质感和良好的结构感保证它绝对不会过于甜腻，或者是有过高的酒精度。这很好的。
封口：螺旋盖　酒精度：14.5%　评分：96　最佳饮用期：2027年
参考价格：85澳元　NG

KBS Vineyard Mornington Peninsula Chardonnay 2015
KBS葡萄园莫宁顿半岛霞多丽 2015
清爽诱人，但并没有留下关于酿造工艺的线索。可以闻到橡木、一缕香草和雪松的味道——这在现在这个初生阶段也是正常的。带有凝乳、块菌、新铺的榻榻米上的稻草和些微核果的味道。丰富而有张力；充满活力但圆润，温和地覆盖在你的口腔上。这是一款难解而迷人的葡萄酒。
封口：螺旋盖　酒精度：13.5%　评分：95　最佳饮用期：2027年
参考价格：50澳元　NG

Mornington Peninsula Chardonnay 2015
莫宁顿半岛霞多丽 2015
典型的斯托尼尔的风格，精确到了头发丝般的细节。我看，没有必要讨论这是否是最佳风格，或者吹毛求疵推测在工艺上可以如何改进。
封口：螺旋盖　酒精度：13.5%　评分：94　最佳饮用期：2027年
参考价格：25澳元 ✪

Jimjoca Vineyard Mornington Peninsula Chardonnay 2015
吉姆乔卡葡萄园莫宁顿半岛霞多丽 2015
这一批中最强硬的霞多丽，酸度带来了张力，与整体配合得很好。然而，这款酒也非常丰富，由酒脚处理和橡木（15%是新法国的；桶内发酵，10个月带酒脚陈酿）带来的松露的味道自然地流动在各种风味之间——大量的核果，特别是油桃和杏子，以及一点干草秆和青苹果的味道。它非常优雅，会很好地陈酿。
封口：螺旋盖　酒精度：14%　评分：94　最佳饮用期：2025年
参考价格：38澳元　NG

Gainsborough Park Vineyard Mornington Peninsula Chardonnay 2015
盖恩斯巴勒帕克葡萄园莫宁顿半岛霞多丽 2015
比吉姆乔卡更成熟，令人想起黄李子、杏子和白桃的味道，与橡木香草，酒脚处理带来的厚感与简洁的酸度带来的尖锐形成互补。回味悠长而持久，仍然处于初级阶段，还需要更久的、充分而完整的融合。需要时间。
封口：螺旋盖　酒精度：14%　评分：94　最佳饮用期：2025年
参考价格：45澳元　NG

KBS Vineyard Mornington Peninsula Pinot Noir 2015
KBS 葡萄园莫宁顿半岛黑比诺2015
地处米瑞克斯（Merrick's）的KBS葡萄园面向正东方。酒香中明快、诱人的红樱桃和橙皮等果味充分反映了这一点。口感丰满，圆润，葡萄单宁构成的骨架非常精致，略带奶油橡木香草的味道，酸度爽脆，充满活力，非常易饮。
封口：螺旋盖　酒精度：14.5%　评分：94　最佳饮用期：2023年
参考价格：75澳元　NG

Merron's Vineyard Mornington Peninsula Pinot Noir 2015
梅罗恩葡萄园莫宁顿半岛黑比诺2015
黑樱桃和梅子圣培露果汁的味道是这款葡萄酒的基调。它的单宁也更加强劲、丰厚，、道，更具树脂和深层土壤的味道。酒中的甜度也恰到好处。质感醇厚，温暖的

牛肉汤的味道包裹着果味和丰富的酸度。然而在所有元素中最可口的，还是酒精。
封口：螺旋盖 酒精度：14.5% 评分：94 最佳饮用期：2025年
参考价格：60澳元 NG

Stonier Family Vineyard Mornington Peninsula Pinot Noir 2015
斯托尼尔家族葡萄园莫宁顿半岛黑比诺2015
只要闻到这款酒，你就会明白为什么它的价格非比寻常。黑色和红色水果，浸渍带来的葡萄单宁、色素和橡木的味道紧紧地融合在一起。略带橙皮和五香粉的气息。酒中橡木的表达是香草和摩卡的味道，严密地将新鲜饱满的水果风味嵌合在香柏木之中。
封口：螺旋盖 酒精度：14.2% 评分：94 最佳饮用期：2027年
参考价格：85澳元 NG

🍷🍷🍷🍷🍷 Reserve Chardonnay 2015
珍藏霞多丽 2015
评分：93 最佳饮用期：2027年 参考价格：48澳元 NG

Reserve Pinot Noir 2015
珍藏黑比诺2015
评分：93 最佳饮用期：2023年 参考价格：60澳元 NG

Lyncroft Pinot Noir 2015
林克罗夫特黑比诺2015
评分：93 最佳饮用期：2023年 参考价格：35澳元 NG

Mornington Peninsula Pinot Noir 2015
莫宁顿半岛黑比诺2015
评分：92 最佳饮用期：2024年 参考价格：28澳元

Windmill Pinot Noir 2015
风车黑比诺2015
评分：92 最佳饮用期：2023年 参考价格：65澳元 NG

Jimjoca Pinot Noir 2015
吉姆乔卡黑比诺2015
评分：91 最佳饮用期：2023年 参考价格：45澳元 NG

Chardonnay Pinot Noir 2015
霞多丽黑比诺2015
评分：90 最佳饮用期：2017年 参考价格：30澳元 TS

Chardonnay Pinot Noir 2014
霞多丽黑比诺2014
评分：90 最佳饮用期：2020年 参考价格：30澳元 TS

Studley Park Vineyard 斯塔德利帕克葡萄园 ★★★★

5 Garden Terrace，Kew，Vic 3101（邮）产区：菲利普港（Port Phillip）
电话：(03)9254 2777 开放时间：不开放
酿酒师：勒·诺克（Llew Knigh，合约） 创立时间：1994年
产量（以12支箱数计）：500 葡萄园面积：0.5公顷
杰夫普·赖尔（Geoff Pryors）的斯塔利公园（Studley Park）葡萄园是墨尔本的秘密之一。它位于雅拉河的拐角处，距墨尔本CBD仅4公里，在一个曾种过葡萄的0.5公顷的街区内。将近一个世纪。这里只是园艺市场，后来才重新种上了赤霞珠。从空中拍摄的一张壮观的照片可以看出，墨尔本轻工业发展的中心横跨河流，直接面向CBD，北部和东部边界则是郊区住宅区。

🍷🍷🍷🍷🍷 Cabernate Sauvignon 2012
赤霞珠 2012
中等石榴石中略带砖红色，轻度至中等酒体，可见一丝优雅的衰老的痕迹，但还需要5年左右才能完全开始衰老。令人想起波尔多明星庄（Cru Bourgeois），一系列的红和黑醋栗与大吉岭茶、干鼠尾草、月桂叶和甜椒的味道交织在一起。单宁很细；酸度轻柔，活泼，余味很长。虽然不是什么流行大作，却是一款怡人的饮品。
封口：螺旋盖 酒精度：13% 评分：90 最佳饮用期：2022年
参考价格：25澳元 NG

Stumpy Gully 斯当皮 ★★★☆

1247 Stumpy Gully Road，Moorooduc，Vic 3933 产区：莫宁顿半岛
电话：1800 788679 网址：www.stumpygully.com.au 开放时间：周四至周日，10:00—17:00
酿酒师：温迪（Wendy）、弗兰克（Frank）和迈克尔·赞特沃特（Machael Zantvoort）
创立时间：1988年 产量（以12支箱数计）：12000 葡萄园面积：40公顷
弗兰克（Frank）和温迪·赞特沃特（Wendy Zantvoort）于1988年开始种植他们的第一个葡萄园；温迪报考了CSU的酿酒学课程，后来取得了应用科学（酿酒工程）的学士学位毕业。除了原来的葡萄园外，他们的摩尔德克（Moorooduc）葡萄园还故意选择了非常反潮流的种植方案——只种植红葡萄品种，其中主要是赤霞珠、梅洛和西拉。他们相信这是这个半岛上最温暖的地方之一，西拉和桑乔维塞这些晚熟品种的成熟应该不是问题。出口到世界所有的主要市场。

🍷🍷🍷🍷🍷 Crooked Post Zantvoort Reserve
斯当皮弯曲珍藏西拉2014
显然表现出了产区的冷凉气候特征，它有着黑色水果和酸樱桃这种非常罕见的组合，

而黑胡椒、甘草和美味的单宁则更加巩固了它的效果。它似乎意图彻底占据头条新闻的位置。封口：螺旋盖 酒精度：14.2% 评分：91
最佳饮用期：2025年 参考价格：48澳元

🍷🍷🍷🍷 Riesling 2015
雷司令2015
评分：89 最佳饮用期：2021年 参考价格：25澳元

Chardonnay 2015
霞多丽 2015
评分：89 最佳饮用期：2020年 参考价格：28澳元

Pinot Noir 2015
黑比诺2015
评分：89 最佳饮用期：2023年 参考价格：28澳元

Magic Black Pinot Noir 2015
魔力黑色黑比诺2015
评分：89 参考价格：48澳元 PR

Summerfield 萨默菲尔德（夏之原野） ★★★★★

5967 Stawell-Avoca Road，Moonambel，Vic 3478 产区：宝丽丝
电话：(03)5467 2264 网址：www.summerfieldwines.com
开放时间：周一至周六，10:00—17:00；周日，10:00—15:00
酿酒师：马克·萨默菲尔德（Mark Summerfield） 创立时间：1979年
产量（以12支箱数计）：7500 葡萄园面积：40.5公顷

创始人伊恩·萨默菲尔德（Ian Summerfield）在几年前将酿酒师的位置传给了儿子马克（Mark）。通过法国橡木的引入，以及成功地在不影响葡萄酒强度和浓度的前提下降低酒精度，马克极大地改善了葡萄酒的风格。如果非要说有什么区别的话，那就是马克生产的葡萄酒的寿命会比之前使用美国橡木桶的葡萄酒的寿命更长。现在仅直接出口到中国。

🍷🍷🍷🍷🍷 Saieh Shiraz 2015
塞伊西拉2015
这是一款单一葡萄园的单一地块葡萄酒。萨默菲尔德酒庄葡萄园典型的、结实的单宁，配合着令人愉悦的水果味道。水仙花香和麝香将你带入充满了深色樱桃和李子味道的幽冥之地，此外，还略带五香粉、茴香和桂皮的味道。水果味完全掩盖了美国橡木的味道，然而又十分轻盈。
封口：螺旋盖 酒精度：14% 评分：96 最佳饮用期：2030年
参考价格：55澳元 NG ✪

Sahsah Shiraz 2015
塞伊西拉2015
出自最早的46年的土地，一面是融化了的黑色水果；另一面则是可口的丁香、旧皮革、茴香、肉豆蔻、苦巧克力和月桂叶的味道。酒香芬芳，丰富的层次随着时间在杯中慢慢展开。结尾处有大量的单宁：这也说明它可以窖藏很久。
封口：螺旋盖 酒精度：14% 评分：95 最佳饮用期：2030年
参考价格：55澳元 NG

Reserve Shiraz 2015
珍藏西拉2015
浓郁的水果和橡木的味道为这款西拉增添了许多乐趣。原料来自70年代最早种下的那批葡萄藤，此外还有香料的味道：丁香、肉豆蔻、槟榔叶子和茴香。深色、黑色和蓝色水果的味道犹如万花筒一般，结尾很有穿透力，可乐和烧烤般的回味可以在口腔和喉咙处保持很久。没有瑕疵。
封口：螺旋盖 酒精度：14% 评分：95 最佳饮用期：2035年
参考价格：55澳元 NG

R2 Shiraz 2014
R2西拉2014
这一系列中，R2是最充满活力、最能表现品种的花香味和最光鲜的一款，酒体饱满，黑色水果、苦巧克力，与绸缎般的饱满单宁和香草橡木的味道交织在一起；一丝强烈的茴香、丁香和橄榄的味道更是锦上添花；桉树叶的气息透露出产区宝丽丝的特点。葡萄单宁非同寻常，而且很有质感，预示着它将可以保存很久。
封口：螺旋盖 酒精度：14.6% 评分：95 最佳饮用期：2045年
参考价格：50澳元 NG

Taiyo Cabernate Sauvignon 2015
太阳赤霞珠 2015
宝丽丝地区特有的咖啡粉的味道在结实的单宁中反复出现，伴随有留兰香，鼠尾草，以及各种干香草和野蔷薇丛的气息。这款赤霞珠罕见地采用了整簇果穗进行发酵，因而单宁强劲，果味浓郁，底韵新鲜，也有大量的橡木味。口感如此丰厚，但任何一味都绝无过度之虞。
封口：螺旋盖 酒精度：14% 评分：95 最佳饮用期：2035年
参考价格：63澳元 NG

Shiraz 2015
西拉2015

评分：94 最佳饮用期：2034年 参考价格：35澳元 NG

Reserve Cabernate Sauvignon

珍藏赤霞珠 2015

评分：94 最佳饮用期：2035年 参考价格：55澳元 NG

🍷🍷🍷🍷🍷 R2 Shiraz 2015

R2 西拉2015

评分：93 最佳饮用期：2040年 参考价格：50澳元 NG

Cabernate Sauvignon 2015

赤霞珠 2015

评分：92 最佳饮用期：2030年 参考价格：35澳元 NG

Tradition 2015

传统2015

评分：92 最佳饮用期：2030年 参考价格：35澳元 NG

Sunshine Creek 阳光酒庄 ★★★★☆

350 Yarraview Road，雅拉Glen，Vic 3775 产区：雅拉谷
电话：(03)9818 5142 网址：www.sunshinecreek.com.au 开放时间：不开放
酿酒师：马里奥·马森（Mario Marson），克里斯•劳伦斯（Chris Lawrence）
创立时间：2009年 产量（以12支箱数计）：7000 葡萄园面积：20公顷

包装业巨头周云杰（James Zhou）在中国有一家葡萄酒公司，多年来，他同澳大利亚著名的酿酒师全部合作，包括格兰特·伯奇（Grant Burge）、菲利·普肖（Philip Shaw）、菲利普·琼斯（Phillip Jones）、帕特卡·莫迪（Pat Carmody）、杰夫·哈迪（Geoff Hardy）和马里奥·马森（Mario Marson），将他们的葡萄酒销往中国。他委托马里奥·马森在已经建立的葡萄园中寻找合适的，来扩大同等品质的澳大利亚葡萄酒的生产。他们找到了玛莎（Martha's）葡萄园，由奥尔加·泽米克泽克（Olga Szymiczek）在20世纪80年代建立。虽然需要将现有的葡萄园从短枝修剪（机械化）改为新枝垂直分布（VSP）以提高品质，并且适合手工采摘，但此处的地理优势，很好地弥补了这一点。与此同时，开展了大规模的嫁接计划，种植了新的克隆株系。2011年，（原卢萨蒂亚·帕克葡萄园 Lustia Park）安德鲁·史密斯（Andrew Smith）被任命为葡萄园经理，将管理重点转向可持续发展，尽量减少干扰。2013年，酿酒师克里斯·劳伦斯加入了这个团队。2016年份的葡萄酒酿造之前，就已经建成了一个现场酒厂（产量为275吨）。出口到英国等国家，以及中国内地（大陆）和香港地区。

🍷🍷🍷🍷🍷 Heathcote Shiraz 2013

西斯科特西拉2013

在法国橡木桶中陈酿15个月。带有甘草、丁香、香料以及深色水果干的香气和风味，中等至饱满酒体，口感集中。这些特点都让这款酒的深度极好。

封口：Diam软木塞 酒精度：14.5% 评分：95 最佳饮用期：2038年
参考价格：45澳元

🍷🍷🍷🍷🍷 Yarra Valley Pinot Noir 2013

雅拉谷黑比诺2013

评分：93 最佳饮用期：2028年 参考价格：45澳元

Surveyor's Hill Vineyards 勘测员山葡萄园 ★★★★

215 Brooklands Road，Wallaroo，新南威尔士州，2618 产区：堪培拉地区
电话：(02)6230 2046 网址：www.survhill.com.au 开放时间：周末以及公共节假日
酿酒师：布林达贝拉丘陵［Brindabella Hills，罗杰·哈里斯博士（Dr Roger Harris）］，格雷格•加拉格尔（Greg Gallagher，起泡酒）创立时间：1986年
产量（以12支箱数计）：1000 葡萄园面积：10公顷

勘测院山葡萄园位于同名山的斜坡上海拔550–680米处。这是一个古老的火山，因而产生了粗结构（因此排水良好）的花岗岩-沙质的低肥力的土壤。这个葡萄园非常像用各种布块拼起来的被子，种植有霞多丽、西拉和维欧尼各1公顷；胡珊、玛珊、阿高连尼科、黑珍珠、幕尔维德、歌海娜、慕斯卡德、黄莫斯卡托、品丽珠、雷司令、赛美蓉、长相思、国家图瑞加和赤霞珠各0.5公顷。

🍷🍷🍷🍷🍷 Hills of Hall Shiraz 2015

霍尔山西拉2015

这瓶酒封口处螺旋盖的塑封不知为什么已经损坏了，但这似乎对它没有什么负面影响。酒色明亮，酒香中带有辛香料的味道，中等酒体，可以捕捉到猎人谷西拉的一些典型特征。法国和美国橡木的混合使用没什么不好，反而是个加分项。

封口：螺旋盖 酒精度：14% 评分：92 最佳饮用期：2025年
参考价格：25澳元 ✪

Hills of Hall Riesling 2016

霍尔山雷司令2016

香气和口感中的青柠、柠檬和苹果三重奏，充分地表现了品种特性，酸度适宜，十分清爽，回味悠长。平衡感很好，值得等待。

封口：螺旋盖 酒精度：11.5% 评分：91 最佳饮用期：2026年
参考价格：22澳元 ✪

Hills of Hall Viognier Roussanne 2015

维欧尼胡珊2015

维欧尼（单品种葡萄酒）通常比胡珊（同上）的水果风味更加明显，在这里维欧尼的

比例更大，如此一来，香气中杏子——维欧尼的典型特征——的味道占据主导地位也就不足为奇了。
封口：螺旋盖 酒精度：12% 评分：90 最佳饮用期：2018年
参考价格：18澳元 ✪

Hills of Hall Tinto 2015
霍尔山红 2015
添帕尼罗和格拉西亚诺——这两个在里奥哈地区最常遇到的品种，在这款混酿葡萄酒中，充满了丰富的红色水果的味道。添帕尼罗负责贡献樱桃类的风味，格拉西亚诺的则带来了其他高调的风味。
封口：螺旋盖 酒精度：13.5% 评分：90 最佳饮用期：2027年 参考价格：22澳元

🍷🍷🍷🍷 Hills of Hall Sauvignon Blanc 2016
霍尔山长相思2016
评分：89 最佳饮用期：2018年 参考价格：18澳元 ✪

Sussex Squire 塞克萨斯松鼠 ★★★★

PO Box 1361，Clare，SA 5453（邮） 产区：克莱尔谷
电话：0458 141 169 网址：www.sussexsquire.com.au 开放时间：每日开放，10:00—17:00
酿酒师：丹尼尔·威尔逊（Daniel Wilson），马克·伯兰（Mark Bollen）
创立时间：2014年 产量（以12支箱数计）：500 葡萄园面积：6公顷
这个新生的酒庄有着悠久的家族历史。最初是由塞克萨斯的农民沃尔特·海克特（Walter Hackett，1827—1914年）创立的；接下来是约瑟夫·海克特（Joseph Hackett，1880—1958年），第三代是约瑟夫·罗伯特·海克特（ Joseph Robert Hackett，1911—1998），现在是第四代马克（Mark）和斯凯·伯兰（Skye Bollen）。在几代人的努力下，家族主要经营的谷物和种子的生意非常成功，后来，他们在斯文山（Sevenhill）的明塔罗（Mintaro）和温德姆·帕克（Wyndham Park）之间建立了尼欧拉（Nyora）牧场——一直到今天，这里仍然是黑色和红色安格斯牛的牧场。经过了25年的其他工作——马克从事葡萄酒的销售和市场营销；斯凯在五星级酒店工作了10年后，开始了成功的招聘生涯，两人回到了克莱尔山谷。1998年，马克一度从事葡萄酒的市场营销工作，斯凯则在一家五星级酒店工作——辗转25年后，两人回到了克莱尔山谷。1998年，马克和斯凯在种植下了六公顷的西拉，完全采用有机方法管理，并保证其在干燥环境下生长。安格斯牛则变成了冬季在园中漫游的一群黑萨福克羊——它们可以天然地控制杂草，为土壤施肥。

🍷🍷🍷🍷🍷 The Raging Bull Single Vineyard Limited Release Clare Valley Malbec 2015
愤怒的公牛单一葡萄园限量版克莱尔谷马尔贝克 2015
来自沃特瓦尔（Watervale）的一个葡萄园，在法国橡木桶中陈酿12个月。极好的深猩红色，酒中有我经常可以在马尔贝克葡萄酒中感受到的李子蜜饯的味道，制作精美，有天鹅绒一般的质感，中等口感，最后是适度的单宁收尾。
封口：螺旋盖 酒精度：14.5% 评分：94 最佳饮用期：2029年
参考价格：30澳元 ✪

🍷🍷🍷🍷🍷 The Prancing Pony Riesling 2016
小马奔腾雷司令2016
评分：91 最佳饮用期：2026年 参考价格：24澳元

Thomas Block Shiraz 2015
托马斯地块西拉2015
评分：91 最佳饮用期：2030年 参考价格：28澳元

The Partnership Shiraz Mataro 2015
合作西拉马塔洛 2015
评分：91 最佳饮用期：2035年 参考价格：35澳元

The Darting Hare Sangiovese 2015
奔兔桑乔维塞 2015
评分：91 最佳饮用期：2025年 参考价格：25澳元

JRS The Sussex Squire Shiraz 2015
塞克萨斯松鼠西拉2015
评分：90 最佳饮用期：2030年 参考价格：65澳元

Sutherland Estate 萨瑟兰庄园 ★★★★★

2010 Melba Highway，Dixons Creek，Vic 3775 产区：雅拉谷
电话：0402 052 287 网址：www.sutherlandestate.com.au
开放时间：周末及公共节假日，10:00—17:00
酿酒师：凯西·费兰（Cathy Phelan），安格斯·里德利（Angus Ridley），罗伯·霍尔（Rob Hall） 创立时间：2000年 产量（以12支箱数计）：1500 葡萄园面积：4公顷
2000年，费兰（Phelan）家族在迪克森溪（Dixons Creek）买了一个成熟的葡萄园，建立了萨瑟兰庄园。接着他们种植了葡萄藤：现在的品种包括霞多丽和黑比诺，以及琼瑶浆、赤霞珠，添帕尼罗和西拉各0.5公顷。罗恩·费兰（Ron Phelan）设计并建造了萨瑟兰的酒窖门店，从这里可以欣赏到雅拉谷的壮丽景色。女儿凯西（Cathy）则在CSU大学研究葡萄酒科学。起泡酒由菲尔·凯利（Phil Kelly）酿造，红葡萄酒由凯西和她的伴侣安格斯·里德利［Angus Ridley，过去的10年里在冷溪山（Coldstream Hills）酒庄工作］，霞多丽由罗伯·霍尔（Rob Hall）酿制。

🍷🍷🍷🍷🍷 Daniel's Hill Vineyard Yarra Valley Cabernate Sauvignon 2016
丹尼尔之山葡萄园雅拉谷赤霞珠2016

安格斯·里德利希望能够生产一款玛丽山风格，中等酒体的葡萄酒，但我认为品种特征的品质总是会在葡萄酒中体现出来，除非酒厂有什么更加温和的处理方法——但我绝不建议这样做。
封口：螺旋盖　酒精度：14%　评分：96　最佳饮用期：2036年
参考价格：30澳元 ✪

Daniel's Hill Vineyard Yarra Valley Chardonnay 2016
丹尼尔之山葡萄园雅拉谷霞多丽 2016
在法国大桶和小桶（33%是新的）中发酵。酒香非常具有表达力，在反复品尝的过程中，它的复杂性和深度逐渐累积，这也将是它在瓶储过程中的变化。再给它3—5年吧。
封口：螺旋盖　酒精度：13.4%　评分：95　最佳饮用期：2024年
参考价格：30澳元 ✪

Daniel's Hill Vineyard Yarra Valley Shiraz 2016
丹尼尔之山葡萄园雅拉谷西拉2016
深紫红色调；精美、复杂，中等酒体。带有各种李子、黑莓和各种香料的味道，细腻的单宁和适度的法国橡木完全融入了整体；结尾新鲜，回味很长。
封口：螺旋盖　酒精度：13.9%　评分：95　最佳饮用期：2031年
参考价格：30澳元 ✪

Daniel's Hill Vineyard Yarra Valley Tempranillo 2016
丹尼尔之山葡萄园雅拉谷添帕尼罗 2016
中等酒体，但又与澳大利亚其他的添帕尼罗非常不同，深色水果的味道之外，它的质感和结构感令人印象深刻。添帕尼罗应该仅仅在冷凉产区生长，并不适合所有区域种植——即使是在猎人谷、天鹅谷和河畔生长的葡萄藤，也并不算好。
封口：螺旋盖　酒精度：14.1%　评分：94　最佳饮用期：2031年　参考价格：30澳元

🍷🍷🍷🍷🍷
Daniel's Hill Vineyard Gewurztraminer 2015
尼尔之山葡萄园琼瑶浆2015
评分：91　最佳饮用期：2023年　参考价格：24澳元

Daniel's Hill Vineyard Gewurztraminer 2016
尼尔之山葡萄园琼瑶浆2016
评分：90　最佳饮用期：2021年　参考价格：24澳元

Daniel's Hill Vineyard Pinot Noir 2016
丹尼尔之山葡萄园黑比诺2016
评分：90　最佳饮用期：2024年　参考价格：30澳元

Sutton Grange Winery　萨顿·格兰奇酒厂　★★★★☆

Carnochans Road，Sutton Grange，Vic 3448　产区：班迪戈
电话：(03)8672 1478　网址：www.suttongrange.com.au　开放时间：周日，11:00—17:00
酿酒师：玛丽莲·切斯特（Melanie Chester）　创立时间：1998年
产量（以12支箱数计）：5000　葡萄园面积：12公顷
400公顷的萨顿·格兰奇（Sutton Grange）地产是在1996年由墨尔本商人彼得·西德威尔为赛马训练和配种而收购的。它的老朋友亚历克·普拉斯（Alec Epis）和斯图尔特·安德森（Stuart Anderson）有一次在午餐时到此访问，结果大家决定在这块土地上种植西拉，梅洛、赤霞珠、维欧尼和桑乔维塞的葡萄藤。这个酿酒厂是由西澳大利亚石灰岩建造的。出口到英国、美国、加拿大、瑞士和中国。

🍷🍷🍷🍷🍷
Fairbank Rose 2016
费尔班克桃红 2016
这确实是一款精细的桃红葡萄酒。呈现略偏灰白的三文鱼色调，酒香略带山鹑，再加上一点咸味和香草的气息。酸甜的红色浆果在口中喷薄而出，却绝不会有甜腻之感。结尾有爽脆的矿物质、淡盐水和香草的味道，活泼的酸度更是拉长了口中的余韵。
封口：螺旋盖　酒精度：13%　评分：95　最佳饮用期：2018年
参考价格：22澳元　NG ✪

Estate Fiano 2015
庄园菲亚诺 2015
菲亚诺青翠的品种特点带来了大量的、略带刺激性的核果和草药的味道。采用野生酵母，桶内发酵，酒脚和矿物质的味道在口中起伏不定，结尾有温和的橡木味。
封口：螺旋盖　酒精度：14%　评分：94　最佳饮用期：2022年
参考价格：60澳元　NG

🍷🍷🍷🍷🍷
Fairbank Sangiovese 2016
费尔班克桑乔维塞 2016
评分：93　最佳饮用期：2022年　参考价格：25澳元　NG ✪

Fairbank Shiraz 2016
费尔班克西拉2016
评分：92　最佳饮用期：2028年　参考价格：25澳元 NC ✪

Fairbank Viognier 2015
费尔班克维欧尼2015
评分：90　最佳饮用期：2018年　参考价格：25澳元　NG

Sweetwater Wines　甜水葡萄酒　★★★★★

PO Box 256，Cessnock，新南威尔士州，2325（邮）　产区：猎人谷
电话：(02)4998 7666　网址：www.sweetwaterwines.com.au　开放时间：不开放
酿酒师：布莱恩·库里（Bryan Currie）　创立时间：1998年
产量（以12支箱数计）：不详　葡萄园面积：13.5公顷

甜水葡萄酒与恒福山酒庄（Hungerford Hill）同属一个庄主，这通常在宝典中会不会成为一个单独的条目，但这是个只有一个葡萄园的酒厂，生产两款酒——西拉和赤霞珠。安德鲁·托马斯（Andrew Thomas）2003—2016年间酿造的葡萄酒全部储藏在地下的恒温酒窖之中——也是这片产业的一部分。此外，产业上还建有一所华丽的大房子和单独的客房。

🍷🍷🍷🍷🍷

Shiraz 2014
西拉2014
明亮的深紫红色；中等酒体，丰富的红色和黑色水果的味道非常活泼，融入了泥土、香料和皮革的味道，口感优雅，余韵悠长。
封口：螺旋盖　酒精度：14%　评分：96　最佳饮用期：2044年　参考价格：90澳元

Shiraz 2007
西拉2007
酒色保持得很好，这也是软木塞做不到的。这个炎热的年份赋予了西拉大量的李子和黑莓的味道，随着陈酿，产区的泥土和皮革的特点也将慢慢发展出来。
封口：螺旋盖　酒精度：14.5%　评分：95　最佳饮用期：2037年
参考价格：90澳元

Hunter Valley Shiraz 2015
猎人谷西拉2005
泥土/皮革这类产区风味现在已经占据了主导地位，但却并不掩盖或影响其他的风味物质。它的未来则全看软木塞了，但看这瓶酒的状态，应该没问题。
酒精度：13.4%　评分：95　最佳饮用期：2030年　参考价格：90澳元

Cabernate Sauvignon 2014
赤霞珠 2014
猎人谷赤霞珠是个迷，但这款葡萄酒酿制得很有诚意，在保持适量单宁的状态下，充分释放出了黑醋栗的味道。年份是关键的不确定因素，有些会同这款葡萄酒一样好，其他的则不然。
封口：螺旋盖酒精度：13.5%　评分：94　最佳饮用期：2029年　参考价格：90澳元

🍷🍷🍷🍷🍷(半)

Hunter Valley Cabernate Sauvignon 2006
猎人谷赤霞珠 2006
评分：93　最佳饮用期：2021年　参考价格：90澳元

Hunter Valley Cabernate Sauvignon 2013
猎人谷赤霞珠 2013
评分：91　最佳饮用期：2025年　参考价格：90澳元

Swinging Bridge　摇摆桥　★★★★

33 Gaskill Street，Canowindra，新南威尔士州，2804　产区：中部山脉（Central Ranges）
电话：0409 246 609　网址：www.swingingbridge.com.au
开放时间：周五至周日，11:00—18:00
酿酒师：汤姆·沃德（Tom Ward）　创立时间：1995年
产量（以12支箱数计）：4000　葡萄园面积：45公顷

摇摆桥酒庄的创始人是马克·沃德（Mark Ward），他有一个剑桥大学农业科学的荣誉学位——1965年，他从英国移民到澳大利亚。酒庄最初的目的是为他人种植葡萄，同时经营一家小型酿酒公司。从那以后，在马克的儿子汤姆（Tom）和儿媳乔琪（Georgie）的指导下，它实际上已经是一个奥兰治酒庄了。酒庄45公顷的葡萄都种在奥兰治地区。此外，从2012年起，汤姆·沃德（Tom Ward）就参与了贾斯汀·贾勒特（Justin Jarrett）在奥兰治巴尔莫勒尔（Balmoral Vineyard）葡萄园的的工作。

🍷🍷🍷🍷🍷

Single Vineyard Series Mrs Payten Orange Chardonnay 2014
单一葡萄园系列佩滕夫人奥兰治霞多丽 2014
在法国橡木痛中发酵并熟成16个月。酒香中略带复杂的异味（还原味），我完全不介意这一点——这反倒为品尝到的葡萄柚和白桃的味道增添了趣味，也并不影响结尾和回味。
封口：螺旋盖　酒精度：12.9%　评分：95　最佳饮用期：2024年
参考价格：32澳元　✪

🍷🍷🍷🍷

Orange Sauvignon Blanc 2015
奥兰治长相思2015
评分：89　最佳饮用期：2017年　参考价格：20澳元

Swings & Roundabouts　摇摆迂回　★★★★☆

2807 Caves Road，Yallingup，WA 6232　产区：玛格利特河
电话:（08）9756 6640　网址：www.swings.com.au　开放时间：每日开放，10:00—17:00
酿酒师：布莱恩弗莱彻（Brian Fletcher）　创立时间：2004年
产量（以12支箱数计）：20000　葡萄园面积：5公顷

摇摆和迂回这个名字是为了表达在葡萄与葡萄酒生产中，各种反复变化的平衡感。他们希望能够用有趣来平衡严肃的一面。产品氛围四个系列：亲吻凯西（Kiss Chasey）、赖利的生活（Life of Riley）、摇摆迂回（Swings & Roundabouts）和后院故事（Backyard Stories）。出口到美国、中国、加拿大和日本。

🍷🍷🍷🍷🍷 Backyard Stories Margaret River Cabernate Sauvignon 2015
后院故事玛格利特河赤霞珠 2015
精选的最佳酒桶让这款酒得到了进一步的熟成。高贵的中等酒体，最初的口感是丝滑和柔顺，接下来是结实可口的赤霞珠单宁，一直到结尾。水果、橡木、单宁之间的平衡无懈可击。它会非常深沉地继续熟成。
封口：螺旋盖　酒精度：14%　评分：96　最佳饮用期：2040年
参考价格：45澳元 ✪

🍷🍷🍷🍷 Sauvignon Blanc Sauvignon Blanc Semillon 2016
玛格利特河长相思赛美蓉 2016
评分：92　最佳饮用期：2019年　参考价格：24澳元 ✪

Margaret River Chardonnay 2015
玛格利特河霞多丽 2015
评分：90　最佳饮用期：2019年　参考价格：24澳元

Swinney Vineyards　斯威尼葡萄园 ★★★★☆

325 Franland-Kojimup Road，法兰克兰河，WA 6396　产区：法兰克兰河
电话：(08) 9200 4483　网址：www.swinneyvineyards.com.au　开放时间：不开放
酿酒师：斯鲁比诺·可斯汀（Cherubino Consulting）　创立时间：1998年
产量（以12支箱数计）：1500　葡萄园面积：160公顷

1922年，乔治·斯温尼（George Swinney）在此定居以来，斯维尼（Swinney）家族［父亲格雷厄姆（Graham）和母亲凯伊（Kaye），儿子马特（Matt）和女儿珍妮尔（Janelle）］就一直居住在这2500公顷的地产上。20世纪90年代，他们开始注重葡萄种植的多样化，一共4个葡萄园有160公顷的葡萄藤，包括弗兰克兰河的粉刷岭（Powderbark Ridge）葡萄园［建于1998年，由哈迪斯（Hardys）公司前酿酒师彼得·道森（Peter Dawson）合伙收购］。最主要种植的是西拉（67公顷）和赤霞珠（48公顷），然后是雷司令、赛美蓉、灰比诺、琼瑶浆、维欧尼、维蒙蒂诺和马尔贝克。他们又进一步挑战了极限——在这里种植了歌海娜、添帕尼罗和幕尔维德的灌木葡萄藤，这种选择在此并不常见。出口到英国。

🍷🍷🍷🍷 Tirra Lirra Great Southern Shiraz 2015
提拉里拉大南部产区西拉2015
自然酵母发酵，并采用一定的整串葡萄。酒色呈现明亮的深紫红色/宝石红色，略带深色水果和一点巧克力的香气。口感成熟，单宁细致，圆润，非常平衡，并可以在未来的5—7年中保持良好的状态。
封口：螺旋盖　酒精度：14%　评分：90　最佳饮用期：2022年
参考价格：35澳元　PR

Symphonia Wines　交响乐葡萄酒 ★★★★

1699 Boggy Creek Road，Myrrhee，Vic 3732　产区：国王谷
电话：(03)4952 5117　网址：www.symphoniafinewines.com.au　开放时间：仅限预约
酿酒师：莉莲·卡特（Lilian Carter）　创立时间：1998年　产量（以12支箱数计）：1500　葡萄园面积：28公顷

彼得·里德（Peter Read）和他的家人都是国王谷的退伍军人，1981年，他们开始了葡萄园的建立。在西欧和东欧广泛的考察一番后，彼得开始尝试一系列在这个国家鲜为人知的葡萄品种。现任庄主彼得和苏珊娜·埃文斯（Suzanne Evans）接手了彼得·里德种植的葡萄园，包括阿尼斯、小芒森、灰比诺、萨瓦涅、丹那、添帕尼罗和萨博维。

🍷🍷🍷🍷 Quintus King Valley Saperavi Tannat Shiraz Cabernet Sauvignon Tempranillo 2015
五重奏国王谷晚红蜜丹那西拉赤霞珠添帕尼罗 2015
这是一个很有意思的多品种大混酿。每个品种在某种程度上都带来了水果的味道，并且都参与了整体结构的构建。
封口：螺旋盖　酒精度：14.5%　评分：92　最佳饮用期：2027年
参考价格：35澳元　NG

Prosecco 2016
普罗塞柯 2016
这是一款被低估了的酒，干而清爽，带有各种柠檬、沙梨和青苹果的味道，糖度较低，国王谷特有的酸度因而更加持久，口感轻盈、平衡、干爽。
封口：皇冠式瓶盖　酒精度：11.2%　评分：91　最佳饮用期：2017年
参考价格：25澳元　TS

Symphony Hill Wines　合鸣山葡萄酒 ★★★★☆

2017 Eukey Road，Ballandean，昆士兰，4382　产区：格兰纳特贝尔
电话：(07) 4684 1388　网址：www.symphonyhill.com.au
开放时间：每日开放，10:00—16:00
酿酒师：迈克·海斯（Mike Hayes）　创立时间：1999年
产量（以12支箱数计）：6000　葡萄园面积：3.5公顷

1996年，埃文·麦克弗森（Ewen Macpherson）买下了这个老葡萄果园。他与父母鲍勃（Bob）

和吉尔·麦克弗森（Jill Macpherson）的合作，促进了葡萄园的发展，在此期间，埃文则完成了葡萄栽培的应用科学学士学位（2003年）。葡萄园（已扩展）是由最先进的技术建立的；葡萄园经理/酿酒师迈克·海斯（Mike Hayes）是格兰纳贝尔地区的第3代葡萄栽培家，并在2014年成为合鸣山（Symphony Hill）的共同所有者。他在学业上也很有成就，在获得葡萄栽培学的学位后，又取得了葡萄栽培学的专业研究硕士学位，并因研究欧洲替代葡萄品种而获得丘吉尔奖学金（2012年）。交响乐山酒庄已经成功地建立了稳固的名声，是格兰纳特贝尔最为重要的本地葡萄酒厂之一。出口到中国。

🍷🍷🍷🍷🍷 The Rock Reserve Shiraz 2015

岩石珍藏西拉2015

中等深紫红—红色，这款葡萄酒现在还有一点新橡木桶的味道，中等酒体。然而其果味很有深度，有极好的结构和平衡感，当橡木的味道被完整融合后，应当会很好喝。

封口：螺旋盖　酒精度：14.6%　评分：90　最佳饮用期：2022年

参考价格：65澳元　PR

Syrahmi　西拉米 ★★★★

2370 Lancefield-Tooborac Road，Tooborac，Vic 3523　产区：西斯科特

电话：0407 057 471　网址：www.syrahmi.com.au　开放时间：不开放

酿酒师：亚当·福斯特（Adam Foster）　创立时间：2004年　产量（以12支箱数计）：2000

亚当·福斯特（Adam Foster）在维多利亚和伦敦当过厨师，后来加入前厅工作后，开始对葡萄酒越来越感兴趣。然后，他在澳大利亚和法国的知名酒窖担任助理工作，包括托布雷克（Torbreck）、查普蒂埃（Chapoutier）、米切尔顿（Mitchelton）、吉尔酒庄（Domaine Ogier）、西斯科特酒厂、贾斯珀·希尔（Jasper Hill）和皮埃尔·盖拉德酒庄（Domaine Pierre Gaillard）。他相信西斯科特的寒武纪土壤能生产出最好的西拉，从2004年起，他就从这个产区购买葡萄，利用各种酿酒技术酿制西拉。出口到美国、日本和中国香港。

🍷🍷🍷🍷🍷 Demi Heathcote Shiraz 2015

西斯科特西拉2015

一款极其复杂的西拉，有着丰富的香气和风味，包括覆盆子、熏肉、甘草、黑胡椒和黑樱桃的味道。

封口：螺旋盖　酒精度：14%　评分：93　最佳饮用期：2028年

参考价格：25澳元 ✪

Garden of Earthly Delights Riesling 2016

尘世乐园雷司令2016

压榨前保持24小时的低温，野生酵母发酵，1/3在一个675升的陶瓷蛋形无控温的发酵器中，带皮浸渍发酵。这绝对不是传统意义上的雷司令。不要一闻到它特异的酒香（湿沙鞋）就放弃，继续品尝，你就会发现它的口感很有深度——只是一开始，就可以尝到泥土和矿物质，各种柑橘和岩石的味道。它并不是一款黄葡萄酒（酒色呈石英白），但爱好自然葡萄酒的人应该会很喜欢它。为它打分则完全是画蛇添足。

封口：螺旋盖　酒精度：12.6%　评分：92　最佳饮用期：2020年

Garden of Earthly Delights 2015

尘世乐园雷司令2015

香气和口感略微有些奇特，虽然没有增加其品种特性的表达，却增加了整体的复杂性。结尾略有缺陷，但应该会随着瓶储而发展消失。对于喜欢与众不同的葡萄酒的爱好者来说，这款酒值得尝试。

封口：螺旋盖　酒精度：12.3%　评分：92　最佳饮用期：2023年

参考价格：32澳元

Last Dance Heathcote Shiraz 2014

最后一曲西斯科特西拉2014

100%的原料使用整串，野生酵母-开放式发酵，52天带皮浸渍，在旧的法国橡木桶中熟成15个月。我无法想象他们是如何完成这套复杂的酿酒工艺的：部分采用碳浸渍法，部分用酵母在开放式容器中发酵52天，没有压帽处理——并且没有各种细菌和易挥发酸等问题。它的一个优点是，在相对较低的pH值下，用完美的酒精度衬托出了甜美的红色浆果的味道。

封口：螺旋盖　酒精度：13.8%　评分：92

T'Gallant　蒂格兰酒庄 ★★★★

1385 Mornington-Flinders，Main Ridge，Vic 3928　产区：莫宁顿半岛

电话：(03)5931 1300　网址：www.tgallant.com.au　开放时间：每日开放，9:00—17:00

酿酒师：亚当·卡纳比（Adam Carnaby）　创立时间：1990年

产量（以12支箱数计）：不详　葡萄园面积：8公顷

凯文·麦卡锡（Kevin McCarthy）和凯瑟琳·奎利（Kathleen Quealy）是一对酿酒师夫妇，他们为蒂格兰（T'Gallant）品牌开辟了一个重要的细分市场。这个品牌非常成功，以至于在2003年，经过漫长的谈判，该品牌被贝灵哲·布拉斯（Beringer Blass，现在是富邑葡萄酒集团的一部分）收购。这次收购包括地产15公顷和8公顷的灰比诺葡萄园——为该公司提供了坚实的地理基础，同时也为其招牌酒提供了更多资源。

🍷🍷🍷🍷🍷 Cape Schanck Pinot Gris 2016

参克岬灰比诺2016

经过带皮浸渍，酒色淡红—粉红；这款酒制作精美，酸度爽脆，更加凸显了其中沙梨的风味，也使得回味更长。

封口：螺旋盖　酒精度：12.5%　评分：91　最佳饮用期：2017年
参考价格：20澳元 ✪

Imogen Pinot Gris 2015
伊莫金灰比诺2015
独特的蒂格兰高酒精度风格，这既有好的一面（提升口感），也有不好的一面（结尾略带温暖的胡椒味）。很难用传统的标准来衡量它的好坏，忠实的消费者也不会在意这一点。
封口：螺旋盖　酒精度：15%　评分：90　最佳饮用期：2018年
参考价格：25澳元

🍷🍷🍷🍷 Imogen Pinot Gris 2016
伊莫金灰比诺2016
评分：89　最佳饮用期：2019年　参考价格：25澳元　SC

Cape Schanck Heathcote Rose 2016
参克岬西斯科特桃红2016
评分：89　最佳饮用期：2017年　参考价格：20澳元

Tahbilk　德宝酒庄 ★★★★★

254 O'Neils Road，Tabilk，Vic 3608　产区：纳甘比湖（Nagambie Lakes）
电话：(03)5794 2555　网址：www.tahbilk.com.au
开放时间：周一至周六，9:00—17:00；周日，11:00—17:00
酿酒师：阿里斯特·普布瑞克（Alister Purbrick），尼尔·拉尔森（Neil Larson），艾伦·乔治（Alan George）　创立时间：1860年　产量（以12支箱数计）：120000
葡萄园面积：221.5公顷
德宝酒庄是一个极为传统的酒厂（按国民信托的分类）——每一位对葡萄酒感兴趣的澳大利亚人都应该至少去1次。酒庄生产的葡萄酒——尤其是红酒——完全保持了传统。这个遗留下来的传统的核心是1860年种下的极少量的西拉。2012年和2013年的葡萄酒将能继续保持德宝酒庄良好的声誉。同时这个酒庄还是“澳大利亚第一葡萄酒家族”中的成员。2016葡萄酒宝典最佳葡萄酒厂。出口到所有主要市场。

🍷🍷🍷🍷🍷 1927 Vines Marsanne 2011
1927**藤蔓玛珊**2011
与往常一样，格外的浓郁、复杂——这部分是因为葡萄的树龄，另一部分则是瓶储的时间；还有——至少是这一年——凉爽的气候。新鲜度极佳，精细，带有柑橘、苹果和金银花的味道。这款酒的酸度有时候对一些人来说有些过高，但这一年份并没有这个问题。这是一款美酒——还可以保存上数十年。
封口：螺旋盖　酒精度：11%　评分：97　最佳饮用期：2031年
参考价格：46澳元 ✪

1860 Vines Shiraz 2013
1860**藤蔓西拉**2013
比平时的颜色要更浅一些，但仍有着出色的深红色调，非常清透。酿酒团队抵制住了过度提取水果单宁的诱惑，而是让纯净的红樱桃味道占据中心地位。单宁如丝绸般柔滑，符合高品质黑比诺的标准，所以，尽管有些人可能不喜欢它，我还是很喜欢。
封口：螺旋盖　酒精度：13.5%　评分：97　最佳饮用期：2038年
参考价格：320澳元

🍷🍷🍷🍷🍷 1927 Vines Marsanne 2010
1927**藤蔓玛珊**2010
透亮的草秆绿色；极佳的平衡和长度是这款酒的一个标志性的特点，略带金银花和一点蜂蜜的味道，接下来就是精确的、非常平衡的酸度。这是这款独特的葡萄酒最好的年份。原料来自澳大利亚唯一的一块种植90年树龄的玛珊葡萄藤的园地。
封口：螺旋盖　酒精度：11.5%　评分：96　最佳饮用期：2030年
参考价格：45澳元 ✪

1860 Vines Shiraz 2012
藤蔓西拉2012
仅仅是中等酒体，但却有着一种不容争辩的，安静持久的风致。最初是丰富的辛香料/泥土/红色水果味的酒香三连（橡木的味道在任何阶段都非常适宜）。口感柔顺，平衡完美，回味很长。在很多方面，这款酒都可以说是澳大利亚过去的155年的红葡萄酒酿造的精华之作。
封口：螺旋盖　酒精度：12.5%　评分：96　最佳饮用期：2042年
参考价格：29澳元

Eric Stevens Purbrick Cabernate Sauvignon 2012
艾瑞克·斯蒂文斯·普尔布瑞克赤霞珠 2012
酒香重现了澳大利亚夏日灌木丛、泥土、干草和桉树的香气，伴随着口中丰富的黑加仑和干香草的味道，酒体饱满，回味很长。橡木和单宁的处理非常经典。
封口：螺旋盖　酒精度：14%　评分：96　最佳饮用期：2042年
参考价格：70澳元 ✪

Museum Release Marsanne 2011
博物馆发行玛珊2011
酒色呈现极好的亮绿-金色；香气和口感中丰富的青柠、柠檬，柠檬凝乳，金银花和烤面包的味道十分和谐地交织在一起。澳大利亚的一款独特的经典作品。
封口：螺旋盖　酒精度：11.5%　评分：95　最佳饮用期：2025年
参考价格：24澳元 ✪

Eric Stevens Purbrick Shiraz 2013
艾瑞克·斯蒂文斯·普尔布瑞克西拉2013
色泽深沉，中等至饱满酒体，丰富的紫色至黑色的果香；单宁成熟、柔顺，橡木比平时略浓，但并不出奇。
封口：螺旋盖　酒精度：14.2%　评分：95　最佳饮用期：2038年
参考价格：72澳元

Eric Stevens Purbrick Shiraz 2012
艾瑞克·斯蒂文斯·普尔布瑞克西拉2012
与1860藤蔓西拉有许多共同点，但整体来说，更加易饮。带有泥土/辛香料的味道，单宁饱满，酒体中等，没有多余的元素。西拉中的绅士。
封口：螺旋盖　酒精度：13.5%　评分：95　最佳饮用期：2031年
参考价格：70澳元

Eric Stevens Purbrick Cabernate Sauvignon 2013
艾瑞克·斯蒂文斯·普尔布瑞克赤霞珠 2013
这是一款酒体饱满的陈酿赤霞珠，色泽深浓，口感饱满。有可口的黑加仑而不是黑醋栗酒，一点香草和黑橄榄的味道。单宁整肃，配合适度的法国橡木。
封口：螺旋盖　酒精度：13%　评分：95　最佳饮用期：2038年
参考价格：72澳元

Old Vines Cabernate Sauvignon Shiraz 2013
老藤赤霞珠西拉2013
最早是在1957和1958年酿制的——当时被命名为赤霞珠西拉，据说是澳大利的第一款赤霞珠西拉。短暂的消失后，重新被永久列入德宝酒庄的顶级系列中。配比为60/40%。带有黑色水果的味道，单宁结实和橡木整合得很好，也保证了这款葡萄酒具备陈年的潜力。
封口：螺旋盖　酒精度：14%　评分：95　最佳饮用期：2038年
参考价格：46澳元

Cabernate Sauvignon 2014
赤霞珠 2014
评分：94　最佳饮用期：2034年　参考价格：26澳元 ✪

Old Vines Cabernate Sauvignon Shiraz 2014
老藤赤霞珠西拉2014
评分：94　最佳饮用期：2030年　参考价格：45澳元

🍷🍷🍷🍷🍷 Grenache Syrah Mourvedre
歌海娜西拉幕尔维　2015
评分：92　最佳饮用期：2030年　参考价格：26澳元

Cane Cut Marsanne 2013
长枝修剪玛珊2013
评分：92　最佳饮用期：2021年　参考价格：25澳元 ✪

Riesling 2016
雷司令2016
评分：90　最佳饮用期：2023年　参考价格：19澳元　JF ✪

Marsanne 2016
玛珊2016
评分：90　最佳饮用期：2023年　参考价格：18澳元 ✪

Cellar Door Exclusive Roussanne 2016
酒窖专享胡珊2016
评分：90　最佳饮用期：2021年　参考价格：18澳元 ✪

Shiraz 2014
西拉2014
评分：90　最佳饮用期：2034年　参考价格：26澳元

Cane Cut Marsanne 2012
长枝修剪玛珊2012
评分：90　最佳饮用期：2024年　参考价格：25澳元　JF

Talbots Block Wines　大宝地块葡萄酒　★★★★☆

62 Possingham Pit Road，Sevenhill，SA 5453　产区：克莱尔谷
电话：0402 649 979　网址：www.talbotsblock.com.au　开放时间：仅限预约
酿酒师：合约制（Contract）　创立时间：2011年
产量（以12支箱数计）：1000　葡萄园面积：5公顷
因为政府和石油行业的工作，1997年，亚历克斯（Alex）和比尔·塔尔伯特（Bill Talbot）开始了他们的葡萄酒之旅，当时他们在南非沙漠的伍默拉（Woomera）工作和生活。他们爱上了克莱尔山谷的七山（Sevenhill）地区，梦想着有朝一日能为朋友们酿酒，于是他们买下了这块土地。在这之后，他们搬到亚洲的各个地方，包括吉龙坡、雅加达和新加坡，但他们的心思总是

会回到七山葡萄园。他们现在住在这酒庄土地上自己建造的大房子里，从这里可以看到整个葡萄园。他们终于有机会住在酒庄里，可以随时修剪葡萄树。最初他们只是销售葡萄，但2012年以来，他们会保留一部分葡萄，生产1000箱的葡萄酒——两款西拉的风格完全不同，他们的标签非常醒目。

🍷🍷🍷🍷🍷 The Sultan Clare Valley Shiraz 2014

苏丹克莱尔谷西拉2014 2

014年份非常凉爽，成熟季长，因而葡萄可以完全成熟，而波美度还低于2015，同时有着天鹅绒一般的质地和口感。红色和黑色水果风味非常平衡。

封口：螺旋盖　酒精度：14.3%　评分：95　最佳饮用期：2030年

参考价格：36澳元

The Prince Clare Valley Shiraz 2015

王子克莱尔谷西拉2015

呈现明亮的、饱满的紫红色，酒香中带有甘草、香料、橄榄酱和黑色水果的味道，口中是膨胀的黑色水果的味道；单宁柔韧而不粗糙，酒精奇怪（但有趣）地淹没在丰富的香气和味道之中。

封口：螺旋盖　酒精度：14.9%　评分：94　最佳饮用期：2035年

参考价格：25澳元

Talijancich　塔利贾里奇 ★★★★

26 Hyem Road，Herne Hill，WA 6056　产区：天鹅谷

电话：(08) 9296 4289　网址：www.taliwine.com.au　开放时间：周三到周一，10:30—16：30

酿酒师：詹姆斯·塔里扬维奇(James Talijancich)　创立时间：1932年　产量（以12支箱数计）：10000　葡萄园面积：6公顷

前加强型葡萄酒（陈年托卡伊）专家现在生产一系列餐酒，特别是维尔德罗——每年都会有产自澳大利亚和海外各地的3岁酒龄的维尔德罗的品鉴会。詹姆斯·塔里扬维奇（James Talijancich）是天鹅谷葡萄酒的一个精力充沛且有效的使者。出口到英国。

🍷🍷🍷🍷🍷 Reserve Swan Valley Verdelho 2008

珍藏天鹅谷维尔德罗2008

它已经从小鸭子变成了天鹅（双关语），黄油烤面包加蜂蜜，再加上柠檬结晶的味道。已经得到了充分的发展。

封口：螺旋盖　酒精度：14%　评分：94　最佳饮用期：2020年

参考价格：35澳元

Talisman Wines　塔利斯曼酒庄 ★★★★★

PO Box 354，Cottesloe，WA 6911（邮）　产区：吉奥格拉菲

电话：0401 559 266　网址：www.talismanwines.com.au　开放时间：不开放

酿酒师：彼得·斯坦莱克（Peter Stanlake）　创立时间：2009年

产量（以12支箱数计）：2700　葡萄园面积：9公顷

金·罗宾逊［Kim Robinson，和妻子珍妮(Jenny)］从2000年开始建设葡萄园，现在已经种植有赤霞珠、西拉、马尔贝克、增芳德、霞多丽、雷司令和长相思。金说："我们把葡萄卖给埃文斯&塔特（Evans & Tate）和沃尔夫·布拉斯（Wolf Blass）8年后，决定充分利用葡萄园，尝试生产高质量的葡萄酒。"酒庄非常成功，在地理葡萄酒展上连续获得金牌（和一些奖杯）。他们说，如果不是葡萄园经理维克多·贝托拉（Victor Bertola）和酿酒师彼得·斯坦莱克（Peter Stanlake）的帮助，他们无法取得现在的成功。出口到英国。

🍷🍷🍷🍷🍷 Gabrielle Ferguson Valley Chardonnay 2015

嘉比里拉·弗格森谷霞多丽 2015

复杂，精细，有质感，非常诱人——这几个词可以基本概括上好的霞多丽。这款嘉比里拉（Gabrielle）就是如此。葡萄质量很好，酿造工艺的选择也很聪明：野生酵母发酵，新旧混合的法国小橡木桶带来了奶油蜂蜜，柠檬凝乳，烤温桲，复杂的硫化物的味道——这是让人欲罢不能的那种美味——酒脚细腻有质感。

封口：螺旋盖　酒精度：13.9%　评分：96　最佳饮用期：2021年

参考价格：35澳元　JF　✪

Ferguson Valley Riesling 2016

弗格森谷雷司令2016

可能是因为这是一个较为温暖的年份，比平时的质地更好，但仍然十分有活力，带有青柠-柠檬皮的味道，酸度精细，口感丰富，还略带柑橘花的味道。现在就可以饮用了。

封口：螺旋盖　酒精度：11.8%　评分：95　最佳饮用期：2023年

参考价格：22澳元　JF　✪

Ferguson Valley

弗格森谷梅洛2014

这是一款好酒。很好的梅洛。黑醋栗、花香和木香香料、皮革和压碎的香草的诱人的顶部味——不是杂草，而是美味。微调，橡木融合，单宁极好。有着成熟的李子和软黑醋栗，花香和木质香料，皮革和诱人品种特征——破碎香草的味道——不是杂草的味道，但非常可口。非常精致，橡木整合得很好，单宁极佳。

封口：螺旋盖　酒精度：14.5%　评分：95　最佳饮用期：2021年

参考价格：35澳元　JF　✪

🍷🍷🍷🍷 Ferguson Valley Cabernate Sauvignon Malbec

弗格森谷赤霞珠马尔贝克 2013
评分：93 最佳饮用期：2023年 参考价格：25澳元 JF ✪
Barrique Ferguson Valley Sauvignon Blanc Fume 2015
小酒桶弗格森谷长相思福美
评分：92 最佳饮用期：2021年 参考价格：27澳元 JF
Ferguson Valley Zinfandel 2013
弗格森谷增芳德 2013
评分：92 最佳饮用期：2021年 参考价格：42澳元 JF
Ferguson Valley Zinfandel 2010
弗格森谷增芳德 2010 评分：90 最佳饮用期：2019年 参考价格：42澳元 JF

Tallavera Grove | Carillion 塔拉维拉园 | 卡丽农 ★★★★★

749 MountView Road，Mount View，新南威尔士州，2325 产区：猎人谷
电话：(02)4990 7535 网址：www.tallaveragrove.com.au
开放时间：周四至周一，10:00—17:00 酿酒师：格温奥尔森（Gwyn Olsen）
创立时间：2000年 产量（以12支箱数计）：15000 葡萄园面积：188公顷
塔拉维拉·格罗夫（Tallavera Grove）是约翰·戴维斯博士（Dr John Davis）和他的家人感兴趣的葡萄酒之一。这家人拥有布里尔山脊（Briar Ridge）酒庄50%的股份，在库纳瓦拉有12公顷的葡萄园，在莱顿布尔（Wrattonbully）拥有100公顷的石田葡萄园（Stonefields Vineyard），在奥兰治有36公顷的葡萄园（卡丽农葡萄酒的原料就来自这个葡萄园）。猎人谷的40公顷葡萄园内种植有霞多丽、西拉、赛美蓉、维德罗、赤霞珠和维欧尼。

🍷🍷🍷🍷🍷 Carillion The Crystals Orange Chardonnay 2014
卡丽农水晶奥兰治霞多丽 2014
这是一款典雅、朴素的葡萄酒，每次在品尝时它都会有一些发展，但还要很多年才能达到最好的状态。在此过程中，核果和苹果的味道将不断增长，并伴随着爽脆的酸度和结尾低调的橡木味。
封口：螺旋盖 酒精度：13% 评分：95 最佳饮用期：2029年
参考价格：35澳元 ✪
Carillion The Volcanics Orange Cabernate Sauvignon 2015
卡丽农火山奥兰治赤霞珠 2015
充分地表现出了产区的特征，凉爽的气候下生长的番茄灌木、月桂叶和草本植物的特征都很明显，还有雪松的味道，其中一部分是来自法国橡木，另一部分则是品种特征。口感丝滑而优雅，成熟的红浆果和黑醋栗的味道与精致的单宁完美地融合在一起。
封口：螺旋盖 酒精度：14% 评分：95 最佳饮用期：2030年
参考价格：45澳元 SC ✪
Stonefields Block 22 Wrattonbully Cabernate Sauvignon 2014
石田22号地块拉顿布里赤霞珠 2014
在讨论澳大利亚最好的地区时，库纳瓦拉在石灰岩海岸（Limestone Coast）的光荣榜上名列前茅，然而人们常常忘记了拉顿布里。带有月桂叶、黑橄榄和多汁黑醋栗的味道，在不到50美元的葡萄酒中，单宁和橡木都很好。
封口：螺旋盖 酒精度：13.8% 评分：95 最佳饮用期：2034年
参考价格：45澳元
Carillion Orange Riesling 2015
卡丽农奥兰治雷司令2015
香气和口感都很微妙，充分表达了品种特征：酒香中带有馥郁的花香和香料的味道，口感优雅，略带青柠和苹果的味道。明亮的酸度会保持得很好。
封口：螺旋盖 酒精度：12.5% 评分：94 最佳饮用期：2025年
参考价格：25澳元 ✪
Stonefields Arbitrage Wrattonbully
石田仲裁拉顿布里赤霞珠梅洛西拉2014
完全适合这个产区的混酿，每个品种都对整体做出了贡献。酒香中，产区的特质占据主要位置，伴随薄荷和石灰岩的气息。口中可以感觉到黑醋栗，红色水果和香料的味道的醇厚，平衡、柔顺，无懈可击。
封口：螺旋盖 酒精度：13.8% 评分：94 最佳饮用期：2028年
参考价格：38澳元 SC

🍷🍷🍷🍷 Tallavera Grove Hunter Valley Semillon 2016
猎人谷赛美蓉2016
评分：93 最佳饮用期：2030年 参考价格：25澳元 SC ✪
Carillion The Crystals Orange Chardonnay 2015
卡丽农水晶奥兰治霞多丽 2015
评分：93 最佳饮用期：2023年 参考价格：35澳元 SC
Carillion Orange Sauvignon Blanc 2015
卡丽农奥兰治长相思2015
评分：92 最佳饮用期：2017年 参考价格：20澳元 ✪
Carillion The Crystals Chardonnay 2016

卡丽农水晶霞多丽 2016
评分：91 最佳饮用期：2021年 参考价格：35澳元 SC

Davis Premium Vineyard Lovable Rogue Funky Ferment Orange Verduzzo 2016
戴维斯特级葡萄园小罗格异味发酵奥兰治维杜佐2016
评分：91 最佳饮用期：2020年 参考价格：30澳元

Carillion Orange Pinot Noir 2015
卡丽农奥兰治黑比诺 2015
评分：91 最佳饮用期：2023年 参考价格：25澳元

Carillion Orange Riesling 2016
卡丽农奥兰治雷司令2016
评分：90 最佳饮用期：2023年 参考价格：25澳元

Davis Premium Vineyard Rogue Series Field Blend Wild in the Wood 2016
戴维斯特级葡萄园罗格系列田地混酿林中野地
评分：90 最佳饮用期：2024年 参考价格：30澳元

Carillion Cabernate Sauvignon Merlot Petit Verdot 2014
卡丽农赤霞珠梅洛小味儿多 2014
评分：90 最佳饮用期：2022年 参考价格：25澳元 SC

Taltarni 塔尔塔尼 ★★★★★

339 Taltarni Road，Moonambel，Vic 3478 产区：宝丽丝
电话：(03)5459 7900 网址：www.taltarni.com.au 开放时间：每日开放，11:00—17:00
酿酒师：罗伯特·海伍德（Robert Heywood），彼得·沃尔（Peter Warr）
创立时间：1969年 产量（以12支箱数计）：80000 葡萄园面积：78.5公顷
克罗杜维尔酒庄（Clos Du Val，纳帕谷）、塔尔塔尼（Taltarni）和克拉弗山（Clover Hill）的美国所有人兼创始人将这3个企业和尼萨斯区［Domaine de Nizas，郎格多克（Languedoc）］都并入了格莱特葡萄酒庄园（Goelet Wine Estates）的名下。塔尔塔尼是澳大利亚最大的企业之一，酒庄葡萄园有很高的品牌价值，年产量非常可观。昆虫馆建立在永久植被通道上，每条走廊上都有2000种左右的本地植物，为益虫提供花粉和蜜源，以减少对化学药物和葡萄园其他控制产品的需求。最近几年，塔尔塔尼更新了葡萄酒酿造技术，2017年是酒庄建立40周年。出口到世界所有的主要市场。

🍷🍷🍷🍷🍷

Fume Blanc 2016
白福美2016
宝丽丝和珊瑚河（Coal River，塔斯马尼亚）葡萄的混酿，在旧的法国小橡木桶中发酵，并在桶中带酒脚陈酿。熟练的酿酒技术充分利用了这一过程本身的复杂性，同时保持了热带水果的新鲜和活力，回味悠长而干净。
封口：螺旋盖 酒精度：13% 评分：95 最佳饮用期：2019年
参考价格：26澳元 ✪

Old Block Pyrenees Shiraz 2015
老地块宝丽丝西拉2015
复杂、丰厚、香气浓郁的葡萄酒。深色水果，胡椒、破碎杜松子和巧克力-薄荷，地中海干香草，侧面表现出适量的香柏木的味道。单宁呈现颗粒状，口感干爽。
封口：螺旋盖 酒精度：14.5% 评分：95 最佳饮用期：2035年
参考价格：45澳元 JF

Reserve Pyrenees Shiraz Cabernate Sauvignon 2013
珍藏宝丽丝西拉赤霞珠2013
黑樱桃、李子、甘草、黑醋栗酒、黑巧克力、橡木以及薄荷的香气和风味层层叠叠，在饱满的酒体中充分表现出这款酒的甘美华丽。它将可以陈酿很久，现在仅仅是刚开始，还不到最好的时候。
封口：橡木塞 酒精度：14.5% 评分：94 最佳饮用期：2030年
参考价格：65澳元

🍷🍷🍷🍷

Estate Pyrenees Shiraz 2015
庄园宝丽丝西拉2015
评分：93 最佳饮用期：2026年 参考价格：40澳元 JF

Reserve Pyrenees Shiraz Cabernate Sauvignon
珍藏宝丽丝西拉赤霞珠2014
评分：93 最佳饮用期：2036年 参考价格：65澳元 JF

Estate Pyrenees Cabernate Sauvignon 2014
庄园宝丽丝赤霞珠 2014
评分：93 最佳饮用期：2035年 参考价格：40澳元 JF

Old Block Pyrenees Cabernate Sauvignon 2014
老地块宝丽丝赤霞珠 2014
评分：93 最佳饮用期：2029年 参考价格：45澳元 JF

Cuvee Rose 2012
年份桃红 2012
评分：92 最佳饮用期：2017年 参考价格：26澳元 TS

Tache 2012
塔榭 2012
评分：92　最佳饮用期：2017年　参考价格：26澳元　TS

Barrosa Valley Heathcote Pyrenees GSM 2016
巴罗萨西斯科特宝丽丝
评分：90　最佳饮用期：2022年　参考价格：26澳元　JF

Sparkling Shiraz 2015
起泡酒西拉2015
评分：90　最佳饮用期：2020年 TS

Tamar Ridge | Pirie　塔马岭|皮里　★★★★★

1a Waldhorn Drive，Rosevears，塔斯马尼亚，7277　产区：塔斯马尼亚北部
电话：(03)6330 0300　网址：www.tamarridge.com.au　开放时间：每日开放，10:00—17:00
酿酒师：汤姆·华莱士（Tom Wallace）　创立时间：1994年
产量（以12支箱数计）：14000　葡萄园面积：120公顷

2010年8月，布朗兄弟以3250万美元的价格从古恩（Gunns）有限公司处买下了塔马岭酒庄，安德鲁·皮里博士（Dr Andrew Pirie）已经从他之前CEO和总酿酒师的职位上退休，但同时这次收购也恰好是他5年任期的结束。塔斯马尼亚是澳大利亚一个对葡萄与葡萄酒的需求大于供给的一个地区。塔马岭在古恩旗下的7年之间，业务和发展都得到了很好的管理，没有卷入公司的财政危机。出口到世界所有的主要市场。

🍷🍷🍷🍷🍷　Tamar Ridge Single Block Pinot Noir 2015
塔马岭单一地块黑比诺2015
产自卡耶纳（Kayena）葡萄园的MV6克隆株系，冷浸渍5天，野生酵母—开放式发酵，在法国小橡木桶（30%是新的）中熟成12个月。清透的深紫红色；信息中并没有提到整串浆果的使用，但强劲可口的单宁经久不散，很像是采用了一些整串发酵的工艺。水果味道并没有被单宁，仍然十分浓郁。
封口：螺旋盖　酒精度：14.1%　评分：95　最佳饮用期：2030年
参考价格：100澳元

🍷🍷🍷🍷　Tamar Ridge Reserve Pinot Noir 2014
塔马岭珍藏黑比诺2014
评分：92　最佳饮用期：2025年　参考价格：65澳元　JF

Traditional Method Non Vintage NV
传统方法 无年份
评分：92　最佳饮用期：2019年　参考价格：32澳元　TS

Tambo Estate　坦博庄园　★★★★★

96 Pages Road，Tambo Upper，Vic 3885　产区：吉普史地
电话：(03)5156 4921　网址：www.tambowine.com.au
开放时间：周四至周日，11:00—17:00；12月至1月每日开放
酿酒师：阿拉斯泰尔·巴特（Alastair Butt）　创立时间：1994年
产量（以12支箱数计）：1380　葡萄园面积：5.11公顷

20世纪90年代早期，比尔（Bill）和帕姆·威廉姆斯（Pam Williams）结束了7年的海外工作，回到了澳大利亚，开始搜寻一处符合约翰·格莱斯顿博士（Dr John Gladstones）在其著作《葡萄栽培和环境》中提出的，适于生产高品质餐酒的地点。他们选择了位于吉普史地湖内陆一侧带的维多利亚阿尔卑斯（Victorian Alps）山麓丘陵上的一处地方——是一个朝北的斜坡，而且大部分处于荫蔽之下。他们种植了5公顷左右的葡萄，包括霞多丽（也是最主要的品种，占地3.4公顷）、长相思、黑比诺、赤霞珠和一点梅洛。他们成功地聘请到了阿拉斯泰尔·巴特（Alastair Butt）为他们酿酒［一度是赛威庄园（Seville Estate）的酿酒师］。

🍷🍷🍷🍷🍷　Reserve Gippsland Lakes Chardonnay 2015
吉普史地湖珍藏霞多丽2015
品质极高，令人惊异：白桃的味道之中略带青柠味的酸度，浸提出的橡木精准地提供了足够的支持。对细节的重视也是它的一大特点，回味极长。
封口：螺旋盖　酒精度：13.3%　评分：97　最佳饮用期：2028年
参考价格：48澳元　✪

🍷🍷🍷🍷🍷　**吉普史地湖长相思** 2016
Gippsland Lakes Sauvignon Blanc 2016
有着出色的质感和紧致的酸度，与桶内发酵带来的淡淡的坚果/烟熏的味道形成对比。与卢瓦尔河谷的长相思风格很相似。陈酿型。
封口：螺旋盖　酒精度：12.7%　评分：95　最佳饮用期：2021年
参考价格：26澳元　✪

Gippsland Lakes Unwooded Chardonnay 2016
吉普史地湖霞多丽未过桶 2016
它证明了未经过橡木桶的霞多丽可以有多么出色。葡萄柚和白桃的风味之间，可以明确地辨别出品质特质。陈放上几年后会变得更加复杂。
封口：螺旋盖　酒精度：12.7%　评分：94　最佳饮用期：2021年
参考价格：22澳元　✪

🍷🍷🍷🍷　Reserve Cabernate Sauvignon 2015

珍藏赤霞珠 2015
评分：90 最佳饮用期：2030年 参考价格：38澳元
Field Blend 2015
田地混酿 2015
评分：90 最佳饮用期：2029年 参考价格：28澳元

Tamburlaine 泰姆勃兰 ★★★★☆

358 McDonalds Road，Pokolbin，新南威尔士州，2321 产区：猎人谷
电话：(02)4998 4200 网址：www.mywinery.com 开放时间：每日开放，9:30—17:00
酿酒师：马克·戴维森（Mark Davidson）、阿什利·霍纳（Ashley Horner）
创立时间：1966年 产量（以12支箱数计）：60000 葡萄园面积：125公顷
这是一个正在茁壮发展的企业，（直到海外市场显著增长）90%的产品都通过酒窖门店和邮购销售（通过一个活跃的品尝俱乐部成员酒窖项目）。酒庄自有的奥兰治葡萄园发展成熟后，引入了许多适合陈酿的品种。酒庄在猎人谷和奥兰治葡萄园现在都已经过有机认证。出口到马来西亚、韩国、尼泊尔、日本和中国。

🍷🍷🍷🍷🍷 Hunter Valley Reserve Semillon 2013
猎人谷珍藏赛美蓉2013
如果不看酒标，灯光昏暗的情况下，很多人可能会想问："这到底是赛美蓉还是雷司令?"根据我2014年1月的品尝笔记或是可陈放至，我也不能马上做出判断："淡石英绿色；柠檬/柑橘的芳香，接着是浓烈的柠檬/香茅草味道，然而，不可思议的是——接下来更加浓郁的口感，直到结尾和悠长的回味。"
封口：螺旋盖 酒精度：10% 评分：96 最佳饮用期：2025年
参考价格：50澳元 ✪

Museum Release Reserve Orange Riesling
博物馆发行珍藏奥兰治雷司令2004
一款有深度的雷司令，有柠檬皮的味道，仍然新鲜年轻。我觉得，在接下来的5年里，还将在瓶中继续陈酿。
封口：螺旋盖 酒精度：12.1% 评分：94 最佳饮用期：2024年
参考价格：49澳元

🍷🍷🍷🍷🍷(半) Reserve Orange Riesling 2016
珍藏奥兰治雷司令2016
评分：93 最佳饮用期：2021年 参考价格：33澳元
Reserve Hunter Valley Semillon 2016
猎人谷赛美蓉2016
评分：93 最佳饮用期：2021年 参考价格：33澳元
Reserve Orange Shiraz 2015
珍藏奥兰治西拉2015
评分：92 最佳饮用期：2040年 参考价格：44澳元
Reserve Orange Merlot 2015
珍藏奥兰治梅洛2015
评分：91 最佳饮用期：2025年 参考价格：44澳元
Reserve Orange Cabernate Sauvignon 2015
珍藏奥兰治赤霞珠 2015
评分：90 最佳饮用期：2030年 参考价格：44澳元
Reserve Orange Malbec 2015
奥兰治马尔贝克 2015
评分：90 最佳饮用期：2023年 参考价格：44澳元

Tapanappa 塔帕纳帕 ★★★★★

15 Spring Gully Road，Piccadilly，SA 5151 产区：阿德莱德山
电话：(08) 7324 5301 网址：www.tapanappawines.com.au
开放时间：周四至周一，11:00—16:00 酿酒师：布莱恩·克罗兹（Brian Croser）
创立时间：2002年 产量（以12支箱数计）：2500 葡萄园面积：16.7公顷
2015年，塔帕纳帕酒庄在很多方面都更加返璞归真。他们收回了最初的帕塔路姆（Petalum）酒厂，以及在风景如画的提尔斯（Tiers）葡萄园的一个酒窖门店。另外，酒庄现在由布莱恩（Brian）和安·克罗兹（Ann Croser）全资所有，但女儿（Lucy）和女婿哈维尔·比佐（Xavier Bizot）也在酒庄工作。酒庄的几个主要构成部分是：拉顿布里（Wrattonbully）的鲸骨（Whalebone）葡萄园（30年前种植了赤霞珠、西拉和梅洛）、阿德莱德山皮卡迪利（Piccadilly）的提尔斯葡萄园（霞多丽）和弗勒里厄半岛最南端的云雾山（Foggy Hill）葡萄园（黑比诺）。出口到英国、法国、瑞典、新加坡、阿联酋等国家，以及中国内地（大陆）和香港地区。

🍷🍷🍷🍷🍷 Single Vineyard Eden Valley Riesling 2016
单一葡萄园伊顿谷雷司令2016
来自有50年历史的巴塞洛缪斯（Bartholomeus）葡萄园，手工采摘，低温下去梗和破碎，在2℃下压榨，用自留汁和第1次的压榨汁，发酵3个月以上——时间惊人的长。酒色呈石英白；极其浓郁，会成熟得非常好。果梗的加入，可能会带来一些特殊的风

味。
封口：螺旋盖 酒精度：12.5% 评分：96 最佳饮用期：2030年
参考价格：29澳元 ✪

Piccadilly Valley Chardonnay
皮卡迪利谷霞多丽 2015
制作得非常精美。这是一款时尚而优雅的霞多丽，带有丰富的柑橘和核果的味道，十分可口。新橡木的使用比例得到了严格的控制，带来的更多的是质地，而不是风味。
封口：螺旋盖 酒精度：13.5% 评分：95 最佳饮用期：2023年
参考价格：39澳元

Tiers Vineyard 1.5m Piccadilly Valley Chardonnay
提尔斯葡萄园1.5米皮卡迪利谷霞多丽 2015
散发出柑橘花和白桃的香气，并伴有淡淡的坚果和橡木的味道。口感成熟但克制，酸度精致，回味清新。
封口：螺旋盖 酒精度：13.7% 评分：95 最佳饮用期：2023年
参考价格：55澳元 SC

Tiers Vineyard Piccadilly Valley Chardonnay
提尔斯葡萄园皮卡迪利谷霞多丽 2015
带有辛香料味道的橡木在酒香中非常明显，柠檬和油桃的味道则要稍迟些，口感结实、紧致，好像压紧的弹簧。丰富的柑橘、矿物质般的质地以及清灰味的酸度后，是葡萄柚橘络般的结尾，回味很长。耐心点。
封口：螺旋盖 酒精度：13.6% 评分：94 最佳饮用期：2025年
参考价格：79澳元 SC

🍷🍷🍷🍷🍷 Single Vineyard Eden Valley Riesling 2015
单一葡萄园伊顿谷雷司令2015
评分：93 最佳饮用期：2025年 参考价格：29澳元

Tar & Roses 塔尔与罗斯 ★★★★

61 Vickers Lane，Nagambie.维多利亚，3608 产区：西斯科特
电话：(03)5794 1811 网址：www.tarandroses.com.au
开放时间：每个月的第一个周末，10:00—16:00
酿酒师：唐·刘易斯（Don Lewis），那瑞勒·金（Narelle King）
创立时间：2006年 产量（以12支箱数计）：18000
就在这本宝典出版的前几天，传来了唐·刘易斯（Don Lewis）去世的消息。很难说这个酒庄的主人［约翰·瓦尔莫比达（John Valmorbida）和戴维·杰梅森（David Jemmeson）］会作出什么决定，他们可能会支持那瑞勒·金（Narelle King）——他从酒庄成立之初就是葡萄酒酿造团队中的一员。出口到英国、美国、加拿大、瑞士、新加坡、日本、中国和新西兰。

🍷🍷🍷🍷🍷 Heathcote Sangiovese 2015
西斯科特桑乔维塞 2015
就品种来说，风格相当沉重，但同时也非常有魅力。带有甜香料，成熟的李子，红樱桃和香柏木的味道。香气馥郁，口感诱人。不会有什么问题。
封口：螺旋盖 酒精度：14.5% 评分：93 最佳饮用期：2021年
参考价格：24澳元 CM ✪

Heathcote Tempranillo 2016
西斯科特添帕尼罗 2016
酒液深浓，呈鲜紫色。飘散出紫罗兰花香，有红色和黑色樱桃果肉的味道，浸在波本中的樱桃，以及一点茴香和根香料的味道，与精心处理的橡木单宁配合得很好。
封口：螺旋盖 酒精度：14.6% 评分：92 最佳饮用期：2025年
参考价格：24澳元 NG ✪

Lewis Riesling 2016
路易斯雷司令2016
有光泽的草秆色，又略带一点黄色，散发出一系列温柠、青苹果和柑橘皮的味道。干爽的酸度非常自然。口感活泼，结尾有力，回味悠长。
封口：螺旋盖 酒精度：13.8% 评分：91 最佳饮用期：2024年
参考价格：20澳元 NG ✪

Heathcote Nebbiolo 2015
西斯科特内比奥罗2015
中等石榴石色；最初是番茄枝条，沙士和奶油草莓，然后是一点檀香和橘子皮的气息。单宁结实、可口，酸度清新。
封口：螺旋盖 酒精度：13.5% 评分：91 最佳饮用期：2024年
参考价格：45澳元 NG

Heathcote Shiraz 2015
西斯科特西拉2015
酒体饱满，结实有力。没有水果果酱的味道。在这个阶段还很封闭，但也有橄榄酱、咖啡豆、樟脑、萨拉米肠和深色水果的味道，中段味感浓郁密集，略带还原和橡木的味道。
封口：螺旋盖 酒精度：14.8% 评分：90 最佳饮用期：2030年
参考价格：22澳元 NG

Heathcote Tempranillo 2015
西斯科特添帕尼罗 2015
10%的新橡木桶，但大部分是久的法国橡木。结实有力。略带煮水果、沥青、黑樱桃和摩卡类的香调，以及干香料的味道。强健。
封口：螺旋盖 酒精度：14.5% 评分：90 最佳饮用期：2021年
参考价格：24澳元 CM

🍷🍷🍷🍷 Central Victoria Pinot Grigio 2016
维多利亚中部灰比诺2016
评分：89 最佳饮用期：2019年 参考价格：18澳元 NG ✪

Tarrahill. 塔尔拉山 ★★★★★

340 Old Healesville Road，Yarra Glen，Vic 3775 产区：雅拉谷
电话：(03)9730 1152 网址：www.tarrahill.com 开放时间：仅限预约
酿酒师：乔纳森·哈默尔（Jonathan Hamer），杰夫·费瑟斯（Geof Fethers）
创立时间：1992年 产量（以12支箱数计）：700 葡萄园面积：6.5公顷
酒庄所有人是前金杜律师事务所合伙人金杜律师（Mallesons Lawyers）、乔纳森·哈默尔（Jonathan Hamer）和妻子安德丽（Andrea）。安德丽原来是一个医生，也是伊安·汉森（Ian Hanson）的女儿。伊安酿制汉森-塔尔拉山（Hanson-Tarrahill）为标志的葡萄酒已经有许多年了。他在低普兰提（Lower Plenty）有一个0.8公顷的葡萄园，但还需要2公顷才能得到葡萄种植者的许可证。1990年，哈默尔家族在雅拉谷买下一块地产，并且种植了所需的葡萄藤（黑比诺——最终被2009年的山火全部摧毁了）。乔纳森和公司总监朋友杰夫·费瑟斯（Geof Fethers）周末在葡萄园工作，并在2004年决定开始学习葡萄酒科学课程以获得相关学位（在加州州立大学）；他们毕业于2011年。2012年，乔纳森退休，建立了更多的葡萄园（赤霞珠、品丽珠、梅洛、马尔贝克和小维多），伊恩（86岁）则从酿酒界退休。安德丽取得了第二学位（园艺），参与了酒庄的工作；她也是一个生物动力学倡导者。

🍷🍷🍷🍷 Le Batard 2015
巴塔德2015
一款有趣的65%的比诺和35%的西拉的混酿。充满辛香料、红色和黑色水果味道的葡萄酒，酒龄尚浅，但很有深度，非常明确，单宁带有轻柔的收敛感，为这款酒提供了骨架和结构感。很不错的葡萄酒。
封口：螺旋盖 酒精度：14.5% 评分：89 最佳饮用期：2020年
参考价格：25澳元 PR

TarraWarra Estate 塔拉瓦拉 ★★★★★

311 Healesville-Yarra Glen Road.Yarra Glen，Vic 3775 产区：雅拉谷
电话：(03)5962 3311 网址：www.tarrawarra.com.au 开放时间：周二至周日，11:00—17:00
酿酒师：克莱尔·哈伦（Clare Halloran） 创立时间：1983年
产量（以12支箱数计）：15000 葡萄园面积：28.98公顷
塔拉瓦拉现在而且一直以来都是雅拉谷顶级酒庄之一，创始人是马克·贝森·AO（Marc Besen AO）和妻子伊娃（Eva）。他们坚持"品质第一，成本第二"的经营理念。酒庄内还有专门修建的塔拉瓦拉艺术博物馆（twma.com.au），这也是一个值得参观的理由，也的确吸引了许多游客专程来看博物馆中各种各样的展品。葡萄园内种植有西拉和梅洛，酒厂的产品系列有四个级别：豪华的MDB系列产量极少，只在条件允许的年份才生产；单一葡萄园系列、珍藏系列和100%的酒庄葡萄园品种葡萄酒系列。出口到法国、马尔代夫、越南、新加坡等国家，以及中国内地（大陆）和香港地区。

🍷🍷🍷🍷🍷 MDB Yarra Valley Chardonnay 2015
MDB雅拉谷霞多丽 2015
非常好的一款酒。很少酿制——只有在2015这样的顶级年份，才会用精挑细选的地块上最好的葡萄酿制。酒体适中，结构感好，大量的橡木与整体框架配合得非常自然。很有陈酿潜力。
封口：螺旋盖 酒精度：12.8% 评分：96 最佳饮用期：2027年
参考价格：110澳元 NG

Reserve Yarra Valley Pinot Noir 2014
珍藏雅拉谷黑比诺2014
清透的深红色调；真正美味的一款酒，核心的味道是新鲜红樱桃和红色浆果，丝网般的单宁和法国橡木都非常精确。随着年龄的增加，会更加成熟，会有更多森林风味的细微差别，但也很难会变得比现在更好了。
封口：螺旋盖 酒精度：13% 评分：96 最佳饮用期：2029年
参考价格：70澳元 ✪

Reserve Yarra Valley Chardonnay 2015
珍藏雅拉谷霞多丽 2015
虽然酒精度适中，这是一款浓郁，味道丰富的霞多丽。散发出太妃玉米糖，爆米花等的香气。中段充满奶油、核果、矿物质以及酒脚为主导的牛轧糖和香草豆荚橡木的味道。丰盛醇厚，但不油腻。
封口：螺旋盖 酒精度：13.2% 评分：95 最佳饮用期：2025年
参考价格：50澳元 NG

K Block Yarra Valley Merlot 2014
K地块雅拉谷梅洛2014

精心的葡萄园护理和适宜的工艺流程，生产出了这款有着鲜明的品种特征的梅洛，这也恰好是许多澳大利亚的梅洛缺少的。有着红色水果、绿橄榄的味道与单宁如丝网般交织在一起，轻度至中等酒体，非常和谐。
封口：螺旋盖　酒精度：13.5%　评分：95　最佳饮用期：2024年
参考价格：35澳元 ✪

Yarra Valley Pinot Noir Rose 2016
雅拉谷黑比诺桃红 2016
专为这款酒预留的一片地块上生长的葡萄酿制而成。极淡的粉红色；散发出草莓、辛香料的香气，伴随着柠檬味的酸度，回味很长。
封口：螺旋盖　酒精度：12.3%　评分：94　最佳饮用期：2018年
参考价格：25澳元 ✪

K Block Yarra Valley Merlot 2015
K地块雅拉谷梅洛2015
它满足了我们对梅洛的所有期待：香气与赤霞珠相似，异常芬芳，但用梅子取代了其中的黑加仑，还有血丝李、红樱桃、茴香、可乐、树叶和干香草的味道。结构复杂，线条流畅，又有处理得良好的橡木作为缓冲。
封口：螺旋盖　酒精度：14.5%　评分：94　最佳饮用期：2025年
参考价格：35澳元　NG

Yarra Valley Barbera 2015
雅拉谷芭贝拉 2015
色泽优美；这确实是一款有态度的芭贝拉。有紫色水果的味道，很有深度，口感柔顺。
封口：螺旋盖　酒精度：14.2%　评分：94　最佳饮用期：2023年
参考价格：28澳元 ✪

🍷🍷🍷🍷🍷 Yarra Valley Roussanne Marsanne Viognier 2015
雅拉谷胡珊玛珊维欧尼2015
评分：93　最佳饮用期：2025年　参考价格：30澳元

Late Disgorged Vintage Reserve Yarra Valley Blanc de Blanc 2010
晚除渣年份珍藏雅拉谷白中白 2010
评分：93　最佳饮用期：2020年　参考价格：60澳元

Reserve Yarra Valley Pinot Noir 2015
珍藏雅拉谷黑比诺2015
评分：92　最佳饮用期：2024年　参考价格：70澳元　NG

South Block Yarra Valley Chardonnay 2015
南部地块雅拉谷霞多丽 2015
评分：91　最佳饮用期：2023年　参考价格：35澳元　NG

Reserve Yarra Valley Chardonnay 2014
珍藏雅拉谷霞多丽 2014
评分：91　最佳饮用期：2024年　参考价格：50澳元　CM

Block Yarra Valley Pinot Noir 2015
地块雅拉谷黑比诺2015
评分：91　最佳饮用期：2023年　参考价格：35澳元　NG

Yarra Valley Chardonnay
雅拉谷霞多丽 2015
评分：90　最佳饮用期：2023年　参考价格：28澳元　NG

Yarra Valley Pinot Noir 2015
雅拉谷黑比诺2015
评分：90　最佳饮用期：2024年　参考价格：28澳元　NG

Yarra Valley Nebbiolo 2014
雅拉谷内比奥罗2014
评分：90　最佳饮用期：2024年　参考价格：35澳元

Taylor Ferguson　泰勒·弗格森 ★★★★

Level 1，62 Albert Street，Preston，Vic 3072（邮）产区：东南澳大利亚
电话：(03)9487 2599　网址：www.alepat.com.au　开放时间：不开放
酿酒师：诺曼·利弗（Norman Lever）　创立时间：1996年　产量（以12支箱数计）：40000
泰勒·弗格森（Taylor Ferguson）可以追溯到1898年在墨尔本创办的一家公司，但如今已经大不相同。1996年，公司建立起了与亚历山大和帕特森（Alexander & Paterson，1892年）和更先近的艾佛·泰勒分销公司的网络。泰勒·弗格森葡萄酒的开发一直由酿酒师诺曼·利弗（Norman Lever）指导，使用的葡萄来自多个产区，主要是库纳瓦拉、兰好乐溪和里韦纳河。出口到德国、伊拉克、新加坡、马来西亚、越南等国家，以及中国内地（大陆）和台湾地区。

🍷🍷🍷🍷🍷 Special Release Fernando The First Barrosa Valley Shiraz 2013
特别发行费尔南多一世巴罗萨西拉2013
采用巴罗萨老藤果实酿制的一款很有野心的葡萄酒，在各种橡木中陈酿18个月。煮黑李子、肉桂橡木香料，香草豆荚、大豆、水果干与烈酒的味道。整体紧凑、结实。
封口：橡木塞　酒精度：14.8%　评分：91　最佳饮用期：2028年

参考价格：75澳元 NG

Fernando The First Barrosa Valley 2013

费尔南多一世巴罗萨谷赤霞珠 2013

圆滑、饱满，这与酒庄其他的橡木明显风格很不同，这说明，他们对橡木的处理要更加精确。这款酒仍然丰满，风味的核心是成熟如糖蜜的深色水果、海鲜酱、樱桃酒和苦巧克力的味道。

封口：橡木塞 酒精度：14% 评分：91 最佳饮用期：2023年

参考价格：25澳元 NG

Taylors 泰勒家族 ★★★★★

Taylors Road，Auburn，SA 5451 产区：克莱尔谷

电话:（08）8849 1111 网址：www.taylorswines.com.au

开放时间：周一至周五，9:00—17:00；周末，10:00—16:00

酿酒师：亚当·艾金森（Adam Eggins）、菲利普·雷斯克（Phillip Reschke）、查德·鲍曼（Chad Bowman） 创立时间：1969年 产量（以12支箱数计）：250000 葡萄园面积：400公顷

这个酒庄是由泰勒家族创立和经营的，现在还在继续扩张——目前它的葡萄园面积是克莱尔谷最大的。葡萄酒风格和质量，以及酿酒团队，都有了很大变化，尤其是他们的圣安德鲁（St Andrews）系列。泰勒家族之于克莱尔谷的重要性与日俱增，现在已经可以同彼得·列蒙（Peter Lehmann）之于巴罗萨谷相媲美。在最近酒庄参加的国际葡萄酒展上，其各个价位的酒款，都有获得金质奖章和奖杯。酒庄同时还是“澳大利亚第一葡萄酒家族”中的成员。出口到所有的主要市场［因为注册商标的原因，其产品以威卡菲（Wakefield）品牌发售］。

🍷🍷🍷🍷🍷 St Andrews Single Vineyard Release Clare Valley Riesling 2015

圣安德鲁单一葡萄园克莱尔谷雷司令 2015

曾经在美国的比赛中荣获3枚金质奖章。这是一款非常优雅的葡萄酒，犹如钻石切割般的线条，纯净的雷司令果味。

封口：螺旋盖 酒精度：12.5% 评分：96 最佳饮用期：2029年

参考价格：40澳元 ✪

TWP Taylors Winemaker ‘s Project Clare Valley Riesling 2015

TWP **泰勒家族酿酒师之选克莱尔谷雷司令** 2015

由酒窖门店发售。他们异想天开地为这款酒选用了波尔多瓶，有些分散你的注意力——一直到你开始品尝它。它的味道极好，有鲜明的品种特征（青柠、柠檬，苹果）以及非常好的酸度。颜色还在发展之中，会比很多同一时期的其他酒款，保存得更久。

封口：螺旋盖 酒精度：12.5% 评分：96 最佳饮用期：2030年

参考价格：25澳元 ✪

The Visionary Exceptional Parcel Release Clare Valley Cabernate Sauvignon 2013

预言者特优地块发行克莱尔谷赤霞珠 2013

比2014年的圣安德鲁赤霞珠略微更优雅，更含蓄一些。口感仍然非常集中，果香主导（而不是橡木或单宁）。

封口: 螺旋盖 酒精度: 14.5% 评分: 96 最佳饮用期: 2043年 参考价格: 200澳元

St Andrews Single Vineyard Release Clare Valley Riesling 2016

圣安德鲁单一葡萄园克莱尔谷雷司令 2016

纯度和浓度都很好的一款酒，充满活力，新鲜，回味很长。香气和口感中都带有柑橘/橙花的味道。

封口: 螺旋盖 酒精度: 12.5% 评分: 95 最佳饮用期: 2031年 参考价格: 40澳元

TWP Taylors Winemaker ‘s Project Clare Valley Chardonnay 2015

TWP **泰勒家族酿酒师之选克莱尔谷霞多丽** 2015

如果不提波尔多瓶和酒瓶上难以辨认到令人抓狂的字迹的话，这是很不错的一款酒。显然是用了最好的霞多丽，尽早采摘以保证最好的自然酸度；在法国橡木桶内发酵和熟成，是我目前品尝过的最好的克莱尔谷霞多丽。

封口：螺旋盖 酒精度：13.5% 评分：95 最佳饮用期：2025年

参考价格：25澳元 ✪

Jaraman Clare Valley McLarent Vale Shiraz 2015

加拉曼克莱尔谷麦克拉仑谷西拉2015

酒体复杂、饱满，墨黑色水果香气，同时带有黑色水果、香料、甘草和黑巧克力的味道。瓶储10多年后会更好。超值。

封口：螺旋盖 酒精度：14.5% 评分：95 最佳饮用期：2040年

参考价格：29澳元 ✪

St Andrews Clare Valley Shiraz 2014

圣安德鲁克莱尔谷西拉2014

机械采摘，去梗，不经过破碎，冷浸渍4天，10—14天发酵，8—12周后浸渍发酵，在美国橡木桶（50%是新的）中熟成22个月。这样的酿造工艺很需要技巧，可能出错的地方很多，但它成功了。这款酒很好地吸收了美国橡木的味道，同时保存了果味，回味很长。

封口: 螺旋盖 酒精度: 14.5% 评分: 95 最佳饮用期: 2034年 参考价格: 70澳元

The Pioneer Exceptional Parcel Release Clare Valley Shiraz 2013

先锋特优地块发行克莱尔谷西拉2013

机械采摘，去梗，不破碎，冷浸渍4天，10—14天发酵，8—12周后浸渍发酵，美国橡

木桶（50%是新的）中熟成28个月。我不太确定在橡木桶中的最后6个月是不是有必要。这款葡萄酒比圣安德鲁要好上几倍。
封口：螺旋盖　酒精度：14.5%　评分：95　最佳饮用期：2034年
参考价格：200澳元

St Andrews Single Vineyard Cabernate Sauvignon 2014
圣安德鲁单一葡萄园克莱尔谷赤霞珠 2014
酒体极端饱满，还需要几十年才能达到最好的水平。平衡感好。品种特征仍然很好。
封口：螺旋盖　酒精度：14.5%　评分：95　最佳饮用期：2038年
参考价格：70澳元

TWP Taylors Winemaker ‘s Project Clare Valley Fiano 2016
TWP 泰勒家族酿酒师之选克莱尔谷菲亚诺 2016
评分：94　最佳饮用期：2020年　参考价格：25澳元　✪

Clare Valley Shiraz 2014
克莱尔谷西拉2014
评分：94　最佳饮用期：2025年　参考价格：20澳元

Reserve Parcel Clare Valley Shiraz 2014
珍藏地块克莱尔谷西拉2014
评分：94　最佳饮用期：2034年　参考价格：22澳元　✪

St Andrews Clare Valley Shiraz 2013
圣安德鲁克莱尔谷西拉2013
评分：94　最佳饮用期：2028年　参考价格：70澳元

🍷🍷🍷🍷🍷

Clare Valley Adelaide Hills Pinot Gris 2016
克莱尔谷阿德莱德山灰比诺 2016
评分：93　最佳饮用期：2020年　参考价格：19澳元　✪

Jaraman Clare Valley McLarent Vale Shiraz 2014
加拉曼克莱尔谷麦克拉仑谷西拉2014
评分：93　最佳饮用期：2029年　参考价格：30澳元

Jaraman Clare Valley Coonawarra Cabernet Sauvignon 2014
加拉曼克莱尔谷库纳瓦拉赤霞珠 2014
评分：93　最佳饮用期：2029年　参考价格：30澳元

Clare Valley Riesling 2015
克莱尔谷雷司令2015
评分：92　最佳饮用期：2025年　参考价格：20澳元　✪

Clare Valley Cabernate Sauvignon 2015
克莱尔谷赤霞珠 2015
评分：92　最佳饮用期：2025年　参考价格：19澳元　✪

Taylor Made American Oak Clare Valley Malbec 2015
泰勒制美国橡木克莱尔谷马尔贝克 2015
评分：92　最佳饮用期：2025年　参考价格：28澳元

TWP Taylors Winemaker's Project McLarent Vale Nero d'Avola 2015
TWP 泰勒家族酿酒师之选麦克拉仑谷黑珍珠2015
评分：92　最佳饮用期：2021年　参考价格：25澳元　✪

Clare Valley Riesling 2016
克莱尔谷雷司令2016
评分：90　最佳饮用期：2023年　参考价格：19澳元　✪

St Andrews Single Vineyard Release Clare Valley Chardonnay 2014
圣安德鲁单一葡萄园克莱尔谷霞多丽 2014
评分：90　最佳饮用期：2020年　参考价格：40澳元

Taylor Made Adelaide Hills Pinot Noir 2016
阿德莱德山黑比诺桃红 2016
评分：90　最佳饮用期：2018年　参考价格：28澳元

Adelaide Hills Pinot Noir 2015
阿德莱德山黑比诺 2015
评分：90　最佳饮用期：2021年　参考价格：20澳元　✪

Reserve Parcel Clare Valley Cabernate Sauvignon 2014
珍藏克莱尔谷赤霞珠 2014
评分：90　最佳饮用期：2025年　参考价格：22澳元

Telera　特勒拉　★★★★

PO Box 3114，Prahran East，Vic 3181（邮）　产区：莫宁顿半岛
电话：0407 041 719　网址：www.telera.com.au　开放时间：不开放
酿酒师：迈克·特勒拉（Michael Telera）　创立时间：2007年
产量（以12支箱数计）：190　葡萄园面积：0.4公顷
特勒拉的建造者是迈克（Michael）和苏珊娜·韦恩-休斯［Susanne (Lew) Wynne-Hughes］，他

们在2000年种植了葡萄藤，将企业命名为MLF葡萄酒。2011年，迈克·特勒拉（Michael Telera）租下了葡萄园，同年，迈克·韦恩-休斯（Michael Wynne-Hughes）去世后，酒庄名字被改为特勒拉。他在乔治·米哈利博士（George Mihaly）的帕丁山庄园（Paradigm Hill）酒厂做了6年份的酒窖助理酿酒师，并用半岛其他葡萄园的葡萄酿制西拉。他计划在这片土地种植12行的黑比诺，共计20行黑比诺和还有9行长相思。同时采用少量的合约收购的长相思来增加产量。

🍷🍷🍷🍷🍷 Pernella Fume Sauvignon Blanc 2016

佩尔内拉福美长相思2016

爽脆，明快。具有丰富的柑橘类水果，柠檬皮和果髓、青草和萝卜的味道，柠檬味的酸度。很好喝。

封口：螺旋盖 酒精度：13.1% 评分：92 最佳饮用期：2021年

参考价格：29澳元 JF

Itana Fume Sauvignon Blanc 2016

伊塔那福美长相思2016

采用野生酵母法国橡木桶中发酵，在桶内带酒脚陈放6个月，并搅拌。有奶油般的质地，具有白色核果，新鲜辣根，还有柠檬的味道；酸度十分清爽。

封口：螺旋盖 酒精度：13.1% 评分：92 最佳饮用期：2022年

参考价格：39澳元 JF

Del Su Pinot Noir 2015

德尔苏黑比诺2015

原料产自香气浓郁的第戎777克隆，出自酒庄自有葡萄园，手工采摘，15%的整串发酵后，在法国橡木桶中陈酿16个月。欢快的甜樱桃，金巴利式的味道，伴随着细致的单宁；风格轻快。年产量为22箱。

封口：螺旋盖 酒精度：13.5% 评分：90 最佳饮用期：2023年

参考价格：55澳元 JF

Tellurian 地界 ★★★★☆

408 Tranter Road，Toolleen，Vic 3551 产区：西斯科特

电话：0431 004 766 网址：www.tellurianwines.com.au 开放时间：仅限预约

酿酒师：托拜厄斯·安斯特（Tobias Ansted） 创立时间：2002年

产量（以12支箱数计）：3000 葡萄园面积：21.87公顷

葡萄园坐落在泰奥林（Toolleen）的骆驼山（Mt Camel）的红色寒武纪土壤上——正是这种特殊的土壤条件，让西斯科特成为澳大利亚首屈一指的西拉优质产区（Tellurian意思是 “泥土”）。葡萄栽培顾问提姆·布朗（Tim Brown）不仅监管地界酒庄的葡萄种植，同时也与酒庄合约的各个葡萄种植者保持着密切的联系。2011年，地界酒庄又引入了罗纳河谷的红色和白色品种。出口到英国和中国。

🍷🍷🍷🍷🍷 Heathcote Viognier 2016

西斯科特维欧尼2016

表现出巨大的潜力，背景中有橡木带来的香草和酒脚带来的细节，上有浓郁的核果的味道，一抹金银花、一点滑石和矿物质的味道。橡木处理得很成功，很好地限制了维欧尼的过度表达，整体紧凑而饱满。

封口：螺旋盖 酒精度：14.5% 评分：95 最佳饮用期：2022年

参考价格：27澳元 NG ✪

Heathcote Marsanne 2015

西斯科特玛珊2015

柔滑，美好，很有罗纳河谷的风格。散发出白桃、杏子和温桲的味道，中段有成熟而柔滑的质感。酚类物质处理得很好，伴随酵母带来的燕麦的气息，桶内发酵赋予了酒体适度的收敛感和中心。

封口：螺旋盖 酒精度：14% 评分：94 最佳饮用期：2030年

参考价格：27澳元 NG ✪

Heathcote Grenache Syrah Mourvedre 2015

西斯科特歌海娜西拉幕尔维 2015

这款混酿很妙：是由歌海娜作为主导，而不是西拉。散发出醉人的樱桃酒和紫罗兰的香气，中等酒体；幕尔维德带来了单宁，将水果、肉和铁离子的味道。这些葡萄藤非常年轻，预示着未来会有更好的发展。

封口：螺旋盖 酒精度：14.5% 评分：94 最佳饮用期：2022年

参考价格：27澳元 NG ✪

🍷🍷🍷🍷🍷 Heathcote Grenache 2016

西斯科特歌海娜 2016

评分：93 最佳饮用期：2021年 参考价格：24澳元 NG ✪

Heathcote Fiano 2016

西斯科特菲亚诺 2016

评分：92 最佳饮用期：2020年 参考价格：27澳元 NG

Heathcote Mourvedre 2015

西斯科特幕尔维 2015

评分：92 最佳饮用期：2022年 参考价格：24澳元 NG ✪

Heathcote Riesling 2016

西斯科特雷司令2016

评分：91　最佳饮用期：2028年　参考价格：22澳元　NG ✪
Redline Heathcote Shiraz 2015
西斯科特西拉2015
评分：90　最佳饮用期：2021年　参考价格：22 NG

Temple Bruer　坦普布鲁尔　★★★★

689 Milang Road，Angas Plain，SA 5255　产区：兰好乐溪
电话：(08) 8537 0203　网址：www.templebruer.com.au
开放时间：周一至周五，9:30—16：30
酿酒师：大卫·布鲁尔（David Bruer），凡妮莎•阿尔特曼（Vanessa Altmann），维里蒂·斯丹尼斯特里特（Verity Stanistreet）　创立时间：1980年
产量（以12支箱数计）：18000　葡萄园面积：56公顷
坦普尔·布鲁尔（Temple Bruer）是澳大利亚有机运动的先锋，也是澳大利亚有机葡萄种植者联合会的关键成员。酒庄葡萄园中的一部分葡萄用于酿造自己的品牌葡萄酒，一部分用于销售。酿酒师/庄主大卫·布鲁尔（David Bruer）也有一个葡萄培育的苗圃，也是有机管理。出口到英国、美国、加拿大、瑞典、日本和中国。

🍷🍷🍷🍷🍷
Eden Valley Riesling 2012
伊顿谷雷司令2012
现在是它的最佳饮用期，是典型的经过认证的有机方式酿造的雷司令：温桲橘子酱、石油、生姜和成熟的核果的味道，结尾干爽，有陈酿带来的复杂性。
封口：螺旋盖　酒精度：13%　评分：92　最佳饮用期：2022年
参考价格：20澳元　NG

Tempus Two Wines　坦帕斯之二葡萄酒　★★★★★

Tempus Two Wines ★★★★★
Broke Road，Pokolbin，新南威尔士州，2321　产区：猎人谷
电话：(02)4993 3999　网址：www.tempustwo.com.au　开放时间：每日开放，10:00—17:00
酿酒师：安德鲁·达夫（Andrew Duff）　创立时间：1997年　产量（以12支箱数计）：55000
坦帕斯之二是拉丁（坦帕斯意思是时间）和英文的混合词。酒庄发展得非常成功，产量从1997年的6000箱增长到了今天的55000箱。酒庄的建筑整体非常引人注目，其中设有门店、餐厅［包括一间名为好味道（Oishii）的日本餐厅］和小型会议室。有人很喜欢它的设计，有人则不然。我是很喜欢的。出口到世界所有的主要市场。

🍷🍷🍷🍷🍷
乌诺猎人谷赛美蓉
Uno Hunter Valley Semillon 2016
什么？100澳元！没错，这并不是在做梦。葡萄在布诺克（Broke）的班顿（Bainton）葡萄园的沙质的壤土上。这是特别好的赛美蓉，风味浓郁，质地和结构都很好。有柑橘和矿物质酸度，平衡感很好。
封口：螺旋盖　酒精度：11%　评分：97　最佳饮用期：2036年
参考价格：100澳元 ✪

🍷🍷🍷🍷🍷
Pewter Hunter Valley Chardonnay 2016
白蜡猎人谷霞多丽 2016
早采赋予了霞多丽更好的新鲜度和浓度，同时也保持了长相思品种特有的果味。适度的橡木味道。是很好的一款猎人谷霞多丽。
封口：螺旋盖　酒精度：12.5%　评分：95　最佳饮用期：2024年
参考价格：60澳元

Pewter Hunter Valley Semillon 2016
白蜡猎人谷赛美蓉2016
明亮的草秆绿色；这个年份的赛美蓉价格有点高，非常明确的品种特征，长度很好；香茅草，柠檬皮，柠檬果髓和矿物质酸度都非常和谐。
封口：螺旋盖　酒精度：10.5%　评分：94　最佳饮用期：2026年
参考价格：42澳元

🍷🍷🍷🍷🍷
Pewter Tumbarumba Chardonnay 2016
白蜡唐巴兰姆巴霞多丽 2016
评分：90　最佳饮用期：2021年　参考价格：60澳元
Copper Series Shiraz Rose 2016
铜系列西拉桃红 2016
评分：90　最佳饮用期：2018年　参考价格：30澳元
Copper Shiraz 2016
铜西拉2016
评分：90　最佳饮用期：2028年　参考价格：30澳元　SC
Pewter Pinot Noir Chardonnay Brut Cuvee 2012
锡蜡黑比诺霞多丽干型年份 2012
评分：90　最佳饮用期：2017年　参考价格：35澳元　TS

Ten Miles East　十英里东　★★★★

8 Debneys Road，Norton Summit，SA 5136　产区：阿德莱德山

电话：(08) 8390 1723　网址：www.tenmileseast.com　开放时间：不开放
酿酒师：泰依塔（Taiita）和詹姆斯·钱普尼斯（James Champniss）
创立时间：2003年　产量（以12支箱数计）：400　葡萄园面积：1.71公顷
酒庄位于阿德莱德邮政总局东部10英里外，酒庄即因此而得名。业内资深人士约翰·格林希尔兹［（John Greenshields，于多年前建立科帕穆拉（Koppamurra），现在属于塔帕纳帕葡萄园（Tapanappa）］、罗宾（Robin）和朱迪斯·斯莫卡姆贝（Judith Smallacombe）建立了这个——委婉地说——一个有趣的葡萄园。他们在阿德莱德的葡萄园，主要种植西拉、长相思和萨博维，还有少量黑比诺（8个克隆）、阿尼斯、雷司令和佳美娜。葡萄酒厂和酒窖门店位于建于1962年的原来的奥德伍德苹果酒厂（Auldwood Cider Factory）。在2014年1月，约翰（John）的女儿泰依塔（Taiita）和她的丈夫詹姆斯·钱普尼斯（James Champniss），成了业主。

🍷🍷🍷🍷🍷 **阿德莱德山西拉** 2015
Adelaide Hills Syrah 2015
英文名称虽然从Shiraz变成了Syrah，但这仍然是一款极好的葡萄酒——颜色极好，丰盛的黑李子、蓝莓、月桂叶和咖喱叶的味道。单宁如丝绸般柔滑；异常饱满，但又克制。
封口：螺旋盖　酒精度：14%　评分：94　最佳饮用期：2025年
参考价格：55澳元　JF

🍷🍷🍷🍷 Adelaide Hills Pinot Noir 2015
阿德莱德山黑比诺 2015
评分：93　最佳饮用期：2024年　参考价格：45澳元　JF

Adelaide Hills Saperavi 2015
阿德莱德山萨博维 2015
评分：93　最佳饮用期：2025年　参考价格：45澳元　JF

Adelaide Hills Sauvignon Blanc 2016
阿德莱德山长相思2016
评分：91　最佳饮用期：2020年　参考价格：28澳元　JF

Adelaide Hills Arneis 2016
阿德莱德山阿尼斯 2016
评分：90　最佳饮用期：2019年　参考价格：28澳元　JF

Ten Minutes by Tractor　拖拉机十分钟　★★★★★

1333 Mornington-Flinder Road，Main Ridge，Vic 3928　产区：莫宁顿半岛
电话：(03)5989 6455　网址：www.tenminutesbytractor.com.au
开放时间：每日开放，11:00—17:00
酿酒师：理查德·麦金太尔（Richard McIntyre）、马丁·斯佩丁（Martin Spedding）、杰里米·马札尔（Jeremy Magyar）　创立时间：1999年
产量（以12支箱数计）：12000　葡萄园面积：34.4公顷
自2004年初马丁·斯佩丁（Martin Spedding）收购这个酒庄以来，他的精力、干劲和远见已经改变了这个企业。在2006年中期，该公司购买了麦卡钦（McCutcheon）葡萄园，并长期租赁了另外两个原始葡萄园［贾德（Judd）和沃利斯（Wallis）］，从而完全控制了葡萄的生产。近年来增加了3个新的葡萄园：其中一个位于酒窖门店和餐厅的，经过有机认证，用来试验有机葡萄栽培方法，并将这些方法逐步应用在所有葡萄园；其他的葡萄园则在半岛北部。现在酒庄有3个系列：用自有的贾德、麦卡钦和瓦利斯葡萄园的原料生产的单一葡萄园系列；用酒庄葡萄园的最好的比诺和霞多丽酿制的庄园系列；用庄园在莫宁顿半岛的其他葡萄园酿制的10X系列。这家餐馆的酒单是所有酒厂中最好的酒单之一。出口到英国、加拿大、瑞典和瑞士。

🍷🍷🍷🍷🍷 Judd Vineyard Chardonnay 2015
嘉德葡萄园霞多丽 2015
贾德在主岭（Main Ridge）的南边，对着正西方。出产的葡萄酒柔顺、温暖，各种味道松散地交织在一起，我敢说，可以让人联想到顶级墨索（Meursault）的松露，烤榛子和凝块，暖桃。橡木和酸度都十分和谐。现在很美味，但一定还会继续发展。
封口：螺旋盖　酒精度：13.8%　评分：97　最佳饮用期：2026年
参考价格：68澳元　NG　✪

Wallis Mornington Peninsula Chardonnay 2015
瓦利斯莫宁顿半岛霞多丽 2015
主岭（Main Ridge）南部，面朝北至东北方向，是当地最老也是最低的一个地块。这款霞多丽带有燧石、淡盐水、矿物质、精细研磨般的橡木的味道。充满能量，质地很好。
封口：螺旋盖　酒精度：13.8%　评分：97　最佳饮用期：2028年
参考价格：68澳元　NG　✪

McCutcheon Mornington Peninsula Pinot Noir 2015
麦卡钦莫宁顿半岛黑比诺 2015
这个葡萄园是酒庄在主岭的最高之处，这里的凉爽气候带来了精细的质地，约束了MV6植株原有的结构。轻盈的花香和果香，森林地面，还有一层蜘蛛网单宁酸的薄纱，酸度饱满多汁。
封口：螺旋盖　酒精度：13.8%　评分：97　最佳饮用期：2027年
参考价格：78澳元　NG　✪

🍷🍷🍷🍷🍷 Judd Mornington Peninsula Pinot Noir 2015

贾德莫宁顿半岛黑比诺 2015
全部为115克隆，酒体轻盈飘渺，草莓，一点荆棘的刺痛感，带皮浸渍19天，然后在新的和旧的橡木桶中陈酿17个月。但橡木和蛛网般的单宁与整体结合得非常好，完全感觉不出来。
封口：螺旋盖 酒精度：13.6% 评分：96 最佳饮用期：2025年
参考价格：78澳元 NG

Estate Mornington Peninsula Chardonnay 2015
酒庄莫宁顿半岛霞多丽 2015
这款澳大利亚冷凉气候下的霞多丽制作得非常精妙：采摘时间选择得很好，接下来是整串压榨，用本地酵母在一系列新的和旧的法国橡木桶中发酵，陈酿10个月。酒液有浓郁的核果，矿物风味的松露，牛轧糖和高质量的橡木的味道交织在一起。
封口：螺旋盖 酒精度：13.8% 评分：95 最佳饮用期：2022年
参考价格：44澳元 NG

McCutcheon Mornington Peninsula Chardonnay 2015
麦卡钦莫宁顿半岛霞多丽 2015
3款酒庄单一葡萄园的霞多丽非常迷人，尽管酿造工艺几乎相同，但各有千秋。这一款，最初是榛子的味道，接着是矿物质酸度，适度的橡木。现在不如其他两款那么甜美，但陈酿过后则不一定。
封口：螺旋盖 酒精度：13.8% 评分：95 最佳饮用期：2026年
参考价格：68澳元 NG

Wallis Mornington Peninsula Pinot Noir 2015
莫宁顿半岛黑比诺2015
MV6基因谱系表现出梅子、樱桃、少量树丛和松露的味道，果味强劲，比库雅特路（Coolart Road）更具魅力，口香糖般的弹力配合坚实的单宁，爽脆的酸度，和一点橡木的张力。
封口：螺旋盖 酒精度：13.8% 评分：95 最佳饮用期：2023年
参考价格：78澳元 NG

10X Mornington Peninsula Chardonnay 2015 10X
莫宁顿半岛霞多丽 2015
评分：94 最佳饮用期：2022年 参考价格：30澳元 NG ✪

Coolart Road Pinot Noir 2015
库雅特路黑比诺 2015
评分：94 最佳饮用期：2025年 参考价格：78澳元 NG

🍷🍷🍷🍷🍷 10X Mornington Peninsula Pinot Noir 2015
10X **莫宁顿半岛黑比诺**2015
评分：93 最佳饮用期：2020年 参考价格：34澳元 NG

Estate Mornington Peninsula Pinot Noir 2015
酒庄莫宁顿半岛黑比诺2015
评分：93 最佳饮用期：2023年 参考价格：48澳元 NG

10X Sauvignon Blanc 2015
10X **长相思**2015
评分：91 最佳饮用期：2019年 参考价格：28澳元 NG

10X Pinot Gris 2015
10X**灰比诺**2015
评分：91 最佳饮用期：2020年 参考价格：28澳元 NG

10X Rose 2016
10X **桃红** 2016
评分：90 最佳饮用期：2022年 参考价格：28澳元 NG

Blanc de Blancs 2011
白中白2011
评分：90 最佳饮用期：2021年 参考价格：68澳元 TS

Tenafeate Creek Wines 腾纳菲特溪 ★★★★

1071 Gawler-One Tree Hill Road，One Tree Hill，SA 5114 产区：阿德莱德
电话:（08） 8280 7715 网址：www.tcw.com.au
开放时间：周五至周日以及公共节假日，11:00—17:00
酿酒师：拉里·科斯塔（Larry Costa）和迈克尔·科斯塔（Machael Costa）
创立时间：2002年 产量（以12支箱数计）：3000 葡萄园面积：1公顷
拉里·科斯塔（Larry Costa）曾是一名美发师，2002年开始把酿酒作为一种爱好。酒庄坐落在巍峨山脉（Mount Lofty Ranges）的万树山（One Tree Hill）的绵延起伏乡间田野上，有1公顷的西拉、赤霞珠和梅洛。酒庄的业务发展得很好，为了补充庄园植株，酒庄还收购了歌海娜、内比奥罗、桑乔维塞、小味儿多、霞多丽、赛美蓉和长相思。拉里的儿子迈克尔·科斯塔（Michael Costa），现在和父亲一起经营这家公司。迈克尔有16年的葡萄酒酿造经验，其中大部分时间都在巴罗萨山谷，此外，他还在意大利南部和普罗旺斯做飞行酿酒师。他们的红葡萄酒近年来也获得了许多荣誉。

🍷🍷🍷🍷 Adelaide Hills Sauvignon Blanc 2016

阿德莱德山长相思2016
采用标准的低温不锈钢罐发酵法。没有什么色泽的变化，仍然是白色；新鲜、柔和、清脆，带有柑橘的细微差别，酸度活泼、轻盈。最好现在就喝掉。
封口：螺旋盖　酒精度：11.5%　评分：89　最佳饮用期：2017年
参考价格：20澳元

Terra Felix　特拉·菲利克斯 ★★★★

52 Paringa Road，Red Hill South，Vic 3937（邮）产区：维多利亚中部
电话：0419 539 108　网址：www.terrafelix.com.au　开放时间：不开放
酿酒师：本·海恩斯（Ben Haines）　创立时间：2001年
产量（以12支箱数计）：12 000　葡萄园面积：7公顷
彼得·西蒙（Peter Simon）和约翰·尼科尔森（John Nicholson），30多年来，除了酒庄自有的种植黑比诺（5公顷）和霞多丽（2公顷）外，还从库纳瓦拉、麦克拉仑谷、巴罗萨谷、兰好乐溪、雅拉谷和史庄伯吉山岭产区购买。特拉·菲利克斯酒庄70%的产品出口到中国。

🍷🍷🍷🍷🍷　Langhorne Creek Shiraz 2015
兰好乐溪西拉2015
在法国和美国橡木桶中陈酿12个月，口感非常出色，有红色和黑色水果的味道，酒精度不高，回味新鲜。中等酒体，品之令人愉悦。
封口：Diam软木塞　酒精度：13.5%　评分：94　最佳饮用期：2030年
参考价格：27澳元 ✪

🍷🍷🍷🍷　Harcourt Valley
班迪戈灰比诺2016
评分：90　最佳饮用期：2017年　参考价格：22澳元

Terre à Terre　泰赫酒庄 ★★★★★

PO Box 3128，Unley，SA 5061（邮）　产区：拉顿布里（Wrattonbully）/阿德莱德山
电话：0400 700 447　网址：www.terreaterre.com.au　开放时间：在塔帕纳帕
酿酒师：哈维尔·比佐特（Xavier Bizot）　创立时间：2008年
产量（以12支箱数计）：5000　葡萄园面积：16公顷
很难想象会有比哈维尔·比佐特［Xavier Bizot，已故的博林格名人堂克里斯蒂安·比佐（Christian Bizot）之子］和妻子露西·克罗瑟［Lucy Croser，布莱恩（Brian）和安·克罗瑟（Ann Croser）之女］两人更有资格做酒庄庄主的人。"Terre à terre"在法语中是"脚踏实地"的意思。葡萄园与塔帕纳帕的鲸骨（Tapanappa's Whalebone）葡萄园相邻，园内的植株种植得非常密集。园地面积增加后（赤霞珠和长相思各3公顷，品丽珠和西拉各1公顷），产量也得到了提高。2015年，酒庄收购了阿德莱德山区最古老的葡萄园之一——夏城（Summertown）葡萄园，提升了道萨和皮卡迪利谷（Piccadilly Valley）黑比诺的产量。酒庄出产的品牌系列包括自然（Terre à Terre）、实干（Down to Earth）、盛蓝（Sacrebleu）和道萨（Daosa）系列。出口到英国、新加坡等国家，以及中国香港、台湾地区。

🍷🍷🍷🍷🍷　Piccadilly Valley Pinot Noir Chardonnay Rose 2016
皮卡迪利谷黑比诺霞多丽桃红 2016
桃红酒液略带红铜色调，可以看出它的澳大利亚血统，散发出一丝普罗旺斯高级香草的气息，带有微妙的红色水果的味道。一款复杂精致、经典的桃红葡萄酒。
封口：螺旋盖　酒精度：13.5%　评分：95　最佳饮用期：2018年
参考价格：32澳元　NG ✪

Crayeres Vineyard Reserve Wrattonbully Cabernate Sauvignon Cabernet Franc 2014
克雷耶斯葡萄园珍藏拉顿布里赤霞珠品丽珠 2014
丰富饱满的红黑醋栗、干鼠尾草、香草、甘草和薄荷的味道，接下来，精细的单宁和简洁酸度占据了你的味蕾。浓郁的果味对应着紧致的结尾，仍然筋道。但还需要时间——相当长的一段时间。
封口：橡木塞　酒精度：14.1%　评分：95　最佳饮用期：2035年
参考价格：60澳元　NG

Down to Earth Wrattonbully Sauvignon Blanc 2016
脚踏实地拉顿布里长相思 2016
令人想起结实的格拉夫长相思，有着澳大利亚长相思不常见的质地和维度。带有温桲、杏子、树脂板和一点光滑的柠檬油，以及很好的酸度和酚类物质的味道。非常好。
封口：螺旋盖　酒精度：13.5%　评分：94　最佳饮用期：2019年
参考价格：26澳元　NG ✪

🍷🍷🍷🍷　Summertown Reserve Pinot Noir 2016
夏城珍藏黑比诺2016
评分：93　最佳饮用期：2025年　参考价格：60澳元　NG

Daosa Blanc de Blancs 2011
道萨白中白2011
评分：92　最佳饮用期：2026年　参考价格：55澳元　TS

Tertini Wines　特汀尼酒庄 ★★★★☆

Kells Creek Road，Mittagong，新南威尔士州，2575　产区：南部高地（Southern Highlands）

电话：(02)4878 5213 网址：www.tertiniwines.com.au 开放时间：每日开放，10:00—17:00
酿酒师：乔纳森·霍尔盖特（Jonathan Holgate） 创立时间：2000年
产量（以12支箱数计）：3000 葡萄园面积：7.9公顷
2000年，追随着145年前约瑟夫·沃格特（Joseph Vogt）的脚步，朱利安·特蒂尼（Julian Tertini）开始建设特蒂尼酒庄。我们无法从历史记录中知道约瑟夫有多么成功，但他当时选择了一个很好的地点，就如同朱利安现在选择的这个地点一样。特蒂尼种植有黑比诺和雷司令（各1.8公顷），赤霞珠和霞多丽（各1公顷），阿尼斯（0.9公顷），灰比诺（0.8公顷），梅洛（0.4公顷）和勒格瑞（0.2公顷）。特蒂尼酒庄的成功，也得益于酿酒师乔纳森·霍尔盖特（Jonathan Holgate）的高超技艺，他也负责朱利安·特蒂尼所有的另一个合约葡萄园高岭园（High Range Vintners）。出口到亚洲。

🍷🍷🍷🍷🍷

Private Cellar Collection Southern Highlands Chardonnay 2015
私人酒窖藏品南部高地霞多丽 2015
白桃，酸度，与微妙的橡木的味道都非常协调。但从某种意义上说，它与几乎所有其他的澳洲冷凉气候下生产的霞多丽葡萄酒都不太一样。2016国际冷凉气候葡萄酒展金质奖章。
封口：螺旋盖 酒精度：12.6% 评分：95 最佳饮用期：2023年
参考价格：48澳元

Private Cellar Collection Southern Highlands Riesling 2015
私人酒窖藏品南部高地雷司令2015
非常优雅、精细。青柠、柠檬、青苹果的味道与矿物质酸度交织在一起。缓慢悠长，可以保存很久。
封口：螺旋盖 酒精度：11.1% 评分：94 最佳饮用期：2025年
参考价格：50澳元

Hilltops Cabernate Sauvignon 2015
希托扑斯赤霞珠 2015
色泽优美；中等酒体。丰富、多汁的黑醋栗酒的味道，单宁平衡，回味绵长；略带法国新橡木桶的味道。
封口：螺旋盖 酒精度：13.4% 评分：94 最佳饮用期：2030年
参考价格：28澳元 ✪

🍷🍷🍷🍷

Hilltops Nebbiolo 2015
希托扑斯内比奥罗2015
评分：93 最佳饮用期：2023年 参考价格：28澳元

Southern Highlands Riesling 2015
南部高地雷司令2015
评分：92 最佳饮用期：2025年 参考价格：30澳元

Teusner 特斯纳酒庄 ★★★★★

95 Samuel Road，Nuriootpa，SA 5355 产区：巴罗萨谷
电话：(08) 8562 4147 网址：www.teusner.com.au 开放时间：仅限预约
酿酒师：凯姆·特斯纳（Kym Teusner），Matt Reynolds
创立时间：2001年 产量（以12支箱数计）：25000
特斯纳是托布雷克（Torbreck）前酿酒师凯姆·特斯纳（Kym Teusner）和姐夫麦克·佩奇（Michael Page）合资建立的酒庄。现在，一波新的酿酒师们致力于生产气候干燥的低产量的古老巴罗萨葡萄酒，特斯纳就是其中的一个典型代表。酿造采用带酒脚陈酿的方法，不换桶，无澄清或过滤，不使用美国新橡木。酒庄出产的葡萄酒，每年的质量（产品系列）和稳定性都在增加——这种增长最终肯定会停止，但很难猜到是什么时候。出口到英国、美国、加拿大、荷兰、马来西亚、新加坡等国家，以及中国内地（大陆）和香港地区。

🍷🍷🍷🍷🍷

Albert 2014
阿尔伯特2014
70岁以上树龄的葡萄藤，去梗，采用人工培养酵母，开放式发酵，带皮浸渍6天，在法国大橡木桶（3%是新的）中熟成18个月。香气异常馥郁，口感丰富。黑色、红色和蓝色水果与各种香料的味道交织在一起，再辅以高质量的法国橡木。香气和口感同样浓郁，同时也非常新鲜，轻盈。让人一见钟情。
封口：螺旋盖 酒精度：14.5% 评分：98 最佳饮用期：2044年
参考价格：65澳元 ✪

Avatar 2014
化身 2014
50%的歌海娜，26%的西拉，24%的马塔洛。歌海娜和马塔洛葡萄藤的树龄都在100岁左右，在旧的大桶中陈酿16个月。保持了良好的深红色调。尽管西拉的比例只有1/4，却对口感和结构有着显著的影响，但归根结底，还是歌海娜和马塔洛带来的浓郁、多汁而且馥郁的红色水果味道让这款酒有着夺目的光彩。
封口：螺旋盖 酒精度：14.5% 评分：98 最佳饮用期：2039年
参考价格：40澳元 ✪

Joshua 2016
约书亚 2016
60%的歌海娜，30%的马塔洛，10%的西拉。歌海娜和马塔洛采用了常温发酵法，西拉则是低温发酵。酒色呈现清透的紫色-紫红色。这些卓越的品种——只有特斯纳，

能够仅仅用6天的带皮浸渍，将这款巴罗萨谷混酿中的红色和蓝色水果的味道，酿制出如此的纯度和浓度。它的质地和结构也是一流，现在就如此诱人，让人很难忍住诱惑，等待它更好的未来。
封口：螺旋盖 酒精度：14.5% 评分：97 最佳饮用期：2031年
参考价格：35澳元 ✪

🍷🍷🍷🍷🍷 The Dog Strangler 2015
特朗勒狗 2015
色泽非常优美；新鲜而活泼，就像是十几年前的马塔洛，关键的是带皮浸渍的时间和适中的酒精度。酒香芬芳，带有混合香料的味道，中等酒体，口感鲜美多汁，回味新鲜。
封口：螺旋盖 酒精度：14.5% 评分：96 最佳饮用期：2030年
参考价格：35澳元 ✪

Empress Eden Valley Riesling 2016
女皇伊顿谷雷司令 2016
正面的酒标上有一位裸体的女士，她的左乳上，有一个丑陋的蛇头，这无疑就是背标上说的“极强的感官刺激，充满诱惑”。体现在酒中，就是顶级年份的青柠的风味——非常典型的伊顿谷风格。
封口：螺旋盖 酒精度：11.5% 评分：95 最佳饮用期：2026年
参考价格：24澳元 ✪

Salsa Barrosa Valley Rose 2016
萨尔萨巴罗萨谷桃红 2016
明亮的深紫红-三文鱼色调；酒香馥郁，可以品尝到各种红色水果，包括樱桃、李子和覆盆子的味道，酸度很好。绝佳的桃红葡萄酒。
封口：螺旋盖 酒精度：13% 评分：95 最佳饮用期：2020年
参考价格：23澳元 ✪

The Wark Family Shiraz 2015
沃克家族西拉 2015
这款葡萄酒绝对物有所值。给人带来独特的凉爽之感，中等酒体，有着丰富的红色和黑色水果、香料和胡椒的味道，单宁极为细腻，回味很长。优雅怡人。
封口：螺旋盖 酒精度：14.5% 评分：95 最佳饮用期：2030年
参考价格：24澳元 ✪

The Bilmore Barrosa Valley Shiraz 2015
贝尔莫尔巴罗萨谷西拉2015
评分：94 最佳饮用期：2028年 参考价格：24澳元 ✪

The Riebke Barrosa Valley Shiraz 2015
里贝克巴罗萨谷西拉2015
评分：94 最佳饮用期：2035年 参考价格：24澳元 ✪

The Independent Shiraz Mataro 2015
独立西拉马塔洛 2015
评分：94 最佳饮用期：2029年 参考价格：27澳元 ✪

MC Barrosa Valley Sparkling Shiraz 2010
巴罗萨谷起泡酒西拉2010
评分：94 最佳饮用期：2024年 参考价格：65澳元 TS

🍷🍷🍷🍷🍷(半) The Gentleman Barrosa Valley Cabernate Sauvignon 2015
绅士巴罗萨赤霞珠 2015
评分：91 最佳饮用期：2028年 参考价格：24澳元

The Grapes of Ross 罗斯的葡萄 ★★★☆

PO Box 14，Lyndoch，SA 5351（邮） 产区：巴罗萨谷
电话：(08) 8524 4214 网址：www.grapesofross.com.au 开放时间：不开放
酿酒师：罗斯·维嘉拉（Ross Virgara） 创立时间：2006年
产量（以12支箱数计）：1500 葡萄园面积：27.1公顷
罗斯·维嘉拉（Ross Virgara）大半生都在从事的食品和葡萄酒行业，2006年，他投身于葡萄酒酿造业。接手了林多克谷（Lyndoch Valley）传承四代的家族产业，生产果香为主的优质葡萄酒。酒庄内种植有霞多丽、西拉、赤霞珠和老藤赛美蓉。他很喜爱芳蒂娜，首先发售的是一款莫斯卡托，接下来是桃红、西拉、西拉起泡酒、歌海娜西拉和查默（The Charmer）桑乔维塞、梅洛、赤霞珠。出口到中国。

🍷🍷🍷🍷🍷 Black Sapphire Shiraz 2014
黑色蓝宝石西拉2014
在2/3法国和1/3美国橡木（33%是新的）中熟成24个月。中等酒体，口感柔顺，充满深色/黑色水果的味道，酒精适中，橡木得到了很好的整合，单宁成熟而平衡。
封口：橡木塞 酒精度：14.5% 评分：94 最佳饮用期：2034年
参考价格：45澳元

🍷🍷🍷🍷 Old Bush Vine Barrosa Valley Grenache 2015
老灌木藤巴罗萨谷歌海娜 2015
评分：89 最佳饮用期：2023年 参考价格：25澳元

The Hairy Arm　毛膊 ★★★★

18 Plant Street，Northcote.维多利亚，3070（邮）
产区：森伯里（Sunbury）/西斯科特（Heathcote）
电话：0409 110 462　网址：www.hairyarm.com　开放时间：不开放
酿酒师：史蒂芬·沃利（Steven Worley）　创立时间：2004年
产量（以12支箱数计）：800　葡萄园面积：2.1公顷

史蒂芬·沃利（Steven Worley）大学毕业后成了一个勘探地质学家，后来又获得了地质学的硕士学位，接下来是酿酒工程和葡萄栽培学的研究生学位。直到2009年12月，他一直是加利（Galli）庄园葡萄酒厂的总经理。2004年，史蒂芬就读大学期间，开始了海瑞阿姆酒庄这个项目，并逐渐从爱好变成了他的事业；他在加利的森伯里（Galli's Sunbury）葡萄园非正式地租用了1.5公顷的土地用以种植西拉，以及在西思科特葡萄园种植了0.5公顷的内比奥洛。出口到加拿大。

🍷🍷🍷🍷🍷（四满一空）

Sunbury Shiraz 2015
桑伯利西拉2015
非常可口的黑色水果的味道，单宁紧致，很有个性，但还需要时间来充分发展。
封口：螺旋盖　酒精度：14.5%　评分：93　最佳饮用期：2030年
参考价格：35澳元

The Islander Estate Vineyards　护岛人酒庄 ★★★★★

PO Box 868，Kingscote，SA 5223（邮）　产区：坎加鲁岛（Kangaroo Island）
电话：（08）8553 9008　网址：www.iev.com.au
开放时间：周三至周日，12:00—17:00（12月—2月）或提前预约
酿酒师：雅克·勒顿（Jacques Lurton）　创立时间：2000年
产量（以12支箱数计）：7000　葡萄园面积：10公顷

酒庄由世界上最著名的飞行酿酒师之一雅克·勒顿（Jacques Lurton）建立，他出生在波尔多，并在当地接受专业训练，也在澳大利亚居住一定的时间。他建立了一个密植的葡萄园；主要种植品丽珠、西拉和桑乔维塞，还有少量的歌海娜、马尔贝、赛美蓉和维欧尼。这些葡萄酒都是真正的庄园葡萄酒——在酒庄葡萄酒厂酿制并装瓶。在实验了几个年份桑乔维塞和品丽珠的混酿之后，雅克将品丽珠作为酒庄的招牌酒款——调查者（The Investigator）。出口到英国、美国、加拿大、法国、德国、马耳他等国家，以及中国内地（大陆）和香港、台湾地区。

🍷🍷🍷🍷🍷

Bark Hut Road 2014
树皮屋路 2014
保持了极好的颜色，与东部大部分的州不同，岛上出产极好的品丽珠，与西拉形成了极好的协同作用。充满了紫色、蓝色和黑色水果的味道，单宁带来了很好的质地和结构——这是一款高品质的葡萄酒。
封口：螺旋盖　酒精度：14%　评分：96　最佳饮用期：2034年
参考价格：25澳元

The Wally white Semillon 2015
瓦利白赛美蓉2015
无论是从酿造工艺（法国大橡木桶，长时间熟成），还是从口感、酒体、整体感和长度来说，澳大利亚没有其他人酿造这样的赛美蓉。这款赛美蓉带有柠檬的味道，但在盲品会上，可能会被错认成其他替代的白色品种。别误会，这是一款佳酿，适合各种常喝饮用，长度很好。
封口：螺旋盖　酒精度：13.5%　评分：95　最佳饮用期：2025年
参考价格：35澳元

Majestic Plough Malbec 2014
宝地马尔贝克 2014
充满了年轻的气息，很像波尔多的、凉爽的海洋气候下出产的——在根瘤菌侵染法国葡萄园前，凉爽的气候非常重要。美味可口，回味平衡、悠长。
封口：螺旋盖　酒精度：14%　评分：95　最佳饮用期：2029年
参考价格：35澳元

Rose 2016
桃红 2016
近乎无色的酒液，罕见的透出一点三文鱼黄的色调。酒香中带有各种异国香料的味道，有着出色的质地和平衡感，与香气相辅相成。可能是在双耳长颈瓶中发酵的，发酵中可能包含整串葡萄。不管怎样，酿造工艺都是很成功的。
封口：螺旋盖　酒精度：12.5%　评分：94　最佳饮用期：2020年
参考价格：20澳元

🍷🍷🍷🍷🍷（四满一空）

The Wally White Semillon 2014
瓦利白赛美蓉2014
评分：91　最佳饮用期：2020年　参考价格：35澳元

The Red 2015
红色 2015
评分：91　最佳饮用期：2025年　参考价格：20澳元

SoFar SoGood Chardonnay
优秀至今霞多丽 2016
评分：90　最佳饮用期：2018年　参考价格：25澳元　SC

SoFar SoGood Shiraz 2016

优秀至今西拉2016
评分：90　最佳饮用期：2019年　参考价格：25澳元　SC

The Lake House Denmark　丹马克湖屋　★★★★★

106 Turner Road，Denmark，WA 6333　产区：丹马克（Denmark）
电话:（08）9848 2444　网址：www.lakehousedenmark.com.au
开放时间：每日开放，10:00—17:00
酿酒师：海伍德庄园［Harewood Estate，詹姆斯·凯莉（James Kellie）］
创立时间：1995年　产量（以12支箱数计）：8000　葡萄园面积：5.2公顷
2005年，加里·卡佩利（Garry Capelli）和琳恩·罗杰斯（Leanne Rogers）买下了这片园地，并重新改造了葡萄园，种植了适合此地气候的品种——霞多丽、黑比诺、赛美蓉和长相思——并且采用了生物动力方法。他们还在法兰克兰河与巴尔克山（Mount Barker）还有几个理念相似的小型家族葡萄园。产品包括3个等级系列：旗舰顶级珍藏（Premium Reserve）系列、优选地块（Premium Block）系列以及易饮而稀奇古怪的他言她语（He Said, She Said）系列。酒窖门店、餐厅和美食的结合也受到了游客们的欢迎。

🍷🍷🍷🍷🍷　Great Southern Chardonnay Premium Reserve 2015
顶级珍藏大南部产区霞多丽 2015
成熟的油桃和白桃香气，混合着淡淡的香草和处理得很好的高质量法国橡木的味道。丰厚饱满，中等酒体，略带奶油水果的味道，平衡感很好，适宜现在饮用或者在接下来的2—3年内饮用。
封口：螺旋盖　酒精度：13%　评分：91　最佳饮用期：2019年
参考价格：40澳元　PR

The Lane Vineyard　莱恩葡萄园　★★★★★

Ravenswood Lane，Hahndorf，SA 5245　产区：阿德莱德山
电话:（08）8388 1250　网址：www.thelane.com.au　开放时间：每日开放，10:00—16：30
酿酒师：迈克尔·施鲁斯（Michael Schreurs），马丁·爱德华兹（Martyn Edwards）
创立时间：1993年　产量（以12支箱数计）：25000　葡萄园面积：75公顷
在海伦（Helen）和约翰·爱德华兹（John Edwards），以及儿子马蒂（Marty）和本（Ben）在莱恩葡萄园工作了15年后，终于开始追随他们长期以来的梦想——种植、生产和销售真正有产区特色的葡萄酒。2005年，在与哈迪斯（Hardys）合资建立的（现已停产）斯塔夫多格路（Starvedog Lane）橡木结束之际，他们建立了一个先进的酿酒厂，产能为500吨，还有小酒馆和酒窖门店，俯瞰他们在景色优美的拉文伍德巷（Ravenswood Lane）的葡萄园。曾投资德拉特（Delatite）并在雅拉谷建立了库姆（Coombe）农场的韦斯特（Vestey）集团（英国），在撒母耳·韦斯特（Samuel Vestey）勋爵和马克·韦斯特（Mark Vestey）大人阁下的领导下，大量收购了莱恩葡萄园的股份。其余股份归马丁·爱德华兹和本·奥斯托舍夫（Ben Tolstoshev）所有。出口到英国、美国、加拿大、荷兰、比利时、阿联酋等国家，以及中国内地（大陆）和香港地区。

🍷🍷🍷🍷🍷　Beginning Adelaide Hills Chardonnay 2015
开端阿德莱德山霞多丽 2015
优雅微妙，也有复杂的酒脚特征，奶油蜂蜜，烤坚果，生姜酥皮蛋糕和其他让人欲罢不能的硫化物的味道。回味很长，纯净，极其精炼。
封口：螺旋盖　酒精度：13%　评分：95　最佳饮用期：2023年
参考价格：39澳元　JF

Block 14 Single Vineyard Basket Pressed Adelaide Hills Shiraz 2015
14号地块单一葡萄园篮式压榨阿德莱德山西拉2015
酒色深度很好，有着丰富的黑色水果、樱桃、浆果的味道。酒精度适宜，中等至饱满酒体。单宁和橡木都处理得很好，增加了微妙的复杂性。
封口：螺旋盖　酒精度：13.5%　评分：95　最佳饮用期：2035年
参考价格：39澳元

Reunion Single Vineyard Adelaide Hills Shiraz 2014
团聚单一葡萄园阿德莱德山西拉 2014
从始至终都很优雅。与馥郁的香气相配的口感充满了口腔的每一个角落。
封口：螺旋盖　酒精度：13.5%　评分：95　最佳饮用期：2030年
参考价格：65澳元

Gathering Adelaide Hills Sauvignon Blanc Semillon 2015
相聚阿德莱德山长相思赛美蓉 2015
带有烟熏的味道，令人着迷，让人欲罢不能的，带有新鲜香草、罗勒、香茅草和开菲尔柠檬叶的味道。带有白垩味的酸度更增加了口感的层次感和复杂性。
封口：螺旋盖　酒精度：13%　评分：94　最佳饮用期：2021年
参考价格：35澳元　JF

Block 1 Adelaide Hills Cabernet Merlot 2015
一区酒庄阿德莱德山赤霞珠梅洛2015
很好的混酿，色泽优美，酒香富有表达力，有着丰富的黑醋栗酒的味道，中等酒体，口感柔顺，果香浓郁，单宁适度。这也是那种可以即饮，也可以存放上10多年的葡萄酒。
封口：螺旋盖　酒精度：13.5%　评分：94　最佳饮用期：2029年
参考价格：39澳元

🍷🍷🍷🍷🍷　Single Vineyard Adelaide Hills Pinot Noir 2016

单一葡萄园阿德莱德山黑比诺 2016
评分：93 最佳饮用期：2025年 参考价格：39澳元 JF

Block 5 Adelaide Hills Shiraz 2015
5号地块阿德莱德山西拉2015
评分：93 最佳饮用期：2025年 参考价格：25澳元 ✪

Block 10 Sauvignon Blanc 2016
10号地块长相思2016
评分：92 最佳饮用期：2019年 参考价格：25澳元 JF ✪

Cuvee Helen Blanc de Blancs 2009
海伦年份白中白2009
评分：92 最佳饮用期：2017年 参考价格：55澳元 TS

Lois Brut Rose NV
路易干型桃红 无年份
评分：91 最佳饮用期：2017年 参考价格：25澳元 TS

Block 1A Chardonnay 2016
1A地块霞多丽 2016
评分：90 最佳饮用期：2020年 参考价格：20澳元 JF ✪

Block 3 Chardonnay 2016
3号地块霞多丽 2016
评分：90 最佳饮用期：2019年 参考价格：25澳元 JF

Lois Adelaide Hills Blanc de Blancs NV
路易阿德莱德山白中白无年份
评分：90 最佳饮用期：2017年 参考价格：23澳元 TS

The Old Faithful Estate 老忠实酒庄 ★★★★★

281 Tatachilla Road，麦克拉仑谷，SA 5171 产区：麦克拉仑谷
电话：0419 383 907 网址：www.nhwines.com.au 开放时间：仅限预约
酿酒师：尼克·哈瑟格罗夫（Nick Haselgrove），沃伦·兰德尔（Warren Randall）
创立时间：2005年 产量（以12支箱数计）：2000 葡萄园面积：5公顷

这是美国人约翰·拉歇特（John Larchet）、尼克·哈瑟格罗夫（Nick Haselgrove，另见单独条目）和沃伦·兰德尔（Warren Randall）的合资企业。长期以来，约翰一直是澳大利亚葡萄酒的美国进口商，并且能够保证其在美国销售时想过的任何需求。他们的西拉、歌海娜和幕尔维德都出自麦克拉仑谷的一处很老的地块。出口到美国、加拿大、瑞士、俄罗斯等国家，以及中国内地（大陆）和香港地区。

🍷🍷🍷🍷🍷 Northern Exposure McLarent Vale Grenache 2013
北国风云麦克拉仑谷歌海娜 2013
80岁以上老藤歌海娜95%，103岁的西拉5%，在旧的法国橡木桶中熟成40个月。歌海娜使它得以保持了卓越的色调和深度。优雅得让人想起罗纳河谷的那些经典之作。带有红色和黑色樱桃、覆盆子的味道与细腻的单宁形成了很好的平衡，可以一直保存到2023年。
封口：Diam软木塞 酒精度：14.5% 评分：97 最佳饮用期：2033年
参考价格：60澳元 ✪

🍷🍷🍷🍷🍷 Cafe Block McLarent Vale Shiraz 2013
咖啡地块麦克拉仑谷西拉2013**葡萄藤**
来自种植于1952年的葡萄藤，在新法国橡木桶中熟成6个月，接下来在半桶中保存34个月。这是一款强劲有力、酒体饱满的西拉，同时很好地保持了新鲜度和平衡感，果香浓郁，橡木和单宁恰到好处。将可以保存很长时间。
封口：Diam软木塞 酒精度：14.5% 评分：95 最佳饮用期：2038年
参考价格：60澳元

The Other Wine Co 另一间葡萄酒公司 ★★★★

136 Jones Road，Balhannah，SA 5242 产区：南澳大利亚 电话：（08）8398 0500
网址：www.theotherwineco.com 开放地点：在肖+史密斯（Shaw + Smith）
酿酒师：马丁·肖（Martin Shaw）、亚当·德维茨（Adam Wadewitz）
创立时间：2015年 产量（以12支箱数计）：1000

这是迈克尔·希尔·史密斯（Michael Hill Smith）和马丁·肖（Martin Shaw）的酒庄，酒庄建立时已经有了肖+史密斯（Shaw + Smith），但两个酒庄的策略和市场细分都完全不同。酒庄的两款酒，麦克拉仑谷歌海娜和阿德莱德山灰比诺，都是休闲型的风格，非常新鲜，口感十分诱人。酒庄追求产区和品种的最佳组合，以后也可能会有更多的好酒。出口到英国、加拿大和德国。

🍷🍷🍷🍷🍷 McLarent Vale Grenache 2016
麦克拉仑谷歌海娜 2016
淡而清透的紫红色；非常活泼，不确定是否经过了橡木桶。但无论怎样，其中的红樱桃和覆盆子水果的味道以及爽脆的酸度，都证明这是一款即饮型的葡萄酒，尽情享受它吧！
封口：螺旋盖 酒精度：13% 评分：94 最佳饮用期：2019年
参考价格：26澳元 ✪

🍷🍷🍷🍷🍷 Adelaide Hills Pinot Gris 2016
阿德莱德山灰比诺 2016
评分：90 最佳饮用期：2018年 参考价格：26澳元

The Pawn Wine Co. 兵卒葡萄酒公司 ★★★★☆

10 Banksia Road，Macclesfield，南澳大利亚,5153 产区：阿德莱德山
电话：0438 373 247 网址：www.thepawn.com.au 开放时间：不开放
酿酒师：汤姆·基兰（Tom Keelan） 创立时间：2002年
产量（以12支箱数计）：5000 葡萄园面积：54.92公顷
这是一款汤姆（Tom）和瑞贝卡·基兰（Rebecca Keelan），以及大卫（David）和维纳萨·布罗斯（Vanessa Blows）的合资企业。汤姆曾经在阿德莱德地区的麦克莱斯菲尔德（Macclesfield）的长景（Longview）葡萄园做过一段时间的经理，为相邻的葡萄园——所有人是大卫和维纳萨——提供过咨询服务。2004年汤姆和大卫决定在布雷默顿（Bremerton）葡萄酒厂酿制小批量的小味儿多和添帕尼罗。汤姆现在也是那里的葡萄园经理。葡萄酒的原料来自他们的麦克莱斯菲尔德葡萄园；余下的葡萄供应其他品牌如肖+史密斯（Shaw + Smith）、奔富（Penfolds）、奥兰多（Orlando）和斯考特（Scott）葡萄酒。

🍷🍷🍷🍷🍷 Jeu de Fin Adelaide Hills Shiraz 2015
终局阿德莱德山西拉2015
（仅仅）中等酒体，但很醇厚，略带攻击性；很有活力，具备黑色胡椒、香料、甘草和各类红色和紫色水果的味道，此外，单宁和法国橡木也有表现。
封口：螺旋盖 酒精度：14.5% 评分：95 最佳饮用期：2030年
参考价格：32澳元 ✪

Jeu de Fin Clonal #76
76号克隆株系终局阿德莱德山霞多丽 2016
第戎克隆76，手工采摘，野生酵母桶内发酵，带酒脚陈酿12个月。有核果至柑橘和绿苹果的一系列味道，回味很好。
封口：螺旋盖 酒精度：13.5% 评分：94 最佳饮用期：2024年
参考价格：32澳元

The Austrian Attack Adelaide Hills Gruner Veltliner 2016
奥地利进攻*阿德莱德山绿维特利纳 2016
非常强劲，同时也有很好的收敛感；酒香中带有绿苹果、梨和白胡椒的味道，口感浓郁，有冲击力。绿维特利纳有与雷司令相似的发展和陈酿潜力。
封口：螺旋盖 酒精度：12.5% 评分：94 最佳饮用期：2026年
参考价格：24澳元 ✪
*奥地利进攻是国际象棋开局的一种

🍷🍷🍷🍷🍷 Jeu de Fin Clonal #76 Chardonnay 2015
76号克隆株系终局霞多丽 2015
评分：93 最佳饮用期：2022年 参考价格：36澳元 SC

En Passant Tempranillo 2015
吃过路兵*添帕尼罗 2015
评分：93 最佳饮用期：2022年 参考价格：24澳元 ✪
*吃对方过路兵是国际象棋的一种特殊斜行移动方式

The Gambit Sangiovese 2015
弃兵*桑乔维塞 2015
评分：91 最佳饮用期：2022年 参考价格：24澳元 SC
*国际象棋开局技巧之一

El Desperado Pinot Gris 2016
弃子灰比诺2016
评分：90 最佳饮用期：2018年 参考价格：19澳元 SC ✪

El Desperado Pinot Noir 2016
弃子黑比诺2016
评分：90 最佳饮用期：2021年 参考价格：19澳元 SC ✪

The Story Wines 故事葡萄酒 ★★★★★

170 Riverend Road，Hangholme，Vic 3175 产区：格兰皮恩斯
电话：0411 697 912 网址：www.thestory.com.au 开放时间：不开放
酿酒师：罗里·莱恩（Rory Lane） 创立时间：2004年 产量（以12支箱数计）：2500
这些年来，我遇见过不同专业的酿酒师：原子科学家、专治人体各部位的医生、城镇规划师、雕塑家和画家。罗里·莱恩（Rory Lane）在这份名单上增加了古希腊文学这个专业。他说，在完成学位之后，"我非常想再晚一些进入社会，我在莫纳什大学（Monash University）偶然参加了一个葡萄酒技术和市场营销专业的研究生课程，很快我就为……土地、人和液体之间奇妙的联系而着迷了。他曾经在澳大利亚和俄勒冈州参与年份葡萄酒的酿制，之后他看好了格兰皮恩斯，在这里他买了几个小块优质的葡萄园地。他在一家小工厂生产葡萄酒，在那里他组装了一个篮子压榨机、一些开放式发酵罐、一个单泵和一些不错的法国橡木桶。出口到英国。

🍷🍷🍷🍷🍷 R. Lane Vintners Westgate Vineyard Grampians Syrah 2015
R.**大道酒商西门葡萄园格兰皮恩斯西拉**2015

来自1960年种植的西门葡萄园，R.大道这个品牌是为不同寻常的年份的卓越的葡萄酒而保留的。一款非常复杂、引人入胜的西拉，各个部分都完美地融合在一起，因而不应该将某个部分分开来看。充满黑莓、黑樱桃和甘草的味道，单宁可口。
封口：Diam软木塞　酒精度：14%　评分：96　最佳饮用期：2040年
参考价格：75澳元 ✪

R.Lane Vintners Westgate Vineyard Grampians Syrah 2014
R.大道酒商西门葡萄园格兰皮恩斯西拉2014
使用了多款罗里·莱恩喜爱的多种发酵工艺。不出所料，这是一款非常复杂的葡萄酒，带有大量柔顺的黑色水果主导，中等到饱满酒体。可以保存很久。
封口：Diam软木塞　酒精度：14%　评分：96　最佳饮用期：2044年
参考价格：75澳元 ✪

Grampians Syrah 2014
格兰皮恩斯西拉2014
来自3个葡萄园，每个分别使用发酵罐，总共46%的原料使用整串，即少量的法国橡木。在发酵西拉的过程中使用整串的利弊业内观点不一，我很支持。色泽明亮，带有辛香料，红色和黑色水果的味道，中等酒体，活泼新鲜。
封口：螺旋盖　酒精度：13.5%　评分：95　最佳饮用期：2029年
参考价格：30澳元 ✪

Port Campbell Pinot Noir 2016
坎贝尔港黑比诺2016
色泽明亮，但极其浓郁，果味纯净，还需要放上几年来消解其中的还原味，达到巅峰状态。
封口：螺旋盖　酒精度：13%　评分：94　最佳饮用期：2031年
参考价格：29澳元 ✪

Grampians Shiraz 2015
格兰皮恩斯西拉2015
口感和香气配合得很好，可以察觉到带有辛香料的深色水果的味道。中等酒体，酿造工艺中整串葡萄占很高的比例，还有富有表达力的黑色水果的味道。还不知道最后哪种味道会占据主导地位。
封口：螺旋盖　酒精度：14%　评分：94　最佳饮用期：2030年
参考价格：29澳元 ✪

🍷🍷🍷🍷🍷 Westgate Vineyard Marsanne Roussanne Viognier 2015
西门葡萄园玛珊胡珊维欧尼2015
评分：91　最佳饮用期：2018年　参考价格：30澳元

The Trades 贸易 ★★★★

13/30 Peel Road，O'Connor，WA 6163（邮）产区：玛格利特河
电话:（08）9331 2188　网址：www.terrawines.com.au　开放时间：不开放
酿酒师：布鲁斯·杜克（Bruce Dukes，合约）　创立时间：2006年
产量（以12支箱数计）：770
自1993年以来，蒂埃里·罗特（Thierry Ruault）和蕾切尔·泰勒（Rachel Taylor）一直在珀斯经营葡萄酒批发业务，也代表了一批来自澳大利亚和外国的顶级葡萄酒生产商。自然，他们销售的葡萄酒价格也在每瓶20澳元以上，他们决定用玛格利特河的西拉和长相思来填补产品线的空缺。

🍷🍷🍷🍷🍷 Grasscutters Margaret River Sauvignon Blanc 2016
剪草机玛格利特河长相思2016
我很喜欢背标上描述的"酸度饱满"，这种在上颚和舌尖上的质感，我将其称为"咯吱"声——也可以称为"光滑"。品种特有的热带果味味道非常明确。很不错。
封口：螺旋盖　酒精度：13%　评分：92　最佳饮用期：2018年
参考价格：18澳元 ✪

Butchers Margaret River Shiraz 2015
巴特彻斯玛格利特河西拉2015
我不知道其他玛格利特河生产商有这么质优价廉的西拉。合约酿酒师布鲁斯·杜克斯（Bruce Dukes）为这些新鲜的红色水果带来了丰富的橡木味道，增加了复杂性——更加物超所值。
封口：螺旋盖　酒精度：14%　评分：91　最佳饮用期：2025年
参考价格：18澳元 ✪

The Vintner's Daughter ★★★★

The Vintner's Daughter ★★★★
5 Crisps Lane，Murrumbateman，新南威尔士州，2582　产区：堪培拉地区
电话：(02)6227 5592　网址：www.thevintnersdaughter.com.au
开放时间：周末，10:00—16:00
酿酒师：斯蒂芬妮·赫尔姆（Stephanie Helm）　创立时间：2014年
产量（以12支箱数计）：1000　葡萄园面积：3公顷
"葡萄酒商之女"是肯·赫尔姆（Ken Helm）的女儿斯蒂芬妮·赫尔姆（Stephanie Helm）的酒庄，她在9岁时酿制了第一款酒，14岁的时候赢得了第一个奖杯。高中毕业后，她在澳大利亚国立大学（Australian National University）攻读文科/法学学位，此后一直在从事葡萄酒行业以外

的工作，一直到2011年她才开始在加州州立大学（CSU）攻读葡萄酒科学学位。当她还在澳洲国立大学的时候，在酒吧遇见了来自闪电岭（Lightning Ridge）的一个小伙子，也将他带入了葡萄酒的世界。很快，他就成了肯·赫尔姆的葡萄园经理（他也是一位合格的园艺家和园林设计师）。2014年底，在他们迅速买下了一个最初种植于1978年的葡萄园，并着手重整葡萄园。该葡萄园位于五克拉（Clonakilla）酒庄和伊顿路（Eden Road）酒庄中间一个非常好的位置，最初种植有琼瑶浆、克鲁香和雷司令，1999年扩张到3公顷。斯蒂芬妮（和本）在2015年堪培拉国际雷司令挑战赛上，赢得堪培拉地区的最佳雷司令的奖杯，以及2015酒智（Winewise）小型葡萄种植者奖。酒庄的产品系列中还有琼瑶浆。斯蒂芬妮和本两人也是伴侣关系。

🍷🍷🍷🍷🍷 Canberra District Riesling 2016

堪培拉地区雷司令2016

酿酒师斯蒂芬妮·赫尔姆评价说，这是一个非常有挑战性的年份：10月雷暴，12月干旱，10年以来最为潮湿的1月，收获季则是酷暑。尽管如此，她还是生产出了很好的雷司令。酒精度适中，酸度爽脆，丰盛饱满，香气和口感都明显具备冷凉气候品种的特征。

封口：螺旋盖　酒精度：11%　评分：93　最佳饮用期：2028年

参考价格：30澳元　SC

Canberra District Gewurztraminer 2016

堪培拉地区琼瑶浆2016

品种的辛香味的香气并不特别明显，仅仅有一丝玫瑰花瓣、麝香和荔枝的味道，但仍然非常美味。口感非常精细，有柠檬香脂和奶油的味道，还有苏格兰式的酸度，结尾新鲜。

封口：螺旋盖　酒精度：11%　评分：93　最佳饮用期：2022年

参考价格：26澳元　JF　✪

The Wanderer　漫游者　★★★★★

Launching Place Road，Gembrook，Vic 3783　产区：雅拉谷

电话：0415 529 639　网址：www.wandererwines.com　开放时间：仅限预约

酿酒师：安德鲁·马克斯（Andrew Marks）　创立时间：2005年　产量（以12支箱数计）：500

安德鲁·马克斯（Andrew Marks）是宝溪山（Gembrook Hill）公司的老板伊恩（Ian）和琼·马克斯（June Marks）的儿子，毕业于阿德莱德大学的酿酒学位，之后加入了南方集团公司，在奔富（巴罗萨谷）和塞普尔特（大西部）工作了6年，也在库纳瓦拉和法国从事酿酒工作。此后，他还在猎人谷，大南部地区，美国索诺玛郡和西班牙的布拉瓦海岸（Costa Brava）工作过——这也是酒庄名字的来由。

🍷🍷🍷🍷🍷 Upper Yarra Valley Chardonnay 2015

上雅拉谷霞多丽 2015

从你尝到第一口的时候，就已经可以感受它优异的质量。选用优质葡萄，进行桶内发酵，严格地限定法国橡木的使用，散发出典型的上/下雅拉谷白桃和葡萄柚的味道。

封口：Diam软木塞　酒精度：13.5%　评分：95　最佳饮用期：2025年　＼参考价格：35澳元　✪

Upper Yarra Valley Pinot Noir 2014

上雅拉谷黑比诺2014

明亮的色调；这款酒可以很好地说明，为什么不应该用深度来评价一款比诺：非常美好，口感浓郁，回味很长，饱满的红色浆果水果的味道，酸度柔顺，回味很长。

封口：Diam软木塞　酒精度：13%　评分：95　最佳饮用期：2023年　＼参考价格：55澳元

Yarra Valley Shiraz 2015

雅拉谷西拉2015

色泽明亮，极为优雅，非常浓郁，在最佳的时期采摘，柔顺、中等酒体，表现出凉爽气候下生长的西拉的典型特征。带有香料、胡椒，红色和黑色樱桃的味道，最后是法国橡木和极为细致的单宁的味道。

封口：Diam软木塞　酒精度：13.5%　评分：95　最佳饮用期：2030年

参考价格：38澳元

Upper Yarra Valley Chardonnay 2016

上雅拉谷霞多丽 2016

酒体完美，酿造工艺（葡萄酒厂栽培），香气和口感仅有一丝奇怪的、划燃的火柴的味道，结尾略带松露的气息，回味很长。

封口：Diam软木塞　酒精度：13.5%　评分：94　最佳饮用期：2025年

参考价格：38澳元

Upper Yarra Valley Pinot Noir 2015

上雅拉谷黑比诺2015

酿造工艺选择得非常精心，清透浅淡的紫红色；香气微妙——典型的上雅拉谷的特征，酒体清淡，需要细心地体会它的长度和回味。

封口：Diam软木塞　酒精度：13.5%　评分：94　最佳饮用期：2030年

参考价格：55澳元

🍷🍷🍷🍷🍷 Yarra Valley Shiraz 2015

雅拉谷西拉2015

评分：90　最佳饮用期：2023年　参考价格：55澳元

The Willows Vineyard 威罗葡萄园 ★★★★

310 Light Pass Road，Light Pass，巴罗萨谷，SA 5355　产区：巴罗萨谷
电话：（08）8562 1080　网址：www.thewillowsvineyard.com.au
开放时间：周三至周一，10:30—16：30
酿酒师：彼得（Peter）和迈克尔·舒尔茨（Machael Scholz）
创立时间：1989年　产量（以12支箱数计）：6000　葡萄园面积：42.74公顷
舒尔茨（Scholz）家族几代以来都在种植一个40公顷的葡萄园者，将部分葡萄出售。这一代的酿酒师彼得（Peter）和迈克尔·舒尔茨（Machael Scholz）酿造出成熟醇厚、天鹅绒一般的葡萄酒，用自己的品牌出售。出口到英国、加拿大、瑞士、中国和新西兰。

🍷🍷🍷🍷🍷　Bonesetter Barrosa Valley Shiraz 2014
接骨师巴罗萨西拉2014
秉承"越多越好"的葡萄酒酿造流派的思想。橡木、圣诞节布丁和薄荷、薄荷醇的水果味道。丰厚甘美，单宁强劲——这可能会有两极化的观点。但是非常浓郁，这是一个加分项。
封口：橡木塞　酒精度：14.9%　评分：94　最佳饮用期：2030年
参考价格：60澳元　SC

🍷🍷🍷🍷　Single Vineyard Semillon 2016
单一葡萄园赛美蓉2016
评分：91　最佳饮用期：2026年　参考价格：17澳元　SC　✪

Barrosa Valley Shiraz 2014
巴罗萨谷西拉2014
评分：90　最佳饮用期：2029年　参考价格：28澳元　SC

Thick as Thieves Wines 亲密无间酒庄 ★★★★★

355 Healesville-Kooweerup Road，Badger Creek，Vic 3777　产区：雅拉谷
电话：0417 184 690　网址：www.tatwines.com.au　开放时间：仅限预约
酿酒师：西德·布拉德福德（Syd Bradford）
创立时间：2009年　产量（以12支箱数计）：1100　葡萄园面积：1公顷
西德·布拉德福德（Syd Bradford）充分向我们证明了小酒厂也可以很美，老古董也可以与时俱进。如果不是菲佛酒庄（Pfeiffer Wines）在2003年让他加入年份葡萄酒酿制的工作的话，他对美食和美酒的兴趣可能最后不会有什么结果。同年，他加入了CSU的葡萄酒科学课程，2005年搬到了雅拉谷。他先后在冷溪山酒庄（Coldstream Hills，酒窖）、罗奇福德（Rochford，助理酿酒师）、香桐酒庄（Domaine Chandon，酒窖）和巨步酒庄（Giant Steps）/无辜路人酒庄（Innocent Bystander）做助理酿酒师。2006年，西德获得了CSU的学术成就的院长奖，并且在2007年是A&G工程奖的唯一获奖者。35的西德非常希望能亲手酿制一款自己的酒——2009年，他偶然发现了来自霍德尔斯（Hoddles Creek）地区的一小块阿尼斯的园地，亲密无间酒庄就这样诞生了。从他所采用的工艺可以看出来，一定是经过长时间的思考和观察，而不是仅仅高高在上，发号施令。出口到日本和新加坡。

🍷🍷🍷🍷🍷　Driftwood Yarra King Valley Pinot Gamay 2016
浮木雅拉国王谷比诺佳美 2016
鲜嫩的奶油草莓、石榴和一点来自整串发酵的香料、生姜、沙士和肉豆蔻，酿出了这一款美味的葡萄酒。西德·布拉德福德（Syd Bradford）对整串葡萄的使用越来越灵活，果味有些流动感。结尾略带阿玛洛的味道，很有质感。如同仙乐。
封口：螺旋盖　酒精度：13.9%　评分：95　最佳饮用期：2020年
参考价格：30澳元　NG　✪

The Aloof Alpaca Yarra Valley Arneis 2016
冷淡的羊驼雅拉谷阿尼斯 2016
梨冻的味道顺着喉咙缓缓流下来，酸度非常清凉，稍有白无花果和桃子的味道，也有点多酚类物质的刺激味道，易于饮用。
封口：螺旋盖　酒精度：13.5%　评分：94　最佳饮用期：2019年
参考价格：25澳元　NG　✪

Levings Yarra Valley Pinot Noir 2016
莱文斯雅拉谷黑比诺2016
这是如同"双面博士"的一款葡萄酒，散发出来自整簇发酵（35%）的茴香，泡菜和一点胡椒的辛香味，低酒精度和一点克制的红色浆果的水果味道，在酒窖中再放上5年，就会开始有草莓、丁香、秋天的森林地表和茴香的味道，还有雪纺一般的单宁，酸度明快，回味悠长。
封口：螺旋盖　酒精度：12.6%　评分：94　最佳饮用期：2026年
参考价格：60澳元　NG

🍷🍷🍷🍷　Another Bloody Yarra Valley Chardonnay 2016
另一个雅拉谷霞多丽 2016
评分：93　最佳饮用期：2023年　参考价格：35澳元　NG

La Vie Rustique Pinot Noir Rose 2016
生命的冒险黑比诺桃红 2016
评分：93　最佳饮用期：2019年　参考价格：25澳元　NG　✪

Plump Yarra Valley Pinot Noir 2016
饱满·雅拉谷黑比诺2016

评分：93 最佳饮用期：2020年 参考价格：35澳元 NG

The Love Letter Sylvaner Gewurztraminer 2016

情书·西万尼琼瑶浆 2016

评分：91 最佳饮用期：2020年 参考价格：25澳元 NG

Purple Prose King Valley Gamay 2016

紫文·国王谷佳美 2016

评分：91 最佳饮用期：2021年 参考价格：35澳元 NG

The Gamekeeper King Valley Nebbiolo 2014

看守·国王谷内比奥罗2014

评分：91 最佳饮用期：2021年 参考价格：40澳元 NG

Thistledown Wines 蓟冠葡萄酒 ★★★★

c/- Revenir，Peacock Road North，Lenswood，SA 5240 产区：南澳大利亚
电话：+44 7778 003 959 网址：www.thistledownwines.com 开放时间：不开放
酿酒师：彼得·莱斯克（Peter Leske），加尔斯·库克（Giles Cooke），费加尔·泰南（Fergal Tynan） 创立时间：2010年 产量（以12支箱数计）：3000

加尔斯·库克（Giles Cooke）葡萄酒大师和费加尔·泰南（Fergal Tynan）葡萄酒大师都在苏格兰，有40多年经验的购买和销售澳大利亚葡萄酒的经验。1998年，两人在开始葡萄酒大师课程前的一晚，在一起喝了一品脱啤酒，此后他们就成了朋友。2006年，他们成立了澳大利亚葡萄酒联盟（Alliance Wine Australia），他们也购买澳大利亚葡萄酒并在英国销售，后来他们又成立了蓟酒公司。专注生产巴罗萨谷西拉、麦克拉仑谷歌海娜和少量的阿德莱德霞多丽。这些酒都是在彼得·莱斯克（Peter Leske）的指导下在他的阿德莱德葡萄酒厂小批量生产的。加尔斯说，他特别喜欢歌海娜，而且（在我看来）非常准确地说："麦克拉仑谷歌海娜是世界级的，最适合用黑比诺的模式来表现自己。"出口到英国、美国、加拿大、荷兰、韩国、新加坡和新西兰。

🍷🍷🍷🍷🍷 Cunning Plan Langhorne Creek Shiraz 2016

诡计兰好乐溪西拉2016

色泽年轻，很有深度，有这个产区不常见的花香/辛香料的气息，丰富的黑色水果的味道，有兰好乐溪的多汁的特点。橡木带来的摩卡风味增加了整体的维度，单宁饱满的。很有享乐主义的风格。

封口：螺旋盖 酒精度：14% 评分：94 最佳饮用期：2030年
参考价格：25澳元 ✪

Bachelor Block Ebenezer Shiraz 2015

巴彻勒·埃比尼泽西拉2015

其中包括40%的整串葡萄，天然酵母发酵，在300升的法国橡木桶中陈酿20个月，带有红色和黑色水果，略带一些橄榄酱和整串发酵带来的元素，非常集中，中等至饱满酒体，同时非常轻盈。

封口：橡木塞 酒精度：14.5% 评分：94 最佳饮用期：2030年
参考价格：70澳元 PR

Vagabond Old Vine Blewitt Springs McLaren Vale Grenache

漂泊老藤麦克拉仑谷歌海娜 2016

比巴罗萨谷同类的酒更有深度，充满能量，现在暂时表现为较高的酒精度。陈放后会有更好的表现。

封口：螺旋盖 酒精度：14.5% 评分：94 最佳饮用期：2031年
参考价格：50澳元

Thorny Devil Barossa Valley Grenache 2016

棘蜥巴罗萨谷歌海娜 2016

轻盈，明亮的深紫红色；其中加入9%的麦克拉仑谷歌海娜表现得很好，比许多巴罗萨谷的这个价格的歌海娜更坚实。核心是红色水果的味道，这款葡萄酒非常非常美味。

封口：螺旋盖 酒精度：14.5% 评分：94 最佳饮用期：2026年
参考价格：30澳元 ✪

Thomas Vineyard Estate 托马斯葡萄园酒庄 ★★★☆

PO Box 490，McLaren Vale，SA 5171（邮） 产区：麦克拉仑谷
电话：0419 825 086 网址：www.thomasvineyard.com.au 开放时间：不开放
酿酒师：迈克·法米洛（Mike Farmilo） 创立时间：1998年
产量（以12支箱数计）：500 葡萄园面积：5.26公顷

梅弗（Merv）和道恩·托马斯（Dawne Thomas）经过深思熟虑后买下了这块地产，并在上面建立了他们的葡萄园。庄园地处距弗勒里厄半岛（Fleurieu Peninsula）的圣文森特湾（Gulf of St Vincent）海岸3公里的石灰岩之上的黏土地上，被当地称之为"比斯开湾"（Bay of Biscay）。从2004年份的西拉在2005年麦克拉仑谷葡萄酒展的最佳单一葡萄园（红和白）葡萄酒，陈酿西拉也获得过金牌。

🍷🍷🍷🍷 Merv's Signature Reserve McLaren Vale Shiraz 2015

梅弗精品珍藏麦克拉仑谷西拉2015

这款葡萄酒比其他的酒款更直接，浸出物成分含量很高，丰富的橡木味道。尽管有一些蓝莓、樟脑和橡木香草的香调，单宁强劲有力，回味较干。会随着时间的变化逐渐柔和并更加复杂。

评分：90 最佳饮用期：2022年 NG

Thomas Wines 托马斯葡萄酒 ★★★★★

Cnr Hermitage Road/Mistletoe Lane，Pokolbin，新南威尔士州，2320 产区：猎人谷
电话：(02)4998 7134 网址：www.thomaswines.com.au
开放时间：每日开放，10:00—17:00
酿酒师：安德鲁·托马斯（Andrew Thomas），斯考特·康敏斯（Scott Comyns）
创立时间：1997年 产量（以12支箱数计）：8000 葡萄园面积：3公顷
安德鲁·托马斯（Andrew Thomas）从麦克拉仑谷来到猎人谷，加入了泰瑞尔（Tyrrell）酒庄的酿酒团队。13年后，他离开酒庄，开始从事合约酿酒的工作，并继续发展自己的品牌。他酿制的单一庄园葡萄酒强调猎人谷各个区域之间的细微差别。目前他放弃了建造庄园的计划，在可预见的将来，还将继续租用艾尔米塔什路（Hermitage Road）的詹姆斯庄园（James Estate）。生产原料主要来自长期合作的赛美蓉（15公顷）和西拉（25公顷）的种植者。出产的葡萄酒质量极高，安德鲁·托马斯现在也有了很高的人气，另外，聘用斯考特·康姆斯做酿酒师也是很重要的一步。出口到美国和日本。

🍷🍷🍷🍷🍷

Braemore Individual Vineyard Hunter Valley Semillon 2016
布朗莫尔单一葡萄园猎人谷赛美蓉2016
安德鲁·托马斯（Andrew Thomas）酿制的赛美蓉是公认的艺术品，年轻，具有15年及以上的陈酿潜质，同时还有丰富的风味物质，青柠、柠檬皮、青草和香茅草的味道结合在一起，同时具有极好的平衡感，回味悠长，酸度精确，品质很高。
封口：螺旋盖 酒精度：13.8% 评分：96 最佳饮用期：2031年
参考价格：30澳元 ✪

Cellar Reserve Braemore Individual Hunter Valley Semillon 2011
酒窖珍藏布朗莫尔单一葡萄园猎人谷赛美蓉 2011
明亮的、透亮的草秆绿色；柠檬糖，皮和筋络味道丰富，千变万化，酸度非常紧致——在成熟的路上它只走了一半。
封口：螺旋盖 酒精度：11.5% 评分：96 最佳饮用期：2026年
参考价格：55澳元 ✪

Kiss Limited Release Hunter Valley Shiraz 2015
基斯限量版猎人谷西拉 2015
这款色调明亮的旗舰款西拉，酒体饱满，单宁从一开始就非常突出，还有丰富的黑色水果的味道，令人垂涎欲滴，可与许多2014年（非常好的年份）西拉相提并论。值得你再等上10年。
封口：螺旋盖 酒精度：13.8% 评分：96 最佳饮用期：2035年
参考价格：75澳元 ✪

Murphy's Individual Vineyard Hunter Valley Semillon 2016
墨菲的葡萄园猎人谷赛美蓉2016
新鲜、美味。充满了香茅草、迈耶柠檬和矿物质的味道，这款酒已近成熟。
封口：螺旋盖 酒精度：11.4% 评分：95 最佳饮用期：2030年
参考价格：26澳元 ✪

Two of a Kind Semillon Sauvignon Blanc 2016
天生一对赛美蓉长相思2016
56%的猎人谷赛美蓉，44%的阿德莱德山长相思。这是一套完美的组合，活泼、新鲜，青柠、柠檬，香茅草和青菠萝的味道此起彼伏，酸度和长度非常自然，也是这款酒的关键。2021年它会是什么样子？超值，所以应该保留1—2瓶，到时候再尝尝。
封口：螺旋盖 酒精度：11.5% 评分：94 最佳饮用期：2021年
参考价格：20澳元 ✪

Elenay Barrel Selection Hunter Valley Shiraz 2015
艾莱尼酒桶选择猎人谷西拉2015
相比许多其他酿酒师，安德鲁·托马斯将魔力酿入了这一个具有挑战性的年份的葡萄酒之中。酒体色泽优美，非常清澈，带有李子、甘美的橡木、柔和的单宁，以及一些产区特有的泥土的味道。
封口：螺旋盖 酒精度：13.8% 评分：94 最佳饮用期：2030年 参考价格：50澳元

The Dam Block Individual Vineyard Hunter Valley Shiraz 2015
大坝单一葡萄园猎人谷西拉2015
这是基斯葡萄园大坝对面的一个很小的葡萄园，仅有0.8公顷。酒体结构与基斯有许多相同之处，新鲜、尖锐、长度很好。弥补了一些年份带来的不足。2016年同猎人谷葡萄酒展上的2015西拉同一等级——最高分。
封口：螺旋盖 酒精度：13.5% 评分：94 最佳饮用期：2035年 参考价格：35澳元

🍷🍷🍷🍷🍷（四满一空）

Broke-Fordwich Semillon 2016
布洛克福德维奇赛美蓉2016
评分：93 最佳饮用期：2021年 参考价格：24澳元 ✪

Two of a Kind Shiraz 2015
天生一对西拉2015
评分：93 最佳饮用期：2035年 参考价格：25澳元 ✪

Synergy Vineyard Selection Shiraz 2015
协同葡萄园精选西拉2015
评分：92 最佳饮用期：2025年 参考价格：25澳元 ✪

Two of a Kind Shiraz 2014
天生一对西拉2014
评分：92　最佳饮用期：2024年　参考价格：25澳元 ✪
Sweetwater Hunter Valley Shiraz 2015
甜水猎人谷西拉2015
评分：91　最佳饮用期：2030年　参考价格：35澳元
Synergy Vineyard Selection Semillon 2016
协同葡萄园精选赛美蓉2016
评分：90　最佳饮用期：2020年　参考价格：20澳元 ✪

Thompson Estate　汤普森酒庄 ★★★★★

299 Tom Cullity Drive，Wilyabrup，WA 6284　产区：玛格利特河
电话：(08) 9755 6406　网址：www.thompsonestate.com　开放时间：每日开放，11:00—17:00
酿酒师：鲍勃·卡特瑞特（Bob Cartwright），保罗·迪克逊（Paul Dixon）
创立时间：1994年　产量（以12支箱数计）：10000　葡萄园面积：28.63公顷
心脏病科医师彼得·汤普森（Peter Thompson）的家人持有皮耶罗（Pierro）和火谷（Fire Gully）葡萄园的股份，也曾经到世界各地许多的优质葡萄酒产区旅游。1997年，他种下了第一批葡萄藤。园中种植有赤霞珠、品丽珠、梅洛、霞多丽、长相思、赛美蓉、黑比诺和马尔贝克。汤普森酒庄的酒厂非常先进，酿酒师是鲍勃·卡特瑞特［Bob Cartwright（前列文酒庄/Leeuwin Estate酿酒师）］。出口到加拿大、新加坡等国家，以及中国内地（大陆）和香港地区。

🍷🍷🍷🍷🍷 Andrea Reserve 2014
安德里亚珍藏 2014
76%的赤霞珠，15%的梅洛，9%的“其他”品种，在新的和旧的法国橡木桶中熟成16个月。是玛格利特河生产的波尔多风格的葡萄酒中最好的一款，远比其他任何澳大利亚产区的同类酒款都更有规律。中等酒体，非常优雅，果味完美，与橡木和单宁形成良好的平衡。回味很好。
封口：螺旋盖　评分：96　最佳饮用期：2039年　参考价格：50澳元 ✪
Margaret River Cabernet Sauvignon 2014
玛格利特河赤霞珠 2014
包括10%的梅洛，在新的和旧的法国橡木桶中熟成16个月。香气馥郁、新鲜，带有汤普森酒庄这一年份的特征。纯粹的黑醋栗酒和月桂叶香气和风味，回味很长；单宁和橡木非常隐蔽，提供无形的构架感。
封口：螺旋盖　评分：96　最佳饮用期：2039年　参考价格：50澳元 ✪
The Specialist Chardonnay 2013
专家赤霞珠 2013
85%的赤霞珠，9%的梅洛，9%的其他品种，都在法国橡木中熟成18个月。这是一款强劲，集中和复杂的葡萄酒，带有黑色水果的味道，单宁结实，带有雪松橡木的味道。
封口：螺旋盖　酒精度：14%　评分：96　最佳饮用期：2043年　参考价格：80澳元
Margaret River Chardonnay 2016
玛格利特河霞多丽 2016
这款霞多丽尤其平衡，集中，带有一系列经典的水果——油桃、白桃、葡萄柚皮和汁的味道；酸度和橡木的味道也恰如其分。从任何角度都非常完整。
封口：螺旋盖　酒精度：13.5%　评分：95　最佳饮用期：2026年　参考价格：50澳元
The Specialist Chardonnay 2013
专家霞多丽 2013
100%的霞多丽有着克制的酒精度，在口中的新鲜和轻盈的程度令人吃惊。整体来说，非常优雅的，明显有着鲍勃·卡特瑞特的风格。
封口：螺旋盖　酒精度：13.5%　评分：95　最佳饮用期：2023年　参考价格：70澳元
Margaret River SSB 2016
玛格利特河 SSB 2016
评分：94　最佳饮用期：2021年　参考价格：35澳元
Margaret River Cabernet Merlot 2014
玛格利特河赤霞珠梅洛2014
评分：94　最佳饮用期：2034年　参考价格：35澳元

🍷🍷🍷🍷🍷(4.5) Four Chambers SBS 2016
四室 SBS 2016
评分：90　最佳饮用期：2018年 SC
Four Chambers Pinot Noir Rose 2016
四室黑比诺桃红 2016
评分：90　最佳饮用期：2018年 SC

Thorn-Clarke Wines　荣颂酒庄 ★★★★★

Milton Park，266 Gawler Park Road，Angaston，SA 5353　产区：巴罗萨谷
电话：(08) 8564 3036　网址：www.thornclarkewines.com.au
开放时间：周一至周五，9:00—17:00；周末，11:00—16:00
酿酒师：彼得·凯利（Peter Kelly）　创立时间：1987年

产量（以12支箱数计）：90000　葡萄园面积：268公顷
大卫（David）和谢丽尔·克拉克［Cheryl Clarke，娘家姓为索恩（Thorn）］，和儿子萨姆（Sam），荣颂是巴罗萨最大的家族酒庄之一。酒厂距离巴罗萨和伊顿谷的边界很近，其4个葡萄园中的3个都在伊顿谷：克劳福德山（Mt Crawford）葡萄园在伊顿谷的南边，米尔顿·帕克（Milton Park）和矶鹞（Sandpiper）葡萄园在伊顿谷的更北之处。第4个葡萄园在巴罗萨山岭北端的圣吉特斯（St Kitts）。4个葡萄园都经过仔细的土地规划，以保证种植的品种与产区相匹配，所有的主要品种在这里都有种植。为荣颂品牌保留的葡萄质量很高，因而出产的葡萄酒获得了一系列的奖杯和金质奖章，价格也极具有竞争力。出口到世界所有的主要市场。

🍷🍷🍷🍷🍷

Eden Trail Riesling 2016
伊顿小径雷司令
酒色呈石英白；一款顶级葡萄酒——精致、纯粹、平衡，具备长期陈酿的潜质。柑橘/苹果的味道与精细蚀刻的酸度相得益彰。
封口：螺旋盖　酒精度：11%　评分：95　最佳饮用期：2031年
参考价格：24澳元 ✪

William Randell Barossa Shiraz 2014
威廉姆·兰德尔巴罗萨西拉2014
甘美复杂，中等至饱满酒体，带有李子、水果蛋糕，黑巧克力和橡木香草的味道。但又有高品质的单宁渗透到味蕾上，也有很好的回味。这种风格很难出错。
封口：螺旋盖　酒精度：14.5%　评分：95　最佳饮用期：2034年
参考价格：60澳元

Ron Thorn Single Vineyard Barossa Shiraz 2014
罗恩·索恩单一葡萄园巴罗萨西拉2014
当你提起它的“超级酒瓶”时，最好小心一点，有些重——真的很重。这是一款酒体饱满的西拉，散发出黑莓、黑加仑、甘草和优质橡木的味道，单宁与酒中其他的元素很好地形成了平衡。还要几十年，才能达到它的最佳状态。
封口：橡木塞　酒精度：14.5%　评分：95　最佳饮用期：2044年
参考价格：95澳元

William Randell Eden Valley Cabernet Sauvignon
威廉姆·兰德尔伊顿谷赤霞珠 2014
这款伊顿谷赤霞珠有着很好的纯度和浓度——这也是这款酒的基础。赤霞珠很少这么柔顺易饮。味蕾上流淌着黑醋栗酒的味道，还有细腻的单宁和法国橡木的味道。
封口：螺旋盖　酒精度：14.5%　评分：95　最佳饮用期：2034年
参考价格：60澳元

🍷🍷🍷🍷

Barrosa Valley Malbec 2015
巴罗萨马尔贝克2015
评分：93　最佳饮用期：2025年　参考价格：30澳元　JF

Sandpiper Eden Valley Riesling 2016
矶鹞伊顿谷雷司令2016
评分：91　最佳饮用期：2024年　参考价格：19澳元 ✪

Eden Trail Shiraz 2015
伊顿小径西拉2015
评分：91　最佳饮用期：2025年　参考价格：28澳元　JF

Shotfire Barrosa Quartage
飞火巴罗萨2014
评分：91　最佳饮用期：2029年　参考价格：25澳元

Sandpiper Barrosa Shiraz 2015
矶鹞巴罗萨西拉2015
评分：90　最佳饮用期：2030年　参考价格：19澳元 ✪

Three Dark Horses　三匹黑马　★★★★☆

49 Fraser Avenue，Happy Valley，SA 5159　产区：麦克拉仑谷　电话：0405 294 500
网址：www.3dh.com.au　开放时间：不开放　酿酒师：马特·布鲁姆海德（Matt Broomhead）
创立时间：2009年　产量（以12支箱数计）：1000
三匹黑马酒庄是前可利庄园（Coriole）酿酒师马特·布鲁姆海德（Matt Broomhead）的新项目。在南意大利和罗纳河谷的几个年份后，2009年，他和他的父亲亚伦（Alan）回到了麦克拉仑谷收购优质的葡萄，两人在这个产区都有多年的工作经验。第三匹黑马是马特93岁的祖父，他也仍然参与酿制年份酒。出口到新西兰和中国。

🍷🍷🍷🍷🍷

McLaren Vale Shiraz 2015
麦克拉仑谷西拉2015
手工采摘自70岁的葡萄藤，10%的原料使用整串葡萄，野生酵母发酵，在40%的新橡木桶中熟成。整串的香气扑面而来，麦克拉仑谷的风格也非常明确，可口的黑色水果之上有黑巧克力的味道，饱满而不肥腻。
封口：螺旋盖　酒精度：14.5%　评分：95　最佳饮用期：2040年
参考价格：25澳元 ✪

GT McLaren Vale Grenache Touriga 2016
麦克拉仑谷歌海娜图瑞加 2016

配比为75/25%的混酿，50%的原料使用整串，野生酵母共同发酵，不使用橡木，无澄清，无过滤。口感非常完整，你几乎感觉不到橡木的缺席。浓烈、饱满、甘美，带有黑巧克力包裹的煮李子和樱桃的味道。来吧。
封口：螺旋盖 酒精度：14% 评分：94 最佳饮用期：2026年
参考价格：25澳元 ✪

3 Drops 三滴酒庄 ★★★★★

PO Box 1828，Applecross， WA 6953（邮） 产区：贝克山（Mount Barker）
电话：(08) 9315 4721 网址：www.3drops.com 开放时间：不开放
酿酒师：罗伯特·狄利提（Robert Diletti，合约） 创立时间：1998年
产量（以12支箱数计）：5000 葡萄园面积：21.5公顷
三滴是贝克山（Mount Barker）的布拉德伯里（Bradbury）家族葡萄园的名字。这个名字体现了三个元素：葡萄酒、橄榄油和水。酒庄葡萄园种植有雷司令、长相思、赛美蓉、霞多丽、赤霞珠、梅洛、西拉和品丽珠。此外，酒庄还有种植于1982年的14.7公顷的帕特森（Patterson's）葡萄园，其中有黑比诺、霞多丽和西拉。出口到加拿大、新加坡、韩国等国家，以及中国内地（大陆）和香港地区。

🍷🍷🍷🍷🍷 Great Southern Riesling 2016
大南部产区雷司令2016
在大南部（Great Southern）/贝克山（Mount Barker）产区最中心的雷司令。其纯度和浓度令人垂涎，关注细节（如低温下出自流汁），早采品种，可以陈放几十年。
封口：螺旋盖 酒精度：11.5% 评分：95 最佳饮用期：2031年 参考价格：26澳元 ✪

Great Southern Shiraz 2014
大南部产区西拉2014
饱满的紫红色；酒香富于表现力，黑色水果，辛味花香，大量浓郁的黑色水果和甘草，以及一点苦巧克力的味道。除了这些丰盛的风味之外，它的中等酒体仍然轻盈，这要归因于谨慎的单宁浸提和保守的法国橡木桶的使用。
封口：螺旋盖 酒精度：13.5% 评分：95 最佳饮用期：2034年
参考价格：26澳元 ✪

Great Southern Pinot Noir 2015
大南部产区黑比诺 2015
色泽明亮；这是绝对典型的黑比诺，品质不容置疑，散发出清晰的樱桃风味，口感柔顺，轻度至中等酒体，回味长。
封口：螺旋盖 酒精度：13.5% 评分：94 最佳饮用期：2023年
参考价格：28澳元 ✪

Great Southern Cabernate Sauvignon 2015
大南部产区赤霞珠2015
赤霞珠/品丽珠的混酿，在法国橡木桶中陈酿。色泽明亮，但不算浓郁，让你完全想不到接下来会品尝到丰厚和深浓的黑醋栗和其他各种果味，以及月桂叶的味道。尽管醇厚，单宁柔和易饮。
封口：螺旋盖 酒精度：14% 评分：94 最佳饮用期：2030年
参考价格：26澳元 ✪

🍷🍷🍷🍷 Great Southern Sauvignon Blanc 2016
大南部产区长相思2016
评分：90 最佳饮用期：2022年 参考价格：24澳元

Great Southern Chardonnay 2015
大南部产区霞多丽 2015
评分：90 最佳饮用期：2020年 参考价格：26澳元

Great Southern Rose 2016
大南部产区桃红 2016
评分：90 最佳饮用期：2018年 参考价格：24澳元 JF

Three Lads 三个小伙子 ★★★★☆

46 Rylstone Crescent，Grace，ACT，2911 产区：堪培拉地区
电话：0408 233 481 网址：www.threelads.com.au 开放时间：不开放
酿酒师：比尔·克罗（Bill Crowe），亚伦·哈珀（Aaron Harper），卢克·麦盖伊（Luke McGaghey） 创立时间：2013年 产量（以12支箱数计）：1000
酒庄的3个小伙子是卢克·麦盖伊（Luke McGaghey）、亚伦·哈珀（Aaron Harper）和比尔·克罗（Bill Crowe），他们3人在一次当地的食品和葡萄酒展上偶然相遇，就决定要一起做一点儿有意思的事业。他们的企业非常简单：从堪培拉地区的葡萄园购买原料，再把它们酿成葡萄酒。比尔·克罗曾在纳帕谷斯考特·哈维葡萄酒（Scott Harvey Wines）10年，后来他到澳大利亚同他的妻子杰米·克罗（Jaime Crowe）一起在四风葡萄园（Four Winds Vineyard）作酿酒师。

🍷🍷🍷🍷🍷 Shiraz 2015
西拉2015
首先，这是一款非常好的饮料，精炼、多汁、浓郁，充满果味，还有胡椒、碎杜松子等的味道。背标上有完美的总结，可以在当下配烧烤吃，也可以窖存至10年以后。
封口：螺旋盖 酒精度：13.5% 评分：95 最佳饮用期：2025年
参考价格：27澳元 JF ✪

🍷🍷🍷🍷🍷 Riesling 2016
雷司令2016
评分：90 最佳饮用期：2023年 参考价格：24澳元 JF

Gundagai Rose 2016
刚达盖桃红 2016
评分：90 最佳饮用期：2019年 参考价格：20澳元 JF ✪

Gundagai Sangiovese 2015
刚达盖桑乔维塞 2015
评分：90 最佳饮用期：2019年 参考价格：24澳元 JF

Tidswell Wines 泰德威尔葡萄酒 ★★★☆

14 Sydenham Road，Norwood，SA 5067 产区：石灰岩海岸（limestone Coast）
电话:（08）8363 5800 网址：www.tidswellwines.com.au 开放时间：仅限预约
酿酒师：本·泰德威尔（Ben Tidswell）、维尼·韦斯（Wine Wise）
创立时间：1994年 产量（以12支箱数计）：4000 葡萄园面积：136.4公顷

泰德威尔（Tidswell）家族［现为安德利亚（Andrea）和本·泰德威尔（Ben Tidswell）］在布尔湖附近的石灰岩海岸地区有两个大的葡萄园；其中种植的大部分赤霞珠和西拉，还有少量梅洛、长相思、小味儿多、维蒙蒂诺和灰比诺。泰德威尔是WFA环境可持续性项目的认证成员。葡萄酒使用的品牌包括詹妮弗（Jennifer）、希斯菲尔德山脊（Heathfield Ridge）和税吏（Publicans）。出口到新加坡、日本和中国。

🍷🍷🍷🍷🍷 Publicans Series Wild Violet limestone Coast Sauvignon Blanc 2016
公共系列三色堇石灰石海岸长相思2016
新鲜的草药味道——野荨麻，杨桃，清脆的青苹果的味道——接下来是活泼的柠檬-青柠汁的味道。酸度紧致，一切都恰到好处。
封口：螺旋盖 酒精度：12% 评分：90 最佳饮用期：2018年
参考价格：18澳元 JF ✪

Tim Adams 提姆·亚当斯 ★★★★

Warenda Road，Clare，SA 5453 产区：克莱尔谷 电话:（08）8842 2429
网址：www.timadamswines.com.au 开放时间：周一至周五，10:30—17:00；周末，11:00—17:00
酿酒师：提姆·亚当斯（Tim Adams），布雷特舒茨（Brett Schutz）
创立时间：1986年 产量（以12支箱数计）：60000 葡萄园面积：145公顷

提姆·亚当斯（Tim Adams）和合伙人帕姆·戈德萨克（Pam Goldsack）经营了一个非常成功的公司。在用添帕尼罗、灰比诺和维欧尼这些品种扩增了酒庄葡萄园后，2009年他们从CWA收购了80公顷利星·罗杰斯（Leasingham Rogers）葡萄园；2011年买下了利星葡萄酒厂和葡萄酒酿造设备（成本要低于更换旧设备的费用），企业因此得到了极大的发展。葡萄酒厂现在是这个产区一个主要的合约葡萄酒酿造设施。出口到英国、荷兰、瑞典、新西兰等国家，以及中国内地（大陆）和香港地区。

🍷🍷🍷🍷🍷 Clare Valley Botrytis Riesling 2016
克莱尔谷灰霉菌雷司令2016
优美、明亮、平衡性好，它的残糖/可滴定/酸度酒精
保证了它的陈年潜力。适度的灰霉菌说明雷司令的品种特征得到了很好的保存。可能在完全成熟后，变得更加优雅。
封口：螺旋盖 酒精度：11% 评分：94 最佳饮用期：2031年
参考价格：25澳元 ✪

🍷🍷🍷🍷🍷 Clare Valley Pinot Gris
2016克莱尔谷灰比诺 2016
评分：93 最佳饮用期：2022年 参考价格：22澳元 SC ✪

Aberfeldy Clare Valley Shiraz 2013
阿伯费尔迪克莱尔谷西拉2013
评分：93 最佳饮用期：2030年 参考价格：60澳元 JF

Clare Valley Riesling 2016
克莱尔谷雷司令2016
评分：92 最佳饮用期：2036年 参考价格：22澳元 SC ✪

Clare Valley Semillon 2014
克莱尔谷赛美蓉 2014
评分：92 最佳饮用期：2023年 参考价格：24澳元 JF ✪

Clare Valley Shiraz 2013
克莱尔谷西拉2013
评分：92 最佳饮用期：2026年 参考价格：25澳元 JF ✪

Reserve Clare Valley Tempranillo 2009
珍藏克莱尔谷添帕尼罗 2009
评分：92 最佳饮用期：2021年 参考价格：29澳元 JF

Clare Valley Semillon 2013
克莱尔谷赛美蓉 2013

评分：91　最佳饮用期：2020年　参考价格：22澳元　✪

Fergus 2014

费格斯 2014

评分：91　最佳饮用期：2022年　参考价格：24澳元　JF

Tim Gramp　提姆·格兰普　★★★★

Mintaro/Leasingham Road，Watervale，SA 5452　产区：克莱尔谷

电话：(08) 8344 4079 网址：www.timgrampwines.com.au

开放时间：周末，12:00—16:00

酿酒师：蒂姆·格拉姆（Tim Gramp）　创立时间：1990年

产量（以12支箱数计）：6000　葡萄园面积：16公顷

提姆·格兰普不声不响地建立了一个成功的企业，他将投入和消耗降到最低，因而酒价也很低。这些年来，酒庄扩增了自有葡萄园（西拉、雷司令、赤霞珠和歌海娜）。出口到马来西亚等国家，以及中国内地（大陆）和台湾地区。

🍷🍷🍷🍷½　Watervale Riesling 2016

瓦特沃尔雷司令 2016

这款酒充分表现了各项年轻的雷司令应有的优秀特质：香氛浴盐、酸橙酒、柑橘花和石板的味道。风味浓郁，口感平衡，自始至终，它都能保持很好的酸度。现在喝酒很好，也适宜陈年。

封口：螺旋盖　酒精度：11.5%　评分：93　最佳饮用期：2028年

参考价格：21澳元　SC　✪

Basket Pressed Watervale Shiraz 2013

篮式压榨瓦特沃尔西拉2013

高品质的传统克莱尔谷西拉。酒体饱满，带有血丝李和黑莓的味道；橡木适度，口感平衡，优质的单宁非常柔顺。10多年后，它可能会发展成更高品质的佳酿。

封口：螺旋盖　酒精度：14.5%　评分：93　最佳饮用期：2033年

参考价格：35澳元

Tim McNeil Wines　提姆·麦克尼尔葡萄酒　★★★★

71 Springvale Road，Watervale，SA 5452　产区：克莱尔谷

电话：(08) 8843 0040　网址：www.timmcneilwines.com.au

开放时间：周五至周日及公共节假日，11:00—17:00

酿酒师：提姆·麦克尼尔（Tim McNeil）　创立时间：2004年

产量（以12支箱数计）：1500　葡萄园面积：2公顷

当提姆（Tim）放弃了他的教职生涯，和卡斯·麦克尼尔（Cass McNeil）共同建立了提姆·麦克尼尔葡萄酒。1999年，他从阿德莱德大学获得了酿酒工程学位。他又花了11年在巴罗萨和克莱尔谷的知名酒厂提升他的手艺。2010年8月，他开始在提姆·麦克尼尔葡萄酒全职工作。麦克尼尔在瓦特沃尔（Watervale）有16公顷的地产，其中种植有适宜干燥气候下生长的雷司令。酒窖门店俯瞰着雷司令葡萄园和水谷的全景。出口到加拿大。

🍷🍷🍷🍷🍷　Watervale Riesling 2016

瓦特沃尔雷司令2016

质地精细，有结构感，清脆鲜活；具备高品质雷司令典型的柑橘和紧致的酸度。

封口：螺旋盖　酒精度：12.5%　评分：94　最佳饮用期：2026年

参考价格：24澳元　✪

🍷🍷🍷🍷　On the Wing Clare Valley Shiraz 2014

展翅克莱尔谷西拉2014

评分：89　最佳饮用期：2024年　参考价格：23澳元

Tim Smith Wines　史密斯葡萄酒　★★★★★

PO Box 446，Tanunda，SA 5352　产区：巴罗萨谷

电话：0416 396 730　网址：www.timsmithwines.com.au　开放时间：不开放

酿酒师：提姆·史密斯（Tim Smith）　创立时间：2002年

产量（以12支箱数计）：5000　葡萄园面积：1公顷

提姆·史密斯（Tim Smith）用巴罗萨卓越的老藤葡萄酿制的葡萄酒，虽然种类不多，但品质非常可靠。现在出产的酒款包括马塔洛、歌海娜、西拉、维欧尼和最近伊顿谷雷司令和维欧尼。提姆曾在巴罗萨的一家大型酒庄工作，2011年，他辞去了在这个酒庄的全职葡萄酒酿造工作，转而把100%的精力集中在他自己的品牌上。2012年，提姆加入了第一滴酒庄（First Drop，见单独条目）的酿酒团队，并将葡萄酒酿造的工序转移到了努里乌特帕（Nuriootpa）的一个全新的葡萄酒厂，这个酒厂的名字很有意思——“勇敢者之家”。出口到英国、美国、加拿大、丹麦、新加坡等国家，以及中国台湾地区。

🍷🍷🍷🍷🍷　Reserve Barossa Shiraz 2014

珍藏巴罗萨西拉2014

原料来自两个伊顿谷的葡萄园，其中一个据说有115岁的葡萄藤，另一个葡萄园将近100岁。酒中散发出花卉、肉类、松露、李子和丰富的黑樱桃以及黑加仑的味道。薄荷味道给人带来了清新活泼的感觉。单宁的出现非常缓慢，但一直保持到结尾。华丽动人，绝对可以久藏。

封口：螺旋盖　酒精度：14%　评分：96　最佳饮用期：2034年

参考价格：85澳元　CM

Reserve Barossa Mataro 2015
珍藏巴罗萨马塔洛 2015
首次发行。果味丰富，单宁强劲，带有大量的泥土、铁锈、肉类、调料的味道。而酒精度只有13.5%。味道丰富，很有层次感，还有异国情调。
封口：螺旋盖　评分：96　最佳饮用期：2027年　参考价格：85澳元　CM

Barossa Mataro 2015
巴罗萨马塔洛 2015
带有凉爽的薄荷、蓝莓、肉类、香料和黑莓的味道。口感丰富、诱人，质地犹如绸缎。简单的说，这是一款佳酿。
封口：螺旋盖　酒精度：14%　评分：94　最佳饮用期：2025年
参考价格：38澳元　CM

🍷🍷🍷🍷🍷(4.5) Bugalugs Barossa Valley Shiraz
布嘎鲁格斯巴罗萨谷西拉2015
评分：93　最佳饮用期：2025年　参考价格：25澳元　CM　✪

Tinklers Vineyard　丁科勒斯葡萄园　★★★★★

Pokolbin Mountains Road，Pokolbin，新南威尔士州，2320　产区：猎人谷
电话：(02)4998 7435　网址：www.tinklers.com.au　开放时间：每日开放，10:00—17:00
酿酒师：亚什·丁科勒斯（Usher Tinkler）　创立时间：1946年
产量（以12支箱数计）：5000　葡萄园面积：41公顷
从1942年起，丁科勒斯（Tinkler）家族的3代人一直在这块土地上经营发展。最初是牛肉和乳制品农场，在不同时期，葡萄藤曾被拔出过，又被重新种下，也收购了相邻的80岁的本·伊安（Ben Ean）葡萄园的一部分。种植的葡萄藤包括赛美蓉（14公顷）、西拉（11.5公顷）、霞多丽（6.5公顷）和小面积的梅洛、麝香葡萄、维欧尼，大部分的葡萄仍旧出售给麦克威廉姆斯（McWilliams）和泰瑞尔（Tyrrell）的酒庄。亚什（Usher）辞去了他在普尔斯的岩石（Poole's Rock）和斗鸡人幽灵（Cockfighter's Ghost）酒庄的首席酿酒师之职，以全职在丁科勒斯工作，并且增加了产量以满足市场需求。出口到瑞典、新加坡和中国。

🍷🍷🍷🍷🍷 Reserve Hunter Valley Semillon 2015
珍藏猎人谷赛美蓉2015
这是那种非常年轻但又已经发展得很好的猎人谷赛美蓉，未来的发展必定极好。带有香茅草和苹果的味道，与酸度交织在一起，有很好的长度，非常平衡。
封口：螺旋盖　酒精度：10.9%　评分：95　最佳饮用期：2035年
参考价格：35澳元　✪

School Block Hunter Valley Semillon 2015
校园地块猎人谷赛美蓉2015
带有香茅草和柑橘皮的味道，酸度活泼，有很好的长度，只会越来越好。
封口：螺旋盖　酒精度：10.8%　评分：94　最佳饮用期：2035年
参考价格：25澳元　✪

🍷🍷🍷🍷🍷(4.5) School Block Hunter Valley Semillon 2013
校园地块猎人谷赛美蓉 2013
评分：93　参考价格：25澳元　SC　✪

U and I Hunter Valley Shiraz 2015
你和我猎人谷西拉 2015
评分：93　最佳饮用期：2028年　参考价格：45澳元　SC

Old Vines Hunter Valley Shiraz 2015
老藤猎人谷西拉 2015
评分：92　最佳饮用期：2030年　参考价格：35澳元　SC

Poppys Hunter Valley Chardonnay 2016
虞美人猎人谷霞多丽 2016
评分：91　最佳饮用期：2021年　参考价格：35澳元　SC

Chardonnay 2015
霞多丽 2015
评分：90　最佳饮用期：2020年　参考价格：25澳元　SC

Hunter Valley Viognier 2016
猎人谷维欧尼2016
评分：90　最佳饮用期：2018年　参考价格：25澳元　SC

Steep Hill Shiraz 2015
陡坡西拉2015
评分：90　最佳饮用期：2024年　参考价格：25澳元　SC

Tintilla Wines　丁提尔葡萄酒　★★★★☆

725 Hermitage Road，Pokolbin，新南威尔士州，2320　产区：猎人谷
电话：(02)6574 7093　网址：www.tintilla.com.au　开放时间：每日开放，10:30—18:00
酿酒师：詹姆斯（James）和罗伯特·卢比斯（Robert Lusby）
创立时间：1993年　产量（以12支箱数计）：3500　葡萄园面积：6.52公顷
卢比斯（Lusby）家族在东北面的山坡的石灰石和红土上种植了西拉（2.2公顷）、桑乔维塞（1.6

公顷）、梅洛（1.3公顷）、赛美蓉（1.2公顷）和赤霞珠（0.2公顷）。丁提尔是猎人谷第一个种植桑乔维塞的葡萄酒厂（1995年）。家族还种了一片橄榄树，酒庄腌制并出售4种不同的橄榄。

🍷🍷🍷🍷🍷 Patriarch Syrah 2011
族长西拉2011
2011是猎人谷的一个很好的年份。香气并不明显，带有一点铁离子的调子，还有黑李子、碘、紫罗兰、樱桃和甘草的味道。单宁结实，还有丰富的橡木味道，但在窖藏中还有充足的时间可以完全展开。
封口：螺旋盖 酒精度：14% 评分：95 最佳饮用期：2025年
参考价格：60澳元 NG

Pebbles Brief Chardonnay 2015
卵石霞多丽 2015
底色是辛香料和雪松橡木的味道，此外还有桃子、杏子、奶油和柑橘的味道。活泼、流畅，回味长。
封口：螺旋盖 酒精度：13.4% 评分：94 最佳饮用期：2022年
参考价格：30澳元 NG ✪

🍷🍷🍷🍷 Museum Release Angus Semillon 2010
馆藏安格斯赛美蓉2010
评分：93 最佳饮用期：2020年 参考价格：40澳元 NG

Reserve Shiraz 2014
珍藏西拉2014
评分：91 最佳饮用期：2025年 参考价格：40澳元 NG

Angus Semillon 2015
安格斯赛美蓉2015
评分：90 最佳饮用期：2025年 参考价格：30澳元 NG

Tobin Wines 托宾葡萄酒 ★★★☆

34 Ricca Road，Ballandean，昆士兰，4382 产区：格兰纳特贝尔
电话：（07）4684 1235 网址：www.tobinwines.com.au 开放时间：每日开放，10:00—17:00
酿酒师：艾德里安·托宾（Adrian Tobin） 创立时间：1964年
产量（以12支箱数计）：1500 葡萄园面积：5.9公顷
20世纪60年代早期，丽卡（Rica）家族种植鲜食葡萄葡萄，后来，1964—1966年之间，种植了西拉和赛美蓉——据说这是格兰纳特贝尔产区最古老的欧洲葡萄藤。2002年，托宾（Tobin）家族［（由艾德里安（Adrian）和法朗西斯（Frances）领导）］买下了葡萄园，增加了种植量，现在种有西拉、赤霞珠、梅洛、添帕尼罗、赛美蓉、维德罗、霞多丽、麝香葡萄和长相思。

🍷🍷🍷🍷 Charlotte Barrel Ferment Sauvignon Blanc 2016
夏洛特桶内发酵格兰纳特贝尔长相思2016
波尔多白葡萄酒的风格，适量的橡木，很有质感，香气饱满丰富，有长相思的尖锐的草本植物的味道。柠檬油、成熟的杏子和有异国情调的榴莲的味道都表明，这款酒非常成功。
酒精度：12.4% 评分：93 最佳饮用期：2023年 NG

🍷🍷🍷🍷 Lily Barrel Fermented Granite Belt Chardonnay 2014
莉莉桶内发酵格兰纳特贝尔霞多丽 2014
评分：89 最佳饮用期：2019

Tokar Estate 托卡里庄园 ★★★★★

6 Maddens Lane，Coldstream，Vic 3770 产区：雅拉谷
电话：(03)5964 9585 网址：www.tokarestate.com.au 开放时间：每日开放，10:30—17:00
酿酒师：马丁·西伯特（Martin Siebert） 创立时间：1996年
产量（以12支箱数计）：4000 葡萄园面积：12公顷
里奥·托卡里（Leon Tokar）在托卡里庄园种植了12公顷的霞多丽、黑比诺、西拉、赤霞珠和添帕尼罗，这个葡萄园已经成熟，也是麦登斯大道（Maddens Lane）上众多葡萄园中的一个。所有的葡萄酒都有很好的产区特征，其中添帕尼罗一直以来都非常成功，赤霞珠也非常知名。

🍷🍷🍷🍷🍷 Yarra Valley Pinot Noir 2015
雅拉谷黑比诺2015
7个小批次分别发酵，每个批次采用不同程度的整串葡萄，破碎浆果，压帽管理，在发酵罐中用野生酵母发酵，带皮浸渍，在法国橡木桶（30%是新的）中熟成9个月。如此复杂性的酿造工艺得到了回报；李子、樱桃、森林、调味料的味道会在瓶储过程中转化为辛香料的味道。这是一款诱人的葡萄酒。
封口：螺旋盖 酒精度：13.5% 评分：95 最佳饮用期：2025年
参考价格：40澳元

Yarra Valley Cabernate Sauvignon 2015
雅拉谷赤霞珠 2015
除梗破碎，野生酵母发酵，在法国大橡木桶（45%是新的）熟成15个月，精选酒桶。口感强劲，中等至饱满酒体，成熟的黑醋栗酒的味道与可口的泥土和干香草的味道形成清晰的对比。
封口：螺旋盖 酒精度：14.5% 评分：95 最佳饮用期：2035年 参考价格：40澳元

🍷🍷🍷🍷🍷 Yarra Valley Chardonnay 2015
雅拉谷霞多丽 2015
评分：92　最佳饮用期：2023年　参考价格：35澳元
Carafe & Tumbler Yarra Valley Cabernet Sauvignon 2015
卡拉夫&图布乐雅拉谷赤霞珠 2015
评分：92　最佳饮用期：2025年　参考价格：25澳元 ✪
Yarra Valley Tempranillo 2015
雅拉谷添帕尼罗 2015
评分：91　最佳饮用期：2025年　参考价格：35澳元
Yarra Valley Shiraz 2015
雅拉谷西拉2015
评分：90　参考价格：35澳元

Tolpuddle Vineyard　托尔普德尔葡萄园 ★★★★★

37 Back Tea Tree Road，Richmond，塔斯马尼亚，7025　产区：塔斯马尼亚南部
电话：（08）8155 6003　网址：www.tolpuddlevineyard.com
开放时间：肖+史密斯（Shaw + Smith）酒庄
酿酒师：马丁·肖（Martin Shaw），亚当·韦德维兹（Adam Wadewitz）
创立时间：1988年　产量（以12支箱数计）：1800　葡萄园面积：20公顷
如果说哪个葡萄酒厂有高贵的血统，那一定是托尔普德尔。1988年，葡萄园建立在面向东北的一个斜坡上，2006年首次发售就荣获了塔斯马尼亚州的年度葡萄园的称号。葡萄酒大师（MW）迈克尔·希尔·史密斯（Michael Hill Smith）和马丁·肖（Martin Shaw）是酒庄的联合常务董事。大卫·乐迈尔（David LeMire）负责市场营销和销售；高级酿酒师是亚当·韦德维兹（Adam Wadewitz）——澳大利亚最有天赋的酿酒师之一。葡萄园经理卡洛斯·苏吉斯（Carlos Souris）的履历也毫不逊色，在塔斯马尼亚有30年的葡萄种植经验，他志在将葡萄园做得更大。出口到美国、英国、加拿大、丹麦、中国、日本和新加坡。

🍷🍷🍷🍷🍷 Pinot Noir 2015
黑比诺2015
呈现明亮清透的紫红色；这是塔斯马尼亚州最好的年份之中最好的酒之一，水果芬芳诱人，高品质的单宁带来了良好的结构感，预示着很好的陈酿潜力。带有纯粹的红色和黑色樱桃、浆果以及辛香料的味道。耐心的等待会得到很好的回报。
封口：螺旋盖　酒精度：13.5%　评分：97　最佳饮用期：2028年
参考价格：78澳元 ✪

🍷🍷🍷🍷🍷 Chardonnay 2015
霞多丽 2015
一款优雅的葡萄酒，各项指标都非常优秀。带有核果、梨和苹果，以及柑橘味的、矿物质的酸度，回味很好。
封口：螺旋盖　酒精度：12.5%　评分：95　最佳饮用期：2025年
参考价格：67澳元

Tomboy Hill　汤姆伯伊山 ★★★★★

204 Sim Street，巴拉瑞特，Vic 3350（邮）产区：巴拉瑞特
电话：(03)5331 3785　开放时间：不开放
酿酒师：斯科特·伊瑞斯（Scott Irish，合约）　创立时间：1984年
产量（以12支箱数计）：600　葡萄园面积：3.6公顷
前教师伊恩·沃森（Ian Watson）似乎和帕林加庄园（Paringa Estate）的林赛·麦考尔（Lindsay McCall，曾是一名教师）选择了同样的方向，相比于这个产区的其他酿酒师，他更加注重葡萄酒的品质和风格。从1984年开始，伊恩一直在园中种植霞多丽和黑比诺。较好的年份他们发售单一葡萄园霞多丽和/或者黑比诺；叛逆（Rebellion）霞多丽和黑比诺是多个葡萄园的混酿，但100%来自巴拉瑞特。在2011和2012两个艰难的年份后，汤姆伯伊山（Tomboy Hill）的2013和2014年份又重回巅峰。

🍷🍷🍷🍷🍷 Rebellion Ballarat Chardonnay 2015
叛逆巴拉瑞特霞多丽 2015
带有核果、柠檬皮和髓，酒脚带来的奶油蜂蜜的味道。酒体饱满，酸度带来了很好的张力，精准、活泼。
封口：螺旋盖　酒精度：13%　评分：95　最佳饮用期：2024年
参考价格：35澳元　JF ✪
Clementine's Picking Ballarat Chardonnay 2015
克拉门汀之选巴拉瑞特霞多丽 2015
这款葡萄酒有些像同心圆——中心是成熟核果，干无花果，酒脚风味的烤坚果和奶油蜂蜜的味道，外围是一层精致的酸度，非常诱人。醇厚、甘美，做得很好。仅仅生产75箱。
封口：螺旋盖　酒精度：13.2%　评分：95　最佳饮用期：2023年
参考价格：50澳元　JF
Rebellion Ballarat Pinot Noir 2015
叛逆巴拉瑞特黑比诺 2015
出自一个横贯巴拉瑞特的葡萄园，在新的和旧的法国橡木桶中陈酿。有着诱人的深色

樱桃和香料的味道。同时也有一定的重量，单宁如同天鹅绒一般，柔顺光滑。现在就可以喝了。
封口：螺旋盖 酒精度：13% 评分：95 最佳饮用期：2024年
参考价格：35澳元 JF ✪

Evie's Picking Ballarat Pinot Noir 2015
埃维之选巴拉瑞特黑比诺2015
引人入胜，风味很有宽度和深度，带有黑色樱桃、橄榄核木质香料的味道；非常结实，但也有精细砂纸般的单宁。还有些微的香草味道：并没有生青味。更多的是迷迭香、肉豆蔻和松针的味道。
封口：螺旋盖 酒精度：13% 评分：95 最佳饮用期：2026年
参考价格：75澳元 JF

Tomich Wines 托米奇葡萄酒 ★★★★★

87 King William Road，Unley，SA 5061 产区：阿德莱德山
电话:（08）8299 7500 网址：www.tomichhill.com.au
开放时间：周三至周六，12:00—17:00
酿酒师：兰达尔·托米奇（Randall Tomich） 创立时间：2002年
产量（以12支箱数计）：60000 葡萄园面积：180公顷
约翰·托米奇（John Tomich）出生于米尔杜拉附近的一个葡萄园（Mildura），在这里，他在那里接触到了优质葡萄种植相关的第一手知识和技术。他后来成了阿德莱德知名的耳鼻喉科专家。2002年，他在阿德莱德大学完成了葡萄酒酿造的研究生课程，并在葡萄酒大师学院开始学习葡萄酒大师的修订课程。他的儿子兰达尔（Randal）是“从老葡萄树的新枝条”（打个比方），兰达尔为阿德莱德山的家族葡萄园发明了新的设备和技术，节省了60%的时间和燃料成本。出口到美国、新加坡和中国。

🍷🍷🍷🍷🍷 Woodside Vineyard Adelaide Hills Shiraz 2015
伍德赛德葡萄园阿德莱德山西拉2015
因为这款酒的酒体中等至饱满，在盲品中，很有可能会将这款酒与酒庄的麦克拉仑谷产区的那款葡萄酒搞混。它的口感、质地和结构都非常复杂，有深色樱桃和香料的味道，以及无与伦比的结尾和回味。
封口：螺旋盖 酒精度：14% 评分：96 最佳饮用期：2035年
参考价格：30澳元

Tomich Hill McLaren Vale Shiraz 2015
托米奇山麦克拉仑谷西拉2015
在麦克拉仑谷出产的酒中，这款酒的风格非常少见——尽管非常浓烈，却只有中等酒体。质地出色，与新鲜多汁的水果、胡椒以及细腻的单宁和橡木的味道交织在一起，好像一块迷人的丝绸地毯。
封口：螺旋盖 酒精度：14% 评分：96 最佳饮用期：2030年
参考价格：28澳元

Woodside Vineyard Q96 Adelaide Hills Chardonnay
伍德赛德葡萄园Q96阿德莱德山霞多丽 2015
酒香中散发着白色果肉的核果，葡萄柚和来自昂贵橡木的气息。入口顺滑，丰富的味道与酸度完美地融合在一起，结尾很有质感，十分隽永。现代风格。
封口：橡木塞 酒精度：12.5% 评分：95 最佳饮用期：2022年
参考价格：60澳元 SC

Single Vineyard Adelaide Hills Gruner Veltliner 2016
单一葡萄园阿德莱德山绿维特利纳 2016
这是一款尤为成功的绿维特利纳；有着丰富的浓郁酸柠檬、梨和白胡椒香气和风味，结尾处酸度清新，回味悠长。适宜陈酿。
封口：螺旋盖 酒精度：12.5% 评分：95 最佳饮用期：2020年
参考价格：25澳元

Woodside Park McLaren Vale Shiraz 2015
伍德赛德园麦克拉仑谷西拉2015
颜色深沉；酒体饱满，充满魅力，它的香料和胡椒味道重的细微差别，融入到优美柔滑的酒体中。单宁也非常精细。超值，适合现在饮用。
封口：螺旋盖 酒精度：14% 评分：94 最佳饮用期：2025

Woodside Vineyard Adelaide Hills Shiraz 2014
伍德赛德葡萄园阿德莱德山西拉2014
冷凉气候下西拉的馥郁香气扑面而来，带有深色浆果，甘甜和木质香料的味道，橡木味道中夹杂着摩卡似的香气。口感柔顺光滑，中等酒体，成熟、可口，回味悠长。单宁如天鹅绒一般更是画龙点睛之笔。
封口：橡木塞 酒精度：14% 评分：94 最佳饮用期：2027年
参考价格：60澳元 SC

🍷🍷🍷🍷 Single Vineyard Sauvignon Blanc 2016
单一葡萄园长相思2016
评分：92 最佳饮用期：2018年 参考价格：25澳元 ✪

Woodside Vineyard Pinot Noir 2015
伍德赛德葡萄园黑比诺2015

评分：92　最佳饮用期：2025年　参考价格：30澳元　SC
Grace & Glory McLaren Vale Shiraz 2015
格蕾丝&格洛瑞麦克拉仑谷西拉2015
评分：92　最佳饮用期：2025年　参考价格：18澳元　✪
Tomich Hill Winemaker's Reserve Chardonnay 2016
托米奇山酿酒师珍藏霞多丽 2016
评分：91　最佳饮用期：2020年　参考价格：39澳元
Woodside Vineyard Chardonnay 2015
伍德赛德葡萄园霞多丽 2015
评分：91　最佳饮用期：2021年　参考价格：25澳元　SC
Single Vineyard Pinot Grigio 2016
单一葡萄园灰比诺2016
评分：91　最佳饮用期：2018年　参考价格：25澳元
Woodside Vineyard Gruner Veltliner 2015
伍德赛德葡萄园绿维特利纳 2015
评分：91　最佳饮用期：2022年　参考价格：25澳元
Tomich Hill Sauvignon Blanc 2016
托米奇山长相思2016
评分：90　最佳饮用期：2018年　参考价格：22澳元　SC
Rhyme & Reason Pinot Grigio 2016
韵与缘灰比诺2016
评分：90　最佳饮用期：2018年　参考价格：18澳元　✪
Tomich Hill Hilltop Pinot Noir 2015
托米奇山希托扑斯黑比诺2015
评分：90　最佳饮用期：2022年　参考价格：28澳元　SC
Woodside Vineyard I777 Pinot Noir 2015
伍德赛德葡萄园I777黑比诺2015
评分：90　最佳饮用期：2023年　参考价格：60澳元　SC
Adelaide Hills Chardonnay Pinot NV
阿德莱德山霞多丽比诺 无年份
评分：90　最佳饮用期：2017年 TS
Adelaide Hills Blanc de Blanc NV
阿德莱德山白中白 无年份
评分：90　最佳饮用期：2017年　参考价格：25澳元　TS

Toolangi Vineyards　土朗吉葡萄园　★★★★★

PO Box 9431，South Yarra，Vic 3141（邮）　产区：雅拉谷
电话：(03)9827 9977　网址：www.toolangi.com　开放时间：不开放
酿酒师：合约聘请　创立时间：1995年　产量（以12支箱数计）：7000
葡萄园面积：12.2公顷

1995年，加里（Garry）和朱莉·胡塞尔（Julie Hounsell）在雅拉谷迪克逊溪（Dixons Creek）靠近土朗吉国家森林的地方买下了一块地产。除了2.7公顷用来种植西拉和少量维欧尼，大部分用来种植黑比诺和霞多丽。酒庄有一套全明星的5人酿酒师阵容：雅伦堡［Yeringberg，威利·伦（Willy Lunn）］、吉亚康达［Giaconda，里克·金兹布伦纳（Rick Kinzbrunner）］、霍德尔溪酒庄［Hoddles Creek Estate，弗朗哥·德安娜（Franco D'Anna）］、安德鲁·弗莱明［Andrew Fleming，冷溪山（Coldstream Hills）］和奥克里奇［Oakridge，大卫·比克内尔（David Bicknell）］。出口到英国、新加坡、日本等国家，以及中国内地（大陆）和香港地区。

🍷🍷🍷🍷🍷　Block E Yarra Valley Pinot Noir 2015
地块E雅拉谷黑比诺2015
香气和口感异常的浓郁、复杂、持久。这个酒庄出产的一系列酒款都非常非常好（也非常不同），但这款酒也毫不逊色。除了浓郁的果味之外，还有香料、调味料和森林的气息作为衬托。选用酒庄最好的葡萄，充分表现了这个年份的优秀之处。
封口：螺旋盖　酒精度：13.8%　评分：98　最佳饮用期：2035年
参考价格：100澳元　✪

Estate Yarra Valley Shiraz 2015
庄园雅拉谷西拉2015
高品质西拉充分体现了（也得益于）酒庄对细节的关注，经过酒厂有专用的分拣设备，将完整的果粒送入发酵罐之中。中等至饱满酒体，可以窖藏数十年。带有黑莓、黑樱桃、甘草、成熟的单宁和淡淡的法国橡木的味道，口感非常完美。
封口：螺旋盖　酒精度：13.8%　评分：97　最佳饮用期：2045年
参考价格：40澳元　✪

🍷🍷🍷🍷🍷　Block F Yarra Valley Chardonnay 2014
F地块雅拉谷霞多丽 2014
透亮的草秆绿色；高品质的浆果原料和橡木制成的这款复杂、饱满和持久的霞多丽。它的灵感绝对来自蒙哈榭（Montrachet）及其他同类的列级名庄，完成得很好。我只

是好奇如果在橡木中3个月左右会不会让它尝起来更加新鲜。
封口：螺旋盖 酒精度：13.8% 评分：96 最佳饮用期：2027年
参考价格：125

Estate Yarra Valley Pinot Noir 2015
庄园雅拉谷黑比诺2015
品种特点明显，层次丰富，口感优雅。带有辛香料味道的深色樱桃在香气中占主导地位，但绝不单调。酒香馥郁，酒体平衡，回味悠长，这是一款各方面都非常优秀的葡萄酒。
封口：螺旋盖 酒精度：13.8% 评分：96 最佳饮用期：2030年
参考价格：45澳元 ✪

Yarra Valley Pinot Noir 2015
雅拉谷黑比诺2015
酒体呈明亮、清透和饱满的紫红色。100%去梗使得浆果的特点得到了充分的表达。主导的红樱桃香气之外，还伴有黑樱桃和香料的味道。5年窖藏后会有更好的表现。
封口：螺旋盖 酒精度：14% 评分：94 最佳饮用期：2030年
参考价格：28澳元 ✪

Yarra Valley Shiraz 2015
雅拉谷西拉2015
明亮的紫红色，各项指标发展均衡。中等酒体，有红色水果（主要为樱桃）的味道，易入口，质地如丝般柔滑，这些特质使得这款酒具有完美的平衡感。
封口：螺旋盖 酒精度：14.2% 评分：94 最佳饮用期：2029年
参考价格：26澳元

🍷🍷🍷🍷🍷 Yarra Valley Rose 2016
雅拉谷桃红 2016
评分：92 最佳饮用期：2019年 参考价格：28澳元

Top Note 前调 ★★★★

546 Peters Creek Road，Kuitpo，SA 5172 产区：阿德莱德山
电话：0406 291 136 网址：www.topnote.com.au 开放时间：周末，11:00—16:00（6月至7月关门）酿酒师：Nick Foskett 创立时间：2011年
产量（以12支箱数计）：600 葡萄园面积：17公顷
电脑芯片设计师尼克（Nick）和歌剧演员凯特·福斯克特（Cate Foskett）完成了他们两人各自的职业生涯后，到阿德莱德山找一块地，想要换一种生活方式。他们偶然遇到了一片24公顷的土地，上面种植了有5个葡萄品种，除了0.5公顷罕见的基因突变的红皮赛美蓉之外，都是主流葡萄品种。他们说，“尽管我们并不了解这个行业，种植的葡萄也没有得到预定，但我们还是卖掉了城里的房子，在阿德莱德大学韦特校区（Waite Campus)注册了葡萄栽培和酿酒专业，成了葡萄种植者。”两年来凯特成了可能是世界上唯一的歌剧演员葡萄种植者——在管理葡萄园与销售之外，仍然出演歌剧。

🍷🍷🍷🍷🍷 Block 4 Adelaide Hills Shiraz 2015
4号地块阿德莱德山西拉2015
酒精适度——这也是其优雅口感的一部分，带有红浆果的味道，中等酒体，香料和单宁更是为回味和结尾增加了复杂性。
封口：螺旋盖 酒精度：13.7% 评分：94 最佳饮用期：2035年
参考价格：40澳元

Block 4 Adelaide Hills Shiraz 2014
阿德莱德山西拉2014
酒香中有丰富的奶油薄荷和黑色胡椒的气息。芬芳馥郁。口中可以品尝到樱桃李子，紫罗兰和奶油橡木的味道。深受大众欢迎。
封口：螺旋盖 酒精度：13.5% 评分：94 最佳饮用期：2025年
参考价格：40澳元 CM

🍷🍷🍷🍷🍷 Adelaide Hills Noble Rose 2015
阿德莱德山诺贝桃红 2015
评分：93 最佳饮用期：2019年 参考价格：24澳元 CM ✪

Adelaide Hills Cabernet Sauvignon 2015
阿德莱德山赤霞珠 2015
评分：92 最佳饮用期：2030年 参考价格：35澳元

Adelaide Hills Pinot Noir 2015
阿德莱德山黑比诺 2015
评分：91 最佳饮用期：2025年 参考价格：35澳元

Torbreck Vintners 托布雷克葡萄园 ★★★★★

Roennfeldt Road，玛然南哥，SA 5352 产区：巴罗萨谷
电话：(08) 8562 4155 网址：www.torbreck.com 开放时间：每日开放，10:00—18:00
酿酒师：克雷格·伊莎贝尔（Craig Isbel），斯考特·麦当劳（Scott McDonald）
创立时间：1994年 产量（以12支箱数计）：70000 葡萄园面积：86公顷
2013年9月，加利福尼亚企业家和葡萄酒商彼得·基特［Peter Kight，基维拉葡萄园（Quivira）］完全收购拖布雷葡萄园时，它已经是澳大利亚知名的高品质的红葡萄酒酿造者之一。酿酒团队

包括首席酿酒师克雷格·伊莎贝尔（Craig Isbel），以及斯考特·麦当劳（Scott McDonald）和罗素·伯恩（Russell Burns）两人，此后仍继续在酒庄酿酒。产品的品牌结构也未发生变化：顶级系列为莱尔德（The Laird，单一葡萄园西拉），鲁恩瑞格（RunRig，西拉/维欧尼），因素（The Factor，西拉）和后代（Descendant，西拉/维欧尼）；接下来是斯贾伊（The Struie，西拉）和斯蒂丁（The Steading，歌海娜/马塔洛/西拉）。出口到世界所有的主要市场。

🍷🍷🍷🍷🍷 RunRig 2013
鲁恩瑞格 2013
这款葡萄酒有着极为丰富的果味和各种美味的元素。深浓的墨水般的酒色中，带有沥青、甘草、成熟的例子配合着五香粉、丁香、烤面包和巧克力的味道。中等酒体，单宁适度。口感极其成熟，酒精度也并不突兀。回味持久。
封口：橡木塞　酒精度：15.5%　评分：96　最佳饮用期：2030年
参考价格：250澳元　CM

Torzi Matthews Vintners　奥兹马修斯葡萄园 ★★★★☆

Cnr Eden Valley Road/Sugarloaf Hill Road，Mt McKenzie，SA 5353　产区：伊顿谷
电话：0412 323 486　网址：www.torzimatthews.com.au　开放时间：仅限预约
酿酒师：多梅尼克·奥兹（Domenic Torzi）　创立时间：1996年
产量（以12支箱数计）：3000　葡萄园面积：10公顷
多梅尼克·奥兹（Domenic Torzi）和特蕾西·马修斯（Tracy Matthews），原来居住在阿德莱德平原，他们用了很多年，才找到伊顿谷的麦肯锡山（Mt McKenzie）一个园地——这是一处盆地，土地很贫瘠，且容易结霜，但他们并没有因之而气馁。如同预料中一样，产量很低，再在架子上将葡萄晾干，重量降低了30%，因而风味更加浓缩，（意大利生产阿玛洛的风干法）。园中最初种植了西拉和雷司令，新近又种植了桑乔维塞和内格罗，增加了产品的种类。出口到英国和丹麦。

🍷🍷🍷🍷🍷 1903 Single Vineyard of Domenico Martino Old Vines Shiraz 2015
1903 **多梅尼克·奥兹单一葡萄园老藤西拉**2015
精心管理的非常古老葡萄园，十分注重浆果的品质，而不是橡木或者单宁。采用了40%的整串葡萄，虽然只是中等酒体，酒香芬芳，口感新鲜。
封口：螺旋盖　酒精度：14.2%　评分：97　最佳饮用期：2045年
参考价格：50澳元 ✪

🍷🍷🍷🍷🍷 Frost Dodger Eden Valley Riesling 2016
避霜伊顿谷雷司令2016
整串压榨，仅仅使用自流汁，采用野生酵母低温发酵6周，带酒脚陈酿8周。带有柑橘，仅有一丝白桃的味道；余味悠长，酸度良好。
封口：螺旋盖　酒精度：12.5%　评分：94　最佳饮用期：2029年
参考价格：25澳元 ✪

Schist Rock Single Vineyard Barossa Shiraz 2015
片岩单一葡萄园巴罗萨西拉2015
酒体优美而饱满，充满力量，色泽浓郁，口感复杂，带有黑色水果、单宁，甘草和炭烧烤肉的味道。我不理解的是，这是伊顿谷的葡萄园——为什么用巴罗萨这个地理标志呢，尤其是在这款酒的产地特征还这么明显的情况下。
封口：螺旋盖　酒精度：14.5%　评分：94　最佳饮用期：2040年
参考价格：22澳元 ✪

🍷🍷🍷🍷 Frost Dodger Eden Valley Shiraz 2013
避霜伊顿谷西拉2013
评分：90　最佳饮用期：2028年　参考价格：40澳元

Trapeze　秋千 ★★★★★

2130 Kinglake Road，St Andrews，Vic 3761（邮）　产区：雅拉谷
电话：(03)9710 1155　开放时间：不开放
酿酒师：詹姆斯·兰斯（James Lance）、布莱恩·康威（Brian Conway）
创立时间：2011年　产量（以12支箱数计）：1600
酒庄为詹姆斯·兰斯［James Lance，潘趣酒庄（Punch）］和朋友布莱恩·康威［Brian Conway，伊兹维葡萄酒（Izway Wines）］两人共同所有。詹姆斯非常喜爱雅拉谷，布莱恩（Brian）曾经在罗纳河谷酿制了很多年的葡萄酒，将时间分配在巴罗萨谷和墨尔本两地。他一度想要种植勃艮第品种，但后来意识到这里并不适合，于是找了合作伙伴。

🍷🍷🍷🍷🍷 Yarra Valley Chardonnay 2015
雅拉谷霞多丽 2015
与潘趣的兰斯葡萄园霞多丽相比，色泽更深，更明亮，酒体呈金色，略微有丝绿色，口感更加复杂有力，但不那么浓郁和集中。两款酒中的细节都非常丰富，哪款酒更好完全取决于个人爱好。
封口：螺旋盖　酒精度：13.5%　评分：95　最佳饮用期：2024年
参考价格：32澳元 ✪

Yarra Valley Pinot Noir 2015
雅拉谷黑比诺2015
经过摇杯，闻香，再品尝——你就会发现，这款酒很有格调，可以充分表现这个年份的伟大。有着丝绸和天鹅绒般的质感，长度很好。口感丰富，香料味道贯穿始终（不

是勒·卡雷）。
封口：螺旋盖 酒精度：13.5% 评分：95 最佳饮用期：2027年
参考价格：32澳元 ✪

Travertine Wines 钙华葡萄酒 ★★★☆

78 Old North Road，Pokolbin，新南威尔士州，2320 产区：猎人谷
电话：(02)6574 7329 网址：www.travertinewines.com.au
开放时间：周三至周日，10:00—16:00
酿酒师：利兹·斯科曼（Liz Silkman） 创立时间：1988年
产量（以12支箱数计）：3000 葡萄园面积：10.73公顷
这是潘达沃斯庄园（Pendarves Estate），最初是由菲利普·诺瑞博士（Dr Phillip Norrie）种植的。2008年1月格雷姆·波恩（Graham Burns）收购了葡萄园，以前在园内工作过的克里斯·迪布利（Chris Dibley）现在是经理，恢复了葡萄园的状态。园内种植有黑比诺（2.35公顷）、维尔德罗（2.25公顷）、霞多丽（1.25公顷）和香贝丹（1.7公顷），以及少量的的丹娜、赛美蓉、西拉和梅洛。

🍷🍷🍷🍷🍷 The Column Vineyard Reserve 2014
纵向葡萄园珍藏 2014
使用的品种以西拉为主，混有梅洛和小味儿多。2014年，一个是生产混酿葡萄酒的好年份。新鲜，轻度至中等酒体，其对于橡木和单宁的处理充分反映了酿酒师利兹·斯尔克曼（Liz Silkman）的出色技艺。
封口：螺旋盖 酒精度：13.6% 评分：93 最佳饮用期：2024年
参考价格：30澳元

Trellis 葡萄架 ★★★★

Valley Farm Road，Healesville，Vic 3777 产区：雅拉谷
电话：0417 540 942 网址：www.trelliswines.com.au 开放时间：仅限预约
酿酒师：卢克·霍里汉（Luke Houlihan） 创立时间：2007年
产量（以12支箱数计）：800 葡萄园面积：3.2公顷
酒庄的所有者是酿酒师卢克·霍里汉（Luke Houlihan）和葡萄园主格雷格·簦内特（Greg Dunnett）。卢克原来是雅拉山岭（Yarra Ridge）和长谷酒庄（Long Gully Estate）的酿酒师，而格雷格是山谷农庄葡萄园的园主。出产的黑比诺多年来为许多知名酒庄收购，出产干燥气候下生长的葡萄，质量毋庸置疑。

🍷🍷🍷🍷🍷 Yarra Valley Pinot Noir 2015
雅拉谷黑比诺2015
口感多汁、清脆，花香占据主导地位，非常易饮，有浓烈的奶油草莓和各种红色水果。尽管酒精含量不高，但没有任何生青味道，橡木处理得很好，带来了完美的香草味道，酸度明亮，略带一丝整簇石楠的味道，葡萄单宁柔和如薄纱，美丽诱人，非常感性。
封口：螺旋盖 酒精度：12.9% 评分：93 最佳饮用期：2023年
参考价格：35澳元 NG

Heathcote Shiraz 2015
西斯科特西拉2015
中等酒体。带有蓝莓、黑樱桃、橄榄酱，一抹石楠和熏肉的味道，现在还都隐藏在还原味之后。随着陈酿，这些风味会完美地释放出来。
封口：螺旋盖 酒精度：12.8% 评分：92 最佳饮用期：2028年
参考价格：30澳元 NG

Trentham Estate 特伦特姆庄园 ★★★★☆

6531 Sturt Highway，Trentham Cliffs，新南威尔士州，2738
产区：穆瑞·达令（Murray Darling）
电话：(03)5024 8888 网址：www.trenthamestate.com.au
开放时间：每日开放，10:00—17:00
酿酒师：安东尼·墨菲（Anthony Murphy），谢恩·克尔（Shane Kerr）
创立时间：1988年 产量（以12支箱数计）：70000 葡萄园面积：49.9公顷
知名酒庄米尔达（Mildara）前酿酒师托尼·墨菲（Tony Murphy）的技术十分高超，他为特伦特姆庄园酿造的葡萄酒中各个年份的有着非常好的口感一致性。酒庄葡萄园地处穆瑞·达令（Murray Darling）。着眼未来，也为了扩大产品范围，特伦特姆庄园（Trentham Estate）有选择性地从其他有良好记录的产区收购葡萄所选择的品种。实在物超所值。出口到英国、中国和其他主要市场。

🍷🍷🍷🍷🍷 Family Reserve Tasmania Pinot Noir 2013
家族珍藏塔斯马尼亚黑比诺2013
2014年8月第1次品尝，现在来看发展得很好。色调仍然清晰明亮，带有克制的红色水果，明显的混有辛辣、鲜咸、森林的气息。可能将要达到巅峰状态，但当时预测的适饮年限没有变化。
封口：螺旋盖 酒精度：13.5% 评分：95 最佳饮用期：2023年
参考价格：26澳元 ✪

🍷🍷🍷🍷🍷 Family Reserve Heathcote Shiraz 2014
家族珍藏西斯科特西拉 2014

评分：92　最佳饮用期：2029年　参考价格：26澳元

Estate Shiraz 2015

庄园西拉2015

评分：90　最佳饮用期：2023年　参考价格：16澳元 ✪

Trevelen Farm 特雷文农场 ★★★★★

506 Weir Road，Cranbrook，WA 6321　产区：大南部产区
电话:（08）9826 1052　网址：www.trevelenfarm.com.au　开放时间：仅限预约
酿酒师：海伍德庄园［（Harewood Estate，杰姆斯·凯利（James Kellie）］
创立时间：1993年　产量（以12支箱数计）：3500　葡萄园面积：6.5公顷 In 2008

约翰（John）和凯特·普利戈（Katie Sprigg）的儿子本（Ben）以及他的妻子路易斯（Louise）继承了父母农场之中用于生产羊毛、肉类和谷物的1300公顷土地。但他们仍然保留了种植于1993的6.5公顷的长相思、雷司令、霞多丽、赤霞珠和梅洛。当自产葡萄的供应不够时，他们也会从法兰克兰河小产区采购葡萄以扩大生产。雷司令是核心产品。出口到美国、日本和中国。

🍷🍷🍷🍷🍷 Estate Riesling 2007

庄园雷司令2016

最先嗅到芬芳的柑橘花的香气，口中可以品尝到青柠汁，柠檬和青苹果，坚实的酸度很好地平衡了酒体，带来了悠长的回味。并且尽管原料的糖度很高，酒中并无残糖的味道。可以参照2007年的陈酿系列（Aged Release）的表现来推测它的酒龄。

封口：螺旋盖　酒精度：12.5%　评分：95　最佳饮用期：2029年
参考价格：25澳元 ✪

Aged Release Riesling

陈酿系列雷司令 2007

明亮的草秆绿色使得它看上去像是一款年轻的雷司令，或者至多2—3岁。散发着淡淡的烤面包味的酒香之下，有烤面包、香草和青柠汁的味道，酸度使得这款酒保持了良好的新鲜度。

封口：螺旋盖　酒精度：13%　评分：95　最佳饮用期：2020年
参考价格：50澳元

The Tunney Cabernet Sauvignon 2014

特内赤霞珠 2014

充满力量,集中而且浓郁饱满，口感中的黑加仑，月桂叶和美味的单宁相互交织，适度的橡木味道。

封口：螺旋盖　酒精度：14.5%　评分：95　最佳饮用期：2029年
参考价格：25澳元 ✪

Frankland Reserve Shiraz 2014

法兰克兰珍藏西拉 2014

色泽优美；带有典型的年轻赤霞珠的风味和结构感，然而法兰克兰河的风土和气候，赋予了所有红葡萄酒独特的黑色水果的味道和美味可口的单宁。

封口：螺旋盖　酒精度：14.5%　评分：94　最佳饮用期：2034年
参考价格：30澳元 ✪

🍷🍷🍷🍷 Sauvignon Blanc Semillon 2016

长相思赛美蓉 2016

评分：92　最佳饮用期：2021年　参考价格：18澳元 ✪

tripe.Iscariot 百叶.以斯加略 ★★★★★

74 Tingle Avenue，玛格利特河，西澳大利亚,6285　产区：玛格利特河
电话：0414 817 808　网址：www.tripeiscariot.com　开放时间：不开放
酿酒师：雷米·盖斯(Remi Guise)　创立时间：2013年　产量（以12支箱数计）：250

这个酒庄名字一定是本世纪最奇特的葡萄酒庄名，以至于我给南非生长和受训的酿酒师/所有人雷米·盖斯（Remi Guise）写封邮件，问问它的来历和（或）意义，他的回答很有礼貌，其中提到犹大是"史上最著名的害群之马"，至于"百叶"他并没有具体解释，只是说"有挑战性的风格"。成功地将精湛的工艺融入到培养的各个步骤之中。他日间在自然主义者葡萄园（Naturaliste Vintners）做酿酒师，该园为玛格利特河的大型合约葡萄酒酿造商布鲁斯·杜克斯（Bruce Dukes）所有，这份工作也在技术上为他提供了一定的帮助，他能够大胆创新。他对美若西拉马贝克的最终评价是："可以品尝到骨中之髓般的美味，肥润细腻，回味温和。"

🍷🍷🍷🍷🍷 Absolution Karridale Margaret River Chenin Blanc 2015

绝对卡瑞代尔玛格利特河白诗南 2015

中等金色，色泽明亮；带有独特的品种香气，哈密瓜，腌柠檬，烤温桲，肉桂和刺槐的味道。口感丰富，单宁浓郁，有奶油般的质地，酸度明亮，余味干爽。

封口：螺旋盖　酒精度：13%　评分：95　最佳饮用期：2024年
参考价格：30澳元　JF ✪

Absolution Wilyabrup Margaret River Chenin Blanc 2015

绝对威亚布扎普玛格利特河白诗南 2015

明亮的草秆金色；带有烤温桲，梨和甘草根的香气。它的收敛感、质感和酚类物质的味道都很明显，但不过分，更增添了它的风味。口感紧致，回味干爽。

封口：螺旋盖　酒精度：12.8%　评分：95　最佳饮用期：2023年
参考价格：30澳元　JF ✪

Aspic Margaret River Grenache Rose 2014
阿司比克玛格利特河歌海娜桃红 2014
香气温和——仅有一丝苏打开胃酒，覆盆子伴随凝乳奶油和香料的味道。它的口感更是让这款桃红卓尔不群。它有极好的质地和深度，同时有柑橘-橙皮的味道和清爽的酸度使酒体不至于沉重，回味非常干爽。
封口：螺旋盖　酒精度：13%　评分：95　最佳饮用期：2018年
参考价格：30澳元　JF　✪

Marrow Margaret River Syrah Malbec 2014
骨髓玛格利特河西拉马尔贝克 2014
明亮的紫红色；散发出诱人的李子、桑葚，香草香料和树梗的味道。中等酒体，带有酱油，木屑、燕麦粥和新皮革的味道，接下来是大量、成熟的和丰满的单宁，以及爽脆的酸度。平衡而且完整，但再瓶储1年左右之后，会更加成熟。
封口：螺旋盖　酒精度：13%　评分：94　最佳饮用期：2024年
参考价格：40澳元　JF

Absolution Karridale Margaret River Grenache Noir Syrah Viognier 2014
绝对卡瑞代尔玛格利特河黑歌海娜西拉维欧尼马尔贝克 2014
这款酒美味、活泼、多汁，充满覆盆子、红李子、富士苹果的气息，还有一点白胡椒、棒棒糖和花朵的味道。中等酒体，单宁柔顺，并在结尾处爆发出新鲜感。
封口：螺旋盖　酒精度：13.8%　评分：94　最佳饮用期：2020年
参考价格：30澳元　JF　✪

🍷🍷🍷🍷🍷(4.5)
Brawn Margaret River Chardonnay 2014
布拉恩玛格利特河霞多丽 2014
评分：91　最佳饮用期：2020年　参考价格：40澳元　JF

Trofeo Estate　特罗费奥酒庄　★★★★

85 Harrisons Road，Dromana，Vic 3936　产区：莫宁顿半岛
电话：(03)5981 8688　网址：www.trofeoestate.com　开放时间：周四至周日，10:00—17:00
酿酒师：理查德·达比（Richard Darby）　创立时间：2012年
产量（以12支箱数计）：5000　葡萄园面积：18.7公顷
这处地产有着曲折的历史。20世纪30年代，这里的西番莲种植公司是澳大利亚最大的西番莲及相关产品的主要出口商。1937年，120公顷的土地上种植了70000株西番莲藤，还有一个在运作中的加工厂。次年，西番莲遭受病害而全部灭绝，公司破产。1948年，沙普家族（Seppelt）的一名成员在这里建立了特罗菲奥葡萄园（Trofeo Estate），后来，已故的墨尔本葡萄酒零售商和葡萄酒裁判道格·西布鲁克（Doug Seabrook）将之收购并用以生产葡萄酒，直到1967年的一场丛林大火将园中的烧毁。1998年，园中重新种植了葡萄藤，但又经过几次转手，才在新任庄主吉姆·马诺里奥斯南的手中复兴。吉姆在地产上建立了咖啡厅和葡萄酒厂，酒园中种植有黑比诺（6.7公顷）、霞多丽（4.9公顷）、灰比诺（2.6公顷）、西拉（2.3公顷）、赤霞珠（1.2公顷）和麝香（1公顷）。特罗菲奥酒庄也是意大利陶瓦双耳罐在澳大利亚的唯一分销商，因而酒庄的多款葡萄酒中都应用了双耳罐。

🍷🍷🍷🍷🍷
Pinot Noir 2015
黑比诺2015
特罗菲奥比诺中口感最好的一款，有着新鲜和多汁红色水果的味道，充分反映了这一年份的特点；长度极好，单宁犹如丝绸般柔滑。
封口：橡木塞　酒精度：13.8%　评分：94　最佳饮用期：2025年
参考价格：50澳元

Pinot Noir 2014
黑比诺2014
在陶瓦双耳罐和法国小橡木桶中熟成。莫宁顿半岛的这一年份较为艰难，整体来说表达力不如2015年，但这款酒处理得很好。带有李子和深色樱桃但味道，口感平衡，回味长。
封口：螺旋盖　酒精度：13.9%　评分：94　最佳饮用期：2027年
参考价格：55澳元

🍷🍷🍷🍷🍷(4.5)
Shiraz 2015
西拉2015
评分：93　最佳饮用期：2029年　参考价格：50澳元

Aged in Terracotta Single Old Block Pinot Noir 2015
陶瓦陈酿单一老地块黑比诺 2015
评分：90　最佳饮用期：2023年　参考价格：69澳元

Truffle & Wine Co　松露&葡萄酒公司　★★★★

Seven Day Road, Manjimup，WA 6248　产区：潘伯顿
电话：(08) 9777 2474　网址：www.truffleandwine.com.au
开放时间：每日开放，10:00—16:00　酿酒师：马克·艾特肯（Mark Aitken），本·海恩斯（Ben Haines）　创立时间：1997年　产量（以12支箱数计）：4000　葡萄园面积：9公顷
这个酒庄的所有者是一群来自澳大利亚各地的投资者，他们成功的实现了自己的愿望——生产优质的葡萄酒和黑松露。酿酒方的负责人是马克·艾特肯。马克于2000年以优异的成绩毕业于科廷大学（Curtin University）应用科学系，2002年在切斯纳特林（Chestnut Grove）担任酿酒师。园内有13000株榛子树和柏树接种了松露，其生产由哈利·艾斯里克（Harry Eslick）负责。松露

山（Truffle Hill）品牌现在是国内销售的高级系列；雅拉谷最优质葡萄出产的松露与葡萄酒的品牌则是顶级系列。出口到新加坡等国家，以及中国香港地区。

🍷🍷🍷🍷🍷 Truffle Hill Manjimup Shiraz 2014

松露山满吉姆西拉2014

非常诱人，有波森莓和红色樱桃，木质香料的混合味道。口感柔和，充满了香柏木甜橡木的味道，单宁饱满，结尾有收敛感。

封口：螺旋盖　酒精度：14.5%　评分：91　最佳饮用期：2023年

参考价格：35澳元　JF

Truffle Hill Pemberton Cabernet Rose 2015

松露山潘伯顿赤霞珠桃红 2015

诱人的淡三文鱼色调；其中的甜草莓、奶油、蔓越莓酸汁的味道，口感十分新鲜，令人愉悦。

封口：螺旋盖　酒精度：13.5%　评分：90　最佳饮用期：2017年

参考价格：30澳元　JF

Trust Wines　查斯特葡萄酒　★★★☆

PO Box 8015，Seymour，Vic 3660（邮）　产区：维多利亚中部　电话：(03)5794 1811
网址：www.trustwines.com.au　开放时间：不开放 酿酒师：当·路易斯（Don Lewis），纳勒尔·金（Narelle King）　创立时间：2004年
产量（以12支箱数计）：500　葡萄园面积：5公顷

合伙人当·路易斯（Don Lewis）和纳勒尔·金（Narelle King）一起在米切尔顿（Mitchelton）和西班牙的普里拉特（Priorat）酿酒多年。唐来自米尔杜拉（Mildura）附近的红崖（Red Cliffs）地区的一个葡萄种植家庭。他在年轻时，曾被迫在葡萄园工作；因而离开家后发誓再也不参与葡萄园的经营。然而1973年，他却在米切尔顿接受了科林·普里斯（Colin Preece）的助理酿酒师的职位，工作了一直待到32年后退休。纳勒尔有资格成为特许会计师，于是出发去旅行。在南美时，他遇到了一位年轻的澳大利亚酿酒师，他刚在阿根廷完成了一个葡萄酒年份的酿造，长居法国。这种生活方式对纳勒尔很有吸引力，所以她回到澳大利亚后，修读来CSU的酿酒学位，又受米切尔顿（Mitchelton）之邀作会计和酒窖助手。酒庄葡萄酒是维多利亚中部风格。也为焦油与玫瑰（Tar & Roses）餐厅供应葡萄酒。就在本书付梓出版之际，我们得到了当去世的消息，我们和他的其他朋友一样，都十分悲痛。也正是因此，酒庄的未来发展计划尚未公布。出口到加拿大，新加坡和中国。

🍷🍷🍷🍷🍷 The Don Shiraz 2014

当氏西拉 2014

原料来自修剪得很矮的灌木葡萄藤，这也意味着大量的手工修剪，但也是集中的风味的由来。证据如下：口感饱满、酒中，散发出丰富的深色酸甜李子、蓝莓、鼠尾草、滨藜和橡木的味道，单宁细腻强劲。它并不含蓄：而是热情宜人，而且舒缓。

封口：螺旋盖　酒精度：14.5%　评分：92　最佳饮用期：2026年

参考价格：60澳元　JF

🍷🍷🍷🍷 Crystal Hill White 2016

水晶山白2016

评分：89　最佳饮用期：2020年　参考价格：20澳元　JF

Tuck's Ridge　塔克山岭　★★★★★

37 Shoreham Road，Red Hill South，维多利亚 3937　产区：莫宁顿半岛
电话：(03)5989 8660　网址：www.tucksridge.com.au　开放时间：每日开放，11:00—17:00
酿酒师：Michael Kyberd　创立时间：1985年　产量（以12支箱数计）：6000
葡萄园面积：3.4公顷

在出售红山（Red Hill）葡萄园后，塔克山岭完全改变了他们的产品重心。他们保留了稳定出产高品质霞多丽和黑比诺巴克尔（Buckle）葡萄园，但大部分但产品购于特拉穆拉葡萄园。出口到美国等国家，以及中国香港地区。

🍷🍷🍷🍷🍷 Chardonnay 2015

巴克尔霞多丽 2015

重量和平衡感都非常好，散发出油桃、白桃和柑橘水果，以及一点奶油要过的味道。水果、橡木和酸度之间的配合无可挑剔。

封口：螺旋盖　酒精度：13.6%　评分：96　最佳饮用期：2024年

参考价格：55澳元 ✪

Buckle Pinot Noir 2015

巴克尔黑比诺2015

带有浓郁的深色樱桃的味道，单宁精致、持久，雪松和橡木的味道非常细腻。随着时间流逝，各类花香——如紫罗兰——会逐渐出现。这个价格贵吗？与要是跟100澳元的勃艮第葡萄酒比起来，它应该不算贵。但它最好的时候还没有到来，需要耐心等待。

封口：螺旋盖　酒精度：13.9%　评分：96　最佳饮用期：2030年

参考价格：100澳元

Turramurra Chardonnay 2015

特拉穆拉霞多丽 2015

葡萄柚和苹果的味道配合着流畅的柑橘味/矿物质酸度。这是绝大多数莫宁顿半岛霞多丽中非常典型性的一款。

封口：螺旋盖　酒精度：13.8%　评分：95　最佳饮用期：2023年
参考价格：50澳元

Mornington Peninsula Savagnin 2016
莫宁顿半岛萨瓦涅 2016
这是一款非常热情的萨瓦涅，层次丰富，有水果、橘皮，橘子籽的味道，果味浓郁，酸度恰到好处，回味悠长。
封口：螺旋盖　酒精度：13.8%　评分：95　最佳饮用期：2026年
参考价格：45澳元

Mornington Peninsula Pinot Noir 2015
莫宁顿半岛黑比诺2015
如果你觉得巴克尔比诺太贵，这款比诺是个很好的选择，正如2015年的比诺应该的状态，各项指标都很不错，口感丰富，非常大方。法国橡木和极为细致的单宁的框架中，是各种明亮的和多汁的红色水果的味道。将在2025年达到最佳状态。
封口：螺旋盖　酒精度：14.2%　评分：95　最佳饮用期：2028年
参考价格：45澳元

Mornington Peninsula Shiraz 2015
莫宁顿半岛西拉2015
酒体呈现鲜艳的紫红色；非常优雅、浓郁，有着丰富多汁的红色水果，伴随着一些辛香料的味道，完全没有衰老的迹象，口感非常复杂，让你不忍释杯。
封口：螺旋盖　酒精度：14.9%　评分：95　最佳饮用期：2030年
参考价格：38澳元

Mornington Peninsula Chardonnay 2015
莫宁顿半岛霞多丽 2015
评分：94　最佳饮用期：2022年　参考价格：35澳元

Mornington Peninsula Pinot Gris 2016
莫宁顿半岛灰比诺2016
评分：94　最佳饮用期：2021年　参考价格：32澳元

Mornington Peninsula Rose 2016
莫宁顿半岛 桃红 2016
评分：94　最佳饮用期：2019年　参考价格：29澳元　✪

🍷🍷🍷🍷🍷　Mornington Peninsula Sauvignon Blanc 2016
莫宁顿半岛长相思2016
评分：93　最佳饮用期：2019年　参考价格：26澳元　✪

Mornington Peninsula Tempranillo 2015
莫宁顿半岛添帕尼罗2015
评分：92　最佳饮用期：2025年　参考价格：45澳元

Tulloch　塔洛克　★★★★★

Glen Elgin，638 De Beyers Road，Pokolbin，NSW 2321　产区：猎人谷
电话：(02)4998 7580　网址：www.tullochwines.com　开放时间：每日开放，10:00—17:00
酿酒师：杰伊·塔洛克（Jay Tulloch，第一溪酿酒公司）
创立时间：1895年　产量（以12支箱数计）：45000　葡萄园面积：80公顷
塔洛克这个品牌一直非常成功。酒庄持有上猎人谷（Upper Hunter Valley）英格尔伍德（Inglewood）葡萄园的部分股份，园中的葡萄藤是庄园葡萄酒原料的主要来源。另外，还有波高尔宾（Pokolbin）中心的断背山脚处的JYT葡萄园，该园是由杰伊·塔洛克（Jay Tulloch）在20世纪80年代建立的。第三个原料供应源，是又猎人谷较远处的一些合约种植者提供的葡萄。第一溪酿酒公司（First Creek Winemaking） 提供的酿制服务是锦上添花，克里斯提娜·塔洛克（Christina Tulloch）的市场营销更是创意叠出。出口到比利时，菲律宾、新加坡、马来西亚、泰国和日本等国家，以及中国香港地区。

🍷🍷🍷🍷🍷　Limited Release Hector of Glen Elgin Hunter Valley Shiraz 2013
限量版格伦·埃尔金之赫克托猎人谷西拉2013
塔洛克的旗舰产品，与这款葡萄酒大气的名字十分相配。深宝石红色，红色和黑色李子和樱桃的味道包裹在雪松橡木和香料的框架中。口感集中，同时也非常非常活泼，单宁成熟、有力，适合陈酿。
封口：螺旋盖　酒精度：12.5%　评分：96　最佳饮用期：2040年
参考价格：80澳元　JF

Cellar Door Release Limited Edition
酒窖门店希托扑斯赤霞珠 2015
深浓紫红色；略带泥土、摩卡、雪松橡木和扑面而来的黑醋栗酒和黑李子的酸甜的味道，单宁精致；口感优雅、克制，同时也有些封闭，还需要时间成熟。
封口：螺旋盖　酒精度：14.9%　评分：95　最佳饮用期：2030年
参考价格：50澳元　JF

🍷🍷🍷🍷🍷　Julia Valley Semillon 2016
猎人谷赛美蓉2016
评分：92　最佳饮用期：2024年　参考价格：30澳元　JF

Cellar Door Release Hilltops Sangiovese 2015

希托扑斯桑乔维塞 2015
评分：92 最佳饮用期：2019年 参考价格：25澳元 ✪
EM Hunter Valley Chardonnay 2016
EM猎人谷霞多丽 2016
评分：90 最佳饮用期：2022年 参考价格：34澳元 JF
Cellar Door Release Viognier 2016
维欧尼2016
评分：90 最佳饮用期：2019年 参考价格：20澳元 JF ✪
Private Bin Pokolbin Dry Red Hunter Valley Shiraz 2015
私人酒桶波高尔宾干红猎人谷西拉 2015
评分：90 最佳饮用期：2024年 参考价格：55澳元 JF

Tumblong Hills 塔布隆山 ★★★★

PO Box 38，Gundagai，NSW 2722（邮） 产区：刚达盖
电话：0427 078 636 网址：www.tumblonghills.com 开放时间：不开放
酿酒师：Paul Bailey 创立时间：2009年 产量（以12支箱数计）：10000
葡萄园面积：202公顷

南方酒业（Southcorp Wines）在20世纪90年代的“麦克斯计划”（Project Max）中建立了这个大型葡萄酒厂，采用这个名字，部分是向因奔富格兰治而闻名的麦克斯·舒伯特（Max Schubert）致意。2009年，合伙人丹尼·吉尔伯特（Danny Gilbert），彼得·莱纳德（Peter Leonard）和彼得·沃尔特（Peter Waters）收购了酒庄。他们聘请了西蒙·罗伯特森（Simon Robertson）管理葡萄种植和总经理，西蒙对葡萄园了如指掌，而且非常了解新南威尔士的地理环境。2011年，在好友丹尼·吉尔伯特（Danny Gilbert）以及投资人王俊峰（Wang Junfeng）和汉德尔·李（Handel Lee）共同努力之下，塔布隆山在澳大利亚市场的地位有所提升，而且同中国的高档葡萄酒市场建立了良好的关系。酿酒师保罗·贝利（Paul Bailey）在其中扮演了重要角色——他毕业于罗斯沃斯大学（Roseworthy College），毕业后在巴罗萨谷工作，在2004年伦敦国际葡萄酒与烈酒大赛中的大洋洲地区西拉挑战部分获得了最佳红葡萄酒奖。他还曾经为波尔多最具知名度的迈克·罗兰德（Michel Rolland）工作。葡萄园中最重要的两个品种仍然是西拉和赤霞珠，此外，现在还种植有内比奥罗、芭贝拉、桑乔维塞和黑比诺。出口至中国。

🍷🍷🍷🍷🍷 Gundagai Premiere Cuvee Syrah 2013
刚达盖高级年份西拉 2013
来自酒庄葡萄园，部分使用机械，部分手工采摘，浆果可能经过预选，使用完整果串，整果和破碎/去梗 发酵罐，在旧的美国（60%）和法国（40%）橡木中熟成18个月。比J地块（J-Block）更加新鲜。
封口：橡木塞。酒精度：14% 评分：92 最佳饮用期：2028年
参考价格：40澳元

Gundagai J-Block Cuvee Syrah 2013
甘达盖J-地块西拉 2013
除了熟成时间为14个月之外，与上一款酒的风格很像。中等至饱满酒体，充分表现了甘达盖的气候特点，但没有惊喜之处。
封口：橡木塞 酒精度：14% 评分：90 最佳饮用期：2023年
参考价格：30澳元

Turkey Flat 塔琪福兰酒庄 ★★★★★

Bethany Road，Tanunda，SA 5352 产区：巴罗萨谷
电话：（08）8563 2851 网址：www.turkeyflat.com.au
开放时间：每日开放，11:00—17:00
酿酒师：马克·布曼（Mark Bulman） 创立时间：1990年
产量（以12支箱数计）：20000 葡萄园面积：47.83公顷

土耳其平原公开的建立时间是1990年，但也可以说是1870（前后）——舒尔茨（Schulz）家族买下了土耳其平原葡萄园的时间，或者说是园中最先种下葡萄的时间——当时种下的老藤西拉现在仍然在园中生长——还有8公顷的同样古老的歌海娜。种植量此后有了显著的增长，现在园中有西拉（24公顷）、歌海娜（10.5公顷）、赤霞珠（5.9公顷）、幕尔维德（3.7公顷），以及少量的玛珊、维欧尼和多塞托。现在酒庄由唯一的所有人克里斯蒂·舒尔茨（Christie Schulz）经营。出口到英国、美国和其他主要市场。

🍷🍷🍷🍷🍷 Barossa Valley Grenache 2015
巴罗萨谷歌海娜 2015
这是为数不多的可以与麦克拉仑谷顶级歌海娜相媲美的巴罗萨谷歌海娜。有丰富的红樱桃、覆盆子、蓝莓和李子的味道，单宁结实，还有土耳其软糖的细微差别。熟成。
封口：螺旋盖 酒精度：15% 评分：96 最佳饮用期：2030年
参考价格：30澳元 ✪

Barossa Valley Rose 2016
巴罗萨谷桃红 2016
由95%的歌海娜酿制，还有一些赤霞珠、西拉和马塔洛。非常易饮，几近完美；带有玫瑰花瓣、樱桃和草莓的味道，成熟而不甜腻，带有香料和草药的香调，天鹅绒般的质地则是最为“致命”的一击。
封口：螺旋盖 酒精度：13% 评分：95 最佳饮用期：2017年
参考价格：20澳元 CM ✪

Barossa Valley Shiraz 2015
巴罗萨谷西拉 2015
深紫红色-紫色，带刺的深色水果的香气中，还有一点来自橡木的雪松/香草的味道（在法国大橡木桶中熟成），还可以品尝到老藤特有的奶油味道，丰厚、集中，同时也非常平衡。从一开始就让人惊艳。
封口：螺旋盖 酒精度：14.5% 评分：95 最佳饮用期：2030年
参考价格：47澳元 PR

Butchers Block Red 2015
巴彻地块红 2015
来自15岁—170岁树龄的葡萄藤，其中51%为西拉，歌海娜38%，马塔洛11%。紫色和黑色水果被结实的单宁缝合在一起，使得这款酒有很好的长度和结构。我会毫不犹豫地将它在酒窖中陈放到15年以上。
封口：螺旋盖 酒精度：14.8% 评分：94 最佳饮用期：2030年
参考价格：20澳元 ✪

🍷🍷🍷🍷🍷 Barossa Valley Sparkling Shiraz NV
巴罗萨谷起泡酒西拉 无年份
评分：90 最佳饮用期：2020年 参考价格：42澳元 TS

Turner's Crossing Vineyard 特伦斯穿越者酒庄 ★★★★★

747 Old Bridgewater-Serpentine Road，Serpentine，Vic 3517 产区：班迪戈
电话：0427 843 528 网址：www.turnerscrossingwine.com 开放时间：仅限预约
酿酒师：吉奥·卡利（Sergio Carlei） 创立时间：1998年
产量（以12支箱数计）：4000 葡萄园面积：42公顷
19世纪中叶，本地的农民需要穿过洛登河（Loddon River）这个出色的葡萄园正是因此得名。1999年，前公司高管和拉筹伯大学（La Trobe University）商校讲师保罗·詹金斯（Paul Jenkins）建立了这个葡萄园。然而，1985年，保罗在景山（Prospect Hill）建立了他的第一个葡萄园，自学葡萄种植并亲手植下了所有的葡萄。现在，两个园子出产的葡萄都供应给维多利亚中部的知名酿酒师，但越来越多的葡萄被保留下来，用来酿制特伦斯·穿越者自产的葡萄酒。费尔·伯内特（Phil Bennett）和酿酒师塞尔吉奥·卡拉（Sergio Carlei）现在也成为了酒庄的联合所有人。出口到英国、美国、加拿大，新加坡等国家，以及中国内地（大陆）和台湾地区。

🍷🍷🍷🍷🍷 The Cut Shiraz 2007
切口西拉2007
毋庸置疑，这款酒保持了良好的色泽；与2010年3月上次品尝时相比，单宁和结构都没有发生什么变化，仍有黑色水果、香料的味道。评分和可陈放至的日期都不变，只是价格比之前的90澳元低了很多。
封口：Diam软木塞。酒精度：15% 评分：96 最佳饮用期：2022年
参考价格：65澳元 ✪

Bendigo Shiraz 2013
班迪戈西拉2013
酒瓶上只有一个全部包绕的标签，正面的部分写着2013，侧面写着2012。这款酒是由同维欧尼（比例未知）共同发酵。这是一款时尚、优雅，中等酒体的西拉，香气和口感中的红色和黑色水果的味道都很明显，柔顺、新鲜。橡木处理得很好。单宁丝滑。
封口：螺旋盖 酒精度：14.5% 评分：95 最佳饮用期：2038年
参考价格：26澳元 ✪

Bendigo Cabernet Sauvignon
班迪戈赤霞珠 2012
色泽明亮，呈现出葡萄酒的紫红色调，不像一款已经有5年酒龄的葡萄酒，这可能是因为相较于这个酒精度（以及这个产地）的其他葡萄酒来说，它的酸度更高，pH值较低。香气和口感中的黑醋栗味道非常清晰，单宁精致可口，与整体配合得很好,是一款精美的赤霞珠。
封口：螺旋盖 酒精度：14.5% 评分：94 最佳饮用期：2032年
参考价格：26澳元 ✪

🍷🍷🍷🍷🍷 Bendigo Viognier 2016
班迪戈维欧尼 2016
评分：92 最佳饮用期：2020年 参考价格：28澳元

Bendigo Picolit 2016
班迪戈皮克利特 2016
评分：90 最佳饮用期：2019年 参考价格：55澳元

Twinwoods Estate 双木酒庄 ★★★★★

Brockman Road，Cowaramup，西澳大利亚 6284 产区：玛格利特河
电话：0419 833 122 网址：www.twinwoodsestate.com 开放时间：不开放
酿酒师：深林酒庄［（Deep Woods Estate，朱利安·朗沃西（Julian Langworthy）］，奥尔多·布拉托（Aldo Brato），维多利亚 创立时间：2005年 产量（以12支箱数计）：2500
这是一个注定要成功的酒厂。酒庄为捷成（Jebsen）家族所有，多年来专注中国香港地区精品酒进口和分销，近来又扩张到中国。15年前捷成在新西兰投资了一个葡萄酒厂，又在2015年收购了玛格利特河地区的这片葡萄园。捷成的资深管理者盖文·琼斯（Gavin Jones），和巡回酿酒师艾多·布拉托维克（Aldo Bratovic）负责这个酒庄。艾多的酿酒生涯始于数十年前布莱恩·克罗瑟

（Brian Croser）对他的教导。他们的分销渠道很广，不只限于中国内地（大陆）和香港地区市场。我所尝过的它们的酒质还不错（品尝时我并不了解双木酒庄的任何背景）。他们的产品从2014年开始在澳大利亚销售，其中风土精选（Terroir Selections）是他们在澳大利亚的合伙人。出口到丹麦、德国、新加坡、新西兰等国家，以及中国内地（大陆）和香港、台湾地区。

Twisted Gum Wines 扭胶葡萄酒 ★★★☆

2253 Eukey Road，Ballandean，昆士兰，4382 产区：格兰纳特贝尔
电话：（07）4684 1282 网址：www.twistedgum.com.au 开放时间：周末，10:00—16:00
酿酒师：安迪·威廉斯（Andy Williams，合约） 创立时间：2007年
产量（以12支箱数计）：700 葡萄园面积：2.8公顷
提姆（Tim）和米歇尔·克艾利（Michelle Coelli）的背景很有意思。20世纪80年代早期，提姆在大学期间就开始阅读一本周刊上的一位记者写的葡萄酒专栏，并按上面的推荐买了酝思酒庄（Wynns）和彼得·利蒙（Peter Lehmann）的红葡萄酒，非常喜欢；用他的话说，他的妻子米歇尔"买了好多好多好多……的葡萄酒。"提姆后来成了一名经济研究师，两人在欧洲居住期间，熟悉了法国，西班牙和意大利的葡萄酒。米歇尔有农业科学的学位，她说，"因为四个孩子的到来，并没有从事相关的工作"。他们在巴兰迪（Ballandean）附近的一处山脉上发现了一块40公顷景色优美的土地（海拔为900米），上面已经种植了适宜干燥气候下生长的葡萄藤，他们没有犹豫。

🍷🍷🍷🍷🍷(4.5) Single Vineyard Granite Belt Verdelho Semillon 2015
单一葡萄园格兰纳特贝尔维尔德罗赛美蓉 2015
干净、清脆，整体完成得很好。虽然不可避免地缺少一些品种特有的清透果味，但在炎炎夏日也是解暑的清凉之饮。尤其令人印象深刻的是，一共只生产75箱（900瓶），如果您能忍住不喝的话，会在酒窖中保存得很好。
封口：螺旋盖 酒精度：13.5% 评分：90 最佳饮用期：2020年
参考价格：25澳元

Two Hands Wines 双掌葡萄酒 ★★★★★

273 Neldner Road，玛然南哥，南澳大利亚,5355 产区：巴罗萨谷
电话:（08）8562 4566 网址：www.twohandswines.com 开放时间：每日开放，10:00—17:00
酿酒师：本·珀金斯（Ben Perkins） 创立时间：2000年
产量（以12支箱数计）：50000 葡萄园面积：15公顷
名字中的"掌"是南澳大利亚商人迈克·陶菲（Michael Twelftree）和理查德·明兹（Richard Mintz）。其中，尤其是，迈克曾经有在美国销售澳大利亚葡萄酒的经验（为其他生产商）。按照小罗伯特·帕克（Robert Parker Jr）和《葡萄酒观察家》（Wine Spectator's）的哈维·斯特曼（Harvey Steiman）的口味爱好，酒庄秉承"越大越好，最大的就是最好的"原则酿制葡萄酒。葡萄原料产自巴罗萨谷（酒庄在这里有15公顷的西拉）、麦克拉仑谷、克莱尔谷、兰好乐溪和帕德萨维（Padthaway）。酒的风格偏重甘美的果味，单宁柔滑，结构感强，这一切都透露出这一成功企业背后精准的市场策略。出口到美国和其他主要市场。

🍷🍷🍷🍷🍷 Yacca Block Single Vineyard Mengler Hill Road Eden Valley Shiraz
雅卡地块单一葡萄园蒙格勒伊顿谷西拉 2015
另一款非常不同的葡萄酒：鲜美、浓郁，令人垂涎，单宁结实。带有红色和黑色水果的味道，品尝起来，有着伊顿谷特有的超脱之感——不仅是此时此地，而是指向未来。
封口：Diam软木塞 酒精度：14.2% 评分：97 最佳饮用期：2040年
参考价格：100澳元 ✪

Wazza's Block Seppeltsfield Road Shiraz 2015
瓦扎地块赛珀斯菲尔德路西拉 2015
清晰地表达出了赛珀斯菲尔德的风土条件：黑色水果的味道中渗透出香辛料的气息，如雷鸣般轰轰烈烈地向前。这是一款出色的葡萄酒，可以很好地陈酿。
封口：Diam软木塞 酒精度：14.8% 评分：97 最佳饮用期：2045年
参考价格：100澳元 ✪

Dave's Block Blythmans Road Blewitt Springs Shiraz 2015
戴维地块布莱斯曼路布鲁伊特泉西拉 2015
浓郁的深紫红色-紫色；布鲁伊特（Blewitt Springs）是麦克拉仑谷的一块圣地，为这款酒注入了自然而优雅的深色浆果味道，中等酒体，口感柔顺，酒精度没有什么特殊的。原料和工艺都很好。
封口：Diam软木塞 酒精度：13.5% 评分：97 最佳饮用期：2040年
参考价格：100澳元 ✪

Aphrodite Barossa Valley Cabernet Sauvignon 2014
阿弗蒂洛忒巴罗萨谷赤霞珠 2014
明亮的深紫红色-紫色；品种特征的表达非常经典，散发出黑醋栗酒的味道，高质量的法国橡木和细致的单宁作为支撑。每次再品尝它都会觉得它比上次更好。是这一年份的一种神奇的表达方式。
封口：Diam软木塞 酒精度：14% 评分：97 最佳饮用期：2049年
参考价格：165澳元

🍷🍷🍷🍷🍷 Windmill Block Single Vineyard Stonewell Road Barossa Valley Shiraz 2015
风车地块单一葡萄园石井路巴罗萨谷西拉2015
色泽极佳；这款酒惊人的多汁，黑色水果的味道很有流动感，单宁成熟，橡木整合得

很好。咽下或者吐出很久后，口中仍然可以感觉到它的回味。
封口：Diam软木塞 酒精度：14.2% 评分：96 最佳饮用期：2040年
参考价格：100澳元

Secret Block Single Vineyard Wildlife Road Moppa Hills Shiraz 2015
秘密地块单一葡萄园野生路墨帕山西拉2015
橡木的味道很明显，但单宁已经非常平衡饱满，丰厚的紫色和黑色水果的味道带来了很好的深度，也保证了日后的熟成。几年后，它的橡木味道会更加柔和。
封口：Diam软木塞 酒精度：14% 评分：96 最佳饮用期：2045年
参考价格：100澳元

Ares Barossa Valley Shiraz 2014
巴罗萨谷西拉2014
14%的酒精度，丰富的各类黑色水果的味道，单宁饱满，酒体醇厚。如此佳酿在任何一个年份都算得上出类拔萃，何况是2014年呢?
封口：Diam软木塞 评分：96 最佳饮用期：2044年 参考价格：165澳元

Harriet's Garden Adelaide Hills Shiraz 2015
阿德莱德山西拉2015
新鲜、活泼、轻盈、明快。精确的酿造工艺让产地特征得到了充分的表达。香气中充满了丰富的红色浆果和香料，以及一点橡木的气息，中等酒体，口感与香气配合得极好。无论即饮还是陈酿都很好。
封口：Diam软木塞 酒精度：13% 评分：95 最佳饮用期：2030年
参考价格：60澳元

Lily's Garden McLaren Vale Shiraz 2015
莉莉花园麦克拉仑谷西拉2015
评分：94 最佳饮用期：2035年 参考价格：60澳元

Twelftree Schuller Blewitt Springs Grenache 2014
陶菲舒勒比勒维特泉歌海娜 2014
评分：94 最佳饮用期：2020年 参考价格：55澳元

🍷🍷🍷🍷🍷(4.5) Twelftree Strout McLaren Flat Grenache 2014
陶菲斯特劳特麦克拉仑平歌海娜 2014
评分：93 最佳饮用期：2020年 参考价格：45澳元

Twelftree Vinegrove Greenock Grenache 2014
陶菲葡萄林格林诺克歌海娜 2014
评分：93 最佳饮用期：2021年 参考价格：55澳元

Tenacity Old Vine Shiraz 2015
坚韧老藤西拉2015
评分：90 最佳饮用期：2024年 参考价格：18澳元 JF ✪

Charlie's Garden Eden Valley Shiraz 2015
查理花园伊顿谷西拉2015
评分：90 最佳饮用期：2035年 参考价格：60澳元

2 Mates 哥儿俩 ★★★★☆

160 Main Road，麦克拉仑谷，SA 5171 产区：麦克拉仑谷
电话：0411 111 198 网址：www.2mates.com.au 开放时间：每日开放，11:00—17:00
酿酒师：马特·雷希纳（Matt Rechner），马克•维纳布尔（Mark Venable）
创立时间：2003年 产量（以12支箱数计）：500 葡萄园面积：20公顷
“哥俩”指的是马克•维纳布尔（Mark Venable）和大卫·米尼尔（David Minear），他们说：“几年前在意大利的一个小酒吧里，我们说到想要酿制'自己的完美澳大利亚西拉'回来后，我们就决定尝试一下。“于是就有了这款酒（2005），并在伦敦的“醇鉴世界葡萄酒大赛”（Decanter World Wine Award）上击败了诸多优质葡萄酒，荣获银奖。

🍷🍷🍷🍷🍷 McLarent Vale Shiraz 2014
麦克拉仑谷西拉2014
冷浸渍，开放式发酵，带皮浸渍24天，在新的和旧的法国橡木桶中熟成28个月。酒色呈现明亮的紫红色调；有深沉的黑色水果的味道，酒体异常饱满、多汁，非常平衡。是浓郁的澳大利亚西拉爱好者的理想之选。
封口：螺旋盖 酒精度：14.9% 评分：95 最佳饮用期：2044年
参考价格：35澳元 ✪

🍷🍷🍷🍷🍷(4.5) McLaren Vale Sparkling Shiraz NV
麦克拉仑谷起泡西拉 无年份
评分：90 最佳饮用期：2017年 参考价格：28澳元 TS

Two Rivers 两河酒庄 ★★★★★

2 Yarrawa Road，Denman，新南威尔士州，2328 产区：猎人谷
电话：(02)6547 2556 网址：www.tworiverswines.com.au
开放时间：每日开放，11:00—16:00
酿酒师：利兹·斯尔克曼（Liz Silkman） 创立时间：1988年
产量（以12支箱数计）：10000 葡萄园面积：67.5公顷

大部分的葡萄栽培在上猎人谷产区的67.5公顷的葡萄园中，整体投资接近几百万美元。部分葡萄收获后按长期合同售出，其余的保留，用以酿制两河酒庄的葡萄酒。酒庄以霞多丽和赛美蓉为主，在酿酒师利兹·斯尔克曼（Liz Silkman）的努力下，大部分酒款评分为95或96。作为葡萄酒旅游景点的现代风格酒窖门店，也为上猎人谷增色不少。此外，两河酒庄也为塔洛克品牌葡萄酒提供原料，并且和安格夫（Angove）家族一样，也是塔洛克酒庄（Tulloch）的合伙人之一。

🍷🍷🍷🍷🍷 Aged Release Stones Throw 2009

投石陈酿猎人谷赛美蓉2009

饱满的金色中略微有丝绿色；带有一抹黄油的略微焦化的烤面包的味道，蜂蜜和柠檬皮，酸度新鲜持久。从本质上来说，它仍是一款非常年轻的酒。

封口：螺旋盖　酒精度：10.8%　评分：96　最佳饮用期：2024年

参考价格：55澳元 ✪

Stones Throw Hunter Valley Semillon 2014

投石猎人谷赛美蓉2014

2015年3月第一次品尝。酒液仍如酿制刚完成时一样，呈现出石英白色，口感却完全是另外一回事。香气中带有破碎柠檬叶和香料，浓郁的迈耶柠檬、柠檬皮、柠檬汁的结尾使人满口生津。第一次品尝时价格为16澳元。

封口：螺旋盖　酒精度：10.6%　评分：95　最佳饮用期：2029年

参考价格：45澳元

Vigneron's Reserve Hunter Valley Chardonnay 2016

种植者精选猎人谷霞多丽 2016

杰克逊出生的酿酒师利兹　斯尔克曼（Liz Silkman）酿制这款酒时，选择了使用100%的新橡木桶，桶内发酵。这是一款无重力法下酿制的霞多丽，优雅、新鲜活泼。产地特征并不十分明显。

封口：螺旋盖　酒精度：12.5%　评分：94　最佳饮用期：2023年

参考价格：26澳元 ✪

🍷🍷🍷🍷 Hidden Hive Hunter Valley Verdelho 2016

蜂巢猎人谷维尔德罗2016

评分：89　最佳饮用期：2020年　参考价格：16澳元 ✪

Thunderbolt Hunter Valley Shiraz 2015

雷电猎人谷西拉 2015

评分：89　最佳饮用期：2022年　参考价格：20澳元

Twofold ★★★★★

142 Beulah Road, Norwood, SA 5067（邮）产区：多产区　电话：(02) 9572 7285

开放时间：不开放　酿酒师：Tim Stock, Nick Stock, Neil Pike（合约）　创立时间：2002年

产量（以12支箱数计）：400

这是尼克和蒂姆•斯托克兄弟（Nick and Tim Stock）的合资企业，其二人在葡萄酒行业内担任不同的角色（主要都是在营销端，作为侍酒师或者批发商），并且两兄弟都品味十足。他们的业界关系使得其可以从克莱尔谷和伊顿谷的七山地区采购单一葡萄园雷司令，以及来自西斯寇特的单一葡萄园西拉。

🍷🍷🍷🍷🍷 Aged Release Clare Valley Riesling 2010

陈年版克莱尔谷雷司令2010

明亮、闪闪发光的稻绿色泽，它像雏菊一样清新，酒体平衡美丽、悠长。年轻的雷司令中的酸橙汁在持续地变化中，使得这款酒有长达十年的空间。

封口：螺旋盖　酒精度：12%　评分：97　最佳饮用期：2026年

参考价格：40澳元 ✪

🍷🍷🍷🍷🍷 Clare Valley Riesling 2016

克莱尔谷雷司令2016

来自七山酒庄单一干燥地区，酒体呈石英白色，能在酒香和悠长的口感中瞬间爆发出酸橙和苹果的味道，最后以爽脆的酸度口感结束。毋庸置疑，这款酒将和2010年的姐妹款一样受到欢迎。

封口：螺旋盖　酒精度：11.5%　评分：95　最佳饮用期：2027年

参考价格：25澳元 ✪

Tynan Road Wines　泰南路葡萄酒 ★★★★☆

185 Tynan Road，Kuitpo，SA 5172（邮）　产区：阿德莱德山

电话：0413 004 829　网址：www.tynanroadwines.com.au　开放时间：不开放

酿酒师：杜安·科特斯（Duane Coates）　创立时间：2015年

产量（以12支箱数计）：150　葡萄园面积：10.25公顷

酒庄为海蒂（Heidi）和丈夫桑迪·克雷格（Sandy Craig）所有。海蒂是一位热爱生活的律师，丈夫则是一位胃肠医生。她宽容了丈夫不切实际的幻想，一起搬到了凯波（Kuitpo）居住。而这个幻想最后变成了合情合理的现实——他们不仅建立了酒庄，甚至买下了一个酒厂，并且雇用了非常优秀而有经验的酿酒师杜安·科特斯（Duane Coates）。

🍷🍷🍷🍷🍷 Kuitpo Adelaide Hillsrz Shiraz 2015

凯波阿德莱德山西拉2015

在杯中呈现明亮的紫色，中等酒体，散发出浓郁的丁香、蓝莓、碘酒和熏肉的香气。

这款酒带皮浸渍接近40天——远超一般澳大利亚葡萄酒带皮浸渍的时长。口感纯正，很有质感，几乎像是雪纺在口中滑过一般。
酒精度：14%　评分：95　最佳饮用期：2025年　参考价格：60澳元　NG

Tyrrell's Wines　泰瑞尔葡萄酒　★★★★★

1838 Broke Road，Pokolbin，新南威尔士州，2321　产区：猎人谷
电话：(02)4993 7000　网址：www.tyrrells.com.au
开放时间：周一至周六，9:00—17:00；周日，10:00—16:00
酿酒师：安德鲁·斯宾纳茨（Andrew Spinaze）
创立时间：1858年　产量（以12支箱数计）：220000　葡萄园面积：158.22公顷
这是本地最成功的家族葡萄酒厂，建立后的110年中始终低调，但在最近的40年里却大放异彩。1号罐赛美蓉是澳大利亚酒展上占据主导地位的一款葡萄酒，47号罐的霞多丽也是这一品种中的翘楚。酒庄有一系列在5—6年酒龄时方进行发售的优质单一葡萄园赛美蓉。酒庄在猎人谷有近116公顷的葡萄园，其中石灰石海岸有15公顷，西斯科特为26公顷。这个酒庄同时还是“澳大利亚第一葡萄酒家族”中的成员。出口到世界所有的主要市场。

🍷🍷🍷🍷🍷

Museum Release Vat 1 Hunter Semillon 2005
博物馆发行一号罐猎人赛美蓉2005
这是一款让人惊艳的猎人谷陈酿赛美蓉，感谢上帝，螺旋盖封口充分保证了它的新鲜口感，带有优雅的烤奶油鸡蛋卷、无盐黄油和柠檬乳酪的味道。口感极为细腻、绵长，回味无穷。这是怎样的一种享受啊。
酒精度：13.8%　评分：97　最佳饮用期：2027年
参考价格：78澳元　NG　✪

🍷🍷🍷🍷🍷

Single Vineyard Belford Hunter Semillon
单一葡萄园贝尔福德猎人赛美蓉2012
葡萄藤种植于1933年，出产的赛美蓉有着非常独特的雨后湿土的味道，以及一丝极其细微的烤面包的复杂香气。带有典型的香茅草、青柠皮和奶油蜂蜜的味道，酸度极为细腻。令人惊艳。
封口：螺旋盖　酒精度：13.5%　评分：95　最佳饮用期：2030年
参考价格：35澳元　JF　✪

Museum Release Vat 1 Hunter Semillon 2012
博物馆发行一号罐猎人谷赛美蓉2012
瓶储的数年给这款酒带来了更加复杂的层次感，丰润的同时，仍然有精准的柠檬味的橙皮酸度。略带香草，新鲜松针和柠檬凝乳酸的味道。现在就很好，但还可以保存更久。
封口：螺旋盖　酒精度：13%　评分：95　最佳饮用期：2025年
参考价格：53澳元　JF

Single Vineyard HVD Hunter Semillon 2012
单一葡萄园HVD猎人谷赛美蓉2012
一切都恰到好处。口感均衡，令人愉悦，带有青柠香草冰激凌的味道，还有几乎有些柔软质感和酸度：非常美味。佳饮。
封口：螺旋盖　酒精度：13.5%　评分：95　最佳饮用期：2030年
参考价格：35澳元　JF　✪

Single Vineyard Stevens Hunter Semillon 2012
单一葡萄园斯蒂文斯猎人谷赛美蓉2012
带有浓烈的白色花朵和各种柑橘类的香调，口中可以品尝到青柠皮和果汁加柠檬大麦水的味道。非常活泼、明快，毫无陈年的味道——还需要时间。
封口：螺旋盖　酒精度：13.5%　评分：95　最佳饮用期：2030年
参考价格：35澳元　JF　✪

Single Vineyard Belford Hunter Chardonnay 2015
单一葡萄园贝尔福德猎人谷霞多丽 2015
产自一个不那么理想的年份，这款酒可以说完成得不错。复杂，有层次感，带有温椁和黄姜，晒过的干草的味道。橙皮味的酸度十分明快，口感紧致，故而还需陈放一段时间。
封口：螺旋盖　酒精度：13%　评分：95　最佳饮用期：2026年
参考价格：75澳元　JF

Vat 47 Hunter Chardonnay 2012
47号罐猎人谷霞多丽 2012
饱满、透亮草秆绿色；从1971年起，泰瑞尔就用这款47号罐带领了酿造霞多丽葡萄酒的风尚，时至今日，他们的工艺已经非常娴熟。非常复杂，很有质感，最初是核果、无花果和香瓜的风味，紧致的酸度收尾，回味很长。曾获3个奖杯和6枚金牌。
封口：螺旋盖　酒精度：13%　评分：95　最佳饮用期：2022年
参考价格：28澳元　✪

🍷🍷🍷🍷

Single Vineyard SFOV Chardonnay 2013
单一葡萄园SFOV霞多丽 2013
评分：92　最佳饮用期：2023年　参考价格：70澳元

HVD & The Hill Hunter Pinot Noir
HVD&小山猎人谷黑比诺2014
评分：91　最佳饮用期：2025年　参考价格：30澳元

Lunatiq Heathcote Shiraz
鲁纳迪克西斯科特西拉2014
评分：91　最佳饮用期：2024年　参考价格：40澳元　JF

 Ubertas Wines　乌伯特斯葡萄酒　NR

790 Research Road，Light Pass，SA 5355　产区：巴罗萨谷
电话：（08）8562 4489　网址：www.ubertaswines.com.au　开放时间：仅限预约
酿酒师：维尼·韦斯（Wine Wise）　创立时间：2013年
产量（以12支箱数计）：3500　葡萄园面积：12公顷

菲尔·刘（Phil Liu）和凯文·刘（Kevin Liu）兄弟二人随着父亲从中国台湾地区来到中国大陆，在父亲的汽车配件厂工作。2006年两人做出了一个重大决定，移民到了澳大利亚，并且抓住机会建立了一个向中国出口葡萄酒的公司，名为瑞托（Rytor）。公司非常成功，于是在接下来的几年中，菲尔攻读阿德莱德大学的酿酒工程专业，凯文则攻读南澳大利亚大学的市场营销，并获得了硕士学位。2014年，他们在巴罗萨谷的莱特帕斯（Light Pass）建立了自己的酒厂，并于2017年开始筹备自己的酒窖门店。出口到德国、日本等国家，以及中国内地（大陆）和台湾地区。

Ulithorne　尤利索恩　★★★★★

The Mill at Middleton，29 Mill Terrace，Middleton，SA 5213　产区：麦克拉仑谷
电话：0419 040 670　网址：www.ulithorne.com.au
开放时间：周末以及公共节假日，10:00—16:00
酿酒师：罗丝·肯提斯（Rose Kentish），布莱恩·莱特（Brian Light）　创立时间：1971年　产量（以12支箱数计）：2500　葡萄园面积：7.2公顷

罗丝·肯提斯（Rose Kentish）的公公弗兰克·哈里森（Frank Harrison）在麦克拉仑谷有一个建立于40年前的葡萄园。尤利索恩酿制少量的葡萄酒，所用的葡萄原料就出自这片园子中的精选地块。罗丝的一个梦想就是用世界各地优秀葡萄种植产区的高品质葡萄，生产小批量的高档葡萄酒，也正是因此，她以尤利索恩的品牌在法国的科西嘉岛酿制了维蒙蒂诺（Vermentinu），还有一款普罗旺斯桃红葡萄酒。2013年，萨姆·哈里森和罗丝，收购了麦克拉仑谷中心地带的一个老葡萄园，其中包括1945年种植的4公顷的西拉和3.2公顷的歌海娜。出口到英国、加拿大、荷兰、马来西亚和中国。

🍷🍷🍷🍷🍷

Unicus McLarent Vale Shiraz 2014
乌尼克斯麦克拉仑谷西拉2014
深紫红色；这款西拉酒体非常饱满，将产区和品种特征表达得淋漓尽致；虽然并没有这个产区常见的黑巧克力的味道，但有丰富的水果，尤其是黑色水果的味道。单宁丰润平衡，橡木恰到好处。
封口：螺旋盖　酒精度：14.5%　评分：95　最佳饮用期：2034年
参考价格：45澳元

Familia McLarent Vale Shiraz 2015
麦克拉仑谷西拉2015
香气复杂，带有辛香料和深色浆果的味道。中等酒体，口感集中，新橡木的味道现在有些突出，但并不影响其他的精致细节，让人不忍释杯。
封口：螺旋盖　酒精度：13.5%　评分：95　最佳饮用期：2035年
参考价格：39澳元

Dona McLarent Vale Shiraz 2015
多那麦克拉仑谷西拉 2015
酿酒师罗丝•肯提斯在这款酒的酿制上，受到了罗纳河谷风格的影响。其中充满了各种黑色水果、泥土和甘草的味道，配以高质量的单宁，口感十分丰富，但在未来还会发展得更好。
封口：螺旋盖　酒精度：14.5%　评分：95　最佳饮用期：2035年
参考价格：28澳元 ✪

Frux Frugis McLarent Vale Shiraz 2014
霜果麦克拉仑谷西拉2014
来自种植于1969年的酒庄葡萄藤。色泽仍然呈现一种深浓的紫红色，这也预示了它浓郁而有力的口感，带有黑色水果和泥土，可口的淡甘草的味道，香料和苦巧克力的气息也可以或多或少的感觉到。还需要发展一段时间。
封口：橡木塞　酒精度：14.5%　评分：95　最佳饮用期：2044年
参考价格：95澳元

🍷🍷🍷🍷

Chi McLarent ValeShiraz2015
气麦克拉仑谷西拉歌海娜 2015
评分：93　最佳饮用期：2021年　参考价格：40澳元

Specialis McLarent Vale Tempranillo Grenache Graciano 2015
麦克拉仑谷添帕尼罗歌海娜格拉西亚诺2015
评分：92　最佳饮用期：2025年　参考价格：30澳元

SC Dona Blanc 2016
多那白 2016
评分：91　最佳饮用期：2020年　参考价格：27澳元

Paternus McLarent Vale Cabernate Sauvignon 2014
帕特努斯麦克拉仑谷赤霞珠 2014

评分：91 最佳饮用期：2034

Umamu Estate 乌玛努酒庄 ★★★★★

PO Box 1269，玛格利特河，WA 6285（邮） 产区：玛格利特河
电话：(08) 9757 5058 网址：www.umamuestate.com 开放时间：不开放
酿酒师：布鲁斯·杜克斯（Bruce Dukes，合约） 创立时间：2005年
产量（以12支箱数计）：1800 葡萄园面积：16.8公顷

酒庄行政长官查曼内·索（Charmaine Saw）解释说，“从小我就同时接触东西方文化，大学学习自然科学，接受过厨师训练，对艺术和管理顾问充满激情——这些都让我更加专业，很有创造性。”Umamu这一回文名字（注：从后往前读仍是同一个词）的灵感来源是平衡与满足。对应到实践之中，则指的是他们的有机葡萄栽培理念，以及对风土条件发自内心的尊重。园内的葡萄最早种植于1978年，其中包括赤霞珠、霞多丽、西拉、赛美蓉、长相思、梅洛和品丽珠。出口到马来西亚、印度尼西亚和菲律宾等国家，以及中国香港地区。

🍷🍷🍷🍷🍷 Brawn Margaret River Chardonnay 2014
玛格利特河霞多丽 2014
初时只是完美的平衡，状态很好，接下来是柠檬皮和汁髓的味道，充满力量，回味无穷。中等酒体，带有无可挑剔的白桃味道，非常完整。
封口：螺旋盖 酒精度：13.6% 评分：96 最佳饮用期：2024年
参考价格：55澳元 ✪

Margaret River Cabernet Sauvignon 2014
玛格利特河赤霞珠 2014
赤霞珠的确无愧酒王的美誉——这款酒酒体饱满，其中黑加仑、干月桂叶、黑橄榄和泥土的味道配合得很好，单宁丰富，结尾有许多值得回味的细微之处。橡木的味道与整体融合得很好。
封口：螺旋盖 酒精度：13.8% 评分：96 最佳饮用期：2030年
参考价格：45澳元 ✪

Margaret River Cabernet Franc 2015
玛格利特河品丽珠 2015
虽然不是很深，但色调很好。不难看出为什么这款品丽珠没有与其他品种混合。酒中优雅的红醋栗和覆盆子伴随着可口的香草和黑橄榄的味道，在细微的法国橡木的衬托下更加饱满。
封口：螺旋盖 酒精度：15% 评分：94 最佳饮用期：2028年 参考价格：50澳元

🍷🍷🍷🍷 Margaret River Sauvignon Blanc Semillon 2016
玛格利特河长相思赛美蓉 2016
评分：91 最佳饮用期：2019年 参考价格：24澳元

Underground Winemakers 地下酿酒师 ★★★★

1282 Nepean Highway，Mt Eliza，Vic 3931 产区：莫宁顿半岛
电话：(03)9775 4185 网址：www.ugwine.com.au 开放时间：每日开放，10:00—17:00
酿酒师：彼得·斯特宾（Peter Stebbing） 创立时间：2004年
产量（以12支箱数计）：10000 葡萄园面积：12公顷

阿德里安·汉尼斯（Adrian Hennessy），乔纳森·斯蒂文斯（Jonathon Stevens）和彼得·斯特宾（Peter Stebbing）为酒庄所有人，他们分别在阿尔萨斯、勃艮第、意大利北部和天鹅山（Swan Hill）酿制过葡萄酒，而且都有在莫宁顿半岛的本地葡萄园和酒厂工作的丰富经验。2004年，他们迈出了第一步——在伊莱扎山（Mt Eliza）租下了一家小酒厂。这家酒厂虽然已经停业多年，但他们的葡萄园中，仍然种有这个半岛上最古老的黑比诺、灰比诺和霞多丽。他们的产品组合多种多样：莫宁顿半岛灰比诺、黑比诺和霞多丽，以及维多利亚北部和中部出产的杜瑞夫，莫斯卡托，赤霞珠梅洛和西拉。他们的桑·彼得罗（San Pietro） 葡萄酒遵循了意大利的传统酿酒人桑·彼得罗（San Pietro） 的哲学，此人在本纳拉（Benalla）南部和莫宁顿半岛均有葡萄园（详情见www.sanpietrowine.com）。

🍷🍷🍷🍷 San Pietro Pinot Noir 2016
桑彼得罗黑比诺2016
这款黑比诺的香气非常浓郁——红色水果、樱桃、茴香，还有一点香草的气息。口感饱满纯正，单宁成熟、精致，酸度明快。这款酒并不复杂，但果味浓郁，非常易饮。
封口：螺旋盖 酒精度：13.4% 评分：94 最佳饮用期：2022年
参考价格：30澳元 NG ✪

Black and White Mornington Peninsula Pinot Grigio
黑与白莫宁顿半岛灰比诺2015
极为专业的酿造工艺为我们呈现了这样一款简洁、轻盈、活的葡萄酒。略带沙梨和杏仁饼的味道，温和的酚类物质气息，以及一点橙皮味的酸度，还有一些二氧化碳的质感。非常平衡，没有多余的部分。
封口：螺旋盖 酒精度：13% 评分：90 最佳饮用期：2018年
参考价格：20澳元 NG ✪

Rose 2016
桃红 2016
原料来自维多利亚中部，带皮浸渍24小时以提取色泽，旧桶中完成发酵。最有意思的

还是经过了部分苹乳发酵。这也使得这款酒在红色水果的明快节奏上，还有一些奶油的复杂味道，让人想起不那么常见的波尔多克莱雷特（clairette）风格。完成得很好。
封口：螺旋盖　评分：97　最佳饮用期：2023年
参考价格：50澳元　NG　✪

Black and White Mornington Peninsula Pinot Noir
黑与白莫宁顿半岛黑比诺2016
一款冷凉气候下生长的比诺，诱人的樱桃可乐和紫罗兰的香气非常浓郁。中等酒体，很有质感，可以品尝到可口的葡萄单宁，果汁般的酸度和一点橡木的味道，非常容易入口。
封口：螺旋盖　评分：97　最佳饮用期：2023年
参考价格：50澳元　NG　✪

San Pietro Pinot Grigio 2016
桑·彼得罗灰比诺2016
这是一款浓烈张扬的酒，色泽饱满略带古铜色调，有丰富的苹果派的香气，伴随着一些酚类物质的细节，风味物质非常丰富，口感纯正，有温度，确实是一款极致的灰比诺。
封口：螺旋盖　酒精度：13.9%　评分：95　最佳饮用期：2020年
参考价格：30澳元　NG　✪

Upper Reach　上达 ★★★★☆

77 Memorial Avenue，Baskerville.西澳大利亚 6056　产区：天鹅谷
电话：(08) 9296 0078　网址：www.upperreach.com.au　开放时间：每日开放，11:00—17:00
酿酒师：德里克·皮尔斯(Derek Pearse)　创立时间：1996年
产量（以12支箱数计）：4000　葡萄园面积：8.45公顷
劳拉·罗（Laura Rowe）和德里克·皮尔斯（Derek Pearse）在1998年买下了天鹅河（Swan River）岸边的10公顷地产，建立了最初的4公顷葡萄园，后来扩大了种植面积，现在种植有包括霞多丽，西拉、赤霞珠、维德罗、赛美蓉、梅洛、小味儿多和麝香葡萄。他们出产的全部葡萄酒都来自酒庄葡萄园。几年前他们将餐厅的部分租给了安东尼（Anthony）和安娜里斯·布罗德（Annalis Broad）。布罗德餐厅就是这两个人在经营。餐厅外壁全部由玻璃制成，而且外围还有可以俯瞰葡萄园的露台。酒窖门店也与餐厅融为一体，因而，当你在酒窖门店中，用力多（Riedel）玻璃杯品尝美酒时，也可以看到葡萄园中的景色。经营上达酒庄的湖区餐厅（Broads Restaurant）。接下来没他们还会再建造一个露台，以供游客停留歇息，品饮葡萄酒：因为这一点，«美食 旅行家 葡萄酒»（Gourmet Traveller WINE） 将上达酒庄选为2014年天鹅谷的明星葡萄园。

🍷🍷🍷🍷🍷 Reserve Margaret River Cabernate Sauvignon 2014
珍藏玛格利特河赤霞珠 2014
来自威亚布扎普（Wilyabrup）地区，在新的和一年的法国大橡木桶中陈酿。这款赤霞珠非常浓郁，酒体强劲：其酒液呈现饱满的紫红色；丰盛的黑醋栗的味道与酒中丰厚的单宁味道“旗鼓相当”。如果考虑到天鹅谷的物流状况，这款酒能有如此水平的确不易。
封口：螺旋盖　酒精度：13.8%　评分：95　最佳饮用期：2039年
参考价格：55澳元

Reserve Swan Valley Shiraz 2014
陈酿天鹅谷西拉2014
在法国大橡木桶（50%是新的）中陈酿12个月，这是一款极好的葡萄酒，发酵工艺为这款西拉带来了许多不同的侧面，但橡木在这里的可能还有些问题。法国梅克雷（Mercurey）出产的橡木桶质量很好，澳大利亚的许多顶级酒庄都选用这个品牌的橡木桶，也正是因此，更容易让酿酒师陷入难以抉择的窘境——我经过折衷给出了它的评分。
封口：螺旋盖　酒精度：14.5%　评分：94　最佳饮用期：2034年
参考价格：45澳元

🍷🍷🍷🍷 Tempranillo 2014
添帕尼罗 2014
评分：91　最佳饮用期：2024年　参考价格：30澳元

Vasarelli Wines　瓦萨瑞利尔葡萄酒 ★★★★

164 Main Road，麦克拉仑谷，SA 5171　产区：麦克拉仑谷
电话：(08) 8323 7980　开放时间：每日开放，8:00—17:00
酿酒师：尼杰·多蓝（Nigel Dolan，合约）　创立时间：1995年
产量（以12支箱数计）：18000　葡萄园面积：33公顷
1976年，帕斯卡·瓦萨瑞利尔（Pasquale Vasarelli）和维多利亚·瓦萨瑞利尔（Vittoria Vasarelli）随父母从墨尔本搬到麦克拉仑谷居住。他们在这里建立了葡萄园，此后葡萄园的面积逐年增加，达到现在规模，其中种植有赛美蓉、长相思、霞多丽、灰比诺、维蒙蒂诺、西拉、赤霞珠和梅洛。1995年以前，园中出产的葡萄均售给了其他生产商。但就在1995年，他们加入了道伦庄园（Cellarmaster Wines），创立了瓦萨瑞利尔品牌。2009年，他们在1992年购下的房产处开设了酒窖门店。

🍷🍷🍷🍷🍷 Pasquale's Selection Single Vineyard McLarent Vale Cabernate Sauvignon 2014

帕斯卡尔精选单一葡萄园麦克拉仑谷西拉赤霞珠 2014
一款配比为55/45%的混酿。香气和风味都非常丰富，包括紫色和黑色水果，香料，甘草和苦巧克力的味道。此外，橡木和单宁“战胜”了酒精的味道，增加了酒体的质地。
封口：螺旋盖　酒精度：13.5%　评分：94　最佳饮用期：2029年
参考价格：39澳元

🍷🍷🍷🍷🍷 Estate Grown Cabernate Sauvignon 2014
酒庄葡萄园赤霞珠 2014
评分：90　最佳饮用期：2034年　参考价格：28澳元

Vasse Felix　瓦斯·菲利克斯 ★★★★★

Cnr Tom Cullity Drive/Caves Road，Cowaramup，WA 6284　产区：玛格利特河
电话:（08）9756 5000　网址：www.vassefelix.com.au　开放时间：每日开放，10:00—17:00
酿酒师：弗吉尼娅·威尔科克（Virginia Willcock）
创立时间：1967年　产量（以12支箱数计）：150000　葡萄园面积：232公顷
瓦斯·菲利克斯是玛格利特河的第一个葡萄酒厂。从1987年起，所有人和经营者一直是赫尔莫斯·阿·考特（Holmes à Court）家族，这期间瓦斯·菲利克斯的面积和业务都有大幅度的改变。总酿酒师弗吉尼亚·威尔科克（Virginia Willcock）对品质的追求和独特的酿造工艺激励了酿酒和葡萄栽培团队。酒庄自有葡萄园提供为一小部分产品提供葡萄原料，管理非常精心，并且非常注重产品质量。他们的酒款包括顶级的黑特斯布里（Heytesbury，一款赤霞珠混酿）和黑特斯布里（Heytesbury）霞多丽；优级葡萄酒品类繁多：菲柳斯（Filius）霞多丽和赤霞珠梅洛，以及经典的干白和干红。此外，还有限定数量的特殊葡萄酒包括切枝赛美蓉、维欧尼和添帕尼罗。出口到世界所有的主要市场。

🍷🍷🍷🍷🍷 Tom Cullity Margaret River Cabernate Sauvignon 2013
汤姆·卡利提玛格利特河赤霞珠马尔贝克 2013
不要在意它略为浅淡的酒色，而是尽情地享受馥郁的酒香和浓郁的黑醋栗气息吧。这是一款由76%的赤霞珠、20%的马尔贝克和4%的小味儿多精心混合酿制而成的，有很好的质感、长度和回味。
封口：螺旋盖　酒精度：14.5%　评分：98　最佳饮用期：2033年
参考价格：200澳元 ✪

Heytesbury Margaret River Chardonnay 2015
黑特斯布里玛格利特河霞多丽 2015
霞多丽是玛格利特河的标志性葡萄品种，这是一款在过去的5—6年中，非常成功的一款霞多丽，尤其是它的这个年份。它的口感和平衡都无可挑剔，柔顺而集中，所有的原料——水果、橡木、酸度——完美地融合在一起，非常平衡。
封口：螺旋盖　酒精度：13%　评分：97　最佳饮用期：2028年
参考价格：75澳元 ✪

🍷🍷🍷🍷🍷 Margaret River Chardonnay 2015
玛格利特河霞多丽 2015
香气还在继续发展，但它的味道已经说明了其陈年后将具有的卓越长度和浓度。梨、白桃和葡萄柚的味道交织在一起，极浅的橡木味道。如被缚的雄狮。
封口：螺旋盖　酒精度：13%　评分：96　最佳饮用期：2025年
参考价格：37澳元 ✪

Margaret River Cabernate Sauvignon VSI 2014
玛格利特河赤霞珠 VSI 2014
很难再找到一款这样优雅，同时又这样尖锐的玛格利特河赤霞珠的表达方式了。丰富的黑醋栗酒和月桂叶的风味，完美地融合在一起，略带橡木味，单宁精细如研磨过的粉末，同时又非常持久。真是一款可爱的酒。
封口：螺旋盖　酒精度：14.5%　评分：94　最佳饮用期：2034年　参考价格：45澳元

Filius Margaret River Cabernet Merlot 2015
菲柳斯玛格利特河赤霞珠梅洛2015
51%的赤霞珠、43%的梅洛、5%的马尔贝克和1%的小味儿多。具备玛格利特河较温暖地区的所有典型性特征，相对来说风味出现得很早，而且在口中可以保留很久。丰富而多汁的黑醋栗、干香草，黑橄榄和橡木更增加了它的复杂程度和长度。
封口：螺旋盖 封口：螺旋盖　酒精度：14%　评分：94
最佳饮用期：2029年　参考价格：35澳元

🍷🍷🍷🍷🍷 Margaret River Shiraz 2014
玛格利特河西拉2014
评分：92　最佳饮用期：2029年　参考价格：37澳元

Filius Margaret River Cabernet Merlot 2015
菲柳斯玛格利特河赤霞珠 2015
评分：91　最佳饮用期：2022年　参考价格：28澳元

Filius Margaret River Cabernet Merlot 2015
菲柳斯玛格利特河霞多丽 2015
评分：90　最佳饮用期：2022年　参考价格：28澳元

Vella Wines　维拉葡萄酒　★★★★☆

PO Box 39，Balhannah，SA 5242（邮）　产区：阿德莱德山
电话：0499 998 484　网址：www.vellawines.com.au　开放时间：不开放
酿酒师：马克·维拉（Mark Vella）　创立时间：2013　产量（以12支箱数计）：750

1995年，马克·维拉（Mark Vella）在血木酒庄（Bloodwood Estate）出生。在接下来的22年里，马克在奥兰治、猎人谷和现在（也是今后）工作的阿德莱德山区做葡萄栽培师。他成功地避免了与自己的葡萄园管理公司维蒂沃克斯（Vitiworks）之间的冲突，并为维拉酒庄生产了许多出色的葡萄原料。他有12年的葡萄园管理经验，为南澳40多个优秀葡萄酒生产商提供葡萄。他生产的霞多丽使用的是安德·邦达（Andre Bondar)品牌，黑比诺是迪安娜(D'Anna)，白比诺混酿是戴瑞尔·凯特林（Daryl Caatlin）。

🍷🍷🍷🍷🍷

Dirt Boy Pinot Noir 2015
灰男孩黑比诺2015
使用克隆株系MV6和777，在法国橡木桶中陈酿10个月。酒香格外复杂，与口感仿佛暹罗双生子一般配合默契；这款黑比诺的风格和长度都很好。
封口：螺旋盖 封口：螺旋盖　酒精度：12.5%　评分：96
最佳饮用期：2025年　参考价格：35澳元　✪

Harvest Widow Chardonnay 2014
采摘妇人霞多丽 2014
酒色有一些发展和变化，但这也没有问题；口感中混有腰果和核果的味道，奶油般丰厚，柑橘味的酸度增加了平衡感和长度。
封口：螺旋盖 封口：螺旋盖　酒精度：12.5%　评分：94
最佳饮用期：2022年　参考价格：35澳元　CM

🍷🍷🍷🍷

Troublemaker Pinot Blanc Pinot Gris Gewurztraminer 2016
莫宁顿半岛灰比诺2016
评分：94　最佳饮用期：2021年　参考价格：32澳元

Vickery Wines　维克利酒庄　★★★★★

28 The Parade，Norwood，SA 5067　产区：克莱尔谷/伊顿谷
电话:（08）8362 8622　网址：www.Vickerywines.com.au　开放时间：不开放
酿酒师：约翰·维克利（John Vickery）、费尔·列蒙（Phil Lehmann）
创立时间：2014年　产量（以12支箱数计）：4000　葡萄园面积：12公顷

1951年，约翰·维克利（John Vickerly）为他的第一个年份的葡萄酒种植了葡萄藤；60年之后，他又一次要为第一个年份种葡萄，他肯定会有些奇异的感觉吧。1955年，在列奥·布林（Leo Buring）的雷奥内庄园（Chateau Leonay）他接触到了雷司令，从此对这种葡萄产生了兴趣，在酿造雷司令葡萄酒上，他有着出色的技艺。这些年里，要说澳大利亚雷司令酿制者中的无冕之王，维克利可以说当之无愧。他半退休后，这项荣誉接着传给了杰弗里·格罗塞特（Jeffrey Grosset）。在2007年的堪培拉国际雷司令大赛上，维克利（丝毫不令人感到意外的）荣获伍尔夫·布拉斯（Wolf Blass）雷司令奖。2003年，在《享乐主义时代》（The Age Epicure）的一次调查中，他被同辈评价为"澳大利亚最伟大的在世酿酒师"。他最近与费尔·列蒙（Phil Lehmann）合伙建立了一个酒庄，其中有12公顷的克莱尔谷和伊顿谷雷司令，约翰森·赫斯克斯（Jonathon Hesketh）负责幕后营销。他们的字母和数字组成的酒名好像达芬奇密码一般，其中EVR（伊顿谷雷司令）和WVR（瓦特沃尔雷司令）容易猜一些，但之后就很难破解了。数字代表采收年份，比如"103"就是3月10号，"172"就是2月17号，两个字母就比较隐晦了，可能是葡萄园也可能是几个庄主的名字的缩写。出口到英国、欧盟和加拿大。

🍷🍷🍷🍷🍷

Eden Valley Riesling 2016
伊顿谷雷司令 2016
EVR 153 ZMR。透亮的草秆绿色；经典的、年轻的伊顿谷雷司令，青柠和柠檬中间是柑橘的香气和风味，酸度很好地配合了水果的味道，口感纯正。
封口：螺旋盖　酒精度：12.5%　评分：96　最佳饮用期：2031年
参考价格：23澳元　✪

Watervale Riesling 2016
瓦特沃尔雷司令2016
WVR 252 CK。明亮的浅草秆绿色；充满了各类柑橘水果的味道，平衡感很好，品种特点表达明确。无论即饮还是陈酿，这款酒都是一个不错的选择。
封口：螺旋盖　酒精度：12.5%　评分：95　最佳饮用期：2029年
参考价格：23澳元　✪

Victory Point Wines　胜利点葡萄酒　★★★★★

4 Holben Road，Cowaramup，WA 6284　产区：玛格利特河
电话：0417 954 655　网址：www.Victorypointwines.com　开放时间：仅限预约
酿酒师：马克·曼思哲（Mark Messenger，合约）
创立时间：1997年　产量（以12支箱数计）：2000　葡萄园面积：13公顷

朱迪斯（Judith）和加里·柏森（Gary Berson）的目标设得很高远。像玛格丽特河谷的酒庄［包括莫斯伍德（Moss Wood）］那样，他们建立了一个无灌溉系统的葡萄园。完成后的葡萄园一共有4.2公顷霞多丽和0.5公顷的黑比诺，余下是波尔多品种，其中赤霞珠（6.2公顷）、品丽珠（0.5公顷）、马尔贝克（0.8公顷）和小味儿多（0.7公顷）。

🍷🍷🍷🍷🍷 Margaret River Chardonnay 2013
玛格利特河霞多丽 2013
第戎克隆株系（59%）和门多萨（41%）的出色混酿。即使用玛格利特的标准来看，这也是一款很好的霞多丽，口感紧致、集中，柑橘和核果，以及水果、橡木的味道实现了完美的平衡。
封口：螺旋盖　酒精度：13.5%　评分：95　最佳饮用期：2023年
参考价格：26澳元 ✪

Margaret River 2016
玛格利特河桃红 2016
品丽珠、黑比诺和马尔贝克。酒液体呈现淡粉红色；这款桃红非常活泼、纯粹、美味，以至于在即将开始漫长的品酒日的早上7点钟，我都想要来一大口。酒中充满了红色水果的味道，口感柔滑如丝绸，长度极好和水果-酸度与整体形成完美的平衡。
封口：螺旋盖　酒精度：13.5%　评分：96　最佳饮用期：2017年
参考价格：23澳元 ✪

Margaret River Cabernate Sauvignon 2014
玛格利特河赤霞珠 2014
包括9%的小味儿多和2%的马尔贝克，在法国橡木桶（20%是新的）中陈酿熟成15个月，然后是大量的混合实验。深紫红色；酒体丰满，水果-单宁-橡木非常平衡，同时非常轻盈，回味（和寿命）很长。
封口：螺旋盖　酒精度：14.5%　评分：95　最佳饮用期：2038年
参考价格：60澳元

The Mallee Root Margaret River Malbec Cabernate Sauvignon Petit Verdot 2015
马里玛格利特河马尔贝克赤霞珠小味儿多 2015
配比为62/33/5%的混酿，分别发酵和陈酿。色泽明亮；一款非常"神经质"的葡萄酒。这要归因于它明快的酸度和与之相连的细腻的单宁。
封口：螺旋盖　酒精度：12.5%　评分：94　最佳饮用期：2029年
参考价格：25澳元 ✪

View Road Wines　路景酒庄　★★★★

Peacocks Road，Lenswood，SA 5240　产区：阿德莱德山
电话：0402 180 383　网址：www.viewroadwines.com.au　开放时间：不开放
酿酒师：乔希·塔克费尔德（Josh Tuckfield）　创立时间：2011年
产量（以12支箱数计）：1000
路景酒庄的普罗塞柯、阿尼斯、霞多丽、桑乔维塞、梅洛、萨格兰蒂诺和西拉均来自阿德莱德山的葡萄园；西拉、阿高连尼科和萨格兰蒂诺出自麦克拉仑谷葡萄园；此外还有来自河地地区的黑珍珠和菲亚诺。采用野生酵母发酵所有的葡萄酒，在旧橡木桶中熟成。

🍷🍷🍷🍷🍷 Picked by my Wife Lenswood Chardonnay 2015
吾妻采自兰斯伍德霞多丽 2015
来自一个匿名的"神秘地块"——该地也为奔富雅塔娜（Yattarna）提供原料。高质量的霞多丽葡萄；清脆的柑橘酸度恩佑生命力，在味蕾上的回味非常精致，橡木并未喧宾夺主。如果这些关于奔富的故事都是真的，那这个价格也太低了。
封口：螺旋盖　酒精度：13.3%　酒精度：13.8%　评分：94
最佳饮用期：2025年　参考价格：50澳元

Vigena Wines　维根酒业　★★★★

210 Main Road，Willunga，南澳大利亚 5172　产区：麦克拉仑谷
电话：0433 966 011　开放时间：不开放
酿酒师：Ben Heide　创立时间：2010年　产量（以12支箱数计）：30000
葡萄园面积：15.8公顷
维根酒业的产品主要出口到新加坡等国家，以及中国内地（大陆）和香港地区。最近几年来重新修建了葡萄园，也带来了一个重要变化：霞多丽葡萄现在嫁接到了西拉的根系上，这使得酒庄的重点100%的集中于红葡萄酒的生产之上。

🍷🍷🍷🍷🍷 Gran Reserve McLarent Vale Shiraz 2014
格朗珍藏麦克拉仑谷西拉2014
87%的葡萄出自布莱维特泉（Blewitt Springs），13%出自墨帕地区，在美国（80%）和法国（20%）橡木桶中熟成18个月，其中新橡木桶的使用比例为70%。酒体饱满，有丰富的黑色水果的味道，单宁浓郁而柔顺，强烈的橡木味道还需要时间来吸收。它的陈年潜力很好。使用高质量的软木塞。
酒精度：14.5%　评分：95　最佳饮用期：2044年　参考价格：95澳元

McLarent Vale Shiraz Cabernate Sauvignon 2014
麦克拉仑谷西拉赤霞珠2014
很奇怪的是：正标上写着'南澳大利亚'（通常是多产区混酿），但背标上说是麦克拉仑谷（95%）和巴罗萨谷（5%）。它的酒体非常饱满，但浸提的单宁等物质远远小于2012年份。橡木，当然了，是酒中的一个重要元素，但酒中同时也有产区特有的大量的、柔和的黑加仑和黑莓的味道，单宁细腻。很有意思。
封口：高质量软木塞　酒精度：14%　评分：94　最佳饮用期：2034年
参考价格：32澳元

🍷🍷🍷🍷🍷 McLarent Vale Shiraz 2012
麦克拉仑谷西拉2012
评分：90 最佳饮用期：2042年 参考价格：28澳元

Vigna Bottin 维格那·伯坦 ★★★★

Lot 2 Plain Road，Sellicks Hill，麦克拉仑谷，SA 5171 产区：麦克拉仑谷
电话：0414 562 956 网址：www.vignabottin.com.au 开放时间：不开放
酿酒师：保罗·博廷（Paolo Bottin） 创立时间：2006年
产量（以12支箱数计）：1800 葡萄园面积：16.45公顷

伯坦家族在1954年从意大利北部的特拉维索移民到澳大利亚，他们是葡萄种植者。家族从70年代起开始在麦克拉仑谷种植葡萄，重点集中在用于出售给产区内的本地酒庄的主流葡萄品种。在1998年回到意大利的旅行中，儿子保罗（Paolo）和妻子玛丽亚（Maria）深受鼓舞，如保罗所说，“在帕维亚（Pavia）的那个酿酒季封缄了我对芭贝拉和桑乔维塞的热爱。我立即回到家中，在我们家族的土地上种植了这两个品种。我的父亲终于高兴了！”他们的商业标语现在是“意大利的葡萄藤，澳大利亚的葡萄酒”。

🍷🍷🍷🍷🍷 McLarent Vale Vermentino 2016
麦克拉仑谷维蒙蒂诺 2016
不难想象，麦克拉仑谷的地中海气候很适合维蒙蒂诺的生长，此外，它的口感鲜美，带有柠檬浴盐和柑橘味的淡盐水的味道。它清脆得让你几乎以为自己听到了咀嚼时的声音。
封口：螺旋盖 酒精度：12.8% 评分：92
最佳饮用期：2018年 参考价格：24澳元 JF ✪

McLaren Vale Sangiovese Rosato 2016
麦克拉仑谷桑乔维塞罗萨塔 2016
略淡的深紫红色；带有橙皮味道的酸度十分爽脆，同时有辛香料和烟熏的味道，这都使得这款酒非常鲜活，与此同时，酒的质地也很好，结尾干爽。
封口：螺旋盖 评分：92 最佳饮用期：2019年
参考价格：25澳元 JF ✪

McLarent Vale Fiano 2016
麦克拉仑谷菲亚诺 2016
一丝薰衣草和柠檬花香，口感仍然十分封闭，略带梨汁和一点点酸甜味。酸度轻盈，各种元素都十分诱人。
封口：螺旋盖 酒精度：12.7% 评分：91 最佳饮用期：2019年
参考价格：24澳元 JF

Vignerons Schmolzer & Brown
葡萄种植者布朗和施莫泽尔 ★★★★☆

39 Thorley Road，Stanley，Vic 3747 产区：比曲尔斯
电话：0411 053 487 网址：www.vsandb.com.au 开放时间：仅限预约
酿酒师：泰莎·布朗（Tessa Brown） 创立时间：2014年
产量（以12支箱数计）：500 葡萄园面积：2公顷

酿酒师/葡萄种植者苔丝·布朗于20世纪90年代后期从加州州立大学获得了葡萄栽培的学位，并于2005年左右开始了阿德莱德大学葡萄酒酿造的研究生课程。她觉得自己可以算是一个“漫游者”—从1999年起她先后曾在奥兰治、堪培拉、南澳大利亚、史庄伯吉山岭、里奥哈和中部奥塔古等地工作，并于2008年加入了酷雍酒庄和菲利普港酒庄。2009年，马克·沃波尔向苔丝和建筑师合伙人杰里米·施莫尔泽展示了一处地产——他将之称为“比奇沃斯皇冠上的宝石”。2012年，他们的产品出人意料地上市后，他们的业务得到了快速的发展。这片清理过的园地［名为索利（Thorley）］面积为20公顷；他们在上面种植了霞多丽、西拉、雷司令和内比奥罗. 很巧的是，在索利对面还有一个非常小的葡萄园，只有0.4公顷左右，其中种植有20岁树龄的干燥气候下生长的比诺和霞多丽。当他们发现业主种植葡萄却并非用于酿造后，就帮助他们将葡萄园做了调整，并与他们建立了良好的合作关系，在2014年生产了这里的第一款酒2014。

🍷🍷🍷🍷🍷 Brunnen Beechworth Chardonnay 2015
比曲尔斯霞多丽 2015
这是那种罕见的随陈酿而愈加精致优雅的葡萄酒，而你喝得越多，就越是了解它的魅力。比曲尔斯的产地特征非常明确，带有微妙的橡木气息，虽然经过部分苹乳发酵，酸度仍然很好。有丰富的喝过气息，同时酸度之中又有一丝葡萄柚的风味。
封口：螺旋盖 酒精度：13% 评分：95 最佳饮用期：2022年
参考价格：41澳元

Pret-a-Rose
玫瑰成衣 2016
配比为60/40%的桑乔维塞和黑比诺混酿。非常强劲，果味丰富，干爽，可口的红色水果味道中有许多辛香料的细节。非常适合配餐。
封口：螺旋盖 酒精度：13% 评分：94 最佳饮用期：2020年
参考价格：28澳元 ✪

🍷🍷🍷🍷🍷 Brunnen Beechworth Pinot Noir 2015
布鲁宁比曲尔斯黑比诺 2015
评分：91 最佳饮用期：2022年 参考价格：41澳元

Vinaceous Wines 萄红酒庄 ★★★★★

49 Bennett Street，东珀斯，WA 6004（邮）产区：各种
电话：(08) 9221 4666 网址：www.vinaceous.com.au 开放时间：不开放
酿酒师：盖文·博里（Gavin Berry），迈克·尔凯瑞根（Michael Kerrigan）
创立时间：2007年 产量（以12支箱数计）：25000
这是葡萄酒销售商尼克·斯泰西（Nick Stacy）、迈克·尔凯瑞根（Michael Kerrigan，草棚山酒庄（Hay Shed Hill）酿酒师及合伙人］和盖文·博里［Gavin Berry，西开普豪酒庄（West Cape Howe）酿酒师及合伙人］3人开办的一间有些奇怪的企业。这个品牌最初是为美国市场设计的，但因为国内市场的需求而改变了战略（这是我的猜测）——酒标设计非常性感，极具异国风情，更重要的是，这些酒的确质量很好，价格也很合理，上市以来发展得很好。其中一半以上的原料来自玛格利特河，剩下的产自麦克拉仑古和阿德莱德山区。然而酒庄还将出品更多品牌；如果有兴趣的话，可以关注一下他们的网站。出口到英国、美国、加拿大、南美、丹麦、芬兰、印度尼西亚、菲律宾、泰国、新加坡等国家，以及中国香港地区。

🍷🍷🍷🍷🍷 Right Reverend V Syrah 2014
第五主教西拉2014
在新的和旧的法国小橡木桶中陈酿15个月；质地和结构是它的优点，精致的构架中可以感受到辛辣、鲜咸、胡椒和一系列深色樱桃和李子的味道。饮用它绝对是一种享受。超值。
封口：螺旋盖 酒精度：13.5% 评分：95 最佳饮用期：2024年
参考价格：32澳元 ✪

Clandestine #1 McLarent Vale Grenache 2015
葡萄园#1麦克拉仑谷歌海娜 2015
出自克拉伦登，一款很好的歌海娜，非常优雅的，如丝般光滑，酿造中特意保留了水果的风味和纯度。
封口：螺旋盖 酒精度：13.5% 评分：95 最佳饮用期：2025年
参考价格：35澳元

🍷🍷🍷🍷 Right Reverend V Riesling 2016
第五主教雷司令2016
评分：93 最佳饮用期：2025年 参考价格：24澳元 JF ✪

Red Right Hand Margaret River Shiraz Grenache Tempranillo 2015
红助手玛格利特河西拉歌海娜 添帕尼罗 2015
评分：93 最佳饮用期：2024年 参考价格：25澳元 JF ✪

Right Reverend V Chardonnay 2015
第五主教霞多丽 2015
评分：92 最佳饮用期：2021年 参考价格：24澳元 ✪

Impavido Mount Barker Vermentino 2016
因帕维多山维蒙蒂诺2016
评分：91 最佳饮用期：2019年 参考价格：22澳元 ✪

Right Reverend V Rose
第五主教桃红 2016
评分：91 最佳饮用期：2019年 参考价格：24澳元

Salome Tempranillo 2016
萨洛米添帕尼罗 桃红 2016
评分：91 最佳饮用期：2019年 参考价格：22澳元 ✪

Snake Charmer McLarent Vale Shiraz 2015
耍蛇人麦克拉仑谷西拉2015
评分：90 最佳饮用期：2023年 参考价格：25澳元 JF

Voodoo Moon Margaret River Malbec 2015
巫毒之月玛格利特河马尔贝克 2015
评分：90 最佳饮用期：2023年 参考价格：25澳元

Vinden Estate 威登酒庄 ★★★★★

138 Gillards Road，Pokolbin，新南威尔士州，2320 产区：猎人谷
电话：(02)4998 7410 网址：www.vindenestate.com.au
开放时间：周三至周日，10:00—17:00
酿酒师：安古斯·威登（Angus Vinden），丹尼尔·比奈（Daniel Binet）
创立时间：1998年 产量（以12支箱数计）：4000 葡萄园面积：6.5公顷
桑德拉（Sandra）和盖伊·威登（Guy Vinden）有一个美丽的家酒窖门店，风景如画的花园和一个葡萄园，包括西拉（2.5公顷），梅洛和紫北塞（各2公顷），断背山岭在远处。这些葡萄酒在酒庄酿制，采用来自酒庄葡萄园红葡萄；赛美蓉和霞多丽是从其他葡萄园收购的。红葡萄酒采用开放式发酵，手工压帽和篮式压榨。

🍷🍷🍷🍷🍷 The Vinden Headcase Hunter Valley Semillon 2016
狂人威登猎人谷赛美蓉2016
滑石、牡蛎壳、柠檬皮和一点咸海风的味道——这一部分可以说是这款酒的骨架。口感中的酸度非常浓郁，还有温和酚类物质带来的质感。与这个产区的喧嚣之声（Madding Crowd）完全不同，但自有一种老藤猎人谷赛美蓉的风致。

封口：螺旋盖　酒精度：14%　评分：95　最佳饮用期：2030年
参考价格：55澳元　NG

Basket Press Hunter Valley Shiraz 2014
篮式压榨猎人谷西拉2014
典范的好年份的猎人谷西拉——这就够了。樱桃、黑李子和晒暖的陶瓦的味道，中等酒体。果香中带有猎人谷特有的矿物质的咸味。略带茴香味道的单宁。如此充满活力，丰富浓郁，久藏的话就太浪费了。
封口：螺旋盖　酒精度：13.8%　评分：95　最佳饮用期：2022年
参考价格：44澳元　NG

🍷🍷🍷🍷🍷 Hunter Valley Semillon 2016
猎人谷赛美蓉2016
评分：93　最佳饮用期：2026年　参考价格：28澳元　NG

Hunter Valley Semillon 2014
猎人谷赛美蓉2014
评分：93　最佳饮用期：2028年　参考价格：35澳元　NG

Reserve Hunter Valley Semillon 2015
珍藏猎人谷赛美蓉2015
评分：92　最佳饮用期：2025年　参考价格：35澳元　NG

Back Block Hunter Valley Shiraz
后地猎人谷西拉2010
评分：92　最佳饮用期：2025年　参考价格：60澳元　NG

The Vinden Headcase Rose 2016
狂人威登桃红 2016
评分：91　最佳饮用期：2018年　参考价格：30澳元　NG

Vinea Marson　温尼亚玛若逊　★★★★★

411 Heathcote-Rochester Road，Heathcote.维多利亚，3523　产区：西斯科特
电话：0417 035 673　网址：www.vineamarson.com　开放时间：仅限预约
酿酒师：马里奥·玛若逊（Mario Marson）　创立时间：2000年
产量（以12支箱数计）：2500　葡萄园面积：7.12公顷

业主-酿酒师马里奥·玛若逊（Mario Marson）曾在玛丽山同已故的约翰·米德斯顿一同工作许多年，他在那里担任酿酒师/葡萄种植者。在澳洲本地和海外的经历加在一起，马里奥有35年以上的酿酒经验，他曾经在托斯卡纳、皮埃蒙特的奥莱娜小岛酒庄和勃艮第的金芽酒庄（Domaine de la Pousse d'Or）工作过，这些经历让他对以模仿这些生产商对多克隆风味葡萄酒产生了兴趣——约翰·米德斯顿是这一风格在澳大利亚的先行者。1999年，他和妻子海伦（Helen），买下了骆驼山岭（Mt Camel Range）东部斜坡上的温尼亚玛若逊（Vinea Marson）地产，种植了西拉和维欧尼，意大利品种桑乔维塞，内比奥罗，芭贝拉和红梗莱弗斯科（refosco dal peduncolo）。温尼亚玛若逊还从阿尔派谷的波尔旁卡（Porepunkah）地区收购意大利东北葡萄品种。

🍷🍷🍷🍷🍷 Viognier 2014
维欧尼2014
马里奥·玛若逊采用了一种华丽的手法来处理这个棘手的品种——看上去好像一点儿都不难。酒的质地和结构都很复杂，但没有酚类物质的味道。酒液呈现明亮的草秆绿色，带有核果——当然包括杏子的味道，略带柑橘风味的酸度非常，橡木的使用也恰到好处。
封口：Diam软木塞　酒精度：14%　评分：95　最佳饮用期：2024年
参考价格：30澳元　✪

Shiraz 2013
西拉2013
这款酒的质地和风味都很好，让人印象深刻。香气和风味都非常复杂，中等酒体；酿造过程中使用的30%的新法国橡木和单宁的味道渗入了这款酒的肌理之中。状态最佳的马里奥·马森。
封口：Diam软木塞　酒精度：14%　评分：95　最佳饮用期：2033年
参考价格：40澳元

Sangiovese 2013
桑乔维塞 2013
浓郁的阿拉伯集市的异国温暖香料的香气之中，还有一些樱桃和李子蜜饯的气息；桑乔维塞非常可口——犹如双城记，引人入胜。
封口：Diam软木塞　酒精度：14%　评分：95　最佳饮用期：2023年
参考价格：40澳元

Nebbiolo 2012
内比奥罗2012
清透的红色，边缘有些洋葱皮的色调；的确很有趣，带有丝质和辛香料腌制的红色水果的味道，酸度新鲜，和单宁如同抛光过一般散发出明亮的光泽。
封口：Diam软木塞　酒精度：14%　评分：94　最佳饮用期：2022年
参考价格：45澳元

🍷🍷🍷🍷🍷 Rose 2014

桃红 2014
评分：91 最佳饮用期：2019年 参考价格：28澳元

Vinifera Wines 欧洲种葡萄酒 ★★★☆

194 Henry Lawson Drive，满吉，新南威尔士州，2850 产区：满吉
电话：(02)6372 2461 网址：www.viniferawines.com.au
开放时间：周一至周六，10:00—17:00；周日，10:00—16:00
酿酒师：雅各伯·斯坦（Jacob Stein） 创立时间：1997年
产量（以12支箱数计）：1200 葡萄园面积：12公顷
住在满吉15年，托尼·马克肯尼迪（Tony McKendry，医院院长）和妻子黛比（Debbie）向诱惑屈服了；1995年，他们种下了自己的小葡萄园（1.5公顷），用黛比的话说“1992年，托尼决定将每天的任何一点零碎时间都用来学习加州州立大学的葡萄酒科学。”她还说道，“他把每天当成27个小时活（然后还要照顾四个孩子!），一直到1997年他出了一场严重的车祸，在医院住了两个月，因而无法继续他在医院的全职工作，也正因如此，建立我们自己酒庄这一梦想变得不再那么遥远了。”他们最终找到了资金，建立了一个小型葡萄酒。现在酒庄已扩建的葡萄园中种植有霞多丽、赤霞珠（3公顷）、赛美蓉、添帕尼罗、歌海娜（各1.5公顷）以及少量的格拉西亚诺和莫纳斯雷尔（monastrell）。

🍷🍷🍷🍷 Organic Mudgee Tempranillo 2015
满吉添帕尼罗 2015
颜色并不算深，辛香料和红樱桃的味道也并不很浓烈——但单宁很好，精致、可口。现在还缺乏章法，但再接下来1—2年里应该会得到改善。
封口：螺旋盖 酒精度：14.5% 评分：89 最佳饮用期：2022

Vinrock 维洛克 ★★★★

1/25 George Street，Thebarton，SA 5031（邮）产区：麦克拉仑谷
电话：(08) 8408 8900 网址：www.vinrock.com 开放时间：不开放
酿酒师：迈克尔·弗若谷（Michael Fragos）
创立时间：1998年 产量（以12支箱数计）：13000 葡萄园面积：30公顷
业主唐·路卡（Don Luca）、马可·伊恩内蒂（Marco Iannetti）和安东尼·德·Pizzol（Anthony De Pizzo）都有葡萄酒相关的从业经验，尤其是唐——他曾是塔塔基拉的董事会成员。1998年，他建立了路卡（Luca）葡萄园（21公顷的西拉、5公顷的歌海娜和4公顷的赤霞珠）。其中大部分生产的葡萄都用来出售，但同时园中优秀地块生产的葡萄酒产量也在稳定地增加，很多时候价格也很诱人。

🍷🍷🍷🍷🍷 McLarent Vale Grenache 2015
麦克拉仑谷歌海娜西拉幕尔维 2015
非常平衡。有甜水果和皮革类的气息，以及各种香料和丝滑的单宁质感。虽然水果的味道偏向成熟的一端，也仍然新鲜/活泼。
封口：螺旋盖 酒精度：14.5% 评分：92 最佳饮用期：2021年
参考价格：25澳元 CM ✪

McLarent Vale Cabernate Sauvignon 2015
麦克拉仑谷赤霞珠 2015
这款赤霞珠显然表达出了温暖的气候特质，渗透出黑加仑的味道，此外，酒中还交织着精致的葡萄单宁和少量橡木的味道，完美地汇合在一起，结尾长。
封口：螺旋盖 酒精度：14.6% 评分：92 最佳饮用期：2025年
参考价格：24澳元 NG ✪

Terra Mia McLaren Vale Shiraz Mataro 2015
泰拉麦克拉仑谷西拉马塔洛 2015
深石榴紫色；馥郁的香气中带有香料，花香和水果的味道，闻之令人心情愉悦；酒体饱满，单宁丰富，带有可口的意大利熏火腿和温暖泥土的味道。酸度也使之保持了新鲜的口感。
封口：螺旋盖 酒精度：14.5% 评分：90 最佳饮用期：2021年
参考价格：18澳元 JF ✪

McLarent Vale Grenache 2015
麦克拉仑谷歌海娜 2015
现在，这款歌海娜非常容易入口，释放出成熟的覆盆子，麝香和木质香料的味道，中等酒体，克制、复杂，酸度很好，还有沙质的单宁。
封口：螺旋盖 酒精度：14.5% 评分：90 最佳饮用期：2020年
参考价格：25澳元 JF

🍷🍷🍷🍷 McLarent Vale Shiraz 2015
麦克拉仑谷西拉2015
评分：89 最佳饮用期：2026年 参考价格：25澳元 JF

Vintners Ridge Estate 葡萄酒商山岭酒庄 ★★★☆

Lot 18 Veraison Place，Yallingup，玛格利特河，WA 6285 产区：玛格利特河
电话：0417 956 943 网址：www.vintnersridge.com.au 开放时间：仅限预约
酿酒师：飞鱼湾（Flying Fish Cove），西蒙叮（Simon Ding）
创立时间：2001年 产量（以12支箱数计）：500 葡萄园面积：2.1公顷
葡萄酒商山岭葡萄园（赤霞珠）种植于2001年，2006年，玛丽（Maree）和罗宾·阿德艾尔

（Robin Adair）将其收购买下了，当时这里已经收获了3次了。葡萄园可以俯瞰风景如画的吉奥格拉菲湾（Geographe Bay）。

🍷🍷🍷🍷🍷 Margaret River Cabernate Sauvignon 2015

玛格利特河赤霞珠 2015

这款赤霞珠还需要一段时间才能真正绽放，完全表达出它的波森莓、黑色浆果和桑葚的味道。尽管成熟的果香还没有完全发展出来，它仍然新鲜而且充满活力。酒体饱满，带有丰富的泥土的气息和桉树，单宁柔顺。结尾流畅。

封口：螺旋盖　酒精度：15%　评分：90　最佳饮用期：2024年

参考价格：25澳元　JF

Virago Vineyard　维拉格葡萄园　★★★★☆

40 Boundary Road，Everton Upper，维多利亚 3678　产区：比曲尔斯 电话：0411718369　网址：www.viragobeechworth .com.au　开放时间：仅限预约

酿酒师：Karen Coats，Rick Kinzbrunner　创立时间：2007年

产量（以12支箱数计）：175　葡萄园面积：1公顷

卡伦·寇特斯（Karen Coats）曾是一位税务会计师，但她现在已经完成了加州州立大学的葡萄酒科学学位。她很喜爱比曲尔斯的内比奥罗产区：因此她选择了维拉格葡萄园来作她的新办公室。普鲁·基斯（Prue Keith）日间是一个整形外科医生，然而在夜里和周末，她则会将全部空闲时间（当她不是在骑登山车、滑雪和徒步攀岩时）用在维拉格葡萄园里。她明显和我是一个星座的。在她们买下园子很久以前，这些葡萄藤都已经被拔除了，而且种植内比奥罗并不容易，但园中保留下来的梯田结构，旧木桩和断了的架线使得这个园子不那么让人难以接受。业内知名的瑞克·金茨布伦纳（Rick Kinzbrunner）对内比奥罗很感兴趣，所以选他来当合约酿酒师也是很自然的事情。

🍷🍷🍷🍷🍷 La Mistura Nebbiolo 2013

合剂内比奥罗2013

诱人的樱桃，檀香和干花的香气从杯中溢出。接下来是一点点根汁饮料、薄荷以及护根材料的气息。单宁和酸度将果味与整体中的其他部分融合在一起，使得这款酒味道和层次都十分丰富，回味悠长。整体来说，这款酒多汁，充满活力并且细致，让人想起骨架精致的黑比诺。

评分：95　最佳饮用期：2025年　参考价格：50澳元　JF

Virgara Wines　维加拉葡萄酒　★★★★

143 Heaslip Road，Angle Vale，SA 5117　产区：阿德莱德平原

电话：（08）8284 7688　网址：www.virgarawines.com.au

开放时间：周一至周五，9:00—17:00；周末，11:00—16:00

酿酒师：托尼·卡拉提斯（Tony Carapetis）　创立时间：2001年

产量（以12支箱数计）：55000　葡萄园面积：118公顷

1962年，维加拉一家人——父亲麦克（Michael）、母亲玛丽亚（Maria）和10个子女从意大利南部移民到澳大利亚.。如同许多其他努力工作的家庭一样，他们后来买下了天使谷（Angle Vale）的一块土地（1967年），建立了一个葡萄园。其中种植有120公顷的西拉、赤霞珠、歌海娜、马尔贝克、梅洛、雷司令、桑乔维塞、长相思、灰比诺和紫北塞。2001年，威尔加兄弟买下了前巴罗萨谷庄园酒厂，但仅仅用它来作为陈酿仓库。多米尼加·维加拉（Domenic Virgara）在一场车祸之后去世，于是酒庄聘请了前柏兰爵（Palandri）酒庄［再之前是德宝酒庄（Tahbilk）］的酿酒师托尼·卡拉提斯（Tony Carapetis），重新整顿了酒厂。出口美国、加拿大、中国、泰国、马来西亚和日本。

🍷🍷🍷🍷🍷 Five Brothers Adelaide Hills Shiraz 2013

五兄弟阿德莱德西拉2013

其中混有12%的赤霞珠，在法国橡木桶中的熟成改变了这款葡萄酒，虽然不能算是优雅，但非常平衡，其中黑色浆果的味道并没有展现出产区的炎热。

封口：酒精度：14.8%　评分：93　最佳饮用期：2018年

参考价格：99澳元

Adelaide Hills Cabernate Sauvignon 2014

阿德莱德赤霞珠 2014

在新的和两年的法国橡木桶中熟成15个月，其中包括3%的马尔贝克。口感非常紧致，简直令人吃惊，有黑加仑的味道，伴随月桂叶、干香草和可口的橡木风味。在这样炎热的产区能够酿造出如此的葡萄酒，也是相当的成就了。

封口：Diam软木塞　酒精度：14.5%　评分：90　最佳饮用期：2025年

参考价格：18澳元 ✪

Vogel　沃格尔　★★★★

324 Massey Road，Watchem West，Vic 3482（邮）　产区：格兰皮恩斯

电话：(03)5281 2230　开放时间：不开放

酿酒师：山姆·沃格尔（Sam Vogel）　创立时间：1998年　产量（以12支箱数计）：150

山姆·沃格尔（Sam Vogel）毕业于加州州立大学的葡萄酒科学专业，在加入吉龙地区的普罗旺斯葡萄酒与斯科特·爱尔兰共事前，他曾在玛格利特河和罗纳河谷地区工作过。他的这一同名酒庄致力于将新世界和旧世界的不同方法相融合，来生产冷凉气候下的西拉葡萄酒，他通常保留20%的整串葡萄原料——他认为这样可以更好地保存结构和香气的复杂度。

🍷🍷🍷🍷🍷 Geelong Pinot Noir 2015

吉龙黑比诺2015

色调与深度都很好；2014年份是整串原料，2015年很可能也是如此。带有李子和樱桃的味道，非常诱人，长度和平衡都很好。
封口：螺旋盖　评分：94　最佳饮用期：2024年　参考价格：35澳元

🍷🍷🍷🍷🍷 Otways Sauvignon Blanc 2015
奥特维长相思2015
评分：90　最佳饮用期：2018年　参考价格：35澳元

Voyager Estate　航海家庄园 ★★★★★

Lot 1 Stevens Road，玛格利特河，WA 6285　产区：玛格利特河
电话：(08) 9757 6354　网址：www.voyagerestate.com.au
开放时间：每日开放，10:00—17:00
酿酒师：史蒂夫·詹姆斯（Steve James），特拉维斯·莱姆（Travis Lemm）
创立时间：1978年　产量（以12支箱数计）：40000　葡萄园面积：110公顷
已故的矿业巨头麦克·莱特（Michael Wright）曾经几次在商业和农业方面的企业上投资，后来他建立了自己的葡萄园和酒厂。这个决定并不算困难，1991年，麦克从知名的葡萄栽培师彼得·盖拉尔迪（Peter Gherard）处收购了他创立的酒庄——当时名为弗雷西内庄园（Freycinet Estate）。彼得于1978年建立了这个葡萄园，在麦克收购这里后，又显著地扩大了庄园的面积。庄园的标志性建筑是巨大的澳大利亚国旗杆——仅次于在堪培拉的议会大厦的澳大利亚旗杆。在总经理克里斯·富塔多（Chris Furtado）和一位忠诚的老员工的支持下，迈克尔的女儿亚历山德拉·伯特（Alexandra Burt）多年来一直是酒庄的管理者。在人们的记忆中，麦克是一个超凡脱俗的人物，相比西装，他更喜欢穿工作裤和靴子。他在修理机器，或者是坐四轮马车上巡视酒庄的时候，是他最快乐的时候。出口到英国、美国、加拿大、德国、印度尼西亚、新加坡、日本等国家，以及中国内地（大陆）和香港地区。

🍷🍷🍷🍷🍷 Margaret River Cabernet Merlot 2014
玛格利特河赤霞珠梅洛2014
玛格利特河出产的这类混酿葡萄酒是澳大利亚的标杆，尽管还年轻，仅是中等至饱满酒体，这款酒仍然非常美味。迸发出黑醋栗果，泥土、黑橄榄的香调，衬托出浓郁的水果风味，单宁恰到好处，优质的橡木味道也十分平衡。
封口：螺旋盖　酒精度：14%　评分：96　最佳饮用期：2044年

Margaret River Chardonnay 2013
玛格利特河霞多丽 2013
典型的航海家风格，复杂，有层次。尽管葡萄园很重要（理应如此），酿造工艺和酒桶调配混合也非常重要。核果、哈密瓜和无花果与柑橘味的酸度配合得很好，结尾和回味都非常清爽。
封口：螺旋盖　酒精度：13.5%　评分：95　最佳饮用期：2023年
参考价格：45澳元

North Block U12 Margaret River Cabernate Sauvignon 2013
U2北部地块玛格利特河赤霞珠 2013
这的确是一款好酒，呈现深紫红色，带有深色樱桃和黑加仑都香气，以及一些可口的风味细节。口感上以集中和纯粹的赤霞珠品种典型性特征为核心，口感深沉，单宁极其成熟和细腻。
封口：螺旋盖　酒精度：14%　评分：95　最佳饮用期：2030年
参考价格：90澳元　PR

Old Block V9 Margaret River Cabernate Sauvignon 2013
V9老地块玛格利特河赤霞珠 2013
这些赤霞珠原料来自于1978年的最初种植，有极好的品种特性，在法国橡木桶中熟成18个月. 这是一款有力量，然而也非常克制的葡萄酒，带有黑加仑和香柏木的香调。集中、紧致，还不到最好的时候。
封口：螺旋盖　酒精度：14%　评分：94　最佳饮用期：2030年
参考价格：90澳元　PR

🍷🍷🍷🍷🍷 Girt by Sea Margaret River Chardonnay 2015
海边格尔特玛格利特河霞多丽 2016
评分：92　最佳饮用期：2020年　参考价格：28澳元　PR

Margaret River Cabernet Merlot 2013
玛格利特河赤霞珠梅洛2013
评分：92　参考价格：70澳元　PR

Margaret River Chenin ++ 2016
玛格利特河诗南++ 2016
评分：91　最佳饮用期：2020年　参考价格：20澳元　PR ✪

Margaret River Shiraz 2015
玛格利特河西拉2015
评分：91　参考价格：38澳元　PR

Walter Clappis Wine Co　沃尔特·克拉皮斯葡萄酒公司 ★★★★

Rifle Range Road，麦克拉仑谷，SA 5171　产区：麦克拉仑谷
电话：(08) 8323 8818　网址：www.hedonistwines.com.au　开放时间：不开放
酿酒师：沃尔特（Walter）和金柏莉·克拉皮斯（Kimberley Clappis），詹姆斯·库特尔（James

Cooter） 创立时间：1982年 产量（以12支箱数计）：18000 葡萄园面积：35公顷
沃尔特·克拉皮斯（Walter Clappis）已经在麦克拉仑谷有30多年的酿酒经验了。这期间，他赢得了数不清的奖杯和金牌，其中2009年，他的享乐主义西拉（The Hedonist Shiraz）赢得了著名的乔治·麦基纪念（George Mackey Memorial）奖杯，也当选为当年最好的澳大利亚出口葡萄酒。现在他的女儿金柏莉（Kimberley）和女婿詹姆斯库特尔（James Cooter）都在庄园葡萄酒厂给他帮忙——两人的简历都很耀眼。庄园内种植有西拉（14公顷）、赤霞珠（10公顷）、梅洛（9公顷）和添帕尼罗（2公顷）——这些是酒庄的基石，阿米克斯（Amicus）和享乐主义者（The Hedonist wines）葡萄酒就出自这里。出口到英国、美国、加拿大和中国。

🍷🍷🍷🍷🍷 The Hedonist McLarent Vale Tempranillo 2015
麦克拉仑谷添帕尼罗 2015
尽管这些葡萄藤还年轻（7岁），却已经表现出了这块园地的巨大潜力。新鲜的轻度至中等酒体，酒精度控制得很好，因而表现出了很好的樱桃风味。单宁轻柔可口，将所有的元素包裹在一起。
封口：螺旋盖 酒精度：13.5% 评分：94 最佳饮用期：2025年
参考价格：25澳元 ✪

🍷🍷🍷🍷🍷 The Hedonist Sangiovese Rose 2016
享乐主义者桑乔维塞桃红 2016
评分：91 最佳饮用期：2021年 参考价格：22澳元 ✪

The Hedonist McLarent Vale Shiraz 2015
麦克拉仑谷西拉2015
评分：91 最佳饮用期：2030年 参考价格：25澳元

The Hedonist McLarent Vale Sangiovese 2016
享乐主义者麦克拉仑谷桑乔维塞 2015
评分：91 最佳饮用期：2021年 参考价格：25澳元

Down the Rabbit Hole Friends & Lovers McLarent Vale Rose
兔子洞下亲友麦克拉仑谷桃红 2016
评分：90 最佳饮用期：2020年 参考价格：26澳元

Down The Rabbit Hole McLarent Vale Shiraz 2015
兔子洞下麦克拉仑谷西拉2015
评分：90 最佳饮用期：2028年 参考价格：26澳元

Down the Rabbit Hole McLarent Vale Sangiovese Cabernate Sauvignon 2015
兔子洞下麦克拉仑谷桑乔维塞赤霞珠 2015
评分：90 最佳饮用期：2023年 参考价格：26澳元

Wanted Man 通缉犯 ★★★★

School House Lane，Heathcote，Vic 3523 产区：西斯科特
电话：(03)9654 4664 网址：www.wantedman.com.au 开放时间：不开放
酿酒师：马特·哈罗普（Matt Harrop），西蒙·奥赛卡（Simon Osicka）
创立时间：1996年 产量（以12支箱数计）：2000 葡萄园面积：9.3公顷
1996年开始种植，2000年起由安德鲁·克拉克（Andrew Clarke）管理，酿造金溪酒庄（Jinks Creek's）西斯科特西拉。这款酒的品质很好，吸引安德鲁和合伙人彼得·巴塞洛缪（Peter Bartholomew，在墨尔本经营餐馆）在2006年买下了这个葡萄园。园内种植有西拉（4公顷）、玛珊、维欧尼、歌海娜、胡珊和幕尔维德。先驱太阳报的马克·奈特（Mark Knight）设计了这个有些古怪的奈德·凯莉（Ned Kelly）商标。出口到英国、加拿大、丹麦、法国等国家，以及中国香港地区。

🍷🍷🍷🍷🍷 White Label Heathcote Shiraz 2014
白标西斯科特西拉2014
主要在旧的法国大橡木桶中陈酿，美味易饮的西斯科特西拉主要呈现出深色水果的味道，略带香料气息，中等酒体，非常平衡，口噶清爽。
封口：螺旋盖 酒精度：13.5% 评分：91 最佳饮用期：2024年
参考价格：30澳元 PR

Wantirna Estate 温特娜酒庄 ★★★★★

10 Bushy Park Lane，Wantirna South，Vic 3152 产区：雅拉谷
电话：(03)9801 2367 网址：www.wantirnaestate.com.au 开放时间：不开放
酿酒师：玛丽安（Maryann）和瑞格·伊根（Reg Egan）
创立时间：1963年 产量（以12支箱数计）：830 葡萄园面积：4.2公顷
瑞格（Reg）和蒂娜·伊根（Tina Egan）是雅拉谷重建后第一批搬入的。葡萄园环绕着葡萄酒厂，还有他们居住的房子。瑞格说他现在是"管闲事"的酿酒师，但早些年间他酒厂和发酵罐的大事小情，他都亲力亲为。现在大部分葡萄酒酿造的工作已经交给了女儿玛丽安（Maryann）负责。玛丽安曾在加州州立大学取得了葡萄酒科学的学位。他们两人都曾在勃艮第和波尔多的九转工作，因而偏好单一葡萄园，表达风土特性的葡萄酒。在香东酒庄刚起步的许多年里，玛丽安还曾在那里做酿酒师。出口到新加坡和日本等国家，以及中国香港地区。

🍷🍷🍷🍷🍷 Amelia Yarra Valley Cabernate Sauvignon Merlot 2014
阿米莉亚雅拉谷赤霞珠梅洛2014
这是一款非常优雅的混酿，表现出凉爽气候下生长的特性，馥郁的酒香中充满了紫罗兰和玫瑰果的气息，柔顺中等酒体中带有可口的森林类的细微差别，还有一些薄荷的气息。经过精心处理的法国橡木味道并不突兀，很好地衬托出果味和超级细腻

的单宁。
封口：螺旋盖　酒精度：12.5%　评分：95　最佳饮用期：2024年
参考价格：70澳元

Isabella Yarra Valley Chardonnay 2015
伊莎贝拉雅拉谷霞多丽 2015
口感纯正，质地很好，复杂而有层次感，带有无花果和一些烤腰果的气息。
封口：螺旋盖　酒精度：13.5%　评分：94　最佳饮用期：2025年
参考价格：70澳元

🍷🍷🍷🍷🍷 Lily Yarra Valley Pinot Noir 2015
雅拉谷黑比诺2015
评分：91　最佳饮用期：2022年　参考价格：70澳元

Warner Glen Estate　华纳·格伦庄园 ★★★★☆

PO Box 218，Melville，WA 6956（邮）　产区：玛格利特河
电话：0457 482 957　开放时间：不开放
酿酒师：各种　创立时间：1993年　产量（以12支箱数计）：6000　葡萄园面积：34.6公顷
华纳·格伦庄园的原料主要来自卡瑞代尔南的金达瓦拉（Jindawarra）葡萄园。葡萄园建立在朝北斜坡的碎石壤土之上，是生产高品质葡萄的理想的之地。这些中等生长势的葡萄藤非常成熟，平衡。葡萄园距离南大洋（Southern Ocean）仅有6000米，印度洋4000米，凉爽的海风保证此地没有过于极端的气温。种植品种有西拉、霞多丽、长相思、黑比诺、维欧尼和灰比诺。赤霞珠原料来自酒庄在威亚布扎普的葡萄园。

🍷🍷🍷🍷🍷 Margaret River Cabernate Sauvignon 2014
玛格利特河赤霞珠 2014
在这个价位上，红葡萄酒并不常见：黑加仑、月桂叶、黑橄榄果的味道和赤霞珠的单宁相得益彰。具备陈年能力。
封口：螺旋盖　酒精度：14.5%　评分：94　最佳饮用期：2029年
参考价格：19澳元 ✪

🍷🍷🍷🍷🍷 Margaret River Chardonnay 2016
玛格利特河霞多丽 2016
评分：93　最佳饮用期：2025年　参考价格：20澳元 ✪

Frog Belly Margaret River SSB 2016
青蛙肚玛格利特河SSB 2016
评分：90　最佳饮用期：2018年　参考价格：13澳元 ✪

Warramate　华来美 ★★★★★

27 Maddens Lane，Gruyere，Vic 3770　产区：雅拉谷　电话：(03)5964 9219
网址：www.warramatewines.com.au　开放时间：不开放　酿酒师：萨拉·克鲁（Sarah Crowe）
创立时间：1970年　产量（以12支箱数计）：3000　葡萄园面积：6.6公顷
一家老牌葡萄酒厂，其种植的葡萄藤也都处在最佳树龄——47岁左右，新近扩增了葡萄园以扩大产量。所有的葡萄酒都制作得非常精美，西拉葡萄酒进一步证明了其在这一产区内的潜力。2011年，华来美被耶利亚的所有人之一收购；但这里现有葡萄园酿制的华来美品牌葡萄酒仍然作为一个单独的项目而保留了下来。出口到英国、美国、新加坡等国家，以及中国内地（大陆）和香港地区。

🍷🍷🍷🍷🍷 Yarra Valley Chardonnay 2015
雅拉谷霞多丽 2015
明亮的浅草秆绿色；香气和口感都非常复杂，但非常新鲜，长度和平衡都很好。将在接下来的10年甚至是更久的时间里不断成熟，达到巅峰。
封口：螺旋盖　酒精度：13%　评分：95　最佳饮用期：2023年
参考价格：28澳元 ✪

Yarra Valley Pinot Noir2015
雅拉谷黑比诺2015
明亮饱满的紫红色；酒香中有香水气息，还有红色和紫色水果，香料和完整果串/果梗带来的单宁的风味。价值超凡。
封口：螺旋盖　酒精度：13.5%　评分：95　最佳饮用期：2028年
参考价格：28澳元 ✪

Black Label Yarra Valley Cabernate Sauvignon 2015
黑标雅拉谷赤霞珠 2015
霞多丽和黑比诺可能会抢尽风头，但也不要忽视其中的赤霞珠。中等酒体，有迷迭香的黑莓、松针和蕨菜的独特香味，酒体适中，口感精致。
封口：螺旋盖　酒精度：13%　评分：95　最佳饮用期：2027年
参考价格：28澳元　JF ✪

Black Label Yarra Valley Shiraz 2015
黑标雅拉谷西拉2015
酒色浓郁；这是一款典型的冷凉气候下生长的西拉葡萄酒，带有香料和胡椒的味道，衬托出核心的多汁深色浆果和细腻的单宁，橡木起到了重要的支持作用。
封口：螺旋盖　酒精度：13%　评分：94　最佳饮用期：2035年
参考价格：28澳元 ✪

参考价格：28澳元 ✪

🍷🍷🍷🍷🍷 Yarra Valley Riesling 2016
雅拉谷雷司令2016
评分：93 最佳饮用期：2024年 参考价格：28澳元 JF

Yarra Valley Riesling 2016
雅拉谷黑比诺2016
评分：91 最佳饮用期：2021年 参考价格：28澳元 JF

Warramunda Estate 瓦拉蒙达庄园 ★★★★★

860 Maroondah Highway，Coldstream，Vic 3770 产区：雅拉谷
电话：0412 694 394 网址：www.warramundaestate.com.au
开放时间：周五至周日，10:00—18:00
酿酒师：本·海恩斯（Ben Haines） 创立时间：1998年
产量（以12支箱数计）：2000 葡萄园面积：19.2公顷

泰德·沃格特（Ted Vogt）在1975年购买了瓦拉蒙达地产，当时那里经营着一个名叫“瓦拉蒙达站”的牧场，1980年，泰德将产业面积扩大到了320英亩。1981年这里建了一座大坝，现在这片地产上有三个葡萄园和一块牧地。马格兹家族于2007年从沃格特家族手中收购了瓦拉蒙达。玛格扎兹（Magdziarz）家族非常尊重酒庄周围的景观，追求有风土特征的葡萄酒，他们在已有的坚实的基础上，对酒庄进行了进一步的建设。出口到英国、美国、加拿大和亚洲。

🍷🍷🍷🍷🍷 Yarra Valley Marsanne 2015
雅拉谷玛珊2015
水果的味道细腻得如同天鹅绒手套一般，也与橡木配合得很好。这是一款复杂的葡萄酒，但你还是可以感受到葡萄带来的粉笔/果汁的双面性，最终，粉笔的风味将全面转化为蜂蜜味。非常令人着迷。
封口：螺旋盖 酒精度：12.8% 评分：95 最佳饮用期：2030年
参考价格：35澳元

Yarra Valley Pinot Noir 2015
雅拉谷黑比诺2015
非常明亮、清透的紫红色。大量的红色水果的味道，与细微的香草的味道相平衡，此外，细腻的单宁和丝丝缕缕的法国橡木的味道也增加了口感的复杂性。
封口：Diam软木塞 酒精度：12.9% 评分：95 最佳饮用期：2027年
参考价格：40澳元

Yarra Valley Shiraz 2015
雅拉谷西拉2015
酒香极为馥郁，充满了红色和紫色水果的味道。口中可以品尝到果梗带来的辛辣/鲜咸的风味——这是优点还是缺点，还是二者皆非呢？桶内发酵的处理方式绝对是有效果的。瓶颈上的蜡封很拉风。
封口：Diam软木塞 酒精度：14.2% 评分：94 最佳饮用期：2029年
参考价格：35澳元

Warrenmang Vineyard & Resort 华乐满葡萄园度假村 ★★★★

188 Mountain Creek Road，Moonambel，Vic 3478 产区：宝丽丝
电话：(03)5467 2233 网址：www.warrenmang.com.au
开放时间：每日开放，10:00—17:00
酿酒师：格雷格·福斯特（Greg Foster） 创立时间：1974年
产量（以12支箱数计）：10000 葡萄园面积：32.1公顷

路易吉（Luigi）和阿萨莉·巴扎尼（Athalie Bazzani）仍然在照看着华乐满；这里新建成了一个半地下的酒桶陈酿泥墙酒窖，他们的葡萄酒品质仍然很好，此外，还有可容纳80人的住宿区域和一个餐厅。路易吉和阿塔莉在华乐满的这40多年里，已经建立了一个非常忠实的客户群体。两人早已挣到了足够的退休金，现在雇佣了经验丰富的伊丽莎白·拜恩（Elizabeth Byrne）来管理度假村，从而近一步减少了两人的工作量。出口到丹麦、荷兰、波兰、新加坡、马来西亚等国家，以及中国内地（大陆）和台湾地区。

🍷🍷🍷🍷🍷 Grand Pyrenees 2012
大宝丽丝 2012
赤霞珠、品丽珠、梅洛和西拉，分别发酵，并且在法国和美国橡木中熟成2年以上。这款葡萄酒已经有几十年的酿造历史了，质量一直很好，总是带有中部维多利亚的薄荷气息。中等至饱满酒体，但非常完整；螺旋盖的使用将保证它可以陈酿很久，单宁并不需要进一步的软化。
酒精度：15% 评分：94 最佳饮用期：2032年 参考价格：35澳元

🍷🍷🍷🍷🍷 Estate Pyrenees Shiraz 2008
宝丽丝庄园西拉2008
评分：92 最佳饮用期：2028年 参考价格：75澳元

Pyrenees Sauvignon Blanc 2014
宝丽丝长相思2014
评分：90 最佳饮用期：2020年 参考价格：25澳元

Estate Pyrenees Shiraz 2010
宝丽丝庄园西拉2010

评分：90 最佳饮用期：2025年

Warwick Billings 沃里克·比林斯 ★★★★

c/- Post Office，Lenswood，SA 5240（邮） 产区：阿德莱德山
电话：0405 437 864 网址：www.wowique.com.au 开放时间：不开放
酿酒师：沃里克·比林斯（Warwick Billings）
创立时间：2009年 产量（以12支箱数计）：300
这是沃里克·比林斯（Warwick Billings）和合伙人罗斯·坎普（Rose Kemp）的酒庄。沃里克是一位英国的苹果酒酿酒师，在罗斯沃斯（Roseworthy）学习期间，他接触到葡萄酒世界并投身于这个行业。1995年，他在阿德莱德大学完成了酿酒工程的专业学位，并为米兰达（Mirand）葡萄酒工作，2002—2008年，他在奥兰多和安戈瓦家族酒厂工作（Orlando and Angove），做家族酿酒师，这期间，他还在法国和西班牙酿制了12个年份的葡萄酒。他对与自己同名的酒款的评价非常谦虚，其中最初级的酒款名为沃维克（Wowique），他说："有时候葡萄园会为酿酒师而歌唱，（我们）搜集了一些这样的歌曲，并将它们装在了酒瓶之中。"他们的葡萄园建立在特伦斯山（Mt Torrens）的坡地上，其中种植有一个罕见的霞多丽克隆株系。沃维克最后的评价是："我们的葡萄酒酿造工艺毫无疑问得到了勃艮第的启发，但我们的消费者不同，同时气候环境和风土条件也都有所不同，在此基础上，我们园中独特的克隆株系做出了相应的改变。

🍷🍷🍷🍷🍷 Wowique Single Vineyard Lenswood Sauvignon Blanc 2016
沃维克单一葡萄园兰斯伍德长相思2016
采用人工培养酵母，在旧的法国橡木桶中带酒脚发酵。无论是从结构还是风味上来讲，这款长相思都非常复杂，果香充分地吸收了发酵和橡木浸提出的风味物质，很有价值，余味中有热带水果的风味。
封口：螺旋盖 酒精度：13.3% 评分：94 最佳饮用期：2018年
参考价格：26澳元

🍷🍷🍷🍷 Wowique Lenswood Pinot Noir 2015
沃维克兰斯伍德黑比诺2015
评分：91 最佳饮用期：2021年 参考价格：38澳元 JF

Watershed Premium Wines 分水岭优质葡萄酒 ★★★★★

Cnr Bussell FJighway/Darch Road，玛格利特河，WA 6285 产区：玛格利特河
电话：(08) 9758 8633 网址：www.watershedwines.com.au
开放时间：每日开放，10:00—17:00
酿酒师：塞维琳·洛根（Severine Logan），康拉德·崔特（Conrad Tritt）
创立时间：2002年 产量（以12支箱数计）：100000 葡萄园面积：137公顷
分水岭酒业是由一个投资集团建立的，他们投入了大量的资金，在大型的葡萄园内建立了一个拥有200个座位的咖啡厅和餐馆，地窖大门也很壮观。酒庄位于玛格利特河流域的南端，与航海者庄园（Voyager Estate）和露纹酒庄（Leeuwin Estate.）相邻。酒庄葡萄园的发展分三个阶段（2001年、2004年和2006年），最后一个阶段在金东（Jindong），在一、二期的北侧。第一阶段的葡萄酒在2003年份之前完成，容量为400吨，次年增加到900吨，接下来的2005年，产量扩充到1200吨。2008年3月，酒厂的压榨能力达到1600吨，葡萄酒储存设施也与压榨能力同步增加，提高了170000千升。出口到德国、印度尼西亚、斐济、泰国、巴布亚新几内亚、新加坡等国家，以及中国内地（大陆）和香港地区。

🍷🍷🍷🍷🍷 Awakening Margaret River Cabernate Sauvignon 2010
觉醒玛格利特河赤霞珠 2010
尽管在2012年的珀斯葡萄酒展上获得了六个奖杯，以及在国家葡萄酒展上获得了一个奖牌（还有各种参与奖项），它的价格还是从原来的100澳元降了下来。现在它的色泽仍然是极佳的紫红色，的确超过了2013年1月品尝时它所表现出的陈酿潜质。这并不是一款有侵略性的酒，而是非常优雅。中等酒体，单宁和高品质的法国橡木的味道构成了整体的框架，细致地包裹着内部持久的黑醋栗的果味。
封口：螺旋盖 酒精度：14% 评分：98 最佳饮用期：2035年
参考价格：70澳元 ✪

🍷🍷🍷🍷🍷 Senses Margaret River Chardonnay 2016
意念玛格利特河霞多丽 2016
凉爽气候下生长的高质量的葡萄，精心设计的葡萄酒酿造工艺共同酿制出了这款可爱的霞多丽。这是意念系列的首款葡萄酒。精致、浓郁，葡萄柚、白桃和油桃的风味占据着主导地位，橡木为辅。
封口：螺旋盖 酒精度：13% 评分：96 最佳饮用期：2029年
参考价格：30澳元 ✪

Senses Margaret River Sauvignon Blanc 2016
意念玛格利特河长相思2016
在不同的成熟阶段采摘，48%发酵，在新的（20%）和1年的法国橡木桶中发酵，剩余为不锈钢罐，带酒脚陈酿5个月。不同成熟度的果实和复杂的酿造流程带来了丰富而复杂的口感；这款酒口感极为强劲，令人吃惊，风味偏重柑橘和修剪后的青草的类型，还有番石榴和西番莲的味道。
封口：螺旋盖 酒精度：13% 评分：95 最佳饮用期：2018年
参考价格：30澳元 ✪

Awakening Single Block A1 Margaret River Chardonnay 2015
觉醒单一地块A1玛格利特河霞多丽 2015

口感纯正，品种特征明显，单宁结实，风味浓郁，带有白桃、苹果和一丝烤腰果的味道，结尾很长，风格时尚。将在6—7年内达到顶峰，但之后也可以保存很久。
封口：螺旋盖 酒精度：13.5% 评分：95 最佳饮用期：2025年
参考价格：47澳元

Senses Margaret River Shiraz 2014
意念玛格利特河西拉2014
颜色深沉；风味和结构都非常复杂。在摩卡、黑巧克力、香料的元素组合中，橡木扮演了重要角色，同时还有丰富的紫色和黑色水果的味道，伴随着适度的单宁，质地很好，余味无穷。
封口：螺旋盖 酒精度：14.5% 评分：95 最佳饮用期：2039年
参考价格：30澳元 ✪

Senses Margaret River Cabernet Merlot 2014
意念玛格利特河赤霞珠梅洛2014
这是一款相当复杂、浓郁的葡萄酒，果味与橡木的味道相交织。充满了诱人的黑醋栗酒，月桂叶和黑橄榄的味道，橡木浸提出的香柏木的味道也很持久，单宁极细。
封口：螺旋盖 酒精度：14.5% 评分：95 最佳饮用期：2034年
参考价格：30澳元 ✪

Shades Margaret River Sauvignon Blanc Semillon 2016
斜影玛格利特河长相思赛美蓉 2016
评分：94 最佳饮用期：2018年 参考价格：20澳元 ✪

Shades Margaret River Merlot 2015
斜影玛格利特河梅洛2015
评分：94 最佳饮用期：2034年 参考价格：20澳元 ✪

🍷🍷🍷🍷🍷 Margaret River Blanc de Blanc 2012
玛格利特河白中白2012
评分：90 最佳饮用期：2018年 参考价格：25澳元 TS

WayWood Wines 维舞葡萄酒 ★★★★★

67 Kays Road，麦克拉仑谷，SA 5171 产区：麦克拉仑谷 电话：(08) 8323 8468
网址：www.waywoodwines.com 开放时间：周五至周一，11:00—17:00
酿酒师：安德鲁·伍德（Andrew Wood） 创立时间：2005年 产量（以12支箱数计）：1500
安德鲁·伍德（Andrew Wood）和丽莎·罗伯逊（Lisa Robertson）两人任性的冒险之旅的高峰。安德鲁离开了他在伦敦的侍酒师生涯，在葡萄牙、英国、意大利和格兰纳特贝尔（他的选择非常兼收并蓄）工作；2004年初，他们在麦克拉仑谷定居。接下来的6年中，他们一直与袋鼠路（Kangarilla Road）酒庄合作，同时用购买的葡萄生产少量的西拉、赤霞珠、添帕尼罗，以及后来增加的内比奥洛、蒙帕奇诺和西拉。丽莎的甘红（Luscious Red）公司，经常在酒庄的酒窖门店为客人提供食物。

🍷🍷🍷🍷🍷 McLarent Vale Shiraz 2015
麦克拉仑谷西拉2015
典型的麦克拉仑谷西拉，风味集中、有力。带有成熟的李子可可粉和沥青的味道，仅有一丝花香、椰子壳和其他木质香料的味道。酒体饱满，单宁坚实可口。
封口：螺旋盖 酒精度：14.2% 评分：92 最佳饮用期：2030年
参考价格：25澳元 JF ✪

McLarent Vale Grenache 2015
麦克拉仑谷歌海娜 2015
在美国和法国大橡木桶中陈酿——这为酒体增加了大量的芳香性物质。薰衣草、各种香料（尤其是破碎香菜籽）和薄荷醇的味道尤为明显，并略带覆盆子的风味。单宁柔顺，可口，略呈砂质。
封口：螺旋盖 酒精度：14.2% 评分：91 最佳饮用期：2021年
参考价格：28澳元 JF

🍷🍷🍷🍷 Years 96 McLarent Vale Cabernate Sauvignon 2012
96年麦克拉仑谷赤霞珠2012
评分：89 最佳饮用期：2028年 参考价格：50澳元 JF

McLaren Vale Montepulciano 2015
麦克拉仑谷蒙帕赛诺 2015
评分：89 最佳饮用期：2024年 参考价格：35澳元 JF

Welshmans Reef Vineyard 威尔士里夫葡萄园 ★★★☆

Maldon-Newstead Road，Welshmans Reef，Vic 3462 产区：班迪戈
电话：(03)5476 2733 网址：www.welshmansreef.com
开放时间：周末以及公共节假日，10:00—17:00
酿酒师：罗纳德·斯奈普（Ronald Snep） 创立时间：1986年
产量（以12支箱数计）：6000 葡萄园面积：15公顷
斯奈普（Snep）家族［罗纳德（Ronald），杰克逊（Jackson）和亚历桑德拉（Alexandra）］于1986年开始建立威尔士里夫酒庄葡萄园，他们种植了赤霞珠、西拉和赛美蓉。20世纪90年代早期，他们引入了霞多丽和梅洛，接下来是长相思和添帕尼罗。葡萄园已经经过了有机认证。该园多年以来一直为其他酒厂供应葡萄原料，但在20世纪90年代早期，斯奈普家族决定与老纽斯德

合作黄油厂（Old Newstead Co-operative Butter Factory）以及其他几个小葡萄园共用葡萄酿酒设备。黄油厂关门后，斯奈普修建了一个酒厂和庄园内的泥瓦房品尝室。出口到中国。

🍷🍷🍷🍷🍷 Merlot 2013
梅洛2013
这是一款诱人的中等酒体梅洛，酒香中的紫罗兰和浆果气息恰到好处地表达出了它的品种特性，接下来是多汁而且略带辛香料味道的紫色浆果风味。这是随时随地可以饮用的一款葡萄酒。
封口：螺旋盖　酒精度：14.8%　评分：92　最佳饮用期：2028年
参考价格：22澳元 ✪

🍷🍷🍷🍷 Black Knight Cabernate Sauvignon 2015
黑色骑士赤霞珠 2015
评分：89　最佳饮用期：2023年　参考价格：18澳元　JF ✪

Wendouree　文多酒庄 ★★★★★

Wendouree Road，Clare，SA 5453　产区：克莱尔谷
电话：(08) 8842 2896　开放时间：不开放
酿酒师：托尼·布拉迪（Tony Brady）　创立时间：1895年
产量（以12支箱数计）：2000　葡萄园面积：12公顷
这些无与伦比的好酒，用"带丝绒手套的钢拳"来描述非常恰当。酒庄出产的葡萄酒全部来自这个风土独特，而且非常古老的葡萄园（西拉、赤霞珠、马尔贝克、马塔洛和亚历山大麝香）。托尼（Tony）和丽塔·布拉迪（Lita Brady）认为他们是这一无价之宝的守护者。这个100多岁的石制酒厂从建立的那天起到现在毫无变化——不论从哪种意义上讲，它的价值都无法用价格来衡量。文多从来没有对自己的酒做过评论，但那种从轻盈的饱满到饱满的中等酒体的变化（也要根据当年情况）似乎会永远进行下去。最好的消息是，我在死之前还能喝到我在过去10年买的文多酒庄，而不是仅仅靠70年代的那么几瓶（还有更多的来自20世纪80年代和90年代）。

🍷🍷🍷🍷🍷 Shiraz 2014
西拉2014
它需要在摇杯过程中与大量的空气结合氧化来表达自己。带有李子、黑樱桃和香料的味道，浓郁丰富，回味持久。已故的兰·埃文斯（Len Evans）可能会说，它有着无懈可击的线条、长度和平衡感。
封口：螺旋盖　酒精度：13.7%　评分：97　最佳饮用期：2049年

Shiraz Mataro 2014
西拉马塔洛 2014
色泽比西拉要更明亮一些，酒体非常清淡（如果与同类的两个酒款相比的话）。酒香一如既往地很有表现力，散发厂红色浆果的浓郁气息，丝滑的口感一直保持到结尾，其中精细的单宁（和橡木）提供了极好的结构。
封口：螺旋盖　酒精度：13.3%　评分：97　最佳饮用期：2044年

Cabernate Sauvignon 2014
赤霞珠 2014
酒杯中的酒呈现出深沉而明亮的色泽，散发出黑醋栗和（最好的）薄荷的味道。可以品尝到赤霞珠高贵的单宁，就像2013年份一样，非常优雅而隐秘地释放出它的单宁。三款完全不同的葡萄酒，但我都很喜欢，所以得分相同。
封口：螺旋盖　酒精度：13.7%　评分：97　最佳饮用期：2047年

West Cape Howe Wines　西开普豪葡萄酒 ★★★★★

Lot 14923 Muir Highway，Mount Barker，WA 6324　产区：巴克山（Mount Barker）
电话：(08) 9892 1444　网址：www.westcapehowewines.com.au
开放时间：每日全天开放
酿酒师：盖文·贝里（Gavin Berry），安德鲁·维西（Andrew Vasey）
创立时间：1997年　产量（以12支箱数计）：60000　葡萄园面积：310公顷
西开普豪酒庄的所有人是四个西澳大利亚家族，包括酿酒师/执行合伙人盖文·贝里（Gavin Berry）和葡萄栽种专家/合伙人罗布·昆比（Rob Quenby）。葡萄原料来自酒庄在贝克山和法兰克兰河的葡萄园。其中朗顿（Langton）葡萄园（贝克山）共有100公顷，种植有赤霞珠、西拉、雷司令、长相思、霞多丽和赛美蓉；罗素路（Russell Road）葡萄园（法兰克兰河）的种植面积则有210公顷。酒庄也从一些精选地块上的优秀的葡萄种植者处收购原料。2016年葡萄酒宝典年度葡萄酒厂。出口到英国、美国、丹麦、瑞士、韩国、新加坡、日本等国家，以及中国内地（大陆）和香港地区。

🍷🍷🍷🍷🍷 King Billy Mount Barker Cabernate Sauvignon 2011
比利国王贝克山赤霞珠 2011
优中选优。书挡（Book Ends）赤霞珠来自朗顿和风之丘葡萄园的精选地块，从其中选出最好的四个小酒桶（100%的新法国橡木桶）来酿制这款葡萄酒，16个月后装瓶，瓶内陈酿三年半后发售。色泽仍然呈现鲜艳的紫色-紫红色，水果和橡木的味道完全地整合在一起，非常平衡。有丰富的黑醋栗的味道，长度很好，余味连绵不绝。
封口：螺旋盖　酒精度：14.5%　评分：98　最佳饮用期：2051年
参考价格：50澳元 ✪

🍷🍷🍷🍷🍷 Hannah's Hill Frankland River Cabernate Sauvignon Merlot 2014
汉娜山法兰克兰河赤霞珠梅洛2014

这款酒还可以陈放很多年。无论你是喜欢波尔多还是玛格利特河的风格，它都不会让你失望。整体构架放入法国橡木编织好的篮子中，盛满了丰富的黑加仑的味道，单宁结实。非常合算。
封口：螺旋盖 酒精度：14% 评分：96 最佳饮用期：2039年
参考价格：22澳元 ✪

Styx Gully Mount Barker Chardonnay 2015
冥河谷贝克山霞多丽 2015
无苹乳发酵，中高水平的可滴定酸度让这款酒尝起来犹如海风般新鲜。浓郁的果味中可以分辨出白桃和梨的味道，法国橡木则是这块蛋糕上的奶油，锦上添花。
封口：螺旋盖 酒精度：12.7% 评分：95 最佳饮用期：2023年
参考价格：28澳元 ✪

🍷🍷🍷🍷🍷 Mount Barker Sauvignon Blanc 2016
贝克山长相思2016
评分：92 最佳饮用期：2017年 参考价格：20澳元 ✪

Tempranillo Rose 2016
添帕尼罗桃红 2016
评分：92 最佳饮用期：2017年 参考价格：17澳元 ✪

Shiraz 2015
西拉2015
评分：92 最佳饮用期：2025年 参考价格：17澳元 ✪

Frankland River Malbec 2014
法兰克兰河马尔贝克 2014
评分：92 最佳饮用期：2020年 参考价格：22澳元 ✪

Mount Barker Riesling 2016
贝克山雷司令2016
评分：91 最佳饮用期：2026年 参考价格：20澳元 ✪

Semillon Sauvignon Blanc 2016
赛美蓉长相思2016
评分：91 最佳饮用期：2017年 参考价格：17澳元 ✪

Pinot Gris 2016
灰比诺2016
评分：91 最佳饮用期：2017年 参考价格：17澳元 ✪

Frankland River Malbec 2015
法兰克兰河马尔贝克 2015
评分：91 最佳饮用期：2023年 参考价格：22澳元 PR ✪

Old School Chardonnay 2016
老派霞多丽 2016
评分：90 最佳饮用期：2020年 参考价格：20澳元 ✪

Westlake Vineyards 西湖苑酒庄 ★★★★★

Diagonal Road，Koonunga，SA 5355 产区：巴罗萨谷
电话：0428 656 208 网址：www.westlakevineyards.com.au 开放时间：仅限预约
酿酒师：达伦·韦斯特莱克（Darren Westlake）
创立时间：1999 产量（以12支箱数计）：500 葡萄园面积：36.2公顷
西湖苑酒庄拥有葡萄园36.2公顷，包括乔安斯切葡萄园（Jaensches Vineyard）和希金斯达伦（Darren）和苏珊娜·韦斯特莱克（Suzanne Westlake）在巴罗萨谷的寇兰山（Koonunga）地区有两个葡萄园，其中种植有22公顷的西拉、6.5公顷的赤霞珠、2公顷的维欧尼，少量种植小味儿多、杜瑞夫、马塔洛、歌海娜、格拉西亚诺。他们亲自负责所有的葡萄园工作，有许多知名酿酒师们排着队收购他们的葡萄，也正是因此，酒庄仅留下少量的葡萄用于酿造自有西湖苑品牌的葡萄酒。苏珊娜是约翰·乔治·卡莱斯克（Johann George Kalleske）的第六代后裔——约翰在1838年从普鲁士来到南澳大利亚；717囚徒这款酒指的就是达伦的祖先爱德华·韦斯特莱克（Edward Westlake）的一段历史——他于1788年被运到澳大利亚。

🍷🍷🍷🍷🍷 717 ConVicts The Warden Barrosa Valley Shiraz 2015
717囚犯看守人巴罗萨谷西拉2015
这款酒的口感与囚徒那款酒一样——光滑如天鹅绒，风味非常持久，带有丰厚的糖蜜、甘草和巧克力的味道，又逐渐转化成咖喱叶和烤牛骨的味道。很适合那些热爱“大红酒”的爱好者。
酒精度：14.8% 评分：93 最佳饮用期：2030年
参考价格：35澳元 JF

717 ConVicts The Felon Barrosa Valley Shiraz 2015
717囚犯巴罗萨谷西拉2015
带有一系列黑色甜水果、木质香料，和丰富的椰子-橡木的风味，酒体饱满。虽然它算不上优雅，但其中的一切都非常和谐。口感光滑、丰满、精致，单宁恰如其分。
酒精度：15% 评分：90 最佳饮用期：2020年 参考价格：25澳元 JF

Westmere Wines 韦斯特梅尔葡萄酒 NR

916 Bool Lagoon Road，Bool Lagoon，SA 5271 产区：limestone Coast
电话：0427 647 429 开放时间：不开放 酿酒师：菲尔·列曼（Phil Lehmann）
创立时间：1998年 产量（以12支箱数计）：300 葡萄园面积：12公顷
凯氏（Kay）家族于1891年购下了布尔湖（Bool Lagoon）地产，用来养殖优质小羊羔、牧牛以及种植庄稼，但杰克·凯（Jack Kay）一直都想要增加一小块种植赤霞珠的地块。正巧菲尔·列曼（Phil Lehmann）是家中的一位友人，于是他们就开始酿造自己的葡萄酒，直接出售给南澳大利亚和维多利亚的餐厅和酒店。

Whicher Ridge 韦切尔岭 ★★★★★

200 Chapman Hill East Road，Busselton.WA 6280 产区：吉奥格拉菲
电话：（08）9753 1394 网址：www.whicherridge.com.au 开放时间：周四至周一，10:00—17:00 酿酒师：凯西·霍华德（Cathy Howard） 创立时间：2004年 产量（以12支箱数计）：1500 葡萄园面积：5公顷
很难想象，一对积累了40多年葡萄栽培和酿酒经验的夫妻合伙开酒庄是一种什么体验。凯西·霍华德［（Cathy Howard，父姓斯普拉特（Spratt）］在奥兰多、巴罗萨谷的圣哈雷特，以及玛格利特河的分水岭酒庄（Watershed）做了16年的酿酒师。她现在在西澳大利亚的西南产区有自己的葡萄酒厂——韦切尔岭葡萄酒。作为葡萄种植者，尼尔·霍华德（Neil Howard）的职业生涯始于塔尔塔尼（Taltarni）葡萄园和蓝宝丽丝酒庄（Blue Pyrenees Estate）；后来他搬到了阿伏卡山（Mount Avoca），在那里做了12年的葡萄园经历。他搬到西部居住后，又在玛格利特河的山度富（Sandalford）葡萄园工作了几个年份，然后在这一产区内发展和经营了许多小型的葡萄园。韦切尔岭酒庄（Whicher Ridge）查普曼山（Chapman Hill）的奥德赛溪（Odyssey Creek）葡萄园种植有长相思、赤霞珠和维欧尼。霍华德家族选择了大南部产区的法兰克兰河小产区出产的西拉和雷司令，同时也从玛格利特河收购一些葡萄。

Elevation Geographe Cabernate Sauvignon 2013
吉奥格拉菲高地赤霞珠 2013
深紫红色；从任何角度来看，这都是一款优秀的赤霞珠，香气中充满了复杂的黑加仑果，高质量的法国橡木和泥土的味道。有着适宜气候下生长的赤霞珠的典型的单宁味道，工艺也很好。
封口：螺旋盖 酒精度：13.5% 评分：96 最佳饮用期：2038年
参考价格：39澳元 ✪

Geographe Sauvignon Blanc Sauvignon Blanc 2015
吉奥格拉菲长相思2015
这是一款非常优秀的长相思，酒香复杂，口感强劲有力。矿物质、带有白垩土味的酸度是核心风味。按欧洲的传统，这款酒的结构和质感的重要程度超过了果味。
封口：螺旋盖 酒精度：12.8% 评分：95 最佳饮用期：2020年
参考价格：26澳元 ✪

Frankland River Shiraz 2013
法兰克兰河西拉2013
这款酒是中等（而非饱满）酒体，但香气、力度和长度都颇具欺骗力。它的口感非常丰富，结尾和回味都带有浓郁的蓝色和黑色水果的味道。这款赤霞珠的酿造工艺十分复杂，最独特的是，他们将一部分正在进行发酵的葡萄醪导入新橡木桶之中，余下的进入不锈钢罐，第二天再将罐中和桶中的酒液倒回到发酵罐之中。
封口：螺旋盖 酒精度：13.5% 评分：95 最佳饮用期：2035年
参考价格：34澳元 ✪

Margaret River Chardonnay 2015
玛格利特河霞多丽 2015
克莱洛（Clairault）和斯特列里艾克尔（Striecker）葡萄园出产的葡萄质量优异，有丰富的品种香气和风味（主要是白桃、油桃和柑橘）。这是一款很好的霞多丽，但结尾处略有不连贯之感。
封口：螺旋盖 酒精度：12.8% 评分：94 最佳饮用期：2023年
参考价格：34澳元

Nuts & Bolts Geographe Sauvignon Blanc 2016
螺栓与螺母长相思2016
评分：89 最佳饮用期：2020年 参考价格：18澳元 ✪

Whimwood Estate Wines 绞木庄园葡萄酒 ★★★★☆

PO Box 250，Nannup，WA 6275（邮） 产区：黑林谷（Blackwood Valley）
电话：0417 003 235 网址：www.whimwoodestatewines.com.au 开放时间：不开放
酿酒师：伯尼·斯坦莱克（Bernie Stanlake）
创立时间：2011年 产量（以12支箱数计）：700 葡萄园面积：1.2公顷
玛丽·丁克尔（Maree Tinker）和斯蒂夫·约翰逊（Steve Johnstone）说他们在2011年来这里时，还不知道这里有一个葡萄园，就已经对此一见钟情。酒庄的名字与这一产区的历史有关——这里曾经是伐木场，需要用马拉绞盘来搬运木料。2004年，这里种植了霞多丽，以供应给一个本地的酿酒商葡萄园。结果2004年葡萄的产量过剩，于是玛丽和斯蒂夫两人不得不拔除8000多株霞多丽葡萄藤中的6000株，增种了一部分西拉——将新株系嫁接到原有的霞多丽的根系上。他们现在有0.7公顷的西拉。出口到英国和瑞典。

🍷🍷🍷🍷🍷 Blackwood Valley Chardonnay 2016
黑木谷霞多丽 2016
直接压榨入橡木桶（30%是新的）中后用野生酵母发酵。很不错：这款酒很有力量，丰富的粉红葡萄柚从最初一直保持到结尾。
封口：螺旋盖　酒精度：12.5%　评分：95　最佳饮用期：2027年
参考价格：20澳元

Blackwood Valley Chardonnay 2015
黑木谷霞多丽 2015
2016年份的这款酒相当成功，在黑木谷和西澳大利亚精品葡萄酒展上都荣获了最佳白葡萄酒的奖杯。非常精致，有着丰富的果味——新鲜和葡萄柚和青苹果，辅以微量的橡木气息。
封口：螺旋盖　酒精度：13%　评分：94　最佳饮用期：2023年
参考价格：25澳元 ✪

🍷🍷🍷🍷 Blackwood Valley Shiraz 2015
黑木谷西拉2015
评分：92　最佳饮用期：2025年　参考价格：22澳元 ✪

Blackwood Valley Shiraz 2016
黑木谷西拉2016
评分：91　最佳饮用期：2029年　参考价格：19澳元

Whispering Brook 鸣溪 ★★★★★

Hill Street，Broke，新南威尔士州，2330　产区：猎人谷
电话：(02)9818 4126　网址：www.whispering-brook.com
开放时间：周末，11:00—17:00；周五，提前预约
酿酒师：苏珊·弗莱泽尔（Susan Frazier），亚当·贝尔（Adam Bell）
创立时间：2000年　产量（以12支箱数计）：2000　葡萄园面积：3公顷
15年前，苏珊·弗莱泽尔（Susan Frazier）和亚当·贝尔（Adam Bell）经过了一番努力才找到了这块地产，并在这里建立了他们的葡萄园。他们在红色壤土上种植红色品质，砂质平底上种植白色葡萄品种，两人还在这片地产上种植了橄榄园，建造了一个可以容纳10—18人的大客房。产品出口到加拿大和日本。

🍷🍷🍷🍷🍷 Single Vineyard Hunter Valley Semillon 2016
单一葡萄园猎人谷赛美蓉2016
不要用酒标来判断酒——这款酒就是这句格言的证明。很抱歉鸣溪酒庄，你的酒标确实没什么特色，但这款赛美蓉则非常完美：蛛网一般的酸度与柠檬-青柠的香调，还有湿鹅卵石和干香草的味道交织在一起。复杂，活泼，并且注定要陈酿很久。
封口：螺旋盖　酒精度：11.7%　评分：95　最佳饮用期：2028年
参考价格：28澳元　JF ✪

Single Vineyard Hunter Valley Shiraz 2014
单一葡萄园猎人谷西拉2014
一切都很含蓄，也很和谐：这是一款细节丰富，口感纯正的葡萄酒，果香丰富，非常平衡，还有香料的味道，单宁精准，酸度和力度都很好。非常好喝，但也可以陈酿。
封口：螺旋盖　酒精度：14.4%　评分：95　最佳饮用期：2034年
参考价格：40澳元　JF

Basket Pressed Hunter Valley Merlot 2014
篮式压榨猎人谷梅洛2014
这是一款值得称赞的梅洛：完全成熟，有新鲜绿叶、黑醋栗，杜松子和一点鲜花的气息。口感极佳——单宁有粉笔的质感，深度和酒体都很好，同时也并不粗糙，而是十分精致。令人惊喜。
封口：橡木塞　酒精度：13.5%　评分：95　最佳饮用期：2024年
参考价格：35澳元　JF ✪

Whistling Kite Wines 风筝酒业 ★★★☆

73 Freundt Road，New Residence via Loxton，SA 5333　产区：河地（Riverland）
电话：(08) 8584 9014　网址：www.whistlingkitewines.com.au　开放时间：仅限预约
酿酒师：919 酒庄的埃里克和珍妮·塞姆勒（Eric和Jenny Semmler）
创立时间：2010年　产量（以12支箱数计）：360　葡萄园面积：16公顷
业主帕姆（Pam）和托尼·巴里奇（Tony Barich）在穆雷河边建立了自己的葡萄园和住房——这里也是野生动植物的天堂。他们相信，作为这片土地的守护者，他们有义务保护这里的生态环境：酒庄葡萄园在2008年——10年前——就已经取得了有机认证和生物动力认证。

🍷🍷🍷🍷 Viognier 2016
维欧尼2016
效果很好：果味、质地和质感都很好，没有油腻的酚类物质之感。
封口：螺旋盖　酒精度：14.5%　评分：90　最佳饮用期：2020年
参考价格：25澳元

🍷🍷🍷🍷 Petit Verdot 2015
小味儿多 2015

评分：89　最佳饮用期：2019年　参考价格：38澳元

Wicks Estate Wines　维克斯庄园葡萄酒　★★★★★

21 Franklin Street，阿德莱德，SA 5000（邮）　产区：阿德莱德山
电话:（08）8212 0004　网址：www.wicksestate.com.au　开放时间：不开放
酿酒师：雷·拉兹莫尔（Leigh Ratzmer）
创立时间：2000年　产量（以12支箱数计）：20000　葡萄园面积：38.1公顷
提姆（Tim）和西蒙·维克斯（Simon Wicks）长期以来一直在阿德莱德山的海布里（Highbury）经营一家苗圃，1999年，他们买下了伍德赛德（Woodside）的54公顷地产，种植了不到40公顷的霞多丽、雷司令、长相思、西拉、梅洛和赤霞珠。2004年，他们的酒厂落成。多年来维克斯酒庄在各种酒展上赢得了许多奖牌，这款酒的品质绝对高于它的定价。出口到英国等国家，以及中国内地（大陆）和香港地区。

🍷🍷🍷🍷🍷

CJ Wicks Adelaide Hills Shiraz 2014
CJ维克斯阿德莱德山西拉2014
克隆株系（BVRC–12/16–54），带皮浸渍20天，使用60%新的法国橡木桶，此外，与2015年份的西拉酿造工艺完全相同。色泽略深，更强劲、复杂——尤其是新橡木桶带来的风味，和结尾的单宁。但整体而言，更加肃净。
封口：螺旋盖　酒精度：14.5%　评分：96　最佳饮用期：2034年
参考价格：45澳元　✪

Adelaide Hills Cabernate Sauvignon 2015
阿德莱德山赤霞珠 2015
选择（品牌名：Selectiv）机械采摘，不同的克隆株系与地块发酵罐，80%除梗破碎，20%整果，采用不同尺寸的开放式发酵，在法国橡木桶（25%是新的）中熟成12个月。结果就是这款非常优秀的赤霞珠，充满了黑加仑的味道，与单宁和香柏木的味道形成了完美的平衡。50澳元的价格都不算过分。
封口：螺旋盖　酒精度：14.5%　评分：96　最佳饮用期：2035年
参考价格：25澳元　✪

Adelaide Hills Chardonnay 2015
阿德莱德山霞多丽 2015
除了在75%新的法国橡木桶中陈酿16个月以外，其他酿造工艺与2016年份相同。没有缺陷，很好地表达出了品种特有的果味，酸度和橡木的味道都非常适当。
封口：螺旋盖　酒精度：13.5%　评分：95　最佳饮用期：2025年　参考价格：45澳元

Adelaide Hills Chardonnay 2016
阿德莱德山霞多丽 2016
第戎克隆株系76和96，选择机器采摘，除梗破碎，采用野生酵母发酵在法国橡木桶（25%是新的）中熟成8个月。一款现代风格精致细腻，物美价廉的霞多丽。
封口：螺旋盖　酒精度：12.5%　评分：94　最佳饮用期：2025年
参考价格：25澳元　✪

Adelaide Hills Pinot Noir 2016
阿德莱德山黑比诺 2016
三个克隆株系，选择性机械采摘（实际上是分拣），开放式发酵，冷浸渍，分别使用不同的人工培养酵母，带皮浸渍12天，在法国橡木桶（20%是新的）中熟成6个月。一如既往的好，红色和紫色水果的味道中略带辛香料的气息，质地和风味都很复杂。已经到了饮用它的时候了。
封口：螺旋盖　酒精度：14%　评分：94　最佳饮用期：2025年
参考价格：25澳元　✪

Adelaide Hills Shiraz 2015
阿德莱德山西拉2015
精选的单品种葡萄园地块和克隆株系（BVRC–12/16–54/712），部分使用机器采摘，开放式发酵，采用15种不同配置的发酵方法，在法国橡木桶（20%是新的）中熟成12个月。色调与深度都很好；口感浓郁，质地独特，同时也非常新鲜。
封口：螺旋盖　酒精度：14.5%　评分：94　最佳饮用期：2030年
参考价格：25澳元　✪

Adelaide Hills Shiraz 2014
阿德莱德山西拉2014
充分体现了冷凉产区的葡萄酒风格，带有黑樱桃，各种香料，甘草和香柏木的味道，整体口感十分新鲜。价格简直低得不可思议。
封口：螺旋盖　酒精度：14.5%　评分：94　最佳饮用期：2029年
参考价格：20澳元　✪

🍷🍷🍷🍷

Adelaide Hills Pinot Rose 2016
阿德莱德山比诺桃红 2016
评分：91　最佳饮用期：2017年　参考价格：18澳元　JF　✪

Adelaide Hills Riesling 2016
阿德莱德山雷司令2016
评分：90　最佳饮用期：2026年　参考价格：20澳元　✪

Wignalls Wines 威格劳葡萄酒 ★★★★☆

448 Chester Pass Road（Highway 1），Albany，WA 6330 产区：奥尔巴尼（Albany）
电话：（08）9841 2848 网址：www.wignallswines.com.au 开放时间：每日开放，11:00—16:00 酿酒师：比尔·威格劳（Rob Wignall），麦克·珀金斯（Michael Perkins）
创立时间：1982年 产量（以12支箱数计）：7000 葡萄园面积：18.5公顷

酒庄自有葡萄园种植的品种非常多样化：长相思、赛美蓉、霞多丽、黑比诺、梅洛、西拉、品丽珠和赤霞珠，创始人比尔·威格劳（Bill Wignall）是当时最早一批生产黑比诺葡萄酒的酒商。按当时的标准，他出产的黑比诺远远超过西澳大利亚出产的其他黑比诺（可以媲美当时的维多利亚和塔斯马尼亚出产的黑比诺——当时除了他们，只有这两个产区还出产少量的黑比诺葡萄酒）。他们在园内建立了酒厂，葡萄酒酿造的工作将交给儿子罗布（Rob），在麦克·珀金斯（Michael Perkins）的大力帮助下，他们的品质得到了大幅提升，产品种类也大大的增加了。出口到丹麦、日本、新加坡和中国。

🍷🍷🍷🍷🍷 Great Southern Shiraz 2015
大南部产区西拉2015
迄今为止，这款酒在葡萄酒展上已经非常成功，有了一定的名气。可以闻到从杯中溢出的胡椒类香料和深黑色水果的香气。口感浓郁，有丰富的甜果风味，浓烈可口；不难看出为什么有很多人都非常喜爱这款酒。
封口：螺旋盖 酒精度：13.8% 评分：95 最佳饮用期：2030年
参考价格：29澳元 SC ✪

🍷🍷🍷🍷🍷 Premium Single Vineyard Albany Chardonnay 2015
单一葡萄园阿尔巴尼霞多丽 2015
评分：93 最佳饮用期：2022年 参考价格：30澳元

Single Vineyard Albany Pinot Noir 2015
单一葡萄园阿尔巴尼黑比诺2015
评分：91 最佳饮用期：2025年 参考价格：32澳元 SC

Willem Kurt Wines 威廉库尔特葡萄酒 ★★★★

Croom Lane，比曲尔斯，Vic 3747 产区：比曲尔斯
电话：0428 400 522 网址：www.willemkurtwines.com.au 开放时间：不开放
酿酒师：丹尼尔·巴尔泽尔（Daniel Balzer）
创立时间：2014年 产量（以12支箱数计）：300

这是丹尼尔·巴尔泽尔（Daniel Balzer）和玛丽·凡·艾珀胡伊森的企业。丹尼尔是德国人，玛丽则是丹麦人。酒厂的名字来自他们两个孩子的中间名：威廉姆（Willem，丹麦语）和库尔特（Kurt，德语）。1998年，已经有了一个科学学位的丹尼尔转行开始从事葡萄酒行业，最开始在雅拉山脊（Yarra Ridge）酒庄工作（包括在德国的一个年份）；2003年，他搬到了盖普斯提酒庄（Gapsted Wines）；在接下来的几年里，他在CSU完成了葡萄酒科学的学士学位。他为小型酿酒商酿制了7年的葡萄酒，但早晚他会酿制自己品牌的葡萄酒。

🍷🍷🍷🍷🍷 Beechworth Chardonnay 2015
比曲尔斯霞多丽 2015
真的特别好。自然，但有力度。果汁感十足，带有蜜桃、油桃、雪松橡木、牛奶饼干、香草和葡萄柚的风味。充满诱惑力，令人印象深刻。
封口：螺旋盖 酒精度：13% 评分：94 最佳饮用期：2023年
参考价格：34澳元 CM

Willespie 威斯帕 ★★★★

555 Harmans Mill Road，Wilyabrup via Cowaramup，WA 6284 产区：玛格利特河
电话：（08）9755 6248 网址：www.willespie.com.au 开放时间：每日开放，10:30—17:00
酿酒师：洛伦·布朗（Loren Brown） 创立时间：1976年
产量（以12支箱数计）：3000 葡萄园面积：17.53公顷

威斯帕可以说是玛格利特河的先锋本地葡萄酒厂。由当地学校校长凯文·斯奎斯（Kevin Squance）和妻子玛丽安（Marian）于1976年建立。他们在野生的森林里用木材和石料建立了自己的房子；现在酒庄还有酒窖门店（以及其他的各种设施）。凯文和玛丽安已经退休了，他们在珀斯和西南的四个孩子都已经参与到酒庄的业务中，积极地发展中短期的海内外市场。出口到日本和新加坡。

🍷🍷🍷🍷🍷 Margaret River Shiraz 2010
玛格利特河西拉2010
中等至饱满酒体；有饱满的黑莓和黑加仑的味道，复杂而有层次感，结实，而且没有过多的侵略性。现在酒龄才仅仅（而不是都已经）7岁。
封口：Diam软木塞 评分：93 最佳饮用期：2030年 参考价格：30澳元

Old School Barrel Fermented Margaret River Semillon 2010
老派发酵玛格利特河赛美蓉2010
酒液呈现有光泽的黄色，带有泰国柠檬和金银花，荨麻和成熟的热带水果味道。酒体饱满。从许多方面看来，它似乎有些夸张，但整体来说仍然非常优秀。作为一款已经有7岁酒龄的葡萄酒，它的口感仍然十分强劲。
封口：螺旋盖 酒精度：13.5% 评分：91 最佳饮用期：2018年
参考价格：30澳元 CM

Old School Margaret River Cabernet Sauvignon 2008

老派玛格利特河赤霞珠 2008
赤霞珠散发出泥土、黑色水果的味道，酒体非常饱满，水果和单宁仍然在势均力敌的对峙之中，如果有人想要为2008年出生的孩子庆生而选酒，这款酒是一个很好的选择。
封口：Diam软木塞　评分：90　最佳饮用期：2033年　参考价格：65澳元

Willoughby Park 威洛比·帕克 ★★★★★

678 South Coast Highway，Denmark，WA 6333　产区：大南部产区
电话:（08）9848 1555　网址：www.willoughbypark.com.au
开放时间：每日开放，10:00—17:00　酿酒师：吴迈克（Michael Ng）　创立时间：2010年
产量（以12支箱数计）：13000　葡萄园面积：19公顷
鲍勃·福勒（Bob Fowler）出身农村，一直都很向往农耕生活。2010年初，他偶然发现了一个可以实现这一目标的机会。他与妻子玛丽莲（Marilyn）共同收购了西开普豪酒庄原有的酒厂和周围的葡萄园——在西开普豪（West Cape Howe）搬进了更大的古德里酒厂后就出售了他们的葡萄园。2011年，威洛比·帕克购买了卡尔干（Kalgan）河葡萄园和商业品牌，品牌相应的酿酒业务转移到了威洛比·帕克酒庄。现在酒庄有三个品牌系列：卡尔干河单一葡萄园系列［来自卡尔干河葡萄园的卡尔干河铁岩（Kalgan River Ironrock）单一地块］；威洛比·帕克——庄园出产和购买的葡萄酿制的大南部产区品牌；售价低于20美元的大南部系列葡萄酒杰米&查理（Jamie & Charli）。出口到中国。

🍷🍷🍷🍷🍷

Ironrock Kalgan River Albany 2016
铁岩卡尔干河阿尔巴尼雷司令2016
酒香中充满了柑橘花的气息，口感非常独特，易饮，而且很有质感，有迈耶柠檬、青柠和绿苹果的混合风味。
封口：螺旋盖　酒精度：12%　评分：96　最佳饮用期：2031年
参考价格：35澳元 ✪

Ironrock Kalgan River Albany Chardonnay 2016
铁岩卡尔干河阿尔巴尼霞多丽 2016
在法国橡木桶（50%是新的）中带酒脚陈酿10个月并搅拌。这款风味浓郁，结构紧致，有白桃和葡萄柚的味道，酸度很好。充满力量的同时又很克制。
封口：螺旋盖　酒精度：13%　评分：96　最佳饮用期：2026年
参考价格：40澳元 ✪

Kalgan River Great South Pinot Noir 2016
卡尔干河大南部产区黑比诺 2016
酒色很浅但非常明亮，使人不太容易联想到这款比诺中的力量感。野草莓，红樱桃细致而持久的单宁，还有法国橡木赋予的复杂性。
封口：螺旋盖　酒精度：14.5%　评分：95　最佳饮用期：2026年
参考价格：30澳元 ✪

Ironrock Albany Shiraz 2014
铁岩阿尔巴尼西拉2014
深紫红色；完全生长在冷凉气候西拉，有丰富柔顺的黑色水果，甘草和碎黑胡椒的味道。单宁使酒体更加复杂，多汁鲜美。
封口：螺旋盖　酒精度：14.5%　评分：95　最佳饮用期：2030年
参考价格：55澳元

Ironrock Kalgan River Albany Cabernet Sauvignon 2014
铁岩卡尔干河阿尔巴尼赤霞珠 2014
一款饱满而有力度的赤霞珠，带有黑加仑，泥土、美味单宁和法国橡木的香气和口感。这是威洛比·帕克2014年赤霞珠中最需要陈酿的一款，成熟后将具备顶级品质。
封口：螺旋盖　酒精度：14.5%　评分：95　最佳饮用期：2039年
参考价格：55澳元

Kalgan River Albany Riesling 2016
卡尔干河阿尔巴尼雷司令2016
评分：94　最佳饮用期：2031年　参考价格：25澳元 ✪

Kalgan River Albany Chardonnay 2016
卡尔干河阿尔巴尼霞多丽 2016
评分：94　最佳饮用期：2023年　参考价格：30澳元 ✪

Kalgan River Albany Chardonnay 2015
卡尔干河阿尔巴尼霞多丽 2015
评分：94　最佳饮用期：2025年　参考价格：30澳元 ✪

Ironrock Kalgan River Albany Chardonnay 2015
铁岩卡尔干河阿尔巴尼霞多丽 2015
评分：94　最佳饮用期：2030年　参考价格：40澳元

Kalgan River Albany Shiraz 2016
卡尔干河阿尔巴尼西拉2014
评分：94　最佳饮用期：2034年　参考价格：30澳元 ✪

🍷🍷🍷🍷

Kalgan River Albany Cabernate Sauvignon 2016
卡尔干河阿尔巴尼赤霞珠 2014

评分：93 最佳饮用期：2034年 参考价格：30澳元

Great Southern Shiraz 2014

大南部产区西拉2014

评分：92 最佳饮用期：2024年 参考价格：22澳元 ✪

Willow Bridge Estate 柳桥酒庄 ★★★★★

178 Gardin Court Drive，Dardanup，西澳大利亚,6236 产区：吉奥格拉菲
电话:（08）9728 0055 网址：www.willowbridge.com.au
开放时间：每日开放，11:00—17:00 酿酒师：金·霍顿（Kim Horton） 创立时间：1997年
产量（以12支箱数计）：20000 葡萄园面积：59公顷

从杰夫（Jeff）和维吉·杜瓦（Vicky Dewar）收购了在弗格森河谷（Ferguson Valley）山脚下柳桥酒庄的180公顷地产后，他们的业务发展就走上了快车道：最初种植了霞多丽、赛美蓉、长相思、西拉和赤霞珠，后来又增加种植了梅洛、添帕尼罗、白诗南和维欧尼。他们生产的许多酒款都物超所值。2015年3月22日，柳桥44岁的的高级酿酒师西蒙·伯内尔（Simon Burnell）在玛格利特河沿岸的一场帆板事故中丧生。这让人回想起2004年在霍克湾的峭壁牧场，酿酒师道格·怀斯特在风筝冲浪时去世的事情。他们聘用了经验丰富的金·霍顿（Kim Horton）来取代西蒙的位置——金曾经在西澳大利亚工作，此前为芬格富（Ferngrove）酒庄工作。出口到英国、中国和其他主要市场。

🍷🍷🍷🍷🍷 Gravel Pit Geographe Shiraz 2015

砾坑吉奥格拉菲西拉2015

这是柳桥的旗舰款葡萄酒，在法国橡木桶（30%是新的）中陈酿。与蜻蜓（Dragonfly）那款很像，但其黑樱桃和李子的味道，以及成熟的单宁的深度和浓度都是后者的两倍。因此，尽管它其实使用了更大量的新法国橡木桶，然而橡木的味道却不那么明显。

封口：螺旋盖 酒精度：14.1% 评分：96 最佳饮用期：2035年
参考价格：30澳元

Bookends Fume Geographe Sauvignon Blanc Semillon 2016

挡书板福美吉奥格拉菲长相思赛美蓉 2016

香气中带有复杂强烈的香草、绿辣椒、芦笋，口感中有丰盛的柑橘到核果和热带水果的味道。这是一款有性格的佳酿。

封口：螺旋盖 酒精度：13.9% 评分：95 最佳饮用期：2021年
参考价格：25澳元 ✪

G1–10 Geographe Chardonnay 2016

G1–10吉奥格拉菲霞多丽 2016

明亮的草秆绿色；这是一款精致优雅的霞多丽，在未来的10年里它会慢慢成熟，逐渐增加体积感和质感。粉色葡萄柚和油桃，以及随着时间会出现的奶油、腰果和蜜桃的味道。

封口：螺旋盖 酒精度：13.4% 评分：95 最佳饮用期：2027年
参考价格：30澳元 ✪

Coat of Arms Geographe Cabernate Sauvignon

纹章吉奥格拉菲赤霞珠 2015

这是一款中等至饱满酒体的赤霞珠，口感浓郁，带有黑加仑，干香草、月桂叶和适量单宁的味道——其中部分来自原果，部分来自橡木。

封口：螺旋盖 酒精度：14.7%评分：95 最佳饮用期：2035年
参考价格：30澳元

Dragonfly Sauvignon Blanc Semillon 2016

蜻蜓长相思赛美蓉 2016

这款酒有着良好的风味和质感，更增加了果味的表现力。香气复杂浓郁，带有芬芳的药草，辣椒，以及柑橘和热带水果的混合香气。

封口：螺旋盖 酒精度：13.4% 评分：94 最佳饮用期：2020年
参考价格：20澳元 ✪

Rosa de Solana Geographe Tempranillo Rose 2015

罗莎-索拉纳吉奥格拉菲添帕尼罗桃红 2015

添帕尼罗特有的樱桃（红色和黑色）味道完整地贯穿香气和口感。对于一款添帕尼罗的红葡萄酒来说，持久的品种特征的表现并不会令人意外，然而对于桃红葡萄酒来说则不常见。很棒。

封口：螺旋盖 酒精度：13.4% 评分：94 最佳饮用期：2017年
参考价格：25澳元 ✪

Dragonfly Geographe Shiraz 2015

蜻蜓吉奥格拉菲西拉2015

在新的和旧的法国橡木桶中成熟。非常非常好的紫红色，这也暗示着这是一款轻至中等酒体的葡萄酒，还有其中丰富的红色和黑色樱桃，以及李子的味道，丝绸般柔滑的单宁和明显的法国橡木为果味提供了支撑。

封口：螺旋盖 酒精度：14% 评分：94 最佳饮用期：2025年
参考价格：20澳元

🍷🍷🍷🍷🍷(4.5) Dragonfly Cabernate Sauvignon Merlot 2015

蜻蜓赤霞珠梅洛2015

评分：93　最佳饮用期：2029年　参考价格：20澳元

Dragonfly Geographe Chardonnay 2016

蜻蜓吉奥格拉菲霞多丽 2016

评分：92　最佳饮用期：2023年　参考价格：20澳元

Rosa de Solana Geographe Tempranillo Rose 2016

罗莎-索拉纳吉奥格拉菲添帕尼罗桃红 2016

评分：91　最佳饮用期：2018年　参考价格：25澳元

Willow Creek Vineyard　柳溪葡萄园 ★★★★★

166 Balnarring Road，Merricks North，Vic 3926　产区：莫宁顿半岛
电话：(03)5931 2502　网址：www.willow-creek.com.au
开放时间：每日开放，11:00—17:00
酿酒师：杰拉尔丁·麦克福尔（Geraldine McFaul）
创立时间：1989年　产量（以12支箱数计）：4000　葡萄园面积：18公顷

过去的九年里，柳溪酒庄做出了很多重要的改变。2008年，酿酒师杰拉尔丁·麦克福尔（Geraldine McFaul）被聘用时，在莫宁顿半岛已经酿造了很多年的葡萄酒了。他同葡萄种植者罗比·欧里尔（Robbie O'Leary）同样，都致力于将生产过程中的人工干预程度降到最低。换言之，要生产质量完美的葡萄。2013年，来自中国的李氏家族扩大了他们在澳大利亚的酒店和度假业的产品线，收购了柳溪酒庄，他们计划在园内建筑一座有39套豪华房的精品酒店。这将是李氏酒店集团的第7家产业。稀有野兔（Rare Hare）葡萄酒吧，餐厅和品尝室均于2017年3月开业。

🍷🍷🍷🍷🍷

Mornington Peninsula Chardonnay 2015

莫宁顿半岛霞多丽 2015

活泼白桃的味道伴随着柑橘味的酸度，为这款酒带来了极佳的长度，同时也丝毫没有影响到它良好的平衡感。新橡木（20%）的量不多不少，为酒液带来了一丝坚果的复杂风味。

封口：螺旋盖　酒精度：13.5%　评分：95　最佳饮用期：2024年
参考价格：45澳元

O'Leary Block Mornington Peninsula Pinot Noir 2015

欧里尔莫宁顿半岛黑比诺2015

色泽和重量都与较便宜的黑比诺酒款相似，在橡木中陈酿的6个月使得它的口感更加丰富、可口。

封口：螺旋盖　酒精度：13.5%　评分：95　最佳饮用期：2021年
参考价格：75澳元

Mornington Peninsula Pinot Noir 2015

莫宁顿半岛黑比诺2015

酒体清淡，带有馥郁的花香，以及多汁的红色水果和野香草的气息。这个年份的深度和复杂度也很不错，引人入胜。

封口：螺旋盖　酒精度：13.5%　评分：94　最佳饮用期：2019年
参考价格：40澳元

🍷🍷🍷🍷

Malakoff Pyrenees Shiraz 2015

宝丽丝西拉2015

评分：93　最佳饮用期：2029年　参考价格：30澳元

Mornington Peninsula Pinot Gris 2016

莫宁顿半岛灰比诺2016

评分：91　最佳饮用期：2018年　参考价格：35澳元

Wills Domain　威尔士酒庄 ★★★★★

Cnr Brash Road/Abbey Farm Road，Yallingup，WA 6281　产区：玛格利特河
电话：(08) 9755 2327　网址：www.willsdomain.com.au　开放时间：每日开放，10:00—17:00
酿酒师：自然主义酿酒师（Naturaliste Vintners）布鲁斯·杜克斯（Bruce Dukes）
创立时间：1985年　产量（以12支箱数计）：12500　葡萄园面积：20.8公顷

2000年，霍纳（Haunold）家族买下了威尔士酒庄最初的葡萄园——1383年，当时他们在今天的奥地利的位置，这个家族就已经开始酿造葡萄酒了。这可能令人感到惊异，但更加惊人的是，自从1989年的一场事故后，达伦（Darren）的双腿就瘫痪了，这个酒庄的全部运营和管理（包括一部分的修剪），都是达伦在他的轮椅上完成的。葡萄园种植有西拉、赛美蓉、赤霞珠、长相思、霞多丽、梅洛、小味儿多、马尔贝克、品丽珠和维欧尼。出口到加拿大、印度尼西亚等国家，以及中国内地（大陆）和香港地区。

🍷🍷🍷🍷🍷

Cuvee d'Elevage Margaret River Chardonnay 2015

玛格利特河特酿霞多丽 2015

带有一系列核果、迈耶柠檬、香草、姜汁和橡木味道。很好喝。威风凛凛。酒体饱满，有柠檬凝乳，酒脚带来的浆果味道，酸度新鲜、尖锐。

封口：螺旋盖　酒精度：13.5%　评分：95　最佳饮用期：2024年
参考价格：60澳元　JF

Cuvee d'Elevage Margaret River Shiraz 2015

玛格利特河特酿西拉2015

相比于5号地块，这款酒要精致得多——但作为旗舰酒款，这也是理所应当的。可以

品尝到马尔贝克和维欧尼带来的杏仁和梅子的味道。口感精致，带有橡木，胡椒、八角和干香草的味道。
封口：螺旋盖 酒精度：14% 评分：95 最佳饮用期：2030年
参考价格：75澳元 JF

Cuvee d'Elevage Margaret River Cabernate Sauvignon 2014
玛格利特河赤霞珠 2014
一切都恰如其分：橡木，核心的辛香料和黑色浆果，桑葚和甜李子的味道，伴随着细腻的单宁，口感很好。兼具力度和深度。
封口：螺旋盖 酒精度：14.5% 评分：95 最佳饮用期：2030年
参考价格：75澳元 JF

Cuvee d'Elevage Margaret River Matrix 2014
玛格利特河特酿马特斯 2014
60%的赤霞珠，20%的品丽珠，马尔贝克和小味儿多各占10%。极好的葡萄酒，充满了浓郁的甜桑葚和黑色浆果的味道，适量的香料、坚果和雪松橡木的风味也整合得很好。非常柔顺，中等酒体，单宁适度。
封口：螺旋盖 酒精度：14.5% 评分：95 最佳饮用期：2030年
参考价格：100澳元 JF

🍷🍷🍷🍷🍷 Block 8 Margaret River Chardonnay 2015
8号地块玛格利特河霞多丽 2015
评分：93 最佳饮用期：2022年 参考价格：36澳元 JF

Margaret River Rose 2016
玛格利特河桃红 2016
评分：93 最佳饮用期：2017年 参考价格：17澳元 ✪

Block 5 Margaret River Shiraz 2015
5号地块玛格利特河西拉2015
评分：93 最佳饮用期：2030年 参考价格：36澳元 JF

Margaret River Shiraz 2015
玛格利特河西拉2015
评分：92 最佳饮用期：2023年 参考价格：17澳元 ✪

Margaret River Cabernet Merlot 2015
玛格利特河赤霞珠梅洛2015
评分：92 最佳饮用期：2025年 参考价格：25澳元 JF ✪

Block 3 Cabernate Sauvignon 2015
3号地块赤霞珠 2015
评分：92 最佳饮用期：2030年 参考价格：36澳元 JF

Margaret River Semillon Sauvignon Blanc 2016
玛格利特河赛美蓉长相思2016
评分：91 最佳饮用期：2022年 参考价格：17澳元 ✪

Block 9 Margaret River Scheurebe 2016
9号地块玛格利特河施埃博 2016
评分：91 最佳饮用期：2020年 参考价格：29澳元 JF

Willunga 100 Wines 威伦加100葡萄酒 ★★★★☆

PO Box 2427，麦克拉仑谷，SA 5171（邮） 产区：麦克拉仑谷
电话：0414 419 957 网址：www.willunga100.com 开放时间：不开放
酿酒师：提姆·詹姆斯（Tim James），麦克·法米洛（Mike Farmilo）
创立时间：2005年 产量（以12支箱数计）：9500
威伦加100是英国自由葡萄酒（Liberty Wines）全资持股酒庄，（灰比诺和部分维欧尼）来自麦克拉仑谷和阿德莱德山。现在的葡萄酒酿造团队由经验丰富的提姆·詹姆斯（Tim James）和麦克·法米洛（Mike Farmilo）带领，能力很强。产品以麦克拉仑谷的不同地区和干燥气候下生长的灌木藤歌海娜为主。出口到英国、加拿大、新加坡、新西兰等国家，以及中国香港地区。

🍷🍷🍷🍷🍷 The Hundred Blewitt Springs 2015
百年布莱维特泉歌海娜 2015
中等重量，流溢着石榴、玫瑰水、橙皮和一点由新鲜草莓主导的红色水果的味道。砂质的单宁和明快浓烈的酸度赋予了口感鲜明而简洁的特点。最初有一点比诺的飘渺质感，但酸度和力度会逐渐散发出来。
封口：螺旋盖 酒精度：14.5% 评分：93 最佳饮用期：2023年
参考价格：30澳元 NG

The Hundred Clarendon Grenache 2015
百年克拉伦敦歌海娜 2015
酒体适中，略偏浓郁，集中，带有深色水果的底色，樱桃、苦巧克力和覆盆子棒棒糖的味道，伴随着充满活力的酸度和精细的砂质单宁的味道，如瀑布般倾泻而下。结尾非常自然地融合了各种风味物质。
封口：螺旋盖 酒精度：14.5% 评分：93 参考价格：30澳元 NG

McLarent Vale Grenache 2015
麦克拉仑谷歌海娜 2015

这款歌海娜的品质远超价格，从樱桃酒和浓郁的红色水果的味道中可以看出原料的品质，配合清脆而精雕细刻般的单宁和石榴味的酸度。似乎有一些单薄和生青的味道。嘶啦——唑——噼啪——啪！
封口：螺旋盖　酒精度：14%　评分：93　最佳饮用期：2023年
参考价格：22澳元　NG ✪

McLarent Vale Cabernate Sauvignon Shiraz 2015
麦克拉仑谷赤霞珠西拉2015
黑醋栗，深色樱桃，李子和月桂叶牛肉汤：这一系列的风味组合犹如低沉的男低音，无可挑剔。赤霞珠在混酿中占65%的比例，与西拉带来的蓝色浆果和温暖的口感相融合，犹如高亢的女高音。
封口：螺旋盖　酒精度：14%　评分：93　最佳饮用期：2027年
参考价格：22澳元　NG ✪

McLarent Vale Shiraz Viognier 2015
麦克拉仑谷西拉维欧尼2015
深紫红色，酒体饱满，多汁，带有蓝莓，黑樱桃和桑葚果的味道，点缀着轻快的紫罗兰花香和茴香的味道，底色是略带胡椒味的酸度，单宁强劲。香草豆荚橡木带来了一点奶油的味道。
封口：螺旋盖　酒精度：14%　评分：92　最佳饮用期：2023年
参考价格：22澳元　NG ✪

McLarent Vale Grenache Rose 2015
麦克拉仑谷歌海娜桃红 2016
评分：91　最佳饮用期：2018年　参考价格：18澳元　NG ✪

🍷🍷🍷🍷 McLarent Vale Tempranillo 2015
麦克拉仑谷添帕尼罗 2015
评分：89　最佳饮用期：2021年　参考价格：22澳元　NG

Wilson Vineyard　威尔森葡萄园　★★★★★

Polish Hill River，Sevenhill via Clare，SA 5453　产区：克莱尔谷
电话:（08）8843 4310　开放时间：周末，10:00—16:00
酿酒师：丹尼尔·威尔森（Daniel Wilson）
创立时间：1974年　产量（以12支箱数计）：3000　葡萄园面积：11.9公顷
2009年葡萄酒厂和整体的经营已经交接给了儿子丹尼尔·威尔森（Daniel Wilson）。丹尼尔是第二代，毕业于CSU，在2003年回到克莱尔谷前，曾与澳大利亚巴罗萨谷最著名的酿酒师们工作了一段时间。上一辈的约翰（John）和派特·威尔森（Pat Wilson）并不过多地参与到企业经营管理之中，而是满足于看着自己建立的酒庄继续发展。

🍷🍷🍷🍷🍷 DJW Clare Valley Riesling 2016
DJW克莱尔谷雷司令2016
产自波兰山河（Polish Hill River）葡萄园的一个小型单一地块（3500株），值得一提的是，该园种植于1977年。中等酒体，口感丰富，有力，回味很好。
封口：螺旋盖　酒精度：12.5%　评分：96　最佳饮用期：2036年
参考价格：24澳元 ✪

Polish Hill River Riesling 2016
波兰山河雷司令2016
这款酒非常精致、集中，酸度清透，包裹着比克福德青柠汁和迈耶柠檬的味道，口感非常持久，回味长。是波兰山河雷司令的杰出范例。
封口：螺旋盖　酒精度：12.5%　评分：95　最佳饮用期：2031年
参考价格：29澳元 ✪

🍷🍷🍷🍷½ Watervale Riesling 2016
瓦特沃尔雷司令2016
评分：93　最佳饮用期：2021年　参考价格：19澳元 ✪

Windance Wines　风之舞葡萄酒　★★★★☆

2764 Caves Road，Yallingup，WA 6282　产区：玛格利特河
电话:（08）9755 2293　网址：www.windance.com.au　开放时间：每日开放，10:00—17:00 酿酒师：泰克·惠特利（Tyke Wheatley）　创立时间：1998年
产量（以12支箱数计）：3500　葡萄园面积：7.25公顷
德鲁（Drew）和罗斯玛丽·布伦特-怀特（Rosemary Brent-White）成立了这个家族企业。庄园位于雅林角南部5公里处。酒庄尽可能地将可持续土地管理和有机耕作的方法纳入整个产业体系，种植有赤霞珠、西拉、长相思、赛美蓉和梅洛。全部酒款使用酒庄葡萄园的原料。酒庄现为女儿比莉（Billie）和丈夫泰克·惠特利（Tyke Wheadey）所有。会计师比莉在温丹斯长大，负责管理公司和地下室的门，泰克［在皮卡迪(Picardy）、哈普斯（Happs）和勃艮第都曾参与过酿酒］负责葡萄酒酿造葡萄园的管理。

🍷🍷🍷🍷🍷 Margaret River Shiraz 2015
玛格利特河西拉2015
迸发出浓郁的黑醋栗酒、醋栗和黑色樱桃，以及各种香料和香柏木的味道，口感纯正，酒体饱满，单宁成熟。整体顺滑，令人愉悦，非常平衡。
封口：螺旋盖　酒精度：13.8%　评分：95　最佳饮用期：2028年

参考价格：24澳元 JF ✪

🍷🍷🍷🍷🍷 Margaret River Cabernate Sauvignon 2014
玛格利特河赤霞珠 2014
评分：93 最佳饮用期：2034年 参考价格：32澳元 JF

Margaret River Cabernate Sauvignon Shiraz 2015
玛格利特河赤霞珠西拉2015
评分：92 最佳饮用期：2022年 参考价格：28澳元 JF

Margaret River Sauvignon Blanc Semillon 2016
玛格利特河长相思赛美蓉 2016
评分：91 最佳饮用期：2020年 参考价格：20澳元 JF ✪

Windowrie Estate 伟度尔酒庄 ★★★★

Windowrie Road，Canowindra，新南威尔士州，2804 产区：考兰
电话：(02)6344 3234 网址：www.windowrie.com.au 开放时间：在磨坊，考兰
酿酒师：安东尼·戴奥斯（Antonio D'Onise）
创立时间：1988年 产量（以12支箱数计）：30000 葡萄园面积：240公顷

1988年，奥代亚（O'Dea）家族在考兰北部的30公里外卡南德拉的一大片牧场地产建立了韦度尔酒庄。出产的葡萄部分卖给其他酿酒商，但用来酿造伟度尔酒庄和磨坊系列的量越来越多。酒窖门店曾经是一个面粉厂——建筑是1861年用当地的花岗岩建造的——1905年停业后，一直到奥代亚家族接手修整前，91年来一直空置。出口到加拿大、中国、日本和新加坡。

🍷🍷🍷🍷🍷 Family Reserve Single Vineyard Cowra Chardonnay 2016
家族珍藏单一葡萄园考兰霞多丽 2016
略带核果和柠檬皮的味道。口感轻盈，柔和，有质感。一个词，可靠。
封口：螺旋盖 酒精度：13% 评分：90 最佳饮用期：2019年
参考价格：28澳元 JF

Family Reserve Shiraz 2015
家族珍藏西拉2015
最初是肉类，辛香料和胡椒味的香气，接下来出现的是整串葡萄带来的风味物质。带有丰富的深色红樱桃的香气和口感——成熟但并不过熟，口感舒适。
封口：螺旋盖 酒精度：14.5% 评分：90 最佳饮用期：2022年
参考价格：25澳元 SC

Windows Estate 玻璃屋酒庄 ★★★★★

4 Quininup Road，Yallingup，WA 6282 产区：玛格利特河
电话：(08) 9756 6655 网址：www.windowsestate.com 开放时间：每日开放，10:00—17:00
酿酒师：克里斯·戴维斯（Chris Davies） 创立时间：1996年
产量（以12支箱数计）：3500 葡萄园面积：6.3公顷

1996年，克里斯·戴维斯（Chris Davies）19岁时，建立了玻璃屋酒庄葡萄园（赤霞珠、西拉、白诗南、霞多丽、赛美蓉、长相思和梅洛），此后就一直照料着这些葡萄藤。他们生产的葡萄最初用于出售，2006年开始酿造自己的葡萄酒，用自己出色的葡萄酒在酒展上取得了相当的成功。出口到德国、新加坡等国家，以及中国台湾地区。

🍷🍷🍷🍷🍷 Petit Lot Chardonnay 2014
小地块霞多丽 2014
90%的玛格利特河霞多丽都很好，但仅有10%的酒款会如这款一样，令人印象深刻。非常浓郁，复杂，有着丰富的白桃、油桃和葡萄柚的味道，引人入胜。酸度和橡木的量都恰如其分。
封口：螺旋盖 酒精度：13% 评分：97 最佳饮用期：2024年
参考价格：60澳元 ✪

Basket Pressed Margaret River Cabernate Sauvignon 2014
篮式压榨玛格利特河赤霞珠 2014
典型的玛格利特河风格，深刻地表达出了品种特征风味，浓郁的黑加仑味道抵得过所有的长篇大论。很简单，这就是一流水平。
封口：螺旋盖 酒精度：14% 评分：97 最佳饮用期：2039年
参考价格：39澳元 ✪

🍷🍷🍷🍷🍷 Estate Grown Semillon Sauvignon Blanc 2016
庄园玛格利特河赛美蓉长相思2016
早采的赛美蓉为这款酒带来了酸度的内核，也让浆果本身有机会充分而自然地表达出品种特性，（尤其是其中50%桶内发酵带来的元素特征），口感优雅，回味悠长。
封口：螺旋盖 酒精度：11.5% 评分：95 最佳饮用期：2023年
参考价格：26澳元 ✪

Margaret River Chardonnay 2015
玛格利特河霞多丽 2015
这是一款偏重优雅的玛格利特河霞多丽，而且质量不错。白桃中带有一丝轻微的辛香料的味道，品尝过程中法国橡木始终存在，长度很好，结尾精致、清爽、干净。
封口：螺旋盖 酒精度：13.5% 评分：95 最佳饮用期：2025年
参考价格：44澳元

Petit Lot Fume Blanc 2015
小地块白福美2015
这款玛格利特河葡萄酒显然是向（卢瓦尔河谷）的达高诺（Didier Dageneau）致敬。酒体呈现饱满的草秆绿色；香气有些奇异、烟熏的复杂（不是还原味），口感中可以品尝到带皮浸渍发酵期间带来的多酚类物质。需要与有相似的深度和复杂度的食品搭配。
封口：螺旋盖 酒精度：12% 评分：94 最佳饮用期：2019年 参考价格：32澳元

Basket Pressed Margaret River Cabernet Merlot 2014
篮式压榨玛格利特河赤霞珠梅洛2014
在法国小橡木桶中陈酿18个月。充满了丰富的新鲜水果的味道，口感中相应的带有辛香、泥土的气息，配合黑加仑、李子和月桂叶的味道。
封口：螺旋盖 酒精度：13.8% 评分：94 最佳饮用期：2029年
参考价格：32澳元

Small Batch Margaret River Petit Verdot 2012
小批量玛格利特河小味儿多 2012
小味儿多在澳大利亚的许多气候条件下都有生长，在许多炎热、没有灌溉系统的产区被当作生产主力使用——这很不公平。这里的环境则非常适合它，因而出产的葡萄酒酒体饱满，准确无误，泥土、黑色水果的味道得到了充分的自由发挥，还有平衡的单宁和良好的法国橡木的味道。
封口：螺旋盖 酒精度：14% 评分：94 最佳饮用期：2025年 参考价格：45澳元

🍷🍷🍷🍷🍷 Estate Grown Margaret River Sauvignon Blanc 2016
庄园生长玛格利特河长相思2016
评分：93 最佳饮用期：2018年 参考价格：23澳元 ✪

Wine Unplugged 不插电葡萄酒 ★★★★☆

PO Box 2208，Sunbury， Vic 3429（邮） 产区：维多利亚多地
电话：0432 021 668 网址：www.wineunplugged.com.au 开放时间：不开放
酿酒师：凯莉·杰梅森（Callie Jemmeson），妮娜·斯托克（Nina Stocker）
创立时间：2010年 产量（以12支箱数计）：5000 葡萄园面积：14公顷
妮娜·斯托克（Nina Stocker）和凯莉·杰梅森（Callie Jemmeson）相信葡萄酒酿造不一定要很难：需要有目的，质量、专注。她们非常注重葡萄园的选址，同时她们的酿造方式也是非常温和的小批量酿造，因而这些葡萄酒忠实地反映了产地的风土条件。这些葡萄酒的品牌包括帕查玛玛（pacha mama）、玫瑰人生（La Vie en Rose）和斗篷与匕首（Cloak & Dagger）。

🍷🍷🍷🍷🍷 pacha mama Yarra Valley Chardonnay 2015
帕查玛玛雅拉谷霞多丽 2015
白桃，粉红的葡萄柚和极其微弱的烤坚果的味道，橡木风味明显，充分表达了各类风味的同时也保持了精致的风致。
封口：螺旋盖 酒精度：13.4% 评分：95 最佳饮用期：2023年
参考价格：27澳元 ✪

pacha mama Heathcote Shiraz 2015
帕查玛玛西斯科特西拉2015
这是一款令人赞叹的西斯科特西拉，它的使命不是成熟和深度，而是优雅与平衡成熟。充满了新鲜的红色（主要）和黑樱桃的味道，伴随着犹如背景中的鼓点的橡木和单宁。
封口：螺旋盖 酒精度：14% 评分：94 最佳饮用期：2029年
参考价格：28澳元 ✪

🍷🍷🍷🍷🍷 pacha mama Pinot Gris 2016
帕查玛玛灰比诺2016
评分：92 最佳饮用期：2019年 参考价格：26澳元

pacha mama Yarra Valley Pinot Noir 2015
帕查玛玛雅拉谷黑比诺2015
评分：92 最佳饮用期：2025年 参考价格：31澳元

Wine x Sam 葡萄酒 x 山姆 ★★★★☆

69—71 Anzac Avenue，Seymour，Vic 3660 产区：史庄伯吉山岭
电话：0403 059 423 网址：www.winebysam.com.au 开放时间：每日开放，9:00—16:00
酿酒师：萨姆·普伦基特（Sam Plunkett），马特·弗鲁德（Matt Froude） 创立时间：2013年
产量（以12支箱数计）：60000 葡萄园面积：10.2公顷
自1991年以来，萨姆·普伦基特（Sam Plunkett）与他的搭档布朗·邓伍迪（Bron Dunwoodie）就像寄居蟹换壳一样——不断地更换他们的建筑。1991年，他们建成了第一个酒庄葡萄园和泥砖酒厂；2001年，一个新酒厂在阿韦内尔（Avenel）落成；2004年，他们与福尔斯（Fowles）家族合作，收购了多明纳（Dominion Wines）的大型葡萄酒厂；2011年，除了7公顷的西拉和3公顷的霞多丽，福尔斯买下了普朗基特家族的股份。葡萄酒酿造的业务搬到了塔列什（Taresch）家族的埃尔戈庄园（Elgo Estate）酒庄。在不到两年的时间里，普兰基特集团已经租赁了整个埃尔戈酒庄，现在他们不仅生产自己的品牌，还生产埃尔戈葡萄酒。来自裸酒（Naked Wines）的一份大型合同使得他们的产量增加到了20000箱（12瓶/箱），转眼之间，他们的产量就已经达到了60000箱。出口到英国、美国和中国。

🍷🍷🍷🍷🍷 The Victorian Strathbogie Ranges Shiraz 2015

史庄伯吉山岭西拉2015
2016年西拉挑战赛金质奖章，国家冷凉气候产区葡萄酒展2016奖杯。这是一款从头到尾都十分优雅的西拉。酒香馥郁，法国橡木的背景下带有红色和蓝色水果；中等酒体，口感新鲜。单宁适中，口感舒适。
封口：螺旋盖 酒精度：14.5% 评分：96 最佳饮用期：2030年
参考价格：28澳元 ✪

Tait Hamilton Vineyard Heathcote Shiraz 2015
泰特哈密尔顿葡萄园西斯科特西拉2015
这款西斯科特西拉可以说令人印象十分深刻。带有黑樱桃、黑莓和淡淡的甘草味道，中等酒体，质地尤佳，非常多汁鲜美，酒精度处理得很好。
封口：螺旋盖 酒精度：14.7% 评分：94 最佳饮用期：2030年
参考价格：35澳元

🍷🍷🍷🍷🍷 Stardust & Muscle Strathbogie Ranges Shiraz 2015
星尘与肌肉史庄伯吉山岭西拉2015
评分：91 最佳饮用期：2029

Major Plains Vineyard Shiraz 2014
大平原葡萄园西拉2014
评分：90 最佳饮用期：2024年 参考价格：35澳元

Wines by Geoff Hardy 杰夫哈迪酒庄 ★★★★★

327 Hunt Road，麦克拉仑谷，SA 5171 产区：南澳大利亚
电话：(08) 8383 2700 网址：www.winesbygeoffhardy.com.au 开放时间：每日开放，11:00—17:00 酿酒师：杰夫·哈迪（Geoff Hardy），谢恩·哈里斯（Shane Harris） 创立时间：1980年
产量（以12支箱数计）：90000 葡萄园面积：43公顷
19世纪50年代，杰夫·哈迪（Geoff Hardy）的曾曾祖父，托马斯·哈迪（Thomas Hardy）就开始在南非种植葡萄，也是澳大利亚葡萄酒业的创始人之一。1980年，杰夫离开了当时的家族企业托马斯哈迪父子公司（Thomas Hardy & Sons），与妻子菲奥娜一起，在澳大利亚葡萄酒行业的诸多领域中开拓自己的道路。杰夫哈迪酒庄包括杰夫建立的三个企业/品牌：麦克拉仑谷的博德力加（Pertaringa），阿德莱德山的杰夫·哈迪K1（K1 by Geoff Hardy），以及杰夫·哈迪手工系列——南澳大利亚诸多优质产区出产的一系列品种葡萄酒。出口到加拿大、英国、德国，瑞典、芬兰、印度、马来西亚、韩国、印度尼西亚、日本、新加坡等国家，以及中国内地（大陆）和香港、台湾地区。

🍷🍷🍷🍷🍷 Pertaringa The Yeoman 2014
博德力加约曼 2014
出产这些葡萄的藤蔓是由杰夫·哈迪的曾曾祖父100年前种下的。色泽很好，麦克拉仑谷西拉带来了黑莓和黑巧克力的味道，口感犹如天鹅绒一般柔顺，品质极高。
封口：Diam软木塞 酒精度：14.7% 评分：97 最佳饮用期：2039年
参考价格：250澳元

🍷🍷🍷🍷🍷 K1 by Geoff Hardy Adelaide Hills Chardonnay 2015
杰夫·哈迪K1阿德莱德山霞多丽 2015
这是一款制作精美、口感丰富的葡萄酒，核果、焙烤橡木和烤坚果的味道良好地整合在一起。长度很好，质优价廉。无论是现在还是将来饮用都很好。
封口：螺旋盖 酒精度：13.7% 评分：95 最佳饮用期：2023年
参考价格：35澳元 ✪

Pertaringa Over The Top McLarent Vale Shiraz 2015
博德力加夸张麦克拉仑谷西拉2015
谢天谢地，这款酒虽然丰满，但并不是真的夸张和过分，而且它绝对成熟，香气浓郁，带有黑色胡椒、肉桂，破碎杜松子和黑巧克力的味道。橡木很好地整合到完整的单宁之中：所有的元素都非常平衡。
封口：Diam软木塞 酒精度：15% 评分：95 最佳饮用期：2030年
参考价格：40澳元 JF

Pertaringa The Yeoman 2015
博德力加约曼 2015
这款西拉引人注目，但2公斤重的大瓶子也太可笑了。酒体绝对非常饱满，偏重成熟的风味物质，带有深色水果，木质香料，黑色甘草的味道，单宁有力但十分柔顺。它成功地将这一切元素很好地控制住，形成了这样一款复杂的葡萄酒。
封口：Diam软木塞 酒精度：15% 评分：95 最佳饮用期：2035年
参考价格：250澳元 JF

Hand Crafted by Geoff Hardy Fiano 2016
杰夫·哈迪手工酿制菲亚诺 2016
相比于其他多数葡萄酒来说，它的香气和初始口感都有着更加丰富的花香风味，回味有着菲亚诺的力度和长度，以及品种特有的可口酸度。
封口：螺旋盖 酒精度：13% 评分：94 最佳饮用期：2020年
参考价格：25澳元 ✪

Pertaringa Undercover McLarent Vale Shiraz 2015
博德力加卧底麦克拉仑谷西拉2015
价格诱人，很有产区特质：酒香芬芳，口感丰富，带有樱桃，李子和黑莓的味道，但

过多的分析没什么意义，放松地享受它就好了。
封口：螺旋盖　酒精度：14.5%　评分：94　最佳饮用期：2025年
参考价格：22澳元 ✪

Hand Crafted by Geoff Hardy Shiraz 2015
杰夫哈迪手工酿制西拉2015
麦克拉仑谷的一个经典范例，中等至饱满酒体，口中可以感觉到各种泥土、巧克力和黑色水果的味道。平衡感更佳，让这款酒可以缓慢地成熟，橡木和单宁的味道整合得非常好。
封口：螺旋盖　酒精度：14.5%　评分：94　最佳饮用期：2035年
参考价格：30澳元 ✪

K1 by Geoff Hardy Adelaide Hills Autumn Harvest 2016
杰夫·哈迪斯K1阿德莱德山秋收 2016
金色-黄色；这款雷司令异常甘美。"秋收"这个名字的含义太含糊——通常情况下是指微干型的雷司令。这款酒则非常与众不同。375毫升瓶。
封口：螺旋盖　酒精度：9.5%　评分：94　最佳饮用期：2023年
参考价格：20澳元 ✪

🍷🍷🍷🍷🍷

Hand Crafted Arneis 2016
手工酿造阿尼斯 2016
评分：93　最佳饮用期：2021年　参考价格：25澳元 ✪

K1 Adelaide Hills Gruner Veltliner 2016
K1 阿德莱德山绿维特利纳 2016
评分：92　最佳饮用期：2023年　参考价格：25澳元 ✪

K1 Middle Hill Shiraz 2015
K1中部山丘西拉2015
评分：92　最佳饮用期：2030年　参考价格：25澳元 ✪

Pertaringa Two Gentlemen's GSM 2015
博德力加两个绅士的GSM 2015
评分：92　最佳饮用期：2020年　参考价格：22澳元 ✪

Hand Crafted Cabernet Franc 2015
手工酿制品丽珠 2015
评分：92　最佳饮用期：2023年　参考价格：30澳元　JF

Hand Crafted Durif 2015
手工酿制杜瑞夫2015
评分：92　最佳饮用期：2020年　参考价格：30澳元　JF

Hand Crafted Lagre 2015
手工酿制勒格瑞 2015
评分：92　最佳饮用期：2023年　参考价格：30澳元　JF

Hand Crafted Gruner Veltliner 2016
手工酿制绿维特利纳 2016
评分：91　最佳饮用期：2020年　参考价格：25澳元

K1 Adelaide Hills Pinot Noir 2015
阿德莱德山黑比诺 2015
评分：91　最佳饮用期：2023年　参考价格：40澳元

Pertaringa Stage Left Merlot 2015
博德力加左舞台梅洛2015
评分：91　最佳饮用期：2024年　参考价格：22澳元

Pertaringa Scarecrow Sauvignon Blanc 2016
博德力加稻草人长相思2016
评分：90　最佳饮用期：2017年　参考价格：20澳元

K1 Adelaide Hills Rose 2016
K1阿德莱德山桃红 2016
评分：90　最佳饮用期：2017年　参考价格：25澳元

K1 Adelaide Hills Shiraz 2015
K1阿德莱德山西拉2015
评分：90　最佳饮用期：2022年　参考价格：45澳元　JF

K1 Adelaide Hills Cabernate Sauvignon 2015
K1 阿德莱德山赤霞珠 2015
评分：90　最佳饮用期：2027年　参考价格：45澳元　JF

K1 Sparkling NV
K1起泡酒 无年份
评分：90　最佳饮用期：2017年　参考价格：35澳元　TS

Pertaringa Rampart Vintage Fortified 2015
博德力加堡垒年份加强型 2015

评分：90　最佳饮用期：2028年　参考价格：40澳元　JF

Wines for Joanie　琼妮葡萄酒 ★★★★

163 Glendale Road，Sidmouth，塔斯马尼亚，7270　产区：塔斯马尼亚北部 电话：(03)6394 7005　网址：www.winesforjoanie.com.au　开放时间：每日开放，10:00—17:00
酿酒师：合约　创立时间：2013年　产量（以12支箱数计）：800　葡萄园面积：6.5公顷
安德鲁（鲁Rew）和普吕·奥沙恩西（Prue O'Shanesy）住在昆士兰一个小型的放牧农场，但他们觉得仅仅靠此无法长期盈利，于是他们出售了产业，当时并不知道接下来要到哪里去——是去北部地区？还是拜伦湾的咖啡种植园？有人提到在塔斯马尼亚北部有一个葡萄园要出售——这就好了：鲁是酿酒师，而且他们两人都喜欢喝葡萄酒。他们很快就带着“尤特，两只牧羊狗，一匹马和一只神经质的猫”穿过了巴斯海峡。他们最初为葡萄园制定了预算，希望能通过预算坚定他们的信心；但他们最终还是撕毁了预算，冒险买下了格伦代尔（Glendale）这个小农场——他们现在称之为家。现在这里有三只狗，两匹马，那只神经质的猫，几只鸡，一群羊，几头牛和两个孩子。琼妮是鲁（Rew）的母亲，是一个坚强的女人，她非常具有创造力，精力充沛，热情积极。

🍷🍷🍷🍷🍷

Pinot Gris 2016
灰比诺2016
好像刺激的一夜情——浓郁的口感一触即发，充满张力的酸度，桶内发酵和熟成都没有让它失去澎湃的激情。
封口：螺旋盖　酒精度：13%　评分：91　最佳饮用期：2019年　参考价格：35澳元

Portrait Chardonnay 2016
肖像霞多丽 2016
这款葡萄酒的酸度很正点。丰富的葡萄柚、青苹果、白桃和梨的味道占据主导地位，橡木只是旁观。
封口：螺旋盖　酒精度：13.5%　评分：90　最佳饮用期：2024年
参考价格：30澳元

🍷🍷🍷🍷

Portrait Pinot Noir 2015
肖像黑比诺2015
评分：89　最佳饮用期：2018年　参考价格：30澳元

Wirra Wirra　威拿酒庄 ★★★★★

463 McMurtrie Road，麦克拉仑谷，SA 5171　产区：麦克拉仑谷
电话：(08) 8323 8414　网址：www.wirrawirra.com
开放时间：周一至周六，10:00—17:00，周日以及公共节假日11:00—17:00
酿酒师：Paul Smith，Tom Ravech　创立时间：1894年
产量（以12支箱数计）：150000　葡萄园面积：51.31公顷
长期以来威拿白葡萄酒因其经典的一致性而备受尊敬；现在，它的红酒也同样赢得了诸多赞誉。其风格、品质和特点都堪称典范，祈祷（Angelus）赤霞珠和RWS西拉都非常出色，潜逃者（Absconder）歌海娜紧随其后。在已故（也深受喜爱）的先驱格雷格·特洛特（Greg Trott）开辟的道路上，董事总经理安德鲁·凯（Andrew Kay）以及保罗·史密斯（Paul Smith）和汤姆·拉维奇（Tom Ravech）的酿酒团队指导酿造出了许多优秀的酒款。酒庄在2015年收购了阿什顿山庄（Ashton Hills），如今更是如虎添翼。出口到世界所有的主要市场。

🍷🍷🍷🍷🍷

Patritti McLarent Vale Shiraz 2015
芭翠提麦克拉仑谷西拉2015
酒液呈现朱红色，暗示着其潜藏的能量。带有波森莓和紫罗兰的气息。它的特色是葡萄单宁的收敛感与果汁风味紧密地交织在一起。丰富的橡木味道掩藏在浸提出的饱满风味之下，回味悠长、紧致。果味仍然非常充足，还需要很长时间的窖藏。
封口：螺旋盖　酒精度：14.5%　评分：97　最佳饮用期：2034年
参考价格：130澳元 ✪

Whaite Old Block Single Vineyard Shiraz 2014
怀亚特老地块单一葡萄园西拉2014
40岁树龄的葡萄藤，在旧的法国大桶中熟成18个月。这是布莱维特泉（Blewitt Springs）地区的一款佳酿。极好的红色和紫色水果的味道。完美，物有所值。
封口：螺旋盖　酒精度：14.5%　评分：97　最佳饮用期：2034年
参考价格：130澳元 ✪

🍷🍷🍷🍷🍷

Woodhenge McLarent Vale Shiraz 2015
巨木麦克拉仑谷西拉2015
丰富的各类黑色水果，以及甘草、夹心软糖和苦巧克力的味道，都被结实的单宁巧妙地集结在框架之中，细节很好，橡木也被完美地整合在一起，包裹在内。
封口：螺旋盖　酒精度：14.5%　评分：96　最佳饮用期：2029年
参考价格：35澳元　NG ✪

RSW McLarent Vale Shiraz 2015
RSW 麦克拉仑谷西拉2015
有威拿酒庄顶级酒的经典风格，紧密交织相融的葡萄单宁堪称典范，精细衡量过的橡木气息和自由流淌的酸度让这款酒非常易饮。蓝色至深色水果的底色，紫罗兰的风味犹如美丽的旋律，精致、可口，回味长。
封口：螺旋盖　酒精度：14.5%　评分：96　最佳饮用期：2039年
参考价格：70澳元　NG ✪

The Absconder McLarent Vale Grenache 2015
潜逃者麦克拉仑谷歌海娜 2015
产自高质量的老藤歌海娜，开放式发酵，在法国橡木中熟成16个月。充分地表现出纯粹的产地特征，麦克拉仑谷与歌海娜的协同作用在这里表现得淋漓尽致，风味无穷。这款酒可能会有很长的窖藏寿命。
封口：螺旋盖　酒精度：14.5%　评分：96　最佳饮用期：2030年
参考价格：70澳元　✪

Catapult McLarent Vale Shiraz 2015
投石机麦克拉仑谷西拉2015
这是来自一款“大”西拉，黑色水果的味道可以说“武装到了牙齿”，苦巧克力和单宁的配合非常精准。中等至饱满酒体，的一款可以长期窖藏的红葡萄酒，现在就很平衡，在未来也将很好地保持这种风格。
封口：螺旋盖　酒精度：14%　评分：95　最佳饮用期：2035年
参考价格：25澳元　✪

Whaite Old Block Single Vineyard Shiraz 2014
怀亚特单一葡萄园西拉2014
带有浓郁的泥土气息，香气中略带辛辣的，果香表现为微妙的红色浆果风味。口感轻盈优雅，略为隐秘深沉，丹宁细腻而持久，酸度清新，回味悠长。
封口：螺旋盖　酒精度：14.5%　评分：95　最佳饮用期：2030年
参考价格：130澳元　SC

Chook Block Shiraz 2014
促博园西拉2014
最初的酒香中散发出以血丝李和蓝莓为代表的深色水果的香气，接下来逐渐渗出巧克力、甘草和柏油的香调。口感结实，但并不过于沉重或粗粝，丰富的果味、橡木以及单宁的味道达到了令人羡慕的平衡。
酒精度：14.5%　评分：95　最佳饮用期：2030年　参考价格：130澳元　SC

Hiding Champion Sauvignon Blanc 2016
隐藏的冠军长相思2016
评分：94　最佳饮用期：2018年　参考价格：24澳元　✪

The Angelus Cabernate Sauvignon 2015
安杰勒斯赤霞珠 2015
评分：94　最佳饮用期：2033年　参考价格：70澳元　NG

🍷🍷🍷🍷🍷 The 12th Man Adelaide Hills Chardonnay 2016
第十二个人阿德莱德山霞多丽 2016
评分：93　最佳饮用期：2026年　参考价格：35澳元　NG

Amator McLarent Vale Shiraz 2015
业余麦克拉仑谷西拉2015
评分：93　最佳饮用期：2023年　参考价格：30澳元　NG

Amator McLarent Vale Shiraz 2014
业余麦克拉仑谷西拉2014
评分：93　最佳饮用期：2022年　参考价格：30澳元　SC

Mrs Wigley Grenache Rose 2016
威格力夫人歌海娜桃红 2016
评分：92　最佳饮用期：2017年　参考价格：20澳元　SC　✪

Original Blend Grenache Shiraz 2015
原始混酿歌海娜西拉2015
评分：92　最佳饮用期：2022年　参考价格：25澳元　SC　✪

Amator McLarent Vale Cabernate Sauvignon 2015
业余麦克拉仑谷赤霞珠 2015
评分：91　最佳饮用期：2024年　参考价格：30澳元　NG

Church Block McLarent Vale Cabernate Sauvignon Shiraz Merlot 2015
教堂地块麦克拉仑谷赤霞珠西拉梅洛 2015
评分：91　最佳饮用期：2024年　参考价格：22澳元　NG　✪

The Lost Watch Adelaide Hills Riesling 2016
遗落的怀表阿德莱德山雷司令2016
评分：90　最佳饮用期：2026年　参考价格：24澳元

Amator McLarent Vale Cabernate Sauvignon 2014
麦克拉仑谷赤霞珠 2014
评分：90　最佳饮用期：2024年　参考价格：30澳元　SC

Wise Wine　智者酒庄　★★★★★

237 Eagle Bay Road，Eagle Bay，WA 6281　产区：玛格利特河
电话：(08) 9750 3100　网址：www.wisewine.com.au　开放时间：每日开放，11:00—17:00　酿酒师：安德鲁·斯戴尔（Andrew Siddell），马特·巴肯（Matt Buchan），拉里·切罗比诺（Larry Cherubino，顾问）　创立时间：1986年　产量（以12支箱数计）：10000　葡萄园面积：2.5公顷

在珀斯企业家罗恩（Ron Wise）的带领下，智者酒庄因长期致力于生产高品质葡萄酒而已经十分知名。酒庄葡萄园（2公顷的赤霞珠和西拉，以及0.5公顷的增芳德）与位于玛格利特河产区的酒厂相邻，此外，他们还收购潘伯顿、满吉姆和法兰克兰河合约种植者所产的葡萄作为补充。这些葡萄酒款中很多都价格合理，品质优异。出口到英国、瑞士、菲律宾和新加坡。

🍷🍷🍷🍷🍷 Lot 80 Margaret River Cabernate Sauvignon 2014

80号玛格利特河赤霞珠 2015

具备产区标志性的雪茄盒、干鼠尾草、含片和黑樱桃的味道，口感丰富、饱满，葡萄单宁好像神户和牛——质地柔和，仿佛经过按摩一般；略带淡盐水味道的酸度、少量新橡木的味道非常明显，同时也很好地融入了这款酒可口的核心风味之中。

封口：螺旋盖　酒精度：14%　评分：95　最佳饮用期：2040年

参考价格：45澳元　NG

🍷🍷🍷🍷 Eagle Bay Margaret River Chardonnay 2016

鹰湾玛格利特河霞多丽 2016

评分：93　最佳饮用期：2024年　参考价格：65澳元　NG

Eagle Bay Margaret River Shiraz 2015

鹰湾玛格利特河西拉2015

评分：92　最佳饮用期：2030年　参考价格：65澳元　NG

Leaf Frankland River Riesling 2015

叶子法兰克兰河雷司令2016

评分：91　最佳饮用期：2024年　参考价格：28澳元　JF

Leaf Margaret River Pinot Gris 2016

叶子玛格利特河灰比诺2016

评分：91　最佳饮用期：2019年　参考价格：28澳元　NG

Sea Urchin Frankland River 2014

海胆法兰克兰河西拉2014

评分：91　最佳饮用期：2022年　参考价格：19澳元　NG ✪

Witches Falls Winery　女巫瀑布酒厂　★★★★★

79 Main Western Road，Tamborine Mountain，昆士兰，4272　产区：昆士兰

电话：（07）5545 2609　网址：www.witchesfalls.com.au　开放时间：周一至周五，10:00—16:00；周末，10:00—17:00　酿酒师：乔·哈斯洛普（Jon Heslop，Arantza Milicua Celador公司）

创立时间：2004年　产量（以12支箱数计）：12000　葡萄园面积：0.4公顷

女巫瀑布酒厂是乔（Jon）和金·哈斯洛普（Kim Heslop）的产业。乔对酿造工艺的改进有着浓厚的兴趣，希望能够得到卓越而有趣的结果。他持有CSU的应用科学（酿酒工程）学位，曾经在巴罗萨和猎人谷、香莱酒庄（Domaine Chantal Lescure）以及勃艮第和一些那帕地区的葡萄种植者处都工作过一段时间。女巫瀑布酒庄的葡萄原料（除了0.4公顷的庄园杜瑞夫）都来自格兰纳特贝尔，表现非常稳定，品质良好。出口到美国、韩国等国家，以及中国内地（大陆）和台湾地区。

🍷🍷🍷🍷🍷 Wild Ferment Granite Belt Viognier 2015

野生发酵格兰纳特贝尔维欧尼2015

这款酒非常成功地驾驭了这样一个难搞的葡萄品种。品种特有的杏子风味表达得非常好，桶内发酵带来的风味物质非常重要，但也控制得很好。

封口：螺旋盖　酒精度：13%　评分：95　最佳饮用期：2019年

参考价格：32澳元 ✪

Prophecy Granite Belt Cabernate Sauvignon 2014

预言格兰纳特贝尔赤霞珠 2014

中等酒体，然而是一款复杂的葡萄酒，充分体现出了投入的时间和金钱。我越是品尝，越是能够感受到其核心的黑加仑/黑醋栗酒的味道，橡木和单宁则起到了很好的辅助作用。

封口：螺旋盖　酒精度：13.4%　评分：95　最佳饮用期：2034年

参考价格：51澳元

Wild Ferment Granite Belt Fiano 2015

野生发酵格兰纳特贝尔菲亚诺 2015

菲亚诺的柠檬皮和果髓的味道有所体现，但并不特别明显，伴随着核果的味道，长度很好，非常平衡——尤其是考虑到现在这些葡萄藤还很年轻，这种表现非常值得赞赏。新鲜的回味也可以算得上是它的一个特色。

封口：螺旋盖　酒精度：13.8%　评分：94　最佳饮用期：2019年

参考价格：32澳元

🍷🍷🍷🍷 Wild Ferment Granite Belt Verdelho 2015

野生发酵格兰纳特贝尔维尔德罗2015

评分：93　最佳饮用期：2018年　参考价格：32澳元

Wild Ferment Granite Belt Chardonnay 2016

野生发酵格兰纳特贝尔霞多丽 2016

评分：92　最佳饮用期：2010年　参考价格：32澳元　SC

Wild Ferment Granite Belt Monastrell 2015

野生发酵格兰纳特贝尔莫纳斯特莱 2015

评分：92　最佳饮用期：2024年　参考价格：32澳元
Wild Ferment Granite Belt Sauvignon Blanc 2015
野生发酵长相思2015
评分：91　最佳饮用期：2017年　参考价格：32澳元
Granite Belt Cabernate Sauvignon 2015
格兰纳特贝尔赤霞珠 2015
评分：91　最佳饮用期：2023年　参考价格：28澳元　SC
Wild Ferment Granite Belt Chardonnay 2015
野生发酵格兰纳特贝尔霞多丽 2015
评分：90　最佳饮用期：2020年　参考价格：32澳元
Wild Ferment Granite Belt Verdelho 2016
格兰纳特贝尔维尔德罗2016
评分：90　最佳饮用期：2018年　参考价格：24澳元　SC
Prophecy Granite Belt Shiraz 2014
预言格兰纳特贝尔西拉2014
评分：90　最佳饮用期：2024年　参考价格：51澳元
Granite Belt Merlot 2013
格兰纳特贝尔梅洛2013
评分：90　最佳饮用期：2033年　参考价格：28澳元

Witchmount Estate　惠奇曼酒庄　★★★★☆

557 Leakes Road，Plumpton，Vic 3335　产区：山伯利（Sunbury）
电话：(03)9747 1055　网址：www.witchmountestatewinery.com.au　开放时间：周三至周日，11:00—17:00　酿酒师：史蒂夫·古德温（Steve Goodwin）　创立时间：1991年　产量（以12支箱数计）：8000　葡萄园面积：25.5公顷
惠奇曼酒庄位于山伯利（Sunbury）产区，距离墨尔本只有30分钟的路程，葡萄园内种植有西拉（12公顷）、赤霞珠（6公顷）和霞多丽（2公顷），还有少量的长相思、灰比诺、梅洛、添帕尼罗和芭贝拉。葡萄酒的质量非常稳定，价格适中。出口到中国。

🍷🍷🍷🍷🍷　Reserve Shiraz 2010
珍藏西拉2010
呈现出不可思议的年轻口感：第一次品尝是在2013年，然后是2015下半年，现在是第三次。色泽仍然呈现明亮的深紫红色，可以品尝到带有混合的红色和黑色水果，精致、柔和可口的单宁，以及适量的、整合入整体的橡木的味道。唯一的变化是酒体——现在更多的是中等酒体，而不是之前那么饱满。
封口：螺旋盖　酒精度：13.8%　评分：95　最佳饮用期：2030年
参考价格：60澳元
Olivia's Paddock Chardonnay 2015
奥利维亚霞多丽 2015
这款酒的酸度和新鲜度都很好，苹果和精细研磨般的其他风味都非常浓郁、持久，浸提出了适度的新橡木的味道。
封口：螺旋盖　酒精度：13%　评分：94　最佳饮用期：2025年
参考价格：32澳元

🍷🍷🍷🍷☐　Cabernet Franc 2016
品丽珠 2016
评分：93　最佳饮用期：2029年　参考价格：32澳元
Lowen Park Shiraz 2015
洛文园西拉2015
评分：91　最佳饮用期：2030年　参考价格：18澳元　✪
Lowen Park Sangiovese 2016
洛文园桑乔维塞桃红 2016
评分：90　最佳饮用期：2017年　参考价格：18澳元　✪

Wolf Blass　纷赋酒庄　★★★★★

97 Sturt Highway，Nuriootpa，SA 5355　产区：巴罗萨谷
电话：(08) 8568 7311　网址：www.wolfblasswines.com　开放时间：每日开放，10:00—16：30
酿酒师：克里斯·哈彻（Chris Hatcher）　创立时间：1966年　产量（以12支箱数计）：不详
酒庄现已与米尔达拉（Mildara）合并，并成为富邑集团大旗之下的一部分，大部分的品牌（如同预期中一样）都得到了保留。沃尔夫·布拉斯生产不同价格和品种的葡萄酒款，包括红色、黄色、金色、棕色、灰色、蓝宝石、黑色、白色和白金标签，其中包括不同的葡萄品种。2016年，增加了名为布拉斯（BLASS）的新酒款。首席酿酒师克里斯·哈彻（Chris Hatcher）的领导下，酒庄的产品系列和葡萄酒的风格仍在继续发展。出口到世界所有的主要市场。

🍷🍷🍷🍷🍷　Platinum Label Barrosa Shiraz 2013
白金标巴罗萨西拉2013
香气中带有淡淡的玄武岩，香柏木、茴香、肉豆蔻和一系列印度香料的味道，再下面一层是翻腾的黑色水果的味道，它们在口中不断地伸展、扩张，同时，丰富的葡萄单

宁和来自橡木的风味也得到了很好的限制。把它锁进酒窖吧。
封口：螺旋盖　酒精度：14.7%　评分：95　最佳饮用期：2035年
参考价格：200澳元　NG

Black Label Barrosa Valley Cabernate Sauvignon Shiraz 2014
巴罗萨赤霞珠西拉马尔贝克2014
很好地表达出了产地温暖的气候，有种狂欢和享乐主义的风格，适宜的葡萄酒酿造工艺和单宁管理为这款酒打下了很好的基础，略带奶油感的酒体上迸发出丰富的水果味道。如同大多数极好的葡萄酒一样，无论是现在还是30年后饮用它，都非常美味，只不过酒色会有些改变。
封口：螺旋盖　酒精度：14.8%　评分：95　最佳饮用期：2044年
参考价格：130澳元　NG

🍷🍷🍷🍷🍷

Blass Noir Barossa Valley Shiraz 2014
黑布拉斯巴罗萨谷西拉2014
评分：93　最佳饮用期：2024年　参考价格：35澳元　SC

Grey Label Shiraz Cabernate Sauvignon 2015
西拉赤霞珠2015
评分：93　最佳饮用期：2028年　参考价格：45澳元　NG

Grey Label McLarent Vale Shiraz 2014
灰标麦克拉仑谷西拉2014
评分：92　最佳饮用期：2026年　参考价格：45澳元　SC

Gold Label Adelaide Hills Shiraz 2013
金标阿德莱德山西拉2013
评分：92　最佳饮用期：2022年　参考价格：28澳元　SC

BLASS Black Cassis Cabernate Sauvignon 2015
布拉斯黑标黑醋栗赤霞珠2015
评分：92　最佳饮用期：2024年　参考价格：22澳元　JF　✪

Gold Label Barrosa Shiraz 2015
金标巴罗萨西拉2015
评分：91　最佳饮用期：2025年　参考价格：28澳元　NG

Gold Label Cabernate Sauvignon 2015
金标赤霞珠 2015
评分：91　最佳饮用期：2026年　参考价格：28澳元　JF

Gold Label Adelaide Hills Chardonnay 2015
金标阿德莱德山霞多丽 2015
评分：90　最佳饮用期：2020年　参考价格：28澳元

Blass Noir Barrosa Valley Shiraz 2015
布拉斯巴罗萨谷西拉2015
评分：90　最佳饮用期：2025年　参考价格：35澳元　JF

Yellow Label Cabernate Sauvignon 2015
黄标赤霞珠 2015
评分：90　最佳饮用期：2021年　参考价格：16澳元　JF　✪

Gold Label Cabernate Sauvignon 2014
金标赤霞珠 2014
评分：90　最佳饮用期：2024年　参考价格：28澳元　SC

BLASS Black Cassis Cabernate Sauvignon 2014
布拉斯黑标赤霞珠2014
评分：90　最佳饮用期：2021年　参考价格：35澳元　SC

Wood Park　活柏　★★★★★

263 Kneebones Gap Road，Markwood.维多利亚，3678　产区：国王谷
电话：(03)5727 3778　网址：www.woodparkwines.com.au　开放地点：在米拉瓦奶酪厂（Milawa Cheese Factory）　酿酒师：约翰·斯托克斯（John Stokes）　创立时间：1989年　产量（以12支箱数计）：7000　葡萄园面积：16公顷

1989年，约翰·斯托克斯（John Stokes）为了增加他在波宾纳瓦拉（Bobinawarrah）地产的多样性，在下国王谷的米拉瓦（Milawa）葡萄园东部，为活柏种下了第一批葡萄藤。酒庄坚持采用最小剂量的化学药品来管理葡萄园，使用现代与传统的工艺结合的葡萄酒酿造方法（哪款酒不是呢？）。他们种植的范围包括比曲尔斯黑比诺和霞多丽，以及一些主流葡萄品种与其他替代性品种，质量都很优秀。酒庄在福特街（Ford St）和比曲尔斯都有酒窖门店。出口到新加坡等国家，以及中国内地（大陆）和台湾地区。

🍷🍷🍷🍷🍷

Beechworth Chardonnay 2015
比曲尔斯霞多丽 2015
透亮的草秆绿色；这是比曲尔斯和霞多丽协同增益作用的经典范例，口感丰富饱满。白桃和黄桃中逐渐展开的柑橘味的酸度是它的一个特色。
封口：螺旋盖　酒精度：13.8%　评分：95　最佳饮用期：2025年
参考价格：30澳元　✪

The Tuscan 2015
托斯卡纳 2015
赤霞珠、桑乔维塞、小味儿多、科罗里诺（colorino）和西拉在法国橡木桶中陈酿18个月。多汁饱满，带有活泼的辛香料红色浆果水果的味道，单宁极其细腻，口感平衡，回味长。
封口：螺旋盖　酒精度：13.5%　评分：95　最佳饮用期：2030年
参考价格：25澳元 ✪

Home Block King Valley Viognier 2015
家园地块国王谷维欧尼2015
明亮的草秆绿色；酒精度不高，但仍然保留了非常清晰的品种特征，这一点非常不容易，可以分辨出杏子和一点点新鲜生姜的味道。
封口：螺旋盖　酒精度：13.5%　评分：94　最佳饮用期：2030年
参考价格：28澳元 ✪

🍷🍷🍷🍷 Monument Lane King Valley Roussanne 2015
纪念大道国王谷胡珊2015
评分：92　最佳饮用期：2027年　参考价格：28澳元

Wild's Gully King Valley Tempranillo 2015
野外沟渠国王谷添帕尼罗 2015
评分：92　最佳饮用期：2025年　参考价格：18澳元 ✪

Reserve King Valley Cabernate Sauvignon 2015
珍藏国王谷赤霞珠 2015
评分：91　最佳饮用期：2025年　参考价格：40澳元

Beechworth Pinot Noir 2015
比曲尔斯黑比诺 2015
评分：90　最佳饮用期：2022年　参考价格：30澳元

Monument Lane Cabernate Sauvignon Shiraz 2015
纪念大道赤霞珠西拉2015
评分：90　最佳饮用期：2030年　参考价格：26澳元

Woodgate Wines　木门葡萄酒　★★★★

43 Hind Road，和满吉姆，WA 6258　产区：满吉姆
电话:（08）9772 4288　网址：www.woodgatewines.com.au
开放时间：周四至周六，10:00—16:30　酿酒师：马克·艾特肯（Mark Aitken）　创立时间：2006年　产量（以12支箱数计）：2000　葡萄园面积：7.9公顷

木门是马克（Mark）和妻子特蕾西·艾特肯（Tracey Aitken），特蕾西的母亲珍妮特·斯密斯（Jeannette Smith）和她的兄弟罗伯特（Robert）和妻子琳达·哈顿（Linda Hatton）的家族企业。2001年，马克在科廷大学（Curtin University）以优异的成绩取得了他的酿酒工程学位，获得了到波尔多参加年份葡萄酒酿造的机会。2002年，他回到了满吉姆的栗园（Chestnut Grove）葡萄酒厂。2005年，他与特蕾西开始了自己的合约葡萄酒酿造业务，同时也生产自己的木门品牌葡萄酒。大部分葡萄来自酒庄葡萄园，其中种植有赤霞珠、霞多丽、长相思、黑比诺和梅洛；此外还有从一个租下来的葡萄园中收获的葡萄作为补充。起泡酒的名字——伯强格斯（Bojangles）——表现了家族的音乐传统，这三代人中出了许多歌唱家、吉他手、钢琴家、小号手、萨克斯演奏家，还有两个鼓手和一位低音提琴师。

🍷🍷🍷🍷 Pemberton Cabernet Franc 2014
潘伯顿 品丽珠 2014
混酿中包括15%的梅洛，这是一款活泼、可口而且易于饮用的葡萄酒，带有丰富的紫罗兰、红黑醋栗、留兰香和樱桃的风味，葡萄单宁带来了轻柔的收敛感，酸度明快，橡木适度。可以搭配不同的菜肴饮用，非常可口。
封口：螺旋盖　酒精度：14.5%　评分：93　最佳饮用期：2022年
参考价格：28澳元　NG

Woodhaven Vineyard　伍德哈文葡萄园　★★★★

87 Main Creek Road，Red Hill，Vic 3937　产区：莫宁顿半岛
电话：0421 612 178　网址：www.woodhavenvineyard.com.au　开放时间：仅限预约
酿酒师：李（Lee）和尼尔·沃德（Neil Ward）
创立时间：2003年　产量（以12支箱数计）：275　葡萄园面积：1.6公顷

伍德哈文是李（Lee）和尼尔·沃德（Neil Ward）的合资企业，两人都是在墨尔本工作了30年的会计师，但领域不同。他们花了2年时间，想要在莫宁顿半岛找到一个合适的地点，终于在红山（Red Hill）上的海拔较高处找到了。最初的业务发展非常缓慢，令人沮丧。他们从一开始就决定要亲自负责种植和酿酒的各个方面，他们的顾问包括帕丁山（Paradigm）酒庄的乔治（George）和露丝·米哈伊（Ruth Mihaly），爱尔德里奇（Eldridge）酒庄的大卫（David）和（已故的）温迪·罗伊德（Wendy Lloyd），桃金娘科（Myrtaceae）酒庄约翰（John）和朱莉·特鲁曼（Julie Trueman），以及曾在中央山谷酒庄的内特（Nat）和罗丝·怀特（Rose·White）。他们还决定采用有机和生物动力法来管理葡萄藤，8年后的2010年，他们酿出了第一批葡萄酒——两个酒桶。2013年，园中种植的0.8公顷黑比诺和霞多丽，终于各酿出了1桶以上的葡萄酒。

🍷🍷🍷🍷🍷 Chardonnay 2015
霞多丽 2015

在新的法国小橡木桶中发酵，经过苹乳发酵，在旧的法国橡木桶中熟成15个月。这种橡木的用法很是与众不同，罗伯特·帕克曾在巅峰时期说服法国的酿酒商用2次橡木桶——发酵时1次，陈酿时1次；伍德哈文的橡木使用与他所说的已经非常接近了。如果你将注意力放在水果的味道和回味上，你会觉得它还是很平衡的。
封口：螺旋盖　酒精度：12.8%　评分：94　最佳饮用期：2025年
参考价格：40澳元

Woodlands　伍德兰斯　★★★★★

3948 Caves Road，Wilyabrup，WA 6284　产区：玛格利特河
电话：(08) 9755 6226　网址：www.woodlandswines.com
开放时间：每日开放，10:00—17:00　酿酒师：斯图尔特（Stuart）和安德鲁·沃森（Andrew Watson）　创立时间：1973年　产量（以12支箱数计）：17000　葡萄园面积：26.58公顷
创始人大卫·沃森（David Watson）1979年和20世纪80年代早期酿造的赤霞珠取得了惊人的成功。但由于他要在周末和节假日在珀斯和酒庄两地通勤，还要照顾家人，有些忙不过来了，多年以来，伍斯兰德生产但葡萄都出售给其他的玛格利特河生产商。但在儿子斯图尔特（Stuart）和安德鲁（Andrew，斯图尔特主要负责葡萄酒酿造），酒庄又重新回到了兴盛的状态。他们出产不同价位的葡萄酒有4个，其中多数为霞多丽和赤霞珠梅洛品种葡萄酒，然后是珍藏系列（Reserve）和特级珍藏（Special Reserves），酒窖珍藏（Reserve de la Cave），最后是赤霞珠系列。顶级系列的葡萄主要来自最初的伍德兰德葡萄园的藤蔓——树龄均已超过40岁。出口到英国、美国、瑞典、荷兰、印度尼西亚、马来西亚、菲律宾、新加坡、日本和中国。

🍷🍷🍷🍷🍷 Reserve de la Cave Margaret River Cabernet Franc 2015
酒窖珍藏玛格利特河品丽珠 2015
毫无疑问，这可以说是世界上最好的品丽珠之一，每年仅仅生产300瓶。深宝石红色，带有浓郁的深色樱桃/桑葚果实的味道，100%新橡木桶的使用非常谨慎，恰如其分。这款酒有着极佳的水果深度，口感丝滑，单宁非常成熟、精致、持久。我毫不怀疑在接下来的10—20年内它会继续发展，给饮用者带来巨大的享受。
封口：螺旋盖　酒精度：13.5%　评分：97　最佳饮用期：2030年
参考价格：90澳元　PR　✪

🍷🍷🍷🍷🍷 Matthew Margaret River Cabernate Sauvignon 2014
玛格利特河赤霞珠 2014
94%的赤霞珠，4%的马尔贝克和2%的品丽珠。纯粹的黑加仑的香气与一些温和的橄榄酱和香柏木的味道混合在一起，中等酒体，单宁细腻持久。
封口：螺旋盖　酒精度：13.5%　评分：95　最佳饮用期：2030年
参考价格：150澳元　PR

Emily 2015
艾米莉 2015
47%的品丽珠、41%的梅洛、9%的马尔贝克、2%的赤霞珠和1%的小味儿多。红色和黑色水果与甜椒和紫罗兰的香气交织在一起，很有质感，单宁也很细腻，这也是一款二者皆可的葡萄酒——无论是现在饮用还是5—10年后都很好。
封口：螺旋盖　酒精度：13.5%　评分：95　最佳饮用期：2025年
参考价格：39澳元　PR

🍷🍷🍷🍷 Wilabrup Valley Cabernate Sauvignon Merlot 2015
维拉布鲁普谷赤霞珠梅洛2015
评分：92　参考价格：28澳元　PR

Margaret 2015
玛格丽特 2015
评分：90　参考价格：58澳元　PR

Woods Crampton　伍兹·克拉普敦　★★★★★

PO Box 417，Hamilton，NSW 2303（邮）　产区：巴罗萨谷
电话：0417 670 655　网址：www.woods-crampton.com.au　开放时间：不开放
酿酒师：尼古拉斯·克拉普敦（Nicholas Crampton），亚伦·伍兹（Aaron Woods）
创立时间：2010年　产量（以12支箱数计）：30000
这是尼古拉斯·克拉普敦（Nicholas Crampton）和他的朋友，葡萄酒酿造师亚伦·伍兹（Aaron Woods）最令人印象深刻的企业之一。两个人在伊戈尔·库西奇（Igor Kucic）的建议下，在伊顿之子（Sons of Eden）酒厂酿酒。生产的葡萄酒质优价廉，产量也从1500箱迅速增长到了30000箱，预计还将继续保持这种上升的势头。出口到英国、加拿大、丹麦等国家，以及中国内地（大陆）和香港地区。

🍷🍷🍷🍷🍷 Frances & Nicole Old Vine Single Vineyard Eden Valley Shiraz 2015
弗兰西斯&尼科尔老藤单一葡萄园伊顿谷西拉2015
色泽很好，轻而易举的就能俘获饮者的兴趣，中等酒体，然而可以品尝到大量的黑色水果，偶尔还有轻盈的红色浆果的味道，酒体集中，单宁柔顺，橡木如勒·卡瑞（Le Carré）的《不朽的园丁》（The Constant Gaderant）中的表述一般。
封口：螺旋盖　酒精度：14%　评分：97　最佳饮用期：2045年　参考价格：60澳元　✪

Old Vine Barrosa Valley Mataro 2015
老藤巴罗萨谷马塔洛 2015
色泽优美，与众不同，非常优雅，带有浓郁的紫色和黑色水果的味道，单宁与整体配合得非常好。

封口：螺旋盖 酒精度：14% 评分：97 最佳饮用期：2035年
参考价格：30澳元 ✪

🍷🍷🍷🍷🍷

High Eden Riesling 2016
高伊登伊顿雷司令2016
酒香异常复杂，口感浓郁、强劲，带有柠檬/青柠的味道，还有矿物质酸度作为支撑。还有必要的长度。
封口：螺旋盖 酒精度：12.5% 评分：96 最佳饮用期：2036年
参考价格：30澳元 ✪

Old Vine Eden Valley Shiraz 2015
老藤伊顿谷西拉2015
带有伍兹·克拉普敦的经典特征，质地很好，黑色水果和香料在香气中占据主导地位，可以品尝到黑莓，黑樱桃和甘草的味道，酒体强劲、有力，果味并不过浓。
封口：螺旋盖 酒精度：14% 评分：96 最佳饮用期：2040年
参考价格：30澳元 ✪

Frances & Nicole Old Vine Eden Valley Shiraz 2014
法兰西&尼科尔伊顿谷西拉2014
酒香馥郁，带有大量香料的味道：丁香，孜然，茴香，各种香料等。深浓到几乎像利口酒一样的水果，以及甜/可口的橡木味道，单宁浓郁柔顺，质地如同天鹅绒一般。非常饱满，但不过分。
封口：螺旋盖 酒精度：14% 评分：96 最佳饮用期：2034年
参考价格：65澳元 SC ✪

Old Vine Eden Valley Shiraz 2014
老藤伊顿谷西拉2014
这是一款年轻的葡萄酒，然而香气非常复杂，带有深色水果，甘草、亚洲香料，普罗旺斯香草，以及整串带来的胡椒香等风味。口感柔顺光滑，深色水果，带有辛香料元素；单宁整合得很好，非常协调。好喝。
封口：螺旋盖 酒精度：14% 评分：95 最佳饮用期：2034年
参考价格：30澳元 SC ✪

Three Barrels Barrosa Valley graciano 2015
巴罗萨谷格拉西亚诺2015
格拉西亚诺有时非常难以把握，我很好奇，50%的整串葡萄中的果梗会带来怎样的效果，但现在这样就很好，主导的或红色水果，以及辛香料和可口的果梗风味好像在舌尖上舞蹈。
封口：螺旋盖 酒精度：14% 评分：95 最佳饮用期：2030年
参考价格：30澳元 ✪

Third Wheel Barrosa Valley Rose 2016
三轮巴罗萨谷桃红 2016
评分：94 最佳饮用期：2018年 参考价格：24澳元 ✪

Old Vine Barrosa Valley Shiraz 2015
老藤巴罗萨西拉2015
评分：94 最佳饮用期：2035年 参考价格：22澳元 ✪

The Big Show Shiraz Mataro 2015
大型展览西拉马塔洛 2015
评分：94 最佳饮用期：2030年 参考价格：25澳元 ✪

🍷🍷🍷🍷🍷(半)

Old John Bonvedro Barrosa Valley Shiraz 2015
老约翰红凯亚达巴罗萨谷西拉2015
评分：93 最佳饮用期：2020年 参考价格：25澳元 ✪

Off the Books Heathcote Shiraz 2015
账外西斯科特西拉2015
评分：92 最佳饮用期：2025年 参考价格：22澳元 ✪

Old Vine Barrosa Valley Cabernate Sauvignon 2015
老藤巴罗萨谷赤霞珠 2015
评分：92 最佳饮用期：2035年 参考价格：30澳元

Take it to the Grave Shiraz 2016
带入坟墓西拉2016
评分：91 最佳饮用期：2029年 参考价格：18澳元 ✪

Take it to the Grave Shiraz 2015
带入坟墓西拉2015
评分：91 最佳饮用期：2023年 参考价格：18澳元 ✪

Eden Valley Dry Riesling 2016
伊顿谷干雷司令2016
评分：90 最佳饮用期：2026年 参考价格：22澳元

The Primrose Path McLarent Vale Shiraz 2015
樱草路麦克拉仑谷西拉2015
评分：90 最佳饮用期：2025年 参考价格：18澳元 ✪

Woodstock 伍德索克 ★★★★☆

215 Douglas Gully Road，McLaren Flat，SA 5171 产区：麦克拉仑谷
电话：(08) 8383 0156 网址：www.woodstockwine.com.au
开放时间：每日开放，10:00—17:00 酿酒师：本·格莱佐（Ben Glaetzer） 创立时间：1905年
产量（以12支箱数计）：22000 葡萄园面积：18.44公顷
柯利特（Collett）家族在麦克拉仑谷颇有名气，已故的空军中将道格·克里特（Doug Collett AM）在二战中曾担任英国皇家空军和澳大利亚皇家空军的“喷火”和“飓风”机型的飞行员，回国后在罗斯沃斯农业学院（Roseworthy Agricultural College）学习了酿酒工程，很快就升任南澳大利亚的最大的葡萄酒厂贝里合作社（Berri Co-operative）的管理者。1973年，他买下了伍德索克（Woodstock）庄园，并修建了一个酒厂，1974年他酿造了第一个年份的葡萄酒。他的儿子斯科特·柯利特（Scott Collett），曾经因他惊人的车技而出名。斯科特于1982年成为酿酒师，此后荣获了多项荣誉；他还收购了相邻的西拉葡萄园——该园大约种植于1900年［生产的葡萄现在用于生产斯托克斯（Stocks）西拉］一个种植于30年代的灌木藤歌海娜葡萄园。1999年，他与本·格莱佐（Ben Glaetzer）合作，除了酒庄自有葡萄园外，葡萄酒酿造的责任就此转交给本负责。出口到世界所有的主要市场。

🍷🍷🍷🍷🍷 The Stocks Single Vineyard McLarent Vale Shiraz 2014
斯托克斯单一葡萄园麦克拉仑谷西拉2014
采用这一年份最好的酒桶，饱满的酒体就是它的最佳代表。现在还有相当比例的橡木味道，但质量很高，而且我毫不怀疑，在2024年，这款酒完全成熟后，占据主导地位的将是丰富多汁的黑色水果、甘草和巧克力的味道，对于这款酒体复杂的顶级西拉来说，橡木那时将只会是个陪衬。
封口：螺旋盖 酒精度：15.4% 评分：97 最佳饮用期：2044年
参考价格：80澳元 ✪

🍷🍷🍷🍷 McLarent Vale Very Old Fortified NV
麦克拉仑谷陈年加强型葡萄酒 无年份
评分：92 参考价格：48澳元

Naughty Monte Montepulciano 2015
淘气蒙特蒙帕赛诺2015
评分：90 最佳饮用期：2020年 参考价格：30澳元

Woodvale 伍德维尔 ★★★★★

PO Box 54，Watervale，SA 5453（邮） 产区：克莱尔谷
电话：0417 829 204 开放时间：不开放 酿酒师：凯文·米歇尔（Kevin Mitchell 创立时间：2014年 产量（以12支箱数计）：3000 葡萄园面积：7公顷
这是凯文·米歇尔（Kevin Mitchell）和妻子凯瑟琳·波恩（Kathleen Bourne）的个人酒庄，而不是基利卡农（Kilikanoon，见单独条目）的分支。凯文描述他们的主要目标是“使用克莱尔的优质品种：雷司令、西拉、赤霞珠、马塔洛、赛美蓉、灰比诺，当然还有歌海娜，实现可持续的适度增长。”凯文是第3代的克莱尔谷葡萄种植者，对于它来说，从朋友处收购一些灰比诺和雷司令来作为庄园西拉的补充应该不是什么问题。

🍷🍷🍷🍷🍷 Woodberry Clare Valley Shiraz 2014
伍德伯瑞浆果克莱尔谷西拉2014
颜色深沉，但并不像春日花园（Spring Gardens）那么浓郁；这是一款高品质西拉，相对来说比较轻盈。口感新鲜，轻柔，有黑色水果的风味，单宁极细。橡木的味道被很好地包裹在果味之中。
封口：螺旋盖 酒精度：14.5% 评分：96 最佳饮用期：2040年 参考价格：50澳元

The Khileyre Clare Valley Riesling 2015
卡里尔克莱尔谷雷司令2015
来自瓦特沃尔（Watervale）的两个葡萄园，同另一款瓦特沃尔葡萄酒采用完全相同的酿造工艺，但这一款果味更有张力，青柠和柠檬交汇，风味纯正，酸度也要更加细致一些。
封口：螺旋盖 酒精度：12.5% 评分：95 最佳饮用期：2030年
参考价格：38澳元

Skilly Clare Valley Riesling 2014
精制克莱尔谷雷司令2014
产自有15年历史的单一葡萄园，该园位于斯基罗加里谷（Skillogalee Valley）430米处。新鲜、活泼、清脆，带有矿物质味道的酸度与丝丝缕缕的柑橘和苹果水果味道交织在一起，如果你喜欢10年以上的雷司令，这款应该很适合。
封口：螺旋盖 酒精度：12.5% 评分：95 最佳饮用期：2032年
参考价格：28澳元 ✪

Spring Gardens Clare Valley Shiraz 2014
春日花园克莱尔谷西拉2014
浓郁的深紫红色；如同酒色所暗示的那样，这款西拉非常饱满丰盛，同时并未过度浸提。可以感觉到黑莓、李子和适度的法国橡木的味道在口中翻滚。
封口：螺旋盖 酒精度：14.5% 评分：95 最佳饮用期：2044年
参考价格：35澳元

Hootenanny Clare Valley GSM2014
霍特纳尼克莱尔谷GSM 2014

配比为50/40/10%的混酿。西拉是这款葡萄酒的中坚力量，令人印象非常深刻，中等至饱满酒体，混有红色和黑色水果的新鲜风味；单宁很细——就好像它们是产自克莱尔谷一样。
封口：螺旋盖　酒精度：14.5%　评分：94　最佳饮用期：2029年
参考价格：35澳元

Orchard Road Clare Valley Cabernate Sauvignon 2014
果园路克莱尔谷赤霞珠 2014
这一产区的赤霞珠并不知名，但这款酒采用的浆果质量很高，酿造过程中大量地使用了高质量的橡木，很多人都会喜欢这种风格。单宁适量，但不过分强势，唯一可能有些问题的就是橡木的用量——可能会让有些人很高兴，另一部分人则会原谅它。
封口：螺旋盖　酒精度：14%　评分：94　最佳饮用期：2039年　参考价格：35澳元

🍷🍷🍷🍷🍷 The Khileyre Clare Valley Riesling 2016
卡里尔克莱尔谷雷司令2016
评分：93　最佳饮用期：2026年　参考价格：35澳元

Watervale Riesling 2015
瓦特沃尔雷司令2015
评分：93　最佳饮用期：2022年　参考价格：28澳元

Watervale Riesling 2016
瓦特沃尔雷司令2016
评分：92　最佳饮用期：2026年　参考价格：30澳元

M.C.D.Clare Valley Grenache 2014
M.C.D.**克莱尔谷歌海娜** 2014
评分：90　最佳饮用期：2023年　参考价格：35澳元

Woodward's Wines　伍德沃德葡萄酒 ★★★★

Oakey Creek Road，Pokolbin，新南威尔士州，2320　产区：猎人谷
电话：0415 494 653　网址：www.woodwardswines.com.au　开放时间：不开放
酿酒师：布拉特·伍德沃德（Brett Woodward）
创立时间：1972年　产量（以12支箱数计）：200　葡萄园面积：7.5公顷
伍德沃德有一个很迷人的故事，如果不知道酿酒师布拉特·伍德沃德（Brett Woodward）也是赛德乐溪酒庄（Saddler's Creek）的酿酒师的话，可能听上去很不真实。企业的所有人是他的父母，父亲格雷姆（Graham）曾在悉尼的公司工作，但转行到猎人谷来经营农场，并于1973年建立了葡萄园。当地开始通过主管道供水后，他设计安装了猎人谷第一套计算机化的灌溉系统。伍德沃德仍然向欢喜山（Mount Pleasant）和卡普凯利（Capercaillie）等酒庄出售葡萄。格雷姆不在葡萄园时，还曾在亨格福德山（Hungerford Hill）、罗思伯里庄园（Rothbury Estate）、宾巴金庄园（Bimbadgen Estate）和欢喜山工作了20多年。他的小儿子布雷特，先是在宾巴金和恋木传奇酒庄经过了艰苦的实践训练，然后又获得了阿德莱德大学的酿酒硕士学位。2007年的珍藏赤霞珠在2008年、2009年和2014年的猎人谷精品葡萄酒展，荣获最佳赤霞珠奖杯，而且产量只有50箱，（显然）现在仍然能买到——说葡萄酒市场混乱已经算是委婉的了。

🍷🍷🍷🍷🍷 Valley View Vineyard Reserve Cabernet 2007
谷中风景葡萄园珍藏赤霞珠2007
这款酒是由卡普凯利的阿拉斯代尔·萨瑟兰在伍德沃德去世前为他酿制的。现在才开始进入全盛时期，层次非常丰富，有黑醋栗酒，泥土和野蔷薇丛的风味，单宁适量。
封口：螺旋盖　酒精度：14%　评分：92　最佳饮用期：2027年
参考价格：75澳元

Sam Who? Hunter Valley Rose 2016
萨姆是谁？猎人谷桃红 2016
深色樱桃色调；口感丰富，很有质感，初时是花香和香料的味道，接下来是浓郁的蔓越莓，西瓜和皮的味道；柠檬味的酸度也很丰富。
封口：螺旋盖　酒精度：12%　评分：90　最佳饮用期：2019年
参考价格：20澳元　JF　✪

Woody Nook　伍迪努克 ★★★★★

506 Metricup Road，Wilyabrup，WA 6280　产区：玛格利特河
电话：（08）9755 7547　网址：www.woodynook.com.au　开放时间：每日开放，10:00—16：30
酿酒师：尼尔·加拉格尔（Neil Gallagher），克雷格·邓克顿（Craig Dunkerton）
创立时间：1982年　产量（以12支箱数计）：7500　葡萄园面积：14.23公顷
伍迪努克有18公顷壮观的美叶桉木和红柳桉树的森林，虽然并不像玛格利特河产区那些最有名的酒庄那么引人注目，但是多年以来，它的酒款在葡萄酒展上也取得了相当的成功。2000年，彼得（Peter）和简·贝利（Jane Bailey）收购了酒庄，并进行了大规模的整修改造，建立了一个新酒厂，一个可以容纳多人的艺术走廊品尝室，以及一个露天的池塘餐厅。尼尔·加拉格尔（Neil Gallagher）仍然继续担任酿酒师、栽培师，同时也是小股东（尼尔是创始人杰夫和韦恩·加拉格尔的儿子）。出口到英国、美国、加拿大、百慕大等国家，以及中国内地（大陆）和香港地区。

🍷🍷🍷🍷🍷 Gallagher's Choice Margaret River Cabernate Sauvignon 2015
加拉格尔精选玛格利特河赤霞珠 2015
这款酒从始至终都非常庄重有力，酒香很像年轻而昂贵的波尔多葡萄酒，带有深色黑醋栗的风味，橡木的味道也很突出。味感深厚，但仍然封闭，现在仅有一丝甜水果的

味道。需要长期瓶储。
封口：Diam软木塞 酒精度：14% 评分：95 最佳饮用期：2030年
参考价格：65澳元 SC

🍷🍷🍷🍷🍷 Single Vineyard Cabernate Sauvignon Merlot 2015
单一葡萄园赤霞珠梅洛2015
评分：93 最佳饮用期：2027年 参考价格：35澳元 SC
Limited Release Margaret River Graciano 2014
限量发行玛格利特河格拉西亚诺2014
评分：93 最佳饮用期：2024年 参考价格：26澳元 ✪
Single Vineyard Chardonnay 2015
单一葡萄园霞多丽 2015
评分：92 最佳饮用期：2020年 参考价格：35澳元 SC
Kelly's Farewell Margaret River SSB 2016
凯莉的告别玛格利特河SSB 2016
评分：90 最佳饮用期：2018年 参考价格：23澳元
Single Vineyard Margaret River Shiraz 2014
单一葡萄园玛格利特河西拉2014
评分：90 最佳饮用期：2025年 参考价格：35澳元 SC
Limited Release Margaret River Merlot 2014
限量发行玛格利特河梅洛2014
评分：90 最佳饮用期：2024年 参考价格：26澳元

Word of Mouth Wines 口碑葡萄酒 ★★★★

42 Wallace Lane，奥兰治，新南威尔士州，2800 产区：奥兰治 电话：0429 533 316
网址：www.wordofinouthwines.com.au 开放时间：每日开放，10:30—17:00
酿酒师：戴维·洛厄（David Lowe），利亚姆·赫斯洛普（Liam Heslop）
创立时间：1999年 产量（以12支箱数计）：750 葡萄园面积：2.5公顷
彼得·吉布森（Peter Gibson）是口碑葡萄酒庄的一个重要角色，他于1999年建立了巅峰（Pinnacle）葡萄酒并种下了最初的灰比诺。巅峰与比邻的唐宁顿（Donnington）葡萄园合并后成立了口碑葡萄酒。2013年，唐宁顿的地块被出售——此后至今被称为科尔马庄园（Colmar Estate）。彼得保留了他最初的地块，并继续用出产的葡萄生产口碑葡萄酒。

🍷🍷🍷🍷🍷 Orange Riesling 2012
奥兰治雷司令2012
6克/升的残余糖份，这使得这款酒非常优雅，轻快飘逸，新鲜的柑橘味的酸度很有穿透力，结尾有柠檬冰糕的味道。它不是“都已经”5岁了，是“才刚刚”5岁。
酒精度：11.1% 评分：94 最佳饮用期：2022年 参考价格：25澳元

🍷🍷🍷🍷🍷 Orange Petit Manseng 2015
奥兰治小芒森 2015
评分：90 最佳饮用期：2025年 参考价格：30澳元

Wykari Wines 维卡里葡萄酒 ★★★★

PO Box 905，Clare，SA 5453（邮） 产区：克莱尔谷 电话：（08）8842 1841 网址：www.wykariwines.com.au 开放时间：不开放
酿酒师：尼尔·宝莱特（Neil Paulett） 创立时间：2006年
产量（以12支箱数计）：1200 葡萄园面积：20公顷
克莱尔的本地家族罗布（Rob）和曼迪·奈特（Mandy Kight），以及彼得（Peter）和罗宾·希勒（Robyn Shearer拥有两个葡萄园，一个在克莱尔北边，另一个在南边。这些葡萄园最初种植于1974年，所产葡萄）均在干燥气候下生长，全部采用手工修剪。品种有西拉、雷司令、赤霞珠和霞多丽。

🍷🍷🍷🍷🍷 Naughty Girl Clare Valley Shiraz 2014
淘气女孩克莱尔谷西拉2014
有多汁的黑莓和丰富的品种香气，薄荷和铁矿石的风味更是增加了独特的产区特征。可以品尝到非常成熟的果味，伴随这甜美的橡木味道，单宁结实，提供了很好的框架和回味。适合搭配三分熟的牛排和木炭烤肉。
封口：螺旋盖 酒精度：14.6% 评分：90 最佳饮用期：2023年
参考价格：26澳元 SC

Wynns Coonawarra Estate 酝思酒庄 ★★★★★

Memorial Drive，库纳瓦拉，SA 5263 产区：库纳瓦拉
电话：（08）8736 2225 网址：www.wynns.com.au 开放时间：每日开放，10:00—17:00
酿酒师：苏·霍德（Sue Hodder），莎拉·皮吉翁（Sarah Pidgeon）
创立时间：1897年 产量（以12支箱数计）：不详
虽然酝思酒庄［富邑（TWE）旗下的一个重要品牌］生产规模很大，但他们生产的各个价位的葡萄酒都很优秀：从质优价廉的雷司令和西拉到豪华的约翰里德（John Riddoch）赤霞珠和迈克尔（Michael）西拉无不如此。虽然价格一直在稳步增长，但产品仍可以说是物超所值之选。在艾伦·詹金斯(Allen Jenkins)的指导下，酝思的一些关键地块得到了恢复和重新种植。苏·霍德(Sue

Hodder)熟练酿酒技术更是使得他们出产的葡萄酒更加优雅和精细。出口到英国、美国、加拿大和亚洲。

🍷🍷🍷🍷🍷 Michael Shiraz 2014
麦克西拉2014
这是怎样的一款葡萄酒啊！简直令人激动——它将优雅表现到了极致。酒液呈现鲜艳的紫色，馥郁的花香中带有红李子和黑樱桃，以及丝丝缕缕的姜粉和八角的气息。口感均衡，单宁有粉状质感，余味超长。有相当的深度和复杂度，但一切又都看起来非常自然、流畅。
封口：螺旋盖　酒精度：13.5%　评分：97　最佳饮用期：2034年
参考价格：150澳元　JF ✪

Johnsons Single Vineyard Cabernate Sauvignon 2014
单一葡萄园赤霞珠 2014
葡萄种植于1954年，这也是库纳瓦拉最古老的西拉种植地。“仅仅”过了60年，这个葡萄园生产的单一葡萄园酒款“就”有了自己的首次亮相，展示了自己的独特风格。色泽优美，酒香馥郁，带有明显的花香和果香。但口感才是关键所在：平衡，很有活力，单宁独特，犹如生丝。
封口：螺旋盖　酒精度：13.5%　评分：97　最佳饮用期：2036年
参考价格：80澳元　JF ✪

🍷🍷🍷🍷🍷 V&A Lane Shiraz 2015
V&A大道西拉2015
微妙，美丽的西拉，但也正是因为这些特点，人们也可能会忽略它。中等酒体，单宁如丝绸般柔滑，鲜美多汁的水果之中略带辛香料的味道，余味悠长，令人神清气爽。
封口：螺旋盖　酒精度：12.5%　评分：96　最佳饮用期：2030年
参考价格：60澳元　JF ✪

Shiraz 2015
西拉2015
这是一款年轻活泼的西拉，口味浓郁，价格合理，现在就可以饮用。它毫不做作，并不标榜自己是迈克尔那样的旗舰酒款，但仍然有可骄傲之处——果味丰富而多汁，香料和橡木的量调和得非常完美，单宁极为细腻，中等酒体，十分光滑，柔顺。就是好喝。
封口：螺旋盖　酒精度：13.5%　评分：95　最佳饮用期：2024年
参考价格：25澳元　JF ✪

The Siding Cabernate Sauvignon 2014
岔线赤霞珠 2014
明亮的、饱满的紫红色；黑加仑、樱桃和香料的味道与法国橡木的单宁交织在一起，单宁持久，让人印象非常深刻。
封口：螺旋盖　酒精度：13.5%　评分：95　最佳饮用期：2029年
参考价格：25澳元 ✪

V&A Lane Cabernate Sauvignon Shiraz 2015
V&A大道赤霞珠西拉2015
荆棘浆果和李子，血橙皮汁，茴香和新鲜的卷烟草的味道和谐地交织在一起。很有质感，单宁丰富，酸度精致，回味长。
封口：螺旋盖　酒精度：13.5%　评分：95　最佳饮用期：2030年
参考价格：60澳元　JF

Shiraz 2014
西拉2014
评分：94　最佳饮用期：2030年　参考价格：25澳元 ✪

🍷🍷🍷🍷 The Siding Cabernate Sauvignon 2015
赤霞珠 2015
评分：92　最佳饮用期：2024年　参考价格：25澳元　JF ✪

Chardonnay 2016
霞多丽 2016
评分：91　最佳饮用期：2022年　参考价格：25澳元　JF

Cabernate Sauvignon Shiraz Merlot 2015
赤霞珠西拉梅洛2015
评分：91　最佳饮用期：2025年　参考价格：25澳元　JF

Cabernate Sauvignon Shiraz Merlot 2014
赤霞珠西拉梅洛2014
评分：90　最佳饮用期：2029年　参考价格：25澳元

Wynwood Estate　怀伍德庄园 ★★★★

310 Oakey Creek Road，Pokolbin，新南威尔士州，2320　产区：猎人谷
电话：(02)4998 7885　网址：www.wynwoodestate.com.au　开放时间：每日开放，10:00—17:00
酿酒师：彼得·莱恩（Peter Lane）　创立时间：2011年
产量（以12支箱数计）：7000　葡萄园面积：28公顷
怀伍德庄园的所有人是威士顿酒业有限公司（Winston Wine Pty Ltd）——中国最大，业务增长最快的分销商在澳大利亚的分支机构，他们在中国有100家葡萄酒专卖店。怀伍德的葡萄园将近

30公顷，产量很低，其中种植有西拉（8公顷）、梅洛（5公顷）、霞多丽（4公顷）、维尔德罗（3公顷）和麝香（1公顷）。园中干燥气候下生长的95岁西拉葡萄藤平均每年仅仅出产0.75吨的浆果。2014年他们又增种了杜瑞夫（3公顷），马尔贝克和胡珊（各1公顷）。怀伍德还从公司在巴罗萨的葡萄园处收购品丽珠、歌海娜和梅洛。酿酒师彼得·莱恩（Peter Lane）曾经在猎人谷工作了很多年（欢喜山（Mount Pleasant），塔洛克（Tulloch）和泰瑞尔（Tyrrell's）酒庄］。

🍷🍷🍷🍷🍷 Grey Gum Hunter Valley Durif 2014

灰桉树猎人谷杜瑞夫2014

对于猎人谷来说，深紫红色比较罕见，这是这一伟大年份和这个无论在哪里都很优秀的品种的充分体现，带有丰富的深色浆果味，其中旧的法国橡木几乎感觉不到，但却很重要。

封口：螺旋盖　酒精度：13.9%　评分：94　最佳饮用期：2025年　参考价格：40澳元

🍷🍷🍷🍷 Reserve Hunter Valley Chardonnay 2013

珍藏猎人谷霞多丽 2013

评分：92　最佳饮用期：2020年　参考价格：40澳元　NG

Xabregas　夏布雷加　★★★★★

Spencer Road，Mount Barker，WA 6324　产区：贝克山地区
电话：(08) 6389 1382　网址：www.xabregas.com.au　开放时间：不开放
酿酒师：迈克·加兰（Mike Garland），安得烈·霍德利（Andrew Hoadley）
创立时间：1996年　产量（以12支箱数计）：10000　葡萄园面积：80公顷

霍根（Hogan）家族在大南部产区的历史可以上溯到19世纪60年代。家族有五代人一直在西澳大利亚从事林业与牧羊业。夏布雷加的创始人及主席特里·霍根（Terry Hogan）觉得用贝克山产区这么优秀的土质，仅仅用来种植蓝桉太浪费了——1996年他们建立了葡萄园。霍根家族主要出产这一产区的优秀品种——西拉和雷司令。出口到美国、新加坡、日本、中国和新西兰。

🍷🍷🍷🍷🍷 Mount Barker Riesling 2015

贝克山雷司令2015

贝克山如此优秀，几乎让人觉得毫不费力就可以生产出品质稳定的优秀雷司令。这款葡萄酒的长度很好，有浓郁的花香，口感多变，极其美味。

封口：螺旋盖　酒精度：12.7%　评分：95　最佳饮用期：2030年
参考价格：25澳元 ✪

X by Xabregas Spencer Syrah 2012

夏布雷加斯宾塞X系列西拉2012

相对其他酒款来说颜色和深度较浅，但这也使得这款冷凉气候下的西拉非常诱人，中等酒体，带有红色、紫色和黑色水果，以及各种香料的味道，单宁细腻持久。

封口：螺旋盖　酒精度：14.4%　评分：95　最佳饮用期：2037年
参考价格：55澳元

X by Xabregas Figtree Syrah 2012

夏布雷加X系列菲蒂西拉2012

酒标是非常极端的极简主义—黑色加黑色，酒香很有表现力，带有黑色水果，甘草、胡椒和香料的味道，结尾的单宁和橡木非常优质。

封口：螺旋盖　酒精度：14.8%　评分：94　最佳饮用期：2032年
参考价格：55澳元

🍷🍷🍷🍷 Mount Barker Sauvignon Blanc 2016

贝克山长相思2016

评分：90　最佳饮用期：2018年　参考价格：25澳元

Mount Barker Shiraz 2014

贝克山西拉2014

评分：90　最佳饮用期：2027年　参考价格：25澳元

Xanadu Wines　仙乐都葡萄酒　★★★★★

Boodjidup Road，玛格利特河，WA 6285　产区：玛格利特河
电话：(08) 9758 9500　网址：www.xanaduwines.com　开放时间：每日开放，10:00—17:00 酿酒师：格伦·古道尔（Glenn Goodall）　创立时间：1977年
产量（以12支箱数计）：70000　葡萄园面积：109.5公顷

仙乐都葡萄酒由约翰·拉根博士（Dr John Lagan）建立于1977年。2005年，拉斯伯恩（Rathbone）收购了酒庄，同格伦·古道尔（Glenn Goodall）的酿造团队一起，显著地提高了产品的质量。通过土壤分析（soil profiling）和精细化的葡萄栽培，增加了园子的排水量，降低单产，2008年，酒庄收购了斯蒂文斯路（Stevens Road）葡萄园，从而提升了产量，2015年，埃克斯穆尔（Exmoor）系列取代了近亲（Next of Kin）系列，原料来自酒庄自有葡萄园和合约种植园。出口到大部分主要市场。

🍷🍷🍷🍷🍷 DJL Margaret River Sauvignon Blanc Semillon 2016

DJL玛格利特河长相思赛美蓉 2016

采用野生酵母在法国橡木桶（10%是新的）中发酵几个月，搅拌酒脚。闻到香气的瞬间，就能感受到这款酒采用的复杂酿造工艺起到了很好的作用，火柴燃着的气息伴随着丰富的果香，层次丰富，口感浓郁，橡木和酸度很好地熔炼在一起，几乎难以（也没有必要）将两者分辨出来。

封口：螺旋盖　酒精度：13%　评分：97　最佳饮用期：2021年　参考价格：24澳元 ✪

🍷🍷🍷🍷🍷 Stevens Road Margaret River Chardonnay 2015
斯蒂文斯路玛格利特河霞多丽 2015
在法国橡木桶（25%是新的）中熟成9个月，于2014年11月进行最佳酒桶选择并混合。复杂度相当好；口感丰富，其中的葡萄柚和白桃占据了主导地位。水果、橡木和酸度都非常协调，恰如其分。
封口：螺旋盖 酒精度：13% 评分：96 最佳饮用期：2025年 参考价格：70澳元 ✪

Margaret River Cabernate Sauvignon 2014
玛格利特河赤霞珠 2014
91%的赤霞珠，5%的马尔贝克，4%的小味儿多，在法国橡木桶（40%是新的）中熟成14个月。酒液如同预料中的一样，色泽非常优美，香气和口感中都有着丰富饱满的黑醋栗酒的风味气息。尽管经过了酒桶选择，每一款酒都有自己独特的性格特点——这其中一部分来自葡萄园，一部分来自酒厂。长时浸渍提取出的单宁非常精炼，同时，果味仍然非常明确有力。
封口：螺旋盖 酒精度：14% 评分：96 最佳饮用期：2040年 参考价格：37澳元 ✪

Reserve Margaret River Cabernate Sauvignon 2014
珍藏玛格利特河赤霞珠 2014
马尔贝克和小味儿多各5%，在法国小橡木桶中熟成14个月后精选最佳酒桶进行混合调配，在回到橡木中继续陈放两个月。以黑醋栗为核心的果味非常新鲜、复杂，又由成熟的单宁包裹着，散发出法国橡木带来的香草和松木的味道；长度和平衡都无懈可击。在玛格利特河产区生产好酒好像不是很难。
封口：螺旋盖 酒精度：14% 评分：96 最佳饮用期：2039年
参考价格：85澳元

Reserve Margaret River Chardonnay 2015
玛格利特河霞多丽 2015
在法国橡木桶（30%是新的）中陈酿9个月。优雅柔顺如春日，带有新鲜核果、白桃、油桃和一点青苹果的味道，略带橡木气息，回味干净、悠长。
封口：螺旋盖 酒精度：13% 评分：95 最佳饮用期：2023年 参考价格：85澳元

DJL Margaret River Cabernate Sauvignon 2014
DJL玛格利特河赤霞珠 2014
86%的赤霞珠，10%的马尔贝克，4%的小味儿多。酒液紫红色，口感如戴丝绒手套中的铁拳。结构和质感都很好，中等酒体，然而十分精致，带有丰富的黑醋栗酒、黑加仑和桑葚水果味道。当然了，价格也不错。
封口：螺旋盖 酒精度：14% 评分：95 最佳饮用期：2039年 参考价格：24澳元 ✪

Exmoor Sauvignon Blanc Semillon 2016
埃克斯穆尔长相思赛美蓉 2016
评分：94 最佳饮用期：2020年 参考价格：18澳元 ✪

DJL Chardonnay 2016
DJL霞多丽 2016
评分：94 最佳饮用期：2026年 参考价格：24澳元 ✪

Stevens Road Cabernate Sauvignon 2014
斯蒂文斯赤霞珠 2014
评分：94 最佳饮用期：2030年 参考价格：70澳元

🍷🍷🍷🍷 Exmoor Chardonnay 2016
埃克斯穆尔霞多丽 2016
评分：91 最佳饮用期：2020年 参考价格：18澳元 ✪

Exmoor Cabernate Sauvignon 2014
埃克斯穆尔赤霞珠 2014
评分：90 最佳饮用期：2022年 参考价格：18澳元 ✪

Yabby Lake Vineyard 雅碧湖葡萄园 ★★★★★

86—112 Tuerong Road，Tuerong，Vic 3937 产区：莫宁顿半岛
电话：(03)5974 3729 网址：www.yabbylake.com 开放时间：每日开放，10:00—17:00
酿酒师：汤姆·卡森（Tom Carson），克里斯·方哲（Chris Forge）
创立时间：1998年 产量（以12支箱数计）：3350 葡萄园面积：50.8公顷
罗伯特（Robert）和姆·科比［Mem Kirby，威秀集团（Village Roadshow）］持有莫宁顿半岛的土地已经有几十年了，这家颇受关注的葡萄酒公司即是由他们所建。1998年，在葡萄园经理基斯·哈里斯（Keith Harris）的指导下，他们建立了雅碧湖葡萄园；葡萄园在一片朝北的斜坡上，可以最大程度地接受日照，同时也有凉爽的海风。他们的主要品种是25公顷的黑比诺、14公顷的霞多丽和8公顷的灰比诺；其次是3公顷西拉、梅洛和长相思。汤姆·卡森（Tom Carson）酿酒师团队的加入更是为酒厂和产品增添了光彩：酿制出的2014年份的黑比诺葡萄酒第一次荣获了吉米·沃森奖（Jimmy Watson）奖杯，在澳大利亚葡萄酒展上单一地块比诺（Single Block Pinots）也大放异彩。出口到英国、加拿大、瑞典、新加坡等国家，以及中国内地（大陆）和香港地区。

🍷🍷🍷🍷🍷 Single Vineyard Mornington Peninsula Syrah 2016
单一葡萄园莫宁顿半岛西拉2016
2016年对于比诺来说并不是一个太好的年份，而西拉则不然。香气和口感都非常丰富，中等至饱满酒体，带有烟熏/鲜汤/辛香料的气息，伴随大量的黑色水果的味道，

单宁也非常丰富。
封口: 螺旋盖　酒精度: 14.5%　评分: 96　最佳饮用期: 2036年　参考价格: 33澳元 ✪

Single Vineyard Mornington Peninsula Syrah 2015
单一葡萄园莫宁顿半岛西拉2015
占据主导地位的果香十分丰富，略带辛香料的味道，中等酒体，口感纯正，有辛香料，红色和黑色樱桃的味道。单宁非常精细，橡木味道很好的融入了整体。
封口: 螺旋盖　酒精度: 14%　评分: 96　最佳饮用期: 2030年　参考价格: 33澳元 ✪

Single Vineyard Mornington Peninsula Chardonnay 2016
单一葡萄园莫宁顿半岛霞多丽 2016
采用野生酵母，在法国橡木（20%新）中发酵（无苹乳发酵）并熟成11个月。有着良好的集中度、长度和浓度。核心是粉红葡萄柚和白色果肉的核果的味道。
封口: 螺旋盖　酒精度: 12.5%　评分: 95　最佳饮用期: 2024年　参考价格: 45澳元

Single Vineyard Mornington Peninsula Pinot Noir 2016
单一葡萄园莫宁顿半岛黑比诺2016
在法国大桶中（25%新）熟成11个月。浅淡而明亮的色泽；充满富有表现力绚丽的红色水果的香气，有着丝绸般柔滑的单宁，余味悠长。
封口：螺旋盖　酒精度：13%　评分：95　最佳饮用期：2028年　参考价格：60澳元

🍷🍷🍷🍷🍷 Red Claw Chardonnay 2016
红爪霞多丽 2016
评分：93　最佳饮用期：2020年　参考价格：28澳元　PR

Red Claw Pinot Noir 2016
红爪黑比诺2016
评分：92　最佳饮用期：2024年　参考价格：28澳元　PR

Yal Yal Estate　雅尔酒庄　★★★★☆

15 Wynnstay Road，Prahran.维多利亚 3181（邮）产区：莫宁顿半岛 电话：0416 112 703　网址：www.yalyal.com.au　开放时间：不开放 酿酒师：Sandro Mosele
创立时间：1997年　产量（以12支箱数计）：2500　葡萄园面积：2.63公顷
2008年利兹（Liz）和西蒙·吉利斯（Simon Gillies）收购了一个种植于1997年的葡萄园，其中有1.6公顷的霞多丽和1公顷的黑比诺。

🍷🍷🍷🍷🍷 Yal Yal Rd Mornington Peninsula Chardonnay 2015
雅尔路莫宁顿半岛霞多丽 2015
酒香复杂，甚至有些奇怪，口感丰厚，果味饱满，带有油桃、蜜桃和一丝蜂蜜的味道，深度和长度都很好。也可以分辨出发酵用的橡木桶带来的风味物质，但位居次席。每当我再次品尝的时候，都觉得这款酒又成熟了几分。
封口: 螺旋盖　酒精度: 13.5%　评分: 95　最佳饮用期: 2023年　参考价格: 30澳元 ✪

🍷🍷🍷🍷🍷 Yal Yal Rd Mornington Peninsula Pinot Gris 2015
雅尔路莫宁顿半岛灰比诺2015
评分：91　最佳饮用期：2017年　参考价格：30澳元

Yalumba　御兰堡　★★★★★

40 Eden Valley Road，Angaston，南澳大利亚 5353　产区：伊顿谷 电话:（08）8561 3200
网址：www.yalumba.com　开放时间：每日开放，10:00—17:00 酿酒师：Louisa Rose（首席）
创立时间：1849年　产量（以12支箱数计）：930000　葡萄园面积：180公顷
御兰堡是罗伯特·希尔·史密斯（Robert Hill-Smith）的家族经营的葡萄园。长期以来，他们致力于选择优质的葡萄园，新品种和新品牌，并非常注重品质。他们出产的酒体饱满的（同时也是精神饱满的）红葡萄酒一直都是澳大利亚的顶级酒款；同时，在螺旋盖的使用上，他们也是先行者。酒庄葡萄园大部分种植的是主流葡萄品种，出产的维欧尼在市场上深受欢迎。此外，酒庄现在还出产南澳各地各种品类的Y系列（Y Series）和其他一些独立品牌酒款。他们也是一位"澳大利亚第一葡萄酒家族"的创始成员（Australia's First Families of Wine）。出口到所有主要市场。

🍷🍷🍷🍷🍷 The Caley Coonawarra Barrosa Valley Cabernate Sauvignon Shiraz 2012
卡莱库纳瓦拉巴罗萨赤霞珠西拉2012
库纳瓦拉赤霞珠占52%，巴罗萨赤霞珠27%，最后是21%的巴罗萨西拉。酒体呈现明亮的深紫红-紫色；香气扑鼻，带有浓郁的黑醋栗酒，黑莓和黑樱桃的味道，口感恰到好处的呼应了这些味道。这款美丽的葡萄酒为口腔带来了一种非常特别的触感，单宁精细，橡木恰到好处。
封口: 橡木塞　酒精度: 14%　评分: 98　最佳饮用期: 2042年　参考价格: 349澳元

🍷🍷🍷🍷🍷 The Octavius Old Vine Barrosa Valley Shiraz 2013
八号乐章老藤巴罗萨西拉2013
如同设计好的那样，从一开始你就能感受到，这是一款酒体异常饱满的西拉，然而即便如此，它的平衡性还是很好。黑色水果的味道充满你的口腔，接下来的结尾和回味则非常优雅，橡木和单宁的味道魔术般的缺席。
封口：橡木塞　评分：96　最佳饮用期：2043年　参考价格：112澳元

The Signature Barrosa Valley Cabernate Sauvignon Shiraz 2014
签名系列巴罗萨赤霞珠西拉2014

进入“摇滚时代”的御兰堡急风骤雨般向市场推出了许多款红葡萄酒，虽然卡莱是旗舰酒款，但其他的许多葡萄酒也值得一试。这款酒各方面都很好，黑加仑和黑莓的味道非常和谐，由于橡木和单宁的处理非常精准，整体质地极好。在这样一个具有挑战性的年份里，这款葡萄酒堪称卓越。

封口：橡木塞　酒精度：13.5%　评分：96　最佳饮用期：2040年　参考价格：60澳元 ✪

The Virgilius Eden Valley Viognier 2015

维吉尔伊顿谷维欧尼2015

当你发现御兰堡酿造这个品种已经有35年的历史时，一定会感到震惊——从这款酒也确实可以感受到这一点。御兰堡改进了品种特有的果味的表达——橘子皮和杏子的味道——去除了酚类物质的油腻之感，从而使得结尾非常清爽。太棒了。

封口：螺旋盖　酒精度：13.5%　评分：95　最佳饮用期：2019年　参考价格：48澳元

Samuel's Garden Collection Eden Valley Roussanne 2015

塞缪尔园伊顿谷胡珊2015

酒体饱满，很有质感，但并不做作，这要归因于其活泼的酸度——成功的调和了各种元素。核果，哈密瓜和奶油蜂蜜的味道中混合了金银花、干香草、白胡椒和木质香料的气息。这绝对是一款可口的胡珊。

封口：螺旋盖　酒精度：12.5%　评分：95　最佳饮用期：2021年

参考价格：24澳元　JF ✪

Paradox Northern Barrosa Valley Shiraz 2015

悖论北巴罗萨西拉2015

产自卡利娜/埃比尼泽（Kalimna/Ebenezer）产区，该地区以出产强劲的西拉而知名。这款酒的香气中有着饱满的黑色水果的味道，口感的质地和结构都很好，同时结尾和回味中的口感异常活泼。

封口：橡木塞　酒精度：14%　评分：95　最佳饮用期：2030年　参考价格：43澳元

Paradox Northern Barrosa Valley Shiraz 2014

悖论北巴罗萨西拉2014

可口的黑色水果（主要是黑莓）犹如这款酒的鼓点声，贯穿整个品尝过程。口感多汁，优雅浓郁，单宁和橡木并未喧宾夺主。确实是一款令人愉悦的西拉。

封口：橡木塞　酒精度：13.5%　评分：95　最佳饮用期：2034年　参考价格：43澳元

Vine Vale Barrosa Valley Grenache 2016

藤曼谷巴罗萨谷歌海娜 2016

我喜欢这款酒：它带有新鲜明快的红色水果的味道，单宁坚实，口感紧致。其风味物质的表现非常自然流畅，而且在不断发展变化，这也让人不得不怀疑所谓的“波美度未达到14.5°的歌海娜不能采摘”的信条。

封口：橡木塞　酒精度：13.5%　评分：95　最佳饮用期：2026年　参考价格：35澳元 ✪

Vine Vale Barrosa Valley Grenache 2015

藤曼谷巴罗萨谷歌海娜 2015

这款酒的整体和结尾都清新如春日雏菊。御兰堡的歌海娜的酒体都较为清淡，但同时也有一种独特的浓郁口感。

封口：橡木塞　酒精度：13.5%　评分：95　最佳饮用期：2025年　参考价格：35澳元 ✪

Carriage Block Grenache 2015

御马台歌海娜 2015

评分：94　最佳饮用期：2024年　参考价格：45澳元

Samuel's Garden Grenache 2015

塞缪尔园歌海娜 2015

评分：94　最佳饮用期：2024年　参考价格：20澳元

🍷🍷🍷🍷🍷 Samuel's Garden Collection Eden Valley Viognier 2015

塞缪尔园珍藏伊顿谷维欧尼2015

评分：93　最佳饮用期：2021年　参考价格：24澳元　JF ✪

Rogers & Rufus Rose 2016

罗杰斯&鲁弗斯桃红 2016

评分：93　最佳饮用期：2019年　参考价格：23澳元　JF ✪

The Menzies Cabernate Sauvignon 2014

孟席斯赤霞珠 2014

评分：93　最佳饮用期：2029年　参考价格：52

Ringbolt Cabernate Sauvignon 2014

环螺栓赤霞珠 2014

评分：92　最佳饮用期：2029年　参考价格：28澳元

Running With Bulls Barrosa Valley Tempranillo 2016

奔牛巴罗萨添帕尼罗 2016

评分：92　最佳饮用期：2020年　参考价格：23澳元　JF ✪

Y Series Barrosa Valley Riesling 2016

Y系列巴罗萨雷司令2016

评分：90　最佳饮用期：2022年　参考价格：15澳元 ✪

Samuel's Garden Collection Triangle Block

塞缪尔园珍藏三角地块伊顿谷西拉2013
评分：90　最佳饮用期：2023年　参考价格：24澳元
Carriage Block Grenache 2016
御马台歌海娜 2016
评分：90　最佳饮用期：2021年　参考价格：45澳元

Yangarra Estate Vineyard　亚加拉酒庄葡萄园　★★★★★

809 McLaren Flat Road，Kangarilla 南澳大利亚 5171　产区：麦克拉仑谷
电话:（08）8383 7459　网址：www.yangarra.com.au　开放时间：每日开放，10:00—17:00
酿酒师：Peter Fraser，Shelley Torresan　创立时间：2000年
产量（以12支箱数计）：15000　葡萄园面积：89.3公顷

这是加利福尼亚州知名的葡萄酒生产商杰克逊家族酒业在澳大利亚的酒园，他们于2000从诺曼斯（Normans Wines）酒庄处收购了172公顷的艾灵加园（Eringa Park）葡萄园（其中最老的葡萄种植于1923年）。更名后的亚加拉庄园葡萄园成为了酒庄的种植基地，现在他们正在为葡萄园争取有机认证。彼得·弗雷泽（Peter Fraser）的致力于生产各种不同的罗纳河谷风格的红、白葡萄酒，他创新的酿酒工艺将亚加拉酒庄带到了一个新的高度。因而，园中种植有歌海娜、西拉、幕尔维德，神索、佳丽酿、添帕尼罗、格拉西亚诺、黑皮朴尔（piepoul noir），黑特蕾（terret noir）和密斯卡岱，还会种植瓦卡瑞斯（vaccarese）。白色品种有胡珊和维欧尼，计划种植白歌海娜，布布兰克和白皮朴尔。陶瓷蛋形发酵器和传统发酵罐都在使用。2015年彼得当选为2016年的葡萄酒年鉴中的年度酿酒师。出口到英国、美国和其他主要市场。

🍷🍷🍷🍷🍷　Ironheart McLarent Vale Shiraz 2014
铁心麦克拉仑谷西拉2014
这是酒庄的旗舰西拉。味道丰富浓郁，有着独特的神韵。香气闻起来仿如身处一间开在香料铺旁边的面包店之中，充满了深色水果的味道和酸度，有着匀称、或者说结实的单宁。现在就很令人惊艳，将来会更加耀眼。
封口：螺旋盖　酒精度：14.5%　评分：97　最佳饮用期：2038年
参考价格：105澳元　JF　✪

High Sands McLarent Vale Grenache 2014
高砂麦克拉仑谷歌海娜 2014
50%原料保留整果，采用野生酵母，在旧的法国橡木中带酒脚陈酿一年。不需要复杂的酿酒工艺，所有元素完美的调和在一起，单宁和水果味道交织在一起。完全采用优质的原料，同时也是最美味，最浓郁的歌海娜品种。
封口：螺旋盖　酒精度：14.5%　评分：97　最佳饮用期：2034年
参考价格：130澳元　JF　✪

🍷🍷🍷🍷🍷　Roux Beaute McLarent Vale Roussanne 2015
赤褐美人麦克拉仑谷胡珊2015
两个蛋形发酵器，分别容纳二分之一的原料，一个带皮浸渍160天，另一个仅用果汁。最后按60/40%的百分比混合。真是太特别了！复杂而精致，带有糖渍生姜，香草茶，蜂巢和乳酪，良好的酚类物质，以及薄纱般的酸度。
封口：螺旋盖　酒精度：13.5%　评分：96　最佳饮用期：2023年
参考价格：72澳元　JF　✪

Ovitelli McLarent Vale Grenache 2015
奥威特利麦克拉仑谷歌海娜 2015
这款酒改名了：再见陶瓷蛋形小发酵罐，你好奥威特利（Ovitelli）——听上去更高级一些。还是在（两个）蛋形发酵器中酿制的。香气馥郁。它有着极为细致的酸度，以及纯正的水果单宁，这款酒中的活力和它能带来的愉悦之感都非常惊人。
封口：螺旋盖　酒精度：14.5%　评分：96　最佳饮用期：2032年
参考价格：72澳元　JF　✪

McLarent Vale Viognier 2016
麦克拉仑谷维欧尼2016
这的确是维欧尼，却不是你熟悉的那个维欧尼。它并不丰满，浓郁，也不是充满了杏子的味道。取而代之的是很有质感和复杂的烤坚果、泰国香米，奶油蜂蜜的酒脚醇香和盐水般的酸度。很好很时尚。
封口：螺旋盖　酒精度：13.5%　评分：95　最佳饮用期：2021年
参考价格：32澳元　JF　✪

McLarent Vale Roussanne 2016
麦克拉仑谷胡珊2016
带有淡沙梨，萝卜甘菊，茴香和白胡椒的味道，非常可口，酸度精细，同时也防止这款酒过于粗糙。很适宜饮用。
封口：螺旋盖　酒精度：13.5%　评分：95　最佳饮用期：2022年
参考价格：35澳元　JF　✪

McLarent Vale Shiraz 2015
麦克拉仑谷西拉2015
出色的深紫色色调；鲜美多汁，纯粹的果味非常突出，单宁有着天鹅绒一般的质地。
封口：螺旋盖　酒精度：14.5%　评分：95　最佳饮用期：2032年
参考价格：30澳元　JF　✪

Old Vine McLarent Vale Grenache 2015

老藤麦克拉仑谷歌海娜 2015
酒香异常芬芳，令人惊叹。酒香中有成熟的覆盆子和红色醋栗，广藿香和细微的中东香料的味道。口感紧致，带有覆盆子般的酸度，背景中的单宁味道非常明显。
封口：螺旋盖　酒精度：14.5%　评分：95　最佳饮用期：2029年
参考价格：35澳元　JF ✪

GSM 2015
GSM 2015
尤其是GSM——有一个非常明显的特征，那就是绝对没有过于尖锐和不和谐的元素：果味纯正，单宁和酸度非常平衡（后者的含量并不算少）。恰到好处的香料和风味物质——绝对是一款非常美味的饮品。
封口：螺旋盖　酒精度：14.5%　评分：95　最佳饮用期：2024年
参考价格：32澳元　JF ✪

McLarent Vale Mourvedre 2015
麦克拉仑谷幕尔维　2015
酒香轻盈，略带香水的香调，醋栗，特拉维素菊苣，碎石和肉桂的味道。明快的酸度占据着主导地位，成熟的单宁则与之完全同步，相得益彰。
封口：螺旋盖　酒精度：14.5%　评分：95　最佳饮用期：2025年
参考价格：35澳元　JF ✪

🍷🍷🍷🍷🍷 PF McLarent Vale Shiraz 2016
麦克拉仑谷西拉2016
评分：93　最佳饮用期：2019年　参考价格：25澳元　JF ✪

Yarra Burn　雅拉堡　★★★★☆

4/19 Geddes Street，Mulgrave，维多利亚 3170　产区：雅拉谷　电话：1800 088 711
网址：www.yarraburn.com.au　开放时间：不开放　酿酒师：Ed Carr
创立时间：1975年　产量（以12支箱数计）：不详
至少从名字上看，雅拉堡是美誉葡萄酒业（Accolade Wines）在雅拉谷业务的重点。然而，葡萄酒厂已经被出售了，而上雅拉葡萄园大部分得到了保留，酒品在其他地方酿制。令人悲伤的是，显然他们对这个品牌和它的品质没有什么兴趣。

🍷🍷🍷🍷🍷 Bastard Hill Single Vineyard Yarra Valley Chardonnay 2013
巴斯塔德山单一葡萄园雅拉谷霞多丽 2013
透亮的草秆绿色；口感强劲、集中，有些人可能觉得它有攻击性，但我没有这种感觉。带有葡萄柚和白桃的标志性味道，酸度极好。
封口: 螺旋盖　酒精度: 13.5%　评分: 96　最佳饮用期: 2025年　参考价格: 60澳元 ✪

Pinot Noir Chardonnay Rose 2017
黑比诺霞多丽桃红 2007
价格由首次销售的20澳元上调了一些，但酒的复杂性也成倍增长，使得这一变动不无道理。三文鱼色调；有着香料，花香姜饼味的香气，丰富的奶油气息，以及66%的黑比诺带来的红色水果和香料的味道。口感新鲜，回味悠长。
封口：橡木塞　酒精度：12.5%　评分：94　最佳饮用期：2018年
参考价格：25澳元 ✪

🍷🍷🍷🍷🍷 Premium Cuvee Brut NV
干型特酿 无年份
评分：90　最佳饮用期：2017年　参考价格：20澳元　TS ✪

Yarra Yering　雅拉优伶　★★★★★

Briarty Road，Coldstream，维多利亚 3770　产区：雅拉谷 电话：(03)5964 9267
网址：www.yarrayering.com　开放时间：每日开放，10:00—17:00　酿酒师：Sarah Crowe
创立时间：1969年　产量（以12支箱数计）：5000　葡萄园面积：26.37公顷
2008年九月，创始人贝利·卡罗达斯（Bailey Carrodus）过世，2009年四月，雅拉优伶上市。贝利·卡罗多斯希望买下这个酒庄的人，能够像他这40年来一样，继续管理葡萄园和酒厂以及他们的葡萄酒产品系列。2009年6月，一群投资银行家满足了他的这个愿望。酒庄内的葡萄园产量很低，无人工灌溉，所产的葡萄酒具有卓越的深度和浓度。一号干红（Dry Red No. 1）是一款赤霞珠混酿；二号干红（Dry Red No. 2）是一款西拉混酿；三号干红（Dry Red No. 3）是国家图瑞加、罗奥红、罗丽红、红阿玛瑞拉、阿瓦雷罗和维毫；黑比诺和霞多丽则无编号；昂德希尔（Underhill）西拉则由雅拉优伶十多年前买下的临近葡萄园出产（种植于1973）。很短的时间内，酿酒师萨拉·克罗（Sarah Crowe）就在猎人谷地区建立了很好的声望，2013年份葡萄酒酿制结束后，保罗·布里奇曼（Paul Bridgeman）离开酒庄前往黎凡特山（Levantine Hill）酒庄，萨拉被任命为酿酒师。她所酿制的第一个年份的红葡萄酒有着非凡的质量，并且，令包括我在内的很多人都十分欣喜的是，她所有的葡萄酒都使用了螺旋盖她带给大家品尝的第一款酒是2014浅干红比诺西拉，其出色技艺得到了2017年葡萄酒宝典的肯定——她被选为年度酿酒师。出口到英国、美国、新加坡等国家，以及中国内地（大陆）和香港地区。

🍷🍷🍷🍷🍷 Dry Red No. 1 2015
一号干红 2015
这是一款高级的波尔多风格的混酿，带有黑加仑到香草的一系列风味：干爽的口感中可以品尝到砾石般的单宁和果汁带来的自然酸度。橡木的处理也是专家级别的：与其他味道形成了良好的平衡，而不是过分的，压倒式的。混有67%赤霞珠，16%梅洛，

13%马尔贝克和调味料级别的小味儿多相互调和，而制成了这款优美而极具陈年潜力的葡萄酒。
封口：螺旋盖 酒精度：14% 评分：99 最佳饮用期：2040年
参考价格：100澳元 NG ✪

Carrodus Shiraz 2015
卡罗达斯西拉2015
高调的紫罗兰香气和石质浮雕般的单宁，带有蓝莓的自然酸度、西洋李子和萨拉米肠的味道。铁和碘的矿物质的味道、可口的单宁与水果的味道结合得非常完美。极具陈酿潜力。
封口：螺旋盖 酒精度：13% 评分：98 最佳饮用期：2034年
参考价格：250澳元 NG

Agincourt Cabernate Sauvignon Malbec 2015
阿金库尔赤霞珠马尔贝克 2015
带有紫罗兰和波森莓的味道。淡淡的月桂叶的味道更增加了它的韵致。单宁的处理极为出色，质地丰满、多汁，与橡木带来的香草味道相得益彰。
封口：螺旋盖 酒精度：14% 评分：98 最佳饮用期：2032年
参考价格：86澳元 NG ✪

Pinot Noir 2015
黑比诺2015
经典的雅拉优伶的风格：精致、丰富、有力、而且复杂，品种特点得到了很好的表达，回味悠长，可以陈酿相当长的时间。
封口：螺旋盖 酒精度：13.5% 评分：97 最佳饮用期：2030年
参考价格：100澳元 ✪

Carrodus Cabernate Sauvignon 2015
卡罗达斯赤霞珠 2015
并未与其他任何品种混酿，赤霞珠强壮而骨架精致的收敛感，适当的橡木味道，冷凉气候带来的酸度，伴随着丰富的果味，这款酒仍然十分年轻，紧致。黑加仑、红樱桃、紫罗兰、烟草、茴香、干鼠尾草和花园中香草的味道非常活泼，充满整个口腔，各个元素都完美的融入整体。
封口：螺旋盖 酒精度：14% 评分：97 最佳饮用期：2040年
参考价格：250澳元 NG

🍷🍷🍷🍷🍷 Carrodus Viognier 2015
卡罗达斯维欧尼2015
酒香浓郁芬芳，品种顺滑的特质在清新的矿物质味道和酚类物质带来的质感下得到了很好的强调。原料采收时的成熟度经过精确计算，带来了14%的酒精度，因之而产生的内在粘稠感通过杏子，蜜桃和金银花的味道得到了平衡。
封口：螺旋盖 酒精度：14% 评分：96 最佳饮用期：2022年
参考价格：16澳元 NG ✪

Light Dry Red Pinot Shiraz 2016
轻干红比诺西拉2016
这是一款配比为50/50%的经典澳大利亚黑比诺和西拉混酿，最初由猎人谷的莫里斯·奥肖亚（Maurice O'Shea）酿制。美味可口，带有红色水果、石楠、肉豆蔻和茴香的味道。酸度持久，单宁丰满而不过分。
封口：螺旋盖 酒精度：14% 评分：96 最佳饮用期：2028年
参考价格：86澳元 NG

Dry Red No. 2 2015
二号干红 2015
酒液呈现明亮的朱红色，充满了丰富的紫罗兰，烘焙香料，黑樱桃，各种各样的红色和蓝色水果，茴香、碘，以及橡木香草的味道，与葡萄单宁和自然酸度完美的融合在一起。
封口：螺旋盖 酒精度：13.5% 评分：96 最佳饮用期：2038年
参考价格：100澳元 NG

Dry Red No. 3 2015
三号干红 2015
酒庄葡萄园出产的国家图瑞加，罗奥红，罗丽红，阿瓦雷罗和维毫. 葡萄酒酿造的一个杰作，极为芬芳的酒香展现出一系列活泼的香料的味道，口感中带有酸樱桃和煮李子的味道。
746法国橡木的味道被吸收得很好，有着蛛网般细致的单宁，结尾新鲜活泼。
封口：螺旋盖 酒精度：14% 评分：96 最佳饮用期：2035年 参考价格：100澳元

Dry White No. 1 2015
1号干白 2015
评分：95 最佳饮用期：2030年 参考价格：50澳元 NG

Underhill 2015
昂德希尔 2015
评分：95 最佳饮用期：2030年 参考价格：100澳元 NG

Chardonnay 2015
霞多丽 2015

评分：94　最佳饮用期：2020年　参考价格：100澳元

Carrodus Pinot Noir 2015

卡罗达斯黑比诺2015

评分：94　最佳饮用期：2028年　参考价格：250澳元　NG

Yarrabank　亚拉河岸 ★★★★

38 Melba Highway，Yarra Glen，维多利亚 3775　产区：雅拉谷
电话：(03)9730 0100　网址：www.yering.com　开放时间：每日开放，10:00—17:00
酿酒师：Michel Parisot，Willy Lunn　创立时间：1993年
产量（以12支箱数计）：5000　葡萄园面积：4公顷

建立于1993，亚拉河岸是法国香槟区德沃（Devaux）酒庄和优伶酒庄（Yering Station）合资的一个极为成功的酒庄。直到1997年，亚拉河岸干型起泡酒（Yarrabank Cuvee Brut）都是在在克劳德·蒂博（Claude Thibaut）的指导下在香东酒庄（Domaine Chandon）生产的，但此后的所有操作都在亚拉河岸进行。酒庄种植了4公顷的的葡萄园，专门用来供应优伶酒庄（种有黑比诺和霞多丽）；此外，还会与雅拉谷和南维多利亚的其他种植者的品种混合以取得最佳平衡。出口至世界所有主要市场。

🍷🍷🍷🍷🍷 Late Disgorged 2005

晚排渣 2005

长期的酒脚陈酿带来的风味与苹果酸的酸度张力之间形成对比，口感极为复杂，带有油桃干、肉豆蔻粉、生姜、浆果饼干、蜂蜜、烤杏仁和烟斗烟雾的味道，结尾处还有丰富而清爽的的苹果酸，回味悠长，令人愉悦。

封口：Diam软木塞　酒精度：13%　评分：94　最佳饮用期：2020年
参考价格：55澳元　TS

🍷🍷🍷🍷 Creme de Cuvee NV

半甜起泡酒 无年份

评分：90　最佳饮用期：2017年　参考价格：30澳元　TS

YarraLoch　雅拉洛克酒庄 ★★★★☆

11 Range Road，Gruyere维多利亚 3770　产区：雅拉谷　电话：0407 376 587
网址：www.yarraloch.com.au　开放时间：仅限预约 酿酒师：合约　创立时间：1998年
产量（以12支箱数计）：2000　葡萄园面积：6公顷

酒庄是成功投资银行家斯蒂芬·伍德（Stephen Wood）一个很有野心的项目。他采纳了最好的建议，对于这项全雅拉谷甚至是澳大利亚都独一无二的投资项目，他没有任何犹豫就为其注入了充裕的资金。六公顷葡萄园可能没有什么特别之处，但实际上，这是三个完全不同的地点的组合——这三处地方相距70公里——每一处都分别种植了当地最适宜的葡萄品种。黑比诺种植在东北向的斯蒂山（Steep Hill）葡萄园，当地的土壤中富含页岩和铁矿石。赤霞珠则种植在西北朝向的袋鼠地（Kangaroo Ground），这里干燥、地势陡峭，而且在每天最暖和的时刻可以得到充分的日照，保证浆果的成熟度。梅洛、西拉、霞多丽和维欧尼种植在距袋鼠地50公里的上普兰（Upper Plenty）葡萄园，相比于雅拉谷最温暖的部分，这里的平均温度要低上2℃，成熟期也要晚2—3周。

🍷🍷🍷🍷🍷 Single Vineyard Pinot Noir 2015

单一葡萄园黑比诺2015

采用的酿造工艺与拉柯赛特（La Cosette）完全想通，区别仅在于这款酒是带皮浸渍的时间要比后者长三天，采用了7%的新橡木桶，同时原料100%来自MV6克隆株系。至于行间选择或者是采摘日期是否有区别，我们不得而知，但酒精度是相同的。无论怎样，这一款更加复杂，果味更加深浓，结尾带有可口的香料味道，回味长。

封口：螺旋盖　酒精度：13%　评分：95　最佳饮用期：2027年　参考价格：30澳元 ✪

Single Vineyard Chardonnay 2015

单一葡萄园霞多丽 2015

雅拉谷霞多丽的完美典范，采用了更简单自然，而不是更复杂的酿酒工艺，使得它的酿制显得极为简单。有着优秀雅拉霞多丽纯度和长度。但回味中你可能会觉得它有点过于一板一眼。也许陈酿后会有更好的表现。

封口：螺旋盖　酒精度：13%　评分：94　最佳饮用期：2023年　参考价格：35澳元

Stephanie's Dream Single Vineyard Pinot Noir 2014

斯蒂芬之梦单一葡萄园黑比诺2014

100%采用MV6株系的整串果粒，不锈钢罐，野生酵母发酵，27天带皮浸渍，在法国橡木（33%新）中熟成，不同年份之间有着明显的差别。2015年份的发行将会是一个惊喜。

封口：螺旋盖　酒精度：13%　评分：94　最佳饮用期：2024年　参考价格：50澳元

🍷🍷🍷🍷 La Cosette Pinot Noir 2015

拉柯赛特黑比诺2015

评分：93　最佳饮用期：2025年　参考价格：25澳元 ✪

Yarran Wines　雅伦葡萄酒 ★★★★

178 Myall Park Road，Yenda，NSW 2681　产区：Riverina 电话：(02) 6968 1125　网址：www.yarranwines.com.au　开放时间：周一至周六，10:00—17:00　酿酒师：Sam Brewer

创立时间：2000 产量（以12支箱数计）：8000 葡萄园面积：30公顷

罗琳布鲁尔［Lorraine Brewer，和已故的丈夫约翰（John）］有30年的葡萄种植经验，他们的儿子萨姆（Sam）完成了CSU的葡萄酒科学的学位，为了庆祝他的毕业，他们将西拉葡萄破碎后，放在一个大牛奶罐中发酵。大部分庄种植的葡萄都用于出售，但每年都会生产一些雅伦品牌的葡萄酒；他们建有一个压榨量为150吨的酒厂。萨姆曾在澳大利亚南方集团（Southcorp）和德保利（De Bortol）酒庄，以及海外（美国和中国）公司工作。但在2009年，他决定回到家族酒厂，加入父母的企业。大部分葡萄来自家族葡萄园，但也有一些从其他种植者处收购的地块，包括西斯科特产区的库伯湖酒庄（Lake Cooper Estate）。不同产区的产品组合将会逐步增加，而且萨姆已经展现了他化腐朽为神奇的能力——出产的好酒价格还非常低廉。出口到新加坡和中国。

🍷🍷🍷🍷🍷 B Series Heathcote Shiraz 2015

B系列西拉2015

有着丰富的成熟饱满的李子，软软的酸覆盆子味道，果味浓郁，同时又多汁，充满活力。中等酒体，单宁成熟。一点轻微的来自橡木的烘焙味道，但清爽的酸度良好的平衡了整体。

封口：螺旋盖 酒精度：14.5% 评分：92 最佳饮用期：2025年

参考价格：28澳元 JF

Leopardwood Limited Release Heathcote Shiraz 2015

余桑木限量发行西斯科特西拉2015

极好的中等深红色，酒香中充满了多汁的深色李子，甘草和丁香的味道，仅仅有一点炭烤橡木的气息。中等酒体，酸度结实。

封口：螺旋盖 酒精度：14.5% 评分：91 最佳饮用期：2022年

参考价格：20澳元 JF ✪

Yarrh Wines 雅尔葡萄酒 ★★★★

440 Greenwood Road, Murrumbateman, NSW 2582 产区：堪培拉地区

电话：(02)6227 1474 网址：www.yarrhwines.com.au 开放时间：周五至周日，11:00—17:00

酿酒师：Fiona Wholohan 创立时间：1997年

产量（以12支箱数计）：2000 葡萄园面积：6公顷

菲奥娜·胡洛韩（Fiona Wholohan）和尼尔·麦格雷戈（Neil McGregor）是前IT从业者，现在两人都在全职经营雅尔酒庄葡萄园以及酒厂。菲奥娜在CSU选修了葡萄与葡萄酒工程的课程，并曾在葡萄酒展上担任评委职务。他们说，为了打造一个混合有机葡萄园，他们花费了五年时间，堆肥，覆土，生物控制，还要对葡萄园田地的进行细致的管理。葡萄园种植品种包括赤霞珠，西拉、长相思、雷司令，黑比诺和桑乔维塞。他们最近种植了两个新克隆株系，将桑乔维塞的面积扩大到了原来的三倍，还计划种植一些黑珍珠，蒙帕赛诺和阿高连尼科。雅尔是原住民对亚斯（Yass）地区的叫法。

🍷🍷🍷🍷🍷 Shiraz 2015

西拉2015

这款冷凉气候西拉色泽明亮，中等酒体，有很多惹人喜欢的特征，采用处理得当的整果，带有辛香料的香气，精致的口感中有高山浆果、淡淡的白胡椒和极细的单宁的味道。

封口：螺旋盖 酒精度：13.5% 评分：90 最佳饮用期：2025年

参考价格：28澳元 PR

Yeates Wines 耶茨葡萄酒 ★★★★

138 Craigmoor Road，满吉，NSW 2850 产区：满吉 电话：0427 791 264

网址：www.yeateswines.com.au 开放时间：仅限预约 酿酒师：雅各布·斯坦恩（Jacob Stein）

创立时间：2010年 产量（以12支箱数计）：500 葡萄园面积：16公顷

2010年，耶茨家族从福斯特（Foster）家族手中买下了满吉地区16公顷的蓝山（Mountain Blue）葡萄园，该园由已故的罗伯特·奥特利［Robert（Bob）Oatley］种植于1968年。所有的葡萄藤都被重新修剪，注入了新的活力，现在全部采用手工采摘。2013年，他们停止使用化学制剂和有机肥，引进了有机管理法，以取得更加可持续的生态足迹。在新的管理系统下，葡萄藤和葡萄酒的品质都得到了显著的提升。

🍷🍷🍷🍷🍷 The Gatekeeper Reserve 2015

守门人珍藏 2015

96%西拉，4%赤霞珠。对自己为葡萄园进行的矫正和树冠管理取得的成果，耶茨家族应该感到很高兴。这款就色泽极好，酒体丰满，有甜美的樱桃、李子和黑莓的味道，同时又有很好的平衡感，使其保持新鲜；长度也不错。

封口：螺旋盖 酒精度：14% 评分：94 最佳饮用期：2035年

参考价格：25澳元 ✪

Yelland & Papps 叶兰帕斯 ★★★★★

Lot 501 Nuraip Road，Nuriootpa，南澳大利亚 5355 产区：巴罗萨谷

电话：(08) 8562 3510 网址：www.yellandandpapps.com 开放时间：周一至周六，10:00—13:00

酿酒师：Michael Papps 创立时间：2005年 产量（以12支箱数计）：4000 葡萄园面积：1公顷

麦克（Michael）和苏珊·帕普斯［Susan Papps，父姓叶兰德（Yelland）］在2005年结婚后建立了这个企业。麦克在巴罗萨谷的葡萄酒已经从事了20多年的工作，所以对他们来说，把巴罗萨谷当成家并不是一件难事。他的葡萄酒一贯出色，同时也追求极限；除了采用最低投入，可持续发展的的葡萄酒酿造方式之外，他还在发酵方法上挑战许多其他的传统工艺。

🍷🍷🍷🍷🍷 Second Take Barrosa Valley Shiraz 2016

对影巴罗萨谷西拉2016
叶兰帕斯非常神奇的将成熟的水果味道与低酒精度数结合在一起。它有着恰到好处的黑樱桃、梅子的味道，以及高级法国橡木的支撑，单宁细致。
封口: 螺旋盖　酒精度: 13.7%　评分: 95　最佳饮用期: 2030年　参考价格: 40澳元

Devote Greenock Barrosa Valley Shiraz 2015
格林诺克巴罗萨谷西拉
优雅、多汁而且充满樱桃和黑莓，口感平衡。许多西拉在15—15.5%的范围内采摘——太浪费了。不要羞愧，喝上一杯吧。
封口: 螺旋盖　酒精度: 13.7%　评分: 95　最佳饮用期: 2029年　参考价格: 40澳元

318 Days on Skins Shiraz 2014
318**天带皮浸渍西拉**2014
100%整串通过专门设计制作的塞孔直接压榨到法国大桶中，放置318天，在2015年初压榨后，再保存上一年，2016年份手工装瓶（750毫升682瓶，10个1.5升瓶装和10个3升瓶装）。盲品的情况下，你怎么也不会想到这款酒是如何酿造和熟成的。因为酿造者的大胆尝试，投入的时间和精力，以及酒中适度的酒精而额外加分。
封口: 橡木塞　酒精度: 13.6%　评分: 95　最佳饮用期: 2030年　参考价格: 150澳元

Second Take Barrosa Valley Grenache 2016
巴罗萨谷歌海娜 2016
色泽清晰，饱满深紫红色，带有李子和樱桃的酒香，口感新鲜，无灼热感。
封口: 螺旋盖　酒精度: 14.3%　评分: 95　最佳饮用期: 2028年　参考价格: 40澳元

317 Days on Skins Grenache 2014
317**天带皮浸渍歌海娜** 2014
比西拉少带皮浸渍一天，色泽优美——仅仅这一项就非常惊人，但这款酒的口感也是如此。分数是随意的——95或完全没有。
封口: 橡木塞　酒精度: 13.8%　评分: 95　最佳饮用期: 2020年　参考价格: 150澳元

Barossa Valley Vermentino 2016
巴罗萨谷维蒙蒂诺2016
源自克拉斯（Kalleske）和马德尔（Mader）葡萄园，采用野生酵母在罐中发酵，20%在旧的法国橡木中带酒脚熟成五个月。这款葡萄酒如同V8发动机，其风味物质水平将整体带上了另一个层次：质地如丝一般柔滑，核果的味道被粉红葡萄柚和迈耶柠檬的味道所包裹，是一款非常诱人的葡萄酒。
封口: 螺旋盖　酒精度: 12%　评分: 94　最佳饮用期: 2025年　参考价格: 25澳元 ✪

VSV 1885 Barrosa Valley Shiraz 2015
VSV1885**巴罗萨谷西拉**2015
来自几个葡萄园，去梗并分别发酵，平均带皮浸渍14天，混合并且熟成在旧的法国橡木熟成15个月。叶兰帕斯风格——这款酒口感浓郁，黑莓的味道占据主要地位，其次是李子和水果蛋糕的味道。
封口: 螺旋盖　酒精度: 13.2%　评分: 94　最佳饮用期: 2030年　参考价格: 25澳元 ✪

Second Take Barrosa Valley Mataro 2016
对影巴罗萨谷马塔洛 2016
手工采摘，73%原料使用整串，带皮浸渍17天，在法国（23%新）橡木中熟成9个月，与其他叶兰帕斯红葡萄酒一样，未经过澄清或过滤。酒液呈现略微混浊的浅红色；马塔洛鲜汤/泥土的风味特性非常持久。
封口: 螺旋盖　酒精度: 13.8%　评分: 94　最佳饮用期: 2029年　参考价格: 40澳元

🍷🍷🍷🍷🍷 Devote Barrosa Valley Roussanne
贡献巴罗萨谷胡珊2016
评分：93　最佳饮用期：2024年　参考价格：40澳元

Second Take Barossa Valley Vermentino 2016
对影巴罗萨谷维蒙蒂诺2016
评分：90　最佳饮用期：2018年　参考价格：40澳元

Divine Barrosa Valley Shiraz 2013
天赐巴罗萨谷西拉2013
评分：90　最佳饮用期：2023年　参考价格：90澳元

Sete di Vino 2015
九月 2015
评分：90　最佳饮用期：2021年　参考价格：25澳元

Yellowglen　黄色峡谷 ★★★☆

The Atrium，58 Queensbridge Street，Southbank，维多利亚 3006
产区：澳大利亚东南部　电话：1300 651 650　网址：www.yellowglen.com
开放时间：不开放　酿酒师：Nigel Nesci　创立时间：1971年　产量（以12支箱数计）：不详
黄色峡谷不仅是富邑集团重要的起泡酒生产商，也是澳大利亚最大的起泡酒生产商。2012年，酒庄宣布对其产品系列进行大规模重组，在卓越复古十五（Exceptional Vintage XV）品牌系列中加入传统方法酿制的单一葡萄园起泡酒。出口到英国，加拿大和日本。

🍷🍷🍷🍷🍷 Vintage Perle 2012
复古珀尔 2012

这是一款带有烤面包，辛香料和蜂蜜风味的起泡酒，充满了阿德莱德山区特有的香脆的苹果和明亮的柠檬风味。余味精准，悠长，残糖为8克/升，完好的融入了整体之中。
酒精度：11.5%　评分：90　最佳饮用期：2018年　参考价格：25澳元　TS

Yering Station　优伶酒庄　★★★★★

38 Melba Highway，雅拉Glen，维多利亚 3775　产区：雅拉谷　电话：(03)9730 0100
网址：www.yering.com　开放时间：每日开放，10:00—17:00　酿酒师：Willy Lunn，Darren Rathbone　创立时间：1988年　产量（以12支箱数计）：60000　葡萄园面积：112公顷

优伶酒庄（或者说至少是建了酒窖门店和葡萄园的那片地产）颇具历史意义，1996年，拉斯本（Rathbone）家族收购了酒庄，这里刚好也是他们和法国香槟地区的德沃（Devaux）酒庄的合资企业——亚拉河岸（Yarrabank，见单独条目）的所在地。他们在这里建成了一间壮观的大葡萄酒厂，生产亚拉河岸起泡酒和优伶酒庄的餐酒——这里立刻成为了雅拉谷的焦点之一，特别是隔壁极具历史意义的优伶城堡（Chateau Yering）还可以提供豪华的客房和精致的菜肴。毕业于阿德莱德大学的威利·伦（Willy Lunn）在世界各地的凉爽气候产地有25年的酿酒经验——其中包括帕塔鲁马（Petaluma），肖+史密斯（Shaw + Smith）和阿盖尔（Argyle）葡萄酒厂（俄勒冈）。出口到所有主要市场。

🍷🍷🍷🍷🍷

Scarlett Pinot Noir 2015
斯加利黑比诺2015
这款酒因为非常飘渺而很有欺骗性，一丝野草莓和甜樱桃，果籽和辛香料的味道交织在一起，精细的构筑在中等酒体之上。然而如激光般准确的单宁保证了它的深度和力度。这是为了纪念拉斯本的葡萄栽种的技术专家内森·斯加利（Nathan Scarlett）而特别酿制的一款葡萄酒，内森于2013年去世。
封口：螺旋盖　酒精度：13%　评分：97　最佳饮用期：2028年
参考价格：250澳元　JF

Reserve Yarra Valley Shiraz Viognier 2015
珍藏雅拉谷西拉维欧尼2015
非常好的一款酒。从深紫色调，出色的水果———系列李子的味道，完美地调入了胡椒、肉桂和橡木香料——到单宁克制而致命的力量。绝对是一款没救。
封口：螺旋盖　酒精度：13.8%　评分：97　最佳饮用期：2030年
参考价格：120澳元　JF

🍷🍷🍷🍷🍷

Reserve Yarra Valley Chardonnay 2015
珍藏雅拉谷霞多丽 2015
这款酒令人印象深刻，同时也非常精炼。有很好的平衡感。这是一款持久、纯粹，同时有质感的霞多丽。有着复杂的硫化物和酒脚的风味，燧石，平衡的橡木，细节丰富，引人入胜，让你还想再品尝一次。你会的。毫无瑕疵。
封口：螺旋盖　酒精度：13%　评分：96　最佳饮用期：2024年
参考价格：120澳元　JF

Reserve Yarra Valley Pinot Noir 2015
珍藏雅拉谷黑比诺2015
这是一款非常微妙、细节丰富的葡萄酒。极为精细、优雅，细腻的单宁带来了丝滑的口感，轻至中等酒体，酸度清爽，略带一点混合了香料樱桃味。
封口：螺旋盖　酒精度：13.5%　评分：96　最佳饮用期：2025年
参考价格：120澳元　JF

Reserve Yarra Valley Cabernate Sauvignon 2015
珍藏雅拉谷赤霞珠 2015
非常引人入胜，带有花香，醋栗和黑色浆果的味道，然而并不过分甜腻；略带鲜味，橡木完好的整合到整体之中。完全成熟的单宁恰到好处，保证它既可以现在就饮用，也可以再等上几年。
封口：螺旋盖　酒精度：14.6%　评分：96　最佳饮用期：2040年
参考价格：120澳元　JF

Yarra Valley Chardonnay 2015
雅拉谷霞多丽 2015
精心打造的一款葡萄酒，侧重强调优雅和平衡感，有雅拉谷应有的长度。现在还非常新，需要时间来完全表达出它的潜力。
封口：螺旋盖　酒精度：13%　评分：95　最佳饮用期：2025年　参考价格：40澳元

Reserve Yarra Valley Pinot Noir 2014
珍藏雅拉谷黑比诺2014
色泽表明它的发展一如预期，香气和口感也是一样的。这是一款非常复杂的比诺，深色香料，香柏木和森林的气息与樱桃和李子的味道交织在一起。单宁完整，令人印象深刻。
封口：螺旋盖　酒精度：13%　评分：95　最佳饮用期：2032年
参考价格：120澳元

Yarra Valley Pinot Noir 2015
雅拉谷黑比诺2015
来自酒庄葡萄园，在法国大桶中熟成11个月。酒香芬芳异常，带有丰富的辛香料的味道——部分来自浆果，部分来自橡木。整个品尝过程中，辛香料的味道持续不断，随着酒龄增长，橡木的味道将会逐渐减少，而水果和香料的味道将会逐渐增加。正如这款酒表现出来的一样，2015年份质量很高。

封口：螺旋盖　酒精度：13.5%　评分：94　最佳饮用期：2028年　参考价格：40澳元

🍷🍷🍷🍷🍷 Village Yarra Valley Pinot Noir 2015
村庄雅拉谷黑比诺2015
评分：93　最佳饮用期：2022年　参考价格：24澳元　SC ✪
Village Yarra Valley Shiraz Viognier 2014
村庄雅拉谷西拉维欧尼2014
评分：92　最佳饮用期：2025年　参考价格：24澳元　CM ✪
Village Yarra Valley Chardonnay 2016
村庄雅拉谷霞多丽 2016
评分：91　最佳饮用期：2020年　参考价格：24澳元　JF
Little Yering Yarra Valley Chardonnay 2015
小优伶雅拉谷霞多丽 2015
评分：90　最佳饮用期：2020年　参考价格：18澳元　JF ✪
Little Yering Yarra Valley Shiraz 2015
小优伶雅拉谷西拉2015
评分：90　最佳饮用期：2022年　参考价格：18澳元　JF ✪
Yarra Valley Cabernate Sauvignon 2014
雅拉谷赤霞珠 2014
评分：90　最佳饮用期：2024年　参考价格：40澳元

Yeringberg　雅伦堡 ★★★★★

Maroondah Highway，Coldstream，维多利亚 3770　产区：雅拉谷　电话：(03)9739 0240
网址：www.yeringberg.com　开放时间：仅限预约　酿酒师：Guill和Sandra de Pury
创立时间：1863年　产量（以12支箱数计）：1500　葡萄园面积：3.66公顷

贵尔·迪普瑞（Guill de Pury））和女儿桑德拉（Sandra），以及在幕后的妻子凯瑟琳（Katherine）共同在19世纪最著名（也是巨大的）葡萄园的中心重建了低产量的葡萄树，开始在这个新的千年酿造葡萄酒。他们出产的红葡萄酒成熟后，将有着天鹅绒般丰盛的味道，同时又不失品种特性；长寿的玛珊和胡珊让历史学生带回到雅伦堡十九世纪的鼎盛时期。出口到美国、瑞士等国家，以及中国内地（大陆）和香港地区。

🍷🍷🍷🍷🍷 Yarra Valley Shiraz 2014
雅拉谷西拉2014
这是一款精心酿制的葡萄酒，对细节十分关注。带有红色和黑色樱桃，以及一丝覆盆子的味道，又与淡淡的野蔷薇的味道相平衡，这也使得分解辨析口感几乎成了不可能完成的任务，也因为可以有太多不同的解读方法——但有一点是不变的：它的品质很好。
封口：螺旋盖　酒精度：13.5%　评分：96　最佳饮用期：2044年　参考价格：86澳元
Yeringberg 2014
雅伦堡2014
66%赤霞珠，11% 品丽珠，10%梅洛，9%小味儿多和4%马尔贝克。绝对是雅伦堡的主流葡萄风格，精细但不过于柔顺。带有黑加仑/黑醋栗酒、香柏木、橄榄和泥土混合在一起，单宁非常完美。可以窖藏很久。2016雅拉谷葡萄酒展金质奖章。
封口：螺旋盖　酒精度：13.5%　评分：96　最佳饮用期：2034年　参考价格：98澳元
Yarra Valley Marsanne Roussanne 2015
雅拉谷玛珊胡珊2015
一款配比为59/41%的混酿，2017年十月发行。略带黄铜色，这是一款酒体饱，满非常复杂的葡萄酒。它记录了在瓶中但发展历程——和年份——也确保了它的未来。
封口：螺旋盖　酒精度：13.5%　评分：95　最佳饮用期：2025年　参考价格：65澳元
Yarra Valley Chardonnay 2015
雅拉谷霞多丽 2015
这是一款丰满，酒体饱满的霞多丽，带有核果和腰果但味道。在某种程度上，它与主流文化完全不同。168箱，2017年十月发行。
封口：螺旋盖　酒精度：13%　评分：94　最佳饮用期：2022年　参考价格：65澳元
Yarra Valley Pinot Noir 2014
雅拉谷黑比诺2014
色泽浓郁，对于比诺来说，它的酒体可以说是饱满。带有紫色和黑色水果，没有红色水果。对于有耐心的人来说，可以长期窖藏。
封口：螺旋盖　酒精度：13.5%　评分：94　最佳饮用期：2029年　参考价格：95澳元

🍷🍷🍷🍷🍷 Yarra Valley Viognier 2015
雅拉谷维欧尼2015
评分：91　最佳饮用期：2021年　参考价格：35澳元

Yes said the Seal　耶思希尔酒庄 ★★★★★

1251—1269 Bellarine Highway，Wallington，维多利亚 3221　产区：吉龙
电话：(03)5250 6577　网址：www.yessaidtheseal.com.au
开放时间：每日开放，10:00—17:00　酿酒师：Darren Burke
创立时间：2014年　产量（以12支箱数计）：1000　葡萄园面积：2公顷

这是吉龙地区贝拉林半岛长期酒商大卫（David）和林赛·夏普（Lyndsay Sharp）的一个新企业。酒庄坐落在沃灵顿的飞砖苹果酒厂（Flying Brick Cider Co's Cider House）内。2010年，他们在2公顷的酒庄葡萄园内种植了西拉，其他的品种均从贝拉林半岛的其他种植者处收购。

🍷🍷🍷🍷🍷 The Bellarine Chardonnay 2015
贝拉林霞多丽 2015
来自这一葡萄园的又一款可爱的葡萄酒，它的瓶子似乎有一种不可抗拒的能量吸引着我们。酒中带有白桃、梨、苹果和葡萄柚的味道，口感时尚，回味绵长。
封口: 螺旋盖　酒精度: 13.5%　评分: 95　最佳饮用期: 2024年　参考价格: 35澳元 ✪

The Bellarine Pinot Noir 2015
贝拉林黑比诺2015
明亮的紫色-深红色调；酒香富于表现力，带有红色花卉，香料和红色浆果的味道，口感优雅的，细腻，长度很好。适合热爱比诺的人。
封口: 螺旋盖　酒精度: 12.5%　评分: 95　最佳饮用期: 2024年　参考价格: 35澳元 ✪

The Bellarine Shiraz 2015
贝拉林西拉2015
色泽很好，香气浓郁，中等酒体，主要风味为红色水果的味道，带有浓郁的红樱桃/浆果的味道，单宁和橡木都有贡献，同时并未喧宾夺主。
封口: 螺旋盖　酒精度: 13.5%　评分: 95　最佳饮用期: 2029年　参考价格: 35澳元 ✪

The Bellarine Sauvignon Blanc 2016
贝拉林长相思2016
透亮的草秆绿色；非常复杂，咽下很久之后，口中还能感受到它的力量。属于卢瓦尔河谷/达高诺（Dageneau）的风格，酒质极好，果味组成占据次要地位。
封口: 螺旋盖　酒精度: 12.8%　评分: 94　最佳饮用期: 2020年　参考价格: 25澳元 ✪

🍷🍷🍷🍷 The Bellarine Rose 2016
贝拉林桃红 2016
评分：90　最佳饮用期：2018年　参考价格：25澳元

Z Wine　Z葡萄酒 ★★★★★

Shop 3，109—111 Murray Street，Tanunda，南澳大利亚 5352　产区：巴罗萨谷
电话：0422 802 220　网址：www.zwine.com.au　开放时间：周四至周二，10:00—17:00
酿酒师：Janelle Zerk　创立时间：1999年　产量（以12支箱数计）：5500　葡萄园面积：1公顷
Z葡萄酒是珍妮尔（Janelle）和克莉丝汀·泽克（Kristen Zerk）姐妹两人的合资企业——从她们可以追溯到五个代际前林多克的泽克葡萄园。葡萄园的资源还包括供应老藤西拉，老灌木藤歌海娜和高伊顿谷雷司令的种植者。两位女士都在阿德莱德大学取得了学位（珍妮尔是葡萄酒酿造，克莉丝汀是葡萄酒营销）。珍妮尔还曾经在皮里尼蒙哈谢酒庄（Puligny Montrachet），托斯卡纳（Tuscany）和索诺玛谷（Sonoma Valley）工作过。产品系列包括Z葡萄酒，黄花烟（Rustica）和3146区（Section 3146）三个品牌。2017年，他们在塔南达的主路上开设了酒窖门店。出口到越南，新加坡和中国。

🍷🍷🍷🍷🍷 Saul Eden Valley Riesling 2016
索尔伊顿谷雷司令2016
这是一款比例和结构都非常好的雷司令，它大声呼喊着，"如果你坚持的化，可以现在喝掉，但是在酒窖里多存上几瓶，到2023至2030年时再喝掉吧。"它的酸度好像时从贫瘠多石的伊顿谷中吸收来的。
封口: 螺旋盖　酒精度: 12%　评分: 96　最佳饮用期: 2030年　参考价格: 25澳元 ✪

Joachim Barrosa Valley Shiraz 2013
约阿希姆巴罗萨谷西拉2013
来自泽克在林多克最初的地产，不是一个单一葡萄园，但却是一个精选酒桶。风格成熟、大胆，黑色水果，成熟的单宁和橡木交织在一起，充分表现出巴罗萨谷的特色。
封口: 橡木塞　酒精度: 14.5%　评分: 96　最佳饮用期: 2043年　参考价格: 180澳元

Museum Release Barrosa Valley Shiraz 2008
馆藏巴罗萨谷西拉2008
2008年三月最初两周意外的奇热意味着，在这场热浪之前还是之后采摘葡萄是决定成败的关键。没有具体的信息，但我敢打赌，的确如此。这款酒酒体饱满，非常复杂的，带有荆棘，黑莓和黑樱桃的味道。
封口: 螺旋盖　酒精度: 14%　评分: 95　最佳饮用期: 2028年　参考价格: 75澳元

Roman Barrosa Valley Grenache Shiraz Mataro 2014
罗马巴罗萨谷歌海娜西拉马塔洛 2014
一款45/40/15%的混酿。像酒庄另一款的100%歌海娜系列一样，适宜的酒精度带来的新鲜感非常好，避免了过分成熟的歌海娜的甜腻味道。
封口：螺旋盖　酒精度：14.5%　评分：94　最佳饮用期：2024年
参考价格：30澳元 ✪

🍷🍷🍷🍷 Section 3146 Barrosa Valley Shiraz 2014
3146区巴罗萨谷西拉2014
评分：91　最佳饮用期：2029年　参考价格：35澳元

August Old Vine Barrosa Valley Grenache 2015
八月老藤巴罗萨谷歌海娜 2015

评分：90 最佳饮用期：2023年 参考价格：25澳元

Zarephath Wines 撒勒法酒庄 ★★★★☆

424 Moorialup Road，East Porongurup，WA 6324 产区：波罗古鲁普（Porogurup）
电话:（08）9853 1152 网址：www.zarephathwines.com.au
开放时间：周一至周六，10:00—17:00，周日10:00—16:00 酿酒师：Robert Diletti
创立时间：1994年 产量（以12支箱数计）：1500 葡萄园面积：8.9公顷
撒勒法葡萄园是由一个本笃会教堂——基督圈（The Christ Circle）的教众群体所有和经营的。2014年他们将酒庄卖给了罗茜·辛格（Rosie Singer）和她的合伙人伊安·布莱特-伦纳德（Ian Barrett-Lennard）——他住在葡萄园并负责园中的所有工作，当地的阿富汗社区会在酿酒季和需要修剪时帮忙。他们的背景非常不同，伊安长期驻扎在天鹅谷，而罗茜则从事过美术方面的各种职业——她先是在西澳的北昆士兰产区的画廊从事视觉艺术的行政工作，后来亲自参与实践。

🍷🍷🍷🍷🍷

Riesling 2016
雷司令2016
酒体呈现水晶白色；富有表现力，绚丽的酒香后是一个充满青柠汁的味道，口感平衡、结构完美的葡萄酒，它将可以陈酿上20年。
封口：螺旋盖 酒精度：11.6% 评分：96 最佳饮用期：2036年
参考价格：35澳元 ✪

Late Harvest Riesling 2016
晚收雷司令2016
清脆、活泼、美味，大约35—45克/升的残糖，与自然酸度相平衡，它将永葆魅力，甜度将随着陈酿而降低，复杂度将逐渐增加。
封口：螺旋盖 酒精度：10% 评分：94 最佳饮用期：2026年
参考价格：30澳元 ✪

🍷🍷🍷🍷

Pinot Noir 2015
黑比诺2015
评分：91 最佳饮用期：2027年 参考价格：35澳元

Petit Chardonnay 2016
小霞多丽 2016
评分：90 最佳饮用期：2019年 参考价格：30澳元 SC

Zema Estate 泽马庄园 ★★★★★

14944 Riddoch Highway，库纳瓦拉，南澳大利亚 5263 产区：库纳瓦拉
电话:（08）8736 3219 网址：www.zema.com.au 开放时间：周一至周五，9:00—17:00，周末及公共节假日，10:00—16:00 酿酒师：Greg Clayfield 创立时间：1982年
产量（以12支箱数计）：20000 葡萄园面积：61公顷
泽马是库纳瓦拉最后一批仍然采用手工修剪的酒庄，酒庄位于库纳瓦拉中心的红土地上，泽马家族的成员负责葡萄园的管理。葡萄酒酿造非常直接，如果说葡萄园中可以酿出好酒的话，这就是一个很好的例子。出口到英国、越南、日本、新加坡等国家，以及中国内地（大陆）和香港地区。

🍷🍷🍷🍷🍷

Family Selection Coonawarra Cabernate Sauvignon 2013
家族精选库纳瓦拉赤霞珠 2013
这款库纳瓦拉赤霞珠有着可爱的中等酒体，有着极其典型的黑醋栗酒，桑葚和淡淡的薄荷味，口感柔顺。橡木与单宁都完全融入到整体之中。还可以保存很多年。
封口:螺旋盖 酒精度:14% 评分:96 最佳饮用期:2030年 参考价格:46澳元 ✪

Coonawarra Shiraz 2014
库纳瓦拉西拉2014
中等至饱满酒体，非常纯正的库纳瓦拉风格。精致的单宁和橡木的基础之上，是丰富的黑莓和血丝李的味道。让人对它所采用的传统葡萄酒酿造工艺肃然起敬。
封口:螺旋盖 酒精度:14% 评分:95 最佳饮用期:2034年 参考价格:26澳元 ✪

Family Selection Coonawarra Shiraz 2013
家族精选库纳瓦拉西拉2013
口感中的深度和长度仿佛在另一个维度，带有淡淡的——好像从麦克拉仑谷借来的——深色巧克力-薄荷的味道。整体来说，它的果味甘美，单宁丰富柔和。这款酒还将平静的发展上数十年，但无论何时品尝，都会令人身心愉悦。
封口:螺旋盖 酒精度:14.5% 评分:95 最佳饮用期:2038年 参考价格:46澳元

Cluny Coonawarra Cabernate Sauvignon 2014
克拉尼库纳瓦拉赤霞珠梅洛2014
65%的赤霞珠，25%的梅洛，品丽珠和马尔贝克各5%。法国和美国橡木桶（10%是新的）熟成14个月。是库纳瓦拉一款相对来说少见的赤霞珠梅洛混酿，让你很好奇，为什么会是这样。口感柔顺，带有甜黑醋栗酒，红醋栗和干香草的味道，与成熟的单宁和法国橡木完好地融合在一起。
封口：螺旋盖 酒精度：13.5% 评分：95 最佳饮用期：2034年
参考价格：26澳元 ✪

🍷🍷🍷🍷

Coonawarra Cabernate Sauvignon 2014
库纳瓦拉赤霞珠 2014
评分：91 最佳饮用期：2024年 参考价格：30澳元

Zerella Wines 泽尔拉葡萄酒 ★★★★★

182 Olivers Rd，麦克拉仑谷，SA 5171　产区：麦克拉仑谷
电话:（08）8323 8288/0488 929 202　网址：www.zerellawines.com.au
开放时间：周四至周一，11:00—16:00　酿酒师：吉姆·泽尔拉（Jim Zerella）
创立时间：2006年　产量（以12支箱数计）：2500　葡萄园面积：58公顷

1950年，埃尔科莱·泽尔拉（Ercole Zerella）离开了他在南意大利的出生地坎帕尼亚（Campania），到南澳大利亚来寻求更好的生活。由于长期以来从事务农和种植葡萄，转行非常顺利。埃尔科莱的儿子维克（Vic）追随他父亲的脚步，成了南澳大利亚农业和葡萄酒工业的标志性人物。他创立了塔塔奇拉（Tatachilla），他的儿子吉姆（Jim）开始在酒窖帮忙，并最终负责所有的葡萄收购工作。工作期间，吉姆买下了酒庄，在家人和葡萄园的帮助下，建立了现在的旗舰葡萄园泽尔拉葡萄酒。他还建立了一个葡萄园管理公司以迎合业主的需求。2000年，当里昂·内森（Lion Nathan）购买下塔塔奇拉时，吉姆拒绝了继续任职的机会，到2006年又买了两个葡萄园，还成了另一个葡萄园的股东。现在这三个葡萄园和其中58公顷的葡萄藤，都归于泽尔拉葡萄酒旗下。葡萄酒酿造绝对不是传统的意大利风格，而是全部采用流行工艺。

🍷🍷🍷🍷🍷 La Gita Fiano 2016
拉吉塔菲亚诺 2016
这款菲亚诺比其他同品种的酒都要更加芳香，在一次2016年份的平行品尝时，一组中的七款菲亚诺品尝下来，我的鼻尖始终萦绕着接骨木花的味道。它的口感也要多汁，品种特有的爽脆可口的酸度到最后一分钟才出现。
封口: 螺旋盖　酒精度: 13%　评分: 95　最佳饮用期: 2020年　参考价格: 30澳元 ✪

🍷🍷🍷🍷🍷(半) Dom's Block Grenache 2015
唐地块歌海娜 2015
评分：93　最佳饮用期：2024年　参考价格：60澳元

Home Block Shiraz 2014
家园地块西拉2014
评分：92　最佳饮用期：2034年　参考价格：60澳元

Zig Zag Road 曲折之路 ★★★★

201 Zig Zag Road，Drummond，Vic 3446　产区：马斯顿山岭　电话：(03)5423 9390
网址：www.zigzagwines.com.au　开放时间：周四至周一，10:00—17:00
酿酒师：艾瑞克·贝尔钱伯斯（Eric Bellchambers），卢乌·奈特（Llew Knight）
创立时间：1972年　产量（以12支箱数计）：700　葡萄园面积：4.5公顷

2002年艾瑞克（Eric）和安·贝尔钱伯斯（Anne Bellchambers）成为了这个葡萄园的第三任业主——该园最早是由罗杰·奥尔德里奇（Roger Aldridge）在1972年建立的。贝尔钱伯斯一家扩大了种植量，在原有种植的（适宜干燥气候下生长的）西拉、赤霞珠和黑比诺之外，增加了雷司令和梅洛。

🍷🍷🍷🍷🍷(半) Macedon Ranges Cabernate Sauvignon 2013
马斯顿山岭赤霞珠 2013
良好的中等紫红色，深紫色调，风格清爽、可口，果香并不是特别浓郁，但还是可以品尝到一些黑醋栗酒和醋栗、伴随黑色甘草、茴香和破碎杜松香料的味道；具有柔顺、协调的单宁。
封口：螺旋盖　酒精度：14%　评分：91　最佳饮用期：2021年
参考价格：23澳元　JF ✪

Macedon Ranges Riesling 2015
马斯顿山岭雷司令2015
明亮的中等草秆色；热情浓郁，酸度清新，带有柠檬的味道，同时也有着干爽的严谨风格。
封口：螺旋盖　酒精度：12.5%　评分：90　最佳饮用期：2022年
参考价格：23澳元　JF

Macedon Ranges Shiraz 2013
马斯顿山岭西拉2013
明亮的中等石榴石色；酒体轻盈、香料李子、胡椒和木质香料的味道，成熟的单宁有一些颗粒感。
封口：螺旋盖　酒精度：13.5%　评分：90　最佳饮用期：2021年
参考价格：23澳元　JF

Zilzie Wines 绅士酒庄 ★★★

544 Kulkyne Way，Karadoc，维多利亚 3496　产区：穆雷达令流域
电话：(03)5025 8100　网址：www.zilziewines.com　开放时间：不开放
酿酒师：海登·多诺休（Hayden Donohue）　创立时间：1999年
产量（以12支箱数计）：不详　葡萄园面积：572公顷

从20世纪90年代早期开始，福布斯（Forbes）家族就一直从事农业；绅士酒庄现在的经营者是伊安和罗斯·福布斯（Ros Forbes），儿子斯蒂文（Steven）和安德鲁（Andrew）。在他们成功地成了南方集团的（Southcorp）主要供应商之后，1999年，绅士酒庄建立了一个葡萄酒公司，并于2000年建立了葡萄酒厂，2006年，他们又将酒庄的产能增加到现在的4.5万吨。考虑到它们的价格，这些酒的质量一直远超期望，这也使得酒庄不断地增加生产量至20万箱（这是最近公开的数据）——这还是在一个竞争极端激烈的市场条件下。业务包括合同处理，葡萄酒酿造和仓储。出口到英国、加拿大等国家，以及中国内地（大陆）和香港地区。

🍷🍷🍷🍷 Regional Collection Barrosa Valley Shiraz 2015
产区精选巴罗萨西拉2015
良好的色调与深度；一款为即饮设计的好酒，单宁很少，但有甜水果和一些橡木辛香。
封口：螺旋盖 酒精度：14.5% 评分：89 最佳饮用期：2020年 参考价格：18澳元 ✪

Regional Collection Coonawarra Cabernate Sauvignon 2015
产区精选库纳瓦拉赤霞珠 2015
一个有趣的关于库纳瓦拉和拉顿布里（Wrattonbully）产区的背景知识——拉顿布里的比例要小于15%。酒体清淡，但含有相当含量的黑醋栗而并无单宁的干扰。
封口：一加一橡木塞（Twin Top） 酒精度：13.5% 评分：89 最佳饮用期：2018年
参考价格：18澳元 ✪

Zitta Wines 齐塔葡萄酒 ★★★★☆

3 Union Street，Dulwich，SA 5065（邮） 产区：巴罗萨谷
电话：0419 819 414 网址：www.zitta.com.au 开放时间：不开放
酿酒师：安吉洛·德法齐奥（Angelo De Fazio） 创立时间：2004年
产量（以12支箱数计）：3000 葡萄园面积：26.3公顷

所有人安吉洛·德法齐奥（Angelo De Fazio）说，他对葡萄栽培和酿造的了解全都来自他的父亲（以及他父亲之前的几代人）。在一定程度上，正是这种影响塑造了品牌名称和标志：基特（Zitta）是意大利语"安静"的意思，然而酒瓶上看似是这个词的倒影却并不简单——要将瓶子倒过来，才能看到是英文的"安静"（Quiet）一词。齐塔葡萄园的历史可以追溯到1864年，当时种植的藤蔓在保留下来了几颗，园中有一个地块上种植了用这些树枝扦插的葡萄藤。主要种植的品种是西拉（22公顷），剩余的是霞多丽、歌海娜和几株幕尔维德葡萄藤；只有少量的葡萄保留下来用于生产齐塔葡萄酒。格林诺克溪（Greenock Creek）的两个分支流经这片地产，这里的土壤反映了此地古老的地质历史，这其中有一部分河底卵石——反映出一条很久以前的河流走向。出口到丹麦和中国。

🍷🍷🍷🍷🍷 Single Vineyard Greenock Barrosa Valley Shiraz 2014
单一葡萄园格林诺克巴罗萨谷西拉2014
在法国橡木中熟成24个月。最初的酒香和接下来饱满的口感不仅意味着这款酒属于另一个级别，还说明其中有一定比例的新橡木桶。
封口：螺旋盖 酒精度：14.8% 评分：95 最佳饮用期：2034年 参考价格：58澳元

Single Vineyard Bernardo Greenock Barossa Valley Shiraz 2014
单一葡萄园伯尔南多格林诺克巴罗萨谷西拉2014
来自酒庄自有葡萄园，在法国和美国橡木熟成24个月，这款酒以弗兰克·齐塔（Frank Zitta）祖父的名字命名的。非常集中，丰富的黑色浆果风味与单宁和橡木之间平衡得很好。这款西拉，酒体饱满，酒精适度，非常优雅。
封口：螺旋盖 酒精度：14.7% 评分：94 最佳饮用期：2030年 参考价格：45澳元

Single Vineyard 1864 Greenock Barossa Valley GSM 2014
单一葡萄园1864格林诺克巴罗萨谷GSM 2014
这是一款异常深而明亮的巴罗萨谷GSM。在最佳年份经过酒桶选择；果味十足，单宁结实，非常令人愉悦。
封口：螺旋盖 酒精度：14.5% 评分：94 最佳饮用期：2034年 参考价格：42澳元

🍷🍷🍷🍷 Union Street No 168 Barrosa Valley Shiraz 2015
联合路169号巴罗萨谷西拉2015
评分：89 最佳饮用期：2027年 参考价格：28澳元

Union Street No 789 Coonawarra Barrosa Valley Cabernate Sauvignon Shiraz 2015
联合路789号库纳瓦拉巴罗萨谷赤霞珠西拉2015
评分：89 最佳饮用期：2030年 参考价格：28澳元

Zonte's Footstep 宗特之印 ★★★★★

The General Wine Bar，55a Main Road，McLaren Flat，SA 5171 产区：麦克拉仑谷
电话：（08）8383 2083 网址：www.zontesfootstep.com.au 开放时间：每日开放，10:00—17:00 酿酒师：本·里格斯（Ben Riggs） 创立时间：2003年 产量（以12支箱数计）：20000
葡萄园面积：214.72公顷

宗特之印酒庄是由几个老朋友一起建立的，对于葡萄酒行业，他们每个人都有自己擅长的方面，因而酒庄成立以来，一直都非常成功。虽然一路上也遇到了一些风波，但都有惊无险地度过了。数年来最主要的变化是酒庄所用葡萄的产区得到了扩张（兰好乐溪、麦克拉仑谷、巴罗萨和克莱尔谷等地）。他们采购的这些葡萄园中，还有许多为酒庄合伙人所有。出口到英国、美国、加拿大、芬兰、瑞典、丹麦、泰国和新加坡。

🍷🍷🍷🍷🍷 Z-Force 2014
Z部队 2014
90%的西拉和10%的杜瑞夫（即小西拉），开放式发酵，在新旧混合的法国和美国橡木桶中熟成。这也许可以叫做打了兴奋剂的麦克拉仑谷风格？这可能有些过分，但当一款葡萄酒的酒体饱满并浓郁到了这种程度，就有些讽刺了。此外，其中最主要的风味不是单宁或者橡木，而是核果的味道，这就意味着这款酒可能比很多买它的人获得还要久一些。
封口：螺旋盖 酒精度：14.5% 评分：96 最佳饮用期：2054年 参考价格：55澳元 ✪

Avalon Tree Single Site Fleurieu Peninsula Cabernate Sauvignon 2015

阿瓦隆树单一地块弗勒里厄半岛赤霞珠2015
包括5%的添帕尼罗；在旧的大桶中熟成12个月。色泽深沉明亮，中等至饱满酒体，香气和口感中都可以感受到品种特有的果味。坚实，但精致，单宁纯正，赤霞珠的纯正质地是这款酒的特色。
封口：螺旋盖　酒精度：14.5%　评分：95　最佳饮用期：2030年　参考价格：25澳元 ✪

Violet Beauregard Langhorne Creek Malbec 2015
紫罗兰博勒加德兰好乐溪马尔贝克 2015
有以西洋李子为主的多汁、明亮的水果味，伴随着黑樱桃的味道。线条和长度都很好。非常平衡。
封口：螺旋盖　酒精度：14%　评分：94　最佳饮用期：2025年　参考价格：25澳元

🍷🍷🍷🍷🍷 Lake Doctor Langhorne Creek Shiraz 2015
莱克博士兰好乐溪西拉 2015
评分：93　最佳饮用期：2030年　参考价格：25澳元 ✪

Chocolate Factory McLaren Vale Shiraz 2015
巧克力工厂麦克拉仑谷西拉 2015
评分：92　最佳饮用期：2039年　参考价格：25澳元 ✪

Canto di Lago Fleurieu Peninsula Sangiovese Barbera Lagrein 2015
坎多弗勒里厄半岛桑乔维塞巴贝拉勒格瑞
评分：91　最佳饮用期：2025年　参考价格：25澳元

Duck til Dawn Adelaide Hills Chardonnay 2016
直至黎明阿德莱德山霞多丽
评分：90　最佳饮用期：2020年　参考价格：30澳元

Doctoressa Di Lago Pinot Grigio 2016
多特莱莎灰比诺2016
评分：90　最佳饮用期：2018年　参考价格：18澳元　SC ✪

Scarlet Ladybird Rose 2016
红瓢虫桃红 2016
评分：90　最佳饮用期：2018年　参考价格：18澳元　SC ✪

Hills Are Alive Adelaide Hills Shiraz 2015
活山阿德莱德山西拉 2015
评分：90　最佳饮用期：2035年　参考价格：35澳元

Zonzo Estate　藏奏酒庄 ★★★★

957 Healesville-Yarra Glen Road, Yarra Glen, 维多利亚，3775　产区：雅拉谷
电话：(03) 9730 2500　网址：www.zonzo.com.au　开放时间：周三至周日，12:00—16:00
酿酒师：歌德·古德曼（Kate Goodman），卡罗琳·穆尼（Caroline Mooney）
创立时间：1998年　产量（以12支箱数计）：2075　葡萄园面积：18.21公顷
彻雷切克（Train Trak）当地因优质的木材烤炉比萨而知名，这是他的一个新企业。园子建于1995年，1998年生产了第一个年份的葡萄酒。2016年，罗德·米卡莱夫（Rod Micallef）收购了酒庄。酒庄在周三至周日中午开放，周五至周日晚间开放。

🍷🍷🍷🍷🍷 Yarra Valley Shiraz 2015
雅拉谷西拉2015
呈现深沉的深紫红色；切记需要在阴凉避光处陈放至少5年的时间，10年更好。这款西拉酒体饱满，有黑色水果、甘草、香料和胡椒的味道，有相当的发展潜力。
封口：橡木塞　酒精度：14.5%　评分：93　最佳饮用期：2035年　参考价格：75澳元

Yarra Valley Chardonnay 2015
雅拉谷霞多丽2015
颜色很好，带有橡木，成熟核果、无花果和蜜瓜的味道，风味和谐，口感丰富，然而并不沉重。我不确定为什么他们要使用橡木塞，所以，还是尽快饮用吧。
酒精度：13%　评分：91　最佳饮用期：2017年　参考价格：75澳元

Yarra Valley Pinot Noir 2015
雅拉谷黑比诺 2015
这款黑比诺采用了罕见的重型瓶。现在单宁很有韧性，酒精度较为尖锐（虽然含量只有13%），适合陈年后饮用。
封口：橡木塞　评分：90　最佳饮用期：2024年　参考价格：75澳元

🍷🍷🍷🍷 Yarra Valley Sauvignon Blanc 2015
雅拉谷长相思 2015
评分：89　最佳饮用期：2016年　参考价格：30澳元

Yarra Valley Cabernet Sauvignon 2015
雅拉谷赤霞珠 2015
评分：89　最佳饮用期：2030年　参考价格：75澳元